2025 최신판

37년간 1988~2024
과년도 문제
완벽분석

최신출제경향 및 출제기준에 따른

답이보인다
30일 단기완성
전기공사기사
산업기사 실기

1

검정연구회 저

과목별 핵심이론 수록

1권 • 37년간(1988~2024) 출제된 과년도 문제를 완전분석하여 이론과 함께 수록
2권 • 최근 15년간(2010~2024) 전기공사기사·공사산업기사 과년도 문제를 연도별로 총수록

한국전기설비규정 완벽적용

동일출판사

누구나 합격할 수 있는 방법,
동일출판사와 함께 하는 것.

53년간 전기만을 연구해 온 최고의 집필진이 만든책!
동일출판사와 함께 합격의 기쁨을 누리시길 기원합니다.

수험서의 기준을 만듭니다.
합격을 위한 지름길을 안내합니다.
전·현직 전기인들이 가장 선호하는 수험서로 인정받았으며,
최다 누적 판매와 최다 합격자 배출의 기록을 자랑하고 있습니다.
동일출판사의 핵심은 다년간 축적된 노하우에 있습니다.
수험 과목의 핵심 개념을 명확하고 효과적으로 전달하며,
풍부한 예제와 실전 모의고사로 실력을 향상시킬 수 있는
최상의 환경을 제공합니다.
동일출판사와 함께라면 수험 고난의 시련을 극복하고
합격의 문을 두드릴 수 있습니다.
지금 동일출판사를 통해 성공적인 미래를 준비하세요.

d 동일출판사

동일출판사 무료강의　　　　　　　　　　　　　　　　　　　www.dongilbook.com

무료 강의 제공

회원가입만으로 무료 강의 동영상을 제한 없이 이용할 수 있습니다.

도서 구입만으로 무료강의까지! 합격하는 날까지 평생무료!
동일출판사 홈페이지 또는 ▶ YouTube 에서도 시청 가능합니다.

무료제공 동영상 강의목록

전기기사(산업기사) 이론	전기자기 / 회로이론 / 전기기기 / 전력공학 제어공학 / 전기응용 공사재료 / 전기설비기술기준
전기기사(산업기사) 기출문제 풀이	필기 기출문제 2007년 ~ 2024년
	실기 기출문제 2014년 ~ 2024년
전기기능사 이론	전기이론 / 전기기기 / 전기설비
전기기능사 기출문제 풀이	필기 기출문제 2015년 ~ 2024년 (전기이론 / 전기기기)

CBT 모의고사 무료제공

CBT 시험을 위한 최종 점검,
회원가입만으로 이용할 수 있습니다.

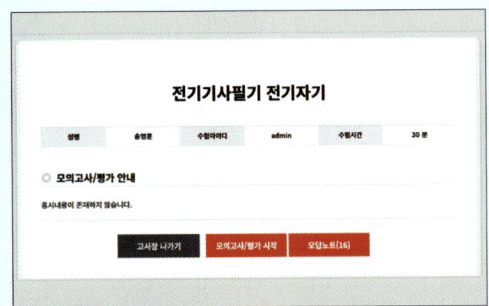

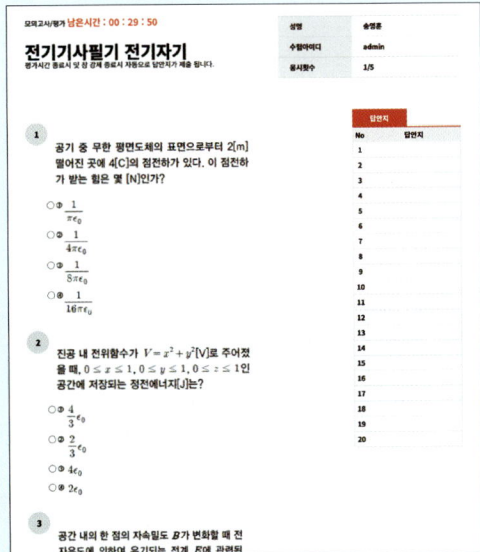
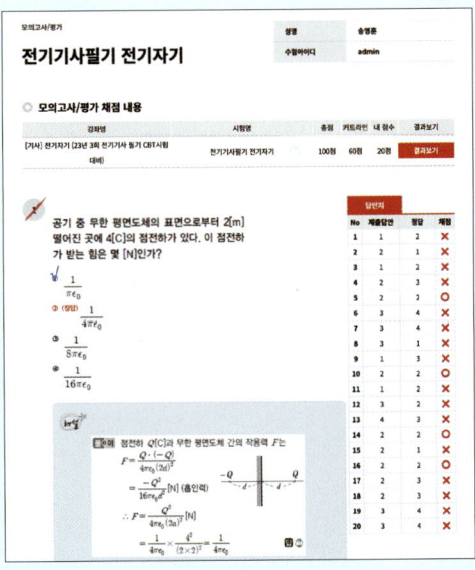

시험 화면   채점 및 풀이확인

모의고사 특징
CBT 모의고사를 통해 실제 시험에 적응하고 시험 전 최종점검을 할 수 있습니다.
동일출판사의 수험연구회가 엄선하여 최근 경향문제를 반영하였습니다.
정답률을 높일 수 있도록 자세한 풀이가 제공되며, 틀린문제는 오답노트로 표기됩니다.

전기기사 필기

전기기사 필기 기본서 **전기기사시리즈**

전기자기 / 회로이론 / 전기기기 / 전력공학 / 제어공학 / 전기응용 공사재료 / 전기설비기술기준

`이론`, `기출문제`

- 50년간 과년도 및 복원문제를 완석분석하여 CBT시험에 완벽대비
- 어떠한 문제유형에도 대응이 가능하도록 핵심 유사문제 수록
- 10년간 과년도 및 복원문제 풀이 동영상 제공

기출문제 + 동영상강의
20년간 전기기사 필기
20년간 전기산업기사 필기

`기출문제`

- 20년간 기출문제 수록
- 8년간 기출문제 풀이 동영상 제공
- 가장 많은 문제를 수록하여
- CBT시험에 대응할 수 있도록 구성

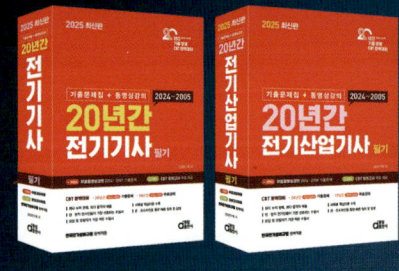

답이보인다 30일 단기완성
전기기사 · 산업기사 필기
전기공사기사 · 산업기사 필기

`이론` `기출문제`

- 50년간 과년도 및 복원문제를 완전분석, 이론과 함께 수록
- 10년간 과년도 및 복원문제 수록 풀이 동영상 제공

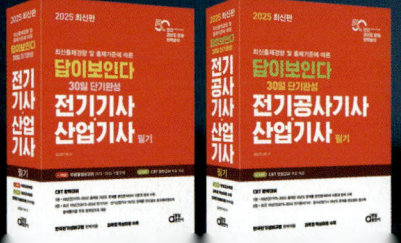

과년도 문제 중심의
완벽대비 전기기사 필기
완벽대비 전기산업기사 필기
`이론` `기출문제`

27년간 과년도 및 복원문제를 엄선, 이론과 함께 수록
12년간 과년도 및 복원문제 수록, 풀이 동영상 제공

과년도 문제 중심의
완벽대비 전기공사기사 필기
완벽대비 전기공사산업기사 필기
`이론` `기출문제`

27년간 과년도 및 복원문제를 엄선, 이론과 함께 수록
12년간 과년도 및 복원문제 수록

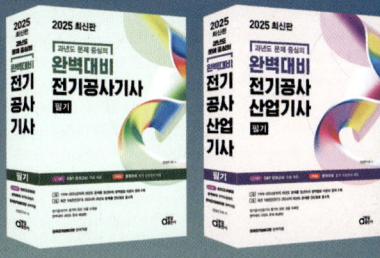

최근 7년 과년도 문제
핵심 전기기사 필기
핵심 전기산업기사 필기
`이론` `기출문제`

과목별 핵심요점 및 문제
최근 7년 과년도 및 복원문제

전기기사 실기

기출문제 + 동영상강의
30년간 전기기사 실기

`기출문제`

30년간 기출문제 수록
8년간 기출문제 풀이 동영상 제공

기출문제 + 동영상강의
30년간 전기산업기사 실기

`기출문제`

30년간 기출문제 수록
8년간 기출문제 풀이 동영상 제공

답이보인다 30일 단기완성
전기기사 · 산업기사 실기

`이론` `기출문제`

36년간 출제된 과년도 및 복원문제를 완전분석하여 이론과 함께 수록
15년간 과년도 및 복원문제를 연도별로 수록, 풀이 동영상 제공

답이보인다 30일 단기완성
전기공사기사 · 산업기사 실기

`이론` `기출문제`

36년간 출제된 과년도 및 복원문제를 완전분석하여 이론과 함께 수록
15년간 과년도 및 복원문제를 연도별로 수록

전기기능사 필기

CBT 완벽대비 전기기능사 필기
`이론` `기출문제`

시험에 반복적으로 나오는내용을 과목별로 정리
출제되었던 과년도 및 복원문제를 완전분석하여 내용별로 수록
과년도 및 복원문제 풀이 동영상 제공[전기이론, 전기기기]

무료동영상의 전기기능사 필기
`이론` `기출문제`

본문내용 전체를 무료 동영상 강의로 완벽 제공
(핵심요점정리 + 핵심예제 +출제예상문제)
8년간 과년도 및 복원문제 수록
과년도 및 복원문제 풀이 동영상 제공[전기이론, 전기기기]

새로운 출제기준에 따른 전기기능사 필기
`이론` `기출문제`

상세한 이론, 기능사 필기의 바이블
10년간 과년도 및 복원문제 수록
출제기준에 따른 과목별 내용과 출제예상문제 수록
과년도 및 복원문제 풀이 동영상 제공[전기이론, 전기기기]

합격을 위한 지름길

동일출판사의 베스트셀러 수험서

기능장

    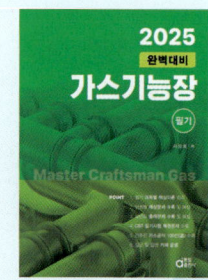

신재생

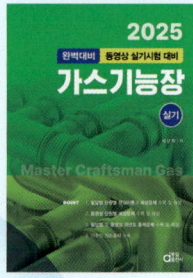    

에너지관리

소방

2025 최신판

최신출제경향 및 출제기준에 따른
답이보인다
30일 단기완성
전기공사기사
산업기사
실기

1

동일출판사

PREFACE CONTENTS

    현대는 무한경쟁시대라고 합니다. 이러한 무한경쟁시대에 수험생 여러분의 가치를 올리기 위한 노력이 매우 중요합니다. 어려운 취업난을 해결하고 고액의 연봉을 거머쥐기 위한 노력은 여러분뿐만 아니라 많은 사람들이 노력하고 있습니다. 자신의 능력을 충분히 발휘하고 활동 영역을 확대하기 위해서는 어느 타 분야에 비해 전기 분야에서의 자격증 취득은 무엇보다 중요하며 필수적인 사항입니다.

    따라서 가장 단시간에 쉽게 자격증을 취득하기 위해서는 먼저 출제기준에 따른 출제된 문제를 철저하게 분석하여 그에 맞도록 준비하는 것이 가장 중요하다고 할 수 있습니다.

    이에 따라 본서는 다음 사항에 중점을 두었습니다.

> **첫 째** : 최근 기 출제된 문제(37년간 출제된 과년도문제)를 출제기준별 원문에 충실하게 수록하였습니다.
> **둘 째** : 핵심적인 내용을 출제기준에 따라 엄선하여 수록하였습니다.
> **셋 째** : 철저한 검증을 통한 실전과 같은 답안 작성 및 해설을 통하여 수험생 여러분들이 완벽하게 이해할 수 있도록 준비하였습니다.
> **넷 째** : 최근 15년간 기출문제를 별도 구성하여 학습효과를 높였습니다.
> **다섯째** : 종목별 출제년도를 수록하였습니다.

    따라서 본 수험서를 충분히 이해하고 암기한다면 단시간에 자격증 취득이 가능하도록 하였습니다.

    끝으로 본 수험서로 실기 시험을 준비하시는 여러분들에게 깊은 감사를 드리며 출판 과정에서 발생할 수 있는 오·탈자 및 오답이 발견될 경우 연락을 주시면 수정하여 보다 나은 수험서가 되도록 노력하겠습니다.

저자 씀

Chapter 01 도면의 이해와 작성

1. 전기배선용 심벌 …………………………………………………………… 8
2. 시퀀스 회로도 및 논리회로 ……………………………………………… 24
3. PLC 제어회로 ……………………………………………………………… 158
4. 단선도, 복선도 및 배전실체도 작성 …………………………………… 173

Chapter 02 관공사 및 케이블 공사

1. 각종 관공사 ………………………………………………………………… 184
2. 케이블공사 ………………………………………………………………… 195
3. 몰드 및 덕트공사 ………………………………………………………… 201
4. 관련기술기준 ……………………………………………………………… 205

Chapter 03 접속공사

1. 전선의 접속공사 …………………………………………………………… 210
2. 케이블 및 관의접속 공사 ………………………………………………… 212

Chapter 04 배전선로

1. 직접활선공사, 무정전공사 및 기타 …………………………………… 216
2. 일반배전공사 ……………………………………………………………… 224
3. 배전선로의 기술적인 계산 ……………………………………………… 241

Chapter 05 조명 및 전열설비

1. 조명설비 설계, 시공 및 계산 …………………………………………… 256
2. 전열설비 설계, 시공 및 계산 …………………………………………… 269
3. 에너지 SAVING …………………………………………………………… 270

Chapter 06 동력설비

1. 동력설비의 설계, 시공 및 계산 ························· 274
2. 분배전반 및 제어장치 설비공사 ························ 279
3. 역률 개선 및 동력설비 관련기술 ······················ 284

Chapter 07 간선 및 분기회로

1. 부하설계 및 기술계산 ·· 288
2. 보호기기선정 및 고장전류 ································ 298
3. 과부하전류 및 단락전류에 대한 보호 ············ 326

Chapter 08 전력설비

1. 송배전선로의 특성 및 가공전선로의 시설 ····· 334
2. 수배전설비의 작성 및 판독 ······························ 364
3. 무정전 전원 설비공사 ······································· 457

Chapter 09 예비전원설비

1. 자가용 발전 설비공사 ······································· 462
2. 축전지 및 충전지 설치공사 ······························ 464

Chapter 10 방재설비

1. 피뢰침 설비공사 ·· 474
2. 접지 시스템 ·· 481

Chapter 11 견적

1. 견적 ·· 502

Chapter 12 시험

1. 전기회로 시험 및 설비시험 ·· 606

답이보인다!! 전기공사기사·산업기사 실기

Chapter 01

도면의 이해와 작성

01 전기배선용 심벌

1. 전선

약 호	명 칭
ACSR	강심 알루미늄 연선
ACSR-OE 전선	옥외용 강심 알루미늄도체 폴리에틸렌 절연전선
ACSR-OC 전선	옥외용 강심 알루미늄도체 가교 폴리에틸렌 절연전선
AL-OW 전선	옥외용 알루미늄도체 비닐 절연전선
AL-OE 전선	옥외용 알루미늄도체 폴리에틸렌 절연전선
AL-OC 전선	옥외용 알루미늄도체 가교 폴리에틸렌 절연전선
BL 케이블	300/500〔V〕 편조 리프트 케이블
BRC 코드	300/300〔V〕 편조 고무코드
CE1 케이블	0.6/1〔kV〕 가교 폴리에틸렌 절연 폴리에틸렌 시스케이블
CE10 케이블	6/10〔kV〕 가교 폴리에틸렌 절연 폴리에틸렌 시스케이블
CN-CV 케이블	동심중성선 차수형 전력케이블
CN-CV-W 케이블	동심중성선 수밀형 전력케이블
CV1 케이블	0.6/1〔kV〕 가교 폴리에틸렌 절연 비닐 시스 케이블
CV10 케이블	6/10〔kV〕 가교 폴리에틸렌 절연 비닐 시스 케이블
CVV 전선	0.6/1〔kV〕 비닐절연 비닐시스 제어케이블
DV 전선	인입용 비닐 절연전선
EV 케이블	폴리에틸렌 절연 비닐 시스 케이블
EE 케이블	폴리에틸렌 절연 폴리에틸렌 시스 케이블
FL 전선	형광 방전등용 비닐 전선
HR(0.5) 전선	500〔V〕 내열성 고무 절연전선(110〔℃〕)
HR(0.75) 전선	750〔V〕 내열성 고무 절연전선(110〔℃〕)
MI 케이블	미네랄 인슈레이션 케이블
NR 전선	450/750〔V〕 일반용 단심 비닐 절연전선
NRI(70) 전선	300/500〔V〕 기기 배선용 단심 비닐절연전선(70〔℃〕)
NRI(90) 전선	300/500〔V〕 기기 배선용 단심 비닐절연전선(90〔℃〕)
OW 전선	옥외용 비닐 절연전선
OE 전선	옥외용 폴리에틸렌 절연전선
OC 전선	옥외용 가교 폴리에틸렌 절연전선
PDC 전선	6/10〔kV〕 고압 인하용 가교 폴리에틸렌 절연 전선
PNCT 케이블	0.6/1〔kV〕 EP 고무 절연 클로로프렌 캡타이어 케이블
VCT 케이블	0.6/1〔kV〕 비닐 절연 비닐캡타이어 케이블
VV 케이블	0.6/1〔kV〕 비닐 절연 비닐 시스 케이블

2. 점멸기

명 칭	그림기호	적 요
점멸기	●	① 용량의 표시 방법은 다음과 같다. · 10〔A〕는 방기하지 않는다. · 15〔A〕 이상은 전류값을 표기한다. ●15A ② 극수의 표시 방법은 다음과 같다. · 단극은 방기하지 않는다. · 2극 또는 3로, 4로는 각각 2P 또는 3, 4의 숫자를 표기한다. 【보기】 ●2P ●3

명 칭	그림기호	적 요
점멸기	●	③ 방수형은 WP를 표기한다. ●WP ④ 방폭형은 EX를 표기한다. ●EX ⑤ 타이머 붙이는 T를 표기한다. ●T
조광기	●15A	용량을 표시하는 경우는 표기한다. 【보기】 ●15A
리모콘 스위치	●R	① 파일럿 램프 붙이는 ○을 병기한다. 【보기】 ○●R ② 리모콘 스위치임이 명백한 경우는 R을 생략하여도 좋다.
셀렉터 스위치	⊗	① 점멸 회로수를 표기한다. 【보기】 ⊗9 ② 파일럿 램프 붙이는 L을 표기한다. 【보기】 ⊗9L
리모콘 릴레이	▲	리모콘 릴레이를 집합하여 부착하는 경우는 ▲▲▲ 를 사용하고 릴레이 수를 표기한다. 【보기】 ▲▲▲10

3. 등기구(일반용)

명 칭	그림기호	적 요

일반용
조 명
백열등
HID등
	○	① 벽붙이는 벽 옆을 칠한다. ◐
		② 걸림 로제트만 ⊙
		③ 팬던트 ⊖
		④ 실링·직접 부착 ⒸⓁ
		⑤ 샹들리에 ⒸⒽ
		⑥ 매입 기구 ⒹⓁ (◎로 하여도 좋다.)
		⑦ 옥외등은 ⓞ로 하여도 좋다.
		⑧ HID등의 종류를 표시하는 경우는 용량 앞에 다음 기호를 붙인다.
		    수은등 H
		    메탈 헬라이드등 M
		    나트륨등 N
		【보기】 H400

형광등	▭○▭	① 용량을 표시하는 경우는 램프의 크기(형)×램프 수로 표시한다. 또, 용량 앞에 F를 붙인다. 【보기】 F40 F40×2 ② 용량 외에 기구수를 표시하는 경우는 램프의 크기(형)×램프 수 − 기구 수로 표시한다. 【보기】 F40−2 F40×2−3

4. 등기구(비상용)

명 칭	그림 기호	적 요
비상용 조명(건축기준법에 따르는 것) 백열등	●	① 일반용 조명 백열등의 적요를 준용한다. 다만, 기구의 종류를 표시하는 경우는 표기한다. ② 일반용 조명 형광등에 조립하는 경우는 다음과 같다. ○●○
형 광 등	■○■	① 일반용 조명 백열등의 적요를 준용한다. 다만, 기구의 종류를 표시하는 경우는 표기한다. ② 계단에 설치하는 통로 유도등과 겸용인 것은 ■◉■ 로 한다.
유도등 (소방법에 따르는 것) 백열등	⊗	① 일반용 조명 백열등의 적요를 준용한다. ② 객석 유도등인 경우는 필요에 따라 S를 표기한다. ⊗S

5. 콘센트

명칭	그림 기호	적 요
콘센트	⊙	① 천장에 부착하는 경우는 다음과 같다. ⊙ ② 바닥에 부착하는 경우는 다음과 같다. ⊙ ③ 용량의 표시 방법은 다음과 같다. 　· 15〔A〕는 방기하지 않는다. 　· 20〔A〕 이상은 암페어 수를 표기한다. 　【보기】 ⊙20A ④ 2구 이상인 경우는 구수를 표기한다. 　【보기】 ⊙2 ⑤ 3극 이상인 것은 극수를 표기한다. 　【보기】 ⊙3P ⑥ 종류를 표시하는 경우는 다음과 같다. 　빠짐 방지형　　⊙LK 　걸림형　　　　⊙T 　접지극붙이　　⊙E 　접지단자붙이　⊙ET 　누전 차단기붙이 ⊙EL ⑦ 방수형은 WP를 표기한다. ⊙WP ⑧ 방폭형은 EX를 표기한다. ⊙EX ⑨ 의료용은 H를 표기한다. ⊙H

6. 기기

명칭	그림기호	적요
룸 에어컨	RC	① 옥외 유닛에는 O을, 옥내 유닛에는 I를 표기한다. $\boxed{RC}_O$ $\boxed{RC}_I$ ② 필요에 따라 전동기, 전열기의 전기 방식, 전압, 용량 등을 표기한다.
소형 변압기	Ⓣ	① 필요에 따라 용량, 2차 전압을 표기한다. ② 필요에 따라 벨 변압기는 B, 리모콘 변압기는 R, 네온 변압기는 N, 형광등용 안정기는 F, HID등(고효율 방전등)용 안정기는 H를 표기한다. $Ⓣ_B$ $Ⓣ_R$ $Ⓣ_N$ $Ⓣ_F$ $Ⓣ_H$ ③ 형광등용 안정기 및 HID등용 안정기로서 기구에 넣는 것은 표시하지 않는다.

7. 계전기

명칭	그림 기호	적요
전력량계	Ⓦh	① 필요에 따라 전기방식, 전압, 전류 등을 표기한다. ② 그림기호 Ⓦh는 WH로 표시하여도 좋다.
전력량계 (상자들이 또는 후드붙이)	WH	① 전력량계의 적요를 준용한다. ② 집합계기상자에 넣는 경우는 전력량계의 수를 표기한다. 보기: $\boxed{WH}_{12}$
변류기(상자들이)	CT	필요에 따라 전류를 표기한다.
전류 제한기	Ⓛ	① 필요에 따라 전류를 표기한다. ② 상자들이인 경우는 그 뜻을 표기한다.
누전 경보기	ⓈG	필요에 따라 전류를 표기한다.
누전 화재 경보기 (소방법에 따르는 것)	ⓈF	필요에 따라 전류를 표기한다.
지진 감지기	EQ	필요에 따라 전류를 표기한다. 보기: $ⒺQ$ 100~170cm/s $ⒺQ$ 100~170Gal

8. 배전반, 분전반, 제어반

명칭	그림기호	적요
배전반 분전반 및 제어반		① 종류를 구별하는 경우는 다음과 같다. 배전반 ⊠ 분전반 ◩ 제어반 ◆ ② 직류용은 그 뜻을 표기한다. ③ 재해 방지 전원 회로용 배전반 등인 경우는 2중 틀로 하고 필요에 따라 종별을 표기한다. 【보기】 ⊠ 1종 ◩ 2종

9. 경보, 호출, 표시장치

명 칭	그림기호	적 요
손잡이 누름 버튼	●	간호부 호출용은 ●N 또는 Ⓝ로 한다.
벨		경보용, 시보용을 구별하는 경우는 다음과 같다. 경보용 Ⓐ 시보용 Ⓣ
버저		경보용, 시보용을 구별하는 경우는 다음과 같다. 경보용 Ⓐ 시보용 Ⓣ

10. 배선

명 칭	그림기호	적 요
천장 은폐 배선 바닥 은폐 배선 노출 배선	——— - - - - ······	① 천장 은폐 배선 중 천장 속의 배선을 구별하는 경우는 천장 속의 배선에 —·—·— 를 사용하여도 좋다. ② 노출 배선 중 바닥면 노출 배선을 구별하는 경우는 바닥면 노출 배선에 —··—··— 를 사용하여도 좋다. ③ 전선의 종류를 표시할 필요가 있는 경우는 기호를 기입한다. ④ 배관은 다음과 같이 표시한다. 　　2.5°(VE19) 　전선관의 종류 ↑ 전선관의 굵기 　전선관의 종류 　　• 강제전선관은 별도의 표기없음 　　• VE : 경질비닐전선관 　　• F_2 : 2종 금속제 가요전선관 　　• PF : 합성수지제 가요관 ⑤ 절연 전선의 굵기 및 전선수는 다음과 같이 기입한다. 단위가 명백한 경우는 단위를 생략하여도 좋다. 【보기】 　2.5°　2　2[mm²]　8 숫자 표기의 보기 : 1.6×5 　　　　　　　　　 5.5×1

【예】

① NR2.5° E2.5°

2.5[mm²], 450/750[V] 일반용 단심 비닐절연전선 3본과 접지선 2.5[mm²] 1본을 금속 전선관 22[mm]속에 넣어 천장 은폐 배선을 할 경우

② HR(0.5)10°(VE28)

천장 은폐 배선에 있어서 지름 28[mm]의 합성 수지관에 단면적 10[mm²]의 500[V] 내열성 고무절연전선 3본을 사용할 경우

③ ☐――LD―― : 라이팅 덕트

④ ☐MD☐ : 금속 덕트

⑤ ――◎―― : 정크션 박스(접속함・조인트 박스)

⑥ ☐(F7)☐ : 플로어 덕트

⑦ ////
2.5㎡(25)   E2.5㎡

25[mm] 박강 전선관에 천장 은폐 배선으로 2.5[mm²] 절연 전선 3가닥과 접지선 2.5[mm²] 1가닥을 넣는 경우

문제 1

▶출제년도 : 산업 98.   ▶점수 : 6점

다음 심벌에 대한 배선 명칭을 구분하여 쓰시오.

(1) ――――――   (2) ----------   (3) ― ― ― ―

답안작성   (1) 천장 은폐 배선   (2) 노출 배선   (3) 바닥 은폐 배선

문제 2

▶출제년도 : 기사 90. 95. 00. 04. 05.   ▶점수 : 5점

노출 배선 중 바닥면 노출 배선의 그림 기호는?

답안작성   ――-――-――

해 설   ―――――― 천장 은폐 배선
― ― ― ― 바닥 은폐 배선

문제 3

▶출제년도 : 기사 90. 95. 00. 04. 05.   ▶점수 : 5점

다음 심벌을 보고 명칭을 쓰시오.

(1) ――――   (2) ----------
(3) ― ― ―   (4) ――-――-――
(5) ――・――・――

답안작성   (1) 천장 은폐 배선   (2) 노출 배선
(3) 바닥 은폐 배선   (4) 바닥면 노출 배선
(5) 지중 매설 배선

문제 4

▶출제년도 : 산업 93. 99. 01.   ▶점수 : 4점

다음 표시 기호를 보고 물음에 답하시오.

////
NR25㎡

(1) 배선 공사명   (2) 전선의 종류
(3) 전선의 굵기   (4) 전선수

답안작성   (1) 천장 은폐 배선   (2) 450/750〔V〕 일반용 단심 비닐절연전선
(3) 25〔mm²〕   (4) 4가닥(4본)

문제 5

▶출제년도 : 산업 94.   ▶점수 : 5점

―――C―(19)――― 은 일반 배선(배관, 금속선용, 덕트 등)용 옥내 배선 심벌이다. KSC 규정에 의한 명칭을 간단히 설명하시오.

답안작성   19〔mm〕 박강 전선관으로 전선관 내에 전선이 들어있지 않은 경우

해 설
- ―――C――― : 전선이 들어있지 않는 전선관
- (19) : 19〔mm〕 박강전선관
  (박강은 홀수, 후강은 짝수, 따라서, 전선관의 굵기가 홀수이므로 박강전선관임을 알 수 있다.)

문제 6

▶출제년도 : 기사 89.   ▶점수 : 4점

10〔mm²〕, 450/750〔V〕 일반용 단심 비닐 절연전선 3본과 접지선 2.5〔mm²〕 1본을 금속 전선관 28〔mm〕 속에 넣어 천장 은폐 배선을 할 경우 옥내 배선용 심벌로 표시하시오.

답안작성   ―――///―――/―――
          NR10□(28)   E2.5□

문제 7

▶출제년도 : 기사 95.   ▶점수 : 5점

천장 은폐 배선에 있어서 지름 28〔mm〕의 합성 수지관에 단면적 16〔mm²〕의 450/750〔V〕 일반용 단심 비닐 절연전선 3본을 사용하고자 한다. 이러한 뜻이 포함된 옥내 배선용 심벌은 어떻게 표시하는가?

답안작성   ―――///―――
       NR16□(VE28)

해 설
① 전선의 종류
- NR : 450/750〔V〕 일반용 단심 비닐 절연전선
- HR(0.75) : 750〔V〕 내열성 고무절연전선(110〔℃〕)
- HRS : 300/500〔V〕 내열 실리콘 고무절연전선(180〔℃〕)

② 전선관의 표시
- 강제 전선관은 별도의 표기없음
- F₂ : 2종 금속제 가요전선관
- VE : 경질 비닐 전선관
- PF : 합성수지제 가요관

문제 8

▶출제년도 : 산업 94.   ▶점수 : 5점

천정 은폐 배선에 있어서 6〔mm²〕의 450/750〔V〕 일반용 단심 비닐절연전선 3본을 박강전선관 19〔mm〕를 이용하고자 한다. 이러한 뜻이 포함된 배선용 심벌을 표시하시오.

답안작성   ―――///―――
       NR 6□(19)

문제 9

▶출제년도 : 산업 97. 05.   ▶점수 : 5점

배선심벌은 2.5〔mm²〕 NR 전선 2가닥으로 천정은폐 배선한 방식이다. 어떤 배관으로 시공되었는지 표시하시오.

―――//―――
NR2.5□(19)

답안작성   19호 박강전선관

해 설 금속관의 종류

종 류	관의 호칭
후강 전선관(근사내경, 짝수)	16 22 28 36 42 54 70 82 92 104
박강 전선관(근사외경, 홀수)	19 25 31 39 51 63 75
나사없는 전선관	박강 전선관과 치수가 같다.

문제 10

▶출제년도 : 기사 93.   ▶점수 : 10점

다음 물음에 답하시오.

(1) ☐ - - LD - - - 표시는 어떤 표시인가?
(2) | MD | 표시는 어떤 표시인가?
(3) - - ◎ - - - 표시는 어떤 표시인가?
(4) - - (F7) - - - 표시는 어떤 표시인가?
(5) /// 4□(25)   E2.5□ 표시는 어떤 표시인가?

답안작성
(1) 라이팅 덕트
(2) 금속 덕트
(3) 정크션 박스(접속함·조인트 박스)
(4) 플로어 덕트
(5) 25[mm] 박강 전선관에 천장 은폐 배선으로 4[mm²] 절연 전선 3가닥과 접지선 2.5[mm²] 1가닥을 넣는 경우

문제 11

▶출제년도 : 기사 97. 05.   ▶점수 : 5점

- - - (F7) - - - 표시는 어떤 표시인가?

답안작성   플로어 덕트

해 설

- - - (F7) - - - : 플로어 덕트

| MD | : 금속 덕트

- - - ☐ - - - : 라이팅 덕트
        LD

문제 12

▶출제년도 : 기사 95. 99.   ▶점수 : 4점

심벌의 명칭은?

답안작성   1선 단선 지락

문제 13

▶출제년도 : 기사 97.   ▶점수 : 5점

3선 단락 기호의 단선도를 그리시오.

답안작성

문제 14
▶출제년도 : 산업 00.　　▶점수 : 8점

옥내 배선용 그림 기호에 대한 물음에 답하시오.
(1) 용량 15〔A〕의 점멸기 심벌을 그리시오.
(2) 조명 기구의 그림 기호가 ⊗ 로 표시되어 있다. 그림 기호의 의미는?
(3) 천장에 부착하는 경우의 콘센트 그림 기호를 그리시오.
(4) ●15A 의 잘못된 부분을 고쳐 그리시오.

답안작성　(1) ●15A　　　(2) 옥외등
　　　　　　(3) ⊙　　　　　(4) ●

해 설　(1) ● : 점멸기
　　　　• 10〔A〕는 표기하지 않는다.
　　　　• 15〔A〕 이상은 전류치를 표기한다.
　　(4) ● : 콘센트
　　　　• 15〔A〕는 표기하지 않는다.
　　　　• 20〔A〕 이상은 암페어수를 표기한다.

문제 15
▶출제년도 : 산업 89. 91. 94. 98.　　▶점수 : 12점

어떤 심벌의 명칭인지 정확하게 답하시오.
(1) ◣　(2) ⊠　(3) ◤◥　(4) ◎　(5) ─　(6) ●

답안작성　(1) 분전반　　　(2) 배전반
　　　　　　(3) 제어반　　　(4) 매입 기구
　　　　　　(5) 천장 은폐 배선　(6) 벽붙이 콘센트

해 설　(4) 매입 기구는 ⒟로 표시하여도 됨.

문제 16
▶출제년도 : 산업 92. 98.　　▶점수 : 3점

다음 심벌에 대한 명칭은?
(1) ⊗　　　(2) $　　　(3) ✦

답안작성　(1) 백열등 유도등　(2) 전자 개폐기　(3) 조광기

문제 17
▶출제년도 : 산업 92.　　▶점수 : 6점

배전반의 전선 접속도에 있어서 다음과 같은 기호가 있다. 이것의 명칭은 각각 무엇인가?
(1) ▭　　　　　　(2) ▯

답안작성　(1) 시험용 전압 단자
　　　　　　(2) 시험용 전류 단자

문제 18
▶출제년도 : 기사 95.　　▶점수 : 5점

◣ 심벌의 명칭은?

답안작성　분전반

문제 19

▶ 출제년도 : 산업 99.　▶ 점수 : 4점

다음 심벌의 명칭을 쓰시오.

(1) ▭　　(2) [AMP]　　(3) ●R　　(4) ○─|

답안작성
(1) 버저
(2) 증폭기
(3) 리모콘 스위치
(4) 벽붙이 백열전등

문제 20

▶ 출제년도 : 산업 98. 01.　▶ 점수 : 5점

옥내 배선용에서 ●R은 무엇을 나타내는가?

답안작성　리모콘 스위치

문제 21

▶ 출제년도 : 산업 89. 93. 95. 97. 04.　▶ 점수 : 4점

다음 옥내 배선용 심벌(symbol)에 대한 명칭을 쓰시오.

(1) ⊠　　(2) ⊖　　(3) ⓢ　　(4) ◐

답안작성
(1) 재해방지 전원회로용 배전반
(2) 스피커
(3) 연기 감지기
(4) 벽붙이 백열등(혹은 표시등)

해 설
⊠ : 재해방지 전원회로용 배전반 또는 통신신호 분야에서는 교환기
⊠₁종 : 1종 재해방지 전원회로용 배전반

문제 22

▶ 출제년도 : 기사 89. 95.　▶ 점수 : 4점

다음은 전기 배선용 심벌을 나타낸 것이다. 각각 명칭을 기입하여라.

(1) ↗15[A]　　(2) ⊗　　(3) ⊘G　　(4) ▲

답안작성
(1) 15[A]용 조광기
(2) 셀렉터 스위치
(3) 누전 경보기
(4) 리모콘 릴레이

문제 23

▶ 출제년도 : 기사 94.　▶ 점수 : 5점

다음 심벌에 대해 그 명칭을 표시하시오.

(1)　(2)　(3)　(4) ─⋀⋀⋀─　(5) ▪

답안작성
(1) 수동 복귀 a 접점
(2) 계전기 접점 및 보조 개폐기 접점
(3) 열전대
(4) 저항관
(5) 누름 버튼

문제 24

▶ 출제년도 : 산업 96. 99.　▶ 점수 : 5점

▰ 심벌에 대한 명칭은?

답안작성　재해방지 전원 회로용 분전반

문제 25

▶ 출제년도 : 산업 97.　▶ 점수 : 5점

ⓢ 그림 기호의 정확한 명칭은?

답안작성 개폐기

문제 26 ▶출제년도 : 산업 89. 93. 95. 97. 04.　▶점수 : 5점

Ⓢ는 자동화재 경보설비의 옥내배선용 심벌이다. 이것의 명칭은 무엇인가?

답안작성 연기 감지기

문제 27 ▶출제년도 : 기사 16. 산업 00. 01.　▶점수 : 5점

지진 감지기 그림 기호를 그리시오.

답안작성 ㊊

문제 28 ▶출제년도 : 기사 15. 산업 95. 00.　▶점수 : 5점

■● 심벌의 명칭은?

답안작성 벽붙이 누름 버튼

문제 29 ▶출제년도 : 기사 98.　▶점수 : 5점

ⓋⒶⓇ은 무엇을 나타내는 심벌인가?

답안작성 무효 전력계

문제 30 ▶출제년도 : 산업 93.　▶점수 : 5점

다음의 스위치 심벌의 명칭은 무엇인가?

▲▲▲

답안작성 리모콘 릴레이를 집합하여 부착하는 경우

해　설 리모콘 릴레이를 집합하여 사용하는 경우이며 릴레이 수를 표기한다.
ex) ▲▲▲ 10

문제 31 ▶출제년도 : 산업 89. 93. 95. 97. 04.　▶점수 : 8점

다음은 전기 배선용 심벌을 나타낸 것이다. 각각 명칭을 기입하여라.

(1) ✦15[A]　(2) ⊕　(3) ⊖G　(4)

답안작성　(1) 15[A] 조광기　　(2) 셀렉터 스위치
　　　　　(3) 누전 경보기　　(4) 분전반

문제 32 ▶출제년도 : 산업 90. 93.　▶점수 : 5점

조광기의 전기 심벌을 KSC 0301에 의거 그리시오.

답안작성

문제 33
▶출제년도 : 산업 91.　▶점수 : 4점

배관공사에서 ♂ 표시는 무엇을 의미하는가?

답안작성　상승

문제 34
▶출제년도 : 산업 95.　▶점수 : 5점

계기의 종류에서 가동 코일형의 기호를 작성하시오.

답안작성　⌒

문제 35
▶출제년도 : 산업 95.　▶점수 : 5점

룸 에어콘의 심벌을 그리시오.

답안작성　| RC |

문제 36
▶출제년도 : 산업 97.　▶점수 : 5점

아래 심벌은 무엇을 뜻하는가?

(1) ⊙$_{LF}$　　　　(2) ●$_A$

답안작성
(1) 플로트리스 스위치 전극
(2) 자동 점멸기

문제 37
▶출제년도 : 기사 96. 99. 00.　▶점수 : 5점

⏚ 이 심벌의 정확한 명칭은?

답안작성　접지단자

해 설　의료용인 것은 H를 표기한다. ⏚$_H$

문제 38
▶출제년도 : 산업 94. 02. 12.　▶점수 : 5점

그림은 콘센트의 종류를 표시한 옥내배선용 그림 기호이다. 각 그림기호는 어떤 의미를 가지고 있는지 설명하시오.

(1) ⊙$_{LK}$　(2) ⊙$_{ET}$　(3) ⊙$_{EL}$　(4) ⊙$_E$　(5) ⊙$_T$

답안작성
(1) ⊙$_{LK}$: 빠짐 방지형　　(2) ⊙$_{ET}$: 접지 단자붙이
(3) ⊙$_{EL}$: 누전 차단기 붙이　(4) ⊙$_E$: 접지극 붙이
(5) ⊙$_T$: 걸림형

문제 39
▶출제년도 : 산업 96. 99.　▶점수 : 5점

다음 심벌의 ⊙$_{WP}$ 명칭과 설치시 바닥면상 몇 [cm] 이상으로 해야 하는가?

답안작성
명칭 : 방수형 콘센트
위치 : 80 [cm]

해 설　방수형 콘센트는 80 [cm] 이상 높이에 취부

문제 40
▶ 출제년도 : 기사 99.　▶ 점수 : 4점

⊙H 은 콘센트에 관한 전기심벌이다. 정확한 명칭은?

답안작성　의료용 콘센트

문제 41
▶ 출제년도 : 산업 93. 97.　▶ 점수 : 5점

다음 그림은 지지물에 대한 기호이다. 명칭을 주어진 답안지에 쓰시오.
(1) ─⊠─
(2) ─□─
(3) ─●─
(4) ─→
(5) ─┃

답안작성　(1) 철탑　(2) 철주　(3) 철근 콘크리트주　(4) 지선　(5) 지주

문제 42
▶ 출제년도 : 기사 00. 04. 산업 99.　▶ 점수 : 4점

──⊠── 심벌의 명칭은?

답안작성　철탑

해 설　──□── 철주,　──⊠── 철탑,　──●── 철근 콘크리트주

문제 43
▶ 출제년도 : 기사 97. 06.　▶ 점수 : 5점

－－◎－－ 심벌의 명칭은?

답안작성　정크션 박스

문제 44
▶ 출제년도 : 기사 89.　▶ 점수 : 6점

옥내 배선용 심벌 중 비상용 조명을 일반용 조명 형광등에 조립하는 경우의 심벌을 그리시오.

답안작성　⊂○●⊃

문제 45
▶ 출제년도 : 기사 96. 00. 03.　▶ 점수 : 4점

⊗ 심벌에 대한 명칭은?

답안작성　유도등(백열등)

해 설　객석유도등인 경우는 필요에 따라 S를 표기한다. ⊗s

문제 46
▶ 출제년도 : 산업 93.　▶ 점수 : 5점

다음 보기에 나타난 항목의 전선 명칭을 표시 기호로 주어진 답안지에 답하시오.

【보기】(1) 옥외용 비닐절연전선
(2) 300/500〔V〕내열성 범용 비닐 시스 코드
(3) 미네랄 인슈레이션 케이블
(4) 0.6/1〔kV〕비닐절연 비닐시스 케이블
(5) 450/750〔V〕일반용 단심 비닐 절연전선

답안작성　(1) OW　(2) HOPC　(3) MI　(4) VV　(5) NR

문제 47

▶출제년도 : 산업 91.　▶점수 : 4점

다음은 전선에 대한 약호이다. 이에 대한 명칭은 무엇인가? 우리말로 답하시오.

(1) NR　　　　　　　　　　　　(2) ACSR
(3) FL　　　　　　　　　　　　(3) EV

답안작성　(1) 450/750 [V] 일반용 단심 비닐절연전선
　　　　　　(2) 강심 알루미늄연선
　　　　　　(3) 형광 방전등용 비닐 전선
　　　　　　(4) 폴리에틸렌 절연 비닐 시스 케이블

문제 48

▶출제년도 : 기사 90.　▶점수 : 4점

다음은 전선의 약호이다. 이에 대한 명칭은 무엇인가? 우리말로 답하시오.

(1) DV　　　　　　　　　　　　(2) HAL
(3) VV　　　　　　　　　　　　(4) RIF

답안작성　(1) 인입용 비닐 절연 전선
　　　　　　(2) 경(硬) 알루미늄선
　　　　　　(3) 0.6/1 [kV] 비닐절연 비닐시스 케이블
　　　　　　(4) 300/300 [V] 유연성 고무절연 고무시스 코드

문제 49

▶출제년도 : 산업 95.　▶점수 : 4점

다음 기호를 보고 어떤 종류의 케이블인지 그 종류를 쓰시오.

(1) CV1　　　　　　　　　　　(2) CVV
(3) CCV　　　　　　　　　　　(4) CN-CV-W

답안작성　(1) 0.6/1 [kV] 가교폴리에틸렌 절연비닐 시스케이블
　　　　　　(2) 0.6/1 [kV] 비닐절연 비닐시스 제어 케이블
　　　　　　(3) 0.6/1 [kV] 제어용 가교폴리에틸렌 절연비닐 시스 케이블
　　　　　　(4) 동심 중성선 수밀형 전력케이블

문제 50

▶출제년도 : 산업 95.　▶점수 : 4점

다음 기호를 보고 어떤 종류의 케이블인지 그 종류를 쓰시오.

(1) AWP　　　　　　　　　　　(2) AWR
(3) VCT　　　　　　　　　　　(4) VV

답안작성　(1) 클로로프렌, 천연 합성고무시스 용접용 케이블
　　　　　　(2) 고무시스 용접용 케이블
　　　　　　(3) 0.6/1 [kV] 비닐절연 비닐캡타이어 케이블
　　　　　　(4) 0.6/1 [kV] 비닐절연 비닐시스 케이블

문제 51

▶출제년도 : 기사 91. 95. 05.　▶점수 : 5점

차단기의 종류이다. 어떤 차단기인가 우리말로 쓰시오.

(1) OCB　　　　　　(2) ABB　　　　　　(3) GCB
(4) MBB　　　　　　(5) VCB

답안작성　(1) 유입 차단기　(2) 공기 차단기　(3) 가스 차단기
　　　　　　(4) 자기 차단기　(5) 진공 차단기

문제 52

▶출제년도 : 기사 91. 95. 05. 14. ▶점수 : 8점

약호의 뜻을 정확히 쓰시오.
(1) OCB (2) MBB (3) ACB
(4) GCB (5) ABB (6) NFB
(7) VCB (8) ELB

답안작성
(1) OCB : 유입 차단기 (2) MBB : 자기 차단기
(3) ACB : 기중 차단기 (4) GCB : 가스 차단기
(5) ABB : 공기 차단기 (6) NFB : 배선용 차단기
(7) VCB : 진공 차단기 (8) ELB : 누전 차단기

해설
(1) OCB : Oil Circuit Breaker (2) MBB : Magnetic-Blast Circuit Breaker
(3) ACB : Air Circuit Breaker (4) GCB : Gas Circuit Breaker
(5) ABB : Air-Blast Circuit Breaker (6) NFB : No Fuse Breaker
(7) VCB : Vacuum Circuit Breaker (8) ELB : Earth Leakage Circuit Breaker

문제 53

▶출제년도 : 산업 98. ▶점수 : 5점

다음 약어의 명칭을 쓰시오.
(1) UVR (2) OPR (3) CLR
(4) OVGR (5) POR

답안작성
(1) 부족 전압 계전기 (2) 결상 계전기
(3) 한류 저항기 (4) 지락과전압 계전기
(5) 위치 계전기(Position Relay)

문제 54

▶출제년도 : 산업 92. ▶점수 : 4점

송전 계통에 사용되는 차단기중 기중 차단기의 약어를 쓰시오. (KSC 0103에 의거)

답안작성 ACB

해설 소호원리에 따른 차단기의 종류

종류		소호원리
명칭	약어	
유입 차단기	OCB	소호실에서 아크에 의한 절연유 분해 가스의 열전도 및 압력에 의한 blast를 이용해서 차단
기중 차단기	ACB	대기 중에서 아크를 길게 해서 소호실에서 냉각 차단 (저압에서만 사용)
자기 차단기	MBB	대기중에서 전자력을 이용하여 아크를 소호실 내로 유도해서 냉각 차단
공기 차단기	ABB	압축된 공기를 아크에 불어 넣어서 차단
진공 차단기	VCB	고진공 중에서 전자의 고속도 확산에 의해 차단
가스 차단기	GCB	고성능 절연 특성을 가진 특수 가스(SF6)를 이용해서 차단

문제 55

▶출제년도 : 산업 90. ▶점수 : 8점

다음은 전력계통에서 사용되는 기기의 약호이다. 이에 대한 명칭은 무엇인가? (단, 우리말로 답하시오.)
(1) RDF (2) DM
(3) ZCT (4) ELB

답안작성	(1) 비율 차동 계전기	(2) 최대 수요 전력량계
	(3) 영상 변류기	(4) 누전 차단기

문제 56

▶ 출제년도 : 기사 91. 99.　▶ 점수 : 5점

케이블에 대한 품명이다. 주어진 답안지에 기호를 기입하시오.
(예 : 300/500〔V〕 편조 리프트 케이블 - BL)
(1) 인입용 비닐절연 전선
(2) 0.6/1〔kV〕 가교 폴리에틸렌 절연 폴리에틸렌 시스 케이블
(3) 0.6/1〔kV〕 가교 폴리에틸렌 절연 비닐 시스 케이블
(4) 형광 방전등용 비닐절연 전선
(5) 450/750〔V〕 일반용 단심 비닐 절연 전선

답안작성	(1) DV	(2) CE1	(3) CV1
	(4) FL	(5) NR	

문제 57

▶ 출제년도 : 기사 94.　▶ 점수 : 5점

6/10〔kV〕 고압 인하용 가교폴리에틸렌 절연 전선의 약호는 무엇인가?

답안작성	PDC

문제 58

▶ 출제년도 : 산업 94. 00.　▶ 점수 : 6점

그림을 보고 (1) 단상 유도 전압 조정기 (2) 3상 유도 전압 조정기의 복선도용 심벌을 그리시오.

(1) 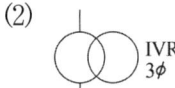　(2)

답안작성	(1) 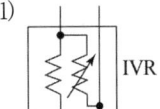	(2) 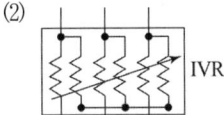

02 시퀀스 회로도 및 논리회로

1. 접점과 접점기구

1) 사용 기구

   입력 기구, 출력 기구, 보조 기구로 구성된다.
   ① 입력 기구 : 수동 스위치 BS, 검출 스위치(일반용과 센서 (sensor)용)
   ② 출력 기구 : MC(전자 접촉기), SV(전자 밸브), SOL(솔레노이드), Lamp, Bz(부저) 등
   ③ 보조 기구 : 제어 회로를 구성하는 보조 릴레이, 타이머 릴레이, 논리 IC 소자, 입·출력 회로, PLC 장치 등

2) 접점(Contact)

   회로를 열고 닫아 회로 상태를 결정하는 기능을 갖는 기구
   ① a 접점 : 원래는 열려 있고 조작하면 닫히는 접점
   ② b 접점 : 원래는 닫혀 있고 조작하면 열리는 접점
   ③ c 접점 : a↔b의 변환 접점

   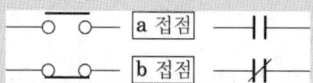

3) 수동 스위치(Switch)

   회로의 개폐 또는 접속 변경 등의 작업 명령용 입력 기구
   ① 복귀형 : 조작하고 있을 때에만 조작 상태가 변하고 조작을 중지하면 원래 상태로 복귀하는 버튼 스위치
   ② 유지형 : 조작한 후 다시 조작할 때까지 상태가 유지된다. 마이크로형, 토글형, 나이프형, 셀렉터형

   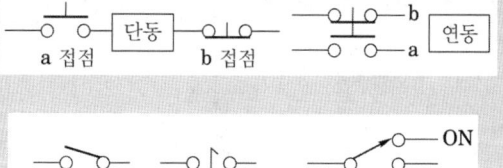

4) 검출 스위치

   회로 외부에서 상태 변화를 검출하는 검출 스위치와 주로 회로 내부에서 검출과 변환을 하는 센서가 있다.

   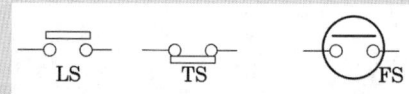

5) 전자 계전기(Relay)

   전자력에 의하여 접점을 개폐하는 기능을 갖는 제어 기구로
   ① 제어용 보조 릴레이 Ⓧ
   ② 용량이 크고 출력용으로 사용하는 전자 접촉기 MC가 있다. 근래에는 power relay(PR)가 사용되고 있다. 또 Thr 대신에 EOCR이 사용되고 있다.

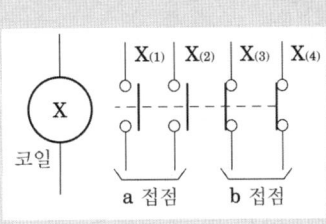
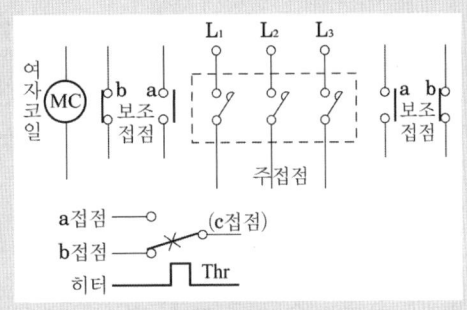

(a) 보조 릴레이 기호　　　　　　　　(b) MC 기호

2. 회로소자

1) AND 회로

① 기능 : 회로그림에서 입력 A, B가 동시에 있을 때 출력 X가 생기는 회로
　㉠ 논리곱 회로
　㉡ 직렬 논리 회로

② 논리기호와 논리식

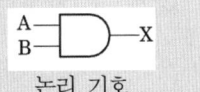

$X = A \cdot B$

　　논리 기호　　　　　　　　　논리식

③ 회로와 타임 차트

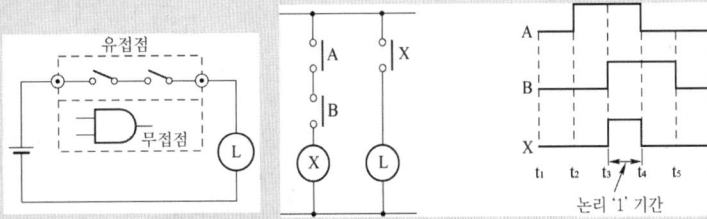

④ 진리표

A	B	X
0	0	0
0	1	0
1	0	0
1	1	1

2) OR 회로

① 기능 : 그림에서 입력 A, B 중 한 입력만 있어도 출력 X가 생기는 회로
　㉠ 논리합 회로　㉡ 병렬 논리 회로

② 논리 기호와 논리식

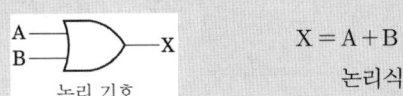

$X = A + B$

　　논리 기호　　　　　　　　　논리식

③ 회로와 타임 차트

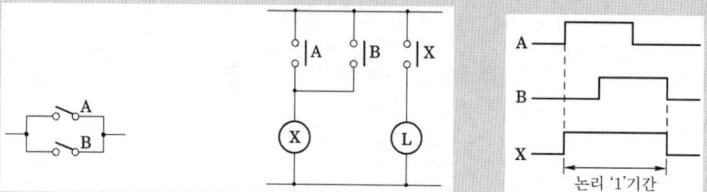

④ 진리표

A	B	X
0	0	0
0	1	1
1	0	1
1	1	1

3) NOT 회로

① 기능 : 입력과 출력의 상태가 반대로 되는 상태 반전 회로, 즉 부정의 판단 기능을 갖는 회로
② 논리 기호와 논리식

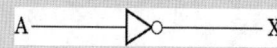

③ 회로와 타임 차트

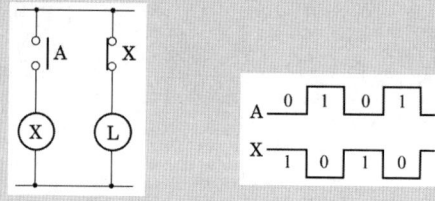

④ 진리표

A	X
0	1
1	0

4) NAND 회로

① 기능 : AND 회로를 부정하는 판단 기능을 갖는 회로
  • AND회로와 NOT회로로 구성
② 논리 기호와 논리식

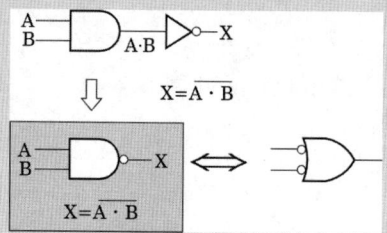

③ 진리표

A	B	X
0	0	1
0	1	1
1	0	1
1	1	0

5) NOR 회로

① 기능 : OR 회로를 부정하는 판단 기능을 갖는 회로
  • OR회로와 NOT회로로 구성

② 논리 기호와 논리식

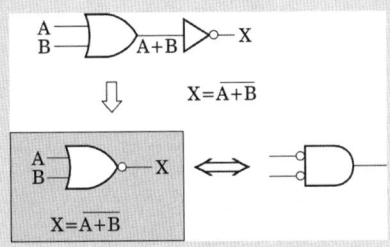

③ 진리표

A	B	X
0	0	1
0	1	0
1	0	0
1	1	0

3. 논리 변환과 논리 연산

1) 분배 법칙

$$A+(B \cdot C)=(A+B) \cdot (A+C)$$
$$A \cdot (B+C)=A \cdot B+A \cdot C$$

2) 2진수(0과 1)에서

① $A+0=A$ ② $A+1=1$ ③ $A \cdot 0=0$ ④ $0+1=1,\ 1+1=1,\ \overline{0}=1$
  $A \cdot 1=A$ $A+\overline{A}=1$ $A \cdot \overline{A}=0$ $0 \cdot 1=0,\ 1 \cdot 1=1,\ \overline{1}=0$

3) De Morgan의 정리

$\overline{A+B}=\overline{A} \cdot \overline{B}$ $A+B=\overline{\overline{A} \cdot \overline{B}}$ $\overline{AB}=\overline{A}+\overline{B}$ $AB=\overline{\overline{A}+\overline{B}}$

4) 동일 법칙

$A \cdot A=A$ $A+A=A$

4. XOR(Exclusive OR)

1) 기능

   두 입력의 상태가 다를 때에만 출력이 생기는 판단 기능을 갖는 회로

2) 논리 기호와 논리식

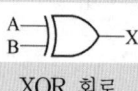

XOR 회로

$$X = A\overline{B} + \overline{A}B = A \oplus B$$

논리식

3) 회로

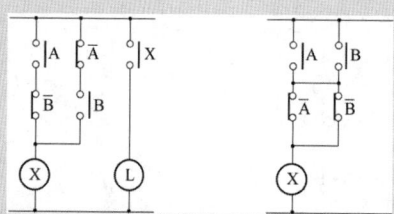
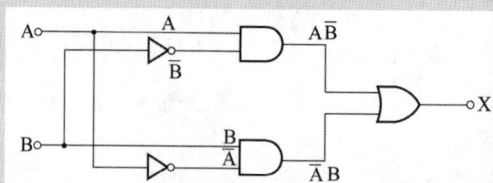

4) 타임 차트와 진리표

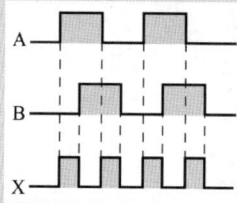

A	B	X
0	0	0
0	1	1
1	0	1
1	1	0

5. 인터록 회로(interlock)

1) 기능

   한쪽이 동작하면 다른 한쪽은 동작할 수 없는 논리

2) 회로 및 타임 차트

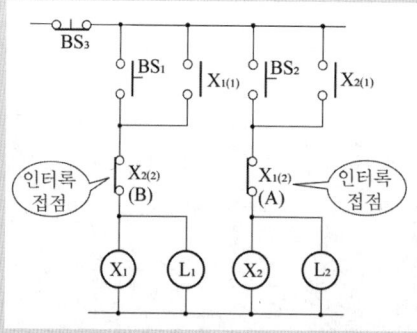
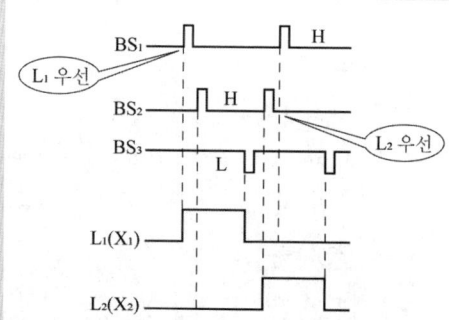

3) 동작 설명

BS$_1$을 먼저 누르면 L$_1$(X$_1$)이 동작 유지하고 인터록 접점 X1(2)(A)가 열린다. 따라서 이후 BS$_2$를 눌러도 L$_2$(X$_2$)가 동작할 수 없다. 또 BS$_2$를 먼저 주면 L$_2$(X$_2$)가 동작하고 인터록 접점 X$_{2(2)}$(B)가 열린다. 따라서 이후 BS$_1$을 눌러도 L$_1$(X$_1$)이 동작할 수 없다.

6. 신입 신호 우선 회로

1) 기능

한쪽이 동작하면 다른 한쪽이 복구되는 논리

2) 회로 및 타임 차트

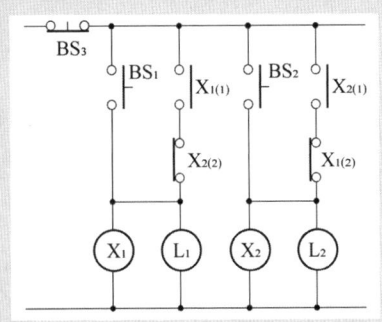
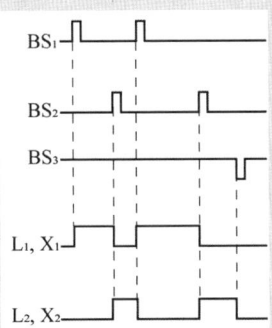

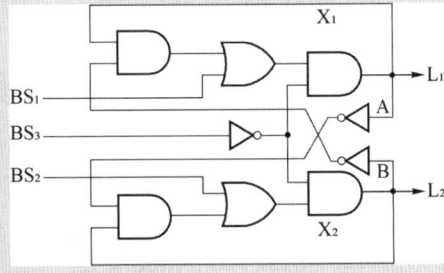

3) 동작 설명

BS$_1$을 주면 L$_1$(X$_1$)이 동작하고 동작 중인 X$_2$의 유지 회로의 직렬 b 접점 X$_{1(2)}$가 열려 L$_2$(X$_2$)가 복구한다. 다음 BS$_2$를 주면 L$_2$(X$_2$)가 동작하고 X$_1$의 유지 회로의 직렬 b 접점 X$_{2(2)}$가 열려 동작 중인 L$_1$(X$_1$)이 복구한다. 이하 반복 동작된다.

7. 동작 우선회로

1) 기능

정해진 순서대로 동작되는 회로의 예이다.

2) 회로 및 타임차트

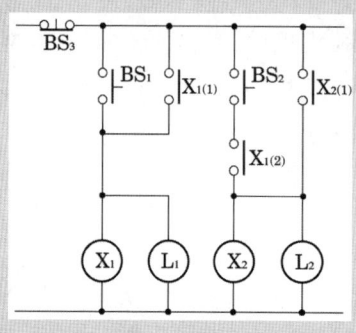 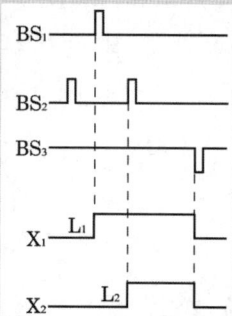

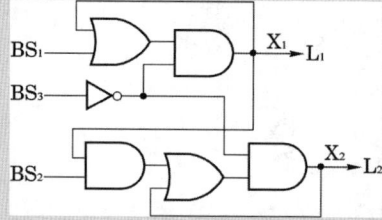

3) 동작 설명

BS₁을 주면 L₁(X₁)이 동작하고 접점 X₁₍₂₎가 닫혀 L₂(X₂)의 기동 회로를 준비한다. 다음 BS₂를 주면 L₂(X₂)가 동작하며 L₂가 먼저 동작할 수 없다.

8. 시한 회로(On delay timer : Ton)

1) 기능

입력을 주면 설정 시간(t)이 지난 후 출력이 동작한다.

2) 기호

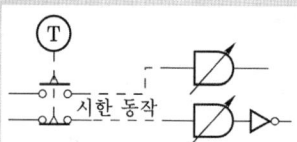

3) 회로 및 타임 차트

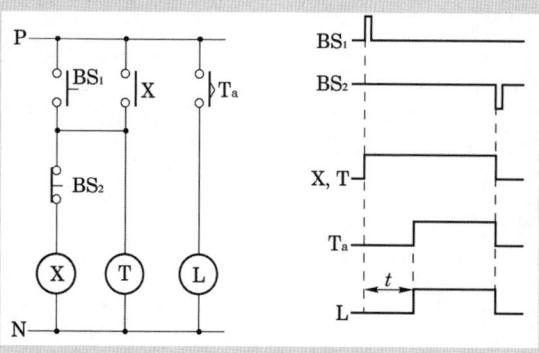 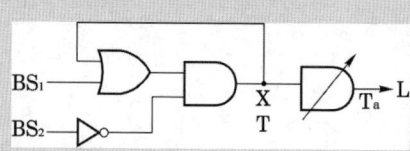

4) 동작 설명

유지 회로 X에 의하여 시한 동작 타이머 ⓣ가 여자되고 t초 후에 시한 동작 접점 T_a가 닫혀서 출력 ⓛ이 생긴다.

9. 시한 복구회로 (Off delay timer : Toff)

1) 기능

정지 입력을 주면 설정 시간(t)이 지난 후 출력이 복구한다.

2) 기호

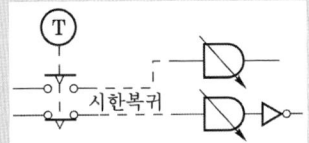

3) 회로 및 타임 차트

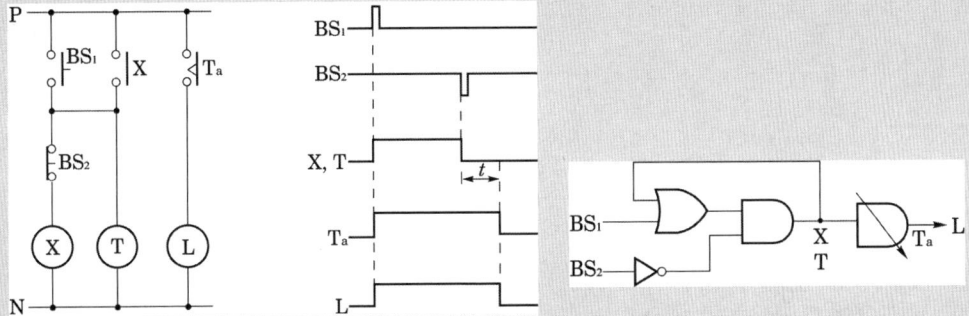

4) 동작 설명

유지 회로 X_1로 시한 복구 타이머 ⓣ가 동작되고 출력 ⓛ이 생긴다. 정지 신호를 주면 t초 후에 시한 복구 접점 T_a가 열려 출력 ⓛ이 없어진다.

10. 단안정 회로 (monostable)

1) 기능

정해진(설정 시간) 시간 동안만 출력이 생기는 회로

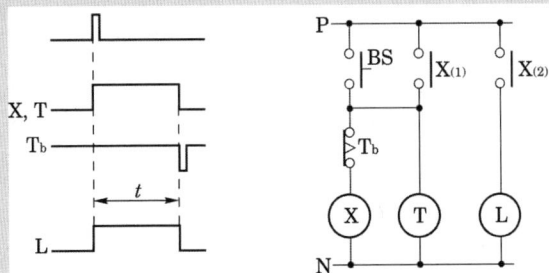

2) 회로 및 타임 차트
3) 동작 설명

유지 회로 $X_{(1)}$로 시한 동작 타이머 ⓣ가 여자되고 시한 동작 b 접점으로 회로를 복구시킨다.

11. 전동기 운전 회로

1) 구동 회로

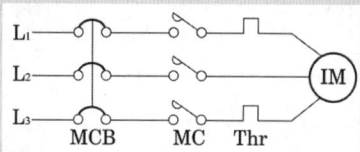

MC의 주접점이 닫히면 전동기 ⓜ이 구동된다. 열동 계전기 Thr을 접속한다.

여기서, MCB : Molded case circuit Breaker

　　　　MC : magnetic contact

　　　　MS : magnetic switch

　　　　MS = MC + Thr

　　　　Thr : thermal relay

2) 회로 및 타임 차트

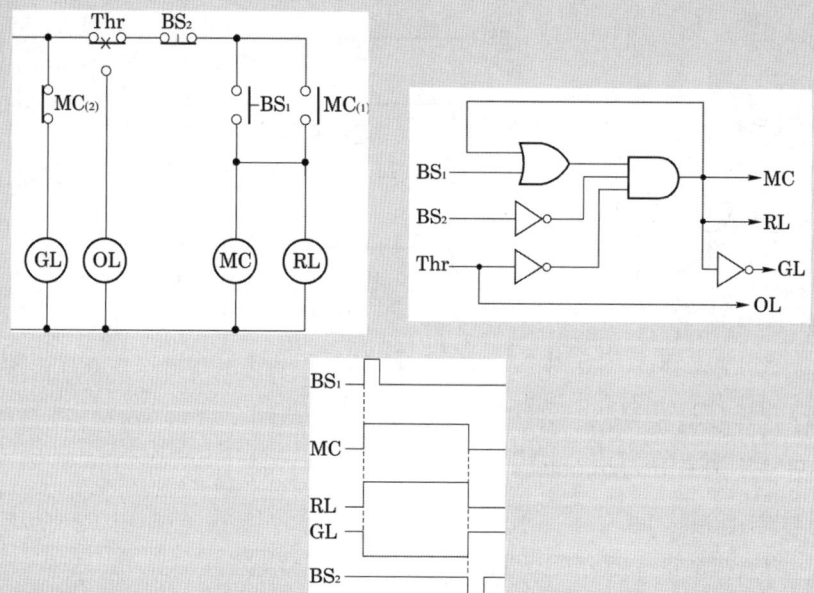

3) 동작 설명

① 기동(동작 기구 : MC, RL, ⓜ) : 전원을 투입(MCB)하면 정지 표시 램프 GL이 점등한다. 기동 입력 BS_1을 주면 전자 접촉기 MC가 동작 유지하고 구동 회로의 주접점 MC가 닫혀 전동기 ⓜ이 기동한다. 동시에 GL이 소등되고, 운전 표시 램프 RL이 점등한다.

② 정지(동작기구 : GL) : 정지 입력 BS_2를 주면 MC가 복구하여 구동 회로의 주접점 MC가 열려 전동기 ⓜ이 정지하고 동시에 GL이 점등되고 RL이 소등된다.

③ 고장 및 복구(고장중 동작기구 : OL, GL, Thr) : 운전 중 이상 전류가 흘러 열동 계전기 Thr이 트립되면 MC가 복구하고 ⓜ이 정지하며 RL 소등, GL 점등과 동시에 경보 표시 램프 OL이 점등한다. 고장이 회복되면 수동, 혹은 자동으로 Thr이 회복되고 OL램프가 소등된다.

12. 전동기 정·역 운전 회로

1) 구동 회로

전동기의 정·역 회전은 회전 자장의 방향을 바꾼다.
- 3상 : 전원의 3단자 중 2단자의 접속을 바꾼다.
- 단상 : 기동 권선의 접속을 바꾼다.

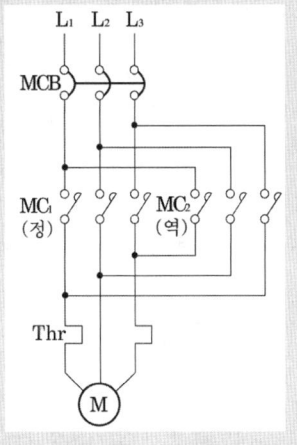

2) 회로 및 타임차트

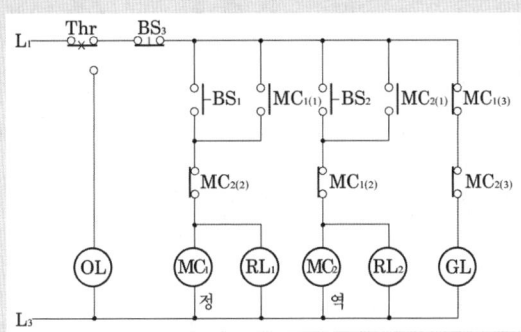

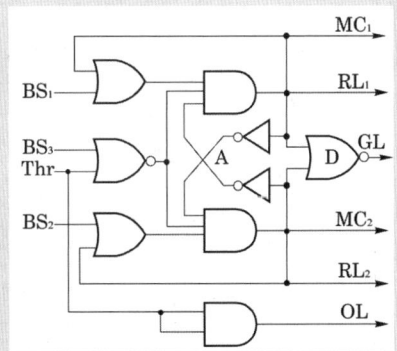
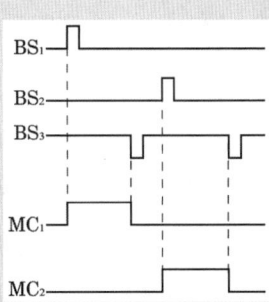

여기서, 입력 기구 : BS_1, BS_2 출력 기구 : MC_1, MC_2
구동 기계 : Ⓜ(전동기)   경보 기구 : Thr
정지 표시 램프 : GL   운전 표시 램프 : RL_1, RL_2
고장 표시 램프 : OL

3) 동작 설명

① 정회전(동작 기구 : MC_1, RL_1, Ⓜ) : BS_1을 주면 MC_1이 동작 유지하고 구동 회로의 주접점 MC_1이 닫혀 전동기 Ⓜ이 정회전 기동한다. 동시에 GL이 소등되고, RL_1이 점등한다. 인터록 접점 $MC_{1(2)}$는 MC_2에 인터록을 건다.

② 역회전(동작 기구 : MC₂, RL₂, Ⓜ) : BS₂를 주면 MC₂가 동작 유지하고 구동 회로의 주접점 MC₂가 닫혀 전동기 Ⓜ이 역회전 기동한다. 동시에 GL이 소등되고, RL₂가 점등한다. 인터록 접점 MC₂₍₂₎는 MC₁에 인터록을 건다.

③ 정지(동작 기구 : GL) : BS₃을 주면 MC₁(MC₂)이 복구하고 구동 회로의 주접점 MC₁(MC₂)이 열려 전동기 Ⓜ이 정지한다. 동시에 GL이 점등되고 RL₁(RL₂)이 소등된다.

④ 고장 및 복구(고장중 동작기구 : OL(GL), Thr) : 운전 중 이상 전류가 흘러 열동 계전기 Thr이 트립되면 MC₁(MC₂)이 복구하고 Ⓜ이 정지하며, RL₁(RL₂)이 소등되고, GL이 소등 됨과 동시에 경보 표시 램프 OL이 점등한다. 고장이 회복되면 수동, 혹은 자동으로 Thr이 회복되고 OL 램프가 소등된다.

13. 전동기 Y-△ 기동 회로

전동기의 기동 전류를 줄이기 위하여 Y결선 기동하고 기동이 끝나면 △결선으로 운전한다.

1) 구동 회로

① 전전압 기동시 기동 전류는 정격 전류의 6~7배 정도
② Y-△ 기동시 전전압 기동 전류의 1/3배, 즉 정격의 2배
③ 모선 접속 : MC₁
  Y 결선 기동 : MC₂ 〈한 점에 묶는다〉
  △ 결선 운전 : MC₃ 〈R-V, S-W, T-U〉
  ※ MC₁은 생략할 수 있다.

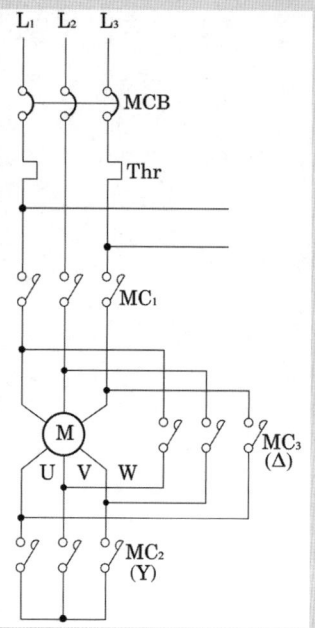

2) 회로 및 타임 차트

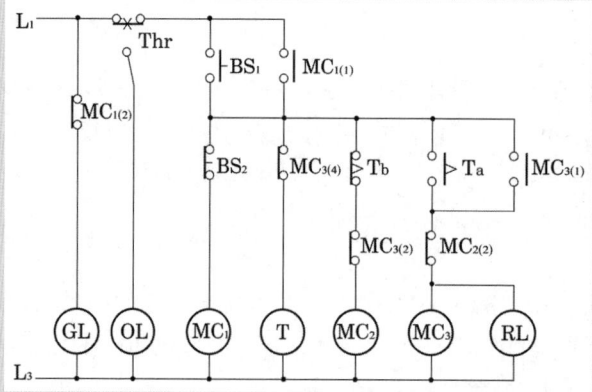

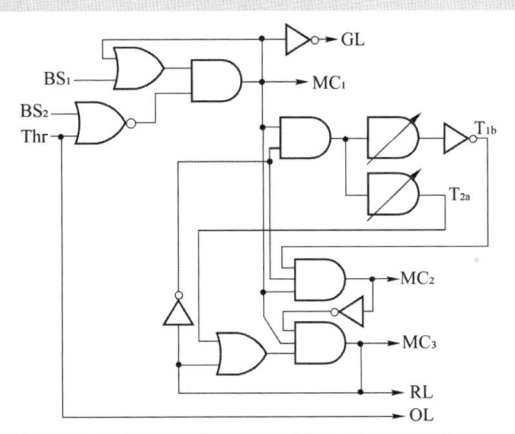 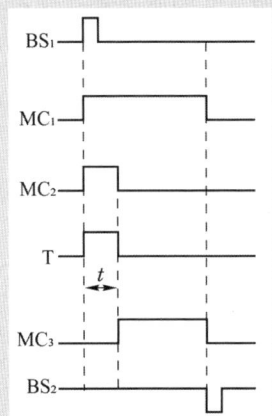

3) 동작 설명

① 전원을 투입(MCB)하면 정지 표시 램프 GL이 점등한다. BS_1을 주면 MC_1이 동작 유지하고 GL이 소등된다. 또 MC_2가 동작하고 타이머 Ⓣ가 여자된다.

② 모선 접속—구동 회로의 주접점 MC_1이 닫혀 모선을 접속한다.

③ Y기동—구동 회로의 주접점 MC_2가 닫혀 전동기 Ⓜ이 기동한다. 또 접점 $MC_{2(2)}$는 MC_3에 인터록을 건다.

④ 설정 시간(약 7초)이 되면 시한 동작 타이머의 접점 T_b로 MC_2가 복구하여 Y기동이 끝난다. 이어 접점 T_a로 MC_3이 동작하고 RL이 점등한다.

⑤ △ 운전—구동 회로의 주접점 MC_3이 닫혀 전동기 Ⓜ이 운전된다. 또 접점 $MC_{3(2)}$는 MC_2에 인터록을 건다. 접점 $MC_{3(4)}$는 운전 중 타이머 Ⓣ를 복구시킨다.

⑥ BS_2를 주면 MC_1이 복구하고 구동 회로의 주접점 MC_1이 열려 전동기 Ⓜ이 정지한다. 이어 MC_3이 복구하며 또한 GL이 점등되고 RL이 소등된다.

⑦ 운전 중 이상 전류가 흘러 열동 계전기 Thr이 트립되면 MC_1과 MC_3이 복구하여 Ⓜ이 정지하며, RL이 소등하고 GL이 점등함과 동시에 OL이 점등한다. 고장이 회복되면 수동, 혹은 자동으로 Thr이 회복되고 OL램프가 소등된다.

문제 1

▶ 출제년도 : 기사 89. 92. ▶ 점수 : 15점

다음 그림을 보고 물음에 답하여라.

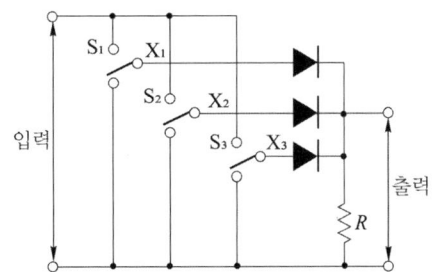

(1) 그림에서 다이오드에 의한 회로는 어떤 회로인가?
(2) 그림에서 입력 스위치가 답안지 타임 차트와 같이 동작할 때 출력을 그려라.

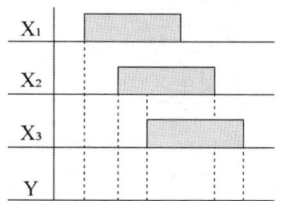

(3) 그림의 동작표를 주어진 답안지에 진리표의 출력을 완성하여라.

X_1	X_2	X_3	Y
0	0	0	
0	0	1	
0	1	0	
0	1	1	
1	0	0	
1	0	1	
1	1	0	
1	1	1	

답안작성

(1) 3입력 OR 회로

(2)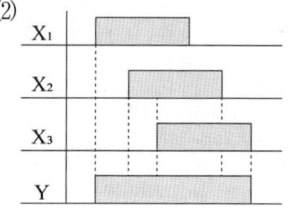

(3)

X_1	X_2	X_3	Y
0	0	0	0
0	0	1	1
0	1	0	1
0	1	1	1
1	0	0	1
1	0	1	1
1	1	0	1
1	1	1	1

해 설 $S_1(S_2, S_3)$을 위로 ON하면 다이오드가 통전하여 출력 단자에 전압(R의 강하)이 나타난다.

▶ 출제년도 : 산업 95.   ▶ 점수 : 6점

문제 2

접점 심벌을 보고 논리 심벌을 그리시오.

신 호		접점 심벌	논리 심벌
입력신호(코일)			(1)
시한동작회로	a 접점	─o⌃o─	(2)
	b 접점	─o⌃o─	(3)
시한복귀회로	a 접점	─o⌄o─	(4)
	b 접점	─o⌄o─	(5)
뒤진회로	a 접점	─o⋄o─	(6)
	b 접점	─o⋄o─	(7)

답안작성

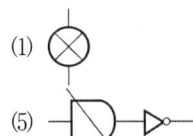　　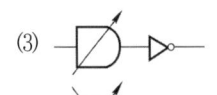

▶ 출제년도 : 산업 93.　▶ 점수 : 6점

문제 3 그림의 출력 $X_1 \sim X_6$를 보고 답란의 타임 차트에 각각 그려 넣고 논리식을 각각 쓰시오.

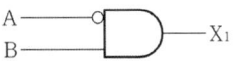

답안작성

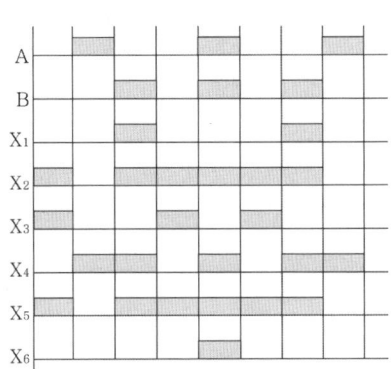

$X_1 = \overline{A} \cdot B$

$X_2 = \overline{A \cdot \overline{B}} = \overline{A} + B$

$X_3 = \overline{A} \cdot \overline{B} = \overline{A+B}$

$X_4 = \overline{\overline{A} \cdot \overline{B}} = A + B$

$X_5 = \overline{A} + B$

$X_6 = \overline{\overline{A} + \overline{B}} = A \cdot B$

▶ 출제년도 : 산업 90.　▶ 점수 : 5점

문제 4 그림의 무접점 논리 회로를 유접점 논리 회로로 그리고, 논리식을 구하시오.

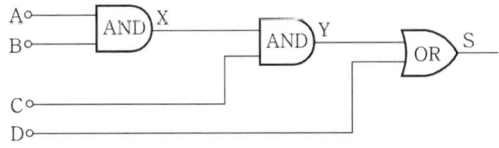

답안작성 유접점 논리회로

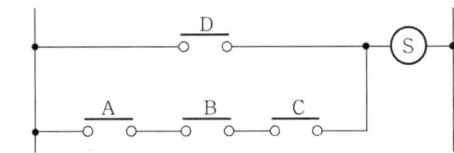

논리식 : $S = A \cdot B \cdot C + D$

해　설 A, B, C 직렬에 D의 병렬
$X = A \cdot B$
$Y = X \cdot C$
$S = Y + D = X \cdot C + D = A \cdot B \cdot C + D$

▶출제년도 : 기사 92. 97. ▶점수 : 6점

문제 5 신호, 접점심벌, 논리심벌을 보고 동작사항(타임차트)을 그리시오.

▶출제년도 : 기사 94. ▶점수 : 5점

문제 6 ─⊃─ 와 같은 기능의 논리 회로를 그리시오.

답안작성 OR 회로 ─⊃─

해 설 쌍대이론과 2중 부정을 이용한다.

▶출제년도 : 산업 98.   ▶점수 : 8점

문제 7

논리식 $X = \overline{A}BC + A\overline{B}C + AB\overline{C}$ 에 대한 로직 시퀀스를 그리고 또 NAND gate만의 로직 시퀀스를 그리시오.

답안작성

(1)

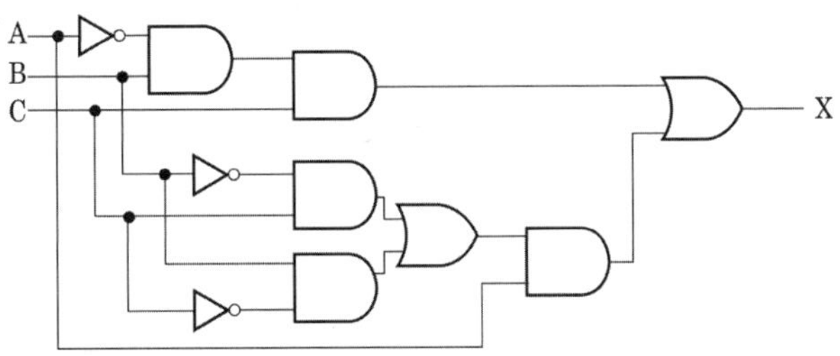

(2)

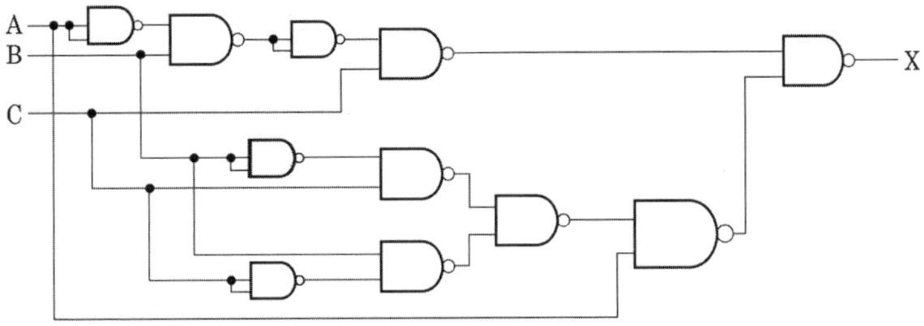

▶출제년도 : 기사 92. 97. 14.   ▶점수 : 8점

문제 8

출력 릴레이 X가 보조 릴레이 접점 A, B, C의 함수로써 다음 논리식으로 주어진다. 릴레이 시퀀스, 로직 시퀀스 및 NOR gate 또는 NAND gate만을 사용한 로직 시퀀스를 각각 그리시오.

논리식 : $X = (A+B)(C+\overline{B} \cdot \overline{C})$

답안작성

① 릴레이 시퀀스

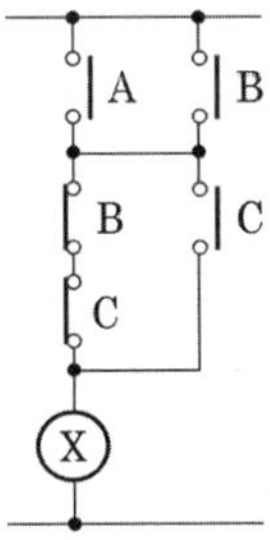

② 로직 시퀀스

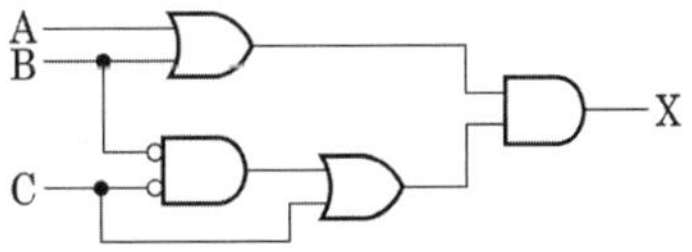

③ NOR gate

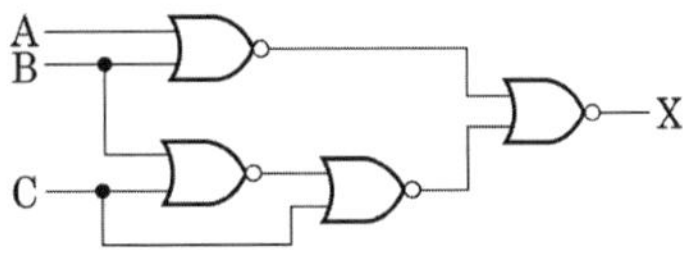

④ NAND gate

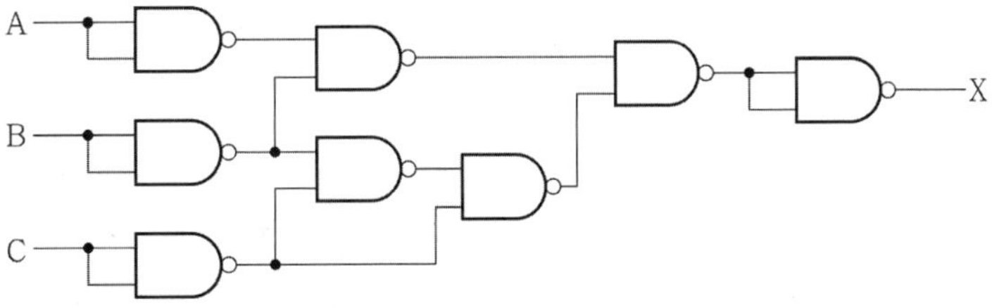

해 설 ③ NOR gate
ⓐ (A+B) - 병렬(OR)
ⓑ $\overline{B}\overline{C}$ - b접점(NOT) 직렬
ⓒ C+$\overline{B}\overline{C}$ - ②와 C의 병렬(OR)
ⓓ (A+B)(C+$\overline{B}\overline{C}$) - ①과 ③의 직렬(AND)

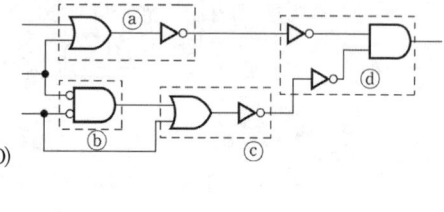

문제 9

▶출제년도 : 산업 92. 04.   ▶점수 : 6점

그림은 직류 전동기의 기동 회로도이다. 다음 물음에 답하시오.

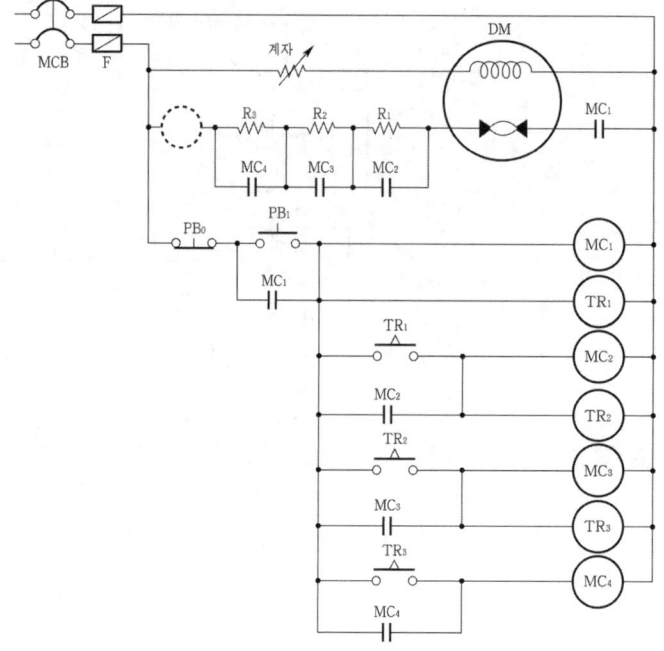

(1) 그림에서 ○으로 표시한 곳에 올바른 도면이 되도록 접점을 그리고 기호를 쓰시오.(예 : ─┤┠─ MC₄, ─┤├─ MC₃)
(2) 답란의 타임 차트에서 미완성 부분을 완성하시오.

답안작성

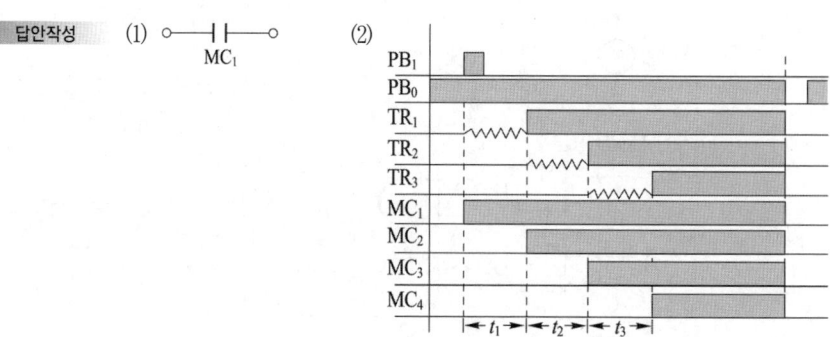

해 설 전기자의 직렬 저항 $(R_1+R_2+R_3)$을 3단계로 줄이면서 기동하고 운전 중에는 전부 단락 상태가 된다.

문제 10

▶출제년도 : 산업 96. ▶점수 : 9점

회로는 전자계산기의 접점의 논리회로이다. (1), (2), (3)은 어떤 회로인가 보기에서 찾으시오.

【보기】 ON, AND, NOT, OR, NOR

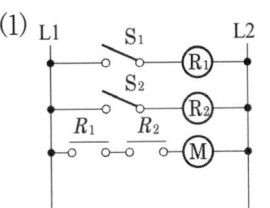 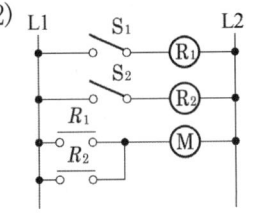 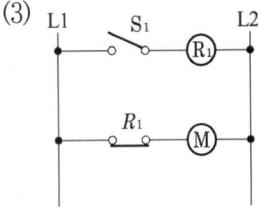

답안작성 (1) AND 회로   (2) OR 회로   (3) NOT 회로

문제 11

▶출제년도 : 기사 94. ▶점수 : 6점

도면의 (a), (b)는 어떤 회로인가?

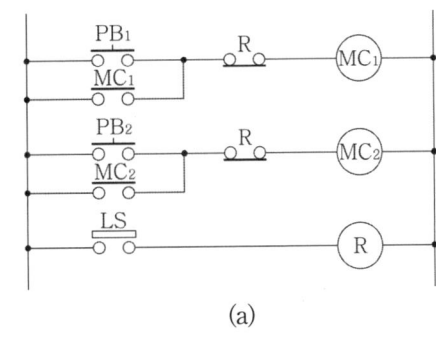 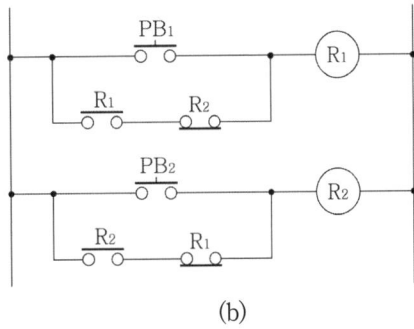

(a)　　　　　　　　　　　(b)

답안작성 (a) 자동 정지 회로
　　　　　(b) 신입신호 우선회로

문제 12

▶출제년도 : 산업 94. ▶점수 : 5점

도면의 (a), (b)는 어떤 회로인가?

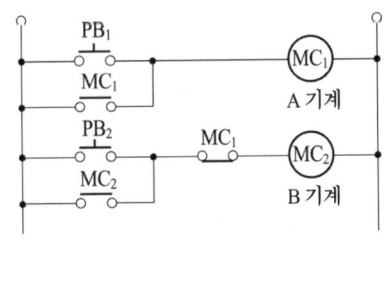 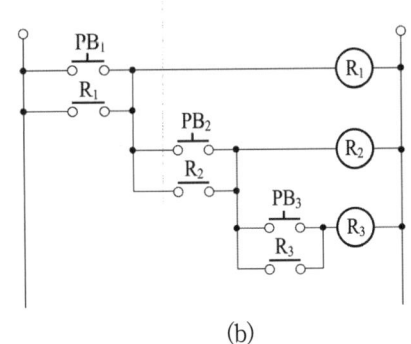

(a)　　　　　　　　　　　(b)

답안작성 (a) A기계 우선 회로
　　　　　(b) 순차 제어(직렬 우선) 회로

해　설　(a) A기계 우선 회로 또는 인터록회로 : 전자 접촉기 MC_1이 여자 되어 A기계가 동작하고 있는 동안은 전자접촉기 MC_1의 보조 b접점이 열려 전자 접촉기 MC_2에 인터록을 걸고 있기 때문에 푸시버튼 스위치 PB를 누르더라도 B기계는 동작하지 않는다.

(b) 순차 제어(직렬 우선) 회로 : 전자 계전기 R_1이 여자 된 후에만 전자 계전기 R_2가 여자 될 수 있으며, 전자 계전기 R_2가 여자 된 후에야 R_3가 여자 될 수 있다. 이러한 우선 회로는 기기들의 작동에 있어서 반드시 순서를 지켜야만 하는 경우에는 필수적인 것이다.

문제 13

▶출제년도 : 산업 94. 97.   ▶점수 : 5점

동작 설명을 읽고 제어회로를 그리시오.
① S_1을 OFF 상태에서 S_{3-1}을 ON하면 R_1이 점등되고, S_{3-2}를 ON하면 R_2가 점등된다.
② S_{3-1}을 OFF하고 S_{3-2}을 OFF한 상태에서 S_1을 ON하면 R_1, R_2가 병렬점등된다.
③ PB를 누르면 타이머 T가 동작하여 R_3가 점등되고 일정시간 후 R_3가 소등되며 R_4가 점등된다.

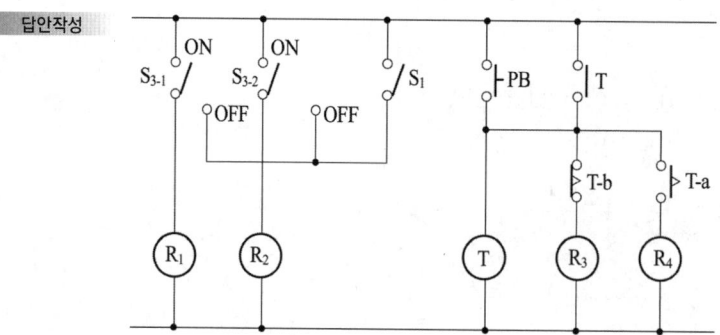

문제 14

▶출제년도 : 산업 93.   ▶점수 : 5점

다음 도면은 펌프 설비의 운전 제어회로이다. 도면을 보고 주어진 답안지에 타임차트를 완성하시오.

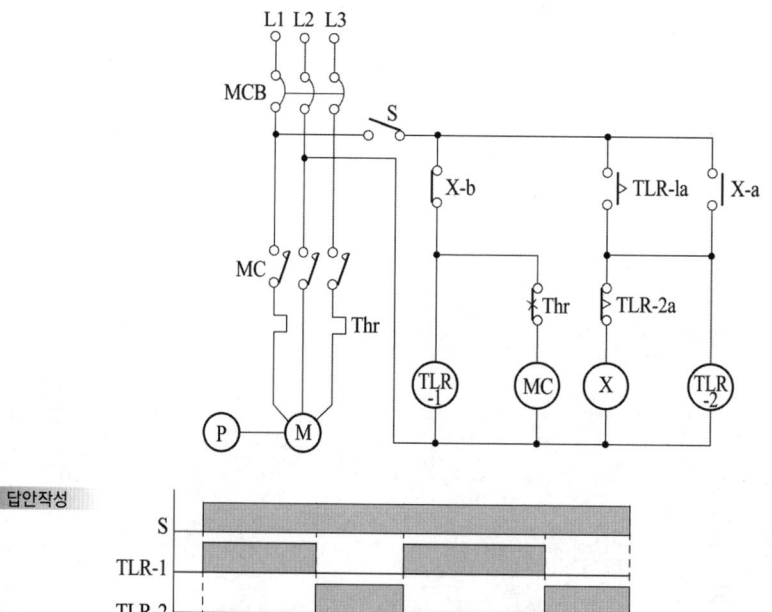

문제 15
▶출제년도 : 산업 91. ▶점수 : 6점

다음의 시퀀스를 이해하고 답안지의 타임차트를 완성하시오.

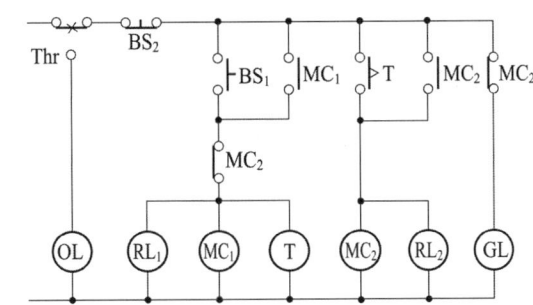

답안작성

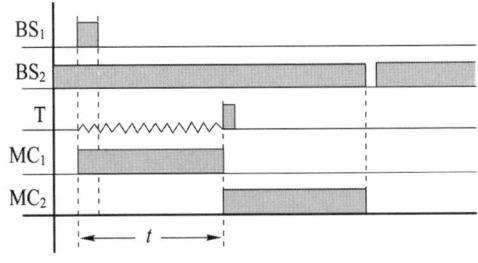

문제 16
▶출제년도 : 산업 93. ▶점수 : 8점

다음은 전동기의 정·역회전 회로도이다. 회로를 이해하고 질문에 답하시오.

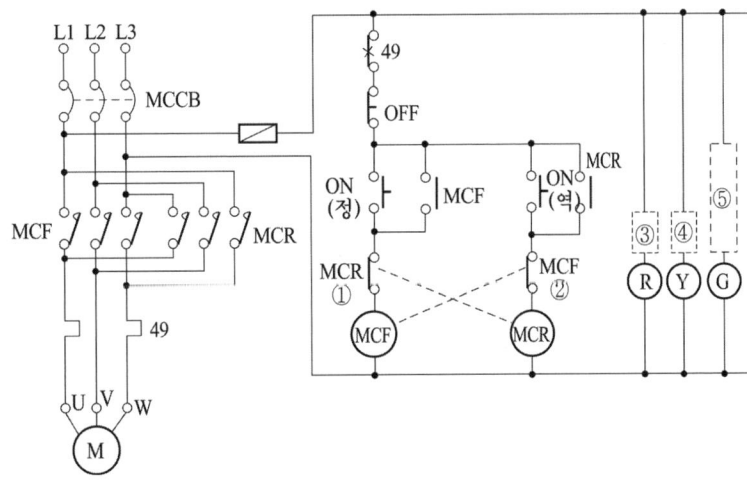

(1) ①, ②의 접점의 목적은?
(2) 전동기의 정지상태에서 ON(정), ON(역)을 동시에 누르면 전동기의 회전은?
(3) 정회전에 Ⓡ, 역회전에 Ⓨ, 정, 역 모두 정지시 Ⓖ Lamp가 동작되려면 점선안에 연결되어야 하는 접점은?
(4) 답란의 타임차트를 완성하시오.

답안작성
(1) 인터록 접점으로 정회전과 역회전의 동시투입 방지
(2) 회전하지 않는다.

(3)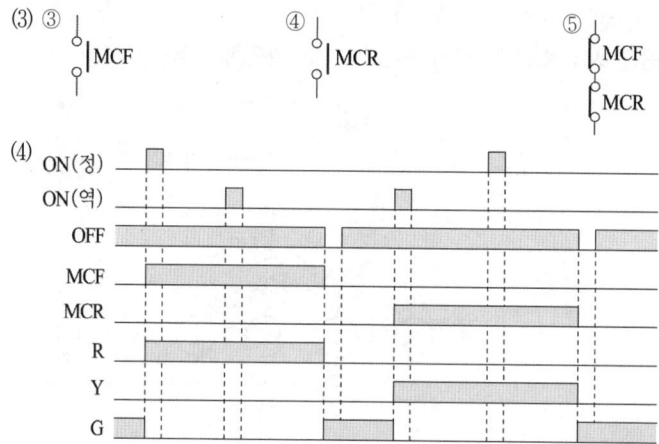

(4)

▶출제년도 : 기사 98. 03. 07.　▶점수 : 6점

문제 17

농형 유도 전동기의 기동법에서 Y−△ 기동, 리액터 기동 회로도를 전기적으로 그리시오.

답안작성

• Y−△ 기동 회로도　　　　　• 리액터 기동 회로도

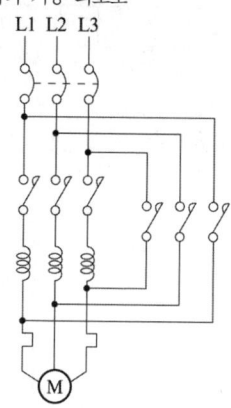

해 설　Y−△ 기동

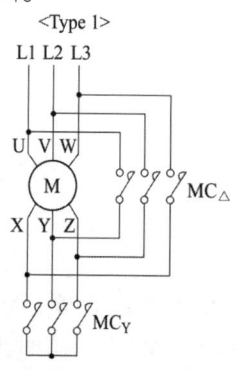　　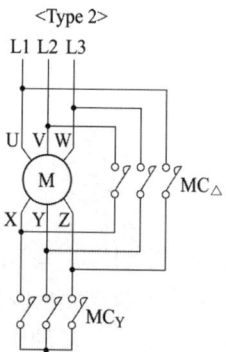

Type 1 또는 Type 2 모두 사용되나 기동 순간의 과도(돌입) 전류를 감소시키기 위하여 현재는 Type 1이 많이 사용된다.

문제 18

▶ 출제년도 : 산업 94.   ▶ 점수 : 10점

그림은 사무실용 FAN-HEATER 회로의 일부이다. 물음에 답하시오.

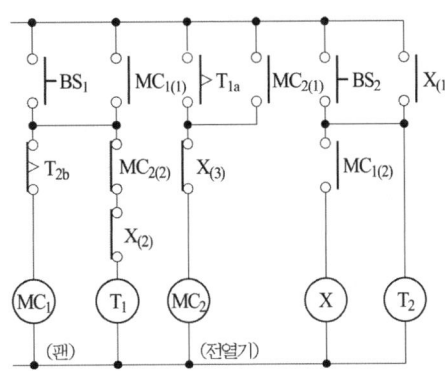

(1) 동작 과정을 동작(↑), 복구(↓)의 기호를 사용할 때 ( )안에 알맞은 MC를(↑↓)기호와 함께 차례로 쓰시오. ($t_1 < t_2$)

BS$_1$↑(↓) − (①), T$_1$ 여자 − t_1초 − (②), T$_1$(↓)

BS$_2$↑(↓) − X↑, T$_2$ 여자 − (③), t_2초 − (④) − X↓ − T$_2$↓

(2) 유지기능 접점 3개를, 정지기능 접점 4개를 쓰시오.

답안작성
(1) ① MC$_1$(↑)   ② MC$_2$(↑)   ③ MC$_2$(↓)   ④ MC$_1$(↓)
(2) 유지 기능 : MC$_{1(1)}$, MC$_{2(1)}$, X$_{(1)}$
    정지 기능 : T$_{2b}$, MC$_{2(2)}$, X$_{(2)}$, X$_{(3)}$

문제 19

▶ 출제년도 : 산업 97.   ▶ 점수 : 8점

도면을 잘 숙지한 다음 물음에 답하시오.

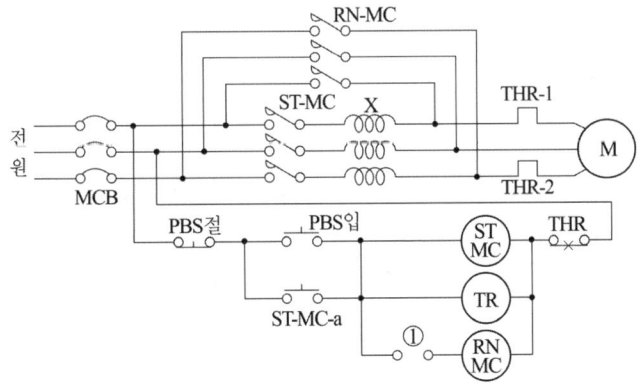

(1) 리액터 시동 제어회로에 대하여 설명하시오.
(2) 도면에서 ①로 표시된 곳에 알맞은 접점은?

답안작성 (1) 리액터를 전동기 권선에 직렬로 접속하고 시동 후 리액터를 단락시키는 방법으로 리액터의 전압강하에 의거 전동기에 걸리는 전압을 감소시켜 기동하는 감압기동의 일종이다.
(2) 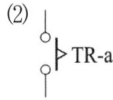 TR-a

해 설 (1) 전동기의 1차측 회로에 직렬로 기동리액터 X를 삽입하여 기동할 때는 리액터에 의해 전동기에 가하는 전압을 내리고, 속도가 상승한 후에는 기동리액터를 단락하여 전전압이 전동기에 인가 되도록 하는 감전압 기동법을 말한다.

문제 20

▶출제년도 : 산업 98. ▶점수 : 6점

그림의 타임차트와 같이 버튼 스위치 BS_1을 주면 MC_1이 동작하여 전동기가 정회전한다. 버튼 스위치 BS_2(연동)를 주면 MC_1이 복구하여 전동기는 정지하며, 타이머가 여자된다. 설정시간 t초 후 MC_2가 동작하여 전동기는 역회전한다. 이때, 타이머는 복구된다. 릴레이 회로를 그리시오. 타임차트에 표시된 이외의 기구는 사용하지 않는다.

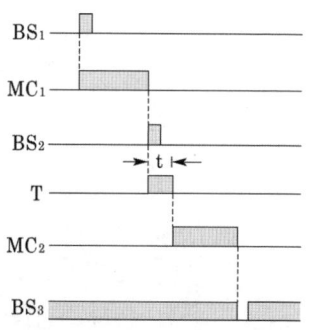

답안작성

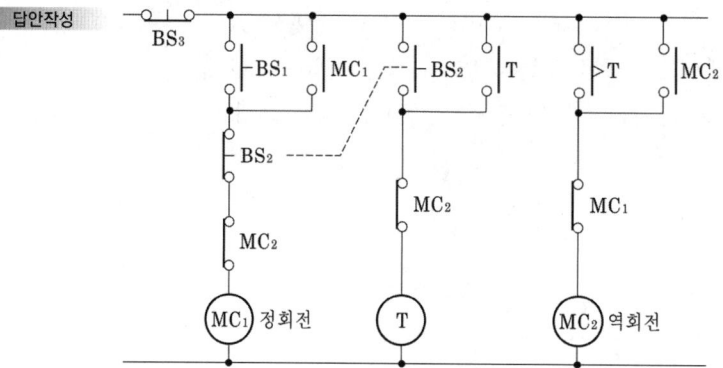

문제 21

▶출제년도 : 산업 99. 01. 07. ▶점수 : 6점

다음 그림의 릴레이 회로를 보고 물음에 답하시오.

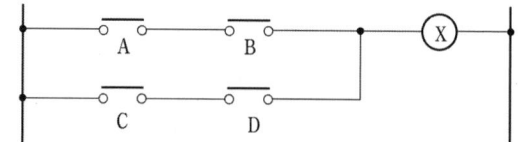

(1) 논리식을 쓰시오.
(2) 2입력 AND 소자, 2입력 OR 소자를 사용하여 로직 회로로 바꾸시오.
(3) 2입력 NAND 소자 만으로 회로를 바꾸시오.

답안작성 (1) X = AB+CD

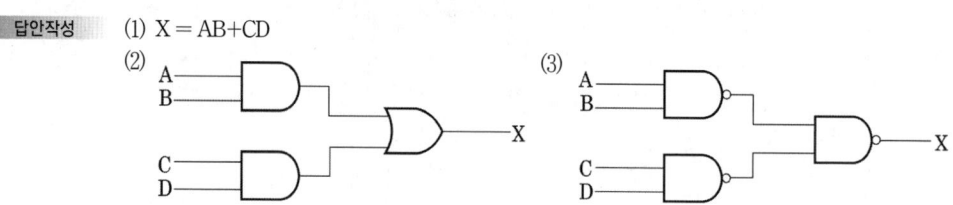

문제 22

▶출제년도 : 기사 90. ▶점수 : 7점

릴레이 시퀀스도이다. 도면을 보고 다음 물음에 답하시오.

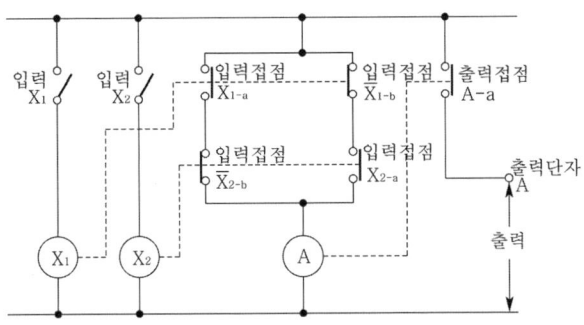

(1) 심벌을 이용하여 논리회로를 그리시오.

【예】 AND   OR   NOT

(2) 논리식은?

(3) 진가표를 작성하시오.

입력		출력
X_1	X_2	A
0	0	
0	1	
1	0	
1	1	

(4) 위 진가표를 만족할 수 있는 Logic Circuit를 간소화하여 그리시오.

답안작성

(1)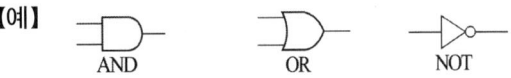

(2) $A = X_1 \overline{X_2} + \overline{X_1} X_2$

(3)

입력		출력
X_1	X_2	A
0	0	0
0	1	1
1	0	1
1	1	0

(4)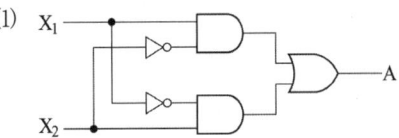

해 설 (4) Exclusive OR (XOR) : 두 입력의 상태가 다를 때에만 출력이 생기는 회로

문제 23

▶출제년도 : 기사 94. ▶점수 : 5점

다음 논리식에 의해 회로를 구성하시오 (단, 전원은 100〔V〕임)

$X_1 = (X_1 + PB \cdot \overline{X}_2)\overline{T}_2$ $X_2 = T_2 = T_1$

$T_1 = PB \cdot \overline{X}_2 + X_1$ $L = X_2$

답안작성

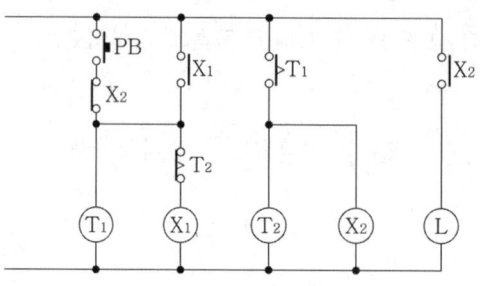

문제 24

▶ 출제년도 : 산업 97. 99.   ▶ 점수 : 10점

그림은 배타 논리합 회로를 나타낸 유접점 제어회로이다. 물음에 답하여라.

(1) 입력이 A, B일 때 출력 Y의 논리식을 표현하여라.
(2) AND 2개, NOT 2개, OR 1개를 이용하여 배타 논리합 회로의 무접점 회로를 그려라.
(3) 배타 논리합 회로의 진리표와 타임 차트를 각각 완성하여라.

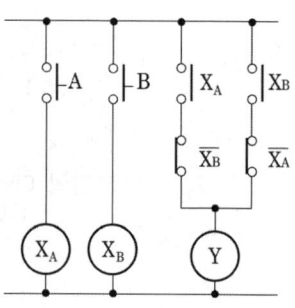

답안작성

(1) $Y = X_A \overline{X}_B + \overline{X}_A X_B$

(2)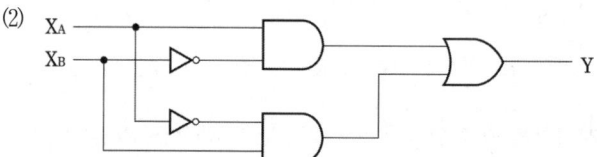

(3)

입력		출력
X_A	X_B	Y
0	0	0
0	1	1
1	0	1
1	1	0

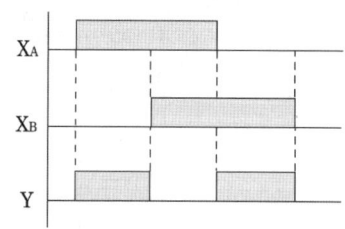

문제 25

▶ 출제년도 : 산업 95. 96.   ▶ 점수 : 10점

그림의 릴레이 시퀀스를 보고 물음에 답하시오.
(단, A, B는 입력, X는 출력이다.)

(1) 논리식을 쓰시오.
(2) 타임차트를 완성하시오.
(3) 2입력 AND, 2입력 OR, NOT 기호를 사용하여 로직회로를 완성하시오.
(4) 이 시퀀스를 하나의 로직기호로 나타내시오.
(5) 이 시퀀스의 명칭(회로명)을 쓰시오.

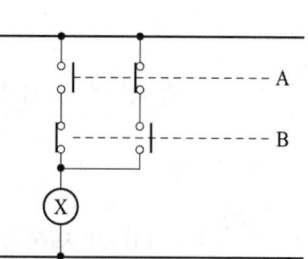

답안작성 (1) $X = A\overline{B} + \overline{A}B$
(2)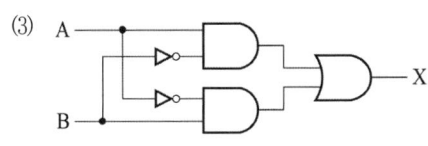
(3)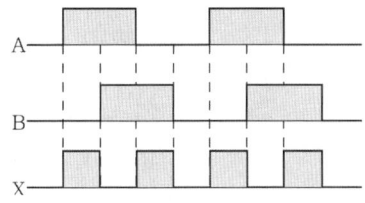
(4)
(5) 배타적 논리합 회로(Exclusive—OR)

▶ 출제년도 : 기사 95.   ▶ 점수 : 10점

문제 26 그림의 타임 차트를 보고 물음에 답하시오. 단 A, B는 입력, X는 출력이다.

(1) 논리식을 쓰시오.
(2) 릴레이 시퀀스를 답란에 완성하시오.

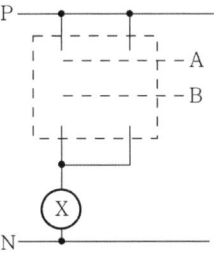

(3) 2입력 AND, 2입력 OR, 2입력 NAND 기호를 각각 1개씩 사용하여 로직 회로를 답란에 완성하시오.

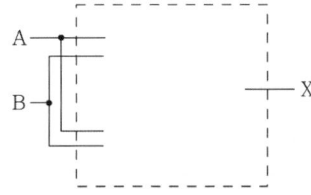

(4) 이 시퀀스의 회로 명칭(기호 명칭)을 쓰시오.
(5) 이 회로를 하나의 로직 기호로 나타내시오.

답안작성 (1) $X = A\overline{B}+\overline{A}B$, 혹은 $A \oplus B$ 혹은 $(A+B)\overline{AB}$

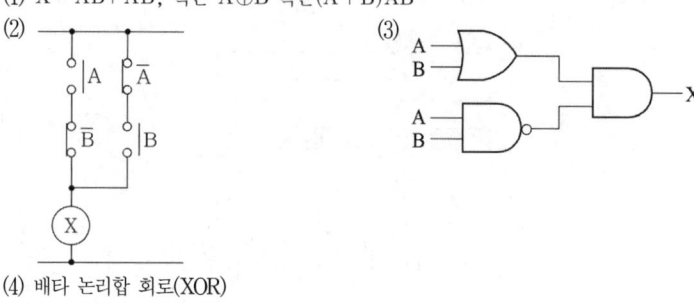

(4) 배타 논리합 회로(XOR)

(5) 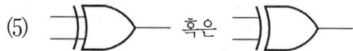 혹은

해설 두 입력 중 하나만 있을 때 출력이 생기는 배타 논리합 회로로서 $X = A\overline{B}+\overline{A}B$이다.

문제 **27** ▶ 출제년도 : 산업 88. ▶ 점수 : 6점

다음 그림은 기동(SET) 우선 유지 회로이다. 이 회로를 보고 다음 각 물음에 답하시오.

(1) 무접점 기동 우선 논리 회로를 그리시오.
(2) 기동 우선 회로의 동작 상태를 타임차트로 나타내시오.

답안작성 (1)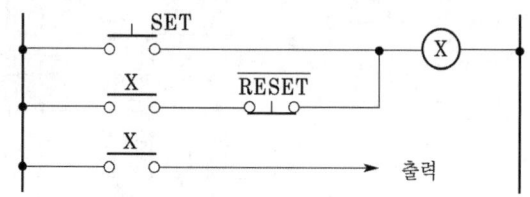

(2)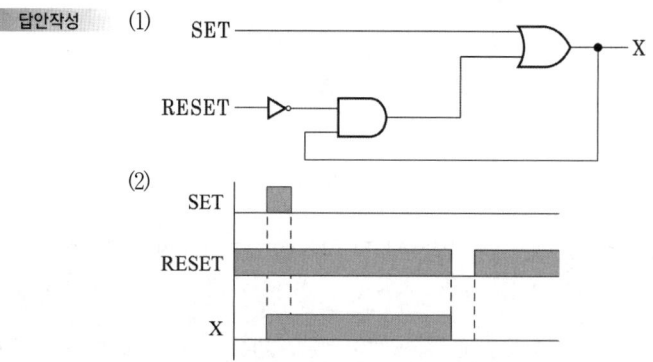

문제 **28** ▶ 출제년도 : 산업 97. ▶ 점수 : 6점

그림과 같은 릴레이 시퀀스에서 A, B, C, D는 보조 릴레이 접점이고 Ⓧ는 릴레이, Ⓛ은 부하이다. (1)~(3)번의 물음에 답하시오.
(1) 논리식을 쓰시오. (X =   )
(2) 논리 회로(2입력 AND, OR, NOT 기호 사용)를 그리시오.

(3) 그림 (a)의 쌍대회로를 (b)의 점선란에 완성하시오.

여기서, $L = \overline{X} = \overline{\overline{A} \cdot \overline{B} + C + D}$ 이다.

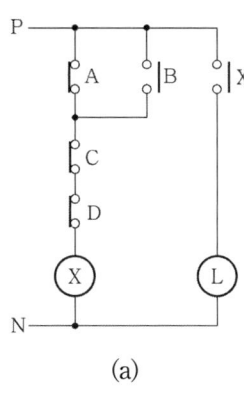

(a)

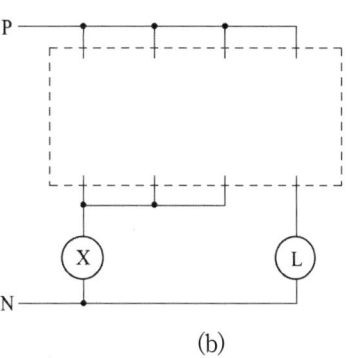

(b)

답안작성

(1) $X = (\overline{A} + B)\overline{C}\,\overline{D}$

(2)

```
A ─▷○─┐
      ├─▷──┐
B ────┘    │
           ├──▷── (X)L
C ─▷○─┐    │
      ├────┘
D ─▷○─┘
```

혹은

```
A ─▷○─┐
      ├─▷──┐
B ────┘    │
           ├──▷── (X)L
C ─▷○─┐    │
      ├────┘
D ─▷○─┘
```

(3)

점선란 안에 A와 B가 직렬, 이를 C, D, X와 병렬로 연결한 쌍대회로

해 설

(1) b접점 A와 B는 병렬이므로 $\overline{A}+B$이고 여기에 b 접점 C와 D가 각각 직렬이므로
$X = (\overline{A}+B)\overline{C}\,\overline{D}$이다.

(2) A NOT와 B는 병렬(OR)이고 여기서 C NOT와 D NOT가 각각 직렬(AND)이다.

(3) 쌍대 회로는 a접점과 b접점을 서로 바꾸고, 또 직렬과 병렬을 서로 바꾼다.

▶출제년도 : 산업 95.   ▶점수 : 8점

문제 29
그림 (a)는 반가산기의 로직 회로이다. 출력 X_1, X_2의 논리식을 쓰고 그림 (b)란에 논리 기호 2개를 사용하여 등가 논리 회로를 완성하시오. 또 (c)란에 릴레이 회로를, (d)란에 타임 차트를 완성하시오.

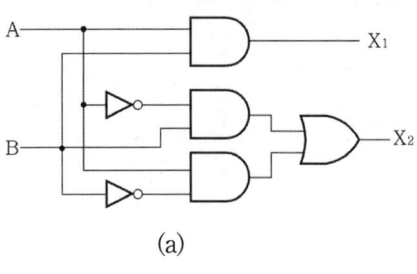

(a)

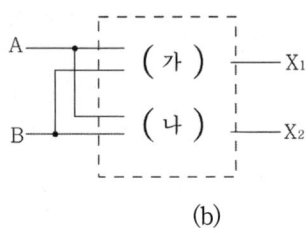

(b)

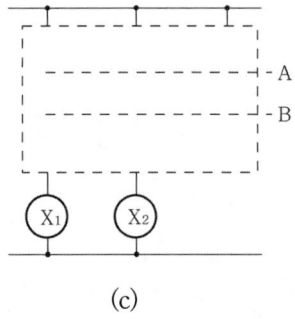

(c)

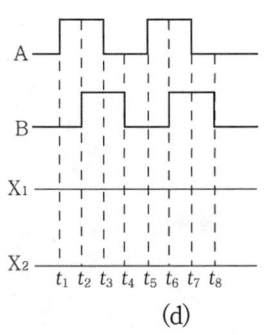

(d)

답안작성

(a) $X_1 = AB$, $X_2 = \overline{A}B + A\overline{B}$ 혹은 $X_2 = A \oplus B$

(b) (가) ⎯⎯▷⎯⎯ (AND) (나) ⎯⎯⊕⎯⎯ 혹은 ⎯⎯⊕⎯⎯

(c)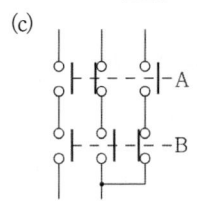

(d) $X_1 : t_2 \sim t_3,\ t_6 \sim t_7$
    $X_2 : t_1 \sim t_2,\ t_3 \sim t_4,\ t_5 \sim t_6,\ t_7 \sim t_8$

해설 X_1은 A와 B가 모두 있을 때 출력이 생기고(AND 회로), X_2는 A, 혹은 B 중 하나만 있을 때 출력이 생기는 배타 논리합(XOR) 회로이다.

▶ 출제년도 : 산업 92. 93.　▶ 점수 : 8점

문제 30

아래 회로도를 보고 물음에 답하시오.

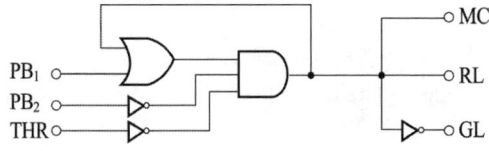

(1) 답안지의 시퀀스 회로도를 완성하시오.
(2) 답란의 출력식을 쓰시오.

답안작성 (1)

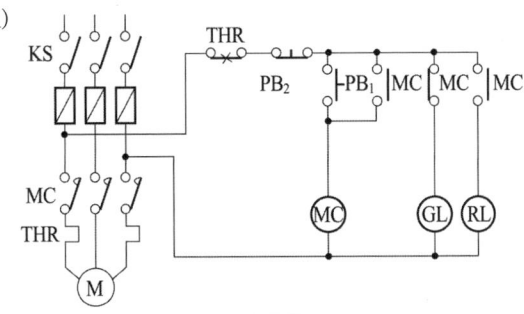

(2) $MC = (PB_1 + MC) \cdot \overline{PB_2} \cdot \overline{THR}$
  $GL = \overline{MC}$
  $RL = MC$

문제 31

▶출제년도 : 산업 92. 03.   ▶점수 : 8점

아래 회로는 압력 스위치(PS)를 이용한 경보 회로로 압력 스위치가 닫히면 부저(BZ)가 울리고 타이머에 의하여 부저가 정지한다. 다음 물음에 답하여라.

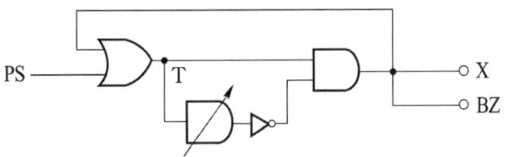

(1) 주어진 회로를 완성하시오.

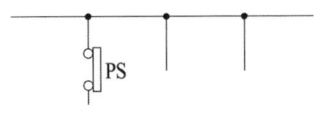

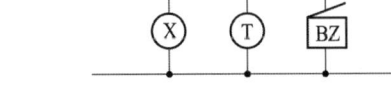

(2) 주어진 식을 쓰시오.
  ① $X = \quad \cdot \overline{T}$
  ② $T =$
  ③ $Bz =$

답안작성 (1)

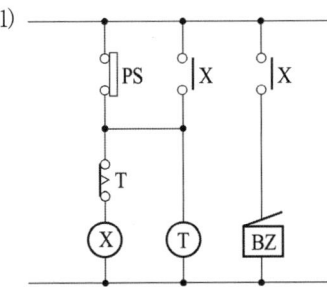

(2) $X = (PS + X) \cdot \overline{T}$
  $T = PS + X$
  $BZ = X$

문제 32

▶ 출제년도 : 기사 93. 14.   ▶ 점수 : 5점

그림의 릴레이 회로를 로직 회로로 바꿀 때 ( ) 안에 알맞은 기호를 보기에서 찾아 넣으시오.

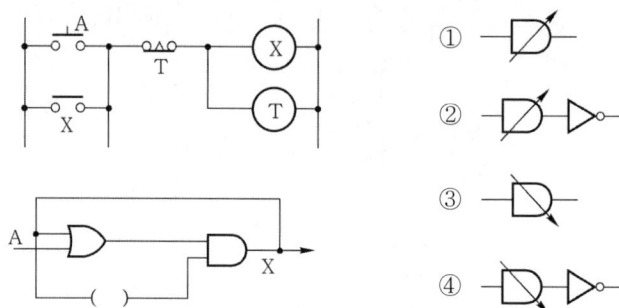

답안작성 ②

해 설 단안정 회로로서 설정 시간 동안만 동작한다. 보통 아래와 같이 회로를 구성한다.

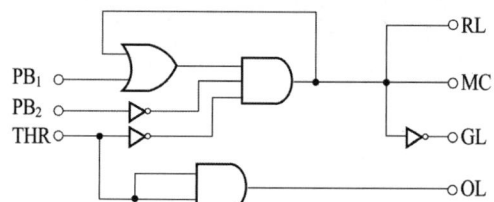

문제 33

▶ 출제년도 : 산업 92. 93.   ▶ 점수 : 8점

3상 유도 전동기의 기동회로이다. 무접점 회로를 보고 주어진 물음에 답하시오.

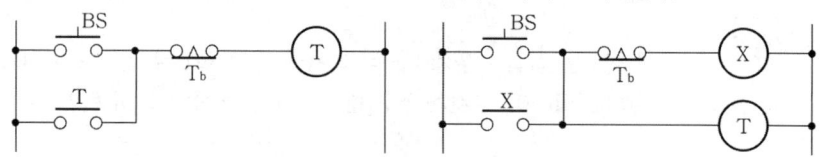

(1) 답란의 시퀀스를 완성하시오.
(2) 답란의 출력식을 쓰시오.

답안작성 (1)

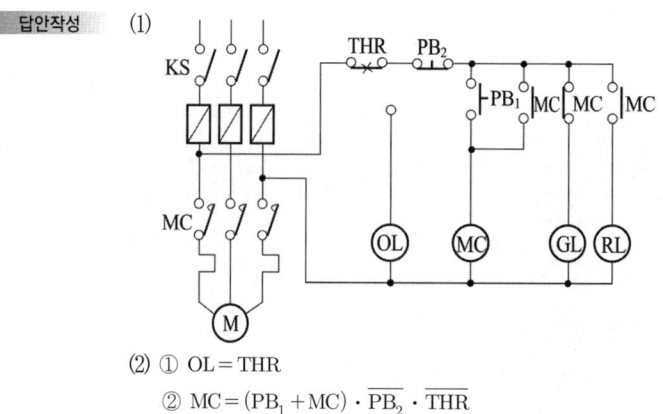

(2) ① $OL = THR$
  ② $MC = (PB_1 + MC) \cdot \overline{PB_2} \cdot \overline{THR}$

문제 34 ▶출제년도 : 산업 91. ▶점수 : 15점

Time Chart는 경보설비의 일부이다. 다음 물음에 주어진 답안지에 답하시오.

(1) Time Chart를 보고 만족할 수 있는 회로도를 완성하시오. 단, FL : 전구, B : 벨, R : Relay임

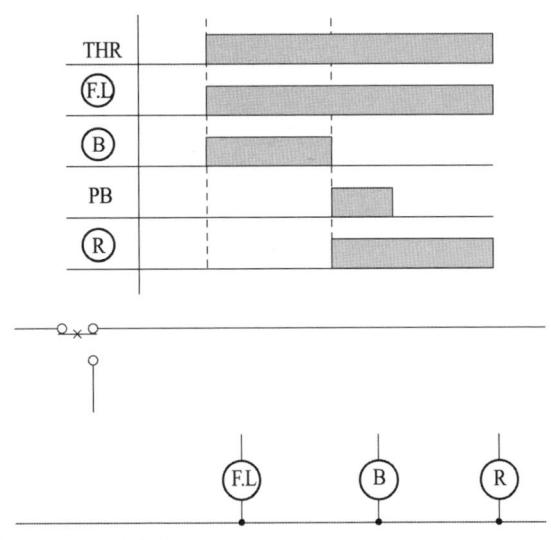

(2) 위 회로의 무접점 회로를 완성하시오.

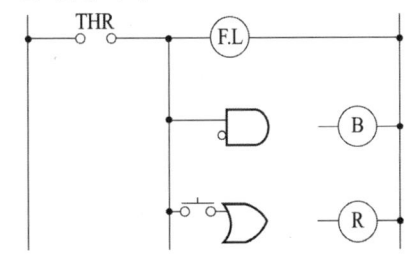

(3) B와 R에 대한 논리식을 쓰시오.

답안작성

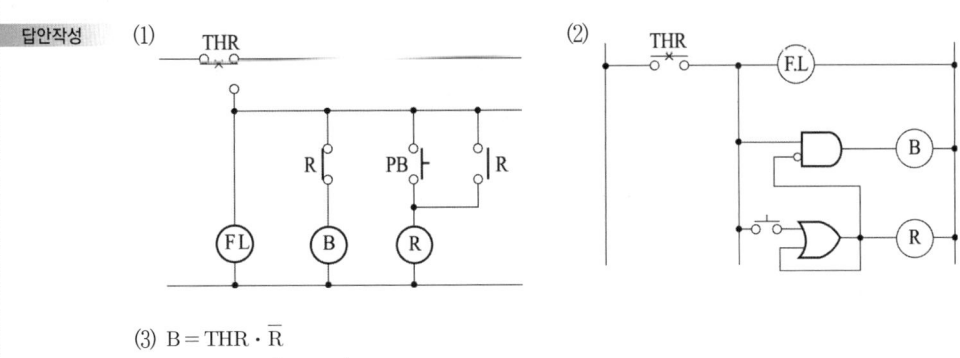

(3) $B = THR \cdot \overline{R}$
    $R = THR \cdot (PB + R)$

문제 35 ▶출제년도 : 산업 92. 97. 03. ▶점수 : 10점

그림은 신호 회로를 조합한 시퀀스 회로이다. 누름 버튼 스위치(PB)는 20초 동안 누르고, 접점 F는 전원 투입 3초 후 동작하며 10초 동안 유지하며 설정시간은 T_1은 7초, T_2는 5초이고, 기타의 시간 늦음은 없다. 다음 물음에 답하여라.

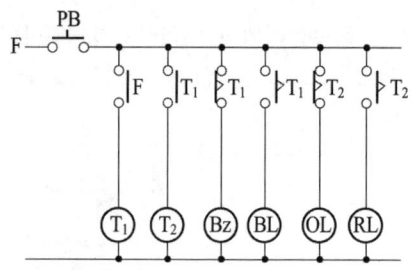

(1) 답란에 주어진 타임 차트를 그려라.

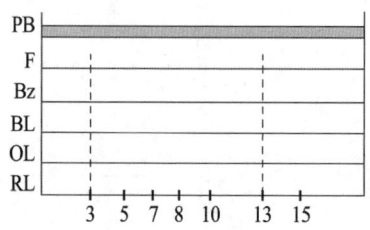

(2) 답란에 주어진 기호로 회로를 그리고 논리식을 써라.

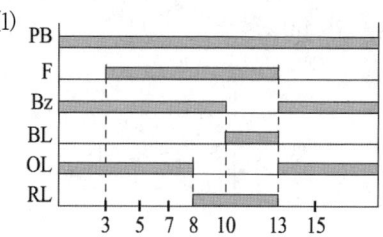

답안작성

(1)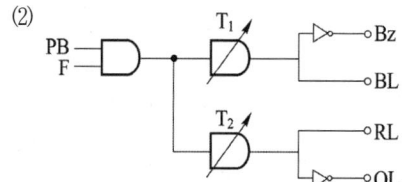

(2)

$T_1 = PB \cdot F \quad T_2 = T_1(여자) = PB \cdot F$

$Bz = \overline{T_1}, \quad BL = T_1$

$RL = T_2, \quad OL = \overline{T_2}$

해 설 PB를 주면 Bz, OL이 점등된다. 3초 후 F를 주면 T_1, T_2가 여자된다. 5초 후(시간 8초) T_2 접점으로 OL이 소등되고 RL이 점등되며 이어 2초 후(여자 후 7초, 시간 10초)에 T_1 접점으로 Bz이 복구하고 BL이 점등된다. 이어 3초 후(시간 13초) F가 열리면 BL, RL은 소등되고 BZ, OL은 점등(동작)된다.

▶ 출제년도 : 기사 94. 98.   ▶ 점수 : 10점

문제 36 유접점 제어 회로를 보고 다음 물음에 답하시오.

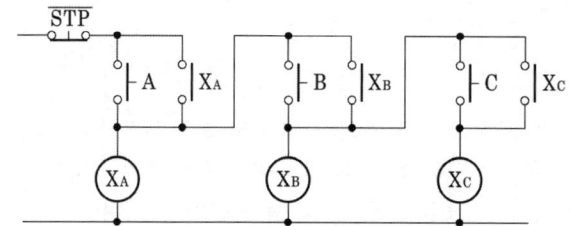

(1) 유접점 제어 회로에서 X_C의 논리식을 표현하시오.
(2) 유접점 제어 회로를 무접점 제어 회로로 그리시오. (단, AND, OR, NOT 게이트의 기본 회로를 가지고 표현할 것)
(3) 타임 차트를 완성하시오.

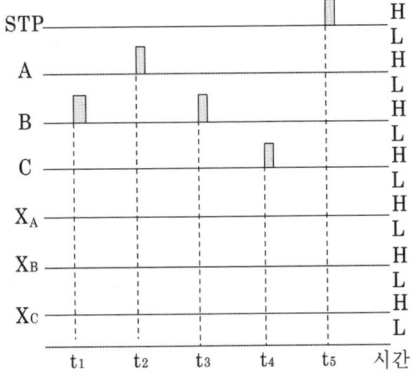

답안작성

(1) $X_C = \overline{STP} \cdot (A + X_A) \cdot (B + X_B) \cdot (C + X_C)$

(2)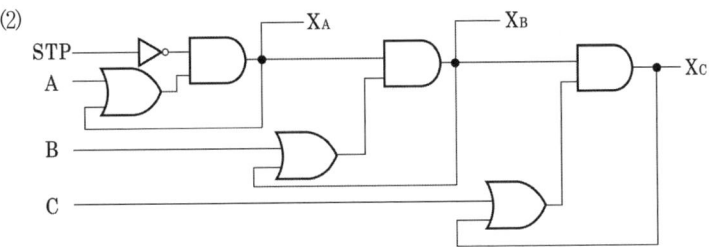

(3)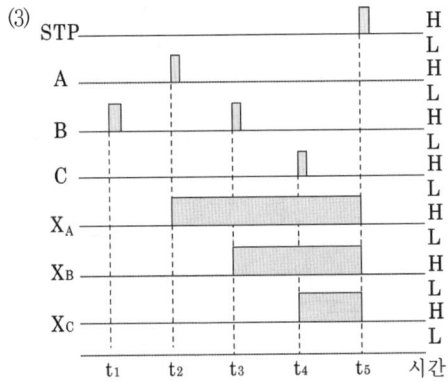

해 설 순차 제어(동작) 회로이다.

▶ 출제년도 : 기사 90. 94. 96. 00.   ▶ 점수 : 7점

문제 37

아래 그림은 Flip-Flop 회로도이다. 다음 물음에 답하시오.
(1) Time Chart를 완성하시오.
(2) 무접점 회로를 완성하시오.
(3) $(R_1 + PL)$, R_2, R_3 의 식을 각각 쓰시오.

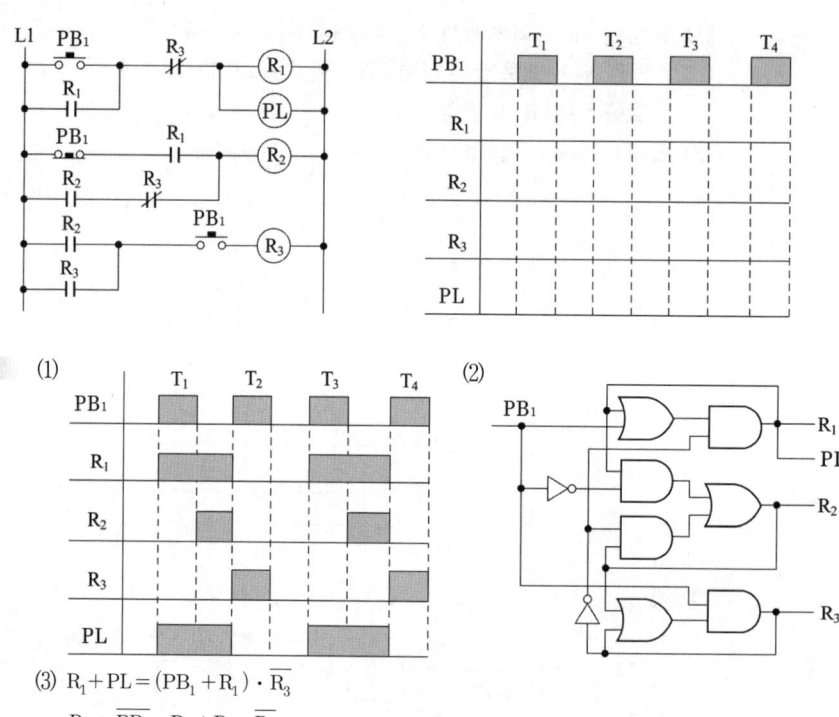

답안작성

(3) $R_1 + PL = (PB_1 + R_1) \cdot \overline{R_3}$

$R_2 = \overline{PB_1} \cdot R_1 + R_2 \cdot \overline{R_3}$

$R_3 = (R_2 + R_3) \cdot PB_1$

▶ 출제년도 : 산업 93. ▶ 점수 : 5점

문제 38

그림은 콤프레셔에서 압력 제어회로의 로직시퀀스의 일부이다. 수동조작은 BS_1으로, 자동조작은 하한압력에서 LS_1이 닫히고, 압력이 조금 증가하면 LS_1은 개방된다. 상한 압력에서 LS_2가 열린다. 주어진 답안지에 시퀀스도를 그리시오.

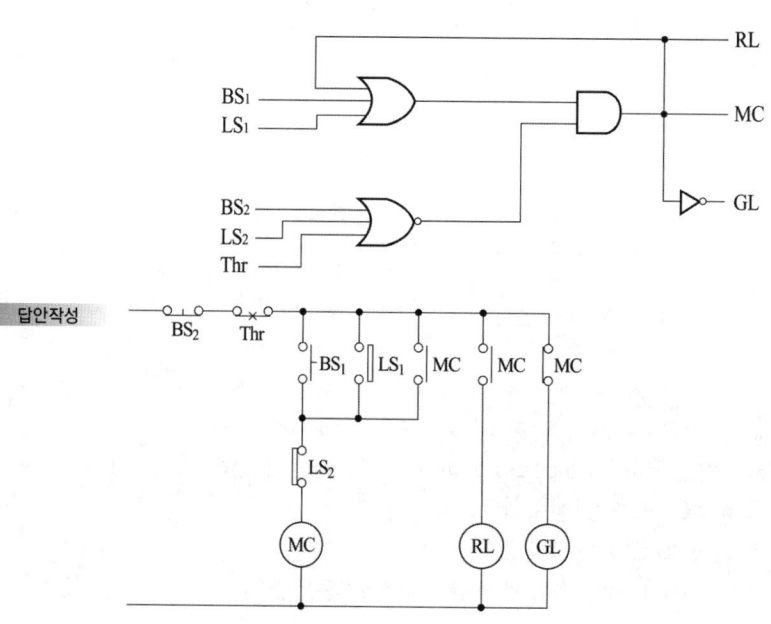

문제 39

▶출제년도 : 기사 92. 94. 97. 00. ▶점수 : 7점

회로도는 자동, 수동, 양수 장치에 공회전 방지용 액면 스위치 LS를 접속한 것이다. 이것을 로직화 시퀀스도로 그리시오. (단, LH는 고수위용 액면스위치, LL은 저수위용 액면 스위치)

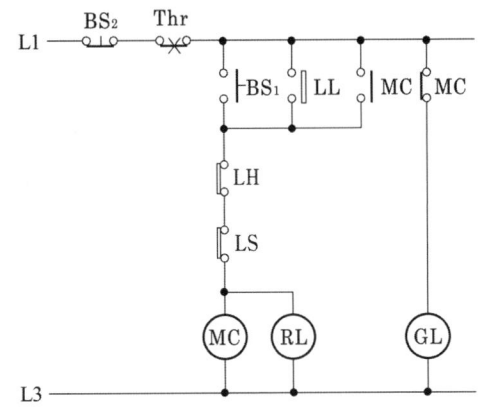

답안작성

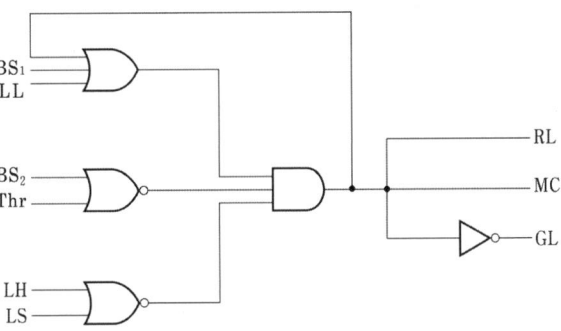

해 설 논리식 $\widehat{MC} = \widehat{RL} = \overline{BS_2} \cdot \overline{Thr} \cdot (BS_1 + LL + MC) \cdot \overline{LH} \cdot \overline{LS}$
$= \overline{(BS_2 + Thr)}(BS_1 + LL + MC) \cdot \overline{(LH + LS)}$

$\widehat{GL} = \overline{MC}$

문제 40

▶출제년도 : 기사 91. 95. ▶점수 : 10점

침입자 경보 장치의 회로로서 회로의 동작은 광전 스위치(OP)와 문을 열면 닫히는 리미트 스위치(LS)를 병용하고 경보벨(BZ)이 울림과 동시에 감시 램프(GL)가 꺼진다. 다음 물음에 답하시오.

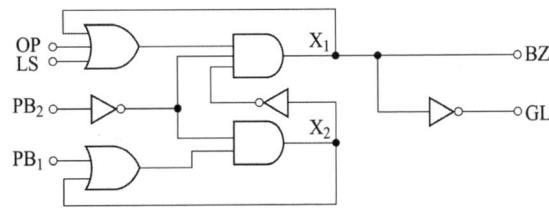

(1) 답란에 주어진 회로를 완성하시오.(단, OP : ─o o─ , LS : ─o o─)

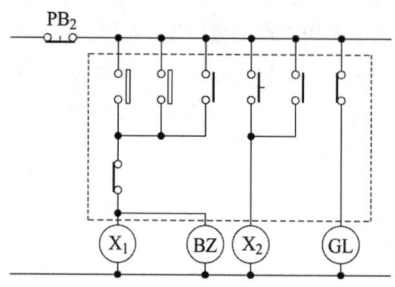

(2) 답란에 주어진 출력식을 쓰시오.

답안작성 (1)

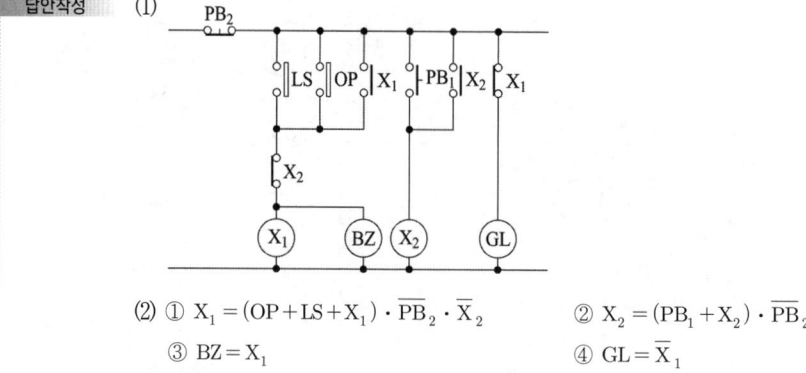

(2) ① $X_1 = (OP + LS + X_1) \cdot \overline{PB_2} \cdot \overline{X_2}$ ② $X_2 = (PB_1 + X_2) \cdot \overline{PB_2}$
    ③ $BZ = X_1$ ④ $GL = \overline{X_1}$

▶출제년도 : 기사 93. 96. 99. 02.   ▶점수 : 5점

문제 41

그림은 전자 개폐기 2대와 보조 릴레이 1개를 사용한 Y−△ 기동 운전의 릴레이 시퀀스를 로직화한 것이며, 기타는 생략한다. 릴레이 시퀀스를 그리시오.

답안작성

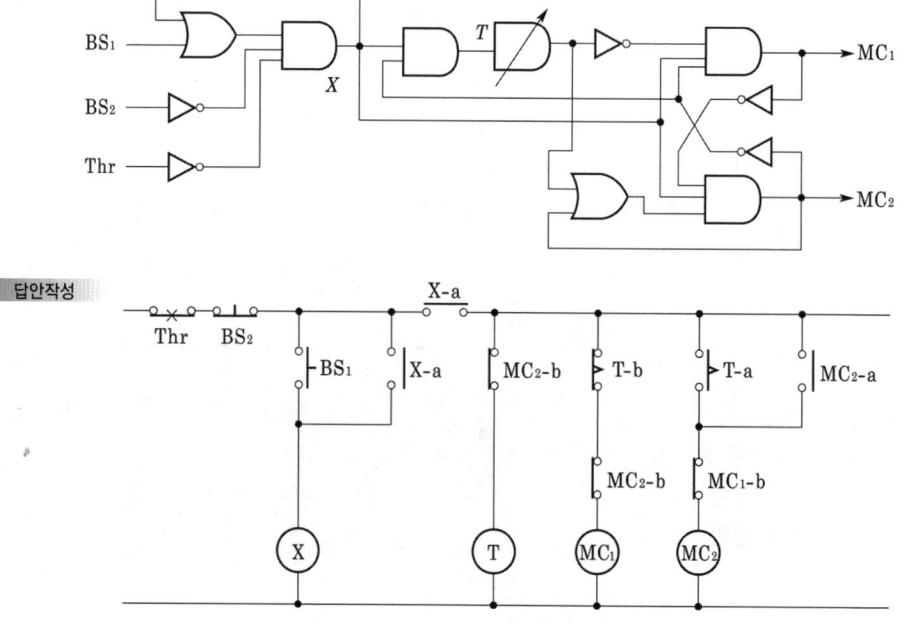

문제 42　▸ 출제년도 : 산업 95. 00.　▸ 점수 : 5점

다음 로직 시퀀스를 이해하고 미완성된 릴레이 시퀀스도를 완성하시오.

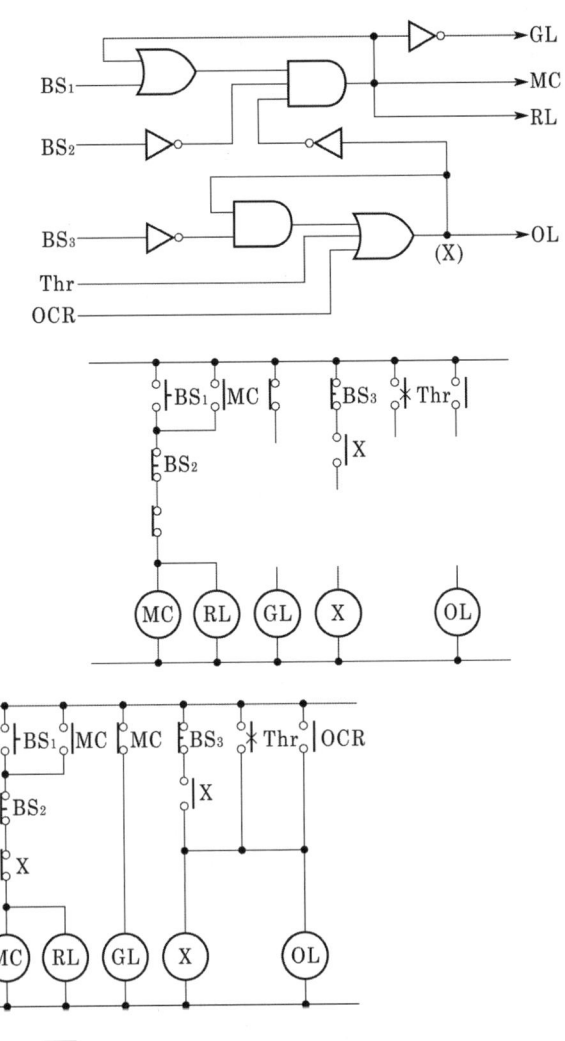

해 설　출력식 $X = \overline{BS_3} \cdot X + Thr + OCR$
　　　　$OL = X$
　　　　$MC = (BS_1 + MC) \cdot \overline{BS_2} \cdot \overline{X}$
　　　　$RL = MC$
　　　　$GL = \overline{MC}$

문제 43　▸ 출제년도 : 산업 96. 99.　▸ 점수 : 9점

신호등 회로의 일부를 로직 시퀀스로 그린 회로이다. 다음 물음에 답하시오.
(1) 답란에 주어진 회로도를 완성하시오.
(2) 답란에 주어진 출력식을 쓰시오.

[1. 도면의 이해와 작성　**61**]

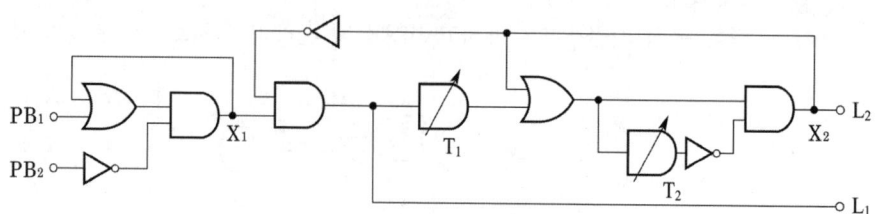

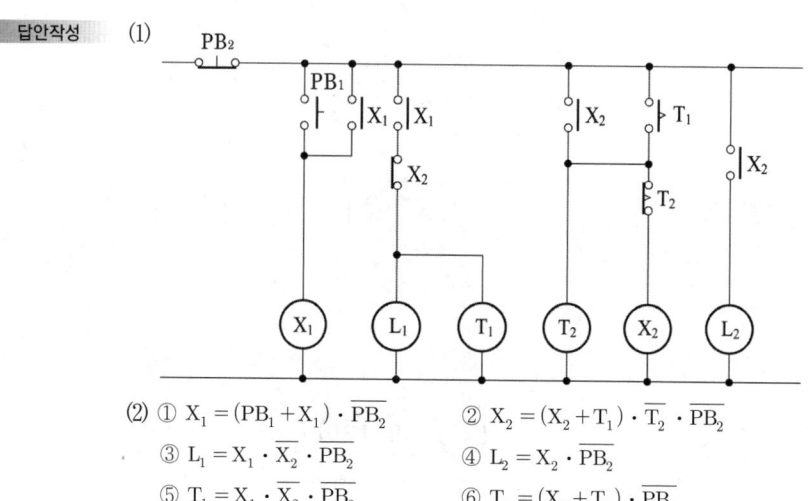

(2) ① $X_1 = (PB_1 + X_1) \cdot \overline{PB_2}$ ② $X_2 = (X_2 + T_1) \cdot \overline{T_2} \cdot \overline{PB_2}$
③ $L_1 = X_1 \cdot \overline{X_2} \cdot \overline{PB_2}$ ④ $L_2 = X_2 \cdot \overline{PB_2}$
⑤ $T_1 = X_1 \cdot \overline{X_2} \cdot \overline{PB_2}$ ⑥ $T_2 = (X_2 + T_1) \cdot \overline{PB_2}$

▶ 출제년도 : 산업 93. 96. ▶ 점수 : 7점

문제 44

그림은 일정 시간 살수하면 자동적으로 정지하고 일정 시간 후에 다시 살수하는 스프링쿨러의 자동 살수 장치의 로직 시퀀스의 일부이다. 릴레이 시퀀스를 주어진 답안지에 그리시오.

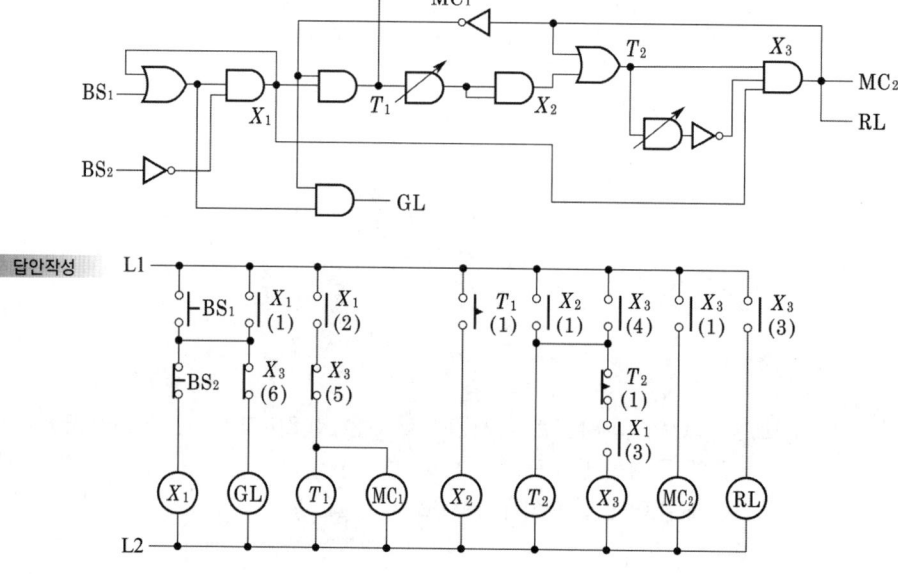

문제 45

▶ 출제년도 : 기사 93. 95. 98. 00. 01. 04. 22.   ▶ 점수 : 5점

도면을 보고 주어진 답안지의 릴레이 시퀀스 회로도를 완성하시오.

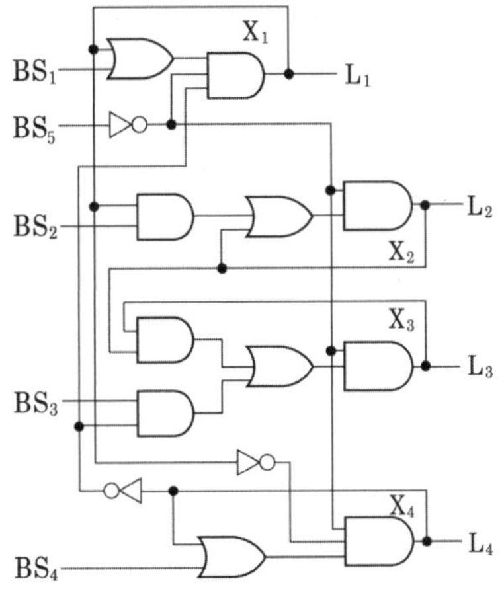

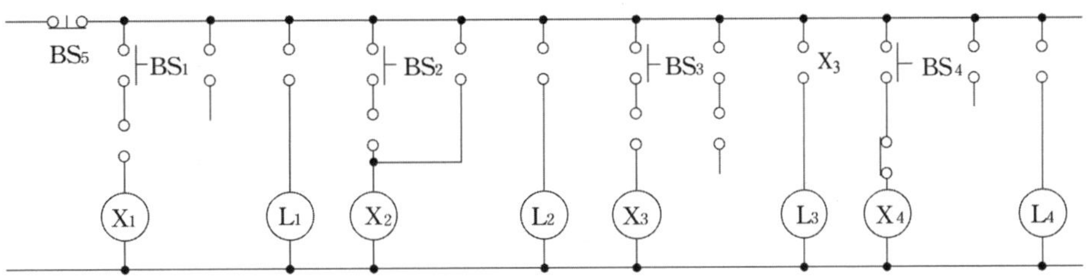

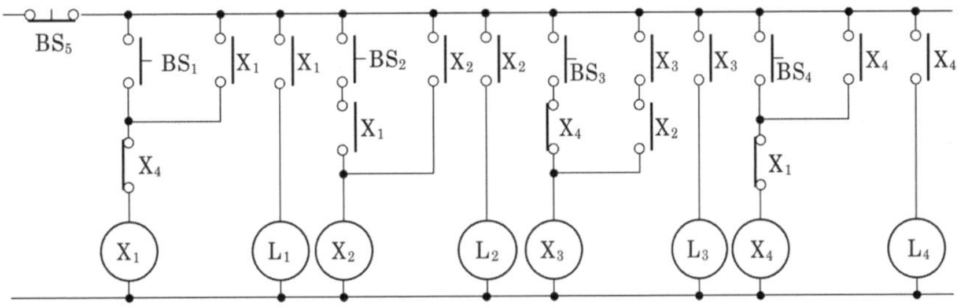

해 설   출력식 $X_1 = (BS_1 + X_1) \cdot \overline{BS_5} \cdot \overline{X_4}$ $X_2 = (BS_2 \cdot X_1 + X_2) \cdot \overline{BS_5}$
$X_3 = (BS_3 \cdot \overline{X_4} + X_2 \cdot X_3) \cdot \overline{BS_5}$ $X_4 = (BS_4 + X_4) \cdot \overline{X_1} \cdot \overline{BS_5}$

문제 46

▶ 출제년도 : 기사 93.   ▶ 점수 : 15점

그림은 화재 경보기의 일부이다. F_1과 F_2는 화재 감지기이며, 화재 발견자에 의하여 PB_1과 PB_2의 조작으로 동작할 수 있다.

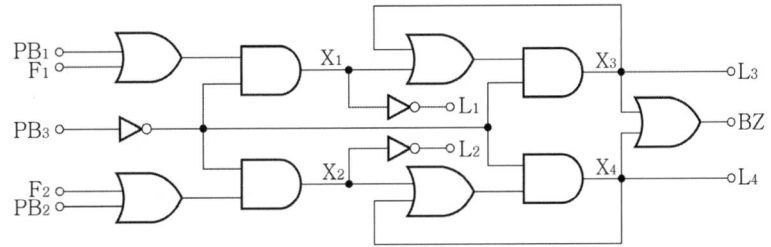

(1) 답란에 주어진 시퀀스 회로를 완성하시오.

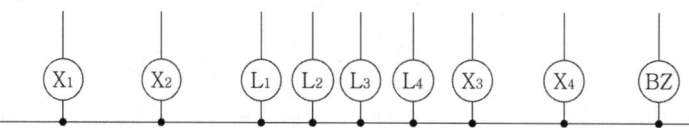

(2) 답란에 주어진 타임 차트를 그리시오.

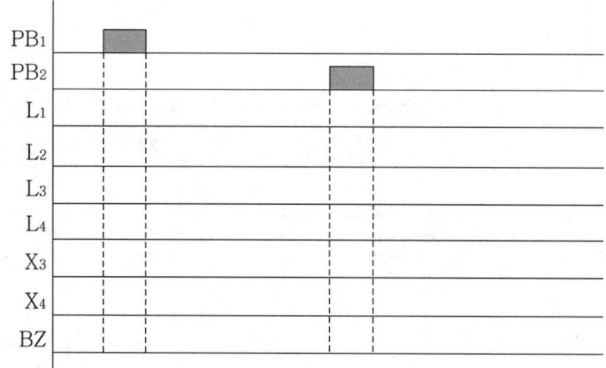

(3) 답란에 주어진 출력식을 쓰시오.

[답안작성]

(1)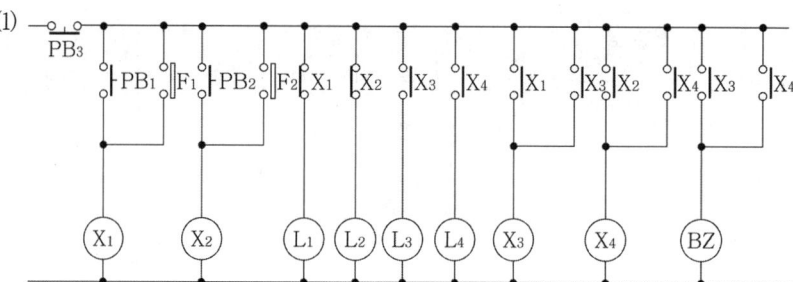

(2)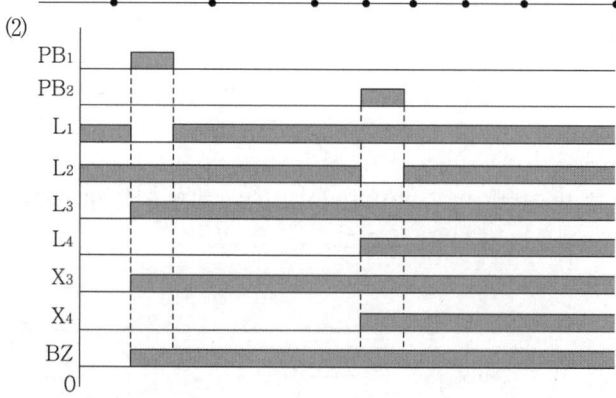

(3) ① $X_1 = \overline{PB_3}(PB_1 + F_1)$ ② $X_2 = \overline{PB_3}(PB_2 + F_2)$

③ $X_3 = \overline{PB_3}(X_1 + X_3)$ ④ $X_4 = \overline{PB_3}(X_2 + X_4)$

⑤ $BZ = \overline{PB_3}(X_3 + X_4)$

문제 **47**

▶ 출제년도 : 산업 97. 00. 05.   ▶ 점수 : 16점

도면은 리액터 기동회로의 일부를 그린 것이다. 물음에 답하시오.

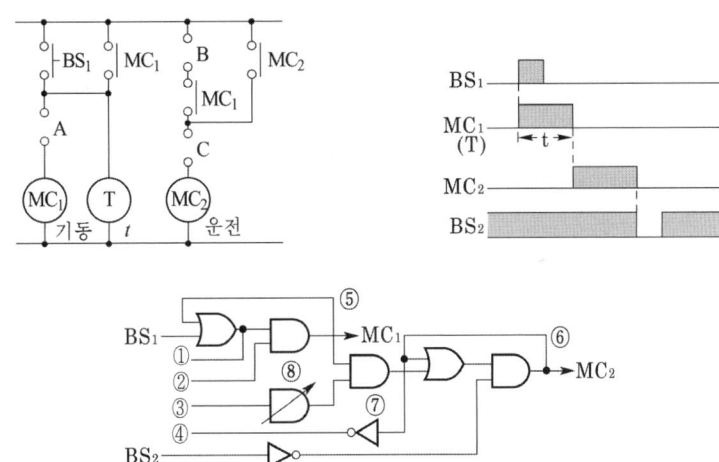

(1) 릴레이 회로의 A, B, C를 각각의 접점기구를 그리고 이름을 쓰시오.
(2) 로직회로의 ①~④중에서 서로 연결하여 회로를 완성하시오.
(3) 로직회로의 ⑤~⑧과 같은 기능을 릴레이 회로에서 찾아 접점 이름(예 : $MC_{1(a)}$, A)를 각각 쓰시오.
(4) 릴레이 회로의 접점기구는 7개이다. 여기서 기동 기능은 (가), (나) 정지기능은 (다), (라) 유지기능은 (마), (바) 기동준비 기능은 (사)이다. (   )안에 각각 접점 이름을 쓰시오. (예 : $MC_{1(a)}$, A)

답안작성

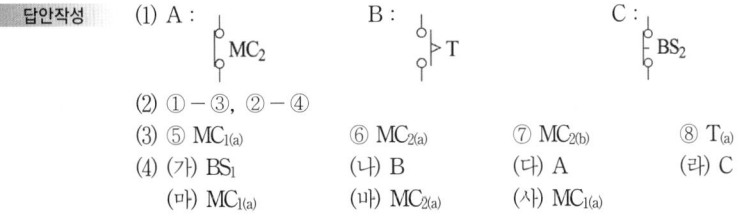

(2) ①-③, ②-④
(3) ⑤ $MC_{1(a)}$ ⑥ $MC_{2(a)}$ ⑦ $MC_{2(b)}$ ⑧ $T_{(a)}$
(4) (가) BS_1 (나) B   (다) A   (라) C
    (마) $MC_{1(a)}$ (바) $MC_{2(a)}$ (사) $MC_{1(a)}$

문제 **48**

▶ 출제년도 : 기사 92. 97.   ▶ 점수 : 10점

다음 로직 시퀀스는 전동기 운전 회로의 조작 회로도이다. 다음 물음에 답하여라.

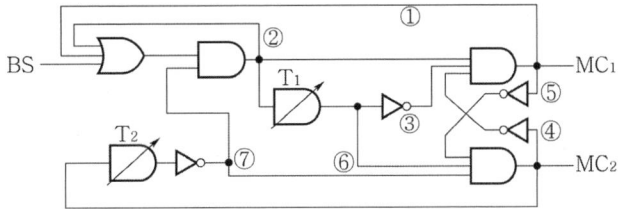

(1) 답란에 주어진 (   ) 안에 알맞은 번호를 그림에서 찾아 써라.
   ㉠ 유지 회로 접점 기능 : (   )(   )

ⓒ 인터록 회로 접점 기능 : (　　)(　　)
ⓒ 타이머 a접점 기능 : (　　) 및 b접점 기능 : (　　)(　　)

(2) 답란에 주어진 릴레이 시퀀스를 그리고 번호 ①~⑦을 해당 접점에 표시하여라.

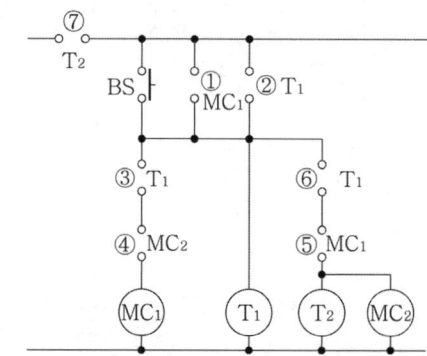

답안작성　(1) ㉠ : ①, ②
　　　　　　　㉡ : ④, ⑤
　　　　　　　㉢ : ⑥, ③, ⑦

(2)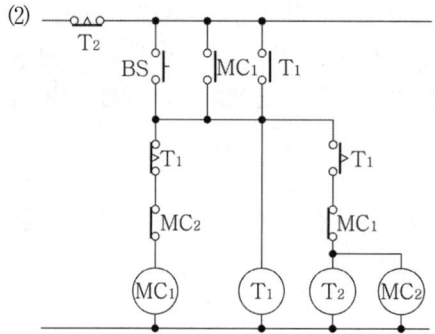

▶출제년도 : 기사 97.　▶점수 : 12점

문제 49

회로들은 서로 등가이다. 물음에 답하시오.

(1) A, B와 ⑥, ⑦은 서로 같은 기능이다. 어떤 기능인가?
(2) A, B에 알맞은 릴레이 접점을 그리고 문자기호를 쓰시오.
(3) A~F중 8.1과 8.2에 해당되는 것을 1개만 쓰시오.
(4) BS_1을 누르면 L_1이 점등한다. 이후 BS_2를 누르면 L_2는 어떻게 되는가?
(5) 램프 L_2(LED)가 점등 중일 때 ⑩점의 레벨(전압 H, 접지 L)은 H인가, L인가?
(6) 램프 L_2(LED)에 흐르는 전류를 무슨 전류라 하는가?
(7) BS_1을 누르고 있을 때 ①~⑦ 중 "L" 레벨(접지 레벨)인 곳은?
(8) 램프 L_1이 점등하고 있을 때 ①~⑦ 중 "L" 레벨인 곳 1개만 쓰시오.
(9) 램프 L_2가 점등 중일 때 ①~⑦ 중 "H" 레벨인 곳 1개만 쓰시오.
(10) 릴레이 X_{1a} 점과 같은 기능을 로직 회로의 ①~⑦ 중에서 1개만 찾으시오.

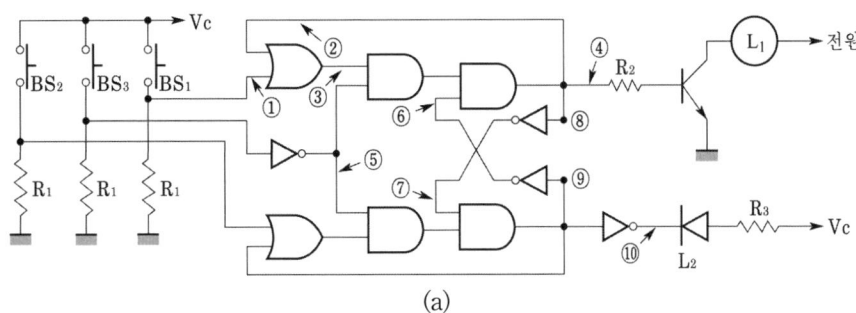

(a)

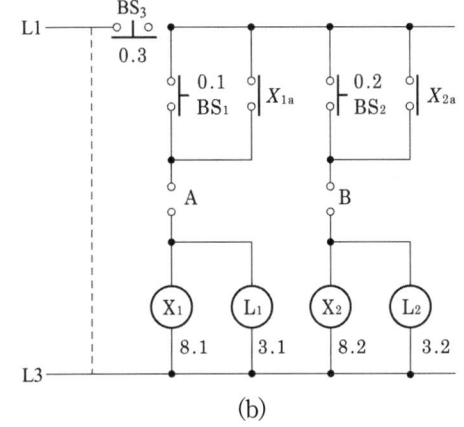

(b)

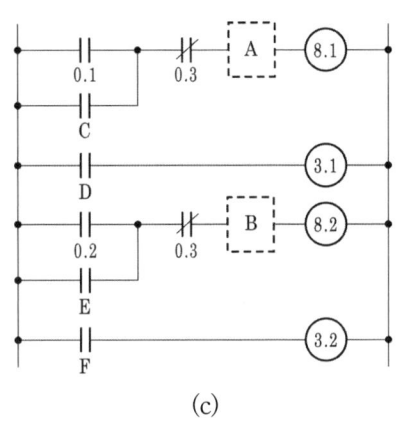

(c)

> **답안작성**
> (1) 인터록
> (3) 8.1−B, C, D,   8.2−A, E, F
> (4) 점등되지 않는다.
> (5) L
> (7) ⑦
> (9) ⑦(⑤)
>
> (2) A : X_2 B : X_1
> (6) 싱크전류
> (8) ⑦(①)
> (10) ②

문제 50

▶ 출제년도 : 기사 93.   ▶ 점수 : 6점

그림의 전동기 제어 회로에서 정지시에 BS_3를 잠깐 동안 눌렀다 놓으면 전동기(MC)의 동작 상태는? 또, 회로 이름을 쓰시오.

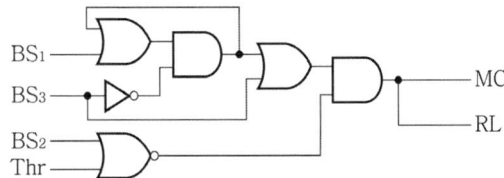

> **답안작성** BS_3를 누르는 동안만 운전된다. (촌동 운전 회로)
>
> **해 설** 촌동 운전은 기동, 회전 방향 등을 점검하는 것으로 기동 BS_3을 누르면 기동하고 놓으면 정지한다.

문제 51

▶ 출제년도 : 산업 96. 99.　▶ 점수 : 4점

다음 도면을 보고 물음에 답하시오.

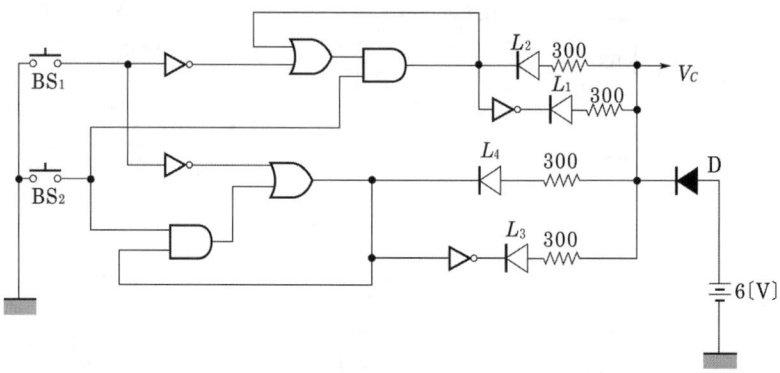

(1) BS_1을 누르면 (　)과 (　)이 점등하고 (　)와 (　)가 소등된다.
(2) BS_2을 누르면 (　)과 (　)가 소등하고 (　)와 (　)이 점등된다(기타 사항 무시함).

답안작성　(1) L_1, L_3, L_2, L_4　(2) L_1, L_3, L_2, L_4

문제 52

▶ 출제년도 : 기사 96. 99.　▶ 점수 : 6점

도면은 무접점 운전제어 회로이다. 물음에 답하시오.

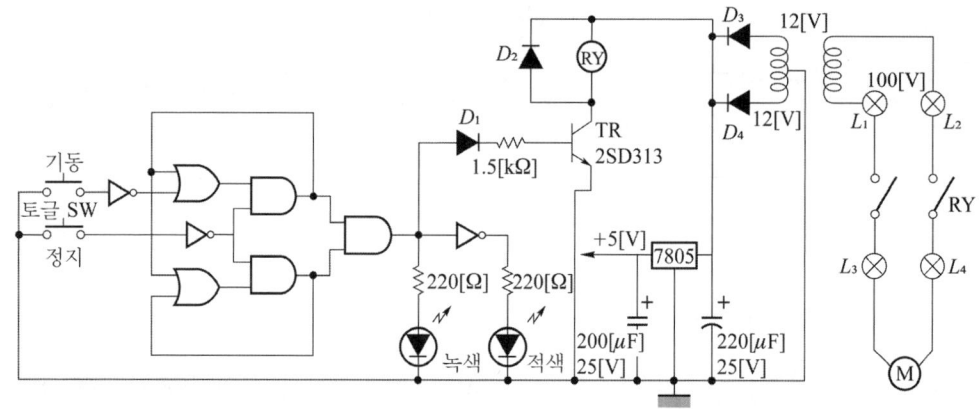

(1) 토글 스위치 OFF 상태에서 전원을 공급하면 어떤 LED가 점등되는가?
(2) 토글 스위치 ON 상태에서 기동용 누름 버튼 스위치를 누르면 어떤 LED가 소등되고 어떤 LED가 점등되는가?

답안작성　(1) 적색　(2) 소등 : 적색, 점등 : 녹색

해　설	코일 내에 남아있는 전기에너지(역기전력)를 다이오드를 통해 순환시켜 없앰	전단이 접지되어 있으므로 L 입력형임
	D_2 ─▷|─ (RY)	기동 ─o o─ 정지 ─o o─

문제 53

▶출제년도 : 기사 96.   ▶점수 : 4점

다음 도면을 보고 물음에 답하시오.

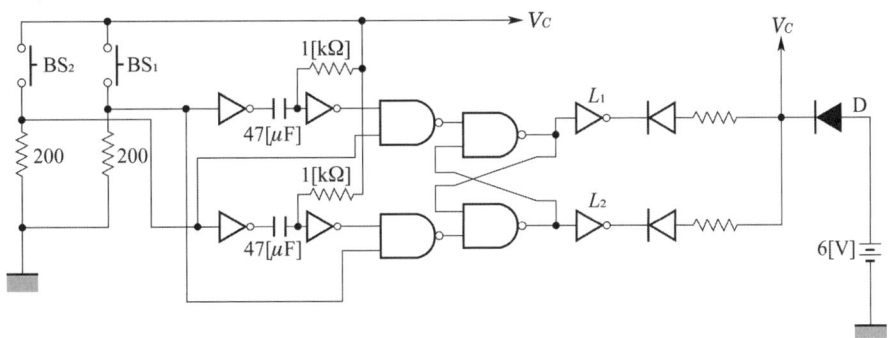

【물음】
BS_1을 누른 상태에서 BS_2를 누르면 (가)이 점등하고, (나)가 소등한다. 반대로 BS_2를 누른 상태에서 BS_1을 누르면 (다)가 점등하고, (라)이 소등한다.

답안작성   가. L_1 나. L_2 다. L_2 라. L_1

문제 54

▶출제년도 : 산업 96. 00.   ▶점수 : 9점

도면을 이해하고 물음에 답하시오.

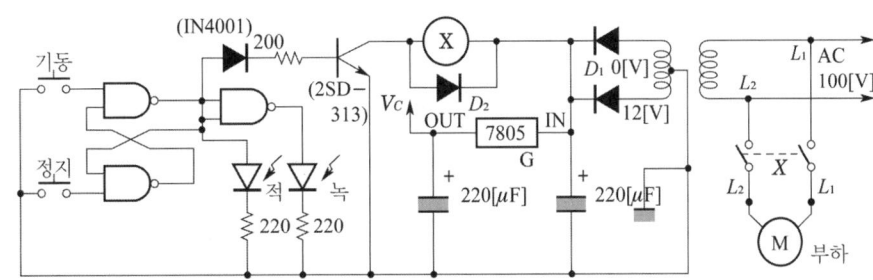

(1) 전원을 투입하면 어떤 LED가 점등하는가?
(2) 기동 스위치를 누르면 어떤 LED가 점등되고, X가 동작하면 어떤 LED가 소등하는가?
(3) 정지 스위치를 누르면 어떤 LED가 점등하고, X가 정지하면서 어떤 LED가 소등되는가?

답안작성
(1) 녹색
(2) 적색·녹색
(3) 녹색·적색

문제 55

▶출제년도 : 산업 91.   ▶점수 : 10점

유도 전동기 시동 보안장치이다. 동작설명과 심벌 및 범례를 참고하여 주어진 답안지에 회로 결선을 완성하시오.

【동작】
　　제어회로의 푸시 버튼 스위치 B_1, B_2, B_3, B_4를 차례로 누르면 해당 LED와 DC Relay

Ry₂가 작동하면 Ry₁을 작동시키므로 3상 유도전동기가 회전한다. 정지시키고자 할 때는 B₀를 누르면 된다.

【결선도】

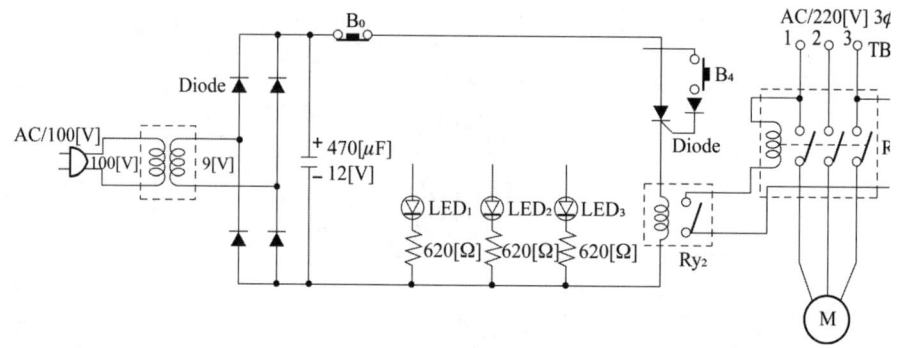

【범례】

Tr : 소형변압기, B₀, B₁~B₄ : 푸시버튼 스위치(소형), TB : 단자대
Ry₁ : 11핀 릴레이 AC 200[V], Ry₂ : 9[V] 릴레이 DC용

【심벌】

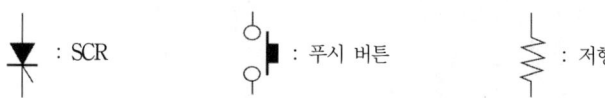

(단, 결선시 SCR 3개, 푸시 버튼 3개, 저항 3개를 사용하여 완성을 하여야 한다.)

답안작성

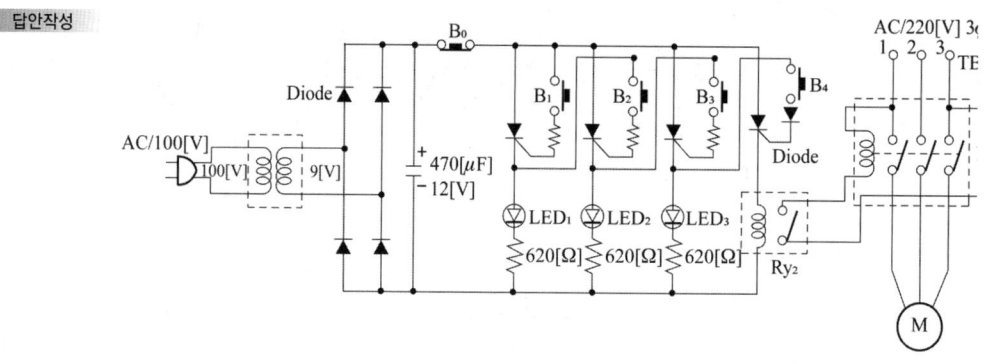

▶ 출제년도 : 산업 94. 00. 06.   ▶ 점수 : 6점

문제 56

그림은 BS를 눌렀다 놓으면 t_1초 후에 MC가 작동하고 T_1이 복구하며 t_2초 후에 MC와 T_2가 복구한다. A~C에 보기에서 알맞은 논리 기호를 찾아 그리시오.

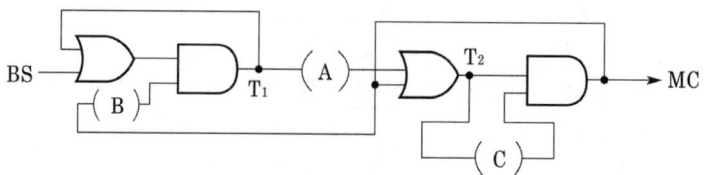

【보기】

답안작성 (A) ⟶⟦↗⟧⟶   (B) ⟶▷∘   (C) ⟶⟦↗⟧▷∘

▶ 출제년도 : 산업 96. 98. 01.   ▶ 점수 : 8점

문제 57

그림은 3상 유도전동기의 정·역회로의 일부를 그린 것으로 출력회로 등을 생략한 것이다. 다음 물음을 답안지에 답하시오. (단, GL : 정지표시 램프)

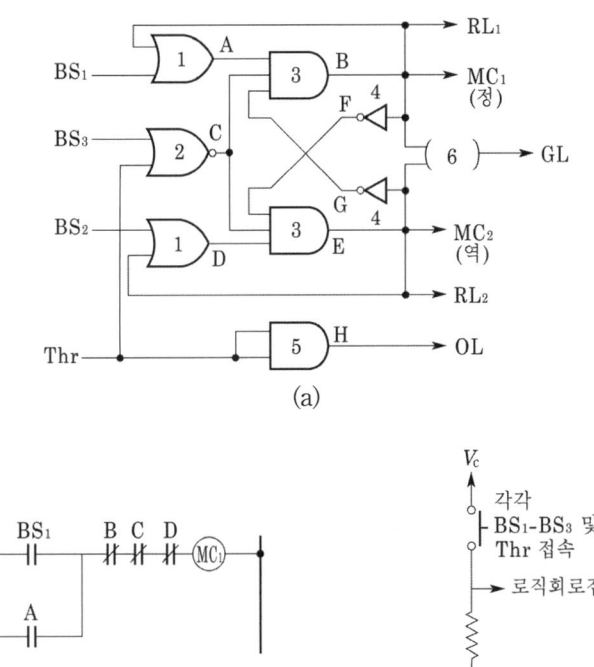

(1) 유지회로의 기능을 갖는 로직소자는 1~6번 중 어느 것인지 1개만 답하시오.
(2) 인터록 기능의 로직소자는 1~6번 중 어느 것인지 1개만 답하시오.
(3) OL램프가 점등 중이라면 H레벨 출력이 되는 소자는 1~6번 중 어느 것인지 3개만 답하시오.
(4) Thr이 작동하였다. MC와 램프 중 출력이 생기는 기구는 어느 것인지 2개만 답하시오.
(5) MC_1 혹은 MC_2가 동작하면 GL은 소등된다. (6)의 로직 기호를 그리시오.
(6) MC_1이 동작 중이다. A~G 중에서 H(전압) 레벨인 곳 4곳을 답하시오.
(7) BS_3를 누르고 있을 때 C점은 H레벨인가 L레벨인가?
(8) 그림 (b)에서 B는 BS_3, C는 Thr을 나타낸다면 A와 D는 각각 무엇을 나타내는가? 기호로 표시하고 기능을 한마디로 쓰시오.

답안작성

(1) 1　　　　　　　　(2) 4
(3) 4, 5, 6　　　　　 (4) OL, GL
(5) ⊸◁∘ 또는 ⊸▷∘
(6) A, B, C, G　　　 (7) L
(8) A : MC₁, 유지　　 D : MC₂, 인터록

문제 58

▶출제년도 : 기사 98. 01. 산업 99.　▶점수 : 5점

그림은 농형유도 전동기의 1차 저항 기동제어회로의 주회로의 일부이다. 버튼 스위치 BS_1을 주면 MC_1이 동작하여 $(r_1 + r_2)$로 전동기가 기동하며, 타이머 T_1이 여자된다. t_1초 후 MC_2가 동작하여 저항 r_1이 단락하여 T_2가 여자된다. t_2초 후에 MC가 동작하여 전저항 $(r_1 + r_2)$을 단락하여 전동기는 정상운전에 들어간다. 한편 MC에 의하여 MC_1, MC_2, T_1, T_2는 복구되고, 저항은 개방된다. 운전 중에는 MC만 동작되며, BS_2는 비상정지를 겸한다. AND, OR, NOT, 타이머 로직 기호를 사용하여 로직회로를 그리시오. (단, AND 회로는 2입력용이고, MCB, Thr은 생략한다.)

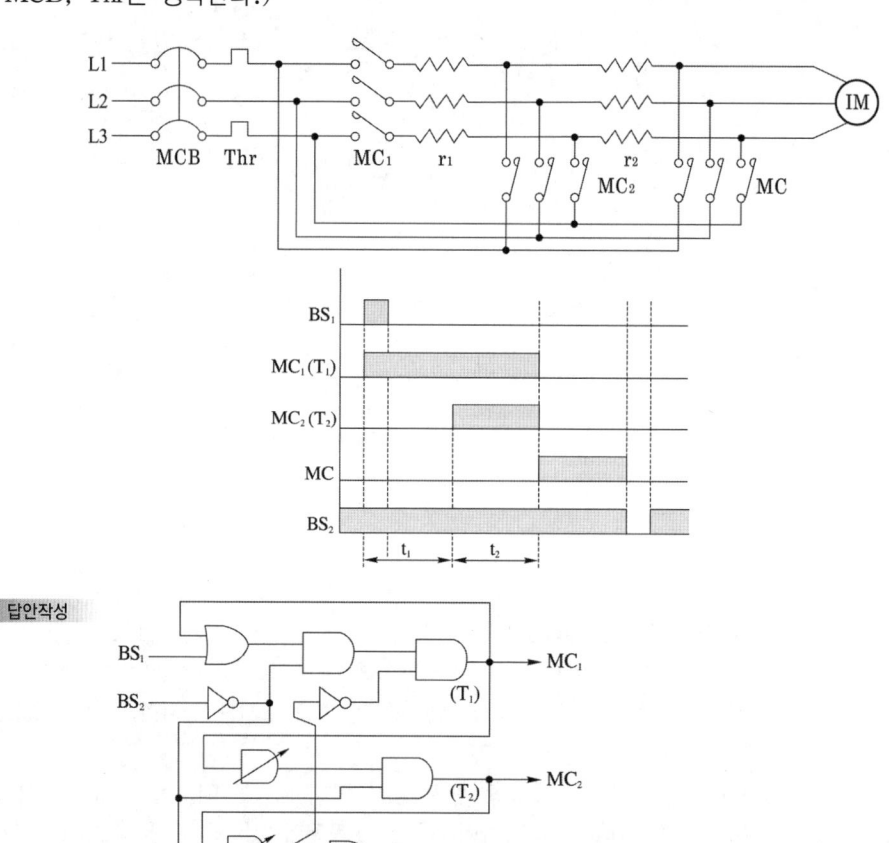

해 설

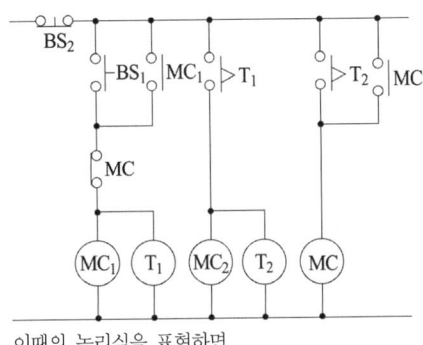

이때의 논리식을 표현하면

$MC_1 = (BS_1 + MC_1) \cdot \overline{BS_2} \cdot \overline{MC}$ $T_1 = MC_1$

$MC_2 = T_1 \cdot \overline{BS_2}$ $T_2 = MC_2$

$MC = (T_2 + MC) \cdot \overline{BS_2}$ 와 같다.

▶출제년도 : 산업 92.   ▶점수 : 5점

문제 59 다음 그림은 화물 리프트(Lift)의 자동 반전 회로이다. 이 회로를 보고 물음에 답하여라.

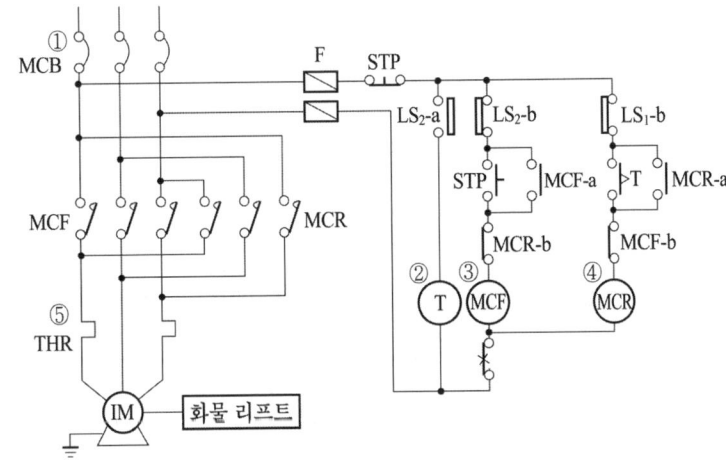

(1) 회로에 표시한 번호 ①~⑤의 명칭과 그 용도 또는 역할을 간단히 설명하여라.
(2) 화물 리프트의 상승 동작을 순서에 의하여 5개항으로 나누어서 정확히 써라.

답안작성

(1) ① MCB(배선용 차단기) : 주전원 ON, OFF
　　② 시한 동작 타이머 : 설정 시간 후 MCR 기동
　　③ MCF(전자 접촉기) : 정방향(상승)용 전자 접촉기
　　④ MCR(전자 접촉기) : 역방향(하강)용 전자 접촉기
　　⑤ THR(열동 계전기) : 과부하 차단
(2) ① MCB ON후 ST를 ON
　　② MCF 동작
　　③ MCF 의 주접점 동작(IM 기동 운전)
　　④ MCF 의 보조 a접점 자기 유지 및 b접점 인터록
　　⑤ 화물 리프트 상승

문제 60

▶출제년도 : 기사 91. ▶점수 : 3점

다음 동작 설명의 화재경보회로를 참고표에 있는 심벌 및 기호를 참고로 하여 주어진 답안지에 회로도를 그리시오.

【화재 경보기의 동작】

① f_1과 f_2에 전원이 들어오면 PL_0가 점등되며, X_1, X_2, X_3 중 1개라도 동작되면 PL_0은 소등된다.

② PB_1 또는 PB_4를 누르는 순간만 PL_1이 점등 X_1이 동작, PB_2 또는 PB_5를 누르는 순간만 PL_2가 점등 X_2가 동작, PB_3 또는 PB_6를 누르는 순간만 PL_3가 점등 X_3가 동작, X_1, X_2, X_3 중 어느 1개라도 동작되면, FR에 의하여 BZ와 PL_4가 교대 동작한다. 이 때 PB_{0-1} 또는 PB_{0-2}에 의하여 FR, BZ, PL_4의 동작이 멈추게 된다.

③ FD_1이 동작되면 X_1이 동작, FD_2가 동작되면 X_2가 동작, FD_3가 동작되면 X_3가 동작해야 되며, 이 중 어느 것이든 동작하게 되면 FR이 동작되어 BZ와 PL_4가 교대 동작된다. FD의 동작이 멈추게 되면 FR, BZ, PL_4의 동작은 멈추게 된다.

【참고표】

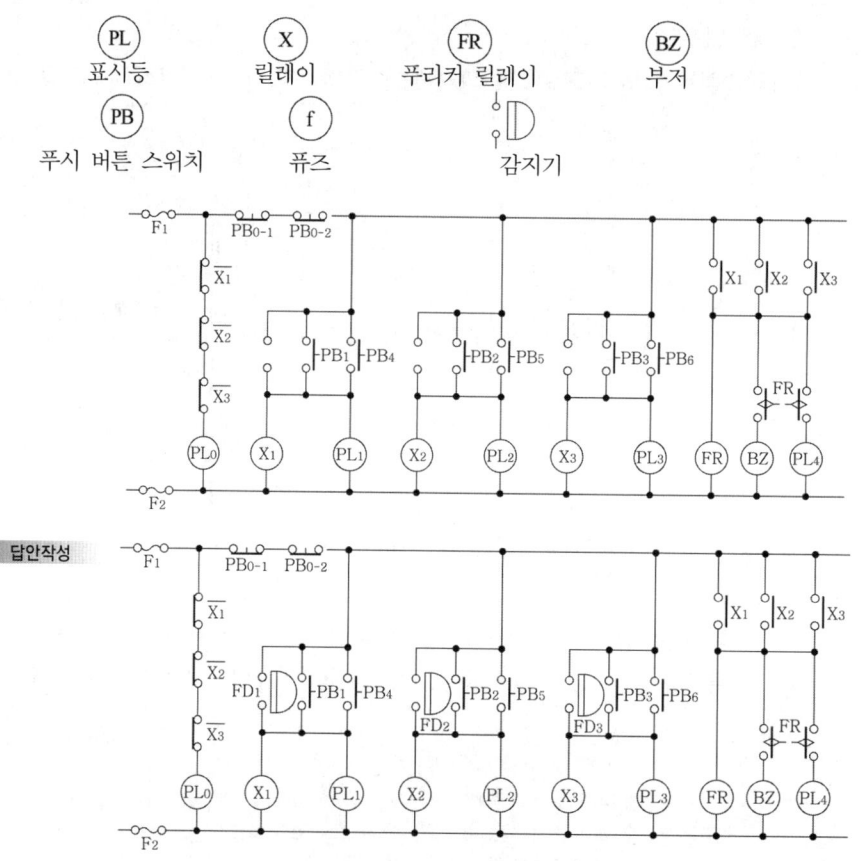

문제 61

▶출제년도 : 산업 91. ▶점수 : 10점

동작설명을 상세히 읽고 주어진 답안지에 동작설명과 일치하도록 결선 및 접점을 완성하시오. 단, 심벌은 주어진 답안지에 있는 심벌을 이용하도록 한다.

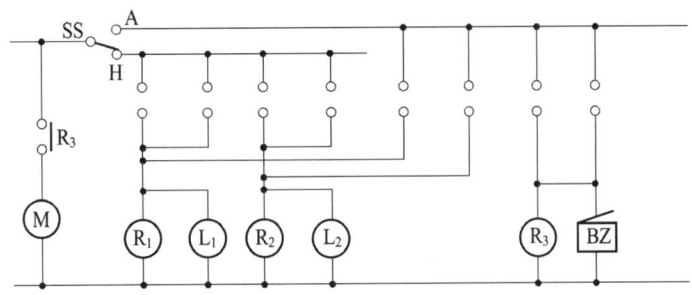

【동작설명】

(1) KS를 ON하고 셀렉터 스위치가 H(수동) 방향에서 P_1(푸시 버튼 스위치)를 눌렀다 놓으면 Ry_1(릴레이)이 자기유지 되는 동시에 L_1 표시등이 점등된다. P_2(푸시 버튼 스위치)를 눌렀다 놓으면 Ry_2(릴레이)가 자기 유지되는 동시에 L_2(표시등)가 점등된다.
(2) 셀렉터 스위치를 A(자동) 방향으로 바꾸면 (1)의 동작은 OFF 된다.
(3) 셀렉터 스위치를 A(자동) 방향에서 FD_1, FD_2(감지기) 어느 것이든 동작하게 되면 Ry_1 또는 Ry_2가 동작하게 되어 BZ(부저)와 Ry_3(릴레이)가 동작 모터가 가동하게 된다.
(4) KS를 OFF하게 되면 동작은 정지한다.

답안작성

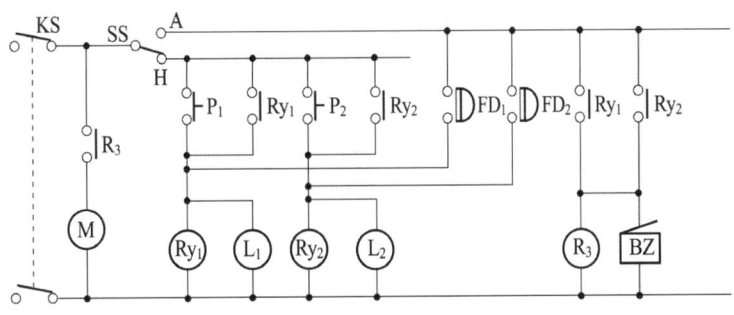

▶ 출제년도 : 기사 91. 99. 00. 01. 02. 04. 05. 06.   ▶ 점수 : 6점

문제 62

다음 동작 설명을 읽고 주어진 심벌을 이용하여 동작설명과 일치하도록 결선 및 심벌을 그려 넣으시오.

【동작설명】

가. KS를 ON하면 표시등 L_1이 점등된다.
나. 셀렉터 스위치(SS)가 수동(M) 상태에서
  ① P_1을 누르는 순간만 RY_1(릴레이)이 동작되며 표시등 L_2가 점등되는 동시에 L_1은 소등되고 FR(플리커 릴레이)이 동작하여 B_1(부저) 및 B_2(부저)가 교대 동작된다. P_1을 OFF하면 모든 동작은 정지되며 L_1은 점등된다.
  ② P_2를 누르는 순간만 RY_2(릴레이)가 동작되며 표시등 L_3가 점등되는 동시에 L_1은 소등되고 FR(플리커 릴레이)이 동작하여 B_1(부저) 및 B_2(부저)가 교대 동작된다. P_2를 OFF하면 모든 동작은 정지되며 L_1은 점등된다.
다. 셀렉터 스위치(SS)가 자동상태(A)에서 FD_1과 FD_2(감지기) 에 의하여 RY_1 및 RY_2가 동작하여 L_2 및 L_3가 점등되는 동시에 L_1이 소등되고 FR이 동작하여 B_1과 B_2가 교대 동작한다. 이 때 FD의 동작이 끊기면 모든 동작은 정지되며 L_1은 점등한다.

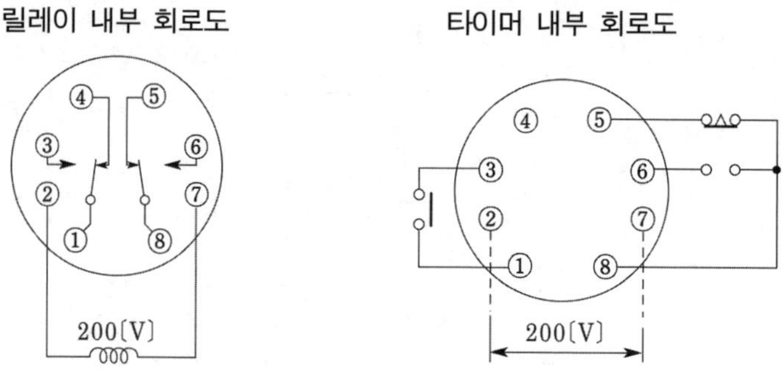

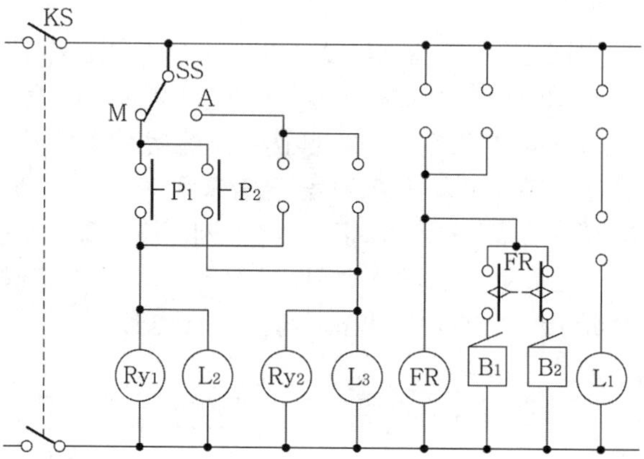

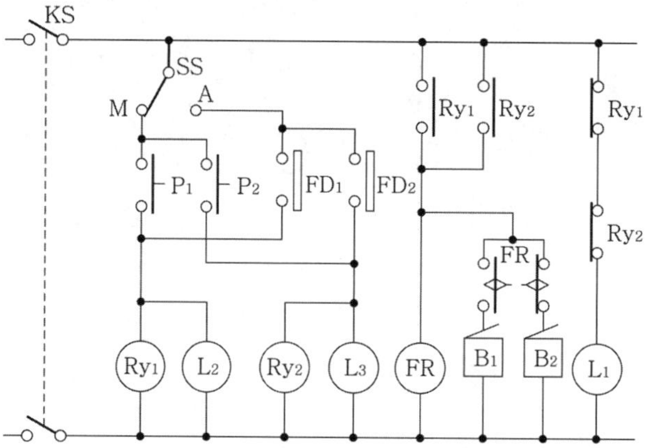

문제 63

▶출제년도 : 산업 00. ▶점수 : 10점

다음 동작 설명을 읽고 주어진 답안지 점선 안에 회로 결선을 완성하여라.
(단, 표기 방법은 범례를 준할 것.)

【동작사항】

① 나이프 스위치 KS를 ON하고, 스위치 S_1을 ON하면 R_2가 점등된다.
② PB를 누르면 타이머 T의 작용으로 MC가 동작되며, R_1이 점등되며 R_2가 소등되고 일정 시간 후(t초 후) T의 작용으로 MC가 정지하며 R_1이 소등되고 R_2와 R_3가 점등된다.
③ 열동 계전기(THR)가 동작하면 플리커 릴레이 FR이 동작하며, 전등 R_4, R_5가 교대로 파상적인 동작을 한다.

④ S_1을 OFF하면 회로는 차단된다.

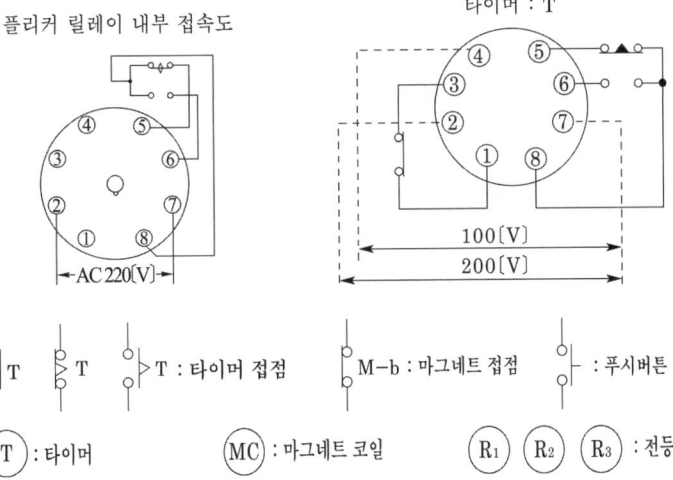

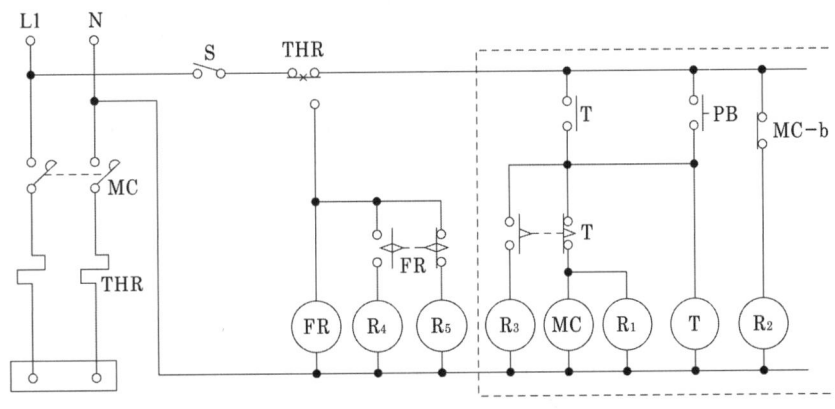

▶ 출제년도 · 기사 93. 98.   ▶ 점수 · 8점

문제 64

답란의 회로도는 전동기의 정·역회전할 수 있는 주회로이다. 동작설명에 의하여 제어회로를 다음 기호 및 약호를 참고로 하여 주어진 답안지에 완성하시오.

【참고사항】 다음 기호 및 약호를 참고로 하여 그리시오.

전자 개폐기 : (MC)   릴레이 : (X)   타이머 : (T)
표시등 : (PL)   누름 버튼 스위치 : (Pb)   퓨즈 : (f)
셀렉터 스위치(SS) : ─o͟ ͞o─

【동작】

1. NFB를 ON하고, f_1과 f_2를 통하여 MC_1과 MC_2가 동작하지 않을 때 PL_1이 점등된다. MC_1이나 MC_2가 동작하면, PL_1은 소등된다.

2. 셀렉터 스위치가 H(수동) 방향에서

   ① PB_2를 누르면 PL_2가 점등, MC_1이 동작, MC_1의 접점에 의하여 자기유지되며, 모터는 정회전한다. PB_1을 누르면 MC_1의 동작이 멈추게 되며, PL_2가 소등, 모터는 정지

한다.

② PB₄를 누르면 PL₃가 점등, MC₂가 동작, MC₂의 접점에 의하여 자기유지되며, 모터는 역회전한다. PB₃을 누르면 MC₂의 동작이 멈추게 되며, PL₃가 소등, 모터는 정지한다.

　※ MC₁과 MC₂의 여자코일에 인터록 회로를 이용하며, 동작의 안정성을 높이도록 한다.

3. 실렉터 스위치가 A(자동) 방향에서(다음 타임차트를 참고로 하시오.)

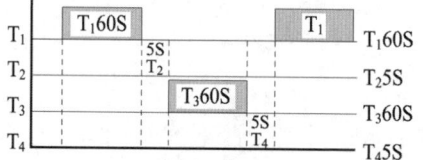

① PB₆을 누르면 T₁과 X₁이 동작되어 X₁ 접점에 의하여 자기유지되며, X₁ 접점에 의하여 MC₁이 동작, 정회전한다. 이때 T₄의 회로에서 X₁ 접점은 OFF된다.

② T₁의 설정된 60초 후에는 T₂와 X₂가 동작, X₂ 접점에 의하여 자기유지되며, T₁의 회로에서 X₂ 접점이 OFF되며 MC₁이 복구되고 모터는 정지한다.

③ T₂의 설정된 5초 후에는 T₃와 X₃가 동작, X₃ 접점에 의하여 자기유지되며, X₃ 접점에 의하여 MC₂가 동작, 모터는 역회전한다. 이때 T₂의 회로에서 X₃ 접점은 OFF되어 T₂ 동작은 멈춘다.

④ T₃의 설정된 60초 후에는 T₄와 X₄가 동작되어 X₄의 접점에 의하여 자기유지되며 X₃의 회로에서 X₄ 접점은 OFF되며 MC₂가 복구되고 모터는 정지한다.

⑤ T₄의 설정된 5초 후에는 T₁이 동작, 계속적인 정·역회전이 반복되며 PB₆를 누르면 모든 동작은 멈추게 된다.

4. 모터의 동작시 과부하로 인하여 THR이 동작되면 모든 동작은 멈추게 되며 PL₁, PL₀이 점등된다.

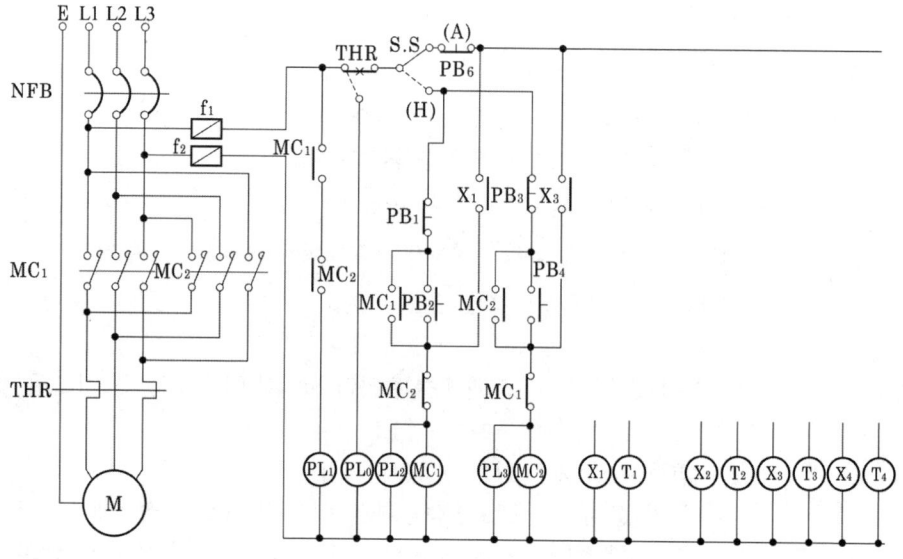

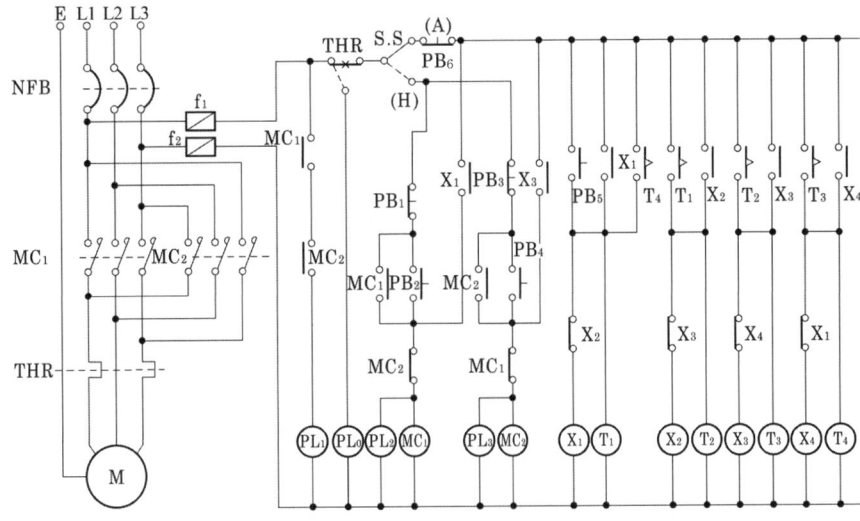

▶출제년도 : 산업 89. 91. 94.   ▶점수 : 10점

문제 65

PBS로 Pump가 조작되는 양수설비이다. 다음 물음에 답하시오.

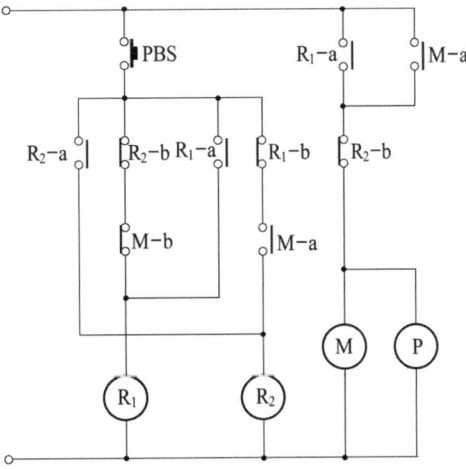

(1) R_1, R_2, M+P의 식을 쓰시오.
(2) 답안지의 Time chart를 완성하시오.

PBS					
R_1					
R_2					
R_1-b					
R_2-b					
M+P					

답안작성

(1) $R_1 = PBS \cdot (\overline{R_2} \cdot \overline{M} + R_1)$

$R_2 = PBS \cdot (\overline{R_1} \cdot M + R_2)$

$M + P = (R_1 + M) \cdot \overline{R_2}$

(2)
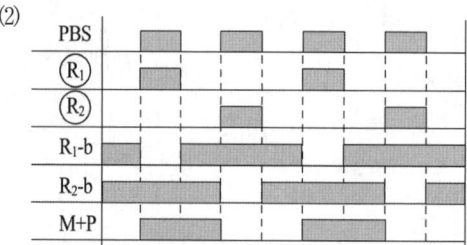

▶ 출제년도 : 기사 90.   ▶ 점수 : 8점

문제 66

그림은 어떤 공장의 3상 220〔V〕 10〔HP〕 유도전동기의 Y－△기동 장치이다. 결선도 및 동작 설명을 보고 물음에 답하시오.

【동작 설명】

① 나이프 스위치 KS을 투입하면 표시등 GL이 점등한다.

② 전동기를 기동하려면 기동 누름버튼 스위치를 누르면 Y결선으로 기동하고 일정시간(한시계전기를 수초로 선정함)후에 자동으로 △결선으로 전환되어 운전을 계속 한다. 정지 버튼을 누르면 정지한다.

③ Y로 기동시 표시등 GL은 소등되고 RL이 점등, △운전시 GL, RL 모두 소등되고 WL만 점등된다.

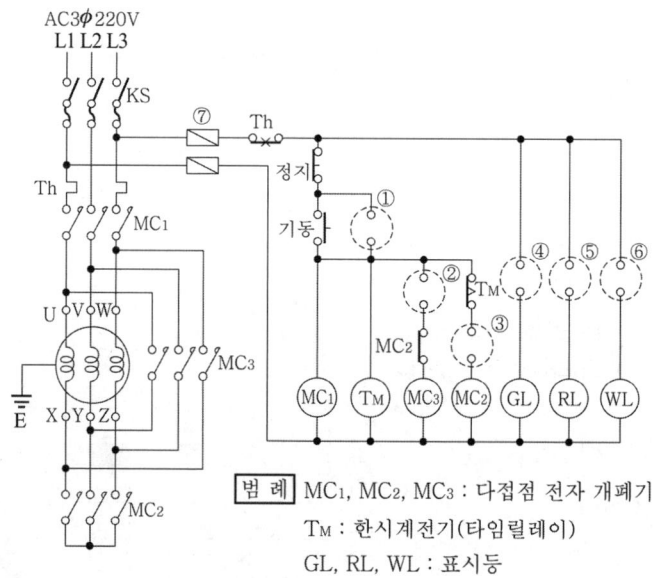

(1) 결선도를 보고 동작이 완전하게 되도록 ①~⑥으로 표시된 부분의 접점을 표시하시오.
(2) ⑦으로 표시된 기구의 명칭은 무엇인가?

답안작성

(1) ① MC₁ ② T_M ③ MC₃ ④ MC₁ ⑤ MC₂ ⑥ MC₃

(2) ⑦ 포장 퓨즈

문제 67

▶출제년도 : 산업 91. ▶점수 : 14점

도면은 권선형 유도 전동기의 시동회로를 설명한 것이다. 도면에 ①~⑦까지 a, b접점을 구분하여 회로를 완성할 수 있도록 접점을 그리시오.

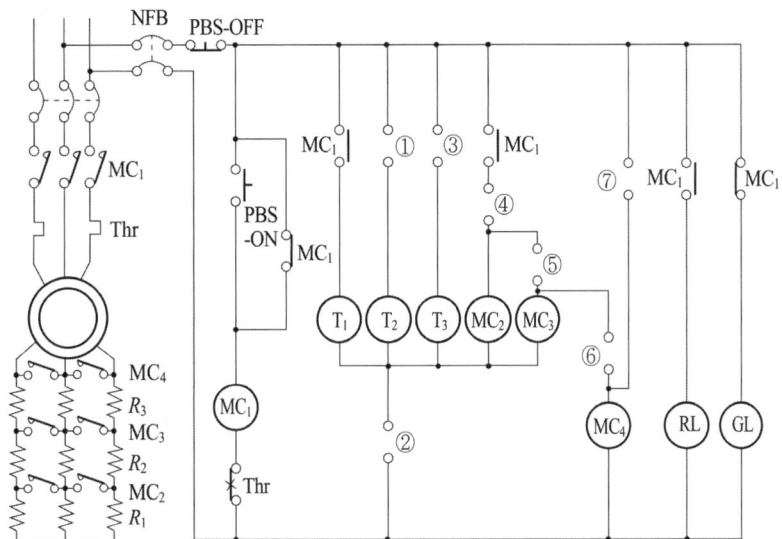

(1) 전원 개폐기 NFB를 투입하면 표시등 GL이 점등

(2) PBS-ON 누르면 MC_1 여자하고 MC_{1-a} 주접점이 투입되어 기동기 저항 R_1, R_2, R_3가 전부 접속한 상태에서 기동하고 T_1, MC_2 위의 MC_{1-a} 접점이 ON되고 GL은 OFF, RL은 ON된다.

(3) T_1 타이머가 동작하면 MC_2가 ON되고 2차 저항 MC_{2-a} 접점이 ON되어 저항 R_2, R_3만 접속되며 T_2에 전원이 투입된다.

(4) T_2 타이머가 동작하면 MC_3가 ON되고 2차 저항 MC_{3-a} 접점이 ON되어 저항 R_3만 접속되어 운전되고 T_3에 전원이 투입된다.

(5) T_3 타이머가 동작하면 MC_4가 ON되고 2차 저항은 단락 상태로 운전되고 운전에 불필요한 T_1, T_2, T_3, MC_2, MC_3를 OFF하고 MC_4의 자기 유지 회로를 만든다.

(6) PBS-OFF 누르면 운전이 정지되고 RL이 소등, GL이 점등된다.

답안작성

① MC₂ ② MC₄ ③ MC₃ ④ T₁ ⑤ T₂ ⑥ T₃ ⑦ MC₄

해설 기동 저항 R_1, R_2, R_3을 순차로 단락(T_1-MC_2, T_2-MC_3, T_3-MC_4)시키고 운전 중에는 MC_1(RL)과 MC_4만이 동작된다.

문제 68

▶출제년도 : 기사 91. ▶점수 : 20점

다음 회로는 3상 유도 전동기의 클로즈드식 Y-△ 기동기의 회로도이다. 회로도의 동작 사항을 정확히 이해하고 다음 물음에 답하시오. 단, 클로즈드식 Y-△기동방식은 오픈방식의 Y-△ 기동기에 저항기와 이것을 단락시키는 전자 접촉기를 추가하여 전원과 전동기를 개방시키지 않고 전환하는 방식이다.

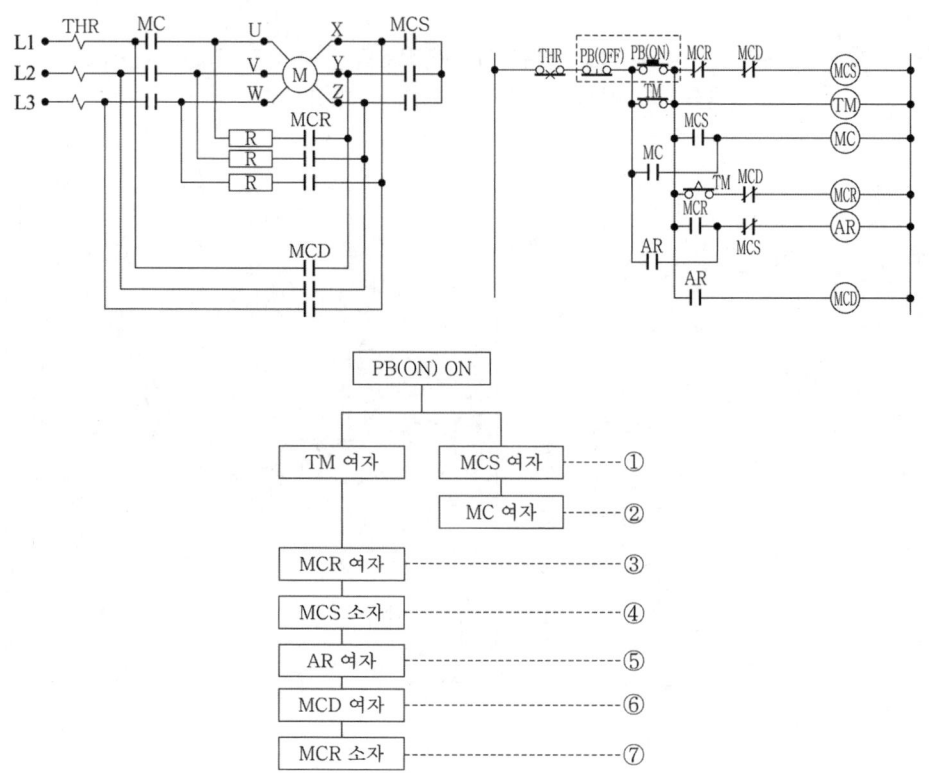

(1) 회로와 플로차트를 정확히 이해하고 다음 결선이 플로차트의 어느 위치에서 이루어지는지 위치를 번호로 쓰시오.

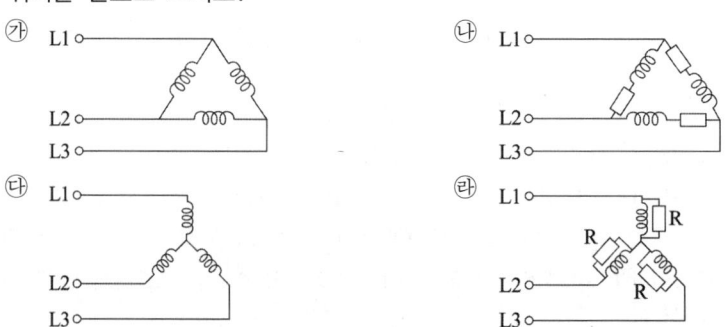

(2) 전동기 운전중에 PB를 OFF하였을 때 여자되어 있다가 소자되는 기구를 모두 쓰시오.
(3) Y-△ 기동기의 전자 접촉기 MC와 MCD의 정격 전류는 $0.58I_n$이고 MCS의 경격 전류는 $0.33I_n$인 전자 접촉기를 선정한다면 200[V] 30[kW]의 전부하 전류 I_n은 125[A]인 3상 유도 전동기일 경우 정격 전류 몇 [A]인 전자 접촉기를 선정하여야 하는가? 단, 1 이하의

수는 절상한다.

답안작성

(1) ㉮ - ⑦, ㉯ - ④, ㉰ - ②, ㉱ - ③

(2) TM, AR, MC, MCD

(3) MC 및 MCD : $0.58 I_n = 0.58 \times 125 = 72.5 [A] \to 80 [A]$

　　　MCS : $0.33 I_n = 0.33 \times 125 = 41.25 [A] \to 50 [A]$

문제 69

▶출제년도 : 기사 91.　▶점수 : 25점

3상 유도 전동기의 정전, 역전 운전시의 2중 속도제어 회로이다. 그림 (a), (b), (c)를 상세히 이해하고 다음 물음을 주어진 답안지에 답하시오. (단, MC_3 : 저속, MC_5 : 고속)

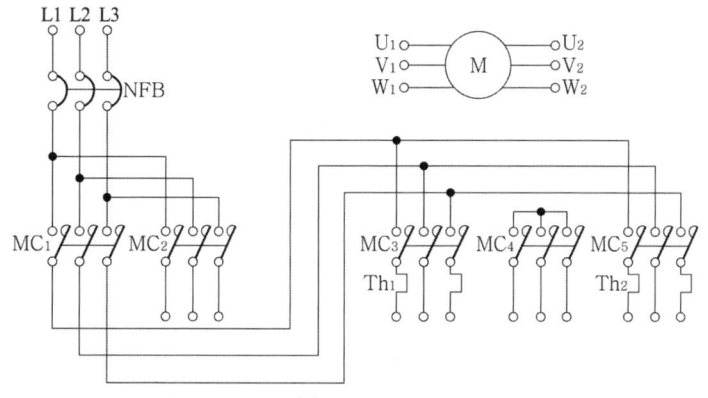

(a) 주회로도

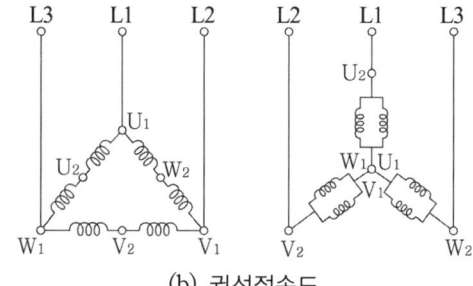

(b) 권선접속도

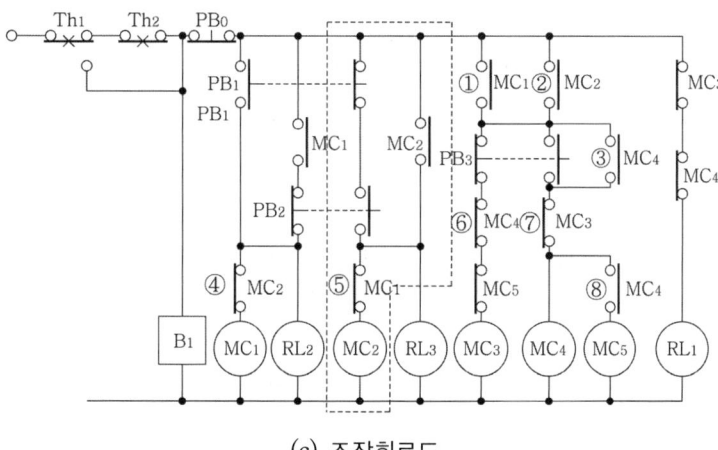

(c) 조작회로도

(1) 그림 (a)의 주회로의 미완성 부분을 그림 (b)를 이해하고 완성하시오.
(2) 다음 플로차트를 보기에서 가장 적당한 것을 찾아 완성하시오.

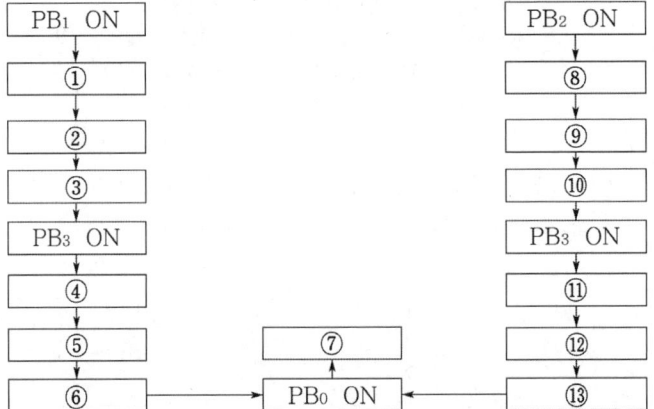

【보기】 MC_1 여자, MC_2 여자, MC_3 여자, MC_4 여자, MC_5 여자
정전 저속운전, 정전 고속운전, 역전 저속운전, 역전 고속운전

(3) 그림 (c)의 조작 회로에서 PB_1를 눌러 운전하다 PB_3를 눌러 운전할 때 ①~⑧ 의 접점중에 개로에서 폐로로 되는 접점을 모두 쓰시오.
(4) 그림 (c)의 조작 회로에서 정지 상태에서 PB_2를 눌러 운전할 때 폐로로 되는 접점을 모두 쓰시오.
(5) 정전 저속운전 중에 정상적으로 역전 고속운전을 하려고 한다. 조작 순서를 간단히 쓰시오.
(6) 그림 (c)의 조작 회로도에서 ④와 ⑤의 접점이 없다고 가정하고 역전 고속운전 중에 PB_1을 누르면 어떤 현상이 발생되는가?
(7) 그림 (c)의 조작 회로도에서 점선으로 표시한 부분을 무접점회로로 표시하시오.
(8) 그림과 같은 타이밍으로 입력이 주어졌을 때 타임차트를 완성하시오.

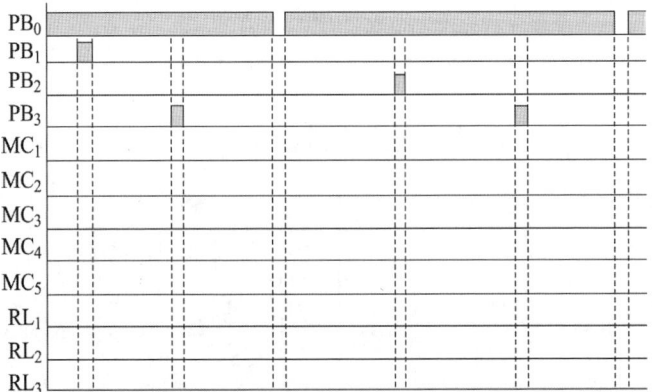

답안작성 (1) L1 L2 L3

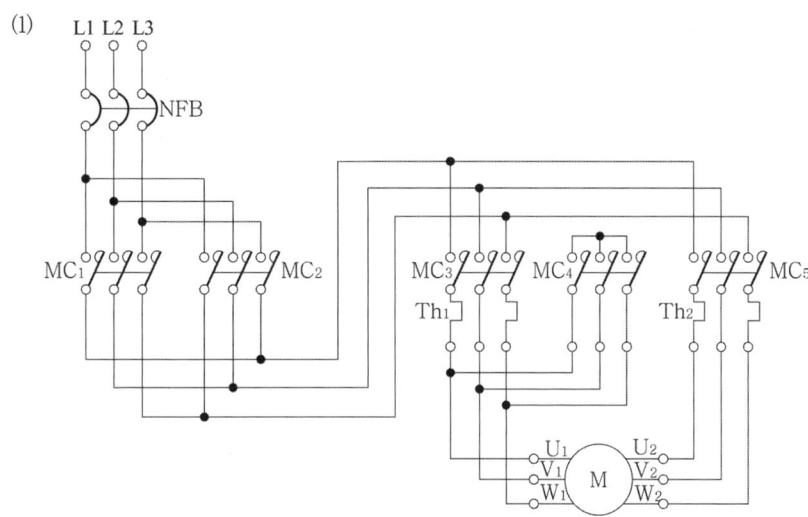

(2) ① MC₁ 여자　② MC₃ 여자　③ 정전 저속운전
　　④ MC₄ 여자　⑤ MC₅ 여자　⑥ 정전 고속운전
　　⑦ 전동기 정지　⑧ MC₂ 여자　⑨ MC₃ 여자
　　⑩ 역전 저속운전　⑪ MC₄ 여자　⑫ MC₅ 여자
　　⑬ 역전 고속운전

(3) ③, ⑦, ⑧

(4) ②

(5) PB₀를 눌러 전동기를 정지시킨 후 PB₂와 PB₃를 차례로 눌러준다.

(6) 3상 단락 사고

(7)

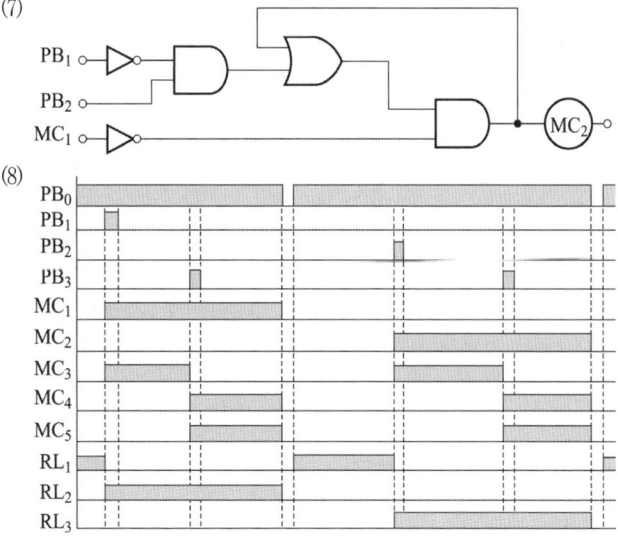

▶ 출제년도 : 산업 90.　▶ 점수 : 18점

문제 70　전동기를 Y-△ 기동 운전하기 위한 결선도이다. 물음에 답하여라.
　　　　 (1) Y-△ 기동 운전이 가능하고 역률이 개선될 수 있도록 결선도를 완성하여라.

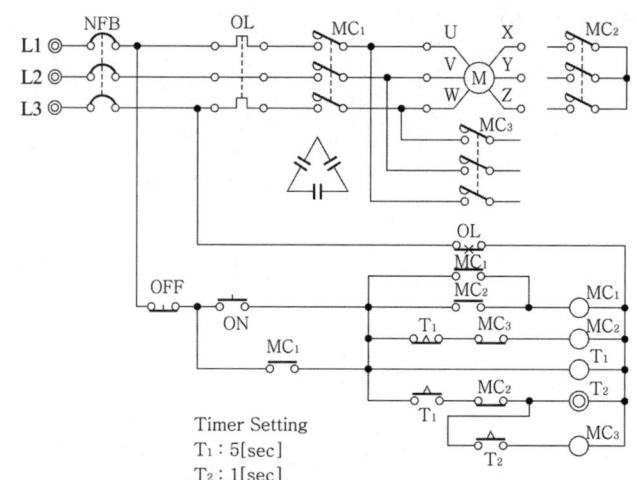

(2) 결선도를 이해한 후 타임 차트를 완성하여라.
보조 접점의 시간 지연은 무시한다.

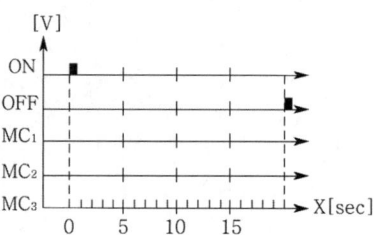

답안작성 (1)

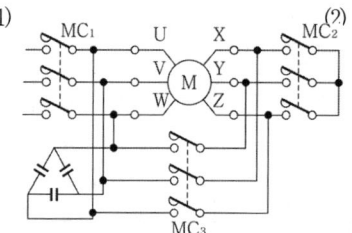

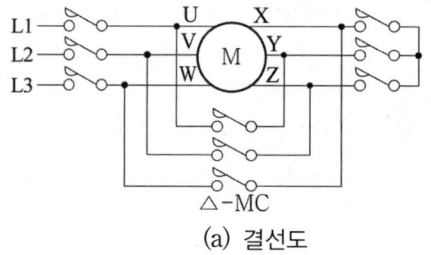

해 설 △결선은 U-Z, V-X, W-Y로 접속하고 콘덴서는 전원에 접속하면 된다. BS-ON을 주면 MC_2가 동작하여 Y결선되고 MC_1이 동작하여 기동한다. 동시에 T_1이 여자되어 5초 후에 MC_2를 복구시키며 T_2를 여자시킨다. 1초 후에 T_2 접점으로 MC_3가 동작하여 △운전으로 된다.

▶출제년도 : 89.　▶점수 : 28점

문제 71

3상 유도전동기의 정전, 역전의 $Y-\triangle$ 기동회로이다. 그림 (a), (b), (c), (d), (e)를 상세히 이해하고 다음 주어진 답안지에 답하시오.

(a) 결선도　　　　　　　　(b) 권선 접속도

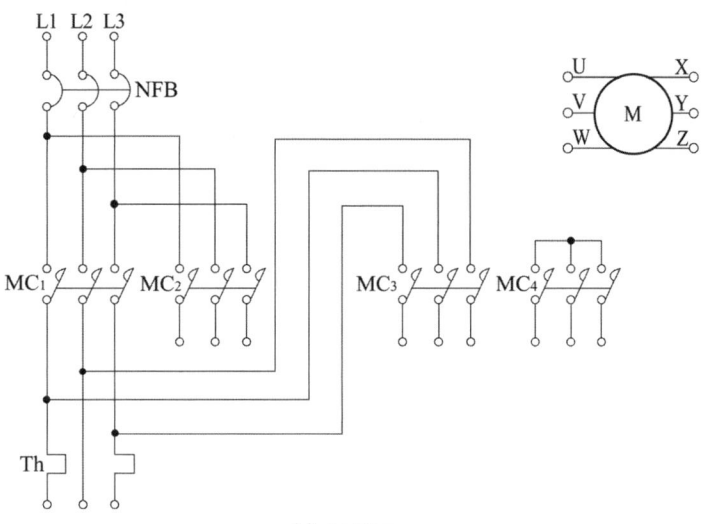

(c) 주회로도

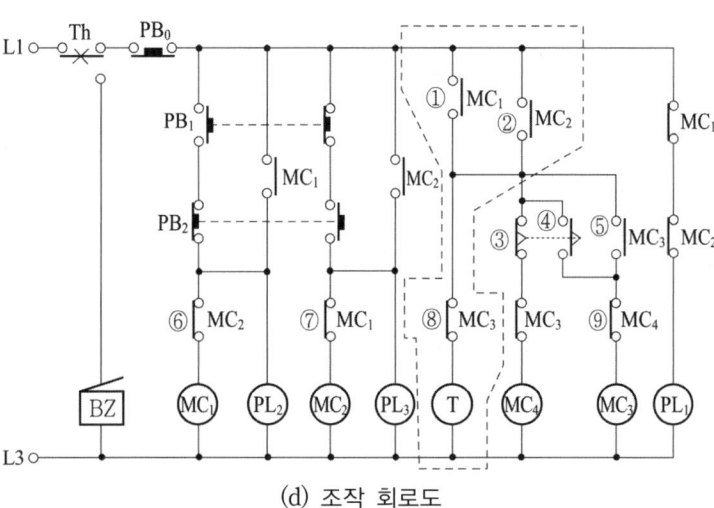

(d) 조작 회로도

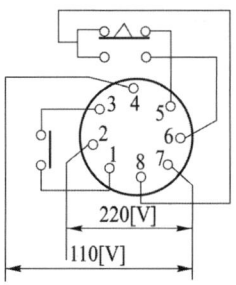

(e) 타이머 내부 결선도

(1) 그림 (c)의 주회로의 미완성된 부분을 그림 (a), (b)를 이해하고 완성하시오.
(2) 다음 플로우 차트를 보기에서 가장 적당한 것을 찾아 완성하시오.

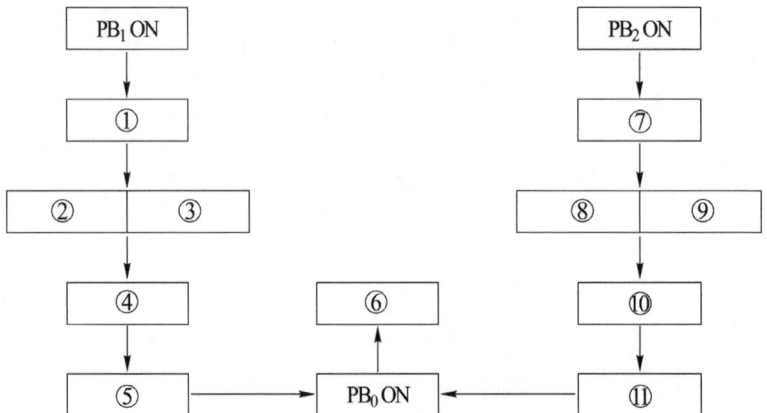

【보기】 전동기 정지, 전동기 정전운전, 전동기 역전운전, T통전, MC_1 여자, MC_2 여자, MC_3 여자, MC_4 여자

(3) 조작회로 그림 (d)에서 PB_1을 눌러 정전운전이 정상일 때 ①~⑨의 접점 중에 폐로 상태인 접점을 모두 쓰시오.
(4) 조작회로 그림 (d)에서 PB_2를 누르는 동시에 폐로인 접점은 ①~⑨중에서 어느 것인가?
(5) 전동기의 권선을 Y 결선과 △ 결선을 만들어 주는 전자 접촉기는 각각 어느 것인가?
(6) 조작 회로도 그림 (d)에서 점선 부분을 무접점 회로로 표시하고 논리식을 쓰시오.
(7) 그림과 같은 타이밍으로 입력이 주어졌을 때 타임차트를 완성하시오.

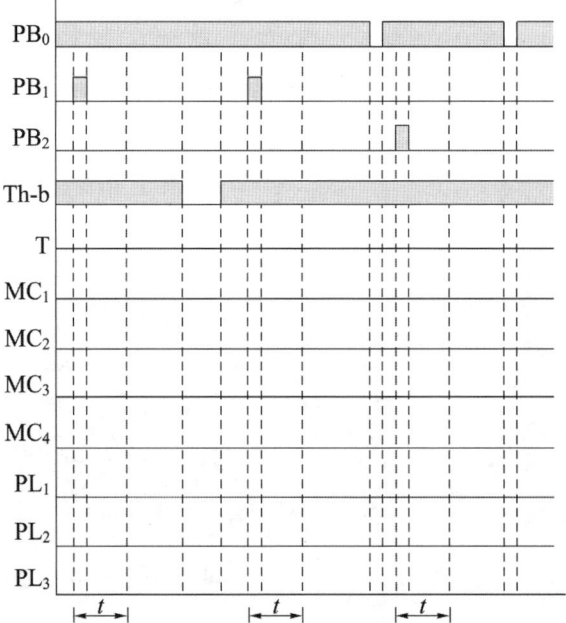

답안작성 (1)

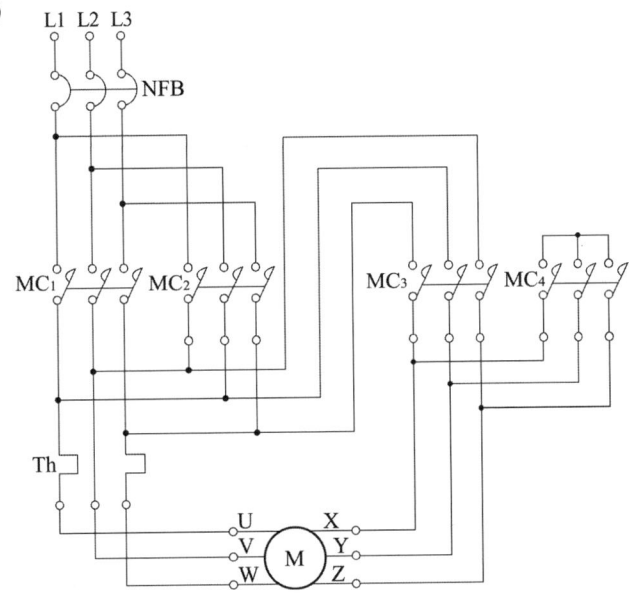

(2) ① MC_1 여자　② T 통전　③ MC_4 여자
　　④ MC_3 여자　⑤ 전동기 정전운전　⑥ 전동기 정지
　　⑦ MC_2 여자　⑧ T 통전　⑨ MC_4 여자
　　⑩ MC_3 여자　⑪ 전동기 역전운전

(3) ①, ③, ⑤, ⑥, ⑨

(4) ②, ③, ⑦, ⑧

(5) MC_4, MC_3

(6)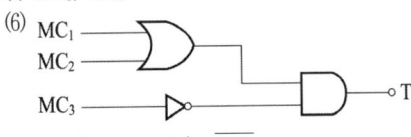

$T = (MC_1 + MC_2) \cdot \overline{MC_3}$

(7)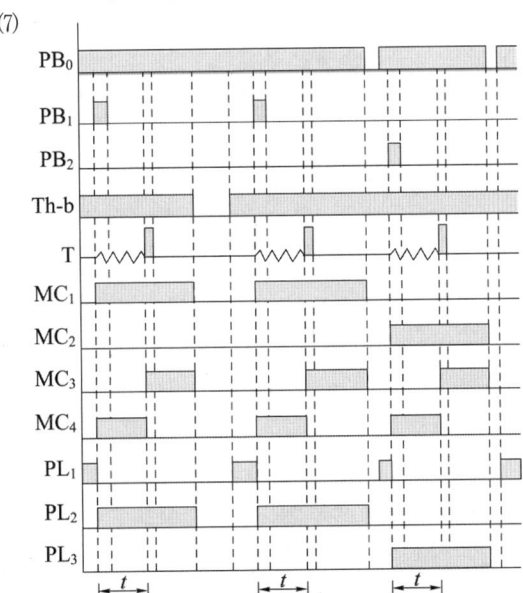

문제 72

▶출제년도 : 산업 91. ▶점수 : 20점

다음 회로는 수전설비의 진상 콘덴서를 병렬로 2회로 연결한 회로도이다. 그림 (a), (b)를 정확히 이해하고 물음에 답하시오.

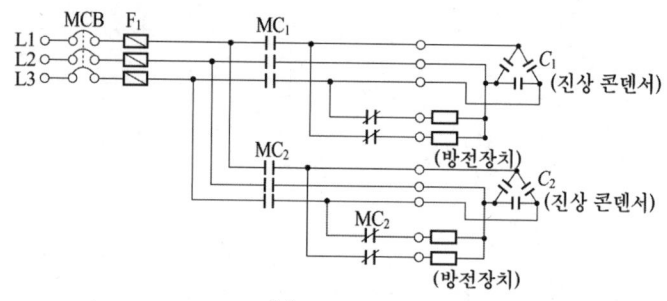

(a) 주회로도

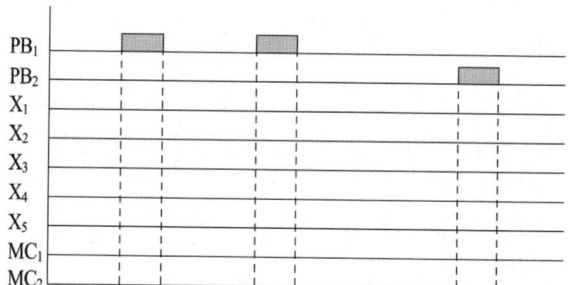

(b) 조작 회로도

(1) PB_1를 첫 번째 눌렀다 놓은 후에 여자되어 있는 기구를 전부 쓰시오.
 (예 : X_1, X_2, X_3, X_4, X_5, MC_2)
(2) PB_1을 두 번째 눌렀다 놓은 후에 여자되어 있는 기구를 전부 쓰시오.
 (예 : X_1, X_2, X_3, MC_2)
(3) 답란의 타임 차트와 같이 스위치를 조작하였을 때 타임 차트를 완성하시오.

PB_1					
PB_2					
X_1					
X_2					
X_3					
X_4					
X_5					
MC_1					
MC_2					

(4) 답안의 동작 사항을 플로우 차트에 가장 적합한 것으로 보기에서 골라 빈칸에 넣으시오.
 【보기】 X_1 여자, X_1 소자, X_2 여자, X_2 소자, X_3 여자, X_3 소자,
  X_4 여자, X_4 소자, X_5 여자, X_5 소자, MC_1 여자, MC_1 소자,

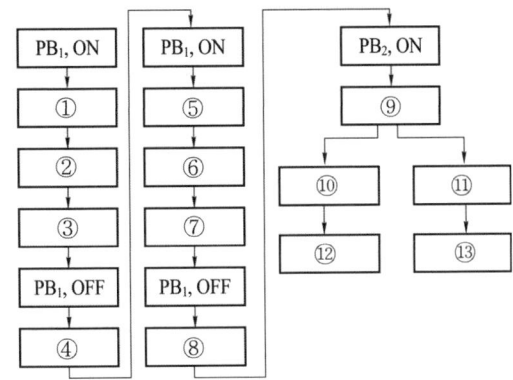

답안작성

(1) X_4, MC_1

(2) X_4, X_5, MC_1, MC_2

(3)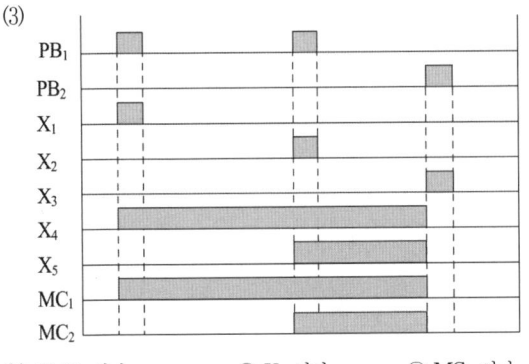

(4) ① X_1 여자 ② X_4 여자 ③ MC_1 여자 ④ X_1 소자 ⑤ X_2 여자
⑥ X_5 여자 ⑦ MC_2 여자 ⑧ X_2 소자 ⑨ X_3 여자 ⑩ X_4 소자
⑪ X_5 소자 ⑫ MC_1 소자 ⑬ MC_2 소자

문제 73

▶출제년도 : 산업 93. 97. ▶점수 : 5점

답란의 회로도는 전동기의 정·역회전할 수 있는 주회로이다. 동작설명에 의하여 제어회로를 다음 기호 및 약호를 참고로 하여 주어진 답안지에 완성하시오.

【참고사항】 다음 기호 및 약호를 참고로 하여 그리시오.

전자 개폐기 : (MC)   릴레이 : (X)   타이머 : (T)
표시등 : (PL)   누름 버튼 스위치 : (Pb)   퓨즈 : (f)
셀렉터 스위치(S.S) : —∘∕∘—

【동작】

1. NFB를 ON하고, 전원이 f_1과 f_2를 통하여 들어오면 MC_1과 MC_2가 동작하지 않을 때 PL_1이 점등된다. MC_1이나 MC_2가 동작하면, PL_1은 소등된다.

2. 셀렉터 스위치가 H(수동) 방향에서

① PB_2를 누르면 PL_2가 점등, MC_1이 동작, MC_1의 접점에 의하여 자기유지되며, 모터는 정회전한다. PB_1을 누르면 MC_1의 동작이 멈추게 되며, PL_2가 소등, 모터는 정지한다.

② PB₄를 누르면 PL₃가 점등, MC₂가 동작, MC₂의 접점에 의하여 자기유지되며, 모터는 역회전한다. PB₃을 누르면 MC₂의 동작이 멈추게 되며, PL₃가 소등, 모터는 정지한다.

※ MC₁과 MC₂의 여자코일에 인터록 회로를 이용하며, 동작의 안정성을 높이도록 한다.

3. 셀렉터 스위치가 A(자동) 방향에서
   ① PB₅을 누르면 T₁과 X₁이 동작되어 T₁ 접점에 의하여 자기유지되며, X₁ 접점에 의하여 MC₁이 동작, 정회전한다. T₁의 설정시간 후 X₁과 T₁ 동작이 멈추게 되어 MC₁에 의한 전동기는 정지한다.
   ② PB₆를 누르면 X₂와 T₂에 의해 자기유지되며 X₂ 접점에 의해 MC₂가 동작, 전동기는 역회전한다. T₂의 설정시간 후 X₂와 T₂가 동작이 멈추게 되어 MC₂에 의한 전동기는 정지한다.

※ X₁과 X₂의 여자 코일에 인터록 회로를 사용하여 안정된 동작이 되도록 한다.

4. 전동기의 과부하로 인하여 Thr이 동작되면 PL₀와 BZ가 동작되면 PL₁이 점등된다.

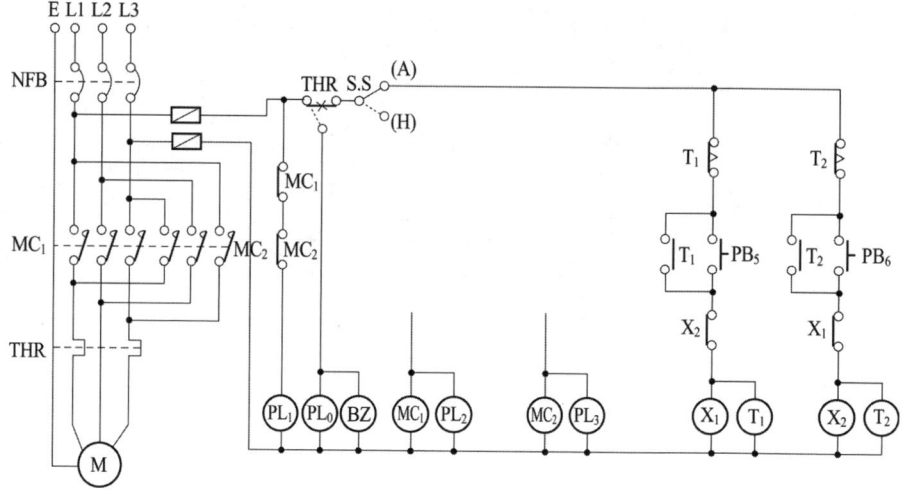

답안작성

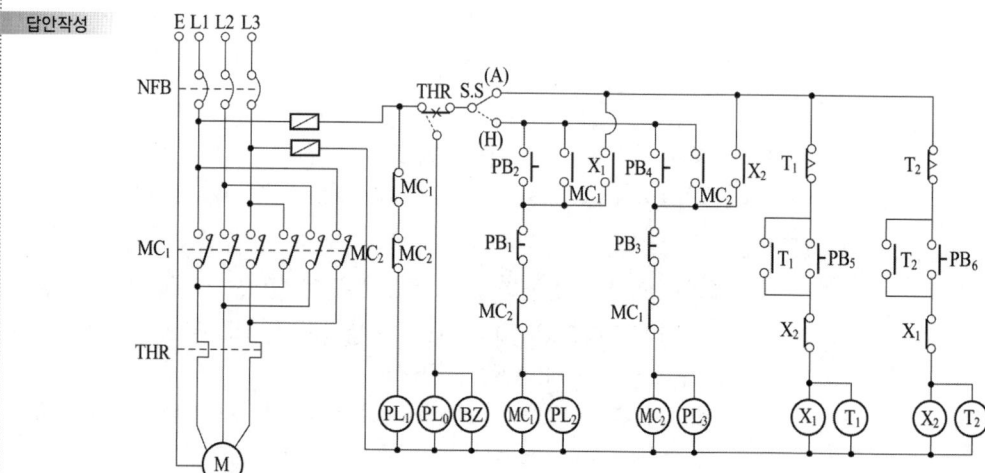

문제 **74** ▶출제년도 : 기사 92. ▶점수 : 12점

다음 도면은 상시전원과 예비전원의 절환회로이다. 회로를 이해하고 물음에 답하시오.

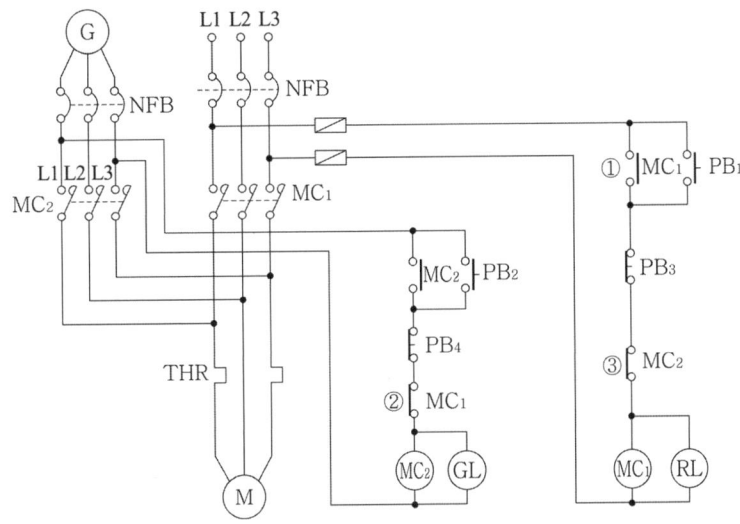

(1) PB₁을 누르면 ①의 접점은 어떤 상태가 되는가?
(2) 예비전원으로 전동기를 운전중일 때 ②와 ③의 접점은 어떤 상태인가?
(3) ②의 접점은 왜 필요한가?
(4) 전동기의 정지상태에서 PB₁과 PB₂를 동시에 누르면 전동기는 어떻게 되겠는가?
(5) 회로에서 ②와 ③을 삽입하지 않고 직결되어 있다고 가정하고 PB₁을 눌러 상시전원으로 전동기 운전중 PB₂를 누르면 어떤 상황이 발생하는가?
(6) 답란의 타임차트를 완성하시오.

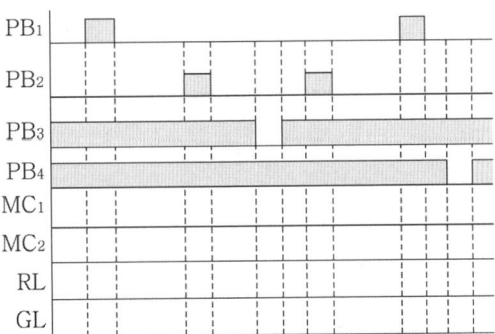

답안작성
(1) 폐로상태
(2) ② 폐로상태
    ③ 개로상태
(3) 상용전원과 예비전원의 동시투입 방지
(4) MC₁과 MC₂ 중 먼저 투입된 순서에 의해 상시전원 또는 예비전원에 의해 전동기가 회전
(5) 상시전원과 예비전원이 동시에 투입된다.

(6)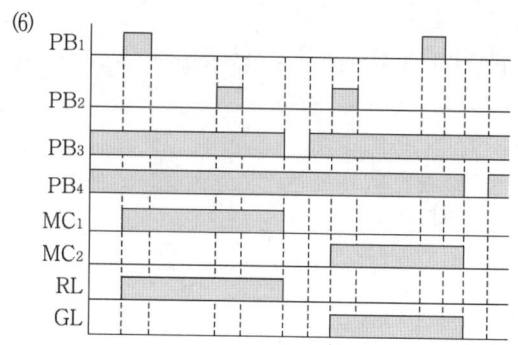

▶ 출제년도 : 산업 00. 01. 02.   ▶ 점수 : 5점

문제 75 한 개의 전등을 3개소에서 점멸하고자 할 때 소요되는 3로 스위치의 수는?

답안작성 4개

해 설
- 3로 스위치만을 사용하는 경우 : 4개
- 3로 스위치와 4로 스위치를 사용하는 경우 : 3로 스위치 2개, 4로 스위치 1개가 필요하다.

▶ 출제년도 : 기사 98.   ▶ 점수 : 5점

문제 76 한 개의 전등을 3개소에서 점멸하고자 할 때 3로 스위치를 이용하여 점멸할 수 있도록 회로도를 그리시오.

답안작성 ① 3로 스위치 2개와 4로 스위치 1개를 사용한 경우   ② 3로 스위치 4개를 사용한 경우

문제 77

▶ 출제년도 : 산업 98.   ▶ 점수 : 6점

옥내배선도에서 (1), (2), (3) 부분의 전선가닥수를 표시하시오.

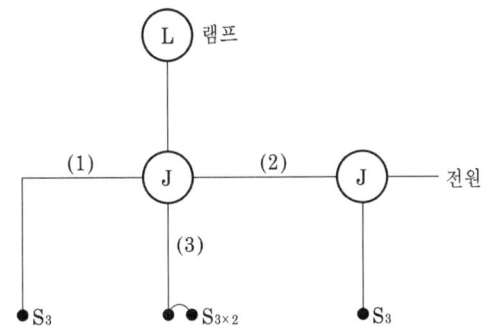

답안작성
(1) 3가닥
(2) 3가닥
(3) 4가닥

문제 78

▶ 출제년도 : 기사 99.   ▶ 점수 : 8점

다음의 옥내 조명 배선도를 보고 물음에 답하시오.

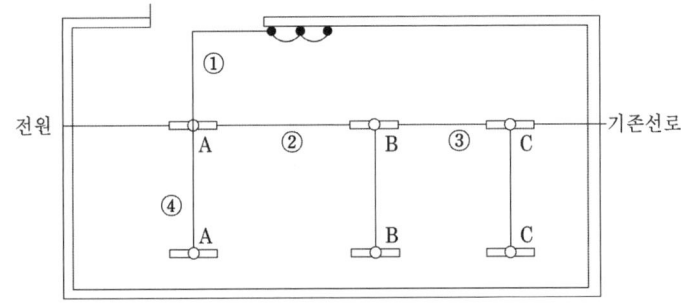

(1) 심벌(⬭, ⌒⌒⌒, ─────)의 명칭을 순서대로 쓰시오.
(2) 배선 ①, ②, ③, ④의 가닥수를 순서대로 쓰시오. 단, 접지선은 제외한다.

답안작성
(1) 형광등, 단극 스위치, 천장 은폐배선
(2) ① 4가닥   ② 4가닥   ③ 3가닥   ④ 2가닥

해 설   ⌒⌒⌒ 단극 스위치 또는 3연용 스위치

문제 79

▶ 출제년도 : 산업 94. 97.   ▶ 점수 : 5점

동작 설명을 읽고 제어회로를 그리시오.

① S_1을 OFF 상태에서 S_{3-1}을 ON하면 R_1이 점등되고, S_{3-2}를 ON하면 R_2가 점등된다.
② S_{3-1}을 OFF하고 S_{3-2}을 OFF한 상태에서 S_1을 ON하면 R_1, R_2가 병렬점등된다.
③ PB를 누르면 타이머 T가 동작하여 R_3가 점등되고 일정시간 후 R_3가 소등되며 R_4가 점등된다.

답안작성

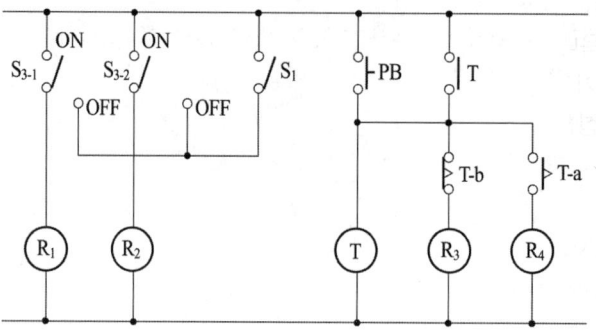

문제 80

▶출제년도 : 기사 91. 99. 00. 01. 02. 04. 05. 06.　▶점수 : 7점

어느 가상적인 전기공사 배선에 관한 동작 설명이다. Relay, 타이머 내부 회로도를 이용하여 주어진 답안지에 시퀀스 회로도를 동작 설명과 일치되도록 그리시오.

【조건】

① 누름 버튼 스위치 PB_1을 누르면 릴레이 X에 의해서 R_1(램프)과 버저가 동시에 작동한다.
② 누름 버튼 스위치 PB_2를 누르면 R_2(램프)와 릴레이 X접점에 의해서 버저가 동시에 작동한다.
③ 3로 스위치 S_{3-1}, S_{3-2}에 의해서 R_3(램프)가 2개소 점멸한다.
④ 누름 버튼 스위치 PB_3에 의해서 R_4가 점등한 후 일정시간이 지나면 타이머 T의 작동으로 소등된다.

릴레이 내부 회로도　　　　타이머 내부 회로도

답안작성

문제 81

▸출제년도 : 산업 00. 02.   ▸점수 : 5점

도면은 옥내 배선의 배치도이다. 범례와 동작 설명을 이해하고 결선도(시퀀스)를 주어진 답안지에 전기적으로 정확하게 그리시오.

【동작사항】

(1) 스위치 S를 ON하고 PB_1을 누르면 릴레이(Ry_1)가 여자되고 버저 B가 울림과 동시에 전등 R_1, R_2가 직렬로 점등된다. 다음 PB_2를 누르면 릴레이(Ry_1)가 소자되고 버저(B)가 정지함과 동시에 릴레이(Ry_2)가 여자되어 전등 R_1, R_2가 병렬 점등된다.

(2) 스위치 S를 OFF하면 모든 동작이 정지한다.

【범례】

Ry : 릴레이, PB : 누름 버튼, R : 램프, S : 스위치, B : 버저,
J : 정크션 박스, KS : 단투 커버 나이프이고 기타는 생략한다.

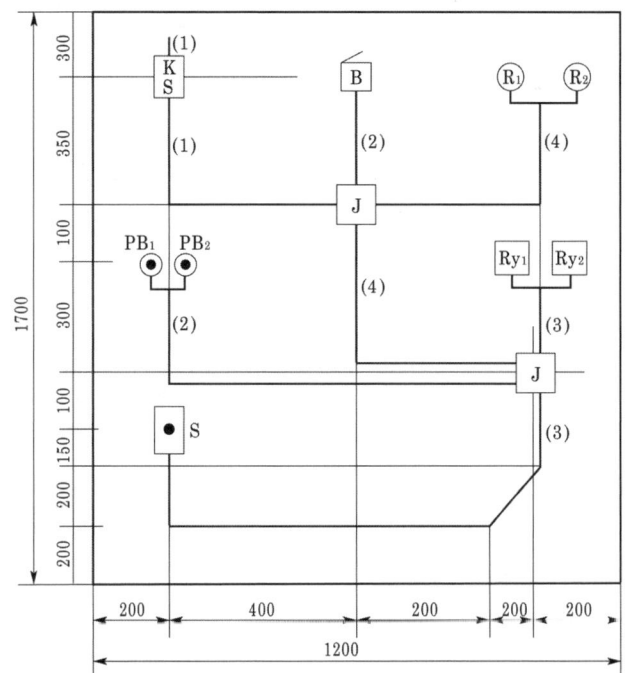

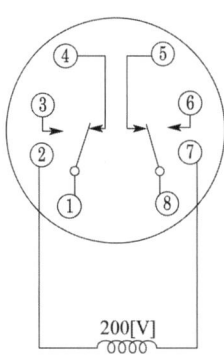

8핀 릴레이 : Ry

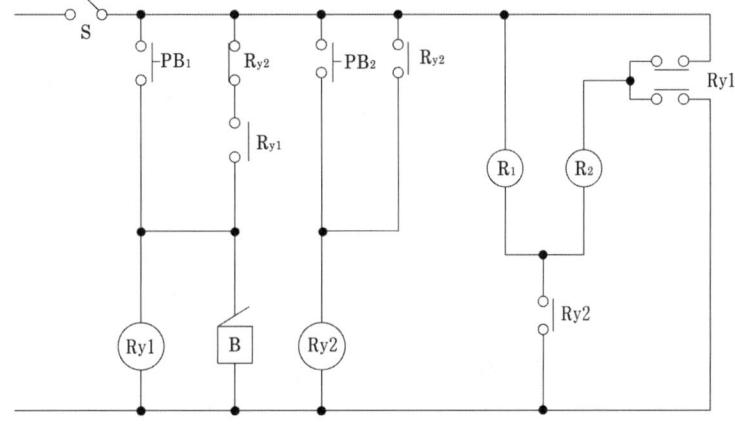

문제 82

▶출제년도 : 기사 91. 99. 00. 01. 02. 04. 05. 06. ▶점수 : 5점

타이머와 릴레이를 이용한 전등 회로 배선에 관한 동작 설명이다. 타이머와 릴레이 내부 회로도를 이용하여 시퀀스도를 동작 설명에 따라 그리시오.

【동작설명】

① KS를 ON하고 S_{3-1}과 S_{3-2}가 OFF한 상태에서 R_3과 R_4가 직렬 점등된다. 이때 S_1을 ON하면 R_4는 소등 R_3만 점등된다. 다음 S_{3-2}를 ON하면 R_3과 R_4가 병렬로 점등된다.

② S_{3-1}을 ON하면 전등 R_2가 점등되고 S_{3-1}을 ON한 상태에서 PB를 누르면 타이머와 릴레이가 동작하여 R_2는 소등되고 R_1이 일정 시간동안 점등되었다가 소등된다. R_1이 소등되면 R_2가 점등된다.

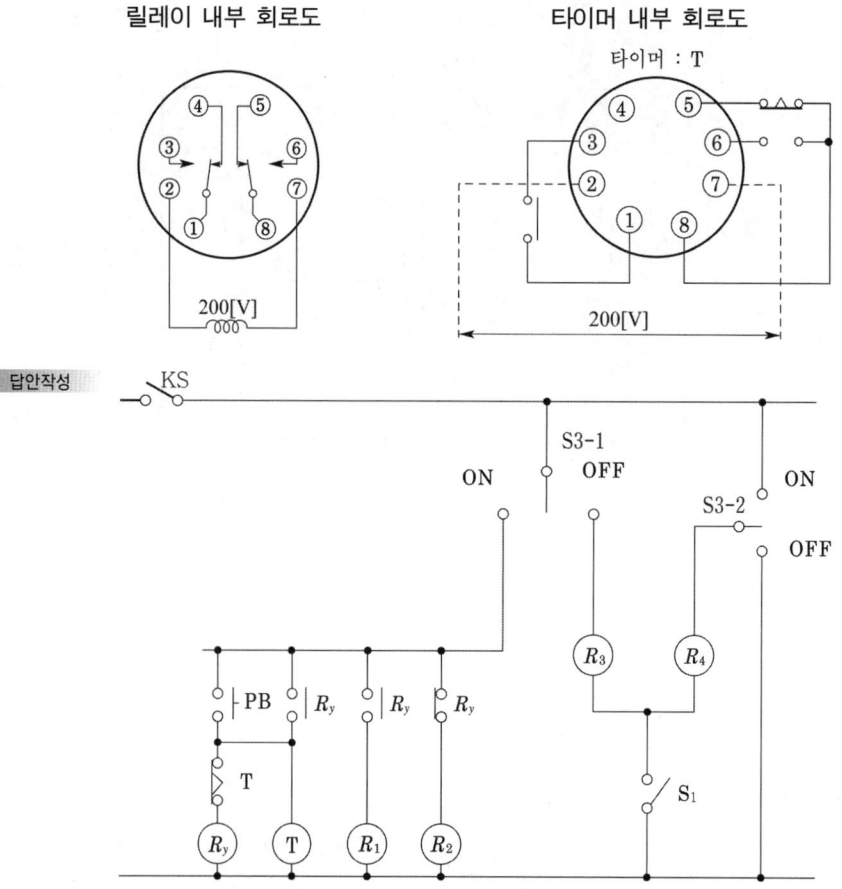

문제 83

▶출제년도 : 기사 99. 산업 04. ▶점수 : 8점

배치도, 동작설명 및 시퀀스를 보고 답안지의 실체도를 그리시오.

【동작 설명】

① S_{3-1}에 의해 R_1, S_{3-2}에 의해 R_2, S_{3-3}에 의해 R_3 점등된다.

② S_{3-1}, S_{3-2}, S_{3-3}가 OFF 상태일 때, S_1에 의해서 R_1, R_2, R_3가 병렬 점등된다.

배치도   회로도

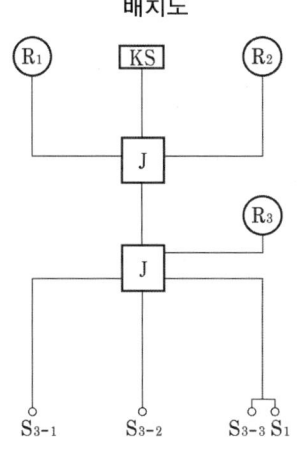 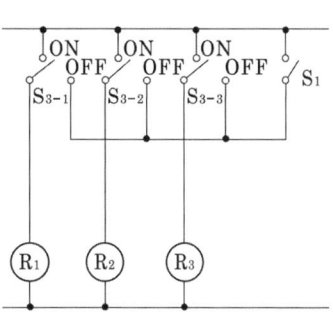

답안작성

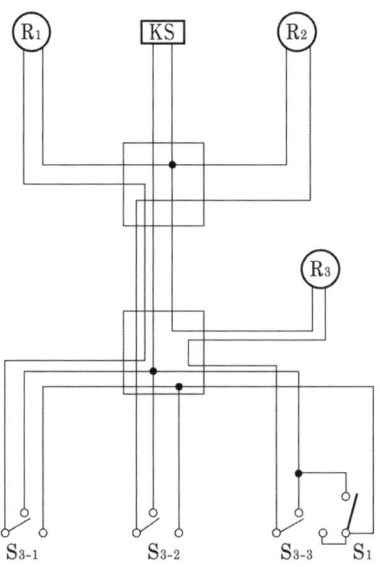

▶ 출제년도 : 산업 99. 06.   ▶ 점수 : 6점

문제 84 전기공사의 배치도 및 시퀀스도와 동작설명을 보고 공사를 시행하기 위한 실체 배선도를 그리시오.

배치도   시퀀스도

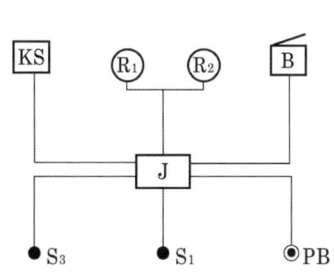 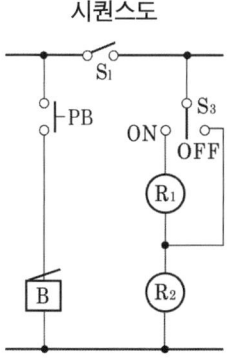

1. 도면의 이해와 작성 **99**

【동작 설명】
① 나이프스위치 KS에 의해서 회로가 개폐된다.
② 스위치 S_1을 ON하고 스위치 S_3를 ON하면 램프 R_1, R_2가 직렬 점등하고, 스위치 S_3를 OFF하면 R_2만 점등한다.
③ 누름버튼 스위치 PB를 ON하고 있는 동안에 부저 B가 울린다.

답안작성

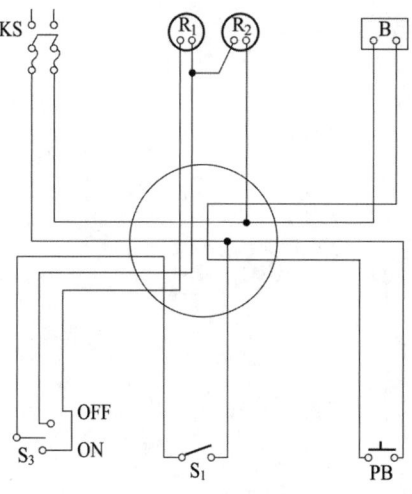

▶출제년도 : 기사 91. 99. 00. 01. 02. 04. 05. 06.   ▶점수 : 6점

문제 85 도면과 동작사항을 참고하여 회로도(시퀀스도)를 그리시오.

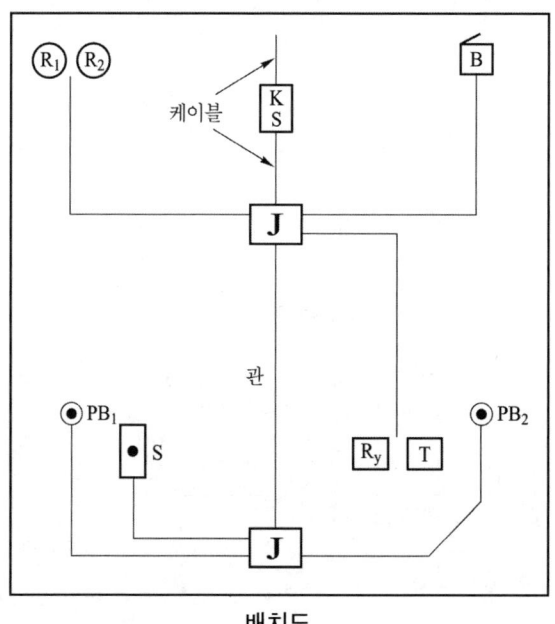

배치도

릴레이 내부 회로   타이머 내부 회로도

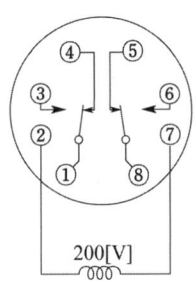
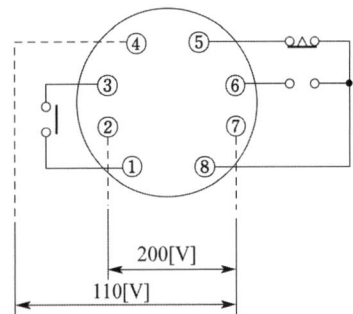

【동작사항】

① 스위치 S를 ON 상태에서 PB_1 또는 PB_2중 어느 하나를 누르면 T가 여자가 되어 R_1, R_2의 전등은 직렬 점등되며 버저 B가 울린다. 다음 시간경과(t 초)후 B가 정지됨과 동시에 R_y가 여자 되어 R_1과 R_2의 전등은 병렬 점등된다.

② 스위치 S를 OFF하면 모든 동작이 정지된다.

 답안작성

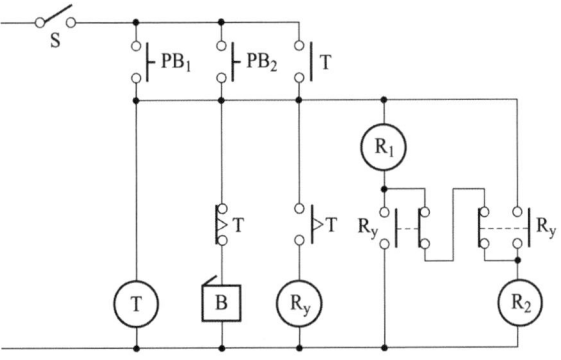

문제 86

▶출제년도 : 산업 00.   ▶점수 : 6점

다음의 그림과 동작 사항을 보고 실제 결선도를 치수아 관계없이 그려라.

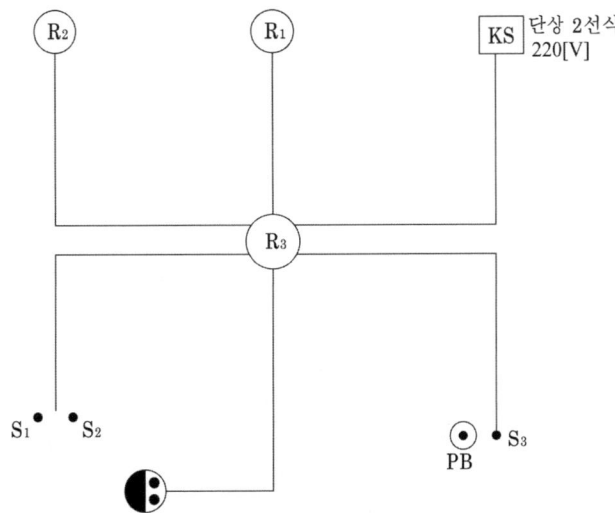

【동작사항】

① 3로 스위치 S_3를 위로 ON 했을 때 텀블러 스위치 S_1 및 S_2에 의해 해당되는 전등 R_1 및 R_2가 각각 점멸되도록 하여라.

② S_3를 아래로 OFF 했을 때 누름 버튼 스위치 PB에 의해 전등 R_3가 점멸되도록 한다.

③ 콘센트 C는 스위치 PB에 관계없이 전원이 항상 공급되도록 한다.

   단, • 모든 결선은 □ 정크션 박스를 거쳐 결선하여라.
   • 정크션 박스 안에서 접속점 표시를 할 것 (예, ┷)
   • +는 접지되지 않은 선, −는 접지측 전선

답안작성   회로도

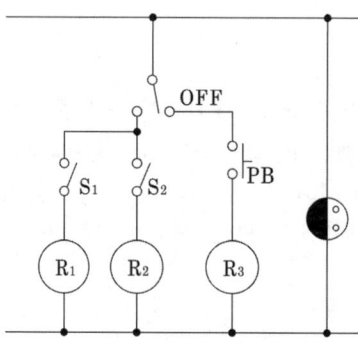

실제 배선도

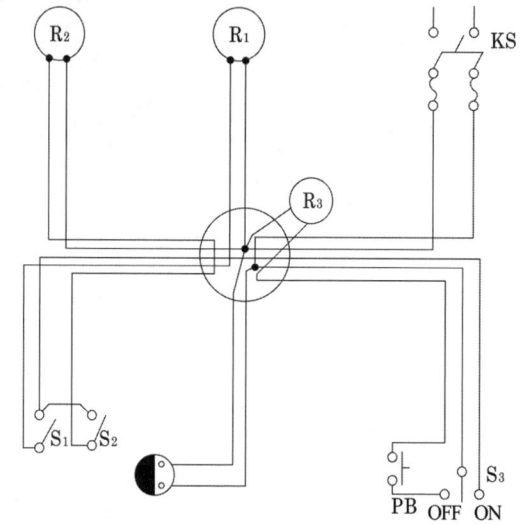

▶ 출제년도 : 기사 91. 99. 00. 01. 02. 04. 05. 06.   ▶ 점수 : 6점

문제 87

도면은 옥내 배선의 배치도(가상)이다. 범례와 동작 설명을 이해하고 결선도(시퀀스)를 주어진 답안지에 그리시오.

【동작사항】

(가) 스위치 S를 ON하면 R_3 점등

(나) 스위치 S를 ON하고 PB를 누르면 릴레이(Ry)와 타이머(T)가 여자됨과 동시에 R_3는 소등되고 R_1, R_2 전등은 점등된다. 시간 경과 t초 후 R_2는 소등되고, R_4는 점등되며

R_1은 계속 점등된다.

(다) 스위치 S를 OFF하면 모든 동작이 정지된다.

【범례】

　T : 타이머, Ry : 릴레이, S : 스위치, PB : 누름 버튼, R : 램프

　KS : 단투 커버 나이프, J : 정크션 박스이고 기타는 생략한다

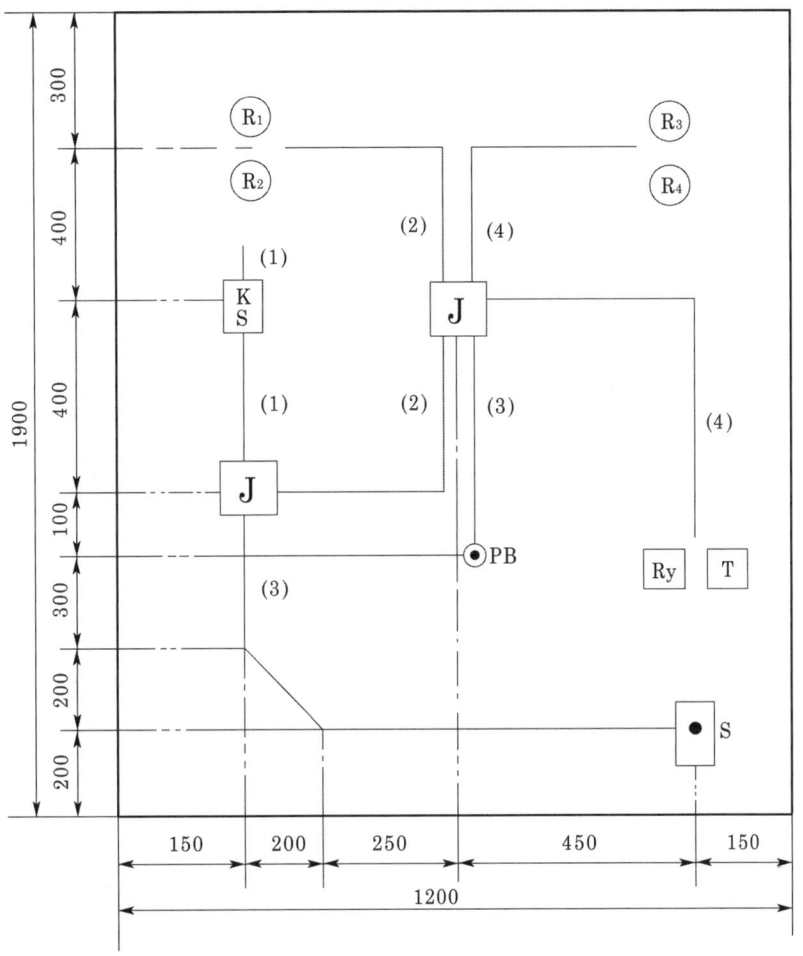

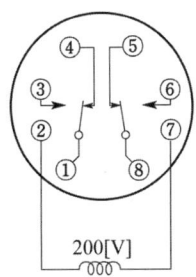
릴레이 내부 회로

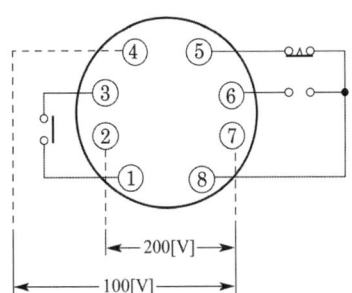
타이머 내부 회로도

답안작성

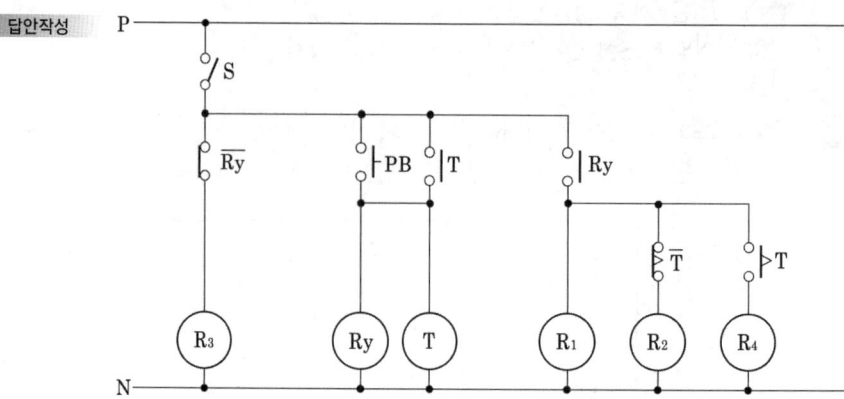

▶출제년도 : 기사 91. 99. 00. 01. 02. 04. 05. 06. ▶점수 : 5점

문제 88

동작 설명과 타이머, 릴레이 내부 회로도를 이용하여 시퀀스도를 그리시오.

【동작설명】

1. S를 ON하면 릴레이 b접점을 이용하여 램프(R_2)가 직접 점등된다.
2. S를 ON한 상태에서 $S_{3\text{-}1}$과 $S_{3\text{-}2}$에 의해서 램프(R_1)를 2개소에서 점멸시킬 수 있다.
3. 푸시버튼(PB)를 ON하면 타이머(T)에 의하여 릴레이(Ry)가 동작되어 램프(R_2)가 소등되고 램프(R_3, R_4)가 병렬로 점등된다. 일정 시간 후 램프(R_3, R_4)는 타이머(T)에 의해 소등되며 램프(R_2)가 점등된다.
4. S를 OFF하면 모든 회로는 차단된다.

답안작성

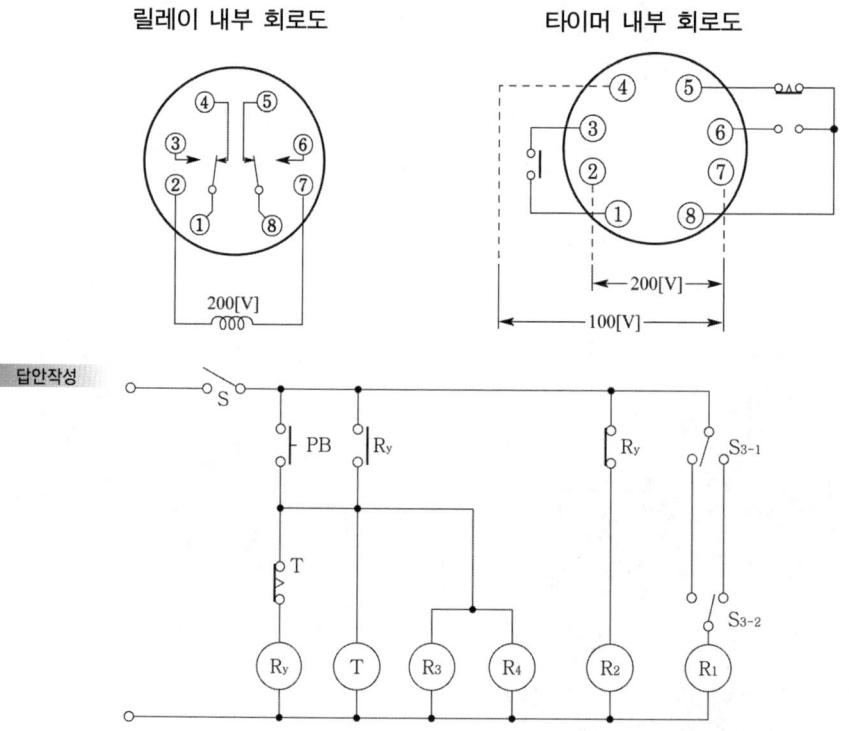

문제 89

▶ 출제년도 : 기사 91. 99. 00. 01. 02. 04. 05. 06.   ▶ 점수 : 10점

내선 공사에 관한 동작설명이다. 타이머, 릴레이 내부회로도를 이용하여 시퀀스도를 동작설명에 따라 그리시오.

【동작설명】

① KS를 ON하면 R_4가 점등되고, S_1을 OFF한 상태에서 S_{3-1}를 ON하면 R_1이 점등되고 S_{3-2}를 ON하면 R_2가 점등된다. S_{3-1}, S_{3-2}를 OFF하고 S_1을 ON하면 R_1과 R_2가 병렬로 점등된다.

② PB를 누르면 타이머 작동으로 릴레이가 동작하여 R_2가 소등되어 R_3가 점등되고 일정 시간 후 R_3가 소등된다.

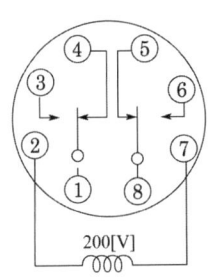

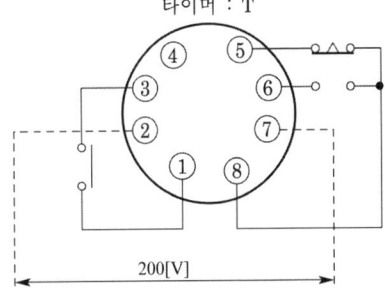

타이머 : T

답안작성

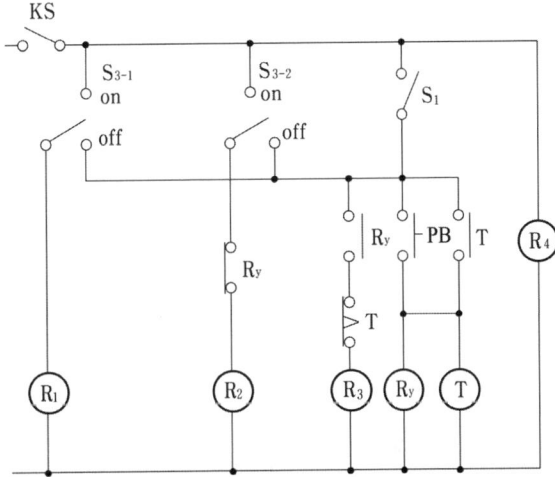

문제 90

▶ 출제년도 : 산업 97. 99. 16.   ▶ 점수 : 8점

다음은 복도 조명의 배선도이다. 물음에 답하시오.

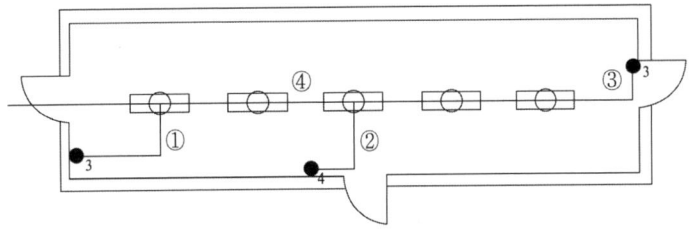

(1) ①, ②, ③, ④의 최소 배선수는 얼마인지 순서대로 쓰시오. 단, 접지선은 제외한다.
(2) 사용심벌(⬭ , ───, ●₃, ●₄)의 명칭을 순서대로 쓰시오.

답안작성 (1) ① 3가닥   ② 4가닥   ③ 3가닥   ④ 4가닥
(2) 형광등, 천장 은폐 배선, 3로 점멸기(스위치), 4로 점멸기(스위치)

해 설 배선 실체도

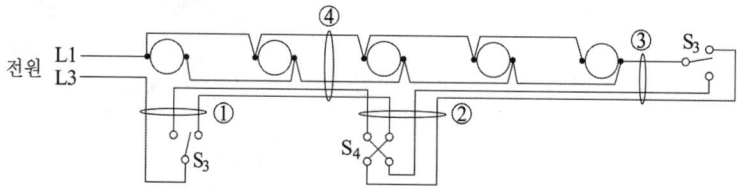

▶ 출제년도 : 기사 90.   ▶ 점수 : 5점

문제 91

다음 그림은 옥내 전등 배선도의 일부를 표시한 것이다. ①~④까지의 전선(가닥)수를 기입하시오. 단, 접지선은 제외하고 최소 가닥수를 기입하시오.

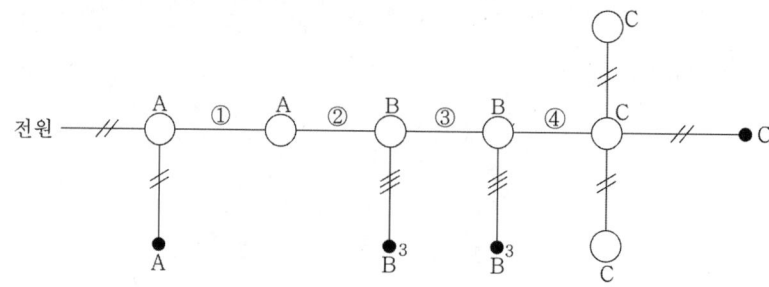

● : 단로 스위치   ●₃ : 3로 스위치   ○ : 전등 기구
A, B, C : 점멸 기호 표시이다.

답안작성 ① 3   ② 2   ③ 5   ④ 2

해 설 실제 배선 결선도

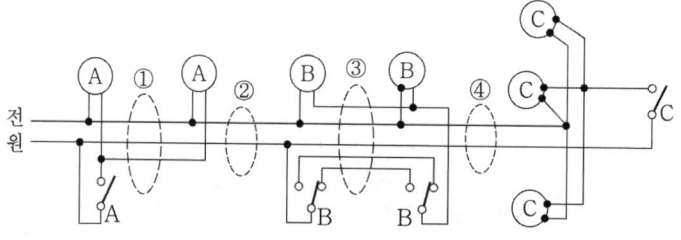

▶ 출제년도 : 산업 91. 04.   ▶ 점수 : 8점

문제 92

다음 그림은 옥내 전등 배선도의 일부를 표시한 것이다. ①~④까지의 전선(가닥)수를 기입하시오. 단, 접지선은 제외하고 최소가닥 수를 기입하시오.

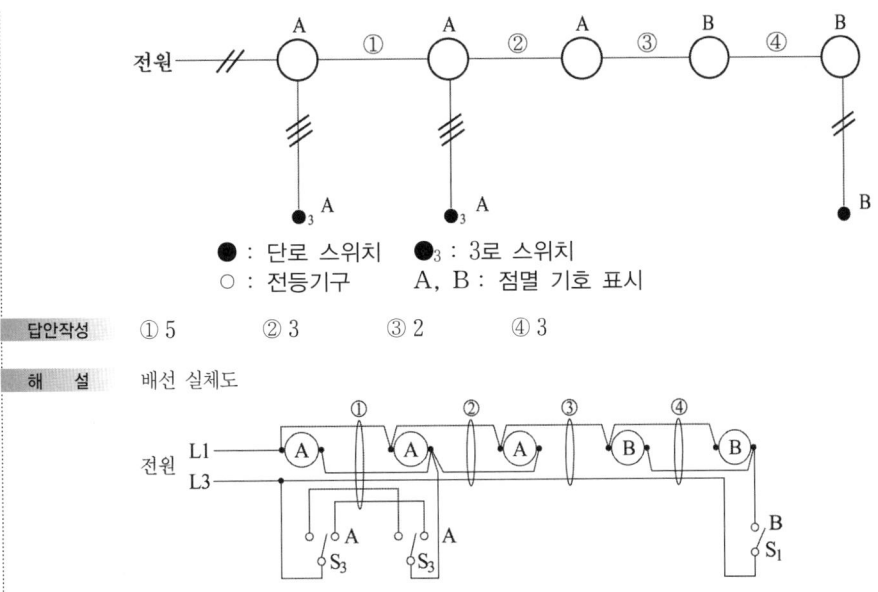

● : 단로 스위치　●₃ : 3로 스위치
○ : 전등기구　　A, B : 점멸 기호 표시

답안작성　① 5　　② 3　　③ 2　　④ 3

해　설　배선 실체도

문제 93

▶ 출제년도 : 산업 91. 97. 04.　▶ 점수 : 12점

도면은 단상 220〔V〕 금속관 공사로 내선공사를 하려고 한다. 도면과 타임차트를 정확히 이해하고 답란에 다음 물음에 답하시오. 단, SW는 OFF상태임.

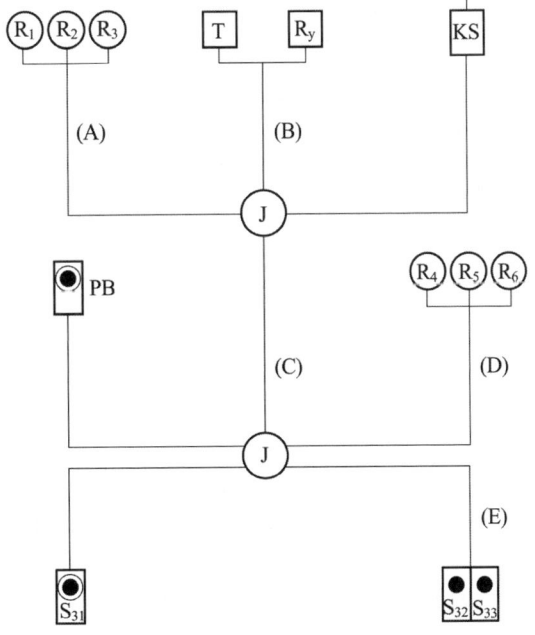

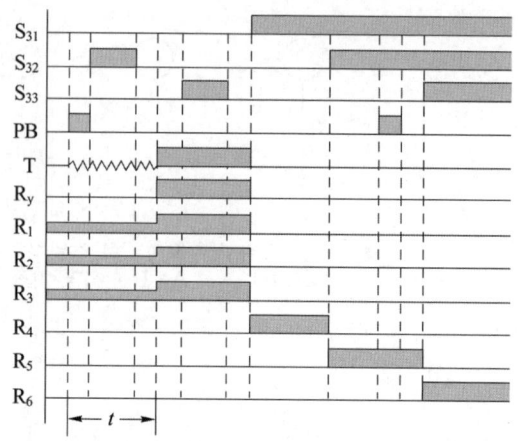

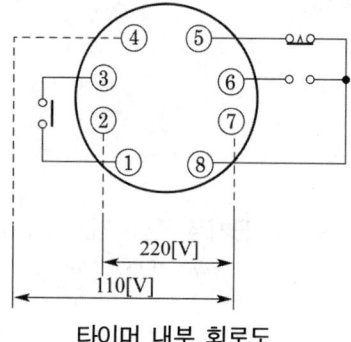

타이머 내부 회로도

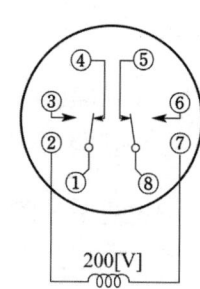

릴레이 내부 결선도

(1) 답란의 미완성된 회로도를 타임차트와 같이 동작되도록 회로도를 완성하시오.

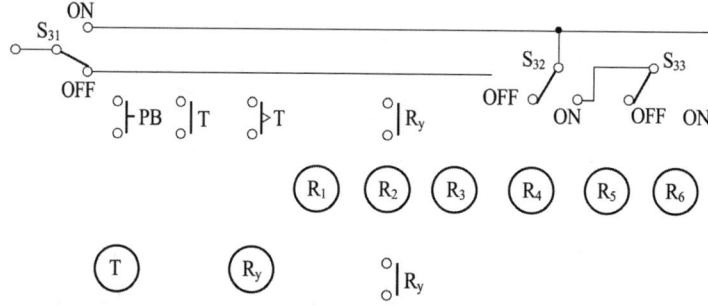

(2) 도면에서 A로 표시된 전선관에 최소 몇 가닥 들어가는가?
(3) 도면에서 B로 표시된 전선관에 최소 몇 가닥 들어가는가?
(4) 도면에서 C로 표시된 전선관에 최소 몇 가닥 들어가는가?
(5) 도면에서 D로 표시된 전선관에 최소 몇 가닥 들어가는가?
(6) 도면에서 E로 표시된 전선관에 최소 몇 가닥 들어가는가?

답안작성 (1)

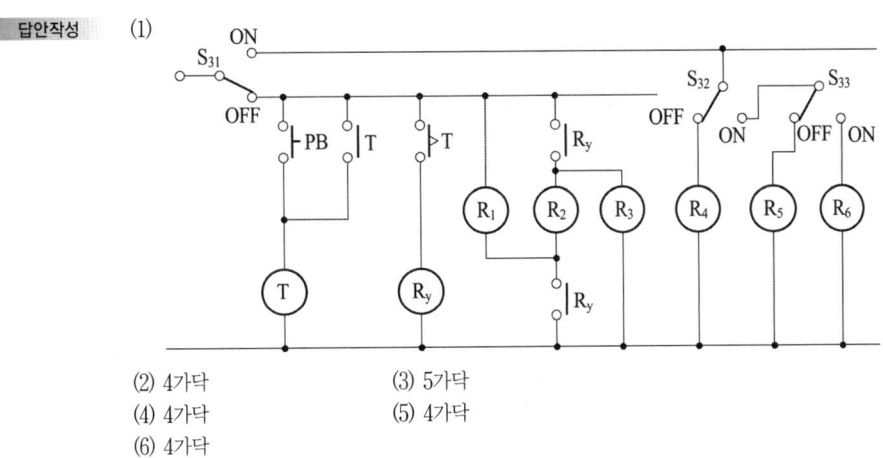

(2) 4가닥
(4) 4가닥
(6) 4가닥

(3) 5가닥
(5) 4가닥

▶출제년도 : 기사 93. 97. 05.   ▶점수 : 6점

문제 94 다음 회로도는 전동기의 Y-△ 회로도이다. 회로도를 보고 배치도에 표시된 (A) 부분의 전선관 속에는 접지선을 제외하고 최소 몇 가닥의 전선이 들어가야 되는지 답안지에 답하시오.

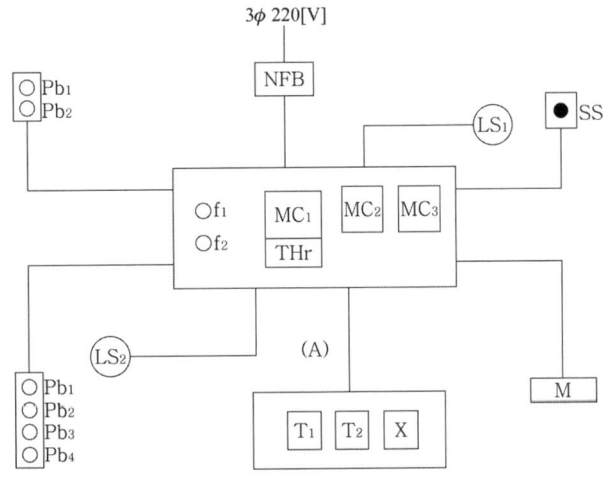

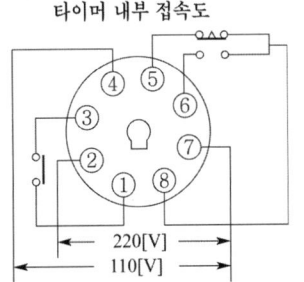

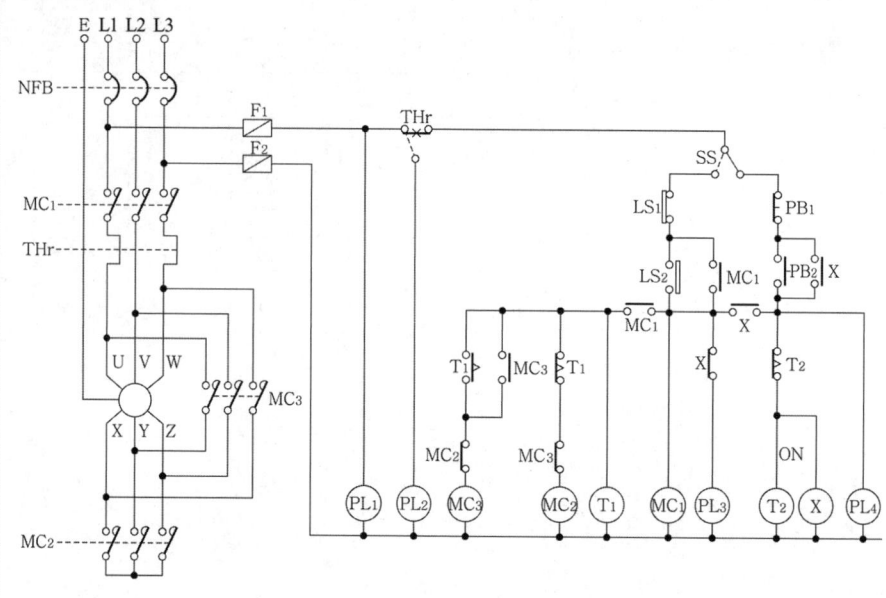

답안작성 8가닥

▶ 출제년도 : 산업 89. 93. 98. ▶ 점수 : 15점

문제 95

다음은 Y-△ 기동회로에 관한 동작 설명이다. 동작 설명과 참고를 이해하고 주어진 답안지의 물음에 답하시오.

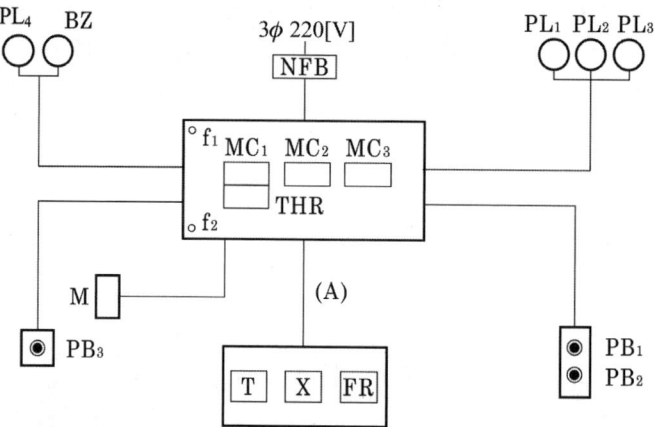

전자 개폐기 : MC, 타이머 : T, 플리커 릴레이 : FR
릴레이 : X, 부저 : BZ, 푸시 버튼 스위치 : Pb
표시등 : PL, 배선용 차단기 : NFB

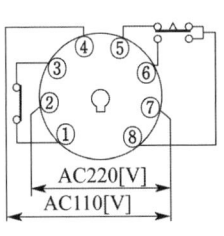
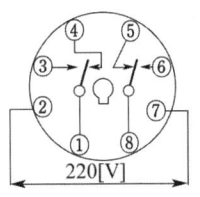
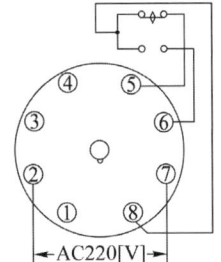

타이머 내부 접속도   릴레이 내부 접속도   플리커 릴레이 내부 접속도

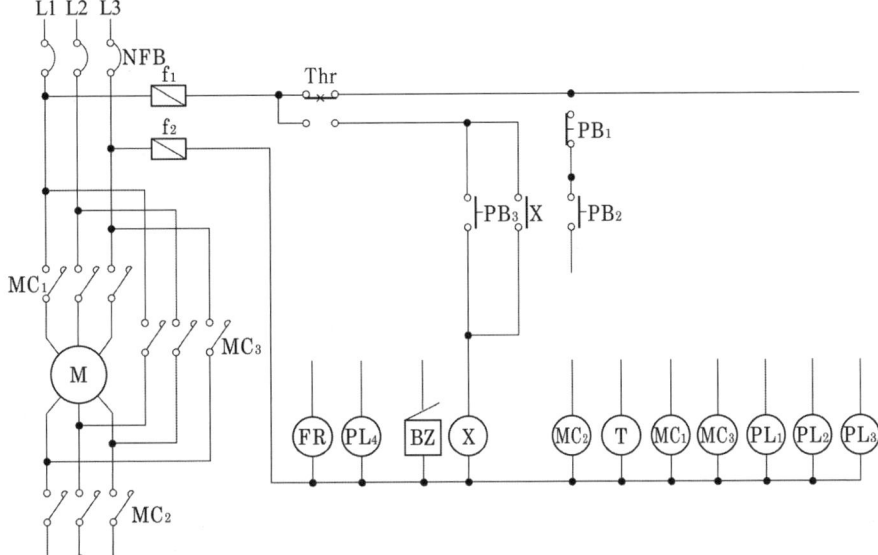

【동작설명】

① NFB를 ON하면 포장 퓨즈(f_1)과 (f_2)를 통하여 PL_1이 점등된다. MC_1이 동작되면 PL_1은 소등된다.

② Pb_2를 누르면 MC_1과 MC_2 및 T가 동작되는 동시에 PL_2가 점등되며, MC_1의 접점에 의하여 자기 유지되며 모터는 Y기동하게 된다. 이때, T의 설정된 시간 후에 MC_2 및 PL_2가 동작을 멈추게 되며, MC_3가 동작, PL_3가 점등되며, 모터는 △운전하게 된다. PB_1을 누르면 위의 동작은 멈추게 된다.

※ MC_2와 MC_3의 여자 코일에 인터록 회로를 이용하여 동작의 안정성을 높이도록 한다.

③ 모터의 과부하로 인하여 Thr이 동작되면 MC_1, MC_2, MC_3, T, PL_1, PL_2, PL_3는 OFF되며, FR이 동작 PL_4와 BZ가 교대로 동작된다. 이때, PB_3에 의해 X가 자기 유지되며 FR 및 PL_4, BZ의 동작은 멈춘다.

【물음】

(1) 동작 설명에 의하여 주어진 답안지 주회로에 제어회로를 완성하시오.

(2) 배치도에 표시된 (A)부분의 전선관 속에는 접지선을 제외하고 최소 몇가닥이 들어가야 하는가?

답안작성

(1)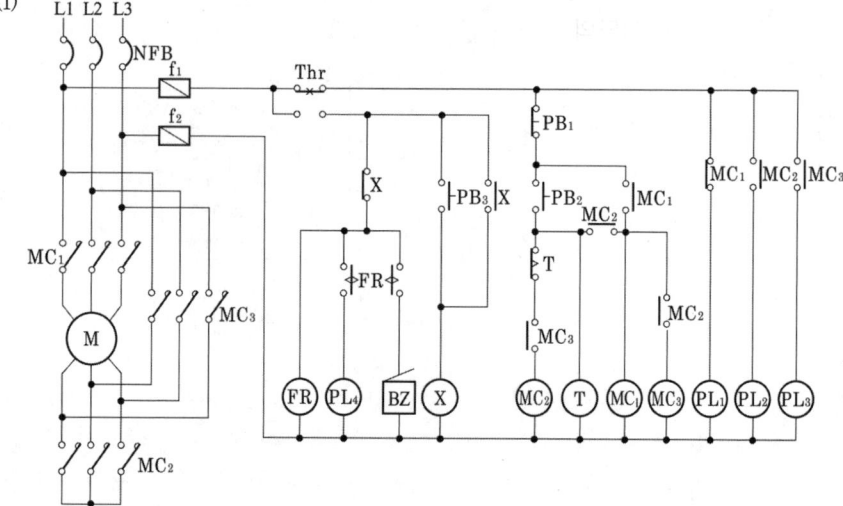

(2) 7가닥

해 설

(1) Y-△ 기동회로
Type 1 또는 Type 2 모두 사용되나 기동 순간의 과도(돌입) 전류를 감소시키기 위하여 현재는 Type 1이 많이 사용된다.

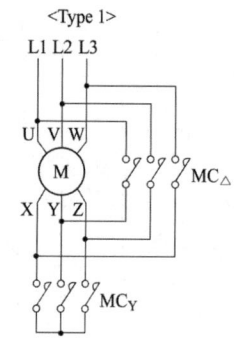
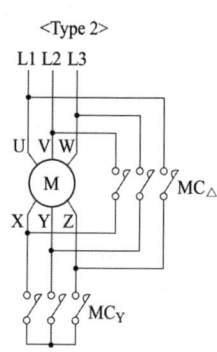

▶ 출제년도 : 기사 88. 92. ▶ 점수 : 6점

문제 96

다음 회로도는 전동기를 정·역 운전할 수 있는 자동·수동 회로도이다. 물음에 답하시오.

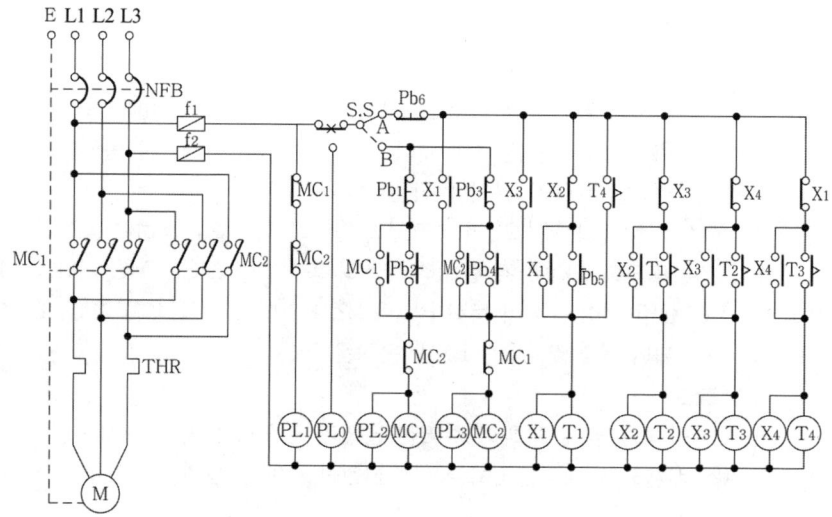

위 회로도를 보고 아래 배치도에 표시된 (A) 부분의 전선관 속에는 접지선을 제외하고 최소 몇 가닥의 전선이 들어가야 하는가?

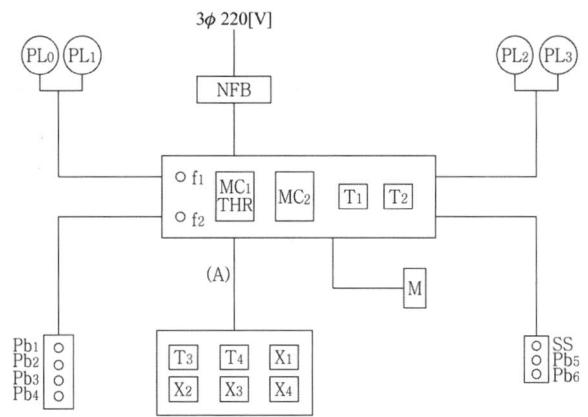

릴레이 내부 회로도

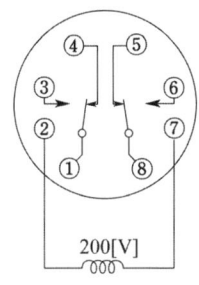

타이머 내부 회로도

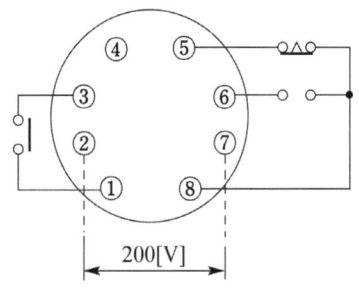

답안작성   10 가닥

▶ 출제년도 : 기사 92.   ▶ 점수 : 10점

문제 97

단상 220[V]의 릴레이와 타이머 회로도이다. 회로도와 같이 공사를 할 때 도면에 표시된 전선관 (A), (B), (C), (D), (E)에는 최소 몇 가닥의 전선이 들어가야 하는가?

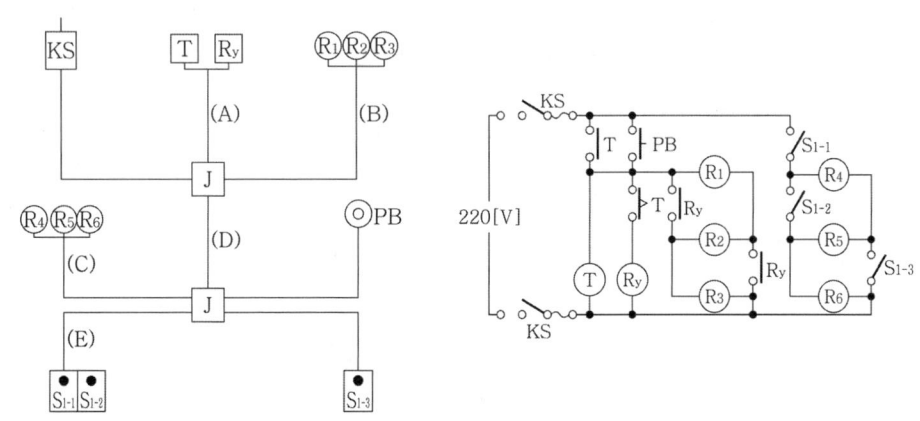

답안작성
- A : 5가닥
- B : 4가닥
- C : 4가닥
- D : 3가닥
- E : 3가닥

문제 98

▶출제년도 : 산업 91. 97. 04.　▶점수 : 10점

도면은 단상 110[V] 금속관공사(내선공사)를 하려고 한다. 도면과 타임차트를 정확히 이해하고 다음 물음에 답하시오.

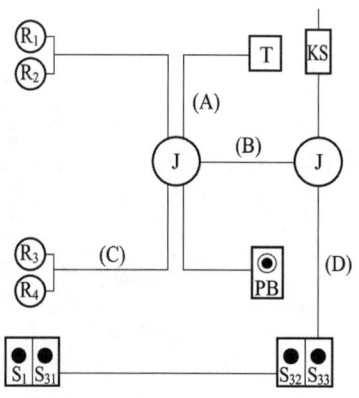
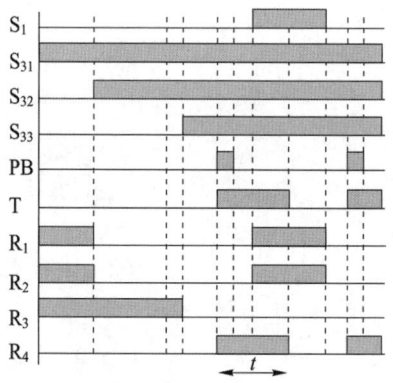
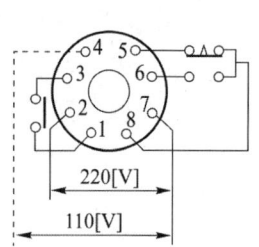
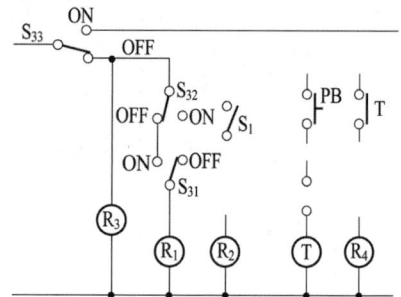

(1) 답란의 미완성된 회로도를 타임 차트와 같이 동작되도록 회로도를 완성하시오.
(2) 도면에서 A로 표시된 전선관에는 최소 몇 가닥이 들어가는가?
(3) 도면에서 B로 표시된 전선관에는 최소 몇 가닥이 들어가는가?
(4) 도면에서 C로 표시된 전선관에는 최소 몇 가닥이 들어가는가?
(5) 도면에서 D로 표시된 전선관에는 최소 몇 가닥이 들어가는가?

답안작성　(1)

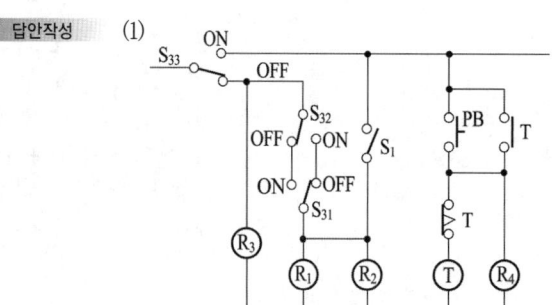

(2) 3가닥
(3) 4가닥
(4) 3가닥
(5) 4가닥

문제 99

▶출제년도 : 기사 92. 97. ▶점수 : 9점

3상 200[V]의 전동기 운전 회로이다. 회로도와 같이 공사를 할 때 도면에 표시된 전선관 (가), (나), (다)에는 최소 몇 가닥의 전선이 들어가야 하는가?

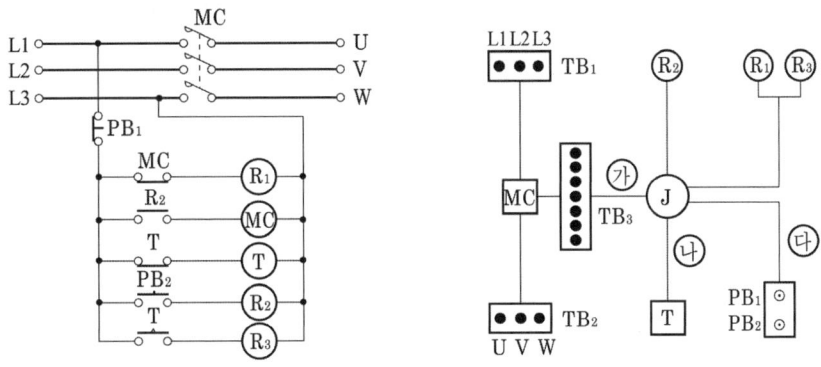

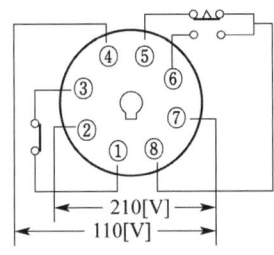

(타이머 내부 접속도)

답안작성　　(가) 5가닥　　(나) 3가닥　　(다) 3가닥

문제 100

▶출제년도 : 산업 93. ▶점수 : 10점

다음 동작 설명을 읽고 물음에 답하시오.

릴레이 $\boxed{X}$ 타이머 $\boxed{T}$ 표시등 $\boxed{PL}$ 부저 $\boxed{BZ}$

전등 $\boxed{L}$ 콘센드 $\boxed{C}$ 누름 버튼 스위치 $\boxed{pb}$

릴레이 내부 회로도

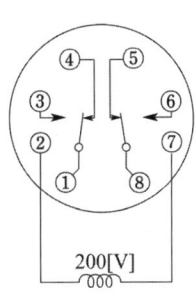

타이머 내부 회로도

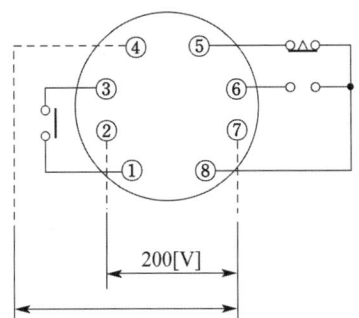

【전원】 단상 3선식(L1, N, L3상의 단상 3선식 110/220〔V〕)
【동작】
1. 전등 및 전열회로(110〔V〕 L1, N상 사용)
   • 3P CKS(커버나이프 스위치)가 ON 상태에서
     ⓐ C(콘센트)에는 전원이 직접 걸린다.
     ⓑ S_{3-1}(3로 스위치)과 S_{3-2}(3로 스위치)로 L_1(전등)을 2개소에서 자유롭게 점멸할 수 있다.
2. 타이머 회로(110〔V〕 L3, N상 사용)
   • 3P CKS(커버나이프 스위치)가 ON 상태에서
     ⓐ S_1(단로 스위치)을 ON하면 L_2, L_3(전등)가 직렬 점등한다.
     ⓑ Pb_1(누름 버튼 스위치)을 누르면 T(타이머)가 동작되어 설정된 시간 후에는 L_2는 소등되고 L_3만 점등된다.
3. 신호회로(220〔V〕 L1, L3상 사용)
   • 3P CKS(커버나이프 스위치)가 ON 상태에서
     ⓐ Pb_2(누름 버튼 스위치)을 누르는 순간만 PL_1(표시등)이 점등, X_1(릴레이)이 동작하며, X_1에 의해 BZ(부저)가 동작한다. Pb_2에서 손을 놓으면 PL_1, X_1, BZ의 동작은 멈추게 된다.
     ⓑ Pb_3(누름 버튼 스위치)을 누르는 순간만 PL_2(표시등)가 점등, X_2(릴레이)가 동작하며, X_2에 의해 BZ(부저)가 동작한다. Pb_3에서 손을 놓으면 PL_2, X_2, BZ의 동작은 멈추게 된다.
   ※ X_1이나 X_2중 어느 한쪽 동작이 이루어지면 다른 쪽의 동작은 이루어지지 않는다. 단, X_1이나 X_2중 어느 한쪽만이라도 동작되면 BZ는 동작된다.

(1) 주어진 동작 설명에 의하여 회로도를 답안지에 각각 완성하시오.
(2) 완성된 회로에 의하여 배치도에 표시된 (A) 부분에는 최소 몇 가닥의 전선이 들어가야 하는지 답하시오. 단, 같은 상은 공통으로 접속하여 사용할 수 있음.

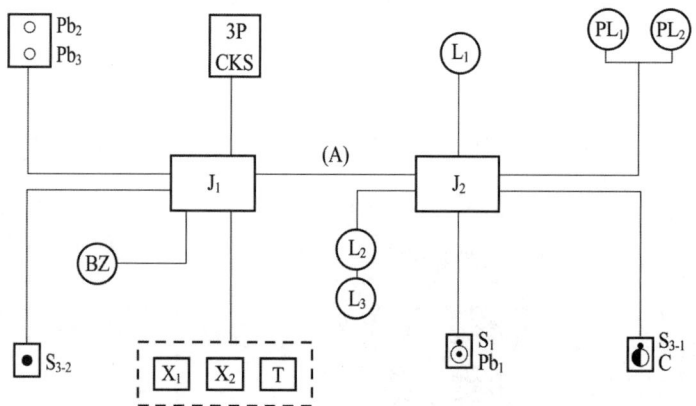

답안작성

(1) ① 전등 및 전열회로   ② 타이머 회로

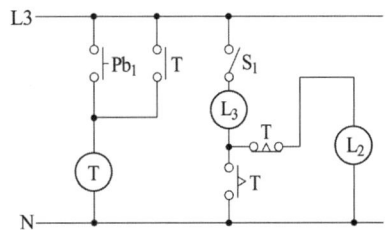

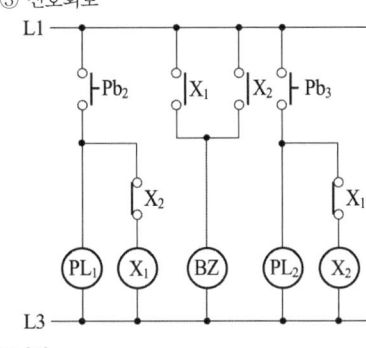

③ 신호회로

(2) 10가닥

문제 101

▶출제년도 : 기사 15. 산업 92.   ▶점수 : 15점

다음 동작을 읽고 물음에 답하시오.

【참고】 다음 심벌을 참고하시오.

　　릴레이 Ⓧ, 표시등 ㎩
　　전 등 Ⓛ, 부 저 ㎇, 콘센트 Ⓔ
　　푸시 버튼 스위치 : Pb
　　커버나이프 스위치 : CKS
　　단로 스위치 : S_1

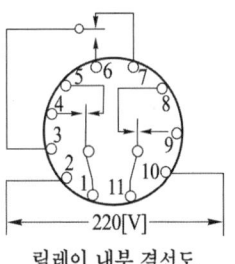

릴레이 내부 결선도

【동작설명】

1. 전등 및 전열회로 (단상 220〔V〕)

   • 2P CKS_1이 ON 상태에서

   (1) C에 전원이 직접 걸린다.

   (2) ⓐ S_{1-1} ON 하고 S_{1-2}, S_{1-3}가 OFF 상태에서 L_1, L_2, L_3가 직렬점등된다.

   　　ⓑ S_{1-1}을 ON 상태에서 S_{1-2}를 ON 하면 L_2, L_3가 직렬점등된다.

   　　ⓒ S_{1-1}을 ON 상태에서 S_{1-2}를 OFF하고 S_{1-3}을 ON 하면 L_1, L_2가 직렬 점등된다.

   　　ⓓ S_{1-1}을 ON 상태에서 S_{1-2}를 ON하고 S_{1-3}을 ON하면 L_2만 점등된다.

2. 신호회로(단상 110〔V〕)

   • 2P CKS_2이 ON 상태에서

   (1) PL이 점등된다. X_1, X_2, X_3 중 1개라도 동작되면 PL은 소등된다.

   (2) PB_1을 누르는 순간만 X_1이 동작, X_1에 의하여 BZ_2, BZ_3가 동작된다.

   (3) PB_2를 누르는 순간만 X_2가 동작, X_2에 의하여 BZ_1, BZ_3가 동작된다.

(4) PB_3를 누르는 순간만 X_3가 동작, X_3에 의하여 BZ_1, BZ_2가 동작된다.
(5) PB_4을 누르는 순간만 X_4와 BZ_4가 동작되는 동시에 X_1, X_2, X_3가 동작 BZ_1, BZ_2, BZ_3가 동작된다.

【물음】
(1) 주어진 동작설명에 의하여 전등, 전열회로 및 신호 회로도를 각각 완성하시오.
(2) 완성된 회로도에 의하여 아래 배관도의 (A)부분에는 최소 몇 가닥의 전선이 들어가야 되는지 답하시오.

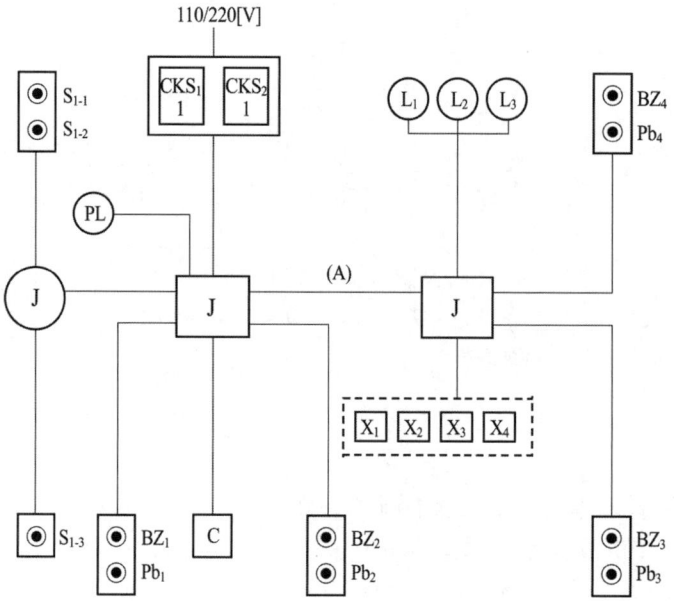

답안작성

(1) ① 전등 및 전열회로

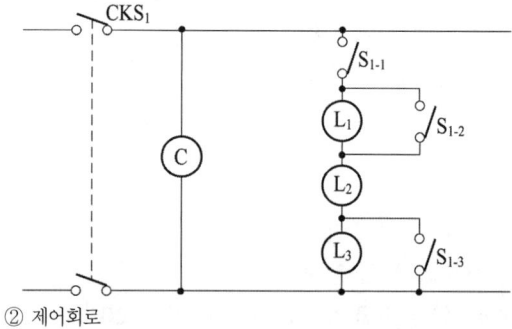

② 제어회로

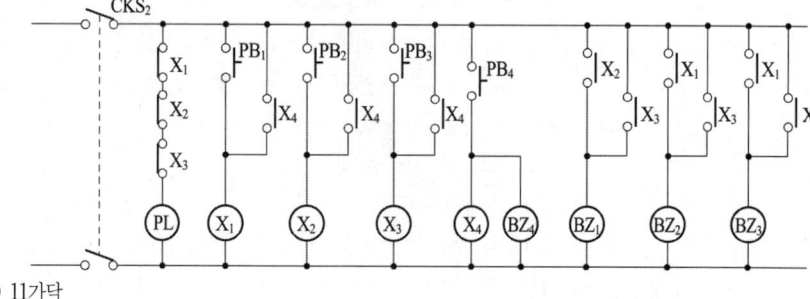

(2) 11가닥

문제 102

▶출제년도 : 기사 92.　▶점수 : 20점

다음 회로는 에스컬레이트의 수동·자동 운전 회로도이다. 그림 (a)는 주회로도이고, 그림 (b)는 조작 회로도이므로 정확히 이해하고 다음 물음에 답하시오. 단, 에스컬레이터의 주 운전은 상향운전이다.

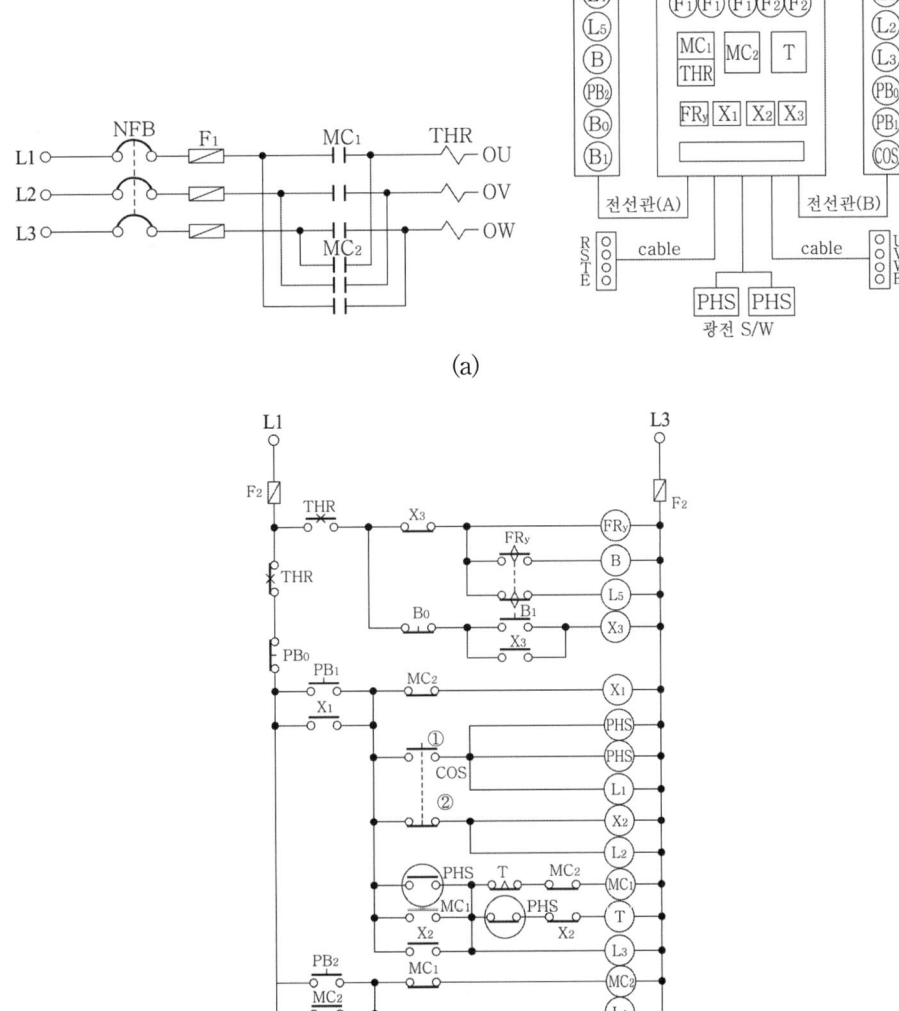

(1) COS를 어느 위치로 하였을 때 수동 및 자동운전인가 도면에 표시한 ①, ②로 답하시오.
(2) 답란에 COS를 자동에 놓고 타임차트와 같은 타이밍으로 스위치가 작동하였을 때 타임차트를 완성하시오. 단, 타이머(T)의 설정시간(t)은 a점과 b점에서 끝나는 것으로 한다.

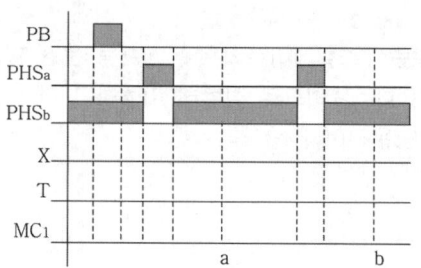

(3) 에스컬레이터가 상향 운전 중에 비상 사태가 발생하여 하향 운전하여야 할 때에 조작 방법을 간단히 설명하시오.

(4) 선로의 과전류로 인하여 THR(열동 계전기)이 작동하였을 때 동작사항을 답란의 타임차트에 완성하시오. 단, 플리커릴레이(FRY)의 설정시간 3〔sec〕, 플리커릴레이(FRY)의 휴지시간 1〔sec〕

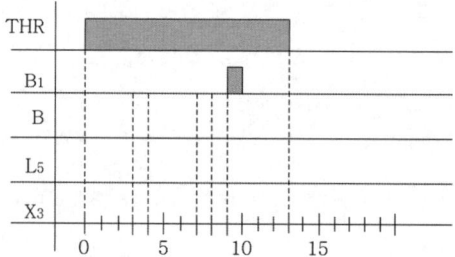

(5) 그림 (b)에 표시된 전선관 (A), (B)에 들어가는 전선수는 최소 몇 가닥인가? 단, 접지선은 제외한다.

답안작성

(1) 수동 ②, 자동 ①

(2)

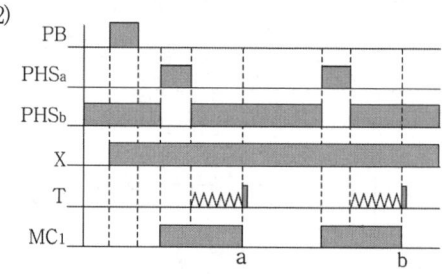

(3) PB_0를 눌러 전동기를 정지시킨 후 PB_2를 눌러 하향운전을 한다.

(4)

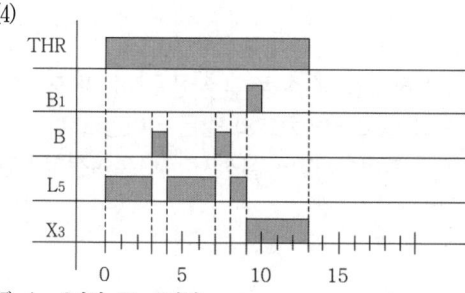

(5) A : 8가닥 B : 7가닥

문제 103

▶출제년도 : 산업 92.   ▶점수 : 5점

그림과 같이 계전기 M_1, M_2, M_3, M_4의 a 접점 m_1, m_2, m_3, m_4를 입력으로 하고 출력을 램프 L로 한 접점회로에서 출력 L을 입력인 m_1, m_2, m_3, m_4의 논리식으로 표시하시오. 단, 계전기 M_1, M_2, M_3, M_4는 각각 푸시 버튼 스위치 PB_1, PB_2, PB_3, PB_4로 직접 제어되는 것으로 한다.

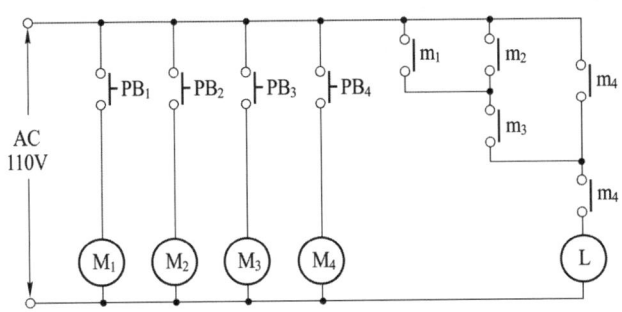

답안작성 $L = m_4 \cdot (m_4 + m_3(m_1 + m_2)) = m_4$

문제 104

▶출제년도 : 기사 92.   ▶점수 : 6점

다음 도면을 보고 물음에 답하시오.

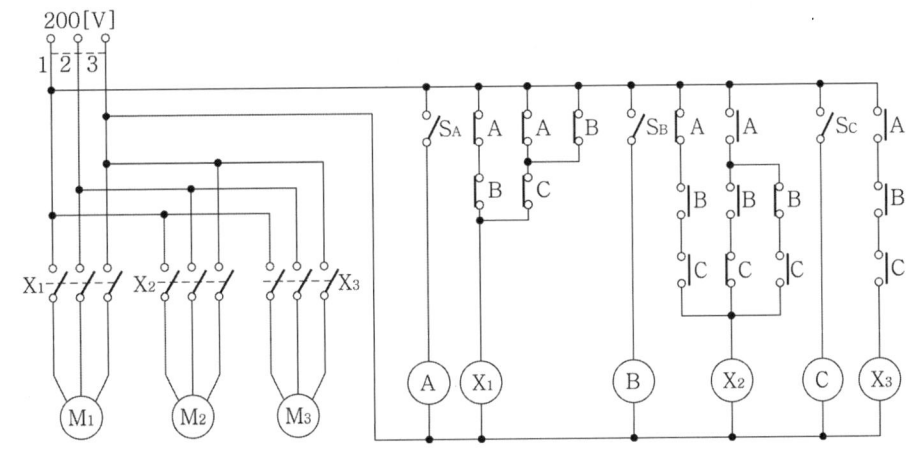

(1) 출력 X_1의 논리식을 쓰시오.
(2) 출력 X_2의 논리식을 쓰시오.
(3) 출력 X_3의 논리식을 쓰시오.
(4) 도면을 보고 전동기 M_1만 동작되게 간략하게 동작설명을 하시오.
(5) 도면을 보고 전동기 M_2만 동작되게 간략하게 동작설명을 하시오.
(6) 도면을 보고 전동기 M_3만 동작되게 간략하게 동작설명을 하시오.

답안작성   (1) $X_1 = (\overline{A} + \overline{B})\overline{C} + \overline{A}\,\overline{B}$
(2) $X_2 = A(B\overline{C} + \overline{B}C) + \overline{A}\,BC$
(3) $X_3 = ABC$

(4) A, B, C 보조 계전기 모두가 동작되지 않거나 어느 하나만 동작되는 경우 X_1은 동작한다.
(5) A, B, C 보조 계전기 중 두 개가 동작되면 X_2는 동작한다.
(6) A, B, C 보조 계전기 모두가 동작되는 경우 X_3는 동작한다.

문제 105

▶출제년도 : 기사 90.   ▶점수 : 10점

그림에서 계전기 X를 1차 계전기로 하고 1차 계전기 X의 a 접점 x를 입력으로 한다. A, B, C는 2차 계전기, L은 출력이라 할 때 A, B, C, L의 논리식을 구하시오.

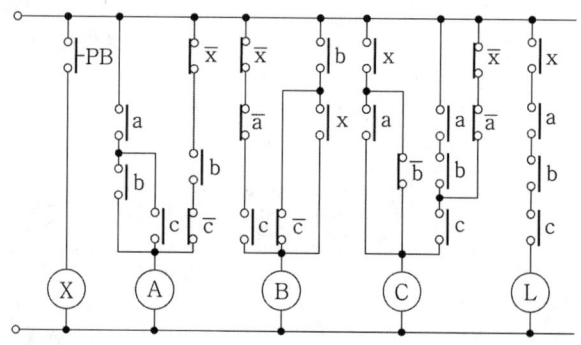

답안작성

$A = a(b+c) + \bar{x}\,b\bar{c}$
$B = \bar{x}\,\bar{a}\,c + b(x+\bar{c})$
$C = x(a+\bar{b}) + (ab + \bar{x}\,\bar{a})c$
$L = x \cdot abc$

문제 106

▶출제년도 : 기사 88. 95. 00.   ▶점수 : 5점

3입력의 인터록 유접점 제어 회로도를 숙지한 다음, 다음 물음에 답하시오.

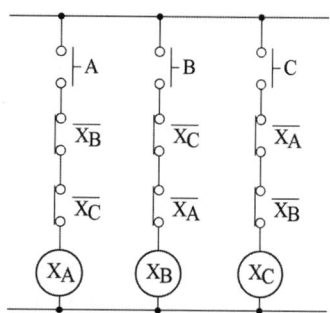

(1) 유접점 제어 회로를 무접점으로 그리시오.
  (단, AND (⟶), NOT (⟶) 심벌로만 그리시오. 기타는 틀림)

(2) 타임 차트를 완성하시오.

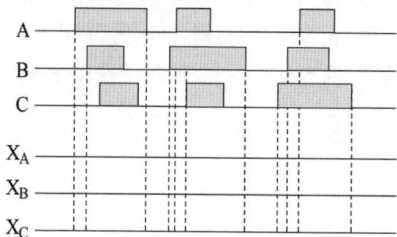

답안작성 (1)

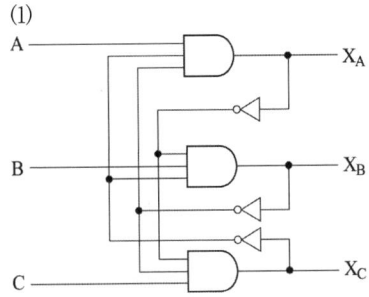

(2)

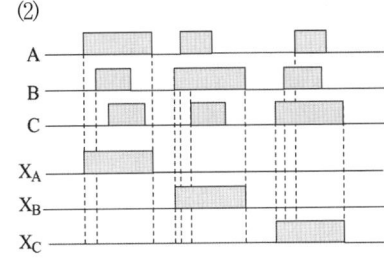

해 설 X_A가 먼저 1이 되면 B, C가 1이 되어도 X_B, X_C는 1이 될 수 없다. 따라서, A가 1이면 X_A는 계속 1의 상태를 유지할 수 있다.

문제 107

▶출제년도 : 산업 98. 22.   ▶점수 : 5점

푸시 버튼 스위치 PB_A, PB_B, PB_C에 의하여 직접 제어되는 계전기 A, B, C가 있고, 출력으로는 전등 R, Y, G가 있다. 동작표를 보고 최소 접점수로 회로를 그리시오.

동작표

입력			출력		
a	b	c	R	Y	G
0	0	0	0	0	1
0	0	1	0	0	1
0	1	0	0	0	1
0	1	1	0	1	0
1	0	0	0	1	0
1	0	1	1	0	0
1	1	0	1	0	0
1	1	1	1	0	0

출력 램프 R에 대한 논리식 : $R = a \cdot c + a \cdot b = a(b+c)$

출력 램프 Y에 대한 논리식 : $Y = \bar{a} \cdot b \cdot c + a \cdot \bar{b} \cdot \bar{c}$

출력 램프 G에 대한 논리식 : $G = \bar{a} \cdot \bar{b} + \bar{a} \cdot \bar{c} = \bar{a} \cdot (\bar{b}+\bar{c})$ 이다.

답안작성

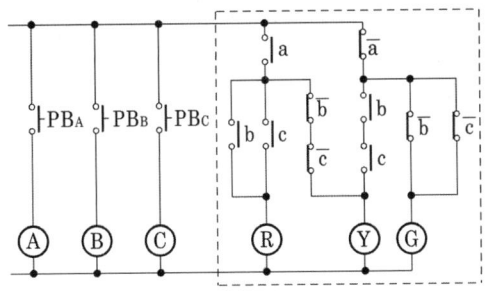

문제 108

▶출제년도 : 산업 94. 97. 00. 01.   ▶점수 : 5점

그림은 릴레이 동작 체크 회로이다. 입력이 X, Y, Z 중 2개가 동시에 동작하든가 모두 동작하지 않을 경우 논리 시퀀스 회로를 그리시오.

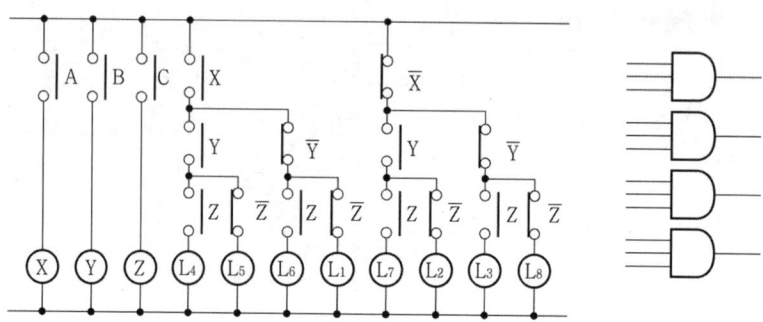

답안작성

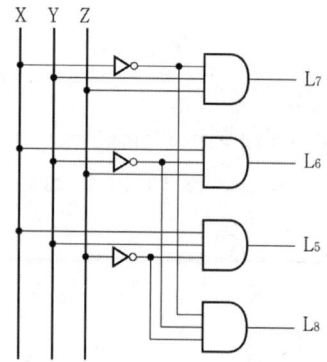

▶ 출제년도 : 산업 95.   ▶ 점수 : 12점

문제 109

다음 릴레이 동작체크 회로이다. 물음에 답하시오.

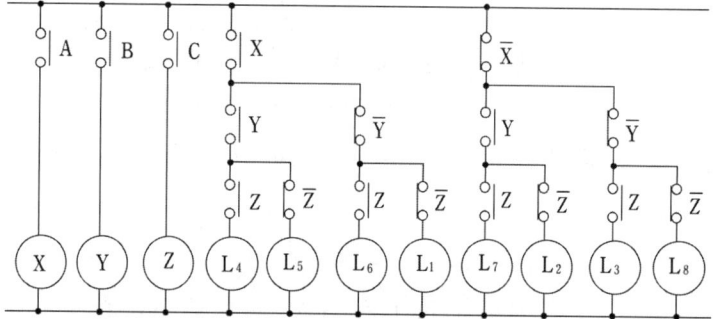

(1) 램프 출력 $L_1 \sim L_8$ 까지 논리식으로 나타내시오.
(2) 논리식 $L_1 + L_2 + L_3 + L_4 + L_5 + L_6 + L_7 + L_8$ 을 계산하시오.
(3) 릴레이 X, Y, Z가 동시에 동작하면 어떤 램프가 켜지는가?
(4) 릴레이 X, Y가 동시에 동작하면 어떤 램프가 켜지는가?
(5) 램프 L_3가 켜지면 어떤 릴레이가 동작하는가?
(6) 램프 L_6가 켜지면 어떤 릴레이가 동작하는가?

답안작성

(1) $L_1 = X\overline{Y}\,\overline{Z}$ $L_2 = \overline{X}Y\overline{Z}$ $L_3 = \overline{X}\,\overline{Y}Z$ $L_4 = XYZ$
   $L_5 = XY\overline{Z}$ $L_6 = X\overline{Y}Z$ $L_7 = \overline{X}YZ$ $L_8 = \overline{X}\,\overline{Y}\,\overline{Z}$

(2) $X\overline{Y}\,\overline{Z} + \overline{X}Y\overline{Z} + \overline{X}\,\overline{Y}Z + XYZ + XY\overline{Z} + X\overline{Y}Z + \overline{X}YZ + \overline{X}\,\overline{Y}\,\overline{Z} = 1$

(3) L_4

(4) L_5

(5) Z

(6) X와 Z

문제 110   ▶출제년도 : 산업 95.   ▶점수 : 6점

다음 논리식과 같은 유접점 동작 회로도(sequence diagram)를 그리시오.

(1) $X_1 = A \cdot \overline{B} + (\overline{A} + B) \cdot \overline{C}$

(2) $X_2 = \overline{A} \cdot B + (A \cdot \overline{B}) + C$

(3) $X_3 = A \cdot B \cdot C$

(4) $X_4 = \overline{A} + \overline{B} + \overline{C}$

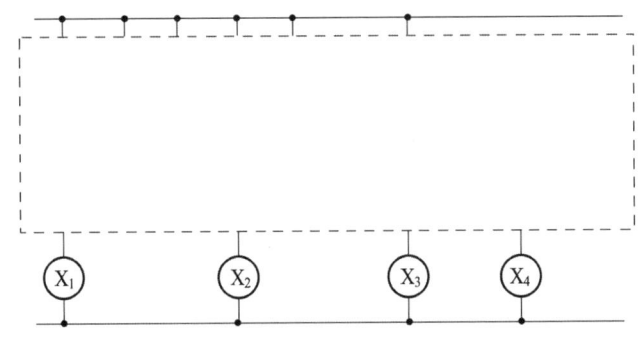

답안작성

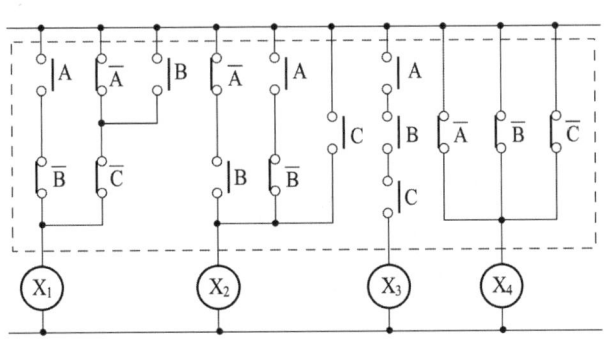

해설   (1) $A\overline{B}$ 직렬, $\overline{A}+B$ 병렬에 $\overline{C}$ 직렬, 두 직렬의 병렬
(2) $\overline{A}B$ 직렬, $A\overline{B}$ 직렬, C의 3병렬
(3) A, B, C의 3직렬
(4) $\overline{A}$, $\overline{B}$, $\overline{C}$의 3병렬
※ 여기서 bar(−)는 b접점 표시이다.

문제 111

▶출제년도 : 기사 90. ▶점수 : 5점

다음 논리 회로의 진리표와 타임 차트를 완성하시오.

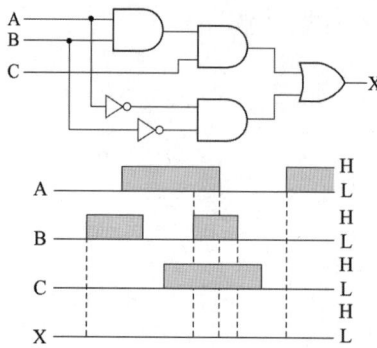

A	B	C	X
L	L	L	
L	L	H	
L	H	L	
L	H	H	
H	L	L	
H	L	H	
H	H	L	
H	H	H	

답안작성

A	B	C	X
L	L	L	H
L	L	H	H
L	H	L	L
L	H	H	L
H	L	L	L
H	L	H	L
H	H	L	L
H	H	H	H

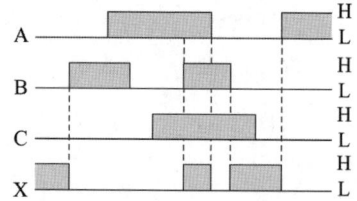

해 설 $X = ABC + \overline{A}\,\overline{B}$ 즉, ABC 모두 H이거나 AB 모두 L일 때

문제 112

▶출제년도 : 산업 90. ▶점수 : 15점

푸시버튼 스위치 PB_1, PB_2, PB_3에 의해서 직접 제어되는 계전기 A_1, A_2, A_3가 있다. 이 3개의 계전기중 홀수개의 계전기가 동작 상태에 있을 때에만 출력램프 Z가 점등하고자 한다. 다음 물음에 답하시오.

(1) 동작표를 완성하시오.

입력			출력
A_1	A_2	A_3	Z
0	0	0	
0	0	1	
0	1	0	
0	1	1	
1	0	0	
1	0	1	
1	1	0	
1	1	1	

(2) 출력에 대한 논리식을 쓰시오.
(3) 회로도를 그리시오.

답안작성

(1)

입력			출력
A_1	A_2	A_3	Z
0	0	0	0
0	0	1	1
0	1	0	1
0	1	1	0
1	0	0	1
1	0	1	0
1	1	0	0
1	1	1	1

(2) $Z = A_1 \overline{A_2}\, \overline{A_3} + \overline{A_1} A_2 \overline{A_3} + \overline{A_1}\, \overline{A_2} A_3 + A_1 A_2 A_3$

(3)

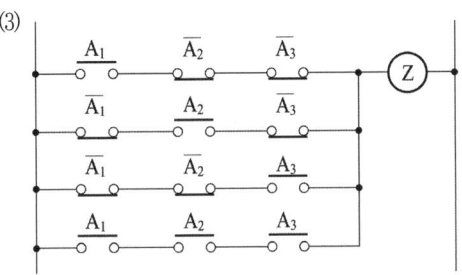

문제 113

▶출제년도 : 산업 89.　▶점수 : 10점

유도 전동기의 순차 제어 장치이다. 논리식과 동작 설명을 참고하여 주어진 답안지에 회로 결선을 완성하시오.

【논리식】 ① $X_1 = \overline{A}\,\overline{B} + (\overline{A} + \overline{B})\overline{C}$

② $X_2 = \overline{A}BC + A(B\overline{C} + \overline{B}C)$

③ $X_3 = ABC$

【동작 설명】

① S_A, S_B, S_C를 모두 OFF하거나 S_A, S_B, S_C 중 어느 한 개를 ON하면 X_1 동작으로 전동기 M_1만 동작한다.

② S_A, S_B, S_C 중 2개를 ON하였을 때에는 X_2가 동작하여 전동기 M_2만 동작한다.

③ S_A, S_B, S_C를 모두 ON하면 전동기 M_3만 동작한다.

답안작성

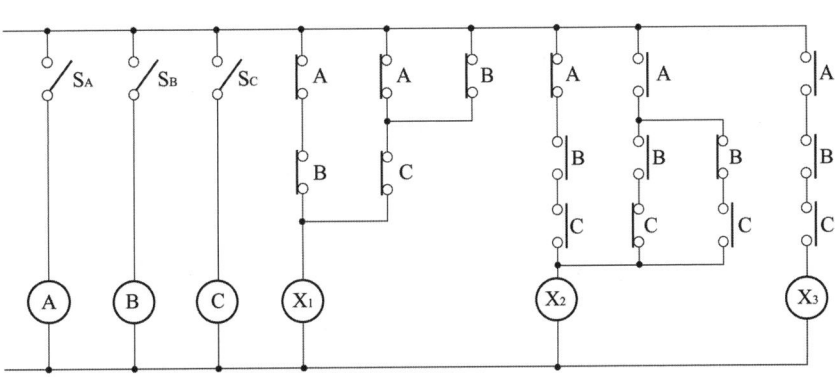

1. 도면의 이해와 작성

해 설 $X_1 = \overline{A}\,\overline{B}\,\overline{C}+A\overline{B}\,\overline{C}+\overline{A}B\overline{C}+\overline{A}\,\overline{B}C$
$= \overline{A}\,\overline{B}+\overline{A}\,\overline{C}+\overline{B}\,\overline{C}= \overline{A}\,\overline{B}+\overline{C}(\overline{A}+\overline{B})$
$X_2 = AB\overline{C}+A\overline{B}C+\overline{A}BC = \overline{A}BC+A(B\overline{C}+\overline{B}C)$

문제 114

▶출제년도 : 산업 90.   ▶점수 : 11점

그림의 유접점 회로도를 정확히 이해하고 물음에 답하시오.
TR은 온도 검출기로서 30〔℃〕이상이 되면 출력이 0이 되고 HyR은 습도 검출기로서 습도 80〔%〕이상이면 출력이 1이 된다.

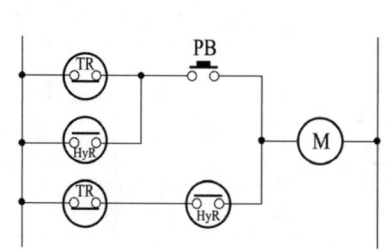

PB	TR	HyR	M
0	0	0	
0	0	1	
0	1	0	
1	0	0	
1	1	0	
1	0	1	
0	1	1	
1	1	1	

(1) 전동기(M)의 논리식을 쓰시오.
(2) 답란의 진가표를 완성하시오.
(3) 유접점 회로를 보고 AND, OR, NOT의 기본 논리회로(Logic Symbol)를 이용하여 무접점 회로를 그리시오.

답안작성   (1) $M = (\overline{TR}+HyR)\cdot PB + \overline{TR}\cdot HyR$

(2)

PB	TR	HyR	M
0	0	0	0
0	0	1	1
0	1	0	0
1	0	0	1
1	1	0	0
1	0	1	1
0	1	1	0
1	1	1	1

(3)

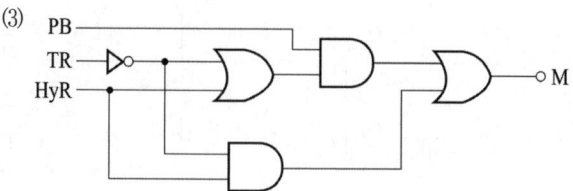

▶ 출제년도 : 기사 94. 96. 99.   ▶ 점수 : 10점

문제 115 다음 진리표를 이용하여 물음에 답하시오.

진리표

X_1	X_2	X_3	L
0	0	0	L_8
0	0	1	L_3
0	1	0	L_2
0	1	1	L_5
1	0	0	L_1
1	0	1	L_6
1	1	0	L_4
1	1	1	L_7

(1) 진리표를 이용하여 로직 시퀀스를 완성하시오.

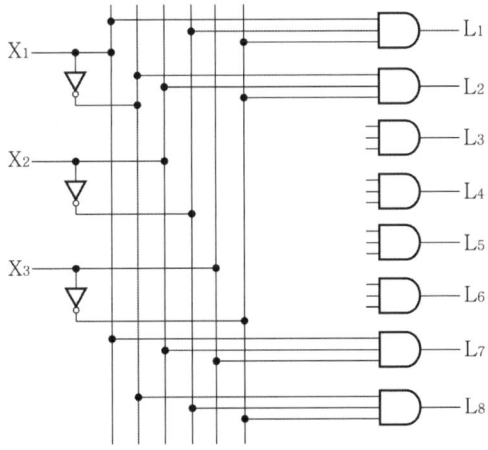

(2) 진리값을 이용하여 최소 접점을 완성하시오.

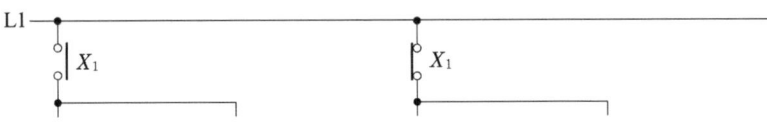

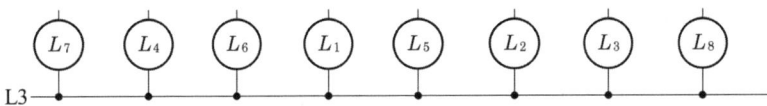

답안작성 (1)

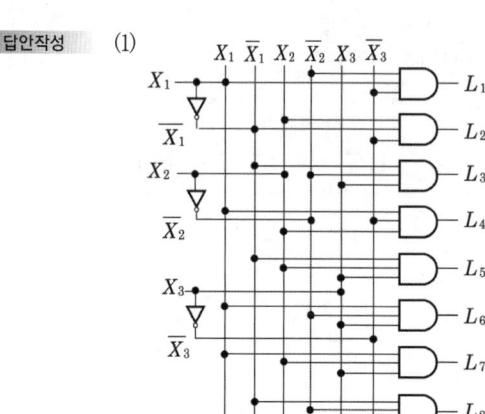

(2)

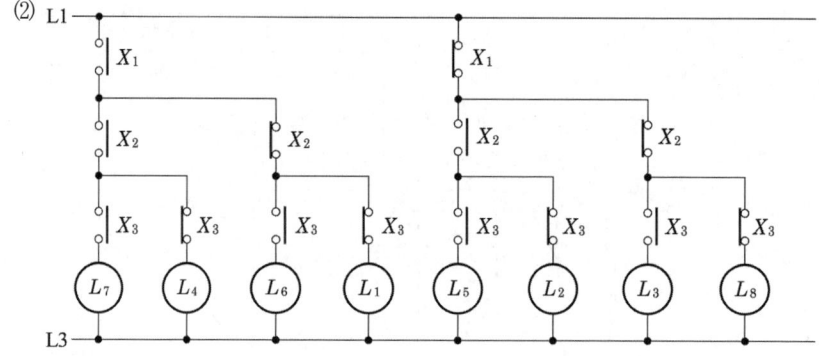

해 설

$L_1 = X_1\overline{X_2}\overline{X_3}$ $L_2 = \overline{X_1}X_2\overline{X_3}$
$L_3 = \overline{X_1}\overline{X_2}X_3$ $L_4 = X_1X_2\overline{X_3}$
$L_5 = \overline{X_1}X_2X_3$ $L_6 = X_1\overline{X_2}X_3$
$L_7 = X_1X_2X_3$ $L_8 = \overline{X_1}\overline{X_2}\overline{X_3}$

▶ 출제년도 : 기사 95. 22.   ▶ 점수 : 8점

문제 116 그림은 릴레이 동작 검출 회로의 일부이고 X, Y, Z는 릴레이다.

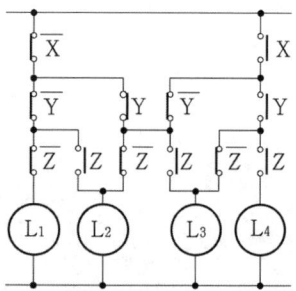

(1) 출력 $L = X\overline{Y}Z$ 이면 어떤 램프가 켜지는가?
(2) 램프 L_2의 출력식을 쓰시오.
(3) 릴레이 X, Y, Z 중 어느 2개만 동작할 때 켜지는 램프는 어느 것인가?
(4) 릴레이 3개가 모두 동작하면 어떤 램프가 켜지는가?

답안작성	(1) L_3	(2) $L_2 = X\overline{Y}\,\overline{Z} + \overline{X}Y\overline{Z} + \overline{X}\,\overline{Y}Z$
	(3) L_3	(4) L_4

해 설　$L_1 = \overline{X}\,\overline{Y}\,\overline{Z}$ (모두 부동작)
　　　$L_2 = X\overline{Y}\,\overline{Z} + \overline{X}Y\overline{Z} + \overline{X}\,\overline{Y}Z$ (1개만 동작)
　　　$L_3 = \overline{X}YZ + X\overline{Y}Z + XY\overline{Z}$ (2개만 동작)
　　　$L_4 = XYZ$ (3개 모두 동작)

문제 117

▶출제년도 : 산업 95. 04.　▶점수 : 4점

그림은 LED 점등회로이다. 물음에 답하시오. 단, 여기서 H는 5[V] 레벨, L은 0[V] 레벨이다.

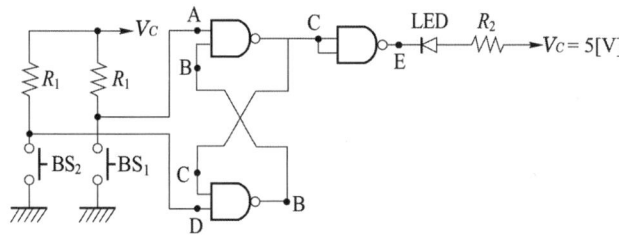

(1) 전원(V_c)를 연결한 상태에서 LED는 소등상태이다. A~E중 "L" 레벨인 점을 1곳만 쓰시오.
(2) BS_1을 눌렀다. 이때 LED가 점등했다. A~E중 "L" 레벨인 점 2곳을 쓰시오.

답안작성　(1) C
　　　　　(2) E, B

문제 118

▶출제년도 : 기사 93. 97.　▶점수 : 5점

그림은 전동기 3대가 순차적으로 동작하는 회로도이다. 옳은 것은?

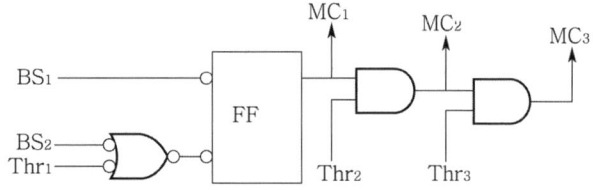

(1) BS_1을 누르면 $MC_1 - MC_2 - MC_3$ 순으로 동작한다.
(2) BS_2를 누르면 $MC_3 - MC_2 - MC_1$ 차례로 복구한다.
(3) Thr 3개중 1개가 트립되면 MC 3개 동작하지 않는다.
(4) MC_1이 고장이면 MC_2, MC_3은 동작할 수 없다.

답안작성　(1)번

해 설　(2) $MC_1 - MC_2 - MC_3$ 순서로 복구합니다.
　　　(3) Thr_2가 트립되어도, MC_1은 동작할 수 있습니다.
　　　(4) MC_1이 고장이어도 MC_1의 출력이 MC_2로 가는 것은 아니므로 MC_2와 MC_3는 동작할 수 있습니다.

문제 119

▶출제년도 : 산업 96. ▶점수 : 9점

다음 회로와 타임차트에서 출력 Q의 타임차트를 각각 완성하시오. 여기서 FF는 $\overline{R}\,\overline{S}$ -latch, SMV는 단안정 IC 소자, 555는 타이머용 IC 소자이다.

(1)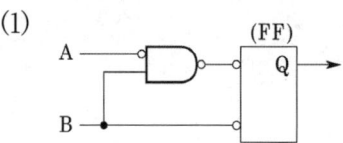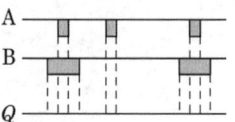

(2)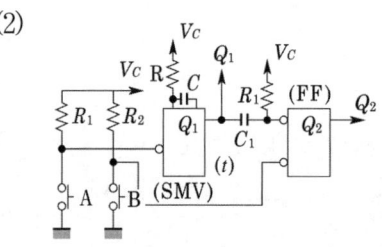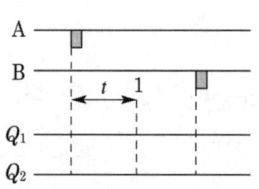

(3)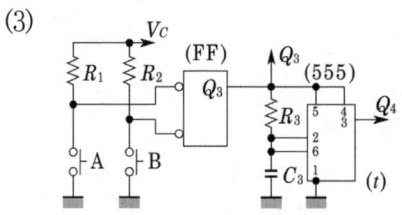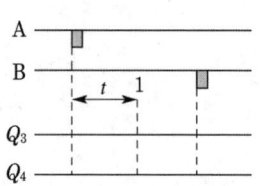

답안작성

(1) 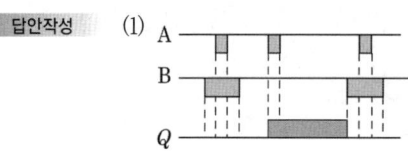 (2)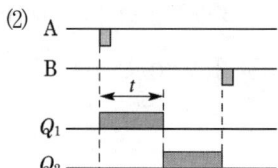

(3)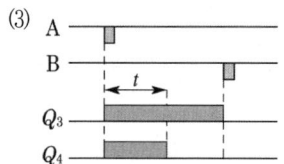

문제 120

▶출제년도 : 기사 96. ▶점수 : 7점

회로의 타임차트에서 출력 Q의 타임차트를 각각 완성하시오.
(여기서 FF는 $\overline{R}\,\overline{S}$ - latch 이고 SMV는 단안정 IC 소자이다.)

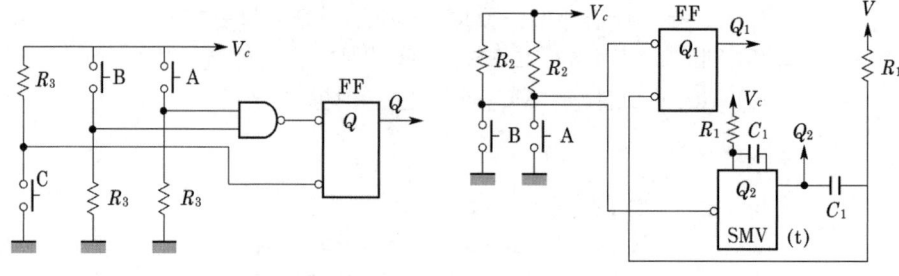

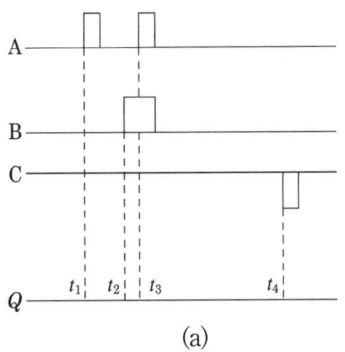
(a)
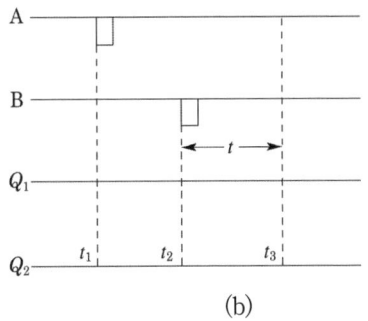
(b)

답안작성

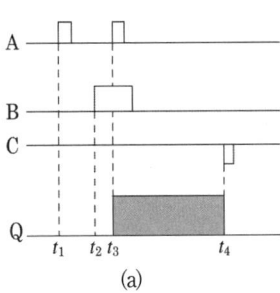
(a)
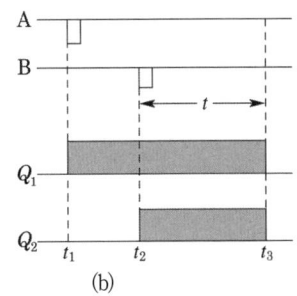
(b)

문제 121

▶ 출제년도 : 기사 94. 00.　▶ 점수 : 10점

그림은 L_1이 먼저 점등되면 L_2가 점등할 수 없고, 또 L_2가 먼저 점등되면 램프 L_1은 점등할 수 없다. 그리고 L_1이 점등 후에 L_3이 점등할 수 있다. 물음에 답하시오. (단, FF는 $\overline{R}\,\overline{S}$ −latch이고 BS는 "L" 입력형이다.)

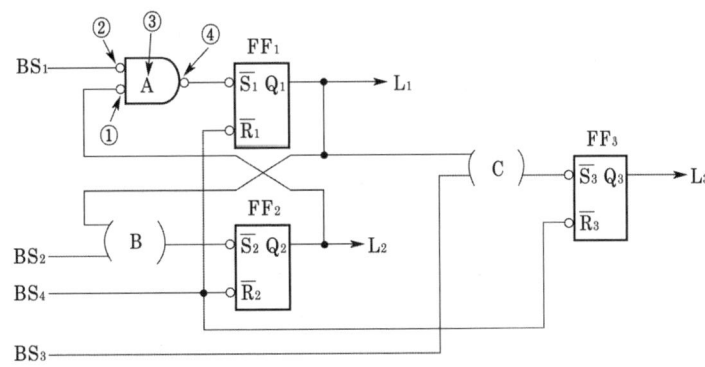

(1) (B)와 (C)에 예시와 같은 형식의 회로를 각각 그리시오.

(예시 : 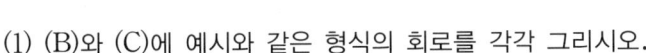)

(2) (B)의 기능을 한마디로 설명하시오.

(3) 램프 L_2가 점등 중에 BS_1를 누르고 있다. ① ~ ④의 레벨 상태(L : 접지, H : 전압)를 차례로(예 : HHLL) 쓰시오.

답안작성

(1) (B) 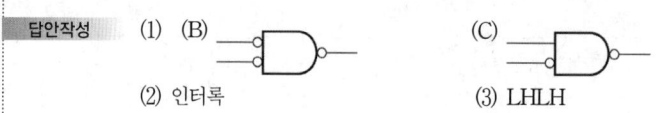　　(C)

(2) 인터록

(3) LHLH

문제 122　▶ 출제년도 : 산업 94.　▶ 점수 : 5점

두 그림에서 출력 Q_1, Q_2의 동작 시간을 예와 같이 쓰시오. 단, FF는 $\overline{R}\,\overline{S}$-latch이고, 555는 IC 타이머 소자이다. (예 : $t_1 \sim t_2$)

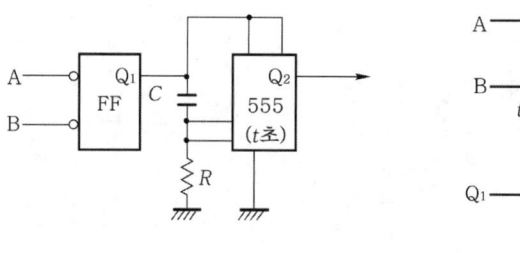 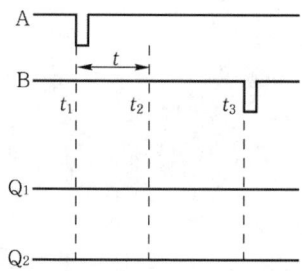

답안작성　Q_1 : $t_1 \sim t_3$　　Q_2 : $t_2 \sim t_3$

해　설　A로 t_1초에 FF가 세트되면 t초 후(설정 시간 $t_1 \sim t_2$)에 555가 세트된다. B로 t_3초에 FF가 리셋되면 555도 리셋된다.

문제 123　▶ 출제년도 : 산업 95. 98.　▶ 점수 : 12점

그림 (a)는 "L" 입력형 로직 회로의 타임 차트이다. 물음에 답하시오.

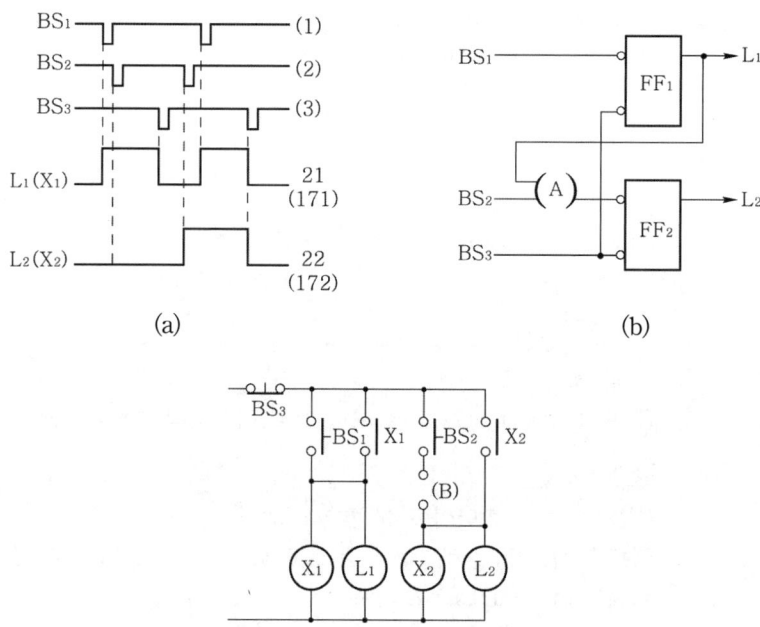

(a)　　(b)

(c)

(1) 그림 (b)의 (A)에 접속될 로직 기호를 예와 같이 그리시오. 단, FF는 $\overline{R}\,\overline{S}$-latch이다.(예 :)
(2) 그림 (c)의 (B)에 알맞은 접점 기호를 그리고 문자 기호를 적으시오.
(3) BS_1을 준 후 BS_2를 주면 어떤 램프가 점등되는가?
(4) BS_2를 준 후 BS_1을 주면 어떤 램프가 점등되는가?
(5) 부하 L_1과 L_2 중 어느 것이 우선이라 생각되는가?
(6) 그림 (c)에서 (B)는 어떤 기능 조건인가? 보기에서 고르시오.
   【보기】 기동, 유지, 운전, 정지
(7) 그림 (c)에서 접점 기구 중 기동 기능, 유지 기능, 정지 기능을 각각 1개씩만 적으시오.
   (예 : X_1 등)

답안작성
(1) 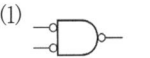   (2)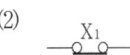

(3) L_1 (4) L_1, L_2
(5) L_1 (6) 기동
(7) 기동 기능 - BS_1, BS_2, B 중에서 1개
   유지 기능 - X_1, X_2 중 1개
   정지 기능 - BS_3

해 설
(1) $L_2(FF_2)$의 동작(기동) 조건은 L_1이 동작하지 않을 때와 BS_2를 주어야 하는 2가지가 동시에 만족해야 하므로 AND 조건이고 L입력형에 유의한다.
(2) $L_1(X_1)$이 먼저 동작하면 $X_2(L_2)$가 기동하지 않으므로 X_1의 b접점이다.
(5) L_1이 동작하면 L_2가 동작되지 않으므로 L_1이 우선이다.
(6) $X_1(L_1)$이 동작하지 않을 때 X_2가 기동되므로 기동 조건이다.

문제 124
▶출제년도 : 기사 95.   ▶점수 : 5점

그림은 실린더 기구의 제어 회로의 일부이다. FF_1이 세트하면 솔레노이드(sol)가 동작하고 전진단에서 LS가 작동하면 FF_2가 세트하여 sol이 복구된다. (1)과 (2)에 알맞은 기호를 보기에서 번호를 찾으시오. 또 FF_1은 NAND 소자 2개로 구성된다. 회로를 그리시오. 여기서 FF는 $\overline{R}\,\overline{S}$-latch이고 L입력형이며 FF_1이 셋한 후 FF_2가 셋할 수 있다.

【보기】

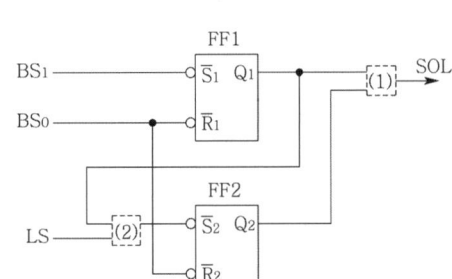

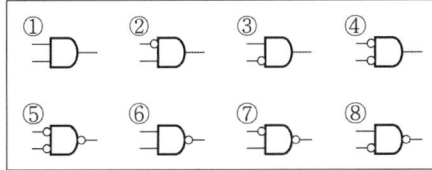

답안작성 (1) – ③, (2) – ⑧

▶출제년도 : 기사 98.　▶점수 : 4점

문제 125

그림은 $\overline{R}\,\overline{S}-\text{latch}(\text{FF})$ 2개를 사용한 전동기(MC_1, MC_2)의 정·역회로의 일부이다. MC_2가 동작 중에 BS_1이 눌려 있었다. A회로 ①~④의 상태표시(○)의 레벨(L-접지, H-전압)을 차례로 쓰시오.

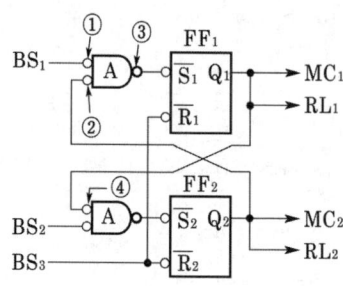

답안작성　① H　② L　③ H　④ H

해 설　① 전압　② 접지　③ 전압　④ 전압

▶출제년도 : 기사 95. 03.　▶점수 : 14점

문제 126

그림은 유도 전동기 Y-△기동의 로직 시퀀스이다. BS는 "L"입력형(타임차트 참조)이고 FF는 $\overline{R}\,\overline{S}-\text{latch}$이다. 물음에 답하시오.

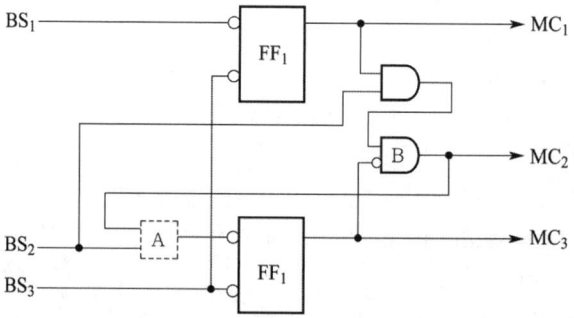

(1) BS_1을 누르면 (①)과 (②)가 동작하여 Y권선 기동하고, BS_2를 누르면 (③)이 복귀한 후 (④)가 동작하여 △운전한다. ①~④에 MC_1, MC_2, MC_3 중에 골라 넣어라.
(2) 그림에서 A와 B의 기능을 한마디로 쓰시오.
(3) 그림에서 A에 알맞은 회로를 그리시오. (예 : ⊃—)
(4) 타임차트의 MC_1, MC_2, MC_3를 그려 넣으시오.

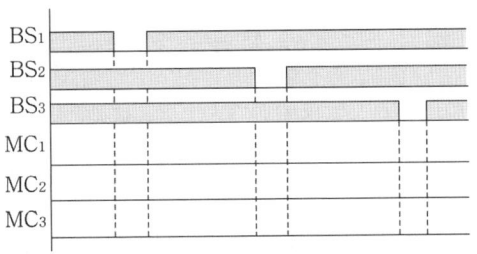

| 답안작성 | (1) ① MC₁ ② MC₂ ③ MC₂ ④ MC₃ |

(2) 인터록회로
(3)

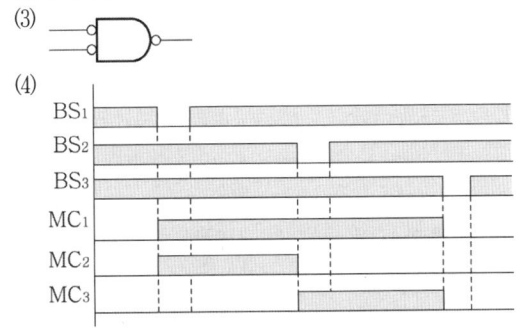

| 해 설 | (2) 인터록회로 또는 MC₂와 MC₃의 동시동작 금지 |

문제 127

▶ 출제년도 : 기사 92. 95. 산업 15.   ▶ 점수 : 8점

그림의 로직 회로는 지하철역의 무인 개찰 회로의 일부이다. ( )안에 알맞은 것을 보기에서 골라 답하시오.

【보기】 MC, MM, OR, AND, FF₁, FF₂, A, NOT (중복도 가함)

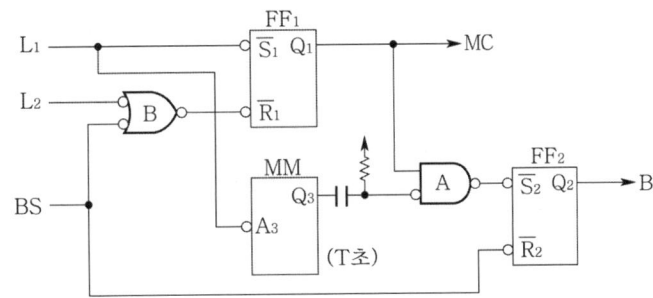

(1) 차표를 넣으면 L_1이 검출하여 (①)가 세트되고 (②)가 동작하여 차표 투입구를 닫는다. t초 후 차표가 배출구로 나오면 L_2가 검출하여 (③)가 리셋되고 (④)가 복귀하여 투입구를 연다.

(2) 차표를 넣은 후 T초 (T > t)가 되어도 차표가 나오지 않으면 (⑤)의 출력과 (⑥)의 출력이 (⑦)의 회로에 의하여 (⑧)가 동작하고 부저가 울린다. 이때 BS를 누르면 모두 복귀한다. 여기서, FF는 $\overline{R}\ \overline{S}-Latch$이고 MM은 단안정 IC 소자이다.

| 답안작성 | (1) ① FF₁ ② MC ③ FF₁ ④ MC |
| | (2) ⑤ FF₁ ⑥ MM ⑦ A ⑧ FF₂ |

문제 128

▶ 출제년도 : 기사 95. 99.　　▶ 점수 : 8점

그림에서 SMV는 단안정 IC 타이머 소자이고 FF는 $\overline{R}\,\overline{S}-\text{latch}$이다. 물음에 답하시오.

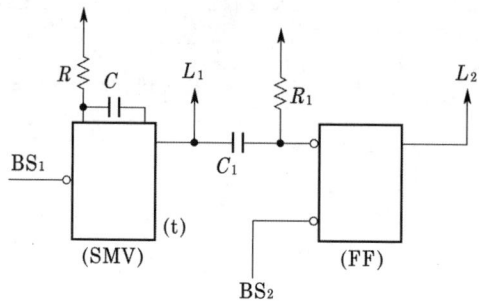

(1) BS_1을 ON하면 출력 L_1, L_2는 어떻게 동작 복구되는가? 여기서 SMV의 상수는 0.7이고 CR=30초이다.
  - $L_1 =$
  - $L_2 =$

(2) C_1, R_1의 회로 이름과 사용 목적을 간단하게 쓰시오.

(3) 이 회로와 같은 기능의 릴레이 시퀀스는 아래 그림과 같다. 접점기호와 문자기호를 적어 넣으시오. 단, 타이머는 순시 접점이 없고 지연 접점은 독립단자로 되어 있다.

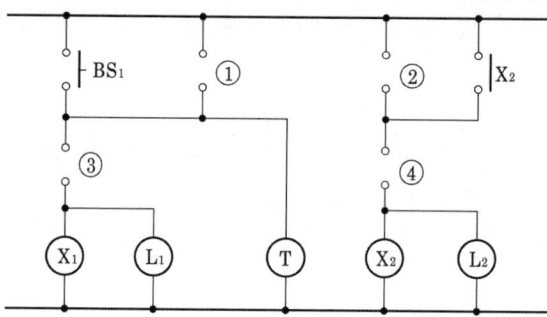

답안작성

(1) $L_1 = BS_1$을 투입하면 L_1은 21초(설정 시간) 동안 점등(동작) 후 소등
$L_2 = BS_1$을 투입한 후 21초 경과되면 L_2가 점등(동작). L_1은 소등 또 BS_2를 ON하면 L_2는 소등됨 (참고 : $t = 0.7RC = 0.7 \times 30 = 21[\text{sec}]$)

(2) 미분 회로 : 입력을 트리거 펄스파로 바꾼다.

(3)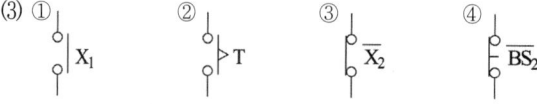

문제 129

▶ 출제년도 : 기사 95. 98. 05.　　▶ 점수 : 11점

그림은 벨트 컨베이어 회로의 일부이다. FF는 $\overline{R}\,\overline{S}-\text{latch}$ SMV는 단안정 IC 소자이다. BS_1으로 벨트 $B_1(MC_1)$이 가동하고 t_1초 후에 벨트 $B_2(MC_2)$가 움직이며 BS_2로 벨트 $B_3(MC_3)$이 움직인다. 또, BS_3으로 벨트 B_3이 정지하고 t_2초 후에 벨트 B_2가 정지하며 BS_4로 B_1 벨트가 정지한다. 물음에 답하여라. 단, BS는 "L" 입력형이다.

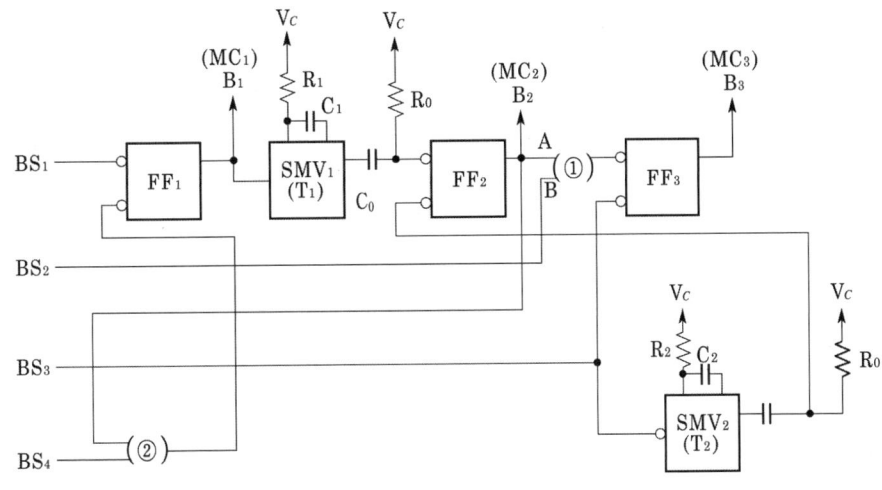

(1) 그림의 ①, ②에 알맞은 논리 기호를 예시와 같이 그리시오.

(예 : )

① ②

(2) 공정 순서를 예시($B_2 - B_1 - B_3$)와 같이 쓰시오.

(3) $R_1 = 500 [k\Omega]$, $C_1 = 50 [\mu F]$, 상수 0.6일 때 t_1은 몇 초인가?

(4) $\overline{R}\overline{S}-\text{latch}$ 회로(FF)를 NAND 회로 ( ) 2개로 나타내시오.

답안작성

(1) ① ②

(2) 운전 : $B_1 - B_2 - B_3$ 정지 : $B_3 - B_2 - B_1$

(3) 15 [sec]

(4)
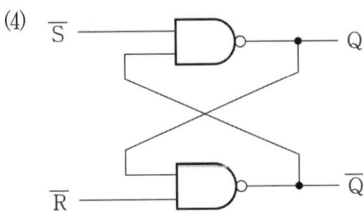

해 설

(1) 컨베이어에는 기동 순서와 정지 순서(공정 순서)는 반대이어야 한다.

(2) BS_1로 B_1이 동작하고 t_1초 후에 B_2가 동작하여 BS_2를 주면 B_3이 동작하여 기동이 끝나고 공정 순서는 $B_3 - B_2 - B_1$이 되며 정지는 BS_3을 주면 B_3이 정지하고 SMV_2가 셋하여 t_2초 후에 B_2가 정지한 후 BS_4를 주면 B_1이 정지한다.

(3) 설정 시간은 $t = KCR$[초]이다. 따라서 $t = 0.6 \times 500 \times 10^3 \times 50 \times 10^{-6} = 15$ [sec]

▶출제년도 : 산업 97.   ▶점수 : 10점

문제 130
그림의 PLC 시퀀스에서 프로그램의 (가)~(마)를 주어진 답안지에 완성하시오. 여기서 명령어는 다음과 같다.

- LOAD : 시작입력
- AND LOAD : 그룹간의 직렬
- OUT : 출력 및 내부 출력
- OR LOAD : 그룹간의 병렬

- AND : 직렬
- OR : 병렬
- NOT : 부정

주소	명령어	데이터	주소	명령어	데이터
0	LOAD	P001	4	(나)	—
1	AND	M001	5	OUT	(다)
2	(가)	M000	6	(라)	P016
3	AND NOT	P017	7	OUT	(마)

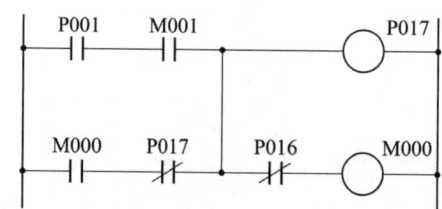

답안작성   (가) LOAD   (나) OR LOAD   (다) P017   (라) AND NOT   (마) M000

문제 131

▶ 출제년도 : 산업 00.   ▶ 점수 : 6점

그림의 PLC 시퀀스의 프로그램에서 잘못된 곳이 3군데 있다. 찾아서 스텝수를 밝히고 답란에 수정하시오. 여기서 입력 시작(STR), 출력(OUT), AND, OR, NOT, 그룹간 접속(AND STR, OR STR)의 명령어를 사용한다.

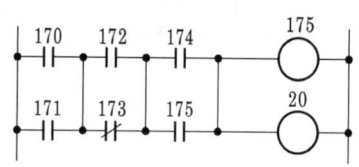

step	op	add	step	op	add
0	STR	170	5	AND	174
1	OR	171	6	OR	175
2	AND	172	7	AND STR	—
3	OR NOT	173	8	OUT	175
4	OR	—	9	OUT	20

답안작성   2-STR, 4-AND STR, 5-STR

문제 132

▶ 출제년도 : 산업 95. 02. 07.   ▶ 점수 : 16점

릴레이 X(M004)가 접점 A, B, C의 함수로서 $X = (A+B)(\overline{B}\,\overline{C}+C)$일 때 다음 물음에 답하시오.

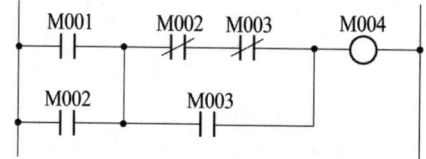

(1) PLC 프로그램의 ㉮~㊀를 완성하시오. 여기서 명령어는 LOAD, AND, NOT, OR, OUT를 사용한다.

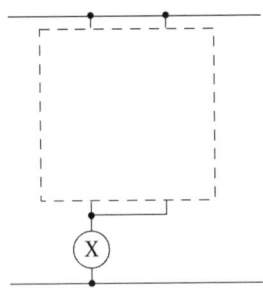

(2) 릴레이 회로를 완성하시오. (접점 A, B, C)

(3) AND, OR, NOT 기호를 사용하여 로직 회로를 완성하시오.

(4) 2입력 NOR 회로만의 등가 로직 회로를 완성하시오.

답안작성

(1) ㉮ OR
㉯ LOAD NOT
㉰ AND NOT
㉱ OR
㉲ M004

(2)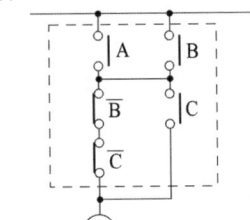

(3)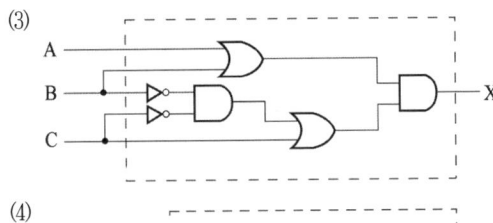

(4)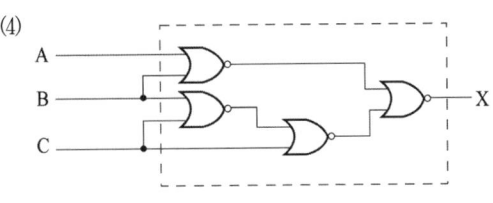

▶출제년도 : 기사 97. ▶점수 : 9점

문제 133

그림과 같은 PLC 시퀀스의 프로그램을 표의 차례 1~9에 알맞은 명령어를 각각 쓰시오. 여기서 시작(회로) 입력 STR, 출력 OUT, 직렬 AND, 병렬 OR, 부정 NOT, 그룹 직렬 AND STR, 그룹 병렬 OR STR의 명령을 사용한다.

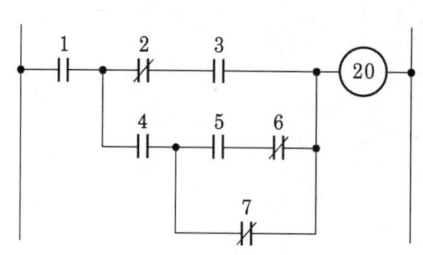

답안작성

차례	명령	번지	차례	명령	번지
0	STR	1	6	OR NOT	7
1	STR NOT	2	7	AND STR	—
2	AND	3	8	OR STR	—
3	STR	4	9	AND STR	—
4	STR	5	10	OUT	20
5	AND NOT	6	—	—	

해 설 5, 6과 7은 병렬, 이것과 4는 그룹(group) 직렬, 또 이것과 2, 3과도 그룹 병렬, 또 이것과 1은 그룹 직렬 이 된다.

▶ 출제년도 : 기사 96. 99.   ▶ 점수 : 10점

문제 134 그림 (a)의 릴레이 시퀀스가 있다. A, B, C, D는 보조 릴레이 접점이고, X는 릴레이, L은 부하이다. 다음 물음에 답하시오.

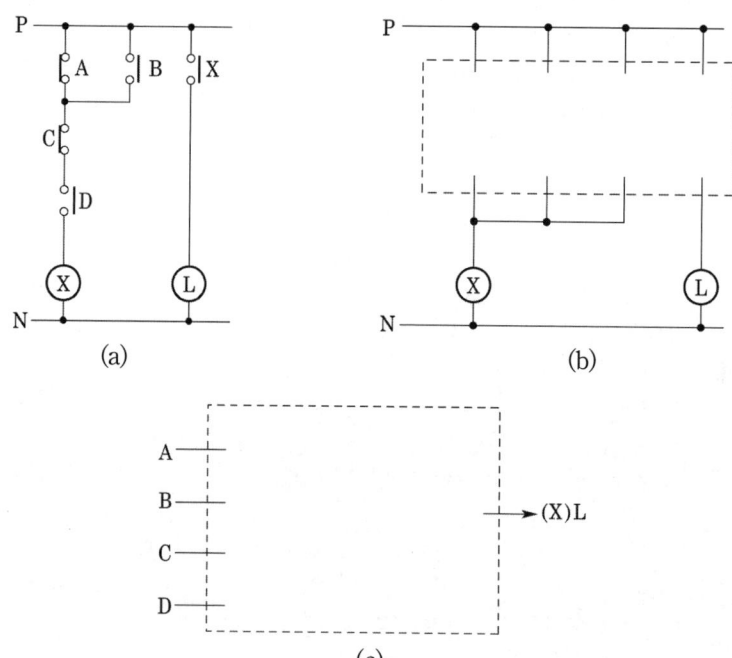

(1) 그림 (a)에서 X의 논리식을 쓰시오.
(2) 답안지의 그림 (c)란에 논리회로(2입력, AND, OR, NOT 기호 사용)를 그려 넣으시오.
(3) 그림 (a)의 쌍대회로를 답안지 그림 (b)의 점선란에 완성하시오.

여기서, $L = \overline{X} = \overline{\overline{A} \cdot \overline{B} + C + \overline{D}}$ 이다.

(4) 그림 (a)를 참조하여 표의 PLC 프로그램 안에 ①~⑤에 알맞은 명령어 번지를 보기에서 고르시오.

스텝	명령어	번지
0	RN	5.1
1	①	5.2
2	②	5.3
3	A	③
4	W	5.0
5	R	④
6	⑤	3.0

[보기]
A(5.1), B(5.2)
C(5.3), D(5.4)
X(5.0), L(3.0)이고
R(READ, LOAD, START, 시작)
O(OR), A(AND), N(NOT),
W(Write, OUT, 출력)
이다.

답안작성

(1) $X = (\overline{A} + B)\overline{C} \cdot D$

(2)

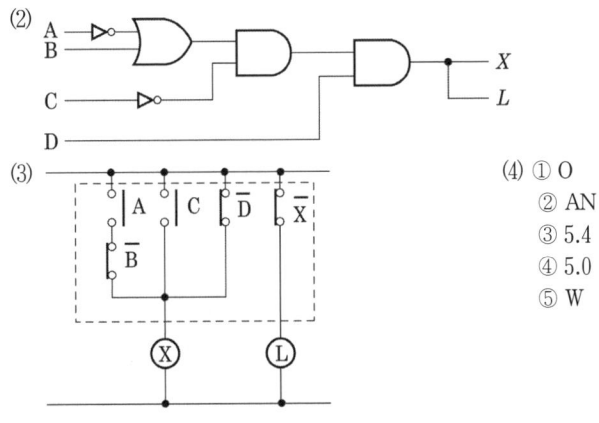

(3)

(4) ① O
② AN
③ 5.4
④ 5.0
⑤ W

해 설

(3) ① 출력 $\overline{X} = \overline{(\overline{A}+B) \cdot \overline{C} \cdot D} = \overline{\overline{A}+B} + \overline{\overline{C} \cdot D} = A \cdot \overline{B} + C + \overline{D}$

② De morgan 정리
$\overline{A \cdot B} = \overline{A} + \overline{B}, \quad \overline{A+B} = \overline{A} \cdot \overline{B}$

▶출제년도 : 기사 96. 00.   ▶점수 : 10점

문제 135

그림 (a)와 같은 PLC 시퀀스(래더 다이어그램)가 있다. 물음에 답하시오. 여기서 D는 역방향 저지 다이오드이다.

(1) 다이오드를 사용하지 않으려면 시퀀스를 수정해야 한다. 답란의 그림 (b)안에 수정된 그림을 완성하고 번지를 적어 넣으시오. (단, 여기서 P011부터 그림을 그렸다. (프로그램 참조))

(2) PLC 프로그램을 표의 ①~⑤에 완성하시오. (단, 명령어는 LOAD, AND, OR, NOT, OUT를 사용한다.)

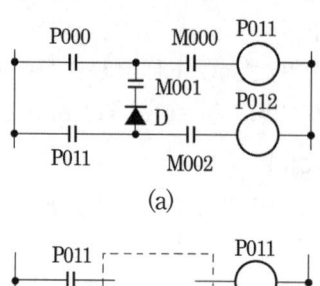

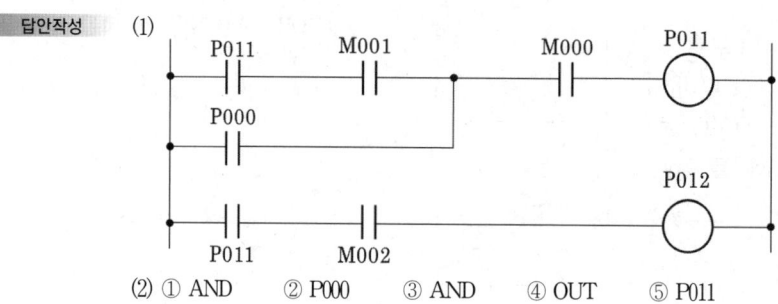

(2) ① AND ② P000 ③ AND ④ OUT ⑤ P011

▶ 출제년도 : 산업 97. ▶ 점수 : 6점

문제 136 그림의 PLC 시퀀스에 대해 다음 물음에 답하시오.

주소	명령어	번지	주소	명령어	번지
0	STR	170	5	AND	174
1	OR	171	6	OR	175
2	AND	172	7	AND STR	
3	OR NOT	173	8	OUT	175
4	OR		9	OUT	20

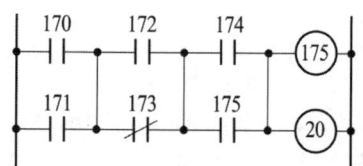

(1) 2입력 OR 회로 3개, 2입력 AND 회로 2개, NOT 회로 1개를 사용하여 로직회로를 그리시오.
(2) PLC 프로그램에서 명령어 부분이 잘못된 곳이 3군데 있다. 찾아서 번지를 쓰고 정답을 쓰시오. (예 : 3 - OR) 여기서, AND STR : 그룹간 직렬접속, OR STR : 그룹간 병렬접속, AND : 직렬, OR : 병렬, NOT : 부정, OUT : 출력 및 내부출력, STR : 시작입력이다.

답안작성

(1)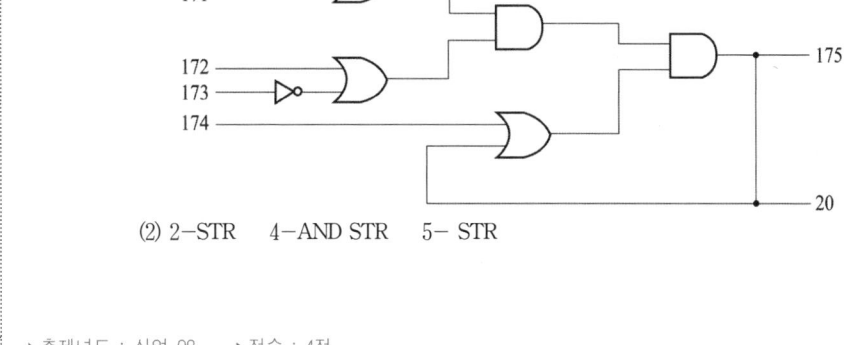

(2) 2-STR   4-AND STR   5- STR

▶출제년도 : 산업 98.   ▶점수 : 4점

문제 137

다음의 프로그램은 어떤 전동기 회로의 일부를 나타낸 것이다. 프로그램의 차례대로 PLC시퀀스(래더 다이어그램)를 그리시오. 여기서 시작 입력 LOAD, 출력 OUT, 타이머 TMR, 설정 시간 DATA, 직렬 AND, 병렬 OR, 부정 NOT의 명령을 사용하며, P010~P012는 전자접촉기 MC를 각각 나타내며, P001과 P002는 버튼 스위치를 표시한 것이다.

	명 령	번 지		명 령	번 지
생략	LOAD OR AND NOT OUT	P001 P010 P002 P010	생략	LOAD AND NOT AND NOT OUT	P010 T000 P012 P011
생략	LOAD AND NOT TMR (DATA)	P010 P012 T000 70	생략	LOAD OR AND NOT AND OUT	T000 P012 P011 P010 P012

답안작성

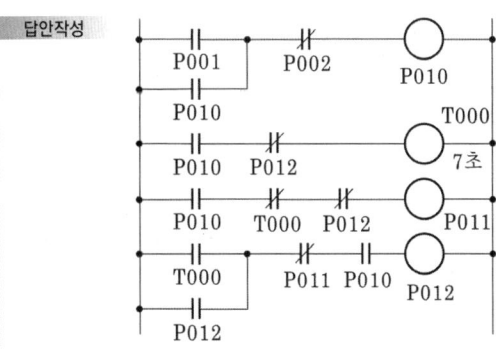

▶출제년도 : 산업 99. 02.   ▶점수 : 16점

문제 138

그림은 Y-△ 기동회로의 일부인데 P010은 모선접속, P011은 Y 기동용이며, 7초 후 P012로 △운전되며, 운전시 타이머 기구는 복구된다. 여기서 BS_1 기능은 P001이다. 물음에 답하시오.

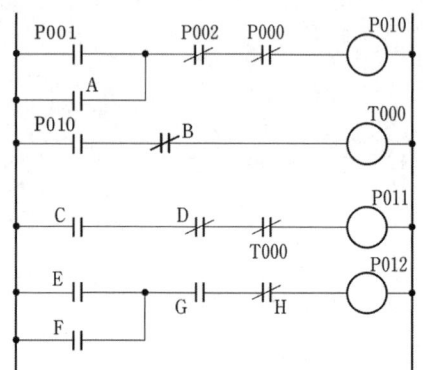

스텝	명령어	번지	스텝	명령어	번지
생략	LOAD	P001	생략	LOAD	C
	가	A		AND NOT	D
	AND NOT	P002		다	T000
	AND NOT	P000		라	P011
	OUT	P010		LOAD	E
〃	나	P010	〃	OR	F
	AND NOT	B		AND	P010
	TMR	T000		AND NOT	P011
	DATA	70		OUT	P012

(1) A~F에 알맞은 번지를 쓰시오.
(2) 가~라에 알맞은 명령어를 쓰시오.
(3) A~H 중 유지 기능으로 사용된 것 1개만 쓰시오.
(4) A~H 중 인터록 기능으로 사용된 것 1개만 쓰시오.
(5) A~H 중 정지 기능으로 사용된 것 1개만 쓰시오.
(6) A~H 중 P001과 같이 기동 기능이 있는 것 1개만 쓰시오.
(7) 회로 전체를 정지시킬 수 있는 기능의 기구를 2개의 번지를 쓰시오.
(8) ─╂╂─ T000 과 같은 기능의 릴레이(타이머) 접점을 그리시오.

답안작성
(1) A : P010, B : P012, C : P010, D : P012, E : T000, F : P012
(2) 가 : OR   나 : LOAD   다 : AND NOT   라 : OUT
(3) A(F)   (4) D(H)   (5) B(G)   (6) E
(7) P002, P000   (8) ─o/o─

▶ 출제년도 : 산업 96. 00.   ▶ 점수 : 10점

문제 139

그림은 PLC 시퀀스 회로의 일부를 그린 것이다. 입력 P000을 주면 출력 P011이 동작하고 이어 P012가 동작한다. 5초 후 T000이 동작하여 P012가 정지된다. P001은 정지 신호이고, 시간 단위는 0.1초이다. 프로그램의 괄호((1)~(5))에 알맞은 것을 답안지에 적으시오.

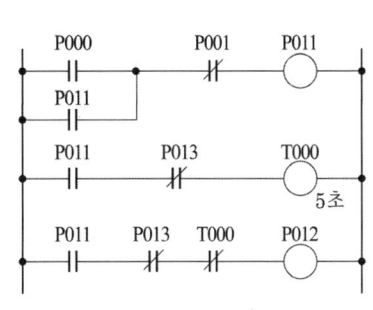

STEP	OP	add	ENT
생략	LOAD	P000	ENT
	OR	(1)	이하 생략
	(2)	P001	
	OUT	P011	
	LOAD	P011	
	AND NOT	P013	
	TMR	T000	
	(DATA)	(3)	
	(4)	P011	
	AND NOT	P013	
	AND NOT	T000	
	(5)	P012	

답안작성
(1) P011
(2) AND NOT
(3) 50
(4) LOAD
(5) OUT

▶ 출제년도 : 산업 97. 00.   ▶ 점수 : 5점

문제 140

다음 그림은 물건을 오르내리는 소형 호이스트의 로직회로이다. 다음 물음에 답하시오. (단, AND(A), OR(O), NOT(N), R(시작), W(출력) 명령어이다. 또, BS를 먼저 그린다.)

(1) (b) 그림의 PLC 프로그램의 (   ) 안에 알맞은 명령어를 쓰시오.
(2) (c) 그림의 릴레이 시퀀스를 답란에 완성하고, 문자기호를 쓰시오.

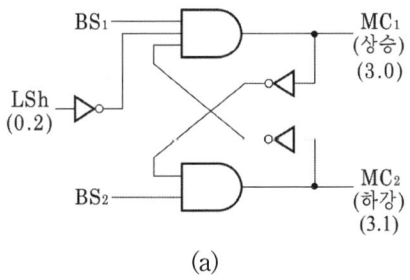

(a)

step	op	add
0	R	0.0
1	( )	0.2
2	( )	3.1
3	W	3.0
4	R	0.1
5	( )	3.0
6	W	3.1

(b)

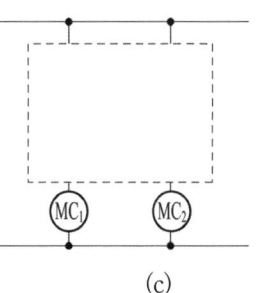

(c)

답안작성 (1) ① AN ② AN ③ AN

(2)

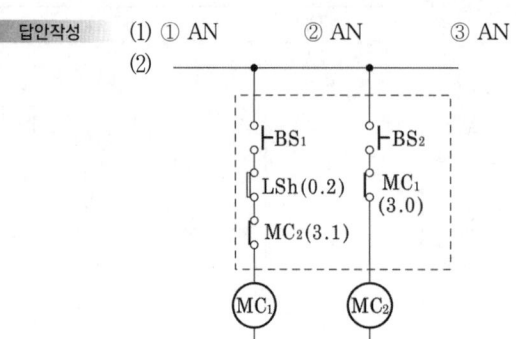

해 설 (1) ① AND NOT, ② AND NOT, ③ AND NOT

문제 141

▶ 출제년도 : 산업 88. 92.   ▶ 점수 : 15점

램프 L을 두 곳에서 점멸할 수 있는 회로 설계도이다. 다음 물음에 주어진 답안지에 답하시오.

(1) X, L의 식을 쓰시오.
(2) 답안지의 무접점 회로를 완성하시오.
(3) PLC 프로그램을 완성하시오(4번부터 10번까지).
    단, ⓛ은 외부 신호로 한다.

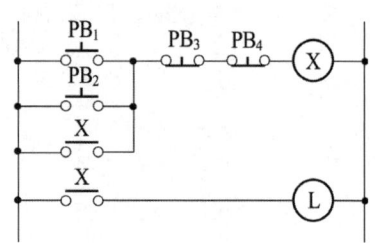

프로그램번지 (어드레스)	명령어	데이터	비고
01	STR	X PB$_1$	W
02	STR	X PB$_2$	W
03	OB		W
04			W
05			W
06			W
07			W
08			W
09			W
10			W
11	END		W

단, 1. STR : 입력 a 접점(신호)
2. STRN : 입력 b 접점(신호)
3. AND : AND a 접점
4. ANDN : AND b 접점
5. OR : OR a 접점
6. ORN : OR b 접점
7. OB : 병렬 접속점
8. X : 외부 신호(접점)
9. Y : 내부 신호(접점)
10. W : 각 번지 끝
11. OUT : 출력
12. END : 끝

답안작성 (1) $X = (PB_1 + PB_2 + X) \cdot \overline{PB_3} \cdot \overline{PB_4}$
$L = X$

(2)

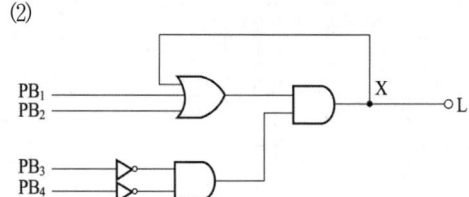

(3)

04	STR	Y X
05	OB	
06	ANDN	X PB$_3$
07	ANDN	X PB$_4$
08	OUT	Y X
09	STR	Y X
10	OUT	X L

문제 142

▶ 출제년도 : 산업 89. 00.   ▶ 점수 : 15점

PC의 프로그램을 보고 물음에 답하시오.

프로그램번지 (어드레스)	명령어	데이터	비고	프로그램번지 (어드레스)	명령어	데이터	비고
01	STR	001	W	07	ANDN	002	W
02	STR	003	W	08	OR	003	W
03	ANDN	002	W	09	OUT	200	W
04	OB		W	10	END		W
05	OUT	100	W				
06	STR	001	W				

단, ① STR : 입력 a접점(신호)   ② STRN : 입력 b접점(신호)
③ AND : AND a접점   ④ ANDN : AND b접점
⑤ OR OR a접점   ⑥ ORN : OR b접점
⑦ OB : 병렬 접속점   ⑧ OUT : 출력
⑨ END : 끝   ⑩ W : 각 번지끝

(1) PLC의 프로그램에 맞는 접점 회로도를 답안지에 완성하시오.
(2) 001, 002, 003의 각각 1개의 접점만을 사용하여 답안지의 회로도를 완성하시오.
    단, 접점의 양방향 신호의 흐름을 인정한다.
(3) 답안지의 무접점 회로를 완성하시오.

답안작성

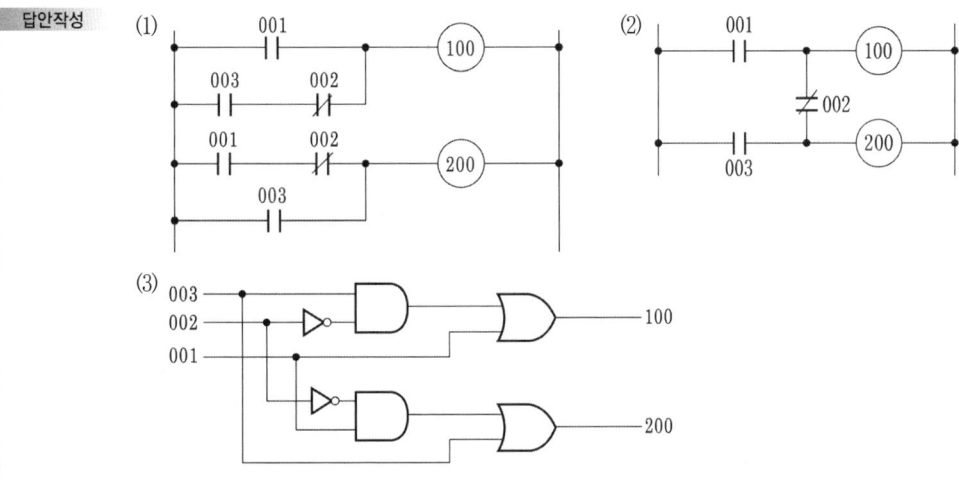

문제 143

▶ 출제년도 : 산업 97.   ▶ 점수 : 8점

그림과 같은 로직회로를 보고 물음에 답하시오.

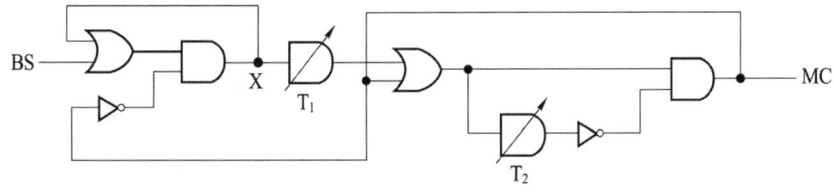

(1) PLC 시퀀스에 번지 대신에 문자를 적어 넣으시오. (예 : T_1, MC 등)

(2) 타임차트에 X, MC를 그리시오. X는 보조릴레이 기능이고, MC는 전자접촉기이다. 또, $t_1 = 5$초, $t_2 = 10$초로 한다.

답안작성

(1)

번지	명령어	데이터	번지	명령어	데이터
01	LOAD	BS	09	OR	MC
02	OR	X	10	TMR	T_2
03	AND NOT	MC	11	DATA	100
04	OUT	X	12	LOAD	T_1
05	LOAD	X	13	OR	MC
06	TMR	T_1	14	AND NOT	T_2
07	DATA	50	15	OUT	MC
08	LOAD	T_1			

(2)
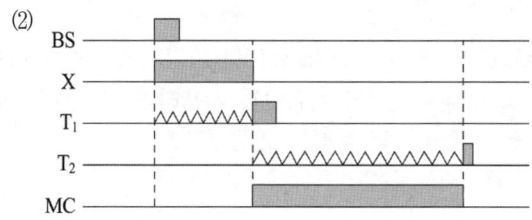

▶ 출제년도 : 산업 96. 00. 04.   ▶ 점수 : 14점

문제 144

그림은 램프 회로의 일부로서 서로 등가이다.

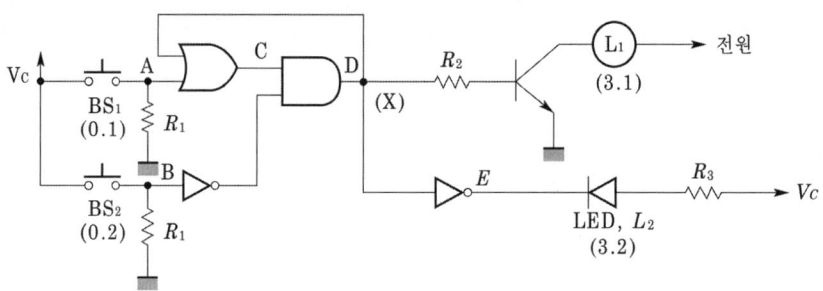

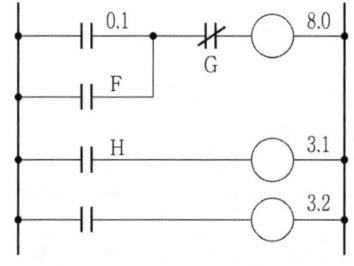

스텝	명령	번지	스텝	명령	번지
0	R	0.1	5	W	3.1
1	(가)	(나)	6	R	(사)
2	(다)	(라)	7	(아)	3.2
3	W	8.0			
4	(마)	(바)			

(1) X의 논리식을 찾으시오.

① BC
② $(A+D)\overline{B}$
③ B + C
④ $AD + \overline{B}$

(2) PLC 프로그램을 완성하시오. 단, 명령은 입력 시작(R), 출력(W), AND(A), OR(O), NOT(N)이다.
(3) 전원을 넣은 상태(정지 상태)에서 A~E 중 H레벨인 점을 찾으시오.
(4) 램프 L_1, L_2가 점등 상태에서 A~E 중 H레벨인 점을 찾으시오.
(5) PLC 시퀀스에서 F, G, H의 번지를 차례로 적으시오.
(6) BS_1을 눌렀다 놓으면 램프 L_1, L_2가 점등한다.
   ① C점의 레벨은
   ② E점의 레벨은
(7) L_1, L_2가 점등 중 BS_2를 눌렀다 놓았다. 이후 C, E, D점의 레벨 상태를 차례로 표시하시오.(예 HLH 등) 단, 전압 상태를 H레벨, 접지상태를 L레벨로 표시할 때 H, L등의 형태로 답하시오.

답안작성
(1) ②
(2) (가) O (나) 8.0 (다) AN (라) 0.2 (마) R (바) 8.0 (사) 8.0 (아) W
(3) E   (4) C 또는 D
(5) 8.0, 0.2, 8.0   (6) ① H   ② L
(7) L, H, L

▶ 출제년도 : 기사 91. 99.   ▶ 점수 : 12점

문제 145 전동기의 시한 동작 회로도이다. 물음에 답하시오.

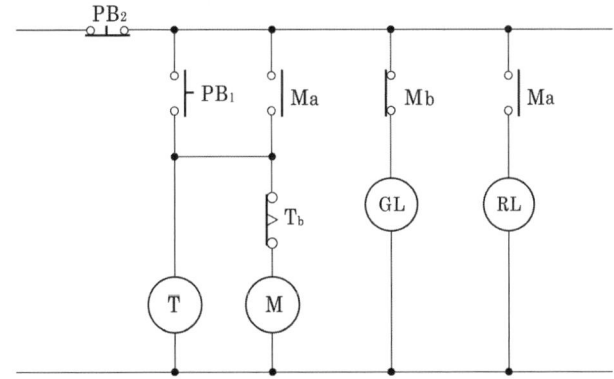

(1) 답안지의 타임 차트를 완성하시오.

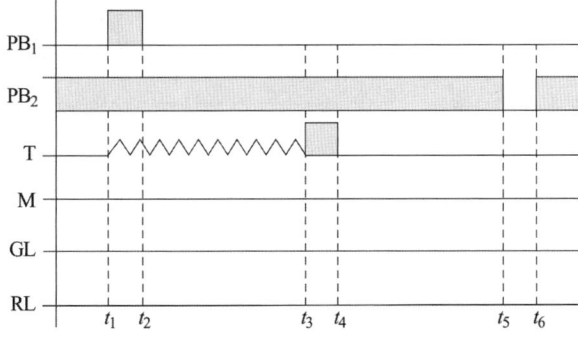

(2) PLC 프로그램을 완성하시오. (6번부터 12번까지)

프로그램 번지 (어드레스)	명령어	데이터	비고
01	STR	X PB1	W
02	STR	Y M	W
03	OB		W
04	OUT	Y T	W
05	STR	X PB1	W
06			⋮
07			⋮
08			⋮
09			⋮
10			⋮
11			⋮
12			⋮
13	OUT	Y RL	W
14	END		

단, ① STR : 입력 A 접점(신호)　② STRN : 입력 B 접점(신호)
③ AND : AND a 접점　④ ANDN : AND b 접점
⑤ OR : OR a 접점　⑥ ORN : OR b 접점
⑦ OB : 병렬 접속점　⑧ X : 외부 입력 신호(접점)
⑨ Y : 내부 입력 신호(접점)　⑩ OUT : 출력
⑪ W : 각 번지 끝　⑫ END : 끝
(①~⑫를 사용하여야 함)

(3) 무접점 회로를 완성하시오. 단, 입출력 회로는 생략한다.

(4) T, M, GL, RL의 각각의 식을 쓰시오.

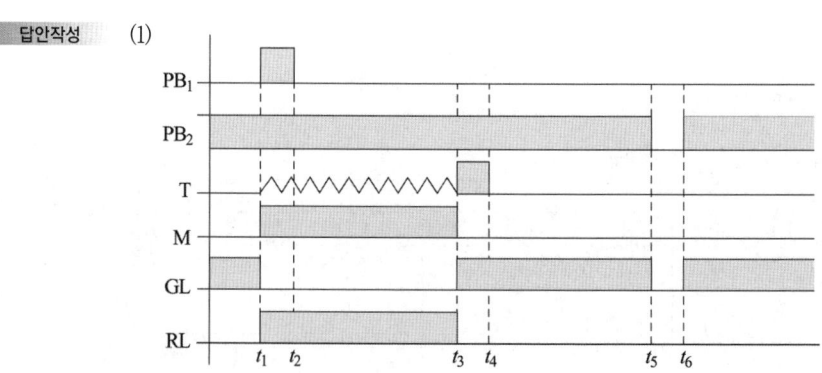

(2)	06	STR	Y M	W
	07	OB		W
	08	ANDN	Y T	W
	09	OUT	Y M	W
	10	STRN	Y M	W
	11	OUT	Y GL	W
	12	STR	Y M	W

(3)

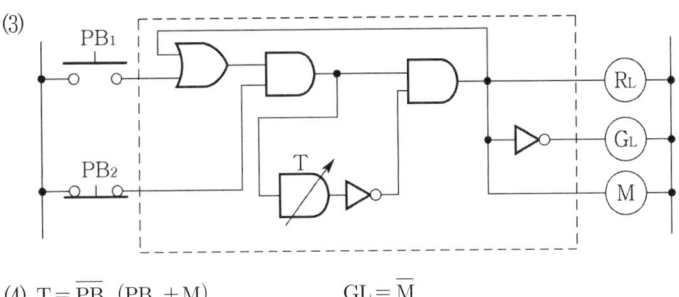

(4) $T = \overline{PB}_2 (PB_1 + M)$ $GL = \overline{M}$
   $M = \overline{PB}_2 (PB_1 + M) \overline{T}$ $RL = M$

▶ 출제년도 : 산업 95.   ▶ 점수 : 10점

문제 146 그림은 3대의 전동기를 순서에 따라 기동정지를 하는 시퀀스 회로의 일부이다. 물음에 답하시오.

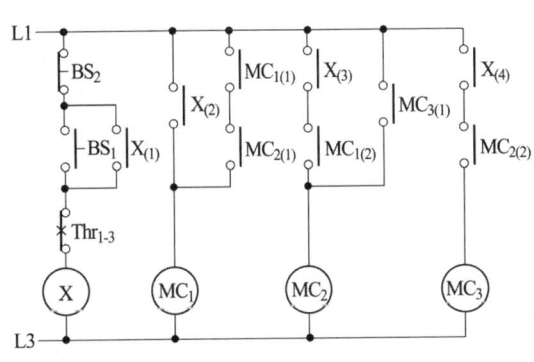

stop	명령	번지	[참고]
생략	R	㉮	$BS_1(0.1)$
	㉯	3.1	$BS_2(0.2)$
	A	㉰	$MC_1(3.1)$
	O	MRG	$MC_2(3.2)$
	W	3.1	$MC_3(3.3)$
	R	8.0	X(8.0)
	A	㉱	R : (입력)
	O	㉲	W : (출력)
	W	3.2	A : (직렬)
			O : (병렬)

(1) 주어진 답안지 로직회로를 각각 2입력 AND, OR회로로 완성하시오.

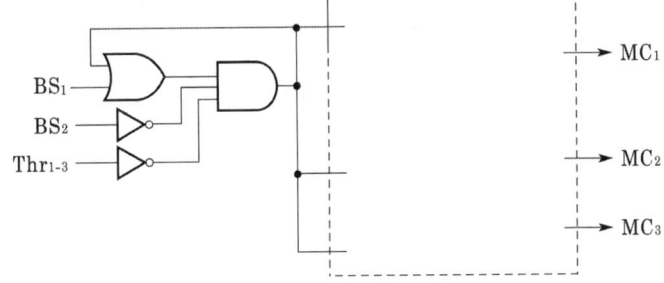

(2) (b)의 PLC프로그램을 ㉮~㉲항까지를 완성하시오.
(3) 그림 (a)에서 자기 유지 접점 2개를 쓰시오. (예 : $MC_{3(1)}$ 등)
(4) 그림 (a)에서 MC_1의 정지 기능 접점을 쓰시오. (예 : $MC_{1(1)}$ 등)

(5) MC₁~MC₃의 정지 순서를 차례로 쓰시오.

답안작성

(1)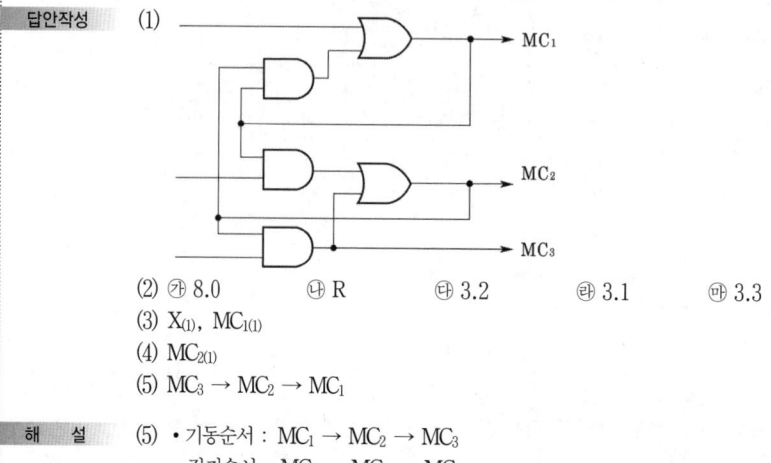

(2) ㉮ 8.0　㉯ R　㉰ 3.2　㉱ 3.1　㉲ 3.3
(3) X₍₁₎, MC₁₍₁₎
(4) MC₂₍₁₎
(5) MC₃ → MC₂ → MC₁

해　설　(5) • 기동순서 : MC₁ → MC₂ → MC₃
　　　　　　• 정지순서 : MC₃ → MC₂ → MC₁

문제 147　▶출제년도 : 기사 98.　▶점수 : 5점

그림의 PLC 시퀀스는 전동기의 정·역운전 회로의 일부를 그린 것으로 번지는 편의상 문자기호를 사용하였다. 버튼스위치 3개, MC 2개, 타이머 릴레이 1개를 사용하여 릴레이 회로를 그리시오.

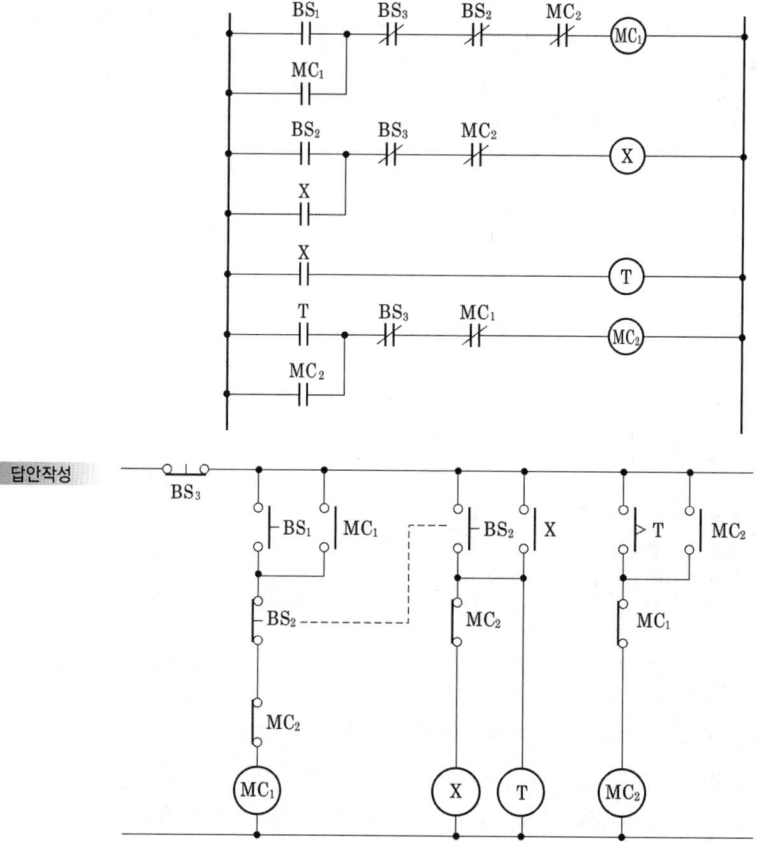

문제 148

▶ 출제년도 : 기사 96. 99. ▶ 점수 : 5점

다음은 L_1 램프가 점등하면 L_2 램프가 소등되고, 또 L_2 램프가 점등하면 L_1 램프가 소등되는 회로의 일부를 PLC 프로그램한 것이다. 2입력 AND, 2입력 OR, NOT 회로를 각각 2개씩 사용하여 로직회로를 주어진 답란에 완성하시오. 여기서 M001과 M002는 내부 출력이고, 명령어는 시작(입력) LOAD, 출력 및 내부출력 OUT, 직렬 AND, 병렬 OR, 부정 NOT, 그룹(group) 병렬 OR LOAD를 사용했고 P003은 L_1, L_2의 회로에 각각 분리하여 프로그램한 것이다.

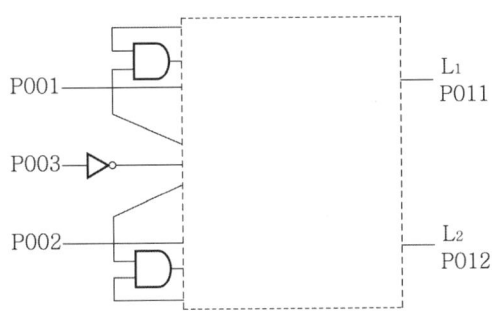

차례	명령	번지	차례	명령	번지
0	LOAD	P001	7	LOAD	P002
1	LOAD	M001	8	LOAD	M002
2	AND NOT	M002	9	AND NOT	M001
3	OR LOAD	–	10	OR LOAD	–
4	AND NOT	P003	11	AND NOT	P003
5	OUT	M001	12	OUT	M002
6	OUT	P011	13	OUT	P012

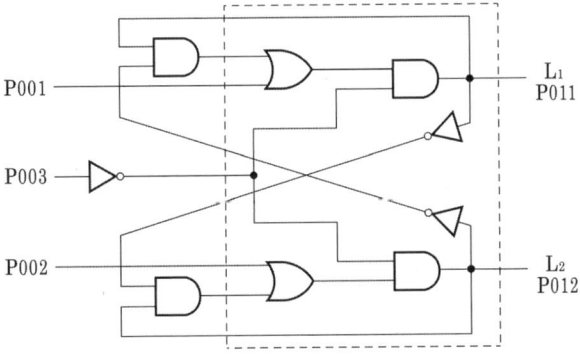

문제 149

▶ 출제년도 : 산업 96. ▶ 점수 : 12점

그림은 Y−△ 회로의 일부이다. P010은 모선 접속, P011은 Y 기동용이며 $t = 7$초 후 P012로 △운전되며 운전시는 타이머 기구는 복구된다.
(1) 그림 (a)에서 A~H에 알맞은 번지를 쓰시오. 중복이 있다.
(2) 가~마에 알맞은 명령어를 쓰시오.
(3) A~H 중 유지 기능으로만 사용된 것 2개를 쓰시오.
(4) A~H 중 인터록 기능의 것 2개를 쓰시오.

(5) A~H 중 정지 기능으로 사용된 것 2개를 쓰시오.
(6) A~H 중 P001과 같이 기동 기능이 있는 것 1개를 고르시오.
(7) 회로 전체를 정지시킬 수 있는 기능의 기구 2개의 번지를 쓰시오.
(8) 릴레이 시퀀스를 완성하시오. 여기서 T000 ─╂╂─ 과 같은 기능이 K이고, M(P002)은 버튼 스위치이며, L은 Thr이다. 타이머의 지연 접점은 각각 독립 단자이다.

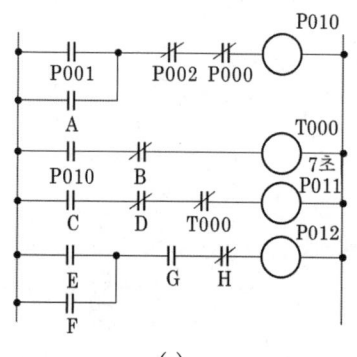

스텝	명령어	번지
생략	LOAD	P001
가	A
	AND NOT	P002
	AND NOT	P000
	OUT	P010
나	P010
	AND NOT	B
	TMR	T000
	<DATA>	70
	LOAD	C
	AND NOT	D
다	T000
라	P011
	LOAD	E
	OR	F
마	G
	AND NOT	H
	OUT	P012

답안작성

(1) A : P010   B : P012   C : P010   D : P012
    E : T000   F : P012   G : P010   H : P011
(2) 가 : OR   나 : LOAD   다 : AND NOT   라 : OUT   마 : AND
(3) A, F   (4) D, H
(5) B, G   (6) E   (7) P002, P000
(8)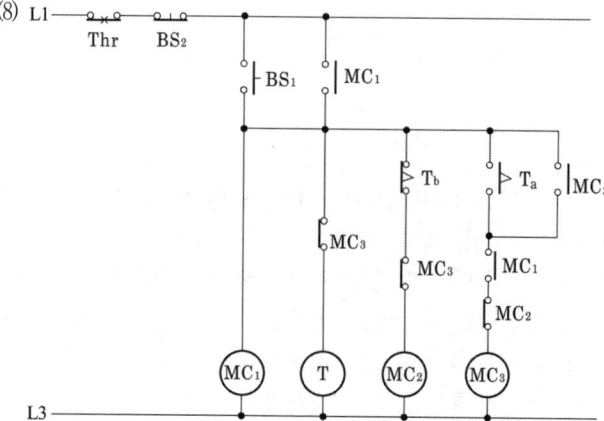

문제 **150** ▸출제년도 : 기사 98. ▸점수 : 20점

다음은 인터록 회로도이다. 다음 물음에 답하시오.

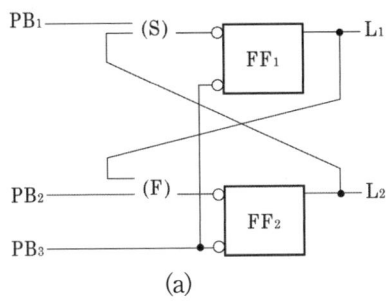
(a)

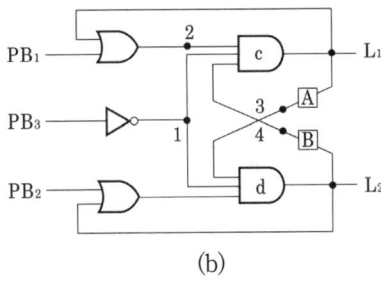
(b)

(1) 그림 (a)는 L입력형 $\overline{R}\,\overline{S}$ latch를 이용한 것이다. (S) (F)에 알맞은 로직기호로 작도하시오.
(2) 그림 (b)는 전압레벨 입력형으로 Ⓐ, Ⓑ에 알맞은 로직기호로 작도하시오.
(3) 그림 (b)의 정지상태일 때 1~4점 중 L레벨(접지)인 곳은? 또 L_1이 점등 중인 경우 1~4점 중 L레벨인 곳은?
(4) PLC 시퀀스를 작도하시오.
(5) 프로그램 표를 작성하시오. (단, 0~11스텝을 이용하고, BS_1~BS_3은 P001~P003번지, L_1~L_2는 P011~P012, 내부 출력은 M001~M002을 사용한다. 그리고 명령어는 입력시작 LOAD, 출력 OUT, AND, OR, NOT을 사용한다.)

답안작성

(1) (S)   (F)

(2) A : B :

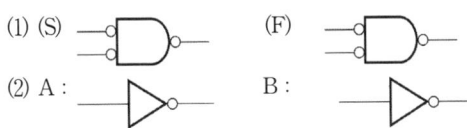

(3) ① 2,　② 3

(4)
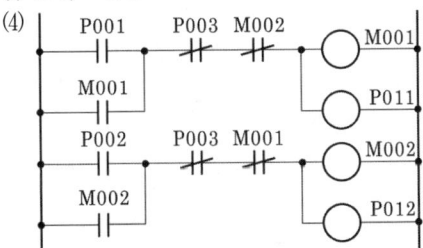

(5)

스탭	명령	번지	스탭	명령	번지
0	LOAD	P001	6	LOAD	P002
1	OR	M001	7	OR	M002
2	AND NOT	P003	8	AND NOT	P003
3	AND NOT	M002	9	AND NOT	M001
4	OUT	M001	10	OUT	M002
5	OUT	P011	11	OUT	P012

해 설 인터록은 자기의 b접점으로 상대쪽의 동작선을 끊는다. 그림 (b)는 인터록이 입력 논리로서 BS_1을 먼저 주어야 L_1이 동작한다. 즉, L_2가 동작하지 않는 조건과 BS_1을 누르는 2가지 조건이 성립될 때 L_1은 점등된다. 또 L_2의 점등 조건은 L_1이 점등하지 않는 조건과 BS_2을 누르는 조건, 즉 BS_2를 먼저 누를 때이다. 따라서 2입력 AND 조건이고 L입력형이므로 E(F)는 () 이다. PLC 시퀀스는 12스텝이므로 릴레이 X와 램프 L을 병렬 접속하면 되고 BS_3은 분리하여 코딩(coding)한다.

03 PLC 제어회로

PLC(Programmable Logic Controller) 제어회로

기호, 번지, 명령어는 PLC의 기종과 제조회사 마다 다르므로, 여기서는 기초적인 몇 가지만을 설명하기로 한다.

1. 기본기호 및 명령어

(1) 기본기호

| a접점 : ┤├ b접점 : ┤/├ 출력 : ─○─ |

(2) 기본 명령어
- 회로시작 : LOAD
- 출력과 내부 출력(회로 끝) : OUT
- 직렬 : AND
- 병렬 : OR
- 부정(b접점) : NOT
- 기타 : AND LOAD, OR LOAD, MCS(MCR), TMR(TON), CNT(CTU)

2. 명령어와 부호

내 용	명령어	부호	기능
시작 입력	LOAD(STR)	┤├ a	독립된 하나의 회로에서 a접점에 의한 논리 회로의 시작 명령
	LOAD NOT	┤/├ b	독립된 하나의 회로에서 b접점에 의한 논리 회로의 시작 명령
직렬 접속	AND	┤├┤├ a	독립된 바로 앞의 회로와 a접점의 직렬 회로 접속, 즉 a접점 직렬
	AND NOT	┤├┤/├ b	독립된 바로 앞의 회로와 b접점의 직렬 회로 접속, 즉 b접점 직렬
병렬 접속	OR		독립된 바로 위의 회로와 a접점의 병렬 회로 접속, 즉 a접점 병렬
	OR NOT		독립된 바로 위의 회로와 b접점의 병렬 회로 접속, 즉 b접점 병렬
출 력	OUT	─○─	회로의 결과인 출력 기기(코일) 표시와 내부 출력(보조 기구 기능-코일) 표시

내 용	명령어	부호	기능
직렬 묶음	AND LOAD	A B	현재 회로와 바로 앞의 회로의 직렬 A, B 2회로의 직렬 접속, 즉 2개 그룹(group)의 직렬 접속
병렬 묶음	OR LOAD	A / B	현재 회로와 바로 앞의 회로의 병렬 A, B 2회로의 병렬 접속, 즉 2개 그룹(group)의 병렬 접속
공통 묶음	MCS MCS CLR (MCR)	MCS	출력을 내는 2회로 이상이 공통으로 사용하는 입력으로 공통 입력 다음에 사용 (마스터 컨트롤의 시작과 종료) MCS 0부터 시작, 역순으로 끝낸다.
타이머	TMR(TIM)	(Ton) T000 5초	기종에 따라 구분 – TON, TOFF, TMON, TMR, TRTG 등 타이머 종류, 번지, 설정 시간 기입
카운터	CNT	U CTU C000 R 00010	기종에 따라 구분 – CTU, CTD, CTUD, CTR, HSCNT 등 카운터 종류, 번지, 설정 회수 기입
끝	END		프로그램의 끝 표시

3. 기본 명령에 의한 프로그램

기본 명령에는 회로시작(LOAD), 출력(OUT), 직렬(AND), 병렬(OR), 부정(NOT) 명령이 있다.

(1) 입·출력 회로

① LOAD/OUT

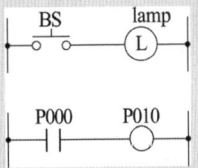

step	명령	번지
0	LOAD	P000
1	OUT	P010

② LOAD NOT/OUT

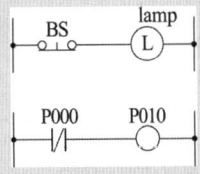

step	명령	번지
0	LOAD NOT	P000
1	OUT	P010

(2) 직렬, 병렬 회로

① 직렬 – AND/AND NOT

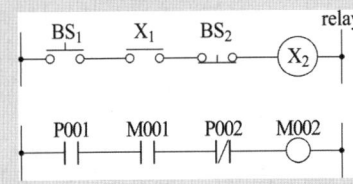

② 병렬 – OR/OR NOT

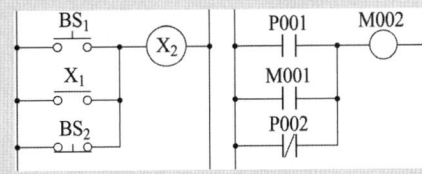

step	명령	번지
0	LOAD	P000
1	AND	M001
2	AND NOT	P002
3	OUT	M002

step	명령	번지
6	LOAD	P001
7	OR	M001
8	OR NOT	P002
9	OUT	M002

(3) 그룹 직·병렬 명령에 의한 프로그램

그룹 직렬(직렬 회로들의 병렬)일 때 AND LOAD, 그룹 병렬(병렬 회로들의 직렬)일 때 OR LOAD 명령어를 사용한다.

① 그룹 직렬 - AND LOAD

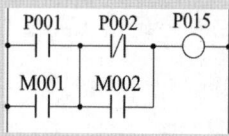

② 그룹병렬 - OR LOAD

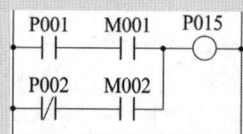

step	명령	번지
0	LOAD	P001
1	OR	M001
2	LOAD NOT	P002
3	OR	M002
4	AND LOAD	-
5	OUT	P015

step	명령	번지
6	LOAD	P001
7	AND	M001
8	LOAD NOT	P002
9	AND	M002
10	OR LOAD	-
11	OUT	P015

③ 유지 회로

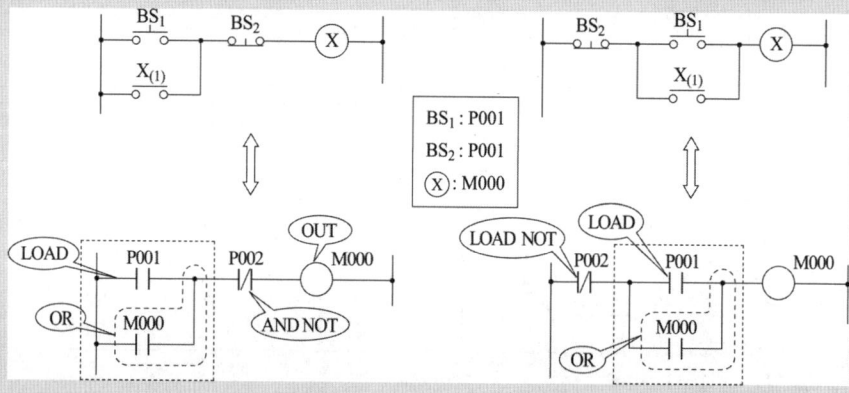

step	명령	번지
0	LOAD	P001
1	OR	M000
2	AND NOT	P002
3	OUT	M000
-	-	-

step	명령	번지
6	LOAD NOT	P002
7	LOAD	P001
8	OR	M000
9	AND LOAD	-
10	OUT	M000

4. 타이머 회로의 프로그램

PLC용 타이머에는 TON, TOFF, TMON, TMR, TRTG 등이 있다.

(1) TON : 시한 동작 타이머(On Delay Timer)

① 동작(기동) 입력을 준 후 설정시간 t초가 지나면 타이머 접점이 동작하고 복구(정지) 입력을 주면 곧바로 타이머가 복구하고 접점도 복구하는 시한 동작 순시 복구형이다.

② 설정시간 〈DATA〉의 설정값은 0.1초 단위이고 2step이 소요된다.

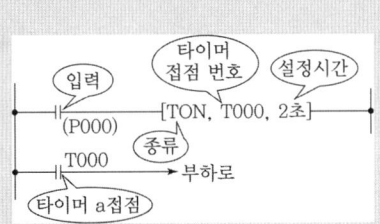

step	명령	번지
0	LOAD	P000
1	TON	T000
2	〈DATA〉	00020
4	LOAD	T000
5		

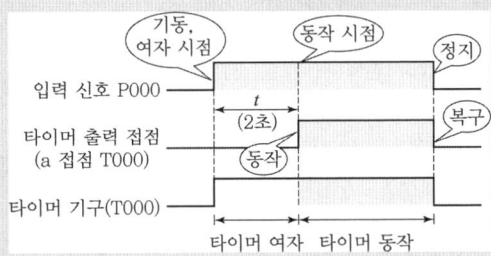

(2) TOFF : 시한 복구 타이머(Off Delay Timer)

① 동작(기동) 입력을 주면 곧바로 타이머가 동작하고 접점도 동작하며 복구(정지) 입력을 준 후 설정시간 t초가 지나면 타이머 접점이 복구하는 순시 동작 시한 복구형이다.

② 설정시간 〈DATA〉의 설정값은 0.1초 단위이고 2step이 소요된다.

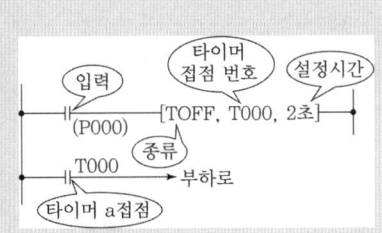

step	명령	번지
0	LOAD	P000
1	TOFF	T000
2	〈DATA〉	00020
4	LOAD	T000
5		

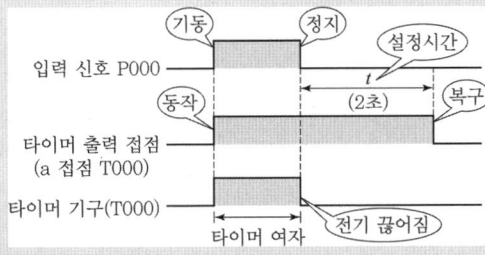

[1. 도면의 이해와 작성 **161**]

문제 01

▶ 출제년도 : 산업 14.   ▶ 점수 : 3점

다음 PLC에 대한 내용에 대하여 아래 그림의 기능을 쓰시오.

명 칭	기호	기능
NOT	─⫲─	

답안작성 입력과 출력의 상태가 반대로 되는 상태 반전 회로

문제 02

▶ 출제년도 : 산업 10.   ▶ 점수 : 5점

다음 그림은 PLC 프로그램 명령어 중 반전명령어(*, NOT)를 이용한 도면이다. 반전 명령어를 사용하지 않을 때의 래더 다이어그램을 작성하시오.

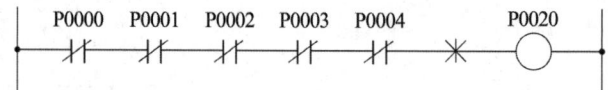

· 반전 명령어를 사용하지 않을 때의 래더 다이어그램

답안작성

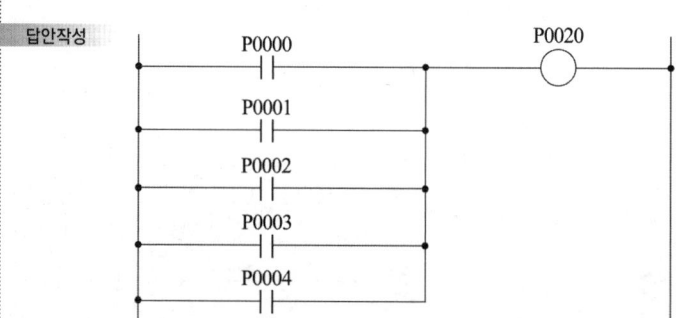

해 설 드모르간의 법칙

$$\overline{P0000 \cdot \overline{P0001} \cdot \overline{P0002} \cdot \overline{P0003} \cdot \overline{P0004}} = \overline{\overline{P0000}} + \overline{\overline{P0001}} + \overline{\overline{P0002}} + \overline{\overline{P0003}} + \overline{\overline{P0004}}$$
$$= P0000 + P0001 + P0002 + P0003 + P0004$$

문제 03

▶출제년도 : 기사 10. ▶점수 : 5점

다음 명령어를 참고하여 미완성 PLC 래더 다이어그램을 완성하시오.

STEP	명 령	번 지
0	LOAD	P000
1	LOAD	P001
2	OR	P010
3	AND LOAD	–
4	AND NOT	P003
5	OUT	P010

[답안작성]

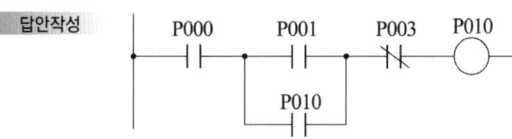

문제 04

▶출제년도 : 산업 11. ▶점수 : 6점

프로그램의 차례대로 PLC시퀀스(래더 다이어그램)를 그리시오. 여기서 시작 입력 LOAD, 출력 OUT, 타이머 TMR, 설정시간 DATA, 직렬 AND, 병렬 OR, 부정 NOT의 명령을 사용하며, P010~P012는 전자접촉기 MC를 각각 나타내며, P001과 P002는 버튼 스위치를 표시한 것이다.

(1)

	명 령	번 지
생략	LOAD	P001
	OR	M001
	LOAD NOT	P002
	OR	M000
	AND LOAD	–
	OUT	P017

(2)

	명 령	번 지
생략	LOAD	P001
	AND	M001
	LOAD NOT	P002
	AND	M000
	OR LOAD	–
	OUT	P017

답안작성 (1)

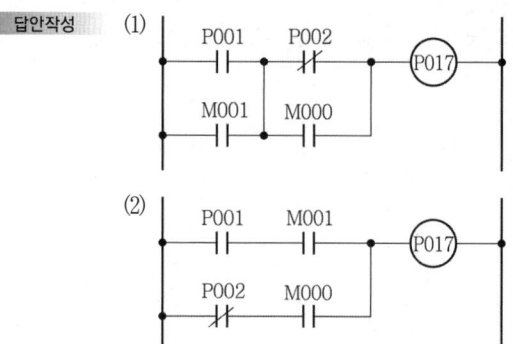

▶ 출제년도 : 기사 14.   ▶ 점수 : 5점

문제 05
다음의 PLC 프로그램을 보고, 래더 다이어그램을 완성하시오.

차 례	명 령	번 지
0	STR	P00
1	OR	P01
2	STR NOT	P02
3	OR	P03
4	AND STR	–
5	AND NOT	P04
5	OUT	P10

답안작성

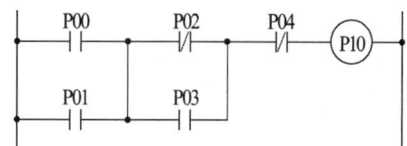

해 설   STR : 입력, OUT : 출력, OR : 병렬접속, NOT : 부정, AND STR : 그룹 병렬접속

▶ 출제년도 : 산업 94. 01. 05. 09.   ▶ 점수 : 5점

문제 06
그림과 같은 무접점 논리 회로의 래더 다이어그램(ladder diagram)의 미완성 부분(점선 부분)을 그리시오. 단, 입·출력 번지의 할당은 다음과 같다.

입력 : $Pb_1(01)$, $Pb_2(02)$, 출력 : GL(30), RL(31), 릴레이 : X(40)

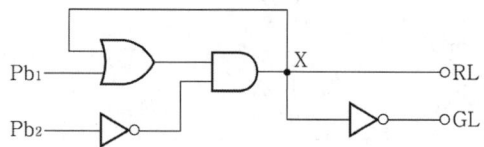

답안작성

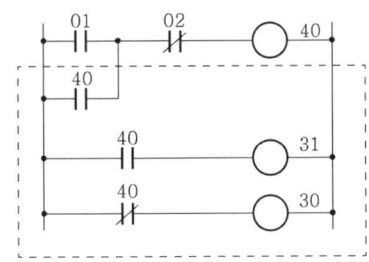

해 설 Pb₁(01)과 X(40)가 OR(병렬)이고 여기에 Pb₂(02)가 직렬로 X(40) 회로가 된다. RL(31)은 X(40)으로, GL(30)은 X(40)의 b접점으로 각각 출력이 생긴다.

문제 07

▶출제년도 : 산업 09.   ▶점수 : 6점

PLC 프로그램을 보고 프로그램에 맞도록 주어진 PLC 접점 회로도를 완성하시오.
(단, ① STR : 입력 A 접점 (신호)   ② STRN : 입력 B 접점 (신호)
　　 ③ AND : AND A 접점   ④ ANDN : AND B 접점
　　 ⑤ OR : OR A 접점   ⑥ ORN : OR B 접점
　　 ⑦ OB : 병렬접속점   ⑧ OUT : 출력
　　 ⑨ END : 끝   ⑩ W : 각 번지 끝)

어드레스	명령어	데이터	비고
01	STR	001	W
02	STR	003	W
03	ANDN	002	W
04	OB	−	W
05	OUT	100	W
06	STR	001	W
07	ANDN	002	W
08	STR	003	W
09	OB	−	W
10	OUT	200	W
11	END	−	W

• PLC 접점 회로도

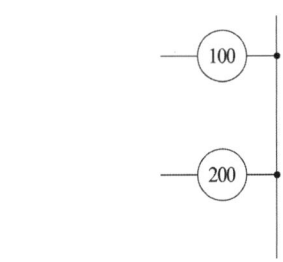

1. 도면의 이해와 작성   **165**

답안작성

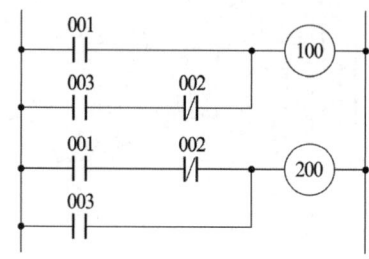

▶ 출제년도 : 기사 01. 02.　　▶ 점수 : 6점

문제 08

PLC 래더 다이어그램이 그림과 같을 때 표(b)에 ①~⑥의 프로그램을 완성하시오. 단, 회로 시작(STR), 출력(OUT), AND, OR, NOT 등의 명령어를 사용한다.

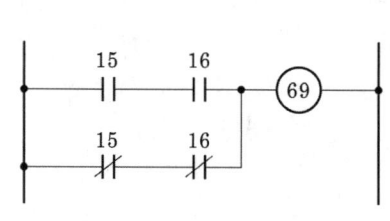

차 례	명 령	번 지
0	(①)	15
1	AND	16
2	(②)	(③)
3	(④)	16
4	OR STR	-
5	(⑤)	(⑥)

표 (b)

답안작성　① STR　② STR NOT　③ 15　④ AND NOT　⑤ OUT　⑥ 69

▶ 출제년도 : 기사 10.　　▶ 점수 : 5점

문제 09

다음은 PLC 래더 다이어그램을 주어진 표의 빈칸 "㉮"~"㉯"에 명령어를 채워 프로그램을 완성하시오.

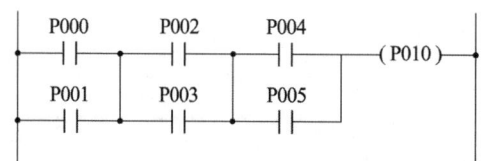

【보기】
- 입력 : LOAD
- 직렬 : AND
- 병렬 : OR
- 블록간 병렬결합 : OR AND
- 블록간 직렬결합 : AND LOAD

step	명령어	번지
0	LOAD	P000
1	(㉮)	P001
2	(㉯)	(㉵)
3	(㉰)	(㉶)
4	AND LOAD	–
5	(㉱)	(㉷)
6	(㉲)	P005
7	AND LOAD	–
8	OUT	P010

답안작성 ㉮ OR, ㉯ LOAD, ㉰ OR, ㉱ LOAD, ㉲ OR, ㉵ P002, ㉶ P003, ㉷ P004

문제 10

▶출제년도 : 산업 96. 04. 06. 14   ▶점수 : 5점

다음은 PLC 래더 다이어그램에 의한 프로그램이다. 아래의 명령어를 활용하여 각 스텝에 알맞은 내용으로 프로그램 하시오.

【명령어】 입력 a접점 : LD,   입력 b접점 : LDI
        직렬 a접점 : AND,   직렬 b접점 : ANI
        병렬 a접점 : OR,   병렬 b접점 : ORI
        블록 간 병렬접속 : OB,   블록 간 직렬접속 : ANB

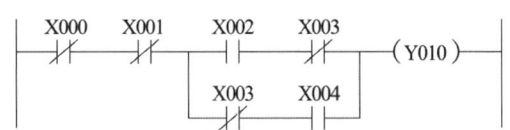

STEP	명령어	번지
1	LDI	X000
2		
3		
4		
5		
6		
7		
8		
9	OUT	Y010

답안작성

STEP	명령어	번지
1	LDI	X000
2	ANI	X001
3	LD	X002
4	ANI	X003
5	LDI	X003
6	AND	X004
7	OB	—
8	ANB	—
9	OUT	Y010

▶ 출제년도 : 기사 13. 산업 14.　▶ 점수 : 7점

문제 11

그림과 같은 PLC 시퀀스(래더 다이어그램)가 있다. 물음에 답하시오.

(1) PC 프로그램에서의 신호 흐름은 단방향이므로 시퀀스를 수정해야 한다. 문제의 도면을 바르게 작성하시오.

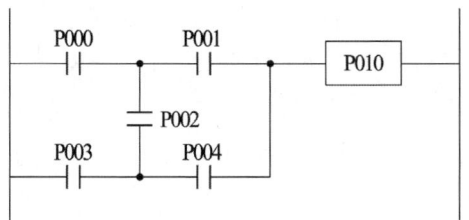

(2) PLC 프로그램을 표의 ①~⑧에 완성하시오. (단, 명령어는 LOAD, AND, OR, NOT, OUT를 사용한다.)

STEP	OP	add	주소	명령어	번지
0	LOAD	P000	7	AND	P002
1	AND	P001	8	⑤	⑥
2	①	②	9	OR LOAD	
3	AND	P002	10	⑦	⑧
4	AND	P004	11	AND	P004
5	OR LOAD		12	OR LOAD	
6	③	④	13	OUT	P010

답안작성 (1)

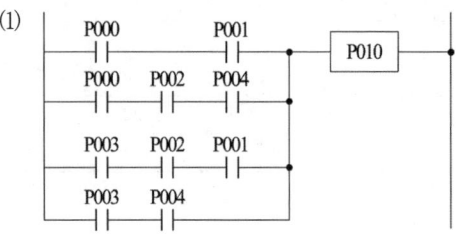

(2) ① LOAD, ② P000, ③ LOAD, ④ P003, ⑤ AND, ⑥ P001, ⑦ LOAD, ⑧ P003

문제 12

▶출제년도 : 기사 09. 16.   ▶점수 : 7점

다음 그림과 같은 유접점 회로에 대한 주어진 미완성 PLC 래더 다이어그램을 완성하고, 표의 빈칸 ①~⑥에 해당하는 프로그램을 완성하시오. (단, 회로 시작 LOAD, 출력 OUT, 직렬 AND, 병렬 OR, b접점 NOT, 그룹간 묶음 AND LOAD 이다.)

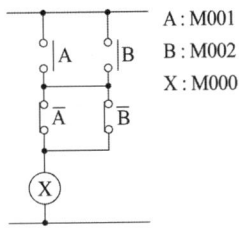

- 프로그램   · 래더 다이어그램

차례	명령	번지
0	LOAD	M001
1	①	M002
2	②	③
3	④	⑤
4	⑥	—
5	OUT	M000

답안작성   ① OR   ② LOAD NOT   ③ M001   ④ OR NOT   ⑤ M002   ⑥ AND LOAD

문제 13

▶출제년도 : 산업 10.   ▶점수 : 5점

다음과 같은 레더 다이어그램을 보고 PLC 프로그램을 완성하시오.
단, 타이머 설정시간 t는 0.1초 단위임.

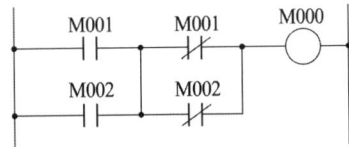

명령어	번지
LOAD	P000
TMR	(①)
DATA	(②)
(③)	M000
AND	(④)
(⑤)	P010

답안작성   ① T000, ② 100, ③ LOAD, ④ T000, ⑤ OUT

문제 14

▶출제년도 : 기사 10. ▶점수 : 5점

그림과 같은 PLC 시퀀스의 프로그램을 표의 차례 1~9에 알맞은 명령어를 각각 쓰시오. 여기서 시작(회로) 입력 STR, 출력 OUT, 직렬 AND, 병렬 OR, 부정 NOT, 그룹 직렬 AND STR, 그룹 병렬 OR STR의 명령을 사용한다.

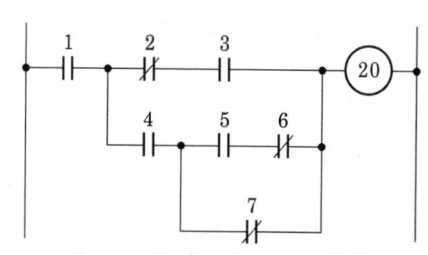

차례	명령	번지	차례	명령	번지
0	STR	1	6		7
1		2	7		—
2		3	8		—
3		4	9		—
4		5	10	OUT	20
5		6			

답안작성

차례	명령	번지	차례	명령	번지
0	STR	1	6	OR NOT	7
1	STR NOT	2	7	AND STR	—
2	AND	3	8	OR STR	—
3	STR	4	9	AND STR	—
4	STR	5	10	OUT	20
5	AND NOT	6	—	—	

해설 5, 6과 7은 병렬, 이것과 4는 그룹(group) 직렬, 또 이것과 2, 3과도 그룹 병렬, 또 이것과 1은 그룹 직렬이 된다.

문제 15

▶출제년도 : 기사 12. ▶점수 : 6점

표의 빈칸 ㉮~㉪에 알맞은 내용을 써서 그림 PLC 시퀀스의 프로그램을 완성하시오. (단, 사용 명령어는 회로시작(R), 출력(W), AND(A), OR(O), NOT(N), 시간지연(DS) 이고, 0.1초 단위이다.)

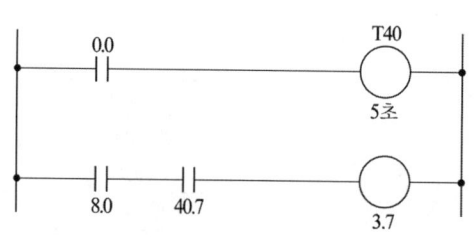

STEP	OP	ADD
0	R	㉮
1	DS	㉯
2	W	㉰
3	㉱	8.0
4	㉲	㉳
5	㉴	㉵

답안작성 ㉮ 0.0, ㉯ 50, ㉰ T40, ㉱ R, ㉲ A, ㉳ 40.7, ㉴ W, ㉵ 3.7

해설 ㉯ 시간지연(DS)는 0.1초 단위 이므로 50으로 입력하여야 5초가 된다.

문제 16

▶출제년도 : 산업 15. ▶점수 : 6점

다음은 컨베이어시스템 제어회로의 도면이다.
3대의 컨베이어가 A→B→C 순서로 기동하며, C→B→A 순서로 정지한다고 할 때, 시스템도와 타임차트도를 보고 PLC 프로그램 입력 ①~⑤를 답안지에 완성하시오.

【시스템도】

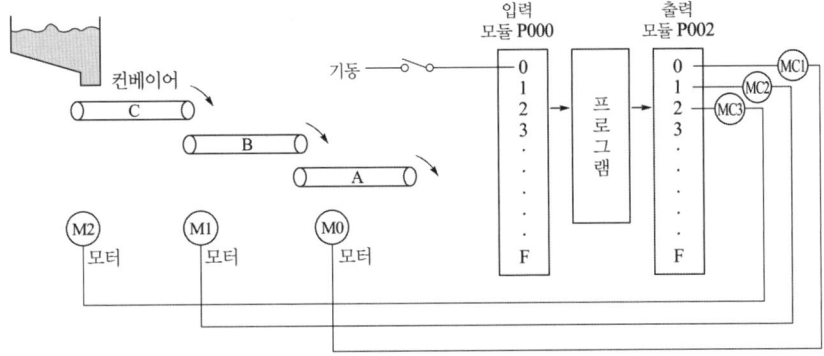

【타임차트도】

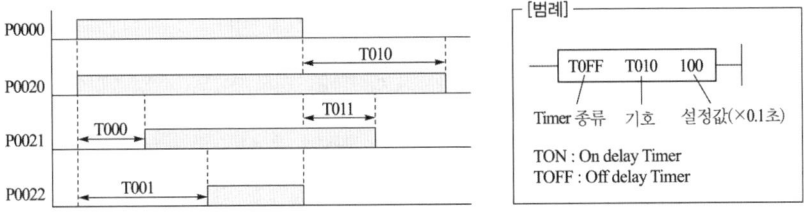

[범례]

TOFF T010 100

Timer 종류 기호 설정값(×0.1초)

TON : On delay Timer
TOFF : Off delay Timer

【프로그램 입력】

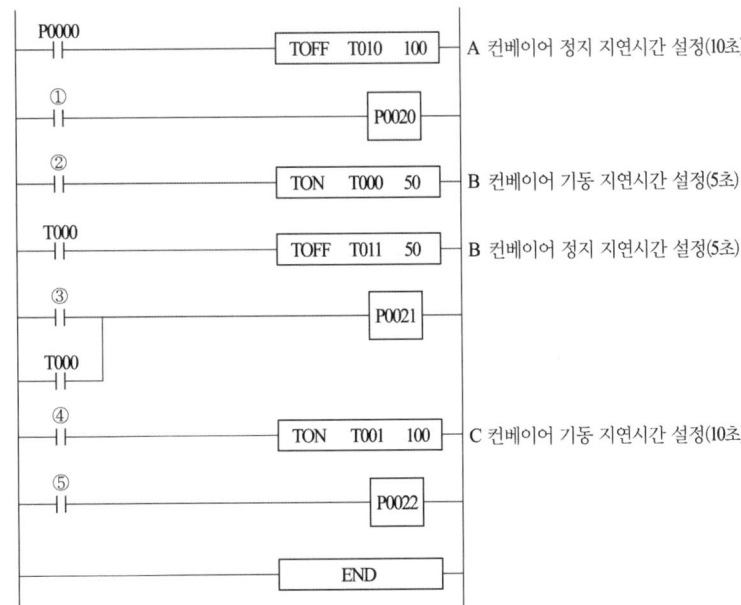

답안작성

①	②	③	④	⑤
T010	P0000	T011	P0000	T001

04 단선도, 복선도 및 배전실체도 작성

문제 1

▶출제년도 : 산업 97.   ▶점수 : 10점

도면은 주택의 평면도이다. 도면에 표시된 번호에 대하여 다음 물음에 답하시오. 단, 명시하지 않은 옥내배선은 NR전선이고, 굵기 및 가닥수는 생략하고 조명기와 점멸기에 표기한 a, b, c 등의 문자는 조명기구와 점멸기의 관계를 나타낸다.

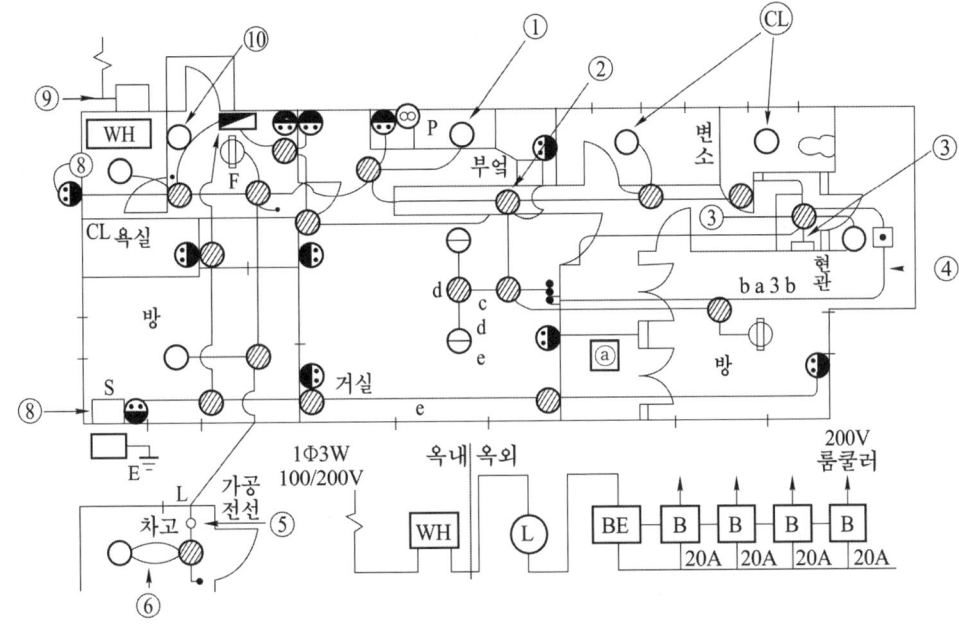

(1) ①에 벽에 붙이는 형광등을 설치하려고 한다. 심벌을 그리시오.
(2) ⑥에 노출배선을 하는 경우의 배선 심벌을 그리시오.
(3) ⑧의 심벌 명칭은?
(4) ⑩의 욕실 환풍기에 파일럿 램프가 내장된 점멸기를 설치하려고 한다. 심벌을 정확하게 그리시오.

답안작성

(1)
(2)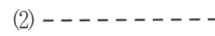
(3) 개폐기
(4)

문제 2

▶출제년도 : 산업 98.   ▶점수 : 10점

다음 그림은 목조형 주택 및 가게의 배선도로 전기방식은 단상 3선식 220/110[V]이다. 다음 10개소((1)~(10)) 질문에 답하시오.

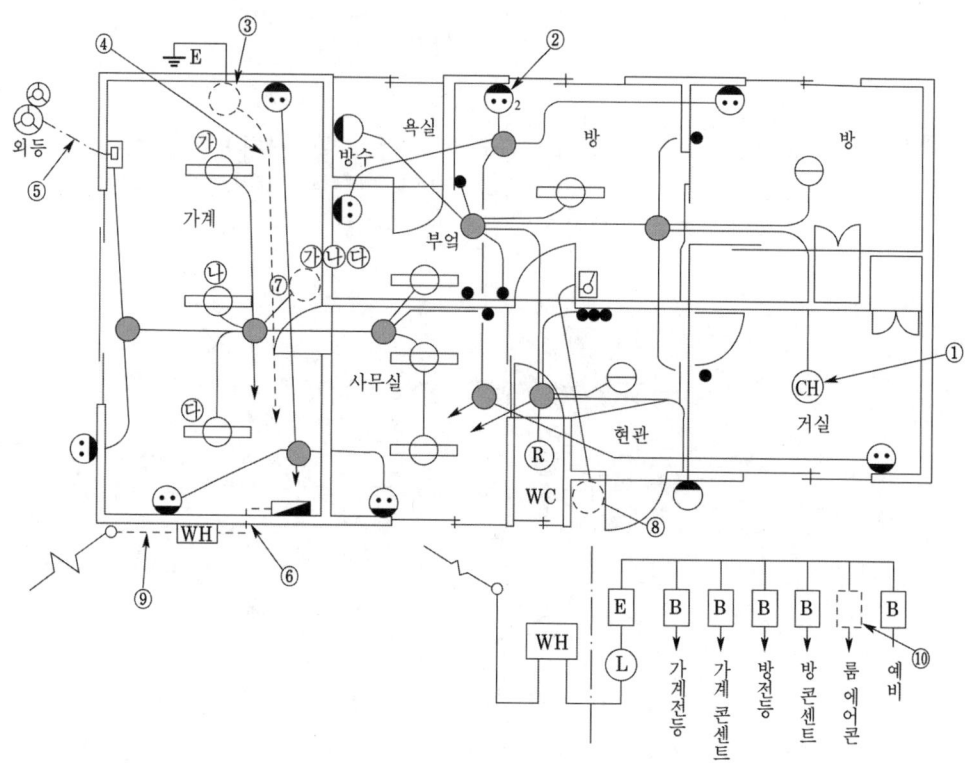

(1) ① 조명기구의 명칭은 무엇인가?
(2) ② 심벌에 방기된 2의 의미는 무엇인가?
(3) ③ 룸에어컨 심벌을 그리시오.
(4) ④ 배선의 명칭은 무엇인가?
(5) ⑤ 배선의 명칭은 무엇인가?
(6) ⑥ 부분의 명칭은 무엇인가?
(7) ⑦ 스위치용 전선의 심선수는 몇가닥인가? (㈎, ㈏, ㈐)
(8) ⑧ 취부해야할 누름 스위치의 심벌을 그리시오.
(9) ⑨의 공사방법 종류는?
(10) ⑩부분에 취부할 수 있는 개폐기의 종류는 다음 중 어느 것인가? (단, 2극 1소자 배선용 차단기, 2극 1소자 전류제한기, 2극 2소자 배선용 차단기, 2극 2소자 전류제한기)

답안작성
(1) 샹데리아
(2) 수구(2구 콘센트)
(3) RC
(4) 바닥 은폐 배선
(5) 지중 매설 배선
(6) 인입구
(7) 4가닥
(8) ●
(9) 저압 케이블 공사
(10) 2극 2소자 배선용 차단기

문제 3

▶ 출제년도 : 기사 96. ▶ 점수 : 4점

도면에 표시된 ①의 4㎡(16)에서 ( )안에 뜻하는 숫자 16의 정확한 의미는 무엇인가?

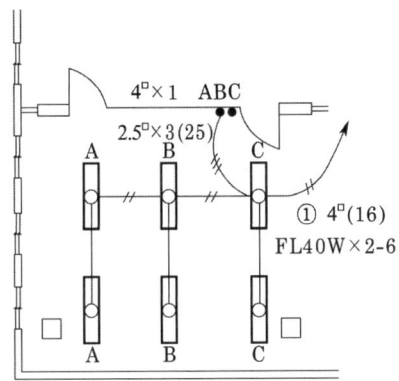

답안작성   16[mm] 금속관

문제 4

▶ 출제년도 : 산업 98. ▶ 점수 : 14점

다음의 배선도와 결선도를 잘 숙지하고 물음에 답하시오.

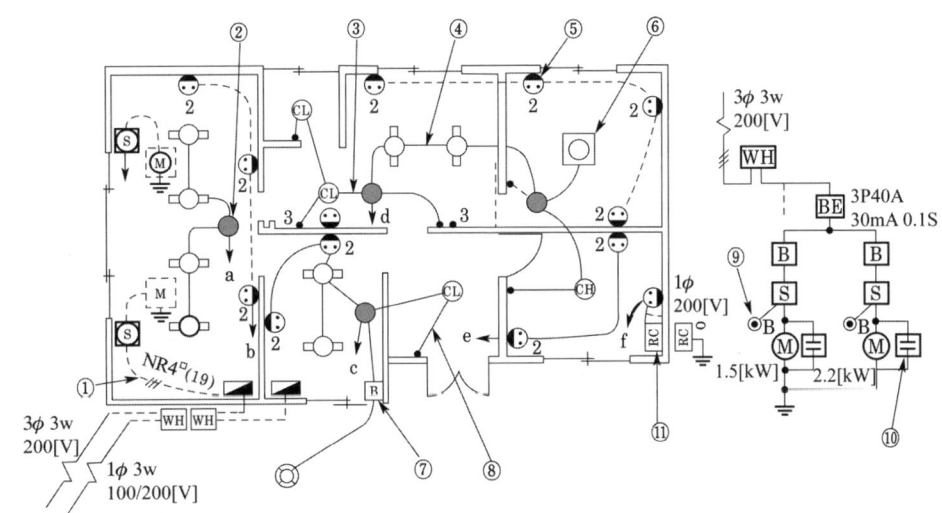

(1) ④부분의 배선 방법은?
(2) ②의 기기 명칭은 무엇이라 하는가?
(3) ⑩의 기기 역할은 무엇인가?
(4) ⑦의 기기 명칭은 무엇이라 하는가?
(5) ①의 배선 방법은?
(6) ⑤의 배선 기호를 보고 기기의 명칭과 취부 위치를 말하시오.
(7) ⑪의 기기 명칭은?

답안작성   (1) 천장 은폐 배선 (2) VVF용 조인트 박스
(3) 역률 개선 (4) 배선용 차단기

(5) 바닥 은폐 배선
(6) 명칭 : 2구 콘센트 , 취부위치 : 바닥으로부터 30[cm] 높이
(7) 룸 에어컨디셔너

문제 5

▶ 출제년도 : 기사 91.   ▶ 점수 : 16점

도면에는 다음과 같은 기호들이 있다. 기호의 명칭을 주어진 답안지에 정확히 답하시오.

기호	명 칭	비고	기호	명 칭	비고
⊖ (타원)	①		○	⑨	
⊖	②		●	⑩	
CL	③		🔔	⑪	
B	④		⊤	⑫	
∞	⑤		───	⑬	
⊙⊙	⑥		─ ─ ─	⑭	
◢	⑦		●	⑮	
WH	⑧		⊖	⑯	

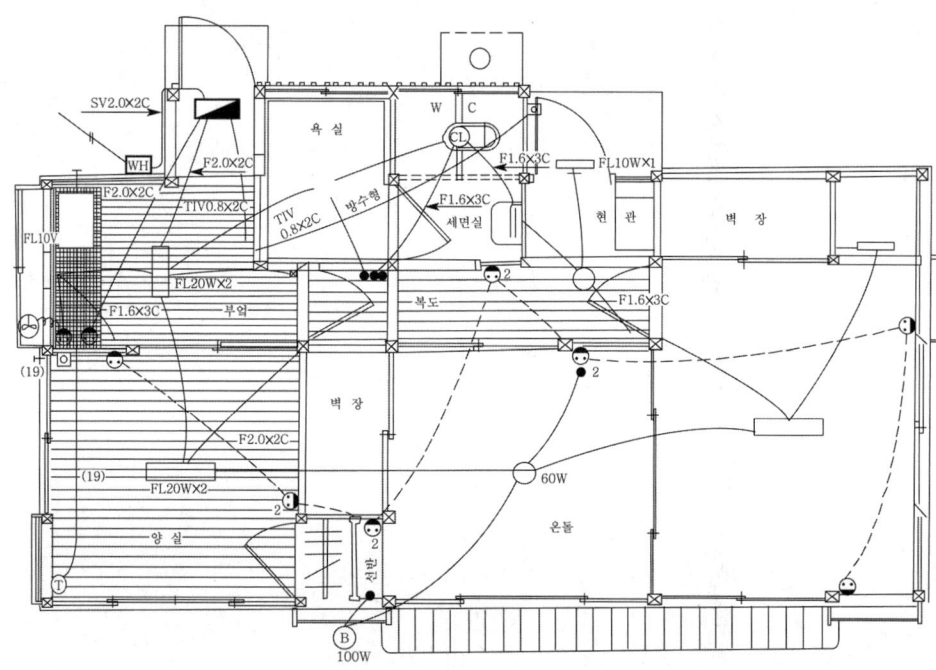

답안작성
① 형광등   ② 팬던트   ③ 실링라이트
④ 백열등   ⑤ 환기팬   ⑥ 콘센트
⑦ 분전반   ⑧ 전력량계   ⑨ 점검구
⑩ 누름 버튼 스위치   ⑪ 부저   ⑫ 내선용 전화기
⑬ 천정 은폐배선   ⑭ 바닥 은폐배선   ⑮ 점멸기
⑯ 전선이 들어 있지 않은 매입 전선관

문제 6

▶ 출제년도 : 기사 97. 05. ▶ 점수 : 10점

어떤 공장의 동력 배선 일부분이다. 물음에 답하시오.

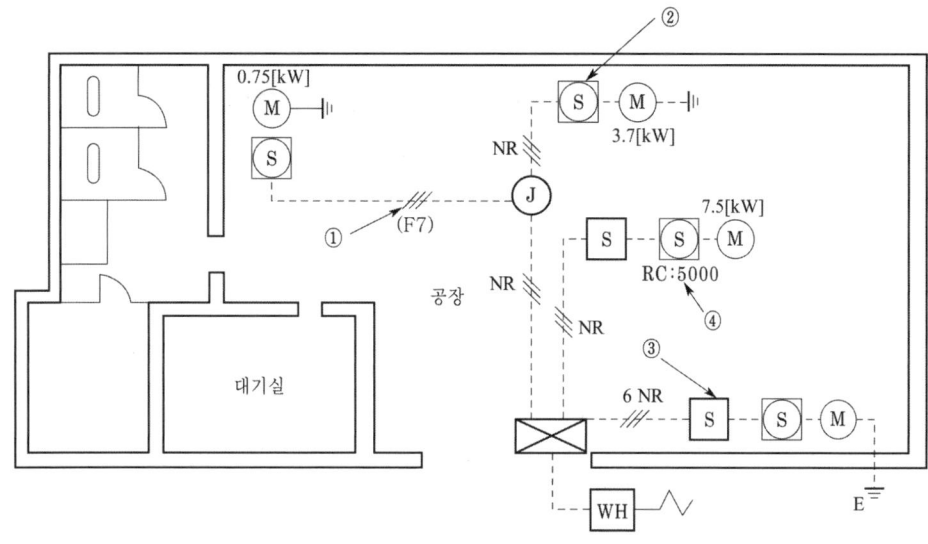

(1) 도면에서 ①부분의 공사 방법은 어떤 공사를 표기한 것인가?
(2) 도면에서 ②부분의 기호는 무엇을 의미하는가?
(3) 도면에서 ③부분의 기호는 무엇을 의미하는가?
(4) 도면에서 ④부분의 RC5000에서 RC는 무엇을 의미하는가?

답안작성
(1) 플로어 덕트(floor duct)
(2) 개폐기(전류계 붙이)
(3) 개폐기
(4) 단락 용량(Rupturing Capacity)

문제 7

▶ 출제년도 : 산업 99. 06. ▶ 점수 : 6점

전기공사의 배치도 및 시퀀스도와 동작설명을 보고 공사를 시행하기 위한 실체 배선도를 그리시오.

배치도

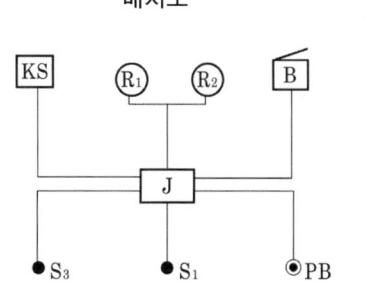

시퀀스도

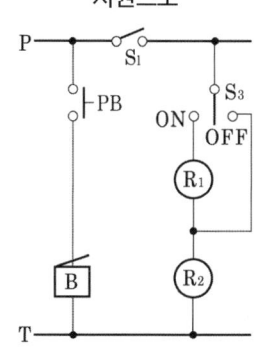

【동작 설명】

① 나이프스위치 KS에 의해서 회로가 개폐된다.

② 스위치 S_1을 ON하고 스위치 S_3를 ON하면 램프 R_1, R_2가 직렬 점등하고, 스위치 S_3를 OFF하면 R_2만 점등한다.

③ 누름버튼 스위치 PB를 ON하고 있는 동안에 부져 B가 울린다.

답안작성

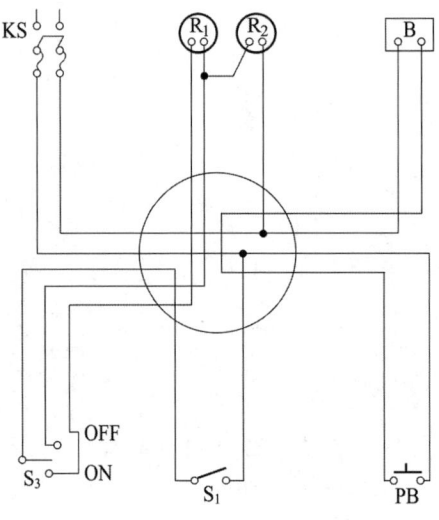

▶출제년도 : 기사 99. 산업 04. ▶점수 : 8점

문제 8

배치도, 동작설명 및 시퀀스를 보고 답안지의 실체도를 그리시오.

【동작 설명】

① S_{3-1}에 의해 R_1, S_{3-2}에 의해 R_2, S_{3-3}에 의해 R_3 점등된다.

② S_{3-1}, S_{3-2}, S_{3-3}가 OFF 상태일 때, S_1에 의해서 R_1, R_2, R_3가 병렬 점등된다.

배치도

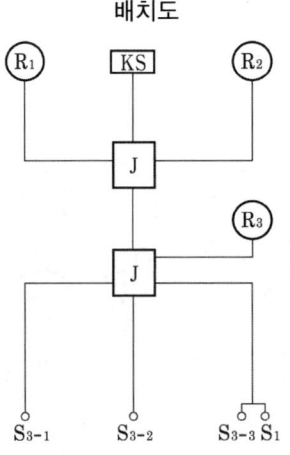

회로도

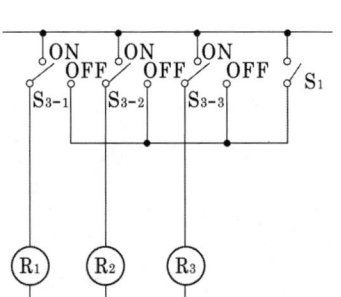

답안작성

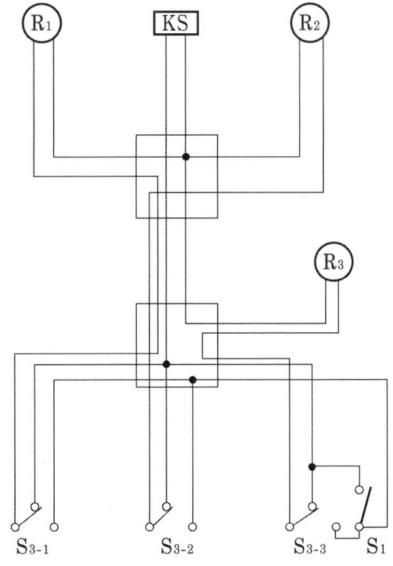

▶출제년도 : 산업 00. ▶점수 : 6점

문제 9

다음의 그림과 동작 사항을 보고 실제 결선도를 치수와 관계없이 그려라.

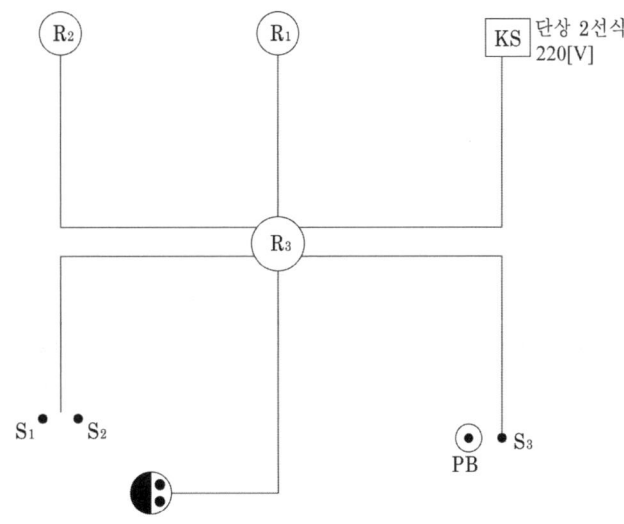

KS 단상 2선식 220[V]

【동작사항】

① 3로 스위치 S_3를 위로 ON 했을 때 텀블러 스위치 S_1 및 S_2에 의해 해당되는 전등 R_1 및 R_2가 각각 점멸되도록 하여라.
② S_3를 아래로 OFF 했을 때 누름 버튼 스위치 PB에 의해 전등 R_3가 점멸되도록 한다.
③ 콘센트 C는 스위치 PB에 관계없이 전원이 항상 공급되도록 한다.
 단, • 모든 결선은 □ 정크션 박스를 거쳐 결선하여라.
  • 정크션 박스 안에서 접속점 표시를 할 것 (예, ─┴─)
  • +는 접지되지 않은 선, -는 접지측 전선

답안작성 회로도

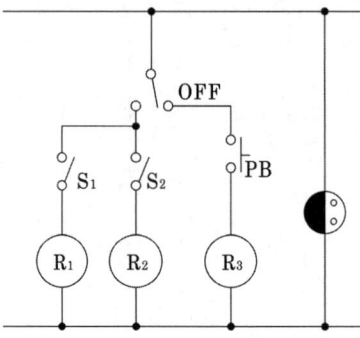

실제 배선도

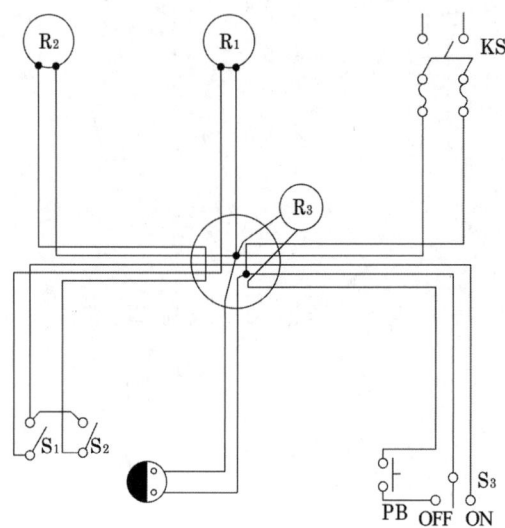

▶ 출제년도 : 기사 90.   ▶ 점수 : 5점

문제 10 다음 그림은 옥내 전등 배선도의 일부를 표시한 것이다. ①~④까지의 전선(가닥수)수를 기입하시오. 단, 접지선은 제외하고 최소 가닥수를 기입하시오.

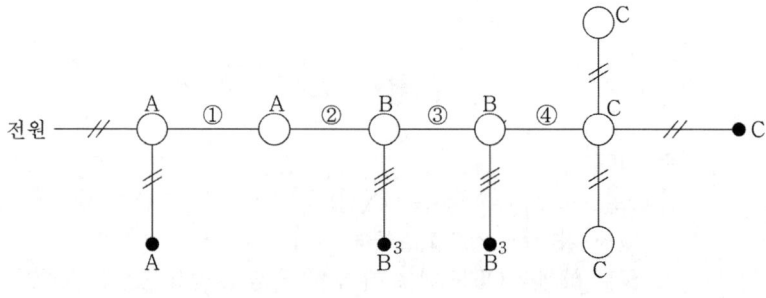

● : 단로 스위치 ●₃ : 3로 스위치 ○ : 전등 기구
A, B, C : 점멸 기호 표시이다.

답안작성 ① 3   ② 2   ③ 5   ④ 2

| 해 설 | 실제 배선 결선도

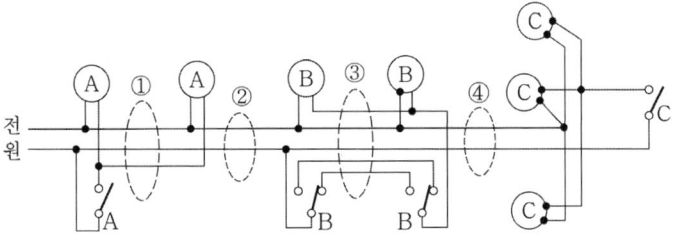

▶출제년도 : 산업 91. 04.   ▶점수 : 8점

문제 11 다음 그림은 옥내 전등 배선도의 일부를 표시한 것이다. ①~④까지의 전선(가닥)수를 기입하시오. 단, 접지선은 제외하고 최소가닥 수를 기입하시오.

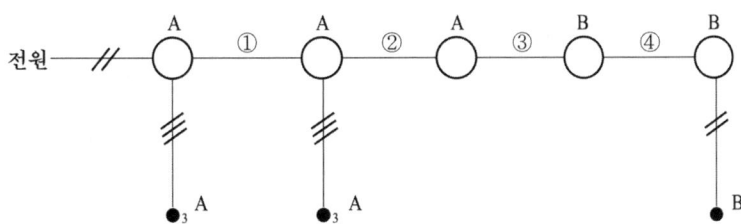

● : 단로 스위치   ●₃ : 3로 스위치
○ : 전등기구   A, B : 점멸 기호 표시

| 답안작성 | ① 5   ② 3   ③ 2   ④ 3

| 해 설 | 배선 실체도

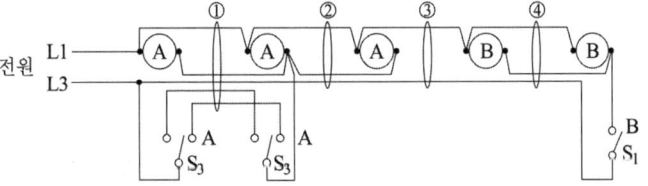

MEMO

답이보인다!! 전기공사기사 · 산업기사 실기

Chapter 02

관 공사 및 케이블 공사

01 각종 관공사

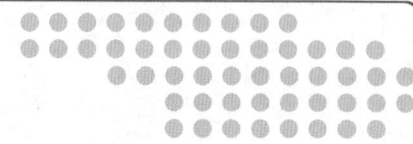

1. 금속관 (Steel Pipe)

1) 금속관의 종류

종 류	관의 호칭
후강 전선관(근사내경)	16 22 28 36 42 54 70 82 92 104
박강 전선관(근사외경)	19 25 31 39 51 63 75
나사 없는 전선관	박강 전선관과 치수가 같다.

2) 금속관 및 부속품의 선정

① 전선관과의 접속부분의 나사는 5턱 이상 완전히 나사결합이 될 수 있는 길이일 것.
② 관의 두께는 다음에 의할 것.
　㉠ 콘크리트에 매설하는 것 : 1.2[mm] 이상
　㉡ 콘크리트 매설 이외의 것 : 1[mm] 이상
　다만, 이음매가 없는 길이 4[m] 이하인 것을 건조하고 전개된 곳에 시설하는 경우에는 0.5[mm]까지로 감할 수 있다.

2. 금속관 재료

명칭	그림	용도
로크 너트		금속관 배관 공사에서 복스에 금속관을 고정할 때 사용되며, 6각형과 톱니형이 있다.
부싱		전선의 절연 피복을 보호하기 위하여 금속관 끝에 취부하여 사용
엔트런스 캡		인입구, 인출구의 금속관 관단에 설치하여 빗물침입 방지, 금속관 공사에서 수직배관의 상부에 사용되어 비의 침입을 막는 데 가장 좋은 부품
터미널 캡 (서비스캡)		저압 가공 인입선에서 금속관 공사로 옮겨지는 곳 또는 금속관으로부터 전선을 뽑아 전동기 단자 부분에 접속할 때 사용 A형, B형이 있다.
플로어 박스		바닥 밑으로 매입 배선할 때 사용 및 바닥 밑에 콘센트를 접속할 때 사용

명칭	그림	용도
유니온 커플링		금속관 상호 접속용으로 관이 고정되어 있을 때 사용
픽스쳐 스터드와 히키		무거운 기구를 박스에 취부할 때 사용하는 재료
노멀 밴드		배관의 직각 굴곡 부분에 사용 노멀 밴드(전선관용)의 종류 : 후강 전선관용, 박강 전선관용, 나사없는 전선관용
유니버셜 엘보		노출 배관 공사에서 관을 직각으로 굽히는 곳에 사용, 강제전선관 공사 중 노출배관 공사에서 관을 직각으로 굽히는 곳에 사용한다. 3방향으로 분기할 수 있는 T형과 4방향으로 분기할 수 있는 크로스(cross)형이 있다.

3. 기타재료 및 공구

① 데드엔드 클램프 : 현수애자를 설치한 가공 AL 배전선의 인류 및 내장개소에 AL전선을 현수애자에 설치하기 위해 사용하는 금구류
② 데드엔드 스토킹 또는 브레이드 스토킹 : 송전로로 연선 작업 시에 전선의 앞뒤에 설치하여 커넥터(Connector)와 연결하고 전선의 손상을 방지하여 주는 공구
③ EDB (Electrical Duct Bank) : 지하 매설용 전선 집합관
④ 이도조정금구 : 긴선 작업후 전선의 높이를 미세조정하는 기구
⑤ 룰링스펜(Ruling Span) : 기하학적 등가 경간장 또는 내장주와 내장주 사이
⑥ 랙(rack) : 저압 가공전선을 수직 배열하는데 사용된다.
⑦ 브랭크 와셔(Blank Washer) : 박스에 덕트를 접속치 않는 곳에 수분 및 먼지의 침입을 막기 위하여 사용되는 재료
⑧ 활선용 피박기 : 고압 이상의 피복 전선을 전기가 공급되는 활선상태에서 피복을 제거하는 공구
⑨ 볼트 클리퍼 : 굵은 전선(25 [mm²] 이상) 또는 철선을 절단할 때 사용하는 공구
⑩ 캐치 홀더 : 배전선로의 보안장치로서 주상 변압기의 저압측에 설치
⑪ 프레셔툴 : 전선을 솔더리스 터미널에 입력하고 접속하여 사용하는 공구
⑫ 단로기 : 전선로나 전기기계의 수리 점검을 하는 경우 차단기로 차단된 전로를 확실하게 열기(open)위하여 사용되는 개폐기의 명칭
⑬ 인류 스트랍 : 저압 인류애자와 결합하여 인입선 가선공사에 사용하는 금구
⑭ 근가용 U볼트 : 전주에 근가를 취부할 때 근가를 고정시켜주는 볼트
⑮ 토크 렌치(Torque 렌치) : 철탑 조립시 볼트의 조임 정도를 측정하는 기구
⑯ 송전선로의 가선 시공에서 조립식 가선공법 : 가선 구간별로 전선을 구매하여 지상에서 현수애자에 압축형 인류 클램프를 사용하여 전선을 압축 시공 후 장비를 사용하여 철탑에 가선하는 공법
⑰ 버어니어 켈리퍼스 : 둥근 물건의 외경이나 파이프 등의 내경 또는 가공물의 깊이 등을 측정하며, 본척, 부척에 의하여 1/10 [mm] 또는 1/20 [mm]까지 측정할 수 있는 측정한다.

문제 1
▶ 출제년도 : 기사 95. ▶ 점수 : 5점

본드선이란 무엇인가 간단히 설명하시오.

답안작성 금속관 상호 또는 이들과 금속박스를 전기적으로 접속하는 금속선

문제 2
▶ 출제년도 : 산업 95. 03. ▶ 점수 : 5점

클리퍼, 플라이어, 프레셔투울 중에서 전선을 솔더리스 터미널에 압착하고 접속하여 사용하는 공구는?

답안작성 프레셔투울

문제 3
▶ 출제년도 : 산업 94. ▶ 점수 : 4점

강제전선관 공사중 노출배관 공사에서 관을 직각으로 굽히는 곳에 사용한다. 3방향으로 분기할 수 있는 T형과 4방향으로 분기할 수 있는 크로스(cross)형이 있는 자재는?

답안작성 유니버셜 엘보우

문제 4
▶ 출제년도 : 산업 96. 99. ▶ 점수 : 5점

무거운 기구를 박스에 취부할 때 사용하는 재료는?

답안작성 픽스쳐스터드와 히키

문제 5
▶ 출제년도 : 산업 96. ▶ 점수 : 5점

금속관 공사에서 수직배관의 상부에 사용되어 비의 침입을 막는 데 가장 좋은 부품의 명칭은?

답안작성 엔트랜스캡

문제 6
▶ 출제년도 : 기사 98. ▶ 점수 : 5점

다음 그림은 control box에 cable을 접속하는 방법이다. 접속장소에서 몇 [mm] 이내에 Saddle 등으로 cable을 고정시켜야 하는가?

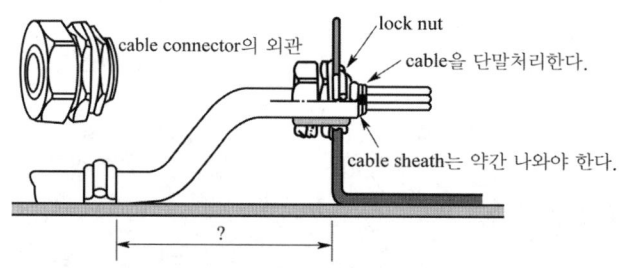

답안작성 300 [mm]

문제 7
▶ 출제년도 : 기사 91. ▶ 점수 : 3점

박스의 4구석의 전선관 접속 구멍을 막는 것을 무슨 플러그라고 하는가?

답안작성 인서트 플러그

문제 8 ▶출제년도 : 기사 94. ▶점수 : 5점

터미널캡은 서비스캡이라고도 하며 노출배관에서 금속관 배관으로 들어갈 때 사용한다. 터미널 캡의 종류에는 어떤 형이 있는가?

답안작성 A형, B형

문제 9 ▶출제년도 : 기사 97. ▶점수 : 4점

플로어 박스의 용도를 간단하게 쓰시오.

답안작성 바닥 밑에 콘센트를 접속하여 사용하는 경우

문제 10 ▶출제년도 : 기사 95. ▶점수 : 5점

금속관과 접지선 사이의 접속에 사용하는 금속관 부품의 재료는?

답안작성 접지 클램프

문제 11 ▶출제년도 : 기사 91. 96. ▶점수 : 18점

금속관 공사때 사용하는 부속품이다. 번호에 해당하는 부품의 명칭을 쓰고 용도를 간단하게 쓰시오.

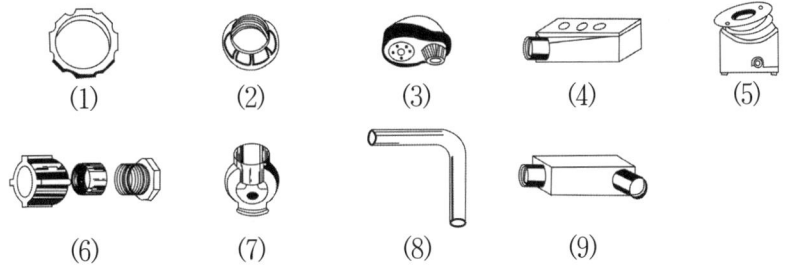

답안작성
(1) 로크 너트 : 박스에 금속관을 고정할 때 사용
(2) 절연 부싱 : 전선의 절연 피복을 보호하기 위하여 금속관 끝에 취부하여 사용
(3) 엔트런스 캡 : 인입구, 인출구의 금속관 관단에 설치하여 빗물침입 방지
(4) 터미널 캡 : 저압 가공 인입선에서 금속관 공사로 옮겨지는 곳 또는 금속관으로부터 전선을 뽑아 전동기 단자 부분에 접속할 때 사용
(5) 플로어 박스 : 바닥 밑으로 매입 배선할 때 사용
(6) 유니온 커플링 : 금속관 상호 접속용으로 관이 고정되어 있을 때 사용
(7) 픽스쳐 스터드와 히키 : 무거운 조명 기구를 파이프로 매달 때 사용
(8) 노멀 밴드 : 배관의 직각 굴곡 부분에 사용
(9) 유니버셜 엘보 : 노출 배관 공사에서 관을 직각으로 굽히는 곳에 사용

문제 12 ▶출제년도 : 산업 92. 98. 02. 05. ▶점수 : 10점

다음은 금속관 공사에 필요한 재료들이다. 보기를 참고하여 정확한 답안을 찾아 물음에 답하여라.

【보기】 유니버셜 엘보, 앤트렌스 캡, 노멀 밴드, 링리듀셔, 픽스쳐 스터드와 히키

(1) 저압 가공 인입구에 사용하는 재료는?
(2) 배관을 직각으로 굽히는 곳에 관 상호간의 접속하는 재료는?
(3) 노출 배관 공사시 관을 직각으로 굽히는 곳에 사용하는 재료는?

(4) 무거운 기구를 박스에 취부할 때 사용하는 재료는?
(5) 금속관을 아우트렛 박스에 로크 너트만으로 고정하기 어려울 때 보조적으로 사용하는 재료는?

답안작성 (1) 앤트렌스 캡 (2) 노멀 밴드
(3) 유니버셜 엘보 (4) 픽스쳐 스터드와 히키
(5) 링리듀셔

문제 13

▶출제년도 : 기사 94. 97. ▶점수 : 6점

노멀 밴드(전선관용) 3종류를 쓰시오.

답안작성
① 강제 전선관용 노멀 밴드
② 경질비닐 전선관용 노멀 밴드
③ 알루미늄제 전선관용 노멀 밴드

해 설 또는 ① 후강전선관용
② 박강전선관용
③ 나사없는 전선관용

문제 14

▶출제년도 : 기사 94. 96. ▶점수 : 4점

유니버셜 휫팅(전선관용)의 종류는 박강전선관용 유니버셜, 후강전선관용 유니버셜, 나사없는 전선관용 유니버셜이 있다. 형은 어떤 형이 있는가?

답안작성 LB형, LL형, T형

문제 15

▶출제년도 : 기사 90. ▶점수 : 5점

금속관을 구부릴 때 굴곡 반지름은 관 안지름의 몇 배 이상이 되어야 하는가?

답안작성 6배

문제 16

▶출제년도 : 산업 97. 00. ▶점수 : 12점

폭연성 분진이 있는 곳의 금속관 공사이다. 물음에 답하시오.

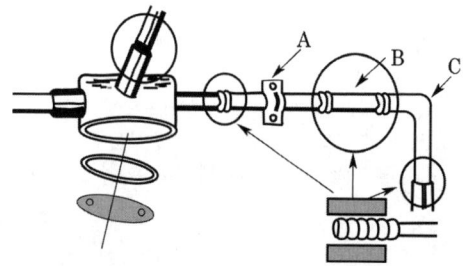

(1) 그림에서 A로 표시된 전선관 부속품의 명칭은?
(2) 그림에서 B로 표시된 전선관 부속품의 명칭은?
(3) 그림에서 C로 표시된 전선관 부속품의 명칭은?
(4) 박스 기타의 부속품 및 풀박스는 쉽게 마모, 부식 기타의 손상을 일으킬 우려가 없도록 하기 위해 쓰이는 재료는?
(5) 그림에서 관상호간 및 관과 박스 기타의 부속품, 풀 박스 또는 전기 기계 기구와는 몇

턱이상 나사 죄임을 하여야 하는가?

(6) 폭연성 분진이란 무엇인가 간단하게 설명하시오.

답안작성
(1) 새들 (2) 커플링 (3) 노멀밴드
(4) 패킹, 부싱, 절연부싱 (5) 5턱
(6) 마그네슘, 알루미늄 등의 먼지가 쌓인 상태에서 착화되었을 때 폭발할 우려가 있는 분진

문제 17

▶출제년도 : 산업 98. ▶점수 : 8점

다음은 공사 방법에 대한 설명이다. 문제를 읽고 ( )안에 적당한 용어 또는 숫자를 기입하시오.

(1) 금속관을 구부릴 경우 금속관의 단면이 심하게 변형되지 아니하도록 구부려야 하며, 그 안측의 반지름은 관의 안지름의 (①)배 이상이 되어야 한다.
(2) 금속관 공사에서 굴곡개소가 많은 경우 또는 관의 길이가 (②)[m]를 초과하는 경우에는 풀박스를 설치한다.
(3) 금속관 상호는 (③)으로 접속할 것
(4) 금속관과 박스를 접속할 때 틀어끼우는 방법에 의하지 않을 경우 (④)를 2개 사용하여 박스 양측을 조일 것
(5) 금속관을 조영재에 따라 시공할 때는 (⑤) 등으로 견고하게 지지하고, 그 간격을 (⑥)[m] 이하로 한다.
(6) 케이블의 굴곡반경은 원칙적으로 케이블 완성품의 외경을 기준하여 단심인 것은 (⑦)배, 다심인 것은 (⑧)배 이상으로 하여야 한다.

답안작성
(1) ① 6배 (2) ② 25[m]
(3) ③ 커플링 (4) ④ 로크너트
(5) ⑤ 새들 또는 행거, ⑥ 2[m] (6) ⑦ 8배, ⑧ 6배

문제 18

▶출제년도 : 산업 95. ▶점수 : 5점

금속관 배관 공사에서 복스에 금속관을 고정할 때 관상호간을 접속할 때 주로 사용되며, 6각형과 톱니형이 있다. 이것을 무엇이라 하는가?

답안작성 로크너트

문제 19

▶출제년도 : 기사 94. ▶점수 : 5점

후강전선관에서 굵기 28[mm]보다는 크고 42[mm]보다는 적은 것은 어느 크기를 선정하여야 하는가?

답안작성 36[mm]

해 설 금속관의 종류

종 류	관의 호칭
후강 전선관(근사내경, 짝수)	16 22 28 36 42 54 70 82 92 104
박강 전선관(근사외경, 홀수)	19 25 31 39 51 63 75
나사없는 전선관	박강 전선관과 치수가 같다.

문제 20
▶ 출제년도 : 산업 90. ▶ 점수 : 4점

경질 비닐 전선관의 규격은 KSC 8431에 의하면 14〔mm〕부터 82〔mm〕까지 몇 종류가 있는가?

답안작성   9종류

해 설   경질 비닐 전선관의 규격 : 14, 16, 22, 28, 36, 42, 54, 70, 82, 100〔mm〕

문제 21
▶ 출제년도 : 기사 14. 산업 93. ▶ 점수 : 5점

후강전선관의 규격이 16〔mm〕부터 104〔mm〕까지의 규격이 있다. 이들 사이에 해당하는 후강전선관의 규격을 모두 나열하시오.

답안작성   22, 28, 36, 42, 54, 70, 82, 92〔mm〕

해 설

종 류	관의 호칭
후강 전선관(근사내경, 짝수)	16 22 28 36 42 54 70 82 92 104
박강 전선관(근사외경, 홀수)	19 25 31 39 51 63 75
나사없는 전선관	박강 전선관과 치수가 같다.

문제 22
▶ 출제년도 : 기사 92. 93. 96. ▶ 점수 : 4점

금속제 전선관의 치수에서 나사없는 전선관의 호칭은 다음과 같다. ( )안에 관의 호칭을 쓰시오.

( ), 25, ( ), 39, ( ), 63, ( )

답안작성   (19), (31), (51), (75)

해 설   금속관의 종류

종 류	관의 호칭
후강 전선관(근사내경, 짝수)	16 22 28 36 42 54 70 82 92 104
박강 전선관(근사외경, 홀수)	19 25 31 39 51 63 75
나사없는 전선관	박강 전선관과 치수가 같다.

문제 23
▶ 출제년도 : 산업 97. 99. 05. ▶ 점수 : 6점

35〔mm²〕 NR 전선 6본과 25〔mm²〕 1본을 같은 후강전선관에 수용 시공할 때 전선관의 굵기는? 단, 절연물을 포함한 직경은 35〔mm²〕은 10.9〔mm〕이고 25〔mm²〕은 9.7〔mm〕이하. 전선관 내 단면적은 32〔%〕 수용

• 계산 :   • 답 :

답안작성   계산 : $A = \left(\dfrac{10.9}{2}\right)^2 \pi \times 6 + \left(\dfrac{9.7}{2}\right)^2 \pi \times 1 = 633.78$ 〔mm²〕

전선관 내 단면적 32〔%〕 이하 수용하므로

$0.32 \times \pi \times \left(\dfrac{d}{2}\right)^2 \geq 633.78$ 〔mm²〕에서 $d = 50.22$ 〔mm〕

답 : 54〔mm〕

해 설　금속관의 종류

종 류	관의 호칭
후강 전선관(근사내경, 짝수)	16 22 28 36 42 54 70 82 92 104
박강 전선관(근사외경, 홀수)	19 25 31 39 51 63 75
나사없는 전선관	박강 전선관과 치수가 같다.

문제 24

▶ 출제년도 : 88. 90. 91. 93. 15.　▶ 점수 : 5점

NR 전선 4 [mm^2] 3본, 10 [mm^2] 3본을 넣을 수 있는 후강전선관의 최소 굵기는 몇 [mm]를 사용하는 것이 적당한가? (단, 전선관은 내단면적의 32 [%] 이하가 되도록 한다.)

표 1. 전선(피복 절연물을 포함)의 단면적

도체 단면적 [mm^2]	절연체 두께 [mm]	평균 완성 바깥지름 [mm]	전선의 단면적 [mm^2]
1.5	0.7	3.3	9
2.5	0.8	4.0	13
4	0.8	4.6	17
6	0.8	5.2	21
10	1.0	6.7	35
16	1.0	7.8	48
25	1.2	9.7	74
35	1.2	10.9	93
50	1.4	12.8	128
70	1.4	14.6	167
95	1.6	17.1	230
120	1.6	18.8	277
150	1.8	20.9	343
185	2.0	23.3	426
240	2.2	26.6	555
300	2.4	29.6	688
400	2.6	33.2	865

【비고 1】 전선의 단면적은 평균완성 바깥지름의 상한 값을 환산한 값이다.
【비고 2】 KS C IEC 60227-3의 450/750 [V] 일반용 단심 비닐절연전선(연선)을 기준한 것이다.

표 2. 절연전선을 금속관내에 넣을 경우의 보정계수

도체 단면적 [mm^2]	보정계수
2.5, 4	2.0
6, 10	1.2
16 이상	1.0

표 3. 후강 전선관의 내단면적의 32 [%] 및 48 [%]

관의 호칭	내단면적의 32 [%] [mm^2]	내단면적의 48 [%] [mm^2]	관의 호칭	내단면적의 32 [%] [mm^2]	내단면적의 48 [%] [mm^2]
16	67	101	54	732	1,098
22	120	180	70	1,216	1,825
28	201	301	82	1,701	2,552
36	342	513	92	2,205	3,308
42	460	690	104	2,843	4,265

답안작성 피복 절연물을 포함한 전선 단면적의 합계는
표 1과 표 2에서 $A = 17 \times 3 \times 2.0 + 35 \times 3 \times 1.2 = 228 \, [\text{mm}^2]$
표 3에서 내단면적의 32[%], 342[mm²]난에서 36[mm]를 선정한다.
답 : 36[mm] 후강전선관

문제 25 ▶출제년도 : 88. 90. 91. 93.   ▶점수 : 5점

NR 전선 16[mm²] 4본, 25[mm²] 3본을 넣을 수 있는 후강전선관의 굵기를 주어진 다음 자료를 가지고 선정하시오. (단, 전선관은 내단면적의 32[%] 이하가 되도록 한다.)

표 1. 전선(피복 절연물을 포함)의 단면적

도체 단면적 [mm²]	절연체 두께 [mm]	평균 완성 바깥지름 [mm]	전선의 단면적 [mm²]
1.5	0.7	3.3	9
2.5	0.8	4.0	13
4	0.8	4.6	17
6	0.8	5.2	21
10	1.0	6.7	35
16	1.0	7.8	48
25	1.2	9.7	74
35	1.2	10.9	93
50	1.4	12.8	128
70	1.4	14.6	167
95	1.6	17.1	230
120	1.6	18.8	277
150	1.8	20.9	343
185	2.0	23.3	426
240	2.2	26.6	555
300	2.4	29.6	688
400	2.6	33.2	865

표 2. 절연전선을 금속관내에 넣을 경우의 보정계수

도체 단면적 [mm²]	보정계수
2.5, 4	2.0
6, 10	1.2
16 이상	1.0

표 3. 후강 전선관의 내단면적의 32[%] 및 48[%]

관의 호칭	내단면적의 32[%] [mm²]	내단면적의 48[%] [mm²]	관의 호칭	내단면적의 32[%] [mm²]	내단면적의 48[%] [mm²]
16	67	101	54	732	1,098
22	120	180	70	1,216	1,825
28	201	301	82	1,701	2,552
36	342	513	92	2,205	3,308
42	460	690	104	2,843	4,265

> **답안작성** 피복 절연물을 포함한 전선의 단면적의 합계는
> 표 1과 표 2에서 $A = 48 \times 4 \times 1.0 + 74 \times 3 \times 1.0 = 414 \, [\text{mm}^2]$
> 그러므로, 표 2에서 내단면적의 32[%], 414[mm²]난에서 42[mm]를 선정한다.
> 답 : 42[mm] 후강전선관

4. 합성수지관 공사

1) 배선
   합성수지관 내에서는 전선에 접속점이 없도록 한다.

2) 배관
   ① 합성수지관배선은 중량물의 압력 또는 심한·기계적 충격을 받는 장소에 시설하여서는 안된다. 단, 적당한 방호장치를 시설한 경우에는 예외로 한다
   ② 합성수지관의 끝부분은 매끈하게 하여 전선의 피복이 손상될 우려가 없는 것으로 한다.
   ③ 합성수지관배선의 배관 및 박스는 다음 각호에 의하여 시설한다.
      ㉠ 합성수지관을 노출로 설치하는 경우에는 주위의 온도변화에 의한 신축 재해방지를 위하여 25~30[m] 마다 신축장치를 설치한다.
      ㉡ 콘크리트 내에 집중 배관하여 건물의 강도를 감소시키지 않도록 하고, 3개 이상의 배관이 한데 묶여서 동일방향으로 배관되는 일이 없어야 하며, 가능한 한 25[mm] 이상을 서로 이격하여 배관한다.
      ㉢ 벽 내 매입박스 등은 콘크리트 타설 시에 손상되지 않도록 충분한 강토가 있는 것을 사용한다.
      ㉣ 콘크리트 내에 매설하는 배관은 가능한한 철근을 따라가면서 배관하고 벽 내에서는 가능한 한 수직배관으로 하며 수평배관을 피하도록 한다

3) 관 및 부속품의 연결과 지지
   ① 합성수지관 상호 또는 합성수지관과 기타 부속품과의 연결이나 지지는 견고하게, 그리고 건축구조물에 확실하게 지지한다.
   ② 합성수지관의 지지점 간의 거리는 1.5[m] 이하로 하고, 또한 그 지지점은 관의 끝, 관과 박스의 접속점 및 관 상호 간의 접속점 등에 가까운 곳에 시설한다.
   ③ 합성수지관의 상호 및 관과 박스와는 접속시에 삽입하는 깊이를 관 바깥 지름의 1.2배(접착재를 사용할 경우에는 0.8배)이상으로 하고, 또한 삽입접속으로 견고하게 접속한다.
   ④ 다음의 관은 직접 접속하지 않는다.
      ㉠ 합성수지제 가요관 상호
      ㉡ CD관 상호
      ㉢ 경질비닐관과 합성수지제 가요관
      ㉣ 경질비닐관과 CD관
      ㉤ 합성수지제 가요관과 CD관
   ⑤ 합성수지재 가요관 또는 CD관을 박스 또는 풀박스 안으로 인입할 경우에는 물이 박스 또는 풀박스 안으로 새어들어가지 않도록 한다.

문제 26

▶ 출제년도 : 산업 90.   ▶ 점수 : 8점

합성수지관 공사에서 관의 지지점 간의 거리는 몇 [m] 이하로 하여야 하는가?

답안작성 1.5[m]

해설 합성수지관을 새들 등으로 지지하는 경우는 그 지지점 간의 거리를 1.5[m] 이하로 하고 그 지지점은 관의 끝, 관과의 접속점 및 관 상호 접속점에서 가까운 곳에 시설하여야 한다.

문제 27

▶ 출제년도 : 산업 92.   ▶ 점수 : 5점

합성수지관 공사에서 관 상호 및 관과 박스와의 접속시에 삽입하는 깊이를 관 바깥지름의 몇 배 이상으로 하여야 하는가? 단, 접착제를 사용하지 않는 경우이다.

답안작성 1.2배

해설 합성수지관 공사에서 관 상호 및 관과 박스와의 접속시에 삽입하는 깊이
- 접착제를 사용하는 경우 : 0.8배
- 접착제를 사용하지 않는 경우 : 1.2배

문제 28

▶ 출제년도 : 기사 93. 97. 15.   ▶ 점수 : 5점

합성수지관의 굵기가 22[mm]인 경우 2.5[mm²] 전선을 몇 가닥까지 배선할 수 있는가? (단, 단면적은 40[%] 미만이고, 2.5[mm²] 전선의 바깥지름은 4[mm]이다.)

답안작성

계산 : 2.5[mm²] 전선의 단면적(절연물 포함) $\pi r^2 = \pi \times \left(\dfrac{4}{2}\right)^2 = 12.57$ [mm²]

전선관의 내단면적 $A = \pi r^2 = \pi \left(\dfrac{22}{2}\right)^2 = 380.13$ [mm²]

내단면적 40[%]에 수용할 수 있는 전선 가닥수 N은
$380.13 \times 0.4 > 12.57N$

$N < \dfrac{380.13 \times 0.4}{12.57} = 12.1$

답 : 12가닥

02 케이블공사

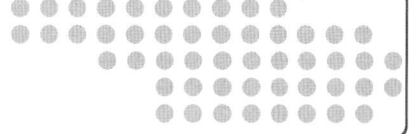

1. 단말처리

1) 고압케이블에서 단말처리의 주목적
   케이블 내부로의 습기 및 먼지의 침입으로 인한 절연 열화 방지

2) 케이블의 단말처리와 단면도
   ① 케이블의 도체와 단자와의 접속법 : 압축접속 공법
   ② 절연 테이프의 명칭 : 점착성 폴리에틸렌 절연 테이프
   ③ 최외각 층 테이프 감는 방법 : 하부에서 상부로 향해서 감는다.
   ④ 테이프 용도 : 상색별 구별
   ⑤ 무슨 선인지? : 접지선
   - 케이블의 허용 구부림 반경 : 8배

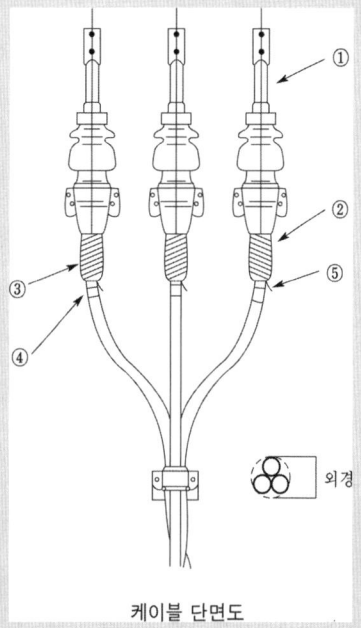

케이블 단면도

3) 3심 가교 폴리에틸렌 절연 비닐 시스 케이블(CV)의 옥외 종단개소의 처리
   B의 표준치수 : 200 [mm]
   ⓐ 재료 명칭 : 스트레스콘, 목적 : 전계의 세기 완화
   ⓑ 재료 명칭 : 3분지관
   ⓒ 용도 : 빗물막이
   ⓖ 테이프 감는 방법 : 아래에서 위로 감는다.

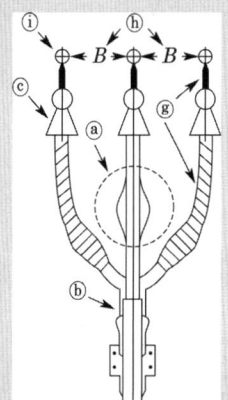

문제 1
▶출제년도 : 산업 94. ▶점수 : 4점

CV1 cable 절연체의 재질은 무엇인가?

답안작성   가교 폴리에틸렌

문제 2
▶출제년도 : 산업 91. ▶점수 : 4점

습기가 많고 기름, 산 종류를 취급하는 장소에 사용하는 케이블은?

답안작성   CV 케이블

문제 3
▶출제년도 : 산업 95. 06. ▶점수 : 5점

정격전압 450/750〔V〕이하 염화비닐절연 케이블의 4심은 어떤 색깔로 구성되어 있는지 그 구성 색깔을 모두 쓰시오.

답안작성   녹색-노란색, 갈색, 흑색, 회색 또는 청색, 갈색, 흑색, 회색

해 설   KS C IEC 60227-1(정격전압 450/750〔V〕이하 염화비닐절연 케이블)
및 KS C IEC 60245-1(정격전압 450/750〔V〕이하 고무절연 케이블)에 대한 색상

선심수	KS C IEC 60227-1 및 KS C IEC 60245-1에 따른 선심 색상
단심 케이블	권장색 구분 없음
2심 케이블	권장색 구분 없음
3심 케이블	녹색-노란색, 청색, 갈색 또는 갈색, 흑색, 회색
4심 케이블	녹색-노란색, 갈색, 흑색, 회색 또는 청색, 갈색, 흑색, 회색
5심 케이블	녹색-노란색, 청색, 갈색, 흑색, 회색 또는 청색, 갈색, 흑색, 회색, 흑색

문제 4
▶출제년도 : 산업 96. ▶점수 : 5점

CN-CV-W 케이블의 명칭과 용도에 대하여 간략하게 쓰시오.

답안작성   명칭 : 동심중성선 수밀형 전력케이블
용도 : 22.9〔kV〕다중접지 선로

문제 5
▶출제년도 : 산업 96. ▶점수 : 5점

EV 16〔mm²〕×3C로 표시되어 있는 것 중에서 EV의 정확한 명칭은?

답안작성   폴리에틸렌 절연 비닐 시스 케이블

문제 6
▶출제년도 : 기사 98. ▶점수 : 5점

이 케이블은 무슨 케이블인가?

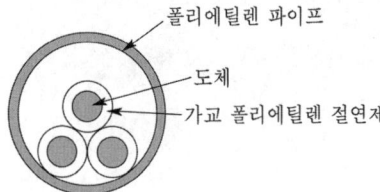

답안작성   CD 케이블

문제 7

▸sl 케이블 주트 개재물 ▸출제년도 : 기사 92. ▸점수 : 5점

사용전압 20~40 [kV] 정도이고, 단심 연피 케이블 3개를 개재물(介在物)과 더불어 원형으로 꼬아 외장하고 심선의 절연체 위를 직접 연피하여 이것의 주트(jute) 개재물과 더불어 원형으로 꼬아 피시언 테이프를 그 위에 강대장을 한 것이다. 어떤 케이블인가?

■답안작성   SL 케이블

문제 8

▸출제년도 : 산업 92. ▸점수 : 4점

CD 케이블을 구부리는 경우에는 CD 케이블의 덕트를 손상하지 아니하도록 하고 그 굴곡부분에 굴곡 반경은 원칙적으로 덕트의 바깥지름이 35 [mm] 미만일 경우에는 몇 배 이상을 하며, 35 [mm] 이상일 경우는 몇 배 이상으로 하여야 하는가?

■답안작성   • 35 [mm] 미만 : 6배   • 35 [mm] 이상 : 10배

문제 9

▸출제년도 : 기사 94. ▸점수 : 5점

케이블을 구부리는 경우에는 피복이 손상되지 않도록 하고, 그 굴곡부의 굴곡반경은 원칙적으로 케이블 완성품 외경의 몇 배 이상으로 하여야 하는가? 단, 단심 케이블의 경우임.

■답안작성   8배

문제 10

▸출제년도 : 기사 92. ▸점수 : 5점

고압 케이블에서 단말 처리의 주목적은 무엇인가?

■답안작성   케이블 내부로의 습기 및 먼지의 침입으로 인한 절연 열화 방지

문제 11

▸출제년도 : 기사 95. 99. ▸점수 : 7점

그림은 6600 [V] CV 10 3C×35 [mm²] 케이블의 단말처리와 단면도이다. 물음에 답하시오.

(1) 도면에서 ①의 부분에 케이블의 도체와 단자의 접속을 할 때 가장 적합한 공법은?
(2) 도면에서 ②의 부분에 사용하는 절연테이프의 명칭은?
(3) 도면에서 ③의 부분에 최외각층의 테이프를 감는 방법은?
(4) 도면에서 ④의 부분에 감은 테이프의 용도는?
(5) 도면에서 ⑤의 부분은 무슨 선인가?
(6) CV의 허용 구부림 반경의 최소치는 케이블 외경의 몇 배인가?

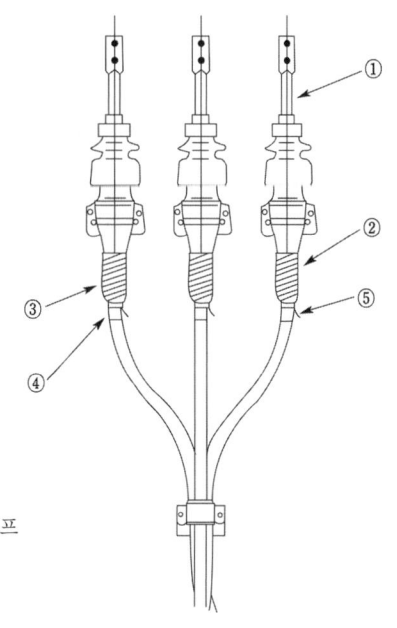

■답안작성
(1) 압축 접속 공법   (2) 점착성 폴리에틸렌 절연테이프
(3) 하부에서 상부로 향해서 감는다.
(4) 상색별 구별   (5) 접지선   (6) 8배

■해 설   케이블의 단말처리시 곡률 반지름

3심 일괄(외부 피복이 붙은 것)	완성 바깥지름의 10배
절연체를 노출할 때	완성 바깥지름의 8배

문제 12

▶ 출제년도 : 기사 96.   ▶ 점수 : 5점

그림은 6600[V], 70[mm²] 동선 3심 가교 폴리에틸렌 절연 비닐 시스 케이블(CV)의 옥외 종단개소의 처리를 행한 것이다. 이 처리에 필요한 재료 및 작업에 있어서 다음 물음에 답하시오.

(1) 그림에서 ⓒ의 용도는?
(2) 그림에서 ⓑ의 재료명칭은?
(3) ⓖ 부분의 테이프 감는 방법은?
(4) 그림에서 ⓐ의 재료 명칭과 사용하는 목적은?
(5) 그림에서 B의 표준치수는?

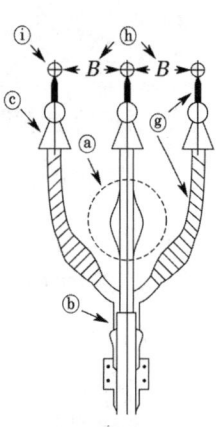

답안작성
(1) 빗물막이
(2) 3분지관
(3) 아래에서 위로 감는다.
(4) • 재료 명칭 : 스트레스콘 • 목적 : 전계의 세기 완화
(5) 200[mm]

문제 13

▶ 출제년도 : 기사 94. 97.   ▶ 점수 : 6점

특고압 지중 calbe 인입 시공은 인입 방향에 따라 시공이 용이하다. 답안지 도면과 같은 현장일 때 올바른 방향 표시를 화살표로 그리시오.

① 고저차가 있는 cable 인입 방향

② 굴곡 개소가 있는 cable 인입 방향

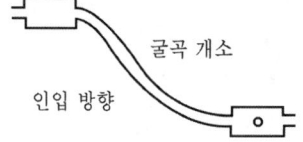

③ 맨홀 길이에 따른 cable 인입 방향

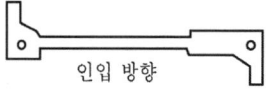

답안작성

① 고저차가 있는 cable 인입 방향

② 굴곡 개소가 있는 cable 인입 방향

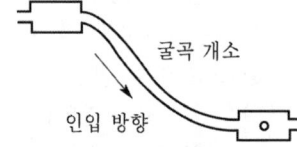

③ 맨홀 길이에 따른 cable 인입 방향

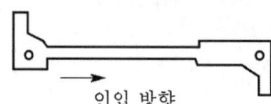

문제 14

▶출제년도 : 기사 94.   ▶점수 : 8점

관로식 케이블 포설시 관재의 선정 및 시공 방법에 따라 허용 전류, 포설 장력 등에 많은 영향을 주고 있다. 관로 배열과 전력 케이블의 허용 전류 변화에 대하여 ((1), (2), (3)은 증가 또는 감소로 표기) 다음 물음에 답하시오.

(1) 관로간의 거리가 가까울수록 허용 전류는?
(2) 관로의 매설 깊이가 깊을수록 허용 전류는?
(3) 관로 공수가 많을수록 허용 전류는?
(4) 굴곡 개소가 많은 곳에 사용하는 관재의 명칭은?

답안작성   (1) 감소   (2) 감소   (3) 감소   (4) 합성수지파형관

해   설   (4) 합성수지파형관 또는 파형PE관

문제 15

▶출제년도 : 기사 97.   ▶점수 : 5점

그림은 전력 케이블의 시공방법이다. 어떤 시공방법 설치도인가 답하시오.

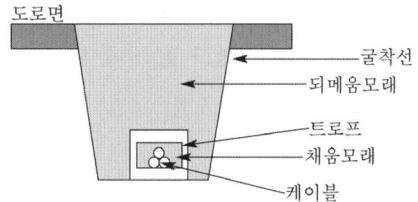

답안작성   직접 매설식

문제 16

▶출제년도 : 기사 97. 99.   ▶점수 : 5점

그림은 전력 케이블의 시공방법이다. 어떤 시공방법 설치도인가 답하시오.

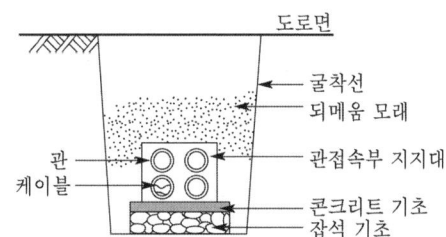

답안작성   관로인입식

문제 17

▶출제년도 : 산업 97.   ▶점수 : 5점

특고압 선로 25000[V] 이하에 쓰이는 CN-CV-W 전력케이블은 어떤 계통의 선로에 주로 쓰이는가?

답안작성   다중접지계통(Y계통)

▶출제년도 : 기사 97. ▶점수 : 6점

문제 18

케이블 포설 후 바로 접속을 하지 않는 경우 습기 등이 침입되지 않도록 케이블 끝을 그림과 같이 방수 처리하여 준다. 물음에 답하시오.

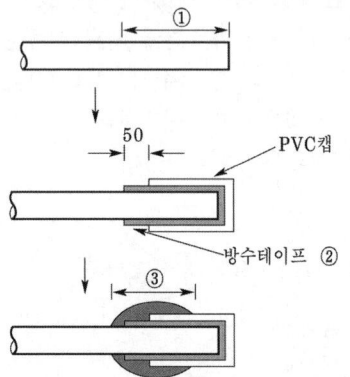

(1) 케이블 외피 위 ①은 몇 [mm]까지 사포로 문지르고 솔벤트로 청소하여야 하는가?
(2) ②는 사포로 문지른 곳을 방수 테이프로 몇 회를 감고, 그 위에 PVC캡을 씌우는가?
(3) ③을 방수 테이프로 그림과 같이 하여 몇 [mm] 정도 반 겹쳐서 왕복 2회로 감는가?

답안작성 (1) 200 [mm]   (2) 2회   (3) 100 [mm]

03 몰드 및 덕트공사

1. 버스 덕트

① 도체의 최소 굵기

형 태	재 료	
	동	알루미늄
띠 모양	20[mm^2] 이상	30[mm^2] 이상
관 또는 둥근 막대모양	5[mm] 이상	–

② 지지점 간격은 3[m](수직 배선 등은 6[m]) 이하로 하며, 접지 공사를 한다.
③ 버스 덕트의 종류는 다음 표와 같다.

명 칭	형 식		설 명
피더 버스 덕트	옥내용	환 기 형 비환기형	도중에 부하를 접속하지 아니한 것
	옥외용	환 기 형 비환기형	
익스팬션 버스 덕트			열 신축에 따른 변화량을 흡수하는 구조인 것
탭붙이 버스 덕트	옥내용	비환기형	종단 및 중간에서 기기 또는 전선 등과 접속시키기 위한 탭을 가진 버스 덕트
트랜스포지션 버스덕트			각 상의 임피던스를 평균시키기 위해서 도체 상호의 위치를 관로 내에서 교체 시키도록 만든 버스 덕트
플러그 인 버스 덕트	옥내용	환 기 형 비환기형	도중에 부하 접속용으로 꽂음 플러그를 만든 것
트롤리 버스 덕트	옥내용 옥외용		도중에 이동 부하를 접속할 수 있도록 트롤리 접촉식 구조로 한 것

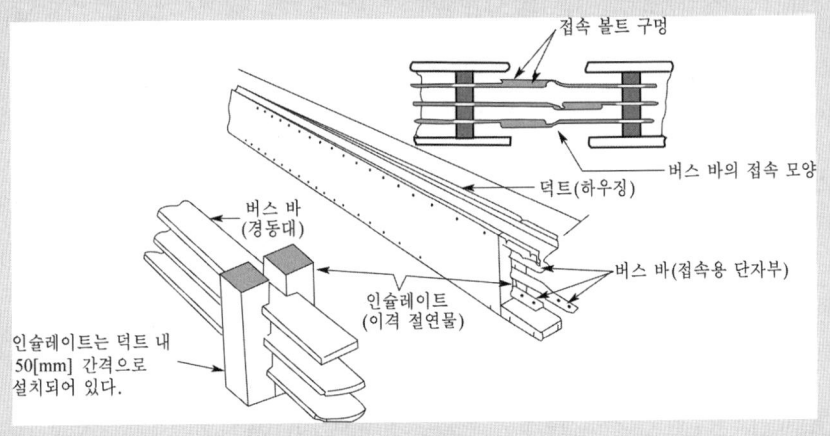

피더버스덕트

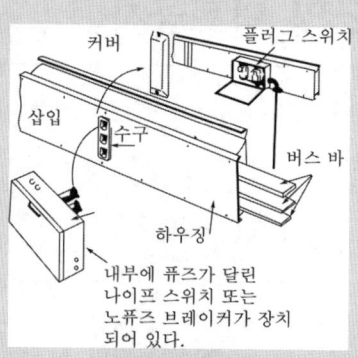

플러그 인 버스덕트

문제 1

▶ 출제년도 : 기사 91. 05.　▶ 점수 : 4점

브랭크 와셔(Blank Washer)란 무엇인가? 간단하게 쓰시오.

답안작성　박스에 덕트를 접속치 않는 곳에 수분 및 먼지의 침입을 막기 위하여 사용되는 재료

문제 2

▶ 출제년도 : 기사 97.　▶ 점수 : 5점

조인트 커플링이란 무엇인가 쓰시오.

답안작성　몰딩 캡의 이음새를 덮는 데 사용하는 재료

문제 3

▶ 출제년도 : 기사 91. 93. 96.　▶ 점수 : 3점

금속덕트에 넣는 전선이 NR 6 [mm²] 15가닥, NR 4 [mm²] 20가닥이다. 금속덕트의 내부 단면적은 얼마 이상이어야 하는가? (단, NR 6 [mm²]의 외경은 5.2 [mm]이고 NR 4 [mm²]의 외경은 4.6 [mm]이다(피복 포함 외경임). 소수점 이하는 사사오입

• 계산 :　　　　　　　　　　　　　　　• 답 :

답안작성　계산 : 전선의 단면적

$$A = \left(\frac{5.2}{2}\right)^2 \pi \times 15 + \left(\frac{4.6}{2}\right)^2 \pi \times 20 = 650.94 \text{ [mm}^2\text{]}$$

금속덕트 내단면적 $S \times 0.2 \geq A$ 이므로

$$S \geq \frac{A}{0.2} = \frac{650.94}{0.2} = 3254.69 \text{ [mm}^2\text{]}$$

답 : 3255 [mm²]

해 설　KEC 232.31 금속덕트공사
1. 전선은 절연전선(옥외용 비닐절연전선을 제외한다)일 것.
2. 금속덕트에 넣은 전선의 단면적(절연피복의 단면적을 포함한다)의 합계
　가. 일반적인 경우 : 덕트 내부 단면적의 20[%] 이하
　나. 전광표시장치 기타 이와 유사한 장치 또는 제어회로 만의 배선만을 넣는 경우 : 50[%] 이하
3. 금속덕트 안에는 전선에 접속점이 없도록 할 것. 다만, 전선을 분기하는 경우에는 그 접속점을 쉽게 점검할 수 있는 때에는 그러하지 아니하다.

문제 4

▶ 출제년도 : 산업 97. 06.   ▶ 점수 : 5점

버스 덕트(Bus-duct)에서 중간에 부하를 접속하지 아니하는 구조의 덕트는?

답안작성   피더 버스 덕트

문제 5

▶ 출제년도 : 산업 98. 02. 06.   ▶ 점수 : 5점

버스 덕트의 종류 3가지를 들고 간단히 설명하시오.

답안작성
(1) 피더 버스 덕트 : 도중에 부하를 접속하지 아니하는 구조의 것
(2) 플러그 인 버스 덕트 : 도중에 부하 접속용으로 꽂음 플러그를 만든 것
(3) 익스팬션 버스 덕트 : 열 신축에 따른 변화량을 흡수하는 구조인 것

해 설   버스 덕트의 종류

명 칭	형 식		설 명
피더 버스 덕트	옥내용	환 기 형 비환기형	도중에 부하를 접속하지 아니한 것
	옥외용	환 기 형 비환기형	
익스팬션 버스 덕트	옥내용	비환기형	열 신축에 따른 변화량을 흡수하는 구조인 것
탭붙이 버스 덕트			종단 및 중간에서 기기 또는 전선 등과 접속시키기 위한 탭을 가진 버스 덕트
트랜스포지션 버스덕트			각 상의 임피던스를 평균시키기 위해서 도체 상호의 위치를 관로 내에서 교체 시키도록 만든 버스 덕트
플러그 인 버스 덕트	옥내용	환 기 형 비환기형	도중에 부하 접속용으로 꽂음 플러그를 만든 것
트롤리 버스 덕트	옥내용 옥외용		도중에 이동 부하를 접속할 수 있도록 트롤리 접촉식 구조로 한 것

문제 6

▶ 출제년도 : 기사 91. 92. 94. 03. 04. 05.   ▶ 점수 : 10점

다음 문제를 읽고 옳으면 ○표 틀리면 ×표를 하시오.
(1) 금속덕트 배선에는 DV 전선 또는 NR 전선 이상의 절연 효력이 있는 전선을 사용하여야 한다.
(2) 금속덕트 배선은 옥내에 건조한 장소로서 노출장소 또는 점검할 수 있는 은폐장소에 한하여 시설할 수 있다.
(3) 버스덕트는 부착용 철물을 사용하여 3[m] 이하의 간격으로 조영재에 견고하게 부착한다.
(4) 버스덕트는 구리 또는 알루미늄으로 된 나도체를 난연성, 내열성, 내습성이 풍부한 절연물로 지지하여야 한다.
(5) 덕트내에 이물질의 침입을 막기 위하여 인서트 플러그(Insert Plug), 마커 시트(Marker Sheet), 블랭크 와셔(Blank Washer)를 사용한다.
(6) 금속덕트의 지지점은 2[m] 이하마다 견고하게 시설한다.
(7) 금속덕트에 수용하는 전선은 절연물을 포함하는 단면적의 총합이 금속덕트의 내단면적의 20[%] 이하가 되도록 한다.

| 답안작성 | (1) ○ (2) ○ (3) ○ (4) ○ (5) ○ (6) × (7) ○ |

해 설   (6) 금속덕트의 지지점은 3[m] 이하이다.(KEC 232.31.3)

문제 7

▶출제년도 : 기사 94. 00.　▶점수 : 5점

그림은 버스덕트의 구조를 나타낸 모양이다. 어떤 버스덕트인가?

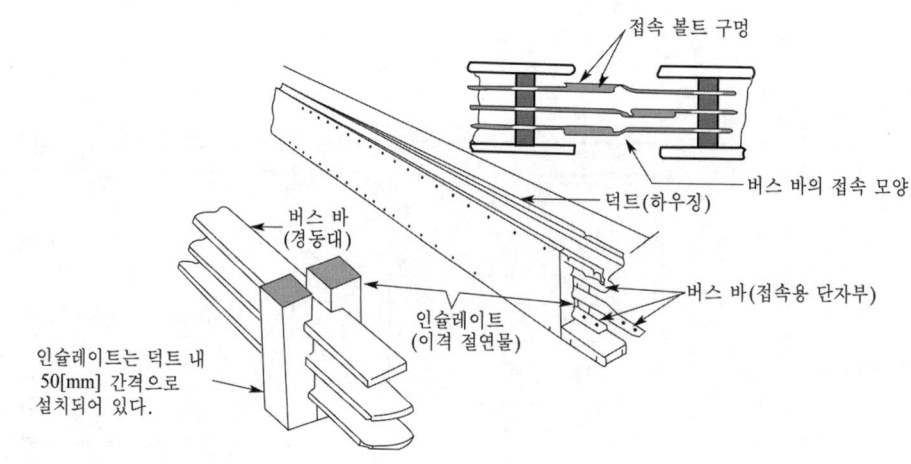

답안작성　피더 버스 덕트

문제 8

▶출제년도 : 기사 94.　▶점수 : 5점

그림은 버스 덕트의 구조를 나타낸 모양이다. 어떤 버스 덕트인가?

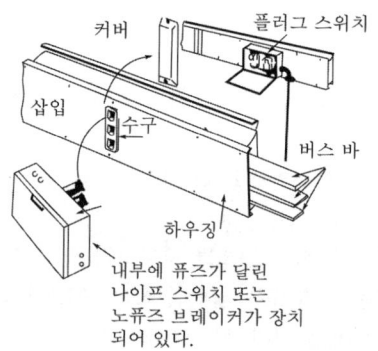

답안작성　플러그 인 버스 덕트

04 관련기술기준

1. 전선의 병렬 사용

교류 회로에서 전선을 병렬로 사용하는 경우에는 "전선의 병렬사용"의 규정에 따르며, 관 내에 전자적 불평형이 생기지 아니하도록 시설하여야 한다.

【주】 금속관 배선에서 전선을 병렬로 사용하는 경우의 예는 다음 그림과 같다.

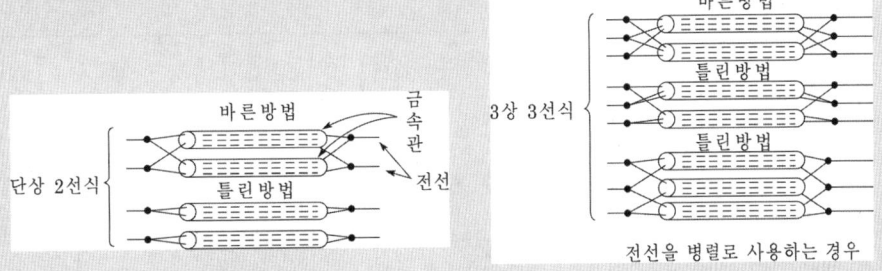

전선을 병렬로 사용하는 경우

2. 시설장소에 따른 저압 배선 방법

표 시설 장소와 배선 방법(400〔V〕 초과)

배선 방법		시설의 가능						옥측 옥내	
		옥내							
		노출 장소		은폐 장소					
				점검 가능		점검 불가능			
		건조한 장소	습기가 많은 장소 또는 물기가 있는 장소	건조한 장소	습기가 많은 장소 또는 물기가 있는 장소	건조한 장소	습기가 많은 장소 또는 물기가 있는 장소	우선 내	우선 외
애자공사		○	○	○	○	×	×	①	①
금속관공사		○	○	○	○	○	○	○	○
합성 수지관 공사	합성수지관 (CD관 제외)	○	○	○	○	○	○	○	○
	CD관	②	②	②	②	②	②	②	②
가요 전선관 공사	1종 가요전선관	③	×	③	×	×	×	×	×
	비닐 피복 1종 가요전선관	③	③	③	③	×	×	×	×
	2종가요전선관	○	×	○	×	○	×	○	○
	비닐 피복 2종 가요전선관	○	○	○	○	○	○	○	○
금속덕트공사		○	×	○	×	×	×	×	×
버스덕트공사		○	×	○	×	×	×	×	×
케이블공사		○	○	○	○	○	○	○	○
케이블트레이공사		○	○	○	○	○	○	○	○

【비고】 1) ○ : 시설할 수 있다.　×: 시설할 수 없다.　CD관 : 내연성이 없는 것을 말한다.
2) ① : 노출 장소 및 점검할 수 있는 은폐 장소에 한하여 시설할 수 있다.
② : 직접 콘크리트에 매설하는 경우를 제외하고 전용의 불연성 또는 자소성이 있는 난연성의 관 또는 덕트에 넣는 경우에 한하여 시설할 수 있다.
③ : 전동기에 접속하는 짧은 부분으로 가요성을 필요로 하는 부분의 배선에 한하여 시설할 수 있다.

표. 시설 장소와 배선 방법(400[V] 이하)

배선 방법		시설의 가능						옥측 옥내	
		옥내							
		노출 장소		은폐 장소					
				점검 가능		점검 불가능			
		건조한 장소	습기가 많은 장소 또는 물기가 있는 장소	건조한 장소	습기가 많은 장소 또는 물기가 있는 장소	건조한 장소	습기가 많은 장소 또는 물기가 있는 장소	우선 내	우선 외
애자공사		○	○	○	○	×	×	①	①
금속관공사		○	○	○	○	○	○	○	○
합성수지관공사	합성수지관 (CD관 제외)	○	○	○	○	○	○	○	○
	CD관	②	②	②	②	②	②	②	②
가요전선관공사	1종 가요전선관	○	×	○	×	○	×	×	×
	비닐 피복 1종 가요전선관	○	○	○	○	○	×	×	×
	2종 가요전선관	○	×	○	×	○	×	○	○
	비닐 피복 2종 가요전선관	○	○	○	○	○	○	○	○
금속몰드공사		○	×	○	×	×	×	×	×
합성수지몰드공사		○	×	○	×	×	×	×	×
플로어덕트공사		×	×	×	×	③	×	×	×
셀룰러덕트공사		×	×	○	×	③	×	×	×
금속덕트공사		○	×	○	×	×	×	×	×
라이팅덕트공사		○	×	○	×	×	×	×	×
버스덕트공사		○	×	○	×	×	×	④	④
케이블공사		○	○	○	○	○	○	○	○
케이블트레이공사		○	○	○	○	○	○	○	○

【비고】
1) ○ : 시설할 수 있다.   × : 시설할 수 없다.
   CD관 : 내연성이 없는 것을 말한다.
2) ① : 노출 장소 및 점검할 수 있는 은폐 장소에 한하여 시설할 수 있다.
   ② : 직접 콘크리트에 매설하는 경우를 제외하고 전용의 불연성 또는 자소성이 있는 난연성의 관 또는 덕트에 넣는 경우에 한하여 시설할 수 있다.
   ③ : 콘크리트 등의 바닥 내에 한한다.
   ④ : 옥외용 덕트를 사용하는 경우에 한하여(점검할 수 없는 은폐장소를 제외한다.)시설할 수 있다.

문제 1

▶ 출제년도 : 기사 98. 00. 03. 07.   ▶ 점수 : 5점

옥내에서 전선을 병렬로 사용하는 경우의 원칙 5가지만 쓰시오.

답안작성
① 전선의 굵기는 동 50 [mm²] 이상 또는 알루미늄 70 [mm²] 이상일 것
② 동일한 도체, 동일한 굵기, 동일한 길이이어야 한다.
③ 병렬로 사용하는 전선은 각각에 퓨즈를 장착하지 말아야 한다.
④ 각 전선에 흐르는 전류는 불평형을 초래하지 않도록 할 것
⑤ 같은 극의 각 전선은 동일한 터미널러그에 완전히 접속할 것

해 설
전선의 접속(KEC 123)
① 병렬로 사용하는 각 전선의 굵기는 동선 50 [mm²] 이상 또는 알루미늄 70 [mm²] 이상으로 하고, 전선은 같은 도체, 같은 재료, 같은 길이 및 굵기의 것을 사용할 것
② 같은 극의 각 전선은 동일한 터미널러그에 완전히 접속할 것
③ 같은 극인 각 전선의 터미널러그는 동일한 도체에 2개 이상의 리벳 또는 2개 이상의 나사로 접속할 것
④ 병렬로 사용하는 전선에는 각각에 퓨즈를 설치하지 말 것
⑤ 교류회로에서 병렬로 사용하는 전선은 금속관 안에 전자적 불평형이 생기지 않도록 시설할 것

문제 2

▶ 출제년도 : 기사 91.   ▶ 점수 : 10점

주어진 답안지의 전선의 굵기[mm²]를 보고 지지점의 간격을 몇 [m]로 하여야 하는가 답하시오.

전선의 굵기	지지점의 간격	전선의 굵기	지지점의 간격
50 [mm²] 이하	①	100 [mm²] 이하	②
150 [mm²] 이하	③	250 [mm²] 이하	④
250 [mm²] 초과	⑤		

답안작성   ① 30 [m]   ② 25 [m]   ③ 20 [m]   ④ 15 [m]   ⑤ 12 [m]

MEMO

답이보인다!! **전기공사기사 · 산업기사 실기**

Chapter **03**

접속공사

01 전선의 접속공사

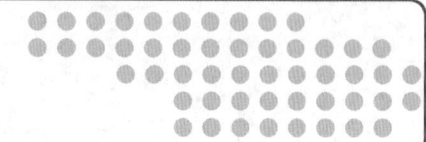

문제 1

▶출제년도 : 기사 92. 00.   ▶점수 : 5점

설명과 그림은 어떤 권선 접속에 대한 것이다. 어떤 권선 접속인가?
① 본선은 약 80[mm], 분기선은 약 60[mm] 정도로 피복을 벗긴다.
② 분기선은 소선을 풀고 곧게 편 다음 둘로 갈라 첨선과 함께 본선에 댄다.
③ 조인트선의 중앙 부분을 분기 부분에 걸치고, 펜치로 죄면서 5D 이상 오른쪽으로 감아 나간다음 분기선의 소선을 구부려 잘라내고 조인트선을 5회 정도 더 감는다.
④ 조인트선을 첨선과 함께 꼰 다음 8[mm] 정도로 자른다.

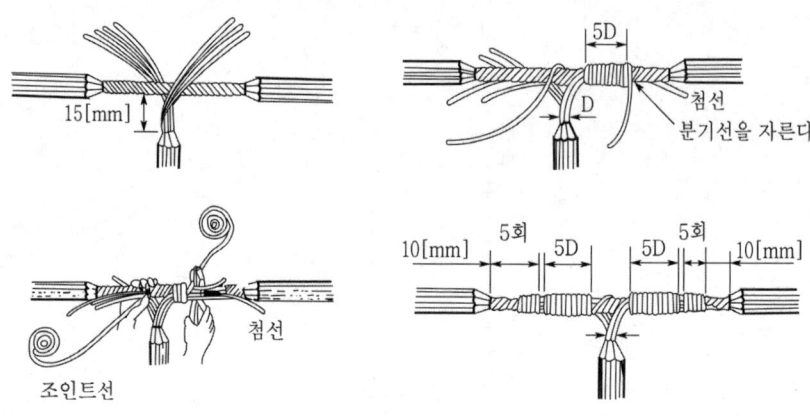

답안작성 분할 분기 권선 접속

문제 2

▶출제년도 : 산업 05.   ▶점수 : 5점

강심 알루미늄선을 접속시키는데 사용하는 자재는?

답안작성 알루미늄선용 압축 슬리브

해 설

품 명	적 용 개 소
알루미늄선용 압축 슬리브	장력이 걸리는 직선개소의 ACSR 전선 접속
알루미늄선용 보수 슬리브	장력이 걸리는 직선개소의 ACSR 전선의 전소선 중 10[%] 미만 손상시 전선의 강도 보강용
알루미늄선용 분기 슬리브	장력이 걸리지 않는 개소의 Al-Al, Al-Cu 접속
압축형 이질금속 슬리브	장력이 걸리지 않는 개소의 Al-Cu 접속
분기접속용 동 슬리브	장력이 걸리지 않는 개소의 Cu 상호간 접속
분기 고리	COS 1차 리드선의 Al 본선과의 접속
활선 클램프	분기고리와 COS 1차 리드선 접속

문제 3

▶출제년도 : 산업 97. ▶점수 : 4점

그림과 같은 접속은 어떤 접속인가?

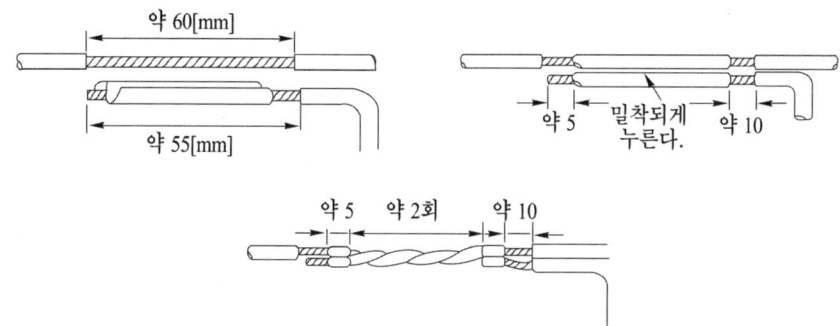

답안작성 S형 슬리브에 의한 분기 접속

문제 4

▶출제년도 : 산업 93. 06. ▶점수 : 6점

전선을 접속할 때 주의사항 3가지를 쓰시오.

답안작성
① 전선의 세기를 20[%] 이상 감소시키지 아니할 것
② 접속부분은 접속관 기타의 기구를 사용하거나 납땜을 할 것
③ 전선의 전기적 저항을 증가시키지 아니하도록 할 것

해설 전선의 접속(KEC 123)

전선을 접속하는 경우에는 전선의 전기저항을 증가시키지 아니하도록 접속하여야 하며, 또한 다음에 따라야 한다.

(1) 절연전선 상호·절연전선과 코드, 캡타이어 케이블과 접속하는 경우에는
  ① 전선의 세기를 20[%] 이상 감소시키지 아니할 것.
  ② 접속부분은 접속관 기타의 기구를 사용할 것.
  ③ 접속부분의 절연전선에 절연전선의 절연물과 동등 이상의 절연효력이 있는 것으로 충분히 피복할 것.

(2) 코드 상호, 캡타이어 케이블 상호 또는 이들 상호를 접속하는 경우에는 코드 접속기·접속함 기타의 기구를 사용할 것. 다만 공칭단면적이 10[mm^2] 이상인 캡타이어 케이블 상호를 규정에 준하여 접속하는 경우에는 기구를 사용하지 않을 수 있다.

(3) 도체에 알루미늄(알루미늄 합금을 포함한다.)을 사용하는 전선과 동(동합금을 포함한다.)을 사용하는 전선을 접속하는 등 전기 화학적 성질이 다른 도체를 접속하는 경우에는 접속부분에 전기적 부식이 생기지 않도록 할 것.

문제 5

▶출제년도 : 기사 92. ▶점수 : 5점

다음 ( ) 안에 알맞은 말을 써넣으시오.
슬리브는 (①)용으로 사용하며, (②)형과 (③)형이 있다.

답안작성 ① 전선 접속   ② 압축   ③ 관

문제 6

▶출제년도 : 기사 93. ▶점수 : 5점

B형, O형, K형, S형 중 분기접속용으로 사용되는 슬리브는?

답안작성 S형 슬리브

02 케이블 및 관의접속 공사

1. 배전케이블 접속

1) 케이블 접속의 필요성
   - 케이블 운반 및 포설 용이
   - 케이블 단말의 전계완화
   - 케이블 고장 복구
   - 케이블 단말 방수

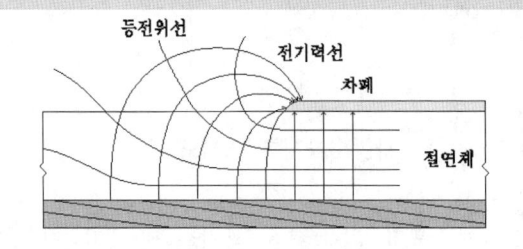

케이블의 전기력선 분포

2) 전기적 스트레스(electrical stress) 완화방법

종 류	Stress relief corn	Tape, Tube
원 리	절연층 보강	유전체 경계조건
형 태	Mold 형	반도전성 테이프, 열수축형 튜브
방 법	내부 반도전층과 중첩시키고 접지	내부 반도전층과 중첩

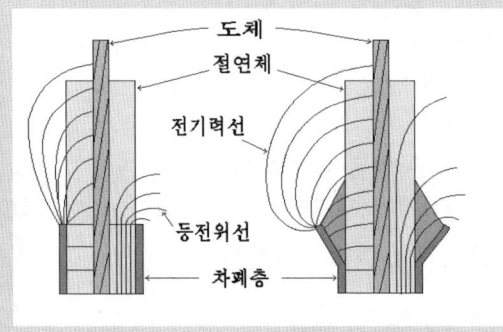

스트레스 콘 사용효과

3) 접속방식별 접속재 종류

접속 방식	접속재 종류	비 고
직 선 접 속	테이프레진형	거의 사용안함
	열 수축형	사용 안함
	조 립 형	주로 사용
분 기 접 속	조 립 형	사용 안함
종 단 접 속	자기 수축형	거의 사용안함
	열 수축형	사용 안함
	조 립 형	주로 사용
엘 보 접 속	조 립 형	Elastimod 사용

2. 단말처리

1) 고압케이블에서 단말처리의 주목적
   케이블 내부로의 습기 및 먼지의 침입으로 인한 절연 열화 방지

2) 케이블의 단말처리와 단면도
   ① 케이블의 도체와 단자와의 접속법 : 압축 접속 공법
   ② 절연 테이프의 명칭 : 점착성 폴리에틸렌 절연 테이프
   ③ 최외각 층 테이프 감는 방법 : 하부에서 상부로 향해서 감는다.
   ④ 테이프 용도 : 상색별 구별
   ⑤ 무슨 선인지? : 접지선
      - 케이블의 허용 구부림 반경 : 8배

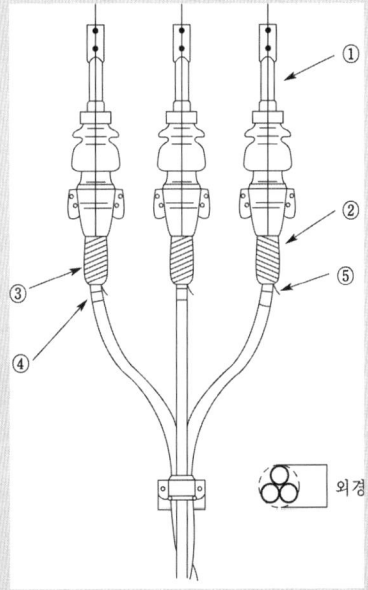

3) 3심 가교 폴리에틸렌 절연 비닐 시스 케이블(CV)의 옥외 종단개소의 처리
   B의 표준치수 : 200〔mm〕
   ⓐ 재료 명칭 : 스트레스콘, 목적 : 전계의 세기 완화
   ⓑ 재료 명칭 : 3분지관
   ⓒ 용도 : 빗물막이
   ⓖ 테이프 감는 방법 : 아래에서 위로 감는다.

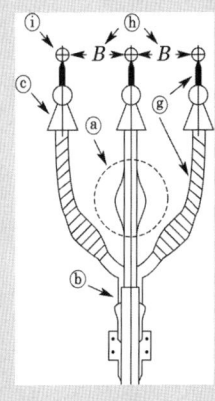

문제 1 ▶출제년도 : 산업 93. 97. 04. ▶점수 : 5점

굵은 전선(25 [mm²] 이상) 또는 철선을 절단할 때 사용하는 공구는?

답안작성 클리퍼

답이보인다!! **전기공사기사 · 산업기사 실기**

Chapter 04

배전선로

01 직접활선공사, 무정전공사 및 기타

문제 1

▶출제년도 : 산업 92. 06. 07.   ▶점수 : 4점

고압 이상의 피복 전선을 전기가 공급되는 활선상태에서 피복을 제거하는 공구의 명칭은 무엇인가?

답안작성 활선용 피박기

해 설 전선의 피복을 벗길 때 사용하는 장구로써 본체와 절단칼, 3개의 회전용 핸들링으로 구성되어 있는 간접 활선용 장구

문제 2

▶출제년도 : 기사 97.   ▶점수 : 4점

수전 방식에서 다음 그림 및 특징을 보고 무슨 수전 방식인지 기입하시오.

【특징】 ① 무정전 공급이 가능하다. ② 효율 운전이 가능하다.
③ 전압 변동률이 적다. ④ 전력 손실을 감소시킬 수 있다.
⑤ 부하 증가에 대한 적응성이 크다.

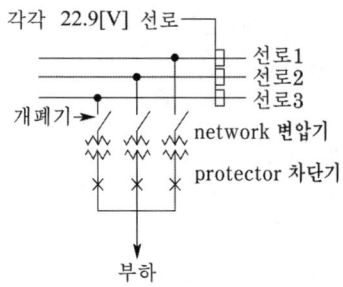

답안작성 스포트 네트워크(spot-network) 수전 방식

문제 3

▶출제년도 : 기사 00. 06.   ▶점수 : 6점

심야 전력용 기기를 정액제로 하는 경우 인입구 장치 배선은 그림과 같다. 물음에 답하시오.

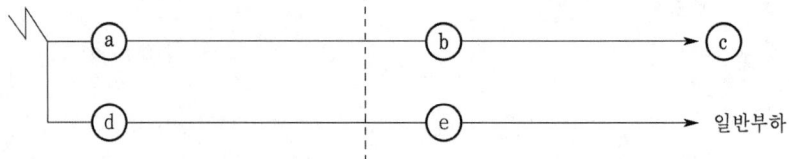

ⓐ~ⓔ 명칭이나 또는 기호를 쓰시오.

답안작성
ⓐ : 타임 스위치(TS)   ⓑ : 인입구 장치
ⓒ : 심야 전력 기기   ⓓ : 전력량계(WH)
ⓔ : 인입구 장치

해설 (1) 정액제의 경우

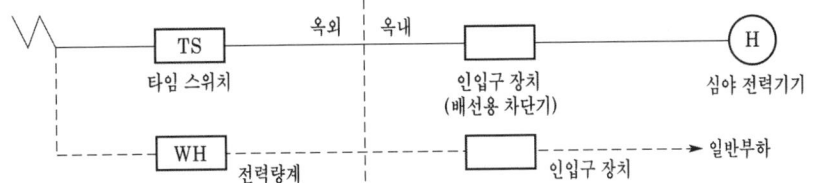

(2) 종량제의 경우

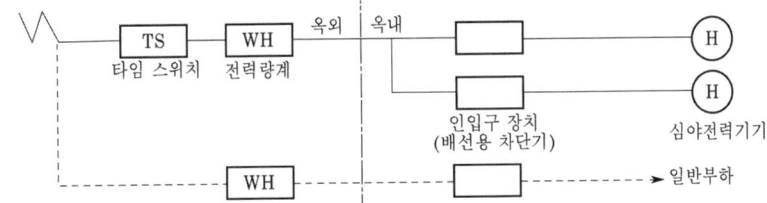

(3) 정액제·종량제 병용의 경우

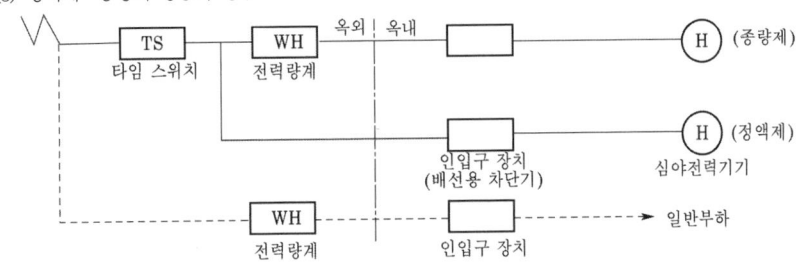

▶ 출제년도 : 기사 98. 00. 05.　▶ 점수 : 4점

문제 4 다음 그림은 심야전력기기의 인입구 장치 부근의 배선을 나타낸 것이다. 이 그림은 어떤 경우의 시설을 나타낸 것인가?

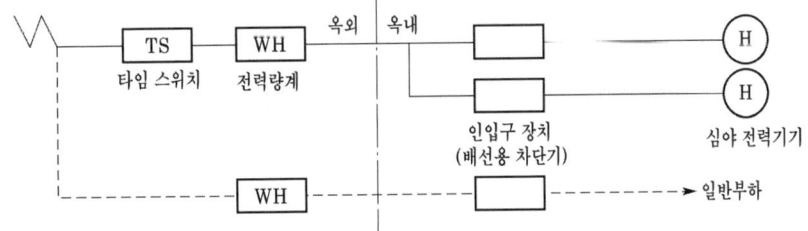

답안작성　종량제

해설　(1) 정액제의 경우

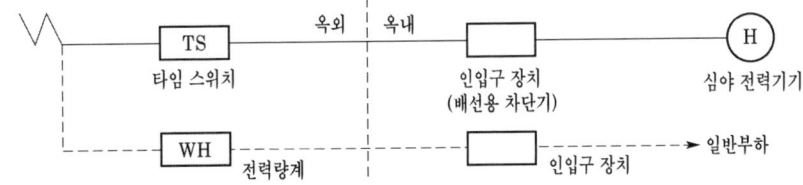

(2) 종량제의 경우

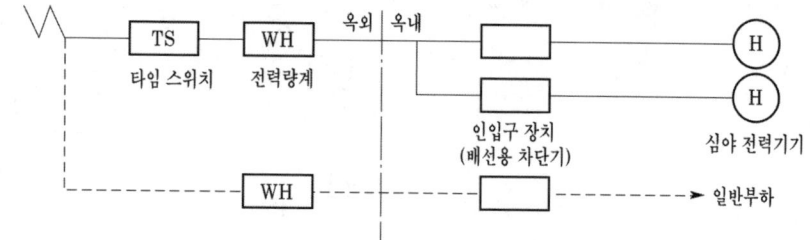

(3) 정액제·종량제 병용의 경우

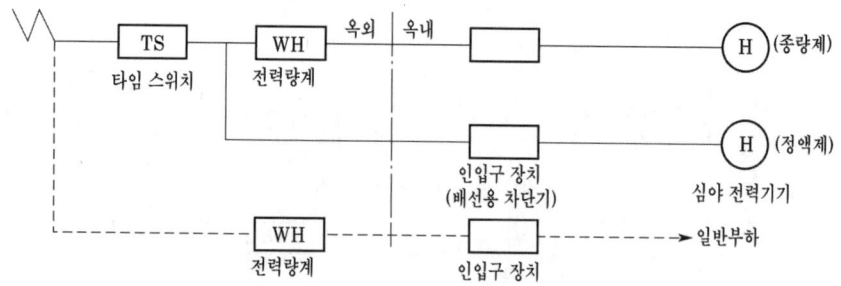

문제 5

▶출제년도 : 기사 99.   ▶점수 : 6점

정지형 무효전력 보호장치(Static Var Compensator : SVC)란 무엇인가 간단하게 쓰시오.

답안작성 사이리스터를 사용하여 진상 또는 지상 무효전력을 제어하는 정지형 무효전력 제어장치

해 설 파워 일렉트로닉스 기술을 응용하여 전압무효전력을 고속으로 보호하는 장치를 정지형 무효전력 보호장치라고 한다.

문제 6

▶출제년도 : 산업 91. 99.   ▶점수 : 20점

다음 문제를 읽고 주어진 답란에 알맞은 답을 답하시오.
(1) 합성수지관 공사에서 관 상호 및 관과 박스와는 관을 삽입하는 깊이를 관 외경의 1.2배 이상으로 하여야 하고 접착제를 사용하는 경우에는 몇 배 이상으로 하여야 하는가?
(2) 연피 또는 알루미늄 피를 가지는 케이블을 배선할 때 그 굴곡부의 곡률반경은 원칙적으로 케이블 바깥지름의 몇 배 이상으로 하여야 하는가?
(3) 연피케이블과 절연전선과의 접속점에는 특별한 경우를 제외하고 어떤 기구를 사용하여 접속하여야 하는가?
(4) 구내 저압가공 전선로 및 인입선의 중성선 또는 접지측 전선을 애자공사로 하는 경우 중성선 및 접지선은 원칙적으로 어떤 색깔의 애자로 지지하여야 하는가?
(5) 수구수에 의해 예상부하를 선정하는 경우 공칭지름이 26[mm]의 베이스인 전등수구의 예상부하는 몇 [VA]인가?
(6) 6600[V] 고압옥내 배선에 사용하는 절연전선의 최소 굵기[mm^2]는 얼마인가?
(7) 전기 배선용 도식기호의 정확한 명칭은?
(8) 옥내에서 사용하는 저압용 이동전선의 최소 단면적 [mm^2]은 얼마인가?
(9) 특고압 옥외 배전 변압기의 총 출력[kVA]은 얼마 이하로 제한되어 있는가?

답안작성
(1) 0.8배
(2) 12배
(3) 케이블 헤드
(4) 녹색
(5) 150 [VA]
(6) 6 [mm²]
(7) 비상 콘센트
(8) 0.75 [mm²]
(9) 1000 [kVA]

해 설
(1) 합성수지관공사(KSC 232.11)
  ① 관 상호 간 및 박스와는 관을 삽입하는 깊이를 관의 바깥지름의 1.2배(접착제를 사용하는 경우에는 0.8배) 이상으로 하고 또한 꽂음 접속에 의하여 견고하게 접속할 것.
  ② 관의 지지점 간의 거리는 1.5 [m] 이하로 하고, 또한 그 지지점은 관의 끝·관과 박스의 접속점 및 관 상호 간의 접속점 등에 가까운 곳에 시설할 것.
(2) 굴곡부분의 곡률반경
  알루미늄 피복 또는 연피를 갖는 케이블의 굴곡부의 내측 반경은 마무리 외경의 12배 이상, 연피를 갖지 않는 케이블의 경우는 5배 이상으로 하는 것이 바람직하다.
(5) 소형 : 공칭 지름이 26 [mm]의 베이스인 것, 예상부하 150 [VA/개]
  대형 : 공칭 지름이 39 [mm]의 베이스인 것, 예상부하 300 [VA/개]
(9) 코드 및 이동전선(KEC 234.3)
  ① 조명용 전원코드 또는 이동전선은 단면적 0.75 [mm²] 이상의 코드 또는 캡타이어케이블을 용도에 따라서 선정하여야 한다.
  ② 옥내에서 조명용 전원코드 또는 이동전선을 습기가 많은 장소에 시설할 경우에는 고무코드(사용전압이 400 [V] 이하인 경우에 한함) 또는 0.6/1 [kV] EP 고무 절연 클로로프렌캡타이어케이블로서 단면적이 0.75 [mm²] 이상인 것이어야 한다.
(10) 가공전선로 500 [kVA]

문제 7

▶출제년도 : 기사 99.   ▶점수 : 20점

다음 물음에 답하시오.
(1) 전기설비 점검기준에서 전기 설비규모가 용량 500 [kW] 이상~750 [kW] 미만인 경우에는 매 월 몇 회 이상 점검을 하여야 하는가?
(2) 부등률은 반드시 어디에 적용하여야 하는가?
(3) 일반적인 피뢰기의 위치는 22.9 [kV-Y]에서는 몇 [m] 이내에 설치해야 하는가?
(4) 특고압 콘덴서의 총용량이 600 [kVA]초과일 때는 몇 군 이상으로 분할하는 것이 원칙인가?
(5) ─C─(19) 심벌의 명칭은?
(6) 그림과 설명은 전선의 접속 방법에 관한 사항이다. 어떤 접속 방법인가?

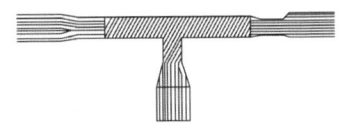

• 본선은 약 70 [mm], 분기선은 약 120 [mm] 정도로 피복을 벗긴다.
• 분기선의 소선을 풀고 곧게 편 다음 둘로 갈라 본선의 중앙에 댄다.
• 왼손으로 두 선을 잡고 오른손으로 분기선의 소선 모두를 한꺼번에 감아 나간다.
• 왼쪽도 같은 방법으로 한꺼번에 감아 완성시킨다.

(7) 가공지선이 있는 지지물 표준 접지시공에서 분포접지란 무엇인가?
(8) 자기 방전량만을 항상 충전하는 충전방식은?

답안작성
(1) 3회
(2) 변압기 용량을 계산할 때
(3) 20 [m]
(4) 3 [군]
(5) 전선이 들어 있지 않은 19 [mm] 박강전선관
(6) 분할(복권) 분기접속
(7) 탑각에서 방사형으로 매설지선을 포설하여 접지하는 방식
(8) 세류 충전

해설
(4) 피뢰기 설치 장소
가능한 한 피보호 기기의 가까운 곳에 설치하는 것이 바람직하며 다음과 같은 이격 거리 이내에 설치

공칭 전압 [kV]	이격 거리 [m]
345	85
154	65
66	45
22	20
22.9	20

▶ 출제년도 : 기사 99. ▶ 점수 : 9점

문제 8

다음 문제를 읽고 물음에 답하시오.
(1) 4로 스위치의 심벌은?
(2) 22.9 [kV-Y] 특고선 3조를 수평으로 배열하기 위한 완금의 길이는?
(3) 가공배전선로에 주로 쓰이는 애자에서 전선로의 방향을 바꾸는 부분에 사용하는 애자는?
(4) 22.9 [kV-Y] 가공전선(동선)의 최소 굵기는?
(5) 피뢰침 설치공사에서 일반 건물의 경우 피보호물의 보호각도는?
(6) 접지극 시스템의 접지저항값이 몇 [Ω] 이하의 경우에는 피뢰시스템 등급별 대지저항률에 따른 최소 길이 이하로 할 수 있는가?
(7) 연축전지의 반응식은?

답안작성
(1) ●$_4$ (2) 2400 [mm]
(3) 가지애자   (4) 22 [mm^2]
(5) 60°   (6) 10 [Ω] 이하
(7) $PbO_2 + 2H_2SO_4 + Pb \underset{충전}{\overset{방전}{\rightleftarrows}} PbSO_4 + 2H_2O + PbSO_4$

해설
(2) 가공 전선로의 장주에 사용되는 완금의 표준 길이

전선의 개수	특고압	고압	저압
2	1800	1400	900
3	2400	1800	1400

(5) 피보호물의 보호각
 • 일반 건축물 : 60° 이하
 • 위험물을 취급하는 건물 : 45° 이하

▶ 출제년도 : 기사 91. ▶ 점수 : 20점

문제 9

다음 문제를 읽고 주어진 답란에 답하여라.
(1) 22.9 [kV] 배전 선로에 수전하는 설비의 피뢰기 정격 전압 [kV]은? 단, 3상 4선식 다중 접지 방식이다.

(2) 저압 보안 공사에서 목주의 풍압 하중에 대한 안전율은 얼마 이상이어야 하는가?
(3) 피뢰침의 접지극은 전등 전력용의 접지극에서 몇 [m] 이상 이격하여 시설하여야 하는가?
(4) 전주 외등의 중량은 부속 금구를 포함하여 몇 [kg] 이하이어야 하는가?
(5) 금속관 공사에서 관의 두께는 콘크리트에 매설할 때 몇 [mm] 이상이어야 하는가?
(6) 연선의 직선 접속에서 7가닥 연선인 경우에는 소선 전부를 사용하거나 1가닥을 끊어 내고 6가닥으로 각각 3회 정도 접속한다. 37본 연선인 경우에는 중앙부 몇 가닥을 끊어 내고 나머지 몇 가닥으로 접속하는가?

답안작성
(1) 18 [kV] (2) 1.5
(3) 2 [m] (4) 100 [kg]
(5) 1.2 [mm] (6) 19가닥을 끊어 내고, 18가닥으로 접속한다.

문제 10

▶출제년도 : 산업 00. ▶점수 : 10점

다음 물음에 답하시오.
(1) 고압 수은등에 역률 개선용 콘덴서를 접속하는 경우의 회로도를 그리시오.
(2) 축전지의 충전기에 가장 좋은 정류 방식은?
(3) 어떤 교류 3상 3선식 배전 선로에서 전압을 200 [V]에서 400 [V]로 승합하였을 때 전력 손실은? (단, 부하 용량은 같다)
(4) 어떤 공장의 수전 설비 공사를 시행하는데 순공사 원가 합계가 253,000,000원이었다. 이때 일반 관리비를 계산하시오.

답안작성 (1)

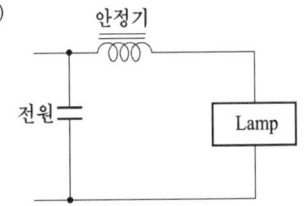

(2) 3상 전파 정류 방식

(3) $\frac{1}{4}$ 배

(4) 계산 : $253,000,000 \times 0.06 = 15,180,000$ [원]
답 : 15,180,000 [원]

해설 (2) 단상 반파 정류 방식 $E_0 = 0.45 E_i$
단상 전파 정류 방식 $E_0 = 0.9 E_i$
3상 반파 정류 방식 $E_0 = 1.17 E_i$
3상 전파 정류 방식 $E_0 = 1.35 E_i$

(3) 전력손실 $P_l = 3I^2 R = 3 \left(\frac{P}{\sqrt{3} V \cos \theta} \right)^2 \cdot R = \frac{RP^2}{V^2 \cos^2 \theta}$ 에서

$P_l \propto \frac{1}{V^2}$ 이므로

$P_l : P_l' = \frac{1}{200^2} : \frac{1}{400^2}$ $\therefore P_l' = \left(\frac{200}{400} \right)^2 \times P_l = \frac{1}{4} P_l$

(4)

전문, 전기, 전기 통신 공사	
공사 원가	일반 관리 비율
5억원 미만	6 [%]
5억원~30억원 미만	5.5 [%]
30억원 이상	5 [%]

문제 11

▶출제년도 : 산업 88. 93. 00. ▶점수 : 16점

다음 문제를 읽고 주어진 답안지에 답하시오.

(1) 2차 전류 200[A]인 아크 용접기의 2차측 전선의 굵기[mm²]는 얼마인가?
(2) 전기 배선용 도식 기호 중 방수용 스위치의 기호를 그리시오.
(3) 최대 상정 부하 전류가 100[A]인 간선에서 과전류 차단기의 정격 용량[A]는 얼마인가?
(4) 22.9[kV-Y] 다중 접지 배전 선로의 전로와 대지간의 시험 전압은 최대 사용 전압의 몇 배의 전압인가?
(5) 을종 풍압 하중 계산 시 가섭선의 주위에 부착한 빙설의 두께[mm]와 비중은 각각 얼마인가? (단, 빙설이 부착한 상태에서)
(6) 고압 보안 공사에 있어서 B종 철근 콘크리트주의 경간은 몇 [m] 이하로 하는가?
(7) 교류 전기 철도용 전차 선로의 흡상 변압기 설치 높이[m]는 얼마 이상인가?

답안작성

(1) 35[mm²]
(2) ●WP
(3) 100[A]
(4) 0.92배
(5) 두께 : 6[mm], 비중 : 0.9
(6) 150[m]
(7) 5[m]

해 설 (1) 아크 용접기의 2차측 전선의 굵기

2차 전류[A]	100 이하	150 이하	250 이하	400 이하	600 이하
전선 굵기[mm²]	16	25	35	70	95

(3) 도체와 과부하 보호장치 사이의 협조 (KEC 212.4.1)
과부하에 대해 케이블(전선)을 보호하는 장치의 동작특성은 다음의 조건을 충족해야 한다.

$$I_B \leq I_n \leq I_Z, \quad I_2 \leq 1.45 \times I_Z$$

I_B : 회로의 설계전류(선도체를 흐르는 설계전류 또는 함유율이 높은 영상분 고조파, 특히 제3고조파가 지속적으로 흐르는 경우 중성선에 흐르는 전류이다.)
I_Z : 케이블의 허용전류
I_n : 보호장치의 정격전류(사용현장에 적합하게 조정된 전류의 설정 값)
I_2 : 보호장치가 규약시간 이내에 유효하게 동작하는 것을 보장하는 전류

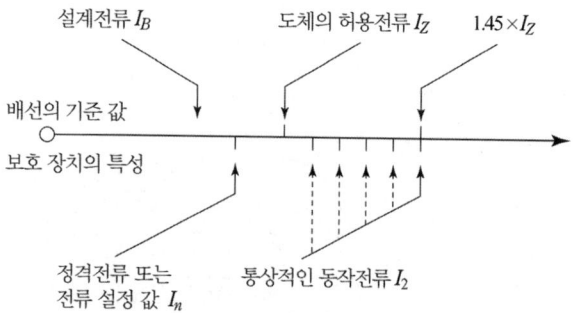

과부하 보호 설계 조건도

(4) 전로의 절연저항 및 절연내력(KEC 132)

전로의 종류	접지방식	시험전압 (최대사용 전압의 배수)	최저 시험전압
1. 7 [kV] 이하인 전로		1.5배	
2. 7 [kV] 초과 25 [kV] 이하	다중접지	0.92배	
3. 7 [kV] 초과 60 [kV] 이하 (2란의 것을 제외한다.)		1.25배	10.5 [kV]
4. 60 [kV] 초과 (전위 변성기를 사용하여 접지하는 것을 포함한다)	비접지	1.25배	
5. 60 [kV] 초과 (전위 변성기를 사용하여 접지하는 것 및 6란과 7란의 것을 제외한다)	접지식	1.1배	75 [kV]
6. 60 [kV] 초과 (7란의 것을 제외한다)	직접접지	0.72배	
7. 170 [kV] 초과 (발전소 또는 변전소 혹은 이에 준하는 장소에 시설하는 것.)	직접접지	0.64배	

(5) 풍압하중의 종별과 적용(KEC 331.6)
  을종 풍압하중 : 전선 기타의 가섭선 주위에 두께 6 [mm], 비중 0.9의 빙설이 부착된 상태에서 수직 투영면적 372 [Pa](다도체를 구성하는 전선은 333 [Pa]), 그 이외의 것은 갑종풍압하중의 2분의 1을 기초로 하여 계산한 것.

(6) 고압 보안공사(KEC 332.10)
  고압 보안공사 경간 제한

지지물의 종류	인장강도 8.01 [kN] 이상 또는 지름 5 [mm] 이상의 경동선
목주·A종 철주 또는 A종 철근 콘크리트주	100 [m] 이하
B종 철주 또는 B종 철근 콘크리트주	150 [m] 이하
철탑	400 [m] 이하

문제 12

▶출제년도 : 기사 92. ▶점수 : 5점

CPU(Central Processing Unit)란 무엇을 뜻하는가?

답안작성 중앙연산 처리장치

02 일반배전공사

전선의 식별

① 전선의 색상은 표에 따른다.

상(문자)	색상
L1	갈색
L2	검은색
L3	회색
N	파란색
보호도체	녹색-노란색

② 색상 식별이 종단 및 연결 지점에서만 이루어지는 나도체 등은 전선 종단부에 색상이 반영구적으로 유지될 수 있는 도색, 밴드, 색 테이프 등의 방법으로 표시해야 한다.

단상 3선식과 단상 2선식의 비교

1. 회로도

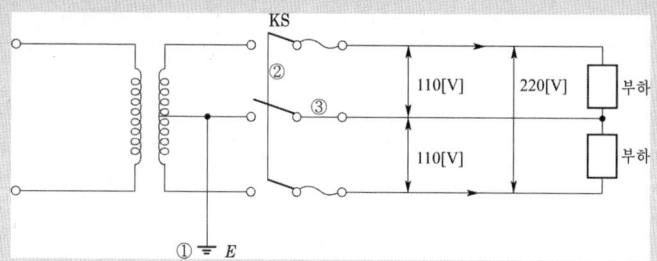

2. 조건

① 변압기 2차측 1단자는 계통접지공사를 한다.
② 2차측 개폐기는 동시 동작형이어야 한다.
③ 중성선에는 퓨즈를 삽입할 수 없다.

3. 4중성선 단선시 부하측 단자 전압

$$I = \frac{V}{Z_A + Z_B}$$

$$V_A = IZ_A = \frac{V}{Z_A + Z_B} Z_A$$

$$V_B = IZ_B = \frac{V}{Z_A + Z_B} Z_B$$

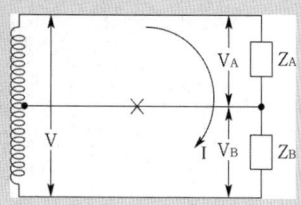

4. 부하 불평형시 중성선에 흐르는 전류

$\dot{I} = \dot{I}_A - \dot{I}_B$

※ Z_A 부하와 Z_B 부하의 역률이 서로 다른 경우 중성선에 흐르는 전류는 vector로 계산 즉, 실수부 허수부 구분하여 계산

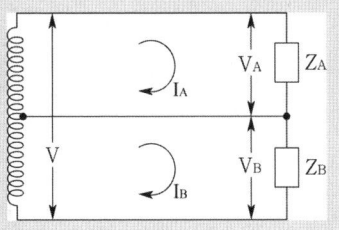

5. 배전 전압 승압의 필요성 및 효과

1) 승압의 필요성
   ① 전력 사업자측
      - 저압 설비의 투자비 절감
      - 전력 손실 감소
      - 전력 판매 원가 절감
      - 전압 강하 및 전압 변동률을 감소시켜 양질의 전기 공급
   ② 수용가측
      - 옥내 배선의 증설없이 대용량 기기 사용 가능
      - 양질의 전기를 풍족하게 사용가능

2) 승압의 효과
   ① 전압에 비례하여 공급 능력 증대
   ② 공급 전력 증대(전력 손실률이 동일한 경우 $P \propto V^2$)
   ③ 전력 손실의 감소 $\left(P_L \propto \dfrac{1}{V^2}\right)$
   ④ 전압 강하율의 감소 $\left(\epsilon \propto \dfrac{1}{V^2}\right)$
   ⑤ 고압 배전선 연장의 감소
   ⑥ 대용량 전기기기 사용이 용이

문제 1 ▶출제년도 : 산업 95. ▶점수 : 5점

그림과 같은 교류 단상 3선식 전로에서 잘못된 곳을 고쳐서 다시 그리시오.

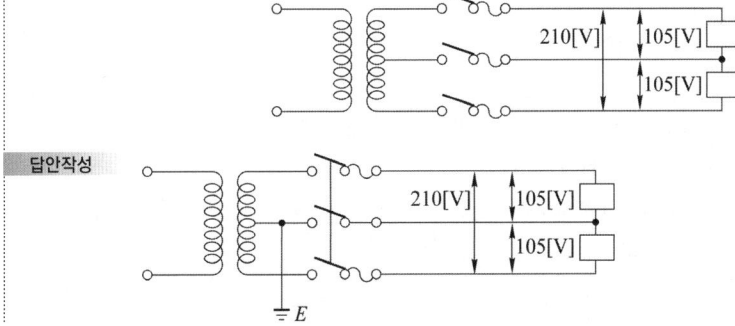

[해 설] 단상 3선식

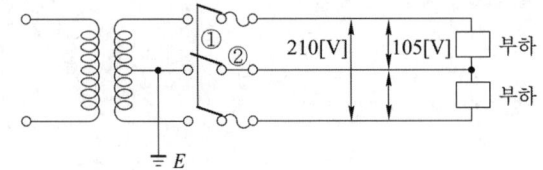

① 2차측 개폐기는 동시 동작형이어야 한다.
② 중성선에는 퓨즈를 삽입할 수 없다.

문제 2

그림과 같은 단상 3선식 수전설비에서 다음 각 물음에 답하시오.
(1) 2차측이 폐로되어 있다고 할 때 설비불평형률은 몇 [%]인가?
(2) 변압기 2차측에서 부하 전단까지 반드시 필요한 것이 누락되거나 중요한 부분이 잘못되어 있는 곳들이 있다. 이 부분들을 올바르게 고쳐서 그리도록 하시오.

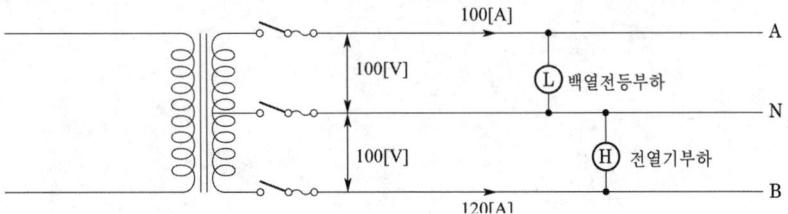

[답안작성]

(1) 불평형률 $= \dfrac{100 \times 120 - 100 \times 100}{\dfrac{1}{2}(100 \times 100 + 100 \times 120)} \times 100 = 18.18\,[\%]$

(2)

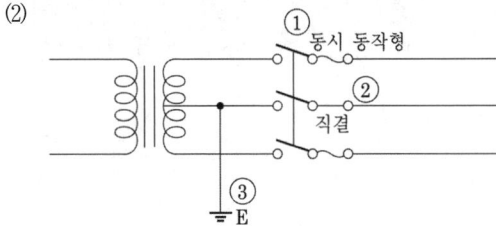

[해 설] (1) 설비 용량[VA] = 전압[V] × 전류[A]
(2) ① 개폐기는 동시동작형이어야 한다.
② 중성선을 직결한다.
③ 2차측 중성선을 계통접지공사를 한다.

▶출제년도 : 산업 99. 15.   ▶점수 : 6점

문제 3

다음은 용어에 관한 설명이다. ( ) 안에 알맞은 용어를 쓰시오.
(1) (   )이라 함은 가공전선로의 지지물에서 다른 지지물을 거치지 아니하고 수용장소의 인입선 접속점에 이르는 가공전선을 말한다.
(2) (   )이라 함은 지중전선로의 배전반 또는 가공전선로의 지지물에서 직접 수용장소에 이르는 지중전선로를 말한다.
(3) (   )이라 함은 하나의 수용장소의 인입선 접속점에서 분기하여 지지물을 거치지 아니하고 다른 수용장소의 인입선 접속점에 이르는 전선을 말한다.

[답안작성]   (1) 가공인입선   (2) 지중인입선   (3) 연접인입선

문제 4

▶출제년도 : 산업 95. ▶점수 : 4점

단상 3선식 배선공사에서 갈색, 검은색, 파란색 전선이 있을 때 중성선은 어느 색깔을 사용하면 좋은가?

답안작성 파란색

해 설 전선의 식별(KEC 121.2)
① 전선의 색상은 표에 따른다.

상(문자)	색상
L1	갈색
L2	검은색
L3	회색
N	파란색
보호도체	녹색-노란색

② 색상 식별이 종단 및 연결 지점에서만 이루어지는 나도체 등은 전선 종단부에 색상이 반영구적으로 유지될 수 있는 도색, 밴드, 색 테이프 등의 방법으로 표시해야 한다.

문제 5

▶출제년도 : 기사 99. ▶점수 : 3점

다음 그림에서 A, B, C의 명칭은?

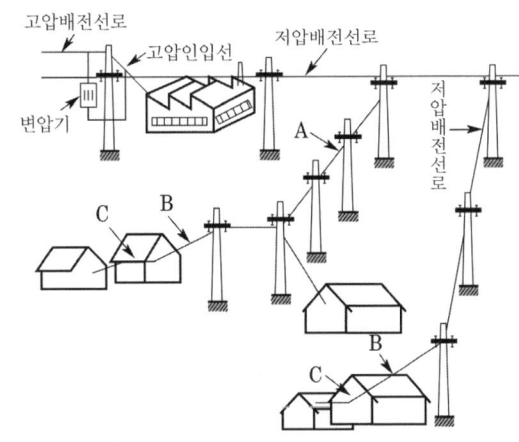

답안작성 A : 인입간선   B : 가공인입선   C : 연접인입선

문제 6

▶출제년도 : 산업 92. ▶점수 : 5점

연접인입선이라 함은 어떤 용어인가 간단하게 쓰시오.

답안작성 수용장소의 인입구에서 분기하여 지지물을 거치지 아니하고 다른 수용장소의 인입구에 접속점에 이르는 부분의 전선

문제 7

▶출제년도 : 산업 97. ▶점수 : 6점

연접 인입선 시설제한에 대하여 간단하게 쓰시오.

답안작성 ① 옥내를 관통하지 아니할 것
② 폭 5[m]를 넘는 도로를 횡단하지 아니할 것
③ 처음 인입선의 분기점으로 100[m] 넘는 지역에 미치지 아니할 것

문제 8

▶출제년도 : 산업 94. 04. 07.   ▶점수 : 5점

배전 변전소 또는 발전소로부터 배전간선에 이르기까지의 도중에 부하가 접속되어 있지 않은 선로를 무엇이라 하는가?

답안작성   Feeder(급전선)

문제 9

▶출제년도 : 산업 01.   ▶점수 : 5점

배전방식 중에 저압 네트워크 방식, T형 인입 방식, 저압 뱅킹 방식 등이 있다. 이들 중 공급 신뢰도가 가장 우수한 계통 구성 방식은?

답안작성   저압 네트워크 방식

문제 10

▶출제년도 : 기사 97. 14.   ▶점수 : 5점

사고가 났을 때 정전 범위를 가장 좁게 할 수 있는 배전 방식은?

답안작성   저압 네트워크 배전 방식

해 설   저압 네트워크 방식
배전 변전소의 동일 모선으로부터 2회선 이상의 급전선으로 전력을 공급하는 방식이다. 곧 저압 네트워크 방식은 그림과 같이 두 개 이상의 배전 변압기의 2차측(저압측)을 전기적으로 연결해서 망상으로 한 것인데 각 수용가에는 그 네트워크로부터 분기해서 직접 전기를 공급하도록 하고 있다.
① 무정전 공급이 가능해서 공급 신뢰도가 높다.
② 플리커, 전압 변동률이 적다.
③ 전력 손실이 감소된다.
④ 기기의 이용률이 향상된다.
⑤ 부하 증가에 대한 적응성이 좋다.
⑥ 변전소의 수를 줄일 수 있다.

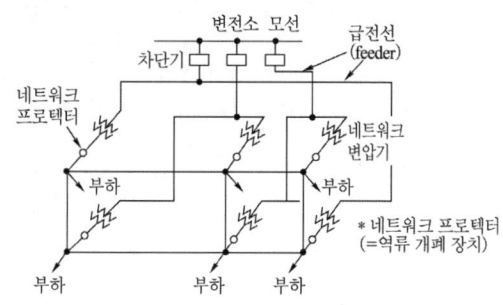

문제 11

▶출제년도 : 산업 93. 98.   ▶점수 : 5점

저압 뱅킹 배전방식에서 캐스케이딩(cascading) 현상이란 무엇인가 간단하게 쓰시오.

답안작성   변압기 또는 선로 사고의 파급효과에 의해 뱅킹 내의 건전한 변압기의 일부 또는 전부가 연쇄적으로 차단되는 현상

문제 12

▶출제년도 : 산업 97.   ▶점수 : 5점

가정용 100[V] 전압을 220[V]로 승압할 경우 저압전선에 나타나는 효과로서 전압강하율의 감소는 몇 [%]인가?

답안작성   계산 : 전압강하율 $\propto \dfrac{1}{V^2}$ 이므로 $\dfrac{1}{\left(\dfrac{220}{100}\right)^2} = 0.2066$

∴ 전압강하율 $= 1 - 0.2066 = 0.7934 = 79.34$[%]

답 : 79.34[%] 감소

8. 가공전선로의 시설

1) 시가지에 시설한 전선로

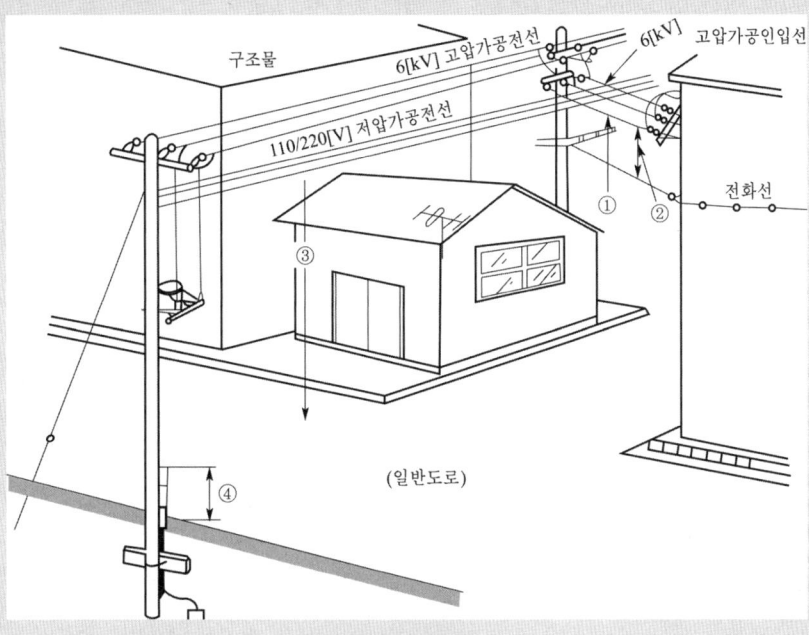

시가지에 시설한 전선로

① 고압 절연 전선(경동선)의 최소 굵기 : 5 [mm]
② 고압 가공 인입선과 전화선과의 최소 이격 거리 : 0.8 [m]
③ 저압 가공 전선의 지표상의 최소 높이 : 6 [m]
④ 합성 수지관의 지표상 최소 높이 : 2 [m]

2) 전력회사의 고압가공 전선로로부터 자가용 수용가 구내 기둥을 거쳐 수변전설비에 이르는 지중인입선의 시설도

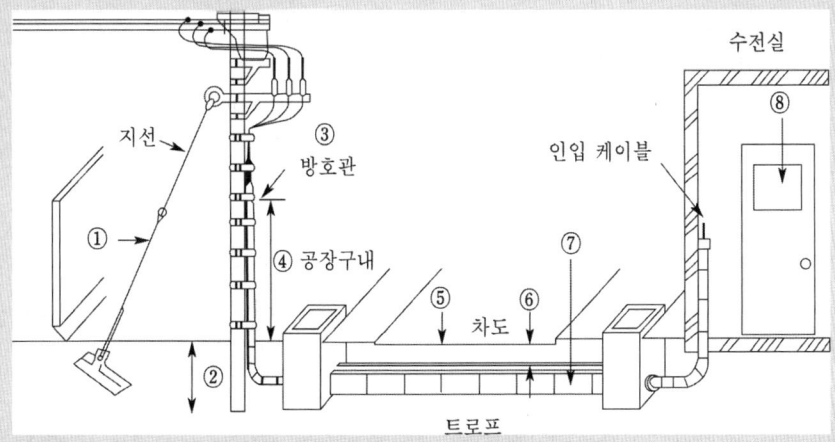

① 지선에 사용하는 소선 지름의 최소값 : 2.6[mm] 이상 금속선 사용
(단, [mm²]당 0.68[kN]의 인장력을 가지는 2.0[mm]도 사용 가능)

② 전주 15[m]의 최소 근입 깊이 : $15 \times \dfrac{1}{6} = 2.5$ [m]

③ 사용 가능한 전선 종류 : 비닐시스 케이블, 폴리에틸렌 시스 케이블, 클로로프렌 시스 케이블 등을 사용한다.

⑥ 차도 부분 매설 깊이 : 1[m]
(차량, 기타의 압력을 받을 우려가 있는 장소)

⑦ 매설방법
- 케이블을 콘크리트제 트로프에 넣어 시설
- 케이블의 바로 위 지표면에 표식을 설치
- 위 매설방법은 직접 매설식이다.

3) 시가지에 시설한 고압가공 인입선의 구체적인 예와 지표상 높이 및 이격거리의 예

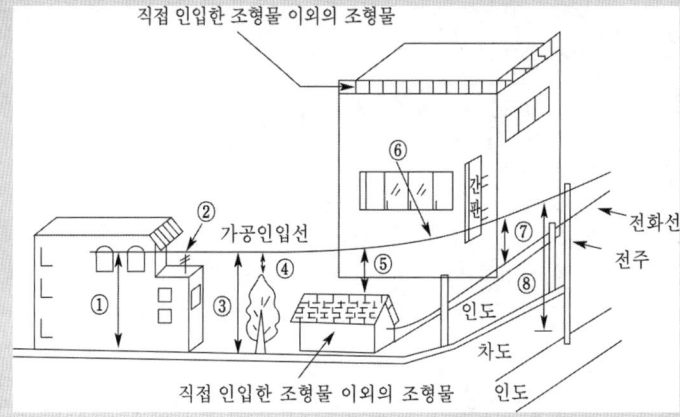

① 전선 아래에 위험 표시를 하는 경우 : 인입선의 높이는 지표상 3.5[m]까지 감할 수 있다.
② 안테나와의 이격거리 0.8[m] 이상
③ 일반장소의 지표상 높이 5[m] 이상
④ 수목과의 이격거리는 상시 불고 있는 바람에 접촉하지 않으면 된다.
⑤ 조영물 상방의 이격거리 2[m] 이상
⑥ 간판과의 이격거리 0.8[m] 이상
⑦ 전화선과의 이격거리 0.8[m] 이상
⑧ 도로 횡단 개소의 노면상으로부터의 높이 6[m] 이상

4) 구내고압 전로의 케이블 입상부의 실제도이다.(단, 전주의 전장은 16[m]이고, 설계하중 700[kg] 이하의 철근 콘크리트 주이다.)

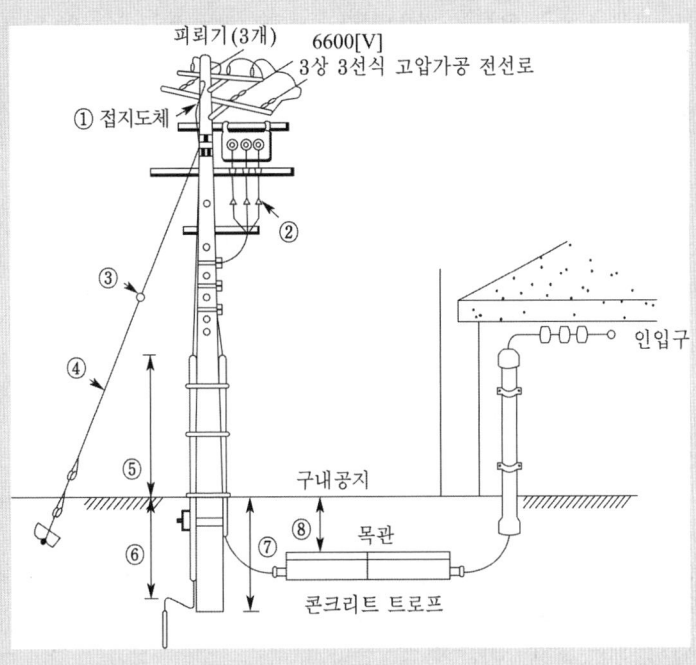

① 접지도체의 최소 굵기 6[mm²] 이상
② 케이블헤드
③ 지선애자(옥애자)
④ 지선
⑤ 지표상에서 최소 2[m]의 높이(케이블 보호관임)
⑥ 접지극 매설의 최소 깊이 0.75[m] 이상
⑦ 땅 속으로 묻히는 최소 깊이 2.5[m] 이상
⑧ 이 부분의 목관의 최소 깊이 0.6[m] 이상(단, 중량물에 의한 압력은 안 받는다.)

문제 13

▶출제년도 : 산업 92. 93.　　▶점수 : 10점

장주 공사에 관한 물음이다. 옳으면 ○표, 틀리면 ×표를 하여라.
(1) ㄱ형 완금에는 900[mm], 1400[mm], 1800[mm], 2400[mm], 2600[mm], 3200[mm]가 있다.
(2) 경완금에는 900[mm], 1400[mm], 1400[mms], 1800[mm], 1800[mms], 2400[mm]가 있다.
(3) 암타이는 평암타이, 각암타이가 있다.
(4) 암타이 및 랙크 밴드에는 1방 및 2방, 각 2호~6호가 있다.
(5) 랙크에는 1선용, 2선용, 3선용, 4선용이 있다.
(6) 인류 스트랩은 ACSR 중성선의 인류 및 내장 개소에 적용한다.
(7) 가공지선 지지대에는 직선용과 내장용이 있다.
(8) 저압핀 애자 및 인류 애자 접지측에는 녹색을 사용한다.

(9) CP 주의 1단 장주는 말구에서 250 [mm] 지점에 시설한다.
(10) U볼트를 사용하여 편출 장주로 할 수 있는 완금은 ㄱ형 완금 2600 [mm], 경완금 2400 [mm] 2종 뿐이다.

답안작성
(1) ×   (2) ○   (3) ○   (4) ○   (5) ○
(6) ○   (7) ○   (8) ○   (9) ○   (10) ○

해 설
(1) ㄱ형 완금 : 배전용 (900 [mm], 1400 [mm], 1800 [mm], 2400 [mm], 2600 [mm] 5종)
    송전용 : 3200 [mm], 3400 [mm], 5400 [mm] 3종
(4) 암타이 및 랙크밴드에는 1방 및 2방이 있으며 각 2호(180 [mm])~6호(280 [mm]) 10종을 표준규격으로 사용

문제 14 ▶출제년도 : 산업 92. 93.   ▶점수 : 10점

다음 문제를 읽고 옳으면 ○표, 틀리면 ×표를 하시오.
(1) 노브애자의 일자 바인드에서 바인드선을 약 40 [cm] 길이로 자르고 전선(2.6 [mm])을 노브애자의 홈에 대고 바인드 할 위치에 정한다.
(2) 금속 몰드 공사에서 동일면에서 직각 굴곡시 엑스터미널 엘보를 사용한다.
(3) 커플링에 들어가는 관의 길이는 관 바깥 지름의 1.2배 이상으로 하고 접착제를 사용할 때에는 0.8배 이상이어야 한다.
(4) 노크아웃이 없는 박스를 사용할 때에는 합성수지관용 호올소(hole saw)를 사용해서 구멍을 뚫어야 한다.
(5) 나이프 스위치는 전선의 접속단자 위치에 따라 표면 접속형과 이면 접속형이 있고 접속 전선 수에 따라 단극, 2극, 3극의 구별이 있으며 각각 1P, 2P, 3P 또는 SP, DP, TP로 나타낸다.

답안작성 (1) ○   (2) ○   (3) ○   (4) ○   (5) ○

문제 15 ▶출제년도 : 산업 94. 00.   ▶점수 : 10점

다음 ( )안에 알맞는 답을 쓰시오.
(1) 애자공사에서 전선과 조영재와의 이격 거리는 400 [V] 이하인 경우에는 ( ) [cm] 이상이어야 한다.
(2) 합성 수지 몰드 공사에서 합성 수지 몰드는 홈의 폭 및 깊이가 3.5 [cm] 이하, 두께가 2 [mm] 이상인 것일 것. 다만, 사람이 쉽게 접촉할 우려가 없도록 시설하는 경우에는 폭이 ( ) [cm] 이하이어야 한다.
(3) 라이팅 덕트 공사에서 덕트의 지지점간의 거리는 ( ) [m] 이하로 하여야 한다.
(4) 고압 가공 전선로의 경간에서 철탑은 경간이 ( ) [m] 이하여야 한다.
(5) 소세력 회로의 시설에서 전자 개폐기의 조작 회로 또는 초인벨, 경보벨 등에 접속하는 전로로써 최대 사용 전압이 ( ) [V] 이하인 것을 사용하여야 한다.
(6) 특고압 가공 전선이 삭도와 제2차 접근 상태로 시설할 경우에 특고압 가공 전선로는 ( ) 보안 공사를 하여야 한다.

답안작성
(1) 2.5   (2) 5   (3) 2
(4) 600   (5) 60 (6) 제2종 특고압

문제 16 ▶출제년도 : 산업 92. ▶점수 : 10점

다음 그림은 22.9〔kV-Y〕가공 전선로로부터 자가용 수용가의 구내에 있는 전주를 거쳐 지중을 통과하여 건물의 옥상에 있는 수전 설비까지의 전로를 나타낸 것이다. 이 그림을 참조하여 문제 ①~⑦에 답하여라.

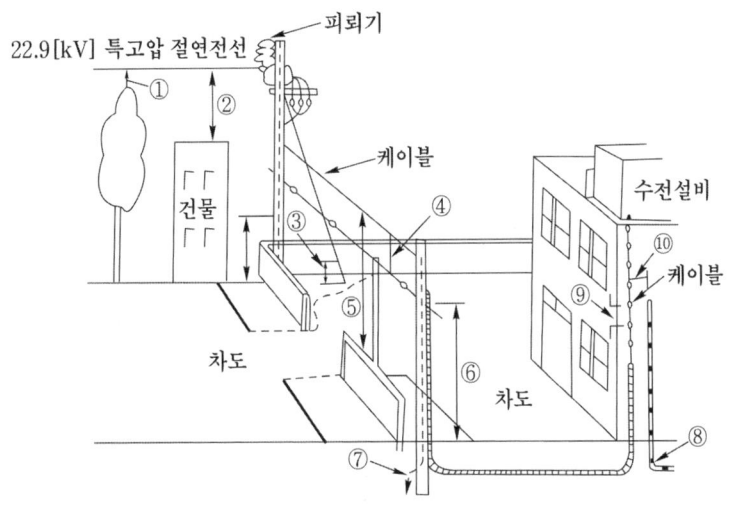

(1) 22.9〔kV〕가공 전선으로 케이블을 사용하는 경우 식물과의 이격 거리는 다음 중 어느 것에 해당하는가? 단, 1.2〔m〕이상 이격하여야 한다. 2.0〔m〕이상 이격하여야 한다. 접촉하지 않도록 한다. (도면에 표시된 ①참조)

(2) 22.9〔kV-Y〕가공 전선(특고압 절연 전선)이 건물의 위쪽으로 통과할 때 그 이격 거리의 최소값〔m〕은? (도면에 표시된 ②참조)

(3) 지선의 지표 부근에 시설하는 지선봉의 표면상 높이의 최소값은? (도면에 표시된 ③참조)

(4) 22.9〔kV-Y〕가공 전선(케이블)과 전화선(통신용 케이블)과의 이격 거리의 최소값〔m〕은? (도면에 표시된 ④참조)

(5) 22.9〔kV-Y〕가공 전선(케이블)이 도로를 횡단할 경우 지표상 높이의 최소값〔m〕은? (도면에 표시된 ⑤참조)

(6) 케이블이 손상을 받을 우려가 있는 곳에 시설하는 경우 케이블의 보호관의 지표상 높이의 최소값은 몇〔m〕이상으로 하여야 하는가? (도면에 표시된 ⑥참조)

(7) 케이블 보호관의 접지 공사의 접지극으로 내경 75〔mm〕이상의 금속제 수도관을 대용하는 경우 수도관의 접지 저항의 최대값〔Ω〕은? (도면에 표시된 ⑧ 참조)

답안작성
(1) 접촉하지 않도록 한다.   (2) 2.5〔m〕
(3) 0.3〔m〕   (4) 0.5〔m〕
(5) 6〔m〕   (6) 2〔m〕
(7) 3〔Ω〕

문제 17

▶출제년도 : 산업 94. 97.   ▶점수 : 16점

다음 그림은 시가지에 시설한 고압 전선로에서 자가용 수용가에 구내 전주를 경유해서 옥외 수전 설비에 이르는 전선로 및 시설의 실체도이다. 물음에 답하시오.

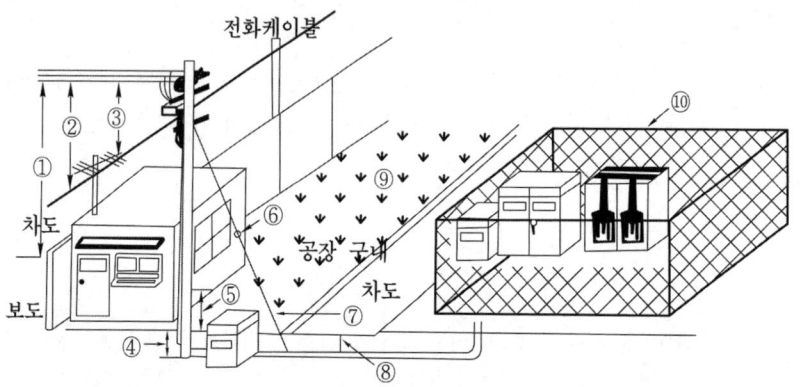

(1) 그림에 표시된 ①에서 고압 가공전선이 차도를 횡단하는 경우 지표상의 높이는 몇 [m] 이상인가?
(2) 그림에 표시된 ②에서 고압 가공전선과 전화 케이블의 이격거리는 몇 [cm] 이상인가?
(3) 그림에 표시된 ③에서 고압 가공전선과 TV 안테나의 이격거리는 몇 [cm] 이상인가?
(4) 그림에 표시된 ④에서 전주가 땅에 묻히는 길이는 몇 [m]인가? (단, 인입주는 전장 15 [m]의 콘크리트주이고, 설계하중은 6.8 [kN] 이다.)
(5) 그림에 표시된 ⑤에서 발판 볼트의 지표상 높이는 몇 [m]인가?
(6) 그림에 표시된 ⑥에서 이 물품의 사용 목적은 무엇인가?
(7) 그림에 표시된 ⑦에서 사용되는 소선의 가닥수는 얼마인가?
(8) 그림에 표시된 ⑧에서 지중 전선로의 차도에서의 매설 깊이는 몇 [m] 이상인가?

답안작성
(1) 6 [m]
(2) 80 [cm]
(3) 80 [cm]
(4) 땅에 묻히는 깊이 = $15 \times \dfrac{1}{6} = 2.5$ [m]
(5) 1.8 [m]
(6) 감전 사고 방지
(7) 3가닥
(8) 1 [m]

문제 18

▶출제년도 : 기사 92. 98.   ▶점수 : 12점

다음 그림은 시가지에 시설한 전선로 등을 나타내고 있다. 한국전기설비규정(KEC)에 준하여 다음 물음에 답하여라. 단, 고압 가공 전선 및 고압 가공 인입선에는 고압 절연 전선을 사용하고, 저압 가공 전선으로는 옥외용 비닐 절연 전선을 사용하고 있다.

(1) ①의 고압 가공 인입선에 고압 절연 전선(경동선)을 사용하는 경우 전선의 최소 굵기는 얼마인가?
(2) ②부분의 고압 가공 인입선과 전화선과의 이격 거리는 최소 몇 [m]인가?
(3) ⑥의 저압 가공 전선의 지표상의 높이는 최소 몇 [m]로 하는가?
(4) ⑧의 접지도체(변압기 2차측 접지)으로서 동전선의 최소 굵기는 얼마인가?
(5) ⑨의 합성 수지관의 지표상 최소 높이는 몇 [m]인가?
(6) ⑧의 접지는 어떤 종류의 접지인가?

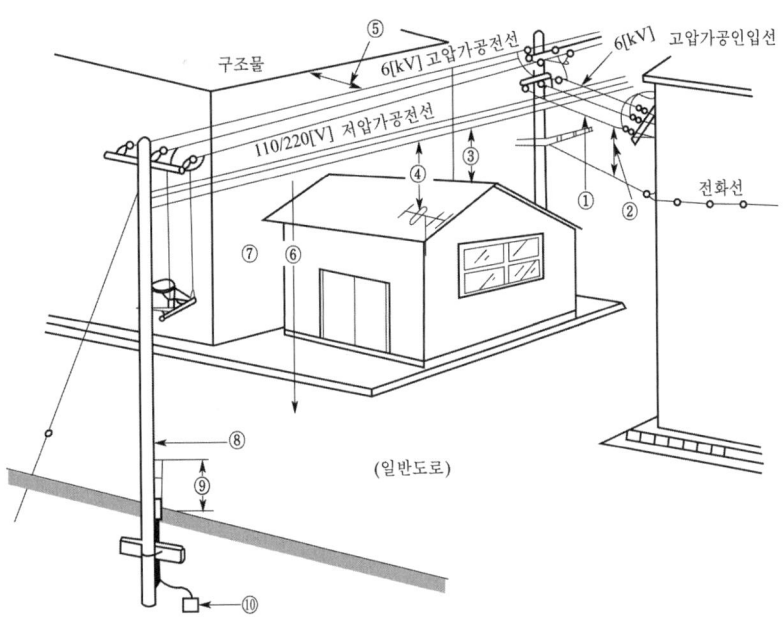

답안작성

(1) 5 [mm]　　(2) 0.8 [m]
(3) 6 [m]　　(4) 6 [mm²]
(5) 2 [m]　　(6) 계통접지

해 설　접지도체(KEC 142.3.1)

(1) 접지도체의 굵기는 고장 시 흐르는 전류를 안전하게 통할 수 있는 것으로서 다음에 의한다.

　가. 특고압·고압 전기설비용 접지도체 : 단면적 6 [mm²] 이상의 연동선

　나. 중성점 접지용 접지도체 : 공칭단면적 16 [mm²] 이상의 연동선 다만, 다음의 경우에는 공칭단면적 6 [mm²] 이상의 연동선을 사용할 수 있다.

　　① 7 [kV] 이하의 전로

　　② 사용전압이 25 [kV] 이하인 특고압 가공전선로(다만, 중성선 다중접지식의 것으로서 전로에 지락이 생겼을 때 2초 이내에 자동적으로 이를 전로로부터 차단하는 장치가 되어 있는 것.)

(2) 접지도체는 지하 0.75 [m]부터 지표 상 2 [m]까지 부분은 합성수지관(두께 2 [mm] 미만의 합성수지제 전선관 및 가연성 콤바인덕트관은 제외한다) 또는 이와 동등 이상의 절연효과와 강도를 가지는 몰드로 덮어야 한다.

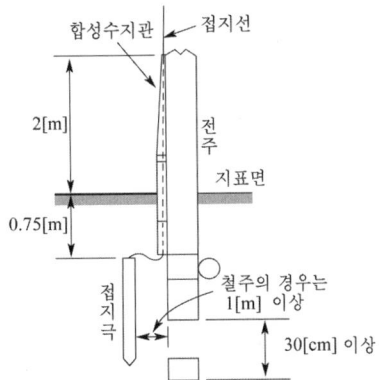

문제 19 ▶출제년도 : 산업 98. 00. ▶점수 : 10점

다음 시가지에 있어서 6600[V]의 고압가공 전선로(OC선)에서 지중 케이블에 의해 자가용 변전소에 인입되는 경우의 배치도이다. 다음 (1)~(5)의 질문에 답하여라.

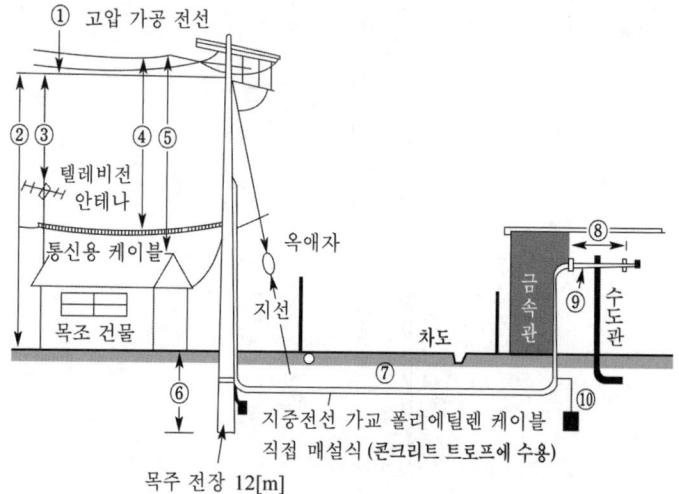

(1) ⑥으로 표시된 전주의 매입되는 깊이는?
(2) ⑦로 표시된 고압케이블의 매설 깊이는 얼마인가?
(3) ①로 표시된 고압가공전선에 경동선을 사용하는 경우 전선의 최소 굵기는?
(4) ⑤로 표시된 고압가공전선과 지붕과의 최소 이격 거리는?

답안작성
(1) $12\,[\text{m}] \times \dfrac{1}{6} = 2\,[\text{m}]$ (2) 1.0[m]
(3) 5.0[mm]   (4) 2[m]

해 설
(1) 지중전선로의 시설(KEC 334.1)
지중 전선로를 직접 매설식에 의하여 시설하는 경우에는 매설 깊이를 차량 기타 중량물의 압력을 받을 우려가 있는 장소에는 1.0[m] 이상, 기타 장소에는 0.6[m] 이상으로 하고 또한 지중 전선을 견고한 트라프 기타 방호물에 넣어 시설하여야 한다.
(3) 고압 가공전선의 굵기 및 종류(KEC 332.3)
고압 가공전선은 인장강도 8.01[kN] 이상의 고압 절연전선, 특고압 절연전선 또는 지름 5[mm] 이상의 경동선의 고압 절연전선, 특고압 절연전선을 사용하여야 한다.

문제 20 ▶출제년도 : 기사 93. 95. ▶점수 : 10점

다음 그림은 시가지에 시설할 고저압 가공 전선로와 함께 도로를 횡단해서 고압 가공 전선 및 가공 케이블에 의해서 인입한 자가용 전기 설비까지의 전로를 나타낸 것이다. 도면을 보고 물음을 답하시오.

(1) 도면 ①에 표시된 지중 전선의 매설 깊이[m]는?
(2) 도면 ②에 표시된 고압 가공 전선의 도로 지표상의 최소 높이[m]는?
(3) 도면 ③에 표시된 구내 전주의 땅에 묻히는 최소 깊이[m]는?
(4) 도면 ④에 표시된 고압 가공 전선과 가로등 전주와의 최소 이격 거리[m]는?
(5) 도면 ⑤에 표시된 고압 가공 인입 케이블용 조가용선은 아연도 철연선을 사용하는 경우 최소 단면적[mm²]은?

(6) 도면 ⑦에 표시된 고압 가공 전선과 저압 가공 전선과의 최소 이격 거리[m]는?
(7) 도면 ⑧에 표시된 주상 변압기의 지표상 최소 높이[m]는?
(8) 도면 ⑨에 표시된 육교와 저압 가공 전선과의 최소 이격 거리[m]는?

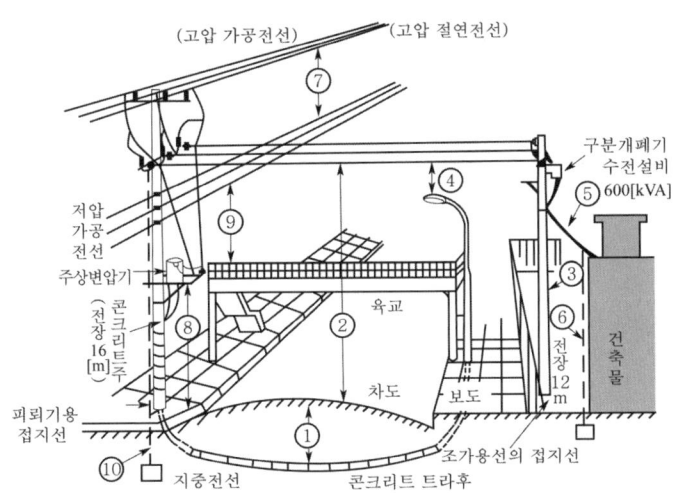

답안작성 (1) 1[m] (2) 6[m]
(3) 2[m] (4) 0.8[m]
(5) 22[mm²] (6) 0.5[m]
(7) 4.5[m] (8) 3[m]

문제 21 ▶ 출제년도 : 기사 96. 98. 14. ▶ 점수 : 10점

그림은 전력회사의 고압가공 전선로로부터 자가용 수용가 구내기둥을 거쳐 수변전 설비에 이르는 지중인입선의 시설도이다. 다음 물음에 답하시오.

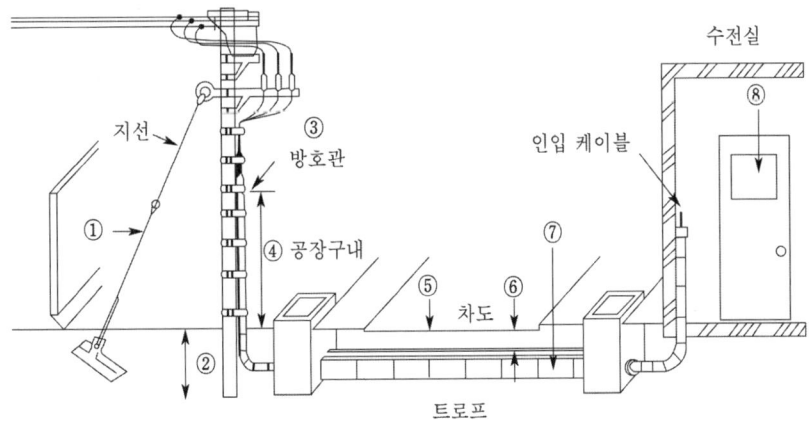

(1) ①의 지선에 사용하는 소선 지름의 최소값[mm]은?
(2) ②전주의 근입의 최소값[m]은? (단, 전체길이 15[m]의 철근콘크리트이다.)
(3) ③의 전선으로 사용할 수 없는 것은 다음 중 어느 것인가 1개만 쓰시오.
"비닐 시스 케이블, 폴리에틸렌 시스 케이블, 클로로프렌 시스 케이블, 고압절연전선"

(4) ⑥의 지중전선로의 차도 부분 매설 깊이의 최소값[m]은?
(5) ⑦의 케이블 매설 방법에서 다음 중 잘못된 것을 1개만 쓰시오.
- 케이블을 콘크리트제 트로프에 넣어 시설하였다.
- 매설 방법은 관로인입식이다.
- 케이블의 바로 위 지표면에 표식을 설치하였다.
- 위 매설 방법은 직접 매설식이다.

답안작성
(1) 2.6[mm]
(2) 2.5[m]
(3) 고압 절연 전선
(4) 1[m]
(5) 매설 방법은 관로 인입식이다.

해 설
(1) 단, [mm²]당 0.68[kN]의 인장력을 가지는 2.0[mm]도 사용 가능
(2) $15 \times \dfrac{1}{6} = 2.5$ [m]

문제 22

▶ 출제년도 : 기사 96. 99.   ▶ 점수 : 16점

그림은 시가지에 시설한 고압가공 인입선의 구체적인 예와 지표상 높이 및 이격거리의 예다. 한국전기설비규정(KEC)에 의하여 ①~⑧에 관한 질문에 바른 답을 쓰시오. (단, 전선은 고압 절연 전선임)

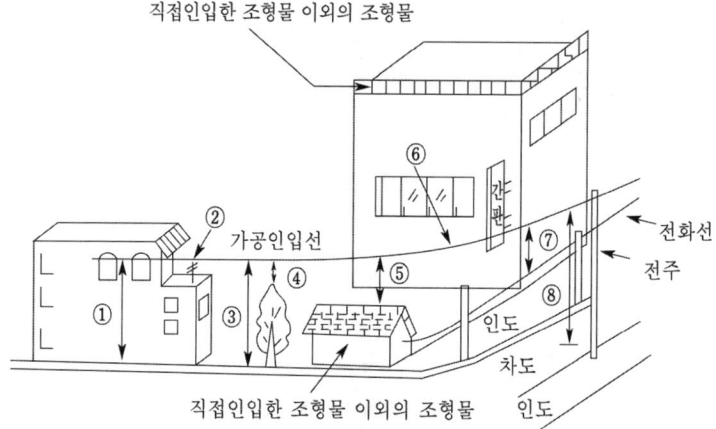

(1) ①로 표시된 곳에 인입선 부착점의 높이는 지표상 몇 [m]까지 감할 수 있는가?
(2) ②로 표시된 곳의 안테나와의 이격거리는 몇 [m] 이상인가?
(3) ③으로 표시된 곳에 일반장소의 지표상 높이는 몇 [m] 이상인가?
(4) ④로 표시된 곳에 수목과의 이격거리는 0.6[m]이다. 옳은가, 틀린가로 택하여 쓰시오.
(5) ⑤로 표시된 곳에 직접 인입한 조영물 이외의 조영물 상방의 이격거리는 몇 [m]인가?
(6) ⑥으로 표시된 곳에 간판과의 이격거리는 몇 [m]인가?
(7) ⑦로 표시된 곳에 전화선과의 이격거리는 몇 [m] 이상인가?
(8) ⑧로 표시된 곳에 도로 횡단 개소의 노면상으로부터의 높이는 몇 [m] 이상인가?

답안작성
(1) 3.5 [m]   (2) 0.8 [m]
(3) 5 [m]   (4) 틀리다
(5) 2 [m]   (6) 0.8 [m]
(7) 0.8 [m]   (8) 6 [m]

해 설
(1), (3) 고압 가공인입선의 시설(KEC 331.12.1)
　고압 가공인입선의 높이는 지표상 5[m]로 하여야 한다. 그러나 그 고압 가공인입선이 케이블 이외의 것인 때에는 그 전선의 아래쪽에 위험 표시를 하면 고압 가공인입선의 높이는 지표상 3.5[m] 까지로 감할 수 있다.
(2) 고압 가공전선과 안테나의 접근 또는 교차(KEC 332.14)
　사용전압이 고압이고 절연전선이므로 0.8[m] (참고 : 케이블 0.4[m])
(4) 고압 가공전선과 식물의 이격거리(KEC 332.19)
　원칙 : 상시 불고 있는 바람에 접촉하지 않으면 된다.

문제 23　▶출제년도 : 기사 97.　▶점수 : 16점

그림은 전력회사의 고압가공 전선로에서 자가용 수용가 구내 기둥을 거쳐 수전 설비에 이르는 가공인입선 시설도이다. 다음 물음에 답하시오.

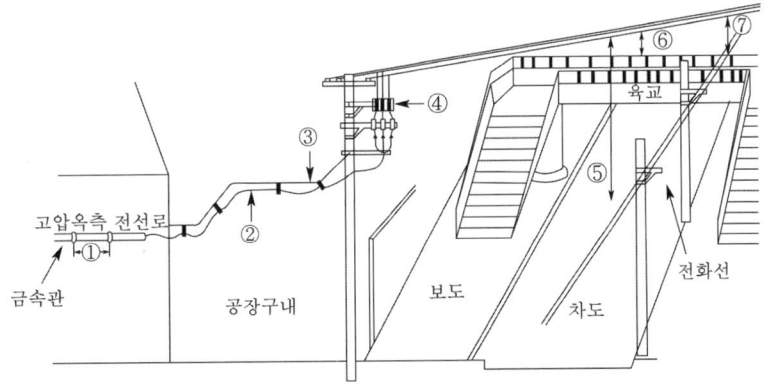

(1) ①의 고압 케이블을 조영재에 설치하는 경우 지지점간 거리는 최대 몇 [m]이하인가?
(2) ②의 케이블 시설방법에서 다음중 옳은 것을 택하여 답하시오.
　• 케이블에 오프셋을 시설하였다.
　• 케이블은 CD케이블을 사용하였다.
(3) ③의 가공인입선 조가의 모양은 어떤 형인가?
(4) ③의 고압케이블의 의한 가공인입선 조가방법중 옳은 것을 택하여 답하시오.
　• 안전율은 2.5 이상의 조가선을 사용하였다.
　• 조가용선에는 접지공사를 하지 않았다.
(5) ④의 구분개폐기 시설방법에서 옳은 방법을 택하여 답하시오.
　• 구분개폐기의 단로기를 설치하였다.
　• 구분개폐기를 안전상의 책임분계점에 설치하였다.
(6) ⑤의 고압가공전선의 차도횡단에서 높이의 최소값[m]은?
(7) ⑥의 고압가공전선의 육교 노면위 높이의 최소값[m]은?
(8) ⑦의 고압가공전선의 전화선 이격거리의 최소값[cm]은?

답안작성
(1) 2 [m]
(2) 케이블에 오프셋을 시설하였다.
(3) 행거형
(4) 안전율 2.5이상의 조가용선을 사용하였다.
(5) 구분 개폐기를 안전상 책임분개점에 설치한다.
(6) 6 [m]
(7) 3.5 [m]
(8) 80 [cm]

문제 24

▶ 출제년도 : 기사 97. 99. 14. 19.   ▶ 점수 : 10점

그림은 전력 회사의 고압 가공 전선로부터 자가용 수용가 구내 기둥을 거쳐 수변전 설비에 이르는 지중 인입선의 시설도이다. 다음 물음에 답하시오.

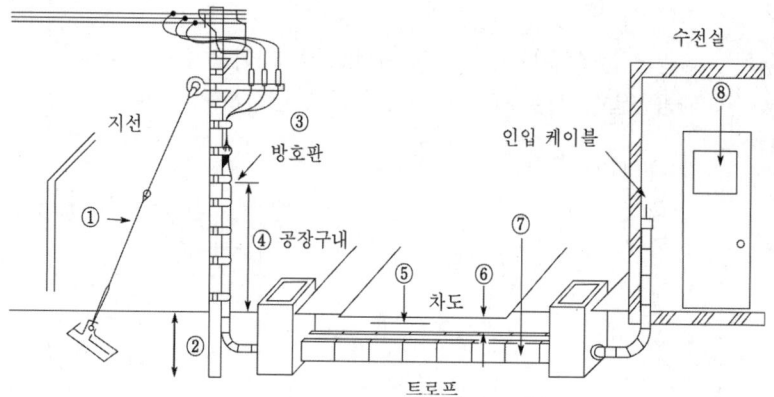

(1) 가공 전선로 지지물에 시설하는 지선은 소선 몇 조 이상으로 꼬아서 사용하는가?
(2) 지선의 안전율은 몇 이상으로 하고 허용인장하중의 최저값은 몇 [kN]으로 하는가?
(3) ⑧의 수전실 출입구와 문에 의무화되어 있지 않은 것은 다음 중 어느 것인가 택하여 답하시오.
  • 자물쇠 장치를 시설하였다.
  • 관계자외 출입금지 표시를 하였다.
  • 화기엄금 표시를 하였다.
(4) ⑤의 케이블 표시 시트에서 표시하지 않는 것은 다음 중 어느 것인가 택하시오.
  • 물건의 명칭   • 관리자명
  • 전압 및 매설년도   • 케이블의 종류

답안작성
(1) 3조
(2) 안전율 : 2.5 이상, 허용인장하중 : 4.31 [kN]
(3) 화기엄금 표시를 하였다.
(4) 케이블의 종류

03 배전선로의 기술적인 계산

1. 변압기 중성점 접지저항값

접지공사의 종류	접지 저항값의 상한
변압기 중성점 접지	$R_2 = \dfrac{150}{\text{변압기의 고압측 또는 특고압측의 1선 지락전류}}$ 〔Ω〕 단, 변압기의 고압·특고압측 전로 또는 사용전압이 35〔kV〕 이하의 특고압전로가 저압측 전로와 혼촉하고 저압전로의 대지전압이 150〔V〕를 초과하는 경우 저항 값은 다음에 의한다. ① 1초를 초과하고 2초 이내에 차단하는 장치가 있는 경우 $R_2 = \dfrac{300}{\text{변압기의 고압측 또는 특고압측의 1선 지락전류}}$ 〔Ω〕 ② 1초 이내에 차단하는 장치가 있는 경우 $R_2 = \dfrac{600}{\text{변압기의 고압측 또는 특고압측의 1선 지락전류}}$ 〔Ω〕

단, 전로의 1선 지락전류는 실측값에 의한다. 다만, 실측이 곤란한 경우에는 선로정수 등으로 계산한 값에 의한다.

문제 1 ▶출제년도 : 기사 93. ▶점수 : 4점

변압기 고압측 전로의 1선 지락전류가 5〔A〕일 때 변압기 중성점 접지저항의 최대값은 몇 〔Ω〕인가?

• 계산 :   • 답 :

답안작성

계산 : $R = \dfrac{150}{\text{1선 지락전류}} = \dfrac{150}{5} = 30$ 〔Ω〕

답 : 30 〔Ω〕

문제 2 ▶출제년도 : 산업 89. 97. ▶점수 : 6점

고압전로와 저압전로를 결합하는 3300/210〔V〕의 △-△결선 3상 변압기가 있다. 고압 1선 지락전류가 10〔A〕일 때 저압전로에 접속하는 기기의 접촉전압(누전시 외피의 대지전압)을 30〔V〕로 하려면 보호 접지공사의 저항값은 얼마로 하여야 하는가?

답안작성

계산 : 중성점 접지 저항값 $R_2 = \dfrac{150}{10} = 15$ 〔Ω〕

전류 $I = \dfrac{210}{15 + R_3}$

접촉전압 $V_g = \dfrac{210}{15 + R_3} \times R_3 = 30$ 〔V〕

$$\therefore 450 + 30R_3 = 210R_3$$
$$\therefore R_3 = \frac{450}{180} = 2.5\,[\Omega]$$

답 : 2.5 [Ω]

해 설 ① 중성점 접지공사의 접지저항
$$R_2 = \frac{150}{I_g} = \frac{150}{10} = 15\,[\Omega]$$

②

$R_2 = 15\,[\Omega]$, $R_3 = ?$

$$V_g = I_g \times R_3 = \frac{V}{R_2 + R_3} \times R_3 = 30\,[V]$$

$V = 210\,[V]$, I_g

문제 3

▶출제년도 : 산업 93. 96. 04.   ▶점수 : 5점

3상 3선식 선로의 길이가 90 [km], 단상 2선식 15 [km]의 6.6 [kV] 가공배선 선로에 접속된 주상 변압기의 저압측에 시설될 중성점 접지공사의 저항값을 구하시오. (단, 1초 초과, 2초 이내에 자동적으로 고압전로를 차단할 수 있게 되어 있으며, 고압측 1선 지락전류는 5 [A] 라고 한다.)

답안작성 계산 : 1초 초과 2초 이내에 고압·특고압 전로를 자동으로 차단하는 장치가 되어 있으므로
$$R = \frac{300}{I_g} = \frac{300}{5} = 60\,[\Omega]$$
답 : 60 [Ω]

해 설 변압기 중성점 접지(KEC 142.5)
변압기의 중성점접지 저항 값은 다음에 의한다.
1) 일반적으로 변압기의 고압·특고압측 전로 1선 지락전류로 150을 나눈 값과 같은 저항 값 이하
$$R = \frac{150}{\text{변압기의 고압측 또는 특고압측의 1선 지락전류}}\,[\Omega]$$
2) 변압기의 고압·특고압측 전로 또는 사용전압이 35 [kV] 이하의 특고압전로가 저압측 전로와 혼촉하고 저압전로의 대지전압이 150 [V]를 초과하는 경우는 저항 값은 다음에 의한다.
  가. 1초 초과 2초 이내에 고압·특고압 전로를 자동으로 차단하는 장치를 설치할 때는 300을 나눈 값 이하
$$R = \frac{300}{\text{변압기의 고압측 또는 특고압측의 1선 지락전류}}\,[\Omega]$$
  나. 1초 이내에 고압·특고압 전로를 자동으로 차단하는 장치를 설치할 때는 600을 나눈 값 이하
$$R = \frac{600}{\text{변압기의 고압측 또는 특고압측의 1선 지락전류}}\,[\Omega]$$

문제 4

▶출제년도 : 산업 91. 96. 97. 03.   ▶점수 : 6점

3상 3선식 중성점 비접지식 6600 [V] 가공전선로가 있다. 이 전선로의 전선 연장이 350 [km]이다. 이 전로에 접속된 주상변압기 100 [V]측 그 1단자에 중성점 접지공사를 할 때 접지 저항값은 얼마 이하로 유지하여야 하는가? (단, 이 전선로는 고저압 혼촉시 2초 이내에 자동 차단하는 장치가 있으며, 고압측 1선 지락전류는 5 [A] 라고 한다.)

답안작성 계산 : 2초 이내 자동 차단하는 장치가 있으므로
$$R_2 = \frac{300}{I_g} = \frac{300}{5} = 60\,[\Omega]$$
답 : 60 [Ω]

해 설 변압기 중성점 접지(KEC 142.5)
변압기의 중성점접지 저항 값은 다음에 의한다.
1) 일반적으로 변압기의 고압·특고압측 전로 1선 지락전류로 150을 나눈 값과 같은 저항 값 이하
$$R = \frac{150}{\text{변압기의 고압측 또는 특고압측의 1선 지락전류}}\,[\Omega]$$
2) 변압기의 고압·특고압측 전로 또는 사용전압이 35 [kV] 이하의 특고압전로가 저압측 전로와 혼촉하고 저압전로의 대지전압이 150 [V]를 초과하는 경우는 저항 값은 다음에 의한다.
   가. 1초 초과 2초 이내에 고압·특고압 전로를 자동으로 차단하는 장치를 설치할 때는 300을 나눈 값 이하
$$R = \frac{300}{\text{변압기의 고압측 또는 특고압측의 1선 지락전류}}\,[\Omega]$$
   나. 1초 이내에 고압·특고압 전로를 자동으로 차단하는 장치를 설치할 때는 600을 나눈 값 이하
$$R = \frac{600}{\text{변압기의 고압측 또는 특고압측의 1선 지락전류}}\,[\Omega]$$

2. 전압 강하

1) 허용 전압 강하

① 수용가 설비의 인입구로부터 기기까지의 전압강하는 표의 값 이하이어야 한다.

설비의 유형	조명 [%]	기타 [%]
A - 저압으로 수전하는 경우	3	5
B - 고압 이상으로 수전하는 경우[a]	6	8

[a] 가능한 한 최종회로 내의 전압강하가 A 유형의 값을 넘지 않도록 하는 것이 바람직하다. 사용자의 배선설비가 100[m]를 넘는 부분의 전압강하는 미터 당 0.005[%] 증가할 수 있으나 이러한 증가분은 0.5[%]를 넘지 않아야 한다.

② 다음의 경우에는 표보다 더 큰 전압강하를 허용할 수 있다
- 기동 시간 중의 전동기
- 돌입전류가 큰 기타 기기

2) 전압 강하 및 전선의 단면적 계산

① 전압 강하 계산(단상 3선식, 직류 3선식, 3상 4선식의 경우 전압강하 e_1)

[조건]
- 교류의 경우 역률 $\cos\theta = 1$
- 각상 부하 평형
- 전선의 도전율은 97 [%]

$$e_1 = IR = I \times \rho\frac{L}{A} = I \times \frac{1}{58} \times \frac{100}{C} \times \frac{L}{A}$$
$$= I \times \frac{1}{58} \times \frac{100}{97} \times \frac{L}{A} = 0.0178 \times \frac{LI}{A} = \frac{17.8LI}{1000A}$$

전기 방식	전압 강하		전선 단면적
단상 3선식 직류 3선식 3상 4선식	$e_1 = IR$	$e_1 = \dfrac{17.8LI}{1000A}$	$A = \dfrac{17.8LI}{1000e_1}$
단상 2선식 및 직류 2선식	$e_2 = 2IR = 2e_1$	$e_2 = \dfrac{35.6LI}{1000A}$	$A = \dfrac{35.6LI}{1000e_2}$
3상 3선식	$e_3 = \sqrt{3}IR = \sqrt{3}e_1$	$e_3 = \dfrac{30.8LI}{1000A}$	$A = \dfrac{30.8LI}{1000e_3}$

여기서, A : 전선의 단면적 [mm²]
　　　e_1 : 외측선 또는 각 상의 1선과 중성선 사이의 전압 강하 [V]
　　　e_2, e_3 : 각 선간의 전압 강하 [V]
　　　L : 전선 1본의 길이 [m]
　　　C : 전선의 도전율(97 [%])

문제 5

▶ 출제년도 : 산업 99. 15.　　▶ 점수 : 5점

그림과 같은 분기회로 전선의 단면적을 산출하여 굵기를 산정하시오.
단, • 배전방식은 단상 2선식, 교류 100 [V]로 한다.
　　• 사용전선은 450/750 [V] 일반용 단심 비닐절연전선이다.
　　• 전선관은 후강전선관이며, 전압강하는 최원단에서 2 [%]로 한다.

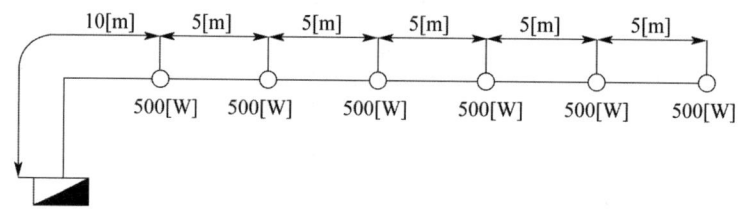

답안작성

계산 : 부하 중심점 : $L = \dfrac{i_1 l_1 + i_2 l_2 + i_3 l_3 + \cdots + i_n l_n}{i_1 + i_2 + i_3 + \cdots + i_n}$

$L = \dfrac{5 \times 10 + 5 \times 15 + 5 \times 20 + 5 \times 25 + 5 \times 30 + 5 \times 35}{5+5+5+5+5+5} = 22.5$ [m]

부하 전류 : $I = \dfrac{500 \times 6}{100} = 30$ [A]

∴ 전선의 굵기 $A = \dfrac{35.6LI}{1000e} = \dfrac{35.6 \times 22.5 \times 30}{1000 \times 2} = 12.02$ [mm²]

답 : 16 [mm²]

해설

① 부하가 분포되어 있을 경우에는 부하 중심점을 찾아서 부하 중심점에 전체 부하가 집중되어 있다고 가정하고 계산
② KSC IEC 전선규격
　1.5, 2.5, 4, 6, 10, 16, 25, 35, 50, 70, 95, 120, 150, 185, 240, 300, 400, 500, 630 [mm²]

문제 6

▶ 출제년도 : 산업 99. 11. 15 ▶ 점수 : 5점

공급점에서 30[m]의 지점에 80[A], 35[m]의 지점에 60[A], 70[m] 지점에 50[A]의 부하가 걸려 있을 때 부하 중심까지의 거리는 몇 [m]인가? 답은 소수점 둘째 자리에서 반올림하여 계산할 것

답안작성

계산 : $L = \dfrac{l_1 i_1 + l_2 i_2 + l_3 i_3}{i_1 + i_2 + i_3} = \dfrac{30 \times 80 + 35 \times 60 + 70 \times 50}{80 + 60 + 50} = 42.11\,[\text{m}]$

답 : 42.1[m]

문제 7

▶ 출제년도 : 기사 92. 96. ▶ 점수 : 5점

다음 그림과 같이 단상 2선식 배전선로의 공급점에서 30[m] 지점에 80[A], 45[m] 지점에 50[A], 60[m] 지점에 30[A]의 부하가 걸려 있을 때 부하 중심점의 거리를 산출하여 전압강하를 고려한 전선의 굵기를 산정하려고 한다. 부하 중심점(즉, 집중부하라고 가정한 경우)의 거리는 공급점에서 약 몇 [m]인가? (단, 소수점 첫째 자리까지만 계산할 것)

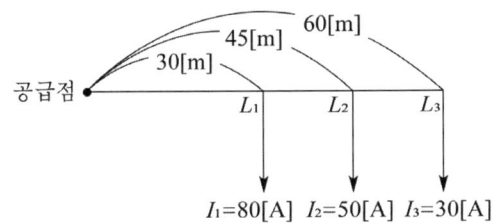

• 계산 : • 답 :

답안작성

계산 : 직선 부하에서의 부하 중심점까지의 거리

$L = \dfrac{L_1 I_1 + L_2 I_2 + L_3 I_3}{I_1 + I_2 + I_3} = \dfrac{30 \times 80 + 45 \times 50 + 60 \times 30}{80 + 50 + 30} = 40.31\,[\text{m}]$

답 : 40.31[m]

문제 8

▶ 출제년도 : 산업 91. 93. 95. 97. ▶ 점수 : 5점

3상 3선식 회로에서 구내배선의 긍장이 45[m], 부하의 최대 전류 300[A] 배선의 전압강하는 6[V]로 하고자 하는 경우 전선의 굵기는?

• 계산 : • 답 :

답안작성

계산 : $A = \dfrac{30.8 \cdot LI}{1000 \cdot e} = \dfrac{30.8 \times 45 \times 300}{1000 \times 6} = 69.3\,[\text{mm}^2]$

답 : 70[mm²]

해설 KSC IEC 전선규격
1.5, 2.5, 4, 6, 10, 16, 25, 35, 50, 70, 95, 120, 150, 185, 240, 300, 400, 500, 630[mm²]

문제 9   ▶출제년도 : 기사 91. 92. 96. 98. 04.   ▶점수 : 4점

3상 3선식 220〔V〕로 수전하는 수용가의 부하 전력이 95〔kW〕, 부하 역률이 85〔%〕, 구내 배전선의 길이는 150〔m〕이며, 배선에서 전압 강하를 6〔V〕까지 허용하는 경우 구내 배선의 굵기를 구하시오. (단, 이때 배선의 굵기는 전선의 공칭 단면적으로 표시하시오.)

• 계산 :   • 답 :

답안작성

계산 : $A = \dfrac{30.8 \cdot LI}{1000 \cdot e} = \dfrac{30.8 \times 150 \times \dfrac{95 \times 10^3}{\sqrt{3} \times 220 \times 0.85}}{1000 \times 6} = 225.85$ 〔mm²〕

답 : 240〔mm²〕

해설   ① 전압강하 계산

전기 방식	전압 강하		전선 단면적
단상 3선식 직류 3선식 3상 4선식	$e_1 = IR$	$e_1 = \dfrac{17.8LI}{1000A}$	$A = \dfrac{17.8LI}{1000e_1}$
단상 2선식 및 직류 2선식	$e_2 = 2IR = 2e_1$	$e_2 = \dfrac{35.6LI}{1000A}$	$A = \dfrac{35.6LI}{1000e_2}$
3상 3선식	$e_3 = \sqrt{3}\,IR = \sqrt{3}\,e_1$	$e_3 = \dfrac{30.8LI}{1000A}$	$A = \dfrac{30.8LI}{1000e_3}$

② KSC IEC 전선규격
1.5, 2.5, 4, 6, 10, 16, 25, 35, 50, 70, 95, 120, 150, 185, 240, 300, 400, 500, 630〔mm²〕

문제 10   ▶출제년도 : 기사 91. 92. 96. 98. 04. 15.   ▶점수 : 5점

3상 4선식 380/220〔V〕 구내배선 긍장이 100〔m〕, 부하의 최대 전류는 200〔A〕인 배선에서 전압 강하를 7〔V〕로 하고자 하는 경우에 사용하는 전선의 공칭 단면적〔mm²〕은 얼마인가?

• 계산 :   • 답 :

답안작성

계산 : $A = \dfrac{17.8LI}{1000e} = \dfrac{17.8 \times 100 \times 200}{1000 \times 7} = 50.86$ 〔mm²〕

답 : 70〔mm²〕

해설   ① 전압강하 계산

전기 방식	전압 강하		전선 단면적
단상 3선식 직류 3선식 3상 4선식	$e_1 = IR$	$e_1 = \dfrac{17.8LI}{1000A}$	$A = \dfrac{17.8LI}{1000e_1}$
단상 2선식 및 직류 2선식	$e_2 = 2IR = 2e_1$	$e_2 = \dfrac{35.6LI}{1000A}$	$A = \dfrac{35.6LI}{1000e_2}$
3상 3선식	$e_3 = \sqrt{3}\,IR = \sqrt{3}\,e_1$	$e_3 = \dfrac{30.8LI}{1000A}$	$A = \dfrac{30.8LI}{1000e_3}$

② KSC IEC 전선규격
1.5, 2.5, 4, 6, 10, 16, 25, 35, 50, 70, 95, 120, 150, 185, 240, 300, 400, 500, 630〔mm²〕

문제 11 ▶출제년도 : 산업 92. ▶점수 : 5점

분전반에서 25[m]의 거리에 2[kW]의 교류 단상 100[V] 전열기를 설치하였다. 배선 방법을 금속관 공사로 하고 전압강하를 2[%] 이하로 하기 위해서 전선의 굵기를 얼마로 선정하는 것이 적당한가?

답안작성

계산 : $I = \dfrac{P}{V} = \dfrac{2 \times 10^3}{100} = 20\,[A]$

$e = 100 \times 0.02 = 2\,[V]$

$A = \dfrac{35.6 LI}{1000 \cdot e} = \dfrac{35.6 \times 25 \times 20}{1000 \times 2} = 8.9\,[mm^2]$

답 : 10[mm²]

해설 Cable 규격

KSC IEC 규격

전선의 공칭단면적 [mm²]		
1.5	2.5	4
6	10	16
25	35	50
70	95	120
150	185	240
300	400	500
630		

문제 12 ▶출제년도 : 기사 98. ▶점수 : 5점

금속관 공사를 시행하는 분기거리 50[m]인 1회로의 끝에서 교류단상 220[V] 전열기 5.5[kW] 2대를 사용한다면, NR 전선의 굵기는? (단, 전압강하는 2[%] 이내로 한다.)

• 계산 :   • 답 :

답안작성

계산 : $A = \dfrac{35.6 LI}{1000 \cdot e} = \dfrac{35.6 \times 50 \times \dfrac{5500 \times 2}{220}}{1000 \times 220 \times 0.02} = 20.23\,[mm^2]$

답 : 25[mm²]

해설 KSC IEC 전선규격

1.5, 2.5, 4, 6, 10, 16, 25, 35, 50, 70, 95, 120, 150, 185, 240, 300, 400, 500, 630[mm²]

문제 13 ▶출제년도 : 기사 91. 92. 96. 98. 04. ▶점수 : 5점

3상 3선식 380[V]로 수전하는 수용가의 부하 전력이 75[kW], 부하 역률이 85[%], 구내 배전선의 긍장이 200[m]이며, 배선에서 전압 강하를 6[V]까지 허용하는 경우 구내 배선의 굵기를 구하시오. 단, 이때 배선의 굵기는 전선의 공칭단면적으로 표시하시오.

답안작성

계산 : $A = \dfrac{30.8 \cdot LI}{1000 \cdot e} = \dfrac{30.8 \times 200 \times \dfrac{75 \times 10^3}{\sqrt{3} \times 380 \times 0.85}}{1000 \times 6} = 137.63\,[mm^2]$

답 : 150[mm²]

해 설 ① 전압강하 계산

전기 방식	전압 강하		전선 단면적
단상 3선식 직류 3선식 3상 4선식	$e_1 = IR$	$e_1 = \dfrac{17.8LI}{1000A}$	$A = \dfrac{17.8LI}{1000e_1}$
단상 2선식 및 직류 2선식	$e_2 = 2IR = 2e_1$	$e_2 = \dfrac{35.6LI}{1000A}$	$A = \dfrac{35.6LI}{1000e_2}$
3상 3선식	$e_3 = \sqrt{3}\,IR = \sqrt{3}\,e_1$	$e_3 = \dfrac{30.8LI}{1000A}$	$A = \dfrac{30.8LI}{1000e_3}$

② KSC IEC 전선규격
  1.5, 2.5, 4, 6, 10, 16, 25, 35, 50, 70, 95, 120, 150, 185, 240, 300, 400, 500, 630 [mm²]

문제 14

▶ 출제년도 : 기사 93. 95.　▶ 점수 : 5점

교류단상 100[V], 3[kW] 전열기용 아우트렛을 전선 굵기 16[mm²]를 사용하여 분전반에서 20[m] 떨어진 곳에 설치하는 경우 전압강하는 몇 [V]가 되는가?

• 계산 :　　　　　　　　　　　　• 답 :

답안작성

계산 : $e = \dfrac{35.6LI}{1000A} = \dfrac{35.6 \times 20 \times \dfrac{3000}{100}}{1000 \times 16} = 1.34\,[\text{V}]$

답 : 1.34 [V]

해 설 전압강하 계산

전기 방식	전압 강하		전선 단면적
단상 3선식 직류 3선식 3상 4선식	$e_1 = IR$	$e_1 = \dfrac{17.8LI}{1000A}$	$A = \dfrac{17.8LI}{1000e_1}$
단상 2선식 및 직류 2선식	$e_2 = 2IR = 2e_1$	$e_2 = \dfrac{35.6LI}{1000A}$	$A = \dfrac{35.6LI}{1000e_2}$
3상 3선식	$e_3 = \sqrt{3}\,IR = \sqrt{3}\,e_1$	$e_3 = \dfrac{30.8LI}{1000A}$	$A = \dfrac{30.8LI}{1000e_3}$

3. 전선의 이도 및 실제길이

1) 이도의 전선로에 대한 영향
  ① 이도의 대소는 지지물의 높이를 좌우한다.
  ② 이도가 너무 크면 전선은 그만큼 좌우로 크게 진동하여 다른 相의 전선에 접촉하거나 수목에 접촉해서 위험을 준다.
  ③ 이도가 너무 작으면 이것에 반비례해서 전선의 장력이 증가하여 심할 경우에는 전선이 단선되기도 한다.

2) 전선의 이도

$$이도\ D = \frac{WS^2}{8T}\ [m]$$

여기서, W : 전선의 중량 [kg/m]
S : 경간(span) [m]
T : 전선의 수평장력 [kg]

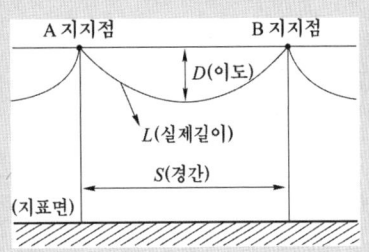

3) 전선의 실제 길이

$$실장\ L = S + \frac{8D^2}{3S}\ [m]$$

4) 전선의 평균 높이

$$h = h' - \frac{2}{3}D$$

여기서, h' : 지지점의 높이 D : 이도

문제 15 ▶출제년도 : 기사 95. ▶점수 : 6점

경간이 120 [m]인 가공전선로가 있다. 전선 1 [m]당 중량은 0.5 [kg/m]이고, 수평 장력 200 [kg]의 전선을 사용할 때 ① 이도(Dip) 및 ② 전선의 실장을 구하시오.
① 이도
② 전선의 실장

답안작성

① 이도 $D = \dfrac{WS^2}{8T} = \dfrac{0.5 \times 120^2}{8 \times 200} = 4.5\ [m]$

② 전선의 실장 $L = S + \dfrac{8D^2}{3S} = 120 + \dfrac{8 \times 4.5^2}{3 \times 120} = 120.45\ [m]$

문제 16 ▶출제년도 : 산업 89. 97. 00. 04. 07. ▶점수 : 5점

경간 200 [m]인 가공 송전선로가 있다. 전선 1 [m]당 무게는 2.0 [kg]이고 풍압 하중이 없다고 한다. 인장 강도 4000 [kg]의 전선을 사용할 때 딥과 전선의 실제 길이를 구하시오. 단, 안전율은 2.2로 한다.

답안작성

① 딥

계산 : $D = \dfrac{WS^2}{8T} = \dfrac{2.0 \times 200^2}{8 \times 4000/2.2} = 5.5\ [m]$

답 : 5.5 [m]

② 전선의 실제 길이

계산 : $L = S + \dfrac{8D^2}{3S} = 200 + \dfrac{8 \times 5.5^2}{3 \times 200} = 200.4\ [m]$

답 : 200.4 [m]

문제 17 ▶출제년도 : 산업 90. ▶점수 : 4점

그림과 같은 전선로의 이도 [m]와 전선의 길이 [m]는 얼마인가? 단, 장력 T : 3500[kg]이고 하중 W : 3 [kg/m]이다.

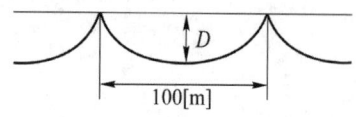

답안작성 전선의 이도
$$D = \frac{WS^2}{8T} = \frac{3 \times 100^2}{8 \times 3500} = 1.07 \text{[m]}$$
전선의 길이
$$L = S + \frac{8D^2}{3S} = 100 + \frac{8 \times 1.07^2}{3 \times 100} = 100.03 \text{[m]}$$

문제 18 ▶출제년도 : 산업 92. ▶점수 : 5점

그림과 같이 고저차가 없고 같은 경간에 전선이 가설되어 있다. 지금 가운데 지지점 B에서 전선이 지지점으로부터 떨어졌다고 하면 전선의 딥(dip)은 전선이 떨어지기 전의 몇 배로 되는가?

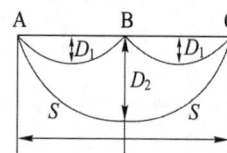

답안작성 계산 : 전선의 전체 길이는 변함이 없으므로
$$L = \left(S + \frac{8D_1^2}{3S}\right) \times 2 = 2S + \frac{8D_2^2}{3 \times 2S}$$
$$\therefore D_2 = 2D_1$$
답 : 2배

문제 19 ▶출제년도 : 기사 93. 98. 05. 15. ▶점수 : 5점

240[mm²] ACSR 전선을 200[m]의 경간에 가설하려고 하는데 이도는 계산상 8[m]였지만 가설 후의 실측결과는 6[m]이어서 2[m] 증가시키려고 한다. 이때 전선을 경간에 몇 [m]만큼 밀어 넣어야 하는가?

• 계산 :

• 답 :

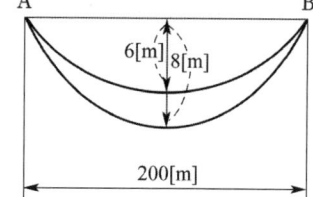

답안작성 계산 : 이도 6[m]일 때 전선의 길이
$$L_1 = 200 + \frac{8 \times 6^2}{3 \times 200} = 200.48 \text{[m]}$$
이도 8[m]일 때 전선의 길이
$$L_2 = 200 + \frac{8 \times 8^2}{3 \times 200} = 200.85 \text{[m]}$$
$$\therefore L_2 - L_1 = 200.85 - 200.48 = 0.37 \text{[m]}$$
답 : 0.37[m]

해 설
$$L = S + \frac{8D^2}{3S}$$
여기서, L : 전선의 길이[m], D : 이도[m], S : 경간[m]

문제 20

▶출제년도 : 산업 91. 98. ▶점수 : 5점

그림과 같이 330 [mm²]의 ACSR을 300 [m]의 경간에 가설하려 한다. 이 전선의 이도는 계산으로는 10 [m]였지만, 가설 후 실측해보니 9 [m]였기 때문에 1 [m] 증가시켜 주어야 하는데, 전선을 경간에 얼마[m]만큼 밀어 넣어 주어야 하는가?

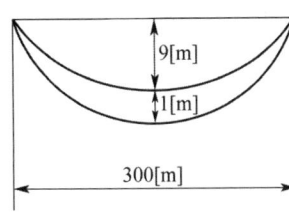

• 계산 :   • 답 :

계산 : 이도 10 [m]일 때 전선의 길이 $L_1 = 300 + \dfrac{8 \times 10^2}{3 \times 300} = 300.89$ [m]

이도 9 [m]일 때 전선의 길이 $L_2 = 300 + \dfrac{8 \times 9^2}{3 \times 300} = 300.72$ [m]

$\therefore L_1 - L_2 = 0.17$ [m]

답 : 0.17 [m]

문제 21

▶출제년도 : 기사 93. ▶점수 : 5점

그림과 같이 고저차가 없는 3 지지물 사이에 전선이 가선되어 있다. 지지물 B의 지지점에서 전선이 떨어지는 경우 A, C간의 전선 이도 d_x는 떨어지기 전 A, B간 전선 이도 d_1의 몇 배가 되는가?

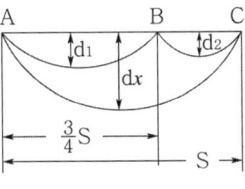

• 계산 :   • 답 :

전선의 길이가 일정하므로 $L = S + \dfrac{8D^2}{3S}$ 의 식에서

$$\left(\dfrac{3}{4}S + \dfrac{8d_1^2}{3 \cdot \dfrac{3}{4}S}\right) + \left(\dfrac{1}{4}S + \dfrac{8d_2^2}{3 \cdot \dfrac{1}{4}S}\right) = S + \dfrac{8d_x^2}{3S}$$

$$S + \dfrac{8d_1^2}{3 \cdot \dfrac{3}{4}S} + \dfrac{8d_2^2}{3 \cdot \dfrac{1}{4}S} = S + \dfrac{8d_x^2}{3S} \;,\; \dfrac{4d_1^2}{3} + 4d_2^2 = d_x^2$$

$D \propto S^2$에서 $d_2 = \dfrac{1}{9} d_1$이므로

$$\dfrac{4d_1^2}{3} + 4\left(\dfrac{1}{9}d_1\right)^2 = d_x^2 \;,\; \dfrac{4}{3}d_1^2 + \dfrac{4}{81}d_1^2 = d_x^2 \;,\; \left(\dfrac{4}{3} + \dfrac{4}{81}\right)d_1^2 = d_x^2$$

$1.3827 d_1^2 = d_x^2 \;,\; \therefore d_x = 1.18 d_1$

답 : 1.18배

문제 22

▶ 출제년도 : 기사 93. 99. 05.   ▶ 점수 : 5점

지름 10[mm]의 경동선을 사용한 가공 전선로가 있다. 경간은 100[m]로 지지점의 높이는 동일하다. 지금 수평 풍압 110[kg/m²]인 경우에 전선의 안전율을 2.2로 하기 위하여 전선의 길이를 얼마로 하면 좋은가? 단, 전선 1[m]의 무게는 0.7[kg], 전선의 인장 강도는 2860[kg]으로서 장력에 의한 전선의 신장은 무시한다.

• 계산 :   • 답 :

답안작성

$$W = \sqrt{0.7^2 + 1.1^2} = 1.3 \text{ [kg·m]}$$

$$D = \frac{WS^2}{8T} = \frac{1.3 \times 100^2}{8 \times \left(\frac{2860}{2.2}\right)} = 1.25 \text{ [m]}$$

$$L = S + \frac{8D^2}{3S} = 100 + \frac{8 \times 1.25^2}{3 \times 100} = 100.04 \text{ [m]}$$

답 : 100.04[m]

해설

① 하중

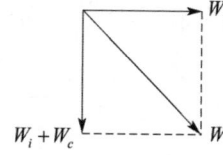

• 풍압하중(W_w)
• 전선에 가해지는 합성하중(W)
• 전선의 자중(W_c)
• 빙설 하중(W_i)

• $W = \sqrt{(W_i + W_c)^2 + W_w^2}$

② 전선 1[m]당 풍압하중 W_w

$$W_w = 110 \text{[kg/m}^2\text{]} \times 1 \text{[m]} \times 10 \times 10^{-3} \text{[m]} = 1.1 \text{[kg/m]}$$

문제 23

▶ 출제년도 : 기사 93.   ▶ 점수 : 6점

전선 지지점의 고저차가 없을 경우 경간 300[m] 이도가 9[m]인 송전선로가 있다. 지금 이 이도를 10[m]로 증가시키고자 할 경우 경간에 보내주어야 할 전선은 몇 [cm]인가?

• 계산 :   • 답 :

답안작성

계산 : $l = L_2 - L_1 = \left(S + \frac{8D_2^2}{3S}\right) - \left(S + \frac{8D_1^2}{3S}\right) = \frac{8}{3S}(D_2^2 - D_1^2)$ 이므로

$$l = \frac{8}{3 \times 300} \times (10^2 - 9^2) = 0.1689 \text{[m]} = 16.89 \text{[cm]}$$

답 : 16.89[cm]

문제 24

▶ 출제년도 : 기사 89. 94.   ▶ 점수 : 4점

5.0[mm]의 전선(경동선)이 200[m]의 경간에 가선될 때 갑종풍압하중 상태에서의 전선의 실제 길이를 구하여라. 단, 안전율은 2.5, 인장하중 512.5[kg], 갑종풍압하중 0.41[kg/m]이다. 단, 경동선의 비중은 8.89×10^{-3} [kg/mm²·m] 이다.

• 계산 :   • 답 :

답안작성

계산 : 전선 자체의 중량(W_c)

$$W_c = \frac{\pi \times 5.0^2}{4} \times 8.89 \times 10^{-3} = 0.17 \text{ [kg/m]}$$

그러므로, 합성 하중(W)

$$W = \sqrt{(W_c + W_i)^2 + W_w^2}$$

여기서, 빙설 하중을 무시하면
$$W = \sqrt{0.17^2 + 0.41^2} = 0.44 \text{ (kg/m)}$$

이도 $D = \dfrac{WS^2}{8T} = \dfrac{0.44 \times 200^2}{8 \times \dfrac{512.5}{2.5}} = 10.73 \text{ (m)}$

∴ 전선의 실제 길이 $L = S + \dfrac{8D^2}{3S} = 200 + \dfrac{8 \times 10.73^2}{3 \times 200} = 201.54 \text{ (m)}$

답 : 201.54 (m)

문제 25

▶ 출제년도 : 기사 95. 20.   ▶ 점수 : 5점

1 (m)의 하중 0.35 (kg)인 전선을 지지점에 수평인 경간 60 (m)에서 가설하여 딥을 0.7 (m)로 하려면 장력 (kg)은?

• 계산 :   • 답 :

답안작성

계산 : $D = \dfrac{WS^2}{8T}$ 에서

$T = \dfrac{WS^2}{8D} = \dfrac{0.35 \times 60^2}{8 \times 0.7} = 225 \text{ (kg)}$

답 : 225 (kg)

문제 26

▶ 출제년도 : 기사 90.   ▶ 점수 : 6점

다음과 같은 조건에서 전선에 걸리는 장력 (kg)을 구하시오. 단, 전선 중량 1.5 (kg/m), dip 5 (m), 경간 200 (m) 기타 조건은 무시한다.

• 계산 :   • 답 :

답안작성

계산 : 전선의 장력 $T = \dfrac{WS^2}{8D} = \dfrac{1.5 \times 200^2}{8 \times 5} = 1500 \text{ (kg)}$

답 : 1500 (kg)

문제 27

▶ 출제년도 : 산업 97. 04. 07.   ▶ 점수 : 6점

지표상 8 (m)의 점에 400 (kg)의 수평 장력을 받는 경사진 전주가 있다. 그림과 같은 지선을 시설할 경우 지선이 받는 장력 T (kg)는 얼마인가? 기타는 무시한다.

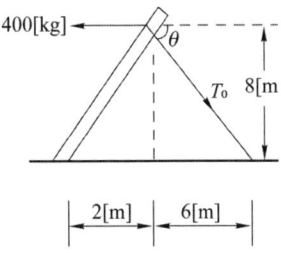

답안작성

계산 : 경사진 전주에서의 지선이 받는 장력

$T_0 = \dfrac{\sqrt{b^2 + H^2}}{a + b} \times T = \dfrac{\sqrt{6^2 + 8^2}}{2 + 6} \times 400 = 500 \text{ (kg)}$

답 : 500 (kg)

문제 28

▶출제년도 : 산업 88. ▶점수 : 6점

그림과 같이 지선을 시설하여 전주에 가해지는 수평 장력 P를 지지하고자 한다. 지선으로는 4[mm]의 철선 7가닥을 사용할 때 이것에 의해서 지지될 수 있는 수평 장력 P는 몇 [kg]인가? 단, 4[mm] 철선 한가닥의 절단 하중은 440[kg]이고 지선 강도의 안전율은 3으로 한다.

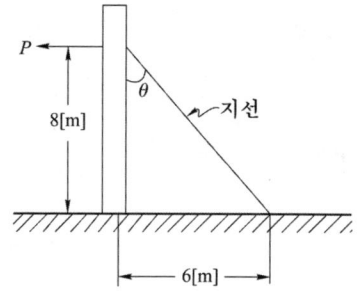

답안작성 계산 : $\sin\theta = \dfrac{P}{T} = \dfrac{6}{\sqrt{8^2+6^2}}$

$P = \dfrac{6}{10} \times T = 0.6 \times \dfrac{440 \times 7}{3} = 616$ [kg]

답 : 616 [kg]

문제 29

▶출제년도 : 산업 97. ▶점수 : 5점

지선에 가해지는 장력이 860[kg]이라면 3.2[mm]의 철선 몇 가닥을 사용해야 하는가? 단, 철선의 단위 면적당 인장 강도는 35[kg/mm²], 안전율은 2.5로 한다.

• 계산 : • 답 :

답안작성 계산 : 지선의 장력(T_0) = $\dfrac{\text{소선 1가닥의 인장 강도} \times \text{소선수}}{\text{안전율}}$

$\rightarrow 860 = \dfrac{35 \times \dfrac{\pi \times 3.2^2}{4} \times n}{2.5}$ $\therefore n = 7.64$ [본]

답 : 8본

문제 30

▶출제년도 : 기사 93. ▶점수 : 5점

콘크리트 전주(CP주)의 지표면에서의 지름[cm]을 구하여라. 단, 설계 하중 : 500[kg], 전주 규격 : 16[m], 전주 말구 지름 : 19[cm]

• 계산 : • 답 :

답안작성 계산 : 지표면에서의 지름

$D = 19 + (16 - 2.5) \times 10^2 \times \dfrac{1}{75} = 37$ [cm]

답 : 37 [cm]

해 설

① D [cm] = d [cm] + $H \times \dfrac{1}{75} \times 100$

여기서, D : 지표면에서의 전주의 지름 [cm]
 d : 전주 말구 지름 [cm]
 H : 전주의 지표면상 길이 [m]

② 전주의 지름 증가율 $\begin{cases} \text{목주} : \dfrac{9}{1000} \\ \text{CP주} : \dfrac{1}{75} \end{cases}$

③ 전주의 전장이 15[m] 이상일 경우 전주의 근입은 2.5[m] 이상

답이보인다!! **전기공사기사 · 산업기사 실기**

Chapter

05

조명 및 전열설비

01 조명설비 설계, 시공 및 계산

1. 조명의 기초[1]

1) 광속 : F [lm]

   복사 에너지를 눈으로 보아 빛으로 느끼는 크기로서 나타낸 것으로 광원으로부터 발산되는 빛의 양이다.

2) 광도 : I [cd]

   광원에서 어떤 방향에 대한 단위 입체각으로 발산되는 광속으로서 광원의 능력을 나타낸다.

3) 조도 : E [lx]

   어떤 면의 단위 면적당의 입사 광속으로서 피조면의 밝기를 나타낸다.

4) 휘도 : B [sb]

   광원의 임의의 방향에서 본 단위 투영 면적당의 광도로서 광원의 빛나는 정도를 나타낸다.

   ※ 휘도의 단위

   $$\left.\begin{array}{l} 1\,[\text{sb}] = 1\,[\text{cd}/\text{cm}^2] \\ 1\,[\text{nt}] = 1\,[\text{cd}/\text{m}^2] \end{array}\right\} \rightarrow 1\,[\text{sb}] = 10^4\,[\text{nt}],\ 1\,[\text{nt}] = 10^{-4}\,[\text{sb}]$$

5) 광속 발산도 : R [rlx]

   광원의 단위 면적으로부터 발산하는 광속으로서 광원 혹은 물체의 밝기를 나타낸다.

   $$R = \pi B = \rho E = \tau E$$
   (반사면) (투과면)

2. 조도의 계산

1) 거리의 역제곱의 법칙

   $$E = \frac{I}{r^2}\ [\text{lx}]$$

   즉, 조도 E는 광도 I에 비례하고 거리 r의 제곱에 반비례한다.

2) 입사각 여현의 법칙

   $$E = \frac{I}{r^2} \cos\theta\ [\text{lx}]$$

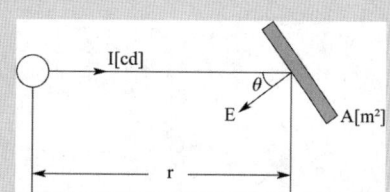

---

[1] HID 등(High Intensity Discharge lamp) = 대형 방전 램프
① 수은 램프   ② 형광 수은 램프   ③ 메탈 핼라이드 램프   ④ 저압 나트륨 램프

3) 조도의 구분

① 법선 조도 : $E_n = \dfrac{I}{r^2}$

② 수평면 조도

$$E_h = E_n \cos\theta = \dfrac{I}{r^2}\cos\theta = \dfrac{I}{h^2}\cos^3\theta$$

③ 수직면 조도

$$E_v = E_n \sin\theta = \dfrac{I}{r^2}\sin\theta = \dfrac{I}{d^2}\sin^3\theta$$

3. 조명 설계

1) 옥내 조명 설계

① 조명 기구의 배치 결정
  ㉠ 광원의 높이(H) = 천장의 높이 − 작업면의 높이
  ㉡ 등기구의 간격
   • 등기구 ~ 등기구 : $S \leq 1.5H$ (원칙)
   • 등기구 ~ 벽면 : $S_0 \leq \dfrac{1}{2}H$

② 실지수(Room Index)의 결정 : 광속의 이용에 대한 방의 크기의 척도로 나타낸다.

$$R \cdot I = \dfrac{X \cdot Y}{H(X+Y)}$$

여기서, H : 작업면으로부터 광원의 높이 [m]
  X : 방의 가로 길이 [m]
  Y : 방의 세로 길이 [m]

실지수의 분류 기호표

범 위	4.5 이상	4.5~3.5	3.5~2.75	2.75~2.25	2.25~1.75
실지수	5.0	4.0	3.0	2.5	2.0
기 호	A	B	C	D	E
범 위	1.75~1.38	1.38~1.12	1.12~0.9	0.9~0.7	0.7이하
실지수	1.5	1.25	1.0	0.8	0.6
기 호	F	G	H	I	J

③ 조명률의 결정 : 조명률이란 사용 광원의 전 광속과 작업면에 입사하는 광속과의 비를 말한다.

$$조명률 : U = \dfrac{F}{F_0} \times 100 \, [\%]$$

여기서, F_0 : 광원의 총 광속 [lm]
  F : 작업면에 입사하는 광속 [lm]

④ 감광 보상률의 결정 : 조명기구를 사용함에 따라 작업면의 조도는 점차적으로 감소되어 가는데, 그 원인은 다음과 같다.
  ㉠ 점등 중 광원의 노화로 인한 광속의 감소(필라멘트 증발, 흑화 등)
  ㉡ 조명기구에 붙은 먼지, 오물 그리고 반사면의 화학적 변질에 의한 광속의 흡수율 증가
  ㉢ 실내 반사면(천정, 벽, 바닥)에 붙은 먼지, 오물, 그리고 반사면의 화학적 변질에 의한 광속의 흡수율 증가
  ㉣ 공급전압과 광원의 정격전압의 차이에서 오는 광속의 감소
  이상의 원인으로 인해 광속의 감소가 발생하므로 조명설계를 할 때 미리 이러한 감소를 예상하여 소요광속에 여유를 두는데 그 정도를 감광보상률이라 한다.
  감광보상률(D)의 역수를 유지율(M)또는 보수율이라고 한다.

  즉, $M = \dfrac{1}{D}$

  여기서, M : 유지율(보수율)
  D : 감광 보상률($D > 1$)

⑤ 광속의 결정 : 광속법에 따라 다음 식에 의하여 소요되는 총 광속을 구한다.

$$NF = \dfrac{EAD}{U} = \dfrac{EA}{UM} [\text{lm}]$$

여기서, F : 광원 1개당의 광속 [lm]
  N : 광원의 개수 [등]
  E : 작업면상의 평균 조도 [lx]
  A : 방의 면적 [m^2]
  D : 감광 보상률
  U : 조명률 [%]
  M : 유지율(보수율)

2) 도로 조명 설계

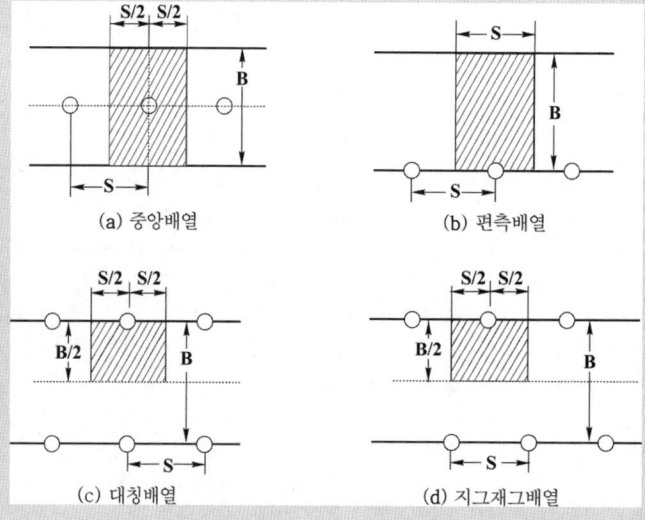

(a) 중앙배열   (b) 편측배열
(c) 대칭배열   (d) 지그재그배열

조명 기구의 배치 방법에 의한 분류
① 도로 중앙 및 편측 배열 $A = B \cdot S \, [\text{m}^2]$
② 도로 양측으로 대칭 및 지그재그 배열 $A = \dfrac{1}{2} B \cdot S \, [\text{m}^2]$

3) 조명 설비에서 에너지 절약 방안
① 고효율 등기구 채택
② 고조도 저휘도 반사갓 채택
③ 슬림라인 형광등 및 안정기 내장형 램프 채택
④ 창측 조명기구 개별점등
⑤ 재실감지기 및 카드키 채택
⑥ 적절한 조광제어실시
⑦ 전반조명과 국부조명의 적절한 병용 (TAL조명)
⑧ 고역률 등기구 채택
⑨ 등기구의 격등제어 회로구성
⑩ 등기구의 보수 및 유지관리

4. 광원의 종류

1) HID(High Intensity Discharge Lamp)의 종류
① 고압 수은등 ② 고압 나트륨등 ③ 메탈 할라이드 등
④ 초고압 수은등 ⑤ 고압 크세논 방전등

2) 형광등이 백열등에 비하여 우수한 점
① 효율이 높다. ② 수명이 길다. ③ 열방사가 적다.
④ 필요로 하는 광색을 쉽게 얻을 수 있다.

3) 열음극 형광등과 슬림라인(Slim line) 형광등의 장단점 비교
열음극 형광등은 음극을 가열시킨 후 기동하나 슬림 라인 형광등은 고전압을 가하여 냉음극인 상태에서 기동한다. 그러나 점등을 할 때는 양자가 다같이 열음극이 되어 있다. 또한 슬림 라인의 특징은 다음과 같다.

① 장점
• 필라멘트를 예열할 필요가 없어 점등관등 기동장치가 불필요하다.
• 순시 기동으로 점등에 시간이 걸리지 않는다.
• 점등 불량으로 인한 고장이 없다.
• 관이 길어 양광주가 길고 효율이 좋다.
• 전압 변동에 의한 수명의 단축이 없다.

② 단점
• 점등 장치가 비싸다.
• 전압이 높아 기동시에 음극이 손상하기 쉽다.
• 전압이 높아 위험하다.

4) 백열 전구의 필라멘트 구비 조건
   ① 융해점이 높을 것
   ② 고유 저항이 클 것
   ③ 선팽창 계수가 적을 것
   ④ 온도 계수가 정확할 것
   ⑤ 가공이 용이할 것
   ⑥ 높은 온도에서 증발(승화)이 적을 것
   ⑦ 고온에서 기계적 강도가 감소하지 않을 것

5) 광원의 효율

램프	효율[lm/W]	램프	효율[lm/W]
나트륨 램프	80~150	수은 램프	35~55
메탈 할라이드 램프	75~105	할로겐 램프	20~22
형광 램프	48~80	백열 전구	7~22

문제 1 ▶출제년도 : 산업 00. ▶점수 : 5점

조명기구의 용도중 화학공장이나 화약 장소에 이용되는 형식은?

답안작성 전폐형

문제 2 ▶출제년도 : 기사 95. ▶점수 : 5점

수은구, 저압 나트륨구, 메탈 헬라이드구, 형광등 중 가장 효율이 좋은 것부터 나열하시오.

답안작성 저압 나트륨구, 메탈 헬라이드구, 형광등, 수은등

해 설 효율이 높은 순서는 다음과 같다.
① 나트륨 램프 : 80~150 [lm/W]   ② 메탈 헬라이드 램프 : 75~105 [lm/W]
③ 형광 램프 : 48~80 [lm/W]   ④ 수은 램프 : 35~55 [lm/W]
⑤ 할로겐 램프 : 15~34 [lm/W]   ⑥ 백열 전구 : 7~22 [lm/W]

문제 3 ▶출제년도 : 산업 99. ▶점수 : 5점

다음의 램프에서 효율([lm/W])이 높은 것부터 나열하시오.
(1) 백열 전구   (2) 메탈 할라이드 램프
(3) 저압 나트륨 램프   (4) 할로겐 전구

답안작성 (3) → (2) → (4) → (1)

해 설
① 백열 전구 : 7~22 [lm/W]   ② 메탈 할라이드 램프 : 75~105 [lm/W]
③ 저압 나트륨 램프 : 80~150 [lm/W]   ④ 할로겐 전구 : 15~34 [lm/W]

문제 4 ▶출제년도 : 산업 94. ▶점수 : 6점

대형 방전램프의 종류를 3가지만 쓰시오.

답안작성 고압 수은등, 고압 나트륨등, 메탈 할라이드등

문제 5
▶출제년도 : 산업 00. ▶점수 : 5점

메탈 할라이드 등의 특징을 5가지로 구분하여 쓰시오.

답안작성
① 휘도가 높다.
② 한 등당 전력 및 광속이 크고 배광제어가 용이
③ 수명이 길고 효율이 전구에 비하여 높다.
④ 시동에 수분간 시간이 소요된다.
⑤ 수은등에 비해 연색성이 좋다.

해 설
⑥ 연색성이 우수하다.
⑦ 인체에 이상적인 주광색 빛을 발산하다.
⑧ 시동시에는 5~8분이 소요된다.

문제 6
▶출제년도 : 산업 94. ▶점수 : 10점

할로겐 램프에 대하여 물음에 답하시오.
(1) 용량의 범위는 최소 몇 [W]에서 최대 몇 [W]인가?
(2) 효율의 범위는 최소 몇 [lm/W]부터 최대 몇 [lm/W]까지 인가?
(3) 수명의 범위는?
(4) 용도는?
(5) 점등부속장치는 필요한가? 불필요한가?

답안작성
(1) 35~1500
(2) 15~34 [lm/W]
(3) 50~3000 [시간]
(4) 일반조명용, 자동차용, 영사기용, 광학기기용, 터널, 안개등
(5) 불필요하다.

문제 7
▶출제년도 : 기사 00. 06. ▶점수 : 5점

EL 방전등(electro-luminescent lamp)의 용도를 쓰시오.

답안작성   표시능, 유도능

해 설   전계 루미네선스에 의하여 발광하는 고도체 등으로 주로 표시용, 장식용으로 사용되고 있음

문제 8
▶출제년도 : 산업 92. 94. 98. 00. 01. 15. ▶점수 : 6점

방의 가로 길이가 12[m], 세로 길이가 18[m], 방바닥에서 천장까지의 높이가 3.85[m]인 방에서 조명기구를 천장에 직접 취부하고자 한다. 이 방의 실지수를 구하시오. (단, 작업면은 방바닥에서 0.85[m]이다.)
• 계산 :   • 답 :

답안작성   계산 : 실지수 $R \cdot I = \dfrac{X \cdot Y}{H(X+Y)} = \dfrac{12 \times 18}{(3.85-0.85)(12+18)} = 2.4$
답 : 2.4

문제 9

▶출제년도 : 기사 93. 95. 96. 00. 14.　▶점수 : 5점

모든 작업이 작업대(방바닥에서 0.8[m]의 높이)에서 행하여지는 작업장의 가로가 20[m], 세로가 25[m], 바닥에서 천장까지의 높이가 3.8[m]인 방에서 조명기구를 천장에 설치하고자 한다. 이 방의 실지수는 얼마인가?

• 계산 :　　　　　　　　　　　　　　　　• 답 :

답안작성

계산 : 실지수 $R \cdot I = \dfrac{X \cdot Y}{H(X+Y)} = \dfrac{20 \times 25}{(3.8-0.8)(20+25)} = 3.7$

답 : 3.7

문제 10

▶출제년도 : 산업 93. 94.　▶점수 : 5점

방의 가로 3[m], 세로 7[m], 광원의 높이는 작업면까지 3[m]인 경우 조명률을 알기 위한 실지수 K를 구하시오.

• 계산 :　　　　　　　　　　　　　　　　• 답 :

답안작성

계산 : $K = \dfrac{X \cdot Y}{H(X+Y)} = \dfrac{3 \times 7}{3 \times (3+7)} = 0.7$

답 : 0.7

문제 11

▶출제년도 : 산업 98.　▶점수 : 5점

다음 그림 A, B 중 실지수가 큰 것은?

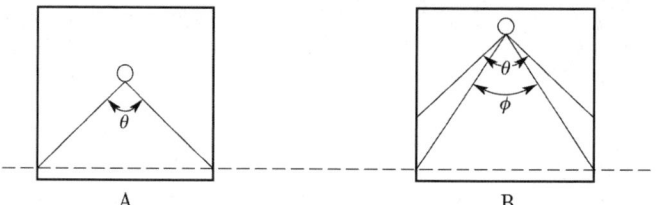

답안작성　A

해설　실지수 = $\dfrac{X \cdot Y}{H(X+Y)}$ 에서 실지수는 H(등기구로부터 피조면까지의 거리)에 반비례 한다.

문제 12

▶출제년도 : 기사 88.　▶점수 : 4점

바닥면적 800[m²]의 강당에 광속 5000[lm]의 40[W] 2등용 형광등을 시설하여 평균 조도 150[lx]로 하자면 40[W] 2등용 형광등은 얼마나 필요한가? (단, 조명률 50[%], 감광보상률 1.25로 한다.)

• 계산 :　　　　　　　　　　　　　　　　• 답 :

답안작성

계산 : $N = \dfrac{EAD}{FU} = \dfrac{150 \times 800 \times 1.25}{5000 \times 0.5} = 60$ [등]

답 : 60 [등]

문제 13

▶출제년도 : 산업 89. 95.　▶점수 : 6점

가로 20[m], 세로 30[m], 천장 높이 4.5[m]인 사무실에 그림과 같이 전등 설비를 하고자 한다. 실지수를 구하여라.

• 계산 :

• 답 :

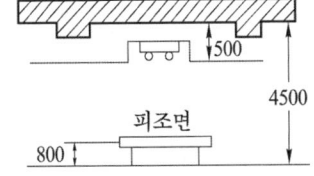

답안작성

계산 : 실지수$(R \cdot I) = \dfrac{X \cdot Y}{H(X+Y)} = \dfrac{20 \times 30}{(4.5-0.5-0.8) \times (20+30)} = 3.75$

답 : 3.75

문제 14

▶출제년도 : 산업 99.　▶점수 : 5점

사무실의 크기가 6[m]×6[m]이다. 이 사무실의 평균조도를 350[lux] 이상으로 하고자 한다. 이곳에 다운라이트(백열전구 150[W] 사용)로 배치하고자 할 때, 시설하여야 할 최소등기구 수량을 구하시오. 단, 백열등 150[W]의 전광속은 2450[lm], 기구의 조명률은 0.6, 보수율은 0.9로 한다.

• 계산 :　　　　　　　　　　　　　　　• 답 :

답안작성

계산 : $N = \dfrac{EAD}{FU} = \dfrac{350 \times 6 \times 6}{2450 \times 0.6 \times 0.9} = 9.52$ [등]

답 : 10[등]

문제 15

▶출제년도 : 산업 92. 95. 14.　▶점수 : 6점

바닥면적 200[m²]의 교실에 전광속 2500[lm]의 40[W] 형광등을 시설하여 평균조도 150[lx]로 하자면 설치할 등 수는 몇 등인가? 단, 조명률은 50[%], 감광보상률은 1.25로 하고 기타 제시하지 않은 사항은 생략한다.

• 계산 :　　　　　　　　　　　　　　　• 답 :

답안작성

계산 : 전등수 $N = \dfrac{EAD}{FU} = \dfrac{150 \times 200 \times 1.25}{0.5 \times 2500} = 30$ [등]

답 : 30[등]

문제 16

▶출제년도 : 산업 95. 99. 00. 03.　▶점수 : 5점

평균 구면 광도 100[cd]의 전구 5개를 직경 10[m]의 원형의 사무실에 점등할 때 조명률 0.4, 감광 보상률 1.6이라 하고, 사무실의 평균조도[lx]를 구하여라.

• 계산 :　　　　　　　　　　　　　　　• 답 :

답안작성

계산 : 평균조도 $E = \dfrac{FUN}{AD} = \dfrac{4\pi \times 100 \times 0.4 \times 5}{\left(\dfrac{10}{2}\right)^2 \pi \times 1.6} = 20$ [lx]　　답 : 20[lx]

해설　$F = 4\pi I, \quad A = \left(\dfrac{d}{2}\right)^2 \pi$

문제 17

▶출제년도 : 산업 95. 99. 00. 03. ▶점수 : 4점

바닥 면적이 30 [m²]인 방에 전광속 2400 [lm]의 40 [W] 형광등을 4등 시설하면 평균조도는 얼마나 되는가? 단, 조명률 65 [%], 유지율 0.84로 계산한다.

• 계산 :   • 답 :

답안작성

계산 : $E = \dfrac{NFU}{AD} = \dfrac{4 \times 2400 \times 0.65}{30 \times \dfrac{1}{0.84}} = 174.72$ [lx]

답 : 174.72 [lx]

문제 18

▶출제년도 : 산업 95. 99. 00. 03. ▶점수 : 5점

바닥면적이 12 [m²]인 방에 40 [W] 형광등 2등(1등당 전광속은 3000 [lm])을 점등하였을 때 바닥면에서의 광속의 이용도(조명률)를 60 [%]라 하면 바닥면의 평균조도는 몇 [lx]인가?

• 계산 :   • 답 :

답안작성

계산 : $E = \dfrac{FUN}{AD} = \dfrac{3000 \times 0.6 \times 2}{12 \times 1} = 300$ [lx]

답 : 300 [lx]

문제 19

▶출제년도 : 산업 93. ▶점수 : 5점

평균조도 300 [lx]의 전반조명을 한 144 [m²]의 방이 있다. 조명기구 1대당 4600 [lm], 조명률 0.5, 감광보상률 1.25로 되어 있을 때 조명기구당 소비전력이 80 [W]로 할 경우 이 방에서 24시간 연속 점등을 한다면 소비전력[kWh]는?

• 계산 :   • 답 :

답안작성

계산 : 전등수 $N = \dfrac{EAD}{FU} = \dfrac{300 \times 144 \times 1.25}{4600 \times 0.5} = 23.48$ [등]

절상하면 24 [등]

소비전력량 $W = Pt = 80 \times 24 \times 24 \times 10^{-3} = 46.08$ [kWh]

답 : 46.08 [kWh]

문제 20

▶출제년도 : 기사 94. ▶점수 : 5점

12×18 [m²]인 사무실의 조도를 200 [lx]로 할 경우에 램프 1개의 전광속 4600 [lm], 램프 전류가 0.87 [A]인 2×40 [W] 형광등을 시설할 경우에 조명률 50 [%], 감광보상률 1.3으로 가정하고, 전기 방식은 220 [V] 단상 2선식으로 할 때 이 사무실의 15 [A] 분기 회로수는? 단 콘센트는 고려하지 않는다.

• 계산 :   • 답 :

답안작성

계산 : 등기구 수 $N = \dfrac{EAD}{FU} = \dfrac{200 \times 12 \times 18 \times 1.3}{4600 \times 2 \times 0.5} = 12.21$

∴ 13등 선정

분기 회로수 $= \dfrac{13 \times 0.87 \times 2}{15} = 1.51$

답 : 15 [A] 분기 2회로

해 설 2×40[W]는 40[W] 형광등 Lamp 2개를 한 개의 등기구에 설치한 것으로 계산시 소요 등기구수를 계산하여야 한다.

문제 21

▶ 출제년도 : 기사 92. 95. 98.   ▶ 점수 : 9점

폭 20[m], 길이 30[m], 천장의 높이 5[m]이고 벽면과 천장은 모두 백색인 사무실이 있다. 다음 물음에 답하시오. (단, 조명률은 0.6, 감광보상률은 1.6으로 한다. 작업면의 높이는 0.85[m]이다.)

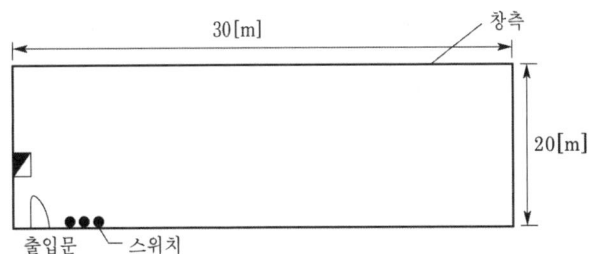

(1) 실지수를 구하시오.
(2) 사무실의 조도를 100[lx]로 유지하고자 한다. 등기구 개수를 구하시오. (단, 형광등 40[W] 2등용으로 하고 광속은 5,600[lm]이다.)
(3) 등기구를 배치하고 배관배선을 구하시오. (단, 등기구는 12등으로 하고 배관배선은 최단거리로 하며, 축척에 관계없이 하고 치수만 기입하시오.)

답안작성

(1) 실지수 $= \dfrac{X \cdot Y}{H(X+Y)} = \dfrac{30 \times 20}{(5-0.85)(30+20)} = 2.89$

(2) $N = \dfrac{EAD}{FU} = \dfrac{100 \times 20 \times 30 \times 1.6}{5600 \times 0.6} = 28.57 = 29$ [등]

(3)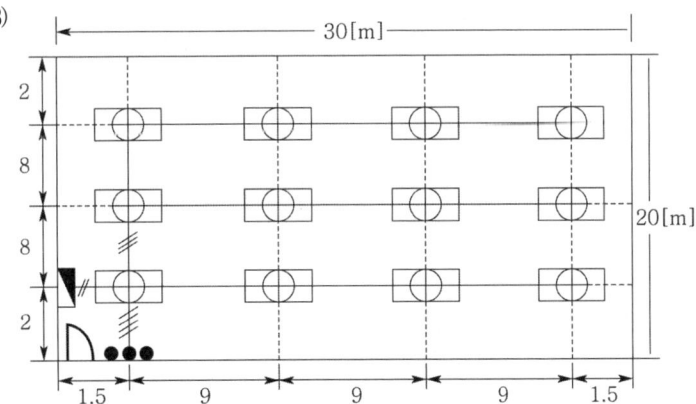

① 벽과의 이격 거리

$S_0 \leq \dfrac{1}{2}H \quad \dfrac{1}{2} \times 4.15 \fallingdotseq 2$ [m]

② 등기구간의 이격 거리

$S = 1.5H = 1.5 \times 4.15 = 6.22$이지만, 문제에서 12[등]으로 제한하고 있기 때문에 등기구 간의 간격을 9[m]로 조정함.

문제 22

▶ 출제년도 : 산업 94. 96.   ▶ 점수 : 5점

균일한 배광을 갖는 광원을 실내 조명에 사용할 경우 그 최대 간격을 결정하시오.
단, S는 등기구 간격, H는 천장 높이
(1) 기구와 기구 사이 $S \leq (\quad)H$
(2) 기구와 벽 사이 $S \leq (\quad)H$ (단, 벽을 사용하지 않을 때)

답안작성   (1) 1.5배   (2) 1/2배

문제 23

▶ 출제년도 : 산업 03.   ▶ 점수 : 6점

가로 12 [m], 세로 18 [m], 천장높이 3.65 [m], 작업면 높이 0.85 [m]인 사무실의 천장에 직부 형광등 F40W×2를 설치하고자 한다. 다음 물음에 답하시오.
(1) 이 사무실의 실지수는 얼마인가?
　　• 계산 :　　　　　　　　　　　　　• 답 :
(2) 형광등 F40W×2의 심벌을 그리시오.
(3) 이 사무실 작업면의 조도를 300 [lx], 40 [W] 형광등 1등의 광속 3150 [lm], 보수율 70 [%], 조명률 60 [%]로 한다면 이 사무실에 필요한 소요 등수는 몇 [등]인가? 단, 천장반사율 70 [%], 벽반사율 50 [%], 바닥반사율 10 [%]에 대한 U=0.66이다.
　　• 계산 :　　　　　　　　　　　　　• 답 :

답안작성

(1) 계산 : $K = \dfrac{X \cdot Y}{H(X+Y)} = \dfrac{12 \times 18}{(3.65-0.85)(12+18)} = 2.57$

답 : 2.57

(2) ⊂◯⊃
　　F40×2

(3) 계산 (1) : $N = \dfrac{300 \times 12 \times 18 \times \dfrac{1}{0.7}}{3150 \times 2 \times 0.6} = 24.49$　　답 : 25 [등]

　　계산 (2) : $N = \dfrac{300 \times 12 \times 18 \times \dfrac{1}{0.7}}{3150 \times 2 \times 0.66} = 22.26$　　답 : 23 [등]

답 : 25 [등] 또는 23 [등]

해 설 (3) ① 문제에서 조명률이 60 [%]와 0.66 2개의 값이 주어졌음.
② $FUN = EAD$에서 $N = \dfrac{EAD}{FU}$

문제 24

▶ 출제년도 : 기사 98.   ▶ 점수 : 5점

작업면에 국부 조명과 주변 환경에 루버부착 조명 기구를 사용하여 부드러운 느낌을 주는 조명 방식은?

답안작성   전반국부병용조명방식(Task and Ambient Lighting : TAL)

문제 25

▶ 출제년도 : 기사 00.   ▶ 점수 : 4점

천장면에 작은 구멍을 뚫어 많이 배치한 방법이며 건축의 공간을 유효하게 하는 조명 방식은?

답안작성   다운 라이트(Down light)

문제 26 ▶출제년도 : 산업 98. ▶점수 : 5점

폭 30[m]인 도로의 양쪽에 지그재그식으로 250[W] 고압나트륨등을 배치하여 도로의 평균조도를 10[Lux]로 하려면 조명기구의 배치 간격은 몇 [m]로 하여야 하는가? (단, 가로등 기구 조명률 20[%], 감광보상률 1.4, 고압나트륨등의 광속은 25,000[lm]이며, 최종 답을 할 경우 소수점 이하는 버릴 것.)

• 계산 :   • 답 :

답안작성 계산 : $FUN = EAD$

$$A = \frac{FUN}{ED} = \frac{a \times b}{2} \quad (a : 간격, \ b : 폭)$$

$$\frac{30 \times a}{2} = \frac{25000 \times 0.2 \times 1}{10 \times 1.4} \qquad \therefore \ a = 23.81 \ [m]$$

답 : 23[m]

문제 27 ▶출제년도 : 기사 99. 15. ▶점수 : 6점

아스팔트 포장의 자동차 도로(폭 25[m])의 양쪽에 F(광속) 25000[lm]의 등기구를 설치하여 노면 휘도 1.2[nt]로 하려면 도로 양쪽에 등 설치시 등 간격은?

단, • 아스팔트 포장의 경우 평균조도는 노면 휘도의 10배로 한다.
  • 조명률은 0.25이고, 감광보상률은 1.4이다.
  • 소수점 이하는 버림

• 계산 :   • 답 :

답안작성 계산 : $A = \dfrac{NFU}{ED} = \dfrac{1 \times 25000 \times 0.25}{1.2 \times 10 \times 1.4} = 372.02 \ [m^2]$ (조도는 노면 휘도의 10배)

도로양쪽 조명 $A = \dfrac{간격 \times 폭}{2}$

$\therefore \ 간격 = \dfrac{A \times 2}{폭} = \dfrac{372.02 \times 2}{25} = 29.76 [m]$

답 : 29[m]

문제 28 ▶출제년도 : 산업 95. ▶점수 : 4점

어느 공상의 구내 도로의 폭이 15[m]이며 양쪽에 전등 전주를 지그재그로 배치하고 6300[lm]의 광속을 갖는 300[W]의 백열 전구로 도로면의 평균조도가 7[lx]가 되게 하려면 전등 전주간의 거리[m]는 얼마로 하여야 하는가? 단, 감광보상률은 1.25, 조명률은 15[%]로 본다.

• 계산 :   • 답 :

답안작성 계산 : 총광속 $F = \dfrac{EAD}{U}$ 에서 $A = \dfrac{FU}{ED} = \dfrac{1}{2}BS$

따라서, $S = \dfrac{2FU}{EDB} = \dfrac{2 \times 6300 \times 0.15}{7 \times 1.25 \times 15} = 14.4$

답 : 14.4[m]

해 설

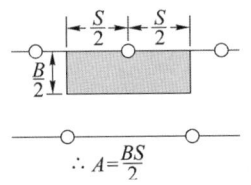

$\therefore \ A = \dfrac{BS}{2}$

문제 29
▶출제년도 : 산업 95. 99. 00. 03. 15.　▶점수 : 5점

폭 20〔m〕의 가로 양쪽에 간격 20〔m〕를 두고 맞보기 배열로 가로등이 점등되어 있다. 한 등당 전광속이 15,000〔lm〕이고, 조명률 30〔%〕, 감광 보상률이 1.4라면 이 도로의 평균조도는?
- 계산 :
- 답 :

답안작성

계산 : $FUN = EAD$

$$E = \frac{FUN}{AD} = \frac{15000 \times 0.3 \times 1}{\frac{20 \times 20}{2} \times 1.4} = 16.07 \text{ [lx]}$$

답 : 16.07〔lx〕

문제 30
▶출제년도 : 기사 94.　▶점수 : 5점

폭 30〔m〕의 도로 중앙에 높이 8〔m〕, 등간거리 20〔m〕로 400〔W〕 메탈 할라이드 전구를 설치할 때 도로면의 평균조도는 몇 〔lx〕인가? 단, 조명기구 1개의 광속 38000〔lm〕, 조명률 0.25, 감광보상률 1.3이다.
- 계산 :
- 답 :

답안작성

계산 : $E = \dfrac{FUN}{AD} = \dfrac{38000 \times 0.25 \times 1}{30 \times 20 \times 1.3} = 12.18 \text{ [lx]}$

답 : 12.18〔lx〕

문제 31
▶출제년도 : 기사 98. 17.　▶점수 : 5점

폭 15〔m〕의 무한히 긴 가로의 양측에 간격 20〔m〕를 두고 수많은 가로등이 점등되고 있다. 1등당의 전광속은 3000〔lm〕으로 그 45〔%〕가 가로 전면에 방사하는 것으로 하면 가로면의 평균조도〔lx〕는 얼마인가?

답안작성

$$E = \frac{FUN}{\frac{1}{2}BS} = \frac{3000 \times 0.45 \times 1}{\frac{1}{2} \times 15 \times 20} = 9 \text{ [lx]}$$

해 설

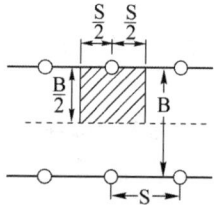

02 전열설비 설계, 시공 및 계산

1. 전열기의 용량 산정

$$P = \frac{mCT}{860t\eta} \text{[kW]}$$

여기서, m : 질량[kg] C : 비열[kcal/kg·℃]
T : 온도차[℃] t : 시간[hour]
η : 전열기의 효율[%]

문제 1

자가용 발전소를 운영하는 공장에서 하루의 부하가 다음 표와 같이 변화할 때 심야의 잉여 전력을 이용하여 전기 보일러로서 20[℃]의 물 500[kg]을 100[℃]의 작업용 증기로 만들고자 할 때 다음 물음에 답하시오. 단, 심야는 23 : 00부터 익일 06 : 00시까지로 하고 보일러의 효율은 95[%]로 취한다. 또한 100[%]의 포화수에서 100[℃]의 포화 증기로 만들 때의 열량은 539[kcal/kg]이다.

시 간	0~6	6~17	17~23	23~24
부하[kW]	5	50	30	5

(1) 전기 보일러의 용량[kW]을 구하시오.
(2) 전기 보일러 사용 후의 부하율이 몇 [%] 향상되었는가를 계산하시오.

답안작성 (1) 54.12[kW]   (2) 16.87[%]

해 설

(1) 보일러의 용량 : $P = \dfrac{mCT}{860t\eta}$ [kW]에서

$$\therefore P = \frac{500 \times 1 \times (100-20) + (500 \times 539)}{860 \times 7 \times 0.95} = 54.12 \text{ [kW]}$$

(2) ① 사용 전의 부하율

$$F_1 = \frac{5 \times 6 + 50 \times 11 + 30 \times 6 + 5 \times 1}{24 \times 50} \times 100 = 63.75 \text{ [%]}$$

② 사용 후의 부하율 :

$$F_2 = \frac{(5+54.12) \times 6 + 50 \times 11 + 30 \times 6 + (5+54.12) \times 1}{24 \times (5+54.12)} \times 100$$

$$= 80.62 \text{ [%]}$$

∴ 향상된 부하율 : $F = F_2 - F_1 = 80.62 - 63.75 = 16.87$ [%]

03 에너지 SAVING

1. 전원설비

1) 고효율 변압기 사용
   변압기 설치시 손실이 적은 고효율 변압기를 설치하여 에너지절약을 유도(몰드변압기, 아몰퍼스 변압기)

2) 변압기 대수제어 기능 구성
   대용량 변압기 1대를 설치, 가동시키는 것보다 여러 대로 분할하여 부하에 따라 대수를 조절함으로써 전력손실을 줄일 수 있음. 따라서 변압기는 용도(냉방용, 동력용, 전등, 전열용 등)에 따라 구분 설치하는 것이 바람직함. 아울러 용도별, 전력사용량의 계량이 가능하도록 변압기별로 2차측에 적산전력계를 설치하는 것이 바람직함.

3) 직강압방식 변전시스템(One-step)
   수전되는 특고압을 고압으로, 고압을 저압으로 강압하는 다단방식은 변압기 자체의 손실이 크므로 특고압을 바로 사용할 수 있는 전압으로 직강압(22,900V/380V, 220V) 하는 방식을 채택함으로써 변압기 손실 감소

4) 역률자동제어설비
   교류회로에서 전력, 전류, 전압과의 실효차에 대한 크기의 비를 역률이라 하는데, 회전형 진상기 또는 콘덴서 등의 역률 자동제어설비를 사용하여 전력 절감

5) 최대수요전력제어(Demand control)
   전력 사용경향에 의한 최대수요치를 예측하여 그 예측된 최대수요치를 초과할 때 설정된 단계별로 업무에 지장이 없는 부하부터 차단하므로써 하절기 최대수요 전력상승을 효과적으로 관리하므로써 전력요금의 경감을 도모

6) 수변전설비 중앙감시 제어설비
   송배전시 발생되는 이상 사고, 이상 지락 및 송배전상태를 감시제어할 수 있는 시스템으로 중앙감시 제어설비를 채택하면 무인 변전소가 가능하여 인건비 절감 가능

7) 건물자동제어설비 구성(BAS)
   컴퓨터를 이용하여 빌딩관리를 중앙제어하는 시스템으로 전력수요제어, 역률제어, 적정 냉·난방 부하제어, 동력설비 스케줄에 의한 제어 및 방범 방재 등으로 건물 관리의 효율성 제고로 인한 인력 절감 및 에너지절감 효과가 큼.

2. 조명설비

1) 광원
   ① 26mm 32W 형광램프(고효율 에너지기자재 인증 대상 품목임)
   일반 형광등에 비하여 약 20~34%의 절전효과가 있으며 2배이상의 수명연장 효과가 있음. 유지보수의 비용이 적게 드는 26mm 32W 형광램프의 사용을 통하여 조명에너지를 절감.

② 전구식 형광램프(고효율 에너지기자재 인증 대상 품목임)
   전구식 형광램프는 소형 규격화로 백열전구를 대신하여 설치가 가능하고 전력절감의 효과가 큼. 효율이 높은 전구식 형광등램프를 이용하여 수명연장과 시력보호 효과 등으로 사용의 극대화를 추구
③ HID램프
   재래식 수은등 대신 고압 방전형태의 HID램프(고압나트륨등, 메탈할라이드등)으로 교체하면 절전효과가 크며 연색성이 우수하여 작업환경을 개선할 수 있음.

2) 조명기구
   ① 고조도 반사갓 채택(고효율 에너지기자재 인증 대상 품목임)
      조명이 요구되는 공간에 빛을 집중시키기 위하여 광반사율이 높은 반사갓을 사용하여 발광효율을 높인 고조도 반사갓은 조명의 수량을 늘리거나 줄일 경우에 사용하면 경제적이고 조도향상 및 조명전력 절감을 도모
   ② 공조형 조명기구 사용
      형광램프 및 안정기에서 열이 발생하여, 이 열이 냉방부하를 가중시키므로 발생된 열을 외부로 배기시키는 공조형 조명기구를 사용하여 에너지절약을 도모

3) 조명제어
   ① 개별스위치 설치
      건물 전체를 조명하는 조명시스템과 더불어 국부적으로 조명하는 시스템인 개별스위치를 채택하여 국부조명을 이용한 조명에너지의 극대화를 추구
   ② 옥외등 자동점멸장치
      광센서에 의해 옥외등을 자동 점멸하거나 타이머를 설치하여 주변상황에 따라 옥외등 자동점멸을 이용한 조명전력 절감
   ③ 인체감지형 조명점멸장치(고효율 에너지기자재 인증 대상 품목임)
      사람 왕래가 적고 주광을 이용하지 못하는 계단 등에 인체 감지센서를 부착하여 자동으로 조명등을 점멸하여 조명전력 절감
   ④ 창측조명의 일광제어
      창주변 지역은 주간에 주광조명을 할 수 있으므로 조도센서 설치에 의한 점등 및 점멸조절로 조명에너지를 절약
   ⑤ 조명설비 자동제어 시스템
      타이머 제어와 조광레벨 제어, 센서제어 및 마이크로 컴퓨터가 내장된 조명설비 자동제어 시스템을 채택하여 조명에너지 이용을 극대화
   ⑥ 태양광 가로등 설비
      Solar Cell 설치운전에 의한 발전으로 가로등을 점등하므로써 전력의 직·간접적인 절약과 아울러 향후 태양광 발전시대에 대비한 유지관리 기술을 축적할 수 있음.
   ⑦ 유도등 소등제어(3선식배선)
      비상구 유도등을 3선식으로 하여 야간이나 휴무시 유도등을 소등하므로써 전력절감 도모 가능함. 이때에도 축전지는 계속 충전된 상태이므로 전원 차단시에도 20~30분간 자동으로 점등

3. 동력설비

① 적합한 기동방식 채택
    동력설비인 전동기는 그 용량에 따라 적합한 기동방식을 채택하여 운영하면 에너지절약을 도모할 수 있음.
② 고효율 전동기 채택
    표준 전동기보다 효율 4~7[%] 향상된 고효율 전동기를 채택
③ 인버터(VVVF) 승강기 제어
    일반적으로 많이 사용되는 M-G방식 승강기는 교류를 직류로 변환시키는 장치(MG 세트)로써 전력이 많이 소모되나 싸이리스터를 이용, 직접 변환하여 소비전력을 (약 25[%]) 경감시키는 인버터(VVVF)방식을 채택하는 것이 유리
④ 인버터(VVVF) 공조설비 제어
    팬, 블로어 등의 공조설비 등은 계절이나 시간 또는 공정조건에 따라 부하가 변동하기 때문에 인버터를 설치하여 부하변동에 대한 대응 제어로 절전효과를 기대할 수 있음.

4. 기타설비

① 역률개선용 진상콘덴서 설치
    전동기 개별로 역률을 개선하기 위하여 수전단 2차측 및 전동기와 병렬로 시설하는 진상콘덴서를 설치하여 전원 설비비의 에너지절약을 유도
② 변전소의 부하중심점 위치 설치
    건축물내의 변전소는 각 부하에 이르는 전압강하가 동일하게 되는 조건에서 소요 전선량의 합이 최소가 되는 위치인 부하중심점에 설치하여 선로손실을 줄여 에너지절약을 유도
③ FCU제어회로 구성
    Fan Coil Unit를 전부 작동시키지 않고 부하에 따라 일부 또는 전부를 계획적으로 작동하도록 제어회로를 구성하여 Fan의 동력 및 냉·난방부하를 감소시킴.
④ 심야전력의 활용
    빙축열시스템, 축열식 전기온풍기, 전기온돌, 전기물 끓이기 등의 활용

문제 1   ▶출제년도 : 기사 02.   ▶점수 : 5점

조명설비에서 전력을 절약하는 효율적인 방법에 대하여 5가지만 기재하시오.

답안작성
① 적정 조도기준의 선정
② 고효율 광원의 선정
③ 고효율 조명기구의 선정
④ 에너지 절감 조명설계
⑤ 에너지 절약 조명제어 시스템의 채택

해 설 이외에도
⑥ 자연 채광을 최대한 이용
⑦ 공조형 조명기구의 채택
⑧ 정격전압의 공급

답이보인다!! 전기공사기사·산업기사 실기

Chapter 06

동력설비

01 동력설비의 설계, 시공 및 계산

전동기의 기동법

1. 농형 유도 전동기

1) 전전압 기동(직입 기동)

5[HP](3.7[kW]) 이하의 소용량 전동기는 기동 장치없이 직접 전전압을 공급하여 기동시킨다. 기동 전류는 전부하 전류의 4~6배 정도이다.

2) Y-△ 기동

전동기 용량이 5~15[kW] 정도의 농형 유도 전동기는 전전압 기동 대신에 Y-△ 기동기를 사용하여 기동한다. 기동시에는 고정자 3상 권선의 접속을 Y 결선으로 하면 각 상에는 정격 전압의 $1/\sqrt{3}$배의 전압이 가해지므로 △결선으로 기동했을 때보다 기동 전류를 1/3배로 제한할 수 있다. 반면에, 동일한 회전수에서 토크는 전압의 제곱에 비례하므로 기동 토크도 1/3로 줄어드는 결점이 있다. 전동기가 정격 속도에 이르면 △결선으로 전환하여 정상 운전을 한다.

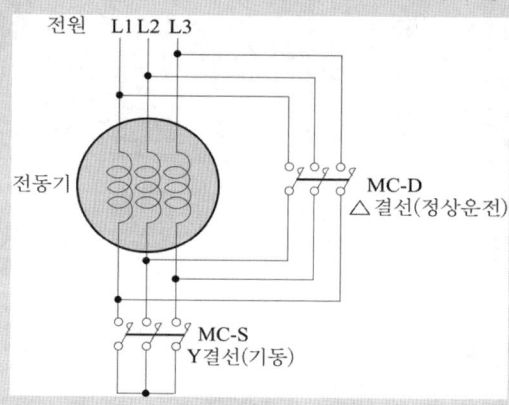

【요점】
Y-△ 기동법
1. Y 기동, △운전
2. 기동 전류가 1/3로 감소
즉, $I_Y = \dfrac{1}{3} I_\triangle$

3) 기동 보상기에 의한 기동

15[kW] 이상의 농형 유도 전동기에서는 단권 변압기를 사용하여 공급 전압을 낮추어 기동 전류를 정격 전류의 100~150[%] 정도로 제한한다.

4) 리액터에 의한 기동

전원과 전동기 사이에 직렬 리액터를 삽입해서 전동기 단자에 가해지는 전압을 낮추어 기동한다.

2. 권선형 유도 전동기

1) 2차 저항 기동법

권선형 전동기에서는 2차 회전자 권선에 슬립 링과 함께 기동 저항기를 접속하여 비례 추이의 원리를 이용하여 기동 전류를 제한하고 그리고 기동 토크는 크게 한다.

문제 1

▶출제년도 : 기사 95. ▶점수 : 5점

냉장고, 양수기 등 전동력 응용 기기는 220[V]에 사용시 전압 변경 스위치로 간단한 전압 변경이 가능하다. 다음 결선도는 110/220[V] 겸용 전동기의 결선을 220[V]로 변경하여 그리시오.

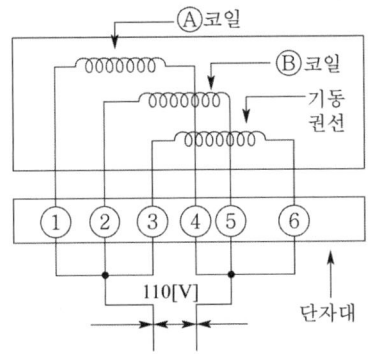

【번호설명】
① A코일 시작점 ② B코일 시작점 ③ 기동권선 시작점
④ A코일 끝점 ⑤ B코일 끝점 ⑥ 기동권선 끝점

답안작성

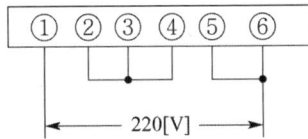

해 설 Ⓐ 코일과 Ⓑ 코일 및 기동권선을 직렬로 접속하고 220[V]를 인가하면 Ⓐ 코일 및 Ⓑ 코일에는 110[V] 전압이 인가된다.

문제 2

극수 변환식 3상 농형 유도 전동기가 있다. 고속측은 4극이고 정격 출력은 30[kW]이다. 저속측은 고속의 1/3 속도라면 저속측의 극수와 정격 출력은 얼마인가? 단, 슬립 및 정격 토크는 저속측과 고속측이 같다고 본다.

(1) 극수
(2) 출력

답안작성

(1) 극수 $N = \dfrac{120f}{P}$ 에서 $P \propto \dfrac{1}{N}$ 이므로 $\dfrac{저속}{고속} = \dfrac{P}{4} = \dfrac{\frac{1}{\frac{1}{3}N}}{\frac{1}{N}} = 3$

∴ 극수 $P = 12$ [극] **답 : 12[극]**

(2) 출력 $W = 2\pi NT$ 에서 $W \propto N$ 이므로 $\dfrac{저속}{고속} = \dfrac{W}{30} = \dfrac{\frac{1}{3}N}{N}$

∴ 출력 $W = 10$ [kW] **답 : 10[kW]**

전동기의 용량산정

1. 펌프용 전동기

$$P = \frac{9.8QHK}{\eta} = \frac{KQH}{6.12\eta} \text{[kW]}$$

여기서, P : 전동기의 용량[kW] Q : 양수량[m³/min]
H : 양정(낙차)[m] η : 펌프의 효율[%]
K : 여유계수(1.1~1.2 정도)

2. 권상용 전동기

$$P = \frac{9.8W \cdot v}{\eta} = \frac{W \cdot V}{6.12\eta} \text{[kW]}$$

여기서, W : 권상 하중[ton] v : 권상 속도[m/sec]
V : 권상 속도[m/min] η : 권상기 효율[%]

3. 3상 유도 전동기의 표준 용량

0.2 [kW]	7.5 [kW]
0.4 [kW]	11 [kW]
0.75 [kW]	15 [kW]
1.5 [kW]	18.5 [kW]
2.2 [kW]	20 [kW]
3.7 [kW]	30 [kW]
5.5 [kW]	37 [kW]

문제 3

매분 12[m³]의 물을 높이 15[m]인 탱크에 양수하는데 필요한 전력을 V 결선한 변압기로 공급한다면, 여기에 필요한 단상 변압기 1대의 용량은 몇 [kVA]인가? 단, 펌프와 전동기의 합성 효율은 65[%]이고, 전동기의 전부하 역률은 80[%]이며 펌프의 축동력은 15[%]의 여유를 본다고 한다.

• 계산 : • 답 :

답안작성

계산 : $P = \dfrac{9.8HQK}{\eta} = \dfrac{9.8 \times 12 \times \frac{1}{60} \times 15 \times 1.15}{0.65} = 52.02 \text{ [kW]}$

부하 용량 $= \dfrac{52.02}{0.8} = 65.03 \text{ [kVA]}$

$$V \text{ 결선시 용량 } P_V = \sqrt{3} P_1, \quad P_1 = \frac{P_V}{\sqrt{3}} = \frac{65.03}{\sqrt{3}} = 37.55 \text{ [kVA]}$$

답 : 37.55 [kVA]

문제 4

그림과 같은 100/200 [V] 단상 3선식 회로를 보고 다음 각 물음에 답하시오.

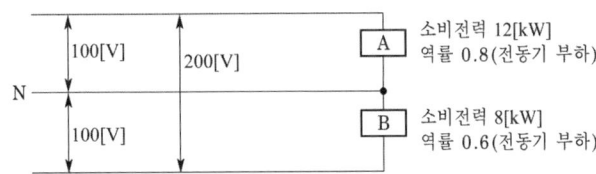

(1) 중성선 N에 흐르는 전류는 몇 [A]인가?
(2) 중성선의 굵기를 결정하는 전류는 몇 [A]인가?
(3) 부하는 저압 전동기이다. 이 전동기는 제 몇 종 절연을 하는가? 단, 이 전동기의 허용 온도는 105 [℃]라고 한다.
(4) A 전동기의 용량으로 양수를 한다면 양정 10 [m], 펌프 효율 80 [%] 정도에서 매분당 양수량은 몇 [m³]이 되겠는가? 단, 여유계수는 1.1로 한다.

답안작성

(1) A상의 전류 : $I_A = \dfrac{12 \times 10^3}{100 \times 0.8} = 150$ [A]

B상의 전류 : $I_B = \dfrac{8 \times 10^3}{100 \times 0.6} = 133.33$ [A]

$I_N = 150(0.8 - j0.6) - 133.33(0.6 - j0.8)$
$\quad = 120 - j90 - 80 + j106.66 = 40 + j16.66$
$\quad = \sqrt{40^2 + 16.66^2} = 43.33$ [A]

답 : 43.33 [A]

(2) 150 [A]   (3) A종 절연

(4) 양수 펌프용 전동기의 용량 : $P = \dfrac{KQH}{6.12\eta}$ [kW]

여기서, $12 \text{ [kW]} = \dfrac{1.1 \times Q \times 10}{6.12 \times 0.8}$

∴ $Q = 5.34$ [m³/min]

해설

(1) 중성선에 흐르는 전류는 Vector 합이 된다.
(2) 중성선의 굵기를 결정하는 전류 : I_A와 I_B 중 큰 전류
(3) 절연물의 종류에 따른 최고 허용 온도

Y종	A종	E종	B종	F종	H종	C종
90 [℃]	105 [℃]	120 [℃]	130 [℃]	155 [℃]	180 [℃]	180 [℃] 초과

문제 5

어느 철강 회사에서 천장크레인의 권상용 전동기에 의하여 권상 중량 80 [ton]을 권상 속도 2 [m/min]로 권상하려고 한다. 권상용 전동기의 소요 출력은 몇 [kW] 정도이어야 하는가? 단, 권상기의 기계효율은 70 [%]이다.

답안작성 $P = \dfrac{W \cdot v}{6.12\eta} = \dfrac{80 \times 2}{6.12 \times 0.7} = 37.35 \text{ [kW]}$

해설 권상용 전동기의 출력 : $P = \dfrac{W \cdot v}{6.12\eta}$ [kW]

W : 권상 중량[ton], v : 권상 속도[m/min], η : 효율

문제 6

60[Hz]로 설계된 3상 유도 전동기를 동일 전압으로 50[Hz]에 사용할 경우 다음 요소는 어떻게 변화하는지를 수치를 이용하여 설명하시오.
(1) 무부하 전류
(2) 온도 상승
(3) 속도

답안작성 (1) 6/5으로 증가 (2) 6/5으로 증가 (3) 5/6로 감소

문제 7

공급 전원에는 전압 강하 등 기타 아무 이상이 없는데도 농형 3상 유도 전동기가 전혀 기동되지 않고 있을 때 그 원인이 될 수 있는 사항을 5가지만 열거하시오.

답안작성
① 3선 중 1선이 단선이 된 경우
② 큰 전압 강하로 인한 기동 토크의 부족
③ 기동기의 고장
④ 결선의 오접속 결선
⑤ 공극의 불균등
이외, ① 고정자 권선 내부의 오접속, 코일의 단선 및 소손
② 회전자 도체의 접속 불량

02 분배전반 및 제어장치 설비공사

1. 동력제어반(Motor Control Center)

① 동력제어반이란 동력설비의 운전을 제어하는 접촉기, 전동기 과부하 보호장치, 분기회로보호용 과전류 차단기 및 조작, 측정, 감시, 조정기구를 결합시켜 내부배선, 부속물, 지지구조물을 갖춘 전력소비시스템 운전 제어를 목적으로 하는 장치의 총칭이다.

② MCC반의 주요 기기 구성
  ㉠ 주회로의 배선용 차단기와 전자개폐기
  ㉡ 제어 회로용의 계측장치와 전자접촉기
  ㉢ 시동용 장치와 속도 제어장치

③ 차단기를 동작시키는 보호계전기 요소
  ㉠ 단일 전압요소   ㉡ 단일 전류요소
  ㉢ 전압전류 요소   ㉣ 2전류요소

문제 1   ▶ 출제년도 : 기사 89, 94.   ▶ 점수 : 6점

그림은 단상 콘덴서 전동기의 주회로이다. 회로 이름을 쓰시오.

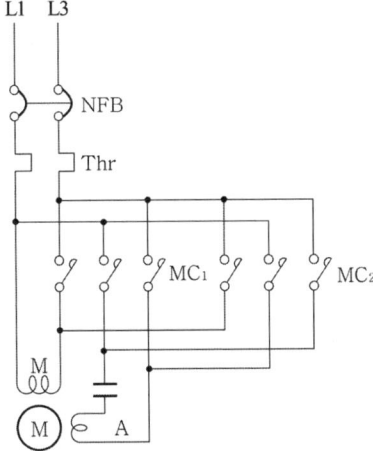

답안작성   정·역 운전 회로

해 설   보조 권선 A를 MC_1과 MC_2로 전원 L1, L3선의 접속을 바꾸어 상회전을 변화시켜 정·역 운전한다.

문제 2

▶출제년도 : 기사 97.　▶점수 : 4점

다음은 전동기 자동 장치의 결선도이다. 이 방식을 정확히 무슨 기동 방식이라 부르는가?

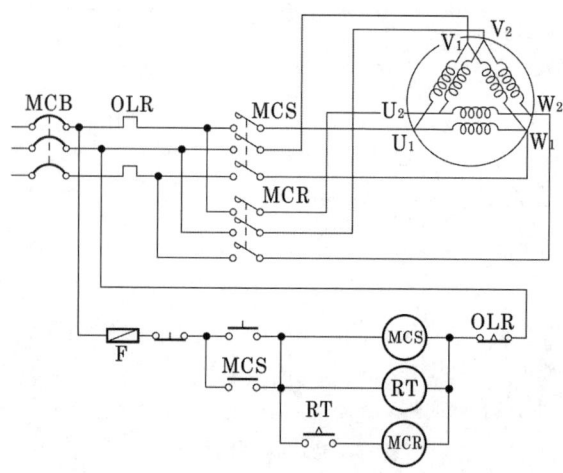

답안작성　분할 권선 기동 방식

문제 3

▶출제년도 : 산업 94.　▶점수 : 5점

다음 결선도는 유도전동기의 기동장치 결선도이다. 결선도의 기동방법을 무슨 기동방식이라 하는가?

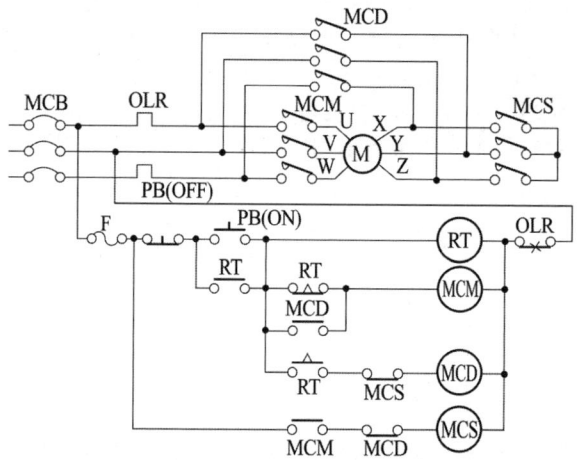

답안작성　Y-△ 기동방식

문제 4

▶출제년도 : 기사 97.　▶점수 : 8점

다음 물음에 답하시오.
(1) 엘리베이터용 직류 모터의 기본 제어 방식은 어떤 방식인가?
(2) Y-△ 결선 방식의 주변압기 보호에 차동 전류 계전기를 사용하였다. 이때 CT의 결선 방식은 어느 것인가?
(3) 수용가는 수용 장소의 전체 부하 역률을 몇 [%] 이상으로 유지하여야 하는가?
(4) 단상 유도 전동기의 기동 방식을 4가지 쓰시오.

답안작성
(1) 워드 레어너드 방식
(2) △-Y
(3) 90 [%]
(4) 반발 기동형, 콘덴서 기동형, 분상 기동형, 셰이딩 코일형

해 설 비율 차동 계전기 결선
변압기의 결선이 Y-△ 또는 △-Y인 경우 변류기 2차 전류의 크기 및 위상을 동일하게 하기 위해 비율 차동 계전기의 변류기 결선은 변압기 결선과 반대로 한다.

변압기 결선	변류기 결선
Y-△	△-Y
△-Y	Y-△

문제 5

단상 유도 전동기에 대한 다음 각 물음에 답하시오.
(1) 기동 방식을 4가지만 쓰시오.
(2) 분상 기동형 단상 유도 전동기의 회전 방향을 바꾸려면 어떻게 하면 되는가?
(3) 단상 유도 전동기의 절연을 E종 절연물로 하였을 경우 허용 최고 온도는 몇 [℃]인가?

답안작성
(1) ① 반발 기동형 ② 셰이딩 코일형 ③ 콘덴서 기동형 ④ 분상 기동형
(2) 기동권선의 접속을 반대로 바꾸어 준다. (3) 120 [℃]

문제 6

▶출제년도 : 산업 92. 98. ▶점수 : 16점

다음은 전동기의 결선도이다. 물음에 답하시오.

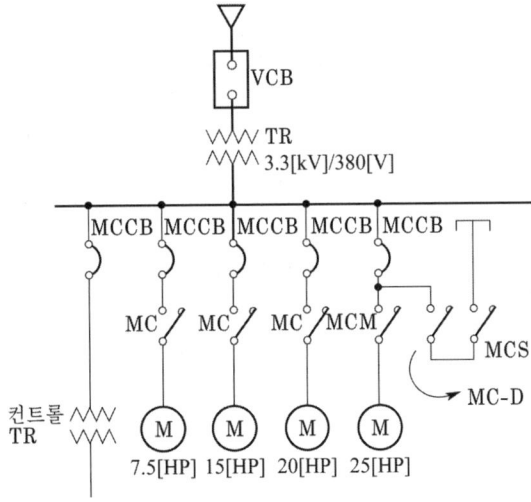

(1) 3상 교류 유도 전동기이다. 20 [HP] 전동기의 분기회로의 케이블 선정시 허용전류를 계산하시오.
(2) 상기 결선도의 3상 교류 유도 전동기의 변압기 용량을 계산하시오. ((1), (2)항의 수용률은 0.65이고, 역률 0.9, 효율은 0.8이다.)

(3) 25[HP] 3상 농형 유도 전동기의 3선 결선도를 작성하시오.
(4) CONTROL TR(제어용 변압기)의 목적은?

답안작성

(1) $P = \dfrac{0.746 \times 마력}{역률 \times 효율} = \dfrac{0.746 \times 20}{0.9 \times 0.8} = 20.72$ [kVA]

$I = \dfrac{P}{\sqrt{3}\,V} = \dfrac{20.72}{\sqrt{3} \times 0.38} = 31.48$ [A]

$I \leq 50$ [A] 이하이므로

$I_a = 31.48 \times 1.25 = 39.35$ [A]

(2) $P_a = \dfrac{(7.5 + 15 + 20 + 25) \times 0.65 \times 0.746}{0.9 \times 0.8} = 45.46$ [kVA]

따라서, 변압기 용량은 50[KVA] 이다.

(3)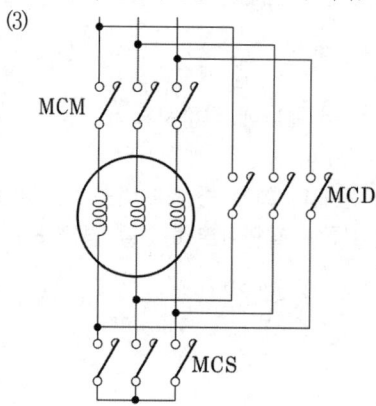

(4) 높은 전압을 제어기기에 적합한 저전압으로 변성하여 제어기기의 조작 전원으로 공급

해 설

(2) • 변압기 용량 [kVA] ≥ 합성 최대 수용 전력

$= \dfrac{설비\ 용량[kVA] \times 수용률}{부등률} = \dfrac{설비\ 용량[kW] \times 수용률}{부등률 \times 역률}$

• 1 [HP] = 746 [W] = 0.746 [kW]
• 부하의 효율이 주어지면 효율을 고려하여야 한다.

(3) Y−△ 기동회로

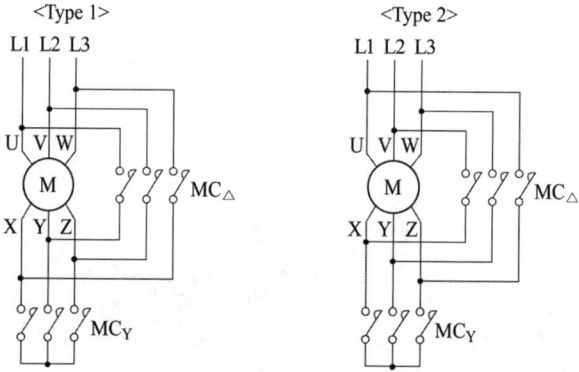

Type 1 또는 Type 2 모두 사용되나 기동 순간의 과도(돌입) 전류를 감소시키기 위하여 현재는 Type 1이 많이 사용된다.

문제 7

▶출제년도 : 기사 98.　▶점수 : 5점

절연 재료는 그 허용 최고 온도에 따라 분류한다. 그러면 다음에 주어진 절연 종류의 허용 최고 온도[℃]를 쓰시오.

(1) A종　　(2) B종　　(3) E종　　(4) F종　　(5) H종

답안작성　(1) 105[℃]　(2) 130[℃]　(3) 120[℃]　(4) 155[℃]　(5) 180[℃]

해 설

절연물의 종류	Y	A	E	B	F	H	C
최고 허용 온도[℃]	90	105	120	130	155	180	180[℃] 초과

03 역률 개선 및 동력설비 관련기술

역률 개선

1. 역률

피상 전력에 대한 유효 전력의 비를 말하며 전압과 전류 사이의 위상차의 정현값과 같다.

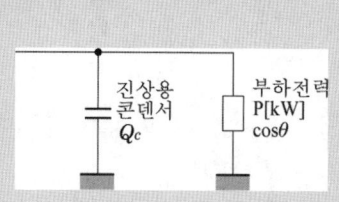
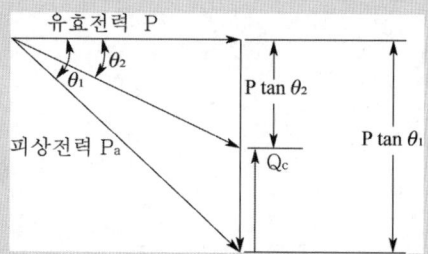

콘덴서 용량 $Q_c = P\tan\theta_1 - P\tan\theta_2 = P(\tan\theta_1 - \tan\theta_2)$

$$= P\left(\frac{\sin\theta_1}{\cos\theta_1} - \frac{\sin\theta_2}{\cos\theta_2}\right)$$

$$= P\left(\frac{\sqrt{1-\cos^2\theta_1}}{\cos\theta_1} - \frac{\sqrt{1-\cos^2\theta_2}}{\cos\theta_2}\right)$$

여기서, $\cos\theta_1$: 개선 전 역률
$\cos\theta_2$: 개선 후 역률

2. 역률 개선의 효과

① 변압기와 배전선의 전력 손실 경감   ② 전압 강하의 감소
③ 설비 용량의 여유 증가   ④ 전기 요금의 감소

3. 콘덴서 회로의 부속기기

1) 방전 코일(DC : Discharge Coil)
   ① 콘덴서에 축적된 잔류 전하를 방전하여 감전 사고 방지
   ② 선로에 재투입시 콘덴서에 걸리는 과전압 방지

2) 직렬 리액터(SR : Series Reactor)

제5고조파로부터 전력용 콘덴서 보호 및 파형 개선의 목적으로 사용된다. 직렬 리액터의 용량은 다음과 같다.

① 이론적 : 콘덴서 용량×4〔%〕
② 실제상 : 콘덴서 용량×6〔%〕

4. 콘덴서 설비의 주요사고 원인
① 콘덴서 설비의 모선 단락 및 지락
② 콘덴서 소체 파괴 및 층간 절연 파괴
③ 콘덴서 설비내의 배선 단락

5. 역률 과보상시 발생하는 현상
① 역률의 저하 및 손실의 증가
② 단자 전압 상승
③ 계전기 오동작

문제 1 ▶출제년도 : 산업 96. ▶점수 : 5점

진상용 콘덴서 선정방법에서 콘덴서의 용량은 평균 사용상태에서 역률이 몇〔%〕정도되게 선정하는 것이 바람직하며, 콘덴서의 용량은 어떤 식으로 구할 수 있는가 식으로 표시하시오.

답안작성
역률 : 90〔%〕이상
계산식 : $Q_c = P(\tan\theta_1 - \tan\theta_2)$

문제 2

어떤 공장에서 300〔kVA〕의 변압기에 역률 70〔%〕의 부하 300〔kVA〕가 접속되어 있다. 지금 합성 역률을 90〔%〕로 개선하기 위하여 전력용 콘덴서를 접속하면 부하는 몇〔kW〕증가시킬 수 있는가?

답안작성
300〔kVA〕역률 70〔%〕의 유효 전력 : $P_1 = 300 \times 0.7 = 210$〔kW〕
역률 90〔%〕의 유효 전력 : $P_2 = 300 \times 0.9 = 270$〔kW〕
따라서, 증가시킬 수 있는 유효 전력 : $P = P_2 - P_1 = 270 - 210 = 60$〔kW〕

해 설
증가 부하 $= P(\cos\theta_2 - \cos\theta_1) = 300(0.9 - 0.7) = 60$〔kW〕

문제 3

제5고조파로부터 역률 개선용 콘덴서를 보호하기 위하여 직렬 리액터를 설치하고자 한다. 콘덴서의 용량이 200〔kVA〕라고 할 때 이론상 필요한 직렬 리액터의 용량을 계산하고, 실제로는 몇〔kVA〕의 직렬 리액터를 설치하여야 하는지를 명시하시오.

• 이론상 :   • 실제상 :

답안작성
이론상 : $200 \times 0.04 = 8$〔kVA〕, 실제상 : $200 \times 0.06 = 12$〔kVA〕

해 설
〔이론상〕리액터 용량 = 콘덴서 용량×4〔%〕
〔실제상〕리액터 용량 = 콘덴서 용량×6〔%〕

문제 4

전용 배전선에서 800[kW] 역률 0.8의 한 부하에 공급할 경우 배전선 전력 손실은 90[kW]이다. 지금 이 부하와 병렬로 300[kVA]의 콘덴서를 시설할 때 배전선의 전력 손실은 몇 [kW]인가?

• 계산 :   • 답 :

답안작성

계산 : ① 콘덴서 설치 후의 역률

$$\cos\theta_2 = \frac{800}{\sqrt{800^2 + (600-300)^2}} = 0.94$$

② 콘덴서 설치 전의 전력 손실

$$P_{l1} = 3I^2R = 3 \times \left(\frac{800}{\sqrt{3} \times V \times 0.8}\right)^2 \times R$$

③ 콘덴서 설치 후의 전력 손실

$$P_{l2} = 3I^2R = 3 \times \left(\frac{800}{\sqrt{3} \times V \times 0.94}\right)^2 \times R$$

②, ③에서 $\dfrac{P_{l1}}{P_{l2}} = \dfrac{\left(\dfrac{1}{0.8}\right)^2}{\left(\dfrac{1}{0.94}\right)^2} = \left(\dfrac{0.94}{0.8}\right)^2$

$$\therefore P_{l2} = \left(\frac{0.8}{0.94}\right)^2 \times P_{l1} = \left(\frac{0.8}{0.94}\right)^2 \times 90 = 65.19 \text{[kW]}$$

답 : 65.19[kW]

문제 5

역률을 개선하면 전기 요금의 저감과 배전선의 손실 경감, 전압 강하 감소, 설비 여력의 증가 등을 기할 수 있으나, 너무 과보상하면 역효과가 나타난다. 즉, 경부하시에 콘덴서가 과대 삽입되는 경우의 결점을 3가지 쓰시오.

답안작성
① 앞선 역률에 의한 전력 손실이 생긴다.
② 모선 전압의 과상승
③ 설비 용량이 감소하여 과부하가 될 수 있다.

해 설 이외에도 다음과 같은 결점이 있다.
• 고조파 왜곡의 증대

문제 6

▶ 출제년도 : 산업 96. 99.   ▶ 점수 : 5점

콘덴서 회로에 방전코일을 넣는 목적은 무엇인가?

답안작성 콘덴서에 축적된 잔류 전하 방전

문제 7

▶ 출제년도 : 기사 00. 07.   ▶ 점수 : 5점

조상 설비를 설치한 목적은?

답안작성 무효전력을 제어함으로써 송전 손실의 경감 및 안정도 향상

해 설 무효전력을 조정하여 전압의 조정과 전력손실을 경감시키기 위함이다.

답이보인다!! **전기공사기사·산업기사 실기**

Chapter **07**

간선 및 분기회로

01 부하설계 및 기술계산

부하상정 및 분기회로

1. 표준 부하

1) 건축물의 종류에 따른 표준 부하

건축물의 종류	표준 부하[VA/m^2]
공장, 공회당, 사원, 교회, 극장, 영화관, 연회장 등	10
기숙사, 여관, 호텔, 병원, 학교, 음식점, 다방, 대중 목욕탕	20
사무실, 은행, 상점, 이발소, 미장원	30
주택, 아파트	40

2) 건축물 중 별도 계산할 부분의 표준 부하 (주택, 아파트는 제외)

건축물의 부분	표준 부하[VA/m^2]
복도, 계단, 세면장, 창고, 다락	5
강당, 관람석	10

3) 표준 부하에 따라 산출한 수치에 가산하여야 할 [VA]수

① 주택, 아파트(1세대 마다)에 대하여는 500~1000[VA]
② 상점의 진열창에 대하여는 진열창 폭 1[m]에 대하여 300[VA]
③ 옥외의 광고등, 전광사인, 네온사인등의 [VA]수

2. 부하의 상정

$$\text{부하 설비 용량} = PA + QB + C$$

여기서, P : 건축물의 바닥 면적[m^2] (Q 부분 면적 제외)
  Q : 별도 계산할 부분의 바닥면적[m^2]
  A : P 부분의 표준 부하[VA/m^2]
  B : Q 부분의 표준 부하[VA/m^2]
  C : 가산해야 할 부하[VA]

3. 분기 회로수

$$\text{분기 회로수} = \frac{\text{표준 부하 밀도}[VA/m^2] \times \text{바닥 면적}[m^2]}{\text{전압}[V] \times \text{분기 회로의 전류}[A]}$$

【주1】계산결과에 소수가 발생하면 절상한다.
【주2】대형 전기 기계 기구에 대하여는 별도로 전용 분기 회로로 만들 것

문제 1

▶출제년도 : 산업 96. 99.   ▶점수 : 5점

부하율(load factor)을 간단히 설명하시오.

답안작성

$$부하율 = \frac{부하의\ 평균전력}{최대\ 수용\ 전력} \times 100\ [\%]$$

문제 2

▶출제년도 : 산업 97.   ▶점수 : 5점

부등률에 대하여 식으로 간단히 설명하시오.

답안작성

$$부등률 = \frac{각각의\ 최대\ 수용전력의\ 합계}{합성\ 최대\ 수용전력}$$

문제 3

▶출제년도 : 기사 89. 96. 06.   ▶점수 : 5점

연간 최대 수용전력이 60 [kW], 75 [kW], 90 [kW], 100 [kW]인 수용가를 연간 최대 수용전력이 250 [kW]일 때 이 수용가의 부등률은 얼마인가?

답안작성

$$부등률 = \frac{각개\ 최대\ 전력의\ 합}{합성\ 최대\ 전력} = \frac{60+75+90+100}{250} = 1.3$$

문제 4

▶출제년도 : 기사 91. 06.   ▶점수 : 6점

건물의 종류에 대응한 표준부하 값을 주어진 답안지에 답하시오.

건물의 종류	표준 부하 [VA/m²]
공장, 공회당, 사원, 교회, 극장, 영화관 등	(1)
기숙사, 여관, 호텔, 병원, 학교, 음식점, 다방, 대중 목욕탕	(2)
사무실, 은행, 상점, 이발소	(3)
주택, 아파트	(4)

답안작성   (1) 10   (2) 20   (3) 30   (4) 40

문제 5

▶출제년도 : 기사 98.   ▶점수 : 5점

옥내배선을 설계하기 위한 전등 및 소형 전기기계 기구의 부하용량 상정에 있어 보기에 열거하는 개소의 표준부하용량을 기술하시오.

【보기】 (1) 극장   (2) 호텔   (3) 사무실   (4) 아파트   (5) 학교

답안작성
(1) 10 [VA/m²]   (2) 20 [VA/m²]   (3) 30 [VA/m²]
(4) 40 [VA/m²]   (5) 20 [VA/m²]

해 설 건축물의 종류에 따른 표준 부하

건물의 종류	표준 부하 [VA/m²]
공장, 공회당, 사원, 교회, 극장, 영화관 등	10
기숙사, 여관, 호텔, 병원, 학교, 음식점, 다방, 대중 목욕탕	20
사무실, 은행, 상점, 이발소	30
주택, 아파트	40

문제 6

▶ 출제년도 : 산업 99. 04.   ▶ 점수 : 5점

그림과 같은 건물의 표준부하는 몇 [VA]인가?
단, • 주택에는 1000[VA]를 가산하도록 한다.
- 점포 표준부하는 30[VA/m²]
- 주택 표준부하는 40[VA/m²]
- 창고 표준부하는 5[VA/m²]
- 진열장은 1[m]에 300[VA] 가산

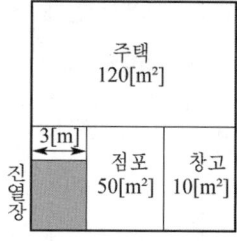

답안작성
계산 : 표준 부하 = $120 \times 40 + 3 \times 300 + 50 \times 30 + 10 \times 5 + 1000 = 8250$ [VA]
답 : 8250 [VA]

해설 설비부하용량 = 바닥면적[m²]×표준부하[VA/m²]+가산부하[VA]

문제 7

▶ 출제년도 : 산업 94.   ▶ 점수 : 6점

호텔의 부하 밀도가 전등 30[VA/m²], 일반 동력 40[VA/m²], 냉방 동력 30[VA/m²]이고 면적이 20,000[m²]일 때 부하 설비 용량[kVA]는?
• 계산 :   • 답 :

답안작성
계산 : • 전등 부하 = $30 \times 20000 \times 10^{-3} = 600$ [kVA]
• 일반 동력 = $40 \times 20000 \times 10^{-3} = 800$ [kVA]
• 냉방 동력 = $30 \times 20000 \times 10^{-3} = 600$ [kVA]
부하 설비 용량 $P = 600 + 800 + 600 = 2000$ [kVA]
답 : 2000 [kVA]

문제 8

▶ 출제년도 : 기사 95.   ▶ 점수 : 5점

총면적 2000[m²]의 사무실용 빌딩의 부하 설비 용량[kVA]은? 단 부하 밀도는 전등부하 30[VA/m²], 동력부하 35[VA/m²], 냉방부하 40[VA/m²]
• 계산 :   • 답 :

답안작성
계산 : • 전등부하 = $2000 \times 30 \times 10^{-3} = 60$ [kVA]
• 동력부하 = $2000 \times 35 \times 10^{-3} = 70$ [kVA]
• 냉방부하 = $2000 \times 40 \times 10^{-3} = 80$ [kVA]
총 부하 설비 $P = 60 + 70 + 80 = 210$ [kVA]
답 : 210 [kVA]

문제 9

▶ 출제년도 : 산업 95. 98.   ▶ 점수 : 5점

건평 2000[m²]인 건물이 있다. 이 건물에 FAN용 전동기 1.5[kW]가 10대 Pump용 전동기 5[kW]가 5대가 있다면 사용하는 총 부하는 몇 [kW]인가? 단, FAN용 전동기의 수용률은 80[%], Pump용 전동기의 수용률은 70[%], 전등 전열용 동력은 25[W/m²]이다.

답안작성
계산 : P = 설비용량×수용률 에서
$P = 1.5 \times 10 \times 0.8 + 5 \times 5 \times 0.7 + 2000 \times 25 \times 10^{-3} = 79.5$ [kW]
답 : 79.5 [kW]

문제 10
▶출제년도 : 산업 95. ▶점수 : 6점

건축 단면적 440 [m²]의 주택에 다음과 같은 전기설비를 시설하고자 한다. 이때 분전반에 사용할 분기회로 수는 몇 개인가?

• 계산 :   • 답 :

【다음】
- 전등, 전열용 부하 40 [VA/m²]
- 3000 [VA] 용량의 에어콘 2대
- 예비부하 4500 [VA]

  단, 에어콘은 각각 30 [A] 전용회선으로 하고 기타는 20 [A] 회선으로 한다. 그리고 전압은 220 [V]를 사용한다.

답안작성 계산 : • 표준부하 $= 40 \times 440 + 4500 = 22100$ [VA]

$$20 \text{[A] 분기회로 수} = \frac{22100}{220 \times 20} = 5.02 \text{[회로]}$$

• 에어콘 전용 30 [A] 전용 분기회로 $= 2$ [회로]
답 : 20 [A] 분기 6회로, 30 [A] 분기 2회로

문제 11
▶출제년도 : 산업 97. 03. ▶점수 : 6점

어느 빌딩의 수전 설비를 계획하고자 한다. 이 빌딩에 예측되는 부하밀도는 조명전용 20 [VA/m²], 일반동력 35 [VA/m²], 냉방동력 40 [VA/m²]이다. 이 빌딩의 건평이 60,000 [m²]일 경우 부하설비의 용량은 몇 [kVA]인가?

• 계산 :   • 답 :

답안작성 계산 : • 조명설비 $= 20 \times 60000 \times 10^{-3} = 1200$ [kVA]
• 일반동력설비 $= 35 \times 60000 \times 10^{-3} = 2100$ [kVA]
• 냉방설비 $= 40 \times 60000 \times 10^{-3} = 2400$ [kVA]
부하설비 $= 1200 + 2100 + 2400 = 5700$ [kVA]
답 : 5700 [kVA]

문제 12
▶출제년도 : 산업 95. ▶점수 : 5점

설비용량 300 [kW], 수용률 60 [%], 부하율 45 [%], 수용가의 1개월간의 사용 전력량은 몇 [kWh]인가? 단, 1개월은 30일간으로 계산한다.

답안작성 계산 : $W = Pt = 300 \times 0.6 \times 0.45 \times 30 \times 24 = 58320$ [kWh]
답 : 58320 [kWh]

해 설 전력량 = 평균전력×사용시간
평균전력 = 부하율×최대전력 = 부하율×설비용량×수용률

문제 13
▶출제년도 : 기사 95. ▶점수 : 5점

부하의 설비 용량이 400 [kW], 수용률 60 [%], 월 부하율 50 [%]의 수용가가 있다. 1개월(30일)의 사용전력량은 몇 [kWh]인가?

• 계산 :   • 답 :

답안작성 계산 : ① 평균 전력 = 설비 용량×수용률×부하율
$P = 400 \times 0.6 \times 0.5 = 120$ [kW]
② 사용 전력량 = 평균전력×사용시간
$W = 120 \times 24 \times 30 = 86400$ [kWh]   **답** : 86400 [kWH]

문제 14

▶출제년도 : 기사 89. 96. 06.   ▶점수 : 4점

다음 표의 수용가 A, B, C에 공급하는 배전 선로의 최대 전력은 500 [kW]이다. 이 때의 부등률은 얼마인가?

수용가	설비 용량 [kW]	수용률 [%]
A	400	60
B	300	60
C	400	80

• 계산 :   • 답 :

답안작성 계산 : 부등률 $= \dfrac{400 \times 0.6 + 300 \times 0.6 + 400 \times 0.8}{500} = 1.48$

답 : 1.48

해 설 부등률 $= \dfrac{\text{각 개 최대 전력의 합}}{\text{합성 최대 전력}} = \dfrac{\text{설비 용량} \times \text{수용률}}{\text{합성 최대 전력}}$

변압기 용량산정

변압기 용량 [kVA] ≥ 합성 최대 수용 전력

$= \dfrac{\text{개별 부하의 최대 수용 전력의 합계}}{\text{부등률}}$

$= \dfrac{\text{설비 용량 [kVA]} \times \text{수용률}}{\text{부등률}}$

1. 수용률 (Demand Factor)

수용 설비가 동시에 사용되는 정도를 나타내며 주상 변압기 등의 적정공급 설비 용량을 파악하기 위하여 사용한다.

$$\text{수용률} = \dfrac{\text{최대 수용 전력 [kW]}}{\text{총부하 설비 용량 [kW]}} \times 100 \, [\%]$$

2. 부등률 (Diversity Factor)

각 수용가에서의 최대 수용 전력의 발생 시각은 시간적으로 차이가 있으며 이 경우에 배전 변압기

또는 간선에서의 합성 최대 수용 전력은 각 수용가에서의 최대 수용 전력의 합보다 적게 되는데 이 비를 부등률이라 하며 이 값은 항상 1보다 크고 수용률과 더불어 배전 변압기 또는 배전 간선 등의 공급 설비 계획 자료로 사용된다.

$$부등률 = \frac{수용\ 설비\ 각각의\ 최대\ 수용\ 전력의\ 합[kW]}{합성\ 최대\ 수용\ 전력[kW]}$$

① 수전 설비 용량 산정에 사용
② 부등률은 항상 1보다 크다.
③ 부등률이 클수록 설비의 이용률이 크므로 유리

3. 부하율

공급 설비가 어느 정도 유효하게 사용되는가를 나타내며 부하율이 클수록 공급 설비가 유효하게 사용된다.

$$부하율 = \frac{평균\ 수용\ 전력[kW]}{합성\ 최대\ 수용\ 전력[kW]} \times 100\ [\%]$$

문제 15

▶출제년도 : 기사 93.   ▶점수 : 5점

어떤 상가 주택에서 수용설비용량이 480[kW], 수용률이 0.5일 때 수전설비 용량은 몇 [kVA]로 하면 되는가? 단, 부하 역률은 0.8이다.

• 계산 :   • 답 :

답안작성

계산 : $P = \dfrac{480 \times 0.5}{1 \times 0.8} = 300\ [kVA]$

답 : 300[kVA]

해 설

수전설비용량 ≥ 합성최대 수용전력 $= \dfrac{설비용량[kVA] \times 수용률}{부등률}$

$\qquad\qquad\qquad\qquad\qquad\qquad = \dfrac{설비용량[kW] \times 수용률}{부등률 \times 역률}\ [kVA]$

문제 16

▶출제년도 : 기사 14.   ▶점수 : 4점

다음과 같이 50[kW], 30[kW], 15[kW], 25[kW]의 부하 설비에 수용률이 각각 50[%], 65[%], 75[%], 60[%]라고 할 경우 변압기 용량을 선정하시오. (단, 부등률은 1.2, 종합 부하 역률은 80[%]로 한다.)

• 계산 :   • 답 :

변압기 표준 용량표 [kVA]

| 25 | 30 | 50 | 75 | 100 | 150 | 200 |

답안작성 계산 : $P_a = \dfrac{50 \times 0.5 + 30 \times 0.65 + 15 \times 0.75 + 25 \times 0.6}{0.8 \times 1.2} = 73.7 \text{[kVA]}$

답 : 표에서 75[kVA] 선정

해 설 변압기 용량 $= \dfrac{\text{설비 용량[kW]} \times \text{수용률}}{\text{역률} \times \text{부등률}}$ [kVA]

문제 17

▶출제년도 : 산업 93. 95. 96.　▶점수 : 5점

그림과 같이 30[kW], 40[kW], 60[kW]의 부하설비의 수용률이 각각 50[%], 60[%], 90[%]로 되어 있는 경우 이것에 공급할 용량을 결정하시오. (단, 부등률은 1.1, 부하의 종합역률은 85[%]로 한다.)

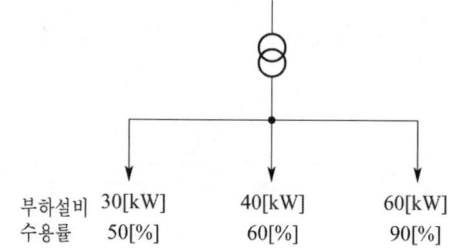

답안작성 계산 : $P_a = \dfrac{30 \times 0.5 + 40 \times 0.6 + 60 \times 0.9}{0.85 \times 1.1} = 99.47$ [kVA]

답 : 100[kVA]

해 설 변압기 용량[kVA] ≥ 합성 최대 수용 전력

$= \dfrac{\text{설비 용량[kVA]} \times \text{수용률}}{\text{부등률}} = \dfrac{\text{설비 용량[kW]} \times \text{수용률}}{\text{부등률} \times \text{역률}}$ [kVA]

문제 18

▶출제년도 : 산업 98. 00. 07.　▶점수 : 8점

다음 그림은 변전설비의 단선결선도이다. 물음에 답하시오.

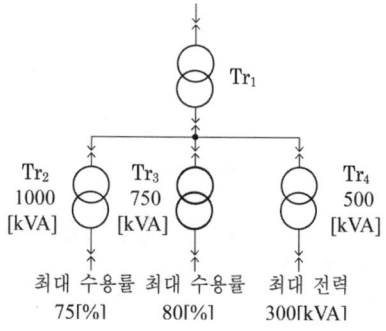

(1) 부등률이란? (식으로 나타내시오.)
(2) 부등률 적용 변압기는?
(3) Tr_1의 부등률은 얼마인가? (단, 최대 합성 전력은 1,320[kVA])
(4) Tr_1의 표준 용량은 몇 [kVA]인가?

답안작성

(1) 부등률 = $\dfrac{\text{각 개 최대 수용 전력의 합}}{\text{합성 최대 수용 전력}}$

(2) Tr_1

(3) 계산 : 부등률 = $\dfrac{1000 \times 0.75 + 750 \times 0.8 + 300}{1320} = 1.25$ **답 : 1.25**

(4) 최대 전력이 1320 [kVA]이므로 1500 [kVA]로 선정   **답 : 1500 [kVA]**

해설

부등률 = $\dfrac{\text{각 개 최대 수용 전력의 합}}{\text{합성 최대 수용 전력}}$

$= \dfrac{\sum \text{부하 설비 용량[kVA]} \times \text{수용률}}{\text{합성 최대 수용 전력}}$

$= \dfrac{\sum \text{부하 설비 용량[kW]} \times \text{수용률}}{\text{합성 최대 수용 전력} \times \text{역률}}$

▶ 출제년도 : 기사 88. 97. 00. 02.   ▶ 점수 : 12점

문제 19

다음 그림과 같은 변전설비에서 주변압기 용량을 구하고 수용률, 부등률, 부하율의 적용 장소를 쓰시오. (단, 부등률은 1.2이다.)

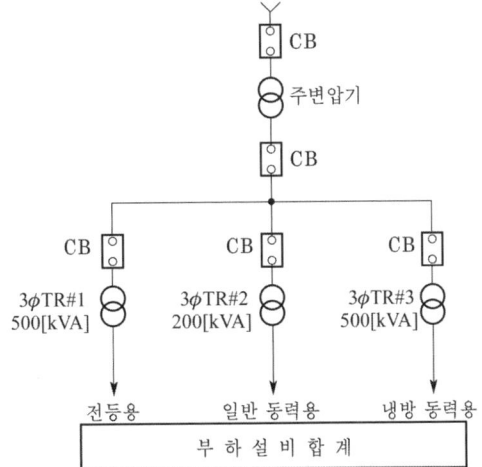

【답안지】

(1) 주변압기 용량 [kVA]은?

(2) 주변압기 : _____ 적용

(3) TR#1 : _____ 적용

(4) TR#2 : _____ 적용

(5) TR#3 : _____ 적용

(6) 부하 설비 합계 : _____ 적용

답안작성

(1) $P_a = \dfrac{500 + 200 + 500}{1.2} = 1000$ [kVA]

(2) 부등률 (3) 수용률 (4) 수용률 (5) 수용률 (6) 부하율

해설

(1) • 변압기 용량 ≥ 합성최대 수용전력 = $\dfrac{\text{설비 용량} \times \text{수용률}}{\text{부등률}}$

• 수용률이 주어지지 않았으므로 수용률은 1로 적용

(2) 일반 수용가의 2단 강압방식에서 부등률은 주변압기에만 적용한다.

문제 20

▶ 출제년도 : 기사 99. ▶ 점수 : 4점

어떤 변전소의 공급 구역내에 총 설비 용량은 전등부하 500 [kW], 동력부하 800 [kW]이다. 각 수용가의 수용률은 전등 60 [%], 동력 80 [%]이고 수용가간의 부등률은 전등 1.2, 동력 1.6이며 변전소에 전등부하와 동력부하간의 부등률은 1.4라고 한다. 배전선로의 전력손실이 전등 동력 모두 부하 전력의 10 [%]라고 하면 변전소에서 공급하는 최대 전력은 몇 [kW]인가?

답안작성

전등 부하 $P_1 = \dfrac{500 \times 0.6}{1.2} = 250$ [kW]

동력 부하 $P_2 = \dfrac{800 \times 0.8}{1.6} = 400$ [kW]

변전소에서 공급하는 최대 전력은

최대 전력 $= \dfrac{\text{전등 부하} + \text{동력 부하}}{\text{부등률}} \times (1 + \text{전력 손실})$

$= \dfrac{250 + 400}{1.4} \times (1 + 0.1) = 510.71$ [kW]

답 : 510.71 [kW]

문제 21

어떤 인텔리전트 빌딩에 대한 등급별 추정 전원 용량에 대한 다음 표를 이용하여 각 물음에 답하시오.

등급별 추정 전원 용량 [VA/m²]

내용 \ 등급별	0등급	1등급	2등급	3등급
조 명	32	22	22	29
콘 센 트	–	13	5	5
사무자동화(OA) 기기	–	–	34	36
일반동력	38	45	45	45
냉방동력	40	43	43	43
사무자동화(OA)동력	–	2	8	8
합 계	110	125	157	166

(1) 연면적 10000 [m²]인 인텔리전트 2등급인 사무실 빌딩의 전력 설비 부하의 용량을 상기 "등급별 추정 전원 용량 [VA/m²]"을 이용하여 빈칸에 계산과정과 답을 쓰시오.

부하 내용	면적을 적용한 부하용량 [kVA]
조 명	
콘 센 트	
OA 기기	
일반동력	
냉방동력	
OA 동력	
합 계	

(2) 물음 "(1)"에서 조명, 콘센트, 사무자동화기기의 적정 수용률은 0.7, 일반동력 및 사무자동화 동력의 적정 수용률은 0.5, 냉방동력의 적정 수용률은 0.8이고, 주변압기 부등률은 1.2로 적용한다. 이때 전압방식을 2단 강압 방식으로 채택할 경우 변압기의 용량에 따른

변전설비의 용량을 산출하시오. (단, 조명, 콘센트, 사무자동화 기기를 3상 변압기 1대로, 일반동력 및 사무자동화 동력을 3상 변압기 1대로, 냉방동력을 3상 변압기 1대로 구성하고, 상기 부하에 대한 주변압기 1대를 사용하도록 하며, 변압기 용량은 일반 규격 용량으로 정하도록 한다.)

① 조명, 콘센트, 사무자동화 기기에 필요한 변압기 용량 산정
  • 계산 :   • 답 :
② 일반동력, 사무자동화동력에 필요한 변압기 용량 산정
  • 계산 :   • 답 :
③ 냉방동력에 필요한 변압기 용량 산정
  • 계산 :   • 답 :
④ 주변압기 용량 산정
  • 계산 :   • 답 :

(3) 주변압기에서부터 각 부하에 이르는 변전설비의 단선 계통도를 간단하게 그리시오.

답안작성

(1)

부하 내용	면적을 적용한 부하용량 [kVA]
조 명	$22 \times 10000 \times 10^{-3} = 220$ [kVA]
콘 센 트	$5 \times 10000 \times 10^{-3} = 50$ [kVA]
OA 기기	$34 \times 10000 \times 10^{-3} = 340$ [kVA]
일반동력	$45 \times 10000 \times 10^{-3} = 450$ [kVA]
냉방동력	$43 \times 10000 \times 10^{-3} = 430$ [kVA]
OA 동력	$8 \times 10000 \times 10^{-3} = 80$ [kVA]
합 계	$157 \times 10000 \times 10^{-3} = 1570$ [kVA]

(2) ① 계산 : $\text{Tr}_1 = (220+50+340) \times 0.7 = 427$ [kVA]   답 : 500 [kVA]

② 계산 : $\text{Tr}_2 = (450+80) \times 0.5 = 265$ [kVA]   답 : 300 [kVA]

③ 계산 : $\text{Tr}_3 = 430 \times 0.8 = 344$ [kVA]   답 : 500 [kVA]

④ 계산 : $\text{STr} = \dfrac{427+265+344}{1.2} = 863.33$ [kVA]   답 : 1000 [kVA]

(3)

```
          STr
         1000[kVA]
            │
           CB
    ┌───────┼───────┐
    PF      PF      PF
    │       │       │
 3φ,500   3φ,300   3φ,500
  [kVA]    [kVA]    [kVA]
    │       │       │
 조명,콘센트  일반동력   냉방동력
 사무자동화기기 사무자동화동력
```

해 설 3상 변압기의 표준용량
3, 5, 7.5, 10, 15, 20, 30, 50, 75, 100, 150, 200, 300, 500, 750, 1000 [kVA]

02 보호기기선정 및 고장전류

보호 계전기

1. 보호 계전기 동작의 4가지 요소
① 단일 전압요소 ② 단일 전류요소 ③ 전압전류 요소 ④ 2전류 요소

2. 단락 보호용 계전기
① 과전류 계전기(Over Current Relay : OCR) : 일정값 이상의 전류가 흘렀을 때 동작하며 일명 과부하 계전기라 불려진다.
② 과전압 계전기(Over Voltage Relay : OVR) : 일정값 이상의 전압이 걸렸을 때 동작한다.
③ 부족 전압 계전기(Under Voltage Relay : UVR) : 전압이 일정값 이하로 떨어졌을 경우, 예를 들면 대형 유도 전동기 등에서 갑자기 공급 전압이 내려갔을 때 지나친 과전류가 흐르지 않게끔 동작하는 것이다.
④ 단락 방향 계전기(Directional Short Circuit Relay : DOCR, DSR) : 어느 일정한 방향으로 일정값 이상의 단락 전류가 흘렀을 경우 동작하는 것
⑤ 선택 단락 계전기(Selective Short Circuit Relay : SSR) : 병행 2회선 송전 선로에서 한쪽의 1회선에 단락 사고가 발생하였을 때 2중 방향 동작 계전기를 사용해서 고장 회선을 선택 차단할 수 있는 것
⑥ 거리 계전기(Distance Relay : ZR) : 계전기가 설치된 위치로부터 고장점 까지의 전기적 거리에 비례하여 한시 동작하는 것으로 복잡한 계통의 단락 보호에 과전류 계전기의 대용으로 쓰인다.

$$Z_{RY} = \frac{V_2}{I_2} = \frac{V_1 \times \frac{1}{\text{PT비}}}{I_1 \times \frac{1}{\text{CT비}}} = \frac{V_1}{I_1} \times \frac{\text{CT비}}{\text{PT비}} = Z_1 \times \frac{\text{CT비}}{\text{PT비}}$$

여기서, Z_{RY} : 계전기측 임피던스[Ω]
Z_1 : 계전기 설치점에서 고장점까지의 임피던스[Ω]

3. 지락 보호 계전기
① 과전류 지락 계전기(Over Current Ground Relay : OCGR) : 과전류 계전기의 동작 전류를 특별히 작게 한 것으로 지락 고장 보호용으로 사용한다.
② 방향 지락 계전기(Directional Ground Relay : DGR) : 과전류 지락 계전기에 방향성을 준 것

③ 선택 지락 계전기(Selective Ground Relay : SGR) : 병행 2회선 송전 선로에서 한쪽의 1회선에 지락 사고가 일어났을 경우 이것을 검출하여 고장 회선만을 선택 차단할 수 있게끔 선택 단락 계전기의 동작 전류를 특별히 작게 한 것

4. 비율 차동 계전기 (Percentage Differential Relay)

① 결선도

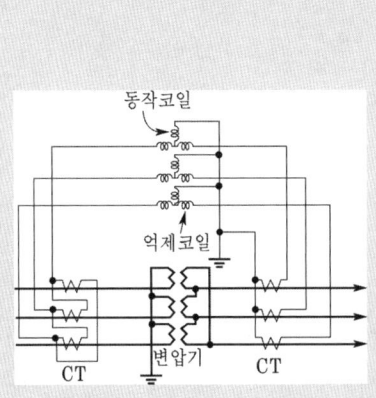
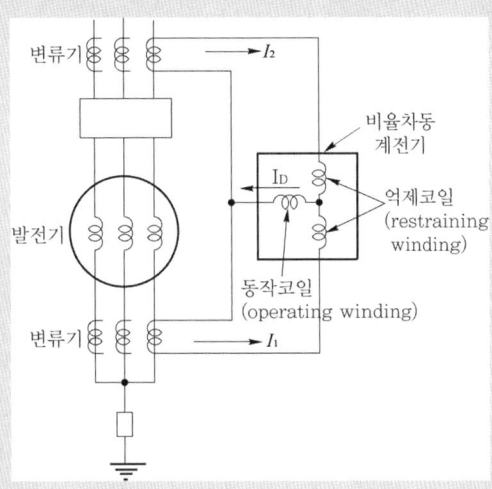

② 용도 : 발전기나 변압기의 내부 고장에 대한 보호용으로 사용

③ 동작원리 : 정상 상태에서는 1, 2차측 변류기의 2차전류 I_1, I_2의 크기는 같아서 동작 코일에는 전류가 흐르지 않는다($I_D = I_1 - I_2 = 0$). 그러나, 발전기 또는 변압기 내부 고장이 발생하면 1, 2차측 변류기 1차 전류의 크기가 변화하고 그에 따라 변류기 2차측 전류 I_1, I_2의 크기가 변하게 되어 동작 코일에는 $I_1 - I_2$의 차 전류가 흐르게 되어 보호 계전기가 동작하게 된다.

④ 비율 차동 계전기 결선 : 변압기의 결선이 Y—△ 또는 △—Y인 경우 변압기 1, 2차측 변류기의 2차 전류 I_1, I_2의 크기 및 위상을 동일하게 하기 위해 비율 차동 계전기의 변류기의 결선은 변압기 결선과 반대로 한다.

변압기 결선	변류기 결선
Y—△	△—Y
△—Y	Y—△

문제 1 ▶ 출제년도 : 산업 88. 97. ▶ 점수 : 5점

최대전류 40〔A〕의 특고압 수전의 변류기가 60/5〔A〕로 되어 있다. 최대전류의 1.2 배에서 차단기를 동작시키자면 과전류 계전기의 전류탭을 어느 것에 설정하겠는가? 계산식을 쓰고 택하시오. (단, 과전류 계전기의 전류탭은 4〔A〕, 5〔A〕, 6〔A〕, 7〔A〕, 8〔A〕, 10〔A〕, 12〔A〕로 되어 있다.)

• 계산 :   • 답 :

답안작성 계산 : $I_t = 40 \times \dfrac{5}{60} \times 1.2 = 4 \, [\text{A}]$

답 : 4 [A]

문제 2

▶출제년도 : 산업 96. 99. 20.   ▶점수 : 5점

수전 전압 6600 [V], 수전 전력 450 [kW](역률 0.8)인 고압 수용가의 수전용 차단기에 사용하는 과전류 계전기의 사용탭은 몇 [A]인가? 단, CT의 변류비는 75/5로 하고 탭 설정값은 부하 전류의 150 [%]로 한다.

• 계산 :   • 답 :

답안작성 계산 : 정격 2차 전류 $I_1 = \dfrac{450 \times 10^3}{\sqrt{3} \times 6600 \times 0.8} = 49.21 \, [\text{A}]$

탭 설정값은 부하 전류의 150 [%]이므로

$49.21 \times 1.5 \times \dfrac{5}{75} = 4.92 \, [\text{A}]$

답 : 5 [A]

문제 3

▶출제년도 : 기사 98.   ▶점수 : 5점

수전전압 22 [kV], 설비용량 2000 [kW]인 수용가의 수전반에 설치한 CT의 변류비는 60/5 [A]이다. 이때, CT에서 검출된 2차 전류가 과부하 계전기로 흐르도록 하였다. 120 [%] 부하에서 차단기를 동작시키고자 할 때, TRIP 전류값은 얼마로 선정해야 하는지 선정하시오.

• 계산 :   • 답 :

답안작성 계산 : $I = \dfrac{2000}{\sqrt{3} \times 22} \times \dfrac{5}{60} \times 1.2 = 5.25 \, [\text{A}]$

답 : 5 [A]

해 설 과전류 계전기의 정정 Tap 전류 : 2, 3, 4, 5, 6, 7, 8, 10, 12 [A]

문제 4

▶출제년도 : 산업 97.   ▶점수 : 4점

단상 부하용량이 6.6 [kVA], 220 [V] 회로에 전류계용 CT를 60/5의 것을 사용하였다. 조작전류의 설정값은 과부하를 고려하여 최대 부하전류의 125 [%]로 하면 과전류 계전기의 탭전류는 몇 [A]인가?

• 계산 :   • 답 :

답안작성 계산 : 부하전류 $I = \dfrac{6600}{220} = 30 \, [\text{A}]$

과전류 계전기의 탭 $I = 30 \times 1.25 \times \dfrac{5}{60} = 3.13 \, [\text{A}]$

∴ 3 [A] 탭 선정

답 : 3 [A]

문제 5

▶출제년도 : 기사 99.   ▶점수 : 5점

설비용량 700 [kVA]이고 전압은 13.2/22.9 [kV-Y]인 경우 과전류 계전기의 정정 TAP은 얼마로 설정하여야 하는가? (단, 1.5배의 여유를 주며 CT비는 30/5이다.)

답안작성 $I = \dfrac{700}{\sqrt{3} \times 22.9} = 17.65 \, [\text{A}]$

과전류 계전기의 정정 TAP 전류 $= 17.65 \times 1.5 \times \dfrac{5}{30} = 4.41\,[\text{A}]$

답 : 4[A]

해 설 과전류 계전기의 정정 Tap 전류 : 2, 3, 4, 5, 6, 7, 8, 10, 12[A]

문제 6

▶출제년도 : 산업 94. 97.   ▶점수 : 5점

재폐로 계전기 : 79, 경보 표시용 보조 계전기 : 37, 비율 차동 계전기 : 87, LOCK OUT SW용 보조 계전기 : 86 중 계전기 자동 제어 기구 번호 표시가 틀린 것은?

답안작성   37

해 설   37 : 부족 전류 계전기

문제 7

▶출제년도 : 산업 95.   ▶점수 : 4점

거리 계전기의 설치점에서 고장점까지의 임피던스를 70[Ω]이라고 하면 계전기측에서 본 임피던스는 몇 [Ω]인가? 단, PT의 변압비는 154,000/110[V]이고, CT의 변류비는 500/5라고 한다.

답안작성   계산 : 거리 계전기측에서 본 임피던스(Z_R) = 선로 임피던스$(Z) \times \dfrac{1}{\text{PT비}} \times \text{CT비}\,[\Omega]$

$$\therefore Z_R = 70 \times \dfrac{110}{154,000} \times \dfrac{500}{5} = 5\,[\Omega]$$

답 : 5[Ω]

해 설

$$Z_R = \dfrac{V_2}{I_2} = \dfrac{\dfrac{1}{\text{PT비}} \times V_1}{\dfrac{1}{\text{CT비}} \times I_1} = \dfrac{\text{CT비}}{\text{PT비}} \times \dfrac{V_1}{I_1} = \dfrac{\text{CT비}}{\text{PT비}} \times Z_1 = \dfrac{110}{154000} \times \dfrac{500}{5} \times 70 = 5\,[\Omega]$$

문제 8

▶출제년도 : 산업 00.   ▶점수 : 5점

5,000[kVA] 이상의 변압기에서 내부 고장 검출 차단 방식으로 사용하는 계전기의 명칭은?

답안작성   비율차동계전기

문제 9

▶출제년도 : 산업 00. 14.   ▶점수 : 5점

다음 그림과 같이 영상 변류기를 당해 케이블의 전원측에 설치하는 경우의 케이블 차폐층의 접지선은 어떻게 시설하는 것이 알맞은가? 접지선을 추가로 그리시오.

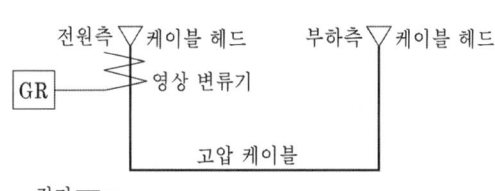

답안작성

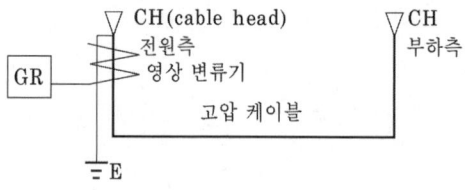

해 설 케이블 차폐 접지

(1) ZCT를 전원측에 설치시 전원측 케이블 차폐의 접지는 ZCT를 관통시켜 접지한다.

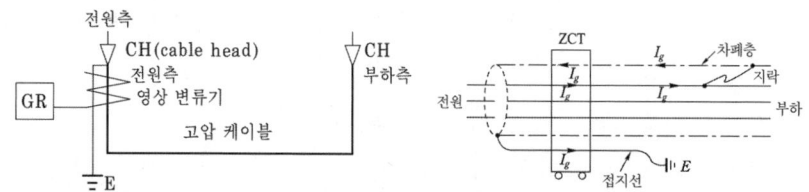

접지선을 ZCT 내로 관통시켜야만 ZCT는 지락전류 I_g를 검출할 수 있다.

$$I_g - I_g + I_g = I_g$$

(2) ZCT를 부하측에 설치시 케이블 차폐의 접지는 ZCT를 관통시키지 않고 접지한다.

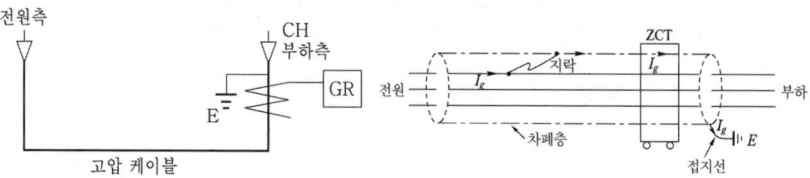

접지선을 ZCT 내로 관통시키지 않아야 지락전류 I_g를 검출할 수 있다.

문제 10

▶출제년도 : 기사 91. ▶점수 : 3점

CT, GPT, ZCT, PT 중 변전소에서 접지 보호용으로 사용되는 계전기의 영상전류를 공급하는 것은?

답안작성 ZCT (영상 변류기)

해 설 ZCT : Zero Phase Current Transformer

문제 11

▶출제년도 : 기사 92. ▶점수 : 5점

345 [kV] 모선 보호용 변류기는 다음 사항에 유의하여 적용하여야 하는데 1가지 누락된 사항이 있다. 간략하게 쓰시오.

① 모선 보호용 변류기는 전용으로 설치 적용한다.
② 모선 보호용 변류기는 각 계열마다 독립하여 설치한다.
③ 전압 차동 모선 보호 방식에서 각 변류기는 가능한 동일 특성의 동일 변류비로 한다.
④ 모선 보호용 변류기는 외부사고에 오동작 않도록 포화특성에 유의하여 선택한다.

답안작성 모선 보호용 변류기는 보호 맹점이 발생하지 않도록 변류기 설치 위치에 유의할 것

문제 12

▶출제년도 : 기사 97.　　▶점수 : 5점

답지의 그림은 보호 계전기용 변류기(CT)를 Y결선하고자 한다. 그림을 완성하고 전류 방향 및 기기 명칭을 쓰시오.

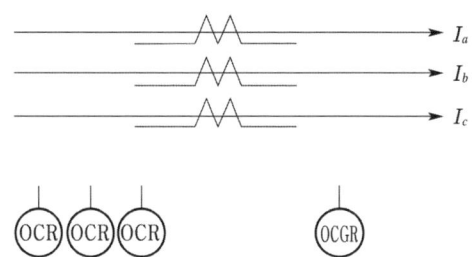

답안작성　과전류 계전기

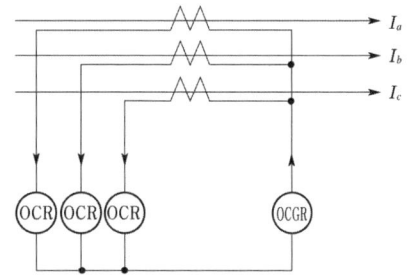

문제 13

▶출제년도 : 기사 92. 95. 96. 97. 99. 00. 02. 20.　　▶점수 : 6점

그림과 같은 변압기에 대하여 전류 차동 계전기의 미완성 도면을 완성하시오. (단, 변류기 (C.T) 결선은 감극성을 기준으로 한다.)

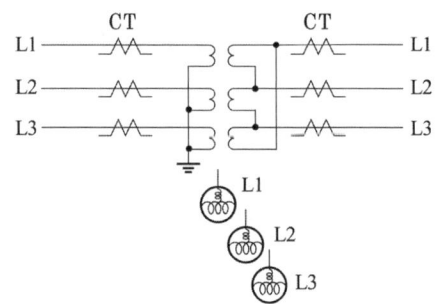

답안작성

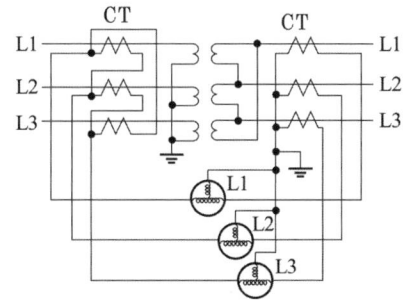

해 설 비율 차동 계전기 결선

변압기의 결선이 Y-△ 또는 △-Y인 경우 변류기 2차 전류의 크기 및 위상을 동일하게 하기 위해 비율 차동 계전기의 변류기 결선은 변압기 결선과 반대로 한다.

변압기 결선	변류기 결선
Y-△	△-Y
△-Y	Y-△

문제 14

▸ 출제년도 : 기사 95. 99.   ▸ 점수 : 5점

변압기 고장을 검출하기 위하여 비율 차동 계전기를 설치하고자 한다. 변압기는 1차 △, 2차 Y 결선이다. CT와 비율 차동 계전기(DFR)의 결선을 답안지의 그림에서 완성하시오.

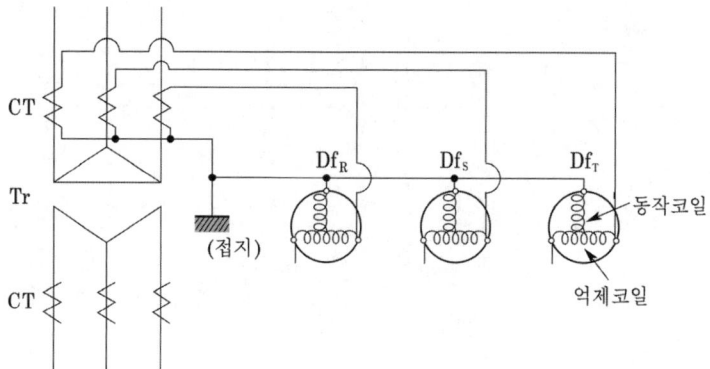

답안작성

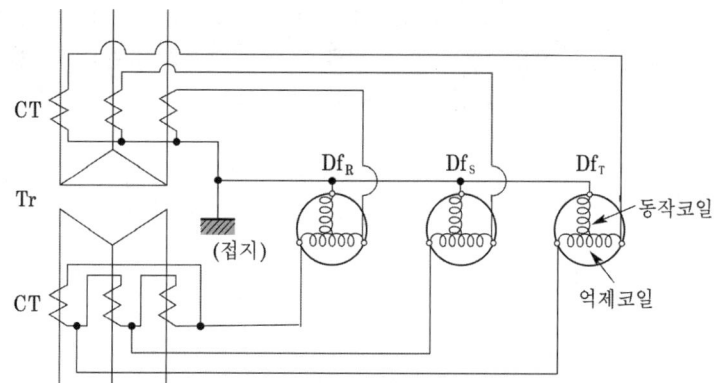

해 설 비율 차동 계전기 결선

변압기의 결선이 Y-△ 또는 △-Y인 경우 변류기 2차 전류의 크기 및 위상을 동일하게 하기 위해 비율 차동 계전기의 변류기 결선은 변압기 결선과 반대로 한다.

변압기 결선	변류기 결선
Y-△	△-Y
△-Y	Y-△

문제 15

▸ 출제년도 : 기사 97. 00. 17. 22.   ▸ 점수 : 7점

GPT에서 오픈 델타 결선에 연결된 R의 명칭과 용도는?

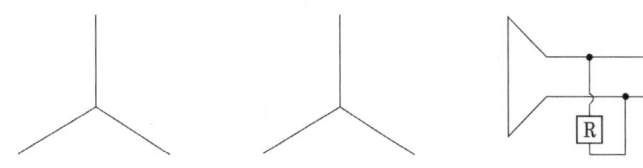

답안작성
- 명칭 : CLR(한류 저항기)
- 용도 : 계전기를 동작시키는 데 필요한 유효전류를 발생시키고 오픈델타 회로의 각 상전압 중의 제3 고조파 억제

▶ 출제년도 : 기사 98.   ▶ 점수 : 5점

문제 16 그림은 3상 3선식 수전 설비이다. 차단기를 동작시킬 수 있도록 결선하시오. (단, 접지 계전기 및 과전류 계전기는 상시개로식임)

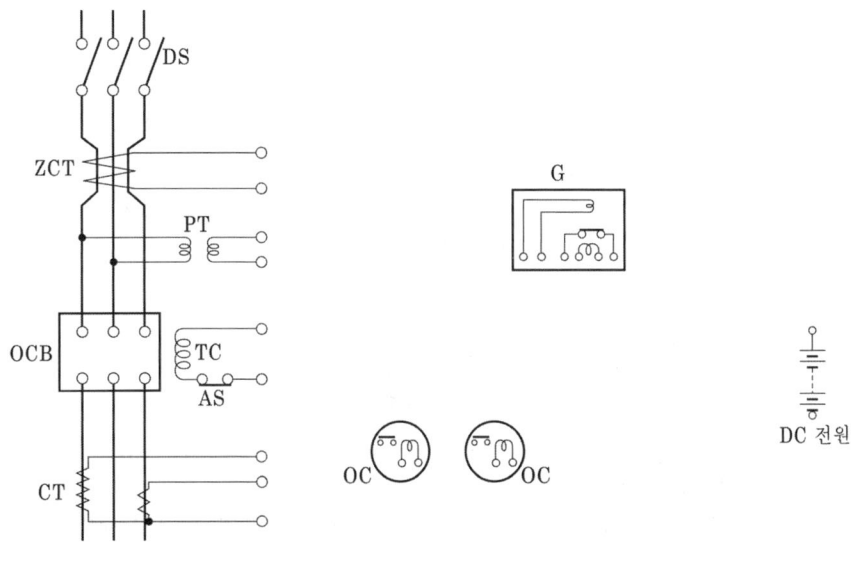

답안작성

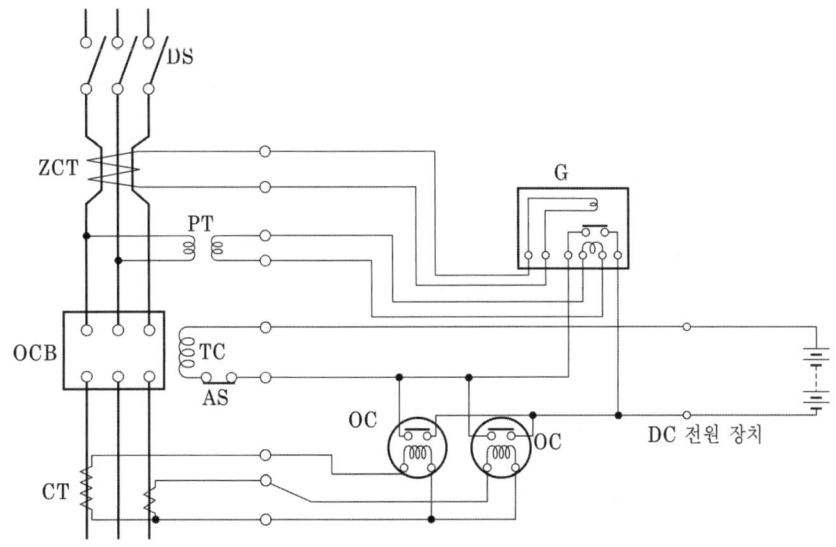

문제 17

▶ 출제년도 : 기사 96. 98. 01. 03. 07. ▶ 점수 : 9점

그림과 같은 계통보호용 과전류 계전기를 정정하기 위한 단락전류 등을 산출하는 절차이다. 주어진 물음에 답하시오.

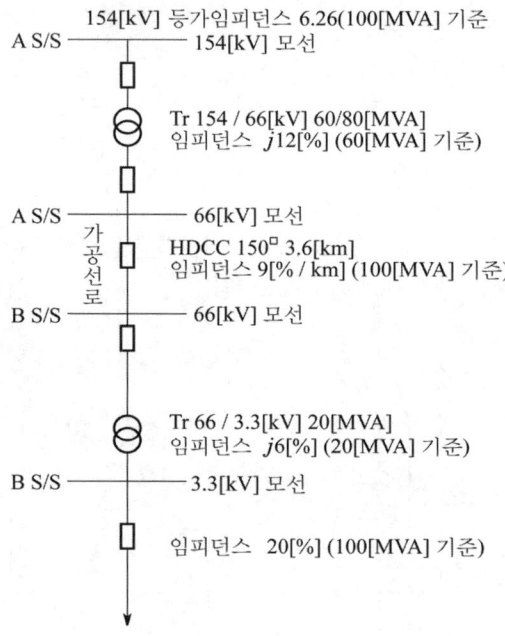

【조건】
① A변전소 154[kV] 모선의 전원등가 임피던스는 6.26[%]이다.
② 회로의 [%] 임피던스는 편의상 모두 리액턴스분으로만 간주할 것
③ 그림상에 표시되지 않은 임피던스는 무시할 것

【물음】
다음 그림은 100[MVA] 기준으로 환산한 등가 임피던스 도면이다. ( )속에 값은 얼마인가?

```
         A S/S           B S/S
  154[kV]  66[kV]   66[kV]  3.3[kV]
   모선    모선     모선    모선
  ─wwww─┬─wwww─┬─wwww─┬─wwww─
  j6.26[%]  (가)   (나)   (다)  j20[%]
```

답안작성 (가) $j12 \times \dfrac{100}{60} = j20\,[\%]$ (나) $j9 \times 3.6 = j32.4\,[\%]$ (다) $j6 \times \dfrac{100}{20} = j30\,[\%]$

해 설 (가) $60\,[\text{MVA}] : j12\,[\%] = 100\,[\text{MVA}] : x\,[\%]$
(나) $1\,[\text{km}] : j9\,[\%] = 3.6\,[\text{km}] : x\,[\%]$
(다) $20\,[\text{MVA}] : j6\,[\%] = 100\,[\text{MVA}] : x\,[\%]$

계기용 변성기 산정

1. **계기용 변압기 (PT : Potential Transformer)**

    1) 목적
        고전압을 저전압으로 변성하여 계기나 계전기에 공급하기 위한 목적으로 사용

    2) 용도
        배전반의 전압계, 전력계, 주파수계, 역률계, 보호 계전기, 부족 전압계전기 및 표시등의 전원으로 사용

    3) 정격 부담
        변성기의 2차측 단자간에 접속되는 부하의 한도를 말하며 [VA]로 표시한다.

    4) 퓨즈 설치
        계기용 변압기 1차측과 2차측에는 반드시 퓨즈를 부착하여, 계기용 변압기 및 부하측에 고장 발생시 이를 고압 회로로부터 분리하여 사고의 확대를 방지하도록 하여야 한다.

2. **변류기 (CT : Current Transformer)**

    1) 목적
        회로의 대전류를 소전류로 변성하여 계기나 계전기에 공급하기 위한 목적으로 사용

    2) 용도
        배전반의 전류계, 전력계, 역률계, 보호 계전기 및 차단기 트립 코일의 전원으로 사용

    3) 정격 부담
        변류기 2차측 단자간에 접속되는 부하의 한도를 말하며 [VA]로 표시한다.

    4) 2차측 개방 불가
        변류기 2차측을 개방하면 1차 전류가 모두 여자전류가 되어 2차측에 과전압 유기 및 절연이 파괴되어 소손될 우려가 있으므로 CT 2차측 기기를 교체하고자 하는 경우는 반드시 CT 2차측을 단락시켜야 한다.

    5) 변류비 선정
        ① 변압기 회로

        $$변류비 = \frac{CT \ 1차측 \ 전류 \times (1.25 \sim 1.5)}{CT \ 2차측 \ 전류} = \frac{최대 \ 부하 \ 전류 \times (1.25 \sim 1.5) [A]}{5 [A]}$$

        ② 전동기 회로

        $$변류비 = \frac{CT \ 1차측 \ 전류 \times (1.5 \sim 2.0)}{CT \ 2차측 \ 전류} = \frac{최대 \ 부하 \ 전류 \times (1.5 \sim 2.0) [A]}{5 [A]}$$

    6) 변류비 및 부담
        ① 1차 전류 : 5, 10, 15, 20, 30, 40, 50, 75, 100, 150, 200, 300, 400, 500 [A]
        ② 2차 전류 : 5 [A]
        ③ 정격 부담 : 5, 10, 15, 25, 40, 100 [VA]

문제 18 ▶출제년도 : 기사 96. ▶점수 : 4점

수전전압 22〔kV〕, 수전용량이 3φ800〔kW〕, 역률 90〔%〕로 수전할 때에 수전회로에 시설하는 변류기의 변류비는 얼마인가? (단, 1.25배의 여유를 준다.)

• 계산 :   • 답 :

답안작성

계산 : $I_1 = \dfrac{800}{\sqrt{3} \times 22 \times 0.9} \times 1.25 = 29.16$ 〔A〕

답 : 변류비 30/5

문제 19 ▶출제년도 : 기사 99. ▶점수 : 6점

다음 그림은 CT의 설치 위치에 따른 보호상의 문제점을 가지고 있는 그림이다. 문제가 있는 위치를 표시하고 문제점에 대하여 간단하게 설명하고 대책은 무엇인가? 단, 위치표시는 ×로 할 것

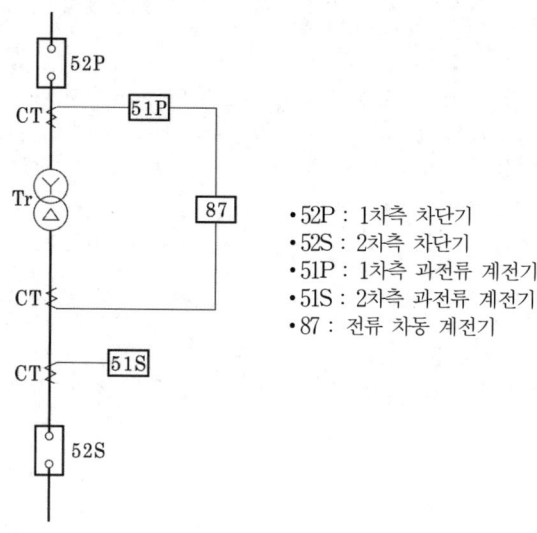

- 52P : 1차측 차단기
- 52S : 2차측 차단기
- 51P : 1차측 과전류 계전기
- 51S : 2차측 과전류 계전기
- 87 : 전류 차동 계전기

답안작성

① 문제점 : 52P 및 52S의 2차측 단자에서 사고시 보호 맹점이 발생

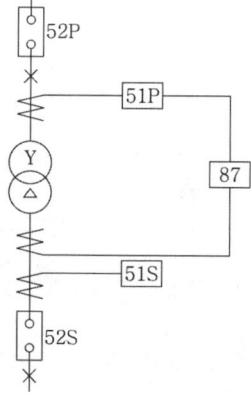

② 대책 : 87용 CT를 52P 전단 및 52S 후단에 설치

해 설 ① 문제점 : X점에서 단락사고 발생시 전류차동 계전기(87)와 2차측 과전류 계전기(51S)에서 사고를 검출할 수가 없고, 1차측 과전류 계전기(51P)에 의해서만 검출할 수 밖에 없으므로 사고제거가 늦어진다.

고장계산

1. 옴법(ohm method)

① 단락 전류

$$I_S = \frac{E}{Z} = \frac{E}{Z_g + Z_t + Z_l}[A]$$

여기서, I_S : 단락 전류[A] Z_g : 발전기의 임피던스[Ω]

Z_t : 변압기의 임피던스[Ω] Z_l : 선로의 임피던스[Ω]

E : 상전압[V]

2. 백분율법(percentage method)

① 퍼센트 임피던스

$$\%Z = \frac{ZI}{E} \times 100\,[\%] = \frac{PZ}{10E^2}[\%] = \frac{PZ}{10V^2}[\%]$$

② 옴 임피던스

$$Z = \frac{\%Z \cdot 10V^2}{P}[\Omega]$$

③ 단락 전류(차단 전류)

$$I_S = \frac{E}{Z} = \frac{E}{\frac{\%ZE}{100I}} = \frac{100}{\%Z}I_n$$

④ 단락 용량(차단 용량)

$$P_S = \frac{100}{\%Z}P_n$$

$$\%Z' = \%Z \times \frac{[kVA]'}{[kVA]}[\%]$$

여기서, I_n : 정격 전류[A]

P_S : 단락(차단) 용량

P_n : 정격 용량

$\%Z$: [kVA]에 대한 % 임피던스

$\%Z'$: [kVA]'에 대한 % 임피던스

3. 단위법(per unit method)

$$Z[p \cdot u] = \frac{ZI}{E}$$

임피던스로 표시하는 방법으로 백분율법에서 100[%]를 없앤 것이다.

차단기의 용량선정

1. 정격차단 용량계산

1) 차단기의 차단용량

   정격 차단 용량 $[MVA] = \sqrt{3} \times$ 정격 전압 $[kV] \times$ 정격 차단 전류 $[kA]$

2) 단락용량의 계산

   ① 단위법 (P.U법: Per Unit method) : 어떤 양을 나타내는데 있어서 그 절대량이 아니고 기준량에 대한 비로서 나타내는 방법

   ② 옴법 (Ohm's methode)

   $$I_s = \frac{E}{Z} = \frac{E}{Z_g + Z_t + Z_l} [A]$$

   여기서, I_s : 단락 전류 $[A]$

   E : 고장점에서의 고장 직전의 상전압 $[V]$

   Z_g : 전압 E를 기준으로 한 발전기 임피던스 $[\Omega]$

   Z_t : 전압 E를 기준으로 한 변압기 임피던스 $[\Omega]$

   Z_l : 전압 E를 기준으로 한 선로 임피던스 $[\Omega]$

   ③ %법 (Percent methode)

   ㉠ $\%Z = \dfrac{ZP}{10V^2} [\%]$

   ㉡ $I_s = \dfrac{100}{\%Z} I_n [A]$

   ㉢ $P_s = \dfrac{100}{\%Z} P_n [kVA]$

   여기서, $\%Z$: 퍼센트 임피던스 $[\%]$

   I_s : 단락 전류 $[A]$

   I_n : 정격 전류 $[A]$

   P_s : 단락 용량 $[kVA]$

   P_n : 기준 용량 $[kVA]$

   ④ 계산 순서

   첫째 : 기준 용량 P_n을 선정

   둘째 : 기준 용량에 대한 $\%Z$ 환산

   $$\text{기준 용량에 대한 } \%Z = \frac{\text{기준 용량}}{\text{자기용량}} \times \text{자기 용량에 대한 } \%Z$$

   셋째 : 고장점까지 $\%Z$ 합산

   넷째 : I_s, P_s 계산

2. 차단기의 정격전압

차단기에 부과할 수 있는 사용 회로 전압의 상한을 말하며 그 크기는 선간 전압의 실효값으로 나타낸다.

3. 표준전압

표준 전압에는 공칭 전압과 최고 전압이 있다.
① 공칭 전압 : 전선로로 대표하는 선간 전압
② 최고 전압 : 전선로에 통상 발생하는 최고의 선간 전압

$$최고전압 = 공칭전압 \times \frac{1.15}{1.1}$$

공칭 전압 [kV]	최고 전압 [kV]
6.6	6.9
22.9	23.8
66	69
154	170
345	362
765	800

4. 정격

1) 정격 전류
정격 전압, 정격 주파수 하에서 정해진 일정한 온도 상승 한도를 초과하지 않고 그 차단기에 흘릴 수 있는 전류를 말한다.

2) 정격 차단 전류
규정된 회로 조건하에서 규정값의 표준 동작 책무 및 동작 상태를 수행 할 수 있는 차단 전류의 한도를 말하며 교류 전류 실효값을 나타낸다.

3) 정격 투입 전류
모든 정격 및 규정의 회로 조건하에서 규정의 표준 동작 책무 및 동작 상태에 따라 투입할 수 있는 투입 전류의 한도를 말하며, 투입 전류의 최초 주파수에서 순시 최대값으로 나타내며 정격 차단전류(실효값)의 2.5배를 표준으로 한다.

4) 정격 단시간 전류
규정된 회로 조건하에서 1초 동안 차단기에 흘렸을 때 이상이 발생하지 않는 최대 한도의 전류로 차단기의 정격 차단 전류와 같은 실효값으로 하며 최대 파고값은 정격값의 2.5배로 한다.

5) 정격 차단 시간
정격 차단 전류를 모든 정격 및 규정의 회로 조건하에서 규정의 표준 동작 책무 및 동작 상태에 따라 차단할 때의 차단 시간 한도를 말하며 정격 개극 시간 + 아크 시간을 말한다.

6) 표준 동작 책무

차단기가 계통에 사용될 때 "차단 – 투입 – 차단"의 동작을 반복하게 되는데 그 시간 간격을 나타낸 일련의 동작을 규정한 것

문제 20 ▶출제년도 : 기사 98. 03. ▶점수 : 10점

다음 빈칸을 알맞은 용어로 채우시오.

(1) 과전류 차단기라 함은 배선용 차단기, 퓨즈, 기중 차단기와 같이 (①) 및 (②)를 자동차단하는 기능을 가진 기구를 말한다.

(2) 누전 차단 장치라 함은 전로에 지락이 생겼을 경우에 부하 기기 금속제 외함 등에 발생하는 (③) 또는 (④)를 검출하는 부분과 차단기 부분을 조합하여 자동적으로 전로를 차단하는 장치를 말한다.

(3) 배선용 차단기라 함은 전자작용 또는 바이메탈의 작용에 의하여 (⑤)를 검출하고 자동으로 차단하는 (⑥) 차단기로서 그 최소 동작 전류가 정격 전류의 100[%]와 (⑦) 사이에 있고, 외부에서 수동, 전자적 또는 전동적으로 조작할 수 있는 것을 말한다.

(4) 과전류라 함은 과부하 전류 및 (⑧)를 말한다.

(5) 중성선이라 함은 (⑨) 전로에서 전원의 (⑩)에 접속된 전선을 말한다.

답안작성
(1) ① 과부하 전류 ② 단락 전류
(2) ③ 고장 전압 ④ 지락전류
(3) ⑤ 과전류 ⑥ 과전류 ⑦ 125[%]
(4) ⑧ 단락 전류
(5) ⑨ 다선식 ⑩ 중성극

문제 21 ▶출제년도 : 산업 96. ▶점수 : 5점

수변전 설비에서 주로 사용하는 특고압의 차단기 종류를 아는 대로 5가지만 쓰시오.

답안작성
① 진공 차단기 ② 유입 차단기
③ 가스 차단기 ④ 공기 차단기
⑤ 자기 차단기

해 설 ① 소호 원리에 따른 차단기의 종류

종류		소 호 원 리
명칭	약어	
유입 차단기	OCB	소호실에서 아크에 의한 절연유 분해 가스의 열전도 및 압력에 의한 blast를 이용해서 차단
자기 차단기	MBB	대기중에서 전자력을 이용하여 아크를 소호실 내로 유도해서 냉각 차단
공기 차단기	ABB	압축된 공기를 아크에 불어 넣어서 차단
진공 차단기	VCB	고진공 중에서 전자의 고속도 확산에 의해 차단
가스 차단기	GCB	고성능 절연 특성을 가진 특수 가스(SF_6)를 이용해서 차단

② 기중 차단기(ACB)는 저압에 사용되는 차단기임.

문제 22

▶ 출제년도 : 산업 93.　▶ 점수 : 5점

수전 설비 공사에서 차단기의 정격 차단 용량 식과 차단기 종류를 4가지만 쓰시오.

답안작성　계산식 : $P_s = \sqrt{3} \times$ 정격 전압 $\times$ 정격 차단 전류

　　　　　차단기의 종류 : 유입 차단기, 진공 차단기, 자기 차단기, 가스 차단기

해　설　차단기의 종류는 이외에도 공기차단기(ABB), 기중차단기(ACB) 등이 있다.

문제 23

▶ 출제년도 : 기사 98.　▶ 점수 : 5점

수용가 인입구의 전압이 22.9 [kV], 주차단기의 차단 용량이 250 [MVA]이다. 10 [MVA], 22.9/3.3 [kV] 변압기의 임피던스가 5.5 [%]일 때, 변압기 2차측에 필요한 차단기 용량을 다음 표에서 산정하시오.

• 계산 :　　　　　　　　　　　　　　　　• 답 :

차단기 정격 용량 [MVA]												
10	20	30	50	75	100	150	250	300	400	500	750	1000

답안작성　계산 : 기준 용량을 10 [MVA]로 하면

$$\text{전원측 } \%Z_1 = \frac{P_n}{P_s} \times 100 = \frac{10}{250} \times 100 = 4 \, [\%]$$

변압기의 $\%Z_2 = 5.5 \, [\%]$

따라서, 합성 %임피던스 $= 4 + 5.5 = 9.5 \, [\%]$

변압기 2차측 단락용량 $= 10 \times \dfrac{100}{9.5} = 105.26 \, [\text{MVA}]$

답 : 150 [MVA]

문제 24

▶ 출제년도 : 기사 98.　▶ 점수 : 5점

그림에서 A점의 차단기 용량 [MVA]은 얼마나 되는가? 기타 조건은 무시한다.

답안작성　10 [MVA]를 기준하면 5 [MVA] 발전기의 %리액턴스는 24 [%]가 된다.

전체 리액턴스 $X = \dfrac{1}{\dfrac{1}{24} + \dfrac{1}{15} + \dfrac{1}{15}} = 5.71 \, [\%]$

차단기 용량 $= \dfrac{100}{5.71} \times 10 = 175.13 \, [\text{MVA}]$

답 : 175.13 [MVA]

해　설

• $P_s = \dfrac{100}{\%Z} \times P_n$　여기서, P_s : 단락용량, P_n : 기준용량,

• 차단기의 차단용량은 단락용량보다 커야 한다.

문제 25

▶ 출제년도 : 기사 95.　▶ 점수 : 4점

수전 용량 3상 500 [kVA]이고, 전압 22.9 [kV], 전원 역률 90 [%]인 경우 정격 전류는 최소 어떤 값을 표준으로 선정하는가?

• 계산 :　　　　　　　　　　　　　　　　• 답 :

답안작성　계산 : 정격 전류 $I = \dfrac{500}{\sqrt{3} \times 22.9} = 12.61 \, [\text{A}]$　답 : 12.61 [A]

접촉 전압의 계산

1. 대지전압

① 접지식 전로 : 전선과 대지 사이의 전압

② 비접지식 전로 : 전선과 그 전로 중의 임의의 다른 전선 사이의 전압

2. 지락 사고시 지락 전류 및 접촉 전압

그림과 같이 전동기에서 완전지락 된 경우 지락 전류와 접촉 전압은 다음과 같다.

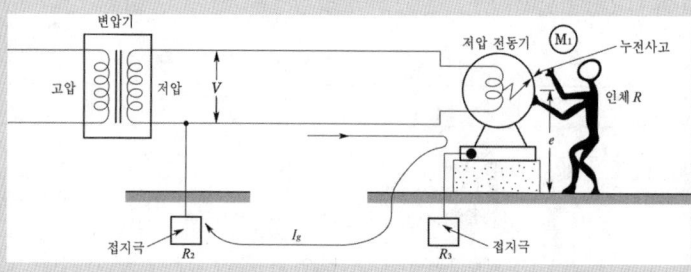

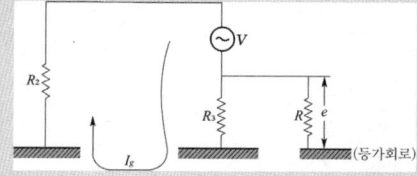

1) 인체 비 접촉시

① 지락 전류 $I_g = \dfrac{V}{R_2 + R_3}$

② 대지 전압 $e = I_g R_3 = \dfrac{V}{R_2 + R_3} R_3$

2) 인체 접촉시

① 인체에 흐르는 전류

$$I = \dfrac{V}{R_2 + \dfrac{RR_3}{R+R_3}} \times \dfrac{R_3}{R+R_3} = \dfrac{R_3}{R_2(R+R_3)+RR_3} \times V$$

② 접촉 전압

$$E_t = IR = \dfrac{RR_3}{R_2(R+R_3)+RR_3} \times V$$

여기서, R_2 : 계통접지공사 접지저항

R_3 : 보호접지공사 접지저항

R : 인체 저항

문제 26

▶출제년도 : 기사 98.　▶점수 : 6점

그림에서 기기의 C점에서 완전지락사고가 발생하였을 때 이 기기의 외함에 인체가 접촉하였을 경우 인체에는 몇 [mA]의 전류가 흐르는가? (단, 인체의 저항값은 3000[Ω]이라고 한다.)

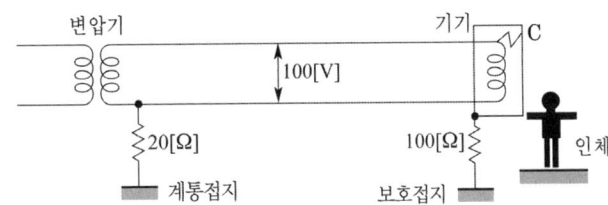

답안작성 등가회로로 그려보면

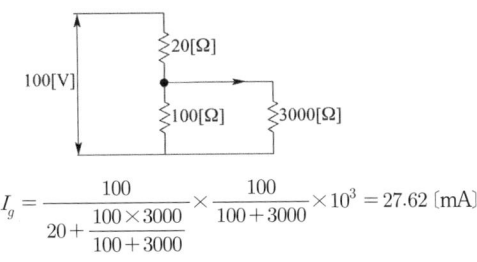

$$I_g = \frac{100}{20 + \dfrac{100 \times 3000}{100 + 3000}} \times \frac{100}{100 + 3000} \times 10^3 = 27.62 \text{ [mA]}$$

문제 27

▶출제년도 : 기사 97. 00.　▶점수 : 5점

그림과 같은 회로에서 전동기가 누전된 경우 3000[Ω]의 인체 저항을 가진 사람이 전동기에 접촉할 때 인체에 흐르는 전류 시간 합계[mA·sec]는? (단, 30[mA], 0.1[sec]의 경우 정격 ELB를 설치하였다.)

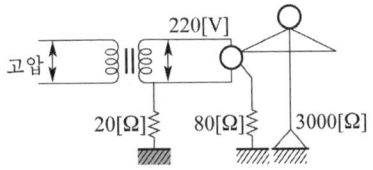

답안작성 상기의 그림을 단선도로 그리면 다음과 같다.

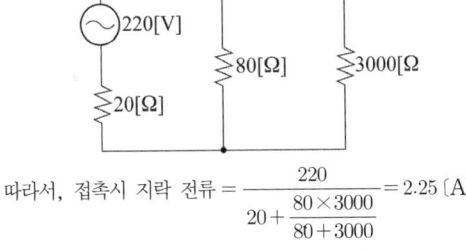

따라서, 접촉시 지락 전류 $= \dfrac{220}{20 + \dfrac{80 \times 3000}{80 + 3000}} = 2.25$ [A]

인체에 흐르는 전류 $= 2.25 \times \dfrac{80}{80 + 3000} = 0.05844$ [A] $= 58.44$ [mA]

주어진 조건에서 정격 감도 전류는 30[mA], 동작 시간 0.1[sec]이므로
인체에 흐르는 전류 시간 합계 $= 58.44 \times 0.1 = 5.84$ [mA·sec]

답 : 5.84[mA·sec]

해　설 누전 차단기 동작시간 : 정격 감도전류 이상의 지락 전류가 흐를 때부터 그 회로를 차단하기까지 시간

문제 28

▶출제년도 : 기사 91. 95. 97. 02.　▶점수 : 9점

그림과 같은 계통에서 기기의 A점에서 완전 지락이 발생하였을 경우 다음 물음에 답하시오.

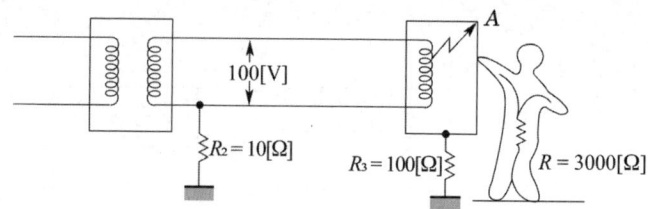

(1) 이 기기의 외함에 인체가 접촉하고 있지 않을 경우 이 외함의 대지 전압은 몇 [V]로 되겠는가?
　• 계산 :　　　　　　　　　　　　　• 답 :
(2) 이 기기의 외함에 인체가 접촉하였을 경우 인체에는 몇 [mA]의 전류가 흐르는가?
　• 계산 :　　　　　　　　　　　　　• 답 :
(3) 인체 접촉시 인체에 흐르는 전류를 10[mA] 이하로 하려면 기기의 외함에 시공된 접지공사의 접지 저항 R_3[Ω]의 값을 얼마의 것으로 바꾸어 주어야 하는가?
　• 계산 :　　　　　　　　　　　　　• 답 :

답안작성

(1) 계산 : 외함의 대지 전압 = 지락 전류 × 접지 저항 = $\dfrac{100}{100+10} \times 100 = 90.91$ [V]

답 : 90.91 [V]

(2) 계산 : $I = \dfrac{100}{10 + \dfrac{100 \times 3000}{100 + 3000}} \times \dfrac{100}{100 + 3000} = 0.03021$ [A] = 30.21 [mA]

답 : 30.21 [mA]

(3) 계산 : 기기의 접지 저항을 R_3라 하면

$$0.01 \geq \dfrac{100}{10 + \dfrac{3000 R_3}{R_3 + 3000}} \times \dfrac{R_3}{R_3 + 3000}$$

윗식에서 R_3을 구하면 $R_3 \leq 4.29$ [Ω]

답 : $R_3 \leq 4.29$ [Ω]

해 설 (1) 인체가 접촉하지 않은 경우　　(2) 인체가 접촉하였을 경우

문제 29

▶출제년도 : 산업 95. 99. 02.　▶점수 : 10점

다음 그림은 저압전로에 있어서의 지락고장을 표시한 그림이다. 그림의 전동기 (M₁) (단상 110[V])의 내부와 외함간에 누전으로 지락사고를 일으킨 경우 변압기 저압측 전로의 1선은 한국전기설비규정에 의하여 고·저압 혼촉시의 대지전위 상승을 억제하기 위한 접지공사를 하도록 규정하고 있다. 다음 물음에 답하시오.

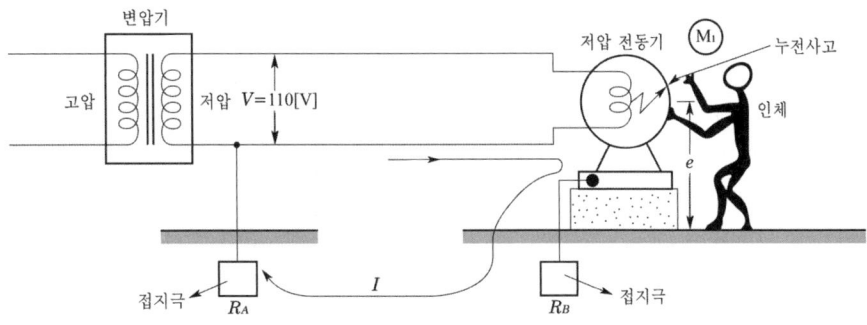

(1) 앞의 그림에 대한 등가회로를 그리면 아래와 같다. 물음에 답하시오.

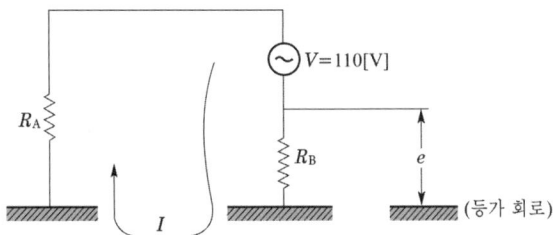

① 등가회로상의 e 는 무엇을 의미하는가?
② 등가회로상의 e 의 값을 표시하는 수식을 표시하시오.
③ 저압회로의 지락전류 $I = \dfrac{V}{R_A + R_B}$ [A]로 표시할 수 있다. 고압측 전로의 중성점이 비접지식인 경우에 고압측 전로의 1선 지락전류가 4[A]라고 하면 변압기의 2차측(저압측)에 대한 접지 저항값은 얼마인가? 또, 위에서 구한 접지 저항값(R_A)을 기준으로 하였을 때의 R_B의 값을 구하고 위 등가회로상의 I, 즉 저압측 전로의 1선 지락전류를 구하시오. 단, e의 값은 25[V]로 제한하도록 한다.

(2) 접지극의 매설 깊이는 얼마 이하로 하는가?
(3) 변압기 2차측 접지선은 단면적 몇 [mm²] 이상의 연동선이나 이외 동등 이상의 세기 및 굵기의 것을 사용하는가?

답안작성

(1) ① 접촉전압

② $e = \dfrac{R_B}{R_A + R_B} \times V$

③ $R_A = \dfrac{150}{I} = \dfrac{150}{4} = 37.5$ [Ω]

$25 = \dfrac{R_B}{37.5 + R_B} \times 110$, $R_B = 11.03$ [Ω]

$I = \dfrac{V}{R_A + R_B} = \dfrac{110}{37.5 + 11.03} = 2.27$ [A]

$R_B = 11.03$ [Ω], $I = 2.27$ [A]

(2) 75 [cm]
(3) 6 [mm²]

해 설

(1) ③ 변압기 중성점 접지공사의 접지저항 $= \dfrac{150}{1선\ 지락전류}$

(2) 접지극의 시설 및 접지저항(KEC 142.2)
접지극은 지표면으로부터 지하 0.75[m] 이상으로 하되 동결 깊이를 감안하여 매설 깊이를 정해야 한다.

(3) 접지도체·보호도체(KEC 142.3)
접지도체의 굵기는 고장 시 흐르는 전류를 안전하게 통할 수 있는 것으로서 다음에 의한다.
1) 특고압·고압 전기설비용 접지도체 : 단면적 6[mm^2] 이상의 연동선
2) 중성점 접지용 접지도체 : 공칭단면적 16[mm^2] 이상의 연동선
다만, 다음의 경우에는 공칭단면적 6[mm^2] 이상의 연동선을 사용 할 수 있다.
가. 7[kV] 이하의 전로
나. 사용전압이 25[kV] 이하인 특고압 가공전선로
(다만, 중성선 다중접지식의 것으로서 전로에 지락이 생겼을 때 2초 이내에 자동적으로 이를 전로로부터 차단하는 장치가 되어 있는 것.)

문제 30 ▶출제년도 : 기사 00. 05.   ▶점수 : 5점

단상 2선식 200[V] 옥내 배선에서 접지저항이 90[Ω]인 금속관 안의 임의의 개소에서 전선이 절연 파괴되어 도체가 직접 금속관 내면에 접촉되었다면 대지 전압은 몇 [V]가 되겠는가? (단, 이 전로에 공급하는 변압기 저압측의 한 단자에 중성점 접지공사가 되어 있고 그 접지저항은 30[Ω]이라고 한다.)

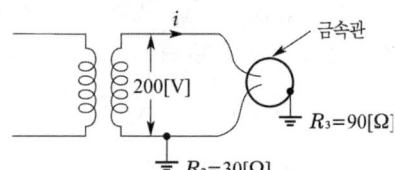

답안작성

계산 : $V_g = \dfrac{R_3}{R_2 + R_3} \times V = \dfrac{90}{30+90} \times 200 = 150$ [V]

답 : 150[V]

해 설

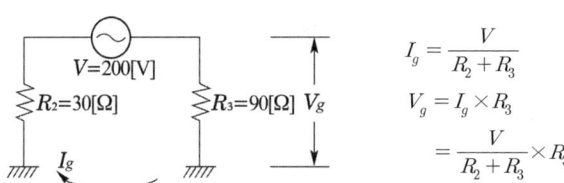

$I_g = \dfrac{V}{R_2 + R_3}$

$V_g = I_g \times R_3 = \dfrac{V}{R_2+R_3} \times R_3$

문제 31 ▶출제년도 : 산업 95. 96.   ▶점수 : 5점

단상전압 210[V] 전동기의 전압측 리드선과 전동기 외함 사이가 완전히 지락되었다. 변압기의 저압측은 중성점 접지로 저항이 30[Ω], 전동기의 저항은 보호접지로 40[Ω]이라 하고, 변압기 및 선로의 임피던스를 무시한 경우에 접촉한 사람에게 위험을 줄 대지전압은?

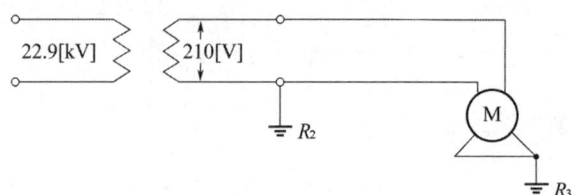

답안작성 계산 : $V_g = \dfrac{210}{30+40} \times 40 = 120\,[\text{V}]$

답 : 120 [V]

해 설

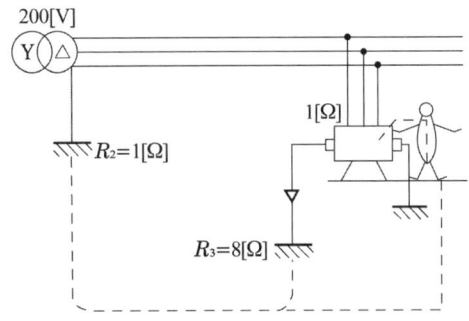

$I_g = \dfrac{V}{R_2 + R_3}$

$\therefore V_g = I_g \times R_3 = \dfrac{V}{R_2 + R_3} \times R_3$

▶ 출제년도 : 산업 97.   ▶ 점수 : 6점

문제 32

그림과 같이 지락에 의한 인체 감전이 발생되었을 때 인체 통과 전류[A]는 대략 얼마인가? 단, 인체 저항과 발(신발)의 저항은 각각 1000 [Ω]과 500 [Ω]으로 한다.

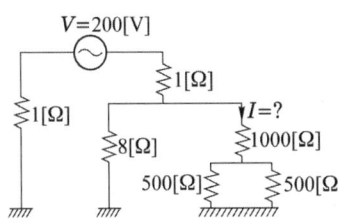

답안작성 계산 : 인체저항과 신발의 합성저항 $R = 1000 + \dfrac{500}{2} = 1250\,[\Omega]$

인체에 흐르는 전류 $I = \dfrac{200}{1 + 1 + \dfrac{8 \times 1250}{8 + 1250}} \times \dfrac{8}{8 + 1250} = 0.13\,[\text{A}]$

답 : 0.13 [A]

해 설

▶ 출제년도 : 산업 00. 07.   ▶ 점수 : 8점

문제 33

그림은 변류기를 영상 접속시켜 그 잔류 회로에 지락 계전기 DG를 삽입시킨 것이다. 선로의 전압은 66 [kV], 중성점에 300 [Ω]의 저항 접지로 하였고, 변류기의 변류비는 300/5 [A]이다. 송전 전력이 20,000 [kW], 역률이 0.8(지상)일 때 a상에 완전 지락 사고가 발생하였다. 물음에 답하시오. (단, 부하의 정상, 역상 임피던스 기타의 정수는 무시한다.)

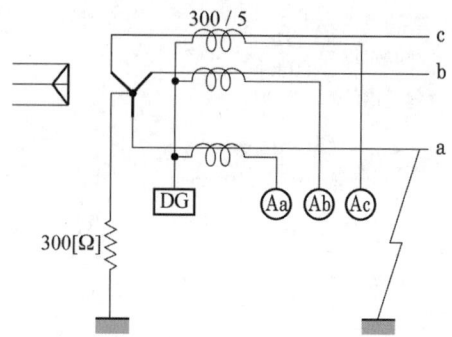

(1) 지락 계전기 DG에 흐르는 전류[A]값은?
- 계산 :
- 답 :

(2) a상 전류계 Aa에 흐르는 전류[A]값은?
- 계산 :
- 답 :

(3) b상 전류계 Ab에 흐르는 전류[A]값은?
- 계산 :
- 답 :

(4) c상 전류계 Ac에 흐르는 전류[A]의 값은?
- 계산 :
- 답 :

답안작성

(1) 계산 : 지락전류 $I_g = \dfrac{E}{R} = \dfrac{V}{\sqrt{3} \times R} = \dfrac{66 \times 10^3}{\sqrt{3} \times 300} = 127.02\,[\text{A}]$

지락계전기에 흐르는 전류 i_n

$i_n = I_g \times \dfrac{5}{300} = 127.02 \times \dfrac{5}{300} = 2.12\,[\text{A}]$

답 : 2.12 [A]

(2) 계산 : 부하전류 $I_L = \dfrac{20000}{\sqrt{3} \times 66 \times 0.8} \times (0.8 - j0.6) = 174.95 - j131.22 = 218.69\,[\text{A}]$

지락전류 $I_g = \dfrac{66 \times 10^3}{\sqrt{3} \times 300} = 127.02\,[\text{A}]$

고장상 a에는 I_L과 I_g가 중첩해서 흐르므로

$I_a = I_L + I_g = 174.95 - j131.22 + 127.02 = 301.97 - j131.22 = 329.25\,[\text{A}]$

$A_a = I_a \times \dfrac{5}{300} = 329.25 \times \dfrac{5}{300} = 5.49\,[\text{A}]$

답 : 5.49 [A]

(3) 계산 : 부하전류 $I_L = \dfrac{20000}{\sqrt{3} \times 66 \times 0.8} = 218.69\,[\text{A}]$

$A_b = I_L \times \dfrac{5}{300} = 218.69 \times \dfrac{5}{300} = 3.64\,[\text{A}]$

답 : 3.64 [A]

(4) 계산 : 부하전류 $I_L = \dfrac{20000}{\sqrt{3} \times 66} = 218.69\,[\text{A}]$

$A_c = I_L \times \dfrac{5}{300} = 218.69 \times \dfrac{5}{300} = 3.64\,[\text{A}]$

답 : 3.64 [A]

해 설 중성점 저항접지 방식이므로 지락사고시 a상에 흐르는 지락전류는 유효분만 존재한다.

개폐기

1. 차단기 및 단로기의 적용 기준

1) 차단기(CB)

평상시에는 부하 전류, 선로의 충전 전류, 변압기의 여자 전류 등을 개폐하고, 고장시에는 보호 계전기의 동작에서 발생하는 신호를 받아 단락 전류, 지락 전류, 고장 전류 등을 차단한다.

2) 단로기(DS)

기기와 선로 또는 모선 등의 점검 및 수리시 특히 충전 가압을 막을 수 있고 단로 구간을 확실하게 하여 정전 개소를 확보하며, 전력 계통을 분리, 송전 및 수전 계통을 변경 할 수 있다. 즉, 단로기는 부하 전류의 개폐를 하지 않는 것을 원칙을 하나 선로의 충전전류와 변압기의 여자 전류 및 경부하 전류 등의 미약한 전류를 개폐할 경우에 사용된다.

2. 소호 원리에 따른 차단기의 종류

종류		소 호 원 리
명 칭	약어	
유입 차단기	OCB	소호실에서 아크에 의한 절연유 분해 가스의 열전도 및 압력에 의한 blast를 이용해서 차단
기중 차단기	ACB	대기 중에서 아크를 길게 해서 소호실에서 냉각 차단
자기 차단기	MBB	대기중에서 전자력을 이용하여 아크를 소호실 내로 유도해서 냉각 차단
공기 차단기	ABB	압축된 공기를 아크에 불어 넣어서 차단
진공 차단기	VCB	고진공 중에서 전자의 고속도 확산에 의해 차단
가스 차단기	GCB	고성능 절연 특성을 가진 특수 가스(SF_6)를 이용해서 차단

3. SF_6 가스의 특징

1) 물리적, 화학적 성질

① 열 전달성이 뛰어나다(공기의 약 1.6배).
② 화학적으로 불활성이므로 매우 안정된 gas이다.
③ 무색, 무취, 무해, 불연성의 gas이다.
④ 열적 안정성이 뛰어나다(용매가 없는 상태에서는 약 500[℃]까지 분해되지 않는다).

2) 전기적 성질

① 절연 내력이 높다(평등 전계 중에서는 1기압에서 공기의 2.5배~3.5배, 3기압에서는 기름과 같은 level의 절연 내력을 갖고 있음).
② 소호 성능이 뛰어나다.
③ arc가 안정되어 있다.
④ 절연 회복이 빠르다.

4. 차단기와 단로기의 조작 순서

1) DS 및 CB로 구성

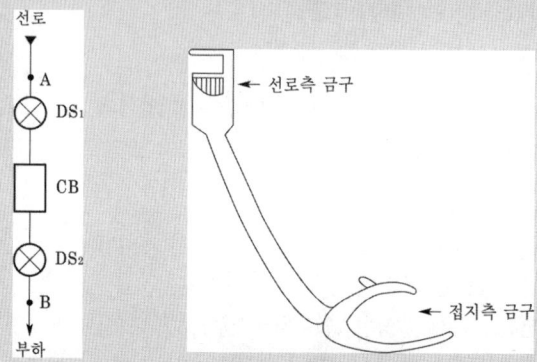

① 접지 순서 : 대지에 먼저 연결 후 선로에 연결
② 접지 개소 : 선로측 A와 부하측 B
③ 개로시 조작 순서 : CB(OFF) → DS_2(OFF) → DS_1(OFF)
④ 폐로시 조작 순서 : DS_2(ON) → DS_1(ON) → CB(ON)

2) 2중모선

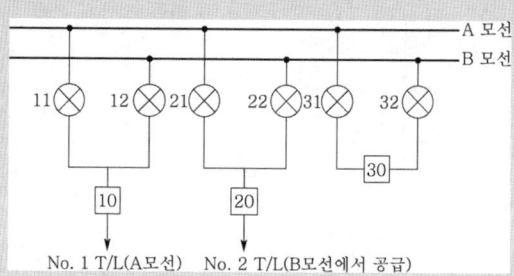

① B 모선을 점검하기 위한 절체 순서
   31(ON) − 32(ON) − 30(ON) − 21(ON) − 22(OFF) − 30(OFF) − 31(OFF) − 32(OFF)
② B 모선을 점검 후 원상 복구 순서
   31(ON) − 32(ON) − 30(ON) − 22(ON) − 21(OFF) − 30(OFF) − 31(OFF) − 32(OFF)

5. FUSE

1) 기능

전력 회로에 사용되는 퓨즈로서 주로 고전압 회로 및 기기의 단락 보호용으로 차단기와 같은 과전류 보호장치이다.
① 부하 전류는 안전하게 통전
② 이상 전류(과전류)는 차단(한류형 퓨즈의 경우 과부하 전류에 용단되어서는 안된다.)

2) 소호 방식에 따른 분류

① 한류형 퓨즈 : 밀폐된 절연통 안에 퓨즈 엘리먼트와 규소 등의 소호제를 충전 밀폐한 구조로서 퓨즈 동작시 높은 아크 저항을 발생하여 사고 전류를 강제적으로 한류 억제시켜 차단하는 퓨즈

② 비한류형 퓨즈

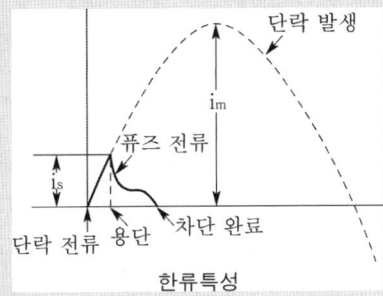

한류특성

3) 전력용 한류 퓨즈의 특징

전력용 한류 퓨즈는 차단기에 비하여 다음과 같은 장·단점을 가진다.

장 점	단 점
· 현저한 한류특성을 가진다. · 고속도 차단할 수 있다. · 소형으로서 큰 차단 용량을 가진다. · 한류형 퓨즈는 차단시 무소음, 무방출이다. · 소형, 경량이다.	· 재투입이 불가능하다(가장 큰 단점). · 차단시 과전압을 발생한다. · 과전류에 의해 용단되기 쉽고 결상을 일으킬 우려가 있다. · 한류형 퓨즈는 용단되어도 차단되지 않는 전류 범위가 있다. · 동작 시간 − 전류 특성을 계전기처럼 자유롭게 조정할 수 없다.

4) 퓨즈 선정시 고려사항

① 과부하 전류에 동작하지 말 것

② 변압기 여자 돌입 전류에 동작하지 말 것

③ 충전기 및 전동기 기동 전류에 동작하지 말 것

④ 보호기기와 협조를 가질 것

5) 퓨즈의 특성

① 용단 특성

② 단시간 허용 특성

③ 전차단 특성

6) 고압 퓨즈의 규격

① 과전류 차단기로 시설하는 퓨즈 중 고압 전로에 사용하는 포장 퓨즈는 정격 전류의 1.3배의 전류에 견디고 또한 2배의 전류에서 120분 이내 용단되는 것일 것

② 과전류 차단기로 시설하는 퓨즈 중 고압 전로에 사용하는 비포장 퓨즈는 정격 전류의 1.25배의 전류에 견디고 또한 2배의 전류에서 2분 이내 용단되는 것이어야 한다.

7) 퓨즈와 각종 개폐기 및 차단기와의 기능 비교

기능 \ 능력	회로 분리		사고 차단	
	무부하	부하	과부하	단락
퓨 즈	○			○
차단기	○	○	○	○
개폐기	○	○	○	
단로기	○			
전자 접촉기	○	○	○	

문제 34
▶출제년도 : 산업 92. ▶점수 : 6점

그림은 어떤 Fuse인가 용어를 쓰고, 차단용량이 큰 퓨즈로서 공칭전압은 최소 몇 [kV]이상 교류 회로에 사용되는가?

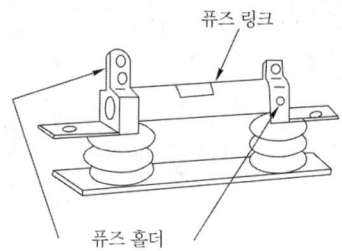

답안작성
- 용어 : 전력 퓨즈
- 전압 : 3.3[kV]

문제 35
▶출제년도 : 기사 91. ▶점수 : 3점

유입 개폐기, 고압 컷아웃, 단로기, 전력 퓨즈 중 고전압 옥내 배선에서 단락 보호용으로 쓰이는 것은?

답안작성 전력 퓨즈

해 설
- 유입 개폐기 : 통상의 부하 전류를 개폐
- 고압 컷아웃 : 변압기의 1차측에 설치하는 과전류 차단기
- 단로기 : 무부하 회로의 전로를 개폐하는 것
- 전력 퓨즈 : 회로를 단락사고로부터 보호하는 것

문제 36
▶출제년도 : 산업 93. ▶점수 : 4점

특고압 또는 고압회로 및 기기의 단락보호능력을 갖는 퓨즈는 어느것 인가 보기에서 골라 쓰시오.

【보기】 플러그 퓨즈, 전력 퓨즈, 통형 퓨즈, 고리 퓨즈

답안작성 전력퓨즈

문제 37
▶출제년도 : 기사 97. ▶점수 : 6점

전력 퓨즈(PF)가 갖추어야 할 기능 2가지를 쓰시오.

답안작성
① 부하 전류는 안전하게 통전시켜야 한다.
② 어떤 일정값 이상의 과전류는 차단하여 전로나 기기를 보호하여야 한다.

문제 38
▶출제년도 : 기사 95. 99. ▶점수 : 5점

그림에서 차단기와 개폐기를 조작할 때 조작순서를 쓰시오. 단, 바이패스를 개로하고 (1), (2), (3)을 폐로할 때이다.

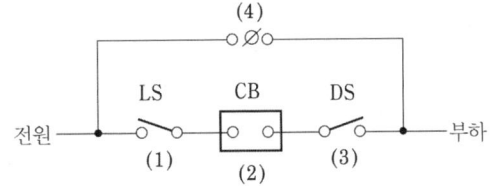

답안작성 3(ON) − 1(ON) − 2(ON) − 4(OFF)

해 설 단로기는 부하전류의 개폐 능력이 없다. 따라서, 투입시에는 전류가 흐르지 않는 상태에서 단로기를 제일 먼저 투입한 후 차단기를 투입해야 하고 차단시에는 먼저 차단기로 부하전류를 차단한 후 마지막에 단로기를 개방하여야 한다.

03 과부하전류 및 단락전류에 대한 보호

과부하전류에 대한 보호

1. 도체와 과부하 보호장치 사이의 협조

과부하에 대해 케이블(전선)을 보호하는 장치의 동작특성은 다음의 조건을 충족해야 한다.

$$I_B \leq I_n \leq I_Z, \qquad I_2 \leq 1.45 \times I_Z$$

I_B : 회로의 설계전류(선도체를 흐르는 설계전류 또는 함유율이 높은 영상분 고조파, 특히 제3고조파가 지속적으로 흐르는 경우 중성선에 흐르는 전류이다.)

$$\text{설계전류 } I_B = \frac{\sum P_i}{K \cdot V} \times a \times h \times k$$

여기서, P_i : 단상 또는 3상부하의 입력[VA], K : 상 식별계수(3상 : $\sqrt{3}$, 단상 : 1)
V : 부하의 정격전압[V], a : 수용률, h : 고조파 발생부하의 선전류 증가계수
k : 부하의 불평형에 따른 선전류 증가계수, I_Z : 케이블의 허용전류
I_n : 보호장치의 정격전류(사용현장에 적합하게 조정된 전류의 설정 값)
I_2 : 보호장치가 규약시간 이내에 유효하게 동작하는 것을 보장하는 전류
$1.45 I_Z$ (도체의 과부하 보호점) : 케이블에 허용전류의 1.45배의 전류가 60분간 지속적으로 흐를 때 연속사용온도에 도달하는 지점

> [참고] $I_2 \leq 1.45 I_Z$의 요구조건
> 과부하전류가 도체의 허용전류(I_Z)보다 크고 I_2 미만의 전류가 지속적으로 흐르는 경우에는 도체가 과전류보호장치에 의하여 보호되지 않을 수도 있다. 따라서 과부하전류에 의하여 도체가 장시간에 걸쳐 열적손상에 의한 피해를 방지하기 위하여 가능한 도체의 허용전류 선정은 과부하 차단기 정격전류의 1.25배 이상 되도록 선정하는 것이 바람직하다.

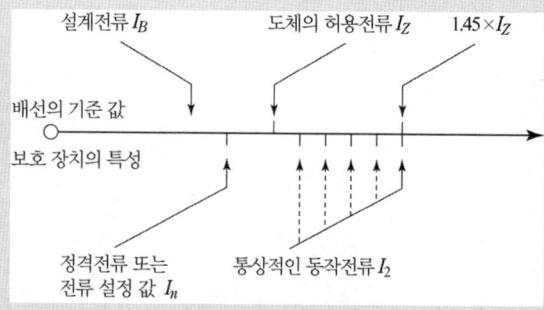

과부하 보호 설계 조건도

2. 과부하 보호장치의 설치 위치

1) 설치위치

과부하 보호장치는 분기점에 설치해야 한다.

2) 설치위치의 예외

과부하 보호장치는 분기점(O)에 설치해야 하나, 분기점(O)점과 분기회로의 과부하 보호장치(P_2) 설치점 사이의 배선 부분에 다른 분기회로나 콘센트 회로가 접속되어 있지 않고, 다음 중 하나를 충족하는 경우에는 변경이 있는 배선에 설치할 수 있다.

① 분기회로에 대한 단락보호가 이루어지고 있는 경우

P_2는 분기회로의 분기점(O)으로부터 부하 측으로 거리에 구애 받지 않고 이동하여 설치할 수 있다.

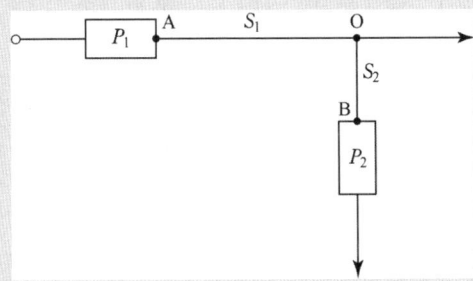

② 단락의 위험과 화재 및 인체에 대한 위험성이 최소화 되도록 시설된 경우

분기회로의 보호장치(P_2)는 분기회로의 분기점(O)으로부터 3[m]까지 이동하여 설치할 수 있다.

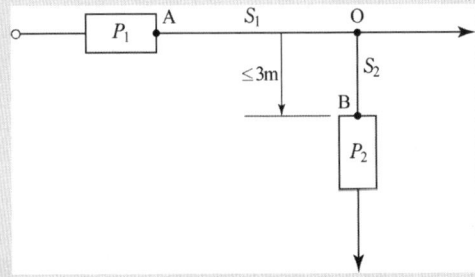

3. 과부하보호장치의 생략

1) 일반사항

다음의 어느 하나에 해당되는 경우에는 과부하 보호장치 생략이 가능하다.

① 분기회로의 전원 측에 설치된 보호장치에 의하여 분기회로에서 발생하는 과부하에 대해 유효하게 보호되고 있는 분기회로

② 분기점 이후의 분기회로에 다른 분기회로 및 콘센트가 접속되지 않는 분기회로 중, 부하에 설치된 과부하 보호장치가 유효하게 동작하여 과부하전류가 분기회로에 전달되지 않도록 조치를 하는 경우

③ 통신회로용, 제어회로용, 신호회로용 및 이와 유사한 설비

2) IT 계통에서 과부하 보호장치 설치위치 변경 또는 생략

과부하에 대해 보호가 되지 않은 각 회로가 다음과 같은 방법 중 어느 하나에 의해 보호될 경우, 설치위치 변경 또는 생략이 가능하다.

① 이중절연 또는 강화절연에 의한 보호수단 적용
② 2차 고장이 발생할 때 즉시 작동하는 누전차단기로 각 회로를 보호
③ 지속적으로 감시되는 시스템의 경우 다음 중 어느 하나의 기능을 구비한 절연 감시 장치의 사용
  • 최초 고장이 발생한 경우 회로를 차단하는 기능
  • 고장을 나타내는 신호를 제공하는 기능

3) 안전을 위해 과부하 보호장치를 생략할 수 있는 경우

사용 중 예상치 못한 회로의 개방이 위험 또는 큰 손상을 초래할 수 있는 다음과 같은 부하에 전원을 공급하는 회로에 대해서는 과부하 보호장치를 생략할 수 있다.

① 회전기의 여자회로   ② 전자석 크레인의 전원회로   ③ 전류변성기의 2차회로
④ 소방설비의 전원회로   ⑤ 안전설비(주거침입경보, 가스누출경보 등)의 전원회로

단락전류에 대한 보호

1. 단락보호장치의 설치위치

1) 설치위치

   단락전류 보호장치는 분기점(O)에 설치해야 한다.

2) 설치위치의 예외

   ① 분기회로의 단락보호장치 설치점(B)과 분기점(O) 사이에 다른 분기회로 또는 콘센트의 접속이 없고 단락, 화재 및 인체에 대한 위험이 최소화될 경우, 분기 회로의 단락 보호장치 P_2는 분기점(O)으로 부터 3[m]까지 이동하여 설치할 수 있다.

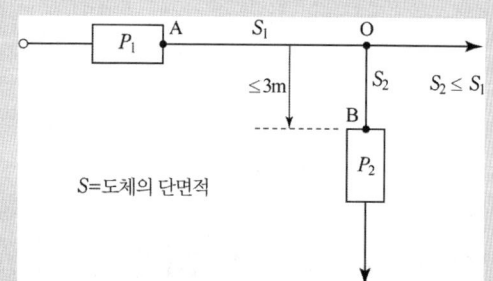

   ② 분기회로의 시작점(O)과 이 분기회로의 단락 보호장치(P_2) 사이에 있는 도체가 전원측에 설치되는 보호장치(P_1)에 의해 단락보호가 되는 경우에, P_2의 설치위치는 분기점(O)로부터 거리제한이 없이 설치할 수 있다.

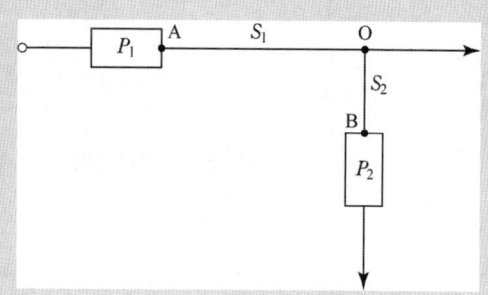

문제 1

그림과 같은 전동기 Ⓜ과 전열기 Ⓗ에 공급하는 저압 옥내 간선을 보호하는 과전류 차단기의 정격 전류 최대값은 몇 [A]인가? (단, 간선의 허용 전류는 49[A], 수용률은 100[%]이며 기동 계급은 표시가 없다고 본다.)

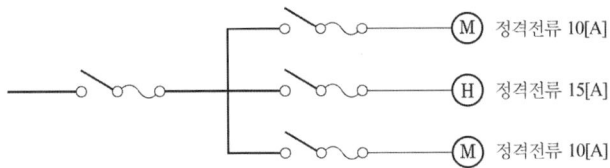

답안작성

- 설계전류 $I_B = 10 + 15 + 10 = 35$ [A]
- 케이블의 허용전류 $I_Z = 49$ [A]
- $I_B \leq I_n \leq I_Z$에서 $35 \leq I_n \leq 49$ [A]이어야 하므로 과전류 차단기의 정격전류 최대값은 49 [A]이다.

답 : 49 [A]

해설

도체와 과부하 보호장치 사이의 협조 (KEC 212.4.1)
과부하에 대해 케이블(전선)을 보호하는 장치의 동작특성은 다음의 조건을 충족해야 한다.

$$I_B \leq I_n \leq I_Z, \quad I_2 \leq 1.45 \times I_Z$$

I_B : 회로의 설계전류(선도체를 흐르는 설계전류 또는 함유율이 높은 영상분 고조파, 특히 제3고조파가 지속적으로 흐르는 경우 중성선에 흐르는 전류이다.)
I_Z : 케이블의 허용전류
I_n : 보호장치의 정격전류(사용현장에 적합하게 조정된 전류의 설정 값)
I_2 : 보호장치가 규약시간 이내에 유효하게 동작하는 것을 보장하는 전류

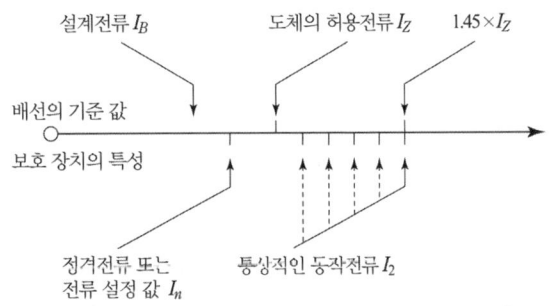

과부하 보호 설계 조건도

▶출제년도 : 기사 94. ▶점수 : 5점

문제 2

면적 100 [m²] 강당에 분전반을 설치하려고 한다. 단위 면적당 부하가 10 [VA/m²]이고 공사시 공법에 의한 전류 감소율은 0.7이라면 간선의 최소 허용전류가 얼마인 것을 사용하여야 하는가? 단, 배전전압은 220 [V]이다.

• 계산 :   • 답 :

답안작성

계산 : $P = 100 \times 10 = 1000$ [VA]

$$I = \frac{1000}{220 \times 0.7} = 6.49 \text{ [A]}$$

답 : 6.49 [A]

문제 3

다음 보기의 부하에 대한 간선의 허용 전류를 결정하시오.

【보기】
- 전동기 : 40[A] 이하 1대, 30[A] 1대
- 히터 : 10[A], 15[A], 20[A]

수용률이 70[%]일 때 전류는 최소 몇 [A]인가?
- 계산 :   • 답 :

답안작성

계산 : 전동기 합계 전류 $\Sigma I_M = 40+30 = 70$[A]

히터 합계 전류 $\Sigma I_H = 10+15+20 = 45$[A]

설계전류 $I_B \geq (\Sigma I_M + \Sigma I_H) \times 수용률 = (70+45) \times 0.7 = 80.5$[A]

답 : 80.5[A]

해 설 도체와 과부하 보호장치 사이의 협조(KEC 212.4.1)
과부하에 대해 케이블(전선)을 보호하는 장치의 동작특성은 다음의 조건을 충족해야 한다.

$$I_B \leq I_n \leq I_Z, \quad I_2 \leq 1.45 \times I_Z$$

I_B : 회로의 설계전류(선도체를 흐르는 설계전류 또는 함유율이 높은 영상분 고조파, 특히 제3고조파가 지속적으로 흐르는 경우 중성선에 흐르는 전류이다.)

I_Z : 케이블의 허용전류

I_n : 보호장치의 정격전류(사용현장에 적합하게 조정된 전류의 설정 값)

I_2 : 보호장치가 규약시간 이내에 유효하게 동작하는 것을 보장하는 전류

문제 4

▶출제년도 : 산업 95. 99.   ▶점수 : 5점

3상 3선식 380[V] 회로에 그림과 같이 2.2[kW], 7.5[kW], 50[kW]의 전동기와 5[kW]의 전열기가 접속되어 있다. 간선의 소요 허용 전류[A]를 구하시오. 단, 전동기의 평균 역률은 75[%]이다.

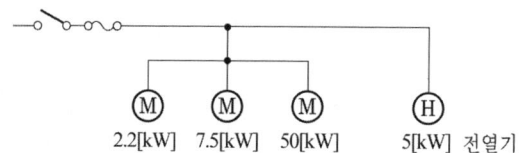

답안작성

전동기 정격 전류의 합 $\Sigma I_M = \dfrac{(2.2+7.5+50) \times 10^3}{\sqrt{3} \times 380 \times 0.75} = 120.94$[A]

- 전동기의 유효 전류 $I_r = 120.94 \times 0.75 = 90.71$[A]
- 전동기의 무효 전류 $I_q = 120.94 \times \sqrt{1-0.75^2} = 79.99$[A]

전열기 정격 전류 $I_H = \dfrac{5 \times 10^3}{\sqrt{3} \times 380} = 7.6$[A]

따라서, 설계 전류 $I_B = \sqrt{유효분^2 + 무효분^2}$
$= \sqrt{(90.71+7.6)^2 + 79.99^2} = 126.74$[A]

$I_B \leq I_n \leq I_Z$의 조건을 만족하는 간선의 허용전류 $I_Z \geq I_B$ (여기서 $I_B = 126.74$[A])가 되어야 한다.

답 : 126.74[A]

해 설
① 피상 전류 = $\sqrt{유효분^2 + 무효분^2}$
② 전열기의 역률은 100[%], 전동기의 평균 역률은 75[%]이므로 전류의 합은 Vector로 구해야 한다.

③ 도체와 과부하 보호장치 사이의 협조 (KEC 212.4.1)
과부하에 대해 케이블(전선)을 보호하는 장치의 동작특성은 다음의 조건을 충족해야 한다.

$$I_B \leq I_n \leq I_Z, \quad I_2 \leq 1.45 \times I_Z$$

I_B : 회로의 설계전류(선도체를 흐르는 설계전류 또는 함유율이 높은 영상분 고조파, 특히 제3고조파가 지속적으로 흐르는 경우 중성선에 흐르는 전류이다.)
I_Z : 케이블의 허용전류
I_n : 보호장치의 정격전류(사용현장에 적합하게 조정된 전류의 설정 값)
I_2 : 보호장치가 규약시간 이내에 유효하게 동작하는 것을 보장하는 전류

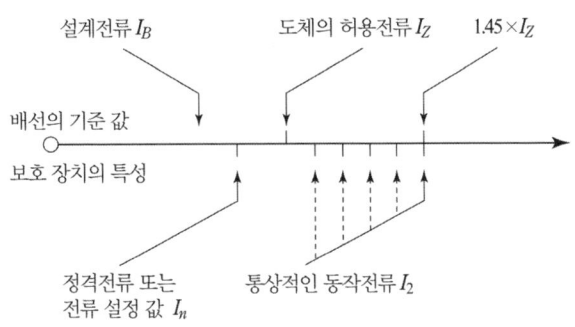

과부하 보호 설계 조건도

▶ 출제년도 : 기사 95.   ▶ 점수 : 5점

문제 5 3상3선식 380[V] 회로에 그림과 같이 부하가 연결되어 있다. 간선의 허용전류[A]를 구하시오.
(단, 전동기의 평균 역률은 80[%]이다.)

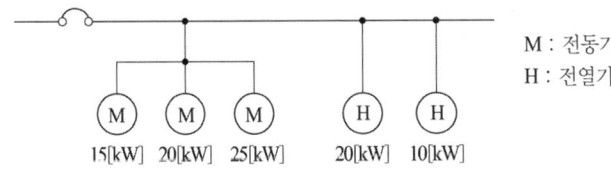

답안작성
- 전동기 정격 전류의 합 $\sum I_M = \dfrac{(15+20+25) \times 10^3}{\sqrt{3} \times 380 \times 0.8} = 113.95[A]$
- 전동기의 유효 전류 $I_r = 113.95 \times 0.8 = 91.16\,[A]$
- 전동기의 무효 전류 $I_q = 113.95 \times \sqrt{1-0.8^2} = 68.37\,[A]$
- 전열기 정격 전류의 합 $\sum I_H = \dfrac{(20+10) \times 10^3}{\sqrt{3} \times 380 \times 1.0} = 45.58[A]$

따라서, 설계전류 $I_B = \sqrt{(91.16+45.58)^2 + 68.37^2} = 152.88[A]$
$I_B \leq I_n \leq I_Z$의 조건을 만족하는 간선의 허용전류 $I_Z \geq I_B$ (여기서 $I_B = 152.88[A]$)가 되어야 한다.
답 : 152.88[A]

해설 도체와 과부하 보호장치 사이의 협조(KEC 212.4.1)
과부하에 대해 케이블(전선)을 보호하는 장치의 동작특성은 다음의 조건을 충족해야 한다.

$$I_B \leq I_n \leq I_Z, \quad I_2 \leq 1.45 \times I_Z$$

I_B : 회로의 설계전류(선도체를 흐르는 설계전류 또는 함유율이 높은 영상분 고조파, 특히 제3고조파가 지속적으로 흐르는 경우 중성선에 흐르는 전류이다.)

I_Z : 케이블의 허용전류

I_n : 보호장치의 정격전류(사용현장에 적합하게 조정된 전류의 설정 값)

I_2 : 보호장치가 규약시간 이내에 유효하게 동작하는 것을 보장하는 전류

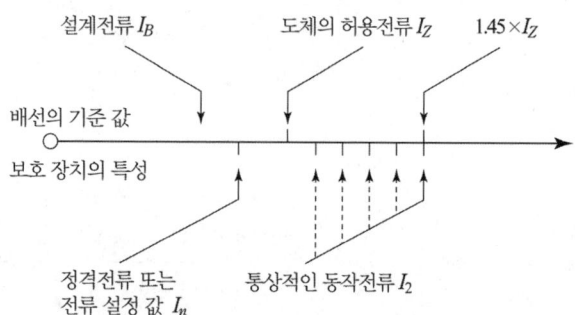

과부하 보호 설계 조건도

문제 6

▶ 출제년도 : 산업 99.   ▶ 점수 : 5점

단상 2선식 100 [V]의 옥내배선에서 소비전력 40 [W], 역률 75 [%]의 형광등 100 등을 설치하고자 한다. 이 때의 분기회로를 16 [A] 분기회로로 할 때 분기회로의 최소수는 몇 회선인가? 단, 1개 회로의 부하전류는 분기회로 용량의 90 [%]로 하고 수용률은 100 [%]로 한다.

답안작성

분기회로 수 $= \dfrac{40 \times 100}{100 \times 16 \times 0.75 \times 0.9} = 3.70$ [회로]

답 : 16 [A] 4회로(회선)

해 설

부하산정 $= \dfrac{40 \times 100}{0.75} = 5333.33$ [VA]

분기회로 정격의 90 [%] 이므로

분기회로 수 $= \dfrac{5333.33}{100 \times 16 \times 0.9} = 3.70$ [회로]

답이보인다!! 전기공사기사·산업기사 실기

Chapter 08

전력설비

01 송배전선로의 특성 및 가공전선로의 시설

송배전 선로의 전기적 특성

1. 전압 강하

1) 단상 2선식 $e = 2I(R\cos\theta + X\sin\theta)$ [V]

2) 단상 3선식, 3상 4선식 $e = I(R\cos\theta + X\sin\theta)$ [V]

3) 3상 3선식

$$e = \sqrt{3}\,I(R\cos\theta + X\sin\theta)\,[\text{V}] = \frac{P}{V}(R + X\tan\theta)\,[\text{V}]$$

여기서, e : 전압 강하 [V]　　X : 전선 1선의 리액턴스 [Ω]
　　　　I : 전류 [A]　　　　R : 전선 1선의 저항 [Ω]
　　　　P : 전력 [W]　　　　V : 전압 [V]

2. 전압강하율

$$\epsilon = \frac{V_s - V_r}{V_r} \times 100$$

$$\epsilon = \frac{e}{V} \times 100 = \frac{P}{V^2}(R + X\tan\theta) \times 100\,[\%]$$

3. 전압변동률

$$\delta = \frac{V_{ro} - V_r}{V_r} \times 100\,[\%]$$

여기서, V_{ro} : 무부하시 수전단 전압 [V]
　　　　V_r : 전부하시 수전단 전압 [V]

4. 전력손실

$$P_L = 3I^2 R = 3\left(\frac{P}{\sqrt{3}\,V\cos\theta}\right)^2 R = \frac{P^2 R}{V^2 \cos^2\theta}$$

5. 선로의 충전 전류 및 충전 용량

1) 충전전류

$$I_c = 2\pi f C \times \frac{V}{\sqrt{3}} \times 10^{-3}\,[\text{A}]\,(3상)$$

2) 충전용량

$$Q_c = \sqrt{3}\,VI_c = \sqrt{3}\,V \times 2\pi fC \times \frac{V}{\sqrt{3}} \times 10^{-3} = 2\pi fCV^2 \times 10^{-3}\,[\text{kVA}]$$

여기서, I_c : 충전 전류[A] Q_c : 충전 용량[kVA]
  V : 선간 전압[kV] C : 작용 정전 용량[μF]

6. 절연협조

계통의 각 기기는 자체의 기능에서 요구되는 절연강도 뿐만 아니라 만일 사고가 발생하더라도 그 범위를 최소한으로 억제해서 계통 전체의 신뢰도를 높이고 또한 경제적이고 합리적인 절연강도가 되게끔 기기 상호간에 절연의 협조를 잘 도모해 줄 필요가 있다. 이와 같이 계통 내의 각 기기, 기구 및 애자 등의 상호간에 적정한 절연 강도를 지니게끔 함으로써 계통의 설계를 합리적, 경제적으로 할 수 있게 한 것을 절연 협조(insulation coordination)라 한다.

【예】

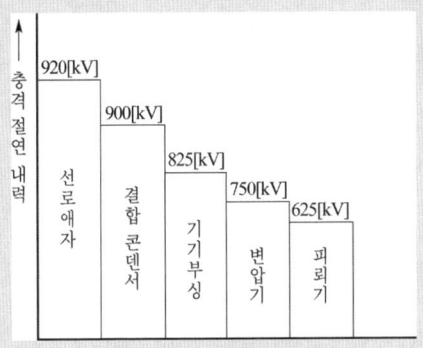

154[kV] 송전계통 절연협조

유도 장해 및 대책

전력선이 통신선에 근접해 있을 때 통신선에 전압 및 전류를 유도해서 다음과 같은 장해를 주게 된다.

1. 유도장해의 종류

1) 정전유도

전력선과 통신선과의 상호 정전 용량에 의해 발생

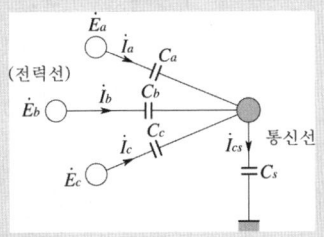

$$|E_s| = \frac{\sqrt{C_a(C_a - C_b) + C_b(C_b - C_c) + C_c(C_c - C_a)}}{C_a + C_b + C_c + C_s} \times \frac{V}{\sqrt{3}}$$

2) 전자유도

전력선과 통신선과의 상호 인덕턴스에 의해 발생

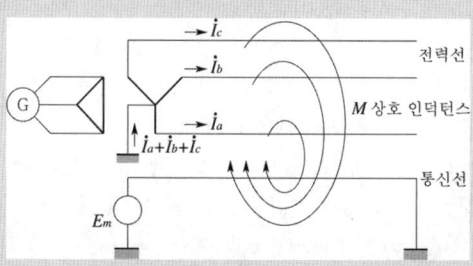

전자유도 전압 $E_m = -j\omega Ml\,(\dot{I_a} + \dot{I_b} + \dot{I_c}) = -j\omega Ml\,(3I_o)$

3) 고조파 유도

고조파의 유도에 의한 잡음 장해

2. 유도장해 대책

1) 근본 대책

전자유도 전압의 감소

① 기 유도전류의 감소 ·· (I_o의 저감)

② 통신선과 전력선간의 상호 인덕턴스 감소 ···················· (M의 저감)

③ 선로 병행 길이 감소 ·· (l의 저감)

2) 전력선측 대책

① 송전선로를 가능한 한 통신선로로부터 멀리 떨어져 건설한다.

② 중성점을 저항 접지할 경우에는 저항값을 가능한한 큰 값으로 한다.

③ 고장회선을 고속도 차단한다.

④ 차폐선을 설치한다.

⑤ 연가를 충분히 한다.

3) 통신선측 대책

① 통신선 중간에 중계 코일을 설치하여 구간을 분할한다.

② 연피 케이블을 사용한다.

③ 통신선에 성능이 우수한 피뢰기를 설치한다.

④ 배류 코일을 설치한다.

⑤ 전력선과 교차시 수직교차 한다.

코로나

1. 파열극한 전위경도

공기는 보통 절연물로 취급하고 있지만 실제에는 그 절연 내력의 한도가 있다. 즉, 기온 기압이 표준상태 (20[℃], 1기압(760[mmHg]))에 있어서 직류에서는 약 30[kV/cm], 교류(실효값)에서는 약 21[kV/cm]의 전위경도를 가하면 절연이 파괴되는데, 이것을 파열극한 전위경도라 한다.

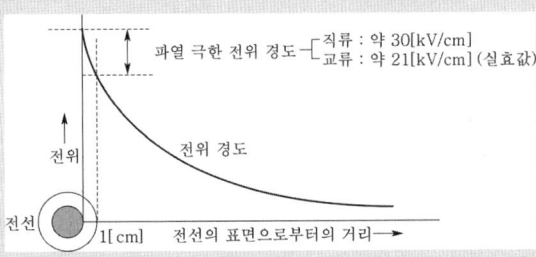

2. 코로나 현상

전선로나 애자 부근에 임계 전압 이상의 전압이 가해지면 공기의 절연이 부분적으로 파괴되어 낮은 소리나 엷은 빛을 내면서 방전되는 현상

3. 코로나 임계전압

$$E_0 = 24.3 m_0 m_1 \delta d \log_{10} \frac{D}{r} \text{ [kV]}$$

여기서, m_o : 전선의 표면 상태에 따라 정해지는 계수
  d : 전선의 지름 [cm] m_1 : 날씨에 관계되는 계수
  D : 등가 선간 거리 [cm] δ : 상대 공기 밀도
  r : 전선의 반지름 [cm]

4. 코로나 현상에 대한 영향

① 코로나 손실 발생 및 송전 효율의 저하
② 코로나 잡음
③ 통신선 유도장해
④ 소호 리액터의 소호 능력 저하
⑤ 전선의 부식 촉진

5. 코로나 발생 방지 대책

기본대책 : 코로나 임계전압을 상규 전압 이상으로 높여 준다.
① 굵은 전선을 사용한다.

② 전선의 바깥 지름을 크게 한다(복도체 방식 채용).
③ 가선금구를 개량한다.

지중전선로

1. 송전선로로서 지중전선로가 채택되는 이유

① 도시의 미관을 중요시하는 경우
② 수용밀도가 현저하게 높은 지역에 공급하는 경우
③ 뇌, 풍수해 등에 의한 사고에 대해서 높은 신뢰도가 요구 되는 경우
④ 보안상의 제한 조건 등으로 가공 전선로를 건설할 수 없는 경우

2. 전력 케이블의 시공 방식 비교

지중전선로 시공 방법으로는 직접 매설식, 관로식, 암거식이 있으며 그 장·단점은 다음과 같다.

시공방법	장 점	단 점
직접 매설식 (직매식)	· 공사비가 적다 · 열발산이 좋아 허용전류가 크다. · 케이블의 융통성이 있다. · 공사기간이 짧다.	· 외상을 받기 쉽다. · 케이블의 재시공, 증설이 곤란하다. · 보수 점검이 불편하다.
관로식	· 케이블의 재시공, 증설이 용이하다. · 외상을 잘 안 받는다. · 고장 복구가 비교적 용이하다. · 보수 점검이 편리하다.	· 공사비가 많이 든다. · 회선량이 많을수록 송전 용량이 감소한다. · 케이블의 융통성이 적다. · 공사기간이 길다. · 신축, 진동에 의한 시스의 피로가 크다.
암거식	· 열발산이 좋아 허용전류가 크다. · 많은 가닥수를 시공하는 데 편리하다.	· 공사비가 아주 많이 든다 · 공사기간이 길다 · 케이블 화재시 피해가 파급 확산이 된다.

3. 접지 공사

지중전선로는 전선에 케이블을 사용하고, 방식 조치를 하지 않은 지중 전선의 피복 금속체에는 접지 공사를 하여야 한다.

문제 1 ▶ 출제년도 : 산업 89. 94. ▶ 점수 : 5점

송전계통의 변압기 중성점 접지 방식 4종류를 쓰시오.

답안작성
① 비접지 방식   ② 직접 접지 방식
③ 저항 접지 방식 ④ 소호 리액터 접지 방식

문제 2

▶출제년도 : 기사 89. 93.   ▶점수 : 6점

송전선로의 전선의 굵기를 결정하는 5가지 요소를 간단히 쓰시오.

답안작성
① 허용 전류 ② 전압 강하 ③ 기계적 강도
④ 코로나 ⑤ 전력 손실

문제 3

▶출제년도 : 산업 95. 07.   ▶점수 : 5점

전선의 구비조건을 간단하게 5가지만 나열하시오.

답안작성
① 도전율이 클 것 ② 기계적 강도가 클 것
③ 가격이 저렴할 것 ④ 가요성이 클 것
⑤ 비중이 작고 내구성이 있을 것

해 설
⑥ 인장하중이 클 것 ⑦ 전압 강하가 적을 것
⑧ 부식성이 적고 내식성이 클것

문제 4

▶출제년도 : 기사 96.   ▶점수 : 5점

가공 송전 선로에 사용되는 전선으로서는 어떤 조건들을 구비하는 것이 바람직한가 아는 대로 7가지만 간략하게 쓰시오.

답안작성
① 도전율이 높을 것 ② 기계적 강도가 클 것
③ 가공성(유연성)이 클 것 ④ 내구성이 있을 것
⑤ 비중이 작을 것 ⑥ 가격이 저렴할 것
⑦ 전압 강하가 작을 것

해 설
⑧ 코로나 손실이 작을 것 ⑨ 신장률이 클 것

문제 5

▶출제년도 : 기사 92.   ▶점수 : 5점

주로 탑 사이의 거리가 긴 송전선로에 사용되는 것은 다음 중 어느 것인가?
【보기】 단금속선, 합금선, 쌍금속선, 합성연선

답안작성 합성연선

문제 6

▶출제년도 : 산업 94. 00.   ▶점수 : 10점

배전선로의 보안장치로서 주상 변압기의 저압측에 설치되는 것은?

답안작성 캐치 홀더

문제 7

▶출제년도 : 기사 94. 98.   ▶점수 : 5점

배전 활선 바인드 작업시 전선의 진동을 방지하기 위하여 전선을 잡아 주거나 절단된 전선을 슬리브로 연결할 때에 전선을 빠지지 않도록 잡아당길 수 있는 스틱은 다음 중 어느 것인가?
(1) Grip-all clamp stick (2) Strain link stick
(3) Roller link stick (4) Spiral link stick

답안작성 (1) Grip-all clamp stick

해 설 (2) Strain link stick : 인류형 혹은 내장형 장주에서 활차의 Cuma long 사이를 절연시킬 목적으로 사용하는 링크스틱

(3) Roller link stick : 전주 건주시 전주에 전선이 닿지 않게 하기 위하여 전선을 벌려주는데 사용하는 링크스틱

(4) Spiral link stick : 작업장소가 좁아서 스트레인 링트 스틱을 직접 손으로 안전하게 취부할 수 없을 때 사용하는 링크스틱

문제 8
▶출제년도 : 기사 00.   ▶점수 : 5점

송전선로 연선 작업 시에 전선의 앞뒤에 설치하여 커넥터(Connector)와 연결하고 전선의 손상을 방지하여 주는 공구는?

답안작성   브레드 크램프 (Deadend Stocking)

문제 9
▶출제년도 : 산업 98.   ▶점수 : 5점

올 커버 스위치(All Cover SWitch)를 간단히 쓰시오.

답안작성   옥내에서 교류 250〔V〕이하에서 사용되는 절연 커버가 된 스위치

해 설   KS C 4515
교류 250〔V〕이하인 전로에서 주로 옥내에 사용하는 고리퓨즈 붙이 및 퓨즈가 없는 스위치

문제 10
▶출제년도 : 산업 95.   ▶점수 : 4점

전선로나 전기기계의 수리 점검을 하는 경우 차단기로 차단된 전로를 확실하게 열기(open)위 하여 사용되는 개폐기의 명칭은?

답안작성   단로기

문제 11
▶출제년도 : 기사 95. 98. 02. 06.   ▶점수 : 7점

전선로 부근이나 애자 부근(애자와 전선의 접속 부근)에 임계 전압 이상이 가해지면 전선로나 애자 부근에 공기의 절연이 부분적으로 파괴되는 현상이 발생하는데 이것을 무슨 현상이라고 하는가? 그리고 이러한 현상이 미치는 영향과 그 방지 대책을 간단하게 답하시오.

답안작성
- 현상 : 코로나 현상
- 영향 : ① 코로나 손실 및 송전 효율 저하
  ② 전선 부식
  ③ 통신선 유도 장해 및 전파 장해, 코로나 잡음
  ④ 1선 지락시 반송 계전기 선택 동작에 방해
- 방지책 : 굵은 전선 및 다도체를 사용하여 코로나 임계전압을 높여준다.

해 설   코로나 임계전압 $E_0 = 24.3 m_0 \, m_1 \delta \, d \log_{10} \dfrac{D}{r}$ 〔kV〕

문제 12
▶출제년도 : 산업 00.   ▶점수 : 5점

송전선로에서 매설 지선의 설치 목적은?

답안작성   철탑의 탑각 접지저항을 낮추어 역섬락 방지

해 설   접지저항을 낮게 하여 피뢰작용을 높여준다.

문제 13

▶출제년도 : 산업 96. 18. ▶점수 : 10점

다음 문제를 읽고 (   )을 채우시오.
(1) 특고압 가공전선은 케이블인 경우를 제외하고 단면적(①)의 (②) 또는 이와 동등 이상의 인장강도를 갖는 (③)이어야 한다.
(2) 지중전선로는 전선에 케이블을 사용하고 또한 (④) (⑤) 또는 (⑥)에 의하여 시설하여야 한다.
(3) 수용장소에 시설하는 비상용 예비전원은 (⑦)이 정전되었을 때 (⑧) 이외의 전로에 전력이 공급되지 않도록 시설하여야 한다.
(4) 고압 또는 특고압의 전로중에 있어서 (⑨) 및 (⑩)을 보호하기 위하여 필요한 곳에는 과전류 차단기를 시설하여야 한다.

답안작성
(1) ① 22 [mm^2] ② 경동연선 ③ 절연전선
(2) ④ 관로식 ⑤ 암거식 ⑥ 직접매설식
(3) ⑦ 상용전원 ⑧ 수용장소
(4) ⑨ 기계기구 ⑩ 전선

문제 14

▶출제년도 : 기사 97. ▶점수 : 18점

다음 문제를 읽고 답하시오.
(1) 제2차 접근 상태라 함은 가공 전선이 시설물과 접근하는 경우에 당해 가공 전선이 다른 시설물의 위쪽 또는 옆쪽에서 수평 거리로 몇 [m] 미만인 곳에 시설하는 상태를 말하는가?
(2) 특고압용의 변전용 변압기를 시가지 설치할 때 변압기 용량은?
(3) 배전 선로의 보안 장치로서 주상 변압기의 저압측에 설치하는 것은?
(4) 전기 배선용 도식 기호 중 방수용 스위치의 기호는?
(5) 수천 옴의 가는 전선의 저항을 측정할 때 적당한 측정 방법은?
(6) 바닥 밑으로 매입 배선할 때 사용하는 박스는?

답안작성
(1) 3 [m] (2) 1000 [kVA] (3) 캐치 홀더
(4) ●$_{WP}$ (5) 휘이스톤 브리지 (6) 플로어(Floor)박스

문제 15

▶출제년도 : 산업 97. ▶점수 : 5점

옥내에 사용되는 전선은 절연전선으로 전기용품 안전관리법에 의한 안전인증을 받은 전선으로서 공칭단면적 몇 [mm^2] 이하를 사용해야 하는가?

답안작성 100 [mm^2]

문제 16

▶출제년도 : 기사 99. ▶점수 : 5점

우리 나라 초고압 송전전압은 345 [kV]이다. 선로 길이가 200 [km]인 경우 1회선당 가능한 송전 전력은 몇 [kW]인지 Still의 식에 의거하여 구하시오.

답안작성 Still의 실험식(경제적 전압의 산정식)

$$\text{사용 전압 [kV]} = 5.5\sqrt{0.6 \times \text{송전 거리[km]} + \frac{\text{송전 전력[kW]}}{100}}$$

$$P = \left(\frac{E^2}{5.5^2} - 0.6l\right) \times 100 = \left(\frac{345^2}{5.5^2} - 0.6 \times 200\right) \times 100 = 381471.07 \text{ [kW]}$$

문제 17
▶출제년도 : 산업 92. ▶점수 : 4점

Still의 식은 송전선로에서 무엇을 구하기 위한 실험식인가?

답안작성 경제적인 송전전압의 결정

해 설 스틸의 식 : $V_s\,[\mathrm{kV}] = 5.5\sqrt{0.6l\,[\mathrm{km}] + \dfrac{P\,[\mathrm{kW}]}{100}}$

문제 18
▶출제년도 : 기사 95. ▶점수 : 5점

154[kV] 및 345[kV] 변전소의 모선을 보호하는 계전 방식의 종류를 열거하시오.

답안작성
① 전류 차동 계전 방식
② 전압 차동 계전 방식
③ 위상 비교 계전 방식
④ 방향 비교 계전 방식

문제 19
▶출제년도 : 기사 95. ▶점수 : 8점

변전소의 모선 보호방식을 열거하시오.

답안작성
① 전류 차동 계전방식
② 전압 차동 계전방식
③ 위상 비교 계전방식
④ 방향 비교 계전방식

지 지 물

1) 가공 전선로 지지물의 종류
    ① 철탑   ② 철근 콘크리트주
    ③ 철주   ④ 목주

2) 철주, 철근 콘크리트주 또는 철탑의 종류
   특고압 가공 전선로의 지지물로 사용하는 B종 철주, B종 철근 콘크리트주 또는 철탑의 종류는 다음과 같다.
   ① 직선형 : 전선로의 직선 부분(3도 이하의 수평 각도를 이루는 곳을 포함)에 사용하는 것으로 내장형과 보강형은 제외한다.
   ② 각도형 : 전선로 중 3도를 넘는 수평 각도를 이루는 곳에 사용하는 것
   ③ 인류형 : 전가섭선을 인류하는 곳에 사용하는 것
   ④ 내장형 : 전선로 지지물의 양측의 경간의 차가 큰 곳에 사용하는 것
   ⑤ 보강형 : 전선로의 직선 부분에 그 보강을 위하여 사용하는 것

3) 지지물의 기초 강도
    ① 가공 전선 지지물의 기초 강도는 안전율 2이상으로 할 것

② 지지물의 전장이 15[m] 이하의 경우에는 땅에 묻히는 깊이를 전장의 1/6 이상으로 할 것
③ 전장이 15[m]를 초과하는 경우에는 2.5[m] 이상 매설하여야 한다. 단, 철근 콘크리트주 전장이 14[m] 이상 17[m] 이하로서 설계 하중이 6.8[kN]을 초과하고 9.8[kN] 이하인 것은 기준보다 30[cm]를 더한다.

4) 전주 근입시 전주의 지표면 지름

$$D[\text{cm}] = d[\text{cm}] + H \times \frac{1}{75} \times 100$$

여기서, D : 지표면에서의 전주의 지름[cm]
d : 전주 말구 지름[cm]
H : 전주의 지표면상 길이[m]

전주의 지름 증가율 $\begin{cases} \text{목주} : \dfrac{9}{1000} \\ \text{CP주} : \dfrac{1}{75} \end{cases}$

5) 철탑 각 부의 명칭

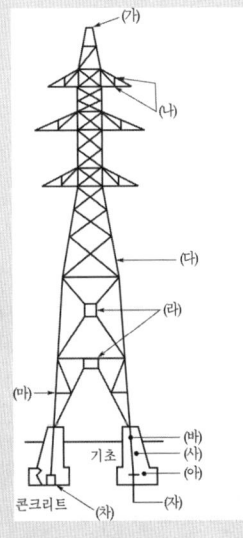

(가) 철탑정부
(나) 암
(다) 주주재
(라) 거싯플레이트
(마) 사재
(바) 주각재
(사) 주체부
(아) 상판부
(자) 앵커재
(차) 앵커블록

6) Bleich 결구(브레히 결구)
강도 자체의 경제성으로 현재 가장 많이 사용되는 결구

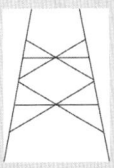

7) 각입
철탑의 기초작업에서 굴착 다음 공정으로 콘크리트를 타설하기전 철탑의 앵커재 및 주각재 또는 주주재를 설치하는 공정을 각입이라 한다.

8) 장주도 각 부의 명칭

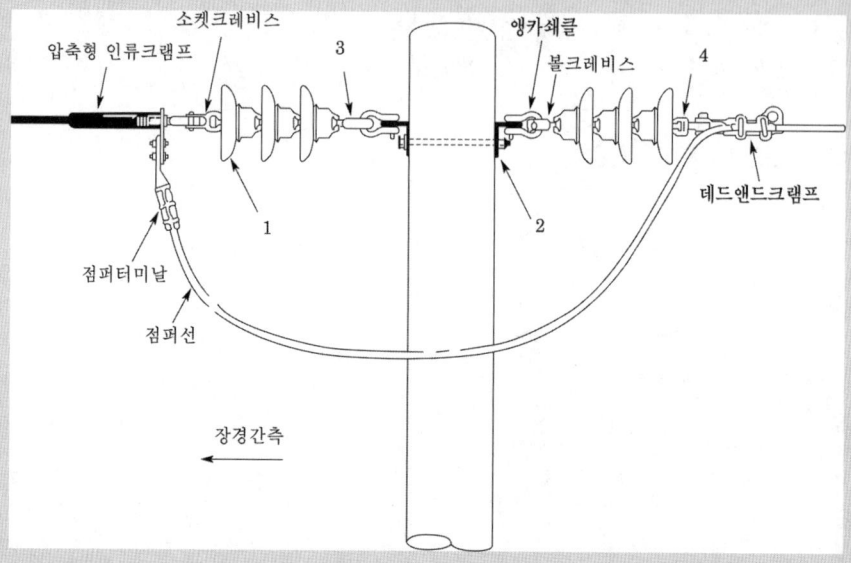

1. 현수애자   2. L 완금   3. 볼아이   4. 소켓아이

9) 특고압 가공전선로 각부 명칭

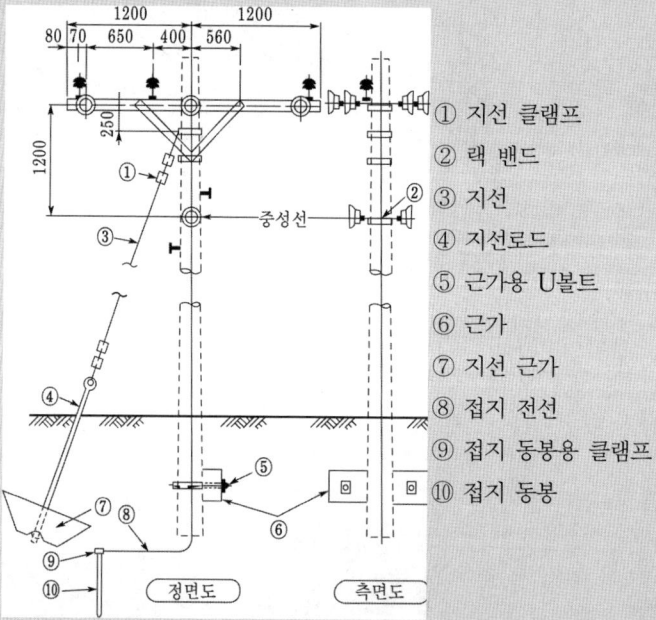

① 지선 클램프
② 랙 밴드
③ 지선
④ 지선로드
⑤ 근가용 U볼트
⑥ 근가
⑦ 지선 근가
⑧ 접지 전선
⑨ 접지 동봉용 클램프
⑩ 접지 동봉

문제 20
▶출제년도 : 기사 92.　▶점수 : 5점

저압 가공선로에서 쓰이는 랙(rack)에 대하여 간단하게 쓰시오.

답안작성　저압 가공전선을 수직 배열하는데 사용된다.

문제 21
▶출제년도 : 기사 00.　▶점수 : 5점

장선기(시메라)는 어떤 용도로 쓰이는 공구인가?

답안작성　이도 조정 및 지선의 장력조정

문제 22
▶출제년도 : 산업 94.　▶점수 : 5점

앵글베이스 (또는 U좌금)의 용도를 간단히 쓰시오.

답안작성　고저압 배전선로에서 핀애자를 ㄱ형 완금에 사용할 때 애자의 동요를 방지하는 금구류

문제 23
▶출제년도 : 기사 91.　▶점수 : 4점

가공전선로에 사용하는 지지물의 종류를 쓰시오.

답안작성
① 철탑
② 철근콘크리트주
③ 철주
④ 목주

문제 24
▶출제년도 : 기사 93.　▶점수 : 6점

가공전선에 가해지는 하중의 이름 3가지를 쓰시오.

답안작성
① 전선의 자중
② 풍압 하중
③ 빙설 하중

문제 25
▶출제년도 : 기사 92.　▶점수 : 5점

특고압 가공 전선로의 지지물로 사용하는 B종 철주, B종 철근 콘크리트주 또는 철탑의 종류에는 어떤 것이 있는가를 아는데로 쓰시오.

답안작성　직선형, 각도형, 인류형, 내장형, 보강형

문제 26
▶출제년도 : 기사 99.　▶점수 : 5점

765[kV], 6도체 가공송전 선로 방식에서(345[kV], 4도체 방식도 동일) 각 도체간의 간격 유지와 진동방지를 위하여 설치하는 것의 정확한 명칭은?

답안작성　스페이서 댐퍼

문제 27
▶출제년도 : 기사 00. 04.　▶점수 : 5점

철탑 기초 공사에서 각입이란?

답안작성　철탑의 기초작업에서 굴착 다음 공정으로 콘크리트를 타설하기전 철탑의 앵커재 및 주각재 또는 주주재를 설치하는 공정을 각입이라 한다.

문제 28

▶출제년도 : 기사 96. 99. 00.   ▶점수 : 5점

그림과 같은 철탑을 무슨 철탑이라 하는가?

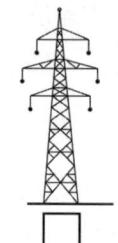

답안작성   사각철탑

해 설

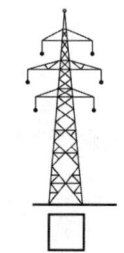
① 사각 철탑

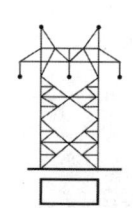
② 방형 철탑

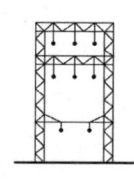
③ 문형 철탑

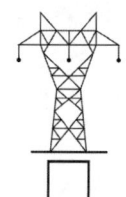
④ 우두형 철탑

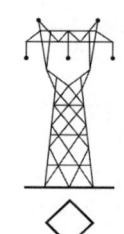
⑤ 회전형 철탑

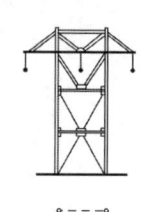
⑥ MC 철탑

문제 29

▶출제년도 : 산업 96. 98. 01. 03.   ▶점수 : 5점

그림과 같은 철탑을 무슨 철탑이라 하는가?

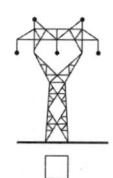

답안작성   우두형 철탑

문제 30

▶출제년도 : 기사 97. 00.   ▶점수 : 4점

강도 자체의 경제성으로 현재 가장 많이 사용되는 결구로 그림과 같은 철탑 부재의 결구 방식의 명칭은?

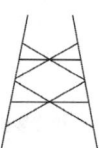

답안작성   Bleich 결구(브레히 결구)

문제 31

▶출제년도 : 기사 92. 98.   ▶점수 : 5점

345〔kV〕 철탑 송전선로가 있다. 룰링스펜(Ruling Span)을 간단히 설명하시오.

답안작성   기하학적 등가 경간장 또는 내장주와 내장주 사이

문제 32
▶출제년도 : 기사 95. ▶점수 : 5점

아래에 나열된 것들은 송전선로 공사에 대한 작업의 내용이다. 올바른 순서로 나열하시오.

① 연선   ② 타설   ③ 굴착   ④ 각입   ⑤ 긴선   ⑥ 조립

답안작성 ③ – ④ – ② – ⑥ – ① – ⑤

문제 33
▶출제년도 : 기사 00. ▶점수 : 8점

근가 설치방법에 대하여 다음 물음에 답하시오.
(1) 근가는 지표면에서 몇 [cm] 정도의 깊이에 U볼트를 사용하여 설치하는가?
(2) 철근 콘크리트전주 지지에 사용하는 콘크리트 근가는 몇 [m] 근가를 사용하는가?
(3) 근가 취부용 U볼트 규격[mm](직경×길이) 4가지를 쓰시오.
(4) 중하중용 전주를 사용하는 개소에서는 반드시 무엇을 설치하여야 하는가?

답안작성
(1) 50 [cm]
(2) 1.2 [m]
(3) 270×500, 320×550, 360×590, 400×630
(4) 근가

문제 34
▶출제년도 : 산업 00. 05. ▶점수 : 5점

근가용 U볼트 용도는?

답안작성 전주에 근가를 취부할 때 근가를 고정시켜주는 볼트

문제 35
▶출제년도 : 산업 91. ▶점수 : 4점

$3\phi 3W$, 6.6 [kV]의 가공 배선선로용 완금의 길이는 몇 [mm]인가?

답안작성 1800 [mm]

해 설 배전용 완금의 길이 / 단위 [mm]

전선조수	저압	고압	특고압
2	900	1400	1800
3	1400	1800	2400

지 선

1. 지선의 시설 목적

① 지지물의 강도를 보강하고자 할 경우
② 전선로의 안전성을 증대하고자 할 경우
③ 불평형 하중에 대한 평형을 이루고자 할 경우
④ 전선로가 건조물 등과 접근할 때 보안상 필요한 경우

2. 지선의 종류

지선을 사용 목적에 따라 형태별로 분류하면 다음과 같다.

1) 보통 지선

용도 : 불평형 장력이 크지 않은 일반적인 장소에 시설한다.

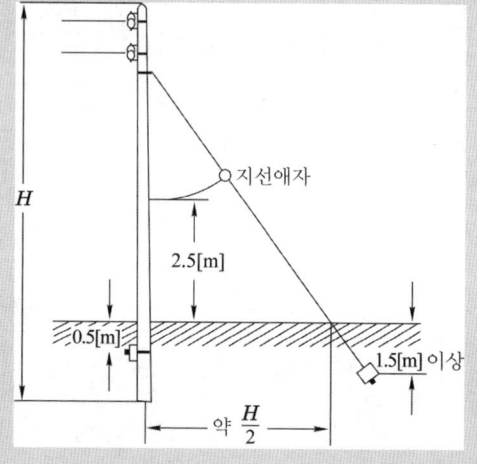

2) 수평 지선

용도 : 토지의 상황이나 기타 사유로 인하여 보통 지선을 시설할 수 없는 경우

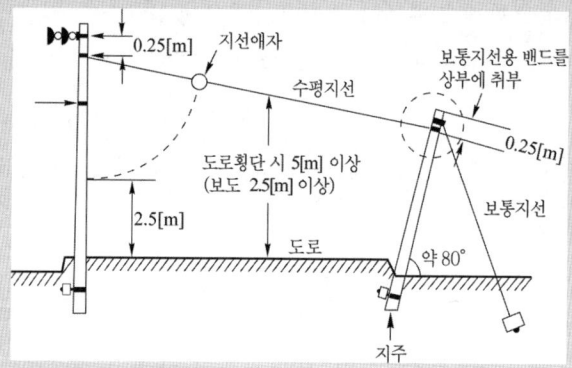

3) 공동 지선

용도 : 지지물 상호간의 거리가 비교적 접근하여 있을 경우에 시설한다.

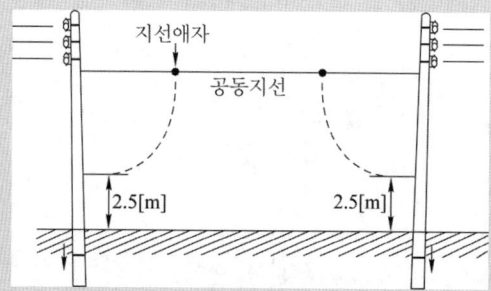

4) Y지선

용도 : 다단의 완금이 설치되거나 또한 장력이 큰 경우에 시설한다.

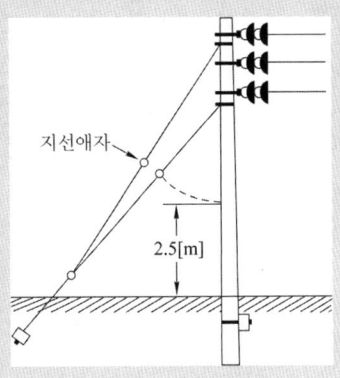

5) 궁지선

　　용도 : 비교적 장력이 작고 다른 종류의 지선을 시설할 수 없는 경우에 시설한다.

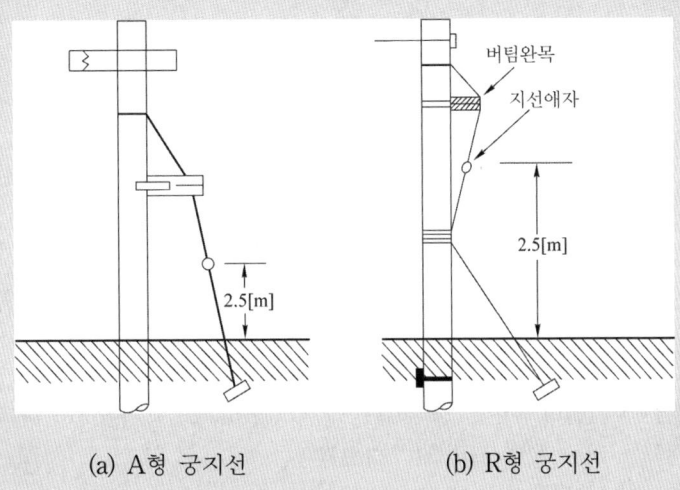

(a) A형 궁지선　　　　　　(b) R형 궁지선

3. 지선의 설치 방법

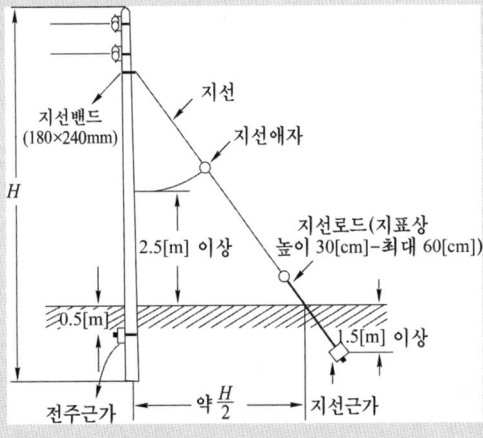

4. 지선의 굵기 및 시공방법

① 지선의 안전율은 2.5 이상일 것. 이 경우에 허용 인장하중의 최저는 4.31 [kN]으로 한다.
② 지선에 연선을 사용할 경우에는 다음에 의할 것
- 소선 3가닥 이상의 연선일 것
- 소선의 지름이 2.6 [mm] 이상의 금속선을 사용한 것일 것. 다만, 소선의 지름이 2 [mm] 이상인 아연도강연선으로서 소선의 인장강도가 0.68 [kN/mm²] 이상인 것을 사용하는 경우에는 그러하지 아니하다.

③ 지중부분 및 지표상 30 [cm]까지의 부분에는 내식성이 있는 것 또는 아연도금을 한 철봉을 사용하고 쉽게 부식되지 아니하는 근가에 견고하게 붙일 것. 다만, 목주에 시설하는 지선에 대해서는 그러하지 아니하다.
④ 지선근가는 지선의 인장하중에 충분히 견디도록 시설할 것

문제 36 ▶출제년도 : 기사 93.

지선(stay)의 시설 목적을 아는 데로 나열하시오.

답안작성
① 지지물의 강도를 보강
② 전선로의 안전성을 증대
③ 불평형 하중에 대한 평형유지
④ 전선로가 건조물 등과 접근할 경우 보안상 시설

문제 37 ▶출제년도 : 기사 92. ▶점수 : 5점

지선의 시설이 곤란한 경우에는 지주(Pole brace)를 시설해야 하며, 지선이나 지주를 시설할 때에는 어떤 점을 고려해야 하는가?

답안작성 불균형 장력

문제 38 ▶출제년도 : 기사 91. 93. ▶점수 : 6점

다음 그림을 보고 물음에 답하시오.

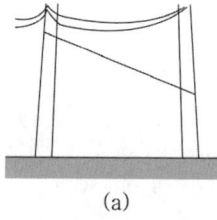
(a)

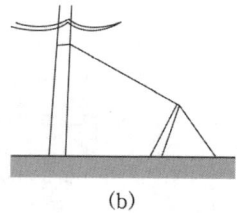
(b)

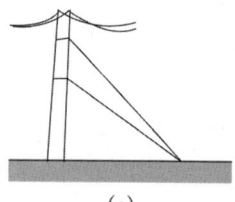
(c)

(1) (a)는 어떤 지선이며, 그 용도를 간단하게 쓰시오.
(2) (b)는 어떤 지선이며, 그 용도를 간단하게 쓰시오.
(3) (c)는 어떤 지선이며, 그 용도를 간단하게 쓰시오.

답안작성
(1) 공동지선 : 두 개의 지지물 상호 거리가 비교적 접근해 있을 때 두 개의 지지물에 공동으로 시설하는 지선
(2) 수평지선 : 토지의 상황이나 그 외 사유로 인하여 보통지선을 설치할 수 없을 때 설치
(3) Y지선 : 다단의 완철이 설치되고 또한 장력이 클 때 설치

문제 39
▶출제년도 : 산업 94. 98. 00.   ▶점수 : 4점
그림과 같이 시설하는 지선의 명칭은?
(1) 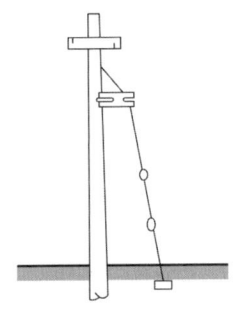   (2)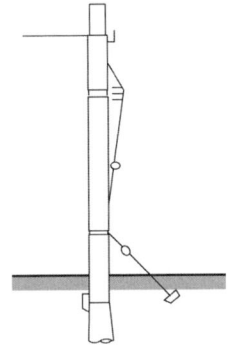

답안작성
(1) A형 궁지선
(2) R형 궁지선

문제 40
▶출제년도 : 기사 96.   ▶점수 : 4점
궁지선의 용도에 대하여 간단하게 쓰시오.

답안작성 비교적 장력이 적고 타 종류의 지선을 시설할 수 없는 경우

문제 41
▶출제년도 : 기사 97. 00. 16.   ▶점수 : 10점
다음 그림은 보통지선을 그린 것이다. 도면을 보고 물음에 답하시오.

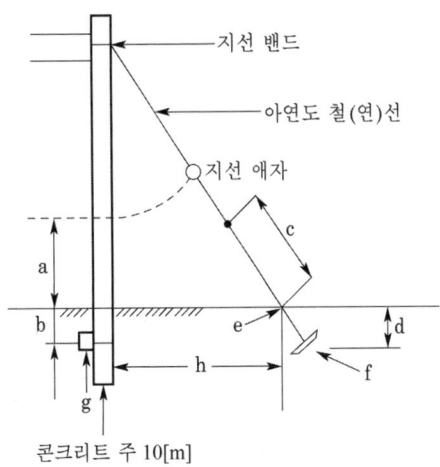

(1) 지선 밴드의 규격은 몇 [mm]인가?
(2) 지선용 아연도 철선의 규격 2가지는?
(3) a(지선 안전율)의 높이는 최소 몇 [m] 이상을 원칙으로 하는가?
(4) b의 깊이는 몇 [m]인가?
(5) 콘크리트주 전체의 길이가 10 [m]인 경우 묻히는 최소 깊이는?
(6) d의 깊이는 최소 몇 [m] 이상인가?
(7) e의 명칭은?
(8) h의 간격은 몇 [m]인가?
(9) 아연도 철선의 소선은 최소 몇 선 이상인가?

답안작성

(1) 180×240[mm]
(2) ① 4.0[mm] 아연도금 철선 3조
    ② 7/2.6[mm] 아연도금 철연선
(3) 2.5[m]   (4) 0.5[m]
(5) $10 \times \dfrac{1}{6} = 1.67$ [m]   (6) 1.5[m]
(7) 지선로드   (8) 전주의 높이 $\times \dfrac{1}{2} = 10 \times \dfrac{1}{2} = 5$ [m]
(9) 3본

해 설 지선의 설치 방법

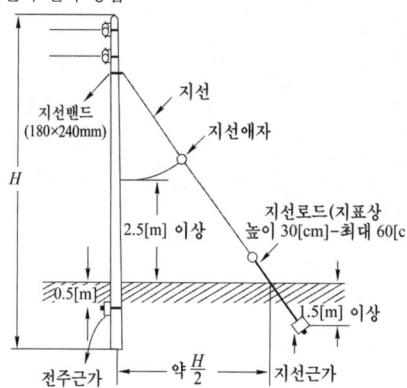

▶출제년도 : 산업 96. 98.   ▶점수 : 8점

문제 42

보통지선을 그린 다음 도면을 보고 물음에 답하시오.

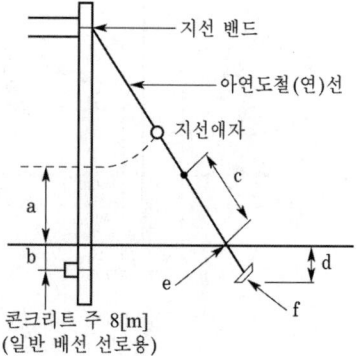

(1) 지선밴드의 규격은 몇 [mm]인가?
(2) 지선으로 쓰이는 아연도철(연)선의 종류 2가지를 쓰시오.
(3) a의 높이는 몇 [m]인가?
(4) b의 깊이는 몇 [m]인가?
(5) c의 최고한도는 몇 [cm]인가?
(6) d의 깊이는 몇 [m]인가?
(7) e의 명칭은 무엇인가?
(8) f의 규격은 몇 [mm]인가? (일반적으로 쓰이는 지선근가로서)

답안작성
(1) 180×240 [mm]
(2) ① 4.0 [mm] 아연도철선 3조 이상 ② 아연도철연선 7/2.6 [mm]
(3) 2.5 [m]
(4) 0.5 [m]
(5) 60 [cm]
(6) 1.5 [m]
(7) 지선로드
(8) 700 [mm]

해설 지선의 설치 방법

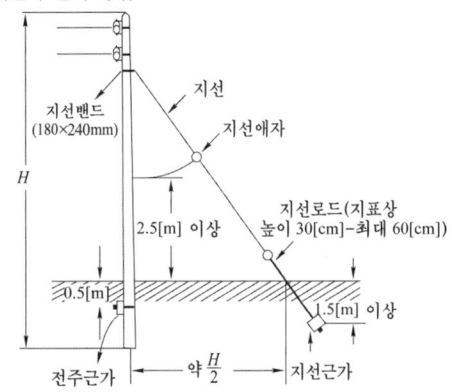

▶출제년도 : 산업 95. ▶점수 : 8점

문제 43 다음 그림은 여러 가지 지선의 종류이다.

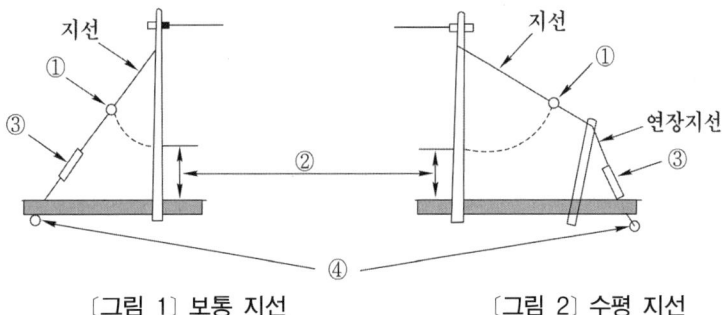

[그림 1] 보통 지선   [그림 2] 수평 지선

(1) 그림 1, 2에서 ①로 표시되어 있는 지선 재료의 명칭은 무엇인가?
(2) 그림 1, 2의 ②로 표시되어 있는 부분은 지표상 몇 [m]인가?
(3) 그림 1, 2의 지선이 외부로부터 손상을 받을 우려가 있을 때 사용된다. ③의 명칭은?
(4) 1, 2에서 ④로 표시된 것은 무엇인가?

답안작성
(1) 지선 애자
(2) 2.5[m]
(3) 지선 커버
(4) 지선 근가

해설 지선의 설치 방법

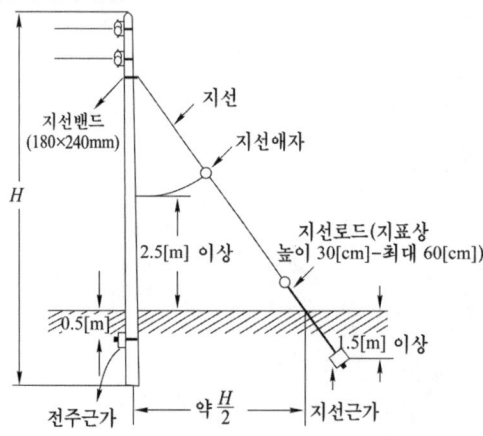

▶ 출제년도 : 산업 93. 96. 99. ▶ 점수 : 10점

문제 44

다음 주어진 물음에 답하시오.
(1) 3상 수직 배치인 선로에서 오프셋을 주는 이유는 무엇을 방지하기 위한 것인가?
(2) 가공공동지선의 굵기[mm]는?
(3) 초호각의 역할은 무엇인가?
(4) 가공선로용의 경동선에 안전율의 최저값은 얼마인가?
(5) 지선으로 사용되는 전선의 종류는 어떤 철선인가?

답안작성
(1) 전선의 도약에 따른 상부전선과의 접촉에 의한 단락 사고 방지
(2) 4[mm]
(3) 섬락시 애자련 보호, 애자련의 전압분포 개선
(4) 2.2
(5) 아연도금철선 또는 아연도금 강연선

▶ 출제년도 : 기사 91. 92. 94. 03. 04. 05. ▶ 점수 : 14점

문제 45

다음 문제를 읽고 옳으면 ○표, 틀리면 ×표를 주어진 답지에 표시하시오.
(1) 콘크리트 전주의 근가 설치에서 콘크리트 전주는 지표면하 0.5[m] 이상의 깊이에 근가 블록 1본을 근가용 U볼트로서 취부한다.
(2) 저압 가공 전선로의 지지물은 목주인 경우에는 풍압 하중의 1.3배의 하중, 기타의 경우에는 1.2배의 풍압 하중에 견디는 강도를 가지는 것이어야 한다.
(3) 특고압 가공 전선로의 지지물로 사용하는 B종 철주, B종 철근 콘크리트주 또는 철탑의 종류는 직선형, 각도형, 인류형, 내장형, 보강형 등이 있다.
(4) 합성 수지관 공사에서 관상호 및 관과 박스와는 관을 삽입하는 깊이를 관의 외경의 1.2배 이상으로 하고 관의 지지점간의 거리는 1.5[m] 이하로 한다.

답안작성	(1) ○ (2) × (3) ○ (4) ○
해 설	(2) 목주는 1.2배의 하중, 기타는 1.3배의 하중(KEC 222.8)

문제 46

▶출제년도 : 기사 92. ▶점수 : 4점

저압 가선 공사를 나타낸 도면이다. 이 도면을 보고 다음 각 물음에 답하시오.

(1) ___2.6___ 의 의미는?
(2) ─//─ 의 의미는?
(3) ─○─ 의 의미는?
(4) ○─▶ 의 의미는?

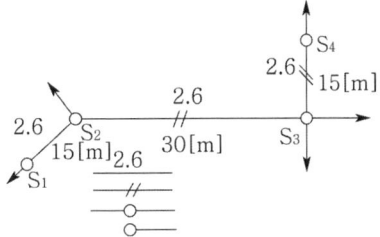

답안작성	(1) 전선의 굵기 (2) 전선수 (3) 지지물 (4) 지선

애자설비

1) 2련 내장 애자장치

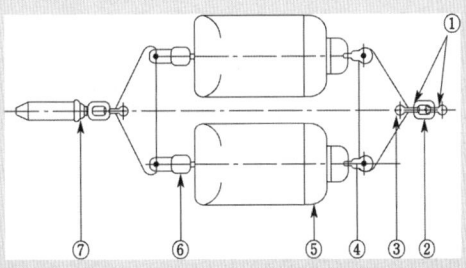

① 앵커쇄클   ② 체인링크   ③ 삼각요크   ④ 볼크레비스
⑤ 현수애자   ⑥ 소켓 크레비스   ⑦ 압축형 인류 클램프

2) 1련 내장 애자 장치(역조형)

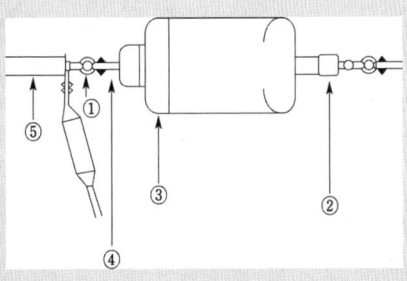

① 앵커 쇄클   ② 소켓 아이   ③ 현수 애자
④ 볼 크레비스 ⑤ 압축형 인류 클램프

3) 1련 내장 애자 장치(역조형)

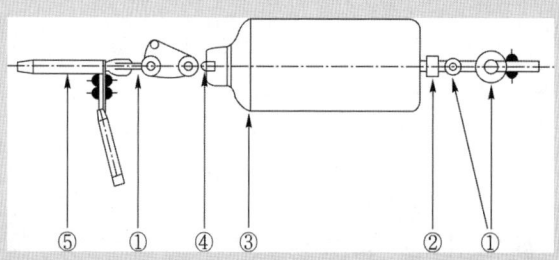

① 앵커 쇄클   ② 소켓 아이   ③ 현수 애자
④ 볼 크레비스 ⑤ 압축형 인류 클램프

4) 154[kV] 송전선로의 1련 현수애자 장치도

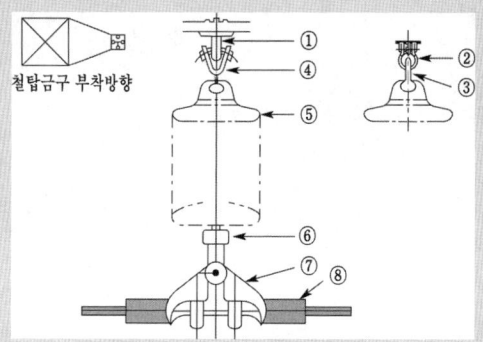

① 애자장치 U볼트 ② 앵커쇄클 ③ 볼아이
④ Y크레비스볼   ⑤ 현수애자 ⑥ 소켓아이
⑦ 현수클램프   ⑧ 아마롯드

5) 밴드를 이용한 애자 설치

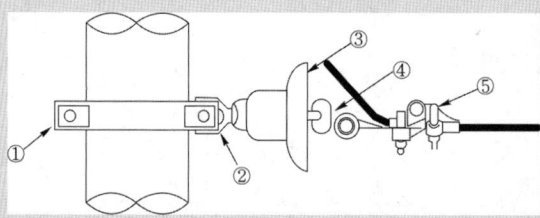

① 지선 밴드   ② 볼 아이   ③ 현수 애자
④ 소켓 아이   ⑤ 데드엔드 클램프

6) 장간형 현수애자 ㄱ형 완철 애자

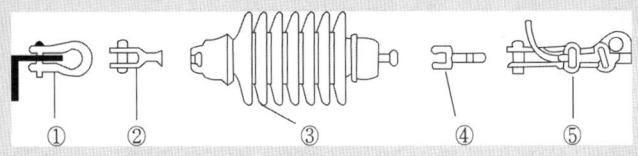

① 앵커쉐클　　　② 볼크레비스　　　③ 현수애자
④ 소켓아이　　　⑤ 데드엔드 클램프

7) 경완철에서 현수애자 설치

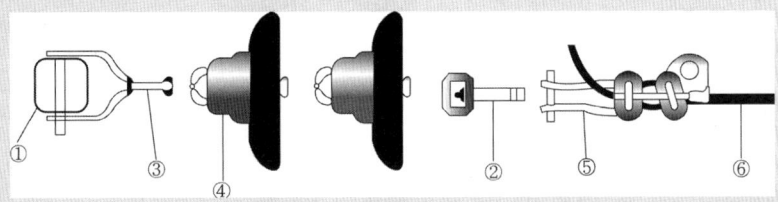

① 경완철　　　② 소켓아이　　　③ 볼쉐클
④ 현수애자　　⑤ 데드엔드 클램프　⑥ 전선

8) 가공 배전선로에 쓰이는 애자의 종류 4가지
　① 핀애자 : 직선 선로에 사용
　② 현수애자 : 인류 및 내장 개소에 사용
　③ 라인포스트 애자 : 연가용 철탑등에서 점퍼선 지지
　④ 인류 애자 : 인류 개소 및 배전선로의 중성선

9) 가공전선을 애자에 바인드 하는 방법
　① 인류 바인드법　　② 측부 바인드법　　③ 두부 바인드법

문제 47　▶출제년도 : 기사 93.　▶점수 : 6점

송전선에 뇌가 가해져서 애자에 섬락이 생길 경우 애자나 전선의 손상을 막기 위해 설치하는 것을 무엇이라 하는가?

답안작성　소호각(arcing horn), 소호환(arcing ring)

문제 48　▶출제년도 : 기사 93. 22.　▶점수 : 6점

초호각의 역할은 무엇인지 3가지를 간단하게 쓰시오.

답안작성
① 이상 전압에 의한 섬락으로부터 애자련 보호
② 애자련의 전압분포 개선
③ 애자련 효율 향상

문제 49

▶출제년도 : 기사 99.   ▶점수 : 5점

22.9[kV] 선로의 저압 인입 장주도에서 사용되는 인류스트랍이란 어떤 용도인지 간단히 쓰시오.

답안작성   가공 배전선로 및 인입선에서 인류애자와 데드엔드 클램프를 연결하기 위한 금구

문제 50

▶출제년도 : 기사 92. 산업 98.   ▶점수 : 4점

154[kV] 송전 선로에 쓰이는 현수애자 일련의 개수는 대략 몇 개까지인가? 단, 청정지역을 기준으로 한다.

답안작성   10~11개

해 설   전압에 따른 현수애자(250[mm])의 연결개수

전압[kV]	66	154	220	345	765
수량	4~6	10~11	12~13	18~20	40~45

문제 51

▶출제년도 : 산업 93.   ▶점수 : 5점

전선로의 애자가 구비하여야하는 조건을 아는대로 5가지만 쓰시오.

답안작성
① 절연저항, 절연내력이 클 것
② 기계적 강도가 클 것
③ 내구성이 뛰어날 것
④ 충분한 전기적 표면 저항을 가지고 누설전류가 적을 것
⑤ 애자 표면에 아크라든지 코로나가 일어나도 그에 의해서 파괴되거나 상처를 남기지 않을 것

문제 52

▶출제년도 : 기사 90.   ▶점수 : 5점

그림에서 전선을 애자 두부에 밀착시키고 바인드선을 시계 방향으로 약 10[mm] 간격으로 단단히 감은 후 끝을 위로 구부리는데, 이 때 감는 회수는?

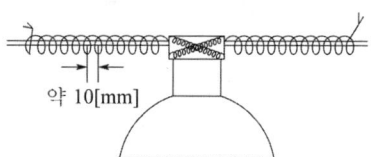

답안작성   6~10 회

문제 53

▶출제년도 : 산업 90.   ▶점수 : 4점

그림에서 전선의 굵기가 몇 [mm^2] 이상일 때 바인드를 2중으로 하여야 하는가?

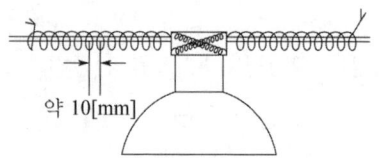

답안작성   100 [mm^2]

문제 54

▶출제년도 : 산업 93. 05.   ▶점수 : 6점

애자는 사용 전압에 따라 원칙적으로 하는 색채가 있다. 주어진 답안지의 사용 전압을 보고 답안지에 색채를 답하시오.

애자 종류	색 별
특고압용 핀 애자	(1)
저압용 애자(접지측 애자)	(2)
접지측 애자	(3)

답안작성   (1) 갈색   (2) 백색   (3) 청색

해 설   (1) 적색 또는 적색의 띠   (3) 녹색 또는 청색

문제 55

▶출제년도 : 기사 98.   ▶점수 : 5점

현수애자를 설치한 가공 AL 배전선의 인류 및 내장개소에 AL 전선을 현수애자에 설치하기 위해 사용하는 금구류의 자재명은?

답안작성   데드엔드 클램프

문제 56

▶출제년도 : 산업 98.   ▶점수 : 4점

가공송배전선로 및 변전소의 현수애자 취부개소에 사용되는 것으로 현수애자와 클램프(내장, 서스펜스, 압축용 인류클램프) 사이를 연결하는 금구류의 자재명은?

답안작성   소켓 아이

해 설   154[kV] 송전선로의 1련 현수애자 장치도

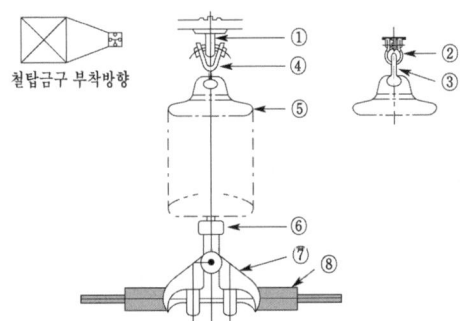

① 애자장치 U볼트   ② 앵커쇄클   ③ 볼아이   ④ Y크레비스볼
⑤ 현수애자   ⑥ 소켓아이   ⑦ 현수클램프   ⑧ 아마롯드

문제 57

▶출제년도 : 산업 02.   ▶점수 : 5점

그림은 장간형 현수애자 ㄱ형 완철 애자설치 방법이다. 1, 2, 3, 4, 5 명칭을 기입하시오.

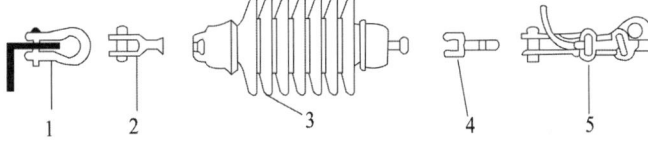

답안작성
1. 앵커 쇄클   2. 볼크레비스   3. 현수애자
4. 소켓아이   5. 데드엔드 클램프

문제 58

▶출제년도 : 기사 93. 96. 98. 01.   ▶점수 : 7점

다음 그림에 표시된 ①, ②, ③, ④, ⑤, ⑥, ⑦ 명칭을 정확하게 답안지에 답하시오. (단, 그림은 2련 내장 애자장치이다.)

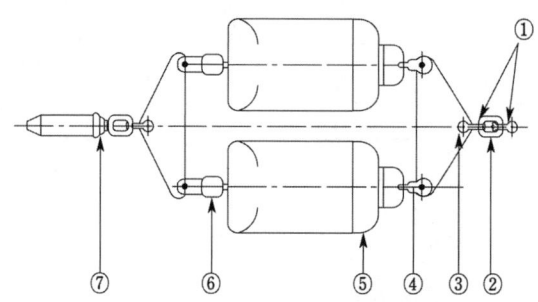

답안작성
① 앵커쉐클   ② 체인링크   ③ 삼각요크   ④ 볼크레비스
⑤ 현수애자   ⑥ 소켓 크레비스   ⑦ 압축형 인류 클램프

문제 59

▶출제년도 : 기사 96. 98. 07.   ▶점수 : 8점

154 [kV] 송전선로의 1련 현수애자 장치도이다. 그림에 표시된 번호를 보고 명칭을 정확히 답하시오.

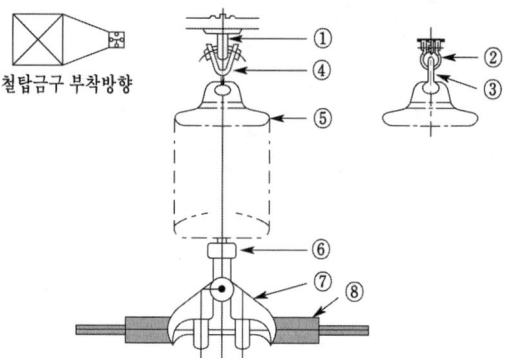

답안작성
① 애자장치 U볼트   ② 앵커쉐클   ③ 볼아이   ④ Y크레비스볼
⑤ 현수애자   ⑥ 소켓아이   ⑦ 현수클램프   ⑧ 아마롯드

문제 60

▶출제년도 : 기사 95. 97. 00.   ▶점수 : 10점

그림에서 표시된 번호의 명칭을 정확히 기입하시오. (단, 그림은 1련 내장 애자 장치(역조형)이다.)

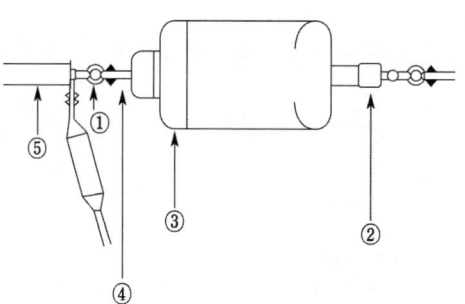

답안작성 ① 앵커 쇄클 ② 소켓 아이 ③ 현수애자 ④ 볼 크레비스 ⑤ 압축형 인류클램프

문제 61

▶출제년도 : 산업 92. 99. ▶점수 : 10점

그림은 1련 내장 애자 장치(역조형)이다. 그림에 ①, ②, ③, ④, ⑤의 명칭을 주어진 답안지에 답하시오.

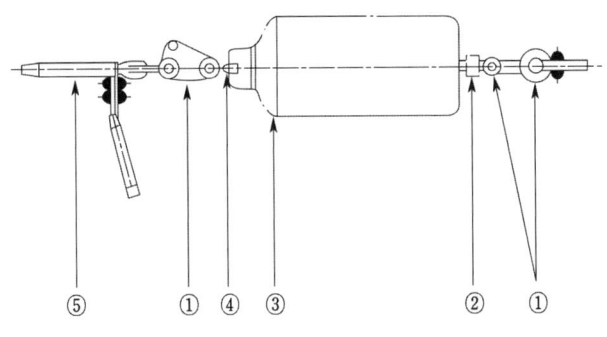

답안작성 ① 앵커 쇄클   ② 소켓 아이   ③ 현수애자
         ④ 볼 크레비스 ⑤ 압축형 인류 클램프

문제 62

▶출제년도 : 기사 01. 06. ▶점수 : 5점

지선밴드를 이용한 현수애자 설치이다. ①, ②, ③, ④, ⑤ 각 기호의 명칭을 쓰시오.

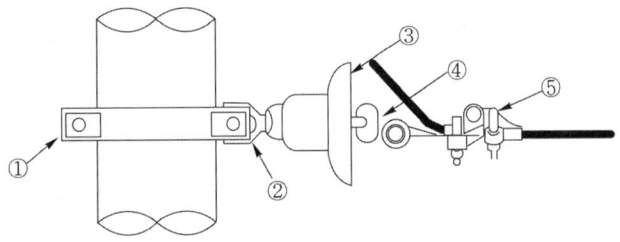

답안작성 ① 지선 밴드   ② 볼 아이   ③ 현수애자
         ④ 소켓 아이   ⑤ 데드엔드 클램프

문제 63

▶출제년도 : 산업 01. 02. 06. ▶점수 : 4점

폴리머 애자 설치에 관한 그림이다. 각 기호의 ①, ②, ③, ④ 명칭을 쓰시오.

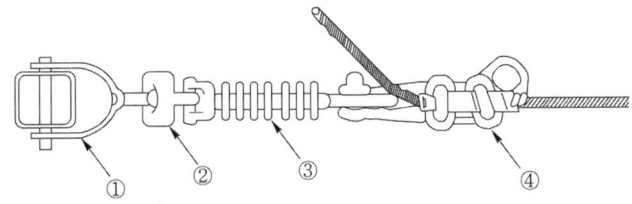

답안작성 ① 볼 쇄클   ② 소켓 아이   ③ 폴리머 애자   ④ 데드엔드 클램프

문제 64

▶출제년도 : 기사 01.　▶점수 : 5점

그림은 경완철에서 현수애자를 설치하는 순서이다. 명칭을 보고 번호를 기입하시오.

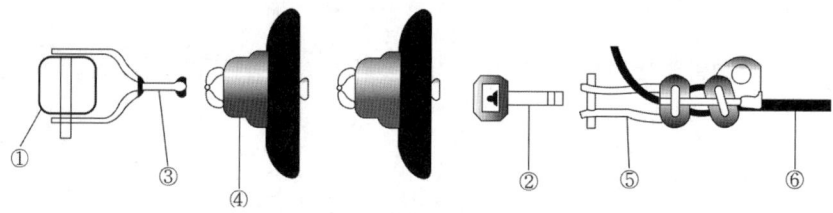

【보기】　㉠ 경완철　　㉡ 현수애자　　㉢ 소켓아이
　　　　 ㉣ 볼쇄클　　㉤ 데드엔드 클램프　　㉥ 전선

답안작성　㉠-①, ㉡-④, ㉢-②, ㉣-③, ㉤-⑤, ㉥-⑥

문제 65

▶출제년도 : 산업 93. 94.　▶점수 : 6점

가공전선을 애자에 바인드 하는 방법은 어떤 바인드법이 있는가 3가지를 쓰시오.

답안작성　① 인류 바인드법　　② 측부 바인드법　　③ 두부 바인드법

문제 66

▶출제년도 : 산업 91. 97.　▶점수 : 5점

가공 배전 선로에 주로 쓰이는 애자의 종류 4가지를 쓰시오.

답안작성　① 핀애자　　② 라인포스트 애자
　　　　　③ 현수애자　④ 저압 인류 애자

해　설　그 외에 ⑤ 인류애자, ⑥ 장간애자

문제 67

▶출제년도 : 기사 02. 05.　▶점수 : 8점

그림을 참고하여 1, 2, 3, 4의 명칭을 답하시오.

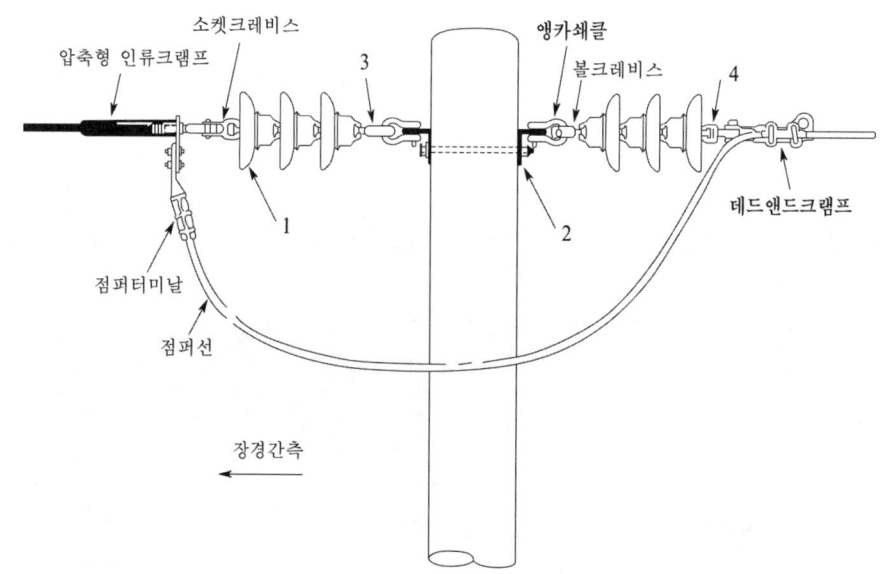

답안작성 1. 현수애자 2. ㄱ형 완금 3. 볼아이 4. 소켓아이

문제 68

▶출제년도 : 기사 01. 04. ▶점수 : 5점

그림과 설명을 읽고 어떤 바인드(OW 3.2[mm] 이하) 법인가 답하시오.

① 바인드선을 전선 규격에 맞게 자른다.
② 애자의 홈에 전선끝을 20~30[cm] 남겨놓고 건다.

③ 바인드선을 전선에 첨가하여 일자 바인드로 1회 감는다.
④ 전선 2가닥과 b측 바인드선을 a측 바인드선으로 10회 정도 밀착하여 감는다.

⑤ 전선 끝을 벌리고 전선 1가닥과 첨가된 b측 바인드 선을 a측 바인드선으로 3~4 밀착하여 감는다.

⑥ b측과 바인드선과 a측 바인드선을 2회 꼰 후 여유분을 자른다.

답안작성 인입 인류 바인드 시공법

02 수배전설비의 작성 및 판독

수전설비란 전력회사로부터 수전한 높은 전압의 전기를 부하설비의 운전에 적합한 낮은 전압의 전기로 변환하여 부하설비에 전기를 공급할 목적으로 사용되는 전기기기의 총 집합체를 말한다(전기공급규정에 의거 100 [kW] 이상이 되면 고압 또는 특고압으로 수전하여야 한다).

그러므로 전력회사로부터 고압으로 수전하여 저압으로 변환하기 위한 설비를 고압수전설비라 하고 특고압을 수전하여 고압이나 저압으로 변화하기 위한 설비를 특고압 수전설비라 한다.

현재 우리나라의 일반 배전전압이 22.9 [kV-Y]이므로 이 전기를 수전하여 고압이나 저압으로 변환하는 설비는 특고압 수전설비가 된다.

1. 수변전설비의 구비조건

수전설비라 하면 수용가의 업종, 규모, 수전설비의 형태, 입지조건, 건설비 등에 따라 여러 가지 형태가 있다. 수전설비의 계획에는 일반적으로 다음과 같은 조건을 구비할 필요가 있다.

① 설비의 신뢰성이 높을 것
② 안전한 설비로 한다.
③ 운전보수 및 점검이 용이하도록 한다.
④ 증설 및 확장에 대처할 수 있도록 한다.
⑤ 방재대책 및 환경보전에 유의한다.
⑥ 건설비 및 운전유지 경비가 저렴하도록 한다.

2. 수변전설비의 계획순서

수전설비를 처음 계획하는 경우 어떠한 순서에 따라 진행을 하여야 하는가는 여러 가지 여건이 주어지기 때문에 일괄적으로 이야기하기는 쉽지가 않지만 대략 다음과 같은 내용을 가지고 있는 것이 참고가 될 것이라 생각된다.

① 부하의 계산 : 조명·동력·냉난방·공조·운반 등 부하의 각 종류별로 계산한다.
② 설비용량의 상정 : 각 부하군에 수용률·부하율 등을 고려하여 계산
③ 계약전력의 추정 : 전력회사의 전기공급규정의 내용에 따라 산출
④ 수전전압, 수전방식, 부하전압의 검토 : 수전설비의 형태 및 주차단장치의 종류 등을 전력회사와 협의하고 이때 수전점의 단락용량, 공급개시 예정시기, 공사비 부담금, 전기요금 등을 검토한다.
⑤ 단선 결선도 초안작성
⑥ 주회로조건의 검토 : 고장전류 계산, 보호방식, 보호협조, 역률개선, 변압기 뱅크(bank) 구성 및 전압조정, 비상전원 및 비상시의 절체방법 등
⑦ 주요기기의 선정
⑧ 감시제어방식의 검토 : 설치기기의 수량과 보수체제, 설비의 중요도, 제어의 정도, 경제성, 감시제어반의 형상, 장착, 감시제어기기의 수량·시방·제어전원 등

⑨ 단선결선도 및 시방결정
⑩ 기기배치의 검토 : 기기반입·반출경로·점검할 수 있는 공간, 증설공간, 방재상의 공간, 조영재 등과의 이격거리 등
⑪ 설계도면 작성 : 시방서 작성

3. 수변전설비의 기본설계

기본설계에 있어서 검토해야만 하는 주요한 사항을 열거하면 다음과 같다.
① 설비용량
② 수전전압 및 수전방식
③ 주회로의 결선방식
  ㉠ 수전방식
  ㉡ 모선방식
  ㉢ 변압기의 뱅크수와 뱅크 용량 및 단상 3상별
  ㉣ 배전전압 및 방식
  ㉤ 비상용 또는 예비용 발전기를 시설할 경우 수전과 발전과의 절환방식
  ㉥ 사용기기의 결정
④ 감시 제어방식
⑤ 설비의 형식
⑥ 수변전실과 발전기실 및 중앙 감시 제어실 등의 위치 및 크기

4. 변전실의 위치와 넓이 선정

1) 변전실의 위치

위치 선정시 고려할 사항은 다음과 같다.
① 부하 중심에 가까울 것(전압강하, 전력손실, 배선비 절감)
② 인입선의 인입이 쉽고 보수유지 및 점검이 용이한 곳
③ 간선처리 및 증설이 용이한 곳
④ 기기 반출입에 지장이 없을 것
⑤ 침수, 기타 재해 발생의 우려가 적은 곳
⑥ 화재, 폭발 위험성이 적을 것
⑦ 습기, 먼지가 적은 곳
⑧ 열해, 유독가스의 발생이 적을 것
⑨ 발전기, 축전지실이 가급적 인접한 곳
⑩ 장래 부하 증설에 대비한 면적 확보가 용이한 곳

2) 변전실의 구조
① 기기를 설치하기에 충분한 높이일 것
② 바닥의 하중강도는 $500 \sim 1000 \, [kg/m^2]$ 정도가 될 것
③ 방화 및 방수 구조

3) 기기의 배치

고려해야 할 사항은 다음과 같다.
① 보수점검이 용이할 것
② 안정성이 높을 것
③ 합리적 배치로 배선이 경제적일 것
④ 기기의 방출, 반입에 지장이 없을 것
⑤ 증설계획에 지장이 없을 것
⑥ 미적·기능적 배치가 되도록 할 것

5. 설비용량의 산정

1) 부하설비의 조사

설비용량의 산정은 무엇보다도 우선 그 빌딩이나 공장 등에 있어서 부하설비가 얼마나 되는가를 조사할 필요가 있는데 그 합계값으로 소요전력(최대수요전력)을 추정하고 설비용량을 산정한다. 부하설비는 빌딩·공장 등의 종류와 용도에 따라 용량, 종류 및 구성이 달라지는데 부하설비의 종류는 다음과 같이 분류할 수가 있다.

① 조명설비 : 백열등·형광등·수은등·나트륨등·네온등 등
② 일반동력설비 : 급수, 배수펌프, 환기용 송·배풍기(fan), 엘리베이터 및 에스컬레이터, 들것(lifter), 공작 기계설비, 구동용 전동기 등
③ 냉난방 동력설비 : 냉동기, 보조기용 펌프 등
④ 비상용 동력설비 : 소화펌프, 배연용 팬, 스프링쿨러용 펌프, 소방용 설비 등
⑤ 전열설비 : 난방기기, 온수기, 건조기, 기타 공업용 전열설비 등
⑥ 기타 : 특수한 전력 부하설비 등을 각 종류별로 대수, 용량을 조사하여 부하명세서를 작성·집계하는 것이 편리하다.

2) 부하설비의 상정

수전설비의 기본계획을 인입하는 단계에서는 주요한 부하설비를 제외하고는 상세한 각 기기의 세목이 확정되어 있지 못하여 조사를 할 수가 없는 경우가 있다. 이러한 경우 부하의 세목이 전부 확정될 때까지 기다리지 말고 건물의 용도, 규모에 따라 과거의 실시 예나 유사한 곳의 실적 등을 참고하여 추정하는 방법이 있다.

이러한 경우 표 1과 같이 건물의 부하밀도 $[W/m^2]$에 그 건물의 연면적 $[m^2]$을 곱하여 부하설비용량을 개략적 산출한다.

배선을 설계하기 위한 전등 및 소형 전기기계기구의 부하용량 상정은 다음과 같다.

① 건물의 종류에 대응한 표준부하

표 1 표준 부하

건물의 종류	표준부하$[VA/m^2]$
공장, 공회당, 사원, 교회, 극장, 영화관, 연회장 등	10
기숙사, 여관, 호텔, 병원, 학교, 음식점, 다방, 대중 목욕탕	20
사무실, 은행, 상점, 이발소, 미장원	30
주택, 아파트	40

〔비고 1〕 건물이 음식점과 주택 부분의 2종류로 될 때에는 각각 그에 따른 표준부하를 사용할 것
〔비고 2〕 학교와 같이 건물의 일부분이 사용되는 경우에는 그 부분만을 적용한다.

② 건물(주택, 아파트를 제외) 중 별도 계산할 부분의 표준부하

표 2 부분적인 표준부하

건물의 부분	표준부하[VA/m²]
복도, 계단, 세면장, 창고, 다락	5
강당, 관람석	10

③ 표준부하에 따라 산출한 수치에 가산하여야 할 [VA]수
  ㉠ 주택, 아파트(1세대마다)에 대하여는 500~1000[VA]
  ㉡ 상점의 진열창에 대하여는 진열창 폭 1[m]에 대하여 300[VA]
  ㉢ 옥외의 광고등, 전광사인, 네온사인등의 [VA] 수
  ㉣ 극장, 댄스홀 등의 무대조명, 영화관의 등의 특수 전등 부하의 [VA] 수
④ 배선설계의 부하상정은 표준부하에 의한 것이 원칙으로 되어 있으나 실제설비되는 부하가 표준부하 이상일 경우에는 실제의 수치를 적용하고, 예상이 곤란한 점등 및 콘센트 등이 있을 경우에는 다음 표의 수치 이상으로 계산하여야 한다.

표 3 수구의 종류에 의한 예상부하

수구의 종류	예상부하 [VA]
보통 전등 수구, 콘센트	150
대형 전등 수구	300

3) 설비용량의 산정

수전설비의 설비용량은 설치되는 고압변압기의 합계용량을 말하며 고압전동기 등의 고압부하가 있는 경우에는 이것을 가산하여 용량으로 표시한다.

설비용량은 부하설비 용량에 부하율, 부등률을 고려하여 산정하는 데 어느 정도의 여유를 예상하고 설비의 증가는 고려할 필요가 있다. 그러나 너무 많은 양의 여유를 갖게 되면 설비의 증대로 계약전력이 커지고 전기요금 중 기본요금이 늘고 비용이 높은 전기를 사용하게 된다. 또, 너무 적게 계상을 하면 증설에 대하여 대응할 수가 없게 되므로 적절한 여유를 계상하지 않으면 아니된다.

① 빌딩의 설비용량
  앞의 2) 부하설비의 산정에서 계상된 부하설비용량[kW]로부터

$$\text{설비용량[kVA]} = \text{총부하 설비용량[kW]} \times \frac{\text{수용률[\%]}}{\text{평균역률[\%]}}$$

로 계산된다.

수용률은 시설되는 총부하 설비용량에 대하여 실제로 사용하게 되는 부하의 최대전력의 비를 나타내는 것으로서

$$수용률 = \frac{최대수용전력[kW]}{총부하\ 설비용량[kW]} \times 100[\%]$$

로 나타낸다.
② 공장의 설비용량

$$설비용량[kVA] = 총\ 전동기\ 부하\ 설비용량[kW] \times \frac{전동기의\ 수용률[\%]}{전동기의\ 평균역률[\%]}$$

$$+ 기타\ 총부하\ 설비용량[kW] \times \frac{기타\ 부하의\ 수용률[\%]}{기타\ 부하의\ 평균역률[\%]}$$

계상은 위의 (1)항 빌딩의 설비용량과 같은 모양으로 한다.

6. 주회로 구성[2]

1) 변압기의 뱅크수

변압기의 뱅크수란 변압기 대수라 생각하여도 된다. 다만, 3상의 전원을 얻기 위하여 단상변압기 2대 (V결선) 또는 3대(△결선)를 사용하는 경우 2대 또는 3대로 1개 뱅크가 된다. 따라서 3상변압기는 1대로서 1뱅크가 된다.

변압기는 일반적으로 대당 용량이 커지게 되면 가격은 상대적으로 저가로 되고, 설치면적도 유리하게 된다. 따라서 뱅크수를 가능한 한 적게 하여 1뱅크당의 용량을 크게 하는 것이 경제적이다.

---

2) 주회로의 구성에 있어 검토하여야 할 사항
주회로 구성의 잘잘못은 사용기기의 정격, 종류, 수량 등에 영향을 미치지는 않지만 수전설비의 신뢰도 또는 경제성에 큰 영향을 끼칠 수가 있다.
주회로의 구성을 결정하기 전에 검토하여야 되는 주요사항을 열거하면 다음과 같다.
① 수전방식 : 1회선 수전인가 2회선 수전 또는 루프(loop)수전으로 할 것인가.
② 인입방식 : 가공 또는 지중인입인가, 전력회사와 협의는 어느 방식으로 추진되는가 또는 구분개폐기는 어떠한 시방에 맞추어야 되는가.
③ 계량점 : 계기용 변성기 및 계기는 어느 장소에 설치하여야 되는가, 전력회사와 설치위치나 설치방법 등에 대하여 협의는 되었는가.
④ 수전점의 단락용량과 주차단장치의 차단용량 : 전력회사로부터 제시를 받고 협의하여 단락 용량을 계산한다(일반적으로 수전점 단락용량은 520〔MVA〕 정도임).
⑤ 모선방식 : 고압측 모선을 단모선방식으로 할 것인가. 또는 절환모선으로 할 것인가. 일반적으로 단모선방식을 사용하나 수전방식 부하의 중요도 등을 종합하여 검토를 한다.
⑥ 변압기의 상수와 뱅크(bank)수 : 단상변압기인가, 3상변압기인가, 또 각각 몇 대가 되는가.
⑦ 부하공급전압 : 단상부하에 220〔V〕, 3상 부하에 220/380〔V〕 또는 110〔V〕 및 440〔V〕 등 부하의 요구에 맞도록 구성이 되어야 한다. 그러나 일반적으로 전력회사에서 공급하는 전압에 맞추어 시설하는 것이 운전·유지·보수에 도움이 된다.
⑧ 역률개선 : 역률개선을 위한 진상 콘덴서의 설치장소(고압측, 저압측)와 콘덴서 용량
⑨ 고장전류계산(보호방식)
⑩ 비상용 전원 : 소방법, 건축법 등에서 요구하는 내용에 맞는가.

뱅크수가 많아지면 변압기의 가격은 물론 부대설비, 예를 들면 변압기 1차측 개폐기, 배선재료 등의 설비비도 높아진다.

뱅크 용량을 크게 하면 경제성 설치면적의 면에서 유리해지고 전압변동도 적게 되어 유리하지만, 반면 2차측의 단락전류가 커지게 되어 저압용 보호장치의 가격이 높아지게 되어 불리하게 된다. 따라서 어느 정도의 뱅크 용량으로 하느냐 하는 것은 총체적으로 판단되어야 한다.

2) 변압기의 상수

3상 변압을 할 경우 단상변압기 3대로 하느냐 아니면 3상 변압기 1대로 하느냐 하는 것은 변압기의 신뢰도 사고시의 대응을 어떻게 할 것이냐는 것이 주된 포인트이다.

일반적으로 동일 뱅크 용량에서는 모선배치, 변압기에의 배선도 간단하므로 3상 변압기쪽이 유리하다. 단상변압기 3대를 사용하는 경우의 최대의 이점은 변압기 3대 중 1대가 고장날 경우에도 V결선 운전이 가능하다는 점이다. 하지만 오늘날의 변압기는 신뢰도가 크게 향상되므로 인해 고장률이 낮아졌기 때문에 3상 변압기를 많이 쓰고 있다.

7. 수전설비의 종류

수전설비를 설치장소에 따라 분류하면 옥내형과 옥외형으로 나눌 수가 있는데 그 수전설비를 구성하는 기기를 금속함에 넣는 방식과 넣지 않는 방식에 따라 폐쇄형과 개방형으로 나눌 수가 있다.

1) 개방형 수전설비

개방형 수전설비는 건물 내에 철골을 조립하고 여기에 단로기, 차단기, 계기용 변성기 등의 기기 및 고저압배선, 고압반, 저압반 등을 장착하여 수전설비를 구성한 것으로 종래에 많이 쓰이던 방식이다. 이 방식은 기기나 배선 등을 직접 눈으로 볼 수가 있어 일상점검에 편리하다. 그러나

① 비교적 넓은 부지를 요한다.
② 충전부가 노출되어 있기 때문에 위험하다.
③ 가스에 의한 부식이나 염진해를 받기 쉽다(옥외형).
④ 옥외형에 있어서 옥외에 사용하는 기기만을 써야 한다.
⑤ 철골·배선공사 등은 현지에서 시공되어야 하는 바 이에 대한 준비를 하여야 한다.

등의 문제가 있기 때문에 최근의 신설 수전설비로는 잘 쓰이지 않는 경향이 있다.

2) 폐쇄형 수전설비

수전설비를 구성하는 기기를 단위폐쇄 배전반이라 불리는 금속제외 함(函)에 넣어서 수전설비를 구성하는 것으로 아래와 같은 종류가 있다.

- Metal Enclosed Switchgear
- Metal Clad Switchgear
- Cubicle

① 폐쇄형 수전설비의 특징 : 개방형 수전설비에 비하여 다음과 같은 특징을 가지고 있다.
　㉠ 안정성이 높다. 충전부는 접지된 금속제함 내에 넣어져 있으므로 운전보수상 안전하다. 또한 단위회로마다 구획되어 있으므로 만일의 사고가 발생될 경우에는 사고의 확대가 방지된다.

ⓛ 단위회로로 제작소에서 표준화할 수 있으므로 장치에 호환성이 있어 증설이나 보수에 편리하다.
　　　ⓒ 현지공사의 단축을 꾀할 수 있다. 즉, 제작소에서 완전히 조립, 시험을 거쳐 수송할 수 있으므로 신뢰도가 높고, 현지작업이 용이하고 공사기간의 단축을 기할 수 있어 공사비도 저렴해진다.
　　　ⓔ 전용면적을 줄일 수 있다. 일반적으로 폐쇄형으로 할 경우는 개방형에 비하여 약 30~40 [%]의 전용면적을 줄일 수 있다고 한다.
　　　ⓜ 보수·점검이 용이하다. 특히 Metal-Clad Switchgear에서는 차단기를 반외로 간단히 빼낼 수 있기 때문에 기기의 보수·점검이 아주 용이하고 안전할 수 있다.
　② Metal-Clad와 Cubicle의 차이점 : 메탈클래드와 큐비클은 외견상으로는 그 차이점을 확실하게 구분하여 설명하기 어렵다.
　　일반적으로 차단기, 단로기, 모선, 기타의 것들을 정지된 금속으로 둘러싼 한 개의 것으로 된것을 큐비클이라 한다. 또 큐비클 내부를 모선실, 차단기실과 같이 접지금속으로 칸을 만들어 거기에다 차단기, 계기용 변압기, 피뢰기 등은 볼트·너트류가 밖에 나타나지 않게 하고, 차단기는 차단기가 "열림"상태가 아니면 인출할 수 없도록 인터로크(interlock)되어 있는 것을 메탈클래드라 부른다. 또 수전설비를 주차단장치(수전용 차단기)의 구성으로 분류하면
　　　㉠ CB형　　　㉡ PF·CB형　　　㉢ PF·S형
　　의 3가지 종류로 분류할 수 있다.

8. 수변전설비의 구성기기[3]

　1) 단로기(DS : Disconnecting Switch)
　　단로기는 기기의 점검, 수리를 할 때 기기를 활선으로부터 떼어 내어 확실하게 회로를 열어 놓을 목적으로 사용된다. 또 모선의 구분, 변압기의 결선변경 또는 회로의 접속변경 등의 목적으로 사용되는 개폐기로 정격전압으로 단순히 충전되어 있는 무부하상태의 전로를 개폐하기 위한 것이다.
　　전류의 개폐는 차단기, 개폐기 등으로 하고 단로기는 부하의 전류를 개폐하지 않는 것이 원칙이다. 그러나, 선로의 충전전류, 변압기의 여자전류, 경부하전류 등의 극히 미약한 경우에는 3극의 옥내부하 단로기가 3~20[kV] 정도의 전압회로에 사용되기도 한다.
　　정격전압은 사용회로 공칭전압의 1.2/1.1배로 표시하며, 고압 회로용이면 3.6[kV]급과 7.2[kV]급이 있다.

　2) 차단기(CB : Circuit Breaker)
　　차단기는 통상적 부하전류를 개폐하여 전동기 등의 부하기기나 전력계통을 임의로 운전 또는 정지시키는 외에 보호계전기와의 조합에 의하여 기기 또는 전력계통에 고장이 발생한 경우에 자동적으

---

[3] 기기배치에 고려할 사항
　① 전기설비기술 기준령에 의거할 것
　② 운전, 보수에 있어서 안전할 것
　③ 기기의 반출, 반입, 점검, 장비에 있어서 지장이 없는 공간을 확보할 것
　④ 배선이 경제적으로 될 수 있으며, 또한 장치의 증설까지도 고려되어 있을 것

로 고장전류를 차단하여 고장개소를 제거하는 목적으로 사용된다. 그렇기 때문에 차단기는 최소한 다음과 같은 기능을 가져야 한다.

- 부하전류의 개폐
- 고장전류, 특히 단락전류와 같은 대전류의 통전 또는 차단
- 단락전류의 안전하고 확실한 투입

① 차단기의 종류 : 고압이나 특고압 수전설비에 사용되는 차단기는 종류가 많기 때문에 계획단계에서 어느 기종으로 하는 것이 좋은가를 선정하기가 힘이 든다. 현재 일반적으로 제작, 사용되고 있는 차단기를 소호매체, 소호방식에 의하여 분류하면 다음과 같다.

㉠ 기름이 든 차단기
- 탱크(tank)형 유입차단기
- 극소유량 차단기

㉡ 기름이 없는 차단기
- 자기차단기
- 진공차단기
- SF_6 가스 차단기

고압차단기의 일반적 특징비교

성능 \ 종류		진공차단기 (VCB)	탱크형 유입차단기 (OCB)	소유량형 유입차단기 (LOCB)	가스차단기 (GCB)	자기차단기 (MBB)
전 압 [kV]		3.6~36	3.6~36	3.6~300	3.6~550	3.6~12
전 류 [A]		400~3,000	200~4,000	400~2,000	600~12,000	600~3,000
차단용량 [MVA]		50~1,500	50~1,500	100~1,500	150~4,500	100~1,000
차단전류 [kA]		8~40	8~50	16~40	20~50	16~50
차단시간 [cycle]		3~5	3~5	3~5	2~5	5
3/6 [kV]급의 다단적수		3~4	2	2	3	2
소호실·접촉부의 보수점검		가장 간단하다	어렵다 (유교체)	어렵다 (유교체)	간단하다 (가스교체)	간단하다
청 결 감		가장 깨끗하다	불 결	불 결	깨끗하다	깨끗하다
차단시의 소 음	통상개폐	작다	작다	작다	작다	작다
	단락전류의 차단	작다	작다	작다	작다	크다
개폐 서지 (surge) 전압		가장 높다	조금 높다	높다	낮다	가장 낮다
개폐수명	무 부 하	10,000~30,000	10,000	10,000	10,000	10,000
	단락전류	30~50	3~5	3~5	10~30	4~6

차단기의 종류와 적용상의 비교표

항목 \ 종류	진공차단기 (VCB)	탱크형 유입차단기 (OCB)	소유량 유입차단기 (LOCB)	자기차단기 (MBB)
차단성능	차단시간이 가장 짧으며, 탈조차단도 가능하며 가장 차단성능이 우수하다.	보통	보통	보통
치수 및 중량	가장 소형·경량(배전반에 3단적까지도 가능)	가장 크다	소형·경량(배전반에 2단적까지 가능)	소형·경량이라고는 할 수 없다.
화재	가장 안전(building 등에 최적)	위험성이 있다.	위험성이 있다.	안전
보수·점검	수명이 가장 길며 보수는 거의 불필요	접점의 보수 필요	접점의 보수 필요	접점의 보수 필요
차단시의 소음	가장 작다	작다	작다	크다
외기의 영향	전혀 받지 않음	습기의 영향을 받는다.	습기의 영향을 조금 받는다.	습기, 가스의 영향을 받는다.
설치방식	배전반에 직접 설치, 고정형, 인출형(인출형에 최적)	대부분 고정형	고정형·인출형	고정형·인출형
다빈도 개폐조작	최적	부적	부적	보통
부하의 적용	개폐 서지(surge)를 고려할 필요가 있지만 콘덴서 개폐용으로는 최적	일반용에 적용, 콘덴서 개폐용으로는 부적당	콘덴서 개폐용으로는 적당하다고 할 수 없다.	개폐 서지는 낮지만 콘덴서 개폐용으로 적당하다고 할 수 있다.
가격	보통	싸다	보통	고가

자가용 변전소에는 종래에 OCB가 많이 사용되었으나 근래에 개발된 다른 차단기에 비해서 성능면, 보수면에서 뒤지고 화재에 대한 염려 때문에 차츰 MBB, VCB 등으로 바뀌어지고 있다. ABB는 대용량을 필요로 하는 대규모의 설비에 사용되고 있다.

② 차단기의 정격

㉠ 정격 전압〔kV〕: 차단기의 정격전압은 공칭전압의 $\dfrac{1.2}{1.1}$ 배의 값으로 표시한다. 즉 3.3〔kV〕이면 3.6〔kV〕, 6.6〔kV〕이면 7.2〔kV〕이다. 22.9〔kV-Y〕의 경우 $22.9 \times \dfrac{1.2}{1.1} = 24.98$〔kV〕에서 25.8〔kV〕를 사용한다.

그리고 정격전류는 부하전류에 따라 결정되지만, 일반회로에서는 회로의 전류값에 120〔%〕이상인 정격 전류를 가지는 차단기를 선정한다. 특히 콘덴서군에 사용하는 콘덴서군의 150〔%〕이상인 정격전류를 가지는 차단기를 선정하는 것이 바람직하다.

도면에 차단기의 정격을 표시할 때는 정격전류, 정격전압, 정격차단용량을 표시하여야 하며, 차단용량(Rupturing capacity : RC)은 RC〔MVA〕를 병기한다.

㉡ 정격차단전류〔kA〕: 차단기가 차단할 수 있는 단락전류(교류분 실효값)의 한도를 나타내는 데 차단기를 시설하는 회로의 단락전류 이상의 정격차단전류의 것을 사용한다.

㉢ 정격투입전류〔kA〕: 고장(단락)난 회로를 개폐할 경우 단락전류가 흘러 단락전류에 의한 전자반발력으로 차단기가 완전히 투입되어도 차단기의 차단동작이 방해를 받아 차단불능

이 되는 경우가 있다. 따라서 이와 같은 사태가 되지 않도록 규정된 것인데 이 차단기가 투입할 수 있는 단락전류(파고치 : 波高値)의 한도를 나타낸 것이다. 정격차단전류가 결정되면 이 값도 자동적으로 결정된다. 다만, 수동 직접투입 조작방식의 차단기에서는 조작력이 각 개인마다 다르기 때문에 반드시 단락전류를 안전하고 확실하게 투입할 수 있도록 주의를 요한다.

② 정격차단시간 [c/s] : 차단기가 트립(trip) 지령을 받고부터(보호계전기의 접점이 닫혀지고부터) 트립장치가 동작하여 전류차단이 완료할 때까지의 시간을 나타낸다.

- 트립코일 여자로부터 아크 소호까지의 시간
- 개극시간과 아크시간의 합을 말하며 3~8[Hz] 정도이다.

고압차단기에 있어서는 5사이클(cycle) 및 8사이클이 표준으로 되어 있는데 수전용 차단기로 사용하는 차단기는 전력회사와의 협조로 정격차단시간 5사이클의 것을 사용할 필요가 있다.

⑩ 절연내력과 기준충격 절연강도 : BIL이란 Basic Impulse Insulation Level의 약자이며, 뇌임펄스 내전압 시험값으로서 절연 레벨의 기준을 정하는 데 적용된다. BIL은 절연계급 20호 이상의 비유효 접지계에 있어서는 다음과 같이 계산된다.

$$BIL = 절연계급 \times 5 + 50 \, [kV]$$

여기서, 절연계급은 전기기기의 절연강도를 표시하는 계급을 말하고, 공칭전압/1.1에 의해 계산된다.

차단기의 정격전압[kV]	사용회로의 공칭 전압[kV]	BIL[kV]
0.6	0.1, 0.2, 0.4	
3.6	3.3	45
7.2	6.6	60
24.0	22.0	150
72.5	66.0	350
170	154.0	750

다음은 22.9[kV]급의 BIL 레벨을 나타낸 것이다.

공칭전압[kV]	절연계급[호]	BIL[kV]
22	20 A	150
	20 B	125
	20 S	180

여기서, A는 표준레벨이고, B는 저레벨의 절연계급이다. 저레벨 B의 절연계급은 외서지 침입의 빈도가 적은 경우 혹은 피뢰기 등의 보호장치에 의해 이상전압이 충분히 낮은 레벨로 억제되고 있는 경우에 적용된다. 그리고 S의 절연계급은 피뢰기의 보호범위 밖에서 사용하는 콘덴서 계기용 변압기 등에 적용된다.

③ 차단기 용량의 산정
  ㉠ 수전용 차단기의 차단용량

  $$P_s = 기준용량[MVA] \times \frac{100}{\%Z} [MVA]$$

  단, P_s : 수전용 차단기의 차단용량
    %Z : 선로의 합성 임피던스(차단기 전원측만 고려한다.)
  ㉡ 변압기 2차측용 차단기의 차단용량[kVA]

  $$P_s = 변압기\ 용량[kVA] \times \frac{100}{\%Z_s} [kVA]$$

  단, P_s : 변압기 2차측용 차단기의 차단용량[kVA]
    %Z : 변압기의 %임피던스
  ㉢ 차단기 용량 = $\sqrt{3}$ ×정격전압×정격차단전류[MVA]

3) 부하개폐기(LBS : Load Breaking Switch)
  ① 부하개폐기의 기능 : 정상상태에서 소정의 전로를 개폐 및 통전, 그 전로의 단락상태에 있어서 이상전류를 소정의 시간 통전할 수 있는 성능을 갖는 개폐기로, 변압기 등의 운전·정지 또는 전력계통의 운전·정지 등 부하전류가 흐르고 있는 회로의 개폐를 목적으로 사용한다. 즉,
    • 부하전류의 개폐 및 통전
    • 루프(loop) 전류의 개폐 및 통전
    • 여자전류의 개폐 및 통전
    • 충전전류의 개폐 및 통전
    • 콘덴서전류의 개폐 및 통전
  ② 부하개폐기의 종류와 용도
    ㉠ 용도 : 수전설비에는 다음과 같은 여러 가지 용도로 사용된다.
      • 옥내
        주차단장치(한류형 전력 퓨즈 붙이)
        안전관리상의 책임분계점에 설치하는 구분개폐기
        변압기 콘덴서의 개폐기
      • 옥외
        안전관리상의 책임분계점에 설치하는 구분개폐기
        고압 구내배전선의 선로개폐기
        고압 구내배전선의 분기개폐기
    ㉡ 종류 : 소호매체에 의하여 분류하면

종 류	소호 매체
기중부하 개폐기	대기(大氣)
유(油)부하 개폐기	절연유
진공부하 개폐기	진공(10^{-4}[mmHg] 이하)
가스부하 개폐기	SF_6 가스
공기부하 개폐기	압축공기

이들 부하개폐기의 특징을 비교하면 다음 표와 같다.

교류부하 개폐기의 특징 비교표

항목 \ 종류	기중부하 개폐기	유입부하 개폐기	진공부하 개폐기	가스부하 개폐기
소호매체	대 기	절 연 유	진공 (10^{-4} [mmHg] 이하)	SF_6 가스
소호방법	소호실의 가스 냉각효과	기름의 절연성, 냉각효과	진공의 절연회복 특성, 아크의 확산효과	SF_6 가스의 절연성
단로성능	있 다	없 다	없 다	없 다
접점부의 보임	가능(개방형)	불 가	불 가	불 가
부수점검 (접점부)	간 단	힘 들 다	불가능(진공 새는것의 체크가 곤란)	불가능(가스 새는것의 체크가 곤란, 보충곤란)
접점부품의 교환	간 단	기름의 교환분만큼 채워 주어야 함	진공 밸브의 교환	가스를 빼내고 가스의 보충이 따른다.
접점수명	보 통	보 통	길 다	길 다
전류차단시의 과전압	낮 다	낮 다	높 다	낮 다
화재의 위험성	없다(난연성)	있다(가연성)	없다(불연성)	없다(불연성)
가 격	염 가	염 가	고 가	고 가

4) 변압기(Transformer, Tr)

변압기는 수변전설비의 주체를 형성하는 기기이며, 그 신뢰성은 전체의 신뢰도를 결정한다. 1차 전압 6[kV], 22[kV], 154[kV] 급을 2차 전압 220[V] 고압 등으로 강압하는 데 사용된다.

① 변압기의 정격 : 변압기는 용도, 사용전압, 사용장소에 따라 여러 가지가 있으나 일반적으로 빌딩용 고압수전설비에 쓰이는 것은 다음과 같은 형식, 정격의 것이 있다.

형식 : 옥내용(옥외용), 유입자냉식, 건식
상수 : 단상 또는 3상
주파수 : 60[Hz]
용량 : 5~500[kVA]
정격전압 : 1차 6600~22900[V], 2차 220~440[V]
결선 : △-△, Y-Y, △-Y, V-V

5) 전력수급용 계기용변성기(Metering Out Fit : MOF)

전력량계로서 고저압 전기회로의 전기 사용량을 적산하기 위하여 고압의 전압과 전류를 저압의 전압과 전류로 변성하는 장치이다(CT와 PT를 한 탱크 내에 수용한 것이다).

고압 계기용 변성기의 정격

종별	정격	
PT	1차 정격전압 [V]	3300, 6000
	2차 정격전압 [V]	110
	정격부담 [VA]	50, 100, 200, 400
CT	1차 정격전류 [A]	10, 15, 20, 30, 40, 50, 75, 100, 150, 200, 300, 400, 500, 600
	2차 정격전류 [A]	5
	정격부담 [VA]	15, 40, 100 일반적으로 고압회로는 40 [VA] 이하, 저압회로는 15 [VA] 이하

계기용 변성기의 등급

등급	호칭	주된 용도
0.1급	표준용	계기용 변성기 시험용 표준기
0.2급		정밀 계측용
0.5급	일반계기용	정밀 계측용
1.0급		보통 계측용, 배전반용
3.0급		배전반용

6) 계기용 변압기(Potential Transformer : PT)

고압회로의 전압을 저압으로 변성하기 위해서 사용하는 것이며, 배전반의 전압계나 전력계, 주파수계, 역률계, 표시등 및 부족전압 트립코일의 전원으로 사용된다.

7) 변류기(Current Transformer : CT)

고압회로의 대전류를 소전류로 변성하기 위해서 사용하는 것이며, 배전반의 전류계 및 트립코일(TC)의 전원으로 사용된다. 일반 변류기는 2차측은 사용 중 코일에 전류가 흐르는 상태에서 2차 코일을 개방하면 2차 단자간에 고전압이 발생하여 코일의 손상(2차측 절연파괴)내지 감전사고를 유발한다.

8) 전력용 콘덴서(SC : Static Condenser)

역률개선을 목적으로 사용하며 부하와 병렬로 접속한다. 일명 병렬콘덴서라 불린다.
① 역률개선 : 부하에 병렬로 삽입하여 개선역률을 지상 90 [%] 이상 유지하여야 한다.
② 콘덴서 용량의 크기를 구하는 공식

$$Q = P(\tan\theta_1 - \tan\theta_2) \; [kVA]$$

③ 방전코일(Discharging Coil : DC 또는 DSC) : 콘덴서를 회로로부터 분리했을 때 전하가 잔류함으로 일어나는 위험의 방지와 재투입할 때 콘덴서에 걸리는 과전압의 방지를 위해서 방전코일을 설치한다. 방전코일은 개로 후 5초 이내 50 [V] 이하로 저하시킬 능력이 있는 것을 설치하는 것이 바람직하다.

④ 직렬리액터 (Series Reactor : SR) : 대용량의 콘덴서를 설치하면 고주파 전류가 흘러 파형이 일그러지는 원인이 된다. 파형을 개선(제5고조파의 제거)하기 위해서 전력용 콘덴서와 직렬로 리액터를 설치한다. 직렬 리액터의 용량은 콘덴서의 용량에 6[%]가 표준정격으로 되어 있다 (계산상은 4[%]).

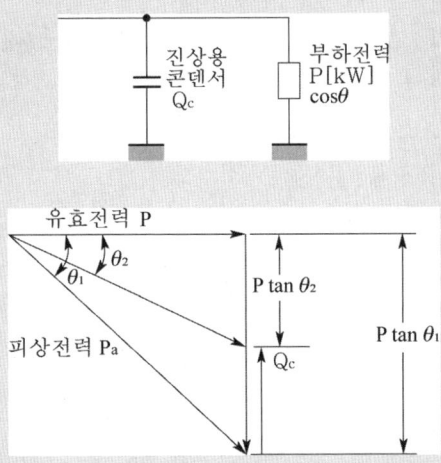

9) 피뢰기(LA : Lighting Arrester)

고압가공 전선로에 의하여 수전하는 자가용 변전실의 입구에 설치 낙뢰나 혼촉사고 등에 의하여 이상전압이 발생하였을 때 선로와 기기를 보호한다.

피뢰기는 저항형, 밸브형, 밸브저항형, 방출형, 산화아연형, 지형 등이 있으나 자가용 변전실에는 거의가 밸브저항형이 채택되고 있다. 피뢰기의 정격전압은 직접접지 계통에서는 0.8~1.0배, 기타 접지계통에서는 1.4~1.6배가 정격이다. IEC에서는 피뢰기 정격전압을 6배수로 권장하고 있다.

① 피뢰기의 정격전압 : 피뢰기의 정격전압이란 속류를 차단하는 교류 최고전압을 말한다. 정격전압은 다음 표와 같다.

전력 계통		정격전압	
공칭전압	중성점 접지방식	송전선로	배전선로
345	유효접지	288	
154	유효접지	144	
66	소호 리액터 접지 또는 비접지	72	
22	소호 리액터 접지 또는 비접지	24	
22.9	중성점 다중 접지	21	18

[주] 전압 22.9[kV] 이하의 배전선로에서 수전하는 설비의 피뢰기정격전압은 배전선로용을 적용한다.

② 피뢰기의 제한전압이란 피뢰기동작 중 피뢰기 단자의 최고전압을 말한다.
③ 피뢰기 설치 장소별 공칭방전전류

공칭방전전류	설 치 장 소	적 용 조 건
10000 [A]	변전소	1. 154 [kV] 계통 이상 2. 66 [kV] 및 그 이하 계통에서 뱅크용량 3000 [kVA]를 초과하거나 특히 중요한 곳 3. 장거리 송전선 케이블(전압 피더 인출용 단거리 케이블은 제외)
5000 [A]	변전소	1. 66 [kV] 및 그 이하 계통에서 뱅크용량 3000 [kVA] 이하인 곳
2500 [A]	선로, 배전소	1. 배전선로 2. 배전선 피더 인출측

④ 피뢰기의 종류와 구조
  ㉠ 종류 : 피뢰기는 그 용도, 원리, 성능 등에 따라서 다음과 같이 여러 가지로 분류된다.

분류기준	종 류
구 조	변저항형, 지형, 방출형, 산화아연형
용 도	발변전소형, 배전용, 옥외용, 옥내용
공칭방전전류	2500 [A], 5000 [A], 10000 [A]
사용회로	교류, 직류

  ㉡ 구조 : 피뢰기는 일반적으로 속류를 제한하는 특성요소(element)와 속류를 차단하는 직렬 갭(series gap) 및 성능을 유지하기 위한 기밀구조의 애관(insulator)으로 구성되어 있다. 그러나 근래 개발된 것으로, 산화아연형 피뢰기는 직렬갭을 필요로 하지 않고 특성요소와 애관만으로 구성된다.

10) 영상변류기(Zero phase Current Transformer : ZCT)
   영상변류기는 고압모선이나 부하기기에 지락사고가 생겼을 때 흐르는 영상전류(지락전류)를 검출하여 접지 계전기에 의하여 차단기를 동작시켜 사고범위를 작게 한다.
   ① 1차 정격 영상전류 200 [mA]
   ② 2차 정격 영상전류 1.5 [mA]

명 칭	약 호	심벌(단선도)	용도(역할)
케이블 헤드	CH		가공전선과 케이블 단말(종단) 접속
단로기	DS		무부하 전류 개폐, 회로의 접속 변경, 기기를 전로로부터 개방
피뢰기	LA	LA	뇌전류를 대지로 방전하고 속류 차단
전력 퓨즈	PF		단락 전류 차단, 부하 전류 통전
전력 수급용 계기용 변성기	MOF	MOF	전력량을 적산하기 위하여 고전압과 대전류를 저전압, 소전류로 변성
영상 변류기	ZCT	ZCT	지락전류의 검출
계기용 변압기	PT		고전압을 저전압으로 변성
차단기	CB		부하 전류 및 사고 전류의 차단
트립 코일	TC		보호 계전기 신호에 의해 차단기 개로
변류기	CT	CT	대전류를 소전류로 변성
접지 계전기	GR	GR	영상 전류에 의해 동작하며, 차단기 트립 코일 여자
과전류 계전기	OCR	OCR	과전류에 의해 동작하며, 차단기 트립 코일 여자
전압계용 전환 개폐기	VS		1대의 전압계로 3상 전압을 측정하기 위하여 사용하는 전환 개폐기
전류계용 전환 개폐기	AS		1대의 전류계로 3상 전류를 측정하기 위하여 사용하는 전환 개폐기
전압계	V	V	전압 측정
전류계	A	A	전류 측정
전력용 콘덴서	SC	SC	진상 무효 전력을 공급하여 역률 개선
방전 코일	DC		잔류 전하 방전
직렬 리액터	SR		제5고조파 제거
컷아웃 스위치	COS		기계 기구(변압기)를 과전류로부터 보호

8. 전력설비 **379**

9. 특고압 수전설비 표준결선도

1) CB 1차측에 CT를, CB 2차측에 PT를 시설하는 경우

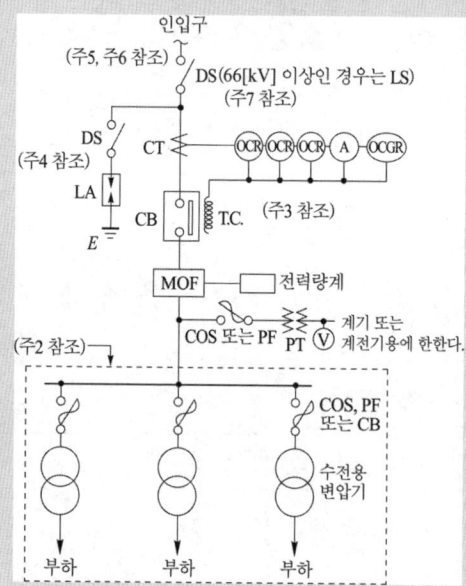

약 호	명 칭
DS	단로기
LA	피뢰기
CT	변류기
CB	차단기
TC	트립 코일
OCR	과전류 계전기
GR	지락 계전기
MOF	전력 수급용 계기용 변성기
COS	컷아웃 스위치
PF	전력 퓨즈
PT	계기용 변압기

【주1】 22.9[kV-Y] 1000[kVA] 이하인 경우에는 특고압 간이 수전 설비 결선도에 의할 수 있다.

【주2】 결선도 중 점선 내의 부분은 참고용 예시이다.

【주3】 차단기의 트립 전원은 직류(DC) 또는 콘덴서 방식(CTD)이 바람직하며 66[kV] 이상의 수전 설비에는 직류(DC)이어야 한다.

【주4】 LA용 DS는 생략할 수 있으며 22.9[kV-Y]용의 LA는 Disconnector(또는 Isolator) 붙임형을 사용하여야 한다.

【주5】 인입선을 지중선으로 시설하는 경우로서 공동 주택 등 사고시 정전 피해가 큰 수전 설비 인입선은 예비선을 포함하여 2회선으로 시설하는 것이 바람직하다.

【주6】 지중인입선의 경우에 22.9[kV-Y] 계통은 CNCV-W 케이블(수밀형) 또는 TR CNCV-W(트리억제형)을 사용하여야 한다. 다만, 전력구·공동구·덕트·건물구내 등 화재의 우려가 있는 장소에서는 FR CNCO-W(난연) 케이블을 사용하는 것이 바람직하다.

【주7】 DS 대신 자동고장구분 개폐기(7000[kVA] 초과시에는 Sectionalizer)를 사용할 수 있으며 66[kV] 이상의 경우는 LS를 사용하여야 한다.

2) CB 1차측에 CT와 PT를 시설하는 경우

(CB 1차측 변압기 설치는 10(kVA) 이하의 경우에 적용 가능)

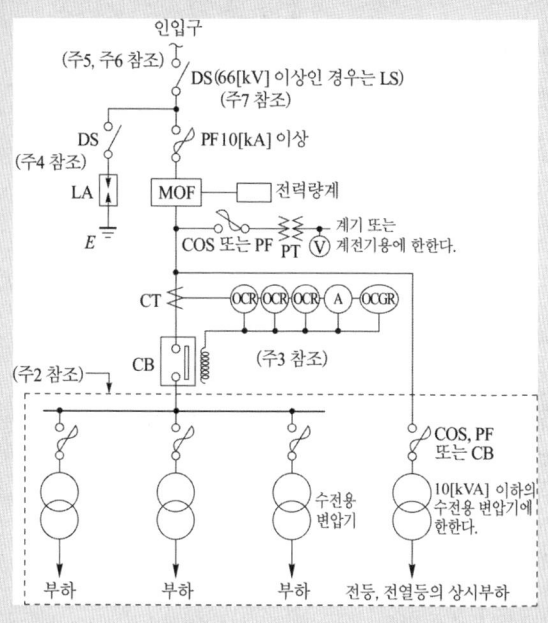

약호	명 칭
DS	단로기
LA	피뢰기
CT	변류기
CB	차단기
TC	트립 코일
OCR	과전류 계전기
GR	지락 계전기
MOF	전력 수급용 계기용 변성기
COS	컷아웃 스위치
PF	전력 퓨즈
PT	계기용 변압기

【주1】 22.9 [kV-Y] 1000 [kVA] 이하인 경우에는 특고압 간이 수전 설비 결선도에 의할 수 있다.

【주2】 결선도 중 점선내의 부분은 참고용예시이다.

【주3】 차단기의 트립 전원은 직류(DC) 또는 콘덴서 방식(CTD)이 바람직하며 66 [kV] 이상의 수전 설비에는 직류(DC)이어야 한다.

【주4】 LA용 DS는 생략할 수 있으며 22.9 [kV-Y]용의 LA는 Disconnector(또는 Isolator) 붙임형을 사용하여야 한다.

【주5】 인입선을 지중선으로 시설하는 경우로서 공동 주택 등 사고시 정전 피해가 큰 수전 설비 인입선은 예비선을 포함하여 2회선으로 시설하는 것이 바람직하다.

【주6】 지중인입선의 경우에 22.9 [kV-Y] 계통은 CNCV-W 케이블(수밀형) 또는 TR CNCV-W(트리억제형)을 사용하여야 한다. 다만, 전력구·공동구·덕트·건물구내 등 화재의 우려가 있는 장소에서는 FR CNCO-W(난연) 케이블을 사용하는 것이 바람직하다.

【주7】 DS 대신 자동고장구분 개폐기(7000 [kVA] 초과시에는 Sectionalizer)를 사용할 수 있으며 66 [kV] 이상의 경우는 LS를 사용하여야 한다.

3) CB 1차측에 PT를, CB 2차측에 CT를 시설하는 경우

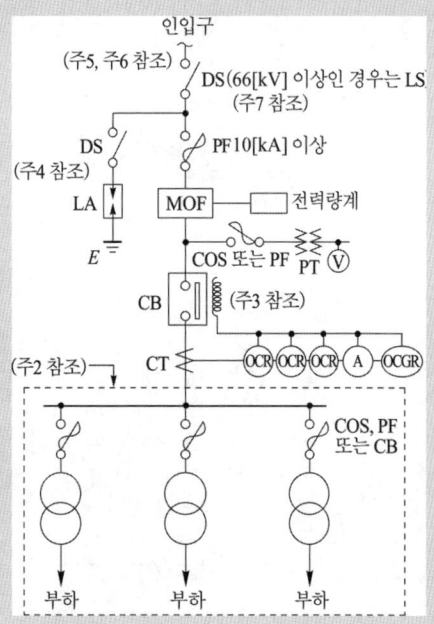

약 호	명 칭
DS	단로기
LA	피뢰기
CT	변류기
CB	차단기
TC	트립 코일
OCR	과전류 계전기
GR	지락 계전기
MOF	전력 수급용 계기용 변성기
COS	컷아웃 스위치
PF	전력 퓨즈
PT	계기용 변압기

【주1】 22.9[kV-Y] 1000[kVA] 이하인 경우에는 특고압 간이 수전 설비 결선도에 의할 수 있다.
【주2】 결선도 중 점선내의 부분은 참고용 예시이다.
【주3】 차단기의 트립 전원은 직류(DC) 또는 콘덴서 방식(CTD)이 바람직하며 66[kV] 이상의 수전 설비에는 직류(DC)이어야 한다.
【주4】 LA용 DS는 생략할 수 있으며 22.9[kV-Y]용의 LA는 Disconnector(또는 Isolator) 붙임형을 사용하여야 한다.
【주5】 인입선을 지중선으로 시설하는 경우로서 공동 주택 등 사고시 정전 피해가 큰 수전 설비 인입선은 예비선을 포함하여 2회선으로 시설하는 것이 바람직하다.
【주6】 지중인입선의 경우에 22.9[kV-Y] 계통은 CNCV-W 케이블(수밀형) 또는 TR CNCV-W(트리억제형)을 사용하여야 한다. 다만, 전력구·공동구·덕트·건물구내 등 화재의 우려가 있는 장소에서는 FR CNCO-W(난연) 케이블을 사용하는 것이 바람직하다.
【주7】 DS 대신 자동고장구분 개폐기(7000[kVA] 초과시에는 Sectionalizer)를 사용할 수 있으며 66[kV] 이상의 경우는 LS를 사용하여야 한다.

4) 22.9 kV-Y 1000[kVA] 이하를 시설하는 경우(특고압 간이수전설비 결선도)

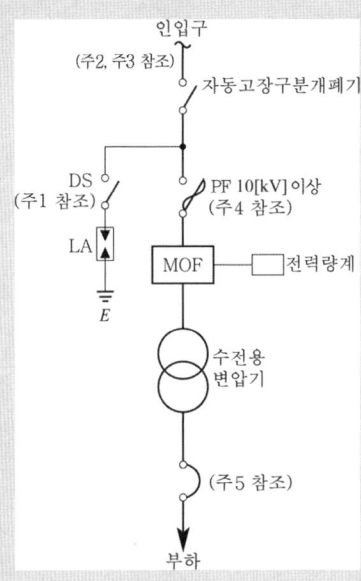

약 호	명 칭
DS	단로기
ASS	자동고장 구분 개폐기
LA	피뢰기
MOF	전력 수급용 계기용 변성기
COS	컷아웃 스위치
PF	전력 퓨즈

【주1】 LA용 DS는 생략할 수 있으며 22.9[kV-Y]용의 LA는 Disconnector(또는 Isolator) 붙임형을 사용하여야 한다.

【주2】 인입선을 지중선으로 시설하는 경우로서 공동 주택 등 사고시 정전 피해가 큰 수전 설비 인입선은 예비선을 포함하여 2회선으로 시설하는 것이 바람직하다.

【주3】 지중인입선의 경우에 22.9[kV-Y] 계통은 CNCV-W 케이블(수밀형) 또는 TR CNCV-W(트리억제형)을 사용하여야 한다. 다만, 전력구·공동구·덕트·건물구내 등 화재의 우려가 있는 장소에서는 FR CNCO-W(난연) 케이블을 사용하는 것이 바람직하다.

【주4】 300[kVA] 이하인 경우 PF대신 COS(비대칭 차단 전류 10[kA] 이상의 것)을 사용할 수 있다.

【주5】 간이 수전 설비는 PF의 용단 등에 의한 결상 사고에 대한 대책이 없으므로 변압기 2차측에 설치되는 주차단기에는 결상 계전기 등을 설치하여 결상 사고에 대한 보호 능력이 있도록 함이 바람직하다.

문제 1

▶ 출제년도 : 기사 93. 02. 05.   ▶ 점수 : 5점

공장이나 일반건축물에 있어서 변전실의 위치 선정시 기능면과 경제면에서 고려해야할 사항 5가지를 간단히 쓰시오.

답안작성

① 부하 중심에 가까울 것 (전압강하, 전력손실, 배선비 절감)
② 인입선의 인입이 쉽고 보수유지 및 점검이 용이한 곳
③ 간선처리 및 증설이 용이한 곳
④ 기기 반출입에 지장이 없을 것
⑤ 침수, 기타 재해발생의 우려가 적은 곳

해 설

그외 ⑥ 화재, 폭발 위험성이 적을 것   ⑦ 습기, 먼지가 적은 곳
     ⑧ 열해, 유독가스의 발생이 적을 것   ⑨ 발전기, 축전지 실이 가급적 인접한 곳
     ⑩ 장래 부하 증설에 대비한 면적 확보가 용이한 곳

문제 2

▶ 출제년도 : 산업 94.   ▶ 점수 : 10점

미완성 도면은 특고압 수전설비 표준 결선도이다. 단선결선도에서 □ 안에 주어진 번호를 표준심벌을 사용하여 그리고 약호, 명칭을 쓰고 용도 또는 역할에 대하여 간단히 설명하시오.

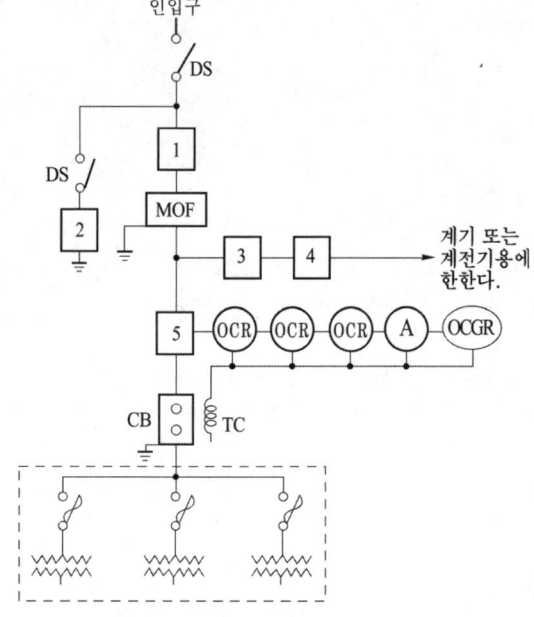

답안작성

번호	심벌	약호	명칭	용도 또는 역할
①	⌇	PF	전력용 퓨즈	단락 전류 및 고장 전류 차단
②	▼	LA	피뢰기	이상 전압 침입시 이를 대지로 방전시키며 속류를 차단한다.
③	⌇	COS	컷아웃 스위치	계기용 변압기 및 부하측에 고장 발생시 이를 고압 회로로부터 분리하여 사고의 확대를 방지한다.
④	⋛	PT	계기용 변압기	고전압을 저전압(정격 110 [V])로 변성한다.
⑤	⌇	CT	변류기	대전류를 소전류(정격 5 [A])로 변성한다.

문제 3 ▶출제년도 : 기사 95. ▶점수 : 10점

다음 그림은 특고압 22.9〔kV-Y〕로 수전하는 경우의 단선 결선도이다. 물음에 답하시오.

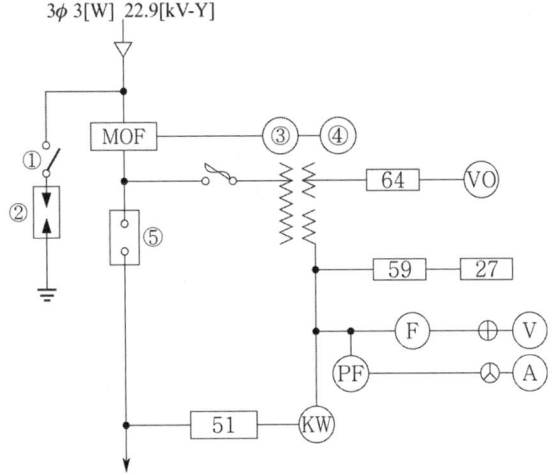

(1) 그림에서 ①의 용도는?
(2) 그림에서 ②의 제한 전압이란?
(3) 그림에서 ③의 명칭을 우리말로 쓰시오.
(4) 그림에서 ④의 명칭을 우리말로 쓰시오.
(5) 그림에서 ⑤의 정격차단 시간이란?
(6) 그림에서 MOF의 계기의 명칭은?
(7) 그림에서 64 의 명칭을 우리말로 쓰시오.
(8) 그림에서 59 의 명칭을 우리말로 쓰시오.
(9) 그림에서 27 의 명칭을 우리말로 쓰시오.
(10) 그림에서 51 의 명칭을 우리말로 쓰시오.

답안작성
(1) 피뢰기를 전로로부터 완전 개방한다.(기기를 전로로부터 완전 개방)
(2) 피뢰기 방전중 단자간에 남게되는 충격전압
(3) 최대 수요 전력량계
(4) 무효 전력량계
(5) 트립 코일 여자로부터 아크 소호까지의 시간을 말하며 3~8〔Hz〕정도이다.
(6) 전력수급용 계기용변성기
(7) 지락 과전압 계전기
(8) 교류 과전압 계전기
(9) 교류 부족전압 계전기
(10) 교류 과전류 계전기

해 설
(1) 전로의 개폐(전류가 흐르지 않을 때)
(2) 충격파 전류가 흐르고 있을 때의 피뢰기의 단자 전압

문제 4 ▶출제년도 : 기사 90. ▶점수 : 14점

다음 결선도를 보고 물음에 대하여 답을 써라.
(1) ①, ②, ③ meter의 명칭을 기입하시오.

(2) MOF의 원어를 영어로 쓰시오.
(3) one-line 중에 각종 계전기가 □ 속에 Device Function number로 표시되어 있다. 이들의 Device name을 우리말과 영어로 써라.
　① 27　　　② 51　　　③ 59　　　④ 64

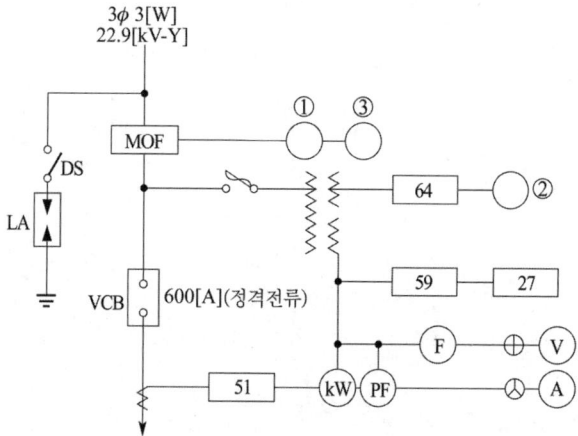

답안작성
(1) ① 최대 수요전력량계
　　② 영상 전압계
　　③ 무효 전력량계
(2) Metering Out Fit
(3) ① 27 : 교류 부족 전압 계전기(Under Voltage Relay)
　　② 51 : 교류 과전류 계전기(Over Current Relay)
　　③ 59 : 교류 과전압 계전기(Over Voltage Relay)
　　④ 64 : 지락 과전압 계전기(Over Voltage Ground Relay)

해　설
(3) ① 상시전원 정전 시 또는 부족 전압 시 동작
　　② 단락이나 과부하시 동작하여 차단기를 개로
　　③ 교류전압으로 동작하는 것
　　④ 지락을 전압에 의하여 검출한다.

문제 5　▶출제년도 : 기사 00.　▶점수 : 9점

그림은 고압 진상용 콘덴서의 설비 계통도이다. 물음에 답하시오.
(1) ①의 명칭과 2차 정격 전류의 값은?
(2) ②의 방전시간은 5초 이내에 콘덴서의 잔류전하를 몇 [V] 이하로 저하시킬 수 있어야 하는가?
(3) ③ SR의 목적은?
(4) ④ SC의 단선도용 심벌을 그리시오.
(5) SC의 내부 고장에 대한 보호방식 4가지를 쓰시오.

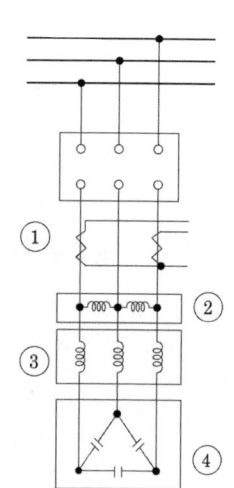

답안작성 (1) ① 변류기 (2) 50[V]
② 5[A]
(3) 제5고조파 제거 (4)
(5) 과전류 보호방식, 과전압 보호방식, 부족전압 보호방식, 지락 보호방식

문제 6 ▶출제년도 : 기사 97. ▶점수 : 11점

다음 그림은 고압 수변전 설비 단선 결선도이다. 그림을 보고 다음 물음에 답하시오.

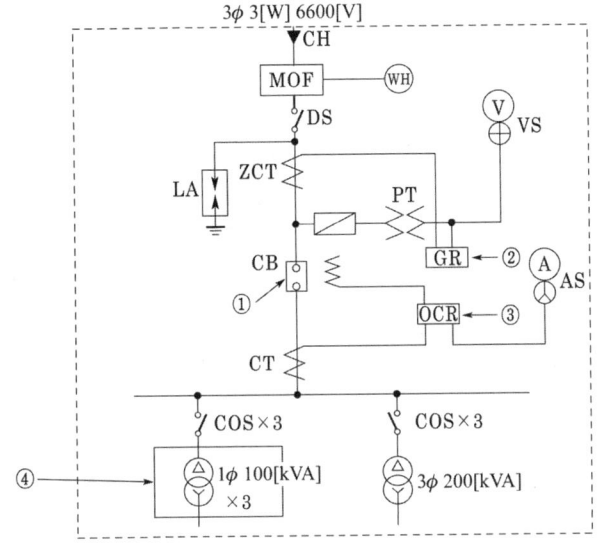

(1) 도면에 표시된 ①에 설치할 수 있는 차단기 종류를 3가지만 쓰시오.
(2) 도면에 표시된 ②의 기기 명칭을 기입하고 간단하게 설명하시오.
(3) 도면에 표시된 ③의 기기 명칭을 기입하고 간단하게 설명하시오.
(4) 도면에 표시된 ④의 점선 부분의 복선도를 그리시오(외함 및 중성점 접지도 표시하시오).

답안작성 (1) 유입 차단기, 진공 차단기, 자기 차단기
(2) • 기기 명칭 : 지락 계전기
• 기능 : 지락 사고시 지락 전류에 의해 동작
(3) • 기기 명칭 : 과전류 계전기
• 기능 : 정정값 이상의 전류가 흐르면 동작되는 계전기
(4)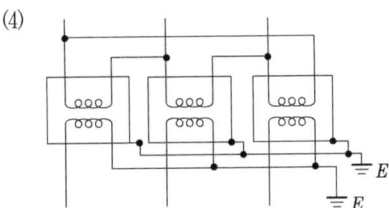

문제 7

▶ 출제년도 : 산업 98. 00.   ▶ 점수 : 6점

그림의 수전설비에서 59가 OVR(과전압 계전기)이면 51과 27은 각각 무엇인지 영문약자 표기로 답하시오.

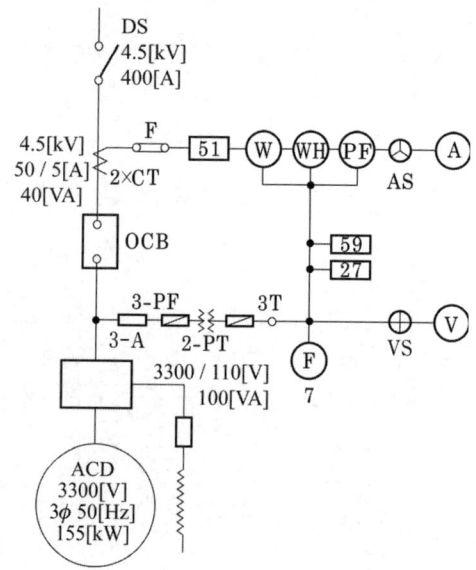

답안작성
- 51 : OCR
- 27 : UVR

해설
- 51 : 과전류 계전기(OCR)
- 27 : 부족전압 계전기(UVR)

문제 8

▶ 출제년도 : 산업 92. 99.   ▶ 점수 : 14점

도면에 표시된 1, 2, 3, 4, 5, 6, 7의 품명(명칭)을 정확하게 주어진 답안지에 답하여라.

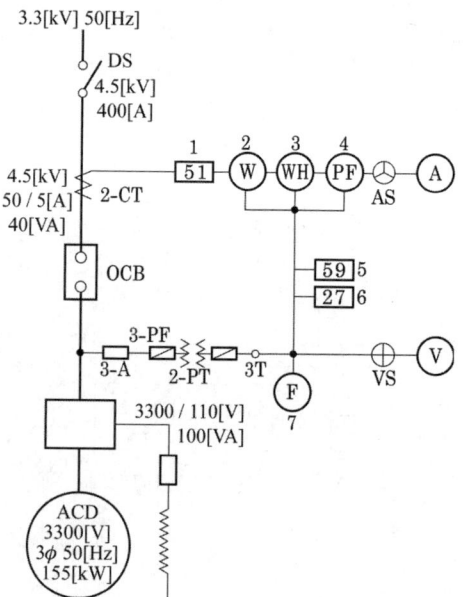

답안작성

1. 51 : OCR(교류 과전류 계전기)
2. W : 전력계
3. WH : 적산 전력량계
4. PF : 역률계
5. 59 : OVR(교류 과전압 계전기)
6. 27 : UVR(교류 부족 전압 계전기)
7. F : 주파수계

문제 9

▶출제년도 : 산업 00. ▶점수 : 5점

도면을 보고 다음 물음에 답하시오.

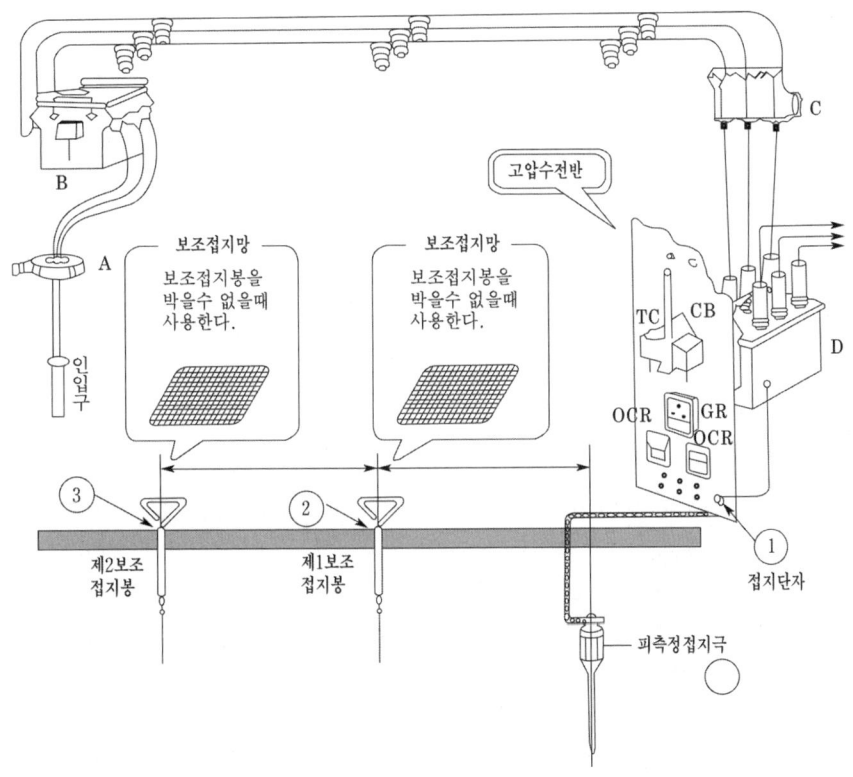

(1) 도면에 표시된 A의 명칭은?
(2) 도면에 표시된 B의 명칭은?
(3) 도면에 표시된 C의 명칭은?
(4) 도면에 표시된 D의 명칭은?

답안작성
(1) 영상 변류기
(2) 전력수급용 계기용변성기
(3) 단로기
(4) 교류 차단기

문제 10

▶출제년도 : 산업 92. 98. 05. 12. ▶점수 : 10점

다음 그림은 고압수전설비 결선도이다. 물음에 답하시오.

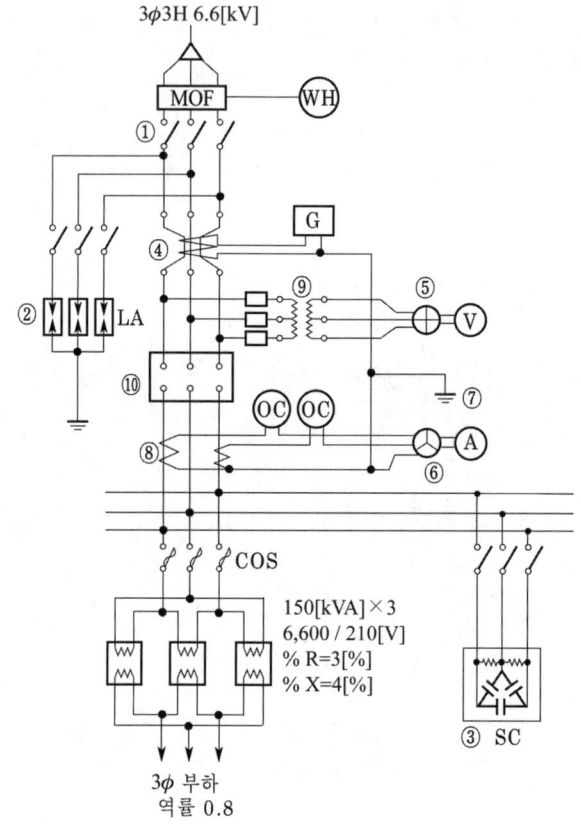

(1) ①의 기기 명칭은?
(2) ②의 기기 명칭은?
(3) ③의 SC는 무엇을 말하는가?
(4) ④의 기기 명칭은?
(5) ⑤의 기기 명칭은?
(6) ⑥의 기기 명칭은?
(7) ⑧의 기기 명칭은?
(8) ⑨의 기기 명칭은?
(9) ⑩의 기기 명칭은?

답안작성
(1) 단로기
(2) 피뢰기
(3) 전력용 콘덴서
(4) 영상 변류기
(5) 전압계용 전환개폐기
(6) 전류계용 전환개폐기
(7) 변류기
(8) 계기용 변압기
(9) 차단기

해 설 (3) 전력용 콘덴서 또는 진상용 콘덴서

문제 11 ▶출제년도 : 기사 98. ▶점수 : 3점

고압 또는 특고압 진상용 콘덴서를 설치하는 경우 총 용량이 다음과 같을 때 최소의 콘덴서 군을 몇 군으로 설치하는 것이 원칙인가?

(1) 300 [kVA] 이하
(2) 300 [kVA] 초과, 600 [kVA] 이하
(3) 600 [kVA] 초과

답안작성   (1) 1군   (2) 2군   (3) 3군

해 설   진상용 콘덴서 참고 접속도

콘덴서 총용량이 600 [kVA] 초과의 경우

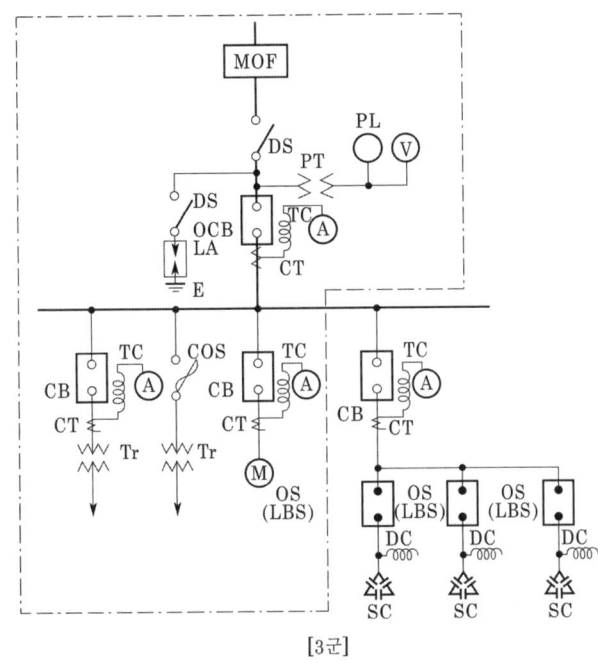

[3군]

콘덴서 총용량이 300 [kVA] 초과, 600 [kVA] 이하의 경우

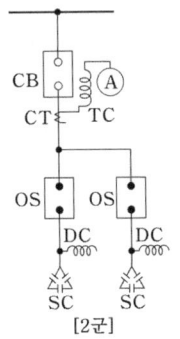

[2군]

콘덴서 총용량이 300 [kVA] 이하의 경우 전류계를 생략할 때

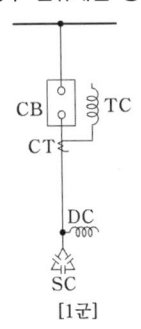

[1군]

【주 1】 콘덴서의 용량이 100 [kVA] 이하인 경우에는 CB 대신 OS 또는 유사한 것(인터럽터 스위치 등)을, 50 [kVA] 미만의 경우에는 COS(직결로 함)를 사용할 수 있다.
【주 2】 LA용 DS는 생략할 수 있다.

문제 12

▶출제년도 : 기사 92. ▶점수 : 10점

그림은 어떤 자가용 전기설비에 대한 고압 수전설비의 결선도이다. 이 결선도를 보고 다음 물음에 답하시오.

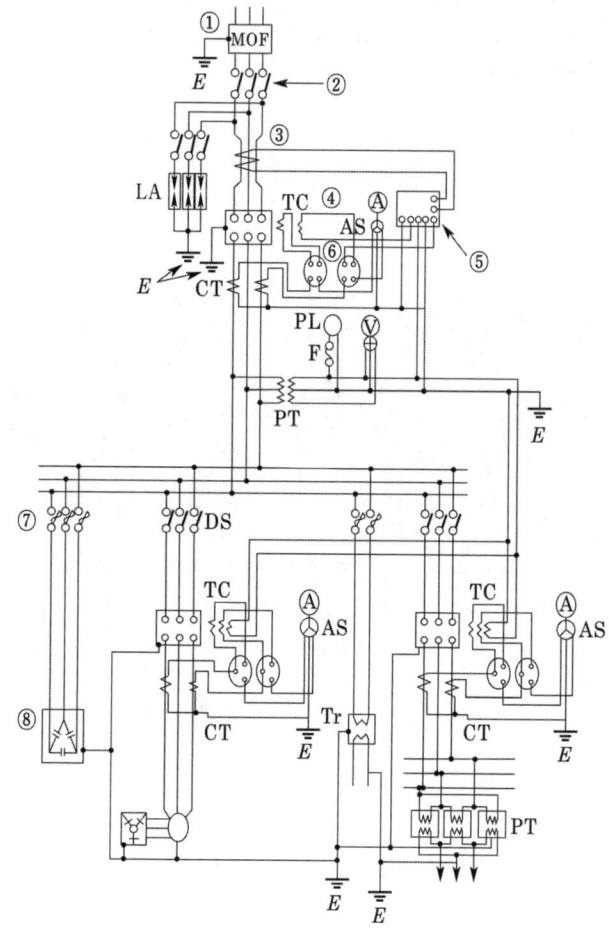

(1) 고압전동기의 조작용 배전반에는 어떤 계전기를 장치하는 것이 바람직한가? (2가지를 쓰시오.)
(2) 전력수급용 계기용변성기는 어떤 형의 것을 사용하는 것이 바람직한가?
(3) 본 도면에서 생략할 수 있는 것은?
(4) 계전기용 변류기는 차단기의 전원측에 설치하는 것이 바람직하다. 무슨 이유인가?
(5) 전력용 콘덴서에 연결하는 방전코일의 목적은?

답안작성
(1) 과부족 전압계전기, 결상 계전기
(2) 몰드형
(3) LA용 DS
(4) 보호 범위를 넓히기 위하여
(5) 콘덴서에 축적된 잔류전하 방전

문제 13
▶ 출제년도 : 기사 95. ▶ 점수 : 5점

자동고장 구분 개폐기, DS, LA, PF, MOF, 접지, 수전용 변압기의 심벌을 이용하여 22.9 [kV-Y], 1000 [kVA] 이하에 적용 가능한 특고압 간이 수전설비 표준결선도를 그리시오. 단, 인입구 및 부하표시는 반드시 할 것

답안작성

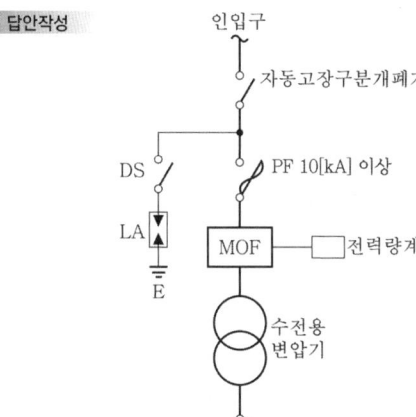

해 설 간이 수전 설비 표준 결선도

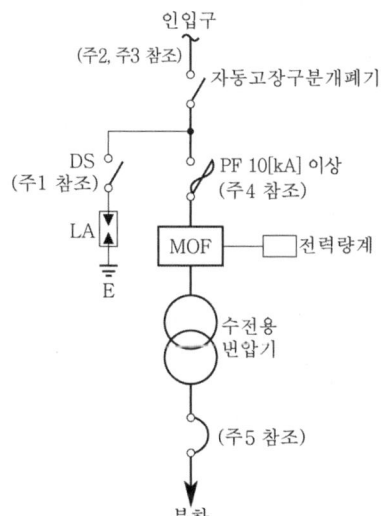

약 호	명 칭
DS	단로기
ASS	자동고장 구분 개폐기
LA	피뢰기
MOF	전력 수급용 계기용 변성기
COS	컷아웃 스위치
PF	전력 퓨즈

【주1】 LA용 DS는 생략할 수 있으며 22.9 [kV-Y]용의 LA는 Disconnector(또는 Isolator) 붙임형을 사용하여야 한다.
【주2】 인입선을 지중선으로 시설하는 경우로서 공동 주택 등 사고시 정전 피해가 큰 수전 설비 인입선은 예비선을 포함하여 2회선으로 시설하는 것이 바람직하다.
【주3】 지중인입선의 경우에 22.9 [kV-Y] 계통은 CNCV-W 케이블(수밀형) 또는 TR CNCV-W(트리억제형)을 사용하여야 한다. 다만, 전력구·공동구·덕트·건물구내 등 화재의 우려가 있는 장소에서는 FR CNCO-W(난연) 케이블을 사용하는 것이 바람직하다.
【주4】 300 [kVA] 이하인 경우 PF대신 COS(비대칭 차단 전류 10 [kA] 이상의 것)을 사용할 수 있다.
【주5】 간이 수전 설비는 PF의 용단 등에 의한 결상 사고에 대한 대책이 없으므로 변압기 2차측에 설치되는 주차단기에는 결상 계전기 등을 설치하여 결상 사고에 대한 보호 능력이 있도록 함이 바람직하다.

문제 14

▶출제년도 : 기사 94. 96. ▶점수 : 18점

그림은 22.9[kV]-Y 1000[kVA] 이하에 적용 가능한 특고압 간이 수전설비 표준결선도이다. 물음에 답하시오.

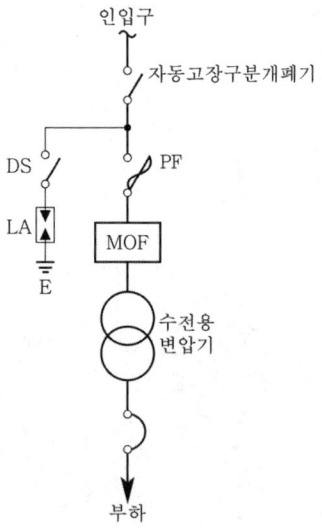

(1) 도면에서 생략할 수 있는 것은?
(2) 22.9[kV]-Y용의 LA는 어떤 붙임형을 사용하여야 하는가?
(3) 인입선을 지중선으로 시설하는 경우 공동주택 등의 사고시 피해가 큰 수전설비 인입선은 예비선을 포함하여 몇 회선으로 시설하는 것이 바람직한가?
(4) 22.9[kV]-Y 계통에서 지중인입선의 경우 어떤 케이블을 사용하여야 하는가?

답안작성
(1) LA용 DS(피뢰기용 단로기)
(2) Disconnector 또는 Isolator 붙임형
(3) 2회선
(4) CNCV-W 케이블(수밀형) 또는 TR CNCV-W(트리억제형)

해 설 간이 수전 설비 표준 결선도

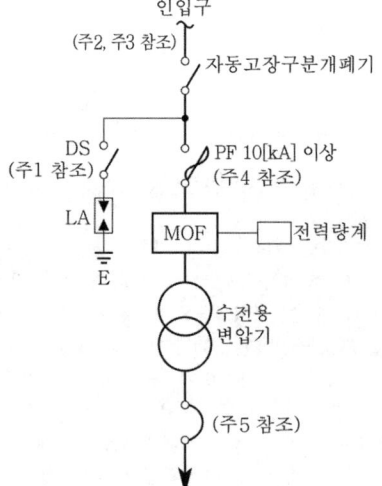

약 호	명 칭
DS	단로기
ASS	자동고장 구분 개폐기
LA	피뢰기
MOF	전력수급용 계기용변성기
COS	컷아웃 스위치
PF	전력 퓨즈

【주1】 LA용 DS는 생략할 수 있으며 22.9[kV-Y]용의 LA는 Disconnector(또는 Isolator) 붙임형을 사용하여야 한다.
【주2】 인입선을 지중선으로 시설하는 경우로서 공동 주택 등 사고시 정전 피해가 큰 수전 설비 인입선은 예비선을 포함하여 2회선으로 시설하는 것이 바람직하다.
【주3】 지중인입선의 경우에 22.9[kV-Y] 계통은 CNCV-W 케이블(수밀형) 또는 TR CNCV-W(트리억제형)을 사용하여야 한다. 다만, 전력구·공동구·덕트·건물구내 등 화재의 우려가 있는 장소에서는 FR CNCO-W(난연) 케이블을 사용하는 것이 바람직하다.
【주4】 300[kVA] 이하인 경우 PF대신 COS(비대칭 차단 전류 10[kA] 이상의 것)을 사용할 수 있다.
【주5】 간이 수전 설비는 PF의 용단 등에 의한 결상 사고에 대한 대책이 없으므로 변압기 2차측에 설치되는 주차단기에는 결상 계전기 등을 설치하여 결상 사고에 대한 보호 능력이 있도록 함이 바람직하다.

문제 15

▶출제년도 : 기사 98.   ▶점수 : 4점

22.9[kV-Y] 단선결선도이다. 물음에 답하시오.
(1) 인입선을 지중선으로 하는 경우 예비선을 포함하여 몇 회선으로 시설하는 것이 바람직한가?
(2) 변압기 부하가 있는 경우 P.F의 결상 대책은?

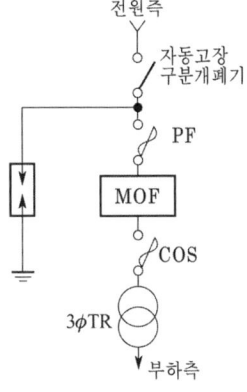

답안작성
(1) 2회선
(2) 변압기 2차측 주차단기에 결상 계전기를 설치한다.

해 설   간이 수전 설비 표준 결선도

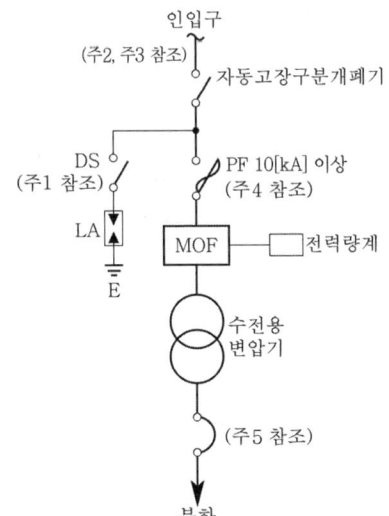

약 호	명 칭
DS	단로기
ASS	자동고장 구분 개폐기
LA	피뢰기
MOF	전력 수급용 계기용 변성기
COS	컷아웃 스위치
PF	전력 퓨즈

【주1】 LA용 DS는 생략할 수 있으며 22.9 [kV-Y]용의 LA는 Disconnector(또는 Isolator) 붙임형을 사용하여야 한다.
【주2】 인입선을 지중선으로 시설하는 경우로서 공동 주택 등 사고시 정전 피해가 큰 수전 설비 인입선은 예비선을 포함하여 2회선으로 시설하는 것이 바람직하다.
【주3】 지중인입선의 경우에 22.9 [kV-Y] 계통은 CNCV-W 케이블(수밀형) 또는 TR CNCV-W(트리억제형)을 사용하여야 한다. 다만, 전력구·공동구·덕트·건물구내 등 화재의 우려가 있는 장소에서는 FR CNCO-W(난연) 케이블을 사용하는 것이 바람직하다.
【주4】 300 [kVA] 이하인 경우 PF대신 COS(비대칭 차단 전류 10 [kA] 이상의 것)을 사용할 수 있다.
【주5】 간이 수전 설비는 PF의 용단 등에 의한 결상 사고에 대한 대책이 없으므로 변압기 2차측에 설치되는 주차단기에는 결상 계전기 등을 설치하여 결상 사고에 대한 보호 능력이 있도록 함이 바람직하다.

문제 16

▶ 출제년도 : 산업 00. ▶ 점수 : 10점

그림은 22.9 [kV-Y] 1000 [kVA] 이하에 적용 가능한 특고압 간이수전 설비 표준결선도이다. 물음에 답하시오.

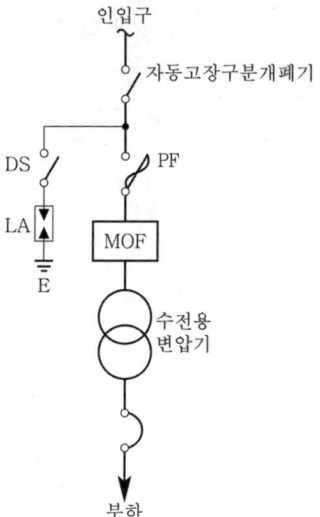

(1) 도면에서 생략할 수 있는 것은?
(2) 22.9 [kV-Y]용의 LA는 (   ) 붙임형을 사용하여야 한다. (   ) 안에 알맞은 것은?
(3) 인입선을 지중선으로 시설하는 경우로서 공동 주택 등 사고시 정전 피해가 큰 수전 설비 인입선은 예비선을 포함하여 몇 회선으로 시설하는 것이 바람직한가?
(4) 22.9 [kV-Y] 계통에서 지중인입선은 어떤 케이블을 사용하여야 하는가?

답안작성
(1) LA용 DS
(2) Disconnector 또는 Isolator
(3) 2회선
(4) CNCV-W 케이블(수밀형) 또는 TR CNCV-W(트리억제형)

해 설   간이수전설비 표준결선도

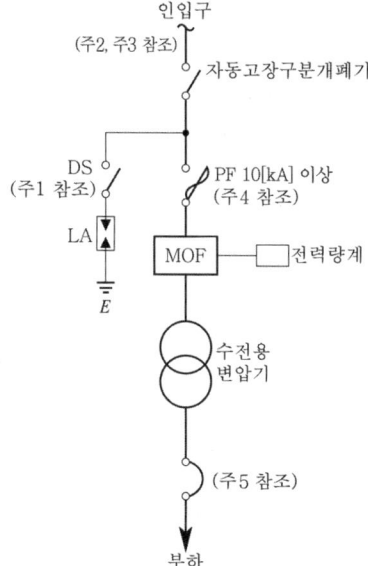

약 호	명 칭
DS	단로기
ASS	자동고장 구분 개폐기
LA	피뢰기
MOF	전력 수급용 계기용 변성기
COS	컷아웃 스위치
PF	전력 퓨즈

【주1】 LA용 DS는 생략할 수 있으며 22.9[kV-Y]용의 LA는 Disconnector(또는 Isolator) 붙임형을 사용하여야 한다.
【주2】 인입선을 지중선으로 시설하는 경우로서 공동 주택 등 사고시 정전 피해가 큰 수전 설비 인입선은 예비선을 포함하여 2회선으로 시설하는 것이 바람직하다.
【주3】 지중인입선의 경우에 22.9[kV-Y] 계통은 CNCV-W 케이블(수밀형) 또는 TR CNCV-W(트리억제형)을 사용하여야 한다. 다만, 전력구·공동구·덕트·건물구내 등 화재의 우려가 있는 장소에서는 FR CNCO-W(난연) 케이블을 사용하는 것이 바람직하다.
【주4】 300[kVA] 이하인 경우 PF대신 COS(비대칭 차단 전류 10[kA] 이상의 것)을 사용할 수 있다.
【주5】 간이 수전 설비는 PF의 용단 등에 의한 결상 사고에 대한 대책이 없으므로 변압기 2차측에 설치되는 주차단기에는 결상 계전기 등을 설치하여 결상 사고에 대한 보호 능력이 있도록 함이 바람직하다.

문제 17 ▶출제년도 : 산업 95. ▶점수 : 15점

도면은 간이 수전설비의 단선 결선도이다. 그림을 보고 물음에 답하시오.
(1) ①부터 ⑤까지의 기기 명칭을 한글로 답하시오.
(2) Ⓐ 와 Ⓑ에 설치할 계기명칭을 한글로 답하시오.
(3) ⑦번의 접지하는 이유는 무엇인가?
(4) ②번, ⑤번의 설치 수량은 각각 몇 개인가?

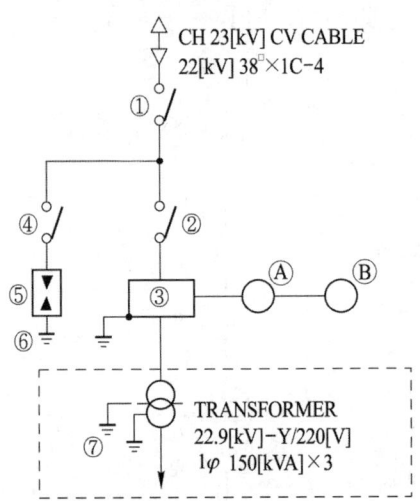

답안작성

(1) ① 자동고장 구분개폐기 ② 전력용 퓨즈
③ 전력수급용 계기용변성기 ④ 단로기
⑤ 피뢰기

(2) Ⓐ 최대수요 전력량계 Ⓑ 무효 전력량계

(3) 고저압 혼촉사고시 저압측 전위상승 억제

(4) ② 3개 ⑤ 3개

해 설 간이수전설비 표준결선도

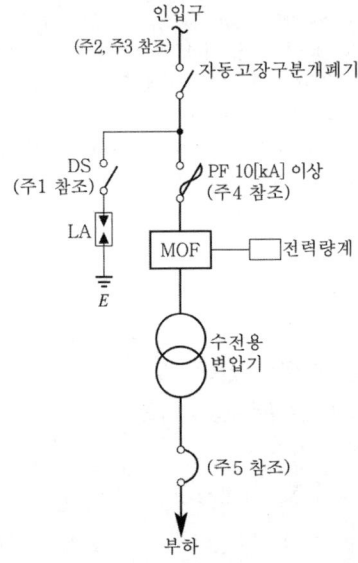

약 호	명 칭
DS	단로기
ASS	자동고장 구분 개폐기
LA	피뢰기
MOF	전력 수급용 계기용 변성기
COS	컷아웃 스위치
PF	전력 퓨즈

【주1】 LA용 DS는 생략할 수 있으며 22.9[kV-Y]용의 LA는 Disconnector(또는 Isolator) 붙임형을 사용하여야 한다.

【주2】 인입선을 지중선으로 시설하는 경우로서 공동 주택 등 사고시 정전 피해가 큰 수전 설비 인입선은 예비선을 포함하여 2회선으로 시설하는 것이 바람직하다.

【주3】 지중인입선의 경우에 22.9[kV-Y] 계통은 CNCV-W 케이블(수밀형) 또는 TR CNCV-W(트리억제형)을 사용하여야 한다. 다만, 전력구·공동구·덕트·건물구내 등 화재의 우려가 있는 장소에서는 FR CNCO-W(난연) 케이블을 사용하는 것이 바람직하다.

【주4】 300 [kVA] 이하인 경우 PF대신 COS(비대칭 차단 전류 10 [kA] 이상의 것)을 사용할 수 있다.
【주5】 간이 수전 설비는 PF의 용단 등에 의한 결상 사고에 대한 대책이 없으므로 변압기 2차측에 설치되는 주차단기에는 결상 계전기 등을 설치하여 결상 사고에 대한 보호 능력이 있도록 함이 바람직하다.

문제 18

▶출제년도 : 기사 98.   ▶점수 : 9점

22.9 [kV−Y] 선로 수전방식 중 1,000 [kVA] 이하의 수전단선 결선도 중 하나이다. 그림을 보고 물음에 답하시오.

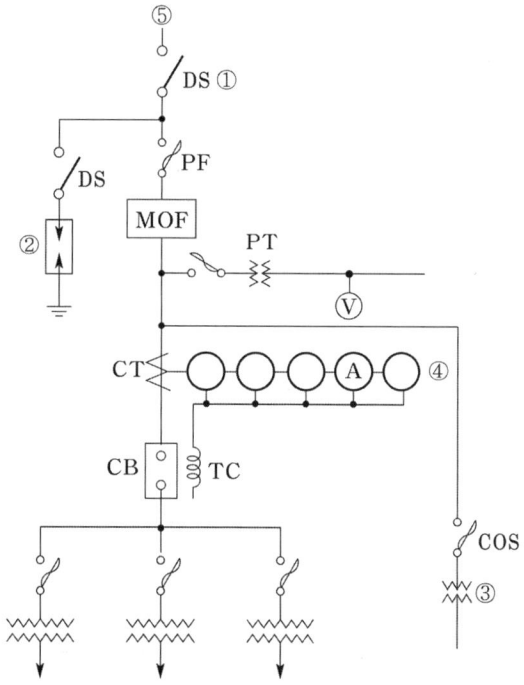

(1) 수전단 DS (①) 대신 사용할 수 있는 기기는?
(2) 피뢰기 (②)의 정격을 쓰시오. (정격전압, 정격전류)
(3) 소내용 변압기 (③)의 용량[kVA]은?
(4) 보호계전기 (④)의 종류 2가지를 쓰시오.
(5) 지중인입의 경우 인입전로 (⑤)의 종류는 무엇인가?
(6) 차단기의 트립 전원방식의 2가지를 쓰시오.

답안작성
(1) ASS(자동 고장 구분 개폐기)
(2) 정격 전압 : 18 [kV]
    정격 전류 : 2.5 [kA]
(3) 10 [kVA]
(4) 과전류 계전기, 지락 과전류 계전기
(5) CNCV−W 케이블(수밀형) 또는 TR CNCV−W(트리억제형)
(6) DC(직류) 방식, CTD(콘덴서 트립) 방식

해 설 특고압 수전설비 표준 결선도−2

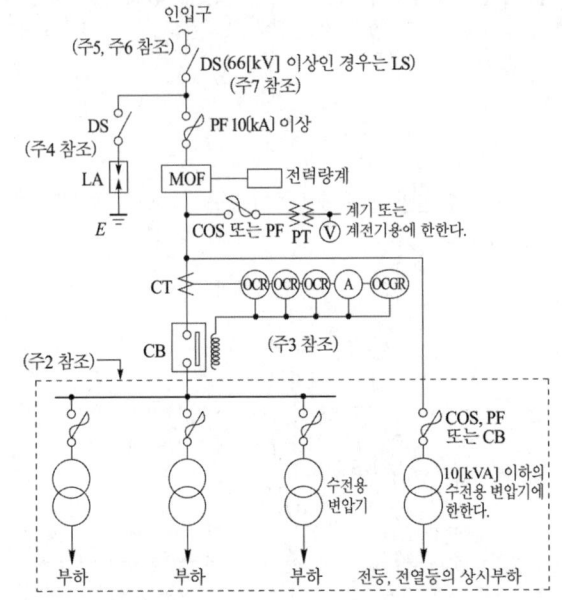

약호	명 칭
DS	단로기
LA	피뢰기
CT	변류기
CB	차단기
TC	트립 코일
OCR	과전류 계전기
GR	지락 계전기
MOF	전력수급용 계기용변성기
COS	컷아웃 스위치
PF	전력 퓨즈
PT	계기용 변압기

【주1】 22.9 [kV-Y] 1000 [kVA] 이하인 경우에는 간이 수전 설비 결선도에 의할 수 있다.
【주2】 결선도 중 점선내의 부분은 참고용예시이다.
【주3】 차단기의 트립 전원은 직류(DC) 또는 콘덴서 방식(CTD)이 바람직하며 66 [kV] 이상의 수전 설비에는 직류(DC)이어야 한다.
【주4】 LA용 DS는 생략할 수 있으며 22.9 [kV-Y]용의 LA는 Disconnector(또는 Isolator) 붙임형을 사용하여야 한다.
【주5】 인입선을 지중선으로 시설하는 경우로서 공동 주택 등 사고시 정전 피해가 큰 수전 설비 인입선은 예비선을 포함하여 2회선으로 시설하는 것이 바람직하다.
【주6】 지중인입선의 경우에 22.9 [kV-Y] 계통은 CNCV−W 케이블(수밀형) 또는 TR CNCV−W(트리억제형)을 사용하여야 한다. 다만, 전력구·공동구·덕트·건물구내 등 화재의 우려가 있는 장소에서는 FR CNCO−W(난연) 케이블을 사용하는 것이 바람직하다.
【주7】 DS 대신 자동고장구분 개폐기(7000 [kVA] 초과시에는 Sectionalizer)를 사용할 수 있으며 66 [kV] 이상의 경우는 LS를 사용하여야 한다.

▶ 출제년도 : 산업 95. ▶ 점수 : 6점

문제 19 그림은 전동기의 주회로도를 표시한 것이다. 회로도에서 표시된 51F 및 52F는 무엇을 의미하는 기구의 명칭인가?

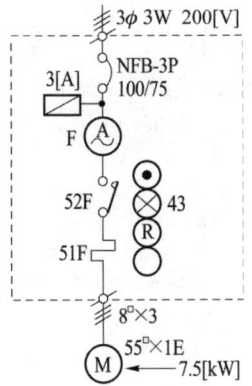

답안작성 51F : 과전류 계전기
52F : 교류차단기 또는 접촉기

문제 20

▶ 출제년도 : 기사 95. 98.   ▶ 점수 : 6점

그림을 참고로 하여 다음 물음에 답하시오.

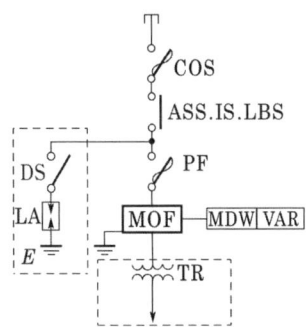

(1) PF는 내선규정에 의하여 몇 [kVA] 이상 의무적으로 설치토록 되어 있는가?
(2) 일반적인 피뢰기의 위치는 22.9[kV-Y]에서는 몇 [m]이내에 설치해야 하는가?
(3) LA는 어떤 계기의 전단에 설치하는 것이 바람직한가?

답안작성
(1) 300 [kVA]
(2) 20 [m]
(3) PF

문제 21

▶ 출제년도 : 산업 97.   ▶ 점수 : 10점

다음은 특고압 (22.9[kV-Y]) 간이 수전방식의 표준 결선도이다. 그림을 보고 물음에 답하시오.

(1) 변압기 용량 500[kVA]이다. 이 때 ①(수전단 개폐기)의 종류는?
(2) 피뢰기 ②의 정격전압은?
(3) 변압기 용량 300[kVA]인 경우 ③(PF)대신 사용 가능 기기는?
(4) 변압기 2차측 CB 설치시에는 과전류 보호 이외에 어떤 (④)보호능력을 갖도록 하는 것이 바람직한가?
(5) 지중인입선의 경우 인입선로 (⑤)의 종류는?

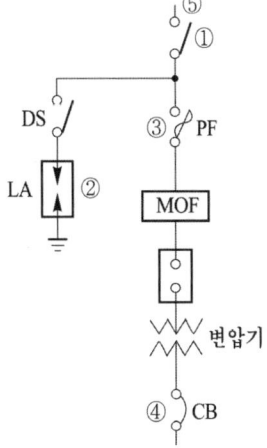

답안작성
(1) 자동 고장 구분 개폐기
(2) 18[kV]
(3) COS
(4) 결상사고 보호능력
(5) CNCV-W 케이블(수밀형) 또는 TR CNCV-W(트리억제형)

해 설   간이수전설비 표준결선도

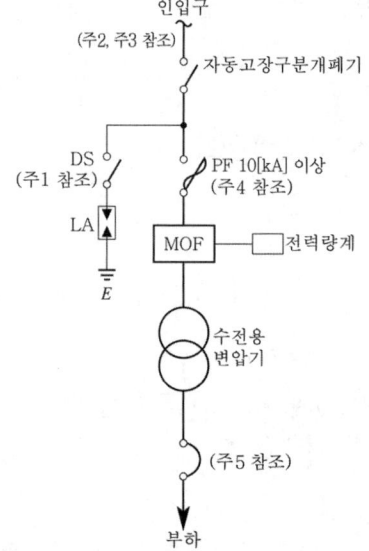

약 호	명 칭
DS	단로기
ASS	자동고장 구분 개폐기
LA	피뢰기
MOF	전력수급용 계기용변성기
COS	컷아웃 스위치
PF	전력 퓨즈

【주1】 LA용 DS는 생략할 수 있으며 22.9 [kV-Y]용의 LA는 Disconnector(또는 Isolator) 붙임형을 사용하여야 한다.
【주2】 인입선을 지중선으로 시설하는 경우로서 공동 주택 등 사고시 정전 피해가 큰 수전 설비 인입선은 예비선을 포함하여 2회선으로 시설하는 것이 바람직하다.
【주3】 지중인입선의 경우에 22.9 [kV-Y] 계통은 CNCV-W 케이블(수밀형) 또는 TR CNCV-W(트리억제형)을 사용하여야 한다. 다만, 전력구·공동구·덕트·건물구내 등 화재의 우려가 있는 장소에서는 FR CNCO-W(난연) 케이블을 사용하는 것이 바람직하다.
【주4】 300 [kVA] 이하인 경우 PF대신 COS(비대칭 차단 전류 10 [kA] 이상의 것)을 사용할 수 있다.
【주5】 간이 수전 설비는 PF의 용단 등에 의한 결상 사고에 대한 대책이 없으므로 변압기 2차측에 설치되는 주차단기에는 결상 계전기 등을 설치하여 결상 사고에 대한 보호 능력이 있도록 함이 바람직하다.

▶ 출제년도 : 기사 95. 97.   ▶ 점수 : 10점

문제 22

다음은 어느 아파트의 단선 결선도 일부이다. 아래 물음에 답하시오.

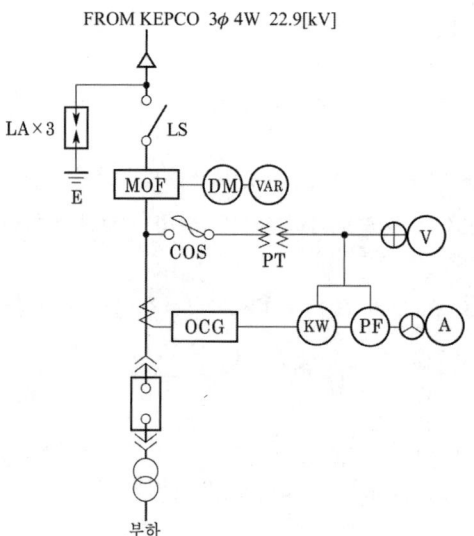

(1) LA의 정격 전압은 몇 [V]를 사용하는가?
(2) OCG 는 무엇의 심벌인지 명칭을 쓰시오.
(3) □에 부족 전압 계전기를 사용하려 할 때 문자 기호는 어떻게 표기하는가?
(4) 그림의 정확한 명칭은?

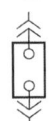

답안작성
(1) 18000 [V] (2) 지락 과전류 계전기
(3) UV   (4) 인출형 차단기(플러그인 타입)

해 설 (1) 피뢰기 정격 전압

전력계통		피뢰기 정격 전압[kV]	
전압[kV]	중성점 접지방식	변전소	배전선로
345	유효접지	288	–
154	유효접지	144	–
66	PC 접지 또는 비접지	72	–
22	PC 접지 또는 비접지	24	–
22.9	3상 4선 다중접지	21	18

【주】전압 22.9 [kV] 이하의 배전선로에서 수전하는 설비의 피뢰기 정격전압[kV]은 배전선로용을 적용한다.

(2) UV : Under Voltage
    □ : Relay

문제 23

▶ 출제년도 : 산업 96. 99. 04. ▶ 점수 : 12점

특고압 22.9 [kV]−Y로 수전하는 경우의 단선결선도이다. 물음에 답하시오.

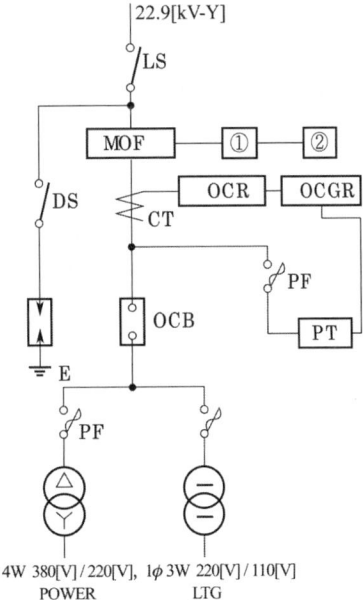

(1) 그림에 표시된 ①과 ②의 부분에는 어떤 기기가 필요한가?
(2) 변압기 2차측의 3상 결선용 변압기의 중성점을 접지하는 것이 좋은가 아니면 않는 것이 좋은가 판별하시오.
(3) 그림에서 △-Y의 단선도를 복선도용으로 그리시오.
(4) O.C.R의 명칭은?

답안작성 (1) ① 최대 수요 전력량계
② 무효 전력량계
(2) 접지하는 것이 좋다.
(4) 과전류 계전기

(3)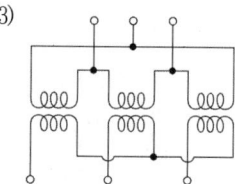

▶ 출제년도 : 기사 97. 99. ▶ 점수 : 6점

문제 24

그림은 수전설비 보호 장치인 전력 퓨즈와 유입 차단기를 조합한 수변전소의 실제 배치도 및 결선도이다. 그림을 참조하여 단선도(기호기입)를 치수와 관계없이 그리시오.

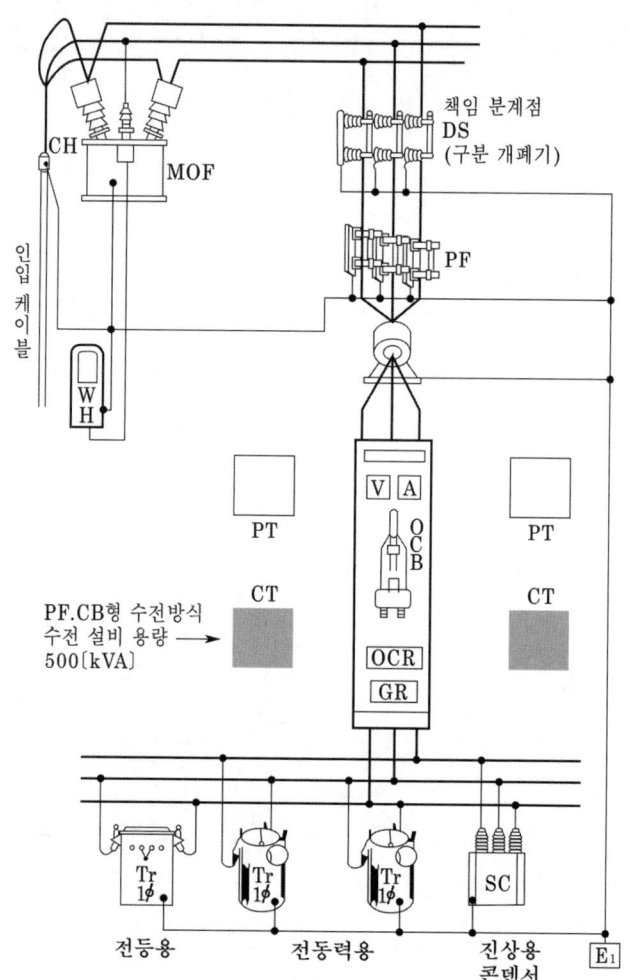

답안작성

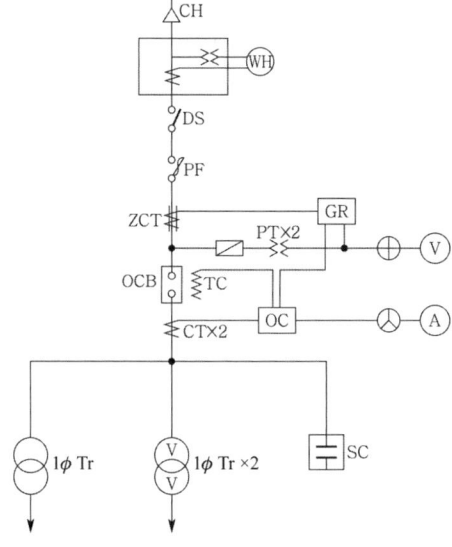

▶ 출제년도 : 산업 93. 97. 99. 04. ▶ 점수 : 10점

문제 **25** 다음은 22.9[kV] 수변전설비 결선도이다. 물음에 답하시오.

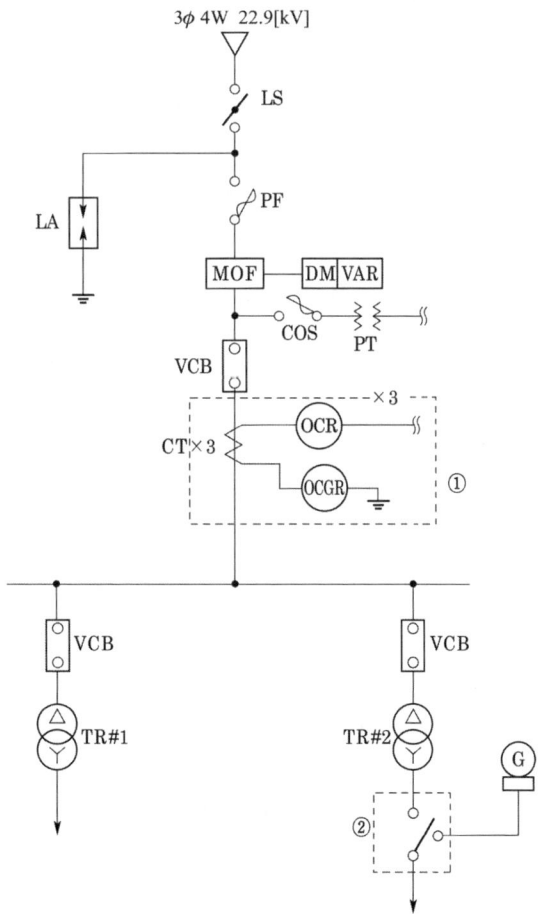

(1) 피뢰기의 전압값을 계산에 의하여 구하고, 최종답은 정격전압 값을 쓰시오.
　· 계산 :　　　　　　　　　　　　　　　　· 답 :
(2) P.T의 전압비는?
(3) 점선 ①의 3선결선도를 그리시오.
(4) 변압기 #1에 부하용량이 300[kW]이고 역률 및 효율이 각각 0.8일 때 변압기 용량[kVA]를 선정하시오. (단, 수용률은 0.6으로 한다.)
　· 계산 :　　　　　　　　　　　　　　　　· 답 :
(5) 점선 ②의 명칭은? (단, 정전시 자동으로 절체되도록 한다.)

답안작성

(1) 계산 : $E_R = \alpha\beta \dfrac{V_m}{\sqrt{3}} = 1.1 \times 1.15 \times \dfrac{1.2}{1.1} \times \dfrac{22.9}{\sqrt{3}} = 18.25$ [kV]

　　답 : 18[kV]

(2) $\dfrac{22900}{\sqrt{3}} \Big/ \dfrac{190}{\sqrt{3}}$

(3)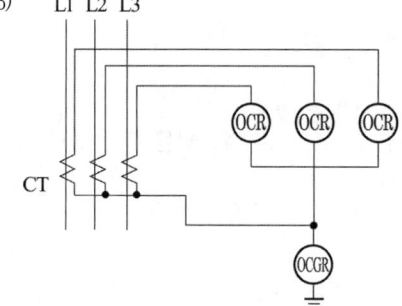

(4) 계산 : 변압기 용량 = $\dfrac{300 \times 0.6}{0.8 \times 0.8} = 281.25$ [kVA]

　　답 : 300[kVA] 선정

(5) 자동 비상 전원 절체 스위치

해 설

(1) $E_R = \alpha\beta \dfrac{V_m}{\sqrt{3}}$

여기서, E_R : 피뢰기 정격전압, α : 접지계수(1.1~1.3), β : 유도계수(유효접지 1.1, 비유효접지 1.15)

V_m : 계통의 최고 선간 전압 $\left(V_m = V \times \dfrac{1.2}{1.1}\right)$

(4) · 변압기 용량[kVA] ≥ 합성 최대 수용 전력

　　　　$= \dfrac{\text{설비 용량[kVA]} \times \text{수용률}}{\text{부등률}} = \dfrac{\text{설비 용량[kW]} \times \text{수용률}}{\text{부등률} \times \text{역률}}$

· 효율이 주어지면 효율을 감안하여 변압기 용량 선정
· 부등률이 주어지지 않으면 부등률을 1로 적용

▶ 출제년도 : 기사 91.　▶ 점수 : 18점

문제 26 그림은 3상 4선식 중성점 다중 접지 방식의 22.9[kV-Y] 배전 선로에서 수전하기 위한 단선결선도이다. 다음 물음에 답하시오. 단, 변압기 용량은 부하용량의 조사에 의하여 사전에 결정된 값이며, 평균 역률은 90[%]로 가정한다.

(1) ①의 PF(전력 퓨즈)의 퓨즈를 변압기 전부하 전류의 2배로 선정한다면 퓨즈의 용량은?
(2) 전력수급용 계기용변성기(MOF)의 변압비와 변류비는? 단, 변류기의 과전류를 150[%]로 하고 전압 변동은 없다.

(3) 그림의 ☐ 부분의 단선 결선도를 답란 그림의 미완성된 복선 결선도를 완성하시오.
(4) 조작 전원은 직류(DC)로 연축전지의 용량 100[Ah], 상시부하 2[kW] 표준 전압 100[V]인 부동 충전 방식의 충전기의 2차 전류(충전 전류)는 몇 [A]인가?
(5) 변류비 100/5[A]인 과전류 계전기를 동력 및 전등부하의 1.6배에서 차단기를 동작시키려면 과전류 계전기의 전류 탭은 몇 [A]인가?
(6) 유입 차단기의 차단 전류를 차단기 정격 전류의 15배 정도로 하면 차단기의 용량은 몇 [MVA]인가?

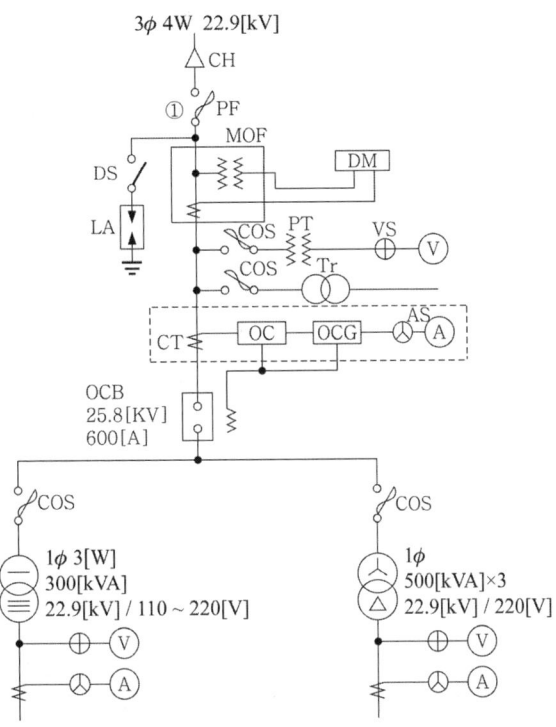

답안작성

(1) 계산 : PF의 정격 $I = \left(\dfrac{300 \times 10^3}{22900} + \dfrac{500 \times 3 \times 10^3}{\sqrt{3} \times 22900}\right) \times 2 = 101.84$ [A]

　답 : 규격품인 125[A] 선정

(2) 계산 : 변류기 1차 정격 전류

$$I = \left(\dfrac{300 \times 10^3}{22900} + \dfrac{500 \times 3 \times 10^3}{\sqrt{3} \times 22900}\right) \times 1.5 = 76.38 \text{ [A]}$$

　답 : 변류비 75/5, 변압비 13200/110

(3)

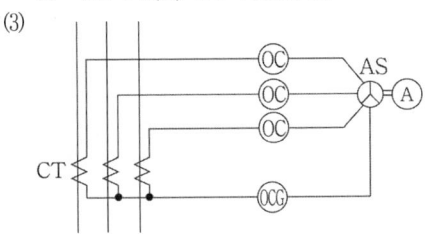

(4) 계산 : 충전기 2차 전류(충전 전류) $= \dfrac{100}{10} + \dfrac{2 \times 10^3}{100} = 30$ [A]

　답 : 30[A]

(5) 계산 : $I = \left(\dfrac{300 \times 10^3}{22900} + \dfrac{500 \times 3 \times 10^3}{\sqrt{3} \times 22900}\right) \times 1.6 \times \dfrac{5}{100} = 4.07$ [A]

답 : 4 [A]

(6) 계산 : $P_s = \sqrt{3}\, V_n\, I_s = \sqrt{3} \times 25800 \times 600 \times 15 \times 10^{-6} = 402.18$ [MVA]

답 : 402.18 [MVA]

해 설

(4) ① 부동 충전 : 축전지의 자기 방전을 보충함과 동시에 상용 부하에 대한 전력 공급은 충전기가 부담하도록 하되 충전기가 부담하기 어려운 일시적인 대전류 부하는 축전지로 하여금 부담하게 하는 방식이다.

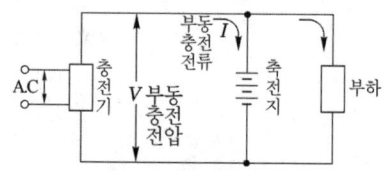

② 충전기 2차 충전 전류[A] = $\dfrac{축전지\ 용량[Ah]}{정격\ 방전율[h]} + \dfrac{상시\ 부하\ 용량[VA]}{표준\ 전압[V]}$

③ 정격방전율
  • 연축전지 : 10시간율
  • 알칼리 축전지 : 5시간율

▶출제년도 : 기사 95. 99. ▶점수 : 10점

문제 27

3상 4선식 중성점 다중 접지방식의 22.9 [kV-Y] 배전 선로에서 수전하기 위한 단선 결선도이다. 도면을 보고 답하시오.

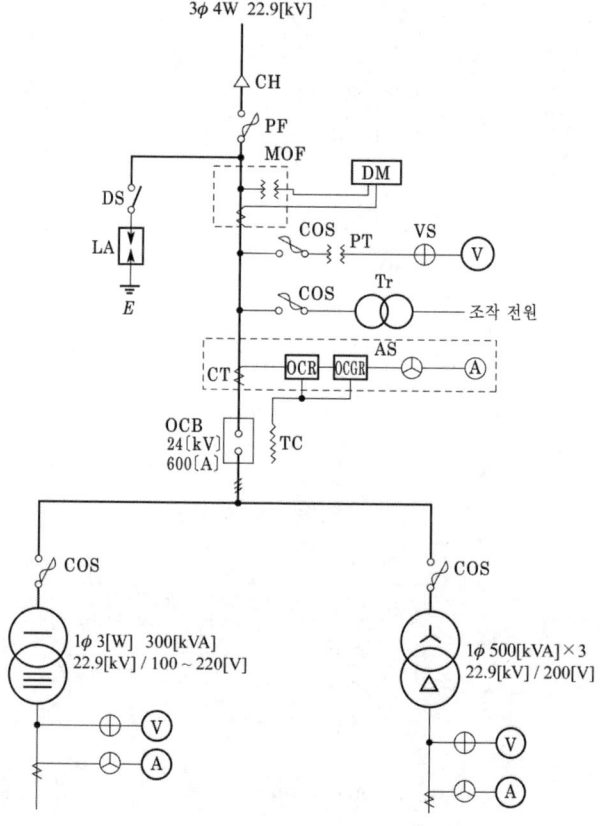

(1) 지중인입선의 경우 22.9[kV] Y계통은 어떤 케이블을 사용하는가?
(2) OCB의 명칭은?
(3) MOF에서 규격이 13.2[kV]/110[V], 75/5[A]일 때 전기공급 규정에 의거 0.2급, 0.5급, 1.2급 중에 어떤 급을 사용하는가?
(4) OCGR의 명칭은?
(5) PF(전력 퓨즈)의 퓨즈를 변압기 전부하 전류의 2배로 선정한다면 퓨즈의 용량은?

답안작성
(1) CNCV-W 케이블(수밀형)
(2) 유입 차단기
(3) 0.5급
(4) 지락 과전류 계전기
(5) 전부하 전류×2배 = $\left(\dfrac{300}{22.9} + \dfrac{500 \times 3}{\sqrt{3} \times 22.9}\right) \times 2 = 101.84$ [A]이므로 125[A] 선정

답 : 125[A]

▶ 출제년도 : 산업 95. 98.　　▶ 점수 : 10점

문제 28

그림은 3상 4선식 중성점 다중 접지방식의 22.9[kV-Y] 배전선로에서 수전하기 위한 단선결선도이다. 다음 물음에 답하시오.

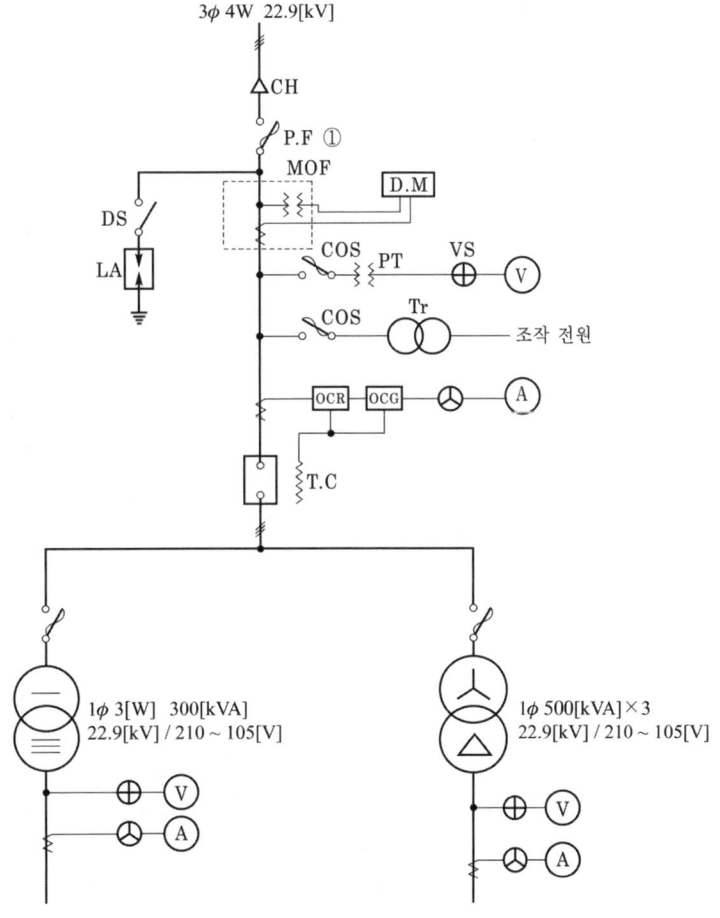

(1) MOF에 연결되어 있는 DM은 무엇인지 명칭을 정확히 쓰시오.
(2) DS의 정격전압은 몇 [kV]인가?
(3) LA의 정격전압은 몇 [kV]인가?
(4) ①의 PF의 퓨즈를 변압기 전부하 전류의 2배로 선정한다면 퓨즈의 용량[A]은?
  (단, 평균역률은 90[%]로 가정)
(5) 전력수급용 계기용변성기(MOF)의 변류비는? (단, 평균역률은 90[%]로 가정한다. 전류의 과전류를 150[%]로 하고 전압변동은 고려하지 않는다.)
(6) OCGR의 정확한 명칭은?
(7) 변압기와 피뢰기의 최대 유효 이격거리[m]는?
(8) 변압기 Y-△ 접속의 복선도를 그리시오.
(9) 전력 수급용 계기용 변성기의 복선도를 그리시오.
(10) 절환 스위치(AS)의 용도는?

답안작성

(1) 최대 수요 전력량계
(2) 25.8[kV]
(3) 18[kV]
(4) 계산 : $I = \left(\dfrac{300}{22.9} + \dfrac{500 \times 3}{\sqrt{3} \times 22.9}\right) \times 2 = 101.84\,[A]$
  답 : 규격품인 125[A] 선정
(5) 계산 : $I = \left(\dfrac{300}{22.9} + \dfrac{500 \times 3}{\sqrt{3} \times 22.9}\right) \times 1.5 = 76.38\,[A]$
  답 : 75/5
(6) 지락 과전류 계전기
(7) 20[m]
(8)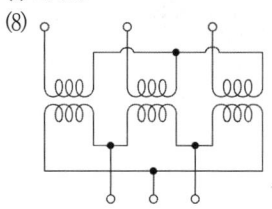
(9)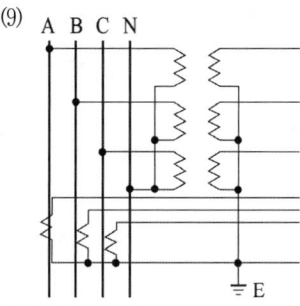
(10) 1대의 전류계로 3상 각 선의 전류를 측정하기 위한 절환 스위치

해 설 (3) 피뢰기 정격 전압

전력 계통		피뢰기 정격 전압 [kV]	
전압 [kV]	중성점 접지 방식	변전소	배전 선로
345	유효접지	288	-
154	유효접지	144	-
66	PC접지 또는 비접지	72	-
22	PC접지 또는 비접지	24	-
22.9	3상 4선 다중접지	21	18

【주】전압 22.9[kV-Y] 이하의 배전선로에서 수전하는 설비의 피뢰기 정격전압[kV]은 배전선로용을 적용한다.

(7) 피뢰기는 피보호 기기의 가까운 곳에 설치하는 것이 바람직하며 다음과 같은 이격 거리 이내에 설치

공칭 전압 [kV]	이격 거리 [m]
345	85
154	65
66	45
22	20
22.9	20

문제 29

▶ 출제년도 : 기사 93. 95. 00. 07. ▶ 점수 : 12점

수변전 설비 결선도를 이해하고 다음 물음에 답하시오.

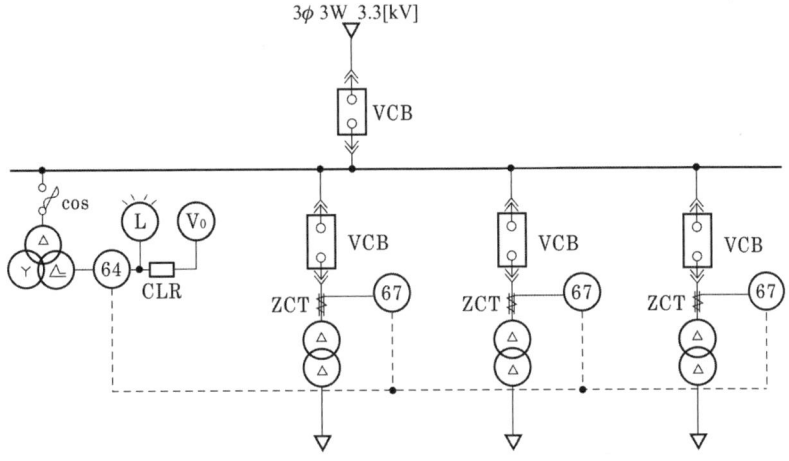

(1) 다음 기호는 어떤 명칭의 차단기인가?

(2) 상기 배전 계통의 접지 방식은?
(3) 도면에서 변압기 △-△ 단선도를 복선도로 주어진 답안지에 알맞게 그리시오.
(4) 전압계(V_0)에서 검출하는 전압은 어떤 종류의 전압인가?
(5) 지락과전압 계전기(OVG : 64)의 목적은?

답안작성
(1) 인출형 차단기
(2) 비접지 방식
(4) 영상 전압
(5) 지락 사고시 영상전압 검출

(3)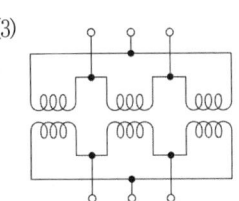

문제 30

▶ 출제년도 : 기사 93. 98. ▶ 점수 : 18점

다음 그림은 3상 4선식 중성점 다중 접지 방식의 22.9 [kV-Y] 배전선로에서 수전하기 위한 단선 결선도이다. 다음 물음에 답하시오.

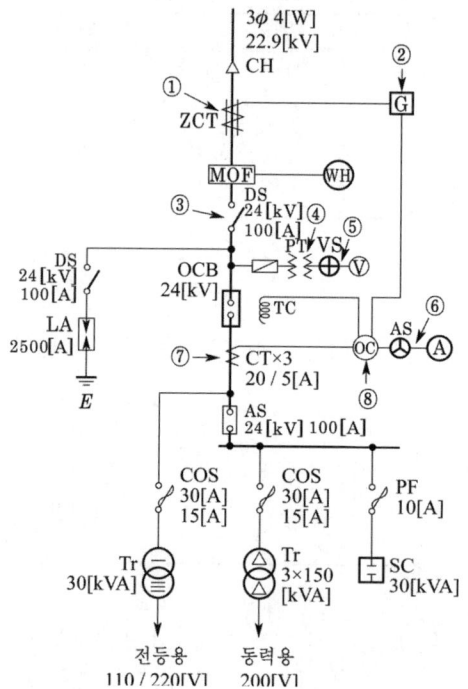

(1) 피뢰기(LA)의 정격전압은 몇 [kV]인가?

(2) 차단전류가 220[A]일 때, 유입 차단기(OCB)의 용량은 몇 [MVA]인가? (단, 소수점 이하는 절상한다.)

(3) 전등 부하를 변압기 용량의 90[%]를 이용할 경우 변압기 2차측 전선의 최소 허용전류는 몇 [A]인가?
   • 계산 :   • 답 :

(4) 접지 계전기로 차단기를 동작시키는 방식은 전압트립 방식과 전류트립 방식이 있다. 이것은 어느 방식인가?

(5) ①~⑧까지 약호의 명칭을 기재하시오.

답안작성

(1) 18[kV]

(2) $P_s = \sqrt{3} \cdot V \cdot I_s = \sqrt{3} \times 24000 \times 220 \times 10^{-6} = 9.15$ [MVA]   답 : 10[MVA]

(3) 계산 : $I = \dfrac{30 \times 10^3 \times 0.9}{220} = 122.73$ [A]   답 : 122.73[A]

(4) 전압 트립 방식

(5)

번호	약호	명칭
①	ZCT	영상 변류기
②	G	접지 계전기
③	DS	단로기
④	PT	계기용 변압기
⑤	VS	전압계용 전환개폐기
⑥	AS	전류계용 전환개폐기
⑦	CT	변류기
⑧	OC	과전류 계전기

해 설 (1) 피뢰기 정격 전압

전력계통		피뢰기 정격 전압[kV]	
전압[kV]	중성점 접지방식	변전소	배전선로
345	유효접지	288	—
154	유효접지	144	—
66	PC 접지 또는 비접지	72	—
22	PC 접지 또는 비접지	24	—
22.9	3상 4선 다중접지	21	18

【주】전압 22.9[kV] 이하의 배전선로에서 수전하는 설비의 피뢰기 정격전압[kV]은 배전선로용을 적용한다.

문제 31

▶출제년도 : 기사 94. 96.　▶점수 : 12점

그림은 어느 공장의 수전설비에 대한 단선 결선도이다. 물음에 답하시오.

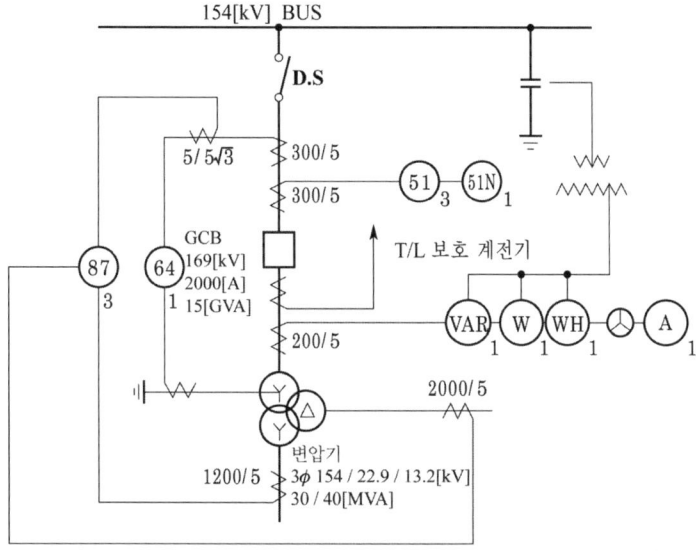

(1) 그림에서 87, 64의 명칭은?
(2) GCB에 사용되는 절연재료의 명칭은?
(3) 과전류 및 지락 과전류 계전기가 잔전류법으로 결선되어 있다. 3상 결선도를 완성하시오.
(4) Y-Y 결선된 변압기는 △권선을 내장시켜 제작한다. 그 이유는?

답안작성
(1) 87 : 전류 차동 계전기,　64 : 지락 과전압 계전기
(2) SF_6
(3)

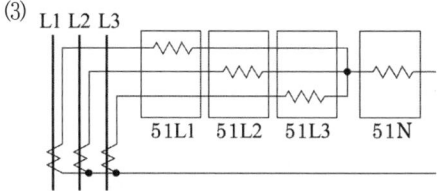

(4) ① 제3고조파 제거
② 소내용 전원공급
③ 조상 설비의 설치

해 설 (1) • 87 : 전류차동계전기(비율차동계전기)   • 87B : 모선보호 차동계전기
• 87G : 발전기용 차동계전기   • 87T : 주변압기 차동계전기

문제 32

▶ 출제년도 : 기사 99. 00. 01.   ▶ 점수 : 21점

그림은 어떤 변전소의 도면이다. 변압기 상호 부등률이 1.3이고, 부하의 역률 90[%]이다. STr의 내부 임피던스 4.6[%], Tr₁, Tr₂, Tr₃의 내부 임피던스가 10[%], 154[kV] BUS의 내부 임피던스가 0.4[%]이다. 다음 물음에 답하시오.

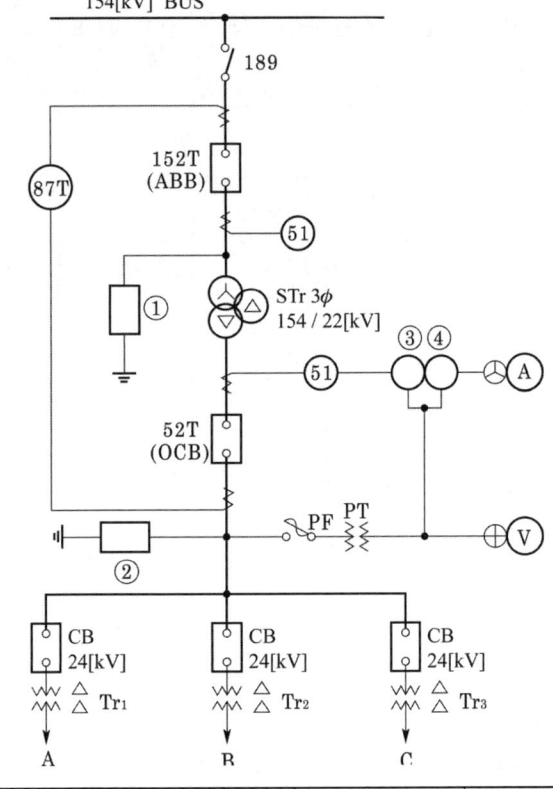

부 하	용 량	수용률	부등률
A	4000 [kW]	80 [%]	1.2
B	3000 [kW]	84 [%]	1.2
C	6000 [kW]	92 [%]	1.2

154 [kV] ABB 용량표 [MVA]

| 2000 | 3000 | 4000 | 5000 | 6000 | 7000 |

22 [kV] OCB 용량표 [MVA]

| 200 | 300 | 400 | 500 | 600 | 700 |

154 [kV] 변압기 용량표 [kVA]

| 10000 | 15000 | 20000 | 30000 | 40000 | 50000 |

22 [kV] 변압기 용량표 [kVA]

| 2000 | 3000 | 4000 | 5000 | 6000 | 7000 |

(1) Tr₁, Tr₂, Tr₃ 변압기 용량[kVA]은?
    • 계산 :   • 답 :

(2) STr의 변압기 용량[kVA]은?
    • 계산 :   • 답 :

(3) 차단기 152T의 용량[MVA]은?
    • 계산 :   • 답 :

(4) 차단기 52T의 용량[MVA]은?
    • 계산 :   • 답 :

(5) 87T의 명칭은?

(6) 51의 명칭은?

(7) ①~④에 알맞은 심벌을 기입하시오.

답안작성

(1) 계산 : $Tr_1 = \dfrac{4000 \times 0.8}{1.2 \times 0.9} = 2962.96$ [kVA]   답 : 3000 [kVA]

     계산 : $Tr_2 = \dfrac{3000 \times 0.84}{1.2 \times 0.9} = 2333.33$ [kVA]   답 : 3000 [kVA]

     계산 : $Tr_3 = \dfrac{6000 \times 0.92}{1.2 \times 0.9} = 5111.11$ [kVA]   답 : 6000 [kVA]

(2) 계산 : $STr = \dfrac{2962.96 + 2333.33 + 5111.11}{1.3} = 8005.69$ [kVA]   답 : 10000 [kVA]

(3) 계산 : $P_s = \dfrac{100}{\%Z} \cdot P_n = \dfrac{100}{0.4} \times 10 = 2500$ [MVA]   답 : 3000 [MVA]

(4) 계산 : $P_s = \dfrac{100}{\%Z} \cdot P_n = \dfrac{100}{0.4 + 4.6} \times 10 = 200$ [MVA]   답 : 200 [MVA]

(5) 주변압기 차동 계전기

(6) 과전류 계전기

(7) ① 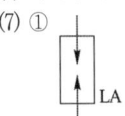   ② 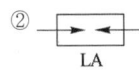   ③   ④

해설

(1) 수전설비용량 ≥ 합성최대 수용전력 = $\dfrac{\text{설비용량[kVA]} \times \text{수용률}}{\text{부등률}}$

                                  = $\dfrac{\text{설비용량[kW]} \times \text{수용률}}{\text{부등률} \times \text{역률}}$ [kVA]

(5) 계전기 고유번호
    • 87 : 전류차동계전기(비율차동계전기)
    • 87B : 모선보호 차동계전기
    • 87G : 발전기용 차동계전기
    • 87T : 주변압기 차동계전기

▶ 출제년도 : 기사 96. 98.   ▶ 점수 : 10점

문제 33

수용가의 수전설비의 결선도이다. 다음 물음에 답하시오.

(1) MOF에 연결되어 있는 DM의 명칭은?

(2) 22.9 [kV]측의 DS의 정격전압[kV]은?

(3) 22.9 [kV]측의 LA의 정격전압[kV]은?

(4) 3.3 [kV]측의 옥내용 PT는 주로 어떤 형을 사용하는가?

(5) 변압기 피뢰기의 최대 유효이격 거리는 몇 [m]인가?
(6) 변압기 심벌을 보고 복선도를 그리시오.
(7) OCB의 명칭은?
(8) OCG의 명칭은?
(9) 22.9[kV]측 CT의 변류비는? (단, 1.25배의 값으로 변류비를 결정한다.)
(10) 고압동력용 OCB에 표시된 600[A]는 무엇을 의미하는가?

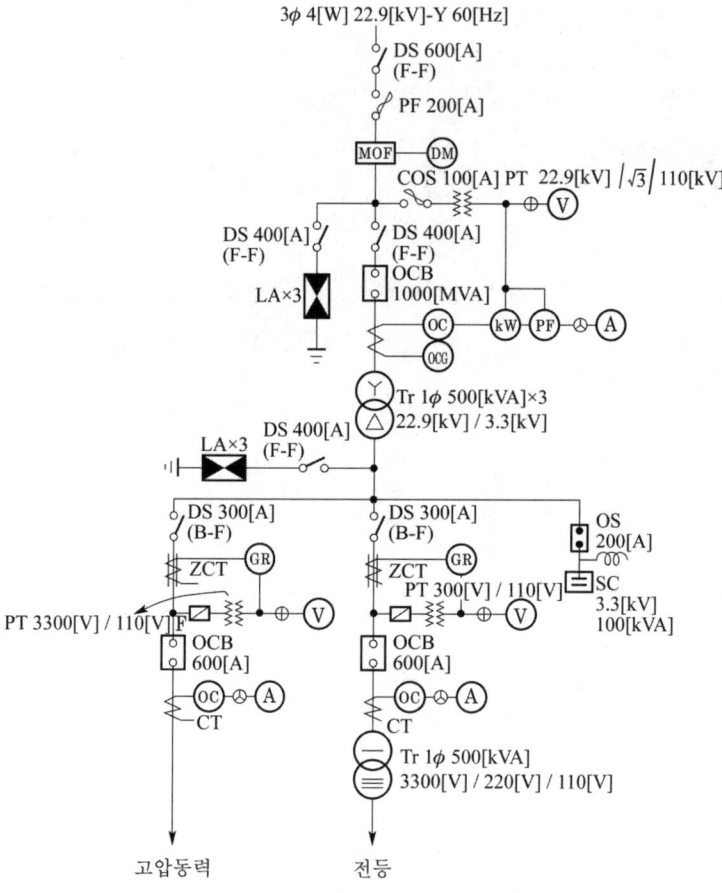

답안작성

(1) 최대 수요 전력량계
(2) 25.8[kV]
(3) 18[kV]
(4) 몰드형
(5) 20[m]
(7) 유입 차단기
(8) 지락 과전류 계전기
(9) $I = \dfrac{500 \times 3}{\sqrt{3} \times 22.9} \times 1.25 = 47.27$
  ∴ 50/5 선정

(6)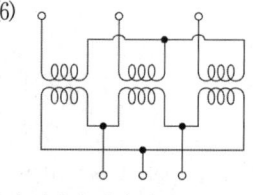

(10) 차단기 정격 전류

해 설 (3) 피뢰기 정격 전압

전력계통		피뢰기 정격 전압 [kV]	
전압 [kV]	중성점 접지방식	변전소	배전선로
345	유효접지	288	—
154	유효접지	144	—
66	PC 접지 또는 비접지	72	—
22	PC 접지 또는 비접지	24	—
22.9	3상 4선 다중접지	21	18

【주】전압 22.9 [kV] 이하의 배전선로에서 수전하는 설비의 피뢰기 정격전압 [kV]은 배전선로용을 적용한다.

(5) 피뢰기 설치 장소
가능한 한 피보호 기기의 가까운 곳에 설치하는 것이 바람직하며 다음과 같은 이격 거리 이내에 설치

공칭 전압 [kV]	이격 거리 [m]
345	85
154	65
66	45
22	20
22.9	20

▶ 출제년도 : 기사 88. 95. 99. 02.   ▶ 점수 : 10점

문제 34

다음 도면은 154 [kV] 2회선 수전하는 어느 공장의 단선도이다. 다음 조건에 따라 주어진 다음 물음에 답하시오.

【조건】
- 모든 부하의 역률은 80 [%]이다.
- 각 부하간의 부등률은 1.2이고, 2차 변압기간의 부등률은 1.1이다.
- 각 부하의 수용률은 No. A, No B가 80 [%]
  No. C, No D가 85 [%]
  No. E, No F가 90 [%]이다.

(1) 변압기 Tr_1의 용량 [kVA]를 구하시오.
(2) 변압기 Tr_2의 용량 [kVA]를 구하시오.
(3) 변압기 Tr_3의 용량 [kVA]를 구하시오.
(4) 87T의 명칭은?
(5) 87T의 기능은?
(6) 64의 명칭은?
(7) 64의 기능은?
(8) GPT의 명칭은?
(9) OCB의 명칭은?
(10) ABB의 명칭은?

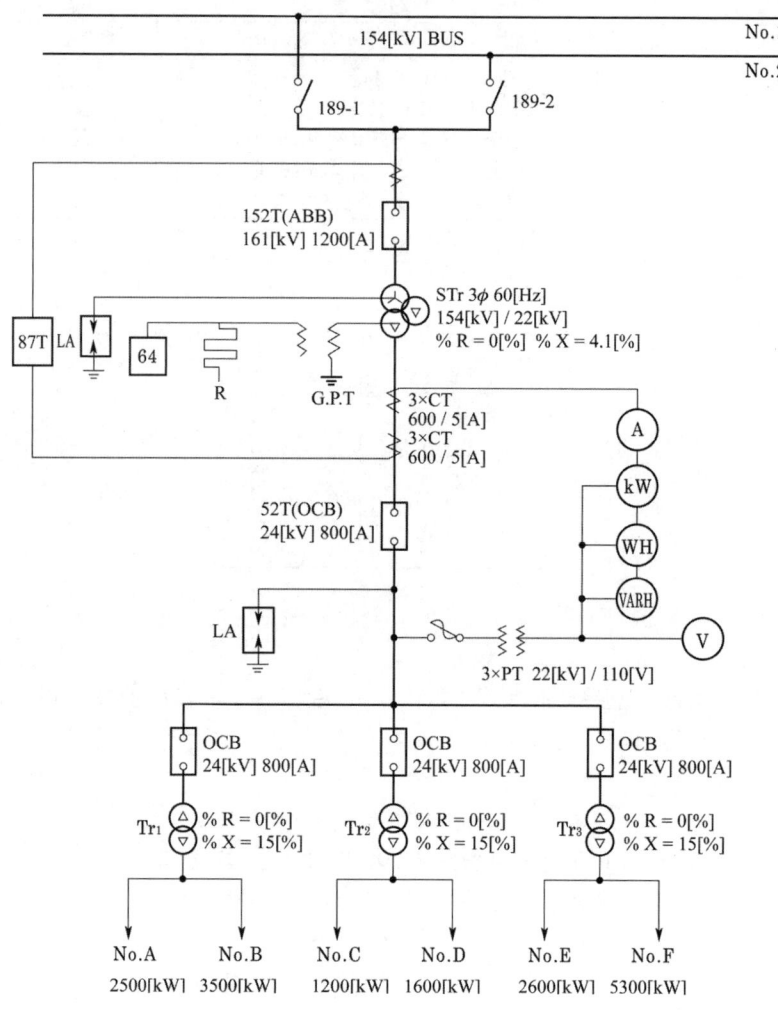

답안작성

(1) 계산 : $\dfrac{(2500+3500)\times 0.8}{1.2\times 0.8} = 5000\ [kVA]$ 　　　　답 : 5000 [kVA]

(2) 계산 : $\dfrac{(1200+1600)\times 0.85}{1.2\times 0.8} = 2479.17\ [kVA]$ 　　답 : 3000 [kVA]

(3) 계산 : $\dfrac{(2600+5300)\times 0.9}{1.2\times 0.8} = 7406.25\ [kVA]$ 　　답 : 7500 [kVA]

(4) 주변압기 차동계전기(또는 비율차동 계전기)
(5) 변압기 1차 전류와 2차 전류의 차에 의해 동작하며 변압기 내부 고장 보호에 사용
(6) 지락 과전압 계전기
(7) 지락 사고시 영상 전압을 검출하여 동작
(8) 접지형 계기용 변압기
(9) 유입 차단기
(10) 공기 차단기

해 설

(1) 변압기 용량 [kVA] ≥ 합성최대 수용전력 = $\dfrac{\text{설비 용량[kW]}\times \text{수용률}}{\text{부등률}\times \text{역률}}$

(4) 계전기 고유번호
　　• 87 : 전류차동계전기(비율차동계전기)　　　• 87B : 모선보호 차동계전기
　　• 87G : 발전기용 차동계전기　　　　　　　• 87T : 주변압기 차동계전기

(8) GPT(Ground Potential Transformer : 접지형 계기용 변압기)
(9), (10)

종 류		소 호 원 리
명 칭	약어	
유입 차단기	OCB	소호실에서 아크에 의한 절연유 분해 가스의 열전도 및 압력에 의한 blast를 이용해서 차단
기중 차단기	ACB	대기 중에서 아크를 길게 해서 소호실에서 냉각 차단
자기 차단기	MBB	대기중에서 전자력을 이용하여 아크를 소호실 내로 유도해서 냉각 차단
공기 차단기	ABB	압축된 공기를 아크에 불어 넣어서 차단
진공 차단기	VCB	고진공 중에서 전자의 고속도 확산에 의해 차단
가스 차단기	GCB	고성능 절연 특성을 가진 특수 가스(SF_6)를 이용해서 차단

문제 35 ▶출제년도 : 산업 97. 99. 01. ▶점수 : 10점

도면은 어느 154[kV] 수용가의 수전설비 단선결선도의 일부분이다. 물음에 답하시오.

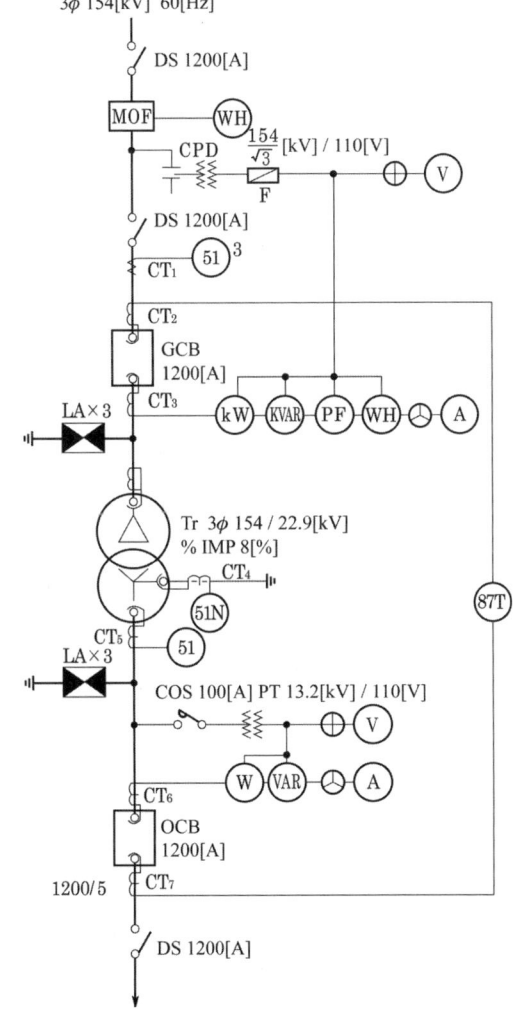

(1) 변압기 2차 부하설비 용량 51 [MW], 수용률 70 [%], 부하 역률 90 [%]일 때 도면의 변압기 용량은 몇 [MVA]인가?
  • 계산 :   • 답 :
(2) 변압기 1차측 DS의 정격 전압은?
(3) GCB 내에 사용되는 가스로 주로 어떤 것을 사용하는가?
(4) 87T에서 87의 명칭은?
(5) 51의 명칭은?

답안작성

(1) 계산 : $STr = \dfrac{51 \times 0.7}{0.9} = 39.67$ [MVA]   답 : 40 [MVA]

(2) 170 [kV]
(3) SF_6
(4) 전류 차동 계전기(비율 차동 계전기)
(5) 교류 과전류 계전기

해 설

(1) 변압기 용량[kVA] ≥ 합성 최대 수용 전력
$$= \dfrac{\text{설비 용량[kVA]} \times \text{수용률}}{\text{부등률}} = \dfrac{\text{설비 용량[kW]} \times \text{수용률}}{\text{부등률} \times \text{역률}}$$

(4) 계전기 고유번호
  • 87 : 전류 차동계전기(비율 차동 계전기)   • 87B : 모선 보호 차동계전기
  • 87G : 발전기용 차동계전기   • 87T : 주변압기 차동계전기

▶ 출제년도 : 기사 96. 00.   ▶ 점수 : 10점

문제 36 154 [kV]를 수전하는 어느 공장의 수전설비이다. 물음에 답하시오. (단, 계산은 소수점 이하 3자리에서 반올림할 것)

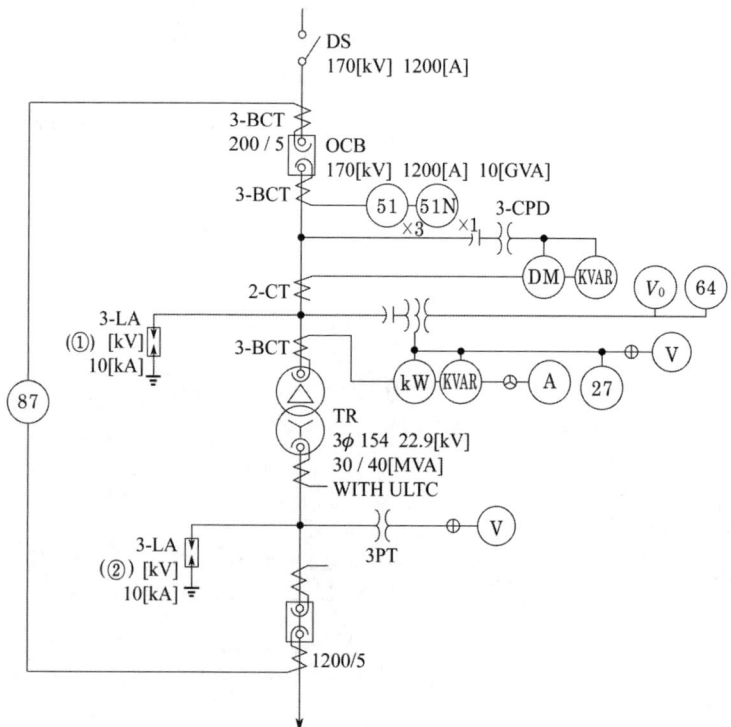

(1) 변압기 최대용량 40[MVA] 상태에서
- CT(200/5)와 전류 차동 계전기 1차측 사이의 도선에 흐르는 상전류 I_p는 몇 [A]인가?
- 전류 차동 계전기와 변압기 2차측 CT(1200/5) 사이의 도선에 흐르는 선전류 I_s는 몇 [A]인가?

(2) 보조 변류기의 역할에 대하여 간단히 설명하시오.

답안작성

(1) $I_p = \dfrac{40 \times 10^3}{\sqrt{3} \times 154} \times \dfrac{5}{200} = 3.75$ [A]

$I_s = \dfrac{40 \times 10^3}{\sqrt{3} \times 22.9} \times \dfrac{5}{1200} \times \sqrt{3} = 7.28$ [A]

(2) 정상 운전시 전류 차동 계전기의 1차 전류와 2차 전류의 차이를 보정

해설

변압기의 결선이 Y-△ 또는 △-Y인 경우 변압기 1, 2차측 변류기의 2차 전류의 크기 및 위상을 동일하게 하기 위해 비율 차동 계전기의 변류기의 결선은 변압기 결선과 반대로 한다.

변압기 결선	변류기 결선
Y-△	△-Y
△-Y	Y-△

따라서, 변압기 2차측이 Y결선되어 있으므로 CT는 △결선이 되어야 하므로 도선에 흐르는 전류는 선전류가 되어 CT내에 흐르는 전류의 $\sqrt{3}$ 배가 된다.

▶ 출제년도 : 기사 91. 94. 97. 99. 00. 04.   ▶ 점수 : 12점

문제 37

다음 그림은 154[kV]를 수전하는 어느 공장의 옥외 수전 설비에 대한 단선도(single line diagram)이다. 그림을 보고 주어진 물음에 답하시오.

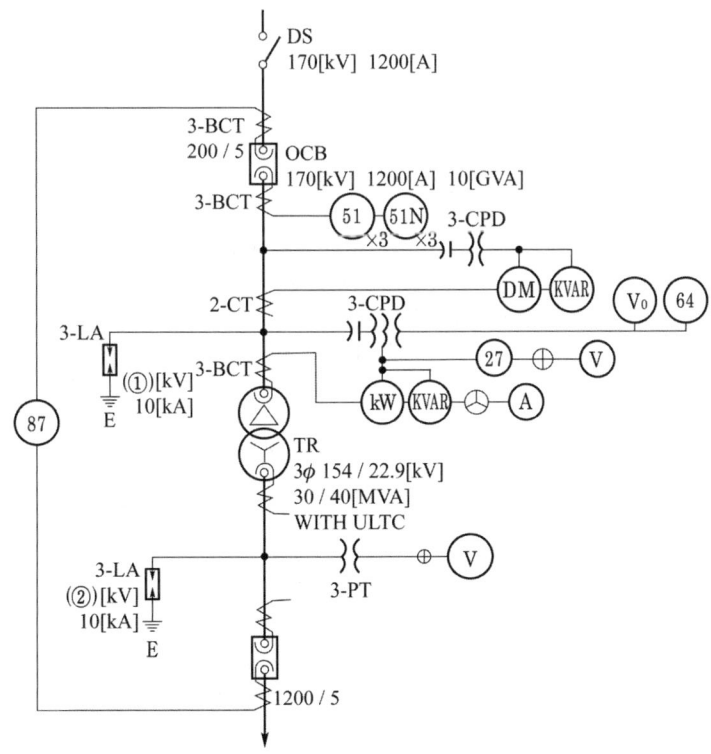

(1) 단선도상의 피뢰기 정격 전압은 각각 몇 [kV]인가?
   ① (   )[kV]   ② (   )[kV]
(2) 변압기 보호 방식 중 주보호 계전기는 어느 것인지 계전기 분류 번호를 쓰고 그 명칭을 쓰시오.
(3) 87 계전기 회로의 3상 결선도를 완성하시오.(변류기에서는 접지 표시를 할 것)
(4) 보조변류기의 역할에 대하여 간단히 설명하시오.

답안작성
(1) ① 144 [kV]   ② 21 [kV]
(2) 번호 : 87, 명칭 : 전류 차동 계전기
(3)

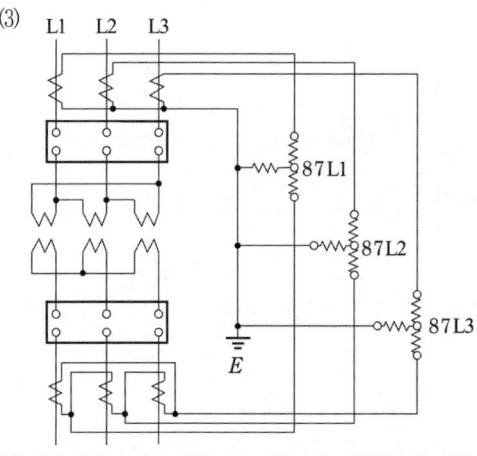

(4) 정상 운전시 전류 차동 계전기의 1차 전류와 2차 전류의 차이를 보정하는 역할

해 설
(1) 피뢰기 정격 전압

전력계통		피뢰기 정격 전압[kV]	
전압[kV]	중성점 접지방식	변전소	배전선로
345	유효접지	288	—
154	유효접지	144	—
66	PC 접지 또는 비접지	72	—
22	PC 접지 또는 비접지	24	—
22.9	3상 4선 다중접지	21	18

【주】 전압 22.9 [kV] 이하의 배전선로에서 수전하는 설비의 피뢰기 정격전압[kV]은 배전선로용을 적용한다.

(2) • 87 : 전류 차동계전기(비율차동계전기)
    • 87B : 모선보호 차동계전기
    • 87G : 발전기용 차동계전기
    • 87T : 주변압기 차동계전기
(3) 87 계전기용 CT 결선은 1차 전류와 2차 전류의 위상 및 크기를 동일하게 하기 위하여 변압기 결선과 반대로 한다.

▶ 출제년도 : 기사 97. 99. 03. 05.   ▶ 점수 : 9점

문제 38
그림은 특고압 수전 설비에 대한 단선 결선도이다. 이 결선도를 보고 다음 물음 (1)~(2)에 답하시오.

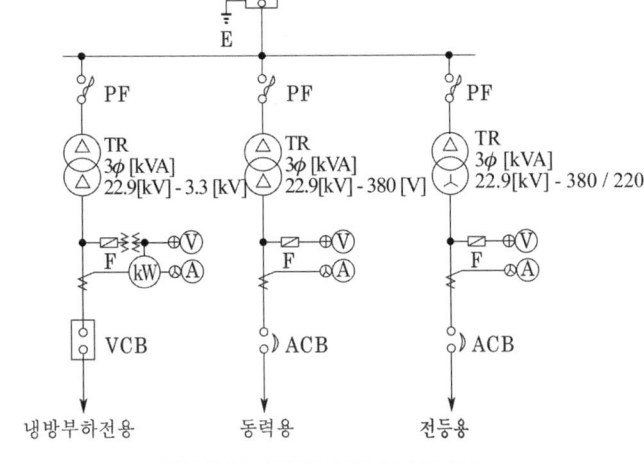

전력용 3상 변압기 표준 용량[kVA]						
100	150	200	250	300	400	500

(1) 동력용 변압기에 연결된 동력 부하 설비 용량이 300[kW], 부하 역률은 80[%], 효율 85[%], 수용률은 50[%]라고 할 때, 동력용 3상 변압기의 용량[kVA]을 계산하고 변압기 표준 정격 용량표에서 변압기 용량을 선정하시오.

(2) 변압기 3대로서 △-△, △-Y 결선도를 그리시오.

답안작성

(1) $P_a = \dfrac{300}{0.8 \times 0.85} \times 0.5 = 220.59$ [kVA]

따라서 변압기 표준 정격 용량표에서 250[kVA]

답 : 250[kVA]

(2) △-△ 결선   △-Y 결선

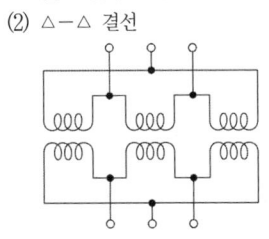   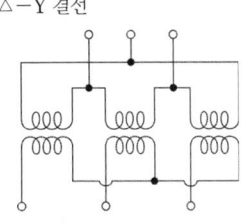

해설 (1) • 변압기 용량 ≥ 합성최대 수용전력 = $\dfrac{\text{설비용량[kW]} \times \text{수용률}}{\text{부등률} \times \text{역률}}$

• 부등률이 주어지지 않으면 1적용
• 효율을 고려하여 변압기 용량 선정

문제 39 ▶출제년도 : 기사 98.   ▶점수 : 10점

154[kV]를 수전하는 어느 공장의 옥외 수전설비에 대한 단선도이다. 그림을 보고 물음에 주어진 답안지에 답하시오.

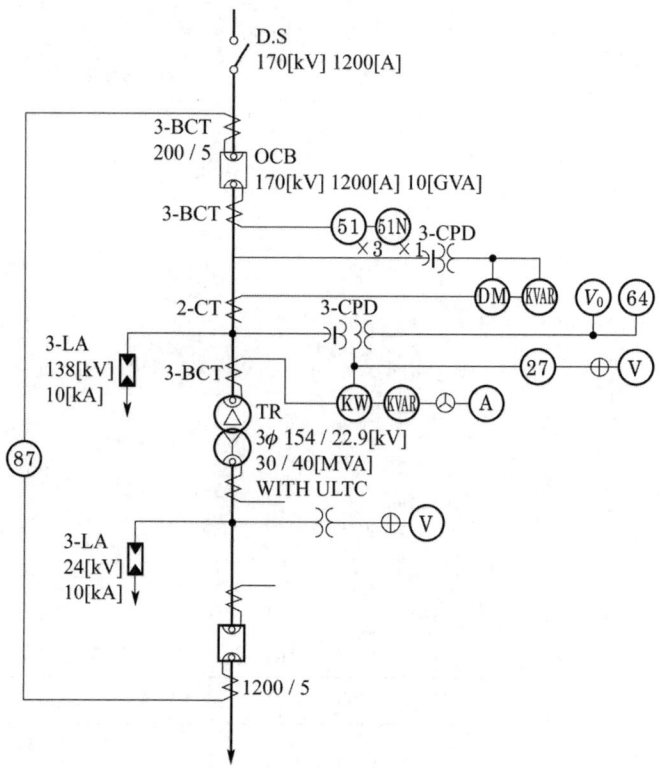

(1) 87 계전기의 Tap 및 Slope를 정정(Setting)하는 절차이다. 변압기 최대용량 40[MVA]에서 1, 2차 CT의 2차측 도선에 흐르는 전류 I_p, I_s는 각각 몇 [A]인가?(단, 최종답은 소수 3째 자리에서 반올림할 것)

(2) 87 계전기 회로의 3상 결선도를 완성하시오. (단, 접지표시를 할 것)

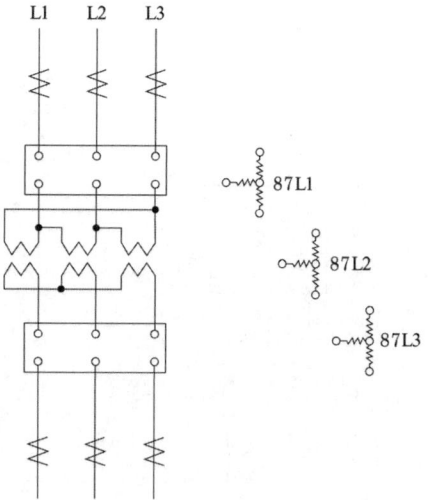

답안작성

(1) $I_1 = \dfrac{40 \times 10^3}{\sqrt{3} \times 154} = 149.96$ [A]

$I_p = 149.96 \times \dfrac{5}{200} = 3.75$ [A]

$I_2 = \dfrac{40 \times 10^3}{\sqrt{3} \times 22.9} = 1008.47$ [A]

CT 결선이 △결선이므로 도선에 흐르는 선전류는 CT 2차측 전류의 $\sqrt{3}$ 배가 되어야 하므로

$I_s = 1008.47 \times \dfrac{5}{1200} \times \sqrt{3} = 7.28$ [A]

(2)

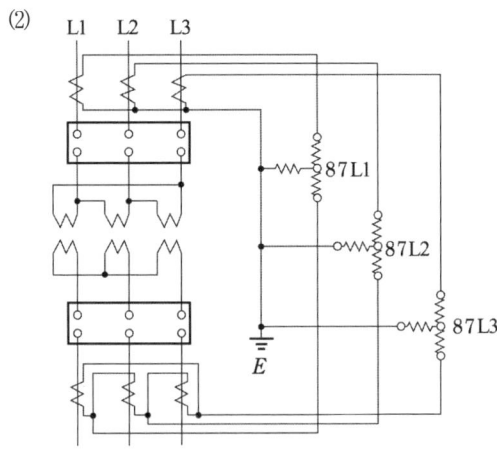

해 설 변압기의 결선이 Y-△ 또는 △-Y인 경우 변압기 1, 2차측 변류기의 2차 전류의 크기 및 위상을 동일하게 하기 위해 비율 차동 계전기의 변류기의 결선은 변압기 결선과 반대로 한다.

변압기 결선	변류기 결선
Y - △	△ - Y
△ - Y	Y - △

따라서, 변압기 2차측이 Y결선되어 있으므로 CT는 △결선이 되어야 하므로 도선에 흐르는 전류는 선전류가 되어 CT내에 흐르는 전류의 $\sqrt{3}$ 배가 된다.

문제 40

▶ 출제년도 : 산업 95. 98.   ▶ 점수 : 10점

건평 8000 [m²]인 건물이 있다. 이 건물에 FAN용 전동기 1.5 [kW]가 20대, 펌프용 전동기 7.5 [kW]가 15대를 사용하고자 다음과 같은 인입변대를 설비 시공하여 원활히 전기를 수급하고자 한다. 다음 물음에 답하여라. 단, FAN용 전동기 역률은 80 [%], 펌프용 전동기 역률 70 [%], 부하의 수용률은 70 [%], 전등, 전열용 전력은 25 [VA/m²]

(1) 다음 도면을 보고 단선도를 그리고, 접지와 변압기 결선 방법을 표기하여라. 단, 전압은 380/220을 동시에 얻고자 한다.

(2) 도면에 단상 변압기 용량을 산정하시오.

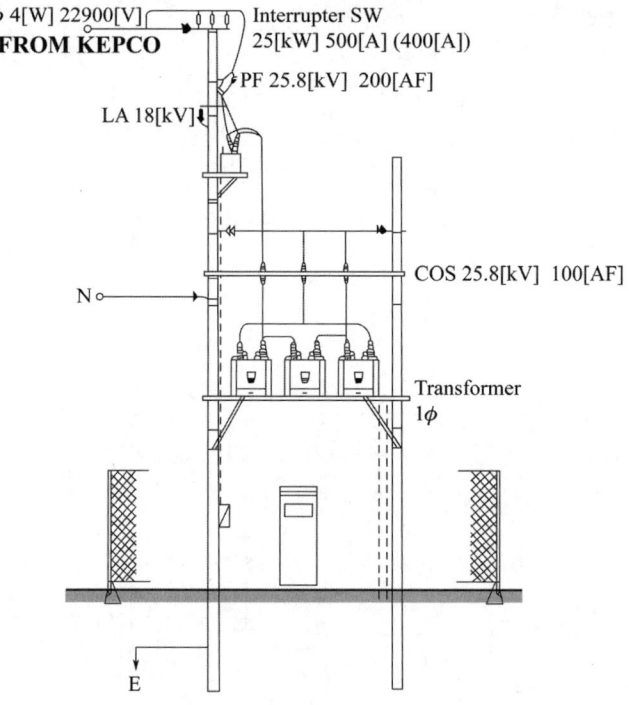

답안작성 (1)

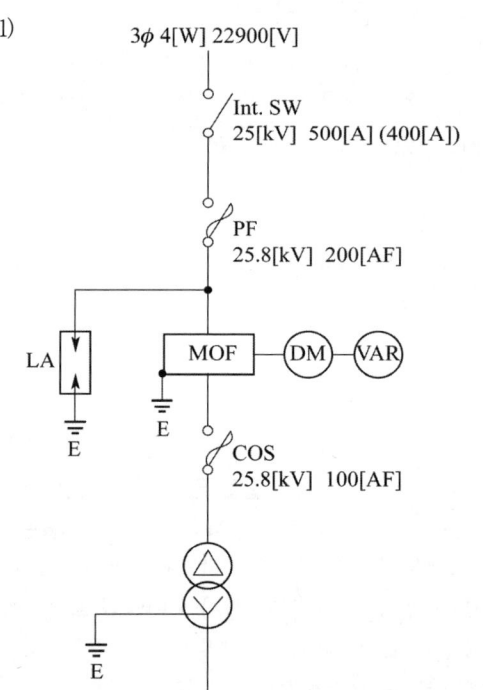

(2) 계산 : ① Fan 유효 전력 : $P_1 = 1.5 \times 20 = 30$ [kW]

무효 전력 : $Q_1 = \dfrac{1.5}{0.8} \times 0.6 \times 20 = 22.5$ [kVar]

② Pump 유효 전력 : $P_2 = 7.5 \times 15 = 112.5$ [kW]

무효 전력 : $Q_2 = \dfrac{7.5}{0.7} \times \sqrt{1-0.7^2} \times 15 = 114.77$ [kVar]

③ 전등 및 전열 : $P_3 = 25 \times 8000 \times 10^{-3} = 200 \, [\text{kW}]$

④ 전체 부하 용량

$$P_a = \sqrt{(P_1+P_2+P_3)^2 + (Q_1+Q_2)^2} \times 수용률$$
$$= \sqrt{(30+112.5+200)^2 + (22.5+114.77)^2} \times 0.7 = 258.29 \, [\text{kVA}]$$

⑤ 단상 변압기 1대의 용량

$$\text{Tr} = \frac{1}{3} \times 258.29 = 86.1 \, [\text{kVA}]$$

답 : 표준 용량의 100 [kVA] 단상 변압기 3대 선정

해 설 전등 및 전열의 역률은 문제에서 주어지지 않아 1로 계산하였음.

문제 41

▶ 출제년도 : 산업 94. 97. 99. 03. ▶ 점수 : 9점

도면은 어느 수용가의 옥외간이 수전설비이다. 다음 물음에 답하시오.

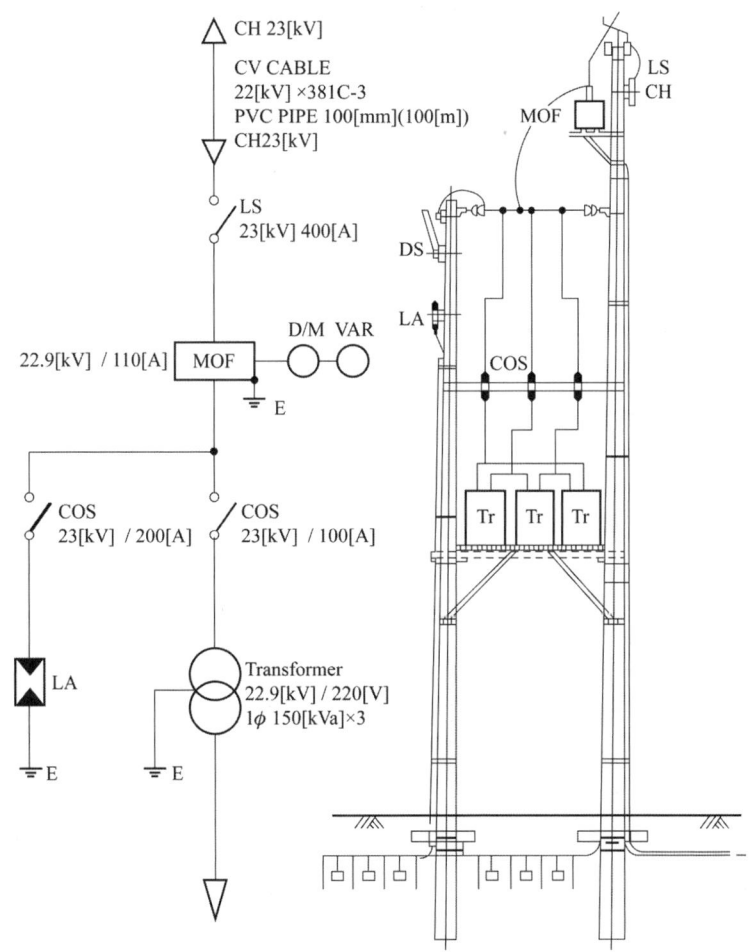

(1) MOF에서 부하용량에 적당한 CT비를 산출하시오. 단, CT 1차측 전류의 여유율은 1.25배로 한다.

(2) LA의 정격전압은 얼마인가?

(3) 도면에서 D/M, VAR는 무엇인지 쓰시오.

답안작성

(1) 계산 : $I = \dfrac{150 \times 3 \times 10^3}{\sqrt{3} \times 22900} = 11.35$ [A]

　　여유율이 1.25이므로 11.35×1.25=14.19, 즉 15[A]로 선정한다.

　답 : 15/5

(2) 18[kV]

(3) D/M : 최대 수요전력량계,　VAR : 무효전력계

해설

(1) 변류비 및 부담

① 1차 전류 : 5, 10, 15, 20, 30, 40, 50, 75, 100, 150, 200, 300, 400, 500 [A]

② 2차 전류 : 5[A]

③ 정격 부담 : 5, 10, 15, 25, 40, 100 [VA]

(2) 피뢰기 정격 전압

전력 계통		피뢰기 정격 전압[kV]	
전압[kV]	중성점 접지 방식	변전소	배전 선로
345	유효접지	288	-
154	유효접지	144	-
66	PC접지 또는 비접지	72	-
22	PC접지 또는 비접지	24	-
22.9	3상 4선 다중접지	21	18

【주】 전압 22.9[kV-Y] 이하의 배전선로에서 수전하는 설비의 피뢰기 정격전압[kV]은 배전선로용을 적용한다.

문제 42

▶출제년도 : 산업 92. 95. 99.　▶점수 : 6점

다음 결선도를 보고 잘못된 부분을 규정에 맞게 재작도 하시오. 단, CB 1set, DS 2set를 추가로 사용하여 그려라.

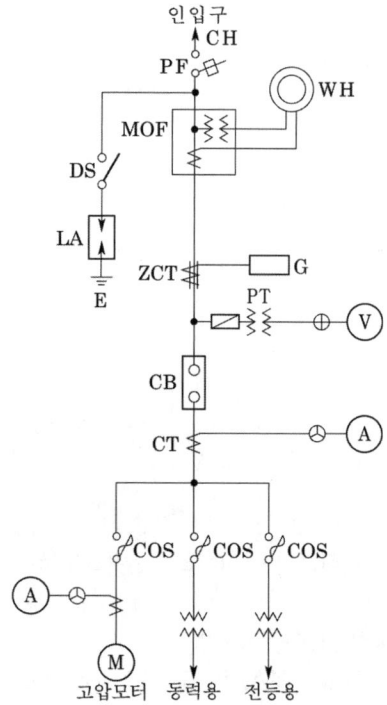

답안작성

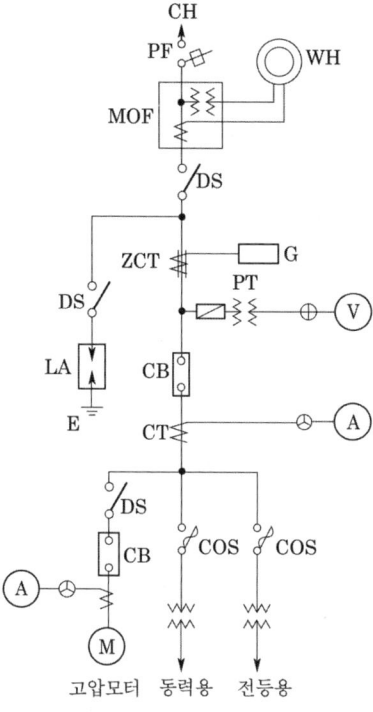

▶출제년도 : 기사 97. 00.   ▶점수 : 8점

문제 43 그림은 어느 빌딩의 고압 수전실의 기기 배치도이다. 물음에 답하시오.
(단, 고압 6,600[V] 수전)

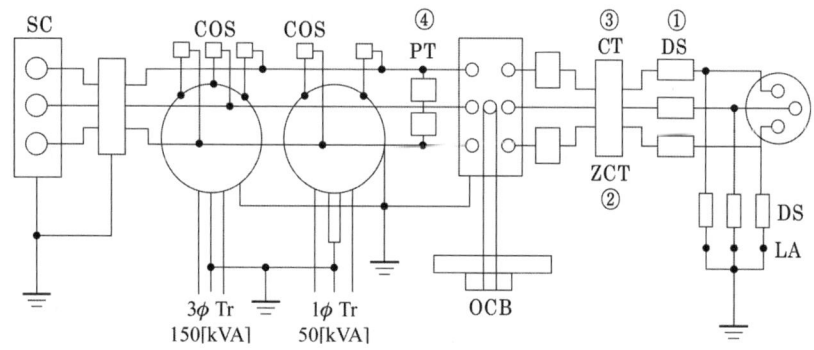

(1) 동작시에 아크가 발생하는 DS는 목재의 벽으로부터 최소의 이격 거리는 몇 [m]인가?
(2) CT의 변류비는 얼마로 선정하는 것이 적당한가?
(3) ZCT의 관통선에는 어떤 선을 사용하여야 하는가?
(4) Tr의 2차측(저압측)의 접지선의 최소 굵기는?

답안작성   (1) 1.0[m]

(2) $I = \left(\dfrac{150}{\sqrt{3}\times 6.6} + \dfrac{50}{6.6}\right)\times 1.25 \sim 1.5 = 25.87 \sim 31.05$ [A]이므로 CT비는 30/5로 선정한다.

(3) 고압 케이블
(4) 6 [mm²]

해 설

(1) 아크를 발생하는 기구의 시설(KEC 341.7)
동작시 아크를 발생하는 기구(개폐기, 과전류 차단기, 피뢰기 기타 이와 유사한 기구)는 목재의 벽 또는 천장 기타의 가연성 물질에서 다음 이상 이격시켜야 한다.
- 고압 : 1 [m] 이상
- 특고압 : 2 [m] 이상

(4) 접지도체·보호도체(KEC 142.3)
접지도체의 굵기는 고장 시 흐르는 전류를 안전하게 통할 수 있는 것으로서 다음에 의한다.
1) 특고압·고압 전기설비용 접지도체 : 단면적 6 [mm²] 이상의 연동선
2) 중성점 접지용 접지도체 : 공칭단면적 16 [mm²] 이상의 연동선
  다만, 다음의 경우에는 공칭단면적 6 [mm²] 이상의 연동선을 사용 할 수 있다.
  ① 7 [kV] 이하의 전로
  ② 사용전압이 25 [kV] 이하인 특고압 가공전선로(다만, 중성선 다중접지식의 것으로서 전로에 지락이 생겼을 때 2초 이내에 자동적으로 이를 전로로부터 차단하는 장치가 되어 있는 것.)

문제 44

▶출제년도 : 기사 96. 00. 02.   ▶점수 : 10점

그림은 고압 수전 설비의 평면도이다. 물음에 답하시오.

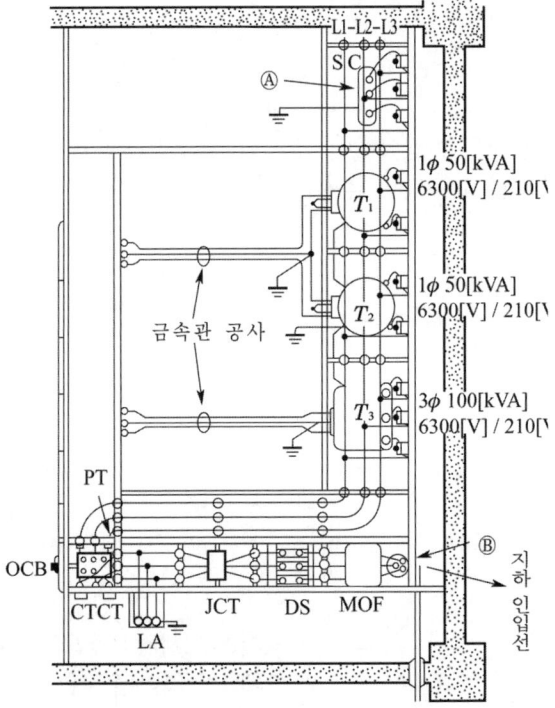

(1) ZCT의 설치 목적은?
(2) 변압기 T_1과 T_2로 공급하는 3상 최대 출력은 얼마인가 계산하시오.
(3) SC의 설치 목적은?

(4) CT의 변류비는 75/5, 50/5, 30/5 중 어느 것이 적당한가? (계산식을 기록할 것)
  • 계산 :   • 답 :
(5) T_1 변압기 전원측 고압 COS 퓨즈 링크의 정격 전류로 적당한 것은?

답안작성
(1) 영상 전류 검출
(2) $P_V = \sqrt{3} P_1 = \sqrt{3} \times 50 = 86.6$ [kVA]
(3) 역률 개선
(4) 계산 : $I = \dfrac{(86.6+100) \times 10^3}{\sqrt{3} \times 6300} \times 1.25 \sim 1.5 = 21.38 \sim 25.65$ [A]
   답 : 30/5 선정
(5) $I = \dfrac{86.6 \times 10^3}{\sqrt{3} \times 6300} = 7.94$ [A]
   고압 COS 퓨즈는 전부하 전류의 1.5배
   $7.94 \times 1.5 = 11.91$ [A]
   답 : 12 [A]

문제 45

▶ 출제년도 : 산업 94. 96.   ▶ 점수 : 15점

도면은 22.9 [kV−Y]간이 수변전 설비도이다. 도면을 이해하고 물음에 주어진 답안지에 답하시오.

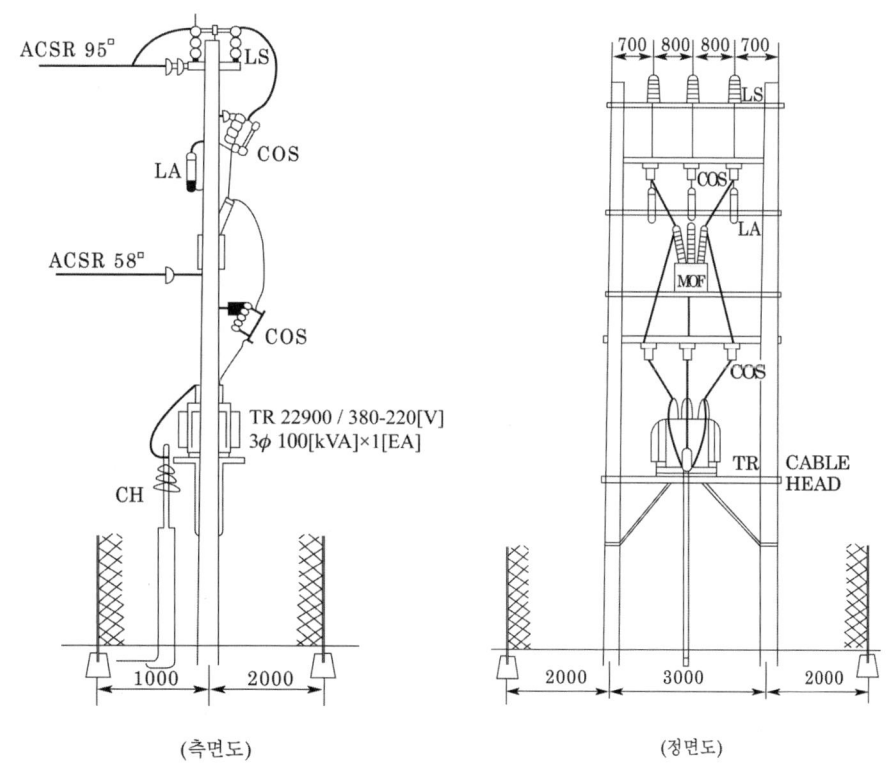

(측면도)   (정면도)

(1) 12 [m] 콘크리트 전주의 표준 근입은 몇 [m]인가?
(2) 현수 애자 254 [mm]는 용도로 무엇을 지지하는가?
(3) 피뢰기 수량은 몇 개인가?

(4) COS의 수량은 몇 개인가?
(5) 현수 애자 191[mm]는 용도로 무엇을 지지하는가?

답안작성
(1) $12 \times \dfrac{1}{6} = 2$ [m]   (2) COS 지지 또는 전선지지
(3) 3개   (4) 6개
(5) 중성선지지

문제 46

▶출제년도 : 기사 88.   ▶점수 : 20점

주어진 그림은 어떤 자가용 수용가의 수전 설비 일부를 나타낸 것이다. 수전 전압은 3상 3선식 6600[V] 고압 수전 설비로서 3상 결선 복선도에서 다음에 제시한 물음에 대하여 주어진 답란에 답을 쓰시오.

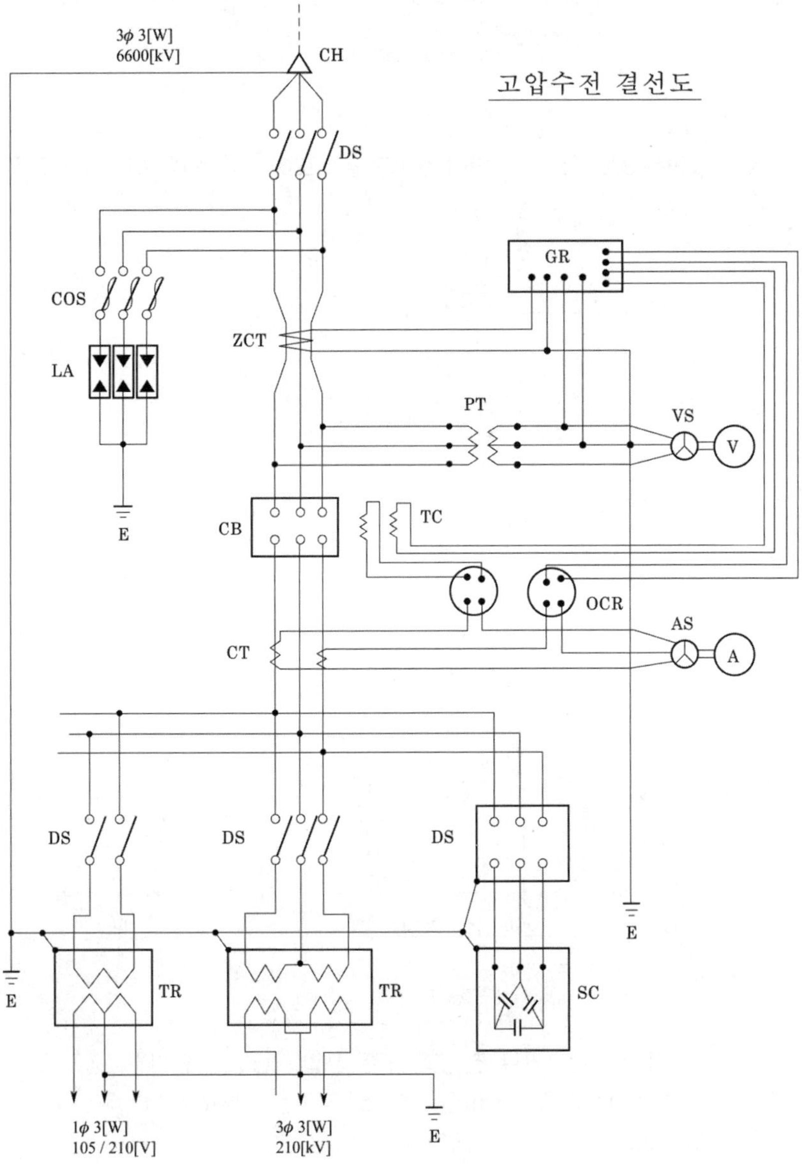

고압수전 결선도

(1) 주어진 결선도에서 잘못된 곳이 있다. 잘못된 곳에 주어진 답안지 도면에 번호를 기입하고 주어진 답란에 각기 정정 방법을 상세히 말하시오. (단, 필요 이상 정정을 하지 말고 완전히 틀린 곳만 정정할 것.)

(2) 지락을 검출하기 위한 ZCT는 1선 지락시 불평형 전류에 의하여 영상 1차 전류와 2차 전류로 지락 계전기를 동작하게 하는데 영상 1차 전류와 영상 2차 전류는 각각 몇 [mA]인가?

(3) CT의 2차 전류는 항상 5[A]로서 정격 부담은 고압에서 몇 [VA]인가?

(4) 30[kVA]의 단상 변압기 2대를 V결선 하여 3상 3선식 부하에 공급 할 때 이 변압기의 총 출력은 몇 [kVA]인가?

답안작성
(1) ① 피뢰기 1차 COS를 DS로 교체 ② PT 1차측에 Fuse를 삽입
    ③ VS 심벌을 ⊕로 변경 ④ 변압기 1차측 DS를 COS로 교체
(2) 1차 : 200[mA] 2차 : 1.5[mA]
(3) 40[VA]
(4) $P_V = \sqrt{3} P_1 = \sqrt{3} \times 30 = 51.96$ [kVA]

문제 47

▶출제년도 : 기사 97. ▶점수 : 5점

다음 그림은 고압 수전설비의 복선 결선도이다. 번호 ①~⑤에 나타난 문제에 관한 답을 해답란에 기입하시오.

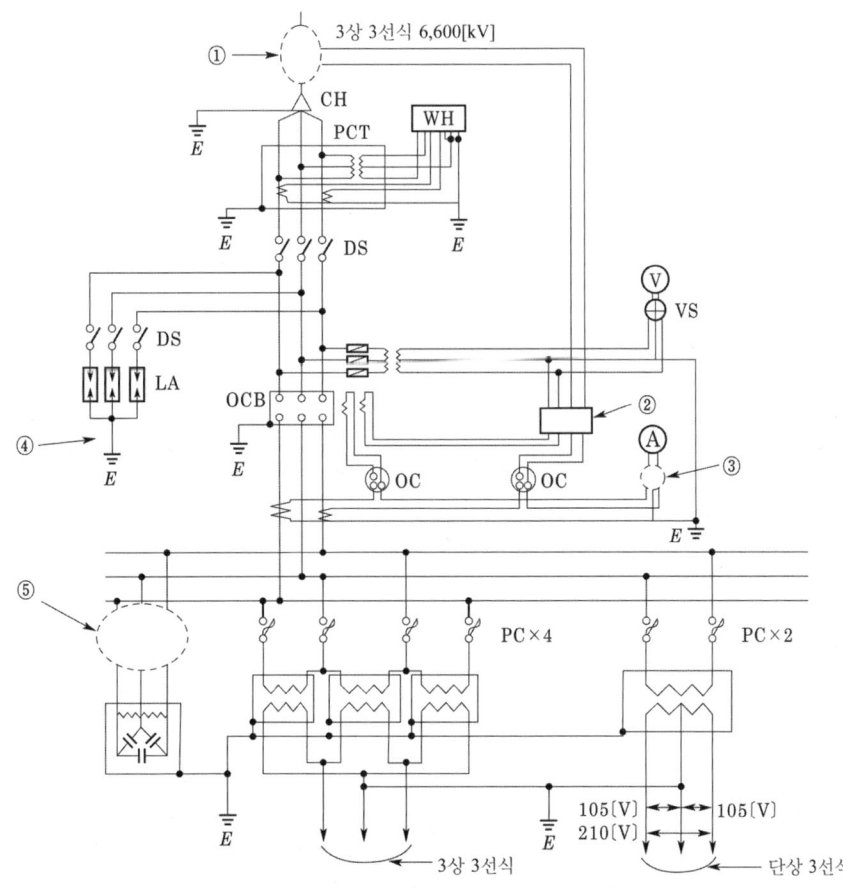

(1) ① 부분에 사용되는 기기의 명칭은?
(2) ②의 기기 사용 목적은?
(3) ③ 부분의 기기의 명칭은?
(4) ④ 한국전기설비규정에 의한 이 부분에 사용하는 접지도체의 최소 굵기[mm^2]는?
(5) ⑤ 부분에 설치되는 보호 장치로 적당한 것은?

답안작성 (1) ZCT(영상 변류기)   (2) 지락사고시 지락 전류를 검출하여 차단기를 동작시키기 위하여
(3) 전류계용 전환 개폐기   (4) 16 [mm^2]
(5) OS 또는 COS

해 설 (4) 접지도체(KEC 142.3.1)
접지도체에 피뢰시스템이 접속되는 경우, 접지도체의 단면적은 구리 16 [mm^2] 또는 철 50 [mm^2] 이상으로 하여야 한다.

문제 48

▶출제년도 : 산업 91.   ▶점수 : 22점

그림의 고압 수전설비 복선 결선도를 보고 물음에 답하시오.

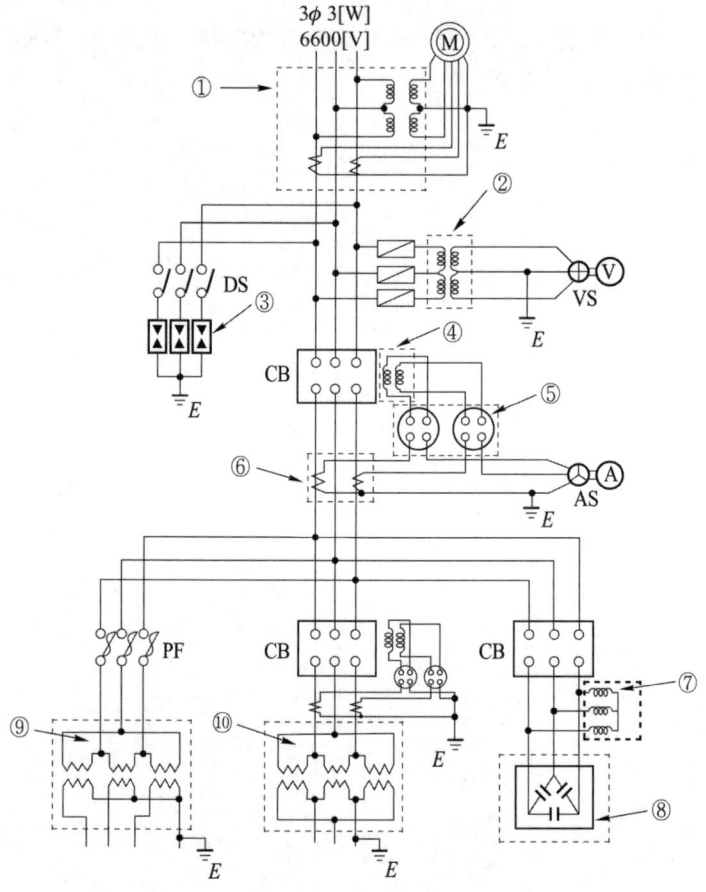

(1) 그림을 보고 축적에 관계없이 표준 심벌에 의하여 단선 결선도를 작성하시오.
(2) ①에서 ⑧까지의 심벌의 약호와 명칭을 기재하시오.
(3) ⑨와 ⑩의 변압기 결선 방법을 기재하시오.

(2)	번호	약호	명 칭
	①	MOF	전력수급용 계기용변성기
	②	PT	계기용 변압기
	③	LA	피뢰기
	④	TC	트립코일
	⑤	OCR	과전류 계전기
	⑥	CT	변류기
	⑦	DC	방전코일
	⑧	SC	전력용 콘덴서

(3) ⑨ △-Y 결선   ⑩ △-△ 결선

문제 49

▶출제년도 : 기사 90. ▶점수 : 14점

그림은 어떤 자가용 수변전 설비의 복선도이다. 도면을 보고 물음에 답하시오.

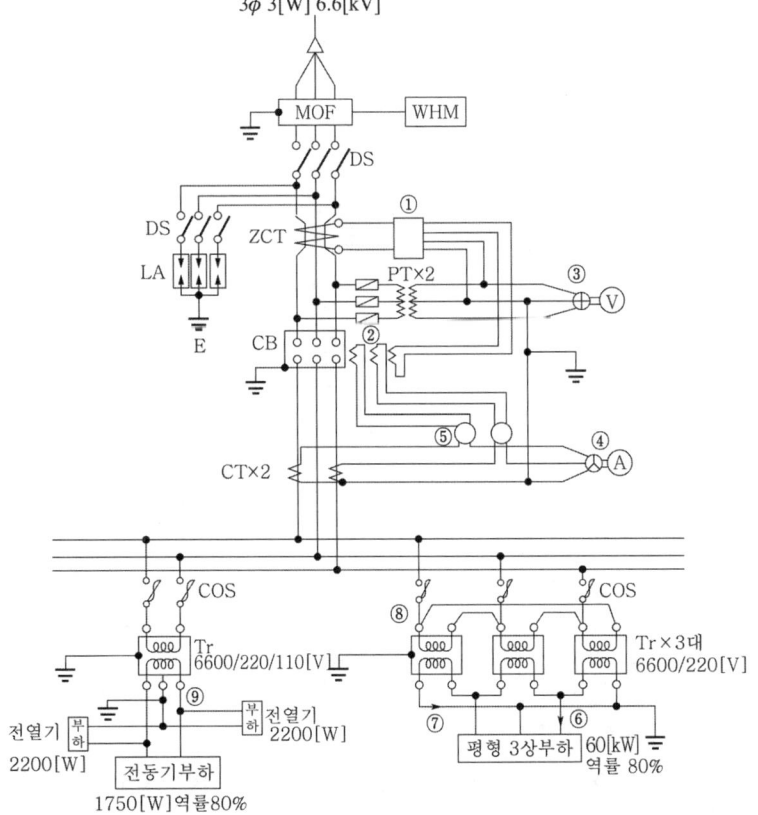

8. 전력설비 435

(1) ①~⑤까지의 기기명칭을 한글로 답하시오.
(2) ⑥~⑨까지의 전류를 계산하시오. 단, $\sqrt{3}$ 은 1.73까지만 계산하고 소수 점은 사사오입하여 첫째자리 까지만 구하고, 변압기 손실 및 전압강하는 무시한다.

답안작성

(1) ① 지락 계전기 ② 트립 코일
③ 전압계용 전환 개폐기 ④ 전류계용 전환 개폐기
⑤ 과전류계전기

(2) ⑥ $I = \dfrac{60 \times 10^3}{1.73 \times 220 \times 0.8} = 197.1 \, [\text{A}]$

⑦ 상전류 $= \dfrac{\text{선전류}}{\sqrt{3}}$ 이므로 $I = \dfrac{197.1}{1.73} = 113.9 [\text{A}]$

⑧ $I = \dfrac{60 \times 10^3}{1.73 \times 6600 \times 0.8} = 6.6 [\text{A}]$

⑨ $I = \dfrac{1750}{220 \times 0.8} \times (0.8 - j0.6) + \dfrac{2200}{110}$
$= \left(\dfrac{1750}{220 \times 0.8} \times 0.8 + \dfrac{2200}{110} \right) - j \left(\dfrac{1750}{220 \times 0.8} \times 0.6 \right) = 28.58 [\text{A}]$

문제 50

▶ 출제년도 : 산업 91. 94.   ▶ 점수 : 9점

다음 결선도를 보고 주어진 답안지에 식과 답을 쓰시오.

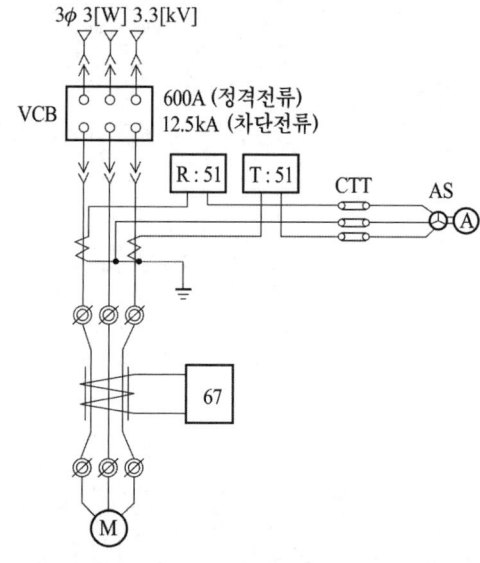

(1) VCB의 정격전압과 차단용량을 산출하시오.
(2) Device Function Number별 Device Name을 우리말과 영어로 쓰시오.
ex) 52 : 교류차단기(AC Circuit Breaker)
① 51 :
② 67 :
(3) Device Function No.67과 접속된 변성기의 명칭은?

답안작성

(1) 정격 전압 : $V = 3.3 \times \dfrac{1.2}{1.1} = 3.6\ [\text{kV}]$

차단 용량 : $P_S = \sqrt{3} \times 3600 \times 12500 \times 10^{-6} = 77.94\ [\text{MVA}]$

(2) ① 51 : 교류 과전류 계전기(AC Over Current Relay)
② 67 : 지락 방향 계전기(Directional Ground Relay)

(3) 영상 변류기

해 설

(1) 정격 전압 = 공칭 전압 $\times \dfrac{1.2}{1.1}$

차단 용량 = $\sqrt{3} \times$ 정격 전압 $\times$ 정격 차단 전류

문제 51 ▶출제년도 : 기사 98. 00. ▶점수 : 7점

답안지에 주어진 미완성 회로도는 변압기 부하 설비 용량이 100[kVA]미만의 고압수전 전선 접속도이다. 답안지에 결선도를 완성하시오. (단, 변압기 결선은 △−△결선으로 한다.)

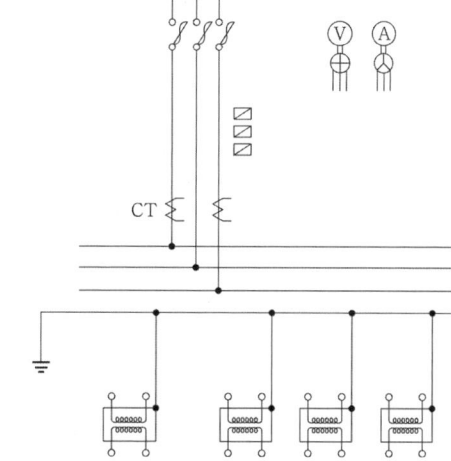

답안작성

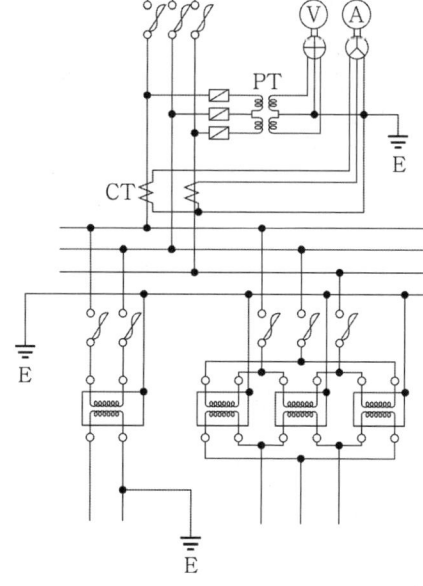

문제 52

▶출제년도 : 기사 99. ▶점수 : 15점

도면은 어떤 자가용 전기공작물 시설자의 고압수전설비의 3선 결선도이다. 물음에 답하시오.

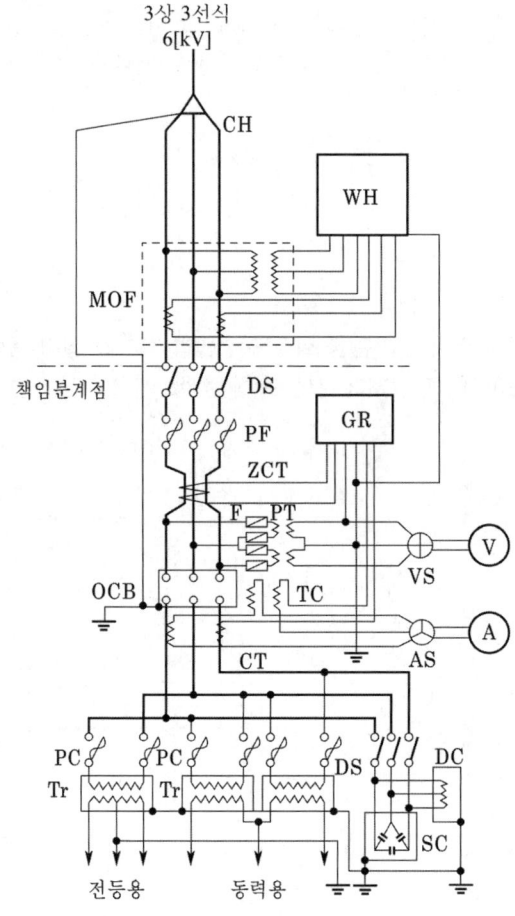

(1) 수전용 유입차단기의 차단용량의 부족을 대비하기 위한 설비는 무엇인가?
(2) 변압기 2대를 1뱅크로 한 결선 명칭과 또 이 결선의 출력은 얼마인가?
(3) 진상 콘덴서에 접속하는 방전 코일의 목적은 무엇인가?
(4) 부하가 이상이 있을 때 개폐 순서는(PC → OCB, OCB → PF, OCB → PC)의 순서이다.

답안작성
(1) PF(전력용 퓨즈)
(2) V 결선, 출력은 한 대 용량의 $\sqrt{3}$ 배, 즉 $\sqrt{3}\,P$ [kVA]
(3) 콘덴서에 축적된 잔류 전하 방전
(4) OCB → PC

문제 53

▶ 출제년도 : 기사 00.   ▶ 점수 : 6점

주어진 도면을 DS, F, PT, A, OCB, TC, CT, SR, DSC, SC 등의 심벌을 이용하여 배선 접속도를 그리시오.

【답안작성】

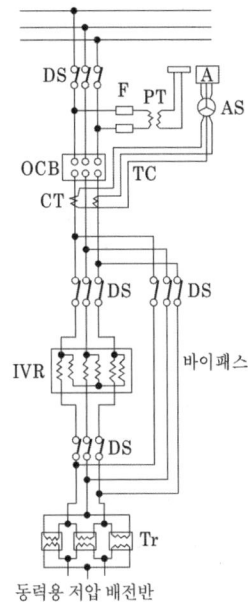

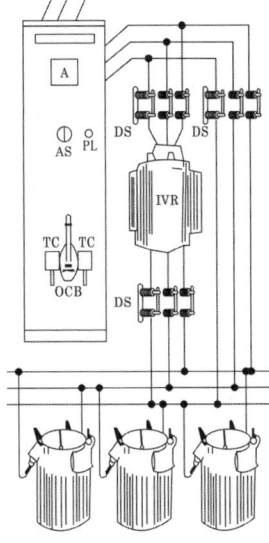

문제 54

▶ 출제년도 : 산업 95.   ▶ 점수 : 5점

주어진 도면을 보고 DS, F, PT, OCB, CT, TC, CH, M, ST 등의 심벌을 이용하여 그림의 전선접속도를 주어진 답안지에 완성하시오.

【답안작성】

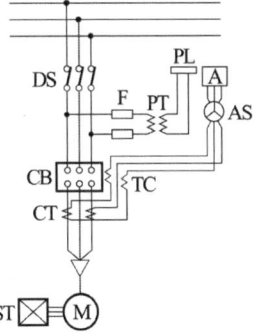

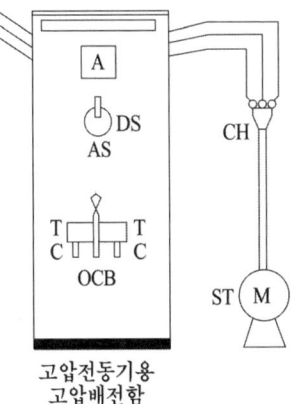

문제 55

▶ 출제년도 : 산업 94. 96. 99. 03.   ▶ 점수 : 6점

전력 퓨즈와 고압 개폐기를 포함한 고압 수전 변전소의 배치도이다. 그림을 보고 점선 이하의 배치도를 단선도로 그리시오.

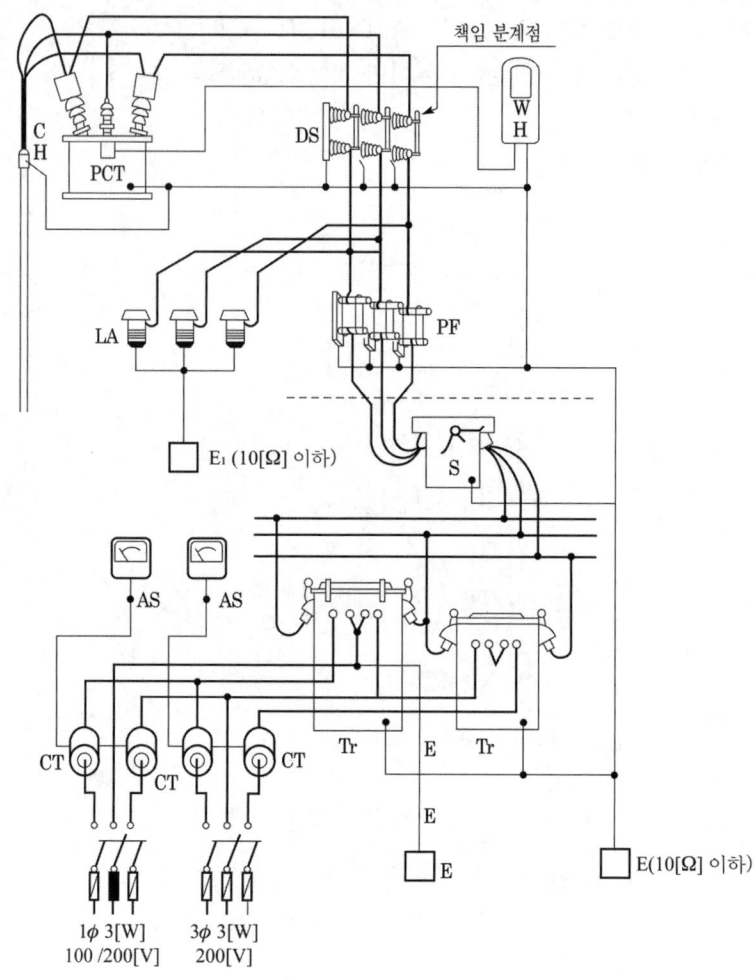

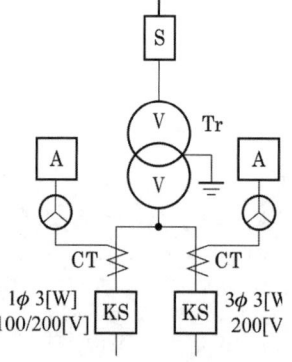

▶ 출제년도 : 산업 94. 99.　▶ 점수 : 10점

문제 56　다음 그림은 빌딩의 고압수전설비 기기 배치도(단면도)이다. 도면의 번호에 맞는 기기 명칭을 보기에서 골라 답란에 문자기호로 쓰시오.

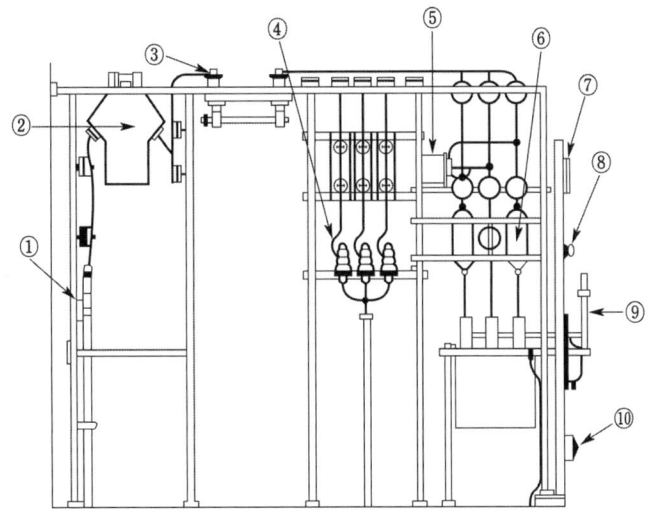

【보기】
① CT   ② VS   ③ OCR   ④ LA   ⑤ DS
⑥ ZCT ⑦ A   ⑧ MOF   ⑨ OCB ⑩ PT

답안작성
① ZCT   ② MOF   ③ DS   ④ LA   ⑤ PT
⑥ CT   ⑦ A   ⑧ VS   ⑨ OCB ⑩ OCR

▶ 출제년도 : 기사 91. 94.   ▶ 점수 : 9점

문제 57

다음 도면은 시공을 하기 위한 3상 유도전동기 2대의 기동제어 단선 결선도이다. 주어진 답안지에 복선도를 그리시오.

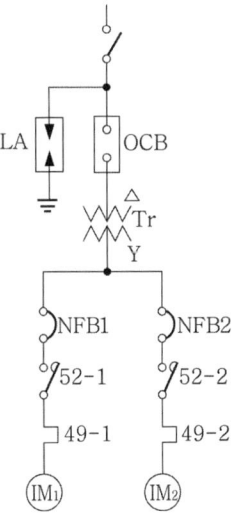

답안작성

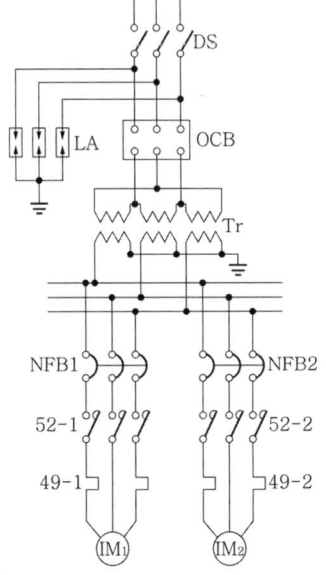

문제 58

▶출제년도 : 기사 96. 98.　　▶점수 : 6점

주어진 도면을 보고 점선 안의 단선도를 복선도로 정확하게 그리시오.

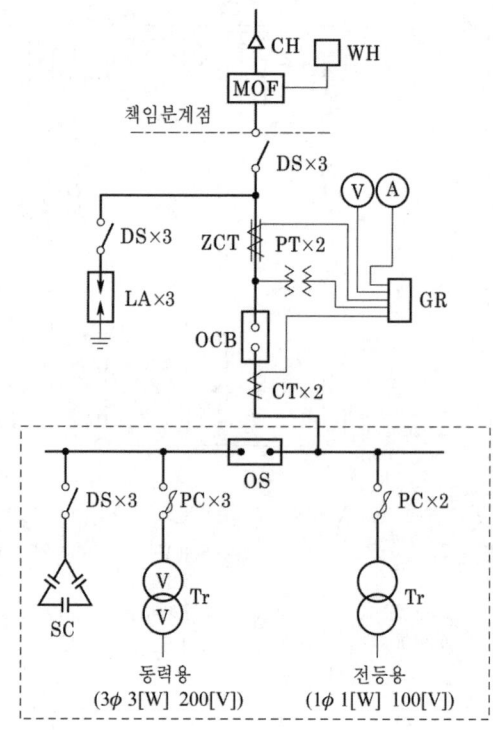

답안작성

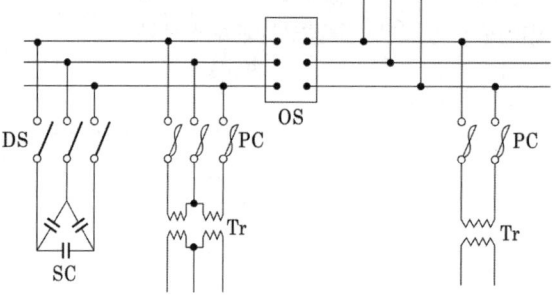

문제 59

▶출제년도 : 기사 96. 99. 16.　　▶점수 : 4점

그림 □안의 계기 명칭은?

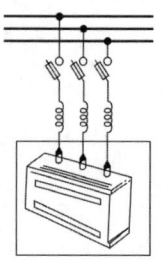

답안작성　전력용 콘덴서(SC)

문제 60 ▶출제년도 : 기사 96. ▶점수 : 6점

다음의 단선 결선도를 보고 3선 결선도를 작성하시오. (단, GR의 인출단자 수는 3선 결선도에서 7개로 한다.)

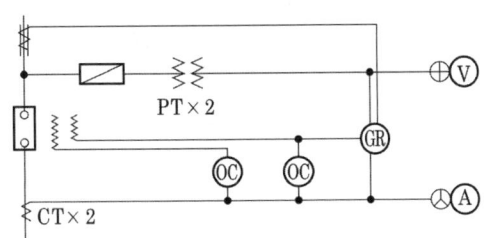

답안작성

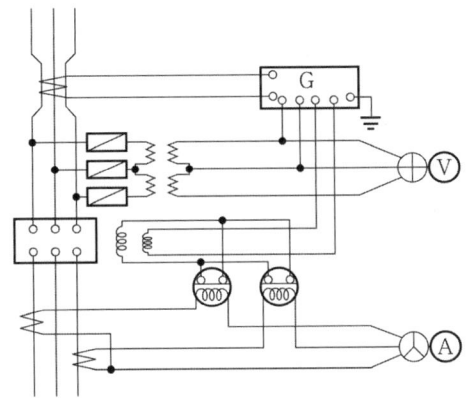

문제 61 ▶출제년도 : 기사 97. ▶점수 : 5점

3상 회로에서 CT 3개를 이용한 영상 회로를 구성시키면 지락 사고 발생 시에 과전류 계전기(OCGR)를 이용하여 이를 검출할 수 있다. 그림의 단선 접속도를 복선 접속도로 나타내시오.

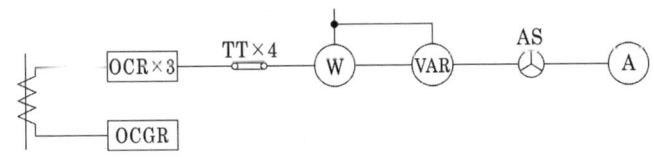

답안작성

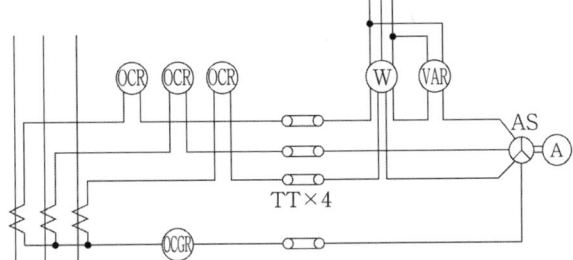

문제 62

▶ 출제년도 : 기사 94. 00.　▶ 점수 : 5점

도면은 어느 수용가의 옥외간이 수전 설비이다. 도면에서 D/M, VAR을 주어진 답안지의 미완성도를 완성하시오.

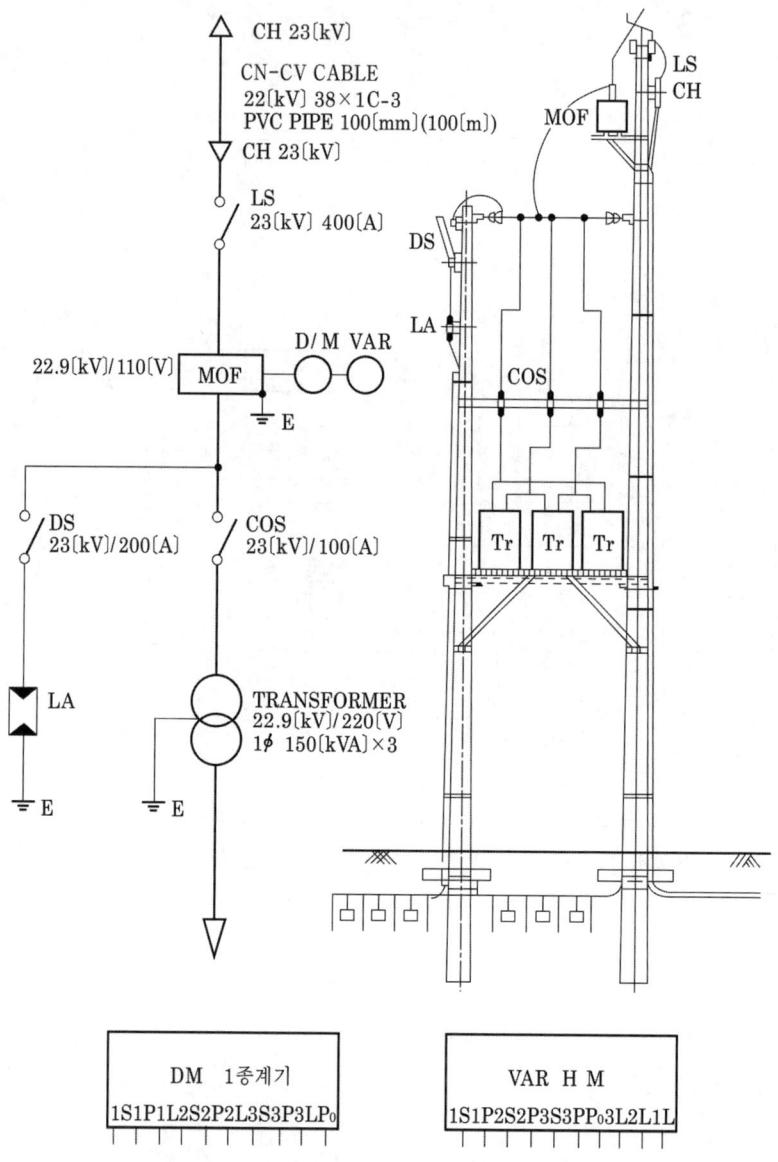

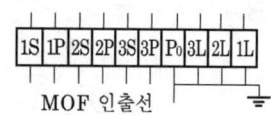

답안작성

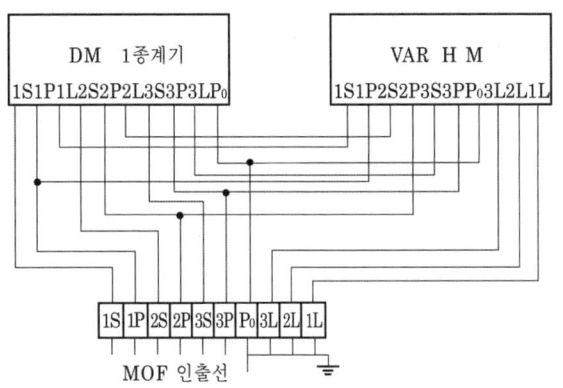

▶ 출제년도 : 산업 95.   ▶ 점수 : 10점

문제 63 보기와 같은 특고압 기기류를 참고하여 다음 각 물음에 답하시오.

명 칭	약 호	심 벌	단 위	수 량	비 고
단로기	①		조	1	
변류기	②		대	3	
피뢰기	③	LA	조	1	
과전류 계전기	OCR	OCR	대	3	
지락 계전기	GR	G R	대	1	
트립 코일	④		개소	1	
차단기	CB		대	1	
전력수급용 계기용변성기	MOF	MOF	대	1	
수전 변압기	TR		대	1	
접지공사	E		개소	3	
계기용 변압기	⑤		대	1	
컷아웃 스위치	⑥		조	1	

(1) ①~⑥까지의 약호는?

(2) 심벌을 이용하여 22.9 [kV-Y] 수전 설비 단선 결선도를 완성하시오.

(3) 상기 결선의 변압기에 80 [kW], 50 [kW], 100 [kW]의 부하가 접속되어 있다. 부하간의 부등률은 1.2 부하 역률은 90 [%], 수용률은 80 [kW], 50 [kW] 부하에서는 60 [%], 100

[kW]에서는 55[%]라면 변압기의 최대 수용 전력은 몇 [kVA]인가?

(4) 계기용 변압기 및 변류기의 2차측 정격 전압 및 정격 전류의 값은 얼마인가?

답안작성

(1) ① DS, ② CT, ③ LA
④ TC, ⑤ PT, ⑥ COS

(2)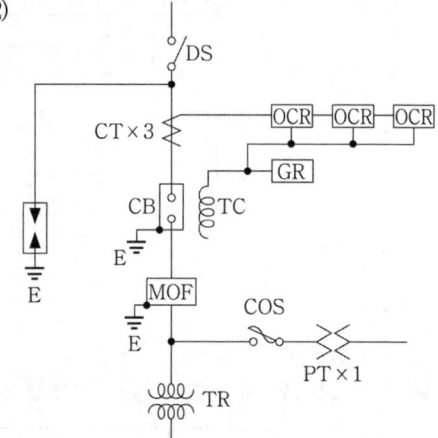

(3) 최대 수용 전력
$$= \frac{(80+50) \times 0.6 + 100 \times 0.55}{1.2 \times 0.9}$$
$$= 123.15 \,[kVA]$$
답 : 123.15 [kVA]

(4) ① 계기용 변압기 : 110[V]
② 변류기 : 5[A]

해 설

최대 수용 전력[kVA] = $\dfrac{\text{설비 용량[kW]} \times \text{수용률}}{\text{부등률} \times \text{역률}}$

문제 64

▶출제년도 : 산업 90.   ▶점수 : 21점

그림은 3상 4선식 중성점 다중접지 방식의 22.9[kV-Y] 배전선로에서 수전하기 위한 미완성 단선 결선도이다. 미완성 그림의 ①에서 ⑥까지의 기기에 대하여 복선도를 그리고 우리말 명칭을 쓰시오. (단, 진상용 콘덴서는 방전코일이 내장된 것으로 한다.)

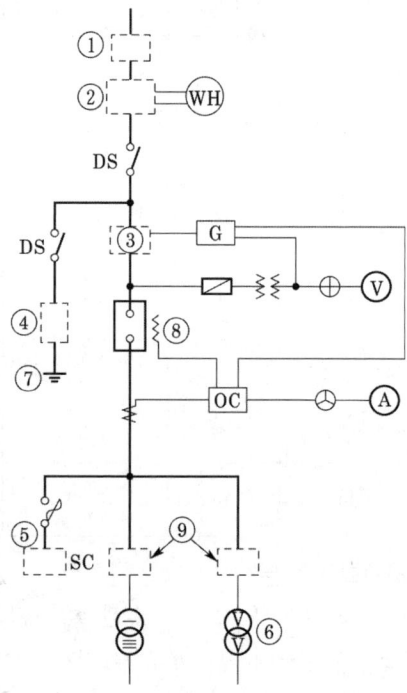

답안작성

① 케이블 헤드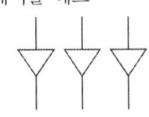

② 전력수급용 계기용변성기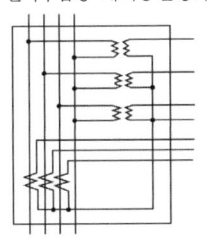

③ 영상 변류기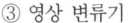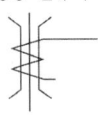

④ 피뢰기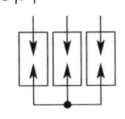

⑤ 전력용 콘덴서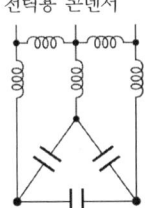

⑥ V결선 변압기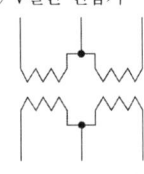

변압기

1. 변압기 결선

1) △—△ 결선

   ① 결선도

   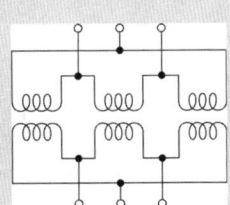

   ② 전압, 전류

   ㉠ 선간 전압(V_l), 상전압(V_p) : 선간 전압과 상전압은 크기가 같고 동상이 된다.

   $$V_l = V_p \angle 0°$$

   ㉡ 선전류(I_l), 상전류(I_p) : 선전류는 상전류에 비해 크기가 $\sqrt{3}$ 배이고 위상은 30° 뒤진다.

   $$I_l = \sqrt{3}\, I_p \angle -30°$$

   ③ 장·단점

   〔장점〕

   ㉠ 제3고조파 전류가 △결선 내를 순환하므로 정현파 교류 전압을 유기하여 기전력의 파형이 왜곡되지 않는다.

   ㉡ 1상분이 고장이 나면 나머지 2대로써 V결선 운전이 가능하다.

   ㉢ 각 변압기의 상전류가 선전류의 $1/\sqrt{3}$이 되어 대전류에 적당하다.

[단점]
　㉠ 중성점을 접지할 수 없으므로 지락 사고의 검출이 곤란하다.
　㉡ 권수비가 다른 변압기를 결선 하면 순환 전류가 흐른다.
　㉢ 각 상의 임피던스가 다를 경우 3상 부하가 평형이 되어도 변압기의 부하 전류는 불평형이 된다.

2) Y–Y 결선
　① 결선도

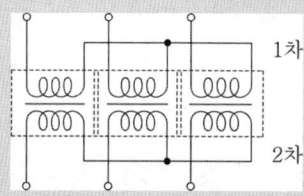

　② 전압, 전류
　　㉠ 선간 전압(V_l), 상전압(V_p) : 선간 전압은 상전압에 비해 크기가 $\sqrt{3}$ 배이고 위상은 $30°$ 앞선다.
$$V_l = \sqrt{3}\, V_p \angle 30°$$
　　㉡ 선전류(I_l), 상전류(I_p) : 선전류는 상전류와 크기가 같고 위상이 동상이 된다.
$$I_l = I_p \angle 0°$$

　③ 장·단점
　　[장점]
　　㉠ 1차 전압, 2차 전압 사이에 위상차가 없다.
　　㉡ 1차, 2차 모두 중성점을 접지할 수 있으며 고압의 경우 이상 전압을 감소시킬 수 있다.
　　㉢ 상전압이 선간 전압의 $1/\sqrt{3}$ 배이므로 절연이 용이하여 고전압에 유리하다.
　　[단점]
　　㉠ 제3고조파 전류의 통로가 없으므로 기전력의 파형이 제3고조파를 포함한 왜형파가 된다.
　　㉡ 중성점을 접지하면 제3고조파 전류가 흘러 통신선에 유도 장해를 일으킨다.
　　㉢ 부하의 불평형에 의하여 중성점 전위가 변동하여 3상 전압이 불평형을 일으키므로 송, 배전 계통에 거의 사용하지 않는다.

3) Y–△, △–Y 결선
　① 결선도(△–Y)

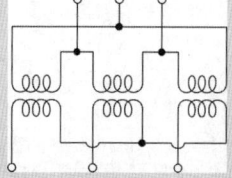

　② 장·단점
　　[장점]
　　㉠ 한 쪽 Y결선의 중성점을 접지 할 수 있다.

ⓒ Y결선의 상전압은 선간 전압의 $1/\sqrt{3}$ 이므로 절연이 용이하다.
　　　ⓓ 1, 2차 중에 △결선이 있어 제3고조파의 장해가 적고, 기전력의 파형이 왜곡되지 않는다.
　　　ⓔ Y—△ 결선은 강압용으로, △—Y 결선은 승압용으로 사용할 수 있어서 송전 계통에 융통성 있게 사용된다.
　　〔단점〕
　　　ⓐ 1, 2차 선간전압 사이에 30°의 위상차가 있다.
　　　ⓑ 1상에 고장이 생기면 전원 공급이 불가능해 진다.
　　　ⓒ 중성점 접지로 인한 유도 장해를 초래한다.

4) V—V 결선
　① 결선도

　　　출력 $P_V = \sqrt{3}\, P_1$

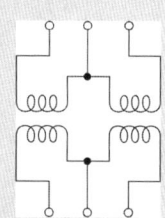

　　　여기서, P_V : V결선시의 출력
　　　　　　　P_1 : 단상 변압기 1대의 용량

　② 장·단점
　　〔장점〕
　　　ⓐ △—△ 결선에서 1대의 변압기 고장시 2대만으로도 3상 부하에 전력을 공급할 수 있다.
　　　ⓑ 설치 방법이 간단하고, 소용량이면 가격이 저렴하므로 3상 부하에 널리 이용된다.
　　〔단점〕
　　　ⓐ 설비의 이용률이 86.6〔%〕로 저하된다.
　　　ⓑ △결선에 비해 출력이 57.7〔%〕로 저하된다.
　　　ⓒ 부하의 상태에 따라서, 2차 단자 전압이 불평형이 될 수 있다.

2. 변압기 병렬 운전

1) 단상 변압기 병렬 운전조건
　① 각 변압기의 극성이 같을 것 : 극성이 같지 않을 경우 2차 권선의 순환 회로에 2차 기전력의 합이 가해지고 권선의 임피던스는 작으므로 큰 순환 전류가 흘러 권선을 소손 시킨다.
　② 각 변압기의 권수비 및 1차, 2차 정격 전압이 같을 것 : 2차 기전력의 크기가 다르면 순환 전류가 흘러 권선을 과열시킨다.
　③ 각 변압기의 %임피던스 강하가 같을 것 : %임피던스 강하가 다르면 부하 분담이 각 변압기의 용량의 비가 되지 않아 부하 분담의 균형을 이룰수 없다.
　④ 각 변압기의 저항과 누설 리액턴스 비가 같을 것 : 변압기간의 저항과 누설 리액턴스 비가 다르면 각 변압기의 전류간에 위상차가 생기기 때문에 동손이 증가한다.

2) 3상 변압기 병렬 운전 조건
　3상 변압기의 병렬 운전 조건은 단상 변압기의 병렬 운전 조건 이외의 다음 조건을 만족해야 한다.
　① 상회전 방향이 같을 것
　② 위상 변위가 같을 것

③ 병렬운전 가능결선과 불가능 결선

병렬 운전 가능	병렬 운전 불가능
△—△와 △—△	△—△와 △—Y
Y—△와 Y—△	△—Y와 Y—Y
Y—Y와 Y—Y	△—△와 Y—△
△—Y와 △—Y	Y—Y와 Y—△
△—△와 Y—Y	
△—Y와 Y—△	

3) 단권변압기
   ① 회로도

   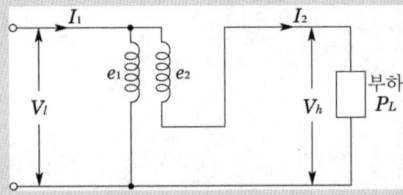

   ② 단권변압기의 용도
      ㉠ 배전 선로의 승압 및 강압용 변압기
      ㉡ 동기 전동기와 유도 전동기의 기동 보상기용 변압기
      ㉢ 실험실용 소용량의 슬라이닥스
   ③ 단권변압기의 전압

   $$V_h = V_l + V_l \frac{1}{a} = V_l\left(1 + \frac{1}{a}\right)$$

   여기서, $a = \dfrac{e_1}{e_2}$

   ④ 단권변압기의 부하용량과 자기용량

   $$\frac{\text{자기 용량}}{\text{부하 용량}} = \frac{(V_h - V_l)I_2}{V_h I_2} = 1 - \frac{V_l}{V_h} = 1 - \frac{\text{저압}}{\text{고압}}$$

   $$\text{자기 용량}(P) = \text{부하 용량}(P_L) \times \frac{\text{고압}(V_h) - \text{저압}(V_l)}{\text{고압}(V_h)}$$

   또 부하 용량 $P_L = P \times \dfrac{V_h}{V_h - V_l}$

   ⑤ 단권변압기의 장점
      [장점]
      ㉠ 자기 회로가 단축되므로 사용 재료가 적게 든다(동량이 절약된다).
      ㉡ 전압비가 클수록 동손이 감소되어 효율이 좋다.
      ㉢ %임피던스 강하가 작고 전압 변동률이 작다
      ㉣ 부하 용량이 자기 정격 용량 보다 크므로 경제적이다.

문제 65

▶출제년도 : 산업 91. ▶점수 : 4점

변전소 주 변압기의 결선 방법에 있어 △−△ 결선 방법에 대하여 다음 물음에 답하시오.
(1) 몇 [kV] 이하의 배전용에 이용되는가? 단, 단상 변압기의 3상 결선이다.
(2) 어떤 결선 운전이 가능한가?
(3) 어떤 조파의 순환 전류가 없는가?

답안작성 (1) 33[kV]   (2) V결선   (3) 제3고조파

문제 66

▶출제년도 : 기사 94. 97. ▶점수 : 6점

다음 문제를 읽고 답하시오.
(1) PT의 결선 방법에서 PT의 극성은 무엇을 원칙으로 하는가?
(2) PT의 결선이 Y−Y, △−△, V−V일 때에 1차와 2차의 벡터는 무엇이어야 하는가?
(3) PT가 Y−△ 결선일 때에는 △가 Y에 대하여 몇 도 늦은 상변위가 되도록 결선을 하여야 하는가?

답안작성
(1) 감극성(우리 나라는 감극성이 표준임)
(2) 동위상(또는 각 변위가 같을 것)
(3) 30°

문제 67

▶출제년도 : 기사 00.

변압기의 탭(TAB)의 역할(기능)에 대해 설명하시오.

답안작성 부하단(수전단) 전압을 조정하기 위하여

해 설 1차측 코일의 전기적 길이를 조절하여 2차측에 유도되는 전압을 조정하는 것으로 5단으로 구성

문제 68

▶출제년도 : 기사 95. 96. 99. ▶점수 : 5점

보기의 내용들은 어떤 결선 방법인가?

【보기】
- 상전압이 선간 전압의 0.577이 되고 고전압의 결선에 적합하다.
- 변압비, 권선 임피던스가 서로 틀려도 순환 전류가 흐르지 않는다.
- 제3고조파 전류의 통로가 없으므로 유도 기전력이 제3고조파를 함유하고 중성점을 접지하면 통신선에 유도 장해를 준다.
- 기전력 파형은 제3고조파를 포함한 왜형파가 된다.
- 중성점을 접지할 수 있으므로 단절연 변압기를 채택할 수 있다.

답안작성 Y-Y 결선

문제 69

▶출제년도 : 기사 95. ▶점수 : 5점

다음 내용을 잘 읽고 물음에 답하시오.
① 전압이 낮고 전류가 많이 흐르는 선로에 적합하다.
② 인가 전압이 정현파이면 유도 전압도 정현파가 된다.
③ 고장시 2대로 V결선하여 사용할 수 있다.
④ 장래 송전 전압을 높여 송전 전력을 증가시킬 때 적합하다.
이러한 경우 △−△, Y−Y, Y−△, V−V 결선 중 어떤 방법이 적당한가?

답안작성 △-△ 결선

문제 70

▶출제년도 : 기사 95. 96. 99. ▶점수 : 6점

다음 내용들은 변압기 결선에 대한 장·단점이다. 내용을 읽고 어떤 결선인가 쓰고, 결선도를 그리시오.
- 중성점을 접지할 수 있다.
- 상전압이 선간전압의 $1/\sqrt{3}$ 이 되어 고전압의 결선에 적합하다.
- 변압비, 권선 임피던스가 서로 틀려도 순환전류가 흐르지 않는다.
- 제3고조파 여자 전류의 통로가 없어 유도 기전력이 제3고조파를 함유하여 중성점을 접지하면 통신선에 유도장해를 준다.

답안작성 Y-Y 결선

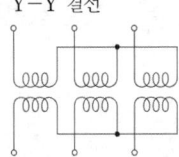

문제 71

▶출제년도 : 기사 95. 96. 99. 산업 12. ▶점수 : 5점

다음 설명을 잘 이해한 후 어떤 결선 방식인가 답하고 결선도를 그리시오.
- 2차 권선의 전압이 선간전압의 $\dfrac{1}{\sqrt{3}}$ 이고 승압용에 적당하다.
- 즉, △-△ 결선과 Y-Y 결선의 장점을 갖고 있다.
- 30° 위상변위가 있어서 한 대가 고장이 나면 전원공급이 불가능한 결선이다.

답안작성 △-Y 결선

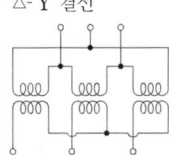

문제 72

▶출제년도 : 산업 95. ▶점수 : 5점

22.9 [kV] 특고압 배전에서 단상 변압기 3개를 사용하여 3상 440 [V]의 전동기에 공급하려고 할 때 변압기 2차측 결선 방법은 무슨 결선으로 하는가?

답안작성 △결선

문제 73

▶출제년도 : 산업 89. 91. 95. ▶점수 : 5점

답안지와 같이 단상 변압기 3대가 있는 미완성 회로도가 있다. 이것을 1차 Y, 2차 △ 결선하시오.

답안작성

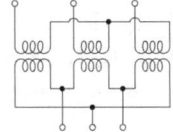

문제 74

▶출제년도 : 산업 98. ▶점수 : 5점

비접지 3상 결선 방법 중 중성점 접지를 할 수 없고 1상에 고장이 발생하면 V결선이 가능한 결선 방법은?

답안작성 △－△결선

문제 75

▶출제년도 : 산업 92. ▶점수 : 6점

변압기의 결선에서 일반적으로 계통에 많이 쓰이는 3상 2권선 변압기의 결선방법
(1) Y－Y 결선, (2) △－△ 결선, (3) Y－△ 결선, (4) △－Y 결선 방법을 그리시오.

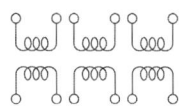

답안작성

(1) 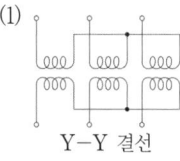 (2) 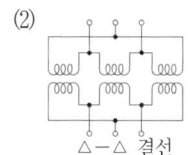 (3) 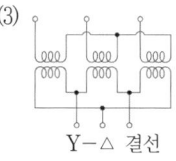 (4)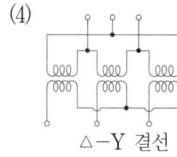
Y－Y 결선   △－△ 결선   Y－△ 결선   △－Y 결선

문제 76

▶출제년도 : 산업 93. ▶점수 : 5점

답란의 단상 변압기 3대의 그림을 △－△결선하시오. 단, 중성점 접지할 곳을 표시하시오.

답안작성

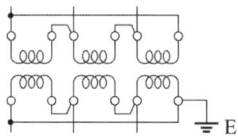

해 설 고압 또는 특고압과 저압의 혼촉에 의한 위험방지 시설(KEC 322.1)
고압전로 또는 특고압전로와 저압전로를 결합하는 변압기의 저압측의 중성점에는 규정에 의하여 계산한 값이 10[Ω]을 넘을 때에는 접지저항치가 10[Ω] 이하가 되도록 할 것.(단, 사용전압이 35[kV] 이하의 특고압전로로서 전로에 지락이 생겼을 때에 1초 이내에 자동적으로 이를 차단하는 장치가 되어 있는 것 및 사용전압이 25[kV] 이하인 특고압 가공전선로로서 중성선 다중접지식의 것으로서 전로에 지락이 생겼을 때 2초 이내에 자동적으로 이를 전로로부터 차단하는 장치가 되어 있는 것은 제외한다.)
다만, 그 접지공사를 변압기의 중성점에 하기 어려울 때에는 저압전로의 사용전압이 300[V] 이하인 경우에 한해 저압 측의 1단자에 시행할 수 있다.

문제 77

▶출제년도 : 산업 98. 00. ▶점수 : 6점

다음 결선과 같은 단상변압기 3대가 있다. 물음의 조건으로 결선하시오.

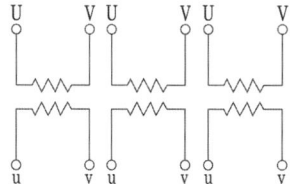

(1) STAR－STAR 결선(Y－Y)
(2) STAR－DELTA 결선(Y－△)

답안작성 (1) (2)

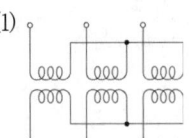

문제 78

▶출제년도 : 산업 95.   ▶점수 : 5점

다음 그림은 3상 4선식 배전선로에서 단상 변압기 2대가 있는 미완성 회로도이다. 이것을 역V결선 하여 2차에 3상 배선방식으로 결선하여라.

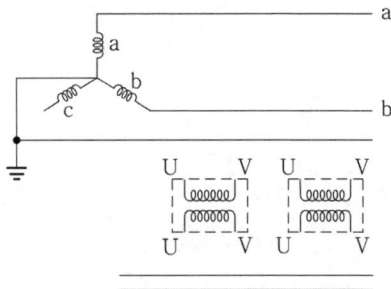

답안작성

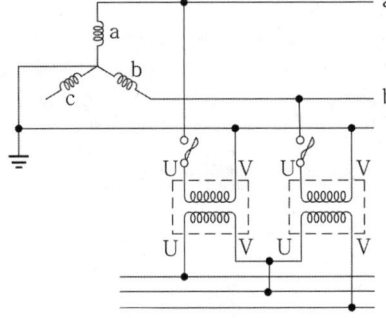

문제 79

▶출제년도 : 기사 98.   ▶점수 : 5점

그림과 같이 3상 3선식 6,600[V] 비접지 고압 선로로부터 전등 전열등 단상 부하와 3상 부하를 함께 공급하기 위한 동력과 전등 공용 변압기 결선을 20[kVA] 단상 변압기 2대로 V결선하고 이 때 필요한 보호설비와 접지를 도해하시오. (단, 기기의 규격은 생략한다.)

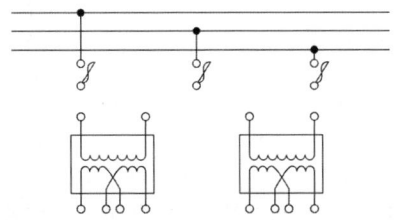

답안작성

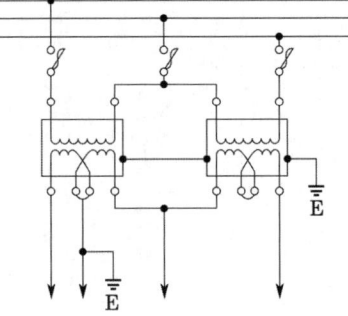

문제 80

▶ 출제년도 : 산업 97.   ▶ 점수 : 5점

답안지 그림을 보고 모선과 단상 변압기 3대와의 결선을 기입하여 완성하고, 필요한 접지를 기입하시오. $1\phi 3W$의 중성선에는 퓨즈를 넣어서는 안된다.

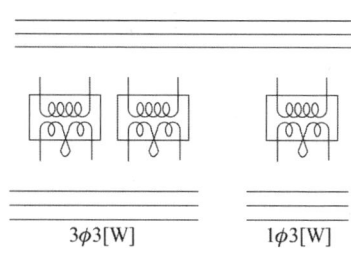

답안작성

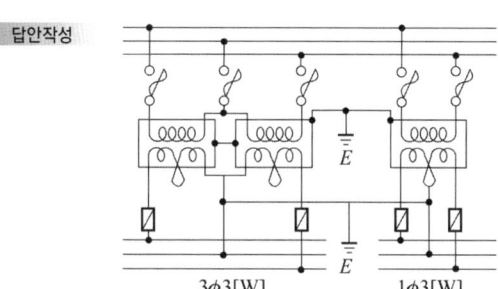

문제 81

▶ 출제년도 : 기사 97.   ▶ 점수 : 5점

접지계통의 단상변압기 3대로 Y 결선을 답안지에 도시하시오.

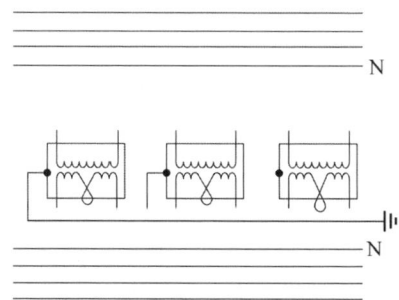

답안작성

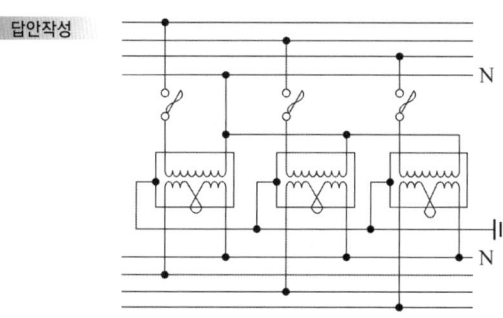

문제 82

▶ 출제년도 : 기사 92. 04. 07.   ▶ 점수 : 5점

변압기의 병렬운전의 결선 조합에서 병렬운전 가능, 병렬운전 불가능한 결선을 구분하여 모두 쓰시오.

답안작성

병렬 운전 가능	병렬 운전 불가능
△-△ 와 △-△	△-△ 와 △-Y
Y-△ 와 Y-△	△-Y 와 Y-Y
Y-Y 와 Y-Y	△—△와 Y—△
△-Y 와 △-Y	Y—Y와 Y—△
△-△ 와 Y-Y	
△-Y 와 Y-△	

문제 83

▶ 출제년도 : 기사 94.   ▶ 점수 : 5점

변압기를 병렬 운전할 때 극성이 같은 단자를 접속하지 않으면 어떻게 되는가?

답안작성 큰 순환 전류가 흘러 권선이 소손된다.

해 설 극성이 다르면 변압기는 직렬로 되어 순환전류가 흐른다.

문제 84

▶ 출제년도 : 기사 96. 00.   ▶ 점수 : 4점

변압기의 1차측 사용탭이 6300〔V〕의 경우 2차측 전압이 110〔V〕이었다. 2차측 전압을 약 100〔V〕로 하기 위해서는 1차측 사용탭을 얼마로 하여야 되는지 실제변압기의 사용탭 중에서 선정하시오. (단, 탭전압은 5700〔V〕, 6000〔V〕, 6300〔V〕, 6600〔V〕, 6900〔V〕이다.)

• 계산 :   • 답 :

답안작성 계산 : $\frac{110}{100} \times 6300 = 6930$ 〔V〕

답 : 6900〔V〕

해 설 1차 입력전압과 1차 탭전압은 역비례 하므로

$$e' = \frac{e_1 E}{E_2'} = \frac{6300 \times 110}{100} = 6930 \text{〔V〕}$$

따라서, 6900〔V〕 탭을 선정한다.

03 무정전 전원 설비공사

1. 무정전 전원 장치(UPS : Uninterruptible Power Supply)

1) 개요

UPS는 축전지, 정류 장치(Converter)와 역변환 장치(Inverter)로 구성되어 있으며 선로의 정전이나 입력 전원에 이상 상태가 발생하였을 경우에도 정상적으로 전력을 부하측에 공급하는 설비를 UPS라 한다.

2) UPS의 구성도

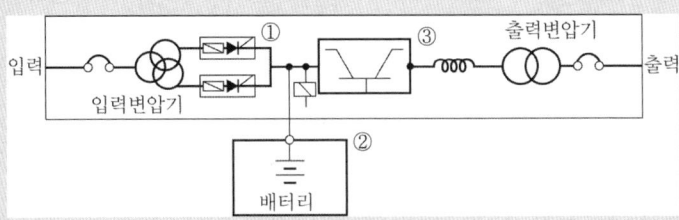

① 정류 장치
② 축전지
③ 역변환 장치

3) 기능

① 정류 장치(Converter) : 교류를 직류로 변환
② 축전지 : 정류 장치에 의해 변환된 직류 전력을 저장
③ 역변환 장치(Inverter) : 직류를 사용 주파수의 교류 전압으로 변환

4) 비상 전원으로 사용되는 UPS의 블록 다이어그램

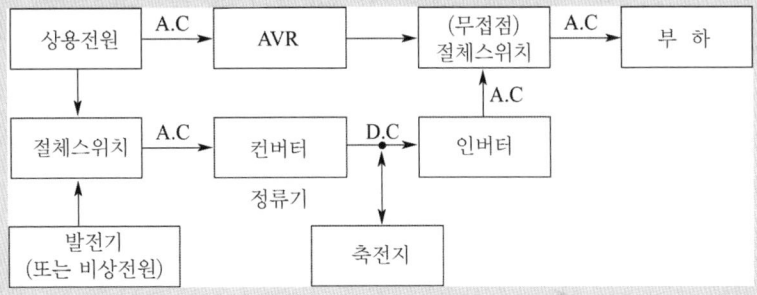

문제 1
▶출제년도 : 기사 98. ▶점수 : 5점
UPS(uninterruptible power supply)의 사용 목적은?

답안작성   상시 전원의 정전 또는 이상 상태가 발생하여도 정상적으로 안정된 전력을 부하에 공급하기 위하여

해 설   무정전 전원장치로 전원측에서 정전이 되었을 때 부하에 전원을 공급하는 장치

문제 2
UPS 장치 시스템의 중심부분을 구성하는 CVCF의 기본 회로를 보고 다음 각 물음에 답하시오.

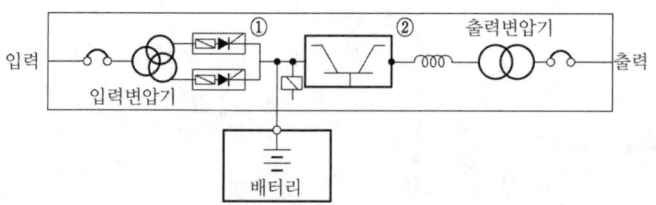

(1) UPS 장치는 어떤 장치인가?
(2) CVCF는 무엇을 뜻하는가?
(3) 도면의 ①, ②에 해당되는 것은 무엇인가?

답안작성   (1) 무정전 전원 공급장치
(2) 정전압 정주파수 장치
(3) ① 정류기(컨버터)   ② 인버터

문제 3
다음은 컴퓨터 등의 중요한 부하에 대한 무정전 전원공급을 위한 그림이다. "㈎~㈑"에 적당한 전기 시설물의 명칭을 쓰시오.

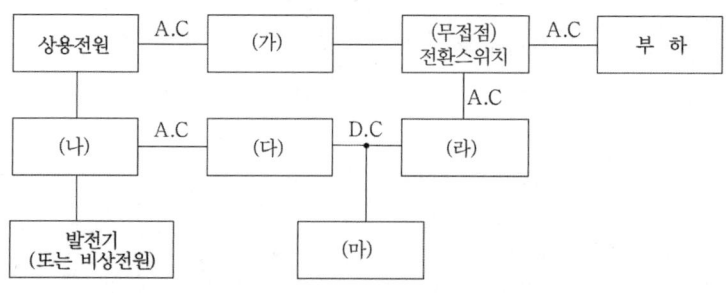

답안작성   ㈎ 자동전압조정기(AVR)   ㈏ 전환용 개폐기
㈐ 정류기(컨버터)   ㈑ 인버터   ㈒ 축전지

문제 4
인테리전트 빌딩(Intelligent building)은 빌딩 자동화시스템, 사무자동화시스템, 정보통신시스템, 건축환경을 총망라한 건설과 유지관리의 경제성을 추구하는 빌딩이라 할 수 있다. 이러한 빌딩의 전산시스템을 유지하기 위하여 비상전원으로 사용되고 있는 UPS에 대해서 다음 각 물음에 답하시오.

(1) UPS를 우리말로 하면 어떤 것을 뜻하는가?
(2) UPS에서 AC→DC부와 DC→AC부로 변환하는 부분의 명칭을 각각 무엇이라 부르는가?
(3) UPS가 동작되면 전력 공급을 위한 축전지가 필요한데 그 때의 축전지 용량을 구하는 공식을 쓰시오. 단, 사용 기호에 대한 의미도 설명하도록 하시오.

답안작성
(1) 무정전 전원 공급 장치
(2) AC→DC : 컨버터   DC→AC : 인버터
(3) $C = \dfrac{1}{L} KI$ [Ah]
여기서, C : 축전지의 용량[Ah] L : 보수율(경년용량 저하율)
K : 용량환산 시간 계수 I : 방전 전류[A]

문제 5

UPS 장치에 대한 다음 각 물음에 답하시오.
(1) 이 장치는 어떤 장치인지를 설명하시오.
(2) 이 장치의 중심부분을 구성하는 것이 CVCF이다. 이것의 의미를 설명하시오.
(3) 그림은 CVCF의 기본 회로이다. 축전지는 A~H 중 어디에 설치되어야 하는가?

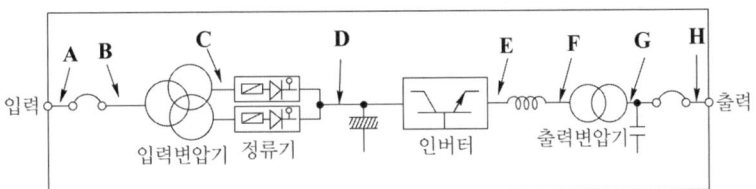

답안작성   (1) 무정전 전원 공급 장치   (2) 정전압 정주파수 공급 장치   (3) D

해 설
(1) UPS(Uninterruptible Power supply System) : 무정전 전원 공급 장치로서 입력 전원의 정전시에도 부하 전력 공급의 연속성을 확보하며 출력의 전압, 주파수 등의 안정도를 향상시킴으로써 전력의 질을 더욱 개선하는 역할을 한다.
(2) CVCF(Constant Voltage Constant Frequency) : 정전압 정주파수 공급 장치로서 전원측의 전압이나 주파수가 변하여도 부하측에는 일정한 전압과 주파수를 공급하는 장치를 말한다.

MEMO

답이보인다!! **전기공사기사 · 산업기사 실기**

Chapter
09

예비전원설비

01 자가용 발전 설비공사

1. 자가발전설비[4]

1) 자가 발전 설비의 출력 결정

① 단순 부하의 경우(전부하 정상 운전시의 소요 입력에 의한 용량)

$$발전기의 출력\ P = \frac{\sum W_L \times L}{\cos\theta} \text{[kVA]}$$

여기서, $\sum W_L$: 부하 입력 총계
L : 부하 수용률(비상용일 경우 1.0)
$\cos\theta$: 발전기의 역률(통상 0.8)

② 기동용량이 큰 부하가 있을 경우(전동기 시동에 대처하는 용량) : 자가 발전 설비에서 전동기를 기동할 때에는 큰 부하가 발전기에 갑자기 걸리게 되므로 발전기의 단자전압이 순간적으로 저하하여 개폐기의 개방 또는 엔진의 정지 등이 야기되는 수가 있다. 이런 경우의 발전기의 정격 출력[kVA]은

---

4) 예비전원설비

1) 예비 전원으로 시설하는 저압 및 고압 발전기에서 부하에 이르는 전로에는 발전기의 가까운 곳에서 쉽게 개폐 및 점검을 할 수 있는 곳에 **개폐기, 과전류 차단기, 전압계, 전류계**를 다음 각 호에 의하여 시설하여야 한다.
① 각 극에 개폐기 및 과전류 차단기를 설치할 것
② 전압계는 각 상의 전압을 읽을 수 있도록 시설할 것
③ 전류계는 각 선의 전류를 읽을 수 있도록 시설할 것
2) 예비 전원으로 시설하는 축전지에서 부하에 이르는 전로에는 **개폐기 및 과전류 차단기**를 시설하여야 한다.
3) 예비 전원으로 시설하는 개방형 축전지는 전해액에 의하여 잘 침식되지 않는 절연 물질의 프레임대에 자기제, 유리제 등의 애자로 지지하여 시설하여야 한다. 다만, 단자 전압이 16[V] 이하의 축전지를 시설하는 경우에는 그러하지 아니하다.

【주】축전지의 전압은 **연 축전지**에서는 1단위당 2[V], **알칼리전지**에서는 1.2[V]로 계산할 것

【참고】

	공칭전압	공칭용량
연(납) 축전지	2[V/cell]	10[Ah]
알칼리 축전지	1.2[V/cell]	5[Ah]

※ 공칭용량 = 정격방전율[Ah]

4) 상시 전원의 정전시의 상시 전원에서 예비 전원으로 절체하는 경우에 그 접속하는 부하 및 배선이 동일한 경우에는 양 전원의 접속점에 **절체 개폐기**를 사용하여야 한다.

$$P\,[\text{kVA}] > \left(\frac{1}{\text{허용 전압 강하}} - 1\right) \times X_d \times \text{기동}\,[\text{kVA}]$$

여기서, X_d : 발전기의 과도 리액턴스(보통 25~30 [%])
허용 전압 강하 : 20~30 [%]

③ 단순 부하와 기동 용량이 큰 부하가 있을 경우(순시 최대 부하에 대한 용량)

$$P > \frac{\sum W_o + \{Q_{Lmax} \times \cos\theta_{GL}\}}{K\cos\theta_G}\,[\text{kVA}]$$

여기서, $\sum W_o$: 기운전중인 부하의 합계
Q_{Lmax} : 시동 돌입 부하
$\cos\theta_{GL}$: 최대 시동 돌입 부하 시동시 역률
K : 원동기 기관의 과부하 내량
$\cos\theta_G$: 발전기 역률

2) 발전기와 부하 사이에 설치하는 기기
① 과전류 차단기 및 개폐기 : 각 극에 설치
② 전압계 : 각상의 전압을 읽을 수 있도록 설치
③ 전류계 : 각선의 전류(중성선 제외)를 읽을 수 있도록 설치

3) 발전기 병렬 운전 조건
① 단자 전압이 같을 것   ② 주파수가 같을 것
③ 위상이 같을 것   ④ 파형이 같을 것

문제 1 ▶출제년도 : 기사 91.   ▶점수 : 3점

3상 380 [V]를 사용하는 건물에 예비 자가 발전 설비를 하려고 한다. 부하는 3상 유도 전동기로 정격 전류는 각각 250 [A]×1대, 100 [A]×1대, 50 [A]×4대이며, 모든 유도 전동기의 기동 전류는 정격 전류의 3배이다. 기동시의 전압 강하를 20 [%], 발전기의 과도 리액턴스를 26 [%]로 하면 발전기의 정격 용량은 몇 [kVA]이상이어야 하는가? 단, 소수점 이하는 사사오입한다.

답안작성

최대 기동 kVA = $\sqrt{3}\,VI_s = \sqrt{3} \times 380 \times 250 \times 3 \times 10^{-3} = 493.63\,[\text{kVA}]$

발전기 용량 $P = \left(\dfrac{1}{0.2} - 1\right) \times 0.26 \times 493.63 = 513\,[\text{kVA}]$

답 : 513 [kVA]

해 설 발전기 용량의 산정방법
(1) 발전기에 걸리는 부하의 합계로부터 계산하는 방법
발전기 용량 [kVA] = 부하의 입력합계×수용률
(2) 기동용량이 큰 부하가 있는 경우
발전기 용량 $P = \left(\dfrac{1}{\text{허용전압강하}} - 1\right) \times \text{과도리액턴스} \times \text{기동}\,[\text{kVA}]$
발전기 용량 선정은 (1) 계산 결과와 (2) 계산 결과 중 큰 것을 기준하여 선정

03 축전지 및 충전지 설치공사

1. 축전지 설비

1) 축전지설비의 구성요소
   ① 축전지   ② 충전 장치   ③ 보안 장치   ④ 제어 장치

2) 축전지의 종류5)
   ① 연축전지
      ㉠ 화학 반응식
      $$\underset{\text{양극}}{PbO_2} + \underset{\text{전해액}}{2H_2SO_4} + \underset{\text{음극}}{Pb} \underset{\text{충전}}{\overset{\text{방전}}{\rightleftarrows}} \underset{\text{양극}}{PbSO_4} + \underset{\text{전해액}}{2H_2O} + \underset{\text{음극}}{PbSO_4}$$

      ㉡ 특성
      - 공칭 전압 : 2.0 [V/cell]
      - 공칭 용량 : 10시간율 [Ah]
      - 부동 충전 전압
        CS형(클래드식 : 완 방전형) → 2.15 [V]
        HS형(페이스트식 : 급 방전형) → 2.18 [V]
      - 방전 종료 전압 : 1.8 [V]

   ② 알칼리 축전지
      ㉠ 화학 반응식
      $$\underset{\text{양극}}{2Ni(OH)_2} + \underset{\text{음극}}{Cd(OH)_2} \underset{\text{방전}}{\overset{\text{충전}}{\rightleftarrows}} \underset{\text{양극}}{2NiOOH} + 2H_2O + \underset{\text{음극}}{Cd}$$

---

5) 축전지의 비교

종별	연축 전지		알칼리 축전지	
형식명	클래드식(CS형)	페이스트식(HS형)	포켓식	소결식
작용물질 양극	이산화연(PbO_2)		수산화 니켈(NiOOH)	
작용물질 음극	연(Pb)		카드뮴(Cd)	
작용물질 전해액	황산(H_2SO_4)		수산화 칼륨(KOH)	
공칭 전압	2.0 [V]		1.2 [V]	
공칭 용량	10시간율 [Ah]		5시간율 [Ah]	
방전 특성	보통	고율 방전에 우수하다.	보통(고율 방전 특성이 좋은 것도 있다.)	특히 고율 방전 특성이 우수함
수 명	12~15년	7~10년	15~20년	15~20년
자기 방전	보통	보통	약간 적은 편임	약간 적은 편임
특 징	수명이 길다. 경제적이다.	고율 방전 특성이 좋다. 경제적이다.	수명이 길다. 경제적으로 견고, 방치나 과방전에 견딘다.	고율 방전 특성이 좋다. 소형이다.

ⓛ 특성
- 공칭 전압 : 1.2 [V/cell]
- 공칭 용량 : 5 시간율 [Ah]

3) 알칼리 축전지의 특성

① 장점
- ㉠ 수명이 길다(납 축전지의 3~4배)
- ㉡ 진동과 충격에 강하다.
- ㉢ 충·방전 특성이 양호하다.
- ㉣ 방전시 전압 변동이 작다.
- ㉤ 사용 온도 범위가 넓다.

② 단점
- ㉠ 납축전지보다 공칭 전압이 낮다.
- ㉡ 가격이 비싸다.

2. 충전 방식 및 직류 전원의 접지 유무 판별법

1) 충전 방식

축전지의 충전에는 충전 목적, 시기 등에 따라 사용하기 시작할 때의 초기 충전과 사용중의 충전으로 나눌 수 있다.

① 초기 충전 : 축전지에 전해액을 넣지 아니한 미충전 상태의 전지에 전해액을 주입하여 처음으로 행하는 충전이다.

② 사용중의 충전
- ㉠ 보통 충전 : 필요할 때마다 표준 시간율로 소정의 충전을 하는 방식이다.
- ㉡ 급속 충전 : 비교적 단시간에 보통 전류의 2~3배의 전류로 충전하는 방식이다.
- ㉢ 부동 충전 : 축전지의 자기 방전을 보충함과 동시에 상용 부하에 대한 전력 공급은 충전기가 부담하도록 하되 충전기가 부담하기 어려운 일시적인 대전류 부하는 축전지로 하여금 부담하게 하는 방식이다.

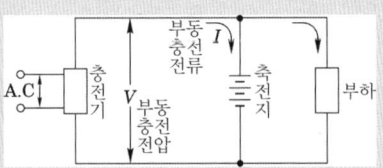

$$충전기\ 2차\ 충전\ 전류\,[A] = \frac{축전지\ 용량\,[Ah]}{정격\ 방전율\,[h]} + \frac{상시\ 부하\ 용량\,[VA]}{표준\ 전압\,[V]}$$

- ㉣ 세류 충전 : 자기 방전량만을 항시 충전하는 부동 충전 방식의 일종이다.
- ㉤ 균등 충전 : 부동 충전 방식에 의하여 사용할 때 각 전해조에서 일어나는 전위차를 보정하기 위하여 1~3개월 마다 1회씩 정전압으로 10~12시간 충전하여 각 전해조의 용량을 균일화하기 위한 방식이다.

2) 축전지의 허용 최저 전압

$$V = \frac{V_a + V_e}{n} \text{[V/cell]}$$

여기서, V_a : 부하의 허용 최저 전압
V_e : 축전지와 부하간의 전압 강하
n : 직렬로 접속된 셀 수

3) 직류전원의 접지 유무 판별법

① 회로도

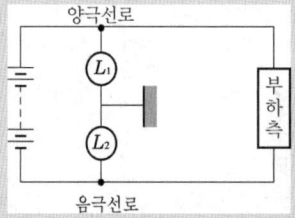

② 접지 판별법

㉠ 양극측 선로 접지 : L_1은 소등, L_2는 밝아진다.
㉡ 음극측 선로 접지 : L_2는 소등, L_1은 밝아진다.
㉢ 양극측과 음극측이 모두 접지 : L_1, L_2 모두 소등

3. 축전지 용량 산출

1) 시간의 경과와 함께 방전 전류가 증가하는 부하

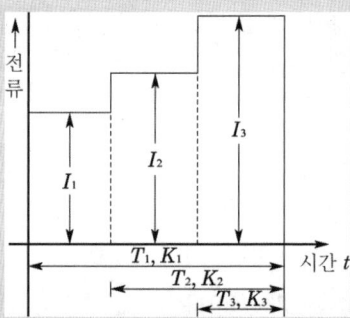

① 계산 방법 : 전구간 일괄 계산
② 축전지 용량

$$C = \frac{1}{L}[K_1 I_1 + K_2(I_2 - I_1) + K_3(I_3 - I_2)] \text{[Ah]}$$

여기서, C : 축전지 용량[Ah] L : 보수율(축전지 용량 변화의 보정값)
K : 용량 환산 시간 I : 방전 전류[A]

2) 시간 경과와 함께 방전전류가 감소하는 부하

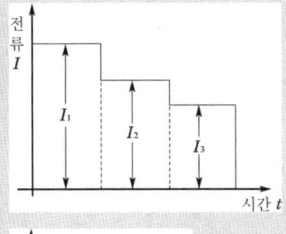

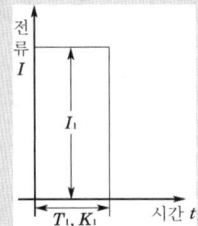

① $C_A = \dfrac{1}{L} K_1 I_1$

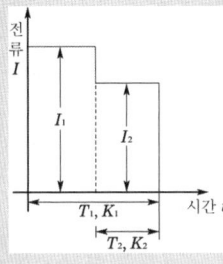

② $C_B = \dfrac{1}{L}[K_1 I_1 + K_2(I_2 - I_1)]$

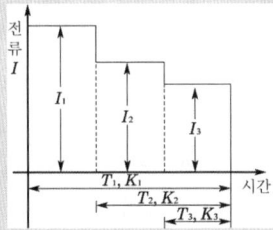

③ $C_C = \dfrac{1}{L}[K_1 I_1 + K_2(I_2 - I_1) + K_3(I_3 - I_2)]$

① 계산 방법 : 각 구간별로 구분 계산 후 그중 최대의 값을 선정
② 축전지 용량은 각 구간별로 구분 계산한 값 C_A, C_B, C_C 중에서 제일 큰 값 선정

4. 축전지 고장의 원인과 현상

1) 설페이션(Sulfation) 현상

납 축전지를 방전 상태에서 오랫동안 방치하여 두면 극판의 황산납이 회백색으로 변하고(황산화 현상) 내부 저항이 대단히 증가하여 충전시 전해액의 온도 상승이 크고 황산의 비중 상승이 낮으며 가스 발생이 심하게 되며 전지의 용량이 감퇴하고 수명이 단축되는 이러한 현상을 설페이션 현상이라 한다.

① 원인
  ㉠ 방전 상태에서 장시간 방치하는 경우

ⓛ 방전 전류가 대단히 큰 경우
　　　ⓒ 불충분한 충전을 반복하는 경우
　② 현상
　　　㉠ 극판이 회백색으로 변하고 극판이 휘어진다.
　　　ⓛ 충전시 전해액의 온도 상승이 크고 비중 상승이 낮으며 가스의 발생이 심하다.

2) 고장의 원인과 현상

	현　상	추정 원인
초기 고장	・전체 셀 전압의 불균형이 크고 비중이 낮다. ・단전지 전압의 비중 저하, 전압계의 역전	・사용 개시시의 충전 보충 부족 ・역접속
사용중 고장	・전체 셀 전압의 불균형이 크고 비중이 낮다.	・부동충전전압이 낮다. ・균등 충전의 부족 ・방전후의 회복충전 부족
	・어떤 셀만의 전압, 비중이 극히 낮다.	・국부단락
	・전체 셀의 비중이 높다. ・전압은 정상	・액면 저하 ・보수시 묽은 황산의 혼입
	・충전 중 비중이 낮고 전압은 높다. ・방전 중 전압은 낮고 용량이 감퇴한다.	・방전 상태에서 장기간 방치 ・충전 부족의 상태에서 장기간 사용 ・극판 노출 ・불순물 혼입
	・전해액의 변색, 충전하지 않고 방치 중에도 다량으로 가스가 발생한다.	・불순물 혼입
	・전해액의 감소가 빠르다.	・충전 전압이 높다. ・실온이 높다.
	・축전지의 현저한 온도 상승, 또는 소손	・충전장치의 고장 ・과충전 ・액면 저하로 인한 극판의 노출 ・교류 전류의 유입이 크다.

3) 축전지의 용량과 수명
　① 축전지의 용량 : 완전히 충전된 축전지를 일정한 전류로 연속 방전시켜 방전중의 단자전압이 방전 종료전압에 도달할 때까지 축전지에서 나오는 총 전기량을 말한다.

$$축전지의\ 용량[Ah] = 방전\ 전류[A] \times 방전\ 시간[h]$$

　② 축전지의 수명 : 축전지의 용량이 규정 용량의 80~90[%]로 저하될 때까지의 총 방전횟수로 표시한다.

문제 1　▶출제년도 : 산업 98.　▶점수 : 4점

다음 (　)안에 알맞은 말은?
축전지의 설비는 ((1)) ((2)) ((3)) ((4))로 구성되어 있다.

답안작성　(1) 축전지　(2) 충전장치　(3) 보안장치　(4) 제어장치

문제 2

▶출제년도 : 산업 99. 06.   ▶점수 : 4점

축전지 설비의 구성 4가지를 쓰시오.

답안작성   ① 축전지   ② 충전 장치   ③ 보안 장치   ④ 제어 장치

문제 3

▶출제년도 : 산업 01. 03.   ▶점수 : 4점

예비전원용 고압 발전기에서 부하에 이르는 전로에는 발전기의 가까운 곳에 쉽게 개폐 및 점검을 할 수 있는 곳에 ( ), ( ), ( ) 및 전압계를 시설하여야 하는가?

답안작성   개폐기, 과전류 차단기, 전류계

문제 4

▶출제년도 : 기사 00. 01. 07.   ▶점수 : 4점

예비 전원으로 시설하는 고압 발전기에서 부하에 이르는 전로에는 발전기에 가까운 곳에 과전류 차단기, 개폐기, 전류계 외에 어떤 계기를 시설해야 하는가?

답안작성   전압계

해 설   예비전원설비에서 고압발전기에서 부하에 이르는 전로에는 발전기 가까운 곳에 과전류 차단기, 개폐기, 전압계, 전류계를 설치해야 한다.

문제 5

▶출제년도 : 산업 99.   ▶점수 : 5점

자가용 축전 설비에서 가장 많이 사용되는 충전 방식으로 자기 방전을 보충함과 동시에 사용 부하에 대한 전력 공급을 충전기가 부담하도록 하되 충전기가 부담하기 어려운 일시적인 대전류 부하는 축전지가 부담하게 하는 충전 방식은?

답안작성   부동 충전 방식

해 설   ① 부동 충전 : 축전지의 자기 방전을 보충함과 동시에 상용 부하에 대한 전력 공급은 충전기가 부담하도록 하되 충전기가 부담하기 어려운 일시적인 대전류 부하는 축전지로 하여금 부담하게 하는 방식이다.

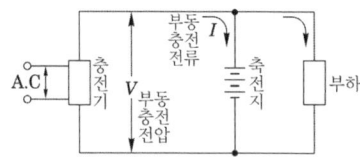

② 충전기 2차 충전 전류[A]= $\dfrac{축전지\ 용량[Ah]}{정격\ 방전율[h]}$ + $\dfrac{상시\ 부하\ 용량[VA]}{표준\ 전압[V]}$

문제 6

▶출제년도 : 기사 97.   ▶점수 : 6점

연축전지의 정격 용량 200[AH], 상시 부하 12[kW], 표준 전압 100[V]인 부동 충전 방식의 충전 전류값을 계산하시오. (단, 연축전지의 방전율은 10시간율로 한다.)

답안작성 $I = \dfrac{200}{10} + \dfrac{12000}{100} = 140[A]$

해 설   ① 부동 충전 : 축전지의 자기 방전을 보충함과 동시에 상용 부하에 대한 전력 공급은 충전기가 부담하도록 하되 충전기가 부담하기 어려운 일시적인 대전류 부하는 축전지로 하여금 부담하게 하는 방식이다.

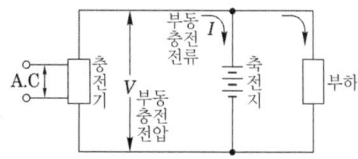

② 충전기 2차 충전 전류[A] = $\dfrac{\text{축전지 용량[Ah]}}{\text{정격 방전율[h]}} + \dfrac{\text{상시 부하 용량[VA]}}{\text{표준 전압[V]}}$

문제 7 축전지의 충전방식 4가지를 쓰시오.

답안작성 ① 초충전 방식 ② 부동충전 방식 ③ 균등충전 방식 ④ 급속충전 방식

문제 8 축전지에 대한 다음 각 물음에 답하시오.
(1) 축전지의 과방전 및 방치상태, 가벼운 Sulfation(설페이션) 현상 등이 생겼을 때 기능 회복을 위해 실시하는 충전 방식은?
(2) 연축전지의 공칭 전압은 2.0[V]이다. 알칼리 축전지는 몇 [V]인가?

답안작성 (1) 회복 충전   (2) 1.2[V]

문제 9 축전지가 다음과 같은 현상일 때 그 추정 원인을 쓰시오.
• 극판이 백색으로 되거나 백색 반점이 생긴다.
• 비중이 저하하고 충전 용량이 감소한다.
• 충전시 전압 상승이 빠르고 다량으로 가스가 발생한다.

답안작성 현상 : 설페이션 현상
원인 : ① 방전 상태에서 장시간 방치하는 경우
      ② 방전 전류가 대단히 큰 경우
      ③ 불충분한 충전을 반복하는 경우

해 설 • 설페이션(Sulfation) 현상 : 납 축전지를 방전 상태에서 오랫동안 방치하여 두면 극판의 황산 납이 회백색으로 변하며(황산화 현상) 내부 저항이 대단히 증가하여 충전시 전해액의 온도 상승이 크고 황산의 비중 상승이 낮으며 가스의 발생이 심하다. 그러므로, 전지의 용량이 감퇴하고 수명이 단축된다.

문제 10 ▶출제년도 : 기사 97. ▶점수 : 4점

그림과 같은 부하 특성일 때 사용 축전지의 보수율(L)은 0.8, 최저 축전지 온도 5[℃], 허용 최저 전압이 1.06 [V/셀]일 때 축전지의 용량[C]을 계산하시오. (단, $K_1 = 1.17$, $K_2 = 0.93$이다.)

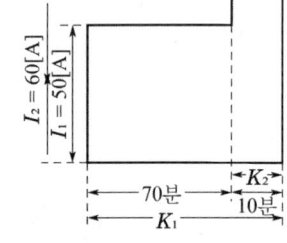

답안작성 $C = \dfrac{1}{L}[K_1 I_1 + K_2(I_2 - I_1)]$
$= \dfrac{1}{0.8}[1.17 \times 50 + 0.93(60 - 50)] = 84.75$ [AH]

해 설 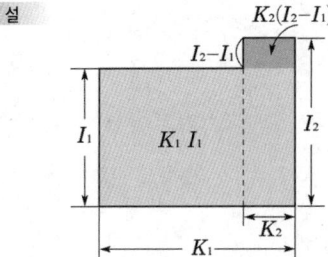 축전지 용량은 축전지 방전 곡선의 면적을 구하는 것과 같다.
즉, $C = \dfrac{1}{L}[K_1 I_1 + K_2(I_2 - I_1)]$

문제 11

▶ 출제년도 : 기사 96. 99.   ▶ 점수 : 5점

다음과 같은 부하 특성의 소결식 알칼리 축전지의 용량 저하율 L은 0.8이고, 최저 축전지 온도는 5[℃], 허용 최저 전압은 1.06[V/cell]일 때 축전지 용량은 몇 [Ah]인가? 단, 여기서 용량 환산 시간 $K_1 = 1.45$, $K_2 = 0.69$, $K_3 = 0.25$이다.

• 계산 :   • 답 :

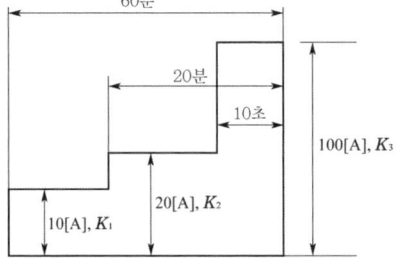

답안작성

계산 : $C = \dfrac{1}{L}\{K_1 I_1 + K_2(I_2 - I_1) + K_3(I_3 - I_2)\}$

$= \dfrac{1}{0.8}\{1.45 \times 10 + 0.69(20-10) + 0.25(100-20)\} = 51.75$ [Ah]

답 : 51.75 [Ah]

해설

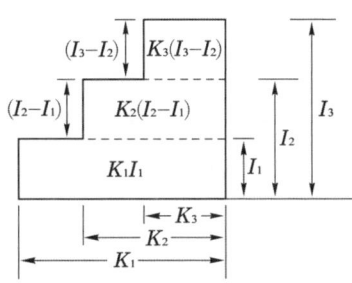

즉, 축전지 용량은 방전특성곡선의 면적을 구하면 된다.

$C = \dfrac{1}{L}[K_1 I_1 + K_2(I_2 - I_1) + K_3(I_3 - I_2)]$

문제 12

▶ 출제년도 : 기사 93. 97. 99. 01.   ▶ 점수 : 9점

비상용 전원 설비로써 축전지 설비를 계획코자 한다. 사용 부하의 방전 전류-시간 특성 곡선이 다음 그림과 같다면 이론상 축전지 용량은 어떻게 선정하여야 하는지 각 물음에 답하시오. 단, 축전지 개수는 83개이며, 단위 전지 방전 종지 전압은 1.06[V]로 하고, 축전지 형식은 AH형을 채택코자 하며, 또한 축전지 용량은 다음과 같은 일반식에 의하여 구한다.

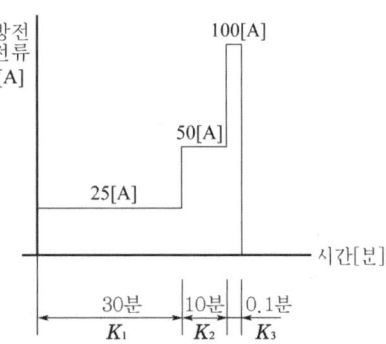

표. 용량 환산 시간 계수 K(온도 5[℃]에서)

형식	최저 허용 전압 [V/cell]	0.1분	1분	5분	10분	20분	30분	60분	120분
AH	1.10	0.30	0.46	0.56	0.66	0.87	1.04	1.56	2.60
	1.06	0.24	0.33	0.45	0.53	0.70	0.85	1.40	2.45
	1.00	0.20	0.27	0.37	0.45	0.60	0.77	1.30	2.30

(1) 축전지 용량 C를 구할 때 K는 용량 환산 시간, I는 전류, L등을 이용한다. 여기서 L은 무엇을 뜻하는가?

(2) 용량 환산시간 K값으로서 K_1, K_2, K_3를 표에서 구하시오.

(3) 축전지 용량 C는 이론상 몇 [Ah] 이상의 것을 채택하여야 하는가?

(4) 주어진 표의 빈 칸에 연축전지와 알칼리 축전지의 특성을 비교하여 설명하시오.

구 분	연축전지	알칼리축전지	비 고
공칭전압			수치로 기록할 것
과충, 방전에 대한 전기적 강도			강, 약으로 표기
수명			길다. 짧다로 표현

답안작성

(1) 보수율

(2) $K_1 = 0.85$, $K_2 = 0.53$, $K_3 = 0.24$

(3) 계산 : $C = \dfrac{1}{L}KI = \dfrac{1}{0.8}[0.85 \times 25 + 0.53 \times 50 + 0.24 \times 100] = 89.69$ [Ah]

답 : 89.69 [Ah]

(4)

구 분	연축전지	알칼리 축전지	비 고
공칭전압	2.0 [V/cell]	1.2 [V/cell]	수치로 기록할 것
과충, 방전에 대한 전기적 강도	약	강	강, 약으로 표기
수명	짧다	길다	길다. 짧다로 표현

해 설

(2) 최저 허용전압 1.06 [V/cell]의 난에서 방전시간 30분, 10분, 0.1분에서의 용량 환산시간 계수값은 각각 $K_1 = 0.85$, $K_2 = 0.53$, $K_3 = 0.24$이다.

(3) 용량환산 시간 계수값 K_1, K_2, K_3가 각 구간별로 주어졌기 때문에 축전지 용량 C는

$C = \dfrac{1}{L}(K_1 I_1 + K_2 I_2 + K_3 I_3)$가 되어야 한다. 즉, 방전 특성 곡선의 면적을 구하면 된다.

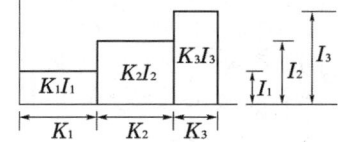

문제 13

▶출제년도 : 기사 02.   ▶점수 : 5점

변전소에 200 [Ah]의 연 축전지가 55개 설치되어 있다. 다음 각 물음에 답하시오.

(1) 묽은 황산의 농도는 표준이고, 액면이 저하하여 극판이 노출되어 있다. 어떤 조치를 하여야 하는가?

(2) 부동 충전시에 알맞은 전압은?

•계산 :   •답 :

(3) 충전시에 발생하는 가스의 종류는?

(4) 가스 발생시의 주의 사항을 쓰시오.

(5) 충전이 부족할 때 극판에 발생하는 현상을 무엇이라고 하는가?

답안작성

(1) 증류수를 보충한다.

(2) 계산 : $V = 2.15 \times 55 = 118.25$ [V]   답 : 118.25 [V]

(3) 수소(H_2) 가스   (4) 환기에 주의하고 화기에 조심할 것

(5) 설페이션 현상

해 설

(2) CS형 : 2.15 [V], HS형 : 2.18 [V]이나 문제에서 형이 주어지지 않았으므로 부동 충전전압을 2.15 [V]로 하였음

01 피뢰침 설비공사

피뢰설비[6]

1. 피뢰기의 기능
피뢰기는 이상 전압이 전기 시설물에 침입할 때에 그 파고값을 감소하도록 임펄스 전류를 대지를 통하여 방전시켜 기기의 절연 파괴를 방지하며, 방전에 의하여 생기는 속류를 고속 차단하여, 원래의 상태로 회복시키는 장치이다.

2. 피뢰기의 제1 보호 대상
전력용 변압기

3. 피뢰기의 구성 요소
① 직렬갭 : 뇌전류를 대지로 방전시키고 속류를 차단한다.
② 특성 요소 : 뇌전류 방전시 피뢰기 자신의 전위 상승을 억제하여 자신의 절연 파괴를 방지한다.

4. 피뢰기의 구비조건
① 상용 주파 방전 개시 전압이 높을 것   ② 충격 방전 개시 전압이 낮을 것
③ 제한 전압이 낮을 것   ④ 속류 차단 능력이 클 것

5. 피뢰기 설치 장소
① 가능한 한 피보호 기기의 가까운 곳에 설치하는 것이 바람직하며 다음과 같은 이격 거리 이내에 설치

공칭 전압 [kV]	이격 거리 [m]
345	85
154	65
66	45
22	20
22.9	20

② 피뢰기의 시설
  ㉠ 발전소, 변전소의 가공 전선 인입구 및 인출구
  ㉡ 가공 전선로에 접속하는 배전용 변압기의 고압측 및 특고압측

---

[6] 피뢰설비는 보호하고자 하는 대상물에 접근하는 뇌격을 확실하게 흡인하여 뇌격전류를 안전하게 대지로 방류함으로써 건축물과 내부의 사람이나 물체를 뇌해로부터 보호하기 위한 설비이다.

© 고압 및 특고압 가공 전선로로부터 공급을 받는 수용가의 인입구
② 가공 전선로와 지중 전선로가 접속되는 곳

6. 피뢰기의 정격 전압

속류를 차단할 수 있는 최고 교류 전압으로 다음과 같다.

피뢰기의 정격 전압[kV] = 접지계수 × 유도계수 × 계통의 최고 전압

피뢰기 정격 전압

전력 계통		피뢰기 정격 전압[kV]	
전압[kV]	중성점 접지 방식	변전소	배전 선로
345	유효접지	288	–
154	유효접지	144	–
66	PC접지 또는 비접지	72	–
22	PC접지 또는 비접지	24	–
22.9	3상 4선 다중접지	21	18

7. 피뢰기의 방전 전류

갭의 방전에 따라 피뢰기를 통해서 대지로 흐르는 충격 전류를 말한다.

설치 장소별 피뢰기의 공칭 방전 전류

공칭 방전 전류	설치 장소	적용 조건
10000[A]	변전소	1. 154[kV] 이상 계통 2. 66[kV] 및 그 이하 계통에서 뱅크 용량이 3000 [kVA]를 초과하거나 특히 중요한 곳 3. 장거리 송전선 케이블(배전피더 인출용 단거리 케이블 제외) 및 콘덴서 뱅크를 개폐하는 곳
5000[A]	변전소	66[kV] 및 그 이하 계통에서 뱅크 용량이 3000[kVA] 이하인 곳
2500[A]	선 로	배전 선로
	변전소	배전선 피더 인출측

8. 충격파 방전 개시 전압

피뢰기 단자간에 충격 전압을 인가하였을 경우 방전을 개시하는 전압

9. 상용주파 방전 개시 전압

피뢰기 단자간에 상용 주파수의 전압을 인가하였을 경우 방전을 개시하는 전압 (실효값)

10. 제한 전압
피뢰기 방전 중 피뢰기 단자간에 남게 되는 충격 전압(피뢰기가 처리하고 남은 전압)

11. 속류
방전 전류에 이어서 전원으로부터 공급되는 상용 주파수의 전류가 직렬갭을 통하여 대지로 흐르는 전류

12. 갭레스(Gapless) 피뢰기
1) 구조
비직선성이 뛰어난 ZnO를 특성 요소로 사용하여 직렬갭을 없앤 구조의 피뢰기
2) 특성
① 직렬갭이 없으므로 구조가 간단하고 소형 경량화 할 수 있다.
② 급준파 응답이 이론적으로 뛰어나다.
③ 오손에 강하다.

피뢰침설비

1. 목적
피뢰 설비는 보호하고자 하는 대상물에 접근하는 뇌격을 확실하게 흡인하여 뇌격 전류를 안전하게 대지로 방류함으로써 건축물과 내부의 사람이나 물체를 뇌해로부터 보호하기 위한 설비이다.

2. 설치 장소
1) 설치가 의무화되어 있는 건축물과 설비(건축법 시행령, 소방법)
① 지면상 20[m]를 초과하는 건축물이나 설비
② 위험물이나 화약류 저장소
2) 설치가 바람직한 건축물 및 설비
① 낙뢰의 가능성이 많은 건축물이나 설비(평지의 독립 가옥, 높은 탑, 굴뚝 등)
② 낙뢰를 받았을 때 피해가 큰 건축물(학교, 병원, 백화점, 박물관 등)

3. 피뢰 설비의 구성
① 돌침부 : 뇌격을 흡인하여 피보호물을 보호한다.
② 피뢰 도선 : 뇌 전류를 접지 전극으로 전달한다.
③ 접지 전극 : 뇌 전류를 대지로 방류한다.

4. 피뢰침의 보호각과 보호 범위
돌침 및 수평 도체의 보호각

① 일반 건축물 : 60° 이하
② 위험물 관계 건축물 : 45° 이하

5. 피뢰설비 재료의 최소 단면적(피복이 없는 동선기준)

- 수뢰부, 인하도선 및 접지극 : 50 [mm²] 이상

문제 1 ▶출제년도 : 산업 93. 04. 05. 07. ▶점수 : 5점

피뢰방식의 종류 3가지를 답하시오.

답안작성
① 돌침방식
② 용마루위 도체방식
③ 케이지 방식

해 설 그 외, ④ 돌침방식 + 용마루위 도체방식
⑤ 이온방사형 피뢰방식

문제 2 ▶출제년도 : 93. 04. 05. 07. ▶점수 : 4점

피뢰방식의 종류 4가지를 답하시오.

답안작성
(1) 돌침방식
(2) 용마루위 도체방식
(3) 케이지 방식
(4) 이온방사형 피뢰방식

해 설 그 외, (5) 돌침방식 + 용마루위 도체방식

문제 3 ▶출제년도 : 기사 89. 96. ▶점수 : 6점

피뢰 방식 중에서 어떤 뇌격에 대해서도 완전 보호되는 방식은?

답안작성 케이지(cage) 방식

해 설 케이지 방식은 건조물 주위를 피뢰도선으로 감싸는 방식으로 새장과 같이 되어 있어 케이지(cage) 방식이라고 한다. 이 방식은 피뢰 실패가 있어서는 안될 장소에 적용하면 좋다.

문제 4 ▶출제년도 : 산업 96. ▶점수 : 4점

피뢰기의 구비조건을 다음 물음에 답하시오.
(1) 충격방전 개시전압이 높아야 하는가, 낮아야 하는가?
(2) 상용주파방전 개시전압은 높아야 하는가, 낮아야 하는가?

답안작성
(1) 낮아야 한다.
(2) 높아야 한다.

해 설 피뢰기의 구비조건
① 상용 주파 방전 개시 전압이 높을 것
② 충격 방전 개시 전압이 낮을 것
③ 제한 전압이 낮을 것
④ 속류 차단 능력이 클 것

문제 5

▶ 출제년도 : 산업 00. 15. ▶ 점수 : 5점

특고압 가공 수전선로를 3상 4선식 (22.9 [kV-Y])으로 공급받는 건물 내 변전소의 인입구에 설치하는 피뢰기의 정격 전압은?

답안작성 18 [kV]

해 설 피뢰기 정격 전압

전력 계통		피뢰기 정격 전압 [kV]	
전압 [kV]	중성점 접지 방식	변전소	배전 선로
345	유효접지	288	–
154	유효접지	144	–
66	PC접지 또는 비접지	72	–
22	PC접지 또는 비접지	24	–
22.9	3상 4선 다중접지	21	18

【주】 전압 22.9 [kV-Y] 이하의 배전선로에서 수전하는 설비의 피뢰기 정격전압 [kV] 은 배전선로용을 적용한다.

문제 6

▶ 출제년도 : 기사 97. 99. ▶ 점수 : 5점

154 [kV] 중성점 직접 접지 계통에서 접지계수가 0.75이고, 유도계수가 1.1이라면 전력용 피뢰기의 정격전압은 피뢰기 정격전압 중 어느 것을 택하여야 하는가?

피뢰기 정격전압

피뢰기 정격전압(표준치) [kV]					
126	144	154	168	182	196

· 계산 :   · 답 :

답안작성 계산 : 정격전압 $V = \alpha\beta V_m = 0.75 \times 1.1 \times 170 = 140.25$ [kV]
답 : 144 [kV] 선정

해 설 정격전압 $V = \alpha\beta V_m$
여기서 α : 접지 계수, β : 유도 계수, V_m : 계통 최고 전압

문제 7

▶ 출제년도 : 산업 98. 00. 05. ▶ 점수 : 5점

피뢰기를 설치하여야 할 개소 중 IKL(Isokeraunic-level)이 11일 이상인 지역에서는 전선로 매 500 [m] 이내마다 LA를 설치하고 있다. 여기에서 IKL이란?

답안작성 연간 뇌우 발생 일수

문제 8

▶ 출제년도 : 산업 91.　▶ 점수 : 8점

답란의 그림에서 피뢰기 시설이 의무화되어 있는 장소를 도면에 ⊗로 표시하시오.

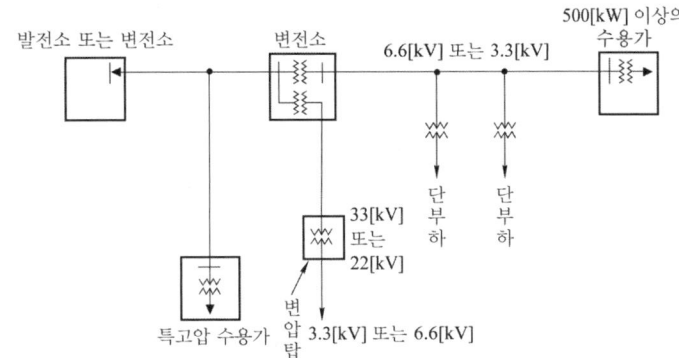

답안작성

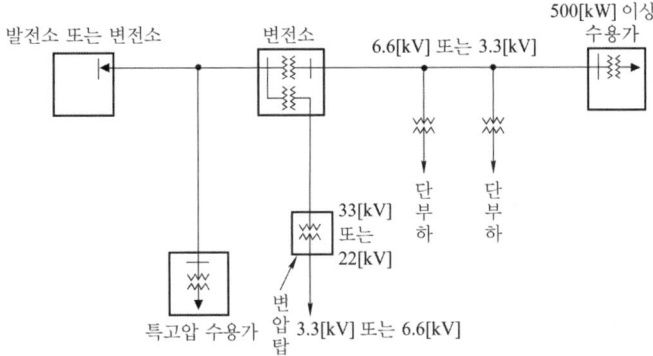

해 설　피뢰기의 시설장소
　　　① 발전소, 변전소 또는 이에 준하는 장소의 가공 전선 인입구 및 인출구
　　　② 가공 전선로에 접속하는 배전용 변압기의 고압측 및 특고압측
　　　③ 고압 및 특고압 가공 전선로로부터 공급을 받는 수용장소의 인입구
　　　④ 가공 전선로와 지중 전선로가 접속되는 곳

문제 9

▶ 출제년도 : 산업 92. 97.　▶ 점수 : 5점

피뢰기를 시설해야 하는 곳을 4개소로 요약하여 열거하시오.

답안작성
① 발전소 인출구
② 변전소 인입 및 인출구
③ 특고압 수용장소의 인입구
④ 가공전선로와 지중전선로가 만나는 곳

문제 10

▶ 출제년도 : 산업 94.　▶ 점수 : 12점

다음 물음에 답하시오.
(1) 3〔kV〕및 6〔kV〕인 피뢰기의 접지저항은 몇〔Ω〕이하인가?
(2) 배전선로에 보통 사용되는 피뢰기는?
(3) 주로 20〔kV〕미만의 옥내용에 사용하는 변류기는 주로 어떤 형을 사용하는가?

(4) 한류 리액터의 사용 목적은?
(5) 차동 전류 계전기, 과전류 계전기, 비율 차동 계전기, 온도 계전기중 발전기나 주변압기 내부고장에 대한 보호용으로 가장 적합한 것은?

답안작성 (1) 10〔Ω〕이하   (2) 밸브형 피뢰기
(3) 몰드형   (4) 단락 전류 제한
(5) 비율 차동 계전기

해 설 (4) 고장전류 특히 단락전류의 값을 제한하기 위하여 변전소에 설치

문제 11
▶출제년도 : 산업 96. 00. ▶점수 : 5점

수전전압 13.2/22.9〔kV−Y〕에 진공차단기와 몰드 변압기를 사용시 어떤 흡수기를 사용하여 이상전압으로부터 변압기를 보호하는가?

답안작성 서지흡수기

문제 12
▶출제년도 : 산업 98. ▶점수 : 6점

서지 흡수기(Surge Absorbor)의 기능을 쓰시오.

답안작성 개폐서지 등 이상전압으로부터 변압기 등 기기보호

해 설 서지 흡수기는 LA와 같은 구조와 특성을 지니고 있으며 선로에서 발생할 수 있는 개폐서지, 순간 과도전압 등의 이상전압이 2차 기기에 영향을 미치는 것을 방지함

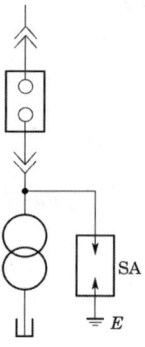

02 접지 시스템

안전을 위한 보호

전기설비를 적절하게 사용할 때 전기시설에서 발생할 수 있는 위험과 장해로부터 생명과 재산을 안전하게 보호하기 위한 보호원칙은 다음과 같다.
① 감전에 대한 보호
② 열 영향에 대한 보호
③ 과전류에 대한 보호
④ 고장전류에 대한 보호
⑤ 과전압 및 전자기 장애에 대한 대책
⑥ 전원공급 중단에 대한 보호

접지공사

1. 접지의 목적

1) 중성점 접지의 목적
   (1) 지락 고장시 건전상의 대지 전위 상승을 억제하여 전선로 및 기기의 절연 레벨을 경감시킨다.
   (2) 뇌, 아크 지락, 기타에 의한 이상 전압의 경감 및 발생을 방지한다.
   (3) 지락 고장시 접지 계전기의 동작을 확실하게 한다.
   (4) 소호 리액터 접지 방식에서는 1선 지락시의 아크 지락을 재빨리 소멸시켜 그대로 송전을 계속할 수 있게 한다.

2) 배전용 변전소의 각종 전기시설물에 대한 접지
   (1) 접지목적
      ① 감전방지
      ② 기기의 손상 방지
      ③ 보호 계전기의 확실한 동작
   (2) 접지개소
      ① 전기기기의 금속제 프레임 또는 외함
      ② 금속제의 전선관, 덕트 등
      ③ 케이블의 금속피복
      ④ 전로의 중성점 또는 1단자
      ⑤ 피뢰기의 접지 단자
      ⑥ 변성기의 2차측 접지단자
      ⑦ 기타 접지의 목적물

2. 접지시스템의 구분 및 종류

1) 접지시스템의 분류
   (1) 계통접지 : 전력계통에서 돌발적으로 발생하는 이상현상에 대비하여 대지와 계통을 연결하는 것으로, 중성점을 대지에 접속하는 것을 말한다.
   (2) 보호접지 : 고장 시 감전에 대한 보호를 목적으로 기기의 한 점 또는 여러 점을 접지하는 것을 말한다.
   (3) 피뢰시스템 접지

2) 접지시스템의 시설 종류
   (1) 단독접지 : 고압, 특고압계통의 접지극과 저압계통의 접지극을 독립적으로 설치하는 것

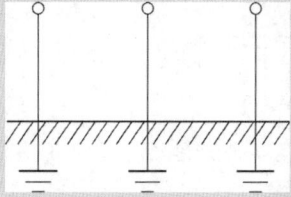

   (2) 공통접지 : 등전위가 형성되도록 고압, 특고압계통과 저압접지계통을 공통으로 접지하는 것

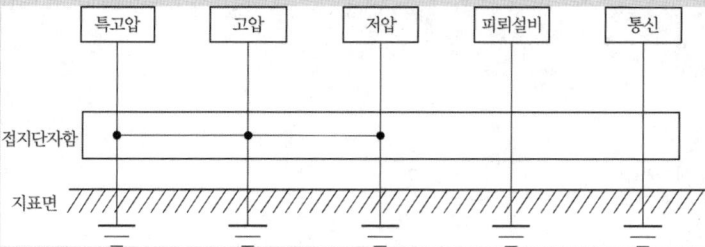

   (3) 통합접지 : 전기설비 접지계통, 피뢰설비 및 전기통신설비 등의 접지극을 통합하여 접지시스템을 구성하는 것을 말하며, 설비 사이의 전위차를 해소하여 등전위를 형성하는 접지방식으로 서지보호장치를 시설하여야 할 필요가 있다.

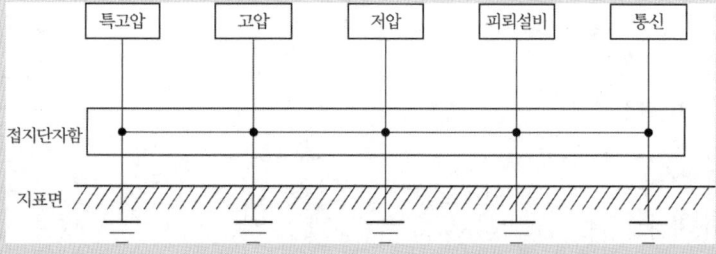

3) 접지시스템의 구성요소 및 요구사항
   (1) 접지시스템은 접지극, 접지도체, 보호도체 및 기타 설비로 구성된다.
   (2) 접지극은 접지도체를 사용하여 주 접지단자에 연결하여야 한다.

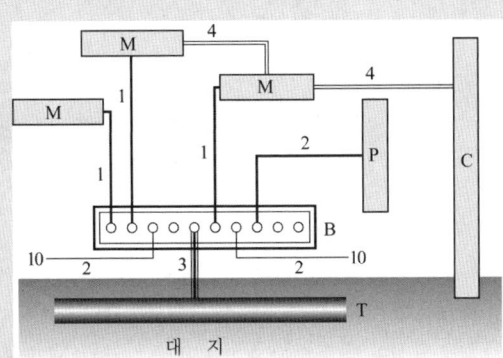

4) 주 접지단자

접지시스템은 주 접지단자를 설치하고, 다음의 도체들을 접속하여야 한다.
① 등전위본딩도체   ② 접지도체
③ 보호도체   ④ 기능성 접지도체

5) 접지극

(1) 지중에 매설되어 있고 대지와의 전기저항 값이 3[Ω] 이하의 값을 유지하고 있는 금속제 수도관로는 접지극으로 사용이 가능하다.

(2) 대지와의 사이에 전기저항 값이 2[Ω] 이하인 건축물·구조물의 철골 기타의 금속제는 이를 비접지식 고압전로에 시설하는 기계기구의 철대 또는 금속제 외함의 접지공사 또는 비접지식 고압전로와 저압전로를 결합하는 변압기의 저압전로의 접지공사의 접지극으로 사용할 수 있다.

(3) 접지극의 매설기준

① 고압이상의 전기설비와 변압기 중성점 접지에 의하여 시설하는 접지극의 매설깊이는 지표면으로부터 지하 0.75[m] 이상으로 한다.

② 접지도체를 철주 기타의 금속체를 따라서 시설하는 경우에는 접지극을 철주의 밑면으로부터 0.3[m] 이상의 깊이에 매설하는 경우 이외에는 접지극을 지중에서 그 금속체로부터 1[m] 이상 떼어 매설하여야 한다.

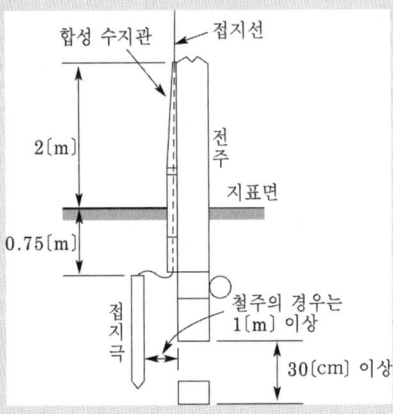

6) 접지도체

(1) 접지도체의 최소 굵기
   ① 구리는 6 $[mm^2]$ 이상
   ② 철제는 50 $[mm^2]$ 이상

(2) 접지도체에 피뢰시스템이 접속되는 경우, 접지도체의 단면적
   ① 구리는 16 $[mm^2]$ 이상
   ② 철제는 50 $[mm^2]$ 이상

(3) 접지도체의 굵기는 고장 시 흐르는 전류를 안전하게 통할 수 있는 것으로서 다음에 의한다.
   ① 특고압·고압 전기설비용 접지도체 : 단면적 6 $[mm^2]$ 이상의 연동선
   ② 중성점 접지용 접지도체 : 공칭단면적 16 $[mm^2]$ 이상의 연동선
   다만, 다음의 경우에는 공칭단면적 6 $[mm^2]$ 이상의 연동선을 사용할 수 있다.
   • 7 $[kV]$ 이하의 전로
   • 사용전압이 25 $[kV]$ 이하인 특고압 가공전선로
     (다만, 중성선 다중접지식의 것으로서 전로에 지락이 생겼을 때 2초 이내에 자동적으로 이를 전로로부터 차단하는 장치가 되어 있는 것.)
   ③ 이동하여 사용하는 전기기계기구의 금속제 외함 등의 접지시스템의 경우는 다음의 것을 사용하여야 한다.

접지	접지도체의 종류	접지선의 단면적
특고압·고압 전기 설비용 접지도체 및 중성점 접지용 접지도체	• 클로로프렌캡타이어케이블(3종 및 4종)의 1개 도체 • 클로로설포네이트폴리에틸렌캡타이어 케이블(3종 및 4종)의 1개 도체 • 다심캡타이어케이블의 차폐 기타의 금속제	10 $[mm^2]$
저압 전기설비	다심 코드 또는 다심 캡타이어케이블의 1개 도체	0.75 $[mm^2]$
	다심코드 및 다심 캡타이어케이블의 1개 도체 이외의 가요성이 있는 연동연선	1.5 $[mm^2]$

(4) 접지도체의 굵기결정 시 고려사항
   ① 전류 용량
   ② 기계적 강도
   ③ 내식성

(5) 다음과 같이 매입되는 지점에는 "안전 전기 연결"라벨이 영구적으로 고정되도록 시설하여야 한다.
   ① 접지극의 모든 접지도체 연결지점
   ② 외부도전성 부분의 모든 본딩도체 연결지점
   ③ 주 개폐기에서 분리된 주접지단자

(6) 접지도체 설치기준
   ① 절연전선(옥외용 비닐절연전선은 제외) 또는 케이블(통신용 케이블은 제외)을 사용하여야 한다. 다만, 접지도체를 철주 기타의 금속체를 따라서 시설하는 경우 이 외의 경우에는 접지도체의 지표상 0.6 $[m]$를 초과하는 부분에 대하여는 절연전선을 사용하지 않을 수 있다.

② 접지도체는 지하 0.75[m]부터 지표 상 2[m]까지 부분은 합성수지관(두께 2[mm] 미만의 합성수지제 전선관 및 가연성 콤바인덕트관은 제외한다) 또는 이와 동등 이상의 절연효과와 강도를 가지는 몰드로 덮어야 한다.

7) 보호도체
(1) 보호도체의 최소 단면적은 표에 따라 선정해야 한다. 다만, "(2)"에 따라 계산한 값 이상이어야 한다.

선도체의 단면적 S ([mm²], 구리)	보호도체의 최소 단면적([mm²], 구리)	
	보호도체의 재질	
	선도체와 같은 경우	선도체와 다른 경우
$S \leq 16$	S	$(k_1/k_2) \times S$
$16 < S \leq 35$	$16^{(a)}$	$(k_1/k_2) \times 16$
$S > 35$	$S^{(a)}/2$	$(k_1/k_2) \times (S/2)$

여기서, － k_1 : 선도체에 대한 k값   － k_2 : 보호도체에 대한 k값
－ a : PEN 도체의 최소단면적은 중성선과 동일하게 적용한다

(2) 보호도체의 단면적은 다음의 계산 값 이상이어야 한다.
(단, 차단시간이 5초 이하인 경우에만 다음 계산식을 적용한다.)

$$S = \frac{\sqrt{I^2 t}}{k}$$

여기서, S : 단면적[mm²]
    I : 보호장치를 통해 흐를 수 있는 예상 고장전류 실효값[A]
    t : 자동차단을 위한 보호장치의 동작시간[s]
    k : 보호도체, 절연, 기타 부위의 재질 및 초기온도와 최종온도에 따라 정해지는 계수

(3) 보호도체는 다음 중 하나 또는 복수로 구성하여야 한다.
  ① 다심케이블의 도체
  ② 충전도체와 같은 트렁킹에 수납된 절연도체 또는 나도체
  ③ 고정된 절연도체 또는 나도체
  ④ 금속케이블 외장, 케이블 차폐, 케이블 외장, 전선묶음(편조전선), 동심도체, 금속관

(4) 다음과 같은 금속부분은 보호도체 또는 보호본딩도체로 사용해서는 안 된다.
  ① 금속 수도관
  ② 가스·액체·분말과 같은 잠재적인 인화성 물질을 포함하는 금속관
  ③ 상시 기계적 응력을 받는 지지 구조물 일부
  ④ 가요성 금속배관
  ⑤ 가요성 금속전선관
  ⑥ 지지선, 케이블트레이 및 이와 비슷한 것

(5) 보호도체에는 어떠한 개폐장치를 연결해서는 안 된다.

8) 접지저항 저감방법
   (1) 물리적 저감방법
      ① 접지극 길이를 길게 한다.
         - 직렬 접지시공
         - 매설지선 시설
         - 평판 접지극 시설
      ② 접지극의 병렬접속

         $R = k\dfrac{R_1 R_2}{R_1 + R_2}$ (여기서, k : 결합계수로 보통 1.2를 적용한다)

      ③ 접지극의 매설깊이를 깊게(지표면하 75[cm] 이하에 시설)
      ④ 접지극과 대지와의 접촉저항을 향상시키기 위하여 심타공법으로 시공
   (2) 화학적 저감방법
      ① 접지극 주변의 토양 개량(염, 유산, 암모니아, 탄산소다, 카본분말, 밴드나이트 등 화공약품을 사용하는데 따른 환경오염 문제로 사용이 제한되고 있다)
      ② 접지저항 저감제 사용 (주로 아스롱을 사용)

9) 가공 지선이 있는 지지물 표준접지

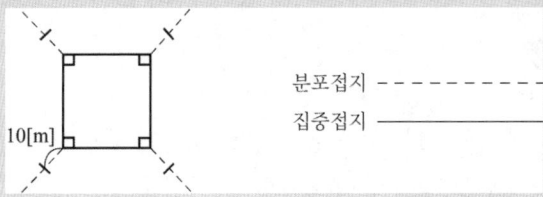

   ① 분포 접지 : 탑각에서 방사형으로 매설 지선을 포설하는 방식
   ② 집중 접지 : 탑각에서 10[m] 떨어진 지점의 분포접지에 대해 직각 방향으로 접지하는 방식

3. 전기수용가 접지

1) 저압수용가 인입구 접지
   (1) 수용장소 인입구 부근에서 다음의 것을 접지극으로 사용하여 변압기 중성점 접지를 한 저압전선로의 중성선 또는 접지측 전선에 추가로 접지공사를 할 수 있다.
      ① 지중에 매설되어 있고 대지와의 전기저항 값이 3[Ω] 이하의 값을 유지하고 있는 금속제 수도관로
      ② 대지 사이의 전기저항 값이 3[Ω] 이하인 값을 유지하는 건물의 철골
   (2) 제(1)에 따른 접지도체는 공칭단면적 6[mm^2] 이상의 연동선

2) 주택 등 저압수용장소 접지
   저압수용장소에서 계통접지가 TN-C-S 방식인 경우 중성선 겸용 보호도체(PEN)의 단면적이 구리는 10[mm^2] 이상, 알루미늄은 16[mm^2] 이상이어야 하며, 그 계통의 최고전압에 대하여 절연되어야 한다.

4. 변압기 중성점 접지저항값

접지공사의 종류	접지 저항값의 상한
변압기 중성점 접지	$R_2 = \dfrac{150}{\text{변압기의 고압측 또는 특고압측의 1선 지락전류}}[\Omega]$ 단, 변압기의 고압·특고압측 전로 또는 사용전압이 35[kV]이하의 특고압전로가 저압측 전로와 혼촉하고 저압전로의 대지전압이 150[V]를 초과하는 경우 저항값은 다음에 의한다. ① 1초를 초과하고 2초 이내에 차단하는 장치가 있는 경우 $R_2 = \dfrac{300}{\text{변압기의 고압측 또는 특고압측의 1선 지락전류}}[\Omega]$ ② 1초 이내에 차단하는 장치가 있는 경우 $R_2 = \dfrac{600}{\text{변압기의 고압측 또는 특고압측의 1선 지락전류}}[\Omega]$

단, 전로의 1선 지락전류는 실측값에 의한다. 다만, 실측이 곤란한 경우에는 선로정수 등으로 계산한 값에 의한다.

5. 기계기구의 철대 및 외함의 접지

(1) 전로에 시설하는 기계기구의 철대 및 금속제 외함(외함이 없는 변압기 또는 계기용변성기는 철심)에는 접지공사를 하여야 한다.

(2) 다음의 어느 하나에 해당하는 경우에는 접지를 생략할 수 있다.

① 사용전압이 직류 300[V] 또는 교류 대지전압이 150[V] 이하인 기계기구를 건조한 곳에 시설하는 경우

② 저압용의 기계기구를 건조한 목재의 마루 기타 이와 유사한 절연성 물건 위에서 취급하도록 시설하는 경우

③ 저압용이나 고압용의 기계기구를 사람이 쉽게 접촉할 우려가 없도록 목주 기타 이와 유사한 것의 위에 시설하는 경우

④ 철대 또는 외함의 주위에 적당한 절연대를 설치하는 경우

⑤ 외함이 없는 계기용변성기가 고무·합성수지 기타의 절연물로 피복한 것일 경우

⑥ 2중 절연구조로 되어 있는 기계기구를 시설하는 경우

⑦ 저압용 기계기구에 전기를 공급하는 전로의 전원측에 절연변압기(2차 전압이 300[V] 이하이며, 정격용량이 3[kVA] 이하인 것에 한한다)를 시설하고 또한 그 절연변압기의 부하측 전로를 접지하지 않은 경우

⑧ 물기 있는 장소 이외의 장소에 시설하는 저압용의 개별 기계기구에 전기를 공급하는 전로에 인체감전보호용 누전차단기(정격감도전류가 30[mA] 이하, 동작시간이 0.03초 이하의 전류동작형에 한한다)를 시설하는 경우

⑨ 외함을 충전하여 사용하는 기계기구에 사람이 접촉할 우려가 없도록 시설하거나 절연대를 시설하는 경우

6. 케이블 차폐 접지

1) ZCT를 전원측에 설치시 전원측 케이블 차폐의 접지는 ZCT를 관통시켜 접지한다.

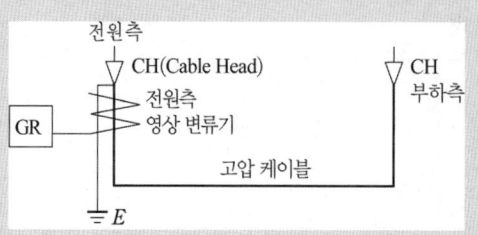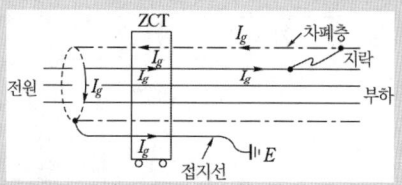

접지선을 ZCT 내로 관통시켜야만 ZCT는 지락전류 I_g를 검출할 수 있다.

$$I_g - I_g + I_g = I_g$$

2) ZCT를 부하측에 설치시 케이블 차폐의 접지는 ZCT를 관통시키지 않고 접지한다.

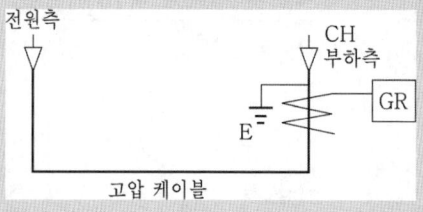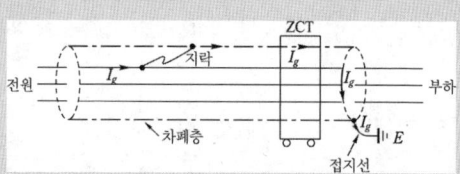

접지선을 ZCT 내로 관통시키지 않아야 지락전류 I_g를 검출할 수 있다.

만약 아래 그림과 같이 접지선을 ZCT 내로 관통시키면 $I_g - I_g = 0$으로 지락전류를 검출할 수 없게 된다.

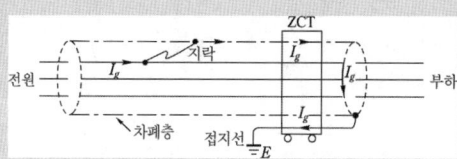

7. 등전위본딩 분류 및 그 대상설비

등전위본딩은 건축물의 공간에서 금속도체를 서로 접속하여 전위를 같게 하는 것으로 감전보호용 등전위본딩과 피뢰시스템 등전위본딩이 있다.

1) 감전보호용 등전위본딩
   (1) 보호등전위본딩 : 인입구 부근에서 인입 금속배관 본딩과 건축물·구조물의 철근, 철골 등을 본딩 하는 것.
   (2) 보조 보호등전위 본딩 : 고장시 전원 자동 차단시간이 계통별 최대 차단시간을 초과하는 경우 2.5[m] 이내의 노출도전부 및 계통외 도전부를 본딩 하는 것.
   (3) 비접지 국부 등전위본딩 : 절연성 바닥으로 된 비접지 장소에서 2.5[m] 이내 전기설비 상호간 및 전기설비를 지지하는 금속체를 본딩 하는 것

2) 등전위본딩 도체
   주접지단자에 접속하기 위한 등전위본딩 도체는 설비 내에 있는 가장 큰 보호접지도체 단면적의 1/2 이상의 단면적을 가져야 하고 다음의 단면적 이상이어야 한다.

① 구리도체 6 [mm²]
② 알루미늄 도체 16 [mm²]
③ 강철 도체 50 [mm²]

계통 접지

1. 계통접지 구성

1) 저압전로의 보호도체 및 중성선의 접속 방식에 따라 접지계통은 다음과 같이 분류한다.
   (1) TN 계통   (2) TT 계통   (3) IT 계통

2) 계통접지에서 사용되는 문자의 정의는 다음과 같다.
   (1) 제1문자-전원계통과 대지의 관계
      T : 한 점을 대지에 직접 접속
      I : 모든 충전부를 대지와 절연시키거나 높은 임피던스를 통하여 한 점을 대지에 직접 접속
   (2) 제2문자-전기설비의 노출도전부와 대지의 관계
      T : 노출도전부를 대지로 직접 접속. 전원계통의 접지와는 무관
      N : 노출도전부를 전원계통의 접지점(교류 계통에서는 통상적으로 중성점, 중성점이 없을 경우는 선도체)에 직접 접속
   (3) 그 다음 문자(문자가 있을 경우)-중성선과 보호도체의 배치
      S : 중성선 또는 접지된 선도체 외에 별도의 도체에 의해 제공되는 보호 기능
      C : 중성선과 보호 기능을 한 개의 도체로 겸용(PEN 도체)

3) 각 계통에서 나타내는 그림의 기호는 다음과 같다.

표. 기호 설명

기호	설명
	중성선(N), 중간도체(M)
	보호도체(PE)
	중성선과 보호도체겸용(PEN)

2. TN 계통

- 전원측의 한 점을 직접접지하고 설비의 노출도전부를 보호도체로 접속시키는 방식으로 중성선 및 보호도체(PE 도체)의 배치 및 접속방식에 따라 TN-S, TN-C 및 TN-C-S로 분류한다.
- TN계통에서의 지락고장은 과전류차단기로 보호한다. 고장이 발생했을 때는 고장점 임피던스를 고려하지 않고, 지정 시간 내에 전원의 과전류차단기가 동작하도록 차단기의 특성 및 도체의 굵기를 선정 할 필요가 있다.

1) TN-S 계통

계통 전체에 대해 별도의 중성선 또는 PE 도체를 사용한다. 배전계통에서 PE 도체를 추가로 접지할 수 있다.

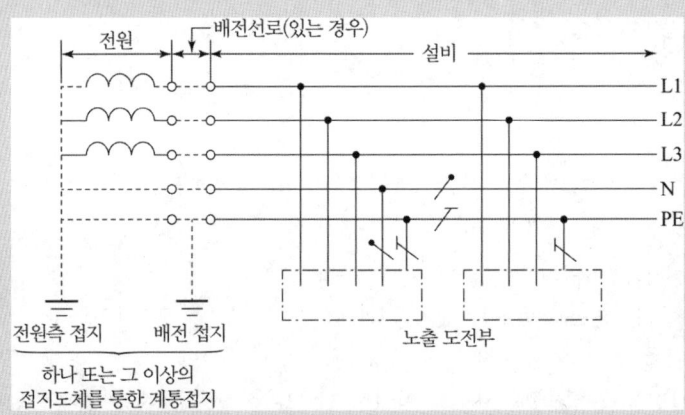

계통 내에서 별도의 중성선과 보호도체가 있는 TN-S 계통

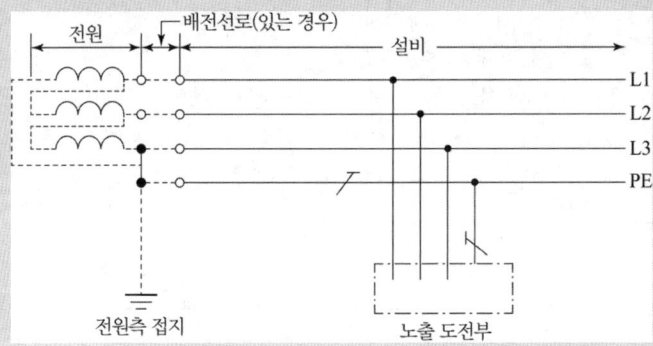

계통 내에서 별도의 접지된 선도체와 보호도체가 있는 TN-S 계통

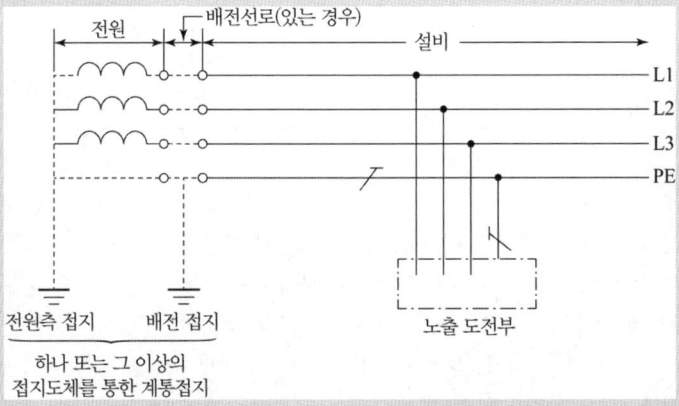

계통 내에서 접지된 보호도체는 있으나 중성선의 배선이 없는 TN-S 계통

2) TN-C 계통

계통 전체에 대해 중성선과 보호도체의 기능을 동일도체로 겸용한 PEN 도체를 사용한다. 배전계통에서 PEN 도체를 추가로 접지할 수 있다.

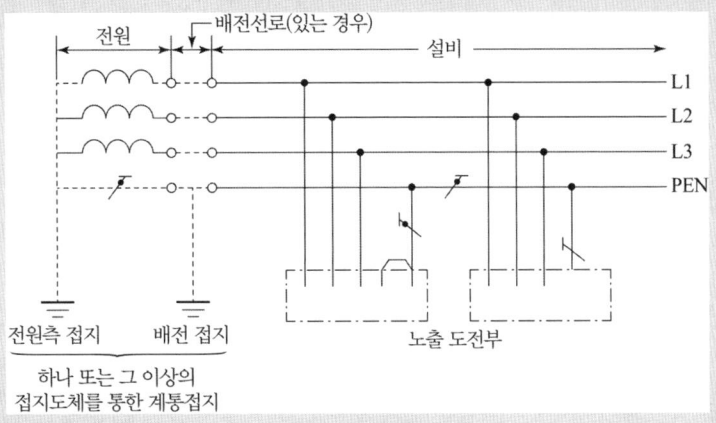

TN-C 계통

3) TN-C-S계통

계통의 일부분에서 PEN 도체를 사용하거나, 중성선과 별도의 PE 도체를 사용하는 방식이 있다. 배전계통에서 PEN 도체와 PE 도체를 추가로 접지할 수 있다.

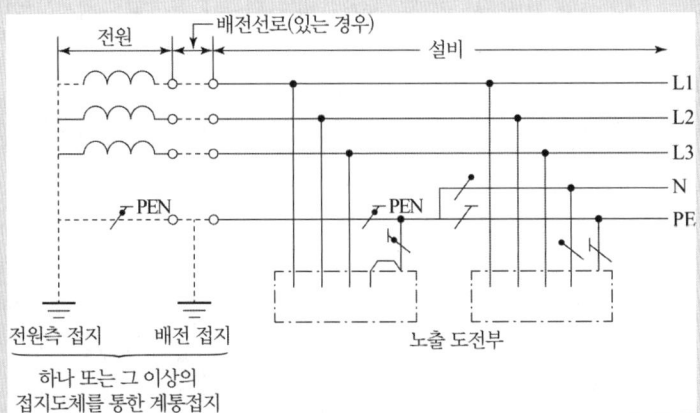

설비의 어느 곳에서 PEN이 PE와 N으로 분리된 3상 4선식 TN-C-S 계통

3. TT 계통

- 전원의 한 점을 직접 접지하고 설비의 노출도전부는 전원의 접지전극과 전기적으로 독립적인 접지극에 접속시킨다. 배전계통에서 PE 도체를 추가로 접지할 수 있다.
- 지락고장은 누전차단기로 보호한다.

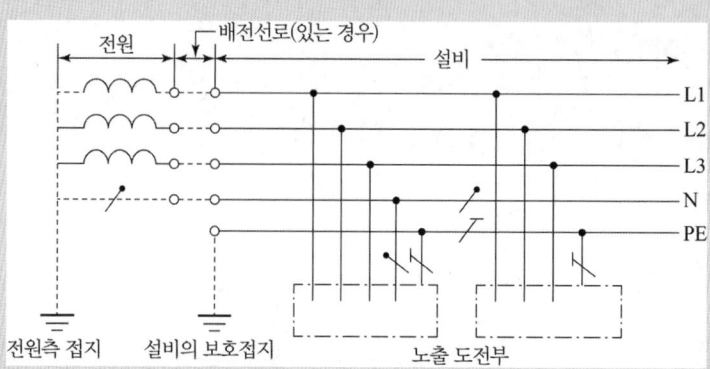

설비 전체에서 별도의 중성선과 보호도체가 있는 TT 계통

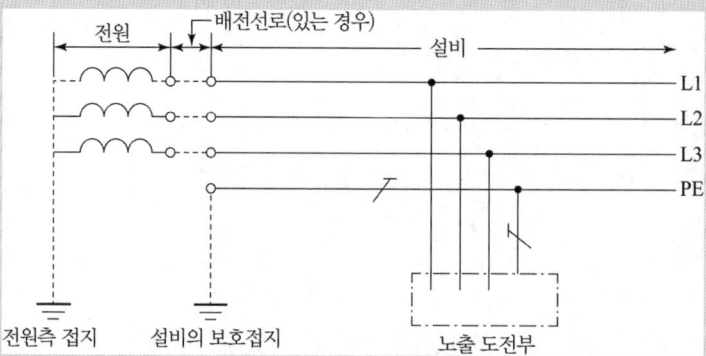

설비 전체에서 접지된 보호도체가 있으나 배전용 중성선이 없는 TT 계통

4. IT 계통

- 충전부 전체를 대지로부터 절연시키거나, 한 점을 임피던스를 통해 대지에 접속시킨다. 전기설비의 노출도전부를 단독 또는 일괄적으로 계통의 PE 도체에 접속시킨다. 배전계통에서 추가접지가 가능하다.
- 계통은 충분히 높은 임피던스를 통하여 접지할 수 있다. 이 접속은 중성점, 인위적 중성점, 선도체 등에서 할 수 있다. 중성선은 배선할 수도 있고, 배선하지 않을 수도 있다.
- 1점 지락고장의 경우는 기기외함측의 접지저항 값을 작게 함으로써 보호될 수 있지만 2점 지락고장이 발생할 때의 대책을 고려할 필요가 있다.

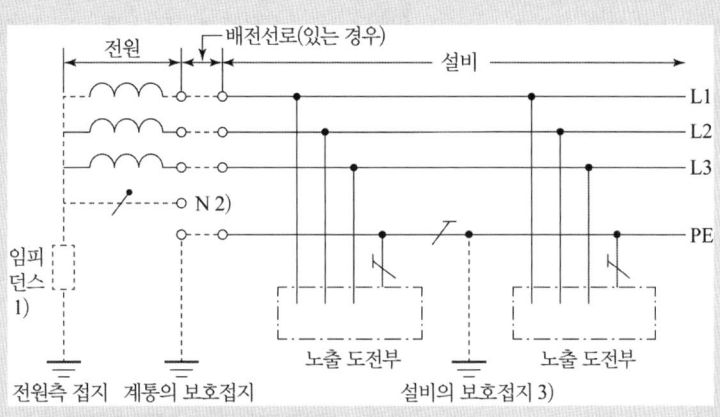

계통 내의 모든 노출도전부가 보호도체에 의해 접속되어 일괄 접지된 IT 계통

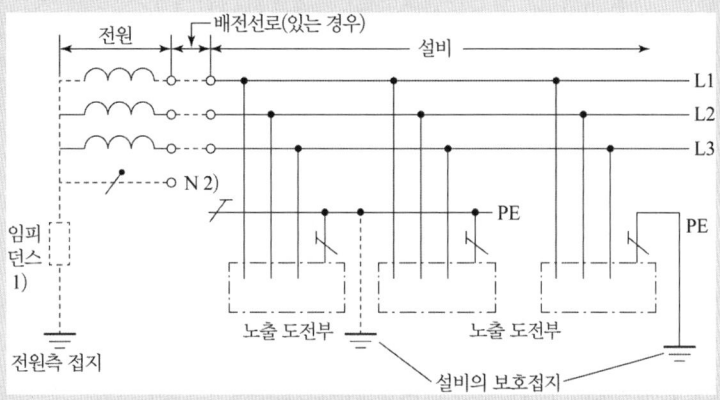

노출도전부가 조합으로 또는 개별로 접지된 IT 계통

문제 1

▶ 출제년도 : 산업 95. 96.　▶ 점수 : 5점

보호도체는 원칙적으로 어떤 색으로 표시하여야 하는가?

답안작성　녹색-노란색

해 설　전선의 식별(KEC 121.2)

1) 전선의 색상은 표 에 따른다.

상(문자)	색상
L1	갈색
L2	검은색
L3	회색
N	파란색
보호도체	녹색-노란색

2) 색상 식별이 종단 및 연결 지점에서만 이루어지는 나도체 등은 전선 종단부에 색상이 반영구적으로 유지될 수 있는 도색, 밴드, 색 테이프 등의 방법으로 표시해야 한다.

문제 2

▶ 출제년도 : 산업 88. 91.   ▶ 점수 : 6점

사람의 접촉 우려가 있는 장소에서 철주에 절연전선을 사용하여 접지공사를 그림과 같이 노출 시공코자 한다.
(1) 접지극의 지하 매설 깊이는?
(2) 전주와 접지극의 이격 거리는?
(3) 지표상 접지 몰드의 높이는 얼마인가?

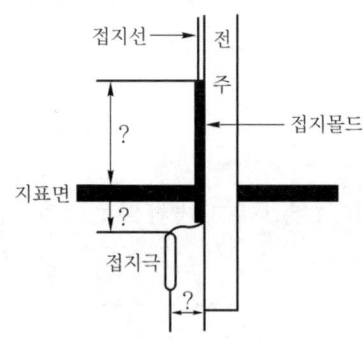

답안작성   (1) 0.75[m]   (2) 1[m]   (3) 2[m]

해 설   접지공사

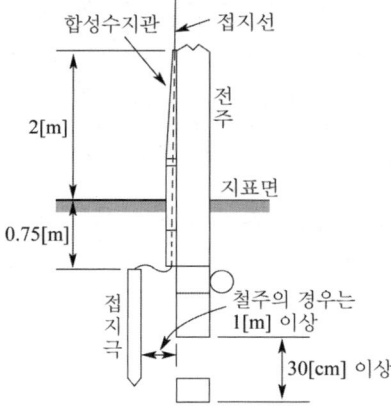

문제 3

▶ 출제년도 : 산업 92.   ▶ 점수 : 8점

접지공사에 사용하는 접지선을 사람이 접촉할 우려가 있는 장소에 시설할 경우 공사방법을 4가지로 쓰시오.

답안작성   ① 접지극은 동결 깊이를 감안하여 시설하되 매설깊이는 지표면으로부터 지하 0.75[m] 이상으로 한다
② 접지선은 접지극에서 지표상 60[cm]까지의 부분에는 절연전선, 캡타이어 케이블, 케이블을 사용할 것
③ 접지선의 지표면하 75[cm]에서 지표상 2[m]까지 부분에는 합성수지관 또는 이와 동등이상의 절연효력 및 강도가 있는 것으로 덮을 것
④ 접지선을 사람이 접촉될 우려가 있는 장소의 철주 등 금속체에 따라서 매설하는 경우에 접지극을 금속체로부터 1[m] 이상 이격할 것

해설 접지공사

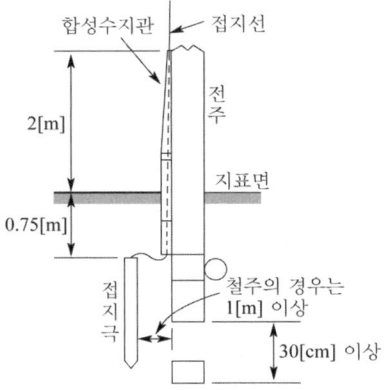

▶출제년도 : 기사 90.   ▶점수 : 5점

문제 4 그림을 참조하여 계통접지공사의 접지극과 접지선은 피뢰침용 접지극 및 접지선에서 몇 [m] 이상 이격하여야 하는가?

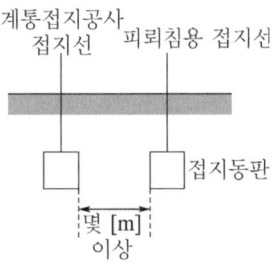

답안작성   2[m]

▶출제년도 : 기사 98.   ▶점수 : 6점

문제 5 접지공사에 있어서 자갈층 또는 산간부이 암반지대 등 토양의 고유지항이 높은 지역 등에서는 규정의 저항치를 얻기 곤란하다. 이와 같은 장소에 있어서의 접지저항 저감방법 3가지를 쓰시오.

답안작성
① 도전율이 양호한 접지 재료를 사용한다.
② 화학적 저감제(아스론, 하이드라드 석고)를 사용 접지저항을 줄인다.
③ 심타법, 메쉬접지법, 매설지선, 접지극의 병렬 접속

▶출제년도 : 산업 92. 93.   ▶점수 : 10점

문제 6 접지공사 시공시 유의 사항에 관한 사항이다. 옳으면 ○표, 틀리면 ×표를 주어진 답안지에 답하시오.
(1) 접지선은 반드시 450/750 [V] 일반용 단심 비닐 전선을 사용할 것
(2) 접지선 부설시 가능한 한 중간 접속은 하지 말 것
(3) 접지극은 전주에서 1.0 [m] 정도 이격시켜 심타법으로 시공할 것
(4) 접지선과 접지극 리드 단자의 연결은 동슬리브 또는 이와 동등한 방법으로 시공할 것

(5) 접지극은 지하 75〔cm〕 이상 깊이에 시설할 것
(6) 피뢰기의 접지는 피보호 기기의 접지 저항값 이하가 되도록 시공하여야 하며, 특히 피뢰기 접지는 중성선과 분리하여 접지 시공하고 접지극도 피보호 기기 접지극과 1.0〔m〕 이상 이격시켜야 한다.
(7) 접지선 부설은 반드시 CP주의 접지선 인입구 및 인출구를 통하여 시공하여야 한다.
(8) AL 중성선과 접지선의 연결은 분기 슬리브를 사용하여 과열에 의한 탈락 사고를 방지하도록 예방하여야 한다.
(9) 접지극을 병렬로 시공할 경우 접지극 간의 이격 거리는 2.0〔m〕 정도가 적당하다.
(10) 1선 지락 전류가 25〔A〕인 고압 전로에 접속하는 3000/100〔V〕 변압기의 중성점 접지 공사의 접지 저항값은 10〔Ω〕 이하로 하여야 한다.

답안작성
(1) ×   (2) ○   (3) ○   (4) ○   (5) ○
(6) ×   (7) ○   (8) ○   (9) ○   (10) ×

해설
(1) 반드시 NR전선을 사용할 필요는 없다.
(10) $R = \dfrac{150}{I_g} = \dfrac{150}{25} = 6 \,〔\Omega〕$ 이하

문제 7

▶ 출제년도 : 산업 89. 93. 95. 03.   ▶ 점수 : 6점

가공 지선이 있는 지지물 표준 접지 시공에 관한 그림이다. 그림을 참고로 하여 답란의 물음을 간단하게 쓰시오.

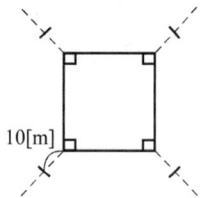

분포접지 - - - - - - - - - -
집중접지 ──────────

(1) 분포 접지란?
(2) 집중 접지란?

답안작성
분포 접지 : 탑각에서 방사형으로 매설 지선을 포설하여 접지하는 방식
집중 접지 : 탑각에서 10〔m〕 떨어진 지점에서 분포접지에 직각 방향으로 접지하는 방식

문제 8

▶ 출제년도 : 산업 95. 06.   ▶ 점수 : 5점

배전용 변전소에 있어서 중요 접지개소 5개소를 쓰시오.

답안작성
① 고압기계 기구의 외함   ② 피뢰기 및 피뢰침
③ 케이블의 차폐선   ④ CT와 PT의 2차측 전로의 1단자
⑤ 다선식 전로의 중성선

해설
⑥ 옥외 철구   ⑦ MOF의 외함
⑧ 변압기 외함   ⑨ 일반기기 및 제어반의 외함
⑩ 변압기의 2차측 중성선 또는 1단자   ⑪ 유입차단기 및 진공차단기의 외함
⑫ 전력수급용 계기용변성기의 2차측

누전 차단기 및 콘센트

1. 누전 차단기

1) 누전 차단기의 시설

① 전원의 자동차단에 의한 저압전로의 보호대책으로 누전차단기를 시설해야할 대상은 금속제 외함을 가지는 사용전압이 50[V]를 초과하는 저압의 기계 기구로서 사람이 쉽게 접촉할 우려가 있는 곳에 시설하는 것에 전기를 공급하는 전로.

② 특고압전로, 고압전로 또는 저압전로와 변압기에 의하여 결합되는 사용전압 400[V] 초과의 저압전로 또는 발전기에서 공급하는 사용전압 400[V] 초과의 저압전로(발전소 및 변전소와 이에 준하는 곳에 있는 부분의 전로를 제외한다).

2) 누전 차단기 시설 예

기계기구의 시설장소 전로의 대지전압	옥내		옥측		옥외	물기가 있는 장소
	건조한 장소	습기가 많은 장소	우선내	우선외		
150[V] 이하	×	×	×	□	□	○
150[V] 초과 300[V] 이하	△	○	×	○	○	○

【비고】 표에 표시한 기호의 뜻은 다음과 같다.
- ○ : 누전 차단기를 시설할 곳
- △ : 주택에 기계 기구를 시설하는 경우에는 누전 차단기 시설할 것
- □ : 주택구내 또는 도로에 접한면에 룸 에어컨디셔너, 아이스박스, 진열창, 자동판매기 등 전동기를 부품으로 한 기계 기구를 시설하는 경우 누전 차단기를 시설하는 것이 바람직한 곳
- × : 누전차 단기를 설치하지 않아도 되는 곳

3) 누전 차단기의 선정

저압 전로에 시설하는 누전차단기는 전류 동작형으로 다음 각 호에 적합한 것이어야 한다.

① 누전 차단기의 종류

구 분		정격 감도 전류 [mA]	동 작 시 간
고감도형	고 속 형	5, 10, 15, 30	• 정격 감도 전류에서 0.1초 이내, 인체 감전 보호용은 0.03초 이내
	시 연 형		• 정격감도전류에서 0.1초 초과 2초이내
	반한시형		• 정격 감도 전류에서 0.2초를 초과하고 1초 이내 • 정격 감도 전류 1.4배의 전류에서 0.1초를 초과하고 0.5초 이내 • 정격 감도 전류 4.4배의 전류에서 0.05초 이내
중감도형	고 속 형	50, 100, 200, 500, 1000	• 정격 감도 전류에서 0.1초 이내
	시 연 형		• 정격 감도 전류에서 0.1초를 초과하고 2초 이내

② 인입구 장치 등에 시설하는 누전 차단기는 충격파 부동작형일 것

2. 콘센트의 시설

1) 욕조나 샤워시설이 있는 욕실 또는 화장실 등 인체가 물에 젖어있는 상태에서 전기를 사용하는 장소에 콘센트를 시설하는 경우에는 다음에 따라 시설하여야한다.
   ① 인체감전보호용 누전차단기(정격감도전류 15[mA] 이하, 동작시간 0.03[초] 이하의 전류동작형의 것에 한한다) 또는 절연변압기(정격용량 3[kVA] 이하인 것에 한한다)로 보호된 전로에 접속하거나, 인체감전보호용 누전차단기가 부착된 콘센트를 시설하여야 한다.
   ② 콘센트는 접지극이 있는 방적형 콘센트를 사용하여 규정에 준하여 접지하여야 한다.
2) 주택의 옥내전로에는 접지극이 있는 콘센트를 사용하여 규정에 준하여 접지하여야 한다.

문제 9 ▶출제년도 : 산업 96. ▶점수 : 12점

다음 그림은 누전차단기의 구조를 나타낸 결선도이다. 물음에 답하시오.

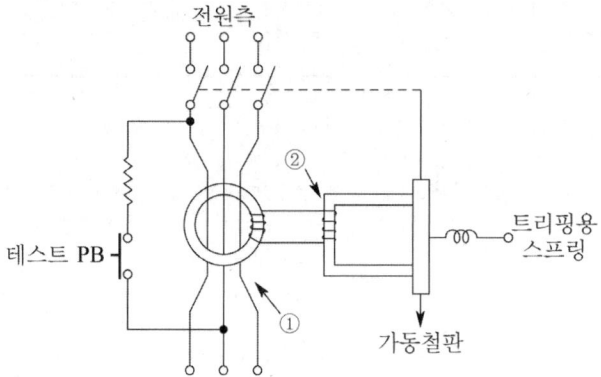

(1) 그림에서 ①의 우리말 명칭은?
(2) 그림에서 ②의 코일은?
(3) 이 그림은 무슨 형의 누전 차단기인가?
(4) 누전 차단기의 사용 목적은?

답안작성
(1) 영상 변류기
(2) 트립 코일
(3) 전류동작형
(4) 지락 전류를 차단하여 감전사고 및 화재 방지

해 설
(2) 트립 코일 또는 감자 코일(demagnetize coil)
(3) 전류동작형 또는 전자형(magnetic type)

문제 10

▶출제년도 : 기사 96. 산업 15.   ▶점수 : 5점

사용 전압 415〔V〕의 3상 3선식 전로로(최대 공급 전류 500〔A〕)의 1선과 대지 간에 필요한 절연 저항값의 최소값은?

답안작성

누설 전류 $I_g = 500 \times \dfrac{1}{2000} = 0.25$〔A〕이므로

$$R = \dfrac{E}{I_g} = \dfrac{415}{0.25} = 1660 \text{〔Ω〕}$$

∴ 절연 저항의 최소값은 1660〔Ω〕

답 : 1660〔Ω〕

해설

허용 누설 전류에 의한 절연저항

누설 전류는 최대 공급 전류의 $\dfrac{1}{2000}$를 넘지 않도록 한다.

문제 11

▶출제년도 : 산업 95. 97.   ▶점수 : 10점

사용 전압이 105〔V〕 최대 공급 전류가 50〔A〕인 단상 2선식 가공전선로에서 2선을 합한 것과 대지간의 절연저항은 얼마인가?

답안작성

계산 : 누설 전류 $i = 50 \times \dfrac{1}{1000} = 0.05$〔A〕

절연 저항 $R = \dfrac{105}{0.05} = 2100$〔Ω〕

답 : 2100〔Ω〕

해설

단상 2선식의 경우 전선을 일괄한 것과 대지 사이의 절연저항은 사용·전압에 대한 누설전류가 최대공급 전류의 $\dfrac{1}{1000}$ 이하가 되도록 하여야 한다.

문제 12

▶출제년도 : 산업 98. 00. 20.   ▶점수 : 5점

1차 전압 6600〔V〕 2차 전압 210〔V〕일 때, 용량이 15〔kVA〕의 단상변압기에서 누설전류의 최소값은?

답안작성

계산 : $I_g = \dfrac{15 \times 10^3}{210} \times \dfrac{1}{2000} = 0.03571$〔A〕

답 : 35.71〔mA〕

해설

최대 누설전류 한도

저압 전선로 중 절연부분의 전선과 대지 간 및 전선의 심선 상호 간의 절연저항은 사용·전압에 대한 누설전류(I_g)가 최대 공급 전류의 1/2000을 넘지 않도록 유지하여야 한다.

즉, 허용 누설전류 ≤ 최대 공급전류 $\times \dfrac{1}{2000}$

문제 13

▶출제년도 : 산업 94. ▶점수 : 5점

저압 전선로 중 절연부분의 전선과 대지 간의 절연저항은 사용전압에 대한 누설전류는 최대 공급전류의 얼마를 넘어서는 안되는가?

답안작성 $\dfrac{1}{2000}$

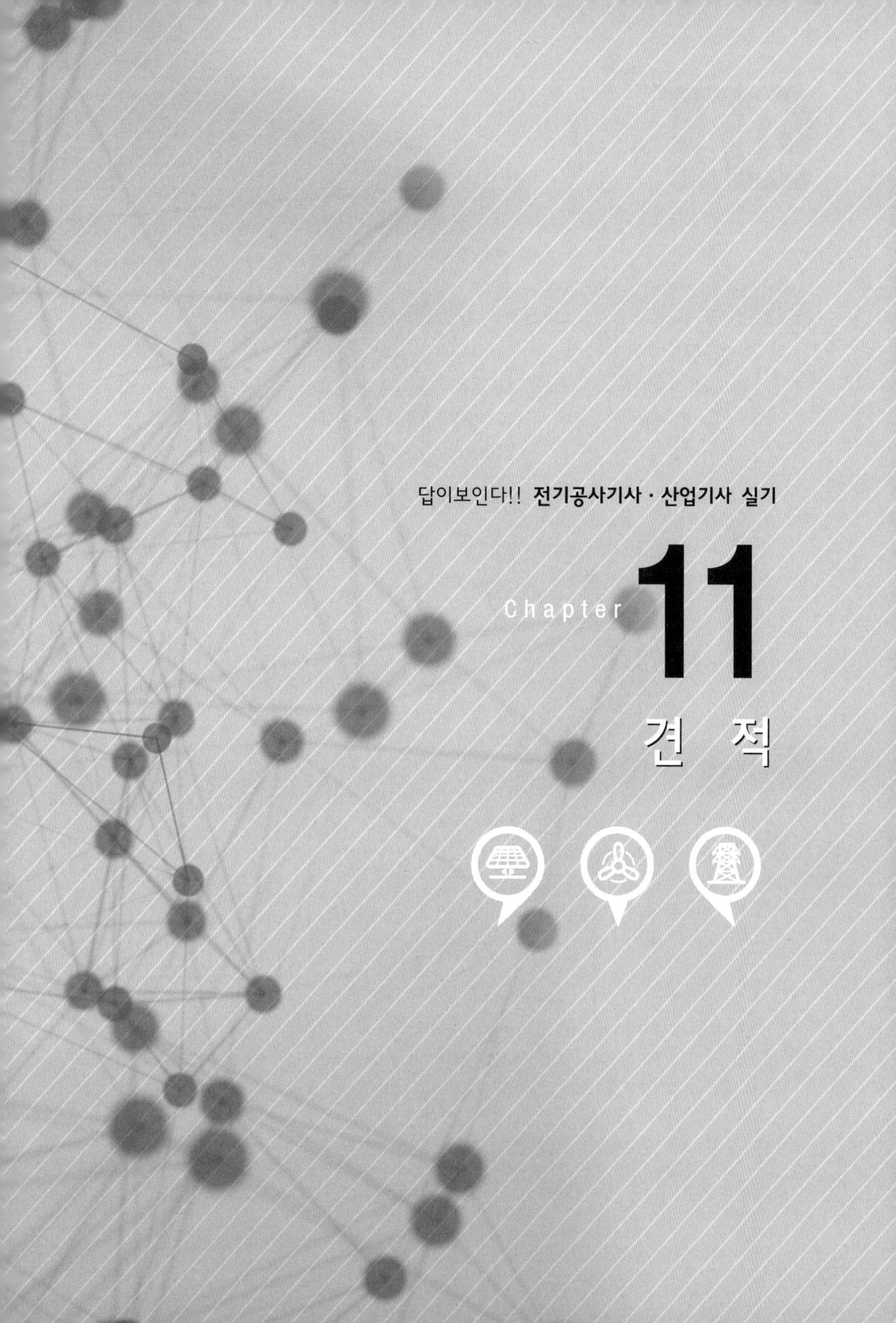

01 견 적

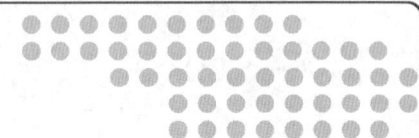

적 산

1. 적산(견적)
예정 가격을 산출하기 위하여 설계 도서와 시방서 및 시공 현장의 조건에 따라 시설 공사에 소요되는 재료와 노무의 품을 계산하는 일련의 과정과 업무를 말한다.

2. 예정 가격 결정 기준
물품 또는 공사를 계약하기 위하여 계약 상대방을 정하기 위한 기준적 금액을 결정하는 방법을 말한다.
- 거래 실례 가격 : 적정한 거래가 형성된 경우
- 원가 계산에 의한 방법(제조 또는 공사)
- 감정 가격
- 통제 가격
- 견적 가격
- 유사한 거래 실례 가격

공사원가의 계산요령

1. 순공사 원가
공사 시공 과정에서 발생한 재료비, 노무비, 경비의 합계액

1) 재료비

재료비의 계산에 있어 미리 알아야 할 사항은 다음과 같다.
① 재료비의 내역을 구성하고 있는 세부 비목과 내용 또는 범위의 설정
② 적산 수량의 계산
③ 품목별, 규격별 적용할 단가의 결정

2) 재료비의 구성과 내용

공사 원가를 구성하는 재료비는 직접 재료비와 간접 재료비로 구성되어 있고 그 합계액에서 시공 중에 발생되는 작업설이나 부산물의 매각액 또는 이용 가치를 추정 산출하여 이를 공제하여야 한다. 재료비의 각 세목별 비용의 내용은 다음과 같다.
① 직접 재료비 : 공사 목적물의 실체를 형성하는 물품의 가치를 말한다.
② 간접 재료비 : 공사 목적물의 실체를 형성하지 않으나 공사에 보조적으로 소비되는 물품의 가치

③ 재료의 구입 과정에서 당해 재료에 직접 관련되어 발생하는 운임, 보험료, 보관비 등의 부대 비용은 재료비로서 계산한다. 다만, 재료 구입 후 발생되는 부대 비용은 경비의 각 비목으로 계산한다.
④ 계약 목적물의 시공 중에 발생하는 작업설, 부산물 등은 그 매각액 또는 이용 가치를 추산하여 재료비로부터 공제하여야 한다.

3) 노무비

공사 원가를 구성하는 다음 내용의 직접 노무비, 간접 노무비를 말한다
① 직접 노무비 : 공사 기공 현장에서 계약 목적물을 완성하기 위하여 직접 작업에 종사하는 종업원 및 종사자에 의하여 제공되는 노동력의 대가로서 다음 각 호의 합계액을 말한다. 다만, 상여금은 년 400〔%〕, 제수당, 퇴직 급여 충당금은 근로기준법상의 인정되는 범위를 초과하여 계상할 수 없다.
② 간접 노무비 : 직접 공사 시공 작업에 종사하지 않으나 작업 현장에서 보조 작업에 종사하는 노무자, 종업원과 현장 감독자 등의 기본급과 제수당, 상여금, 퇴직 급여 충당금의 합계액

$$\text{간접 노무 비율} = \frac{\text{최근년도 간접 노무비 합계액}}{\text{최근년도 직접 노무비 합계액}}$$

4) 경비

① 공사의 시공을 위하여 소요되는 공사 원가 중 재료비, 노무비를 제외한 원가를 말하며 기업 유지를 위한 관리 활동 부문에서 발생하는 일반 관리비와 구분된다.
② 경비는 당해 계약 목적물, 시공 기간의 소요(소비)량을 측정하거나 원가 계산 자료나 계약서, 영수증 등을 근거로 예정하여야 한다.

2. 일반 관리비

1) 일반 관리비

기업의 유지를 위한 관리 활동 부문에서 발생하는 제비용으로서 공사 원가에 속하지 아니하는 모든 영업 비용 중 판매비 등을 제외한 다음의 비용 즉, 임원 급료, 사무실 직원의 급료, 제수당, 퇴직 급여 충당금, 복리 후생비, 여비, 교통비, 경상시험 연구 개발비, 보험료 등을 말하며 기업 손익 계산서를 기준으로 하여 아래와 같이 산정한다.
• 일반 관리비=판매비와 일반 관리비−(광고 선전비+접대비+대손상각 등)
• 일반 관리 비율=(일반 관리비÷매출 원가)×100〔%〕

2) 일반 관리비의 계상 방법

일반 관리비는 공사 원가에 아래와 같이 정한 일반 관리 비율을 초과하여 계상할 수 없으며 공사 규모별로 체감 적용한다.

시설 공사		전문, 전기, 전기 통신 공사	
공사 원가	일반 관리 비율	공사 원가	일반 관리 비율
50억원 미만	6〔%〕	5억원 미만	6〔%〕
50억원~300억원 미만	5.5〔%〕	5억원~30억원 미만	5.5〔%〕
300억원 이상	5〔%〕	30억원 이상	5〔%〕

3. 이윤

영업 이익을 말하며 공사 원가 중 노무비, 경비와 일반 관리비의 합계액(이 경우 기술료 및 외주 가공비는 제외한다)에 이윤을 15[%]를 초과하여 계상할 수 없다.

재료의 산출 요령

1. 적산에서 조사할 사항

   1) 시방서, 도면
      ① 시방서에 대해서는 요점을 확인하고 특별한 사항이 있는지 확실하게 파악한다.
      ② 도면의 기재 사항, 상세도 등을 자세히 조사하여 확실히 파악한다.
      ③ 타 공사와의 관련 사항 및 공사의 한계를 파악한다.
      ④ 건축물의 각 층 높이, 천장 높이, 천장 및 벽체, 바닥 마감 사항 등 건축 도면을 참고한다.

   2) 현장 설명 및 도면 검토
      ① 계약 조건   ② 특기 사항   ③ 건물의 구조   ④ 배관   ⑤ 배선
      ⑥ 기기 및 자재의 제조업체 지정 유무, 사양 확인   ⑦ 현장 조사

2. 적산 준비

   적산할 도면, 시방서, 현장 설명서, 주의 사항 등을 숙독하여 내용을 완전하게 파악한 다음 계획을 수립한다.
   ① 별도 공사 또는 차후 추가 공사의 유무
   ② 적산 항목에 특별한 사항은 없는가?
   ③ 특수기기는 없는가?
   ④ 제법규 및 규정에 저촉되는 사항은 없는가?
   ⑤ 준비품
      ㉠ 산출 근거 용지, 내역서, 인건비 산출 명세서 등
      ㉡ 필기구, 색연필, 계산기
      ㉢ 스케일 또는 Curve Meter
      ㉣ 전기, 통신 품셈
      ㉤ 가격 정보지 등 물가 시세표 및 견적 단가표
      ㉥ 기술 사항 참고 자료
      ㉦ 기타 적산 참고 자료

3. 적산 방법

   건설 공사는 여러 가지 복잡한 현지 조건에 따라 좌우되므로 적산자는 여러 가지 변동 요소를 염두에 두고 현지를 충분히 조사하여 특징을 파악하고 현지에 부합한 확실한 시공 계획을 세워 이를 기초로 적정한 적산을 하여야 한다.

이렇게 하기 위해서는 적산에 필요한 제정보 자료 정비 등 적산 작업을 일정한 흐름도에 따라 계통적으로 검토할 필요가 있다.

적산 순서(흐름도)를 발주자 및 수주자 입장에서 작성하면 다음과 같다.

1) 적산 순서(흐름도)

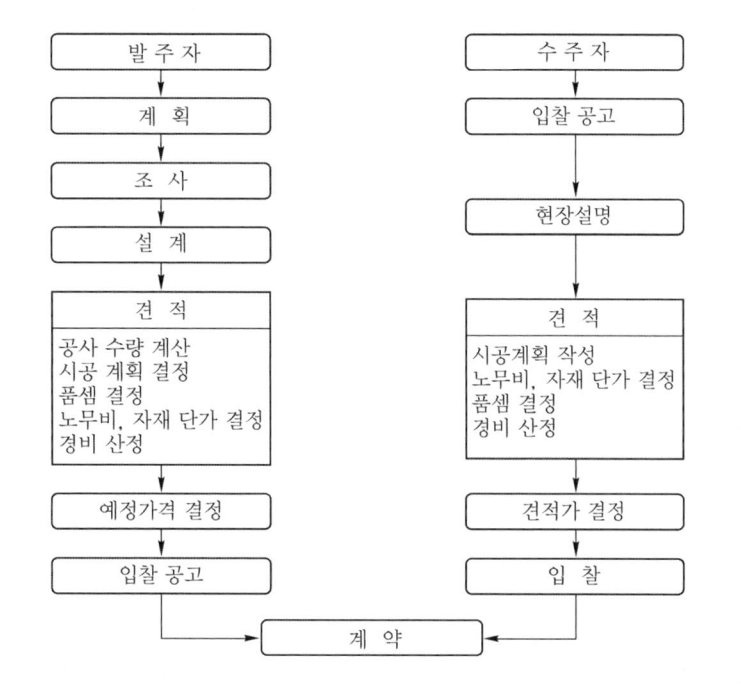

2) 적산 요령
   ① 공사 수량 계산
      • 집계 순위 결정
      • 수량 산출 구분(수량의 종류별, 재료별, 위치별, 강도별 세분)
      • 할증률
      • 수량의 공제
   ② 시공의 결정
      • 시공법 및 작업순위 결정
      • 작업 기종 선정, 조합 결정
      • 작업 능력 결정
   ③ 표준 품셈 및 단가 결정
      • 단위 공종별 표준 품셈 결정
      • 표준 단가 및 대가 결정(복합 단가)

적산자는 도면과 시방서에 재료의 종류, 공법 등의 명기가 누락된 사항은 적산 과정에서 설계 도면이나 시방서에 보완하여야 하며 공사 시공 상 당연히 추가되어야 할 사항은 보완 또는 수정하여야 한다.

4. 적산 순서

① 적산 전에 제반사항을 숙지하고 시방서 및 도면을 검토한다.
② 각 공종별로 도면을 분리하여 각 층별로 물량을 산출한다.
③ 각 층의 물량을 집계하여 공종별로 분리 합산한다.
④ 물량 산출이 끝나면 산출 근거서와 집계표가 이상이 없는지 검토한다.
⑤ 산출된 물량에 표준 품셈을 적용하여 공량을 산출하여 집계한다.
⑥ 내역서에 정리하여 기록한 후 자재별 단가를 조사 적용한다.
⑦ 인건비는 시중 건설 노임 단가를 적용한다.
⑧ 재료비는 최근에 조사한 정확한 것으로 하되 별도 작성한 일위대가 및 자재 단가표를 적용하도록 한다.
⑨ 재료비와 인건비를 산출한 후 원가 계산 시 적용될 경비의 내용을 산출한다.
⑩ 재정 경제원 회계 예규의 "원가 계산에 의한 예정 가격 작성 준칙"에 의거 공사 원가 계산서를 작성한다.

품셈 적용 및 노무량 산출 방법

1. 품셈의 정의

① 인력 또는 건설 장비(기계)를 이용하여 어떤 목적물을 완성하기 위하여 단위당 소요로 하는 인력과 재료량을 수량으로 표시한 것(즉, 공사별 각 부분의 한 단위를 생산함에 있어 과거의 공사 실적 및 각종 자료로부터 설정한 표준적인 소요 노무 공수 및 재료의 소요량을 기준으로 한 것)
② 표준 품셈 : 여러 가지 환경과 기후 및 현장 여건 등을 고려하여 현장의 작업이 시행되기 전에도 공사비를 계산할 수 있도록 각 작업의 내용에 따라 재료, 인력 및 장비의 소요량 등을 표준화한 것(표준 품셈은 사전 원가 계산을 위한 적산 기준이 되며 정부 등에서 시행하는 각종 건설 공사에 대한 적정 공사비를 선정하기 위한 일반적인 기준이 된다).

2. 품셈 적용 및 공량 산출 방법

1) 적산 수량의 계산
   ① 각 공사의 종류별로 소요되는 재료의 수량을 산출 집계하여 표준 품셈상의 규정된 재료 할증의 적용 여부를 확인한다.
   ② 할증 부분의 재료 수량에는 그 성격상 품을 계상하지 않는다.
2) 재료의 할증률
   표준 품셈의 적용 기준에 규정되어 있는 각종 재료의 할증률은 다음과 같다.

① 강재

종 류	할증률[%]
철 근	5
이 형 철 근	3
일 반 볼 트	5
고장력 볼트(HTB)	3
강 판(板)	10
강 관(管)	5
대 형 형 강(形鋼)	7
소 형 형 강	5
정량 형강, 각 파이프	5
봉 강(棒鋼)	5
평 강 대 강	5
리 벳 제 품	5

【해설】
- 강관 할증률[%]은 옥외 공사를 기준한 것이며 옥내 공사용 재료의 할증률은 10[%] 이내로 한다.
- 형강의 대형 구분은 100[mm] 이상을 말한다.

② 전기 통신 재료

종 류	할증률[%]	철거 손실률[%]
옥외 전선	5	2.5
옥내 전선	10	—
Cable(옥외)	3	1.5
Cable(옥내)	5	—
전선관 옥외	5	—
전선관 옥내	10	—
케이블 랙(트레이), 덕트, 레이스웨이	5	—
Trolly선	1	—
동대, 동봉	3	1.5
애자류 100개 미만	5	2.5
애자류 100개 이상	4	2
애자류 200개 이상	3	1.5
애자류 500개 이상	1.5	0.75
애자류 1000개 이상	1	0.5
전선로 철물류 100개 미만	3	6
전선로 철물류 100개 이상	2.5	5
전선로 철물류 200개 이상	2	4
전선로 철물류 500개 이상	1.5	3
전선로 철물류 1000개 이상	1	2
조가선(철, 강)	4	4
합성 수지 파형 전선관 (파상형 경질 폴리에틸렌 전선관)	3	—

【해설】철거 손실률이란 전기 설비 공사에서 철거 작업 시 발생하는 폐자재를 환입할 때 재료의 파손, 손실, 망실, 일부 부식 등에 의한 손실률을 말함

3) 공구 손료와 잡재료 및 소모 재료

품셈에 규정되어 있지 않은 공사용 경장비 손료, 공구 손료 및 잡소모 재료는 다음에 따라 별도 계상한다.

① 공구 손료
　㉠ 공구 손료는 일반 공구 및 시험용 계측 기구류의 손료로서 공사 중 상시 일반적으로 사용하는 것을 말하며, 직접 노무비(노임 할증 제외)의 3[%]까지 계상한다.
　㉡ Chain hoist, Block, Pipe expander, Straightedge, 절연 내압 시험기, 변압기 탈기기, 자동 전압 조정기, synchros sope, Potentiometer 등 특수 시험 검사용 기구류의 손료 산정은 경장비 손료에 준한다.
② 경장비 손료
　㉠ 전기 용접기, 그라인더, 윈치 등 중장비에 속하지 않는 동력 장치에 대해 구동되는 장비류의 손료를 말하며 별도 계상한다.
　㉡ 경장비의 시간당 손료에 대해서는 기계 경비 산정표에 명시된 가장 유사한 장비의 제수치 (내용 시간, 연간 표준 가동 시간, 상각 비율, 정비 비율, 연간 관리 비율 등)를 참조하여 계상한다.
③ 잡재료 및 소모재료비
"잡재료 및 소모재료는 설계 내역에 표시하여 계상한다. 단, 동력 및 조명 공사 부분에서 계상이 어렵고 금액이 근소한 조명 공사의 소모품에 대해서는 직접 재료비(전선과 배관 자재비)의 2~5 [%]까지 계상한다."

【해설】
- 잡재료 : 재료비의 산출에는 필요한 재료를 가능한 한 품목별로 계상하는 것을 원칙으로 하고 있으나 소량이나 소금액의 재료는 명세서 작성이 곤란하므로 잡재료로 일괄 계상한다. 잡품에는 Bolt 류(지름 10[mm], 길이 10[cm] 이하), Nut 류(지름 10[mm] 이하), Plug 류, 소나사 (지름 10[mm], 길이 5[cm] 이하), 목나사, 단자류(8[mm^2] 이하), 못, Sleeve, Stapple, Saddle, 보수 재료 등을 포함한다.
- 소모 재료 : 작업 중에 소모하여 없어지거나 작업이 끝난 후에 모양이나 형태가 변하여 남아 있는 재료로서 땜납, Paste, 테이프류, gasoline, oil, 절연 니스, 방청도료, 용접봉, 왁스, 아세틸렌가스, 산소가스 등이 포함된다.

4) 소운반
품에서 규정된 소운반이라 함은 20[m] 이내의 수평 거리를 말하며 소운반이 포함된 품에 있어서 운반 거리가 20[m]를 초과할 경우에는 초과분에 대하여 별도 계상하며 소운반 거리는 직고 1[m] 수평 거리 6[m]의 비율로 본다.

5) 운반 차량 구분
① 공사용 자재의 운반 차량은 덤프 트럭을 원칙으로 하되 훼손의 위험이 있는 기자재는 화물 자동차로 운반한다.
② 화물 자동차의 운반비는 화물자동차의 차량손료 방식으로 운반비를 산출한다. 다만, 가격조사 기관에서 발행하는 물가정보지 가격이 있는 경우에는 『전세차량비에 의한 운반비 방식』으로 산출 할 수 있다.

【산정공식】
　ⓐ 전세차량비에 의한 운반비 산출
　　차량 운반비[원]=(계산 차량 대수×전세차량비)+총 상하차임
　　계산 차량 대수=$\dfrac{1}{480}[T_1+T_2]$

$$T_1(\text{총 주행 소요 시간: 분})=\left[\frac{L}{V_1}(1+\alpha)+\frac{L}{V_2}\right]\times 60\times N$$

L : 운반 거리(편도)[km]
V_1 : 적재 시 평균 속도[km/hr]
V_2 : 공차 시 평균 속도[km/hr]

$$N(\text{대수}) : \frac{\text{총 운반할 중량[ton]}}{\text{사용 차량의 적재능력[ton]}}$$

T_2 : 적상하 시간(분)
α : 품목별 할증률 및 할인율(국토해양부 운임 및 요금표 상의 할증 및 할인 해당 분에 한함.)
* 전세차량비는 구역 화물, 차종별, 전세 운임 적용
* 총 중량 1[ton] 미만의 운송비는 용달운임차량을 이용할 수 있는 지역은 용달 운임을 적용

ⓑ 운반 도로와 평균 주행 속도

도로 상태	평균 속도	
	적재	공차
1차선의 교차가 힘든 산간지 도로	10	10
2차선 이상의 산간지 미포장 도로	15	15
2차선 이상의 교통량 및 교통 대기가 많은 시가지	20	20
포장 도로(7000대/일 이상) 2차선 이상의 미포장 도로, 2차선 이상의 포장 도로(7000대~2000대/일)	25	25
2차선 이상의 교외 포장 도로 (7000대/일 이상)	25	30
2차선 이상의 포장도로 (2000대/일 미만)	35	35
2차선 고속 도로	50	50
4차선 고속 도로	60	60

ⓒ 운반 과정에서 물량 형편으로 화물 자동차 1대분에 미달하여 단수가 생길 때에는 1대분으로 계상한다.

6) 인력 운반 적성하 시간 기준
  ① 인력운반비 산출 공식
    ㉠ 기본 공식

$$\text{운반비} = \frac{A}{T}\times M\times\left(\frac{60\times 2\times L}{V}+t\right)$$

여기서, A : 공사특성에 따른 직종노임

M : 필요한 인력의 수 $\left(M=\dfrac{\text{총 운반량[kg]}}{\text{1인당 1회 운반량[kg]}}\right)$

L : 운반 거리[km]
V : 왕복 평균 속도[km/hr]
T : 1일 실작업 시간[분]
t : 준비 작업 시간 2[분] (1회 운반량은 25[kg]/인)

ⓒ 왕복 평균 속도

구 분	장대물, 중량물 등 인력 운반, 왕복 평균 속도	인부(지게) 운반 왕복 평균 속도
도로 상태 양호	2 [km/hr]	3 [km/hr]
도로 상태 보통	1.5 [km/hr]	2.5 [km/hr]
도로 상태 불량	1.0 [km/hr]	2.0 [km/hr]
물논, 도로가 없는 산림지 및 숲이 우거진 지역	0.5 [km/hr]	1.5 [km/hr]

【도로 상태 구분】
양호 : 운반 도로가 평탄하여 보행이 자유롭고 운반상 장애물이 없는 경우
보통 : 운반로가 적당하지만 다소 운반에 지장이 있는 경우
불량 : 보행에 지장이 있는 운반로의 경우,
  습지, 모래길, 자갈길, 암반 등 지장이 있는 운반로의 경우

ⓒ 경사지 운반 환산 계수(a)

경사도	%	10	20	30	40	50	60	70	80	90	100
	각도	6	11	17	22	27	31	35	39	42	45
환산 계수 a		2	3	4	5	6	7	8	9	10	11

② 품종별 적상하

품종별		단위	편성 인원	시간(분) 적상	시간(분) 적하	전공	보통 인부
CP전주	10 [m] 이하	본	12	15	10	0.375	0.375
	11 [m] 이상	본	20	15	10	0.625	0.625
애자류		톤	6	14	10	0.18	0.18
철재류		톤	6	10	8	0.135	0.135
전선류		톤	15	15	10	0.47	0.47
시멘트 및 근가류		톤	5	15	10	0.15	0.15
비계 목 류		톤	4	21	12	0.165	0.165

【해설】
㉠ 일정한 평지에서 20 [m] 내 소운반 작업 포함
㉡ 이 작업에서는 적상적하시의 정리 작업 포함
㉢ 목주는 CP주의 60 [%]로 함.
㉣ CU, ACSR 등 폐전선의 적상하 기준은 전선류의 50 [%]로 적용함.
㉤ 전공은 송전, 배전 내선 공사 등 해당 직종의 기능공을 적용한다.
㉥ 재사용 계획이 없는 철거자재는 전공을 보통인부로 대체 적용

7) 품의 산출과 할증
① 각종 건설 공사의 품(공량)산출은 정부가 제정한 표준 품셈상에 규정된 기본품에 의한 단위 인공에 의한다.

② 품의 할증 : 표준 품셈상의 단위당 기본품은 주간 작업으로서 통상적인 기후 또는 날씨와 작업 조건에서 실작업 시간 8시간(인력운반공은 6시간)을 기준으로 한 것이므로 작업 시공이 불리한 조건하에 정상적으로 능률을 낼 수 없는 경우에 일정한 비율에 의해 그 품을 보충하여야 한다. 현행 표준 품셈상의 적용 기준을 참조하면 품의 할증은 다음과 같다.

 ㉠ 건물의 층수별 할증

- 지상층

2층~5층 이하	1 [%]
10층 이하	3 [%]
15층 이하	4 [%]
20층 이하	5 [%]
25층 이하	6 [%]
30층 이하	7 [%]

30층 초과에 대하여는 매 5층 이내 증가마다 1.0 [%] 가산.

- 지하층 할증

지하 1층	1 [%]
지하 2~5층	2 [%]

지하 6층 이하는 매 1개층 증가마다 0.2 [%] 가산.

 ㉡ 지세별 할증

보통	0 [%]
불량	25 [%]
매우 불량	50 [%]
물이 있는 논	20 [%]
소택지 또는 깊은 논	50 [%]
번화가 1	20 [%](지중 케이블 공사는 30 [%])
번화가 2	10 [%](지중 케이블 공사는 15 [%])
주택가	10 [%]
도서 지구(본토(육지)에서 인력 파견 시) 50 [%]까지	
공항에서 1일 비행기 이착륙 회수 20회 이상	50 [%]
10회 이상 20회 미만	25 [%]
6회 이상 10회 미만	15 [%]
5회 이하	10 [%]

【해설】

 ⓐ 번화가 1 : 차량 및 통행인으로 왕래가 극심하며 경우에 따라서 야간 작업을 하지 않으면 공사가 곤란한 지역

 ⓑ 번화가 2 : 차량 및 통행인으로 왕래가 혼잡한 지역

 ⓒ 주택가 : 교통 및 통행인으로 작업 능률이 저하되고 작업상 주택에 의해 피해를 미치거나 재해를 유발시킬 염려가 있어 이를 예방하기 위해서 작업 능률이 저해되는 경우

지세 구분 내역

구분	지구	평탄지	야산지	산악지
정의	지형	평지 또는 보통 야산으로서 교통이 편리한 곳	험한 야산 지대 및 수목이 우거진 보통 산악 지대로서 교통이 불편한 곳	산림이 우거진 험준한 산악 지대로 교통이 극히 불편한 곳
	지세	평지 또는 보통	험한 야산 또는 보통 산악	험한 산악
높이기준	해발	100[m] 미만	300[m] 미만	400[m] 미만
	표고	50[m] 미만	150[m] 미만	200[m] 미만
통행조건	도로 구배 통행	대소로(유) 완만 양호	대소로(무) 완급 불편	대소로(무) 극급 극히 불량
자연환경	지세 수목 기상	양호 소수 또는 소목 보통	불편 보통 또는 약간 울창 불편	불량 울창 불편
기타조건	교통편 숙소 통신 인력 동원	차도에서 500[m] 이내 편리 편리 편리	차도에서 1[km] 이내 불편 불편 불편	차도에서 1[km] 이상 극히 불편 불가 불가

【해설】
ⓐ 교통
    차도 : 6[ton] 트럭 정도가 통행이 가능한 도로
    편리 : 대형차의 통행 가능
    불편 : 소형차 또는 리어카 정도의 통행 가능
    극히 불편 : 사람 이외에 통행 불가
ⓑ 표고 : 활동 중심 구역에서 거리 300[m] 기준
ⓒ 구배
    완만 : 사거리 100[m] 미만으로 수평각 15도 미만 정도
    완급 : 사거리 100[m] 이상으로 수평각 30도 미만 정도
    극급 : 사거리 100[m] 이상으로 수평각 30도 이상 정도
ⓓ 지구 선정 기준 : 상기 지구별 내역의 2/3 이상 해당되는 대상을 선정함.

③ 위험 할증률
  ㉠ 교량상 작업
    교량상 작업(인도교)   15[%]
    교량상 작업(철교)   30[%]
    교량상 작업(공중 작업)   70[%]
  ㉡ 고소 작업(비계틀 없이 시공되는 작업에 한하여 적용한다.)
    고소 작업 지상 5[m] 미만   0[%]
    고소 작업 지상 5[m] 이상 10[m] 미만   20[%]
    고소 작업 지상 10[m] 이상 15[m] 미만   30[%]
    고소 작업 지상 15[m] 이상 20[m] 미만   40[%]
    고소 작업 지상 20[m] 이상 30[m] 미만   50[%]
    고소 작업 지상 30[m] 이상 40[m] 미만   60[%]

고소 작업 지상 40[m] 이상 50[m] 미만	70[%]
고소 작업 지상 50[m] 이상 60[m] 미만	80[%]
60[m] 이상 매 10[m] 이내 증가마다	10[%] 가산

ⓒ 고소 작업(비계틀 사용 시 적용된다.)

고소작업 지상 10[m] 이상	10[%]
고소작업 지상 20[m] 이상	20[%]
고소작업 지상 30[m] 이상	30[%]
고소작업 지상 50[m] 이상	40[%]

ⓒ 지하 작업 4[m] 이하   10[%]

ⓒ 활선 근접 작업

AC 154[kV] 이상 (4[m] 이내)	30[%]
AC 66[kV]급(3[m] 이내)	30[%]
AC 6.6[kV]급(2[m] 이내)	30[%]
AC 600[V]급 이상 (1[m] 이내)	30[%]
DC 1500[V] 이상 (1[m] 이내)	30[%]
DC 60[V] 이상 1500[V] 미만 (30[cm] 이내)	30[%]

단, 전력선 첨가 및 회선증설(조가선, 케이블 가선 등)은 20[%]

ⓗ 터널내 작업

인도	15[%]
철도	30[%]
고속도로	30[%]

ⓢ 군작전 지구 내에서 작업 능률에 현저한 저하를 가져올 때에는 작업 할증률 20[%]까지 가산한다.

【해설】

ⓐ 활선 근접 작업이란 나도체(22.9[kV], ACSR-OC 절연 전선 포함) 상태에서 이격 거리 이내 근접하여 작업함을 말하며, AC 60[V] 이상 600[V] 미만, DC 60[V] 이상 750[V] 미만은 절연물로 피복된 경우 나도체된 부분부터 이격 거리 이내에서 작업할 때를 말한다.

ⓑ 터널내 사다리 작업으로 작업 능률이 현저하게 저하될 때는 위 할증률에 10[%]까지 가산한다. 터널내 작업 할증률은 터널 입구에서 25[m] 이상 터널속에 들어가서 작업시에 적용된다.

④ 기타 할증률

- 동일 장소에 수종의 중기 가동으로 작업 장소의 협소, 소음, 위험 등 작업 능력 저하가 현저할 때 50[%]까지 가산한다.
- 특수 보안 지역으로서 경비원의 입회 하에서만 작업이 가능하고 작업 시간 및 통행로 제한으로 작업 능률 저하가 현저할 경우 30[%]까지 가산한다.
- 협소한 맨홀 또는 맨홀 내의 기존 시설이 복잡하여 작업 능률이 저하할 시에는 20[%]까지 가산한다.

【해설】
협소한 장소라 함은 최소 폭이 1[m] 이내이거나 1[m]를 넘는 경우라도 최대 길이가 2 [m] 미만인 때를 말한다.

⑤ 열차통행 빈도별 할증률 : 본 선상의 열차 통과에 따라 작업이 중단되는 경우에 한하여 적용된다.

공종별	작업 중 열차 통과 횟수	11~25회	26~40회	41~50회
복선구간	일반 할증률	10[%]	15[%]	25[%]
	궤도 상부에서 사다리 작업 시	20	30	40
단선구간	일반 할증률	15	20	30
	궤도 상부에서 사다리 작업 시	30	40	60

⑥ 전차선가설 차단공사 할증률

열차 횟수	선로 차단 시간			
	1시간마다	1시간 이상	2시간 이상	3시간 이상 6시간 미만
25회	45[%]	40[%]	35[%]	30[%]
38	55	50	45	40
50	65	60	55	50
63	75	70	65	60
75	85	80	75	70
88	95	90	85	80
100	105	100	95	90
113	115	110	105	100
125	125	120	115	110
138	135	130	125	120
150	145	140	135	130

- 차단 공사 시는 열차 운전 빈도, 구내 입환 할증률을 열차 접근 및 열차 감시 작업 및 사다리 작업에 따른 할증률을 별도 가산하지 않는다.
- 단선 구간 선로상 작업에 적용
- 전차선 조가선, 조가선작업에 한하여 적용한다.

⑦ 구내 입환별 할증률

구분	할증률	비고
입환 작업이 특히 빈번한 구내	20[%]	구내 배선이 6선 이상
기타 역 구내	10[%]	구내 배선이 5선 이상

⑧ 유해별 할증률

고온, 고압력기기 접근 작업	30〔%〕
고열, 미탄실, 위험물, 독극물의 보관실내 작업	20〔%〕
정화조, 축전지실, 제빙실내 등 유해 가스 발생	10〔%〕

⑨ 긴급 공사에 대한 할증률 : 재해 및 돌발 사고 예방, 복구하기 위한 긴급 공사 또는 일기 불순시에 긴급 공사(외선 공사의 경우)를 강행할 경우 작업 능률의 저하를 보완하는데 필요한 작업 할증률은 50〔%〕까지 계상한다.

⑩ 특수 작업 할증률

ⓐ 작업의 중요성 또는 특별한 시방에 특별한 기술과 안전 관리 등을 위하여 기술원(기술사 및 기사, 특수 자격자, 특수 기능사, 안전 관리자 등) 및 감독 인원이 투입될 때는 필요에 따라 본 작업에 대하여 5~10〔%〕까지 계상할 수 있다.
  - 중요 기기 및 공작물의 분해, 가공 또는 조립 작업
  - 특별한 사양 및 공법에 의한 작업
  - 기타 중요한 기기 및 공작물의 취급하는 작업

ⓑ 작업 조건이 특별한 작업조를 편성할 시에는 각 작업조에 따라 기술원 또는 감독원 1인을 계상할 수 있다.

ⓒ 전공장의 배치
  작업 조건에 따라 전공장을 공사 현장에 배치할 시는 별도 계상한다.

⑪ 원거리 작업 : 원거리 작업, 계속 이동 작업, 분산 작업시는 집합 장소로부터 작업 장소까지 도달하기 위하여 상당한 왕복 시간(열차, 차량, 도보)이 요하거나 또는 작업 장소가 분산되어 있어 이동에 상당한 시간이 요하여 실작업 시간이 현저하게 감소될 경우 50〔%〕까지 가산한다. 단, 상기 도달 시간(왕복) 또는 이동 시간이 왕복 1시간 이내의 경우는 특별한 경우를 제외하고는 허용될 수 없다.

$$\frac{t}{8-t} \times 100 \, [\%]$$

(t : 왕복에 소요되는 시간에서 1시간을 초과하는 부분의 시간)

⑫ 소단위작업 할증률
  - 10본(개) 이하 10〔%〕, 5본(개) 이하 30〔%〕, 3본(개) 이하 50〔%〕까지(부대 설비 포함) 별도 가산한다.
  - 단상 3선식 승압 공사에 있어 저압 간선을 수반하지 않는 인입선 및 옥내 공사로서 10호 이하 10〔%〕, 5호 이하 30〔%〕, 3호 이하 50〔%〕까지 별도 가산한다

⑬ 휴전 시간별 할증

구분	할증률
1일 3시간 휴전 시	30〔%〕
1일 5시간 휴전 시	20〔%〕
1일 6시간 휴전 시	10〔%〕
1일 8시간 휴전 시	0〔%〕

⑭ 야간 작업
  • PERT/CPM 공정계획에 의한 공기산출 결과 정상작업(정상공기)으로는 불가능하여 야간 작업을 할 경우나 공사 성질상 부득이 야간작업을 하여야 할 경우에는 품을 25〔%〕까지 가산한다.

⑮ 할증의 중복 가산요령

$$W = 기본품 \times (1 + \alpha_1 + \alpha_2 + \cdots\cdots + \alpha_n)$$

여기서, W : 할증이 포함된 품, $\alpha_1 \sim \alpha_n$: 품의 할증요소

8) 표준 품셈 적용상 유의 사항
  ① 표준 품셈은 건설 공사 중 대표적이고 보편적인 공종, 공법을 기준으로 한 표준 작업이므로 기후의 특성 및 기타 현장 조건에 따라 적용된다.
  ② 품셈 적용 및 적산은 기획, 조사, 설계, 시공 방법 및 현장조건 등을 충분히 고려하여 검토 적용한다.
  ③ 품셈 적용 및 적산은 시설물의 용도, 수명, 품질, 기능, 외관미 등 설치 목적에 부합되도록 검토 적용한다.
  ④ 품셈 적용 및 적산은 설계, 시공 경험 및 능력 등을 겸비한 전문 분야별 기술자에 의거 작성되어야 하며 특히 건설업자의 견적서는 건설업자의 창의력 등의 합리적 공법 개선 사항이 포함되어야 한다.

문제 1 ▶출제년도 : 산업 92. 93. 96. ▶점수 : 5점

견적도란 무엇인가 간단하게 쓰시오.

답안작성 일반적으로 구조 치수를 나타내는 개요도, 외형도 정도의 것을 사용하는 도면으로 견적서에 첨부하여 피조회자에게 첨부되는 도면

문제 2 ▶출제년도 : 기사 91. ▶점수 : 4점

견적에는 개산 견적, 상세 견적, 변경 견적, 정산 견적 등이 있다. 이중 상세 견적이란 무엇인지 간단하게 설명하시오.

답안작성 주어진 도면 또는 사양서 등의 설계 도면 및 자료에 의해 재료와 공법 등 관계 법령을 이해하고 현장 상황을 파악하여 상세하게 견적을 계산하는 것

문제 3 ▶출제년도 : 기사 05. ▶점수 : 5점

공사원가라 함은 공사시공 과정에서 발생한 무엇의 합계액을 말하는가?

답안작성 재료비, 노무비, 경비

해 설 공사 원가는 순공사 원가를 말하며 공사 시공과정에서 발생한 재료비, 노무비, 경비의 합계를 말한다. 여기에 일반 관리비, 이윤을 더하면 총원가가 되고, 총원가에 부가가치세를 합하면 예정 가격이 된다.(준칙 13조)

문제 4

▶출제년도 : 산업 97. ▶점수 : 6점

공사 원가 계산(총원가)시 원가계산의 비목(구성)을 쓰시오. (5가지)

답안작성 재료비, 노무비, 경비, 일반관리비, 이윤

문제 5

▶출제년도 : 산업 97.

회계예규에서 이윤은 인건비, 경비 및 일반관리비의 합계액에 대하여 시행규칙 제3조에 규정된 이윤율 몇 [%]를 초과하여 계상할 수 없는가?

답안작성 15[%]

문제 6

▶출제년도 : 산업 88. 00. 04. 05. 07. ▶점수 : 4점

공구 손료는 일반 공구 및 시험 검사용 일반 계측 기구류의 손료로서 공사중 상시 일반적으로 사용하는 것을 말하며 직접 노무비(제수당 상여금 또는 퇴직 급여 충당금을 제외)의 몇 [%]를 계상할 수 있는가?

답안작성 3[%]

문제 7

▶출제년도 : 산업 00. ▶점수 : 5점

전기 통신 전문 공사에서 30억원 이상일 때 일반관리 비율은 몇 [%]인가?

답안작성 5[%]

해 설

시설 공사		전문, 전기, 전기 통신 공사	
공사 원가	일반 관리 비율	공사 원가	일반 관리 비율
50억원 미만	6[%]	5억원 미만	6[%]
50억원~300억원 미만	5.5[%]	5억원~30억원 미만	5.5[%]
300억원 이상	5[%]	30억원 이상	5[%]

문제 8

▶출제년도 : 산업 97. ▶점수 : 5점

예산예규에서 일반관리비는 시행규칙 제8조에 규정된 일반관리비를 몇 [%]를 초과하여 계상할 수 없는가?

답안작성

전문, 전기, 전기 통신 공사	
공사 원가	일반 관리 비율
5억원 미만	6[%]
5억원~30억원 미만	5.5[%]
30억원 이상	5[%]

문제 9
▶출제년도 : 산업 94. ▶점수 : 5점

간접 노무비는 공사원가 계산시 어떻게 계산하는가?

답안작성 간접 노무비 = 직접 노무비 × 간접 노무 비율(15[%] 이하)

문제 10
▶출제년도 : 기사 96. ▶점수 : 4점

수전설비를 하는데 순공사비 원가 합계가 200,000,000[원]이었다. 이때의 일반 관리비는 얼마인가?

• 계산 :   • 답 :

답안작성 계산 : $200,000,000 \times \dfrac{6}{100} = 12,000,000$[원]

답 : 12,000,000[원]

해설

공사 원가	일반 관리 비율
5억원 미만	6[%]
5억원~30억원 미만	5.5[%]
30억원 이상	5[%]

문제 11
▶출제년도 : 기사 93. ▶점수 : 6점

전기공사의 공사 원가 비목이 다음과 같이 구성되었을 경우 일반 관리비와 이윤을 산출하시오.

• 재료비 소계 : 80,000,000[원]
• 노무비 소계 : 40,000,000[원]
• 경　비 소계 : 25,000,000[원]

답안작성
일반 관리비 = (80,000,000 + 40,000,000 + 25,000,000) × 0.06 = 8,700,000[원]
이윤 = (40,000,000 + 25,000,000 + 8,700,000) × 0.15 = 11,055,000[원]

해설
① 일반 관리비

공사 원가	일반 관리 비율
5억원 미만	6[%]
5억원~30억원 미만	5.5[%]
30억원 이상	5[%]

② 이윤(공사의 경우)
이윤 = (노무비 + 경비 + 일반관리비) × 15[%]

문제 12
▶출제년도 : 산업 94. 95. ▶점수 : 5점

어느 공장의 수전 설비 공사를 시행하는데 재료비 20,000,000원, 노무비 15,000,000원, 경비 10,000,000원이었다. 이 공사를 공사 원가 계산 방법에 의하여 일반 관리비와 이윤을 계산하시오. 단, 일반 관리비 6[%], 이윤은 15[%]로 보고 계산한다.

답안작성
일반 관리비 = (20,000,000 + 15,000,000 + 10,000,000) × 0.06 = 2,700,000[원]
이윤 = (15,000,000 + 10,000,000 + 2,700,000) × 0.15 = 4,155,000[원]

해설 ① 일반관리비
일반관리비 = (재료비 + 노무비 + 경비) × 일반 관리 비율

전문, 전기, 전기 통신 공사	
공사 원가	일반 관리 비율
5억원 미만	6 [%]
5억원~30억원 미만	5.5 [%]
30억원 이상	5 [%]

② 이윤 (공사의 경우)
　이윤 = (노무비+경비+일반관리비) × 15 [%]

문제 13

▶ 출제년도 : 기사 91.　　▶ 점수 : 4점

어느 대 공장의 수전 설비 공사를 시행하는데 순공사 원가의 합계가 154,000,000원 이었다. 이 때의 일반 관리비와 이윤을 원가 계산에 의한 예정가격 작성준칙에 의거 각각 계산하시오. 단, 전기전문공사이다.

[답안작성]

일반 관리비 : $154,000,000 \times 0.06 = 9,240,000$ [원]
이　윤 : $(154,000,000 + 9,240,000) \times 0.15 = 24,486,000$ [원]

[해설]

① 일반 관리비

전문 전기, 전기통신 공사	
공사 원가	일반 관리비 비율
5억원 미만	6 [%]
5억원~30억원 미만	5.5 [%]
30억원 이상	5 [%]

② 이윤 = (노무비+경비+일반 관리비) × 0.15

문제 14

▶ 출제년도 : 기사 96. 97. 99. 01. 02. 03.　　▶ 점수 : 4점

총공사비가 32억원이고 공사기간이 18개월인 전기공사의 간접 노무비율 [%]을 참고 자료에 의거 계산하시오.

공사 종류 등에 따른 간접 노무비율　　　(단위 : [%])

구분		간접 노무비율
공사 종류별	건축 공사	14.5
	토목 공사	15
	특수 공사(포장, 준설 등)	15.5
	기타(전문, 전기, 통신 등)	15
공사 규모별 (*품셈에 의하여 산출되는 공사원가기준)	50억원 미만	14
	50~300억 미만	15
	300억 이상	16
공사 기간별	6개월 미만	13
	6~12개월 미만	15
	12개월 이상	17

[답안작성]

계산 : 간접 노무 비율 = $\dfrac{15+14+17}{3} = 15.33$ [%]

답 : 15.33 [%]

해설 간접 노무 비율 = $\dfrac{공사종류별[\%] + 공사규모별[\%] + 공사기간별[\%]}{3}$

▶출제년도 : 산업 95. 96. 97. 01.   ▶점수 : 4점

문제 15

총공사비가 29억원이고, 공사 기간이 11개월인 전기공사의 간접 노무비율[%]을 참고자료에 의거하여 계산하시오.

구 분		간접 노무비율
공사 종류별	건축공사 토목공사 기타(전기, 통신 등)	14.5 15 15
공사 규모별 * 품셈에 의하여 산출되는 공사원가 기준	50억원 미만 50~300억원 미만 300억원 이상	14 15 16
공사 기간별	6개월 미만 6~12개월 미만 12개월 이상	13 15 17

답안작성 계산 : 간접 노무비율 $\alpha = \dfrac{15+14+15}{3} = 14.67\,[\%]$

답 : 14.67 [%]

해설 간접 노무비율 = $\dfrac{공사\ 종류별[\%] + 공사\ 규모별[\%] + 공사\ 기간별[\%]}{3}$

▶출제년도 : 산업 90.

문제 16

건물의 층수별 할증률에 있어서 30층 이상에 대해서는 매 5층 이내 증가마다 ( )[%]를 가산한다. ( )안에 알맞은 답은?

답안작성 1 [%]

해설 **건물의 층수별 할증**

- 지상층

    2층~5층 이하   1 [%]

    10층 이하   3 [%]

    15층 이하   4 [%]

    20층 이하   5 [%]

    25층 이하   6 [%]

    30층 이하   7 [%]

    30층 초과에 대하여는 매 5층 이내 증가마다 1.0 [%] 가산

- 지하층 할증

    지하 1층   1 [%]

    지하 2~5층   2 [%]

    지하 6층 이하는 매 1개층 증가마다 0.2 [%] 가산

문제 17

▶ 출제년도 : 산업 90. ▶ 점수 : 7점

산악 지역에 위치한 군사 시설 구내의 배전반에서 200 [m] 거리에 있는 부하에 3C 6.6 [kV]의 케이블을 포설하려고 한다. 다음 물음에 답하시오.

(1) 3C 6.6 [kV] 80 [mm^2]의 기본품이 0.144 [인/m]이고 산악지의 할증 50 [%], 군사 지역 할증 20 [%]를 적용할 때 필요한 총 공수는 몇 명인가? 단, 소수점 2자리 계산
(2) 필요한 케이블(옥외) 길이는 할증을 포함하여 몇 [m]인가?

【자료 1】 재료의 할증률 및 철거 손실률

공사용 재료의 할증률 및 철거용 재료의 손실률은 일반적으로 다음 표의 값 이내로 한다.

전기 재료

종 류		할증률[%]	철거손실률[%]
옥 외 전 선		5	2.5
옥 내 전 선		10	—
Cable (옥외)		3	1.5
Cable (옥내)		5	—
전선관 (옥외)		5	—
전선관 (옥내)		10	—
Trolley 선		1	—
동 대, 동 봉		3	1.5
애자류	100개 미만	5	2.5
	100개 이상	4	2
	200개 〃	3	1.5
	500개 〃	1.5	0.75
	1,000개 〃	1	0.5
전선로 철물류	100개 미만	3	6
	100개 이상	2.5	5
	200개 〃	2	4
	500개 〃	1.5	3
	1,000개 〃	1	2
조가선(철·강)		4	4
합성수지파형전선관 (파상형 경질 폴리에틸렌 전선관)		3	—

【해설】 철거손실률이란 전기설비공사에서 철거작업시 발생하는 폐사재를 환입할 때 재료의 파손, 손실, 망실 및 일부 부식 등에 의한 손실률을 말함.

【자료 2】 할증의 중복 가산요령

$$W = P \times (1 + a_1 + a_2 + \cdots\cdots + a_n)$$

여기서, W : 할증이 포함된 품
P : 기본품 또는 각장 해설란의 필요한 증·감요소가 감안된 품
$a_1 \sim a_n$: 품 할증요소

답안작성
(1) 고압 케이블 전공 = $200 \times 0.144 \times (1+0.7) = 48.96$ [인]
(2) 케이블(옥외)의 재료 할증률 3 [%]를 적용하여 산출하면
케이블의 총 수량 = $200 [m] \times 1.03 = 206 [m]$

해 설
① 할증 = 산악할증 + 군사지역할증 = 0.5 + 0.2 = 0.7
② 3C 및 전압에 대한 할증은 문제에서 기반영 되었음

문제 18

▶출제년도 : 기사 89. 00.　▶점수 : 5점

정부나 공공기관에서 발주하는 전기공사의 물량 산출시 일반적으로 전선관 배관의 할증률은 몇 [%] 계상하는가?

답안작성　10 [%]

해설

종 류	할증률 [%]
옥외 전선	5
옥내 전선	10
cable (옥외)	3
cable (옥내)	5
전선관 (옥외)	5
전선관 (옥내)	10

문제 19

▶출제년도 : 산업 89. 04. 06.　▶점수 : 6점

강재에서 강관할증률은 옥외공사를 기준한 것이며 옥내공사의 경우 재료의 할증률은 몇 [%] 이내로 하는가?

답안작성　10 [%]

해설　재료의 할증률

종 류	할증률 [%]
옥외 전선	5
옥내 전선	10
cable (옥외)	3
cable (옥내)	5
전선관 (옥외)	5
전선관 (옥내)	10

문제 20

▶출제년도 : 산업 91.　▶점수 : 4점

송전전공으로 활선작업을 하는 직공은?

답안작성　송전활선전공

해설　표준품셈 1-48 시공직종 참조

직 종	작 업 구 분
플 랜 트 전 공	발·변전설비 및 중공업설비의 시공 및 보수
송 전 전 공	철탑 및 송전설비의 시공 및 보수
계 장 공	플랜트 프로세스의 자동제어장치, 공업제어장치, 공업계측 및 컴퓨터 등 설비의 시공 및 보수
배 전 전 공	전주 및 배전설비의 시공 및 보수
내 선 전 공	옥내배관, 배선 및 등기구류 설비의 시공 및 보수
특고압케이블전공	특고압 케이블 설비의 시공 및 보수(7 [kV] 초과)
고압케이블전공	고압 케이블 설비의 시공 및 보수(교류 600 [V] 초과 7 [kV] 이하, 직류 750V 초과)
저압케이블전공	저압 및 제어용 케이블 설비의 시공 및 보수(교류 600 [V] 이하, 직류 750 [V] 이하)
송 전 활 선 전 공	송전전공으로서 활선작업을 하는 전공
배 전 활 선 전 공	배전전공으로서 활선작업을 하는 전공
전 기 공 사 기 사	전기공사업법에 의한 전기기술자
전기공사산업기사	전기공사업법에 의한 전기기술자

문제 21

▶ 출제년도 : 산업 89. ▶ 점수 : 6점

특고압 송배전 케이블 설비의 시공 및 보수는 어느 직종이 하여야 하는가?

답안작성 특고압 케이블 전공

문제 22

▶ 출제년도 : 산업 92. ▶ 점수 : 5점

발변전 설비 및 중공업 설비의 시공 및 보수는 어떤 전공이 필요한가?

답안작성 플렌트 전공

문제 23

▶ 출제년도 : 기사 86. 91. 92. ▶ 점수 : 10점

2.0[t] 되는 변압기 1대를 도로상태 보통의 100[m] 거리로 인력 운반할 때

(1) 필요한 운반 인원수와
(2) 소요 운반비를 계산하시오.
단, 인력 운반공은 1일 6시간 기준으로 하며, 정부노임단가에서 인력 운반공은 13,500원으로 한다.

【참고자료】 인력운반 및 적상하 시간기준

인력 운반비 산출공식

(1) 기본 공식

$$운반비 = \frac{A}{T} \times M \times \left(\frac{60 \times 2 \times L}{V} + t\right)$$

여기서, A : 공사특성에 따른 직종 노임

M : 필요한 인력의 수 $\left(M = \dfrac{\text{총운반량[kg]}}{\text{1인당 1회 운반량[kg]}}\right)$

L : 운반 거리[km]

V : 왕복 평균 속도[km/hr]

T : 1일 실작업 시간[분]

t : 준비 작업 시간[2분] (1회 운반량 25[kg/인])

(2) 왕복 평균속도

구 분	장대물, 중량물 등 목도 운반, 왕복 평균속도	인부(지게) 운반 왕복 평균속도
도로상태 양호	2 [km/hr]	3 [km/hr]
도로상태 보통	1.5 ″	2.5 ″
도로상태 불량	1.0 ″	2.0 ″
물논, 도로가 없는 산림지 및 숲이 우거진 지역	0.5 ″	1.5 ″

【도로상태 구분】

• 양호 : 운반로가 평탄하며 보행이 자유롭고 운반상 장애물이 없는 경우
• 보통 : 운반로가 평탄하지만 다소 운반에 지장이 있는 경우
• 불량 : 보행에 지장이 있는 운반로의 경우, 즉 습지, 모래질, 자갈질, 암반 등 지장이 있는 경우

(3) 경사지 운반 환산계수(α)

경사도	%	10	20	30	40	50	60	70	80	90	100
	각도	6	11	17	22	27	31	35	39	42	45
환산계수(α)		2	3	4	5	6	7	8	9	10	11

경사지 환산거리 = $\alpha \times L$

답안작성

(1) 필요한 인력의 수

$$M = \frac{\text{총 운반량[kg]}}{\text{1인당 1회 운반량[kg]}} = \frac{2000}{25} = 80 \, [\text{인}]$$

(2) 운반비

$$\text{운반비} = \frac{A}{T} \times M \times \left(\frac{60 \times 2 \times L}{V} + t \right)$$

$$= \frac{13500}{6 \times 60} \times 80 \times \left(\frac{60 \times 2 \times 0.1}{1.5} + 2 \right) = 30,000 \, [\text{원}]$$

▶ 출제년도 : 기사 86. 91. 92.   ▶ 점수 : 4점

문제 24

콘크리트 전주(14 [m]) 1본과 필요한 근가 1개를 도로 상태가 불량한 경사도 17도의 150 [m] 거리를 운반하는데 필요한 금액을 인력 운반 및 적상하 시간기준표를 참고하여 금액을 원까지만 구하시오. 단, 인력 운반 노임은 13,500원이고, 인력 운반은 1일 6시간 기준으로 한다. 전주 1본 1,520 [kg], 근가 1개 150 [kg]이다.

【참고자료】 자료 1. 인력운반 및 적상하 시간기준

가. 인력 운반비 산출공식

  (1) 기본 공식

$$\text{운반비} = \frac{A}{T} \times M \times \left(\frac{60 \times 2 \times L}{V} + t \right)$$

여기서, A : 공사특성에 따른 직종 노임

M : 필요한 인력의 수 $\left(M = \frac{\text{총운반량[kg]}}{\text{1인당 1회 운반량[kg]}} \right)$

L : 운반 거리 [km]

V : 왕복 평균 속도 [km/hr]

T : 1일 실작업 시간 [분]

t : 준비 작업 시간 [2분] (1회 운반량 25 [kg/인])

  (2) 왕복 평균속도

구 분	장대물, 중량물 등 목도 운반, 왕복 평균속도	인부(지게) 운반 왕복 평균속도
도로상태 양호	2 [km/hr]	3 [km/hr]
도로상태 보통	1.5 〃	2.5 〃
도로상태 불량	1.0 〃	2.0 〃
물논, 도로가 없는 산림지 및 숲이 우거진 지역	0.5 〃	1.5 〃

【도로상태 구분】

• 양호 : 운반로가 평탄하며 보행이 자유롭고 운반상 장애물이 없는 경우

• 보통 : 운반로가 평탄하지만 다소 운반에 지장이 있는 경우

- 불량 : 보행에 지장이 있는 운반로의 경우, 즉 습지, 모래질, 자갈질, 암반 등 지장이 있는 경우

(3) 경사지 운반 환산계수(α)

경사도	%	10	20	30	40	50	60	70	80	90	100
	각도	6	11	17	22	27	31	35	39	42	45
환산계수(α)		2	3	4	5	6	7	8	9	10	11

경사지 환산거리 $= \alpha \times L$

나. 품종별 적상하 기준

품종별		단위	편성인원	시간(분) 적상	시간(분) 적하	전공	보통인부
C.P 전주	10 [m] 이하	본	12	15	10	0.375	0.375
	11 [m] 이상	〃	20	15	10	0.625	0.375
애자류		톤	6	14	10	0.18	0.18
철재류		〃	6	10	8	0.135	0.135
전선류		〃	15	15	10	0.47	0.47
시멘트 및 근가류		〃	5	14	10	0.15	0.15
비계목류		〃	4	21	12	0.165	0.165

【해설】 1. 일정한 평지에서 20 [m]내 소운반 작업이 포함되었다.
2. 본 작업에는 적상, 적하시의 정리작업이 포함되었다.
3. 목주는 CP 주의 60 [%]로 함.
4. CU, ACSR 등 폐전선의 적상하 기준은 전선류의 50 [%]로 적용함.
5. 전공은 송전, 배전, 내선공사 등 해당직종의 기능공을 적용한다.

답안작성

$A = 13,500$ [원]

$M = \dfrac{1,520 + 150}{25} = 66.8$ [인]

$L = \alpha L_1 = 4 \times 150 = 600$ [m] $= 0.6$ [km]

$T = 6 \times 60 = 360$ [분], $V = 1.0$ [km/hr], $t = 2$ [분]

운반비 $= \dfrac{A}{T} \times M \times \left(\dfrac{60 \times 2 \times L}{V} + t \right)$

$= \dfrac{13,500}{360} \times 66.8 \times \left(\dfrac{60 \times 2 \times 0.6}{1} + 2 \right) = 185,370$ [원]

답 : 185,370 [원]

문제 25

▶ 출제년도 : 산업 90.   ▶ 점수 : 8점

콘크리트 전주(13 [m])에 대해 설치 지형상 소운반(인력 운반)이 필요하여 이를 산출하고자 한다. 아래 조건을 참고하여 다음 물음에 답하여라.

【조건】
- 소운반 거리 : 950 [m]
- 운반 도로 : 도로 상태 불량
- 전주 무게 : 1,350 [kg]
- 1일 실질 작업 시간(목도) : 360분
- 인력 운반공 노임은 10,050원이고 인력 운반공은 1일 6시간 기준으로 한다.

(1) 필요한 운반 인원수(인)은?
(2) 전주 운반에 따른 인력 운반비(원)계는?

【참고자료】 인력 운반비 산출공식
(1) 기본공식

$$운반비 = \frac{A}{T} \times M \times \left(\frac{60 \times 2 \times L}{V} + t\right)$$

여기서, A : 공사특성에 따른 직종 노임

M : 필요한 인력의 수 $M = \dfrac{총 운반량 [kg]}{1인당\ 1회\ 운반량 [kg]}$

L : 운반 거리 [km]
V : 왕복 평균 속도 [km/hr]
T : 1일 실작업 시간 [분]
t : 준비 작업 시간 [2분] (1회 운반량 25 [kg/인])

(2) 왕복 평균속도

구 분	장대물, 중량물 등 목도 운반, 왕복 평균속도	인부(지게) 운반 왕복 평균속도
도로상태 양호	2 [km/hr]	3 [km/hr]
도로상태 보통	1.5 〃	2.5 〃
도로상태 불량	1.0 〃	2.0 〃
물논, 도로가 없는 산림지 및 숲이 우거진 지역	0.5 〃	1.5 〃

【도로상태 구분】
- 양호 : 운반로가 평탄하며 보행이 자유롭고 운반상 장애물이 없는 경우
- 보통 : 운반로가 평탄하지만 다소 운반에 지장이 있는 경우
- 불량 : 보행에 지장이 있는 운반로의 경우 습지, 모래질, 자갈질, 암반 등 지장이 있는 경우

답안작성

(1) 필요한 인력의 수 $M = \dfrac{총 운반량}{1인당 운반량} = \dfrac{1350}{25} = 54$ [인]

(2) 운반비 $W = \dfrac{A}{T} \times M \times \left(\dfrac{60 \times 2 \times L}{V} + t\right)$ 에서

$W = \dfrac{10,050}{6 \times 60} \times 54 \times \left(\dfrac{60 \times 2 \times 0.95}{1.0} + 2\right) = 174,870$ [원]

▶ 출제년도 : 기사 91. 94. 98.   ▶ 점수 : 5점

문제 26

송전설계에 있어서 다음과 같은 철탑 기초의 굴착량을 산출하려고 한다. 각 철탑의 굴착량은 얼마인가?

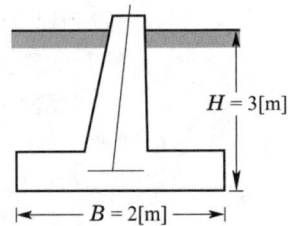

답안작성

휴지각 터파기의 굴착량 = 가로×세로×높이×1.21
= 2×2×3×1.21 = 14.52 [m³]

문제 27

▶출제년도 : 산업 90. 94. 05.   ▶점수 : 4점

그림과 같은 철탑 기초의 굴착량을 산출하려고 한다. 철탑의 굴착량 식은?

답안작성   터파기량 = 가로×세로×H×1.21

해 설   ※ 휴지각= 1.1×1.1 = 1.21

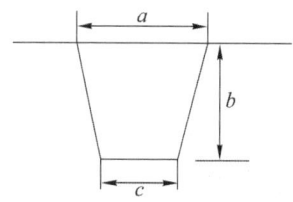

문제 28

▶출제년도 : 산업 93. 99.   ▶점수 : 5점

배관 및 배선공사를 하기 위한 터파기 수량산출을 하고자 한다. 그림과 같은 길이 L[m]에 대한 줄 기초파기의 굴착량을 구하는 식은?

답안작성   굴착량 = $\dfrac{a+c}{2} \times b \times L$ [m³]

문제 29

▶출제년도 : 기사 91. 03. 07.   ▶점수 : 5점

그림과 같이 외등용 전선관을 지중에 매설하려고 한다. 터파기(흙파기)량은 얼마인가? 단, 매설 거리는 50[m] 이고, 전선관의 면적은 무시한다.

답안작성   줄기초 파기이므로

$$V_o = \dfrac{A+B}{2} \times h \times L = \dfrac{0.6+0.3}{2} \times 0.6 \times 50 = 13.5\ [\text{m}^3]$$

답 : 13.5 [m³]

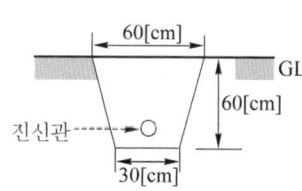

문제 30

▶출제년도 : 기사 15. 산업 93. 06.   ▶점수 : 5점

그림과 같이 외등용 전선관을 지중에 매설하려고 한다. 터파기(흙파기)량은 얼마인가? 단, 매설 거리는 70[m] 이고, 전선관의 면적은 무시한다.

답안작성   계산 : 줄기초 파기이므로

$$V_o = \dfrac{0.6+0.3}{2} \times 0.6 \times 70 = 18.9\ [\text{m}^3]$$

답 : 18.9 [m³]

해 설 $V_o = \dfrac{A+B}{2} \times hL$

문제 31

▶출제년도 : 기사 94. 14.   ▶점수 : 6점

지중전선로 공사를 하기 위하여 그림과 같이 줄 기초터파기를 하려면 (1)인부 (2)인이 필요하며, 노임은 (3)원이 필요한가? 단, 지중전선로 길이는 80[m]이며, 되메우기 및 잔토 처리는 계산하지 않는다. 인부는 1[m³]당 0.2인으로 하고 보통 토사를 기준으로 하고 해당되는 노임은 30,000원이다.

답안작성   (1) 보통 인부

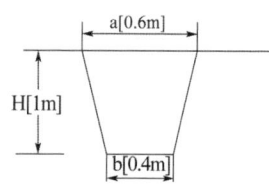

(2) 터파기량 $= \left(\dfrac{a+b}{2}\right) \times H \times$ 줄 기초 길이

$= \left(\dfrac{0.6+0.4}{2}\right) \times 1 \times 80 = 40 \, [\text{m}^3]$

인공은 $1 [\text{m}^3]$당 0.2인이므로 $40 \times 0.2 = 8 \, [$인$]$

답 : 8 [인]

(3) 노임 $= 30,000 \times 8 = 240,000 \, [$원$]$

답 : 240,000 [원]

문제 32

▶출제년도 : 기사 00. ▶점수 : 9점

산중턱에 송전 선로를 가설하기 위하여 나무 10구를 벌목하고 철탑 기초 파기 4개소를 하고자 한다. 상세도를 유의하여 물음에 답하시오.
(1) 벌목 재적 $[\text{m}^3]$은?
(2) 벌목 보상비는? (단가$=50000 \, [$원$/\text{m}^3])$
(3) 철탑의 굴착량 $[\text{m}^3]$은?

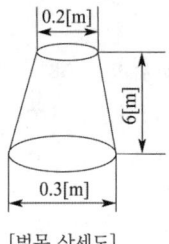
[벌목 상세도]

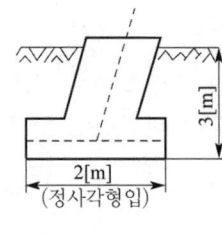
[굴착 상세도]

답안작성 (1) 벌목 재적을 스말리안식에 의해서 구하면

$V_0 = \dfrac{\pi}{4} \cdot \dfrac{d_0^{\,2} + d_n^{\,2}}{2} l \cdot N = \dfrac{\pi}{4} \times \dfrac{0.3^2 + 0.2^2}{2} \times 6 \times 10 = 3.06 \, [\text{m}^3]$

(2) 벌목 보상비 = 재적 $[\text{m}^3] \times$ 단가 $= 3.06 \times 50000 = 153,000 \, [$원$]$
(3) 휴지각 터파기의 굴착량 = 가로 × 세로 × 높이 × 1.21
$= 2 \times 2 \times 3 \times 1.21 \times 4 = 58.08 \, [\text{m}^3]$

해 설 벌목 재적을 구하는 방법은 후버식, 스말리안식, 브레레튼식, 말구직경 자승법 등 여러 가지 방법이 있다.

문제 33

▶출제년도 : 산업 89. 94. 02. 15. ▶점수 : 5점

가로등용 기초를 설치하기 위하여 아래 그림과 같이 굴착을 해야 한다. 이때의 터파기량은 몇 $[\text{m}^3]$인가? 단, 소수 3째 자리에서 반올림 할 것.

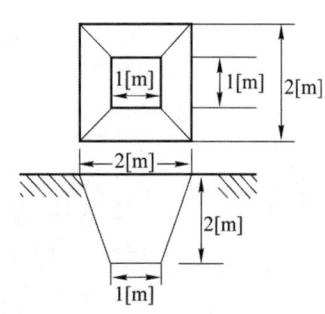

답안작성 계산 : 터파기량 $= \dfrac{2}{3}(1 + \sqrt{1 \times 4} + 4) = 4.67 \, [\text{m}^3]$

답 : 4.67 $[\text{m}^3]$

해 설 $V_0 = \dfrac{H}{3}(A_1 + \sqrt{A_1 A_2} + A_2)$에서

$A_1 = 1 \times 1 = 1 \, [\text{m}^2]$

$A_2 = 2 \times 2 = 4 \, [\text{m}^2]$

문제 34

▶출제년도 : 산업 88. 92.   ▶점수 : 12점

다음 그림과 같이 두 개의 맨홀 사이에 지중 전선관로를 시설하려고 한다. 참고 자료를 이용하여 다음 물음에 답하시오.

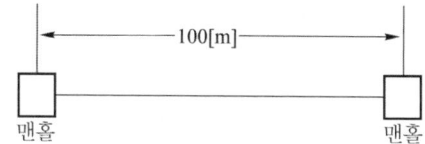

(1) 200 [mm] PVC 전선관 3열을 설치하고 6.6 [kV] 1C 150 [mm²] 케이블을 각 열에 3조씩 포설하는 경우 공사에 소요되는 공구 손료를 포함한 직접 인건비계를 산출하시오.

　단, ① 토목 공사는 고려하지 않으며, 인공 계산은 소수 셋째자리까지만 구하며, 인건비는 원 이하는 버린다.
　　　② 계산 과정을 모두 답안지에 기입하여야 한다. 고압 케이블 전공 노임은 18,900원이며 보통 인부 노임은 8,150원, 배관공 노임은 20,050원이다.

(2) 배전 선로용 전기 맨홀내에 시설되는 부속품의 종류를 아는대로 열거하시오.

【참고자료】

표 1. 전력 케이블 신설　　　　　　　　　　　(km당)

PVC 고무절연 시스 케이블류	케이블공	보통인부
저압 5.5 [mm²] 이하 3심	10	10
14　〃	11	11
22　〃	14	11
38　〃	15	14
60　〃	17	17
100　〃	23	22
150　〃	29	29
200　〃	35	34
325　〃	50	49
400 [mm²] 이하 단심	25	25
500　〃	27	27
600　〃	31	31
800　〃	38	38
1000　〃	45	45

【해설】① 드럼 다시감기 소운반품 포함
② 지하관내 부설기준, Cu, Al 도체 공용
③ 트라프내 설치 110 [%], 2심 70 [%], 단심 50 [%], 직매 80 [%](장애물 없을 때)
④ 가공 케이블(조가선 불포함, Hanger품 불포함)은 이 품의 130 [%]
⑤ 연피 및 벨트지 케이블은 이 품의 120 [%], 강대개장 150 [%], 수저케이블 200 [%], 동심중성선형케이블(CNCV) 110 [%]
⑥ 가공시 이도 조정만 할 때는 가설품의 20 [%]
⑦ 철거 50 [%], 재사용 철거(단, 드럼감기품 포함) 90 [%]
⑧ 단말처리, 직선접속 및 접지공사 불포함(600V 8 [mm²] 이하의 단말처리 및 직선 접속품 포함)
⑨ 관내 기설케이블 정리가 필요할 때는 10 [%] 가산
⑩ 선로 횡단개소 및 커브 개소에는 개소당 0.056인 가산
⑪ 케이블만의 임시부설 30 [%]
⑫ 터파기, 되메우기, 트라프관 설치품 제외
⑬ 2열 동시 180 [%], 3열 260 [%], 4열 340 [%], 수저부설 200 [%]
⑭ 단심케이블을 동일 공내에서 2조 이상 포설시 1조 추가마다 이 품의 80 [%]씩 가산(관로식일 경우만 해당)

⑮ 송·배전 전력케이블 포설시 구내 부분은 이 품에 50[%] 가산
⑯ 전압에 대한 가산율 적용
　600[V]　이하　　0[%]
　3.3[kV]　 〃 　 10[%] 증
　6.6[kV]　 〃 　 20[%] 〃
　11[kV]　 〃 　 30[%] 〃
　22[kV]　 〃 　 50[%] 〃
　66[kV]　 〃 　 80[%] 〃
⑰ 공동구(전력구 포함)의 경우는 이 품의 125% 적용
⑱ 사용케이블의 공칭전압에 따라 케이블공 직종을 구분 적용함

표 2. 강관부설　　　　　　　　　(m당)

강관	배관공
$\phi 75$[mm] 이하	0.13
$\phi 100$[mm] 이하	0.152
$\phi 150$[mm] 이하	0.188
$\phi 200$[mm] 이하	0.222
$\phi 250$[mm] 이하	0.299
$\phi 300$[mm] 이하	0.330

【해설】① 5-34~37까지 이 해설을 적용하며 터파기, 되메우기 및 잔토처리
　　　는 별도 계상. 이때 잔토처리를 현장 밖으로 처리할 경우 운반비 및
　　　적상, 적하비용을 별도 계산.
② 반매입, 지표식, 지중식 공히 준용함.
③ 철거 50[%]
④ 2열 동시 180[%], 3열 260[%], 4열 340[%], 6열 420[%], 8열 500[%], 10열 580[%]
⑤ 접합품 포함
⑥ PVC관은 강관의 60[%]
⑦ 이 공사에 부수되는 토건공사 품셈 적용시 지세별 할증률 적용

[답안작성] (1) 표 2에서 배관공 : $0.222 \times 100 \times 2.6 \times 0.6 = 34.632$ [인]

표 1에서

케이블공 : $\dfrac{100}{1,000} \times 29 \times 0.5(1+0.8+0.8) \times 1.2 \times 2.6 = 11.762$ [인]

보통인부 : $\dfrac{100}{1,000} \times 29 \times 0.5(1+0.8+0.8) \times 1.2 \times 2.6 = 11.762$ [인]

인건비 : $34.632 \times 20,050원 + 11.762 \times 18,900원 + 11.762 \times 8,150원 = 1,012,530$ [원]

공구 손료 : 인건비 $\times 0.03 = 1,012,530 \times 0.03 = 30,370$ [원]

인건비 합계 : $1,012,530 + 30,370 = 1,042,900$ [원]

(2) 사다리, 접지 연결 동봉, 혹크, 행가, 크리트, 지지대, 맨홀뚜껑, 발판볼트

[해　설] (1) ① 표 2에서 배관공 0.222인, 3열 260[%], PVC 60[%] 적용
② 표 1에서 각각 인공 29[인], 단심 50[%], 3조 260[%], 3열 260[%], 전압 할증 20[%] 적용

▶ 출제년도 : 산업 90. 92. 96. 98. 00. 15.　▶ 점수 : 21점

문제 35
다음 문제를 읽고(필요시는 참고자료 이용) 주어진 식과 답을 쓰시오.
(1) DV 5.5[mm²]×2C 가공인입 3조를 시설할 때 1경간의 소요인공을 계산하시오.
(2) PVC 전선관 36[mm], 150[m]를 콘크리트 매입 시공하고 후강전선관 36[mm], 250[m]를 철강조 노출로 시공할 때의 소요인공을 계산하고 계를 구하시오.
(3) 주택가에서 배전 선로 공사를 할 때 지세별 할증률은 몇 [%]로 적용하는가?

(4) NR 전선 25 [mm²]가 바닥면에 1200 [m], 천장에 2400 [m], 벽면에 400 [m] 시설된다. 전체 소요전선의 수량을 계산하시오.

(5) 35 [mm²] NR 전선 6본과 25 [mm²] 1본을 같은 후강전선관에 수용 시공할 때 전선관의 굵기는? (단, 절연체 두께를 포함한 전선의 바깥지름은 35 [mm²]는 10.9 [mm]이고, 25 [mm²]은 9.7 [mm]임, 전선관내 단면적의 32 [%] 수용이고, 표 이외의 사항은 무시한다.)

(6) 콘크리트주 12 [m] 12본과 지선 St 7/2.8 4본을 교체하는 데 필요한 소요 인공을 계산하고 계를 각각 구하시오.

【참고자료】

표 1. 전선관 배관 [m당]

박강(迫鋼) 및 PVC 전선관			후강 전선관	
규 격		내선전공	규 격	내선전공
박 강	PVC			
	14 [mm]	0.04	16 [mm](1/2 [mm])	0.08
15 [mm]	16 [mm]	0.05	22 [mm](3/4 [mm])	0.11
19 [mm]	22 [mm]	0.06	28 [mm](1 [mm])	0.14
25 [mm]	28 [mm]	0.08	36 [mm](1 1/4 [mm])	0.20
31 [mm]	36 [mm]	0.10	42 [mm](1 1/2 [mm])	0.25
39 [mm]	42 [mm]	0.13	54 [mm](1/2 [mm])	0.34
51 [mm]	54 [mm]	0.19	70 [mm](2 [mm])	0.44
63 [mm]	70 [mm]	0.28	82 [mm](2 1/2 [mm])	0.54
75 [mm]	82 [mm]	0.37	90 [mm](3 [mm])	0.60
	100 [mm]	0.45	104 [mm](4 [mm])	0.71
	104 [mm]	0.46		

【해설】 ① 콘크리트 매입 기준임
② 철근 콘크리트 노출 및 블록칸막이 벽 내는 120 [%], 목조 건물은 110 [%], 철강조 노출은 125 [%]
③ 기설 콘크리트 노출공사시 앵커볼트 매입깊이가 10 [cm] 이상인 경우는 앵커볼트 매입품을 별도 계상하고 전선관 설치품은 매입품으로 계상한다.
④ 천장 속, 마루 밑 공사 130 [%]

표 2. 건주공사

규 격	주입목주		콘크리트주	
	배전전공	보통인부	배전전공	보통인부
6 [m] 이하	0.64	0.72	0.72	0.81
7	0.68	0.77	1.23	1.40
8	0.83	0.94	1.66	1.88
9	0.93	1.03	1.68	2.13
10	1.03	1.12	2.01	2.55
11	1.24	1.31	2.50	2.63
12	1.44	1.50	2.86	3.00
14	1.82	2.12	3.60	4.24
16	2.50	2.60	5.10	5.20
17	3.15	3.37	6.50	6.74

【해설】① 단굴토, 매토품 포함. 완목, 완철 설치품 불포함, 암반터파기는 별도 가산
② 틀 1본 포함, 1본 추가마다 10[%] 가산
③ 지주공사는 건주공사품을 적용
④ 불주입주 이 품의 80[%]
⑤ 묻음은 길이의 1/6 이상임
⑥ 철거 : 콘크리트주 50[%](재사용 가능품 : 80[%]), 목주, 50[%], 목주 잘라냄 35[%]

표 3. 지선신설

규 격	배전전공	보통인부
4.0[mm] 철선		
깊이(1.2[m]) 4조 이하	0.45	0.34
(1.5[m]) 6조 이하	0.57	0.43
(〃) 8조 이하	0.75	0.56
(1.7[m]) 10조 이하	1.11	0.83
(〃) 12조 이하	1.54	1.16
(〃) 15조 이하	1.90	1.43
(1.8[m]) 18조 이하	2.35	1.73
연선		
7/2.3[mm] 이하	0.35	0.26
7/2.6~7/2.9 〃	0.50	0.38
7/3.2 〃	0.70	0.45
7/4.0 〃	0.70	0.45
7/4.5 〃	0.70	0.45
7/5.0 〃	0.73	0.45
7/5.5 〃	0.73	0.46
7/6.5 〃	0.73	0.47

【해설】① 틀 포함(길이 1.2[m] 이상) ② 터파기, 되메우기 및 틀 매설품 포함
③ 애자 삽입시는 배전전공 0.08인 가산 ④ 장력조정은 이품의 10[%]
⑤ 절단 철거는 이품의 10[%] ⑥ 철거는 이품의 30[%]
⑦ 수평지선, 공동지선은 이품의 160[%] ⑧ Y지선은 이품의 120[%]
⑨ 2단 지선은 이품의 150[%] ⑩ 이설은 이품의 130[%]
⑪ 수평지선의 지주설치는 지주품에 준함

표 4. 인입선 배선

구 분	배전전공
OW 8[mm²] 이하×2C	0.25
14 〃	0.32
22 〃	0.42
30 〃	0.51
38 〃	0.65
60 〃	0.85
100 〃	1.15
200 〃	2.00

【해설】① 철거는 50[%] 교체 150[%]
② DV선 80[%]
③ 가공인입선 3조일 때는 130[%], 가공인입선 4조일 때는 150[%]

표 5. 후강전선관의 내단면적의 32[%] 및 48[%]

관의 호칭	내단면적의 32[%] [mm²]	내단면적의 48[%] [mm²]	관의 호칭	내단면적의 32[%] [mm²]	내단면적의 48[%] [mm²]
16	67	101	54	732	1098
22	120	180	70	1216	1825
28	201	301	82	1701	2552
36	342	513	92	2205	3308
42	460	690	104	2843	4265

답안작성

(1) 표 4에서 배전전공 : $0.25 \times 1.3 \times 0.8 = 0.26$ [인]

(2) 표 1에서 내선전공 : $0.1 \times 150 + 0.2 \times 1.25 \times 250 = 77.5$ [인]

(3) 10 [%]

(4) $(1200 + 2400 + 400) \times 1.1 = 4400$ [m]

(5) 전선의 총단면적 $= \dfrac{\pi}{4}d^2 \times n = \dfrac{\pi}{4} \times 10.9^2 \times 6 + \dfrac{\pi}{4} \times 9.7^2 = 633.78$ [mm²]

　　표 5에서 내단면적의 32[%] 난과 633.78 [mm²]를 초과하는 732 [mm²] 난에서 54 [mm] 후강전선관 선정

(6) ① 표 2에서 콘크리트 전주 : 배전전공 $2.86 \times 1.5 \times 12 = 51.48$ [인]

　　　　　　　　　　　　　　보통인부 $3.0 \times 1.5 \times 12 = 54$ [인]

　　② 지선 : 배전전공 $0.5 \times 4 \times 1.3 = 2.6$ [인]

　　　　　　보통인부 $0.38 \times 4 \times 1.3 = 1.98$ [인]

　　계 : 배전전공 $51.48 + 2.6 = 54.08$ [인]

　　　　보통인부 $54 + 1.98 = 55.98$ [인]

문제 36

▶ 출제년도 : 산업 89.　▶ 점수 : 18점

다음 물음에 주어진 답안지에 답하고 참고자료가 필요시 참고자료를 이용하시오.

(1) 형광등 40[W] 2등용 천장 매입형 등기구 4[등]을 설치할 때 소요 인공을 구하시오.
(2) 애자류 500[개] 이상일 경우 재료 할증은 몇 [%]인가?
(3) 70[m] 경간에 설치된 보호망 1개소를 교체할 때 소요 인공을 계산하시오.

표 1. 형광등 기구 신설/(등당 : 내선 전공)

종별	직부형	팬던트형	반매입 및 매입형	매입아크릴 커버형
10[W]×1	0.135	0.165	0.20	0.217
20[W]×1	0.155	0.185	0.235	0.250
〃　×2	0.195	0.235	0.30	0.32
〃　×3	0.245	—	—	—
〃　×4	0.355	—	0.538	0.570
〃　×5	0.360	—	—	0.581
30[W]×1	0.165	0.195	0.25	0.266
〃　×2	—	—	0.34	0.36
40[W]×1	0.245	0.295	0.375	0.399
〃　×2	0.305	0.365	0.460	0.488
〃　×3	0.395	0.475	0.60	0.640
〃　×4	0.515	—	0.78	0.83
〃　×5	0.520	—	—	—
〃　×6	0.525	—	0.796	0.844
110[W]×1	0.455	0.545	0.69	0.73
〃　×2	0.555	0.665	0.84	0.89

【해설】 ① 기구 설치, 결선, 지지류 설치, 장내 소운반 및 잔재 정리 포함.
② 매입 또는 반매입 등구의 천장 구멍뚫기 및 후에 설치 별도 가산
③ 광전형 방식은 직부등 적용
④ 철거 30[%], 재사용 50[%]
⑤ 방폭형 200[%]
⑥ Polt Light 등 취부는 직부등 적용
⑦ 형광등 안정기 교환은 대당 등기구 신설품의 110[%] 적용. 다만, 펜던트형은 직부형 등에 준함.
⑧ 아크릴 간판등(형광등)의 안정기 교환은 매입 커버형 신설등의 110[%] 적용
⑨ 아파트 공사의 형광등 신설등은 다음 표를 적용한다.

표 2. 보호선 및 보호망

구 분	배전전공	특별인부
보 호 선 설 치	1.5	1.5
보 호 망 설 치	3.0	3.0

【해설】 ① 접지공사 불포함
② 철거 50[%]
③ 경간은 50~100[m] 기준이며, 초과는 매 50[m] 이내마다 50[%]씩 가산
④ 경간 50[m] 미만은 이 품의 80[%] 적용
⑤ 송전설비는 송전전공, 배전설비는 배전전공의 직종을 적용

답안작성
(1) 표 1에서 4[등]×0.460 = 1.84[인]
(2) 1.5[%]
(3) 배전 전공 : 1[개소]×3.0×1.5 = 4.5[인]
   특별 인부 : 1[개소]×3.0×1.5 = 4.5[인]

해 설
(1) 표 1에서 40[W]×2 매입형 1등용은 내선 전공 0.460인이므로
   4[등]×0.460=1.84[인]
(2) 표준 품셈 1-6 참조 및 본문 내용 재료의 할증재 참조
(3) 표2 항의 보호 망 및 보호선 난에서 교체일 경우 철거 후 신설이므로 기본품 3(인)의 150[%]를 적용하면
   배전 전공 : 1[개소]×3.0×1.5 = 4.5[인]
   특별 인부 : 1[개소]×3.0×1.5 = 4.5[인]

문제 37

▶출제년도 : 기사 93.　▶점수 : 15점

H변대를 이용하여 Y-△ 결선된 그림이다. 다음 물음에 답하시오.
(1) ①의 자재명은 무엇인가?
(2) 2차측 저압선로에서 사용되는 전선의 종류는 무엇인가?
(3) 와이어 커넥터는 몇 개인가?
(4) 개폐기(Cutout Switch)는 몇 개인가?
(5) 고압 인류애자는 몇 개인가?

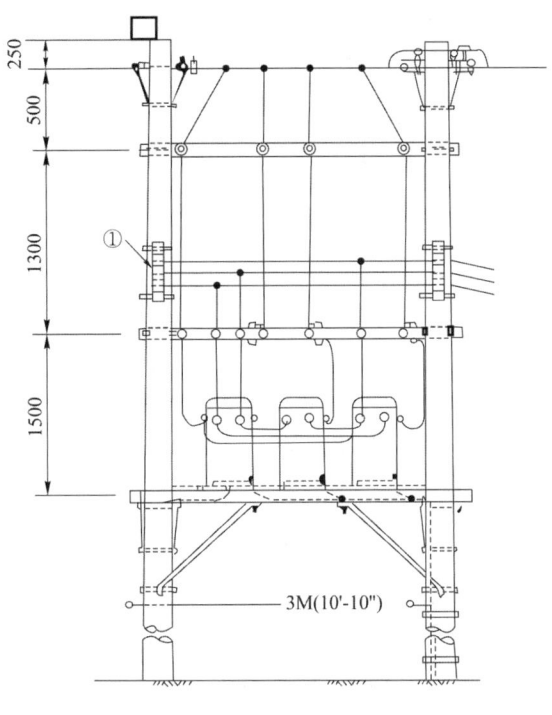

| 답안작성 | (1) 3선용 rack | (2) OW | (3) 13개 | (4) 3개 | (5) 12개 |

| 해 설 | (1) 3선용 rack 또는 랙크애자 |

▶ 출제년도 : 기사 89. 96. 99.　　▶ 점수 : 6점

문제 38　3P 30〔A〕노퓨즈 브레카(NFB) 15개로 구성된 분전반을 설치한 후 5개를 2P 30〔A〕NFB로 교체하려고 한다. 이때 필요한 총 인공은 얼마인가? (단, 분전반은 매입형이며 완제품임)

분전반 시설　　　　　　　　　　　(개당 : 내선전공)

개폐기 용량	배선용 차단기			나이프 스위치		
	1P	2P	3P	1P	2P	3P
30〔A〕이하	0.34	0.43	0.54	0.38	0.48	0.60
60〔A〕 〃	0.43	0.58	0.74	0.48	0.85	0.92
100〔A〕 〃	0.63	0.74	1.04	0.65	0.23	1.16
200〔A〕 〃	0.74	1.04	1.38	0.82	1.20	1.50
300〔A〕 〃	0.92	1.35	1.66	1.20	1.47	1.94
400〔A〕이하	—	1.65	1.95	—		
500〔A〕 〃	—	1.94	2.24	—	1.74	2.20
600〔A〕 〃	—	2.34	2.55	—	2.40	2.54

【해설】① 본 품은 분전반의 조립 및 매입장치 기준
　　　② 완제품 설치용량은 본 품의 65〔%〕
　　　③ 외함은 철제 또는 PVC제를 기준한 것이며 목재인 경우에는 이상의 80〔%〕로 한다.
　　　④ 분전반 외함이 노출 설치인 경우에는 본 품의 90〔%〕로 한다.
　　　⑤ 계기류의 스위치류 기타의 공량은 별도 가산한다.
　　　⑥ 철거 50〔%〕
　　　⑦ 방폭 500〔%〕

답안작성

3P 30[A] NFB 철거 : 0.54×5×0.5 = 1.35 [인]
2P 30[A] NFB 설치 : 0.43×5 = 2.15 [인]
분전반 설치 : 0.54×15×0.65 = 5.27 [인]
답 : 8.77 [인]

문제 39

▶ 출제년도 : 산업 92. 98. 05.   ▶ 점수 : 10점

주어진 물가 자료에 의거 다음 물음에 답하시오.
(1) 경동선 2.0[mm], 2[km]와 연동선 2.0[mm], 2[km]의 구입비(원)는 얼마인가?
(2) AC 440[V] 3상 3선식 동력 배선에 3C 22[mm^2] 케이블 150[m]를 구입하려고 한다. PE 절연 비닐시이스 케이블(EV)과 가교 PE 절연 비닐시이스 케이블(CV) 중 어떤 케이블을 사용하면 구입비는 얼마나 경감하는가?

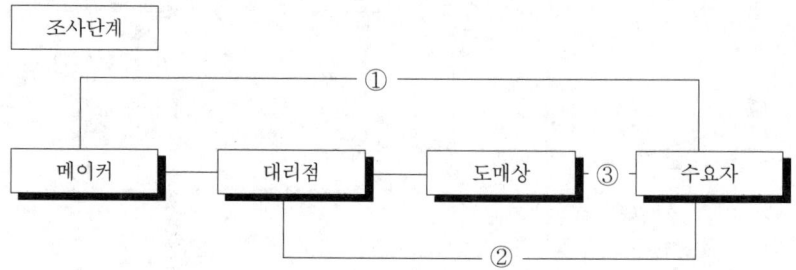

(1) 전기용 나동선(Bare Copper Wire for Electrical Purpose) (단위 : [m])

품명	단면적 [mm^2]	중량 [kg/km]	최대저항 [Ω/km]	가격 ②
■ 경동선				
1.0[mm]	0.785	6.98	22.87	27
1.2	1.131	10.05	15.88	41
1.6	2.011	17.88	8.931	76
2.0	3.142	27.93	5.657	116
2.3	4.155	36.94	4.278	142
■ 연동선				
1.0	0.785	6.98	21.95	27
1.2	1.131	10.05	15.21	41
1.6	2.011	17.88	8.753	76
2.0	3.142	27.93	5.487	116
2.3	4.155	36.94	4.149	142

(2) PE절연비닐시이스 전력케이블(EV)

(단위 : [m])

품명	소선수/소선경	중량	가격②
■ 600 [V]		[kg/km]	
3심 2.0 [mm²]	7/0.6	170	565
3.5	7/0.8	240	791
5.5	7/1.0	320	1,121
8.0	7/1.2	415	1,465
14	7/1.6	640	2,120
22	7/2.0	955	3,173
30	7/2.3	1,200	4,006

(3) 가교PE절연비닐시이스 케이블(CV)

(단위 : [m])

품명	소선수/소선경	중량	가격②
■ 600 [V] [CV]		[kg/km]	
3심 2.0 [mm²]	7/0.6	155	595
3.5	7/0.8	215	832
5.5	7/1.0	295	1,211
8.0	7/1.2	385	1,625
14	7/1.6	595	2,352
22	7/2.0	880	3,332
30	7/2.3	—	4,208

답안작성

(1) $(116+116) \times 2000 = 464,000$ [원]

(2) EV : $3173 \times 150 = 475,950$ [원]

CV : $3332 \times 150 = 499,800$ [원]

가격차 $499,800 - 475,950 = 23,850$ [원]

EV가 23,850 [원] 경감

▶출제년도 : 산업 91. ▶점수 : 18점

문제 40

다음 물음을 읽고 답하시오. 단, 재료별 수량은 할증이 포함되지 않은 수량이며 금액 계산시 1원 미만은 버리고 필요시는 참고 자료를 이용하며, 재료의 할증률과 공구손료는 전기공사 표준품셈에 명시된 최대 요율을 적용할 것.

(1) 선로 개폐기 레버형 $3\phi800$ [A] 1대를 주상에 가대를 설치하고 시설하려 한다. 이때의 소요 인공과 공구 손료를 구하시오. 단, 소단위 공사 할증은 무시한다. 해당되는 노임 단가는 15,860원이다.

(2) A건물의 매입 배관 공사 수량을 산출한 결과 에나멜 후강전선관 54 [mm] 20 [m], 36 [mm] 40 [m], 28 [mm] 100 [m], 22 [mm] 300 [m], 16 [mm] 500 [m]이고 8각 아우트렛 박스 80 [EA], 중형 4각 아우트렛 박스 30 [EA], 스위치 박스 30 [EA]가 있다. 자재비와 인공과 공구 손료를 구하시오. 단, 자재비는 서울 도매상에서 구입하는 것으로 하고 박스 커버는 없으며 54 [mm] 깊이의 것임. 배관 부속재는 고려하지 말 것. 해당되는 노임 단가는 20,000원이다.

(3) 3극 방수용 벽부용 콘센트의 심벌을 그리시오.

(4) 6.6 [kV] 325□ 3C 가교 폴리에틸렌 케이블 100 [m]를 구내(옥외)의 기존 전선관내에 포설하려고 한다. 케이블에 대한 재료비와 인공과 공구 손료를 구하시오. 단, 재료비는 서울 가격을 준할 것. 해당되는 노임 단가는 20,000원이다.

(5) 콘크리트 전주 9 [m]를 건주할 때 근입은 얼마 이상인가 계산하고 답하시오.

【자료 1】 물가자료

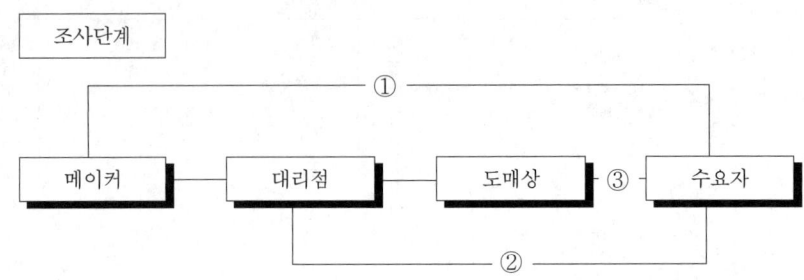

가격 : ① 공장도 가격   ③ 서울 도매상 가격 (단위 개, [m])

품 명	규 격	가 격 ①	가 격 ③	품 명	규 격	가 격 ①	가 격 ③
아우트렛 박스 -KSC 8411-	8각 44 [mm]	313	341	스위치 박스 -KSC 8414-	커버가 없는 것 소형 1개용		
	〃 54 [mm]	443	483		35 [mm]	155	169
	〃 75 [mm]	701	765		1개용 35 [mm]	192	209
	중형 4각 44 [mm]	369	400		〃 44 [mm]	266	290
	54 [mm]	488	532		〃 54 [mm]	395	431
강제 전선관 -KSC 8401- (애나멜)	16 [mm]Ⓚ	402	447	가교 PE 케이블 6.6 [kV] 3심	100 [mm²] (19/2.6)	12,286	
	22 [mm]Ⓚ	516	574		150 [mm²] (37/2.3)	16,913	
	28 [mm]Ⓚ	654	727		200 [mm²] (37/2.6)	21,309	
	36 [mm]Ⓚ	816	890		250 [mm²] (61/2.3)	26,396	
	42 [mm]Ⓚ	950	1036		325 [mm²] (61/2.6)	32,540	
	54 [mm]Ⓚ	1345	1467				

기타 생략

【자료 2】 재료의 할증률 및 철거 손실률
공사용 재료의 할증률 및 철거용 재료의 손실률은 일반적으로 다음 표의 값 이내로 한다.

전기 재료

종 류		할증률[%]	철거손실률[%]
옥 외 전 선		5	2.5
옥 내 전 선		10	—
Cable (옥외)		3	1.5
Cable (옥내)		5	—
전선관 (옥외)		5	—
전선관 (옥내)		10	—
Trolley 선		1	—
동 대, 동 봉		3	1.5
애자류	100개 미만	5	2.5
	100개 이상	4	2
	200개 〃	3	1.5
	500개 〃	1.5	0.75
	1,000개 〃	1	0.5

전선로 철물류	100개 미만	3	6
	100개 이상	2.5	5
	200개 〃	2	4
	500개 〃	1.5	3
	1,000개 〃	1	2
조가선(철·강)		4	4
합성수지파형전선관 (파상형 경질 폴리에틸렌 전선관)		3	—

【해설】 철거손실률이란 전기설비공사에서 철거작업시 발생하는 폐자재를 환입할 때 재료의 파손, 손실, 망실 및 일부 부식 등에 의한 손실률을 말함.

【자료 3】 공구 손료

　공구 손료는 일반 공구 및 시험용 계측 기구류의 손료로서 공사중 상시 일반적으로 사용하는 것을 말하며, 직접 노무비(노임할증과 작업시간 증가에 의하지 않은 품 할증 제외)의 3〔%〕까지 계상한다.

【자료 4】 품셈

표 1. 단로기

종　별	용　량	배전전공
DS HOOK 형(1P)	400〔A〕이하	0.80
	800〔A〕이하	1.00
	1200〔A〕이하	1.20
FDS(1P) 〃	30〔A〕이하 200〔A〕이하	0.80 1.00
LS LEVER 형(3P)	400〔A〕이하	4.80
	800〔A〕이하	5.00
	1200〔A〕이하	5.30

【해설】 ① 1P는 3P의 40〔%〕　　　② 2P는 3P의 70〔%〕
　　　 ③ 인터럽터 SW는 레버형에 준함　④ 철거 50〔%〕
　　　 ⑤ 주상 설치 120〔%〕
　　　 ⑥ 가대 설치시는 개당 1.5〔인〕가산하며, 인터럽터 SW의 기대 설치는 별노 계상
　　　 ⑦ 리드선 압축 접속은 별도 계상
　　　 ⑧ 부하 개폐기는 LS Lever 형에 준함(퓨즈 부 공용)

표 2. 전선관 배관　　　　　　　　　　(m당)

박강 및 합성수지 전선관			후강전선관		금속가요전선관	
규격		내선 전공	규격	내선 전공	규격 〔mm〕	내선 전공
박강	P.V.C					
—	14〔mm〕	0.04	—	—	—	—
15〔mm〕	16 〃	0.05	16〔mm〕(½″)	0.08	15	0.039
19 〃	22 〃	0.06	22〔mm〕(¾″)	0.11	17	0.049
25 〃	28 〃	0.08	28〔mm〕(1⅛″)	0.14	24	0.063
31 〃	36 〃	0.10	36〔mm〕(1¼″)	0.20	30	0.077
39 〃	42 〃	0.13	42〔mm〕(1½″)	0.25	38	0.091
51 〃	54 〃	0.19	54〔mm〕(2″)	0.34	50	0.13

63	"	70	"	0.28	70 [mm] (2½")	0.44	63	0.15
75	"	82	"	0.37	82 [mm] (3")	0.54		
		92	"	0.45	92 [mm] (3½")	0.60		
		104	"	0.46	104 [mm] (4")	0.71		
		125	"	0.51				

【해설】 ① 콘크리트 매입 기준임.
② 철근 콘크리트 노출 및 부럭칸막이 벽내는 120[%], 목조 건물은 110[%], 철강조 노출은 125[%]
③ 기설 콘크리트 노출 공사시 앵커볼트를 매입할 경우 앵커볼트 설치품은 7-18 (옥내잡공사)에 의하여 별도 계상하고 전선관 설치품은 매입품으로 계상한다.
④ 천정속, 마루밑 공사 130[%]
⑤ 이 품에는 관의 절단, 나사내기, 구부리기, 나사조임, 관내청소, 점검, 도입선 넣기 포함
⑥ 계장 배관 공사도 이에 준함.
⑦ 방폭 설비시는 120[%]
⑧ 폴리에틸렌 전선관(CD관) 및 합성수지제 가요전선관은 합성수지전선관품의 80[%] 적용 (다만, 지름 100[mm] 이상의 직관은 100[%] 적용)
⑨ 나사없는 전선관은 박강품의 75[%] 적용
⑩ 철거 30[%], 재사용 철거 40[%]
⑪ 후강전선관 및 합성수지전선관을 지중매설시는 해당품의 70[%] 적용. 이 경우 굴착, 되메우기, 잔토처리는 별도 계상한다.
⑫ 이 품은 여러개의 전선관을 동시에 배관하더라도 할감없이 각각의 전선관에 대하여 해당품을 적용함
⑬ 공동주택 및 교실과 같은 공사의 경우는 이 품의 90[%] 적용

표 3. 박스(BOX) 신설 (개당)

총 별	내선 전공
8각 Concrete Box	0.12
4각 Concrete Box	0.12
8각 Outlet Box	0.20
중형 4각 Outlet Box	0.20
대형 4각 "	0.20
1개용 Switch Box	0.20
2~3개용 "	0.20
4~5개용 "	0.25
노출형 Box (콘크리트 노출기준)	0.29
플로어 박스	0.20

【해설】 ① 콘크리트 매설 경우임.
② Box 위치의 먹줄치기, 구멍뚫기, 첨부커버 포함
③ Block 벽체의 공동내 설치 120[%]
④ 방폭형 및 방수형 300[%]
⑤ 기타 할증은 전선관 배관 준용
⑥ 공동주택 및 교실과 같은 공사의 경우는 이 품의 90[%] 적용
⑦ 연결용 박스 설치시 개당 0.04인 별도 계상

표 4. 전력 케이블 신설 (m당)

P.V.C 및 고무 절연 시스 케이블			케이블공
600[V]	14[mm²]	1C	0.020
"	22	"	0.026
"	30	"	0.030

600 [V]	38 [mm²]	1C	0.036
〃	50	〃	0.043
〃	60	〃	0.049
〃	80	〃	0.060
〃	100	〃	0.071
〃	125	〃	0.084
〃	150	〃	0.097
〃	200	〃	0.117
〃	250	〃	0.142
〃	325	〃	0.172
〃	400	〃	0.205
〃	500	〃	0.240
〃	600	〃	0.277
〃	725	〃	0.319
〃	850	〃	0.359
〃	1000	〃	0.406

【해설】① 전선관, Rack, Duct, Pit, 공동구, Saddle 부설 기준
② 600 [V] 8 [mm²] 이하는 제어용 케이블 신설 준용
③ 직매시 80 [%]
④ 철거 50 [%], 재사용 철거(단, 드럼감기품 포함) 90 [%]
⑤ 2심은 140 [%], 3심은 200 [%], 4심은 260 [%]
⑥ 연피벨트지 케이블 120 [%]
⑦ 강대개장 케이블은 150 [%], 동심중성선형 케이블(CNCV) 110 [%]
⑧ 전압에 대한 가산률 적용
  3.3 [kV] 10 [%] 증
  6.6 〃   20 〃
  11   〃   30 〃
  22   〃   50 〃
  66   〃   80 〃
⑨ 사용 케이블의 공칭 전압에 따라 케이블공 직종을 구분 적용한다.
⑩ 부하용 변압기 2차측에 사용되는 케이블 포설은 이 품을 적용한다.

답안작성

(1) 표 1 단로기에서
  소요 인공 : $5 \times (1+0.2) + 1.5 = 7.5$ [인]
  공구 손료 : $(7.5 \times 15,860) \times 0.03 = 3,568$ [원]
  답 : 소요 인공 : 7.5 [인], 공구 손료 : 3,568 [원]

(2) 재료의 할증재(자료 1)를 적용하여 재료비를 산출하고 표 2, 3 이용하여 인공을 산출한다.

구 분		계 산
자재비	후강 전선관 54 [mm]	$20 \times 1.1 \times 1,467 = 32,274$
	후강 전선관 36 [mm]	$40 \times 1.1 \times 890 = 39,160$
	후강 전선관 28 [mm]	$100 \times 1.1 \times 727 = 79,970$
	후강 전선관 22 [mm]	$300 \times 1.1 \times 574 = 189,420$
	후강 전선관 16 [mm]	$500 \times 1.1 \times 447 = 245,850$
	Box 8각 아우트렛	$80 \times 483 = 38,640$
	Box 4각 아우트렛	$30 \times 532 = 15,960$
	스위치 박스	$30 \times 431 = 12,930$
	계	654,204 원

구 분		계 산
인 공	후강 전선관 54[mm]	20×0.34 = 6.8
	후강 전선관 36[mm]	40×0.2 = 8
	후강 전선관 28[mm]	100×0.14 = 14
	후강 전선관 22[mm]	300×0.11 = 33
	후강 전선관 16[mm]	500×0.08 = 40
	Box 8각 아우트렛	80×0.2 = 16
	Box 4각 아우트렛	30×0.2 = 6
	스위치 박스 1개용	30×0.2 = 6
	계	129.8[인]
공구 손료		(129.8×20,000)×0.03 = 77,880[원]

답 : 자재비 : 654,204[원], 소요 인공 : 129.8[인], 공구 손료 : 77,880[원]

(3) $_{3pwp}$

(4) 재료비 : $100 \times 1.03 \times 32,540 = 3,351,620$ [원]

　인 공 : 표4 ⑤항, ⑧항 적용
　　　　$100 \times 0.172 \times 2 \times (1+0.2) = 41.28$ [인]
　공구 손료 : $(41.28 \times 20,000) \times 0.03 = 24,768$ [원]
　답 : 재료비 : 3,351,620[원]
　인 공 : 41.28[인]
　공구 손료 : 24,768[원]

(5) 근입 $= 9 \times \dfrac{1}{6} = 1.5$ [m]

해 설　(1) 표 1에서 단로가 800[A] 이하 소요인공
　　　　소요인공 $= 5 \times (1+주상\ 설치\ 할증) + 가대설치$
　　　　　　　　$= 5 \times (1+0.2) + 1.5 = 7.5$[인]
(2) ① 재료의 할증 : 전선관 10[%]
　　② 공구손료 = 직접 노무비 × 3[%]
(4) ① 재료의 할증
　　　• cable(옥외) : 3[%]
　　　• cable(옥내) : 5[%]
　　② 인공
　　　표 4의 325[mm²] 난에서
　　　인공 $= 100 \times 0.172 \times (1+전압할증(0.2)) \times 2 = 41.28$[인]
(5) 전장이 15[m]인 경우
　　땅에 묻는 깊이 $= 전장 \times \dfrac{1}{6}$

문제 41　▶출제년도 : 산업 97. 99. 16.　▶점수 : 8점

6.6[kV] 325□ 3C 가교 폴리에틸렌 케이블 100[m]를 구내(옥외)의 기존 전선관 내에 포설하려고 한다. 케이블에 대한 재료비와 인공과 공구 손료를 구하시오. 단, 케이블 1[m]당 가격은 52,540원이고, 해당되는 노임 단가는 50,000원이다.

전력 케이블 신설		[m당]
P.V.C 및 고무절연시스 케이블		케이블공
600 [V] 14 [mm²] 1C		0.020
〃 22 〃		0.026
〃 30 〃		0.030
600 [V] 38 [mm²] 1C		0.036
〃 50 〃		0.043
〃 60 〃		0.049
〃 80 〃		0.060
〃 100 〃		0.071
〃 125 〃		0.084
〃 150 〃		0.097
〃 200 〃		0.117
〃 250 〃		0.142
〃 325 〃		0.172
〃 400 〃		0.205
〃 500 〃		0.240
〃 600 〃		0.277
〃 725 〃		0.319
〃 850 〃		0.359
〃 1,000 〃		0.406

【해설】 ① 전선관, Rack, Duct, Pit, 공동구, Saddle부설 기준
② 600 [V] 8 [mm²] 이하는 제어용케이블 신설 준용
③ 직매시 80 [%]
④ 철거 50 [%], 재사용 철거(단, 드럼감기품 포함) 90 [%]
⑤ 2심은 140 [%], 3심은 200 [%], 4심은 260 [%]
⑥ 연피벨트지 케이블 120 [%]
⑦ 강대개장 케이블은 150 [%], 동심중성선형 케이블(CNCV) 110 [%]
⑧ 전압에 대한 가산률 적용
　　3.3 [kV]　　　　10 [%] 증
　　6.6 〃　　　　　20 〃
　　11 〃　　　　　 30 〃
　　22 〃　　　　　 50 〃
　　66 〃　　　　　 80 〃
⑨ 사용 케이블의 공칭전압에 따라 케이블공 직종을 구분 적용한다.
⑩ 부하용 변압기 2차측에 사용되는 케이블 포설은 이 품을 적용한다.

답안작성

재 료 비 : $100 \times 1.03 \times 52,540 = 5,411,620$ [원]
인　 　공 : $100 \times 0.172 \times 2 \times (1+0.2) = 41.28$ [인]
공구손료 : $41.28 \times 50,000 \times 0.03 = 61,920$ [원]

문제 42

▶출제년도 : 기사 98. 00.　　▶점수 : 8점

선로 개폐기 레버형 3상 800 [A] 1대를 주상에 가대를 설치하고 시설하려 한다. 이 때 소요인공과 공구 손료를 구하시오. (단, 소단위 공사 할증은 무시하고 해당되는 노임 단가는 15,860원이다. 공구 손료는 전기 공사 표준품셈에 명시된 최대 요율을 적용할 것)

단 로 기

종 별	용 량	배전전공
DS HOOK 형(1P)	400 [A] 이하	0.80
	800 [A] 이하	1.00
	1200 [A] 이하	1.20
FDS (1P)	30 [A] 이하	0.80
〃	200 [A] 이하	1.00
LS LEVER 형(3P)	400 [A] 이하	4.80
	800 [A] 이하	5.00
	1200 [A] 이하	5.30

【해설】 ① 1P는 3P의 40 [%] ② 2P는 3P의 70 [%]
③ 인터 럽터 SW는 레버형에 준함 ④ 철거 50 [%]
⑤ 주상 설치 120 [%]
⑥ 가대 설치시는 개당 1.5 [인] 가산하며, 인터럽터 SW의 가대 설치는 별도 계상
⑦ 리드선 압축 접속은 별도 계상
⑧ 부하 개폐기는 LS Lever 형에 준함(퓨즈 부 공용)

답안작성
• 소요 인공 : $5.0 \times (1+0.2) + 1.5 = 7.5$ [인]
• 공구 손료 : $(7.5 \times 15860) \times 0.03 = 3568$ [원]

▶ 출제년도 : 기사 92. 95. ▶ 점수 : 15점

문제 43

다음 문제를 읽고 주어진 답안지에 답하시오. 단, 필요시는 참고자료를 이용하고 공구손료는 전기공사 표준품셈에 명시된 최대요율을 적용하며, 계산은 소수점 모두를 구할 것.

(1) 신축 대합실에 샹데리아 100 [W] 12등용 3등과 60 [W] 브라켓 20등을 옥내에 설치코자 한다. 공구 손료를 포함한 직접 노무비를 구하여라. 단, 해당되는 노임 단가는 30,000원이다.

(2) 바닥 덕트내에 IV 22 [mm²] 300 [m], 5.5 [mm²] 3,000 [m]를 교체하고자 한다. 전선비와 설치 인공을 계산하여라. 단, 재료는 서울 도매상에서 구입한다.

(3) 금속 덕트 400×120 [mm], 120 [m] 설치에 필요한 공구손료 포함 직접 노무비를 구하여라. 단, 해당 노임 단가는 30,000원이다.

(4) 케이블을 매설하기 위하여 PVC 파이프 104 [mm]를 길이 300 [m]에 3열로 시공하고자 한다. 이때의 공구 손료를 포함한 직접 노무비는 얼마인가? 단, 터파기용 인공품은 제외한다. 해당되는 노임 단가는 30,000원이다.

【참고자료】

자료 1. 재료의 할증률 및 철거 손실률

종 류	할증률 [%]	철거손실률 [%]
옥외 전선	5	2.5
옥내 전선	10	—
Cable (옥외)	3	1.5
Cable (옥내)	5	—
전선관 옥외	5	—
전선관 옥내	10	—
Trolley선	1	—
동대, 동봉	3	1.5

애자류 100개 미만		5	2.5
100개 이상		4	2
200개 〃		3	1.5
500개 〃		1.5	0.75
1000개 〃		1	0.5
전선로 철물류 100개 미만		3	6
100개 이상		2.5	5
200개 〃		2	4
500개 〃		1.5	3
1000개 〃		1	2
조가선(철·강)		4	4
합성수지파형전선관 (파상형 경질 폴리에틸렌 전선관)		3	—

【해설】 철거손실률이란 전기설비공사에서 철거 작업시 발생하는 폐자재를 환입할 때 재료의 파손, 손실, 망실 및 일부 부식 등에 의한 손실률을 말함

자료 2. 물가자료

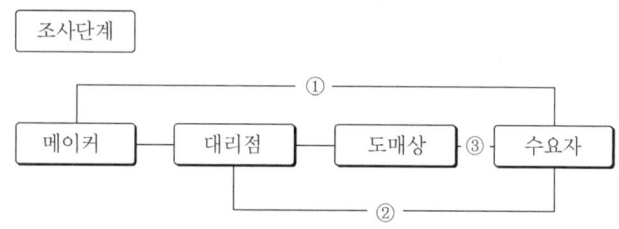

표 1. 600〔V〕비닐절연전선 (단위 : m)(가격단위=원)

종별	경단면적	소선수/ 소선경	중량 〔kg/km〕	Test Voltage 〔V〕	표준 길이 〔m〕	서울 ②	부산 ②	대구 ③	광주 ③	대전 ③
단선	1.2〔mm²〕	1.131〔mm²〕	17	1,500	300	(KS) 43	(KS) 45	(KS) 48	(KS) 46	(KS) 46
	1.6	2.011	27	1,500	300	74	76	84	80	80
	2.0	3.142	38	1,500	300	103	116	117	111	111
단선 연선	1.25〔mm〕	7/0.45	19	1,500	300	55	58	63	56	59
	2.0	7/0.6	23	1,500	300	78	82	88	84	84
	3.5	7/0.8	45	1,500	300	132	137	149	142	142
	5.5	7/1.0	70	1,500	300	202	208	231	218	218
	8	7/1.2	105	1,500	300	288	296	329	311	311
	14	7/1.6	170	2,000	300	537	551	614	579	579
	22	7/2.0	260	2,000	200	808	828	924	873	873
	30	7/2.3	335	2,000	100	1,042	1,068	1,193	1,125	1,125
	38	7/2.6	430	2,500	100	1,325	1,356	1,516	1,430	1,430
	50	19/1.8	535	2,500	300	1,793	1,837	1,975	1,936	1,936
	60	19/2.0	650	2,500	300	2,166	2,216	2,479	2,339	2,339
	80	19/2.3	850	2,500	300	2,818	2,878	3,226	3,044	3,044
	100	19/2.6	1,070	2,500	300	3,552	3,634	4,066	3,835	3,835
	125	19/2.9	1,300	3,000	300	4,379	4,479	5,014	4,730	4,730
	150	37/2.3	1,600	3,000	300	5,412	5,541	6,196	5,846	5,846

200	37/2.6	2,020	3,000	300	6,831	6,989	7,820	7,378	7,378
250	61/2.3	2,580	3,000	200	8,938	9,413	10,233	9,654	9,654
325	61/2.6	3,280	3,500	200	11,285	11,543	12,920	12,189	12,189
400	61/2.9	4,040	3,500	200	13,930	14,249	15,949	15,047	15,047
500	61/3.2	4,910	3,500	200	16,863	17,248	19,367	18,214	18,214

자료 3. 표준품셈

표 1. 강관 부설

강관	배관공(m 당)
$\phi 75$ [mm] 이하	0.13
$\phi 100$ [mm] 이하	0.152
$\phi 150$ [mm] 이하	0.188
$\phi 200$ [mm] 이하	0.222
$\phi 250$ [mm] 이하	0.299
$\phi 300$ [mm] 이하	0.330

【해설】 ① 5-34-37까지 이 해설을 적용하며 터파기, 되메우기 및 잔토 처리는 별도 계상. 이때 잔토 처리를 현장 밖으로 처리할 경우 운반비 및 적상, 적하비용을 별도 계한다.
② 반매입, 지표식, 지중식 공히 준용함.
③ 철거 50[%]
④ 2열 동시 180[%], 3열 260[%], 4열 340[%], 6열 420[%], 8열 500[%], 10열 580[%]
⑤ 접합품 포함
⑥ PVC관은 강관의 60[%]
⑦ 이 공사에 부수되는 토건공사 품셈 적용시 지세별 할증률 적용

표 2. 배전반 계기류 신설

종 별		플랜트 전공	보통 인부
계기용 변성기	P.T	0.5	—
	C.T	0.5	—
	주 C.T	1.50	0.50
직렬 Reactor	1,600[A] 이하	6.60	2.10
(유입자냉 옥외용)	4,000[A] 이하	10.00	3.00
	6,000[A] 이하	11.00	4.00
	주기용	9.00	4.00
여파기 방열공진장치	옥외용	11.00	4.00
	옥내용	15.00	5.00
직렬 콘덴서	6[kV], 20[kV], 200[A]	4.30	1.40
	10[Ω]		
	보호장치 Cubicle형	3.70	1.20
	과전압 보호장치	1.30	0.40
	제어장치	2.00	0.60
계기 및 계전기	대형(170×200[mm] 정도)	0.55	—
	중형(80×120[mm] 정도)	0.39	—
	소형	0.28	—
일반기구류(VS, AS 저항기 등)		0.30	—
반이면배선(일반 또는 원제반 [m]당)		0.081	—

【해설】 ① 계기 및 계전기는 구멍뚫기 가공 포함
② 계기 및 계전기 매입 삽입형은 200[%]
③ 이면배선은 배선 Binding, 단말처리, 직선접속, 배선 Check 포함
④ 저압애자 설치시 개당 플랜트전공 0.037인 적용
⑤ 철거 50[%]

표 3. 금속 덕트 신설

규 격	평면적 [cm²]	내선전공
60×30 [mm] 이하	18	0.15
100× 50 〃 〃	50	0.2
150× 65 〃 〃	97.5	0.3
200× 75 〃 〃	150	0.4
300×100 〃 〃	300	0.5
400×150 〃 〃	600	0.6
500×185 〃 〃	925	1.4
600×280 〃 〃	1,680	1.9
700×370 〃 〃	2,590	2.3
1000×400 〃 〃	4,000	3.0
절구 주변의 길이 3.0 [m]	—	3.2
〃 4.0 〃	—	4.5
〃 5.0 〃	—	6.3

【해설】 ① 분기 Duct 및 L형 Duct는 개당 1 [m] 공량으로 계산한다.
　　　② 철판 두께 1.6~3.2 [mm] 기준

표 4. 옥내배선　　　　　　　　(m 당 : 내선전공)

규 격	애자배선	관내배선
5.5 [mm²] 이하	0.020	0.010
14 [mm²] 〃	0.030	0.020
38 [mm²] 〃	0.055	0.031
60 [mm²] 〃	0.092	0.052
100 [mm²] 〃	0.108	0.064
150 [mm²] 〃	0.150	0.088
200 [mm²] 〃	0.170	0.107
250 [mm²] 〃	0.202	0.130
325 [mm²] 〃	0.238	0.160

【해설】 ① 애자배선은 은폐공사이며 노출 및 그리드애자 공사시는 130 [%]
　　　② 직선 및 분기접속 포함 ('01. 1.1 개정)
　　　③ 관내배선 바닥 공사시 80 [%]
　　　④ 관내배선품에 대하여 천정 금속 닥트내 공사시는 200 [%], 바닥부침 닥트내 공사는 150 [%], 금속 및 목재 몰딩 배선 130 [%]
　　　⑤ 옥내케이블 관내배선은 전력케이블 신설(구내) 준용
　　　⑥ 철거 30 [%]

표 5. 백열 등기구 신설

종 별	60 [W] 이하	100 [W] 이상
직 부 등	0.18	0.19
매 입 등	0.245	0.257
매입루바부	0.245	0.257
파이프펜던트	0.17	0.179
코 드 〃	0.109	0.147
체 인 〃	0.17	0.179

브래킷 등	0.150	0.158
리셉터클	0.10	–
투광기(리프렉터부)	–	0.495
샹드리에(2등용)	–	0.52

【해설】 ① 기구설치, 결선, 지지류 설치, 장내 소운반 및 잔재정리 포함
② 천정 구멍뚫기 및 취부테 설치 별도 가산
③ 다운라이트는 매입 등에 준함
④ 샹드리에 1등 증가마다 20〔%〕증
⑤ 브래킷 등은 옥내형 기준이며, 옥외 설치시는 60〔%〕증
⑥ 투광기는 300〔W〕이하의 백열등 전구 기준이며, 400〔W〕이상의 경우는 400〔W〕1.0, 700〔W〕1.4 및 1,000〔W〕1.8 적용
⑦ 방폭형 200〔%〕
⑧ Pole Light등 설치는 직부등 적용
⑨ 철거 30〔%〕, 재사용 철거 50〔%〕
⑩ 아파트공사의 백열등 60〔W〕이하 신설품은 직부등 0.173인, 부라케트등 0.149인, 리셉터클 0.098인 적용

답안작성

(1) 표 5에서
 내선 전공 = $3 \times 0.52 \times (1 + 10 \times 0.2) + 20 \times 0.15 = 7.68$〔인〕
 노임 = $7.68 \times 30,000 = 230,400$〔원〕
 공구 손료 = $230,400 \times 0.03 = 6,912$〔원〕
 ∴ 직접 노무비 = $230,400 + 6,912 = 237,312$〔원〕

(2) 표 4에서
 ① 22〔mm²〕
  내선 전공 = $0.031 \times 300 \times (1 + 0.5) \times (1 + 0.3) = 18.135$〔인〕
  재료비 = $300 \times 1.1 \times 808 = 266,640$〔원〕
 ② IV 5.5〔mm²〕
  내선 전공 = $0.01 \times 3000 \times (1 + 0.5) \times (1 + 0.3) = 58.5$〔인〕
  재료비 = $3000 \times 1.1 \times 202 = 666,600$〔원〕
 ③ 인공소계 = $18.135 + 58.5 = 76.635$〔인〕
  재료비 소계 = $266,640 + 666,600 = 933,240$〔원〕

(3) 표 3에서
 내선 전공 노임 = $0.6 \times 120 \times 30,000 = 2,160,000$〔원〕
 공구 손료 = $2,160,000 \times 0.03 = 64,800$〔원〕
 ∴ 직접 노무비 = $2,160,000 + 64,800 = 2,224,800$〔원〕

(4) 표 1에서
 배관공 노임 = $(0.188 \times 300 \times 2.6) \times 0.6 \times 30,000 = 2,639,520$〔원〕
 공구 손료 = $2,639,520 \times 0.03 = 79,185$〔원〕
 ∴ 직접 노무비 = $2,639,520 + 79,185 = 2,718,705$〔원〕

문제 44 ▶ 출제년도 : 기사 97. 00. 14. ▶ 점수 : 12점

어느 건물 내의 접지공사용 공량이 다음과 같다. 이때 직접노무비 소계, 간접노무비, 공구 손료, 계를 구하시오. (단, 공구 손료는 3〔%〕, 간접노무비 15〔%〕로 보고 계산한다. 노임단가 내선 전공은 12,410원, 보통인부 6,520원이다. 인공을 산출한 후 이를 합계하여 노임단가를 적용하여 소수점 이하는 버린다.)

【접지공사용 용량】
- 접지봉(2〔m〕), 15개(1개소에 1개씩 설치)
- 접지선 매설 60$^\square$, 300〔m〕
- 후강 전선관 28ϕ, 250〔m〕(콘크리트 매입)

접지공사

구분	단위	전공	보통인부
접지봉(지하 0.75m 기준)			
길이 1~2[m]×1본	개소	0.20	0.10
×2본 연결		0.30	0.15
×3본 연결		0.45	0.23
동판 매설(지하 1.5[m] 기준)			
0.3[m]×0.3[m]	매	0.30	0.30
1.0[m]×1.5[m]	〃	0.50	0.50
1.0[m]×2.5[m]	〃	0.80	0.80
접지 동판 가공	〃	0.16	
접지선 부설 600[V] 비닐 전선	개소	0.05	0.025
완금 접지 2.9(11.4[kV-Y]) D/L	〃	0.05	
접지선 매설			
14[mm²] 이하	m	0.010	
38 〃	〃	0.012	
80 〃	〃	0.015	
150 〃	〃	0.020	
200 〃 이상	〃	0.025	
접속 및 단자 설치			
압축	개	0.15	
압축 평행	〃	0.13	
납땜 또는 용접	〃	0.19	
압축 단자	〃	0.03	
체부형	〃	0.05	

박강 및 PVC 전선관			후강 전선관	
규격		내선 전공	규격	내선 전공
박강	PVC			
	14[mm]	0.01		
15[mm]	16[mm]	0.05	16[mm](1/2")	0.08
19[mm]	22[mm]	0.06	22[mm](3/4")	0.11
25[mm]	28[mm]	0.08	28[mm](1")	0.14
31[mm]	36[mm]	0.10	36[mm](1 1/4")	0.20
39[mm]	42[mm]	0.13	42[mm](1 1/2")	0.25
51[mm]	51[mm]	0.19	54[mm](2")	0.31
63[mm]	70[mm]	0.28	70[mm](2 1/2")	0.41
75[mm]	82[mm]	0.37	82[mm](3")	0.51
	100[mm]	0.45	90[mm](3 1/2")	0.60
	104[mm]	0.46	104[mm](1")	0.71

【해설】 ① 콘크리트 매입 기준임
② 철근 콘크리트 노출 및 블록 칸막이 경매는 12[%], 목조 건물은 121[%], 철강조 노출은 120[%]
③ 기설 콘크리트 노출 공사시 앵커 볼트 매입 깊이가 10[cm] 이상인 경우는 앵커 볼트 매입품을 별도 계상하고 전선관 설치품은 매입품으로 계상한다.
④ 천장속 마루밑 공사 130[%]

답안작성

① 직접 노무비

내선 전공 : $(0.2 \times 15) + (0.015 \times 300) + (0.14 \times 250) = 42.5$〔인〕

인건비 $= 42.5 \times 12,410 = 527,425$〔원〕

보통인부 : $0.1 \times 15 = 1.5$〔인〕

인건비 $= 1.5 \times 6,520 = 9,780$〔원〕

∴ 직접노무비 = 내선전공 + 보통인부 $= 527,425 + 9,780 = 537,205$〔원〕

② 간접노무비 = 직접노무비 $\times 15$〔%〕$= 537,205 \times 0.15 = 80,580$〔원〕

③ 공구 손료 = 직접노무비 $\times 3$〔%〕$= 537,205 \times 0.03 = 16,116$〔원〕

④ 계 $= 537,205 + 80,580 + 16,116 = 633,901$〔원〕

▶ 출제년도 : 기사 92.   ▶ 점수 : 10점

문제 45

그림과 같이 전주를 설치하기 위한 직종별 인공계를 참고자료에 의하여 구하시오. 단, 콘크리트 전주는 12〔m〕, 근가 1.2〔m〕 1개, 22.9〔kV〕 핀 애자에는 조류 사고 방지용 라인 호스 취부, 참고 자료 이외의 것은 구하지 말 것

【참고자료】

표 1. 건주 공사

규 격	주입목주		콘크리트주	
	배전전공	보통인부	배전전공	보통인부
6〔m〕 이하	0.64	0.72	0.72	0.81
7〔m〕 이하	0.68	0.77	1.23	1.40
8〔m〕 이하	0.83	0.94	1.66	1.88
9〔m〕 이하	0.93	1.03	1.68	2.13
10〔m〕 이하	1.03	1.12	2.01	2.55
11〔m〕 이하	1.24	1.31	2.50	2.63
12〔m〕 이하	1.44	1.50	2.86	3.00
14〔m〕 이하	1.82	2.12	3.60	4.24
16〔m〕 이하	2.50	2.60	5.10	5.20
17〔m〕 이하	3.15	3.37	6.50	6.74

【해설】

① 단굴토, 매토품 포함, 완목, 완철 설치품 불포함, 암반터파기는 별도 가산
② 틀 1본 포함, 1본 추가마다 10〔%〕 가산
③ 지주공사는 건주공사품을 적용
④ 불주입주 이 품의 80〔%〕
⑤ 묻음은 길이의 1/6 이상임.
⑥ 철거 : 콘크리트 주 50〔%〕(재사용 가능품 : 80〔%〕), 목주 50〔%〕, 목주 잘라냄 35〔%〕
⑦ 이설 : 목주는 150〔%〕, CP는 180〔%〕, 경사주의 건기는 30〔%〕
⑧ H주 건주 200〔%〕, A주 건주 160〔%〕
⑨ 3각주 건주 300〔%〕, 4각주 건주 400〔%〕
⑩ 단계주의 건주 및 인자형 계주의 건주는 각기 단주 건주품을 합한 품으로 한다.
⑪ 판자 마스트주는 주입목주의 50〔%〕
⑫ 주의표 및 번호표 설치품은 1매당 보통인부 0.08인, 기입만 할 때는 보통인부 0.05인 계상
⑬ 현장내에서 잔토처리를 할 경우에는 〔m3〕당 보통인부 0.2인을 별도 가산하며, 현장밖으로 잔토처리시는 운반비 및 적상, 적하에 따른 비용을 별도 계상
⑭ 조립식 강관주는 콘크리트주 품을 적용하며, 조립후의 전장길이를 기준으로 한다. 다만, 17〔m〕 초과 강관주는 m당 배전전공 1.04인, 보통인부 1.13을 가산한다(1〔m〕 미만은 사사오입한다.)
⑮ 콘크리트주 불량품 파괴처리시 콘크리트주 건주 보통인부 품의 60〔%〕 (현장 정리품 포함)
⑯ 전주와의 차량충돌 예방용으로 설치되는 전주 도색판 설치품은 1매당 보통 인부 0.18인 계상 적용, 철거 30〔%〕, 이설 130〔%〕 적용
⑰ 기설 전주에 전주를 높이는데 사용되는 계주용 강관주는 본당 배전전공 0.252〔%〕인, 보통인부 0.195〔%〕인 계상 적용, 철거 50〔%〕, 이설 150〔%〕 적용
⑱ 전주 철거후 되메우기에 따른 토사를 외부에서 반입시 토사비용과 적상·하 및 운반비 별도 계상

표 2. 배전용 완철 신설

규 격	배전전공	보통인부
배선용 완철 1[m] 이하	0.09	0.09
2[m] 이하	0.10	0.10
3[m] 이하	0.13	0.13
3[m] 초과	0.17	0.17
가공지선 지지대(내장·직선용)	0.19	0.12

【해설】 ① 완목 및 경완철은 이 품의 80[%]
② 배전용 완철은 철거 30[%](재사용 50[%])
③ Arm Tie 설치품 포함
④ 완철이란 완금을 우리말로 고친 것임
⑤ 편출공사는 이 품의 20[%] 가산
⑥ 가공지선 지지대란 배전선로에서 가공지선을 지지하여 주는 장치대를 말하며, 철거는 이 품의 50[%] 적용

표 3. 배선용 애자 및 래크 신설

종 별	배전 전공	보통 인부
특고압용 핀애자	0.064	0.126
고압 및 특고압현수애자	0.065	0.05
고 압 용 핀 애 자	0.044	—
〃 인 류 애 자	0.056	—
고 압 용 내 장 애 자	0.035	0.083
저 압 용 핀 애 자	0.034	—
저 압 용 인 류 애 자	0.044	—
래 크 1 선 용	0.125	—
래 크 2 선 용	0.20	—
래 크 3 선 용	0.275	—
래 크 4 선 용	0.350	—

【해설】 ① 애자 철거 50[%](재사용시 80[%])
② 애자 교환 및 또는 갈아끼우기 : 150[%]
③ 인류애자는 다대 애자를 고친 것임.
④ 애자 닦기
 ⓐ 주상(탑상) 손닦기 : 신설품의 50[%]
 ⓑ 주상(탑상) 기계닦기 : 기계손료만 계상(인건비 포함)
 ⓒ 발췌 손닦기는 신설품의 170[%]
⑤ 특고압용 Line Post 애자 취부품은 특고압용 핀애자 설치품에 준함.
⑥ 래크 철거는 이 품의 30[%](재사용 50[%]) 적용함.

표 4. 절연 커버 취부

공 종	배전전공	보통인부
라 인 호 스 설 치	0.032	0.032
완금절연커버설치	0.034	0.034

【해설】 ① 절연커버라 함은 안전사고 및 조류사고 방지용 커버를 말함.
② Deadend Clamp, 분기슬리브, 직선슬리브의 절연커버품은 완철 절연커버품 적용
③ 분기고리 절연커버 설치품은 라인호스 설치품 적용
④ 동일장소에서 1개 증가시마다 20[%] 가산
⑤ 철거 50[%], 재사용 철거 80[%]

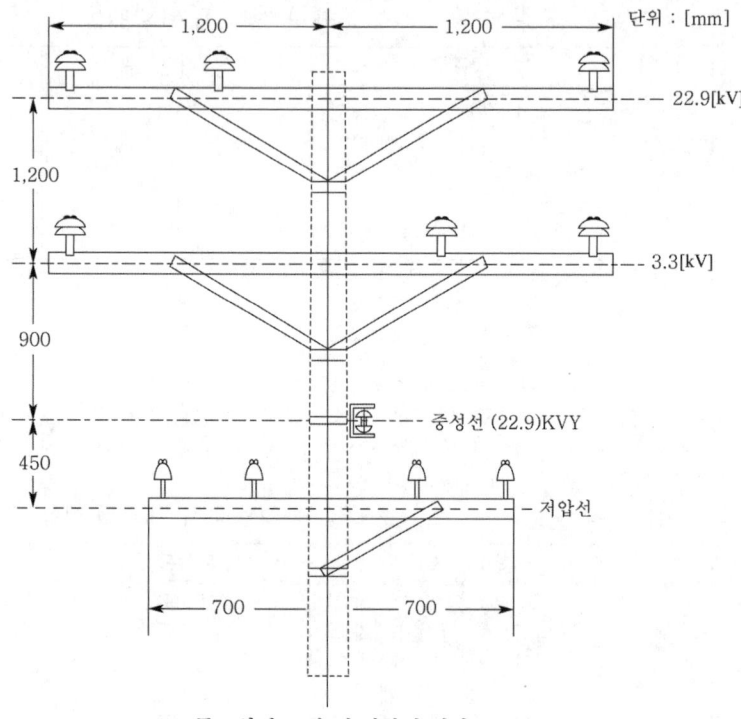

특고압과 고압 및 저압선 병가

답안작성

① 콘크리트주 1본 건주
　표 1에서
　배전 전공 : $2.86 \times 1 = 2.86$ [인]
　보통 인부 : $3 \times 1 = 3$ [인]
② 완금 설치 (2400 [mm]×2, 1400 [mm]×1)
　표 2에서
　배전 전공 : $2 \times 0.13 + 1 \times 0.1 = 0.36$ [인]
　보통 인부 : $2 \times 0.13 + 1 \times 0.1 = 0.36$ [인]
③ 애자 설치(특고 핀애자 3개, 고압 핀애자 3개, 저압 핀애자 4개, 저압용 인류애자 1개, 1선용 랙 1개)
　표 3에서
　배전 전공 : $3 \times 0.064 + 3 \times 0.044 + 4 \times 0.034 + 1 \times 0.044 + 1 \times 0.125 = 0.63$ [인]
　보통 인부 : $3 \times 0.126 = 0.38$ [인]
④ 라인호스 취부 1개소
　표 4에서
　배전 전공 : $1 \times 0.032 \times (1 + 0.2 \times 2) = 0.04$ [인]
　보통 인부 : $1 \times 0.032 \times (1 + 0.2 \times 2) = 0.04$ [인]
⑤ 인공계 : ①+②+③+④
　배전 전공의 합 : $2.86 + 0.36 + 0.63 + 0.04 = 3.89$ [인]
　보통 인부의 합 : $3 + 0.36 + 0.38 + 0.04 = 3.78$ [인]
답 : • 배전 전공 : 3.89 [인]
　　• 보통 인부 : 3.78 [인]

▶ 출제년도 : 기사 95. 98.　▶ 점수 : 12점

문제 46 도면을 숙지한 다음 물음에 정확하게 답하시오.

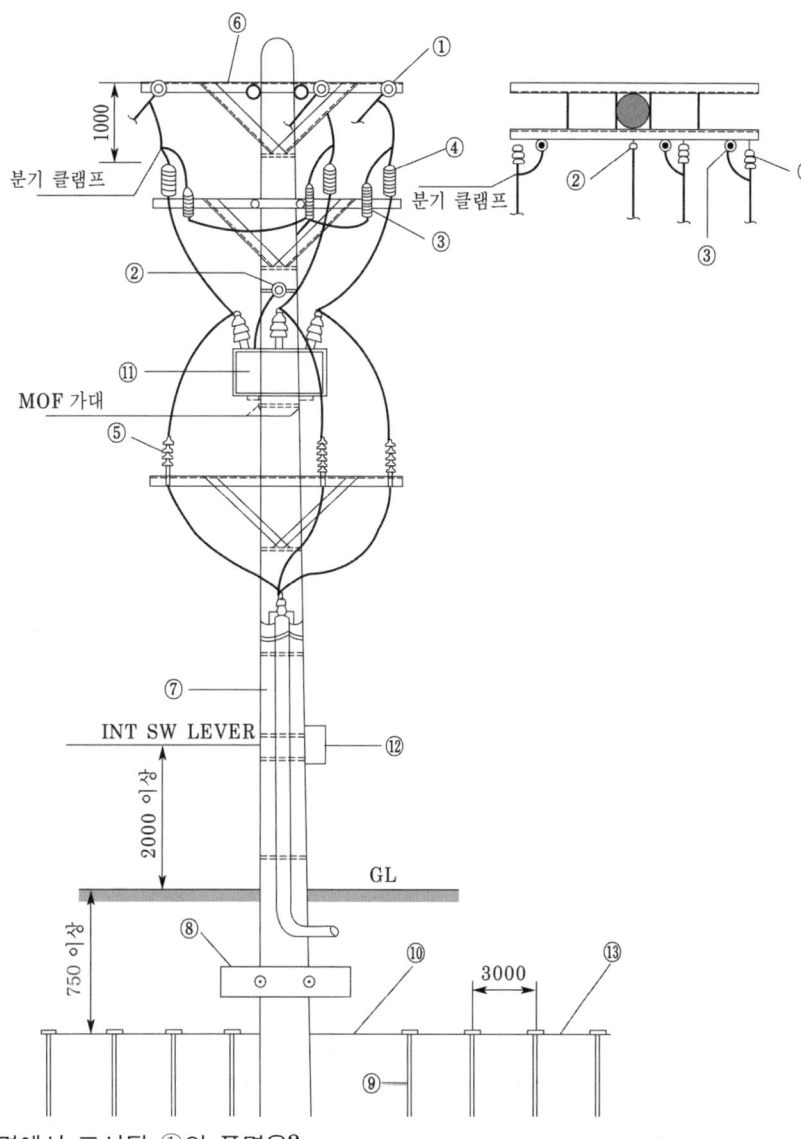

(1) 도면에서 표시된 ①의 품명은?
(2) 도면에서 표시된 ③의 품명은?
(3) 도면에서 표시된 ④의 품명은?
(4) 도면에서 표시된 ⑤의 품명은?
(5) 도면에서 표시된 ⑧의 품명은?
(6) 도면에서 표시된 ⑨의 품명은?
(7) 도면에서 표시된 ⑪의 품명은?
(8) 도면에서 표시된 ⑫의 품명은?

답안작성
(1) 현수 애자　　(2) 피뢰기(LA)
(3) 전력 퓨즈　　(4) 케이블 헤드(CH)
(5) 근가　　　　(6) 접지 동봉
(7) MOF　　　　(8) 전력량계(DM 및 VAR)

문제 47

▶ 출제년도 : 산업 92. ▶ 점수 : 5점

다음의 22.9 [kV-Y] CP장주도를 보고 각 기호에 해당되는 자재 명칭을 기입하시오.

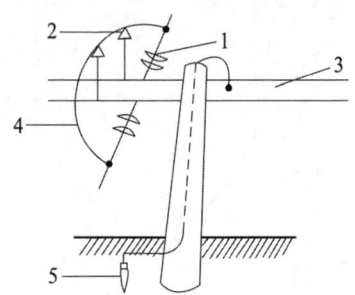

답안작성
1. 특고압 현수애자   2. 특고압 핀애자   3. 완금
4. 가공전선(점퍼선)   5. 접지봉

문제 48

▶ 출제년도 : 산업 92. ▶ 점수 : 15점

15 [m] 전주에 설치된 도면을 보고 다음 물음에 답하시오.

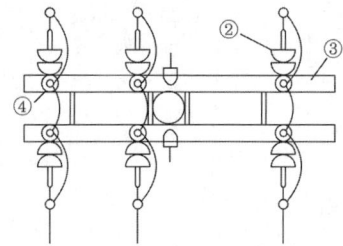
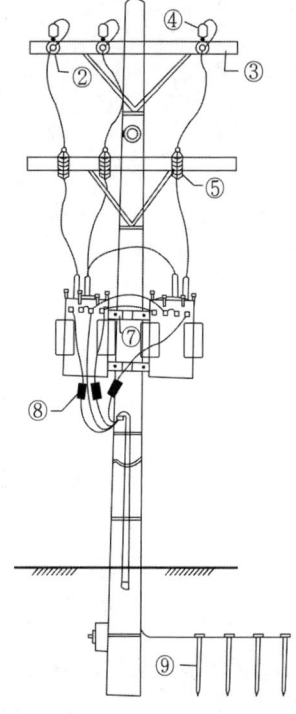

(1) 도면에 표시된 ④의 규격이 23 [kV] 56-2호이다. 특고압 핀애자는 몇 개인가?
(2) 도면에 표시된 ⑤의 품명은 무엇인가?
(3) 도면에 표시된 ⑦의 품명은 정확히 무엇인가?
(4) 도면에 표시된 ⑧의 품명은 무엇이며, 수량은 몇 개인가?
(5) 그림에 표시된 ⑨의 명칭은?

답안작성
(1) 6개
(2) COS
(3) 행거밴드
(4) 품명 : 캐치 홀더, 수량 : 3개
(5) 접지봉

문제 49

▶ 출제년도 : 기사 91. 00. 06. ▶ 점수 : 10점

그림은 특고압 가공 전선로주이다. 번호의 명칭을 주어진 답란에 답하시오.

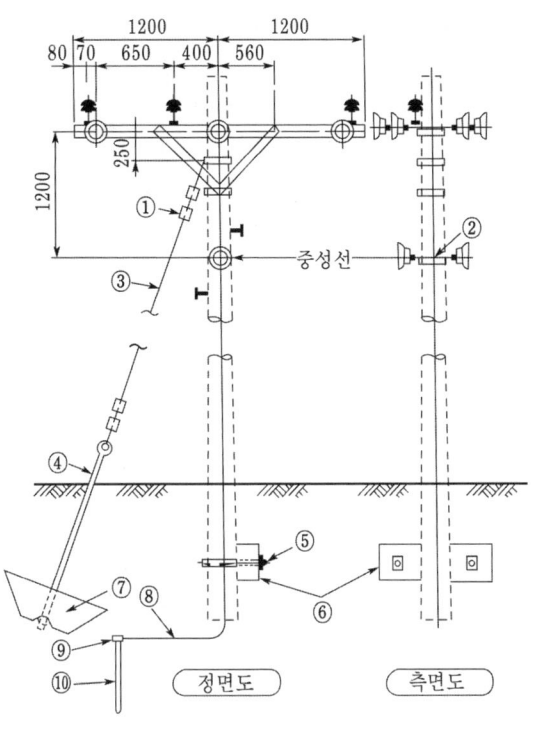

답안작성
① 지선 클램프 ② 랙 밴드
③ 지선 ④ 지선 로드
⑤ 근가용 U볼트 ⑥ 근가
⑦ 지선 근가 ⑧ 접지 전선
⑨ 접지 동봉용 클램프 ⑩ 접지 동봉

▶ 출제년도 : 기사 97. 20.   ▶ 점수 : 10점

문제 50

철탑 도면에 표시된 번호를 보고 철탑 각 부의 명칭을 보기에서 골라 답하시오.

【보기】 주체부, 상판부, 암
앵커재, 거싯플레이트
철탑정부, 앵커블록
주주재, 주각재, 사재

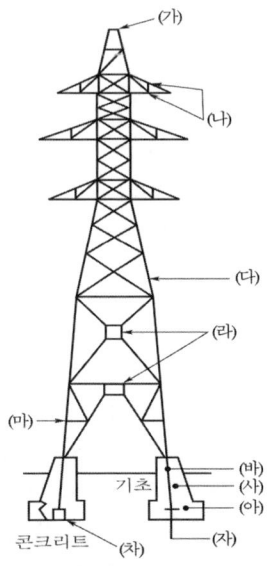

답안작성
(가) 철탑정부 (나) 암
(다) 주주재 (라) 거싯플레이트
(마) 사재 (바) 주각재
(사) 주체부 (아) 상판부
(자) 앵커재 (차) 앵커블록

해 설 【참고사항】 철탑 각부의 명칭(한전 설계 기준)

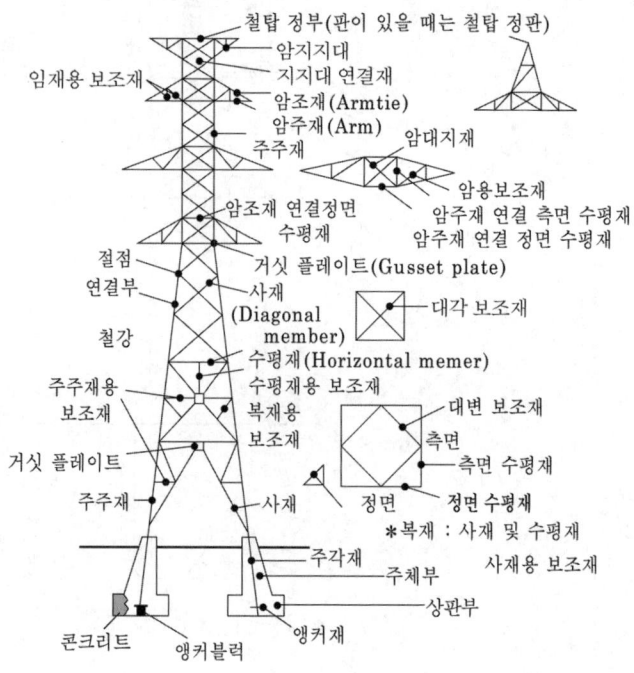

문제 51

▶출제년도 : 기사 97. 99.   ▶점수 : 9점

다음 도면을 보고 물음에 답하시오.

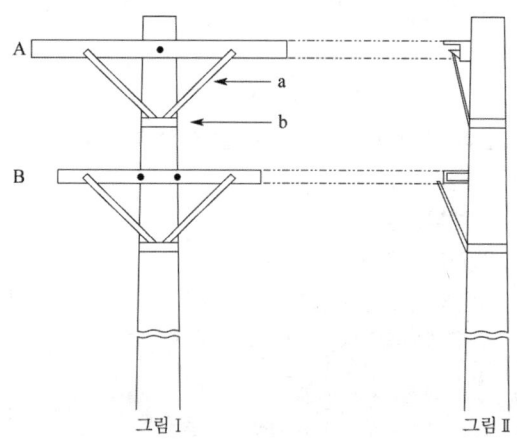

(1) 완금 A의 명칭이 ㄱ형 완금이면 완금 B의 명칭은?
(2) a의 명칭은?
(3) b의 명칭은?
(4) a 및 b가 없이 완금을 전주에 고정시킬 수 있는 자재 명칭은?
(5) a를 완금에서 취부할 때 쓰이는 머신 볼트의 규격은 몇 [mm]인가?
(6) 그림 Ⅱ에서 전원측은 전주를 중심으로 하여 어느 쪽인가? (좌우로 구분하시오.)

(7) 끝지름(말구)에서 ㄱ형 완금 중심까지의 거리는 몇 [cm]인가?
(8) b의 규격은 몇 [mm]인가?
(9) ㄱ형 완금 장주 예시도가 ━┼┼┤ 라면 창출 장주도를 그리시오.

답안작성
(1) 경완금 (2) 각암타이
(3) 암타이 밴드 (4) 완금밴드
(5) 16×40 [mm] (6) 우측
(7) 25 [cm] (8) 200 [mm]
(9) ━┼┤╲

▶출제년도 : 기사 98. 00.   ▶점수 : 6점

문제 52

22900 [V] 3상 4선식 배전선도의 표준장주를 다음 자재를 참고하여 축척에 관계없이 장주도를 그리고 다음 치수는 반드시 표시하여야 한다.

번호	품명	규격	단위	수량	번호	품명	규격	단위	수량
1	철근콘크리트주	10 [M]	본	1	7	발판못		개	1
2	핀 애자	23 [kV]	개	3	8	완공	90×90×2,400	개	1
3	암타이	900 [mm]	개	2	9	랙	랙용	개	1
4	밴드	암타이용	개	1	10	볼트	φ16×60	개	2
5	근가블록	1.2 [m]	개	1	11	볼트	φ16×200	개	1
6	U볼트	근가용	개	1					

• 지지물이 땅에 묻히는 깊이 • 최초의 발판못의 지표상의 높이
• 중성선의 지표상의 높이 • 전압선용 완금과 랙의 거리

답안작성

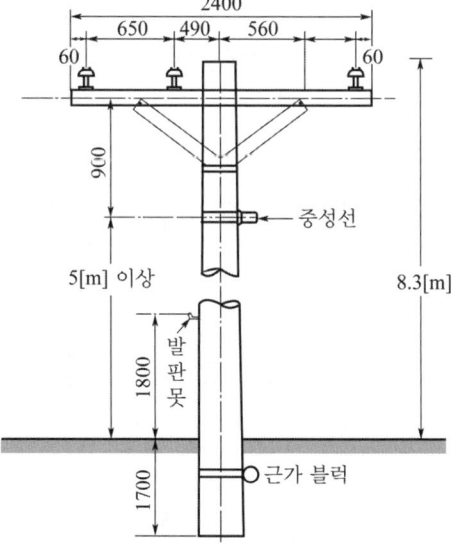

해 설 지지물의 장주에 있어서 최상부의 완금 위치는 지지물 말구에서 25~30 [cm]로 하고, 지지물의 땅에 묻히는 깊이는 전장 15 [m] 이하는 1/6, 길이 15 [m]를 넘는 것은 2.5 [m] 이상으로 되어 있으며 내선 규정에 1.7 [m]로 정해져 있다. 또, 발판못의 지표상 높이는 1.8 [m] 이상으로 하여 어린이들의 승주를 방지하여야 한다.

문제 53

▶ 출제년도 : 기사 90. 96. 98. ▶ 점수 : 10점

그림과 같이 설치된 전주의 L완금을 경완금으로 교체하려고 한다. 물음에 답하시오.

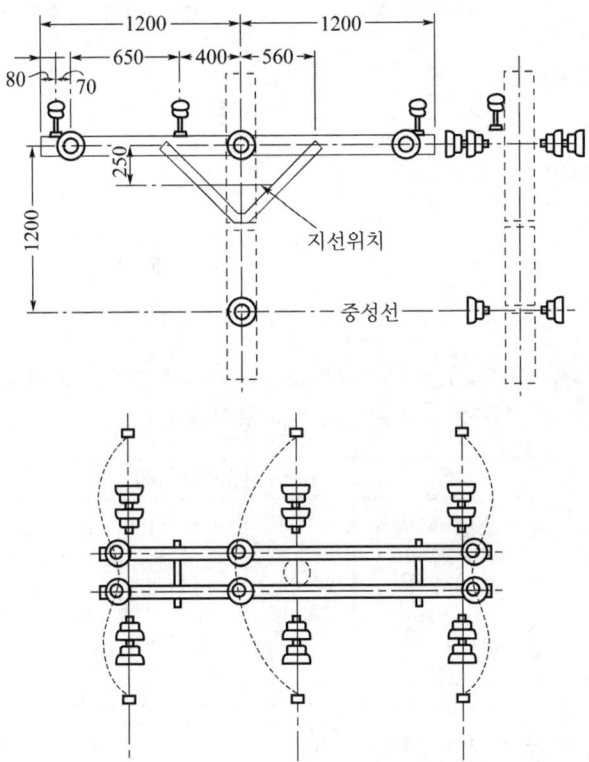

L완금을 경완금으로 교체하는 데 소요되는 직접노무비에서 배전전공, 보통인부, 소계, 간접노무비 및 노무비 합계를 산출하시오. (단, 배전전공 : 40,000, 보통인부 : 20,000원이며, 애자철거는 재사용으로 본다. 간접노무비는 15[%]로 본다. 참고자료 이외의 것은 구하지 말 것)

배전용 완철신설 (본당)

규 격	배전전공	보통인부
1[m] 이하	0.09	0.09
2[m] 이하	0.10	0.10
3[m] 이하	0.13	0.13
4[m] 초과	0.17	0.17

【해설】 1. 완목 및 경완철은 이 품의 80[%]
2. 배전용 완철은 철거 30[%]
3. 이설, 교환 130[%]
4. Armtie 설치품 포함
5. 완철이란 완금을 우리말로 고친 것임
6. 편출공사는 본 품의 20[%] 가산

배전용 애자 및 래크(rack) 신설		(개당)
종 별	배전전공	보통인부
특고압용 핀애자	0.064	0.126
특고압용 현수애자	0.065	0.05
고압용 핀애자	0.044	−
고압용 인류애자	0.056	−
고압용 내장	0.035	0.083
저압용 핀애자	0.034	−
저압용 인류애자	0.044	−
래크 1선용	0.125	−
래크 2선용	0.20	−
래크 3선용	0.275	−
래크 4선용	0.350	−

【해설】 1. 애자철거 50〔%〕(재사용 80〔%〕)
2. 애자교환 또는 갈아끼우기 150〔%〕
3. 인류애자
4. 애자닦기
   (가) 주상(탑상) 손닦기 :
   (나) 주상(탑상) 기계닦기 :
   (다) 발췌 손닦기는 본품의 170〔%〕

답안작성

(1) 직접 노무비
  ① 배전 전공
   • 인공 $= 0.13 \times 2 \times 0.3 + 0.064 \times 6 \times 0.8 + 0.065 \times 12 \times 0.8$
     $+ 0.13 \times 2 \times 0.8 + 0.064 \times 6 + 0.065 \times 12 = 2.38$ 〔인〕
   • 인건비 $= 2.38 \times 40,000 = 95,200$ 〔원〕
  ② 보통 인부
   • 인공 $= 0.13 \times 2 \times 0.3 + 0.126 \times 0.8 \times 6 + 0.05 \times 0.8 \times 12$
     $+ 0.13 \times 2 \times 0.8 + 0.126 \times 6 + 0.05 \times 12 = 2.73$ 〔인〕
   • 인건비 $= 2.73 \times 20,000 = 54,600$ 〔원〕
(2) 소계 : $95,200 + 54,600 = 149,800$ 〔원〕
(3) 간접 노무비 : $149,800 \times 0.15 = 22,470$ 〔원〕
(4) 노무비 합계 : $149,800 + 22,470 = 172,270$ 〔원〕

해 설

1. 직접 노무비
  (1) 배전 전공
   ① 완금철거 : $0.13 \times 2 \times 0.3 = 0.078$ 〔인〕
   ② 특고압 현수애자 철거 : $0.065 \times 12 \times 0.8 = 0.624$ 〔인〕
   ③ 특고압 핀애자 철거 : $0.064 \times 6 \times 0.8 = 0.3072$ 〔인〕
   ④ 경완금 설치 : $0.13 \times 2 \times 0.8 = 0.208$ 〔인〕
   ⑤ 특고압 현수애자 설치 : $0.065 \times 12 = 0.78$ 〔인〕
   ⑥ 특고압 핀애자 설치 : $0.064 \times 6 = 0.384$ 〔인〕
   계 : 2.38〔인〕
  (2) 보통 인부
   ① 완금철거 : $0.13 \times 2 \times 0.3 = 0.078$ 〔인〕
   ② 특고압 현수애자 철거 : $0.05 \times 12 \times 0.8 = 0.48$ 〔인〕
   ③ 특고압 핀애자 철거 : $0.126 \times 6 \times 0.8 = 0.6048$ 〔인〕
   ④ 경완금 설치 : $0.13 \times 2 \times 0.8 = 0.208$ 〔인〕
   ⑤ 특고압 현수애자 설치 : $0.05 \times 12 = 0.6$ 〔인〕
   ⑥ 특고압 핀애자 설치 : $0.126 \times 6 = 0.756$ 〔인〕
   계 : 2.73〔인〕

문제 54

▶ 출제년도 : 산업 93. 95. 99. ▶ 점수 : 4점

22.9[kV] 3상4선식 배전선로에서 2400[mm] 완금을 사용한 직선주를 위에서 본 다음 그림을 참고로 하여 지지물 상부만의 장주도를 답안지에 작성하시오. 단, 지선의 위치 및 중성선의 애자도 표시하시오.

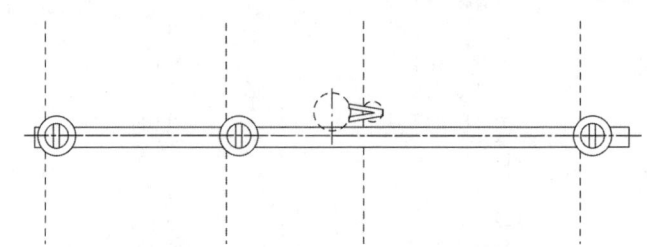

답안작성

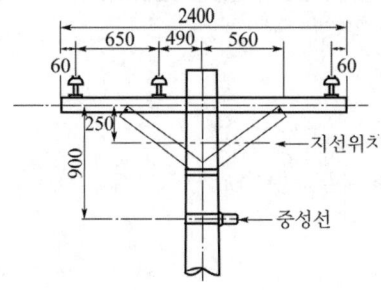

문제 55

▶ 출제년도 : 기사 93. 06. ▶ 점수 : 17점

그림과 같이 설치된 전주의 완금을 경완금으로 교체하려고 한다. 물음에 답하시오.

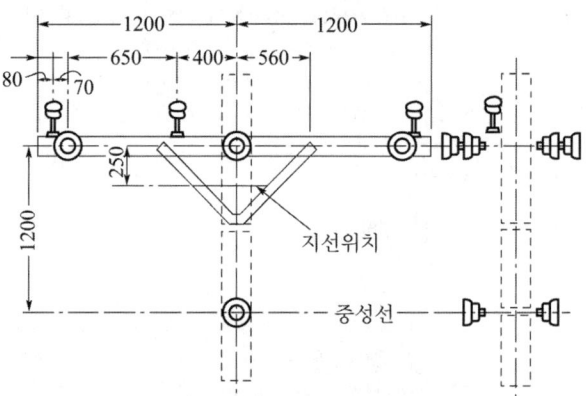

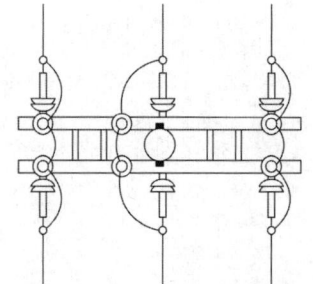

22.9[kV] 3φ4[W] 선로의 특수 경간에서 내장

(1) 철거되는 자재(불필요한 자재)의 수량을 구하시오.

철거되는 자재명	수 량
u-볼트(또는 머신 볼트)	
암타이	
암타이 밴드	
볼 크레비스	
완금	
특고압용 핀 애자용 볼트 1호	
앵커 쇄클	

(2) 추가로 소요되는 자재의 수량을 구하시오.

추가로 소요되는 자재명	수 량
경완금	
완금 밴드	
볼 쇄클	
특고압용 핀 애자용 볼트 2호	

(3) L완금을 경완금으로 교체하는데 소요되는 인건비(노무비 합계)를 구하시오. 단, 배전전공은 40,000〔원〕, 보통인부 20,000〔원〕이며, 직접 노무비에서 배전전공, 보통인부 및 간접노무비에서 원 이하는 버린다. 애자 철거는 재사용으로 본다. 참고자료 이외의 것은 구하지 말 것 단, 간접 노무비는 직접노무비의 15〔%〕를 적용한다.

【참고자료】

표 1. 배전용 완철신설 (본당)

규 격	배전 전공	보통 인부
1〔m〕이하	0.09	0.09
2〔m〕이하	0.10	0.10
3〔m〕이하	0.13	0.13
3〔m〕초과	0.17	0.17

【해설】 1. 완목 및 경완철은 이 품의 80〔%〕
2. 배전용 완철은 철거 30〔%〕
3. 이설, 교환 130〔%〕
4. Armtie 설치품 포함
5. 완철이란 완금을 우리말로 고친 것임
6. 편출공사는 본 품의 20〔%〕 가산

표 2. 배전용 애자 및 래크(rack) 신설 (개당)

종 별	배전 전공	보통 인부
특고압용 핀애자	0.064	0.126
특고압용 현수애자	0.065	0.05
고압용 핀애자	0.044	—
고압용 인류애자	0.056	—
고압용 내장	0.035	0.083

저압용 핀애자	0.034	—
저압용 인류애자	0.044	—
래크 1선용	0.125	—
래크 2선용	0.20	—
래크 3선용	0.275	—
래크 4선용	0.350	—

【해설】 1. 애자철거 50〔%〕(재사용 80〔%〕)
2. 애자교환 또는 갈아끼우기 150〔%〕
3. 인류애자
4. 애자닦기
   ⓐ 주상(탑상) 손닦기 : 신설품의 50〔%〕
   ⓑ 주상(탑상) 기계닦기 : 기계 손료만 계산(안전비 포함)
   ⓒ 발췌 손닦기는 본 품의 170〔%〕

답안작성 (1)

철거되는 자재명	수 량
u-볼트(또는 머신 볼트)	5
암타이	4
암타이 밴드	1
볼 크레비스	6
완금	2
특고압용 핀 애자용 볼트 1호	6
앵커 쇄클	6

(2)

추가로 소요되는 자재명	수 량
경완금	2
완금 밴드	1
볼 쇄클	6
특고압용 핀 애자용 볼트 2호	6

(3) 직접 노무비
① 배전 전공 : $0.13 \times 2 \times 0.3 + 0.064 \times 6 \times 0.8 + 0.065 \times 12 \times 0.8$
$+ 0.13 \times 2 \times 0.8 + 0.064 \times 6 + 0.065 \times 12 = 2.38$ 〔인〕
배전 전공 직접 노무비 $= 2.38 \times 40,000 = 95,200$ 〔원〕
② 보통인부 : $0.13 \times 2 \times 0.3 + 0.126 \times 0.8 \times 6 + 0.05 \times 0.8 \times 12$
$+ 0.13 \times 2 \times 0.8 + 0.126 \times 6 + 0.05 \times 12 = 2.73$ 〔인〕
보통인부 직접 노무비 $= 2.73 \times 20,000 = 54,600$ 〔원〕
소 계 : $95,200 + 54,600 = 149,800$ 〔원〕
간접 노무비 : $149,800 \times 0.15 = 22,470$ 〔원〕
노무비 합계 : $149,800 + 22,470 = 172,270$ 〔원〕

해 설 (3) 직접 노무비
① 배전 전공
   ⓐ 완금철거 : $0.13 \times 2 \times 0.3 = 0.078$ 〔인〕
   ⓑ 특고압 현수애자 철거 : $0.065 \times 12 \times 0.8 = 0.624$ 〔인〕
   ⓒ 특고압 핀애자 철거 : $0.064 \times 6 \times 0.8 = 0.3072$ 〔인〕
   ⓓ 경완금 설치 : $0.13 \times 2 \times 0.8 = 0.208$ 〔인〕
   ⓔ 특고압 현수애자 설치 : $0.065 \times 12 = 0.78$ 〔인〕
   ⓕ 특고압 핀애자 설치 : $0.064 \times 6 = 0.384$ 〔인〕
계 : 2.3812 〔인〕

② 보통인부
ⓐ 완금철거 : $0.13 \times 2 \times 0.3 = 0.078$[인]
ⓑ 특고압 현수애자 철거 : $0.05 \times 12 \times 0.8 = 0.48$[인]
ⓒ 특고압 핀애자 철거 : $0.126 \times 6 \times 0.8 = 0.6048$[인]
ⓓ 경완금 설치 : $0.13 \times 2 \times 0.8 = 0.208$[인]
ⓔ 특고압 현수애자 설치 : $0.05 \times 12 = 0.6$[인]
ⓕ 특고압 핀애자 설치 : $0.126 \times 6 = 0.756$[인]
계 : 2.7268[인]

문제 56

▶출제년도 : 산업 95. 98. 00. 01. ▶점수 : 9점

22.9[kV] 배전선로이다. 그림과 참고표를 이용하여 물음에 답하시오.

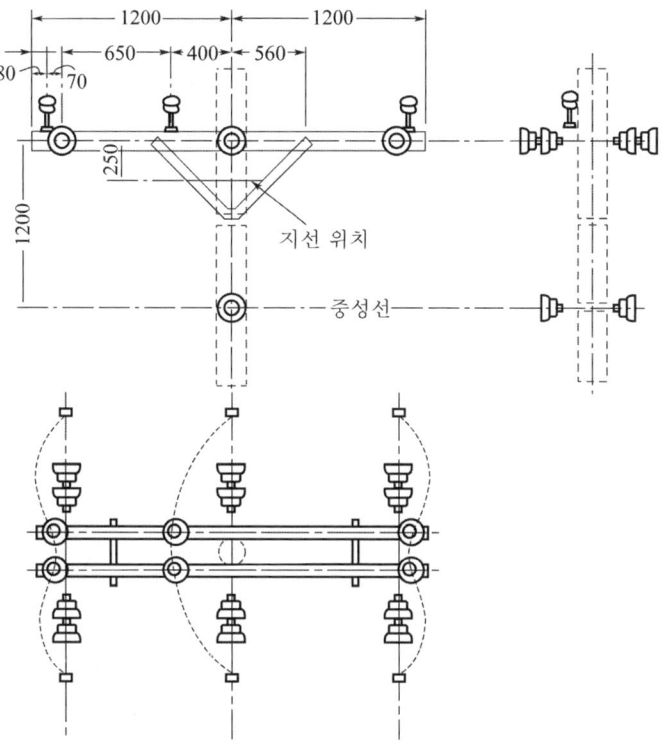

【물음】

그림의 애자를 노후로 인하여 교체하는 경우 총 인건비(직접 노무비 포함)는 얼마인가?

단, • 간접 노무비를 15[%](가정)로 계산한다.
 • 노임단가는 배전전공 15860원, 보통인부 6520원이다. (가정)
 • 인공을 산출한 후 이를 합계하여 노임단가를 적용하여 원까지 구하고 소수점 이하는 버린다.
 • 애자 노후로 인하여 교체되어야 할 애자 종류 및 수량은 다음과 같다.
  ① 특고압용 현수 애자 : 14개
  ② 특고압용 핀 애자 : 6개

배전용 애자 및 랙크(Rack) 신설		(개당)
종 별	배전 전공	보통 인부
특고압용 핀 애자	0.064	0.126
고압 및 특고압 현수 애자	0.065	0.05
고압용 핀 애자	0.044	—
인류애자	0.056	—
내장애자	0.035	0.083
저압용 핀 애자	0.034	—
저압용 인류 애자	0.044	—
랙크 1선용	0.125	—
랙크 2선용	0.20	—
랙크 3선용	0.275	—
랙크 4선용	0.350	—

【해설】 ① 애자 철거 50〔%〕(재사용 80〔%〕)
② 애자 교환 또는 갈아 끼우기 : 150〔%〕
③ 인류 애자는 다대 애자를 고친 것임.
④ 애자 닦기
  가. 주상(탑상) 손 닦기 : 신설품의 50〔%〕
  나. 주상(탑상) 기계 닦기 : 기계 손료만 계상(인건비 포함)
  다. 발췌 손 닦기는 신설품의 170〔%〕
⑤ 특고압용 라인 포스트 애자 취급품은 특고압용 핀애자 취급품에 준함
⑥ 랙크 철거는 이 품의 30〔%〕(재사용 50〔%〕) 적용함

답안작성

배전전공 : $0.065 \times 14 \times 1.5 + 0.064 \times 6 \times 1.5 = 1.94$ 〔인〕
보통인부 : $0.05 \times 14 \times 1.5 + 0.126 \times 6 \times 1.5 = 2.18$ 〔인〕
배전전공 노임 : $1.94 \times 15860 = 30,768$ 〔원〕
보통인부 노임 : $2.18 \times 6520 = 14,213$ 〔원〕
직접 노무비 $= 30,768 + 14,213 = 44,981$ 〔원〕
간접 노무비 $= 44,981 \times 0.15 = 6,747$ 〔원〕
노무비계 $= 44,981 + 6,747 = 51,728$ 〔원〕
답 : 51,728 〔원〕

▶ 출제년도 : 산업 93.　▶ 점수 : 10점

문제 57

그림과 같이 22.9〔kV〕가설 전선로에 분기 선로를 추가하기 위한 직접 노무비계를 참고 자료를 이용하여 구하시오.

단, ① 배전선 가설품은 고려하지 않으며, 지선은 분기 선로 반대 방향에 7/2.3〔mm〕연선을 이용하여 설치한다
② 공구 손료는 제외한다.
③ 노무비에서 원 이하는 버린다.
④ 배전 전공 노임 단가는 15,860〔원〕, 보통 인부 노임 단가는 6,520〔원〕이다.
※ 직접 노무비를 구할 때는 주어진 참고 자료내의 재료만 적용할 것.

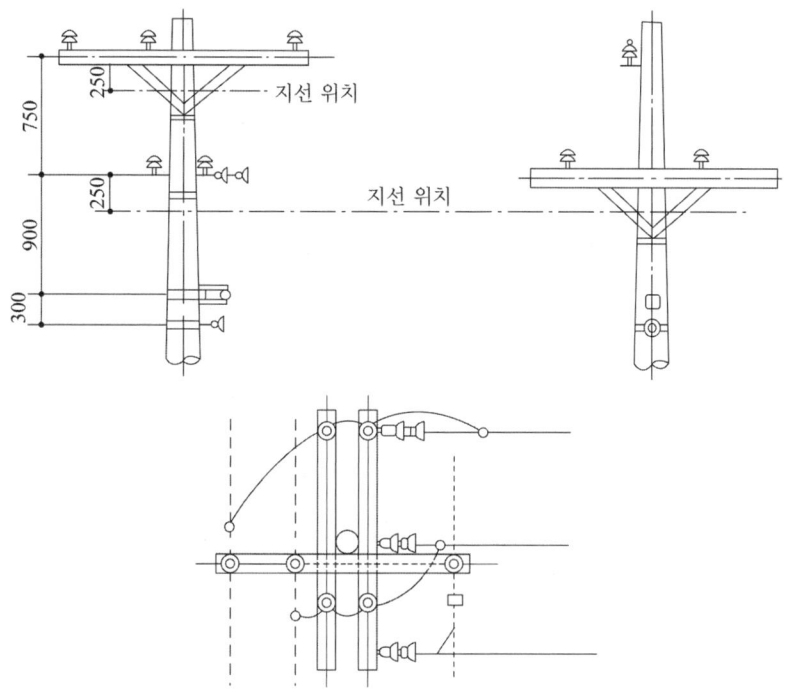

【참고자료】

표 1. 지선신설

규격	배전전공	보통인부
4.0[mm] 철선		
깊이(1.2[m]) 4조 이하	0.45	0.34
(1.5[m]) 6조 이하	0.57	0.43
(〃) 8조 이하	0.75	0.56
(1.7[m]) 10조 이하	1.11	0.83
(〃) 12조 이하	1.54	1.16
(〃) 15조 이하	1.90	1.43
(1.8[m]) 18조 이하	2.35	1.73
연선		
7/2.3[mm] 이하	0.35	0.26
7/2.6~7/2.9 〃	0.50	0.38
7/3.2　　〃	0.70	0.45
7/4.0　　〃	0.70	0.45
7/4.5　　〃	0.70	0.45
7/5.0　　〃	0.73	0.45
7/5.5　　〃	0.73	0.46
7/6.5　　〃	0.73	0.47

【해설】 ① 틀 포함(길이 1.2[m] 이상)　② 터파기, 되메우기 및 틀 매설품 포함
③ 애자 삽입시는 배전전공 0.08인 가산　④ 장력조정은 이품의 10[%]
⑤ 절단 철거는 이품의 10[%]　⑥ 철거는 이품의 30[%]
⑦ 수평지선, 공동지선은 이품의 160[%]　⑧ Y지선은 이품의 120[%]
⑨ 2단 지선은 이품의 150[%]　⑩ 이설은 이품의 130[%]
⑪ 수평지선의 지주설치는 지주품에 준함

표 2. 배전용 완철신설 (본당)

규격	배전전공	보통인부
1[m] 이하	0.09	0.09
2[m] 이하	0.10	0.10
3[m] 이하	0.13	0.13
4[m] 초과	0.17	0.17

【해설】 ① 완목 및 경완철은 이 품의 80[%]　② 배전용 완철은 철거 30[%]
　　　　③ 이설, 교환 130[%]　　　　　　　　④ Armtie 설치품 포함
　　　　⑤ 완철이란 완금을 우리말로 고친 것임
　　　　⑥ 편출공사는 본 품의 20[%] 가산

표 3. 배전용 애자 및 랙크(Rack) 신설 (개당)

종별	배전 전공	보통 인부
특고압용 핀 애자	0.064	0.126
고압 및 특고압 현수 애자	0.065	0.05
고압용 핀 애자	0.044	—
인류애자	0.056	—
내장애자	0.035	0.083
저압용 핀 애자	0.034	—
저압용 인류 애자	0.044	—
랙크 1선용	0.125	—
랙크 2선용	0.20	—
랙크 3선용	0.275	—
랙크 4선용	0.350	—

【해설】 ① 애자 철거 50[%](재사용 80[%])
　　　　② 애자 교환 또는 갈아 끼우기 : 150[%]
　　　　③ 인류 애자는 다대 애자를 고친 것임.
　　　　④ 애자 닦기
　　　　　　가. 주상(탑상) 손 닦기 : 신설품의 50[%]
　　　　　　나. 주상(탑상) 기계 닦기 : 기계 손료만 계상(인건비 포함)
　　　　　　다. 발췌 손 닦기는 신설품의 170[%]
　　　　⑤ 특고압용 라인 포스트 애자 취급품은 특고압용 핀애자 취급품에 준함
　　　　⑥ 랙크 철거는 이 품의 30[%](재사용 50[%]) 적용함

답안작성

① 지선 신설
　배전 전공 : 0.35[인]
　보통 인부 : 0.26[인]
② 특고압 핀 애자 신설
　배전 전공 : 0.064×4 = 0.26[인]
　보통 인부 : 0.126×4 = 0.5[인]
③ 특고압 현수 애자 신설
　배전 전공 : 0.065×7 = 0.46[인]
　보통 인부 : 0.05×7 = 0.35[인]
④ 완철 설치
　배전 전공 : 0.13×2 = 0.26[인]
　보통 인부 : 0.13×2 = 0.26[인]
⑤ 배전 전공의 합 : 0.35+0.26+0.46+0.26 = 1.33[인]
　보통 인부의 합 : 0.26+0.5+0.35+0.26 = 1.37[인]

⑥ 노무비
   배전전공 : $1.33 \times 15,860 = 21,090$ [원]
   보통인부 : $1.37 \times 6,520 = 8,930$ [원]
   계 : $21,090 + 8,930 = 30,020$ [원]
답 : 30,020 [원]

해 설 인공산출에 필요한 재료
① 완금 (2400 [mm])×2
② 특고압용 편애자×4
③ 특고압용 현수애자×7
④ 지선 (7/2.3 [mm])×1

문제 58

▶출제년도 : 산업 95. 98. 00. 01. ▶점수 : 13점

22.9 [kV] 배전 선로이다. 그림과 참고표를 이용하여 물음에 답하시오.

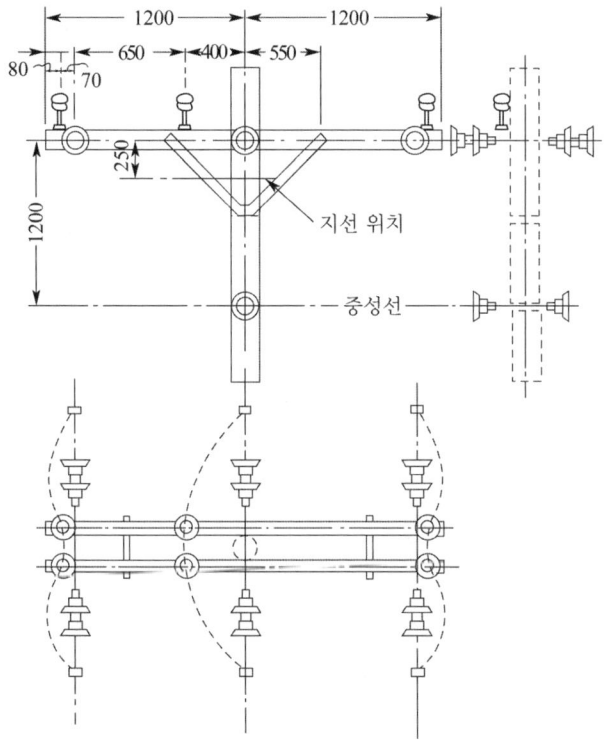

【물음】
위의 그림과 같이 12m(CP) 전주를 설치하는 경우 총 인건비(직접 노무비, 간접 노무비 포함)는 얼마인가?

단, • 간접 노무비는 15 [%](가정)로 계산한다.
• 전주용 근가는 1개이다.
• 노임 단가는 배전 전공 15,860원, 보통 인부 6,520원이다(가정).
• 인공을 산출한 후 이를 합계하여 노임 단가를 적용하여 계산하고 소수점 이하는 버림.

표 1. 건주 공사

규 격	주입목주		콘크리트주	
	배전전공	보통인부	배전전공	보통인부
6[m] 이하	0.64	0.72	0.72	0.81
7[m] 이하	0.68	0.77	1.23	1.40
8[m] 이하	0.83	0.94	1.66	1.88
9[m] 이하	0.93	1.03	1.68	2.13
10[m] 이하	1.03	1.12	2.01	2.55
11[m] 이하	1.24	1.31	2.50	2.63
12[m] 이하	1.44	1.50	2.86	3.00
14[m] 이하	1.82	2.12	3.60	4.24
16[m] 이하	2.50	2.60	5.10	5.20
17[m] 이하	3.15	3.37	6.50	6.74

【해설】① 단굴토, 매토품 포함, 완목, 완철 설치품 불포함, 암반터파기는 별도 가산
② 틀 1본 포함, 1본 추가마다 10[%] 가산   ③ 지주공사는 건주공사품을 적용
④ 불주입주 이 품의 80[%]   ⑤ 묻음은 길이의 1/6 이상임.
⑥ 철거 : 콘크리트 주 50[%](재사용 가능품 : 80[%]), 목주 50[%], 목주 잘라냄 35[%]
⑦ 이설 : 목주는 150[%], CP는 180[%], 경사주의 건기는 30[%]
⑧ H주 건주 200[%], A주 건주 160[%]
⑨ 3각주 건주 300[%], 4각주 건주 400[%]
⑩ 단계주의 건주 및 인자형 계주의 건주는 각기 단주 건주품을 합한 품으로 한다.
⑪ 판자 마스트주는 주입목주의 50[%]
⑫ 주의표 및 번호표 설치품은 1매당 보통인부 0.08인, 기입만 할 때는 보통인부 0.05인 계상
⑬ 현장내에서 잔토처리를 할 경우에는 [m³]당 보통인부 0.2인을 별도 가산하며, 현장 밖으로 잔토처리시는 운반비 및 적상, 적하에 따른 비용을 별도 계상
⑭ 조립식 강관주는 콘크리트주 품을 적용하며, 조립후의 전장길이를 기준으로 한다. 다만, 17[m] 초과 강관주는 [m]당 배전전공 1.04인, 보통인부 1.13인을 가산한다(1[m] 미만은 사사오입한다.)
⑮ 콘크리트주 불량품 파괴처리시 콘크리트주 건주 보통인부 품의 60[%] (현장 정리품 포함)
⑯ 전주와의 차량충돌 예방용으로 설치되는 전주 도색판 설치품은 1매당 보통 인부 0.18인 계상 적용, 철거 30[%], 이설 130[%] 적용
⑰ 기설 전주에 전주를 높이는데 사용되는 계주용 강관주는 본당 배전전공 0.252[%]인, 보통인부 0.195[%]인 계상 적용, 철거 50[%], 이설 150[%] 적용
⑱ 전주 철거 후 되메우기에 따른 토사를 외부에서 반입시 토사비용과 적상·하 및 운반비 별도 계상

표 2. 배전용 완철 신설

규 격	배전전공	보통인부
배선용 완철 1[m] 이하	0.09	0.09
2[m] 이하	0.10	0.10
3[m] 이하	0.13	0.13
3[m] 초과	0.17	0.17
가공지선 지지대(내장·직선용)	0.19	0.12

【해설】① 완목 및 경완철은 이 품의 80[%]
② 배전용 완철은 철거 30[%](재사용 50[%])
③ Arm Tie 설치품 포함
④ 완철이란 완금을 우리말로 고친 것임.

⑤ 편출공사는 이 품의 20〔%〕가산
⑥ 가공지선 지지대란 배전선로에서 가공지선을 지지하여 주는 장치대를 말하며, 철거는 이 품의 50〔%〕적용

표 3. 배선용 애자 및 래크 신설

종 별	배전전공	보통인부
특 고 압 용 핀 애 자	0.064	0.126
고압 및 특고압현수애자	0.065	0.05
고 압 용 핀 애 자	0.044	—
〃 인류애자	0.056	—
〃 내장애자	0.035	0.083
저 압 용 핀 애 자	0.034	—
저 압 용 인 류 애 자	0.044	—
래 크 1 선 용	0.125	—
래 크 2 선 용	0.20	—
래 크 3 선 용	0.275	—
래 크 4 선 용	0.350	—

【해설】① 애자 철거 50〔%〕(재사용시 80〔%〕)
② 애자 교환 및 또는 갈아끼우기 : 150〔%〕
③ 인류애자는 다대 애자를 고친 것임.
④ 애자 닦기
   (가) 주상(탑상) 손닦기 : 신설품의 50〔%〕
   (나) 주상(탑상) 기계닦기 : 기계손료만 계상(인건비 포함)
   (다) 발췌 손닦기는 신설품의 170〔%〕
⑤ 특고압용 Line Post 애자 취부품은 특고압용 핀애자 설치품에 준함.
⑥ 래크 철거는 이 품의 30〔%〕(재사용 50〔%〕) 적용함.

답안작성

배전 전공 : $2.86+0.13\times2+0.065\times14+0.064\times6=4.41$ 〔인〕
보통 인부 : $3+0.13\times2+0.05\times14+0.126\times6=4.72$ 〔인〕
직접노무비 : $4.41\times15860+4.72\times6520=100,717$ 〔원〕
간접노무비 : $100,717\times0.15=15,107$ 〔원〕
총인건비 : $100,717+15,107=115,824$ 〔원〕

해 설

자재산출
 • 특고입 현수애자 : 14개
 • 특고압 핀애자 : 6개
 • 완금(2400〔mm〕) : 2개
 • 전주 12〔m〕: 1본

▶ 출제년도 : 산업 90.   ▶ 점수 : 7점

문제 59

다음 문제를 읽고 주어진 답안지에 답하시오. 단, 참고자료가 필요시는 참고자료를 적용할 것.

(1) 시가지 배전선로에서 1.8〔m〕 완철을 정상으로 100개 편출로 50개를 시설할 때 인공을 계산하시오.
(2) 전선을 직접 접속시 전선의 세기는 몇〔%〕이상 감소시켜서는 아니되는가?
(3) NR 전선 120〔mm²〕3본과 70〔mm²〕1본을 수용할 경우 후강 전선관의 굵기는 얼마인가? 단, 피복을 포함한 외경은 120〔mm²〕는 18.8〔mm〕이고 70〔mm²〕은 14.6〔mm〕이고 전선관 내단면적의 32〔%〕를 적용한다.

(4) "A" 공장의 1차 변전소에서 각 2차 변전소까지의 간선으로 80[mm²] 단심 3가닥 6.6[kV] CV CABLE를 각 200[m], 180[m], 150[m] 기설관로 내에 시설할 때의 소요인공을 계산하시오. 단, 케이블의 중간 접속개소는 없음.

배전용 완철신설 〔본당〕

규 격	배전 전공	보통인부
1[m] 이하	0.09	0.09
2[m] 이하	0.10	0.10
3[m] 이하	0.13	0.13
4[m] 초과	0.17	0.17

【해설】 1. 완목 및 경완철은 이 품의 80[%]   2. 배전용 완철은 철거 30[%]
3. 이설, 교환 130[%]   4. Armtie 설치품 포함
5. 완철이란 완금을 우리말로 고친 것임   6. 편출공사는 본 품의 20[%] 가산

전력 케이블 신설 〔m당〕

P.V.C 및 고무절연시스 케이블			케이블공
600[V]	14[mm²]	1C	0.020
〃	22	〃	0.026
〃	30	〃	0.030
600[V]	38[mm²]	1C	0.036
〃	50	〃	0.043
〃	60	〃	0.049
〃	80	〃	0.060
〃	100	〃	0.071
〃	125	〃	0.084
〃	150	〃	0.097
〃	200	〃	0.117
〃	250	〃	0.142
〃	325	〃	0.172
〃	400	〃	0.205
〃	500	〃	0.240
〃	600	〃	0.277
〃	725	〃	0.319
〃	850	〃	0.359
〃	1,000	〃	0.406

【해설】 ① 전선관, Rack, Duct, Pit, 공동구, Saddle부설 기준
② 600[V] 8[mm²] 이하는 제어용케이블 신설 준용
③ 직매시 80[%]
④ 철거 50[%], 재사용 철거(단, 드럼감기품 포함) 90[%]
⑤ 2심은 140[%], 3심은 200[%], 4심은 260[%]
⑥ 연피벨트지 케이블 120[%]
⑦ 강대개장 케이블은 150[%], 동심중성선형 케이블(CNCV) 110[%]
⑧ 전압에 대한 가산률 적용
   3.3[kV]   10[%] 증
   6.6 〃   20 〃
   11 〃   30 〃
   22 〃   50 〃
   66 〃   80 〃
⑨ 사용 케이블의 공칭전압에 따라 케이블공 직종을 구분 적용한다.
⑩ 부하용 변압기 2차측에 사용되는 케이블 포설은 이 품을 적용한다.

답안작성 (1) 배전전공 : $0.1 \times 100 + 0.1 \times 1.2 \times 50 = 16$ [인]
　　　　　　보통인부 : $0.1 \times 100 + 0.1 \times 1.2 \times 50 = 16$ [인]
(2) 20 [%]
(3) 전선관 내 단면적의 32 [%] 이하로 수용해야 하므로
$$\frac{\pi \times D^2}{4} \times 0.32 \geqq \frac{\pi \times 18.8^2}{4} \times 3 + \frac{\pi \times 14.6^2}{4} \times 1$$
$$\therefore D \geqq 63.08$$
답 : 70 [mm] 후강전선관
(4) 고압 케이블공 : $0.06 \times 1.2 \times (200 + 180 + 150) \times 3 = 114.48$ [인]

문제 60

▶ 출제년도 : 기사 87. 92.　▶ 점수 : 15점

다음 문제를 읽고 참고사항을 이용하여 다음 물음에 답하시오. 단, 계산 과정을 모두 쓰고, 소수점을 모두 구하시오.

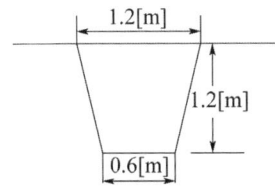

(1) 22.9 [kV] 인입 전선로에 CV 케이블 1심 100 [mm²]×3조를 PVC 104 [mm]에 부설하려 한다면 내선 전공 (①)인, 특고압 케이블 전공 (②)[인]이 필요하다. (PVC 절연 시스 케이블에 적용) 단, 구내 배선으로 하며, 선로 거리는 80 [m]이며, 지중 터파기의 품은 계산하지 않는다.
(2) 지중 전선로 공사를 하기 위하여 그림과 같이 줄기초 터파기를 하였다. 그림과 같이 터파기를 하려면 (①)인부 (②)인이 필요하며, 노임은 (③)원이 된다. 단, 지중 전선로 길이는 80 [m]이며, 되메우기 및 잔토 처리는 계산하지 않는다. 인부는 1 [m³]당 0.2 [인]으로 하고 보통 토사를 기준으로 한다.
(3) 22 [kV] VCB 1대를 철거하고자 한다. 철거 노임 합계는 (①)[원]이다.

【참고자료】

자료 1. 정부 노임 단가표

직 종 명	단 가(원)	직 종 명	단 가(원)
비 계 공	30,500	특고 케이블 전공	22,900
특 별 인 부	26,100	고압 케이블 전공	18,900
배 전 전 공	20,050	보 통 인 부	19,300
플랜트 전공	36,600	목　　도	28,100
내 선 전 공	15,600	운 전 사(운 반 차)	13,500

표 1. 22[kV]급 진공 차단기

용량	공종	프랜트 전공	비계공	특별인부	인력운반공
520~1000[MVA] 12.5~25[kA] (600~2,000[A])	포장해체·소운반 및 설치준비	0.7	0.58	0.7	0.58
	본 체 설 치	6.78	1.22	6.3	1.22
	시 험 및 조 정	0.81	—	0.7	—
	기 타 작 업	0.35	—	0.24	—
	계	8.64	1.8	7.94	1.8

【해설】 ① 본품은 함대 인출형을 기준
② 철거는 설치품의 50[%]
③ 구내 이설품은 본품의 150[%]

표 2. 전선관 배관 (m당)

박강 및 합성수지 전선관			후강전선관		금속가요전선관	
규격		내선전공	규격	내선전공	규격[mm]	내선전공
박강	P.V.C					
—	14[mm]	0.04	—	—	—	—
15[mm]	16 ″	0.05	16[mm] (½″)	0.08	15	0.039
19 ″	22 ″	0.06	22[mm] (¾″)	0.11	17	0.049
25 ″	28 ″	0.08	28[mm] (1¼″)	0.14	24	0.063
31 ″	36 ″	0.10	36[mm] (1¼″)	0.20	30	0.077
39 ″	42 ″	0.13	42[mm] (1½″)	0.25	38	0.091
51 ″	54 ″	0.19	54[mm] (2″)	0.34	50	0.13
63 ″	70 ″	0.28	70[mm] (2½″)	0.44	63	0.15
75 ″	82 ″	0.37	82[mm] (3″)	0.54		
	92 ″	0.45	92[mm] (3½″)	0.60		
	104 ″	0.46	104[mm] (4″)	0.71		
	125 ″	0.51				

【해설】
① 콘크리트 매입기준임.
② 철근 콘크리트 노출 및 부력칸막이 벽내는 120[%], 목조 건물은 110[%], 철강조 노출은 125[%]
③ 기설 콘크리트 노출 공사시 앵커볼트를 매입할 경우 앵커볼트 설치품은 7-18 (옥내잡 공사)에 의하여 별도 계상하고 전선관 설치품은 매입품으로 계상한다.
④ 천정속, 마루밑 공사 130[%]
⑤ 이 품에는 관의 절단, 나사내기, 구부리기, 나사조임, 관내청소, 점검, 도입선 넣기 포함
⑥ 계장 배관 공사도 이에 준함.
⑦ 방폭 설비시는 120[%]
⑧ 폴리에틸렌 전선관(CD관) 및 합성수지제 가요전선관은 합성수지전선관품의 80[%] 적용 (다만, 지름 100[mm] 이상의 직관은 100[%] 적용)
⑨ 나사없는 전선관은 박강품의 75[%] 적용
⑩ 철거 30[%], 재사용 철거 40[%]
⑪ 후강전선관 및 합성수지전선관을 지중매설시는 해당품의 70[%] 적용. 이 경우 굴착, 되메우기, 잔토처리는 별도 계상한다.
⑫ 이 품은 여러개의 전선관을 동시에 배관하더라도 할감없이 각각의 전선관에 대하여 해당품을 적용함
⑬ 공동주택 및 교실과 같은 공사의 경우는 이 품의 90[%] 적용

표 3. 전력 케이블 신설(m당)

P.V.C 및 고무 절연 시스 케이블			케이블공
600 [V]	14 [mm²]	1C	0.020
"	22	"	0.026
"	30	"	0.030
600 [V]	38 [mm²]	1C	0.036
"	50	"	0.043
"	60	"	0.049
"	80	"	0.060
"	100	"	0.071
"	125	"	0.084
"	150	"	0.097
"	200	"	0.117
"	250	"	0.142
"	325	"	0.172
"	400	"	0.205
"	500	"	0.240
"	600	"	0.277
"	725	"	0.319
"	850	"	0.359
"	1000	"	0.406

【해설】
① 전선관, Rack, Duct, Pit, 공동구, Saddle 부설 기준
② 600 [V] 8 [mm²] 이하는 제어용 케이블 신설 준용
③ 직매시 80 [%]
④ 철거 50 [%], 재사용 철거(단, 드럼감기품 포함) 90 [%]
⑤ 2심은 140 [%], 3심은 200 [%], 4심은 260 [%]
⑥ 연피벨트지 케이블 120 [%]
⑦ 강대개장 케이블은 150 [%], 동심중성선형 케이블(CNCV) 110 [%]
⑧ 전압에 대한 가산률 적용
    3.3 [kV]   10 [%] 증
    6.6 "   20 "
    11   "   30 "
    22   "   50 "
    66   "   80 "
⑨ 사용 케이블의 공칭 전압에 따라 케이블공 직종을 구분 적용한다.
⑩ 부하용 변압기 2차측에 사용되는 케이블 포설은 이 품을 적용한다.

답안작성

(1) ① PVC 104 [mm] 매설

    내선전공 $= 0.46 \times 80 \times 0.7 = 25.76$ [인]

② CV 케이블 부설

    표준 품셈에서

    특고압 케이블공 $= 0.071 \times 80 \times 3 \times (1 + 0.5) = 25.56$ [인]

(2) 터파기량 $= \dfrac{0.6 + 1.2}{2} \times 1.2 \times 80 = 86.4$ [m³]

    ①, ② 보통 인부 $= 86.4 \times 0.2 = 17.28$ [인]

    ③ 노임 : $17.28 \times 19,300 = 333,504$ [원]

(3) 표준 품셈에서

    ① 플랜트 전공 노임 : $8.64 \times 0.5 \times 36,600 = 158,112$ [원]

    ② 비계공 노임 : $1.8 \times 0.5 \times 30,500 = 27,450$ [원]

    ③ 특별 인부 노임 : $7.94 \times 0.5 \times 26,100 = 103,617$ [원]

④ 인력운반공 노임 : $1.8 \times 0.5 \times 28,100 = 25,290$ 〔원〕

철거 노임 합계 : $158,112 + 27,450 + 103,617 + 25,290 = 314,469$ 〔원〕

문제 61

▶출제년도 : 기사 91.　▶점수 : 4점

산악 지역에 위치한 군사 시설 구내의 배전반에서 200〔m〕거리에 있는 부하에 3C, 6.6〔kV〕의 케이블을 포설하려고 한다. 다음 물음에 답하시오.

(1) 3C 600〔V〕 80〔mm²〕의 기본품이 0.144〔인/m〕이고 산악지의 할증 50〔%〕, 군사 지역 할증 20〔%〕, 전압(6.6〔kV〕) 할증 20〔%〕를 적용할 때 필요한 총 공수는 몇 명인가? 단, 소수점 2자리 계산

(2) 필요한 케이블(옥외) 길이는 할증을 포함하여 몇〔m〕인가?

【참고자료】

자료 1. 재료의 할증률 및 철거 손실률

공사용 재료의 할증률 및 철거용 재료의 손실률은 일반적으로 다음 표의 값 이내로 한다.

종류		할증률〔%〕	철거손실률〔%〕
옥외 전선		5	2.5
옥내 전선		10	—
Cable (옥외)		3	1.5
Cable (옥내)		5	—
전선관(옥외)		5	—
전선관(옥내)		10	—
Trolley선		1	—
동대, 동봉		3	1.5
애자류	100개 미만	5	2.5
	100개 이상	4	2
	200개 〃	3	1.5
	500개 〃	1.5	0.75
	1000개 〃	1	0.5
전선로 철물류	100개 미만	3	6
	100개 이상	2.5	5
	200개 〃	2	4
	500개 〃	1.5	3
	1000개 〃	1	2
조가선(철·강)		4	4
합성수지파형전선관 (파상형 경질 폴리에틸렌 전선관)		3	—

【해설】철거손실률이란 전기설비공사에서 철거 작업시 발생하는 폐자재를 환입할 때 재료의 파손, 손실, 망실 및 일부 부식 등에 의한 손실률을 말함

자료 2. 할증의 중복 가산요령

$$W = P \times (1 + a_1 + a_2 + \cdots + a_n)$$

여기서, W : 할증이 포함된 품

P : 기본품

$a_1 \sim a_n$: 품 할증요소

답안작성

(1) 고압 케이블 전공 = $200 \times 0.144 \times (1+0.9) = 54.72$ [인]

(2) 케이블(옥외)의 재료 할증률 3[%]를 적용하여 산출하면
케이블의 총 수량 = $200[\text{m}] \times 1.03 = 206[\text{m}]$

해설

(1) 할증 = 산악할증+군사지역할증+전압할증 = $0.5+0.2+0.2=0.9$

문제 62

▶ 출제년도 : 산업 94. 97. 99. 00. 01. 02.　▶ 점수 : 10점

ACSR 38[mm²] 전선으로 전력을 공급하는 긍장 1[km]인 3상 2회선의 배전선로를 포설하기 위한 직접 인건비계는 얼마인가? 단, 노임단가, 배전전공은 35000원, 보통인부는 25000원이다.

표. 배전선 가선　　　　100[m]당

규　격		배전전공	보통인부
나동선	14[mm²] 이하	0.20	0.10
	22[mm²] 이하	0.32	0.16
	30[mm²] 이하	0.40	0.20
	38[mm²] 이하	0.52	0.26
	60[mm²] 이하	0.76	0.38
	100[mm²] 이하	0.08	0.54
	150[mm²] 이하	0.32	0.66
	200[mm²] 이하	1.44	0.72
	200[mm²] 초과	1.52	0.76
ACSR, ASC	38[mm²] 이하	0.60	0.30
	58[mm²] 이하	0.88	0.44
	95[mm²] 이하	1.28	0.64
	160[mm²] 이하	1.56	0.78
	240[mm²] 이하	1.8	0.9

【해설】 ① 이품은 1선당 수작업으로 연선, 긴선, 이도 조정품 포함
② 애자에 묶는 품 포함
③ 피복선 120[%]
④ 기설선로 상부 가설 120[%]
⑤ 장력조정만 할 때 120[%]
⑥ 철거 50[%], 재사용 철거 80[%]
⑦ 가공지선 80[%]
⑧ 재사용 전선 110[%]
⑨ [m]당으로 환산시는 본품을 100으로 나누어 산출
⑩ 22[kV], 66[kV], HDCC 송전선 1회선 가선품은 본품의 300[%]
⑪ 66[kV], HDCC 송전선 가선은 송전전공이 시공한다.
⑫ 배전선을 가로수 또는 수목과 접촉하여 설치작업시는 수목으로 인한 장애를 감안하여 이품의 120[%] 적용

답안작성

• 선로 신설 : 배전 전공 : $\dfrac{0.6}{100} \times 1000 \times 3 \times 2 = 36$ [인]

　보통 인부 : $\dfrac{0.3}{100} \times 1000 \times 3 \times 2 = 18$ [인]

• 직접 노무비 : 배전 전공 : $36 \times 35,000 = 1,260,000$ [원]
　　보통 인부 : $18 \times 25,000 = 450,000$ [원]

• 계 : $1,260,000 + 450,000 = 1,710,000$ [원]

답 : 1,710,000[원]

문제 63

▶ 출제년도 : 기사 88. 91. 95. 96. 98. 99. 01.   ▶ 점수 : 10점

단면적 240 [mm²]인 154 [kV] ACSR 송전선로 10 [km] 2회선을 가선하기 위한 직접 노무비계 자료를 이용하여 구하시오.

단, • 송전선은 수직 배열하여 평탄지 기준며 장비비는 고려하지 말 것
 • 정부 노임 단가에서 전기공사기사는 64,241 [원], 특별인부 57,379 [원], 송전전공 234,733 [원]이다.
 • 노무비계에서 소수점 이하는 버린다.
 • 계산과정을 모두 쓸 것

송전선 가선 [km 당]

공종	전선규격	기사	송전전공	특별인부
연선	ACSR 610 [mm²]	1.51	22.4	33.5
	410	1.47	21.8	32.7
	330	1.44	21.4	32.1
	240	1.37	20.4	30.5
	160	1.30	19.4	29.0
	95	1.12	16.8	26.8
긴선	ACSR 610 [mm²]	1.14	17.3	24.7
	410	1.12	16.8	24.1
	330	1.09	16.4	23.7
	240	1.04	15.7	22.5
	160	0.97	14.9	21.4
	95	0.93	14.4	19.8

【해설】 ① 1회선(3선) 수직 배열 평탄지 기준   ② 수평배열 120 [%]
 ③ 2회선 동시가선은 180 [%]   ④ 특수 개소는(장경간) 별도 가산
 ⑤ 장비(Engine, Wintch) 사용료는 별도 가산   ⑥ 철거 50 [%]
 ⑦ 장력조정품 포함   ⑧ 기사는 전기공사업법에 준함
 ⑨ HDCC 가선은 배전선가선 참조

답안작성
• 기   사 $= 10 \times (1.37 + 1.04) \times 1.8 \times 64,241 = 2,786,774$ [원]
• 송전전공 $= 10 \times (20.4 + 15.7) \times 1.8 \times 234,733 = 152,529,503$ [원]
• 특별인부 $= 10 \times (30.5 + 22.5) \times 1.8 \times 57,379 = 54,739,566$ [원]
계 : 210,055,843 [원]

문제 64

▶ 출제년도 : 기사 94.   ▶ 점수 : 5점

ACSR 58 [mm²] 전선으로 전력을 공급하는 긍장 1 [km]인 3상 2회선의 배전 선로가 포설되어 있다. 부하 설비의 증가로 상부에 가설된 전선을 ACSR 95 [mm²]로 교체하는 경우의 직접 노무비 소계와 간접 노무비 및 인건비 계를 구하시오.

단, • 노임단가 배전전공 15,860원, 보통인부 6,520원이다(가정).
 • 인공을 산출한 후 이를 합계하여 노임단가를 적용하여 원이하 버릴 것
 • 간접 노무비는 15 [%](가정)로 보고 계산한다.
 • 전선은 재사용하는 것으로 한다.

표 1. 배전선 가선 100 [m]당

규 격	보통인부	배전전공
나동선 14 [mm²] 이하	0.20	0.10
22 〃	0.32	0.16
30 〃	0.40	0.20
38 〃	0.52	0.26
60 〃	0.76	0.38
100 〃	1.08	0.54
150 〃	1.32	0.66
200 〃	1.44	0.72
200 〃 초과	1.52	0.76
ACSR, ASC 38 [mm²] 이하	0.60	0.30
58 〃	0.88	0.44
95 〃	1.28	0.64
160 〃	1.56	0.78
240 〃	1.8	0.9

【해설】 ① 이 품은 1선당 수작업으로 연선, 간선, 이도 조정품 포함
② 애자에 묶는 품 포함 ③ 피복선 120 [%]
④ 기설 선로 상부 가설 120 [%] ⑤ 장력 조정만 할 때 20 [%]
⑥ 철거 50 [%], 재사용 철거 80 [%] ⑦ 가공지선 80 [%]
⑧ 재사용 전선 110 [%]
⑨ [m]당으로 환산시는 본 품을 100으로 나누어 산출
⑩ 22 [kV], 66 [kV], HDCC 송전선 1회선 가선품은 본 품의 300 [%]
⑪ 66 [kV], HDCC 송전선 가선은 송전전공이 시공한다.
⑫ 배전선을 가로수 또는 수목과 접촉하여 설치 작업시는 수목으로 인한 장애를 감안하여 이 품의 120 [%] 적용

답안작성

배전전공 : $\dfrac{0.44}{100} \times 1000 \times 3 \times 1.2 \times 0.8 + \dfrac{0.64}{100} \times 1000 \times 3 \times 1.2 = 35.71$ [인]

노 임 : $35.71 \times 15,860 = 566,360$ [원]

보통인부 : $\dfrac{0.88}{100} \times 1000 \times 3 \times 1.2 \times 0.8 + \dfrac{1.28}{100} \times 1000 \times 3 \times 1.2 = 71.42$ [인]

노 임 : $71.42 \times 6,520 = 465,650$ [원]

직접 노무비 : $566,360 + 465,650 = 1,032,010$ [원]

간접 노무비 : $1,032,010 \times 0.15 = 154,800$ [원]

노무비 계 : $1,032,010 + 154,800 = 1,186,810$ [원]

해 설

① 원 이하 버림에 주의한다. 즉, 원 단위를 포함하여 버려야 한다.
② 2회선 중 상부 전선 1회선만 교체하는 공사임.
③ ACSR 58 [mm²] 철거

   보통인부 $= 0.88 \times \dfrac{1000}{100} \times 3 \times 1.2 \times 0.8 = 25.344$ [인]

   배전전공 $= 0.44 \times \dfrac{1000}{100} \times 3 \times 1.2 \times 0.8 = 12.672$ [인]

④ ACSR 95 [mm²] 상부 가설

   보통인부 $= 1.28 \times \dfrac{1000}{100} \times 3 \times 1.2 = 46.08$ [인]

   배전전공 $= 0.64 \times \dfrac{1000}{100} \times 3 \times 1.2 = 23.04$ [인]

문제 65

▶ 출제년도 : 기사 95. 99.   ▶ 점수 : 5점

ACSR 58 [mm²] 전선으로 전력을 공급하는 긍장 1 [km]인 3상 2회선의 배전선로가 포설되어 있다. 전선의 노후로 인하여 ACSR 전선을 철거하고 동일 규격의 ACSR-OC 전선으로 교체하는 경우의 인공을 각각 구하시오.

【참고자료】

표 1. 배전선 가선   100 [m]당

규 격	배전전공	보통인부
나동선 14 [mm²] 이하	0.20	0.10
22 〃	0.32	0.16
30 〃	0.40	0.20
38 〃	0.52	0.26
60 〃	0.76	0.38
100 〃	1.08	0.54
150 〃	1.32	0.66
200 〃	1.44	0.72
200 〃 초과	1.52	0.76
ACSR, ASC 38 [mm²] 이하	0.60	0.30
58 〃	0.88	0.44
95 〃	1.28	0.64
160 〃	1.56	0.78
240 〃	1.8	0.9

【해설】 ① 이 품은 1선당 수작업으로 연선, 간선, 이도 조정품 포함
② 애자에 묶는 품 포함
③ 피복선 120 [%]
④ 기설 선로 상부 가설 120 [%]
⑤ 장력 조정만 할 때 20 [%]
⑥ 철거 50 [%], 재사용 철거 80 [%]
⑦ 가공지선 80 [%]
⑧ 재사용 전선 110 [%]
⑨ [m]당으로 환산시는 본 품을 100으로 나누어 산출
⑩ 22 [kV], 66 [kV], HDCC 송전선 1회선 가선품은 본 품의 300 [%]
⑪ 66 [kV], HDCC 송전선 가선은 송전전공이 시공한다.
⑫ 배전선을 가로수 또는 수목과 접촉하여 설치 작업시는 수목으로 인한 장애를 감안하여 이 품의 120 [%] 적용

답안작성

배전전공 $= \dfrac{1000}{100} \times 6 \times 0.88 \times 0.5 + \dfrac{1000}{100} \times 6 \times 0.88 \times (1+0.2) = 89.76$ [인]

보통인부 $= \dfrac{1000}{100} \times 6 \times 0.44 \times 0.5 + \dfrac{1000}{100} \times 6 \times 0.44 \times (1+0.2) = 44.88$ [인]

해 설
• OC : 옥외용 가교폴리에틸렌 절연전선
• 표 1은 100 [m]당 필요한 인공

문제 66

▶ 출제년도 : 기사 93. 96. 98.   ▶ 점수 : 9점

그림과 같이 나트륨 200 [W] 가로등을 설치하고자 한다. 다음 조건을 이해하고 물음에 답하시오.

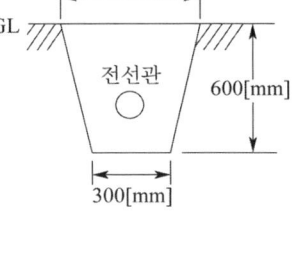

【조건】

① 전선관 단면적 무시
② 잔토처리 생략
③ 터파기 및 되메우기 보통인부 각각 [m³]당 0.28인, 0.1인이다.
④ 외등 기초용 터파기는 개당 0.615[m³]이고 콘크리트 타설량은 0.496[m³]이다.
⑤ 케이블은 EV 1C-5.5[mm²]×2이다.
⑥ 배관매설은 그림과 같다.
⑦ 소수점 셋째자리까지 구한다.

【물음】

(1) 외등 기초를 포함한 전체 터파기량과 인공을 구하시오.
(2) 외등 기초를 포함한 전체 되메우기량과 인공을 구하시오.
(3) 가로등의 인공을 구하시오. (단, 안정기는 내장)
(4) 케이블의 인공을 구하시오.

제어 케이블 신설   [m 당]

규격[mm²]	1C	2C	3C	4C	5C	6C	7C	8C
2.0 이하	0.010	0.014	0.019	0.026	0.032	0.035	0.039	0.042
3.5 이하	0.011	0.016	0.022	0.029	0.034	0.038	0.042	0.046
5.5 이하	0.013	0.018	0.026	0.034	0.039	0.044	0.048	0.052
8.0 이하	0.014	0.020	0.029	0.039	0.044	0.050	0.054	0.058

규격[mm²]	10C	12C	14C	19C	24C	30C	50C	
2.0 이하	0.048	0.054	0.059	0.072	0.084	0.098	0.098	
3.5 이하	0.052	0.058	0.064	0.078	0.090	0.090	−	
5.5 이하	0.059	0.066	0.073	0.089	0.103	0.103	−	
8.0 이하	0.067	−	−	−	−	−	−	

【해설】 ① 본 품은 다음 작업을 포함한다.
　　　가. 동일 level 100[m] 이내의 Drum 소운반
　　　나. 전선 Drum 대 설치 및 기타 준비
　　　다. Drum 해체
　　　라. Cable 부설 정돈, 청소
　　　마. 단자처리 결선 Mark 취부 포함
② 본 품은 P.V.C 및 고무절연 시스 Control Cable에 적용한다.
③ Control Cable을 전선관 Rack, Duct, Pit Saddle 부설에 적용한다.
④ 직종은 케이블공 50[%], 보통인부 50[%]로 한다.
⑤ 직매 부설인 경우는 본 품의 80[%]로 한다. (단, Cable 부설을 위한 굴착은 별도 가산한다.)
⑥ 철거 50[%] (재사용 90[%])
⑦ 실드케이블 120[%]
⑧ 14[mm²] 이상은 전력케이블 신설(구내) 준용

종별	수은등 기구 신설 (개당)						
	내선전공						
	100 [W] 이하	200 [W] 이하	300 [W] 이하	400 [W] 이하	500 [W] 이하	600 [W] 이하	700 [W] 이하
투광기	1.23	1.47	1.50	1.65	1.68	2.04	2.27
직부등	0.35	0.40	0.45	0.45	0.48	0.56	0.61
현수등	0.38	0.44	0.495	0.495	0.53	0.62	0.67
매입등	0.47	0.54	0.61	0.61	0.65	—	—

【해설】 ① 등기구 취부, 안정기 취부 및 장내 소운반 포함(다만, 안정기는 등기구에 내장 또는 근접설치의 경우임)
② Bracket 등은 현수등 품에 준함
③ Hood등 Pole Light등은 직부등품에 10 [%] 증
④ 방폭형은 이 품에 100 [%] 증
⑤ Pole Light 건주품은 400 [W] 이하의 경우 내선전공 2.17, 1 [kW] 이하의 경우 내선전공 2.73
⑥ 안정기를 별도로 취부(pole내 설치 또는 부근설치 제외)할 경우에는 400 [W] 이하 0.25인, 700 [W] 이상 0.35인
⑦ 램프 교체는 0.05인, 안정기 교체는 0.15인
⑧ 철거 30 [%](재사용 50 [%])

답안작성

(1) ① 배관용 터파기량 = $\dfrac{0.6+0.3}{2} \times 0.6 \times 70 = 18.9$ [m³]
② 외등 기초터파기 = $0.615 \times 2 = 1.23$ [m³]이므로
③ 전체 터파기량 = $18.9 + 1.23 = 20.13$ [m³]
④ 인공 = $20.13 \times 0.28 = 5.636$ [인]

(2) 되메우기량 = 전체 터파기량 − 콘크리트 타설량
= $20.13 - 0.496 \times 2 = 19.138$ [m³]
인공 = $19.138 \times 0.1 = 1.914$ [인]

(3) 내선전공 = $[0.4 \times 1.1(직부등품에\ 10[\%]\ 증) + 2.17] \times 2 = 5.22$ [인]

(4) 케이블공 : $0.013 \times 70 \times 2 \times 0.5 = 0.91$ [인]
보통인부 : $0.013 \times 70 \times 2 \times 0.5 = 0.91$ [인]

문제 67

▶출제년도 : 산업 93. ▶점수 : 12점

다음 도면은 어느 수용가의 $3\phi 4W$, 22.9 [kV] 전용 배전선로이다. 참고 사항을 보고 물음에 답하시오.

【참고사항】
① 도면에 표시된 치수는 [m]임.
② 책임 분계점 전주는 제외한다.
③ 자재 산출시 옥외전선은 3 [%] 할증을 본다. 단, 인공산출시 재료할증은 제외한다.
④ 전주용 근가는 2개씩 보고 지주용 근가는 1개씩만 계산한다.
⑤ 표준 품셈은 오른쪽 표와 같다. 단, CONC 전주는 근가 1개 포함이며 1개 추가시 10 [%] 추가한다.

	배전전공	보통인부
ACSR 58 [mm²] (100 [m]당)	0.44	0.88
CONC 전주 9 [m]	1.68	2.13
CONC 전주 12 [m]	2.86	3

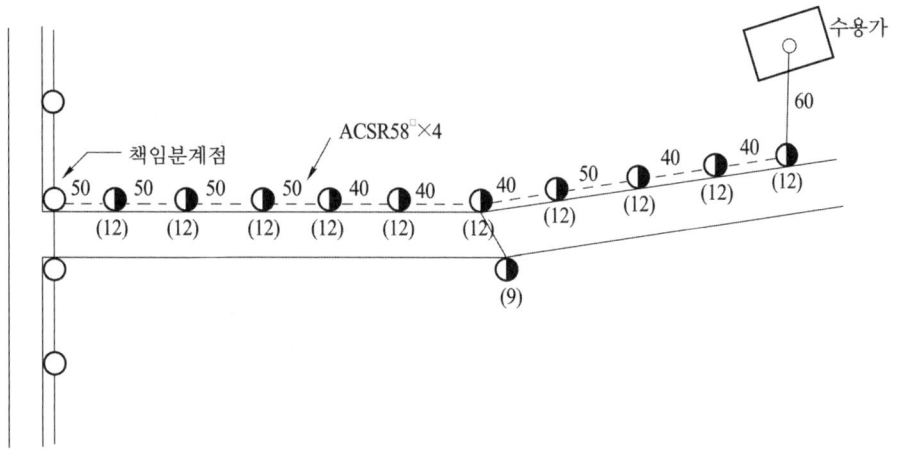

(1) ACSR 58 [mm²]의 총 수량을 산출하시오.
(2) CONC 전주 12 [m]와 9 [m] 짜리는 각각 몇 본인가?
(3) CONC 전주용 근가는 모두 몇 개인가?
(4) 가공배전선을 신설하는 인공계를 구하시오.
(5) CONC 전주 12 [m]용을 설치하는데 필요한 인공계를 구하시오.
(6) CONC 전주 9 [m]용을 설치하는데 필요한 인공계를 구하시오.

답안작성

(1) $(50 \times 5 + 40 \times 5 + 60) \times 4 = 2040$ [m]
　　3 [%] 할증을 주면 $2040 \times 1.03 = 2101.2$ [m]
(2) 12 [m] : 10본
　　9 [m] : 1본
(3) 21개
(4) 배전공 : $\dfrac{0.44}{100} \times 2040 = 8.98$ [인]

　　보통인부 : $\dfrac{0.88}{100} \times 2040 = 17.95$ [인]
(5) 배전공 : $2.86 \times 1.1 \times 10 = 31.46$ [인]
　　보통인부 : $3.0 \times 1.1 \times 10 = 33$ [인]
(6) 배전공 : 1.68 [인]
　　보통인부 : 2.13 [인]

▶출제년도 : 기사 93.　　▶점수 : 12점

문제 68 도면은 어느 취수장의 전원용 배전 선로 평면도이다. 유의 사항을 읽고 도면에 의거 답안지의 표에 수량을 산출하시오.

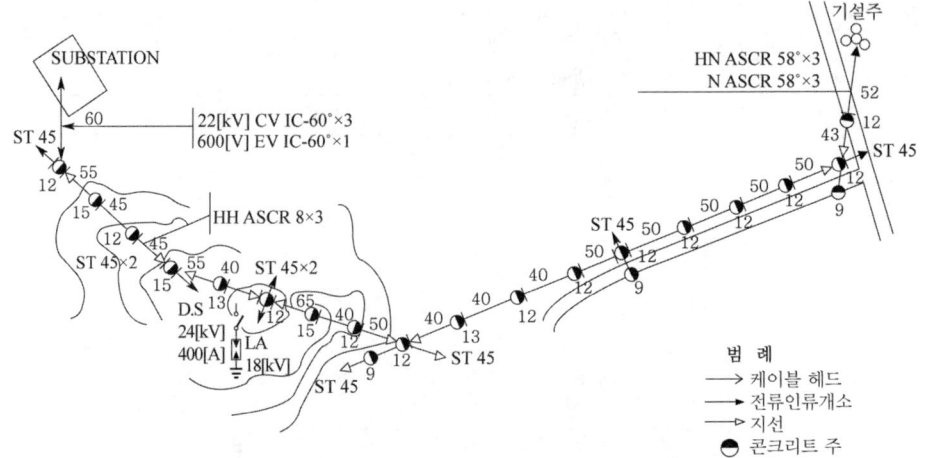

[유의사항]
(1) 도면에 표시된 치수를 유의하여 산출한다.
(2) 전선, 케이블은 총 길이에 3[%] 할증을 본다. 단, 할증을 계산한 값은 소수점 이하 버림.
(3) 전주 근가는 2개씩 계산하고, 지주는 1개만 계산할 것
(4) 전선 1 D/M의 길이는 600[m] 임
(5) 계산 과정은 모두 쓸 것

번호	품 명	규 격	단위	단 가	금액 (수량×단가)
①	전 선	ACSR 58□	[m]	467	
②	케 이 블	22[kV], CV 60□×1C	[m]	5,280	
③	케 이 블	600[V], EV 60□×1C	[m]	2,340	
④	케이블 헤드	22[kV], 60□×1C	[KIT]	99,000	
⑤	콘크리트 전주(배전용)	9[m]	[본]	48,500	
⑥	"	12[m]	[본]	77,500	
⑦	"	13[m]	[본]	93,000	
⑧	"	15[m]	[본]	139,500	
⑨	근 가	1.2[m]	[개]	4,060	
⑩	슬 리 브	전선용 ACSR 58□용	[개]	620	
⑪	옥외용 단로기	24[kV], 200[A]	[조]	180,000	
⑫	피 뢰 기	18[kV]용-(시험용)	[조]	140,000	

이하 생략

답안작성
① 3,543×467 = 1,654,581   ② 185×5,280 = 976,800
③ 61×2,340 = 142,740   ④ 6×99,000 = 594,000
⑤ 3×48,500 = 145,500   ⑥ 13×77,500 = 1,007,500
⑦ 2×93,000 = 186,000   ⑧ 3×139,500 = 418,500
⑨ 39×4,060 = 158,340   ⑩ 5×620 = 3,100
⑪ 1×180,000 = 180,000   ⑫ 1×140,000 = 140,000

해설

① ACSR 58[mm²]

선로 길이 = 52+43+50×5+40×3+50+40+65+40+55+45×2+55 = 860[m]

전선 길이 = 860×4 = 3440[m]

할증 = 3440×0.03 = 103[m]

소요 전선 길이 = 3543[m]

② 케이블(22[kV] CV 1C-60[mm²])

선로 길이 = 60[m]

케이블 길이 = 60×3 = 180[m]

할증 = 180×0.03 = 5[m]

소요 케이블 길이 = 185[m]

③ 케이블(600[V] EV 1C-60[mm²])

선로 길이 = 60[m]

할증 = 60×0.03 = 1[m]

소요 케이블 길이 = 61[m]

④ 케이블 헤드

Substation 측 = 3

전선로 측 = 3

⑨ 근가

전주 18본×2+지주 3본 = 39개

⑩ 슬리브

수량 = $\frac{3440}{600} - 1 = 5$개

▶출제년도 : 기사 91, 94, 97, 99, 00, 04. ▶점수 : 20점

문제 69

아래 그림은 154[kV]를 수전하는 어느 공장의 옥외 수전 설비에 대한 단선도(single line diagram)이다. 그림을 보고 주어진 물음에 답하여라.

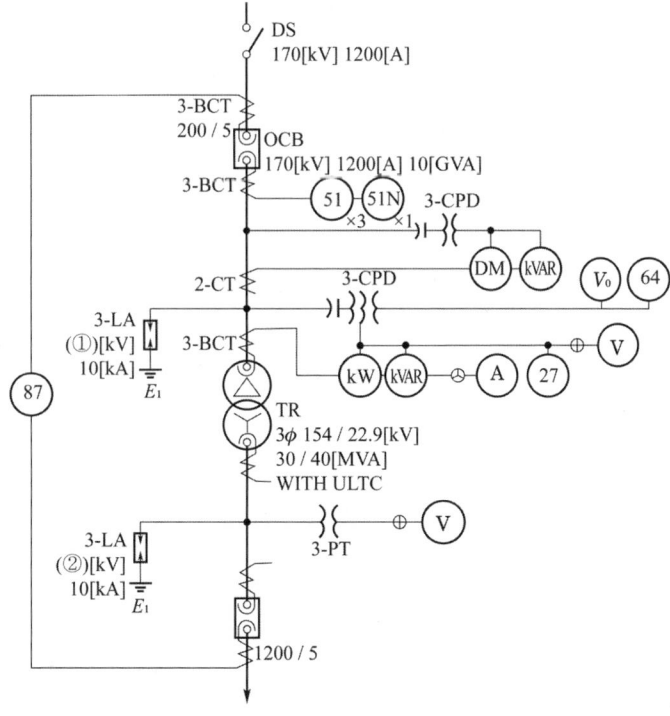

(1) 단선도상의 피뢰기 정격 전압은 각각 몇 [kV]인가?
　① (　　　)[kV]　　　　　　　　② (　　　)[kV]
(2) 변압기 보호 방식 중 주보호 계전기는 어느 것인지 계전기 분류 번호를 쓰고 그 명칭을 써라.
(3) 51/51 N 계전기 회로의 3상 결선도를 완성하시오.

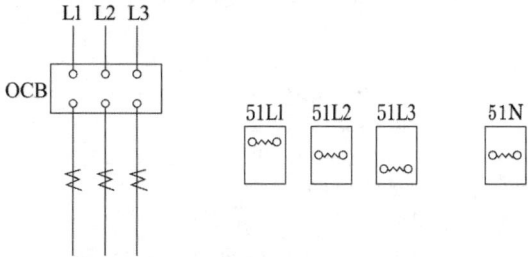

(4) 87 계전기의 3상 결선도를 주어진 답란에 완성하여라.

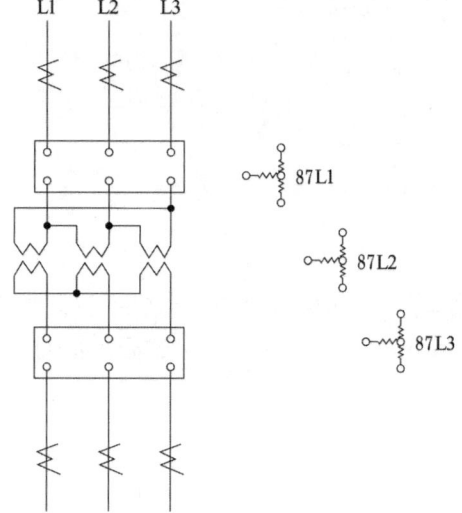

(5) 보조 변류기의 역할에 대하여 간단히 설명하여라.
(6) 정상 운전 중 한전 변전소의 정전으로 인하여 전력 공급이 중단되는 경우 동작하는 계전기는 어떤 것인가?
(7) 단선도 상에 표시된 154[kV] CPD와 22.9[kV] PT를 장비를 사용하여 설치하는 데 소요되는 인공 소계를 각각 구하시오.

【참고자료】

애자형 계기용 변압기 및 CPD

구 분	공　　종	플랜트 전공	비계공	특별 인부	인력운반공
345[kV]	소운반, 포장 해체 및 준비	2.9	—	3.0	4.4
	본　체　설　치	2.7	1.75	2.8	—
	시　　　험	0.5	—	0.3	—
	기　타　작　업	0.8	—	0.5	—
	계	6.9	1.75	6.6	4.4

구분	공종	플랜트 전공	비계공	특별 인부	인력운반공
154[kV]	소운반, 포장 해체 및 준비	1.8	—	1.8	2.7
	본 체 설 치	1.7	1.1	1.7	—
	시 험	0.3	—	0.2	—
	기 타 작 업	0.5	—	0.3	—
	계	4.3	1.1	4.0	2.7
66[kV]	소운반, 포장 해체 및 준비	1.3	—	1.3	1.9
	본 체 설 치	1.2	0.8	1.7	1.9
	시 험	0.2	—	0.1	—
	기 타 작 업	0.4	—	0.2	—
	계	3.1	0.8	2.8	3.8
22[kV]	소운반, 포장 해체 및 준비	0.7	—	0.7	1.0
	본 체 설 치	0.6	0.4	0.6	—
	시 험	0.1	—	0.1	—
	기 타 작 업	0.2	—	0.1	—
	계	1.6	0.4	1.5	1.0

【해설】① 통신용 CPD도 본 품셈에 적용
② 기타는 탱크형 변류기 해설 준용
③ 장비를 사용할 때는 소운반, 포장 해체 및 준비와 본체 설치품의 35[%]로 하고 장비의 제경비를 별도 가산한다.

답안작성

(1) ① 144[kV] ② 21[kV]
(2) 번호 : 87   명칭 : 전류 차동 계전기
(3)

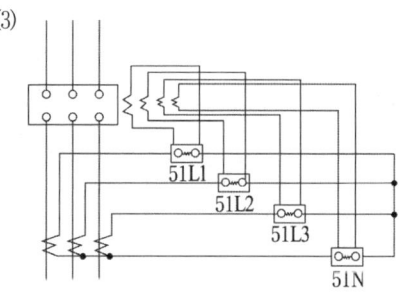

(4)

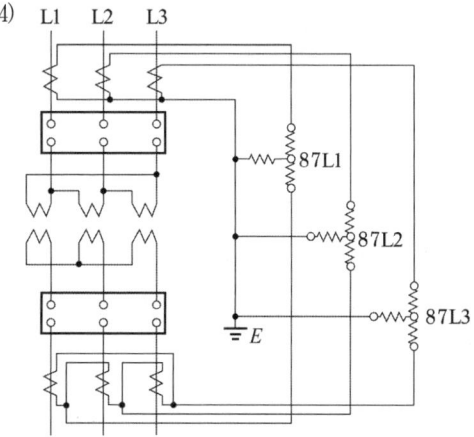

(5) 정상 운전시 전류 차동 계전기의 1차 전류와 2차 전류의 차이를 보정하는 역할
(6) 27(UVR) : 부족 전압 계전기

(7) 표준품셈에서
- 154〔kV〕 CPD
  ① 플 랜 트 : $6 \times \{(1.8+1.7) \times 0.35 + 0.3 + 0.5\} = 12.15$ 〔인〕
  ② 비 계 공 : $6 \times 1.1 \times 0.35 = 2.31$ 〔인〕
  ③ 특별 인부 : $6 \times \{(1.8+1.7) \times 0.35 + 0.2 + 0.3\} = 10.35$ 〔인〕
  ④ 인력운반공 : $6 \times 2.7 \times 0.35 = 5.67$ 〔인〕
- 22〔kV〕 PT
  ① 플 랜 트 : $3 \times \{(0.7+0.6) \times 0.35 + 0.1 + 0.2\} = 2.27$ 〔인〕
  ② 비 계 공 : $3 \times 0.4 \times 0.35 = 0.42$ 〔인〕
  ③ 특별 인부 : $3 \times \{(0.7+0.6) \times 0.35 + 0.1 + 0.1\} = 1.97$ 〔인〕
  ④ 인력운반공 : $3 \times 1 \times 0.35 = 1.05$ 〔인〕

인공 소계 : 플랜트 전공 : $12.15 + 2.27 = 14.42$ 〔인〕
비 계 공 : $2.31 + 0.42 = 2.73$ 〔인〕
특별 인부 : $10.35 + 1.97 = 12.32$ 〔인〕
인력운반공 : $5.67 + 1.05 = 6.72$ 〔인〕
답 : 플랜트 전공 : 14.42〔인〕
　　비 계 공 : 2.73〔인〕
　　특별 인부 : 12.32〔인〕
　　인력운반공 : 6.72〔인〕

해 설 (1) 피뢰기 정격 전압

전력계통		피뢰기 정격 전압〔kV〕	
전압〔kV〕	중성점 접지방식	변전소	배전선로
345	유효접지	288	—
154	유효접지	144	—
66	PC 접지 또는 비접지	72	—
22	PC 접지 또는 비접지	24	—
22.9	3상 4선 다중접지	21	18

【주】전압 22.9〔kV〕이하의 배전선로에서 수전하는 설비의 피뢰기 정격전압〔kV〕은 배전선로용을 적용한다.

(2) • 87 : 전류 차동계전기(비율차동계전기)
　• 87B : 모선보호 차동계전기
　• 87G : 발전기용 차동계전기
　• 87T : 주변압기 차동계전기

(4) 87 계전기용 CT 결선은 1차 전류와 2차 전류의 위상 및 크기를 동일하게 하기 위하여 변압기 결선과 반대로 한다. 즉, 변압기 결선이 △−Y이면 CT 결선은 Y−△가 되어야 한다.

(7) ① CPD 수량 6개
　② 장비 사용시는 소운반, 포장, 해체 및 준비와 본체 설치품의 35〔%〕적용

▶출제년도 : 기사 94.　▶점수 : 11점

문제 70
다음 그림은 154〔kV〕를 수전하는 어느 공장의 옥외수전 설비에 대한 단선도(single line diagram)이다. 품셈표 및 그림을 보고 주어진 물음에 답하시오.

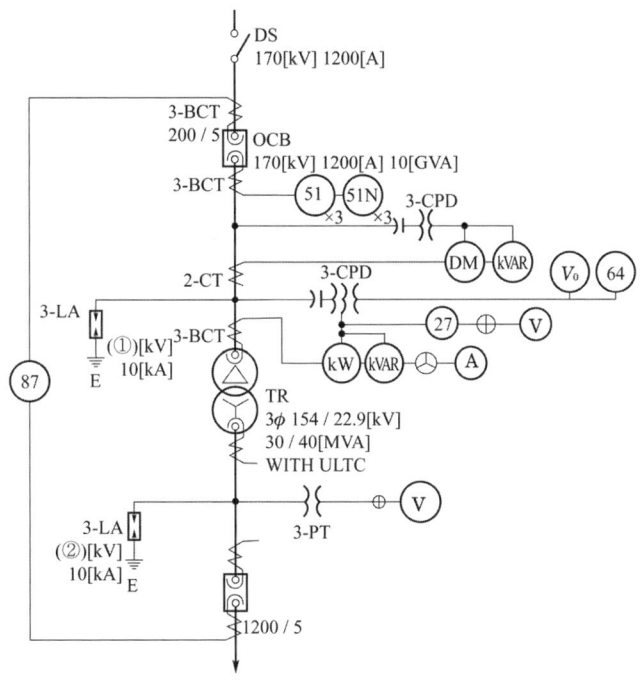

애자형 계기용 변압기 및 CPD

구 분	공 종	플랜트 전공	비계공	특별 인부	인력운반공
345[kV]	소운반, 포장 해체 및 준비	2.9	—	3.0	4.4
	본 체 설 치	2.7	1.75	2.8	—
	시 험	0.5	—	0.3	—
	기 타 작 업	0.8	—	0.5	—
	계	6.9	1.75	6.6	4.4
154[kV]	소운반, 포장 해체 및 준비	1.8	—	1.8	2.7
	본 체 설 치	1.7	1.1	1.7	—
	시 험	0.3	—	0.2	—
	기 타 작 업	0.5	—	0.3	—
	계	4.3	1.1	4.0	2.7
66[kV]	소운반, 포장 해체 및 준비	1.3	—	1.3	1.9
	본 체 설 치	1.2	0.8	1.7	1.9
	시 험	0.2	—	0.1	—
	기 타 작 업	0.4	—	0.2	—
	계	3.1	0.8	2.8	3.8
22[kV]	소운반, 포장 해체 및 준비	0.7	—	0.7	1.0
	본 체 설 치	0.6	0.4	0.6	—
	시 험	0.1	—	0.1	—
	기 타 작 업	0.2	—	0.1	—
	계	1.6	0.4	1.5	1.0

【해설】 ① 통신용 CPD도 본 품셈에 적용
② 기타는 탱크형 변류기 해설 준용
③ 장비를 사용할 때는 소운반, 포장 해체 및 준비와 본체 설치품의 35[%]로 하고 장비의 제경비를 별도 가산한다.

【물음】
단선도상에 표시된 CPD를 장비를 사용, 설치하는데 소요되는 인공 소계를 각각 구하시오.

답안작성

구 분	내 용	소 계
플랜트 전공	$(1.8+1.7) \times 0.35 \times 3 \times 2 + (0.3+0.5) \times 3 \times 2$	12.15[인]
비 계 공	$1.1 \times 0.35 \times 3 \times 2$	2.31[인]
특 별 인 부	$(1.8+1.7) \times 0.35 \times 3 \times 2 + (0.2+0.3) \times 3 \times 2$	10.35[인]
인력운반공	$2.7 \times 0.35 \times 3 \times 2$	5.67[인]

문제 71

▶ 출제년도 : 기사 95.　▶ 점수 : 15점

다음은 옥외 간이 수변전설비에 대한 단선도이다. 그림을 보고 다음 물음에 답하시오. 단, 참고자료 필요시는 참고자료를 이용할 것. 변압기 이외의 시설은 주상에 설치하는 것임.

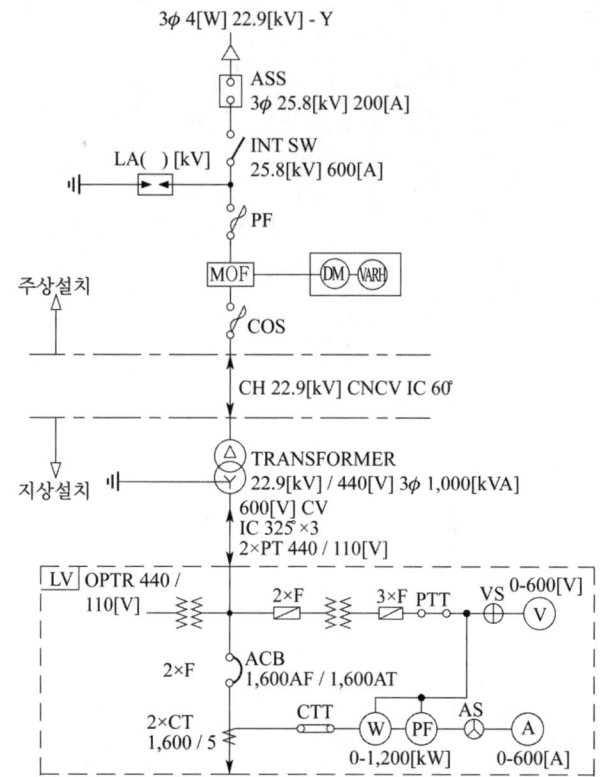

(1) 단선도상의 LA의 정격 전압은 몇 [kV]인가?
(2) MOF와 DM, VARH METER간 연결된 전선의 가닥수는?
(3) OPTR의 설치 목적은 무엇인가?
(4) 그림과 같이 수전하는 방식을 무엇이라고 하는가?
(5) 그림과 같은 방식으로 수전 가능한 최대 용량은 몇 [kVA]인가?
(6) 부하 용량 증설로 인하여 변압기를 2,000[kVA]로 교체하는 경우 소요 인공을 구하시오. 단, 철거 변압기는 차후에 대비하여 보관하는 것임.

(7) 그림 중 아래 자재를 설치하는 데 소요되는 인공을 각각 구하시오.
　① 자동 고장 구분 개폐기(ASS)
　② 인터럽트 스위치(interrupt switch)(가대 1개 포함)
　③ 피뢰기
　④ 전력수급용 계기용변성기(MOF) 현수용

【참고자료】

표 1. 22[kV] 변압기

용량	공종	프랜트전공	비계공	특별인부	기계설치공	인력운반공
100 [kVA] 이하	운반설치	1.0	0.5	1.2	−	0.7
	O T 처리	1.0	−	1.2	−	−
	점 검	0.6	−	0.6	−	−
	계	2.6	0.5	3.0	−	0.7
150 [kVA] 이하	운반설치	1.2	0.5	1.3	−	0.9
	O T 처리	1.2	−	1.3	−	−
	점 검	0.7	−	0.7	−	−
	계	3.1	0.5	3.3	−	0.9
200 [kVA] 이하	운반설치	1.2	0.6	1.5	−	0.9
	O T 처리	1.3	−	1.5	−	−
	점 검	0.8	−	0.8	−	−
	계	3.3	0.6	3.8	−	0.9
250 [kVA] 이하	운반설치	1.4	0.6	1.6	−	1.0
	O T 처리	1.5	−	1.6	−	−
	점 검	0.9	−	0.9	−	−
	계	3.8	0.6	4.1	−	1.0
300 [kVA] 이하	운반설치	1.5	0.7	1.7	−	1.1
	O T 처리	1.5	−	1.7	−	−
	점 검	0.9	−	0.9	−	−
	계	3.9	0.7	4.3	−	1.1
400 [kVA] 이하	운반설치	1.8	0.8	2.0	−	1.3
	O T 처리	1.8	−	2.0	−	−
	점 검	1.1	−	1.1	−	−
	계	4.7	0.8	5.1	−	1.3
500 [kVA] 이하	소운반설치	2.2	0.9	2.5	−	1.6
	O T 처리	2.3	−	2.5	−	−
	점 검	1.4	−	1.4	−	−
	계	5.9	0.9	6.4	−	1.6
750 [kVA] 이하	소운반설치	2.0	1.0	2.3	−	1.6
	O T 처리	2.3	−	2.5	−	−
	부속품부침	2.6	−	2.6	−	−
	점 검	1.4	−	1.4	−	−
	계	8.3	1.0	8.8	−	1.6
1,000 [kVA] 이하	소운반설치	2.3	1.1	2.7	−	1.7
	O T 처리	2.3	−	2.7	−	−
	부속품부침	3.1	−	3.1	−	−
	점 검	1.4	−	1.4	−	−
	계	9.1	1.1	9.9	−	1.7

용량	공종	프랜트전공	비계공	특별인부	기계설치공	인력운반공
1,500 [kVA] 이하	소운반설치	2.5	1.2	3.0	–	1.8
	O T 처리	2.6	–	3.0	–	–
	부속품부침	3.5	–	3.5	–	–
	점 검	1.6	–	1.6	–	–
	계	10.2	1.2	11.1	–	1.8
2,000 [kVA] 이하	소운반설치	2.9	1.3	3.3	–	2.1
	O T 처리	3.0	–	3.3	–	–
	부속품부침	3.9	–	3.9	–	–
	점 검	1.8	–	1.8	–	–
	계	11.6	1.3	12.3	–	2.1

【해설】 ① 이 품은 1ϕ 기준으로 소운반, 점검, 결선 및 Megger Test를 포함한 품임
② 15,000 [kVA]는 10,000 [kVA]의 120 [%]로 함
③ 20,000 [kVA]는 10,000 [kVA]의 150 [%]로 함
④ 장비를 사용할 때는 운반설치, 라지에이터부침, 콘서베이터부침, 붓싱부침 및 각 부분품부침 품의 35%로 하고 장비의 제경비를 별도 가산함
⑤ 철거 50 [%], 750 [kVA] 이상의 재사용 철거 80 [%](철거 해당분 품에 한함)
⑥ 기타는 건식변압기 해설준용
⑦ 3상 130 [%]
⑧ 몰드변압기도 이 품을 적용(다만, OT 처리품 제외)

표 2. 차단기 신설   [개당]

공 종	배전전공	보통인부
22.9 [kV] Recloser	2.7	2.7
22.9 [kV] Sectionalizer	2.7	2.7
22.9 [kV] 자동 고장 구분 개폐기	2.7	2.7
22.9 [kV] 자동 부하 절체 개폐기(A.L.T.S)	6.85	6.85
22.9 [kV] 가공선용 가스절연 부하 개폐기(SF$_6$ GAS)	1.57	1.06

【해설】 ① 3상 주상 설치기준   ② 단상은 40 [%]
③ 철거 50 [%]   ④ 11.4 [kV]용 Sectionalizer는 60 [%]
⑤ 리드선(인하선) 접속, 기기장치대(행거밴드) 설치 별도 가산
⑥ 자동부하 절체개폐기는 H주 3상 설치기준임.

표 3. 단로기

종 별	용 량	배 전 전 공
DS HOOK 형(1P)	400 [A] 이하	0.80
	800 [A] 이하	1.00
	1200 [A] 이하	1.20
FDS(1P)	30 [A] 이하	0.80
〃	200 [A] 이하	1.00
LS LEVER 형(3P)	400 [A] 이하	4.80
	800 [A] 이하	5.00
	1200 [A] 이하	5.30

[해설] ① 1P는 3P의 40 [%]   ② 2P는 3P의 70 [%]
③ 인터 럽터 SW는 레버형에 준함   ④ 철거 50 [%]
⑤ 주상 설치 120 [%]
⑥ 가대 설치시는 개당 1.5 [인] 가산하며, 인터럽터 SW의 가대 설치는 별도 계상
⑦ 리드선 압축 접속은 별도 계상
⑧ 부하 개폐기는 LS Lever 형에 준함(퓨즈 부 공용)

표 4. 피뢰침 및 피뢰기 신설 〔개당〕

구 분	전 공	비 고
피뢰침 설치 높이 7.5 [m] 이하	1.50	내선전공
10 [m] 〃	1.90	〃
15 [m] 〃	2.60	배전전공
20 [m] 〃	3.40	〃
25 [m] 〃	4.10	〃
30 [m] 〃	4.80	〃
35 [m] 〃	5.50	〃
40 [m] 〃	6.20	〃
피뢰기 직류 1,500 [V]용	0.40	〃
〃 교류 3~11.4 [kV]용	0.17	〃
〃 교류 22.9 [kV]용	0.24	〃

[해설] ① 구조물로서 발판이 좋은곳(철탑 등)은 60 [%]
② 배선 포함, 접지 불포함
③ 철거 30 [%]
④ 높이 40 [m] 이상은 매 5 [m]마다 1.0인 가산
⑤ 피뢰기는 접지 완철, 하부배선 불포함, 상부배선은 포함되었으며 리드선 압축 접속시는 별도 계상
⑥ 다수의 피뢰침을 동일 옥상에 분포형으로 설비할 경우는 돌침(Air Terminal) 1개 증가에 대해 1.0 공량을 가산하고 접지선을 Netting Connection하는 배선의 공량을 가산할 것(발·변전분야 접지공사 분기선 접속 참조)
⑦ 전주에 설치하는 피뢰기는 배전전공이 시공한다.

표 5. 잡기기 신설 〔대당〕

종 별	내 선 전 공
전열기 3 [kW] 이하	0.40
5 〃	0.60
10 〃	1.00
10 〃 초과	1.40
벨	0.1
부 저	0.08
도어폰 (주기)	0.11
〃 (자기)	0.10
가스배출기	0.20
선풍기 날개직경 30 [cm] 이하 (벽면)	0.20
〃 〃 〃 (천정면)	0.50
환풍기 〃 30 [cm] 기준 (벽면)	0.48
〃 〃 50 [cm] 기준 (천정면)	0.80

종 별	내선전공
적산전력계 1ø2〔W〕용	0.14
〃 1ø3〔W〕용 및 3ø3〔W〕용	0.21
〃 1ø4〔W〕용	0.32
CT 설치(저고압)	0.4
PT 설치(〃)	0.4
현수용 M.O.F 설치(고압·특고압)	3.0
거치용 〃 〃	2.0
계기함 설치	0.30
특수계기함 설치	0.45
변성기함 설치(저·고압)	0.60
플로어 플레이트(수평고저 조정커버부)	0.135
전극봉 지지기(3P)	0.80
〃 (4P)	0.85
〃 (5P)	1.10

【해설】① 철거 30〔%〕, 재사용 철거 50〔%〕, 단 실효계기 교체에 따른 철거 반입분이 수리 가능 품목일 경우에는 재사용 적용
② 방폭 200〔%〕
③ 아파트 등 공동주택 및 기타 이와 유사한 집단지역의 동일구내(한건물내)에서 10대 초과의 적산전력계 설치시에는 70〔%〕 적용
④ 특수계기함이라 함은 3종 계기함, 농사용 철제 계기함, 집합계기함 및 저압 변류기용 계기함을 말한다.
⑤ 거치용 MOF를 주상에 설치시에는 이품의 170〔%〕로서 배전전공 적용(설치대 조립품 포함)
⑥ 전극봉 지지기에는 전극봉의 설치 및 조정품 포함. 다만, 보호함의 취부품은 별도 계상하며, 보호함의 설치품은 풀박스 취부품에 준한다.

답안작성

(1) 18〔kV〕
(2) 7가닥
(3) 변전실내의 수배전반 신호 램프, 차단기 등의 조작용 110〔V〕 전원 전압을 얻기 위한 소형 변압기
(4) 간이 수전 방식
(5) 1,000〔kVA〕
(6) 표 1에서 철거 재사용 80%, 3상 130〔%〕 적용, 1,000〔kVA〕는 철거, 2,000〔kVA〕는 신설하므로
 • 플랜트 전공 : $(9.1 \times 0.8 + 11.6) \times 1.3 = 24.54$ 〔인〕
 • 비계공 : $(1.1 \times 0.8 + 1.3) \times 1.3 = 2.83$ 〔인〕
 • 특별 인부 : $(9.9 \times 0.8 + 12.3) \times 1.3 = 26.29$ 〔인〕
 • 인력운반공 : $(1.7 \times 0.8 + 2.1) \times 1.3 = 4.5$ 〔인〕
(7) ① 자동 고장 구분 개폐기 : 배전 전공 : 2.7〔인〕, 보통 인부 : 2.7〔인〕
 ② 인터럽트 스위치 : 배전 전공 : $5 \times 1.2 + 1.5 = 7.5$ 〔인〕
 ③ 피뢰기 : 배전 전공 : $3 \times 0.24 = 0.72$ 〔인〕
 ④ 계기용 변성기 현수용 : 내선 전공 : 3〔인〕

해 설

(1) 피뢰기 정격 전압

전력계통		피뢰기 정격 전압〔kV〕	
전압〔kV〕	중성점 접지방식	변전소	배전선로
345	유효접지	288	—
154	유효접지	144	—
66	PC 접지 또는 비접지	72	—
22	PC 접지 또는 비접지	24	—
22.9	3상 4선 다중접지	21	18

【주】전압 22.9〔kV〕 이하의 배전선로에서 수전하는 설비의 피뢰기 정격전압〔kV〕은 배전선로용을 적용한다.

문제 72

▶출제년도 : 산업 95. 97. 99.   ▶점수 : 6점

수전전압이 22.9[kV]이고 전력회사와의 계약종별이 산업용 전력인 어느 공장의 전력요금 계량장치를 주상 및 별도 계량기함에 설치하기 위한 노무비(직접, 간접 포함) 합계는 얼마인가? 잡기기 신설표를 이용하여 구하시오.

단, • MOF와 계량기 간의 배관, 배선은 무시하며 MOF는 거치형임
 • 산업용 전력(을)은 3종 계기를 설치
 • 3종 계기 및 무효 전력량계를 설치
 • 간접 노무비는 15[%] (가정)로 보고 적용한다.
 • 내선 전공 노임 단가는 12410[원](가정)으로 본다.
 • 노무비 및 인건비 합계에서 소수점 이하는 버림

표. 잡기기 신설   (대당)

종 별	내 선 전 공
전열기 3[kW] 이하	0.40
〃 5 〃	0.60
〃 10 〃	1.00
〃 10 초과	1.40
벨	0.1
부 저	0.08
도어폰 (주기)	0.11
〃 (자기)	0.10
가스 배출기	0.20
선풍기 날개 직경 30[cm] 이하(벽면)	0.20
〃 〃 〃 (천정면)	0.50
환풍기 〃 30[cm] 기준(벽면)	0.48
〃 〃 50[cm] 기준(천정면)	0.80
적산전력계 1ø2W 용	0.14
〃 1ø3W 용 및 3ø3W 용	0.21
〃 3ø4W 용	0.3
CT 설치(저고압)	0.4
PT 설치(〃)	0.4
현수용 M.O.F 설치(고압·특고압)	3.0
거치용 〃 〃	2.0
계기함 설치	0.30
특수계기함 설치	0.45
변성기함 설치(저·고압)	0.60
플로어 플레이트(수평고저 조정커버부)	0.135
전극봉 지지기(3P)	0.80
〃 (4P)	0.85
〃 (5P)	1.10

【해설】① 철거 30[%], 재사용 철거 50[%], 단 실효계기 교체에 따른 철거 반입분이 수리 가능 품목일 경우에는 재사용 적용
② 방폭 200[%]
③ 아파트 등 공동주택 및 기타 이와 유사한 집단지역의 동일구내(한건물내)에서 10대 초과의 적산전력계 설치시에는 70[%] 적용
④ 특수계기함이라 함은 3종 계기함, 농사용 철체 계기함, 집합계기함 및 저압 변류기용 계기함을 말한다.
⑤ 거치용 MOF를 주상에 설치시에는 이품의 180[%]로서 배전전공 적용 (설치대 조립품 포함)
⑥ 전극봉 지지기에는 전극봉의 설치 및 조정품 포함. 다만, 보호함의 취부품은 별도 계상하며, 보호함의 설치품은 풀박스 취부품에 준한다.

답안작성

- MOF 설치 ; 내선 전공 : $2.0 \times 1.8 = 3.6$〔인〕
- 특수 계기함 설치 ; 내선 전공 : 0.45〔인〕
- 3종 계기 및 무효 전력량계 설치 ; 내선 전공 : 0.3〔인〕$\times 2 = 0.6$〔인〕

직접 노무비 : $(3.6 + 0.45 + 0.6) \times 12,410 = 57,706$〔원〕
간접 노무비 : $57,706 \times 0.15 = 8,655$〔원〕
인건비 합계 : $57,706 + 8,655 = 66,361$〔원〕

문제 73

▶ 출제년도 : 산업 91.   ▶ 점수 : 20점

다음 도면은 어느 상점의 옥내 전등 및 콘센트 배선 평면도이다. 주어진 조건을 읽고 답란의 빈칸을 채우시오.

1. 시설조건
    ① 전선은 450/750〔V〕일반용 단심 비닐절연전선으로 2.5〔mm^2〕를 사용한다.
    ② 전선관은 후강전선관을 사용하고 표기가 없는 것은 16〔mm〕임.
    ③ 4방출 이상의 배관과 접속되는 박스는 4각 박스를 사용한다.
    ④ 스위치 설치 높이 1.2〔m〕(바닥에서 중심까지)
    ⑤ 콘센트 설치 높이 0.3〔m〕(바닥에서 중심까지)
    ⑥ 분전함 설치 높이 1.8〔m〕(바닥에서 상단까지) 단, 바닥에서 하단까지는 0.5〔m〕를 기준으로 한다.
    ⑦ 바닥에서 천정까지의 높이 3〔m〕

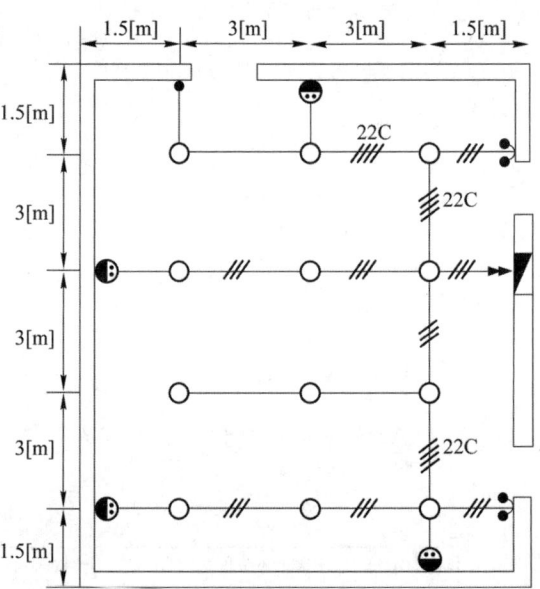

2. 재료의 산출조건
    ① 분전함 내부에서 배선 여유는 전선 1본당 0.5〔m〕로 한다.
    ② 자재 산출시 산출수량과 할증수량은 소수점 이하로 기록하고 자재별 총 수량은(산출수량 + 할증수량) 소수점 이하 반올림한다.

③ 배관 및 배선 이외의 자재는 할증을 보지 않는다. (배관, 배선의 할증은 10[%]로 한다.)
④ 콘센트용 박스는 4각 박스로 본다.

3. 인건비 산출 조건
   ① 재료의 할증에 대해서는 공량을 적용하지 않는다.
   ② 소수점 이하 한자리 까지 계산한다.
   ③ 품셈은 다음 표의 품셈을 적용한다.

자재명 및 규격	단위	내선전공
후강 전선관 16[mm]	m	0.08
후강 전선관 22[mm]	m	0.11
관내 배선 (5.5[mm^2] 이하)	m	0.01
매입 스위치	개	0.056
매입 콘센트 2P 15[A]	개	0.056
아우트렛 박스 4각	개	0.2
아우트렛 박스 8각	개	0.2
스위치 박스 1개용	개	0.2
스위치 박스 2개용	개	0.2

【물음 1】
도면을 보고 아래 표의 ①부터 ⑮번까지 빈칸에 산출 수량 및 총 수량(계산식은 생략)을 기입하시오.

자재명	규 격	단위	산출 수량	할증 수량	총 수량 (산출수량+할증수량)
후강전선관	16[mm]	[m]	①		④
후강전선관	22[mm]	[m]	②		⑤
450/750[V] 일반용 단심 비닐절연전선	2.5[mm^2]	[m]	③		⑥
스위치	300[V], 10[A]	개			⑦
스위치 플레이트	1개용	개			⑧
스위치 플레이트	2개용	개			⑨
매입 콘센트	300[V], 15[A] 2개용	개			⑩
4각 박스		개			⑪
8각 박스		개			⑫
스위치 박스	1개용	개			⑬
스위치 박스	2개용	개			⑭
콘센트 플레이트	2개구용	개			⑮

이하 생략

【물음 2】
아래표의 각 자재별 내선전공수를 ①부터 ⑨까지 기입하시오.

자재명	규격	단위	수량	인공수 (재료 단위별)	내선 전공
후강전선관	16 [mm]	[m]			①
후강전선관	22 [mm]	[m]			②
450/750 [V] 일반용 단심 비닐절연전선	2.5 [mm²]	[m]			③
스위치	300 [V], 10 [A]	개			④
스위치 플레이트	1개용	개			
스위치 플레이트	2개용	개			
매입 콘센트	300 [V], 15 [A] 2개용	개			⑤
4각 박스		개			⑥
8각 박스		개			⑦
스위치 박스	1개용	개			⑧
스위치 박스	2개용	개			⑨
콘센트 플레이트	2개구용	개			

답안작성

【물음 1】

자재명	규격	단위	산출 수량	할증 수량	총 수량 (산출수량+할증수량)
후강전선관	16 [mm]	[m]	53.4		59(53.4+5.34)
후강전선관	22 [mm]	[m]	9		10(9+0.9)
450/750 [V] 일반용 단심 비닐절연전선	2.5 [mm²]	[m]	168.6		185(168.6+16.86)
스위치	300 [V], 10 [A]	개			5
스위치 플레이트	1개용	개			1
스위치 플레이트	2개용	개			2
매입 콘센트	300 [V], 15 [A] 2개용	개			4
4각 박스		개			6
8각 박스		개			10
스위치 박스	1개용	개			1
스위치 박스	2개용	개			2
콘센트 플레이트	2개구용	개			4

이하 생략

【물음 2】

자재명	규격	단위	수량	인공수 (재료 단위별)	내선 전공
후강전선관	16 [mm]	[m]			4.2
후강전선관	22 [mm]	[m]			0.9
450/750 [V] 일반용 단심 비닐절연전선	2.5 [mm²]	[m]			1.6
스위치	300 [V], 10 [A]	개			0.2
스위치 플레이트	1개용	개			
스위치 플레이트	2개용	개			
매입 콘센트	300 [V], 15 [A] 2개용	개			0.2

자재명	규 격	단위	수량	인공수 (재료 단위별)	내선 전공
4각 박스		개			1.2
8각 박스		개			2
스위치 박스	1개용	개			0.2
스위치 박스	2개용	개			0.4
콘센트 플레이트	2개구용	개			

해 설

1) ① 후강전선관 16[mm]
   $1.5 \times 8 + 3 \times 8 + (3-1.2) \times 3 + (3-0.3) \times 4 + (3-1.8) \times 1 = 53.4$[m]
   ② 후강전선관 22[mm] : $3 \times 3 = 9$[m]
   ③ 450/750[V] 일반용 단심 비닐절연전선 :
   $1.5 \times 2 \times 5 + 1.5 \times 3 \times 3 + 3 \times 2 \times 3 + 3 \times 3 \times 5 + 3 \times 4 \times 3 + (3-1.2) \times 8$
   $+ (3-0.3) \times 2 \times 4 + (3-1.8) \times 3 + 0.5 \times 3 = 168.6$[m]

2) 소수점 이하 한 자리까지 계산

문제 74 ▶출제년도 : 산업 93. ▶점수 : 20점

다음 도면은 어느 상점 옥내의 전등 및 콘센트 배선 평면도이다. 주어진 조건을 읽고 ①~⑳까지의 답란의 빈칸을 채우시오.

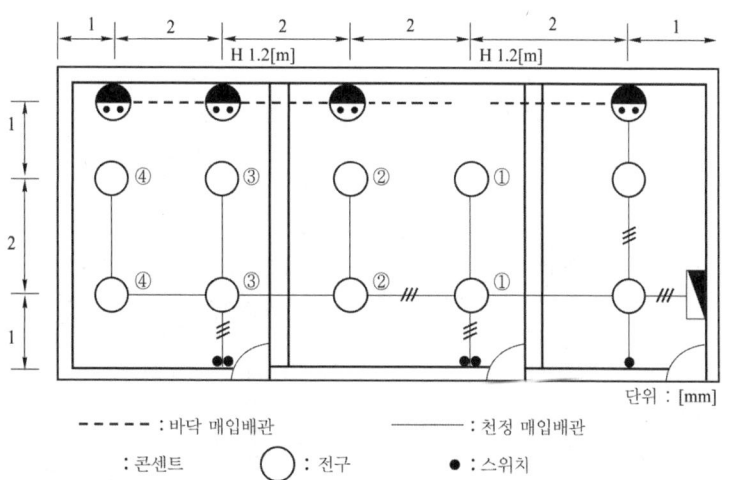

1. 유의 사항
   ① 바닥에서 천장 스라브까지는 2.5[m]임
   ② 전선은 NR전선으로 전등, 전열 2.5[mm^2]를 사용한다.
   ③ 전선관은 후강 전선관으로 사용하고 특기 없는 것은 16[mm]임
   ④ 4조 이상의 배관과 접속하는 박스는 4각 박스를 사용한다. 단, 콘센트는 전부 4각 박스를 사용한다.
   ⑤ 스위치의 설치 높이는 1.2[m]임 (바닥에서 중심까지)
   ⑥ 특기없는 콘센트의 높이는 0.3[m]임 (바닥에서 중심까지)
   ⑦ 분전반의 설치높이는 1.8[m]임. 단, 바닥에서 하단까지 0.5[m]를 기준으로 한다.

2. 재료의 산출
   ① 분전함 내부에서 배선 여유는 전선 1본당 0.5[m]로 한다.
   ② 자재 산출 시 산출 수량과 할증 수량은 소수점 이하도 기록하고, 자재별 총 수량(산출 수량+할증 수량)은 소수점 이하는 반올림한다.
   ③ 배관 및 배선 이외의 자재는 할증을 보지 않는다.(배관 및 배선의 할증은 10[%]로 한다.)
   ④ 콘센트용 박스는 4각 박스로 본다.
3. 인건비 산출 조건
   ① 재료의 할증분에 대해서는 품셈을 적용하지 않는다.
   ② 소수점 이하 한자리 까지 계산한다.
   ③ 품셈은 아래표의 품셈을 적용한다.

품셈 보기

자재명 및 규격		단위	내선 전공
후강전선관	16[mm]	[m]	0.08
관내 배선	5.5[mm²] 이하	[m]	0.01
매입 스위치		개	0.056
매입 콘센트	2P, 15[A]	개	0.056
아우트렛 박스	4각	개	0.12
아우트렛 박스	8각	개	0.12
스위치 박스	1개용	개	0.2
스위치 박스	2개용	개	0.2

자재명	규격	단위	산출수량	할증수량	총수량 (산출수량+할증수량)	내선 전공(인) (수량×인공수)
후강 전선관	16[mm]	[m]	①		③	⑭
450/750[V] 일반용 단심 비닐절연전선	2.5[mm²]	[m]	②		④	⑮
스위치	300[V], 10[A]	개			⑤	⑯
스위치 플레이트	1개용	개			⑥	
스위치 플레이트	2개용	개			⑦	
매입 콘센트	300[V] 15[A] 2개용	개			⑧	⑰
4각 박스		개			⑨	⑱
8각 박스		개			⑩	
스위치 박스	1개용	개			⑪	⑲
스위치 박스	2개용	개			⑫	⑳
콘센트 플레이트	2개구용	개			⑬	

■ 답안작성

자재명	규격	단위	산출 수량	할증 수량	총수량 (산출수량+할증수량)	내선 전공(인) (수량×인공수)
후강 전선관	16 [mm]	[m]	43.8	4.38	48	3.5
450/750 [V] 일반용 단심 비닐절연전선	2.5 [mm²]	[m]	99.4	9.94	109	0.9
스위치	300 [V], 10 [A]	개			5	0.2
스위치 플레이트	1개용	개			1	
스위치 플레이트	2개용	개			2	
매입 콘센트	300 [V] 15 [A] 2개용	개			5	0.2
4각 박스		개			8	0.9
8각 박스		개			7	
스위치 박스	1개용	개			1	0.2
스위치 박스	2개용	개			2	0.4
콘센트 플레이트	2개구용	개			5	

■ 해 설

① 후강전선관(16C)
   분전반 : $2.5 - 1.8 = 0.7$ [m]
   콘센트 : $1 + (2.5 - 0.3) + 0.3 + 1.2 \times 2 \times 2 + 0.3 \times 2 + 2 \times 4 + 0.3 = 17.2$ [m]
   전   구 : $2 \times 9 + 1 = 19$ [m]
   스위치 : $1 \times 3 + (2.5 - 1.2) \times 3 = 6.9$ [m]
   계 : $0.7 + 17.2 + 19 + 6.9 = 43.8$ [m]

② 전선관 길이×2+전선 3가닥 입선되는 전선관 길이+분전반 내부여유
   $= 43.8 \times 2 + 2 + 2 + 1 \times 3 + (2.5 - 1.2) \times 2 + (2.5 - 1.8) \times 1 + 0.5 \times 3 = 99.4$ [m]

문제 **75**

▶출제년도 : 산업 00.   ▶점수 : 8점

다음과 같은 전열 수구배치 평면도가 있다. 분전반에서부터 각 전열수구까지의 최단거리 시공을 위한 배관배선도를 하기 심볼을 사용하여 전열수구 배치평면도 위에 완성하고 소요전선관의 길이를 산출하시오.

단, ① 모든 콘센트의 높이는 바닥에서 30 [cm] 상부에 분전반의 설치높이는 바닥에서 분전반 하단까지를 120 [cm]로 한다.
    ② 회로는 1회로로 구성한다.
    ③ 매입 배관에 따른 전선관 매입 증가분은 고려하지 않는다.
    ④ 전선관 배관의 할증은 별도없는 것으로 한다.

【심볼】

------ : 바닥매입 배관배선 16C(NR·2—2.5 [mm²], E·2.5 [mm²])

 : 전열수구,    : 분전반

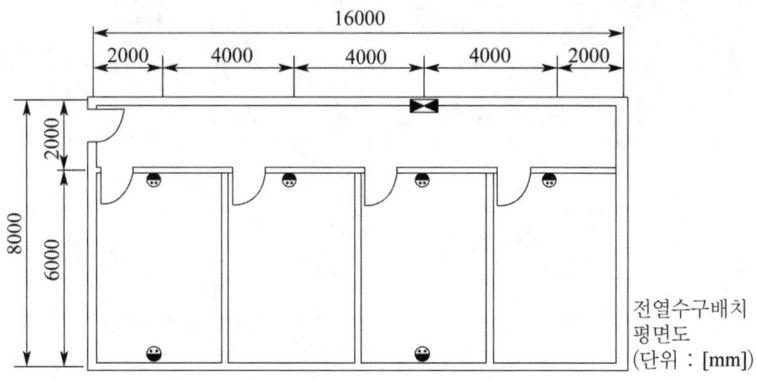

전열수구배치 평면도 (단위 : [mm])

답안작성

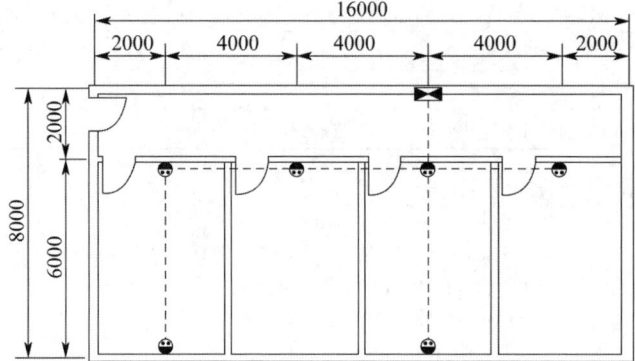

계산 : 전선관 소요 길이 $L = 2 \times 1 + 6 \times 2 + 4 \times 3 + 0.3 \times 11 + 1.2 = 30.5$ [m]

▶ 출제년도 : 산업 97. 99. 02.　▶ 점수 : 6점

문제 76

다음 문제를 읽고 참고표를 이용하여 주어진 답안지에 식과 답을 쓰시오.

(1) 35 [mm²] NR 전선 6본과 25 [mm²] 1본을 같은 후강전선관에 수용 시공할 때 전선관의 굵기는? (단, 절연체 두께를 포함한 전선의 외경은 35 [mm²]는 10.9 [mm]이고, 25 [mm²]는 9.7 [mm]임. 전선관내 단면적의 32 [%] 수용이고, 표 이외의 기타 사항은 무시한다.)

(2) 어느 건물의 보수 공사를 하는데 전기설비중 형광등 반매입 40 [W]×1, 20등, 선풍기 천장면 4대를 교체하였다. 소요 인공계를 소수점까지 모두 산출하시오. (단, 임의로 소수점 반올림하지 말 것)

표 1. 형광등 기구 신설 (등당 : 내선 전공)

종별	직부형	팬던트형	반매입 및 매입형	매입아크릴 커버형
10 [W]×1	0.135	0.165	0.20	0.217
20 [W]×1	0.155	0.185	0.235	0.250
〃 ×2	0.195	0.235	0.30	0.32
〃 ×3	0.245	—	—	—
〃 ×4	0.355	—	0.538	0.570
〃 ×5	0.360	—	—	0.581

종별	직부형	팬던트형	반매입 및 매입형	매입아크릴 커버형
30〔W〕×1	0.165	0.195	0.25	0.266
〃 ×2	–	–	0.34	0.36
40〔W〕×1	0.245	0.295	0.375	0.399
〃 ×2	0.305	0.365	0.460	0.488
〃 ×3	0.395	0.475	0.60	0.640
〃 ×4	0.515	–	0.78	0.83
〃 ×5	0.520	–	–	–
〃 ×6	0.525	–	0.796	0.844
110〔W〕×1	0.455	0.545	0.69	0.73
〃 ×2	0.555	0.665	0.84	0.89

【해설】 ① 기구 설치, 결선, 지지류 설치, 장내 소운반 및 잔재 정리 포함.
② 매입 또는 반매입 등구의 천장 구멍뚫기 및 후에 설치 별도 가산
③ 광전형 방식은 직부등 적용
④ 철거 30〔%〕, 재사용 50〔%〕
⑤ 방폭형 200〔%〕
⑥ Pole Light 등 취부는 직부등 적용
⑦ 형광등 안정기 교환은 대당 등기구 신설품의 110〔%〕 적용. 다만, 펜던트형은 직부형 등에 준함.
⑧ 아크릴 간판등(형광등)의 안정기 교환은 매입 커버형 신설등의 110〔%〕 적용

표 2. 후강전선관 신설

관의 호칭	내단면적의 32〔%〕〔mm^2〕	내단면적의 48〔%〕〔mm^2〕	관의 호칭	내단면적의 32〔%〕〔mm^2〕	내단면적의 48〔%〕〔mm^2〕
16	67	101	54	732	1098
22	120	180	70	1216	1825
28	201	301	82	1701	2552
36	342	513	92	2205	3308
42	460	690	104	2843	4265

표 3. 잡기기 신설 (대당)

종별	내선 전공
전열기 3〔kW〕 이하	0.40
〃 4〔kW〕 〃	0.60
〃 10〔kW〕 〃	1.00
〃 10〔kW〕 초과	1.40
벨	0.1
부저	0.08
도어폰(무기)	0.11
〃 (자기)	0.10
가스 배출기	0.20
선풍기 날개직경 30〔cm〕 이하(벽면)	0.20
〃 30〔cm〕 이하(천장면)	0.50
환풍기 날개직경 30〔cm〕 기준(벽면)	0.48
〃 50〔cm〕 기준(천장면)	0.80
적산 전력계 1ø2W용	0.14
〃 1ø3W용, 3ø3W	0.21
〃 3ø4W용	0.32

종별	내선 전공
CT 설치(저고압)	0.4
PT 설치(〃)	0.4
현수용 MOF 설치(고압·특고압)	3.0
거치용 MOF 설치(고압·특고압)	2.0
계기함 설치	0.30
특수 계기함 설치	0.45

【해설】 ① 철거 30〔%〕(재사용 60〔%〕 단, 실효 계기 교체에 따른 철거 반입품이 수리 가능 품목일 경우에는 재사용 적용)
② 방폭 200〔%〕
③ 아파트등 공동 주택 및 이와 유사한 집단 지역의 동일 구내(현 건물내)에서 10호 이상의 적산전력계 설치시에는 70〔%〕
④ 특수 계기함이라 함은 3종 계기함, 농사용 철제 계기함, 집합 계기함 및 저압 변류기용 계기함을 말한다.
⑤ 거치용 MOF를 주상에 설치시에는 본품의 180〔%〕(설치대 조립품 포함)
⑥ 전극봉 지지기에는 전극봉의 취부 및 조정률 포함. 다만, 보호함의 취급품은 별도 계상하며, 보호함의 취부품은 풀박스 취부품에 준한다.

답안작성
(1) 전선의 총단면적 $= \frac{\pi}{4}d^2 \times n = \frac{\pi}{4} \times 10.9^2 \times 6 + \frac{\pi}{4} \times 9.7^2 = 633.78 \,[\text{mm}^2]$
표 2에서 내단면적의 32〔%〕 난과 633.78〔mm²〕를 초과하는 732〔mm²〕 난에서 54〔mm〕 후강전선관 선정
답 : 54〔mm〕 후강전선관
(2) 형광등 : 표 1에서 내선전공 = $20 \times (0.3+1) \times 0.375 = 9.75$〔인〕
선풍기 : 표 3에서 내선전공 = $4 \times (0.3+1) \times 0.5 = 2.6$〔인〕
답 : 계 : $9.75 + 2.6 = 12.35$〔인〕

문제 77 ▶ 출제년도 : 산업 96. 00. ▶ 점수 : 15점

천장높이가 10〔m〕인 창고건물에 노출형 차동식 열감지기 40개와 P형 1급(15회로) 수신기를 설치한 후 시험까지 시행하기 위하여 필요한 인공을 참고표를 이용하여 구하시오.

공종	단위	내선전공	비고
SPOT형 감지기 (차동식, 정온식, 보상식) 노출형	개	0.13	(1) 천장높이는 4〔m〕 기준 1〔m〕 증가시마다 5〔%〕 증 (2) 매입형 또는 특수구조의 것은 조건에 따라서 산정할 것
시험기(공기관 포함)	개	0.15	상동
분포형의 공기관 (열전대선 감지선)	m	0.025	(1) 상동 (2) 상동
검출기	개	0.30	(1) 상동
공기관식의 Booster	개	0.10	(2) 상동
발신기 P−1	개	0.30	1급(방수형)
발신기 P−2	개	0.30	2급(보통형)
발신기 P−3	개	0.20	3급(푸시버튼만으로 응답 확인 없는 것)
회로시험기	개	0.10	
수신기 P−1(기본공수) (회선수공산수출가산요)	대	6.0	회선수에 대한 산정 매 1회선에 대해서

수신기 P-2(기본공수)	대	4.0
부수신기(기본공수)	대	3.0
소화전, 기동 릴레이	대	1.5
전령(電鈴)	개	0.15
표시등	개	0.20
표시등	개	0.15

형식 \ 직종	내선전공
P-1	0.3
P-2	0.2
부수신기	0.10

참고 : 산정예(P-1의 10회분 기본공수는 6인, 회선당 할증수는 $10 \times 0.3 = 3$)
∴ $6+3=9$인

수신기에 내장되지 않은 것으로 별개로 취부할 경우에 적용

【해설】 시험공량은 총공량의 10[%]로 하되 최소치를 3인으로 함

답안작성
감지기 : 내선전공 : $0.13 \times 40 \times (1 + 6 \times 0.05) = 6.76$ [인]
수신기 : 내선전공 : $6.0 + (15 \times 0.3) = 10.5$ [인]
시험시 공량 : $(6.76 + 10.5) \times 0.1 = 1.726$ [인]이지만 최소 3[인]
∴ 계 : $6.76 + 10.5 + 3 = 20.26$ [인]
답 : 20.26[인]

MEMO

답이보인다!! **전기공사기사·산업기사 실기**

Chapter **12**

시 험

01 전기회로 시험 및 설비시험

변압기의 시험 및 효율

1. 변압기의 효율

$$\eta = \frac{출력}{출력+손실} \times 100 = \frac{출력}{출력+철손+동손} \times 100 \, [\%]$$

$$= \frac{V_2 I_2 \cos\theta_2}{V_2 I_2 \cos\theta_2 + P_i + I^2 r} \times 100 \, [\%]$$

2. 변압기의 최대효율 조건

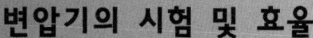
변압기의 최대 효율은 "철손 = 동손"일 때 발생한다.

1) 전부하시 최대 효율 조건

$$P_i = P_c$$

2) 부하율 m으로 운전시 최대 효율 조건

$$P_i = m^2 P_c$$

여기서, P_i : 철손 P_c : 동손 m : 부하율

3. 변압기의 효율이 저하하는 경우

① 부하 역률이 저하되는 경우
② 경부하 운전 하는 경우
③ 부하 변동이 심한 경우

4. 대용량 변압기의 보호장치

① 유온계
② 충격압력 계전기
③ 브흐홀쯔 계전기
④ 비율차동 계전기
⑤ 방압장치

5. 변압기 절연내력 시험

1) 회로도

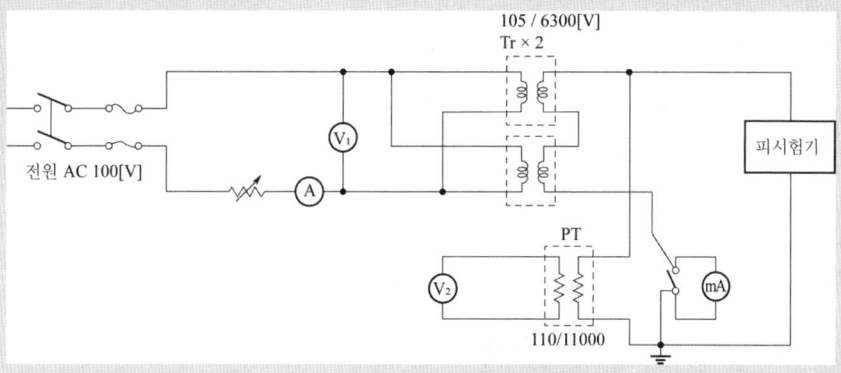

2) 절연내력

최대 사용 전압(최대 사용 전압 = 공칭 전압×1.15/1.1)의 1.5배(중성점 접지식 결선에서는 최대 사용 전압의 0.92배)의 전압에 연속 10분간 견디어야 한다.

$$시험\ 전압 = \left(공칭\ 전압 \times \frac{1.15}{1.1}\right) \times 1.5$$

(중성점 접지식에서는 0.92)

3) 각 기기의 용도

① V_1에 인가되는 전압 $V_1 = \frac{1}{2} \times 시험\ 전압 \times \frac{n_1}{n_2}$

② V_2에 인가되는 전압 $V_2 = 시험\ 전압 \times \frac{1}{PT비}$

③ mA 전류계 : 절연 내력 시험시 피시험 기기의 누설 전류를 측정하여 절연 강도를 판정

④ PT의 설치 목적 : 피시험 기기에 인가되는 절연 내력 시험 전압 측정

6. 변압기 단락 시험과 개방 시험

1) 단락 시험

① 단락 시험 회로

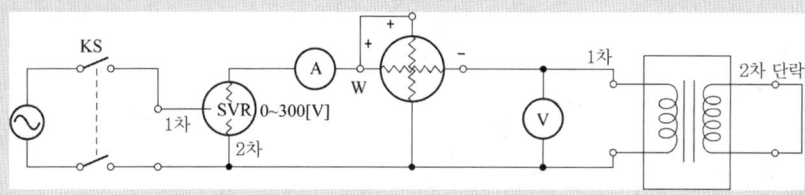

② 측정 항목
  ㉠ 임피던스 전압 : 변압기 2차측을 단락시키고 1차측에 전압을 가하여 1차 단락 전류가 1차 정격 전류와 같게 되었을 때, 이때 교류측에 인가하는 전압으로 교류 전압계의 지시값 $V[V]$로 표시된다.
  ㉡ %임피던스

$$\%임피던스(\%Z) = \frac{1차\ 정격\ 전류 \times 임피던스}{1차\ 정격\ 전압} \times 100$$

$$= \frac{I_n Z}{V_{1n}} \times 100 = \frac{V}{V_{1n}} \times 100$$

  ㉢ 동손 : 교류 전력계 지시값 $W[W]$로 표시된다.

2) 개방 시험
  ① 개방 시험 회로

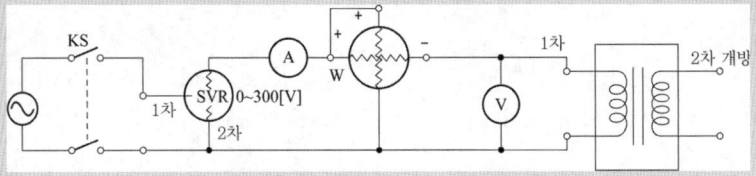

  ② 측정 항목
    ㉠ 철손 : 슬라이닥스를 조정하여 시험용 변압기 2차측 전압이 정격 전압과 동일하게 될 때의 교류 전력계 지시값 $W[W]$로 표시

과전류 계전기 동작 시험

1. 실제 배선도

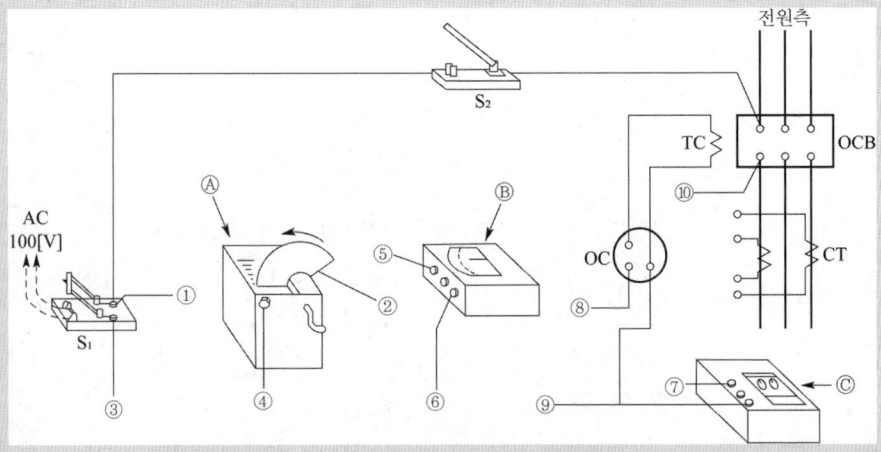

1) 기기 명칭
   Ⓐ : 수저항기
   Ⓑ : 전류계
   Ⓒ : 사이클 카운터(계전기 시험 장치)
2) 결선 방법
   ①-④, ②-⑤, ⑥-⑧, ⑩-⑦

2. 측정 방법
   ① S_2 투입 : 차단기 동작 특성 시험
   ② S_2 개방 : 계전기 최소 동작 전류 시험

문제 1

▶출제년도 : 기사 92. 95.   ▶점수 : 5점

그림은 인덕션 코일을 감지 않은 전기 욕실의 시설로 일반 대중 목욕탕에서 욕조의 양끝에 극판을 시설하고, 이것에 미약한 교류 전압을 가하여 목욕하는 자에게 전기적 자극을 주는 설비이다. 보안상 충분한 안정도가 높은 시설 방법에 의하여야 하므로 다음 물음에 답하여라.

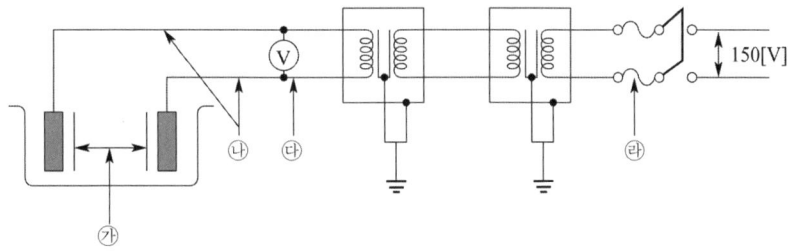

(1) 욕탕 안의 전극은 사람이 쉽게 닿을 우려가 없도록 시설하고, 양전극 간의 거리는 몇 [m] 이상으로 하는가?
(2) 전선 상호간 또는 전선과 대지간의 절연 저항은 몇 [MΩ] 이상이어야 하는가?
(3) 전원 변압기의 2차 전압은 몇 [V] 이하인가?
(4) ㉣의 퓨즈는 정격 전류 몇 [A] 이하의 것을 사용하는가?

답안작성
(1) 1[m] 이상
(2) 0.1[MΩ]
(3) 10[V] 이하
(4) 1[A] 이하

문제 2

▶ 출제년도 : 기사 97.   ▶ 점수 : 6점

전극식 온천 승온기의 시설에 관한 회로이다. 물음에 답하시오.

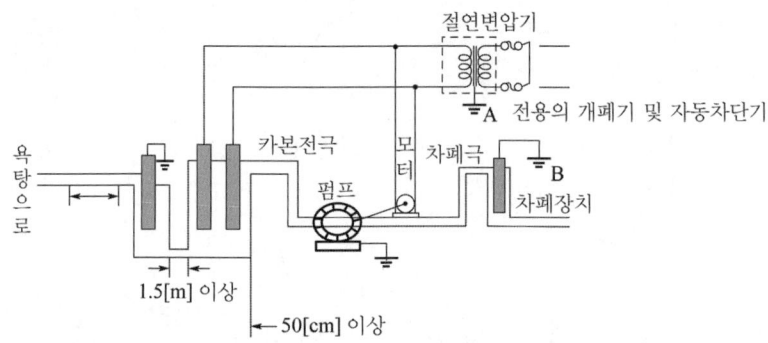

(1) 전극식 온천용 승온기의 시설에서 승온기의 사용전압은 몇 [V] 이하인가?
(2) 승온기 또는 이에 부속하는 급수펌프에 직결하는 전동기에 전기를 공급하기 위하여는 사용전압이 몇 [V] 이하인 절연변압기를 사용하여야 하는가?
(3) 수도관로를 접지극으로 사용하는 경우 이외에는 다른 접지공사의 접지극과 공용하여도 무방한가?
(4) 승온기 및 차폐 장치의 외함은 내수성 및 (   )이 있는 견고한 것일 것. 괄호 안에 적당한 말은?

답안작성
(1) 400 [V] 이하
(2) 400 [V] 이하
(3) 공용하여서는 안 된다.
(4) 절연성

문제 3

▶ 출제년도 : 산업 95.   ▶ 점수 : 4점

시공상에서 210/105 [V]의 변압기를 그림과 같이 결선하고 고압측에 200 [V]의 전압을 가하면 전압계의 지시는 몇 [V]인가? 단, 감극성 표준으로 할 것

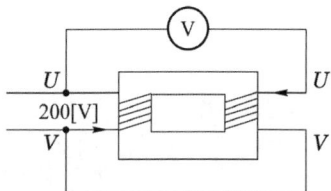

답안작성
계산 : $V = V_1 - V_2 = 200 - 200 \times \dfrac{105}{210} = 100$ [V]

답 : 100 [V]

문제 4

▶출제년도 : 산업 95. ▶점수 : 6점

다음 (   ) 안에 옳은 답을 쓰시오.

절연 내력 시험시 최대 사용 전압이 6만 볼트를 넘는 중성점 비접지식 선로는 최대 사용 전압의 (①)배의 전압을 가하여 (②)분간 견디어야 한다. 직류로 할 경우 (③)배의 전압을 가하여야 한다.

답안작성

① 1.25
② 10
③ 교류시험전압의 2배

해설

절연내력 시험전압(최대 사용전압의 배수)

접지방식	최대사용전압	시험전압 (최대사용전압 배수)	최저시험전압
비 접 지	7 [kV] 이하	1.5배	
	7 [kV] 초과	1.25배	10,500 [V]
중 성 점 접 지	60 [kV] 초과	1.1배	75 [kV]
중 성 점 직 접 접 지	60 [kV] 초과 170 [kV] 이하	0.72배	
	170 [kV] 초과	0.64배	
중 성 점 다 중 접 지	25 [kV] 이하	0.92배	

※ 전로에 케이블을 사용하는 경우에는 직류로 시험할 수 있으며, 시험 전압은 교류의 경우의 2배가 된다.

문제 5

▶출제년도 : 기사 90. ▶점수 : 5점

공칭 단면적 100 [mm^2]의 저압 케이블의 시험전압은 교류 몇 [V]인가?

답안작성

3000 [V]

해설

전기설비기술기준 부표 11 : 저압 케이블의 시험전압

도	체	시험전압(교류[V])
성형단선 및 연선 (공칭 단면적 [mm^2])	단 선 (지름 [mm])	
8 이하	3.2 이하	1,500
8 초과 30 이하	3.2 초과 5 이하	2,000
30 초과 80 이하	─	2,500
80 초과 400 이하	─	3,000
400 초과	─	3,500

문제 6

▶출제년도 : 기사 95. 96. 99. 00. 02. 05. 06. ▶점수 : 7점

공사 계획에 의한 수전 설비의 일부가 완성되어 그 완성된 설비만을 사용하고자 할 때, 전기 설비 검사 항목 처리 지침서에 의거 검사 항목을 쓰시오.

답안작성

① 외관검사
② 접지저항 측정
③ 계측 장치 설치 상태
④ 보호 장치 설치 및 동작 상태
⑤ 절연유 내압 및 산가 측정
⑥ 절연 내력 시험
⑦ 절연저항 측정

문제 7

▶출제년도 : 기사 95.　▶점수 : 5점

지중배선 공사의 현장 시험항목을 아는대로 나열하시오.

답안작성
① 절연저항 측정　② 절연내력 시험
③ 검상　　　　　④ 접지저항 측정
⑤ 상일치 확인

문제 8

▶출제년도 : 기사 95. 96. 99. 00. 02. 05. 06.　▶점수 : 5점

변전 설비에서 차단기 사용전 검사 항목을 전기 설비 검사 업무 처리 지침서에 의거하여 쓰시오.

답안작성
① 외관 검사　　　② 접지 저항 측정
③ 절연 저항 측정　④ 절연 내력 시험
⑤ 보호 장치 설치 및 동작 상태

문제 9

▶출제년도 : 기사 95. 96. 99. 00. 02. 05. 06.　▶점수 : 6점

변전설비에서 변압기 사용전 검사항목을 전기설비검사업무처리 지침에 의거 아는 대로 쓰시오.

답안작성
① 외관검사　　　② 접지저항 측정
③ 절연저항 측정　④ 절연내력 시험
⑤ 보호장치 설치 및 동작상태
⑥ 절연유 내압시험 및 산가측정

문제 10

▶출제년도 : 기사 95. 96. 99. 00. 02. 05. 06.　▶점수 : 7점

공사계획에 의한 발전설비에서 변압기 설비가 완료되었을 때 검사항목을 아는 대로 쓰시오.

답안작성
① 외관검사　　　　② 절연 저항 측정
③ 접지 저항 측정　　④ 절연 내력시험
⑤ 보호 계전기 설치 및 동작상태 검사
⑥ 계측 장치 설치 및 동작상태 검사
⑦ 절연유 내압시험 및 산가측정

저항 및 접지저항 측정법

1. 저항측정

1) 저 저항 측정 (1 [Ω] 이하)

　① 켈빈더블 브리지법 : $10^{-5} \sim 1$ [Ω] 정도의 저 저항 정밀 측정에 사용된다.

2) 중 저항 측정 (1 [Ω] ~ 10 [kΩ] 정도)

　① 전압 강하법의 전압 전류계법 : 백열 전구의 필라멘트 저항 측정 등에 사용된다.
　② 휘이스톤 브리지법

3) 특수 저항 측정

① 검류계의 내부 저항 : 휘이스톤 브리지법

② 전해액의 저항 : 콜라우시 브리지법

③ 접지 저항 : 콜라우시 브리지법

2. 콜라우시 브리지법에 의한 접지 저항 측정

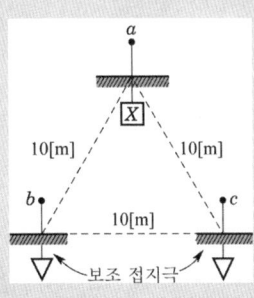

$$R_a + R_b = R_{ab} \quad \cdots\cdots ①$$
$$R_b + R_c = R_{bc} \quad \cdots\cdots ②$$
$$R_a + R_c = R_{ac} \quad \cdots\cdots ③$$
① + ② + ③
$$2(R_a + R_b + R_c) = R_{ab} + R_{bc} + R_{ca}$$
$$2(R_a + R_{bc}) = R_{ab} + R_{bc} + R_{ca}$$
$$R_a = \frac{1}{2}(R_{ab} + R_{ca} - R_{bc}) \, [\Omega]$$

여기서, R_{ab} : 본 접지극 a와 보조 접지극 b 사이의 저항

R_{ac} : 본 접지극 a와 보조 접지극 c 사이의 저항

R_{bc} : 보조 접지극 bc 상호간의 저항

고장점 탐지법

1. 지중 케이블 고장점 탐지법

① Murray loop 법 : 1선 지락 사고 및 선간 단락 사고시 측정

② 펄스 측정법(Pulse radar) : 3선 단락 및 지락 사고시 측정

③ 정전 브리지법(Capacity bridge) : 단선 사고시 측정

2. Murray loop 법

전기적 사고점 탐지법의 하나로서 휘이스톤 브리지의 원리를 이용하여 선로상의 고장점(1선 지락 사고)을 검출하는 방법으로 이 방법은 건전한 보조 귀선 1선이 필요하다.

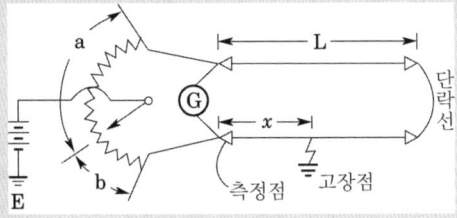

검류계에 전류가 흐르지 않으면 평형 상태이므로

$$a \cdot x = b \cdot (2L - x)$$

$$\therefore x = \frac{b}{a+b} \times 2L \text{ [m]}$$

여기서, L : 선로의 전체 길이[m]
x : 측정점에서 고장점까지의 거리[m]

3. **정전용량법**

   건전상의 정전 용량과 사고상의 정전 용량을 비교하여 사고점 산출

   $$L = 선로\ 긍장 \times \frac{C_x}{C_o}$$

   여기서, C_x : 사고상의 사고점까지의 정전 용량 측정치
   C_o : 건전상의 정전 용량 측정

접지형 계기용 변압기(GPT : Ground Potential Transformer)

1. **목적**

   비접지 계통에서 지락 사고시의 영상 전압 검출

2. **회로**

   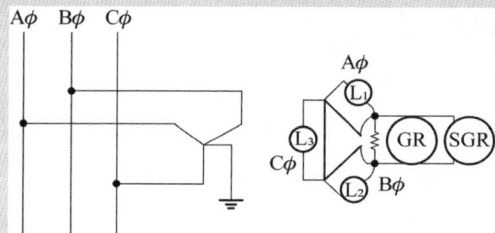

3. **GPT 2차측 전압 및 접지 표시등**

   1) 정상 상태

      정상 상태에서는 GPT 2차측 각상의 전압은 $110/\sqrt{3}$ [V]이며 이때 접지 표시등 L_1, L_2, L_3의 밝기가 동일하다.

   2) a상 완전 지락 사고시

      a상에서 지락 사고시 GPT 2차측 a 상의 전압은 0[V], b상 및 c상의 전압은 $110/\sqrt{3}$ [V]에서 110 [V]로 상승하게 되며, 이 때 접지 표시등 L_1은 소등, L_2, L_3의 밝기는 정상 상태 보다 밝아진다.

문제 11 ▶출제년도 : 기사 98. 15. ▶점수 : 5점

다음 저항을 측정하는데 가장 적당한 계측기 또는 적당한 방법은?
(1) 변압기의 절연저항
(2) 검류계의 내부저항
(3) 전해액의 저항
(4) 백열전구의 필라멘트(백열상태)
(5) 배전선의 전류

답안작성
(1) 절연저항계(Megger) (2) 휘스톤 브리지
(3) 콜라우시 브리지 (4) 전압강하법
(5) 후크온 메터

문제 12 ▶출제년도 : 산업 96. 00. ▶점수 : 5점

수천 옴의 가는 전선의 저항을 측정할 때 가장 적당한 측정 방법은?

답안작성 휘스톤 브리지

문제 13 ▶출제년도 : 기사 96. ▶점수 : 4점

굵은 나전선의 저항을 측정할 때 가장 적당한 측정방법은?

답안작성 켈빈 더블 브리지 방식

문제 14 ▶출제년도 : 산업 95. ▶점수 : 5점

0.2급, 0.5급, 1.0급, 1.5급에서 배전반에 취부하는 지시계기 기호로 일반적으로 많이 사용되는 것은 몇 급인가?

답안작성 1.5급

문제 15 ▶출제년도 : 산업 90. 04. ▶점수 : 4점

접지저항을 측정하려면 필요한 측정기기는?

답안작성 접지저항 측정기

문제 16 ▶출제년도 : 산업 99. ▶점수 : 6점

다음 그림은 전력케이블에서 발생하는 사고 중 발생빈도가 가장 많은 1선 지락사고의 계통도이다. 이 계통에서 사고조사의 실측방법에 대하여 각 항의 빈칸에 적당히 답하시오.

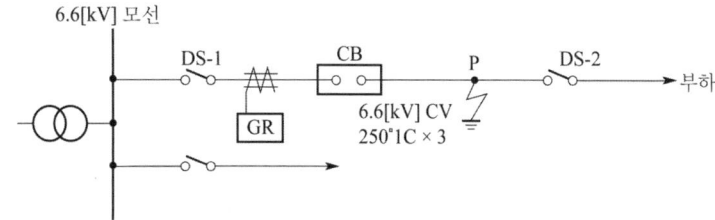

(1) (①)의 차단을 확인한 후 (②)을 개방한다.
(2) 먼저 차단기의 부하측 단자에서 (③)로 절연저항을 측정한다. 단상 케이블이므로 각 상에 대지간을 측정한다.

답안작성 (1) ① CB ② DS-2, DS-1
(2) ③ 절연저항계(메거)

해 설 (1) 단로기(DS)는 부하전류의 차단 능력이 없다.
• 투입시 : 단로기 투입 → 차단기 투입
• 개방시 : 차단기 개방 → 단로기 개방

문제 17

▶ 출제년도 : 산업 95.   ▶ 점수 : 13점

다음 그림은 전자식 접지 저항계를 사용하여 접지극의 접지 저항을 측정하기 위한 배치도이다. 물음에 답하시오.

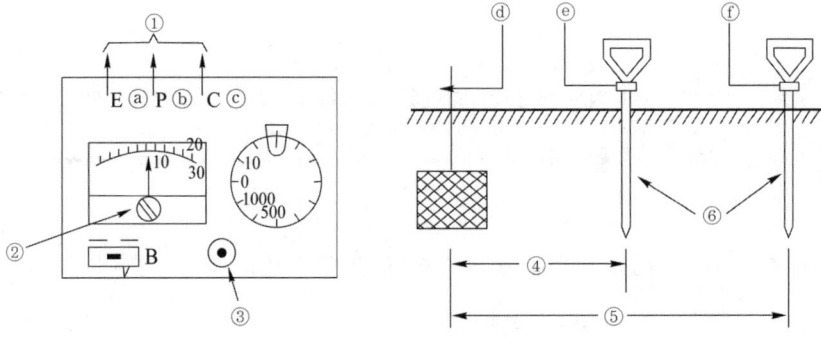

(1) 그림에서 ①의 측정 단자의 각 접지극의 접속은?
(2) 그림에서 ②의 명칭은?
(3) 그림에서 ③의 명칭은?
(4) 그림에서 ④의 거리는 몇 [m] 이상인가?
(5) 그림에서 ⑤의 거리는 몇 [m] 이상인가?
(6) 그림에서 ⑥의 명칭은?

답안작성 (1) ⓐ → ⓓ, ⓑ → ⓔ, ⓒ → ⓕ (2) 영점 조정 단자
(3) 누름 버튼 (4) 10[m]
(5) 20[m] (6) 보조 접지극

해 설 (3) 누름 버튼 또는 전원 스위치

문제 18

▶ 출제년도 : 산업 96. 99.   ▶ 점수 : 5점

그림과 같이 3대의 주상변압기의 접지저항이 각각 20, 40, 50[Ω]이다. 가공공동지선을 설치하는 경우 접지저항은 몇 [Ω]이 되는가?

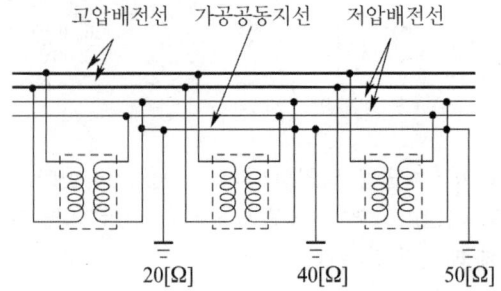

> 답안작성

계산 : $R = \dfrac{1}{\dfrac{1}{R_1} + \dfrac{1}{R_2} + \cdots + \dfrac{1}{R_n}} = \dfrac{1}{\dfrac{1}{20} + \dfrac{1}{40} + \dfrac{1}{50}} = 10.53\,[\Omega]$

답 : $10.53\,[\Omega]$

문제 19

▶ 출제년도 : 기사 91. 99. 20. ▶ 점수 : 4점

콜라우시(Kohlrausch) 브리지법에 의해 그림과 같이 접지 저항을 측정하였을 경우 접지판 X의 접지 저항값은? 단, $R_{ab} = 70\,[\Omega]$, $R_{ca} = 95\,[\Omega]$, $R_{bc} = 125\,[\Omega]$이다.

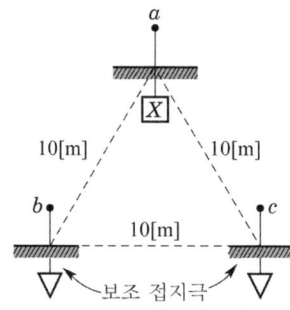

> 답안작성

$R_a = \dfrac{1}{2}(70 + 95 - 125) = 20\,[\Omega]$

> 해 설

- $R_a = \dfrac{1}{2}(R_{ab} + R_{ca} - R_{bc})$
- $R_b = \dfrac{1}{2}(R_{ab} + R_{bc} - R_{ca})$
- $R_c = \dfrac{1}{2}(R_{bc} + R_{ca} - R_{ab})$

변류기 결선

① 가동 접속(정상 접속)

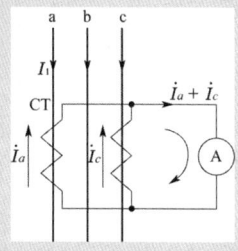
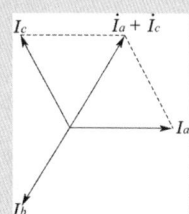

여기서, I_1 : 부하 전류, $\dot{I}_a, \dot{I}_b, \dot{I}_c$: CT 2차 전류

$\dot{I}_a + \dot{I}_c$: 전류계 Ⓐ의 지시값,

즉 Ⓐ의 지시는 CT 2차 전류와 같은 크기의 전류값 지시(I_b상)

② 차동 접속(교차 접속)

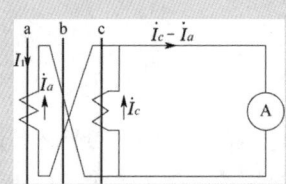 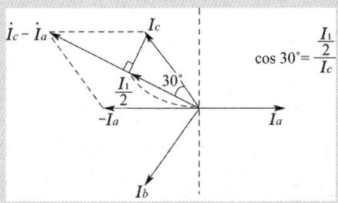

여기서, $\dot{I}_a - \dot{I}_c$: 전류계 Ⓐ 지시값, 즉 Ⓐ 의 지시는 CT 2차 전류의 $\sqrt{3}$ 배 지시

$I_1 = $ 전류계Ⓐ지시값 $\times \dfrac{1}{\sqrt{3}} \times$ CT비

문제 20 ▶출제년도 : 산업 97.   ▶점수 : 5점

변류기를 사용하여 전류계를 접속하려 한다. 다음 그림을 완성하고 전류의 방향을 표시 하시오. 단, 전류계의 전전류는 I_2로 한다.

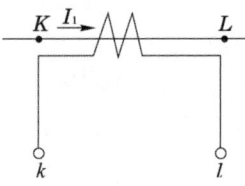

답안작성

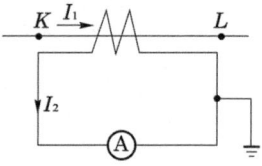

문제 21 ▶출제년도 : 산업 97.   ▶점수 : 5점

100/5[A]의 변류기(CT)와 5[A] 전류계를 이용해서 부하전류를 측정한 경우 전류계의 지시가 4[A]이었다. 이때 부하전류는 몇 [A]인가?

답안작성

계산 : $I_1 = 4 \times \dfrac{100}{5} = 80$ [A]

답 : 80[A]

문제 22 ▶출제년도 : 기사 96.   ▶점수 : 5점

평형 3상 회로의 전류를 측정하고자 변류비 100/5인 변류기를 그림과 같이 사용했을 때 전류계의 지시치가 8.66[A]이었다면 변류기 1차측 전류[A]는 얼마인가?

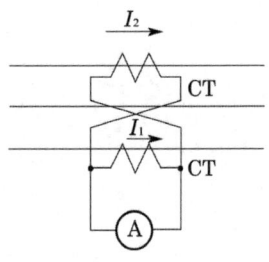

답안작성

계산 : 전류계 Ⓐ의 지시값 $= \sqrt{3}\, I_1 = \sqrt{3}\, I_2$

즉, CT 2차측 전류의 $\sqrt{3}$ 배를 지시하므로

변류기 1차 전류 $= \dfrac{8.66}{\sqrt{3}} \times \dfrac{100}{5} = 100$ [A]

답 : 100[A]

문제 23 ▶출제년도 : 기사 99. ▶점수 : 5점

CT 2대를 V 결선하여 OCR 3대를 그림과 같이 연결하였다. 3번 OCR에 흐르는 전류는 어떤 상의 전류인가?

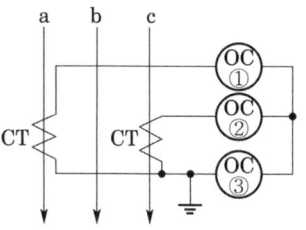

답안작성 b상

해 설 $\dot{I}_a + \dot{I}_b + \dot{I}_c = 0$ 에서 $\dot{I}_a + \dot{I}_c = -\dot{I}_b$

즉 OC_3에는 $\dot{I}_a + \dot{I}_c$가 흐르므로 b상의 전류가 된다.

전력의 측정 및 오차

1. 3전압계법

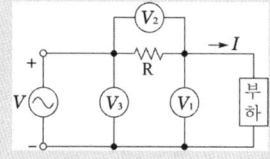

$$P = \frac{1}{2R}(V_3^2 - V_1^2 - V_2^2) \text{ [W]} \quad \text{즉, } P = \frac{V^2}{R} \text{의 형태임}$$

2. 3전류계법

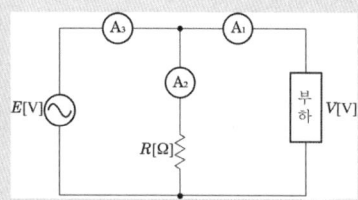

$$P = \frac{R}{2}(A_3^2 - A_1^2 - A_2^2) \text{ [W]} \quad \text{즉, } P = I^2 R \text{의 형태임}$$

3. 2전력계법

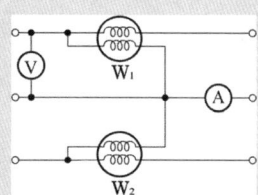

① 유효 전력 : $P = W_1 + W_2$ [W]

② 무효 전력 : $P_r = \sqrt{3}(W_1 - W_2)$ [VAR]

③ 피상 전력 : $P_a = 2\sqrt{W_1^2 + W_2^2 - W_1 W_2}$ [VA]

$P_a = \sqrt{3}\,VI$ [VA]

④ 역률 : $\cos\theta = \dfrac{W_1 + W_2}{2\sqrt{W_1^2 + W_2^2 - W_1 W_2}} = \dfrac{W_1 + W_2}{\sqrt{3}\,VI}$

4. 적산전력계의 측정값

$$P = \dfrac{3600 \cdot n}{t \cdot k} \times \text{CT비} \times \text{PT비}\ [\text{kW}]$$

여기서, n : 회전수[회], t : 시간[sec], k : 계기정수[rev/kWh]

5. 오차율

$$\epsilon = \dfrac{M - T}{T} \times 100\ [\%]$$

여기서, M : 측정값, T : 참값

6. 적산전력계의 구비 조건

① 오차가 적을 것　　② 튼튼하고 내구성이 있을 것
③ 가격이 저렴할 것　　④ 주위 온도의 영향을 적게 받을 것
⑤ 구입이 용이할 것

7. 적산전력계의 잠동

1) 잠동 현상

　무부하 상태에서 정격 주파수 및 정격 전압의 110[%]를 인가하여 계기의 원판이 1회전 이상 회전하는 현상

2) 방지 대책

　① 원판에 작은 구멍을 뚫는다.
　② 원판에 소철편을 붙인다.

8. 적산전력계의 결선(단독계기)

1) 단상 2선식

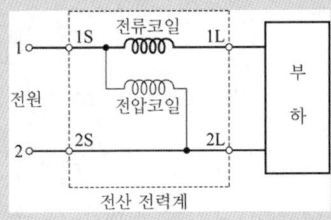
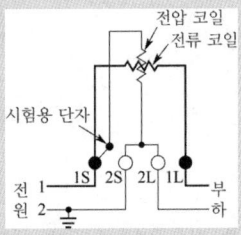

2) 3상 3선식 (1,2,3은 상순 표시), 단상 3선식(2는 중성선 표시)

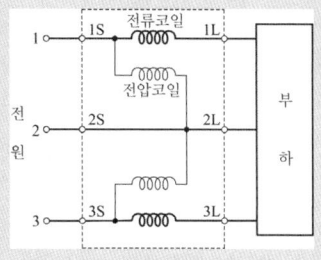 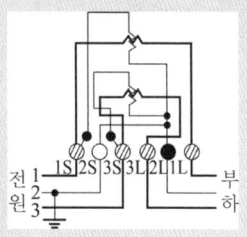

3) 3상 4선식 (1,2,3은 상순, 0은 중성선)

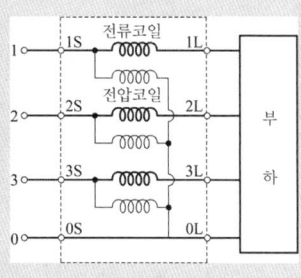 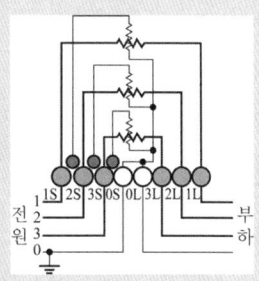

9. 적산전력계 결선 (변류기 부속)

1) 단상 2선식

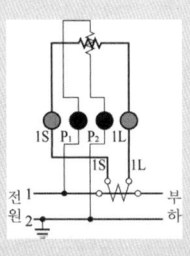

2) 3상 3선식, 단상 3선식

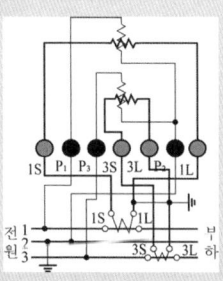

3) 3상 4선식

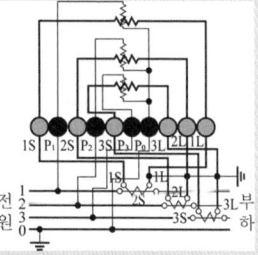

10. 적산전력계 결선 (전력수급용 계기용변성기 부속)

1) 단상 2선식

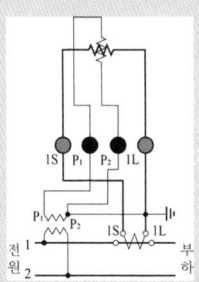

2) 3상 3선식, 단상 3선식

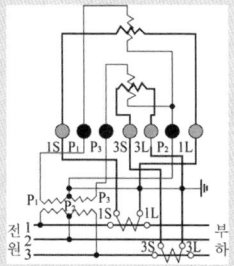

3) 3상 4선식

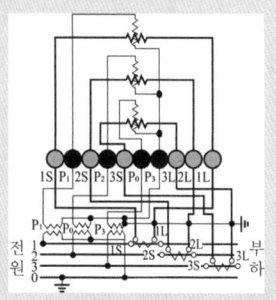

문제 24

▶출제년도 : 기사 96. ▶점수 : 4점

3상 3선식 6 [kV] 수전점에서 50/5 [A] CT 2대 6600/110 [V] PT 2대를 사용하여 CT 및 PT 2차측에서 측정한 전력이 500 [W]라면 수전한 전력은 몇 [kW]인가? (단, CT 및 PT의 전력손실은 무시한다.)

• 계산 :   • 답 :

답안작성

계산 : 수전전력 = $500 \times \frac{50}{5} \times \frac{6600}{110} \times 10^{-3} = 300$ [kW]

답 : 300 [kW]

해설 변류비 : 50/5 = 10배, 변압비 : 6600/110 = 60배 따라서
실제 전력은 계기 지시치의 $10 \times 60 = 600$배로서 500 [W] × 600 = 300,000 [W] = 300 [kW]

문제 25

▶출제년도 : 기사 91. 92. 96. 98. 04. ▶점수 : 4점

3상 3선식 380 [V]로 수전하는 수용가의 부하 전력이 75 [kW], 부하 역률이 85 [%], 구내 배전선의 긍장이 200 [m]이며, 배선에서 전압 강하를 6 [V]까지 허용하는 경우 구내 배선의 굵기를 구하시오. (단, 이때 배선의 굵기는 전선의 공칭단면적으로 표시하시오.)

• 계산 :   • 답 :

답안작성

계산 : $A = \frac{30.8 \times LI}{1000 \times e} = \frac{30.8 \times 200 \times \frac{75 \times 10^3}{\sqrt{3} \times 380 \times 0.85}}{1000 \times 6} = 137.63$ [mm²]

답 : 150 [mm²]

해설 ① 전압강하 계산

전기 방식	전압 강하		전선 단면적
단상 3선식 직류 3선식 3상 4선식	$e_1 = IR$	$e_1 = \frac{17.8LI}{1000A}$	$A = \frac{17.8LI}{1000e_1}$
단상 2선식 및 직류 2선식	$e_2 = 2IR = 2e_1$	$e_2 = \frac{35.6LI}{1000A}$	$A = \frac{35.6LI}{1000e_2}$
3상 3선식	$e_3 = \sqrt{3}IR = \sqrt{3}e_1$	$e_3 = \frac{30.8LI}{1000A}$	$A = \frac{30.8LI}{1000e_3}$

② KSC IEC 전선규격
1.5, 2.5, 4, 6, 10, 16, 25, 35, 50, 70, 95, 120, 150, 185, 240, 300, 400, 500, 630 [mm²]

문제 26

▶출제년도 : 기사 96. ▶점수 : 5점

6.6 [kV]에 설치한 CT비가 100/5 [A]라면 배전반에 설치한 계기의 눈금은 몇 [kW]짜리 전력계를 선정하여야 하는가? (단, PT비는 6600/110 [V]이며, 계기의 상규치 눈금이 150 [%]가 최대눈금이 되도록 선정할 것)

답안작성

계산 : $P = \sqrt{3} \times 6600 \times 100 \times 10^{-3} = 1143.15$ [kW]
최대눈금 150 [%]이므로
$1143.15 \times 1.5 = 1714.73$ [kW]
∴ 1800 [kW]

답 : 1800 [kW]

문제 27

▶ 출제년도 : 산업 93.　▶ 점수 : 18점

3φ3W Line에 WHM을 접속하여 전력량을 적산하기 위한 결선도이다. 다음 물음에 주어진 답안지에 계산식과 답을 쓰시오.

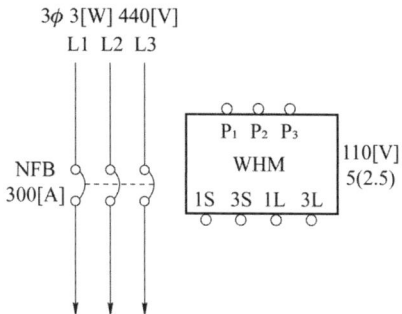

① 계산 중 발생되는 소숫점 둘째 자리 이하는 버릴 것
② [rpm]=계기 정수×전력

(1) WHM가 정상적으로 적산이 가능하도록 변성기를 추가하여 결선도를 완성하시오.
(2) WHM 형식 표기중 정격 전류 5(2.5)[A]는 무엇을 의미하는가?
(3) 이 WHM의 계기 정수는 1600[Rev/kWh]이다. 지금 부하 전류가 100[A]에서 변동없이 지속되고 있다면 원판의 1분간 회전수는?
　단, CT비 : 200/5[A] $\cos\theta = 1$
(4) WHM의 승률은? 단, CT비는 200/5로 한다.

답안작성　(1)

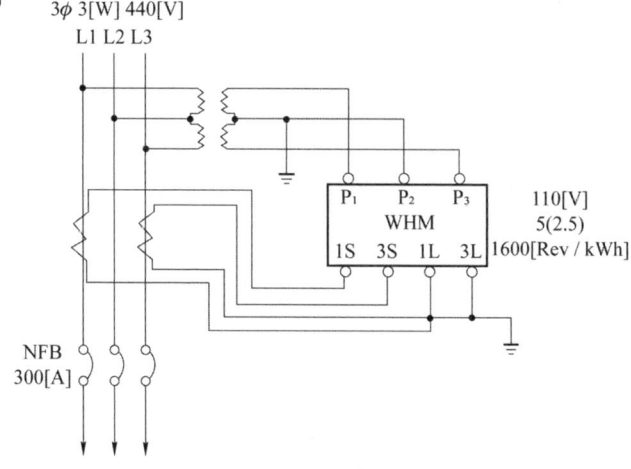

(2) Ⅱ형 계기로써 정격전류 5[A]에 대하여 $\frac{1}{20}$ 까지 그 정밀도를 보장한다는 것

(3) 1분간의 회전수 : n[rpm]＝계기 정수×전력

$$= 1600 \times \frac{\sqrt{3} \times 110 \times (100 \times \frac{5}{200}) \times 10^{-3}}{60} = 12.7 \text{ [회]}$$

(4) 승률(＝배율) : m＝CT 비×PT 비＝$\frac{200}{5} \times \frac{440}{110} = 160$ [배]

문제 28 ▶출제년도 : 기사 99. ▶점수 : 5점

200〔V〕 3상 3선식 적산 전력계의 결선 방법을 간단히 그려보시오. 단, 접지 표시할 것

답안작성

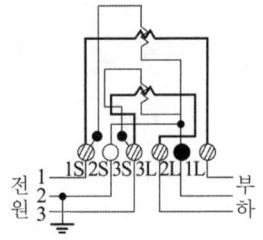

문제 29 ▶출제년도 : 산업 00. ▶점수 : 5점

답란의 그림에서 적산전력계를 결선하여 완성하시오. (단, 접지표시를 할 것)

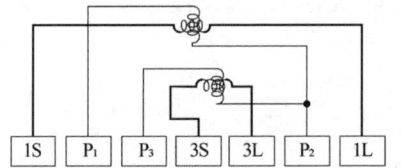

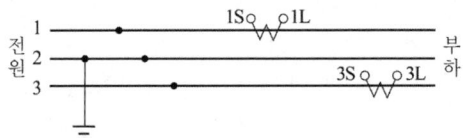

답안작성

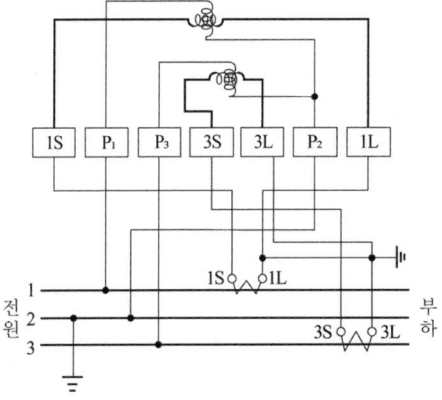

문제 30 ▶출제년도 : 산업 92. ▶점수 : 6점

답란의 그림에서 적산 전력계의 결선을 완성하시오.

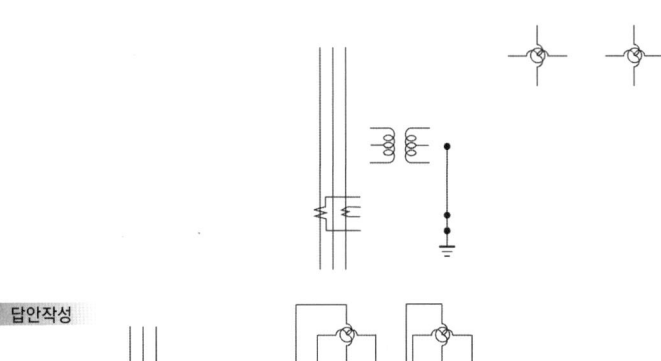

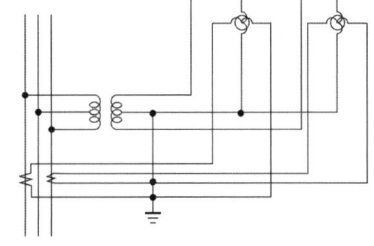

문제 31 ▸출제년도 : 기사 92. 96. ▸점수 : 5점

부하 전력을 그림과 같이 측정하였더니 전력계의 지시가 500 [W]이었다. 부하 전력은 몇 [kW]인지 계산하시오. (단, 변압비, 변류비는 각각 30, 20이다.)

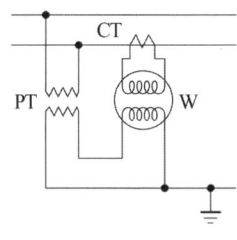

계산 : 부하 전력 [kW] = PT비 × CT비 × P
$$= 30 \times 20 \times 500 \times 10^{-3} = 300 \text{ [kW]}$$

답 : 300 [kW]

문제 32 ▸출제년도 : 기사 91. 95. ▸점수 : 5점

답안지의 적산 전력계를 완성하시오.

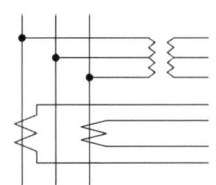

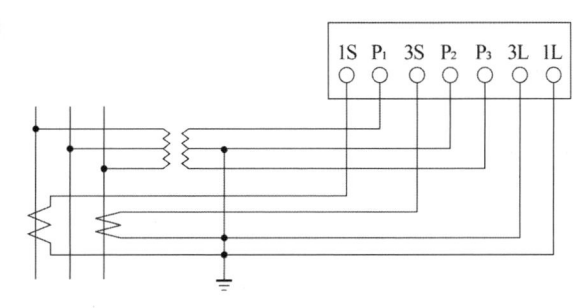

문제 33

▶ 출제년도 : 기사 93. 95. ▶ 점수 : 5점

3상 간선의 전압 및 전류를 PT 및 CT를 사용하여 측정하기 위한 결선도를 답란에 완성하시오. 단, 접지 표시를 하시오.

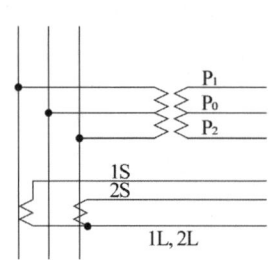
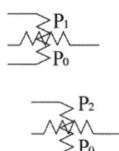

답안작성

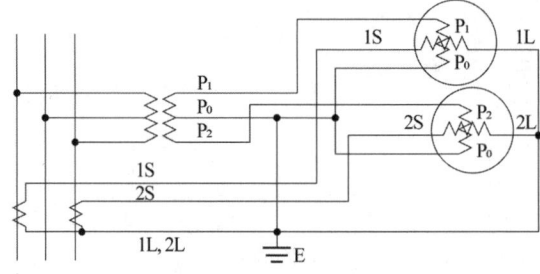

문제 34

▶ 출제년도 : 기사 97. ▶ 점수 : 5점

3상 4선식 변류기를 사용하는 경우에 전력량계를 결선하시오.

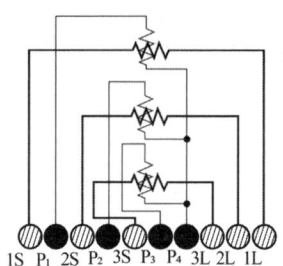

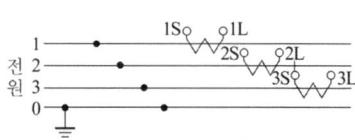

답안작성

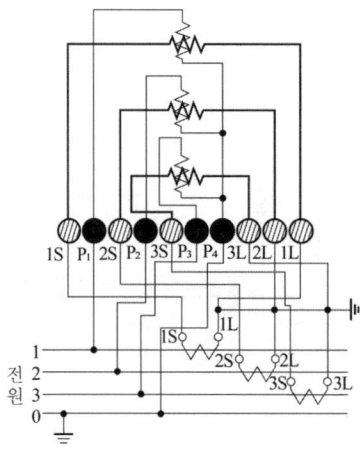

문제 35

▶ 출제년도 : 산업 93. ▶ 점수 : 4점

주어진 답안지에 CT부 3상 전력계의 결선도를 완성하시오.

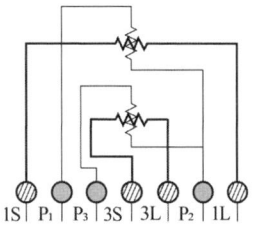
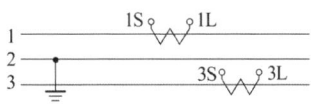

답안작성

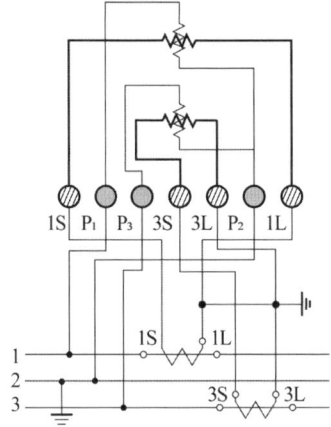

문제 36

▶ 출제년도 : 기사 89. 97. ▶ 점수 : 11점

3φ4W Line에 WHM를 접속하여 전력량을 적산시키기 위한 결선도이다. 다음 물음을 보고 주어진 답안지에 계산식과 답을 쓰시오.

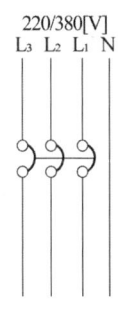
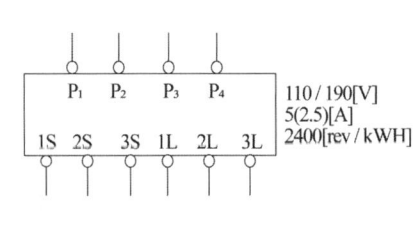

(1) WHM가 정상적으로 적산이 가능하도록 변성기를 추가하여 결선도를 완성하시오.
(2) 필요한 PT의 비율은?
(3) WHM 형식 표시 중 정격 전류 5(2.5)[A]는 무엇을 의미하는가?
(4) 이 WHM의 계기 정수는 2400[Rev/kWh]이다. 지금 부하 전류가 150[A]에서 변동없이 지속되고 있다면 원판의 1분간 회전수[Rev/min]는? CT비는 300/5, $\cos\theta = 1$, 50[%] 부하시 WHM으로 흐르는 전류는 2.5[A]임
(5) WHM의 승률은? CT비는 300/5 로 한다.
　단, ① 계산 중 발생하는 소수점은 둘째 자리 이하는 버린다.
　　　② n[rpm] = 계기 정수×전력

답안작성 (1)

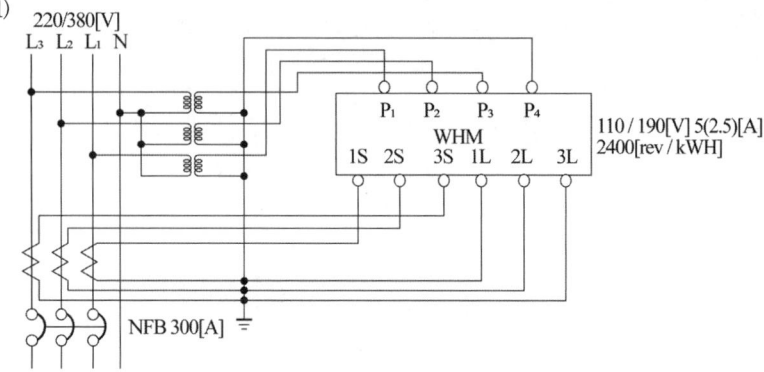

(2) PT비 $= \dfrac{220}{110}$

(3) Ⅱ형 계기로써 정격 전류 5[A]에 대하여 $\dfrac{1}{20}$ 까지 그 정밀도를 보장한다는 것

(4) $P = \sqrt{3}\,VI\cos\theta = \sqrt{3} \times 380 \times 150 \times 1 \times 10^{-3} = 98.73\,[\text{kW}]$

$P = \dfrac{3600 \times n}{t \times k} \times \text{CT비} \times \text{PT비}$ 에서

회전수 $n = \dfrac{P \times t \times k}{3600 \times \text{CT비} \times \text{PT비}} = \dfrac{98.73 \times 60 \times 2400}{3600 \times 60 \times 2} = 32.91\,[\text{Rev/min}]$

(5) 승률 $m = \text{CT비} \times \text{PT비} = \dfrac{300}{5} \times \dfrac{220}{110} = 120\,[\text{배}]$

해설 (4) • CT비 $= \dfrac{300}{5} = 60$ • PT비 $= \dfrac{220}{110} = 2$

불평형률

1. 저압 수전의 단상 3선식

$$\text{설비 불평형률} = \dfrac{\text{중성선과 각 전압측 전선간에 접속되는 부하 설비 용량[kVA]의 차}}{\text{총 부하 설비 용량[kVA]의 1/2}} \times 100\,[\%]$$

여기서, 불평형률은 40[%] 이하이어야 한다.

2. 저압, 고압 및 특고압 수전의 3상3선식 또는 3상 4선식

$$\text{설비 불평형률} = \dfrac{\text{각 선간에 접속되는 단상 부하 총 부하 설비 용량[kVA]의 최대와 최소의 차}}{\text{총 부하 설비 용량[kVA]의 1/3}} \times 100\,[\%]$$

여기서, 불평형률은 30[%] 이하이어야 한다. 다만, 다음 각 호의 경우에는 이 제한을 따르지 않을 수 있다.

① 저압 수전에서 전용 변압기 등으로 수전하는 경우
② 고압 및 특고압 수전에서 100 [kVA](kW) 이하의 단상 부하의 경우
③ 고압 및 특고압 수전에서 단상 부하 용량의 최대와 최소의 차가 100 [kVA](kW) 이하인 경우
④ 특고압 수전에서 100 [kVA](kW) 이하의 단상 변압기 2대로 역 V결선하는 경우
※설비 불평형률의 계산식에서 부하설비용량의 단위는 반드시 [kVA]의 수치로 계산하여야 한다.

즉, $\dfrac{[kW]}{\cos\theta} = [kVA]$를 적용한다.

문제 37

▶출제년도 : 기사 98.   ▶점수 : 5점

다음의 단상 3선식 회로를 보고 물음에 답하시오. (단, L_1 : 8 [kW]이고 역률은 80 [%], L_2 : 9 [kW]이고 역률은 90 [%], L_3 : 18 [kW]이고 역률은 75 [%])

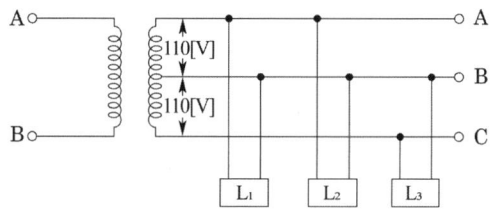

(1) 단상 3선식 회로의 설비 불평형률 기준은?
(2) 상기 회로의 설비 불평형률을 구하시오.

답안작성

(1) 단상 3선식 불평형률은 40 [%] 이하

(2) 계산 : $L_1 = \dfrac{8}{0.8} = 10 [kVA]$

$L_2 = \dfrac{9}{0.9} = 10 [kVA]$

$L_3 = \dfrac{18}{0.75} = 24 [kVA]$

설비 불평형률 $= \dfrac{24 - (10+10)}{(10+10+24) \times \dfrac{1}{2}} \times 100 = 18.18 [\%]$

답 : 18.18 [%]

해 설 저압 수전의 단상 3선식

설비불평형률 $= \dfrac{\text{중성선과 각 전압측 전선간에 접속되는 부하설비용량[kVA]의 차}}{\text{총 부하 설비 용량[kVA]의 1/2}} \times 100 [\%]$

여기서, 불평형률은 40 [%] 이하이어야 한다.

문제 38

▶출제년도 : 산업 94. 98. 03.   ▶점수 : 5점

그림과 같은 3상 3선식 3300[V] 배전선로에서 단상 및 3상 변압기에 전력을 공급하고자 한다. 선로의 불평형률은 몇 [%]인가? (단, 소수점 1자리까지 적으시오.)

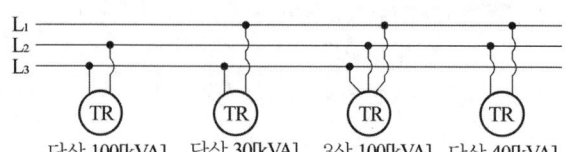

답안작성

계산 : 불평형률 = $\dfrac{100-30}{\dfrac{1}{3}(100+30+100+40)} \times 100 ≒ 77.8$ [%]

답 : 77.8[%]

해 설

3상에서 설비불평형률

불평형률 = $\dfrac{\text{각 선간에 접속되는 단상부하 총부하 설비용량[kVA]의 최대와 최소의 차}}{\text{총부하설비용량[kVA]} \times 1/3} \times 100$ [%]

여기서, 설비불평형률은 30[%] 이하이어야 한다.

문제 39

▶출제년도 : 산업 98. 00. 04. 07.   ▶점수 : 6점

다음 물음에 답하시오.

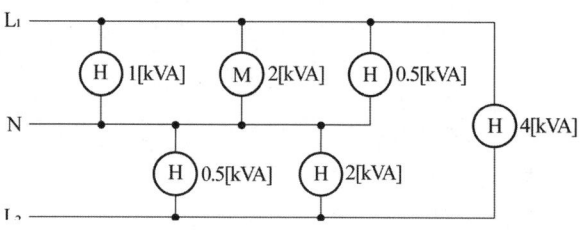

(1) 설비의 불평형률을 구하시오.
(2) 기준에 따른 적정, 부적정 여부를 판단하시오.

답안작성

(1) 계산 : 설비 불평형률 = $\dfrac{(1+2+0.5)-(0.5+2)}{\dfrac{1}{2}(1+2+0.5+0.5+2+4)} \times 100 = 20$ [%]

답 : 20[%]
(2) 설비 불평형률이 40[%] 이하이므로 양호함

해 설

(1) 단상 3선식에서의 설비불평형률

설비불평형률 = $\dfrac{\text{중성선과 각 전압측 전선간에 접속되는 부하 설비용량[kVA]의 차}}{\text{총 부하 설비용량[kVA]의 1/2}} \times 100$ [%]

여기서, 불평형률은 40[%] 이하이어야 한다.

문제 40

▶출제년도 : 기사 94.   ▶점수 : 5점

다음 그림과 같은 3상 3선식 200[V] 수전선로가 있다. 이 선로의 설비불평형률[%]은 얼마인가? 단, 소수점 첫째 자리에서 반올림할 것

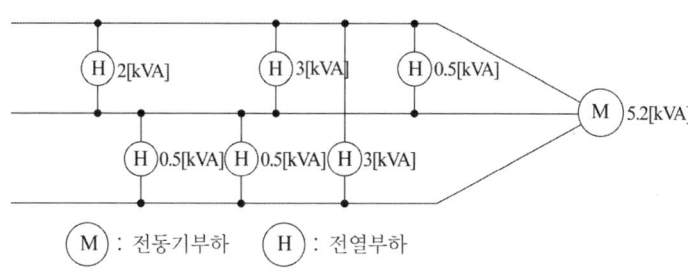

(M) : 전동기부하   (H) : 전열부하

답안작성

계산 : 불평형률 $= \dfrac{(2+3+0.5)-(0.5+0.5)}{(2+3+0.5+5.2+3+0.5+0.5) \times \dfrac{1}{3}} \times 100 = 91.84\,[\%]$

답 : 92 [%]

MEMO

2025 최신판

최신출제경향 및 출제기준에 따른

답이보인다
30일 단기완성
전기공사기사
산업기사
실기

2

동일출판사

차례 Contents

2010~2024 전기공사기사실기

2010 전기공사사실기
- 2010년 1회 ········· 6
- 2010년 2회 ········· 14
- 2010년 4회 ········· 22

2011 전기공사사실기
- 2011년 1회 ········· 33
- 2011년 2회 ········· 44
- 2011년 4회 ········· 53

2012 전기공사사실기
- 2012년 1회 ········· 62
- 2012년 2회 ········· 71
- 2012년 4회 ········· 81

2013 전기공사사실기
- 2013년 1회 ········· 92
- 2013년 2회 ········· 103
- 2013년 4회 ········· 114

2014 전기공사사실기
- 2014년 1회 ········· 123
- 2014년 2회 ········· 135
- 2014년 4회 ········· 148

2015 전기공사사실기
- 2015년 1회 ········· 156
- 2015년 2회 ········· 167
- 2015년 4회 ········· 178

2016 전기공사사실기
- 2016년 1회 ········· 188
- 2016년 2회 ········· 199
- 2016년 4회 ········· 208

2017 전기공사사실기
- 2017년 1회 ········· 221
- 2017년 2회 ········· 232
- 2017년 4회 ········· 240

2018 전기공사사실기
- 2018년 1회 ········· 248
- 2018년 2회 ········· 259
- 2018년 4회 ········· 267

2019 전기공사사실기
- 2019년 1회 ········· 279
- 2019년 2회 ········· 293
- 2019년 4회 ········· 307

2020 전기공사사실기
- 2020년 1회 ········· 317
- 2020년 2회 ········· 332
- 2020년 3회 ········· 345
- 2020년 4회 ········· 358

2021 전기공사사실기
- 2021년 1회 ········· 370
- 2021년 2회 ········· 385
- 2021년 4회 ········· 400

2022 전기공사사실기
- 2022년 1회 ········· 410
- 2022년 2회 ········· 423
- 2022년 4회 ········· 436

2023 전기공사사실기
- 2023년 1회 ········· 449
- 2023년 2회 ········· 463
- 2023년 4회 ········· 475

2024 전기공사사실기
- 2024년 1회 ········· 487
- 2024년 2회 ········· 500
- 2024년 3회 ········· 513

2010~2024 전기공사산업기사실기

2010 전기공사산업기사실기
- 2010년 1회 ········· 526
- 2010년 2회 ········· 533
- 2010년 4회 ········· 541

2011 전기공사산업기사실기
- 2011년 1회 ········· 550
- 2011년 2회 ········· 557
- 2011년 4회 ········· 565

2012 전기공사산업기사실기
- 2012년 1회 ········· 572
- 2012년 2회 ········· 580
- 2012년 4회 ········· 589

2013 전기공사산업기사실기
- 2013년 1회 ········· 597
- 2013년 2회 ········· 607
- 2013년 4회 ········· 617

2014 전기공사산업기사실기
- 2014년 1회 ········· 626
- 2014년 2회 ········· 637
- 2014년 4회 ········· 646

2015 전기공사산업기사실기
- 2015년 1회 ········· 653
- 2015년 2회 ········· 661
- 2015년 4회 ········· 673

2016 전기공사산업기사실기
- 2016년 1회 ········· 680
- 2016년 2회 ········· 691
- 2016년 4회 ········· 702

2017 전기공사산업기사실기
- 2017년 1회 ········· 713
- 2017년 2회 ········· 724
- 2017년 4회 ········· 734

2018 전기공사산업기사실기
- 2018년 1회 ········· 742
- 2018년 2회 ········· 751
- 2018년 4회 ········· 761

2019 전기공사산업기사실기
- 2019년 1회 ········· 769
- 2019년 2회 ········· 781
- 2019년 4회 ········· 792

2020 전기공사산업기사실기
- 2020년 1회 ········· 798
- 2020년 2회 ········· 808
- 2020년 3회 ········· 819
- 2020년 4회 ········· 830

2021 전기공사산업기사실기
- 2021년 1회 ········· 841
- 2021년 2회 ········· 852
- 2021년 4회 ········· 863

2022 전기공사산업기사실기
- 2022년 1회 ········· 876
- 2022년 2회 ········· 889
- 2022년 4회 ········· 902

2023 전기공사산업기사실기
- 2023년 1회 ········· 914
- 2023년 2회 ········· 927
- 2023년 4회 ········· 940

2024 전기공사산업기사실기
- 2024년 1회 ········· 953
- 2024년 2회 ········· 967
- 2024년 3회 ········· 978

MEMO

답이보인다!! 전기공사기사·산업기사 실기

최근15년간
(2010년~2024년)

전기공사기사실기
과년도 문제

※ 본 도서의 출제문제는 복원된 문제이므로, 실제 문제와는 다소 차이가 있을 수 있습니다.

2010년 1회 전기공사기사실기

▶출제년도 : 기사 91. 95. 97. 02. 10.   ▶점수 : 6점

문1 그림과 같은 계통에서 기기의 A점에서 완전 지락이 발생하였을 경우 다음 물음에 답하시오.

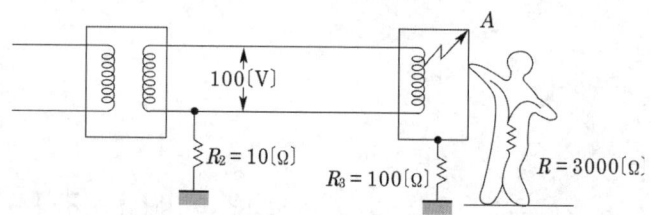

(1) 이 기기의 외함에 인체가 접촉하고 있지 않을 경우 이 외함의 대지 전압은 몇 [V]로 되겠는가?
  • 계산 :   • 답 :

(2) 이 기기의 외함에 인체가 접촉하였을 경우 인체에는 몇 [mA]의 전류가 흐르는가?
  • 계산 :   • 답 :

(3) 인체 접촉 시 인체에 흐르는 전류를 10[mA] 이하로 하려면 기기의 외함에 시공된 접지 공사의 접지 저항 $R_3[\Omega]$의 값을 얼마의 것으로 바꾸어 주어야 하는가?
  • 계산 :   • 답 :

● 답안작성

(1) **계산** : 외함의 대지 전압 = 지락 전류×접지 저항 = $\dfrac{100}{100+10}\times 100 = 90.91[V]$
  답 : 90.91[V]

(2) **계산** : $I = \dfrac{100}{10+\dfrac{100\times 3{,}000}{100+3{,}000}}\times \dfrac{100}{100+3{,}000} = 0.03021[A] = 30.21[mA]$
  답 : 30.21[mA]

(3) **계산** : 기기의 접지 저항을 R_3라 하면

$$0.01 \geq \dfrac{100}{10+\dfrac{3{,}000R_3}{R_3+3{,}000}}\times \dfrac{R_3}{R_3+3{,}000}$$

위 식에서 R_3를 구하면 $R_3 \leq 4.29[\Omega]$
  답 : $R_3 \leq 4.29[\Omega]$

● 해 설

(1) 인체가 접촉하지 않은 경우

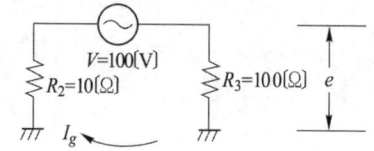

(2) 인체가 접촉하였을 경우

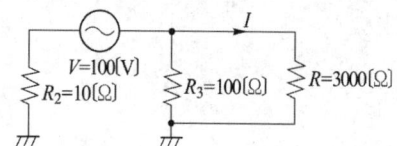

▸ 출제년도 : 기사 07, 10, 16. ▸ 점수 : 3점

문2 충전되어 있는 활선을 움직이거나 작업권 밖으로 밀어낼 때, 또는 활선을 다른 장소로 옮길 때 사용하는 절연봉의 명칭은?

● 답안작성

와이어 통

▸ 출제년도 : 04, 06, 10. ▸ 점수 : 5점

문3 공구 손료에 대하여 설명하시오.

● 답안작성

일반공구 및 시험용 계측 기구류의 손료로써 공사 중 상시 일반적으로 사용하는 것을 말하며, 직접 노무비(노임할증 제외)의 3[%]까지 계상한다.

▸ 출제년도 : 기사 05, 08, 10, 16, 22. ▸ 점수 : 5점

문4 조명기구의 통칙에서 용어의 정의 중 Ⅲ등급 기구란?

● 답안작성

정격 전압이 AC 30[V] 이하인 전압에 접속하는 기구

● 해 설

KS C 8000

등급0기구	접지단자 또는 접지선을 갖지 않고, 기초절연만으로 전체가 보호된 기구
등급Ⅰ기구	기초절연만으로 전체를 보호한 기구로서, 보호 접지단자 혹은 보호 접지선 접속부를 갖든가 또는 보호 접지선이 든 코드와 보호 접지선 접속부가 있는 플러그를 갖추고 있는 기구
등급Ⅱ기구	2중절연을 한 기구(다만, 원칙적인 2중절연이 하기 어려운 부분에는 강화절연을 한 기구를 포함한다)또는 기구의 외곽 전체를 내구성이 있는 견고한 절연재료로 구성한 기구와 이들을 조합한 기구
등급Ⅲ기구	정격 전압이 AC 30[V] 이하인 전압에 접속하는 기구

▸ 출제년도 : 기사 10, 산업 01, 03. ▸ 점수 : 6점

문5 예비전원용 고압 발전기에서 부하에 이르는 전로에는 발전기의 가까운 곳에 쉽게 개폐 및 점검을 할 수 있는 곳에 개폐기 및 (   ), (   ), (   )를 시설하여야 하는가?

● 답안작성

과전류 차단기, 전압계, 전류계

● 해 설

예비전원으로 시설하는 고압 발전기에서 부하에 이르는 전로는 발전기에 가까운 곳에 개폐기, 과전류 차단기, 전압계 및 전류계를 시설하여야 한다.

▶출제년도 : 기사 93, 99, 05, 10, 20.   ▶점수 : 6점

문6 지름 10[mm]의 경동선을 사용한 가공 전선로가 있다. 경간은 100[m]로 지지점의 높이는 동일하다. 지금 수평 풍압 110[kg/m²]인 경우에 전선의 안전율을 2.2로 하기 위하여 전선의 길이를 얼마로 하면 좋은가? 단, 전선 1[m]의 무게는 0.7[kg], 전선의 인장강도는 2,860[kg]으로서 장력에 의한 전선의 신장은 무시한다.

•계산 :   •답 :

● 답안작성

계산 : $W = \sqrt{0.7^2 + 1.1^2} = 1.3$

$D = \dfrac{WS^2}{8T} = \dfrac{1.3 \times 100^2}{8 \times \left(\dfrac{2,860}{2.2}\right)} = 1.25[m]$

$L = S + \dfrac{8D^2}{3S} = 100 + \dfrac{8 \times 1.25^2}{3 \times 100} = 100.04[m]$

답 : 100.04[m]

● 해 설

① 하중

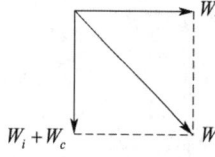

• 풍압하중(W_w)
• 전선에 가해지는 합성하중(W)
• 전선의 자중(W_c)
• 빙설 하중(W_i)

• $W = \sqrt{(W_i + W_c)^2 + W_w^2}$

② 전선 1[m]당 풍압하중 $W_w = 110 \times 10 \times 10^{-3} = 1.1[kg/m]$

▶출제년도 : 기사 10, 18, 20.   ▶점수 : 5점

문7 전기설비기술기준 및 한국전기설비규정(KEC)에 의한 지중전선로의 케이블 시설방법 3가지를 쓰시오.

● 답안작성

직접 매설식, 관로식, 암거식

● 해 설

지중전선로의 시설(KEC 334.1)
지중 전선로는 전선에 케이블을 사용하고 또한 관로식·암거식(暗渠式) 또는 직접 매설식에 의하여 시설하여야 한다.

▶출제년도 : 기사 98, 10.   ▶점수 : 5점

문8 Ⓥⓐⓡ 은 무엇을 나타내는 심벌인가?

● 답안작성

무효 전력계

▶ 출제년도 : 기사 98. 02. 03. 04. 06. 07. 17. 23.   ▶ 점수 : 10점

문 9 변압기의 병렬 운전 조건을 4가지 기술하고, 이들 조건이 맞지 않을 경우에 어떤 현상이 나타나는지 간단히 서술하시오.

● 답안작성

병렬운전 조건	조건이 맞지 않는 경우
정격 전압(권수비)이 같은 것	순환 전류가 흘러 권선이 과열
극성이 일치할 것	큰 순환 전류가 흘러 권선이 소손
% 임피던스 강하(임피던스 전압)가 같은 것	부하의 분담이 용량의 비가 되지 않아 부하의 분담이 균형을 이룰 수 없다.
내부 저항과 누설 리액턴스의 비 (즉 $r_a/x_a = r_b/x_b$)가 같은 것	각 변압기의 전류 간에 위상차가 생겨 동손이 증가

▶ 출제년도 : 기사 00. 05. 10.   ▶ 점수 : 5점

문 10 단상 2선식 200[V] 옥내 배선에서 접지저항이 90[Ω]인 금속관 안의 임의의 개소에서 전선이 절연 파괴되어 도체가 직접 금속관 내면에 접촉되었다면 대지 전압은 몇 [V]가 되겠는가? (단, 이 전로에 공급하는 변압기 저압측의 한 단자에 중성점 접지공사가 되어 있고 그 접지 저항은 30[Ω]이라고 한다.)

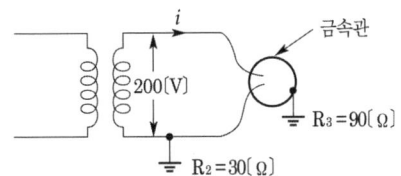

● 답안작성

계산 : $V_g = \dfrac{R_3}{R_2 + R_3} \times V = \dfrac{90}{30+90} \times 200 = 150[V]$

답 : 150[V]

● 해 설

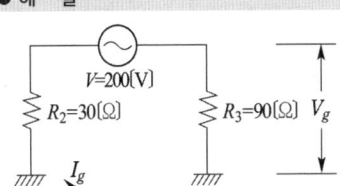

$I_g = \dfrac{V}{R_2 + R_3}$

$V_g = I_g \times R_3 = \dfrac{V}{R_2 + R_3} \times R_3$

▶ 출제년도 : 기사 93. 10. 15. 18.   ▶ 점수 : 5점

문 11 콘크리트 전주(CP주)의 지표면에서의 지름[cm]을 구하여라. 단, 설계 하중 : 500[kg], 전주 규격 : 16[m], 전주 말구 지름 : 19[cm]

• 계산 :   • 답 :

● 답안작성

계산 : 지표면에서의 지름

$$D = 19 + (16 - 2.5) \times 10^2 \times \frac{1}{75} = 37 [\text{cm}]$$

답 : 37[cm]

● 해 설

① $D[\text{cm}] = d[\text{cm}] + H \times \frac{1}{75} \times 100$

여기서, D : 지표면에서의 전주의 지름[cm]
d : 전주 말구 지름[cm]
H : 전주의 지표면상 길이[m]

② 전주의 지름 증가율 $\begin{cases} 목주 : \dfrac{9}{1,000} \\ CP주 : \dfrac{1}{75} \end{cases}$

③ 전주의 전장이 15[m] 이상일 경우 전주의 근입은 2.5[m] 이상

▶출제년도 : 기사 10. ▶점수 : 8점

문12 다음은 전동기의 정·역회전 회로도이다. 회로를 이해하고 질문에 답하시오.

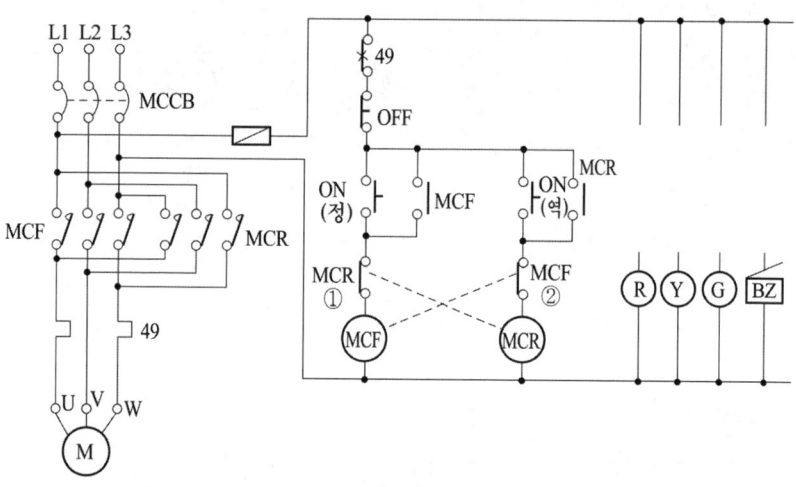

(1) ①, ②의 접점의 목적은?
(2) 49의 명칭은 무엇인가?
(3) 정회전에 ⓡ, 역회전에 ⓨ, 정, 역 모두 정지 시 ⓖ Lamp가 동작되고, 전동기가 운전 중 과전류 등의 고장에 의하여 Thr(49)이 트립되어 전동기가 정지되고 경보용 Bz가 작동되도록 문제의 회로도에 그리시오.

● 답안작성

(1) 인터록 접점으로 정회전과 역회전의 동시 투입 방지
(2) 열동계전기

(3)

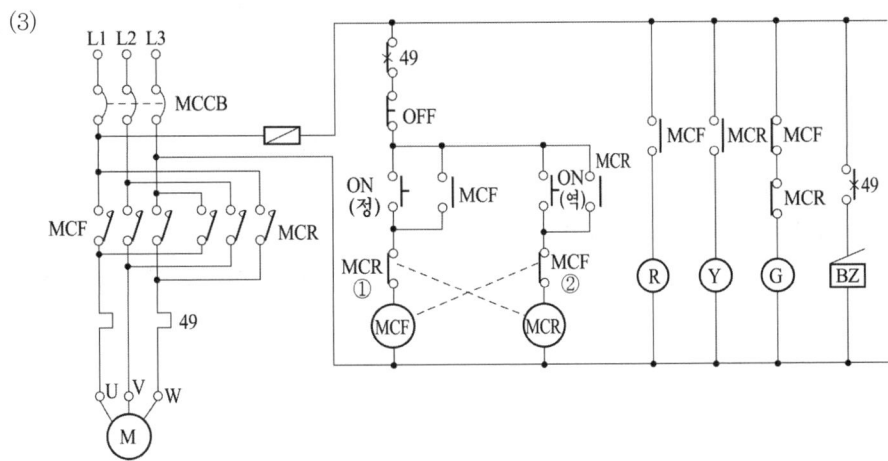

문13

▸출제년도 : 기사 98. 01. 10.　▸점수 : 6점

전용면적 30평(99[m²])인 아파트에서 다음을 구하시오. (단, 가산하는 [VA] 수는 규정에 의한 최고치로 한다.)

(1) 표준부하 산정법에 의하여 부하[VA]를 산정하시오.
(2) 단위세대의 기준이 되는 최소전력[kW]을 구하시오.

● 답안작성

(1) $99 \times 40 + 1000 = 4,960 [\text{VA}]$
(2) 3[kW]

● 해 설

① 건축물의 종류에 따른 표준 부하

건물의 종류	표준 부하 [VA/m²]
공장, 공회당, 사원, 교회, 극장, 영화관 등	10
기숙사, 여관, 호텔, 병원, 학교, 음식점, 다방, 대중 목욕탕	20
사무실, 은행, 상점, 이발소	30
주택, 아파트	40

② 가산부하
- 주택, 아파트(1세대마다) : 500~1,000[VA]
- 상점의 진열장 폭 1[m]에 대해 : 300[VA]

문14

▸출제년도 : 기사 07. 10.　▸점수 : 6점

등전위 본딩선에서 주 접지단자에 접속되는 등전위 본딩선의 단면적에 대한 다음 물음에 답하시오.

(1) 동은 몇 [mm²] 이상인가?
(2) 알루미늄은 몇 [mm²] 이상인가?
(3) 철은 몇 [mm²] 이상인가?

● 답안작성

(1) 6[mm²]
(2) 16[mm²]
(3) 50[mm²]

● 해 설

등전위본딩 도체(KEC 143.3)
주접지단자에 접속하기 위한 등전위본딩 도체는 설비 내에 있는 가장 큰 보호접지도체 단면적의 1/2 이상의 단면적을 가져야 하고, 다음의 단면적 이상이어야 한다.
(1) 구리도체 6[mm²]
(2) 알루미늄 도체 16[mm²]
(3) 강철 도체 50[mm²]

▶출제년도 : 기사 10. 산업 00. ▶점수 : 4점

문15 22.9[kV] 3상 4선식 다중접지 배전계통에 접속되어 있는 변전설비에 부설하는 피뢰기의 정격전압은 몇 [kV]인가?

● 답안작성

18[kV]

● 해 설

피뢰기 정격 전압

전력 계통		피뢰기 정격 전압[kV]	
전압[kV]	중성점 접지 방식	변전소	배전 선로
345	유효접지	288	–
154	유효접지	144	–
66	PC 접지 또는 비접지	72	–
22	PC 접지 또는 비접지	24	–
22.9	3상 4선 다중접지	21	18

[주] 전압 22.9[kV-Y] 이하의 배전선로에서 수전하는 설비의 피뢰기 정격전압[kV]은 배전선로용을 적용한다.

▶출제년도 : 기사 10. ▶점수 : 6점

문16 3상 3선식, 선간전압 200[V], 60[Hz]인 선로에 15[kW], 역률 80[%]의 부하가 있다. Y결선 콘덴서를 부하와 병렬로 접속하여 역률을 95[%]로 개선하고자 하는 경우 콘덴서 용량은 몇 [μF]인가?

● 답안작성

계산 : $Q_c = 15 \times \left(\dfrac{\sqrt{1-0.8^2}}{0.8} - \dfrac{\sqrt{1-0.95^2}}{0.95} \right) = 6.32 [\text{kVA}]$

$C = \dfrac{Q_c}{2\pi f V^2} = \dfrac{6.32 \times 10^3}{2\pi \times 60 \times 200^2} \times 10^6 = 419.11 [\mu\text{F}]$

답 : 419.11 [μF]

● 해 설

역률개선용 콘덴서 용량

$$Q_c = P\left(\tan\theta_1 - \tan\theta_2\right) = P\left(\frac{\sin\theta_1}{\cos\theta_1} - \frac{\sin\theta_2}{\cos\theta_2}\right) = P\left(\frac{\sqrt{1-\cos^2\theta_1}}{\cos\theta_1} - \frac{\sqrt{1-\cos^2\theta_2}}{\cos\theta_2}\right)$$

개정된 '전기설비 기술기준 및 판단기준'과 '내선규정'에 의거해 삭제된 문제가 있어 점수의 합계가 100점이 되지 않습니다.

2010년 2회 전기공사기사실기

문1 ▸출제년도 : 기사 89. 95. 10. 산업 22.   ▸점수 : 4점

다음은 전기배선용 심벌을 나타낸 것이다. 각각의 명칭을 기입하여라.

(1) ●↗15A   (2) ⊗   (3) ⊖G   (4) ▲

● 답안작성
(1) 15[A]용 조광기   (2) 셀렉터 스위치
(3) 누전 경보기   (4) 리모콘 릴레이

문2 ▸출제년도 : 기사 10.   ▸점수 : 6점

지중 전선로의 전선으로 사용하는 케이블의 지중전선로 시설방법 3가지를 쓰시오.

● 답안작성
① 관로식   ② 암거식   ③ 직접매설식

● 해 설
지중전선로의 시설(KEC 334.1)
지중 전선로는 전선에 케이블을 사용하고 또한 관로식·암거식(暗渠式) 또는 직접 매설식에 의하여 시설하여야 한다.

문3 ▸출제년도 : 기사 04. 10.   ▸점수 : 5점

345[kV] 변전소 모선에 알루미늄 파이프(AL TUBE)를 설치 시, 알루미늄 파이프에 단위당 길이의 중앙 하단에 직경 10[mm]의 구멍을 뚫는다. 그 이유는?

● 답안작성
결로에 의해 알루미늄 파이프 내부에 생긴 수분 제거

문4 ▸출제년도 : 기사 05. 10.   ▸점수 : 5점

조명기구의 설치 시에는 먼저 천장의 내부 상태를 잘 알고 있어야 시공할 때에 일어날 수 있는 분쟁을 미연에 방지할 수 있다. 어떠한 사항 등을 고려하여 면밀히 검토하여야 하는가를 2가지로 구분하여 답하시오.

● 답안작성
① 매입형 기구가 공조 덕트, 급·배수 배관과의 접촉 여부
② 천장면에 설치하는 공조의 디퓨저(diffuser) 등 다른 설비와 배치관계

● 해 설
그 외, ③ 2중 천장의 바탕 재료가 무엇으로 구성되어 있는지의 여부

▸출제년도 : 기사 10. 산업 93. 96. 04. ▸점수 : 5점

문5 3상 3선식의 6.6[kV] 가공배전 선로에 접속된 주상변압기의 저압측에 시설될 중성점 접지공사의 접지저항값을 구하시오.(단, 1초 초과, 2초 이내에 자동적으로 고압전로를 차단할 수 있게 되어 있으며, 고압측 1선 지락전류는 5[A]라고 한다.)
•계산 :   •답 :

● 답안작성

계산 : $R = \dfrac{300}{I_g} = \dfrac{300}{5} = 60[\Omega]$

답 : $60[\Omega]$

● 해 설

중성점 접지공사의 접지저항

① 자동차단장치가 없는 경우 $R_2 = \dfrac{150}{1선\ 지락전류}[\Omega]$

② 2초 이내에 동작하는 자동차단장치가 있는 경우 $R_2 = \dfrac{300}{1선\ 지락전류}[\Omega]$

③ 1초 이내에 동작하는 자동차단장치가 있는 경우 $R_2 = \dfrac{600}{1선\ 지락전류}[\Omega]$

▸출제년도 : 기사 10. 산업 01. 03. ▸점수 : 8점

문6 다음 설명의 (   ) 안에 알맞은 용어를 쓰시오.

"예비 전원으로 시설하는 저압 발전기에서 부하에 이르는 전로에는 발전기에 가까운 곳에 쉽게 개폐 및 점검을 할 수 있는 곳에 (   ), (   ), (   ), (   )를(을) 시설하여야 한다."

● 답안작성

개폐기, 과전류 차단기, 전압계, 전류계

● 해 설

예비전원으로 시설하는 고압발전기에서 부하에 이르는 전로는 발전기에 가까운 곳에 개폐기, 과전류 차단기, 전압계 및 전류계를 시설하여야 한다.

▸출제년도 : 기사 10. 산업 98. ▸점수 : 6점

문7 금속관공사에 대한 설명이다. 문제를 읽고 (   ) 안에 알맞은 답을 쓰시오.
(1) 금속관을 구부릴 경우 금속관의 단면이 심하게 변형되지 아니하도록 구부려야 하며, 그 안측의 반지름은 관 안지름의 (①)배 이상이 되어야 한다.
(2) 굴곡개소가 많은 경우 또는 관의 길이가 (②)[m]를 초과하는 경우에는 풀박스를 설치한다.
(3) 금속관 상호는 (③)(으)로 접속할 것
(4) 금속관과 박스를 접속할 때 틀어끼우는 방법에 의하지 않을 경우 (④)을(를) 2개 사용하여 박스 양측을 조일 것

(5) 금속관을 조영재에 따라 시공할 때는 새들 또는 (⑤) 등으로 견고하게 지지하고, 그 간격을 (⑥)[m] 이하로 한다.

● 답안작성
(1) ① 6배
(2) ② 25[m]
(3) ③ 커플링
(4) ④ 로크너트
(5) ⑤ 행거, ⑥ 2[m]

▶출제년도 : 기사 93. 10. 18. 산업 20.　▶점수 : 5점

문8 가공송전선로에서 이동 설계 시 전선에 가해지는 하중의 종류 3가지를 쓰시오.

● 답안작성
① 전선의 자중
② 풍압 하중
③ 빙설 하중

▶출제년도 : 기사 10. 16. 24.　▶점수 : 6점

문9 다음 심벌은 계기용 변압 변류기(MOF)의 단선도이다. 이것을 복선도로 그리시오. (단, 전기방식은 3상 3선식이다.)

단선도 :

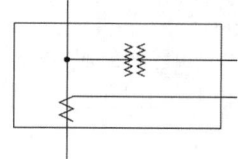

● 답안작성
복선도 :

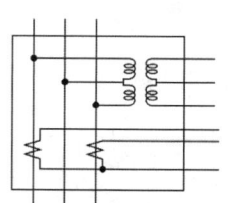

▶출제년도 : 기사 05. 10.　▶점수 : 4점

문10 가공 배전선로 및 인입선에서 인류애자를 취부하기 위하여 사용되는 금구류는 무엇인지 쓰시오.

● 답안작성
랙

문11 ▸출제년도 : 기사 89, 96, 10. ▸점수 : 5점

피보호물 주위를 적당한 간격의 그물눈을 가진 도체로 포위하는 피뢰방식 중에서 완전한 피뢰방법에 속하는 피뢰방식은 무엇인지 쓰시오.

● 답안작성

케이지(cage) 방식

● 해 설

케이지 방식은 건조물 주위를 피뢰도선으로 감싸는 방식으로 새장과 같이 되어 있어 케이지(cage) 방식이라고 한다. 이 방식은 피뢰 실패가 있어서는 안 될 장소에 적용하면 좋다.

문12 ▸출제년도 : 기사 91, 03, 07, 10. ▸점수 : 5점

그림과 같이 외등용 전선관을 지중에 매설하려고 한다. 터파기(흙파기)량은 얼마인지 계산하시오. (단, 매설거리는 50[m]이고, 전선관의 면적은 무시한다.)

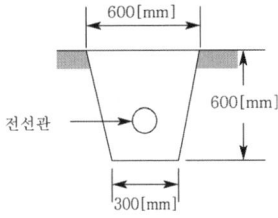

● 답안작성

줄 기초 파기이므로

계산 : $V_o = \dfrac{A+B}{2} \times h \times L = \dfrac{0.6+0.3}{2} \times 0.6 \times 50 = 13.5 [\text{m}^3]$

답 : 13.5 [m³]

문13 ▸출제년도 : 기사 99, 00, 02, 06, 10, 12, 19, 21, 23, 24. ▸점수 : 5점

비상용 조명부하 40[W], 120등, 60[W] 50등의 합계 7,800[W]가 있다. 방전시간 30분, 축전지 HS형 54셀, 허용최저전압 90[V], 최저축전지온도 5[℃]일 때의 축전지 용량을 계산하시오. (단, 전압은 100[V]이고, $K = 1.22$이다. 축전지의 보수율 $L = 0.8$이다.)

• 계산 :   • 답 :

● 답안작성

계산 : $C = \dfrac{1}{L}KI = \dfrac{1}{0.8}\left(1.22 \times \dfrac{7,800}{100}\right) = 118.95[\text{Ah}]$

답 : 118.95[Ah]

▸출제년도 : 기사 89. 00. 10. ▸점수 : 3점

문 14 정부나 공공기관에서 발주하는 옥내 전기공사의 물량 산출 시 일반적으로 전선관 배관은 할증률을 몇 [%]로 계산하는지 쓰시오.

● 답안작성

10[%]

● 해 설

종 류	할증률[%]
옥외 전선	5
옥내 전선	10
cable(옥외)	3
cable(옥내)	5
전선관(옥외)	5
전선관(옥내)	10

▸출제년도 : 기사 91. 95. 97. 02. 10. ▸점수 : 9점

문 15 그림과 같은 계통에서 기기의 A점에서 완전지락이 발생하였을 경우 다음 물음에 답하시오.

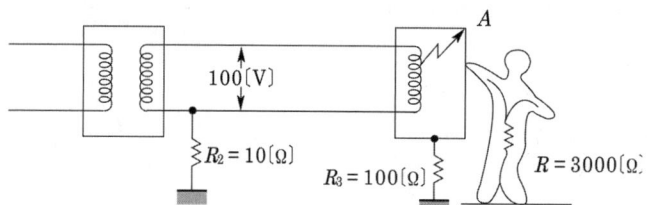

(1) 이 기기의 외함에 인체가 접촉하고 있지 않을 경우 이 외함의 대지전압은 몇 [V]인지 계산하시오.
    •계산 :   •답 :
(2) 이 기기의 외함에 인체가 접촉하였을 경우 인체에는 몇 [mA]의 전류가 흐르는지 계산하시오.
    •계산 :   •답 :
(3) 인체 접촉 시 인체에 흐르는 전류를 10[mA] 이하로 하려면 기기의 외함에 시공된 접지공사의 접지저항 $R_3[\Omega]$의 값을 얼마의 것으로 바꿔주어야 하는지 계산하시오.
    •계산 :   •답 :

● 답안작성

(1) **계산** : 외함의 대지 전압 = 지락 전류×접지 저항 = $\frac{100}{100+10} \times 100 = 90.91[V]$

  답 : 90.91[V]

(2) **계산** : $I = \frac{100}{10 + \frac{100 \times 3,000}{100 + 3,000}} \times \frac{100}{100 + 3,000} = 0.03021[A] = 30.21[mA]$

  답 : 30.21[mA]

(3) **계산** : 기기의 접지 저항을 R_3라 하면

$$0.01 \geq \frac{100}{10+\dfrac{3{,}000R_3}{R_3+3{,}000}} \times \frac{R_3}{R_3+3{,}000}$$

위 식에서 R_3를 구하면 $R_3 \leq 4.29[\Omega]$

답 : $R_3 \leq 4.29[\Omega]$

● 해 설

(1) 인체가 접촉하지 않은 경우

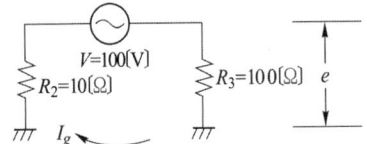

(2) 인체가 접촉하였을 경우

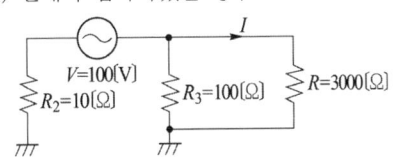

▶ 출제년도 : 기사 08. 10.   ▶ 점수 : 5점

문16 변성기 2차측 배선에서 MOF 2차측 배선은 단자 색상에 맞추어 다음과 같이 배열 시공하여야 한다. (   ) 안에 색상표시를 하시오.

1S	P1	2S	P2	3S	P3	P0	1L	2L	3L	접지
( )	( )	( )	백	흑	청	녹	녹	녹	녹	녹

● 답안작성

1S	P1	2S	P2	3S	P3	P0	1L	2L	3L	접지
(황)	(적)	(갈)	백	흑	청	녹	녹	녹	녹	녹

● 해 설

(1) 3상 3선식

P1	P2	P3	1S	3S	1L	2L	접지
적	백	청	황	흑	녹	녹	녹

(2) 3상 4선식

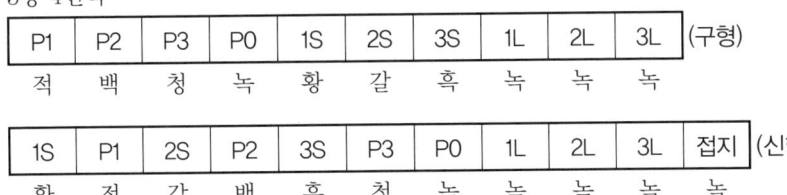

▶출제년도 : 기사 10.　▶점수 : 8점

문17 다음은 3상 전동기의 정·역 제어회로의 동작 순서와 미완성 회로도이다. 각 접점의 명칭을 기입하고 미완성 회로도를 완성하시오.

[동작순서]

1. 정회전 기동용 스위치 PB₁을 ON하면 전동기는 정회전한다(자기 유지).
   운전 중에는 역회전용 스위치 PB₂를 ON해도 전동기는 역회전하지 않는다(인터록).
2. 역회전시키려면 정지용 스위치 PB-off를 눌러 정지시켜서 복귀시킨 후에 역회전 스위치 PB₂를 누르면 된다(자기유지).
3. 과부하 시 Thr 작동으로 전동기 운전을 정지시킨다.

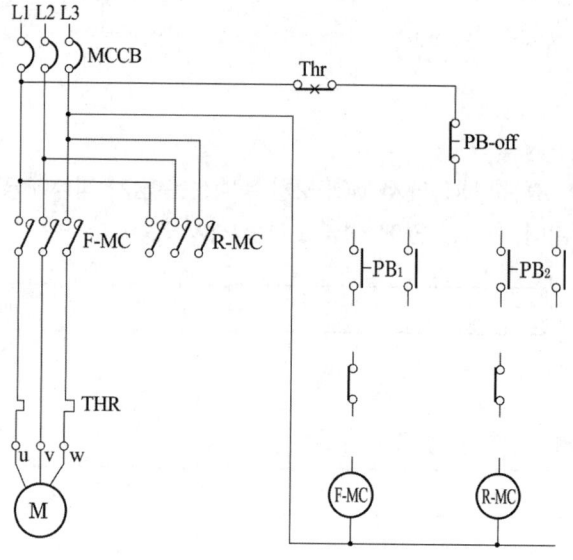

● 답안작성

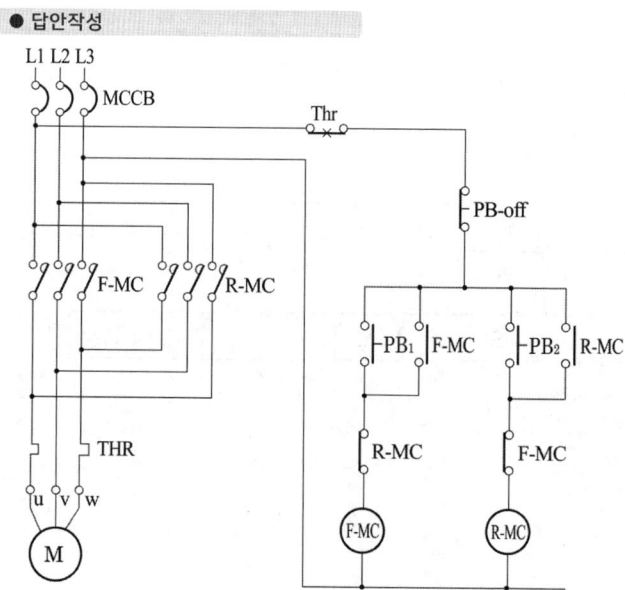

▶ 출제년도 : 기사 90. 10.　▶ 점수 : 6점

문 18 다음 논리회로의 진리표를 완성하고 논리회로에 대한 타임 차트를 완성하시오.

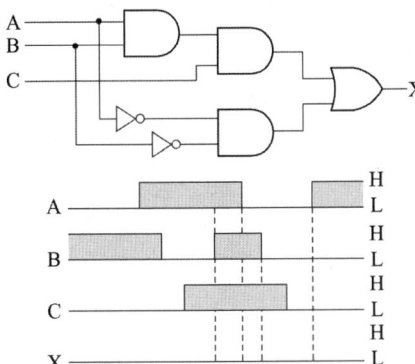

A	B	C	X
L	L	L	
L	L	H	
L	H	L	
L	H	H	
H	L	L	
H	L	H	
H	H	L	
H	H	H	

● 답안작성

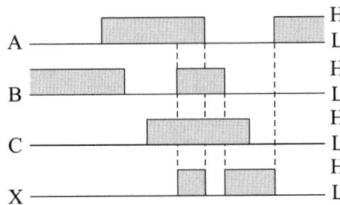

A	B	C	X
L	L	L	H
L	L	H	H
L	H	L	L
L	H	H	L
H	L	L	L
H	L	H	L
H	H	L	L
H	H	H	H

2010년 4회 전기공사기사실기

▶출제년도 : 기사 98. 01. 10. ▶점수 : 5점

문1 전용면적 99[m²]인 아파트에서 표준부하산정법에 의하여 부하를 산정하시오.
(단, 가산부하[VA]는 규정에 의한 최고치로 한다.)
• 계산 :   • 답 :

● 답안작성

계산 : $99 \times 40 + 1000 = 4,960$[VA]
답 : 4,960[VA]

● 해 설

① 부하산정 = 바닥면적×표준부하 밀도 + 대용량 부하 + 가산부하
② 건축물의 종류에 따른 표준 부하

건물의 종류	표준 부하[VA/m²]
공장, 공회당, 사원, 교회, 극장, 영화관 등	10
기숙사, 여관, 호텔, 병원, 학교, 음식점, 다방, 대중 목욕탕	20
사무실, 은행, 상점, 이발소	30
주택, 아파트	40

③ 가산부하
  • 주택, 아파트(1세대마다) : 500~1,000[VA]
  • 상점의 진열장 폭 1[m]에 대해 : 300[VA]

▶출제년도 : 기사 97. 00. 10. ▶점수 : 9점

문2 아래 보통지선의 도면을 보고 다음 물음에 답하시오.

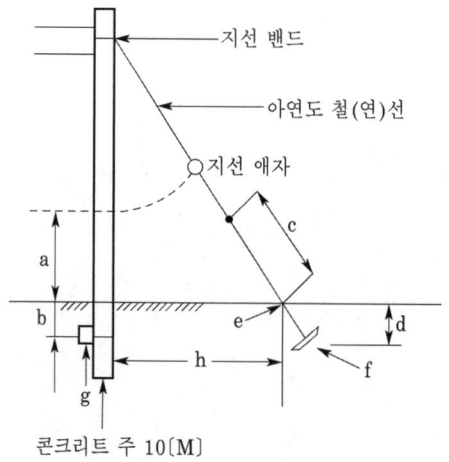

(1) 지선 밴드의 규격은 몇 [mm]인가?
(2) 지선용 아연도철선의 규격 2가지는?
(3) b의 깊이는 몇 [m]인가?
(4) d의 깊이는 최소 몇 [m] 이상인가?
(5) e의 명칭은?
(6) h의 간격은 몇 [m]인가?
(7) 아연도 철선의 소선은 최소 몇 선 이상인가?
(8) 콘크리트주 전체의 깊이가 10 [m]인 경우 땅에 묻히는 최소 깊이는?
(9) a(지선안전율)는 최소 몇 [m] 이상을 원칙으로 하는가?

● 답안작성

(1) 180×240[mm]
(2) ① 4.0[mm] 아연도금 철선 3조   ② 7/2.6[mm] 아연도금 철연선
(3) 0.5[m]   (4) 1.5[m]
(5) 지선로드   (6) 전주의 높이 × $\frac{1}{2}$ = 10 × $\frac{1}{2}$ = 5[m]
(7) 3본   (8) 10 × $\frac{1}{6}$ = 1.67[m]   (9) 2.5[m]

● 해 설

지선의 설치 방법

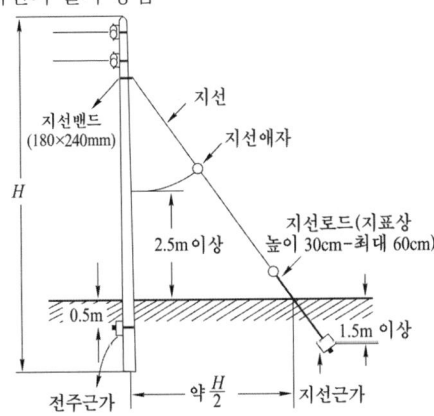

▶ 출제년도 : 기사 98. 10. 20.   ▶ 점수 : 6점

문3 수용가 인입구의 전압이 22.9[kV], 주차단기의 차단 용량이 250[MVA]이다. 10[MVA], 22.9/3.3[kV] 변압기의 임피던스가 5.5[%]일 때, 변압기 2차측에 필요한 차단기 용량을 다음 표에서 산정하시오.

• 계산 :   • 답 :

차단기 정격 용량[MVA]											
10	20	30	50	75	100	150	250	300	400	500	750	1000

● 답안작성

계산 : 기준 용량을 10[MVA]로 하면

전원측 $\%Z_1 = \dfrac{P_n}{P_s} \times 100 = \dfrac{10}{250} \times 100 = 4[\%]$

변압기의 $\%Z_2 = 5.5[\%]$

따라서 합성 %임피던스$= 4 + 5.5 = 9.5[\%]$

변압기 2차측 단락용량$= 10 \times \dfrac{100}{9.5} = 105.26[\text{MVA}]$

답 : 150[MVA]

▶출제년도 : 기사 95. 10. 15.   ▶점수 : 5점

문4 3상 3선, 380[V] 회로에 그림과 같이 부하가 연결되어 있다. 간선의 허용전류[A]를 구하시오. (단, 전동기의 평균 역률은 90[%]이다.)

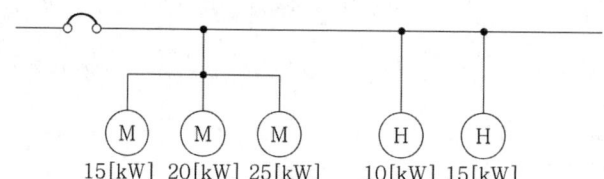

● 답안작성

① 전동기 정격 전류의 합 $\sum I_M = \dfrac{(15+20+25) \times 10^3}{\sqrt{3} \times 380 \times 0.9} = 101.29[\text{A}]$

  • 전동기의 유효 전류 $I_r = 101.29 \times 0.9 = 91.16[\text{A}]$
  • 전동기의 무효 전류 $I_q = 101.29 \times \sqrt{1 - 0.9^2} = 44.15[\text{A}]$

② 전열기 정격 전류의 합 $\sum I_H = \dfrac{(10+15) \times 10^3}{\sqrt{3} \times 380 \times 1.0} = 37.98[\text{A}]$

③ 설계전류 $I_B = \sqrt{(91.16 + 37.98)^2 + 44.15^2} = 136.48[\text{A}]$

따라서 $I_B \leq I_n \leq I_Z$의 조건을 만족하는 전선의 허용전류 $I_Z \geq 136.48[\text{A}]$

답 : 136.48[A]

● 해 설

① 도체와 과부하 보호장치 사이의 협조(KEC 212.4.1)

과부하에 대해 케이블(전선)을 보호하는 장치의 동작 특성은 다음의 조건을 충족해야 한다.

$I_B \leq I_n \leq I_Z, \quad I_2 \leq 1.45 \times I_Z$

I_B : 회로의 설계전류(선도체를 흐르는 설계전류 또는 함유율이 높은 영상분 고조파, 특히 제3고조파가 지속적으로 흐르는 경우 중성선에 흐르는 전류이다.)

I_Z : 케이블의 허용전류

I_n : 보호장치의 정격전류(사용현장에 적합하게 조정된 전류의 설정 값)

I_2 : 보호장치가 규약시간 이내에 유효하게 동작하는 것을 보장하는 전류

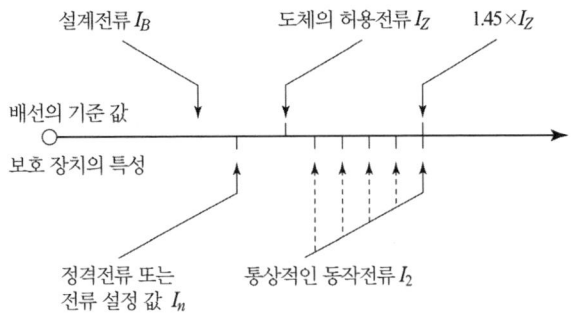

과부하 보호 설계 조건도

② 전열기의 역률은 1

▶출제년도 : 기사 10, 산업 02, 05.   ▶점수 : 4점

문5 다음의 설명에 맞는 배전자재의 명칭을 쓰시오.
(1) 주상변압기를 전주에 설치하기 위해 사용되는 밴드는?
(2) 전주에 암타이 및 랙을 설치하기 위하여 사용되는 밴드는?
(3) 가공 배전선로 및 인입선공사에서 인류애자에 사용하기 위해 사용되는 금구는?
(4) 현수애자를 설치한 가공 ACSR 배전선의 인류 및 내장개소에 ACSR 전선을 현수애자에 설치하기 위해 사용되는 공구는?

● 답안작성
(1) 행거밴드   (2) 암타이 밴드
(3) 랙   (4) 데드엔드 클램프

▶출제년도 : 기사 94, 09, 10.   ▶점수 : 5점

문6 다음 그림과 같은 3상 3선식 380[V] 수전의 경우 설비불평형률[%]은 얼마인가?

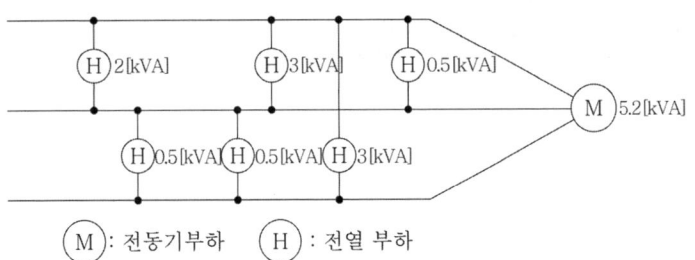

M : 전동기부하   H : 전열 부하

● 답안작성

계산 : 불평형률 = $\dfrac{(2+3+0.5)-(0.5+0.5)}{(2+3+0.5+5.2+3+0.5+0.5)\times\dfrac{1}{3}}\times 100 = 91.84[\%]$

답 : 91.84[%]

● 해 설

3상 3선식

설비불평형률 = $\dfrac{\text{각 선간에 접속되는 단상부하의 최대와 최소의 차}}{\text{총 부하 설비용량의 1/3}} \times 100[\%]$

- A-B 선간 부하 : $2+3+0.5 = 5.5[\text{kVA}]$(최대)
- B-C 선간 부하 : $0.5+0.5 = 1[\text{kVA}]$(최소)
- C-A 선간 부하 : $3[\text{kVA}]$

▶출제년도 : 기사 03. 10.   ▶점수 : 7점

문7 변압기 중성점 접지공사 시설방법에 관한 사항이다. ( ) 안에 알맞은 답을 쓰시오.

(1) 접지극은 지하 (   )[cm] 이상 깊이로 매설하여야 한다.
(2) 접지극은 지지물(철주)에서 (   )[m] 이상 이격하여 매설한다.
(3) 접지선을 지하 (   )[cm] 로부터 지표상 (   )[m] 까지는 합성수지관 등으로 덮어야 한다.
(4) 접지극을 2개 이상 매설할 때는 가급적 (   )로 연결한다.
(5) 접지극을 2개 이상 매설할 때는 (   )[m] 이상 이격한다.
(6) 접지공법 중 봉상 접지공법은 (   ), (   ) 등이 있다.

● 답안작성

(1) 75[cm]   (2) 1[m]   (3) 75[cm], 2[m]
(4) 직렬   (5) 2[m]   (6) 심타접지공법, 다극접지공법

● 해 설

접지시공 방법
① 접지봉은 전주에서 0.5[m] 이상 이격시켜 매설한다.
② 접지봉을 2개 이상 병렬로 매설할 때는 상호 간격을 2[m] 정도 이격시킨다.
③ 접지봉은 지하 75[cm] 이상 깊이로 매설한다.
④ 접지봉을 2개 이상 매설할 때는 가급적 직렬로 연결하고 접지봉은 심타법으로 시공한다.
⑤ 접지선은 중간 접속을 하지 않는다.
⑥ 접지선과 접지봉 리드 단자의 연결은 접지스리브 또는 이와 동등한 방법으로 접속한다.
⑦ 접지선은 내부로 설치하는 것을 원칙으로 한다.

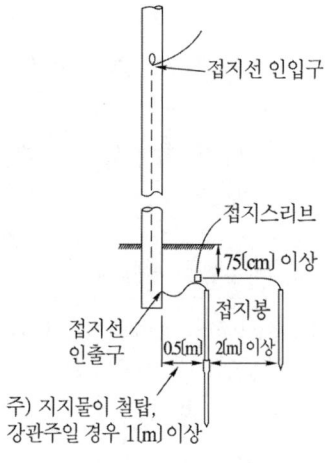

▶ 출제년도 : 기사 01, 10, 16, 24,　▶ 점수 : 6점

문8 아래 그림은 경완철에서 현수애자를 설치하는 순서를 나타낸 것이다. 명칭을 보고 번호를 기입하시오.

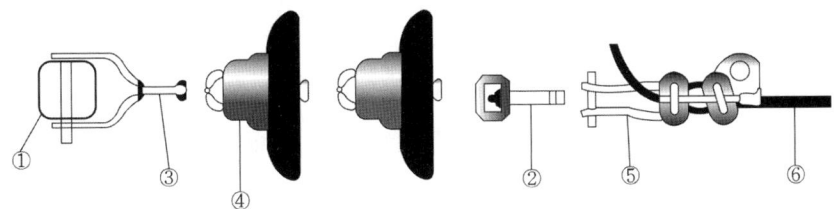

[보기]
㉠ 경완철　㉡ 현수애자　㉢ 소켓아이　㉣ 볼쇄클　㉤ 데드엔드 클램프　㉥ 전선

● 답안작성
㉠ - ①, ㉡ - ④, ㉢ - ②, ㉣ - ③, ㉤ - ⑤, ㉥ - ⑥

▶ 출제년도 : 기사 10,　▶ 점수 : 8점

문9 8[m]의 높이에 200[W]의 가로등을 가설하고자 한다. 다음 조건을 이해하고 물음에 답하시오. (단, 계산과정은 작성할 필요가 없으며, 답만 쓰시오.)

[조건]
① 전선관의 단면적은 무시한다.
② 잔토처리는 생략한다.
③ 터파기 및 되메우기에 필요한 보통인부는 각각 $[m^3]$당 0.28인, 0.1인이다.
④ 외등 기초용 터파기는 개당 $0.615[m^3]$이고 콘크리트 타설량은 $0.496[m^3]$이다.
⑤ 케이블은 EV $6[mm^2] \times 2$이다.
⑥ 소수점이 네 자리 이상인 경우 소수 넷째 자리에서 반올림하여 셋째 자리까지 구한다.
⑦ 주어지지 않은 사항은 무시한다.

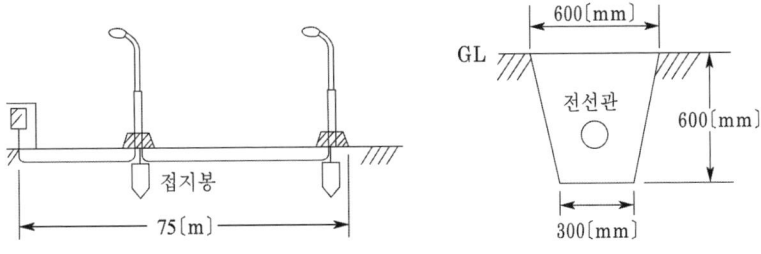

(1) 외등 기초를 포함한 전체 터파기량과 인공을 구하시오.
(2) 외등 기초를 포함한 전체 되메우기량과 인공을 구하시오.
(3) 필요한 전선과 전선관의 수량을 구하시오.

● 답안작성

(1) 터파기량 : 21.48[m³],   필요인공 : 6.014[인]
(2) 되메우기량 : 20.488[m³],   필요인공 : 2.049[인]
(3) • 전선수량 EV 6[mm²]×2 : 75[m]
    • 전선관수량 : 75[m]

● 해 설

(1) ① 배관용 터파기량 $= \dfrac{0.6+0.3}{2} \times 0.6 \times 75 = 20.25[m^3]$
    ② 외등 기초 터파기 $= 0.615 \times 2 = 1.23[m^3]$이므로
    ③ 전체 터파기량 $= 20.25 + 1.23 = 21.48[m^3]$
    ④ 인공 $= 21.48 \times 0.28 = 6.014[인]$
(2) 되메우기량 = 전체 터파기량 - 콘크리트 타설량
              $= 21.48 - 0.496 \times 2 = 20.488[m^3]$
    인공 $= 20.488 \times 0.1 = 2.049[인]$

▶ 출제년도 : 기사 97. 00. 10. 15.   ▶ 점수 : 5점

문10 그림과 같은 회로에서 전동기가 누전된 경우 3,000[Ω]의 인체 저항을 가진 사람이 전동기에 접촉할 때 인체에 흐르는 전류 시간 합계[mA · sec]는?
(단, 30[mA], 0.1[sec]의 경우 정격 ELB를 설치하였다.)

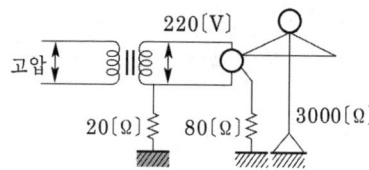

● 답안작성

접촉시 지락 전류 $= \dfrac{220}{20 + \dfrac{80 \times 3,000}{80+3,000}} = 2.25[A]$

인체에 흐르는 전류 $= \dfrac{80}{80+3,000} \times 2.25 = 0.05844[A] = 58.44[mA]$

주어진 조건에서 정격 감도 전류는 30[mA], 동작 시간 0.1[sec]이므로
인체에 흐르는 전류 시간 합계 $= 58.44 \times 0.1 = 5.84[mA \cdot sec]$
답 : 5.84[mA · sec]

● 해 설

(1) 상기의 그림을 등가회로로 그리면 다음과 같다.

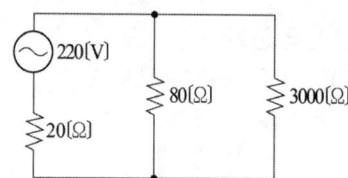

① 합성 저항 $R_T = 20 + \dfrac{80 \times 3{,}000}{80 + 3{,}000} = 97.92[\Omega]$

따라서 접촉 시 지락 전류 $I_g = \dfrac{V_g}{R_T} = \dfrac{220}{20 + \dfrac{80 \times 3{,}000}{80 + 3{,}000}} = \dfrac{220}{97.92} = 2.25[A]$

② 인체(3,000[Ω])에 흐르는 전류 $I = \dfrac{80}{80 + 3{,}000} \times 2.25 = 0.05844[A] = 58.44[mA]$

(2) 누전 차단기 동작시간 : 정격 감도전류 이상의 지락 전류가 흐를 때부터 그 회로를 차단하기까지의 시간

▶ 출제년도 : 기사 10. 15.　▶ 점수 : 5점

문11 다음은 금속관 공사에서 사용되는 부속품에 대한 설명이다. 물음에 답하시오.

(1) 전선관 상호의 접속용으로 관이 고정되어 있을 때, 또는 관의 양측을 돌려서 접속할 수 없는 경우에 사용되는 부속품은?
(2) 노출배관공사에서 관이 직각으로 굽히는 곳에 사용되는 부속품은?
(3) 금속관으로부터 전선을 뽑아 전동기 단자부분에 접속할 때 사용되는 부속품은?
(4) 인입구, 인출구의 관단에 접속하여 옥외의 빗물을 막는데 사용되는 부속품은?
(5) 아웃렛 박스에 조명기구를 부착할 때 기구 중량의 장력을 보강하기 위해 사용되는 부속품은?

● 답안작성

(1) 유니온 커플링
(2) 유니버설 엘보
(3) 터미널 캡 또는 서비스 캡
(4) 엔트런스 캡
(5) 픽스쳐스터드와 히키

▶ 출제년도 : 기사 10.　▶ 점수 : 5점

문12 2중 천정 내에서 옥내배선으로부터 분기하여 조명기구에 접속하는 배선은 원칙적으로 어떤 배선인지 쓰시오.

● 답안작성

케이블 배선 또는 금속제가요전선관 배선(점검할 수 없는 장소는 2종 금속제가요전선관에 한한다)

▶ 출제년도 : 기사 10.　▶ 점수 : 5점

문13 예비전원설비 또는 비상전원설비 4가지를 쓰시오.

● 답안작성

저압 발전기, 고압 발전기, 축전지, 비상용 발전기

● 해 설

예비전원시설이란 정전 시의 비상용 전원으로 설비하는 저압 및 고압발전기 또는 축전지 등을 말하며 비상용 발전기류를 포함한다.

▶ 출제년도 : 기사 10. 24.   ▶ 점수 : 5점

문14
그림과 같은 단상 3선식 회로에서 I_0 전류와 I_1 전류는 각각 몇 [A]인지 계산하시오.
(단, 지락전류는 1[A]이다.)

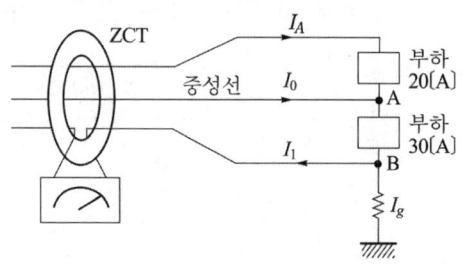

• 계산 :   • 답 :

● 답안작성

계산 : A점에서 키르히호프의 전류법칙을 적용하면
$I_A + I_0 = 30[A]$, $I_A = 20[A]$이므로
∴ $I_0 = 30 - I_A = 30 - 20 = 10[A]$
B점에서 키르히호프의 전류법칙을 적용하면
$I_1 + I_g = 30[A]$, $I_g = 1[A]$이므로
∴ $I_1 = 30 - I_g = 30 - 1 = 29[A]$

답 : $I_0 = 10[A]$, $I_1 = 29[A]$

● 해 설

키르히호프의 전류법칙 : 전선의 임의의 한 분기점에 유입 또는 유출되는 전류의 합은 0이다. 즉 분기점에 있어서 유입되는 총 전류는 유출되는 총 전류와 같다.

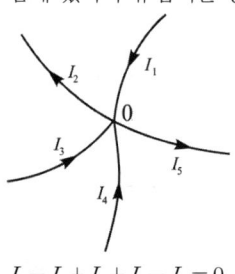

$I_1 - I_2 + I_3 + I_4 - I_5 = 0$

▶ 출제년도 : 기사 95. 10. 17.   ▶ 점수 : 5점

문15
부하의 설비용량이 400[kW], 수용률 60[%], 월 부하율 50[%]의 수용가가 있다.
1개월(30일)의 사용전력량은 몇 [kWh]인가?

• 계산 :   • 답 :

● 답안작성

계산 : ① 평균 전력 = 설비 용량 × 수용률 × 부하율
$P = 400 \times 0.6 \times 0.5 = 120[kW]$
② 사용전력량 = 평균전력 × 사용시간

$$W = 120 \times 24 \times 30 = 86,400 [\text{kWh}]$$
답 : 86,400[kWh]

● 해 설

전력량 = 평균전력 × 사용시간
평균전력 = 부하율 × 최대전력 = 부하율 × 설비용량 × 수용률

▶ 출제년도 : 기사 10. 14.   ▶ 점수 : 5점

문16 다음의 옥내배선 그림기호에 대한 명칭을 쓰시오.

(1) ◢   (2) ●R   (3) ▲   (4) ⊗   (5) ⑤

● 답안작성

(1) 조광기   (2) 리모콘 스위치
(3) 리모콘 릴레이   (4) 셀렉터 스위치
(5) 개폐기

▶ 출제년도 : 기사 91. 99. 00. 01. 02. 04. 05. 06. 10.   ▶ 점수 : 6점

문17 주어진 동작사항에 맞게 시퀀스 회로도를 작성하시오.

[동작설명]

- 배선용 차단기(MCCB)를 넣는 순간 콘센트에 전압이 걸리도록 한다.
  (콘센트의 그림기호는 벽붙이용으로 한다.)
- 단로 스위치 S_1을 ON하고 누름 버튼 스위치 PB를 누르면 타이머 T가 동작하여 PB를 놓아도 타이머 T는 계속 동작하고 램프 R_1이 점등되고 일정 시간(타이머 설정시간)이 지나면 R_1은 소등되고 램프 R_2가 점등된다.
- 단로스위치 S_1을 OFF하면 타이머 T가 동작을 정지하여 R_2가 소등된다.
- 회로에 사용되는 그림기호(접점, 코일, 램프 등)는 시퀀스 회로에 사용되는 그림기호를 사용한다.

[시퀀스 회로도]

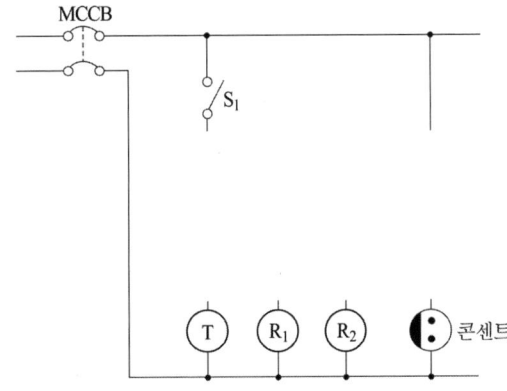

● 답안작성

시퀀스 회로도

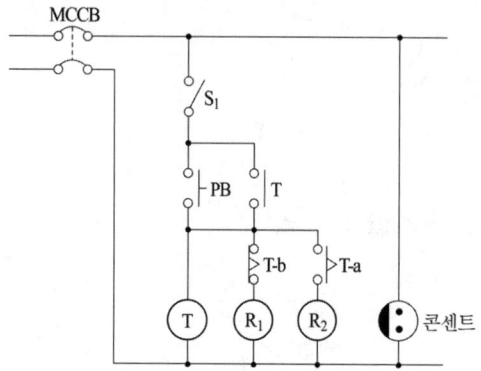

개정된 '전기설비 기술기준 및 판단기준'과 '내선규정'에 의거해 삭제된 문제가 있어 점수의 합계가 100점이 되지 않습니다.

2011년 1회 전기공사기사실기

문1 ▸출제년도 : 03. 11. ▸점수 : 6점

가로 10[m], 세로 16[m], 천정높이 3.85[m], 작업면 높이 0.85[m]인 사무실이 있다. 여기에 천정직부 형광등 기구(40[W], 2등용)를 설치코자 한다. 이때 필요한 등기구 수는 몇 등인지 구하시오.
• 계산 :   • 답 :

[조건]
1. 작업면 요구 조도 300[lx], 천정반사율 70[%], 벽반사율 50[%], 바닥반사율 10[%]이고, 보수율 0.7, 40[W] 1개의 광속은 3150[lm]으로 본다.
2. 조명률 표(기준)

반사율	천장	80[%]				70[%]				50[%]				0[%]
	벽	70	50	30	10	70	50	30	10	70	50	30	10	
	바닥	10[%]				10[%]				10[%]				10[%]
실지수		조 명 률 (× 0.01)												
0.6		44	33	28	21	42	32	25	20	30	29	23	19	14
0.8		52	41	34	28	50	40	33	27	45	38	30	28	20
1.0		58	47	40	34	55	45	38	33	50	42	36	31	25
1.25		63	53	46	40	60	51	44	39	54	47	41	38	29
1.5		67	58	50	45	64	55	49	43	58	51	54	41	33
2.0		72	64	57	52	69	61	55	50	62	55	51	47	38
2.5		75	68	62	57	72	66	60	55	65	60	58	52	42
3.0		78	71	66	81	74	69	64	58	68	63	59	55	45
4.0		81	76	71	87	77	73	69	65	71	67	84	81	50
5.0		83	78	75	71	79	75	72	69	73	70	67	84	52
7.0		85	82	78	78	82	79	76	73	75	73	71	88	56
10.0		87	85	82	80	84	82	79	77	78	76	75	72	58

● 답안작성

계산 : 실지수 $R \cdot I = \dfrac{10 \times 16}{(3.85-0.85) \times (10+16)} = 2.05$

표에서, 실지수 2.0, 천장 반사율 70[%], 벽 반사율 50[%]일 때 조명률은 0.61이므로

등기구 수 $N = \dfrac{AED}{FU} = \dfrac{10 \times 16 \times 300 \times \dfrac{1}{0.7}}{3150 \times 2 \times 0.61} = 17.84$[등]

답 : 18[등]

● 해 설

• 실지수 $R \cdot I = \dfrac{X \cdot Y}{H(X+Y)}$

• 등기구 수 $N = \dfrac{AED}{FU}$

여기서, F : 광원 1개당의 광속[lm], N : 광원의 개수[등], E : 작업면상의 평균 조도[lx]
A : 방의 면적[m²], D : 감광보상률$\left(=\dfrac{1}{M}\right)$, M : 유지율(보수율), U : 조명률[%]

문2 ▶출제년도 : 97, 99, 03, 05, 11, ▶점수 : 10점

그림은 특고압 수전 설비에 대한 단선 결선도이다. 이 결선도를 보고 다음 물음 (1)~(2)에 답하시오.

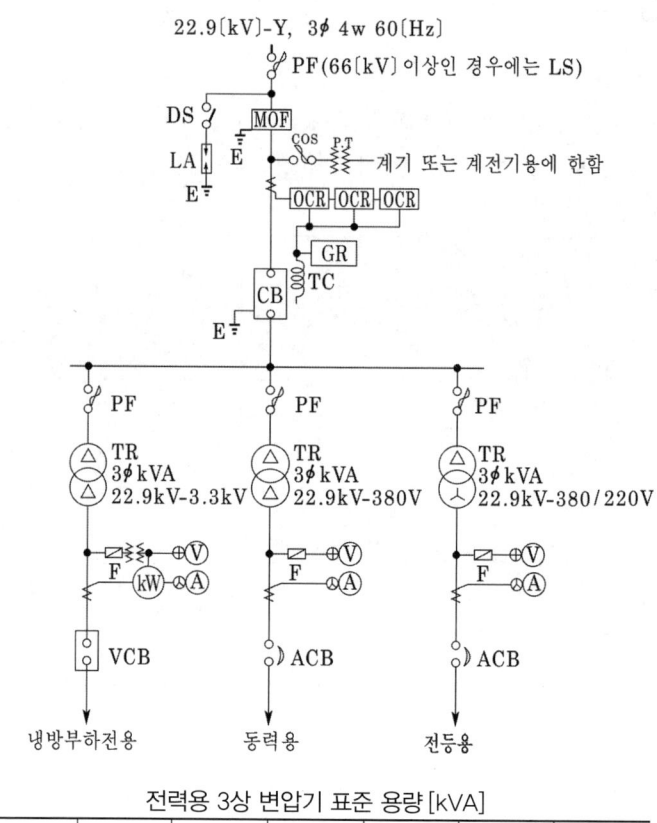

전력용 3상 변압기 표준 용량[kVA]

100	150	200	250	300	400	500

(1) 동력용 변압기에 연결된 동력 부하 설비 용량이 300[kW], 부하 역률은 80[%], 효율 85[%], 수용률은 50[%]라고 할 때, 동력용 3상 변압기의 용량[kVA]을 계산하고 변압기 표준 정격 용량표에서 변압기 용량을 선정하시오.
　•계산 :　　　　　　　　　　　　　　•답 :
(2) 변압기 3대로서 △-△, △-Y 결선도를 그리시오.

● 답안작성

(1) 계산 : $P_a = \dfrac{300}{0.8 \times 0.85} \times 0.5 = 220.59 \text{[kVA]}$

　　　따라서 변압기 표준 정격 용량표에서 250[kVA] 선정
　답 : 250[kVA]

(2) △-△ 결선   △-Y 결선

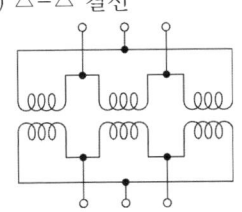
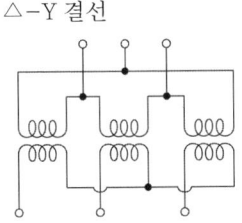

● 해 설

(1) • 변압기 용량 ≥ 합성최대 수용전력 = $\dfrac{\text{설비용량}[kW] \times \text{수용률}}{\text{부등률} \times \text{역률}}$

• 부등률이 주어지지 않으면 1 적용
• 효율을 고려하여 변압기 용량 선정

▶ 출제년도 : 08. 11. 16.   ▶ 점수 : 4점

문3 축전지의 전압은 연축전지는 1단위당 몇 [V]이며, 알칼리 축전지는 몇 [V]인지 쓰시오.
(1) 연축전지
(2) 알칼리 축전지

● 답안작성
(1) 연축전지 : 2[V]
(2) 알칼리 축전지 : 1.2[V]

● 해 설

	공칭전압	공칭용량
연(납) 축전지	2[V/cell]	10[Ah]
알칼리 축전지	1.2[V/cell]	5[Ah]

※ 공칭용량 = 정격방전율[Ah]

▶ 출제년도 : 11.   ▶ 점수 : 5점

문4 그림과 같은 방전 특성을 갖는 부하에 대한 축전지 용량은 몇 [Ah]인가?
단, 방전 전류[A] $I_1 = 500$, $I_2 = 300$, $I_3 = 100$, $I_4 = 200$
　　방전 시간[분] $T_1 = 120$, $T_2 = 119$, $T_3 = 60$, $T_4 = 1$
　　용량 환산 시간 $K_1 = 2.49$, $K_2 = 2.49$,
　　　　　　　　　$K_3 = 1.46$, $K_4 = 0.57$
　　보수율은 0.8을 적용한다.

• 계산 :
• 답 :

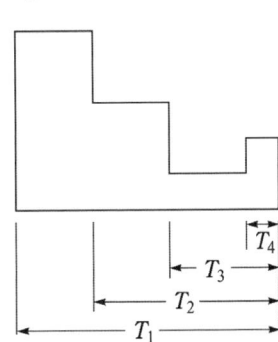

● 답안작성

계산 : $C = \dfrac{1}{L}[K_1 I_1 + K_2(I_2 - I_1) + K_3(I_3 - I_2) + K_4(I_4 - I_3)][Ah]$

$= \dfrac{1}{0.8}[2.49 \times 500 + 2.49(300-500) + 1.46(100-300) + 0.57(200-100)]$

$= 640[Ah]$

답 : 640[Ah]

▶출제년도 : 95. 11.   ▶점수 : 8점

문5 경간이 120[m]인 가공전선로가 있다. 전선 1[m]당 중량은 0.5[kg/m]이고, 수평 장력 200[kg]의 전선을 사용할 때 ① 이도(Dip) 및 ② 전선의 실장을 구하시오.
① 이도
② 전선의 실장

● 답안작성

① 이도 $D = \dfrac{WS^2}{8T} = \dfrac{0.5 \times 120^2}{8 \times 200} = 4.5[m]$

② 전선의 실장 $L = S + \dfrac{8D^2}{3S} = 120 + \dfrac{8 \times 4.5^2}{3 \times 120} = 120.45[m]$

▶출제년도 : 11.   ▶점수 : 5점

문6 일반용 단심 비닐절연전선 2.5[mm²] 3본, 10[mm²] 3본을 넣을 수 있는 후강전선관의 최소 굵기를 다음 표를 이용하여 선정하시오. (단, 전선은 절연물을 포함하는 단면적의 총합이 전선관 내단면적의 32[%] 이하가 되도록 한다.)

표 1. 전선(피복절연물을 포함)의 단면적

도체 단면적[mm²]	전선의 단면적[mm²]	비 고
1.5	9	전선의 단면적은 평균 완성 바깥지름의 상한값을 환산한 값이다.
2.5	13	
4	17	
6	21	
10	35	
16	48	

표 2. 절연전선을 금속관 내에 넣을 경우의 보정계수

도체 단면적[mm²]	보정계수
2.5, 4	2.0
6, 10	1.2
16 이상	1.0

표 3. 후강 전선관의 내단면적의 32[%] 및 48[%]

관의 호칭[mm]	내단면적의 32[%] [mm^2]	내단면적의 48[%] [mm^2]
16	67	101
22	120	180
28	201	301
36	342	513
42	460	690

• 계산 :　　　　　　　　　　　　　　　　• 답 :

● 답안작성

계산 : 보정 계수를 고려한 전선의 총 단면적 = $13 \times 3 \times 2 + 35 \times 3 \times 1.2 = 204[\text{mm}^2]$
따라서, 표 3에서 내단면적의 32[%], 342[mm^2]난의 36[호]로 선정한다.
답 : 36[호]

● 해 설

① 표 1에서 2.5 [mm^2]　　3가닥 : $13 \times 3 = 39[\text{mm}^2]$
　　　　　 10 [mm^2]　　3가닥 : $35 \times 3 = 105[\text{mm}^2]$
② 표 2에서 보정 계수를 적용하면
　　$39 \times 2.0 + 105 \times 1.2 = 204[\text{mm}^2]$
③ 표 3에서 내단면적의 32[%], 342[mm^2]난의 36[호]로 선정한다.

▶ 출제년도 : 89. 00. 11.　▶ 점수 : 4점

문7

정부나 공공 기관에서 발주하는 전기 공사의 물량 산출 시 일반적으로 옥외 전선은 할증률 몇 [%], 옥내 전선은 할증률 몇 [%]를 계상하는가?

• 옥외 전선 할증률
• 옥내 전선 할증률

● 답안작성

• 옥외 전선 할증률 : 5[%]
• 옥내 전선 할증률 : 10[%]

● 해 설

종 류	할증률 [%]
옥외 전선	5
옥내 전선	10
cable(옥외)	3
cable(옥내)	5
전선관(옥외)	5
전선관(옥내)	10

▶출제년도 : 92, 96, 09, 11. ▶점수 : 4점

문8 공급점에서 30[m]의 지점에 80[A], 35[m]의 지점에 60[A], 70[m]의 지점에 50[A]의 부하가 걸려 있을 때 부하 중심까지의 거리를 산출하여 전압강하를 고려한 전선의 굵기를 산정하려고 한다. 부하 중심까지의 거리는 몇 [m]인가?

• 계산 : • 답 :

● 답안작성

계산 : 직선 부하에서의 부하 중심점까지의 거리

$$L = \frac{L_1 I_1 + L_2 I_2 + L_3 I_3}{I_1 + I_2 + I_3} = \frac{30 \times 80 + 35 \times 60 + 70 \times 50}{80 + 60 + 50} = 42.11 [\text{m}]$$

답 : 42.11[m]

▶출제년도 : 11. ▶점수 : 4점

문9 전자 개폐기의 조작회로는 소세력 회로로 하여야 한다. 이때 소세력 회로의 전압은 최대 몇 [V] 이하이어야 하는가?

● 답안작성

60[V]

● 해 설

소세력 회로(KEC 241.14)

전자 개폐기의 조작회로 또는 초인벨·경보벨 등에 접속하는 전로로서 최대 사용전압이 60[V] 이하인 것

▶출제년도 : 11, 18. ▶점수 : 4점

문10 통합접지공사를 한 경우는 과전압으로부터 전기설비들을 보호하기 위하여 서지보호장치(SPD)를 설치하여야 한다. 과전압에 대한 효과적인 보호를 위해서는 SPD의 연결전선의 길이가 가능한 짧고 어떠한 접속도 없어야 하는데 이때 SPD의 연결전선은 몇 [m]를 초과하지 않아야 하는가?

● 답안작성

0.5[m]

● 해 설

대기현상 또는 개폐로 인한 과전압에 대한 보호
• SPD의 연결전선
  SPD의 연결전선의 길이가 길어지면 과전압에 대한 보호의 효율성이 감소하기 때문에 최적의 과전압에 대한 보호를 위해서는 SPD의 모든 연결전선의 길이가 가능한 짧고(가능하면 전체 전선길이가 0.5[m]를 초과하지 않아야 한다), 어떠한 접속도 없어야 한다.

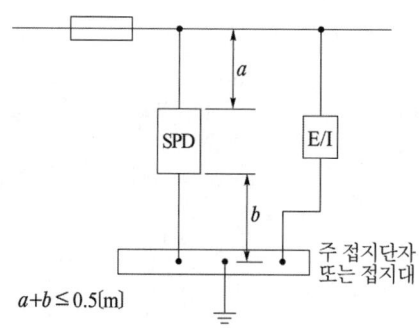

설비의 인입구 또는 근처의 SPD 설치

▸출제년도 : 89, 96, 06, 11.   ▸점수 : 5점

문11 다음 표의 수용가 A, B, C에 공급하는 배전 선로의 최대 전력은 400[kW]이다. 이때의 부등률은 얼마인가?

수용가	설비 용량 [kW]	수용률 [%]
A	300	60
B	250	65
C	300	80

• 계산 :   • 답 :

● 답안작성

계산 : 부등률 $= \dfrac{300 \times 0.6 + 250 \times 0.65 + 300 \times 0.8}{400} = 1.46$

답 : 1.46

● 해 설

부등률 $= \dfrac{\text{각 개 최대 전력의 합}}{\text{합성 최대 전력}} = \dfrac{\Sigma \text{설비 용량} \times \text{수용률}}{\text{합성 최대 전력}}$

▸출제년도 : 11, 19, 24.   ▸점수 : 6점

문12 다음 옥내 배선의 그림기호를 보고 각각의 명칭을 쓰시오.

(1) ⊠ (2) ◰ (3) ◼
(4) E   (5) B   (6) S

● 답안작성

(1) 배전반   (2) 분전반
(3) 제어반   (4) 누전 차단기
(5) 배선용 차단기 (6) 개폐기

▸출제년도 : 11, 16.   ▸점수 : 5점

문13 송전방식에는 교류송전 방식과 직류송전 방식이 있다. 직류송전방식의 장점을 3가지만 쓰시오.

● 답안작성

① 절연 계급을 낮출 수 있다.
② 무효 전력 및 송전 손실이 없고, 또 역률이 항상 1이므로 송전 효율이 좋다.
③ 리액턴스, 위상각이 없으므로 안정도가 좋다.

● 해 설

직류 송전 방식의 장·단점
 [장점] ① 선로의 리액턴스가 없으므로 안정도가 높다.
      ② 유전체손 및 충전 용량이 없고 절연내력이 강하다.

③ 비동기 연계가 가능하다.
④ 단락 전류가 적고 임의 크기의 교류 계통을 연계시킬 수 있다.
⑤ 코로나손 및 전력 손실이 적다.
⑥ 표피 효과나 근접 효과가 없으므로 실효 저항의 증대가 없다.

[단점] ① 직교 변환 장치가 필요하다.
② 전압의 승압 및 강압이 불리하다.
③ 고조파나 고주파 억제 대책이 필요하다.
④ 직류 차단기가 개발되어 있지 않다.

▸ 출제년도 : 11.   ▸ 점수 : 5점

문14 다음은 전선의 색 구별에 관한 사항이다. 빈칸에 알맞은 색을 쓰시오.

구 분	교 류	직 류
전압측	A,B,C 상 (①)	정극, 부극 (④)
접지측(중성선)	(②)	
보호도체	(③)	

● 답안작성

① 갈색, 검은색, 회색
② 파란색
③ 녹색-노란색
④ 적색, 백색

● 해 설

전선의 식별(KEC 121.2)

1. 전선의 색별 표시 목적
   1) 공사, 유지보수의 안전 및 편의 도모
   2) 전압측전선 상호 및 중성선의 구별 등 오접속에 의한 사고 방지
   3) 3상 계통에서 단상부하 공급 시 상별 부하전류의 평형 유지를 위한 접속 편의 도모
2. 전선의 색상
   1) 전선의 색상

교류(AC)도체		직류(DC)도체	
상(문자)	색상	극	색상
L1	갈색	L+	적색
L2	검은색	L-	백색
L3	회색	중성선	파란색
N	파란색	N	
보호도체	녹색-노란색	보호도체	녹색-노란색

2) 색상 식별이 종단 및 연결 지점에서만 이루어지는 나도체 등은 전선 종단부에 색상이 반영구적으로 유지될 수 있는 도색, 밴드, 색 테이프 등의 방법으로 표시해야 한다.

▸출제년도 : 89. 90. 95. 11.　▸점수 : 10점

문15 전동기를 Y-△ 기동 운전하기 위한 결선도이다. 물음에 답하여라.

(1) Y-△ 기동 운전이 가능하고 역률이 개선될 수 있도록 결선도를 완성하여라.

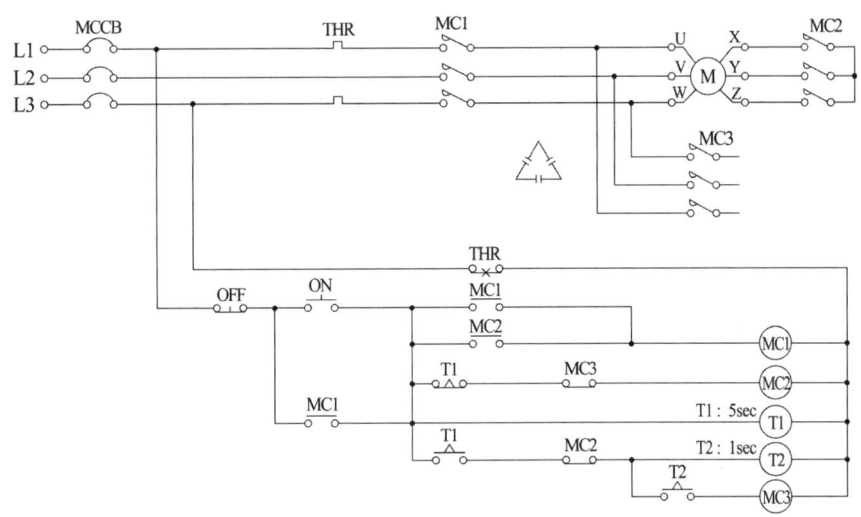

(2) 결선도를 이해한 후 타임 차트를 완성하여라. 보조 접점의 시간 지연은 무시한다.

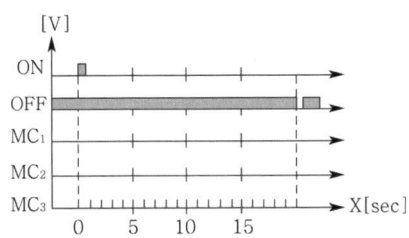

● 답안작성

(1) 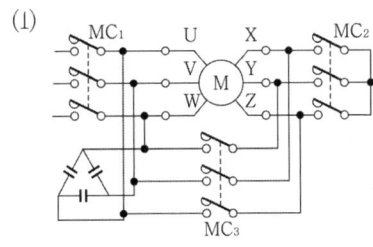　(2)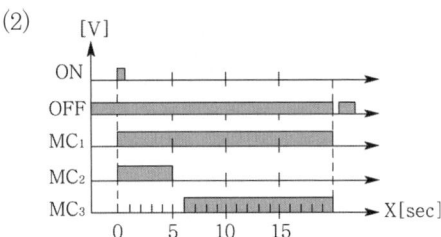

● 해 설

　△결선은 U-Z, V-X, W-Y로 접속하고 콘덴서는 전원에 접속하면 된다. BS-ON을 주면 MC_2가 동작하여 Y결선되고 MC_1이 동작하여 기동한다. 동시에 T_1이 여자되어 5초 후에 MC_2를 복구시키며 T_2를 여자시킨다. 1초 후에 T_2 접점으로 MC_3가 동작하여 △운전으로 된다.

▶출제년도 : 11. ▶점수 : 5점

문16 태양광 발전이란 지상으로 내리쬐는 태양에너지를 태양전지를 이용하여 직접 전기적 에너지로 변환하는 발전방식으로서 태양광 발전 방식에 대한 장점을 5가지만 쓰시오.

● 답안작성
① 규모에 관계없이 발전 효율이 일정하다.
② 태양이 내리쬐는 곳이라면 어디에서나 설치할 수 있고 보수가 용이하다.
③ 자원이 반영구적이다.
④ 확산광(산란광)도 이용할 수 있다.
⑤ 친환경 에너지이다.

● 해 설
태양광 발전의 단점으로는
① 태양광의 에너지 밀도가 낮다.
② 비가 오거나 흐린 날씨에는 발전능력이 저하한다.

▶출제년도 : 11. ▶점수 : 4점

문17 가공전선로의 지지물에 지선을 설치 할 때 고려하여야 할 사항 3가지를 쓰시오.

● 답안작성
① 지선의 안전율은 2.5 이상일 것
② 지선에 연선을 사용할 경우에는 소선 3가닥 이상의 연선일 것
③ 지중부분 및 지표상 30[cm]까지의 부분에는 내식성이 있는 것 또는 아연도금을 한 철봉을 사용하고 쉽게 부식되지 아니하는 근가에 견고하게 붙일 것

● 해 설
지선의 시설(KEC 331.11)
(1) 지선의 안전율은 2.5 이상일 것. 이 경우에 허용 인장하중의 최저는 4.31[kN]으로 한다.
(2) 지선에 연선을 사용할 경우에는 다음에 의할 것
   ① 소선 3가닥 이상의 연선일 것
   ② 소선의 지름이 2.6[mm] 이상의 금속선을 사용한 것일 것. 다만, 소선의 지름이 2[mm] 이상인 아연도 강연선으로서 소선의 인장강도가 0.68[kN/mm^2] 이상인 것을 사용하는 경우에는 적용하지 않는다.
(3) 지중부분 및 지표상 0.3[m]까지의 부분에는 내식성이 있는 것 또는 아연도금을 한 철봉을 사용하고 쉽게 부식되지 아니하는 근가에 견고하게 붙일 것. 다만, 목주에 시설하는 지선에 대해서는 그러하지 아니하다.

▶출제년도 : 11. ▶점수 : 6점

문18 변압기에 전원을 처음 인가했을 때 발생하는 소음의 주된 발생원인 3가지를 쓰시오.

● 답안작성
① 변압기의 하부의 앵커 볼트의 조임 상태 불량
② 변압기의 탭전압보다 높은 전압이 들어오는 경우
③ 변전실 내 및 외함 내에서의 공진현상

● 해 설

이외에도
④ 볼트의 조임 상태 불량(일부분의 볼트가 느슨해짐)
⑤ 변압기의 전원 전압이 정격전압보다 높은 경우
⑥ 철심의 찌그러짐
⑦ 변압기 단자에 부스바를 직접 연결한 경우 등

2011년 2회 전기공사기사실기

▶출제년도 : 91. 11.　▶점수 : 4점

문1 축전지의 자기 방전을 보충함과 동시에 상용 부하에 대한 전력 공급은 충전기가 부담하도록 하되, 충전기가 부담하기 어려운 일시적인 대전류 부하는 축전지로 하여금 부담하게 하는 방식은 무엇이라 하는가?

● 답안작성

부동충전방식

● 해 설

① 부동 충전 : 축전지의 자기 방전을 보충함과 동시에 상용 부하에 대한 전력 공급은 충전기가 부담하도록 하되 충전기가 부담하기 어려운 일시적인 대전류 부하는 축전지로 하여금 부담하게 하는 방식이다.

② 충전기 2차 충전 전류 [A] = $\dfrac{\text{축전지 용량[Ah]}}{\text{정격 방전율[h]}} + \dfrac{\text{상시 부하 용량[VA]}}{\text{표준 전압[V]}}$

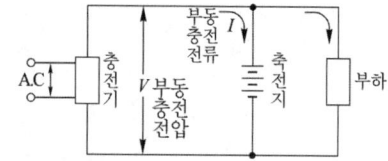

▶출제년도 : 11.　▶점수 : 4점

문2 가스차단기에 사용되는 SF_6 가스의 전기적인 특성 4가지를 쓰시오.

● 답안작성

① 절연 내력이 높다 (평등 전계 중에서는 1기압에서 공기의 2.5배~3.5배, 3기압에서는 기름과 같은 level의 절연 내력을 갖고 있음).
② 소호 성능이 뛰어나다.
③ arc가 안정되어 있다.
④ 절연 회복이 빠르다.

● 해 설

SF_6 가스의 물리적, 화학적 성질
① 열 전달성이 뛰어나다(공기의 약 1.6배).
② 화학적으로 불활성이므로 매우 안정된 gas이다.
③ 무색, 무취, 무해, 불연성의 gas이다.
④ 열적 안정성이 뛰어나다(용매가 없는 상태에서는 약 500[℃]까지 분해되지 않는다).

▶출제년도 : 94. 11.　▶점수 : 5점

문3 폭 40[m]의 도로 중앙에 높이 8[m], 등간거리 20[m]로 300[W] 메탈 핼라이드 전구를 설치할 때 도로면의 평균조도는 몇 [lx]인가? 단, 조명기구 1개의 광속 38,000[lm], 조명률 0.3, 감광보상률 1.3이다.

•계산 :　　　　　　　　　　　　　　　•답 :

● 답안작성

계산 : $E = \dfrac{FUN}{AD} = \dfrac{38,000 \times 0.3 \times 1}{40 \times 20 \times 1.3} = 10.96 [\text{lx}]$

답 : $10.96 [\text{lx}]$

▶ 출제년도 : 11. 19. 22.   ▶ 점수 : 9점

문 4 어느 변전소에서 그림과 같은 일부하 곡선을 가진 3개의 부하 A, B, C를 공급하고 있을 때, 이 변전소의 종합 부하에 대해 다음 값을 구하여라. 단, A, B, C의 역률은 시간에 관계 없이 각각 80[%], 100[%] 및 60[%]이며, 그림에서 부하 전력은 부하 곡선의 수치에 10^3 을 한다는 의미임. 즉, 수직축의 5는 $5 \times 10^3 [\text{kW}]$라는 의미임.

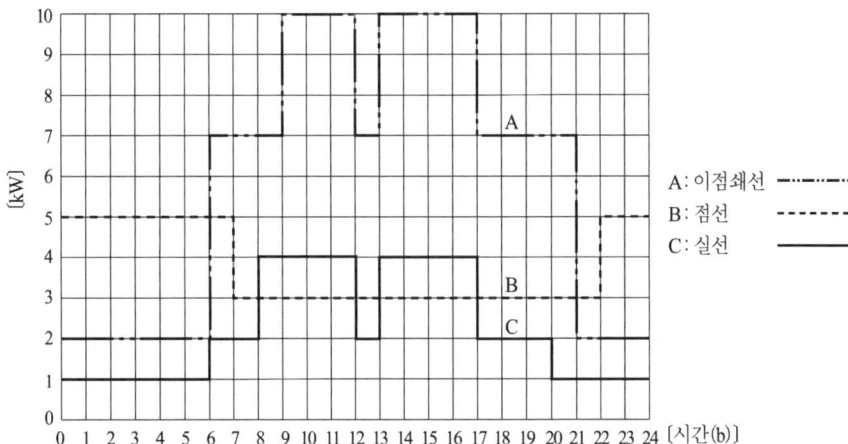

(1) 합성 최대 전력은 몇 [kW]인가?
   • 계산 :   • 답 :
(2) C부하에 대한 평균전력은 몇 [kW]인가?
   • 계산 :   • 답 :
(3) 총 부하율은?
   • 계산 :   • 답 :

● 답안작성

(1) **계산** : 합성 최대 전력은 그림에서 9~12시, 13~17시 사이에 나타나므로
$P = (10 + 4 + 3) \times 10^3 = 17,000 [\text{kW}]$
답 : $17,000 [\text{kW}]$

(2) **계산** : C부하의 평균전력
$P_C = \dfrac{\{(1 \times 6) + (2 \times 2) + (4 \times 4) + (2 \times 1) + (4 \times 4) + (2 \times 3) + (1 \times 4)\} \times 10^3}{24}$
$= 2,250 [\text{kW}]$
답 : $2,250 [\text{kW}]$

(3) 계산 : ① A부하의 평균전력

$$P_A = \frac{\{(2\times6)+(7\times3)+(10\times3)+(7\times1)+(10\times4)+(7\times4)+(2\times3)\}\times10^3}{24}$$

$$= 6,000[\text{kW}]$$

② B부하의 평균전력

$$P_B = \frac{\{(5\times7)+(3\times15)+(5\times2)\}\times10^3}{24} = 3,750[\text{kW}]$$

따라서 총 부하율 $= \frac{6,000+3,750+2,250}{17000}\times100 = 70.59[\%]$

답 : 70.59[%]

● 해 설

(2) 평균전력 $= \frac{\text{사용전력량}[\text{kWh}]}{\text{사용시간}[\text{H}]}$

(3) 총 부하율 $= \frac{\text{평균전력}}{\text{합성최대전력}}\times100 = \frac{\text{A, B, C 각 평균전력의 합}}{\text{합성최대전력}}\times100$

▸출제년도 : 91. 06. 11.   ▸점수 : 5점

문5 건물의 종류에 대응한 표준부하 값을 주어진 답안지에 답하시오.

건물의 종류	표준 부하[VA/m²]
공장, 공회당, 사원, 교회, 극장, 영화관 등	(1)
기숙사, 여관, 호텔, 병원, 학교, 음식점, 다방, 대중 목욕탕	(2)
사무실, 은행, 상점, 이발소	(3)
주택, 아파트	(4)

● 답안작성

(1) 10   (2) 20   (3) 30   (3) 40

● 해 설

건물의 종류에 대응한 표준부하는 다음과 같다.

건물의 종류	표준 부하[VA/m²]
공장, 공회당, 사원, 교회, 극장, 영화관 등	10
기숙사, 여관, 호텔, 병원, 학교, 음식점, 다방, 대중 목욕탕	20
사무실, 은행, 상점, 이발소	30
주택, 아파트	40

▸출제년도 :11. 14. 15. 18.   ▸점수 : 5점

문6 다음 전선의 약호를 보고 그 명칭을 쓰시오.
(1) DV   (2) MI
(3) ACSR   (4) EV
(5) OW

● 답안작성

(1) 인입용 비닐절연 전선 (2) 미네랄 인슈레이션 케이블
(3) 강심 알루미늄 연선 (4) 폴리에틸렌 절연 비닐 시스케이블
(5) 옥외용 비닐절연전선

▶출제년도 : 99. 11. 20. ▶점수 : 4점

문7 우리 나라 초고압 송전전압은 765[kV]이다. 선로 길이가 200[km]인 경우 1회선당 가능한 송전 전력은 몇 [kW]인지 Still의 식에 의거하여 구하시오.
•계산 :   •답 :

● 답안작성

계산 : Still의 실험식(경제적 전압의 산정식)

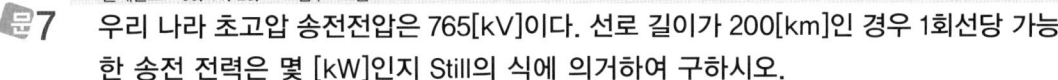

$$\therefore \text{송전전력 } P = \left(\frac{V_s^2}{5.5^2} - 0.6\,l\right) \times 100 = \left(\frac{765^2}{5.5^2} - 0.6 \times 200\right) \times 100 = 1{,}922{,}628.1\,[\text{kW}]$$

답 : 1,922,628.1[kW]

● 해 설

Still의 식(경제적인 송전 전압)

$$V_s = 5.5\sqrt{0.6l + \frac{P}{100}}\ [\text{kV}]$$

여기서, l : 송전 거리[km], P : 송전 용량[kW]

▶출제년도 : 91, 95, 97, 02, 11. ▶점수 : 6점

문8 그림과 같은 계통에서 기기의 A점에서 완전 지락이 발생하였을 경우 다음 물음에 답하시오.

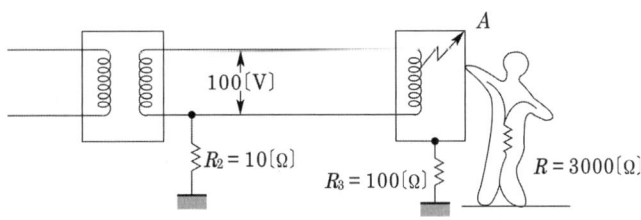

(1) 이 기기의 외함에 인체가 접촉하고 있지 않을 경우 이 외함의 대지 전압은 몇 [V]로 되겠는가?
•계산 :   •답 :
(2) 이 기기의 외함에 인체가 접촉하였을 경우 인체에는 몇 [mA]의 전류가 흐르는가?
•계산 :   •답 :
(3) 인체 접촉 시 인체에 흐르는 전류를 10 [mA] 이하로 하려면 기기의 외함에 시공된 접지 공사의 접지 저항 $R_3[\Omega]$의 값을 얼마의 것으로 바꾸어 주어야 하는가?
•계산 :   •답 :

● 답안작성

(1) **계산** : 외함의 대지 전압 = 지락 전류×접지 저항 = $\dfrac{100}{100+10} \times 100 = 90.91[V]$

    답 : 90.91[V]

(2) **계산** : $I = \dfrac{R_3}{R_3+R}I_n = \dfrac{100}{100+3{,}000} \times \dfrac{100}{10+\dfrac{100 \times 3{,}000}{100+3{,}000}} = 0.03021[A] = 30.21[mA]$

    답 : 30.21[mA]

(3) **계산** : 기기의 접지 저항을 R_3라 하면

$$0.01 \geqq \dfrac{100}{10+\dfrac{3{,}000R_3}{R_3+3{,}000}} \times \dfrac{R_3}{R_3+3{,}000}$$

위 식에서 R_3를 구하면 $R_3 \leqq 4.29[\Omega]$

    답 : $R_3 \leqq 4.29[\Omega]$

● 해 설

(1) 인체가 접촉하지 않은 경우

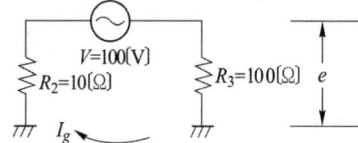

(2) 인체가 접촉하였을 경우

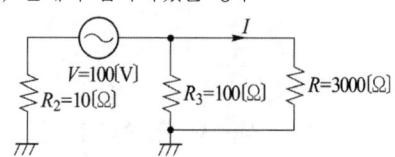

▸출제년도 : 07. 11.   ▸점수 : 4점

문9 상용 전원과 비상용 예비전원의 양 전원 접속점에 반드시 설치해야 할 전로 기구는?

● 답안작성

절환개폐기

● 해 설

비상용 예비전원의 시설(KEC 244.2.1)
상용전원의 정전으로 비상용전원이 대체되는 경우에는 상용전원과 병렬운전이 되지 않도록 다음 중 하나 또는 그 이상의 조합으로 격리조치를 하여야 한다.
① 조작기구 또는 절환 개폐장치의 제어회로 사이의 전기적, 기계적 또는 전기 기계적 연동
② 단일 이동식 열쇠를 갖춘 잠금 계통
③ 차단-중립-투입의 3단계 절환 개폐장치
④ 적절한 연동기능을 갖춘 자동 절환 개폐장치
⑤ 동등한 동작을 보장하는 기타 수단

▸출제년도 : 11.   ▸점수 : 6점

문10 다음 전선관 명칭을 정확하게 쓰시오.

(1) ── ∥ ──   (2) ── ∥ ──   (3) ── ∥ ──
    2[mm²] (VE16)   2[mm²] ($F_2$17)   2[mm²] (PF16)

● 답안작성

(1) 경질 비닐 전선관
(2) 2종 금속제 가요전선관
(3) 합성수지제 가요관

▶ 출제년도 : 00, 02, 05, 08, 11. ▶ 점수 : 10점

문11 그림은 특고압 수전설비 결선도의 미완성 도면이다. 이 도면을 보고 다음 각 물음에 답하시오. 단, CB 1차측에 CT를, CB 2차측에 PT를 시설하는 경우이다.

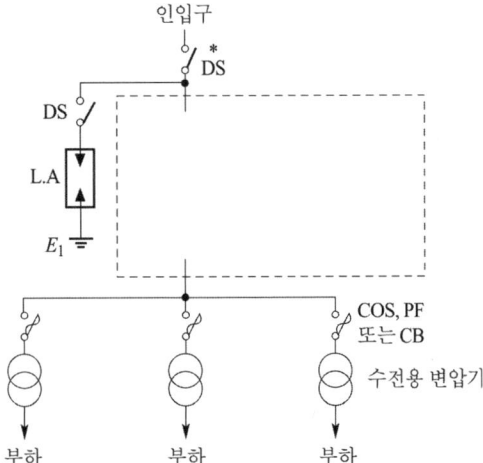

(1) 미완성 부분(점선내부 부분)에 대한 결선도를 그리시오.
    단, 미완성 부분만 작성하되, 미완성 부분에는 CB, OCR : 3개, OCGR, MOF, PT, CT, PF, COS, TC, A, V, 전력량계 등을 사용하도록 한다.
(2) 사용전압이 22.9[kV]라고 할 때 차단기의 트립전원은 어떤 방식이 바람직한지 2가지를 쓰시오.
(3) 수전전압이 66[kV] 이상인 경우에는 * 표로 표시된 DS 대신 어떤 것을 사용하여야 하는가?
(4) 지중 인입선의 경우에 22.9[kV-y] 계통은 어떤 케이블을 사용하여야 하는지 2가지를 쓰시오.

● 답안작성

(1)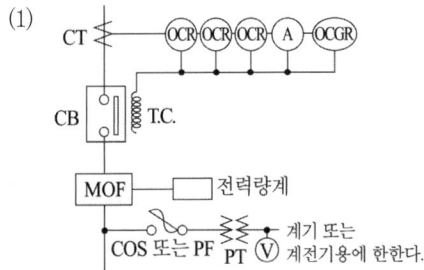

(2) ① DC 방식(직류방식)　　② CTD 방식(콘덴서 방식)
(3) LS(선로 개폐기)
(4) ① CNCV-W 케이블(수밀형)　　② TR CNCV-W 케이블(트리억제형)

● 해 설

특고압 수전설비 표준결선도(CB 1차 측에 CT를, CB 2차 측에 PT를 시설하는 경우)

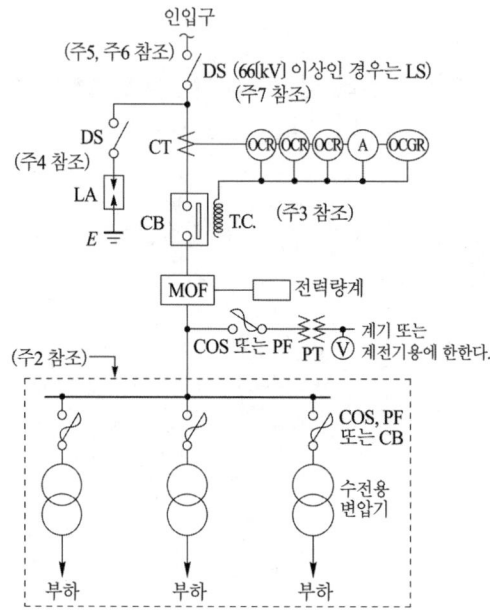

[주1] 22.9[kV-Y] 1,000[kVA] 이하인 경우에는 간이 수전 설비 결선도에 의할 수 있다.
[주2] 결선도 중 점선 내의 부분은 참고용 예시이다.
[주3] 차단기의 트립 전원은 직류(DC) 또는 콘덴서 방식(CTD)이 바람직하며 66[kV] 이상의 수전 설비에는 직류(DC)이어야 한다.
[주4] LA용 DS는 생략할 수 있으며 22.9[kV-Y]용의 LA는 Disconnector(또는 Isolator) 붙임형 을 사용하여야 한다.
[주5] 인입선을 지중선으로 시설하는 경우로서 공동 주택 등 사고 시 정전 피해가 큰 수전 설비 인입 선은 예비선을 포함하여 2회선으로 시설하는 것이 바람직하다.
[주6] 지중인입선의 경우에 22.9[kV-Y] 계통은 CNCV-W 케이블(수밀형) 또는 TR CNCV-W 케 이블(트리억제형)을 사용하여야 한다. 다만, 전력구·공동구·덕트·건물 구내 등 화재의 우려 가 있는 장소에서는 FR CNCO-W 케이블(난연)을 사용하는 것이 바람직하다.
[주7] DS 대신 자동고장구분 개폐기(7,000[kVA] 초과 시에는 Sectionalizer)를 사용할 수 있으며 66[kV] 이상의 경우는 LS를 사용하여야 한다.

▶출제년도 : 04. 11.　　▶점수 : 6점

문12 부하의 역률 개선에 대한 다음 물음에 답하시오.

(1) 부하설비의 역률이 90[%] 이하로 저하하는 경우, 수용가가 볼 수 있는 손해 4가지를 쓰시오.
　　①　　　　　　　　　　　　　②
　　③　　　　　　　　　　　　　④

(2) 역률을 개선하기 위한 기기의 명칭과 설치 방법을 간단하게 쓰시오.
① 기기 명칭
② 설치 방법

● 답안작성

(1) ① 전력손실이 커진다.   ② 전기요금이 증가한다.
    ③ 전압강하가 커진다.   ④ 전원설비 용량이 증가한다.
(2) ① 전력용 콘덴서   ② 부하와 병렬로 접속

▶출제년도 : 11. 14. 17.   ▶점수 : 5점

문13 대용량의 변압기 내부고장을 보호할 수 있는 보호 장치 5가지만 쓰시오.

● 답안작성

① 비율차동 계전기
② 과전류 계전기
③ 방압 안전장치
④ 부흐홀츠 계전기
⑤ 충격압력 계전기

▶출제년도 : 00. 02. 05. 08. 11. 18.   ▶점수 : 5점

문14 고압 가공 배전선로에 접속된 주상 변압기의 저압 측에 시설된 중성점 접지공사의 저항값을 구하시오. 단, 1선 지락전류는 5[A]이고, 고압측과 저압측의 혼촉사고 발생 시 1초 이내에 자동적으로 고압전로를 차단할 수 있게 되어 있다.
•계산 :   •답 :

● 답안작성

계산 : 중성점 접지저항값 $R_2 = \dfrac{600}{5} = 120[\Omega]$

답 : $120[\Omega]$

● 해 설

중성점 접지공사의 접지저항
• 자동차단장치가 없는 경우
$$R_2 = \dfrac{150}{1선\ 지락전류}[\Omega]$$
• 2초 이내에 동작하는 자동차단장치가 있는 경우
$$R_2 = \dfrac{300}{1선\ 지락전류}[\Omega]$$
• 1초 이내에 동작하는 자동차단장치가 있는 경우
$$R_2 = \dfrac{600}{1선\ 지락전류}[\Omega]$$

▶출제년도 : 88, 95, 00, 11.　▶점수 : 10점

문15 3입력의 인터록 유접점 제어 회로도를 숙지한 다음, 다음 물음에 답하시오.

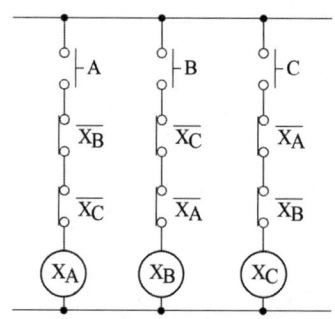

(1) 유접점 제어 회로를 무접점으로 그리시오.
　　(단, AND (⊃—), NOT (—▷∘—) 심벌로만 그리시오. 기타는 틀림)

(2) 타임 차트를 완성하시오.

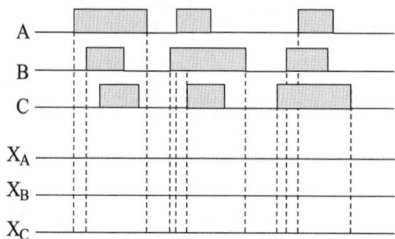

● 답안작성

(1) 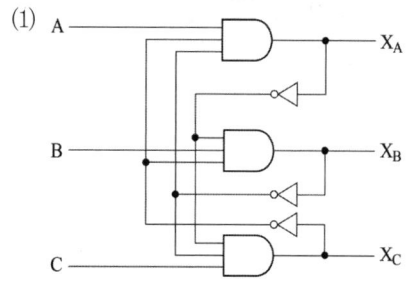　　(2)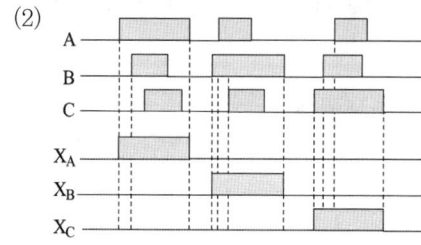

● 해 설

X_A가 먼저 1이 되면 B, C가 1이 되어도 X_B, X_C는 1이 될 수 없다. 따라서, A가 1이면 X_A는 계속 1의 상태를 유지할 수 있다.

개정된 '전기설비 기술기준 및 판단기준'과 '내선규정'에 의거해 삭제된 문제가 있어 점수의 합계가 100점이 되지 않습니다.

2011년 4회 전기공사기사실기

▸출제년도 : 97. 00. 11. ▸점수 : 6점

문1 그림과 같은 회로에서 전동기가 누전된 경우 3,000[Ω]의 인체 저항을 가진 사람이 전동기에 접촉할 때 인체에 흐르는 전류 시간 합계[mA·sec]는? (단, 30[mA], 0.1[sec]의 경우 정격 ELB를 설치하였다.)

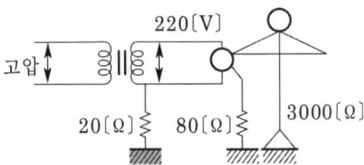

•계산 :   •답 :

● 답안작성

계산 : 상접촉 시 지락 전류 $= \dfrac{220}{20 + \dfrac{80 \times 3{,}000}{80 + 3{,}000}} = 2.25[A]$

인체에 흐르는 전류 $= \dfrac{80}{80 + 3{,}000} \times 2.25 = 0.05844[A] = 58.44[mA]$

주어진 조건에서 정격 감도 전류는 30[mA], 동작 시간 0.1[sec]이므로
인체에 흐르는 전류 시간 합계 $= 58.44 \times 0.1 = 5.84[mA \cdot sec]$

답 : $5.84[mA \cdot sec]$

● 해 설

(1) 상기의 그림을 등가회로로 그리면 다음과 같다.

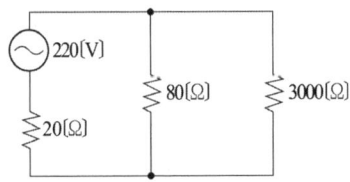

① 합성 저항 $R_T = 20 + \dfrac{80 \times 3{,}000}{80 + 3{,}000} = 97.92[\Omega]$

따라서, 접촉 시 지락 전류 $I_g = \dfrac{V_g}{R_T} = \dfrac{220}{20 + \dfrac{80 \times 3{,}000}{80 + 3{,}000}} = \dfrac{220}{97.92} = 2.25[A]$

② 인체(3,000[Ω])에 흐르는 전류 $I = \dfrac{80}{80 + 3{,}000} \times 2.25 = 0.05844[A] = 58.44[mA]$

(2) 누전 차단기 동작시간 : 정격 감도전류 이상의 지락 전류가 흐를 때부터 그 회로를 차단하기까지의 시간

▶ 출제년도 : 91. 05. 11.   ▶ 점수 : 4점

문2 브랭크 와셔(Blank Washer)란 무엇인가? 간단하게 쓰시오.

● 답안작성

박스에 덕트를 접속하지 않는 곳에 수분 및 먼지의 침입을 막기 위하여 사용되는 재료

▶ 출제년도 : 95. 98. 02. 06. 11.   ▶ 점수 : 6점

문3 전선로 부근이나 애자 부근(애자와 전선의 접속 부근)에 임계 전압 이상이 가해지면 전선로나 애자 부근에 공기의 절연이 부분적으로 파괴되는 현상이 발생하는데 이것을 무슨 현상이라고 하는가? 그리고 그 방지 대책을 3가지 쓰시오

(1) 현상
(2) 방지 대책

● 답안작성

(1) 현상 : 코로나 현상
(2) 방지 대책
  ① 굵은 전선을 사용한다(ACSR, 중공연선 등).
  ② 복도체 방식을 채택한다.
  ③ 가선금구를 개량한다.

● 해 설

코로나 임계전압 $E_0 = 24.3 m_0 m_1 \delta d \log_{10} \dfrac{D}{r}$ [kV]

▶ 출제년도 : 10. 11. 14.   ▶ 점수 : 6점

문4 3상 3선 380[V] 회로에 전열기 15[A]와 전동기 2.2[kW] 역률 85[%], 전동기 3.75[kW] 역률 90[%], 전동기 7.5[kW] 역률 95[%]가 있다. 간선의 허용전류를 계산하시오.

•계산 :   •답 :

● 답안작성

계산 : ① 전동기 2.2[kW], 역률 85[%]
  • 정격전류 $I_1 = \dfrac{2200}{\sqrt{3} \times 380 \times 0.85} = 3.93$[A]
  • 유효전류 $I_{r1} = 3.93 \times 0.85 = 3.34$[A]
  • 무효전류 $I_{q1} = 3.93 \times \sqrt{1-0.85^2} = 2.07$[A]
② 전동기 3.75[kW], 역률 90[%]
  • 정격전류 $I_2 = \dfrac{3750}{\sqrt{3} \times 380 \times 0.9} = 6.33$[A]
  • 유효전류 $I_{r2} = 6.33 \times 0.9 = 5.70$[A]
  • 무효전류 $I_{q2} = 6.33 \times \sqrt{1-0.9^2} = 2.76$[A]
③ 전동기 7.5[kW], 역률 95[%]
  • 정격전류 $I_3 = \dfrac{7500}{\sqrt{3} \times 380 \times 0.95} = 11.99$[A]

- 유효전류 $I_{r3} = 11.99 \times 0.95 = 11.39[A]$
- 무효전류 $I_{q3} = 11.99 \times \sqrt{1-0.95^2} = 3.74[A]$

④ 설계전류 $I_B = I_1 + I_2 + I_3$
$$= \sqrt{(3.34+5.70+11.39+15)^2 + (2.07+2.76+3.74)^2} = 36.45[A]$$

따라서, $I_B \leq I_n \leq I_Z$의 조건을 만족하는 전선의 허용전류 $I_Z \geq 36.45[A]$

답 : 36.45[A]

● 해 설

① 도체와 과부하 보호장치 사이의 협조(KEC 212.4.1)
  과부하에 대해 케이블(전선)을 보호하는 장치의 동작특성은 다음의 조건을 충족해야 한다.
  $$I_B \leq I_n \leq I_Z, \quad I_2 \leq 1.45 \times I_Z$$
  I_B : 회로의 설계전류(선도체를 흐르는 설계전류 또는 함유율이 높은 영상분 고조파, 특히 제3고조파가 지속적으로 흐르는 경우 중성선에 흐르는 전류이다.)
  I_Z : 케이블의 허용전류
  I_n : 보호장치의 정격전류(사용현장에 적합하게 조정된 전류의 설정값)
  I_2 : 보호장치가 규약시간 이내에 유효하게 동작하는 것을 보장하는 전류

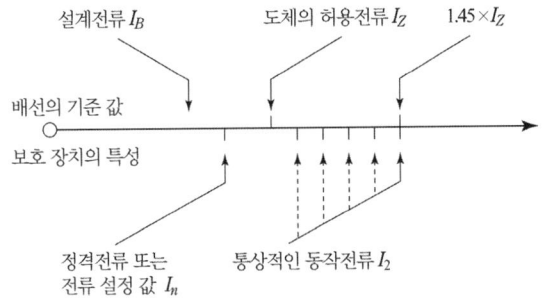

과부하 보호 설계 조건도

③ 전열기의 역률은 1

▶출제년도 : 11. ▶점수 : 5점

문 5 그림 기호는 콘센트 종류를 표시한 것이다. 어떤 종류를 표시한 것인가 답하시오.

(1) ⬤LK   (2) ⬤T   (3) ⬤E   (4) ⬤ET   (5) ⬤EL

● 답안작성

(1) ⬤LK : 빠짐 방지형
(2) ⬤T : 걸림형
(3) ⬤E : 접지극붙이
(4) ⬤ET : 접지단자붙이
(5) ⬤EL : 누전 차단기붙이

▶ 출제년도 : 02. 05. 11. 24.　▶ 점수 : 8점

문6　그림을 참고하여 1, 2, 3, 4의 명칭을 답하시오.

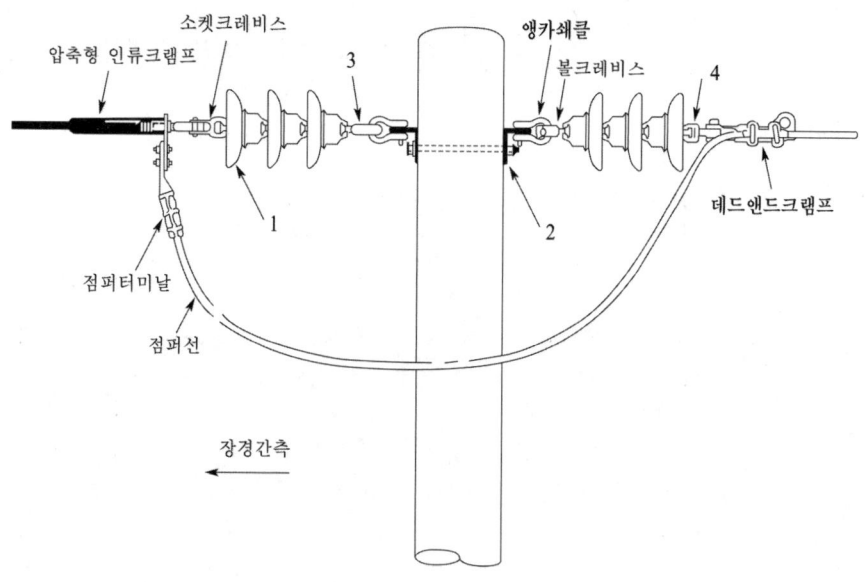

● 답안작성

1. 현수애자　2. ㄱ형 완금　3. 볼아이　4. 소켓아이

▶ 출제년도 : 기사 11. 17.　▶ 점수 : 5점

문7　금속 덕트, 버스 덕트 배선에 의하여 시설하는 경우 취급자 이외의 사람이 출입할 수 없도록 설비된 장소에 수직으로 설치하는 경우 몇 [m] 이하의 간격으로 견고하게 지지하여야 하는가?

● 답안작성

6[m]

● 해 설

금속 덕트, 버스 덕트 시설방법(KEC 232.31.3)

금속 덕트, 버스 덕트는 3[m](취급자 이외의 자가 출입할 수 없도록 설비한 장소로서, 수직으로 설치하는 경우는 6[m]) 이하의 간격으로 견고하게 지지할 것

문8 ▸출제년도 : 95. 96. 11. ▸점수 : 7점

다음 그림은 전극식 온수조의 결선도이다. 물음에 답하시오.

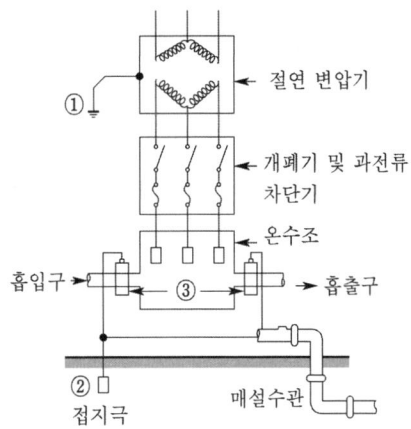

(1) 그림에서 ③의 명칭은?
(2) 전극식 온천 승온기의 사용전압은 몇 [V] 이하로 하여야 하는가?
(3) 절연변압기는 교류 2,000[V] 시험 전압을 하나의 권선과 다른 권선 철심 및 외함 사이에 연속적으로 몇 분간 가하여 절연내력을 시험할 경우 이에 견디어야 하는가?

● 답안작성
(1) 차폐장치   (2) 400[V]   (3) 1[분]

문9 ▸출제년도 : 11. ▸점수 : 6점

복도체 방식을 사용하는 경우는 단도체 방식에 비하여 인덕턴스와 정전용량이 몇 [%] 증가 또는 감소하는지를 수치를 사용하여 설명하시오.

● 답안작성
① 인덕턴스 : 20[%]~30[%] 감소
② 정전용량 : 20[%]~30[%] 증가

문10 ▸출제년도 : 11. ▸점수 : 3점

합성수지제 가요전선관의 규격은 다음과 같다. (   ) 안에 적합한 규격을 쓰시오.
14호, (   ), 18호, (   ), (   ), 36호, 42호

● 답안작성
16호, 22호, 28호

▶출제년도 : 11.　▶점수 : 5점

문11 공사 원가 계산(총원가) 시 원가 계산의 비목(구성)을 쓰시오. (5가지)

● 답안작성

노무비, 경비, 재료비, 일반관리비, 이윤

▶출제년도 : 11. 18.　▶점수 : 5점

문12 전력계 지시값이 600[W], 변압비 30, 변류비 20인 경우 수전전력은 몇 [kW]인가?
　•계산 :　　　　　　　　　　　　　　　　•답 :

● 답안작성

계산 : 수전전력 = 측정전력(전력계 지시값)×PT비×CT비 = $600 \times 30 \times 20 \times 10^{-3}$ = 360[kW]
답 : 360[kW]

▶출제년도 : 11. 18.　▶점수 : 6점

문13 금속제 케이블 트레이 종류 3가지만 쓰시오.

● 답안작성

사다리형, 펀칭형, 메시형

■ 상세해설

케이블 트레이 공사(KEC 232.41)
케이블 트레이 배선은 케이블을 지지하기 위하여 사용하는 금속재 또는 불연성 재료로 제작된 유닛 또는 유닛의 집합체 및 그에 부속하는 부속재 등으로 구성된 견고한 구조물을 말하며 사다리형, 펀칭형, 메시형, 바닥밀폐형 기타 이와 유사한 구조물을 포함하여 적용한다.

▶출제년도 : 00. 07. 11. 18.　▶점수 : 3점

문14 조상 설비를 설치한 목적은?

● 답안작성

무효전력을 제어함으로써 송전 손실의 경감 및 안정도 향상

● 해　설

조상설비의 설치 목적은 무효전력을 조정하여 전압의 조정과 전력손실을 경감시키기 위함이다.

▶출제년도 : 89. 91. 95. 11.　▶점수 : 10점

문15 답안지와 같이 단상 변압기 3대가 있는 미완성 회로도가 있다. 이것을 △-△ 결선하고 Y-△ 결선 방식의 단점 1가지와 △-△결선 장점 1가지를 쓰시오.
　(1) △-△ 결선도
　(2) Y-△ 결선 방식의 단점
　(3) △-△결선 방식의 장점

● 답안작성

(1) 결선도

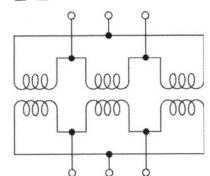

(2) Y-△ 결선 방식의 단점 : 1상에 고장이 생기면 전력을 공급할 수 없다.

(3) △-△결선 방식의 장점 : 1상에 고장이 나면 나머지 2대로써 V결선하여 전력을 계속 공급할 수 있다.

▸출제년도 : 09. 11. ▸점수 : 5점

문16 다음 그림은 계통접지이다. 무슨 접지 계통인지 쓰시오.
단, 계통 전체의 중성선과 보호도체를 동일 전선으로 사용한다.

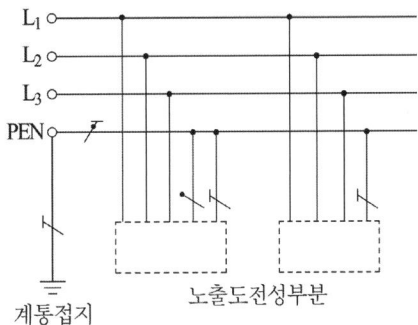

● 답안작성

TN-C 접지 계통

● 해 설

(1)

기 호	설 명
─/─	중성선(N)
─/─	보호도체(PE)
─/─	보호도체와 중성선 결합(PEN)

[비고] 기호 : TN 계통, TT 계통, IT 계통에 동일 적용

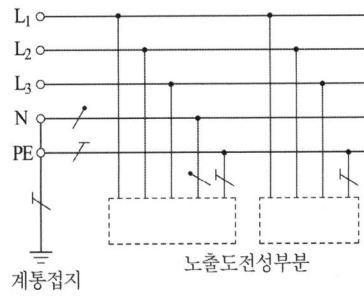

계통 전체의 중성선과
보호도체를 접속하여 사용한다.

(a) TN-S 계통

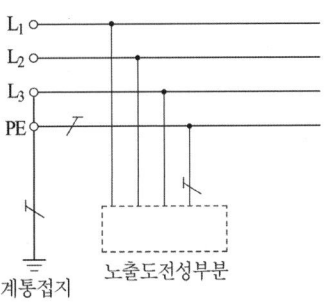

계통 전체의 접지된 상전선과
보호도체를 접속하여 사용한다.

2011년 4회 전기공사기사실기 59

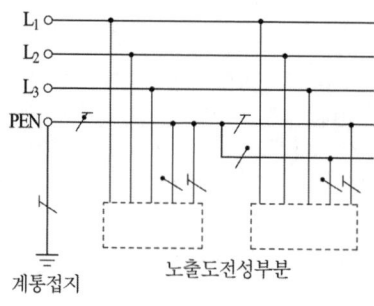
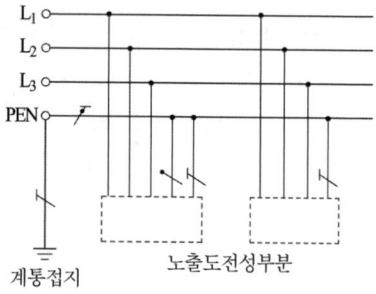

계통 일부의 중성선과 보호도체를
동일 전선으로 사용한다.
(b) TN-C-S 계통

계통 전체의 중성선과 보호도체를
동일 전선으로 사용한다.
(c) TN-C 계통

(2) TT 계통

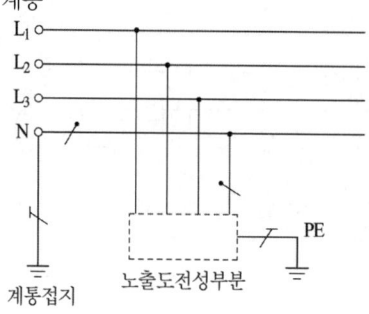
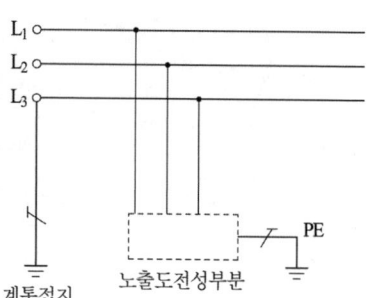

(3) IT 계통(IT System)

IT 계통이란 충전부 전체를 대지로부터 절연시키거나 한 점에 임피던스를 삽입하여 대지에 접속시키고, 전기기기의 노출 도전성 부분 단독 또는 일괄적으로 접지하거나 또는 계통접지로 접속하는 접지계통을 말한다.

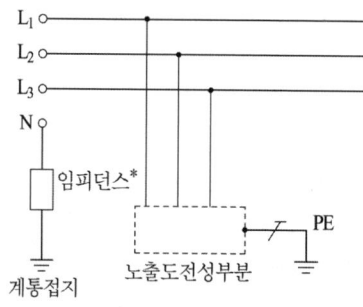
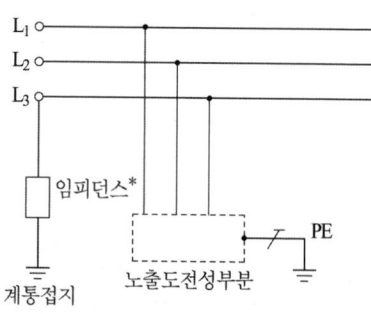

* : 이 계통은 접지에서 분리될 수 있다. 중성선은 분리되거나 그렇지 않을 수 있다.

▶출제년도 : 11.　▶점수 : 5점

문17 면적이 50×50[m], 천장높이 4[m]인 실내에 조도 150[lx]를 얻기 위한 등기구 수를 구하시오. 단, 광속 20,000[lm], 이용률 0.6, 감광보상률 1.3인 경우이다.

•계산 :　　　　　　　　　　　　　　　　•답 :

● 답안작성

계산 : $FUN = EAD$ 에서

$$\text{등기구 수} = \frac{EAD}{FU} = \frac{150 \times 50 \times 50 \times 1.3}{20,000 \times 0.6} = 40.63[\text{등}]$$

답 : 41[등]

▶출제년도 : 11. ▶점수 : 5점

문 18 주택용 계통연계형 태양광발전설비는 주택 등에 설치하고, 전기사업자의 저압전로와 연계한 태양전지출력이 몇 [kW] 이하의 것을 말하는가?

● 답안작성

20[kW]

● 해 설

주택용 계통연계형태양광발전설비의 시설 적용범위

주택용 계통연계형 태양광발전설비는 태양전지 모듈로부터 중간단자함, 파워 어레이, 배선 등의 설비까지 적용한다. 또한 주택용 계통연계형 태양광발전설비는 주택 등에 설치하고, 전기사업자의 저압전로와 연계한 태양전지 출력이 20[kW] 이하의 것을 말한다.

2012년 1회 전기공사기사실기

▶ 출제년도 : 기사 12. 16. ▶ 점수 : 5점

문1 전기설비에 있어서 감전예방의 종류 중 간접접촉예방은 전기설비에 지락 등의 고장이 발생한 경우에 해당 전기설비에 사람 또는 동물이 접촉한 경우를 대비하여 감전예방을 위한 보호이다.
간접접촉예방을 위한 보호방법 5가지를 쓰시오.

● 답안작성
① 전원의 자동차단에 의한 보호
② Ⅱ급 기기의 사용 또는 이것과 동등 이상의 절연에 의한 보호
③ 비도전성 장소에 의한 보호
④ 비접지용 국부적 등전위 접속에 의한 보호
⑤ 전기적 분리에 의한 보호

● 해 설
안전보호
(1) 직접접촉예방
전기설비가 정상으로 운영하고 있는 상태에서 전기설비에 사람 또는 동물이 접촉되는 경우를 대비하여 감전예방을 위한 보호
① 충전부의 절연에 의한 보호
② 격벽 또는 외함에 의한 보호
③ 장애물에 의한 보호
④ 손의 접근한계 외측 설치에 따른 보호
⑤ 누전차단기에 의한 추가 보호
(2) 간접접촉예방
전기설비에 지락 등의 고장이 발생한 경우에 해당 전기설비에 사람 또는 동물이 접촉한 경우를 대비하여 감전예방을 위한 보호로서 다음 중 하나의 방법에 의해 실시한다.
① 전원의 자동차단에 의한 보호
② Ⅱ급 기기의 사용 또는 이것과 동등 이상의 절연에 의한 보호
③ 비도전성 장소에 의한 보호
④ 비접지용 국부적 등전위 접속에 의한 보호
⑤ 전기적 분리에 의한 보호
(3) 특별저압에 의한 보호는 직접접촉예방 및 간접접촉 예방을 동시에 시행한다. 사용전압은 교류 50[V] 이하, 직류 120[V] 이하의 전압을 말한다.
① 비접지회로에 적용하는 SELV 계통
② 접지회로에 적용하는 PELV 계통
③ 기능상 ELV를 사용하는 경우에 적용하는 FELV 계통

문2

▶출제년도 : 기사 93, 95, 96, 00, 12, 20. ▶점수 : 5점

모든 작업이 작업대에서 행하여지는 작업장의 가로가 6[m], 세로가 10[m] 바닥에서 천장까지의 높이가 3.6[m]인 방에서 조명기구를 천장에 설치하고자 한다. 이 방의 실지수는 얼마인가? (단, 작업대는 바닥에서부터 0.75[m]의 높이)

• 계산 :

• 답 :

● 답안작성

계산 : 실지수 $R \cdot I = \dfrac{X \cdot Y}{H(X+Y)} = \dfrac{6 \times 10}{(3.6-0.75)(6+10)} = 1.32$

답 : 1.32

문3

▶출제년도 : 기사 06, 17, 산업 12. ▶점수 : 4점

폭연성 분진이 존재하는 곳의 저압옥내배선에 사용되는 금속관은 어떤 전선관이며, 관 상호 및 관과 박스의 접속은 몇 턱 이상의 죔 나사로 시공하여야 하는가?

• 전선관의 종류
• 최소 나사조임 턱 수

● 답안작성

• 전선관의 종류 : 박강 전선관
• 최소 나사조임 턱 수 : 5턱

● 해 설

폭연성 분진 위험장소(KEC 242.2.1)
폭연성 분진 또는 화약류의 분말이 전기설비가 발화원이 되어 폭발할 우려가 있는 곳에 시설하는 저압 옥내 전기설비(사용전압이 400[V] 초과인 방전등을 제외한다)는 다음에 따르고 또한 위험의 우려가 없도록 시설하여야 한다.
(1) 저압 옥내배선, 저압 관등회로 배선, 수세력 회로의 전선은 금속관공사 또는 케이블공사(캡타이어 케이블을 사용하는 것을 제외한다)에 의할 것
(2) 금속관공사에 의하는 때에는 다음에 의하여 시설할 것
  ① 금속관은 박강 전선관 또는 이와 동등 이상의 강도를 가지는 것일 것
  ② 관 상호 간 및 관과 박스 기타의 부속품·풀박스 또는 전기기계기구와는 5턱 이상 나사 조임으로 접속할 것
(3) 케이블공사에 의하는 때에는 전선은 개장된 케이블 또는 미네럴인슈레이션 케이블을 사용하는 경우 이외에는 관 기타의 방호 장치에 넣어 사용할 것
(4) 이동 전선은 0.6/1[kV] EP 고무절연 클로로프렌 캡타이어 케이블을 사용하고 또한 손상을 받을 우려가 없도록 시설할 것

▶출제년도 : 산업 02. 12. ▶점수 : 5점

문4 3상 간선에서 CT 및 PT를 사용하여 전압 및 전류를 측정하기 위한 결선도를 그리고 접지 표시를 하시오.

● 답안작성

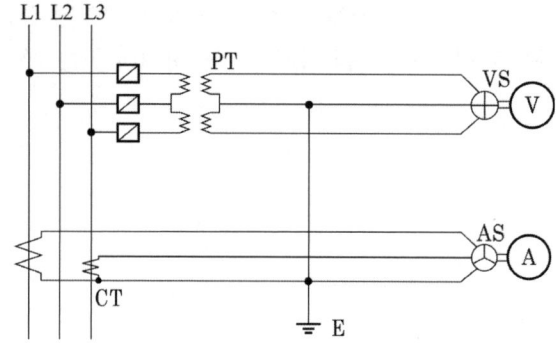

▶출제년도 : 기사 97. 산업 10. 12. ▶점수 : 5점

문5 연 축전지의 정격용량 200[Ah], 상시부하 12[kW], 표준전압 100[V]인 부동충전 방식의 2차 충전전류값은 얼마인지 계산하시오(단, 연축전지의 방전율은 10시간율로 한다).
•계산 :   •답 :

● 답안작성

계산 : 2차 충전전류값 $I = \dfrac{200}{10} + \dfrac{12,000}{100} = 140[A]$

답 : 140[A]

● 해 설

① 부동 충전 : 축전지의 자기 방전을 보충함과 동시에 상용 부하에 대한 전력 공급은 충전기가 부담하도록 하되 충전기가 부담하기 어려운 일시적인 대전류 부하는 축전지로 하여금 부담하게 하는 방식이다.

② 충전기 2차 충전 전류[A]

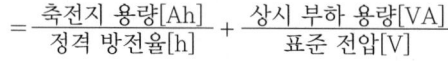

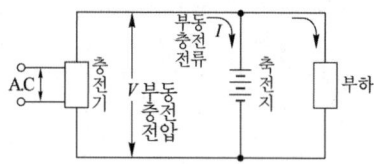

문6
▸출제년도 : 기사 93. 12. 22.   ▸점수 : 4점

다음 물음에 답하시오.

(1) ☐ ─ ─ LD ─ ─ ─ 표시는 어떤 표시인가?
(2) ☐ MD ☐ 표시는 어떤 표시인가?
(3) ─ ─ ◎ ─ ─ ─ 표시는 어떤 표시인가?
(4) ─ ─ ─ F7 ─ ─ ─ 표시는 어떤 표시인가?

● 답안작성

(1) 라이팅 덕트
(2) 금속 덕트
(3) 정크션 박스(접속함·조인트 박스)
(4) 플로어 덕트

문7
▸출제년도 : 기사 05. 12. 24. 산업 92. 97. 17.   ▸점수 : 8점

피뢰기를 시설해야 하는 곳을 4개소로 요약하여 열거하시오.

● 답안작성

① 발전소·변전소 또는 이에 준하는 장소의 가공전선 인입구 및 인출구
② 특고압 가공전선로에 접속하는 배전용 변압기의 고압측 및 특고압측
③ 고압 및 특고압 가공전선로로부터 공급을 받는 수용장소의 인입구
④ 가공전선로와 지중전선로가 접속되는 곳

● 해 설

피뢰기의 시설(KEC 341.13)

문8
▸출제년도 : 기사 01. 07.   ▸점수 : 4점

N-RC는 네온관용 전선 기호이다. 여기에서 C는 어떤 뜻의 기호인가?

● 답안작성

클로로프렌

● 해 설

- N : 네온전선
- V : 비닐
- E : 폴리에틸렌
- R : 고무
- C : 클로로프렌

문9
▸출제년도 : 기사 01. 03. 05. 12.   ▸점수 : 5점

과전류 차단기 설치가 금지된 장소 3가지만 쓰시오.

● 답안작성

① 접지공사의 접지도체
② 다선식 전로의 중성선
③ 전로의 일부에 접지공사를 한 저압 가공전선로의 접지측 전선

● 해 설

과전류차단기의 시설 제한(KEC 341.11)
접지공사의 접지도체, 다선식 전로의 중성선 및 전로의 일부에 접지공사를 한 저압 가공전선로의 접지측 전선에는 과전류차단기를 시설하여서는 안 된다.
다만, 다음의 경우에는 예외로 한다.
① 다선식 전로의 중성선에 시설한 과전류차단기가 동작한 경우에 각 극이 동시에 차단될 때
② 저항기·리액터 등을 사용하여 접지공사를 한 때에 과전류차단기의 동작에 의하여 그 접지도체가 비접지 상태로 되지 아니할 때

문10
▶ 출제년도 : 기사 01. 12. 산업 18.   ▶ 점수 : 4점
변압기 결선방식 중 △-△ 결선의 특성 4가지만 쓰시오.

● 답안작성

① 제3고조파의 전류가 △결선 내를 순환하므로 인가 전압이 정현파이면 유도 전압도 정현파가 된다.
② 1상분이 고장이 나면 나머지 2대로써 V결선 운전이 가능하다.
③ 각 변압기의 상전류가 선전류의 $\frac{1}{\sqrt{3}}$이 되어 저전압 대전류 계통에 적당하다.
④ 중성점을 접지할 수 없으므로 지락사고의 보호계전기 시스템 구성이 복잡하다.

● 해 설

그 외에 ⑤ 정격 용량이 다른 것을 결선하면 순환전류가 흐른다.

문11
▶ 출제년도 : 기사 12. 산업 01. 03.   ▶ 점수 : 3점
예비전원용 고압 발전기에서 부하에 이르는 전로에는 발전기의 가까운 곳에 쉽게 개폐 및 점검을 할 수 있는 곳에 (   ), (   ), (   ) 및 전압계를 시설하여야 하는가?

● 답안작성

개폐기, 과전류 차단기, 전류계

문12
▶ 출제년도 : 기사 95. 96. 99. 00. 02. 05. 06. 12.   ▶ 점수 : 7점
공사 계획에 의한 수전 설비의 일부가 완성되어 그 완성된 설비만을 사용하고자 할 때, 전기 설비 검사 항목 처리 지침서에 의거 검사 항목을 7가지 쓰시오.

● 답안작성

① 외관검사
② 접지저항 측정
③ 계측 장치 설치 상태
④ 보호 장치 설치 및 동작 상태
⑤ 절연유 내압 및 산가 측정
⑥ 절연 내력 시험
⑦ 절연저항 측정

▶ 출제년도 : 기사 91, 92, 96, 98, 04, 12, 20.   ▶ 점수 : 5점

문13 3상 3선식 380[V]로 수전하는 수용가의 부하 전력이 75[kW], 부하 역률이 85[%], 구내 배전선의 긍장이 200[m]이며, 배선에서 전압 강하를 6[V]까지 허용하는 경우 구내 배선의 굵기를 구하시오. 단, 이때 배선의 굵기는 전선의 공칭단면적으로 표시하시오.
  • 계산 :   • 답 :

● 답안작성

계산 : $A = \dfrac{30.8 \cdot LI}{1,000 \cdot e} = \dfrac{30.8 \times 200 \times \dfrac{75 \times 10^3}{\sqrt{3} \times 380 \times 0.85}}{1,000 \times 6} = 137.63 [\mathrm{mm}^2]$

답 : $150[\mathrm{mm}^2]$

● 해 설
① 전압강하 계산

전기 방식	전압 강하		전선 단면적
단상 3선식 직류 3선식 3상 4선식	$e_1 = IR$	$e_1 = \dfrac{17.8LI}{1,000A}$	$A = \dfrac{17.8LI}{1,000e_1}$
단상 2선식 및 직류 2선식	$e_2 = 2IR = 2e_1$	$e_2 = \dfrac{35.6LI}{1,000A}$	$A = \dfrac{35.6LI}{1,000e_2}$
3상 3선식	$e_3 = \sqrt{3}IR = \sqrt{3}e_1$	$e_3 = \dfrac{30.8LI}{1,000A}$	$A = \dfrac{30.8LI}{1,000e_3}$

② KSC IEC 전선규격
  1.5, 2.5, 4, 6, 10, 16, 25, 35, 50, 70, 95, 120, 150, 185, 240, 300, 400, 500, 630[mm^2]

▶ 출제년도 : 기사 93, 99, 05, 12.   ▶ 점수 : 6점

문14 지름 10[mm]의 경동선을 사용한 가공 전선로가 있다. 경간은 100[m]로 지지점의 높이는 동일하다. 지금 수평 풍압 110[kg/m²]인 경우에 전선의 안전율을 2.2로 하기 위하여 전선의 길이를 얼마로 하면 좋은가? 단, 전선 1[m]의 무게는 0.7[kg], 진신의 인장 강도는 2,860[kg]으로서 장력에 의한 전선의 신장은 무시한다.
  • 계산 :   • 답 :

● 답안작성

계산 : $W = \sqrt{0.7^2 + 1.1^2} = 1.3$

$D = \dfrac{WS^2}{8T} = \dfrac{1.3 \times 100^2}{8 \times \left(\dfrac{2,860}{2.2}\right)} = 1.25[\mathrm{m}]$

$L = S + \dfrac{8D^2}{3S} = 100 + \dfrac{8 \times 1.25^2}{3 \times 100} = 100.04[\mathrm{m}]$

답 : $100.04[\mathrm{m}]$

● 해 설

① 하중

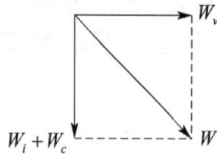

- 풍압하중(W_w)
- 전선에 가해지는 합성하중(W)
- 전선의 자중(W_c)
- 빙설 하중(W_i)

- $W = \sqrt{(W_i + W_c)^2 + W_w^2}$

② 전선 1[m]당 풍압하중 W_w

$W_w = 110 \times 10 \times 10^{-3} = 1.1 [\text{kg/m}]$

▶ 출제년도 : 기사 12, 산업 10.   ▶ 점수 : 13점

문15 아래 도면은 1층에서 2층으로 음식물을 옮기는 리프트 제어 회로도이다. 범례 및 동작사항을 읽고 다음 물음에 답하시오.
((4)~(9)는 회로도에서 찾아 그 기호를 쓰시오.)

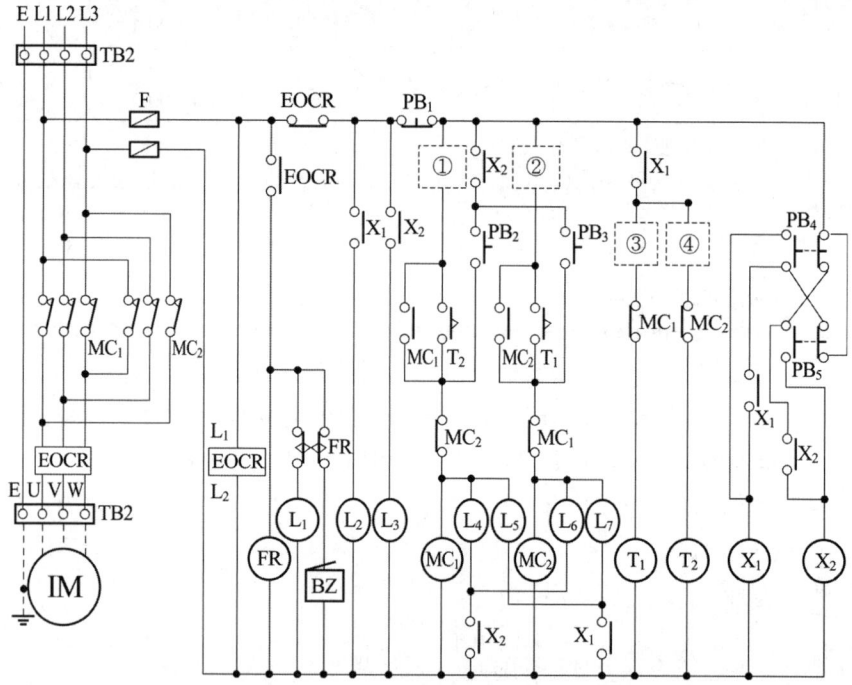

[범례]

EOCR : 전자식 과전류계전기
LS$_1$, LS$_2$: 리밋스위치
PB$_1$-PB$_5$: 누름버튼스위치
FR : 플리커 계전기

X$_1$, X$_2$: 보조계전기
MC$_1$, MC$_2$: 전자접촉기
T$_1$, T$_2$: 타이머
L$_1$-L$_7$: 표시등

TB₁, TB₂ : 단자대   BZ : 부저
F : 퓨즈

[동작사항]
1) PB₅를 누르면 수동상태가 된다.
   ① PB₂를 누르면 전동기는 정방향으로 회전하고, 리프트는 1층에서 2층으로 상승하며 리프트가 2층에 도착하면 2층에 설치한 리밋 스위치 LS₁이 동작하여 전동기는 정지하고 리프트는 2층에서 정지한다.
   ② PB₃를 누르면 전동기는 역방향으로 회전하고, 리프트는 2층에서 1층으로 하강하며 리프트가 1층에 도착하면 1층에 설치한 리밋 스위치 LS₂가 동작하여 전동기는 정지하고 리프트는 1층에서 정지한다.
2) PB₄를 누르면 자동상태가 된다.
   ① 리프트가 1층에 있으면 T₂타이머의 설정시간(리프트가 1층에 정지하고 있는 시간 설정)이 경과하면 전동기는 자동으로 정방향으로 회전하고 리프트는 1층에서 2층으로 상승하며 리프트가 2층에 도착하면 2층에 설치한 리밋 스위치 LS₁이 동작하여 전동기는 정지하고 리프트는 2층에서 정지한다.
   ② 리프트가 2층에 도착하면 T₁타이머의 설정시간(리프트가 2층에 정지하고 있는 시간 설정)이 경과하면 전동기는 자동으로 역방향으로 회전하고 리프트는 2층에서 1층으로 하강하며 리프트가 1층에 도착하면 1층에 설치한 리밋 스위치 LS₂가 동작하여 전동기는 정지하고 리프트는 1층에서 정지한다.
   ③ 위 동작을 반복한다.
3) 동작 중 PB₁을 누르면 모든 동작이 정지된다.
4) 운전 중 과전류 계전기가 동작하면 전동기는 정지한다.

(1) ①, ②, ③, ④ 회로의 □□□에는 각각 어떤 접점의 리밋 스위치인지 보기와 같은 방법으로 그림기호를 그리시오.

   [보기] ├LS₁ ┤LS₁ 또는 ├LS₂ ┤LS₂

(2) 수동 상태에서 리프트가 상승 중 PB₃를 누르면 MC₂가 여자되는가 또는 여자되지 않는가?
(3) 자동운전상태에서 PB₂를 누르면 MC₁이 여자되는가 또는 여자되지 않는가?
(4) 수동 운전이 선택된 상태에서 점등되는 표시등은?
(5) 자동 운전이 선택된 상태에서 여자되는 계전기는?
(6) 수동운전 상태에서 리프트가 상승할 때 점등되는 표시등은?
(7) 자동운전 상태에서 리프트가 하강할 때 점등되는 표시등은?
(8) 과전류 계전기가 동작되었을 때 여자되는 계전기는?
(9) 리프트 상승하고 있을 때 여자되는 전자 접촉기는?
(10) EOCR이 작동되었을 때의 동작사항을 설명하시오.

● 답안작성

(1) ① ⊣LS₁ ② ⊣LS₂ ③ ⊣LS₂ ④ ⊣LS₁
(2) 여자되지 않는다.   (3) 여자되지 않는다.
(4) L₃ (5) X₁ (6) L₄ (7) L₇ (8) FR (9) MC₁
(10) EOCR이 작동되면 전동기는 정지하고, FR은 여자된다. FR이 여자되면 FR의 플리커 접점에 의해 부저와 표시등이 반복 동작한다.

▶ 출제년도 : 기사 04, 07, 12.   ▶ 점수 : 5점

문16 LBS(Load Breaker Switch)의 명칭과 기능에 대하여 간단히 설명하시오.
• 명칭
• 기능

● 답안작성

• **명칭** : 부하 개폐기
• **기능** : 부하 전류를 개폐할 수 있는 단로기로 3상 연동으로 투입, 개방토록 되어 있다. 또한 고장전류를 차단할 수 없으므로 고장전류를 차단할 수 있는 한류 퓨즈와 직렬로 조합하여 사용한다.

▶ 출제년도 : 기사 12, 산업 18.   ▶ 점수 : 5점

문17 서지 흡수기(Surge Absorbor)의 기능과 어느 개소에 설치하는지 그 위치를 쓰시오.
• 기능
• 설치 위치

● 답안작성

• **기능** : 개폐 서지 등 이상전압으로부터 변압기 등 기기 보호
• **설치 위치** : 개폐 서지를 발생하는 차단기 후단과 부하측 사이

● 해 설

서지 흡수기는 LA와 같은 구조와 특성을 지니고 있으며 구내선로에서 발생할 수 있는 개폐 서지, 순간과도전압 등으로 이상전압이 2차 기기에 악영향을 주는 것을 막기 위해 시설한다.

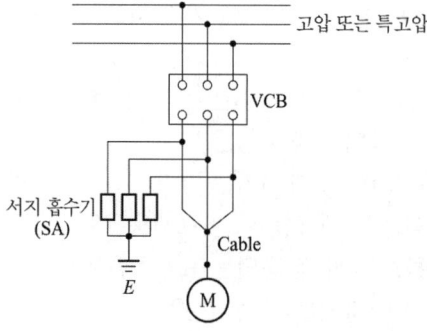

개정된 '전기설비 기술기준 및 판단기준'과 '내선규정'에 의거해 삭제된 문제가 있어 점수의 합계가 100점이 되지 않습니다.

2012년 2회 전기공사기사실기

▶출제년도 : 기사 12, 산업 95, 98.   ▶점수 : 10점

문1 그림은 3상 4선식 중성점 다중 접지방식의 22.9[kV-Y] 배전선로에서 수전하기 위한 단선결선도이다. 다음 물음에 답하시오.

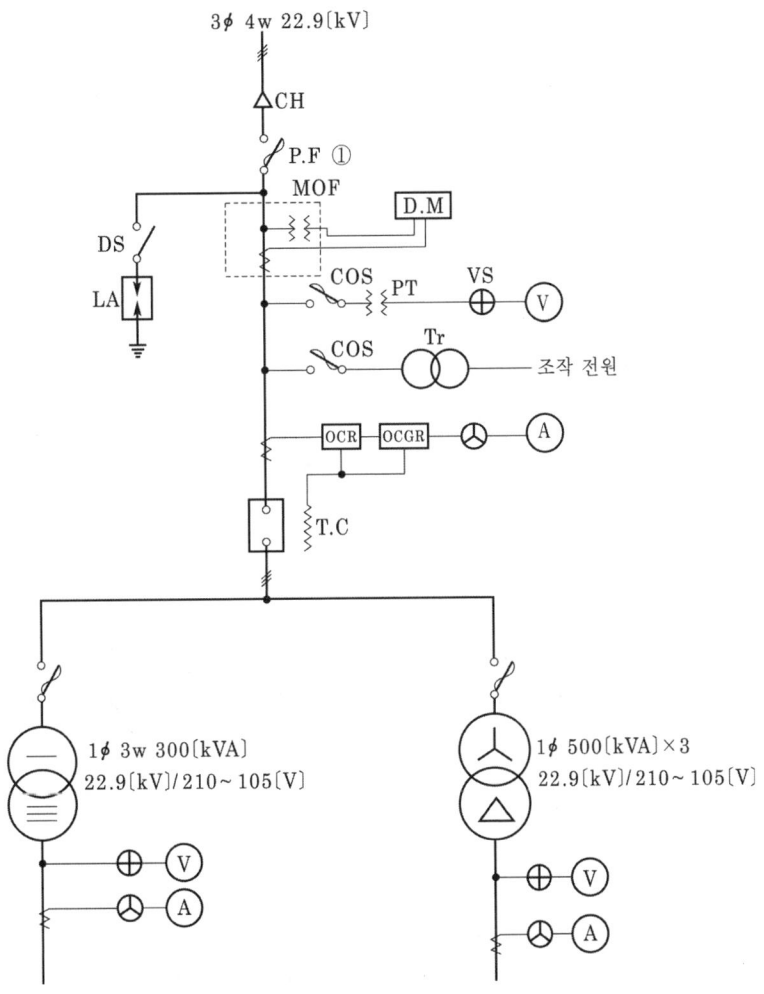

(1) 지중인입선의 경우 22.9[kV] Y계통은 어떤 케이블을 사용하는가?
(2) OCB의 명칭은?
(3) MOF에서 규격이 13.2[kV]/110[V], 75/5[A]일 때 전기공급 규정에 의거 0.2급, 0.5급, 1.2급 중에 어떤 급을 사용하는가?
(4) OCGR의 명칭은?
(5) DS의 명칭은?
(6) COS의 명칭은?

(7) TC의 명칭은?
(8) ①의 PF의 퓨즈를 변압기 전부하 전류의 2배로 선정한다면 퓨즈의 용량[A]은?
 (단, 평균역률은 90[%]로 가정)

● 답안작성
(1) CNCV-W 케이블(수밀형) 또는 TR CNCV-W(트리 억제형)
(2) 유입 차단기
(3) 0.5급
(4) 지락 과전류 계전기
(5) 단로기
(6) 컷 아웃 스위치
(7) 트립코일
(8) 전부하 전류×2배 $= \left(\dfrac{300}{22.9} + \dfrac{500 \times 3}{\sqrt{3} \times 22.9} \right) \times 2 = 101.84[A]$ 이므로 125[A] 선정
 답 : 125[A]

▶출제년도 : 기사 12. ▶점수 : 3점

문2
가공지선은 (①)에 (②)에 대한 (③)용으로서 송전선로 지지물 최상부에 설치한다. 괄호 안에 ①~③에 알맞은 답을 쓰시오.

● 답안작성
① 송전선 ② 뇌격 ③ 차폐

▶출제년도 : 기사 12. 20. ▶점수 : 4점

문3
피뢰기의 구비조건에서 이상전압 침입 시 신속하게 (①)하는 특성이 있어야 하고 또한 피뢰기 동작 시 단자전압을 (②) 전압 이하로 억제할 수 있어야 한다.

● 답안작성
① 방전 ② 일정

▶출제년도 : 98. 03. 08. 12. ▶점수 : 10점

문4
다음 빈칸을 알맞은 용어로 채우시오.
(1) "과전류 차단기"란 배선용 차단기, 퓨즈, 기중 차단기와 같이 (①) 및 (②)를 자동차단하는 기능을 가진 기구를 말한다.
(2) "누전차단장치"란 전로에 지락이 생겼을 경우에 부하 기기 금속제 외함 등에 발생하는 (③) 또는 (④)를 검출하는 부분과 차단기 부분을 조합하여 자동적으로 전로를 차단하는 장치를 말한다.
(3) "배선용 차단기"란 전자작용 또는 바이메탈의 작용에 의하여 (⑤)를 검출하고 자동으로 차단하는 (⑥) 차단기로서 그 최소 동작 전류가 정격 전류의 100[%]와 (⑦) 사이에 있고, 외부에서 수동, 전자적 또는 전동적으로 조작할 수 있는 것을 말한다.

(4) "과전류"란 과부하 전류 및 (⑧)를 말한다.
(5) "중성선"이란 (⑨) 전로에서 전원의 (⑩)에 접속된 전선을 말한다.

● 답안작성

(1) ① 과부하 전류　② 단락 전류
(2) ③ 고장 전압　　④ 지락전류
(3) ⑤ 과전류　　　⑥ 과전류　　⑦ 125[%]
(4) ⑧ 단락 전류
(5) ⑨ 다선식　　　⑩ 중성극

▸ 출제년도 : 기사 99, 00, 02, 06, 10, 12, 19, 21, 23, 24.　▸ 점수 : 5점

문5 비상용 조명부하 40[W] 120등, 60[W] 50등, 합계 7,800[W]가 있다. 방전시간 30분, 축전지 HS형 54셀, 허용 최저전압 92[V], 최저 축전지 온도 5[℃]일 때 주어진 표를 이용하여 축전지 용량을 계산하시오. 단, 전압은 100[V], 경년용량저하율은 0.8이다.

연축전지의 용량환산시간 K (900[Ah] 이하)

형식	온도[℃]	10분			30분		
		1.6[V]	1.7[V]	1.8[V]	1.6[V]	1.7[V]	1.8[V]
HS	25	0.58	0.7	0.93	1.03	1.14	1.38
	5	0.62	0.74	1.05	1.11	1.22	1.54
	−5	0.68	0.82	1.15	1.2	1.35	1.68

● 답안작성

계산 : 표에서 용량환산시간 $K = 1.22$

전류 $I = \dfrac{P}{V} = \dfrac{7,800}{100} = 78[A]$

축전지 용량 $C = \dfrac{1}{L}KI = \dfrac{1}{0.8} \times 1.22 \times 78 = 118.95[Ah]$

답 : 118.95[Ah]

● 해 설

셀 당 최저 허용 전압 $= \dfrac{92[V]}{54[cell]} = 1.7[V/cell]$

▸ 출제년도 : 기사 88, 09, 12.　▸ 점수 : 6점

문6 바닥면적 800[m²]의 강당에 40[W] 2등용 형광등을 시설하여 평균조도를 150[lx]로 하자면 40[W] 2등용 형광등은 몇 개가 필요한지 계산하시오. (단, 조명률 50[%], 감광보상률 1.25, 형광등 40[W] 2등용의 광속은 5,000[lm]이다.)
• 계산 :　　　　　　　　　　　　　　　• 답 :

● 답안작성

계산 : $N = \dfrac{EAD}{FU} = \dfrac{150 \times 800 \times 1.25}{5,000 \times 0.5} = 60[등]$　　　답 : 60[등]

● 해 설

$FUN = EAD$에서 $N = \dfrac{EAD}{FU}$이며, 산출된 전등의 수 중 소수가 발생하면 절상한다.

여기서, F : 광원 1개당의 광속[lm], N : 광원의 개수[등]
E : 작업면상의 평균 조도[lx] A : 방의 면적[m^2]
D : 감광보상률 U : 조명률[%]

▸ 출제년도 : 기사 12, 산업 06. ▸ 점수 : 3점

문7 노출배관공사 시 관을 직각으로 굽히는 곳에 사용하는 재료의 명칭을 쓰시오.

● 답안작성

유니버설 엘보(Universal elbow)

▸ 출제년도 : 기사 12, 산업 93, 95, 96. ▸ 점수 : 6점

문8 그림과 같이 20[kW], 30[kW], 20[kW]의 부하설비의 수용률이 각각 50[%], 70[%], 65[%]로 되어 있는 경우 이것에 공급할 용량을 결정하시오(단, 부등률은 1.1, 부하의 종합 역률은 80[%]로 한다).

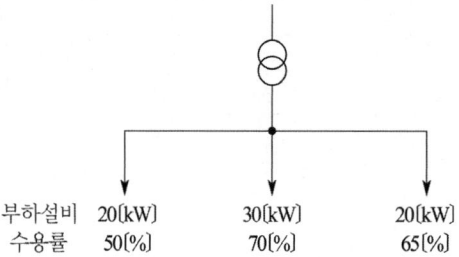

● 답안작성

계산 : $P_a = \dfrac{20 \times 0.5 + 30 \times 0.7 + 20 \times 0.65}{1.1 \times 0.8} = 50[kVA]$ 답 : 50[kVA]

● 해 설

변압기 용량[kVA] ≥ 합성 최대 수용 전력

$= \dfrac{\text{설비 용량 [kVA]} \times \text{수용률}}{\text{부등률}} = \dfrac{\text{설비 용량 [kW]} \times \text{수용률}}{\text{부등률} \times \text{역률}}$ [kVA]

▸ 출제년도 : 기사 91, 06, 12. ▸ 점수 : 6점

문9 건물의 종류에 대응한 표준부하 값을 주어진 답안지에 답하시오.

건물의 종류	표준 부하 [VA/m^2]
공장, 공회당, 사원, 교회, 극장, 영화관 등	(1)
기숙사, 여관, 호텔, 병원, 학교, 음식점, 다방, 대중 목욕탕	(2)
사무실, 은행, 상점, 이발소	(3)
주택, 아파트	(4)

● 답안작성

(1) 10　　　(2) 20　　　(3) 30　　　(4) 40

● 해 설

건물의 종류에 대응한 표준부하는 다음과 같다.

건물의 종류	표준 부하 [VA/m²]
공장, 공회당, 사원, 교회, 극장, 영화관 등	10
기숙사, 여관, 호텔, 병원, 학교, 음식점, 다방, 대중 목욕탕	20
사무실, 은행, 상점, 이발소	30
주택, 아파트	40

▶ 출제년도 : 기사 12. 산업 05.　　▶ 점수 : 6점

문10 아래에 나열된 것들은 송전선로 공사에 대한 작업의 내용이다. 올바른 순서로 나열하시오.

① 연선　② 타설　③ 굴착　④ 각입　⑤ 긴선　⑥ 조립

● 답안작성

③ - ④ - ② - ⑥ - ① - ⑤

▶ 출제년도 : 기사 93. 98. 05. 12. 18.　　▶ 점수 : 6점

문11 240[mm²] ACSR 전선을 200[m]의 경간에 가설하려고 하는데 이도는 계산상 8[m]였지만 가설 후의 실측 결과는 6[m]이어서 2[m] 증가시키려고 한다. 이때 전선을 경간에 몇 [m]만큼 밀어넣어야 하는가?

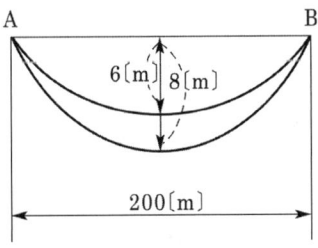

• 계산 :　　　　　　　　　　　　　　• 답 :

● 답안작성

계산 : 이도 6[m]일 때 전선의 길이 $L_1 = 200 + \dfrac{8 \times 6^2}{3 \times 200} = 200.48[\text{m}]$

이도 8[m]일 때 전선의 길이 $L_2 = 200 + \dfrac{8 \times 8^2}{3 \times 200} = 200.85[\text{m}]$

∴ $L_2 - L_1 = 200.85 - 200.48 = 0.37[\text{m}]$

답 : 0.37[m]

● 해 설

$$L = S + \frac{8D^2}{3S}$$

여기서, L : 전선의 길이[m], D : 이도[m], S : 경간[m]

▶출제년도 : 기사 05. 07. 12. ▶점수 : 4점

문12 그림 기호는 배관의 심벌이다. 어떤 전선관인 경우인가?

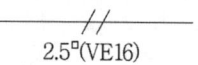
2.5″(VE16)

● 답안작성

경질 비닐 전선관

● 해 설

배관의 표시
- 강제 전선관은 별도의 표기 없음
- VE : 경질 비닐 전선관
- F_2 : 2종 금속제 가요전선관
- PF : 합성수지제 가요관

▶출제년도 : 기사 12. 18. 20. ▶점수 : 5점

문13 다음 그림은 TN 계통의 일부분이다. 무슨 계통인지 쓰시오(단, 계통 일부의 중성선과 보호도체를 동일 전선으로 사용한다).

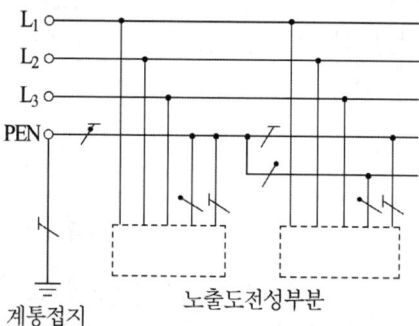

● 답안작성

TN-C-S 계통

● 해 설

기 호	설 명
— / —	중성선 (N)
— / —	보호도체 (PE)
— / —	보호도체와 중성선 결합(PEN)

[비고] 기호 : TN 계통, TT 계통, IT 계통에 동일 적용

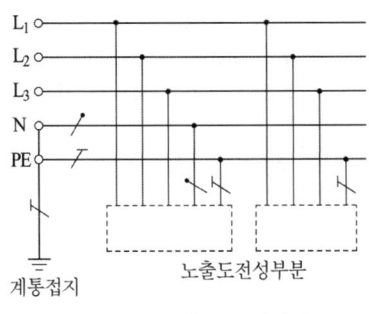

계통접지   노출도전성부분

계통 전체의 중성선과
보호도체를 접속하여 사용한다.

(a) TN-S 계통

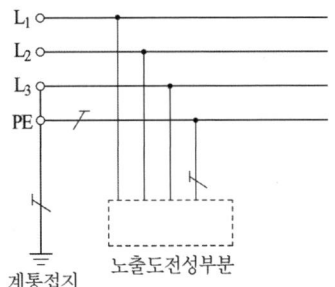

계통접지   노출도전성부분

계통 전체의 접지된 상전선과
보호도체를 접속하여 사용한다.

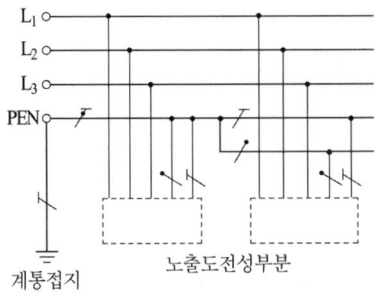

계통접지   노출도전성부분

계통 일부의 중성선과 보호도체를
동일 전선으로 사용한다.
(b) TN-C-S 계통

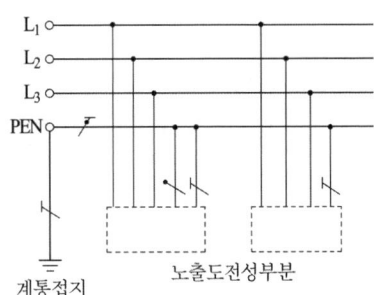

계통접지   노출도전성부분

계통 전체의 중성선과 보호도체를
동일 전선으로 사용한다.
(c) TN-C 계통

▶ 출제년도 : 기사 12.   ▶ 점수 : 3점

문14

정격 소비 전력이 몇 [kW] 이상이면 전기기계기구에 전기를 공급하기 위한 전로에 전용의 개폐기 및 과전류 차단기를 시설하는가?

● 답안작성

3[kW]

● 해 설

옥내전로의 대지 전압의 제한(KEC 231.6)
정격 소비 전력 3[kW] 이상의 전기기계기구에 전기를 공급하기 위한 전로에는 전용의 개폐기 및 과전류 차단기를 시설하고 그 전로의 옥내배선과 직접 접속하거나 적정 용량의 전용 콘센트를 시설하여야 한다.

> 출제년도 : 기사 93. 98. 12.   ▸ 점수 : 8점

문15
답란의 회로도는 전동기의 정·역회전할 수 있는 주회로이다. 동작설명에 의하여 제어회로를 다음 기호 및 약호를 참고로 하여 주어진 답안지에 완성하시오.

[참고사항] 다음 기호 및 약호를 참고로 하여 그리시오.

전자 개폐기 : (MC)   릴레이 : (X)   타이머 : (T)
표시등 : (PL)   누름 버튼 스위치 : (Pb)   퓨즈 : (f)
셀렉터 스위치(SS) : ─○╱○─

[동작]

1. NFB를 ON하고, f_1과 f_2를 통하여 MC_1과 MC_2가 동작하지 않을 때 PL_1이 점등된다. MC_1이나 MC_2가 동작하면, PL_1은 소등된다.

2. 셀렉터 스위치가 H(수동) 방향에서
   ① PB_2를 누르면 PL_2가 점등, MC_1이 동작, MC_1의 접점에 의하여 자기유지되며, 모터는 정회전한다. PB_1을 누르면 MC_1의 동작이 멈추게 되며, PL_2가 소등, 모터는 정지한다.
   ② PB_4를 누르면 PL_3가 점등, MC_2가 동작, MC_2의 접점에 의하여 자기유지되며, 모터는 역회전한다. PB_3를 누르면 MC_2의 동작이 멈추게 되며, PL_3가 소등, 모터는 정지한다.
   ※ MC_1과 MC_2의 여자코일에 인터록 회로를 이용하며, 동작의 안정성을 높이도록 한다.

3. 셀렉터 스위치가 A(자동) 방향에서(다음 타임차트를 참고로 하시오.)

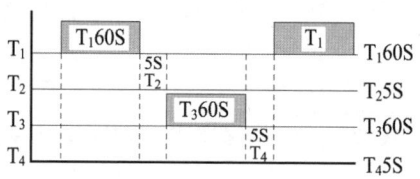

   ① PB_5를 누르면 T_1과 X_1이 동작되어 X_1 접점에 의하여 자기유지되며, X_1 접점에 의하여 MC_1이 동작, 정회전한다. 이때 T_4의 회로에서 X_1 접점은 OFF된다.
   ② T_1의 설정된 60초 후에는 T_2와 X_2가 동작, X_2 접점에 의하여 자기유지되며, T_1의 회로에서 X_2 접점이 OFF되며 MC_1이 복구되고 모터는 정지한다.
   ③ T_2의 설정된 5초 후에는 T_3와 X_3가 동작, X_3 접점에 의하여 자기유지되며, X_3 접점에 의하여 MC_2가 동작, 모터는 역회전한다. 이때 T_2의 회로에서 X_3 접점은 OFF되어 T_2 동작은 멈춘다.
   ④ T_3의 설정된 60초 후에는 T_4와 X_4가 동작되어 X_4의 접점에 의하여 자기유지되며 X_3의 회로에서 X_4 접점은 OFF되며 MC_2가 복구되고 모터는 정지한다.
   ⑤ T_4의 설정된 5초 후에는 T_1이 동작, 계속적인 정·역회전이 반복되며 PB_6를 누르면 모든 동작은 멈추게 된다.

4. 모터의 동작 시 과부하로 인하여 THR이 동작되면 모든 동작은 멈추게 되며 PL_1, PL_0가 점등된다.

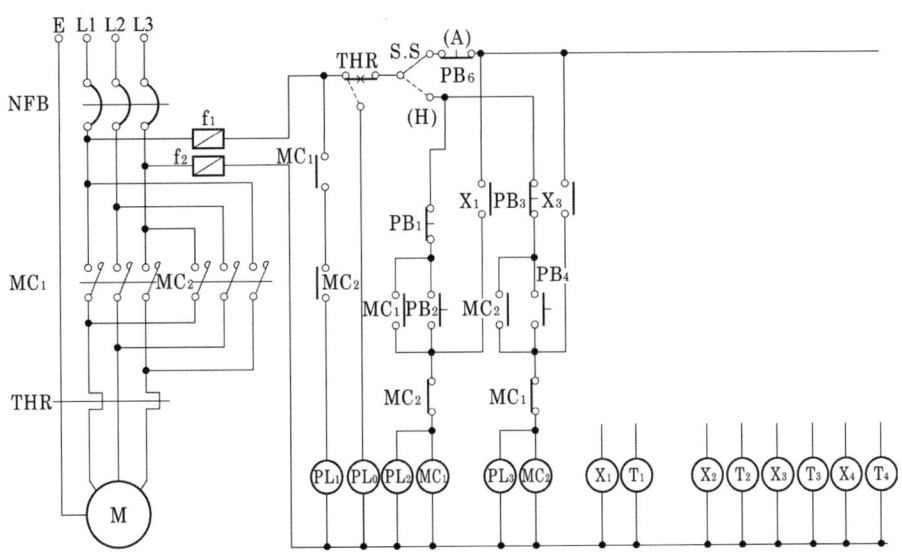

● 답안작성

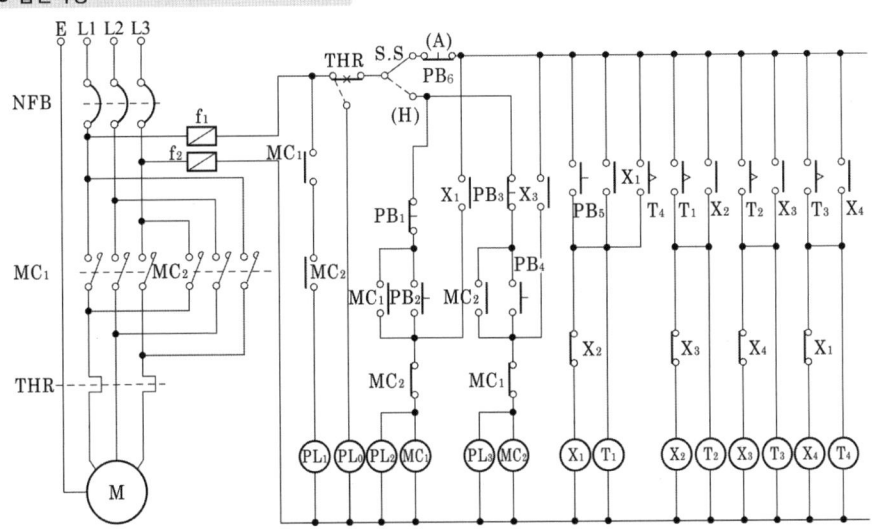

▶ 출제년도 : 기사 12, 산업 01, 03. ▶ 점수 : 3점

문16 예비전원용 고압 발전기에서 부하에 이르는 전로에는 발전기의 가까운 곳에 쉽게 개폐 및 점검을 할 수 있는 곳에 (   ), (   ), (   ) 및 전압계를 시설하여야 하는가?

● 답안작성

개폐기, 과전류 차단기, 전류계

▶ 출제년도 : 기사 12,   ▶ 점수 : 5점

문17 주어진 릴레이 시퀀스에 대하여 AND 소자 4개, OR 소자 2개, NOT 소자 3개만을 이용하여 로직시퀀스를 그리시오.

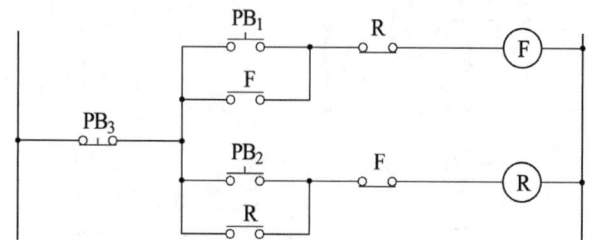

● 답안작성

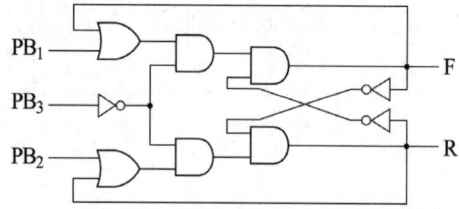

개정된 '전기설비 기술기준 및 판단기준'과 '내선규정'에 의거해 삭제된 문제가 있어 점수의 합계가 100점이 되지 않습니다.

2012년 4회 전기공사기사실기

▸출제년도 : 기사 12.   ▸점수 : 5점

문1 경보·호출·표시장치를 나타내는 그림기호를 보고 각각의 명칭을 쓰시오.

(1) ⌐⌐   (2) ▯/○   (3) ● ▮   (4) ▮▯▮   (5) ▯▯▯▯

● 답안작성

(1) 버저   (2) 벨   (3) 누름 버튼   (4) 경보수신반   (5) 표시기(반)

▸출제년도 : 12.   ▸점수 : 6점

문2 전선 지지점간 고도차(h_1, h_2)가 있는 경우이다. 그림과 같이 수평하중 경간 $S_1 = 300$[m], $S_2 = 400$[m]이고 수직하중 경간 중 $a_1 = 250$[m], $a_2 = 150$[m]일 때 수평하중 경간과 수직하중 경간을 구하시오.

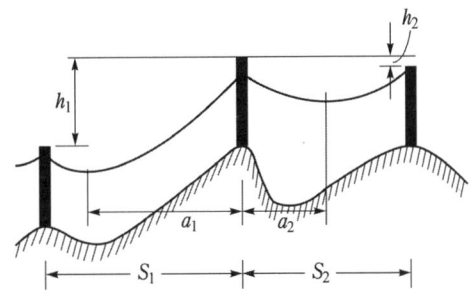

(1) 수평하중 경간
   • 계산 :   • 답 :
(2) 수직하중 경간
   • 계산 :   • 답 :

● 답안작성

(1) **계산** : 수평하중 경간 $S = \dfrac{S_1 + S_2}{2} = \dfrac{300 + 400}{2} = 350$[m]

   답 : 350[m]

(2) **계산** : 수직하중 경간 $S = a_1 + a_2 = 250 + 150 = 400$[m]

   답 : 400[m]

● 해 설

(1) 수평하중 경간 : 한 지지물의 중심에서 양측에 있는 지지물의 중심점 간의 거리를 합하여 이것을 평균한 거리를 말한다. 수평하중 경간은 전선의 풍압력 계산에 사용되며 다음과 같이 구한다.

$$S = \dfrac{S_1 + S_2}{2}$$

(2) 수직하중 경간 : 한 지지물의 중심점에서 양측 경간에 가선된 전선의 최대 이도점 간의 양측 거리를 말하며 전선의 무게를 계산하여 철탑의 수직하중에 적용하며 다음과 같이 구한다.
$S = a_1 + a_2$

▶출제년도 : 기사 12, 18.   ▶점수 : 10점

문3 CB 1차측에 CT를, CB 2차측에 PT를 시설하는 경우의 수변전설비 단선결선도이다. ①~⑩까지의 문자기호와 명칭을 아래 표에 쓰시오.

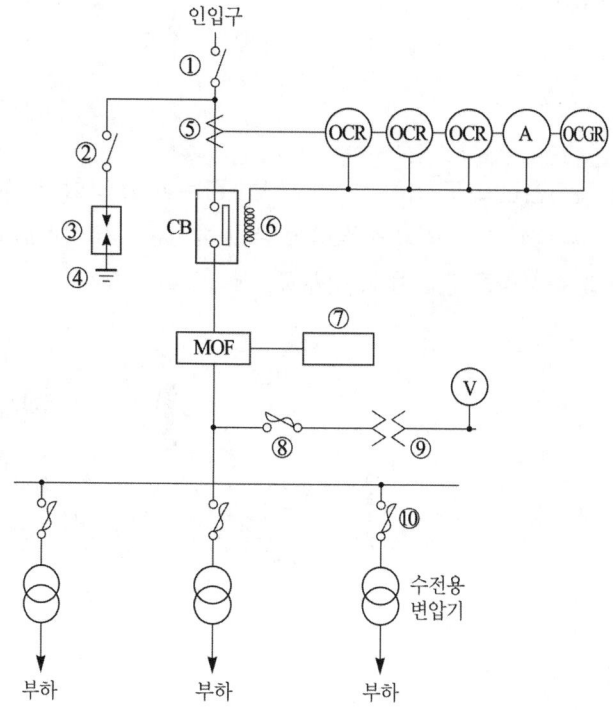

구분	문자기호	명칭	구분	문자기호	명칭
①			⑥		
②			⑦		
③			⑧		
④			⑨		
⑤			⑩		

● 답안작성

구분	문자기호	명칭	구분	문자기호	명칭
①	DS	단로기	⑥	TC	트립코일
②	DS	단로기	⑦	WH	전력량계
③	LA	피뢰기	⑧	COS 또는 PF	컷아웃 스위치 또는 전력 퓨즈
④	E	피뢰시스템접지	⑨	PT	계기용 변압기
⑤	CT	변류기	⑩	COS, PF 또는 CB	컷아웃 스위치, 전력 퓨즈 또는 차단기

●해 설
CB 1차 측에 CT를, CB 2차 측에 PT를 시설하는 경우

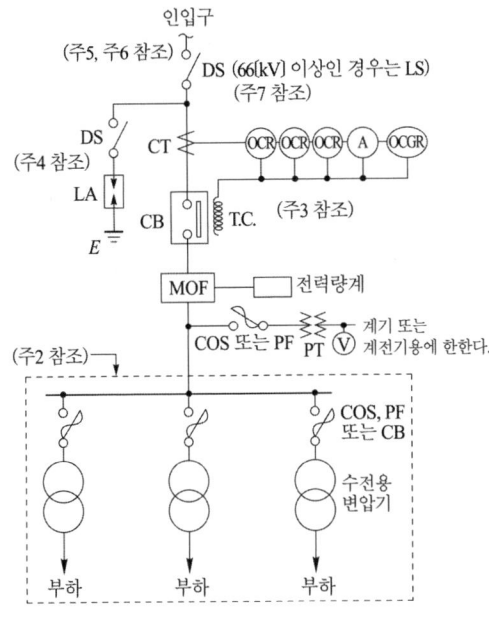

특별고압 수전설비 결선도

[주1] 22.9[kV-Y] 1,000[kVA] 이하인 경우에는 특고압 간이 수전 설비 결선도에 의할 수 있다.
[주2] 결선도 중 점선 내의 부분은 참고용 예시이다.
[주3] 차단기의 트립 전원은 직류(DC) 또는 콘덴서 방식(CTD)이 바람직하며 66[kV] 이상의 수전 설비에는 직류(DC)이어야 한다.
[주4] LA용 DS는 생략할 수 있으며 22.9[kV-Y]용의 LA는 Disconnector(또는 Isolator) 붙임형을 사용하여야 한다.
[주5] 인입선을 지중선으로 시설하는 경우로서 공동 주택 등 사고 시 정전 피해가 큰 수전 설비 인입선은 예비선을 포함하여 2회선으로 시설하는 것이 바람직하다.
[주6] 지중인입선의 경우에 22.9[kV-Y] 계통은 CNCV-W 케이블(수밀형) 또는 TR CNCV-W(트리억제형)을 사용하여야 한다. 다만, 전력구·공동구·덕트·건물 구내 등 화재의 우려가 있는 장소에서는 FR CNCO-W(난연) 케이블을 사용하는 것이 바람직하다.
[주7] DS 대신 자동고장구분 개폐기(7,000[kVA] 초과 시에는 Sectionalizer)를 사용할 수 있으며 66[kV] 이상의 경우는 LS를 사용하여야 한다.

▶출제년도 : 기사 12, 20, 산업 12, 14. ▶점수 : 3점

문4 **다음의 작업구분에 맞는 직종명을 쓰시오.**
(1) 발전설비 및 중공업 설비의 시공 및 보수
(2) 철탑 및 송전설비의 시공 및 보수
(3) 송전전공으로 활선작업을 하는 전공

●답안작성
(1) 플랜트전공 (2) 송전전공 (3) 송전활선전공

● 해 설
(1) 플랜트전공 : 발전소 중공업설비·플랜트설비의 시공 및 보수에 종사하는 사람
(2) 송전전공 : 발전소와 변전소 사이의 송전선의 철탑 및 송전설비의 시공 및 보수에 종사하는 사람
(3) 송전활선전공 : 소정의 활선작업교육을 이수한 숙련 송전전공으로서 전기가 흐르는 상태에서 필수 활선장비를 사용하여 송전설비에 종사하는 사람

▶출제년도 : 기사 12, 13, 22   ▶점수 : 4점

문5 정부나 공공 기관에서 발주하는 전기공사의 물량 산출시 일반적으로 옥외전선 할증률 및 철거손실률은 얼마로 계산하는지 각각 쓰시오.
• 할증률 :
• 철거손실률 :

● 답안작성
할증률 : 5[%]
철거손실률 : 2.5[%]

● 해 설

종 류	할증률[%]	철거손실률[%]
옥 외 전 선	5	2.5
옥 내 전 선	10	-
Cable (옥외)	3	1.5
Cable (옥내)	5	-
전선관 (옥외)	5	-
전선관 (옥내)	10	-
Trolley 선	1	-
동 대, 동 봉	3	1.5

[해설] 철거손실률이란 전기설비공사에서 철거작업시 발생하는 폐자재를 환입할 때 재료의 파손, 손실, 망실 및 일부 부식 등에 의한 손실률을 말함.

▶출제년도 : 기사 03, 09, 12, 22   ▶점수 : 5점

 사무실로 사용되는 건물의 총 설비용량이 전등전열부하 500[kVA], 동력부하가 600[kVA] 이다. 전등전열 부하수용률은 70[%], 동력부하 수용률은 60[%], 전등전열 및 동력부하 간의 부등률이 1.25라고 한다. 배전선로의 전력손실이 전등, 전열, 동력 모두 부하전력의 10[%]라고 하면 변전실의 최대전력은 몇 [kVA]인지 구하시오.
• 계산 :   • 답 :

● 답안작성
계산 : 전등부하 최대수용전력 = 500 × 0.7 = 350[kVA]
동력부하 최대수용전력 = 600 × 0.6 = 360[kVA]
변전소 최대전력 = $\frac{350+360}{1.25} \times (1+0.1) = 624.8$[kVA]
답 : 624.8[kVA]

● 해 설

합성최대전력 = 개별 최대 수용전력의 합 / 부등률 = ∑설비용량×수용률 / 부등률

▶출제년도 : 기사 12.   ▶점수 : 3점

문7 고압 인하용 절연전선의 용도에 대하여 설명하시오.

● 답안작성

고압가공선로에서 주상변압기의 1차 측에 연결하는 데 사용되는 전선

▶출제년도 : 기사 12.   ▶점수 : 6점

문8 금속관공사에서 사용되는 부품의 명칭을 쓰시오.
(1) 인입구, 인출구 수직배관의 상부에 사용되어 비의 침입을 막는 데 사용되는 부품의 명칭은?
(2) 노출배관공사에서 관을 직각으로 굽히는 곳에 사용되는 부품의 명칭은?
(3) 지름이 다른 관을 연결할 때 사용되는 부품의 명칭은?

● 답안작성

(1) 엔트런스 캡   (2) 유니버설 엘보   (3) 리듀서

▶출제년도 : 기사 92, 96, 09, 12, 16, 20.   ▶점수 : 5점

문9 공급점에서 50[m]의 지점에 80[A], 60[m]의 지점에 50[A], 80[m]의 지점에 30[A]의 부하가 걸려 있을 때 부하 중심까지의 거리를 산출하여 전압강하를 고려한 전선의 굵기를 결정하려고 한다. 부하 중심까지의 거리는 몇 [m]인지 구하시오.
•계산 :   •답 :

● 답안작성

계산 : 직선 부하에서의 부하 중심점까지의 거리

$$L = \frac{L_1 I_1 + L_2 I_2 + L_3 I_3}{I_1 + I_2 + I_3} = \frac{50 \times 80 + 60 \times 50 + 80 \times 30}{80 + 50 + 30} = 58.75 [\text{m}]$$

답 : 58.75[m]

▶출제년도 : 기사 05, 12, 15.   ▶점수 : 4점

문10 송전선로에 경동선보다 ACSR(강심알루미늄연선)을 많이 사용하는 이유 2가지를 쓰시오.

● 답안작성

① 경동선에 비해 기계적 강도가 크고 가벼우며
② 같은 저항값에 대한 전선의 바깥지름이 경동선보다 크기 때문에 코로나 발생 억제에 유효하다.

● 해 설

같은 저항값을 가진 경동연선보다 바깥지름은 1.4배, 무게는 0.8, 인장강도는 1.7배로 가볍고 강하여 긴 경간에 좋고 바깥지름이 커서 코로나 방지에 좋다.

▸ 출제년도 : 기사 95. 10. ▸ 점수 : 5점

문11 3상 3선식 380[V] 회로에 그림과 같이 부하가 연결되어 있다. 간선의 허용전류를 구하시오. (단, 전동기의 평균 역률은 90[%]이다.)

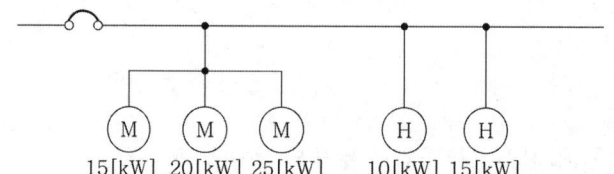

• 계산 : •답 :

● 답안작성

계산 : 전동기 정격 전류의 합 $\sum I_M = \dfrac{(15+20+25) \times 10^3}{\sqrt{3} \times 380 \times 0.9} = 101.29[A]$

전동기의 유효 전류 $I_r = 101.29 \times 0.9 = 91.16[A]$

전동기의 무효 전류 $I_q = 101.29 \times \sqrt{1-0.9^2} = 44.15[A]$

전열기 정격 전류의 합 $\sum I_H = \dfrac{(10+15) \times 10^3}{\sqrt{3} \times 380 \times 1.0} = 37.98[A]$

설계전류 $I_B = \sqrt{(91.16+37.98)^2 + 44.15^2} = 136.48[A]$

따라서 $I_B \le I_n \le I_Z$의 조건을 만족하는 전선의 허용전류 $I_Z \ge 136.48[A]$가 된다

답 : 136.48[A]

● 해 설

① 도체와 과부하 보호장치 사이의 협조 (KEC 212.4.1)

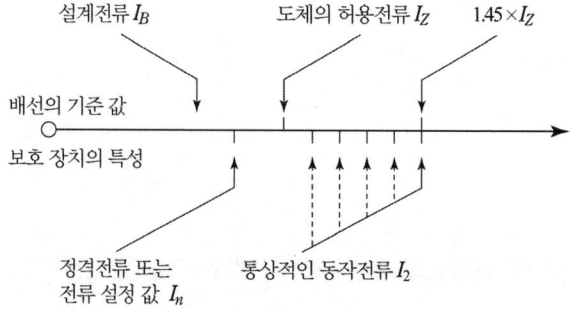

과부하 보호 설계 조건도

과부하에 대해 케이블(전선)을 보호하는 장치의 동작특성은 다음의 조건을 충족해야 한다.
$I_B \le I_n \le I_Z$, $I_2 \le 1.45 \times I_Z$

I_B : 회로의 설계전류(선도체를 흐르는 설계전류 또는 함유율이 높은 영상분 고조파, 특히 제3고조파가 지속적으로 흐르는 경우 중성선에 흐르는 전류이다.)
I_Z : 케이블의 허용전류
I_n : 보호장치의 정격전류(사용현장에 적합하게 조정된 전류의 설정 값)
I_2 : 보호장치가 규약시간 이내에 유효하게 동작하는 것을 보장하는 전류
② 전열기의 역률은 1

▶ 출제년도 : 기사 12. 16. ▶ 점수 : 4점

문12 아래 내용을 읽고 송전선로에 사용되는 접지방식을 각각 쓰시오.

(1) 1선 지락 고장 시 충전전류에 의해 간헐적인 아크 지락을 일으켜서 이상전압이 발생하므로 고전압 송전선로에서 사용되지 않는 접지방식은?

(2) 1선 지락 시 건전상의 전위상승이 높지 않아 유효접지의 대표적인 방식으로 초고압 송전선로에서 경제성이 매우 우수하여 우리나라 송전계통에 사용되고 있는 접지방식은?

● 답안작성
(1) 비접지방식
(2) 직접접지방식

▶ 출제년도 : 기사 12. ▶ 점수 : 5점

문13 다음 설명의 ( ) 안에 알맞은 내용을 쓰시오.

가공송전선로 가설에 있어서 전선 매달기 순서는 상부로부터 (①), (②)의 순으로 해야 하고, 2회선 이상의 대칭배열의 경우 (③) 완금에 전선을 동시에 전선 매달기 작업을 시행하며, 1회선 수평배열의 경우 (④), (⑤)의 순서로 매달기를 한다.

● 답안작성
① 가공지선 ② 전선(전력선) ③ 좌우 ④ 양 외선 ⑤ 중성선

▶ 출제년도 : 기사 12. ▶ 점수 : 4점

문14 금속제 케이블 트레이의 종류 4가지를 쓰시오.

● 답안작성
① 사다리형 ② 펀칭형 ③ 메시형 ④ 바닥밀폐형

● 해 설
케이블 트레이 공사(KEC 232.41)
케이블트레이배선은 케이블을 지지하기 위하여 사용하는 금속재 또는 불연성 재료로 제작된 유닛 또는 유닛의 집합체 및 그에 부속하는 부속재 등으로 구성된 견고한 구조물을 말하며 사다리형, 펀칭형, 메시형, 바닥밀폐형 기타 이와 유사한 구조물을 포함하여 적용한다.

▸출제년도 : 기사 12, 15. ▸점수 : 4점

문15 PT 및 CT를 조합한 경우의 3상 3선식 전력량계의 결선도를 접지를 포함하여 완성하시오.

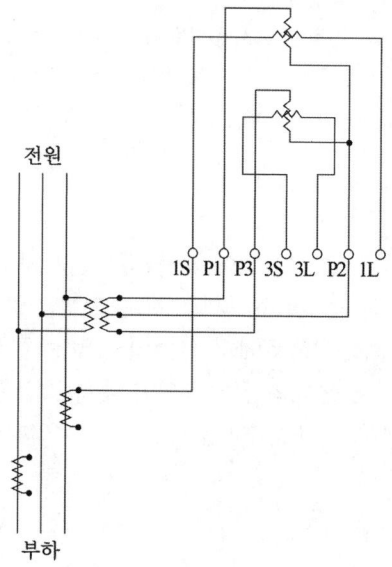

● 답안작성

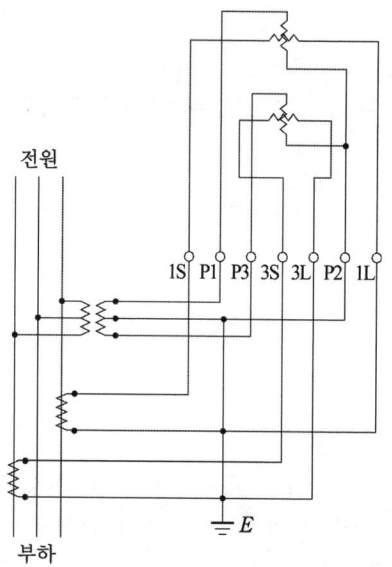

▸출제년도 : 기사 12. ▸점수 : 5점

문16 연료전지 발전(Fuel Cell Power Generation)의 특징 5가지를 쓰시오.

● 답안작성

① 발전효율이 높다
② 환경상의 문제가 없어 수용가 근처에 설치가 가능

③ 배열은 냉난방 및 온수 공급용으로 사용 할 수 있으므로 열병합 발전이 가능하다.
④ 단위 출력당의 용적 또는 무게가 적다.
⑤ 부하조정이 용이하고 저부하에서도 발전효율의 저하가 적다.

● 해 설

그 외에도
⑥ 설비의 모듈화가 가능해서 대량 생산이 가능하고 설치공기가 짧다.
⑦ 수용지 부근 또는 도심지에 설치가 가능하다.
⑧ 연료로서는 천연가스, 메탄올, 석탄가스도 사용 가능하므로 석유 대체효과를 기대할 수 있으며 도시가스 배관망에 의한 연료공급도 가능하다.
⑨ 부하 변동에 따라 신속히 반응하며 설치형태에 따라 현지전원용, 분산전원용, 중앙집중 전원용 등의 다양한 용도로 사용 할 수 있다.

▶출제년도 : 기사 97. 12. 20.　▶점수 : 10점

문17 철탑에 표시 (가)~(차) 기호에 맞는 철탑 각 부의 명칭을 보기에서 골라 쓰시오.

[보기] 주체부, 상판부, 암, 앵커재, 거싯 플레이트, 철탑정부, 앵커블록, 주주재, 주각재, 사재

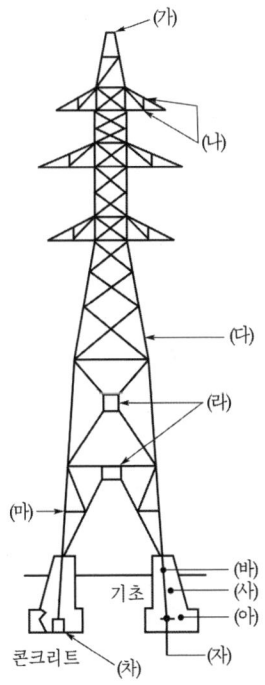

● 답안작성

(가) 철탑정부　　(나) 암　　(다) 주주재
(라) 거싯플레이트　(마) 사재　(바) 주각재
(사) 주체부　　(아) 상판부　(자) 앵커재
(차) 앵커블록

● 해 설

[참고사항] 철탑 각부의 명칭(한전 설계 기준)

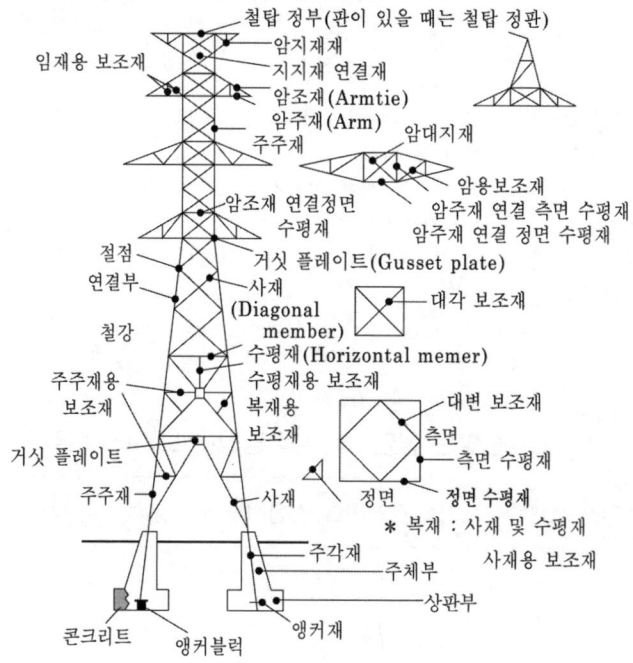

▶출제년도 : 기사 12.   ▶점수 : 4점

문18 전력선용 애자장치의 종류 2가지를 쓰시오.

● 답안작성

① 현수애자장치   ② 내장애자장치

● 해 설

그 외에도 ③ 점퍼지지애자장치

▶출제년도 : 기사 12. 22.   ▶점수 : 8점

문19 다음 그림의 유접점 회로도를 보고 물음에 답하시오.

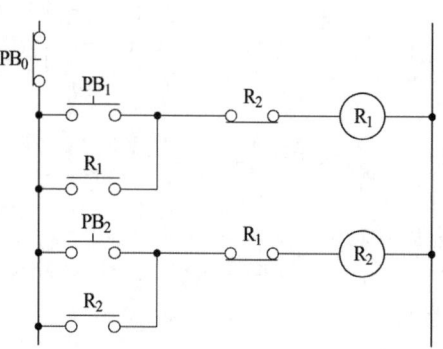

(1) 타임 차트를 완성하시오.

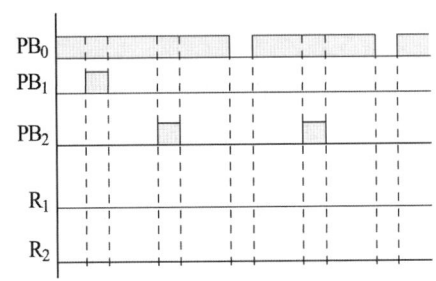

(2) R_1, R_2의 논리식을 쓰시오.
- R_1 :
- R_2 :

(3) 유접점 회로를 보고 AND, OR, NOT를 사용하여 무접점 회로를 완성하시오.

● 답안작성

(1)

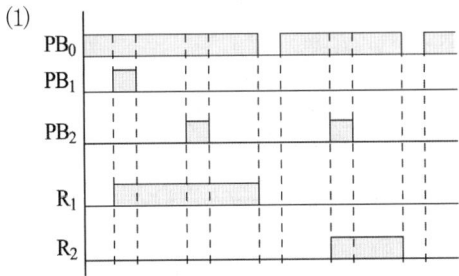

(2) $R_1 = \overline{PB_0} \cdot (PB_1 + R_1) \cdot \overline{R_2}$

$R_2 = \overline{PB_0} \cdot (PB_2 + R_2) \cdot \overline{R_1}$

(3)

2013년 1회 전기공사기사실기

▶출제년도 : 기사 94. 13. 24.   ▶점수 : 5점

문1 ACSR 58[mm²] 전선으로 전력을 공급하는 긍장 1[km]인 3상 2회선의 배전 선로가 포설되어 있다. 부하 설비의 증가로 상부에 가설된 전선을 ACSR 95[mm²]로 교체하는 경우의 직접 노무비 소계와 간접 노무비 및 인건비 계를 구하시오.

단, • 노임단가 배전전공 15,860원, 보통인부 6,520원이다(가정).
  • 인공을 산출한 후 이를 합계하여 노임단가를 적용하여 원 이하 버릴 것.
  • 간접 노무비는 15[%](가정)로 보고 계산한다.
  • 철거하는 전선은 재사용하는 것으로 한다.

표 1. 배전선 가선   100[m]당

규 격	보통인부	배전전공
나동선 14 [mm²] 이하	0.20	0.10
22 〃	0.32	0.16
30 〃	0.40	0.20
38 〃	0.52	0.26
60 〃	0.76	0.38
100 〃	1.08	0.54
150 〃	1.32	0.66
200 〃	1.44	0.72
200 〃 초과	1.52	0.76
ACSR, ASC 38[mm²] 이하	0.60	0.30
58 〃	0.88	0.44
95 〃	1.28	0.64
160 〃	1.56	0.78
240 〃	1.8	0.9

[해설] ① 이 품은 1선당 수작업으로 연선, 긴선, 이도 조정품 포함
  ② 애자에 묶는 품 포함   ③ 피복선 120[%]
  ④ 기존 선로 상부 가설 120[%]   ⑤ 장력 조정만 할 때 20[%]
  ⑥ 철거 50[%], 재사용 철거 80[%]   ⑦ 가공지선 80[%]
  ⑧ 재사용 전선 110[%]
  ⑨ [m]당으로 환산시는 본 품을 100으로 나누어 산출
  ⑩ 22[kV], 66[kV], HDCC 송전선 1회선 가선품은 본 품의 300[%]
  ⑪ 66[kV], HDCC 송전선 가선은 송전전공이 시공한다.
  ⑫ 배전선을 가로수 또는 수목과 접촉하여 설치 작업시는 수목으로 인한 장애를 감안하여 이 품의 120[%] 적용

● 답안작성

배전전공 : $\dfrac{0.44}{100} \times 1{,}000 \times 3 \times 1.2 \times 0.8 + \dfrac{0.64}{100} \times 1{,}000 \times 3 \times 1.2 = 35.71$[인]

노   임 : $35.71 \times 15{,}860 = 566{,}360$[원]

보통인부 : $\dfrac{0.88}{100} \times 1{,}000 \times 3 \times 1.2 \times 0.8 + \dfrac{1.28}{100} \times 1{,}000 \times 3 \times 1.2 = 71.42$[인]

노　　임 : $71.42 \times 6{,}520 = 465{,}650$[원]
직접 노무비 : $566{,}360 + 465{,}650 = 1{,}032{,}010$[원]
간접 노무비 : $1{,}032{,}010 \times 0.15 = 154{,}800$[원]
노무비 계 : $1{,}032{,}010 + 154{,}800 = 1{,}186{,}810$[원]

● 해 설

① 원 이하 버림에 주의한다. 즉, 원 단위를 포함하여 버려야 한다.
② 2회선 중 상부 전선 1회선만 교체하는 공사임.
③ ACSR 58[mm²] 철거

　　보통인부 $= 0.88 \times \dfrac{1{,}000}{100} \times 3 \times 1.2 \times 0.8 = 25.344$[인]

　　배전전공 $= 0.44 \times \dfrac{1{,}000}{100} \times 3 \times 1.2 \times 0.8 = 12.672$[인]

④ ACSR 95[mm²] 상부 가설

　　보통인부 $= 1.28 \times \dfrac{1{,}000}{100} \times 3 \times 1.2 = 46.08$[인]

　　배전전공 $= 0.64 \times \dfrac{1{,}000}{100} \times 3 \times 1.2 = 23.04$[인]

문2 ▸출제년도 : 산업 91. 96. 97. 03. 13.　▸점수 : 6점

3상 3선식 중성점 비접지식 6,000[V] 가공전선로가 있다. 이 전로에 접속된 주상 변압기 100[V]측 1단자에 중성점 접지공사를 할 때 접지 저항값은 얼마 이하로 유지하여야 하는가? (단, 이 전로는 고저압 혼촉 시 2초 이내에 자동 차단하는 장치가 있으며, 1선 지락 전류는 5[A]라고 한다.)

• 계산 :　　　　　　　　　　　　　　　　• 답 :

● 답안작성

계산 : 2초 이내 자동 차단하는 장치가 있으므로

$$R_2 = \dfrac{300}{I_g} = \dfrac{300}{5} = 60[\Omega]$$

답 : 60[Ω]

● 해 설

변압기 중성점 접지공사의 접지저항

• 자동차단장치가 없는 경우

$$R_2 = \dfrac{150}{1\text{선 지락전류}}[\Omega]$$

• 2초 이내에 동작하는 자동차단장치가 있는 경우

$$R_2 = \dfrac{300}{1\text{선 지락전류}}[\Omega]$$

• 1초 이내에 동작하는 자동차단장치가 있는 경우

$$R_2 = \dfrac{600}{1\text{선 지락전류}}[\Omega]$$

▸출제년도 : 기사 13, 20.　▸점수 : 5점

문3 눈부심의 방지대책 5가지를 쓰시오.

● 답안작성

① 보호각 조정
② 아크릴 루버 등 설치
③ 수평에 가까운 방향에 광도가 적은 배광기구를 사용
④ 반간접 조명이나 간접조명 방식을 채택한다.
⑤ 건축화 조명을 적용한다.

● 해 설

눈부심 방지대책
(1) 조명기구에 의한 방지대책
　① 보호각 조정 : 직사광이 광원으로부터 나오는 범위, 즉 보호각의 대소를 조정하여 직사광을 차단하여 휘도를 줄이는 방법이다.
　② 아크릴 루버 등 설치 : 우유빛 루버나 프리즘 루버를 조명기구 하단에 부착하는 것은 광원으로부터의 휘도를 근본적으로 방지하는 방법이다(단, 조명률은 저하된다).
　③ 수평에 가까운 방향에 광도가 작은 배광기구를 사용한다.
　　시선에서 ±30° 범위는 글레어 존이다.
(2) 조명방식에 의한 방지대책
　① 반간접 조명이나 간접 조명방식을 채택한다.
　② 건축화 조명을 적용한다.
　　광천장 조명, 코오브 조명, 코오니스 조명, 밸런스 조명, 코너 조명 등

▸출제년도 : 기사 00, 01, 07, 13.　▸점수 : 4점

문4 예비전원에 시설하는 저압발전기 부하에 이르는 전로에는 발전기 가까운 곳에 쉽게 개폐 및 점검을 할 수 있는 곳에 (　), (　), (　), (　)를 시설하여야 하는가?

● 답안작성

개폐기, 과전류차단기, 전압계, 전류계

● 해 설

예비전원설비에서 고압발전기에서 부하에 이르는 전로에는 발전기 가까운 곳에 과전류 차단기, 개폐기, 전압계, 전류계를 설치해야 한다.

▸출제년도 : 기사 13.　▸점수 : 5점

문5 345[kV] 송전선로를 철도를 횡단하여 설치하는 경우 지표상 높이는 최소 몇 [m]인가?

● 답안작성

단수 $= \dfrac{345-160}{10} = 18.5 \rightarrow 19$단
∴ 전선의 지표상 높이 $= 6.5 + 19 \times 0.12 = 8.78$[m]

● 해 설

특고압 가공전선의 높이(KEC 333.7)

특고압 가공전선의 지표상(철도 또는 궤도를 횡단하는 경우에는 레일면상, 횡단보도교를 횡단하는 경우에는 그 노면상)의 높이는 표에서 정한 값 이상이어야 한다.

전압의 범위	일반 장소	도로 횡단	철도 또는 궤도 횡단	횡단보도교
35[kV] 이하	5[m]	6[m]	6.5[m]	4[m] (특고압절연전선 또는 케이블 사용)
35[kV] 초과 160[kV] 이하	6[m]	6[m]	6.5[m]	5[m](케이블 사용)
	산지 등에서 사람이 쉽게 들어갈 수 없는 장소 : 5[m] 이상			
160[kV] 초과	일반장소		가공전선의 높이 = 6 + 단수 × 0.12[m]	
	철도 또는 궤도 횡단		가공전선의 높이 = 6.5 + 단수 × 0.12[m]	
	산지		가공전선의 높이 = 5 + 단수 × 0.12[m]	

※ 단수 = $\frac{(전압[kV]-160)}{10}$ … 단수 계산에서 소수점 이하는 절상

▶ 출제년도 : 기사 99. 01. 13.　▶ 점수 : 5점

문6 옥내 배선도를 작성하는 기본 순서를 열거한 것이다. 순서를 올바르게 번호로 나열하시오.
① 점멸기의 위치를 평면도에 표시한다.
② 전등, 전열기, 전동기의 전압별 부하 집계표로 분기 회로수를 결정한다.
③ 건물의 평면도 준비
④ 각 부분의 배선에 전선의 종류, 굵기, 전선수를 표시
⑤ 전기 사용기계, 기구를 심벌을 써서 위치를 표시한다.

● 답안작성
③ → ⑤ → ② → ① → ④

▶ 출제년도 : 기사 06. 13. 17. 19. 22.　▶ 점수 : 5점

문7 매입 방법에 따른 건축화 조명 방식의 종류를 5가지만 쓰시오.

● 답안작성
① 매입 형광등 방식
② 다운 라이트(down light) 방식
③ 핀 홀 라이트(pin hole light) 방식
④ 코퍼 라이트(coffer light) 방식
⑤ 라인 라이트(line light) 방식

● 해 설
⑥ 광천장 조명
⑦ 루버천장 조명
⑧ 밸런스 조명
⑨ 코브 조명(간접조명)
⑩ 코니스 조명(벽면조명)

▸출제년도 : 기사 00, 13, 18.　▸점수 : 8점

문8 그림은 고압 진상용 콘덴서의 설비 계통도이다. 물음에 답하시오.
(1) ①의 명칭과 2차 정격 전류의 값은?
(2) ②의 방전시간은 5초 이내에 콘덴서의 잔류전하를 몇 [V] 이하로 저하시킬 수 있어야 하는가?
(3) ③ SR의 목적은?
(4) SC의 내부 고장에 대한 보호방식 4가지를 쓰시오.

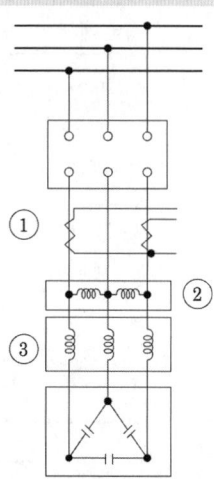

● 답안작성
(1) ① 변류기, ② 5 [A]
(2) 50 [V]
(3) 제5고조파 제거
(4) 과전류 보호방식, 과전압 보호방식, 부족전압 보호방식, 지락 보호방식

▸출제년도 : 기사 92, 13, 18.　▸점수 : 4점

문9 특고압 가공 전선로의 지지물로 사용하는 B종 철주, B종 철근 콘크리트주 또는 철탑의 종류에는 어떤 것이 있는가를 아는 대로 쓰시오.

● 답안작성
직선형, 각도형, 인류형, 내장형, 보강형

▸출제년도 : 기사 99, 13.　▸점수 : 3점

문10 CT 2대를 V 결선하여 OCR 3대를 그림과 같이 연결하였다. 3번 OCR에 흐르는 전류는 어떤 상의 전류인가?

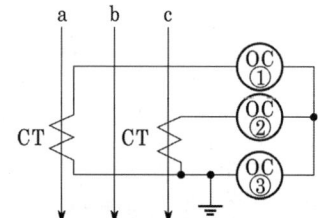

● 답안작성
b상

● 해　설
$\dot{I}_a + \dot{I}_b + \dot{I}_c = 0$ 에서 $\dot{I}_a + \dot{I}_c = -\dot{I}_b$
즉 OC_3에는 $\dot{I}_a + \dot{I}_c$가 흐르므로 b상의 전류가 된다.

▸출제년도 : 기사 08, 13.　점수 : 5점

문11 부하 설비 용량이 5,000[kW]이고 역률이 0.96인 어느 공장의 수전 변압기 용량[kVA]을 선정하시오(단, 수용률은 0.6으로 한다).
　•계산 :　　　　　　　　　　　　　•답 :

● 답안작성

계산 : 변압기 용량 $= \dfrac{5{,}000 \times 0.6}{0.96} = 3{,}125 [\text{kVA}]$

답 : 4,000[kVA]

● 해 설

- 변압기 용량[kVA] ≥ 합성 최대 수용 전력
  $= \dfrac{\text{설비 용량 [kVA]} \times \text{수용률}}{\text{부등률}} = \dfrac{\text{설비 용량 [kW]} \times \text{수용률}}{\text{부등률} \times \text{역률}}$
- 효율이 주어지면 효율을 감안하여 변압기 용량 선정
- 부등률이 주어지지 않으면 부등률을 1로 적용

▶ 출제년도 : 기사 13. ▶ 점수 : 4점

문12 3.3[kV] 구내선로에서 발생할 수 있는 개폐 서지, 순간과도전압 등으로 이상전압이 2차 기기에 악영향을 주는 것을 막기 위해 시설하는 서지 흡수기(Surge Absorbor)의 정격전압[kV]과 공칭방전전류[kA]는?

- 정격 전압
- 공칭방전 전류

● 답안작성

- 정격전압 : 4.5[kV]
- 공칭방전전류 : 5[kA]

● 해 설

서지 흡수기의 정격

공칭 전압	3.3[kV]	6.6[kV]	22.9[kV-Y]
정격 전압	4.5[kV]	7.5[kV]	18[kV]
공칭 방전전류	5[kA]	5[kA]	5[kA]

▶ 출제년도 : 산업 92. 13. 17. ▶ 점수 : 5점

문13 분전반에서 30[m]의 거리에 4[kW]의 교류 단상 200[V] 전열기를 설치하였다. 배선 방법을 금속관 공사로 하고 전압강하를 2[%] 이하로 하기 위해서 전선의 굵기를 얼마로 선정하는 것이 적당한가?

● 답안작성

계산 : $I = \dfrac{P}{V} = \dfrac{4 \times 10^3}{200} = 20[\text{A}]$

$e = 200 \times 0.02 = 4[\text{V}]$

$A = \dfrac{35.6 LI}{1000 \cdot e} = \dfrac{35.6 \times 30 \times 20}{1{,}000 \times 4} = 5.34 [\text{mm}^2]$

답 : 6[mm²]

● 해 설

정격전압강하 및 전선 단면적

전기 방식	전압 강하		전선 단면적
단상 3선식 직류 3선식 3상 4선식	$e_1 = IR$	$e_1 = \dfrac{17.8LI}{1,000A}$	$A = \dfrac{17.8LI}{1,000e_1}$
단상 2선식 및 직류 2선식	$e_2 = 2IR = 2e_1$	$e_2 = \dfrac{35.6LI}{1,000A}$	$A = \dfrac{35.6LI}{1,000e_2}$
3상 3선식	$e_3 = \sqrt{3}IR = \sqrt{3}e_1$	$e_3 = \dfrac{30.8LI}{1,000A}$	$A = \dfrac{30.8LI}{1,000e_3}$

Cable 규격

KSC IEC 규격

전선의 공칭단면적 [mm^2]		
1.5	2.5	4
6	10	16
25	35	50
70	95	120
150	185	240
300	400	500
630		

▶ 출제년도 : 기사 13. ▶ 점수 : 8점

문14 전등 수용가에 대한 배전 방식 비교에서 3상 4선식 배전방식의 장·단점을 쓰시오.
(1) 장점
① ② ③
(2) 단점
① ② ③

● 답안작성

(1) 장점 : ① 공급 능력 최대
② 경제적 배전 방식
③ 배전 설비의 단순화
(2) 단점 : ① 부하 불평형 발생
② 동력 부하 기동 시 플리커 발생 우려
③ 중성선 단선 시 이상 전압 유입

▶ 출제년도 : 기사 95. 13. 17. 24. ▶ 점수 : 5점

문15 1[m]의 하중 0.35[kg]인 전선을 지지점에 수평인 경간 100[m]에서 가설하여 딥을 0.8[m]로 하려면 장력[kg]은?
• 계산 :   • 답 :

● 답안작성

계산 : $D = \dfrac{WS^2}{8T}$ 에서 $T = \dfrac{WS^2}{8D} = \dfrac{0.35 \times 100^2}{8 \times 0.8} = 546.88[\text{kg}]$

답 : 546.88[kg]

▶출제년도 : 기사 13.　▶점수 : 4점

문16 다음 빈칸에 알맞은 값을 채우시오.

현수크램프는 애자련에 수직이 되도록 취부하고 현수애자 기울기의 허용치는 애자련의 경우 기울기 각도 (①) 이하, 애자련 취부점으로 부터의 연직선과 현수크램프 중심점과의 차이가 수평거리 (②) 이내가 되도록 하여야 한다.

● 답안작성

① 2°,　② 5[cm]

▶출제년도 : 기사 05. 13.　▶점수 : 9점

문17 다음 그림은 대단위 아파트의 급 배수 설비의 일부분이다. 기계실(변전실, 급수 펌프실, 보일러실 등)의 침수를 예방하기 위한 설비를 하고자 한다. 다음 사항을 잘 이해하고 이에 접합한 경보장치를 보기에 제시한 기구와 각종 Relay를 사용하여 미완성 회로를 완성하시오.

급·배수장치 계통도

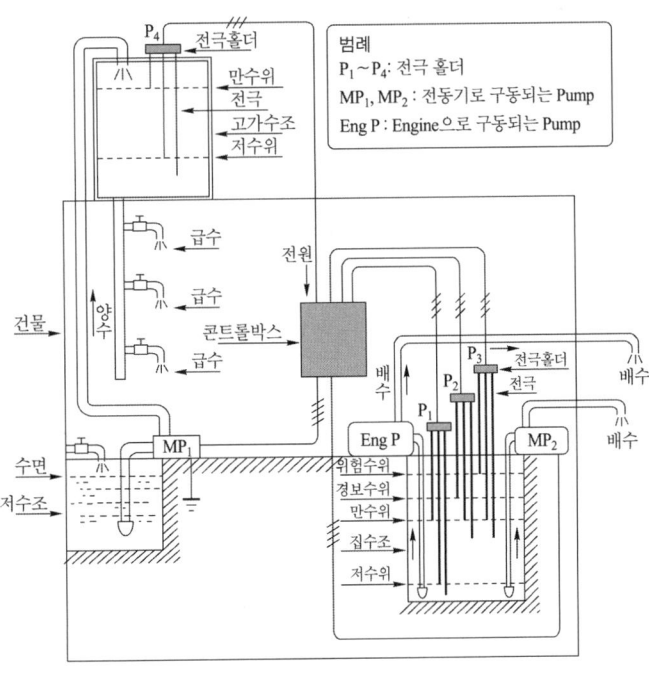

(1) 배수 펌프의 작동이 만수위가 되었을 때 자동으로 동작하지 않을 경우 수동으로 동작시킬 수 있도록 하기 위한 미완성 sequence diagram을 〈그림 1〉의 점선 안에 완성하고 수조의 전극에는 전극기호를 (   ) 안에 써 넣으시오.

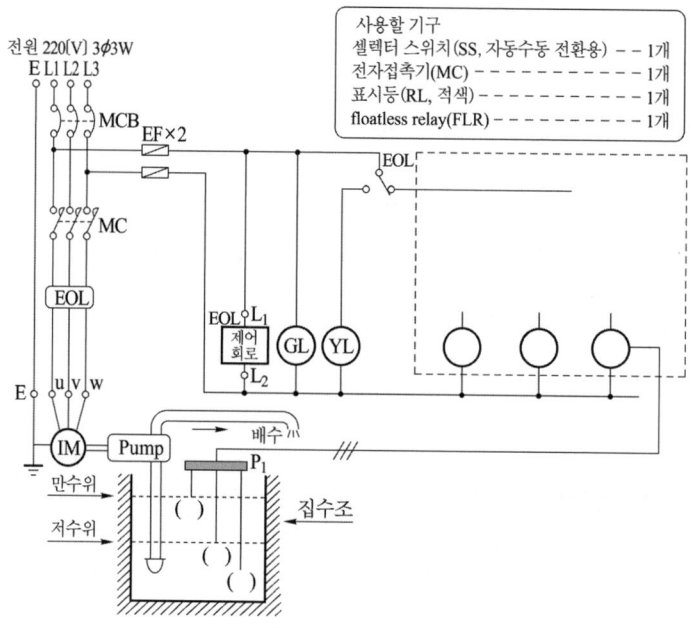

〈그림 1〉 배수펌프의 미완성 sequence diagram

(2) 어떤 원인으로 배수 펌프가 동작하지 않아 집수조의 수위가 경계 수위에 도달했을 때 경보를 할 수 있는 경보회로를 〈그림 2〉의 점선 안에 완성하시오. 이때 경보음은 지속되도록 하고, 경보용 Lamp는 명멸되도록 하며, 수조의 전극에는 전기기호를 (   ) 안에 써 넣으시오.

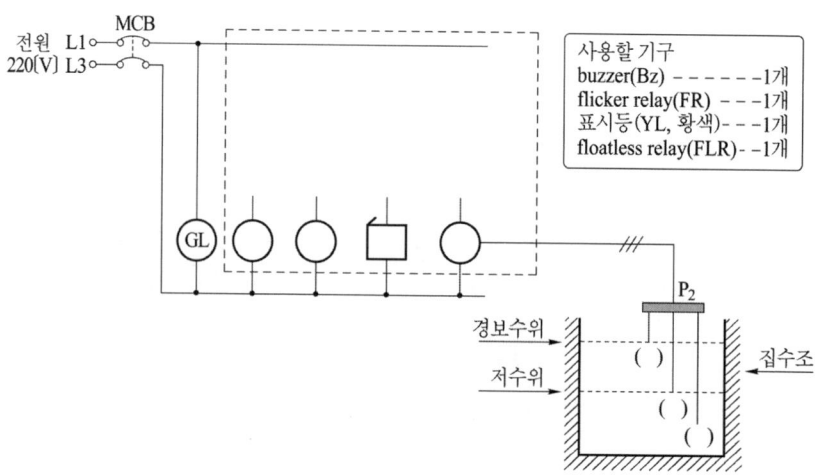

〈그림 2〉 배수장치의 정보회로의 미완성 sequence diagram

(3) 어떤 원인으로 배수 펌프가 동작하지 않아 집수조의 수위가 위험 수위에 도달했을 때 경보를 할 수 있는 경보회로를 〈그림 3〉의 점선 안에 완성하시오. 이 경우에는 경보음이 단속되도록 하고, 경보용 Lamp도 명멸되도록 하고 수조의 전극에는 전극기호를 (   )에 써 넣으시오.

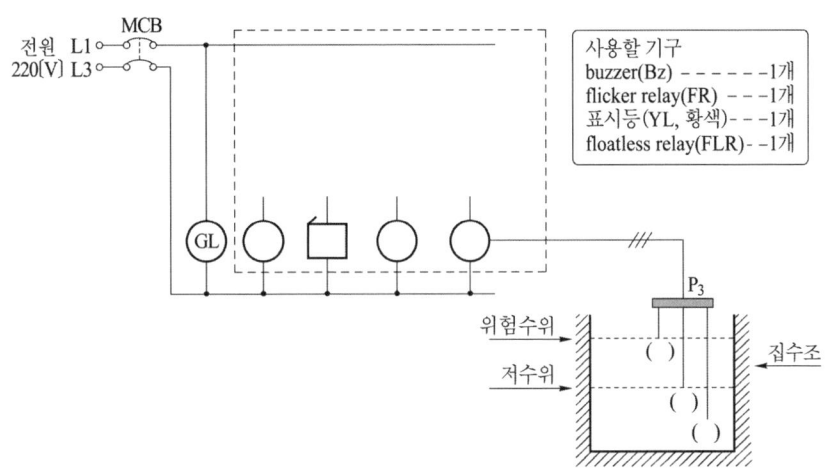

〈그림 3〉 배수장치의 위험수위의 경보회로의 미완성 sequence diagram

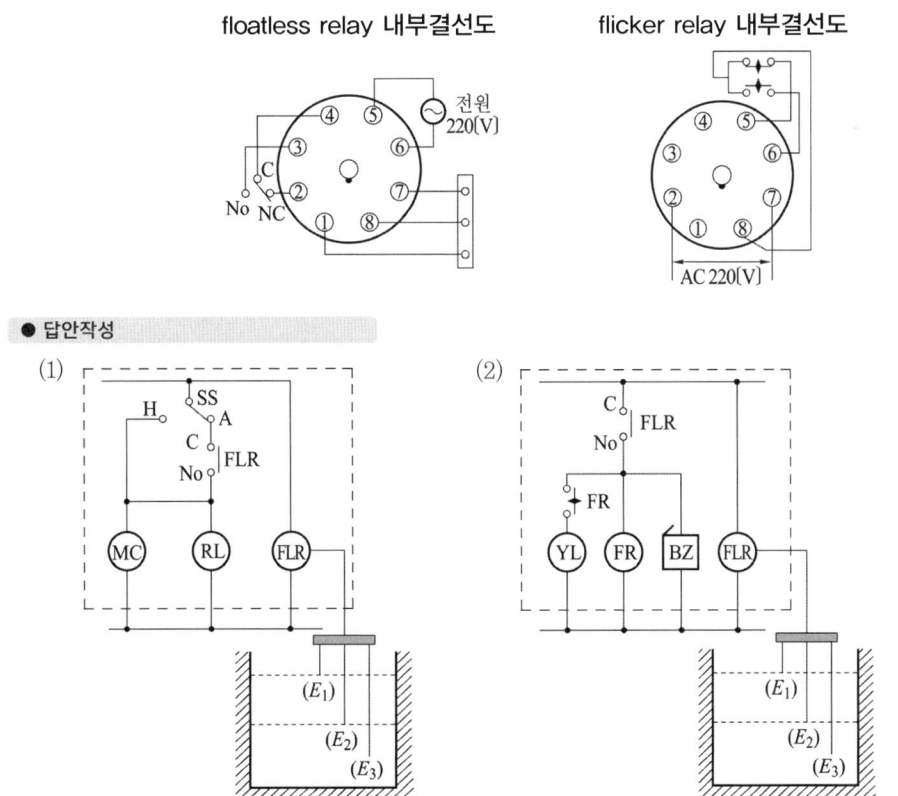

(3)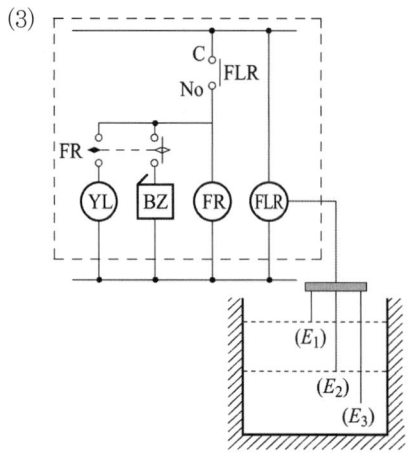

▸ 출제년도 : 기사 97. 13.   ▸ 점수 : 9점

문18 그림과 같은 PLC 시퀀스의 프로그램을 표의 차례 1~9에 알맞은 명령어를 각각 쓰시오. 여기서 시작(회로) 입력 STR, 출력 OUT, 직렬 AND, 병렬 OR, 부정 NOT, 그룹 직렬 AND STR, 그룹 병렬 OR STR의 명령을 사용한다.

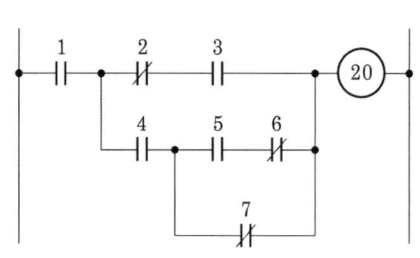

차례	명령	번지	차례	명령	번지
0	STR	1	6		7
1		2	7		-
2		3	8		-
3		4	9		-
4		5	10	OUT	20
5		6			

● 답안작성

차례	명령	번지	차례	명령	번지
0	STR	1	6	OR NOT	7
1	STR NOT	2	7	AND STR	-
2	AND	3	8	OR STR	-
3	STR	4	9	AND STR	-
4	STR	5	10	OUT	20
5	AND NOT	6	-	-	

● 해 설

5, 6과 7은 병렬, 이것과 4는 그룹(group) 직렬, 또 이것과 2, 3과도 그룹 병렬, 또 이것과 1은 그룹 직렬이 된다.

2013년 2회 전기공사기사실기

▶출제년도 : 기사 13.　▶점수 : 10점

문1 건축화 조명 방식에서 다음과 같은 조명 방식의 명칭은?

(1) 천장면에 작은 구멍을 많이 뚫어 그 속에 여러 형태의 하면 개방형, 하면 루버형, 하면 확산형, 반사형전구 등의 등기구를 매입하는 조명방식은?
(2) 천장면에 확산 투과재인 메탈 아크릴 수지판을 붙이고 천장 내부에 광원을 배치하여 조명하는 방식은?
(3) 천장면을 여러 형태의 사각, 동그라미 등으로 오려내고 다양한 형태의 매입기구를 취부하여 실내의 단조로움을 피하는 조명방식은?
(4) 벽면을 밝은 광원으로 조명하는 방식으로 숨겨진 램프의 직접광이 아래쪽, 벽, 커튼, 위쪽 천장면에 쪼이도록 조명하는 방식으로 분위기 조명인 방식은?
(5) 천장과 벽면의 경계구석에 등기구를 설치하여 조명하는 방식은?

● 답안작성

(1) 다운라이트 조명
(2) 광천장 조명
(3) 코퍼 조명
(4) 밸런스 조명
(5) 코너 조명

▶출제년도 : 11. 13.　▶점수 : 6점

문2 변압기에 전원을 처음 인가했을 때 발생하는 소음의 주된 발생원인 3가지를 쓰시오.

● 답안작성

① 변압기의 하부의 앵커 볼트의 조임 상태 불량
② 변압기의 탭전압보다 높은 전압이 들어오는 경우
③ 변전실 내 및 외함 내에서의 공진현상

● 해　설

이외에도
④ 볼트의 조임상태 불량(일부분의 볼트가 느슨해짐)
⑤ 변압기의 전원 전압이 정격전압보다 높은 경우
⑥ 철심의 찌그러짐
⑦ 변압기 단자에 부스바를 직접 연결한 경우 등

▶출제년도 : 기사 92. 13.　▶점수 : 4점

문3 사용목적에 의한 분류 중 표준형 철탑의 종류 4가지를 쓰시오.

● 답안작성

직선 철탑, 각도 철탑, 인류 철탑, 내장 철탑

● 해 설
① 사용 목적에 의한 분류 : 직선 철탑, 각도 철탑, 인류 철탑, 내장 철탑
② 형태상의 분류 : 4각 철탑, 방형 철탑, 우두형 철탑, 문형 철탑, 회전형 철탑, MC 철탑

▶ 출제년도 : 기사 12, 13, 22, 산업 89, 04, 06. ▶ 점수 : 3점

문4 정부나 공공 기관에서 발주하는 전기공사의 물량 산출 시 일반적으로 옥내전선 할증률과 옥외전선 할증률 및 옥외전선 철거손실률은 얼마로 계산하는지 각각 쓰시오.
- 옥외 전선 할증률
- 옥내 전선 할증률
- 옥외전선 철거손실률

● 답안작성
① 옥외전선 할증률 : 5[%]
② 옥내전선 할증률 : 10[%]
③ 옥외전선 철거손실률 : 2.5[%]

● 해 설
재료의 할증률

종 류	할증률 [%]	철거손실률[%]
옥외 전선	5	2.5
옥내 전선	10	–
cable(옥외)	3	1.5
cable(옥내)	5	–
전선관(옥외)	5	–
전선관(옥내)	10	–

▶ 출제년도 : 기사 13. ▶ 점수 : 5점

문5 무선통신 보조 설비에서 다음 심벌의 명칭을 쓰시오.

(1)   (2)   (3)   (4)   (5) ⊣▯

● 답안작성
(1) 안테나
(2) 혼합기
(3) 분배기
(4) 분기기
(5) 커넥터

▶ 출제년도 : 기사 13, 20. ▶ 점수 : 5점

문6 회전날개의 지름이 10[m]인 프로펠러형 풍차의 풍속이 5[m/s]일 때 풍력 에너지 [W]를 계산하시오(단, 공기의 밀도는 1.225[kg/m³]이다).
• 계산 :   • 답 :

● 답안작성

계산 : $P = \dfrac{1}{2}\rho A V^3 = \dfrac{1}{2} \times 1.225 \times \pi \times \left(\dfrac{10}{2}\right)^2 \times 5^3 = 6,013.2[\text{W}]$

답 : 6,013.2[W]

● 해 설

$$P = \dfrac{1}{2}mV^2 = \dfrac{1}{2}(\rho A V)V^2 = \dfrac{1}{2}\rho A V^3$$

여기서, P : 에너지[W], m : 에너지[kg], V : 평균풍속[m/s],
ρ : 공기의 밀도(1.225[kg/m³]), A : 로터의 단면적[m²]

▶ 출제년도 : 기사 13. 산업 96. 98. ▶ 점수 : 8점

문7 다음 그림은 보통지선을 그린 것이다. 도면을 보고 물음에 답하시오.

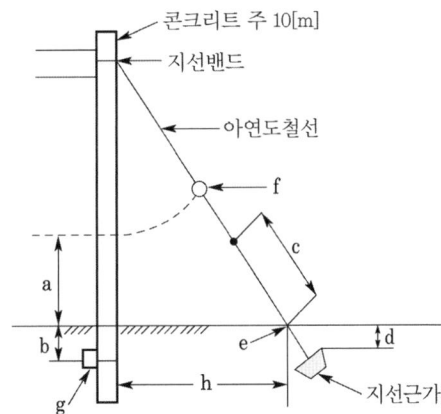

(1) a(지선 안전율)의 높이는 최소 몇 [m] 이상을 원칙으로 하는가?
(2) b의 깊이는 몇 [m]인가?
(3) c의 지표상 최대 높이는 몇 [m]인가?
(4) d의 깊이는 최소 몇 [m] 이상인가?
(5) e의 명칭은?
(6) f의 명칭은?
(7) g의 명칭은?
(8) h의 간격은 몇 [m]인가?

● 답안작성

(1) 2.5[m]   (2) 0.5[m]
(3) 0.6[m]   (4) 1.5[m]
(5) 지선로드   (6) 지선애자
(7) 전주근가   (8) 5[m]

● 해 설

지선의 설치 방법

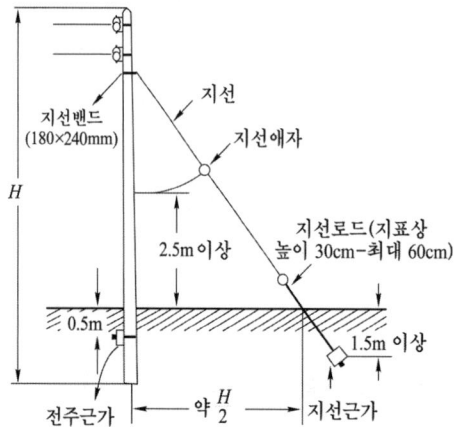

▶ 출제년도 : 기사 13, 산업 95. ▶ 점수 : 5점

문8 설비용량 400[kW], 수용률 60[%], 부하율 50[%], 수용가의 1개월 간의 사용 전력량은 몇 [kWh]인가? 단, 1개월은 30일간으로 계산한다.

● 답안작성

계산 : $W = Pt = 400 \times 0.6 \times 0.5 \times 30 \times 24 = 86,400$[kWh]
답 : 86,400[kWh]

● 해 설

전력량 = 평균전력×사용시간
평균전력 = 부하율×최대전력 = 부하율×설비용량×수용률

▶ 출제년도 : 기사 13, 17. ▶ 점수 : 5점

문9 시설 장소에 따른 저압 배선 방법 중 400[V] 초과의 습기가 많고 점검이 불가능한 은폐 장소에 시설하는 옥내 공사방법 5가지를 쓰시오.

● 답안작성

① 금속관 공사
② 합성수지관(CD관 제외) 공사
③ 비닐피복 2종 가요전선관 공사
④ 케이블 공사
⑤ 케이블트레이 공사

● 해 설

시설장소에 따른 저압 배선 방법 (400[V] 초과)

공사방법		시설의 가능						옥측 옥내	
		옥내							
		노출 장소		은폐 장소					
				점검 가능		점검 불가능			
		건조한 장소	습기가 많은 장소 또는 수분이 있는 장소	건조한 장소	습기가 많은 장소 또는 수분이 있는 장소	건조한 장소	습기가 많은 장소 또는 수분이 있는 장소	우선 내	우선 외
애자 공사		○	○	○	○	×	×	①	①
금속관 공사		○	○	○	○	○	○	○	○
합성 수지관 공사	합성수지관 (CD관 제외)	○	○	○	○	○	○	○	○
	CD관	②	②	②	②	②	②	②	②
가요 전선관 공사	1종 가요전선관	③	×	③	×	×	×	×	×
	비닐 피복 1종 가요전선관	③	③	③	③	×	×	×	×
	2종 가요전선관	○	×	○	×	○	×	○	×
	비닐 피복 2종 가요전선관	○	○	○	○	○	○	○	○
금속 덕트 공사		○	×	○	×	×	×	×	×
버스 덕트 공사		○	×	○	×	×	×	×	×
케이블 공사		○	○	○	○	○	○	○	○
케이블트레이 공사		○	○	○	○	○	○	○	○

[비고] 1) ○ : 시설할 수 있다.   × : 시설할 수 없다.
      CD관 : 내연성이 없는 것을 말한다.
   2) ① : 노출 장소 및 점검할 수 있는 은폐 장소에 한하여 시설할 수 있다.
      ② : 직접 콘크리트에 매설하는 경우를 제외하고 전용의 불연성 또는 자소성이 있는 난연성의 관 또는 덕트에 넣는 경우에 한하여 시설할 수 있다.
      ③ : 콘크리트 등의 바닥 내에 한한다.

▶출제년도 : 13.   ▶점수 : 6점

문10 다음과 같은 설비를 단상 2선식 220[V], 공사방법 A1, 사용전선 PVC로 할 경우 간선의 굵기[mm²], 개폐기의 정격[A] 및 배선용 차단기의 정격[A]을 주어진 표를 이용하여 구하시오.
- 소형 전기기계기구 : 10[A]
- 대형 전기기계기구 : 25[A]
- 전등 : 3[A]

표 1. 간선의 굵기, 개폐기 및 과전류 차단기의 용량

최대 상정 부하 전류 [A]	공사방법 A1 2개선 PVC	공사방법 A1 2개선 XLPE, EPR	공사방법 A1 3개선 PVC	공사방법 A1 3개선 XLPE, EPR	공사방법 B1 2개선 PVC	공사방법 B1 2개선 XLPE, EPR	공사방법 B1 3개선 PVC	공사방법 B1 3개선 XLPE, EPR	공사방법 C 2개선 PVC	공사방법 C 2개선 XLPE, EPR	공사방법 C 3개선 PVC	공사방법 C 3개선 XLPE, EPR	개폐기의 정격 [A]	과전류 차단기의 정격 [A] B종 퓨즈	과전류 차단기의 정격 [A] A종 퓨즈 또는 배선용 차단기
20	4	2.5	4	2.5	2.5	2.5	2.5	2.5	2.5	2.5	2.5	2.5	30	20	20
30	6	4	6	4	4	2.5	6	4	4	2.5	4	2.5	30	30	30
40	10	6	10	6	6	4	10	6	6	4	6	4	60	40	40
50	16	10	16	10	10	6	10	10	10	6	10	6	60	50	50
60	16	10	25	16	16	10	16	10	10	10	16	10	60	60	60
75	25	16	35	25	16	10	25	16	16	10	16	16	100	75	75
100	50	25	50	35	25	16	35	25	25	16	35	25	100	100	100
125	70	35	70	50	35	25	50	35	35	25	50	35	200	125	125
150	70	50	95	70	50	35	70	50	50	35	70	50	200	150	150
175	95	70	120	70	70	50	95	70	50	70	50	200	200	175
200	120	70	150	95	95	70	95	70	70	50	95	70	200	200	200
250	185	120	240	150	120	70	—	95	95	70	120	95	300	250	250
300	240	150	300	185	—	95	—	120	150	95	185	120	300	300	300
350	300	185	—	240	—	120	—	—	185	120	240	150	400	400	350
400	—	240	—	300	—	—	—	—	240	120	240	185	400	400	400

[비고1] 단상 3선식 또는 3상 4선식 간선에서 전압강하를 감소하기 위하여 전선을 굵게 할 경우라도 중성선은 표의 값보다 굵은 것으로 할 필요는 없다.
[비고2] 최소 전선 굵기는 1회선에 대한 것이며, 2회선 이상일 경우는 복수회로 보정계수를 적용하여야 한다.
[비고3] 공사방법 A1은 벽 내의 전선관에 공사한 절연전선 또는 단심케이블, B1은 벽면의 전선관에 공사한 절연전선 또는 단심케이블, 공사방법 C는 벽면에 공사한 단심 또는 다심케이블을 시설하는 경우의 전선 굵기를 표시하였다.
[비고4] B종 퓨즈의 정격전류는 전선의 허용전류의 0.96배를 초과하지 않는 것으로 한다.

● 답안작성

간선의 굵기[mm^2] : 10[mm^2]
개폐기의 정격[A] : 60[A]
배선용 차단기의 정격[A] : 40[A]

● 해 설

① 간선에 흐르는 전체 전류 $= 10 + 25 + 3 = 38$[A]
　표 1의 최대상정 부하전류 40[A]난과 공사방법 A1, PVC 절연전선 난이 교차되는 곳의 전선의 굵기 10[mm^2]를 선정
② 표 1의 최대상정 부하전류 40[A]난과 개폐기의 정격 난이 교차되는 곳의 60[A] 선정
③ 표 1의 최대상정 부하전류 40[A]난과 배선용차단기의 정격 난이 교차되는 곳의 40[A] 선정

▸출제년도 : 기사 13.　▸점수 : 3점

문11 한 개의 전등을 3개소에서 점멸하고자 할 때 3로 스위치(S_3) 2개와 4로 스위치(S_4) 1개를 이용하여 점멸할 수 있도록 회로도를 그리시오.

● 답안작성

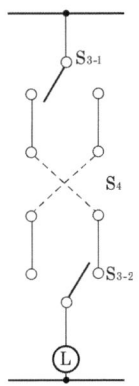

● 해 설

3개소에서 점멸하도록 회로를 구성할 때
① 3로 스위치 2개와 4로 스위치 1개를 사용한 경우　② 3로 스위치 4개를 사용한 경우

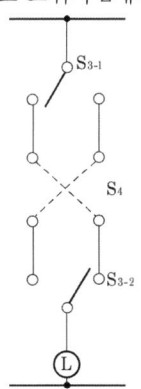　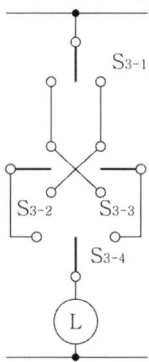

▸출제년도 : 13.　▸점수 : 5점

문12 어느 건물의 부하는 하루에 30[kW]로 2시간, 24[kW]로 8시간, 6[kW]로 14시간을 사용한다. 이의 수전 설비를 30[kVA]로 하였을 때에 일부하율은 얼마인가?
　•계산 :　　　　　　　　　　　　　　　•답 :

● 답안작성

계산 : 부하율 = $\dfrac{\text{평균 전력}}{\text{최대 수용 전력}} \times 100 = \dfrac{30 \times 2 + 24 \times 8 + 6 \times 14}{30 \times 24} \times 100 = 46.67[\%]$

답 : 46.67[%]

● 해 설

평균전력 = $\dfrac{\text{전력사용량}}{\text{사용 시간}}$

▶ 출제년도 : 기사 13. 산업 96. 99. 01. 02. 22.   ▶ 점수 : 4점

문13 3상 4선식 접속의 경우에 그림과 같이 전압선의 표시가 L1상, N상, L3상, L2상으로 표시되었다. L1, N, L3, L2의 전선의 색별은?

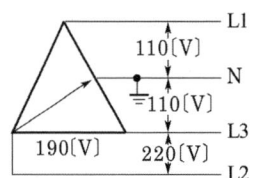

● 답안작성

- L1상 : 갈색
- L3상 : 회색
- N상 : 파란색
- L2상 : 검은색

● 해 설

전선의 식별(KEC 121.2)

(1) 전선의 색상

상(문자)	색상
L1	갈색
L2	검은색
L3	회색
N	파란색
보호도체	녹색-노란색

(2) 색상 식별이 종단 및 연결 지점에서만 이루어지는 나도체 등은 전선 종단부에 색상이 반영구적으로 유지될 수 있는 도색, 밴드, 색 테이프 등의 방법으로 표시해야 한다.

▶ 출제년도 : 기사 13.   ▶ 점수 : 6점

문14 사용전압 15[kV] 이하인 특고압 가공전선로의 중성선에 다중접지를 하는 경우에는 다음에 의하여야 한다. 물음에 답하시오.

(1) 접지도체는 공칭단면적 몇 [mm^2] 이상의 연동선이어야 하는가?
(2) 접지개소 상호간의 거리는 몇 [m] 이하인가?
(3) 1[km]마다 중성선과 대지와의 사이에 합성 전기 저항치는 몇 [Ω] 이하이어야 하는가?

● 답안작성

(1) 6[mm^2]
(2) 300[m]
(3) 30[Ω]

● 해 설

25[kV] 이하인 특고압 가공전선로의 시설(KEC 333.32)

사용전압이 15[kV] 이하인 특고압 가공전선로의 중성선의 다중접지 및 중성선의 시설은 다음에 의할 것

① 접지도체는 공칭단면적 6[mm²] 이상의 연동선
② 접지한 곳 상호 간의 거리는 전선로에 따라 300[m] 이하일 것
③ 특고압 가공전선로의 다중접지를 한 중성선은 저압 가공전선의 규정에 준하여 시설할 것
④ 각 접지선을 중성선으로부터 분리하였을 경우의 각 접지점의 대지 전기저항 값과 1[km]마다의 중성선과 대지 사이의 합성 전기저항값은 표에서 정한 값 이하일 것

사용전압	각 접지점의 대지 전기저항 값	1[km]마다의 합성 전기저항 값
15[kV] 이하	300[Ω]	30[Ω]
15[kV] 초과 25[kV] 이하	300[Ω]	15[Ω]

▸출제년도 : 기사 13. ▸점수 : 5점

문15 ASS(자동 고장 구분 개폐기)의 기능 및 용도에 대해 간단히 설명하시오.

● 답안작성

자동 고장 구분 개폐기는 무전압 시 개방이 가능하고, 과부하 시 고장구간을 자동 개방하여 파급사고를 방지할 수 있는 고장 구분 개폐기로써 돌입 전류 억제 기능을 가지고 있다.

▸출제년도 : 기사 09. 13. ▸점수 : 4점

문16 NR 전선 4[mm²] 3본, 10[mm²] 3본을 넣을 수 있는 박강전선관의 최소 굵기는 몇 [호]를 사용하는 것이 적당한가?(단, 전선은 절연물을 포함하는 단면적의 총합이 전선관 내단면적의 32[%] 이하가 되도록 한다.)

표 1. 박강 전선관의 내단면적의 32[%] 및 48[%]

관의 호칭 [mm]	내단면적의 32[%] [mm²]	내단면적의 48[%] [mm²]	관의 호칭 [mm]	내단면적의 32[%] [mm²]	내단면적의 48[%] [mm²]
19	63	95	51	569	853
25	123	185	63	889	1,333
31	205	308	75	1,309	1,964
39	305	458			

표 2. 절연전선을 금속관 내에 넣을 경우의 보정계수

도체 단면적 [mm²]	보정계수
2.5, 4	2.0
6, 10	1.2
16 이상	1.0

표 3. 전선(피복 절연물을 포함)의 단면적

도체 단면적 [mm²]	절연체 두께 [mm]	평균 완성 바깥지름 [mm]	전선의 단면적 [mm²]
1.5	0.7	3.3	9
2.5	0.8	4.0	13
4	0.8	4.6	17
6	0.8	5.2	21
10	1.0	6.7	35
16	1.0	7.8	48
25	1.2	9.7	74
35	1.2	10.9	93
50	1.4	12.8	128
70	1.4	14.6	167
95	1.6	17.1	230
120	1.6	18.8	277
150	1.8	20.9	343
185	2.0	23.3	426
240	2.2	26.6	555
300	2.4	29.6	688
400	2.6	33.2	865

[비고1] 전선의 단면적은 평균완성 바깥지름의 상한값을 환산한 값이다.
[비고2] KS C IEC 60227-3의 450/750[V] 일반용 단심 비닐절연전선(연선)을 기준한 것이다.

● 답안작성

보정계수를 고려한 전선의 총단면적 $A = 17 \times 3 \times 2 + 35 \times 3 \times 1.2 = 228 [\text{mm}^2]$
표 1에서 내단면적의 32[%]가 228[mm²]를 넘는 305[mm²]인 39호 선정
답 : 39[호] 박강전선관

▶출제년도 : 기사 95. 05. 13.　　▶점수 : 4점

문17
저압 수은 램프, 저압 나트륨 램프, 메탈핼라이드 램프, 형광 램프 중 가장 효율이 좋은 것부터 나열하시오.

● 답안작성

저압 나트륨 램프, 메탈핼라이드 램프, 형광 램프, 저압 수은 램프

● 해 설

광원의 효율

램 프	효율 [lm/W]	램 프	효율 [lm/W]
나트륨 램프	80~150	수은 램프	35~55
메탈 핼라이드 램프	75~105	할로겐 램프	20~22
형광 램프	48~80	백열 전구	7~22

문 18

▶ 출제년도 : 기사 13, 산업 93. ▶ 점수 : 12점

그림의 출력 $X_1 \sim X_6$를 보고 답란의 타임 차트에 각각 그려 넣고 논리식을 각각 쓰시오.

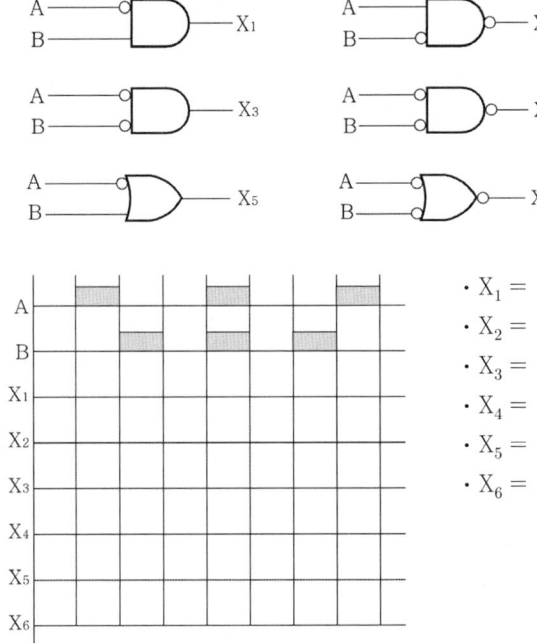

● 답안작성

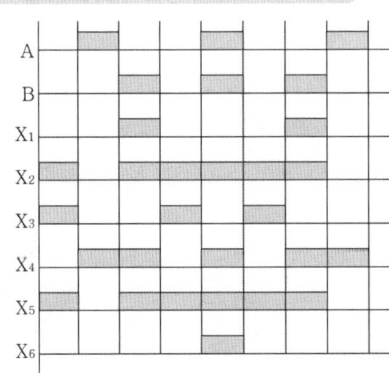

$X_1 = \overline{A} \cdot B$

$X_2 = \overline{A \cdot \overline{B}} = \overline{A} + B$

$X_3 = \overline{A} \cdot \overline{B} = \overline{A + B}$

$X_4 = \overline{\overline{A} \cdot \overline{B}} = A + B$

$X_5 = \overline{A} + B$

$X_6 = \overline{\overline{A} + \overline{B}} = A \cdot B$

2013년 4회 전기공사기사실기

문1 ▸출제년도 : 기사 13, 산업 96, 99. ▸점수 : 5점

전력용 콘덴서에 접속하는 DC(방전 코일)의 설치 목적을 설명하시오.

● 답안작성

콘덴서 회로 개방 시 콘덴서에 축적된 잔류 전하의 방전

문2 ▸출제년도 : 기사 12, 13, 산업 92. ▸점수 : 3점

다음의 작업구분에 맞는 직종명을 쓰시오.
(1) 발전설비 및 중공업 설비의 시공 및 보수
(2) 철탑 및 송전설비의 시공 및 보수
(3) 송전전공으로 활선작업을 하는 전공

● 답안작성

(1) 플랜트전공   (2) 송전전공   (3) 송전활선전공

● 해 설

(1) 플랜트전공 : 발전소 중공업설비·플랜트설비의 시공 및 보수에 종사하는 사람
(2) 송전전공 : 발전소와 변전소 사이의 송전선의 철탑 및 송전설비의 시공 및 보수에 종사하는 사람
(3) 송전활선전공 : 소정의 활선작업교육을 이수한 숙련 송전전공으로서 전기가 흐르는 상태에서 필수 활선장비를 사용하여 송전설비에 종사하는 사람

문3 ▸출제년도 : 기사 92, 08, 13. ▸점수 : 5점

피뢰기(L.A)의 종류 5가지를 쓰시오.

● 답안작성

① 저항형 피뢰기   ② 밸브형 피뢰기   ③ 밸브저항형 피뢰기
④ 방출통형 피뢰기   ⑤ 갭레스 피뢰기

● 해 설

이외에도 ⑥ 종이 피뢰기
        ⑦ 갭+갭레스 피뢰기
        ⑧ 캡타이어 피뢰기

문4 ▸출제년도 : 기사 06, 13, 산업 92. ▸점수 : 2점

합성수지관 공사에서 관 상호 및 관과 박스와의 접속 시에 삽입하는 깊이를 관 바깥지름의 몇 배 이상으로 하여야 하는가?
(1) 접착제를 사용하는 경우
(2) 접착제를 사용하지 않는 경우

● 답안작성

(1) 0.8배
(2) 1.2배

● 해 설

합성수지관 및 부속품의 시설(KEC 232.11.2)
(1) 관 상호 간 및 박스와는 관을 삽입하는 깊이를 관의 바깥지름의 1.2배(접착제를 사용하는 경우에는 0.8배) 이상으로 하고 또한 꽂음 접속에 의하여 견고하게 접속할 것
(2) 관의 지지점 간의 거리는 1.5[m] 이하로 하고, 또한 그 지지점은 관의 끝·관과 박스의 접속점 및 관 상호 간의 접속점 등에 가까운 곳에 시설할 것

▸ 출제년도 : 기사 13, 산업 89. 04. 06. ▸ 점수 : 3점

문5 궁지선의 용도에 대하여 간단하게 쓰시오.

● 답안작성

비교적 장력이 적고 타 종류의 지선을 시설할 수 없는 경우에 적용하는 것으로 지선용 근가를 지지물 근원 가까이 매설하여 시설하며 시공방법에 따라 A형과 R형으로 구분한다.

▸ 출제년도 : 기사 05. 07. 13. ▸ 점수 : 5점

문6 합성수지 파형 전선관을 100[mm] 2열, 175[mm] 6열, 200[mm] 4열을 층계별로 100[m]를 동시에 포설할 때 배전전공과 보통인부의 공량은 얼마인가?
(1) 배전전공
(2) 보통인부

[참고자료]

합성수지 파형관 설치 [m당]

구 분	배전전공	보통인부
16[mm] 이하	0.005	0.012
30[mm] 이하	0.006	0.014
50[mm] 이하	0.007	0.018
80[mm] 이하	0.009	0.022
100[mm] 이하	0.012	0.036
125[mm] 이하	0.016	0.048
150[mm] 이하	0.019	0.062
175[mm] 이하	0.023	0.074
200[mm] 이하	0.025	0.082

[해설] ① 합성수지 파형관의 지중포설 기준
② 터파기, 되메우기 및 잔토처리 별도계상
③ 접합품 포함, 접합부의 콘크리트 타설품 및 지세별 할증은 별도계상
④ 2열 동시 180[%], 3열 260[%], 4열 340[%], 6열 420[%], 8열 500[%], 10열 580[%], 12열 660[%], 14열 740[%], 16열 820[%]

⑤ 동시배열이란 동일장소에서 공(孔)당의 파형관을 열로 형성하여 층계별로 포설하는 것을 말하며, 100[mm] 2열, 175[mm] 6열, 200[mm] 4열을 층계별로 동시 포설시 산출은 다음과 같다. 이는 12공을 층계별로 동시 배열하는 것으로서, 동시 적용률은 660[%]로, 따라서 합산품은(100[mm] 기본품×2열+175[mm] 기본품×6열, 200[mm] 기본품×4열)×660[%]÷12이다(열은 관로의 공수를 뜻함).
⑥ 100[mm] 이상 이종관 접속 시 또는 이음관 추가 설치 시 동시배열(공, 열, 층)에 관계없이 접속 개당 배전전공 0.053인 보통인부 0.053인 적용
⑦ Spacer를 설치할 경우 파상형 전선관 공, 열, 층에 관계없이 Spacer Point 10개 설치당 배전전공 0.006인, 보통인부 0.006인 별도 계상
⑧ 가로등 공사, 신호등 공사, 보안등 공사 또는 구내설치 시 50[%] 가산
⑨ 철거 50[%], 재사용 철거 80[%]

● 답안작성

(1) 배전전공 : $\dfrac{(0.012\times 2+0.023\times 6+0.025\times 4)\times 6.6}{12}\times 100 = 14.41[인]$

(2) 보통인부 : $\dfrac{(0.036\times 2+0.074\times 6+0.082\times 4)\times 6.6}{12}\times 100 = 46.42[인]$

▶출제년도 : 기사 93, 13. ▶점수 : 5점

문7 지선(stay)의 시설 목적 4가지만 쓰시오.

● 답안작성
① 지지물의 강도를 보강
② 전선로의 안전성을 증대
③ 불평형 하중에 대한 평형유지
④ 전선로가 건조물 등과 접근할 경우 보안상 시설

▶출제년도 : 기사 13, 산업 10. ▶점수 : 5점

문8 다음에 해당하는 옥내배선의 그림기호를 그리시오.
(1) —————————————— (2) – – – – – – – – – – – –
(3) - - - - - - - - - - - - - - - - - - (4) —··—··—··—··—
(5) —·—·—·—·—·—·—

● 답안작성
(1) 천장 은폐배선   (2) 바닥 은폐배선
(3) 노출배선   (4) 노출배선 중 바닥면 노출배선
(5) 천장 은폐배선 중 천장속의 배선

▶출제년도 : 기사 99, 00, 02, 06, 10, 12, 19, 21, 23, 24. ▶점수 : 4점

문9 비상용 조명 부하 110[V]용 100[W] 58등, 60[W] 50등이 있다. 방전 시간 30분, 축전지 HS형 54[cell], 허용 최저 전압 100[V], 최저 축전지 온도 5[℃]일 때 축전지 용량은 몇 [Ah]인가? 단, 경년 용량 저하율 0.8, 용량 환산 시간 : $K = 1.2$이다.
•계산 :   •답 :

● 답안작성

계산 : 부하전류 $I = \dfrac{P}{V} = \dfrac{100 \times 58 + 60 \times 50}{110} = 80[A]$

∴ 축전지 용량 : $C = \dfrac{1}{L}KI = \dfrac{1}{0.8} \times 1.2 \times 80 = 120[Ah]$

답 : 120[Ah]

▶출제년도 : 기사 91, 94, 98, 13, ▶점수 : 5점

문10 송전설계에 있어서 다음과 같은 철탑 기초의 굴착량을 산출하려고 한다. 각 철탑의 굴착량은 얼마인가?

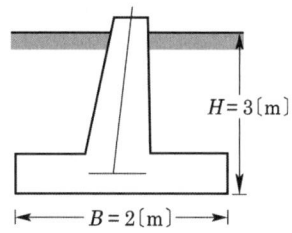

● 답안작성

휴지각 터파기의 굴착량 = 가로×세로×높이×1.21
= $2 \times 2 \times 3 \times 1.21 = 14.52[m^3]$

▶출제년도 : 기사 00, 13, 16, 19, 24, ▶점수 : 5점

문11 다음과 같이 50[kW], 30[kW], 15[kW], 25[kW]의 부하 설비에 수용률이 각각 50[%], 65[%], 75[%], 60[%] 라고 할 경우 변압기 용량을 결정하시오. (단, 부등률은 1.2, 종합부하 역률은 80[%]로 한다.)

•계산 :   •답 :

변압기 표준 용량표 [kVA]

| 25 | 30 | 50 | 75 | 100 | 150 | 200 |

● 답안작성

계산 : $P_a = \dfrac{50 \times 0.5 + 30 \times 0.65 + 15 \times 0.75 + 25 \times 0.6}{0.8 \times 1.2} = 73.7[kVA]$

답 : 표에서 75[kVA] 선정

● 해 설

변압기 용량 = $\dfrac{설비 \ 용량 \ [kW] \times 수용률}{역률 \times 부등률}[kVA]$

▶ 출제년도 : 기사 91, 94, 97, 99, 00, 04, 13, 22.   ▶ 점수 : 10점

문 12 아래 그림은 154[kV]를 수전하는 어느 공장의 옥외 수전 설비에 대한 단선도(single line diagram)이다. 그림을 보고 주어진 물음에 답하여라.

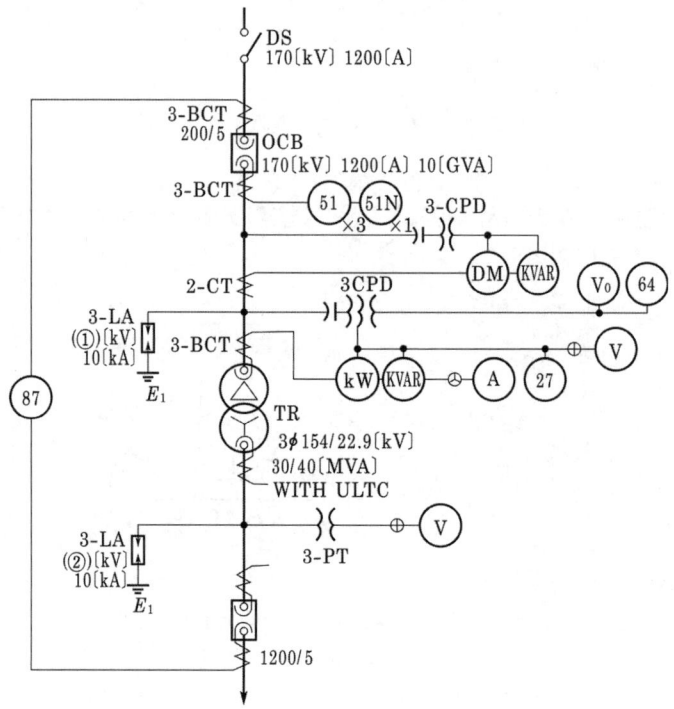

(1) 단선도상의 피뢰기 정격 전압은 각각 몇 [kV]인가?
　① (　　) [kV]　　② (　　) [kV]
(2) 변압기 보호 방식 중 주보호 계전기는 어느 것인지 계전기 분류 번호를 쓰고 그 명칭을 써라.
(3) 87 계전기의 3상 결선도를(차단기, 변압기 포함) 주어진 답란에 완성하여라.

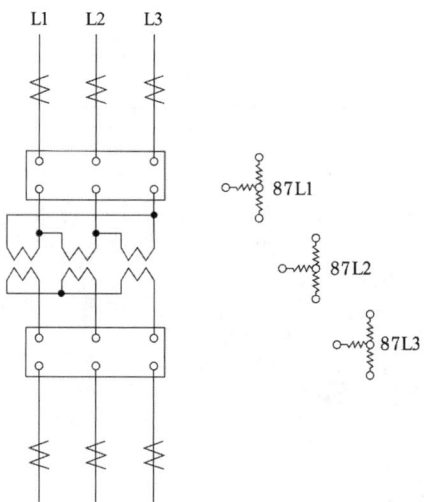

(4) 보조 변류기의 역할에 대하여 간단히 설명하여라.

● 답안작성

(1) ① 144[kV]
    ② 21[kV]
(2) **번호** : 87
    명칭 : 전류 차동 계전기
(3)

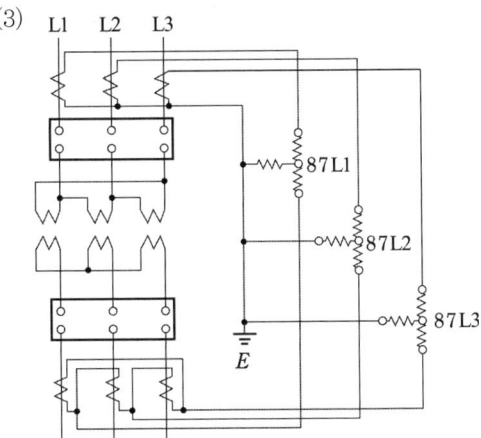

(4) 정상 운전시 전류 차동 계전기의 1차 전류와 2차 전류의 차이를 보정하는 역할

● 해 설

(1) 피뢰기 정격 전압

전력계통		피뢰기 정격 전압 [kV]	
전압 [kV]	중성점 접지방식	변전소	배전선로
345	유효접지	288	–
154	유효접지	144	–
66	PC 접지 또는 비접지	72	–
22	PC 접지 또는 비접지	24	–
22.9	3상 4선 다중접지	21	18

[주] 전압 22.9[kV] 이하의 배선선로에서 수전하는 설비의 피뢰기 정격전압[kV]은 배전선로용을 적용한다.

(2) • 87 : 전류 차동계전기(비율차동계전기)
    • 87B : 모선보호 차동계전기
    • 87G : 발전기용 차동계전기
    • 87T : 주변압기 차동계전기
(3) 87 계전기용 CT 결선은 1차 전류와 2차 전류의 위상 및 크기를 동일하게 하기 위하여 변압기 결선과 반대로 한다.
(4) 차동회로 중간에 삽입되어 1차, 2차의 전류를 비교하여 동작하는 계전기 회로에 있어서 변압기 1차, 2차 변류비가 변압기에 정확하게 반비례하지 않을 경우 권수비를 조정하여 잔류 전류를 없애기 위하여 설치하는 계전기

▶출제년도 : 기사 98. 13.   ▶점수 : 5점

문13 그림에서 기기의 C점에서 완전지락사고가 발생하였을 때 이 기기의 외함에 인체가 접촉하였을 경우 인체에는 몇 [mA]의 전류가 흐르는가? (단, 인체의 저항값은 3,000[Ω]이라고 한다.)

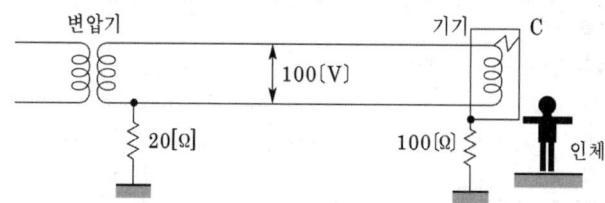

● 답안작성

등가회로로 그려보면

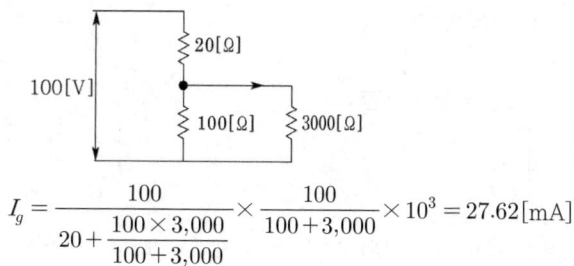

$$I_g = \frac{100}{20 + \dfrac{100 \times 3,000}{100 + 3,000}} \times \frac{100}{100 + 3,000} \times 10^3 = 27.62 [\text{mA}]$$

▶출제년도 : 기사 88. 09. 13.   ▶점수 : 5점

문14 바닥면적 1,000[m²]의 강당에 40[W] 2등용 형광등을 시설하여 평균조도를 300[lx]로 하자면 40[W] 2등용 형광등은 몇 개가 필요한지 계산하시오. (단, 조명률 50[%], 감광보상률 1.25, 형광등 40[W] 2등용의 광속은 5,000[lm]이다.)
•계산 :   •답 :

● 답안작성

계산 : $N = \dfrac{EAD}{FU} = \dfrac{300 \times 1,000 \times 1.25}{5,000 \times 0.5} = 150 [\text{등}]$

답 : 150[등]

● 해 설

$FUN = EAD$에서 $N = \dfrac{EAD}{FU}$이며, 산출된 전등의 수 중 소수가 발생하면 절상한다.

여기서, F : 광원 1개당의 광속[lm], N : 광원의 개수[등]
         E : 작업면상의 평균 조도[lx] A : 방의 면적[m²]
         D : 감광 보상률 U : 조명률[%]

▶출제년도 : 기사 13. 16.   ▶점수 : 4점

문15 심야 전력 기기로 보일러를 사용하며 부하 전류가 15[A], 일반 부하 전류가 10[A]이다. 오후 10시부터 오전 6시까지의 중첩률이 0.6이라고 할 때, 부하 공용 부분에 대한 전선의 허용 전류는 몇 [A] 이상이어야 하는가?

● 답안작성

계산 : $I = I_1 + I_0 \times 중첩률 = 15 + 10 \times 0.6 = 21[\text{A}]$ 답 : 21[A] 이상

● 해 설

I_0 : 일반 부하 전류, I_1 : 심야 전력 부하의 부하 전류

▶출제년도 : 기사 13.   ▶점수 : 5점

문16 가공 송전선로에서 사용되는 대표적인 전선 3가지를 쓰시오.

● 답안작성

① 강심알루미늄연선(ACSR)
② 내열 강심 알루미늄연선(TACSR)
③ 경동연선

▶출제년도 : 기사 13.   ▶점수 : 3점

문17 변압기나 배전함 외함의 보호등급에서 ①, ②, ③은 각각 무엇에 대한 보호를 나타내는가?
IP ① ② ③

● 답안작성

외부 분진에 대한 보호등급
방수에 대한 보호등급
위험한 부분으로의 접근에 대한 보호등급

● 해 설

KS C IEC 60529 외곽의 밀폐 보호등급 구분(IP코드)

▶출제년도 : 기사 98. 13.   ▶점수 : 5점

문18 그림의 PLC 시퀀스는 전동기의 정·역운전 회로의 일부를 그린 것으로 번지는 편의상 문자기호를 사용하였다. 버튼스위치 3개, MC 2개, 타이머 릴레이 1개를 사용하여 릴레이 회로를 그리시오.

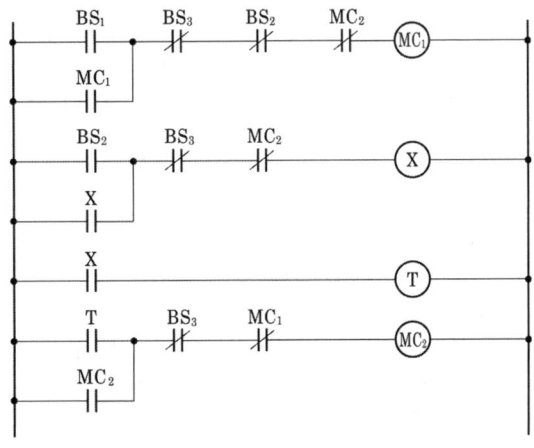

● 답안작성

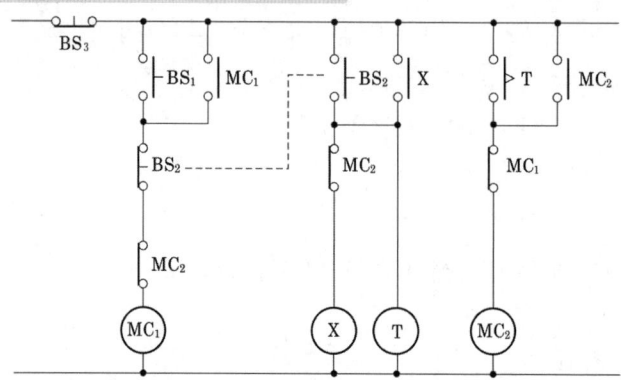

▶출제년도 : 기사 13, 산업 92.   ▶점수 : 5점

문19 다음 그림은 화물 리프트(Lift)의 자동 반전 회로이다. 이 회로를 보고 물음에 답하여라.

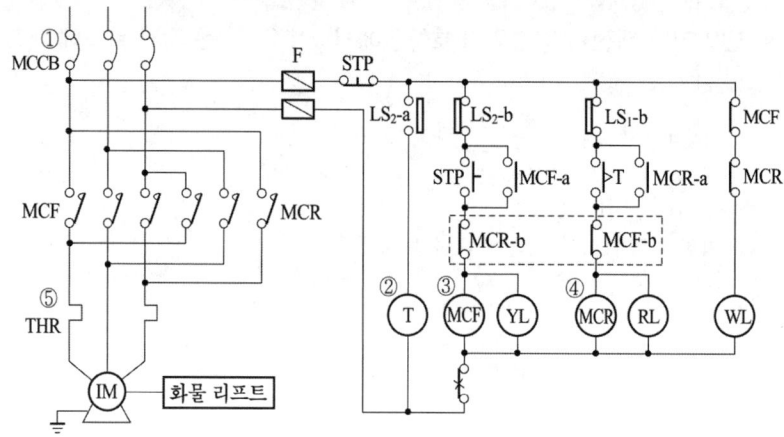

(1) 회로에 표시한 번호 ①~⑤의 명칭과 그 용도 또는 역할을 간단히 설명하여라.
(2) 다음 항목에 대하여 답을 쓰시오.
　① 리프트가 상승하고 있을 때 여자되는 전자 접촉기는?
　② 리프트가 하강할 때 점등되는 표시등은?
　③ 리프트가 상승할 때 작동 중인 리미트 스위치는?
　④ 점선 안의 회로를 무슨 회로라고 하는가?
　⑤ 전원을 공급하면 어떤 램프가 점등되는가?

● 답안작성

(1) ① MCB(배선용 차단기) : 주전원 ON, OFF
　　② 시한 동작 타이머 : 설정 시간 후 MCR 기동
　　③ MCF(전자 접촉기) : 정방향(상승)용 전자 접촉기
　　④ MCR(전자 접촉기) : 역방향(하강)용 전자 접촉기
　　⑤ THR(열동 계전기) : 과부하 차단
(2) ① MCF　② RL　③ LS₂　④ 인터록　⑤ WL

2014년 1회 전기공사기사실기

▶출제년도 : 기사 07, 14.   ▶점수 : 5점

문1 수·변전설비에서 진상용 콘덴서 설치 시 어떤 효과가 있는지 4가지를 쓰시오.

● 답안작성
 ① 역률 개선 및 전력요금 경감
 ② 선로의 전력 손실 저감
 ③ 설비 용량의 여유 증가
 ④ 전압 강하의 경감

▶출제년도 : 기사 09, 14.   ▶점수 : 5점

문2 3상 4선식 380/220[V]에서 3상 동력과 단상 전등 부하를 동시에 사용 가능한 방식으로 불평형부하의 한도는 단상접속부하로 계산하여 설비불평형률을 30[%] 이하로 하는 것을 원칙으로 한다. 이 경우 설비불평형률을 식으로 나타내시오.

● 답안작성

$$설비불평형률 = \frac{각\ 간선에\ 접속되는\ 단상부하\ 총\ 설비용량[kVA]의\ 최대와\ 최소의\ 차}{총\ 부하\ 설비용량의\ 1/3} \times 100[\%]$$

● 해 설

• 단상 3선식에서의 설비 불평형률(설비불평형률 40% 이하)

$$설비불평형률 = \frac{중성선과\ 각\ 전압측\ 선간에\ 접속되는\ 부하\ 설비용량[kVA]의\ 차}{총\ 부하\ 설비용량의\ 1/2} \times 100[\%]$$

• 3상 4선식에서의 설비 불평형률(설비불평형률 30% 이하)

$$설비불평형률 = \frac{각\ 간선에\ 접속되는\ 단상부하\ 총\ 설비용량[kVA]의\ 최대와\ 최소의\ 차}{총\ 부하\ 설비용량의\ 1/3} \times 100[\%]$$

▶출제년도 : 기사 14.   ▶점수 : 5점

문3 22.9[kVA], 3상 4선식 특고압 수전 수용가인 어떤 건물의 총 부하설비가 3,200[kW], 수용률 0.6일 때, 이 건물에 필요한 3상 주변압기의 용량을 선정하시오. (단, 역률은 85[%], 부하 상호 간의 부등률은 1.2로 한다.)

• 계산 :   • 답 :

● 답안작성

계산 : $P = \dfrac{3,200 \times 0.6}{1.2 \times 0.85} = 1,882.35 [kVA]$

답 : 2,000[kVA] 선정

● 해 설

$$변압기\ 용량 = \frac{설비\ 용량[kW] \times 수용률}{역률 \times 부등률} [kVA]$$

▶출제년도 : 기사 14, 20, 산업 93, 06. ▶점수 : 5점

문4 그림과 같이 외등용 전선관을 지중에 매설하려고 한다. 터파기(흙파기)량은 얼마인가? 단, 매설 거리는 50[m]이고, 전선관의 면적은 무시한다.

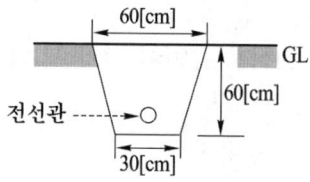

● 답안작성

계산 : 줄기초 파기이므로

$$V_o = \frac{0.6+0.3}{2} \times 0.6 \times 50 = 13.5 [\text{m}^3]$$

답 : 13.5[m³]

● 해 설

$$V_o = \frac{A+B}{2} \times hL$$

▶출제년도 : 기사 14, 22. ▶점수 : 5점

문5 정부나 공공 기관에서 발주하는 전기공사의 물량 산출 시 다음 재료의 할증률은 몇 [%] 이내로 하여야 하는지 쓰시오.
(1) 옥외 전선 (2) 옥내 전선
(3) 전선관(옥외) (4) 전선관(옥내)
(5) 트롤리선

● 답안작성

(1) 옥외 전선 : 5[%]
(2) 옥내 전선 : 10[%]
(3) 전선관(옥외) : 5[%]
(4) 전선관(옥내) : 10[%]
(5) 트롤리선 : 1[%]

● 해 설

종 류	할증률[%]	철거손실률[%]
옥 외 전 선	5	2.5
옥 내 전 선	10	−
Cable (옥외)	3	1.5
Cable (옥내)	5	−
전선관 (옥외)	5	−
전선관 (옥내)	10	−
Trolley 선	1	−
동 대, 동 봉	3	1.5

[해설] 철거손실률이란 전기설비공사에서 철거작업 시 발생하는 폐자재를 환입할 때 재료의 파손, 손실, 망실 및 일부 부식 등에 의한 손실률을 말함.

문6 전력선 이도설계시 부하계수를 설명하고, 합성하중, 전선의 자중, 피빙설의 중량, 풍압하중 등을 이용하여 부하계수를 구하는 산술식을 쓰시오. (단, W : 합성하중, W_c : 전선의 자중, W_i : 피빙설의 중량, W_w : 풍압하중이다.)

(1) 부하계수
(2) 산술식

● 답안작성

(1) 부하계수 : 합성하중과 전선의 자중에 대한 비

(2) 부하계수 $W_s = \dfrac{W}{W_c} = \dfrac{\sqrt{(W_i + W_c)^2 + W_w^2}}{W_c}$

● 해 설

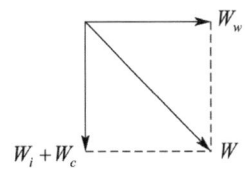

- 풍압하중(W_w)
- 전선에 가해지는 합성하중(W)
- 전선의 자중(W_c)
- 빙설 하중(W_i)

- $W = \sqrt{(W_i + W_c)^2 + W_w^2}$

문7 다음 표는 서지흡수기의 적용범위에 대한 것이다. 괄호 안에 적용범위를 '적용' 또는 '불필요'로 나타내시오.

차단기 종류 전압등급 2차 보호기기		VCB				
		3[kV]	6[kV]	10[kV]	20[kV]	30[kV]
전동기		적용	적용	(①)	-	-
변압기	유입식	(②)	불필요	불필요	불필요	불필요
	몰드식	적용	(③)	적용	적용	적용
	건식	적용	적용	적용	(④)	적용
콘덴서		불필요	불필요	불필요	불필요	(⑤)
변압기와 유도기기와의 혼용 사용시		적용	적용	-	-	-

● 답안작성

① 적용 ② 불필요 ③ 적용 ④ 적용 ⑤ 불필요

● 해 설

서지흡수기의 적용

차단기 종류 전압등급 2차 보호기기		VCB				
		3[kV]	6[kV]	10[kV]	20[kV]	30[kV]
전동기		적 용	적 용	적 용	–	–
변압기	유입식	불필요	불필요	불필요	불필요	불필요
	몰드식	적 용	적 용	적 용	적 용	적 용
	건 식	적 용	적 용	적 용	적 용	적 용
콘덴서		불필요	불필요	불필요	불필요	불필요
변압기와 유도기기 와의 혼용 사용시		적 용	적 용	–	–	–

[주] 상기 표에서와 같이 VCB를 사용시 반드시 서지흡수기를 설치하여야 하나 VCB와 유입변압기를 사용 시는 설치하지 않아도 된다.

▶출제년도 : 기사 96. 98. 01. 03. 07. 14.　▶점수 : 9점

문8 그림과 같은 계통 보호용 과전류 계전기를 정정하기 위한 단락전류 등을 산출하는 절차이다. 주어진 물음에 답하시오.

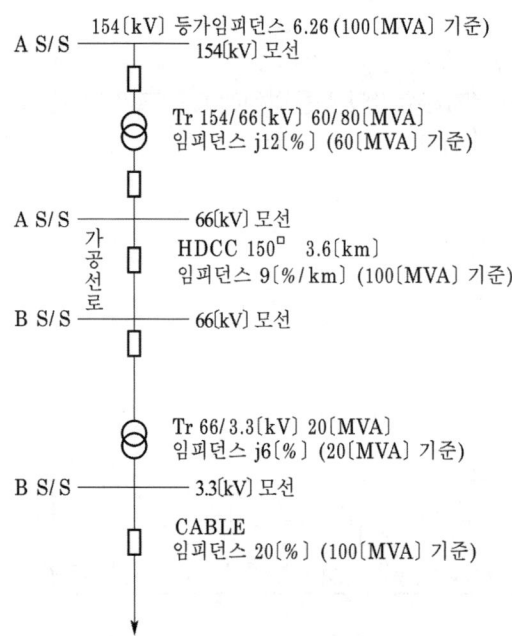

[조건]
① A 변전소 154[kV] 모선의 전원등가 임피던스는 6.26[%]이다.
② 회로의 [%] 임피던스는 편의상 모두 리액턴스분으로만 간주할 것
③ 그림상에 표시되지 않은 임피던스는 무시할 것

[물음]
다음 그림은 100[MVA] 기준으로 환산한 등가 임피던스 도면이다. ( ) 속에 값은 얼마인가?

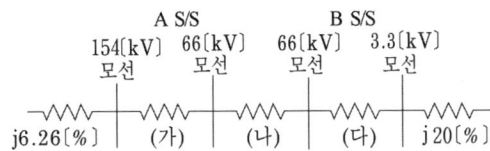

● 답안작성

(가) $j12 \times \dfrac{100}{60} = j20[\%]$

(나) $j9 \times 3.6 = j32.4[\%]$

(다) $j6 \times \dfrac{100}{20} = j30[\%]$

● 해 설

(가) 60[MVA] : $j12[\%]$ = 100[MVA] : $jx[\%]$

(나) 1[m] : $j9[\%]$ = 3.6[m] : $jx[\%]$

(다) 20[MVA] : $j6[\%]$ = 100[MVA] : $jx[\%]$

▶ 출제년도 : 10, 11, 14,　▶ 점수 : 6점

문9　3상 3선 380[V] 회로에 전열기 15[A]와 전동기 2.2[kW] 역률 85[%], 전동기 3.75[kW] 역률 90[%], 전동기 7.5[kW] 역률 95[%]가 있다. 간선의 허용전류를 계산하시오.

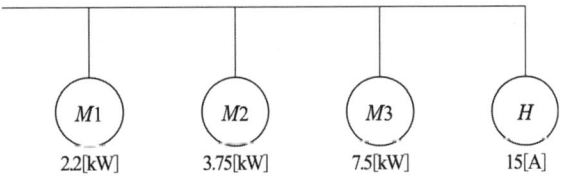

•계산:　　　　　　　　　　　　　　　•답 :

● 답안작성

계산 : ① 전동기 2.2[kW], 역률 85[%]

・정격전류 $I_1 = \dfrac{2{,}200}{\sqrt{3} \times 380 \times 0.85} = 3.93[A]$

・유효전류 $I_{r1} = 3.93 \times 0.85 = 3.34[A]$

・무효전류 $I_{q1} = 3.93 \times \sqrt{1 - 0.85^2} = 2.07[A]$

② 전동기 3.75[kW], 역률 90[%]

・정격전류 $I_2 = \dfrac{3{,}750}{\sqrt{3} \times 380 \times 0.9} = 6.33[A]$

・유효전류 $I_{r2} = 6.33 \times 0.9 = 5.70[A]$

・무효전류 $I_{q2} = 6.33 \times \sqrt{1 - 0.9^2} = 2.76[A]$

③ 전동기 7.5[kW], 역률 95[%]
- 정격전류 $I_3 = \dfrac{7{,}500}{\sqrt{3} \times 380 \times 0.95} = 11.99[A]$
- 유효전류 $I_{r3} = 11.99 \times 0.95 = 11.39[A]$
- 무효전류 $I_{q3} = 11.99 \times \sqrt{1-0.95^2} = 3.74[A]$

④ 설계전류 $I_B = I_1 + I_2 + I_3$
$= \sqrt{(3.34+5.70+11.39+15)^2 + (2.07+2.76+3.74)^2}$
$= 36.45[A]$

따라서 $I_B \leq I_n \leq I_Z$의 조건을 만족하는 전선의 허용전류 $I_Z \geq 36.45[A]$

답 : 36.45[A]

● 해 설

① 도체와 과부하 보호장치 사이의 협조(KEC 212.4.1)

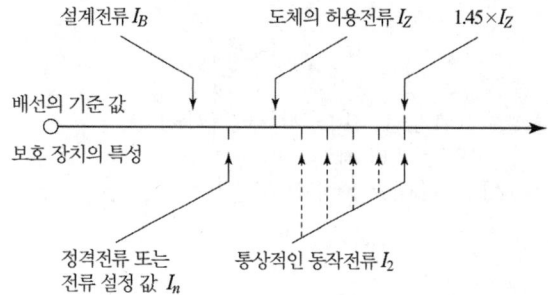

과부하 보호 설계 조건도

과부하에 대해 케이블(전선)을 보호하는 장치의 동작특성은 다음의 조건을 충족해야 한다.
  $I_B \leq I_n \leq I_Z$, $I_2 \leq 1.45 \times I_Z$

I_B : 회로의 설계전류(선도체를 흐르는 설계전류 또는 함유율이 높은 영상분 고조파, 특히 제3고조파가 지속적으로 흐르는 경우 중성선에 흐르는 전류이다.)
I_Z : 케이블의 허용전류
I_n : 보호장치의 정격전류(사용현장에 적합하게 조정된 전류의 설정 값)
I_2 : 보호장치가 규약시간 이내에 유효하게 동작하는 것을 보장하는 전류

③ 전열기의 역률은 1

▶출제년도 : 기사 83, 86, 14,   ▶점수 : 5점

문10 수용가 인입구의 전압이 22.9[kV], 주차단기의 차단 용량이 250[MVA]이다. 10[MVA], 22.9/3.3[kV] 변압기의 임피던스가 5.5[%]일 때, 변압기 2차측에 필요한 차단기 용량을 다음 표에서 산정하시오.

차단기 정격 용량 [MVA]

10	20	30	50	75	100	150	250	300	400	500	750	1000

• 계산 :   • 답 :

● 답안작성

계산 : 기준 용량을 10[MVA]로 하면

- 선로의 $\%Z_l = \dfrac{P_n}{P_s} \times 100 = \dfrac{10}{250} \times 100 = 4[\%]$
- 변압기의 $\%Z_{TR} = 5.5[\%]$
- 합성 $\%Z = \%Z_l + \%Z_{TR} = 4 + 5.5 = 9.5[\%]$

따라서 차단기의 차단용량 $= \dfrac{100}{\%Z} P_n = \dfrac{100}{9.5} \times 10 = 105.26[\text{MVA}]$

답 : 표에서 150[MVA]를 선정한다.

▶ 출제년도 : 기사 14. ▶ 점수 : 5점

문11 다음 설명의 괄호 안(①~⑤)에 적합한 전선의 굵기를 써 넣으시오.

"저압 옥내배선에 사용하는 전선은 단면적 (①)[mm²] 이상의 연동선 이어야 한다. 다만, 옥내배선의 사용전압이 400[V] 이하의 경우로 전광표시 장치, 기타 이와 유사한 장치 또는 제어회로 등의 배선에는 단면적 (②)[mm²] 이상의 연동선 또는 (③)[mm²] 이상의 다심케이블 또는 다심캡타이어케이블을 사용하고, 진열장 내의 배선공사에는 단면적 (④)[mm²] 이상의 코드 또는 캡타이어케이블을 사용하여야 한다."

● 답안작성

① 2.5   ② 1.5   ③ 0.75   ④ 0.75

● 해 설

저압 옥내배선의 사용전선(KEC 231.3.1)

1. 저압 옥내배선의 전선 : 단면적 2.5[mm²] 이상의 연동선
2. 옥내배선의 사용 전압이 400[V] 이하인 경우는 다음에 의하여 시설할 수 있다.
   가. 전광표시 장치 또는 제어 회로
      - 단면적 1.5[mm²] 이상의 연동선
      - 단면적 0.75[mm²] 이상인 다심케이블 또는 다심 캡타이어 케이블을 사용하고 또한 과전류가 생겼을 때에 자동적으로 전로에서 차단하는 장치를 시설
   나. 진열장 또는 이와 유사한 것의 내부 배선 : 단면적 0.75[mm²] 이상인 코드 또는 캡타이어케이블
   다. 엘리베이터·덤웨이터 등의 승강로 안의 저압 옥내배선 : 리프트 케이블

▶ 출제년도 : 기사 14, 20, 산업 93, 12. ▶ 점수 : 5점

문12 금속제 전선관의 치수에서 후강전선관의 호칭 10가지를 쓰시오.

● 답안작성

16, 22, 28, 36, 42, 54, 70, 82, 92, 104

● 해 설

금속관의 종류

종 류	관의 호칭
후강 전선관(근사내경, 짝수)	16 22 28 36 42 54 70 82 92 104
박강 전선관(근사외경, 홀수)	19 25 31 39 51 63 75
나사 없는 전선관	박강 전선관과 치수가 같다.

▶출제년도 : 기사 14. ▶점수 : 8점

문13 수배전반에 사용하는 보호계전기의 약호와 명칭 4가지를 쓰시오.

● 답안작성

① OCR : 과전류 계전기
② OCGR : 지락과전류 계전기
③ UVR : 부족전압 계전기
④ RDR : 비율차동계전기

● 해 설

① 과전류계전기(over current relay : OCR) : 전류의 크기가 일정치 이상으로 되었을 때 동작하는 계전기
② 지락과전류 계전기(over current ground relay : OCGR) : 지락사고 시 지락전류의 크기에 응동하도록 한 계전기
③ 부족전압계전기(under voltage relay : UVR) : 전압의 크기가 일정치 이하로 되었을 때 동작하는 계전기이며 저전압계전기라 부르기도 함.
④ 비율차동계전기(ratio differential realy : RDR) : 총 입력전류와 총 출력전류 간의 차이가 총 입력전류에 대하여 일정 비율 이상으로 되었을 때 동작하는 계전기이며 많은 전력기기들의 주된 보호계전기로 사용된다.

▶출제년도 : 기사 14. ▶점수 : 5점

문14 다음 그림은 지지물에 대한 기호이다. 명칭을 주어진 답안지에 쓰시오.

(1)  ─●─   (2) 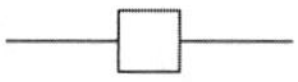 ─□─
(3) 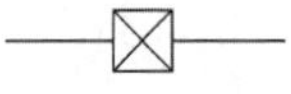 ─⊠─   (4)  ────→

● 답안작성

(1) 철근 콘크리트주   (2) 철주   (3) 철탑   (4) 지선

▶출제년도 : 기사 14. ▶점수 : 8점

문15 다음 그림과 같이 두 개의 맨홀 사이에 200[mm] PVC 전선관 3열을 설치하고 6.6[kV] 1C 150[mm^2] 케이블을 각 열에 3조씩 포설하는 경우 공사에 소요되는 공구 손료를 포함한 직접 인건비계를 참고자료를 이용하여 산출하시오.

단, ① 토목 공사는 고려하지 않으며, 인공 계산은 소수점 셋째자리까지만 구하며, 인건비는 원 이하는 버린다.
② 계산 과정을 모두 답안지에 기입하여야 한다. 고압 케이블 전공 노임은 18,900원이며 보통 인부 노임은 8,150원, 배관공 노임은 20,050원이다.

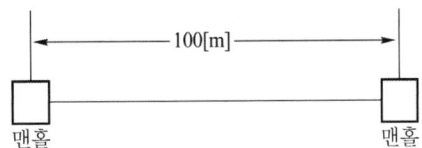

[참고자료]

표 1. 전력 케이블 신설 (km당)

PVC 고무절연 외장케이블류	케이블공	보통인부
저압 5.5[mm^2] 이하 3심	10	10
14　〃	11	11
22　〃	14	11
38　〃	15	14
60　〃	17	17
100　〃	23	22
150　〃	29	29
200　〃	35	34
325　〃	50	49
400[mm^2] 이하 단심	25	25
500　〃	27	27
600　〃	31	31
800　〃	38	38
1000　〃	45	45

[해설] ① 드럼 다시감기 소운반품 포함
② 지하관내 부설기준, Cu, Al 도체 공용
③ 트라프내 설치 110[%], 2심 70[%], 단심 50[%], 직매 80[%](장애물 없을 때)
④ 가공 케이블(조가선 불포함, Hanger품 불포함)은 이 품의 130[%]
⑤ 연피 및 벨트지 케이블은 이 품의 120[%], 강대개장 150[%], 수저케이블 200[%], 동심중성선형 케이블(CNCV) 110[%]
⑥ 가공시 이도 조정만 할 때는 가설품의 20[%]
⑦ 철거 50[%], 재사용 철거(단, 드럼감기품 포함) 90[%]
⑧ 단말처리, 직선접속 및 접지공사 불포함(600[V] 8[mm^2] 이하의 단말처리 및 직선 접속품 포함)
⑨ 관내 기설케이블 정리가 필요할 때는 10[%] 가산
⑩ 선로 횡단개소 및 커브 개소에는 개소당 0.056인 가산
⑪ 케이블만의 임시 부설 30[%]
⑫ 터파기, 되메우기, 트라프관 설치품 제외
⑬ 2열 동시 180[%], 3열 260[%], 4열 340[%], 수저부설 200[%]
⑭ 단심케이블을 동일 공내에서 2조 이상 포설 시 1조 추가마다 이 품의 80[%]씩 가산(관로식일 경우만 해당)
⑮ 송·배전 전력케이블 포설 시 구내 부분은 이 품에 50[%] 가산
⑯ 전압에 대한 가산율 적용
　　600[V] 이하　　　0[%]
　　3.3[kV]　〃　　　10[%] 증
　　6.6[kV]　〃　　　20[%] 〃
　　11[kV]　〃　　　30[%] 〃

| | 22[kV] | 〃 | 50[%] 〃 |
| | 66[kV] | 〃 | 80[%] 〃 |

⑰ 공동구(전력구 포함)의 경우는 이 품의 125[%] 적용
⑱ 사용케이블의 공칭전압에 따라 케이블공 직종을 구분 적용함

표 2. 강관부설 (m당)

강관	배관공
$\phi 75$[mm] 이하	0.13
$\phi 100$[mm] 이하	0.152
$\phi 150$[mm] 이하	0.188
$\phi 200$[mm] 이하	0.222
$\phi 250$[mm] 이하	0.299
$\phi 300$[mm] 이하	0.330

[해설] ① 5-34~37까지 이 해설을 적용하며 터파기, 되메우기 및 잔토처리는 별도 계상. 이때 잔토처리를 현장 밖으로 처리할 경우 운반비 및 적하, 적하비용을 별도 계한다.
② 반매입, 지표식, 지중식 공히 준용함.
③ 철거 50[%]
④ 2열 동시 180[%], 3열 260[%], 4열 340[%], 6열 420[%], 8열 500[%], 10열 580[%]
⑤ 접합품 포함
⑥ PVC관은 강관의 60[%]
⑦ 이 공사에 부수되는 토건공사 품셈 적용 시 지세별 할증률 적용

● 답안작성

표 2에서 배전전공 : $0.222 \times 100 \times 2.6 \times 0.6 = 34.632$[인]
표 1에서

케이블공 : $\dfrac{100}{1,000} \times 29 \times 0.5(1+0.8+0.8) \times 1.2 \times 2.6 = 11.762$[인]

보통인부 : $\dfrac{100}{1,000} \times 29 \times 0.5(1+0.8+0.8) \times 1.2 \times 2.6 = 11.762$[인]

인건비 : $34.632 \times 20,050 + 11.762 \times 18,900 + 11.762 \times 8,150 = 1,012,530$[원]
공구 손료 : 인건비 $\times 0.03 = 1,012,530 \times 0.03 = 30,370$[원]
인건비 합계 : $1,012,530 + 30,370 = 1,042,900$[원]

● 해 설

(1) ① 표 2에서 배관공 0.222인, 3열 260[%], PVC 60[%] 적용
② 표 1에서 각각 인공 29[인], 단심 50[%], 3조 260[%], 3열 260[%], 전압 할증 20[%] 적용

▶출제년도 : 기사 14.   ▶점수 : 4점

문16 다음 설명에 대한 철탑의 명칭을 쓰시오.

(1) 전선로의 직선 부분(3도 이하의 수평 각도를 이루는 곳을 포함)에 사용하는 철탑
(2) 전선로 중 수평각도가 3도를 넘고 30도 이하인 곳에 사용하는 철탑
(3) 전가섭선을 인류하는 곳에 사용하는 철탑
(4) 전선로를 보강하기 위하여 세워지는 철탑으로, 직선철탑이 다수 연속될 경우에는 약 10기마다 1기의 비율로 설치되는 철탑

● 답안작성

(1) 직선형 (2) 각도형 (3) 인류형 (4) 내장형

▶ 출제년도 : 기사 14. 점수 : 5점

문17 그림은 벨트 컨베이어 회로의 일부이다. FF는 $\overline{R}\,\overline{S}$-latch SMV는 단안정 IC 소자이다. BS_1으로 벨트 $B_1(MC_1)$이 가동하고 t_1초 후에 벨트 $B_2(MC_2)$가 움직이며 BS_2로 벨트 $B_3(MC_3)$이 움직인다. 또, BS_3로 벨트 B_3가 정지하고 t_2초 후에 벨트 B_2가 정지하며 BS_4로 B_1 벨트가 정지한다. 물음에 답하여라. 단, BS는 "L" 입력형이다.

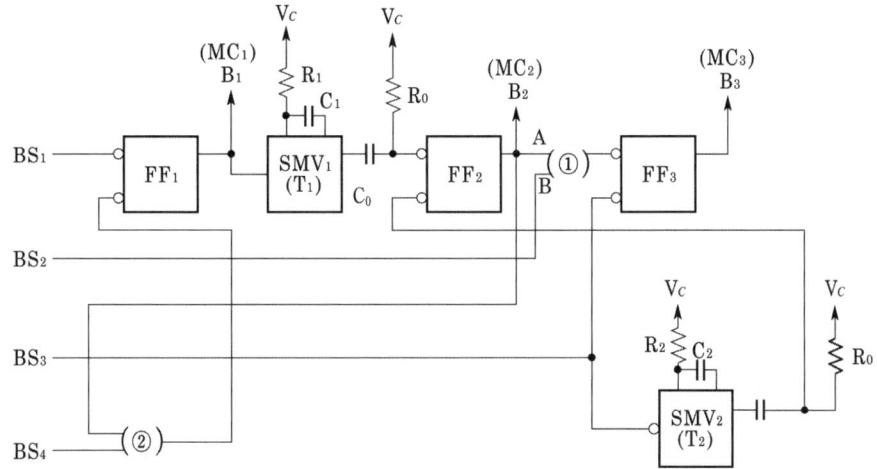

(1) 그림의 ①, ②에 알맞은 논리 기호를 예시와 같이 그리시오.

(예 : )

① ②

(2) 공정 순서를 예시($B_2 - B_1 - B_3$)와 같이 쓰시오.
(3) $R_1 = 500[k\Omega]$, $C_1 = 50[\mu F]$, 상수 0.6일 때 t_1은 몇 초인가?
(4) $\overline{R}\,\overline{S}$-latch 회로(FF)를 NAND 회로 (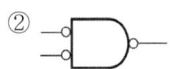) 2개로 나타내시오.

● 답안작성

(1) ① 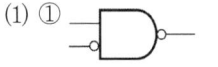 ②

(2) 운전 : $B_1 - B_2 - B_3$ 정지 : $B_3 - B_2 - B_1$
(3) 15[sec]
(4)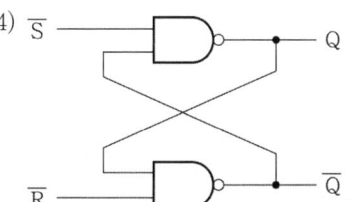

● 해 설
(1) 컨베이어에는 기동 순서와 정지 순서(공정 순서)는 반대이어야 한다.
(2) BS_1으로 B_1이 동작하고 t_1초 후에 B_2가 동작하여 BS_2를 주면 B_3가 동작하여 기동이 끝나고 공정 순서는 $B_3 - B_2 - B_1$이 되며 정지는 BS_3를 주면 B_3가 정지하고 SMV_2가 셋하여 t_2초 후에 B_2가 정지한 후 BS_4를 주면 B_1이 정지한다.
(3) 설정 시간은 $t = KCR$[초]이다. 따라서 $t = 0.6 \times 500 \times 10^3 \times 50 \times 10^{-6} = 15[\sec]$

2014년 2회 전기공사기사실기

▶출제년도 : 기사 14. ▶점수 : 5점

문1 다음은 애자와 전선의 굵기이다. 괄호 안에 알맞은 사용전선의 최대 굵기를 쓰시오.

애자의 종류		전선의 최대 굵기[mm²]
놉 애자	소	(①)
	중	(②)
	대	(③)
	특대	(④)
인류 애자	특대	(⑤)
핀 애자	소	50
	중	95
	대	185

● 답안작성

① 16   ② 50   ③ 95   ④ 240   ⑤ 25

▶출제년도 : 기사 14, 22. ▶점수 : 4점

문2 다음 옥내 배선 심벌에 대한 명칭을 설명하시오.

(1) ─────C₍₁₉₎─────

(2) ──────///──────
         NR10□(28)

● 답안작성

(1) 19[mm] 박강 전선관으로 전선관 내에 전선이 들어 있지 않은 경우
(2) 28[mm] 후강 전선관에 천장 은폐 배선으로 10[mm²] NR전선 3가닥을 넣는 경우

● 해 설

(1) ─────C₍₁₉₎─────
   • ─────C───── : 전선이 들어 있지 않은 전선관
   • (19) : 19 [mm] 박강전선관
   (박강은 홀수, 후강은 짝수, 따라서, 전선관의 굵기가 홀수이므로 박강전선관임을 알 수 있다.)

(2) ──────///──────
           NR10□(28)
   • ────── : 천장 은폐 배선
   • NR10□ : 450/750 [V] 일반용 단심 비닐 절연전선, 10[mm²]
   • (28) : 28[mm] 후강전선관
   (박강은 홀수, 후강은 짝수, 따라서, 전선관의 굵기가 짝수이므로 후강전선관임을 알 수 있다.)

▶ 출제년도 : 기사 14.   ▶ 점수 : 6점

문3 SF₆ 가스 차단기에 대한 장점을 3가지만 쓰시오.

● 답안작성

① 밀폐구조이므로 소음이 적다.
② 절연거리를 적게 할 수 있어 차단기 전체를 소형화 및 경량화할 수 있다.
③ 근거리 고장 등 가혹한 재기전압에 대해서도 성능이 우수하다.

▶ 출제년도 : 기사 95. 10. 12. 14. 20.   ▶ 점수 : 5점

문4 3상3선, 380[V] 회로에 그림과 같이 부하가 연결되어 있다. 아래의 조건을 참조하여 간선 보호용 과전류 차단기를 선정하시오.

[조건]
① 전동기의 평균 역률은 80[%]이다.
② 과전류 차단기의 정격전류[A] : 6, 8, 10, 13, 16, 20, 25, 32, 40, 50, 63, 80, 100, 125, 160, 200, 250, 320, 400, 500, 630, 800

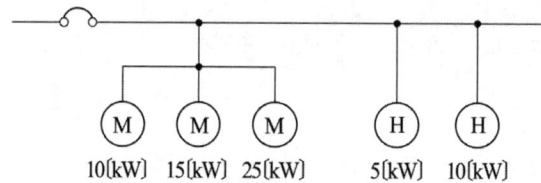

• 계산   • 답

● 답안작성

계산 : ① 전동기 정격 전류의 합 $\sum I_M = \dfrac{(10+15+25) \times 10^3}{\sqrt{3} \times 380 \times 0.8} = 94.96[A]$

  • 전동기의 유효 전류 $I_r = 94.96 \times 0.8 = 75.97[A]$
  • 전동기의 무효 전류 $I_q = 94.96 \times \sqrt{1-0.8^2} = 56.98[A]$

② 전열기 정격 전류의 합 $\sum I_H = \dfrac{(5+10) \times 10^3}{\sqrt{3} \times 380 \times 1.0} = 22.79[A]$

③ 설계전류 $I_B = \sqrt{(75.97+22.79)^2 + 56.98^2} = 114.02[A]$

따라서, $I_B \leq I_n \leq I_Z$의 조건을 만족하는 과전류 차단기의 정격전류 $I_n \geq 114.02[A]$가 되어야 하므로 정격전류 125[A]의 과전류차단기를 선정[A]

답 : 125[A]

● 해 설

① 도체와 과부하 보호장치 사이의 협조(KEC 212.4.1)
  과부하에 대해 케이블(전선)을 보호하는 장치의 동작특성은 다음의 조건을 충족해야 한다.
  $I_B \leq I_n \leq I_Z, \quad I_2 \leq 1.45 \times I_Z$
  I_B : 회로의 설계전류(선도체를 흐르는 설계전류 또는 함유율이 높은 영상분 고조파, 특히 제3고조파가 지속적으로 흐르는 경우 중성선에 흐르는 전류이다.)

I_Z : 케이블의 허용전류
I_n : 보호장치의 정격전류(사용현장에 적합하게 조정된 전류의 설정 값)
I_2 : 보호장치가 규약시간 이내에 유효하게 동작하는 것을 보장하는 전류

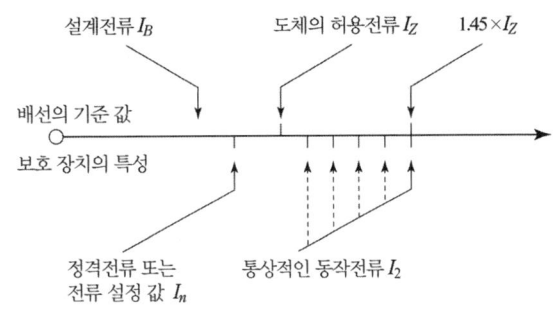

과부하 보호 설계 조건도

② 전열기의 역률은 1

▶출제년도 : 기사 91, 95, 05, 14, 18, 24,   ▶점수 : 5점

문5 차단기의 종류이다. 명칭을 쓰시오.
(1) NFB   (2) VCB   (3) ACB
(4) ABB   (5) MBB

● 답안작성
(1) 배선용 차단기   (2) 진공 차단기   (3) 기중 차단기
(4) 공기 차단기   (5) 자기 차단기

● 해 설
(1) NFB : No Fuse Breaker   (2) VCB : Vacuum Circuit Breaker
(3) ACB : Air Circuit Breaker   (4) ABB : Air-Blast Circuit Breaker
(5) MBB : Magnetic-Blast Circuit Breaker

▶출제년도 : 기사 14,   ▶점수 : 6점

문6 가로 12[m], 세로 18[m], 천장높이 3[m], 작업면 높이 0.8[m]인 곳에 작업면의 조도를 500[lx]로 하기 위하여 형광등 1등의 광속이 2,750[lm]인 40[W] 형광등을 설치하고자 한다. 다음 물음에 답하시오. 단, 감광보상률 1.3, 조명률 63[%]이다.

(1) 실지수를 계산하시오.
　•계산 :　　　　　　　　　　　　•답 :
(2) 소요 등수를 계산하시오.
　•계산 :　　　　　　　　　　　　•답 :
(3) 공간비율을 계산하시오.
　•계산 :　　　　　　　　　　　　•답 :

● 답안작성

(1) 계산 : $K = \dfrac{X \cdot Y}{H(X+Y)} = \dfrac{12 \times 18}{(3-0.8)(12+18)} = 3.27$ 답 : 3.27

(2) 계산 : $N = \dfrac{500 \times 12 \times 18 \times 1.3}{2,750 \times 0.63} = 81.04$ 답 : 82[등]

(3) 계산 : 공간비율 $CR = \dfrac{5 \times 3 \times (12+18)}{12 \times 18} = 2.08$ 답 : 2.08

● 해 설

(2) $FUN = EAD$ 에서 $N = \dfrac{EAD}{FU}$

(3) 공간비율 $CR = \dfrac{5h \times (공간의\ 길이 + 공간의\ 폭)}{공간의\ 면적}$

▶ 출제년도 : 기사 97, 00, 14, ▶ 점수 : 7점

문7 어느 건물 내의 접지공사용 공량이 다음과 같다. 이때 전공 노임, 보통인부 노임, 직접노무비 소계, 간접노무비, 공구 손료, 계를 구하시오. (단, 공구 손료는 3[%], 간접노무비 15[%]로 보고 계산한다. 노임단가 내선 전공은 12,410원, 보통인부 6,520원이다. 인공을 산출한 후 이를 합계하여 노임단가를 적용하여 소수점 이하는 버린다.)

[접지공사용 용량]
- 접지봉(2[m]), 15개(1개소에 1개씩 설치)
- 접지선 매설 60□, 300[m]
- 후강 전선관 28ϕ, 250[m](콘크리트 매입)

접지공사

구분	단위	전공	보통인부
접지봉(지하 0.75[m] 기준) 길이 1~2 [m]×1본 ×2본 연결 ×3본 연결	개소	0.20 0.30 0.45	0.10 0.15 0.23
동판 매설(지하 1.5[m] 기준) 0.3[m]×0.3[m] 1.0[m]×1.5[m] 1.0[m]×2.5[m]	매 〃 〃	0.30 0.50 0.80	0.30 0.50 0.80
접지 동판 가공	〃	0.16	
접지선 부설 600[V] 비닐 전선 완금 접지 22.9(11.4[kV-Y]) D/L	개소 〃	0.05 0.05	0.025

구분	단위	전공	보통인부
접지선 매설			
14[mm²] 이하	m	0.010	
38　〃	〃	0.012	
80　〃	〃	0.015	
150　〃	〃	0.020	
200　〃 이상	〃	0.025	
접속 및 단자 설치			
압축	개	0.15	
압축 평행	〃	0.13	
납땜 또는 용접	〃	0.19	
압축 단자	〃	0.03	
체부형	〃	0.05	

박강 및 PVC 전선관			후강 전선관	
규격		내선 전공	규격	내선 전공
박강	PVC			
	14[mm]	0.01		
15[mm]	16[mm]	0.05	16[mm](1/2")	0.08
19[mm]	22[mm]	0.06	22[mm](3/4")	0.11
25[mm]	28[mm]	0.08	28[mm](1")	0.14
31[mm]	36[mm]	0.10	36[mm](1 1/4")	0.20
39[mm]	42[mm]	0.13	42[mm](1 1/2")	0.25
51[mm]	51[mm]	0.19	54[mm](2")	0.31
63[mm]	70[mm]	0.28	70[mm](2 1/2")	0.41
75[mm]	82[mm]	0.37	82[mm](3")	0.51
	100[mm]	0.45	90[mm](3 1/2")	0.60
	104[mm]	0.46	104[mm](1")	0.71

[해설] ① 콘크리트 매입 기준임
② 철근 콘크리트 노출 및 블록 칸막이 경매는 12[%], 목조 건물은 121[%], 철강조 노출은 120[%]
③ 기설 콘크리트 노출 공사 시 앵커 볼트 매입 깊이가 10[cm] 이상인 경우는 앵커 볼트 매입품을 별도 계상하고 전선관 설치품은 매입품으로 계상한다.
④ 천장속 마루밑 공사 130[%]

● 답안작성

① 전공 노임
  계산 : 내선 전공 : $(0.2 \times 15) + (0.015 \times 300) + (0.14 \times 250) = 42.5$[인]
        노임 $= 42.5 \times 12,410 = 527,425$[원]
  답 : 527,425[원]

② 보통인부 노임
  계산 : 보통인부 : $0.1 \times 15 = 1.5$[인]
        노임 $= 1.5 \times 6,520 = 9,780$[원]
  답 : 9,780[원]

③ 직접노무비
  계산 : 직접노무비 = 내선전공 + 보통인부 $= 527,425 + 9,780 = 537,205$[원]
  답 : 537,205[원]

④ 간접노무비
계산 : 간접노무비 = 직접노무비×15[%] = 537,205×0.15 = 80,580[원]
답 : 80,580[원]
⑤ 공구손료
계산 : 공구손료 = 직접노무비×3[%] = 537,205×0.03 = 16,116[원]
답 : 16,116[원]
⑥ 계
계산 : 계 = 537,205+80,580+16,116 = 633,901[원]
답 : 633,901[원]

▶출제년도 : 기사 11. 14. 17. ▶점수 : 5점

문8 대용량의 변압기 내부고장을 보호할 수 있는 보호 장치 5가지만 쓰시오.

● 답안작성
① 비율차동 계전기   ② 과전류 계전기
③ 방압 안전장치   ④ 부흐홀츠 계전기
⑤ 충격압력 계전기

▶출제년도 : 14. ▶점수 : 3점

문9 저압 전동기의 소손을 방지하기 위한 과부하 보호장치를 3가지만 쓰시오.

● 답안작성
전동기용 퓨즈, 열동계전기, 정지형 계전기

● 해 설
전동기 과부하 보호장치의 시설
전동기는 소손을 방지하기 위하여 전동기용 퓨즈, 열동계전기, 전동기 보호용 배선용 차단기, 유도형 계전기, 정지형 계전기(전자식 계전기, 디지털식 계전기 등) 등의 전동기용 과부하 보호장치를 사용하여 자동적으로 회로를 차단하거나 과부하 시에 경보를 내는 장치를 사용하여야 한다.

▶출제년도 : 기사 14. ▶점수 : 6점

문10 200[V] 3상 유도 전동기 부하에 전력을 공급하는 저압간선의 최소 굵기를 구하고자 한다. 전동기의 종류가 다음과 같을 때 200[V] 3상 유도 전동기 간선의 굵기 및 기구의 용량표를 이용하여 각 공사방법(A1, B1, C)에 따른 저압간선의 최소 굵기를 답하시오.
(단, 전선은 PVC 절연전선으로 한다.)

부하 ┌ 0.75[kW] 직입기동 전동기
     │ 1.5[kW] 직입기동 전동기
     │ 3.7[kW] 직입기동 전동기
     └ 3.7[kW] 직입기동 전동기

(1) 공사 방법 A1
(2) 공사 방법 B1
(3) 공사 방법 C

[참고자료]

표 200[V] 3상 유도 전동기의 간선의 굵기 및 기구의 용량

전동기 kW 수의 총계 ① (kW) 이하	최대 사용 전류 ①' (A) 이하	배선종류에 의한 간선의 최소 굵기(mm²) ②						직입기동 전동기 중 최대용량의 것									
		공사방법 A1 3개선		공사방법 B1 3개선		공사방법 C 3개선		0.75 이하	1.5	2.2	3.7	5.5	7.5	11	15	18.5	22	30	37~55
								기동기사용 전동기 중 최대용량의 것									
								–	–	–	5.5	7.5	11 15	18.5 22	–	30 37	–	45	55
		PVC	XLPE, EPR	PVC	XLPE, EPR	PVC	XLPE, EPR	과전류차단기 (A) ······· (칸 위 숫자) ③ 개폐기용량 (A) ······· (칸 아래 숫자) ④									
3	15	2.5	2.5	2.5	2.5	2.5	2.5	15 30	20 30	30 30	–	–	–	–	–	–	–	–
4.5	20	4	2.5	2.5	2.5	2.5	2.5	20 30	20 30	30 30	50 60	–	–	–	–	–	–	–
6.3	30	6	4	6	4	4	2.5	30 30	30 30	50 60	50 60	75 100	–	–	–	–	–	–
8.2	40	10	6	10	6	6	4	50 60	50 60	50 60	75 100	75 100	100 100	–	–	–	–	–
12	50	16	10	10	10	10	6	50 60	50 60	50 60	75 100	75 100	100 100	150 200	–	–	–	–
15.7	75	35	25	25	16	16	16	75 100	75 100	75 100	75 100	100 100	100 100	150 200	150 200	–	–	–
19.5	90	50	25	35	25	25	16	100 100	100 100	100 100	100 100	100 100	150 200	150 200	200 200	–	–	–
23.2	100	50	35	35	25	35	25	100 100	100 100	100 100	100 100	100 100	150 200	200 200	200 200	–	–
30	125	70	50	50	35	50	35	150 200	150 200	150 200	150 200	150 200	150 200	150 200	200 200	200 200	–	–
37.5	150	95	70	70	50	70	50	150 200	150 200	150 200	150 200	150 200	150 200	150 200	300 300	300 300	–
45	175	120	70	95	50	70	50	200 200	200 200	200 200	200 200	200 200	200 200	200 200	300 300	300 300	300 300
52.5	200	150	95	95	70	95	70	200 200	200 200	200 200	200 200	200 200	200 200	200 200	300 300	400 400	400 400
63.7	250	240	150	–	95	120	95	300 300	300 300	300 300	300 300	300 300	300 300	300 300	400 400	400 400	500 600
75	300	300	185	–	120	185	120	300 300	300 300	300 300	300 300	300 300	300 300	300 300	400 400	500 600	
86.2	350	–	240	–	–	240	150	400 400	400 400	400 400	400 400	400 400	400 400	400 400	400 400	400 400	600 600

[주] 1. 최소 전선 굵기는 1회선에 대한 것이며, 2회선 이상일 경우는 복수회로 보정계수를 적용하여야 한다.
2. 공사방법 A1은 벽 내의 전선관에 공사한 절연전선 또는 단심케이블, B1은 벽면의 전선관에 공사한 절연전선 또는 단심케이블, 공사방법 C는 벽면에 공사한 단심 또는 다심케이블을 시설하는 경우의 전선 굵기를 표시하였다.
3. 「전동기 중 최대의 것」에는 동시 기동하는 경우를 포함함.
4. 과전류차단기의 용량은 해당 조항에 규정되어 있는 범위에서 실용상 거의 최대값을 표시함.
5. 과전류 차단기의 선정은 최대용량의 정격전류의 3배에 다른 전동기의 정격전류의 합계를 가산한 값 이하를 표시함.
6. 고리퓨즈는 300[A] 이하에서 사용하여야 한다.

● 답안작성

(1) 16[mm²]   (2) 10[mm²]   (3) 10[mm²]

● 해 설

전동기 [kW]수의 총화 $P = 0.75 + 1.5 + 3.7 + 3.7 = 9.65$[kW]이므로
표의 12[kW] 난과 PVC 난에 의해 구한다.

▶출제년도 : 기사 14, 16, 20, 21, 24.   ▶점수 : 6점

문11 다음 철탑의 명칭을 쓰시오.

(1)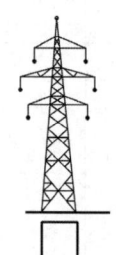

(2)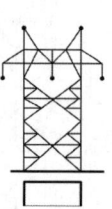

(3)

(4)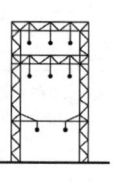

(5)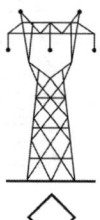

(6)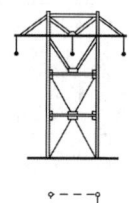

● 답안작성

① 사각 철탑   ② 방형 철탑
③ 우두형 철탑   ④ 문형 철탑
⑤ 회전형 철탑   ⑥ MC 철탑

▶출제년도 : 기사 14.   ▶점수 : 5점

문12 어느 수용가의 부하 설비 용량이 950[kW], 부하역률은 85[%], 수용률은 60[%]라고 할 때, 이 수용가의 변압기 용량[kVA]을 계산하고, 변압기의 용량[kVA]을 선정하시오.

•계산 :   •답 :

● 답안작성

계산 : $P_a = \dfrac{950 \times 0.6}{1 \times 0.85} = 670.59$[kVA]

답 : 750[kVA]을 선정

● 해 설

- 변압기 용량 ≥ 합성최대 수용전력 = $\dfrac{\text{설비용량 [kW]} \times \text{수용률}}{\text{부등률} \times \text{역률}}$
- 부등률이 주어지지 않으면 1 적용
- 효율을 고려하여 변압기 용량 선정

※ 변압기의 표준 정격 (K·S 규격)

변압기의 표준 용량 [kVA]		※ 주상 변압기의 표준 정격 [kVA]	
5	100	1	20
7.5	150	2	25
10	200	3	30
15	300	5	40
20	500	7.5	50
30	750	10	
50	1000	15	
75			

▶ 출제년도 : 기사 94, 14. ▶ 점수 : 6점

문13 지중전선로 공사를 하기 위하여 그림과 같이 줄 기초터파기를 하려고 한다. 다음 물음에 답하시오. (단, 지중전선로 길이는 80[m]이며, 되메우기 및 잔토 처리는 계산하지 않는다. 인부는 1[m³]당 0.2인으로 하고 보통 토사를 기준으로 하고 해당되는 노임은 80,000원이다.)

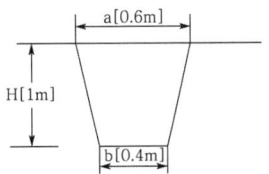

(1) 기초터파기량은 얼마인가?
  • 계산 :   • 답 :
(2) 인부는 몇 인이 필요한가?
  • 계산 :   • 답 :
(3) 노임은 얼마인가?
  • 계산 :   • 답 :

● 답안작성

(1) **계산** : 터파기량 = $\left(\dfrac{0.6+0.4}{2}\right) \times 1 \times 80 = 40 [\text{m}^3]$

  답 : $40[\text{m}^3]$

(2) **계산** : 인공은 1[m³]당 0.2인이므로 $40 \times 0.2 = 8[\text{인}]$

  답 : 8[인]

(3) **계산** : 노임 = $80,000 \times 8 = 640,000[\text{원}]$

  답 : 640,000[원]

● 해 설

(1) 터파기량 = $\left(\dfrac{a+b}{2}\right) \times H \times$ 줄 기초 길이

▶ 출제년도 : 기사 01. 03. 06. 14.　▶ 점수 : 7점

문14 다음은 PLC 프로그램의 Ladder도를 Mnemonic으로 변환하여 나타낸 것이다. 이때, 프로그램상의 빈 칸을 채우시오. 단, 명령어는 LD(논리연산 시작), AND(직렬), OR(병렬), NOT(부정), OUT(출력), D(Positive Pulse), MCS(Master Control Set), MCSCLR(Master Control Set Clear)로 한다.

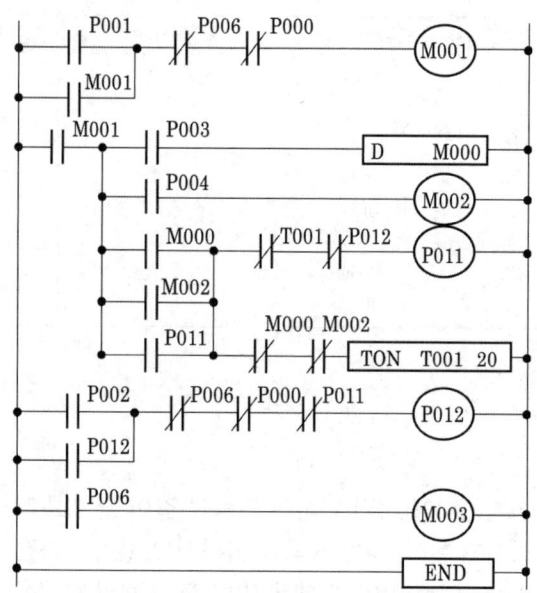

스텝	명령어	디바이스	스텝	명령어	디바이스	스텝	명령어	디바이스
0	①	P001	12	LD	M000	24	⑧	P002
1	②	M001	13	⑤	M002	25	OR	P012
2	AND NOT	P006	14	OR	⑥	26	⑨	P006
3	AND NOT	P000	15	AND NOT	T001	27	AND NOT	P000
4	OUT	M001	16	AND NOT	P012	28	AND NOT	P011
5	LD	M001	17	OUT	P011	29	OUT	⑩
6	MCS		18	AND NOT	M000	30	LD	P006
7	LD	P003	19	AND NOT	M002	31	OUT	M003
8	D	③	20	⑦	T001	32	END	
10	LD	P004			20			
11	OUT	④	23	MCSCLR				

● 답안작성

① LD　② OR　③ M000　④ M002　⑤ OR
⑥ P011　⑦ TON　⑧ LD　⑨ AND NOT　⑩ P012

▸ 출제년도 : 기사 14.   ▸ 점수 : 5점

문 15 다음 각 물음에 답하시오.

(1) 합성수지몰드 공사 시 베이스를 조영재에 부착할 경우는 (   )[cm]~(   )[cm] 간격마다 나사 등으로 견고하게 부착할 것
(2) 금속관을 조영재에 따라 시공할 때는 새들 또는 행거 등으로 견고하게 지지하고, 그 간격을 (   )[m] 이하로 한다.
(3) 금속덕트는 취급자 이외의 자가 출입할 수 없도록 설비한 장소로서, 수직으로 설치하는 경우 (   )[m] 이하의 간격으로 견고하게 지지하여야 한다.
(4) 400[V] 초과 애자공사 시 전선 상호 간의 이격거리는 (   )[cm] 이상으로 한다.
(5) 캡타이어케이블을 조영재에 따라 시설하는 경우 그 지지점 간의 거리는 (   )[m] 이하로 한다.

● 답안작성

(1) 40, 50   (2) 2   (3) 6   (4) 6   (5) 1

● 해 설

(1) 합성수지몰드의 연결과 지지
베이스를 조영재에 부착 할 경우는 40~50[cm] 간격마다 나사 등으로 견고하게 부착 할 것
(2) 관 및 부속품의 연결과 지지
금속관을 조영재에 따라 시공할 때는 새들 또는 행거 등으로 견고하게 지지하고, 그 간격을 2[m] 이하로 하는 것이 바람직하다.
(3) 금속덕트의 시설(KEC 232.31.3)
금속덕트의 지지점간 거리는 3[m](취급자 이외의 자가 출입할 수 없도록 설비한 장소로서, 수직으로 설치하는 경우는 6[m]) 이하의 간격으로 견고하게 지지할 것
(4) KEC 232.56.1 시설조건
① 전선은 절연전선(옥외용 비닐 절연전선 및 인입용 비닐 절연전선을 제외한다)일 것
② 이격거리

전 압		전선과 조영재와의 이격 거리	전선 상호 간격	전선 지지점간의 거리	
				조영재의 윗면 또는 옆면에 따라 시설	조영재에 따라 시설하지 않는 경우
저압	400[V] 이하	2.5[cm] 이상	6[cm] 이상	2[m] 이하	–
	400[V] 초과	건조한 장소 2.5[cm] 이상			6[m] 이하
		기타의 장소 4.5[cm] 이상			

(5) 케이블공사(KEC 232.51)
케이블공사에 의한 저압 옥내배선은 다음에 따라 시설하여야 한다.
① 전선은 케이블 및 캡타이어케이블일 것
② 전선을 조영재의 아랫면 또는 옆면에 따라 붙이는 경우 전선의 지지점 간의 거리
  • 케이블 : 2[m](사람이 접촉할 우려가 없는 곳에서 수직으로 붙이는 경우에는 6[m]) 이하
  • 캡타이어 케이블 : 1[m] 이하

▶출제년도 : 기사 92, 97, 14, 22.   ▶점수 : 6점

문16 출력 릴레이 X가 보조 릴레이 접점 A, B, C의 함수로써 다음 논리식으로 주어진다. 릴레이 시퀀스, 로직 시퀀스 및 NOR gate만을 사용한 로직 시퀀스를 각각 그리시오.

논리식 : $X = (A+B)(C + \overline{B} \cdot \overline{C})$

(1) 릴레이 시퀀스를 그리시오.

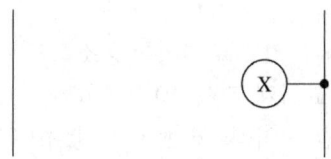

(2) 로직 시퀀스를 그리시오.

A○───
B○───

C○───

(3) NOR gate만을 사용한 로직 시퀀스를 그리시오.

A○───
B○───

C○───

● 답안작성

(1) 릴레이 시퀀스   (2) 로직 시퀀스

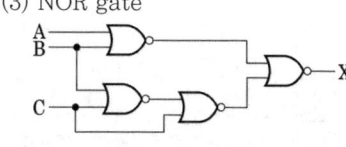

(3) NOR gate

● 해 설

③ NOR gate
ⓐ (A+B) – 병렬(OR)
ⓑ $\overline{B}\,\overline{C}$ – b접점(NOT) 직렬
ⓒ $C + \overline{B}\,\overline{C}$ – ②와 C의 병렬(OR)
ⓓ $(A+B)(C+\overline{B}\,\overline{C})$ – ①과 ③의 직렬(AND)

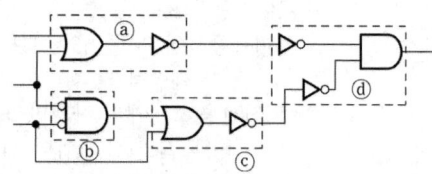

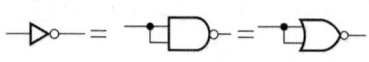

문17 ▸출제년도 : 14. ▸점수 : 3점

"이것은 비선형 부하에 의해 고조파의 영향을 받는 기계기구(변압기 등)가 과열현상 없이 부하에 전력을 안정적으로 공급해줄 수 있는 능력이다." 이 용어의 명칭을 쓰시오.

● 답안작성

K-Factor

● 해 설

부하가 고조파전류를 발생시키는 경우, 변압기의 과열을 방지하기 위하여 변압기의 용량을 저감시키는 계산식과 factor가 있는데 이 factor를 k-factor라 한다.

문18 ▸출제년도 : 기사 98, 02, 03, 04, 06, 07, 17, 23. ▸점수 : 8점

변압기의 병렬 운전 조건을 4가지 기술하고 이들 조건이 맞지 않을 경우에 어떤 현상이 나타나는지 간단히 서술하시오.

● 답안작성

병렬운전 조건	조건이 맞지 않는 경우
① 정격 전압(권수비)이 같은 것	순환 전류가 흘러 권선이 과열
② 극성이 일치할 것	큰 순환 전류가 흘러 권선이 소손
③ % 임피던스 강하(임피던스 전압)가 같을 것	부하의 분담이 용량의 비가 되지 않아 부하의 분담이 균형을 이룰 수 없다.
④ 내부 저항과 누설 리액턴스의 비 (즉 $r_a/x_a = r_b/x_b$)가 같을 것	각 변압기의 전류 간에 위상차가 생겨 동손이 증가

2014년 4회 전기공사기사실기

▸출제년도 : 기사 06, 08, 14, 24.   ▸점수 : 3점

문1 전기공사에서 건물(지상층) 층수별 물량산출 시 건물 층수에 따라 할증률이 규정 적용된다. 이때의 할증률[%]은 각각 얼마인지 쓰시오.
(1) 10층 이하
(2) 20층 이하
(3) 30층 이하

● 답안작성

(1) 10층 이하 : 3[%]
(2) 20층 이하 : 5[%]
(3) 30층 이하 : 7[%]

● 해 설

건물의 층수별 할증
• 지상층 : 2층~5층 이하   1[%]
　　　　　10층 이하   3[%]
　　　　　15층 이하   4[%]
　　　　　20층 이하   5[%]
　　　　　25층 이하   6[%]
　　　　　30층 이하   7[%]
　　　　　30층 초과에 대하여는 매 5층 이내 증가마다 1.0[%] 가산
• 지하층 : 지하 1층   1[%]
　　　　　지하 2~5층   2[%]
　　　　　지하 6층 이하는 매 1개층 증가마다 0.2[%] 가산

▸출제년도 : 기사 14, 20.   ▸점수 : 9점

문2 수변전설비 용량을 추정하는 수용률, 부등률, 부하율을 구하는 공식을 각각 쓰시오.
(1) 수용률
(2) 부등률
(3) 부하율

● 답안작성

(1) 수용률 = $\dfrac{\text{최대 수용 전력 [kW]}}{\text{총 부하 설비 용량 [kW]}} \times 100[\%]$

(2) 부등률 = $\dfrac{\text{각 개 최대 수용 전력의 합 [kW]}}{\text{합성 최대 수용 전력 [kW]}}$

(3) 부하율 = $\dfrac{\text{평균 수용 전력 [kW]}}{\text{합성 최대 수용 전력 [kW]}} \times 100[\%]$

▶출제년도 : 기사 93, 95, 96, 00, 14. ▶점수 : 5점

문3 모든 작업이 작업대(방바닥에서 0.85[m]의 높이)에서 행하여지는 작업장의 가로가 8[m], 세로가 12[m] 바닥에서 천장까지의 높이가 3.8[m]인 방에서 조명기구를 천장에 설치하고자 한다. 이 방의 실지수는 얼마인가?
•계산 :   •답 :

● 답안작성

계산 : 실지수 $R \cdot I = \dfrac{X \cdot Y}{H(X+Y)} = \dfrac{8 \times 12}{(3.8-0.85)(8+12)} = 1.63$

답 : 1.63

▶출제년도 : 기사 14. ▶점수 : 4점

문4 플로어덕트의 용도(시설장소)를 쓰시오.

● 답안작성

옥내의 건조한 콘크리트, 신더(Cinder) 콘크리트 플로어(Floor) 내

● 해 설

시설장소의 제한(플로어덕트 배선)
플로어덕트 배선은 옥내의 건조한 콘크리트 또는 신더(Cinder) 콘크리트 플로어(Floor) 내에 매입할 경우에 한하여 시설할 수 있다.

▶출제년도 : 기사 14. ▶점수 : 4점

문5 고압배전선로의 1선 지락전류가 5[A] 일 때 주상변압기의 2차측에 실시하는 변압기 중성점 접지공사의 접지저항 값[Ω]은 최대 얼마인지 계산하시오. (단, 고압배전선로에는 고저압 전로의 혼촉 시 1초 이내로 자동적으로 전로를 차단하는 장치가 취부되어 있다.)
•계산 :   •답 :

● 답안작성

계산 : $R_2 = \dfrac{600}{1선\ 지락전류} = \dfrac{600}{5} = 120[\Omega]$

답 : 120[Ω]

● 해 설

변압기 중성점 접지공사의 접지저항
• 자동차단장치가 없는 경우
  $R_2 = \dfrac{150}{1선\ 지락전류}[\Omega]$
• 2초 이내에 동작하는 자동차단장치가 있는 경우
  $R_2 = \dfrac{300}{1선\ 지락전류}[\Omega]$
• 1초 이내에 동작하는 자동차단장치가 있는 경우
  $R_2 = \dfrac{600}{1선\ 지락전류}[\Omega]$

▸출제년도 : 기사 04, 14. ▸점수 : 5점

문6 1개소 또는 여러 개소에 시공한 공통의 접지전극에 개개의 기계, 기구를 모아서 접속하여 접지를 통합하는 것이 통합접지이다. 통합접지의 장점 3가지를 쓰시오.

● 답안작성
① 접지선이 짧아지고 접지배선 구조가 단순하여 보수 점검이 쉽다.
② 각 접지전극이 병렬로 연결되므로 합성저항을 낮추기가 쉽다.
③ 여러 접지전극을 연결하므로 서지의 방전이 용이하다.

● 해 설
그 외에 ④ 등전위가 구성되어 장비 간의 전위차가 발생되지 않는다.

▸출제년도 : 기사 14. ▸점수 : 8점

문7 전력용(진상용) 콘덴서에 설치되는 직렬 리액터의 설치효과 4가지를 쓰시오.

● 답안작성
① 제5고조파에 의한 전압 파형의 찌그러짐 방지
② 콘덴서 투입 시 돌입전류 방지
③ 개폐 시 계통의 과전압 억제
④ 고조파 전류에 의한 계전기 오동작 방지

▸출제년도 : 기사 97, 99, 14, 19. ▸점수 : 8점

문8 그림은 전력회사의 고압가공 전선로로부터 자가용 수용가 구내 기둥을 거쳐 수변전 설비에 이르는 지중인입선의 시설도이다. 다음 물음에 답하시오.

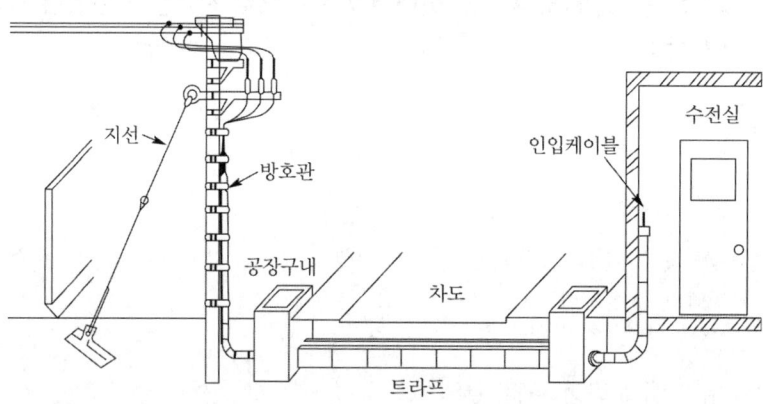

(1) 가공전선로 지지물에 시설하는 지선은 몇 가닥 이상의 연선이어야 하며, 소선 지름은 몇 [mm] 이상의 금속선이어야 하는가?
 ① 가닥 수 :
 ② 소선 지름 :

(2) 지선의 안전율은 몇 이상으로 하고 허용 인장하중의 최저는 몇 [kN]으로 하는가?
   ① 안전율 :
   ② 인장하중의 최저값 :
(3) 고압용 지중전선로에 사용할 수 있는 케이블을 3가지만 쓰시오.
(4) 지중전선로의 차도 부분 매설 깊이의 최소값은 몇 [m] 이상이어야 하는가?

● 답안작성

(1) ① 가닥 수 : 3조,   ② 소선 지름 : 2.6[mm]
(2) ① 안전율 : 2.5 이상,   ② 인장하중의 최저값 : 4.31[kN]
(3) 클로로프렌 외장케이블, 비닐외장케이블, 폴리에틸렌 외장케이블
(4) 1[m]

● 해 설

(1), (2) 지선의 시설(KEC 331.11)
   ① 지선의 안전율은 2.5 이상일 것. 이 경우에 허용 인장하중의 최저는 4.31[kN]으로 한다.
   ② 지선에 연선을 사용할 경우에는 다음에 의할 것
      • 소선 3가닥 이상의 연선일 것
      • 소선의 지름이 2.6[mm] 이상의 금속선을 사용한 것일 것. 다만, 소선의 지름이 2[mm] 이상인 아연도강연선으로서 소선의 인장강도가 0.68[kN/mm^2] 이상인 것을 사용하는 경우에는 적용하지 않는다.
   ③ 지중부분 및 지표상 0.3[m]까지의 부분에는 내식성이 있는 것 또는 아연도금을 한 철봉을 사용하고 쉽게 부식되지 아니하는 근가에 견고하게 붙일 것. 다만, 목주에 시설하는 지선에 대해서는 적용하지 않는다.

(3) 고압 및 특고압케이블(KEC 122.5)
   1) 사용전압이 고압인 전로(전기기계기구 안의 전로를 제외한다)의 전선으로 사용하는 케이블
      가. 연피케이블   나. 알루미늄피 케이블
      다. 클로로프렌외장케이블   라. 비닐외장케이블
      마. 폴리에틸렌외장케이블   바. 저독성 난연 폴리올레핀 외장케이블
      사. 콤바인 덕트 케이블
   2) 사용전압이 특고압인 전로(전기기계기구 안의 전로를 제외한다)에 전선으로 사용하는 케이블
      가. 절연체가 에틸렌 프로필렌고무혼합물 또는 가교폴리에틸렌 혼합물인 케이블로서 신심 위에 금속제의 전기적 차폐층을 설치한 것
      나. 파이프형 압력 케이블·연피 케이블·알루미늄 케이블 그 밖의 금속피복을 한 케이블

(4) 지중전선로의 시설(KEC 334.1)
   1) 지중 전선로는 전선에 케이블을 사용하고 또한 관로식·암거식(暗渠式) 또는 직접 매설식에 의하여 시설하여야 한다.
   2) 지중 전선로를 관로식 또는 암거식에 의하여 시설하는 경우에는 다음에 따라야 한다.
      가. 관로식에 의하여 시설하는 경우에는 매설 깊이를 1.0[m] 이상으로 하되, 매설 깊이가 충분하지 못한 장소에는 견고하고 차량 기타 중량물의 압력에 견디는 것을 사용할 것. 다만 중량물의 압력을 받을 우려가 없는 곳은 0.6[m] 이상으로 한다.
      나. 암거식에 의하여 시설하는 경우에는 견고하고 차량 기타 중량물의 압력에 견디는 것을 사용할 것
   3) 지중 전선로를 직접 매설식에 의하여 시설하는 경우에는 매설 깊이를 차량 기타 중량물의 압력을 받을 우려가 있는 장소에는 1.0[m] 이상, 기타 장소에는 0.6[m] 이상으로 하고 또한 지중 전선을 견고한 트라프 기타 방호물에 넣어 시설하여야 한다.

▶출제년도 : 기사 14. ▶점수 : 3점

문9 금속관 배선에서 사용되는 박강전선관과 후강전선관의 규격(호칭)을 나열하였다. ( ) 안에 알맞은 규격(호칭)을 쓰시오.
- 후강전선관 : 16, 22, ( ), 36, 42, 54, ( ), 82, 92, ( )
- 박강전선관 : 19, ( ), 31, ( ), 51, 63, ( )

● 답안작성
- 후강전선관 : 28, 70, 104
- 박강전선관 : 25, 39, 75

● 해 설

종 류	관의 호칭
후강 전선관(근사내경, 짝수)	16 22 28 36 42 54 70 82 92 104
박강 전선관(근사외경, 홀수)	19 25 31 39 51 63 75
나사 없는 전선관	박강 전선관과 치수가 같다.

▶출제년도 : 기사 97. 14. ▶점수 : 3점

문10 고압 배전계통의 배전 방식 중 사고가 났을 때 정전 범위를 가장 좁게 할 수 있는 배전 방식은?

● 답안작성
망상식 배전방식

▶출제년도 : 기사 14. ▶점수 : 5점

문11 2대 이상의 발전기를 병렬 운전하기 위한 조건을 3개만 쓰시오.

● 답안작성
① 기전력의 크기가 같을 것
② 주파수가 같을 것
③ 위상이 같을 것

● 해 설
그 외에 ④ 파형이 같을 것

▶출제년도 : 기사 14. ▶점수 : 6점

문12 몰드(Mold) 변압기의 장점 및 단점을 각각 3개씩 쓰시오.
(1) 장점
(2) 단점

● 답안작성
(1) 장점 : ① 자기 소화성이 우수하므로 화재의 염려가 없다.
② 소형·경량화할 수 있다.

③ 보수 및 점검이 용이하다.
(2) 단점 : ① 고전압 대용량의 몰드 변압기 제작이 곤란하다.
② 서지에 약하므로 VCB와 결합 시 서지 옵서버(SA)가 필요하다.
③ 기계적 충격으로부터 에폭시 수지를 보호하기 위한 전용의 함이 필요하다.

● 해 설

몰드 변압기의 특징
① 자기 소화성이 우수 하므로 화재의 염려가 없다.
② 코로나 특성 및 임펄스 강도가 높다.
③ 소형 경량화 할 수 있다.
④ 습기, 가스, 염분 및 소손 등에 대해 안정하다.
⑤ 보수 및 점검이 용이하다.
⑥ 저진동 및 저소음
⑦ 단시간 과부하 내량이 크다.
⑧ 전력 손실이 감소

▶ 출제년도 : 기사 14, 20.   ▶ 점수 : 3점

문13 다음에 설명하는 것은 무엇인지 답하시오.

"발전기 또는 변압기 등 전력계통의 중성점을 접지시키는 것으로 전력계통에 설치한 보호계전기로 하여금 고장점을 판별시킬 목적으로 접지를 하며, 1선 지락 시 건전상의 전압상승이 선간전압보다 낮은 80[%] 이하의 계통으로 직접접지 계통이 이에 속한다."

● 답안작성

유효 접지계

▶ 출제년도 : 08. 14.   ▶ 점수 : 6점

문14 접지(계통접지 및 보호접지) 목적에 대하여 3가지만 쓰시오.

● 답안작성

① 감전방지
② 이상전압의 억제
③ 보호계전기의 동작 확보

● 해 설

① 감전 방지 : 기기의 절연 열화나 손상 등으로 누전이 발생하면 전류가 접지선으로 흘러 기기의 대지 전위 상승이 억제되고 인체의 감전 위험이 줄어들게 된다.
② 이상전압의 억제 : 뇌전류 또는 고 저압 혼촉 등에 의하여 침입하는 고전압을 접지선을 통해 대지로 흘려 보내 기기의 손상을 방지할 수 있다.
③ 보호계전기의 동작 확보 : 지락 사고시에 일정 크기 이상의 지락 전류가 쉽게 흐르기 때문에 지락 계전기 등의 동작을 확실하게 할 수 있다.
④ 전로의 대지전압의 저하 : 3상 4선식 전로의 중성점을 접지하면 각 선의 대지전압은 선간전압의 $1/\sqrt{3}$ 로 낮아진다.

▸출제년도 : 기사 14, 20.   ▸점수 : 6점

문15 차단기 명판(name plate)에 BIL 150[kV], 정격차단전류 20[kA], 차단 시간 8사이클, 솔레노이드형이라고 기재되어 있다. 다음 물음에 답하시오.
(1) BIL이란 무엇인지 설명하시오.
(2) 이 차단기의 정격전압은 얼마인지 계산식을 쓰고 설명하시오.
    (단, BIL을 적용하여 계산할 것)

● 답안작성

(1) BIL(기준충격 절연강도)이란 뇌임펄스 내전압 시험값으로서 절연 레벨의 기준을 정하는 데 적용된다.

(2) 계산 : BIL=절연계급 × 5 + 50[kV]에서

$$절연계급 = \frac{BIL - 50}{5}[kV]$$

$$\therefore 절연계급 = \frac{150 - 50}{5} = 20[kV]$$

공칭전압 = 절연계급×1.1[kV]에서 공칭전압 = 20×1.1 = 22[kV]

$$\therefore 정격전압\ V_n = 22 \times \frac{1.2}{1.1} = 24[kV]$$

답 : 24[kV]

● 해 설

절연내력과 기준충격 절연강도 : BIL이란 Basic Impulse Insulation Level의 약자이며, 뇌임펄스 내전압 시험값으로서 절연 레벨의 기준을 정하는 데 적용된다. BIL은 절연 계급 20호 이상의 비유효 접지계에 있어서는 다음과 같이 계산된다.
    BIL = 절연계급×5 + 50[kV]
여기서, 절연계급은 전기기기의 절연강도를 표시하는 계급을 말하고, 공칭전압/1.1에 의해 계산된다.

차단기의 정격전압 [kV]	사용회로의 공칭 전압 [kV]	BIL [kV]
0.6	0.1, 0.2, 0.4	
3.6	3.3	45
7.2	6.6	60
24.0	22.0	150
72.5	66.0	350
168.0	154.0	750

▸출제년도 : 기사 14, 20.   ▸점수 : 5점

문16 22[kW] 4극 3상 농형유도전동기의 정격 시 효율이 91[%]이다. 이 전동기의 손실을 구하시오.
• 계산 :   • 답 :

● 답안작성

계산 : 효율 $\eta = \frac{출력}{입력} = \frac{P}{P_i}$에서 입력 $P_i = \frac{P}{\eta} = \frac{22}{0.91} = 24.18[kW]$

∴ 손실 = 입력−출력 = 24.18 − 22 = 2.18[kW]

답 : 2.18[kW]

▶ 출제년도 : 기사 14.   ▶ 점수 : 6점

문17 전동기 절연체의 상태 및 열화정도를 측정하기 위하여 교류전압을 인가한 $\tan\delta$ 시험의 등가 회로도이다. 각각의 물음에 답하시오.

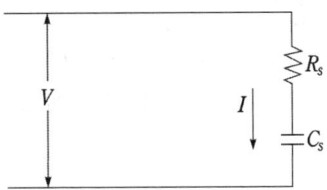

(1) 위상각 δ의 명칭을 쓰시오.

(2) 등가회로의 임피던스가 $Z = R_s + \dfrac{1}{j\omega C_s}$ 일 때 $\tan\delta$를 R_s와 C_s를 이용하여 표시하시오.

● 답안작성

(1) 손실각

(2) $\tan\delta = \dfrac{\dfrac{1}{\omega C_s}}{R_s} = \dfrac{1}{\omega C_s R_s}$

▶ 출제년도 : 기사 93. 14.   ▶ 점수 : 5점

문18 그림의 릴레이 회로를 로직 회로로 변경하시오.

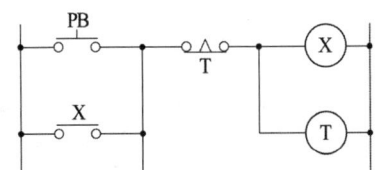   

● 답안작성

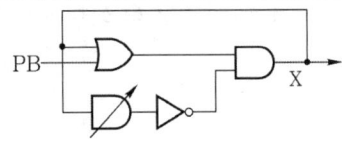

● 해 설

단안정 회로로서 설정 시간 동안만 동작한다. 보통 아래와 같이 회로를 구성한다.

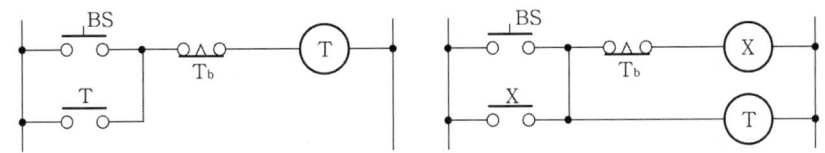

개정된 '전기설비 기술기준 및 판단기준'과 '내선규정'에 의거해 삭제된 문제가 있어 점수의 합계가 100점이 되지 않습니다.

2015년 1회 전기공사기사실기

▶ 출제년도 : 기사 91. 92. 96. 98. 04. 15.   ▶ 점수 : 6점

문1 3상 3선식 380/220[V] 구내배선 긍장이 100[m], 부하의 최대 전류는 200[A]인 배선에서 전압 강하를 7[V]로 하고자 하는 경우에 사용하는 전선의 공칭 단면적[mm²]은 얼마인가?

• 계산 :   • 답 :

● 답안작성

계산 : $A = \dfrac{30.8LI}{1,000e} = \dfrac{30.8 \times 100 \times 200}{1,000 \times 7} = 88 [mm^2]$

답 : 95[mm²]

● 해 설

① 전압강하 계산

전기 방식	전압 강하		전선 단면적
단상 3선식 직류 3선식 3상 4선식	$e_1 = IR$	$e_1 = \dfrac{17.8LI}{1000A}$	$A = \dfrac{17.8LI}{1000e_1}$
단상 2선식 및 직류 2선식	$e_2 = 2IR = 2e_1$	$e_2 = \dfrac{35.6LI}{1000A}$	$A = \dfrac{35.6LI}{1000e_2}$
3상 3선식	$e_3 = \sqrt{3}IR = \sqrt{3}e_1$	$e_3 = \dfrac{30.8LI}{1000A}$	$A = \dfrac{30.8LI}{1000e_3}$

② KSC IEC 전선규격

1.5, 2.5, 4, 6, 10, 16, 25, 35, 50, 70, 95, 120, 150, 185, 240, 300, 400, 500, 630[mm²]

▶ 출제년도 : 기사 15.   ▶ 점수 : 4점

문2 가스 차단기의 절연에 주로 사용되는 SF₆ 가스의 특징 중 전기적 성질 4가지를 쓰시오.

● 답안작성

① 절연 내력이 높다.
② 소호 성능이 뛰어나다.
③ 아크가 안정되어 있다.
④ 절연 회복이 빠르다.

● 해 설

SF6 가스의 특징
(1) 물리적, 화학적 성질
   ① 열 전달성이 뛰어나다(공기의 약 1.6배).
   ② 화학적으로 불활성이므로 매우 안정된 gas이다.
   ③ 무색, 무취, 무해, 불연성의 gas이다.
   ④ 열적 안정성이 뛰어나다(용매가 없는 상태에서는 약 500[℃]까지 분해되지 않는다).

(2) 전기적 성질
　① 절연 내력이 높다(평등 전계 중에서는 1기압에서 공기의 2.5배~3.5배, 3기압에서는 기름과 같은 level의 절연 내력을 갖고 있음).
　② 소호 성능이 뛰어나다.
　③ arc가 안정되어 있다.
　④ 절연 회복이 빠르다.

문3

▶출제년도 : 기사 15. ▶점수 : 4점

우리나라 345[kV]급 볼-소켓형 현수애자에 대한 2도체 송전선로와 4도체 송전선로에 대한 IEC 규격에서의 애자규격을 쓰시오.

● 답안작성
- 2도체 송전선로 : 254[mm]
- 4도체 송전선로 : 320[mm]

● 해 설
345[kV] 선로에 사용중인 애자

특 성	2도체 선로		4도체 선로	
	현수 개소	내장 개소	현수 개소	내장 개소
직 경	254[mm]	254[mm]	320[mm]	320[mm]
강 도	120[kN]	160[kN]	210[kN]	300[kN]
충격파 건조 내전압	70[kV]	70[kV]	75[kV]	85[kV]

문4

▶출제년도 : 기사 04. 15. 18. 20. ▶점수 : 5점

COS 설치에(COS 포함) 사용자재 5가지만 쓰시오.

● 답안작성
① COS　② 브라켓트　③ 내오손 결합애자　④ COS 카바　⑤ 퓨즈 링크

문5

▶출제년도 : 기사 03. 05. 07. 15. 18. ▶점수 : 5점

다음은 계전기별 고유 기구번호이다. 명칭을 정확히 답하시오.
(1) 37A
(2) 37D
(3) 37F

● 답안작성
(1) 교류 부족 전류 계전기　(2) 직류 부족 전류 계전기
(3) Fuse 용단 계전기

● 해 설
37 : 부족 전류 계전기　　37F : Fuse 용단 계전기
37V : 전자관 Filament 단선 검출기

▶ 출제년도 : 기사 09. 15. ▶ 점수 : 8점

문 6 경간이 120[m]인 가공전선로가 있다. 길이 1[m]의 무게가 0.5[kg]이고, 수평장력 200[kg] 인 전선을 사용할 때 이도(Dip)와 전선의 실제 길이는 각각 몇 [m]인지 계산하시오.
(1) 이도(Dip)
　　•계산 :　　　　　　　　　　　　　　•답 :
(2) 전선의 실제 길이
　　•계산 :　　　　　　　　　　　　　　•답 :

● 답안작성

(1) 계산 : $D = \dfrac{WS^2}{8T} = \dfrac{0.5 \times 120^2}{8 \times 200} = 4.5[m]$　　답 : 4.5[m]

(2) 계산 : $L = S + \dfrac{8D^2}{3S} = 120 + \dfrac{8 \times 4.5^2}{3 \times 120} = 120.45[m]$　　답 : 120.45[m]

● 해 설

• 이도 $D = \dfrac{WS^2}{8T}$

• 전선의 실제 길이 $L = S + \dfrac{8D^2}{3S}$

여기서, D : 이도[m], W : 단위 길이당 전선의 중량[kg/m]
　　　　S : 경간[m], T : 전선의 수평장력[kg]

▶ 출제년도 : 기사 93. 10. 15. 18. ▶ 점수 : 5점

문 7 콘크리트 전주(CP주)의 지표면에서의 지름[cm]을 구하여라.
단, 설계하중 : 500[kg], 전주 규격 : 16[m], 전주 말구 지름 : 19[cm]
　•계산 :　　　　　　　　　　　　　　•답 :

● 답안작성

계산 : 지표면에서의 지름 $D = 19 + (16 - 2.5) \times 10^2 \times \dfrac{1}{75} = 37[cm]$

답 : 37[cm]

● 해 설

① $D[cm] = d[cm] + H \times \dfrac{1}{75} \times 100$

여기서, D : 지표면에서의 전주의 지름[cm]
　　　　d : 전주 말구 지름[cm]
　　　　H : 전주의 지표면상 길이[m]

② 전주의 지름 증가율 $\begin{cases} 목주 : \dfrac{9}{1,000} \\ CP주 : \dfrac{1}{75} \end{cases}$

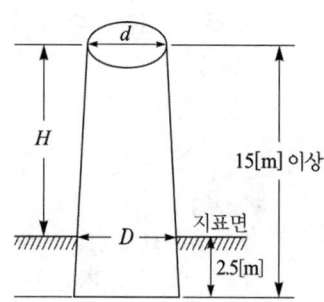

③ 전주의 전장이 15[m] 이상일 경우 전주의 근입은 2.5[m] 이상

▶ 출제년도 : 기사 88. 09. 15. 산업 22.   ▶ 점수 : 6점

문8 바닥면적 800[m²]의 강당에 40[W] 2등용 형광등을 시설하여 평균조도를 150[lx]로 하자면 40[W] 2등용 형광등(등기구)은 몇 개가 필요한지 계산하시오. (단, 조명률 50[%], 감광보상률 1.25, 형광등 40[W] 2등용의 광속은 5,000[lm]이다.)

• 계산 :

• 답 :

● 답안작성

계산 : $N = \dfrac{EAD}{FU} = \dfrac{150 \times 800 \times 1.25}{5,000 \times 0.5} = 60[등]$

답 : 60[등]

● 해 설

$FUN = EAD$에서 $N = \dfrac{EAD}{FU}$이며, 산출된 전등의 수 중 소수가 발생하면 절상한다.

여기서, F : 광원 1개당의 광속[lm]
N : 광원의 개수[등]
E : 작업면상의 평균 조도[lx]
A : 방의 면적[m²]
D : 감광 보상률
U : 조명률[%]

▶ 출제년도 : 기사 12. 15.   ▶ 점수 : 4점

문9 PT 및 CT를 조합한 경우의 3상3선식 전력량계의 결선도를 접지를 포함하여 완성하시오.

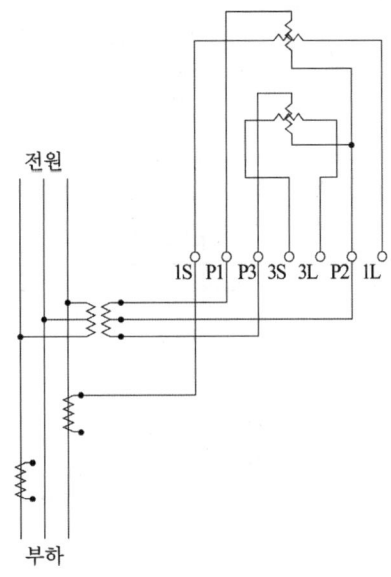

● 답안작성

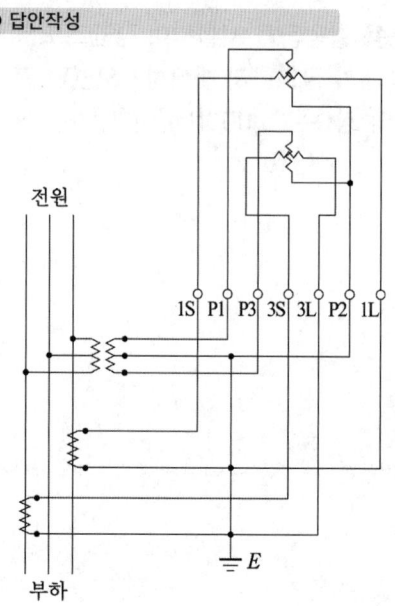

▶ 출제년도 : 기사 15. ▶ 점수 : 6점

문10 배전시공에서 피뢰기 공사 시공 흐름도 ①, ②를 완성하시오.

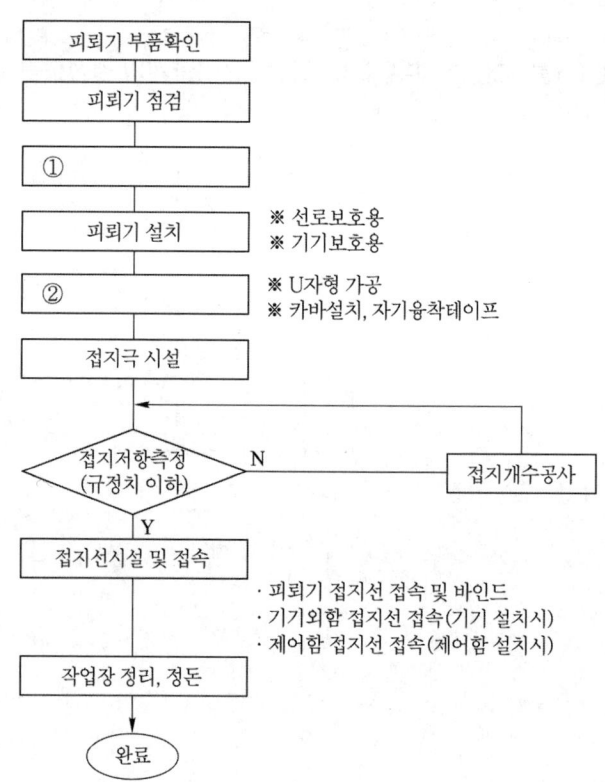

● 답안작성

① 피뢰기 조립, ② 리드선 접속

● 해 설

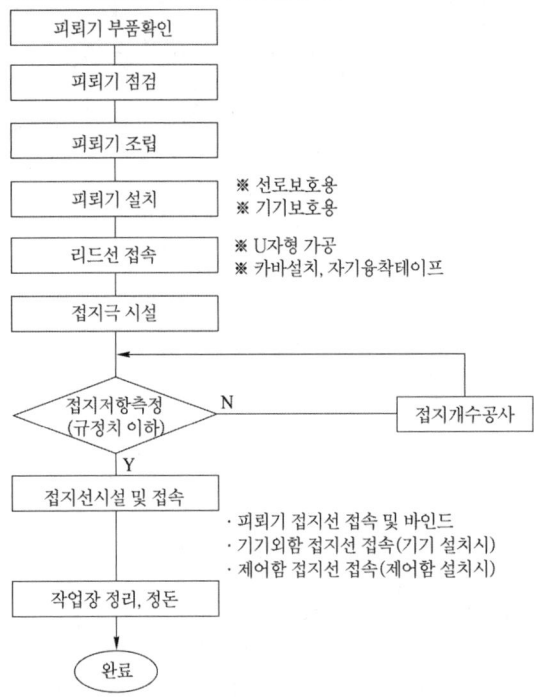

▶출제년도 : 기사 09, 15, 16, 20.   ▶점수 : 7점

문11 특별고압 간이수전설비 결선도(단선도)를 그리시오. (단, 22.9[kV-y], 1,000[kVA] 이하를 시설하는 경우이며, 그림 기호의 명칭을 반드시 쓰도록 한다.)

● 답안작성

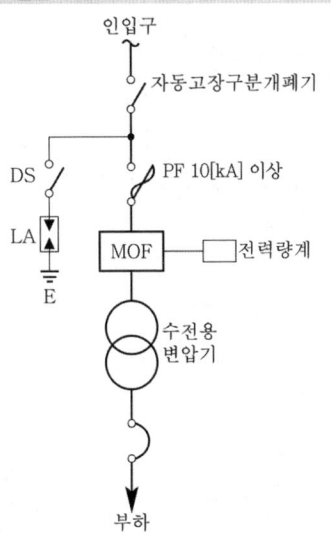

● 해 설
간이 수전 설비 표준 결선도

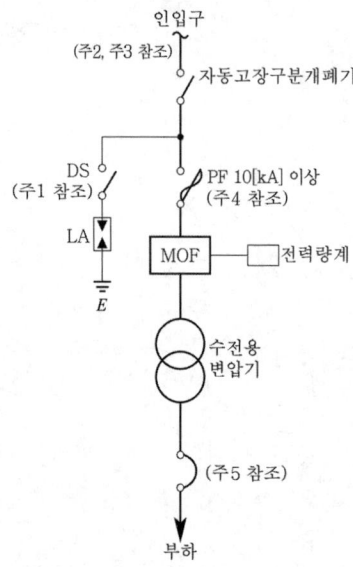

약호	명칭
DS	단로기
ASS	자동고장 구분 개폐기
LA	피뢰기
MOF	전력 수급용 계기용 변성기
COS	컷아웃 스위치
PF	전력 퓨즈

[주1] LA용 DS는 생략할 수 있으며 22.9[kV-Y]용의 LA는 Disconnector(또는 Isolator) 붙임형을 사용하여야 한다.
[주2] 인입선을 지중선으로 시설하는 경우로서 공동 주택 등 사고 시 정전 피해가 큰 수전 설비 인입선은 예비선을 포함하여 2회선으로 시설하는 것이 바람직하다.
[주3] 지중인입선의 경우에 22.9[kV-Y] 계통은 CNCV-W 케이블(수밀형) 또는 TR CNCV-W(트리억제형)를 사용하여야 한다. 다만, 전력구·공동구·덕트·건물 구내 등 화재의 우려가 있는 장소에서는 FR CNCO-W(난연) 케이블을 사용하는 것이 바람직하다.
[주4] 300[kVA] 이하인 경우 PF 대신 COS(비대칭 차단 전류 10[kA] 이상의 것)를 사용할 수 있다.
[주5] 간이 수전 설비는 PF의 용단 등에 의한 결상 사고에 대한 대책이 없으므로 변압기 2차측에 설치되는 주차단기에는 결상 계전기 등을 설치하여 결상 사고에 대한 보호 능력이 있도록 함이 바람직하다.

▶ 출제년도 : 기사 15. 점수 : 3점

문12 다음 ( )안에 알맞은 내용을 쓰시오.

가공송전선로의 경우 높이 (①)[m] 이상인 경우 철탑에 대해 항공표시구를 (②)에 취부하고, (③)는(은) 철탑 높이 및 비행구역에 따라 취부한다.

● 답안작성
① 60[m]
② 가공지선
③ 항공장애 표시등

● 해 설
항공법 제83조

▶ 출제년도 : 기사 15. ▶ 점수 : 4점

문13 다음 ( )안에 알맞은 내용을 쓰시오.

> 유리애자는 70[%] 이상의 (①)(으)로 구성되어 있고, 저온으로 용해하기 위해 (②), 내구성 향상을 위해 (③), 제작 상 편리와 특성 유지를 위해 (④) 등의 성분을 적당한 비율로 배합하여 제작한다.

● 답안작성

① 규토   ② Na_2O ③ CaO ④ MgO, Al_2O_3, K_2O

● 해 설

유리애자는
① 70[%] 이상의 성분이 규토(Silica SiO_2)로 구성되어 있고,
② 저온으로 용해하기 위하여 Na_2O를
③ 내구성 향상을 위하여 CaO를
④ 제작상의 편리와 특성 유지를 위하여 MgO, Al_2O_3, K_2O 등의 성분을
⑤ 적당한 비율로 배합하여 고로에서 용융한 후 금형에 부어 제작

▶ 출제년도 : 기사 15. ▶ 점수 : 5점

문14 최근 전력기기가 대용량화됨에 따라 기기의 부분방전 여부가 기기의 수명에 크게 영향을 미치고 있다. 부분방전에 대하여 설명하시오.

● 답안작성

부분방전에는 절연물 표면에서 고전계에 의한 부분적인 표면 방전 또는 절연물 내부에 존재하는 공극이나 기포에 발생하는 내부 방전 등의 부분 방전이 있다.

● 해 설

부분방전(Partial Discharge)
절연체의 국부적인 곳에서의 전계의 집중이나 절연내력의 저하로 발생하며, 내부방전, 코로나방전, 표면방전으로 분류할 수 있다.

▶ 출제년도 : 기사 15. ▶ 점수 : 5점

문15 서지 과전압의 발생원인 3가지를 쓰시오.

● 답안작성

① 차단기 개폐에 의한 과전압
② 뇌에 의한 과전압
③ 지락사고에 의한 과전압

▶ 출제년도 : 기사 15, 산업 92. ▶ 점수 : 10점

문16 다음 동작을 읽고 물음에 답하시오.

[동작설명]
1. 전등 및 전열회로(단상 220[V])
   - 2P $MCCB_1$이 ON 상태에서
   (1) C에는 전원이 직접 걸린다.
   (2) ⓐ S_1 ON하고 S_2, S_3가 OFF 상태에서 L_1, L_2, L_3가 직렬점등된다.
       ⓑ S_1을 ON 상태에서 S_2를 ON하면 L_2, L_3가 직렬점등된다.
       ⓒ S_1을 ON 상태에서 S_2를 OFF하고 S_3를 ON하면 L_1, L_2가 직렬 점등된다.
       ⓓ S_1을 ON 상태에서 S_2를 ON하고 S_3를 ON하면 L_2만 점등된다.
2. 신호회로(단상 220[V])
   - 2P $MCCB_2$가 ON 상태에서
   (1) PL이 점등된다. X_1, X_2, X_3 중 1개라도 동작되면 PL은 소등된다.
   (2) PB_1을 누르는 순간만 X_1이 동작, X_1에 의하여 BZ_2, BZ_3가 동작된다.
   (3) PB_2를 누르는 순간만 X_2가 동작, X_2에 의하여 BZ_1, BZ_3가 동작된다.
   (4) PB_3를 누르는 순간만 X_3가 동작, X_3에 의하여 BZ_1, BZ_2가 동작된다.
   (5) PB_4를 누르는 순간만 X_4와 BZ_4가 동작되는 동시에 X_1, X_2, X_3가 동작 BZ_1, BZ_2, BZ_3가 동작된다.

[물음]
(1) 주어진 동작설명에 의하여 전등, 전열회로 및 신호 회로도를 각각 완성하시오.

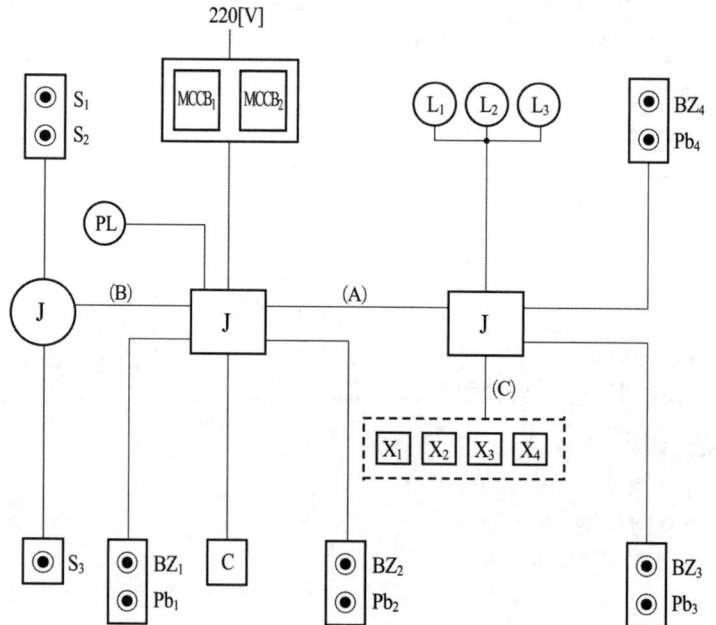

① 전등 및 전열회로

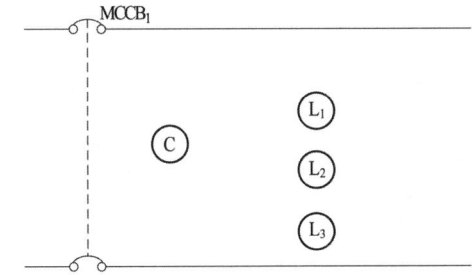

② 신호회로

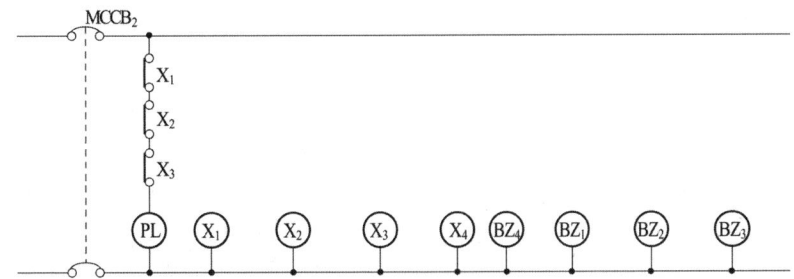

(2) 완성된 회로도에 의하여 아래 배관도의 (A)부분에는 최소 몇 가닥의 전선이 들어가야 되는지 답하시오.
(3) 완성된 회로도에 의하여 아래 배관도의 (B)부분에는 최소 몇 가닥의 전선이 들어가야 되는지 답하시오.
(4) 완성된 회로도에 의하여 아래 배관도의 (C)부분에는 최소 몇 가닥의 전선이 들어가야 되는지 답하시오.

● 답안작성

(1) ① 전등 및 전열회로

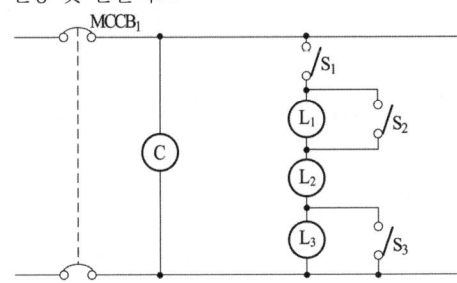

② 신호회로

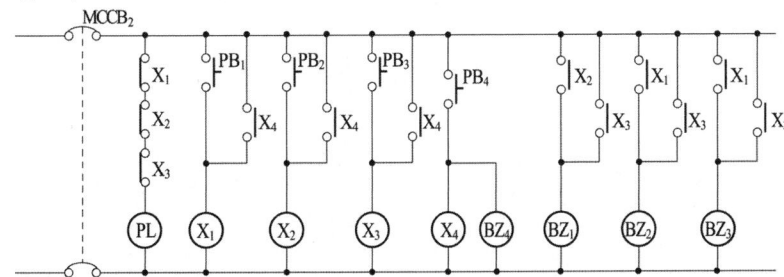

(2) A : 11가닥
(3) B : 5가닥
(4) C : 10가닥

▶ 출제년도 : 기사 15, 산업 95, 00.   ▶ 점수 : 3점

문17 ▢● 심벌의 명칭은?

● 답안작성

벽붙이 누름 버튼

● 해 설

명 칭	그림기호	적 요
누름버튼	▢●	(1) 벽 붙이는 벽 옆을 칠한다. ▮● (2) 2개 이상인 경우는 버튼수를 표기한다. 　[보기] ▢●₃ (3) 간호부 호출용은 ▢●ₙ 또는 ▢N 으로 한다. (4) 복귀용은 다음에 따른다. 　●
손잡이 누름 버튼	⦿	간호부 호출용은 ⦿ₙ 또는 Ⓝ로 한다.

개정된 '전기설비 기술기준 및 판단기준'과 '내선규정'에 의거해 삭제된 문제가 있어 점수의 합계가 100점이 되지 않습니다.

2015년 2회 전기공사기사실기

▶ 출제년도 : 기사 15.   ▶ 점수 : 4점

문1 배전선로의 전압을 조정하는 방법을 4가지만 쓰시오.

● 답안작성
① 자동 전압 조정기(SVR, IR)   ② 고정 승압기
③ 직렬 콘덴서   ④ 병렬 콘덴서

● 해 설
배전 선로에서 사용하는 전압조정기는 아래와 같다.
① 자동 전압 조정기 : SVR, IR의 두 종류가 있으나 현재 우리나라에서는 SVR만을 사용하고 있다.
② 고정 승압기 : 일반적으로 사용하지 않는다.
③ 직렬 콘덴서 : 특별한 경우 외에는 사용하지 않는다.
④ 병렬 콘덴서 : 선로의 무효 전력을 흡수해서 전압강하 방지에 기여하고 있다.

▶ 출제년도 : 기사 08. 09. 15.   ▶ 점수 : 6점

문2 UPS용 축전지의 선정과 관련하여 축전지의 용량 산정에 필요한 조건 6가지를 쓰시오.

● 답안작성
① 부하의 크기와 성질   ② 예상 정전시간
③ 순시 최대 방전전류의 세기   ④ 제어 케이블에 의한 전압강하
⑤ 경년에 의한 용량의 감소   ⑥ 온도 변화에 의한 용량 보정

▶ 출제년도 : 기사 97. 99. 00. 02. 07. 15. 22.   ▶ 점수 : 10점

문3 도면은 어느 공장의 수전 설비이다. 필요한 [참고자료]를 이용하여 물음에 답하시오.

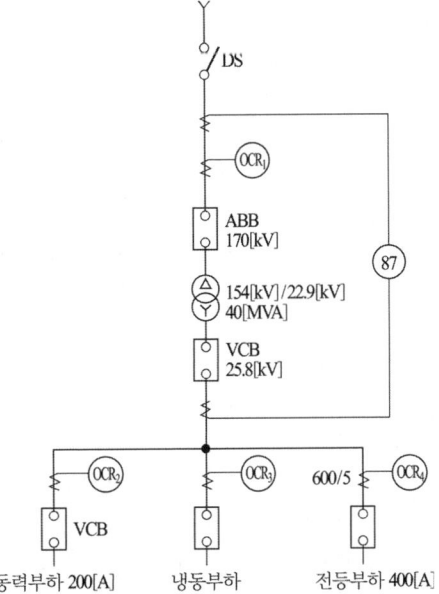

[참고자료]

① 전원 등가 Impedance는 2.5[%](100[MVA] 기준) 이고 변압기 %임피던스는 자기 용량 기준으로 7[%]이다.
② 전원측 변전소에서 설치된 OCR의 정정치는 Pick 2, 5에 LEVER가 2이다.
③ 전위와 후비 보호 장치와의 INTERVAL은 최소한 30[c/s]는 주어야 동시 동작을 피할 수 있다.
④ OCR_1의 Tap은 전부하 전류의 160[%]로 선정하며, 부하 측에서 설치된 $OCR_2 \sim OCR_4$의 사용 Tap은 150[%]로 설정한다.
⑤ 170[kV] 차단기 용량은 1,500[MVA], 2,500[MVA], 3,000[MVA], 5,000 [MVA], 7,500 [MVA] 중 선택하며 차동계전기 CT 변류기는 1,200[A], 1,500[A], 2,000[A], 2,300[A], 3,000[A], 5,000[A] 중에서 선택한다.

(1) 과전류 계전기 OCR_1의 적당한 Tap은? 단, CT값은 정격전류의 1.25배이다.
　• 계산 :　　　　　　　　　　　　　　• 답 :
(2) 170[kV] ABB의 적당한 차단용량[MVA]은?
　• 계산 :　　　　　　　　　　　　　　• 답 :
(3) 계전기 87의 22.9[kV] 측의 적당한 CT비는? 단, CT값은 정격전류의 1.25배이다.
　• 계산 :　　　　　　　　　　　　　　• 답 :
(4) 87 계전기의 정확한 명칭은?
(5) ABB의 정확한 명칭은?

● 답안작성

(1) **계산** : 부하 전류 $I = \dfrac{40,000}{\sqrt{3} \times 154} = 149.96[A]$

CT는 $I_{CT} = 149.96 \times 1.25 = 187.45[A]$ 이므로 조건에서 200/5[A] 선정
따라서, OCR1의 Tap은 조건 ④에 의해서
$149.96 \times 1.6 \times \dfrac{5}{200} = 6[A]$

답 : 6[A]

(2) **계산** : 단락 용량 = 기준 용량 $\times \dfrac{100}{\%Z} = 100 \times \dfrac{100}{2.5} = 4,000[MVA]$ 이므로
조건 ⑤에서 4,000[MVA]보다 큰 5,000[MVA]를 선정한다.

답 : 5,000[MVA]

(3) **계산** : 2차 전류 $I_2 = \dfrac{40,000}{\sqrt{3} \times 22.9} = 1,008.47[A]$

그러므로 CT 2차 전류는
$1,008.47 \times 1.25 = 1,260.59[A]$ 조건 ⑤에서 1,200/5가 적당하다.

답 : 1,200/5

(4) 전류 차동 계전기
(5) 공기 차단기

● 해 설
(4) • 87 : 전류 차동계전기(비율차동계전기)

- 87B : 모선보호 차동계전기
- 87G : 발전기용 차동계전기
- 87T : 주변압기 차동계전기

(5) 소호 원리에 따른 차단기의 종류

종류		소호원리
명칭	약어	
유입 차단기	OCB	소호실에서 아크에 의한 절연유 분해 가스의 열전도 및 압력에 의한 blast를 이용해서 차단
기중 차단기	ACB	대기 중에서 아크를 길게 해서 소호실에서 냉각 차단
자기 차단기	MBB	대기 중에서 전자력을 이용하여 아크를 소호실 내로 유도해서 냉각 차단
공기 차단기	ABB	압축된 공기를 아크에 불어넣어서 차단
진공 차단기	VCB	고진공 중에서 전자의 고속도 확산에 의해 차단
가스 차단기	GCB	고성능 절연 특성을 가진 특수 가스(SF_6)를 이용해서 차단

▶출제년도 : 기사 01, 03, 05, 09, 15.　▶점수 : 5점

문4 전기설비기술기준 및 한국전기설비규정(KEC)에 의하여 과전류차단기를 시설하여서는 안 되는 곳을 3가지 쓰시오.

● 답안작성
① 접지공사의 접지도체
② 다선식 전로의 중성선
③ 전로의 일부에 접지공사를 한 저압 가공전선로의 접지측 전선

● 해 설
과전류차단기의 시설 제한(KEC 341.11)
접지공사의 접지도체, 다선식 전로의 중성선 및 전로의 일부에 접지공사를 한 저압 가공전선로의 접지측 전선에는 과전류차단기를 시설하여서는 안된다.
다만, 다음의 경우에는 예외로 한다.
1. 다선식 전로의 중성선에 시설한 과전류차단기가 동작한 경우에 각 극이 동시에 차단될 때
2. 저항기·리액터 등을 사용하여 접지공사를 한 때에 과전류차단기의 동작에 의하여 그 접지도체가 비접지 상태로 되지 아니할 때

▶출제년도 : 기사 05, 12, 15.　▶점수 : 4점

문5 송전선로에 경동선보다 ACSR(강심알루미늄연선)을 많이 사용하는 이유 2가지를 쓰시오.

● 답안작성
① 경동선에 비해 기계적 강도가 크고 가벼우며
② 같은 저항값에 대한 전선의 바깥지름이 경동선보다 크기 때문에 코로나 발생 억제에 유효하다.

● 해 설
ACSR 전선은 같은 저항값을 가진 경동연선보다 바깥지름은 1.4배, 무게는 0.8, 인장강도는 1.7배로 가볍고 강하여 긴 경간에 좋고 바깥지름이 커서 코로나 방지에 좋다.

▶ 출제년도 : 기사 99. 01. 15.   ▶ 점수 : 5점

 품에서 규정된 소운반이라 함은 무엇을 뜻하는가?

● 답안작성

20[m] 이내의 수평 거리를 말하며, 경사면의 소운반 거리는 직고 1[m] 수평 거리 6[m]의 비율로 본다.

● 해 설

품에서 규정된 소운반이라 함은 20[m] 이내의 수평 거리를 말하며 소운반이 포함된 품에 있어서 운반거리가 20[m]를 초과할 경우에는 초과분에 대하여 별도 계상하며 소운반 거리는 직고 1[m] 수평 거리 6[m]의 비율로 본다.

▶ 출제년도 : 기사 06. 08. 15. 17.   ▶ 점수 : 5점

 화재안전기준에 의하면 누전경보기의 수신부를 설치해서는 아니되는 장소가 있다. 그 장소를 구분하여 5가지 쓰시오. 단, 누전경보기에 대하여 방폭·방식·방습·방온·방진 및 정전기 차폐 등의 방호조치는 하지 않은 것으로 본다.

● 답안작성

① 가연성의 증기, 먼지, 가스 등이나 부식성의 증기 가스 등이 다량으로 체류하는 장소
② 화약류를 제조하거나 저장 또는 취급하는 장소
③ 습도가 높은 장소
④ 온도의 변화가 급격한 장소
⑤ 대전류 회로, 고주파 발생회로 등에 따른 영향을 받을 우려가 있는 장소

▶ 출제년도 : 기사 10. 15.   ▶ 점수 : 5점

문8 다음은 금속관 공사에서 사용되는 부속품에 대한 설명이다. 물음에 답하시오.
(1) 전선관 상호의 접속용으로 관이 고정되어 있을 때, 또는 관의 양측을 돌려서 접속할 수 없는 경우에 사용되는 부속품은?
(2) 노출배관공사에서 관이 직각으로 굽히는 곳에 사용되는 부속품은?
(3) 금속관으로부터 전선을 뽑아 전동기 단자부분에 접속할 때 사용되는 부속품은?
(4) 인입구, 인출구의 관단에 접속하여 옥외의 빗물을 막는 데 사용되는 부속품은?
(5) 아웃렛 박스에 조명기구를 부착할 때 기구 중량의 장력을 보강하기 위해 사용되는 부속품은?

● 답안작성

(1) 유니온 커플링
(2) 유니버설 엘보
(3) 터미널 캡 또는 서비스 캡
(4) 엔트런스캡
(5) 픽스쳐스터드와 히키

문9 ▸출제년도 : 기사 15. ▸점수 : 8점

지상 5층 지하 2층의 일반 건물의 자동화재 탐지설비의 시공내역의 설명이다. 아래 조건을 보고 소요인공과 인건비를 구하시오(단, 내선전공의 노임은 80,000원이다).

자동화재 경보장치 설치

공 종	단위	내선전공	비 고
SPOT형 감지기 [(차동식, 정온식, 보상식) 노출형]	개	0.13	① 천장높이 4[m] 기준 1[m] 증가 시마다 5[%] 가산 ② 매입형 또는 특수구조인 경우 조건에 따라서 산정
시험기(공기관 포함)	개	0.15	① 상동 ② 상동
분포형의 공기관 (열전대선 감지선)	m	0.025	① 상동 ② 상동
검출기	개	0.30	
공기관식의 Booster	개	0.10	
발신기 P-1 발신기 P-2 발신기 P-3	개 개 개	0.30 0.30 0.20	1급(방수형) 2급(보통형) 3급(푸시버튼만으로 응답확인 없는 것)
회로시험기	개	0.10	
수신기 P-1(기본공수) (회선수공수산출기산요)	대	6.0	[회선수에 대한 산정] 매 1회선에 대해서 | 형식\직종 | 내선전공 | | P-1 | 0.3 | | P-2 | 0.2 | | 부수신기 | 0.2 | ※ R형은 수신반 인입감시 회선수 기준 참고 : 산정 예 [P-1]의 10회분 기본공수는 6인, 회선당 할증수는 (10×0.3)=3 ∴ 6+3 = 9인
수신기 P-2(기본공수) (회선수 공수 산출 가산요)	대	4.0	
부수신기(기본공수)	대	3.0	
R형 수신반(기본공수) (회선수 공수 산출 가산요)	대	6.0	
R형 중계기	개	0.30	
비상전원반	대	1.68	
소화전 기동 릴레이	대	1.5	수신기 내장되지 않은 것으로 별개로 취부할 경우에 적용
전령(電鈴)	개	0.15	
표시등(유도등)	개	0.20	
표시판	개	0.15	
비상콘센트함	대	0.36	

공 종	단위	내선전공	비 고
수동조작함	대	0.36	소화약제용, 스프링클러용, 댐퍼용 등의 수동조작함
프리액션밸브 결선	개	0.31	프리액션밸브에 장착된 압력스위치, 댐퍼 스위치, 솔레노이브 등의 결선
MCC 연동릴레이(소방)	개	0.33	
제연댐퍼 결선	대	0.32	댐퍼에 장착된 모터기동 및 동작확인 회로의 결선

[해설] 1. 시험품은 회로당 내선전공 0.025인 적용
2. 취부상 목대를 필요로 할 경우 목대 매 개당 내선전공 0.02인 가산
3. 공기관의 길이는 [텍스] 붙인 평면 천장의 산출식에 의한 수량에 5[%]를 가산하고, 보돌림과 시험기로 인하되는 수량은 별도 가산
4. 방폭형 200[%]
5. 아파트의 경우는 노출 SPOT형 감지기(차동식, 정온식, 보상식) 설치 품은 개당 내선전공 0.1인 적용
6. 철거 30[%], 재사용 철거 50[%]

[조건]
(1) 지상층은 층고가 3.5[m]이고 차동식스포트형 감지기를 각 층별로 20개씩 시공한다.
(2) 지하층은 층고가 4.5[m]이고 차동식스포트형 감지기를 각 층별로 30개씩 시공한다.
(3) 각 층마다 P형 1급 발신기가 2개 있고, P형 1급(20회선) 수신기는 1층에 1개 있다.
(4) 경계구역은 16개 구역으로 되어 있다.
(5) 배관 및 배선은 고려하지 않는다.

공 정	소요인공(내선전공)	인건비
지상층 감지기	① 계산 : 답 :	⑤ 계산 : 답 :
지하층 감지기	② 계산 : 답 :	⑥ 계산 : 답 :
수신기	③ 계산 : 답 :	⑦ 계산 : 답 :
감지기 선로시험	④ 계산 : 답 :	⑧ 계산 : 답 :

● 답안작성

공 정	소요인공(내선전공)	인건비
지상층 감지기	① **계산** : 20개×5개층×0.13인=13인 **답** : 13인	⑤ **계산** : 13인×80,000원=1,040,000원 **답** : 1,040,000원
지하층 감지기	② **계산** : 30개×2개층×0.13인×1.05=8.19인 **답** : 8.19인	⑥ **계산** : 8.19인×80,000원=655,200원 **답** : 655,200원
수신기	③ **계산** : 6인+20회로×0.3인=12인 **답** : 12인	⑦ **계산** : 12인×80,000원=960,000원 **답** : 960,000원
감지기 선로시험	④ **계산** : 16회로×0.025인=0.4인 **답** : 0.4인	⑧ **계산** : 0.4인×80,000원=32,000원 **답** : 32,000원

● 해 설
(1) 16개 경계구역 = 2회로×7개층(지상 5층, 지하 2층) + 계단 2회로(지상층 1, 지하층 1)
(2) ② 지하층 감지기 소요인공
- 천장높이 4[m] 기준으로 1[m] 증가 시마다 5[%] 가산, 지하층의 층고는 4.5[m]이므로 5[%] 가산을 적용한다.
  30개×0.13인 + 30개×0.13인×0.05=4.095인
- 2개층이므로
  4.095인×2개층 = 8.19인
③ 수신기의 소요인공
  P형 1급(20회선) 수신기이므로 6인+20회로×0.3인 = 12인
④ 감지기 선로시험 시 소요인공
  시험품은 회로당 내선전공 0.025인 적용이라고 되어 있으므로
  16회로×0.025인=0.4인

▶출제년도 : 기사 06, 07, 15.   ▶점수 : 5점

문10 시방서(Specification)를 작성할 때 요구되는 전문성에 대하여 예시와 같이 5가지만 표현을 하시오.
[예시] 사용 자재 및 장비에 관한 기술적 지식

● 답안작성
① 설계도서 구성 및 작성에 대한 이해
② 계약수립 및 관리 과정에 관한 지식
③ 설계도서의 활용에 대한 이해
④ 공사개시 전 준비단계에 대한 이해
⑤ 공사 추진 과정의 단계별 활용에 대한 이해

● 해 설
이외에도 ⑥ 공사 완성 단계의 업무에 대한 이해
        ⑦ 법적, 기술적 책임한계를 명확하게 표현할 수 있는 지식

▶출제년도 : 08, 15.   ▶점수 : 5점

문11 납축전지에서 발생되는 설페이션(Sulfation) 현상에 대하여 쓰시오.

● 답안작성
납 축전지를 방전 상태에서 오랫동안 방치하여 두면 극판의 황산납이 회백색으로 변하고(황산화 현상) 내부 저항이 대단히 증가하여 충전 시 전해액의 온도 상승이 크고 황산의 비중 상승이 낮으며 가스 발생이 심하게 되며 전지의 용량이 감퇴하고 수명이 단축되는 이러한 현상을 설페이션 현상이라 한다.

▶출제년도 : 기사 93, 97, 15.   ▶점수 : 4점

문12 합성수지관의 굵기가 22[mm]인 경우 2.5[mm^2] 전선을 몇 가닥까지 배선할 수 있는가? (단, 단면적은 40[%] 미만이고, 2.5[mm^2] 전선의 바깥지름은 4[mm]이다.)
- 계산 :   - 답 :

● 답안작성

계산 : • 2.5[mm²] 전선의 단면적(절연물 포함) $\pi r^2 = \pi \times \left(\dfrac{4}{2}\right)^2 = 12.57[\text{mm}^2]$

• 전선관의 내단면적 $A = \pi r^2 = \pi \left(\dfrac{22}{2}\right)^2 = 380.13[\text{mm}^2]$

내단면적 40[%]에 수용할 수 있는 전선 가닥수 N은
$380.13 \times 0.4 > 12.57 N$

$N < \dfrac{380.13 \times 0.4}{12.57} = 12.1$

답 : 12가닥

▶ 출제년도 : 기사 99. 15. 20.   ▶ 점수 : 6점

문13

아스팔트 포장의 자동차 도로(폭 25[m])의 양쪽에 저압나트륨등(250[W])의 광속 25,000[lm]의 등기구를 설치하여 노면휘도 1.2[nt]로 하려면 도로 양쪽에 등 설치 시 등 간격은?

단, • 아스팔트 포장의 경우 평균조도는 노면 휘도의 10배로 한다.
  • 조명률은 0.25이고, 감광보상률은 1.4이다.
  • 소수점 이하는 버림

• 계산 :   • 답 :

● 답안작성

계산 : $A = \dfrac{NFU}{ED} = \dfrac{1 \times 25000 \times 0.25}{1.2 \times 10 \times 1.4} = 372.02[\text{m}^2]$ (조도는 노면 휘도의 10배)

도로양쪽 조명 $A = \dfrac{\text{간격} \times \text{폭}}{2}$

∴ 간격 $= \dfrac{A \times 2}{\text{폭}} = \dfrac{372.02 \times 2}{25} = 29.76[\text{m}]$

답 : 29[m]

▶ 출제년도 : 기사 11. 14. 15.   ▶ 점수 : 2점

문14

다음 전선의 약호를 보고 그 명칭을 쓰시오.
(1) EV
(2) MI

● 답안작성

(1) 폴리에틸렌 절연 비닐 시스케이블
(2) 미네랄 인슈레이션 케이블

▶출제년도 : 기사 96. 97. 99. 01. 02. 03. 15.   ▶점수 : 5점

문 15
총공사비가 31억 원이고, 공사 기간이 14개월인 전기 공사의 간접 노무 비율[%]을 참고자료에 의거 계산하시오.
• 계산 :   • 답 :

[참고자료]

구 분		간접노무비율[%]
공사 종류별	건축 공사	14.5
	토목 공사	15
	기타(전기, 통신 등)	15
공사 규모별 *품셈에 의하여 산출되는 공사 원가 기준	50억 원 미만	14
	50~300억 원 미만	15
	300억 원 이상	16
공사 기간별	6개월 미만	13
	6~12개월 미만	15
	12개월 이상	17

● 답안작성

계산 : 간접 노무 비율 $= \dfrac{15+14+17}{3} = 15.33[\%]$

답 : 15.33[%]

● 해 설

간접 노무 비율 $= \dfrac{\text{공사종류별}[\%] + \text{공사규모별}[\%] + \text{공사기간별}[\%]}{3}$

▶출제년도 : 기사 15.   ▶점수 : 6점

문 16
다음 그림기호의 명칭을 쓰시오.

(1)   (2)   (3)   (4)   (5)   (6)

● 답안작성

(1) 누전 차단기   (2) 배선용 차단기   (3) 타임스위치
(4) 연기감지기   (5) 스피커   (6) 조광기

▶출제년도 : 기사 93. 98. 05. 15. 22.   ▶점수 : 5점

문 17
전선 지지점의 고저차가 없을 경우 경간 200[m]에서 이도가 6[m]인 송전선로가 있다. 이도를 8[m]로 증가시키고자 할 경우 증가되는 전선의 길이는 몇 [cm]인가?
• 계산 :   • 답 :

● 답안작성

계산 : 이도 6[m]일 때 전선의 길이 $L_1 = 200 + \dfrac{8 \times 6^2}{3 \times 200} = 200.48[\text{m}]$

이도 8[m]일 때 전선의 길이 $L_2 = 200 + \dfrac{8 \times 8^2}{3 \times 200} = 200.85[\text{m}]$

$\therefore L_2 - L_1 = 200.85 - 200.48 = 0.37[\text{m}] = 37[\text{cm}]$

답 : 37[cm]

● 해 설

$$L = S + \dfrac{8D^2}{3S}$$

여기서, L : 전선의 길이[m], D : 이도[m], S : 경간[m]

▸ 출제년도 : 기사 93. 10. 15.　▸ 점수 : 6점

문 18 다음 그림을 보고 물음에 답하시오.

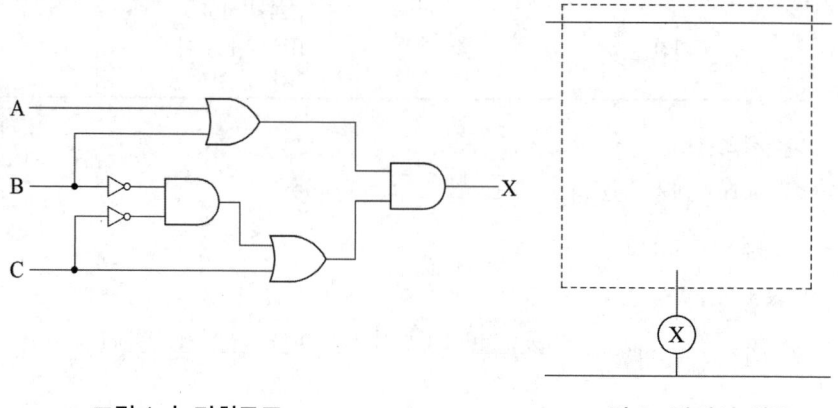

그림 1 논리회로도　　　　　　　그림 2 릴레이 회로도

(1) (그림 1)의 논리회로에 대한 논리식을 간략화하여 나타내시오.
(2) 논리식을 이용하여 (그림 2) 릴레이회로(점선 안)의 미완성 부분을 완성하시오.

● 답안작성

(1) $X = (A+B) \cdot (\overline{B} \cdot \overline{C} + C)$
$ = (A+B) \cdot (\overline{B}+C) \cdot (\overline{C}+C)$
$ = (A+B) \cdot (\overline{B}+C)$

(2)

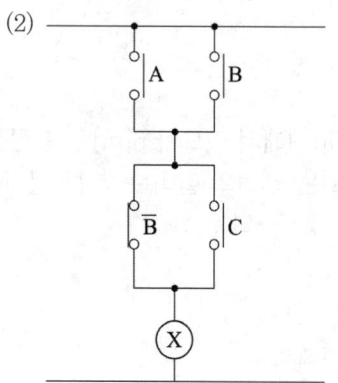

● 해 설
(1) 분배 법칙
  ① $A+(B \cdot C)=(A+B) \cdot (A+C)$
  ② $A \cdot (B+C)=A \cdot B+A \cdot C$
(2) 2진수(0과 1)에서
  ① $A+0=A$ ② $A+1=1$ ③ $A \cdot 0=0$ ④ $0+1=1$, $1+1=1$, $\overline{0}=1$
     $A \cdot 1=A$ $A+\overline{A}=1$ $A \cdot \overline{A}=0$ $0 \cdot 1=0$, $1 \cdot 1=1$, $\overline{1}=0$

개정된 '전기설비 기술기준 및 판단기준'과 '내선규정'에 의거해 삭제된 문제가 있어 점수의 합계가 100점이 되지 않습니다.

2015년 4회 전기공사기사실기

▶출제년도 : 기사 15, 산업 93, 06. ▶점수 : 5점

문1 그림과 같이 외등용 전선관을 지중에 매설하려고 한다. 터파기(흙파기)량은 얼마인가? 단, 매설 거리는 50[m]이고, 전선관의 면적은 무시한다.
• 계산 :
• 답 :

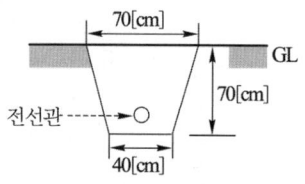

● 답안작성

계산 : 줄기초 파기이므로
$$V_o = \frac{0.7+0.4}{2} \times 0.7 \times 50 = 19.25[m^3]$$

답 : $19.25[m^3]$

● 해 설

$$V_o = \frac{A+B}{2} \times hL$$

▶출제년도 : 기사 15. ▶점수 : 5점

문2 그림은 합성수지관의 접속도이다. 설명을 읽고 어떤 커플링 접속법인지 쓰시오.

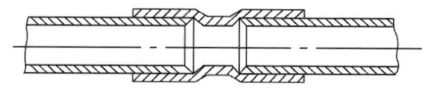

① 관단 내면의 관두께의 약 1/3정도 남을 때까지 깎아낸다.
② 커플링 안지름과 관 바깥지름의 접속 면을 마른 걸레로 잘 닦는다.
 (특히 기름기는 잘 닦아낸다.)
③ 커플링 안지름과 관 바깥지름의 접속 면에 속효성 접착제를 엷게 고루 바른다.
④ 관을 커플링에 끼워 90° 정도 관을 비틀어 그대로 10~20초 정도 눌러서 접속을 완료하고 튀어나온 접착제는 닦아낸다.

● 답안작성
TS 커플링에 의한 방법

● 해 설
합성수지관 상호 간의 접속
(1) TS 커플링에 의한 방법
 ① 관단 내면의 관 두께의 약 1/3정도 남을 때까지 깎아낸다.
 ② 커플링 안지름과 관 바깥지름의 접속 면을 마른 걸레로 잘 닦는다.
  (특히 기름기는 잘 닦아낸다.)

③ 커플링 안지름과 관 바깥지름의 접속 면에 속효성 접착제를 엷게 고루 바른다.
④ 관을 커플링에 끼워 90° 정도 관을 비틀어 그대로 10~20초 정도 눌러서 접속을 완료하고 튀어나온 접착제는 닦아낸다.

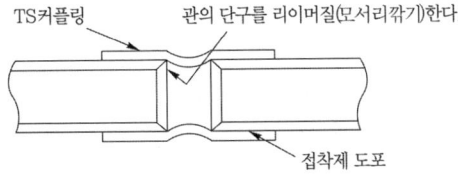

(2) 신축 커플링(콤비네이션 커플링)에 의한 방법
① TS 커플링의 방법으로 신축 커플링의 TS 측을 접속한다.
② 신축 측의 관은 관단 내면을 관 두께의 1/3 정도 남을 때까지 깎아내고 고무링을 관에 끼워 그대로 신축 커플링에 끼운다. 여름철 이외는 약 5[mm] 정도 당겨 신축 여유를 남겨 놓는다.

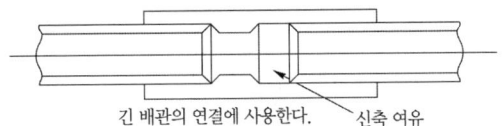

(3) 이송 커플링(유니온 커플링)에 의한 방법
① 관단 내면의 관 두께의 약 1/3이 남을 때까지 모서리 깎기를 한다.
② 커플링 안지름과 관 바깥지름의 접속 면을 마른 헝겊으로 잘 닦는다.
③ 커플링 안지름과 관 바깥지름의 접속 면에 속효성 접착제를 엷게 고루 바른다.
④ 한 쪽의 관을 들어 올려서 커플링을 다른 쪽 관에 보내서 소정의 접속부로 복원시킨다.
⑤ 토치램프 등으로 커플링을 사방에서 타지 않도록 가열해서 복원시켜 접속을 완료한다.

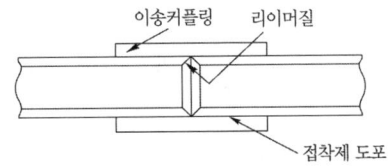

▶출제년도 : 기사 15, 18.   ▶점수 : 6점

문3 일반 조명용(백열등, HID등) 옥내배선 그림기호를 보고 각각의 적용분야를 쓰시오.

그림 기호	적 용	그림 기호	적 용
◐		⊗	
⊖		CL	
CH		DL	

● 답안작성

그림 기호	적 용	그림 기호	적 용
◐	벽붙이	⊗	옥외등
⊖	팬던트	CL	실링·직접 부착
CH	샹들리에	DL	매입 기구

● 해 설

명 칭	그림기호	적 요
일반용 조 명 백열등 HID등	○	① 벽붙이는 벽 옆을 칠한다. ◐ ② 걸림 로제트만 ⓛ ③ 팬던트 ⊖ ④ 실링·직접 부착 ⒸⓁ ⑤ 샹들리에 ⒸⒽ ⑥ 매입 기구 ⒹⓁ (⊚로 하여도 좋다.) ⑦ 옥외등은 ⊗로 하여도 좋다. ⑧ HID등의 종류를 표시하는 경우는 용량 앞에 다음 기호를 붙인다. 　수은등　　　　H 　메탈 헬라이드등　M 　나트륨등　　　　N 　[보기] H400

▶출제년도 : 기사 04. 15.　▶점수 : 5점

문4　EL램프 (electro luminescenct lamp)의 특징 5가지를 쓰시오.

● 답안작성

① 얇은 산화물 피막으로 전기저항이 낮다.
② 기계적으로 강하다.
③ 빛의 투과율이 높다.
④ 램프 충전 시 제1피크(peak), 램프방전 시 제2피크가 나타나는 일종의 콘덴서와 비슷하다.
⑤ 정현파 전압을 높이면 광속 발산도가 급격히 증가한다.

● 해 설

그외에도
⑥ 전압을 더욱 높이면 광속 발산도가 포화상태가 된다.
⑦ 주파수가 낮을 때는 광속 발산도가 직선적으로 증가한다.
⑧ 주파수가 높아지면 포화의 경향으로 표시된다.

▶출제년도 : 기사 97. 00. 10. 15.　▶점수 : 5점

문5　그림과 같은 회로에서 전동기가 누전된 경우 3,000[Ω]의 인체 저항을 가진 사람이 전동기에 접촉할 때 인체에 흐르는 전류 시간 합계[mA·sec]는? (단, 30[mA], 0.1[sec]의 경우 정격 ELB를 설치하였다.)
•계산 :　　　　　　　　　　　　　　　　　•답 :

● 답안작성

계산 : 접촉 시 지락 전류 = 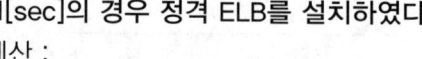 = 2.25[A]

$$\dfrac{220}{20+\dfrac{80\times 3{,}000}{80+3{,}000}} = 2.25[A]$$

인체에 흐르는 전류 $= \dfrac{80}{80+3{,}000} \times 2.25 = 0.05844[A] = 58.44[mA]$

주어진 조건에서 정격 감도 전류는 30[mA], 동작 시간 0.1[sec]이므로

인체에 흐르는 전류 시간 합계 $= 58.44 \times 0.1 = 5.84[mA \cdot sec]$

답 : $5.84[mA \cdot sec]$

● 해 설

(1) 상기의 그림을 등가회로로 그리면 다음과 같다.

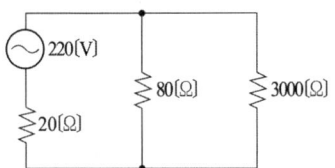

① 합성 저항 $R_T = 20 + \dfrac{80 \times 3{,}000}{80+3{,}000} = 97.92[\Omega]$

따라서, 접촉 시 지락 전류 $I_g = \dfrac{V_g}{R_T} = \dfrac{220}{20 + \dfrac{80 \times 3{,}000}{80+3{,}000}} = \dfrac{220}{97.92} = 2.25[A]$

② 인체(3,000[Ω])에 흐르는 전류 $I = \dfrac{80}{80+3{,}000} \times 2.25 = 0.05844[A] = 58.44[mA]$

(2) 누전 차단기 동작시간 : 정격 감도전류 이상의 지락 전류가 흐를 때부터 그 회로를 차단하기까지의 시간

▶ 출제년도 : 기사 15.   ▶ 점수 : 5점

문6 정상적인 상용전원 인입 시에는 인버터 모듈 내의 IGBT 프리 휠링 다이오드를 통한 풀 브리지 정류방식으로 충전기 기능을 하고 정전 시에는 인버터로 동작을 하여 출력전원을 공급하는 방식으로, 오프라인 방식이지만 일정 전압이 자동으로 조정되는 기능을 갖는 UPS 동작 방식을 쓰시오.

● 답안작성

라인 인터랙티브 방식

● 해 설

UPS 동작 방식

① 온라인(ON-LINE) 방식

항상 충전기와 인버터에 직류전원을 공급하는 방식으로, 평상시에도 인버터를 통하여 부하에 전원이 공급되는 방식이다.

② 오프라인(OFF-LINE) 방식

정상 시에는 직접 상용전원을 부하에 공급하고 있다가 정전 시에만 인버터를 동작하여 부하에 전원을 공급하는 방식으로 주로 소용량에 사용된다.

③ 라인 인터랙티브(LINE INTERACTIVE) 방식

정상적인 상용전원 인입 시에는 인버터 모듈 내의 IGBT 프리 휠링 다이오드를 통한 풀 브리지 정류방식으로 충전기 기능을 하고 정전 시에는 인버터로 동작을 하여 출력전원을 공급하는 방식이다.

▶출제년도 : 기사 15.   ▶점수 : 5점

문7 고압개폐기기의 종류이다. 각각의 용도를 쓰시오.

(1) 단로기 :
(2) 고압부하개폐기 :
(3) 진공부하개폐기 :
(4) 고압차단기 :
(5) 고압전력용 퓨즈 :

● 답안작성

(1) 단로기 : 선로로부터 기기를 분리, 구분 및 변경할 때 사용되는 개폐 장치로 부하 전류의 개폐에는 사용되지 않는다.
(2) 고압부하 개폐기 : 고장 전류와 같은 대전류는 차단 할 수 없지만 평상 운전시의 부하 전류의 개폐에 사용하는 것으로서 송배전선 등의 개폐 빈도가 별로 많지 않은 장소에 사용된다.
(3) 진공부하 개폐기 : 고장 전류와 같은 대전류는 차단 할 수 없지만 평상 운전시의 부하 전류의 개폐에 사용하는 것으로서 고압 전동기 등의 제어용으로 개폐 빈도가 많은 경우에 사용된다.
(4) 고압차단기 : 부하 전류 및 고장 전류 차단에 사용된다.
(5) 고압전력용 퓨즈 : 단락전류 차단이 주목적으로 부하 개폐기와 조합시켜 사용하는 경우가 많다.

▶출제년도 : 기사 15.   ▶점수 : 10점

문8 가공인입선의 인입선 접속점 및 인입구 배선을 보여주는 그림이다. 그림 각 부위(①~⑤)의 명칭을 쓰시오.

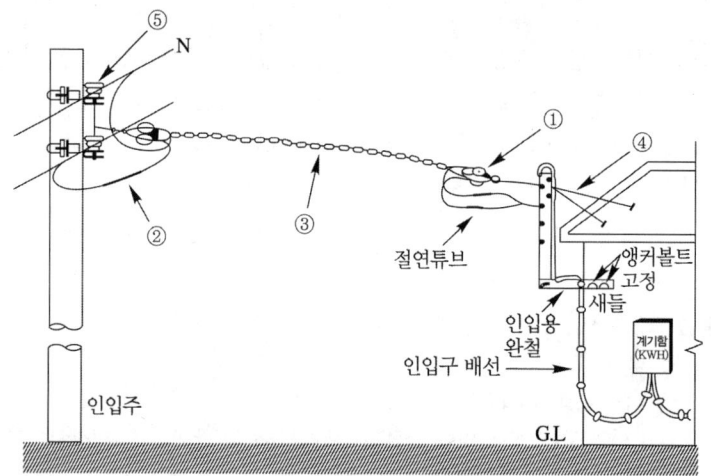

● 답안작성

① PVC 애자
② 전선 퓨즈
③ DV 전선
④ 완철지선
⑤ 렉크

● 해 설

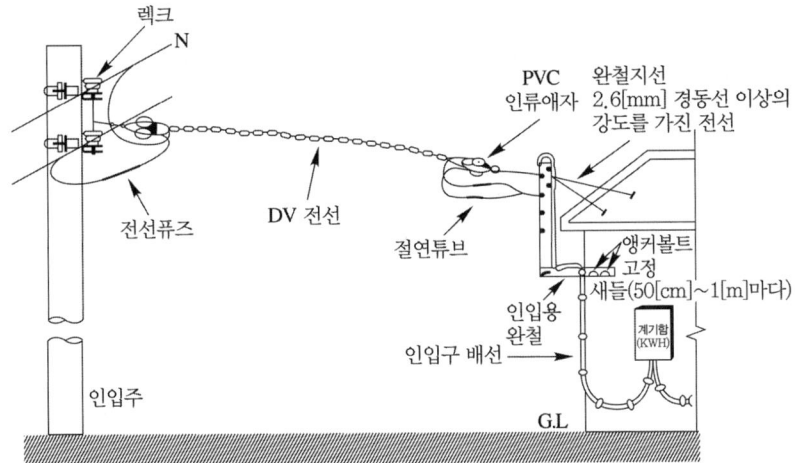

▸출제년도 : 기사 98. 15. 22.   ▸점수 : 5점

문9 다음 저항을 측정하는데 가장 적당한 계측기 또는 적당한 방법은?

(1) 변압기의 절연저항
(2) 검류계의 내부저항
(3) 전해액의 저항
(4) 백열전구의 필라멘트(백열 상태)
(5) 배전선의 전류

● 답안작성

(1) 절연저항계(Megger)
(2) 휘트스톤 브리지
(3) 콜라우시 브리지
(4) 전압강하법
(5) 후크온 메터

▸출제년도 : 08. 15.   ▸점수 : 5점

문10 전기설비의 방폭구조(防爆構造)의 종류 5가지만 쓰시오.

● 답안작성

① 내압 방폭구조
② 유입 방폭구조
③ 안전증 방폭구조
④ 본질안전 방폭구조
⑤ 특수 방폭구조

● 해 설

방폭구조의 기호

구 분	기 호
내압(耐壓) 방폭구조	d
유입(油入) 방폭구조	o
압력(內壓) 방폭구조	p
안전증 방폭구조	e
본질안전 방폭구조	i
특수 방폭구조	s

▶출제년도 : 기사 15. 산업 01. 02. 03. 17.　▶점수 : 5점

문11　변전실의 위치선정 시 고려하여야 할 사항 5가지만 쓰시오.

● 답안작성

① 부하의 중심에 가깝고, 배전에 편리할 것
② 전원 인입과 구내 배전선의 인출이 편리할 것
③ 기기의 반출·입에 지장이 없고 증설·확장이 용이할 것
④ 부식성 가스, 먼지 등이 적을 것
⑤ 고온 다습한 곳을 피할 것

● 해 설

그 외에도 ⑥ 진동이 없고 지반이 견고한 장소일 것
⑦ 폭발물, 가연성 저장소 부근을 피할 것
⑧ 침수의 우려가 없고 경제적일 것

▶출제년도 : 기사 95. 10. 15.　▶점수 : 5점

문12　3상3선, 380[V] 회로에 그림과 같이 부하가 연결되어 있다. 간선의 허용전류[A]를 구하시오. (단, 전동기의 평균 역률은 90[%]이다.)

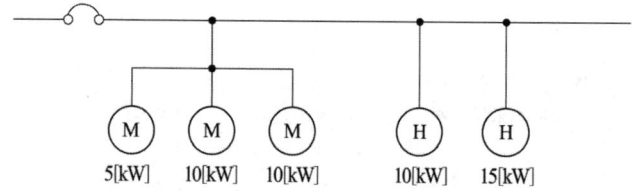

•계산 :　　　　　　　　　　　　　　　•답 :

● 답안작성

계산 : ① 전동기 정격 전류의 합 $\sum I_M = \dfrac{(5+10+10) \times 10^3}{\sqrt{3} \times 380 \times 0.9} = 42.20[A]$

　• 전동기의 유효 전류　$I_r = 42.20 \times 0.9 = 37.98[A]$

　• 전동기의 무효 전류　$I_q = 42.20 \times \sqrt{1-0.9^2} = 18.39[A]$

② 전열기 정격 전류의 합 $\sum I_H = \dfrac{(10+15) \times 10^3}{\sqrt{3} \times 380 \times 1.0} = 37.98[A]$

③ 설계전류 $I_B = \sqrt{(37.98+37.98)^2 + 18.39^2} = 78.15[A]$

따라서, $I_B \leq I_n \leq I_Z$의 조건을 만족하는 전선의 허용전류 $I_Z \geq 78.15[A]$가 되어야 한다.

답 : 78.15[A]

● 해 설

① 도체와 과부하 보호장치 사이의 협조(KEC 212.4.1)

과부하에 대해 케이블(전선)을 보호하는 장치의 동작특성은 다음의 조건을 충족해야 한다.

$I_B \leq I_n \leq I_Z$, $I_2 \leq 1.45 \times I_Z$

I_B : 회로의 설계전류(선도체를 흐르는 설계전류 또는 함유율이 높은 영상분 고조파, 특히 제3고조파가 지속적으로 흐르는 경우 중성선에 흐르는 전류이다.)

I_Z : 케이블의 허용전류

I_n : 보호장치의 정격전류(사용현장에 적합하게 조정된 전류의 설정 값)

I_2 : 보호장치가 규약시간 이내에 유효하게 동작하는 것을 보장하는 전류

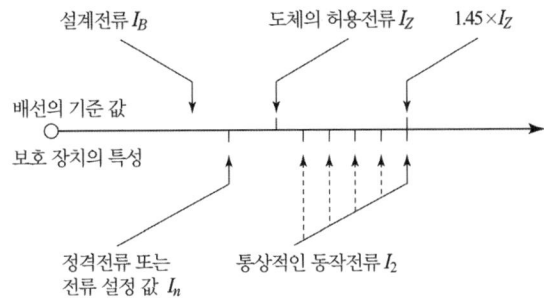

과부하 보호 설계 조건도

② 전열기의 역률은 1

▶출제년도 : 기사 15.   ▶점수 : 5점

문13 345[kV] 특고압 송전선을 사람이 용이하게 들어가지 않는 산지에 시설할 때 전선의 최소 높이는 지표상 얼마인가?

• 계산 :   • 답 :

● 답안작성

계산 : 단수 = $\dfrac{345-160}{10} = 18.4$ → 19단

따라서 지표상 높이 = $5 + 19 \times 0.12 = 7.28[m]$

답 : 7.28[m]

● 해 설

특고압 가공전선의 높이(KEC 333.7)

특고압 가공전선의 지표상(철도 또는 궤도를 횡단하는 경우에는 레일면상, 횡단보도교를 횡단하는 경우에는 그 노면상)의 높이는 표에서 정한 값 이상이어야 한다.

전압의 범위	일반장소	도로횡단	철도 또는 궤도횡단	횡단보도교
35[kV] 이하	5[m]	6[m]	6.5[m]	4[m] (특고압 절연전선 또는 케이블 사용)
35[kV] 초과 160[kV] 이하	6[m]	6[m]	6.5[m]	5[m](케이블 사용)
	산지 등에서 사람이 쉽게 들어갈 수 없는 장소 : 5[m] 이상			
160[kV] 초과	일반장소		가공전선의 높이 = 6 + 단수 × 0.12[m]	
	철도 또는 궤도횡단		가공전선의 높이 = 6.5 + 단수 × 0.12[m]	
	산지		가공전선의 높이 = 5 + 단수 × 0.12[m]	

※ 단수 = $\frac{(전압[kV]-160)}{10}$ … 단수 계산에서 소수점 이하는 절상

문14

▶출제년도 : 기사 15, 산업 01, 07. ▶점수 : 4점

N-EV는 네온관용 전선기호이다. 여기서, E는 무엇인가?

● 답안작성

폴리에틸렌

● 해 설

N-EV : 폴리에틸렌 절연 비닐 시스 네온전선
N : 네온전선   V : 비닐
E : 폴리에틸렌   R : 고무
C : 클로로프렌

문15

▶출제년도 : 기사 99, 01, 15. ▶점수 : 5점

옥내 배선도를 작성하는 기본 순서를 열거한 것이다. 순서를 올바르게 번호로 나열하시오.
① 점멸기의 위치를 평면도에 표시한다.
② 전등, 전열기, 전동기의 전압별 부하 집계표로 분기 회로수를 결정한다.
③ 건물의 평면도 준비
④ 각 부분의 배선에 전선의 종류, 굵기, 전선수를 표시
⑤ 전기 사용기계, 기구를 심벌을 써서 위치를 표시한다.

● 답안작성

③ → ⑤ → ② → ① → ④

문16

▶출제년도 : 기사 91, 92, 96, 98, 04, 12, 15, 20. ▶점수 : 5점

3상 4선식 380[V]로 수전하는 수용가의 부하 전력이 100[kW], 부하 역률이 85[%], 구내 배전선의 길이는 400[m]이며, 대지 간 전압 강하를 6[V]까지 허용하는 경우 구내 배선의 굵기를 구하시오. (단, 이때 배선의 굵기는 전선의 공칭 단면적으로 표시하시오.)
•계산 :   •답 :

● 답안작성

계산 : $A = \dfrac{17.8LI}{1,000e} = \dfrac{17.8 \times 400 \times \dfrac{100 \times 10^3}{\sqrt{3} \times 380 \times 0.85}}{1,000 \times 6} = 212.11 [\text{mm}^2]$

답 : $240[\text{mm}^2]$

● 해 설

① 전압강하 계산

전기 방식	전압 강하		전선 단면적
단상 3선식 직류 3선식 3상 4선식	$e_1 = IR$	$e_1 = \dfrac{17.8LI}{1,000A}$	$A = \dfrac{17.8LI}{1,000e_1}$
단상 2선식 및 직류 2선식	$e_2 = 2IR = 2e_1$	$e_2 = \dfrac{35.6LI}{1,000A}$	$A = \dfrac{35.6LI}{1,000e_2}$
3상 3선식	$e_3 = \sqrt{3}IR = \sqrt{3}e_1$	$e_3 = \dfrac{30.8LI}{1,000A}$	$A = \dfrac{30.8LI}{1,000e_3}$

② KSC IEC 전선규격

1.5, 2.5, 4, 6, 10, 16, 25, 35, 50, 70, 95, 120, 150, 185, 240, 300, 400, 500, 630$[\text{mm}^2]$

개정된 '전기설비 기술기준 및 판단기준'과 '내선규정'에 의거해 삭제된 문제가 있어 점수의 합계가 100점이 되지 않습니다.

2016년 1회 전기공사기사실기

▶ 출제년도 : 기사 93, 96, 98, 01, 16, 20.   ▶ 점수 : 7점

문1 다음 그림에 표시된 ①~⑦의 정확한 명칭을 쓰시오. (단, 그림은 2련 내장 애자장치(역조형)이다.)

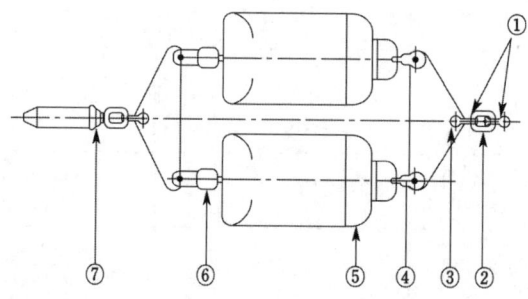

● 답안작성

① 앵커쇄클   ② 체인링크   ③ 삼각요크   ④ 볼크레비스
⑤ 현수애자   ⑥ 소켓 크레비스   ⑦ 압축형 인류 클램프

▶ 출제년도 : 기사 16, 22.   ▶ 점수 : 8점

문2 그림과 같은 전원설비에서 변압기의 부하율이 각각 40[%]일 때 변압기의 전손실[kW]을 구하시오.(단, 3상 300[kVA] 변압기의 철손은 2.2[kW], 전부하 동손은 4.2[kW]이다.)

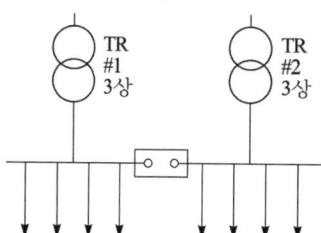

(1) 변압기 2대 운전 시의 전손실을 구하시오.
  • 계산 :   • 답 :
(2) 변압기 1대 운전 시의 전손실을 구하시오.
  • 계산 :   • 답 :

● 답안작성

(1) **계산** : 전손실 $P_l = (P_i + m^2 P_c) \times 2 = (2.2 + 0.4^2 \times 4.2) \times 2 = 5.74[kW]$
  답 : 5.74[kW]
(2) **계산** : 전손실 $P_l = P_i + m^2 P_c = 2.2 + 0.8^2 \times 4.2 = 4.89[kW]$
  답 : 4.89[kW]

● 해 설

(2) • A 변압기의 평균부하 = 부하율 × 변압기 용량 = $0.4 \times 300 = 120[\text{kVA}]$
  • B 변압기의 평균부하 = 부하율 × 변압기 용량 = $0.4 \times 300 = 120[\text{kVA}]$
  • 변압기 1대 사용 시 부하율 = $\frac{120+120}{300} \times 100 = 80[\%]$

▶출제년도 : 기사 16. ▶점수 : 6점

문3 가공 전선로의 애자에 대한 내용이다. ( )안에 알맞은 내용을 쓰시오.
(1) 애자련 개수의 결정은 ( )에 대하여 ( )를(을) 일으키지 않도록 하는 것을 기준으로 하고 있다.
(2) 애자의 상하 금구 사이에 전압을 인가하고 전압을 점점 높여가면 애자 주위의 공기를 통해서 아크가 발생되어 애자가 단락되게 되는 전압을 ( )이라 한다.
(3) 전선측에 붙여서 전선에 대한 정전용량을 늘리고, 선로의 섬락 시 애자가 열적으로 파괴되는 것을 막는 데 효과가 있는 것을 ( )이라 한다.

● 답안작성
(1) 내부적인 원인에 의한 이상전압, 섬락
(2) 섬락전압
(3) 초호환 또는 초호각

▶출제년도 : 기사 89, 96, 06, 16. ▶점수 : 4점

문4 다음 표의 수용가 A, B, C에 공급하는 배전선로의 최대 전력은 500[kW]이다. 이때 수용가의 부등률을 구하시오.

수용가	설비 용량 [kW]	수용률 [%]
A	400	60
B	300	60
C	400	80

• 계산 :   • 답 :

● 답안작성

계산 : 부등률 = $\frac{400 \times 0.6 + 300 \times 0.6 + 400 \times 0.8}{500} = 1.48$

답 : 1.48

● 해 설

부등률 = $\frac{\text{각 개 최대 전력의 합}}{\text{합성 최대 전력}} = \frac{\text{설비 용량} \times \text{수용률}}{\text{합성 최대 전력}}$

▶ 출제년도 : 기사 92. 96. 09. 12. 16. 20.   ▶ 점수 : 5점

문5 공급점에서 50[m]의 지점에 80[A], 60[m]의 지점에 50[A], 80[m]의 지점에 30[A]의 부하가 걸려 있을 때 부하 중심까지의 거리를 산출하여 전압강하를 고려한 전선의 굵기를 결정하려고 한다. 부하중심까지의 거리는 몇 [m]인지 구하시오.

•계산 :   •답 :

● 답안작성

계산 : 직선 부하에서의 부하 중심점까지의 거리

$$L = \frac{L_1 I_1 + L_2 I_2 + L_3 I_3}{I_1 + I_2 + I_3} = \frac{50 \times 80 + 60 \times 50 + 80 \times 30}{80 + 50 + 30} = 58.75 [\text{m}]$$

답 : 58.75[m]

▶ 출제년도 : 기사 06. 09. 16.   ▶ 점수 : 6점

문6 요구하는 접지의 목적과 접지저항값을 얻기 위해서는 대지의 구조에 따라 경제적이고 신뢰성있는 접지공법을 채택하여야 한다. 접지공법을 대별하면 봉상접지공법, 망상접지법(mesh 공법), 건축 구조체 접지공법이 있다. 이 중 봉상접지공법에 대하여 간단히 설명하시오.

● 답안작성

봉상접지공법은 건물의 부지면적이 제한된 도시지역 등 평면적인 접지공법이 곤란한 지역에서 주로 시공되고 있는데 지층의 대지 저항률에 따른 심타공법과 낮게 박는 병렬접지공법이 있다.

● 해 설

봉상접지공법에는 심타공법과 병렬접지공법이 있다.
① 심타공법 : 접지봉을 지표에서 타입하는 방법으로 접지봉을 직렬 접속한다.
② 병렬접지공법 : 독립 접지봉을 여러 개 묻고 각 접지봉을 병렬로 연결하는 방법

▶ 출제년도 : 기사 16. 22. 산업 89. 97. 00. 04. 07.   ▶ 점수 : 6점

문7 경간 200[m]인 가공 송전선로가 있다. 전선 1[m]당 무게는 2.0[kg]이고 풍압 하중이 없다고 한다. 인장강도 4,000[kg]의 전선을 사용할 때 이도(D)와 전선의 실제 길이(L)를 구하시오. (단, 안전율은 2.2로 한다.)

(1) 이도(D)
    •계산 :   •답 :
(2) 전선의 실제 길이(L)
    •계산 :   •답 :

● 답안작성

(1) 이도

계산 : $D = \dfrac{WS^2}{8T} = \dfrac{2.0 \times 200^2}{8 \times 4,000/2.2} = 5.5 [\text{m}]$

답 : 5.5[m]

(2) 전선의 실제 길이

계산 : $L = S + \dfrac{8D^2}{3S} = 200 + \dfrac{8 \times 5.5^2}{3 \times 200} = 200.4[\text{m}]$ 답 : 200.4[m]

● 해 설

(1) 이도 $D = \dfrac{WS^2}{8T}$

(2) 전선의 실제 길이 $L = S + \dfrac{8D^2}{3S}$

여기서, D : 이도[m], W : 단위 길이당 전선의 중량[kg/m]
  S : 경간[m], T : 전선의 수평장력[kg]

▶출제년도 : 기사 05, 06, 07, 16. ▶점수 : 6점

문8 감전의 위험이 있는 전기시설의 부위에는 전기의 가압 여부를 식별할 수 있는 활선 표시장치 등을 각 상에 부착하도록 권장하고 있다. 이 활선 표시장치의 권장 설치장소 3곳을 쓰시오.

● 답안작성

① 수전점 개폐기의 전원측 및 부하 측 각 상
② 분기회로 개폐기의 전원측 및 부하 측 각 상
③ 변압기 등의 전원 측 및 부하 측 각 상

▶출제년도 : 기사 01, 16, 18. ▶점수 : 4점

문9 조명기구를 직선도로에 배치하는 방식 4가지만 열거하시오.

● 답안작성

① 중앙 배열   ② 편측 배열   ③ 대칭 배열   ④ 지그재그 배열

● 해 설

조명 기구의 배치 방법에 의한 분류

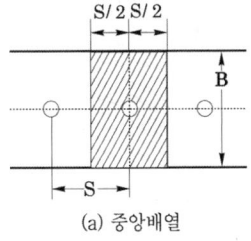
(a) 중앙배열

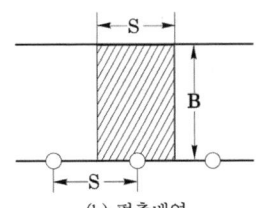
(b) 편측배열

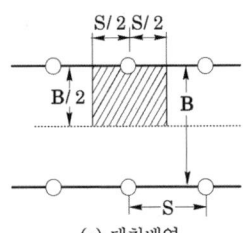
(c) 대칭배열

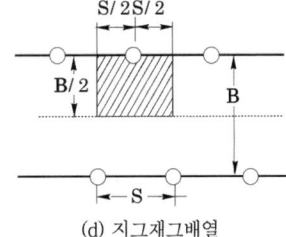
(d) 지그재그배열

▸출제년도 : 기사 16.   ▸점수 : 5점

문 10
3상 3선식 배전선로에 역률 0.8, 출력 120[kW]인 3상 평형 유도부하가 접속되어있는 경우, 부하단의 수전전압이 3,000[V], 배전선 1조의 저항이 6[Ω], 리액턴스가 4[Ω]일 때의 송전단 전압을 구하시오.

•계산 :   •답 :

● 답안작성

계산 : $V_s = V_r + \sqrt{3} I(R\cos\theta + X\sin\theta)$

$= 3,000 + \sqrt{3} \times \dfrac{120 \times 10^3}{\sqrt{3} \times 3,000 \times 0.8} \times (6 \times 0.8 + 4 \times 0.6) = 3,360[V]$

답 : 3,360[V]

▸출제년도 : 기사 14. 16.   ▸점수 : 5점

문 11
가공전선로 설계 시 부하계수란 무엇인지 쓰시오.

● 답안작성

합성하중과 전선의 자중에 대한 비

● 해 설

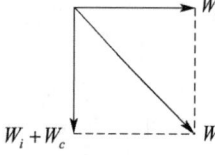

• 풍압하중(W_w)
• 전선에 가해지는 합성하중(W)
• 전선의 자중(W_c)
• 빙설 하중(W_i)

• 합성하중 $W = \sqrt{(W_i + W_c)^2 + W_w^2}$

• 부하계수 산술식 : $W_s = \dfrac{W}{W_c} = \dfrac{\sqrt{(W_i + W_c)^2 + W_w^2}}{W_c}$

▸출제년도 : 기사 91. 06. 12. 16. 24.   ▸점수 : 6점

문 12
건물의 종류에 대응한 표준부하 값을 빈칸의 (   ) 안에 쓰시오.

건물의 종류	표준 부하 [VA/m²]
기숙사, 여관, 호텔, 병원, 학교, 음식점, 다방	(①)
공장, 공회당, 사원, 교회, 극장, 영화관 등	(②)
사무실, 은행, 상점, 이발소, 미용원	(③)
주택, 아파트	(④)

● 답안작성

① 20   ② 10   ③ 30   ④ 40

● 해 설

건물의 종류에 대응한 표준부하는 다음과 같다.

건물의 종류	표준 부하 [VA/m²]
공장, 공회당, 사원, 교회, 극장, 영화관 등	10
기숙사, 여관, 호텔, 병원, 학교, 음식점, 다방, 대중 목욕탕	20
사무실, 은행, 상점, 이발소	30
주택, 아파트	40

▶ 출제년도 : 기사 16.　▶ 점수 : 4점

문13 조명설비의 조도는 시간이 경과하면 광속저하, 램프 조명기구의 오염 및 실내면의 반사율 저하로 조도가 감소되는데 설계 시 이러한 조도의 감소를 감안하여 보정계수를 적용하여 실제보다 높은 조도레벨로 설계를 하게 된다. 이때 적용되는 보정계수는 무엇인지 쓰시오.

● 답안작성

감광보상률

● 해 설

(1) 광속의 감소 원인
　① 점등 중 광원의 노화로 인한 광속의 감소(필라멘트 증발, 흑화 등)
　② 조명기구에 붙은 먼지, 오물 그리고 반사면의 화학적 변질에 의한 광속의 흡수율 증가
　③ 실내 반사면(천정, 벽, 바닥)에 붙은 먼지, 오물, 그리고 반사면의 화학적 변질에 의한 광속의 흡수율 증가
　④ 공급전압과 광원의 정격전압의 차이에서 오는 광속의 감소
(2) 감광보상률의 역수를 유지율 또는 보수율이라고 한다.
　즉, $D = \dfrac{1}{M}$
　여기서, D : 감광보상률($D > 1$), M : 유지율(보수율)

▶ 출제년도 : 기사 16, 20, 24.　▶ 점수 : 5점

문14 345 [kV] 옥외 변전소시설에 있어서 울타리의 높이와 울타리에서 충전부분까지의 거리의 최소값[m]을 구하시오.

•계산 :　　　　　　　　　　　　　•답 :

● 답안작성

계산 : •160[kV]를 넘는 경우 : 6[m]에 160[kV]를 넘는 10[kV] 또는 그 단수마다 12[cm]를 가한 값으로 한다.
　　•단수 $= \dfrac{345-160}{10} = 18.5 \rightarrow 19$단
　　•충전 부분까지의 거리[m] $= 6 + 19 \times 0.12 = 8.28$[m]
답 : 8.28[m]

● 해 설

발전소 등의 울타리·담 등의 시설(KEC 351.1)
① 울타리·담 등의 높이는 2[m] 이상으로 하고 지표면과 울타리·담 등의 하단 사이의 간격은 0.15[m] 이하로 할 것
② 울타리·담 등과 고압 및 특고압의 충전 부분이 접근하는 경우에는 울타리·담 등의 높이와 울타리·담 등으로부터 충전부분까지 거리의 합계는 표에서 정한 값 이상으로 할 것

사용 전압의 구분	울타리·담 등의 높이와 울타리·담 등으로부터 충전 부분까지의 거리의 합계
35[kV] 이하	5[m]
35[kV] 초과 160[kV] 이하	6[m]
160[kV] 초과	• 거리의 합계 = 6 + 단수 × 0.12[m] • 단수 = $\dfrac{사용전압[kV]-160}{10}$ 단수 계산에서 소수점 이하는 절상

▶출제년도 : 기사 12. 16.   ▶점수 : 5점

문15 전기설비에 지락 등의 고장이 발생한 경우에, 해당 전기설비에 사람 등이 접촉하여 발생하는 간접접촉의 감전예방 보호방법 5가지를 쓰시오.

● 답안작성

① 전원의 자동차단에 의한 보호
② Ⅱ급 기기의 사용 또는 이것과 동등 이상의 절연에 의한 보호
③ 비도전성 장소에 의한 보호
④ 비접지용 국부적 등전위 접속에 의한 보호
⑤ 전기적 분리에 의한 보호

● 해 설

안전보호
(1) 직접접촉예방
  전기설비가 정상으로 운영하고 있는 상태에서 전기설비에 사람 또는 동물이 접촉되는 경우를 대비하여 감전예방을 위한 보호
  ① 충전부의 절연에 의한 보호
  ② 격벽 또는 외함에 의한 보호
  ③ 장애물에 의한 보호
  ④ 손의 접근한계 외측 설치에 따른 보호
  ⑤ 누전차단기에 의한 추가 보호
(2) 간접접촉예방
  전기설비에 지락 등의 고장이 발생한 경우에 해당 전기설비에 사람 또는 동물이 접촉한 경우를 대비하여 감전예방을 위한 보호로서 다음 중 하나의 방법에 의해 실시한다.
  ① 전원의 자동차단에 의한 보호
  ② Ⅱ급 기기의 사용 또는 이것과 동등 이상의 절연에 의한 보호
  ③ 비도전성 장소에 의한 보호
  ④ 비접지용 국부적 등전위 접속에 의한 보호
  ⑤ 전기적 분리에 의한 보호

(3) 특별저압에 의한 보호는 직접접촉예방 및 간접접촉 예방을 동시에 시행한다. 사용전압은 교류 50[V] 이하, 직류 120[V] 이하의 전압을 말한다.
① 비 접지회로에 적용하는 SELV 계통
② 접지회로에 적용하는 PELV 계통
③ 기능상 ELV를 사용하는 경우에 적용하는 FELV 계통

문16

▶출제년도 : 09. 16.　▶점수 : 5점

자동화재탐지설비 중 부착 높이 15[m] 이상 20[m] 미만에 적용하는 감지기의 종류 3가지만 쓰시오.

● 답안작성

① 이온화식 1종　② 연기복합형　③ 불꽃감지기

● 해 설

층고에 따른 감지기 선정기준

부착높이	감지기의 종류
4[m] 미만	• 차동식 (스포트형, 분포형)　• 보상식 스포트형 • 정온식 (스포트형, 감지선형) • 이온화식 또는 광전식 (스포트형, 분리형, 공기흡입형) • 열복합형　• 연기복합형 • 열연기복합형　• 불꽃감지기
4[m] 이상 8[m] 미만	• 차동식 (스포트형, 분포형)　• 보상식 스포트형 • 정온식 (스포트형, 감지선형) 특종 또는 1종 • 이온화식 1종 또는 2종 • 광전식(스포트형, 분리형, 공기흡입형) 1종 또는 2종 • 열복합형　• 연기복합형 • 열연기복합형　• 불꽃감지기
8[m] 이상 15[m] 미만	• 차동식 분포형　• 이온화식 1종 또는 2종 • 광전식(스포트형, 분리형, 공기흡입형) 1종 또는 2종 • 연기복합형　• 불꽃감지기
15[m] 이상 20[m] 미만	• 이온화식 1종 • 광전식(스포트형, 분리형, 공기흡입형) 1종 • 연기복합형　• 불꽃감지기
20[m] 이상	• 불꽃감지기 • 광전식(분리형, 공기흡입형)중 아날로그방식

문17

▶출제년도 : 기사 16.　▶점수 : 7점

다음은 지하 집수조에서 고가수조로 양수하여 물을 사용하기 위한 급수장치의 일부분이다. 다음 물음에 답하시오.

[동작사항]
① 전원을 투입하면 전원 표시등 GL이 점등되고 EOCR에 전원이 공급된다.
② 버튼스위치 PB를 누르면 (눌렀다 놓으면) MC, T, FLR, RL에 전원이 즉시 공급되어 전동기가 회전하여 Pump가 고가수조에 급수를 시작한다.

③ 고가수조의 수위가 만수위가 되면 급수는 정지되고 표시등 RL은 소등되고 T와 FLR에는 전원이 계속 공급되고 있다.
④ 수조의 수위가 저수위가 되면 다시 급수를 시작하고 RL이 점등된다.
⑤ 전원이 순간적으로 정전되었다가(약 2~5초 간) 다시 전원이 공급되면, 버튼 스위치 PB를 누르지 않아도 정전이 되기 전과 같이 제어회로에 전원이 공급된다. 여기서 T는 적어도 6초 이상 설정해 놓아야 한다.
⑥ 전동기가 운전 중 과부하가 되었을 때 제어회로에는 전원이 차단되어 급수가 정지되고 FR에 전원이 공급되어 표시등 YL과 부저 BZ가 교대로 계속 동작한다. 이때 차단기 MCCB를 OFF하면 모든 동작이 정지된다.

― 범례 ―

: FLR(Floatless Relay) a,b 접점   GL, YL, RL : 표시등
: T(타이머(off delay)) a,b 접점   BZ : 부저
: PB a, b 접점   EOCR : 전자식과전류계전기
: FR(플리커 릴레이) a, b 접점   P : 수조용 전극봉

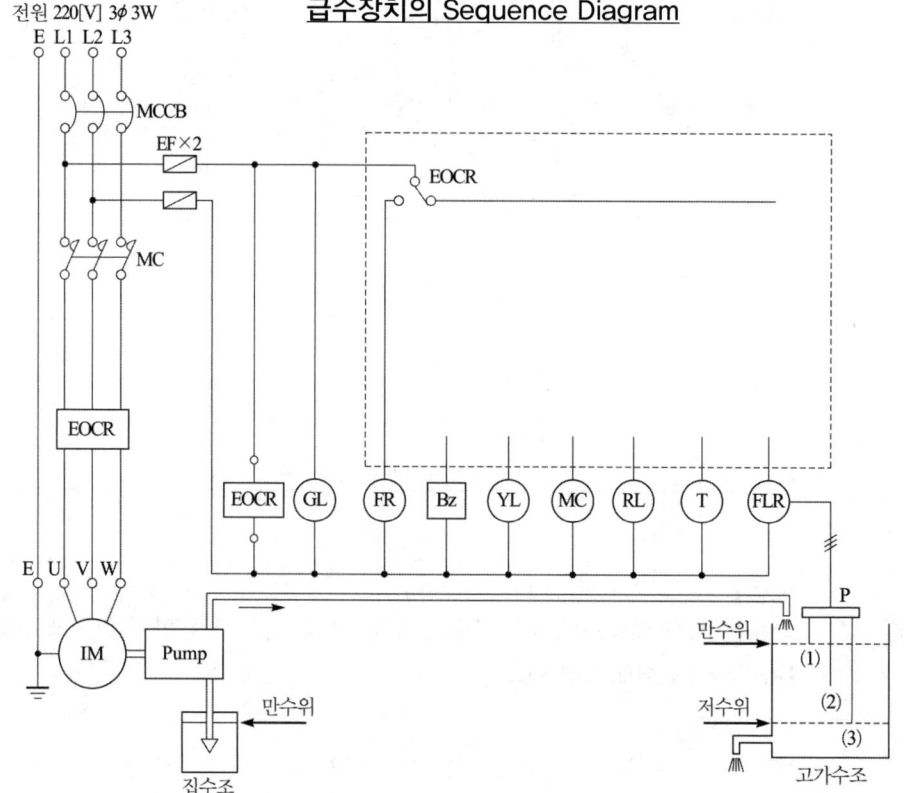

급수장치의 Sequence Diagram

(1) 이 급수 장치가 완전히 동작되도록 동작사항을 참고하여 네모 안의 회로를 완성하시오
(단, 지하 집수조의 수위는 항상 만수위가 되어 있는 것으로 하시오).
(2) 고가수조의 P 부분의 전극 (1), (2), (3) 명칭을 쓰시오.

● 답안작성

(1)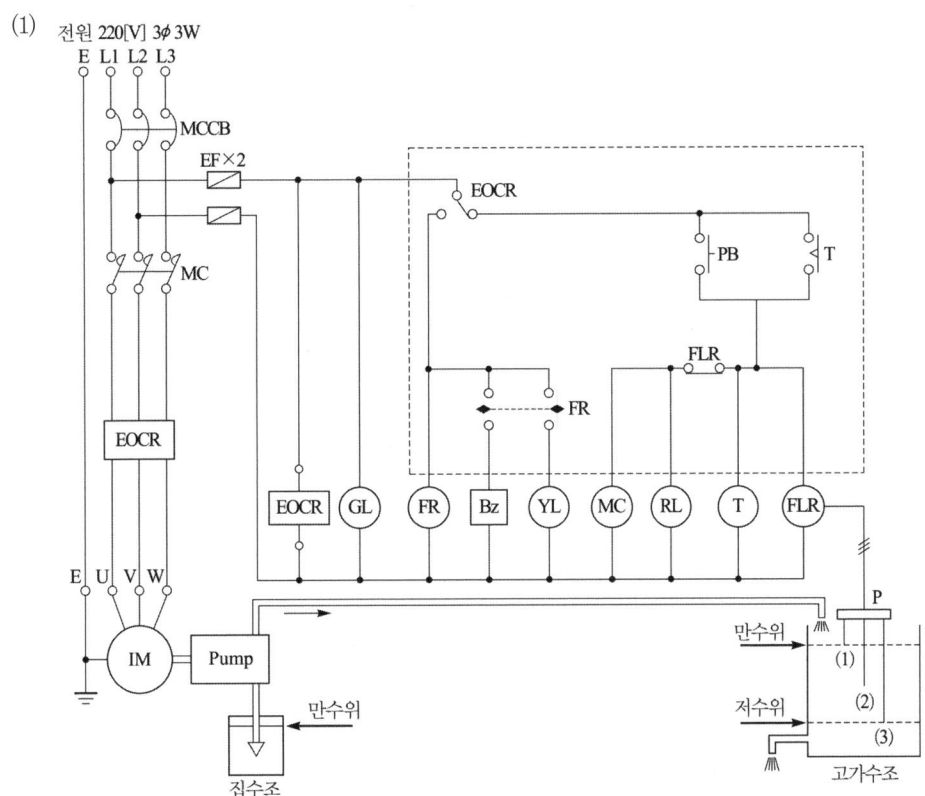

(2) ① : E_1, ② : E_2, ③ : E_3

▶출제년도 : 기사 11. 16. ▶점수 : 6점

문18 송전방식에는 교류송전과 직류송전방식이 있다. 직류송전방식의 장점을 3가지만 쓰시오.

● 답안작성

① 절연 계급을 낮출 수 있다.
② 무효 전력 및 송전 손실이 없고, 또 역률이 항상 1이므로 송전 효율이 좋다.
③ 리액턴스, 위상각이 없으므로 안정도가 좋다.

● 해 설

직류 송전 방식의 장·단점
[장점] ① 선로의 리액턴스가 없으므로 안정도가 높다.
② 유전체손 및 충전 용량이 없고 절연 내력이 강하다.
③ 비동기 연계가 가능하다.

　　　　④ 단락 전류가 적고 임의 크기의 교류 계통을 연계시킬 수 있다.
　　　　⑤ 코로나손 및 전력 손실이 적다.
　　　　⑥ 표피 효과나 근접 효과가 없으므로 실효 저항의 증대가 없다.
[단점] ① 직교 변환 장치가 필요하다.
　　　　② 전압의 승압 및 강압이 불리하다.
　　　　③ 고조파나 고주파 억제 대책이 필요하다.
　　　　④ 직류 차단기가 개발되어 있지 않다.

2016년 2회 전기공사기사실기

문1 ▸출제년도 : 기사 00. 02. 16.   ▸점수 : 5점

가공 배전 선로로 가선할 때의 전선 가선 시 실소요량은 일반적으로 선로가 평탄할 때 어떻게 산출하는가?

● 답안작성

선로긍장 × 전선조수 × 1.02

● 해 설

선로 고저차가 심할 때 : 선로긍장 × 전선조수 × 1.03

문2 ▸출제년도 : 기사 94. 16.   ▸점수 : 5점

12×18[m²]인 사무실의 조도를 200[lx]로 하고자 한다. 램프 1개의 전광속 4,600[lm], 램프전류 0.87[A]의 2×40[W] LED 형광등으로 시설할 경우에 조명률 50[%] 감광보상률 1.3으로 가정하면 이 사무실의 16[A] 분기 회로수를 구하시오. (단, 전기방식은 220[V] 단상 2선식으로 한다.)

• 계산 :   • 답 :

● 답안작성

계산 : $N = \dfrac{AED}{FU} = \dfrac{12 \times 18 \times 200 \times 1.3}{4,600 \times 2 \times 0.5} = 12.21 \rightarrow 13[등]$

분기 회로 수 $n = \dfrac{13 \times 0.87 \times 2}{16} = 1.41$

답 : 16[A] 분기 2회로

● 해 설

2×40[W]는 40[W] 형광등 Lamp 2개를 한 개의 등기구에 설치한 것으로 계산 시 소요 등기구 수를 계산하여야 한다.

문3 ▸출제년도 : 기사 16. 산업 00. 01.   ▸점수 : 2점

옥내배선용 심벌(KSC 0301) 중 지진 감지기의 그림기호를 그리시오.

● 답안작성

ⒺⓆ

● 해 설

명 칭	그림 기호	적 요
지진 감지기	ⒺⓆ	필요에 따라 전류를 표기한다. [보기] ⒺⓆ 100~170cm/s ⒺⓆ 100~170Gal

▸출제년도 : 기사 08. 16. ▸점수 : 5점

문4 전기기기의 선정과 시설을 위한 배선설비의 선정과 시공 시 고려할 사항 5가지를 쓰시오.

● 답안작성

① 감전 예방
② 열적 영향에 대한 보호
③ 과전류에 대한 보호
④ 고장전류에 대한 보호
⑤ 과전압에 대한 보호

▸출제년도 : 기사 05. 06. 07. 16. ▸점수 : 6점

문5 배선도에 그림과 같이 표현되어 있다. 그림 기호가 나타내는 배관의 종류(명칭)를 쓰시오.

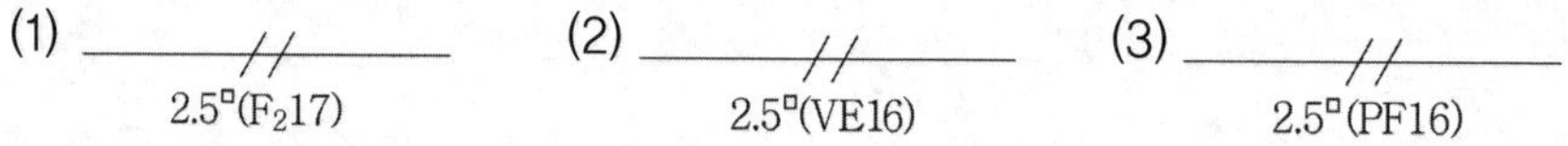

(1) ────//────   (2) ────//────   (3) ────//────
   $2.5^□(F_2 17)$ $2.5^□(VE16)$ $2.5^□(PF16)$

● 답안작성

(1)	(2)	(3)
2종 금속제 가요전선관	경질비닐전선관	합성수지제 가요관

● 해 설

명 칭	그림기호	적 요
천장 은폐 배선	────────	① 천장 은폐 배선 중 천장 속의 배선을 구별하는 경우는 천장 속의 배선에 ─・─・─ 를 사용하여도 좋다. ② 노출 배선 중 바닥면 노출 배선을 구별하는 경우는 바닥면 노출 배선에 ─‥─‥─ 를 사용하여도 좋다. ③ 전선의 종류를 표시할 필요가 있는 경우는 기호를 기입한다. ④ 배관은 다음과 같이 표시한다. ────//──── $2.5^□(VE19)$ 전선관의 종류 ──┘ └── 전선관의 굵기 **전선관의 종류** • 강제전선관은 별도의 표기없음 • VE : 경질비닐전선관 • F_2 : 2종 금속제 가요전선관 • PF : 합성수지제 가요관 ⑤ 절연 전선의 굵기 및 전선 수는 다음과 같이 기입한다. 단위가 명백한 경우는 단위를 생략하여도 좋다. [보기] ─///─ ─//─ ─//─ ─///─ $2.5^□$ 2 2(mm²) 8 숫자 표기의 보기 : 1.6×5 5.5×1
바닥 은폐 배선	─ ─ ─ ─	
노출 배선	・・・・・・・・	

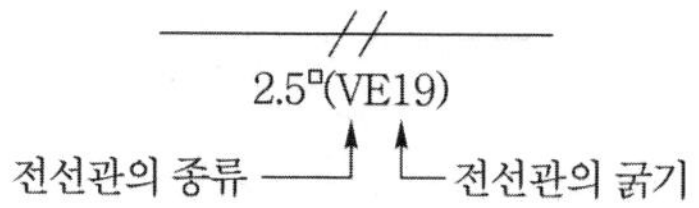

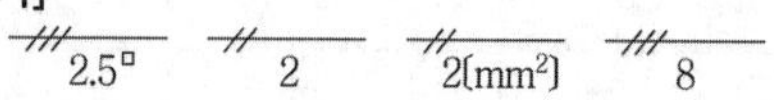

▸ 출제년도 : 기사 04. 06. 16.   ▸ 점수 : 5점

문6 공구손료에 대하여 설명하시오.

● 답안작성

일반공구 및 시험용 계측 기구류의 손료로서 공사 중 상시 일반적으로 사용하는 것을 말하며, 직접 노무비(노임할증 제외)의 3[%]까지 계상한다.

▸ 출제년도 : 기사 97. 16. 산업 10.   ▸ 점수 : 5점

문7 납축전지의 정격용량 200[Ah], 상시부하 12[kW], 표준전압 100[V]인 부동충전방식의 2차 충전전류는 몇 [A]인지 구하시오. (단, 납축전지의 방전율은 10시간율로 한다.)

• 계산 :   • 답 :

● 답안작성

계산 : 2차 충전전류 $I = \dfrac{200}{10} + \dfrac{12,000}{100} = 140 [\text{A}]$

답 : 140[A]

● 해 설

① 부동 충전 : 축전지의 자기 방전을 보충함과 동시에 상용 부하에 대한 전력 공급은 충전기가 부담하도록 하되 충전기가 부담하기 어려운 일시적인 대전류 부하는 축전지로 하여금 부담하게 하는 방식이다.

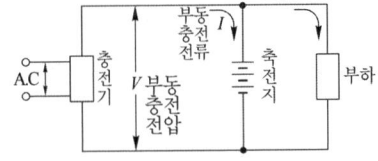

② 충전기 2차 충전 전류[A] = $\dfrac{\text{축전지 용량 [Ah]}}{\text{정격 방전율 [h]}} + \dfrac{\text{상시 부하 용량 [VA]}}{\text{표준 전압 [V]}}$

▸ 출제년도 : 기사 16. 17.   ▸ 점수 : 6점

문8 사람이 상시 통행하는 터널 내의 공사방법을 3가지만 쓰시오. (단, 사용전압이 저압에 한한다.)

● 답안작성

① 애자 공사 ② 금속관 공사 ③ 합성수지관 공사

● 해 설

터널 안 전선로의 시설(KEC 335.1)

사람이 상시 통행하는 터널 안의 전선로 사용전압은 저압 또는 고압에 한하며, 다음에 따라 시설하여야 한다.

전 압	전선의 굵기	시공방법	애자사용 공사 시 높이
저 압	인장강도 2.30[kN] 이상 또는 2.6[mm] 이상의 경동선의 절연전선	• 합성수지관 공사 • 금속관공사 • 금속제가요전선관 공사 • 케이블공사 • 애자공사	노면상 2.5[m] 이상
고 압		• 케이블공사	

▶ 출제년도 : 기사 12. 16.   ▶ 점수 : 4점

문9 송전선로에 사용되는 접지방식에 대하여 각 물음에 답하시오.

(1) 1선 지락 고장 시 충전전류에 의해 간헐적인 아크 지락을 일으켜서 이상전압이 발생하므로 고전압 송전선로에서 사용되지 않는 접지방식은?
(2) 1선 지락 시 건전상의 전위 상승이 높지 않아 유효접지의 대표적인 방식으로 초고압 송전선로에서 경제성이 매우 우수하여 우리나라 송전계통에 사용되고 있는 접지방식은?

● 답안작성

(1) 비접지방식
(2) 직접접지방식

▶ 출제년도 : 기사 16. 산업 08.   ▶ 점수 : 5점

문10 분기회로의 용어 정의를 설명하시오.

● 답안작성

분기회로(分岐回路)란 간선에서 분기하여 분기 과전류차단기를 거쳐서 부하에 이르는 사이의 배선을 말한다.

▶ 출제년도 : 기사 16. 18. 산업 97. 99. 01. 03.   ▶ 점수 : 5점

문11 다음 그림은 심야전력기기의 인입구 장치 부근의 배선을 나타낸 것이다. 이 그림은 어떤 경우의 시설을 나타낸 것인지 쓰시오.

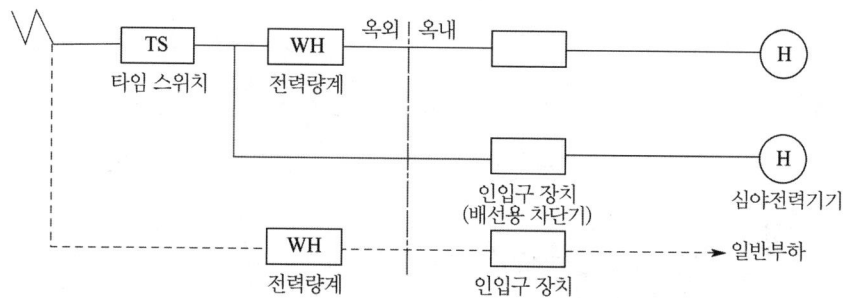

● 답안작성

정액제 · 종량제 병용

● 해 설

(1) 정액제의 경우

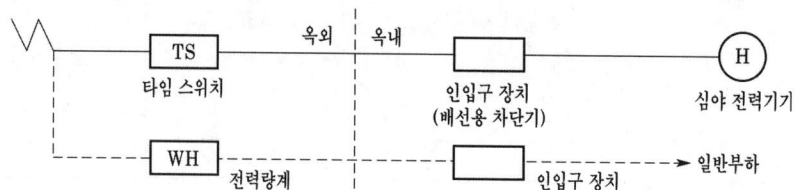

(2) 종량제의 경우

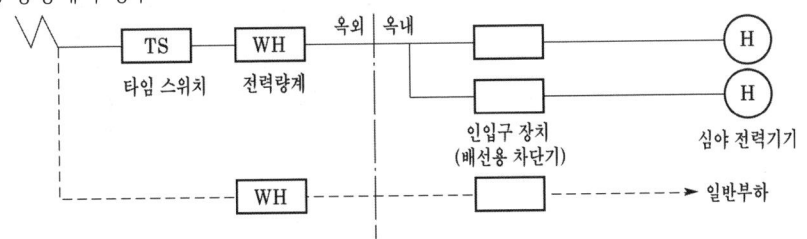

(3) 정액제·종량제 병용의 경우

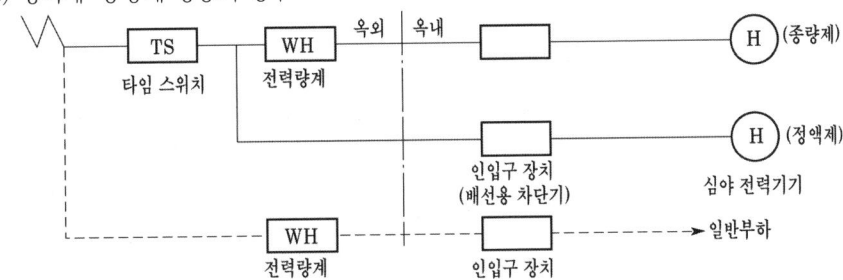

▸ 출제년도 : 기사 10, 16, 24.   ▸ 점수 : 6점

문12 다음 심벌은 계기용 변압 변류기(MOF)의 단선도이다. 이것을 복선도로 그리시오.
(단, 전기방식은 3상 3선식이다.)

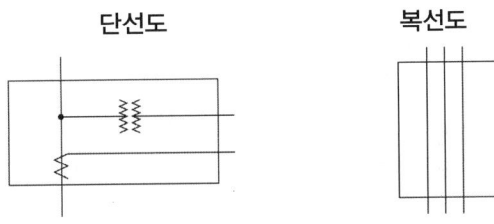

● 답안작성

복선도 :
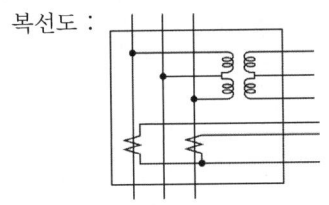

▸ 출제년도 : 기사 88, 91, 95, 96, 98, 99, 01, 16.   ▸ 점수 : 12점

문13 단면적 240[mm²]인 154[kV] ACSR 송전선로 10[km] 2회선을 가선하기 위한 전기공사
기사, 송전전공, 특별인부 노무비를 표준품셈을 적용하여 각각 구하시오.
(단, 송전선은 수직 배열하여 평탄지 기준이며, 장비비는 고려하지 말 것)
• 정부 노임단가에서 전기공사기사는 40,000[원], 특별인부 33,500[원], 송전전공
32,650[원]이다.

[km 당]

공종	전선규격	기사	송전전공	특별인부
연선	ACSR 610[mm²]	1.51	22.4	33.5
	410	1.47	21.8	32.7
	330	1.44	21.4	32.1
	240	1.37	20.4	30.5
	160	1.30	19.4	29.0
	95	1.12	16.8	26.8
긴선	ACSR 610[mm²]	1.14	17.3	24.7
	410	1.12	16.8	24.1
	330	1.09	16.4	23.7
	240	1.04	15.7	22.5
	160	0.97	14.9	21.4
	95	0.93	14.4	19.8

[해설] ① 1회선(3선) 수직배열 평탄지 기준 ② 수평배열 120[%]
③ 2회선 동시가선은 180[%] ④ 특수 개소는(장경간) 별도 가산
⑤ 장비(Engine, Winch) 사용료는 별도 가산 ⑥ 철거 50[%]
⑦ 장력조정품 포함 ⑧ 기사는 전기공사업법에 준함
⑨ HDCC 가선은 배전선가선 참조

(1) 전기공사기사 노무비
  • 계산 :   • 답 :
(2) 송전전공 노무비
  • 계산 :   • 답 :
(3) 특별인부 노무비
  • 계산 :   • 답 :

● 답안작성

(1) **계산** : 기사 = $10 \times (1.37 + 1.04) \times 1.8 \times 40000 = 1,735,200$[원]
  답 : 1,735,200[원]
(2) **계산** : 송전전공 = $10 \times (20.4 + 15.7) \times 1.8 \times 32650 = 21,215,970$[원]
  답 : 21,215,970[원]
(3) **계산** : 특별인부 = $10 \times (30.5 + 22.5) \times 1.8 \times 33500 = 31,959,000$[원]
  답 : 31,959,000[원]

▶ 출제년도 : 기사 16. 20. 산업 95. 99. 00. 03. 10. 13. ▶ 점수 : 4점

문14 직경 10[m]인 원형의 사무실에 평균 구면광도 100[cd]의 전등 4개를 점등할 때 조명률 0.5, 감광보상률 1.6이면, 이 사무실의 평균조도[lx]를 구하시오.
  • 계산 :   • 답 :

● 답안작성

계산 : 평균조도 $E = \dfrac{FUN}{AD} = \dfrac{4\pi \times 100 \times 0.5 \times 4}{\left(\dfrac{10}{2}\right)^2 \pi \times 1.6} = 20$[lx]

답 : 20[lx]

● 해 설
- 균등 점광원에서의 광속 $F = 4\pi I = 4\pi \times 100 = 400\pi [\text{lm}]$
- 원형인 사무실의 면적 $A = \left(\dfrac{d}{2}\right)^2 \pi = \left(\dfrac{10}{2}\right)^2 \pi = 25\pi [\text{m}^2]$

▶출제년도 : 기사 16. ▶점수 : 5점

문 15 차단기의 동작 책무에 의해 차단기를 재투입할 경우 전자기계력에 의한 반발력을 견디어야 하는데 차단기의 정격 투입전류는 최대(정격) 차단 전류의 몇 배 이상을 선정하는지 쓰시오.

● 답안작성
2.5배

● 해 설
차단기의 정격
(1) 정격 전류 : 정격 전압, 정격 주파수 하에서 정해진 일정한 온도 상승 한도를 초과하지 않고 그 차단기에 흘릴 수 있는 전류를 말한다.
(2) 정격 차단 전류 : 규정된 회로 조건하에서 규정값의 표준 동작 책무 및 동작 상태를 수행할 수 있는 차단 전류의 한도를 말하며 교류 전류 실효값을 나타낸다.
(3) 정격 투입 전류 : 모든 정격 및 규정의 회로 조건하에서 규정의 표준 동작 책무 및 동작 상태에 따라 투입할 수 있는 투입 전류의 한도를 말하며, 투입 전류의 최초 주파수에서 순시 최대값으로 나타내며 정격 차단전류(실효값)의 2.5배를 표준으로 한다.
(4) 정격 단시간 전류 : 규정된 회로 조건하에서 1초 동안 차단기에 흘렸을 때 이상이 발생하지 않는 최대 한도의 전류로 차단기의 정격 차단 전류와 같은 실효값으로 하며 최대 파고값은 정격값의 2.5배로 한다.
(5) 정격 차단 시간 : 정격 차단 전류를 모든 정격 및 규정의 회로 조건에서 규정의 표준 동작 책무 및 동작 상태에 따라 차단할 때의 차단 시간 한도를 말하며 정격 개극 시간 + 아크 시간을 말한다.
(6) 표준 동작 책무 : 차단기가 계통에 사용될 때 "차단 – 투입 – 차단"의 동작을 반복하게 되는데 그 시간 간격을 나타낸 일련의 동작을 규정한 것

▶출제년도 : 기사 01. 10. 16. 24. ▶점수 : 6점

문 16 아래 그림은 경완철에서 현수애자를 설치하는 순서를 나타낸 것이다. 각 부품의 명칭을 보기에서 찾아 그 번호를 ( ) 안에 쓰시오.

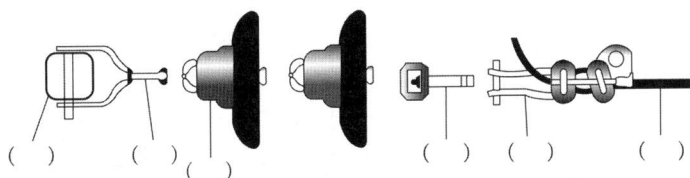

[보기] ① 경완철   ② 현수애자   ③ 소켓아이
       ④ 볼쇄클   ⑤ 데드엔드 클램프   ⑥ 전선

● 답안작성

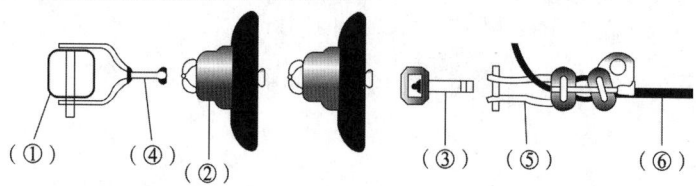

(①) (④) (②) (③) (⑤) (⑥)

▶출제년도 : 기사 00. 13. 16. 19. 24.   ▶점수 : 5점

문17 설비용량 50[kW], 30[kW], 25[kW], 25[kW]의 부하설비에 수용률이 각각 50[%], 65[%], 75[%], 60[%] 인 경우 변압기 용량[kVA]을 선정하시오.
(단, 부등률은 1.2, 종합 부하 역률은 90[%]이다.)
•계산 :   •답 :

변압기 표준 용량표 [kVA]						
20	30	50	75	100	150	200

● 답안작성

계산 : $P_a = \dfrac{50 \times 0.5 + 30 \times 0.65 + 25 \times 0.75 + 25 \times 0.6}{0.9 \times 1.2} = 72.45 [\text{kVA}]$

답 : 표에서 75[kVA] 선정

● 해 설

변압기 용량 $= \dfrac{\text{설비 용량 [kW]} \times \text{수용률}}{\text{역률} \times \text{부등률}} [\text{kVA}]$

▶출제년도 : 기사 97. 00. 16.   ▶점수 : 9점

문18 아래 보통지선의 도면을 보고 다음 물음에 답하시오.

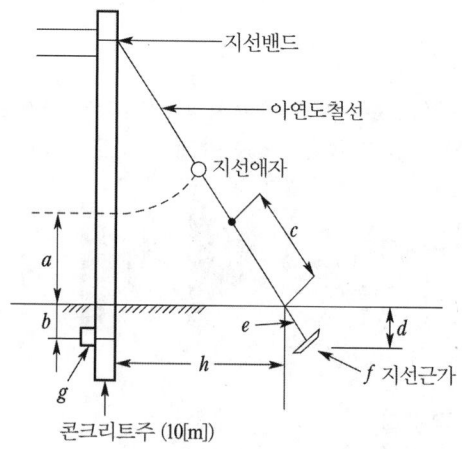

(1) 소선의 최소 가닥수는?
(2) 지선용 소선으로 금속선을 사용할 경우 최소 지름은 몇 [mm] 이상인가?
(3) b의 깊이는 몇 [m] 이상인가?
(4) d의 깊이는 최소 몇 [m] 이상인가?
(5) e의 명칭은?
(6) h의 간격은 약 몇 [m]로 하면 되는가?
(7) 콘크리트주 전체의 길이가 10[m]인 경우 땅에 묻히는 최소 깊이[m]는?
(8) a는 최소 몇 [m] 이상을 원칙으로 하는가?
(9) 지선의 안전율은 최소 얼마인가? (단, 허용 인장하중의 최저는 4.31[kN]으로 한다.)

● 답안작성

(1) 3가닥
(2) 2.6[mm]
(3) 0.5[m]
(4) 1.5[m]
(5) 지선로드
(6) 전주의 높이 $\times \dfrac{1}{2} = 10 \times \dfrac{1}{2} = 5$[m]
(7) $10 \times \dfrac{1}{6} = 1.67$[m]
(8) 2.5 [m]
(9) 2.5

● 해 설

(1) 지선에 연선을 사용할 경우에는 다음에 의할 것
 ① 지선의 안전율은 2.5 이상일 것. 이 경우에 허용 인장하중의 최저는 4.31[kN]으로 한다.
 ① 소선 3가닥 이상의 연선일 것
 ② 소선의 지름이 2.6[mm] 이상의 금속선을 사용한 것일 것. 다만, 소선의 지름이 2[mm] 이상인 아연도강연선으로서 소선의 인장강도가 0.68[kN/mm^2] 이상인 것을 사용하는 경우에는 그러하지 아니하다.

(2) 지선의 설치 방법

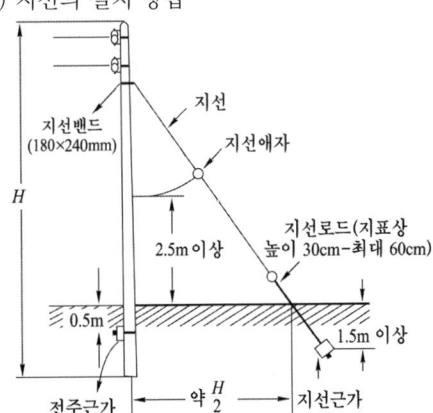

2016년 4회 전기공사기사실기

▶출제년도 : 기사 07. 10. 16. ▶점수 : 5점

문1 LP애자나 현수애자를 사용한 전기설비에서 활선 장주를 이동하여 상부로 올리거나 작업권 밖으로 밀어낼 때, 혹은 활선 장주를 다른 장소로 이동할 때 사용하는 활선 공구를 쓰시오.

● 답안작성

와이어 통

● 해 설

활선공구
(1) 고무브랑켓트 : 활선 작업 시 작업자에게 위험한 충전 부분을 절연하기에 아주 편리한 고무판으로써 접거나 둘러 쌓을 수도 있고 걸어 놓을 수도 있는 다목적 절연 보호장구이다. 주로 변압기 1, 2차측 내장애자개소, COS 등 덮개류로 절연하기 어려운 여러 가지 개소에 사용한다.
(2) 고무소매 : 방전 고무장갑과 더불어 작업자의 팔과 어깨가 충전부에 접촉되지 않도록 착용하는 절연장구
(3) 그립올 클램프 스틱 : 활선 바인드 작업시 전선의 진동방지 및 절단된 전선을 슬리브에 삽입할 때 전선이 빠지지 않도록 잡아주며, 간접 작업 시 활선장구류(덮개)의 설치 및 제거 등 여러 용도로 사용되는 절연봉
(4) 나선형 링크스틱 : 작업 장소가 좁아서 스트레인 링크스틱을 직접 손으로 안전하게 설치할 수 없을 때 사용하는 절연장구
(5) 데드엔드 덮개 : 활선 작업 시 작업자가 현수애자 및 데드엔드 클램프에 접촉되는 것을 방지하기 위하여 사용되는 절연장구
(6) 라인호스 : 활선 작업자가 활선에 접촉되는 것을 방지하고자 절연고무관으로 전선을 덮어 씌워 절연하는 장구로써 유연성이 있어 설치, 제거가 용이하고 내면이 나선형으로 굴곡이 져 있어서 취부개소로부터 미끄러지지 않는다.
(7) 라쳇트형 전선 커터 : 이 전선 절단기는 아주 제한된 작업 구간 내에서 전선, 점퍼선, 바인드선 등을 절단할 수 있는 절연장구
(8) 롤러링크 스틱 : 전주 교체 시 전주에 전선이 닿지 않도록 전선을 벌려 주어야 할 때 봉의 밑고리에 로우프를 매어 양편으로 잡아당겨 전선 간격을 벌려주어 전주 교체 작업이 수월하도록 사용되는 절연장구
(9) 바이패스 점퍼스틱 : 활선작업 시 점퍼선을 절단할 필요가 있을 때 정전되지 않도록 전류를 바이패스 시켜주는 절연봉과 케이블, 클램프로 구성된 장구
(10) 애자덮개 : 활선 작업시 특고핀 및 라인포스트 애자를 절연하여 작업자의 부주의로 접촉되더라도 안전사고가 발생하지 않도록 사용되는 절연 덮개
(11) 와이어 홀딩스틱 : 점퍼선 작업 시 형태잡기, 구부리기, 위치 잡아주기 등 기타 작업 시에 전선을 다각도에서 잡아주는 데 편리하고 안전하게 작업할 수 있는 장구
(12) 와이어 통 : 핀 애자나 현수애자의 장주에서 활선을 작업권 밖으로 밀어낼 때 사용하는 절연봉
(13) 절연고무장화 : 활선작업 시 작업자가 전기적 충격을 방지하기 위하여 고무장갑과 더불어 이중절연의 목적으로 작업화 위에 신고 작업할 수 있는 절연장구
(14) 핫스틱 텐션풀러 : 내장형 장주에서 현수애자 교체 또는 이도 조정 작업 시 전선의 장력을 잡아주는 라쳇트(기계식)식으로 된 절연장구
(15) 회전 갈퀴형 바인드 스틱 : 주로 바인드 선을 감거나 풀 때 많이 사용되는 봉으로써 전선에 캄아롱을 부착할 때도 고리에 갈퀴를 걸어 사용한다.

▶ 출제년도 : 기사 16, 산업 20.　▶ 점수 : 5점

문2 다음 그림은 장주를 배열에 따라 구분한 것이다. 각 장주의 명칭을 쓰시오.

(1)
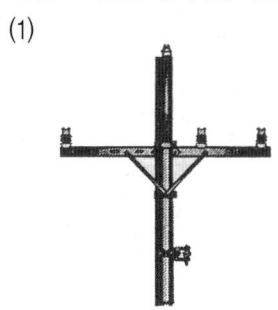

(2)
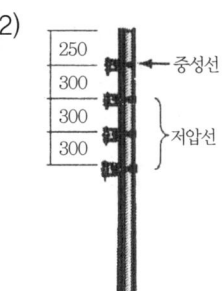

(3)
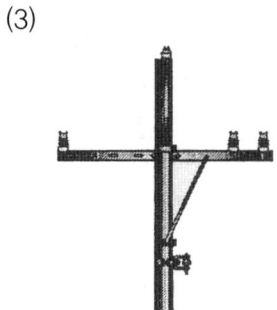

(4)
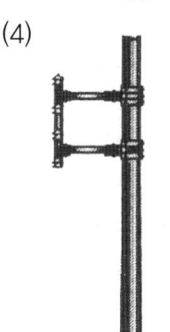

(5)
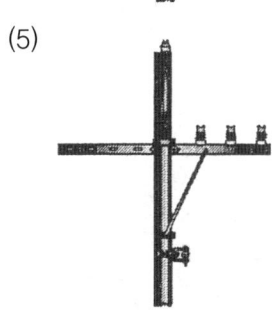

● 답안작성

(1) 보통장주, (2) 랙크장주, (3) 창출장주, (4) 편출용 D형 랙크장주, (5) 편출장주

● 해 설

(1) 특고압 장주 형태

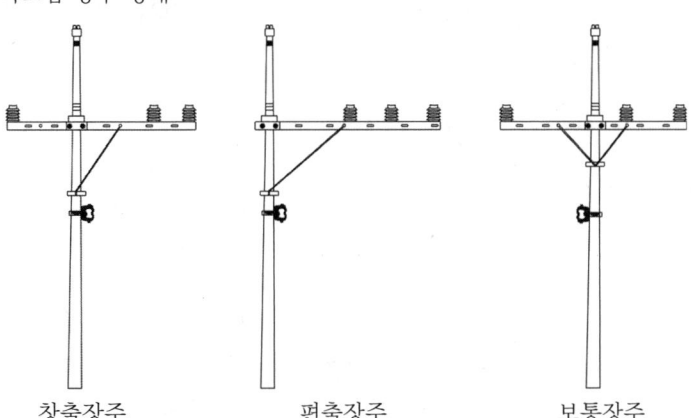

창출장주　　　편출장주　　　보통장주

(2) 저압 장주 형태

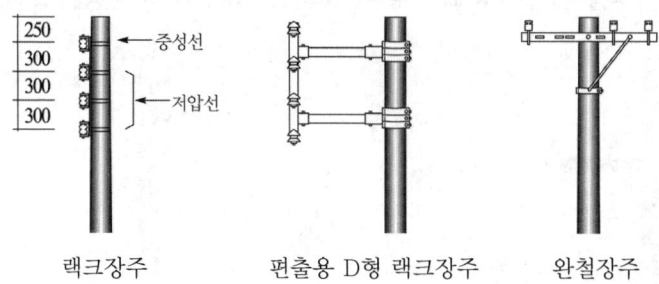

▶출제년도 : 기사 16.　▶점수 : 4점

문3 애자와 같은 유기절연재료가 오손되면 표면에 흐르는 누설전류 때문에 미소방전이 생긴다. 그 결과 절연물 표면에는 탄화된 도전로가 형성되는데 이것을 (①)이라 부른다. (①)이 형성된 애자를 그대로 방치하면 점차로 발전하여 섬락이 발생하게 되어 (②)를 야기시킨다.

● 답안작성
① 트래킹
② 절연파괴로 인한 지락사고

● 해 설
염분 등 오손에 따른 열화종류
① 트래킹(Tracking) 현상

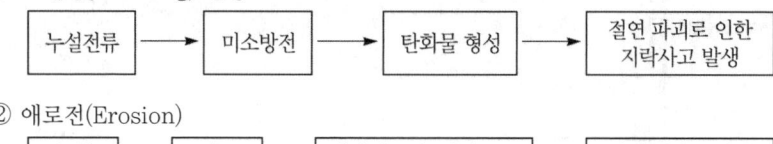

② 애로전(Erosion)

| 누설전류 | → | 미소방전 | → | 장기간 오손, 습윤으로 절연물의 표면침식 | → | 절연 파괴로 인한 지락사고 발생 |

▶출제년도 : 기사 13. 16. 22.　▶점수 : 4점

문4 일반 전등부하의 부하전류가 10[A]이고, 심야전력부하의 부하전류가 15[A]일 경우 공용하는 부분의 전선 굵기를 선정하는 데 요구되는 부하전류는 몇 [A]인지 구하시오.
(단, 중첩률은 0.7이다.)
• 계산 :　　　　　　　　　　　　　　　　• 답 :

● 답안작성
계산 : $I = I_0 \times 중첩률 + I_1 = 10 \times 0.7 + 15 = 22$[A]
답 : 22[A] 이상

● 해 설
$I = I_0 \times 중첩률 + I_1$
단, I_0 : 일반 부하 전류, I_1 : 심야 전력 부하의 부하 전류

문5 지선공사에 필요한 자재를 5가지만 쓰시오.

● 답안작성

① 아연도 철선(아연도 철연선, 아연도 강연선)
② 콘크리트 근가(Concrete Anchor Blocks)
③ 지선로드(Anchor Rods)
④ 지선밴드(Bands for Guys)
⑤ 지선애자(Ball type insulator)

● 해 설

그 외, ⑥ 지선커버   ⑦ 지선캡

문6 다음은 철탑의 형태별 종류이다. 철탑의 명칭(이름)을 쓰시오.

(1)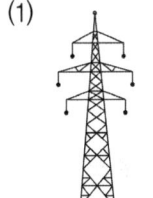

(2)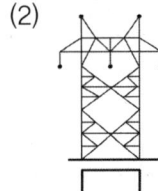

(3)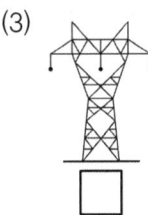

(4)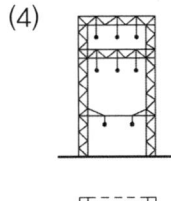

(5)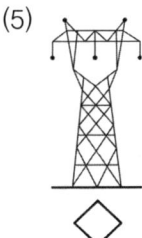

(6)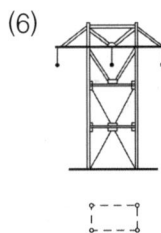

● 답안작성

(1) 사각 철탑   (2) 방형 철탑   (3) 우두형 철탑
(4) 문형 철탑   (5) 회전형 철탑   (6) MC 철탑

문7 가스 차단기(GCB : Gas Circuit Breaker)의 특징을 5가지만 쓰시오.

● 답안작성

① 밀폐구조이므로 소음이 적다.
② 절연거리를 적게 할 수 있어 차단기 전체를 소형화 및 경량화 할 수 있다.
③ 근거리 고장 등 가혹한 재기전압에 대해서도 성능이 우수하다.
④ 소호시 아크가 안정되어 있어 차단저항이 필요없고 접촉자의 소모가 극히 적다.
⑤ SF_6 가스 중에 수분이 존재하면 내전압 성능이 저하하고 저온에서 가스가 액화되므로 겨울철에는 보온장치 등이 필요하다.

▶ 출제년도 : 기사 05. 08. 10. 16. 22.   ▶ 점수 : 5점

문8 조명기구 통칙에서 용어의 정의 중 등급 Ⅲ기구에 대하여 쓰시오.

● 답안작성

정격 전압이 AC 30[V] 이하인 전압에 접속하는 기구

● 해 설

KS C 8000

등급 0기구	접지단자 또는 접지선을 갖지 않고, 기초절연만으로 전체가 보호된 기구
등급 Ⅰ기구	기초절연만으로 전체를 보호한 기구로서, 보호 접지단자 혹은 보호 접지선 접속부를 갖든가 또는 보호 접지선이 든 코드와 보호 접지선 접속부가 있는 플러그를 갖추고 있는 기구
등급 Ⅱ기구	2중절연을 한 기구(다만, 원칙적인 2중절연이 하기 어려운 부분에는 강화절연을 한 기구를 포함한다)또는 기구의 외곽 전체를 내구성이 있는 견고한 절연재료로 구성한 기구와 이들을 조합한 기구
등급 Ⅲ기구	정격 전압이 AC 30[V] 이하인 전압에 접속하는 기구

▶ 출제년도 : 기사 16. 19. 22.   ▶ 점수 : 5점

문9 송전전압 66 [kV]의 3상 3선식 송전선에서 1선 지락사고로 영상전류 $I_0 = 50$[A]가 흐를 때 통신선에 유기되는 전자유도전압[V]을 구하시오. (단, 상호 인덕턴스 $M = 0.05$ [mH/km], 병행 거리 $l = 100$[km], 주파수는 60[Hz]이다.)

• 계산 :   • 답 :

● 답안작성

계산 : $E_m = -j\omega Ml\,(\dot{I}_a + \dot{I}_b + \dot{I}_c) = -j\omega Ml\,(3I_o)$
    $= -j2\pi \times 60 \times 0.05 \times 10^{-3} \times 100 \times 3 \times 50 = 282.74$[V]

답 : 282.74[V]

● 해 설

전자유도 : 전력선과 통신선과의 상호 인덕턴스에 의해 발생

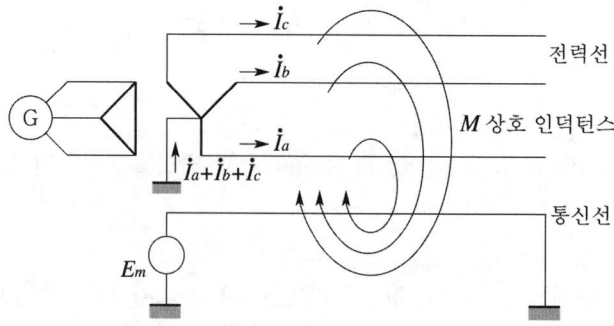

전자유도 전압 $E_m = -j\omega Ml\,(\dot{I}_a + \dot{I}_b + \dot{I}_c) = -j\omega Ml\,(3I_o)$
여기서, I_0 : 기유도 전류, M : 상호인덕턴스

I_a, I_b, I_c : 각선에 흐르는 전류, l : 전력선과 통신선이 병행한 길이
$\omega = 2\pi f$: 각주파수

※ 유도 전압은 그 크기를 뜻하므로 (−) 의미가 없다.

▶ 출제년도 : 기사 09, 15, 16, 20. ▶ 점수 : 4점

문10 자동고장 구분 개폐기, DS, LA, PF, MOF, 접지, 수전용 변압기의 심벌을 이용하여 22.9[kV-Y], 1,000[kVA] 이하에 적용 가능한 특고압 간이 수전설비 표준결선도를 그리시오. (단, 인입구 및 부하표시는 반드시 할 것)

● 답안작성

● 해 설

간이 수전 설비 표준 결선도

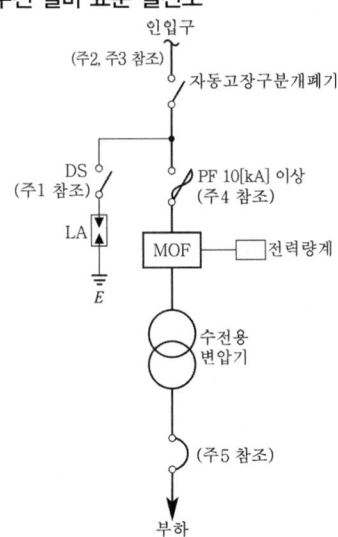

약호	명칭
DS	단로기
ASS	자동고장 구분 개폐기
LA	피뢰기
MOF	전력 수급용 계기용 변성기
COS	컷아웃 스위치
PF	전력 퓨즈

[주1] LA용 DS는 생략할 수 있으며 22.9[kV - Y]용의 LA는 Disconnector(또는 Isolator) 붙임형을 사용하여야 한다.
[주2] 인입선을 지중선으로 시설하는 경우로서 공동 주택 등 사고 시 정전 피해가 큰 수전 설비 인입선은 예비선을 포함하여 2회선으로 시설하는 것이 바람직하다.
[주3] 지중인입선의 경우에 22.9[kV-Y] 계통은 CNCV-W 케이블(수밀형) 또는 TR CNCV-W(트리억제형)을 사용하여야 한다. 다만, 전력구·공동구·덕트·건물 구내 등 화재의 우려가 있는 장소에서는 FR CNCO-W(난연) 케이블을 사용하는 것이 바람직하다.
[주4] 300[kVA] 이하인 경우 PF 대신 COS(비대칭 차단 전류 10[kA] 이상의 것)을 사용할 수 있다.
[주5] 간이 수전 설비는 PF의 용단 등에 의한 결상 사고에 대한 대책이 없으므로 변압기 2차 측에 설치되는 주차단기에는 결상 계전기 등을 설치하여 결상 사고에 대한 보호 능력이 있도록 함이 바람직하다.

▶출제년도 : 기사 96. 99. 16.   ▶점수 : 5점

문11
그림 안의 전기설비의 명칭과 그림의 전기설비를 사용할 경우 얻을 수 있는 효과 4가지만 쓰시오.
(1) 명칭
(2) 효과

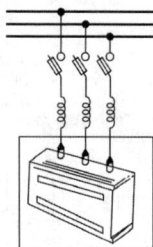

● 답안작성

(1) 전력용 콘덴서(SC)
(2) ① 변압기와 배전선의 전력 손실 경감
② 전압 강하의 감소
③ 설비 용량의 여유 증가
④ 전기 요금의 감소

▶출제년도 : 기사 14. 16.   ▶점수 : 6점

문12
전력선 이도설계 시의 부하계수를 설명하고 합성하중, 전선자중, 피빙설 중량, 풍압하중 등을 이용하여 부하계수를 구하는 산술식을 쓰시오. (단, W_s : 합성하중, W : 전선자중, W_i : 피빙설 중량, W_w : 풍압하중이다.)
(1) 부하계수 :
(2) 산술식 :

● 답안작성

(1) 부하계수 : 합성하중과 전선의 자중에 대한 비
(2) 부하계수 $= \dfrac{W_s}{W} = \dfrac{\sqrt{(W_i+W)^2 + W_w^2}}{W}$

● 해 설

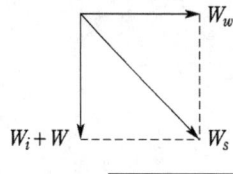

• 풍압하중(W_w)
• 전선에 가해지는 합성하중(W_s)
• 전선의 자중(W)
• 빙설 하중(W_i)

• $W_s = \sqrt{(W_i + W)^2 + W_w^2}$

문13 아래 그림은 어느 공장 옥내 수변전설비에 대한 단선결선도이다. 수변전설비가 노후로 인하여 교체를 하려고 할 경우 물음에 답하시오.

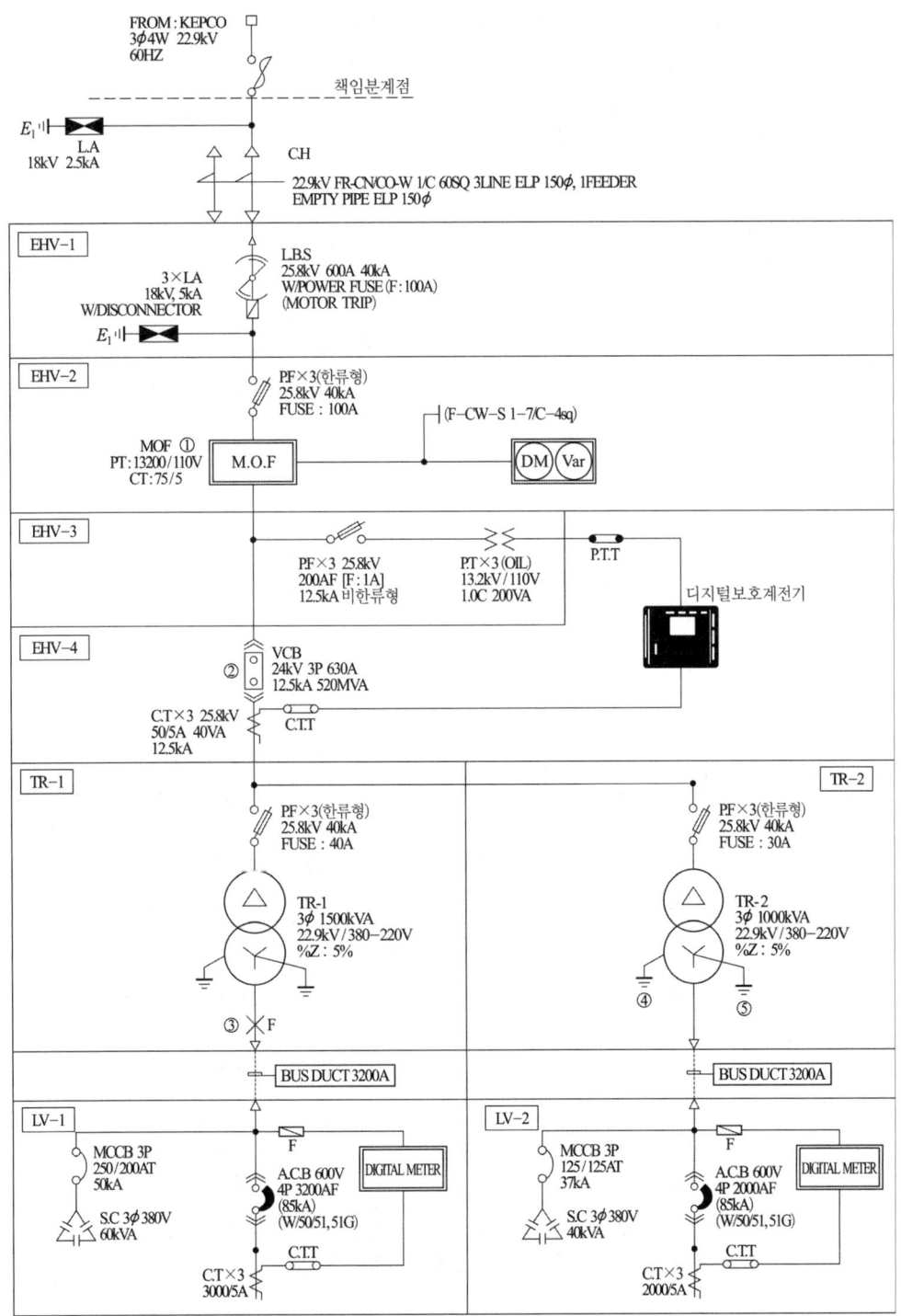

[주의사항]
- 참고자료가 필요할 경우 참고 자료(표1, 2, 3, 4, 5.1, 5.2)를 이용하시오.
- 큐비클의 무게는 1면당 500[kg] 이하로 하시오.
- 특고압 큐비클 1면(面) 사이즈[mm] : 2,200 × 2,500 × 2,500
- 철거에는 할증을 주지 않는다(단, 철거품만 적용한다).
- 단일 수전설비 공사로 보지 않는다.
- MOF는 거치용으로 한다.
- 질문 이외의 것은 모두 무시하시오.

(1) 공량 산출서를 작성하시오.

품 명	규 격	단위	자재 총계	내선전공		변전전공		비계공		특별인부	
				단위공량	공량계	단위공량	공량계	단위공량	공량계	단위공량	공량계
변압기	3상 1,500[kVA] (철거)	대	1			①					
	3상 1,500[kVA] (설치)	대	1			②				③	
VCB	24[kV] 3P 630[A] (철거)	대	1			④					
	24[kV] 3P 630[A] (설치)	대	1			⑤					
MOF	거치용(철거)	대	1	⑥							
	거치용(신설)	대	1	⑦							
특고압 CUBICLE	2,200×2,500×2,500 설치	면	⑧					⑨	⑩		

① •계산 :
　•답 :
② •계산 :
　•답 :
③ •계산 :
　•답 :
④ •계산 :
　•답 :
⑤ •계산 :
　•답 :
⑥ •계산 :
　•답 :
⑦ •계산 :
　•답 :
⑧ •계산 :
　•답 :
⑨ •계산 :
　•답 :
⑩ •계산 :
　•답 :

(2) 단선결선도에서 ①의 MOF 과전류 강도는 얼마인지 구하시오.
(3) 단선결선도에서 ②의 VCB의 규격에서 520[MVA], 12.5[kA]는 무엇을 의미하는지 쓰시오.
　• 520[MVA] :

• 12.5[kA] :

(4) 단선결선도에서 ③의 1,500 [kVA] 변압기 2차 F점에서 3상 단락사고가 발생할 경우 고장전류의 크기는 정격전류의 몇 배인지 구하시오. (단, %Z는 변압기만 적용한다.)
 • 계산 :   • 답 :
(5) 단선결선도에서 ④의 접지 시스템의 종류를 쓰시오.
(6) 단선결선도에서 ⑤의 접지 시스템의 종류를 쓰시오.

표 1. 22[kV] 변압기 설치   [단위 : 대]

용량	공종	변전전공	비계공	특별인부	기계설비공	인력운반공
1,000[kVA] 이하	소운반설치	1.8	0.9	2.6	–	1.5
	OT 처리	1.8	–	2.6	–	–
	부속품설치	1.9	–	1.9	–	–
	점 검	0.9	–	0.9	–	–
	계	6.4	0.9	8.0	–	1.5
2,000[kVA] 이하	소운반설치	2.0	1.0	3.1	–	1.8
	OT 처리	2.0	–	3.1	–	–
	부속품설치	2.7	–	2.7	–	–
	점 검	1.1	–	1.1	–	–
	계	7.8	1.0	10.0	–	1.8

[해설] ① 단상기준으로 소운반, 점검, 결선 및 Megger test 포함
② 옥외, 지상 인력작업 기준
③ 옥내 설치는 120[%], 3상은 130[%]
④ 15,000[kVA]는 10,000[kVA]의 120[%]
⑤ 20,000[kVA]는 10,000[kVA]의 150[%]
⑥ 몰드변압기 및 분로리액터도 이 품을 적용(다만, 몰드변압기는 OT 처리, 라디에이터, 콘서베이터 조립품 제외)
⑦ 3.3~6.6[kV] 건식 또는 거치형은 해당 공종의 60[%] 적용
 (기설 변압기 OT 처리품은 이 품 적용)
⑧ 구내 이설은 150[%]
⑨ SFRA(Sweep Frequency Response Analysis) 측정 시 시험 및 조정품에 변전전공 1.75인 별도 가산(Bank 단위)
⑩ 철거 50[%], 1,000[kVA] 이상의 재사용 철거 80[%](철거 해당품에 한함)

표 2. 22[kV]급 진공 차단기 설치   [단위 : 대]

용량	공종	변전전공	비계공	특별인부	보통인부
520~1,000[MVA] 12.5~25[kA] (60~2,000[A])	포장해체, 소운반 및 설치준비	0.4	0.4	0.5	0.5
	본 체 설 치	4.0	1.0	5.0	1.1
	제어케이블 결선	0.8	–	–	–
	시 험 및 조 정	0.5	–	0.5	–
	기 타 작 업	0.2	–	0.2	–
	계	5.9	1.4	6.2	1.6

[해설] ① 구내 이설은 150[%]
② 3.3~6.6[kV] 진공차단기는 60[%] 적용
③ 제어 케이블 분리는 변전전공 단독작업으로 결선의 50[%] 적용
④ 철거는 50[%](철거 해당분 품에 한함)

표 3. 전력량계 및 부속장치 설치 [단위 : 대]

종 별	내선 전공
현수용 MOF (고압, 특고압)	3.00
거치용 MOF (고압, 특고압)	2.00
계기함	0.30
특수 계기함	0.45
변성기함 (저압, 고압)	0.60

[해설] ① 방폭 200[%]
② 아파트 등 공동주택 및 기타 이와 유사한 동일 장소 내에서 10대를 초과하는 전력량계 설치 시 추가 1대당 해당품의 70[%]
③ 특수계기함은 3종 계기함, 농사용 계기함, 집합 계기함 및 저압 변류기용 계기함 등임
④ 고압변성기함, 현수용 MOF 및 거치용 MOF(설치대 조립품 포함)를 주상설치 시 배전전공 적용
⑤ 전력량계 본체커버 분리작업 시 단상은 내선전공 0.003인, 3상은 0.004인 적용
⑥ 철거 30[%], 재사용 철거 50[%]

표 4. Cubicle 설치 [단위 : 대]

규 격 체 적 [m³] (W×D×H)	중 량 500 [kg] 이하			
	변전전공	비계공	기계설비공	보통인부
1.0 이하	1.50	0.65	0.32	1.20
1.5 이하	1.70	0.70	0.35	1.35
2.5 이하	2.10	0.80	0.40	1.50
3.5 이하	2.25	0.95	0.45	1.70
6.0 이하	2.45	1.20	0.50	2.10
10.0 이하	3.00	1.70	0.60	2.65
10.0 초과	3.60	2.50	0.70	3.20

[해설] ① 소운반, 청소, 시험, 조정 내부결선 등을 포함
② 계기, 계전기, 내부기기와 완전히 취부된 상태에 있는 설치기준
③ 조작 Cable 포설결선은 불포함
④ 기계설비공은 공기식 제어장치 설치에만 계상
⑤ Thyrister는 본품 준용
⑥ 이설 140[%]
⑦ 철거 30[%], 재사용 철거 40[%]
⑧ 단일 수전설비 공사 시 20[%] 가산

표 5.1 변류기의 정격 과전류 강도

정격 1차 전압[kV] 정격 1차 전류[A]	6.6/3.3	22.9/13.2
60[A] 이하	75배	75배
60[A] 초과 500[A] 미만	40배	40배
500[A] 이상	40배	40배

표 5.2 계기용 변성기의 전류비에 따른 과전류 강도
(한국전기안전공사 전력수급용 변성기(MOF)의 점검 지침)

계기용 변성기(MOF)		과전류 강도
전류비 [A]	거리 [km]	
5/5	~ 1[km] 이내	300 배
	1 ~ 7[km] 이내	150 배
	7 ~ 20[km] 이내	75 배
10/5	~ 3[km] 이내	150 배
	3 ~ 20[km] 이내	75 배
15/5	~ 1[km] 이내	150 배
	1 ~ 20[km] 이내	75 배
20/5 ~ 60/5		75 배
75/5 ~ 750/5		40 배

● 답안작성

(1) ① 계산 : $7.8 \times 0.5 = 3.9$[인]　　답 : 3.9[인]
　　② 계산 : $7.8 \times 1.3 \times 1.2 = 12.17$[인]　　답 : 12.17[인]
　　③ 계산 : $10 \times 1.3 \times 1.2 = 15.6$[인]　　답 : 15.6[인]
　　④ 계산 : $5.9 \times 0.5 = 2.95$[인]　　답 : 2.95[인]
　　⑤ 계산 : 5.9[인]　　답 : 5.9[인]
　　⑥ 계산 : $2 \times 0.3 = 0.6$[인]　　답 : 0.6[인]
　　⑦ 계산 : 2[인]　　답 : 2[인]
　　⑧ 답 : 6[면]
　　⑨ 답 : 2.5[인]
　　⑩ 계산 : $2.5 \times 6 = 15$[인]　　답 : 15[인]

(2) 40배

(3) • 520[MVA] : 정격차단용량
　　• 12.5[kA] : 정격차단전류

(4) 계산 : $I_s = \dfrac{100}{\%Z} I_n = \dfrac{100}{5} I_n = 20 I_n$　　답 : 20배

(5) 보호접지공사

(6) 계통접지공사

● 해 설

(1) ⑧ : EHV-1, EHV-2, EHV-3, EHV-4, TR-1, TR-2
　　⑨ : 특고압 큐비클 체적 : $2.2 \times 2.5 \times 2.5 = 13.75 [m^3]$로 표4에서 체적 10$[m^3]$ 초과 적용

(5) 고압용 또는 특고압용 기계 기구의 철대 및 금속제 외함 접지 : 보호접지공사

(6) 고압전로 또는 특고압전로와 저압전로를 결합하는 변압기의 중성점 : 계통접지공사

▶ 출제년도 : 기사 16.   ▶ 점수 : 6점

문14
다음과 같은 부하조건일 경우 주어진 표를 이용하여 간선의 굵기, 개폐기 및 배선용차단기의 용량을 답란의 빈칸에 쓰시오. (단, 공사방법은 A1이며, 사용전압은 단상 220[V], 사용전선은 PVC이다.)

[부하조건]
① 소형전기기계기구 : 10[A]
② 대형전기기계기구 : 25[A]
③ 전등 : 3[A]

[표] 간선의 굵기, 개폐기 및 과전류차단기의 용량

최대상정부하전류[A]	배선종류에 의한 간선의 동 전선 최소 굵기 [mm²]								개폐기의 정격[A]	과전류차단기의 정격 [A]	
	공사방법 A1				공사방법 B1						
	전선 수 – 2개		전선 수 – 3개		전선 수 – 2개		전선 수 – 3개				
	PVC	XLPE, EPR	PVC	XLPE, EPR	PVC	XLPE, EPR	PVC	XLPE, EPR		B종 퓨즈	배선용 차단기
20	4	2.5	4	2.5	2.5	2.5	2.5	2.5	30	20	20
30	6	4	6	4	4	2.5	6	4	30	30	30
40	10	6	10	6	6	4	10	6	60	40	40
50	16	10	16	10	10	6	10	10	60	50	50
60	16	10	25	16	16	10	16	10	60	60	60

● 답안작성

전류의 총화 = 10 + 25 + 3 = 38[A]
따라서 [표]에서 최대상정부하전류 40[A]란에서 선정한다.

항 목	답 란
간선 굵기 [mm²]	10
개폐기의 정격 [A]	60
배선용차단기의 정격 [A]	40

● 해 설

(1) 전류 총화 = 10 + 25 + 3 = 38[A]
    따라서, [표]에서 최대상정부하전류의 총화 40[A]란에서 선정한다.
(2) 대형전기기구란 정격 소비전력 3[kW] 이상의 가정용 전기기계기구를 말하므로, 간선의 최소 굵기는 공사방법 A1, 전선 수 2개, PVC란과 최대상정 부하전류 40[A]란의 10[mm²]을 선정한다.

2017년 1회 전기공사기사실기

▶출제년도 : 기사 17. ▶점수 : 6점

문1 가공배전공사에서 지선공사에는 보통지선공사와 수평지선공사가 있다. 지선, 지주 시공 흐름선도에서 수평지선공사 ①, ②에 흐름도를 완성하시오.

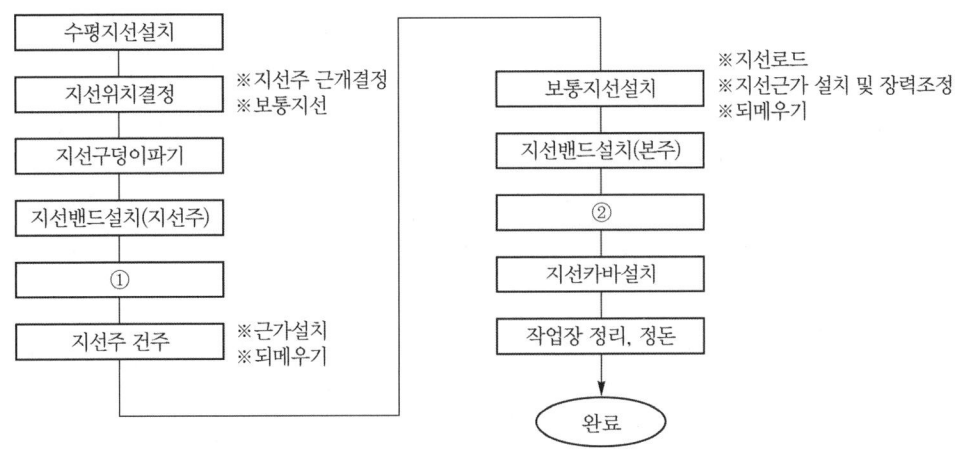

● 답안작성
① 지선애자설치
② 수평지선장력조정

▶출제년도 : 기사 17. ▶점수 : 4점

문2 전선로의 표준경간에 대하여 설계하는 표준 철탑의 종류 4가지만 쓰시오.

● 답안작성
직선형, 각도형, 인류형, 내장형

● 해 설
① 직선형 : 전선로의 직선 부분(3도 이하의 수평 각도를 이루는 곳을 포함)에 사용하는 것으로 내장형과 보강형은 제외한다.
② 각도형 : 전선로 중 3도를 넘는 수평 각도를 이루는 곳에 사용하는 것
③ 인류형 : 전가섭선을 인류하는 곳에 사용하는 것
④ 내장형 : 전선로 지지물의 양측의 경간의 차가 큰 곳에 사용하는 것
⑤ 보강형 : 전선로의 직선 부분에 그 보강을 위하여 사용하는 것

▶출제년도 : 기사 17. 20. ▶점수 : 5점

문3 아래의 변압기 결선도를 보고 결선방식과 이 결선방식의 장단점을 각각 2가지만 쓰시오.
(1) 결선방식
(2) 결선방식의 장점
(3) 결선방식의 단점

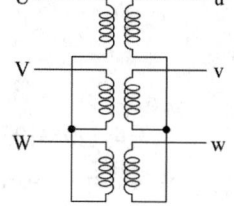

● 답안작성

(1) Y-Y 결선
(2) 장점
　① 1차, 2차 모두 중성점을 접지할 수 있다.
　② 상전압이 선간전압의 $1/\sqrt{3}$ 이므로 절연이 용이하다.
(3) 단점
　① 제3고조파 전류의 통로가 없으므로 기전력의 파형이 제3고조파를 포함한 왜형파가 된다.
　② 중성점 접지로 인한 유도장해를 초래한다.

● 해 설

Y-Y 결선
① 결선도

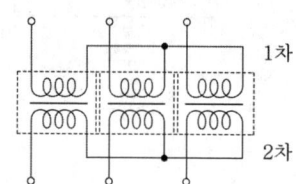

② 전압, 전류
　㉠ 선간전압(V_l), 상전압(V_p) : 선간전압은 상전압에 비해 크기가 $\sqrt{3}$ 배이고 위상은 30° 앞선다.
　　　$V_l = \sqrt{3}\, V_p \angle 30°$
　㉡ 선전류(I_l), 상전류(I_p) : 선전류는 상전류와 크기가 같고 위상이 동상이 된다.
　　　$I_l = I_p \angle 0°$
③ 장·단점
　㉠ 장점
　　㉮ 1차 전압, 2차 전압 사이에 위상차가 없다.
　　㉯ 1차, 2차 모두 중성점을 접지할 수 있으며 고압의 경우 이상 전압을 감소시킬 수 있다.
　　㉰ 상전압이 선간 전압의 $1/\sqrt{3}$ 배이므로 절연이 용이하여 고전압에 유리하다.
　㉡ 단점
　　㉮ 제3고조파 전류의 통로가 없으므로 기전력의 파형이 제3고조파를 포함한 왜형파가 된다.
　　㉯ 중성점을 접지하면 제3고조파 전류가 흘러 통신선에 유도 장해를 일으킨다.
　　㉰ 부하의 불평형에 의하여 중성점 전위가 변동하여 3상 전압이 불평형을 일으키므로 송, 배전 계통에 거의 사용하지 않는다.

▶ 출제년도 : 기사 07. 17. ▶ 점수 : 5점

문4 주 접지단자에 접속되는 등전위본딩선의 단면적은 다음의 재료일 때 최소 얼마 이상이어야 하는지 쓰시오.

(1) 동   : (①)[mm²]
(2) 알루미늄 : (②)[mm²]
(3) 철   : (③)[mm²]

● 답안작성

① 6   ② 16   ③ 50

● 해 설

등전위본딩 도체(KEC 143.3)
주접지단자에 접속하기 위한 등전위본딩 도체는 설비 내에 있는 가장 큰 보호접지도체 단면적의 1/2 이상의 단면적을 가져야 하고 다음의 단면적 이상이어야 한다.
1) 구리도체 6[mm²]
2) 알루미늄 도체 16[mm²]
3) 강철 도체 50[mm²]

▶ 출제년도 : 기사 17. ▶ 점수 : 30점

문5 다음 도면은 세미나실의 옥내 전등 배선 평면도이다. 주어진 조건을 읽고 답란의 빈칸을 채우시오.

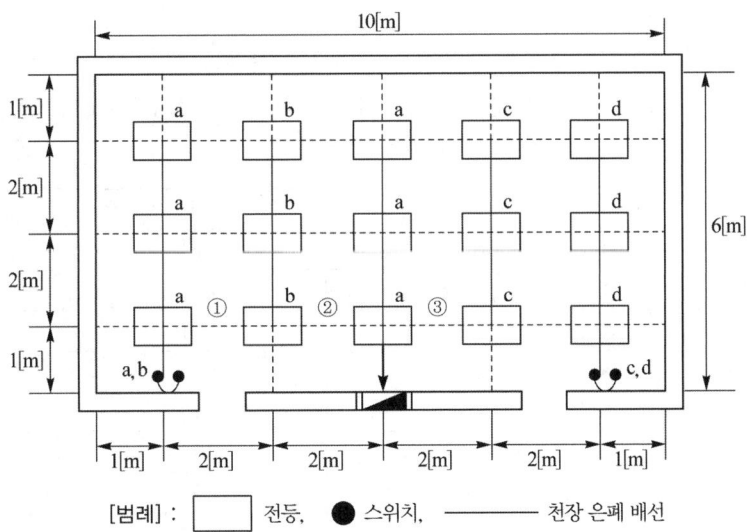

[범례] : ☐ 전등, ● 스위치, ─── 천장 은폐 배선

1. 시설조건

① 전등용 전선은 HFIX 2.5[mm²]를 사용하고, 접지용 전선은 TFR-GV 2.5[mm²]를 사용하여 스위치 회로를 제외하고 등기구마다 실시하며 전등회로는 1회로로 a, b, c, d는 2구 스위치를 시설한다.
② 벽과 등기구간의 간격은 1[m], 등기구와 등기구 간격은 2[m]로 시설한다.

③ 전선관은 후강전선관을 사용하고 16[mm] 전선관 내 전선 수는 접지선 포함 4가닥까지이며, 전선 수 5가닥 이상은 22[mm] 전선관을 사용하여 시설한다.
④ 4방출 이상의 배관과 접속되는 박스는 4각 박스를 사용한다.
⑤ 각각의 등기구마다 1대 1로 아우트렛 박스를 사용하며 천정에서 등기구까지는 금속가요전선관을 이용하여 등기구에 연결한다. 금속가요전선관 길이는 1[m]로 시설한다.
⑥ 천정은 이중 천정으로 바닥에서 등기구까지 높이 3[m], 전등배관은 바닥에서 3.5[m]에 후강전선관을 이용하여 시설한다.
⑦ 스위치 설치 높이 1.2[m](바닥에서 중심까지)
⑧ 분전함 설치 높이 1.8[m](바닥에서 상단까지)
(단, 바닥에서 하단까지는 0.5[m]를 기준으로 한다.)

2. 재료의 산출조건

① 분전함 상부를 기준으로 하며 분전함 내부에서 배선 여유는 전선 1본당 0.5[m]로 한다.
② 자재 산출 시 산출수량과 할증수량은 소수점 이하로 첫째 자리까지 기록하고 자재별 총 수량(산출수량+할증수량)은 소수점 이하 반올림한다.
③ 배관 및 배선 이외의 자재는 할증하지 않는다.
(단, 배관, 배선의 할증은 10[%]로 한다.)

3. 인건비 산출조건

① 재료의 할증에 대해서는 공량을 적용하지 않는다.
② 소수점 이하 둘째 자리까지 계산한다(단, 소수점 셋째자리 반올림).
③ 품셈은 다음 표의 품셈을 적용한다.

자재명 및 규격	단위	내선전공
후강전선관 16[mm]	[m]	0.08
후강전선관 22[mm]	[m]	0.11
금속가요전선관 16[mm]	[m]	0.044
관내 배선 6[mm²] 이하	[m]	0.01
매입스위치 2구	개	0.065
아우트렛 박스 4각, 8각	개	0.2
스위치 박스 1개용, 2개용	개	0.2

(1) 도면의 ①, ②, ③ 전선관 배관에 접지선을 포함한 전선 가닥수를 순서대로 쓰시오.
(2) HFIX 전선의 명칭을 우리말로 쓰고, 공칭 단면적[mm²]을 순서대로 쓰시오.
① 명칭 :
② 규격 : (ⓐ) – 2.5 – (ⓑ) – (ⓒ) – 10 – 16 – 25 – 35
(3) 도면을 보고 아래 표의 ①부터 ⑫번까지 빈칸에 산출량 및 총 수량을 쓰시오.
(단, 계산식은 생략한다.)

자재명 및 규격	규격	단위	산출수량	할증수량	총수량 (산출수량+할증수량)
후강전선관	16[mm]	[m]	①		⑤
후강전선관	22[mm]	[m]	②		⑥
금속가요전선관	16[mm]	[m]	③		⑦
HFIX 전선	2.5[mm²]	[m]	④		⑧
매입스위치 2구	250[V], 15[A]	개			⑨
아우트렛 박스 4각	54[mm]	개			⑩
아우트렛 박스 8각	54[mm]	개			⑪
스위치 박스 1개용	54[mm]	개			⑫

(4) 아래표의 각 자재별 내선전공수를 ①부터 ⑧까지 기입하시오. (단, 계산식은 생략한다.)

자재명	규격	단위	수량	인공수 (재료 단위별)	내선전공
후강전선관	16[mm]	[m]			①
후강전선관	22[mm]	[m]			②
금속가요전선관	16[mm]	[m]			③
HFIX 전선	2.5[mm²]	[m]			④
매입스위치 2구	250[V], 15[A]	개			⑤
아우트렛 박스 4각	54[mm]	개			⑥
아우트렛 박스 8각	54[mm]	개			⑦
스위치 박스 1개용	54[mm]	개			⑧

(5) 공사원가계산을 할 때 순공사 원가를 구성하는 요소를 3가지만 쓰시오.

● 답안작성

(1) ① : 5, ② : 4, ③ : 3
(2) ① 명칭 : 450/750 [V] 저독성 난연 가교 폴리올레핀 절연전선
    ② 규격 : ⓐ 1.5, ⓑ 4, ⓒ 6
(3)

자재명 및 규격	규격	단위	산출수량	할증수량	총수량 (산출수량+할증수량)
후강전선관	16[mm]	[m]	① 35.3	3.5	⑤ 39
후강전선관	22[mm]	[m]	② 2	0.2	⑥ 2
금속가요전선관	16[mm]	[m]	③ 15	1.5	⑦ 17
HFIX 전선	2.5[mm²]	[m]	④ 120.2	12	⑧ 132
매입스위치 2구	250[V], 15[A]	개	2		⑨ 2
아우트렛 박스 4각	54[mm]	개	1		⑩ 1
아우트렛 박스 8각	54[mm]	개	14		⑪ 14
스위치 박스 1개용	54[mm]	개	2		⑫ 2

(4)

자재명 및 규격	규격	단위	수량	인공수 (재료 단위별)	내선전공
후강전선관	16[mm]	[m]	35.3	0.08	① 2.82
후강전선관	22[mm]	[m]	2	0.11	② 0.22
금속가요전선관	16[mm]	[m]	15	0.044	③ 0.66
HFIX 전선	2.5[mm^2]	[m]	120.2	0.01	④ 1.2
매입스위치 2구	250[V], 15[A]	개	2	0.065	⑤ 0.13
아우트렛 박스 4각	54[mm]	개	1	0.2	⑥ 0.2
아우트렛 박스 8각	54[mm]	개	14	0.2	⑦ 2.8
스위치 박스 1개용	54[mm]	개	2	0.2	⑧ 0.4

(5) 재료비, 노무비, 경비

● 해 설

(1) ① 배관도

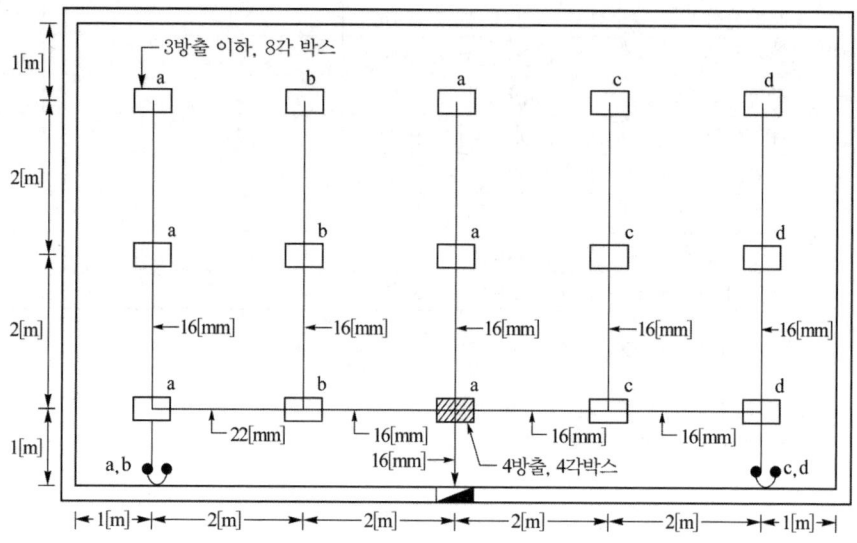

• 천정 ↔ 분전함 상부 : 1.7[m]
• 천정 ↔ 스위치 : 2.3[m]

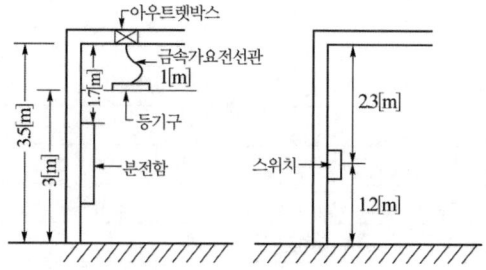

② 배선도

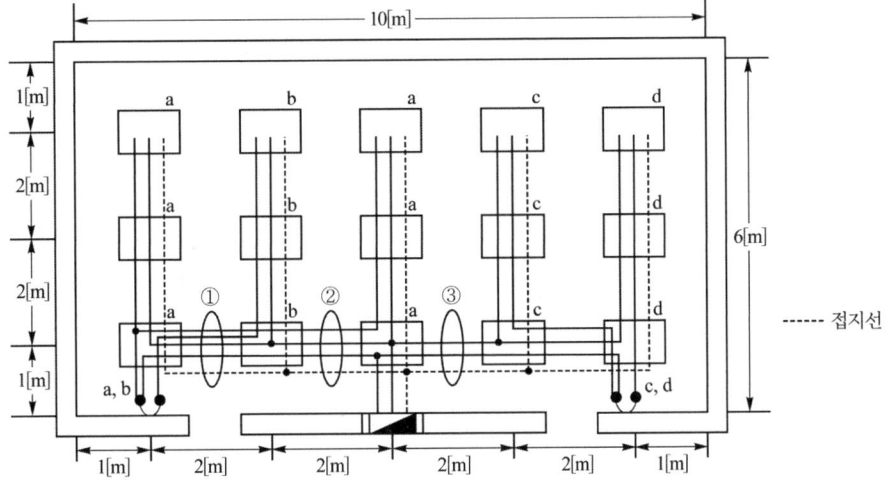

(2) HFIX 공칭단면적
    1.5, 2.5, 4, 6, 10, 16, 25, 35, 50, 70, 95, 120, 150, 185, 240, 300, 400[mm^2]
(3) ① 후강전선관 16[mm] = 2[m]×10(전등 세로열)+2[m]×3(전등 가로열)
                        +(1[m]+2.3[m])×2(스위치)+(1[m]+1.7[m])×1(분전반)
                      = 35.3[m]
    ② 후강전선관 22[mm] = 2[m]×1(5가닥인 부분) = 2[m]
    ③ 금속가요전선관 16[mm] = 1[m]×15(등기구 수) = 15[m]
    ④ HFIX 전선 2.5[mm^2] = 40+24+19.8+6.4+30 = 120.2[m]
        • 전등 세로열 = 2[m]×2[선]×10 = 40[m]
        • 전등 가로열 = 2[m]×4[선]+2[m]×3[선]+2[m]×2[선]+2[m]×3[선]=24[m]
        • 스위치 = (1[m]+2.3[m])×3[선]×2 = 19.8[m]
        • 분전함 = [1[m]+1.7[m]+0.5[m](분전반 내부 여유)]×2[선] = 6.4[m]
        • 아우트렛 박스에서 등기구 = 1[m]×2[선]×15[등] = 30[m]

▶ 출제년도 : 기사 95. 10. 17.   ▶ 점수 : 3점

문 6 부하의 설비용량이 400[kW], 수용률 60[%], 월 부하율 50[%]의 수용가가 있다. 1개월(30일)의 사용전력량 [kWh]을 구하시오.
    •계산 :   •답 :

● 답안작성
    계산 : 평균 전력 $P = 400 \times 0.6 \times 0.5 = 120[kW]$
           따라서, 사용전력량 $W = 120 \times 24 \times 30 = 86,400[kWh]$
    답 : 86,400[kWh]

● 해 설
    • 평균전력 = 부하율×최대전력 = 부하율×설비용량×수용률
    • 사용전력량 = 평균전력×사용시간

▶출제년도 : 기사 03. 17.　▶점수 : 9점

문7 3상 4선식 선로의 각도주이다. 그림에 표시된 번호의 자재명을 쓰시오.

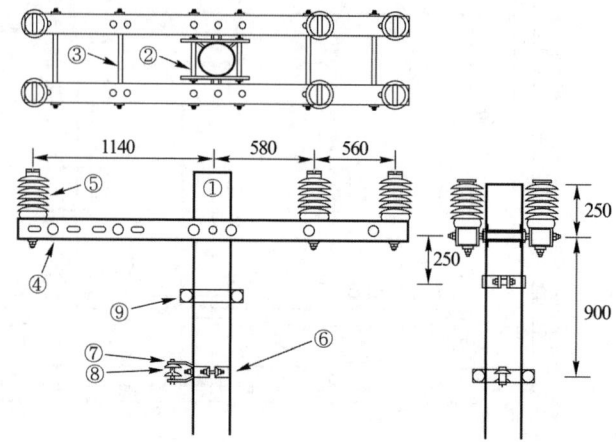

● 답안작성

① 콘크리트 전주　② 완철 밴드　③ 6각 볼트 너트(M 볼트)
④ 경완철　⑤ 라인포스트애자　⑥ 랙크 밴드
⑦ 랙크　⑧ 저압 인류애자　⑨ 지선 밴드

▶출제년도 : 기사 17. 22.　▶점수 : 5점

문8 전력용콘덴서 설비를 보호하기 위한 계통도이다. 그림을 보고 답하시오.

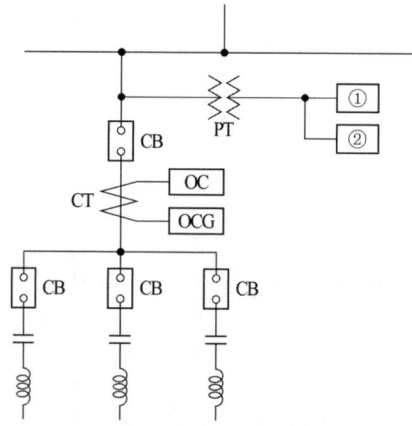

(1) 그림 중 ①, ②에 적합한 기기의 명칭을 쓰시오.
(2) ①, ②가 담당하는 역할에 대해 설명하시오.

● 답안작성

(1) ① 과전압 계전기　② 저전압 계전기
(2) ① 과전압 계전기 : 계통의 전압이 과 상승할 경우 차단기를 개방하여 콘덴서를 보호
　　② 저전압 계전기 : 정전 또는 저전압시에 차단기를 개방함으로써 전압회복 시 발생할 수 있는
　　　　계통의 과전압으로부터 콘덴서 보호

● 해 설

콘덴서 계통이상에 대한 보호

① 과전압 보호

　콘덴서는 사용 중에 항상 전부하 상태로 운영되며 계통전압이 상승하면 전압제곱에 비례하여 과부하가 된다. 따라서 전압이 상승할 경우 차단기를 개방해야 한다. 검출 장치는 모선 PT에 한시형 과전압 계전기를 설치하며 정정범위는 115~120[%]가 일반적이다.

② 저전압 보호
- 전압회복 시에 무부하 상태에서 콘덴서만 계통에 연결되어 진상용량의 과다 및 모선전압의 상승을 유발하여 위험하게 된다.
- 전압 회복 시에 무부하 변압기와 콘덴서가 동시에 투입되어 콘덴서 단자전압이 비정상적으로 상승한다.

　따라서 저전압 계전기는 순시 전압강하에 동작하지 않도록 한시형을 사용하여 통상전압의 50[%] 정도에 정정하는 것이 보통이다.

▸출제년도 : 기사 17, 20.　▸점수 : 5점

문9 H주일 때 현장여건상 전주별로 별도의 보통지선 설치가 곤란하거나 1개의 지선용 근가로 저항력을 확보할 수 있는 경우 1개의 지선 로드 및 근가로 2단의 지선을 시설하는 지선 명칭은 무엇인지 쓰시오.

● 답안작성

　Y지선

● 해 설

- Y지선 : H주일 때 현장여건상 전주별로 별도의 보통지선 설치가 곤란하거나 1개의 지선용 근가로 저항력을 확보할 수 있는 경우 1개의 지선 로드 및 근가로 2단의 지선을 시설하는 것(단주의 경우 Y지선을 설치하지 않는다.)

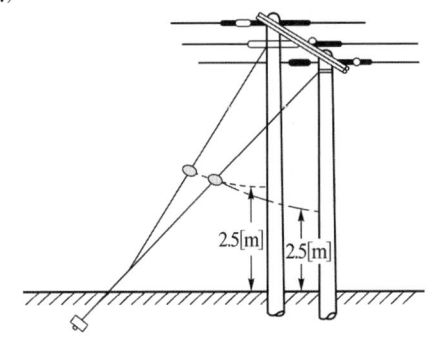

▸출제년도 : 기사 16, 17.　▸점수 : 6점

문10 내선규정에서 규정하고 있는 사람이 상시 통행하는 터널 내의 공사방법 중 3가지만 쓰시오. (단, 사용전압은 저압에 한한다.)

● 답안작성

　① 애자공사　② 금속관공사　③ 케이블공사

● 해 설
터널 안 전선로의 시설(KEC 335.1)
사람이 상시 통행하는 터널 안의 전선로 사용전압은 저압 또는 고압에 한하며, 다음에 따라 시설하여야 한다.

전 압	전선의 굵기	시공방법	애자사용 공사 시 높이
저 압	인장강도 2.30[kN] 이상 또는 2.6[mm] 이상의 경동선의 절연전선	• 합성수지관 공사 • 금속관공사 • 금속제가요전선관 공사 • 케이블공사 • 애자공사	노면상 2.5[m] 이상
고 압		• 케이블공사	

▶출제년도 : 기사 98, 02, 03, 04, 06, 07, 17, 23, 24, ▶점수 : 8점

문11 단상 변압기의 병렬운전조건을 4가지만 쓰시오.

● 답안작성
① 극성이 일치할 것
② 정격 전압(권수비)이 같은 것
③ % 임피던스 강하(임피던스 전압)가 같을 것
④ 내부 저항과 누설 리액턴스의 비(즉 $r_a/x_a = r_b/x_b$)가 같을 것

● 해 설
(1) 단상 변압기의 병렬운전 조건

병렬운전 조건	조건이 맞지 않는 경우
① 극성이 일치할 것	큰 순환 전류가 흘러 권선이 소손
② 정격 전압(권수비)이 같은 것	순환 전류가 흘러 권선이 과열
③ % 임피던스 강하(임피던스 전압)가 같을 것	부하의 분담이 용량의 비가 되지 않아 부하의 분담이 균형을 이룰 수 없다.
④ 내부 저항과 누설 리액턴스의 비 (즉 $r_a/x_a = r_b/x_b$)가 같을 것	각 변압기의 전류 간에 위상차가 생겨 동손이 증가

(2) 3상 변압기에서는 위의 조건 외에 각 변압기의 상회전 방향 및 각 변위가 같아야 한다.

▶출제년도 : 기사 11, 14, 17, 24, ▶점수 : 4점

문12 변압기 보호를 위해 사용하는 보호 장치 4가지만 쓰시오.

● 답안작성
① 비율차동 계전기   ② 과전류 계전기
③ 방압 안전장치   ④ 부흐홀츠 계전기

● 해 설
이외에도 ⑤ 충격압력 계전기

▶출제년도 : 기사 12, 13, 17, 20. ▶점수 : 5점

문 13 구내선로에서 발생할 수 있는 개폐서지, 순간과도전압 등으로 이상전압이 2차 기기에 악영향을 주는 것을 막기 위해 시설하는 것은 무엇인지 쓰시오.

● 답안작성

서지 흡수기

● 해 설

구내선로에서 발생할 수 있는 개폐 서지, 순간 과도전압 등으로 이상전압이 2차 기기에 악영향을 주는 것을 막기 위해 서지 흡수기를 시설한다.

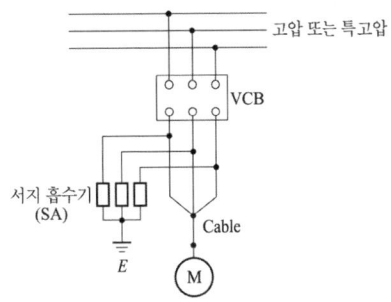

▶출제년도 : 기사 13, 17. ▶점수 : 5점

문 14 배선설비에서 사용전압 400[V] 초과이고 옥내에 습기가 많고 물기가 있는 점검이 불가능한 은폐장소에 적합한 공사방법을 5가지만 쓰시오.

● 답안작성

① 금속관공사, ② 합성수지관(CD관 제외)공사, ③ 비닐피복 2종 가요전선관공사,
④ 케이블공사, ⑤ 케이블트레이공사

● 해 설

시설장소에 따른 저압 배선 방법(400[V] 초과)

공사 방법		시설의 가능							
		옥내						옥측 옥내	
		노출 장소		은폐 장소					
				점검 가능		점검 불가능			
		건조한 장소	습기가 많은 장소 또는 물기가 있는 장소	건조한 장소	습기가 많은 장소 또는 물기가 있는 장소	건조한 장소	습기가 많은 장소 또는 물기가 있는 장소	우선 내	우선 외
애자 공사		○	○	○	○	×	×	①	①
금속관 공사		○	○	○	○	○	○	○	○
합성 수지관 공사	합성수지관 (CD관 제외)	○	○	○	○	○	○	○	○
	CD관	②	②	②	②	②	②	②	②
가요 전선관 공사	1종 가요전선관	③	×	③	×	×	×	×	×
	비닐 피복 1종 가요전선관	⑤	⑤	⑤	⑤	×	×	×	×
	2종 가요전선관	○	×	○	×	×	×	○	×
	비닐 피복 2종 가요전선관	○	○	○	○	○	○	○	○
금속 덕트 공사		○	×	○	×	×	×	○	×
버스 덕트 공사		○	×	○	×	×	×	○	×
케이블 공사		○	○	○	○	○	○	○	○
케이블트레이 공사		○	○	○	○	○	○	○	○

2017년 2회 전기공사기사실기

문1 ▶출제년도 : 기사 17. ▶점수 : 5점

변압기를 보호하기 위한 단선결선도의 일례이다. 그림에서 변압기의 내부 고장 검출을 위한 기기의 명칭을 쓰시오.

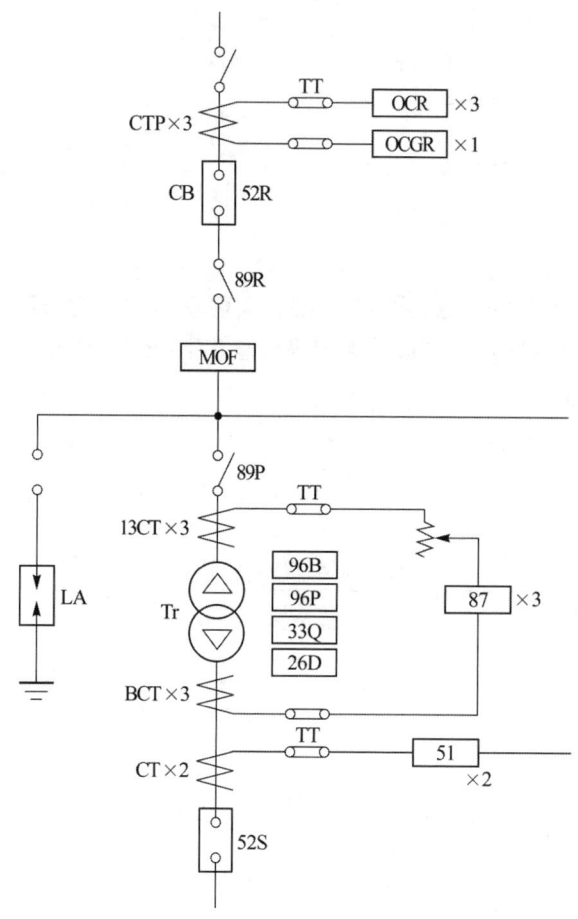

① 96B :　　　　　② 96P :　　　　　③ 33Q :

● 답안작성

① 96B : 부흐홀츠 계전기　② 96P : 충격압력 계전기　③ 33Q : 유면검출장치

문2 ▶출제년도 : 기사 11. 14. 17. 20. ▶점수 : 3점

정격부담이 50[VA]인 변류기의 2차에 연결할 수 있는 최대 합성 임피던스의 값이 몇 [Ω]인지 구하시오. (단, 변류기의 2차 정격전류는 5[A]이다.)

•계산 :　　　　　　　　　　　　　　　　•답 :

● 답안작성

계산 : $Z = \dfrac{P_a}{I^2} = \dfrac{50}{5^2} = 2[\Omega]$ 답 : $2[\Omega]$

● 해 설

$P_a = I^2 Z [\text{VA}]$에서 $Z = \dfrac{P_a}{I^2} [\Omega]$

▶ 출제년도 : 기사 03. 07. 17. ▶ 점수 : 5점

문3 조도 계산에 필요한 요소 중 조도 계산을 하기 전에 건축도면을 입수하여 조사하여야 하는 사항을 3가지만 쓰시오.

● 답안작성
① 방의 마감 상태(천장, 벽, 바닥 등의 반사율)
② 방의 사용 목적과 작업 내용
③ 방의 크기(가로, 세로, 높이)

● 해 설
그 외에 ④ 보와 기둥의 간격, 공조 덕트 등 설비와 천장 내부의 상태

▶ 출제년도 : 기사 17. 산업 09. ▶ 점수 : 5점

문4 가연성 분진(소맥분·전분·유황 기타 가연성의 먼지)에 전기설비가 발화원이 되어 폭발할 우려가 있는 곳에 시설하는 저압 옥내 배선으로 적합한 공사방법 3가지를 쓰시오.

● 답안작성
① 금속관공사   ② 합성수지관공사   ③ 케이블공사

● 해 설
가연성 분진 위험장소(KEC 242.2.2)
가연성 분진에 전기설비가 발화원이 되어 폭발할 우려가 있는 곳에 시설하는 저압 옥내 전기설비는 합성수지관공사(두께 2[mm] 미만의 합성수지 전선관 및 난연성이 없는 콤바인 덕트관을 사용하는 것을 제외한다)·금속관공사 또는 케이블공사에 의할 것.

▶ 출제년도 : 기사 17. 20. ▶ 점수 : 10점

문5 매입방식에 따른 건축화 조명방식에 대한 설명이다. 각각에 맞는 조명방식을 쓰시오.
(1) 천장면에 작은 구멍을 많이 뚫어 그 속에 여러 형태의 하면개방형, 하면루버형, 하면확산형, 반사형 전구 등의 등기구를 매입하는 조명방식을 쓰시오.
(2) 천장면에 확산 투과재인 메탈아크릴 수지판을 붙이고 천장 내부에 광원을 배치하여 조명하는 방식을 쓰시오.
(3) 천장면을 여러 형태의 사각, 동그라미 등으로 오려내고 다양한 형태의 매입기구를 취부하여 실내의 단조로움을 피하는 조명방식을 쓰시오.

(4) 벽면을 밝은 광원으로 조명하는 방식으로 숨겨진 램프의 직접광이 아래쪽, 벽, 커튼, 위쪽 천장면에 쪼이도록 조명하는 방식으로 분위기 조명인 방식을 쓰시오.
(5) 천장과 벽면의 경계구석에 등기구를 설치하여 조명하는 방식을 쓰시오.

● 답안작성
(1) 다운라이트 조명   (2) 광천장 조명   (3) 코퍼 조명   (4) 밸런스 조명   (5) 코너 조명

▶출제년도 : 기사 97, 00, 17, 22.   ▶점수 : 6점

문6 GPT에서 오픈델타 결선에 연결한 [R]의 명칭과 용도를 쓰시오.

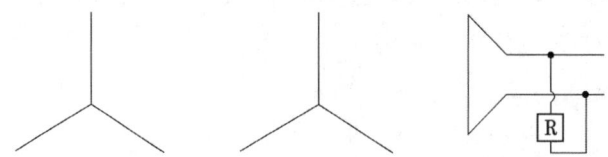

● 답안작성
- **명칭** : CLR(한류 저항기)
- **용도** : 계전기를 동작시키는 데 필요한 유효전류를 발생시키고 오픈델타 회로의 각 상전압 중의 제3 고조파 억제

▶출제년도 : 기사 17.   ▶점수 : 30점

문7 시가지 도로 폭 9[m] 도로에 다음과 같이 가로등을 설치하려고 한다. 물음에 답하시오.

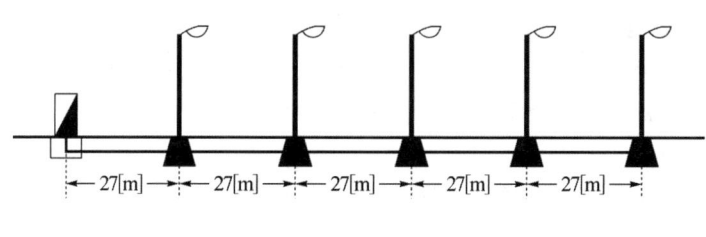

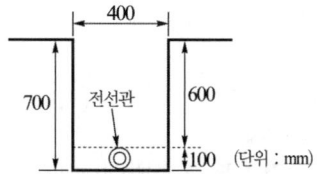

관로 터파기 상세도

[조건]
① 등주 높이는 9[m]이고, 인력 설치한다.
② 광원은 LED 200[W] 1등용이다.
③ 등주 간격은 27[m], 한쪽배열로 설치한다.

④ 케이블은 CV 6[mm²] / 1C×2, E 6[mm²] / 1C(HFIX : 연접 접지, 녹색)를 적용한다.
⑤ 배관은 합성수지 파형관 30[mm]를 사용하며, 터파기와 되메우기는 [m³]당 각각 보통 인부 0.28인, 0.1인을 적용한다.
⑥ 가로등 기초 터파기는 개당 0.75[m³]이고, 콘크리트 타설량은 0.55[m³]이다.
⑦ 접지는 연접 접지를 적용한다.
⑧ 재료의 할증에 대해서는 공량을 적용하지 않는다.
⑨ 아래의 품셈과 문제에 주어진 사항 이외는 고려하지 않는다.

[표준품셈]

5-13 제어용 케이블 설치 (단위 : [m] 설치, 적용직종 : 저압케이블전공)

선심수	4[mm²] 이하	6[mm²] 이하	8[mm²] 이하
1C	0.011	0.013	0.014
2C	0.016	0.018	0.020

[해설] ① 연접 접지선도 이에 준한다.
② 옥외 케이블의 할증률은 3[%] 적용

5-26-1 LED 가로등기구 설치 (단위 : 개)

종 별	내선전공	종 별	내선전공
100[W] 이하	0.204	200[W] 이하	0.221
150[W] 이하	0.231	250[W] 이하	0.229

[해설] LED 등기구 일체형 기준(컨버터 내장형)

5-27 POLE LIGHT 인력 설치 (단위 : 본)

규 격	내선전공	규 격	내선전공
8[m] 이하(1등용)	2.76	10[m] 이하(1등용)	3.49
9[m] 이하(1등용)	3.13	12[m] 이하(1등용)	4.19

4-31 합성수지 파형관 설치 (단위 : m)

규 격	배전전공	보통인부
16[mm] 이하	0.005	0.012
30[mm] 이하	0.006	0.014
50[mm] 이하	0.007	0.018

[해설] ① 합성수지 파형관의 지중포설 기준
② 가로등 공사, 신호등 공사, 보안등 공사 또는 구내설치 시 50[%] 가산
③ 옥외전선관의 할증률은 5[%] 적용

(1) 가로등 기초를 포함한 전체 터파기량과 공량을 구하시오.
 (단, 전원함의 기초, 그리고 가로등 기초와 관로 중첩부분은 무시한다.)
 ① 터파기량
  •계산 :   •답 :

② 공량(보통인부)
　　•계산 :　　　　　　　　　　　　　　•답 :
(2) 가로등 기초를 포함한 전체 되메우기량과 공량을 구하시오.
　　(단, 전원함의 기초, 그리고 가로등 기초와 관로 중첩부분 및 배관의 체적은 무시한다.)
　　① 되메우기량
　　　　•계산 :　　　　　　　　　　　　•답 :
　　② 공량(보통인부)
　　　　•계산 :　　　　　　　　　　　　•답 :
(3) 전선관 물량과 공량을 산출하시오.
　　(단, 지중에서 전원함, 그리고 가로등 기초에서 가로등주까지의 배관은 무시한다.)
　　① 물량
　　　　•계산 :　　　　　　　　　　　　•답 :
　　② 공량(배전전공, 보통인부)
　　　　•계산 :　　　　　　　　　　　　•답 :
(4) 케이블과 접지선의 물량과 공량(저압케이블전공)을 산출하시오.
　　(단, 케이블의 길이는 가로등 기초에서 안정기 박스까지의 거리를 고려하여 경간 당 2[m]를 추가 적용한다. 그리고 안정기 박스에서 등기구까지의 배선은 무시한다.)
　　① 물량(CV, HFIX)
　　　　•계산 :　　　　　　　　　　　　•답 :
　　② 공량(저압케이블전공)
　　　　•계산 :　　　　　　　　　　　　•답 :
(5) 등기구를 포함한 가로등 설치 공량(내선전공)을 산출하시오.
　　•계산 :　　　　　　　　　　　　　　•답 :

● 답안작성

(1) ① 터파기량
　　• 계산 : 관로 터파기 $= 0.4 \times 0.7 \times 27 \times 5 = 37.8 [m^3]$
　　　　　　외등 기초 터파기 $= 0.75 \times 5 = 3.75 [m^3]$
　　　　　　따라서 전체 터파기량 $= 37.8 + 3.75 = 41.55 [m^3]$
　　• 답 : $41.55 [m^3]$
　② 공량(보통인부)
　　• 계산 : 공량(보통인부) $= 41.55 \times 0.28 = 11.634 [인]$
　　• 답 : $11.634 [인]$
(2) ① 되메우기량
　　• 계산 : 되메우기량 = 전체 터파기량 − 콘크리트 타설량
　　　　　　　　　　　 $= 41.55 - 0.55 \times 5 = 38.8 [m^3]$
　　• 답 : $38.8 [m^3]$
　② 공량(보통인부)
　　• 계산 : 공량(보통인부) $= 38.8 \times 0.1 = 3.88 [인]$
　　• 답 : $3.88 [인]$

(3) ① 전선관 물량
- 계산 : 물량 = $27 \times 5 \times (1+0.05) = 141.75[m]$
- 답 : 141.75[m]

② 전선관 공량(배전전공, 보통인부)
- 계산 : 배전전공 = $27 \times 5 \times 0.006 \times (1+0.5) = 1.215[인]$
  보통인부 = $27 \times 5 \times 0.014 \times (1+0.5) = 2.835[인]$
- 답 : 배전전공 1.215[인], 보통인부 2.835[인]

(4) ① 물량(CV, HFIX)
- 계산 : CV = $(27+2) \times 5 \times 2 \times 1.03 = 298.7[m]$
  HFIX = $(27+2) \times 5 \times 1.03 = 149.35[m]$
- 답 : CV 298.7[m], HFIX 149.35[m]

② 공량(저압케이블전공)
- 계산 : CV = $(27+2) \times 5 \times 2 \times 0.013 = 3.77[인]$
  HFIX = $(27+2) \times 5 \times 0.013 = 1.885[인]$
  ∴ 공량 합계 = $3.77 + 1.885 = 5.655[인]$
- 답 : 5.655[인]

(5) • 계산 : 공량(내선전공) = $(3.13+0.221) \times 5 = 16.755[인]$
- 답 : 16.755[인]

문8

▶출제년도 : 기사 17. ▶점수 : 3점

전기설비에 있어서 감전 예방은 직접접촉예방과 간접접촉예방이 있으며, 간접접촉예방 중 전원의 자동차단에 의한 인체 보호를 위하여 전기회로 또는 전기기기의 충전부와 노출 도전성 부분 또는 보호선 간에 고장이 발생하여 교류 몇 [V](실효값)를 초과하는 접촉전압이 발생한 경우에 그 전원을 자동적으로 차단하여야 하는지 쓰시오.

● 답안작성

50[V]

● 해 설

간접접촉예방
전기회로 또는 전기기기의 충전부와 노출 도전성부분 또는 보호선 간에 고장이 발생하여 교류 50[V](실효값)를 초과하는 접촉전압이 발생한 경우는 그 전원을 자동적으로 차단한다.

문9

▶출제년도 : 기사 06. 08. 15. 17. ▶점수 : 5점

방폭 · 방식 · 방습 · 방온 · 방진 및 정전기 차폐 등의 방호 조치가 되어 있지 않는 누전경보기의 수신부를 설치할 수 없는 장소 5가지를 쓰시오.

● 답안작성

① 가연성의 증기, 먼지, 가스 등이나 부식성이 증기 가스 등이 다량으로 체류하는 장소
② 화약류를 제조하거나 저장 또는 취급하는 장소
③ 습도가 높은 장소
④ 온도의 변화가 급격한 장소
⑤ 대전류 회로, 고주파 발생회로 등에 따른 영향을 받을 우려가 있는 장소

▶출제년도 : 기사 17, 24, ▶점수 : 6점

문10 전기공사표준작업절차서 중 가공배전선로에서 전선 접속 작업 흐름도이다. 흐름도가 옳도록 (1), (2), (3)에 들어갈 알맞은 용어를 답란에 쓰시오.

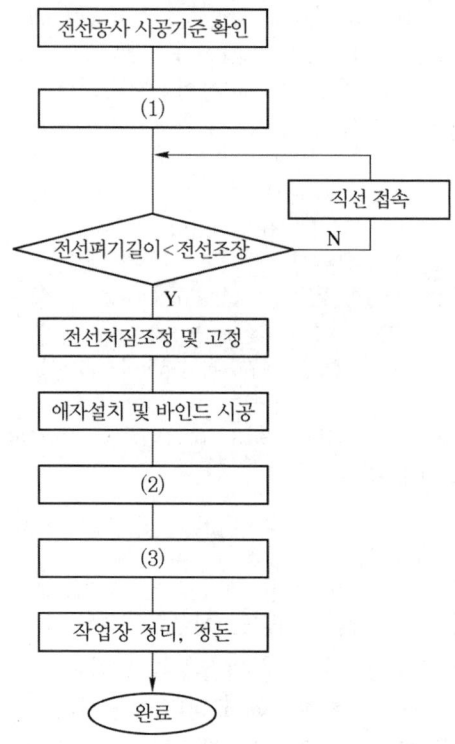

● 답안작성

(1) 전선 펴기
(2) 전선 접속
(3) 충전부 절연 처리

▶출제년도 : 기사 11, 17, 24, ▶점수 : 5점

문11 바닥면적 1,000[m²]의 회의실에 광속 5,000[lm]의 40[W] LED 형광등을 시설하여 평균 조도를 300[lx]로 하고자 할 때 필요한 40[W] LED 형광등 수량을 구하시오.
(단, 조명률 50[%], 감광보상률 1.25로 한다.)
• 계산 :
• 답 :

● 답안작성

계산 : 전등수 $N = \dfrac{AED}{FU} = \dfrac{1{,}000 \times 300 \times 1.25}{5{,}000 \times 0.5} = 150$[등]

답 : 150[등]

▶ 출제년도 : 기사 06. 17. 산업 12. ▶ 점수 : 4점

문12 폭연성 분진이 있는 위험장소의 저압옥내배선에 사용되는 금속관은 어떤 전선관이며, 관 상호 및 관과 박스의 접속은 몇 턱 이상의 조임으로 나사를 시공하여야 하는지 쓰시오.
- 전선관의 종류
- 최소 나사조임 턱 수

● 답안작성
- 전선관의 종류 : 박강 전선관
- 최소 나사조임 턱 수 : 5턱

● 해 설
폭연성 분진 위험장소(KEC 242.2.1)
폭연성 분진 또는 화약류의 분말이 전기설비가 발화원이 되어 폭발할 우려가 있는 곳에 시설하는 저압 옥내 전기설비(사용전압이 400[V] 초과인 방전등을 제외한다.)는 다음에 따르고 또한 위험의 우려가 없도록 시설하여야 한다.
(1) 저압 옥내배선, 저압 관등회로 배선, 소세력 회로의 전선은 금속관공사 또는 케이블공사(캡타이어 케이블을 사용하는 것을 제외한다)에 의할 것
(2) 금속관공사에 의하는 때에는 다음에 의하여 시설할 것
  ① 금속관은 박강 전선관 또는 이와 동등 이상의 강도를 가지는 것일 것
  ② 관 상호 간 및 관과 박스 기타의 부속품·풀박스 또는 전기기계기구와는 5턱 이상 나사 조임으로 접속할 것
(3) 케이블공사에 의하는 때에는 전선은 개장된 케이블 또는 미네럴인슈레이션 케이블을 사용하는 경우 이외에는 관 기타의 방호 장치에 넣어 사용할 것
(4) 이동 전선은 0.6/1[kV] EP 고무절연 클로로프렌 캡타이어 케이블을 사용하고 또한 손상을 받을 우려가 없도록 시설할 것

▶ 출제년도 : 기사 17. ▶ 점수 : 5점

문13 지선의 시설목적을 3가지만 쓰시오.

● 답안작성
① 지지물의 강도를 보강하고자 할 경우
② 전선로의 안전성을 증대하고자 할 경우
③ 불평형 하중에 대한 평형을 이루고자 할 경우

● 해 설
이외에 ④ 전선로가 건조물 등과 접근할 때 보안상 필요한 경우

> 개정된 '전기설비 기술기준 및 판단기준'과 '내선규정'에 의거해 삭제된 문제가 있어 점수의 합계가 100점이 되지 않습니다.

2017년 4회 전기공사기사실기

▶출제년도 : 기사 98. 17. 22. ▶점수 : 5점

문1 폭 15[m]의 도로 양측에 간격 20[m]를 두고 가로등이 점등되고 있다. 1등당의 전광속은 3,000[lm]으로 그 45[%]가 도로 전면에 방사하는 것으로 하면 도로면의 평균조도[lx]는 얼마인가?

• 계산 :   • 답 :

● 답안작성

계산 : $E = \dfrac{FUN}{\frac{1}{2}BS} = \dfrac{3{,}000 \times 0.45 \times 1}{\frac{1}{2} \times 15 \times 20} = 9[\text{lx}]$ 답 : 9[lx]

● 해 설

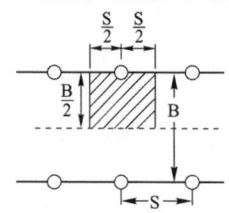

▶출제년도 : 기사 17. ▶점수 : 4점

문2 피뢰설비의 보호등급이 Ⅳ등급인 경우 인하도선간 평균거리는 몇 [m]인지 쓰시오.

● 답안작성

20[m]

● 해 설

인하도선 시스템(KEC 152.2)

보호등급	평균거리[m]
Ⅰ	10
Ⅱ	10
Ⅲ	15
Ⅳ	20

▶출제년도 : 기사 16. 17. ▶점수 : 6점

문3 가스 차단기(GCB : Gas Circuit Breaker)의 특징을 3가지만 쓰시오.

● 답안작성

① 밀폐구조이므로 소음이 적다.
② 절연거리를 적게 할 수 있어 차단기 전체를 소형화 및 경량화 할 수 있다.
③ 근거리 고장 등 가혹한 재기전압에 대해서도 성능이 우수하다.

● 해 설

그 외에도
④ 소호 시 아크가 안정되어 있어 차단저항이 필요 없고 접촉자의 소모가 극히 적다.
⑤ SF_6 가스 중에 수분이 존재하면 내전압 성능이 저하하고 저온에서 가스가 액화되므로 겨울철에는 보온장치 등이 필요하다.

▶ 출제년도 : 기사 17. ▶ 점수 : 6점

문4 다음 전기 심벌의 명칭을 쓰시오.

(1) ⓖ (2) ◯◯ (3) TS

● 답안작성

(1) 누전경보기
(2) 환기팬(선풍기 포함)
(3) 타임스위치

▶ 출제년도 : 기사 09. 17. ▶ 점수 : 5점

문5 수전용량 3상 500[kVA]이고, 전압 22.9[kV], 역률 90[%]인 경우, 다음 물음에 답하시오.
(1) 정격전류를 계산하시오.
  •계산 :   •답 :
(2) 차단기정격의 표준치(정격전류)를 선정하시오.

● 답안작성

(1) 계산 : 정격전류 $I_n = \dfrac{P}{\sqrt{3}\,V_n} = \dfrac{500 \times 10^3}{\sqrt{3} \times 22.9 \times 10^3} = 12.61[A]$

답 : 12.61[A]
(2) 630[A]

● 해 설

차단기 정격전류의 표준값 : 630[A], 1,250[A], 2,000[A], 3,000[A], 4,000[A]

▶ 출제년도 : 산업 09. 17. ▶ 점수 : 9점

문6 다음은 전선의 병렬사용에 대한 설명이다. ( )안에 알맞은 답을 쓰시오.

- 병렬로 사용하는 각 전선의 굵기는 동 (①)[mm²] 이상 또는 알루미늄 (②)[mm²] 이상이고, 동일한 (③), 동일한 (④), 동일한 (⑤)이어야 한다.
- 같은 극의 각 전선은 동일한 터미널러그에 완전히 접속 할 것.
- 같은 극인 각 전선의 터미널러그는 동일한 도체에 (⑥) 이상의 리벳 또는 (⑦) 이상의 나사로 헐거워지지 않도록 확실하게 접속할 것.
- 병렬로 사용하는 전선은 각각에 (⑧)을(를) 장치하지 말아야 한다.
- 각 전선에 흐르는 전류는 (⑨)을(를) 초래하지 않도록 할 것

● 답안작성

① 50, ② 70, ③ 도체, ④ 굵기, ⑤ 길이, ⑥ 2개, ⑦ 2개, ⑧ 퓨즈, ⑨ 불평형

● 해 설

전선의 접속(KEC 123)
두 개 이상의 전선을 병렬로 사용하는 경우에는 다음에 의하여 시설할 것
① 병렬로 사용하는 각 전선의 굵기는 동선 50[mm^2] 이상 또는 알루미늄 70[mm^2] 이상으로 하고, 전선은 같은 도체, 같은 재료, 같은 길이 및 같은 굵기의 것을 사용할 것
② 같은 극의 각 전선은 동일한 터미널러그에 완전히 접속할 것
③ 같은 극인 각 전선의 터미널러그는 동일한 도체에 2개 이상의 리벳 또는 2개 이상의 나사로 접속할 것
④ 병렬로 사용하는 전선에는 각각에 퓨즈를 설치하지 말 것
⑤ 교류회로에서 병렬로 사용하는 전선은 금속관 안에 전자적 불평형이 생기지 않도록 시설할 것

▶출제년도 : 기사 95, 13, 17.   ▶점수 : 5점

문7 1[m]의 하중 0.35[kg]인 전선을 지지점에 수평인 경간 60[m]에서 가설하여 딥을 0.7[m]로 하려면 장력[kg]은?
•계산 :   •답 :

● 답안작성

계산 : $D = \dfrac{WS^2}{8T}$ 에서 장력 $T = \dfrac{WS^2}{8D} = \dfrac{0.35 \times 60^2}{8 \times 0.7} = 225 [\text{kg}]$ 답 : 225[kg]

▶출제년도 : 기사 98, 01, 17.   ▶점수 : 5점

문8 전용면적 99[m^2]인 아파트에서 표준부하 산정법에 의하여 부하[VA]를 산정하시오.
(단, 가산하는 [VA] 수는 규정에 의한 최고치로 한다.)
•계산 :   •답 :

● 답안작성

계산 : $99 \times 40 + 1000 = 4{,}960 [\text{VA}]$ 답 : 4,960[VA]

● 해 설

① 부하산정 = 바닥면적×표준부하 밀도 + 대용량 부하 + 가산부하
② 표준 부하

건축물의 종류	표준 부하 [VA/m^2]
공장, 공회당, 사원, 교회, 극장, 영화관, 연회장 등	10
기숙사, 여관, 호텔, 병원, 학교, 음식점, 다방, 대중 목욕탕	20
사무실, 은행, 상점, 이발소, 미장원	30
주택, 아파트	40

[비고] 건물이 음식점과 주택 부분의 2종류로 될 때에는 각각 그에 따른 표준 부하를 사용할 것
[비고] 학교와 같이 건물의 일부분이 사용되는 경우에는 그 부분만을 적용한다.

③ 가산부하
• 주택, 아파트(1세대마다) : 500~1,000[VA]
• 상점의 진열장 폭 1[m]에 대해 : 300[VA]

▶ 출제년도 : 기사 17.　▶ 점수 : 4점

문9 다음 ( ) 안에 알맞은 내용을 쓰시오.

> 직류전기설비의 접지시설을 양(+)도체에 접지하는 경우는 (①)에 대한 보호를 하여야 하며, 음(-)도체에 접지하는 경우는 (②)를 하여야 한다.

● 답안작성

① 감전, ② 전기부식방지

▶ 출제년도 : 기사 99. 00. 16. 17.　▶ 점수 : 5점

문10 전가섭선을 인류하는 곳에 사용하는 철탑은 무엇인지 쓰시오.

● 답안작성

인류형 철탑

● 해 설

① 직선형 : 전선로의 직선 부분(3도 이하의 수평 각도를 이루는 곳을 포함)에 사용하는 것으로 내장형과 보강형은 제외한다.
② 각도형 : 전선로 중 3도를 넘는 수평 각도를 이루는 곳에 사용하는 것
③ 인류형 : 전가섭선을 인류하는 곳에 사용하는 것
④ 내장형 : 전선로 지지물의 양측의 경간의 차가 큰 곳에 사용하는 것
⑤ 보강형 : 전선로의 직선 부분에 그 보강을 위하여 사용하는 것

▶ 출제년도 : 기사 03. 17. 20.　▶ 점수 : 3점

문11 아래에 열거된 현상에 대하여 무슨 현상이라고 하는가 답하시오.

- 극판이 백색으로 되거나 표면에 백색 반점이 생긴다.
- 비중이 저하되고 충전용량이 감소한다.
- 충전 시 전압 상승이 빠르고 가스 발생이 심하나 비중이 증가하지 않는다.

● 답안작성

설페이션 현상(Sulfation)

▶ 출제년도 : 기사 92. 95. 96. 97. 99. 00. 02. 17. 20.　▶ 점수 : 5점

문12 그림과 같은 변압기에 대하여 전류 차동 계전기의 미완성 도면을 완성하시오.
(단, 변류기(C.T) 결선은 감극성을 기준으로 한다.)

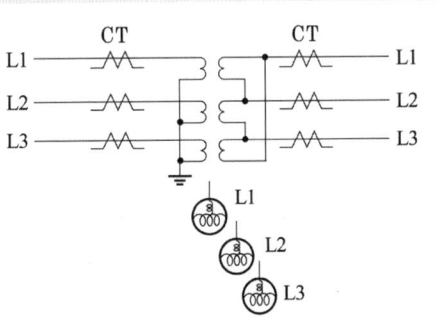

● 답안작성

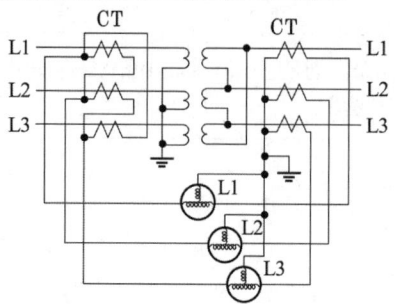

● 해 설

비율 차동 계전기 결선
변압기의 결선이 Y-△ 또는 △-Y인 경우 변류기 2차 전류의 크기 및 위상을 동일하게 하기 위해 비율 차동 계전기의 변류기 결선은 변압기 결선과 반대로 한다.

변압기 결선	변류기 결선
Y - △	△ - Y
△ - Y	Y - △

▶ 출제년도 : 산업 93. 17. ▶ 점수 : 30점

문13 다음 도면은 어느 상점 옥내의 전등 및 콘센트 배선 평면도이다. 주어진 조건을 읽고 ①~⑳까지의 답란의 빈칸을 채우시오.

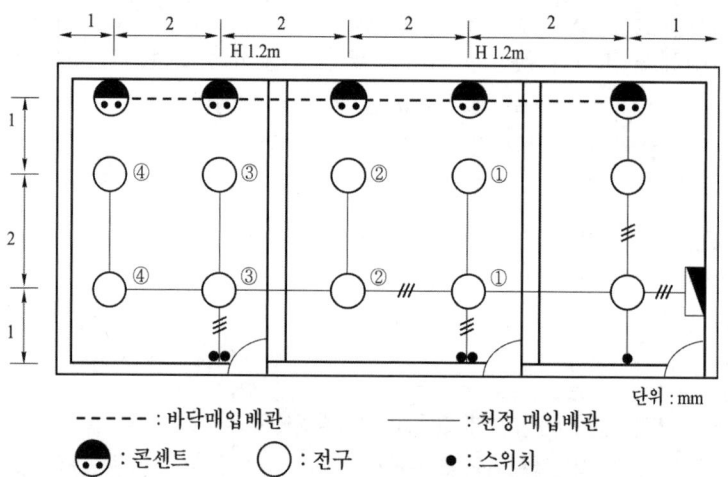

------ : 바닥매입배관   ──── : 천정 매입배관
◉ : 콘센트   ○ : 전구   ● : 스위치

1. 유의 사항

① 바닥에서 천장 슬리브까지는 2.5[m]임.
② 전선은 NR 전선으로 전등, 전열 2.5[mm^2]를 사용한다.
③ 전선관은 후강 전선관으로 사용하고 특기 없는 것은 16[mm]임.
④ 4조 이상의 배관과 접속하는 박스는 4각 박스를 사용한다. 단, 콘센트는 전부 4각 박스를 사용한다.

⑤ 스위치의 설치 높이는 1.2[m]임(바닥에서 중심까지).
⑥ 특기 없는 콘센트의 높이는 0.3[m]임(바닥에서 중심까지).
⑦ 분전반의 설치높이는 1.8[m]임. 단, 바닥에서 하단까지 0.5[m]를 기준으로 한다.

2. 재료의 산출
① 분전함 내부에서 배선 여유는 전선 1본당 0.5[m]로 한다.
② 자재 산출 시 산출 수량과 할증 수량은 소수점 이하도 기록하고, 자재별 총 수량(산출 수량+할증 수량)은 소수점 이하는 반올림한다.
③ 배관 및 배선 이외의 자재는 할증을 보지 않는다(배관 및 배선의 할증은 10[%]로 한다).
④ 콘센트용 박스는 4각 박스로 본다.

3. 인건비 산출 조건
① 재료의 할증분에 대해서는 품셈을 적용하지 않는다.
② 소수점 이하 한 자리까지 계산한다.
③ 품셈은 아래표의 품셈을 적용한다.

품셈 보기

자재명 및 규격		단위	내선 전공
후강전선관	16[mm]	[m]	0.08
관내 배선	5.5[mm^2] 이하	[m]	0.01
매입 스위치		개	0.056
매입 콘센트	2P, 15[A]	개	0.056
아우트렛 박스	4각	개	0.12
아우트렛 박스	8각	개	0.12
스위치 박스	1개용	개	0.2
스위치 박스	2개용	개	0.2

자재명	규격	단위	산출 수량	할증 수량	총수량 (산출수량+할증수량)	내선 전공(인) (수량×인공수)
후강 전선관	16[mm]	[m]	①		③	⑭
450/750[V] 일반용 단심 비닐절연전선	2.5[mm^2]	[m]	②		④	⑮
스위치	300[V], 10[A]	개			⑤	⑯
스위치 플레이트	1개용	개			⑥	
스위치 플레이트	2개용	개			⑦	
매입 콘센트	300[V] 15[A] 2개용	개			⑧	⑰
4각 박스		개			⑨	⑱
8각 박스		개			⑩	
스위치 박스	1개용	개			⑪	⑲
스위치 박스	2개용	개			⑫	⑳
콘센트 플레이트	2개구용	개			⑬	

● 답안작성

자재명	규격	단위	산출 수량	할증 수량	총수량 (산출수량+할증수량)	내선 전공(인) (수량×인공수)
후강 전선관	16[mm]	[m]	① 43.8	4.38	③ 48	⑭ 3.5
450/750 [V] 일반용 단심 비닐절연전선	2.5[mm²]	[m]	② 99.4	9.94	④ 109	⑮ 0.9
스위치	300[V], 10[A]	개			⑤ 5	⑯ 0.2
스위치 플레이트	1개용	개			⑥ 1	
스위치 플레이트	2개용	개			⑦ 2	
매입 콘센트	300[V] 15[A] 2개용	개			⑧ 5	⑰ 0.2
4각 박스		개			⑨ 8	⑱ 0.9
8각 박스		개			⑩ 7	
스위치 박스	1개용	개			⑪ 1	⑲ 0.2
스위치 박스	2개용	개			⑫ 2	⑳ 0.4
콘센트 플레이트	2개구용	개			⑬ 5	

● 해 설

① 후강전선관(16C)
　분전반 : $2.5 - 1.8 = 0.7$[m]
　콘센트 : $1 + (2.5 - 0.3) + 0.3 + 1.2 \times 2 \times 2 + 0.3 \times 2 + 2 \times 4 + 0.3 = 17.2$[m]
　전　구 : $2 \times 9 + 1 = 19$[m]
　스위치 : $1 \times 3 + (2.5 - 1.2) \times 3 = 6.9$[m]
　계 : $0.7 + 17.2 + 19 + 6.9 = 43.8$[m]

② 전선관 길이 × 2 + 전선 3가닥 입선되는 전선관 길이 + 분전반 내부여유
$= 43.8 \times 2 + 2 + 2 + 1 \times 3 + (2.5 - 1.2) \times 2 + (2.5 - 1.8) \times 1 + 0.5 \times 3 = 99.4$[m]

▶ 출제년도 : 기사 11. 17.　▶ 점수 : 5점

문 14 금속 덕트, 버스 덕트 배선에 의하여 시설하는 경우 취급자 이외의 사람이 출입할 수 없도록 설비된 장소에 수직으로 설치하는 경우 몇 [m] 이하의 간격으로 견고하게 지지하여야 하는가?

● 답안작성
6[m]

● 해 설
금속 덕트, 버스 덕트 시설방법(KEC 232.31.3)
금속 덕트, 버스 덕트는 3[m](취급자 이외의 자가 출입 할 수 없도록 설비한 장소로서, 수직으로 설치하는 경우는 6[m]) 이하의 간격으로 견고하게 지지할 것

문 15 ▸출제년도 : 기사 17. ▸점수 : 5점

전주의 지선과 지선근가를 연결해주는 금구의 명칭은 무엇인가?

● 답안작성

지선로드

● 해 설

특고압 가공전선로 각부 명칭

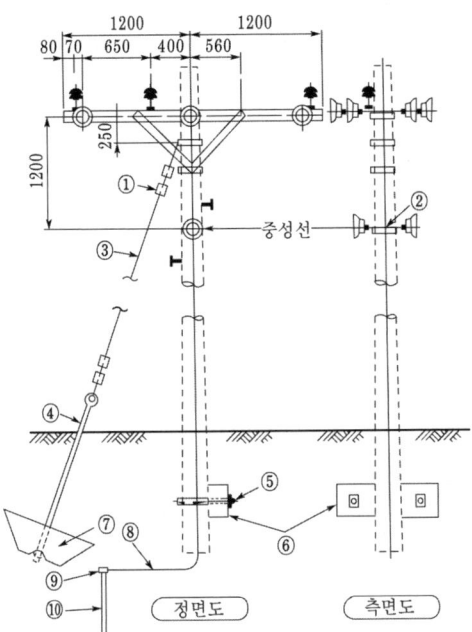

① 지선 클램프
② 랙 밴드
③ 지선
④ 지선로드
⑤ 근가용 U볼트
⑥ 근가
⑦ 지선 근가
⑧ 접지 전선
⑨ 접지 동봉용 클램프
⑩ 접지 동봉

2018년 1회 전기공사기사실기

▶출제년도 : 기사 04. 15. 18. ▶점수 : 5점

문1 COS 설치에(COS 포함) 사용자재 5가지만 쓰시오.

● 답안작성

① COS ② 브라켓트 ③ 내오손 결합애자 ④ COS 커버 ⑤ 퓨즈 링크

● 해 설

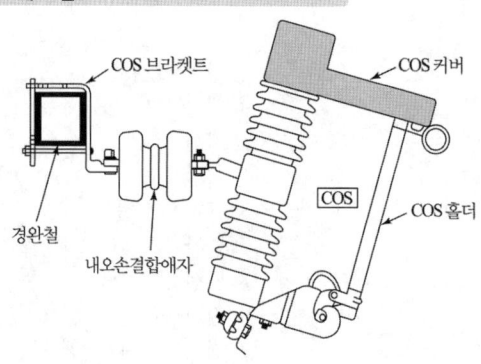

① 일반지역은 COS와 브라켓만 조립하면 되지만, 염해지역은 내오손 결합애자도 같이 조립 설치한다.
② 퓨즈링크는 COS 홀더 안에 넣어 조립한다.

▶출제년도 : 기사 18. ▶점수 : 5점

문2 그림은 UPS 설비의 블록 다이어그램이다. 그림을 보고 다음 각 물음에 답하시오.

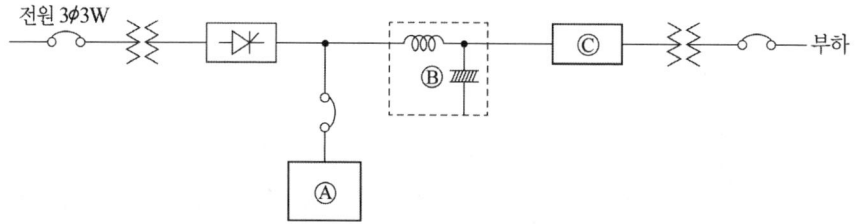

(1) UPS의 기능 2가지를 쓰시오.
(2) A의 명칭을 쓰시오.
(3) B의 명칭을 쓰시오.
(4) C의 명칭 및 그 역할은 무엇인지 쓰시오.
  • 명칭
  • 역할

● 답안작성

(1) ① 무정전 전원 공급   ② 정전압 정주파수 공급장치
(2) 축전지
(3) DC 필터
(4) • 명칭 : 인버터,   • 역할 : 직류를 교류로 변환

● 해 설

무정전전원장치(UPS : Uninterruptible Power Supply)
축전지, 정류 장치(Converter)와 역변환 장치(Inverter)로 구성되어 있으며 선로의 정전이나 입력 전원에 이상 상태가 발생하였을 경우에도 정상적으로 전력을 부하측에 공급하는 설비이다.

▶출제년도 : 기사 18. ▶점수 : 6점

문3

과도적인 과전압을 제한하고 서지(Surge)전류를 분류하는 목적으로 사용되는 서지보호장치(SPD : Surge Protective Device)에 대한 다음 물음에 답하시오.

(1) 기능에 따라 3가지로 분류하여 쓰시오.
(2) 구조에 따라 2가지로 분류하여 쓰시오.

● 답안작성

(1) 전압스위칭형 SPD, 전압제한형 SPD, 복합형 SPD
(2) 1포트 SPD, 2포트 SPD

● 해 설

(1) SPD의 기능에 따른 종류

종 류	기 능	소 자
전압스위칭형 SPD	서지가 없을 때는 임피던스가 높은 상태이고, 전압서지가 있을 때는 임피던스가 급격히 낮아지는 기능을 가진 서지 보호 장치이다.	에어갭, 가스방전관, 사이리스터, 트라이액
전압제한형 SPD	서지가 없을 때는 임피던스가 높은 상태이고, 서지전류와 전압이 상승하면 임피던스가 연속적으로 감소하는 기능을 가진 서지 보호 장치이다.	배리스터, 억제다이오드
복합형 SPD	전압제한형 소자와 전압스위칭형 소자를 모두 갖는 서지 보호 장치이다.	가스방전관과 배리스터를 조합한 SPD

(2) SPD에는 회로의 접속단자 형태로 1포트 SPD와 2포트 SPD가 있다.
① SPD의 구성

구조 구분	특징	표시 예
1포트 SPD	1단자 또는 2단자를 갖는 SPD로 보호하는 기기에 대하여 서지를 분류하도록 접속한다.	─[SPD]─
2포트 SPD	2단자 또는 4단자를 갖는 SPD로 입력단자와 출력단자 사이에 직렬 임피던스가 삽입되어 있다.	─[SPD]─

② 1포트 SPD는 전압 스위칭형, 전압제한형 또는 복합형의 기능을 갖는 SPD이고, 2포트 SPD는 복합형의 기능을 가지고 있다.

▶출제년도 : 기사 11, 18. ▶점수 : 5점

문4 통합접지공사를 한 경우는 과전압으로부터 전기설비들을 보호하기 위하여 서지보호장치(SPD)를 설치하여야 한다. 과전압에 대한 효과적인 보호를 위해서는 SPD의 연결전선의 길이가 가능한 짧고 어떠한 접속도 없어야 하는데 이때 SPD의 연결전선은 몇 [m]를 초과하지 않아야 하는가?

● 답안작성

0.5[m]

● 해 설

대기현상 또는 개폐로 인한 과전압에 대한 보호
- SPD의 연결전선
  SPD의 연결전선의 길이가 길어지면 과전압에 대한 보호의 효율성이 감소하기 때문에 최적의 과전압에 대한 보호를 위해서는 SPD의 모든 연결전선의 길이가 가능한 짧고(가능하면 전체 전선길이가 0.5[m]를 초과하지 않아야 한다), 어떠한 접속도 없어야 한다.

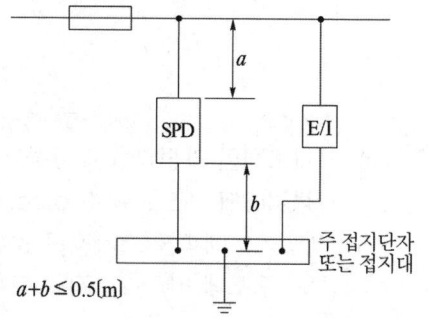

설비의 인입구 또는 근처의 SPD 설치

▶출제년도 : 기사 12, 18. ▶점수 : 10점

문5 CB 1차측에 CT를, CB 2차측에 PT를 시설하는 경우의 수변전설비 단선결선도이다. ①~⑩까지의 문자기호와 명칭을 아래 표에 쓰시오.

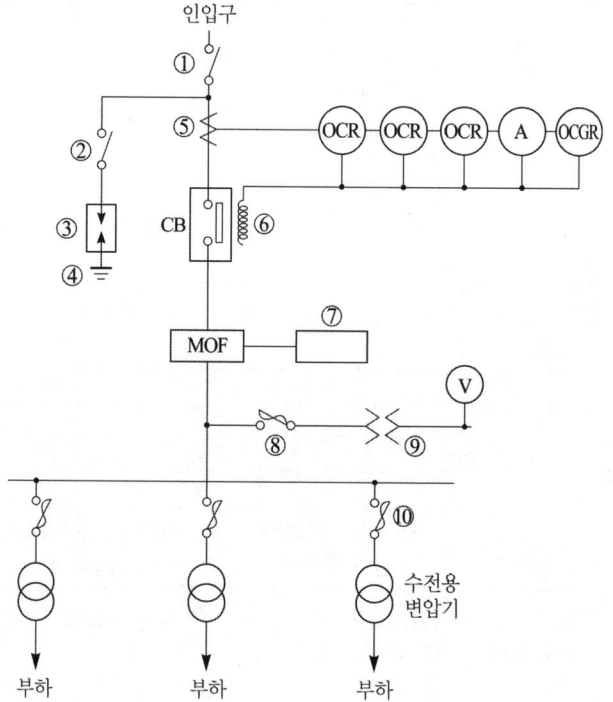

구분	문자기호	명칭	구분	문자기호	명칭
①			⑥		
②			⑦		
③			⑧		
④			⑨		
⑤			⑩		

● 답안작성

구분	문자기호	명칭	구분	문자기호	명칭
①	DS	단로기	⑥	TC	트립코일
②	DS	단로기	⑦	WH	전력량계
③	LA	피뢰기	⑧	COS 또는 PF	컷아웃 스위치 또는 전력퓨즈
④	E	피뢰시스템 접지	⑨	PT	계기용 변압기
⑤	CT	변류기	⑩	COS, PF 또는 CB	컷아웃 스위치, 전력퓨즈 또는 차단기

● 해 설

CB 1차측에 CT를, CB 2차측에 PT를 시설하는 경우

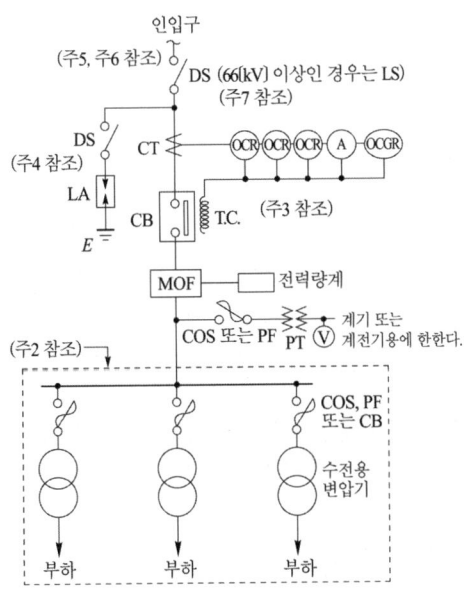

특별고압 수전설비 결선도

[주1] 22.9[kV-Y] 1,000[kVA] 이하인 경우에는 특고압 간이 수전 설비 결선도에 의할 수 있다.
[주2] 결선도 중 점선 내의 부분은 참고용 예시이다.
[주3] 차단기의 트립 전원은 직류(DC) 또는 콘덴서 방식(CTD)이 바람직하며 66[kV] 이상의 수전 설비에는 직류(DC)이어야 한다.
[주4] LA용 DS는 생략할 수 있으며 22.9[kV-Y]용의 LA는 Disconnector(또는 Isolator) 붙임형을 사용하여야 한다.

[주5] 인입선을 지중선으로 시설하는 경우로서 공동 주택 등 사고 시 정전 피해가 큰 수전 설비 인입선은 예비선을 포함하여 2회선으로 시설하는 것이 바람직하다.
[주6] 지중인입선의 경우에 22.9[kV-Y] 계통은 CNCV-W 케이블(수밀형) 또는 TR CNCV-W(트리억제형)을 사용하여야 한다. 다만, 전력구·공동구·덕트·건물구내 등 화재의 우려가 있는 장소에서는 FR CNCO-W(난연) 케이블을 사용하는 것이 바람직하다.
[주7] DS 대신 자동고장구분 개폐기(7,000[kVA] 초과 시에는 Sectionalizer)를 사용할 수 있으며 66[kV] 이상의 경우는 LS를 사용하여야 한다.

문6
▶ 출제년도 : 기사 12. 18. 20.　▶ 점수 : 5점

다음 그림은 TN계통의 일부분이다. 무슨 계통인지 쓰시오.
(단, 계통 일부의 중성선과 보호도체를 동일 전선으로 사용한다.)

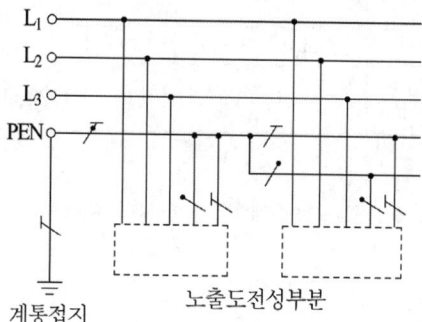

● 답안작성

TN-C-S 계통

● 해 설

기 호 설 명	
─/─	중성선(N)
─┬─	보호도체(PE)
─┬/─	보호도체와 중성선 결합(PEN)

[비고] 기호 : TN 계통, TT 계통, IT 계통에 동일 적용

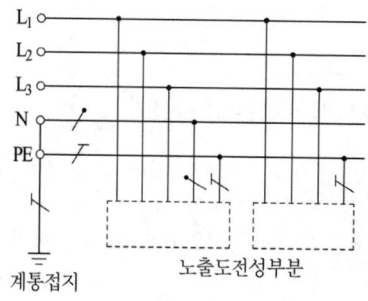
계통 전체의 중성선과
보호도체를 접속하여 사용한다.

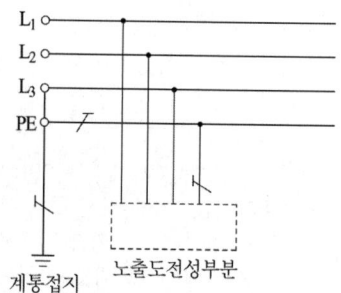
계통 전체의 접지된 상전선과
보호도체를 접속하여 사용한다.

(a) TN-S 계통

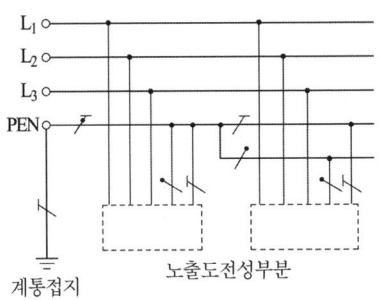

계통 일부의 중성선과 보호도체를
동일 전선으로 사용한다.
(b) TN-C-S 계통

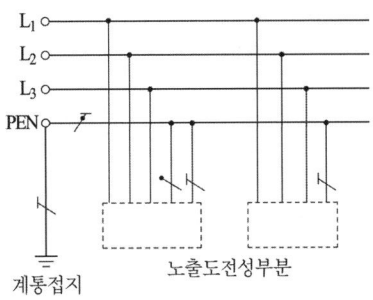

계통 전체의 중성선과 보호도체를
동일 전선으로 사용한다.
(c) TN-C 계통

문7

▶출제년도 : 기사 10, 18, 20. ▶점수 : 5점

전기설비기술기준 및 한국전기설비규정(KEC)에 의한 지중전선로의 케이블 시설방법 3가지를 쓰시오.

● 답안작성

직접 매설식, 관로식, 암거식

● 해 설

지중전선로의 시설(KEC 334.1)
지중 전선로는 전선에 케이블을 사용하고 또한 관로식·암거식(暗渠式) 또는 직접 매설식에 의하여 시설하여야 한다.

문8

▶출제년도 : 00, 02, 05, 08, 11, 18. ▶점수 : 5점

고압 가공 배전선로에 접속된 주상 변압기의 저압측에 시설된 계통접지공사의 저항값을 구하시오. 단, 1선 지락전류는 5[A]이고, 고압측과 저압측의 혼촉사고 발생시 1초 이내에 자동적으로 고압전로를 차단할 수 있게 되어 있다.

• 계산 :   • 답 :

● 답안작성

계산 : 계통접지 저항값 $R_2 = \dfrac{600}{5} = 120[\Omega]$

답 : $120[\Omega]$

● 해 설

계통접지공사의 접지저항
• 자동차단장치가 없는 경우
$$R_2 = \dfrac{150}{1선\ 지락전류}[\Omega]$$
• 2초 이내에 동작하는 자동차단장치가 있는 경우
$$R_2 = \dfrac{300}{1선\ 지락전류}[\Omega]$$

• 1초 이내에 동작하는 자동차단장치가 있는 경우

$$R_2 = \frac{600}{1선\ 지락전류}[\Omega]$$

▸ 출제년도 : 기사 91, 95, 05, 14, 18, 24.　▸ 점수 : 5점

문9 차단기의 종류이다. 명칭을 쓰시오.

(1) MCCB　　　　(2) VCB　　　　(3) ACB
(4) ABB　　　　(5) MBB

● 답안작성

(1) 배선용 차단기　(2) 진공 차단기　(3) 기중 차단기
(4) 공기 차단기　　(5) 자기 차단기

● 해 설

(1) MCCB : Molded Case Circuit Breaker
(2) VCB : Vacuum Circuit Breaker
(3) ACB : Air Circuit Breaker
(4) ABB : Air - Blast Circuit Breaker
(5) MBB : Magnetic - Blast Circuit Breaker

▸ 출제년도 : 기사 08, 18.　▸ 점수 : 5점

문10 저압진상용 콘덴서의 설치장소에 관한 사항이다. 다음( )안에 알맞은 내용을 쓰시오.

"저압 진상용 콘덴서를 옥내에 설치하는 경우에는 (①) 장소, 또는 (②) 장소 및 주위온도가 (③)[℃]를 초과하는 장소 등을 피하여 견고하게 설치하여야 한다."

● 답안작성

① 습기가 많은　② 수분이 있는　③ 40

● 해 설

저압 진상용 콘덴서를 옥내에 시설하는 경우
저압 진상용 콘덴서를 옥내에 설치하는 경우에는 다음의 장소 이외의 장소에 견고하게 지지하여 설치할 것
① 습기가 많은 장소
② 수분이 있는 장소(방수형제외)
③ 주위온도가 40[℃]를 초과하는 장소 등을 피하여 견고하게 지지하여 설치할 것

▸ 출제년도 : 기사 00, 04, 18.　▸ 점수 : 5점

문11 철탑 기초 공사에서 각입이란 무엇인지 간단히 쓰시오.

● 답안작성

철탑 기초재와 주각재, 앵커재를 조립 후 소정의 콘크리트 블록 위에 설치하는 것

▶ 출제년도 : 00, 07, 11, 18. ▶ 점수 : 3점

문12 조상설비의 설치목적에 대하여 간단히 서술하시오.

● 답안작성

조상설비는 송·수전단 전압이 일정하게 유지되도록 하는 조정 역할과 역률 개선에 의한 송전 손실의 경감, 전력 시스템의 안정도 향상을 목적으로 한다.

● 해 설

조상설비의 설치목적은 무효전력을 조정하여 전압의 조정과 전력손실을 경감시키기 위함이다.

▶ 출제년도 : 기사 93, 98, 05, 18, 산업 12. ▶ 점수 : 6점

문13 240[mm²] ACSR 전선을 200[m]의 경간에 가설하려고 하는데 이도는 계산상 8[m]였지만 가설 후의 실측결과는 6[m]이어서 2[m] 증가시키려고 한다. 이때 전선을 경간에 몇 [m]만큼 밀어 넣어야 하는가?

• 계산 :   • 답 :

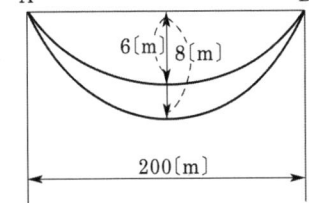

● 답안작성

계산 : 이도 6[m]일 때 전선의 길이 $L_1 = 200 + \dfrac{8 \times 6^2}{3 \times 200} = 200.48[\mathrm{m}]$

이도 8[m]일 때 전선의 길이 $L_2 = 200 + \dfrac{8 \times 8^2}{3 \times 200} = 200.85[\mathrm{m}]$

∴ $L_2 - L_1 = 200.85 - 200.48 = 0.37[\mathrm{m}]$

답 : 0.37[m]

● 해 설

$$L = S + \dfrac{8D^2}{3S}$$

여기서, L : 전선의 길이[m], D : 이도[m], S : 경간[m]

▶ 출제년도 : 기사 93, 18. ▶ 점수 : 30점

문14 그림과 같이 설치된 전주의 완금을 경완금으로 교체하려고 한다. 물음에 답하시오.

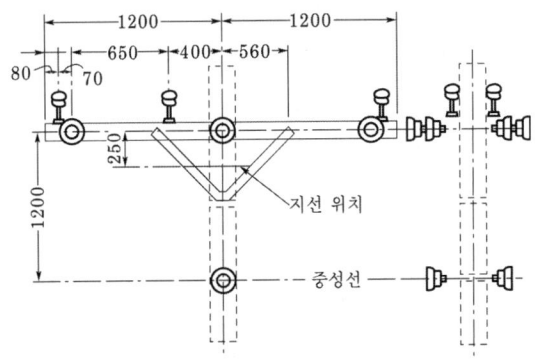

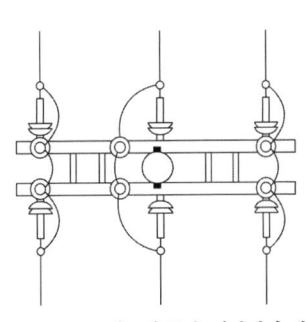

22.9[kV] 3φ4W 선로의 특수 경간에서 내장주

(1) 철거되는 자재(불필요한 자재)의 수량을 구하시오.

철거되는 자재명	수 량
u-볼트(또는 머신 볼트)	
암타이	
암타이 밴드	
볼 크레비스	
완금	
특고압용 핀 애자용 볼트 1호	
앵커 쇄클	

(2) 추가로 소요되는 자재의 수량을 구하시오.

추가로 소요되는 자재명	수 량
경완금	
완금 밴드	
볼 쇄클	
특고압용 핀 애자용 볼트 2호	

(3) L완금을 경완금으로 교체하는데 소요되는 인건비(노무비 합계)를 구하시오. 단, 배전전공은 40,000[원], 보통인부 20,000[원]이며, 직접 노무비에서 배전전공, 보통인부 및 간접 노무비에서 원 이하는 버린다. 애자 철거는 재사용으로 본다. 참고자료 이외의 것은 구하지 말 것 단, 간접 노무비는 직접노무비의 15[%]를 적용한다.

[참고자료]

표 1. 배전용 완철신설 (본당)

규 격	배전 전공	보통 인부
1[m] 이하	0.09	0.09
2[m] 이하	0.10	0.10
3[m] 이하	0.13	0.13
3[m] 초과	0.17	0.17

[해설] 1. 완목 및 경완철은 이 품의 80[%]   2. 배전용 완철은 철거 30[%]
       3. 이설, 교환 130[%]   4. Armtie 설치품 포함
       5. 완철이란 완금을 우리말로 고친 것임   6. 편출공사는 본 품의 20[%] 가산

표 2. 배전용 애자 및 래크(rack) 신설 (개당)

종 별	배전 전공	보통 인부
특고압용 핀애자	0.064	0.126
특고압용 현수애자	0.065	0.05
고압용 핀애자	0.044	-
고압용 인류애자	0.056	-
고압용 내장	0.035	0.083
저압용 핀애자	0.034	-
저압용 인류애자	0.044	-
래크 1선용	0.125	-
래크 2선용	0.20	-

종 별	배전 전공	보통 인부
래크 3선용	0.275	−
래크 4선용	0.350	−

[해설] 1. 애자철거 50[%](재사용 80[%])
      2. 애자교환 또는 갈아끼우기 150[%]
      3. 인류애자
      4. 애자닦기
         ⓐ 주상(탑상) 손닦기 : 신설품의 50[%]
         ⓑ 주상(탑상) 기계닦기 : 기계 손료만 계산(안전비 포함)
         ⓒ 발췌 손닦기는 본 품의 170[%]

● 답안작성

(1)

철거되는 자재명	수 량
u-볼트(또는 머신 볼트)	5
암타이	4
암타이 밴드	1
볼 크레비스	6
완금	2
특고압용 핀 애자용 볼트 1호	6
앵커 쇄클	6

(2)

추가로 소요되는 자재명	수 량
경완금	2
완금 밴드	1
볼 쇄클	6
특고압용 핀 애자용 볼트 2호	6

(3) 직접 노무비
   ① 배전 전공 : $0.13 \times 2 \times 0.3 + 0.064 \times 6 \times 0.8 + 0.065 \times 12 \times 0.8$
                 $+ 0.13 \times 2 \times 0.8 + 0.064 \times 6 + 0.065 \times 12 = 2.38[$인$]$
    배전 전공 직접 노무비 $= 2.38 \times 40,000 = 95,200[$원$]$
   ② 보통인부 : $0.13 \times 2 \times 0.3 + 0.126 \times 0.8 \times 6 + 0.05 \times 0.8 \times 12$
               $+ 0.13 \times 2 \times 0.8 + 0.126 \times 6 + 0.05 \times 12 = 2.73[$인$]$
    보통인부 직접 노무비 $= 2.73 \times 20,000 = 54,600[$원$]$
   소 계 : $95,200 + 54,600 = 149,800[$원$]$
   간접 노무비 : $149,800 \times 0.15 = 22,470[$원$]$
   노무비 합계 : $149,800 + 22,470 = 172,270[$원$]$

● 해 설

(3) 직접 노무비
   ① 배전 전공
      ⓐ 완금철거 : $0.13 \times 2 \times 0.3 = 0.078[$인$]$
      ⓑ 특고압 현수애자 철거 : $0.065 \times 12 \times 0.8 = 0.624[$인$]$
      ⓒ 특고압 핀애자 철거 : $0.064 \times 6 \times 0.8 = 0.3072[$인$]$
      ⓓ 경완금 설치 : $0.13 \times 2 \times 0.8 = 0.208[$인$]$
      ⓔ 특고압 현수애자 설치 : $0.065 \times 12 = 0.78[$인$]$

ⓕ 특고압 핀애자 설치 : $0.064 \times 6 = 0.384$[인]
　계 : 2.3812[인]
② 보통인부
　　ⓐ 완금철거 : $0.13 \times 2 \times 0.3 = 0.078$[인]
　　ⓑ 특고압 현수애자 철거 : $0.05 \times 12 \times 0.8 = 0.48$[인]
　　ⓒ 특고압 핀애자 철거 : $0.126 \times 6 \times 0.8 = 0.6048$[인]
　　ⓓ 경완금 설치 : $0.13 \times 2 \times 0.8 = 0.208$[인]
　　ⓔ 특고압 현수애자 설치 : $0.05 \times 12 = 0.6$[인]
　　ⓕ 특고압 핀애자 설치 : $0.126 \times 6 = 0.756$[인]
　계 : 2.7268[인]

※ 견적문제는 완벽하게 복원하지 못하여 유사 문제로 대체 했습니다.

2018년 2회 전기공사기사실기

▶출제년도 : 기사 03. 18.   ▶점수 : 4점

문1 그림은 전류 동작형 누전 차단기의 원리를 나타낸 것이다. 여기에서 저항 R의 설치목적은?

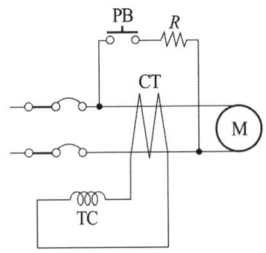

● 답안작성

누전 차단기 자체 동작 시험 시 흐르는 전류를 일정값 이상으로 흐르지 못하게 억제

▶출제년도 : 기사 03. 05. 07. 15. 18.   ▶점수 : 5점

문2 다음은 계전기별 고유 기구번호이다. 명칭을 정확히 답하시오.

(1) 37A
(2) 37D
(3) 37F

● 답안작성

(1) 교류 부족 전류 계전기
(2) 직류 부족 전류 계전기
(3) Fuse 용단 계전기

● 해 설

· 37 : 부족 전류 계전기
· 37F : Fuse 용단 계전기
· 37V : 전자관 Filament 단선 검출기

▶출제년도 : 기사 98. 00. 03. 07. 18.   ▶점수 : 5점

문3 옥내에서 전선을 병렬로 사용하는 경우의 원칙 5가지만 쓰시오.

● 답안작성

① 전선의 굵기는 동 50[mm²] 이상 또는 알루미늄 70[mm²] 이상일 것
② 동일한 도체, 동일한 굵기, 동일한 길이이어야 한다.
③ 병렬로 사용하는 전선은 각각에 퓨즈를 장착하지 말아야 한다.
④ 각 전선에 흐르는 전류는 불평형을 초래하지 않도록 할 것
⑤ 같은 극의 각 전선은 동일한 터미널러그에 완전히 접속할 것

● 해 설
전선의 접속(KEC 123)

▶출제년도 : 기사 02. 07. 18. 산업 22.   ▶점수 : 5점

문4 장간형 현수애자 설치방법이다. 그림에서 1, 2, 3, 4, 5의 명칭을 답하시오.

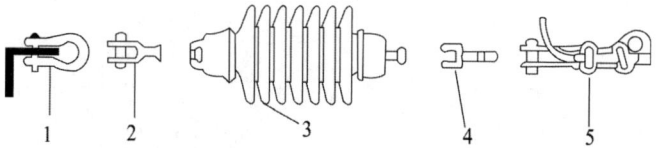

● 답안작성
1. 앵커쇄클   2. 볼크레비스   3. 장간형 현수애자
4. 소켓아이   5. 데드 엔드 클램프

▶출제년도 : 기사 93. 10. 15. 18.   ▶점수 : 5점

문5 콘크리트 전주(CP주)의 지표면에서의 지름[cm]을 구하여라.
단, 설계하중 : 500[kg], 전주 규격 : 16[m], 전주 말구 지름 : 19[cm]
•계산 :   •답 :

● 답안작성
계산 : 지표면에서의 지름 $D = 19 + (16 - 2.5) \times 10^2 \times \dfrac{1}{75} = 37[\text{cm}]$

답 : 37[cm]

● 해 설

① $D[\text{cm}] = d[\text{cm}] + H \times \dfrac{1}{75} \times 100$

여기서, D : 지표면에서의 전주의 지름[cm]
　　　　d : 전주 말구 지름[cm]
　　　　H : 전주의 지표면상 길이[m]

② 전주의 지름 증가율 $\begin{cases} 목주 : \dfrac{9}{1,000} \\ CP주 : \dfrac{1}{75} \end{cases}$

③ 전주의 전장이 15[m] 이상일 경우 전주의
근입은 2.5[m] 이상

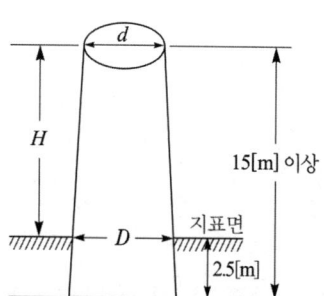

▶출제년도 : 11. 14. 15. 18.   ▶점수 : 5점

문6 다음 전선의 약호를 보고 그 명칭을 쓰시오.
(1) DV   (2) MI   (3) ACSR   (4) EV   (5) OC

● 답안작성
(1) 인입용 비닐절연 전선
(2) 미네랄 인슈레이션 케이블
(3) 강심 알루미늄 연선
(4) 폴리에틸렌 절연 비닐 시스케이블
(5) 옥외용 가교 폴리에틸렌 절연전선

▸출제년도 : 기사 18. ▸점수 : 5점

문7 부흐홀츠 계전기에 대한 다음 물음에 답하시오.
(1) 원리
(2) 설치위치

● 답안작성
(1) 원리 : 변압기 본체 탱크 내에 발생한 가스 또는 이에 따른 유류를 검출하여 변압기 내부 고장을 검출
(2) 설치위치 : 변압기 본체와 콘서베이터 사이에 설치

▸출제년도 : 기사 00. 13. 18. ▸점수 : 8점

문8 그림은 고압 진상용 콘덴서의 설비 계통도이다. 물음에 답하시오.
(1) ①의 명칭과 2차 정격 전류의 값은?
(2) ②의 방전시간은 5초 이내에 콘덴서의 잔류 전하를 몇 [V] 이하로 저하시킬 수 있어야 하는가?
(3) ③ SR의 목적은?
(4) SC의 내부 고장에 대한 보호방식 4가지를 쓰시오.

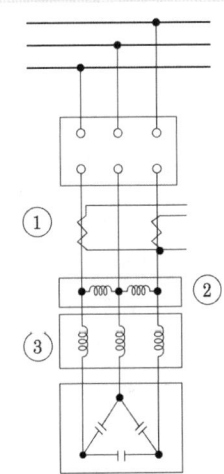

● 답안작성
(1) ① 변류기, ② 5[A]
(2) 50[V]
(3) 제5고조파 제거
(4) 과전류 보호방식, 과전압 보호방식, 부족전압 보호방식, 지락 보호방식

▸출제년도 : 기사 05. 18. ▸점수 : 5점

문9 2중 천장 내에서 옥내배선으로부터 분기하여 조명기구에 접속하는 배선은 원칙적으로 어떤 배선인가?

● 답안작성
케이블 배선 또는 금속제 가요전선관 배선(점검할 수 없는 장소에는 2종 금속제 가요전선관)

● 해 설

조명기구 등을 직부(直附) 또는 매입하는 경우의 시설방법
2중천장 내에서 옥내배선으로부터 분기하여 조명기구에 접속하는 배선은 케이블배선 또는 금속제 가요전선관배선(점검할 수 없는 장소는 2종 금속제가요전선관에 한한다)으로 하는 것을 원칙으로 한다.

문10 ▶출제년도 : 기사 93. 10. 18. 산업 20. ▶점수 : 4점

가공송전선로에서 이동 설계 시 전선에 가해지는 하중의 종류 3가지를 쓰시오.

● 답안작성

① 전선의 자중   ② 풍압 하중   ③ 빙설 하중

문11 ▶출제년도 : 기사 89. 95. 10. 18. ▶점수 : 8점

다음은 전기기기 및 전등·전력에 대한 전기 배선용 심벌을 나타낸 것이다. 각각 명칭을 기입하여라.

(1) ⌀15[A]   (2) ⊗   (3) ⊖G   (4) ◧   (5) ⊤

● 답안작성

(1) 15[A] 조광기   (2) 셀렉터 스위치   (3) 누전 경보기
(4) 분전반   (5) 소형변압기

문12 ▶출제년도 : 08. 18. ▶점수 : 4점

장주의 종류에서 수평배열에 해당하는 장주 3종류와 수직배열에 해당하는 장주 1종류를 쓰시오.

● 답안작성

(1) 수평배열 : ① 보통장주   ② 창출장주   ③ 편출장주
(2) 수직배열 : ① 랙크장주

● 해 설

이외에도 수직배열에서 ② D형 랙크장주

문13 ▶출제년도 : 기사 18. ▶점수 : 3점

선로를 시공 완료하고, 선로운전 전압으로 가압하기 전에 케이블 절연층의 절연상태를 전기적으로 확인하기 위해 행하는 준공시험은 무엇인지 쓰시오.

● 답안작성

교류 내전압시험

● 해 설

절연내력시험(내전압시험)
전기설비의 절연강도가 통상 사용하는 전압 외에 지락사고나 개폐 서지 등의 이상전압에 대해서 절연 파괴 사고를 일으키는 일 없이 사용할 수 있는가의 여부를 판단하기 위하여 하는 시험을 말한다.

▶출제년도 : 기사 18. ▶점수 : 4점

문14 다음 상용전원과 예비전원 운전 시 유의하여야 할 사항이다. (   ) 안에 알맞은 내용을 쓰시오.

> 상용전원과 비상용예비전원 사이에는 병렬운전을 하지 않는 것이 원칙이므로 수전용 차단기와 발전용차단기 사이에는 전기적 또는 기계적 (①)을 시설해야 하며 적절한 연동기능을 갖춘 (②)를 사용해야 한다.

● 답안작성
① 인터록   ② 자동절환 개폐장치

● 해 설
비상용 예비전원의 시설(KEC 244.2.1)
상용전원의 정전으로 비상용전원이 대체되는 경우에는 상용전원과 병렬운전이 되지 않도록 다음 중 하나 또는 그 이상의 조합으로 격리조치를 하여야 한다.
① 조작기구 또는 절환 개폐장치의 제어회로 사이의 전기적, 기계적 또는 전기 기계적 연동
② 단일 이동식 열쇠를 갖춘 잠금 계통
③ 차단-중립-투입의 3단계 절환 개폐장치
④ 적절한 연동기능을 갖춘 자동 절환 개폐장치
⑤ 동등한 동작을 보장하는 기타 수단

▶출제년도 : 기사 84, 18. ▶점수 : 30점

문15 아래의 도면은 전등 및 콘센트의 평면 배선도이다. 각 항의 조건을 읽고 질문에 답하시오.

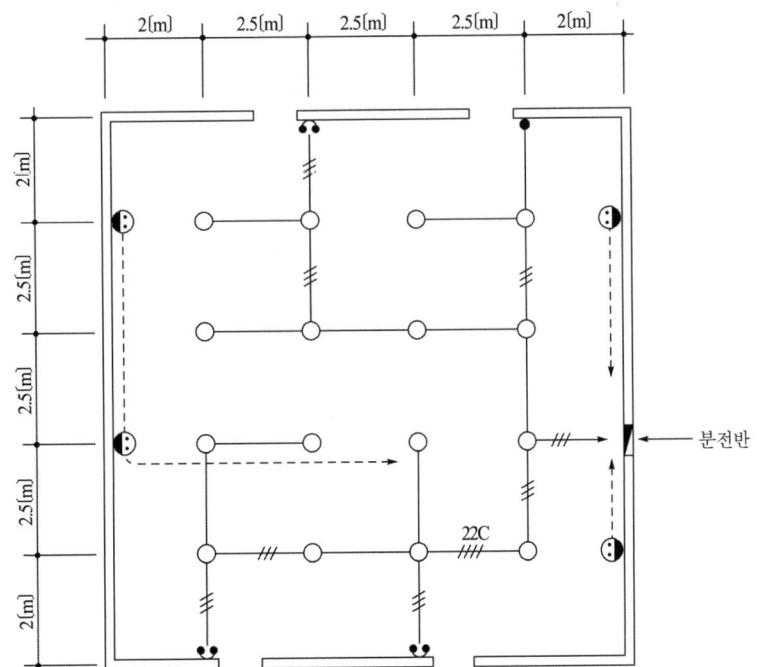

[주] (1) 바닥에서 천장 슬라브까지의 높이는 3[m]임.
  (2) 분전반의 규격은 다음에 의한다.
    ① 주 차단기 CB 3P 60AF(60AT)-1개, 분기 차단기 CB 1P 30AF(20AT)-4개
    ② 철제 매입 설치 완제품 기준

(1) 시설 조건, 재료 및 인건비 산출 조건, 품셈 보기는 아래와 같다.

• 시설 조건

① 전선은 HFIX 2.5[mm^2]를 사용한다.
② 전선관은 후강 전선관을 사용하고 특기없는 것은 16[mm]임.
③ 4방출 이상의 배관과 접속되는 박스는 4각 박스를 사용한다.
④ 스위치 설치 높이 1.2[m](바닥에서 중심까지)
⑤ 콘센트 설치 높이 0.3[m](바닥에서 중심까지, 단 바닥슬래브 배관에서 콘센트까지의 입상배관은 0.5[m]로 한다.)
⑥ 분전함 설치 높이 1.8[m](바닥에서 상단까지)
 단, 바닥슬래브 배관에서 분전함 하단까지는 0.8[m]를 기준한다.

• 재료 산출 조건

① 전선 산출 시 분전함 상부를 기준으로 하며 내부에서의 배선 여유는 고려하지 않는다.
② 자재 산출 시 산출 수량과 할증 수량은 소수점 이하도 기록하고, 자재별 총 수량(산출 수량+할증 수량)은 소수점 이하는 반올림한다.
③ 천장에서 등기구까지의 배선은 무시한다.
④ 콘센트용 박스는 4각 박스로 본다.
⑤ 배관 및 배선 이외의 자재는 할증을 고려하지 않는다(단, 배관 및 배선의 할증은 10[%]로 한다).

• 인건비 산출 조건

① 재료의 할증분에 대해서는 품셈을 적용하지 않는다.
② 소수점 이하도 계산하며, 소수점 넷째 자리에서 반올림한다.
③ 품셈은 아래표의 품셈을 적용한다.

품셈보기

자재명 및 규격	단위	내선 전공
후강 전선관 16[mm]	[m]	0.08
후강 전선관 22[mm]	[m]	0.11
관내 배선 5.5[mm^2] 이하	[m]	0.01
매입 스위치	개	0.065
매입 콘센트 2P, 15[A]	개	0.065
아우트렛 박스 4각	개	0.2
아우트렛 박스 8각	개	0.2
스위치 박스 1개용	개	0.2
스위치 박스 2개용	개	0.2

(2) 분전반 품셈은 표와 같고 완제품 설치 공량은 본공량의 65[%]이다.

개폐기 용량	노퓨즈 브레이커			나이프 스위치		
	1P	2P	3P	1P	2P	3P
30[A] 이하	0.34	0.43	0.54	0.38	0.48	0.60
60[A] 이하	0.43	0.58	0.74	0.48	0.65	0.82
이하 생략함						

질문 (1) 도면에 의해 다음 재료표의 ①부터 ⑮까지 빈칸을 기입하시오.

자재명	규격	단위	산출 수량	할증 수량	총 수량 (산출 수량+할증 수량)
후강 전선관	16[mm]	[m]	①		④
후강 전선관	22[mm]	[m]	②		⑤
HFIX 전선	2.5[mm²]	[m]	③		⑥
스위치	300[V], 10[A]	개			⑦
스위치 플레이트	1개용	개			⑧
스위치 플레이트	2개용	개			⑨
매입 콘센트	300[V], 15[A] 2개용	개			⑩
4각 박스		개			⑪
8각 박스		개			⑫
스위치 박스	1개용	개			⑬
스위치 박스	2개용	개			⑭
콘센트 플레이트		개			⑮
이하 생략					

질문 (2) 다음 표의 각 재료별 전공수를 ①부터 ⑪번까지 기입할 것

자재명	규격	단위	수량	인공수 (재료 단위별)	내선 전공
후강 전선관	16[mm]	[m]			①
후강 전선관	22[mm]	[m]			②
HFIX 전선	2.5[mm²]	[m]			③
스위치	300[V], 10[A]	개			④
스위치 플레이트	1개용	개			
스위치 플레이트	2개용	개			
매입 콘센트	300[V], 15[A] 2개용	개			⑤
4각 박스		개			⑥
8각 박스		개			⑦
스위치 박스	1개용	개			⑧
스위치 박스	2개용	개			⑨
콘센트 플레이트	2개구용	개			
분전반	1-CB 3P 60AF(60AT) 4-CB 1P 30AF(20AT)	면			⑩
내선 전공 합계	⑪				

● 답안작성

(1)

①	82.3	⑥	227	⑪	5
②	2.5	⑦	7	⑫	15
③	206.4	⑧	1	⑬	1
④	91	⑨	3	⑭	3
⑤	3	⑩	4	⑮	4

(2)

①	82.3×0.08=6.584	⑦	15×0.2=3.0
②	2.5×0.11=0.275	⑧	1×0.2=0.2
③	206.4×0.01=2.064	⑨	3×0.2=0.6
④	7×0.065=0.455	⑩	(0.74+0.34×4)×0.65=1.365
⑤	4×0.065=0.26	⑪	15.803
⑥	5×0.2=1.0		

● 해 설

① 측면도

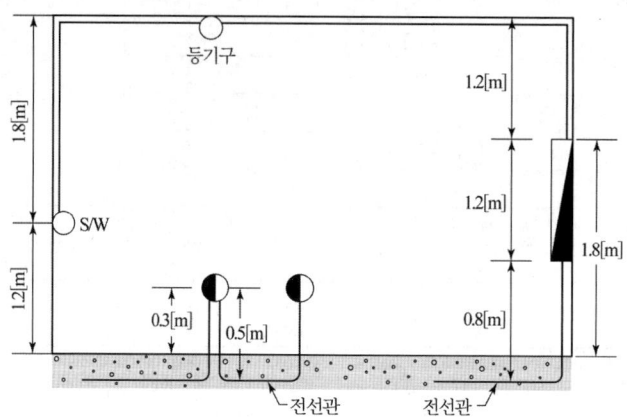

② HFIX 전선의 산출 수량

전 선	2[m] × (2가닥 × 3 + 3가닥 × 4) = 36[m]	36[m]
	2.5[m] × (2가닥 × 18 + 3가닥 × 4 + 4가닥 × 1) = 130[m]	130[m]
콘센트	0.5[m] × 2가닥 × 5 = 5[m]	5[m]
스위치	1.8[m] × (2가닥 × 1 + 3가닥 × 3) = 19.8[m]	19.8[m]
분전반(전등)	1.2[m] × 3가닥 × 1 = 3.6[m]	3.6[m]
분전반(콘센트)	2[m] × 2가닥 × 3 = 12[m]	12[m]
계		206.4[m]

※ 견적문제는 완벽하게 복원하지 못하여 유사 문제로 대체했습니다.

2018년 4회 전기공사기사실기

▸출제년도 : 기사 18. 산업 14.   ▸점수 : 5점

문1 고압 옥내배선 시설 공사법 3가지를 쓰시오.

● 답안작성

애자 공사, 케이블 공사, 케이블트레이 공사

● 해 설

고압 옥내배선 등의 시설(KEC 342.1)
고압옥내배선은 다음에 따라 시설하여야 한다.
① 애자 공사(건조한 장소로서 전개된 장소에 한한다.)
② 케이블 공사
③ 케이블트레이 공사

▸출제년도 : 기사 15. 18.   ▸점수 : 6점

문2 일반 조명용(백열등, HID등) 옥내배선 그림기호를 보고 각각의 적용분야를 쓰시오.

그림기호	적용	그림기호	적용
◐		⊗	
⊖		CL	
CH		DL	

● 답안작성

그림기호	적용	그림기호	적용
◐	벽붙이	⊗	옥외등
⊖	팬던트	CL	실링·직접 부착
CH	샹들리에	DL	매입 기구

● 해 설

명칭	그림기호	적요
일반용 조명 백열등 HID등	○	① 벽붙이는 벽 옆을 칠한다. ◐ ② 걸림 로제트만 ⓘ ③ 팬던트 ⊖ ④ 실링·직접 부착 CL ⑤ 샹들리에 CH ⑥ 매입 기구 DL (◎로 하여도 좋다.) ⑦ 옥외등은 ⊗로 하여도 좋다.

명 칭	그림기호	적 요
		⑧ HID등의 종류를 표시하는 경우는 용량 앞에 다음 기호를 붙인다. 　수은등　　　　　H 　메탈 헬라이드등　M 　나트륨등　　　　N 　**[보기]** H400

문3

▶출제년도 : 기사 11, 18,　▶점수 : 5점

전력계 지시값이 600[W], 변압비 30, 변류비 20인 경우 수전전력은 몇 [kW]인가?
• 계산 :　　　　　　　　　　　　　　　　• 답 :

● 답안작성

계산 : 수전전력 = 측정전력(전력계 지시값)×PT비×CT비
　　　　　　　 = $600 \times 30 \times 20 \times 10^{-3} = 360[kW]$

답 : 360[kW]

문4

▶출제년도 : 기사 16, 18, 산업 97, 99, 01, 03,　▶점수 : 5점

다음 그림은 심야전력기기의 인입구 장치 부근의 배선을 나타낸 것이다. 이 그림은 어떤 경우의 시설을 나타낸 것인지 쓰시오.

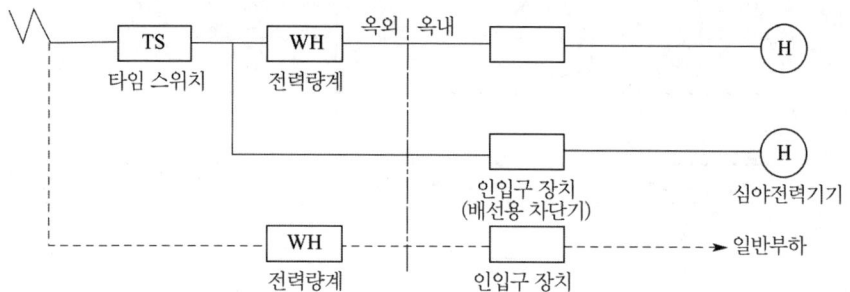

● 답안작성

정액제·종량제 병용

● 해 설

(1) 정액제의 경우

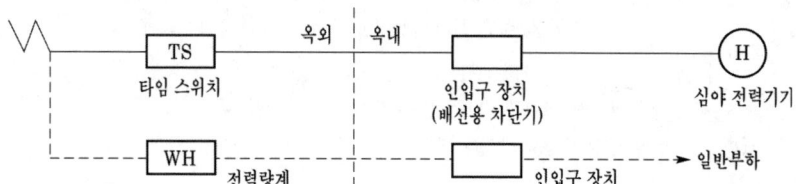

(2) 종량제의 경우

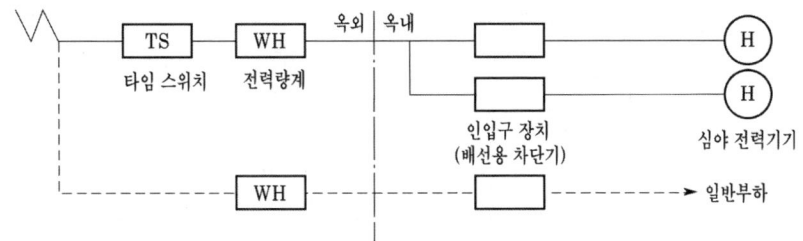

(3) 정액제·종량제 병용의 경우

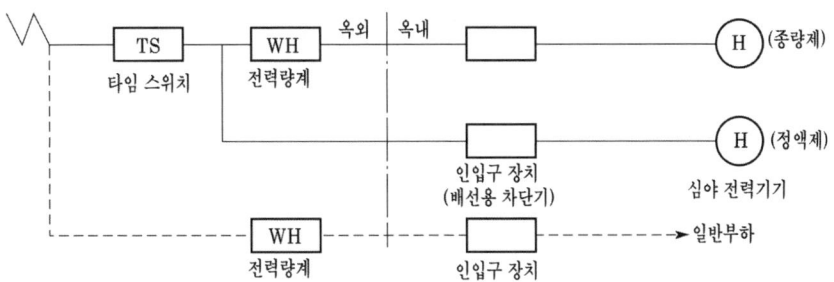

▶ 출제년도 : 기사 91. 95. 05. 14. 18. 24.   ▶ 점수 : 5점

문5 차단기의 종류이다. 명칭을 쓰시오.
(1) ELB   (2) MCCB   (3) OCB
(4) MBB   (5) GCB

● 답안작성

(1) 누전 차단기   (2) 배선용 차단기   (3) 유입 차단기
(4) 자기 차단기   (5) 가스 차단기

● 해 설

(1) Earth Leakage Circuit Breaker   (2) Molded Case Circuit Breaker
(3) Oil Circuit Breaker   (4) Magnetic-Blast Circuit Breaker
(5) Gas Circuit Breaker

▶ 출제년도 : 기사 18.   ▶ 점수 : 6점

문6 다음에 해당하는 옥내배선의 그림기호를 보고 각각의 명칭을 쓰시오.
(1) ─────────
(2) ─ ─ ─ ─ ─ ─ ─ ─
(3) - - - - - - - - - - - -

● 답안작성

(1) 천장 은폐배선
(2) 바닥 은폐배선
(3) 노출 배선

● 해 설

명 칭	그림 기호	적 요
천장 은폐 배선	———	① 천장 은폐 배선 중 천장 속의 배선을 구별하는 경우는 천장 속의 배선에 —·—·— 를 사용하여도 좋다. ② 노출 배선 중 바닥면 노출 배선을 구별하는 경우는 바닥면 노출 배선에 —··—··— 를 사용하여도 좋다. ③ 전선의 종류를 표시할 필요가 있는 경우는 기호를 기입한다.
바닥 은폐 배선	----	
노출 배선	·········	

▶ 출제년도 : 기사 18, 24.   ▶ 점수 : 3점

문7 토지의 상황이나 그 외 사유로 인하여 보통지선을 설치할 수 없을 때 전주와 전주 간, 또는 전주와 지선주 간에 시설하는 지선의 명칭을 쓰시오.

● 답안작성

수평지선

● 해 설

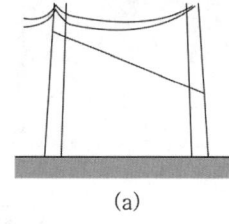 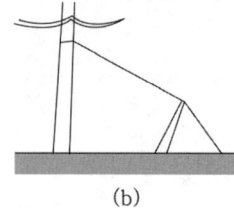 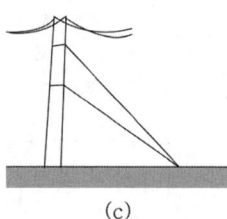
　　(a)　　　　　　　(b)　　　　　　　(c)

(a) **공동지선** : 두 개의 지지물에 공통으로 시설하는 지선으로서 지지물 상호거리가 비교적 접근해 있을 경우에 시설하는 지선
(b) **수평지선** : 토지의 상황이나 그 외 사유로 인하여 보통지선을 설치할 수 없을 때 전주와 전주 간, 또는 전주와 지선주 간에 시설하는 지선
(c) **Y지선** : 여러 단의 완철이 설치되고 또한 장력이 클 때 또는 H주일 때 보통지선을 2단으로 부설하는 지선

▶ 출제년도 : 기사 93, 98, 05, 12, 18.   ▶ 점수 : 6점

문8 240[mm²] ACSR 전선을 200[m]의 경간에 가설하려고 하는데 이도는 계산상 8[m]였지만 가설 후의 실측결과는 6[m]이어서 2[m] 증가시키려고 한다. 이때 전선을 경간에 몇 [cm]만큼 밀어 넣어야 하는가?

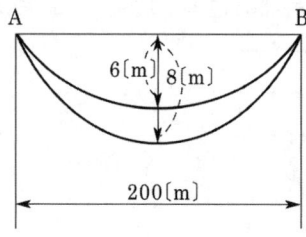

• 계산 :　　　　　　　　　　　　　　　　• 답 :

● 답안작성

계산 : 이도 6[m]일 때 전선의 길이 $L_1 = 200 + \dfrac{8 \times 6^2}{3 \times 200} = 200.48[\text{m}]$

이도 8[m]일 때 전선의 길이 $L_2 = 200 + \dfrac{8 \times 8^2}{3 \times 200} = 200.85[\text{m}]$

∴ $L_2 - L_1 = 200.85 - 200.48 = 0.37[\text{m}] = 37[\text{cm}]$

답 : 37[cm]

● 해 설

$$L = S + \dfrac{8D^2}{3S}$$

여기서, L : 전선의 길이[m], D : 이도[m], S : 경간[m]

▶ 출제년도 : 기사 07. 18.   ▶ 점수 : 5점

문9
다음은 무엇을 결정할 때 쓰이는 식인가? (단, L은 송전거리[km], P는 송전전력[kW])

$$5.5\sqrt{0.6L + \dfrac{P}{100}}$$

● 답안작성

경제적인 송전전압의 결정

● 해 설

스틸의 식 : $V_s = 5.5\sqrt{0.6L + \dfrac{P}{100}}$ [kV]

▶ 출제년도 : 11. 18.   ▶ 점수 : 5점

문10
금속제 케이블 트레이 종류 4가지를 쓰시오.

● 답안작성

① 사다리형   ② 펀칭형   ③ 메시형   ④ 바닥밀폐형

● 해 설

케이블트레이공사(KEC 232.41)
케이블트레이 배선은 케이블을 지지하기 위하여 사용하는 금속재 또는 불연성 재료로 제작된 유닛 또는 유닛의 집합체 및 그에 부속하는 부속재 등으로 구성된 견고한 구조물을 말하며 사다리형, 펀칭형, 메시형, 바닥밀폐형 기타 이와 유사한 구조물을 포함하여 적용한다.

▶ 출제년도 : 기사 92. 13. 18.   ▶ 점수 : 4점

문11
특고압 가공 전선로의 지지물로 사용하는 B종 철주, B종 철근 콘크리트주 또는 철탑의 종류에는 어떤 것이 있는가를 아는 대로 쓰시오.

● 답안작성

직선형, 각도형, 인류형, 내장형, 보강형

● 해 설
① 직선형 : 전선로의 직선 부분(3도 이하의 수평 각도를 이루는 곳을 포함)에 사용하는 것으로 내장형과 보강형은 제외한다.
② 각도형 : 전선로 중 3도를 넘는 수평 각도를 이루는 곳에 사용하는 것
③ 인류형 : 전가섭선을 인류하는 곳에 사용하는 것
④ 내장형 : 전선로 지지물의 양측의 경간의 차가 큰 곳에 사용하는 것
⑤ 보강형 : 전선로의 직선 부분에 그 보강을 위하여 사용하는 것

▶ 출제년도 : 기사 18, 산업 16.   ▶ 점수 : 30점

문12 아래 조건을 참고하여 물음에 답하시오.

[조건]
① 실내의 바닥에서 광원까지의 높이는 3[m]이다.
② 조명률 0.5, 유지율 0.67이다.
③ 32[W] 형광등의 광속 : 2,500[lm]
④ 설계 시 등기구 표시는 KS 심벌을 사용하고 F32[W] 2등용을 사용한다.
⑤ 전기설비기술기준, 한국전기설비규정(KEC), 전기설비설계 기준에 의한다.
⑥ 주어진 품셈에 의하여 산출한다.
⑦ 전선관은 합성수지전선관을 사용한다.
⑧ 등기구는 직부등으로 한다.
⑨ 분전반 설치는 상부를 기준으로 지상 1.5[m]에 설치한다.
⑩ 기준조도는 100[lx]이다.

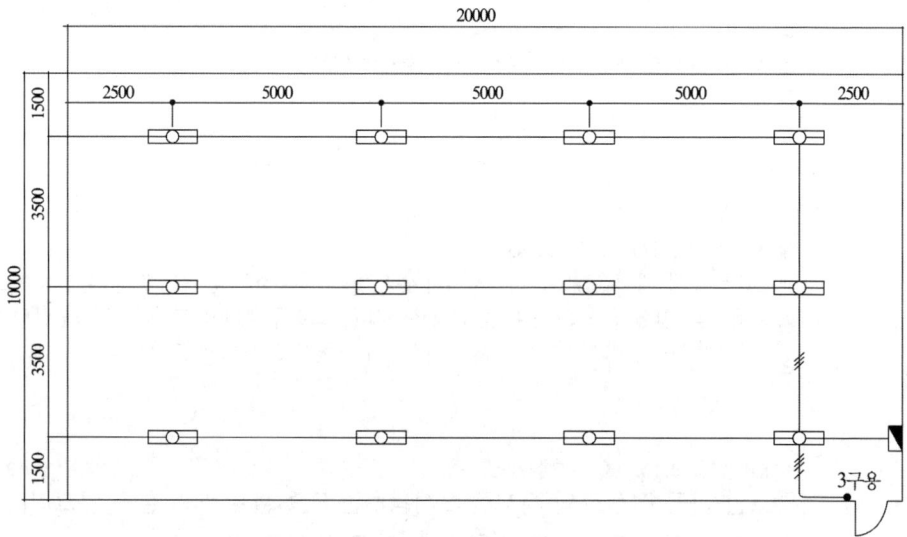

(1) 필요한 자재 수량과 합계금액을 산출하시오.

번호	품명	규격	단위	수량	단가	금액
1	등기구	32[W]×2	EA	①	30,000	
2	스위치	3구용	EA	②	10,000	
3	전 선	HFIX 2.5[mm^2]	m	195	2,000	
4	배 관	HI-PVC 16C	m	62	3,000	
5	아웃렛박스	8각 BOX	EA	12	1,000	
6	스위치박스	3구용	EA	1	1,000	
	합 계					③

(2) 표준품셈에 의거 인력품과 합계금액을 산출하시오.

번호	품명	수량	적용직종	품	단가	금액
1	등기구		내선전공	④		
2	스위치		내선전공	⑤		
3	전선	195	내선전공	⑥		
4	배관	62	내선전공	⑦		
5	아웃렛박스	12	내선전공	0.2		
6	스위치박스	1	내선전공	0.2		
	합계					⑧

※ 내선전공 : 150,000[원]   배전전공 : 250,000[원]
　보통인부 : 86,000[원]   저압케이블공 : 190,000[원]

(3) 원가계산서를 작성하시오.

비 목			금 액	비 고
순공사비	재료비	직접재료비	959,000	
		간접재료비	-	
	노무비	직접노무비	1,658,850	
		간접노무비	⑨	소수점 이하 절사
	경비	기타경비	⑩	소수점 이하 절사
순공사비 합계			⑪	소수점 이하 절사
일반관리비			⑫	소수점 이하 절사
이 윤			⑬	소수점 이하 절사
부가가치세			⑭	소수점 이하 절사
총공사비			⑮	소수점 이하 절사

[주] 1) 간접노무비는 직접노무비의 9[%]를 적용한다.
　　 2) 기타경비는 (재료비+노무비)의 5[%]를 적용한다.
　　 3) 일반관리비는 순공사비의 6[%]를 적용한다.
　　 4) 이윤은 (노무비+기타경비+일반관리비)의 10[%]를 적용한다.
　　 5) 부가가치세는 (순공사비+일반관리비+이윤)의 10[%]를 적용한다.
　　 6) 간접재료비는 적용하지 않는다.

표 1. 전선관 배관 단위 : [m]

합성수지 전선관		후강 전선관		금속가요 전선관	
규격 [mm]	내선전공	규격 [mm]	내선전공	규격 [mm]	내선전공
14[mm] 이하	0.04	–	–	–	–
16[mm] 이하	0.05	16[mm] 이하	0.08	16[mm] 이하	0.044
22[mm] 이하	0.06	22[mm] 이하	0.11	22[mm] 이하	0.059
28[mm] 이하	0.08	28[mm] 이하	0.14	28[mm] 이하	0.072
36[mm] 이하	0.10	36[mm] 이하	0.20	36[mm] 이하	0.087
42[mm] 이하	0.13	42[mm] 이하	0.25	42[mm] 이하	0.104
54[mm] 이하	0.19	54[mm] 이하	0.34	54[mm] 이하	0.136
70[mm] 이하	0.28	70[mm] 이하	0.44	70[mm] 이하	0.156
82[mm] 이하	0.37	82[mm] 이하	0.54	–	–
92[mm] 이하	0.45	92[mm] 이하	0.60	–	–
104[mm] 이하	0.46	104[mm] 이하	0.71	–	–
125[mm] 이하	0.51	–	–	–	–

① 콘크리트 매입 기준
② 블록벽체 및 철근콘크리트 노출은 120[%], 목조건물은 110[%], 철강조노출은 125[%], 조적 후 배관 및 건축방음재(150[mm] 이상) 내 배관 시 130[%]
③ 기설콘크리트 노출 공사 시 앵커볼트를 매입 할 경우 앵커볼트 설치품은 5-29 옥내 잡공사에 의하여 별도 계상하고 전선관 설치품은 매입품으로 계상
④ 천정속, 마루밑 공사 130[%]
⑤ 관의 절단, 나사내기, 구부리기, 나사조임, 관내청소, 관통시험 포함
⑥ 계장 배관공사도 이 품에 준함

표 2. 박스(BOX) 설치 단위 : [개]

종 별	내선전공
Concrete Box	0.12
Outlet Box	0.20
Switch Box(2개용 이하)	0.20
Switch Box(3개용 이상)	0.25
노출형 Box(콘크리트 노출기준)	0.29
플로어 박스	0.20
연결용 박스	0.04

① 콘크리트 매입 기준
② Box 위치의 먹줄치기, 첨부커버 포함
③ 블록벽체 및 철근콘크리트 노출은 120[%], 목조건물은 110[%], 철강조 노출은 125[%], 조적 후 배관 및 건축 방음재(150[mm] 이상) 내 배관 시 130[%]
④ 방폭형 및 방수형 300[%]
⑤ 천정속, 마루밑은 130[%]
⑥ 공동주택 및 교실 등과 같이 동일 반복공정으로 비교적 쉬운 공사의 경우는 90[%]
⑦ 접지선 연결(Earth Bonding)은 나동선 1.6[mm]~2.0[mm]를 감아서 연결하는 것을 기준으로, 전선관 70[mm] 이하는 개소당 내선전공 0.01인, 70[mm]초과는 개소 당 내선전공 0.02[인] 계상하며, 접지클램프 사용 시는 "3-38 접지공사"의 접지클램프 품 적용
⑧ 기타 할증은 전선관 배관 준용
⑨ 철거 30[%]

표 3. 옥내배선 (단위 : [m], 직종 : 내선전공)

규 격	관내배선
6[mm²] 이하	0.010
16[mm²] 이하	0.023
38[mm²] 이하	0.031
50[mm²] 이하	0.043
60[mm²] 이하	0.052
70[mm²] 이하	0.061
100[mm²] 이하	0.064
120[mm²] 이하	0.077
150[mm²] 이하	0.088
200[mm²] 이하	0.107
250[mm²] 이하	0.130
300[mm²] 이하	0.148
325[mm²] 이하	0.160
400[mm²] 이하	0.197

① 관내배선 기준, 애자배선 은폐공사는 150[%], 노출 및 그리드애자공사는 200[%], 직선 및 분기접속 포함
② 관내배선 바닥공사는 80[%]
③ 관내배선 품에는 도입선 넣기 품 포함, 천정 금속닥트 내 공사는 200[%], 바닥붙임 닥트 내 공사는 150[%], 금속 및 PVC 몰딩 공사는 130[%]
④ 옥내케이블 관내배선은 5-11 전력케이블 구내설치 준용
⑤ 철거 30[%]

표 4. 배선기구 설치

(가) 콘센트류

(단위 : [개], 적용직종 : 내선전공)

종 류		2P	3P	4P
콘 센 트	15[A]	0.065	0.095	0.10
〃 (접지극부)	15[A]	0.08	–	–
〃 (접지극부)	20[A]	0.085	–	–
〃 (접지극부)	30[A]	0.11	0.145	0.15
플로어 콘센드	15[A]	0.096	–	–
〃	20[A]	0.096	–	–
하이텐숀(로우텐숀)		0.096	–	–

① 매입 설치기준, 노출설치 120[%]
② 방폭형 200[%]
③ System Box 내에 설치되는 콘센트는 하이텐숀(로우텐숀) 적용
④ 철거 30[%], 재사용 철거 50[%]

(나) 스위치류 (단위 : [개])

종 류	내선전공
텀플러 스위치 단로용	0.085
〃 3구용	0.085
〃 4로용	0.10
풀스위치	0.10
푸시버튼	0.065
리모콘 스위치	0.07
리모콘 셀렉터 스위치(6L) 이하	0.33
〃 (12L) 이하	0.59
〃 (18L) 이하	0.97
리모콘 릴레이(1P)	0.12
리모콘 릴레이(2P)	0.16
리모콘 트랜스	0.20
표시등	0.10
자동점멸기(광전식)	0.19
〃 (컴퓨터식)	0.21
조광스위치(IL용 400[W])	0.11
〃 (IL용 800[W])	0.13
〃 (IL용 1,500[W])	0.15
〃 (FL용 8[A])	0.13
〃 (FL용 15[A])	0.15
타임스위치	0.20
타임스위치(현관 등의 소등지연용)	0.065

① 매입설치 기준, 노출설치 시 120[%]
② 방폭 200[%]
③ 철거 30[%], 재사용 철거 50[%]

표 5. 형광등기구 설치 (단위 : [등], 적용직종 : 내선전공)

종 별	직부형	펜던트형	매입 및 반매입형
10[W] 이하 × 1	0.123	0.150	0.182
20[W] 이하 × 1	0.141	0.168	0.214
〃 × 2	0.177	0.2145	0.273
〃 × 3	0.223	–	0.335
〃 × 4	0.323	–	0.489
30[W] 이하 × 1	0.150	0.177	0.227
〃 × 2	0.189	–	0.310
40[W] 이하 × 1	0.223	0.268	0.340
〃 × 2	0.277	0.332	0.418
〃 × 3	0.359	0.432	0.545
〃 × 4	0.468	–	0.710
110[W] 이하 × 1	0.414	0.495	0.627
〃 × 2	0.505	0.601	0.764

① 하면 개방형 기준임. 루버 또는 아크릴 커버형일 경우 해당 등기구 설치 품의 110[%]
② 등기구 조립·설치, 결선, 지지금구류 설치, 장내 소운반 및 잔재 정리 포함
③ 매입 또는 반매입 등기구의 천정 구멍뚫기 및 취부테 설치 별도 가산
④ 매입 및 반매입 등기구에 등기구보강대를 별도로 설치할 경우 이 품의 20[%] 별도 계상
⑤ 광천정 방식은 직부형 품 적용

⑥ 방폭형 200[%]
⑦ 높이 1.5[m] 이하의 Pole형 등기구는 직부형 품의 150[%] 적용 (기초내 설치 별도)
⑧ 형광등 안정기 교환은 해당 등기구 신설품의 110[%]. 다만, 펜던트형은 90[%]
⑨ 아크릴 간판의 형광등 안정기 교환은 매입형 등기구 설치품의 120[%]
⑩ 공동주택 및 교실 등과 같이 동일 반복공정으로 비교적 쉬운 공사의 경우는 90[%]

● 답안작성

(1) ① 12
  ② 1
  ③ 계산 : $12 \times 30{,}000 + 1 \times 10{,}000 + 195 \times 2{,}000 + 62 \times 3{,}000 + 12 \times 1{,}000 + 1 \times 1{,}000$
  $= 959{,}000$[원]
  답 : 959,000[원]

(2) ④ 0.277 ⑤ 0.085 ⑥ 0.01 ⑦ 0.05
  ⑧ 계산 : • 인력품 $= 12 \times 0.277 + 1 \times 0.085 + 195 \times 0.01 + 62 \times 0.05 + 12 \times 0.2 + 1 \times 0.2$
  $= 11.059$[인]
  • 금액 $= 11.059 \times 150{,}000 = 1{,}658{,}850$[원]
  답 : 1,658,850[원]

(3) ⑨ 계산 : $1{,}658{,}850 \times 0.09 = 149{,}296.5$[원]   답 : 149,296[원]
  ⑩ 계산 : $(959{,}000 + 1{,}658{,}850 + 149{,}296) \times 0.05 = 138{,}357.3$[원]   답 : 138,357[원]
  ⑪ 계산 : $959{,}000 + 1{,}658{,}850 + 149{,}296 + 138{,}357 = 2{,}905{,}503$[원]   답 : 2,905,503[원]
  ⑫ 계산 : $2{,}905{,}503 \times 0.06 = 174{,}330.18$[원]   답 : 174,330[원]
  ⑬ 계산 : $(1{,}658{,}850 + 149{,}296 + 138{,}357 + 174{,}330) \times 0.1 = 212{,}083.3$[원] 답 : 212,083[원]
  ⑭ 계산 : $(2{,}905{,}503 + 174{,}330 + 212{,}083) \times 0.1 = 329{,}191.6$[원]   답 : 329,191[원]
  ⑮ 계산 : $2{,}905{,}503 + 174{,}330 + 212{,}083 + 329{,}191 = 3{,}621{,}107$[원]   답 : 3,621,107[원]

▶ 출제년도 : 기사 18. 24. ▶ 점수 : 6점

문13 유도 전동기의 슬립측정 방법을 3가지만 쓰시오.

● 답안작성

회전계법, 직류 밀리볼트계법, 스트로보스코프법

● 해 설

슬립의 측정 방법
① 회전계법 : 회전계로 직접 회전수를 측정해서 슬립 s를 구하는 방법
② 직류 밀리볼트계법 : 권선형 유도 전동기에서 사용하며 두 개의 슬립링 사이에 직류 가동 코일형 밀리볼트계를 넣으면 2차 주파수의 1[Hz]마다 한 번씩 좌우로 흔들리므로, 1분 동안 지침이 흔들린 횟수 f_2'를 세고 이것과 1분 동안의 1차 주파수에 대해 나누면 슬립 s를 구할 수 있다.

슬립 $s = \dfrac{f_2'}{60 f_1}$

③ 수화기법 : 밀리볼트 대신에 전화의 수화기를 슬립링 사이에 대어 슬립 s을 구하는 방법으로 2차 주파수의 1[Hz] 동안에 2회 정도로 소리가 들리므로 1분 동안에 소리에 횟수를 세고 이것을 1분 동안의 1차 주파수에 대해 2로 나누면 슬립 s를 구할 수 있다.
④ 스트로보스코프법 : 스트로보스코프판을 이용하여 슬립 s를 구하는 방법

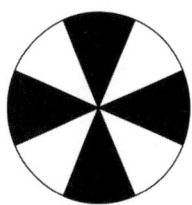

스트로보스코프판(4극)

▸출제년도 : 기사 01. 16. 18.   ▸점수 : 4점

문14 조명기구를 직선도로에 배치하는 방식 4가지만 열거하시오.

● 답안작성

① 중앙 배열   ② 편측 배열   ③ 대칭 배열   ④ 지그재그 배열

● 해 설

조명 기구의 배치 방법에 의한 분류

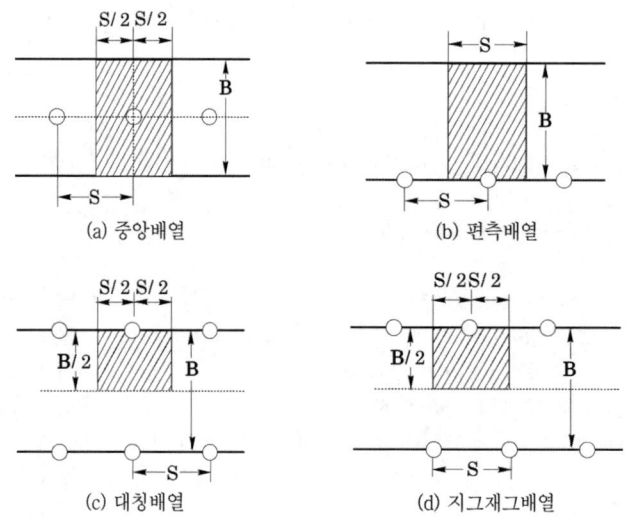

※ 견적문제는 완벽하게 복원하지 못하여 유사 문제로 대체 했습니다.

2019년 1회 전기공사기사실기

▶ 출제년도 : 기사 06. 19.   ▶ 점수 : 4점

문1 계전기별 기구번호의 제어약호 중 87T는 어떤 계전기인지 그 명칭을 쓰시오.

● 답안작성

주변압기 차동계전기

● 해 설

계전기 고유번호
- 87 : 전류차동계전기(비율차동계전기)
- 87B : 모선보호 차동계전기
- 87G : 발전기용 차동계전기
- 87T : 주변압기 차동계전기

▶ 출제년도 : 기사 19.   ▶ 점수 : 4점

문2 차단기와 단로기의 차이점에 대해서 쓰시오.
- 차단기
- 단로기

● 답안작성
- 차단기 : 부하 전류 및 고장 전류 차단이 가능하다.
- 단로기 : 부하 전류의 개폐를 할 수 없으므로 무부하 시 선로로부터 기기를 분리, 구분 및 변경할 때 사용된다.

● 해 설

① 차단기(CB) : 평상시에는 부하 전류, 선로의 충전 전류, 변압기의 여자 전류 등을 개폐하고, 고장 시에는 보호 계전기의 동작에서 발생하는 신호를 받아 단락 전류, 지락 전류, 고장 전류 등을 차단한다.
② 단로기(DS) : 기기의 점검, 수리를 할 때 기기를 활선으로부터 떼어내어 확실하게 회로를 열어 놓을 목적으로 사용되며, 부하의 전류는 개폐하지 않는다.
③ 퓨즈와 각종 개폐기 및 차단기와의 기능 비교

기능 \ 능력	회로 분리		사고 차단	
	무부하	부하	과부하	단락
퓨즈	○			○
차단기	○	○	○	○
개폐기	○	○	○	
단로기	○			
전자 접촉기	○	○	○	

▸ 출제년도 : 기사 19. ▸ 점수 : 8점

문3 콘덴서 설비 보호의 종류 4가지만 쓰시오.

● 답안작성

과전압 보호, 저전압 보호, 단락 보호, 지락 보호

● 해 설

(1) 전력계통 이상 시 콘덴서의 보호
  ① 과전압 보호
    콘덴서의 장시간 과전압 내력은 정격전압의 약 110[%] 정도이므로 과전압 계전기를 사용하여 보호한다. 이때 정정치는 정격전압의 130[%] 정도로 하고 동작시한은 2초 정도로 한다.
  ② 저전압 보호
    정정치는 정격전압의 약 70[%] 정도로 설정하고 동작시한은 약 2초로 정정한다.
(2) 콘덴서 설비의 단락, 지락사고에 대한 보호
  ① 단락보호
    콘덴서 투입 시 투입전류에 동작하지 않도록 감도 설정이 중요하고 일반적으로 정격전류의 150[%] 정도의 정정치로 한시 과전류 계전기를 사용한다.
  ② 지락보호
    지락보호는 전력계통 중성점 접지방식, 정전용량의 분포, 고장점 접지저항 등에 크게 좌우되므로 일률적인 보호방식 적용은 곤란하며 일반적으로 모선의 타 Feeder와 같이 선택차단방식을 적용한다.
(3) 콘덴서 내부소자 보호
  ① NCS(Neutral Current Sensor) 방식
    그림과 같이 Y결선된 콘덴서 2조를 병렬로 결선하여 2개 회로의 중성점을 연결한 중성선에 CT를 설치하여 전류를 감지하여 고장회로를 제거하는 방식

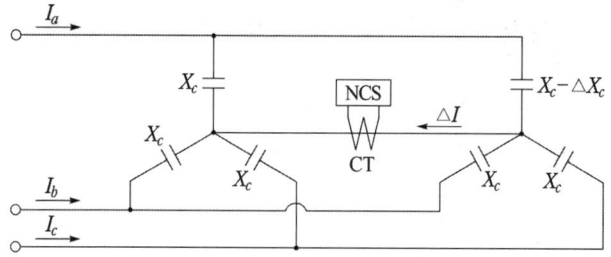

  ② NVS(Neutral Voltage Sensor) 방식
    그림과 같이 콘덴서 소자 파손 시 중성점 간의 전압을 검출하는 방식으로 보조 저항 R을 Y결선 단자에 연결하여 보조 중성점을 만들어 불평형 전압을 검출하는 방식으로 NCS 방식과 달리 콘덴서 결선이 단일 Y결선이어도 적용이 가능하다.

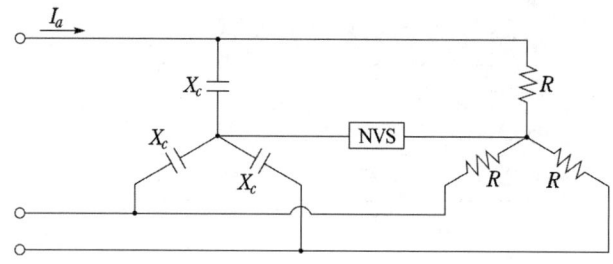

▸출제년도 : 기사 93. 99. 19. ▸점수 : 2점

문4 다음 약호의 전선 명칭을 쓰시오.
(1) CN-CV-W
(2) CV1

● 답안작성
(1) 동심중성선 수밀형 전력케이블
(2) 0.6/1[kV] 가교 폴리에틸렌 절연 비닐 시스 케이블

● 해 설

약 호	명 칭
CN-CV 케이블	동심중성선 차수형 전력케이블
CN-CV-W 케이블	동심중성선 수밀형 전력케이블
CV1 케이블	0.6/1[kV] 가교 폴리에틸렌 절연 비닐 시스 케이블
CV10 케이블	6/10[kV] 가교 폴리에틸렌 절연 비닐 시스 케이블
CVV 전선	0.6/1[kV] 비닐절연 비닐시스 제어케이블

▸출제년도 : 기사 19. ▸점수 : 5점

문5 수전전압이 22.9[kV]이고 1,000[kVA] 변압기의 %임피던스가 6[%]일 때 고장전류 계산을 위하여 기준용량으로 환산한 %임피던스를 구하시오. (단, 기준용량은 100[MVA]이다.)

• 계산 :

• 답 :

● 답안작성

계산 : 변압기의 임피던스는 1,000[kVA]로 6[%]이므로 이를 100[MVA]로 환산하면

$$\%Z = \frac{100 \times 10^6 [VA]}{1,000 \times 10^3 [VA]} \times 6[\%] = 600[\%]$$

답 : 600[%]

● 해 설

$$\%Z = \frac{PZ}{10V^2}$$

(단, V : 정격전압[kV], P : 기준용량[kVA])

즉, %Z는 기준용량과 비례하는 관계에 있으므로, %Z를 기준용량으로 환산하면 다음과 같다.

$$\%Z(기준용량) = \frac{기준용량[kVA]}{자기용량[kVA]} \times \%Z(자기용량)$$

▸ 출제년도 : 기사 95. 10. 15. 19.　▸ 점수 : 5점

문6 3상 3선, 380[V] 회로에 그림과 같이 부하가 연결되어 있다. 간선의 허용전류[A]를 구하시오. (단, 전동기의 평균 역률은 90[%]이다.)

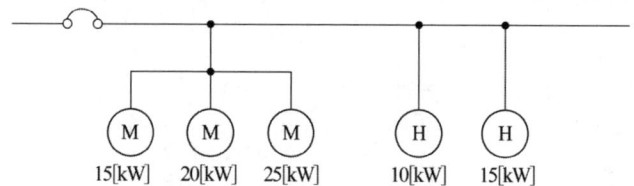

• 계산 :　　　　　　　　　　　　　　　　　　• 답 :

● 답안작성

계산 : ① 전동기 정격 전류의 합 $\sum I_M = \dfrac{(15+20+25) \times 10^3}{\sqrt{3} \times 380 \times 0.9} = 101.29[A]$

　• 전동기의 유효 전류 $I_r = 101.29 \times 0.9 = 91.16[A]$

　• 전동기의 무효 전류 $I_q = 101.29 \times \sqrt{1-0.9^2} = 44.15[A]$

② 전열기 정격 전류의 합 $\sum I_H = \dfrac{(10+15) \times 10^3}{\sqrt{3} \times 380 \times 1.0} = 37.98[A]$

③ 설계전류합 $I_B = \sqrt{(91.16+37.98)^2 + 44.15^2} = 136.48[A]$

따라서 $I_B \leq I_n \leq I_Z$의 조건을 만족하는 전선의 허용전류 $I_Z \geq 136.48[A]$

답 : 136.48[A]

● 해 설

① 도체와 과부하 보호장치 사이의 협조(KEC 212.4.1)

과부하에 대해 케이블(전선)을 보호하는 장치의 동작특성은 다음의 조건을 충족해야 한다.

$I_B \leq I_n \leq I_Z$, 　 $I_2 \leq 1.45 \times I_Z$

I_B : 회로의 설계전류(선도체를 흐르는 설계전류 또는 함유율이 높은 영상분 고조파, 특히 제3고조파가 지속적으로 흐르는 경우 중성선에 흐르는 전류이다.)

I_Z : 케이블의 허용전류

I_n : 보호장치의 정격전류(사용현장에 적합하게 조정된 전류의 설정 값)

I_2 : 보호장치가 규약시간 이내에 유효하게 동작하는 것을 보장하는 전류

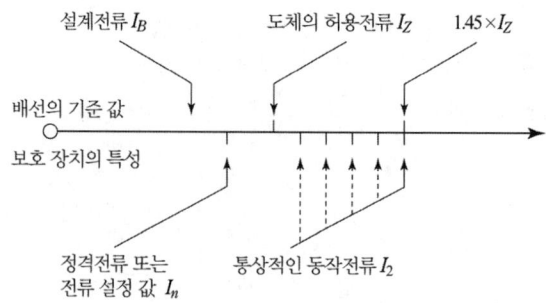

과부하 보호 설계 조건도

② 전열기의 역률은 1

▶ 출제년도 : 기사 97, 99, 14, 19. ▶ 점수 : 8점

문 7 그림은 전력회사의 고압가공 전선로로부터 자가용 수용가 구내기둥을 거쳐 수변전 설비에 이르는 지중인입선의 시설도이다. 다음 물음에 답하시오.

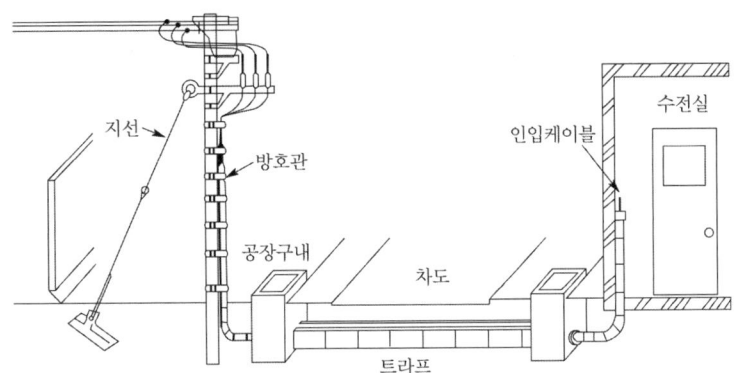

(1) 가공전선로 지지물에 시설하는 지선은 몇 가닥 이상의 연선이어야 하며, 소선 지름은 몇 [mm] 이상의 금속선이어야 하는가?
  ① 가닥 수 :
  ② 소선 지름 :
(2) 지선의 안전율은 최소 몇 이상으로 하고 허용 인장하중의 최저는 몇 [kN]으로 하는가?
  ① 안전율 :
  ② 인장하중의 최저값 :
(3) 고압용 지중전선로에 사용할 수 있는 케이블을 3가지만 쓰시오.
(4) 지중전선로의 차도부분 매설깊이의 최솟값은 몇 [m] 이상이어야 하는가?

● 답안작성
(1) ① 가닥 수 : 3가닥   ② 소선 지름 : 2.6[mm]
(2) ① 안전율 : 2.5 이상   ② 인장하중의 최저값 : 4.31[kN]
(3) 클로로프렌 외장케이블, 비닐외장케이블, 폴리에틸렌 외장케이블
(4) 1[m]

● 해 설
(1), (2) 지선의 시설(KEC 331.11)
  ① 지선의 안전율은 2.5 이상일 것. 이 경우에 허용 인장하중의 최저는 4.31[kN]으로 한다.
  ② 지선에 연선을 사용할 경우에는 다음에 의할 것
    • 소선 3가닥 이상의 연선일 것
    • 소선의 지름이 2.6[mm] 이상의 금속선을 사용한 것일 것. 다만, 소선의 지름이 2[mm] 이상인 아연도 강연선으로서 소선의 인장강도가 0.68[kN/mm^2] 이상인 것을 사용하는 경우에는 적용하지 않는다.
  ③ 지중부분 및 지표상 0.3[m]까지의 부분에는 내식성이 있는 것 또는 아연도금을 한 철봉을 사용하고 쉽게 부식되지 아니하는 근가에 견고하게 붙일 것. 다만, 목주에 시설하는 지선에 대해서는 적용하지 않는다.
(3) 고압 및 특고압케이블(KEC 122.5)
  1) 사용전압이 고압인 전로(전기기계기구 안의 전로를 제외한다)의 전선으로 사용하는 케이블

　　　　가. 연피케이블　　　　　　　　나. 알루미늄피 케이블
　　　　다. 클로로프렌외장케이블　　　라. 비닐외장케이블
　　　　마. 폴리에틸렌외장케이블　　　바. 저독성 난연 폴리올레핀 외장케이블
　　　　사. 콤바인 덕트 케이블
　　2) 사용전압이 특고압인 전로(전기기계기구 안의 전로를 제외한다)에 전선으로 사용하는 케이블
　　　　가. 절연체가 에틸렌 프로필렌고무혼합물 또는 가교폴리에틸렌 혼합물인 케이블로서 선심 위
　　　　　　에 금속제의 전기적 차폐층을 설치한 것
　　　　나. 파이프형 압력 케이블·연피케이블·알루미늄케이블
　　　　　　그 밖의 금속피복을 한 케이블
(4) 지중전선로의 시설(KEC 334.1)
　　1) 지중 전선로는 전선에 케이블을 사용하고 또한 관로식·암거식(暗渠式) 또는 직접 매설식에 의
　　　 하여 시설하여야 한다.
　　2) 지중 전선로를 관로식 또는 암거식에 의하여 시설하는 경우에는 다음에 따라야 한다.
　　　　가. 관로식에 의하여 시설하는 경우에는 매설 깊이를 1.0[m] 이상으로 하되, 매설 깊이가 충분
　　　　　　하지 못한 장소에는 견고하고 차량 기타 중량물의 압력에 견디는 것을 사용할 것. 다만 중
　　　　　　량물의 압력을 받을 우려가 없는 곳은 0.6[m] 이상으로 한다.
　　　　나. 암거식에 의하여 시설하는 경우에는 견고하고 차량 기타 중량물의 압력에 견디는 것을 사
　　　　　　용할 것.
　　3) 지중 전선로를 직접 매설식에 의하여 시설하는 경우에는 매설 깊이를 차량 기타 중량물의 압력
　　　 을 받을 우려가 있는 장소에는 1.0[m] 이상, 기타 장소에는 0.6[m] 이상으로 하고 또한 지중
　　　 전선을 견고한 트라프 기타 방호물에 넣어 시설하여야 한다.

문8

▶출제년도 : 기사 19.　▶점수 : 5점

특고압(22.9[kV] 3φ4W)수전 수용가인 어떤 건물의 총 부하설비용량이 2,800[kW], 수용률이 0.6 일 때 이 건물의 3상 주변압기 용량[kVA]을 구하고 표준용량 변압기를 선정하시오. (단, 역률은 85[%]로 하고, 변압기 표준용량은 750, 1,000, 1,500, 2,000, 3,000[kVA] 이다.)

• 계산 :　　　　　　　　　　　　　　　　• 답 :

● 답안작성

계산 : $P_a = \dfrac{2,800 \times 0.6}{0.85} = 1,976.47 [kVA]$

답 : 2,000[kVA]

● 해　설

• 변압기 용량 ≥ 합성최대 수용전력 = $\dfrac{설비\ 용량[kW] \times 수용률}{부등률 \times 역률}$

• 부등률이 주어지지 않으면 1로 적용

문9

▶출제년도 : 기사 02. 04. 05. 07. 09. 19.　▶점수 : 6점

주상변압기 설치 시 고려사항이다. 다음 각 물음에 답하시오.

(1) 주상변압기 설치 전 점검사항 3가지를 쓰시오.

(2) 주상변압기 설치 후 점검사항 3가지를 쓰시오.

● 답안작성

(1) ① 절연저항 측정
    ② 절연유 상태(유량, 누유 상태)
    ③ 외관 상태(부싱의 손상유무), 핸드홀 커버 조임 상태
(2) ① 2차 전압 측정
    ② 상측정
    ③ 변압기 이상 유무 확인

● 해 설

그 외에도
(1) ④ Tap changer의 위치(1차와 2차의 전압비)
    ⑤ 변압기 명판 확인
(2) ④ 점검 및 측정 결과 기록

▶ 출제년도 : 기사 19, 22.   ▶ 점수 : 6점

문10 지표상 12[m]의 점에 800[kg]의 수평장력을 받는 경사진 전주가 있다. 그림과 같이 지선을 시설할 경우 인장강도(항장력) 35[kg/mm²], 지름 4[mm]인 철선을 사용하고 안전율을 2.5로 할 때, 여기에 필요한 지선의 가닥수를 산정하시오.

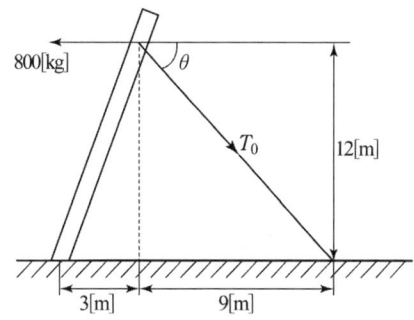

• 계산 :   • 답 :

● 답안작성

계산 : • 경사진 전주에서의 지선이 받는 장력

$$T_0 = \frac{\sqrt{b^2+H^2}}{a+b} \times T = \frac{\sqrt{9^2+12^2}}{3+9} \times 800 = 1,000 [\text{kg}]$$

• 소선 1가닥의 인장강도 $= 35 \times \frac{\pi \times 4^2}{4} = 439.82 [\text{kg}]$

따라서 소선수$(n) = \frac{\text{지선의 장력}(T_0) \times \text{안전율}}{\text{소선 1가닥의 인장 강도}} = \frac{1,000 \times 2.5}{439.82} = 5.68 \rightarrow 6[\text{가닥}]$

답 : 6[가닥]

● 해 설

• 전선의 단면적 $A = \pi r^2 = \frac{\pi d^2}{4} [\text{mm}^2]$ (단, r : 반지름, d : 지름)

• 지선 1가닥의 지름(d)이 4[mm]이므로

소선 1가닥의 인장강도 $= 35[\text{kg/mm}^2] \times \dfrac{\pi \times 4^2}{4}[\text{mm}^2] = 439.82[\text{kg}]$

- 지선의 장력$(T_0) = \dfrac{\text{소선 1가닥의 인장 강도} \times \text{소선수}(n)}{\text{안전율}}$
- 소선 수 계산 시 소수점 이하는 절상한다.

▶ 출제년도 : 기사 19.　▶ 점수 : 3점

문11 저압전로의 절연저항을 측정하는 데 사용되는 계측기를 쓰시오.

● 답안작성

절연저항계(Megger)

● 해 설

절연저항계를 메거라고 답하여도 된다.

▶ 출제년도 : 기사 03. 19. 22.　▶ 점수 : 5점

문12 철거손실률에 대하여 설명하시오.

● 답안작성

전기설비공사에서 철거 작업 시 발생하는 폐자재를 환입할 때 재료의 파손, 손실, 망실 및 일부 부식 등에 의한 손실률을 말한다.

▶ 출제년도 : 기사 19.　▶ 점수 : 30점

문13 아래 그림과 같이 H변대를 이용하여 22.9[kV] 특고압 수전설비를 설치하고자 한다. 물음에 답하시오.

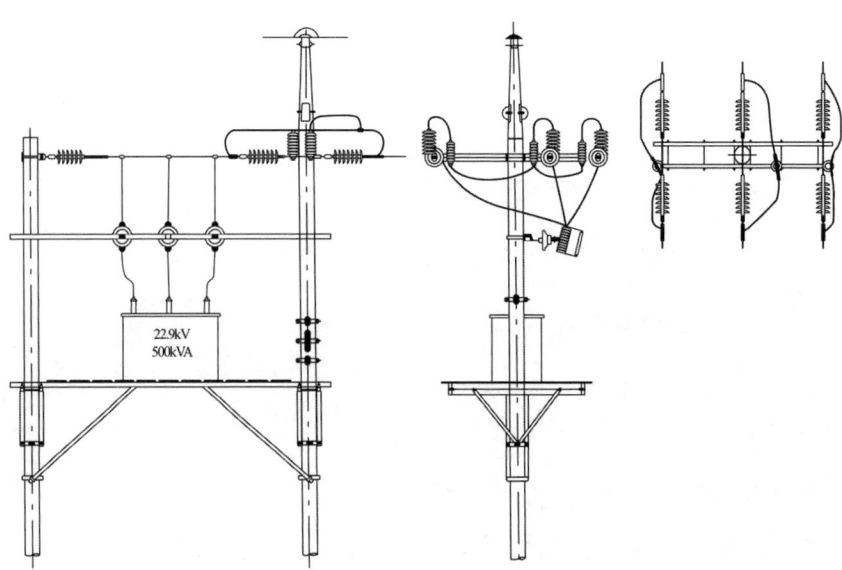

[유의사항]

1. 필요할 경우 참고 자료를 이용하시오.
2. 전주의 길이는 14[m], 묻히는 깊이는 전체 길이의 1/6이며 인력으로 설치한다.
3. 근가는 전주 1본당 2개로 하며 전주 공량계에 포함시킨다.
4. 지질은 보통토로 하며 잔토의 처리는 무시한다.
5. 폴리머현수애자는 내오손결합애자로 본다.
6. 작업은 동일 장소, 동일 조건으로 본다.
7. 변압기는 절연변압기를 사용하고 인력으로 설치한다.
8. 배전전공 인건비 300,000원, 보통인부 인건비 100,000원을 적용한다.
9. 간접노무비는 직접노무비의 9[%]를 적용한다.
10. 직접재료비는 45,000,000원으로 하여 원가 계산한다.
11. 산재보험료는 노무비의 3.8[%]를 적용한다.
12. 안전관리비는 재료비+직접노무비의 2.9[%]를 적용한다.
13. 국민건강보험료는 직접노무비의 1.7[%]를 적용한다.
14. 일반관리비는 순공사비의 6[%]를 적용한다.
15. 이윤은 노무비+경비+일반관리비의 15[%]를 적용한다.
16. 부가가치세는 총원가의 10[%]를 적용한다.
17. 공량계산은 소수점 넷째 자리에서 반올림하여 셋째 자리까지 산출한다.
18. 원가계산서는 소수점 첫째 자리에서 반올림한다.
19. 유의사항과 질문 이외의 것은 모두 무시한다.

4-1 콘크리트전주 인력 건주

(단위 : 본)

규 격	배전 전공	보통 인부
8[m] 이하	0.89	1.01
10[m] 이하	1.10	1.39
12[m] 이하	1.52	1.60
14[m] 이하	1.95	2.29
16[m] 이하	2.70	2.76

[해설] ① 전주 길이의 1/6을 묻는 기준이며, 계단식터파기, 되메우기 포함, 암반터파기는 별도 계상
② 현장 내에서 잔토처리 시 [m³]당 보통인부 0.17인 별도 계상, 현장 밖으로 잔토처리 시는 적상, 적하비용 및 운반비 별도 계상
③ 전주 철거 후 되메우기에 따른 토사를 외부에서 반입 시 토사비용과 적상, 적하 및 운반비 별도 계상
④ 근가 1개 포함, 1개 추가마다 10[%] 가산
⑤ 지주공사는 건주공사 적용
⑥ 주입목주는 콘크리트 전주의 50[%], 불주입목주는 콘크리트 전주의 40[%]
⑦ 3각주 건주 300[%], 4각주 건주 400[%]

4-7 배전용 애자 설치
(단위 : 개)

종 별	배전전공	보통인부
라인포스트애자	0.046	0.046
현 수 애 자	0.032	0.032
내오손결합애자	0.025	0.025
저압용인류애자	0.020	-

[해설] ① 애자 교체 150[%]
　　　② 애자 닦기
　　　　(가) 주상(탑상) 손닦기 : 애자품의 50[%]
　　　　(나) 주상(탑상) 기계닦기 : 기계손료만 계상(인건비 포함)
　　　　(다) 발췌 손닦기는 애자품의 170[%]
　　　③ 특고압 핀애자는 라인포스트 애자에 준함
　　　④ 철거 50[%], 재사용 철거 80[%]
　　　⑤ 동일 장소에 추가 1개마다 기본품의 45[%] 적용

4-18 절연변압기 인력 설치
(단위 : 대)

규 격	배전전공	보통인부
주상 200[kVA]	2.88	2.88
300[kVA]	3.57	3.57
500[kVA]	4.40	4.40
700[kVA]	6.17	6.17

[해설] ① 절연 변압기를 H형 주상에 인력으로 설치하는 기준
　　　② 지상 설치 80[%]

4-20 컷아웃 스위치(COS)설치
(단위 : 개)

종 별	배전전공	보통인부
고 압 COS	0.05	0.05
특 고 압 COS	0.12	0.06
퓨즈링크 교체	0.04	-

[해설] ① COS 1개 주상 설치기준
　　　② 퓨즈링크, 접속, 시험품 포함
　　　③ 전력퓨즈(P.F)는 COS의 120[%]
　　　④ 수전설비용 설치 시 30[%] 가산
　　　⑤ 철거 50[%], 재사용 철거 80[%]

4-24 피뢰기 설치
(단위 : 개)

종 별	배전전공	보통인부
피뢰기 직류 1,500[V]용	0.18	-
피뢰기 교류 22.9[kV]용	0.11	-
퓨즈링크 교체	0.04	-

[해설] ① 배선 포함, 접지 불포함
　　　② 피뢰기는 상부배선 포함, 접지완철 및 하부배선 불포함, 리드선 압축접속 시는 별도 계상
　　　③ 구내 설치 시 30[%] 가산
　　　④ 철거 30[%]
　　　⑤ 리드선 부착형 피뢰기인 경우, 피뢰기 설치품의 95[%] 적용
　　　⑥ 동일 장소에 추가 1개마다 기본품의 60[%] 적용

(1) 자재 총계, 단위공량을 산출하여 공량 산출서를 작성하시오.

품 명	규 격	단위	자재 총계	배전전공		보통인부	
				단위 공량	공량계	단위 공량	공량계
경 완 금	75×75×2.3t×2400[mm]	개	2	0.07	0.112	0.07	0.112
라인포스트애자	23[kV] 152×304[mm]	개	3	0.046	0.087	0.046	0.087
폴리머현수애자	510[mm]	개			①		①
절연커버	데드엔드 클램프용	개	9	0.018	0.061	0.018	0.061
전주	14[m]	본		1.95	4.29		②
COS	24[kV] 100[A]	개			③	0.06	0.234
LA	18[kV] 2.5[kA]	개			④	–	–
변대	H 변대	식	1		1.61		0.61
절연변압기	3상 500[kVA]	대			⑤		⑤
공 량 계					⑥		⑦

① • 계산　　　　　　　　　　　　• 답
② • 계산　　　　　　　　　　　　• 답
③ • 계산　　　　　　　　　　　　• 답
④ • 계산　　　　　　　　　　　　• 답
⑤ • 계산　　　　　　　　　　　　• 답
⑥ • 계산　　　　　　　　　　　　• 답
⑦ • 계산　　　　　　　　　　　　• 답

(2) 원가계산서

비 목			금 액
순공사원가	재료비	직 접 재 료 비	45,000,000
		간 접 재 료 비	–
		소　　　계	
	노무비	직 접 노 무 비	①
		간 접 노 무 비	②
		소　　　계	
	경 비	산 재 보 험 료	③
		안 전 관 리 비	④
		국 민 건 강 보 험 료	⑤
		소　　　계	
	계		
일 반 관 리 비			⑥
이 윤			⑦
총 원 가			
부 가 가 치 세			
합 계			⑧

① • 계산   • 답
② • 계산   • 답
③ • 계산   • 답
④ • 계산   • 답
⑤ • 계산   • 답
⑥ • 계산   • 답
⑦ • 계산   • 답
⑧ • 계산   • 답

● 답안작성

(1) ① **계산** : $0.025 \times (1+0.45 \times 8) = 0.115$[인]
   답 : 0.115[인]
② **계산** : $2.29 \times 1.1 \times 2 = 5.038$[인]
   답 : 5.038[인]
③ **계산** : $0.12 \times 1.3 \times 3 = 0.468$[인]
   답 : 0.468[인]
④ **계산** : $0.11 \times (1+0.6 \times 2) = 0.242$[인]
   답 : 0.242[인]
⑤ **계산** : $4.40 \times 1 = 4.40$[인]
   답 : 4.40[인]
⑥ **계산** : $0.112 + 0.087 + 0.115 + 0.061 + 4.29 + 0.468 + 0.242 + 1.61 + 4.40$
         $= 11.385$[인]
   답 : 11.385[인]
⑦ **계산** : $0.112 + 0.087 + 0.115 + 0.061 + 5.038 + 0.234 + 0.61 + 4.40 = 10.657$[인]
   답 : 10.657[인]

(2) ① **계산** : 배전전공 : $11.385 \times 300,000 = 3,415,500$[원]
         보통인부 : $10.657 \times 100,000 = 1,065,700$[원]
         계 : $3,415,500 + 1,065,700 = 4,481,200$[원]
   답 : 4,481,200[원]
② **계산** : $4,481,200 \times 0.09 = 403,308$[원]
   답 : 403,308[원]
③ **계산** : $4,884,508 \times 0.038 = 185,611$[원]
   답 : 185,611[원]
④ **계산** : $(45,000,000 + 4,481,200) \times 0.029 = 1,434,955$[원]
   답 : 1,434,955[원]
⑤ **계산** : $4,481,200 \times 0.017 = 76,180$[원]
   답 : 76,180[원]
⑥ **계산** : $51,581,254 \times 0.06 = 3,094,875$[원]
   답 : 3,094,875[원]
⑦ **계산** : $(4,884,508 + 1,696,746 + 3,094,875) \times 0.15 = 1,451,419$[원]
   답 : 1,451,419[원]
⑧ **계산** : $56,127,548 + 5,612,755 = 61,740,303$[원]
   답 : 61,740,303[원]

● 해 설

(1)

품 명	규 격	단위	자재총계	배전전공 단위공량	배전전공 공량계	보통인부 단위공량	보통인부 공량계
경 완 금	75×75×2.3t×2400[mm]	개	2	0.07	0.112	0.07	0.112
라인포스트애자	23[kV] 152×304[mm]	개	3	0.046	0.087	0.046	0.087
폴리머현수애자	510[mm]	개	9	0.025	① 0.115	0.025	① 0.115
절연커버	데드엔드 클램프용	개	9	0.018	0.061	0.018	0.061
전주	14[m]	본	2	1.95	4.29	2.29	② 5.038
COS	24[kV] 100[A]	개	3	0.12	③ 0.468	0.06	0.234
LA	18[kV] 2.5[kA]	개	3	0.11	④ 0.242	–	–
변대	H 변대	식	1		1.61		0.61
절연변압기	3상 500[kVA]	대	1	4.40	⑤	4.40	⑤
공 량 계					⑥		⑦

① • 폴리머현수애자 수량 : 9개
 • 폴리머현수애자는 내오손결합애자 공량적용
 • 동일 장소에 추가 1개마다 기본품의 45[%] 적용
  $0.025 \times (1+0.45 \times 8) = 0.115$[인]
② 근가는 전주 1본당 2개 설치, 근가 1개 추가마다 10[%] 가산
 $2.29 \times 1.1 \times 2 = 5.038$[인]
③ COS는 수전설비용 설치 시 30[%] 가산
 $0.12 \times 1.3 \times 3 = 0.468$[인]
④ 동일 장소에 추가 1개마다 기본품의 60[%] 적용
 $0.11 \times (1+0.6 \times 2) = 0.242$[인]

(2)

비 목		금 액	기준
재료비	직접재료비	45,000,000	
	간접재료비	–	
	소 계	45,000,000	
노무비	직접노무비	4,481,200	
	간접노무비	4,481,200×0.09 = 403,308	직접노무비의 9[%]
	소 계	4,481,200+403,308 = 4,884,508	
경 비	산재보험료	4,884,508×0.038 = 185,611	노무비의 3.8[%]
	안전관리비	(45,000,000+4,481,200)×0.029 = 1,434,955	(재료비+직접노무비)×2.9[%]
	국민건강보험료	4,481,200×0.017=76,180	직접노무비×1.7[%]
	소 계	185,611+1,434,955+76,180= 1,696,746	
계		45,000,000+4,884,508+1,696,746 = 51,581,254	
일 반 관 리 비		51,581,254×0.06 = 3,094,875	순공사비의 6[%]
이 윤		(4,884,508+1,696,746+3,094,875)×0.15 = 1,451,419	(노무비+경비+일반관리비)×15[%]

(순공사원가는 재료비, 노무비, 경비의 좌측 병합 항목)

비 목	금 액	기준
총 원 가	51,581,254+3,094,875+1,451,419 = 56,127,548	
부 가 가 치 세	56,127,548×0.1 = 5,612,755	총원가의 10[%]
합 계	56,127,548+5,612,755= 61,740,303	

* 원가계산서는 소수점 첫째 자리에서 반올림한다.

▶출제년도 : 기사 19.   ▶점수 : 4점

문14 승강로 및 승강기에 시설하는 절연전선 및 이동케이블의 동전선의 최소 굵기를 각각 쓰시오.
- 절연전선 :   • 이동케이블 :

● 답안작성
- 절연전선 : 1.2[mm]   • 이동케이블 : 0.75[mm^2]

● 해 설
승강로 및 엘리베이터 카에 시설하는 전선 및 이동 케이블의 굵기

전선의 종류 또는 도체의 구조		도체의 굵기
절연전선	단선	1.2[mm] 이상
	연선	1.5[mm^2] 이상
케이블	단선	0.8[mm] 이상
	연선	0.75[mm^2] 이상
이동 케이블		0.75[mm^2] 이상

▶출제년도 : 기사 99. 00. 02. 06. 10. 12. 19. 21. 23. 24.   ▶점수 : 5점

문15 비상용 조명부하 40[W] 120등, 60[W] 50등의 합계 7,800[W]가 있다. 방전시간 30분, 축전지 HS형 54셀, 허용 최저전압 90[V], 최저 축전지 온도 5[℃]일 때의 축전지 용량 [Ah]을 계산하시오. (단, 전압은 100[V] 이고, K = 1.22 이다. 축전지의 보수율 L = 0.8 이다.)
- 계산 :   • 답 :

● 답안작성

계산 : 전류 $I = \dfrac{P}{V} = \dfrac{7{,}800}{100} = 78[A]$

용량환산시간 $K = 1.22$, 축전지의 보수율 $L = 0.8$ 이므로

축전지 용량 $C = \dfrac{1}{L}KI = \dfrac{1}{0.8} \times 1.22 \times 78 = 118.95[Ah]$

답 : 118.95[Ah]

● 해 설

$C = \dfrac{1}{L}KI[Ah]$

여기서 C : 축전지 용량[Ah], L : 보수율(경년용량저하율),
      K : 용량환산시간계수, I : 방전전류[A]

2019년 2회 전기공사기사실기

▶출제년도 : 11. 19. ▶점수 : 9점

문1 어느 변전소에서 그림과 같은 일부하 곡선을 가진 3개의 부하 A, B, C를 공급하고 있을 때, 이 변전소의 종합 부하에 대해 다음 값을 구하여라. 단, A, B, C의 역률은 시간에 관계 없이 각각 80[%], 100[%] 및 60[%]이며, 그림에서 부하 전력은 부하 곡선의 수치에 10^3을 한다는 의미임. 즉, 수직축의 5는 5×10^3[kW]라는 의미임.

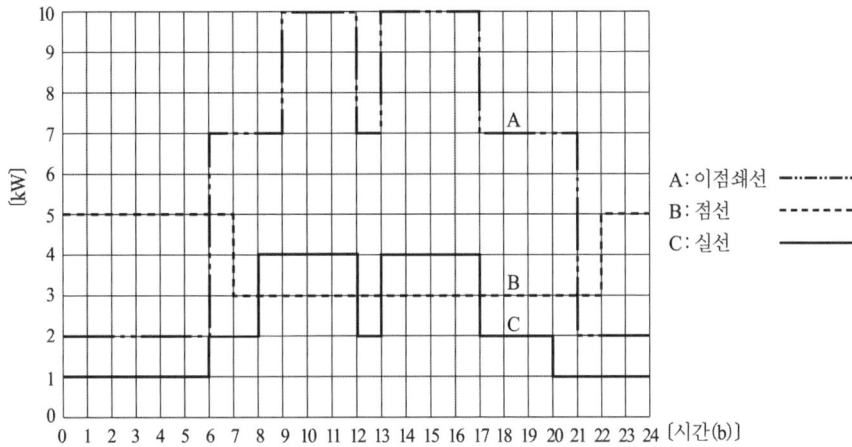

(1) 합성 최대 전력은 몇 [kW]인가?
 • 계산 :   • 답 :
(2) C부하에 대한 평균전력은 몇 [kW]인가?
 • 계산 :   • 답 :
(3) 총 부하율은?
 • 계산 :   • 답 :

● 답안작성

(1) **계산** : 합성 최대 전력은 그림에서 9~12시, 13~17시 사이에 나타나므로
$$P = (10+4+3) \times 10^3 = 17,000 [\text{kW}]$$
답 : 17,000[kW]

(2) **계산** : C부하의 평균전력
$$P_C = \frac{\{(1 \times 6)+(2 \times 2)+(4 \times 4)+(2 \times 1)+(4 \times 4)+(2 \times 3)+(1 \times 4)\} \times 10^3}{24}$$
$$= 2,250 [\text{kW}]$$
답 : 2,250[kW]

(3) **계산** : ① A부하의 평균전력
$$P_A = \frac{\{(2 \times 6)+(7 \times 3)+(10 \times 3)+(7 \times 1)+(10 \times 4)+(7 \times 4)+(2 \times 3)\} \times 10^3}{24}$$
$$= 6,000 [\text{kW}]$$

② B부하의 평균전력

$$P_B = \frac{\{(5 \times 7) + (3 \times 15) + (5 \times 2)\} \times 10^3}{24} = 3{,}750 [\text{kW}]$$

따라서, 총부하율 $= \dfrac{6{,}000 + 3{,}750 + 2{,}250}{17{,}000} \times 100 = 70.59[\%]$

답 : 70.59[%]

● 해 설

(2) 평균전력 $= \dfrac{\text{사용전력량 [kWh]}}{\text{사용시간 [H]}}$

(3) 총부하율 $= \dfrac{\text{평균전력}}{\text{합성최대전력}} \times 100 = \dfrac{\text{A, B, C 각 평균전력의 합}}{\text{합성최대전력}} \times 100$

▶출제년도 : 기사 16. 19. 22.　▶점수 : 5점

문2 송전전압 66[kV]의 3상 3선식 송전선에서 1선 지락사고로 영상전류 $I_0 = 50[\text{A}]$가 흐를 때 통신선에 유기되는 전자유도전압[V]을 구하시오. (단, 상호 인덕턴스 $M = 0.05$ [mH/km], 병행 거리 $l = 100[\text{km}]$, 주파수는 60[Hz]이다.)
　•계산 :　　　　　　　　　　　　　　•답 :

● 답안작성

계산 : $E_m = -j\omega M l (\dot{I_a} + \dot{I_b} + \dot{I_c}) = -j\omega M l (3I_o)$
　　　　$= -j2\pi \times 60 \times 0.05 \times 10^{-3} \times 100 \times 3 \times 50$
　　　　$= 282.74[\text{V}]$

답 : 282.74[V]

● 해 설

전자유도 : 전력선과 통신선과의 상호 인덕턴스에 의해 발생

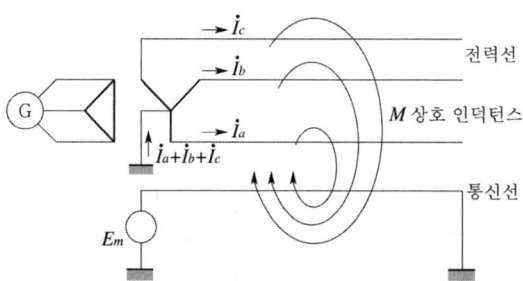

전자유도 전압 $E_m = -j\omega M l (\dot{I_a} + \dot{I_b} + \dot{I_c}) = -j\omega M l (3I_o)$
여기서, I_0 : 기유도 전류, M : 상호인덕턴스
　　　　I_a, I_b, I_c : 각선에 흐르는 전류, l : 전력선과 통신선이 병행한 길이
　　　　$\omega = 2\pi f$: 각주파수
※ 유도 전압은 그 크기를 뜻하므로 (−)는 의미가 없다.

문3

▸ 출제년도 : 기사 11, 19, 24.   ▸ 점수 : 6점

다음 옥내 배선의 그림기호를 보고 각각의 명칭을 쓰시오.

(1) ⊠   (2) ◤   (3) ⊠
(4) Ⓔ   (5) Ⓑ   (6) Ⓢ

● 답안작성

(1) 배전반   (2) 분전반   (3) 제어반
(4) 누전 차단기   (5) 배선용 차단기   (6) 개폐기

문4

▸ 출제년도 : 기사 19.   ▸ 점수 : 5점

아래 그림은 어떤 접지 계통인지 쓰시오.
(단, 계통의 전체에 걸쳐 중성선과 보호도체의 기능을 단일도체로 겸용하였다.)

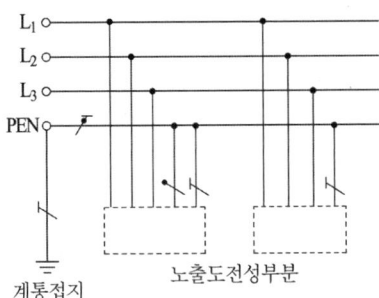

● 답안작성

TN-C 계통

● 해 설

기 호 설 명	
─•─/───	중성선 (N)
───/───	보호도체 (PE)
─•─/───	보호도체와 중성선 결합 (PEN)

[비고] 기호 : TN 계통, TT 계통, IT 계통에 동일 적용

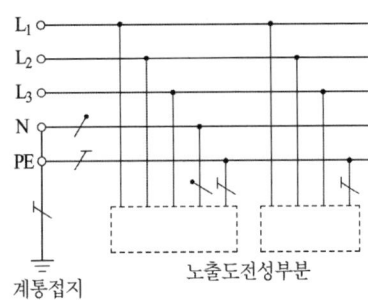 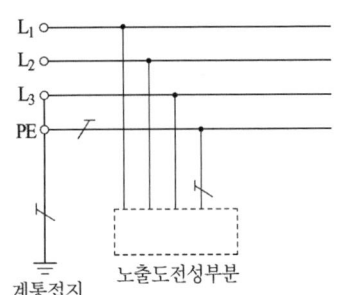

계통 전체의 중성선과   계통 전체의 접지된 상전선과
보호도체를 접속하여 사용한다.   보호도체를 접속하여 사용한다.

(a) TN-S 계통

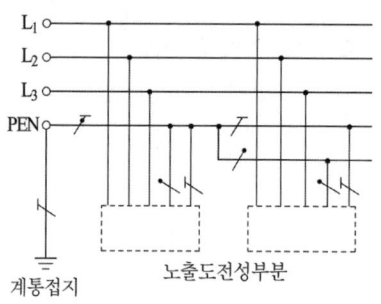
계통 일부의 중성선과 보호도체를
동일 전선으로 사용한다.
(b) TN-C-S 계통

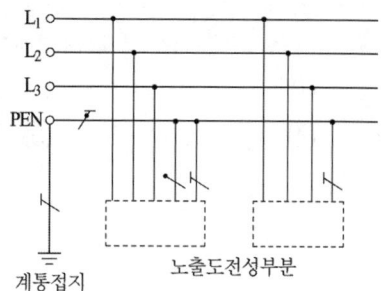
계통 전체의 중성선과 보호도체를
동일 전선으로 사용한다.
(c) TN-C 계통

▶출제년도 : 기사 00, 13, 16, 19, 24.   ▶점수 : 5점

문5 설비용량 50[kW], 30[kW], 25[kW], 25[kW]의 부하설비에 수용률이 각각 50[%], 65[%], 75[%], 60[%]인 경우 변압기 용량[kVA]을 선정하시오. (단, 부등률은 1.2, 종합 부하 역률은 90[%]이다.)

• 계산 :   • 답 :

변압기 표준 용량표[kVA]

20	30	50	75	100	150	200

● 답안작성

계산 : $P_a = \dfrac{50 \times 0.5 + 30 \times 0.65 + 25 \times 0.75 + 25 \times 0.6}{0.9 \times 1.2} = 72.45 [\text{kVA}]$

답 : 표에서 75[kVA] 선정

● 해 설

변압기 용량 $= \dfrac{\text{설비 용량[kW]} \times \text{수용률}}{\text{역률} \times \text{부등률}}$ [kVA]

▶출제년도 : 기사 06, 13, 17, 19, 22.   ▶점수 : 5점

문6 광 천장 조명 및 루버 천장 조명은 천정면 이용방법에 따른 건축화 조명방식이다. 기타 매입방법에 따른 건축화 조명방식 5가지를 쓰시오.

● 답안작성

① 매입 형광등 방식
② 다운 라이트(down light) 방식
③ 핀 홀 라이트(pin hole light) 방식
④ 코퍼 라이트(coffer light) 방식
⑤ 라인 라이트(line light) 방식

● 해 설

건축화 조명
건축화 조명이란 건축물의 천정, 벽 등의 일부가 조명기구로 이용되거나 광원화 되어 건축물의 마감 재료의 일부로서 간주되는 조명설비이다. 이에 대한 종류는 천정면 이용방법과 벽면 이용 방법으로 대별된다.

(1) 천정 매입방법
 ① 매입 형광등 : 하면 개방형, 하면 확산판 설치형, 반매입형 등이 있다.
 ② 다운 라이트(down light) : 천정에 작은 구멍을 뚫고 조명기구를 매입하여 빛의 빔 방향을 아래로 유효하게 조명하는 방법
 ③ 핀 홀 라이트(pin hole light) : 다운 라이트의 일종으로 아래로 조사되는 구멍을 적게 하거나 렌즈를 달아 복도에 집중 조사되도록 한다.
 ④ 코퍼 라이트(coffer light) : 대형의 다운 라이트라고도 볼 수 있으며 천정면을 둥글게 또는 사각으로 파내어 내부에 조명기구를 배치하여 조명하는 방법
 ⑤ 라인 라이트(line light) : 매입 형광등방식의 일종으로 형광등을 연속으로 배치하는 조명방식

(2) 천정면 이용방법
 ① 광천정 조명 : 실의 천정 전체를 조명기구화하는 방식으로 천정 조명 확산 판넬로서 유백색의 플라스틱판이 사용된다.
 ② 루버 조명 : 실의 천정면을 조명기구화하는 방식으로 천정면 재료로 루버를 사용하여 보호각을 증가시킨다.
 ③ 코브(cove) 조명 : 광원으로 천정이나 벽면상부를 조명함으로써 천정면이나 벽에서 반사되는 반사광을 이용하는 간접 조명방식으로 효율은 대단히 나쁘지만 부드럽고 안정된 조명을 시행할 수 있다.

(3) 벽면 이용방법
 ① 코너(coner) 조명 : 천정과 벽면 사이에 조명기구를 배치하여 천정과 벽면에 동시에 조명하는 방법
 ② 코오니스(conice) 조명 : 코너를 이용하여 코오니스를 15~20[cm] 정도 내려서 아래쪽의 벽 또는 커튼을 조명하도록 하는 방법
 ③ 밸런스(valance) 조명 : 광원의 전면에 밸런스판을 설치하여 천정면이나 벽면으로 반사시켜 조명하는 방법
 ④ 광창 조명 : 지하실이나 무창실에 창문이 있는 효과를 내는 방법으로 인공창의 뒷면에 형광등을 배치하는 방법

▶출제년도 : 기사 12, 16, 19. ▶점수 : 4점

문7 송전선로에 사용되는 접지방식에 대하여 각 물음에 답하시오.
 (1) 1선 지락 고장 시 충전전류에 의해 간헐적인 아크 지락을 일으켜서 이상전압이 발생하므로 고전압 송전선로에서 사용되지 않는 접지방식은?
 (2) 1선 지락 시 건전상의 전위상승이 높지 않아 유효접지의 대표적인 방식으로 초고압 송전선로에서 경제성이 매우 우수하여 우리나라 송전계통에 사용되고 있는 접지방식은?

● 답안작성
 (1) 비접지방식
 (2) 직접접지방식

▶출제년도 : 기사 04. 06. 19.   ▶점수 : 6점

문8 그림과 같은 계통에서 단로기 DS₃를 통하여 부하를 공급하고 차단기 CB를 점검하고자 할 때 다음의 물음에 답하시오. 단, 평상시에 DS₃는 열려 있는 상태임.
(1) CB를 점검하기 위한 조작순서를 쓰시오.
(2) CB를 점검한 후 원상복귀 시킬 때의 조작순서를 쓰시오.

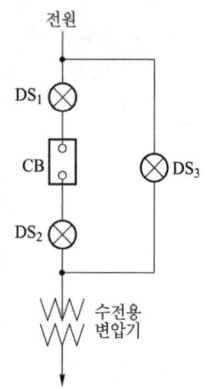

● 답안작성

(1) DS₃(ON) → CB(OFF) → DS₂(OFF) → DS₁(OFF)
(2) DS₂(ON) → DS₁(ON) → CB(ON) → DS₃(OFF)

▶출제년도 : 기사 14. 19.   ▶점수 : 3점

문9 "이것은 비선형 부하에 의해 고조파의 영향을 받는 기계기구(변압기 등)가 과열현상 없이 부하에 전력을 안정적으로 공급해 줄 수 있는 능력이다." 이 용어의 명칭을 쓰시오.

● 답안작성

K-Factor

● 해 설

부하가 고조파전류를 발생시키는 경우, 변압기의 과열을 방지하기 위하여 변압기의 용량을 저감시키는 계산식과 factor가 있는데 이 factor를 k-factor라 한다.

▶출제년도 : 기사 10. 19.   ▶점수 : 3점

문10 22.9[kV-Y], 3상 4선식 다중접지 배전계통에 접속되어 있는 변전설비에 부설하는 피뢰기 정격전압은 몇 [kV]인가?

● 답안작성

18[kV]

● 해 설

피뢰기 정격 전압

전력 계통		피뢰기 정격 전압[kV]	
전압[kV]	중성점 접지 방식	변전소	배전 선로
345	유효접지	288	–
154	유효접지	144	–
66	PC접지 또는 비접지	72	–
22	PC접지 또는 비접지	24	–
22.9	3상 4선식 다중접지	21	18

[주] 전압 22.9[kV-Y] 이하의 배전선로에서 수전하는 설비의 피뢰기 정격전압 [kV]은 배전선로용을 적용한다.

문11 다음 도면은 사무실의 전등 및 콘센트 배선 평면도이다. 주어진 조건을 읽고 답란의 빈칸을 채우시오.

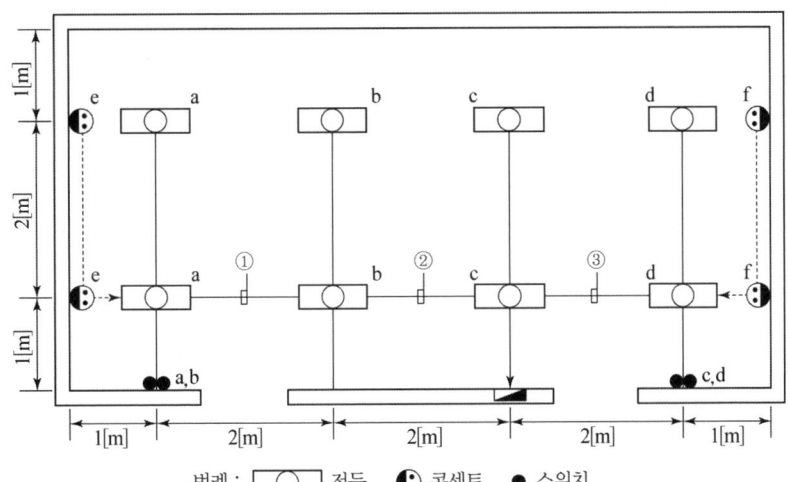

범례 : ◯ 전등, ◉ 콘센트, ● 스위치

(1) 시설조건

① 전등회로는 1회로로 전선은 HFIX 2.5[mm²]를 사용하며, 전열회로는 1회로로 전선은 HFIX 4[mm²]를 사용하고 접지는 스위치 회로를 제외하고 전등, 전열 회로에 회로선과 동일한 굵기로 시설한다.
② 벽과 등기구 간의 간격은 1[m], 등기구와 등기구 간격은 2[m]로 시설한다.
③ 전선관은 후강전선관을 사용하고 16[mm] 전선관 내 전선 수는 접지선 포함 4가닥까지 이며, 전선 수 5가닥 이상은 22[mm] 전선관을 사용하여 시설한다.
④ 4방출 이상의 배관과 접속되는 박스는 4각 박스를 사용한다.
⑤ 각각의 등기구마다 1대 1로 아우트렛 박스를 사용하며 천장에서 등기구까지는 금속가요진신관을 이용하여 등기구에 연결한다. 금속가요진신관 길이는 1[m]로 시설한다.
⑥ 천장은 이중 천장으로 바닥에서 등기구까지 높이 3[m], 전등배관은 바닥에서 3.5[m]에 후강전선관을 이용하여 시설한다.
⑦ 스위치 설치 높이 1.2[m](바닥에서 중심까지)로 한다.
⑧ 콘센트의 높이는 0.3[m](바닥에서 중심까지)로 한다.
⑨ 분전함 설치 높이 1.8[m](바닥에서 상단까지)로 한다. 단, 바닥에서 하단까지는 0.5[m]를 기준으로 한다.
⑩ 전등은 천장으로 배관하며, 전열은 바닥으로 배관하여 구분하여 시설한다.

(2) 재료의 산출조건

① 분전함 내부에서 배선 여유는 전선 1본당 0.5[m]로 한다.
② 전등회로용 TB는 분전함 내부 상단에 설치되어 있고, 콘센트용 TB는 분전함 내부 하단에 설치되어 있다.

② 자재 산출 시 산출수량과 할증수량은 소수점 셋째 자리에서 반올림하고 자재별 총 수량(산출수량+할증수량)은 소수점 이하 올림한다.
③ 배관 및 배선 이외의 자재는 할증을 보지 않는다(배관, 배선의 할증은 10[%]로 한다).

(3) 인건비 산출 조건
① 재료의 할증에 대해서는 공량을 적용하지 않는다.
② 소수점 이하 두 자리까지 계산 한다(소수점 셋째 자리 반올림).
③ 품셈은 다음 표의 품셈을 적용한다.

5-1 전선관 배관
(단위 : m)

후강 전선관		금속가요 전선관	
규격	내선전공	규격	내선전공
16[mm] 이하	0.08	16[mm] 이하	0.044
22[mm] 이하	0.11	22[mm] 이하	0.059
28[mm] 이하	0.14	28[mm] 이하	0.072
36[mm] 이하	0.20	36[mm] 이하	0.087
42[mm] 이하	0.25	42[mm] 이하	0.104
54[mm] 이하	0.34	54[mm] 이하	0.136

[해설] ① 콘크리트 매입 기준

5-3 박스(BOX) 설치
(단위 : 개)

종 별	내선전공
Concrete Box	0.12
Outlet Box	0.20
Switch Box(2개용 이하)	0.20
Switch Box(3개용 이상)	0.25
노출형 Box(콘크리트 노출 기준)	0.29
플로어 박스	0.20
연결용 박스	0.04

[해설] ① 콘크리트 매입 기준

5-10 옥내배선(관내배선)
(단위 : m)

규 격	내선전공
6[mm^2] 이하	0.010
16[mm^2] 이하	0.023
38[mm^2] 이하	0.031
50[mm^2] 이하	0.043
60[mm^2] 이하	0.052
70[mm^2] 이하	0.061
100[mm^2] 이하	0.064
120[mm^2] 이하	0.077

[해설] ① 관내배선 기준. 애자배선 은폐공사는 150[%], 노출 및 그리드 애자공사는 200[%], 직선 및 분기접속 포함

5-23 배선기구 설치

(가) 콘센트류 (단위 : [개], 적용직종 : 내선전공)

종 류		2P	3P	4P
콘 센 트 15[A]		0.065	0.095	0.10
〃 (접지극부)	15[A]	0.08	–	–
〃 (접지극부)	20[A]	0.085	–	–
〃 (접지극부)	30[A]	0.11	0.145	0.15
플로어 콘센트	15[A]	0.096	–	–
〃	20[A]	0.096	–	–
하이텐숀(로우텐숀)		0.096	–	–

[해설] ① 매입 설치기준, 노출설치 120[%]

(나) 스위치류 (단위 : [개])

종 류		내선전공
텀플러 스위치	단로용	0.085
〃	3로용	0.085
〃	4로용	0.10
풀스위치		0.10
푸시버튼		0.065
리모콘 스위치		0.07

[해설] ① 매입 설치기준, 노출설치 120[%]

(1) 도면에 표시된 ①, ②, ③ 전선관 배관에 접지선을 포함 전선 가닥수를 순서대로 쓰시오.
(2) 콘센트 배관기호 및 전등 배관기호의 명칭을 쓰시오.
    ① 콘센트 배관기호 :
    ② 전등 배관기호 :
(3) 도면을 보고 아래 표의 ①부터 ⑩까지 빈칸에 산출량 및 총수량을 기입하시오.

자재명 및 규격	규격	단위	산출수량	할증수량	총수량 (산출수량 + 할증수량)
후강 전선관	16[mm]	[m]	①		⑤
금속 가요 전선관	16[mm]	[m]	②		⑥
HFIX	2.5[mm^2]	[m]	③		⑦
HFIX	4[mm^2]	[m]	④		⑧
매입스위치 2구	250[V], 15[A]	[개]			⑨
매입콘센트 2P, 15[A]	250[V], 15[A] 접지극부	[개]			⑩
아우트렛 박스 4각	54[mm]	[개]			
아우트렛 박스 8각	54[mm]	[개]			
스위치 박스 1개용	54[mm]	[개]			

① • 계산 • 답
② • 계산 • 답
③ • 계산 • 답
④ • 계산 • 답
⑤ • 계산 • 답
⑥ • 계산 • 답
⑦ • 계산 • 답
⑧ • 계산 • 답
⑨ • 계산 • 답
⑩ • 계산 • 답

(4) 아래표의 각 자재별 내선 전공수를 ①부터 ⑥까지 기입하시오.

자재명	규 격	단위	수량	인공수 (재료 단위별)	내선 전공
후강 전선관	16[mm]	[m]			①
금속 가요 전선관	16[mm]	[m]			②
HFIX	2.5[mm^2]	[m]			③
HFIX	4[mm^2]	[m]			④
매입스위치 2구	250[V], 15[A]	[개]			⑤
매입콘센트 2P, 15[A]	250[V], 15[A] 접지극부	[개]			⑥
아우트렛 박스 4각	54[mm]	[개]			
아우트렛 박스 8각	54[mm]	[개]			
스위치 박스 1개용	54[mm]	[개]			

① • 계산 • 답
② • 계산 • 답
③ • 계산 • 답
④ • 계산 • 답
⑤ • 계산 • 답
⑥ • 계산 • 답

(5) 인건비 계산 시 할증에 대한 중복 할증 가산 방법을 주어진 조건을 이용하여 식으로 쓰시오.

[조건] W : 할증이 포함된 품, P : 기본품, α : 첫 번째 할증요소, β : 두 번째 할증요소

● 답안작성

(1) ① 4가닥   ② 3가닥   ③ 4가닥
(2) ① 바닥 은폐 배선   ② 천장 은폐 배선
(3) ① 계산 : 전등회로 23.3[m] + 전열회로 16.8[m] = 40.1[m]
    답 : 40.1[m]

② **계산** : 1[m] × 8 = 8[m]
　　답 : 8[m]
③ **계산** : 1[m] × 3가닥 × 8+2[m] × (3가닥 × 4+3가닥 × 1+4가닥 × 2)
　　　　　　+3.3[m] × 3가닥 × 2+3.2[m] × 3가닥 × 1 = 99.4[m]
　　답 : 99.4[m]
④ **계산** : 0.3[m] × 3가닥 × 6+2[m] × 3가닥 × 2+(7[m]+5[m]) × 3가닥 = 53.4[m]
　　답 : 53.4[m]
⑤ **계산** : 40.1 × 1.1 =44.11[m]　　**답** : 45[m]
⑥ **계산** : 8 × 1.1 = 8.8[m]　　**답** : 9[m]
⑦ **계산** : 99.4 × 1.1 = 109.34[m]　　**답** : 110[m]
⑧ **계산** : 53.4 × 1.1 = 58.74[m]　　**답** : 59[m]
⑨ **답** : 2[개]
⑩ **답** : 4[개]

(4) ① **계산** : 40.1[m] × 0.08 = 3.21[인]　　**답** : 3.21[인]
② **계산** : 8[m] × 0.044 = 0.35[인]　　**답** : 0.35[인]
③ **계산** : 99.4[m] × 0.010 = 0.99[인]　　**답** : 0.99[인]
④ **계산** : 53.4[m] × 0.010 = 0.53[인]　　**답** : 0.53[인]
⑤ **계산** : 2[개] × 0.085 × 2 = 0.34[인]　　**답** : 0.34[인]
⑥ **계산** : 4[개] × 0.08 = 0.32[인]　　**답** : 0.32[인]

(5) $W = P \times (1+\alpha+\beta)$

● 해 설

(1)

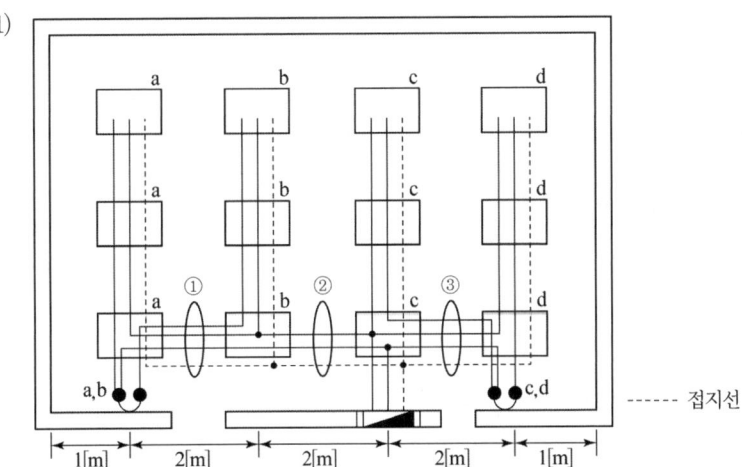

(2)

명 칭	그림 기호	적 요
천장 은폐 배선	————	① 천장 은폐 배선 중 천장 속의 배선을 구별하는 경우는 천장 속의 배선에 —·—·— 를 사용하여도 좋다.
바닥 은폐 배선	– – – –	② 노출 배선 중 바닥면 노출 배선을 구별하는 경우는 바닥면 노출 배선에 —··—··— 를 사용하여도 좋다.
노출 배선	········	③ 전선의 종류를 표시할 필요가 있는 경우는 기호를 기입한다.

(3) ① 측면도

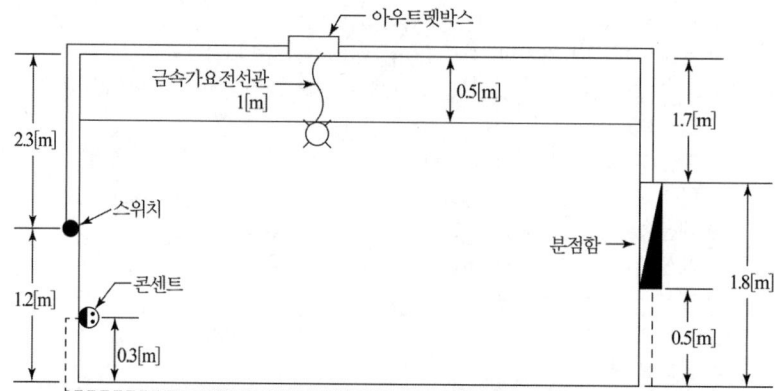

- 전등회로 금속가요전선관 16[mm] = 1[m]×8(등기구 수) = 8[m]

② 전등회로 후강전선관 16[mm] = 14+6.6+2.7 = 23.3[m]

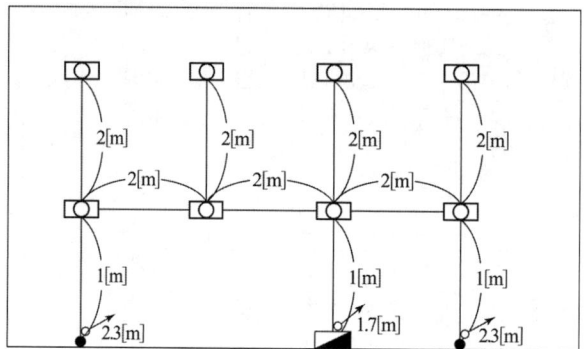

- 등~등 = 2[m]×7 = 14[m]
- 등~스위치 = 3.3[m]×2 = 6.6[m]
- 등~분전반 = 1[m]+1.7[m] = 2.7[m]

③ 전등회로 배선 : HFIX 전선 2.5[mm^2] = 24+46+19.8+9.6 = 99.4[m]

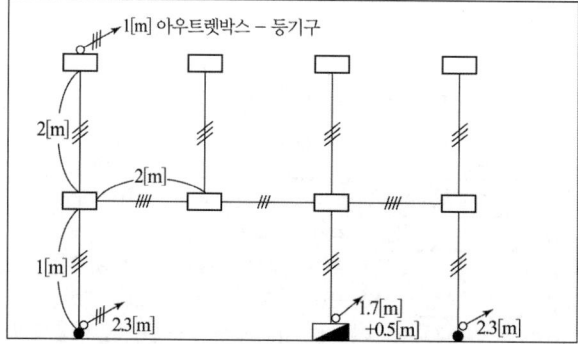

- 아우트렛박스~등 = 1[m]×3[가닥]×8[등] = 24[m]
- 등~등 = 2[m]×(3[가닥]×4+3[가닥]×1+4[가닥]×2) = 46[m]
- 등~스위치 = (1[m]+2.3[m])×3[가닥]×2 = 19.8[m]
- 등~분전반 = [1[m]+1.7[m]+0.5[m](분전반 내부 여유)]×3[가닥] = 9.6[m]

④ 전열회로

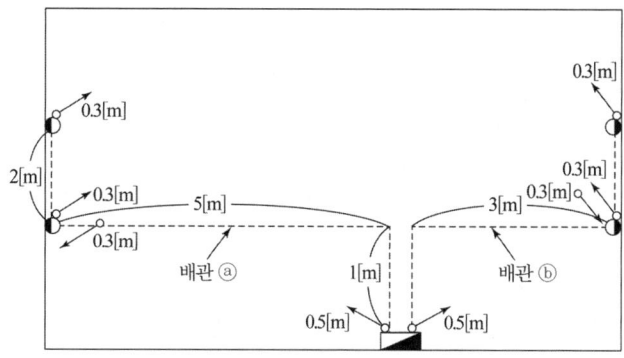

㉠ 후강전선관 16[mm] = 9.4+7.4 = 16.8[m]
- 배관 ⓐ : 0.3[m]+2[m]+0.3[m]×2[개]+5[m]+1[m]+0.5[m] = 9.4[m]
- 배관 ⓑ : 0.3[m]+2[m]+0.3[m]×2[개]+3[m]+1[m]+0.5[m] = 7.4[m]

㉡ HFIX전선 4[mm²] = 29.7+23.7 = 53.4[m]
- 배선 ⓐ : [9.4[m]+0.5[m](배선여유)]×3가닥 = 29.7[m]
- 배선 ⓑ : [7.4[m]+0.5[m](배선여유)]×3가닥 = 23.7[m]

▶출제년도 : 기사 98. 09. 15. 19.   ▶점수 : 5점

문12 수전전압 22.9[kV], 설비용량 2,000[kVA], 수용가의 수전단에 설치한 CT의 변류비는 75/5[A]이다. 이때 CT에서 검출된 2차 전류가 과부하 계전기로 흐르도록 하였다. 150[%] 부하에서 차단기를 동작시키고자 할 때 트립(Trip) 전류값은 얼마로 선정해야 하는지 산정하시오.

•계산 :   •답 :

● 답안작성

계산 : 트립전류 $= \dfrac{2,000}{\sqrt{3} \times 22.9} \times \dfrac{5}{75} \times 1.5 = 5.04[A]$

답 : 5[A]

● 해 설

과전류 계전기의 정정 Tap 전류 : 2, 3, 4, 5, 6, 7, 8, 10, 12[A]

▶출제년도 : 기사 04. 19.   ▶점수 : 6점

문13 부하의 역률 개선에 대한 다음 물음에 답하시오.
(1) 부하설비의 역률이 저하하는 경우, 수용가가 예상될 수 있는 손해 4가지를 쓰시오.
　①
　②
　③
　④
(2) 역률을 개선하기 위한 설치기기의 명칭과 설치방법을 간단히 쓰시오.

● 답안작성

(1) ① 전력손실이 커진다.
② 전기요금이 증가한다.
③ 전압강하가 커진다.
④ 전원설비 용량이 증가한다.
(2) • 설치기기의 명칭 : 전력용 콘덴서
• 설치방법 : 부하와 병렬로 접속

● 해 설

• 유도성 부하를 사용하게 되면 역률이 저하한다. 이것을 개선하기 위하여 부하에 병렬로 콘덴서(용량성)를 설치하여 진상전류를 흘려줌으로서 무효전력을 감소시켜 역률을 개선한다.
• 역률을 개선하면 전기요금의 저감과 배전선의 손실경감, 전압강하 감소, 설비여력의 증가 등을 기할 수 있다.

▶ 출제년도 : 기사 02, 05, 09, 10, 12, 13, 15, 19.   ▶ 점수 : 3점

문14 노출 배관공사에서 관을 직각으로 굽히는 곳에 사용되며, 3방향으로 분기할 수 있는 T형과 4방향으로 분기할 수 있는 크로스(cross)형이 있는 금속관 재료의 명칭을 쓰시오.

● 답안작성

유니버설 엘보

● 해 설

명칭	그림	용도
유니버설 엘보		강제전선관 공사 중 노출배관 공사에서 관을 직각으로 굽히는 곳에 사용한다. 3방향으로 분기할 수 있는 T형과 4방향으로 분기할 수 있는 크로스(cross)형이 있다.

개정된 '전기설비 기술기준 및 판단기준'과 '내선규정'에 의거해 삭제된 문제가 있어 점수의 합계가 100점이 되지 않습니다.

2019년 4회 전기공사기사실기

문1 ▶출제년도 : 기사 02, 04, 05, 06, 07, 19. ▶점수 : 5점

변압기 공사 시공 흐름도이다. ☐ 1, 2, 3, 4, 5 빈 공간에 시공 흐름도가 옳도록 보기에서 골라 완성하시오.

[보기]
외함 접지선 연결, COS 설치, 분기고리 설치, 변압기 설치, 내 오손결합애자 설치, 절연처리, 변압기 2차측 결선, Fuse Link 조립

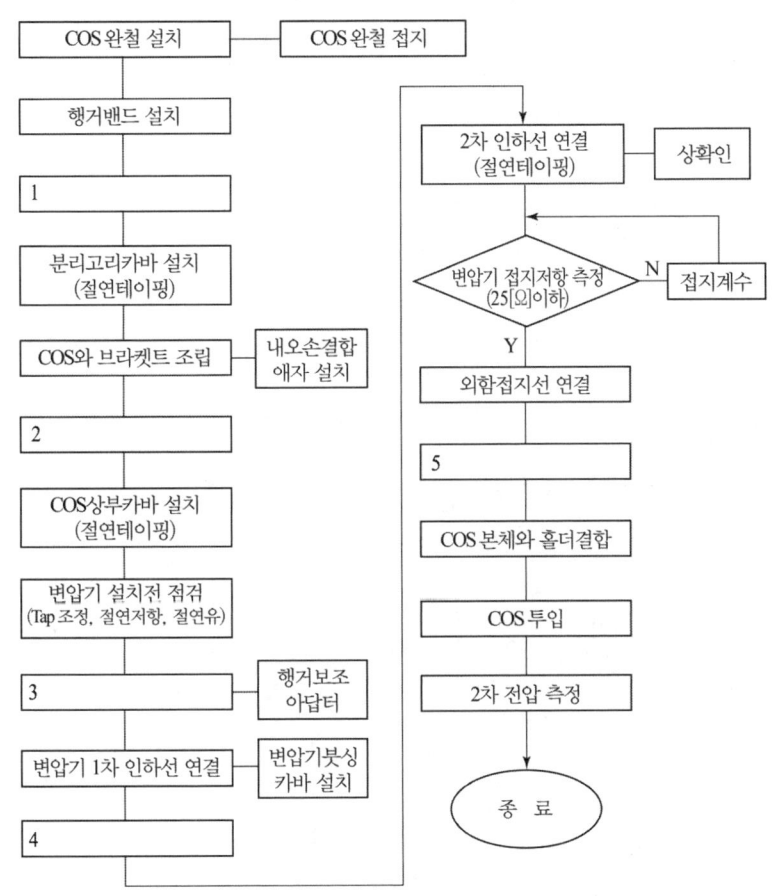

● 답안작성

1. 분기고리 설치
2. COS 설치
3. 변압기 설치
4. 변압기 2차측 결선
5. Fuse Link 조립

▸출제년도 : 기사 19.　▸점수 : 5점

문2 하중 전달방법에 의해 분류하는 것으로 상판부 등에 의한 하중을 지반에 직접 전달하는 구조물로서 역T자형 콘크리트 기초, 오가 콘크리트 기초, 베다 기초, 강재 기초, 직매 기초 등을 나타내는 기초는 무엇인가?

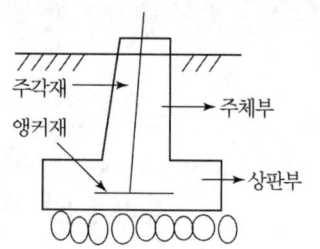

● 답안작성

직접기초

● 해 설

철탑기초의 종류에는 직접기초, 말뚝기초, 피어기초 및 앵커기초 등이 있다.

▸출제년도 : 기사 12, 19.　▸점수 : 5점

문3 서지 흡수기(Surge Absorbor)의 기능과 어느 개소에 설치하는지 그 위치를 쓰시오.
- 기능
- 설치 위치

● 답안작성

- 기능 : 개폐 서지 등 이상전압으로부터 변압기 등 기기 보호
- 설치 위치 : 개폐 서지를 발생하는 차단기 후단과 부하측 사이

● 해 설

서지 흡수기는 피뢰기와 같은 구조와 특성을 지니고 있으며, 구내선로에서 발생할 수 있는 개폐서지, 순간과도전압 등으로 이상전압이 2차 기기에 악영향을 주는 것을 막기 위해 서지 흡수기를 시설한다.

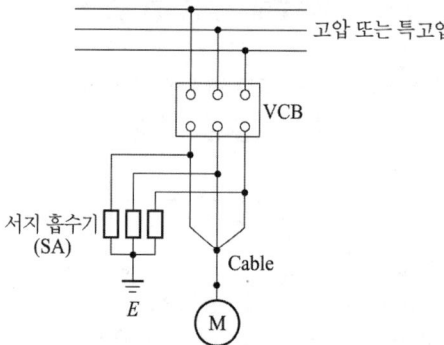

▸출제년도 : 기사 15, 19.　▸점수 : 6점

문4 다음 그림기호의 명칭을 쓰시오.

(1) E　(2) ●　(3) TS　(4) S　(5) ◁　(6) ✦

● 답안작성

(1) 누전 차단기　(2) 누름 버튼
(3) 타임스위치　(4) 연기 감지기
(5) 스피커　(6) 조광기

문5

전원측 전압이 380[V]인 3상 3선식 옥내 배선이 있다. 그림과 같이 150[m] 떨어진 곳에서부터 10[m] 간격으로 용량 5[kVA]의 3상 동력을 3대 설치하려고 한다. 부하 말단까지의 전압 강하를 5[%] 이하로 유지하려면 동력선의 굵기를 얼마로 선정하면 좋은지 표에서 산정하시오. 단, 전선으로는 도전율이 97[%]인 비닐 절연 동선을 사용하여 금속관 내에 설치하여 부하 말단까지 동일한 굵기의 전선을 사용한다.

[도면]

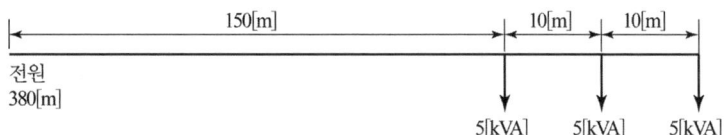

표 1. 전선의 굵기 및 허용 전류

전선의 굵기[mm²]	6	10	16	25	35
전선의 허용 전류[A]	49	61	88	115	162

● 답안작성

- 부하의 중심 거리 $L = \dfrac{5 \times 150 + 5 \times 160 + 5 \times 170}{5+5+5} = 160 [\text{m}]$

- 전부하 전류 $I = \dfrac{5 \times 10^3 \times 3}{\sqrt{3} \times 380} ≒ 22.79 [\text{A}]$

- 전압 강하 $e = 380 \times 0.05 = 19 [\text{V}]$

- 전선 1[m]의 저항을 $r[\Omega/\text{m}]$라 하면 선로의 전 저항 $R = 160 \times r$

  $e = 19 = \sqrt{3} IR = \sqrt{3} \times 22.79 \times 160 \times r [\text{V}]$

  $r = \dfrac{19}{\sqrt{3} \times 22.79 \times 160} = \dfrac{1}{58} \times \dfrac{100}{97} \times \dfrac{1}{A} [\Omega]$

  $A = \dfrac{\sqrt{3} \times 22.79 \times 160 \times 100}{19 \times 58 \times 97} = 5.91 [\text{mm}^2]$

이므로 표에 의하여 6[mm²]가 된다.

● 해 설

부하의 중심거리 $L = \dfrac{\sum I_i L_i}{\sum I_i} [\text{m}]$, $I_i = \dfrac{P_a}{\sqrt{3} V} = \dfrac{5 \times 10^3}{\sqrt{3} \times 380} [\text{A}]$이므로

$L = \dfrac{\dfrac{5 \times 10^3}{\sqrt{3} \times 380} \times 150 + \dfrac{5 \times 10^3}{\sqrt{3} \times 380} \times 160 + \dfrac{5 \times 10^3}{\sqrt{3} \times 380} \times 170}{\dfrac{5 \times 10^3}{\sqrt{3} \times 380} + \dfrac{5 \times 10^3}{\sqrt{3} \times 380} + \dfrac{5 \times 10^3}{\sqrt{3} \times 380}}$

$= \dfrac{(5 \times 150 + 5 \times 160 + 5 \times 170) \times \dfrac{10^3}{\sqrt{3} \times 380}}{(5+5+5) \times \dfrac{10^3}{\sqrt{3} \times 380}}$

$= \dfrac{(5 \times 150 + 5 \times 160 + 5 \times 170)}{(5+5+5)} = 160 [\text{m}]$

▶ 출제년도 : 기사 19. 24.   ▶ 점수 : 5점

문6 변압기의 냉각 방식 5가지를 쓰시오.

● 답안작성

① 건식 자냉식, ② 건식 풍냉식, ③ 유입 자냉식, ④ 유입 풍냉식, ⑤ 유입 수냉식

● 해 설

(1) 변압기 냉각 방식

냉각 방식		규격별 기호 표시		권선, 철심의 냉각매체		주위 냉각매체	
		JEC 2200 IEC 76	ANSI C 57.12	종류	순환방식	종류	순환방식
건 식 변압기	건식 자냉식	AN		공기	자연	–	–
	건식 풍냉식	AF			강제		
유 입 변압기	유입 자냉식	ONAN	OA	기름	자연	공기	자연
	유입 풍냉식	ONAF	FA				강제
	유입 수냉식	ONWF	OW			물	
	송유 자냉식	OFAN			강제	공기	자연
	송유 풍냉식	OFAF	FOA				강제
	송유 수냉식	OFWF	FOW			물	

(2) 종류별 특징
 ① 건식 자냉식 : 일반적으로 소용량 변압기에 한해서 사용된다.
 ② 건식 풍냉식 : 권선 하부에 풍도를 마련하여 송풍기로 바람을 불어넣어 방열효과를 향상시키는 것으로 500[kVA] 이상의 경우에 채용하면 효과적이다.
 ③ 유입 자냉식 : 보수가 간단하여 가장 널리 사용된다.
   권선철심의 발생 열은 대류에 의해 우선 기름에 전해지고 다시 탱크 벽에 전달되어 탱크 벽 외측 표면에서 방사와 공기의 대류에 의해 방열된다. 30~60[MVA] 이상의 대용량에서는 강제냉각방식이 일반적으로 유리한다.
 ④ 유입 풍냉식 : 유입 자냉식과 동일한 구조를 가지고 저소음 고효율의 냉각용 선풍기를 구비하면 출력 30[%] 이상 증가가 가능하다. 변압기 권선온도에 대응하여 선풍기의 구동, 경보 등의 기능을 가지는 온도계전기를 구비해야 한다.
 ⑤ 유입 수냉식 : 냉각수관을 탱크 상부의 내벽에 따라 배치하고 펌프로 물을 순환시켜서 기름을 냉각하는 방식이다. 냉각수의 질이 좋지 못하면 물 때가 끼거나 수관이 부식되어 보수가 어렵다.
 ⑥ 송유 자냉식 : 방열기 탱크를 따로 두고 본체 탱크와의 접속관로의 도중에 송유펌프를 설치하여 기름을 강제적으로 순환시키는 방식으로 본체는 옥내에 설치하고 방열기 탱크는 옥외에 설치하는 경우에 사용된다.
 ⑦ 송유 풍냉식 : 송유 자냉식의 방열기 탱크에 송풍기를 설치한 것 등 각종방식이 있는데 가장 널리 쓰이는 것은 탱크 주위에 송유 풍냉식 유니트쿨러를 설치하는 방식이다.

▶ 출제년도 : 기사 03. 19.   ▶ 점수 : 6점

문7 사무소 건물의 총 설비용량이 전등, 전열부하 500[kVA] 동력부하가 600[kVA]이다. 전등, 전열부하 수용률은 70[%], 동력부하 수용률은 60[%], 전등전열 및 동력부하 간의 부등률이 1.25라고 한다. 배전선로의 전력 손실이 전등, 전열, 동력 모두 부하전력의 10[%]라고 하면 변전실의 최대전력은 몇 [kVA]인가?

• 계산 :   • 답 :

● 답안작성

계산 : 전등부하 최대수용전력 = 500 × 0.7 = 350[kVA]
　　　동력부하 최대수용전력 = 600 × 0.6 = 360[kVA]

$$변전소 최대전력 = \frac{350+360}{1.25} \times (1+0.1) = 624.8[kVA]$$

답 : 624.8[kVA]

● 해 설

$$합성최대전력 = \frac{개별\ 최대\ 수용전력의\ 합}{부등률} = \frac{\sum 설비용량 \times 수용률}{부등률}$$

▶ 출제년도 : 기사 19. 22.　▶ 점수 : 5점

문8 스폿 네트워크(Spot Network) 수전방식의 특징을 3가지만 쓰시오.

● 답안작성

① 무정전 전력공급이 가능하다.
② 공급신뢰도가 높다.
③ 전압변동률이 낮다.

● 해 설

(1) 스폿 네트워크(Spot Network) 수전방식
    배전용 변전소로부터 2회선 이상의 배전선으로 수전하는 방식으로 배전선 1회선에 사고가 발생한 경우일지라도 다른 건전한 회선으로부터 자동적으로 수전할 수 있는 무정전 방식으로 신뢰도가 매우 높은 방식이다.
(2) 특징
    ① 무정전 전력공급이 가능하다.
    ② 공급 신뢰도가 높다.
    ③ 전압 변동률이 낮다.
    ④ 부하 증가에 대한 적응성이 좋다.
    ⑤ 기기의 이용률이 향상된다.

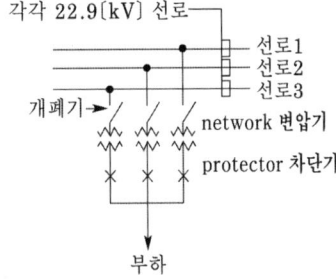

▶ 출제년도 : 기사 19. 산업 94. 02. 06.　▶ 점수 : 5점

문9 피뢰기의 구비 조건을 3가지만 쓰시오.

● 답안작성

① 충격 방전 개시 전압이 낮을 것
② 상용주파 방전 개시 전압이 높을 것
③ 방전내량이 크고, 제한전압이 낮을 것

● 해 설

그 외에도
④ 속류차단 능력이 클 것

문10 ▸출제년도 : 기사 04. 06. 19. 22. 24.   ▸점수 : 6점

도면과 같은 고압 또는 특고압 수전설비의 진상콘덴서 접속 뱅크 결선도를 보고 다음 각 물음에 답하시오.

(1) 콘덴서 용량이 몇 [kVA] 초과 몇 [kVA] 이하인 경우인가?
(2) 콘덴서 용량이 100[kVA] 이하인 경우 CB 대신 사용 가능 한 개폐기는?
(3) 콘덴서 용량이 50[kVA] 미만인 경우 사용 가능한 개폐기는?

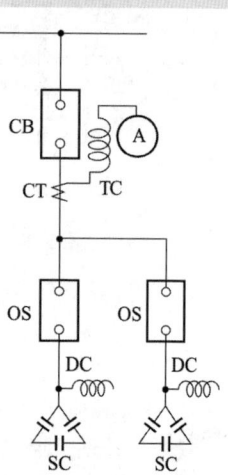

● 답안작성

(1) 콘덴서 총 용량이 300[kVA] 초과, 600[kVA] 이하의 경우
(2) OS
(3) COS 직결

● 해 설

진상용 콘덴서 참고 접속도

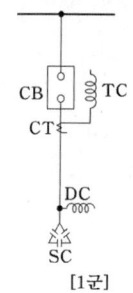

콘덴서 총 용량이 300[kVA] 이하의 경우 전류계를 생략할 때

[1군]

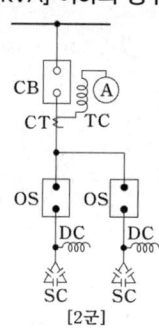

콘덴서 총 용량이 300[kVA] 초과, 600[kVA] 이하의 경우

[2군]

콘덴서 총 용량이 600[kVA] 초과의 경우

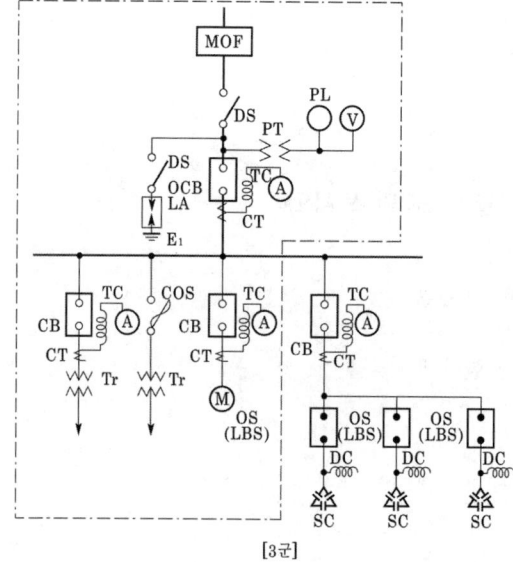

[3군]

[주] 콘덴서의 용량이 100[kVA] 이하인 경우에는 CB 대신 OS 또는 유사한 것(인터럽터 스위치 등)을, 50[kVA] 미만의 경우에는 COS(직결로 함)를 사용할 수 있다.

▶ 출제년도 : 기사 19.   ▶ 점수 : 6점

문11 피뢰기의 열화진단을 위해 절연저항 및 누설전류 등을 측정하여야 한다. 이때 사용되는 계측장비는?

● 답안작성

절연저항계(Megger), 누설전류계

▶ 출제년도 : 기사 17. 19.   ▶ 점수 : 30점

문12 시가지 도로 폭 9[m] 도로에 다음과 같이 가로등을 설치하려고 한다. 물음에 답하시오.

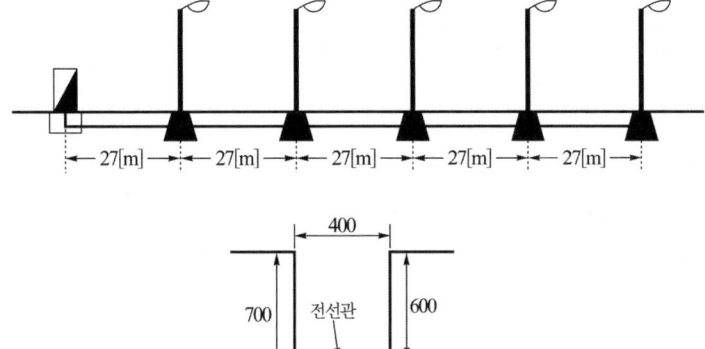

관로 터파기 상세도

[조건]
① 등주 높이는 9[m]이고, 인력 설치한다.
② 광원은 LED 200[W] 1등용이다.
③ 등주 간격은 27[m], 한쪽배열로 설치한다.
④ 케이블은 CV 6[mm²] / 1C×2, E 6[mm²] / 1C(HFIX : 연접 접지, 녹색)를 적용한다.
⑤ 배관은 합성수지 파형관 30[mm]를 사용하며, 터파기와 되메우기는 [m³]당 각각 보통 인부 0.28인, 0.1인을 적용한다.
⑥ 가로등 기초 터파기는 개당 0.75[m³]이고, 콘크리트 타설량은 0.55[m³]이다.
⑦ 접지는 연접 접지를 적용한다.
⑧ 재료의 할증에 대해서는 공량을 적용하지 않는다.
⑨ 아래의 품셈과 문제에 주어진 사항 이외는 고려하지 않는다.

[표준품셈]
5-13 제어용 케이블 설치
(단위 : [m] 설치, 적용직종 : 저압케이블전공)

선심수	4[mm²] 이하	6[mm²] 이하	8[mm²] 이하
1C	0.011	0.013	0.014
2C	0.016	0.018	0.020

[해설] ① 연접 접지선도 이에 준한다.
② 옥외 케이블의 할증률은 3[%] 적용

5-26-1 LED 가로등기구 설치
(단위 : 개)

종 별	내선전공	종 별	내선전공
100[W] 이하	0.204	200[W] 이하	0.221
150[W] 이하	0.231	250[W] 이하	0.229

[해설] LED 등기구 일체형 기준(컨버터 내장형)

5-27 POLE LIGHT 인력 설치
(단위 : 본)

규 격	내선전공	규 격	내선전공
8[m] 이하(1등용)	2.76	10[m] 이하(1등용)	3.49
9[m] 이하(1등용)	3.13	12[m] 이하(1등용)	4.19

4-31 합성수지 파형관 설치
(단위 : m)

규 격	배전전공	보통인부
16[mm] 이하	0.005	0.012
30[mm] 이하	0.006	0.014
50[mm] 이하	0.007	0.018

[해설] ① 합성수지 파형관의 지중포설 기준
② 가로등 공사, 신호등 공사, 보안등 공사 또는 구내설치 시 50[%] 가산
③ 옥외전선관의 할증률은 5[%] 적용

(1) 가로등 기초를 포함한 전체 터파기량과 공량을 구하시오.
(단, 전원함의 기초, 그리고 가로등 기초와 관로 중첩부분은 무시한다.)
① 터파기량
• 계산 :   • 답 :
② 공량(보통인부)
• 계산 :   • 답 :
(2) 가로등 기초를 포함한 전체 되메우기량과 공량을 구하시오.
(단, 전원함의 기초, 그리고 가로등 기초와 관로 중첩부분 및 배관의 체적은 무시한다.)
① 되메우기량
• 계산 :   • 답 :
② 공량(보통인부)
• 계산 :   • 답 :

(3) 전선관 물량과 공량을 산출하시오.
    (단, 지중에서 전원함, 그리고 가로등 기초에서 가로등주까지의 배관은 무시한다.)
    ① 물량
        • 계산 :   • 답 :
    ② 공량(배전전공, 보통인부)
        • 계산 :   • 답 :
(4) 케이블과 접지선의 물량과 공량(저압케이블전공)을 산출하시오.
    (단, 케이블의 길이는 가로등 기초에서 안정기 박스까지의 거리를 고려하여 경간당 2[m]를 추가 적용한다. 그리고 안정기 박스에서 등기구까지의 배선은 무시한다.)
    ① 물량(CV, HFIX)
        • 계산 :   • 답 :
    ② 공량(저압케이블전공)
        • 계산 :   • 답 :
(5) 등기구를 포함한 가로등 설치 공량(내선전공)을 산출하시오.
    • 계산 :   • 답 :

● 답안작성

(1) ① 터파기량
    • 계산 : 관로 터파기 = $0.4 \times 0.7 \times 27 \times 5 = 37.8[m^3]$
              외등 기초 터파기 = $0.75 \times 5 = 3.75[m^3]$
              따라서 전체 터파기량 = $37.8 + 3.75 = 41.55[m^3]$
    • 답 : $41.55[m^3]$
    ② 공량(보통인부)
    • 계산 : 공량(보통인부) = $41.55 \times 0.28 = 11.634$[인]
    • 답 : 11.634[인]

(2) ① 되메우기량
    • 계산 : 되메우기량 = 전체 터파기량 − 콘크리트 타설량 = $41.55 - 0.55 \times 5 = 38.8[m^3]$
    • 답 : $38.8[m^3]$
    ② 공량(보통인부)
    • 계산 : 공량(보통인부) = $38.8 \times 0.1 = 3.88$[인]
    • 답 : 3.88[인]

(3) ① 전선관 물량
    • 계산 : 물량 = $27 \times 5 \times (1+0.05) = 141.75[m]$
    • 답 : 141.75[m]
    ② 전선관 공량(배전전공, 보통인부)
    • 계산 : 배전전공 = $27 \times 5 \times 0.006 \times (1+0.5) = 1.215$[인]
              보통인부 = $27 \times 5 \times 0.014 \times (1+0.5) = 2.835$[인]
    • 답 : 배전전공 1.215[인], 보통인부 2.835[인]

(4) ① 물량(CV, HFIX)
    • 계산 : CV = $(27+2) \times 5 \times 2 \times 1.03 = 298.7[m]$
              HFIX = $(27+2) \times 5 \times 1.03 = 149.35[m]$
    • 답 : CV 298.7[m], HFIX 149.35[m]

② 공량(저압케이블전공)
- **계산** : CV = (27+2)×5×2×0.013 = 3.77[인]
  HFIX = (27+2)×5×0.013 = 1.885[인]
  ∴ 공량 합계 = 3.77 + 1.885 = 5.655[인]
- **답** : 5.655[인]

(5) • **계산** : 공량(내선전공) = (3.13 + 0.221)×5 = 16.755[인]
- **답** : 16.755[인]

문13
▶ 출제년도 : 기사 05. 12. 15. 19.   ▶ 점수 : 4점

송전선로에 경동선보다 ACSR(강심알루미늄연선)을 많이 사용하는 이유 2가지를 쓰시오.

● 답안작성
① 경동선에 비해 기계적 강도가 크고 가볍다.
② 같은 저항값에 대한 전선의 바깥지름이 경동선보다 크기 때문에 코로나 발생 억제에 유효하다.

● 해 설
ACSR 전선은 같은 저항값을 가진 경동연선보다 바깥지름은 1.4배, 무게는 0.8, 인장강도는 1.7배로 가볍고 강하여 긴 경간에 좋고 바깥지름이 커서 코로나 방지에 좋다.

※ 견적문제는 완벽하게 복원하지 못하여 유사 문제로 대체 했습니다.

개정된 '전기설비 기술기준 및 판단기준'과 '내선규정'에 의거해 삭제된 문제가 있어 점수의 합계가 100점이 되지 않습니다.

2020년 1회 전기공사기사실기

▶출제년도 : 기사 20. ▶점수 : 20점

문1 아래의 도면은 전등 및 콘센트의 평면 배선도이다. 각 항의 조건을 읽고 질문에 답하시오.

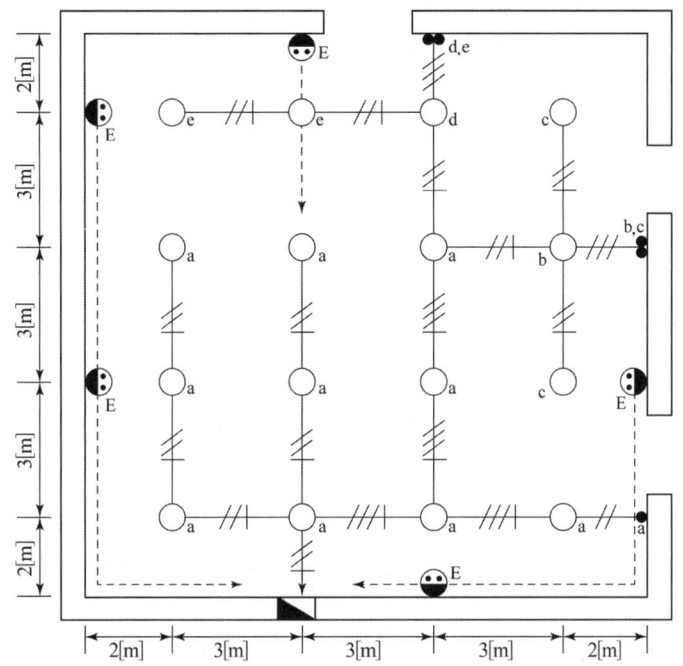

범례 및 주기			
○	LED 15[W]	- - - - - -	HFIX 4sq×2, (E) 4sq(22C)
⊙E	매입 콘센트(2P 15[A] 250[V])	—///—	HFIX 2.5sq×3, (E) 2.5sq(16C)
●	매입 텀블러 스위치(15[A] 250[V])	—//—	HFIX 2.5sq×2, (E) 2.5sq(16C)
		—///—	HFIX 2.5sq×3(16C)
		—//—	HFIX 2.5sq×2(16C)

1) 시설조건
① 4조 이상의 배관과 접속되는 박스는 4각 박스를 사용한다.
② 스위치 설치 높이는 1.2[m](바닥에서 중심까지)로 한다.
③ 콘센트 설치 높이는 0.3[m](바닥에서 중심까지)로 한다.
④ 분전함 설치 높이는 1.8[m](바닥에서 상단까지)로 한다.
   (단, 바닥에서 하단까지는 0.5[m]를 기준 한다.)

⑤ 바닥에서 천장 슬라브까지의 높이는 3[m]로 한다.
⑥ 분전반의 규격은 다음에 의한다.
- 주차단기 CB 3P 60AF(60AT) : 1개
- 분기차단기 CB 2P 30AF(20AT) : 4개
- 철제매입 설치 완제품 기준

2) 재료 산출 조건
① 분전함 내부에서 배선 여유는 전선 1본당 0.5[m]로 한다.
② 자재 산출 시 산출 수량과 할증 수량은 소수점 이하도 기록하고, 자재별 총 수량(산출 수량+할증 수량)의 소수점 이하는 반올림한다.
③ 배관 및 배선 이외의 자재는 할증을 보지 않는다.
   (단, 배관 및 배선의 할증은 10[%]로 한다.
④ 바닥면에서의 전선 매설 깊이까지와 천장 슬라브에서 천장 슬라브 내의 전선설치 높이까지는 자재 산출에 포함시키지 않는다.
⑤ 콘센트용 박스는 4각 박스로 본다.
⑥ 콘센트용 및 등기구 내 배선 여유는 무시한다.
⑦ 콘센트용 전선은 분전반 하단기준, 전등용 전선은 분전반 상단을 기준한다.
⑧ 접지선은 HFIX선을 사용한다.

3) 인건비 산출 조건
① 재료의 할증분에 대해서는 품셈을 적용하지 않는다.
② 소수점 이하도 계산한다.
③ 품셈은 아래 표의 품셈을 적용한다. 주어진 품셈 이외의 것은 임의로 생각하지 말 것
④ 분전반 품셈은 별첨 품셈표를 적용한다.

4) 품셈표
5-3 박스(BOX) 설치
(단위 : 개)

종 별	내 선 전 공
Concrete Box	0.12
Outlet Box	0.20
Switch Box(2개용 이하)	0.20
Switch Box(3개용 이하)	0.25
노출형 Box(콘크리트 노출 기준)	0.29
플로어 박스	0.20
연결용 박스	0.04

[해설] ① 콘크리트 매입 기준

5-23 배선기구 설치

(가) 콘센트류
(단위 : 개, 적용직종 : 내선전공)

		2P	3P	4P
콘 센 트	15[A]	0.065	0.095	0.10
〃 (접지극부)	15[A]	0.08	−	−
〃 (접지극부)	20[A]	0.085	−	−
〃 (접지극부)	30[A]	0.11	0.145	0.15
플로어 콘센트	15[A]	0.096	−	−
〃	20[A]	0.096	−	−
하이텐숀(로우텐숀)		0.096	−	−

[해설] ① 매입 설치 기준, 노출설치 120[%]

(나) 스위치류

종 별	내선전공
텀플러 스위치 단로용	0.085
〃 3로용	0.085
〃 4로용	0.10
풀 스위치	0.10
푸시 버 튼	0.065
리모콘 스위치	0.07

[해설] ① 매입 설치 기준, 노출 설치 시 120[%]

5-18 분전반 조립 및 설치
(단위 : 개, 적용직종 : 내선전공)

배선용 차단기				나이프 스위치			
용량	2P	3P	4P	용량	2P	3P	4P
30AF 이하	0.34	0.43	0.54	30AF 이하	0.38	0.48	0.6
50AF 〃	0.43	0.58	0.74	60AF 〃	0.48	0.65	0.82
100AF 〃	0.58	0.74	1.04	100AF 〃	0.65	0.93	1.16
225AF 〃	0.74	1.04	1.35	200AF 〃	0.82	1.20	1.50
				300AF 〃	1.20	1.47	1.84
400AF 〃		1.65	1.95	400AF 〃		1.74	2.20
600AF 〃		1.94	2.24	600AF 〃		2.40	2.54
600AF 〃		2.24	2.55	600AF 〃			

[해설] ① 차단기 및 스위치를 조립, 결선하고, 매입 설치하는 기준
② 차단기 및 스위치가 조립된 완제품(내부배선 포함) 설치 시는 차단기 및 스위치를 각각 개별 적용하여 합산한 품의 35[%]

(1) 도면에 의하여 다음 재료표의 ①부터 ⑥번까지 빈 칸을 기입하시오.

자재명	규격	단위	산출수량	할증수량	총수량 (산출수량+할증수량)
후강전선관	16[mm]	m			①
후강전선관	22[mm]	m			②
HFIX	2.5sq	m			③
HFIX	4sq	m			④
4각 박스		개			⑤
8각 박스		개			⑥

(2) 다음 표의 각 재료별 전공수를 ①부터 ④번까지 기입하시오.

자재명	규 격	단위	산출수량	할증수량	내선전공
스위치	15[A], 250[V]	개			①
매입콘센트	2P, 15[A], 250[V]	개			②
스위치박스	1개용, 2개용	개			③
분전반	1-CB 3P 60AF(60AT) 4-CB 2P 30AF(20AT)	면			④

● 답안작성

(1) ① 계산 : 1) 산출수량
    ① a회로 : 1.2+2+3+6+6+3+6+3+2+1.8=34[m]
    ② b,c회로 : 3+3+3+2+1.8=12.8[m]
    ③ d,e회로 : 3+6+2+1.8=12.8[m]
    계 : 34+12.8+12.8=59.6[m]
  2) 할증수량
    59.6×0.1=5.96[m]
  3) 총 수량 = 59.6+5.96=65.56[m]
  답 : 66[m]

② 계산 : 1) 산출수량
    ① : 0.5+5+5+0.3×2+6+0.3=17.4[m]
    ② : 0.5+13+0.3=13.8[m]
    ③ : 0.5+3+0.3×2+5+5+0.3=14.4[m]
    계 : 17.4+13.8+14.4=45.6[m]
  2) 할증수량
    45.6×0.1=4.56[m]
  3) 총 수량=45.6+4.56=50.16[m]
  답 : 50[m]

③ 계산 : 1) 산출수량
    ① a회로 : (0.5+1.2+2+9+6)×3+(3+6+3)×4+(2+1.8)×2=111.7[m]
    ② b,c회로 : (3+6+2+1.8)×3=38.4[m]
    ③ d,e회로 : (3+6+2+1.8)×3=38.4[m]
    계 : 111.7+38.4+38.4=188.5[m]
  2) 할증수량
    188.5×0.1=18.85[m]

　　　　　　　3) 총 수량=188.5+18.85=207.35[m]
　　　답 : 207[m]

　④ 계산 : 1) 산출수량
　　　　　　　① (17.4+0.5)×3=53.7[m]
　　　　　　　② (13.8+0.5)×3=42.9[m]
　　　　　　　③ ((14.4+0.5)×3=44.7[m]
　　　　　　　계 : 53.7+42.9+44.7=141.3[m]
　　　　　2) 할증수량
　　　　　　　141.3×0.1=14.13[m]
　　　　　3) 총 수량=141.3+14.13=155.43[m]
　　　답 : 155[m]
　⑤ 7[개]
　⑥ 14[개]

(2) ① 계산 : • 스위치(단로용) : 5×0.085=0.425[인]　　답 : 0.425[인]
　② 계산 : • 매입콘센트 : 5×0.08=0.4[인]　　　　　답 : 0.4[인]
　③ 계산 : • 스위치박스(2개용이하) : 3×0.2=0.6[인]　답 : 0.6[인]
　④ 계산 : • 3P 60[AF] : 1×0.74=0.74[인]
　　　　　• 2P 30[AF] : 4×0.34=1.36[인]
　　　　　계 : (0.74+1.36)×0.35=0.735[인]
　　　답 : 0.735[인]

● 해 설
(1) ① 콘센트 회로

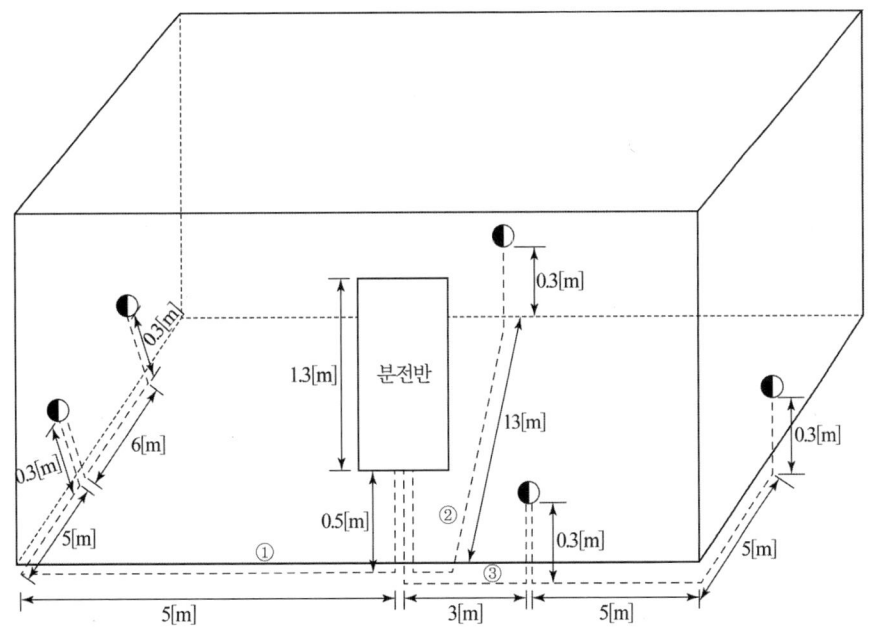

▸ 콘센트 ①번
　• 배관(22C)=0.5+5+5+0.3×2+6+0.3=17.4[m]
　• 전선=(배관길이+분점함 내부 배선여유)×3=(17.4+0.5)×3=53.7[m]

2020년 1회 전기공사기사실기　321

▶ 콘센트 ②번
- 배관 = 0.5 + 13 + 0.3 = 13.8[m]
- 전선 = (13.8 + 0.5) × 3 = 42.9[m]

▶ 콘센트 ③번
- 배관 = 0.5 + 3 + 0.3 × 2 + 5 + 5 + 0.3 = 14.4[m]
- 전선 = (14.4 + 0.5) × 3 = 44.7[m]

계 : 전선관 22C = 17.4 + 13.8 + 14.4 = 45.6[m]
전선 HFIX 4sq = 53.7 + 42.9 + 44.7 = 141.3[m]

② 전등회로

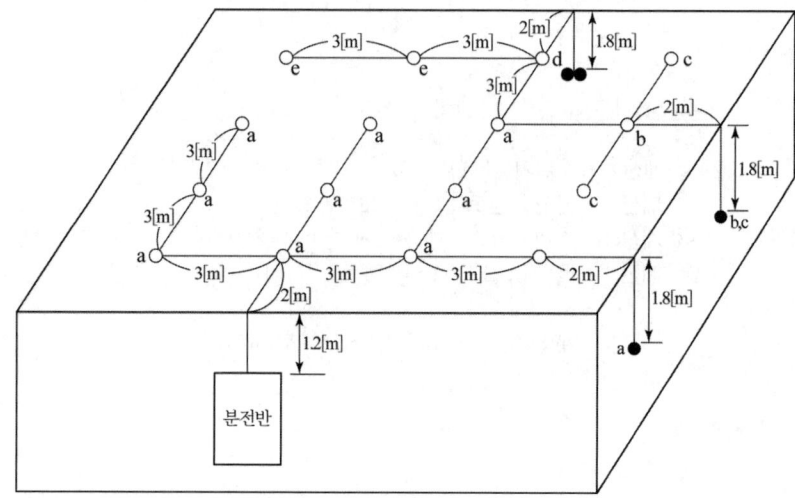

▶ a 회로
- 전선관(16C) = 1.2 + 2 + 3 + 6 + 6 + 3 + 6 + 3 + 2 + 1.8 = 34[m]
- 전선(HFIX 2.5sq) = (0.5 + 1.2 + 2 + 9 + 6) × 3 + (3 + 6 + 3) × 4 + (2 + 1.8) × 2
  = 111.7[m]

▶ b, c 회로
- 전선관(16C) = 3 + 3 + 3 + 2 + 1.8 = 12.8[m]
- 전선(HFIX 2.5sq) = (3 + 6 + 2 + 1.8) × 3 = 38.4[m]

▶ d, e 회로
- 전선관(16C) = 3 + 6 + 2 + 1.8 = 12.8[m]
- 전선(HFIX 2.5sq) = (3 + 6 + 2 + 1.8) × 3 = 38.4[m]

계 : 전선관(16C) = 34 + 12.8 + 12.8 = 59.6[m]
전선(HFIX 2.5sq) = 111.7 + 38.4 + 38.4 = 188.5[m]

⑤ 4각박스 : 콘센트 5개 + 전등(4조 이상의 배관이 접속되는 박스) 2개 = 7[개]
⑥ 8각박스 : 전등(4조 이상의 배관이 접속되는 박스 2개 제외) : 14[개]

(2) ① 스위치 : 매입텀블러 스위치(15[A], 250[V], a, b, c, d, e회로) : 5[개]
② 매입 콘센트 : 접지극부 2P, 15[A]
③ 스위치박스 : 1개용 : 1[개], 2개용 : 2[개]
④ 분전반 : 완제품 기준(개별 차단기 설치품의 합계 × 0.35)

문2 ▸출제년도 : 기사 20. ▸점수 : 5점

전력시스템에서 운용되고 있는 SCADA 시스템은 자동급전, 배전 사령실의 지역급전 및 배전자동화 등에 이용된다. SCADA의 기능을 3가지만 쓰시오.

● 답안작성
① 경보기능
② 감시 제어 기능
③ 지시·표시기능

● 해 설
SCADA 시스템은 원격장치의 상태 정보 데이터를 원격소 장치(remote terminalunit)로 수집, 수신·기록·표시하여 중앙 제어 시스템이 원격 장치를 감시 제어하는 시스템을 말하며, 발전·송배전 시설, 석유화학 플랜트, 제철공정 시설, 공장 자동화 시설 등 여러 종류의 원격지 시설 장치를 중앙 집중식으로 감시 제어하는 시스템이다. SCADA 시스템의 주요 기능으로는
① 원격장치의 경보 상태에 따라 미리 규정된 동작을 하는 감시 시스템의 기능인 경보 기능
② 원격외부 장치를 선택적으로 수동, 자동 또는 수·자동 복합으로 동작하는 감시 제어 기능
③ 원격 장치의 상태 정보를 수신, 표시·기록하는 감시 시스템의 지시·표시 기능
④ 디지털 펄스 정보를 수신, 합산하여 표시·기록에 사용할 수 있도록 한다.

문3 ▸출제년도 : 기사 13, 20. ▸점수 : 6점

건축물의 조명설계 시 눈부심(glare)을 방지하는 방법을 6가지만 쓰시오.

● 답안작성
① 보호각 조정
② 아크릴 루버 등 설치
③ 수평에 가까운 방향에 광도가 적은 배광기구를 사용
④ 반간접 조명이나 간접조명 방식을 채택
⑤ 건축화 조명을 적용
⑥ 휘도가 낮은 광원을 선택

● 해 설
눈부심 방지대책
(1) 조명기구에 의한 방지대책
　① 보호각 조정 : 직사광이 광원으로부터 나오는 범위, 즉 보호각의 대소를 조정하여 직사광을 차단하여 휘도를 줄이는 방법이다.
　② 아크릴 루버 등 설치 : 우유빛 루버나 프리즘 루버를 조명기구 하단에 부착하는 것은 광원으로부터의 휘도를 근본적으로 방지하는 방법이다(단, 조명률은 저하된다).
　③ 수평에 가까운 방향에 광도가 작은 배광기구를 사용한다.
　　　시선에서 ±30° 범위는 글레어 존이다.
(2) 조명방식에 의한 방지 대책
　① 반간접 조명이나 간접 조명방식을 채택한다.
　② 건축화 조명을 적용한다.
　　　광천장 조명, 코오브 조명, 코오니스 조명, 밸런스 조명, 코너 조명 등

▸ 출제년도 : 기사 20, 산업 13. ▸ 점수 : 4점

문4 부하개폐기(LBS)의 설치 목적을 2가지만 쓰시오.

● 답안작성

① LBS는 부하 전류를 개폐할 수 있는 단로기로 3상 연동으로 투입, 개방토록 되어 있다.
② LBS는 고장전류를 차단할 수 없으므로 고장전류를 차단 할 수 있는 한류 퓨즈와 직렬로 조합하여 사용한다.

▸ 출제년도 : 기사 20. ▸ 점수 : 6점

문5 그림은 어느 박물관의 배선에 경보장치를 설치하려고 하는 미완성 배선 접속도이다. 이 미완성 배선 접속도를 완성시켜 복선도를 그리시오. (단, 누전경보기 내부 전선은 생략하고 단자까지만 배선하며, 영상변류기는 WH와 KS 사이에 시설하는 것으로 하고, 경보장치의 전원단에는 별도의 개폐기를 설치한다. 또한 경보기구(벨)도 포함하여 작성한다.)

[참고사항]

경보장치에서의 C_1, C_2는 ZCT의 단자이며, S_1, S_2는 경보장치 전원단자, A_1, A_2는 경보기구(벨)의 단자이다.

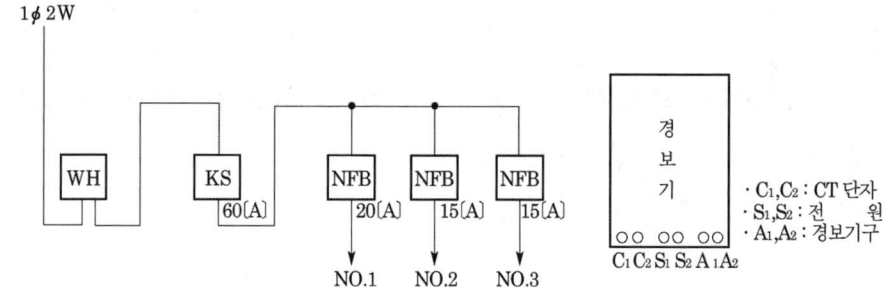

● 답안작성

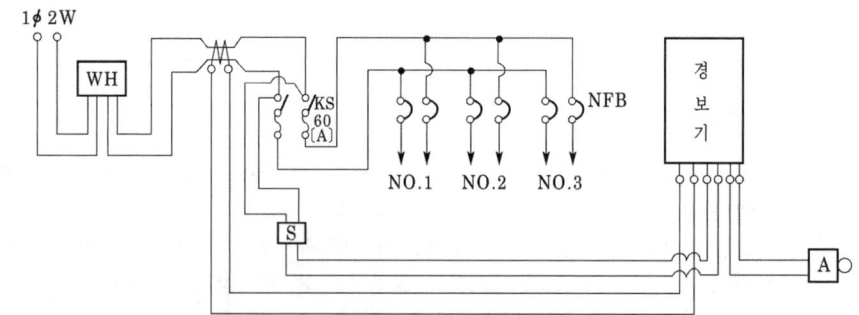

▸ 출제년도 : 기사 99, 11, 20. ▸ 점수 : 5점

문6 송전전압이 154[kV], 선로 길이가 30[km]인 경우 1회선 당 가능한 송전 전력은 몇 [kW]인지 Still의 식에 의거하여 구하시오.

• 계산 :   • 답 :

● 답안작성

계산 : Still의 실험식(경제적 전압의 산정식)

$$\text{사용 전압 [kV]} = 5.5\sqrt{0.6 \times \text{송전 거리[km]} + \frac{\text{송전 전력[kW]}}{100}}$$

$$\therefore \text{송전전력 } P = \left(\frac{V_s^2}{5.5^2} - 0.6l\right) \times 100 = \left(\frac{154^2}{5.5^2} - 0.6 \times 30\right) \times 100 = 76,600 \text{[kW]}$$

답 : 76,600[kW]

● 해 설

Still의 식(경제적인 송전 전압)

$$V_s = 5.5\sqrt{0.6l + \frac{P}{100}} \text{ [kV]}$$

여기서, l : 송전 거리 [km], P : 송전 용량 [kW]

▶ 출제년도 : 기사 20. ▶ 점수 : 4점

문7 전선의 접속방법 중 동전선의 접속에서 직선접속의 종류를 2가지만 쓰시오.

● 답안작성

① 가는 단선(6[mm^2] 이하)의 직선 접속(트위스트 조인트)
② 직선 맞대기용 슬리브(B형)에 의한 압착접속

● 해 설

동(Cu)전선접속의 구체적 방법
(1) 직선접속
　① 가는 단선(6[mm^2] 이하)의 직선접속(트위스트조인트)
　② 직선맞대기용슬리브(B형)에 의한 압착접속
(2) 분기접속
　① 가는 단선(6[mm^2] 이하)의 분기접속
　② T형 커넥터에 의한 분기접속
(3) 종단접속
　① 가는 단선(4[mm^2] 이하)의 종단접속
　② 동선압착단자에 의한 접속
　③ 비틀어 꽂는 형의 전선 접속기에 의한 접속
　④ 종단 겹침용 슬리브(E형)에 의한 접속
　⑤ 직선 겹침용 슬리브(P형)에 의한 접속
　⑥ 꽂음형 커넥터에 의한 접속
　⑦ 천정 조명 등기구용 배관, 배선 일체형에 의한 접속
(4) 슬리브에 의한 접속
　① S형 슬리브에 의한 직선접속
　② S형 슬리브에 의한 분기접속
　③ 매킹타이어 슬리브에 의한 직선접속

▶ 출제년도 : 기사 09, 20, 22, 산업 15.   ▶ 점수 : 5점

문8 한국전기설비규정에 의거 KS C IEC 60364-1규격에 의한 TN 접지계통의 종류 3가지를 쓰시오.

● 답안작성

TN-S 계통, TN-C-S 계통, TN-C 계통

● 해 설

기 호 설 명	
─/─	중성선(N)
─/─	보호도체(PE)
─/─	보호도체와 중성선 결합(PEN)

[비고] 기호 : TN 계통, TT 계통, IT 계통에 동일 적용

TN 계통이란 전원의 한 점을 직접접지하고 설비의 노출 도전성부분을 보호선(PE)을 이용하여 전원의 한 점에 접속하는 접지계통을 말한다. TN 계통은 중성선 및 보호선의 배치에 따라 TN-S 계통, TN-C-S 계통 및 TN-C 계통이 있다.

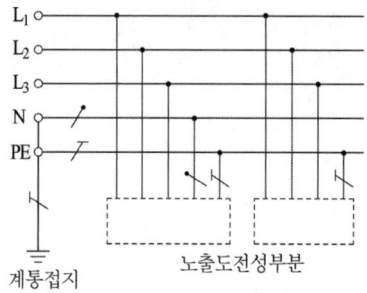

계통 전체의 중성선과
보호도체를 접속하여 사용한다.

(a) TN-S 계통

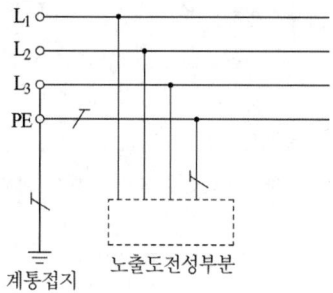

계통 전체의 접지된 상전선과
보호도체를 접속하여 사용한다.

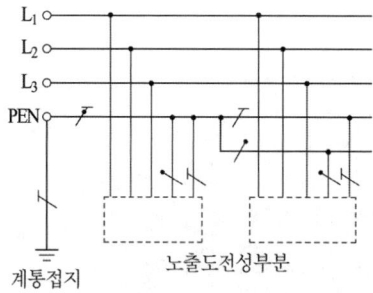

계통 일부의 중성선과 보호도체를
동일 전선으로 사용한다.

(b) TN-C-S 계통

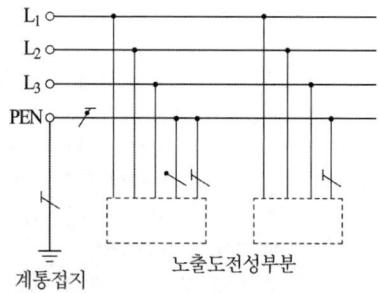

계통 전체의 중성선과 보호도체를
동일 전선으로 사용한다.

(c) TN-C 계통

▶ 출제년도 : 기사 20. 산업 98. 02. 06. 08. 11.　▶ 점수 : 5점

문9 버스 덕트의 종류 3가지를 쓰시오.

● 답안작성

① 피더 버스 덕트
② 익스팬션 버스 덕트
③ 탭붙이 버스 덕트

● 해 설

버스 덕트의 종류

명 칭	형 식		설 명
피더 버스 덕트	옥내용	환기형 비환기형	도중에 부하를 접속하지 아니한 것
	옥외용	환기형 비환기형	
익스팬션 버스 덕트	옥내용	비환기형	열 신축에 따른 변화량을 흡수하는 구조인 것
탭붙이 버스 덕트			종단 및 중간에서 기기 또는 전선 등과 접속시키기 위한 탭을 가진 버스 덕트
트랜스포지션 버스 덕트			각 상의 임피던스를 평균시키기 위해서 도체 상호의 위치를 관로 내에서 교체시키도록 만든 버스 덕트
플러그 인 버스 덕트	옥내용	환기형 비환기형	도중에 부하 접속용으로 꽂음 플러그를 만든 것

▶ 출제년도 : 기사 20.　▶ 점수 : 5점

문10 조명기구 배광에 따른 조명방식의 종류를 3가지만 쓰시오.

● 답안작성

직접 조명, 반간접 조명, 반직접 조명

● 해 설

조명기기구 배광에 따른 조명방식
① 직접 조명
　• 빛을 직접 대상물에 비추는 조명방식
　• 정원·공장 등에 사용
② 반간접 조명
　• 직접조명과 간접조명의 단점을 보완한 것으로 발산광속 중 상향 광속이 60~90[%], 하향 광속이 10~40[%]이다.
　• 거실·안방 등 일반 가정에서 많이 사용
③ 반직접 조명
　• 빛의 60~90[%]가 아래로 향하여 직접 표면을 비추고 나머지 10~40[%]는 천정면을 향하여 반사시키는 조명방식
　• 상점·사무실·학교 등에 사용)
④ 전반확산 조명
　• 하향광속으로 직접 작업면에 직사시키고 상향광속의 반사광으로 작업면의 조도를 증가시키는 조명방식
　• 일반 사무실·백화점·교실 등에 사용)

문11 다음 그림의 단선결선도를 보고 물음에 답하시오.

(1) 그림의 단선결선도는 22.9[kV-y] 계통의 몇 [kVA] 이하의 용량에만 적용하는 것인지 쓰시오.
(2) 피뢰기의 수량을 쓰시오.
(3) 지중인입선의 경우 22.9[kV-y] 계통은 어떤 종류의 케이블을 사용하여야 하는지 쓰시오.
(4) 수전용 변압기가 300[kVA] 이하인 경우 PF 대신 사용 가능한 개폐기(비대칭 차단전류 10[kA] 이상)를 쓰시오.

● 답안작성

(1) 1,000[kVA]
(2) 3개
(3) CNCV-W 케이블(수밀형) 또는
  TR CNCV-W 케이블(트리억제형)
(4) COS

● 해 설

22.9[kV-Y] 1,000[kVA] 이하를 시설하는 경우

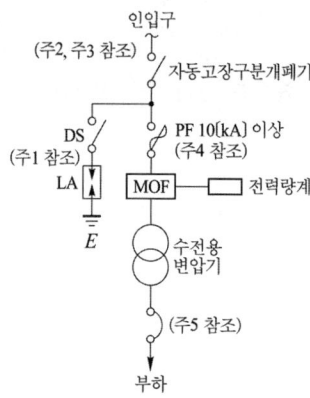

[주1] LA용 DS는 생략할 수 있으며 22.9[kV-Y]용의 LA는 Disconnector(또는 Isolator) 붙임형을 사용하여야 한다.
[주2] 인입선을 지중선으로 시설하는 경우로 공동주택 등 고장 시 정전 피해가 큰 경우는 예비지중선을 포함하여 2회선으로 시설하는 것이 바람직하다.
[주3] 지중인입선의 경우에 22.9[kV-Y] 계통은 CNCV-W 케이블(수밀형) 또는 TR CNCV-W 케이블(트리억제형)을 사용하여야 한다. 다만, 전력구·공동구·덕트·건물 구내 등 화재의 우려가 있는 장소에서는 FR CNCO-W 케이블(난연)을 사용하는 것이 바람직하다.
[주4] 300[kVA] 이하인 경우는 PF 대신 COS(비대칭 차단전류 10[kA] 이상의 것)를 사용할 수 있다.
[주5] 특고압 간이수전설비는 PF의 용단 등의 결상사고에 대한 대책이 없으므로 변압기 2차측에 설치되는 주차단기에는 결상계전기 등을 설치하여 결상사고에 대한 보호능력이 있도록 함이 바람직하다.

▶출제년도 : 기사 20. 산업 12. 14. ▶점수 : 3점

문12 다음의 작업구분에 맞는 직종명을 쓰시오.
(1) 발전설비 및 중공업 설비의 시공 및 보수
(2) 철탑 등 송전설비의 시공 및 보수
(3) 송전전공으로 활선작업을 하는 전공

● 답안작성

(1) 플랜트전공 (2) 송전전공 (3) 송전활선전공

● 해 설

(1) 플랜트전공 : 발전소 중공업설비·플랜트설비의 시공 및 보수에 종사하는 사람
(2) 송전전공 : 발전소와 변전소 사이의 송전선의 철탑 및 송전설비의 시공 및 보수에 종사하는 사람
(3) 송전활선전공 : 소정의 활선작업교육을 이수한 숙련 송전전공으로서 전기가 흐르는 상태에서 필수 활선장비를 사용하여 송전설비에 종사하는 사람

▶출제년도 : 기사 93. 99. 05. 10. 20. ▶점수 : 6점

문13 공칭 단면적 100[mm²]의 경동선을 사용한 가공전선로가 있다. 경간은 100[m]로 지지점의 높이는 동일하다. 전선 1[m]의 무게는 0.7[kg], 풍압하중이 1.1[kg/m]인 경우 전선의 안전율을 2.2로 하기 위한 전선의 길이[m]를 구하시오. (단, 전선의 인장하중은 1,100[kg]으로서 장력에 의한 전선의 신장은 무시한다.)
• 계산 :
• 답 :

● 답안작성

계산 : 합성하중 $W = \sqrt{0.7^2 + 1.1^2} = 1.3 [\text{kg/m}]$

이도 $D = \dfrac{WS^2}{8T} = \dfrac{1.3 \times 100^2}{8 \times \left(\dfrac{1,100}{2.2}\right)} = 3.25[\text{m}]$

따라서, 전선의 길이 $L = S + \dfrac{8D^2}{3S} = 100 + \dfrac{8 \times 3.25^2}{3 \times 100} = 100.28[\text{m}]$

답 : 100.28 [m]

● 해 설

① 하중

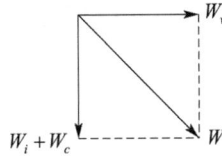

• 풍압하중(W_w)
• 전선에 가해지는 합성하중(W)
• 전선의 자중(W_c)
• 빙설 하중(W_i)

• $W = \sqrt{(W_i + W_c)^2 + W_w^2}$

② 장력 $T = \dfrac{\text{인장강도}}{\text{안전율}}$

▶출제년도 : 기사 20. ▶점수 : 5점

문14 동일 변전소로부터 인출되는 2회선 이상의 고압 배전선에 접속되는 변압기 2차측을 모두 동일 저압선에 연계하는 공급방식으로 1차측 배전선 또는 변압기에 고장이 발생해도 다른 건전설비에 의하여 무정전 전원공급이 가능하고 공급신뢰도가 높은 배전방식을 쓰시오.

● 답안작성

스폿 네트워크 방식

● 해 설

(1) Spot Network 방식

배전용 변전소로부터 2회선 이상의 배전선으로 수전하는 방식으로 배전선 1회선에 사고가 발생한 경우일지라도 다른 건전한 회선으로부터 자동적으로 수전 할 수 있는 무정전 방식으로 신뢰도가 매우 높은 방식이다.

(2) 특징
① 무정전 전력공급이 가능하다.　② 공급신뢰도가 높다.
③ 전압 변동률이 낮다.　　　　　④ 부하 증가에 대한 적응성이 좋다.

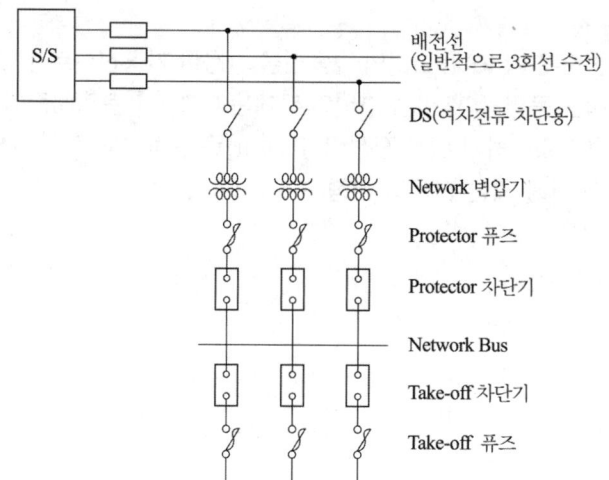

스폿 네트워크 배전방식의 예

▶출제년도 : 기사 20. 24. ▶점수 : 5점

문15 축전지를 방전 상태에서 오랫동안 방치하면 극판의 황산납이 회백색으로 변하고 내부 저항이 증가하여 충전 시 전해액의 온도가 상승하고 전지의 수명이 단축되는 현상을 쓰시오.

● 답안작성

설페이션 현상

● 해 설

• 설페이션(Sulfation) 현상 : 납 축전지를 방전 상태에서 오랫동안 방치하여 두면 극판의 황산 납이 회백색으로 변하며(황산화 현상) 내부 저항이 대단히 증가하여 충전시 전해액의 온도 상승이 크고 황산의 비중 상승이 낮으며 가스의 발생이 심하다. 그러므로 전지의 용량이 감퇴하고 수명이 단축된다.

문16 모든 작업이 작업대에서 이루어지는 작업장의 크기가 가로 6[m], 세로 10[m], 바닥에서 천장까지의 높이가 3.6[m]인 방에서 조명기구를 천장에 설치하고자 한다. 이 방의 실지수는 얼마인가? (단, 작업대는 바닥에서부터 0.6[m]이다.)

•계산 : •답 :

● 답안작성

계산 : 실지수 $R \cdot I = \dfrac{X \cdot Y}{H(X+Y)} = \dfrac{6 \times 10}{(3.6-0.6)(6+10)} = 1.25$

답 : 1.25

문17 공급점에서 50[m]의 지점에 80[A], 60[m]의 지점에 50[A], 80[m]의 지점에 30[A]의 부하가 걸려 있을 때 부하 중심까지의 거리를 산출하여 전압강하를 고려한 전선의 굵기를 결정하려고 한다. 부하 중심까지의 거리는 몇 [m]인지 구하시오.

•계산 : •답 :

● 답안작성

계산 : 직선 부하에서의 부하 중심점까지의 거리

$$L = \dfrac{L_1 I_1 + L_2 I_2 + L_3 I_3}{I_1 + I_2 + I_3} = \dfrac{50 \times 80 + 60 \times 50 + 80 \times 30}{80 + 50 + 30} = 58.75 [\text{m}]$$

답 : 58.75[m]

2020년 2회 전기공사기사실기

▶ 출제년도 : 기사 16, 20, 24.   ▶ 점수 : 5점

문1 345[kV] 옥외 변전소 시설에 있어서 울타리의 높이와 울타리에서 충전부분까지의 거리의 최소값[m]을 구하시오.
• 계산 :   • 답 :

● 답안작성

계산 : • 160[kV]를 넘는 경우 : 6[m]에 160[kV]를 넘는 10[kV] 또는 그 단수마다 12[cm]를 가한 값으로 한다.

• 단수 = $\dfrac{345-160}{10}$ = 18.5 → 19단

• 충전 부분까지의 거리[m] = 6 + 19 × 0.12 = 8.28[m]

답 : 8.28[m]

● 해 설

발전소 등의 울타리·담 등의 시설(KEC 351.1)

사용 전압의 구분	울타리·담 등의 높이와 울타리·담 등으로부터 충전 부분까지의 거리의 합계
35[kV] 이하	5[m]
35[kV] 초과 160[kV] 이하	6[m]
160[kV] 초과	• 거리의 합계 = 6 + 단수 × 0.12[m] • 단수 = $\dfrac{\text{사용전압[kV]}-160}{10}$ 단수 계산에서 소수점 이하는 절상

▶ 출제년도 : 기사 14, 20, 산업 93, 12.   ▶ 점수 : 5점

문2 금속제 전선관에는 후강전선관, 박강전선관, 나사 없는 전선관이 있다. 다음과 같이 후강전선관의 규격을 순서대로 나열할 때 빈칸에 알맞은 규격을 쓰시오.

16[mm], (①), 28[mm], (②), 42[mm], (③), 70[mm]

● 답안작성

① 22[mm], ② 36[mm], ③ 54[mm]

● 해 설

금속관의 종류

종 류	관의 호칭
후강 전선관(근사내경, 짝수)	16 22 28 36 42 54 70 82 92 104
박강 전선관(근사외경, 홀수)	19 25 31 39 51 63 75
나사없는 전선관	박강 전선관과 치수가 같다.

▸출제년도 : 기사 04. 15. 18. 20.　▸점수 : 5점

문3 COS 설치에서(COS 포함) 사용자재 5가지만 쓰시오.

● 답안작성

① COS　② 브라켓트　③ 내오손 결합애자　④ COS 카바　⑤ 퓨즈 링크

▸출제년도 : 기사 09. 15. 16. 20.　▸점수 : 4점

문4 22.9[kV-Y], 1,000[kVA] 이하에 적용 가능한 특고압 간이 수전설비 표준결선도이다. 다음 물음에 답하시오.

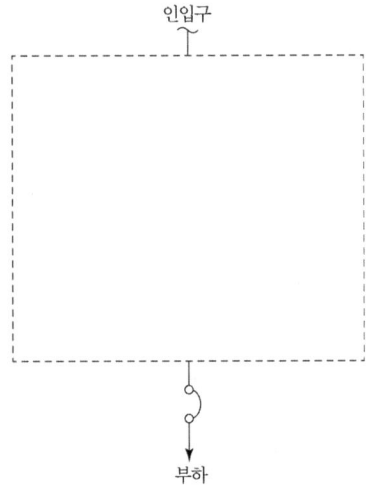

(1) 점선으로 표시된 미완성 부분의 결선도를 접지를 포함하여 완성하시오. (단, 자동고장 구분개폐기, DS, LA, PF, MOF, 수전용 변압기, 전력량계만 사용하는 조건이다.)

(2) 22.9[kV-Y]계통에서 지중 인입선으로 주로 사용하는 케이블 종류 2가지를 쓰시오.

● 답안작성

(1)

(2) CNCV-W 케이블(수밀형), TR CNCV-W(트리억제형)

● 해 설

간이 수전 설비 표준 결선도

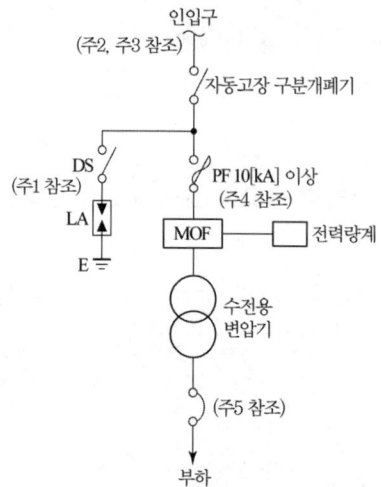

약 호	명 칭
DS	단로기
ASS	자동고장 구분 개폐기
LA	피뢰기
MOF	전력 수급용 계기용 변성기
COS	컷아웃 스위치
PF	전력 퓨즈

[주1] LA용 DS는 생략할 수 있으며 22.9[kV-Y]용의 LA는 Disconnector(또는 Isolator) 붙임형을 사용하여야 한다.
[주2] 인입선을 지중선으로 시설하는 경우로서 공동 주택 등 사고 시 정전 피해가 큰 수전 설비 인입선은 예비선을 포함하여 2회선으로 시설하는 것이 바람직하다.
[주3] 지중인입선의 경우에 22.9[kV-Y] 계통은 CNCV-W 케이블(수밀형) 또는 TR CNCV-W(트리억제형)를 사용하여야 한다. 다만, 전력구·공동구·덕트·건물 구내 등 화재의 우려가 있는 장소에서는 FR CNCO-W(난연) 케이블을 사용하는 것이 바람직하다.
[주4] 300[kVA] 이하인 경우 PF 대신 COS(비대칭 차단 전류 10[kA] 이상의 것)를 사용할 수 있다.
[주5] 간이 수전 설비는 PF의 용단 등에 의한 결상 사고에 대한 대책이 없으므로 변압기 2차 측에 설치되는 주차단기에는 결상 계전기 등을 설치하여 결상 사고에 대한 보호 능력이 있도록 함이 바람직하다.

▶출제년도 : 기사 10, 18, 20. ▶점수 : 5점

문5 지중전선로의 시설방법 3가지를 쓰시오.

● 답안작성

직접 매설식, 관로식, 암거식

● 해 설

지중전선로의 시설(KEC 334.1)
지중 전선로는 전선에 케이블을 사용하고 또한 관로식·암거식(暗渠式) 또는 직접 매설식에 의하여 시설하여야 한다.

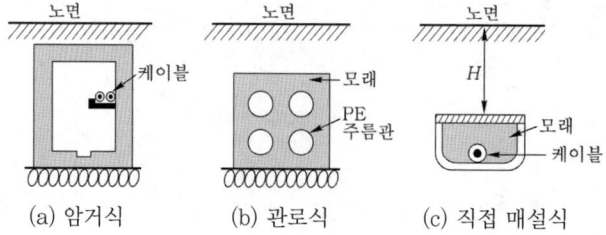

(a) 암거식   (b) 관로식   (c) 직접 매설식

▶ 출제년도 : 기사 20.   ▶ 점수 : 20점

문 6 다음 도면은 횡단보도 안전을 위하여 기존 가로등주에서 분기하여 신호등주에 투광기를 설치한 장소 중 일부 개소에 해당하는 평면 배치도이다. 각 항의 조건을 읽고 질문에 답하시오.

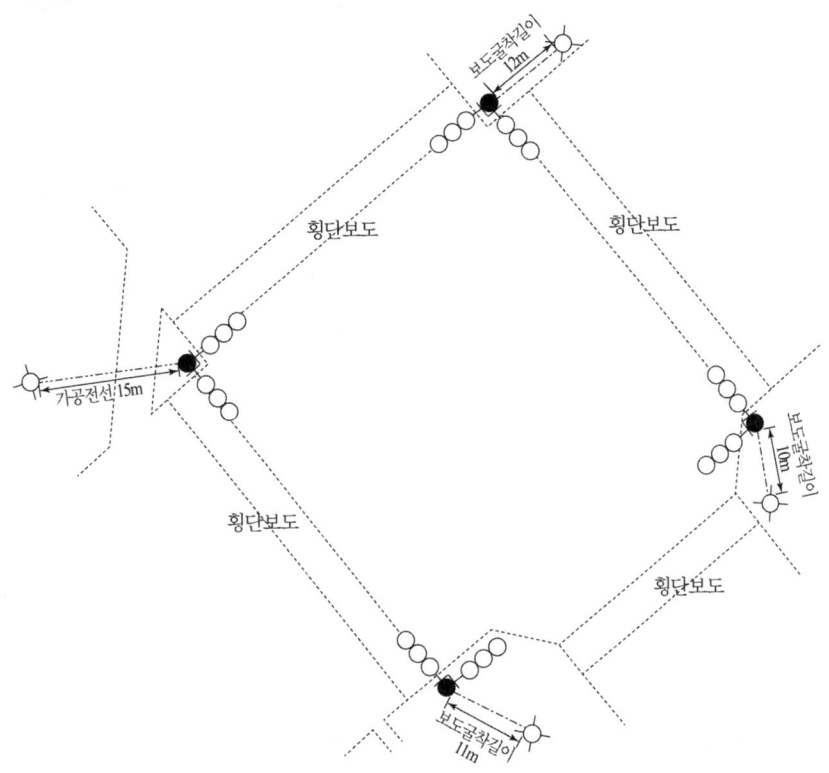

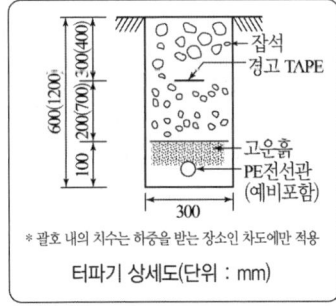

터파기 상세도(단위 : mm)
※ 괄호 내의 치수는 하중을 받는 장소인 차도에만 적용

전기 범례

기호	배선 및 배관
⊢○○	LED 투광등 2구(80[W])
⊢○○○	LED 투광등 3구(120[W])
●	신호등주
✕	가로등주
----------	지중전선로, 0.6/1[kV] F-CV 4sq/3C
----------	가공전선로, 0.6/1[kV] F-CV 4sq/3C

[주] (1) 금액산정 시 단위는 원단위이고, 소수점 이하는 절사한다.
(2) 도면 및 조건에 따라 산정하고, 그 외에는 무시하도록 한다.
(3) 〈재료비+직접노무비+산출경비〉의 합계액 기준은 일억 원 이하이다.
(4) 총 공사기간은 3개월이다.
(5) 고용보험료는 7등급 이하를 적용한다.
(6) 연금보험료는 〈직접노무비〉×4.5[%]를 적용한다.

(7) 건강보험료는 〈직접노무비〉×3.335[%]를 적용한다.
(8) 노인장기요양보험료는 〈건강보험료〉×10.25[%]를 적용한다.
(9) 산재보험료는 〈노무비〉×3.75[%]를 적용한다.
(10) 산업안전보건관리비는 〈재료비+직접노무비〉×1.2×2.93[%]를 적용한다.
(11) 누전차단기(W.P)는 분기한 가로등주 1개소마다 1개씩만 시설한다.
(12) 철판구멍따기는 투광등이 설치되는 신호등주 1개소마다 2개씩만 적용한다.

표 1. 공사규모, 공사기간별 기타경비 산출

공사규모 〈재료비+직접노무비+산출경비〉의 합계액 기준	공 사 기 간	비율[%]	
		건축	기타
50억 원 미만	6개월 이하(183일)	5.6	5.6
	7~12개월(365일)	5.8	5.8
	13~36개월(1095일)	7.0	7.0
	36개월 초과(1096일)	7.3	7.3
50억 원 이상 ~ 300억 원 미만	6개월 이하(183일)	6.8	6.8
	7~12개월(365일)	7.0	7.0
	13~36개월(1095일)	8.2	8.2
	36개월 초과(1096일)	8.5	8.5
300억 원 이상 ~ 1,000억 원 미만	6개월 이하(183일)	7.1	7.1
	7~12개월(365일)	7.2	7.2
	13~36개월(1095일)	8.4	8.4
	36개월 초과(1096일)	8.7	8.7
이하 생략			

[해설] – 기타경비는 〈재료비+노무비〉×비율로 산출한다.

〈표 2〉 고용보험표 산출

등급별 비율[%]
• 1등급 : 1.39
• 2등급 : 1.17
• 3등급 : 0.97
• 4등급 : 0.92
• 5등급 : 0.89
• 6등급 : 0.88
• 7등급 이하 : 0.87

[해설] – 고용보험료는 〈노무비〉×비율로 산출한다.

표 3. 단가조사서

명 칭	규 격	단위	적용 단가	조사가격1 단가[원]	조사가격1 PAGE	조사가격2 단가[원]	조사가격2 PAGE
누전차단기(W.P)	2P 30AF/20AT	개	①	27,500	405	27,700	1,117
F-CV CABLE	0.6/1[kV] F-CV 3C × 4sq	m		1,678	266	1,793	993
이하 생략							

[해설] - 조사가격 중에서 가장 적은 금액으로 단가를 적용한다.

표 4. 도급 수량 내역

명 칭	규 격	단위	수량	호표적용
보도굴착구간	기계 + 인력	m		제 1호
F-CV CABLE	0.6/1[kV] F-CV 3C×4sq	m	50	제 2호
누전차단기(W.P)	2P 30AF/20AT	개		제 3호
이하 생략				

표 5. 일위 대가 재료비

명 칭	규 격	단위	수량	재료비 단가(원)	재료비 금액(원)
[제 1호] 보도굴착구간 기계 + 인력					
보판 걷기		m^2	1	335	335
보도블록 포장		m^2	1	596	596
터파기		m^3	②	430	
되메우기 및 다짐		m^3			97
위험표시테이프	저압	m	1	184	184
공구 손료		식	1	273	273
(합 계)		m	1		
[제 2호] F-CV CABLE 0.6/1[kV] F-CV 3C × 4sq					
(합 계)		m	1		1,863
[제 3호] 누전차단기(W.P) 2P 30AF/20AT					
(합 계)		개	1		28,456
이하 생략					

[해설] - [제 2호], [제 3호]의 일위대가 재료비는 합계값을 표시함.

〈표 6〉 일위 대가 노무비

코드	명 칭	규 격	단위	노무비[원]
제 1호	보도굴착구간	기계 + 인력	m	9,846
제 2호	F-CV CABLE	0.6/1[kV] F-CV 3C×4sq	m	4,465
제 3호	누전차단기(W.P)	2P 30AF/20AT	개	1,325
제 4호	철판구멍따기		개	28,765
이하 생략				

(1) 위 표 안에 ①, ②에 대하여 답하시오.
　　(단, 소수점 셋째 자리에서 반올림하여 소수점 둘째 자리까지 표시하시오.)
(2) 아래 표는 도급 내역서의 일부이다. ③부터 ⑥까지 금액에 대하여 답하시오.
　　(단, 소수점 이하는 절사한다.)

자 재 명	규 격	단위	합계		
			수 량	재료비[원]	노무비[원]
보도굴착구간	기계+인력	m		③	
F-CV CABLE	0.6/1[kV] F-CV 3C × 4sq	m	50	④	
누전차단기(W,P)	2P 30AF/20AT	개		⑤	
철판구멍따기		개			⑥
이하 생략					

(3) 아래 표는 총괄 원가계산서의 일부이다. ⑦부터 ⑩까지 금액에 대하여 답하시오.
　　(단, 소수점 이하는 절사한다.)

구 분		금 액 [원]
재 료 비	직접재료비	2,000,523
	간접재료비	160,042
	소　계	2,160,565
노 무 비	직접재료비	7,903,956
	간접재료비	632,316
	소　계	8,536,272
경 비	경　비	172,768
	건강보험료	
	연금보험료	
	노인장기요양 보험료	⑦
	산재보험료	
	고용보험료	⑧
	산업안전보건 관리비	⑨
	기 타 경 비	⑩
	소　계	
이하 생략		

● 답안작성

(1)
① 27,500	② 계산 : 0.3×0.6×1=0.18 답 : 0.18

(2)
③ 계산 : (11+10+12)×1,562=51,546 답 : 51,546[원]	④ 계산 : 50×1863=93,150 답 : 93,150[원]
⑤ 계산 : 4×28,456=113,824 답 : 113,824[원]	⑥ 계산 : 8×28,765=230,120 답 : 230,120[원]

(3) ⑦	계산 :
	• 건강보험료
	  7,903,956×0.03335=263,596
	• 노인장기요양 보험료
	  263,596×0.1025=27,018
	답 : 27,018
		⑧	계산 : 8,536,272×0.0087=74,265
			
			답 : 74,265

⑨	계산 : (2,160,565+7,903,956)×1.2
	        ×0.0293 = 353,868
	답 : 353,868
		⑩	계산 : (2,160,565+8,536,272)×0.056
			       = 599,022
			답 : 599,022

● 해 설

(1) ① 조사가격 중 가장 적은 금액으로 단가를 적용 하므로 조사가격 1 의 27,500[원] 적용
    ② 폭×깊이×길이(1[m])=0.3×0.6×1 = 0.18[m^3]
(2) ③ • 1[m]당 터파기 재료비 : 0.18[m^3]×430 = 77[원]
    • 제1호 재료비 : 335+596+77+97+184+273 = 1,562[원]
    • 보도굴착구간 재료비 : (11+10+12)×1,562 = 51,546[원]
    ④ 표 5 일위 대가 재료비에서 F-CV 3C 1[m]당 1,863[원]

▶출제년도 : 08. 16. 20.   ▶점수 : 5점

문7 지선공사에 필요한 자재 5가지만 쓰시오.(단, 전주에 시설한다.)

● 답안작성

① 아연도 철선(아연도 철연선, 아연도 강연선)
② 콘크리트 근가(Concrete Anchor Blocks)
③ 지선로드(Anchor Rods)
④ 지선밴드(Bands for Guys)
⑤ 지선애자(Ball type insulator)

● 해 설

그 외, ⑥ 지선커버   ⑦ 지선캡

▶출제년도 : 기사 99. 15. 20.   ▶점수 : 6점

문8 아스팔트 포장의 자동차 도로(폭 25[m])의 양쪽에 고압나트륨 등기구(250[W])를 설치하여 도로의 노면휘도를 1.2[nt]로 하려고 한다. 다음 조건을 고려하여 각 등 사이의 간격[m]을 구하시오.

[조건]
• 아스팔트 포장의 경우 평균조도는 노면 휘도의 10배(휘도계수 10), 콘크리트 포장의 경우 15배(휘도계수 15)로 한다.
• 고압나트륨 등기구(250[W])의 광속은 25,000[lm]이다.
• 조명률은 0.25이고, 감광보상률은 1.40이다.
• 도로 양측으로 대칭하여 조명을 배치한다.
• 최종 답 작성 시 소수점 이하는 버린다.

•계산 :   •답 :

● 답안작성

계산 : $A = \dfrac{NFU}{ED} = \dfrac{1 \times 25000 \times 0.25}{1.2 \times 10 \times 1.4} = 372.02 [\text{m}^2]$ (조도는 노면 휘도의 10배)

도로양쪽 조명 $A = \dfrac{\text{간격} \times \text{폭}}{2}$

∴ 간격 $= \dfrac{A \times 2}{\text{폭}} = \dfrac{372.02 \times 2}{25} = 29.76 [\text{m}]$

답 : 29[m]

▶ 출제년도 : 기사 12, 13, 17, 20.   ▶ 점수 : 5점

문9 구내선로에서 발생할 수 있는 개폐 서지, 순간과도전압 등으로 이상전압이 2차 기기에 악영향을 주는 것을 막기 위해 시설하는 것은 무엇인지 쓰시오.

● 답안작성

서지 흡수기

● 해 설

구내선로에서 발생할 수 있는 개폐 서지, 순간과도전압 등으로 이상전압이 2차 기기에 악영향을 주는 것을 막기 위해 서지 흡수기를 시설한다.

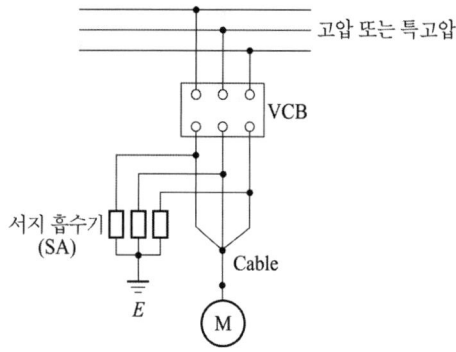

▶ 출제년도 : 기사 91, 95, 97, 02, 20.   ▶ 점수 : 6점

문10 그림과 같은 계통의 A점에서 완전 지락이 발생하였을 경우 다음 물음에 답하시오.

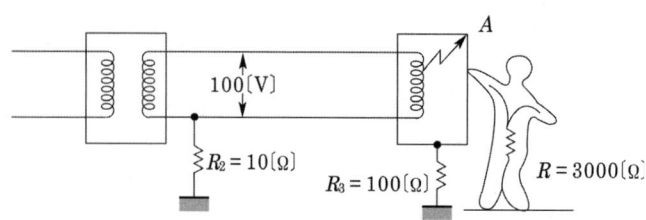

(1) 기기의 외함에 인체가 접촉하고 있지 않을 경우 이 외함의 대지 전압은 몇 [V]로 되겠는가?
　•계산 :　　　　　　　　　　　　　•답 :
(2) 인체 접촉시 인체에 흐르는 전류를 10[mA] 이하로 하고자 할 때 기기의 외함에 시공된 접지공사의 접지 저항 $R_3[\Omega]$의 최댓값을 구하시오.
　•계산 :　　　　　　　　　　　　　•답 :

● 답안작성

(1) **계산** : 외함의 대지 전압 = 지락 전류×접지 저항 = $\dfrac{100}{100+10} \times 100 = 90.91[V]$

　답 : 90.91[V]

(2) **계산** : 기기의 접지 저항을 R_3라 하면

$$0.01 \geq \dfrac{100}{10+\dfrac{3{,}000R_3}{R_3+3{,}000}} \times \dfrac{R_3}{R_3+3{,}000}$$

위 식에서 R_3를 구하면 $R_3 \leq 4.29[\Omega]$

답 : $R_3 \leq 4.29[\Omega]$

● 해 설

(1) 인체가 접촉하지 않은 경우

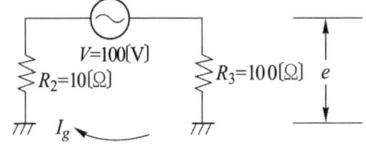

(2) 인체가 접촉하였을 경우

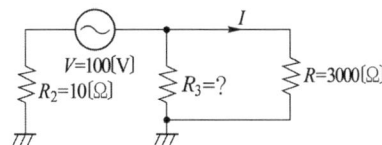

▶출제년도 : 기사 20, 24,　▶점수 : 5점

문11

수전전압 6,600[V], 수전전력 400[kW](역률 0.9)인 고압 수용가의 수전용 차단기에 사용하는 과전류 계전기의 한시 탭[A] 값을 구하시오. (단, CT의 변류비는 75/5로 하고 탭 설정 값은 부하 전류의 150[%]로 한다.)
　•계산 :　　　　　　　　　　　　　•답 :

● 답안작성

계산 : 부하전류 $I = \dfrac{P}{\sqrt{3}\,V\cos\theta} = \dfrac{400 \times 10^3}{\sqrt{3} \times 6{,}600 \times 0.9} = 38.88[A]$

탭 설정값은 부하 전류의 150[%]이므로 $38.88 \times \dfrac{5}{75} \times 1.5 = 3.89[A]$

답 : 4[A]

● 해 설

과전류 계전기의 전류 탭(I_t) = 부하 전류(I) × $\dfrac{1}{\text{변류비}}$ × 설정값

※ OCR(과전류 계전기)의 탭 전류
2[A], 3[A], 4[A], 5[A], 6[A], 7[A], 8[A], 10[A], 12[A]

▶출제년도 : 기사 20, 산업 10.   ▶점수 : 5점

문12 합성수지관 공사에 관한 사항이다. 다음 (   ) 안에 알맞은 내용을 쓰시오.

"합성수지관 상호 간 및 관과 박스는 접속 시에 삽입하는 깊이를 관 바깥지름의 (①)배 이상으로 접속하여야 하며, 접착제를 사용하는 경우에는 (②)배 이상으로 삽입하여 접속 하여야 한다."

● 답안작성
① 1.2배
② 0.8배

● 해 설
합성수지관 및 부속품의 시설(KEC 232.11.3)
관 상호 간 및 박스와는 관을 삽입하는 깊이를 관의 바깥지름의 1.2배(접착제를 사용하는 경우에는 0.8배) 이상으로 하고 또한 꽂음 접속에 의하여 견고하게 접속할 것

▶출제년도 : 기사 99, 00, 02, 06, 10, 12, 19, 21, 23, 24.   ▶점수 : 5점

문13 비상용 조명부하 110[V]용 100[W] 58등, 60[W] 50등이 있다. 방전 시간 30분, 축전지 HS형 54[cell], 허용 최저전압 100[V], 최저 축전지 온도 5[℃]일 때 축전지 용량은 몇 [Ah]인가? (단, 보수율 0.8, 용량환산 시간 $K=1.2$이다.)

•계산 :   •답 :

● 답안작성

계산 : 부하 전류 $I = \dfrac{P}{V} = \dfrac{100 \times 58 + 60 \times 50}{110} = 80[A]$

∴ 축전지 용량 : $C = \dfrac{1}{L}KI = \dfrac{1}{0.8} \times 1.2 \times 80 = 120[Ah]$

답 : 120[Ah]

▶출제년도 : 기사 14, 20.   ▶점수 : 5점

문14 22[kW] 4극 3상 농형유도전동기의 정격 시 효율이 91[%]이다. 이 전동기의 손실을 구하 시오.

•계산 :   •답 :

● 답안작성

계산 : 효율 $\eta = \dfrac{출력}{입력} = \dfrac{P}{P_i}$ 에서

입력 $P_i = \dfrac{P}{\eta} = \dfrac{22}{0.91} = 24.18[kW]$

∴ 손실 = 입력 − 출력 = 24.18 − 22 = 2.18[kW]

답 : 2.18[kW]

문15 ▸출제년도 : 기사 06. 20. 24. 산업 22. ▸점수 : 5점

전기공사의 물량 산출 시 일반적으로 다음과 같은 재료는 몇 [%]의 할증률을 계상하는지 그 할증률을 빈칸에 써 넣으시오.

종 류	할증률[%]
옥외전선	
옥내전선	
케이블(옥외)	
케이블(옥내)	
전선관(옥내)	

● 답안작성

종 류	할증률[%]
옥외전선	5
옥내전선	10
케이블(옥외)	3
케이블(옥내)	5
전선관(옥내)	10

● 해 설

종 류	할증률[%]	철거손실률[%]
옥 외 전 선	5	2.5
옥 내 전 선	10	–
Cable (옥외)	3	1.5
Cable (옥내)	5	–
전선관 (옥외)	5	–
전선관 (옥내)	10	–
Trolley 선	1	–
동 대, 동 봉	3	1.5

[해설] 철거손실률이란 전기설비공사에서 철거작업 시 발생하는 폐자재를 환입할 때 재료의 파손, 손실, 망실 및 일부 부식 등에 의한 손실률을 말함.

문16 ▸출제년도 : 기사 14. 20. ▸점수 : 3점

다음에 설명하는 것은 무엇인지 답하시오.

"발전기 또는 변압기 등 전력계통의 중성점을 접지시키는 것으로 전력계통에 설치한 보호계전기로 하여금 고장점을 판별시킬 목적으로 접지를 하며, 1선 지락 시 건전상의 전압상승이 선간전압보다 낮은 75[%] 이하의 계통으로 직접접지 계통이 이에 속한다."

● 답안작성

유효 접지계

● 해 설

유효접지

1) 지락사고 시 건전상의 전위상승이 상규대지 전압의 1.3배 이하가 되도록 하는 접지방식으로 유효 접지 조건으로는

   - $\dfrac{R_0}{X_1} \leq 1$ • $0 \leq \dfrac{X_0}{X_1} \leq 3$

   여기서, R_0 : 저항, X_1 : 정상리액턴스, X_0 : 영상리액턴스

2) 건전상의 전위상승 $= 1.3 \times E = \dfrac{1.3}{\sqrt{3}} \times \sqrt{3}\,E = 0.75\,V$

   즉, 유효접지계에서 1선 지락 시 건전상의 전위상승은 대지전압의 1.3배, 선간전압의 75[%]가 된다.

개정된 '전기설비 기술기준 및 판단기준'과 '내선규정'에 의거해 삭제된 문제가 있어 점수의 합계가 100점이 되지 않습니다.

2020년 3회 전기공사기사실기

문1
▶출제년도 : 기사 20. ▶점수 : 3점

가공배전선로의 장력이 걸리지 않는 장소에서 분기고리와 기기 리드선을 결선하는데 적용되는 다음 기기의 명칭을 쓰시오.

기기 그림	기기 명칭

● 답안작성

활선클램프

문2
▶출제년도 : 기사 20. ▶점수 : 4점

애자의 전기적 특성에서 섬락전압의 종류를 2가지만 쓰시오.

● 답안작성

건조 섬락 전압, 주수 섬락 전압

● 해 설

섬락 전압
애자의 상하 금구 사이에 전압을 인가하고 점점 이것을 높여가면 결국에는 애자 주위의 공기를 통해서 양 금구 간에 지속적인 아크를 발생하여 애자가 단락되는데, 이때의 전압을 섬락 전압이라고 한다.
① 건조 섬락 전압 : 상용 주파(60[Hz])의 전압으로 건조한 애자가 섬락할 때의 전압값
② 주수 섬락 전압 : 비에 젖은 애자가 섬락할 때의 전압값

문3
▶출제년도 : 기사 12. 18. 20. ▶점수 : 5점

다음 그림은 TN 계통의 일부분이다. 무슨 계통인지 쓰시오. (단, 계통 일부의 중성선과 보호도체를 동일 전선으로 사용한다.)

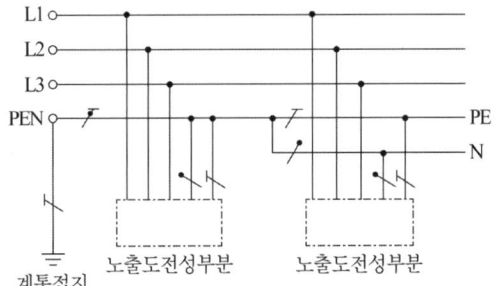

● 답안작성

TN-C-S 계통

● 해 설

기 호 설 명	
─/─•─	중성선 (N)
─/───	보호도체 (PE)
─/─•─	보호도체와 중성선 결합 (PEN)

[비고] 기호 : TN 계통, TT 계통, IT 계통에 동일 적용

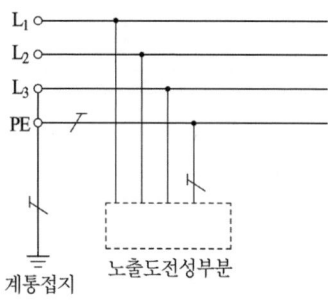

(a) TN-S 계통

계통 전체의 중성선과
보호도체를 접속하여 사용한다.

계통 전체의 접지된 상전선과
보호도체를 접속하여 사용한다.

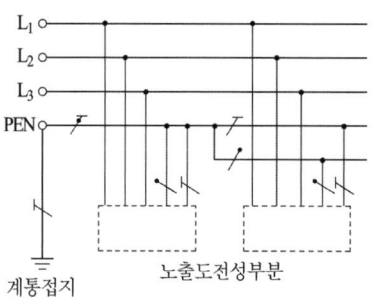

(b) TN-C-S 계통

계통 일부의 중성선과 보호도체를
동일 전선으로 사용한다.

(c) TN-C 계통

계통 전체의 중성선과 보호도체를
동일 전선으로 사용한다.

▶출제년도 : 기사 17. 20. ▶점수 : 5점

문4 H주일 때 현장여건상 전주별로 별도의 보통지선 설치가 곤란하거나 1개의 지선용 근가로 저항력을 확보할 수 있는 경우 1개의 지선 로드 및 근가로 2단의 지선을 시설하는 지선 명칭은 무엇인지 쓰시오.

● 답안작성

Y지선

● 해 설

• Y지선 : H주일 때 현장여건상 전주별로 별도의 보통지선 설치가 곤란하거나 1개의 지선용 근가로 저항력을 확보할 수 있는 경우 1개의 지선 로드 및 근가로 2단의 지선을 시설하는 것(단주의 경우 Y지선을 설치하지 않는다).

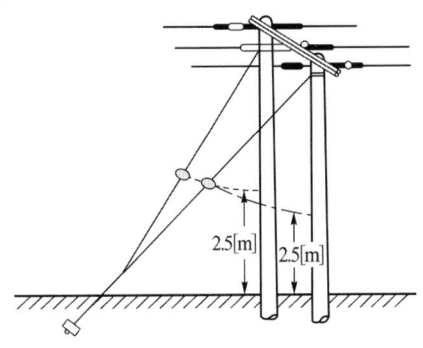

▶출제년도 : 기사 14, 16, 20, 21, 24.   ▶점수 : 5점

문5 다음은 철탑의 형태별 종류이다. 철탑의 명칭을 쓰시오.

(1)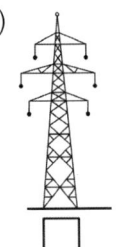

(2)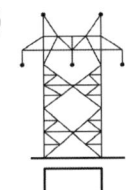

(3)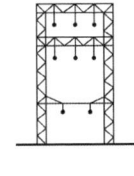

(4)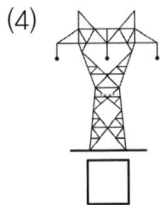

(5)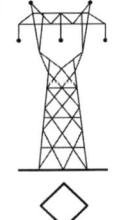

● 답안작성

① 사각 철탑
② 방형 철탑
③ 문형 철탑
④ 우두형 철탑
⑤ 회전형 철탑

▶출제년도 : 기사 93. 96. 98. 01. 16. 20.　▶점수 : 7점

문6
다음 그림에 표시된 ①~⑦의 정확한 명칭을 쓰시오. (단, 그림은 2련 내장 애자장치이다.)

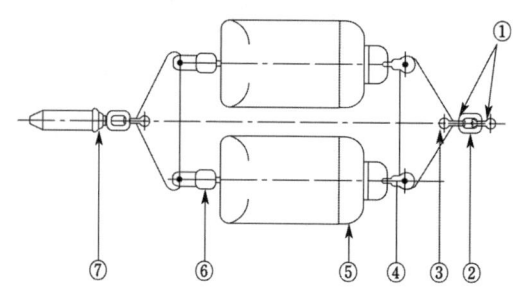

● 답안작성
① 앵커쇄클　② 체인링크　③ 삼각요크　④ 볼크레비스
⑤ 현수애자　⑥ 소켓 크레비스　⑦ 압축형 인류 클램프

▶출제년도 : 기사 11. 14. 17. 20.　▶점수 : 5점

문7
정격부담이 50[VA]인 변류기의 2차에 연결할 수 있는 최대 합성 임피던스의 값이 몇 [Ω]인지 구하시오. (단, 변류기의 2차 정격전류는 5[A]이다.)
•계산 :　　　　　　　　　　　　　•답 :

● 답안작성
계산 : $Z = \dfrac{P_a}{I^2} = \dfrac{50}{5^2} = 2[\Omega]$　　답 : 2[Ω]

● 해 설
$P_a = I^2 Z$ [VA]에서 $Z = \dfrac{P_a}{I^2}$ [Ω]

▶출제년도 : 기사 14. 20. 산업 93. 06.　▶점수 : 5점

문8
그림과 같이 외등용 전선관을 지중에 매설하려고 한다. 터파기(흙파기)량은 얼마인가? 단, 매설 거리는 50[m]이고, 전선관의 면적은 무시한다.
•계산 :
•답 :

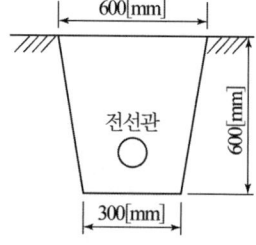

● 답안작성
계산 : 줄기초 파기이므로
$$V_o = \dfrac{0.6 + 0.3}{2} \times 0.6 \times 50 = 13.5 [\text{m}^3]$$
답 : 13.5[m³]

● 해 설

$$V_o = \frac{A+B}{2} \times hL$$

▶출제년도 : 기사 20.   ▶점수 : 5점

문9 전력계통에서 적용하는 보호방식 중 방사성 계통의 단락보호에 적합하며, 계전기 간의 동작 시간차로 고장 구간을 차단하는 것으로 주보호와 후비보호를 동시에 할 수 있어 경제적이지만 보호시간이 길어지는 단점을 가지는 보호방식을 쓰시오.

● 답안작성

한시차 계전방식

▶출제년도 : 기사 20, 24.   ▶점수 : 4점

문10 강심알루미늄연선의 약호와 공칭단면적을 기입하여 다음 표를 완성하시오.
(단, 60[mm²] 이하의 공칭단면적을 쓰시오.)

약 호	공칭단면적 [mm²]		
①	②	③	④

● 답안작성

① ACSR, ② 19, ③ 32, ④ 58

● 해 설

ACSR 공칭단면적
19, 32, 58, 80, 95, 120, 160, 200, 240, 330, 410, 520, 610[mm²]

▶출제년도 : 기사 14, 20.   ▶점수 : 6점

문11 차단기의 명판에 BIL 150[kV], 정격차단전류 20[kA], 차단시간 8사이클, 솔레노이드형이라고 기재되어 있다. 다음 물음에 답하시오.
(1) BIL이란 무엇인지 설명하시오.
(2) 이 차단기의 정격전압은 얼마인지 계산식을 쓰고 설명하시오.
(단, BIL을 적용하여 계산할 것)
　•계산 :　　　　　　　　　　　　　　•답 :

● 답안작성

(1) BIL(기준충격 절연강도)이란 뇌임펄스 내전압 시험값으로서 절연 레벨의 기준을 정하는 데 적용된다.
(2) **계산** : • BIL=절연계급 × 5 + 50 [kV]에서

$$\text{절연계급} = \frac{\text{BIL}-50}{5} = \frac{150-50}{5} = 20[\text{kV}]$$

• 공칭전압 = 절연계급 × 1.1 = 20 × 1.1 = 22[kV]

∴ 정격전압 $V_n = 22 \times \dfrac{1.2}{1.1} = 24[kV]$

답 : 24[kV]

● 해 설

절연내력과 기준충격 절연강도 : BIL이란 Basic Impulse Insulation Level의 약자이며, 뇌임펄스 내전압 시험값으로서 절연 레벨의 기준을 정하는 데 적용된다. BIL은 절연 계급 20호 이상의 비유효 접지계에 있어서는 다음과 같이 계산된다.

BIL = 절연계급 × 5 + 50[kV]

여기서, 절연계급은 전기기기의 절연강도를 표시하는 계급을 말하고, 공칭전압/1.1에 의해 계산된다.

차단기의 정격전압 [kV]	사용회로의 공칭 전압 [kV]	BIL [kV]
0.6	0.1, 0.2, 0.4	
3.6	3.3	45
7.2	6.6	60
24.0	22.0	150
72.5	66.0	350
168.0	154.0	750

▶ 출제년도 : 기사 93. 95. 96. 00. 12. 20. ▶ 점수 : 5점

문 12 모든 작업면이 작업대(방바닥에서 0.85[m]의 높이)에서 행하여지는 가로 8[m], 세로 12[m] 방바닥에서 천장까지의 높이 3.8[m]인 방에 조명기구를 천장에 설치하고자 한다. 이때의 실지수를 구하시오.

• 계산 :   • 답 :

● 답안작성

계산 : 실지수 $R \cdot I = \dfrac{X \cdot Y}{H(X+Y)} = \dfrac{8 \times 12}{(3.8 - 0.85)(8+12)} = 1.63$

답 : 1.63

▶ 출제년도 : 기사 17. 20. ▶ 점수 : 5점

문 13 아래의 변압기 결선도를 보고 결선방식과 이 결선방식의 장단점을 각각 2가지만 쓰시오.

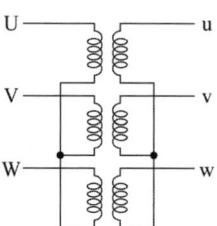

(1) 결선방식
(2) 결선방식의 장점
(3) 결선방식의 단점

● 답안작성

(1) Y-Y 결선
(2) 장점
　① 1차, 2차 모두 중성점을 접지할 수 있다.
　② 상전압이 선간전압의 $1/\sqrt{3}$ 이므로 절연이 용이하다.
(3) 단점
　① 제3고조파 전류의 통로가 없으므로 기전력의 파형이 제3고조파를 포함한 왜형파가 된다.
　② 중성점 접지로 인한 유도장해를 초래한다.

● 해 설

Y-Y 결선

① 결선도

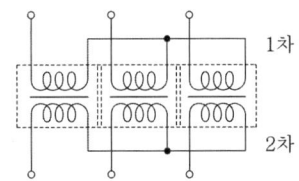

② 전압, 전류
　㉠ 선간 전압(V_l), 상전압(V_p) : 선간 전압은 상전압에 비해 크기가 $\sqrt{3}$ 배이고 위상은 30° 앞선다.
　　$V_l = \sqrt{3}\, V_p \angle 30°$
　㉡ 선전류(I_l), 상전류(I_p) : 선전류는 상전류와 크기가 같고 위상이 동상이 된다.
　　$I_l = I_p \angle 0°$

③ 장·단점
　㉠ 장점
　　㉮ 1차 전압, 2차 전압 사이에 위상차가 없다.
　　㉯ 1차, 2차 모두 중성점을 접지할 수 있으며 고압의 경우 이상 전압을 감소시킬 수 있다.
　　㉰ 상전압이 선간 전압의 $1/\sqrt{3}$ 배이므로 절연이 용이하여 고전압에 유리하다.
　㉡ 단점
　　㉮ 제3고조파 전류의 통로가 없으므로 기전력의 파형이 제3고조파를 포함한 왜형파가 된다.
　　㉯ 중성점을 접지하면 제3고조파 전류가 흘러 통신선에 유도 장해를 일으킨다.
　　㉰ 부하의 불평형에 의하여 중성점 전위가 변동하여 3상 전압이 불평형을 일으키므로 송, 배전 계통에 거의 사용하지 않는다.

▸ 출제년도 : 기사 12, 20, 24.　▸ 점수 : 4점

문14
다음은 피뢰기의 특성에 대한 설명이다. 빈칸에 알맞은 용어를 쓰시오.

"피뢰기의 구비조건에서 이상전압 침입 시 신속하게 (①)하는 특성이 있어야 하고, 또한 이상전류 통전 시 피뢰기의 단자전압을 나타내는 (②)은(는) 일정 전압 이하로 억제할 수 있어야 한다."

● 답안작성

① 방전　② 제한전압

▸출제년도 : 기사 20. ▸점수 : 20점

문15 다음 도면은 전등 및 콘센트의 평면 배선도이다. 각 항의 조건을 읽고 질문에 답하시오.

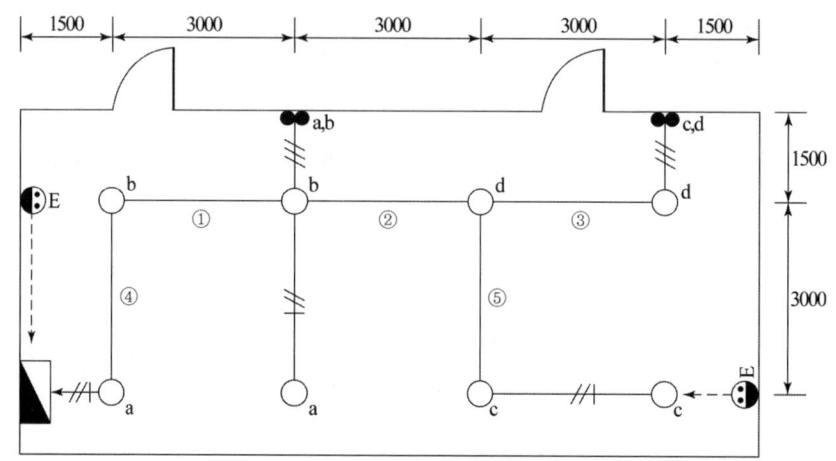

범례 및 주기

○	LED 15[W]	-------	HFIX 2.5sq×2, (E) 2.5sq(16C)
●E	매입 콘센트(2P 15[A] 250[V]) 접지2구	—//—	HFIX 2.5sq×2, (E) 2.5sq(16C)
●	매입 텀블러 스위치(15[A] 250[V])	—///—	HFIX 2.5sq×3 (16C)
◢	분전반	—///—	HFIX 2.5sq×3, (E) 2.5sq(16C)
		—////—	HFIX 2.5sq×4, (E) 2.5sq(22C)

[주] (1) 바닥에서 천장 슬라브까지의 높이는 3[m]이다.
   (2) 분전반의 규격은 다음에 의한다.
      ① 주차단기 MCCB 3P 60AF(60AT) - 1개
      ② 분기차단기 MCCB 2P 30AF(20AT) - 3개
      ③ 철제 매입 설치 완제품 기준
   (3) 배관은 콘크리트 매입, 배선기구는 매입 설치하는 것으로 한다.
   (4) 도면 및 조건에 따라 산정하고, 그 외에는 무시하도록 한다.

1. 시설 조건
   (1) 전선은 HFIX 2.5[mm²]를 사용한다.
   (2) 전선관은 CD 전선관을 사용하며, 범례 및 주기사항을 참조한다.
   (3) 전선관 28C 이하는 매입 배관한다.
   (4) 스위치 설치 높이 1.2[m](바닥에서 중심까지)
   (5) 콘센트 설치 높이 0.3[m](바닥에서 중심까지)
   (6) 분전함 설치 높이 1.8[m](바닥에서 상단까지)
   (단, 바닥에서 하단까지는 0.5[m]이다.)

2. 재료 산출 조건
   (1) 분전함 내부에서 배선 여유는 없는 것으로 한다.

(2) 자재 산출 시 산출수량과 할증수량은 소수점 이하도 계산한다.
(3) 배관 및 배선 이외의 자재는 할증을 고려하지 않는다.
   (배관 및 배선의 할증은 10[%]로 한다.)
(4) 천정 슬라브의 전등박스에서 전등까지의 배관, 배선은 무시한다.
(5) 바닥 슬라브에서 콘센트까지의 입상 배관은 0.5[m]로 하고, 기타는 설치 높이를 기준으로 한다.

3. 인건비 산출 조건

(1) 재료의 할증부에 대해서는 품셈을 적용하지 않는다.
(2) 소수점 이하도 계산한다.
(3) 품셈은 표준품셈을 적용한다.

표 1. 전선관 배관 (단위 : [m])

합성수지 전선관		후강 전선관		금속가요 전선관	
규 격	내선전공	규 격	내선전공	규 격	내선전공
14[mm] 이하	0.04				
16[mm] 이하	0.05	16[mm] 이하	0.08	16[mm] 이하	0.044
22[mm] 이하	0.06	22[mm] 이하	0.11	22[mm] 이하	0.059
28[mm] 이하	0.08	28[mm] 이하	0.14	28[mm] 이하	0.072
36[mm] 이하	0.10	36[mm] 이하	0.20	36[mm] 이하	0.087

[해설] – 콘크리트 매입 기준
      – 합성수지제 가요전선관(CD관)은 합성수지 전선관 품의 80[%] 적용

표 2. 옥내 배선 (단위 : [m], 적용직종 : 내선전공)

규 격	관내 배선
6[mm^2] 이하	0.010
16[mm^2] 이하	0.023
38[mm^2] 이하	0.031
50[mm^2] 이하	0.043
60[mm^2] 이하	0.052
70[mm^2] 이하	0.061
100[mm^2] 이하	0.064

[해설] – 관내 배선 기준

표 3. 분전반 조립 및 설치 (단위 : [개], 적용직종 : 내선전공)

배선용 차단기				나이프 스위치			
용 량	1P	2P	3P	용 량	1P	2P	3P
30AF 이하	0.34	0.43	0.54	30AF 이하	0.38	0.48	0.60
50AF 이하	0.43	0.58	0.74	60AF 이하	0.48	0.65	0.82
100AF 이하	0.58	0.74	1.04	100AF 이하	0.65	0.93	1.16
225AF 이하	0.74	1.01	1.35	200AF 이하	0.82	1.20	1.50

[해설] – 차단기 및 스위치를 조립, 결선하고, 매입설치하는 기준
 – 차단기 및 스위치가 조립된 완제품 설치 시는 65[%]
 – 외함은 철제 또는 PVC제를 기준
 – 4P 개폐기는 3P 개폐기의 130[%]

표 4. 콘센트류 배선기구 설치 (단위 : [개], 적용직종 : 내선전공)

종 별	2P	3P	4P
콘센트 15[A]	0.065	0.095	0.10
콘센트(접지극부) 15[A]	0.08	–	–
콘센트(접지극부) 20[A]	0.085	–	–
콘센트(접지극부) 30[A]	0.11	0.145	0.15
플로어 콘센트 15[A]	0.096	–	–
플로어 콘센트 20[A]	0.096	–	–

[해설] – 매입 1구 설치 기준, 노출설치 120[%]
 – 1구를 초과 할 경우 매 1구 증가마다 20[%] 가산

표 5. 스위치류 배선기구 설치 (단위 : [개])

종 류	내선전공
텀블러 스위치 단로용	0.085
텀블러 스위치 3로용	0.085
텀블러 스위치 4로용	0.10
풀 스위치	0.10
푸시 버튼	0.065
리모콘 스위치	0.07

[해설] – 매입 설치 기준, 노출설치 시 120[%]

(1) 도면을 보고 ①부터 ⑤번까지 접지선을 포함하여 최소 전선(가닥) 수를 표시하시오.
 (표시 예 : 접지선을 포함하여 3가닥인 경우 → ─//─)
(2) 아래 표의 총 수량(㉠, ㉡)에 대하여 답하시오.
 (소수점 넷째 자리에서 반올림하여 소수점 셋째 자리까지 표시하시오.)

자재명	규격	단위	수 량	할증수량	총 수량 (수량+할증수량)
CD 전선관	16[mm]	m			㉠
CD 전선관	22[mm]	m			㉡
이하 생략					

(3) 아래 표의 내선전공 공량계(㉠, ㉡, ㉢, ㉣)에 대하여 답하시오.
 (소수점 넷째 자리에서 반올림하여 소수점 셋째 자리까지 표시하시오.)

자재명	규격	단위	수 량	할증수량	총수량 (수량+할증수량)
CD 전선관	16[mm]	m			㉠
스위치	250[V], 15[A]	개			㉡
매입 콘센트	250[V], 15[A], 2P	개			㉢

자 재 명	규 격	단위	수 량	할증수량	총 수량 (수량+할증수량)
분전반	MCCB 3P 60AF(60AT) 1개 MCCB 2P 30AF(20AT) 3개	면			㉣
이하 생략					

● 답안작성

(1) ① ─╫╫─   ② ─╫─   ③ ─╫╫─   ④ ─╫─   ⑤ ─╫─

(2) ㉠ 계산 : ① 수량
  • 전등 16C : $1.2 + 1.5 \times 3 + 3 \times 5 + 1.8 \times 2 = 24.3[m]$
  • 콘센트 16C : $0.5 + 3 + 0.7 \times 2 + 12 + 0.5 = 17.4[m]$
  • 합계 $= 24.3 + 17.4 = 41.7[m]$
  ② 할증수량 $= 41.7 \times 0.1 = 4.17[m]$
  ③ 총 수량 $= 41.7 + 4.17 = 45.87[m]$
  답 : $45.87[m]$

㉡ 계산 : ① 수량
  • 전등 22C : $3 + 3 = 6[m]$
  ② 할증수량 $= 6 \times 0.1 = 0.6[m]$
  ③ 총 수량 $= 6 + 0.6 = 6.6[m]$
  답 : $6.6[m]$

(3) ㉠ 계산 : $41.7 \times 0.05 \times 0.8 = 1.668[인]$ 답 : $1.668[인]$
  ㉡ 계산 : $4 \times 0.085 = 0.34[인]$ 답 : $0.34[인]$
  ㉢ 계산 : $2 \times 0.08 = 0.16[인]$ 답 : $0.16[인]$
  ㉣ 계산 : $(1.04 \times 1 + 0.43 \times 3) \times 0.65 = 1.5145[인]$ 답 : $1.5145[인]$

● 해 설

(1) ① L1, L2, S/W a, S/W b, E : 5가닥
  ② L1, L2, E : 3가닥
  ③ L1, L2, S/W c, S/W d, E : 5가닥
  ④ L1, L2, S/W a, E : 4가닥
  ⑤ L2, S/W c, E : 3기닥

(2)

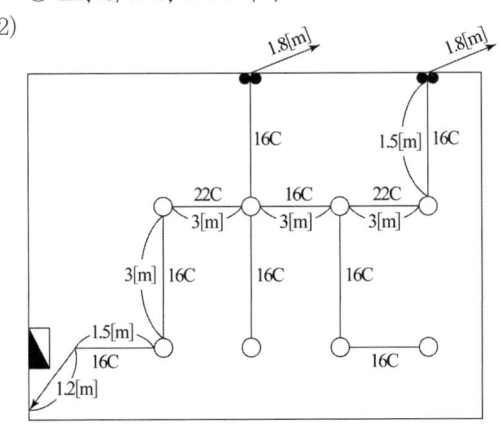 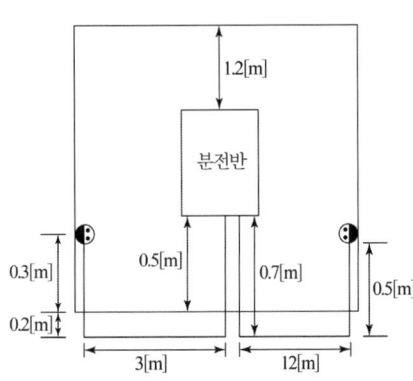

전등 : • $16C = 1.2 + 1.5 + 3 + 3 + 1.5 + 1.8 + 3 + 3 + 3 + 1.5 + 1.8 = 24.3[m]$
  • $22C = 3 + 3 = 6[m]$

콘센트 : • 16C = 0.5 + 3 + 0.7 + 0.7 + 12 + 0.5 = 17.4[m]
계 : • 16C = 24.3 + 17.4 = 41.7[m]
　　　• 22C = 6[m]

▶ 출제년도 : 기사 20.　▶ 점수 : 4점

문16 다음 옥내배선의 그림기호를 보고 배선의 명칭을 표에 쓰시오.

그림기호	명칭
————————	①
·············	②
– – – – – – –	③
—··—··—	④

● 해 설

① 천장 은폐배선, ② 노출배선, ③ 바닥 은폐 배선, ④ 바닥면 노출 배선

명 칭	그림기호	적　요
천장 은폐 배선	————	① 천장 은폐 배선 중 천장 속의 배선을 구별하는 경우는 천장 속의 배선에 —··—··— 를 사용하여도 좋다. ② 노출 배선 중 바닥면 노출 배선을 구별하는 경우는 바닥면 노출 배선에 —··—··— 를 사용하여도 좋다. ③ 전선의 종류를 표시할 필요가 있는 경우는 기호를 기입한다. ④ 배관은 다음과 같이 표시한다. 　　　　2.5㎟(VE19) 전선관의 종류 ──┘└── 전선관의 굵기 **전선관의 종류** • 강제전선관은 별도의 표기없음 • VE : 경질비닐전선관 • F_2 : 2종 금속제 가요전선관 • PF : 합성수지제 가요관 ⑤ 절연 전선의 굵기 및 전선수는 다음과 같이 기입한다. 단위가 명백한 경우는 단위를 생략하여도 좋다. [보기]　2.5㎟　2　2[mm²]　8 숫자 표기의 보기 : 1.6×5 　　　　　　　　 5.5×1
바닥 은폐 배선	– – – –
노출 배선	··········

▶ 출제년도 : 기사 03, 17, 20. ▶ 점수 : 3점

문17 축전지의 다음과 같은 현상이 무엇인지 쓰시오.
- 극판이 백색으로 되거나 표면에 백색반점이 생긴다.
- 비중이 저하되고 충전용량이 감소한다.
- 충전 시 전압 상승이 빠르고 다량의 가스가 발생하였다.

● 답안작성

설페이션 현상(Sulfation)

● 해 설

설페이션(Sulfation) 현상

납 축전지를 방전 상태에서 오랫동안 방치하여 두면 극판의 황산납이 회백색으로 변하고(황산화 현상) 내부 저항이 대단히 증가하여 충전시 전해액의 온도 상승이 크고 황산의 비중 상승이 낮으며 가스 발생이 심하게 되며 전지의 용량이 감퇴하고 수명이 단축되는 이러한 현상을 설페이션 현상이라 한다.

(1) 원인
   ① 방전 상태에서 장시간 방치하는 경우
   ② 방전 전류가 대단히 큰 경우
   ③ 불충분한 충전을 반복하는 경우
(2) 현상
   ① 극판이 회백색으로 변하고 극판이 휘어진다.
   ② 충전 시 전해액의 온도 상승이 크고 비중 상승이 낮으며 가스의 발생이 심하다.

▶ 출제년도 : 기사 91, 92, 96, 98, 04, 12, 15, 20, 산업 12. ▶ 점수 : 5점

문18 3상 3선식 220[V]로 수전하는 수전가의 부하전력이 95[kW], 부하역률이 85[%], 구내배전선의 길이는 150[m]이며, 배선에서의 전압 강하는 6[V]까지 허용하는 경우 구내배선의 굵기를 구하시오. (단, 소수점 둘째 자리까지 구하고 이하 절사한다.)
• 계산 :   • 답 :

● 답안작성

계산 : $A = \dfrac{30.8 \cdot LI}{1000 \cdot e} = \dfrac{30.8 \times 150 \times \dfrac{95 \times 10^3}{\sqrt{3} \times 220 \times 0.85}}{1000 \times 6} = 225.84 [\text{mm}^2]$

답 : $225.84 [\text{mm}^2]$

● 해 설

전압강하 계산

전기 방식	전압 강하		전선 단면적
단상 3선식 직류 3선식 3상 4선식	$e_1 = IR$	$e_1 = \dfrac{17.8LI}{1000A}$	$A = \dfrac{17.8LI}{1000e_1}$
단상 2선식 및 직류 2선식	$e_2 = 2IR = 2e_1$	$e_2 = \dfrac{35.6LI}{1000A}$	$A = \dfrac{35.6LI}{1000e_2}$
3상 3선식	$e_3 = \sqrt{3}IR = \sqrt{3}e_1$	$e_3 = \dfrac{30.8LI}{1000A}$	$A = \dfrac{30.8LI}{1000e_3}$

2020년 4회 전기공사기사실기

▶출제년도 : 기사 20.　▶점수 : 20점

문1　다음 도면은 옥외 보안등 설비 평면도 및 상세도 일부분이다. 각 항의 조건을 읽고 다음 물음에 답하시오.

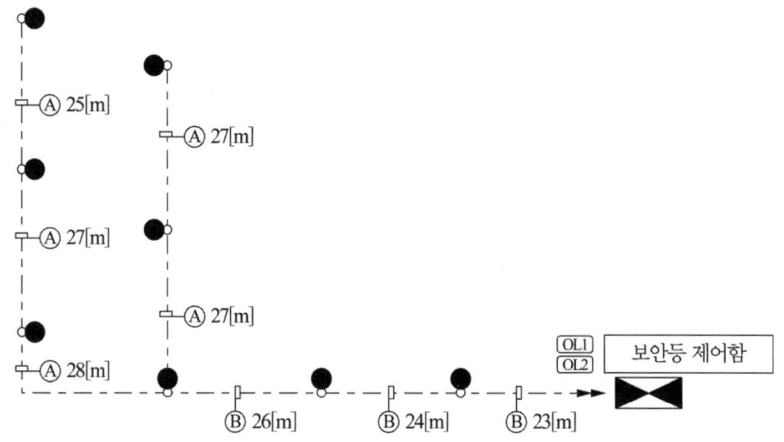

보안등 일람표

TYPE	POLE(M)	ARM(M)	LAMP	EA	비고
◖	5.0	0.8	LED 65[W]	8	상시등

보안등 : 접지봉 φ14×1000-1EA, 접지선 F-GV 6sq

CABLE SCHEDULE

기호	배선 및 배관	비고
Ⓐ	F-CV 6sq-2C, F-GV 6sq (PE 36C)	
Ⓑ	F-CV 6sq-2C×2, F-GV 6sq (PE 42C)	

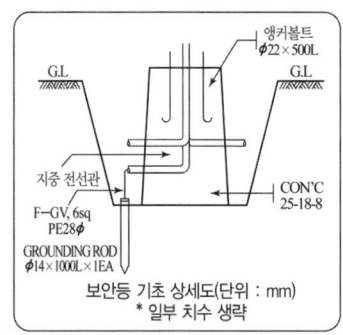

보안등 기초 상세도(단위 : mm)
* 일부 치수 생략

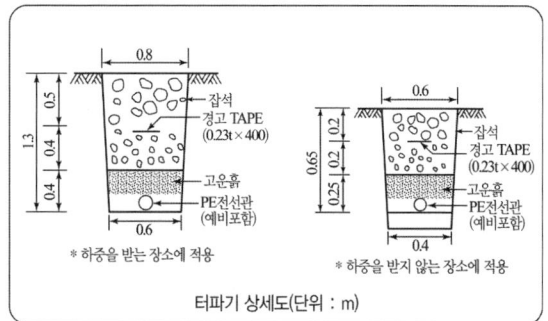

터파기 상세도(단위 : m)

[주] (1) Ⓐ 부분의 터파기는 하중을 받는 장소에 적용하고, Ⓑ 부분의 터파기는 하중을 받지 않는 장소에 작용한다.
(2) 도면 및 조건에 따라 산정하고, 그 외에는 무시하도록 한다.
(3) 보안등은 LED 65[W] 상시등으로 시설한다.

1. 시설조건
   (1) 전선은 F-CV 6sq-2C, F-GV 6sq를 사용한다.
   (2) 전선관은 PE전선관을 사용하여, 범례 및 주기사항을 참조한다.

2. 재료 산출 조건
   (1) 보안등 배관길이는 보안등 기초, LED함 및 보안등 제어반의 수직 높이를 고려하여 각각 1.5[m]를 수평배관길이에 가산하며, 케이블은 배관길이에 각각 0.5[m]를 가산한다.
   (2) 자재 산출 시 산출수량과 할증수량은 소수점 이하도 계산한다.
   (3) 배관, 배선, 케이블 표지 시트(경고 TAPE) 이외의 자재는 할증을 고려하지 않는다.
      - 배관, 배선의 할증은 3[%]로 한다.
   (4) Ⓐ 부분과 Ⓑ 부분의 터파기(토사) 수량 산출 시 보안등 기초 터파기 부분은 포함하여 산출하지 않는다.

3. 인건비 산출 조건
(1) 재료의 할증부에 대해서는 품셈을 적용하지 않는다.
(2) 소수점 이하도 계산한다.
(3) 품셈은 표준품셈을 적용한다.

표 1. 합성수지 파형관 설치 (단위 : [m])

규 격	배전 전공	보통 인부
16[mm] 이하	0.005	0.012
30[mm] 이하	0.006	0.014
50[mm] 이하	0.007	0.018
80[mm] 이하	0.009	0.022
100[mm] 이하	0.012	0.036

[해설] - 합성수지 파형관의 지중포설 기준
  - 2열 동시 180[%], 3열 260[%], 4열 340[%] 적용
  - 집합품 포함, 접합부의 콘크리트 타설품 및 지세별 할증은 별도 계상
  - 가로등 공사, 신호등 공사, 보안등 공사 또는 구내 설치 시 50[%] 가산

표 2. 전력케이블 설치 (단위 : [km])

P.V.C 고무절연 외장케이블류	케이블 전공	보통 인부
저압 6[mm^2] 이하 단심	4.62	4.62
10[mm^2] 이하 단심	4.84	4.84
16[mm^2] 이하 단심	5.28	5.28
25[mm^2] 이하 단심	6.09	6.09
35[mm^2] 이하 단심	6.58	6.58
50[mm^2] 이하 단심	7.32	7.32
70[mm^2] 이하 단심	8.46	8.46

[해설] - 600[V] 케이블 기준, 드럼 다시 감기 소운반품 포함
  - 지하관 내 부설기준, Cu, Al 도체 공용
  - 2심 140[%], 3심 200[%] 적용

- 2열 동시 180[%], 3열 260[%], 4열 340[%] 적용
- 가로등 공사, 신호등 공사, 보안등 공사 시 50[%] 가산

(1) 아래 표를 보고, ①부터 ⑥번까지 자재별 총수량을 산출하시오.
(단, 소수점 넷째 자리에서 반올림하여 소수점 셋째 자리까지 표시하시오.)

⟨Ⓐ. F-CV 2C/6sq × 1 (E) F-GV 6sq (PE 36C)⟩			자재별 총수량 (산출수량 + 할증수량)
품 명	규 격	단위	
0.6/1[kV] CABLE(보안등)	F-CV 2C/6sq × 1	m	①
폴리에틸렌전선관	PE 36C	m	②
터파기(토사)	인력 10[%] + 기계 90[%]	m^3	③
이하 생략			

⟨Ⓑ. F-CV 2C/6sq × 2 (E) F-GV 6sq (PE 42C)⟩			자재별 총수량 (산출수량 + 할증수량)
품 명	규 격	단위	
0.6/1[kV] CABLE(보안등)	F-CV 2C/6sq × 2열 동시	m	④
폴리에틸렌전선관	PE 42C	m	⑤
터파기(토사)	인력 10[%] + 기계 90[%]	m^3	⑥
이하 생략			

① • 계산 :
  • 답 :

② • 계산 :
  • 답 :

③ • 계산 :
  • 답 :

④ • 계산 :
  • 답 :

⑤ • 계산 :
  • 답 :

⑥ • 계산 :
  • 답 :

(2) 아래 표를 보고, ①부터 ④번까지 공량계를 산출하시오.
(단, 소수점 넷째 자리에서 반올림하여 소수점 셋째 자리까지 표시하시오.)

품 명	규 격	단위	자재수량	전공	단위공량	공량계
폴리에틸렌전선관	PE 36C	m		배전전공		①
				보통인부		
폴리에틸렌전선관	PE 42C	m		배전전공		②
				보통인부		
0.6/1[kV] CABLE (보안등)	F-CV 2C/6sq × 1	m		저압케이블전공		③
				보통인부		
0.6/1[kV] CABLE (보안등)	F-CV 2C/6sq × 2열 동시	m		저압케이블전공		④
				보통인부		
이하 생략						

① • 계산 :
  • 답 :

② • 계산 :
  • 답 :

③ •계산 :

•답 :

④ •계산 :

•답 :

● 답안작성

(1) ① •계산 :
　　㉠ 산출수량 = 배관직선길이+케이블
　　　 가산길이 = 134+2×10=154[m]
　　㉡ 할증=154×0.03=4.62[m]
　　㉢ 총 수량=154+4.62=158.62[m]
•답 : 158.62[m]

③ •계산 :
$(\frac{0.6+0.8}{2}) \times 1.3 \times 134 = 121.94[m^3]$
•답 : 121.94[m^3]

⑤ •계산
　　㉠ 산출수량=배관직선길이+배관
　　　 가산길이=73+1.5×6=82[m]
　　㉡ 할증=82×0.03=2.46[m]
　　㉢ 총 수량=82+2.46=84.46[m]
•답 : 84.46[m]

② •계산 :
　　㉠ 산출수량 = 배관직선길이+배관
　　　 가산길이 = 134+1.5×10=149[m]
　　㉡ 할증=149×0.03=4.47[m]
　　㉢ 총 수량=149+4.47=153.47[m]
•답 : 153.47[m]

④ •계산 :
　　㉠ 산출수량 =(배관직선길이+케이블
　　　 가산길이)×2 =(73+2×6)×2=170[m]
　　㉡ 할증 =170×0.03=5.1[m]
　　㉢ 총 수량 =170+5.1=175.1[m]
•답 : 175.1[m]

⑥ •계산 :
$(\frac{0.4+0.6}{2}) \times 0.65 \times 73 = 23.725[m^3]$
•답 : 23.725[m^3]

(2) ① •계산 : 149×0.007×1.5=1.565[인]
•답 : 1.565[인]

③ •계산 : $154 \times \frac{4.62}{1000} \times 1.4 \times 1.5$
　　　 = 1.494[인]
•답 : 1.494[인]

② •계산 : 82×0.007×1.5=0.861[인]
•답 : 0.861[인]

④ •계산 : $85 \times \frac{4.62}{1000} \times 1.4 \times 1.8 \times 1.5$
　　　 = 1.484[인]
•답 :1.484[인]

● 해　설

(1)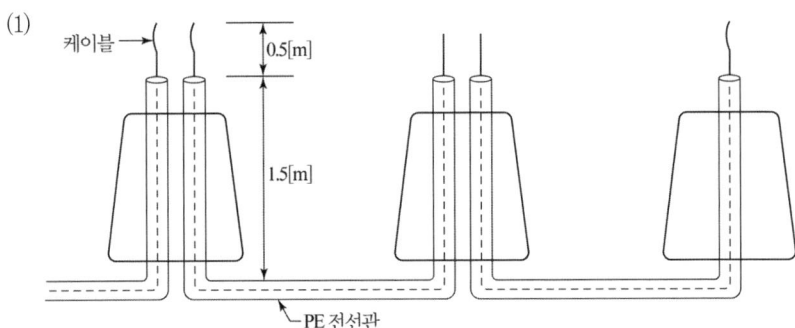

Ⓐ 배관 직선 길이 = 25+27+28+27+27 = 134[m]
Ⓐ 배관 가산길이 = 1.5×10개소 = 15[m]
Ⓐ 케이블 가산길이 = (1.5+0.5)×10개소 = 20[m]
Ⓐ 구간 터파기 = $\left(\frac{0.6+0.8}{2}\right) \times 1.3 \times 134 = 121.94[m^3]$

   Ⓐ 구간 케이블(F-CV 6sq-2C) = 배관직선길이 + 케이블 가산길이 = 134 + 20 = 154[m]
   Ⓐ 구간 전선관(PE 36C) = 배관직선길이 + 배관 가산길이 = 134 + 15 = 149[m]
 (2) ④ 케이블 길이 × 케이블 1[m]당 포설 인건비 × 2심 × 2열 동시 × 보안등 공사 가산

▶출제년도 : 기사 20. ▶점수 : 7점

문2 다음 철탑의 구조를 보고 각 부분의 명칭을 쓰시오.

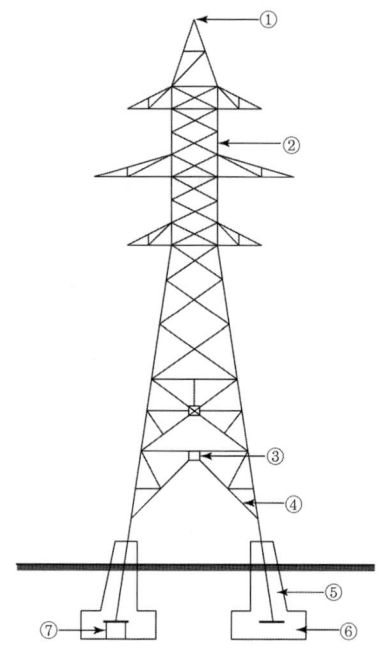

● 답안작성

 ① 철탑정부, ② 주주재, ③ 거싯 플레이트, ④ 사재, ⑤ 주체부, ⑥ 상판부, ⑦ 앵커블록

● 해 설

 철탑 각 부의 명칭

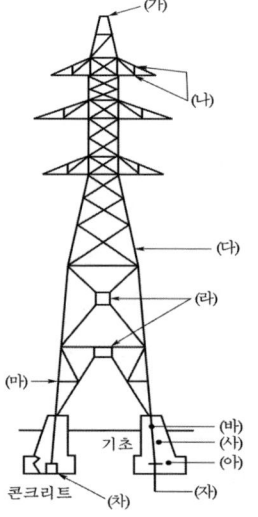

(가) 철탑정부
(나) 암
(다) 주주재
(라) 거싯 플레이트
(마) 사재
(바) 주각재
(사) 주체부
(아) 상판부
(자) 앵커재
(차) 앵커블록

문3. 계전기별 고유 번호에서 88Q의 명칭을 쓰시오.

● 답안작성

유압펌프용 개폐기

● 해 설

- 88A : 공기 압축기용 개폐기
- 88H : Heater용 개폐기
- 88QT : OT 순환펌프용 개폐기
- 88W : 냉각수 펌프용 개폐기
- 88F : Fan용 개폐기
- 88Q : 유압 펌프용 개폐기
- 88V : 진공 펌프용 개폐기

문4. 다음과 같은 변압기에 대하여 비율차동계전기의 결선도를 완성하시오.
(단, 변류기(CT)결선은 감극성을 기준으로 한다.)

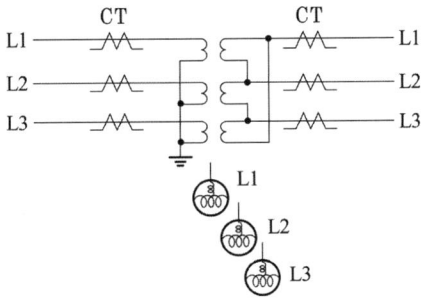

● 답안작성

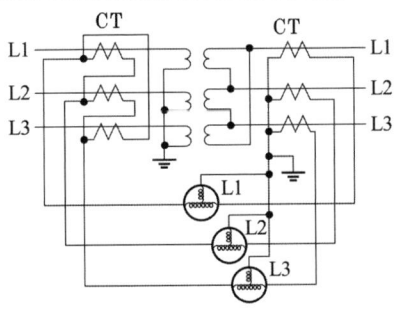

● 해 설

비율 차동 계전기 결선

변압기의 결선이 Y-△ 또는 △-Y인 경우 변류기 2차 전류의 크기 및 위상을 동일하게 하기 위해 비율 차동 계전기의 변류기 결선은 변압기 결선과 반대로 한다.

변압기 결선	변류기 결선
Y - △	△ - Y
△ - Y	Y - △

▶출제년도 : 기사 98. 10. 20.　▶점수 : 6점

문5 수용가 인입구의 전압이 22.9[kV], 주차단기의 단락용량이 250[MVA]이다. 10[MVA], 22.9/3.3[kV] 변압기의 임피던스가 5.5[%]일 때, 변압기 2차측에 필요한 차단기 용량을 다음 [표]에서 산정하시오.

[표] 차단기 정격 용량 [MVA]

10	20	30	50	75	100	150	250	300	400	500	750	1000

•계산 :　　　　　　　　　　　　　　　　•답 :

● 답안작성

계산 : 기준 용량을 10[MVA]로 하면

전원측 $\%Z_1 = \dfrac{P_n}{P_s} \times 100 = \dfrac{10}{250} \times 100 = 4[\%]$

변압기의 $\%Z_2 = 5.5[\%]$

따라서, 합성 %임피던스 $= 4 + 5.5 = 9.5[\%]$

변압기 2차측 단락용량 $= 10 \times \dfrac{100}{9.5} = 105.26[\mathrm{MVA}]$

답 : 150[MVA]

▶출제년도 : 기사 20. 24.　▶점수 : 5점

문6 아래 그림에서 A점의 접지저항값[Ω]을 구하시오.
(단, 콜라우시 브리지법으로 측정한 결과, AB 간 저항값은 10[Ω], BC 간 저항값은 8[Ω], CA 간 저항값은 6[Ω] 측정되었다.)

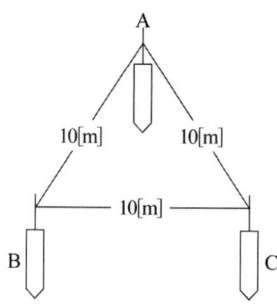

•계산 :
•답 :

● 답안작성

계산 : $R_A = \dfrac{1}{2}(R_{AB} + R_{AC} - R_{BC}) = \dfrac{1}{2}(10 + 6 - 8) = 4[\Omega]$

답 : 4[Ω]

● 해 설

$R_A + R_B = R_{AB}$ ---------------------------------- ①
$R_B + R_C = R_{BC}$ ---------------------------------- ②
$R_C + R_A = R_{CA}$ ---------------------------------- ③

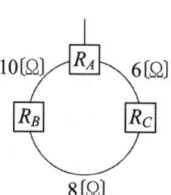

즉, (① + ② + ③) $\times \dfrac{1}{2}$ 로 계산하면

$R_A + R_B + R_C = \dfrac{1}{2}(R_{AB} + R_{BC} + R_{CA})$ ------------- ④

④ - ② 하면

∴ $R_A = \dfrac{1}{2}(R_{AB} + R_{AC} - R_{BC}) = \dfrac{1}{2}(10 + 6 - 8) = 4[\Omega]$

문7

▸출제년도 : 기사 14, 20.   ▸점수 : 9점

수변전설비 용량을 추정하는 수용률, 부등률, 부하율을 구하는 공식을 각각 쓰시오.
(1) 수용률
(2) 부등률
(3) 부하율

● 답안작성

(1) 수용률 = $\dfrac{\text{최대 수용 전력 [kW]}}{\text{총 부하 설비 용량 [kW]}} \times 100 [\%]$

(2) 부등률 = $\dfrac{\text{각 개 최대 수용 전력의 합 [kW]}}{\text{합성 최대 수용 전력 [kW]}}$

(3) 부하율 = $\dfrac{\text{평균 수용 전력 [kW]}}{\text{합성 최대 수용 전력 [kW]}} \times 100 [\%]$

문8

▸출제년도 : 기사 16, 20, 산업 95, 99, 00, 03, 10, 13.   ▸점수 : 4점

직경 10[m]인 원형의 사무실에 평균 구면광도 100[cd]의 전등 4개를 점등할 때 조명률 0.5, 감광 보상률 1.6이면, 이 사무실의 평균조도[lx]를 구하시오.

• 계산 :   • 답 :

● 답안작성

계산 : 평균조도 $E = \dfrac{FUN}{AD} = \dfrac{4\pi \times 100 \times 0.5 \times 4}{\left(\dfrac{10}{2}\right)^2 \pi \times 1.6} = 20 [\text{lx}]$

답 : 20[lx]

● 해 설

• 균등 점광원에서의 광속 $F = 4\pi I = 4\pi \times 100 = 400\pi [\text{lm}]$
• 원형인 사무실의 면적 $A = \left(\dfrac{d}{2}\right)^2 \pi = \left(\dfrac{10}{2}\right)^2 \pi = 25\pi [\text{m}^2]$

문9

▸출제년도 : 기사 93, 99, 05, 10, 20.   ▸점수 : 5점

지름 10[mm]의 경동선을 사용한 가공 전선로가 있다. 경간은 100[m]로 지지점의 높이는 동일하다. 지금 수평 풍압 110[kg/m²]인 경우에 전선의 안전율을 2.2로 하기 위하여 전선의 길이를 얼마로 하면 좋은가? (단, 전선 무게는 0.7[kg/m], 전선의 인장강도는 2,860[kg]으로서 장력에 의한 전선의 신장은 무시한다.

• 계산 :   • 답 :

● 답안작성

계산 : $W = \sqrt{0.7^2 + 1.1^2} = 1.3$

$D = \dfrac{WS^2}{8T} = \dfrac{1.3 \times 100^2}{8 \times \left(\dfrac{2,860}{2.2}\right)} = 1.25 [\text{m}]$

$L = S + \dfrac{8D^2}{3S} = 100 + \dfrac{8 \times 1.25^2}{3 \times 100} = 100.04 [\text{m}]$

답 : 100.04[m]

● 해 설

① 하중

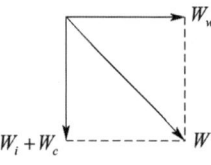

- 풍압하중(W_w)
- 전선에 가해지는 합성하중(W)
- 전선의 자중(W_c)
- 빙설 하중(W_i)

- $W = \sqrt{(W_i + W_c)^2 + W_w^2}$

② 전선 1[m]당 풍압하중 W_w

$W_w = 110 \times 10 \times 10^{-3} = 1.1 [\text{kg/m}]$

▶ 출제년도 : 기사 15. 20.   ▶ 점수 : 5점

문10 전력계통에서 서지현상(surge)에 의해 발생되는 과전압을 서지 과전압이라 한다. 서지 과전압의 발생 원인 3가지를 쓰시오.

● 답안작성

① 차단기 개폐에 의한 과전압
② 뇌에 의한 과전압
③ 지락사고에 의한 과전압

▶ 출제년도 : 기사 96. 98. 07. 20.   ▶ 점수 : 8점

문11 154[kV] 송전선로의 1련 현수애자 장치도이다. 그림에 표시된 번호를 보고 명칭을 정확히 답하시오.

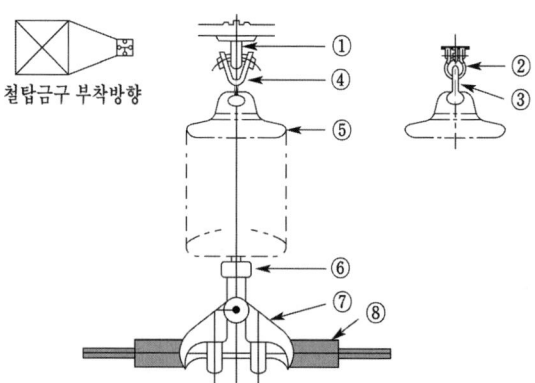

● 답안작성

① 애자장치 U볼트   ② 앵커쇄클
③ 볼아이   ④ Y 크레비스볼
⑤ 현수애자   ⑥ 소켓아이
⑦ 현수클램프   ⑧ 아마롯드

▸ 출제년도 : 기사 95, 10, 12, 14, 20. ▸ 점수 : 5점

문12

3상 3선, 380[V] 회로에 그림과 같이 부하가 연결되어 있다. 간선의 허용전류[A]를 구하시오. (단, 전동기의 평균 역률은 80[%]이다.)

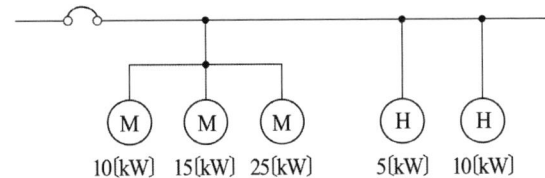

• 계산   • 답

● 답안작성

계산 : • 전동기 정격 전류의 합 $\sum I_M = \dfrac{(10+15+25) \times 10^3}{\sqrt{3} \times 380 \times 0.8} = 94.96[A]$

• 전동기의 유효 전류 $I_r = 94.96 \times 0.8 = 75.97[A]$

• 전동기의 무효 전류 $I_q = 94.96 \times \sqrt{1-0.8^2} = 56.98[A]$

• 전열기 정격 전류의 합 $\sum I_H = \dfrac{(5+10) \times 10^3}{\sqrt{3} \times 380 \times 1.0} = 22.79[A]$

• 설계전류 $I_B = \sqrt{(75.97+22.79)^2 + 56.98^2} = 114.02[A]$

따라서 $I_B \leq I_n \leq I_Z$의 조건을 만족하는 전선의 허용전류 $I_Z \geq 114.02[A]$

답 : 114.02[A]

● 해 설

도체와 과부하 보호장치 사이의 협조(KEC 212.4.1)

과부하에 대해 케이블(전선)을 보호하는 장치의 동작특성은 다음의 조건을 충족해야 한다.

$I_B \leq I_n \leq I_Z$, $I_2 \leq 1.45 \times I_Z$

I_B : 회로의 설계전류(선도체를 흐르는 설계전류 또는 함유율이 높은 영상분 고조파, 특히 제3고조파가 지속적으로 흐르는 경우 중성선에 흐르는 전류이다.)

I_Z : 케이블의 허용전류

I_n : 보호장치의 정격전류(사용현장에 적합하게 조정된 전류의 설정 값)

I_2 : 보호장치가 규약시간 이내에 유효하게 동작하는 것을 보장하는 전류

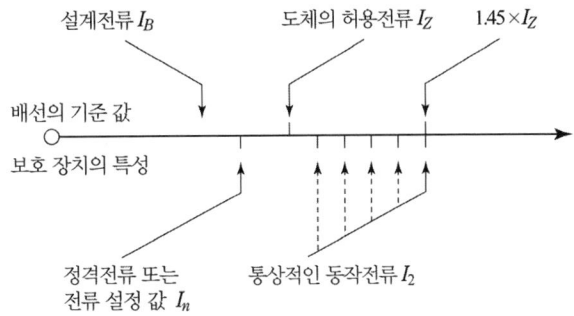

과부하 보호 설계 조건도

▶출제년도 : 기사 13, 20. ▶점수 : 5점

문 13 풍력발전소의 풍속이 5[m/s] 이고 날개 지름이 10[m]일 때의 출력[kW]을 구하시오.
(단, 공기의 밀도는 1.225 [kg/m³]이다.)
•계산 :   •답 :

● 답안작성

계산 : $P = \frac{1}{2}\rho A V^3 = \frac{1}{2} \times 1.225 \times \pi \times \left(\frac{10}{2}\right)^2 \times 5^3 = 6.01 \times 10^3$ [W] $= 6.01$ [kW]
답 : 6.01 [kW]

● 해 설

$P = \frac{1}{2}m V^2 = \frac{1}{2}(\rho A V) V^2 = \frac{1}{2}\rho A V^3$

여기서, P : 에너지[W], m : 질량[kg], V : 평균풍속[m/s],
ρ : 공기의 밀도(1.225[kg/m³]), A : 로터의 단면적[m²]

▶출제년도 : 기사 20. ▶점수 : 4점

문 14 다음의 그림기호 명칭과 숫자 10이 나타내는 의미를 쓰시오.

▲▲▲ 10

● 답안작성

• 명칭 : 리모콘 릴레이
• 숫자 10이 나타내는 의미 : 릴레이 수

● 해 설

명칭	그림기호	적 요
리모콘 릴레이	▲	리모콘 릴레이를 집합하여 부착하는 경우는 ▲▲▲ 를 사용하고 릴레이 수를 표기한다. [보기] ▲▲▲ 10

▶출제년도 : 기사 17, 20. ▶점수 : 6점

문 15 매입방식에 따른 건축화 조명방식에 대한 설명이다. 각각에 맞는 조명방식을 쓰시오.
(1) 천장면에 확산 투과재인 메탈 아크릴수지판을 붙이고 천장 내부에 광원을 배치하여 조명하는 방식이다. 주로 고조도가 필요한 장소인 1층 홀, 쇼룸 등에 적용된다.
(2) 천장과 벽면의 경계구석에 등기구를 배치하여 조명하는 방식이다. 천장과 벽면에 동시에 투사되며 주로 지하도, 터널에 적용된다.
(3) 천장면을 여러 형태의 사각, 삼각 등으로 구멍을 내어 다양한 형태의 매입기구를 취부하여 실내의 단조로움을 피하는 조명방식이다.

● 답안작성

(1) 광천장 조명
(2) 코너 조명
(3) 코퍼 조명

문 16

다음 콘센트의 심벌을 그리시오.

(1) 바닥에 부착하는 50[A] 콘센트
(2) 벽에 부착하는 의료용 콘센트
(3) 천정에 부착되는 접지단자 붙이 콘센트
(4) 비상 콘센트

● 답안작성

(1)  (2)   (3)  (4)

2021년 1회 전기공사기사실기

▶출제년도 : 기사 21. ▶점수 : 10점

문1 다음 회로를 보고 각 물음에 답하시오.

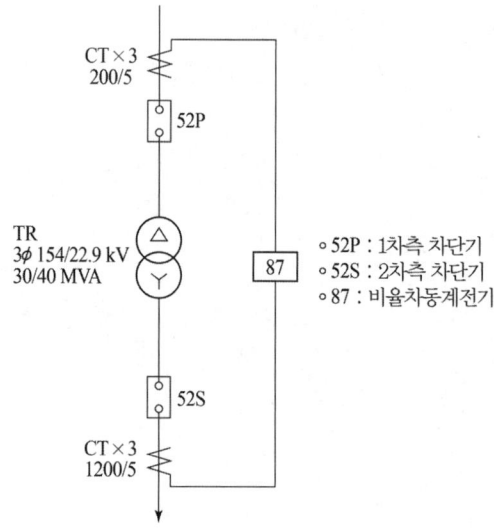

○ 52P : 1차측 차단기
○ 52S : 2차측 차단기
○ 87 : 비율차동계전기

(1) 변압기 최대용량 40[MVA]에서 1, 2차 CT의 2차 측에 흐르는 전류를 각각 구하시오.
 ① 변압기 1차 측 CT의 2차 전류[A]
  • 계산 :   • 답 :
 ② 변압기 2차 측 CT의 2차 전류[A]
  • 계산 :   • 답 :
(2) 87계전기 회로의 3상 결선도를 완성하시오(단, 접지표시를 할 것).

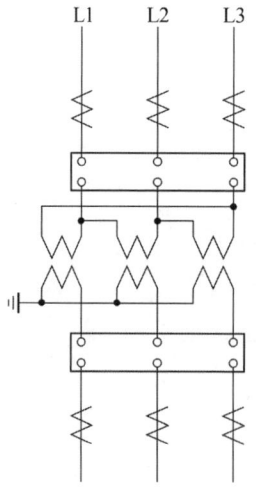

● 답안작성

(1) ① 계산 : 변압기 1차 측 CT의 2차 전류

$$I = \frac{40 \times 10^3}{\sqrt{3} \times 154} \times \frac{5}{200} = 3.75[A]$$

답 : 3.75[A]

② 계산 : 변압기 2차 측 CT의 2차 전류

$$I = \frac{40 \times 10^3}{\sqrt{3} \times 22.9} \times \frac{5}{1200} = 4.2[A]$$

답 : 4.2[A]

(2)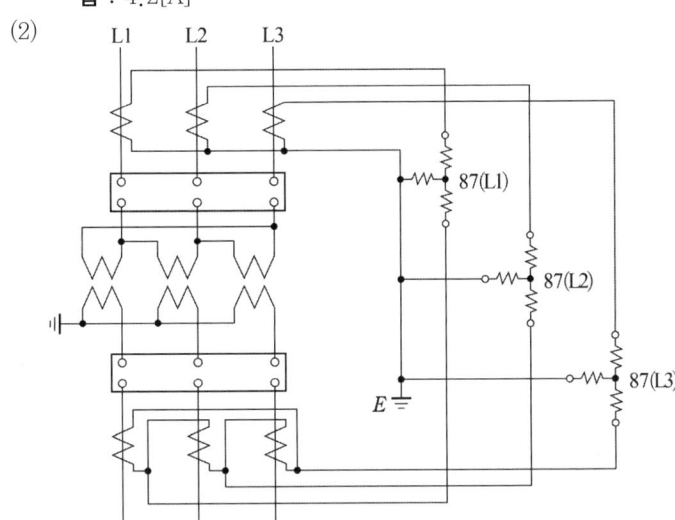

● 해 설

(1) CT 2차 전류 = CT 1차 전류 × $\frac{1}{CT비}$

(2) 87 계전기용 CT 결선은 1차 전류와 2차 전류의 위상 및 크기를 동일하게 하기 위하여 변압기 결선과 반대로 한다.

변압기 결선	변류기 결선
Y - △	△ - Y
△ - Y	Y - △

▶출제년도 : 기사 21. ▶점수 : 3점

문2 버스 덕트 공사에서 취급자 이외의 자가 출입할 수 없도록 설비한 장소에서 버스 덕트를 조영재에 수직으로 설치하는 경우 최대 몇 [m] 이하의 간격으로 지지하여야 하는지 쓰시오.

● 답안작성

6[m]

● 해 설

버스 덕트 공사(KEC 232.61)
시설조건

1. 덕트 상호 간 및 전선 상호 간은 견고하고 또한 전기적으로 완전하게 접속할 것
2. 덕트를 조영재에 붙이는 경우에는 덕트의 지지점 간의 거리를 3[m](취급자 이외의 자가 출입할 수 없도록 설비한 곳에서 수직으로 붙이는 경우에는 6[m]) 이하로 하고 또한 견고하게 붙일 것
3. 덕트(환기형의 것을 제외한다)의 끝부분은 막을 것
4. 덕트는 접지공사를 할 것

▶ 출제년도 : 기사 21.   ▶ 점수 : 20점

문3 아래 그림은 22.9[kV] 배전선로의 내장주 건주공사도이다. 주어진 조건과 품셈을 이용하여 물음에 답하시오.

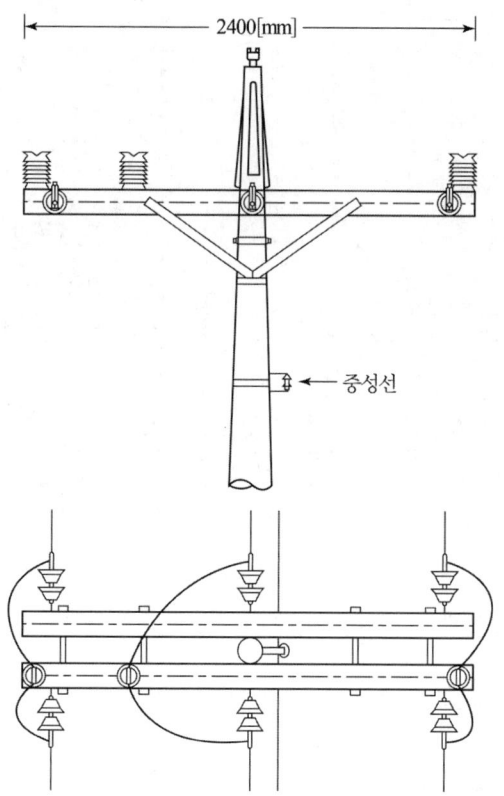

[조건]
1) 전주는 CP 16[m]이며, 전주용 근가는 1개 설치한다.
2) 중성선용 랙 및 지선밴드 설치는 고려하지 않는다.
3) 완철, 가공지선지지대, 애자는 주상설치 기준이며 지상조립이 불가능한 경우이다.
4) 공구손료는 노무비의 3[%]로 계산한다.
5) 직접노무비는 노무비 + 공구손료로 계산한다.
6) 간접노무비는 직접노무비의 15[%]로 계산한다.
7) 노임단가는 배전전공 336,973원, 보통인부 125,427원이다.
8) 인공은 소수점 넷째 자리까지 구한다.

9) 각 금액 계산 시 소수점 이하는 버린다.
10) 기타 조건은 무시한다.

[품셈 1]   콘크리트전주 인력 건주   (단위 : 본)

규격	배전전공	보통인부
8[m] 이하	0.89	1.01
10[m] 이하	1.10	1.39
12[m] 이하	1.52	1.60
14[m] 이하	1.95	2.29
16[m] 이하	2.70	2.76

[해설] ① 전주 길이의 1/6을 묻는 기준이며, 계단식 터파기, 되메우기 포함, 암반 터파기는 별도 계상
② 근가 1본 포함, 1본 추가마다 10[%] 가산
③ 지주공사는 건주공사 적용
④ 주입목주는 콘크리트전주의 50[%], 불주입목주는 콘크리트전주의 40[%]
⑤ H주 건주 200[%], A주 건주 160[%]
⑥ 3각주 건주 300[%], 4각주 건주 400[%]
⑦ 단계주 및 인자형 계주의 건주는 각각의 단주 건주품을 합한 품 적용
⑧ 주의표 및 번호표 설치시 1매당 보통인부 0.068인, 기입만 할 때는 전기공사산업기사 0.043인 계상
⑨ 조립식 강관주도 본 품을 적용하며, 조립 후의 전장길이를 기준으로 한다. 단, 16[m] 초과 시 [m]당 배전전공 0.56[인], 보통인부 0.59[인]을 가산하며, 1m 미만은 사사오입한다.
⑩ 철거 50[%], 재사용 철거 80[%]

[품셈 2]   ㄱ형 완철 및 피뢰선(가공지선) 지지대 주상설치

규격	배전전공	보통인부
ㄱ형 완철 1[m] 이하	0.05	0.05
ㄱ형 완철 2[m] 이하	0.06	0.06
ㄱ형 완철 3[m] 이하	0.07	0.07
ㄱ형 완철 3[m] 초과	0.09	0.09
가공지선지지대 (내장용 및 직선용)	0.10	0.05

[해설] ① ㄱ형 완철 설치 기준, 경완철 80[%]
② Arm Tie 설치 포함
③ 편출공사 120[%]
④ 지상조립 75[%](공동설치 과다 개소, 수목접촉 개소, 공간협소 개소 등 지장물 및 안전 위해 요소로 지상조립이 불가능한 경우 제외)
⑤ 피뢰선 지지대 철거 50[%], 재사용 철거 80[%]
⑥ 철거 30[%], 재사용 철거 50[%]
⑦ 단일형 내장완철의 경우 ㄱ형 완철에 준함

[품셈 3]   배전용 애자 설치   (단위 : 개)

종별	배전전공	보통인부
라인포스트애자	0.046	0.046
현수애자	0.032	0.032
내오손 결합애자	0.025	0.025
저압용 인류애자	0.020	−

[해설] ① 애자 교체 150[%]
② 특고압 편애자는 라인포스트 애자에 준함
③ 철거 50[%], 재사용 철거 80[%]
④ 동일 장소에 추가 1개마다 기본품의 45[%] 적용
⑤ 저압용 인류애자 지상조립 75[%](공동설치 과다 개소, 수목접촉 개소, 공간협소 개소 등 지장물 및 안전 위해요소로 지상조립이 불가능한 경우 제외)

(1) 재료의 수량을 답란에 채우시오.

품 명	규 격	단위	수량	비고
전주	CP 16[m]	본	1	
라인포스트애자		개	①	
특고압현수애자		개	②	
완철	경완철	개	③	
가공지선지지대		개	④	

(2) "(1)"항 재료들의 배전전공 및 보통인부의 총 공량[인]을 계산하시오.
  ① 배전전공
    • 계산 :   • 답 :
  ② 보통인부
    • 계산 :   • 답 :
(3) 노무비를 산출하시오.
  ① 노무비
    • 계산 :   • 답 :
  ② 공구손료
    • 계산 :   • 답 :
  ③ 간접노무비
    • 계산 :   • 답 :

● 답안작성

(1)

①	3	②	12
③	2	④	1

(2) ① **계산** : 배전전공 $= 2.7 \times 1 + 0.046(1 + 0.45 \times 2) + 0.032(1 + 0.45 \times 11)$
$\qquad\qquad\qquad + 0.07 \times 2 \times 0.8 + 1 \times 0.10 = 3.1898$[인]
  답 : 3.1898[인]
② **계산** : 보통인부 $= 2.76 \times 1 + 0.046(1 + 0.45 \times 2) + 0.032(1 + 0.45 \times 11)$
$\qquad\qquad\qquad + 0.07 \times 2 \times 0.8 + 1 \times 0.05$
$\qquad\qquad\quad = 3.1998$[인]
  답 : 3.1998[인]
(3) ① **계산** : 배전전공 $= 3.1898 \times 336,973 = 1,074,876$[원]
$\qquad\quad$ 보통인부 $= 3.1998 \times 125,427 = 401,341$[원]
$\qquad\quad$ 따라서 노무비 $= 1,074,876 + 401,341 = 1,476,217$[원]
  답 : 1,476,217[원]

② **계산** : 공구손료 = $1{,}476{,}217 \times 0.03 = 44{,}286$ [원]
　　답 : 44,286[원]
③ **계산** : 간접노무비 = $(1{,}476{,}217 + 44{,}286) \times 0.15 = 228{,}075$ [원]
　　답 : 228,075[원]

● 해 설
(2) 인공은 소수점 넷째 자리까지 구하고, 라인포스트 애자, 현수애자는 동일 장소에 추가 1개마다 기본품의 45[%] 적용한다.
　① 배전전공
　　– 전주(16[m] 이하) : $2.7 \times 1 = 2.7$[인]
　　– 라인포스트애자 : $0.046 \times [1 + 0.45(3-1)] = 0.0874$[인]
　　– 특고압현수애자 : $0.032 \times [1 + 0.45(12-1)] = 0.1904$[인]
　　– 완철(경완철) : $0.07 \times 2 \times 0.8 = 0.112$[인]
　　– 가공지선 지지대 : $0.1 \times 1 = 0.1$[인]
　　합계 = $2.7 + 0.0874 + 0.1904 + 0.112 + 0.1 = 3.1898$[인]
　② 보통인부
　　– 전주(16[m] 이하) : $2.76 \times 1 = 2.76$[인]
　　– 라인포스트애자 : $0.046 \times [1 + 0.45(3-1)] = 0.0874$[인]
　　– 특고압현수애자 : $0.032 \times [1 + 0.45(12-1)] = 0.1904$[인]
　　– 완철(경완철) : $0.07 \times 2 \times 0.8 = 0.112$[인]
　　– 가공지선지지대 : $0.05 \times 1 = 0.05$[인]
　　합계 = $2.76 + 0.0874 + 0.1904 + 0.112 + 0.05 = 3.1998$[인]
(3) 각 금액 계산 시 소수점 이하는 버린다.
　② 공구손료 = 노무비 × 0.03
　③ 직접노무비 = 노무비 + 공구손료
　　간접노무비 = 직접노무비 × 0.15

▶ 출제년도 : 기사 21, 22.　▶ 점수 : 4점

문4
KS C IEC 62305-3에 따른 피뢰시스템의 등급별 병렬 인하도선 사이의 최대 간격에 대한 표이다. 빈칸에 알맞은 답을 답란에 쓰시오.

피뢰시스템의 등급	간격 [m]
I	①
II	②
III	③
IV	④

● 답안작성

| ① | 10 | ② | 10 | ③ | 15 | ④ | 20 |

● 해 설
인하도선 시스템(KEC 152.2)
병렬 인하도선의 최대 간격은 피뢰시스템 등급에 따라 I · II 등급은 10[m], III 등급은 15[m], IV 등급은 20[m]로 한다.

▸출제년도 : 기사 21. ▸점수 : 5점

문5 한국전기설비규정에 의한 전선 및 케이블의 구분에 따른 배선설비의 공사방법에 대한 표이다. 다음 표의 비고를 활용하여 빈 칸을 채워 완성하시오. (단, 보호 도체 또는 보호 본딩 도체로 사용되는 절연전선은 제외한다.)

전선 및 케이블		공사방법		
		전선관 시스템	케이블 덕팅 시스템	애자공사
나전선		(①)	×	(④)
절연전선		(②)	○	○
케이블 (외장 및 무기질 절연물을 포함)	다심	○	(③)	△
	단심	○	○	(⑤)

[비고] ○ : 사용할 수 있다.
× : 사용할 수 없다.
△ : 적용할 수 없거나 실용상 일반적으로 사용할 수 없다.

● 답안작성

①	×	②	○	③	○
④	○	⑤	△		

● 해 설

전선 및 케이블의 구분에 따른 배선설비의 공사방법(KEC 232.2 배선설비 공사의 종류)

전선 및 케이블		공사방법						
		케이블공사			전선관 시스템	케이블 트렁킹 시스템 (몰드형, 바닥 매입형 포함)	케이블 덕팅 시스템	케이블 트레이 시스템 (레더, 브래킷 등 포함)	애자공사
		비고정	직접고정	지지선					
나전선		×	×	×	×	×	×	×	○
절연전선[b]		×	×	×	○	○[a]	○	×	○
케이블 (외장 및 무기질 절연물을 포함)	다심	○	○	○	○	○	○	○	△
	단심	△	○	○	○	○	○	○	△

○ : 사용할 수 있다.
× : 사용할 수 없다.
△ : 적용할 수 없거나 실용상 일반적으로 사용할 수 없다.
a : 케이블트렁킹 시스템이 IP4X 또는 IPXXD급의 이상의 보호조건을 제공하고, 도구 등을 사용하여 강제적으로 덮개를 제거할 수 있는 경우에 한하여 절연전선을 사용할 수 있다.
b : 보호 도체 또는 보호 본딩도체로 사용되는 절연전선은 적절하다면 어떠한 절연 방법이든 사용할 수 있고 전선관 시스템, 트렁킹 시스템 또는 덕팅 시스템에 배치하지 않아도 된다.

▸출제년도 : 기사 21. ▸점수 : 5점

문6 아래 그림과 같이 전선 지지점에 고저차가 없는 곳에 경간의 이도가 각각 1[m], 4[m]로 동일한 장력으로 전선이 가설되어 있다. 사고가 발생해 중앙의 지지점에서 전선이 떨어졌다면 전선의 지표상 최저 높이[m]를 구하시오.

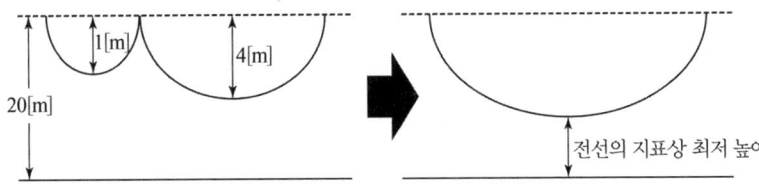

• 계산 : • 답 :

● 해 설

계산 : ① 이도 $D = \dfrac{WS^2}{8T}$ 에서 장력 $T = \dfrac{WS^2}{8D}$ 이다.

1[m]의 이도와 경간을 D_1, S_1, 4[m]의 이도와 경간을 D_2, S_2라고 하면, 동일한 장력의 전선이므로

$$\dfrac{WS_1^2}{8D_1} = \dfrac{WS_2^2}{8D_2}, \quad \dfrac{S_2}{S_1} = \sqrt{\dfrac{D_2}{D_1}} = \sqrt{\dfrac{4}{1}} = 2[m]$$

∴ $S_2 = 2S_1$

② 중간 지지점에서 전선이 떨어진 경우의 이도를 D_x라고 하면

$$D_x = \sqrt{\left(\dfrac{D_1^2}{S_1} + \dfrac{D_2^2}{S_2}\right)(S_1 + S_2)} = \sqrt{\left(\dfrac{1^2}{S_1} + \dfrac{4^2}{2S_1}\right)(S_1 + 2S_1)}$$

$$= \sqrt{\left(\dfrac{1^2}{1} + \dfrac{4^2}{2}\right)\dfrac{1}{S_1} \times (1+2)S_1} = 3\sqrt{3}\,[m]$$

따라서 전선의 지표상 최저 높이 H

$H = 20 - 3\sqrt{3} = 14.80[m]$

답 : 14.80[m]

● 답안작성

중간 지지점에서 전선이 떨어진 경우의 이도

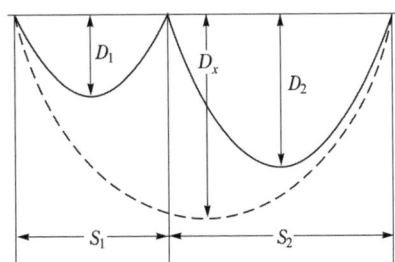

① 중간 지지점이 있는 경우, 전선의 길이 L

S_1 부분의 전선길이 $L_1 = S_1 + \dfrac{8D_1^2}{3S_1}$

S_2 부분의 전선길이 $L_2 = S_2 + \dfrac{8D_2^2}{3S_2}$

따라서, 전체 전선의 길이 L

$$L = L_1 + L_2 = (S_1 + S_2) + \dfrac{8}{3}\left(\dfrac{D_1^2}{S_1} + \dfrac{D_2^2}{S_2}\right)$$

② 중간 지지점이 없을 경우, 전선의 길이 L
$S = S_1 + S_2$

$$L = S + \dfrac{8D_x^2}{3S} = (S_1 + S_2) + \dfrac{8D_x^2}{3(S_1 + S_2)}$$

①과 ②의 길이는 서로 같으므로

$$\dfrac{8}{3}\left(\dfrac{D_1^2}{S_1} + \dfrac{D_2^2}{S_2}\right) = \dfrac{8D_x^2}{3(S_1 + S_2)}$$

따라서 중간 지지점에서 전선이 떨어진 경우의 이도 D_x

$$D_x^2 = \left(\dfrac{D_1^2}{S_1} + \dfrac{D_2^2}{S_2}\right)(S_1 + S_2)$$

▶출제년도 : 기사 21. ▶점수 : 5점

문7 345[kV] 송전선로를 설치하는 경우 지표상의 최소 높이[m]를 구하시오. (단, 철도를 횡단하는 경우이다.)

• 계산 :   • 답 :

● 답안작성

계산 : 단수 $= \dfrac{345 - 160}{10} = 18.5 \rightarrow 19$단

∴ 전선의 지표상 높이 $= 6.5 + 19 \times 0.12 = 8.78[m]$

답 : 8.78[m]

● 해 설

특고압 가공전선의 높이(KEC 333.7)

전압의 범위	일반 장소	도로 횡단	철도 또는 궤도 횡단	횡단보도교
35[kV] 이하	5[m]	6[m]	6.5[m]	4[m](특고압 절연전선 또는 케이블 사용)
35[kV] 초과 160[kV] 이하	6[m]	6[m]	6.5[m]	5[m](케이블 사용)
	산지 등에서 사람이 쉽게 들어갈 수 없는 장소 : 5[m] 이상			
160[kV] 초과	일반장소		가공전선의 높이 = 6 + 단수 × 0.12[m]	
	철도 또는 궤도 횡단		가공전선의 높이 = 6.5 + 단수 × 0.12[m]	
	산지		가공전선의 높이 = 5 + 단수 × 0.12[m]	

※ 단수 $= \dfrac{(\text{전압}[kV] - 160)}{10}$ … 단수 계산에서 소수점 이하는 절상

▶출제년도 : 기사 21. ▶점수 : 3점

문 8

한국전기설비규정에 따른 가연성 가스 등의 위험장소에서 금속관공사 시 유의사항에 대한 내용이다. 빈칸에 알맞은 내용을 쓰시오.

> 1. 관 상호 간 및 관과 박스 기타의 부속품·풀 박스 또는 전기기계기구와는 (①)턱 이상 나사 조임으로 접속하는 방법 또는 기타 이와 동등 이상의 효력이 있는 방법에 의하여 견고하게 접속할 것
> 2. 전동기에 접속하는 부분으로 가요성을 필요로 하는 부분의 배선에는 (②)의 방폭형 또는 안전 증가 방폭형의 유연성 부속을 사용할 것

● 답안작성

① 5, ② 내압

● 해 설

가연성 가스 등의 위험장소(가스증기 위험장소)(KEC 242.3)

가연성 가스 또는 인화성 물질의 증기가 누출되거나 체류하여 전기설비가 발화원이 되어 폭발할 우려가 있는 곳에 있는 저압 옥내 전기설비는 다음에 따르고, 또한 위험의 우려가 없도록 시설하여야 한다.
1. 저압 옥내배선 등은 금속관공사 또는 케이블공사에 의할 것
2. 금속관공사에 의하는 때에는 다음에 의할 것
   ① 관 상호 간 및 관과 박스 기타 부속품·풀 박스 또는 전기기계기구와는 5턱 이상 나사 조임으로 접속할 것
   ② 전동기에 접속하는 부분으로 가요성을 필요로 하는 부분의 배선에는 방폭의 부속품 중 내압의 방폭형 또는 안전증가 방폭형의 유연성 부속을 사용할 것
3. 이동 전선은 접속점이 없는 0.6/1[kV] EP 고무절연 클로로프렌 캡타이어 케이블을 사용하고, 또한 손상을 받을 우려가 없도록 시설할 것

▶출제년도 : 기사 14. 21. ▶점수 : 6점

문 9

가로 12[m], 세로 18[m], 천장높이 3[m], 작업면 높이 0.8[m]인 곳에 작업면의 조도를 500[lx]로 하기 위하여 형광등 1등의 광속이 2,750[lm]인 40[W] 형광등을 설치하고자 한다. 다음 물음에 답하시오. (단, 감광보상률 1.3, 조명률 63[%]이다.)

(1) 실지수를 계산하시오.
  • 계산 :   • 답 :
(2) 설치 등기구(형광등) 수량을 구하시오.
  • 계산 :   • 답 :
(3) 공간비율(Cavity Ratio)을 구하시오.
  • 계산 :   • 답 :

● 답안작성

(1) 계산 : $K = \dfrac{X \cdot Y}{H(X+Y)} = \dfrac{12 \times 18}{(3-0.8)(12+18)} = 3.27$ 답 : 3.27

(2) 계산 : $N = \dfrac{500 \times 12 \times 18 \times 1.3}{2,750 \times 0.63} = 81.04$ 답 : 82[등]

(3) 계산 : 공간비율 $CR = \dfrac{5 \times 3 \times (12+18)}{12 \times 18} = 2.08$ 답 : 2.08

● 해 설

(2) $FUN = EAD$에서 $N = \dfrac{EAD}{FU}$

(3) 공간비율 $CR = \dfrac{5h \times (공간의\ 길이 + 공간의\ 폭)}{공간의\ 면적}$

▸ 출제년도 : 기사 14, 16, 20, 21, 24.   ▸ 점수 : 6점

문10 다음 철탑의 명칭을 쓰시오.

(1) 　　(2) 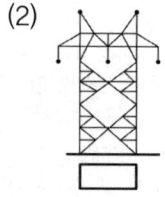　　(3)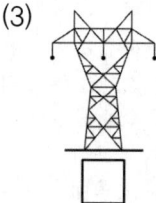

(4) 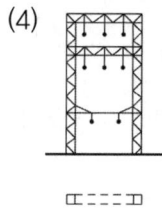　　(5) 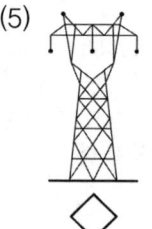　　(6)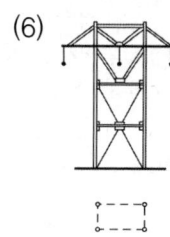

● 답안작성

① 사각 철탑　② 방형 철탑　③ 우두형 철탑　④ 문형 철탑　⑤ 회전형 철탑　⑥ MC 철탑

▸ 출제년도 : 기사 02, 07, 18, 21.   ▸ 점수 : 5점

문11 장간형 현수애자 조립방법이다. 그림에서 1, 2, 3, 4, 5의 명칭을 답하시오.

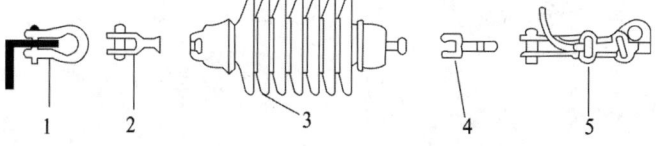

● 답안작성

1. 앵커쇄클　　2. 볼크레비스　　3. 장간형 현수애자
4. 소켓아이　　5. 데드 엔드 클램프

▸출제년도 : 기사 21. ▸점수 : 3점

문12 정전이나 전원에 이상 상태가 발생하였을 때 정상적으로 전력을 부하 측에 즉시 공급하는 설비의 명칭을 쓰시오.

● 답안작성

무정전 전원장치

● 해 설

무정전 전원장치(UPS : Uninterruptible Power Supply)
축전지, 정류 장치(Converter)와 역변환 장치(Inverter)로 구성되어 있으며 선로의 정전이나 입력 전원에 이상 상태가 발생하였을 때 정상적으로 전력을 부하 측에 즉시 공급하는 설비이다.

▸출제년도 : 08. 18. 21. ▸점수 : 4점

문13 장주의 종류에서 수평배열에 해당하는 장주 3종류와 수직배열에 해당하는 장주 1종류를 쓰시오.

● 답안작성

1) 수평배열 : ① 보통장주 ② 창출장주 ③ 편출장주
2) 수직배열 : ① 랙크장주

● 해 설

이외에도 수직배열에서 ② D형 랙크장주

▸출제년도 : 기사 21. 24. ▸점수 : 10점

문14 전동기 Y-△ 기동 운전 제어회로도이다. 다음 물음에 답하시오.

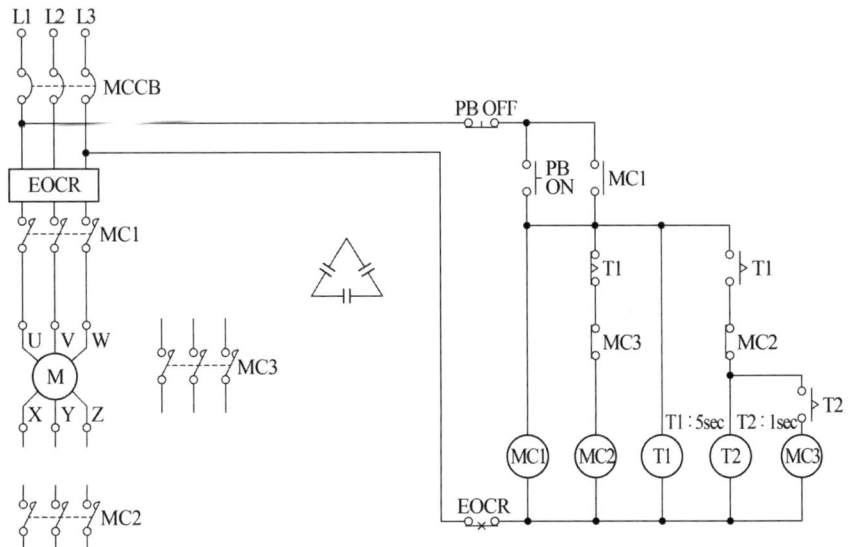

(1) Y-△ 기동 운전이 가능하고, 역률이 개선될 수 있도록 위의 회로도를 완성하시오.
(2) 회로도를 보고 아래의 타임차트를 완성하시오.
   (단, 누름버튼스위치 PB의 신호는 PB를 누르는 동작을 의미하며 보조 접점의 시간 지연은 무시한다.)

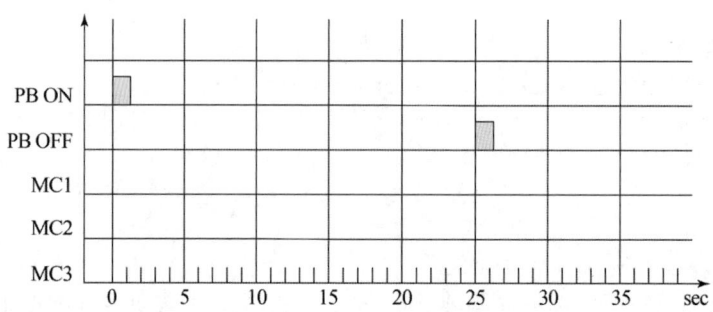

● 답안작성

(1)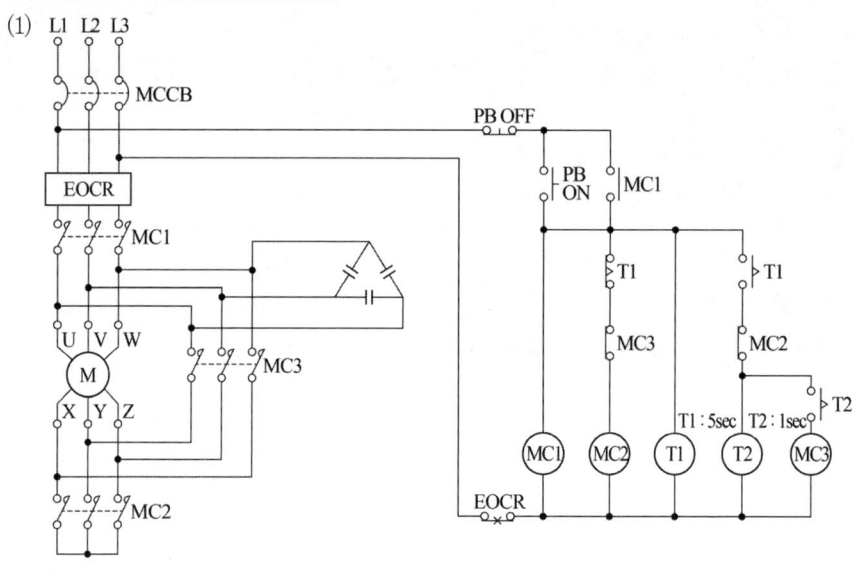

(2)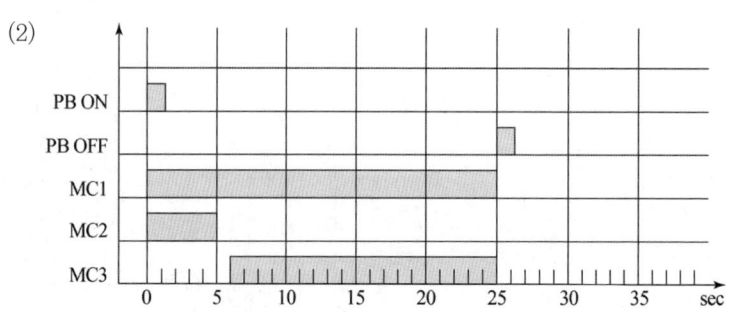

▸출제년도 : 기사 17. 21.   ▸점수 : 4점

문15 다음 변압기의 내부 고장 검출을 위한 기기의 명칭을 쓰시오.
① 96B :
② 96P :
③ 33Q :

● 답안작성

① 96B : 부흐홀츠 계전기
② 96P : 충격압력 계전기
③ 33Q : 유면검출장치

▸출제년도 : 기사 91. 92. 96. 98. 04. 15. 21.   ▸점수 : 4점

문16 3상 4선식 380/220[V] 구내배선 긍장이 60[m], 부하의 최대 전류는 200[A]인 배선에서 대지 전압의 전압 강하를 최대 5[V]로 하고자 한다. 이때 사용되는 전선의 공칭 단면적 [mm^2]을 다음 표에서 산정하시오.

전선의 공칭 단면적[mm^2]						
10	16	25	35	50	70	95

• 계산 :   • 답 :

● 답안작성

계산 : $A = \dfrac{17.8LI}{1,000e_1} = \dfrac{17.8 \times 60 \times 200}{1,000 \times 5} = 42.72[\text{mm}^2]$

답 : 50[mm^2]

● 해 설

① 전압강하 계산

전기 방식		전압 강하		전선 단면적
단상 3선식 직류 3선식 3상 4선식	$e_1 = IR$	$e_1 = \dfrac{17.8LI}{1,000A}$		$A = \dfrac{17.8LI}{1,000e_1}$
단상 2선식 및 직류 2선식	$e_2 = 2IR = 2e_1$	$e_2 = \dfrac{35.6LI}{1,000A}$		$A = \dfrac{35.6LI}{1,000e_2}$
3상 3선식	$e_3 = \sqrt{3}IR = \sqrt{3}e_1$	$e_3 = \dfrac{30.8LI}{1,000A}$		$A = \dfrac{30.8LI}{1,000e_3}$

여기서, A : 전선의 단면적[mm^2]
e_2, e_3 : 각 선간의 전압 강하[V]
e_1 : 외측선 또는 각 상의 1선과 중성선 사이의 전압 강하[V]
L : 전선 1본의 길이[m]
C : 전선의 도전율(97[%])

② KSC IEC 전선규격
1.5, 2.5, 4, 6, 10, 16, 25, 35, 50, 70, 95, 120, 150, 185, 240, 300, 400, 500, 630[mm^2]

▶ 출제년도 : 기사 21.　▶ 점수 : 3점

문17 철탑 기초의 종류를 2가지만 쓰시오.

● 답안작성

직접기초, 말뚝기초

● 해 설

철탑의 기초
① 직접기초(역T형)
② 말뚝기초(파일기초)
③ Pier 기초
　・심형기초　・정통기초
④ Anchor기초
　・Rock anchor 기초　・Grillage 기초

2021년 2회 전기공사기사실기

문1 ACSR 58[mm²] 전선으로 전력을 공급하는 긍장 1[km]인 3상 2회선의 배전 선로가 있다. 부하설비의 증가로 상부에 가설된 전선을 ACSR 95[mm²]로 교체하고자 할 때 다음 각 물음에 답하시오.

[시설 조건]
① 노임단가 배전전공 361,000원, 보통인부 141,000원이다.
② 인공 산출 시 소수점 이하까지 모두 계산한다.
③ 간접노무비는 직접노무비의 15[%]로 계산한다.
　단, 소수점 이하는 절사한다.
④ 철거되는 전선은 재사용하는 것으로 한다.

표 1. 배전선 전선설치(가선)　　　　　　　　100[m]당

규　격	배전전공	보통인부
나경동선 14[mm²] 이하	0.10	0.05
22[mm²] 이하	0.16	0.08
38[mm²] 이하	0.26	0.13
60[mm²] 이하	0.38	0.19
100[mm²] 이하	0.54	0.27
150[mm²] 이하	0.66	0.33
200[mm²] 이하	0.72	0.36
200[mm²] 초과	0.76	0.38
ACSR, ASC 38[mm²] 이하	0.30	0.15
58[mm²] 이하	0.44	0.22
95[mm²] 이하	0.64	0.32
160[mm²] 이하	0.78	0.39
240[mm²] 이하	0.90	0.45

[해설] ① 1선당 인력작업 기준으로 전선 펴기, 당기기, 처짐정도조정 포함
　　　② 애자에 묶는 품 포함　　　③ 피복선 120[%]
　　　④ 기존 선로 상부 가설 120[%]　⑤ 장력조정 20[%], 주상이설 70[%]
　　　⑥ 가공피뢰선(가공지선) 80[%]　⑦ 재사용 전선 설치 110[%]
　　　⑧ [m]당으로 환산 시는 본품을 100으로 나누어 산출
　　　⑨ 철거 50[%], 재사용 철거 80[%]
　　　⑩ 기타 할증은 무시한다.

(1) 배전전공의 인공과 노임을 구하시오.
　• 계산 :　　　　　　　　　　　　• 답 :
(2) 보통인부의 인공과 노임을 구하시오.
　• 계산 :　　　　　　　　　　　　• 답 :
(3) 간접노무비를 구하시오.
　• 계산 :　　　　　　　　　　　　• 답 :

● 답안작성

(1) **계산** : • 배전전공 : $\dfrac{0.44}{100} \times 1000 \times 3 \times 1.2 \times 0.8 + \dfrac{0.64}{100} \times 1000 \times 3 \times 1.2 = 35.712[인]$

　　　　• 노　　임 : $35.712 \times 361,000 = 12,892,032[원]$

　답 : 인공 : 35.712[인], 노임 : 12,892,032[원]

(2) **계산** : • 보통인부 : $\dfrac{0.22}{100} \times 1000 \times 3 \times 1.2 \times 0.8 + \dfrac{0.32}{100} \times 1000 \times 3 \times 1.2 = 17.856[인]$

　　　　• 노　　임 : $17.856 \times 141,000 = 2,517,696[원]$

　답 : 인공 : 17.856[인], 노임 : 2,517,696[원]

(3) **계산** : • 직접 노무비 : $2,517,696 + 12,892,032 = 15,409,728[원]$

　　　　• 간접 노무비 : $15,409,728 \times 0.15 = 2,311,459[원]$

　답 : 2,311,459[원]

● 해　설

(1), (2) 인공 산출 시 소수점 이하까지 모두 계산한다.
① 2회선 중 상부 전선 1회선만 교체하는 공사임.
② ACSR 58[mm²] 철거

　배전전공 $= 0.44 \times \dfrac{1,000}{100} \times 3 \times 1.2 \times 0.8 = 12.672[인]$

　보통인부 $= 0.22 \times \dfrac{1,000}{100} \times 3 \times 1.2 \times 0.8 = 6.336[인]$

③ ACSR 95[mm²] 상부 가설

　배전전공 $= 0.64 \times \dfrac{1,000}{100} \times 3 \times 1.2 = 23.04[인]$

　보통인부 $= 0.32 \times \dfrac{1,000}{100} \times 3 \times 1.2 = 11.52[인]$

(3) 노무비 계산 시 소수점 이하는 절사한다.

▶ 출제년도 : 기사 21, 산업 10.　▶ 점수 : 3점

문2 22.9[kV-Y] 3상 4선식 선로의 전선을 수평으로 배열하기 위한 완금의 표준 규격(길이)을 쓰시오.

● 답안작성

2,400[mm]

● 해　설

완금의 표준길이　　　　　　　　　　　　　　　　　　　(단위[mm])

가선조수	특고압	고압 중부하	고압 경부하	저압
1조	900	–	–	–
2조	1,800	1,400	900	900
3조	2,400	1,800	1,400	1,400
4조	–	2,400	2,400	1,400
5~6조		2,600	2,600	

[주] 1) 1조 900은 경완철만 시공 가능
　　 2) 개폐기나 피뢰기 등을 설치할 경우, 장경간 또는 특수 장주의 경우 및 공사상 불가피한 경우에는 길이를 증가할 수 있다.

문3

▸출제년도 : 기사 21, 22. ▸점수 : 4점

한국전기설비규정에 따라 저압 전기설비에서 과전류차단기로 저압전로에 사용하는 주택용 배선차단기의 특성에 관한 표이다. 빈칸에 알맞은 내용을 쓰시오.

과전류트립 동작시간 및 특성(주택용 배선차단기)

정격전류의 구분	시 간	정격전류의 배수 (모든 극에 통전)	
		부동작 전류	동작 전류
63[A] 이하	60분	①	②
63[A] 초과	120분	1.13배	1.45배

● 답안작성

① 1.13배   ② 1.45배

● 해 설

보호장치의 특성(KEC 212.3.4)

① 과전류트립 동작시간 및 특성(산업용 배선차단기)

정격전류의 구분	시 간	정격전류의 배수 (모든 극에 통전)	
		부동작 전류	동작 전류
63[A] 이하	60분	1.05배	1.3배
63[A] 초과	120분	1.05배	1.3배

② 과전류트립 동작시간 및 특성(주택용 배선차단기)

정격전류의 구분	시 간	정격전류의 배수 (모든 극에 통전)	
		부동작 전류	동작 전류
63[A] 이하	60분	1.13배	1.45배
63[A] 초과	120분	1.13배	1.45배

문4

▸출제년도 : 기사 21. ▸점수 : 5점

전기안전관리법 시행규칙에 따라 자가용 전기설비(1,500[kW])의 신규 설치 시 공사계획신고서를 제출하여야 한다. 공사계획신고서의 첨부서류를 5가지만 쓰시오. (단, 부득이한 공사 및 원자력발전소의 경우가 아니다.)

● 답안작성

공사계획서, 기술자료, 설계도서, 공사공정표, 기술시방서

● 해 설

전기안전관리법 시행규칙 제4조(별지 제2호서식)
〈공사계획 신고서 및 변경신고서〉의 첨부서류
1. 공사계획서 1부
2. 전기설비의 종류에 따라 별표 2의 제2호에 따른 사항을 적은 서류 및 기술자료 1부
3. 「전력기술관리법」 제2조 제3호에 따른 설계도서 1부

4. 공사공정표 1부
5. 기술시방서 1부
6. 전기안전공사 사전기술검토서(제출대상기관이 산업통상자원부장관인 경우만 첨부한다) 1부
7. 「전력기술관리법」 제12조의2제4항에 따른 감리원 배치확인서(공사감리대상인 경우만 해당합니다). 다만, 전기안전관리자가 자체감리를 하는 경우에는 자체감리를 확인할 수 있는 서류 1부
8. 공사계획을 변경하는 경우에는 변경이유서 및 변경내용을 적은 서류 1부

문5

▶출제년도 : 기사 21. ▶점수 : 6점

다음의 논리식과 같은 기능의 유접점(시퀀스) 회로, 무접점(논리) 회로 및 타임차트를 작성하시오. (단, 입력은 A, B, C이며 수동 동작 후 자동 복귀되는 푸시 버튼이다. 또한 출력은 Y_A, Y_B, Y_C이다.)

논리식
$Y_A = Y_A \cdot \overline{Y_B} \cdot \overline{Y_C} + A$
$Y_B = Y_B \cdot \overline{Y_C} \cdot \overline{Y_A} + B$
$Y_C = Y_C \cdot \overline{Y_A} \cdot \overline{Y_B} + C$

(1) 유접점(시퀀스) 회로
(2) 무접점(논리) 회로
(3) 타임차트

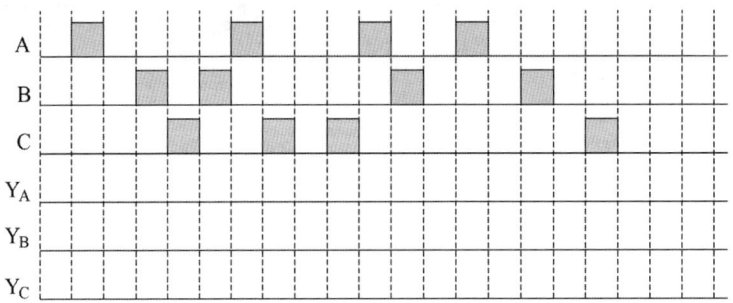

● 답안작성

(1)

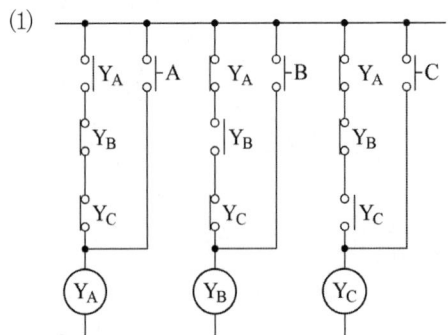

(2)

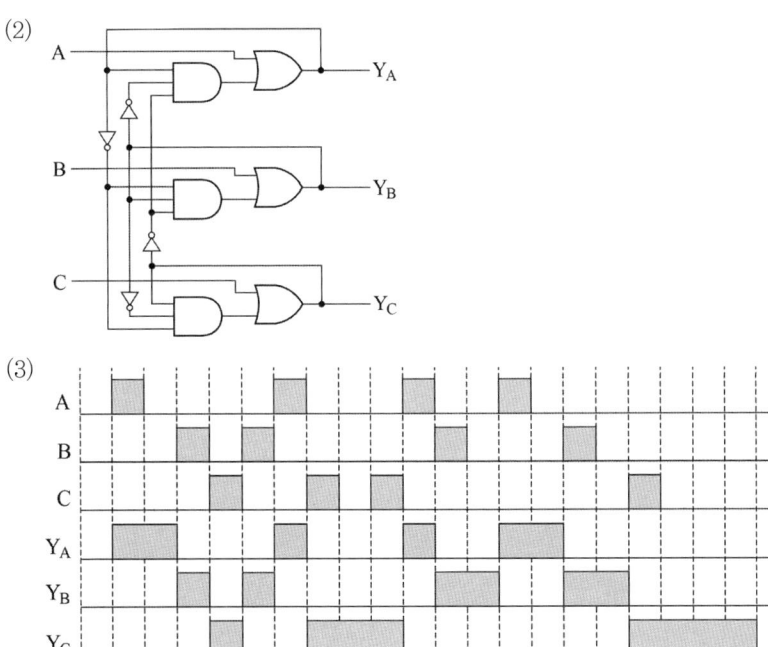

(3)

▸출제년도 : 기사 09, 15, 16, 20, 21. ▸점수 : 5점

문6 자동고장 구분 개폐기, DS, LA, PF, MOF, 접지, 수전용 변압기의 심벌을 이용하여 22.9[kV-Y], 1,000[kVA] 이하에 적용 가능한 특고압 간이 수전설비 표준결선도를 그리시오. (단, 인입구 및 부하를 반드시 표시하시오.)

● 답안작성

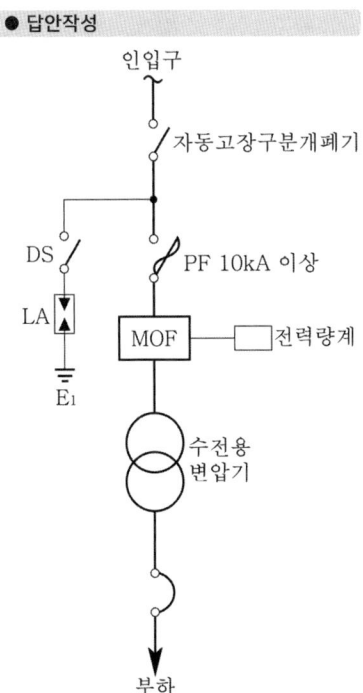

● 해 설
간이 수전 설비 표준 결선도

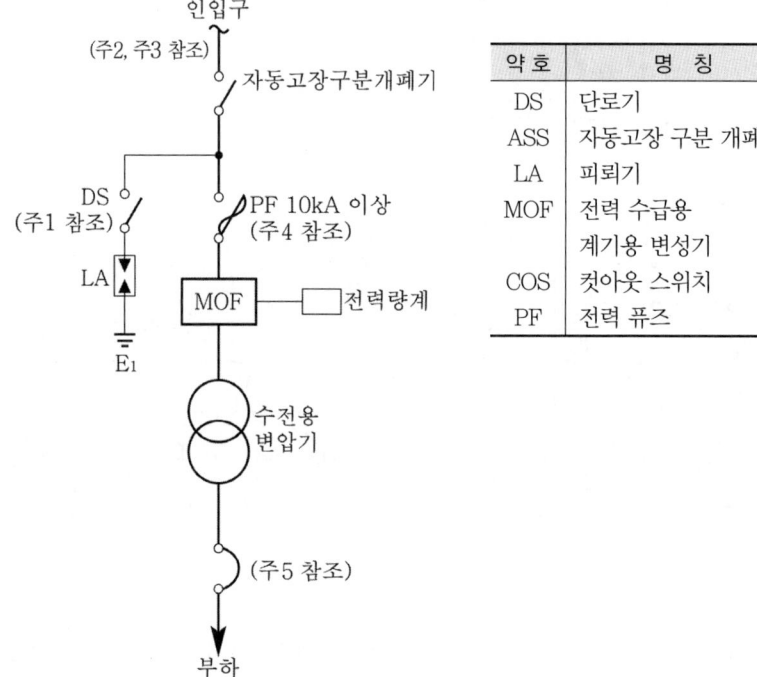

[주1] LA용 DS는 생략할 수 있으며 22.9[kV-Y]용의 LA는 Disconnector(또는 Isolator) 붙임형을 사용하여야 한다.
[주2] 인입선을 지중선으로 시설하는 경우로서 공동 주택 등 사고 시 정전 피해가 큰 수전 설비 인입선은 예비선을 포함하여 2회선으로 시설하는 것이 바람직하다.
[주3] 지중인입선의 경우에 22.9[kV-Y] 계통은 CNCV-W 케이블(수밀형) 또는 TR CNCV-W(트리억제형)을 사용하여야 한다. 다만, 전력구·공동구·덕트·건물 구내 등 화재의 우려가 있는 장소에서는 FR CNCO-W(난연) 케이블을 사용하는 것이 바람직하다.
[주4] 300[kVA] 이하인 경우 PF 대신 COS(비대칭 차단 전류 10[kA] 이상의 것)를 사용할 수 있다.
[주5] 간이 수전 설비는 PF의 용단 등에 의한 결상 사고에 대한 대책이 없으므로 변압기 2차 측에 설치되는 주차단기에는 결상 계전기 등을 설치하여 결상 사고에 대한 보호 능력이 있도록 함이 바람직하다.

문7 출제년도 : 기사 11. 21.   점수 : 4점

일반용 단심 비닐절연전선 2.5[mm²] 3본, 10[mm²] 3본을 넣을 수 있는 후강전선관의 최소 굵기[mm]를 다음 표를 참고하여 산정하고 관의 호칭으로 답하시오.

표 1. 전선(피복절연물을 포함)의 단면적

도체 단면적 [mm²]	전선의 단면적 [mm²]	비 고
1.5	9	전선의 단면적은 평균 완성 바깥지름의 상한값을 환산한 값이다.
2.5	13	
4	17	
6	21	
10	35	
16	48	

표 2. 절연전선을 금속관 내에 넣을 경우의 보정계수

도체 단면적 [mm²]	보정계수
2.5, 4	2.0
6, 10	1.2
16 이상	1.0

표 3. 후강 전선관의 내단면적의 32[%] 및 48[%]

관의 호칭[mm]	내단면적의 32[%] [mm²]	내단면적의 48[%] [mm²]
16	67	101
22	120	180
28	201	301
36	342	513
42	460	690

• 계산 :   • 답 :

● 답안작성

계산 : 보정 계수를 고려한 전선의 총 단면적 $= 13 \times 3 \times 2 + 35 \times 3 \times 1.2 = 204[\mathrm{mm}^2]$
따라서 표 3에서 내단면적의 32[%], 342[mm²]난의 36[호]로 선정한다.
답 : 36[호]

● 해 설

① 표 1에서 2.5[mm²]   3가닥 : $13 \times 3 = 39[\mathrm{mm}^2]$
　　　　　10[mm²]   3가닥 : $35 \times 3 = 105[\mathrm{mm}^2]$
② 표 2에서 보정 계수를 적용하면
　　$39 \times 2.0 + 105 \times 1.2 = 204[\mathrm{mm}^2]$
③ 전선관에 서로 다른 전선을 넣을 때는 전선관의 내단면적 32[%]를 적용
　　따라서, 표 3에서 내단면적의 32[%], 342[mm²]난의 36[호]로 선정한다.

▶ 출제년도 : 기사 99, 00, 01, 21, ▶ 점수 : 8점

문8 도면은 어떤 변전소 도면의 일부이다. 배전 변압기간 상호 부등률은 1.3이고, 부하의 역률 90[%]이다. 또한, STr의 %임피던스는 자기용량 기준 4.6[%], Tr_1, Tr_2, Tr_3의 %임피던스는 각각 자기용량 기준 10[%], 154[kV] BUS의 %임피던스는 10[MVA] 기준으로 0.4[%]이다. 다음 각 물음에 답하시오.

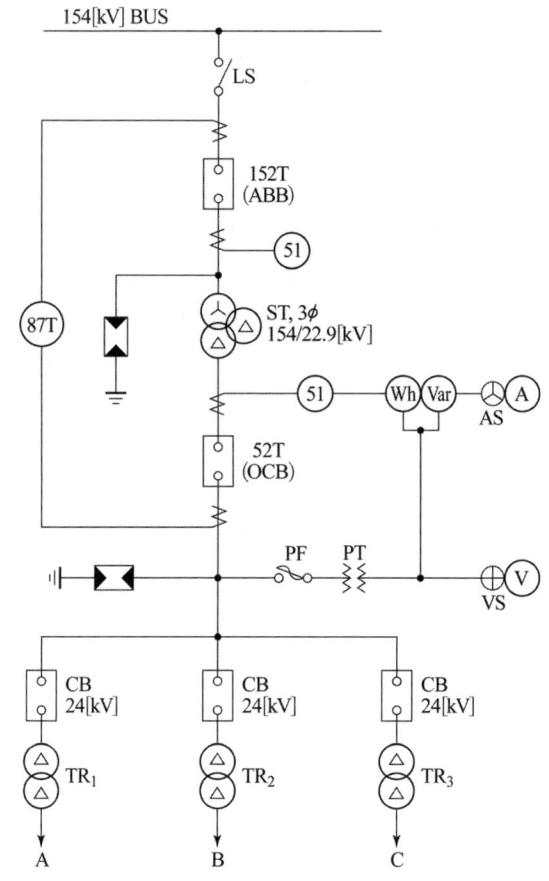

부 하	용 량	수용률	부등률
A	4,000[kW]	80[%]	1.3
B	3,000[kW]	84[%]	1.2
C	6,000[kW]	92[%]	1.1

154[kV] ABB 용량표[MVA]

2,000	3,000	4,000	5,000	6,000	7,000

22[kV] OCB 용량표[MVA]

200	300	400	500	600	700

154[kV] 변압기 용량표[kVA]

10,000	15,000	20,000	30,000	40,000	50,000

22[kV] 변압기 용량표[kVA]

2,000	3,000	4,000	5,000	6,000	7,000

(1) Tr₁, Tr₂, Tr₃의 변압기 용량[kVA]을 각각 위의 표에서 산정하시오.
   • 계산 :   • 답 :
(2) STr의 변압기 용량[kVA]을 위의 표에서 산정하시오.
   • 계산 :   • 답 :
(3) 차단기 152T의 용량[MVA]을 위의 표에서 산정하시오.
   • 계산 :   • 답 :
(4) 차단기 52T의 용량[MVA]을 위의 표에서 산정하시오.
   • 계산 :   • 답 :

● 답안작성

(1) 계산 : $Tr_1 = \dfrac{4{,}000 \times 0.8}{1.3 \times 0.9} = 2{,}735.04[kVA]$ 답 : 3,000[kVA]

   계산 : $Tr_2 = \dfrac{3{,}000 \times 0.84}{1.2 \times 0.9} = 2{,}333.33[kVA]$ 답 : 3,000[kVA]

   계산 : $Tr_3 = \dfrac{6{,}000 \times 0.92}{1.1 \times 0.9} = 5{,}575.76[kVA]$ 답 : 6,000[kVA]

(2) 계산 : $STr = \dfrac{2{,}735.04 + 2{,}333.33 + 5{,}575.76}{1.3} = 8{,}187.79[kVA]$ 답 : 10,000[kVA]

(3) 계산 : 단락용량 $P_s = \dfrac{100}{\%Z} \cdot P_n = \dfrac{100}{0.4} \times 10 = 2{,}500[MVA]$
   차단용량은 단락용량보다 커야 하므로 154[kV] ABB 용량표에서 3,000[MVA] 선정
   답 : 3,000[MVA]

(4) 계산 : 단락용량 $P_s = \dfrac{100}{\%Z} \cdot P_n = \dfrac{100}{0.4 + 4.6} \times 10 = 200[MVA]$
   차단용량은 단락용량보다 커야 하므로 22[kV] OCB 용량표에서 200[MVA] 선정
   답 : 200[MVA]

● 해 설

(1) 수전설비용량 ≥ 합성최대 수용전력 = $\dfrac{설비용량[kVA] \times 수용률}{부등률}$

   $= \dfrac{설비용량[kW] \times 수용률}{부등률 \times 역률}[kVA]$

(2) 계전기 고유번호
   • 87 : 전류차동계전기(비율차동계전기)
   • 87B : 모선보호 차동계전기
   • 87G : 발전기용 차동계전기
   • 87T : 주변압기 차동계전기

▶출제년도 : 기사 21.   ▶점수 : 5점

문9 자동고장구분개폐기(ASS)의 동작기능을 3가지만 쓰시오.

● 답안작성

① 고장구간을 자동 개방
② 전부하상태에서 자동 또는 수동 투입 및 개방
③ 과부하 및 고장전류 검출

● 해 설

자동 고장 구분 개폐기(ASS : Automatic Section Switch)
(1) 사용목적
   ASS는 과부하 및 이상전류에 대하여 자동차단되는 과부하 보호기능을 가지고 있으며, 수전설비 인입구에 설치되어 수용가의 구내 고장이 배전선로에 파급되는 것을 방지하기 위하여 사용된다.
(2) 동작특성
   ① 고장구간을 자동 개방
      ASS는 수용가 인입구에 설치되어 공급선로의 타 보호기기(Recloser, CB 등)와 협조하여 고장구간을 신속, 정확하게 분리함으로써 파급사고를 방지
   ② 전부하 상태에서 자동 또는 수동 투입 및 개방
   ③ 과부하 및 고장전류 검출
      • 900[A]의 차단능력을 가지고 있으며, 800[A] 미만의 과부하 및 이상전류에 대해서는 자동차단되어 과부하 보호기능을 가지고 있다.
      • 900[A] 이상의 고장전류가 검출되면 제어함에 의하여 개폐기는 Lock되고 전원측의 보호차단기, 변전소 차단기 또는 선로 Recloser가 1회 순시동작하여 선로가 무전압 상태가 되면 ASS가 개방되어 고장점을 자동 분리한다.

▸출제년도 : 기사 21, 22.   ▸점수 : 6점

문10 다음 그림의 터파기 계산방법을 수식으로 쓰시오.

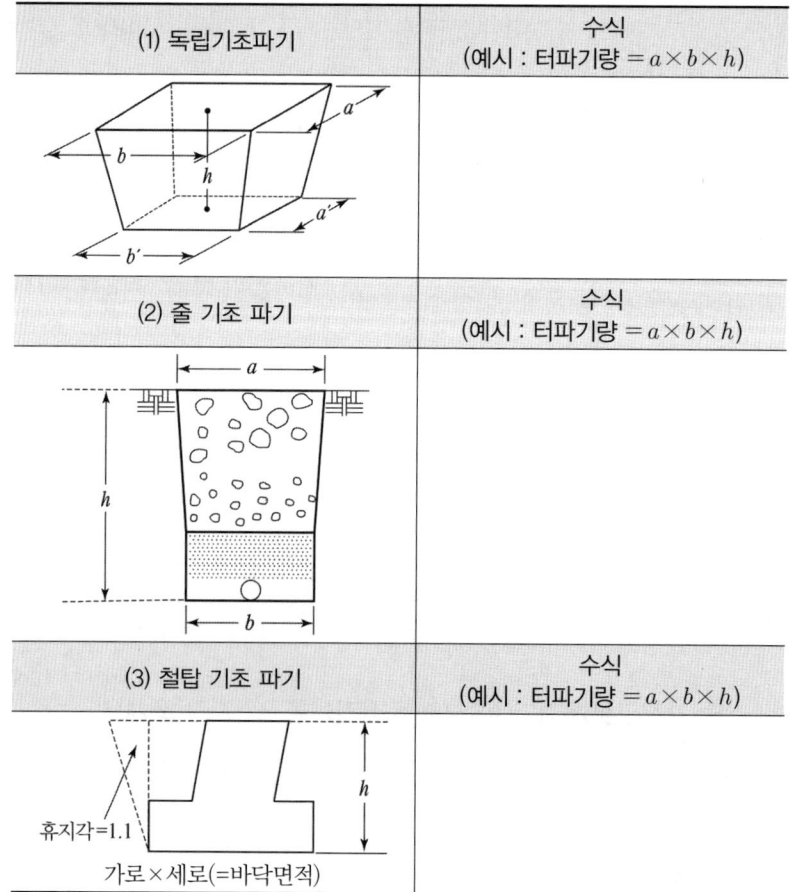

● 답안작성

(1) **독립 기초 파기** : 터파기량 $= \dfrac{h}{6}\{(2a+a')b+(2a'+a)b'\}$

(2) **줄 기초 파기** : 터파기량 $= \left(\dfrac{a+b}{2}\right)h \times$ 줄 기초 길이

(3) **철탑 기초 파기** : 터파기량 $=$ 가로$\times$세로$\times h \times 1.21$

● 해 설

(3) 휴지각 $= 1.1 \times 1.1 = 1.21$

▶ 출제년도 : 기사 17, 21,   ▶ 점수 : 5점

문 11 전주의 지선과 지하에 매설되는 지선근가와의 연결용으로 사용하는 기자재의 명칭을 쓰시오.

● 답안작성

지선로드

● 해 설

특고압 가공전선로 각부 명칭

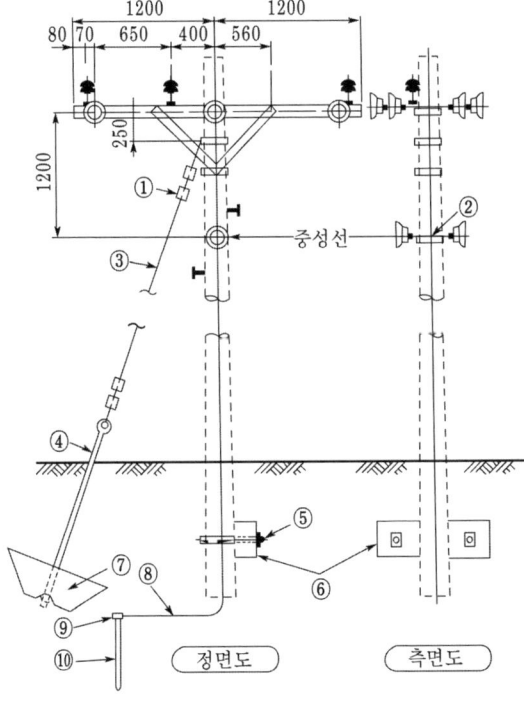

① 지선 클램프
② 랙 밴드
③ 지선
④ 지선로드
⑤ 근가용 U볼트
⑥ 근가
⑦ 지선 근가
⑧ 접지 전선
⑨ 접지 동봉용 클램프
⑩ 접지 동봉

▸ 출제년도 : 기사 12, 21.   ▸ 점수 : 6점

문12
전선 지지점간 고도차(h_1, h_2)가 있는 경우이다. 그림과 같이 수평하중 경간 $S_1 = 300$[m], $S_2 = 400$[m]이고 수직하중 경간 중 $a_1 = 250$[m], $a_2 = 150$[m]일 때 수평하중 경간과 수직하중 경간을 구하시오.

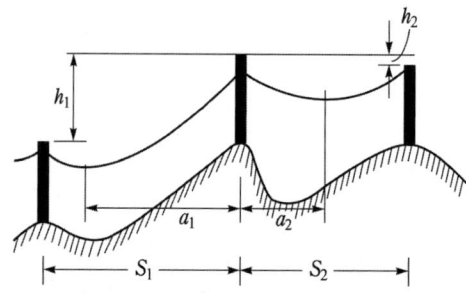

(1) 수평하중 경간
  • 계산 :   • 답 :
(2) 수직하중 경간
  • 계산 :   • 답 :

● 답안작성

(1) **계산** : 수평하중 경간 $S = \dfrac{S_1 + S_2}{2} = \dfrac{300 + 400}{2} = 350$[m]

   답 : 350[m]

(2) **계산** : 수직하중 경간 $S = a_1 + a_2 = 250 + 150 = 400$[m]

   답 : 400[m]

● 해 설

(1) 수평하중 경간 : 한 지지물의 중심에서 양측에 있는 지지물의 중심점간의 거리를 합하여 이것을 평균한 거리를 말한다. 수평하중 경간은 전선의 풍압력 계산에 사용되며 다음과 같이 구한다.
$$S = \dfrac{S_1 + S_2}{2}$$

(2) 수직하중 경간 : 한 지지물의 중심점에서 양측 경간에 가선된 전선의 최대이도점 간의 양측 거리를 말하며 전선의 무게를 계산하여 철탑의 수직하중에 적용하며 다음과 같이 구한다.
$$S = a_1 + a_2$$

▸ 출제년도 : 기사 10, 18, 20, 21.   ▸ 점수 : 5점

문13
한국전기설비규정에 의한 지중전선로의 케이블 시설방법 3가지를 쓰시오.

● 답안작성

직접 매설식, 관로식, 암거식

● 해 설

지중전선로의 시설(KEC 334.1)
지중 전선로는 전선에 케이블을 사용하고 또한 관로식·암거식(暗渠式) 또는 직접 매설식에 의하여 시설하여야 한다.

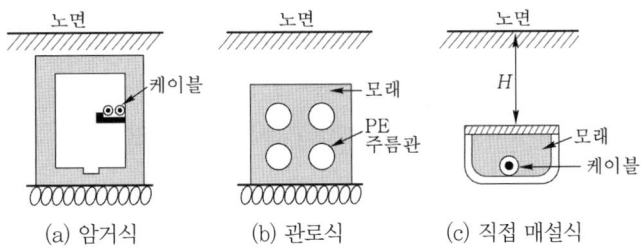

(a) 암거식   (b) 관로식   (c) 직접 매설식

▶출제년도 : 기사 21.   ▶점수 : 4점

문 14

한국전기설비규정에 따른 점멸기의 시설에 관한 내용이다. 다음 빈칸에 알맞은 내용을 쓰시오.

다음의 경우에는 센서등(타임스위치 포함)을 시설하여야 한다.
(1) 「관광 진흥법」과 「공중위생관리법」에 의한 관광숙박업 또는 숙박업(여인숙업을 제외한다.)에 이용되는 객실의 입구등은 (①)분 이내에 소등되는 것
(2) 일반주택 및 아파트 각 호실의 현관등은 (②)분 이내에 소등되는 것

● 답안작성

(1) 1   (2) 3

● 해 설

점멸기의 시설(KEC 234.6)
점멸기는 다음에 의하여 설치하여야 한다.
1. 점멸기는 전로의 비접지측에 시설하고 분기개폐기에 배선용차단기를 사용하는 경우는 이것을 점멸기로 대용할 수 있다
2. 욕실 내는 점멸기를 시설하지 말 것
3. 가정용 전등은 매 등기구마다 점멸이 가능하도록 할 것
4. 다음의 경우에는 센서등(타임스위치 포함)을 시설하여야 한다.
   가. 관광숙박업 또는 숙박업(여인숙업을 제외한다)에 이용되는 객실의 입구등은 1분 이내에 소등되는 것
   나. 일반주택 및 아파트 각 호실의 현관등은 3분 이내에 소등되는 것

▶출제년도 : 기사 95. 10. 13. 17. 21. 산업 95.   ▶점수 : 3점

문 15

부하의 설비용량이 400[kW], 수용률 70[%], 부하율 70[%]의 수용가가 있다. 1개월(30일) 동안의 사용전력량[kWh]을 구하시오.

• 계산 :   • 답 :

● 답안작성

계산 : 평균 전력 $P = 400 \times 0.7 \times 0.7 = 196[\text{kW}]$
       따라서 사용전력량 $W = 196 \times 24 \times 30 = 141,120[\text{kWh}]$
답 : 141,120[kWh]

● 해 설

• 평균전력 = 부하율×최대전력 = 부하율×설비용량×수용률
• 사용전력량 = 평균전력×사용시간

▶출제년도 : 기사 99, 00, 02, 06, 10, 12, 19, 21, 23, 24. ▶점수 : 5점

문16 비상용 조명부하 40[W] 120등, 60[W] 50등의 합계 7,800[W]가 있다. 방전시간 30분, 축전지 HS형 54[cell], 허용최저전압 90[V], 최저축전지온도 5[℃]일 때의 축전지 용량 [Ah]을 구하시오.(단, 전압은 100[V]이고, 용량환산시간 $K=1.22$이다. 축전지의 보수율 $L=0.8$이다.)

• 계산 :   • 답 :

● 답안작성

계산 : 부하 전류 $I = \dfrac{P}{V} = \dfrac{7,800}{100} = 78[A]$

∴ 축전지 용량 : $C = \dfrac{1}{L}KI = \dfrac{1}{0.8} \times 1.22 \times 78 = 118.95[Ah]$

답 : 118.95[Ah]

● 해 설

$C = \dfrac{1}{L}KI[Ah]$

여기서, C : 축전지 용량[Ah], L : 보수율(경년용량저하율)
K : 용량환산시간계수, I : 방전전류[A]

▶출제년도 : 기사 00, 04, 18, 21. ▶점수 : 5점

문17 철탑 기초 공사에서 각입이란 무엇인지 간단히 쓰시오.

● 답안작성

철탑 기초재와 주각재, 앵커재를 조립 후 소정의 콘크리트 블록 위에 설치하는 것

▶출제년도 : 기사 07, 21. ▶점수 : 6점

문18 진상용(전력용) 커패시터는 수용가의 구내계통, 부하 조건에 따라 설치 효과, 보수, 점검, 경제성 등을 검토하여 설치된다. 진상용(전력용) 커패시터의 설치 방법(위치 등)을 3가지만 쓰시오.

● 답안작성

① 고압측에 설치하는 방법
② 저압측에 일괄해서 설치하는 방법
③ 저압측 각 부하에 개별적으로 설치하는 방법

▶출제년도 : 기사 17, 21. ▶점수 : 5점

문19 지선의 시설목적을 3가지만 쓰시오.

● 답안작성

① 지지물의 강도를 보강하고자 할 경우
② 전선로의 안전성을 증대하고자 할 경우
③ 불평형 하중에 대한 평형을 이루고자 할 경우

● 해 설

이외에 ④ 전선로가 건조물 등과 접근할 때 보안상 필요한 경우

문20 ▸출제년도 : 기사 12. 15. 21. ▸점수 : 4점

PT 및 CT를 조합한 경우의 3상3선식 전력량계의 결선도를 접지를 포함하여 완성하시오.

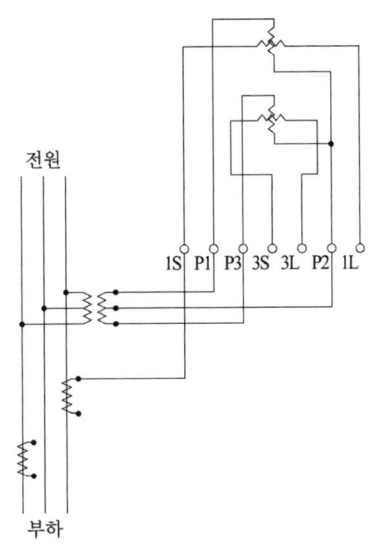

● 답안작성

2021년 4회 전기공사기사실기

문1 ▶출제년도 : 기사 21. ▶점수 : 4점

다음의 절연전선 및 케이블에 해당하는 기호를 각각 쓰시오.

종 류	기 호
인입용 비닐절연전선 2개 꼬임	DV 2R
인입용 비닐절연전선 2심 평행	①
옥외용 비닐절연전선	②
0.6/1[kV] 비닐절연 비닐캡타이어 케이블	③
450/750[V] 저독성 난연 가교폴리올레핀 절연전선	④

● 답안작성

① DV 2F
② OW
③ 0.6/1[kV] VCT
④ 450/750[V] HFIX

문2 ▶출제년도 : 기사 21. ▶점수 : 6점

한국전기설비규정에 따라 시가지 등에 시설되는 사용전압 170[kV] 이하인 특고압 가공전선로의 경간 제한에 대한 표이다. 다음 표의 빈칸을 채워 완성하시오.

지지물의 종류	경 간
A종 철주 또는 A종 철근 콘크리트주	(①)[m] 이하
B종 철주 또는 B종 철근 콘크리트주	(②)[m] 이하
철탑	400[m] 이하(단주인 경우에는 300[m] 이하) 다만, 전선이 수평으로 2 이상 있는 경우에 전선 상호 간의 간격이 4[m] 미만인 때에는 (③)[m] 이하

● 답안작성

① 75 ② 150 ③ 250

● 해 설

시가지 등에서 특고압 가공전선로의 시설(KEC 333.1)
특고압 가공전선로의 경간은 표에서 정한 값 이하일 것.

지지물의 종류	경 간
A종 철주 또는 A종 철근 콘크리트주	75[m]
B종 철주 또는 B종 철근 콘크리트주	150[m]
철탑	400[m](단주인 경우에는 300[m]) 다만, 전선이 수평으로 2이상 있는 경우에 전선 상호 간의 간격이 4[m] 미만인 때에는 250[m]

문 3

▶출제년도 : 기사 18, 21. ▶점수 : 6점

변압기 보호에 사용되는 부흐홀츠(Buchholz) 계전기의 작동 원리와 설치 위치에 대하여 설명하시오.
(1) 작동 원리 :
(2) 설치 위치 :

● 답안작성

(1) 작동 원리 : 변압기 본체 탱크 내에 발생한 가스 또는 이에 따른 유류를 검출하여 변압기 내부 고장을 검출
(2) 설치 위치 : 변압기 본체와 콘서베이터 사이에 설치

문 4

▶출제년도 : 기사 21, 산업 14. ▶점수 : 6점

한국전기설비규정에서 정하는 수중조명등에 대한 내용이다. 빈칸에 알맞은 내용을 쓰시오.

수영장 기타 이와 유사한 장소에 사용하는 수중 조명등에 전기를 공급하기 위해서는 절연변압기를 사용하고, 그 사용전압은 다음에 의하여야 한다.
(1) 절연변압기의 1차 측 전로의 사용전압은 (①)[V] 이하일 것
(2) 절연변압기의 2차 측 전로의 사용전압은 (②)[V] 이하일 것

● 답안작성

① 400
② 150

● 해 설

수중조명등 사용전압(KEC 234.14)
수영장 기타 이와 유사한 장소에 사용하는 조명등에 전기를 공급하기 위해서는 절연변압기를 사용하고, 그 사용전압은 다음에 의하여야 한다.
① 절연변압기의 1차 측 전로의 사용전압은 400[V] 이하일 것
② 절연변압기의 2차 측 전로의 사용전압은 150[V] 이하일 것

문 5

▶출제년도 : 08, 21. ▶점수 : 4점

다음은 전기부문 표준품셈에 명시된 활선 근접작업에 대한 설명이다. 빈칸에 알맞은 말을 쓰시오.

활선근접작업이란 나도체(22.9[kV], ACSR-OC 절연전선 포함) 상태에서 이격거리 이내에 근접하여 작업함을 말하며, AC (①)[V] 이상 (②)[V] 미만, DC (③)[V] 이상 (④)[V] 미만은 절연물로 피복된 경우 나도체된 부분으로부터 이격거리 이내에서 작업할 때를 말한다.

● 답안작성

① 60 ② 1,000
③ 60 ④ 1,500

▶ 출제년도 : 기사 21. ▶ 점수 : 6점

문6 철탑 조립공사에 적용되고 있는 조립공법을 3가지만 쓰시오.

● 답안작성
① 조립봉 공법
② 이동식 크레인 공법
③ 철탑 크레인 공법

● 해 설
철탑 조립공법의 종류
① 조립봉 공법 : 철탑의 주주 1각(Single Pier)에 목재 혹은 강재 조립봉을 부착하고 부재를 들어 올려 조립하는 공법으로서 비교적 소형 철탑에 적합
② 이동식 크레인 공법 : 이동 가능한 트럭 크레인, 크롤러 크레인을 사용하여 철탑을 조립하는 공법
③ 철탑 크레인 공법 : 철탑 중심부에 철주를 구축하고 그 꼭대기에 360° 선회가 가능한 철탑크레인을 장착하여 철탑을 조립하는 공법
④ 헬기공법 : 지상 조립한 부재를 헬기를 이용해서 조립하는 공법

▶ 출제년도 : 기사 21. 산업 93. 08. 22. ▶ 점수 : 6점

문7 전기공사의 공사원가 비목이 다음과 같이 구성되었을 경우 아래 표를 참고하여 일반관리비와 이윤을 구하시오. (단, 원가계산에 의한 예정가격 작성이며 일반관리비와 이윤은 최댓값으로 계상한다.)

- 재료비 소계 : 80,000,000원
- 노무비 소계 : 40,000,000원
- 경비 소계 : 25,000,000원

종합공사		전문·전기·정보통신·소방 및 기타 공사	
공사 원가	일반관리비율[%]	공사 원가	일반관리비율[%]
50억 원 미만	6.0	5억 원 미만	6.0
50억 원~300억 원 미만	5.5	5억 원~30억 원 미만	5.5
300억 원 이상	5.0	30억 원 이상	5.0

(1) 일반관리비
- 계산 :
- 답 :

(2) 이윤
- 계산 :
- 답 :

● 답안작성
(1) **계산** : 일반 관리비 = $(80,000,000 + 40,000,000 + 25,000,000) \times 0.06 = 8,700,000$[원]
답 : 8,700,000[원]
(2) **계산** : 이윤 = $(40,000,000 + 25,000,000 + 8,700,000) \times 0.15 = 11,055,000$[원]
답 : 11,055,000[원]

● 해 설
(2) 이윤(공사의 경우) = (노무비+경비+일반관리비)×15[%]

▶ 출제년도 : 기사 21, 24, 산업 15.   ▶ 점수 : 5점

문8 3상 4선식, 22.9[kV], 수전용량이 750[kVA]인 수용가가 있다. 이 수용가의 인입구에 MOF를 시설하고자 할 때 MOF의 변류비를 아래 표에서 산정하시오. (단, 변류비는 정격 1차 전류의 1.5배 값으로 결정한다.)

변류비					
10/5	15/5	20/5	30/5	40/5	50/5

• 계산 :   • 답 :

● 답안작성

계산 : $I_1 = \dfrac{750}{\sqrt{3} \times 22.9} \times 1.5 = 28.36[A]$ 답 : 변류비 30/5

● 해 설

변류비 및 부담
• 1차 전류 : 5, 10, 15, 20, 30, 40, 50, 75, 100, 150, 200, 300, 400, 500[A]
• 2차 전류 : 5[A]
• 정격 부담 : 5, 10, 15, 25, 40, 100[VA]

▶ 출제년도 : 기사 21.   ▶ 점수 : 6점

문9 다음은 한국전기설비규정에서 정하는 감전보호용 등전위본딩에 대한 설명이다. ( ) 안에 들어갈 알맞은 내용을 답란에 쓰시오.

가. 보호등전위본딩
  1) 건축물·구조물의 외부에서 내부로 들어오는 각종 금속제 배관은 다음과 같이 하여야 한다.
    (가) 1개소에 집중하여 인입하고, 인입구 부근에서 서로 접속하여 등전위본딩 바에 접속하여야 한다.
    (나) 대형건축물 등으로 1개소에 집중하여 인입하기 어려운 경우에는 본딩도체를 (①)개의 본딩 바에 연결한다.
  2) 수도관·가스관의 경우 내부로 인입된 최초의 밸브 (②)에서 등전위본딩을 하여야 한다.

나. 비접지 국부등전위본딩
  1) 절연성 바닥으로 된 비접지 장소에서 다음의 경우 국부 등전위본딩을 하여야 한다.
    (가) 전기설비 상호 간이 (③)[m] 이내인 경우
    (나) 전기설비와 이를 지지하는 금속체 사이

● 답안작성

① 1   ② 후단   ③ 2.5

● 해 설

보호등전위본딩(KEC 143.2.1)
1. 건축물·구조물의 외부에서 내부로 들어오는 각종 금속제 배관은 다음과 같이 하여야 한다.

가. 1개소에 집중하여 인입하고, 인입구 부근에서 서로 접속하여 등전위본딩 바에 접속하여야 한다.
나. 대형 건축물 등으로 1개소에 집중하여 인입하기 어려운 경우에는 본딩도체를 1개의 본딩 바에 연결한다.
2. 수도관·가스관의 경우 내부로 인입된 최초의 밸브 후단에서 등전위본딩을 하여야 한다.
3. 건축물·구조물의 철근, 철골 등 금속보강재는 등전위본딩을 하여야 한다.

보조 보호등전위본딩(KEC 143.2.2)
1. 보조 보호등전위본딩의 대상은 전원자동차단에 의한 감전보호방식에서 고장 시 자동차단시간이 계통별 최대차단시간을 초과하는 경우이다.
2. 제1의 차단시간을 초과하고 2.5[m] 이내에 설치된 고정기기의 노출도전부와 계통외 도전부는 보조 보호 등전위본딩을 하여야 한다. 다만, 보조 보호 등전위본딩의 유효성에 관해 의문이 생길 경우 동시에 접근 가능한 노출도전부와 계통외도전부 사이의 저항 값(R)이 다음의 조건을 충족하는지 확인하여야 한다.

교류 계통 : $R \leq \dfrac{50V}{I_a}[\Omega]$

직류 계통 : $R \leq \dfrac{120V}{I_a}[\Omega]$

I_a : 보호장치의 동작전류[A]
(누전차단기의 경우 정격감도전류, 과전류보호장치의 경우 5초 이내 동작전류)

비접지 국부등전위본딩(KEC 143.2.3)
1. 절연성 바닥으로 된 비접지 장소에서 다음의 경우 국부등전위본딩을 하여야 한다.
    가. 전기설비 상호 간이 2.5[m] 이내인 경우
    나. 전기설비와 이를 지지하는 금속체 사이
2. 전기설비 또는 계통외도전부를 통해 대지에 접촉하지 않아야 한다.

▶출제년도 : 기사 21. ▶점수 : 6점

문10 변류기의 분류 방식에서 절연구조에 따른 종류를 3가지만 쓰시오.

● 답안작성
건식, 몰드형, 유입형

● 해 설
(1) 절연구조에 따른 분류
    ① 건 식 : 절연재료를 절연왁스에 진공함침
    ② 몰드형 : 권선 또는 전체를 절연, 30[kV] 이하에 사용
    ③ 유입형 : 절연유를 사용하며, 고전압, 옥외용에 주로 사용
    ④ 가스형 : SF_6 가스를 사용하며, GIS 설비에 주로 사용
(2) 권선형태에 따른 분류
    ① 권선형 : 1, 2차 권선 모두 한 철심에 감겨 있는 구조
    ② 관통형 : 1차 권수가 1회인 도체가 철심 중심부를 통과하고, 철심에 2차 권선이 균일하게 감겨 있는 구조
    ③ 부싱형 : 관통형 CT의 일종으로 부싱 내의 도체를 CT의 1차 도체로 사용하므로 철심의 내경과 단면적이 커져 포화특성 향상

▸ 출제년도 : 기사 04. 15. 21.   ▸ 점수 : 5점

문11 EL 램프(electro luminescence lamp)의 특징 5가지를 쓰시오.

● 답안작성

① 얇은 산화물 피막으로 전기저항이 낮다.
② 기계적으로 강하다.
③ 빛의 투과율이 높다.
④ 램프 충전시 제1피크(peak), 램프방전 시 제2피크가 나타나는 일종의 콘덴서와 비슷하다.
⑤ 정현파 전압을 높이면 광속발산도가 급격히 증가한다.

● 해 설

그 외에도
⑥ 전압을 더욱 높이면 광속발산도가 포화상태가 된다.
⑦ 주파수가 낮을 때는 광속발산도가 직선적으로 증가한다.
⑧ 주파수가 높아지면 포화의 경향으로 표시된다.

▸ 출제년도 : 기사 18. 21.   ▸ 점수 : 4점

문12 지형의 상황 등으로 보통지선을 시설할 수 없을 경우에 적용하며 전주와 전주 간 또는 전주와 지선주 간에 시설하는 지선의 종류를 쓰시오.

● 답안작성

수평지선

● 해 설

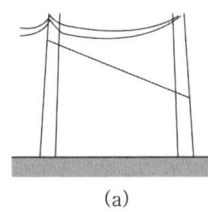
(a)

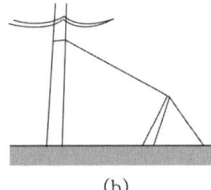
(b)

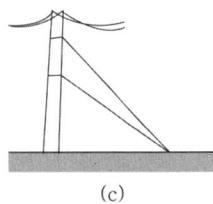
(c)

(a) 공동지선 : 두 개의 시지물에 공동으로 시설하는 지선으로서 지지물 상호거리가 비교적 접근해 있을 경우에 시설하는 지선
(b) 수평지선 : 토지의 상황이나 그 외 사유로 인하여 보통지선을 설치할 수 없을 때 전주와 전주 간, 또는 전주와 지선주 간에 시설하는 지선
(c) Y지선 : 여러 단의 완철이 설치되고 또한 장력이 클 때 또는 H주일 때 보통지선을 2단으로 부설하는 지선

▸ 출제년도 : 기사 21.   ▸ 점수 : 5점

문13 전력시설물 공사감리업무 수행지침에 따른 검사 절차에 관한 내용이다.
다음 빈칸에 알맞은 내용을 보기에서 골라 쓰시오.

[보기]

시공관리 책임자 점검, 감리원 현장검사, 현장시공완료, 검사 요청서 제출, 검사결과 통보

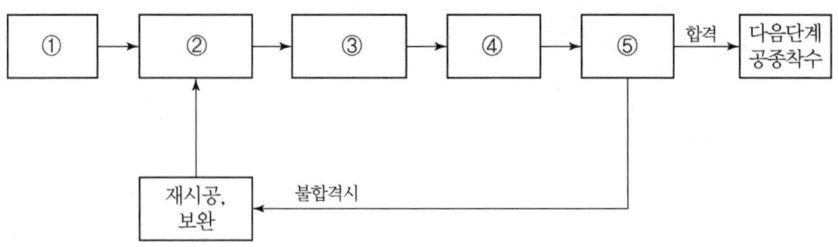

● 답안작성

① 현장시공완료
② 시공관리 책임자 점검
③ 검사 요청서 제출
④ 감리원 현장검사
⑤ 검사결과 통보

● 해 설

검사업무(전력시설물 공사감리업무 수행지침 제34조)

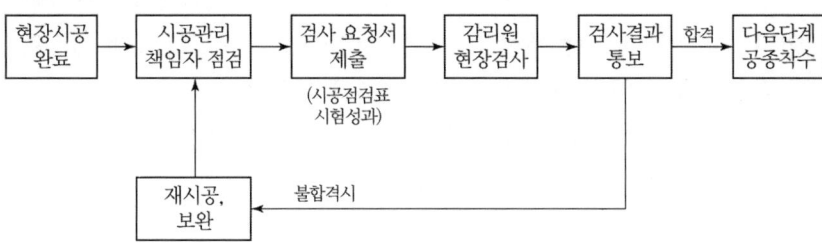

▶출제년도 : 기사 14. 19. 21.   ▶점수 : 5점

문14

특고압(22.9[kV] 3φ4W) 수전 수용가인 어떤 건물의 총 부하설비용량이 2800[kW], 수용률이 0.6일 때 이 건물의 3상 주변압기 용량을 구하고 변압기의 표준용량[kVA]을 선정하시오. (단, 역률은 85[%]로 하고, 변압기 표준용량[kVA]은 750, 1,000, 1,500, 2,000, 3,000에서 선정한다.)

• 계산 :
• 답 :

● 답안작성

계산 : 변압기 용량 $= \dfrac{2,800 \times 0.6}{1 \times 0.85} = 1,976.47 [kVA]$

답 : 2,000[kVA]

● 해 설

• 변압기 용량 ≥ 합성최대 수용전력 $= \dfrac{\text{설비 용량[kW]} \times \text{수용률}}{\text{부등률} \times \text{역률}}$
• 부등률이 주어지지 않으면 1로 적용

문15 다음과 같이 가로등을 가설하고자 한다. 다음 조건을 참고하여 외등 기초를 포함한 전체 터파기량과 되메우기량 그리고 해당 터파기 및 되메우기에 필요한 인공을 구하시오.

출제년도 : 기사 10. 21. 점수 : 6점

[조건]
1. 전선관의 단면적은 무시한다.
2. 잔토처리는 생략한다.
3. 터파기 및 되메우기에 필요한 보통인부는 각각 [m³]당 0.28인, 0.1인이다.
4. 외등 기초용 터파기는 개당 0.615[m³]이고 콘크리트 타설량은 0.496[m³]이다.
5. 소수점이 네 자리 이상인 경우 소수 넷째 자리에서 반올림하여 셋째 자리까지 구한다.
6. 주어지지 않은 사항은 무시한다.

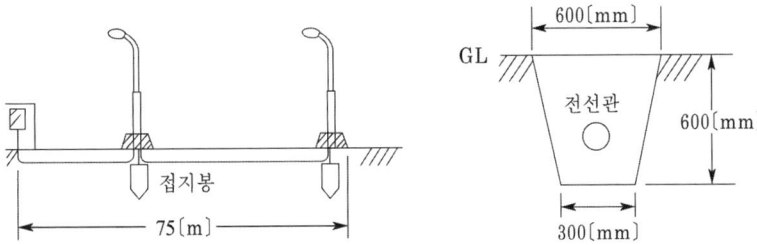

(1) 외등 기초를 포함한 전체 터파기량과 해당 터파기에 필요한 인공
- 계산 :
- 답 :

(2) 외등 기초를 포함한 전체 되메우기량과 해당 되메우기에 필요한 인공
- 계산 :
- 답 :

● 답안작성

(1) **계산** : ① 배관용 터파기량 $= \dfrac{0.6+0.3}{2} \times 0.6 \times 75 = 20.25[\text{m}^3]$

외등 기초터파기 $= 0.615 \times 2 = 1.23[\text{m}^3]$

따라서 전체 터파기량 $= 20.25 + 1.23 = 21.48[\text{m}^3]$

② 인공 $= 21.48 \times 0.28 = 6.014[\text{인}]$

답 : ① 전체 터파기량 : $21.48[\text{m}^3]$

② 터파기에 필요한 인공 : $6.014[\text{인}]$

(2) **계산** : ① 전체 되메우기량 = 전체 터파기량 − 콘크리트 타설량
$= 21.48 - 0.496 \times 2 = 20.488[\text{m}^3]$

② 인공 $= 20.488 \times 0.1 = 2.049[\text{인}]$

답 : ① 전체 되메우기량 : $20.488[\text{m}^3]$

② 되메우기에 필요한 인공 : $2.049[\text{인}]$

▶ 출제년도 : 기사 21. ▶ 점수 : 4점

문 16 전기부문 표준품셈에 따라 PERT/CPM 공정계획에 의한 공기산출 결과 정상작업(정상공기)으로는 불가능하여 야간작업을 할 경우나 성질상 부득이 야간작업을 해야 할 경우에는 품을 몇 [%]까지 가산할 수 있는지 쓰시오.

● 답안작성

25[%]

▶ 출제년도 : 기사 90. 10. 21. ▶ 점수 : 6점

문 17 다음 논리회로의 진리표를 완성하고 논리회로에 대한 타임 차트를 완성하시오.

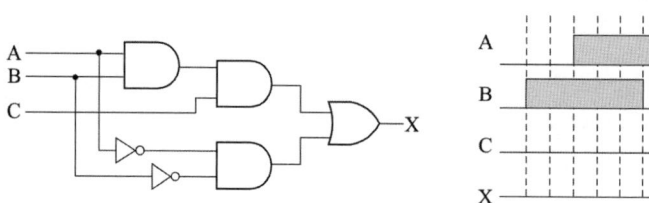

타임차트

진리표

A	L	L	L	L	H	H	H	H
B	L	L	H	H	L	L	H	H
C	L	H	L	H	L	H	L	H
X								

● 답안작성

A	L	L	L	L	H	H	H	H
B	L	L	H	H	L	L	H	H
C	L	H	L	H	L	H	L	H
X	H	H	L	L	L	L	L	H

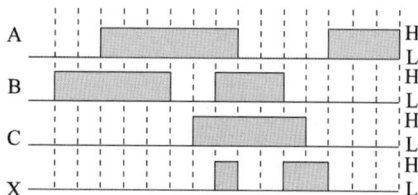

▸출제년도 : 기사 92, 96, 21.   ▸점수 : 5점

문18 부하전력을 그림과 같이 측정하였을 때 전력계의 지시가 600[W]이었다면 부하전력은 몇 [kW]인지 구하시오. (단, 변압비와 변류비는 각각 30, 20이다.)

• 계산 :
• 답 :

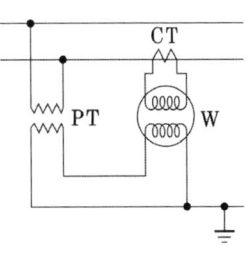

● 답안작성

계산 : 부하전력 = 측정전력(전력계의 지시값)×CT비×PT비
$= 600 \times 20 \times 30 \times 10^{-3} = 360 [kW]$

답 : 360[kW]

▸출제년도 : 기사 21.   ▸점수 : 5점

문19 다음 동작사항과 범례를 참고하여 시퀀스 제어회로를 완성하시오.

[동작사항]

① 3로 스위치 S_3가 OFF 상태에서 푸시버튼 스위치 PB_1을 누르면 부저 B_1이 울리며 PB_2를 누르면 부저 B_2가 울린다.

② 3로 스위치 S_3가 ON 태에서 푸시버튼 스위치 PB_1을 누르면 전등 R_1이 점등되며 PB_2를 누르면 전등 R_2가 점등된다.

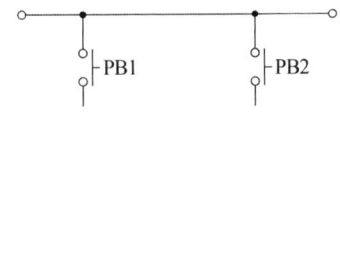

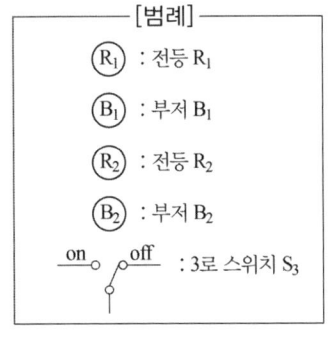

● 답안작성

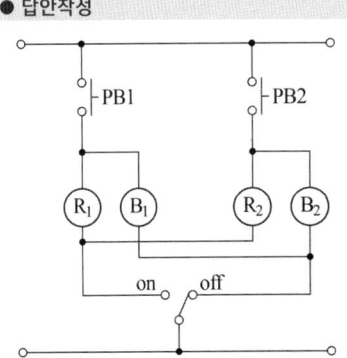

2022년 1회 전기공사기사실기

▶출제년도 : 기사 95, 22.   ▶점수 : 5점

문1 그림은 릴레이 동작 검출 회로의 일부분으로 릴레이 X, Y, Z의 동작에 따라 램프 L1~L4의 점등이 달라진다. 다음 각 물음에 답하시오.

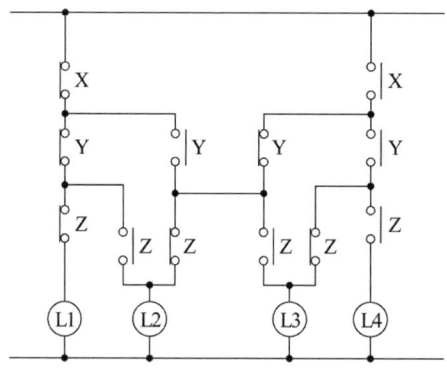

(1) X는 여자, Y는 소자, Z는 여자일 때 어떤 램프가 켜지는지 쓰시오.
(2) 램프 L2의 출력에 대한 논리식을 쓰시오.
(3) 릴레이 X, Y, Z 중 어느 2개만 여자일 때 켜지는 램프는 어느 것인지 쓰시오.
(4) 릴레이 3개가 모두 여자되면 어떤 램프가 켜지는지 쓰시오.

● 답안작성

(1) L3   (2) $L2 = X\overline{Y}\,\overline{Z} + \overline{X}Y\overline{Z} + \overline{X}\,\overline{Y}Z$
(3) L3   (4) L4

● 해 설

$L1 = \overline{X}\,\overline{Y}\,\overline{Z}$ (모두 부동작)
$L2 = X\overline{Y}\,\overline{Z} + \overline{X}Y\overline{Z} + \overline{X}\,\overline{Y}Z$ (1개만 동작)
$L3 = \overline{X}YZ + X\overline{Y}Z + XY\overline{Z}$ (2개만 동작)
$L4 = XYZ$ (3개 모두 동작)

▶출제년도 : 기사 22, 산업 92, 99, 09, 22.   ▶점수 : 5점

문2 그림에서 표시된 번호의 명칭을 쓰시오. (단, 그림은 1련 내장 애자장치(역조형)이다.)

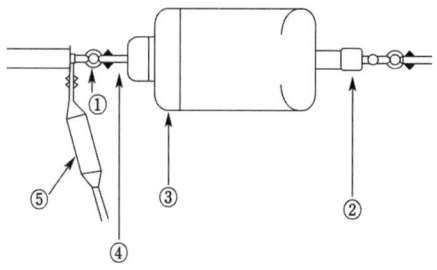

● 답안작성

① 앵커 쇄클 ② 소켓 아이 ③ 현수애자 ④ 볼 크레비스 ⑤ 점퍼 터미널

▶ 출제년도 : 기사 92. 97. 14. 22.   ▶ 점수 : 6점

문3 논리식을 보고 릴레이 시퀀스, 논리소자를 이용한 논리회로 및 NOR 논리소자만을 사용한 회로를 각각 작성하시오. (단, 회로 작성 시 선의 접속 및 미접속에 대한 예시를 참고하여 작성하시오.)

논리식 : $X = (A+B)(C+\overline{B}\cdot\overline{C})$

[선의 접속과 미접속에 대한 예시]

접속	미접속

(1) 릴레이 시퀀스를 그리시오.

(2) 논리회로

(3) NOR 논리소자만의 회로

● 답안작성

(1) 릴레이 시퀀스

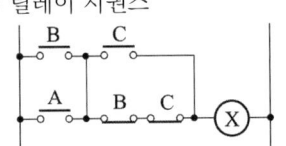

(2) 논리회로

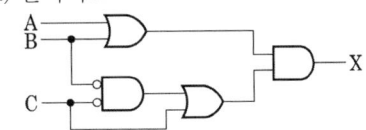

(3) NOR 논리소자만의 회로

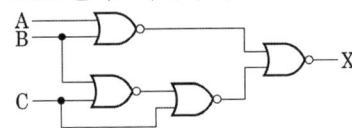

● 해 설

(3) NOR 논리소자만의 회로
① (A+B) : 병렬(OR)
② $\overline{B}\,\overline{C}$: b접점(NOT) 직렬
③ $C+\overline{B}\,\overline{C}$: ②와 C의 병렬(OR)
④ $(A+B)(C+\overline{B}\,\overline{C})$: ①과 ③의 직렬(AND)

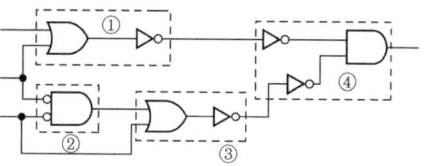

▶ 출제년도 : 기사 16, 22, 산업 89, 97, 00, 04, 07.   ▶ 점수 : 6점

문4 경간 200[m]인 가공 송전선로가 있다. 전선 1[m]당 무게는 2.0[kg]이고 풍압 하중이 없다고 한다. 인장 강도 4000[kg]의 전선을 사용할 때 이도(D)와 전선의 실제 길이(L)를 구하시오. (단, 안전율은 2.2로 한다.)

(1) 이도(D)
 • 계산 :
 • 답 :

(2) 전선의 실제 길이(L)
 • 계산 :
 • 답 :

● 답안작성

(1) 이도(D)

계산 : $D = \dfrac{WS^2}{8T} = \dfrac{2.0 \times 200^2}{8 \times 4000/2.2} = 5.5[\text{m}]$

답 : 5.5[m]

(2) 전선의 실제 길이(L)

계산 : $L = S + \dfrac{8D^2}{3S} = 200 + \dfrac{8 \times 5.5^2}{3 \times 200} = 200.4[\text{m}]$

답 : 200.4[m]

● 해 설

(1) 이도 $D = \dfrac{WS^2}{8T}$

(2) 전선의 실제 길이 $L = S + \dfrac{8D^2}{3S}$

여기서, D : 이도[m], W : 단위 길이당 전선의 중량[kg/m]
      S : 경간[m], T : 전선의 수평장력[kg]

▶출제년도 : 기사 22, 24, ▶점수 : 7점

문5 다음 도면은 전등 및 콘센트의 평면 배선도이다. ①~⑦번까지 접지선을 포함하여 최소 전선(가닥)수를 표시하시오.
(단, 표시 예 : 접지선을 포함하여 3가닥인 경우 → ─///─)

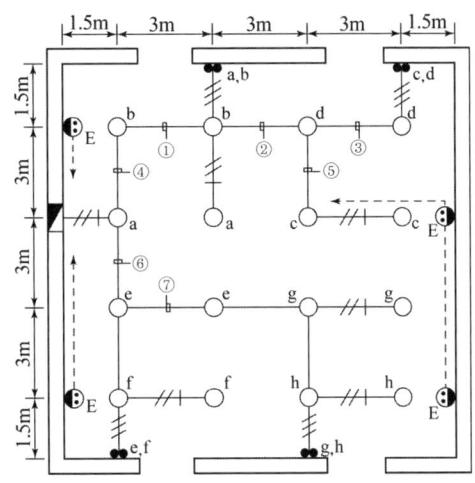

범례 및 주기

○	LED 15[W]	-------	HFIX 2.5sq×2, (E) 2.5sq(16C)
●E	매입 콘센트(2P 15[A] 250[V])	─//─	HFIX 2.5sq×2, (E) 2.5sq(16C)
●	매입 텀블러 스위치(15[A] 250[V])	─///─	HFIX 2.5sq×3 (16C)
		─///─	HFIX 2.5sq×3, (E) 2.5sq(16C)
		─////─	HFIX 2.5sq×4, (E) 2.5sq(22C)

● 답안작성
① ─////─ ② ─///─ ③ ─////─ ④ ─////─ ⑤ ─///─
⑥ ─///─ ⑦ ─////─

● 해 설
① L1, L2, S/W a, S/W b, E : 5가닥
② L1, L2, E : 3가닥
③ L1, L2, S/W c, S/W d, E : 5가닥
④ L1, L2, S/W a, E : 4가닥
⑤ L2, S/W c, E : 3가닥
⑥ L1, L2, E : 3가닥
⑦ L1, L2, S/W e, E : 4가닥

▶출제년도 : 기사 14, 22, ▶점수 : 4점

문6 옥내배선용 그림 기호를 보고 한국산업표준(KS C)에 따른 의미를 쓰시오.

(1) ─── C ───
      (19)

(2) ─── /// ───
   (28) 10mm²×3

● 답안작성
(1) 19[mm] 박강 전선관으로 전선관 내에 전선이 들어있지 않은 경우
(2) 28[mm] 후강 전선관에 천장 은폐 배선으로 10[mm²] 전선 3가닥을 넣는 경우

● 해 설

(1) ────C────
       (19)

- ────C──── : 전선이 들어있지 않는 전선관
- (19) : 19 [mm] 박강전선관
  (박강전선관은 홀수, 후강전선관은 짝수이다.
  전선관의 굵기가 홀수이므로 박강전선관임을 알 수 있다.)

(2) ────///────
      (28) 10mm²×3

- ──────── : 천장 은폐 배선
- (28) : 28[mm] 후강전선관
  (박강전선관은 홀수, 후강전선관은 짝수이다.
  전선관의 굵기가 짝수이므로 후강전선관임을 알 수 있다.)
- 금속관의 종류

종 류	관의 호칭[호]
후강 전선관(근사내경, 짝수)	16 22 28 36 42 54 70 82 92 104
박강 전선관(근사외경, 홀수)	19 25 31 39 51 63 75
나사 없는 전선관	박강 전선관과 치수가 같다.

▶ 출제년도 : 기사 22. ▶ 점수 : 8점

문7 단면적 410[mm²]인 154[kV] ACSR 송전선로 5[km] 2회선을 동시 가선하고자 한다. 다음 조건을 참고하여 각 물음에 답하시오.

① 송전선은 수직배열 평탄지 기준이며 장비사용료는 제외한다.
② 노임단가는 전기공사기사는 45,000원, 송전전공 72,000원, 특별인부 35,000원으로 한다.
③ 간접노무비는 15[%]로 계산한다.
④ 계산과정을 모두 작성하되, 인공산출은 소수점 둘째 자리까지 산출하고, 인건비는 소수점 이하는 버린다.

표. 송전선 가선   [km 당]

공종	전선규격	전기공사기사	송전전공	특별인부
연선	ACSR 610[mm²]	1.51	22.4	33.5
	ACSR 410[mm²]	1.47	21.8	32.7
	ACSR 330[mm²]	1.44	21.4	32.1
긴선	ACSR 610[mm²]	1.14	17.3	24.7
	ACSR 410[mm²]	1.12	16.8	24.1
	ACSR 330[mm²]	1.09	16.4	23.7

[해설] ① 1회선(3선) 수직배열 평탄지 기준   ② 수평배열 120[%]
③ 2회선 동시가선은 180[%]   ④ 특수 개소는(장경간) 별도 가산
⑤ 장비사용료는 별도 가산   ⑥ 철거 50[%]
⑦ 장력 조정품 포함   ⑧ 기사는 전기공사업법에 준함

(1) 위 작업에 필요한 다음 각 인공(인)을 산출하시오.
   ① 전기공사기사
      • 계산 :   • 답 :
   ② 송전전공
      • 계산 :   • 답 :
   ③ 특별인부
      • 계산 :   • 답 :
(2) 위 작업에 필요한 인건비를 구하시오.
      • 계산 :   • 답 :

● 답안작성

(1) ① 계산 : 전기공사기사 기사 = $5 \times (1.47 + 1.12) \times 1.8 = 23.31$[인]
      답 : 23.31[인]
   ② 계산 : 송전전공 = $5 \times (21.8 + 16.8) \times 1.8 = 347.4$[인]
      답 : 347.4[인]
   ③ 계산 : 특별인부 = $5 \times (32.7 + 24.1) \times 1.8 = 511.2$[인]
      답 : 511.2[인]
(2) 계산 : 직접노무비 = $23.31 \times 45000 + 347.4 \times 72000 + 511.2 \times 35000 = 43,953,750$[원]
      간접노무비 = $43,953,750 \times 0.15 = 6,593,062$[원]
      따라서, 인건비 = $43,953,750 + 6,593,062 = 50,546,812$[원]
   답 : 50,546,812[원]

● 해 설

① 연선(전선 펴기) : 완철의 애자지점에 활차를 가까이 붙이고 늘어놓은 조가선을 엔진으로 감아 끌어당기는 것
② 긴선(전선 당기기) : 연선된 전선을 내장구간별로 설계이도에 맞게 내장애자장치에 취부한 후 현수애자장치, 점퍼(Jumper), 스페이서(Spacer) 등의 부속품을 취부하는 것

▶ 출제년도 : 기사 16, 19, 22.   ▶ 점수 : 5점

문8 송전전압 66[kV]의 3상 3선식 송전선에서 1선 지락사고로 영상전류 $I_0 = 50$[A]가 흐를 때 통신선에 유기되는 전자유도전압[V]을 구하시오. (단, 상호 인덕턴스 $M = 0.05$ [mH/km], 병행 거리 $l = 100$[km], 주파수는 60[Hz]이다.)
• 계산 :
• 답 :

● 답안작성

계산 : $E_m = -j\omega Ml\,(\dot{I_a} + \dot{I_b} + \dot{I_c}) = -j\omega Ml\,(3I_o)$
   $= -j2\pi \times 60 \times 0.05 \times 10^{-3} \times 100 \times 3 \times 50$
   $= 282.74$[V]
답 : 282.74[V]

● 해 설

전자유도 : 전력선과 통신선과의 상호 인덕턴스에 의해 발생

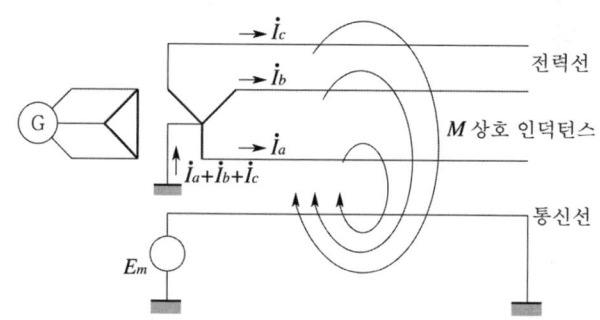

전자유도 전압 $E_m = -j\omega Ml(\dot{I}_a + \dot{I}_b + \dot{I}_c) = -j\omega Ml(3I_0)$

여기서, I_0 : 기유도 전류, M : 상호인덕턴스
I_a, I_b, I_c : 각선에 흐르는 전류, l : 전력선과 통신선이 병행한 길이
$\omega = 2\pi f$: 각주파수

※ 유도 전압은 그 크기를 뜻하므로 (-)는 의미가 없다.

▶ 출제년도 : 기사 22.   ▶ 점수 : 8점

문9 가로 12[m], 세로 18[m], 천정높이 3.0[m], 작업면 높이 0.8[m]인 사무실이 있다. 여기에 천정직부 형광등 기구(40[W], 2등용)를 설치하고자 한다. 다음 조명률 표를 참고하여 각 물음에 답하시오. (단, 작업면 요구 조도 500[lx], 천정반사율 50[%], 벽반사율 50[%], 바닥반사율 10[%]이고, 보수율 0.7, 40[W] 1개의 광속은 2,750[lm]으로 본다.)

[조명률 표]

반사율	천정	70[%]				50[%]				30[%]			
	벽	70	50	30	10	70	50	30	10	70	50	30	10
	바닥	10[%]				10[%]				10[%]			
실지수		조 명 률 [%]											
1.5(1.38~1.75)		64	55	49	43	58	51	45	41	52	46	42	38
2.0(1.75~2.25)		69	61	55	50	62	56	51	47	57	52	48	44
2.5(2.25~2.75)		72	66	60	55	65	60	56	52	60	55	52	48
3.0(2.75~3.5)		74	69	64	59	68	63	59	55	62	58	55	52
4.0(3.5~4.5)		77	73	69	65	71	67	64	61	65	62	59	56
5.0(4.5~5 이상)		79	75	72	69	73	70	67	64	67	64	62	60

(1) 실지수를 구하시오.
   • 계산 :   • 답 :
(2) 조명률을 구하시오.
(3) 등기구 최소 수량[개]을 구하시오.
   • 계산 :   • 답 :

(4) 40[W] 형광등 1개의 소비전력이 40[W]이고, 1일 24시간 연속 점등할 경우 10일간의 소비전력을 구하시오.
  • 계산 :   • 답 :

● 답안작성

(1) **계산** : 실지수 $R \cdot I = \dfrac{12 \times 18}{(3.0-0.8) \times (12+18)} = 3.27$

  답 : 3.0

(2) [조명률 표]에서 천정반사율 50[%], 벽 반사율 50[%], 실지수 3.0(2.75~3.5) 칸에서 조명률 $U = 63[\%]$이다.

  답 : 63[%]

(3) **계산** : 등기구 수 $N = \dfrac{AED}{FU} = \dfrac{12 \times 18 \times 500 \times \dfrac{1}{0.7}}{2,750 \times 2 \times 0.63} = 44.53$[개]

  답 : 45[개]

(4) **계산** : $W = P \cdot t = 40 \times 2 \times 45 \times 24 \times 10 \times 10^{-3} = 864$[kWh]

  답 : 864[kWh]

● 해 설

(1) 실지수 $R \cdot I = \dfrac{X \cdot Y}{H(X+Y)}$

  여기서, 광원의 작업면상의 높이(H) = 천정 높이 − 작업면 높이

(3) 등기구 수 $N = \dfrac{AED}{FU}$

  여기서, F : 광원 1개당의 광속[lm], N : 광원의 개수[등]
  E : 작업면상의 평균 조도[lx], A : 방의 면적[m²]
  D : 감광보상률$\left(=\dfrac{1}{M}\right)$, M : 유지율(보수율), U : 조명률[%]

▶ 출제년도 : 기사 03. 09. 12. 22. ▶ 점수 : 5점

문10 사무실로 사용되는 건물의 총 설비용량이 전등전열부하 500[kVA], 동력부하가 600[kVA]이다. 전등전열 부하수용률은 70[%], 동력부하 수용률은 60[%], 전등전열 및 동력 부하간의 부등률이 1.25라고 한다. 배전선로의 전력손실이 전등, 전열, 동력 총 부하전력의 10[%]라고 하면 변전실의 합성최대부하는 몇 [kVA]인지 구하시오.

  • 계산 :   • 답 :

● 답안작성

계산 : • 전등부하 최대수용전력 = $500 \times 0.7 = 350$[kVA]
  • 동력부하 최대수용전력 = $600 \times 0.6 = 360$[kVA]
  • 변전실의 합성최대부하 = $\dfrac{350+360}{1.25} \times (1+0.1) = 624.8$[kVA]

답 : 624.8[kVA]

● 해 설

합성최대전력 = $\dfrac{\text{개별 최대 수용전력의 합}}{\text{부등률}} = \dfrac{\Sigma \text{설비용량} \times \text{수용률}}{\text{부등률}}$

▶출제년도 : 기사 22.   ▶점수 : 6점

문11 다음 전선 기호에 대한 명칭을 쓰시오.

기호	명칭
0.6/1[kV] PN	①
DR 2F	②
450/750[V] HFIO	③

● 답안작성

① 0.6/1[kV] EP 고무 절연 클로로프렌 외장 케이블
② 인입용 고무 절연전선 2심 평형
③ 450/750[V] 저독성 난연 폴리올레핀 절연전선

▶출제년도 : 기사 91. 94. 97. 99. 00. 04. 13. 22.   ▶점수 : 10점

문12 그림은 154[kV]를 수전하는 어느 공장의 옥외 수전 설비에 대한 단선도이다. 그림을 보고 주어진 물음에 답하시오.

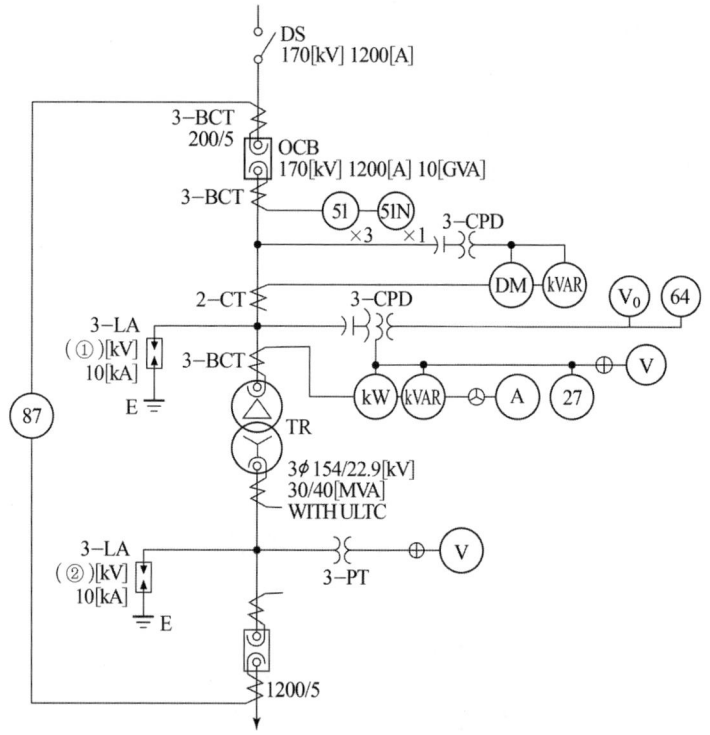

(1) 피뢰기(①, ②) 정격전압은 각각 몇 [kV]인지 쓰시오.
   ① (   )[kV]   ② (   )[kV]
(2) 변압기의 보호방식 중 주 보호 계전기는 어느 것인지 계전기 분류번호를 쓰고 그 명칭을 쓰시오.
(3) 87 계전기 회로의 3상 결선도(차단기, 변압기 포함)를 완성하시오.

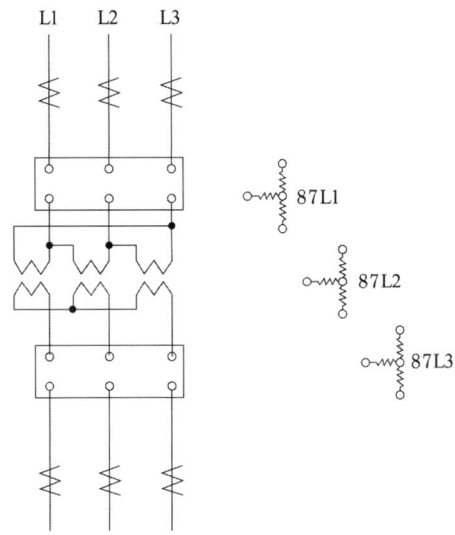

(4) 87계전기에 설치된 보조 변류기의 역할에 대하여 설명하시오.

● 답안작성

(1) ① 144[kV]   ② 21[kV]
(2) 분류번호 : 87   명칭 : 전류 차동 계전기
(3)

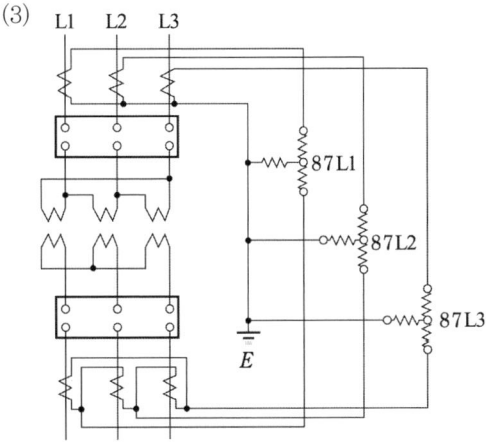

(4) 정상 운전 시 전류 차동 계전기의 1차 전류와 2차 전류의 차이를 보정하는 역할

● 해 설

(1) 피뢰기 정격 전압

전력계통		피뢰기 정격 전압[kV]	
전압[kV]	중성점 접지방식	변전소	배전선로
345	유효접지	288	-
154	유효접지	144	-
66	PC 접지 또는 비접지	72	-
22	PC 접지 또는 비접지	24	-
22.9	3상 4선 다중접지	21	18

[주] 전압 22.9[kV] 이하의 배전선로에서 수전하는 설비의 피뢰기 정격전압[kV]은 배전선로용을 적용한다.

(2) • 87 : 전류 차동계전기(비율차동계전기)
　　• 87B : 모선보호 차동계전기
　　• 87G : 발전기용 차동계전기
　　• 87T : 주변압기 차동계전기
(3) 87 계전기용 CT 결선은 1차 전류와 2차 전류의 위상 및 크기를 동일하게 하기 위하여 변압기 결선과 반대로 한다.
(4) 차동회로 중간에 삽입되어 1차, 2차의 전류를 비교하여 동작하는 계전기회로에 있어서 변압기 1차, 2차 변류비가 변압기에 정확하게 반비례하지 않을 경우 권수비를 조정하여 잔류 전류를 없애기 위하여 설치하는 계전기

▶출제년도 : 기사 17, 22.　　▶점수 : 5점

문13 전력용콘덴서 설비를 보호하기 위한 계통도이다. 그림을 보고 답하시오.

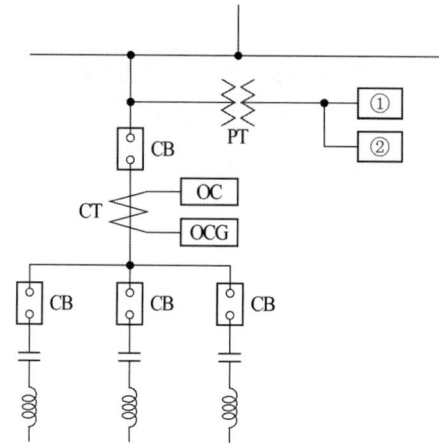

(1) 그림 중 ①, ②에 적합한 보호계전기의 명칭을 쓰시오.
(2) ①, ②가 담당하는 역할에 대해 설명하시오.

● 답안작성
(1) ① 과전압 계전기,　② 저전압 계전기
(2) ① 과전압 계전기 : 계통의 전압이 과상승할 경우 차단기를 개방하여 콘덴서를 보호
　　② 저전압 계전기 : 정전 또는 저전압 시에 차단기를 개방함으로써 전압회복 시 발생할 수 있는 계통의 과전압으로부터 콘덴서 보호

● 해　설
콘덴서 계통이상에 대한 보호
① 과전압 보호
　콘덴서는 사용중에 항상 전부하 상태로 운영되며 계통전압이 상승하면 전압제곱에 비례하여 과부하가 된다. 따라서 전압이 상승할 경우 차단기를 개방해야 한다. 검출 장치는 모선 PT에 한시형 과전압 계전기를 설치하며 정정범위는 115~120[%]가 일반적이다.
② 저전압 보호
　• 전압회복 시에 무부하 상태에서 콘덴서만 계통에 연결되어 진상용량의 과다 및 모선전압의 상승을 유발하여 위험하게 된다.

• 전압회복 시에 무부하 변압기와 콘덴서가 동시에 투입되어 콘덴서 단자전압이 비정상적으로 상승한다.

따라서 저전압 계전기는 순시 전압강하에 동작하지 않도록 한시형을 사용하여 통상전압의 50[%] 정도에 정정하는 것이 보통이다.

문14 ▸출제년도 : 기사 08. 22. 산업 20. ▸점수 : 5점

HID Lamp에 대한 다음 각 물음에 답하시오.
(1) HID Lamp의 명칭을 우리말로 쓰시오.
(2) HID Lamp로서 가장 많이 사용되는 등기구 종류를 3가지만 쓰시오.

● 답안작성

(1) 고휘도 방전램프
(2) 고압 수은등, 고압 나트륨등, 메탈 핼라이드 램프

● 해 설

(1) HID : High Intensity Discharge Lamp

문15 ▸출제년도 : 기사 98. 15. 22. ▸점수 : 5점

다음 각 항을 측정하는 데 가장 적당한 계측기 또는 적당한 방법을 쓰시오.
(1) 변압기 절연저항
(2) 검류계의 내부저항
(3) 전해액의 저항
(4) 백열전구의 필라멘트(백열상태)
(5) 고저항측정

● 답안작성

(1) 절연저항계(Megger)
(2) 휘트스톤 브리지
(3) 콜라우시 브리지
(4) 전압강하법
(5) 전압계·전류계법 또는 절연저항계법

문16 ▸출제년도 : 기사 12. 13. 22. 산업 89. 04. 06. ▸점수 : 4점

전기부문 표준품셈에 따라 다음 전기재료의 물량 산출 시 할증률 및 철거손실률은 각각 얼마 이내로 하는지 쓰시오.

종 류	할증률[%]	철거손실률[%]
옥외전선	①	②
케이블(옥외)	③	④

● 답안작성

① 5, ② 2.5, ③ 3, ④ 1.5

● 해 설

재료의 할증률

종 류	할증률[%]	철거손실률[%]
옥외전선	5	2.5
옥내전선	10	-
Cable (옥외)	3	1.5
Cable (옥내)	5	-
전선관 (옥외)	5	-
전선관 (옥내)	10	-
Trolley 선	1	-
동대, 동봉	3	1.5

[해설] 철거손실률이란 전기설비공사에서 철거작업 시 발생하는 폐자재를 환입할 때 재료의 파손, 손실, 망실 및 일부 부식 등에 의한 손실률을 말함.

▶ 출제년도 : 기사 22. ▶ 점수 : 6점

문17
한국전기설비규정에 따라 전기저장장치를 시설하는 곳에는 계측하는 장치를 시설하여야 한다. 다음 빈칸에 알맞은 내용을 쓰시오.

전기저장장치를 시설하는 곳에는 다음의 사항을 계측하는 장치를 시설하여야 한다.
가. 축전지 출력 단자의 (①), (②), (③) 및 충방전 상태
나. 주요변압기의 (①), (②) 및 (③)

● 답안작성

① 전압, ② 전류, ③ 전력

● 해 설

계측장치(KEC 512.2.3)
전기저장장치를 시설하는 곳에는 다음의 사항을 계측하는 장치를 시설하여야 한다.
가. 축전지 출력 단자의 전압, 전류, 전력 및 충방전 상태
나. 주요변압기의 전압, 전류 및 전력

2022년 2회 전기공사기사실기

문1 ▸출제년도 : 기사 22. ▸점수 : 4점

전기부분 표준품셈에 따른 소운반에 대한 내용이다. 빈칸에 알맞은 내용을 쓰시오.

품에서 규정된 소운반이라 함은 (①)[m] 이내의 수평거리를 말하며 소운반이 포함된 품에 있어서 소운반거리가 (①)[m]를 초과할 경우에는 초과분에 대하여 이를 별도 계상하며 소운반거리는 직고 1[m]를 수평거리 (②)[m]의 비율로 본다.

● 답안작성

① 20
② 6

● 해 설

품에서 규정된 소운반이라 함은 20[m] 이내의 수평 거리를 말하며 소운반이 포함된 품에 있어서 소운반거리가 20[m]를 초과할 경우에는 초과분에 대하여 별도 계상하며 소운반거리는 직고 1[m]를 수평거리 6[m]의 비율로 본다.

문2 ▸출제년도 : 기사 09. 20. 22. 산업 15. ▸점수 : 6점

계통접지의 종류 중 TN계통 접지방식을 중성선 및 보호도체(PE 도체)의 배치 및 접속방식에 따라 분류할 때 종류 3가지를 쓰시오..

● 답안작성

TN-S 계통
TN-C-S 계통
TN-C 계통

● 해 설

TN 계통(KEC 203.2)
전원의 한 점을 직접접지하고 설비의 노출 도전성부분을 보호선(PE)을 이용하여 전원의 한 점에 접속하는 접지계통을 말한다. TN계통은 중성선 및 보호선의 배치에 따라 TN-S 계통, TN-C-S 계통 및 TN-C 계통이 있다.

기 호 설 명	
─/─•	중성선(N)
─/─	보호도체(PE)
─/─•	보호도체와 중성선 결합(PEN)

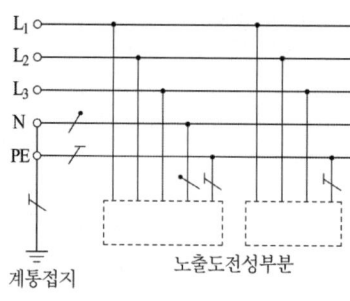
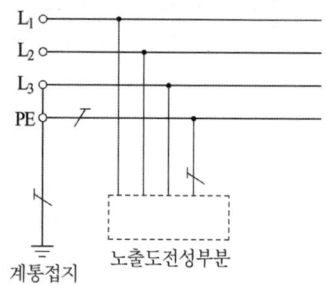

계통 전체의 중성선과　　　　　　　계통 전체의 접지된 상전선과
보호도체를 접속하여 사용한다.　　　보호도체를 접속하여 사용한다.

(a) TN-S 계통

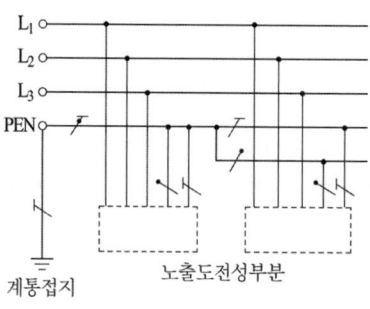
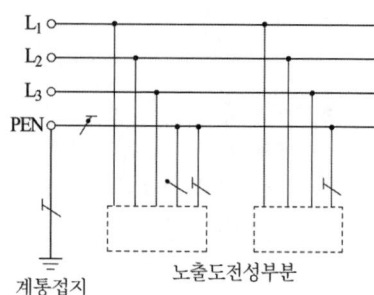

계통 일부의 중성선과 보호도체를　　계통 전체의 중성선과 보호도체를
동일 전선으로 사용한다.　　　　　　동일 전선으로 사용한다.

(b) TN-C-S 계통　　　　　　　　　(c) TN-C 계통

▶출제년도 : 기사 06, 13, 17, 22.　　▶점수 : 5점

문3 매입 방법에 따른 건축화 조명 방식의 종류를 5가지만 쓰시오.

● 답안작성

① 매입 형광등　　　② 다운 라이트
③ 핀 홀 라이트　　　④ 코퍼 라이트
⑤ 라인 라이트

● 해 설

건축화 조명이란 건축물의 천정, 벽 등의 일부가 조명기구로 이용되거나 광원화 되어 건축물의 마감 재료의 일부로서 간주되는 조명설비이다. 이에 대한 종류는 천정면 이용방법과 벽면 이용 방법으로 대별된다.

(1) 천정 매입방법
　① 매입 형광등 : 하면 개방형, 하면 확산판 설치형, 반매입형 등이 있다.
　② 다운 라이트(down light) : 천정에 작은 구멍을 뚫고 조명기구를 매입하여 빛의 빔방향을 아래로 유효하게 조명하는 방법
　③ 핀 홀 라이트(pin hole light) : 다운 라이트의 일종으로 아래로 조사되는 구멍을 적게 하거나 렌즈를 달아 복도에 집중 조사되도록 한다.
　④ 코퍼 라이트(coffer light) : 대형의 다운 라이트라고도 볼 수 있으며 천정면을 둥글게 또는 사각으로 파내어 내부에 조명기구를 배치하여 조명하는 방법

⑤ 라인 라이트(line light) : 매입 형광등방식의 일종으로 형광등을 연속으로 배치하는 조명방식
(2) 천정면 이용방법
① 광천정 조명 : 실의 천정 전체를 조명기구화 하는 방식으로 천정 조명 확산 판넬로서 유백색의 플라스틱판이 사용된다.
② 루버 조명 : 실의 천정면을 조명기구화 하는 방식으로 천정면 재료로 루버를 사용하여 보호각을 증가시킨다.
③ 코브(cove) 조명 : 광원으로 천정이나 벽면상부를 조명함으로서 천정면이나 벽에서 반사되는 반사광을 이용하는 간접 조명방식으로 효율은 대단히 나쁘지만 부드럽고 안정된 조명을 시행할 수 있다.
(3) 벽면 이용방법
① 코너(coner) 조명 : 천정과 벽면 사이에 조명기구를 배치하여 천정과 벽면에 동시에 조명하는 방법
② 코오니스(conice) 조명 : 코너를 이용하여 코오니스를 15~20[cm] 정도 내려서 아래쪽의 벽 또는 커튼을 조명하도록 하는 방법
③ 밸런스(valance) 조명 : 광원의 전면에 밸런스판을 설치하여 천정면이나 벽면으로 반사시켜 조명하는 방법
④ 광창 조명 : 지하실이나 무창실에 창문이 있는 효과를 내는 방법으로 인공창의 뒷면에 형광등을 배치하는 방법

▶ 출제년도 : 기사 93, 95, 98, 00, 01, 04, 22. ▶ 점수 : 6점

문4 다음 논리회로를 보고 릴레이 시퀀스 회로도를 완성하시오.

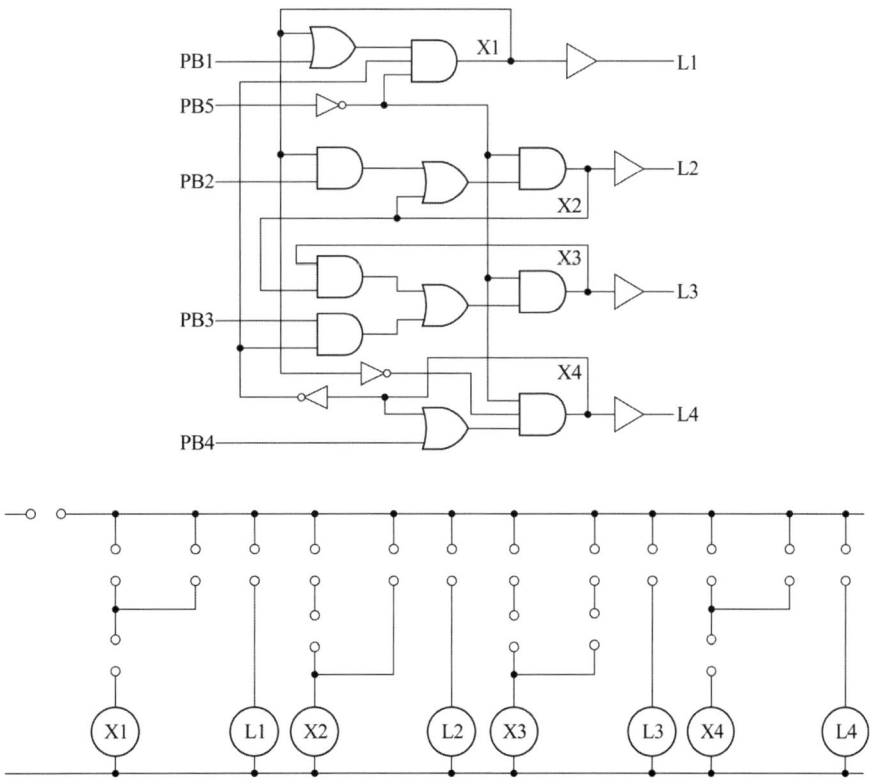

● 답안작성

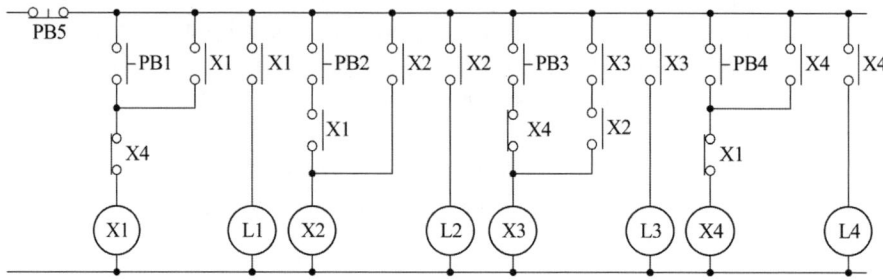

● 해 설

출력식
X1 = (PB1+X1) · $\overline{PB5}$ · $\overline{X4}$, L1 = X1
X2 = (PB2 · X1+X2) · $\overline{PB5}$, L2 = X2
X3 = (PB3 · $\overline{X4}$+X2 · X3) · $\overline{PB5}$, L3 = X3
X4 = (PB4+X4) · $\overline{X1}$ · $\overline{PB5}$, L4 = X4

▶출제년도 : 기사 22. ▶점수 : 6점

문5 전력시설물 공사감리업무 수행지침에 따라 감리업자는 감리용역 착수 시 착수신고서를 제출하여 발주자의 승인을 받아야 한다. 이때 착수신고서에 첨부하는 서류 3가지만 쓰시오.

● 답안작성

① 감리업무 수행계획서
② 감리비 산출내역서
③ 상주, 비상주 감리원 배치계획서와 감리원의 경력확인서

● 해 설

감리업자는 감리용역 착수 시 다음 각 호의 서류를 첨부한 착수신고서를 제출하여 발주자의 승인을 받아야 한다.
① 감리업무 수행계획서
② 감리비 산출내역서
③ 상주, 비상주 감리원 배치계획서와 감리원의 경력확인서
④ 감리원 조직 구성내용과 감리원별 투입기간 및 담당업무

▶출제년도 : 기사 05. 08. 10. 16. 22. ▶점수 : 6점

문6 조명기구의 통칙(KS C 8000)에 따른 용어의 정의 중 등급0 기구와 등급 Ⅲ기구에 대하여 쓰시오.

• 등급 0기구 :
• 등급 Ⅲ기구 :

● 답안작성

• 등급 0기구 : 접지단자 또는 접지선을 갖지 않고, 기초절연만으로 전체가 보호된 기구
• 등급 Ⅲ기구 : 정격 전압이 AC 30[V] 이하인 전압에 접속하는 기구

● 해 설

조명기구의 통칙(KS C 8000)

등급 0기구	접지단자 또는 접지선을 갖지 않고, 기초절연만으로 전체가 보호된 기구
등급 Ⅰ기구	기초절연만으로 전체를 보호한 기구로서, 보호 접지단자 혹은 보호 접지선 접속부를 갖든가 또는 보호 접지선이 든 코드와 보호 접지선 접속부가 있는 플러그를 갖추고 있는 기구
등급 Ⅱ기구	2중절연을 한 기구(다만, 원칙적인 2중절연이 하기 어려운 부분에는 강화절연을 한 기구를 포함한다)또는 기구의 외곽 전체를 내구성이 있는 견고한 절연재료로 구성한 기구와 이들을 조합한 기구
등급 Ⅲ기구	정격 전압이 AC 30[V] 이하인 전압에 접속하는 기구

▶출제년도 : 기사 93, 12, 22, ▶점수 : 4점

문7 옥내배선용 그림기호(KS C 0301)의 명칭을 쓰시오.

그림기호	명칭
□---- LD	①
MD	②
---◯---	③
----(F7)	④

● 답안작성

① 라이팅 덕트　　　　　　② 금속 덕트
③ 정크션 박스(접속함·조인트 박스)　④ 플로어 덕트

▶출제년도 : 기사 97, 00, 02, 15, 18, 22, ▶점수 : 5점

문8 수전 차단 용량이 520[MVA]이고, 22.9[kV]에 설치하는 피뢰기인 경우 접지선의 굵기를 계산하고 아래 표에서 선정하시오. (단, 22[kV]급 선로에서는 계통최고전압을 25.8[kV], 고장지속시간을 1.1, 접지도체의 절연물 종류 및 주위온도에 따라 정해지는 계수 282를 적용한다.)

전선 규격[mm²]							
16	25	35	50	70	95	120	150

• 계산 :　　　　　　　　　　• 답 :

● 답안작성

계산 : 접지선 굵기 공식

$$S = \frac{\sqrt{t}}{k} \cdot I_s = \frac{\sqrt{1.1}}{282} \times \frac{520 \times 10^3}{\sqrt{3} \times 25.8} = 43.28 [\text{mm}^2]$$

답 : 50[mm²]

● 해 설
- 보호도체의 단면적은 다음의 계산 값 이상이어야 한다.
  (단, 차단시간이 5초 이하인 경우에만 다음 계산식을 적용한다.)
  $$S = \frac{\sqrt{I_s^2 t}}{k} = \frac{\sqrt{t}}{k} \cdot I_s$$
  여기서, S : 단면적[mm^2]
  I_s : 보호장치를 통해 흐를 수 있는 예상 고장전류 실효값[A]
  t : 자동차단을 위한 보호장치의 동작시간[s]
  k : 보호도체, 절연, 기타 부위의 재질 및 초기온도와 최종온도에 따라 정해지는 계수
- 차단기 정격차단전류 $I_s = \dfrac{\text{차단기의 차단용량}}{\sqrt{3} \times \text{차단기의 정격전압}}$
  만약 '차단용량'이 아닌 '단락용량'으로 주어진 경우에는 '차단기의 정격전압'인 25.8[kV] 대신에 '공칭전압'인 22.9[kV]를 대입하여야 한다.
- KSC IEC 전선규격
  1.5, 2.5, 4, 6, 10, 16, 25, 35, 50, 70, 95, 120, 150, 185, 240, 300, 400, 500, 630[mm^2]
- t : 고장지속시간 (22[kV] : 1.1[초], 66[kV] : 1.6[초])

문9 다음은 계전기별 고유번호이다. 기구번호에 따른 계전기 명칭을 쓰시오.

▶출제년도 : 기사 22. ▶점수 : 3점

- 27 :
- 37D :
- 51G :

● 답안작성
- 27 : 교류 부족 전압 계전기
- 37D : 직류 부족 전류 계전기
- 51G : 지락 과전류 계전기

문10 수전방식 중 스폿 네트워크 방식의 특징을 3가지만 쓰시오.

▶출제년도 : 기사 19, 22. ▶점수 : 6점

● 답안작성
① 무정전 전력공급이 가능하다.
② 공급신뢰도가 높다.
③ 전압변동률이 낮다.

● 해 설
(1) 스폿 네트워크(Spot Network) 수전방식
배전용 변전소로부터 2회선 이상의 배전선으로 수전하는 방식으로 배전선 1회선에 사고가 발생한 경우 일지라도 다른 건전한 회선으로부터 자동적으로 수전할 수 있는 무정전 방식으로 신뢰도가 매우 높은 방식이다.

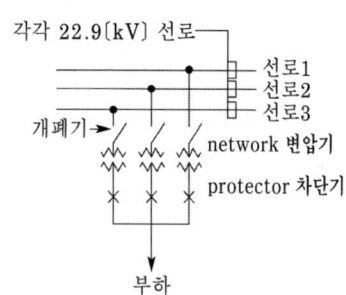

(2) 특징
① 무정전 전력공급이 가능하다.
② 공급 신뢰도가 높다.
③ 전압 변동률이 낮다.
④ 부하증가에 대한 적응성이 좋다.
⑤ 기기의 이용률이 향상된다.

문 11 ▸출제년도 : 기사 22, 산업 21. ▸점수 : 3점

전기부문의 표준품셈에 따른 고소작업에 대한 위험 할증률을 나타낸 표이다. 다음 각 고소 작업 높이에 따른 할증률을 쓰시오.

고소 작업 높이	할증률[%]
고소작업 지상 5[m] 이상 10[m] 미만 ※ 비계틀 없이 시공되는 작업	(①)
고소작업 지상 15[m] 이상 20[m] 미만 ※ 비계틀 없이 시공되는 작업	(②)
고소작업 지상 10[m] 이상 20[m] 미만 ※ 비계틀이 사용되는 작업	(③)

● 답안작성

① 20, ② 40, ③ 10

● 해 설

위험 할증률
① 고소작업(비계틀 없이 시공되는 작업에 적용한다.)
　　고소작업 지상 5[m] 미만　　　　　　　　　　　　0[%]
　　고소작업 지상 5[m] 이상 10[m] 미만　　　　　　**20[%]**
　　고소작업 지상 10[m] 이상 15[m] 미만　　　　　　30[%]
　　고소작업 지상 15[m] 이상 20[m] 미만　　　　　**40[%]**
　　고소작업 지상 20[m] 이상 30[m] 미만　　　　　　50[%]
　　고소작업 지상 30[m] 이상 40[m] 미만　　　　　　60[%]
　　고소작업 지상 40[m] 이상 50[m] 미만　　　　　　70[%]
　　고소작업 지상 50[m] 이상 60[m] 미만　　　　　　80[%]
　　고소작업 지상 60[m] 이상 매 10[m] 이내 증가마다　10[%] 가산
② 고소 작업(비계틀 사용 시 적용한다.)
　　고소작업 지상 10[m] 이상　　　　**10[%]**
　　고소작업 지상 20[m] 이상　　　　20[%]
　　고소작업 지상 30[m] 이상　　　　30[%]
　　고소작업 지상 50[m] 이상　　　　40[%]

▸출제년도 : 기사 22, 산업 93, 06, 13, 16, 21.   ▸점수 : 6점

문12 터파기에 대한 다음 각 물음에 답하시오.

(1) 터파기 상세도가 다음과 같을 때, 수평거리가 30[m]인 경우에 적용하는 터파기량[m³]을 구하시오.

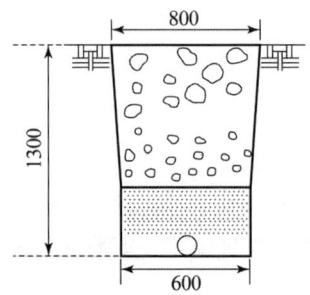

터파기 상세도(단위 : mm)

• 계산   • 답

(2) 차량 기타 중량물의 압력을 받을 우려가 있는 장소에 지중 전선로를 직접 매설식에 의하여 시설하는 경우, 매설깊이는 몇 [m] 이상으로 하여야 하는지 쓰시오.

● 답안작성

(1) **계산** : 줄기초 파기이므로

$$V_o = \frac{0.8+0.6}{2} \times 1.3 \times 30 = 27.3 [\text{m}^3]$$

답 : $27.3[\text{m}^3]$

(2) 1[m]

● 해 설

(1) 줄 기초 파기

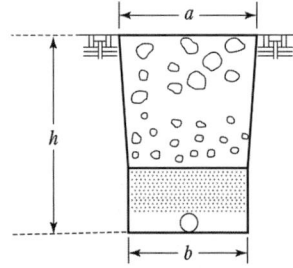

터파기량 $V_o = \dfrac{a+b}{2} \times h \times$ 줄 기초 길이 $[\text{m}^3]$

(2) 지중전선로의 시설(KEC 334.1)
  1) 지중 전선로는 전선에 케이블을 사용하고 또한 관로식·암거식(暗渠式) 또는 직접 매설식에 의하여 시설하여야 한다.
  2) 지중 전선로를 관로식 또는 암거식에 의하여 시설하는 경우에는 다음에 따라야 한다.
   가. 관로식에 의하여 시설하는 경우에는 매설 깊이를 1.0[m] 이상으로 하되, 매설 깊이가 충분하지 못한 장소에는 견고하고 차량 기타 중량물의 압력에 견디는 것을 사용할 것. 다만 중량물의 압력을 받을 우려가 없는 곳은 0.6[m] 이상으로 한다.

나. 암거식에 의하여 시설하는 경우에는 견고하고 차량 기타 중량물의 압력에 견디는 것을 사용할 것.
3) 지중 전선로를 **직접 매설식에 의하여 시설하는 경우**에는 매설 깊이를 차량 기타 중량물의 압력을 받을 우려가 있는 장소에는 **1.0[m] 이상**, 기타 장소에는 0.6[m] 이상으로 하고 또한 지중 전선을 견고한 트라프 기타 방호물에 넣어 시설하여야 한다.

▶ 출제년도 : 기사 93, 98, 05, 15, 22. ▶ 점수 : 5점

문13
전선 지지점의 고저차가 없을 경우 경간 200[m]에서 이도가 6[m]인 송전선로가 있다. 이도를 8[m]로 증가시키고자 할 경우 증가되는 전선의 길이는 몇 [cm]인가?
• 계산 :   • 답 :

● 답안작성

계산 : 이도 6[m]일 때 전선의 길이 $L_1 = 200 + \dfrac{8 \times 6^2}{3 \times 200} = 200.48[\text{m}]$

이도 8[m]일 때 전선의 길이 $L_2 = 200 + \dfrac{8 \times 8^2}{3 \times 200} = 200.85[\text{m}]$

∴ $L_2 - L_1 = 200.85 - 200.48 = 0.37[\text{m}] = 37[\text{cm}]$

답 : 37[cm]

● 해 설

$L = S + \dfrac{8D^2}{3S}$

여기서, L : 전선의 길이[m], D : 이도[m], S : 경간[m]

▶ 출제년도 : 기사 01, 05, 22. ▶ 점수 : 6점

문14
한국전기설비규정에 의하여 과전류 차단기를 시설하여서는 안 되는 곳을 3가지만 쓰시오.

● 답안작성
① 접지공사의 접지도체
② 다선식 전로의 중성선
③ 전로의 일부에 접지공사를 한 저압 가공전선로의 접지측 전선

● 해 설

과전류차단기의 시설 제한(KEC 341.11)
접지공사의 접지도체, 다선식 전로의 중성선 및 전로의 일부에 접지공사를 한 저압 가공전선로의 접지측 전선에는 과전류차단기를 시설하여서는 안 된다.
다만, 다음의 경우에는 예외로 한다.
1. 다선식 전로의 중성선에 시설한 과전류차단기가 동작한 경우에 각 극이 동시에 차단될 때
2. 저항기·리액터 등을 사용하여 접지공사를 한 때에 과전류차단기의 동작에 의하여 그 접지도체가 비접지 상태로 되지 아니할 때

문15 ▸출제년도 : 기사 22. ▸점수 : 6점

한국전기설비규정에 따른 옥외등 공사에 사용하는 기구의 시설에 관한 내용이다. 다음 빈칸에 알맞은 내용을 쓰시오.

옥외등 공사에 사용하는 기구는 다음에 의하여 시설하여야 한다.
(1) 노출하여 사용하는 소켓 등은 선이 부착된 (①) 또는 (②)을 사용하고 하향으로 시설할 것
(2) 파이프펜던트 및 직부기구를 상향으로 부착할 경우는 홀더의 최하부에 지름 3[mm] 이상의 물 빼는 구멍을 (③)개소 이상 만들거나 또는 방수형으로 할 것

● 답안작성
① 방수소켓 ② 방수형 리셉터클 ③ 2

● 해 설
기구의 시설(KEC 234.9.5)
옥외등 공사에 사용하는 기구는 다음에 의하여 시설하여야 한다.
가. 개폐기, 과전류차단기, 기타 이와 유사한 기구는 옥내에 시설할 것. 다만, 견고한 방수함속에 설치하거나 또는 방수형의 것은 적용하지 않는다.
나. 노출하여 사용하는 소켓 등은 선이 부착된 **방수소켓 또는 방수형 리셉터클을 사용**하고 하향으로 시설할 것.
다. 부라켓 등을 부착하는 목대에 삽입하는 절연관은 하향으로 하고 전선을 따라 빗물이 새어 들어가지 않도록 할 것.
라. 파이프펜던트 및 직부기구는 하향으로 부착하지 말 것. 다만, 처마 밑에 부착하는 것 또는 방수장치가 되어 플렌지 내에 빗물이 스며들 우려가 없는 것은 적용하지 않는다.
마. 파이프펜던트 및 직부기구를 상향으로 부착할 경우는 홀더의 최하부에 지름 3[mm] 이상의 물 빼는 구멍을 **2개소 이상** 만들거나 또는 방수형으로 할 것.

문16 ▸출제년도 : 기사 97, 99, 00, 02, 07, 22. ▸점수 : 10점

도면은 어느 공장의 수전설비이다. [참고자료]를 이용하여 물음에 답하시오.

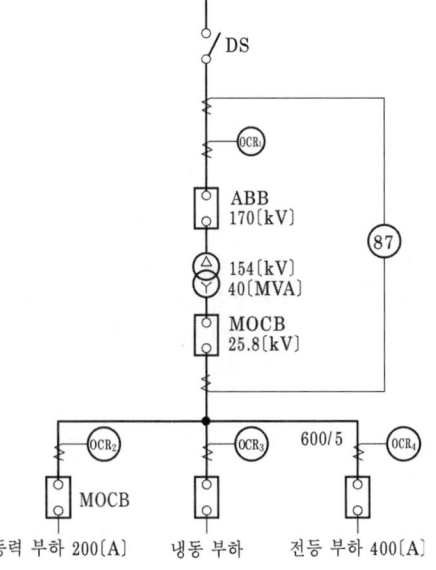

[참고자료]

① 전원 등가 Impedance는 2.5[%](100[MVA] 기준)이고 변압기 %임피던스는 자기용량 기준으로 7[%]이다.
② 전원측 변전소에 설치된 OCR의 정정치는 pick 2, 5에 LEVER가 2이다.
③ 전위와 후비 보호장치의 INTERVAL은 최소한 30[c/s]은 주어야 동시동작을 피할 수 있다.
④ OCR_1의 Tap은 전부하 전류의 160[%]로 선정하며, 부하측에 설치된 $OCR_2 \sim OCR_4$의 사용 Tap은 150[%]로 설정한다.
⑤ 170[kV] 차단기 용량은 1,500[MVA], 2,500[MVA], 3,000[MVA], 5,000[MVA], 7,500[MVA] 중 선택하며, 차동계전기 CT변류기는 1,000, 1500, 2,000, 3,000, 5,000[A] 중에서 선택한다.

(1) 유도형 과전류계전기 OCR_1의 적당한 Tap을 구하시오.
(단, CT값은 정격전류의 1.25배이다.)
• 계산 :   • 답 :

(2) 170 [kV] ABB의 적당한 차단용량[MVA]을 구하시오.
• 계산 :   • 답 :

(3) 계전기 87의 22.9 [kV]측의 적당한 CT 비를 구하시오.
(단, CT 값은 정격전류의 1.25배이다.)
• 계산 :   • 답 :

(4) 87 계전기의 명칭을 쓰시오.
(5) ABB의 명칭을 쓰시오.

● 답안작성

(1) 계산 : 변압기 1차측 전류 $I_1 = \dfrac{P}{\sqrt{3}\,V} = \dfrac{40,000}{\sqrt{3} \times 154} = 149.96[A]$

CT를 정격전류의 1.25배로 선정하면
CT 1차측 전류 $= 149.96 \times 1.25 = 187.45[A]$
∴ CT는 표준품인 200/5를 선정
OCR1의 Tap은 전부하전류의 160[%]로 하면
Tap 전류 $= 149.96 \times 1.6 \times \dfrac{5}{200} = 6[A]$

답 : 6[A]

(2) 계산 : 단락용량 $P_s = \dfrac{100}{\%Z} P_n = \dfrac{100}{2.5} \times 100 = 4,000[MVA]$

답 : 차단기의 차단용량은 단락용량보다 커야 하므로 5,000[MVA] 선정

(3) 계산 : CT비 $= \dfrac{P}{\sqrt{3}\,V} \times 1.25 = \dfrac{40,000}{\sqrt{3} \times 22.9} \times 1.25 = 1,260.59[A]$

답 : 1,500/5

(4) 전류 차동 계전기
(5) 공기차단기

● 해 설

(4) 87 : 전류 차동 계전기
87B : 모선 보호 차동 계전기
87G : 발전기용 차동 계전기
87T : 주변압기 차동 계전기

(5)

종 류		소 호 원 리
명칭	약어	
유입 차단기	OCB	소호실에서 아크에 의한 절연유 분해 가스의 열전도 및 압력에 의한 blast를 이용해서 차단
기중 차단기	ACB	대기 중에서 아크를 길게 해서 소호실에서 냉각 차단
자기 차단기	MBB	대기 중에서 전자력을 이용하여 아크를 소호실 내로 유도해서 냉각 차단
공기 차단기	ABB	압축된 공기를 아크에 불어 넣어서 차단
진공 차단기	VCB	고진공 중에서 전자의 고속도 확산에 의해 차단
가스 차단기	GCB	고성능 절연 특성을 가진 특수 가스(SF_6)를 이용해서 차단

▶ 출제년도 : 기사 22, ▶ 점수 : 8점

문17 다음 주어진 물음에 대하여 답하시오.

(1) 소호각의 역할 3가지를 간단하게 쓰시오.
(2) ACSR을 사용한 송전선에 댐퍼를 설치하는 이유를 쓰시오.
(3) 배전선로의 주상변압기 저압 측에 설치하는 보호장치를 쓰시오.
(4) 3상 수직 배치인 선로에서 오프셋을 주는 이유를 쓰시오.

● 답안작성

(1) • 이상 전압에 의한 섬락으로부터 애자련 보호
• 애자련의 전압분포 개선
• 애자련 효율 향상
(2) 전선의 진동발생 및 진동으로 인한 전선의 단선을 방지하기 위해 설치
(3) 캐치홀더
(4) 전선 도약에 의한 상간 단락 사고 방지

● 해 설

(3) 주상변압기 고압측에는 COS(컷 아웃 스위치)를, 저압측에는 캐치 홀더를 설치한다.
(4)

▶ 출제년도 : 기사 22. 산업 97. 12. 16. 20. ▶ 점수 : 5점

문 18 그림과 같이 지선을 시설하여 전주에 가해지는 수평장력 P를 지지하고자 한다. 4[mm] 철선 7가닥을 사용할 때 이것에 의해서 지지될 수 있는 수평장력 P[kgf]를 구하시오. (단, 4[mm] 철선 1가닥의 절단 하중은 440[kgf]이고 지선 강도의 안전율은 3으로 한다.)

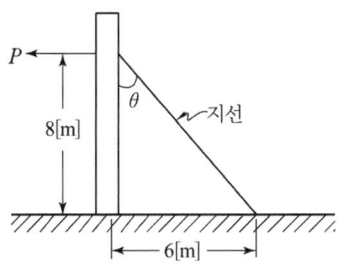

• 계산 :   • 답 :

● 답안작성

계산 : 지선의 장력 $T_0 = \dfrac{440 \times 7}{3} = 1026.67 [\text{kgf}]$

$\sin\theta = \dfrac{6}{\sqrt{8^2+6^2}} = \dfrac{6}{10}$

∴ $P = T_0 \sin\theta = 1026.67 \times \dfrac{6}{10} = 616 [\text{kgf}]$

답 : 616[kgf]

● 해 설

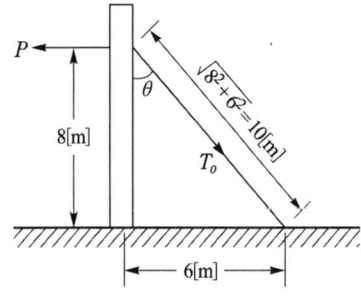

지선의 장력(T_0) = $\dfrac{\text{소선 1가닥의 인장강도} \times \text{소선수}}{\text{안전율}}$

2022년 4회 전기공사기사실기

▶출제년도 : 기사 21, 22. ▶점수 : 4점

문1 다음은 한국전기설비규정에 정하는 피뢰시스템의 인하도선시스템에서 병렬 인하도선의 최대 간격에 대한 표이다. 빈 칸에 알맞은 내용을 쓰시오.
(단, 건축물·구조물과 분리되지 않은 피뢰시스템인 경우)

피뢰시스템의 등급	병렬 인하도선의 최대 간격 [m]
I	①
II	②
III	③
IV	④

● 답안작성

| ① | 10 | ② | 10 | ③ | 15 | ④ | 20 |

● 해 설

인하도선시스템(KEC 152.2)
병렬 인하도선의 최대 간격은 피뢰시스템 등급에 따라 I·II 등급은 10[m], III 등급은 15[m], IV 등급은 20[m]로 한다.

▶출제년도 : 기사 22. ▶점수 : 6점

문2 다음은 한국전기설비규정에 따른 특고압을 직접 저압으로 변성하는 변압기의 시설에 관한 설명이다. ( )안에 알맞은 내용을 쓰시오.

특고압을 직접 저압으로 변성하는 변압기는 다음의 것 이외에는 시설하여서는 아니 된다.
가. 전기로 등 (①)이(가) 큰 전기를 소비하기 위한 변압기
나. 발전소·변전소·개폐소 또는 이에 준하는 곳의 (②) 변압기
다. 333.32의 1과 4에서 규정하는 특고압 전선로에 접속하는 변압기
라. 사용전압이 (③)[kV] 이하인 변압기로서 그 특고압측 권선과 저압측 권선이 혼촉한 경우에 자동적으로 변압기를 전로로부터 차단하기 위한 장치를 설치한 것.

● 답안작성
① 전류 ② 소내용 ③ 35

● 해 설

특고압을 직접 저압으로 변성하는 변압기의 시설(KEC 341.3)
특고압을 직접 저압으로 변성하는 변압기는 다음의 것 이외에는 시설하여서는 아니 된다.
가. 전기로 등 전류가 큰 전기를 소비하기 위한 변압기
나. 발전소·변전소·개폐소 또는 이에 준하는 곳의 소내용 변압기

다. 25[kV] 이하인 특고압 가공전선로(중성선 다중접지식의 것으로서 전로에 지락이 생겼을 때에 2초 이내에 자동적으로 이를 전로로부터 차단하는 장치가 되어 있는 것에 한한다.)에 접속하는 변압기
라. 사용전압이 35[kV] 이하인 변압기로서 그 특고압측 권선과 저압측 권선이 혼촉한 경우에 자동적으로 변압기를 전로로부터 차단하기 위한 장치를 설치한 것
마. 사용전압이 100[kV] 이하인 변압기로서 그 특고압측 권선과 저압측 권선 사이에 접지저항 값이 10[Ω] 이하인 금속제의 혼촉방지판이 있는 것
바. 교류식 전기철도용 신호회로에 전기를 공급하기 위한 변압기

문3

▶출제년도 : 기사 22. ▶점수 : 4점

저압전기설비에서 다음 각 덕트공사의 덕트 지지점 간의 최대 거리[m]를 쓰시오.
(1) 버스 덕트 공사(덕트를 조영재에 붙이는 경우이며 취급자 이외의 자가 출입할 수 있는 곳이다.)
(2) 라이팅 덕트공사

● 답안작성
(1) 3 [m]   (2) 2 [m]

● 해 설
(1) 금속 덕트의 시설(KEC 232.31.3)
덕트를 조영재에 붙이는 경우에는 **덕트의 지지점 간의 거리는 3[m]**(취급자 이외의 자가 출입 할 수 없도록 설비한 장소로서 수직으로 붙이는 경우에는 6[m]) **이하**로 하고 또한 견고하게 지지할 것
(2) 라이팅덕트공사 시설조건(KEC 232.71.1)
덕트의 지지점 간의 거리는 2[m] 이하로 할 것.

문4

▶출제년도 : 기사 22. ▶점수 : 4점

다음은 한국전기설비규정에 따른 저압 옥내 직류전기설비의 접지에 관한 설명 중 일부이다. ( ) 안에 알맞은 내용을 쓰시오.

저압 옥내 직류전기설비는 전로 보호장치의 확실한 동작의 확보, 이상전압 및 대지전압의 억제를 위하여 직류 2선식의 임의의 한 점 또는 변환장치의 직류측 중간점, 태양전지의 중간점 등을 접지하여야 한다. 다만, 직류 2선식을 다음에 따라 시설하는 경우는 그러하지 아니하다.
(1) 사용전압이 (①)[V] 이하인 경우
(2) 절연감시장치 또는 절연고장점검출장치를 설치하여 관리자가 확인할 수 있도록 (②)를 시설하는 경우

● 답안작성
① 60   ② 경보장치

● 해 설
저압 옥내 직류전기설비의 접지(KEC 243.1.8)
직류 2선식의 임의의 한 점 또는 변환장치의 직류측 중간점, 태양전지의 중간점 등을 접지하여야 한다. 다만, 직류 2선식을 다음에 따라 시설하는 경우는 그러하지 아니하다.

가. 사용전압이 60[V] 이하인 경우
나. 접지검출기를 설치하고 특정구역내의 산업용 기계기구에만 공급하는 경우
다. 교류전로로부터 공급을 받는 정류기에서 인출되는 직류계통
라. 최대전류 30[mA] 이하의 직류화재경보회로
마. 절연감시장치 또는 절연고장점검출장치를 설치하여 관리자가 확인할 수 있도록 경보장치를 시설하는 경우

▶출제년도 : 기사 03. 19. 22.   ▶점수 : 5점

문5 철거손실률에 대하여 설명하시오.

● 답안작성

전기설비공사에서 철거 작업 시 발생하는 폐자재를 환입할 때 재료의 파손, 손실, 망실 및 일부 부식 등에 의한 손실률을 말한다.

▶출제년도 : 기사 11. 19. 22.   ▶점수 : 9점

문6 어떤 변전실에서 그림과 같은 일부하곡선이 A, B, C인 부하에 전기를 공급하고 있다. 이 변전실의 총 부하에 대한 다음 물음에 답하시오. (단, A, B, C의 역률은 시간에 관계없이 각각 80[%], 100[%] 및 60[%]이다.)

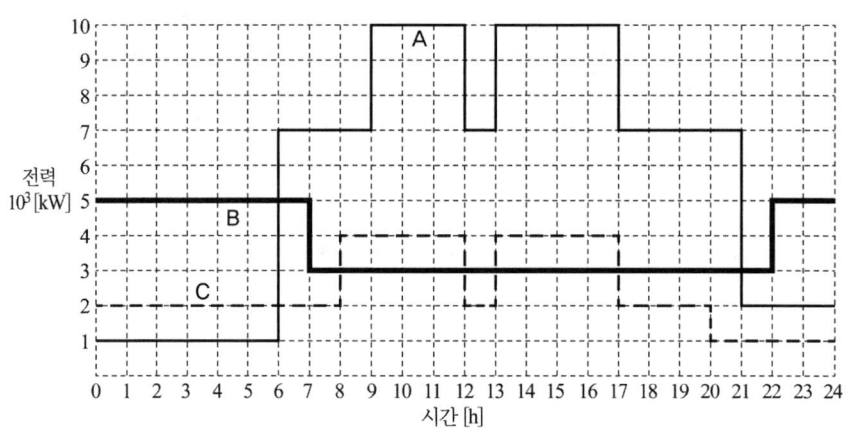

(1) 합성 최대 전력[kW]을 구하시오.
　•계산 :　　　　　　　　　　　•답 :
(2) B부하에 대한 평균전력[kW]을 구하시오.
　•계산 :　　　　　　　　　　　•답 :
(3) 총 부하율[%]을 구하시오.
　•계산 :　　　　　　　　　　　•답 :

● 답안작성

(1) **계산** : 합성 최대 전력은 그림에서 9~12시, 13~17시 사이에 나타나므로
$$P = (10+4+3) \times 10^3 = 17{,}000[\text{kW}]$$
　답 : 17,000[kW]

(2) **계산** : B 부하의 평균전력

$$P_B = \frac{\{(5\times 7)+(3\times 15)+(5\times 2)\}\times 10^3}{24} = 3,750 [\text{kW}]$$

답 : 3,750 [kW]

(3) **계산** : ① A 부하의 평균전력

$$P_A = \frac{\{(1\times 6)+(7\times 3)+(10\times 3)+(7\times 1)+(10\times 4)+(7\times 4)+(2\times 3)\}\times 10^3}{24}$$

$$= 5,750 [\text{kW}]$$

② C 부하의 평균전력

$$P_C = \frac{\{(2\times 8)+(4\times 4)+(2\times 1)+(4\times 4)+(2\times 3)+(1\times 4)\}\times 10^3}{24}$$

$$= 2,500 [\text{kW}]$$

따라서, 총부하율 $= \dfrac{5,750+3,750+2,500}{17,000}\times 100 = 70.59 [\%]$

답 : 70.59 [%]

● **해 설**

(2) 평균전력 $= \dfrac{\text{사용전력량}[\text{kWh}]}{\text{사용시간}[\text{H}]}$

(3) 총부하율 $= \dfrac{\text{평균전력}}{\text{합성최대전력}}\times 100 = \dfrac{\text{A, B, C 각 평균전력의 합}}{\text{합성최대전력}}\times 100$

▶ 출제년도 : 기사 06. 22.   ▶ 점수 : 6점

문7 그림과 같은 변전 설비를 보고 다음 각 물음에 답하시오.

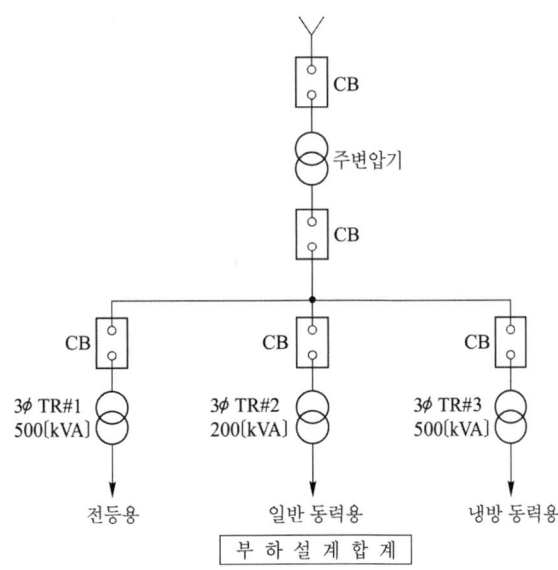

(1) 주 변압기의 용량은 몇 [kVA] 이상이어야 하는지 구하시오.
   (단, 부등률은 1.2를 적용하도록 한다.)
   • 계산 :   • 답 :

(2) 냉방 동력용 부하가 450[kW]이고, 무효전력이 200[kVar] 이다. 역률이 95[%]가 되도록 하려면 전력용 콘덴서는 약 몇 [kVA]가 필요한가?
 • 계산 :   • 답 :

● 답안작성

(1) 계산 : 변압기 용량 $= \dfrac{\text{최대수용전력의 합}}{\text{부등률}} = \dfrac{500+200+500}{1.2} = 1{,}000[\text{kVA}]$

답 : 1,000[kVA]

(2) 계산 : • 개선 전 역률 $\cos\theta_1 = \dfrac{450}{\sqrt{450^2+200^2}} \times 100 = 91.38[\%]$

• 역률 개선용 콘덴서 용량

$$Q_c = P(\tan\theta_1 - \tan\theta_2) = P\left(\dfrac{\sqrt{1-\cos^2\theta_1}}{\cos\theta_1} - \dfrac{\sqrt{1-\cos^2\theta_2}}{\cos\theta_2}\right)$$

$$= 450 \times \left(\dfrac{\sqrt{1-0.9138^2}}{0.9138} - \dfrac{\sqrt{1-0.95^2}}{0.95}\right) = 52.11[\text{kVA}]$$

답 : 52.11[kVA]

▶ 출제년도 : 기사 14, 22. ▶ 점수 : 5점

 전기공사의 예정가격 산정의 기초로 활용되는 표준품셈에서 다음 각 전기재료의 할증률은 각각 몇 [%] 이내로 하여야 하는지 쓰시오.

(1) 옥외 전선 (2) 옥내 전선
(3) 전선관(옥외) (4) 전선관(옥내)
(5) Trolley 선

● 답안작성

(1) 옥외 전선 : 5[%] (2) 옥내 전선 : 10[%]
(3) 전선관(옥외) : 5[%] (4) 전선관(옥내) : 10[%]
(5) 트롤리선 : 1[%]

● 해 설

종 류	할증률[%]	철거손실률[%]
옥 외 전 선	5	2.5
옥 내 전 선	10	–
Cable (옥외)	3	1.5
Cable (옥내)	5	–
전선관 (옥외)	5	–
전선관 (옥내)	10	–
Trolley 선	1	–
동 대, 동 봉	3	1.5

[해설] 철거손실률이란 전기설비공사에서 철거작업 시 발생하는 폐자재를 환입할 때 재료의 파손, 손실, 망실 및 일부 부식 등에 의한 손실률을 말함.

문 9

▸출제년도: 기사 22. ▸점수: 5점

다음은 한국전기설비규정에 따른 지선의 시설에 관한 내용이다. ( ) 안에 알맞은 숫자를 쓰시오.

1. 가공전선로의 지지물에 시설하는 지선은 다음에 따라야 한다.
   1) 소선 (①)가닥 이상의 연선일 것.
   2) 지중부분 및 지표상 (②)[m]까지의 부분에는 내식성이 있는 것 또는 아연도금을 한 철봉을 사용하고 쉽게 부식되지 않는 근가에 견고하게 붙일 것. 다만, 목주에 시설하는 지선에 대해서는 적용하지 않는다.
2. 도로를 횡단하여 시설하는 지선의 높이는 지표상 (③)[m] 이상으로 하여야 한다. 다만, 기술상 부득이한 경우로서 교통에 지장을 초래할 우려가 없는 경우에는 지표상 (④)[m] 이상, 보도의 경우에는 (⑤)[m] 이상으로 할 수 있다.

● 답안작성

① 3   ② 0.3   ③ 5   ④ 4.5   ⑤ 2.5

● 해 설

지선의 시설(KEC 331.11)

1. 가공전선로의 지지물에 시설하는 지선은 다음에 따라야 한다.
   가. 지선의 안전율은 2.5 이상일 것. 이 경우에 허용 인장하중의 최저는 4.31[kN]으로 한다.
   나. 지선에 연선을 사용할 경우에는 다음에 의할 것.
      (1) 소선 3가닥 이상의 연선일 것.
      (2) 소선의 지름이 2.6[mm] 이상의 금속선을 사용한 것일 것. 다만, 소선의 지름이 2[mm] 이상인 아연도강연선으로서 소선의 인장강도가 0.68[kN/mm^2] 이상인 것을 사용하는 경우에는 적용하지 않는다.
   다. 지중부분 및 지표상 0.3[m]까지의 부분에는 내식성이 있는 것 또는 아연도금을 한 철봉을 사용하고 쉽게 부식되지 아니하는 근가에 견고하게 붙일 것. 다만, 목주에 시설하는 지선에 대해서는 그러하지 아니하다.
2. 도로를 횡단하여 시설하는 지선의 높이는 지표상 5[m] 이상으로 하여야 한다. 다만, 기술상 부득이한 경우로서 교통에 지장을 초래할 우려가 없는 경우에는 지표상 4.5[m] 이상, 보도의 경우에는 2.5[m] 이상으로 할 수 있다.

문 10

▸출제년도: 기사 13, 16, 22. ▸점수: 4점

일반 전등부하의 부하전류가 10[A]이고, 심야전력부하의 부하전류가 15[A]일 경우 공용하는 부분의 전선 굵기를 선정하는 데 요구되는 부하전류는 몇 [A]인지 구하시오.
(단, 중첩률은 0.7이다.)

• 계산 :   • 답 :

● 답안작성

계산 : $I = I_0 \times 중첩률 + I_1 = 10 \times 0.7 + 15 = 22[A]$ 답 : 22[A] 이상

● 해 설

$I = I_0 \times 중첩률 + I_1$
단, I_0 : 일반 부하 전류, I_1 : 심야 전력 부하의 부하 전류

▶출제년도 : 기사 97, 00, 17, 22. ▶점수 : 4점

문11 GPT에서 오픈델타 결선에 연결한 R의 명칭과 용도 2가지를 쓰시오.

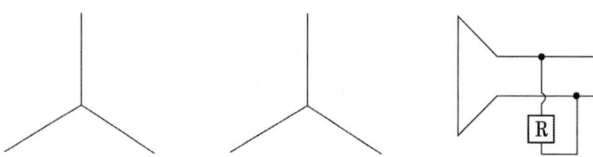

● 답안작성

(1) 명칭 : CLR(한류 저항기)
(2) 용도 : • 계전기를 동작시키는 데 필요한 유효전류를 발생
　　　　　• 오픈델타 회로의 각 상전압 중의 제3고조파 억제

▶출제년도 : 기사 98, 17, 22. ▶점수 : 5점

문12 폭 15[m]인 도로 양측에 20[m] 간격을 두고 가로등이 점등되고 있다. 1등당의 전광속은 3,000[lm]이고 그 45[%]가 도로 전면에 방사하는 경우, 도로면의 평균조도[lx]는 얼마인지 구하시오.
• 계산 :　　　　　　　　　　　　　　　　　　　• 답 :

● 답안작성

계산 : $E = \dfrac{FUN}{\dfrac{1}{2}BS} = \dfrac{3000 \times 0.45 \times 1}{\dfrac{1}{2} \times 15 \times 20} = 9[\text{lx}]$

답 : 9[lx]

● 해 설

(1) 도로 양측으로 대칭배열

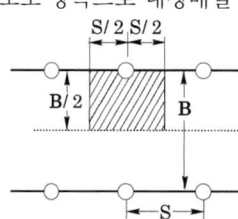

(2) 조명 기구의 배치 방법에 의한 분류
　① 도로 양측으로 대칭 배열　⎫
　② 도로 양측으로 지그재그 배열　⎬ $A = \dfrac{1}{2} \times$ 도로 폭 $\times$ 등 간격 $[\text{m}^2]$
　③ 도로 중앙 배열　⎫
　④ 도로 편면 배열　⎬ $A =$ 도로 폭 $\times$ 등 간격 $[\text{m}^2]$

▶출제년도 : 기사 12, 22. ▶점수 : 8점

문 13 다음 그림의 유접점 회로도를 보고 물음에 답하시오.

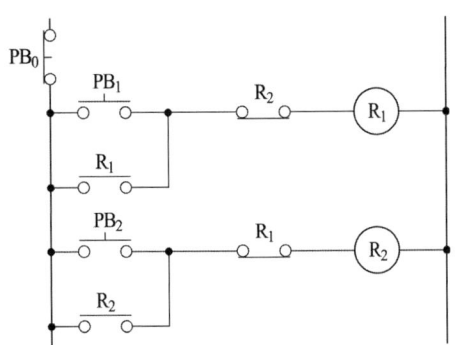

(1) 타임 차트를 완성하시오.

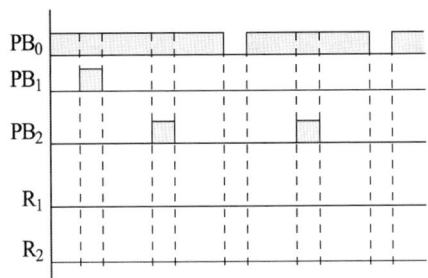

(2) R_1, R_2의 논리식을 쓰시오.
- R_1 :
- R_2 :

(3) 유접점 회로를 보고 AND(2개), OR(2개), NOT(3개)를 사용하여 무접점 회로를 완성하시오.

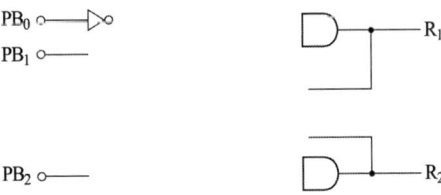

● 답안작성

(1)
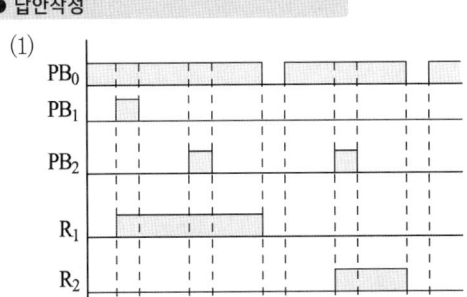

(2) $R_1 = \overline{PB_0} \cdot (PB_1 + R_1) \cdot \overline{R_2}$
$R_2 = \overline{PB_0} \cdot (PB_2 + R_2) \cdot \overline{R_1}$

(3)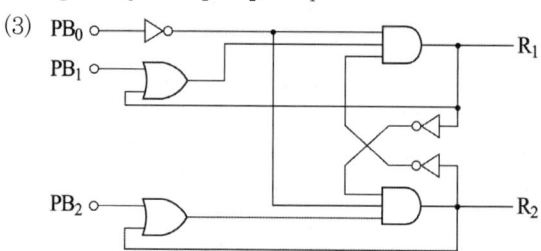

▸출제년도 : 기사 19, 22,   ▸점수 : 6점

문14
지표상 12[m]의 점에 800[kg]의 수평장력을 받는 경사진 전주에 그림과 같이 지선을 시설하려고 한다. 지선으로 인장강도(항장력) 35[kg/mm²], 지름 4[mm]인 철선을 사용하고 안전율을 2.5로 할 경우, 여기에 필요한 지선의 가닥수를 산정하시오.

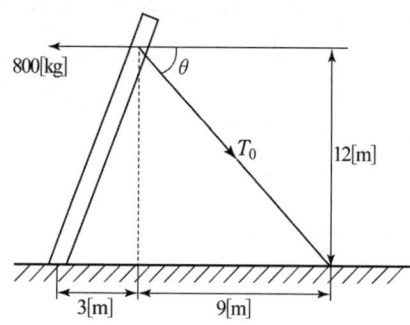

•계산 :   •답 :

● 답안작성

계산 : • 경사진 전주에서의 지선이 받는 장력
$$T_0 = \frac{\sqrt{b^2+H^2}}{a+b} \times T = \frac{\sqrt{9^2+12^2}}{3+9} \times 800 = 1{,}000\,[\text{kg}]$$

• 소선 1가닥의 인장강도 $= 35 \times \dfrac{\pi \times 4^2}{4} = 439.82\,[\text{kg}]$

따라서 소선수$(n) = \dfrac{\text{지선의 장력}(T_0) \times \text{안전율}}{\text{소선 1가닥의 인장 강도}} = \dfrac{1{,}000 \times 2.5}{439.82} = 5.68 \rightarrow 6[\text{가닥}]$

답 : 6[가닥]

● 해 설

• 전선의 단면적 $A = \pi r^2 = \dfrac{\pi d^2}{4}\,[\text{mm}^2]$ (단, r : 반지름, d : 지름)

• 지선 1가닥의 지름(d)이 4[mm]이므로
  소선 1가닥의 인장강도$= 35[\text{kg/mm}^2] \times \dfrac{\pi \times 4^2}{4}[\text{mm}^2] = 439.82\,[\text{kg}]$

• 지선의 장력$(T_0) = \dfrac{\text{소선 1가닥의 인장 강도} \times \text{소선수}(n)}{\text{안전율}}$ 이므로

$$\therefore \text{소선수}(n) = \frac{\text{지선의 장력}(T_0) \times \text{안전율}}{\text{소선 1가닥의 인장 강도}}$$

- 소선수 계산 시 소수점 이하는 절상한다.

▶출제년도 : 기사 16, 22, ▶점수 : 4점

문15 그림과 같은 전원설비에서 변압기의 부하율이 각각 40[%]일 때 변압기의 2대 운전 시의 전손실[kW]을 구하시오.(단, 3상 변압기의 철손은 2.2[kW], 전부하 동손은 4.2[kW]이다. BUS TIE CB는 투입상태로 한다.)

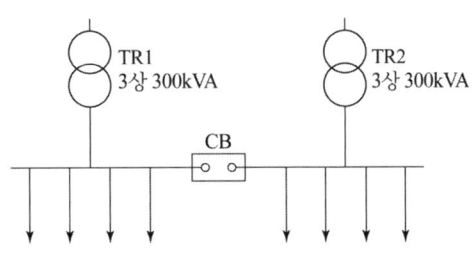

- 계산 :   • 답 :

● 답안작성

계산 : 전손실 $P_l = (P_i + m^2 P_c) \times 2 = (2.2 + 0.4^2 \times 4.2) \times 2 = 5.74[\text{kW}]$
답 : 5.74[kW]

● 해 설

- 철손 $P_i = P_h + P_e [\text{W}]$
- 변압기 전 손실 $P_l = P_i + m^2 P_c [\text{W}]$

여기서, P_h : 히스테리시스손[W], P_e : 와류손[W], m : 부하율, P_c : 동손[W]

▶출제년도 : 기사 22, ▶점수 : 6점

문16 다음 수전설비의 단선 결선도를 보고 물음에 답하시오.

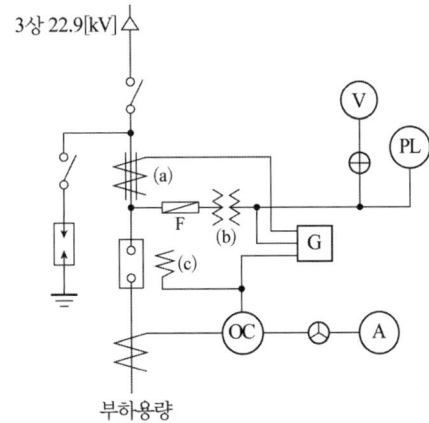

부하용량
3상 22.9[kV] 5,000[kW] 역률 97[%]

(1) 단선 결선도에 표시된 (a)~(c)의 명칭과 약호를 쓰시오.

	(a)	(b)	(c)
명칭			
약호			

(2) 단선 결선도에서 부하용량에 맞는 정격 CT비를 구하시오.
(단, CT 여유율 1.25를 적용한다.)
· 계산 :   · 답 :

● 답안작성

(1)

	(a)	(b)	(c)
명칭	영상 변류기	계기용 변압기	트립 코일
약호	ZCT	PT	TC

(2) 계산 : 1차 전류 $I_1 = \dfrac{5,000 \times 10^3}{\sqrt{3} \times 22.9 \times 10^3 \times 0.97} \times 1.25 = 162.45[A]$이므로

　　　　CT비는 200/5 선정
　　　답 : 200/5

▸출제년도 : 기사 09, 22. ▸점수 : 6점

문17

다음은 공칭전압 22.9[kV], 선심수 3, 특고압 수밀형 가공케이블(ABC-W)단면도이다. 각 번호(1~6)에 대한 명칭을 쓰시오.

● 답안작성

① 도체   ② 내부 반도전층   ③ 절연층   ④ 외부 반도전층   ⑤시스   ⑥ 중성선

● 해 설

번호	항 목	재 료
①	도체	수밀 컴파운드 충진 원형압출 AL 연선
②	내부 반도전층	반도전성 컴파운드
③	절연체	가교 폴리에틸렌
④	외부 반도전층	반도전성 컴파운드
⑤	시스	반도전성 고밀도 폴리에틸렌
⑥	중성선	알루미늄 피복강심 경알루미늄 연선

▸출제년도 : 기사 01. 06. 22. 산업 20.　▸점수 : 5점

문18 지선 밴드를 이용하여 현수애자를 설치하려고 한다. 다음 설치도면에 표시되어 있는 ①~⑤의 명칭을 쓰시오.

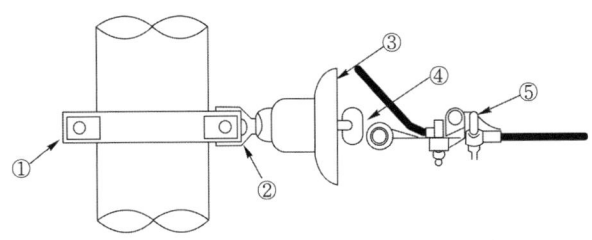

● 답안작성

① 지선 밴드　② 볼 아이　③ 현수애자　④ 소켓 아이　⑤ 데드엔드 클램프

▸출제년도 : 기사 22.　▸점수 : 4점

문19 다음은 저압전기설비에서 한국전기설비규정에 따른 화재의 확산을 최소화하기 위한 배선설비의 선정과 공사에 관한 내용의 일부이다. ( ) 안에 알맞은 내용을 쓰시오.

배선설비 관통부의 밀봉

가. 배선설비가 바닥, 벽, 지붕, 천장, 칸막이, 중공벽 등 건축구조물을 관통하는 경우, 배선설비가 통과한 후에 남는 개구부는 관통 전의 건축구조 각 부재에 규정된 내화등급에 따라 밀폐하여야 한다.

나. 관련 제품 표준에서 자소성으로 분류되고 최대 내부단면적이 (①)[mm^2] 이하인 전선관, 케이블트렁킹 및 케이블덕팅시스템은 다음과 같은 경우라면 내부적으로 밀폐하지 않아도 된다.
   (1) 보호등급 (②)에 관한 KS C IEC 60529(외곽의 방진 보호 및 방수 보호 등급)의 시험에 합격한 경우
   (2) 관통하는 건축 구조체에 의해 분리된 구획의 하나 안에 있는 배선설비의 단말이 보호등급 (②)에 관한 KS C IEC 60529(외함의 밀폐 보호등급 구분(IP코드))의 시험에 합격한 경우

● 답안작성

① 710
② IP33

● 해 설

화재의 확산을 최소화하기 위한 배선설비의 선정과 공사(KEC 232.3.6)
배선설비 관통부의 밀봉
가. 배선설비가 바닥, 벽, 지붕, 천장, 칸막이, 중공벽 등 건축구조물을 관통하는 경우, 배선설비가 통과한 후에 남는 개구부는 관통 전의 건축구조 각 부재에 규정된 내화등급에 따라 밀폐하여야 한다.
나. 내화성능이 규정된 건축구조부재를 관통하는 배선설비는 관통 전에 각 부의 내화등급이 되도록 내부도 밀폐하여야 한다.

다. 관련 제품 표준에서 자소성으로 분류되고 **최대 내부단면적이 710[mm2] 이하인 전선관**, 케이블트렁킹 및 케이블덕팅시스템은 다음과 같은 경우라면 내부적으로 밀폐하지 않아도 된다.
  (1) **보호등급 IP33**에 관한 KS C IEC 60529(외곽의 방진 보호 및 방수 보호 등급)의 시험에 합격한 경우
  (2) 관통하는 건축 구조체에 의해 분리된 구획의 하나 안에 있는 배선설비의 단말이 **보호등급 IP33**에 관한 KS C IEC 60529(외함의 밀폐 보호등급 구분(IP 코드))의 시험에 합격한 경우

2023년 1회 전기공사기사실기

문1 ▸출제년도 : 08. 09. 23. ▸점수 : 5점

송배전 선로에서 전선의 장력을 2배로 하고 또 경간을 2배로 하면 전선의 이도는 처음의 몇 배가 되는지 구하시오.
  • 계산 :   • 답 :

● 답안작성

계산 : 이도 $D = \dfrac{WS^2}{8T}$ 에서 장력(T)과 경간(S)을 2배로 하는 경우의 이도 D'는

$$D' = \dfrac{W(2S)^2}{8(2T)} = 2\dfrac{WS^2}{8T} = 2D$$

답 : 2배

● 해 설

이도 $D = \dfrac{WS^2}{8T}$[m]

여기서, W : 전선의 중량[kg/m], S : 경간(span)[m], T : 전선의 수평장력[kg]

문2 ▸출제년도 : 기사 06. 16. 23. ▸점수 : 6점

활선작업을 할 때에 필요한 사항으로 다음 각 물음에 대하여 답하시오.
(1) 활선 장구의 종류 5가지를 쓰시오.
(2) 충전되어 있는 활선을 움직이거나 작업권 밖으로 밀어낼 때 등에 사용되는 절연봉을 다른 말로 무엇이라 하는지 쓰시오.

● 답안작성

(1) 고무브랑켓트, 그립올 크램프 스틱, 와이어 통, 핫스틱 텐션 풀러, 절연고무장화
(2) 와이어 통(wire tong)

● 해 설

활선공구
① 고무브랑켓트 : 활선 작업시 작업자에게 위험한 충전 부분을 절연하기에 아주 편리한 고무판으로써 접거나 둘러 쌓을 수도 있고 걸어 놓을 수도 있는 다목적 절연 보호장구이다. 주로 변압기 1, 2차측 내장애자개소, COS 등 덮개류로 절연하기 어려운 여러 가지 개소에 사용한다.
② 고무소매 : 방전 고무장갑과 더불어 작업자의 팔과 어깨가 충전부에 접촉되지 않도록 착용하는 절연장구
③ 그립올 크램프 스틱 : 활선 바인드 작업시 전선의 진동방지 및 절단된 전선을 슬리브에 삽입할 때 전선이 빠지지 않도록 잡아주며, 간접 작업시 활선장구류(덮개)의 설치 및 제거 등 여러 용도로 사용되는 절연봉
④ 나선형 링크스틱 : 작업 장소가 좁아서 스트레인 링크스틱을 직접 손으로 안전하게 설치할 수 없을 때 사용하는 절연 장구
⑤ 데드앤드 덮개 : 활선 작업시 작업자가 현수애자 및 데드앤드 클램프에 접촉되는 것을 방지하기 위하여 사용되는 절연장구
⑥ 전선 커버 : 활선 작업자가 활선에 접촉되는 것을 방지하고자 사용하는 절연체

⑦ 라쳇트형 전선커터 : 이 전선 절단기는 아주 제한된 작업 구간 내에서 전선, 점퍼선, 바인드선 등을 절단할 수 있는 절연장구
⑧ 롤러링크 스틱 : 전주 교체시 전주에 전선이 닿지 않도록 전선을 벌려 주어야 할 때 봉의 밑고리에 로우프를 매어 양편으로 잡아당겨 전선 간격을 벌려주어 전주 교체 작업이 수월하도록 사용되는 절연장구
⑨ 바이패스 점퍼스틱 : 활선작업시 점퍼선을 절단할 필요가 있을 때 정전되지 않도록 전류를 바이패스 시켜주는 절연봉과 케이블, 클램프로 구성된 장구
⑩ 애자덮개 : 활선 작업시 특고핀 및 라인포스트 애자를 절연하여 작업자의 부주의로 접촉되더라도 안전사고가 발생하지 않도록 사용되는 절연 덮개
⑪ 와이어 홀딩스틱 : 점퍼선 작업시 형태잡기, 구부리기, 위치 잡아주기 등 기타 작업시에 전선을 다각도에서 잡아주는 데 편리하고 안전하게 작업할 수 있는 장구
⑫ 와이어 통 : 핀 애자나 현수애자의 장주에서 활선을 작업권 밖으로 밀어낼 때 사용하는 절연봉
⑬ 절연고무장화 : 활선작업시 작업자가 전기적 충격을 방지하기 위하여 고무장갑과 더불어 이중절연의 목적으로 작업화 위에 신고 작업할 수 있는 절연장구
⑭ 핫스틱 텐션풀러 : 내장형 장주에서 현수애자 교체 또는 이도 조정 작업시 전선의 장력을 잡아주는 라쳇트(기계식)식으로 된 절연장구
⑮ 회전 갈퀴형 바인드 스틱 : 주로 바인드 선을 감거나 풀 때 많이 사용되는 봉으로써 전선에 캄아롱을 부착할 때도 고리에 갈퀴를 걸어 사용한다.

▶ 출제년도 : 기사 04. 06. 19. 23. ▶ 점수 : 6점

문3 그림과 같은 계통에서 단로기 DS_3를 통하여 부하를 공급하고 차단기 CB를 점검하고자 한다. 다음 각 물음에 답하시오. (단, 평상시에 DS_3는 열려 있는 상태이다.)

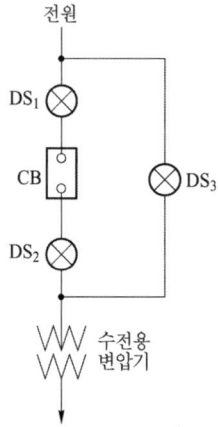

(1) CB를 점검하기 위한 조작순서를 쓰시오.
(2) CB를 점검한 후 원상복귀 시킬 때의 조작순서를 쓰시오.

● 답안작성

(1) DS_3(ON) → CB(OFF) → DS_2(OFF) → DS_1(OFF)
(2) DS_2(ON) → DS_1(ON) → CB(ON) → DS_3(OFF)

● 해 설

(1) CB 차단 후 부하측 DS부터 개로하여야 한다.

▶ 출제년도 : 기사 94. 14. 23.   ▶ 점수 : 6점

문4 지중전선로 공사를 하기 위하여 그림과 같이 줄 기초터파기를 하려고 한다. 다음 물음에 답하시오. (단, 지중전선로 길이는 80[m]이며, 되메우기 및 잔토 처리는 계산하지 않으며, 보통 인부는 1[m³]당 0.2인으로 하고 노임은 80,000원/인을 기준으로 한다.)

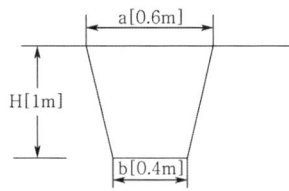

(1) 터파기량[m³]
  • 계산 :   • 답 :
(2) 인공수[인]
  • 계산 :   • 답 :
(3) 노임[원]
  • 계산 :   • 답 :

● 답안작성

(1) **계산** : 터파기량 $= \left(\dfrac{0.6+0.4}{2}\right) \times 1 \times 80 = 40 [\mathrm{m}^3]$ **답** : $40[\mathrm{m}^3]$
(2) **계산** : 인공은 1[m³]당 0.2인이므로 $40 \times 0.2 = 8[\mathrm{인}]$ **답** : 8[인]
(3) **계산** : 노임 $= 80,000 \times 8 = 640,000[원]$ **답** : 640,000[원]

● 해 설

(1) 터파기량 $= \left(\dfrac{a+b}{2}\right) \times H \times$ 줄 기초 길이

▶ 출제년도 : 기사 91. 92. 96. 98. 04. 12. 20. 23.   ▶ 점수 : 5점

문5 3상 3선식 380[V]로 수전하는 수용가의 부하 전력이 75[kW], 부하 역률이 85[%], 구내 배전선의 길이는 200[m]이며, 배선에서 전압 강하를 6[V]까지 허용하는 경우 구내 배선의 굵기를 공칭단면적 표에서 선정하시오.

[표] 전선의 도체 공칭 단면적 : 95, 120, 150, 185, 240[mm²]

• 계산 :   • 답 :

● 답안작성

계산 : $A = \dfrac{30.8 \cdot LI}{1000 \cdot e} = \dfrac{30.8 \times 200 \times \dfrac{75 \times 10^3}{\sqrt{3} \times 380 \times 0.85}}{1000 \times 6} = 137.63 [\mathrm{mm}^2]$

답 : $150[\mathrm{mm}^2]$

● 해 설

① 전압강하 계산

전기 방식	전압 강하		전선 단면적
단상 3선식 직류 3선식 3상 4선식	$e_1 = IR$	$e_1 = \dfrac{17.8LI}{1,000A}$	$A = \dfrac{17.8LI}{1,000e_1}$
단상 2선식 및 직류 2선식	$e_2 = 2IR = 2e_1$	$e_2 = \dfrac{35.6LI}{1,000A}$	$A = \dfrac{35.6LI}{1,000e_2}$
3상 3선식	$e_3 = \sqrt{3}IR = \sqrt{3}e_1$	$e_3 = \dfrac{30.8LI}{1,000A}$	$A = \dfrac{30.8LI}{1,000e_3}$

② KSC IEC 전선규격
   1.5, 2.5, 4, 6, 10, 16, 25, 35, 50, 70, 95, 120, 150, 185, 240, 300, 400, 500, 630[mm²]

▶ 출제년도 : 기사 97. 00. 14. 23.　▶ 점수 : 5점

문6 접지공사 작업량과 참고사항 및 표준 품셈을 참조하여 다음을 구하시오.

[참고사항]
① 공구 손료는 3[%], 간접노무비 15[%]로 계산한다.
② 노임단가는 내선 전공 : 145901원, 보통인부 : 84166원을 기준으로 한다.
③ 인공을 산출한 후 이를 합계하여 노임단가 적용 시 원단위의 소수점 이하는 버린다.

[접지공사 작업량]
① 접지봉 2[m], 15개(1개소에 1개씩 설치)
② 접지선 매설 38[mm²], 300[m]
③ 후강 전선관 28[mm], 250[m](콘크리트 매입)

종 별	단위	전공	보통인부
접지봉(지하 0.75[m] 기준) 길이 1~2[m]×1본 　　　　×2본 연결 　　　　×3본 연결	개소 개소 개소	0.11 0.16 0.24	0.08 0.13 0.20
접지선 매설 14[mm²] 이하 38[mm²] 이하 80[mm²] 이하 150[mm²] 이하 150[mm²] 초과	m m m m m	0.006 0.007 0.008 0.011 0.014	—

합성수지 전선관		후강 전선관	
규격	전공	규격	전공
16[mm] 이하	0.05	16[mm] 이하	0.08
22[mm] 이하	0.06	22[mm] 이하	0.11
28[mm] 이하	0.08	28[mm] 이하	0.14
36[mm] 이하	0.10	36[mm] 이하	0.20

[해설] ① 콘크리트 매입 기준임
　　　② 천장 속, 마루 밑 공사 130[%]
　　　③ 나사없는 전선관 및 박강 전선관은 합성수지 전선관 품 적용
　　　④ 철거 30[%], 재사용 철거 40[%]

[해설] ① 접지선 연결, 접지저항 측정 포함
　　　② 철거 50[%], 동판을 버리는 경우는 전공품의 10[%]
　　　③ 지세별 할증률 적용

(1) 전공 노무비
　　• 계산 :　　　　　　　　　　　　　　　• 답 :
(2) 보통인부 노무비
　　• 계산 :　　　　　　　　　　　　　　　• 답 :
(3) 직접 노무비
　　• 계산 :　　　　　　　　　　　　　　　• 답 :
(4) 간접 노무비
　　• 계산 :　　　　　　　　　　　　　　　• 답 :
(5) 공구손료
　　• 계산 :　　　　　　　　　　　　　　　• 답 :

● 답안작성

(1) 전공 노무비
　　계산 : 내선 전공 : $(0.11 \times 15) + (0.007 \times 300) + (0.14 \times 250) = 38.75$[인]
　　　　　노임 $= 38.75 \times 145{,}901 = 5{,}653{,}663$[원]
　　답 : $5{,}653{,}663$[원]

(2) 보통 인부 노무비
　　계산 : 보통 인부 : $0.08 \times 15 = 1.2$[인]
　　　　　노임 $= 1.2 \times 84{,}166 = 100{,}999$[원]
　　답 : $100{,}999$[원]

(3) 직접 노무비
　　계산 : 직접노무비 = 전공 + 보통인부 $= 5{,}653{,}663 + 100{,}999 = 5{,}754{,}662$[원]
　　답 : $5{,}754{,}662$[원]

(4) 간접 노무비
　　계산 : 간접노무비 = 직접노무비 $\times 15$[%] $= 5{,}754{,}662 \times 0.15 = 863{,}199$[원]
　　답 : $863{,}199$[원]

(5) 공구손료
　　계산 : 공구손료 = 직접노무비 $\times 3$[%] $= 5{,}754{,}662 \times 0.03 = 172{,}639$[원]
　　답 : $172{,}639$[원]

▶ 출제년도 : 기사 19. 23. 산업 94. 02. 06.　　▶ 점수 : 3점

문7 피뢰기가 구비하여야 할 조건을 3가지만 쓰시오.

● 답안작성
① 충격 방전 개시 전압이 낮을 것
② 상용주파 방전 개시 전압이 높을 것
③ 방전내량이 크고, 제한전압이 낮을 것

● 해　설
그 외에도
④ 속류차단 능력이 클 것

▶출제년도 : 기사 12, 19, 23, 산업 18.   ▶점수 : 4점

문8 서지 흡수기(Surge Absorber)의 용도와 설치위치에 대해 쓰시오.
(1) 서지 흡수기의 용도
(2) 서지 흡수기의 설치 위치

● 답안작성

(1) 서지 흡수기의 용도 : 개폐서지 등 이상전압으로부터 변압기 등 기기보호
(2) 서지 흡수기의 설치 위치 : 개폐 서지를 발생하는 차단기 후단과 부하측 사이

● 해 설

서지 흡수기는 피뢰기와 같은 구조와 특성을 지니고 있으며, 구내선로에서 발생할 수 있는 개폐서지, 순간과도전압 등으로 이상전압이 2차기기에 악영향을 주는 것을 막기 위해 서지 흡수기를 시설한다.

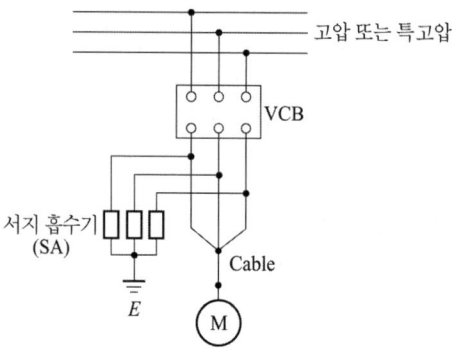

▶출제년도 : 기사 06, 19, 23.   ▶점수 : 4점

문9 계전기별 기구번호의 제어약호 중 87 T의 명칭을 쓰시오.

● 답안작성

주변압기 차동계전기

● 해 설

계전기 고유번호
- 87 : 전류차동계전기(비율차동계전기)
- 87B : 모선보호 차동계전기
- 87G : 발전기용 차동계전기
- 87T : 주변압기 차동계전기

▶출제년도 : 기사 92, 98, 23.   ▶점수 : 4점

문10 345[kV] 철탑 송전선로에서 룰링스펜(Ruling Span)을 간단히 설명하시오.

● 답안작성

기하학적 등가 경간장 또는 내장주와 내장주 사이

문 11 단상 변압기의 병렬운전 조건 4가지를 쓰고, 이들 조건이 맞지 않는 변압기를 병렬 운전하였을 때 변압기에 미치는 영향에 대하여 설명하시오.
▶ 출제년도 : 기사 98, 02, 03, 04, 06, 07, 17, 23, 24.   ▶ 점수 : 7점

(1) 병렬 운전 조건(4가지)
(2) 조건이 맞지 않는 변압기를 병렬운전 하였을 경우 변압기에 미치는 영향

● 답안작성

(1) 조건
- 극성이 같을 것
- 권수비 및 1차, 2차 정격전압이 같을 것
- % 임피던스 강하가 같을 것
- 저항과 누설리액턴스 비가 같을 것

(2) 순환전류가 흘러 권선이 과열 소손될 수 있으며 부하 분담의 균형을 이룰 수 없다.

● 해 설

(1) 단상 변압기의 병렬운전 조건 및 조건이 맞지 않는 경우

병렬운전 조건	조건이 맞지 않는 경우
① 정격 전압(권수비)이 같을 것	순환 전류가 흘러 권선이 가열
② 극성이 일치할 것	큰 순환 전류가 흘러 권선이 소손
③ %임피던스 강하(임피던스 전압)가 같을 것	부하의 분담이 용량의 비가 되지 않아 부하의 분담이 균형을 이룰 수 없다.
④ 내부 저항과 누설 리액턴스의 비 (즉 $r_a/x_a = r_b/x_b$)가 같을 것	각 변압기의 전류간에 위상차가 생겨 동손이 증가

(2) 3상 변압기 병렬 운전 조건
3상 변압기의 병렬 운전 조건은 단상 변압기의 병렬 운전 조건 이외의 다음 조건을 만족해야 한다.
① 상회전 방향이 같을 것
② 위상 변위가 같을 것

문 12 한국전기설비규정에 의한 금속관공사의 시설조건과 금속관 및 부속품의 선정에 대한 설명이다. ( )안에 알맞은 내용을 답란에 쓰시오.
▶ 출제년도 : 기사 23.   ▶ 점수 : 3점

1. 전선은 연선일 것. 다만, 다음의 것은 적용하지 않는다.
   가. 짧고 가는 금속관에 넣은 것.
   나. 단면적 (①)[mm^2](알루미늄선은 단면적 16[mm^2]) 이하의 것.
2. 관의 두께는 다음에 의할 것.
   가. 콘크리트에 매입하는 것은 (②)[mm] 이상
   나. '가'항 이외의 것은 (③)[mm] 이상. 다만, 이음매가 없는 길이 4[m] 이하인 것을 건조하고 전개된 곳에 시설하는 경우에는 0.5[mm]까지로 감할 수 있다.

● 답안작성

① 10   ② 1.2   ③ 1

●해　설

KEC 232.12 금속관공사
232.12.1 시설조건
1. 전선은 절연전선(옥외용 비닐절연전선을 제외한다)일 것.
2. 전선은 연선일 것. 다만, 다음의 것은 적용하지 않는다.
　가. 짧고 가는 금속관에 넣은 것.
　나. 단면적 10[mm^2](알루미늄선은 단면적 16[mm^2]) 이하의 것.
3. 전선은 금속관 안에서 접속점이 없도록 할 것.

232.12.2 금속관 및 부속품의 선정
관의 두께는 다음에 의할 것.
가. 콘크리트에 매입하는 것은 1.2[mm] 이상
나. '가' 이외의 것은 1[mm] 이상. 다만, 이음매가 없는 길이 4[m] 이하인 것을 건조하고 전개된 곳에 시설하는 경우에는 0.5[mm]까지로 감할 수 있다.
다. 관의 끝부분 및 안쪽 면은 전선의 피복을 손상하지 아니하도록 매끈한 것일 것.

▶출제년도 : 기사 16, 23, 산업 20.　▶점수 : 5점

문13 다음 그림은 장주를 배열에 따라 구분한 것이다. 각 장주의 명칭을 쓰시오.

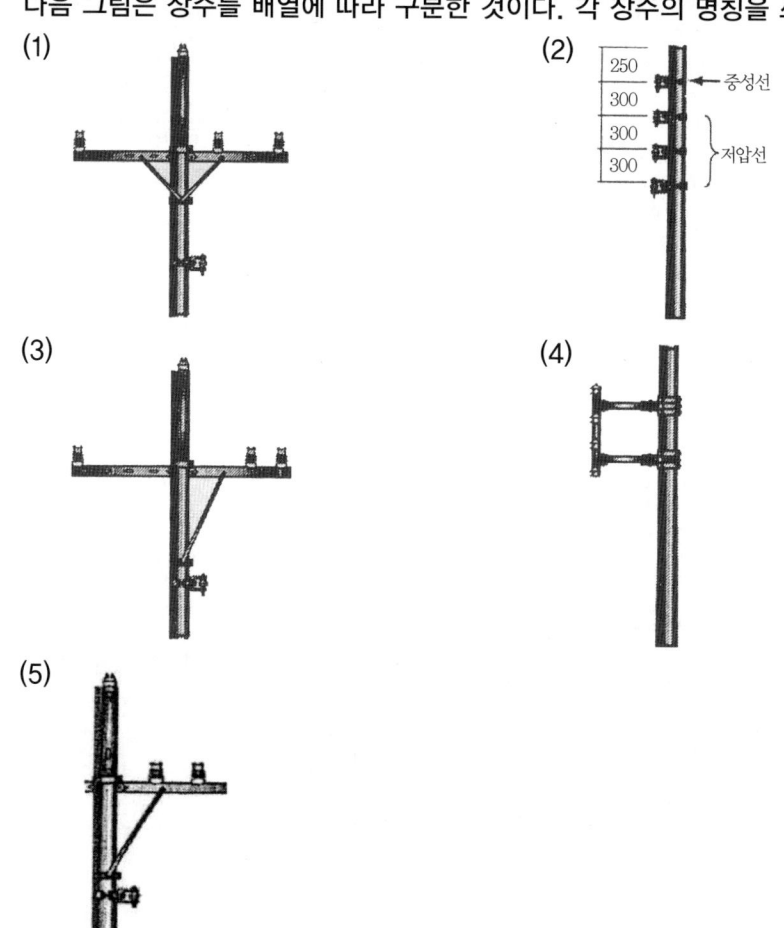

● 답안작성
(1) 보통장주, (2) 랙크장주, (3) 창출장주, (4) 편출용 D형 랙크장주, (5) 편출장주

● 해 설
(1) 특고압 장주 형태

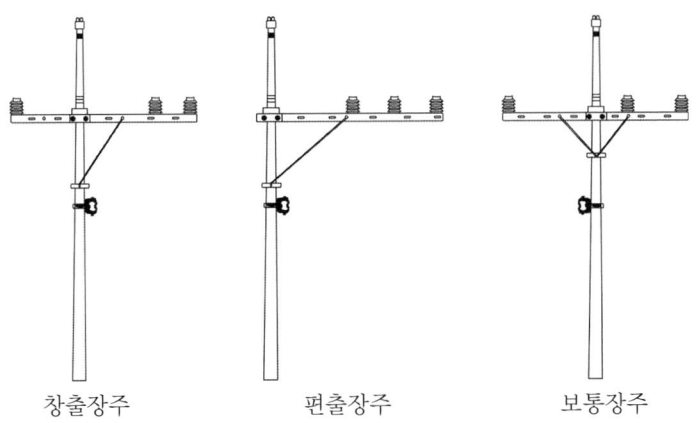

창출장주   편출장주   보통장주

(2) 저압 장주 형태

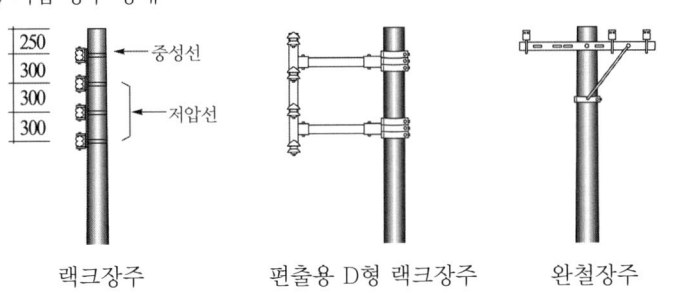

랙크장주   편출용 D형 랙크장주   완철장주

▶출제년도 : 기사 13, 20, 23. ▶점수 : 6점

문14 건축물의 조명설계 시 눈부심(glare)을 방지하는 방법을 6가지만 쓰시오.

● 답안작성
① 보호각 조정
② 아크릴 루버 등 설치
③ 수평에 가까운 방향에 광도가 적은 배광기구를 사용
④ 반간접 조명이나 간접조명 방식을 채택
⑤ 건축화 조명을 적용
⑥ 휘도가 낮은 광원을 선택

● 해 설
눈부심 방지대책
(1) 조명기구에 의한 방지대책
① 보호각 조정 : 직사광이 광원으로부터 나오는 범위, 즉 보호각의 대소를 조정하여 직사광을 차단하여 휘도를 줄이는 방법이다.
② 아크릴 루버 등 설치 : 우유빛 루버나 프리즘 루버를 조명기구 하단에 부착하는 것은 광원으로부터의 휘도를 근본적으로 방지하는 방법이다.(단, 조명률은 저하된다).

③ 수평에 가까운 방향에 광도가 작은 배광기구를 사용한다.
　　시선에서 ±30° 범위는 글레어 존이다.
(2) 조명방식에 의한 방지대책
　① 반간접 조명이나 간접 조명방식을 채택한다.
　② 건축화 조명을 적용한다.
　　광천장 조명, 코오브 조명, 코오니스 조명, 밸런스 조명, 코너 조명 등

문15

▶출제년도 : 기사 20, 23.　▶점수 : 3점

동일 변전소로부터 인출되는 2회선 이상의 고압 배전선에 접속되는 변압기 2차측을 모두 동일 저압선에 연계하는 공급방식으로 1차측 배전선 또는 변압기에 고장이 발생해도 다른 건전설비에 의하여 무정전 전원공급이 가능하고 공급신뢰도가 높은 배전방식의 명칭을 쓰시오.

● 답안작성

스폿 네트워크 방식

● 해 설

(1) Spot Network 방식
　배전용 변전소로부터 2회선 이상의 배전선으로 수전하는 방식으로 배전선 1회선에 사고가 발생한 경우일지라도 다른 건전한 회선으로부터 자동적으로 수전 할 수 있는 무정전 방식으로 신뢰도가 매우 높은 방식이다.
(2) 특징
　① 무정전 전력공급이 가능하다.
　② 공급신뢰도가 높다.
　③ 전압 변동률이 낮다.
　④ 부하 증가에 대한 적응성이 좋다.

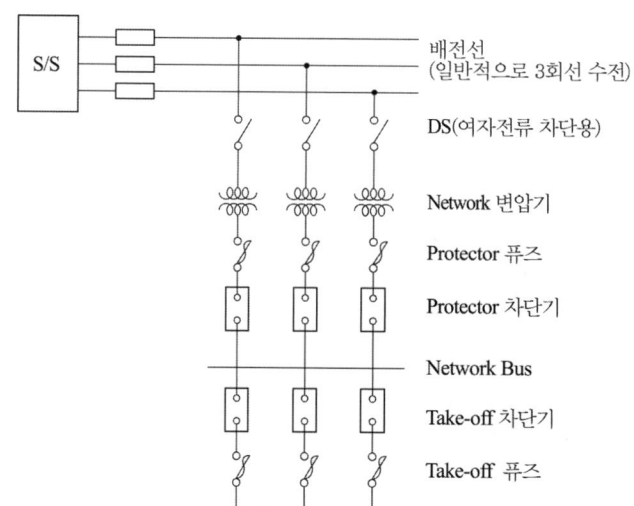

스폿 네트워크 배전방식의 예

▸출제년도 : 기사 12, 23, 산업 95, 98.   ▸점수 : 10점

문16 3상 4선식 중성점 다중 접지방식의 22.9[kV-Y] 배전선로에서 수전하기 위한 단선결선도이다. 도면을 보고 다음 물음에 답하시오.

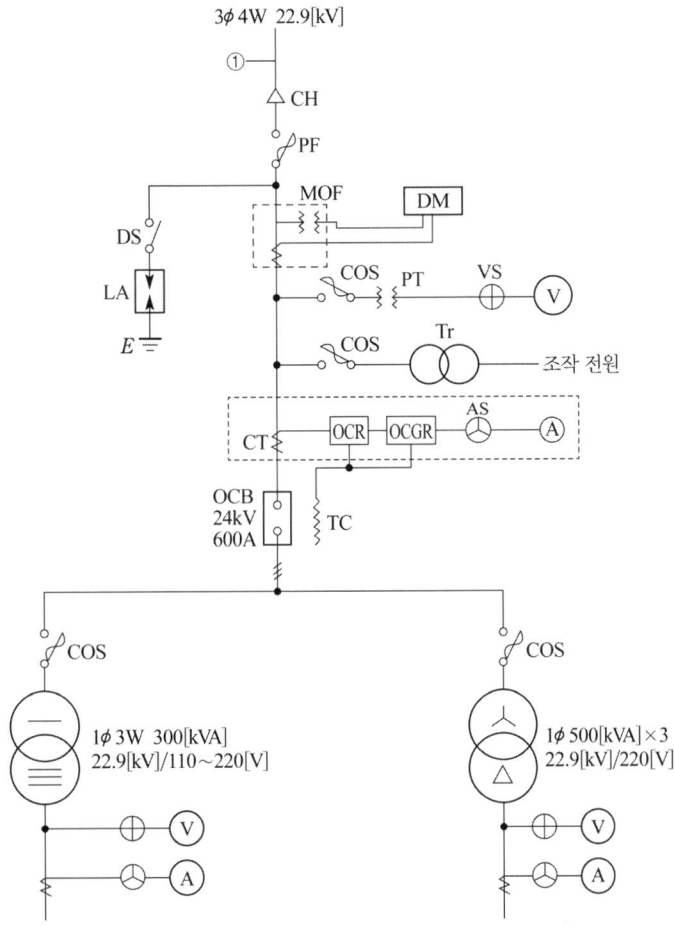

(1) 지중인입선의 경우 그림에 ①은 22.9[kV-Y] 계통에서 어떤 케이블을 사용하는지 쓰시오.
(2) MOF에서 규격이 13.2[kV]/110[V], 75/5[A]일 때 0.2급, 0.5급, 1.2급 중에 어떤 급을 사용하는지 쓰시오.
(3) OCB의 명칭을 쓰시오.
(4) OCGR의 명칭을 쓰시오.
(5) DS의 명칭을 쓰시오.
(6) COS의 명칭을 쓰시오.
(7) TC의 명칭을 쓰시오.
(8) PF(전력퓨즈)의 용량을 변압기 전부하 전류의 2배로 고려한다면 퓨즈의 용량을 표에서 선정하시오.(단, 평균역률은 90[%]로 한다.)

[표] 전력퓨즈의 용량은 40, 125, 150, 200, 250(단위 : [A])이다.

• 계산 :   • 답 :

● 답안작성

(1) CNCV-W 케이블(수밀형) 또는 TR CNCV-W(트리억제형)
(2) 0.5 급
(3) 유입 차단기
(4) 지락 과전류 계전기
(5) 단로기
(6) 컷 아웃 스위치
(7) 트립코일
(8) **계산** : 퓨즈의 용량 = 전부하 전류×2배 = $\left(\dfrac{300}{22.9} + \dfrac{500 \times 3}{\sqrt{3} \times 22.9}\right) \times 2 = 101.84[A]$

이므로 125[A] 선정

답 : 125[A]

▶ 출제년도 : 기사 01, 23.   ▶ 점수 : 3점

문17 그림은 벽부등의 설치에 관한 내용이다. 다음 물음에 답하시오.

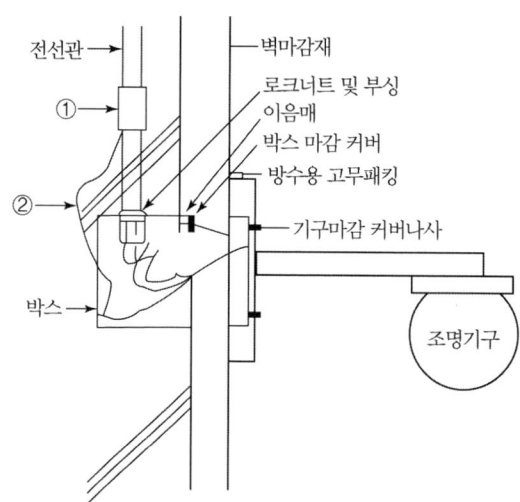

(1) 그림에서 ①의 명칭을 쓰시오.
(2) 그림에서 ②의 명칭을 쓰시오.
(3) 박스로의 배관은 상부, 하부 중 어디서부터 배관을 하는가?

● 답안작성

(1) 접지 클램프   (2) 본딩선 (또는 접지선)   (3) 상부

문18 비상용 조명부하 40[W] 120등, 60[W] 50등이 있다. 방전시간 30분, 축전지 HS형 54셀, 허용 최저전압 92[V], 최저 축전지 온도 5[℃]일 때 주어진 표를 이용하여 축전지 용량을 계산하시오. (단, 전압은 100[V], 경년용량저하율은 0.8이다.)

연축전지의 용량환산시간 K (900[Ah] 이하)

형식	온도[℃]	10분			30분		
		1.6[V]	1.7[V]	1.8[V]	1.6[V]	1.7[V]	1.8[V]
HS	25	0.58	0.7	0.93	1.03	1.14	1.38
	5	0.62	0.74	1.05	1.11	1.22	1.54
	−5	0.68	0.82	1.15	1.2	1.35	1.68

● 답안작성

계산 : 표에서 용량환산시간 $K = 1.22$

전류 $I = \dfrac{P}{V} = \dfrac{7800}{100} = 78[A]$

축전지 용량 $C = \dfrac{1}{L}KI = \dfrac{1}{0.8} \times 1.22 \times 78 = 118.95[Ah]$

답 : 118.95[Ah]

● 해 설

셀 당 최저 허용 전압 = $\dfrac{92[V]}{54[\text{cell}]}$ = 1.7[V/cell]

문19 다음 옥내 배선용 그림 기호(KS C 0301)의 명칭을 쓰시오.

그림기호	명 칭	그림기호	명 칭
⊖_G		S	
●		⊘	
TS		↗●	

● 답안작성

그림기호	명 칭	그림기호	명 칭
⊖_G	누전 경보기	S	연기 감지기
●	누름 버튼	⊘	스피커
TS	타임 스위치	↗●	조광기

● 해 설

옥내 배선용 그림 기호(KS C 0301)

명 칭	그림기호	적 요
누전 경보기	⊖G	필요에 따라 전류를 표기한다.
누름버튼	●	(1) 벽 붙이는 벽 옆을 칠한다. ● (2) 2개 이상인 경우는 버튼수를 표기한다. 　[보기] ●₃ (3) 간호부 호출용은 ●N 또는 N 으로 한다. (4) 복귀용은 다음에 따른다. ●
타임 스위치	TS	
연기감지기	S	(1) 필요에 따라 종별을 방기한다. (2) 점검 박스붙이인 경우는 S 로 한다. (3) 매입인 것은 S 로 한다.
스피커	◁	(1) 벽붙이는 벽 옆을 칠한다. 　◁ (2) 모양, 종류를 표시하는 경우는 그 뜻을 방기한다. (3) 소방용 설비 등에 사용하는 것은 필요에 따라 F를 방기한다. (4) 아웃렛만인 경우는 다음과 같다. 　◀ (5) 방향을 표시하는 경우는 다음과 같다. 　◁→ (6) 폰형 스피커를 구별하는 경우는 다음과 같다. 　◁
조광기	●↗	용량을 표시하는 경우는 표기한다. [보기] ●↗₁₅A

▶출제년도 : 기사 23.　▶점수 : 4점

문20 피뢰기의 저항성 누설전류 측정법에 관한 설명이다. ( )안에 알맞은 기기의 명칭을 답란에 쓰시오.

피뢰기의 저항성 누설전류 측정방법에는 저항성 전류의 직접 측정법과 누설전류의 고조파 측정법이 있다. 누설전류의 직접 측정을 위해서는 피뢰기 양단전압을 용량성 (①)로 측정하고 누설전류는 방전계수기 내의 (②)로 측정한다.

● 답안작성

① 분압기
② 영상변류기

2023년 2회 전기공사기사실기

▶출제년도 : 기사 23. ▶점수 : 4점

문1 한국전기설비규정에 따른 변전소(전기철도용 변전소 제외)에 설치하는 계측장치에 대한 설명이다. ( )안에 알맞은 내용을 쓰시오.

변전소 또는 이에 준하는 곳에는 다음의 사항을 계측하는 장치를 시설하여야 한다.
가. 주요 변압기의 (①) 및 (②) 또는 (③)
나. 특고압용 변압기의 (④)

● 답안작성
① 전압 ② 전류 ③ 전력 ④ 온도

● 해 설
KEC 351.6 감시 및 계측장치 등
변전소 또는 이에 준하는 곳에는 다음의 사항을 계측하는 장치를 시설하여야 한다. 다만, 전기철도용 변전소는 주요 변압기의 전압을 계측하는 장치를 시설하지 아니할 수 있다.
가. 주요 변압기의 전압 및 전류 또는 전력
나. 특고압용 변압기의 온도

▶출제년도 : 기사 23. ▶점수 : 3점

문2 KS C 4621에 따른 주택용 누전차단기의 정격감도전류를 3가지만 쓰시오.
(단, 단위를 반드시 쓰시오.)

● 답안작성
100[mA], 200[mA], 300[mA]

● 해 설
KS C 4621 주택용 누전차단기
정격감도전류는 다음과 같다.
(6, 10, 15, 30, 50, 100, 200, 300, 500)[mA]

▶출제년도 : 기사 23. ▶점수 : 6점

문3 옥내 배선용 그림 기호(KS C 0301)에 따른 다음 그림 기호의 명칭을 쓰시오.

그림기호	●	 ◢	●EL
명 칭	①	②	③

● 답안작성
① 벽붙이 누름버튼
② 분전반
③ 누전 차단기 붙이 콘센트

● 해 설

옥내 배선용 그림 기호(KS C 0301)

명 칭	그림기호	적 요
누름버튼	●	(1) 벽 붙이는 벽 옆을 칠한다. ◨ (2) 2개 이상인 경우는 버튼수를 표기한다. 　[보기] ◨₃ (3) 간호부 호출용은 ◨N 또는 N 으로 한다. (4) 복귀용은 다음에 따른다. 　　　●
배전반 분전반 및 제어반	▭	① 종류를 구별하는 경우는 다음과 같다. 　배전반 ⊠ 　분전반 ◪ 　제어반 ⧖ ② 직류용은 그 뜻을 표기한다. ③ 재해 방지 전원 회로용 배전반 등인 경우는 2중 틀로 하고 필요에 따라 종별을 표기한다. 　[보기] ⊠1종　 ◪2종
콘 센 트	⦿	① 천장에 부착하는 경우는 다음과 같다. ⦿ ② 바닥에 부착하는 경우는 다음과 같다. 　　⦿ ③ 용량의 표시 방법은 다음과 같다. 　• 15[A]는 방기하지 않는다. 　• 20[A] 이상은 암페어 수를 방기한다. 　[보기] ⦿₂₀ₐ ④ 2구 이상인 경우는 구수를 방기한다. 　[보기] ⦿₂ ⑤ 3극 이상인 것은 극수를 방기한다. 　[보기] ⦿₃ₚ ⑥ 종류를 표시하는 경우는 다음과 같다. 　빠짐 방지형　　　　⦿LK 　걸림형　　　　　　⦿T 　접지극붙이　　　　⦿E 　접지단자붙이　　　⦿ET 　누전 차단기붙이　　⦿EL ⑦ 방수형은 WP를 방기한다. ⦿WP ⑧ 방폭형은 EX를 방기한다. ⦿EX ⑨ 의료용은 H를 방기한다. ⦿H

문4 ▶출제년도 : 기사 12, 23, 산업 05,   ▶점수 : 5점

다음은 송전선로 공사의 작업 내용이다. 올바른 작업순서를 번호로 나열하시오.

| ① 연선 | ② 타설 | ③ 굴착 | ④ 각입 | ⑤ 긴선 | ⑥ 조립 |

● 답안작성

③ → ④ → ② → ⑥ → ① → ⑤

● 해 설

- 굴착 : 땅이나 암석 따위를 파는 것
- 각입 : 굴착 후 4각의 기초에 콘크리트를 타설하기 전 철탑의 기조재와 주각재, 앵커재를 조립 후 소정의 콘크리트 블록 위에 설치하는 것
- 타설 : 거푸집과 같은 빈공간에 콘크리트를 부어 넣는 것
- 조립 : 철탑의 조립 공법에는 조립봉 공법, 이동식 크레인 공법, 철탑 크레인 공법, 헬기 조립 공법이 있다.
- 연선 : 전선을 철탑 등 지지물에 설치하기 위해 펴는 것
- 긴선 : 전선을 철탑 등 지지물에 설치하기 위해 당기는 것

문5 ▶출제년도 : 기사 99, 15, 20, 23,   ▶점수 : 6점

아스팔트로 포장된 자동차 도로(폭 25[m])의 양쪽에 광속 25000[lm]의 저압나트륨등(250[W])을 설치하여 노면휘도 1.2[nt]가 되도록 하려고 한다. 설치하는 등의 간격을 구하시오. (단, 평균조도는 노면휘도의 10배로 하며, 감광보상률은 1.4, 조명률은 25[%]이다.)

- 계산 : • 답 :

● 답안작성

계산 : $A = \dfrac{NFU}{ED} = \dfrac{1 \times 25000 \times 0.25}{1.2 \times 10 \times 1.4} = 372.02[\text{m}^2]$ (조도는 노면 휘도의 10배)

도로양쪽 조명 $A = \dfrac{간격 \times 폭}{2}$

∴ 간격 $= \dfrac{A \times 2}{폭} = \dfrac{372.02 \times 2}{25} = 29.76[\text{m}]$

답 : 29.76[m]

문6 ▶출제년도 : 기사 14, 23,   ▶점수 : 5점

어떤 건물에서 총 설비 부하용량이 950[kW], 수용률이 60[%] 일 때 변압기 용량[kVA]을 구하시오. (단, 설비부하의 종합역률은 0.85이고, 변압기 용량표에서 선정하시오.)

변압기 용량표 [kVA]
200, 300, 500, 750, 1000, 1500, 2000

- 계산 : • 답 :

● 답안작성

계산 : $P_a = \dfrac{950 \times 0.6}{1 \times 0.85} = 670.59 [\text{kVA}]$

답 : 750[kVA]을 선정

● 해 설

- 변압기 용량 ≥ 합성최대 수용전력 = $\dfrac{\text{설비용량[kW]} \times \text{수용률}}{\text{부등률} \times \text{역률}}$
- 부등률이 주어지지 않으면 1적용
- 효율 고려하여 변압기 용량 선정

▶ 출제년도 : 기사 23.   ▶ 점수 : 6점

문7 다음은 한국전기설비규정에서 정하는 조가선 시설기준을 나타낸 것이다. ( )안에 알맞은 내용을 쓰시오.

가. 조가선 간의 이격거리는 조가선 2개가 시설될 경우에 (①)[m]를 유지하여야 한다.

나. 조가선 시설방향은 특고압주의 경우 특고압 중성도체와 같은 방향, 저압주의 경우 (②)와(과) 같은 방향으로 시설한다.

다. +자형 공중교차는 불가피한 경우에 한하여 제한적으로 시공할 수 있다. 다만, (③)형 공중 교차시공은 할 수 없다.

● 답안작성

① 0.3   ② 저압선   ③ T자

● 해 설

KEC 362.3 조가선 시설기준
1. 조가선은 단면적 38[mm^2] 이상의 아연도강연선을 사용할 것.
2. 조가선의 시설높이, 시설방향 및 시설기준
   (1) 조가선 시설방향은 다음과 같다.
      가. 특고압주 : 특고압 중성도체와 같은 방향
      나. 저압주 : 저압선과 같은 방향
   (2) 조가선은 다음과 같이 시설한다.
      가. 조가선은 설비 안전을 위하여 전주와 전주 사이에서 접속하지 말 것.
      나. 조가선은 부식되지 않는 별도의 금속 부속품을 사용하고 조가선 끝부분은 날카롭지 않게 할 것.
      다. 끝부분의 배전주와 끝부분에서 첫 번째 지지물 전에 있는 배전주에 시설하는 조가선은 장력에 견디는 형태로 시설할 것.
      라. 조가선은 2조까지만 시설할 것.
      마. 과도한 장력에 의한 전주손상을 방지하기 위하여 전주 간 거리 50[m] 기준 0.4[m] 정도의 처짐정도를 반드시 유지하고, 지표상 시설 높이 기준을 준수하여 시공할 것.
      바. +자형 공중교차는 불가피한 경우에 한하여 제한적으로 시공 할 수 있다. 다만, T자형 공중 교차시공은 할 수 없다.
3. 조가선 간의 간격은 조가선 2개가 시설될 경우에 간격은 0.3[m] 를 유지하여야 한다.

▶ 출제년도 : 기사 23.   ▶ 점수 : 4점

문8 다음은 한국전기설비규정에 따른 태양광설비에 시설하는 태양전지 모듈에 대한 설명이다. ( )안에 알맞은 내용을 쓰시오.

"모듈의 각 직렬군은 동일한 (①) 전류를 가진 모듈로 구성하여야 하며 1대의 인버터(멀티스트링 인버터의 경우 1대의 MPPT 제어기)에 연결된 모듈 직렬군이 (②)병렬 이상일 경우에는 각 직렬군의 출력전압 및 출력전류가 동일하게 형성되도록 배열할 것"

● 답안작성

① 단락
② 2

● 해 설

KEC 522.2.1 태양전지 모듈의 시설
태양광설비에 시설하는 태양전지 모듈(이하 "모듈"이라 한다)은 다음에 따라 시설하여야 한다.
가. 모듈은 자체중량, 적설, 풍압, 지진 및 기타의 진동과 충격에 대하여 탈락하지 아니하도록 지지물에 의하여 견고하게 설치할 것
나. 모듈의 각 직렬군은 동일한 단락전류를 가진 모듈로 구성하여야 하며 1대의 인버터(멀티스트링 인버터의 경우 1대의 MPPT 제어기)에 연결된 모듈 직렬군이 2병렬 이상일 경우에는 각 직렬군의 출력전압 및 출력전류가 동일하게 형성되도록 배열할 것

▶ 출제년도 : 기사 23.   ▶ 점수 : 5점

문9 특고압 전로에서 보호장치를 통해 흐를 수 있는 예상 지락전류의 실효값이 11[kA]일 때, 이 계통의 보호도체 단면적[mm²]을 보호도체 규격표에서 구하시오. (단, 자동차단을 위한 보호장치의 동작시간이 1.1초이고 보호도체, 절연, 기타 부위의 재질 및 초기온도와 최종온도 등에 따라 정해지는 계수를 143으로 적용한다.)

보호도체 규격표[mm²]							
10	16	25	35	50	95	120	150

• 계산 :   • 답 :

● 답안작성

계산 : $S = \dfrac{\sqrt{I^2 t}}{k} = \dfrac{\sqrt{11000^2 \times 1.1}}{143} = 80.68 [\text{mm}^2]$

답 : 95[mm²]을 선정

● 해 설

KEC 142.3.2 보호도체
보호도체의 단면적은 다음의 계산 값 이상이어야 한다.
(단, 차단시간이 5초 이하인 경우에만 다음 계산식을 적용한다.)

$S = \dfrac{\sqrt{I^2 t}}{k}$

여기서, S : 단면적[mm^2]
  I : 보호장치를 통해 흐를 수 있는 예상 고장전류 실효값[A]
  t : 자동차단을 위한 보호장치의 동작시간[s]
  k : 보호도체, 절연, 기타 부위의 재질 및 초기온도와 최종온도에 따라 정해지는 계수

문10

▶출제년도 : 기사 19, 23.   ▶점수 : 6점

배전 계통의 수전방식 중 그림과 같이 전력회사 변전소에서 나온 2~4회선의 네트워크 배전선에 수전용 차단기를 통해서 네트워크 변압기를 접속하여 고층빌딩 등의 집중된 부하에 전력을 공급하는 방식의 명칭과 장점을 4가지만 쓰시오.

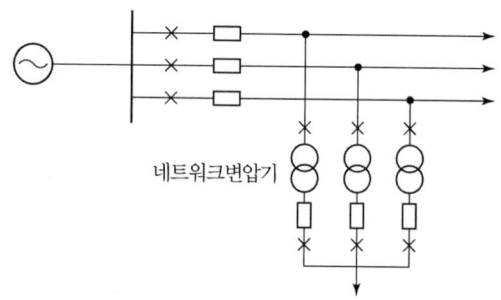

(1) 명칭 :
(2) 장점 :

● 답안작성

(1) 명칭 : 스폿 네트워크 수전방식
(2) 장점 : ① 무정전 전력공급이 가능하다.
         ② 공급 신뢰도가 높다.
         ③ 전압 변동률이 낮다.
         ④ 부하증가에 대한 적응성이 좋다.

● 해 설

(1) 스폿 네트워크(Spot Network) 수전방식
    배전용 변전소로부터 2회선 이상의 배전선으로 수전하는 방식으로 배전선 1회선에 사고가 발생한 경우일지라도 다른 건전한 회선으로부터 자동적으로 수전할 수 있는 무정전 방식으로 신뢰도가 매우 높은 방식이다.

(2) 특징
    ① 무정전 전력공급이 가능하다.
    ② 공급 신뢰도가 높다.
    ③ 전압 변동률이 낮다.
    ④ 부하 증가에 대한 적응성이 좋다.
    ⑤ 기기의 이용률이 향상된다.

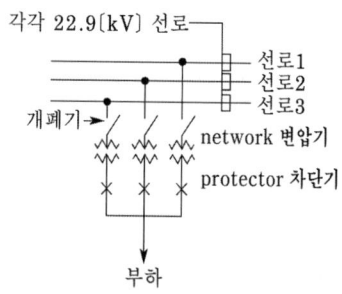

▸출제년도 : 기사 04, 06, 16, 23. ▸점수 : 5점

문 11 공구손료에 대한 다음 물음에 답하시오.

(1) 공구손료를 설명하시오.
(2) 공구손료는 직접 노무비(노임할증과 작업시간 증가에 의하지 않은 품할증 제외)의 몇 [%]까지 계상하는지 쓰시오.

● 답안작성
(1) 일반공구 및 시험용 계측기구류의 손료로서 공사 중 상시 일반적으로 사용하는 것을 말한다.
(2) 3[%]

▸출제년도 : 기사 91, 23. ▸점수 : 9점

문 12 그림은 3상 4선식 중성점 다중 접지 방식의 22.9[kV-Y] 배전 선로에서 수전하기 위한 단선결선도이다. 다음 물음에 답하시오. (단, 평균 역률은 95[%]로 가정한다.)

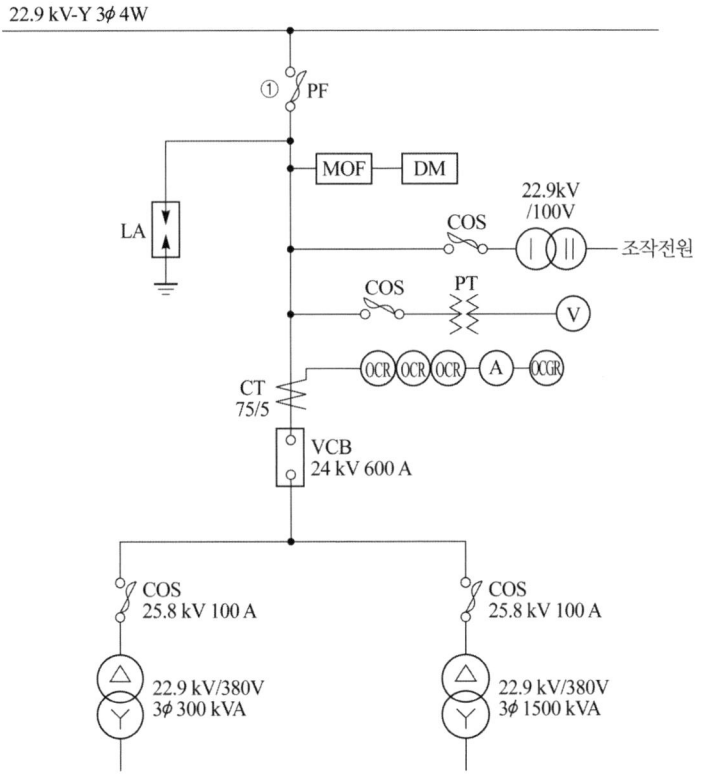

(1) 도면에 표시된 ①의 PF(전력 퓨즈)를 변압기 전부하 전류의 2배로 선정하고자 할 때 퓨즈의 용량을 다음 표에서 선정하시오.

전력퓨즈 용량표				
50[A]	65[A]	80[A]	100[A]	200[A]

• 계산 :   • 답 :

(2) 계기용 변성기(MOF)의 변압비와 변류비를 구하시오.
(단, 변류비는 1차측 정격전류의 150[%]로 하고 아래 표에서 선정한다. 또한 전압 변동은 고려하지 않는다.)

변류비표				
20/5[A]	30/5[A]	40/5[A]	75/5[A]	100/5[A]

• 계산 :   • 답 :

(3) 부하전류 1.6배의 전류에서 차단기를 동작시키려면 과전류 계전기의 탭전류는 몇 [A]인지 다음 표에서 선정하시오.

과전류 계전기 탭전류표					
2[A]	4[A]	5[A]	6[A]	7[A]	8[A]

• 계산 :   • 답 :

● 답안작성

(1) **계산** : 전부하 전류 $I = \dfrac{P_a}{\sqrt{3} \times V} = \dfrac{300 + 1500}{\sqrt{3} \times 22.9} = 45.38[A]$

  PF(전력퓨즈 전류) = 전부하 전류 × 2 = 45.38 × 2 = 90.76[A]

  답 : 전력퓨즈 용량표에서 100[A] 선정

(2) **계산** : • 변압비 $= \dfrac{1차전압}{2차전압} = \dfrac{22900/\sqrt{3}}{190/\sqrt{3}} = \dfrac{13200}{110}$

  • 변류비

  변류기 1차 정격 전류 $I = \dfrac{300+1500}{\sqrt{3}\times 22.9} \times 1.5 = 68.07[A]$

  답 : 변압비 13200/110, 변류비 75/5,

(3) **계산** : $I = \dfrac{300+1500}{\sqrt{3}\times 22.9} \times 1.6 \times \dfrac{5}{75} = 4.84[A]$

  답 : 4[A]

● 해 설

(3) 과전류 계전기의 전류 탭(I_t) = 부하 전류$(I) \times \dfrac{1}{변류비} \times$ 설정값

▶ 출제년도 : 기사 23. ▶ 점수 : 6점

문13 한국전기설비규정에 따른 사람이 상시 통행하는 터널 안 배선의 시설에 대한 설명이다. (   )안에 알맞은 내용을 쓰시오. (단, 사용전압이 저압인 경우이다.)

1. 전선은 애자공사에 의하여 시설할 경우 공칭단면적 (①)[mm²]의 연동선과 동등 이상의 세기 및 굵기의 절연전선(옥외용 비닐절연전선 및 인입용 비닐절연전선을 제외한다.)을 사용하여 시설하고 또한 이를 노면상 (②)[m] 이상의 높이로 할 것.

2. 전로에는 터널의 입구에 가까운 곳에 전용 (③)를 시설할 것.

● 답안작성

① 2.5 ② 2.5 ③ 개폐기

● 해 설

KEC 242.7.1 사람이 상시 통행하는 터널 안의 배선의 시설
사람이 상시 통행하는 터널 안의 배선은 그 사용전압이 저압의 것에 한하고 또한 다음에 따라 시설하여야 한다.
가. 전선은 다음 중 하나에 의하여 시설할 것.
   (1) 합성수지관공사·금속관공사·금속제 가요전선관공사 및 케이블공사에 의하여 시설할 것.
   (2) 공칭단면적 2.5[mm^2]의 연동선과 동등 이상의 세기 및 굵기의 절연전선(옥외용 비닐절연전선 및 인입용 비닐절연전선을 제외한다)을 사용하여 애자공사에 의하여 시설하고 또한 이를 노면상 2.5[m] 이상의 높이로 할 것.
나. 전로에는 터널의 입구에 가까운 곳에 전용 개폐기를 시설할 것.

▶ 출제년도 : 기사 23. ▶ 점수 : 5점

문 14

다음 그림은 전기방식(電氣防蝕)을 나타내고 있다. 어떤 방식(方式)인지 쓰시오.

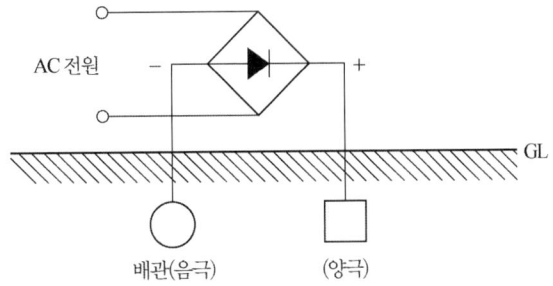

● 답안작성

외부전원법

● 해 설

전기방식(電氣防蝕)
지중 및 수중에 설치하는 강재배관 및 저장탱크 외면에 전류를 유입시켜 양극반응을 저지함으로써 배관의 전기적 부식을 방지하는 것을 말한다.
(1) 희생양극법(犧牲陽極法)
    지중 또는 수중에 설치된 양극금속과 매설배관을 전선으로 연결해 양극금속과 매설배관 사이의 전지작용으로 부식을 방지하는 방법을 말한다.
(2) 외부전원법(外部電源法)
    외부직류전원장치의 양극(+)은 매설배관이 설치되어 있는 토양이나 수중에 설치한 외부전원용 전극에 접속하고, 음극(-)은 매설배관에 접속시켜 부식을 방지하는 방법을 말한다.
(3) 배류법(排流法)
    매설배관의 전위가 주위의 타금속 구조물의 전위보다 높은 장소에서 매설배관과 주위의 타 금속 구조물을 전기적으로 접속시켜 매설배관에 유입된 누출전류를 전기회로적으로 복귀시키는 방법을 말한다

▶출제년도 : 기사 23.　▶점수 : 5점

문15 다음 유접점 회로를 무접점 논리회로로 바꾸시오.
(단, 2입력 AND 게이트 4개, 2입력 OR 게이트 2개, NOT 게이트 3개만을 사용하며, 선의 접속과 미접속에 대한 예시를 참고하여 작성하시오.)

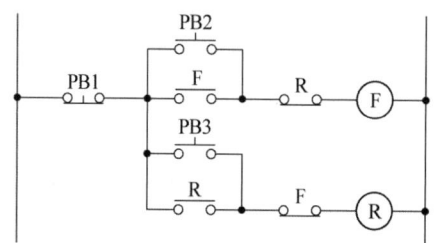

- 무접점 논리회로

● 답안작성

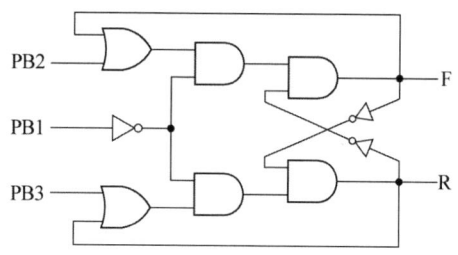

▶출제년도 : 기사 23.　▶점수 : 5점

문16 아래는 특고압 가공전선로의 지지물로 사용하는 B종 철근·B종 콘크리트주 또는 철탑의 종류이다. 각각에 대해 한국전기설비규정에 따라 설명하시오.
(1) 직선형 :
(2) 각도형 :
(3) 인류형 :
(4) 내장형 :
(5) 보강형 :

● 답안작성
(1) 직선형 : 전선로의 직선 부분(3도 이하의 수평 각도를 이루는 곳을 포함)에 사용하는 것으로 내장형과 보강형은 제외한다.
(2) 각도형 : 전선로 중 3도를 넘는 수평 각도를 이루는 곳에 사용하는 것
(3) 인류형 : 전가섭선을 인류하는 곳에 사용하는 것

(4) 내장형 : 전선로 지지물의 양측의 경간의 차가 큰 곳에 사용하는 것
(5) 보강형 : 전선로의 직선 부분에 그 보강을 위하여 사용하는 것

문17 다음 수변전설비 결선도를 보고 물음에 답하시오.

▶출제년도 : 기사 93, 95, 00, 07, 23.   ▶점수 : 10점

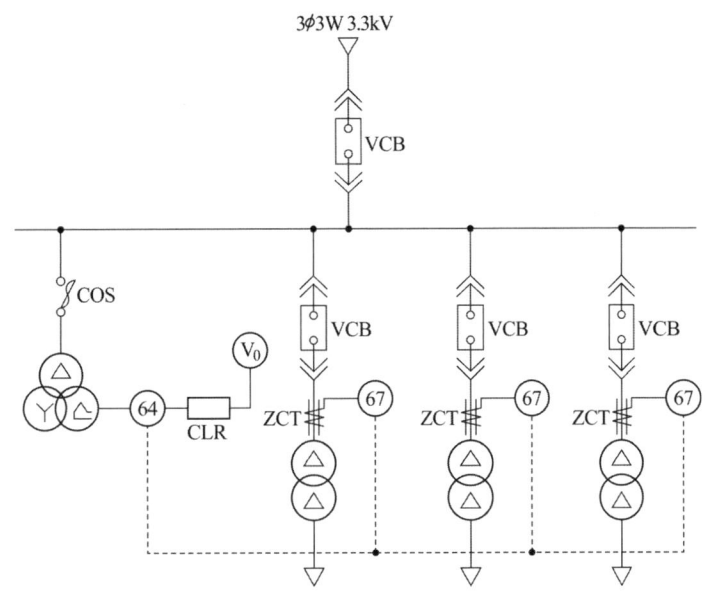

(1) 도면에서 표시된 CLR의 명칭을 쓰시오.
(2) 상기 계통의 접지방식을 쓰시오.
(3) 도면에서 변압기 △-△ 단선도를 복선도로 그리시오. (단, 접지는 표시하지 않으며, 선의 접속과 미접속에 대한 예시를 참고하여 작성하시오.)

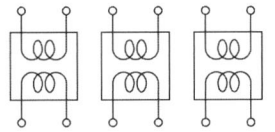

[선의 접속과 미접속에 대한 예시]	
접속	미접속
─•─	─┼─

(4) 전압계(V_0)에서 검출되는 전압이 무엇인지 쓰시오.
(5) 지락 과전압계전기(64)의 설치 목적을 쓰시오.

● 답안작성

(1) 한류저항기
(2) 비접지 방식
(4) 영상 전압
(5) 지락 사고 시 영상전압 검출

(3)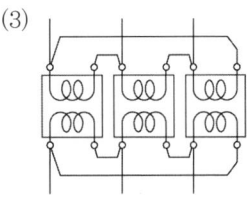

문 18

▶출제년도 : 기사 23.　▶점수 : 5점

KS C IEC 62305-3(피뢰시스템-제3부: 구조물의 물리적 손상 및 인명위험)에 따른 접지극의 재료, 형상과 최소치수에 관한 표이다. 표의 빈칸에 알맞은 수치를 쓰시오.

재료	형상	치수(접지도체, [mm²])
구리	테이프형 단선	
구리피복강	원형 단선	
	테이프형 단선	
스테인리스강	원형 단선	
	테이프형 단선	

● 답안작성

재료	형상	치수(접지도체, [mm²])
구리	테이프형 단선	50
구리피복강	원형 단선	50
	테이프형 단선	90
스테인리스강	원형 단선	78
	테이프형 단선	100

● 해 설

KS C IEC 62305-3(피뢰시스템-제3부: 구조물의 물리적 손상 및 인명위험)
접지극의 재료, 형상과 최소치수

재료	형상	치수		
		접지봉 지름[mm]	접지도체[mm²]	접지판[mm]
구리 주석도금한 구리	연선		50	
	원형 단선	15	50	
	테이프형 단선		50	
	파이프	20		
	판상 단선			500×500
	격자판			600×600
용융아연도금강	원형 단선	14	78	
	파이프	25		
	테이프형 단선		90	
	판상 단선			500×500
	격자판			600×600
	프로필			
나강	연선		70	
	원형 단선		78	
	테이프형 단선		75	
구리피복강	원형 단선	14	50	
	테이프형 단선		90	
스테인리스강	원형 단선	15	78	
	테이프형 단선		100	

2023년 4회 전기공사기사실기

▶출제년도 : 기사 16. 17. 23.   ▶점수 : 5점

문1 가스 차단기(GCB : Gas Circuit Breaker)의 특징을 5가지만 쓰시오.

● 답안작성

① 밀폐구조이므로 소음이 적다.
② 절연거리를 적게 할 수 있어 차단기 전체를 소형화 및 경량화 할 수 있다.
③ 근거리 고장 등 가혹한 재기전압에 대해서도 성능이 우수하다.
④ 소호시 아크가 안정되어 있어 차단저항이 필요없고 접촉자의 소모가 극히 적다.
⑤ SF_6 가스 중에 수분이 존재하면 내전압 성능이 저하하고 저온에서 가스가 액화되므로 겨울철에는 보온장치 등이 필요하다.

▶출제년도 : 기사 11. 14. 15. 18. 23.   ▶점수 : 4점

문2 다음 전선의 약호를 보고 그 명칭을 쓰시오.
(1) OC
(2) ACSR

● 답안작성

(1) 옥외용 가교 폴리에틸렌 절연전선
(2) 강심 알루미늄 연선

▶출제년도 : 기사 99. 13. 23.   ▶점수 : 3점

문3 CT 2대를 V 결선하여 OCR 3대를 그림과 같이 연결하였다. 3번 OCR에 흐르는 전류는 어떤 상의 전류인가?

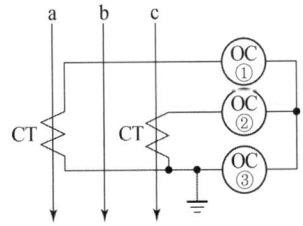

● 답안작성

b상

● 해 설

$\dot{I}_a + \dot{I}_b + \dot{I}_c = 0$ 에서 $\dot{I}_a + \dot{I}_c = -\dot{I}_b$
즉 OC_3에는 $\dot{I}_a + \dot{I}_c$가 흐르므로 b상의 전류가 된다.

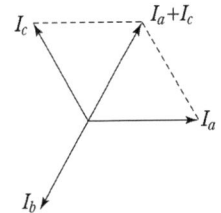

▶ 출제년도 : 기사 23. ▶ 점수 : 5점

문4
그림과 같은 송전계통에서 3상 단락사고가 발생했다. 주어진 도면과 조건을 참고하여 단락점을 통과하는 단락전류 I_s[A]와 단락용량 P_s[kVA]을 구하시오.

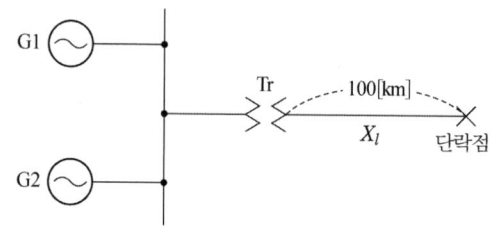

번호	기기명	용량 및 전압	임피던스 및 리액턴스
1	G_1 및 G_2	30[MVA], 22[kV]	X_g(리액턴스)= 30[%]
2	Tr	60[MVA], 22/154[kV]	X_T(리액턴스)= 11[%]
3	X_l	—	$Z_l = 0 + j0.5$[Ω/km]

(1) 단락전류 I_s[A]

　• 계산 :　　　　　　　　　　　　　　　　　• 답 :

(2) 단락용량 P_s[kVA]

　• 계산 :　　　　　　　　　　　　　　　　　• 답 :

● 답안작성

(1) **계산** : 기준용량을 60[MVA]로 환산하면 각 리액턴스는

$$\%X_g = \frac{60}{30} \times 30 = 60[\%]$$

$$\%X_T = 11[\%]$$

$$\%X_l = \frac{PX}{10V^2} = \frac{60 \times 10^3 \times 0.5 \times 100}{10 \times 154^2} = 12.65[\%]$$

단락점까지의 합성 $\%X = \frac{60 \times 60}{60+60} + 11 + 12.65 = 53.65[\%]$

따라서 단락전류 $I_s = \frac{100}{\%Z}I_n = \frac{100}{53.65} \times \frac{60 \times 10^6}{\sqrt{3} \times 154 \times 10^3} = 419.28[A]$

답 : 419.28[A]

(2) **계산** : 단락용량 $P_s = \frac{100}{\%Z}P_n = \frac{100}{53.65} \times 60 \times 10^3 = 111835.97[kVA]$

답 : 111835.97[kVA]

● 해 설

(1) 기준용량에 대한 %Z = $\frac{\text{기준 용량}}{\text{자기 용량}} \times$ 자기용량에 대한 %Z

단락전류 $I_s = \frac{100}{\%Z}I_n$

(2) 단락용량 $P_s = \frac{100}{\%Z}P_n$

▶ 출제년도 : 기사 10, 18, 20, 23. ▶ 점수 : 5점

문5 전기설비기술기준 및 한국전기설비규정(KEC)에 의한 지중전선로의 케이블 시설방법 3가지를 쓰시오.

● 답안작성

직접 매설식, 관로식, 암거식

● 해 설

KEC 334.1 지중전선로의 시설
지중 전선로는 전선에 케이블을 사용하고 또한 관로식·암거식(暗渠式) 또는 직접 매설식에 의하여 시설하여야 한다.

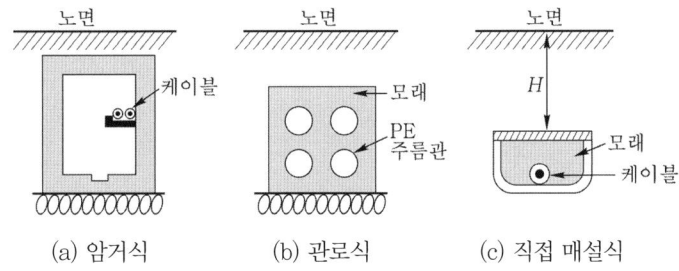

(a) 암거식   (b) 관로식   (c) 직접 매설식

▶ 출제년도 : 기사 93, 96, 98, 01, 16, 20, 23. ▶ 점수 : 7점

문6 다음 그림에 표시된 ①~⑦의 정확한 명칭을 쓰시오. (단, 그림은 2련 내장 애자장치이다.)

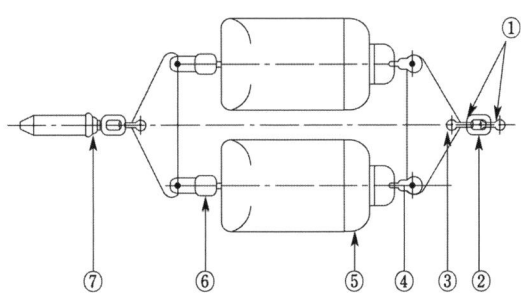

● 답안작성

① 앵커쇄클   ② 체인링크   ③ 삼각요크   ④ 볼크레비스
⑤ 현수애자   ⑥ 소켓 크레비스   ⑦ 압축형 인류 클램프

▶ 출제년도 : 기사 23. ▶ 점수 : 4점

문7 철골 콘크리트 구조물의 바닥구조제로 사용되는 파형 데크 플레이트의 홈을 막아 사용하는 배선 방식은 무엇인가?

● 답안작성

셀룰러 덕트공사

● 해 설

셀룰러덕트공사
철골 콘크리트 구조물의 바닥 구조제인 Deck Plate의 홈을 이용하는 것으로서 특수구조의 커버를 부착하고 홈 내부에 전선을 수납하는 방법으로 헤더덕트, 시스템박스 테크플레이트용 또는 플로어덕트와 조합하여 사용한다.

▶ 출제년도 : 기사 23. ▶ 점수 : 3점

문8 다음은 한국전기설비규정(KEC)의 보조 보호등전위본딩 도체에 대한 설명 중 일부이다. 설명을 읽고 아래 빈칸에 알맞은 내용을 쓰시오. (단, 케이블의 일부가 아닌 경우 또는 선로도체와 함께 수납되지 않는 본딩도체는 다음 값 이상이어야 한다.)

(1) 기계적 보호가 된 것은 구리도체 (①)[mm^2], 알루미늄 도체 (②)[mm^2]
(2) 기계적 보호가 없는 것은 구리도체 (③)[mm^2], 알루미늄 도체 (②)[mm^2]

● 답안작성

① 2.5 ② 16 ③ 4

● 해 설

KEC 143.3.2 보조 보호등전위본딩 도체
1. 두 개의 노출도전부를 접속하는 보호본딩도체의 도전성은 노출도전부에 접속된 더 작은 보호도체의 도전성보다 커야 한다.
2. 노출도전부를 계통외도전부에 접속하는 보호본딩도체의 도전성은 같은 단면적을 갖는 보호도체의 1/2 이상이어야 한다.
3. 케이블의 일부가 아닌 경우 또는 선로도체와 함께 수납되지 않은 본딩도체는 다음 값 이상 이어야 한다.
　가. 기계적 보호가 된 것은 구리도체 2.5[mm^2], 알루미늄 도체 16[mm^2]
　나. 기계적 보호가 없는 것은 구리도체 4[mm^2], 알루미늄 도체 16[mm^2]

▶ 출제년도 : 기사 03, 23. ▶ 점수 : 5점

문9 심벌의 명칭을 쓰시오.

(1) ▮▮▮▮ PBD　　(2) ▮▮◠◡▮▮
(3) | MD |　　(4) ⊔
(5) ⊙⊙

● 답안작성

(1) 플러그인 버스덕트　　(2) 익스팬션 버스덕트
(3) 금속덕트　　(4) 벨
(5) 비상용 콘센트

● 해 설

(1) FBD : 피드 버스덕트
　　PBD : 플러그인 버스덕트
　　TBD : 트롤리 버스덕트

▸출제년도 : 기사 97. 12. 23. 산업 10. 12.   ▸점수 : 5점

문10 연 축전지의 정격용량 200[Ah], 상시부하 12[kVA], 표준전압 100[V]인 부동충전 방식의 2차 충전전류값은 얼마인지 계산하시오. (단, 연축전지의 방전율은 10시간율로 한다.)

• 계산 :   • 답 :

● 답안작성

계산 : 2차 충전전류값 $I = \dfrac{200}{10} + \dfrac{12000}{100} = 140[A]$

답 : 140[A]

● 해 설

① 부동 충전 : 축전지의 자기 방전을 보충함과 동시에 상용 부하에 대한 전력 공급은 충전기가 부담하도록 하되 충전기가 부담하기 어려운 일시적인 대전류 부하는 축전지로 하여금 부담하게 하는 방식이다.

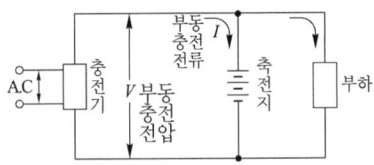

② 충전기 2차 충전 전류[A] = $\dfrac{축전지\ 용량\ [Ah]}{정격\ 방전율\ [h]} + \dfrac{상시\ 부하\ 용량\ [VA]}{표준\ 전압\ [V]}$

▸출제년도 : 기사 21. 23.   ▸점수 : 5점

문11 아래 그림과 같이 전선 지지점에 고저차가 없는 곳에 경간의 이도가 각각 1[m], 4[m]로 동일한 장력으로 전선이 가설되어 있다. 사고가 발생해 중간 지지점에서 전선이 떨어졌다면 전선의 지표상 최저 높이[m]를 구하시오.

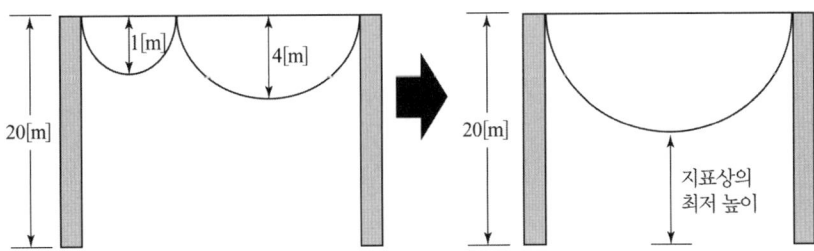

• 계산 :   • 답 :

● 해 설

계산 : ① 이도 $D = \dfrac{WS^2}{8T}$ 에서 장력 $T = \dfrac{WS^2}{8D}$ 이다.

1[m]의 이도와 경간을 D_1, S_1, 4[m]의 이도와 경간을 D_2, S_2라고 하면, 동일한 장력의 전선이므로

$\dfrac{WS_1^2}{8D_1} = \dfrac{WS_2^2}{8D_2}$

$$\frac{S_2}{S_1} = \sqrt{\frac{D_2}{D_1}} = \sqrt{\frac{4}{1}} = 2[\text{m}]$$

$$\therefore S_2 = 2S_1$$

② 중간 지지점에서 전선이 떨어진 경우의 이도를 D_x라고 하면

$$D_x = \sqrt{\left(\frac{D_1^2}{S_1} + \frac{D_2^2}{S_2}\right)(S_1 + S_2)} = \sqrt{\left(\frac{1^2}{S_1} + \frac{4^2}{2S_1}\right)(S_1 + 2S_1)}$$

$$= \sqrt{\left(\frac{1^2}{1} + \frac{4^2}{2}\right)\frac{1}{S_1} \times (1+2)S_1} = 3\sqrt{3}\,[\text{m}]$$

따라서 전선의 지표상 최저 높이 H

$$H = 20 - 3\sqrt{3} = 14.80[\text{m}]$$

답 : 14.80[m]

● 답안작성

중간 지지점에서 전선이 떨어진 경우의 이도

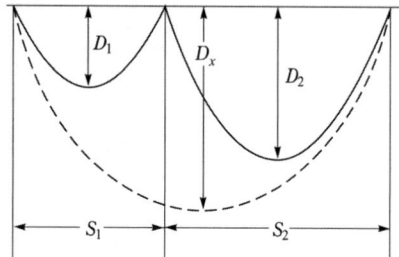

① 중간 지지점이 있는 경우, 전선의 길이 L

S_1 부분의 전선길이 $L_1 = S_1 + \dfrac{8D_1^2}{3S_1}$

S_2 부분의 전선길이 $L_2 = S_2 + \dfrac{8D_2^2}{3S_2}$

따라서, 전체 전선의 길이 L

$$L = L_1 + L_2 = (S_1 + S_2) + \frac{8}{3}\left(\frac{D_1^2}{S_1} + \frac{D_2^2}{S_2}\right)$$

② 중간 지지점이 없을 경우, 전선의 길이 L

$S = S_1 + S_2$

$$L = S + \frac{8D_x^2}{3S} = (S_1 + S_2) + \frac{8D_x^2}{3(S_1 + S_2)}$$

③ 전체 전선의 길이는 서로 같으므로

$$(S_1 + S_2) + \frac{8}{3}\left(\frac{D_1^2}{S_1} + \frac{D_2^2}{S_2}\right) = (S_1 + S_2) + \frac{8D_x^2}{3(S_1 + S_2)}$$

따라서 중간 지지점에서 전선이 떨어진 경우의 이도 D_x

$$D_x^2 = \left(\frac{D_1^2}{S_1} + \frac{D_2^2}{S_2}\right)(S_1 + S_2)$$

▸ 출제년도 : 기사 21. 22. 23.   ▸ 점수 : 4점

문12 KS C IEC 62305-3에 따른 피뢰시스템의 등급별 병렬 인하도선 사이의 최대 간격에 대한 표이다. 빈칸에 알맞은 답을 답란에 쓰시오.

피뢰시스템의 등급	간격 [m]
I	①
II	②
III	③
IV	④

● 답안작성

| ① | 10 | ② | 10 | ③ | 15 | ④ | 20 |

● 해 설

KEC 152.2 인하도선시스템
병렬 인하도선의 최대 간격은 피뢰시스템 등급에 따라 I·II 등급은 10[m], III 등급은 15[m], IV 등급은 20[m]로 한다.

▸ 출제년도 : 기사 94. 16. 23.   ▸ 점수 : 5점

문13 12[m]×18[m]인 사무실의 조도를 400[lx]로 하고자 한다. 램프 1개의 전광속 4500[lm], 램프전류 0.87[A]의 40[W] LED형광등으로 시설할 경우에 조명률 50[%] 감광보상률 1.3으로 가정하면 이 사무실의 분기회로수를 구하시오. (단, 전기방식은 220[V] 단상 2선식, 16[A] 분기회로로 한다.)
• 계산 :   • 답 :

● 답안작성

계산 : $N = \dfrac{AED}{FU} = \dfrac{12 \times 18 \times 400 \times 1.3}{4500 \times 0.5} = 49.92 \rightarrow 50$[등]

분기회로 수 $n = \dfrac{50 \times 0.87}{16} = 2.72$

답 : 16[A] 분기 3회로

▸ 출제년도 : 기사 17. 21. 23.   ▸ 점수 : 5점

문14 지선의 시설목적을 3가지만 쓰시오.

● 답안작성
① 지지물의 강도를 보강하고자 할 경우
② 전선로의 안전성을 증대하고자 할 경우
③ 불평형 하중에 대한 평형을 이루고자 할 경우

● 해 설
이외에
④ 전선로가 건조물 등과 접근할 때 보안상 필요한 경우

▶ 출제년도 : 11. 23.   ▶ 점수 : 5점

문15 그림과 같은 방전 특성을 갖는 부하에 대한 축전지 용량은 몇 [Ah]인가?
단, 방전 전류[A] $I_1 = 500$, $I_2 = 300$, $I_3 = 100$, $I_4 = 200$
　　방전 시간[분] $T_1 = 120$, $T_2 = 119$, $T_3 = 60$, $T_4 = 1$
　　용량 환산 시간 $K_1 = 2.49$, $K_2 = 2.49$, $K_3 = 1.46$, $K_4 = 0.57$
　　보수율은 0.8을 적용한다.

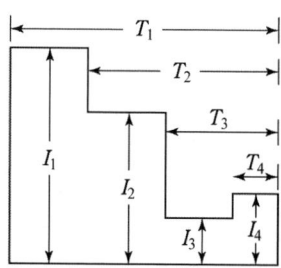

• 계산 :　　　　　　　　　　　　　　　　• 답 :

● 답안작성

계산 : $C = \dfrac{1}{L}[K_1 I_1 + K_2(I_2 - I_1) + K_3(I_3 - I_2) + K_4(I_4 - I_3)]$[Ah]

　　　$= \dfrac{1}{0.8}[2.49 \times 500 + 2.49(300 - 500) + 1.46(100 - 300) + 0.57(200 - 100)]$

　　　$= 640$[Ah]

답 : 640[Ah]

● 해　설

시간 경과와 함께 방전전류가 감소하는 부하

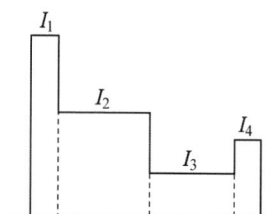

(1) $C_A = \dfrac{1}{L} K_1 I_1$

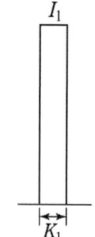

(2) $C_B = \dfrac{1}{L}[K_1 I_1 + K_2(I_2 - I_1)]$

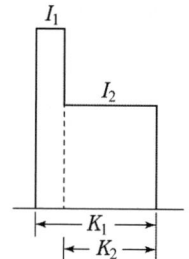

(3) $C_C = \dfrac{1}{L}[K_1I_1 + K_2(I_2-I_1) + K_3(I_3-I_2)]$

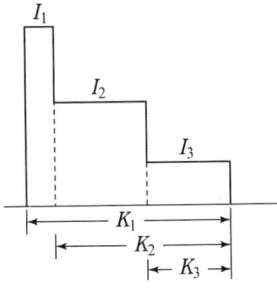

(4) $C_D = \dfrac{1}{L}[K_1I_1 + K_2(I_2-I_1) + K_3(I_3-I_2) + K_4(I_4-I_3)]$

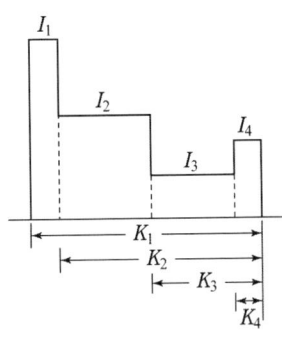

① 계산 방법 : 각 구간별로 구분하여 C_A, C_B, C_C, C_D 값 계산
② 축전지 용량은 각 구간별로 구분 계산한 값 C_A, C_B, C_C, C_D중에서 제일 큰 값 선정(이때, C_A, C_B, C_C, C_D를 구할 때 각각의 K_1값은 서로 다른 값임)

그러나 문제에서 용량 환산 시간계수(K)값이 구분되어 주어지지 않았으므로 아래와 같이 면적을 구하는 방법으로 계산하였음.
축전지 용량은 전체 면적 K_1I_1에서 $K_2(I_1-I_2)$ 면적과 $K_3(I_2-I_3)$ 면적을 빼주고 $K_4(I_4-I_3)$ 면적을 더해주면 된다.
즉, $C = \dfrac{1}{L}[K_1I_1 - K_2(I_1-I_2) - K_3(I_2-I_3) + K_4(I_4-I_3)]$
$= \dfrac{1}{L}[K_1I_1 + K_2(I_2-I_1) + K_3(I_3-I_2) + K_4(I_4-I_3)]$
가 된다.

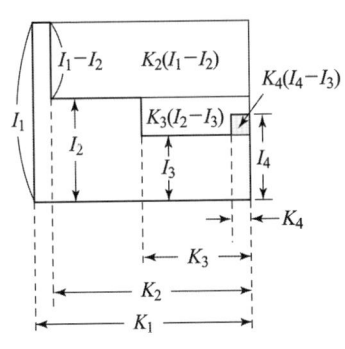

▶ 출제년도 : 기사 11, 23, 산업기사 11. ▶ 점수 : 5점

문16 금속제 케이블 트레이 종류 3가지만 쓰시오.

● 답안작성

① 사다리형 ② 펀칭형 ③ 메시형

● 해 설

KEC 232.41 케이블트레이공사
케이블트레이배선은 케이블을 지지하기 위하여 사용하는 금속재 또는 불연성 재료로 제작된 유닛 또는 유닛의 집합체 및 그에 부속하는 부속재 등으로 구성된 견고한 구조물을 말하며 사다리형, 펀칭형, 메시형, 바닥밀폐형 기타 이와 유사한 구조물을 포함하여 적용한다.

▶출제년도 : 기사 97, 00, 14, 23. ▶점수 : 10점

문17 다음은 어느 건물 내의 접지공사용 공량에 대한 내용이다. 이때 전공 노임, 보통인부 노임, 직접노무비 소계, 간접노무비, 공구 손료, 계를 구하시오.

[조건]
- 공구손료는 3[%], 간접노무비 15[%]로 보고 계산한다.
- 노임단가 내선전공은 12,410원, 보통인부 6,520원이다.
- 인공을 산출한 후 이를 합계하여 노임단가를 적용하여 소수점 이하는 버린다.
- 접지봉 2[m], 15개(1개소에 1개씩 설치)
- 접지선 매설 60[mm2], 300[m]
- 후강 전선관 28[mm], 250[m](콘크리트 매입)
- 조건 및 표, 해설을 이용하고 주어진 조건 외에는 무시한다.

접지공사

구분	단위	전공	보통인부
접지봉(지하 0.75[m] 기준) 길이 1~2[m]×1본	개소	0.20	0.10
×2본 연결		0.30	0.15
×3본 연결		0.45	0.23
동판 매설(지하 1.5[m] 기준) 0.3[m]×0.3[m]	매	0.30	0.30
1.0[m]×1.5[m]	〃	0.50	0.50
1.0[m]×2.5[m]	〃	0.80	0.80
접지선 부설 600[V] 비닐 전선	개소	0.05	0.025
완철 접지 22.9[kV] D/L	〃	0.05	
접지선 매설 14[mm^2] 이하	m	0.010	
38 〃	〃	0.012	
80 〃	〃	0.015	
150 〃	〃	0.020	
200 〃 이상	〃	0.025	
접속 및 단자 설치 압축	개	0.15	
압축 평행	〃	0.13	
납땜 또는 용접	〃	0.19	
압축 단자	〃	0.03	
체부형	〃	0.05	

박강 및 PVC 전선관			후강 전선관	
규격		내선 전공	규격	내선 전공
박강	PVC			
	14[mm]	0.01		
15[mm]	16[mm]	0.05	16[mm](1/2")	0.08
19[mm]	22[mm]	0.06	22[mm](3/4")	0.11
25[mm]	28[mm]	0.08	28[mm](1")	0.14
31[mm]	36[mm]	0.10	36[mm](1 1/4")	0.20
39[mm]	42[mm]	0.13	42[mm](1 1/2")	0.25
51[mm]	51[mm]	0.19	54[mm](2")	0.31
63[mm]	70[mm]	0.28	70[mm](2 1/2")	0.41
75[mm]	82[mm]	0.37	82[mm](3")	0.51
	100[mm]	0.45	90[mm](3 1/2")	0.60
	104[mm]	0.46	104[mm](1")	0.71

[해설] ① 콘크리트 매입 기준임
② 철근 콘크리트 노출 및 블록 칸막이 경매는 12[%], 목조 건물은 121[%], 철강조 노출은 120[%]
③ 기설 콘크리트 노출 공사시 앵커 볼트 매입 깊이가 10[cm] 이상인 경우는 앵커 볼트 매입품을 별도 계상하고 전선관 설치품은 매입품으로 계상한다.
④ 천장속 마루밑 공사 130[%]

● 답안작성
① 전공 노임
 계산 : 내선 전공 : $(0.2 \times 15) + (0.015 \times 300) + (0.14 \times 250) = 42.5$[인]
  노임 $= 42.5 \times 12,410 = 527,425$[원]
 답 : 527,425[원]
② 보통인부 노임
 계산 : 보통인부 : $0.1 \times 15 = 1.5$[인]
  노임 $= 1.5 \times 6,520 = 9,780$[원]
 답 : 9,780[원]
③ 직접노무비
 계산 : 직접노무비= 내선전공+보통인부 $= 527,425 + 9,780 = 537,205$[원]
 답 : 537,205[원]
④ 간접노무비
 계산 : 간접노무비= 직접노무비×15[%] $= 537,205 \times 0.15 = 80,580$[원]
 답 : 80,580[원]
⑤ 공구손료
 계산 : 공구손료 = 직접노무비×3[%] $= 537,205 \times 0.03 = 16,116$[원]
 답 : 16,116[원]
⑥ 노무비계
 계산 : 노무비계$= 537,205 + 80,580 + 16,116 = 633,901$[원]
 답 : 633,901[원]

▶ 출제년도 : 기사 23. ▶ 점수 : 5점

문18 다음은 SPD의 시설기준이다. 표의 빈칸에 알맞은 내용을 채우시오.
- (①) SPD용 보호장치의 정격은 일반적으로 대용량을 시설할 것
- SPD를 RCD 부하측에 설치 시 (②) 누전 차단기를 시설할 것

● 답안작성
① Ⅰ등급
② 임펄스부동작형

● 해 설
SPD 보호장치(MCCB, RCD, 퓨즈 등) 시설기준
① 단락고장으로 상정되는 SPD에 흐르는 단락전류를 확실하게 차단할 수 있는 보호장치를 시설할 것.
② Ⅰ등급 SPD용 보호장치의 정격은 대용량으로 시설할 것.
③ SPD를 RCD 부하측에 설치시 임펄스부동작형 누전차단기를 설치할 것.
④ SPD 연결도체는 전선에서 SPD와 SPD에서 주접지단자까지 0.5[m] 이하로 할 것.

▶출제년도 : 기사 23. ▶점수 : 5점

문19 다음은 과전류계전기의 동작시간에 따른 분류이다. 다음 설명을 읽고 빈칸에 알맞은 내용을 쓰시오.

(①) 계전기	정정된 최소동작전류에 이상의 전류가 흐르면 즉시 동작하는 것으로써 0.5~2초 정도의 짧은 시간에 동작하는 것을 고속도 계전기라고 한다.
(②) 계전기	정정된 값 이상의 전류가 흘렀을 때 동작전류의 크기와 관계없이 항상 정해진 시간이 경과된 후에 동작하는 것
(③) 계전기	정정된 값 이상의 전류가 흘러서 동작할 때 전류가 클수록 빨리 동작하고 전류가 작을수록 동작하는 것

● 답안작성
① 순한시   ② 정한시   ③ 반한시

● 해 설
한시 보호계전기의 종류
① 순(한)시 특성 : 최소 동작 전류 이상의 전류가 흐르면 즉시 동작하는 특성
② 정한시 특성 : 동작 전류의 크기에 관계없이 일정한 시간에 동작하는 특성
③ 반한시 특성 : 동작 전류가 커질수록 동작 시간이 짧게 되는 특성
④ 반한시성 정한시 특성 : 동작 전류가 적은 동안에는 동작 전류가 커질수록 동작 시간이 짧게 되고 어떤 전류 이상이면 동작 전류의 크기에 관계없이 일정한 시간에 동작하는 특성

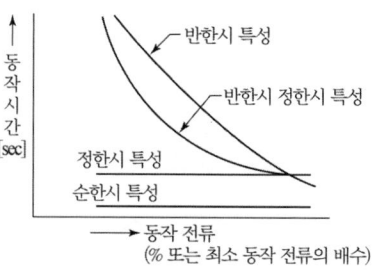

규정 변경으로 인해 삭제된 문제가 있어 점수의 합계가 100점이 되지 않습니다.

2024년 1회 전기공사기사실기

▶출제년도 : 기사 14, 16, 20, 21, 24. ▶점수 : 5점

문1 다음 각 철탑의 명칭을 쓰시오.

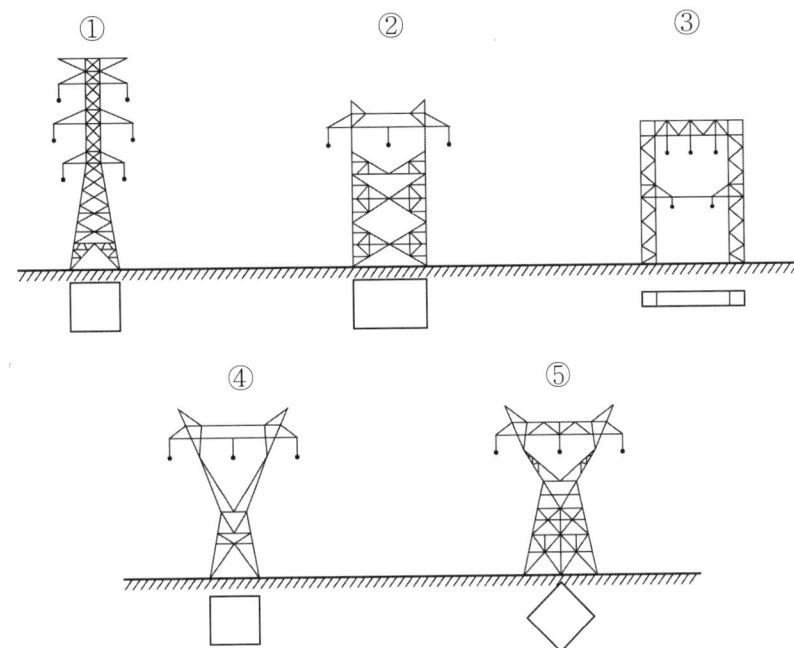

● 답안작성

① 사각 철탑   ② 방형 철탑
③ 문형 철탑   ④ 우두형 철탑
⑤ 회전형 철탑

▶출제년도 : 기사 16, 20, 24. ▶점수 : 5점

문2 345 [kV] 옥외 변전소시설에 있어서 울타리의 높이와 울타리에서 충전부분까지의 거리의 합계는 몇[m] 이상이어야 하는지 구하시오.

• 계산 :

• 답 :

● 답안작성

계산 : • 160[kV]를 넘는 경우 : 6[m]에 160[kV]를 넘는 10[kV] 또는 그 단수마다 12[cm]를 가한 값으로 한다.

• 단수 $= \dfrac{345-160}{10} = 18.5 \rightarrow 19$단

• 충전 부분까지의 거리[m] $= 6 + 19 \times 0.12 = 8.28$[m]

답 : 8.28[m]

● 해 설

발전소 등의 울타리·담 등의 시설(KEC 351.1)
① 울타리·담 등의 높이는 2[m] 이상으로 하고 지표면과 울타리·담 등의 하단 사이의 간격은 0.15[m] 이하로 할 것
② 울타리·담 등과 고압 및 특고압의 충전 부분이 접근하는 경우에는 울타리·담 등의 높이와 울타리·담 등으로부터 충전부분까지 거리의 합계는 표에서 정한 값 이상으로 할 것

사용 전압의 구분	울타리·담 등의 높이와 울타리·담 등으로부터 충전 부분까지의 거리의 합계
35[kV] 이하	5[m]
35[kV] 초과 160[kV] 이하	6[m]
160[kV] 초과	• 거리의 합계 = 6 + 단수 × 0.12[m] • 단수 = $\dfrac{\text{사용전압[kV]}-160}{10}$ 단수 계산에서 소수점 이하는 절상

▶출제년도 : 기사 91. 95. 05. 14. 18. 24. ▶점수 : 4점

문3 다음 각 차단기의 우리말 명칭을 쓰시오.

(1) OCB
(2) ABB
(3) GCB
(4) MBB

● 답안작성

(1) 유입차단기
(2) 공기차단기
(3) 가스차단기
(4) 자기차단기

● 해 설

종 류		소 호 원 리
명 칭	약어	
유입 차단기	OCB	소호실에서 아크에 의한 절연유 분해 가스의 열전도 및 압력에 의한 blast를 이용해서 차단
기중 차단기	ACB	대기 중에서 아크를 길게 해서 소호실에서 냉각 차단
자기 차단기	MBB	대기 중에서 전자력을 이용하여 아크를 소호실 내로 유도해서 냉각 차단
공기 차단기	ABB	압축된 공기를 아크에 불어 넣어서 차단
진공 차단기	VCB	고진공 중에서 전자의 고속도 확산에 의해 차단
가스 차단기	GCB	고성능 절연 특성을 가진 특수 가스(SF_6)를 이용해서 차단

▶출제년도 : 기사 21, 24. ▶점수 : 8점

문4 전동기 Y-△ 기동 운전 제어회로도이다. 다음 물음에 답하시오.
(단, 선의 접속과 미접속에 대한 예시를 참고하여 도면을 그리시오.)

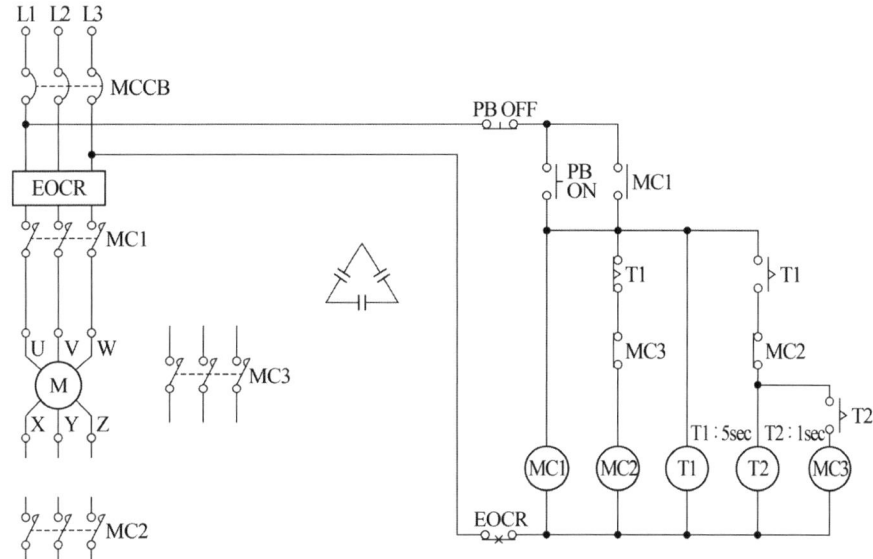

(1) Y-△ 기동 운전이 가능하고, 역률이 개선될 수 있도록 위의 회로도를 완성하시오.
(2) 회로도를 보고 아래의 타임차트를 완성하시오.
(단, 누름버튼스위치 PB의 신호는 PB를 누르는 동작을 의미하며 보조 접점의 시간 지연은 무시한다.)

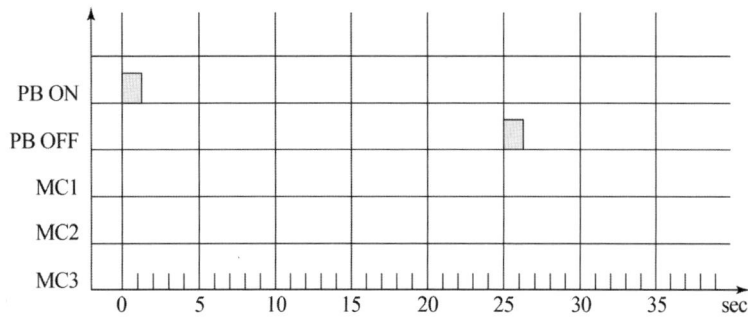

● 답안작성

(1)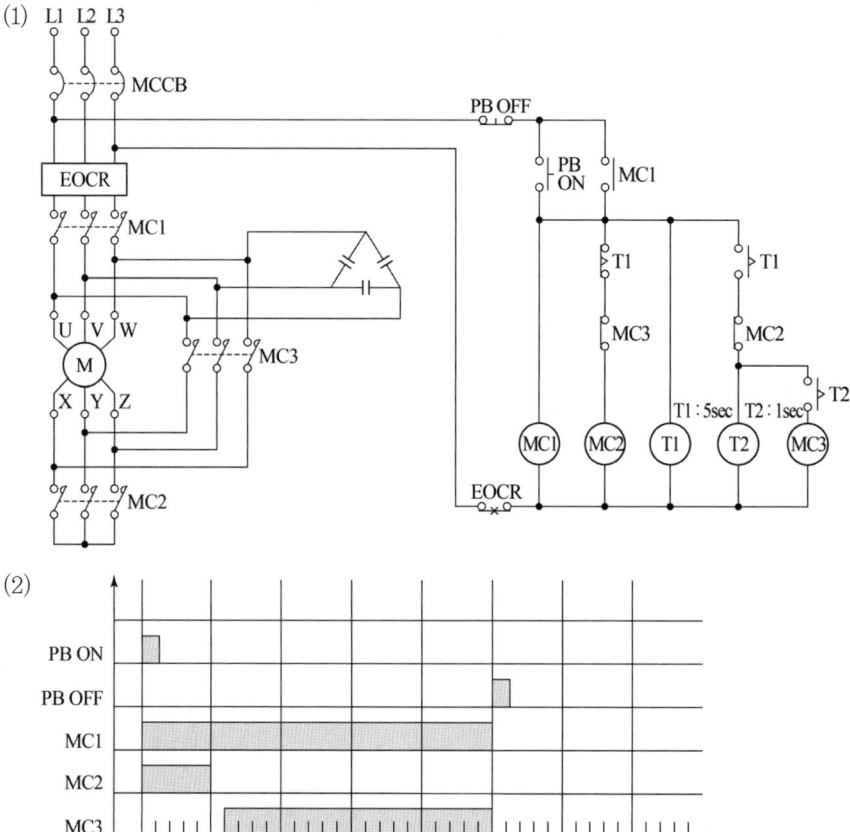

(2)

● 해 설

(2) MC3는 T1(5초)과 T2(1초)의 타이머 a접점에 의해 동작하므로, PB를 누른 후 6초 후에 동작을 한다.

▶출제년도 : 기사 20, 24, ▶점수 : 4점

문5 강심알루미늄연선의 약호와 공칭단면적을 기입하여 다음 표를 완성하시오.
(단, 60[mm²] 이하의 공칭단면적을 쓰시오.)

약 호	공칭단면적 [mm²]		
①	②	③	④

● 답안작성

① ACSR, ② 19, ③ 32, ④ 58

● 해 설

ACSR 공칭단면적
19, 32, 58, 80, 95, 120, 160, 200, 240, 330, 410, 520, 610[mm²]

▸출제년도 : 기사 24.　▸점수 : 4점

문6 폭연성 분진 또는 화약류의 분말이 전기설비가 점화원이 되어 폭발할 우려가 있는 곳의 저압 옥내 전기설비에 시설 가능한 배관공사 2가지를 쓰시오.

● 답안작성
- 금속관 공사
- 케이블공사(캡타이어 케이블을 사용하는 것을 제외한다)

● 해 설

폭연성 분진 위험장소(KEC 242.2.1)
폭연성 분진 또는 화약류의 분말이 전기설비가 발화원이 되어 폭발할 우려가 있는 곳에 시설하는 저압 옥내 전기설비(사용전압이 400[V] 초과인 방전등을 제외한다.)는 다음에 따르고 또한 위험의 우려가 없도록 시설하여야 한다.
(1) **저압 옥내배선**, 저압 관등회로 배선, 소세력 회로의 전선은 **금속관공사** 또는 **케이블공사(캡타이어 케이블을 사용하는 것을 제외한다)**에 의할 것
(2) 금속관공사에 의하는 때에는 다음에 의하여 시설할 것
　① 금속관은 박강 전선관 또는 이와 동등 이상의 강도를 가지는 것일 것
　② 관 상호 간 및 관과 박스 기타의 부속품·풀박스 또는 전기기계기구와는 5턱 이상 나사 조임으로 접속할 것
(3) 케이블공사에 의하는 때에는 전선은 개장된 케이블 또는 미네랄인슈레이션 케이블을 사용하는 경우 이외에는 관 기타의 방호 장치에 넣어 사용할 것
(4) 이동 전선은 0.6/1[kV] EP 고무절연 클로로프렌 캡타이어 케이블을 사용하고 또한 손상을 받을 우려가 없도록 시설할 것

▸출제년도 : 기사 98. 02. 03. 04. 06. 07. 10. 14. 17. 23. 24.　▸점수 : 8점

문7 단상 변압기의 병렬운전조건을 4가지만 쓰시오.

● 답안작성
① 극성이 일치할 것
② 정격 전압(권수비)이 같을 것
③ %임피던스 강하(임피던스 전압)가 같을 것
④ 내부 저항과 누설 리액턴스의 비(즉 $r_a/x_a = r_b/x_b$)가 같을 것

● 해 설
(1) 단상 변압기의 병렬운전 조건

병렬운전 조건	조건이 맞지 않는 경우
① 극성이 일치할 것	큰 순환 전류가 흘러 권선이 소손
② 정격 전압(권수비)이 같을 것	순환 전류가 흘러 권선이 과열
③ % 임피던스 강하(임피던스 전압)가 같을 것	부하의 분담이 용량의 비가 되지 않아 부하의 분담이 균형을 이룰 수 없다.
④ 내부 저항과 누설 리액턴스의 비 (즉 $r_a/x_a = r_b/x_b$)가 같을 것	각 변압기의 전류 간에 위상차가 생겨 동손이 증가

(2) 3상 변압기에서는 위의 조건 외에 각 변압기의 상회전 방향 및 각 변위가 같아야 한다.

문8

▶ 출제년도 : 기사 94. 13. 24.　▶ 점수 : 5점

ACSR 58[mm²] 전선으로 전력을 공급하는 긍장 1[km]인 3상 2회선의 배전선로가 있다. 전선의 노후로 인하여 ACSR 전선을 모두 철거하고 동일 규격의 ACSR-OC로 교체하는 경우의 인공을 각각 구하시오.

배전선 가선　(단위 : 100[m]당)

규 격	보통인부	배전전공
[나동선]	–	–
14 [mm²] 이하	0.20	0.10
22 〃	0.32	0.16
30 〃	0.40	0.20
38 〃	0.52	0.26
60 〃	0.76	0.38
100 〃	1.08	0.54
150 〃	1.32	0.66
200 〃	1.44	0.72
200 〃 초과	1.52	0.76
[ACSR, ASC]	–	–
38[mm²] 이하	0.60	0.30
58 〃	0.88	0.44
95 〃	1.28	0.64
160 〃	1.56	0.78
240 〃	1.8	0.9

[해설]
① 이 품은 1선당 수작업으로 연선, 긴선, 이도조정품 포함
② 애자에 묶는 품 포함
③ 피복선 120[%]
④ 기존 선로 상부 가설 120[%]
⑤ 장력 조정만 할 경우 20[%]
⑥ 철거 50[%], 재사용 80[%]
⑦ 가공지선 80[%]
⑧ 재사용 전선 110[%]
⑨ [m]당으로 환산 시 본 품을 100으로 나누어 산출
⑩ 22[kV], 66[kV], HDCC 1회선 가선품은 본 품의 300[%]
⑪ 66[kV], HDCC 가선은 송전전공이 시공

(1) 기존 선로철거
　　① 배전전공 인공
　　　• 계산 :　　　　　　　　　　• 답 :
　　② 보통인부 인공
　　　• 계산 :　　　　　　　　　　• 답 :
(2) ACSR-OC 신설
　　① 배전전공 인공
　　　• 계산 :　　　　　　　　　　• 답 :
　　② 보통인부 인공
　　　• 계산 :　　　　　　　　　　• 답 :
(3) 인공계
　　• 계산 :　　　　　　　　　　　• 답 :

● 답안작성

(1) ① 배전전공 인공

　　계산 : $0.44 \times \dfrac{1,000}{100} \times 3 \times 2 \times 0.5 = 13.2$[인]

　　답 : 13.2[인]

② 보통인부 인공

계산 : $0.88 \times \dfrac{1,000}{100} \times 3 \times 2 \times 0.5 = 26.4[인]$

답 : 26.4[인]

(2) ① 배전전공 인공

계산 : $0.44 \times \dfrac{1,000}{100} \times 3 \times 2 \times 1.2 = 31.68[인]$

답 : 31.68[인]

② 보통인부 인공

계산 : $0.88 \times \dfrac{1,000}{100} \times 3 \times 2 \times 1.2 = 63.36[인]$

답 : 63.36[인]

(3) **계산** : 배전전공 = 13.2 + 31.68 = 44.88[인]
보통인부 = 26.4 + 63.36 = 89.76[인]

답 : 배전전공 44.88[인], 보통인부 89.76[인]

● 해 설

- OC : 옥외용 가교폴리에틸렌 절연전선
- 표는 100[m]당 필요한 인공
- 철거 시 본 품의 50[%] 적용
- 신설 시 ACSR-OC는 절연전선(피복선)이므로 본 품의 120[%] 적용

▶출제년도 : 기사 24,   ▶점수 : 5점

문9 순공사원가라 함은 공사시공 과정에서 발생한 무엇의 합계를 말하는지 3가지를 쓰시오.
- 순공사원가 = (   ) + (   ) + (   )

● 답안작성

재료비, 노무비, 경비

● 해 설

공사 원가라 함은 공사 시공 과정에서 발생한 **재료비, 노무비, 경비의 합계액**을 말한다(준칙 제13조).

총원가
- 공사(제조) 원가
  - 재료비
    - 직접 재료비 : 주재료비, 부분 품비
    - 간접 재료비 : 소모 재료비, 소모 공구, 기구, 비품비, 포장 재료비(제조), 가설 재료비(공사) 등
  - 노무비
    - 직접 노무비 : 기본급, 제수당, 상여금, 퇴직급여 충당금
    - 간접 노무비 : 직접 노무비×간접 노무 비율
      (※ 간접 노무비율 = $\dfrac{간접\ 노무비}{직접노무비}$)
  - 경비 : 전력비 등 21개 비목
- 일반 관리비 – 공사 또는 제조원가×일정률(6~14[%])
- 이윤 – (노무비+경비+일반관리비)×일정률(제조 25[%], 공사 15[%])

※ 예정 가격 = 총 원가 + 부가가치세(10[%])

▸출제년도 : 기사 17, 24.　▸점수 : 6점

문10 전기공사표준작업절차서 중 가공배전선로에서 전선 접속 작업 흐름도이다. 흐름도가 옳도록 ①, ②, ③에 들어갈 알맞은 용어를 답란에 쓰시오.

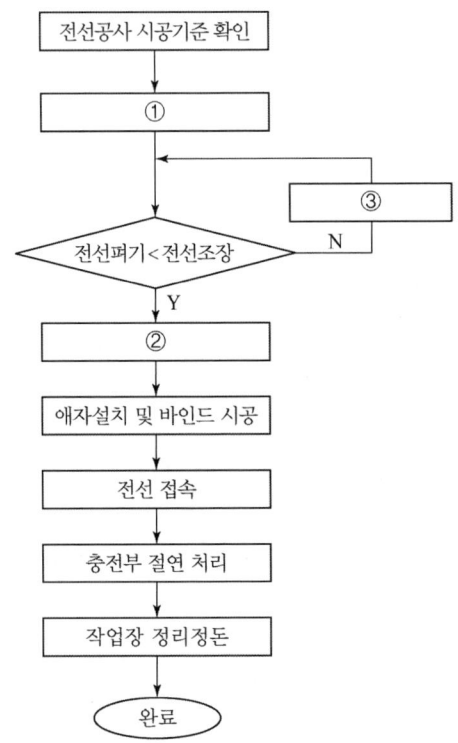

● 답안작성

① 전선 펴기
② 전선처짐 조정 및 고정
③ 직선 접속

▸출제년도 : 기사 24.　▸점수 : 8점

문11 3상 3선식 배전선에 부하전류 50[A], 부하역률 80[%](지상), 선로저항 3[Ω], 선로리액턴스 4[Ω], 송전단 전압이 6600[V] 일 때, 다음 물음에 답하시오.

(1) 이 선로의 전압강하[V]를 구하시오.
　•계산 :　　　　　　　　　　　　　　•답 :
(2) 이 선로의 전압강하율[%]을 구하시오.
　•계산 :　　　　　　　　　　　　　　•답 :
(3) 부하전력[kW]을 구하시오.
　•계산 :　　　　　　　　　　　　　　•답 :
(4) 선로손실[kW]을 구하시오.
　•계산 :　　　　　　　　　　　　　　•답 :

● 답안작성

(1) **계산**: 전압강하 $e = V_s - V_r = \sqrt{3}I(R\cos\theta + X\sin\theta)$
$= \sqrt{3} \times 50 \times (3 \times 0.8 + 4 \times 0.6) = 415.69[\text{V}]$

답: 415.69[V]

(2) **계산**: 수전단 전압 $V_r = V_s - e = 6600 - 415.69 = 6184.31[\text{V}]$

따라서 전압강하율 $\epsilon = \dfrac{e}{V_r} \times 100 = \dfrac{415.69}{6184.31} \times 100 = 6.72[\%]$

답: 6.72[%]

(3) **계산**: 부하전력 $P = \sqrt{3}V_r I\cos\theta = \sqrt{3} \times 6184.31 \times 50 \times 0.8 \times 10^{-3} = 428.46[\text{kW}]$

답: 428.46[kW]

(4) **계산**: 선로손실 $P_L = 3I^2 R = 3 \times 50^2 \times 3 \times 10^{-3} = 22.5[\text{kW}]$

답: 22.5[kW]

● 해 설

(1) 송전선로의 전압강하 $e = V_s - V_r = \sqrt{3}I(R\cos\theta + X\sin\theta)$
$= \dfrac{P}{V}\left(R + X\dfrac{\sin\theta}{\cos\theta}\right) = \dfrac{P}{V}(R + X\tan\theta)[\text{V}]$

(2) 전압강하율 $\epsilon = \dfrac{\text{송전단전압} - \text{수전단전압}}{\text{수전단전압}} \times 100 = \dfrac{e}{V} \times 100 = \dfrac{P}{V^2}(R + X\tan\theta) \times 100[\%]$

(4) 전력손실 $P_l = 3I^2 R = 3 \times \left(\dfrac{P}{\sqrt{3}V\cos\theta}\right)^2 \times R = \dfrac{P^2 R}{V^2 \cos^2\theta}[\text{W}]$

▶ 출제년도 : 기사 18, 24. ▶ 점수 : 6점

문12 3상 유도전동기의 슬립측정 방법을 3가지만 쓰시오.

● 답안작성

① 회전계법   ② 직류 밀리볼트계법   ③ 스트로보스코프법

● 해 설

슬립의 측정 방법

① 회전계법 : 회전계로 직접 회전수를 측정해서 슬립 s를 구하는 방법
② 직류 밀리볼트계법 : 권선형 유도 전동기에서 사용하며 두 개의 슬립링 사이에 직류 가동 코일형 밀리볼트계를 넣으면 2차 주파수의 1[Hz]마다 한 번씩 좌우로 흔들리므로, 1분 동안 지침이 흔들린 횟수 f_2'를 세고 이것과 1분 동안의 1차 주파수에 대해 나누면 슬립 s를 구할 수 있다.

슬립 $s = \dfrac{f_2'}{60 f_1}$

③ 스트로보스코프법 : 스트로보스코프판을 이용하여 슬립 s를 구하는 방법
④ 수화기법 : 밀리볼트 대신에 전화의 수화기를 슬립링 사이에 대어 슬립 s을 구하는 방법으로 2차 주파수의 1[Hz] 동안에 2회 정도로 소리가 들리므로 1분 동안에 소리에 횟수를 세고 이것을 1분 동안의 1차 주파수에 대해 2로 나누면 슬립 s를 구할 수 있다.

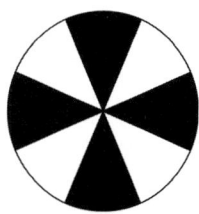

스트로보스코프판(4극)

▸출제년도 : 기사 24.   ▸점수 : 5점

문13 한국전기설비규정에서 보호도체의 최소단면적의 굵기 적용 시 ( )에 들어갈 내용을 쓰시오. (단, 보호도체의 재질이 선도체와 같은 경우이다.)

선도체의 단면적 S[mm², 구리]	보호도체의 최소 단면적[mm², 구리]
$S \leq 16$	① ( )
$16 < S \leq 35$	② ( )
$S > 35$	③ ( )

● 답안작성

① S, ② 16, ③ $\dfrac{S}{2}$

● 해 설

보호도체의 최소 단면적

① 보호도체의 최소 단면적은 계산하거나 표에 따라 선정할 수 있다.

선도체의 단면적 S ([mm²], 구리)	보호도체의 최소 단면적([mm²], 구리)	
	보호도체의 재질	
	선도체와 같은 경우	선도체와 다른 경우
$S \leq 16$	S	$(k_1/k_2) \times S$
$16 < S \leq 35$	16^a	$(k_1/k_2) \times 16$
$S > 35$	$S^a/2$	$(k_1/k_2) \times (S/2)$

여기서, k_1 : 도체 및 절연의 재질에 따른 선도체에 대한 k값
k_2 : 선정된 보호도체에 대한 k값
a : PEN 도체의 최소단면적은 중성선과 동일하게 적용한다.

② 차단시간이 5초 이하인 경우에만 다음 계산식을 적용한다.

$$S = \dfrac{\sqrt{I^2 t}}{k}$$

여기서, S : 단면적[mm²]
I : 보호장치를 통해 흐를 수 있는 예상 고장전류 실효값[A]
t : 자동차단을 위한 보호장치의 동작시간[s]
k : 보호도체, 절연, 기타 부위의 재질 및 초기온도와 최종온도에 따라 정해지는 계수

▸출제년도 : 기사 06, 08, 14, 24.   ▸점수 : 3점

문14 전기공사에서 건물(지상층) 층수별 물량산출 시 건물 층수에 따라 할증률이 규정 적용된다. 이때의 할증률[%]은 각각 얼마인지 쓰시오.

(1) 10층 이하 :
(2) 20층 이하 :
(3) 30층 이하 :

● 답안작성

(1) 10층 이하 : 3[%]
(2) 20층 이하 : 5[%]
(3) 30층 이하 : 7[%]

● 해 설

건물의 층수별 할증
- 지상층 : 2층~5층 이하   1[%]
         10층 이하   3[%]
         15층 이하   4[%]
         20층 이하   5[%]
         25층 이하   6[%]
         30층 이하   7[%]
         30층 초과에 대하여는 매 5층 이내 증가마다 1.0[%] 가산
- 지하층 : 지하 1층   1[%]
         지하 2~5층   2[%]
         지하 6층 이하는 매 1개 층 증가마다 0.2[%] 가산

▶ 출제년도 : 기사 20, 24.   ▶ 점수 : 5점

문15 콜라우시 브리지법으로 측정한 결과, AB간 저항값은 10[Ω], BC간 저항값은 8[Ω], CA간 저항값은 6[Ω]으로 측정되었다. 아래 그림에서 A점의 접지저항값[Ω]을 구하시오.

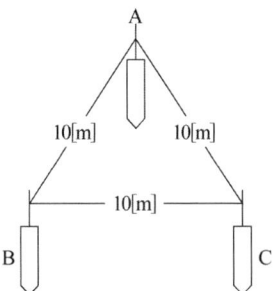

- 계산 :   - 답 :

● 답안작성

계산 : $R_A = \dfrac{1}{2}(R_{AB} + R_{CA} - R_{BC}) = \dfrac{1}{2}(10+6-8) = 4[\Omega]$

답 : $4[\Omega]$

● 해 설

$R_A + R_B = R_{AB}$ ----------------------------------- ①
$R_B + R_C = R_{BC}$ ----------------------------------- ②
$R_C + R_A = R_{CA}$ ----------------------------------- ③

즉, (① + ② + ③) × $\dfrac{1}{2}$ 로 계산하면

$R_A + R_B + R_C = \dfrac{1}{2}(R_{AB} + R_{BC} + R_{CA})$ ----------- ④

④ − ② 하면

∴ $R_A = \dfrac{1}{2}(R_{AB} + R_{CA} - R_{BC}) = \dfrac{1}{2}(10+6-8) = 4[\Omega]$

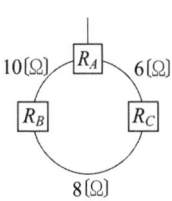

문16 ▸출제년도 : 기사 24, 산업 92, 13, 17, 19, 22. ▸점수 : 5점

단상 2선식 분전반에서 30[m]의 거리에 4[kW], 200[V] 전열기를 설치하여 전압강하를 2[%] 이내가 되도록 하기 위한 적합한 전선의 굵기를 계산하고, 전선규격에 맞는 단면적 [mm²]을 표에서 선정하시오.

도체의 공칭단면적 [mm²]						
2.5	4	6	10	16	25	35

• 계산 :   • 답 :

● 답안작성

계산 : 부하전류 $I = \dfrac{P}{V} = \dfrac{4 \times 10^3}{200} = 20[A]$

전압강하 $e = 200 \times 0.02 = 4[V]$

단면적 $A = \dfrac{35.6LI}{1000e} = \dfrac{35.6 \times 30 \times 20}{1{,}000 \times 4} = 5.34[\text{mm}^2]$

답 : 6[mm²]

● 해 설

• 정격전압강하 및 전선 단면적

전기 방식	전압 강하		전선 단면적
단상 3선식 직류 3선식 3상 4선식	$e_1 = IR$	$e_1 = \dfrac{17.8LI}{1{,}000A}$	$A = \dfrac{17.8LI}{1{,}000e_1}$
단상 2선식 및 직류 2선식	$e_2 = 2IR = 2e_1$	$e_2 = \dfrac{35.6LI}{1{,}000A}$	$A = \dfrac{35.6LI}{1{,}000e_2}$
3상 3선식	$e_3 = \sqrt{3}IR = \sqrt{3}e_1$	$e_3 = \dfrac{30.8LI}{1{,}000A}$	$A = \dfrac{30.8LI}{1{,}000e_3}$

• Cable 규격

전선의 공칭단면적 [mm²]		
1.5	2.5	4
6	10	16
25	35	50
70	95	120
150	185	240
300	400	500
630		

문17 ▸출제년도 : 기사 11, 17, 24. ▸점수 : 5점

바닥면적 1,000[m²]의 회의실에 광속 5,000[lm]의 40[W] LED 등기구를 시설하여 평균 조도를 300[lx]로 하고자 할 때 필요한 40[W] LED 등기구 수량[개]을 구하시오.
(단, 조명률 50[%], 감광보상률 1.25로 한다.)
• 계산 :   • 답 :

● 답안작성

- 계산 : 등기구 수량 $N = \dfrac{AED}{FU} = \dfrac{1,000 \times 300 \times 1.25}{5,000 \times 0.5} = 150[개]$
- 답 : 150[개]

▸ 출제년도 : 기사 11. 19. 24. ▸ 점수 : 6점

문18 다음 KS C 0301 옥내배선의 그림기호를 보고 각각의 명칭을 쓰시오.

(1)   (2) ◣ (3)
(4) S (5) B (6) E

● 답안작성

(1) 배전반   (2) 분전반   (3) 제어반
(4) 개폐기   (5) 배선용 차단기   (6) 누전 차단기

▸ 출제년도 : 기사 20. 24. ▸ 점수 : 3점

문19 가공배전선로의 장력이 걸리지 않는 장소에서 분기고리와 기기 리드선을 결선하는데 적용되는 다음 기기의 명칭을 쓰시오.

기기 그림	기기 명칭

● 답안작성

활선클램프

2024년 2회 전기공사기사실기

문1
▸출제년도 : 기사 20, 24. ▸점수 : 5점

축전지에 대한 설명 중 다음 각 물음에 답하시오.
(1) 축전지를 방전 상태에서 오랫동안 방치하면 극판의 황산납이 회백색으로 변하고 내부 저항이 증가하여 충전 시 전해액의 온도가 상승하고 전지의 수명이 단축되는 현상을 쓰시오.
(2) 부동충전방식에 대해 간단히 설명하시오.

● 답안작성
(1) 설페이션 현상
(2) 축전지의 자기 방전을 보충함과 동시에 상용 부하에 대한 전력공급은 충전기가 부담하도록 하되 충전기가 부담하기 어려운 일시적인 대전류의 부하는 축전지가 부담하도록 하는 방식

● 해 설
(1) 설페이션(Sulfation) 현상 : 납 축전지를 방전 상태에서 오랫동안 방치하여 두면 극판의 황산 납이 회백색으로 변하며(황산화 현상) 내부 저항이 대단히 증가하여 충전시 전해액의 온도 상승이 크고 황산의 비중 상승이 낮으며 가스의 발생이 심하다. 그러므로 전지의 용량이 감퇴하고 수명이 단축된다.
(2) ① 부동 충전 : 축전지의 자기 방전을 보충함과 동시에 상용 부하에 대한 전력 공급은 충전기가 부담하도록 하되 충전기가 부담하기 어려운 일시적인 대전류 부하는 축전지로 하여금 부담하게 하는 방식이다.

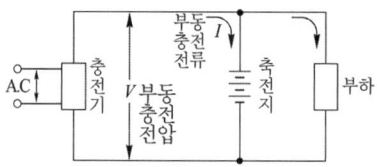

② 충전기 2차 충전 전류 $[A] = \dfrac{축전지 용량 [Ah]}{정격 방전율 [h]} + \dfrac{상시 부하 용량 [VA]}{표준 전압 [V]}$

문2
▸출제년도 : 기사 24. ▸점수 : 4점

한국전기설비규정에 따른 계통연계용 보호장치의 시설에 관한 내용이다. 다음 ( )에 알맞은 내용을 쓰시오.

"계통 연계하는 분산형전원설비를 설치하는 경우 다음에 해당하는 이상 또는 고장 발생 시 자동적으로 분산형전원설비를 전력계통으로부터 분리하기 위한 장치 시설 및 해당 계통과의 보호협조를 실시하여야 한다."

가. 분산형전원설비의 이상 또는 고장
나. (①)의 이상 또는 고장
다. (②)

● 답안작성
① 연계한 전력계통
② 단독운전 상태

● 해 설
계통 연계용 보호장치의 시설(KEC 503.2.4)
계통 연계하는 분산형전원설비를 설치하는 경우 다음에 해당하는 이상 또는 고장 발생 시 자동적으로 분산형전원설비를 전력계통으로부터 분리하기 위한 장치 시설 및 해당 계통과의 보호협조를 실시하여야 한다.
가. 분산형전원설비의 이상 또는 고장
나. **연계한 전력계통**의 이상 또는 고장
다. **단독운전 상태**

▶ 출제년도 : 기사 10. 16. 24. ▶ 점수 : 6점

문3 다음은 계기용 변성기(MOF)의 단선도이다. 미완성 복선도를 접지를 포함하여 완성하시오. (단, 결선은 3상 3선식이고, 선의 접속과 미접속에 대한 예시를 참고하여 그리시오.)

[선의 접속과 미접속에 대한 예시]	
접속	미접속

〈단선도〉

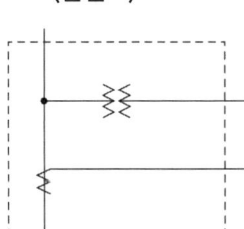

〈복선도〉

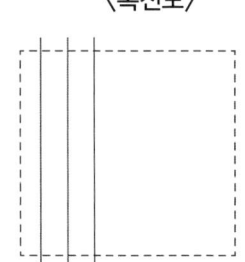

● 답안작성

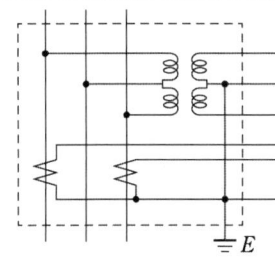

▶ 출제년도 : 기사 02. 05. 11. 24. ▶ 점수 : 8점

문4 장주에 애자를 설치한 형태이다. 그림을 참고하여 ① ~ ④의 명칭을 빈칸에 쓰시오.

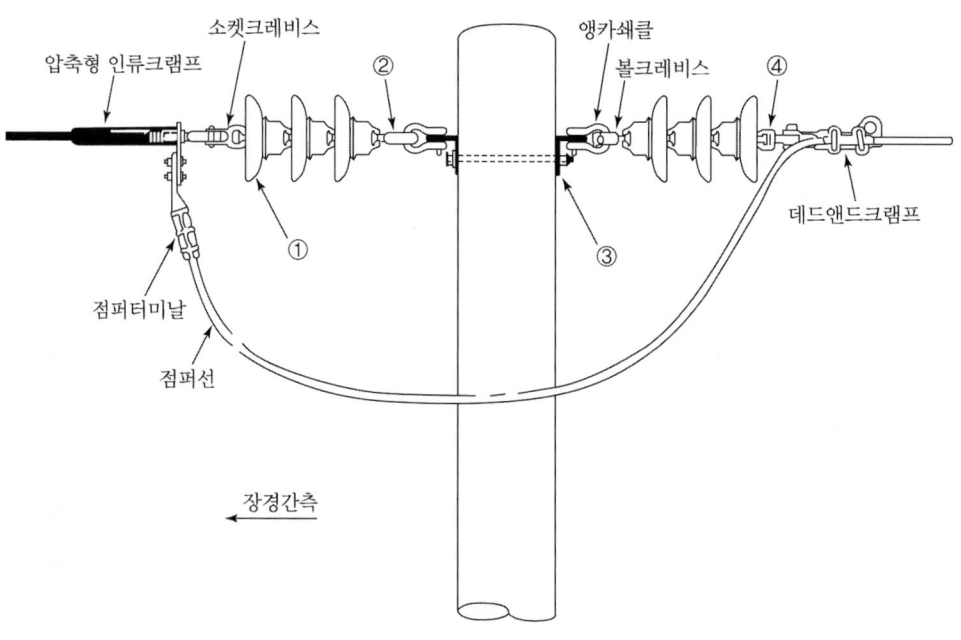

● 답안작성

①	현수애자	②	볼아이
③	ㄱ형 완금	④	소켓아이

▶ 출제년도 : 기사 24. ▶ 점수 : 5점

문5 사용 전압 415[V]의 3상 3선식 전로로 최대공급전류 500[A]의 1선과 대지 간에 필요한 절연 저항값의 최소값[Ω]을 구하시오

• 계산 :   • 답 :

● 답안작성

계산 : 누설전류 $I_g = 500 \times \dfrac{1}{2000} = 0.25[A]$

따라서 절연저항 $R = \dfrac{E}{I_g} = \dfrac{415}{0.25} = 1660[\Omega]$

답 : 1660[Ω]

● 해 설

전선로 및 전선의 절연성능(기술기준 제27조)
저압 전선로 중 절연 부분의 전선과 대지 간 및 전선의 심선 상호 간의 절연저항은 사용전압에 대한 누설전류(I_g)가 최대공급전류의 1/2000을 넘지 않도록 유지하여야 한다.

▶출제년도 : 기사 09, 24. ▶점수 : 5점

문6 3상 변압기의 병렬운전이 불가능한 결선조합 2가지만 쓰시오.
(단, △결선과 Y결선만을 포함하여 쓰시오.)

● 답안작성
- △—△와 △—Y
- △—Y와 Y—Y

● 해 설
변압기 결선

병렬 운전 가능	병렬 운전 불가능
△-△ 와 △-△	△-△ 와 △-Y
Y-△ 와 Y-△	△-Y 와 Y-Y
Y-Y 와 Y-Y	△-△ 와 Y-△
△-Y 와 △-Y	Y-Y 와 Y-△
△-△ 와 Y-Y	
△-Y 와 Y-△	

▶출제년도 : 기사 24. ▶점수 : 5점

문7 전기설비에 있어서 감전예방체계 중 직접접촉에 대한 감전예방을 보기에서 골라 5가지만 기호로 쓰시오.

[보기]
ㄱ. 전원의 자동차단에 의한 보호   ㄴ. 장애물에 의한 보호
ㄷ. Ⅱ급 기기 사용에 의한 보호   ㄹ. 비접지 국부적 접속에 의한 보호
ㅁ. 충전부의 절연에 의한 보호   ㅂ. 손의 접근 한계 외측 시설에 의한 보호
ㅅ. 격벽 또는 외함에 의한 보호   ㅇ. 누전차단기에 의한 보호
ㅈ. 비도전성 장소에 의한 보호   ㅊ. 전기적 분리에 의한 보호

● 답안작성

①	ㄴ	②	ㅁ	③	ㅂ
④	ㅅ	⑤	ㅇ	✕	

● 해 설
안전보호
(1) **직접접촉예방**
전기설비가 정상으로 운영하고 있는 상태에서 전기설비에 사람 또는 동물이 접촉되는 경우를 대비하여 감전예방을 위한 보호
① 충전부의 절연에 의한 보호
② 격벽 또는 외함에 의한 보호
③ 장애물에 의한 보호
④ 손의 접근 한계 외측 설치에 따른 보호
⑤ 누전차단기에 의한 추가 보호

(2) 간접접촉예방
전기설비에 지락 등의 고장이 발생한 경우에 해당 전기설비에 사람 또는 동물이 접촉한 경우를 대비하여 감전예방을 위한 보호로서 다음 중 하나의 방법에 의해 실시한다.
① 전원의 자동차단에 의한 보호
② Ⅱ급 기기의 사용 또는 이것과 동등 이상의 절연에 의한 보호
③ 비도전성 장소에 의한 보호
④ 비접지용 국부적 등전위 접속에 의한 보호
⑤ 전기적 분리에 의한 보호
(3) 특별저압에 의한 보호는 직접접촉예방 및 간접접촉 예방을 동시에 시행한다. 사용전압은 교류 50[V] 이하, 직류 120[V] 이하의 전압을 말한다.
① 비 접지회로에 적용하는 SELV 계통
② 접지회로에 적용하는 PELV 계통
③ 기능상 ELV를 사용하는 경우에 적용하는 FELV 계통

문8
▶출제년도 : 기사 24.　▶점수 : 5점

다음 그림과 같이 전압이 380[V], 3상 3선식으로 공급되는 옥내배선에서 150[m] 떨어진 곳에서부터 5[m] 간격으로 용량 5[kVA]의 기기 부하를 3대 설치하려 한다. 부하 말단까지 전압강하를 5[%] 이하로 유지하기 위한 전선의 최소 굵기[mm²]를 다음 표에서 선정하시오.

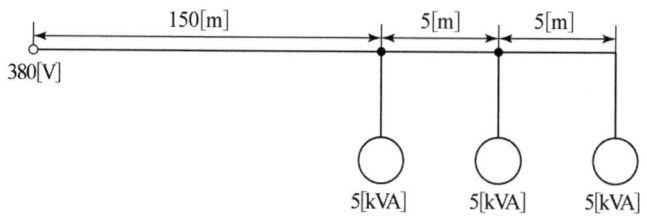

전선의 최소 굵기[mm²]						
1.5	2.5	4	6	10	16	25

• 계산 :　　　　　　　　　　　　　　• 답 :

● 답안작성

계산 : 부하 중심점까지의 거리 $L = \dfrac{150+155+160}{3} = 155[\text{m}]$

부하 전류 $I = \dfrac{P}{\sqrt{3}\,V} = \dfrac{5 \times 10^3 \times 3}{\sqrt{3} \times 380} = 22.79[\text{A}]$

전압강하 $e = 380 \times 0.05 = 19[\text{V}]$

따라서 전선의 굵기 $A = \dfrac{30.8 LI}{1000\,e} = \dfrac{30.8 \times 155 \times 22.79}{1000 \times 19} = 5.73[\text{mm}^2]$

답 : 6[mm²]

● 해 설
(1) 중심점까지의 거리 = 공급점에서 각 부하까지 거리의 합 / 부하의 수
(2) 정격 전압강하 및 전선 단면적

전기 방식	전압 강하		전선 단면적
단상 3선식 직류 3선식 3상 4선식	$e_1 = IR$	$e_1 = \dfrac{17.8LI}{1,000A}$	$A = \dfrac{17.8LI}{1,000e_1}$
단상 2선식 및 직류 2선식	$e_2 = 2IR = 2e_1$	$e_2 = \dfrac{35.6LI}{1,000A}$	$A = \dfrac{35.6LI}{1,000e_2}$
3상 3선식	$e_3 = \sqrt{3}\,IR = \sqrt{3}\,e_1$	$e_3 = \dfrac{30.8LI}{1,000A}$	$A = \dfrac{30.8LI}{1,000e_3}$

▶ 출제년도 : 기사 20, 24.　▶ 점수 : 5점

문9 수전전압 22.9[kV], 설비용량 2000[kVA]인 수용가의 수전단에 설치한 CT의 변류비는 75/5[A]이다. 이때 CT에서 검출된 2차 전류가 과부하 계전기로 흐르도록 하였다. 과부하 계전기의 전류 탭[A]을 표에서 선정하시오. (단, 탭 설정값은 부하전류의 140[%]로 한다.)

전류 탭[A]	4	5	6	7	8	10

• 계산 :　　　　　　　　　　　　　　　• 답 :

● 답안작성

계산 : 탭 설정값 $= \dfrac{2000}{\sqrt{3} \times 22.9} \times \dfrac{5}{75} \times 1.4 = 4.71[A]$

답 : 5[A]

● 해 설

과전류 계전기의 정정 Tap 전류 : 2, 3, 4, 5, 6, 7, 8, 10, 12[A]

▶ 출제년도 : 기사 18, 24.　▶ 점수 : 6점

문10 다음 그림이 나타내는 지선의 명칭을 빈칸에 쓰시오.

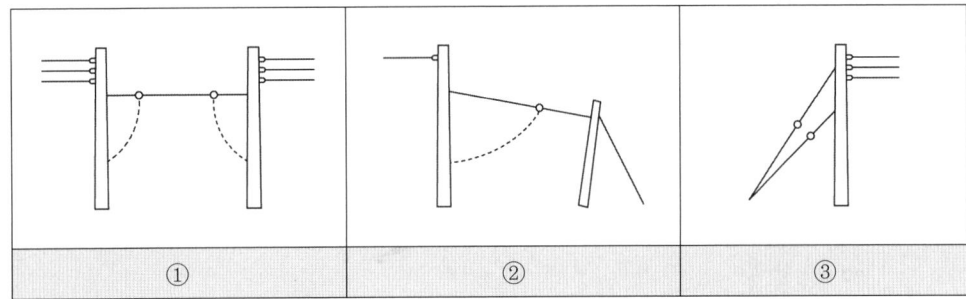

● 답안작성

① 공동지선　② 수평지선　③ Y지선

● 해 설

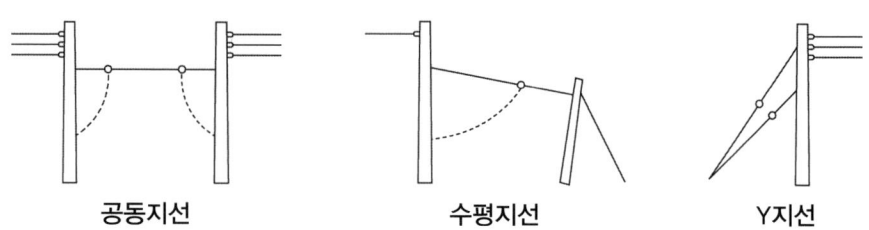

공동지선 　　　　　　수평지선 　　　　　Y지선

① **공동지선** : 두 개의 지지물에 공통으로 시설하는 지선으로서 지지물 상호거리가 비교적 접근해 있을 경우에 시설하는 지선
② **수평지선** : 토지의 상황이나 그 외 사유로 인하여 보통지선을 설치할 수 없을 때 전주와 전주 간, 또는 전주와 지선주 간에 시설하는 지선
③ **Y지선** : 여러 단의 완철이 설치되고 또한 장력이 클 때 또는 H주일 때 보통지선을 2단으로 부설하는 지선

▸ 출제년도 : 기사 96. 97. 99. 01. 02. 03. 09. 24. 　▸ 점수 : 5점

문11 총 공사비가 29억 원이고, 공사기간이 11개월인 전기공사의 간접노무비율[%]을 아래 표를 참고하여 구하시오.

구 분		간접 노무비율[%]
공사 종류별	건축 공사	14.5
	토목 공사	15
	기타(전문, 전기, 통신 등)	15
공사 규모별	50억 원 미만	14
	50~300억 원 미만	15
	300억 원 이상	16
공사 기간별	6개월 미만	13
	6~12개월 미만	15
	12개월 이상	17

• 계산 : 　　　　　　　　　　　　　　　　• 답 :

● 답안작성

계산 : 간접 노무 비율 $= \dfrac{15+14+15}{3} = 14.67[\%]$

답 : 14.67[%]

● 해 설

간접 노무 비율 $= \dfrac{\text{공사종류별}[\%] + \text{공사규모별}[\%] + \text{공사기간별}[\%]}{3}$

문12 건축물의 종류에 알맞은 표준부하 값을 주어진 답안지에 답하시오.

▶출제년도 : 기사 91. 06. 11. 24. ▶점수 : 6점

건축물의 종류	표준 부하 [VA/m²]
공장, 공회당, 사원, 교회, 극장, 영화관, 연회장 등	(1)
기숙사, 여관, 호텔, 병원, 학교, 음식점, 다방, 대중 목욕탕	(2)
사무실, 은행, 상점, 이발소, 미용원	(3)

● 답안작성

(1) 10   (2) 20   (3) 30

● 해 설

건물의 종류에 대응한 표준부하는 다음과 같다.

건물의 종류	표준 부하 [VA/m²]
공장, 공회당, 사원, 교회, 극장, 영화관 등	10
기숙사, 여관, 호텔, 병원, 학교, 음식점, 다방, 대중 목욕탕	20
사무실, 은행, 상점, 이발소	30
주택, 아파트	40

문13 변압기의 온도상승을 억제하기 위해서 권선 및 철심을 냉각한다. 변압기의 냉각 방식을 5가지만 쓰시오.

▶출제년도 : 기사 19. 24. ▶점수 : 5점

● 답안작성

① 건식 자냉식   ② 건식 풍냉식
③ 유입 자냉식   ④ 유입 풍냉식   ⑤ 유입 수냉식

● 해 설

(1) 변압기 냉각 방식

냉각 방식		규격별 기호 표시		권선, 철심의 냉각매체		주위 냉각매체	
		JEC 2200 IEC 76	ANSI C 57.12	종류	순환방식	종류	순환방식
건 식 변압기	건식 자냉식	AN		공기	자연	–	–
	건식 풍냉식	AF			강제		
유 입 변압기	유입 자냉식	ONAN	OA	기름	자연	공기	자연
	유입 풍냉식	ONAF	FA				강제
	유입 수냉식	ONWF	OW			물	강제
	송유 자냉식	OFAN			강제	공기	자연
	송유 풍냉식	OFAF	FOA				강제
	송유 수냉식	OFWF	FOW			물	강제

(2) 종류별 특징
① 건식 자냉식 : 일반적으로 소용량 변압기에 한해서 사용된다.

② 건식 풍냉식 : 권선 하부에 풍도를 마련하여 송풍기로 바람을 불어넣어 방열효과를 향상시키는 것으로 500[kVA] 이상의 경우에 채용하면 효과적이다.
③ 유입 자냉식 : 보수가 간단하여 가장 널리 사용된다.
권선철심의 발생 열은 대류에 의해 우선 기름에 전해지고 다시 탱크 벽에 전달되어 탱크 벽 외측 표면에서 방사와 공기의 대류에 의해 방열된다. 30~60[MVA] 이상의 대용량에서는 강제냉각방식이 일반적으로 유리한다.
④ 유입 풍냉식 : 유입 자냉식과 동일한 구조를 가지고 저소음 고효율의 냉각용 선풍기를 구비하면 출력 30[%] 이상 증가가 가능하다. 변압기 권선온도에 대응하여 선풍기의 구동, 경보 등의 기능을 가지는 온도계전기를 구비해야 한다.
⑤ 유입 수냉식 : 냉각수관을 탱크 상부의 내벽에 따라 배치하고 펌프로 물을 순환시켜서 기름을 냉각하는 방식이다. 냉각수의 질이 좋지 못하면 물 때가 끼거나 수관이 부식되어 보수가 어렵다.
⑥ 송유 자냉식 : 방열기 탱크를 따로 두고 본체 탱크와의 접속관로의 도중에 송유펌프를 설치하여 기름을 강제적으로 순환시키는 방식으로 본체는 옥내에 설치하고 방열기 탱크는 옥외에 설치하는 경우에 사용된다.
⑦ 송유 풍냉식 : 송유 자냉식의 방열기 탱크에 송풍기를 설치한 것 등 각종방식이 있는데 가장 널리 쓰이는 것은 탱크 주위에 송유 풍냉식 유니트쿨러를 설치하는 방식이다.

▶출제년도 : 기사 24. ▶점수 : 5점

문14 변류기에 관한 내용이다. 내용이 맞으면 ○표, 틀리면 X를 빈칸에 표기하시오.

내 용	○, X 표기
1) 저압 변류기 2차 배선의 도중에는 접속점을 만들어서는 안된다.	
2) 저압 변류기의 2차 배선은 공사상 지장이 없는 한 최단 거리로 배선하여야 한다.	
3) 저압배선 2차 배선은 케이블에 직접 장력이 걸릴 우려가 있는 경우에는 적당한 방법으로 케이블을 고정하여야 한다.	
4) 계기용 저압 변류기는 전력거래에 관련되는 계기 및 부속기구 이외의 것을 접속하여서는 안된다.	
5) 변류기 2차 회로는 개방되지 않도록 특별히 유의하여야 한다.	

● 답안작성

내 용	○, X 표기
1) 저압 변류기 2차 배선의 도중에는 접속점을 만들어서는 안된다.	○
2) 저압 변류기의 2차 배선은 공사상 지장이 없는 한 최단 거리로 배선하여야 한다.	○
3) 저압배선 2차 배선은 케이블에 직접 장력이 걸릴 우려가 있는 경우에는 적당한 방법으로 케이블을 고정하여야 한다.	X
4) 계기용 저압 변류기는 전력거래에 관련되는 계기 및 부속기구 이외의 것을 접속하여서는 안된다.	○
5) 변류기 2차 회로는 개방되지 않도록 특별히 유의하여야 한다.	○

● 해 설

변류기(전기계기업무기준)
가. 저압 변류기 2차 배선의 도중에는 접속점을 만들어서는 안된다.
나. 저압 변류기 2차 배선은 공사에 지장이 없는 한 최단거리로 배선하여야 한다.
다. 단상 2선식 저압 변류기 2차 배선은 접지하여서는 안된다.
라. **저압 변류기 2차배선 케이블에** 직접 장력이 걸릴 우려가 있는 경우에는 적당한 방법으로 케이블을 고정하여야 한다.
마. 계기용 저압 변류기에는 전력거래에 관련되는 계기 및 부속기구 이외의 것을 접속하여서는 안된다.
바. 변류기 2차회로는 개방되지 않도록 특별히 유의하여야 한다. 변류기 2차 회로가 개방되면 1차 전류가 전부 여자전류로 되어 철심이 포화되고 2차측에 고전압이 유기되어 폭발의 위험이 있다.

▶ 출제년도 : 기사 05. 12. 24. 산업 92. 97. 17. ▶ 점수 : 5점

문15
한국전기설비규정에 따른 고압 및 특고압의 전로 중 피뢰기를 시설해야 하는 곳을 4가지만 쓰시오. (단, 주어지지 않은 조건은 고려하지 않는다.)

● 답안작성
① 발전소·변전소 또는 이에 준하는 장소의 가공전선 인입구 및 인출구
② 특고압 가공전선로에 접속하는 배전용 변압기의 고압측 및 특고압측
③ 고압 및 특고압 가공전선로로부터 공급을 받는 수용장소의 인입구
④ 가공전선로와 지중전선로가 접속되는 곳

● 해 설

피뢰기의 시설(KEC 341.13)
고압 및 특고압의 전로 중 다음에 열거하는 곳 또는 이에 근접한 곳에는 피뢰기를 시설하여야 한다.
가. 발전소·변전소 또는 이에 준하는 장소의 가공전선 인입구 및 인출구
나. 특고압 가공전선로에 접속하는 배전용 변압기의 고압측 및 특고압측
다. 고압 및 특고압 가공전선로로부터 공급을 받는 수용장소의 인입구
라. 가공전선로와 지중전선로가 접속되는 곳

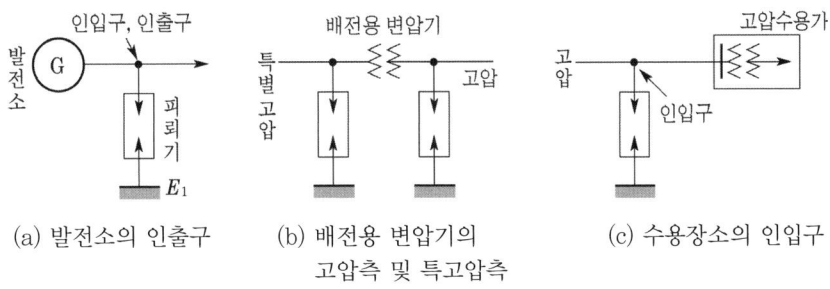

(a) 발전소의 인출구 (b) 배전용 변압기의 고압측 및 특고압측 (c) 수용장소의 인입구

피뢰기의 시설 장소

▸ 출제년도 : 기사 06, 20, 24, 산업 22. ▸ 점수 : 5점

문16 전기공사의 물량 산출 시 일반적으로 다음과 같은 재료는 몇 [%]의 할증률을 계상하는지 그 할증률을 빈칸에 써 넣으시오.

종류	할증률[%]
옥외전선	
옥내전선	
케이블(옥외)	
케이블(옥내)	
전선관(옥내)	

● 답안작성

종류	할증률[%]
옥외전선	5
옥내전선	10
케이블(옥외)	3
케이블(옥내)	5
전선관(옥내)	10

● 해설

종류	할증률[%]	철거손실률[%]
옥 외 전 선	5	2.5
옥 내 전 선	10	–
Cable (옥외)	3	1.5
Cable (옥내)	5	–
전선관 (옥외)	5	–
전선관 (옥내)	10	–
Trolley 선	1	–
동 대, 동 봉	3	1.5

[해설] 철거손실률이란 전기설비공사에서 철거작업 시 발생하는 폐자재를 환입할 때 재료의 파손, 손실, 망실 및 일부 부식 등에 의한 손실률을 말함.

▸ 출제년도 : 기사 95, 13, 17, 24. ▸ 점수 : 5점

문17 1[m]의 하중 0.35[kg]인 전선을 지지점에 수평인 경간 60[m]에서 가설하여 이도(처짐정도)를 0.7[m]로 하려면 장력[kg]은 얼마인지 구하시오.
• 계산 :   • 답 :

● 답안작성

계산 : 이도 $D = \dfrac{WS^2}{8T}$ [m]

따라서 장력 $T = \dfrac{WS^2}{8D} = \dfrac{0.35 \times 60^2}{8 \times 0.7} = 225$ [kg]

답 : 225[kg]

▸ 출제년도 : 기사 24. 산업 09. 17.   ▸ 점수 : 5점

문18
한국전기설비규정의 전선을 접속하는 경우에 관한 내용 중 두 개 이상의 전선을 병렬로 사용하는 경우의 시설 방법이다. ( )안에 알맞은 내용을 쓰시오.

- 병렬로 사용하는 각 전선의 굵기는 구리선 (①)[mm²] 이상 또는 알루미늄 70[mm²] 이상으로 하고, 전선은 같은 도체, 같은 재료, 같은 길이 및 같은 굵기의 것을 사용할 것
- 같은 극의 각 전선은 동일한 (②)에 완전히 접속할 것.
- 같은 극인 각 전선의 (②)은(는) 동일한 도체에 (③)개 이상의 리벳 또는 (③)개 이상의 나사로 접속할 것.
- 병렬로 사용하는 전선에는 각각에 (④)을(를) 설치하지 말 것.
- 교류회로에서 병렬로 사용하는 전선은 금속관 안에 (⑤)이(가) 생기지 않도록 시설할 것.

● 답안작성

①	50	②	터미널러그	③	2
④	퓨즈	⑤	전자적 불평형		

● 해 설

전선의 접속(KEC 123)
두 개 이상의 전선을 병렬로 사용하는 경우에는 다음에 의하여 시설할 것
① 병렬로 사용하는 각 전선의 굵기는 **구리선 50**[mm²] 이상 또는 알루미늄 70[mm²] 이상으로 하고, 전선은 같은 도체, 같은 재료, 같은 길이 및 같은 굵기의 것을 사용할 것
② 같은 극의 각 전선은 동일한 **터미널러그**에 완전히 접속할 것
③ 같은 극인 각 전선의 **터미널러그**는 동일한 도체에 **2개 이상**의 리벳 또는 2개 이상의 나사로 접속할 것
④ 병렬로 사용하는 전선에는 각각에 **퓨즈**를 설치하지 말 것
⑤ 교류회로에서 병렬로 사용하는 전선은 금속관 안에 **전자적 불평형**이 생기지 않도록 시설할 것

▸ 출제년도 : 기사 24.   ▸ 점수 : 5점

문19
한국전기설비규정에 따른 접지시스템에 대한 다음의 각 물음에 답하시오.
(1) 접지시스템 중 등전위가 형성되도록 고압·특고압 접지계통과 저압계통을 함께 접지하는 방식의 명칭을 쓰시오.
(2) 통합접지 방식에서 사람이 동시에 접촉할 수 있는 범위 내의 모든 도전부는 항상 같은 등전위를 형성하기 위하여 등전위본딩 하여야 한다. 사람이 동시에 접촉할 수 있는 범위(Arm's reach)의 최대거리[m]를 쓰시오.

● 답안작성

(1) 공통접지
(2) 2.5[m]

● 해 설

한국전기설비규정 핸드북
(1) **공통접지란** 등전위가 형성되도록 고압·특고압 접지계통과 저압 접지계통을 공통으로 접지하는 방식으로 고압 및 특고압과 저압 전기설비의 접지극의 서로 근접하여 시설되는 변전소 또는 이와 유사한 곳에서는 공통접지시스템으로 할 수 있도록 규정하고 있다.
(2) **통합접지란** 전기설비의 접지계통·건축물의 피뢰설비·전자통신설비 등의 접지극을 통합하여 접지하는 방식을 말하며, 통합접지 시 서지보호장치를 시설하여야 할 필요가 있다.
(3) **사람이 동시에 접촉할 수 있는 범위(2.5[m] 이하의 이격거리)**에 있는 건축물에 설치되어 있는 고정기기의 노출도전부, 수도관, 가스관, 덕트, 철근콘크리트 바닥의 주요 금속보강재와 같은 계통외도전부는 보조 보호등전위본딩을 하여야 한다.

2024년 3회 전기공사기사실기

▶ 출제년도 : 기사 04, 06, 19, 22, 24,   ▶ 점수 : 6점

문1 도면과 같은 고압 또는 특고압 수전설비의 진상콘덴서 접속 뱅크 결선도를 보고 다음 각 물음에 답하시오.

(1) 콘덴서 총 용량이 몇 [kVA] 초과, 몇 [kVA] 이하인 경우 콘덴서 용량을 2군으로 분할하는지 쓰시오.
(2) 콘덴서 용량이 100[kVA] 이하인 경우 CB 대신 사용 가능한 개폐기의 명칭을 쓰시오.
(3) 콘덴서 용량이 50[kVA] 미만인 경우 CB 대신 사용 가능한 개폐기의 명칭을 쓰시오.

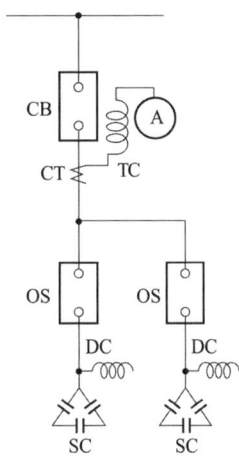

● 답안작성

(1) 콘덴서 총 용량이 300[kVA] 초과, 600[kVA] 이하의 경우
(2) OS   (3) COS 직결

● 해 설

진상용 콘덴서 참고 접속도

| 콘덴서 총 용량이 300[kVA] 이하의 경우 전류계를 생략할 때 | 콘덴서 총 용량이 300[kVA] 초과, 600[kVA] 이하의 경우 |

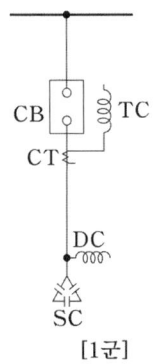
[1군]

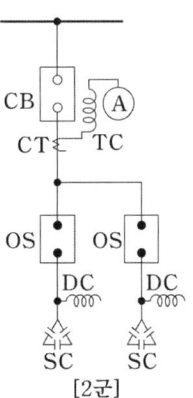
[2군]

콘덴서 총 용량이 600[kVA] 초과의 경우

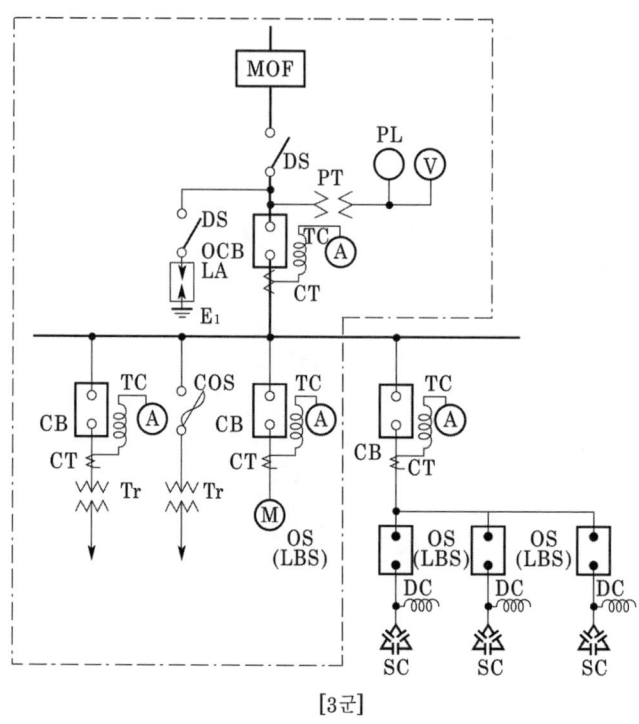

[3군]

[주] 콘덴서의 용량이 100[kVA] 이하인 경우에는 CB 대신 OS 또는 유사한 것(인터럽터 스위치 등)을, 50[kVA] 미만의 경우에는 COS(직결로 함)를 사용할 수 있다.

▶ 출제년도 : 기사 00, 13, 16, 19, 24, ▶ 점수 : 5점

문2 설비용량 50[kW], 30[kW], 25[kW], 25[kW]의 부하 설비에 수용률이 각각 50[%], 65[%], 75[%], 60[%]인 경우 변압기 용량[kVA]을 표준 용량표를 참고하여 선정하시오. (단, 부등률은 1.2, 종합 부하 역률은 90[%]이다.)

변압기 표준 용량표 [kVA]

20	30	50	75	100	150	200

• 계산 : • 답 :

● 답안작성

계산 : 변압기 용량 $= \dfrac{50 \times 0.5 + 30 \times 0.65 + 25 \times 0.75 + 25 \times 0.6}{0.9 \times 1.2} = 72.45 \, [\text{kVA}]$

답 : 75[kVA] 선정

● 해 설

변압기 용량 [kVA] ≥ 합성최대 수용전력 $= \dfrac{\text{설비 용량 [kW]} \times \text{수용률}}{\text{부등률} \times \text{역률}}$

▶ 출제년도 : 기사 24.　▶ 점수 : 5점

문3 전기설비의 접지 목적을 3가지만 쓰시오.

● 답안작성

① 감전방지
② 기기의 손상 방지
③ 보호계전기의 확실한 동작

● 해 설

접지의 목적
① **감전 방지** : 기기의 절연 열화나 손상 등으로 누전이 발생하면 전류가 접지선으로 흘러 기기의 대지 전위 상승이 억제되고 인체의 감전 위험이 줄어들게 된다.
② **기기의 손상 방지** : 뇌전류 또는 고 저압 혼촉 등에 의하여 침입하는 고전압을 접지선을 통해 대지로 흘려보내 기기의 손상을 방지 할 수 있다.
③ **보호 계전기의 확실한 동작** : 지락사고 시에 일정 크기 이상의 지락 전류가 흐르기 때문에 지락 계전기 등의 동작을 확실하게 할 수 있다.

▶ 출제년도 : 기사 24.　▶ 점수 : 3점

문4 수전설비공사를 하는데 순공사비 원가합계가 200000000원 이었다. 이때의 일반관리비를 구하시오.

• 계산 :　　　　　　　　　　　　　　　　• 답 :

● 답안작성

계산 : 일반관리비 = $200,000,000 \times 0.06 = 12,000,000$[원]
답 : 12,000,000[원]

● 해 설

일반관리비 = (재료비 + 노무비 + 경비) × 일반관리비율

전문, 전기, 전기 통신 공사	
공사 원가	일반관리비율
5억 원 미만	6[%]
5억 원~30억 원 미만	5.5[%]
30억 원 이상	5[%]

▶ 출제년도 : 기사 24.　▶ 점수 : 5점

문5 변압기의 1차측 사용탭이 6300[V]의 경우 2차측 전압이 110[V]이었다. 2차측 전압을 약 120[V]로 하려면 1차측 사용탭을 얼마로 하여야 되는지 실제 변압기와 가장 가까운 탭전압으로 선정하시오. (단, 탭전압은 5700[V], 6000[V], 6300[V], 6600[V], 6900[V])

• 계산 :　　　　　　　　　　　　　　　　• 답 :

● 답안작성

계산 : 고압측의 탭전압 $= \dfrac{6300}{120} \times 110 = 5775[\text{V}]$

∴ 탭전압의 표준값인 5700[V] 탭으로 선정한다.

답 : 5700[V]

● 해 설

- 권수비 $a = \dfrac{n_1}{n_2} = \dfrac{V_1}{V_2} = \dfrac{6300}{110}$
- 1차측 공급전압 $V_1 = \dfrac{6300}{110} \times V_2 = \dfrac{6300}{110} \times 110 = 6300[\text{V}]$
- 2차측 전압을 120[V]로 하기 위한 새로운 권수비 a'

  $a' = \dfrac{n_1{'}}{n_2} = \dfrac{V_1}{V_2{'}}$ 에서 $n_1{'} = \dfrac{V_1}{V_2{'}} \times n_2 = \dfrac{6300}{120} \times 110 = 5775[\text{V}]$

▶출제년도 : 기사 24.   ▶점수 : 6점

문6 통합접지 계통의 건축물 내에 시설되는 저압 전기설비에 과전압으로 인한 보호를 위해 SPD를 시설하는 경우 SPD 연결도체에 대하여 다음 물음에 답하시오.

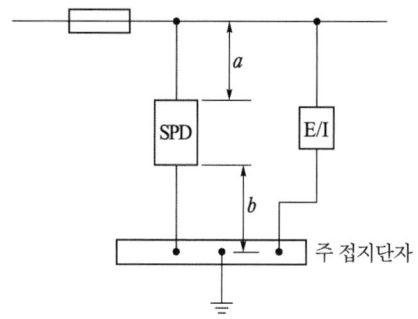

(1) 연결도체($a+b$)의 최대길이[m]를 쓰시오.
(2) 주접지단자(또는 보호도체)와 SPD 사이의 도체가 구리인 경우 각각의 최소 굵기 [mm²]를 쓰시오.
   • Ⅰ등급 SPD :   • Ⅱ등급 SPD :

● 답안작성

(1) 0.5[m]
(2) • Ⅰ등급 SPD : 16[mm²]   • Ⅱ등급 SPD : 6[mm²]

● 해 설

(1) SPD의 연결전선

SPD의 연결전선의 길이가 길어지면 과전압에 대한 보호의 효율성이 감소하기 때문에 최적의 과전압에 대한 보호를 위해서는 SPD의 모든 연결전선의 길이가 가능한 짧고(가능하면 **전체 전선길이가 0.5[m]를 초과하지 않아야 한다**), 어떠한 접속도 없어야 한다.

(2) SPD 접속도체의 최소 단면적

항목	SPD 종류	재료	단면적[mm²]
SPD 접속도체	Ⅰ등급 SPD	구리	16
	Ⅱ등급 SPD		6
	Ⅲ등급 SPD		1

▶ 출제년도 : 기사 24.　▶ 점수 : 5점

문7 대지저항률이 ρ[Ω·m]로 균질한 지표면에 반경 r[m]인 반구형 접지전극을 매설하였을 때 접지저항 $R = \dfrac{\rho}{2\pi r}$[Ω]임을 유도하시오.

● 답안작성

반지름 r[m]인 구의 정전용량은 $4\pi\epsilon r$[F] 이므로, 반구의 정전용량(C)은 $2\pi\epsilon r$[F] 이다.
$RC = \rho\epsilon$ 이므로

∴ 접지저항 $R = \dfrac{\rho\epsilon}{C} = \dfrac{\rho\epsilon}{2\pi\epsilon r} = \dfrac{\rho}{2\pi r}$[Ω]

● 해 설

반구형 접지전극

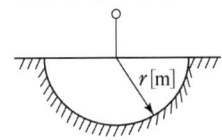

▶ 출제년도 : 기사 11. 14. 17. 24.　▶ 점수 : 4점

문8 변압기 보호를 위해 사용하는 보호 장치 4가지만 쓰시오.

● 답안작성

① 비율차동 계전기　② 과전류 계전기
③ 방압 안전장치　④ 부흐홀츠 계전기

● 해 설

이외에도 ⑤ 충격압력 계전기

▶ 출제년도 : 기사 12. 20. 24.　▶ 점수 : 4점

문9 다음은 피뢰기의 특성에 대한 설명이다. 빈칸에 알맞은 용어를 쓰시오.

"피뢰기의 구비조건에서 이상전압 침입 시 신속하게 (①)하는 특성이 있어야 하고, 또한 이상전류 통전 시 피뢰기의 단자전압을 나타내는 (②)은(는) 일정 전압 이하로 억제할 수 있어야 한다."

● 답안작성

① 방전　② 제한전압

▶ 출제년도 : 기사 24. ▶ 점수 : 5점

문10
도면은 옥내배선의 배치도(가상)이다. 범례와 동작사항을 참고하여 결선도(시퀀스)를 그리시오. (단, 선의 접속과 미접속에 대한 예시를 참고하여 도면을 그리시오.)

[동작사항]
가. 스위치 S를 ON하면 L_3가 점등되고, L_1, L_2, L_4는 소등상태가 된다.
나. 스위치 S를 ON하고 PB를 누르면 릴레이(Ry)와 타이머(T)가 여자 됨과 동시에 L_3는 소등되고 L_1, L_2는 점등된다.
   시간 경과 t초 후 L_2는 소등되고 L_3, L_4는 점등되며 L_1은 계속 점등된다.
   스위치 S를 OFF하면 모든 동작이 정지된다.

[범례] T : 타이머, Ry : 릴레이, S : 스위치, PB : 누름버튼스위치, $L_1 \sim L_4$: 램프, ELB : 누전차단기, J : 정션박스, 기타는 생략한다.

결선도(시퀀스)

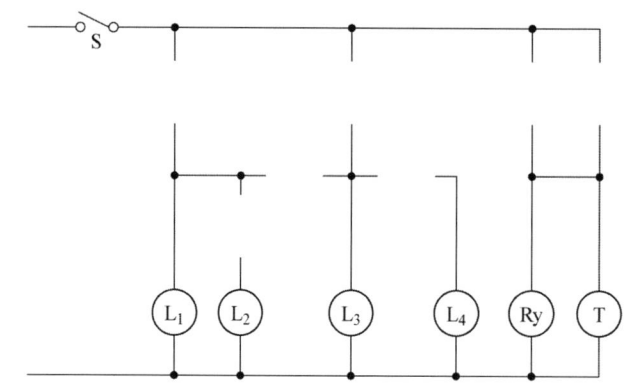

● 답안작성

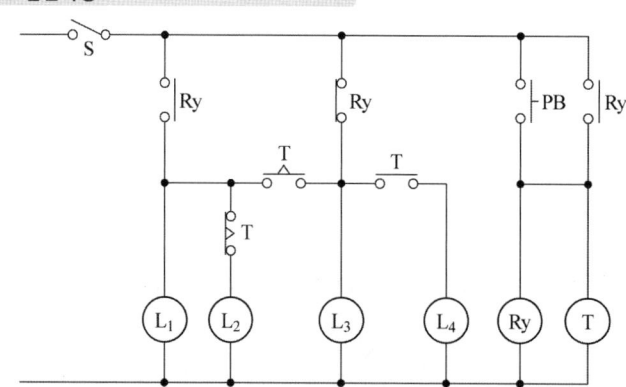

▸출제년도 : 기사 22, 24.   ▸점수 : 7점

문11 다음 도면은 전등 및 콘센트의 평면 배선도이다. ①~⑦번까지 접지선을 포함하여 최소 전선(가닥)수를 표시하시오.
(단, 표시 예 : 접지선을 포함하여 3가닥인 경우 → —//／—)

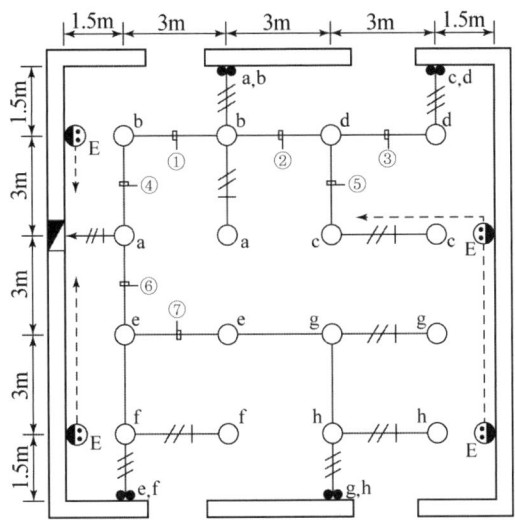

범례 및 주기

○	LED 15[W]	- - - - - - -	HFIX 2.5sq×2,(E) 2.5sq(16C)
ⓔ	매입 콘센트(2P 15[A] 250[V])	—//—	HFIX 2.5sq×2,(E) 2.5sq(16C)
●	매입 텀블러 스위치(15[A] 250[V])	—///—	HFIX 2.5sq×3 (16C)
		—///／—	HFIX 2.5sq×3,(E) 2.5sq(16C)
		—///／／—	HFIX 2.5sq×4,(E) 2.5sq(22C)

● 답안작성

① —///／—   ② —//／—   ③ —///／—   ④ —///—   ⑤ —//／—
⑥ —//／—   ⑦ —///—

● 해 설

① L1, L2, S/W a, S/W b, E : 5가닥   ② L1, L2, E : 3가닥
③ L1, L2, S/W c, S/W d, E : 5가닥   ④ L1, L2, S/W a, E : 4가닥
⑤ L2, S/W c, E : 3가닥   ⑥ L1, L2, E : 3가닥
⑦ L1, L2, S/W e, E : 4가닥

▸출제년도 : 기사 99, 00, 02, 06, 10, 12, 19, 21, 23, 24.   ▸점수 : 5점

문12 비상용 조명부하 110[V]용 100[W] 58등, 60[W] 50등이 있다. 방전시간 30분, 축전지 HS형 54[Cell], 허용 최저전압 100[V], 최저 축전지 온도 5[℃]일 때 축전지 용량[Ah]을 구하시오. (단, 보수율 0.8, 용량환산 시간 $K=1.2$이다.)

•계산 :   •답 :

● 답안작성

계산 : 전류 $I = \dfrac{P}{V} = \dfrac{100 \times 58 + 60 \times 50}{110} = 80[\text{A}]$

축전지 용량 $C = \dfrac{1}{L}KI = \dfrac{1}{0.8} \times 1.2 \times 80 = 120[\text{Ah}]$

답 : 120[Ah]

▶출제년도 : 기사 21. 24. 산업 15. ▶점수 : 5점

문13 3상 4선식, 22.9[kV], 수전용량이 700[kVA]인 수용가가 있다. 이 수용가의 인입구에 MOF를 시설하고자 할 때 MOF의 변류비를 아래 표에서 산정하시오.
(단, 변류비는 정격 1차 전류의 1.5배 값으로 결정한다.)

변류비					
10/5	15/5	20/5	30/5	40/5	50/5

• 계산 :   • 답 :

● 답안작성

계산 : $I_1 = \dfrac{700}{\sqrt{3} \times 22.9} \times 1.5 = 26.47[\text{A}]$

답 : 변류비 30/5

▶출제년도 : 기사 10. 24. ▶점수 : 5점

문14 그림과 같은 단상 3선식 회로에서 I_0 전류와 I_1 전류는 각각 몇 [A]인지 구하시오.
(단, 지락전류는 1[A]이다.)

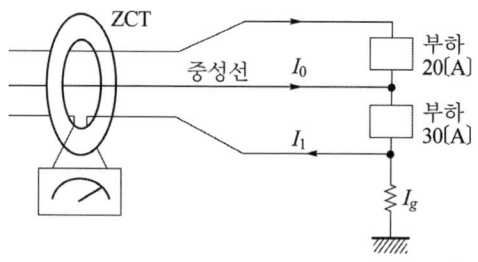

(1) I_0 전류
  • 계산 :   • 답 :
(2) I_1 전류
  • 계산 :   • 답 :

● 답안작성

(1) **계산** : 부하 20[A]로 들어가는 전류를 I_A라 하고,

I_A와 I_0가 만나는 점에서 키르히호프의 전류법칙을 적용하면

$I_A + I_0 = 30$[A], $I_A = 20$[A]이므로

∴ $I_0 = 30 - I_A = 30 - 20 = 10$[A]

답 : 10[A]

(2) **계산** : I_1과 I_g가 만나는 점에서 키르히호프의 전류법칙을 적용하면

$I_1 + I_g = 30$[A], $I_g = 1$[A]이므로

∴ $I_1 = 30 - I_g = 30 - 1 = 29$[A]

답 : 29[A]

● 해 설

키르히호프의 전류법칙 : 전선의 임의의 한 분기점에 유입 또는 유출되는 전류의 합은 0이다. 즉 분기점에 있어서 유입되는 총 전류는 유출되는 총 전류와 같다.

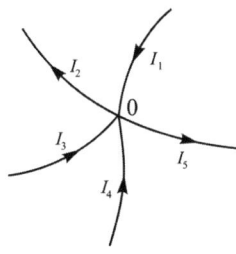

$I_1 - I_2 + I_3 + I_4 - I_5 = 0$

▶ 출제년도 : 기사 24.   ▶ 점수 : 4점

문 15 다음은 한국전기설비규정에 따른 고압 가공전선과 교류 전차선 등의 접근 또는 교차에 대한 설명에서 (   )에 들어갈 숫자를 쓰시오.

• 저압 가공전선 또는 고압 가공전선이 교류 전차선 등과 교차하는 경우에 저압 가공전선 또는 고압 가공전선이 교류 전차선 등의 위에 시설되는 때에는 다음에 따라야 한다.
• 가공전선로의 지지물 간 거리는 지지물로 목주 · A종 철주 또는 A종 철근 콘크리트주를 사용하는 경우에는 (①)[m] 이하, B종 철주 또는 B종 철근 콘크리트주를 사용하는 경우에는 (②)[m] 이하일 것.

● 답안작성

① 60   ② 120

● 해 설

고압 가공전선과 교류전차선 등의 접근 또는 교차(KEC 332.15)
저압 가공전선 또는 고압 가공전선이 교류 전차선 등과 교차하는 경우에 저압 가공전선 또는 고압 가공전선이 교류 전차선 등의 위에 시설되는 때에는 다음에 따라야 한다.
1. 저압 가공전선에는 케이블을 사용하고 또한 이를 단면적 35[mm²] 이상인 아연도강연선으로서 인장강도 19.61[kN] 이상인 것으로 조가하여 시설할 것.

2. 고압 가공전선은 케이블인 경우 이외에는 인장강도 14.51[kN] 이상의 것 또는 단면적 38[mm^2] 이상의 경동연선일 것.
3. 고압 가공전선이 케이블인 경우에는 이를 단면적 38[mm^2] 이상인 아연도강연선으로서 인장강도 19.61[kN] 이상인 것으로 조가하여 시설할 것.
4. 가공전선로 지지물에 사용하는 목주의 풍압하중에 대한 안전율은 2 이상일 것.
5. 가공전선로의 경간

지지물의 종류	경 간
목주·A종 철주 또는 A종 철근 콘크리트주	60[m] 이하
B종 철주 또는 B종 철근 콘크리트주	120[m] 이하

▶출제년도 : 기사 24. ▶점수 : 10점

문16

배선설비의 병렬접속에서 병렬도체 사이에 부하전류가 균등하게 배분될 수 있도록 조치하여야 한다. 다음 각 물음에 답하시오.

(1) 적절한 전류분배를 할 수 없거나 4가닥 이상의 도체를 병렬로 접속하는 경우에는 무엇의 사용을 고려하는지 쓰시오.

(2) 금속관 내에 사용하는 전선의 시설 예이다. 바른 방법을 ①~③에서 골라 쓰시오.

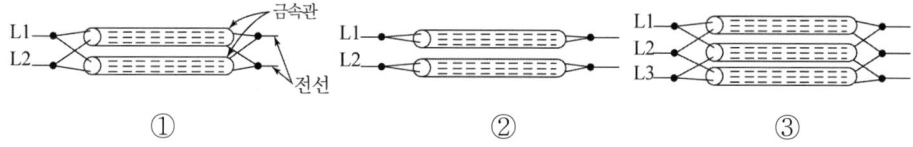

(3) 3상 3선식 2회선 병렬 단심 케이블의 Tray 내 수평배열 시공할 때 전선의 상순을 그림에 표기하시오. (단, 각 상은 원 안에 L1, L2, L3로 표기하시오.)

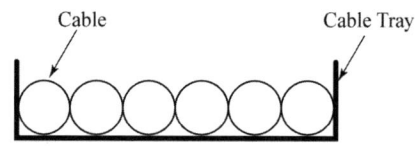

● 답안작성

(1) 버스바트렁킹시스템
(2) ①
(3)

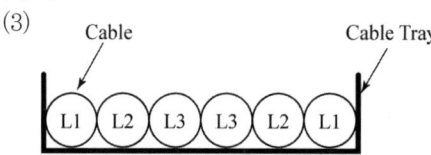

● 해 설

(1) 병렬접속(KEC 232.3.2)
절연물의 허용온도에 적합하도록 부하전류 분배를 할 수 없거나 4가닥 이상의 도체를 병렬로 접속하는 경우에는 버스바트렁킹시스템의 사용을 고려한다.

(2)

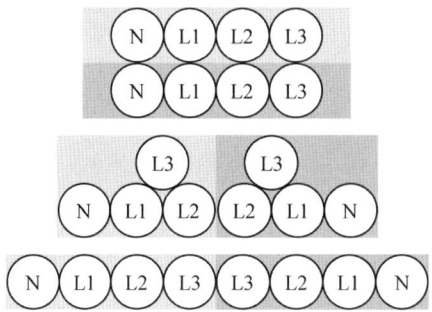

(3) 동상다조포설의 방법(2개조)
L1, L2, L3는 각 상전압선이고, N은 중성선이다.

```
   N  L1 L2 L3
   N  L1 L2 L3

         L3      L3
   N  L1 L2   L2 L1  N

   N  L1 L2 L3 L3 L2 L1 N
```

▶ 출제년도 : 기사 24. ▶ 점수 : 4점

문17 다음 오실로스코프상의 B-H곡선에 관한 설명에서 ( )에 알맞은 용어를 쓰시오.

"오실로스코프상의 B-H곡선은 수평 편향판에는 (①)에 비례하는 전압이 걸리며, 수직 편향판에는 (②)에 비례하는 전압이 걸린다."

● 답안작성
① 자계의 세기
② 자속밀도

▶ 출제년도 : 기사 01. 10. 16. 24. ▶ 점수 : 6점

문18 아래 그림은 경완철에서 현수애자를 설치하는 순서를 나타낸 것이다. 명칭을 보고 번호를 기입하시오.

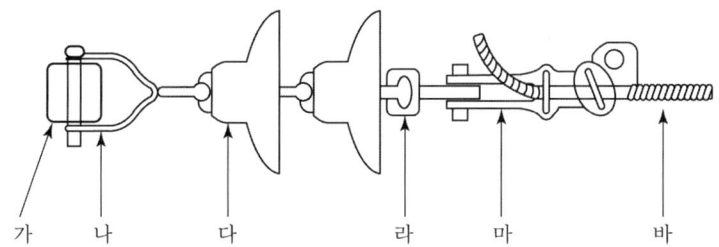

1. 경완철 2. 현수애자 3. 소켓아이 4. 볼쇄클 5. 데드엔드 클램프 6. 전선

● 답안작성

가	1	나	4	다	2
라	3	마	5	바	6

▶출제년도 : 기사 24.   ▶점수 : 5점

문19 한국전기설비규정에 따르는 접지시스템의 구성요소이다. 빈칸에 알맞은 용어를 쓰시오.

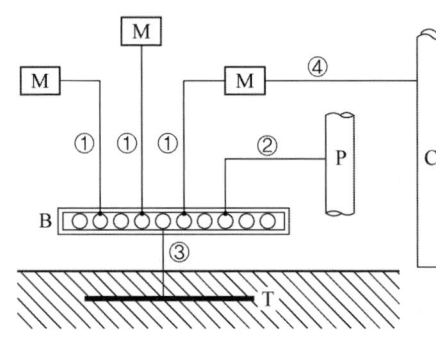

M : 노출도전부
C : 수도관, 배수관, 예를 들어 욕실 안의 금속부
B : 주접지단자
P : 수도관, 배수관 등 외부로부터 금속부
T : 콘크리트 매입 기초접지극 또는 토양매설 기초접지극

● 답안작성

① 보호도체(PE)
② 보호 등전위 본딩용 도체
③ 접지도체
④ 보조 보호 등전위 본딩용 도체

● 해 설

접지시스템 구성요소(KEC 142.1.1)
1. 접지시스템은 접지극, 접지도체, 보호도체 및 기타 설비로 구성한다.
2. 접지극은 접지도체를 사용하여 주 접지단자에 연결하여야 한다.

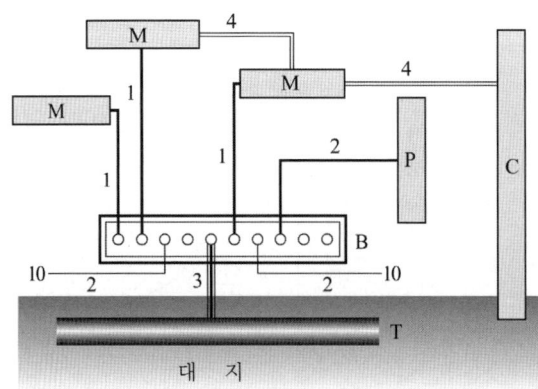

1 : 보호도체(PE)
2 : 보호 등전위 본딩용 도체
3 : 접지도체
4 : 보조 보호 등전위 본딩용 도체
10 : 기타 기기(정보통신, 피뢰시스템)
B : 주 접지단자
M : 전기기구의 노출 도전부
C : 철골, 금속덕트 등 계통외 도전부
P : 수도관, 가스관 등 계통외 도전부
T : 접지극

답이보인다!! 전기공사기사 · 산업기사 실기

최근15년간
(2010년~2024년)
전기공사산업기사실기
과년도 문제

※ 본 도서의 출제문제는 복원된 문제이므로, 실제 문제와는 다소 차이가 있을 수 있습니다.

2010년 1회 전기공사산업기사실기

▶출제년도 : 산업 95, 99, 00, 03, 10, 24, ▶점수 : 6점

문1 평균 구면 광도 100[cd]의 전구 5개를 직경 10[m]의 원형의 사무실에 점등할 때 조명률 0.4, 감광 보상률을 1.6이라 하면 사무실의 평균조도[lx]는 얼마인가?
• 계산 :   • 답 :

● 답안작성

계산 : 평균조도 $E = \dfrac{FUN}{AD} = \dfrac{4\pi \times 100 \times 0.4 \times 5}{\left(\dfrac{10}{2}\right)^2 \pi \times 1.6} = 20[\text{lx}]$

답 : 20[lx]

● 해 설

$F = 4\pi I, \quad A = \left(\dfrac{d}{2}\right)^2 \pi$

▶출제년도 : 산업 10, ▶점수 : 5점

문2 라이팅 덕트 공사에 의한 저압 옥내배선은 다음 각 호에 따라 시설하여야 한다.
(1) 덕트는 (   )를 관통하여 시설하지 아니할 것
(2) 덕트를 사람이 용이하게 접촉할 우려가 있는 장소에 시설하는 경우에는 전원 측에 (   )를 시설할 것
(3) 덕트의 사용전압은 (   ) 이하일 것
(4) 덕트의 지지점 간의 거리는 (   ) 이하로 할 것

● 답안작성
(1) 조영재   (2) 누전차단기   (3) 400[V]   (4) 2[m]

● 해 설
라이팅 덕트 공사(KEC 232.71)

▶출제년도 : 기사 96, 산업 10, ▶점수 : 6점

문3 가공 송전 선로에 사용되는 전선으로서는 어떤 조건들을 구비하는 것이 바람직한가 아는 대로 6가지만 간략하게 쓰시오.

● 답안작성
① 도전율이 높을 것   ② 기계적 강도가 클 것
③ 가공성(유연성)이 클 것   ④ 내구성이 있을 것
⑤ 비중이 작을 것   ⑥ 전압 강하가 작고 코로나 손실이 작을 것

▶ 출제년도 : 기사. 98 산업 10.   ▶ 점수 : 5점

문4 UPS(uninterruptible power supply)의 사용 목적은?

● 답안작성

상시 전원의 정전 또는 이상 상태가 발생하여도 정상적으로 안정된 전력을 부하에 공급하기 위하여

▶ 출제년도 : 산업 01. 10. 17.   ▶ 점수 : 6점

문5 22.9[kV-Y]로 수전하는 수용가의 수전용량이 750[kVA]이다. 인입구에 시설하는 MOF의 적당한 변류비와 변압비를 표준규격으로 구하시오.
(단, 변류비는 1차 정격전류의 1.2~1.5배로 한다.)

● 답안작성

계산 : $I = \dfrac{750 \times 10^3}{\sqrt{3} \times 22.9 \times 10^3} \times (1.2 \sim 1.5) = 22.69 \sim 28.36 [\text{A}]$ 이므로 30/5 선정

답 : 변압비 : $\dfrac{22,900}{\sqrt{3}} \Big/ \dfrac{190}{\sqrt{3}}$ [V],   변류비 : 30/5

▶ 출제년도 : 산업 09. 10.   ▶ 점수 : 6점

문6 그림의 회로에서 중성선이 ×점에서 단선되었다면 부하 A와 부하 B의 단자전압(V_A, V_B)을 계산하시오.

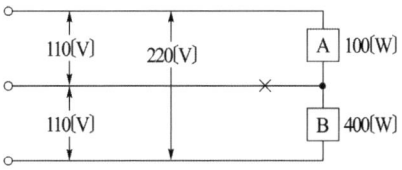

• 계산 :   • 답 :

● 답안작성

계산 : $P = \dfrac{V^2}{R}$ 에서 $R = \dfrac{V^2}{P}$

$R_A = \dfrac{110^2}{100} = 121[\Omega]$, $R_B = \dfrac{110^2}{400} = 30.25[\Omega]$

$\therefore V_A = \dfrac{121}{121 + 30.25} \times 220 = 176[\text{V}]$

$V_B = \dfrac{30.25}{121 + 30.25} \times 220 = 44[\text{V}]$

답 : $V_A = 176[\text{V}]$, $V_B = 44[\text{V}]$

● 해 설

전압 분배 법칙

$V_A = \dfrac{R_A}{R_A + R_B} \times V$, $V_B = \dfrac{R_B}{R_A + R_B} \times V$

▸출제년도 : 산업 10. ▸점수 : 5점

문7 다음 표를 보고 변압기 표준용량을 산정하시오.

	최대수용전력	수용률[%]
A	20[kW]	50
B	30[kW]	70
C	20[kW]	60

단, 부등률은 1.1, 역률은 80[%]이다.

● 답안작성

계산 : $\dfrac{20 \times 0.5 + 30 \times 0.7 + 20 \times 0.6}{1.1 \times 0.8} = 48.86 [\text{kVA}]$

답 : 50[kVA]

▸출제년도 : 산업 10. ▸점수 : 5점

문8 발전소의 가공전선 인입구 및 인출구에 전로로부터의 이상전압이 발전소 내로 내습하는 것을 방지하기 위해 설치하는 것은 무엇인가?

● 답안작성

피뢰기

▸출제년도 : 기사 06. 산업 10. ▸점수 : 5점

문9 배전용 변전소의 필요 개소에 접지공사를 하였다. 이에 따른 접지 목적을 3가지만 기술하시오.

● 답안작성

① 감전방지
② 이상전압의 억제
③ 보호계전기의 동작 확보

● 해 설

① 감전 방지 : 기기의 절연 열화나 손상 등으로 누전이 발생하면 전류가 접지선으로 흘러 기기의 대지 전위 상승이 억제되고 인체의 감전 위험이 줄어들게 된다.
② 이상전압의 억제 : 뇌전류 또는 고 저압 혼촉 등에 의하여 침입하는 고전압을 접지선을 통해 대지로 흘려보내 기기의 손상을 방지할 수 있다.
③ 보호계전기의 동작 확보 : 지락 사고 시에 일정 크기 이상의 지락 전류가 쉽게 흐르기 때문에 지락 계전기 등의 동작을 확실하게 할 수 있다.

▸출제년도 : 산업 97. 03. 10.　▸점수 : 5점

문10 최근에 대용량 초고압 송전선이나 지중송전선(cable)의 확장에 따라 전력계통의 분로 리액터(shunt reactor)를 설치하고 있다. 설치목적은?

● 답안작성

페란티 현상의 방지

● 해 설

페란티 현상 : 케이블의 충전전류나 무부하 시 선로의 정전용량 때문에 진상의 전류가 흘러 수전단 전압이 송전단 전압보다 높아지는 현상으로 수전단에 분로 리액터 등을 설치하여 방지하도록 한다.

▸출제년도 : 산업 10.　▸점수 : 3점

문11 22.9[kV-Y]계통 3상 배전선로의 완금의 길이를 쓰시오.

● 답안작성

2,400[mm]

● 해 설

배전용 완금의 길이 / 단위 [mm]

전선조수	저압	고압	특고압
2	900	1,400	1,800
3	1,400	1,800	2,400

▸출제년도 : 산업 10.　▸점수 : 3점

문12 공사 종류별에 따른 전기공사의 간접노무비는 직접노무비의 몇 [%]까지 계산할 수 있는가?

● 답안작성

15[%]

▸출제년도 : 산업 94. 02. 10.　▸점수 : 5점

문13 그림은 콘센트의 종류를 표시한 옥내배선용 그림 기호이다. 각 그림기호는 어떤 의미를 가지고 있는지 설명하시오.

(1) ●LK　(2) ●ET　(3) ●EL　(4) ●E　(4) ●T

● 답안작성

(1) 빠짐 방지형
(2) 접지 단자붙이
(3) 누전 차단기 붙이
(4) 접지극 붙이
(5) 걸림형

▶출제년도 : 산업 00. 10. ▶점수 : 8점

문14 답란의 그림에서 적산전력계를 결선하여 완성하시오. (단, 접지표시를 할 것)

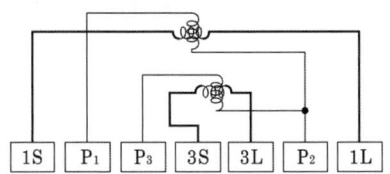

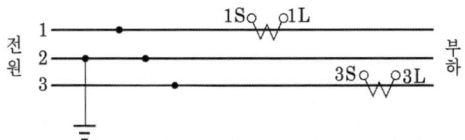

● 답안작성

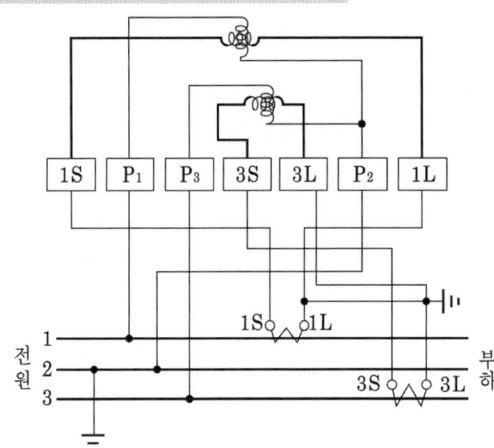

▶출제년도 : 산업 03. 05. 07. 10. ▶점수 : 5점

문15 경제적 송전선의 전선의 굵기를 결정하고자 할 때 적용되는 법칙은 무엇인가?

● 답안작성

켈빈의 법칙

● 해 설

• 켈빈의 법칙 : 건설 후에 전선의 단위 길이를 기준으로 해서 여기서 1년간에 잃게 되는 손실 전력량의 금액과 건설 시 구입한 단위 길이의 전선비에 대한 이자와 상각비를 가산한 연경비가 같게 되게끔 하는 굵기가 가장 경제적인 전선의 굵기다.

▸출제년도 : 산업 10. 17. ▸점수 : 5점

문16 220[V]로 인입하는 어느 주택의 총 부하설비용량이 7,050[VA]이다. 16[A] 분기할 경우 최소 분기회로수를 구하시오.

● 답안작성

계산 : 분기회로 수 = $\dfrac{\text{상정 부하 설비의 합}[\text{VA}]}{\text{전압} \times \text{분기회로 전류}} = \dfrac{7,050}{220 \times 16} = 2$

답 : 16[A]분기 2회로

▸출제년도 : 기사 99. 산업 10. ▸점수 : 3점

문17 22.9[kV] 선로의 저압 인입 장주도에서 사용되는 인류스트랍이란 어떤 용도인지 간단히 쓰시오.

● 답안작성

가공 배전선로 및 인입선에서 인류애자와 데드엔드 클램프를 연결하기 위한 금구

▸출제년도 : 산업 10. ▸점수 : 14점

문18 다음 그림은 무접점 회로도이다. 그림을 보고 다음 각 물음에 답하시오.

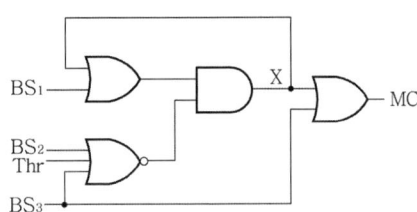

(1) 미완성된 유접점 회로도를 완성하시오.

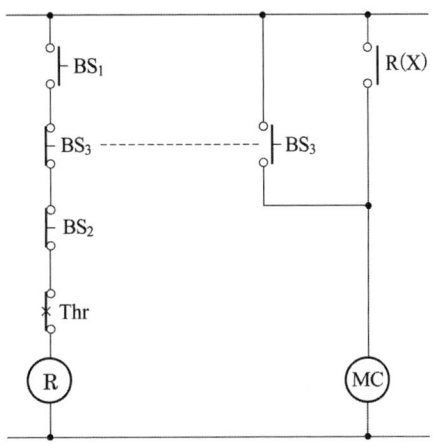

(2) Thr의 접점의 명칭을 쓰시오.
(3) 촌동운전이란 무엇인지 쓰시오.
(4) $BS_1 \sim BS_3$ 중에서 촌동운전 스위치는 어느 것인지 쓰시오.

● 답안작성

(1)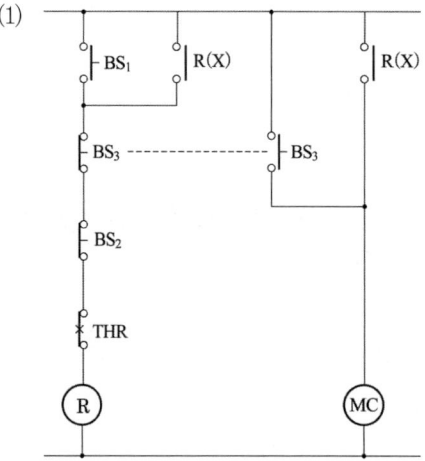

(2) 수동복귀 b접점
(3) 촌동 운전은 기동, 회전 방향 등을 점검하는 것으로 기동 스위치를 누르면 기동하고 놓으면 정지한다.
(4) BS_3

2010년 2회 전기공사산업기사실기

▶출제년도 : 산업 98. 00. 05. 10.　▶점수 : 4점

문1 피뢰기를 설치하여야 할 개소 중 IKL(Isokertaunic-Level)이 11일 이상인 지역에서는 전선로 매 500[m] 이내마다 LA를 설치하고 있다. 여기에서 IKL이란 무엇인지 설명하시오.

● 답안작성

연간 뇌우 발생 일수

▶출제년도 : 산업 96. 10.　▶점수 : 5점

문2 수변전 설비에서 사용하는 특고압 차단기 종류 5가지를 쓰시오.

● 답안작성

① 진공 차단기　② 유입 차단기
③ 가스 차단기　④ 공기 차단기
⑤ 자기 차단기

● 해 설

① 소호 원리에 따른 차단기의 종류

종 류		소 호 원 리
명 칭	약어	
유입 차단기	OCB	소호실에서 아크에 의한 절연유 분해 가스의 열전도 및 압력에 의한 blast를 이용해서 차단
자기 차단기	MBB	대기 중에서 전자력을 이용하여 아크를 소호실 내로 유도해서 냉각 차단
공기 차단기	ABB	압축된 공기를 아크에 불어넣어서 차단
진공 차단기	VCB	고진공 중에서 전자의 고속도 확산에 의해 차단
가스 차단기	GCB	고성능 절연 특성을 가진 특수 가스(SF_6)를 이용해서 차단

② 기중 차단기(ACB)는 저압에 사용되는 차단기임.

▶출제년도 : 산업 98. 00. 04. 07. 10.　▶점수 : 4점

문3 다음의 회로와 같은 단상 3선식 220/440[V]로 전열기 및 전동기에 전기를 공급하는 경우 설비의 불평형률을 구하시오.

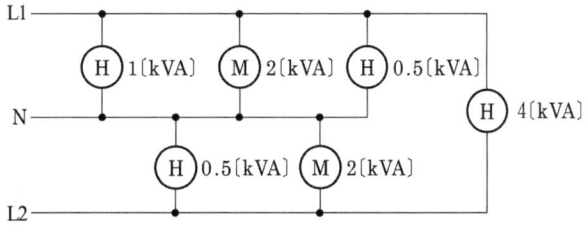

● 답안작성

계산 : 설비불평형률 = $\dfrac{(1+2+0.5)-(0.5+2)}{\dfrac{1}{2}(1+2+0.5+0.5+2+4)} \times 100 = 20[\%]$

답 : 20[%]

● 해 설

단상 3선식에서의 설비불평형률

설비불평형률 = $\dfrac{\text{중성선과 각 전압측 전선간에 접속되는 부하 설비용량[kVA]의 차}}{\text{총 부하 설비용량[kVA]의 1/2}} \times 100[\%]$

문4 ▶출제년도 : 산업 10, 17, 22. ▶점수 : 6점

전력계통에 일반적으로 사용되는 리액터의 설치 목적을 간단히 쓰시오.
(1) 병렬리액터 :   (2) 직렬리액터 :
(3) 소호리액터 :

● 답안작성

(1) 페란티 현상의 방지   (2) 제5고조파 제거
(3) 지락전류의 제한

문5 ▶출제년도 : 산업 05, 10. ▶점수 : 6점

송전선로에 발생하는 코로나 방지대책 3가지를 쓰시오.

● 답안작성

(1) 굵은 전선을 사용한다(ACSR, 중공연선 등).
(2) 복도체 방식을 채택한다.
(3) 가선금구를 개량한다.

● 해 설

코로나 방지 대책
① 전선의 지름을 크게 한다.   ② 복도체를 사용한다.
③ 가선 금구를 개량한다.   ④ 가선 시에 전선 표면의 금구를 손상하지 않게 한다.

문6 ▶출제년도 : 산업 93, 06, 10. ▶점수 : 5점

그림과 같이 전선관을 지중에 매설하려고 한다. 터파기(흙파기)량은 몇 [m³]인지 계산하시오. (단, 매설 거리는 80[m]이고, 전선관의 면적은 무시한다.)

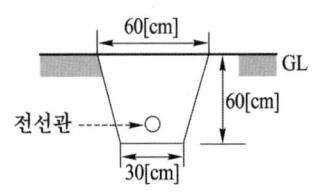

● 답안작성

계산 : 줄기초 파기이므로

$V_o = \dfrac{0.6+0.3}{2} \times 0.6 \times 80 = 21.6[\mathrm{m}^3]$

답 : 21.6[m³]

● 해 설

$$V_o = \frac{A+B}{2} \times h\,L$$

▸ 출제년도 : 산업 10. ▸ 점수 : 4점

문7 층수가 몇 층 이상인 특정소방대상물의 경우 비상콘센트설비를 설치하여야 하는지 쓰시오.

● 답안작성

11층 이상

● 해 설

비상콘센트설비를 설치하여야 하는 특정소방대상물
(1) 층수가 11층 이상인 특정소방대상물의 경우에는 11층 이상의 층
(2) 지하층의 층수가 3층 이상이고 지하층의 바닥면적의 합계가 1,000[m²] 이상인 것은 지하층의 모든 층
(3) 지하가 중 터널로서 길이가 500[m] 이상인 것

▸ 출제년도 : 산업 06. 10. ▸ 점수 : 8점

문8 견적 순서를 발주자 및 수주자 입장에서 작성해 보면 다음의 흐름도와 같다.
빈칸 ①~⑤에 알맞은 답을 빈칸에 써넣으시오.

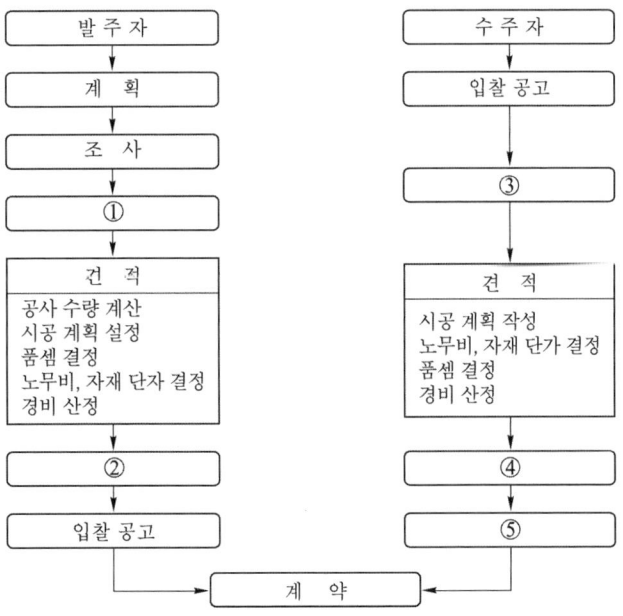

● 답안작성

① 설계 ② 예정가격 결정
③ 현장설명 ④ 견적가 결정
⑤ 입찰

▶ 출제년도 : 산업 94. 04. 07. 10.   ▶ 점수 : 4점

문9 배전 변전소 또는 발전소로부터 배전 간선에 이르기까지의 도중에 부하가 접속되어 있지 않는 선로를 무엇이라 하는지 쓰시오.

● 답안작성

Feeder(급전선)

▶ 출제년도 : 산업 10.   ▶ 점수 : 4점

문10 비교적 장력이 작고 타 종류의 지선을 시설할 수 없는 경우에 적용하는 그림과 같이 시설하는 지선의 종류(명칭)는 무엇인지 쓰시오.

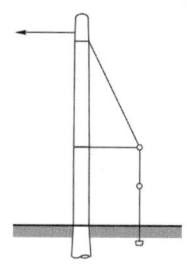

● 답안작성

A형 궁지선

● 해 설

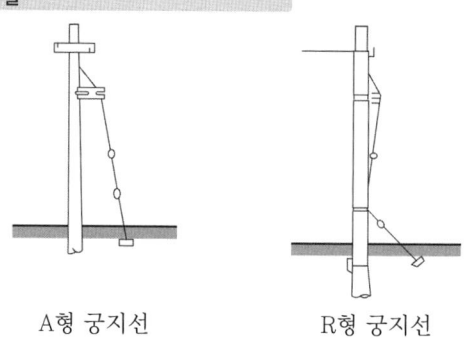

　　A형 궁지선　　　R형 궁지선

▶ 출제년도 : 산업 06. 10. 24.   ▶ 점수 : 5점

문11 다음 설명과 같은 조명방식의 명칭과 용도를 쓰시오.

[다음]
- 조명방식 : 벽면을 밝은 광원으로 조명하는 방식으로 숨겨진 램프의 직접광이 아래쪽 벽, 커튼, 위쪽 천장면에 쪼이도록 조명하는 방식이다.
- 특　　징 : 실내면을 황색으로 마감하고, 밸런스 판으로 목재, 금속판 등 투과율이 낮은 재료를 사용하고 램프로는 형광램프가 적정하다.

(1) 명칭 :
(2) 용도 :

● 답안작성
(1) 밸런스 조명(valance light)
(2) 분위기 조명

▶ 출제년도 : 산업 08. 10.　　▶ 점수 : 6점

문12 주상변압기 설치가 완료되면 실시하는 측정 및 시험의 종류 3가지를 쓰시오.

● 답안작성
① 절연저항 측정
② 여자시험
③ 전압비 시험

● 해 설
④ 위상각 시험　　⑤ 절연유 내압시험

▶ 출제년도 : 산업 93. 08. 10. 24.　　▶ 점수 : 6점

문13 전기공사의 공사원가 비목이 다음과 같이 구성되었을 경우 일반 관리비와 이윤을 산출하시오.

[재료비 소계 : 90,000,000원, 노무비 소계 : 50,000,000원, 경비소계 : 25,000,000원]

(1) 일반관리비
　•계산 :　　　　　　　　　　　　　　　•답 :
(2) 이 윤
　•계산 :　　　　　　　　　　　　　　　•답 :

● 답안작성
(1) **계산** : 일반 관리비 = $(90,000,000 + 50,000,000 + 25,000,000) \times 0.06 = 9,900,000$ [원]
　답 : 9,900,000[원]
(2) **계산** : 이윤 = $(50,000,000 + 25,000,000 + 9,900,000) \times 0.15 = 12,735,000$ [원]
　답 : 12,735,000[원]

● 해 설
① 일반 관리비

공사 원가	일반 관리 비율
5억 원 미만	6[%]
5억 원~30억 원 미만	5.5[%]
30억 원 이상	5[%]

② 이윤(공사의 경우)
　이윤 = (노무비+경비+일반관리비)×15[%]

▶출제년도 : 산업 97, 03, 10, 12, 17, 20, 24.　▶점수 : 5점

문14
어느 빌딩의 수전설비를 계획하려고 한다. 이 빌딩에 예측되는 부하밀도는 조명전용 20 [VA/m²], 일반동력 35[VA/m²], 냉방 40[VA/m²]이다. 이 빌딩의 건평이 60,000[m²]일 경우 부하설비의 용량은 몇 [kVA]인지 계산하시오.
• 계산 :　　　　　　　　　　　　　　　　• 답 :

● 답안작성

계산 : 조명설비 $= 20 \times 60,000 \times 10^{-3} = 1,200 [kVA]$
　　　　일반동력설비 $= 35 \times 60,000 \times 10^{-3} = 2,100 [kVA]$
　　　　냉방설비 $= 40 \times 60,000 \times 10^{-3} = 2,400 [kVA]$
　　　　부하설비 $= 1,200 + 2,100 + 2,400 = 5,700 [kVA]$
답 : 5,700[kVA]

▶출제년도 : 산업 03, 10.　▶점수 : 4점

문15
표준품셈에서 옥외전선 및 옥내전선의 할증률은 각각 몇 %인지 쓰시오.

● 답안작성
- 옥내전선 : 10[%]
- 옥외전선 : 5[%]

● 해 설

재료의 할증률

종 류	할증률[%]
옥외 전선	5
옥내 전선	10
cable(옥외)	3
cable(옥내)	5
전선관(옥외)	5
전선관(옥내)	10

▶출제년도 : 산업 10, 17.　▶점수 : 5점

문16
예비전원설비 중 사용 중인 축전지의 충전방식 3가지만 쓰시오.

● 답안작성
① 부동충전 방식
② 균등충전 방식
③ 급속충전 방식

● 해 설

충전방식의 종류
① 부동 충전 : 축전지의 자기 방전을 보충함과 동시에 상용 부하에 대한 전력 공급은 충전기가 부담하도록 하되 충전기가 부담하기 어려운 일시적인 대전류 부하는 축전지로 하여금 부담하게 하는 방식이다.

② 균등 충전 : 부동 충전 방식에 의하여 사용할 때 각 전해조에서 일어나는 전위차를 보정하기 위하여 1~3개월마다 1회씩 정전압으로 10~12시간 충전하여 각 전해조의 용량을 균일화하기 위한 방식이다.
③ 급속 충전 : 비교적 단시간에 보통 전류의 2~3배의 전류로 충전하는 방식이다.
④ 보통 충전 : 필요할 때마다 표준 시간율로 소정의 충전을 하는 방식이다.
⑤ 세류 충전 : 자기 방전량만을 항시 충전하는 부동 충전 방식의 일종이다.

▶ 출제년도 : 산업 10. ▶ 점수 : 10점

문 17 다음 도면은 전동기 기동제어 회로이다. 아래 설명의 (   ) 안에 적당한 것을 보기에서 골라 넣으시오. (단, 보기는 중복 사용될 수 있음)

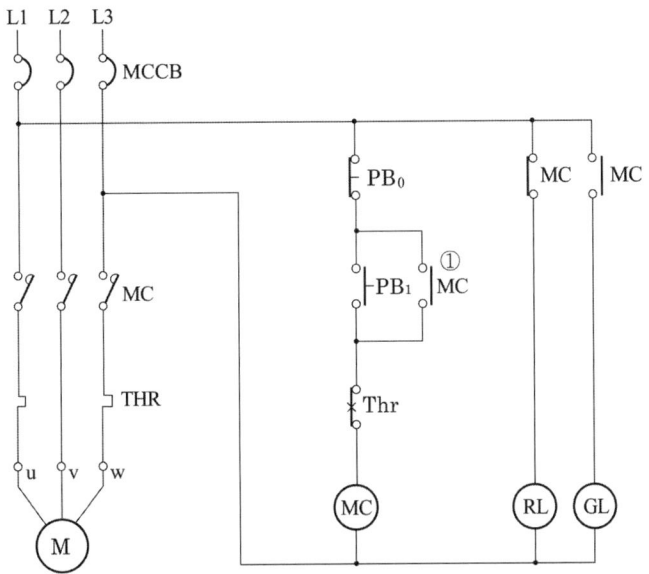

(1) MCCB를 투입하면 램프 (   )이 점등된다.
(2) 스위치 PB_1을 누르면 MC가 (   )되어 주접점(   )가 닫혀 전동기 Ⓜ이 기동한다.
(3) 이때 램프(   )은 점등되고 (   )은 소등된다.
(4) 전동기 운전시 PB_0를 누르면 MC가 (   )되어 주접점 (   )가 복구하고 전동기 Ⓜ이 정지한다.
(5) 전동기 운전 중 과전류 등의 고장전류가 흐르면 (   )이(가) 트립되어 전동기 Ⓜ이 (   )한다.
(6) 도면에서 접점 ①은 (   ) 기능이다.
(7) THR 접점의 명칭은 (   )이다.
(8) 기동용 스위치는 (   )이다.
(9) 정지용 스위치는 (   )이다.
(10) 도면에서 MC의 명칭은 (   )이다.

[보기]

MC, 여자, 소자, PB_0, PB_1, M, THR, 자기유지, 인터록, 기동, 정지, RL, GL, 점등, 소등, 수동복귀접점, 자동복귀접점, 전자접촉기, 전자계산기, 릴레이

● 답안작성

(1) RL
(2) 여자, MC
(3) GL, RL
(4) 소자, MC
(5) THR, 정지
(6) 자기유지
(7) 수동복귀접점
(8) PB_1
(9) PB_0
(10) 전자접촉기

▶출제년도 : 산업 92. 10. ▶점수 : 5점

문18 그림과 같이 계전기 M_1, M_2, M_3, M_4의 a 접점 m_1, m_2, m_3, m_4를 입력으로 하고 출력을 램프 L로 한 접점회로에서, 출력 L의 논리식을 구하시오.
(단, 계전기 M_1, M_2, M_3, M_4는 각각 PB_1, PB_2, PB_3, PB_4로 직접제어되는 것으로 한다.)

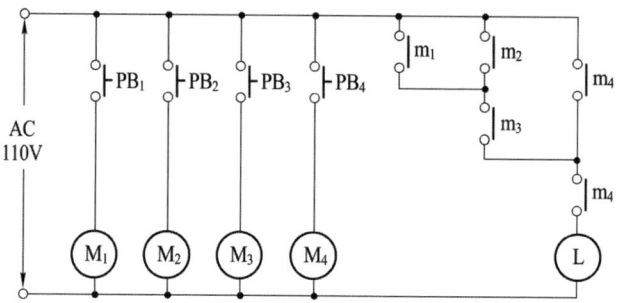

● 답안작성

$L = m_4 \cdot (m_4 + m_3(m_1 + m_2)) = m_4$

개정된 '전기설비 기술기준 및 판단기준'과 '내선규정'에 의거해 삭제된 문제가 있어 점수의 합계가 100점이 되지 않습니다.

2010년 4회 전기공사산업기사실기

문1
▶출제년도 : 산업 10. 15. 22. ▶점수 : 5점

가로 20[m], 세로 30[m], 광원의 높이 4[m]인 사무실의 실지수를 계산하시오.
- 계산 :
- 답 :

● 답안작성

계산 : $K = \dfrac{XY}{H(X+Y)} = \dfrac{20 \times 30}{4(20+30)} = 3$

답 : 3

문2
▶출제년도 : 기사 20. 산업 10. ▶점수 : 4점

합성수지관 접속에 관한 내용이다. (   ) 안에 알맞은 수치를 기입하시오.

"합성수지관 상호 및 관과 박스는 접속 시에 삽입하는 깊이를 바깥지름의 (①)배 이상으로 접속하여야 하며, 접착제를 사용하는 경우에는 (②)배 이상으로 삽입하여 접속하여야 한다."

● 답안작성

① 1.2배   ② 0.8배

● 해 설

합성수지관 및 부속품의 시설(KEC 232.11.2)

문3
▶출제년도 : 산업 10. ▶점수 : 3점

전기공사 일반관리비의 계산방법이다. 다른 공사 원가에 따른 일반 관리비 비율은 각각 얼마인지 쓰시오.

(1) 5억 원 미만 : _____ [%]
(2) 5억 원 ~ 30억 원 미만 : _____ [%]
(3) 30억 원 이상 : _____ [%]

● 답안작성

(1) 6[%],   (2) 5.5[%],   (3) 5[%]

문4
▶출제년도 : 산업 10. ▶점수 : 6점

어느 공장의 소비전력이 200[kW], 부하역률이 60[%]이다. 역률을 80[%]로 개선하기 위해서는 전력용 콘덴서 몇 [kVA]를 설치해야 하는지 계산하시오.
- 계산 :
- 답 :

● 답안작성

계산 : $200\left(\dfrac{\sqrt{1-0.6^2}}{0.6} - \dfrac{\sqrt{1-0.8^2}}{0.8}\right) = 116.67[\text{kVA}]$

답 : 116.67[kVA]

● 해 설

$$Q_c = P(\tan\theta_1 - \tan\theta_2) = P\left(\dfrac{\sin\theta_1}{\cos\theta_1} - \dfrac{\sin\theta_2}{\cos\theta_2}\right) = P\left(\dfrac{\sqrt{1-\cos^2\theta_1}}{\cos\theta_1} - \dfrac{\sqrt{1-\cos^2\theta_2}}{\cos\theta_2}\right)$$

▶ 출제년도 : 산업 04. 09. 10.   ▶ 점수 : 4점

문5 직선철탑이 여러 기로 연결될 때에는 10기마다 1기의 비율로 넣는 철탑으로서 선로 보강용으로 사용되는 철탑은 무엇인지 쓰시오.

● 답안작성

내장형철탑

● 해 설

① 직선형 : 전선로의 직선 부분(3도 이하의 수평 각도를 이루는 곳을 포함)에 사용하는 것으로 내장형과 보강형은 제외한다.
② 각도형 : 전선로 중 3도를 넘는 수평 각도를 이루는 곳에 사용하는 것
③ 인류형 : 전가섭선을 인류하는 곳에 사용하는 것
④ 내장형 : 전선로 지지물의 양측의 경간의 차가 큰 곳에 사용하는 것
⑤ 보강형 : 전선로의 직선 부분에 그 보강을 위하여 사용하는 것

▶ 출제년도 : 산업 93. 06. 10.   ▶ 점수 : 6점

문6 전선을 접속할 때의 주의사항을 3가지만 쓰시오.

● 답안작성

① 전선의 세기를 20[%] 이상 감소시키지 아니할 것
② 접속부분은 접속관 기타의 기구를 사용하거나 납땜을 할 것
③ 전선의 전기적 저항을 증가시키지 아니하도록 할 것

▶ 출제년도 : 산업 10.   ▶ 점수 : 4점

문7 활선 클램프란 무엇인지 간단히 설명하시오.

● 답안작성

가공배전선로의 장력이 걸리지 않는 장소에서 분기고리와 기기 리드선을 결선하는 데 사용한다.

● 해 설

활선 클램프(Live-Wire Clamps)
한전표준규격 : ES-5999-0006

▸ 출제년도 : 산업 10, 14, 21, 24.   ▸ 점수 : 6점

문8
어떤 전기설비에서 6,600[V]의 3상 회로에 변압비 33의 계기용변압기 2개를 그림과 같이 설치하였다면 그때의 전압계 V_1, V_2, V_3의 지시값은 얼마인지 각각 구하시오.

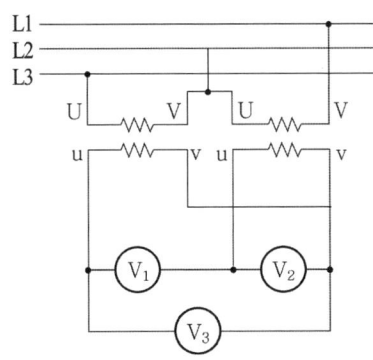

(1) V_1 : •계산   •답

(2) V_2 : •계산   •답

(3) V_3 : •계산   •답

● 답안작성

(1) 계산 : $V_1 = \dfrac{6,600}{33} \times \sqrt{3} = 346.41[\text{V}]$ 답 : 346.41[V]

(2) 계산 : $V_2 = \dfrac{6,600}{33} = 200[\text{V}]$ 답 : 200[V]

(3) 계산 : $V_3 = \dfrac{6,600}{33} = 200[\text{V}]$ 답 : 200[V]

● 해 설

V_1는 V_2와 V_3의 Vector 차전압 지시 즉, $V_1 = \sqrt{3}\, V_2$, $V_1 = \sqrt{3}\, V_3$

▸ 출제년도 : 기사 96, 산업 10.   ▸ 점수 : 6점

문9
6,600/110[V] 특고압 선로에 CT비가 100/5라고 한다면 전력계의 눈금은 몇 [kW]인지 계산하시오.

•계산 :   •답 :

● 답안작성

계산 : $P = \sqrt{3} \times 6,600 \times 100 \times 10^{-3} = 1,143.15[\text{kW}]$ 답 : 1,143.15[kW]

출제년도 : 산업 89, 97, 10.   ▸ 점수 : 6점

문10
고압전로와 저압전로를 결합하는 3,300/210[V]의 △ - △ 결선 3상 변압기가 있다. 고압 1선 지락전류가 10[A]일 때 저압 전로에 접속하는 기기의 접촉전압(누전시 외피의 대지전압)을 30[V]로 하려면 보호 접지공사의 접지저항값을 얼마로 하여야 하는지 계산하시오.

•계산 :   •답 :

● 답안작성

계산 : 중성점 접지 저항값 $R_2 = \dfrac{150}{10} = 15[\Omega]$

전류 $I = \dfrac{210}{15+R_3}$

접촉전압 $V_g = \dfrac{210}{15+R_3} \times R_3 = 30$

∴ $450 + 30R_3 = 210R_3$

∴ $R_3 = \dfrac{450}{180} = 2.5[\Omega]$

답 : $2.5[\Omega]$

● 해 설

① 중성점 접지저항

$R_2 = \dfrac{150}{I_g} = \dfrac{150}{10} = 15[\Omega]$

②

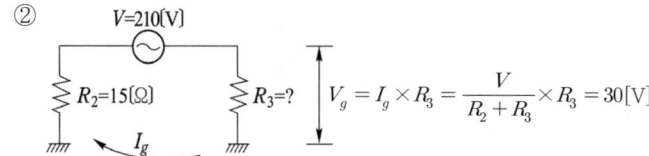

▸출제년도 : 기사 97, 16, 산업 10, 20. ▸점수 : 6점

문11 연 축전지의 정격용량 200[Ah], 상시부하 10[kW], 표준전압 100[V]인 부동충전 방식의 2차 충전전류값은 얼마인지 계산하시오. (단, 연축전지의 방전율은 10시간율로 한다.)

•계산 : •답 :

● 답안작성

계산 : $I = \dfrac{200}{10} + \dfrac{10,000}{100} = 120[A]$

답 : 120[A]

● 해 설

① 부동 충전 : 축전지의 자기 방전을 보충함과 동시에 상용 부하에 대한 전력 공급은 충전기가 부담하도록 하되 충전기가 부담하기 어려운 일시적인 대전류 부하는 축전지로 하여금 부담하게 하는 방식이다.

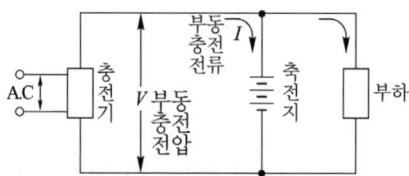

② 충전기 2차 충전 전류[A] = $\dfrac{축전지\ 용량\ [Ah]}{정격\ 방전율\ [h]} + \dfrac{상시\ 부하\ 용량\ [VA]}{표준\ 전압\ [V]}$

문 12

▸ 출제년도 : 산업 10.   ▸ 점수 : 10점

다음 도면은 22.9[kV-Y] 1,000[kVA] 이하의 간이 수변전설비에 대한 단선 결선도이다. 다음 물음에 답하시오.

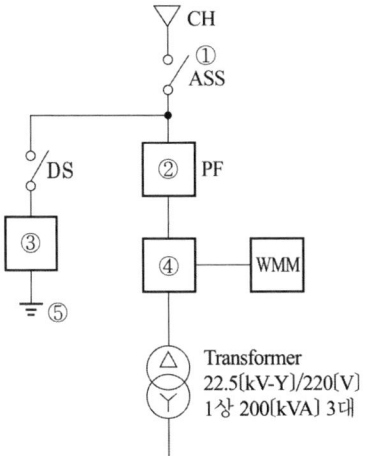

(1) ①번 ASS의 한글 명칭을 쓰시오.
(2) ②번은 전력용 퓨즈(PF)이다. 알맞은 심벌(그림기호)을 그리시오.
(3) ③번에 들어갈 기기의 명칭을 쓰고 심벌(그림기호)을 도시하시오.
(4) ④번에 들어갈 기기의 명칭을 쓰고 심벌(그림기호)을 도시하시오.

● 답안작성

(1) 자동고장 구분 개폐기
(2)   (3) 피뢰기, ▮◥
(4) 전력수급용 계기용변성기, MOF

문 13

▸ 출제년도 : 산업 10.   ▸ 점수 : 6점

다음에 해당하는 옥내배선의 그림기호를 그리시오.
(1) 천장 은폐배선
(2) 바닥 은폐배선
(3) 노출배선

● 답안작성

(1) ─────────
(2) ----------
(3) -·-·-·-·-·-

문14 ▸출제년도 : 산업 10. ▸점수 : 14점

아래 도면은 1층에서 2층으로 음식물을 옮기는 리프트 제어 회로도이다. 범례 및 동작사항을 읽고 다음 물음에 답하시오.
((4)~(9)는 회로도에서 찾아 그 기호를 쓰시오.)

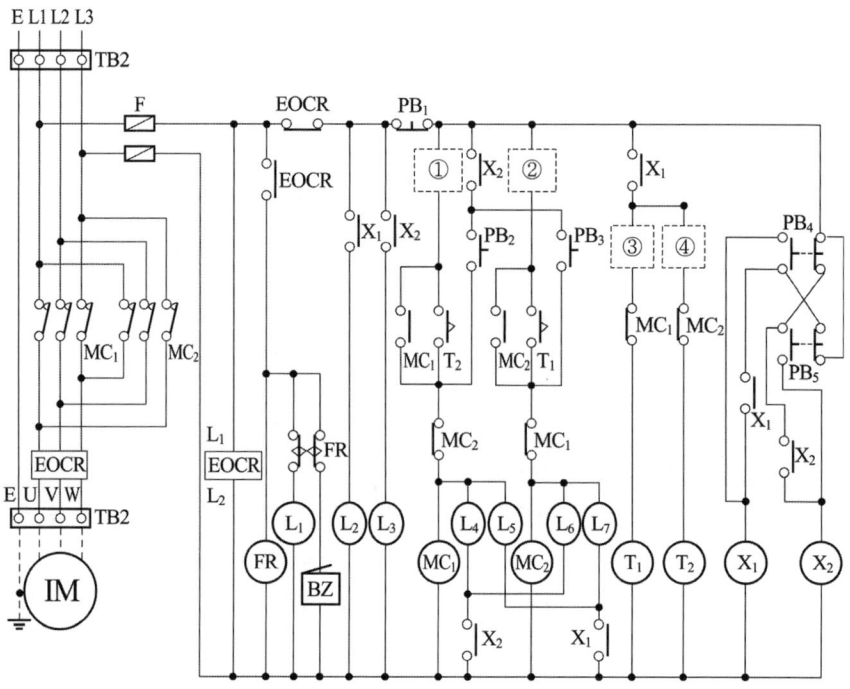

[범례]

EOCR : 전자식 과전류계전기
LS$_1$, LS$_2$: 리밋스위치
PB$_1$-PB$_5$: 누름버튼스위치
FR : 플리커계전기
TB$_1$, TB$_2$: 단자대
F : 퓨즈

X$_1$, X$_2$: 보조계전기
MC$_1$, MC$_2$: 전자접촉기
T$_1$, T$_2$: 타이머
L$_1$ - L$_7$: 표시등
BZ : 부저

[동작사항]

1) PB$_5$를 누르면 수동상태가 된다.
   ① PB$_2$를 누르면 전동기는 정방향으로 회전하고, 리프트는 1층에서 2층으로 상승하며 리프트가 2층에 도착하면 2층에 설치한 리밋 스위치 LS$_1$이 동작하여 전동기는 정지하고 리프트는 2층에서 정지한다.
   ② PB$_3$를 누르면 전동기는 역방향으로 회전하고, 리프트는 2층에서 1층으로 하강하며 리프트가 1층에 도착하면 1층에 설치한 리밋 스위치 LS$_2$가 동작하여 전동기는 정지하고 리프트는 1층에서 정지한다.

2) PB_4를 누르면 자동상태가 된다.
   ① 리프트가 1층에 있으면 T_2타이머의 설정시간(리프트가 1층에 정지하고 있는 시간 설정)이 경과하면 전동기는 자동으로 정방향으로 회전하고 리프트는 1층에서 2층으로 상승하며 리프트가 2층에 도착하면 2층에 설치한 리밋 스위치 LS_1이 동작하여 전동기는 정지하고 리프트는 2층에서 정지한다.
   ② 리프트가 2층에 도착하면 T_1타이머의 설정시간(리프트가 2층에 정지하고 있는 시간 설정)이 경과하면 전동기는 자동으로 역방향으로 회전하고 리프트는 2층에서 1층으로 하강하며 리프트가 1층에 도착하면 1층에 설치한 리밋 스위치 LS_2가 동작하여 전동기는 정지하고 리프트는 1층에서 정지한다.
   ③ 위 동작을 반복한다.
3) 동작 중 PB_1을 누르면 모든 동작이 정지된다.
4) 운전 중 과전류 계전기가 동작하면 전동기는 정지한다.

(1) 수동 상태에서 리프트가 상승 중 PB_3를 누르면 MC_2가 여자되는가 또는 여자되지 않는가?
(2) 자동운전상태에서 PB_2를 누르면 MC_1이 여자되는가 또는 여자되지 않는가?
(3) ①, ②, ③, ④ 회로의 □□□에는 각각 어떤 접점의 리밋 스위치인지 보기와 같은 방법으로 그림기호를 그리시오.

   [보기] ⫝̸LS_1 ⫝̸LS_1 또는 ⫝̸LS_2 ⫝̸LS_2

(4) 수동 운전이 선택된 상태에서 점등되는 표시등은?
(5) 자동 운전이 선택된 상태에서 여자되는 계전기는?
(6) 수동운전 상태에서 리프트가 상승할 때 점등되는 표시등은?
(7) 자동운전 상태에서 리프트가 하강할 때 점등되는 표시등은?
(8) 과전류 계전기가 동작되었을 때 여자되는 계전기는?
(9) 리프트가 상승하고 있을 때 여자되는 전자 접촉기는?

● 답안작성
(1) 여자되지 않는다.
(2) 여자되지 않는다.
(3) ① ⫝̸LS_1, ② ⫝̸LS_2, ③ ⫝̸LS_2, ④ ⫝̸LS_1
(4) L_3
(5) X_1
(6) L_4
(7) L_7
(8) FR
(9) MC_1

▸출제년도 : 산업 08. 10. 22. ▸점수 : 5점

문15 다음 동작설명을 참고하여 동작 회로도를 완성하시오.
(단, 배선용 차단기를 삽입하고 사용되는 기구들의 기호명과 접점기호를 명시하시오.)

[동작설명]
① 배선용 차단기를 투입하고 S_3-OFF 시 R_2 점등되고, PBS를 ON하면 타이머(T)가 여자되고(타이머 순시접점에 의한 자기유지) 타이머 설정시간 동안 R_3 점등, 설정시간 후 R_3 소등되고 R_4 점등된다.
② S_3-ON 시 R_2, R_3, R_4 소등, 부저(BZ) 동작, R_1 점등
(단, 전원은 단상 2선식 220[V]이다.)

[동작회로도]

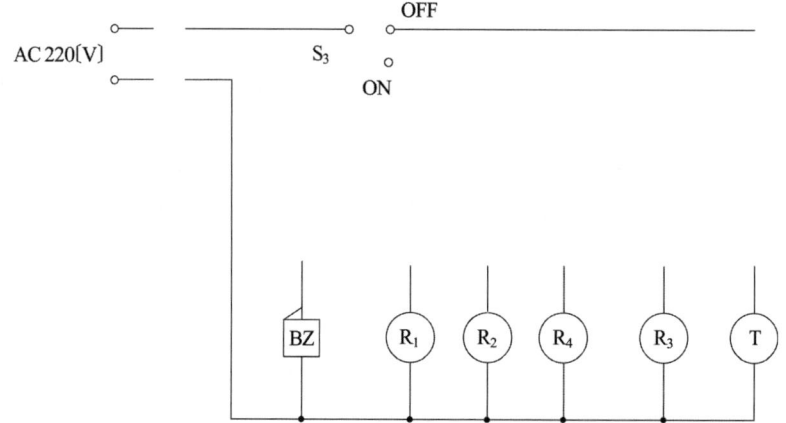

● 답안작성

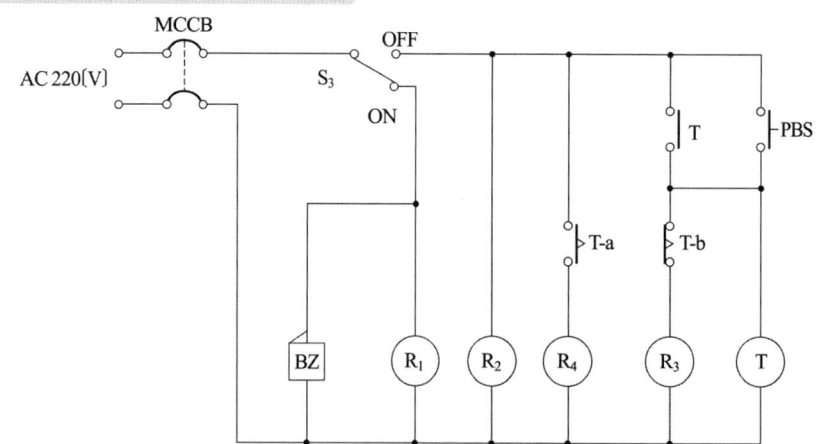

문16 다음과 같은 논리회로를 NOT, OR 논리기호만을 사용하여 논리회로를 간략화하고 논리식의 변환과정(간략화과정)을 쓰시오.

▸출제년도 : 산업 10. ▸점수 : 5점

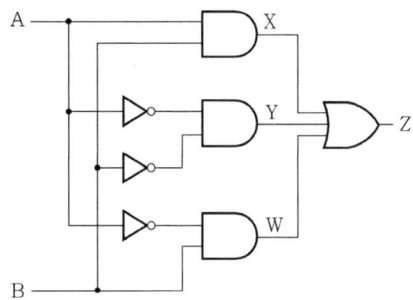

(1) 논리식 변환과정(간략화과정)
(2) 논리회로

● 답안작성

(1) $Z = AB + \overline{A}\overline{B} + \overline{A}B = \overline{A}(\overline{B}+B) + (A+\overline{A})B = \overline{A} + B$

(2) A ─▷○─┐
　　　　　　)─ Z
　 B ──────┘

개정된 '전기설비 기술기준 및 판단기준'과 '내선규정'에 의거해 삭제된 문제가 있어 점수의 합계가 100점이 되지 않습니다.

2011년 1회 전기공사산업기사실기

▸출제년도 : 11, 24. ▸점수 : 5점

문1 전송 전력이 100[MW], 송전 거리가 80[km]인 경우의 경제적인 송전전압은 몇 [kV]인가? 단, 스틸의 식에 의해 구하여라.
- 계산 :   • 답 :

● 답안작성

계산 : Still 식 $= 5.5\sqrt{0.6l + \dfrac{P}{100}} = 5.5 \times \sqrt{0.6 \times 80 + \dfrac{100 \times 10^3}{100}} = 178.05[\text{kV}]$

답 : 178.05[kV]

● 해 설

Still의 식(경제적인 송전 전압)

$$V_s = 5.5\sqrt{0.6l + \dfrac{P}{100}}\,[\text{kV}]$$

여기서, l : 송전 거리[km], P : 송전 용량[kW]

▸출제년도 : 11 ▸점수 : 8점

문2 금속제 케이블트레이의 종류 4가지를 적으시오.

● 답안작성

① 사다리형   ② 펀칭형   ③ 메시형   ④ 바닥밀폐형

● 해 설

케이블트레이공사(KEC 232.41)
케이블트레이배선은 케이블을 지지하기 위하여 사용하는 금속재 또는 불연성 재료로 제작된 유닛 또는 유닛의 집합체 및 그에 부속하는 부속재 등으로 구성된 견고한 구조물을 말하며 사다리형, 펀칭형, 메시형, 바닥밀폐형 기타 이와 유사한 구조물을 포함하여 적용한다.

▸출제년도 : 11. ▸점수 : 6점

문3 접지계통의 종류를 3가지 적으시오.

● 답안작성

TN 계통, TT 계통, IT 계통

● 해 설

계통접지 구성(KEC 203.1)
저압전로의 보호도체 및 중성선의 접속 방식에 따라 접지계통은 다음과 같이 분류한다.
 (1) TN 계통 : TN 계통이란 전원의 한 점을 직접접지하고 설비의 노출 도전성부분을 보호도체(PE)를 이용하여 전원의 한 점에 접속하는 접지계통을 말한다.
 (2) TT 계통 : TT 계통이란 전원의 한 점을 직접접지하고 설비의 노출 도전성부분을 전원계통의 접지극과는 전기적으로 독립한 접지극에 접지하는 접지계통을 말한다.

(3) IT 계통 : IT 계통이란 충전부 전체를 대지로부터 절연시키거나 한 점에 임피던스를 삽입하여 대지에 접속시키고, 전기기기의 노출 도전성부분 단독 또는 일괄적으로 접지하거나 또는 계통접지로 접속하는 접지계통을 말한다.

▶출제년도 : 11. 18.   ▶점수 : 5점

문4 다음 변압기 냉각방식의 명칭은 무엇인가?

[예] AA(AN) : 건식자냉식

① OA(ONAN) :   ② FA(ONAF) :
③ OW(ONWF) :   ④ FOA(OFAF) :
⑤ FOW(OFWF) :

● 답안작성

① OA(ONAN) : 유입자냉식   ② FA(ONAF) : 유입풍냉식
③ OW(ONWF) : 유입수냉식   ④ FOA(OFAF) : 송유풍냉식
⑤ FOW(OFWF) : 송유수냉식

● 해 설

- OA(ONAN) : Oil Natural Air Natural
- FA(ONAF) : Oil Natural Air Forced
- OW(ONWF) : Oil Natural Water Forced
- FOA(OFAF) : Oil Forced Air Forced
- FOW(OFWF) : Oil Forced Water Forced

▶출제년도 : 04. 05. 11.   ▶점수 : 3점

문5 그림 기호는 배관의 심벌이다. 어떤 전선관인 경우인가?

(1) ──────//──────   (2) ──────//──────
       2.5^D(VE16)   2.5^D(PF16)

● 답안작성

(1) 경질비닐전선관
(2) 합성수지제 가요관

● 해 설

배관의 표시
- 강제전선관은 별도의 표기 없음   • VE : 경질 비닐 전선관
- F_2 : 2종 금속제 가요전선관   • PF : 합성수지제 가요관

▶출제년도 : 03. 11.   ▶점수 : 5점

문6 단로기와 차단기가 직렬로 연결되어 있다. 급전 시와 정전 시 조작순서는?

● 답안작성

① 급전 시 : 단로기를 투입한 후 차단기 투입
② 정전 시 : 차단기를 개로한 후 단로기 개로

● 해 설

단로기는 부하전류를 차단하는 능력이 없으므로 차단기가 개로된 상태에서 투입하거나 개로하여야 한다.

문7
▶출제년도 : 11. ▶점수 : 5점

단상 2선식의 교류 배전선이 있다. 전선 1줄의 저항은 0.25[Ω], 리액턴스는 0.48[Ω]이다. 부하는 무유도성으로서 220[V], 8.8[kW]일 때 급전점의 전압은 몇 [V]인가?
• 계산 :   • 답 :

● 답안작성

계산 : $V_s = V_r + 2I(R\cos\theta + X\sin\theta)$, $\cos\theta = 1$(무유도성)이므로

급전점의 전압(V_s) = $220 + 2 \times \dfrac{8.8 \times 10^3}{220} \times 0.25 = 240[V]$

답 : 240[V]

문8
▶출제년도 : 96. 99. 01. 02. 09. 11. ▶점수 : 5점

4선식 접속의 경우에 그림과 같이 전압선의 표시가 L1상, N상, L3상, L2상으로 표시되었다. L1, N, L3, L2의 전선의 색깔을 쓰시오.

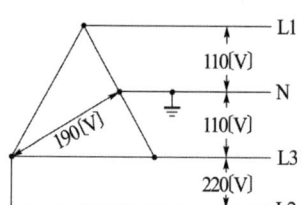

• L1 :   • N :
• L3 :   • L2 :

● 답안작성

L1 : 갈색,   N : 파란색,   L3 : 회색,   L2 : 검은색

● 해 설

전선의 식별(KEC 121.2)

① 전선의 색상은 표에 따른다.

상(문자)	색상
L1	갈색
L2	검은색
L3	회색
N	파란색
보호도체	녹색-노란색

② 색상 식별이 종단 및 연결 지점에서만 이루어지는 나도체 등은 전선 종단부에 색상이 반영구적으로 유지될 수 있는 도색, 밴드, 색 테이프 등의 방법으로 표시해야 한다.

▶ 출제년도 : 11.   ▶ 점수 : 4점

문9 어느 공장의 수전 설비 공사를 시행하는데 재료비 20,000,000원, 노무비 15,000,000원, 경비 10,000,000원이었다. 이 공사를 공사 원가 계산 방법에 의하여 일반 관리비와 이윤을 계산하시오. 단, 일반 관리비 6[%], 이윤은 15[%]로 보고 계산한다.

● 답안작성

일반 관리비 = $(20,000,000 + 15,000,000 + 10,000,000) \times 0.06 = 2,700,000$[원]
이윤 = $(15,000,000 + 10,000,000 + 2,700,000) \times 0.15 = 4,155,000$[원]

● 해 설

① 일반관리비
일반관리비 = (재료비 + 노무비 + 경비) × 일반관리비율

전문, 전기, 전기 통신 공사	
공사 원가	일반관리비율
5억 원 미만	6[%]
5억 원~30억 원 미만	5.5[%]
30억 원 이상	5[%]

② 이윤(공사의 경우)
이윤 = (노무비+경비+일반관리비) × 15[%]

▶ 출제년도 : 산업 11, 20.   ▶ 점수 : 4점

문10 알칼리 축전지의 공칭전압은 몇 [V/셀]인가?

● 답안작성

1.2[V/cell]

● 해 설

	공칭전압	공칭용량
연(납) 축전지	2[V/cell]	10[Ah]
알칼리 축전지	1.2[V/cell]	5[Ah]

※ 공칭용량 = 정격방전율[Ah]

▶ 출제년도 : 11.   ▶ 점수 : 8점

문11 그림은 자동화재탐지설비의 감지기에 관한 기호이다. 감지기의 명칭을 쓰시오.

(1) S   (2) ∪   (3) ∪   (4) ∪

● 답안작성

(1) 연기감지기
(2) 정온식 스포트형 감지기
(3) 차동식 스포트형 감지기
(4) 보상식 스포트형 감지기

문12 ▶출제년도 : 산업 11. 20. ▶점수 : 5점

콘덴서나 전력용 변압기의 결선상의 단위를 나타내는 용어는 무엇인가?

● 답안작성

뱅크(Bank)

문13 ▶출제년도 : 11. ▶점수 : 4점

사람이 접촉될 우려가 있는 장소란 저압인 경우에 옥내는 바닥에서 (①)[m] 이상 (②)[m] 이하, 옥외는 지표면에서 2[m] 이상 2.5[m] 이하의 장소를 말한다. 괄호 안에 알맞은 수치를 쓰시오.

● 답안작성

① 1.8
② 2.3

● 해 설

사람이 접촉될 우려가 있는 장소란 예를 들어 저압인 경우에 옥내는 바닥에서 1.8[m] 이상 2.3[m] 이하(고압인 경우는 1.8[m] 이상 2.5[m] 이하), 옥외는 지표면에서 2[m] 이상 2.5[m] 이하의 장소를 말하고 그밖에 계단의 중간, 창 등에서 손을 뻗어 닿을 수 있는 범위를 말한다.

문14 ▶출제년도 : 11. ▶점수 : 4점

다음에서 설명하는 금속관 부품의 명칭을 쓰시오.
(1) 바닥 밑으로 매입 배선할 때 사용하는 것은?
(2) 돌려서 접속할 수 없는 경우의 가요전선관과 금속관을 결합하는 곳에 사용하는 것은?

● 답안작성

(1) 플로어 박스
(2) 컴비네이션 유니온 커플링

문15 ▶출제년도 : 11. 17. 18. ▶점수 : 5점

방의 크기가 가로 15[m], 세로 16[m]이다. 전광속 2,500[lm]의 40[W] 형광등을 시설하여 평균조도 200[lx]로 하자면 설치할 등 수는 몇 등인가?
단, 조명률은 50[%], 감광보상률은 1.25로 하고 기타 제시하지 않은 사항은 생략한다.
•계산 :
•답 :

● 답안작성

계산 : 전등수 $N = \dfrac{EAD}{FU} = \dfrac{200 \times 15 \times 16 \times 1.25}{2500 \times 0.5} = 48[등]$

답 : 48[등]

문16 그림은 전동기 기동 방식의 하나인 Y-△ 기동 회로의 미완성 회로도이다.

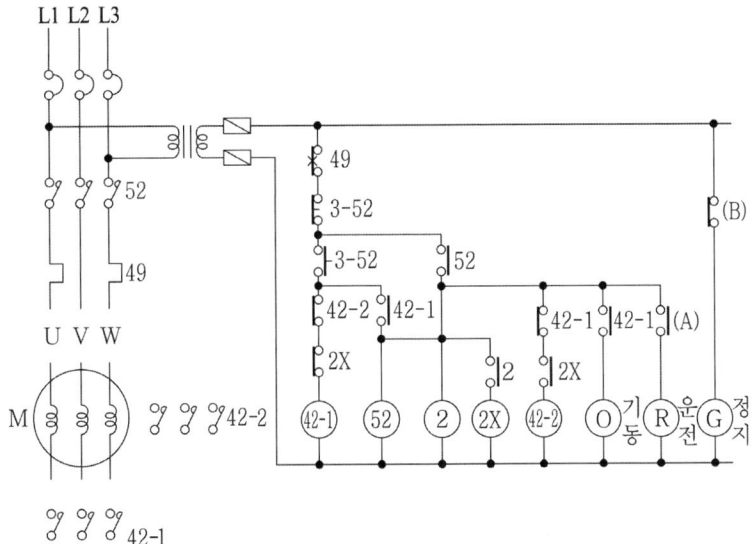

3-52 : 수동 조작 스위치   52 : 전자 접촉기
42-1, 42-2 : 기동용 조작 접촉기 (Y, △ 접속)
2, 2X : 시한 계전기 및 동보조 계전기
49 : 과부하 계전기

(1) 미완성 회로 부분을 완성하시오(주회로 부분).
(2) 기동 완료 시 열려있는(open) 접촉기는 무엇인가?
(3) 기동 완료 시 닫혀있는(close) 접촉기는 무엇인가?
(4) (A), (B)에 적당한 계전기 번호를 쓰시오.

● 답안작성

(1)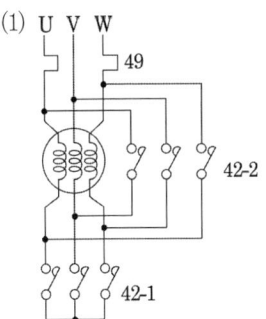

(2) 42-1
(3) 42-2, 52
(4) (A) : 42-2, (B) : 52

● 해 설

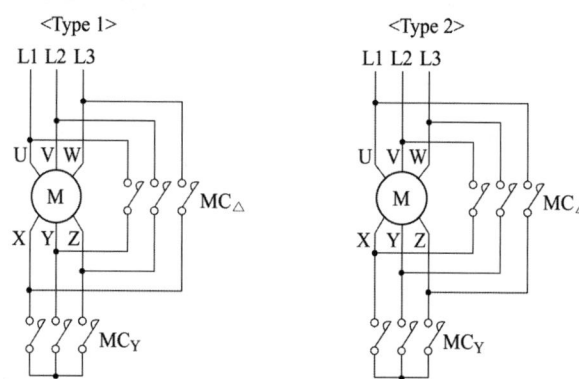

Type 1 또는 Type 2 모두 사용되나 기동 순간의 과도(돌입) 전류를 감소시키기 위하여 현재는 Type 1이 많이 사용된다.

개정된 '전기설비 기술기준 및 판단기준'과 '내선규정'에 의거해 삭제된 문제가 있어 점수의 합계가 100점이 되지 않습니다.

2011년 2회 전기공사산업기사실기

문1 아래 심벌은 무엇을 뜻하는가?

(1) ●_B (2) ●_P (3) ●_F (4) ●_LF (5) TS

● 답안작성
(1) 전자개폐기용 누름 버튼   (2) 압력스위치
(3) 플로트 스위치   (4) 플로트리스 전극스위치
(5) 타임스위치

문2 축전지 설비의 구성 4가지를 쓰시오.

● 답안작성
① 축전지   ② 충전 장치   ③ 보안 장치   ④ 제어 장치

문3 공급점에서 30[m]의 지점에 80[A], 35[m]의 지점에 60[A], 70[m] 지점에 50[A]의 부하가 걸려 있을 때 부하 중심까지의 거리는 몇 [m]인가? 답은 소수점 둘째 자리에서 반올림하여 계산할 것

• 계산 :   • 답 :

● 답안작성
계산 : 직선 부하에서의 부하 중심점까지의 거리
$$L = \frac{L_1 I_1 + L_2 I_2 + L_3 I_3}{I_1 + I_2 + I_3} = \frac{30 \times 80 + 35 \times 60 + 70 \times 50}{80 + 60 + 50} = 42.1[m]$$
답 : 42.1[m]

문4 전로의 선간이 임피던스가 적은 상태로 접촉되었을 경우에 그 부분을 통하여 흐르는 큰 전류를 무슨 전류라고 하는가?

● 답안작성
단락전류

● 해 설
① 과부하전류(過負荷電流)
　　기기에 대하여는 그 정격전류, 전선에 대하여는 그 허용전류를 어느 정도 초과하여 그 계속되는 시간을 합하여 생각하였을 때, 기기 또는 전선의 손상방지상 자동차단을 필요로 하는 전류를 말한다.

② 단락전류(短絡電流)
전로의 선간이 임피던스가 적은 상태로 접촉되었을 경우에 그 부분을 통하여 흐르는 큰 전류를 말한다.

문5 배선용 차단기의 차단협조방식 3가지를 쓰시오.

▸출제년도 : 04. 05. 11.   ▸점수 : 6점

● 답안작성

① 선택차단방식
② 케스케이드 차단방식
③ 전용량(전 정격) 차단방식

문6 전선로를 보강하기 위하여 세워지는 철탑으로, 직선철탑이 다수 연속될 경우에는 약 10기마다 1기의 비율로 설치되며, 서로 인접하는 경간의 길이가 크게 달라 지나친 불평형 장력이 가해지는 경우 등에 설치되는 철탑은 무엇인지 쓰시오.

▸출제년도 : 09. 11.   ▸점수 : 4점

● 답안작성

내장형 철탑

● 해 설

① 직선형 : 전선로의 직선 부분(3도 이하의 수평 각도를 이루는 곳을 포함)에 사용하는 것으로 내장형과 보강형은 제외한다.
② 각도형 : 전선로 중 3도를 넘는 수평 각도를 이루는 곳에 사용하는 것
③ 인류형 : 전가섭선을 인류하는 곳에 사용하는 것
④ 내장형 : 전선로 지지물의 양측의 경간의 차가 큰 곳에 사용하는 것
⑤ 보강형 : 전선로의 직선 부분에 그 보강을 위하여 사용하는 것

문7 계기용변성기의 종류 5가지를 영문약호로 쓰시오.

▸출제년도 : 11.   ▸점수 : 5점

● 답안작성

PT, CT, MOF, ZCT, GPT

● 해 설

- PT(계기용 변압기) : 고전압을 저전압으로 변성하여 계기나 계전기에 공급
- CT(계기용 변류기) : 회로의 대전류를 소전류로 변성하여 계기나 계전기에 공급
- MOF(전력수급용 계기용 변성기) : 고저압 전기회로의 전기 사용량을 적산하기 위하여 CT와 PT를 한 탱크 내에 수용한 것
- ZCT(영상변류기) : 지락사고가 생겼을 때 흐르는 영상전류(지락전류)를 검출
- GPT(접지형 계기용 변압기) : 비접지 계통에서 지락 사고 시의 영상 전압 검출

▸출제년도 : 11. ▸점수 : 6점

문8 교류송전방식의 장점 3가지만 쓰시오.

● 답안작성

① 전압의 승압, 강압 변경이 용이하다.
② 교류 방식으로 회전자계를 쉽게 얻을 수 있다.
③ 교류 방식으로 일관된 운용을 기할 수 있다.

▸출제년도 : 산업 11. ▸점수 : 5점

문9 지중배전선로 시공방법 중 관로식에서 사용하는 맨홀의 종류 5가지를 쓰시오.

● 답안작성

직선형, 직각형, 각도형, 짧은 다리 T형, 긴다리형

● 해 설

맨홀의 종류

기 호	A형	B형	C형	D형	E형	X형	SA형
형 태	직선형	직각형	각도형	짧은 다리 T형	긴다리형	사방형	특수형

▸출제년도 : 11. ▸점수 : 4점

문10 취급자 이외의 자가 출입할 수 없도록 설비한 곳에서 금속 덕트 및 버스 덕트를 수직으로 붙이는 경우 덕트 지지점 간의 거리는 몇 [m] 이하로 하여야 하는가?

● 답안작성

6[m]

● 해 설

금속 덕트, 버스 덕트 시설방법(KEC 232.31.3)
금속 덕트, 버스 덕트의 지지점 간이 거리는 3[m](취급자 이외의 자가 출입할 수 없도록 설비한 장소로서 수직으로 설치하는 경우는 6[m]) 이하의 간격으로 견고하게 지지할 것

▸출제년도 : 11 ▸점수 : 5점

문11 다음 저항을 측정하는 데 가장 적당한 계측기 또는 적당한 방법은?
(1) 변압기의 절연저항 (2) 검류계의 내부저항
(3) 전해액의 저항 (4) 굵은 나전선의 저항
(5) 접지저항 측정

● 답안작성

(1) 절연저항계(Megger) (2) 휘트스톤 브리지
(3) 콜라우시 브리지 (4) 켈빈 더블 브리지
(5) 접지저항계

▸출제년도 : 95, 10. ▸점수 : 5점

문 12 3상 3선, 380[V] 회로에 그림과 같이 부하가 연결되어 있다. 간선의 허용전류[A]를 구하시오. (단, 전동기의 평균 역률은 90[%]이다.)

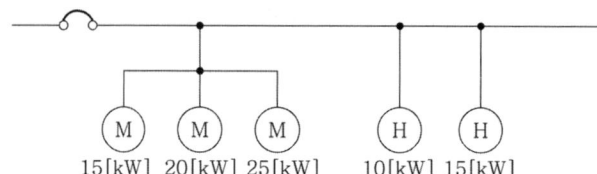

• 계산 : • 답 :

● 답안작성

계산 : ① 전동기 정격 전류의 합 $\sum I_M = \dfrac{(15+20+25) \times 10^3}{\sqrt{3} \times 380 \times 0.9} = 101.29[A]$

• 전동기의 유효 전류 $I_r = 101.29 \times 0.9 = 91.16[A]$

• 전동기의 무효 전류 $I_q = 101.29 \times \sqrt{1-0.9^2} = 44.15[A]$

② 전열기 정격 전류의 합 $\sum I_H = \dfrac{(10+15) \times 10^3}{\sqrt{3} \times 380 \times 1.0} = 37.98[A]$

설계전류 $I_B = \sqrt{(91.16+37.98)^2 + 44.15^2} = 136.48[A]$

따라서 $I_B \le I_n \le I_Z$의 조건을 만족하는 전선의 허용전류 $I_Z \ge 136.48[A]$

답 : 136.48 [A]

● 해 설

① 도체와 과부하 보호장치 사이의 협조(KEC 212.4.1)
 과부하에 대해 케이블(전선)을 보호하는 장치의 동작특성은 다음의 조건을 충족해야 한다.
 $I_B \le I_n \le I_Z, \quad I_2 \le 1.45 \times I_Z$

I_B : 회로의 설계전류(선도체를 흐르는 설계전류 또는 함유율이 높은 영상분 고조파, 특히 제3고조파가 지속적으로 흐르는 경우 중성선에 흐르는 전류이다.)

I_Z : 케이블의 허용전류

I_n : 보호장치의 정격전류(사용현장에 적합하게 조정된 전류의 설정 값)

I_2 : 보호장치가 규약시간 이내에 유효하게 동작하는 것을 보장하는 전류

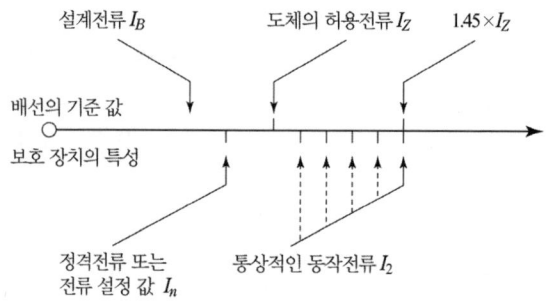

과부하 보호 설계 조건도

③ 전열기의 역률은 1

▸출제년도 : 89, 95, 11, 22.　▸점수 : 5점

문13 가로 20[m], 세로 30[m], 천장 높이 4.5[m]인 사무실에 그림과 같이 전등 설비를 하고자 한다. 실지수를 구하여라.

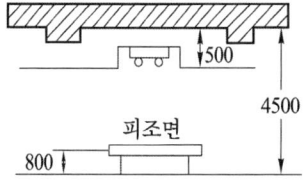

• 계산 :　　　　　　　　　　　　　　　　• 답 :

● 답안작성

계산 : 실지수$(R \cdot I) = \dfrac{X \cdot Y}{H(X+Y)} = \dfrac{20 \times 30}{(4.5-0.5-0.8) \times (20+30)} = 3.75$

답 : 3.75

▸출제년도 : 11.　▸점수 : 5점

문14 단상 2선식 220[V] 옥내 배선에서 접지저항이 30[Ω]인 금속관 안의 임의의 개소에서 전선이 절연 파괴되어 도체가 직접 금속관 내면에 접촉되었다면 대지 전압은 몇 [V]가 되겠는가? (단, 이 전로에 공급하는 변압기 저압측의 한 단자에 중성점 접지공사가 되어 있고 그 접지 저항은 20[Ω]이라고 한다.)

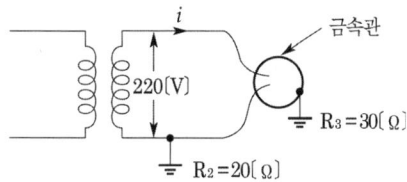

• 계산 :　　　　　　　　　　　　　　　　• 답 :

● 답안작성

계산 : $V_g = \dfrac{R_3}{R_2 + R_3} \times V = \dfrac{30}{20+30} \times 220 = 132[\text{V}]$

답 : 132[V]

● 해 설

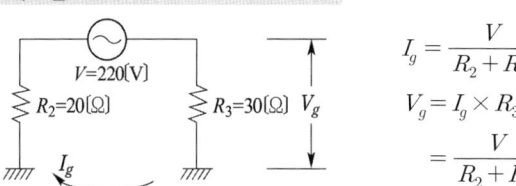

$I_g = \dfrac{V}{R_2 + R_3}$

$V_g = I_g \times R_3$
　　$= \dfrac{V}{R_2 + R_3} \times R_3$

▸출제년도 : 11. ▸점수 : 13점

문 15 다음 도면은 특고압 수전설비 표준 결선도이다. 약호, 명칭을 쓰고 용도 또는 역할에 대하여 간단히 설명하시오.

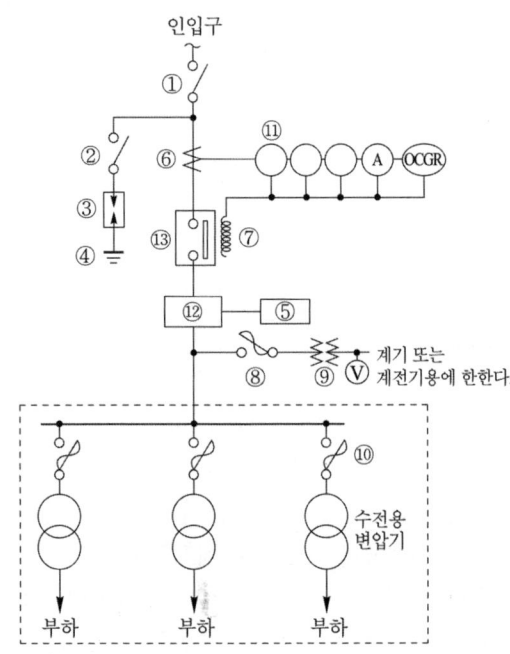

(1) 그림에서 ①의 명칭을 우리말로 쓰시오.
(2) 그림에서 ②의 용도는?
(3) 그림에서 ③의 명칭을 우리말로 쓰시오.
(4) 그림에서 ⑤의 명칭을 우리말로 쓰시오.
(5) 그림에서 ⑥의 명칭을 우리말로 쓰시오.
(6) 그림에서 ⑦의 명칭을 우리말로 쓰시오.
(7) 그림에서 ⑧의 약호를 쓰시오.
(8) 그림에서 ⑨의 명칭을 우리말로 쓰시오.
(9) 그림에서 ⑩의 약호를 쓰시오.
(10) 그림에서 ⑪의 명칭을 우리말로 쓰시오.
(11) 그림에서 ⑫의 명칭을 우리말로 쓰시오.
(12) 그림에서 ⑬의 용도는?

● 답안작성

① 단로기   ② 피뢰기 점검 및 교체 시 피뢰기를 계통으로 분리하기 위하여 사용
③ 피뢰기   ④ 전력량계
⑤ 변류기   ⑥ 트립코일
⑦ PF 또는 COS   ⑧ 계기용 변압기
⑨ PF 또는 COS   ⑩ 과전류 계전기
⑪ 전력수급용 계기용 변성기
⑫ 부하전류 개폐 및 고장전류 차단

문 16

전등 및 소형 전기기계기구의 부하용량을 상정하여 분기회로수를 결정하고자 한다. 주택은 240[m²], 상점은 50[m²], 창고는 10[m²]이고 룸 에어컨은 2[kW]일 때, 표준부하를 이용하여 최대부하용량을 상정하고 최소분기 회로수를 결정하시오.

(1) 최대 부하용량
- 계산 : • 답 :

(2) 분기회로
- 계산 : • 답 :

[조건]
- 분기회로는 16[A] 분기회로이며 배전전압은 220[V]를 기준하고, 적용 가능한 부하는 최대값으로 상정할 것
- 룸 에어컨은 단독분기회로로 할 것
- 설비 부하 용량은 "①" 및 "②"에 표시하는 건물의 종류 및 그 부분에 해당하는 표준부하에 바닥면적을 곱한 값과 "③"에 표시하는 건물 등에 대응하는 표준부하[VA]를 합한 값으로 할 것

① 건물의 종류에 대응한 표준부하

건축물의 종류	표준부하[VA/m²]
공장, 공회당, 사원, 교회, 극장, 영화관, 연회장 등	10
기숙사, 여관, 호텔, 병원, 학교, 음식점, 다방, 대중 목욕탕, 학교	20
사무실, 은행, 상점, 이발소, 미장원	30
주택, 아파트	40

[비고] 건물이 음식점과 주택 부분의 2 종류로 될 때에는 각각 그에 따른 표준부하를 사용할 것
[비고] 학교와 같이 건물의 일부분이 사용되는 경우에는 그 부분만을 적용한다.

② 건물(주택, 아파트를 제외) 중 별도 계산할 부분의 부분적인 표준부하

건축물의 부분	표준부하[VA/m²]
복도, 계단, 세면장, 창고, 다락	5
강당, 관람석	10

③ 표준부하에 따라 산출한 수치에 가산하여야 할 [VA] 수
- 주택, 아파트(1세대마다)에 대하여는 1,000~500[VA]
- 상점의 진열장에 대하여는 진열장의 폭 1[m]에 대하여 300[VA]
- 옥외의 광고등, 전광사인, 네온사인 등의 [VA]수
- 극장, 댄스홀 등의 무대조명, 영화관 등의 특수 전등부하의 [VA] 수

④ 예상이 곤란한 콘센트, 틀어 끼우는 접속기, 소켓 등이 있을 경우에라도 이를 상정하지 않는다.

● 답안작성

(1) 최대 부하 용량(P)

계산 : P = 바닥면적 × 표준부하 + 가산부하 + 룸에어컨
= $(240 \times 40) + (50 \times 30) + (10 \times 5) + 1,000 + 2,000 = 14,150$[VA]

답 : 14,150[VA]

(2) 분기회로수

계산 : ① 룸 에어컨을 제외한 분기 회로수

$$N = \frac{14,150 - 2,000}{16 \times 220} = 3.45 \rightarrow 4회로$$

② 16[A] 룸 에어컨 전용 1회로

답 : 16[A] 분기 4회로, 룸 에어컨 전용 16[A] 분기 1회로

● 해 설

① 건물의 종류에 대응한 부하용량
  주택 : $240 \times 40 = 9,600$[VA]
  상점 : $50 \times 30 = 1,500$[VA]
② 건물 중 별도 계산할 부분의 부하용량
  창고 : $10 \times 5 = 50$[VA]
③ 표준부하에 따라 산출한 수치에 가산하여야 할 [VA] 수
  주택 1세대 : 1,000[VA](적용 가능한 최대부하로 상정)
  룸 에어컨 : 2,000[VA]
  ∴ 최대 부하 용량 $P = 9,600 + 1,500 + 50 + 1,000 + 2,000 = 14,150$[VA]
④ 분기회로수
  룸 에어컨을 제외한 분기 회로수는
  16[A] 분기회로수 $N = \frac{14,150 - 2,000}{16 \times 220} = 3.45 \rightarrow 4회로$
⑤ 분기회로수
  220[V]에서 정격소비전력 3[kW](110[V] 때는 1.5[kW]) 이상인 냉방기기, 취사용 기기는 전용 분기회로로 하여야 한다.

▶출제년도 : 기사 05. 12. 산업 92. 97. 17. 20. 24. ▶점수 : 6점

문17 고압 및 특고압의 전로에서 피뢰기를 시설하고 접지공사가 의무화된 장소 3곳을 쓰시오

● 답안작성

① 특고압 가공전선로에 접속하는 배전용 변압기의 고압측 및 특고압측
② 고압 및 특고압 가공전선로로부터 공급을 받는 수용장소의 인입구
③ 가공전선로와 지중전선로가 접속되는 곳

● 해 설

피뢰기의 시설(KEC 341.13)
고압 및 특고압의 전로 중 다음에 열거하는 곳 또는 이에 근접한 곳에는 피뢰기를 시설하여야 한다.
① 발전소·변전소 또는 이에 준하는 장소의 가공전선 인입구 및 인출구
② 특고압 가공전선로에 접속하는 배전용 변압기의 고압측 및 특고압측
③ 고압 및 특고압 가공전선로로부터 공급을 받는 수용장소의 인입구
④ 가공전선로와 지중전선로가 접속되는 곳

개정된 '전기설비 기술기준 및 판단기준'과 '내선규정'에 의거해 삭제된 문제가 있어 점수의 합계가 100점이 되지 않습니다.

2011년 4회 전기공사산업기사실기

▶출제년도 : 05. 11. ▶점수 : 4점

문1 지시전기계기의 동작원리에 의한 분류를 나타낸 것으로 번호 (1), (2), (3), (4)의 빈칸에 적당한 계기의 종류 및 사용용도를 기입하시오.

계기의 종류	기 호	사용용도(교직류)
가동 Coil형		직류
(1)		(3)
(2)		(4)

● 답안작성

(1) 전류력계형 (2) 유도형 (3) 직류, 교류 (4) 교류

▶출제년도 : 91. 97. 09. 11. 16. ▶점수 : 4점

문2 가공전선로에 주로 쓰이는 애자의 종류 4가지를 쓰시오.

● 답안작성

핀애자, 현수애자, 라인포스트 애자, 인류애자

● 해 설

① 핀애자 : 직선 선로에 사용
② 현수애자 : 인류 및 내장 개소에 사용
③ 라인포스트 애자 : 연가용 철탑 등에서 점퍼선 지지
④ 인류 애자 : 인류 개소 및 배전선로의 중성선

▶출제년도 : 04. 06. 11. 17. ▶점수 : 6점

문3 도면과 같은 고압 또는 특고압 수전설비의 진상콘덴서 접속 뱅크 결선도를 보고 다음 각 물음에 답하시오.

(1) 콘덴서 용량이 몇 [kVA] 초과 몇 [kVA] 이하인 경우인가?
(2) 콘덴서 용량이 100[kVA] 이하인 경우 CB 대신 사용 가능한 개폐기는?
(3) 콘덴서 용량이 50[kVA] 미만인 경우 사용 가능한 개폐기는?

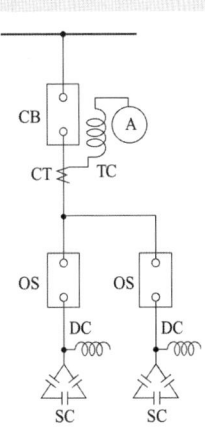

● 답안작성

(1) 300[kVA] 초과, 600[kVA] 이하
(2) OS
(3) COS(직결로 함)

● 해 설

진상용 콘덴서 참고 접속도

(1) 콘덴서 총용량이 300[kVA] 이하의 경우 전류계를 생략할 때

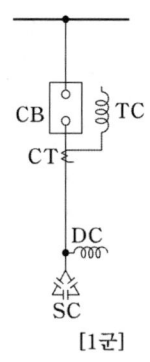

[1군]

(2) 콘덴서 총용량이 300[kVA] 초과, 600[kVA] 이하의 경우

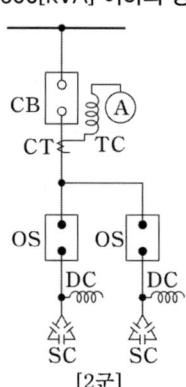

[2군]

(3) 콘덴서 총용량이 600[kVA] 초과의 경우

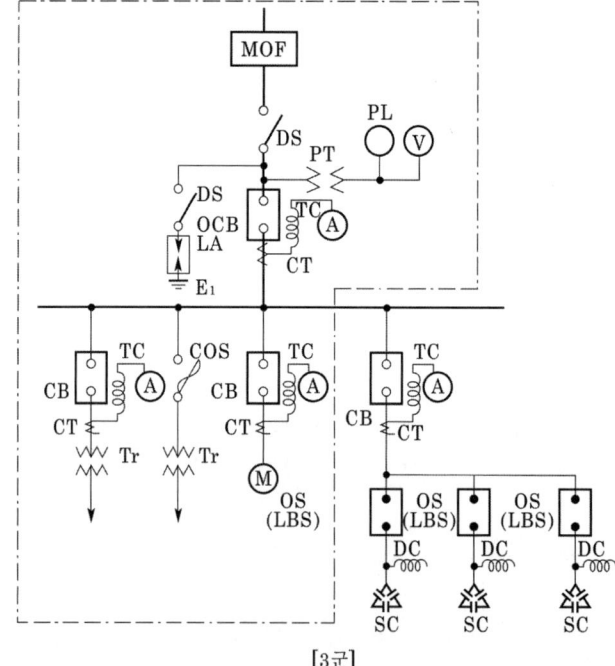

[3군]

[주] 콘덴서의 용량이 100[kVA] 이하인 경우에는 CB 대신 OS 또는 유사한 것(인터럽터 스위치 등)을, 50[kVA] 미만의 경우에는 COS(직결로 함)를 사용할 수 있다.

▶출제년도 : 기사 20, 산업 98, 02, 06, 08, 11, ▶점수 : 5점

문4 버스 덕트의 종류 3가지를 쓰고 간단히 설명하시오.

● 답안작성

① 피더 버스 덕트 : 도중에 부하를 접속하지 아니한 것
② 익스팬션 버스 덕트 : 열 신축에 따른 변화량을 흡수하는 구조인 것
③ 플러그인 버스 덕트 : 도중에 부하 접속용으로 꽂음 플러그를 만든 것

● 해 설

버스 덕트의 종류

명 칭	형 식		설 명
피더 버스 덕트	옥내용	환 기 형 비환기형	도중에 부하를 접속하지 아니한 것
	옥외용	환 기 형 비환기형	
익스팬션 버스 덕트	옥내용	비환기형	열 신축에 따른 변화량을 흡수하는 구조인 것
탭붙이 버스 덕트			종단 및 중간에서 기기 또는 전선 등과 접속시키기 위한 탭을 가진 버스 덕트
트랜스포지션 버스 덕트			각 상의 임피던스를 평균시키기 위해서 도체 상호의 위치를 관로 내에서 교체시키도록 만든 버스 덕트
플러그 인 버스 덕트	옥내용	환 기 형 비환기형	도중에 부하 접속용으로 꽂음 플러그를 만든 것

▶출제년도 : 03, 11, ▶점수 : 5점

문5 그림에서 S는 인입구 개폐기이다. F는 어떤 개폐기인가?

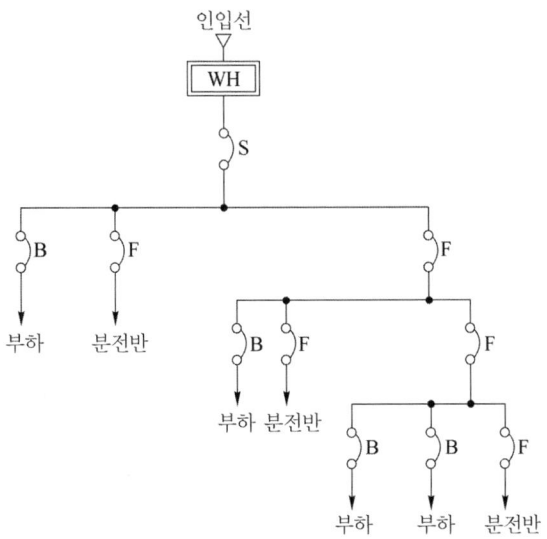

● 답안작성

간선 개폐기

문6
▶ 출제년도 : 11, 18. ▶ 점수 : 5점

지중배전선로 시공방법 중 관로식의 맨홀 시공에 사용되는 부속설비 5가지를 쓰시오.

● 답안작성

맨홀 뚜껑, 발판 볼트, 사다리, 관로구 및 방수장치, 훅크

● 해 설

그 외, 서포터 및 앵커 볼트, 물받이, 접지장치가 있다.

문7
▶ 출제년도 : 11. ▶ 점수 : 3점

간선에서 분기하여 분기과전류차단기를 거쳐서 부하에 이르는 배선을 무슨 회로라 하는가?

● 답안작성

분기회로

문8
▶ 출제년도 : 93, 04, 05, 07, 11. ▶ 점수 : 6점

외부 피뢰시스템의 수뢰부시스템 형식 3가지를 쓰시오.

● 답안작성

① 돌침방식
② 수평도체방식
③ 메시도체방식

● 해 설

수뢰부시스템(KEC 152.1)
수뢰부시스템의 선정은 돌침, 수평도체, 메시도체의 요소 중에 한 가지 또는 이를 조합한 형식으로 시설하여야 한다.

문9
▶ 출제년도 : 11. ▶ 점수 : 5점

다음 심벌에 대한 명칭을 쓰시오.

● 답안작성

(1) $\boxed{S}$ (2) $\boxed{B}$ (3) $\boxed{E}$ (4) $\boxed{TS}$ (5) $\boxed{CT}$

● 해 설

① 개폐기 ② 배선용차단기 ③ 누전차단기 ④ 타임스위치 ⑤ 변류기

문10
출제년도 : 11. ▶ 점수 : 5점

MOF의 명칭을 쓰고 누산시간이란 무엇인지 쓰시오.

● 답안작성

① 명칭 : 전력수급용 계기용 변성기

② 누산시간 : 일정시간 동안의 평균전력의 최대치를 기준하여 최대수요전력을 결정하는 데 사용되는 시간으로써 현재 15분을 기준으로 하고 있다.

▶출제년도 : 11. ▶점수 : 5점

문11 자가용전기설비의 검사업무 처리규정에 의한 사용 전 검사항목 5가지만 쓰시오.

● 답안작성
① 외관검사
② 접지저항 측정검사
③ 절연저항 측정검사
④ 절연내력 시험검사
⑤ 절연유시험 및 측정

● 해 설
그 외 ⑥ 보호장치 시험검사
⑦ 계측장치 설치상태 검사
⑧ 제어회로 동작 및 기기 조작시험
⑨ 전선로 검사(전압 5만[V] 이상)

▶출제년도 : 11. 14. 24. ▶점수 : 5점

문12 어떤 콘덴서 3개를 선간 전압 3,300[V], 주파수 60[Hz]의 선로에 △로 접속하여 60[kVA]가 되도록 하려면 콘덴서 1개의 정전 용량[μF]은 약 얼마로 하여야 하는가?

•계산 :   •답 :

● 답안작성

계산 : $Q = 3EI_c = 3 \times 2\pi f C E^2$

정전 용량 $C = \dfrac{Q}{6\pi f E^2} = \dfrac{60 \times 10^3}{6\pi \times 60 \times 3{,}300^2} \times 10^6 = 4.87[\mu F]$

답 : $4.87[\mu F]$

▶출제년도 : 95. 97. 11. 20. ▶점수 : 5점

문13 사용 전압이 105[V] 최대 공급 전류가 50[A]인 단상 2선식 가공전선로에서 2선을 합한 것과 대지 간의 절연저항은 얼마인가?

•계산 :   •답 :

● 답안작성

계산 : 누설 전류 $i = 50 \times \dfrac{1}{1{,}000} = 0.05[A]$

절연저항 $R = \dfrac{105}{0.05} = 2{,}100[\Omega]$

답 : $2{,}100[\Omega]$

● 해 설

단상 2선식의 경우 전선을 일괄한 것과 대지 사이의 절연저항은 사용전압에 대한 누설전류가 최대공급 전류의 $\frac{1}{1,000}$ 이하가 되도록 하여야 한다.

▶출제년도 : 11. ▶점수 : 5점

문14 바닥 면적이 200[m²]인 방에 전광속 2,500[lm]의 40[W] 형광등을 60등 시설하면 평균 조도는 얼마나 되는가? 단, 조명률 50[%], 유지율 0.8로 계산한다.
• 계산 :
• 답 :

● 답안작성

계산 : $E = \dfrac{FUN}{AD} = \dfrac{2,500 \times 0.5 \times 60}{200 \times \dfrac{1}{0.8}} = 300[\text{lx}]$

답 : 300[lx]

▶출제년도 : 11. ▶점수 : 10점

문15 배전계통에서의 역률 개선 효과 5가지를 쓰시오.

● 답안작성

① 변압기와 배전선의 전력 손실 경감
② 전압 강하의 감소
③ 설비 용량의 여유 증가
④ 전기 요금의 감소
⑤ 전선의 굵기 감소

▶출제년도 : 11. ▶점수 : 9점

문16 역률 개선용 콘덴서와 직렬로 연결하여 사용하는 직렬 리액터의 사용 목적 4가지를 쓰시오.

● 답안작성

① 제5고조파에 의한 전압 파형의 찌그러짐 방지
② 콘덴서 투입 시 돌입전류 방지
③ 개폐 시 계통의 과전압 억제
④ 고조파 전류에 의한 계전기 오동작 방지

문 17. 다음 타이머 내부 접점번호와 동작설명을 참고하여 동작 회로도를 완성하시오.

▶ 출제년도 : 08. 11. ▶ 점수 : 10점

[동작설명]
① 배선용 차단기를 투입하고 S_3 OFF 시 R_2 점등되고, PB-ON하면 타이머 T여자 T설정시간 동안 R_3 점등, 설정시간 후 R_3 소등, R_4 점등
② S_3 ON 시 T 무여자, R_2, R_4 소등, 부저(BZ) 동작, R_1 점등(단, 전원은 단상 2선식 220[V]이다.)

• 타이머 내부 접점 번호

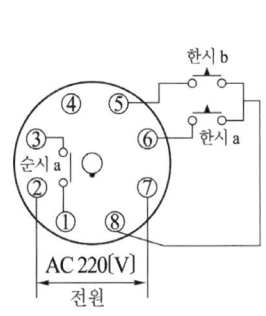

• 동작 회로도

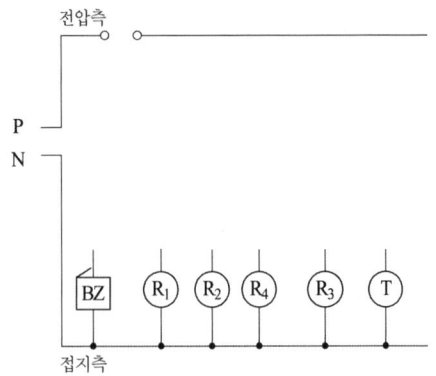

● 답안작성

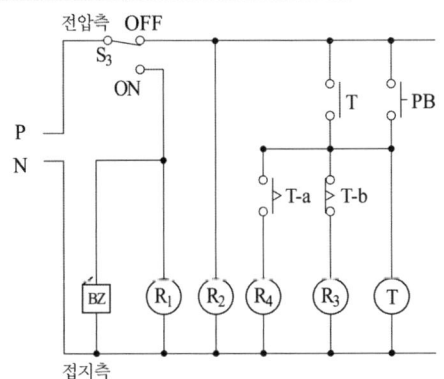

개정된 '전기설비 기술기준 및 판단기준'과 '내선규정'에 의거해 삭제된 문제가 있어 점수의 합계가 100점이 되지 않습니다.

2012년 1회 전기공사산업기사실기

▶출제년도 : 산업 12. ▶점수 : 3점

문1 소세력회로란 원격제어, 신호 등의 회로로서 최대사용전압 몇 [V] 이하의 것을 말하는 것인가?

● 답안작성

60[V]

● 해 설

소세력 회로(KEC 241.14)
전자 개폐기의 조작회로 또는 초인벨·경보벨 등에 접속하는 전로로서 최대 사용전압이 60[V] 이하인 것(최대사용전류가, 최대 사용전압이 15[V] 이하인 것은 5[A] 이하, 최대 사용전압이 15[V]를 초과하고 30[V] 이하인 것은 3[A] 이하, 최대 사용전압이 30[V]를 초과하는 것은 1.5[A] 이하인 것에 한한다.)

▶출제년도 : 산업 12. ▶점수 : 4점

문2 그림과 같은 3상 송전 계통에서 송전전압은 22.9[kV]이다. 지금 1점 P에서 3상 단락하였을 때에 발전기에 흐르는 단락전류는 몇 [A]인가?

• 계산 :   • 답 :

● 답안작성

• 계산 : 단락전류 $I_s = \dfrac{E}{Z} = \dfrac{V/\sqrt{3}}{\sqrt{R^2+X^2}} = \dfrac{22{,}900/\sqrt{3}}{\sqrt{1^2+(4+4)^2}} = 1{,}639.9[A]$

• 답 : 1,639.9[A]

▶출제년도 : 산업 94. 12. 17. ▶점수 : 6점

문3 비접지식 6.6[kV] 변전소에서 3상 3선식 가공 전선 50[km] 3회선과 지중 전선로 4[km] 1회선이 나오고 있다. 이들의 선로에 접속하는 주상 변압기 중성점 접지공사의 저항값 [Ω]은 얼마인가? 단, 고압측 1선 지락전류는 10[A]라고 한다.

● 답안작성

계산 : 중성점 접지저항 $R_2 = \dfrac{150}{10} = 15[\Omega]$

답 : 15[Ω]

● 해 설

중성점 접지공사의 접지저항
- 자동차단장치가 없는 경우
$$R_2 = \frac{150}{1\text{선 지락전류}}[\Omega]$$
- 2초 이내에 동작하는 자동차단장치가 있는 경우
$$R_2 = \frac{300}{1\text{선 지락전류}}[\Omega]$$
- 1초 이내에 동작하는 자동차단장치가 있는 경우
$$R_2 = \frac{600}{1\text{선 지락전류}}[\Omega]$$

▶ 출제년도 : 산업 89. 91. 94. 98. 12.   ▶ 점수 : 8점

문4 어떤 심벌의 명칭인지 정확하게 답하시오.

(1)    (2)    (3)    (4)

● 답안작성

(1) 분전반 (2) 배전반
(3) 제어반 (4) 벽붙이 콘센트

▶ 출제년도 : 산업 12.   ▶ 점수 : 5점

문5 교류 송전 방식에 대한 직류 송전 방식의 장점 5가지를 쓰시오.

● 답안작성

① 선로의 리액턴스가 없으므로 안정도가 높다.
② 유전체손 및 충전 용량이 없고 절연 내력이 강하다.
③ 비동기 연계가 가능하다.
④ 단락 전류가 적고 임의 크기의 교류 계통을 연계시킬 수 있다.
⑤ 코로나손 및 전력 손실이 적다.

● 해 설

직류 송전 방식의 장·단점

[장점] ① 선로의 리액턴스가 없으므로 안정도가 높다.
② 유전체손 및 충전 용량이 없고 절연 내력이 강하다.
③ 비동기 연계가 가능하다.
④ 단락 전류가 적고 임의 크기의 교류 계통을 연계시킬 수 있다.
⑤ 코로나손 및 전력 손실이 적다.
⑥ 표피 효과나 근접 효과가 없으므로 실효 저항의 증대가 없다.

[단점] ① 직교 변환 장치가 필요하다.
② 전압의 승압 및 강압이 불리하다.
③ 고조파나 고주파 억제 대책이 필요하다.
④ 직류 차단기가 개발되어 있지 않다.

문 6 ▸출제년도 : 산업 12. ▸점수 : 4점

사람이 접촉될 우려가 있는 장소란 저압인 경우에 옥내는 바닥에서 (①)[m] 이상 (②)[m] 이하의 장소를 말한다.

● 답안작성

① 1.8 ② 2.3

● 해 설

사람이 접촉될 우려가 있는 장소란 예를 들어 저압인 경우에 옥내는 바닥에서 1.8[m] 이상 2.3[m] 이하(고압인 경우는 1.8[m] 이상 2.5[m] 이하), 옥외는 지표면에서 2[m] 이상 2.5[m] 이하의 장소를 말하고 그 밖에 계단의 중간, 창 등에서 손을 뻗어 닿을 수 있는 범위를 말한다.

문 7 ▸출제년도 : 산업 12. ▸점수 : 6점

수전설비에서 저압회로의 단락보호장치의 종류를 3가지 쓰시오.

● 답안작성

① 기중차단기
② 배선용 차단기
③ 한류 퓨즈

문 8 ▸출제년도 : 산업 93. 94. 12. 22. ▸점수 : 6점

방의 가로 3[m], 세로 7[m], 광원의 높이는 작업면까지 3[m]인 경우 조명률을 알기 위한 실지수 K를 구하시오.

•계산 :   •답 :

● 답안작성

계산 : $K = \dfrac{X \cdot Y}{H(X+Y)} = \dfrac{3 \times 7}{3 \times (3+7)} = 0.7$

답 : 0.7

문 9 ▸출제년도 : 기사 02. 산업 12. ▸점수 : 5점

조명설비에서 전력을 절약하는 효율적인 방법에 대하여 5가지만 기재하시오.

● 답안작성

① 고효율 등기구 채택
② 고조도 저휘도 반사갓 채택
③ 등기구의 격등제어 회로 구성
④ 전반조명과 국부조명의 적절한 병용(TAL 조명)
⑤ 재실감지기 및 카드키 채택

● 해 설

이외에도 ⑥ 슬림라인 형광등 및 안정기 내장형 램프 채택
         ⑦ 창측 조명기구 개별 점등

▶출제년도 : 산업 97. 12. 16. ▶점수 : 6점

문10 그림과 같이 수평 장력이 800[kg]이라면 4.0[mm]의 철선 몇 가닥을 사용해야 하는가? 단, 철선의 단위 면적당 인장 강도는 44[kg/mm²], 안전율은 2.5로 한다.

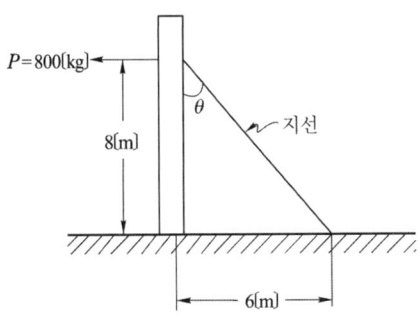

•계산 :   •답 :

● 답안작성

계산 : $\sin\theta = \dfrac{P}{T} = \dfrac{6}{\sqrt{8^2+6^2}} = \dfrac{6}{10}$

$T = \dfrac{10}{6} \times P = \dfrac{10}{6} \times 800 = 1,333.33 \,[\text{kg}]$

지선의 장력(T_0) = $\dfrac{\text{소선 1가닥의 인장 강도} \times \text{소선수}}{\text{안전율}}$

→ $1,333.33 = \dfrac{44 \times \dfrac{\pi}{4} \times 4^2 \times n}{2.5}$

∴ $n = \dfrac{1,333.33 \times 2.5}{44 \times 4\pi} = 6.03$ 가닥

답 : 7가닥

▶출제년도 : 산업 12. 17. ▶점수 : 6점

문11 다음 물음에 답하시오.
(1) 합성수지관 공사에서 관상호 및 관과 박스와는 관을 삽입하는 깊이를 관의 외경의 1.2배 이상으로 하고 관의 지지점간의 거리는 (   )[m] 이하로 한다.
(2) 애자공사의 지지점 간의 거리는 전선을 조영재면을 따라 붙이는 경우 (   )[m] 이하로 한다.
(3) 버스 덕트를 조영재에 붙이는 경우에는 덕트의 지지점 간의 거리를 (   )[m] 이하로 견고하게 지지하여야 한다.

● 답안작성
(1) 1.5   (2) 2   (3) 3

● 해 설
(1) 합성수지관 공사(KEC 232.11)
(2) 애자 공사(KEC 232.56)
(3) 버스 덕트 공사(KEC 232.61)

▶ 출제년도 : 산업 12. ▶ 점수 : 5점

문12 ASS는 무엇인지 그 명칭과 설치 사유를 쓰시오.
- 명칭 :
- 설치 사유 :

● 답안작성

명칭 : 자동고장 구분 개폐기
설치 사유 : 고장구간을 자동 개방하여 파급사고 방지

▶ 출제년도 : 기사 93, 98, 05, 18, 산업 12. ▶ 점수 : 6점

문13 240[mm²] ACSR 전선을 200[m]의 경간에 가설하려고 하는데 이도는 계산상 8[m]였지만 가설 후의 실측결과는 6[m]이어서 2[m] 증가시키려고 한다. 이때 전선을 경간에 몇 [m]만큼 밀어넣어야 하는가?

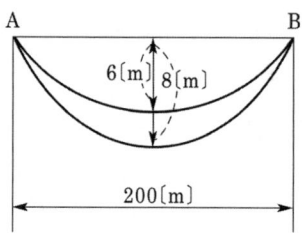

- 계산 :
- 답 :

● 답안작성

계산 : 이도 6[m]일 때 전선의 길이 $L_1 = 200 + \dfrac{8 \times 6^2}{3 \times 200} = 200.48[m]$

이도 8[m]일 때 전선의 길이 $L_2 = 200 + \dfrac{8 \times 8^2}{3 \times 200} = 200.85[m]$

∴ $L_2 - L_1 = 200.85 - 200.48 = 0.37[m]$

답 : 0.37[m]

● 해 설

$L = S + \dfrac{8D^2}{3S}$

여기서, L : 전선의 길이[m], D : 이도[m], S : 경간[m]

▶ 출제년도 : 산업 97, 12. ▶ 점수 : 4점

문14 공사 원가 계산(총원가) 시 원가계산의 비목(구성)을 쓰시오. (5가지)

● 답안작성

재료비, 노무비, 경비, 일반관리비, 이윤

▸출제년도 : 산업 12. ▸점수 : 6점

문15

그림은 제1공장과 제2공장의 2개의 공장에 대한 어느 날의 일부하 곡선이다. 이 그림을 이용하여 다음 각 물음에 답하시오.

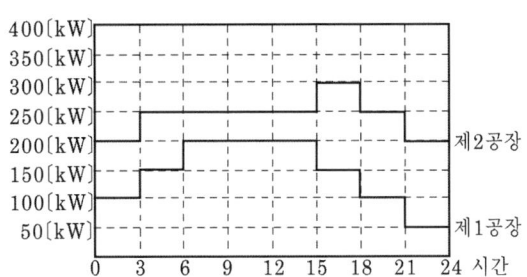

(1) 제1공장의 일부하율은 몇 [%]인가?
(2) 제1공장과 제2공장 상호 간의 부등률은 얼마인가?

● 답안작성

(1) 일부하율 = $\dfrac{\text{평균 전력}}{\text{최대 전력}} \times 100[\%]$

부하율 = $\dfrac{100 \times 3 + 150 \times 3 + 200 \times 9 + 150 \times 3 + 100 \times 3 + 50 \times 3}{24 \times 200} \times 100 = 71.88[\%]$

(2) 부등률 = $\dfrac{\text{개개의 최대 전력의 합계}}{\text{합성 최대 전력}}$

부등률 = $\dfrac{200 + 300}{450} = 1.11$

● 해 설

(1) 일부하율 = $\dfrac{1\text{일의 평균 전력}}{1\text{일의 최대 전력}} = \dfrac{1\text{일 전력량}/24}{1\text{일의 최대 전력}}$

(2) 여기서, 합성 최대 전력은 15시~18시 사이의 제1공장의 150[kW]와 제2공장의 300[kW]의 합계인 450[kW]이다.

▸출제년도 : 산업 12. 17. ▸점수 : 6점

문16

지중관로 케이블 포설 공사 시 포설 전 유의사항 3가지를 쓰시오.

● 답안작성

① 맨홀 내의 가스 검출, 산소 측정 및 환기
② 맨홀 내의 배수 및 청소
③ 드럼 측과 윈치 측의 연락 체계 확인

● 해 설

이외에도
④ 기자재의 정리정돈
⑤ 맨홀 내의 로라, 활차 등의 고정상태 확인 및 외상방지대책
⑥ 와이어의 강도, 소선단선, 킹크 여부 확인

▶ 출제년도 : 산업 91, 97, 04, 12. ▶ 점수 : 10점

문17 도면은 단상 220[V] 금속관 공사로 내선공사를 하려고 한다. 도면과 타임차트를 정확히 이해하고 답란에 다음 물음에 답하시오. 단, SW는 OFF 상태임.

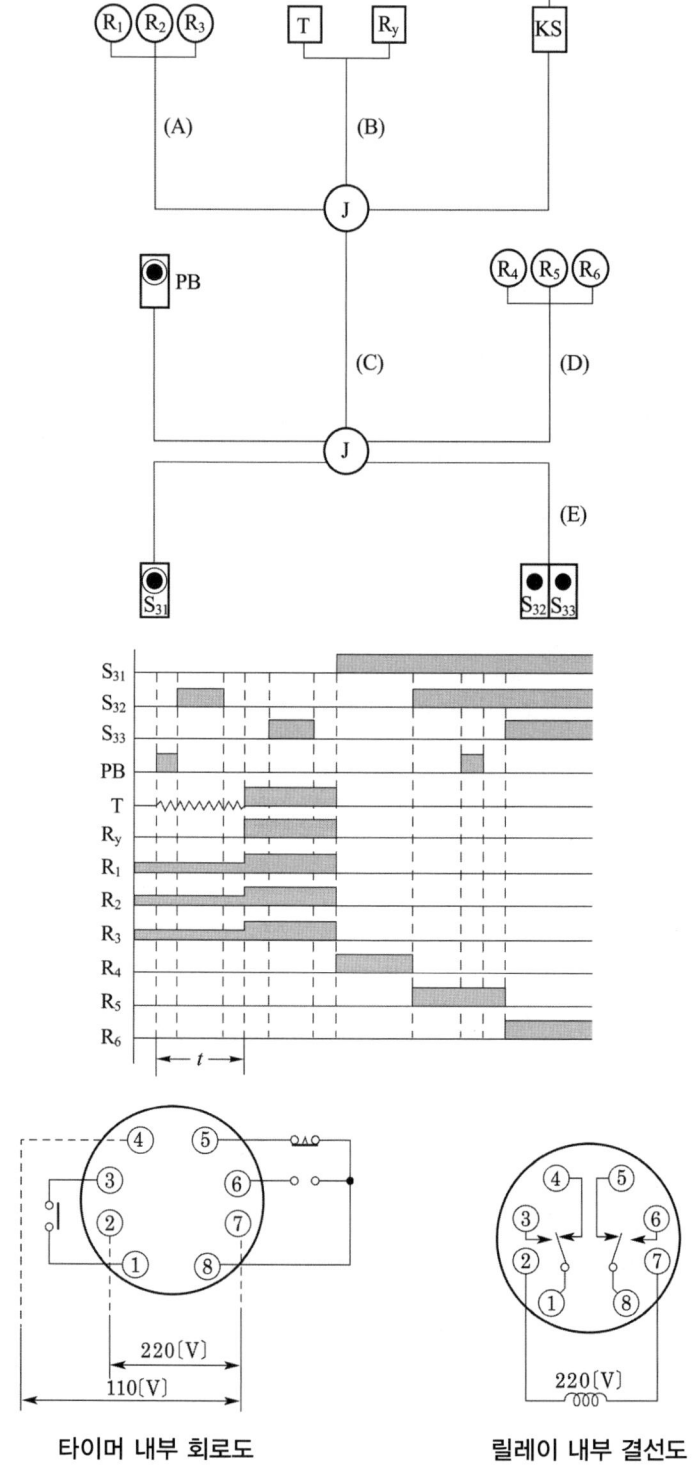

타이머 내부 회로도   릴레이 내부 결선도

(1) 답란의 미완성된 회로도를 타임차트와 같이 동작되도록 회로도를 완성하시오.

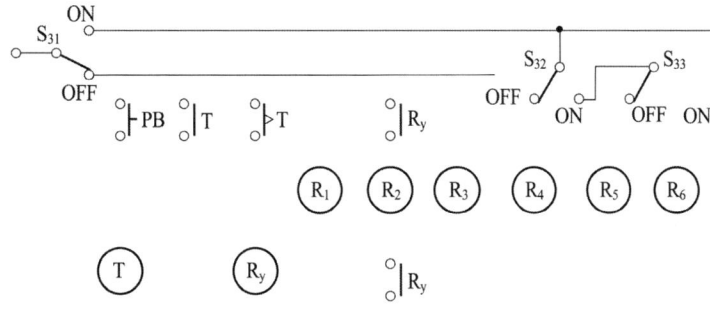

(2) 도면에서 A로 표시된 전선관에 최소 몇 가닥 들어가는가?
(3) 도면에서 B로 표시된 전선관에 최소 몇 가닥 들어가는가?
(4) 도면에서 C로 표시된 전선관에 최소 몇 가닥 들어가는가?
(5) 도면에서 D로 표시된 전선관에 최소 몇 가닥 들어가는가?
(6) 도면에서 E로 표시된 전선관에 최소 몇 가닥 들어가는가?

● 답안작성

(1)

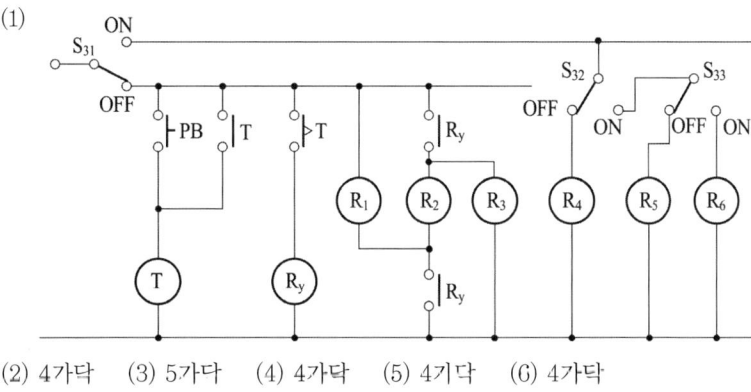

(2) 4가닥   (3) 5가닥   (4) 4가닥   (5) 4가닥   (6) 4가닥

개정된 '전기설비 기술기준 및 판단기준'과 '내선규정'에 의거해 삭제된 문제가 있어 점수의 합계가 100점이 되지 않습니다.

2012년 2회 전기공사산업기사실기

▶출제년도 : 산업 08. 12.　▶점수 : 5점

문1 "노이즈 방지용 접지"란 어떤 접지인지 쓰시오.

● 답안작성

어떤 전자장치의 노이즈 발생 또는 기타 발생원인으로부터 또 다른 전자장치의 오동작, 통신장애 기타 다른 기기 장애를 일으키지 않도록 하기위한 접지
즉, 노이즈 방지용 접지란 에너지를 대지로 방출하기 위한 접지를 말한다.

▶출제년도 : 산업 94. 00. 12.　▶점수 : 4점

문2 그림을 보고 (1) 단상 유도 전압 조정기 (2) 3상 유도 전압 조정기의 복선도용 심벌을 그리시오.

(1) 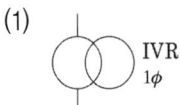 IVR 1φ　　(2) 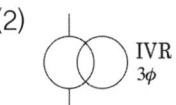 IVR 3φ

● 답안작성

(1) 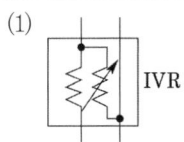 IVR　　(2) 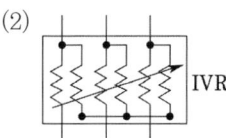 IVR

▶출제년도 : 산업 12..　▶점수 : 5점

문3 다음은 건물의 지상층 층수별 할증이다. 각각 몇 [%]를 적용하는지 쓰시오.

(1) 2층~5층　　　(2) 10층 이하
(3) 20층 이하　　(4) 30층 이하
(5) 32층 이하

● 답안작성

(1) 1[%]　(2) 3[%]　(3) 5[%]　(4) 7[%]　(5) 8[%]

● 해 설

건물의 층수별 할증
- 지상층

2층~5층 이하	1[%]
10층 이하	3[%]
15층 이하	4[%]
20층 이하	5[%]
25층 이하	6[%]
30층 이하	7[%]

30층 초과에 대하여는 매 5층 이내 증가마다 1.0[%] 가산
- 지하층 할증
  지하 1층   1[%]
  지하 2~5층   2[%]
  지하 6층 이하는 매 1개층 증가마다 0.2[%] 가산

▶ 출제년도 : 산업 92. 98. 05.   ▶ 점수 : 10점

문4 다음 그림은 고압수전설비 결선도이다. 물음에 답하시오.

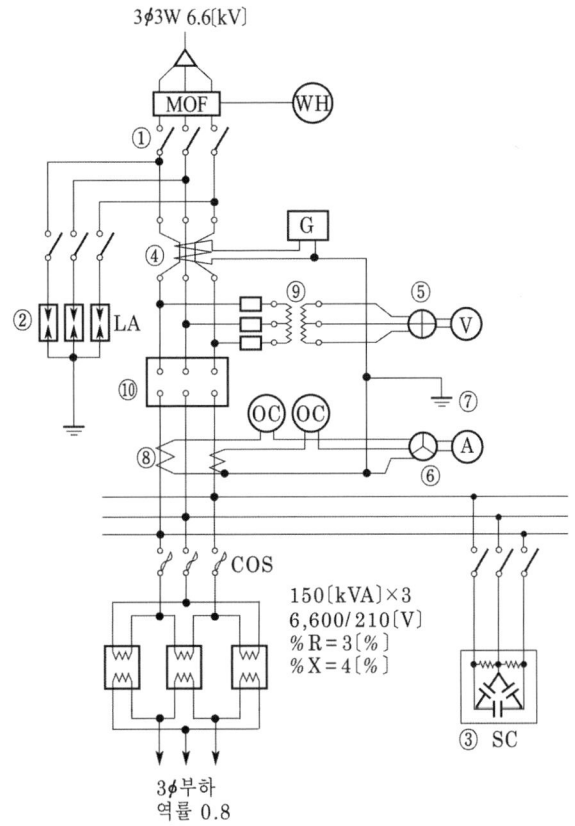

(1) ①의 기기 명칭은?
(2) ②의 기기 명칭은?
(3) ③의 SC는 무엇을 말하는가?
(4) ④의 기기 명칭은?
(5) ⑤의 기기 명칭은?
(6) ⑥의 기기 명칭은?
(7) ⑧의 기기 명칭은?
(8) ⑨의 기기 명칭은?
(9) ⑩의 기기 명칭은?

● 답안작성

(1) 단로기 (2) 피뢰기
(3) 전력용 콘덴서 (4) 영상 변류기
(5) 전압계용 전환개폐기 (6) 전류계용 전환개폐기
(7) 변류기 (8) 계기용 변압기
(9) 차단기

● 해 설

(3) 전력용 콘덴서 또는 진상용 콘덴서

▶출제년도 : 기사 95. 96. 99. 12. ▶점수 : 5점

문5 다음 설명을 잘 이해한 후 어떤 결선 방식인가 답하고 결선도를 그리시오.

- 2차 권선의 전압이 선간전압의 $\dfrac{1}{\sqrt{3}}$ 이고 승압용에 적당하다.
- 즉, △-△ 결선과 Y-Y 결선의 장점을 갖고 있다.
- 30° 위상변위가 있어서 한 대가 고장이 나면 전원공급이 불가능한 결선이다.

● 답안작성

△-Y 결선

▶출제년도 : 산업 94. 02. 12. ▶점수 : 5점

문6 그림은 콘센트의 종류를 표시한 옥내배선용 그림기호이다. 각 그림기호는 어떤 의미를 가지고 있는지 설명하시오.

(1) ⊙WP (2) ⊙EL (3) ⊙₂ (4) ⊙ (5) ⊙ET

● 답안작성

(1) 방수형 (2) 누전 차단기 붙이 (3) 2구
(4) 천장붙이 (5) 접지 단자붙이

● 해 설

명 칭	그림 기호	적 요
콘센트	⊙	① 천장에 부착하는 경우는 다음과 같다. ⊙ ② 바닥에 부착하는 경우는 다음과 같다. ⊙ ③ 용량의 표시 방법은 다음과 같다. • 15[A]는 방기하지 않는다. • 20[A] 이상은 암페어 수를 방기한다. [보기] ⊙₂₀A

명 칭	그림 기호	적 요

		④ 2구 이상인 경우는 구 수를 방기한다.
		[보기] ◐₂
		⑤ 3극 이상인 것은 극 수를 방기한다.
		[보기] ◐₃ₚ
		⑥ 종류를 표시하는 경우는 다음과 같다.
		   빠짐 방지형 ◐ₗₖ
		   걸림형 ◐ₜ
		   접지극붙이 ◐ₑ
		   접지단자붙이 ◐ₑₜ
		   누전 차단기붙이 ◐ₑₗ
		⑦ 방수형은 WP를 방기한다. ◐wp
		⑧ 방폭형은 EX를 방기한다. ◐ₑₓ
		⑨ 의료용은 H를 방기한다. ◐ₕ

▶ 출제년도 : 산업 12. ▶ 점수 : 4점

문7
다음표의 전로의 사용 전압의 구분에 따른 절연저항값은 몇 [MΩ] 이상이어야 하는지 그 값을 표에 써 넣으시오.

전로의 사용전압[V]	절연저항[MΩ]
SELV 및 PELV	①
FELV, 500[V] 이하	②
500[V] 초과	③

● 답안작성

① 0.5   ② 1   ③ 1

● 해 설

전기설비 기술기준 제52조 저압전로의 절연성능

전기사용 장소의 사용전압이 저압인 전로의 전선 상호 간 및 전로와 대지 사이의 절연저항은 개폐기 또는 과전류차단기로 구분할 수 있는 전로마다 다음 표에서 정한 값 이상이어야 한다. 다만, 전선 상호 간의 절연저항은 기계기구를 쉽게 분리가 곤란한 분기회로의 경우 기기 접속 전에 측정할 수 있다. 또한, 측정 시 영향을 주거나 손상을 받을 수 있는 SPD 또는 기타 기기 등은 측정 전에 분리시켜야 하고, 부득이하게 분리가 어려운 경우에는 시험전압을 250[V] DC로 낮추어 측정할 수 있지만 절연저항 값은 1[MΩ] 이상이어야 한다.

전로의 사용전압[V]	DC 시험전압[V]	절연저항[MΩ]
SELV 및 PELV	250	0.5
FELV, 500[V] 이하	500	1.0
500[V] 초과	1,000	1.0

[주] 특별저압(extra low voltage : 2차 전압이 AC 50[V], DC 120[V] 이하)으로 SELV(비접지회로 구성) 및 PELV(접지회로 구성)은 1차와 2차가 전기적으로 절연된 회로, FELV는 1차와 2차가 전기적으로 절연되지 않은 회로

▶ 출제년도 : 기사 14. 20. 산업 93. 12. ▶ 점수 : 5점

문8 금속제 전선관의 치수에서 후강전선관의 호칭은 다음과 같다. ( ) 안에 관의 호칭을 쓰시오.

16, 22, ( ), ( ), 42, ( ), 70, ( ), 92, ( )

● 답안작성

28, 36, 54, 82, 104

● 해 설

금속관의 종류

종 류	관의 호칭
후강전선관(근사내경, 짝수)	16 22 28 36 42 54 70 82 92 104
박강전선관(근사외경, 홀수)	19 25 31 39 51 63 75
나사없는 전선관	박강전선관과 치수가 같다.

▶ 출제년도 : 기사 12. 20. 산업 12. 14. ▶ 점수 : 3점

문9 다음의 작업구분에 맞는 직종명을 쓰시오.
(1) 특별고압케이블 설비의 시공 및 보수
(2) 철탑 및 송전설비의 시공 및 보수
(3) 발전설비 및 중공업 설비의 시공 및 보수

● 답안작성

(1) 특고압 케이블전공
(2) 송전전공
(3) 플랜트전공

● 해 설

(1) 특고압 케이블전공 : 특별고압케이블 설비의 시공 및 보수에 종사하는 사람(7,000[V] 초과)
(2) 송전전공 : 발전소와 변전소 사이의 송전선의 철탑 및 송전설비의 시공 및 보수에 종사하는 사람
(3) 플랜트전공 : 발전소 중공업설비·플랜트설비의 시공 및 보수에 종사하는 사람

▶ 출제년도 : 산업 06. 12. ▶ 점수 : 5점

문10 평면이 200[m²]인 사무실에 40[W] 형광등 전광속 2,500[lm]인 형광등을 사용하여 평균 조도를 150[lx]로 유지하도록 하려고 한다. 이 사무실에 필요한 형광등 수를 산정하시오. 단, 조명률은 0.5이고, 감광보상률은 1.25이다.
• 계산 :   • 답 :

● 답안작성

계산 : $N = \dfrac{EAD}{FU} = \dfrac{150 \times 200 \times 1.25}{2,500 \times 0.5} = 30$ [등]

답 : 30[등]

문11

▶출제년도 : 산업 12. ▶점수 : 5점

다음의 중성점 접지방식에 대하여 어떻게 접지하는지 설명하시오.
(1) 직접접지방식
(2) 저항접지방식
(3) 비접지 방식

● 답안작성

(1) 중성점을 금속선으로 직접 접지하는 방식
(2) 중성점을 저항으로 접지하는 방식이며, 이때 저항값의 크기에 따라 저저항접지방식과 고저항접지방식으로 나누어진다.
(3) 중성점을 접지하지 않는 방식

● 해 설

중성점 접지방식의 종류
중성점 접지 방식은 중성점을 접지하는 접지 임피던스 Z_n의 종류와 크기에 따라 다음과 같이 구분한다.
① 비접지 방식 : $Z_n = \infty$
② 직접접지 방식 : $Z_n = 0$
③ 저항 접지방식 : $Z_n = R$
④ 소호리액터접지방식 : $Z_n = jX_L$

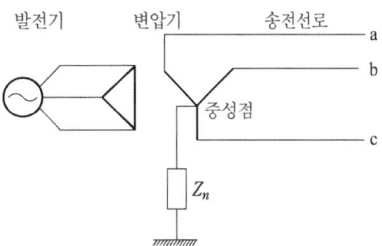

문12

▶출제년도 : 산업 12. ▶점수 : 5점

발열량 5,500[kcal/kg]의 석탄 1[ton]을 연소하여 2,400[kWh]의 전력을 발생하는 화력발전소의 열효율은 약 몇 [%]인가?
• 계산 :   • 답 :

● 답안작성

계산 : $\eta = \dfrac{출력}{입력} = \dfrac{860 \times 2,400}{1 \times 10^3 \times 5,500} \times 100 = 37.53[\%]$

답 : 37.53[%]

● 해 설

발전 전력량 $W[\text{kWh}]$, 연료 소비량 $m[\text{kg}]$, 연료의 발열량 $H[\text{kcal/kg}]$라고 하면

열효율 $\eta = \dfrac{860W}{mH} \times 100$

문13

▶출제년도 : 산업 12. ▶점수 : 10점

다음 용어설명에 대한 명칭을 쓰시오.
(1) 소켓, 리셉터클, 콘센트 등의 총칭을 말한다.
(2) 전로에 접속된 변압기 또는 콘덴서의 결선상 단위를 말한다.
(3) 전로에 지락이 생겼을 경우에 이를 검출하여 신속하게 차단하기 위한 장치를 말한다.
(4) 마루 밑에 매입하는 배선용의 홈통으로 마루 위로 전선인출을 목적으로 하는 것을 말한다.
(5) 벨, 부저, 신호등 등의 신호를 발생하는 장치에 전기를 공급하는 회로를 말한다.

● 답안작성

(1) 수구   (2) 뱅크   (3) 지락차단장치   (4) 플로어덕트   (5) 신호회로

▸출제년도 : 산업 12. 15. 21. 24.   ▸점수 : 5점

문14 전등 설비 200[kW], 전열 설비 300[kW], 전동기 설비 400[kW]인 수용가가 있다. 이 수용가의 최대 수용 전력이 780[kW]이라면 수용률은 얼마인가?
•계산 :   •답 :

● 답안작성

계산 : 수용률 = $\dfrac{\text{최대 수용 전력}}{\text{설비 용량(접속부하)}} \times 100[\%] = \dfrac{780}{200+300+400} \times 100 = 86.67[\%]$

답 : 86.67[%]

▸출제년도 : 00. 02. 05. 08. 12.   ▸점수 : 5점

문15 다음 물음에 답하시오.
(1) 사용전압이 22.9[kV]라고 할 때 차단기의 트립전원은 (①) 또는 (②) 방식이 바람직하며 66[kV] 이상의 수전 설비에는 (③)이어야 한다.
(2) 지중 인입선의 경우에 22.9[kV-y] 계통은 (①) 케이블 또는 (①) 케이블을 사용하여야 한다.

● 답안작성

(1) ① 직류(DC) ② 콘덴서(CTD) ③ 직류(DC)
(2) ① CNCV-W 케이블(수밀형) ② TR CNCV-W(트리억제형)

● 해 설

특고압 수전설비 표준결선도(CB 1차측에 CT를, CB 2차측에 PT를 시설하는 경우)

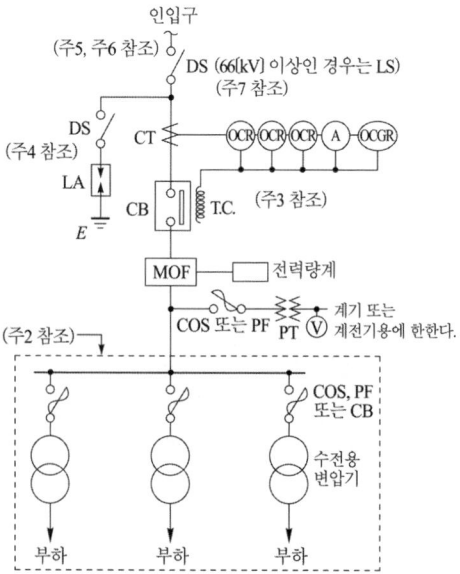

[주1] 2.9[kV - Y] 1,000[kVA] 이하인 경우에는 간이 수전 설비 결선도에 의할 수 있다.
[주2] 결선도 중 점선 내의 부분은 참고용 예시이다.
[주3] 차단기의 트립 전원은 직류(DC) 또는 콘덴서 방식(CTD)이 바람직하며 66[kV] 이상의 수전 설비에는 직류(DC)이어야 한다.
[주4] LA용 DS는 생략할 수 있으며 22.9[kV - Y]용의 LA는 Disconnector(또는 Isolator) 붙임형을 사용하여야 한다.
[주5] 인입선을 지중선으로 시설하는 경우로써 공동 주택 등 사고 시 정전 피해가 큰 수전 설비 인입선은 예비선을 포함하여 2회선으로 시설하는 것이 바람직하다.
[주6] 지중인입선의 경우에 22.9[kV-Y] 계통은 CNCV-W 케이블(수밀형) 또는 TR CNCV-W(트리억제형)을 사용하여야 한다. 다만, 전력구·공동구·덕트·건물 구내 등 화재의 우려가 있는 장소에서는 FR CNCO-W(난연) 케이블을 사용하는 것이 바람직하다.
[주7] DS 대신 자동고장구분 개폐기(7,000[kVA] 초과 시에는 Sectionalizer)를 사용할 수 있으며 66[kV] 이상의 경우는 LS를 사용하여야 한다.

문16

▶ 출제년도 : 산업 12. 20.   ▶ 점수 : 5점

변압비가 50이고 2차 전부하 전압이 220[V], 전압변동률이 4[%]인 변압기 1차측 무부하 전압은 몇 [V]인가?

• 계산 :   • 답 :

● 답안작성

계산 : $\epsilon = \dfrac{V_{20} - V_{2n}}{V_{2n}} \times 100 = \left(\dfrac{V_{20}}{V_{2n}} - 1\right) \times 100 = \left(\dfrac{V_{20}}{220} - 1\right) \times 100 = 4[\%]$ 이므로

$V_{20} = \left(1 + \dfrac{4}{100}\right) \times 220 = 228.8[V]$

∴ $V_1 = aV_2 = 50 \times 228.8 = 11,440[V]$

답 : 11,440 [V]

● 해 설

$\epsilon = \dfrac{V_{20} - V_{2n}}{V_{2n}} \times 100 = \left(\dfrac{V_{20}}{V_{2n}} - 1\right) \times 100$

여기서, ϵ : 전압변동률, V_{20} : 무부하 전압, V_{2n} : 정격 전압

문17

▶ 출제년도 : 산업 92. 93. 12.   ▶ 점수 : 5점

아래 회로도를 보고 물음에 답하시오.

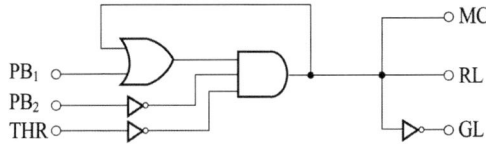

(1) 답안지의 시퀀스 회로도를 완성하시오.
(2) 답란의 출력식을 쓰시오.

● 답안작성

(1)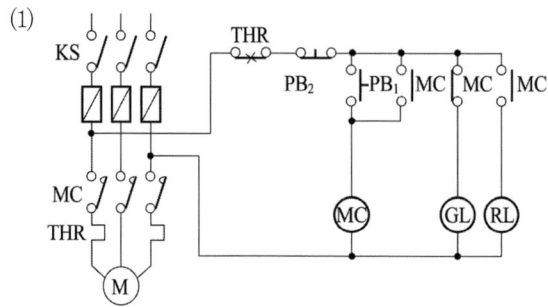

(2) $MC = (PB_1 + MC) \cdot \overline{PB_2} \cdot \overline{THR}$
    $GL = \overline{MC}$
    $RL = MC$

개정된 '전기설비 기술기준 및 판단기준'과 '내선규정'에 의거해 삭제된 문제가 있어 점수의 합계가 100점이 되지 않습니다.

2012년 4회 전기공사산업기사실기

▶ 출제년도 : 산업 90. 94. 05. 12. 20. ▶ 점수 : 5점

문1 그림과 같은 철탑 기초의 굴착량을 산출하려고 한다. 철탑의 굴착량 식은?

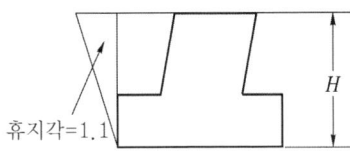

● 답안작성
터파기량 = 가로×세로×H×1.21

● 해 설
휴지각 = 1.1×1.1 = 1.21

▶ 출제년도 : 산업 97. 03. 10. 12. 17. 20. 24. ▶ 점수 : 5점

문2 어느 빌딩의 수전설비를 계획하려고 한다. 이 빌딩에 예측되는 부하밀도는 조명전용 30[VA/m²], 일반동력 30[VA/m²], 냉방 40[VA/m²]이다. 이 빌딩의 건평이 20,000[m²]일 경우 부하설비의 용량은 몇 [kVA]인지 계산하시오.
• 계산 :   • 답 :

● 답안작성
계산 : 조명설비 = $30 \times 20{,}000 \times 10^{-3} = 600$[kVA]
　　　일반동력설비 = $30 \times 20{,}000 \times 10^{-3} = 600$[kVA]
　　　냉방설비 = $40 \times 20000 \times 10^{-3} = 800$[kVA]
　　　부하설비 = $600 + 600 + 800 = 2{,}000$[kVA]
답 : 2,000[kVA]

▶ 출제년도 : 산업 03. 12. ▶ 점수 : 7점

문3 축전지의 용량 산출에 필요한 조건 6가지를 쓰시오.

● 답안작성
① 부하의 크기와 성질　　② 예상 정전시간
③ 순시 최대 방전전류의 세기　④ 제어 케이블에 의한 전압강하
⑤ 경년에 의한 용량의 감소　⑥ 온도 변화에 의한 용량 보정

● 해 설
그 외에도
⑦ 방전시간　　⑧ 허용 최저 전압
⑨ 셀 수의 선정　⑩ 보수율

▶ 출제년도 : 산업 12.   ▶ 점수 : 3점

문4 태양전지의 모듈이란?

● 답안작성

태양전지의 최소 단위를 셀(cell)이라고 하는데, 이 셀을 다수 개 조합한 것을 모듈이라고 한다.

▶ 출제년도 : 산업 99, 02, 05, 07, 12.   ▶ 점수 : 10점

문5 그림 중 ☐ 내의 기기 명칭을 기호로 써 넣으시오.

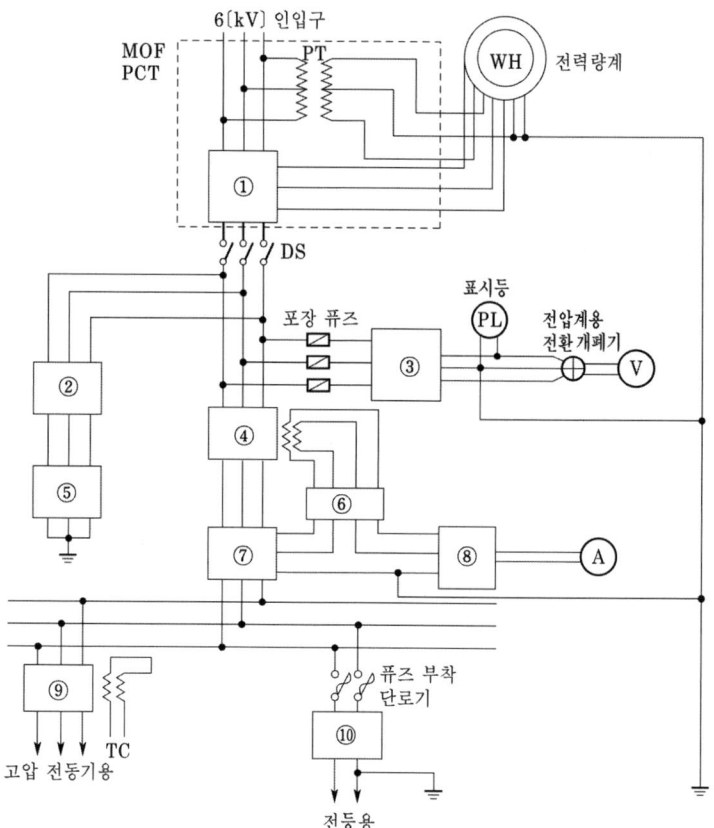

● 답안작성

① CT   ② DS   ③ PT   ④ CB   ⑤ LA
⑥ OCR   ⑦ CT   ⑧ AS   ⑨ CB   ⑩ TR

● 해 설

① CT(계기용 변류기)   ② DS(단로기)
③ PT(계기용 변압기)   ④ CB(교류 차단기)
⑤ LA(피뢰기)   ⑥ OCR(과전류 계전기)
⑦ CT(계기용 변류기)   ⑧ AS(전류계용 전환개폐기)
⑨ CB(교류 차단기)   ⑩ TR(변압기)

▸출제년도 : 산업 12. 20.   ▸점수 : 5점

문6 단상 변압기 10[kVA] 3대로 △결선하여 급전하고 있는데 변압기 1대가 고장으로 제거되었다 한다. 이때의 부하가 27.8[kVA]라면 나머지 2대의 변압기는 몇 [%]의 과부하율로 운전되는가?

• 계산 :   • 답 :

● 답안작성

계산 : V결선 출력 $P = \sqrt{3}\,VI = \sqrt{3} \times 10$ [kVA]

$$\text{과부하율} = \frac{27.8}{\sqrt{3} \times 10} \times 100 = 160.5[\%]$$

답 : 160.5[%]

▸출제년도 : 산업 12.   ▸점수 : 5점

문7 저압전로의 지락보호방식의 종류 4가지를 쓰시오

● 답안작성

① 보호접지방식   ② 과전류차단방식   ③ 누전차단방식   ④ 누전경보방식

▸출제년도 : 산업 12.   ▸점수 : 5점

문8 그림과 같이 수전단 전압이 210[V], 부하 전류 60[A], 역률은 1일 때, ab에 걸리는 전압은 몇 [V]인가? (단, 1선당 저항값은 0.06[Ω]이고, 리액턴스는 무시한다.)

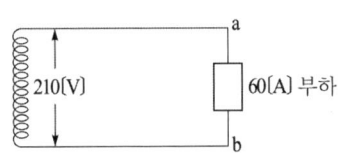

• 계산 :   • 답 :

● 답안작성

계산 : $V_{ab} = 210 - 2 \times 60 \times 0.06 = 202.8$ [V]

답 : 202.8[V]

▸출제년도 : 산업 12.   ▸점수 : 5점

문9 다음 표의 전로의 사용 전압의 구분에 따른 절연저항값은 몇 [MΩ] 이상이어야 하는지 그 값을 표에 써 넣으시오.

전로의 사용전압[V]	절연저항[MΩ]
SELV 및 PELV	①
FELV, 500[V] 이하	②
500[V] 초과	③

● 답안작성

① 0.5   ② 1   ③ 1

● 해 설

전기설비 기술기준 제52조 저압전로의 절연성능

전기사용 장소의 사용전압이 저압인 전로의 전선 상호 간 및 전로와 대지 사이의 절연저항은 개폐기 또는 과전류차단기로 구분할 수 있는 전로마다 다음 표에서 정한 값 이상이어야 한다. 다만, 전선 상호 간의 절연저항은 기계기구를 쉽게 분리가 곤란한 분기회로의 경우 기기 접속 전에 측정할 수 있다. 또한, 측정 시 영향을 주거나 손상을 받을 수 있는 SPD 또는 기타 기기 등은 측정 전에 분리시켜야 하고, 부득이하게 분리가 어려운 경우에는 시험전압을 250[V] DC로 낮추어 측정할 수 있지만 절연저항 값은 1[MΩ] 이상이어야 한다.

전로의 사용전압[V]	DC 시험전압[V]	절연저항[MΩ]
SELV 및 PELV	250	0.5
FELV, 500[V] 이하	500	1.0
500[V] 초과	1,000	1.0

[주] 특별저압(extra low voltage : 2차 전압이 AC 50[V], DC 120[V] 이하)으로 SELV(비접지회로 구성) 및 PELV(접지회로 구성)은 1차와 2차가 전기적으로 절연된 회로, FELV는 1차와 2차가 전기적으로 절연되지 않은 회로

▶ 출제년도 : 산업 12.   ▶ 점수 : 4점

문10 다음은 송전 선로의 코로나 손실을 나타내는 Peek 식이다. (1)~(3)의 의미를 쓰시오.

Peek식 $P = \dfrac{241}{\delta}(f+25)\sqrt{\dfrac{d}{2D}}(E-E_0)^2 \times 10^{-5}$ [kW/km/선]

(1) δ (2) E (3) E_0

● 답안작성

(1) 상대 공기 밀도
(2) 전선에 걸리는 대지 전압
(3) 코로나 임계 전압

● 해 설

(1) 코로나 임계전압

$$E_0 = 24.3 m_0 m_1 \delta d \log_{10}\dfrac{D}{r} \text{[kV]}$$

m_0 : 전선표면의 상태계수
m_1 : 날씨에 관계하는 계수(맑은 날 1.0, 우천 시 0.8)
δ : 상대 공기 밀도, d : 전선의 지름[cm]
r : 전선의 반지름[cm], D : 전선의 등가 선간거리[cm]

(2) 코로나 손실(Peek 식)

$$P = \dfrac{241}{\delta}(f+25)\sqrt{\dfrac{d}{2D}}(E-E_0)^2 \times 10^{-5} \text{[kW/km/선]}$$

E : 전선의 대지전압 [kV], E_o : 코로나 임계전압 [kV], f : 주파수 [Hz],
d : 전선의 지름 [cm], D : 선간거리 [cm], δ : 상대공기밀도

▶출제년도 : 산업 12. ▶점수 : 3점

문11 저압 전선로 중 절연부분의 전선과 대지 간의 절연저항은 사용전압에 대한 누설전류는 최대공급전류의 얼마를 넘어서는 안되는가?

● 답안작성

$$\frac{1}{2,000}$$

● 해 설

단, 단상 2선식의 경우 전선을 일괄한 것과 대지 사이의 절연저항은 사용전압에 대한 누설전류가 최대공급 전류의 $\frac{1}{1,000}$ 이하가 되도록 하여야 한다.

▶출제년도 : 기사 96. 산업 12. ▶점수 : 5점

문12 수전전압 22[kV], 수전용량이 3ϕ, 800[kW], 역률 90[%]로 수전할 때에 수전회로에 시설하는 변류기의 변류비는 얼마인가? (단, 1.25배의 여유를 준다.)
• 계산 :   • 답 :

● 답안작성

계산 : $I_1 = \frac{800}{\sqrt{3} \times 22 \times 0.9} \times 1.25 = 29.16[A]$

답 : 변류비 30/5

▶출제년도 : 산업 94. 02. 12. 20. ▶점수 : 5점

문13 그림은 콘센트의 종류를 표시한 옥내배선용 그림기호이다. 각 그림기호는 어떤 의미를 가지고 있는지 설명하시오.

(1) ⊙$_{LK}$ (2) ⊙$_{ET}$ (3) ⊙$_{EL}$ (4) ⊙$_{E}$ (5) ⊙$_{T}$

● 답안작성

(1) ⊙$_{LK}$: 빠짐 방지형
(2) ⊙$_{ET}$: 접지 단자붙이
(3) ⊙$_{EL}$: 누전 차단기 붙이
(4) ⊙$_{E}$: 접지극 붙이
(5) ⊙$_{T}$: 걸림형

▶출제년도 : 기사 91. 92. 96. 98. 04. 12. 15. 20. 산업 12. ▶점수 : 5점

문14 3상 3선식 220[V]로 수전하는 수용가의 부하 전력이 95[kW], 부하 역률이 85[%], 구내 배전선의 길이는 150[m]이며, 배선에서 전압 강하를 6[V]까지 허용하는 경우 구내 배선의 굵기를 구하시오. (단, 이때 배선의 굵기는 전선의 공칭 단면적으로 표시하시오.)
• 계산 :   • 답 :

● 답안작성

계산 : $A = \dfrac{30.8 \cdot LI}{1,000 \cdot e} = \dfrac{30.8 \times 150 \times \dfrac{95 \times 10^3}{\sqrt{3} \times 220 \times 0.85}}{1,000 \times 6} = 225.85[\text{mm}^2]$

답 : $240[\text{mm}^2]$

● 해 설

① 전압강하 계산

전기 방식	전압 강하		전선 단면적
단상 3선식 직류 3선식 3상 4선식	$e_1 = IR$	$e_1 = \dfrac{17.8LI}{1,000A}$	$A = \dfrac{17.8LI}{1,000e_1}$
단상 2선식 및 직류 2선식	$e_2 = 2IR = 2e_1$	$e_2 = \dfrac{35.6LI}{1,000A}$	$A = \dfrac{35.6LI}{1,000e_2}$
3상 3선식	$e_3 = \sqrt{3}IR = \sqrt{3}e_1$	$e_3 = \dfrac{30.8LI}{1,000A}$	$A = \dfrac{30.8LI}{1,000e_3}$

② KSC IEC 전선규격

1.5, 2.5, 4, 6, 10, 16, 25, 35, 50, 70, 95, 120, 150, 185, 240, 300, 400, 500, 630[mm²]

▶출제년도 : 산업 04, 12, 18. ▶점수 : 5점

문15 330[mm²]인 ACSR선이 경간 500[m]에서 이도가 8.6[m]이었다 하면 전체의 실제 길이는 몇 [m]인가?

•계산 :   •답 :

● 답안작성

계산 : $L = S + \dfrac{8}{3}\dfrac{D^2}{S} = 500 + \dfrac{8 \times 8.6^2}{3 \times 500} = 500.39[\text{m}]$ 답 : $500.39[\text{m}]$

▶출제년도 : 산업 89, 95, 12. ▶점수 : 6점

문16 가로 20[m], 세로 30[m], 천장 높이 4.5[m]인 사무실에 그림과 같이 전등 설비를 하고자 한다. 실지수를 구하여라.

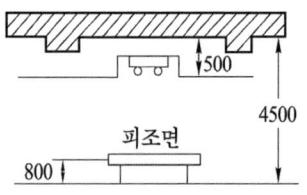

•계산 :   •답 :

● 답안작성

계산 : 실지수$(R \cdot I) = \dfrac{XY}{H(X+Y)} = \dfrac{20 \times 30}{(4.5 - 0.5 - 0.8) \times (20 + 30)} = 3.75$

답 : 3.75

▶ 출제년도 : 산업 92, 04, 12, ▶ 점수 : 6점

문17 그림은 직류 전동기의 기동 회로도이다. 다음 물음에 답하시오.

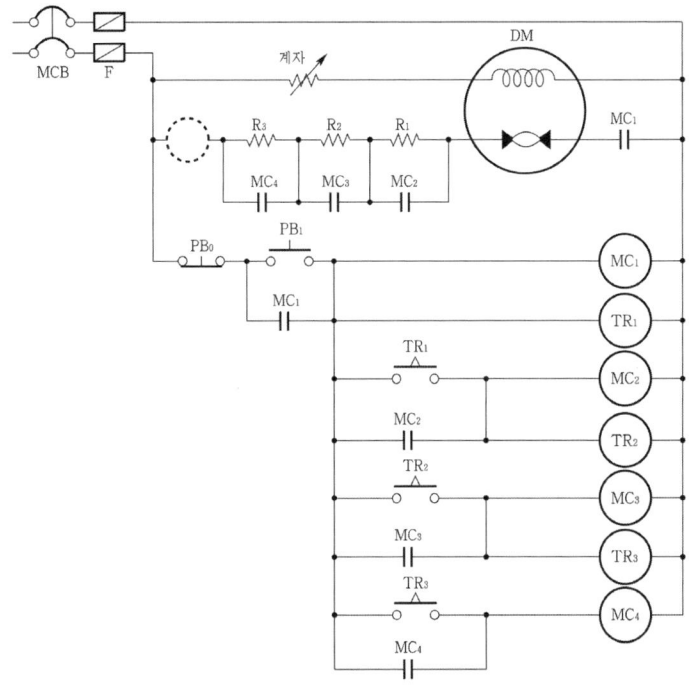

(1) 그림에서 ⋯으로 표시한 곳에 올바른 도면이 되도록 접점을 그리고 기호를 쓰시오.
 (예 : ─╂╄─ MC_4, ─┤├─ MC_3)
(2) 답란의 타임 차트에서 미완성 부분을 완성하시오.

● 답안작성

(1) ○─┤├─○
      MC_1

(2)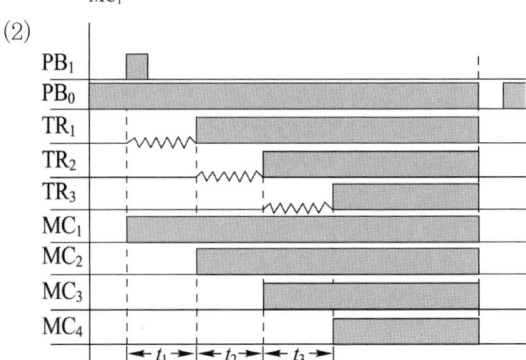

● 해 설

전기자의 직렬 저항 ($R_1 + R_2 + R_3$)을 3단계로 줄이면서 기동하고 운전 중에는 전부 단락 상태가 된다.

▶ 출제년도 : 산업 94. 12.   ▶ 점수 : 5점

문18 두 그림에서 출력 Q_1, Q_2의 동작 시간을 예와 같이 쓰시오. 단, FF는 $\overline{R}\,\overline{S}$-latch이고, 555는 IC 타이머 소자이다. (예 : $t_1 \sim t_2$)

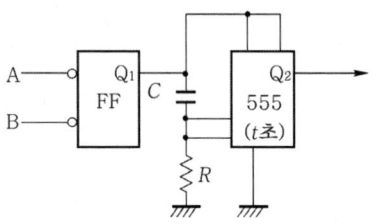
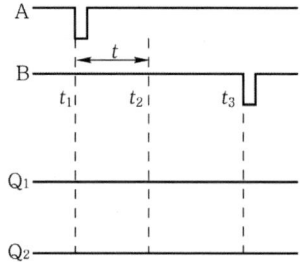

● 답안작성

Q_1 : $t_1 \sim t_3$

Q_2 : $t_2 \sim t_3$

● 해 설

A로 t_1초에 FF가 세트되면 t초로(설정 시간 $t_2 \sim t_1$)에 555가 세트된다. B로 t_3초에 FF가 리셋되면 555도 리셋된다.

2013년 1회 전기공사산업기사실기

▶출제년도 : 산업 99. 13. 20. ▶점수 : 5점

문1 단상 2선식 100[V]의 옥내배선에서 소비전력 40[W], 역률 75[%]의 형광등 100등을 설치하고자 한다. 이때의 분기회로를 16[A] 분기회로로 할 때 분기회로의 최소 수는 몇 회선인가? 단, 1개 회로의 부하전류는 분기회로 용량의 90[%]로 하고 수용률은 100[%]로 한다.
• 계산   • 답

● 답안작성

계산 : 분기회로 수 $= \dfrac{40 \times 100}{100 \times 16 \times 0.75 \times 0.9} = 3.70$ [회로]

답 : 16[A] 4회로(회선)

● 해 설

부하산정 $= \dfrac{40 \times 100}{0.75} = 5,333.33$ [VA]

분기회로 정격의 90[%]이므로

분기회로 수 $= \dfrac{5,333.33}{100 \times 16 \times 0.9} = 3.70$ [회선]

▶출제년도 : 산업 13. ▶점수 : 6점

문2 다음 용어에 대하여 설명하시오.
(1) 소세력 회로
(2) 한류 퓨즈
(3) 풀박스

● 답안작성

(1) 전자 개폐기의 조작회로 또는 초인벨·경보벨 등에 접속하는 전로로서 최대 사용전압이 60[V] 이하인 것
(2) 단락전류를 신속히 차단하며 또한 흐르는 단락전류의 값을 제한하는 성질을 가지는 퓨즈로 이 성질에 관하여 일정한 규격에 적합한 것을 말한다.
(3) 전선의 통과를 쉽게 하기 위하여 배관의 도중에 설치하는 박스를 말하며, 대형인 것은 특별히 제작되나 소형인 것은 보통의 아웃렛 박스를 대용하기도 한다.

▶출제년도 : 산업 13. 24. ▶점수 : 4점

문3 알칼리 축전지 종류에 대한 각각의 형식명을 쓰시오.
(1) 포켓식
(2) 소결식

● 답안작성
(1) AL형, AM형, AMH형, AH-P형
(2) AH-S형, AHH형

● 해 설
(1) AL형(완방전형), AM형(표준형), AMH형(급방전형), AH-P형(초급방전형)
(2) AH-S형(초급방전형), AHH형(극초급방전형)

▶출제년도 : 산업 13.   ▶점수 : 5점

문4 사용전압 400[V] 이하의 습기 또는 물기가 있는 노출 장소에서 적용 가능한 옥내 배선 방법 5가지를 쓰시오.

● 답안작성
① 애자공사   ② 금속관공사   ③ 합성수지관공사(CD관 제외)
④ 비닐피복 2종 가요전선관공사   ⑤ 케이블공사

● 해 설

표. 시설 장소와 배선 방법(400[V] 이하)

배선 방법		시설의 가능							옥측 옥내	
		옥내								
		노출 장소		은폐 장소						
				점검 가능		점검 불가능				
		건조한 장소	습기가 많은 장소 또는 수분이 있는 장소	건조한 장소	습기가 많은 장소 또는 수분이 있는 장소	건조한 장소	습기가 많은 장소 또는 수분이 있는 장소	우선 내	우선 외
애자공사		○	○	○	○	×	×	①	①
금속관공사		○	○	○	○	○	○	○	○
합성수지관공사	합성수지관 (CD관 제외)	○	○	○	○	○	○	○	○
	CD관	②	②	②	②	②	②	②	②
가요전선관공사	1종 가요전선관	⑤	×	⑤	×	×	×	×	×
	비닐 피복 1종 가요전선관	⑤	⑤	⑤	⑤	×	×	×	×
	2종 가요전선관	○	×	○	×	○	×	○	×
	비닐 피복 2종 가요전선관	○	○	○	○	○	○	○	○
금속 몰드 공사		○	×	○	×	×	×	×	×
합성수지 몰드 공사		○	×	○	×	×	×	×	×
플로어 덕트 공사		×	×	×	×	③	×	×	×
셀룰러 덕트 공사		×	×	×	×	③	×	×	×
금속 덕트 공사		○	×	○	×	×	×	×	×
라이팅 덕트 공사		○	×	○	×	×	×	×	×
버스 덕트 공사		○	×	○	×	×	×	④	④
케이블 공사		○	○	○	○	○	○	○	○
케이블트레이 공사		○	○	○	○	○	○	○	○

[비고] 1) ○ : 시설할 수 있다.   × : 시설할 수 없다.
CD관 : 내연성이 없는 것을 말한다.
2) ① : 노출 장소 및 점검할 수 있는 은폐 장소에 한하여 시설할 수 있다.
② : 직접 콘크리트에 매설하는 경우를 제외하고 전용의 불연성 또는 자소성이 있는 난연성의 관 또는 덕트에 넣는 경우에 한하여 시설할 수 있다.
③ : 콘크리트 등의 바닥 내에 한한다.
④ : 옥외용 덕트를 사용하는 경우에 한하여(점검할 수 없는 은폐장소를 제외한다.)시설할 수 있다.

▶출제년도 : 산업 13.   ▶점수 : 6점

문5 피뢰기에 대한 다음 각 물음에 답하시오.
(1) 현재 사용되고 있는 교류용 피뢰기의 구조는 무엇과 무엇으로 구성되어 있는가?
(2) 피뢰기의 정격 전압은 어떤 전압을 말하는가?
(3) 피뢰기의 제한 전압은 어떤 전압을 말하는가?

● 답안작성
(1) 직렬 갭과 특성요소
(2) 속류를 차단할 수 있는 교류 최고전압
(3) 피뢰기 방전중 피뢰기 단자에 남게되는 충격전압

▶출제년도 : 산업 96, 00, 01, 13.   ▶점수 : 5점

문6 배전설계의 긍장이 50[m], 부하의 최대 사용 전류는 150[A], 배전설계의 전압강하는 6[V]이다. 이때, 3상 3선식 저압회로의 공칭단면적을 구하시오.
(단, 공칭단면적은 35[mm^2], 50[mm^2], 70[mm^2], 95[mm^2] 등이 있다.)
• 계산   • 답

● 답안작성
계산 : 3상 3선식 회로에서의 전선의 단면적은
$$A = \frac{30.8LI}{1,000e} = \frac{30.8 \times 50 \times 150}{1,000 \times 6} = 38.5[\text{mm}^2]$$
답 : 50[mm^2]

● 해 설
① 전압강하 계산

전기 방식	전압 강하		전선 단면적
단상 3선식 직류 3선식 3상 4선식	$e_1 = IR$	$e_1 = \frac{17.8LI}{1,000A}$	$A = \frac{17.8LI}{1,000e_1}$
단상 2선식 및 직류 2선식	$e_2 = 2IR = 2e_1$	$e_2 = \frac{35.6LI}{1,000A}$	$A = \frac{35.6LI}{1,000e_2}$
3상 3선식	$e_3 = \sqrt{3}IR = \sqrt{3}e_1$	$e_3 = \frac{30.8LI}{1,000A}$	$A = \frac{30.8LI}{1,000e_3}$

② KSC IEC 전선규격
1.5, 2.5, 4, 6, 10, 16, 25, 35, 50, 70, 95, 120, 150, 185, 240, 300, 400, 500, 630[mm^2]

▶ 출제년도 : 산업 05, 10, 13.   ▶ 점수 : 7점

문7 송전선로에 발생하는 코로나 현상에 대한 영향 5가지와 방지대책 3가지를 쓰시오.

● 답안작성

(1) 영향
① 코로나 손실 발생 및 송전 효율의 저하
② 코로나 잡음
③ 통신선 유도장해
④ 소호 리액터의 소호 능력 저하
⑤ 전선의 부식 촉진
(2) 방지대책
① 굵은 전선을 사용한다(ACSR, 중공연선 등).
② 복도체 방식을 채택한다.
③ 가선금구를 개량한다.

● 해 설

코로나 방지 대책
① 전선의 지름을 크게 한다.
② 복도체를 사용한다.
③ 가선 금구를 개량한다.
④ 가선 시에 전선 표면의 금구를 손상하지 않게 한다.

▶ 출제년도 : 기사 20, 산업 13.   ▶ 점수 : 6점

문8 부하개폐기(LBS)의 특징 2가지를 쓰시오.

● 답안작성

① LBS는 부하 전류를 개폐할 수 있는 단로기로 3상 연동으로 투입, 개방토록 되어 있다.
② LBS는 고장전류를 차단할 수 없으므로 고장전류를 차단할 수 있는 한류 퓨즈와 직렬로 조합하여 사용한다.

▶ 출제년도 : 산업 93, 06, 13.   ▶ 점수 : 5점

문9 그림과 같이 외등용 전선관을 지중에 매설하려고 한다. 터파기(흙파기)량은 얼마인가? 단, 매설 거리는 70[m]이고, 전선관의 면적은 무시한다.

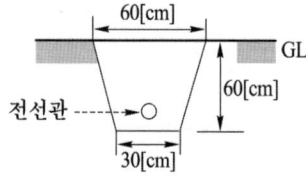

• 계산   • 답

● 답안작성

계산 : 줄기초 파기이므로 $V_o = \dfrac{0.6+0.3}{2} \times 0.6 \times 70 = 18.9[m^3]$

답 : $18.9[m^3]$

● 해 설

$$V_o = \frac{A+B}{2} \times hL$$

▶출제년도 : 산업 91. 96. 97. 03. 13.　▶점수 : 6점

문10 3상 3선식 중성점 비접지식 6,600[V] 가공전선로가 있다. 이 전로에 접속된 주상변압기 100[V]측 그 1단자에 중성점 접지공사를 할 때 접지 저항값은 얼마 이하로 유지하여야 하는가? (단, 이 전선로는 고저압 혼촉 시 2초 이내에 자동 차단하는 장치가 있으며 고압측 1선지락 전류는 5[A]라고 한다.)
•계산　　　　　　　　　　　　　　　•답

● 답안작성

계산 : 2초 이내 자동 차단하는 장치가 있으므로

$$R_2 = \frac{300}{I_g} = \frac{300}{5} = 60[\Omega]$$

답 : 60[Ω]

● 해 설

중성점 접지공사의 접지저항
• 자동차단장치가 없는 경우

$$R_2 = \frac{150}{1선\ 지락전류}[\Omega]$$

• 2초 이내에 동작하는 자동차단장치가 있는 경우

$$R_2 = \frac{300}{1선\ 지락전류}[\Omega]$$

• 1초 이내에 동작하는 자동차단장치가 있는 경우

$$R_2 = \frac{600}{1선\ 지락전류}[\Omega]$$

▶출제년도 : 산업 13. 16.　▶점수 : 5점

문11 6,600[V] 3상 3선식 배전 선로에서 완전 1선 지락 고장이 발생하였을 때 GPT 2차에 나타나는 전압의 크기는 몇 [V]인가? (단, GPT는 변압기 3대로 구성되어 있으며, 변압기의 변압비는 6,600/110[V]이다.)
•계산　　　　　　　　　　　　　　　•답

● 답안작성

계산 : $V_2 = \text{GPT 1차측 전압} \times \frac{1}{\text{변압비}} \times 3$

$$= \frac{6,600}{\sqrt{3}} \times \frac{110}{6,600} \times 3 = \frac{110}{\sqrt{3}} \times 3 = 110\sqrt{3} = 190.53[V]$$

답 : 190.53[V]

▶출제년도 : 기사 98. 02. 산업 13.　▶점수 : 6점

문12 조명 시설을 하기 위한 공간의 폭이 12[m], 길이가 18[m], 천장 높이가 3.85[m]인 사무실에 형광등 20등을 시설하려고 한다. 이때 다음 각 물음에 답하시오.
(단, 사용되는 형광등 기구 40[W] 2등용의 광속은 5,600[lm]이며, 바닥에서 책상 면까지의 높이는 0.85[m]이고, 조명률은 50[%], 보수율은 80[%]라고 한다.)
(1) 작업면 상의 평균 조도는 몇 [lx]인가?
　•계산　　　　　　　　　　　　　　　　　•답
(2) 이 조명 시설 공간의 실지수는 얼마인가?
　•계산　　　　　　　　　　　　　　　　　•답

● 답안작성

(1) 계산 : $E = \dfrac{FUN}{AD} = \dfrac{5,600 \times 0.5 \times 20}{12 \times 18 \times \dfrac{1}{0.8}} = 207.41[\text{lx}]$

답 : 207.41[lx]

(2) 계산 : 실지수$(R.I) = \dfrac{XY}{H(X+Y)} = \dfrac{12 \times 18}{(3.85-0.85)(12+18)} = 2.4$

답 : 2.4

▶출제년도 : 산업 13.　▶점수 : 3점

문13 다음 그림은 전자식 접지 저항계를 사용하여 접지극의 접지 저항을 측정하기 위한 배치도이다. 물음에 답하시오.

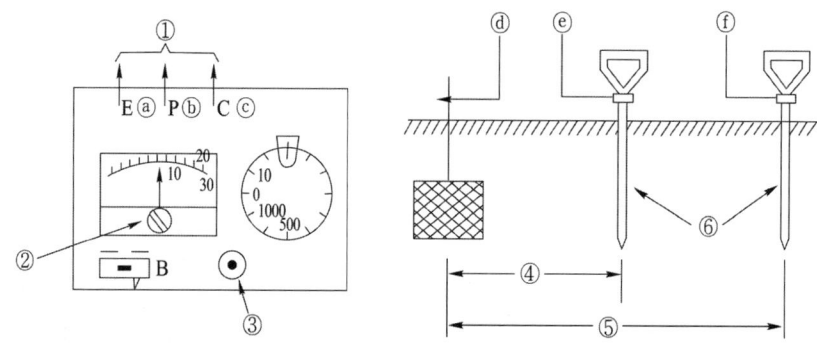

(1) 그림에서 ①의 측정 단자의 각 접지극의 접속은?
(2) 그림에서 ②의 명칭은?
(3) 그림에서 ③의 명칭은?
(4) 그림에서 ④의 거리는 몇 [m] 이상인가?
(5) 그림에서 ⑤의 거리는 몇 [m] 이상인가?
(6) 그림에서 ⑥의 명칭은?

● 답안작성

(1) ⓐ → ⓓ, ⓑ → ⓔ, ⓒ → ⓕ

(2) 영점 조정 단자
(3) 누름 버튼
(4) 10[m]
(5) 20[m]
(6) 보조 접지극

● 해 설
(3) 누름 버튼 또는 전원 스위치

▶출제년도 : 산업 96, 00, 13.   ▶점수 : 9점

문14 천장높이가 10[m]인 창고건물에 노출형 차동식 열감지기 40개와 P형 1급(15회로) 수신기를 설치한 후 시험까지 시행하기 위하여 필요한 인공을 참고표를 이용하여 구하시오.

공종	단위	내선전공	비고
SPOT형 감지기 (차동식, 정온식, 보상식) 노출형	개	0.13	(1) 천장높이는 4[m] 기준 1[m] 증가 시마다 5[%] 증 (2) 매입형 또는 특수구조의 것은 조건에 따라서 산정할 것
시험기(공기관 포함)	개	0.15	상동
분포형의 공기관 (열전대선 감지선)	m	0.025	(1) 상동 (2) 상동
검출기	개	0.30	(1) 상동
공기관식의 Booster	개	0.10	(2) 상동
발신기 P-1	개	0.30	1급(방수형)
발신기 P-2	개	0.30	2급(보통형)
발신기 P-3	개	0.20	3급(푸시버튼만으로 응답 확인 없는 것)
회로시험기	개	0.10	
수신기 P-1(기본공수) (회선수공산수출가산요)	대	6.0	회선 수에 대한 산정 매 1회선에 대해서
수신기 P-2(기본공수) 부수신기(기본공수)	대 대	4.0 3.0	형식 \ 직종 : 내선전공 P-1 : 70.3 P-2 : 0.2 부수신기 : 0.10
소화전, 기동 릴레이	대	1.5	참고 : 산정 예(P-1의 10회분 기본공수는 6인, 회선당 할증 수는 10×0.3=3) ∴ 6 + 3 = 9인
전령(電鈴) 표시등 표시등	개 개 개	0.15 0.20 0.15	수신기에 내장되지 않은 것으로 별개로 취부할 경우에 적용

[해설] 시험공량은 총공량의 10[%]로 하되 최소치를 3인으로 함

● 답안작성

감지기 : 내선전공 : $0.13 \times 40 \times (1 + 6 \times 0.05) = 6.76$[인]
수신기 : 내선전공 : $6.0 + (15 \times 0.3) = 10.5$[인]
시험 시 공량 : $(6.76 + 10.5) \times 0.1 = 1.726$[인]이지만 최소 3[인]
∴ 계 : $6.76 + 10.5 + 3 = 20.26$[인]
답 : 20.26[인]

▸ 출제년도 : 산업 05, 07, 13, 22. ▸ 점수 : 9점

문 15 다음 조건을 만족하는 회로를 구성하여 미완성 도면을 완성하시오.

[조건]

① Button Switch B_1 또는 B_2를 누르면(눌렀다 놓으면) 해당번호의 전등 L_1 또는 L_2가 점등되고 동시에 Buzzer BZ가 일정시간 동작하고 Timer T의 설정시간 후 L_1 또는 L_2와 BZ는 동시에 정지한다. L_1이 점등되고 있을 때 B_2를 눌러도 L_2는 점등되지 않는다. L_2가 점등되고 있을 때에도 B_1을 눌러도 L_1은 점등되지 않는다.

② 정지한 후 다시 B_1 또는 B_2를 누르면(눌렀다 놓으면) 해당번호의 전등 L_1 또는 L_2가 점등되고 동시에 Buzzer BZ가 일정시간 동작하고 Timer T의 설정시간 후 L_1 또는 L_2와 BZ는 동시에 정지한다.

③ 다음 Time Chart를 참고하시오.

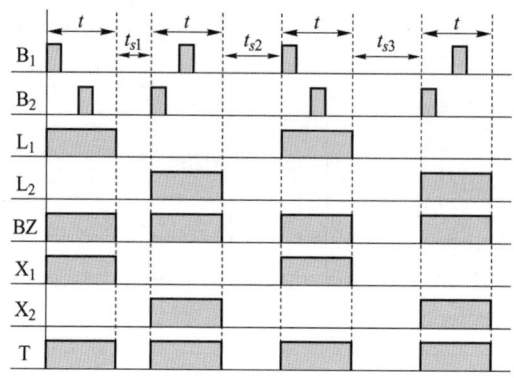

- t는 T의 설정 시간
- t_{s1}, t_{s2}, t_{s3}는 L_1, L_2 및 Buzzer가 동작하지 않고 정지하고 있는 시간 (문제와는 상관이 없으며 참고로 표시한 것임)

TIMER 내부 결선도   Minipower Relay 내부 결선도(14pin)

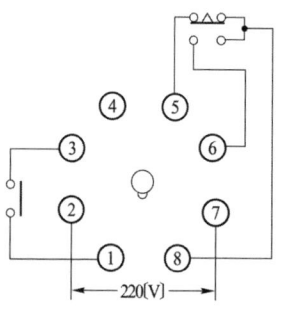 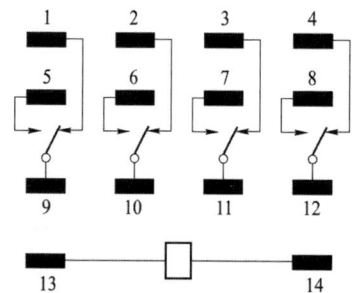

④ 미완성 도면

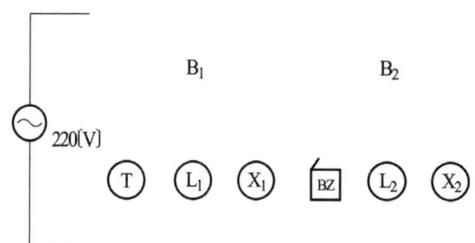

[범례]
- X_1, X_2 : Minipower Relay 내부 결선도(14 pin)
- T : TIMER(8 pin)

● 답안작성

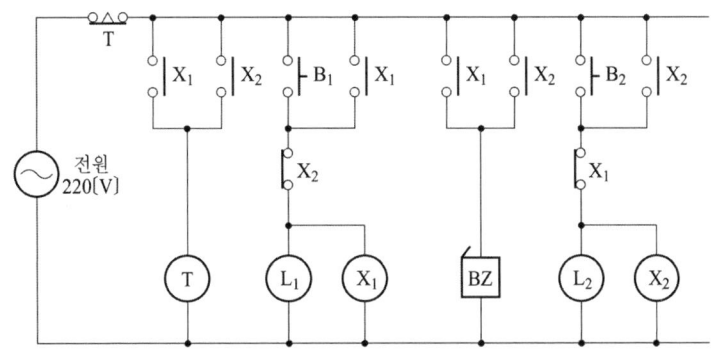

▶출제년도 : 산업 00. 13.   ▶점수 : 5점

문16 도면을 보고 다음 물음에 답하시오.

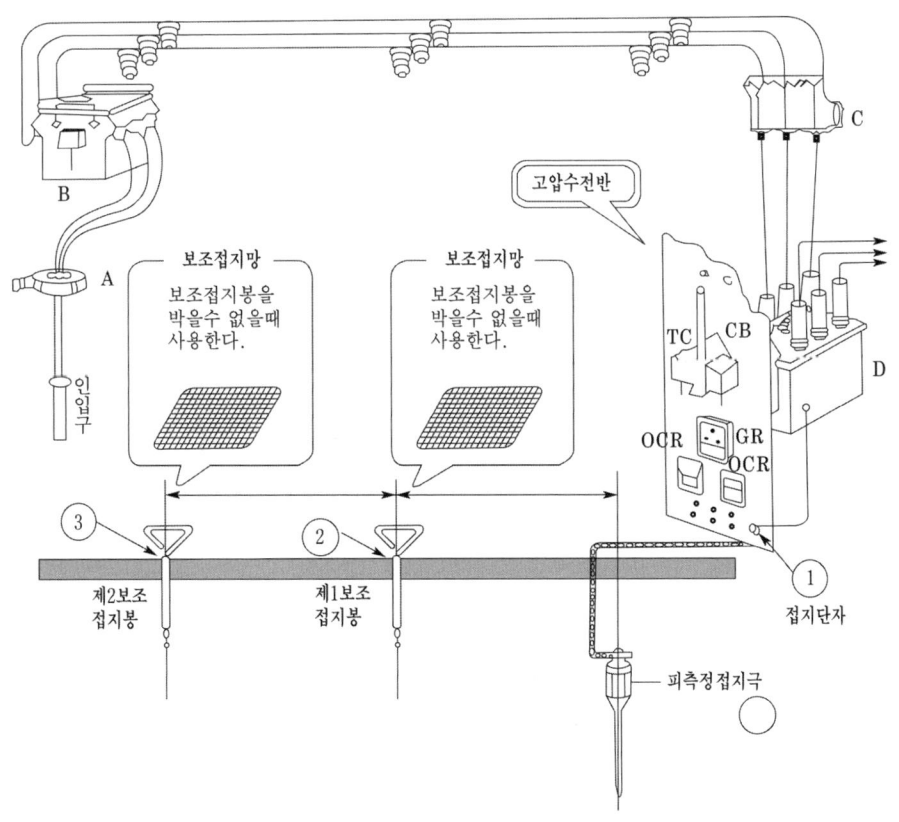

(1) 도면에 표시된 A의 명칭은?
(2) 도면에 표시된 B의 명칭은?
(3) 도면에 표시된 C의 명칭은?
(4) 도면에 표시된 D의 명칭은?

● 답안작성

(1) 영상 변류기
(2) 계기용 변성기
(3) 단로기
(4) 교류 차단기

개정된 '전기설비 기술기준 및 판단기준'과 '내선규정'에 의거해 삭제된 문제가 있어 점수의 합계가 100점이 되지 않습니다.

2013년 2회 전기공사산업기사실기

▸출제년도 : 산업 03, 13,　▸점수 : 6점

문1 단선결선도의 흐름도이다. 흐름도를 보고 고압 수전반에 해당하는 계량장치 종류를 (　) 안에 5가지만 쓰시오.

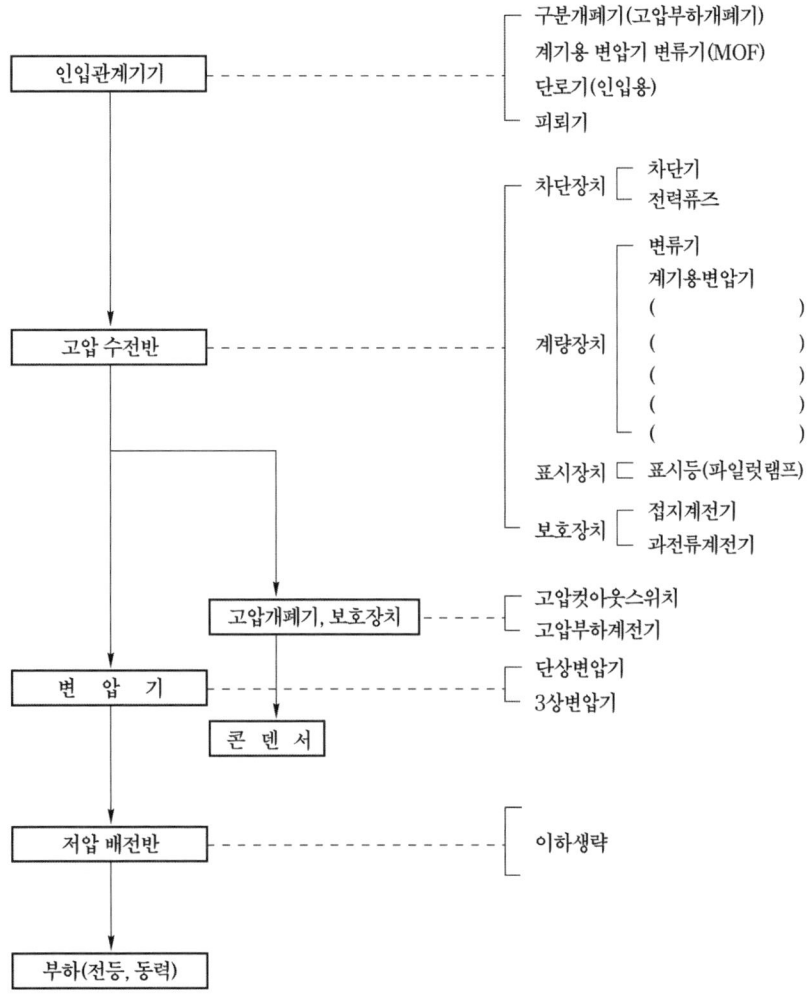

● 답안작성

　영상 변류기, 전력계, 역률계, 전압계, 전류계

● 해　설

　그 외에 영상전압계, 주파수계, 유효전력계, 무효전력계량계 등이 있다.

▶출제년도 : 산업 92, 98, 05, 13,　▶점수 : 6점

문2 주어진 물가 자료에 의거 다음 물음에 답하시오.

(1) 경동선 2.0[mm], 2[km]와 연동선 2.0[mm], 2[km]의 구입비(원)는 얼마인가?
　•계산　　　　　　　　　　　　　•답

(2) AC 440[V] 3상 3선식 동력 배선에 3C 22[mm^2] 케이블 150[m]를 구입하려고 한다. PE 절연 비닐시이스 케이블(EV)과 가교 PE 절연 비닐시이스 케이블(CV) 중 어떤 케이블을 사용하면 구입비는 얼마나 경감하는가?
　•계산　　　　　　　　　　　　　•답

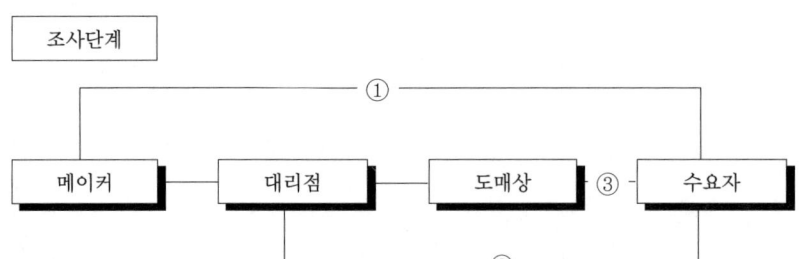

(1) 전기용 나동선(Bare Copper Wire for Electrical Purpose) (단위 : [m])

품명	단면적 [mm^2]	중량 [kg/km]	최대저항 [Ω/km]	가격 ②
■ 경동선				
1.0 [mm]	0.785	6.98	22.87	27
1.2	1.131	10.05	15.88	41
1.6	2.011	17.88	8.931	76
2.0	3.142	27.93	5.657	116
2.3	4.155	36.94	4.278	142
■ 연동선				
1.0	0.785	6.98	21.95	27
1.2	1.131	10.05	15.21	41
1.6	2.011	17.88	8.753	76
2.0	3.142	27.93	5.487	116
2.3	4.155	36.94	4.149	142

(2) PE절연비닐시이스 전력케이블(EV)　　(단위 : [m])

품명	소선수/소선경	중량 [kg/km]	가격②
■ 600[V]			
3심 2.0[mm^2]	7/0.6	170	565
3.5	7/0.8	240	791
5.5	7/1.0	320	1,121
8.0	7/1.2	415	1,465
14	7/1.6	640	2,120
22	7/2.0	955	3,173
30	7/2.3	1,200	4,006

(3) 가교PE절연비닐시이스 케이블(CV)　　(단위 : [m])

품명	소선수/소선경	중량 [kg/km]	가격②
■ 600[V] [CV]			
3심 2.0[mm^2]	7/0.6	155	595
3.5	7/0.8	215	832
5.5	7/1.0	295	1,211
8.0	7/1.2	385	1,625
14	7/1.6	595	2,352
22	7/2.0	880	3,332
30	7/2.3	−	4,208

● 답안작성

(1) 계산 : $(116+116) \times 2,000 = 464,000$ [원]
    답 : $464,000$ [원]
(2) 계산 : EV : $3,173 \times 150 = 475,950$ [원]
           CV : $3,332 \times 150 = 499,800$ [원]
           가격차 $499,800 - 475,950 = 23,850$ [원]
    답 : EV가 $23,850$ [원] 경감

▶ 출제년도 : 산업 92, 13, 22.   ▶ 점수 : 10점

문3 15[m] 전주에 설치된 도면을 보고 다음 물음에 답하시오.

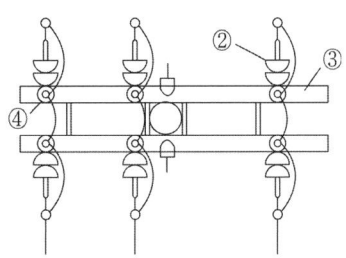
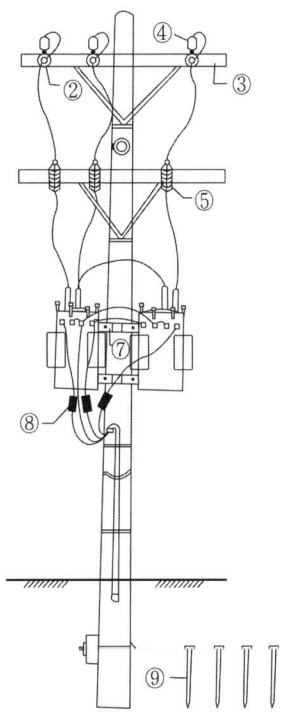

(1) 도면에 표시된 ④의 규격이 23 [kV] 56-2호이다. 특고압 핀애자는 몇 개인가?
(2) 도면에 표시된 ⑤의 품명은 무엇인가?
(3) 도면에 표시된 ⑦의 품명은 정확히 무엇인가?
(4) 도면에 표시된 ⑧의 품명은 무엇이며, 수량은 몇 개인가?
(5) 그림에 표시된 ⑨의 명칭은?

● 답안작성

(1) 6개
(2) COS
(3) 행거밴드
(4) 품명 : 캐치 홀더, 수량 : 3개
(5) 접지봉

▶ 출제년도 : 산업 13.   ▶ 점수 : 5점

문4 용량 10[kVA], 6,000/600[V]의 단상 변압기를 단권 변압기로 결선해서 6,000/6,600[V]의 승압기로 사용할 때 그 부하 용량[kVA]은?

• 계산   • 답

● 답안작성

계산 : 부하용량 = 자기용량 $\times \left(\dfrac{V_h}{V_h - V_l} \right) = 10 \times \dfrac{6,600}{6,600-6,000} = 110$ [kVA]

답 : 110 [kVA]

● 해 설

$\dfrac{\text{자기 용량}}{\text{부하 용량}} = \dfrac{V_h - V_l}{V_h}$ 에서

부하 용량 = 자기 용량 $\times \left(\dfrac{V_h}{V_h - V_l}\right)$

▶출제년도 : 산업 94, 00, 13, 18.   ▶점수 : 10점

문5 다음 ( )안에 알맞는 답을 쓰시오.

(1) 애자공사에서 전선과 조영재와의 이격거리는 400[V] 이하인 경우에는 ( )[cm] 이상이어야 한다.
(2) 합성수지 몰드 공사에서 합성수지 몰드는 홈의 폭 및 깊이가 3.5[cm] 이하, 두께가 2[mm] 이상인 것일 것. 다만, 사람이 쉽게 접촉할 우려가 없도록 시설하는 경우에는 폭이 ( )[cm] 이하이어야 한다.
(3) 라이팅 덕트 공사에서 덕트의 지지점 간의 거리는 ( )[m] 이하로 하여야 한다.
(4) 고압 가공 전선로의 경간에서 철탑은 경간이 ( )[m] 이하이어야 한다.
(5) 소세력 회로의 시설에서 전자 개폐기의 조작 회로 또는 초인벨, 경보벨 등에 접속하는 전로로써 최대 사용 전압이 ( )[V] 이하인 것을 사용하여야 한다.
(6) 특고압 가공 전선이 삭도와 제2차 접근 상태로 시설할 경우에 특고압 가공 전선로는 ( ) 보안 공사를 하여야 한다.

● 답안작성

(1) 2.5   (2) 5   (3) 2
(4) 600   (5) 60   (6) 제2종 특고압

▶출제년도 : 산업 98, 13.   ▶점수 : 5점

문6 서지 흡수기(Surge Absorbor)의 기능을 쓰시오.

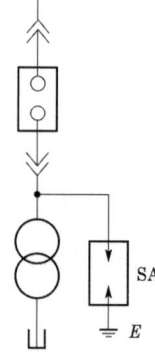

● 답안작성

개폐서지 등 이상전압으로부터 변압기 등 기기 보호

● 해 설

서지 흡수기는 LA와 같은 구조와 특성을 지니고 있으며 선로에서 발생할 수 있는 개폐서지, 순간 과도전압 등의 이상전압이 2차 기기에 영향을 미치는 것을 방지함.

▶ 출제년도 : 산업 91, 98, 13, 20, 22. ▶ 점수 : 5점

문7 그림과 같이 330[mm^2]의 ACSR을 300[m]의 경간에 가설하려 한다. 이 전선의 이도는 계산으로는 10[m]였지만, 가설 후 실측해보니 9[m]였기 때문에 1[m] 증가시켜 주어야 하는데, 전선을 경간에 얼마[m]만큼 밀어 넣어주어야 하는가?

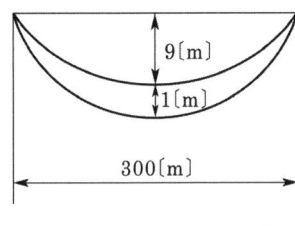

• 계산 :   • 답 :

● 답안작성

계산 : 이도 10[m]일 때 전선의 길이 $L_1 = 300 + \dfrac{8 \times 10^2}{3 \times 300} = 300.89[\text{m}]$

이도 9[m]일 때 전선의 길이 $L_2 = 300 + \dfrac{8 \times 9^2}{3 \times 300} = 300.72[\text{m}]$

∴ $L_1 - L_2 = 0.17[\text{m}]$

답 : 0.17[m]

▶ 출제년도 : 산업 96, 13, 20. ▶ 점수 : 4점

문8 다음 표준 심벌(symbol)의 명칭을 쓰고 이의 복선도를 표시하시오.
(단, 전기방식은 3상 3선식이다.)

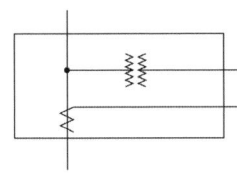

● 답안작성

• 명칭 : 계기용 변성기
• 복선도 :

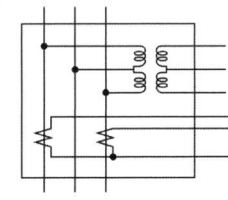

문9 Wenner의 4전극법에 대한 공식을 쓰고, 원리도를 그려 설명하시오.

● 답안작성

대지저항률 $\rho = 2\pi a R$
(단, a : 전극 간격[m], R : 접지저항[Ω])

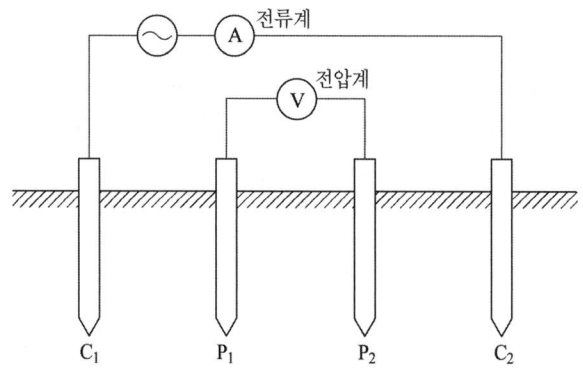

4개의 측정 전극(C_1, P_1, P_2, C_2)을 지표면에 일직선상, 일정한 간격으로 매설하고, 측정 장비 내에서 저주파 전류를 C_1, C_2 전극을 통해 대지에 흘려 보낸 후 P_1, P_2 사이의 전압을 측정하여 대지저항률을 구하는 방법이다.

문10 금속관 공사 때 사용하는 부속품이다. 번호에 해당하는 부품의 명칭을 쓰시오.

명칭	용도
①	금속관 배관 공사에서 복스에 금속관을 고정할 때 사용되며, 6각형과 톱니형이 있다.
②	금속관 상호 접속용으로 관이 고정되어 있을 때 사용
③	노출 배관에서 금속관을 조영재에 고정시키는 데 사용되며 합성수지관, 가요관, 케이블 공사에도 사용된다.
④	바닥 밑으로 매입 배선할 때 사용
⑤	무거운 조명기구를 파이프로 매달 때 사용
⑥	노출 배관 공사에서 관을 직각으로 굽히는 곳에 사용
⑦	저압 가공 인입선에서 금속관 공사로 옮겨지는 곳 또는 금속관으로부터 전선을 뽑아 전동기 단자 부분에 접속할 때 사용. A형, B형이 있다.
⑧	인입구, 인출구의 금속관 관단에 설치하여 옥외의 빗물을 막는 데 사용

● 답안작성

① 로크너트 ② 유니온 커플링
③ 새들   ④ 플로어 박스
⑤ 픽스처 스터드와 히키 ⑥ 유니버설 엘보
⑦ 터미널 캡(서비스 캡) ⑧ 엔트런스 캡

문11 ▸출제년도 : 산업 13. ▸점수 : 3점

6.6[kV], 3상 3선식 가공배전선로 50[km], 2회선을 선로가 평탄한 도서지역에 가선하려고 한다. 이때 필요한 전선의 실소요량은?

• 계산 :   • 답 :

● 답안작성

계산 : 실소요량 $= 50 \times 3 \times 2 \times 1.02 = 306$[km]
답 : 306[km]

● 해 설

가공 배전선로의 전선 가선 시 실소요량 산출
- 일반적으로 선로가 평탄할 때 : 선로긍장×전선 조수×1.02
- 선로 고저차가 심할 때 : 선로긍장×전선 조수×1.03

문12 ▸출제년도 : 산업 13. 16. ▸점수 : 5점

그림과 같은 전동기 Ⓜ과 전열기 ⒽH에 공급하는 저압 옥내 간선을 보호하는 과전류 차단기의 정격 전류 최대값은 몇 [A]인가? (단, 간선의 허용 전류는 49[A], 수용률은 100[%]이며 기동 계급은 표시가 없다고 본다.)

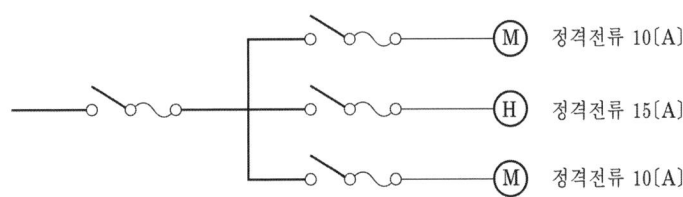

정격전류 10[A]
정격전류 15[A]
정격전류 10[A]

• 계산 :   • 답 :

● 답안작성

계산 : 설계전류 $I_B = 10 + 15 + 10 = 35$[A]
전선의 허용전류 $I_Z = 49$[A]이므로 $I_B \leq I_n \leq I_Z$의 조건을 만족하는 과전류 차단기의 정격전류 I_n은 35[A] $\leq I_n \leq$ 49[A]가 되어야 한다.
답 : 49[A]

● 해 설

도체와 과부하 보호장치 사이의 협조(KEC 212.4.1)
과부하에 대해 케이블(전선)을 보호하는 장치의 동작특성은 다음의 조건을 충족해야 한다.
$$I_B \leq I_n \leq I_Z, \quad I_2 \leq 1.45 \times I_Z$$
I_B : 회로의 설계전류(선도체를 흐르는 설계전류 또는 함유율이 높은 영상분 고조파, 특히 제3고조파가 지속적으로 흐르는 경우 중성선에 흐르는 전류이다.)
I_Z : 케이블의 허용전류
I_n : 보호장치의 정격전류(사용현장에 적합하게 조정된 전류의 설정 값)
I_2 : 보호장치가 규약시간 이내에 유효하게 동작하는 것을 보장하는 전류

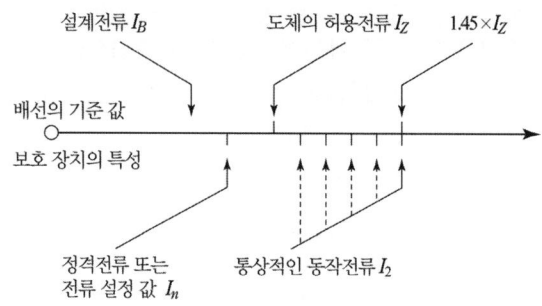

과부하 보호 설계 조건도

▶출제년도 : 산업 13. ▶점수 : 3점

문13 5[kVA]의 단상 변압기 2대를 V결선하여 3상 3선식 부하에 공급할 때 이 변압기의 총 출력은 몇 [kVA]인가?
- 계산 :
- 답 :

● 답안작성

계산 : $P_V = \sqrt{3}\,P_1 = \sqrt{3} \times 5 = 8.66$[kVA]
답 : 8.66[kVA]

▶출제년도 : 기사 92. 96. 산업 13. 19. 22. 24. ▶점수 : 4점

문14 다음 그림과 같이 단상 2선식 배전선로의 공급점에서 30[m] 지점에 80[A], 45[m] 지점에 50[A], 60[m] 지점에 30[A]의 부하가 걸려 있을 때 부하 중심점의 거리를 산출하여 전압강하를 고려한 전선의 굵기를 산정하려고 한다. 부하 중심점(즉, 집중부하라고 가정한 경우)의 거리는 공급점에서 약 몇 [m]인가? (단, 소수점 첫째 자리까지만 계산할 것)

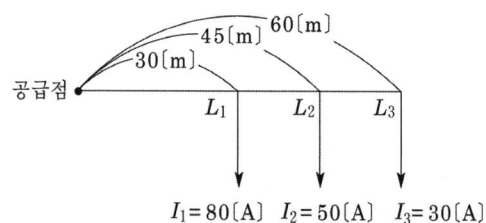

- 계산 :
- 답 :

● 답안작성

계산 : 직선 부하에서의 부하 중심점까지의 거리

$$L = \frac{L_1 I_1 + L_2 I_2 + L_3 I_3}{I_1 + I_2 + I_3} = \frac{30 \times 80 + 45 \times 50 + 60 \times 30}{80 + 50 + 30} = 40.3 \text{[m]}$$

답 : 40.3[m]

▶출제년도 : 산업 13.　▶점수 : 5점

문15 다음은 형광등의 심벌이다. 각각에 대한 용도를 쓰시오.

(1) ⎯◐⎯　(2) ⎯⊗⎯　(3) ⎯◯⎯　(4) ⎯⊗⎯　(5) ⎯◯⎯

● 답안작성

(1) 일반용 조명 형광등에 비상용 조명등으로 백열등을 조립한 등
(2) 유도등(소방법에 따르는 것으로서 형광등을 사용)
(3) 벽붙이 형광등(가로붙이)
(4) 비상용 조명(건축기준법에 따르는 것으로서 형광등을 사용)으로 계단에 설치하는 통로유도등과 겸용인 등
(5) 비상용 조명(건축기준법에 따르는 것으로서 형광등을 사용)

▶출제년도 : 산업 13.　▶점수 : 6점

문16 다음 그림을 보고 각 물음에 답하시오.

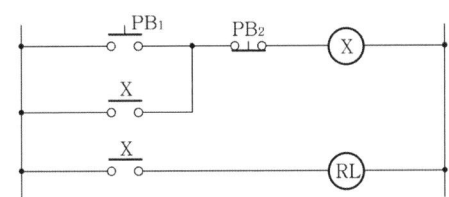

(1) 그림과 같은 회로를 무슨 회로라 하는가?
(2) 그림을 논리식으로 나타내고 또 타임 차트를 완성하시오.

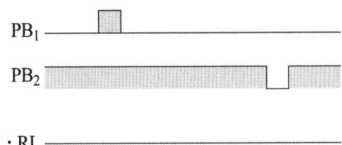

(3) AND, OR, NOT의 기본 논리 회로를 이용하여 무접점 논리 회로로 그리시오.

● 답안작성

(1) (자기)유지 회로(정지 우선)
(2) $X = (PB_1 + X)\overline{PB_2}$,　$RL = X$

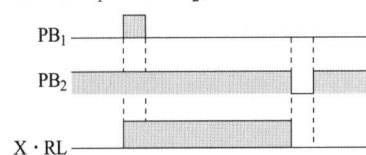

(3)
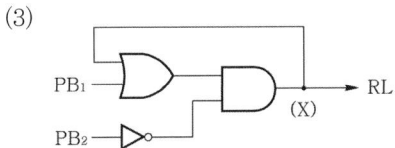

● 해 설

(정지 우선 자기)유지 회로이고, PB₁과 X의 병렬(OR)에 PB₂(b 접점)의 직렬(AND)로 로직 회로가 구성된다.

▶ 출제년도 : 산업 97. 13.   ▶ 점수 : 6점

문17 도면을 잘 숙지한 다음 물음에 답하시오.

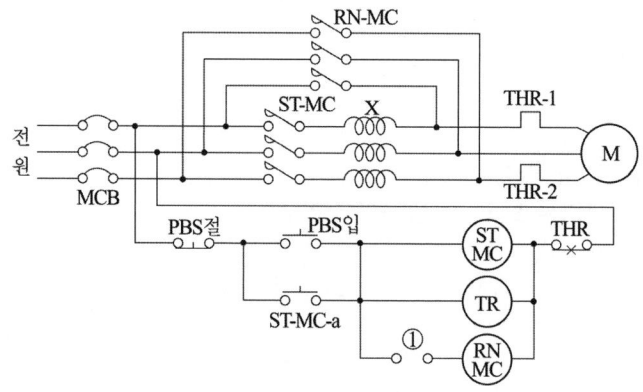

(1) 리액터 시동 제어회로에 대하여 설명하시오.
(2) 도면에서 ①로 표시된 곳에 알맞은 접점은?

● 답안작성

(1) 리액터를 전동기 권선에 직렬로 접속하고 시동 후 리액터를 단락시키는 방법으로 리액터의 전압강하에 의거 전동기에 걸리는 전압을 감소시켜 기동하는 감압기동의 일종이다.

(2) ⫯⫯ TR-a

● 해 설

(1) 전동기의 1차측 회로에 직렬로 기동 리액터 X를 삽입하여 기동할 때는 리액터에 의해 전동기에 가하는 전압을 내리고, 속도가 상승한 후에는 기동 리액터를 단락하여 전전압이 전동기에 인가되도록 하는 감전압 기동법을 말한다.

2013년 4회 전기공사산업기사실기

문1 다음 설명에 맞는 보호 계전기는?

(1) 병행 2회선 송전 선로에서 한 쪽의 1회선에 지락 고장이 일어났을 경우 이것을 검출해서 고장 회선만을 선택 차단할 수 있게끔 선택 단락 계전기의 동작 전류를 특별히 작게 한 계전기는?

(2) 보호구간에 유입하는 전류와 유출하는 전류의 벡터차와 출입하는 전류의 관계비로 동작하는 것으로 발전기 또는 변압기의 내부고장 보호에 사용한다.

● 답안작성
(1) 선택 지락 계전기
(2) 비율 차동계전기

문2 송전계통의 변압기 중성점 접지 방식 4종류를 쓰시오.

● 답안작성
① 비접지 방식   ② 직접 접지 방식
③ 저항 접지 방식   ④ 소호 리액터 접지 방식

문3 100[kVA], 역률 60[%](뒤짐)의 부하에 전력을 공급하고 있는 변전소에 콘덴서를 설치하여 변전소에 있어서의 역률을 90[%]로 향상시키는 데 필요한 콘덴서 용량[kVar]은?

● 답안작성
$Q = W(\tan\theta_1 - \tan\theta_2)$[kVA]에서 유효 전력 $W = 100 \times 0.6 = 60$[kW]이므로

콘덴서 용량 $Q_c = 60 \times \left(\dfrac{\sqrt{1-0.6^2}}{0.6} - \dfrac{\sqrt{1-0.9^2}}{0.9} \right) = 50.94$[kVA]

문4 수변전 설비에서 CT와 PT에 대하여 물음에 답하시오.

(1) PT의 1차측과 2차측에 퓨즈를 접속해야 하는 이유를 간단히 설명하시오.
(2) CT의 1차측에 퓨즈를 접속할 수 없는 이유는?

● 답안작성
(1) 부하측 및 PT에 고장이 발생하였을 경우 이를 고압 회로로부터 분리함으로써 PT 보호 및 사고 확대를 방지하기 위하여
(2) CT 1차측에 퓨즈를 넣으면 과전류가 흐를 때 단선되어 OCR이 동작되지 않아 차단기를 동작시킬 수 없게 된다.

● 해 설
(1) PT의 1차측에는 반드시 퓨즈를 접속하여 과전류가 흐를 때 차단하도록 한다.
PT의 2차측에 퓨즈를 접속하는 것은 PT를 보호하기 위한 것이다.

▶출제년도 : 산업 13.   ▶점수 : 5점

문5 계기용 변압기와 변류기를 부속하는 3상 3선식 전력량계를 결선하시오. 단, 1, 2, 3은 상순을 표시하고, P1, P2, P3는 계기용 변압기에 1S, 1L, 3S, 3L은 변류기에 접속하는 단자이다.

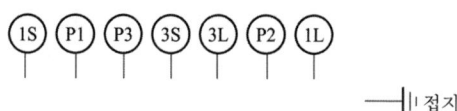

1 ─────────────
2 ─────────────
3 ─────────────

● 답안작성

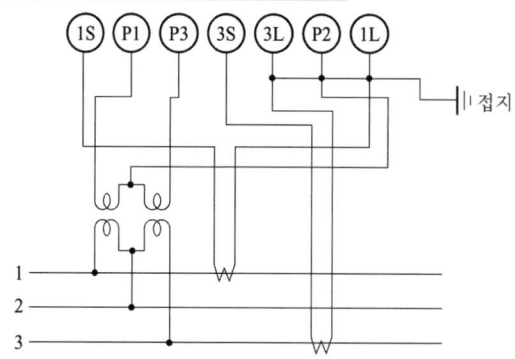

▶출제년도 : 산업 90. 13.   ▶점수 : 4점

문6 그림과 같은 전선로의 전선 길이[m]는 얼마인가?
단, 장력 T : 3,300[kg]이고 하중 W : 1,000[kg/km]이다.

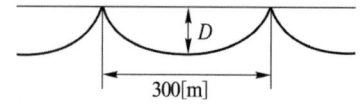

•계산   •답

● 답안작성

계산 : 전선의 이도 $D = \dfrac{WS^2}{8T} = \dfrac{(\frac{1,000}{1,000}) \times 300^2}{8 \times 3300} = 3.41[\text{m}]$

전선의 길이 $L = S + \dfrac{8D^2}{3S} = 300 + \dfrac{8 \times 3.41^2}{3 \times 300} = 300.1[\text{m}]$

답 : 300.1[m]

▶출제년도 : 산업 13. ▶점수 : 5점

문7 다음과 같은 조건일 때 3상 4선식의 전압강하 근사값을 쓰시오.

[조건] • 교류의 경우 역률 $\cos\theta = 1$
 • 각 상 부하는 평형 상태
 • 전선의 도전율은 97[%]

● 답안작성

$e = IR = I \times \rho \dfrac{L}{A} = I \times \dfrac{1}{58} \times \dfrac{100}{C} \times \dfrac{L}{A}$
$= I \times \dfrac{1}{58} \times \dfrac{100}{97} \times \dfrac{L}{A} = 0.0178 \times \dfrac{LI}{A} = \dfrac{17.8LI}{1,000A}$

▶출제년도 : 산업 13. ▶점수 : 3점

문8 그림과 같이 전위강하법에서 접지전극 E와 전위전극 P와의 간격이 EC 간 거리 X의 몇 [%]일 때 정확한 값을 얻을 수 있겠는가?

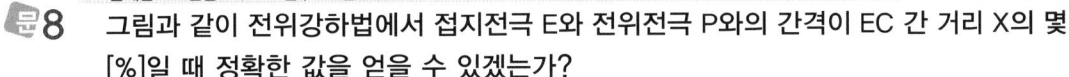

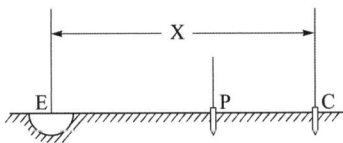

● 답안작성

61.8[%]

▶출제년도 : 98. 08. 13. ▶점수 : 5점

문9 다음 저항을 측정하는 데 가장 적당한 측정방법은?

(1) 변압기의 절연저항 (2) 검류계의 내부저항
(3) 전해액의 저항 (4) 굵은 나전선의 저항
(5) 접지저항 측정

● 답안작성

(1) 절연저항계(Megger) (2) 휘트스톤 브리지
(3) 콜라우시 브리지 (4) 켈빈 더블 브리지
(5) 접지 저항계

▶출제년도 : 산업 13.　▶점수 : 7점

문10 22.9[kV] 배전선로이다. 그림과 참고표를 이용하여 물음에 답하시오.

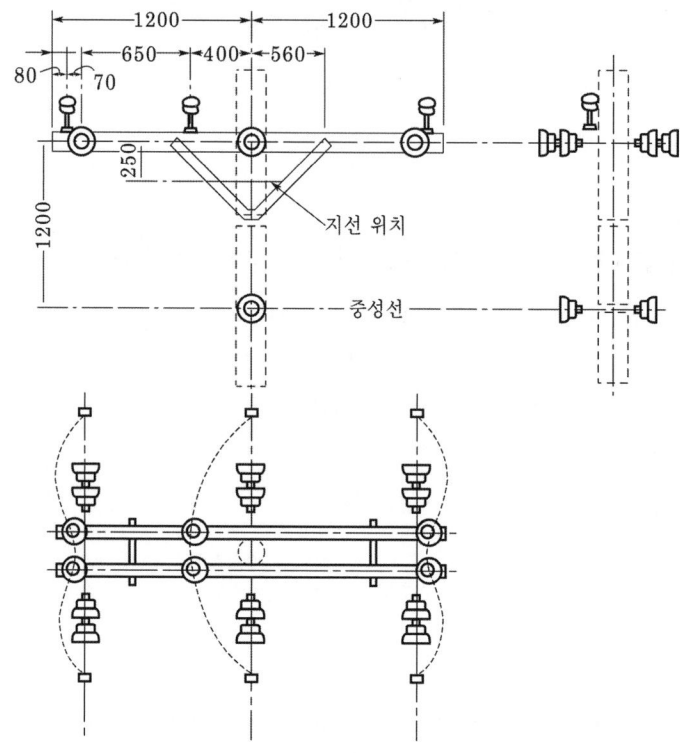

[물음]
그림의 애자를 노후로 인하여 교체하는 경우 총 인건비(직접 노무비 포함)는 얼마인가?
단, • 간접 노무비를 15[%](가정)로 계산한다.
　　• 노임단가는 배전전공 15,860원, 보통인부 6,520원이다(가정).
　　• 인공을 산출한 후 이를 합계하여 노임단가를 적용하여 원까지만 구하고 소수점 이하는 버린다.
　　• 애자 노후로 인하여 교체되어야 할 애자 종류 및 수량은 다음과 같다.
　　　① 특고압용 현수 애자 : 14개
　　　② 특고압용 핀 애자 : 6개

배전용 애자 설치　　　　　　　　　　　(개당)

종 별	배전 전공	보통 인부
라 인 포 스 트 애 자	0.046	0.046
현 수 애 자	0.032	0.032
내 오 손 결 합 애 자	0.025	0.025
저 압 용 인 류 애 자	0.020	—

[해설] ① 애자 교체 150[%]
② 애자 닦기
　(가) 주상(탑상) 손닦기 : 애자품의 50[%]
　(나) 주상(탑상) 기계닦기 : 기계손료만 계상(인건비 포함)
　(다) 발췌 손닦기는 애자품의 170[%]
③ 특고압핀애자는 라인포스트애자에 준함
④ 철거 50[%], 재사용 철거 80[%]
⑤ 동일 장소에 추가 1개마다 기본품의 45[%] 적용

● 답안작성

배전전공 : $0.032 \times (1+13 \times 0.45) \times 1.5 + 0.046 \times (1+5 \times 0.45) \times 1.5 = 0.55305$[인]
보통인부 : $0.032 \times (1+13 \times 0.45) \times 1.5 + 0.046 \times (1+5 \times 0.45) \times 1.5 = 0.55305$[인]
배전전공 노임 : $0.55305 \times 15860 = 8,771$[원]
보통인부 노임 : $0.55305 \times 6520 = 3,605$[원]
직접 노무비$= 8,771 + 3,605 = 12,376$[원]
간접 노무비$= 12,376 \times 0.15 = 1,856$[원]
노무비계$= 12,376 + 1,856 = 14,232$[원]
답 : 14,232[원]

▶ 출제년도 : 산업 13. ▶ 점수 : 6점

문11 다음과 같이 관로에 케이블을 포설할 경우 인입방법을 쓰시오.

(1) 지표에 고저차가 있는 경우
(2) 굴곡이 있는 경우
(3) 짧은 맨홀과 긴 맨홀이 있는 경우

● 답안작성

(1) 높은 쪽에서 낮은 쪽으로 인입한다.
(2) 굴곡이 있는 곳의 가까운 곳에서부터 인입한다.
(3) 짧은 맨홀 쪽에서 긴 맨홀 쪽으로 인입한다.

● 해 설

케이블의 인입방향
(1) 지표에 고저차가 있는 경우에는 높은 쪽에서 낮은 쪽으로 인입한다.
(2) 포설구간에 굴곡이 있을 때에는 굴곡이 있는 곳의 가까운 곳에서부터 인입한다.

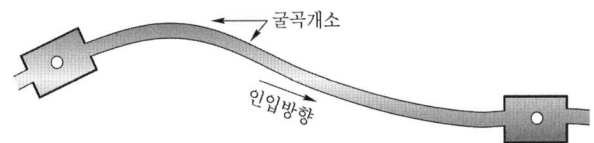

굴곡개소의 경우 케이블 인입 방향

(3) 맨홀 내의 케이블 진입방향은 맨홀 길이가 짧은 쪽에서 긴 쪽으로 인입한다.

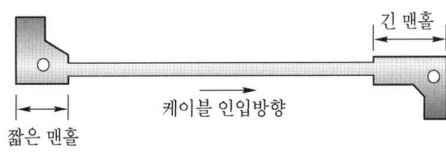

맨홀 길이에 따른 케이블 인입 방향

문12 ▸출제년도 : 98. 08. 13. ▸점수 : 5점

그림은 콘센트의 종류를 표시한 옥내배선용 그림 기호이다. 각 그림기호는 어떤 의미를 가지고 있는지 설명하시오.

(1) 20[A] 콘센트
(2) 방수형 콘센트
(3) 방폭형 콘센트
(4) 의료용 콘센트

● 답안작성

(1) ●)₂₀₍A₎ (2) ●)_WP (3) ●)_EX (4) ●)_H

● 해 설

명 칭	그림 기호	적 요
콘센트	●)	① 천장에 부착하는 경우는 다음과 같다. ② 바닥에 부착하는 경우는 다음과 같다. ③ 용량의 표시 방법은 다음과 같다. • 15[A]는 방기하지 않는다. • 20[A] 이상은 암페어 수를 방기한다. [보기] ●)₂₀A ④ 2구 이상인 경우는 구수를 방기한다. [보기] ●)₂ ⑤ 3극 이상인 것은 극수를 방기한다. [보기] ●)₃P ⑥ 종류를 표시하는 경우는 다음과 같다. 빠짐 방지형 ●)_LK 걸림형 ●)_T 접지극붙이 ●)_E 접지단자붙이 ●)_ET 누전 차단기붙이 ●)_EL ⑦ 방수형은 WP를 방기한다. ●)_WP ⑧ 방폭형은 EX를 방기한다. ●)_EX ⑨ 의료용은 H를 방기한다. ●)_H

문13 ▸출제년도 : 산업 12. 13. ▸점수 : 4점

다음 표의 전로의 사용 전압의 구분에 따른 절연저항값은 몇 [MΩ] 이상이어야 하는지 그 값을 표에 써 넣으시오.

전로의 사용전압[V]	절연저항[MΩ]
SELV 및 PELV	①
FELV, 500[V] 이하	②
500[V] 초과	③

● 답안작성

① 0.5　② 1　③ 1

● 해 설

전기설비 기술기준 제52조 저압전로의 절연성능

전기사용 장소의 사용전압이 저압인 전로의 전선 상호 간 및 전로와 대지 사이의 절연저항은 개폐기 또는 과전류차단기로 구분할 수 있는 전로마다 다음 표에서 정한 값 이상이어야 한다. 다만, 전선 상호 간의 절연저항은 기계기구를 쉽게 분리가 곤란한 분기회로의 경우 기기 접속 전에 측정할 수 있다. 또한, 측정 시 영향을 주거나 손상을 받을 수 있는 SPD 또는 기타 기기 등은 측정 전에 분리시켜야 하고, 부득이하게 분리가 어려운 경우에는 시험전압을 250[V] DC로 낮추어 측정할 수 있지만 절연저항 값은 1[MΩ] 이상이어야 한다.

전로의 사용전압[V]	DC 시험전압[V]	절연저항[MΩ]
SELV 및 PELV	250	0.5
FELV, 500[V] 이하	500	1.0
500[V] 초과	1,000	1.0

[주] 특별저압(extra low voltage : 2차 전압이 AC 50[V], DC 120[V] 이하)으로 SELV(비접지회로 구성) 및 PELV(접지회로 구성)은 1차와 2차가 전기적으로 절연된 회로, FELV는 1차와 2차가 전기적으로 절연되지 않은 회로

▶ 출제년도 : 산업 13, 16.　▶ 점수 : 5점

문14 그림 (a)의 릴레이 시퀀스가 있다. A, B, C, D는 보조 릴레이 접점이고, X는 릴레이, L은 부하이다. 다음 물음에 답하시오.

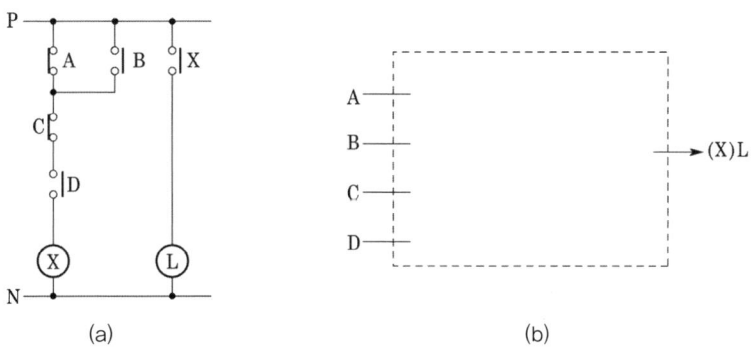

(1) 그림 (a)에서 X의 논리식을 쓰시오.
(2) 답안지의 그림 (b)란에 논리회로(2 입력, AND, OR, NOT 기호 사용)를 그려 넣으시오.

● 답안작성

(1) $X = (\overline{A}+B)\overline{C} \cdot D$

(2)
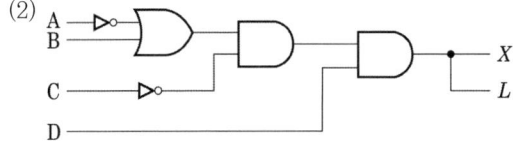

▸출제년도 : 산업 10, 13. ▸점수 : 6점

문15 다음과 같은 논리회로를 NOT, OR 논리기호만을 사용하여 논리회로를 간략화하고 논리식의 변환 과정(간략화 과정)을 쓰시오.

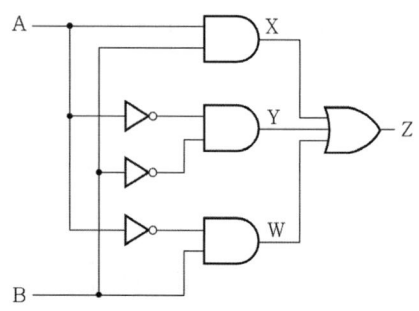

(1) 논리식 변환 과정(간략화 과정)
(2) 논리회로

● 답안작성

(1) $Z = AB + \overline{A}\,\overline{B} + \overline{A}B = \overline{A}(\overline{B}+B) + (A+\overline{A})B = \overline{A}+B$

(2)
```
A ─▷○─┐
       ├─▷─ Z
B ─────┘
```

▸출제년도 : 산업 89, 00, 13, 22. ▸점수 : 9점

문16 PLC의 프로그램을 보고 물음에 답하시오.

프로그램번지 (어드레스)	명령어	데이터	비고	프로그램번지 (어드레스)	명령어	데이터	비고
01	STR	001	W	07	ANDN	002	W
02	STR	003	W	08	STR	003	W
03	ANDN	002	W	09	OB		W
04	OB		W	10	OUT	200	W
05	OUT	100	W	11	END		W
06	STR	001	W				

단, ① STR : 입력 a접점(신호)   ② STRN : 입력 b접점(신호)
　　③ AND : AND a접점   ④ ANDN : AND b접점
　　⑤ OR : OR a접점   ⑥ ORN : OR b접점
　　⑦ OB : 병렬 접속점   ⑧ OUT : 출력
　　⑨ END : 끝   ⑩ W : 각 번지 끝

(1) PLC의 프로그램에 맞는 접점 회로도를 답안지에 완성하시오.
(2) 001, 002, 003의 각각 1개의 접점만을 사용하여 답안지의 회로도를 완성하시오.
　　단, 접점의 양방향 신호의 흐름을 인정한다.
(3) 답안지의 무접점 회로를 완성하시오.

● 답안작성

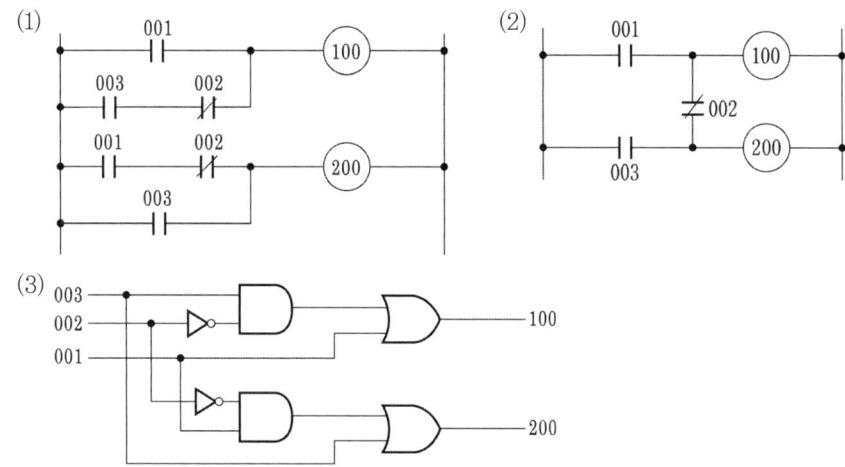

▸ 출제년도 : 기사 16, 산업 95, 99, 00, 03, 10, 13.   ▸ 점수 : 5점

문 17 평균 구면 광도 100[cd]의 전구 5개를 직경 10[m]의 원형의 사무실에 점등할 때 조명률 0.4, 감광 보상률을 1.6이라 하면 사무실의 평균조도[lx]는 얼마인가?
  • 계산 :   • 답 :

● 답안작성

계산 : 평균조도 $E = \dfrac{FUN}{AD} = \dfrac{4\pi \times 100 \times 0.4 \times 5}{\left(\dfrac{10}{2}\right)^2 \pi \times 1.6} = 20[\text{lx}]$

답 : 20[lx]

● 해 설

$F = 4\pi I$, $A = \left(\dfrac{d}{2}\right)^2 \pi$

개정된 '전기설비 기술기준 및 판단기준'과 '내선규정'에 의거해 삭제된 문제가 있어 점수의 합계가 100점이 되지 않습니다.

2014년 1회 전기공사산업기사실기

▸ 출제년도 : 산업 93. 14. 20.   ▸ 점수 : 10점

문1 3φ3W Line에 WHM을 접속하여 전력량을 적산하기 위한 결선도이다. 다음 물음에 주어진 답안지에 계산식과 답을 쓰시오. (단, [rpm] = 계기 정수×전력)

(1) WHM이 정상적으로 적산이 가능하도록 변성기를 추가하여 결선도를 완성하시오. (접지 포함)

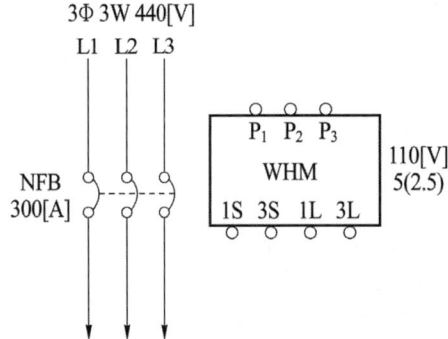

(2) WHM 형식 표기 중 정격전류 5(2.5)[A]는 무엇을 의미하는가?

(3) WHM의 계기 정수는 1,600[rev/kWh]이다. 지금 부하 전류가 100[A]에서 변동 없이 지속되고 있다면 원판의 1분 간 회전수는?(단, CT비 : 200/5[A], $\cos\theta = 1$)
  • 계산 :   • 답 :

(4) WHM의 승률은?(단, CT비는 200/5로 한다.)
  • 계산 :   • 답 :

● 답안작성

(1)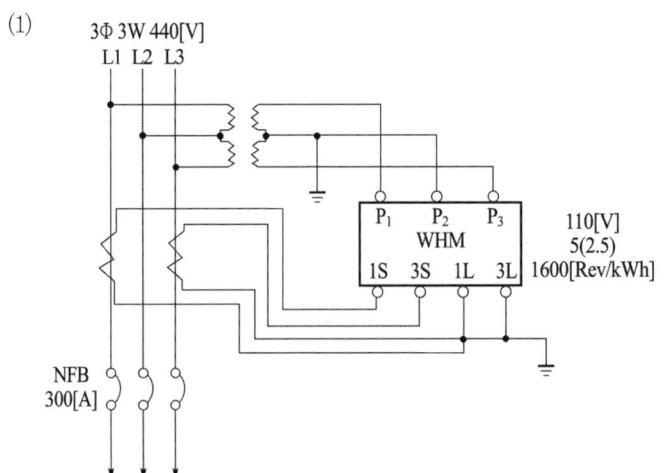

(2) Ⅱ형 계기로써 정격전류 5[A]에 대하여 $\dfrac{1}{20}$ 까지 그 정밀도를 보장한다는 것

(3) **계산** : 1분간의 회전수

$$n[\text{rpm}] = 계기\ 정수 \times 전력$$

$$= 1{,}600 \times \frac{\sqrt{3} \times 110 \times (100 \times \frac{5}{200}) \times 10^{-3}}{60} = 12.7[회]$$

답 : 12.7[회]

(4) **계산** : 승률(=배율) : $m = \text{CT 비} \times \text{PT 비} = \frac{200}{5} \times \frac{440}{110} = 160[배]$

답 : 160[배]

▶ 출제년도 : 산업 94. 02. 12. 14.   ▶ 점수 : 5점

문2 콘센트의 그림기호를 보고 각각의 용도를 쓰시오.

(1) ⊙H   (2) ⊙LK   (3) ⊙ET   (4) ⊙EX   (5) ⊙WP

● 답안작성

(1) 의료용   (2) 빠짐 방지형
(3) 접지단자붙이   (4) 방폭형
(5) 방수형

● 해 설

콘센트

명 칭	그림 기호	적 요
콘센트	⊙	① 천장에 부착하는 경우는 다음과 같다. ⊙ ② 바닥에 부착하는 경우는 다음과 같다. ⊙ ③ 용량의 표시 방법은 다음과 같다. • 15[A]는 방기하지 않는다. • 20[A] 이상은 암페어 수를 방기한다. [보기] ⊙20A ④ 2구 이상인 경우는 구수를 방기한다. [보기] ⊙2 ⑤ 3극 이상인 것은 극수를 방기한다. [보기] ⊙3P ⑥ 종류를 표시하는 경우는 다음과 같다. 　빠짐 방지형　　　⊙LK 　걸림형　　　　　⊙T 　접지극붙이　　　⊙E 　접지단자붙이　　⊙ET 　누전 차단기붙이　⊙EL ⑦ 방수형은 WP를 방기한다. ⊙WP ⑧ 방폭형은 EX를 방기한다. ⊙EX ⑨ 의료용은 H를 방기한다. ⊙H

문3 ▸출제년도 : 기사 05, 07, 08, 산업 14. ▸점수 : 10점

합성수지 파형 전선관을 100[mm] 2열, 175[mm] 6열, 200[mm] 4열을 층계별로 100[m]를 동시에 포설할 때 배전전공과 보통인부의 공량은 얼마인가?

(1) 배전전공
(2) 보통인부

[참고자료]

합성수지 파형 전선관 [m당]

구 분	배전전공	보통인부
50[mm] 이하	0.007	0.018
80[mm] 이하	0.009	0.022
100[mm] 이하	0.012	0.036
125[mm] 이하	0.016	0.048
150[mm] 이하	0.019	0.062
175[mm] 이하	0.023	0.074
200[mm] 이하	0.025	0.082

[해설] ① 합성수지 파형관의 지중포설 기준
② 이품은 터파기, 되메우기 및 잔토처리 별도 계상
③ 접합품이 포함, 접합부의 콘크리트 타설품 및 지세별 할증은 별도 계상
④ 2열 동시 180[%], 3열 260[%], 4열 340[%], 6열 420[%], 10열 580[%], 12열 660[%], 14열 740[%], 16열 820[%]
⑤ 이 품은 30~60[m] Roll 식으로 감겨 있는 합성수지 파형전선관의 지중 포설 기준임
⑥ 동시배열이란 동일장소에서 공(孔)당의 파형관을 열로 형성하여 층계별로 포설하는 것을 말하며, 100[mm] 2열, 175[mm] 6열, 200[mm] 4열을 층계별로 동시 포설시 산출은 다음과 같다. 이는 12공을 층계별로 동시 배열하는 것으로써, 동시 적용률은 660[%]로, 따라서 합산품은(100[mm] 기본품×2열+175[mm] 기본품×6열, 200[mm] 기본품×4열)×660[%]÷12이다. (열은 관로의 공수를 뜻함.)
⑦ 100[mm] 이상 이종관 접속 시 또는 이음관 추가 설치 시 동시배열(공.열.층)에 관계없이 접속개당 배전전공 0.053인, 보통인부 0.053인 적용
⑧ Spacer를 설치할 경우 파상형 전선관 열, 층에 관계없이 Spacer Point 10개 설치당 배전전공 0.006인, 보통인부 0.006인 적용
⑨ 철거 50[%], 재사용 철거 80[%]

● 답안작성

(1) 배전전공 : $\dfrac{(0.012\times 2+0.023\times 6+0.025\times 4)\times 6.6}{12}\times 100 = 14.41[인]$

(2) 보통인부 : $\dfrac{(0.036\times 2+0.074\times 6+0.082\times 4)\times 6.6}{12}\times 100 = 46.42[인]$

문4 ▸출제년도 : 산업 93, 99, 14. ▸점수 : 5점

배관 및 배선 공사를 하기 위한 터파기 수량 산출을 하고자 한다. 그림과 같은 줄 기초파기의 굴착량 식은?

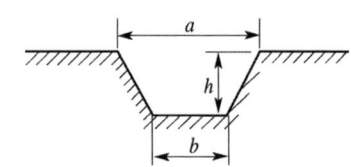

● 답안작성

계산식 : 굴착량 $= \dfrac{a+b}{2} \times h \times L \; [\text{m}^3]$

▶출제년도 : 산업 88, 97, 14, 17. ▶점수 : 4점

문5 최대전류 40[A]의 특고압 수전의 변류기가 60/5[A]로 되어 있다. 최대전류의 1.2배에서 차단기를 동작시키자면 과전류 계전기의 전류 탭을 어느 것에 설정하겠는가? 계산식을 쓰고 택하시오(단, 과전류 계전기의 전류탭은 4[A], 5[A], 6[A], 7[A], 8[A], 10[A], 12[A]로 되어 있다).
• 계산 :   • 답 :

● 답안작성

계산 : $I_t = 40 \times \dfrac{5}{60} \times 1.2 = 4[\text{A}]$ 답 : 4[A]

▶출제년도 : 기사 01, 산업 14. ▶점수 : 13점

문6 그림은 22.9[kV-Y] 1000[kVA] 이하인 특고압 수전설비의 표준결선도이다. 이 결선도를 보고 물음에 답하시오.

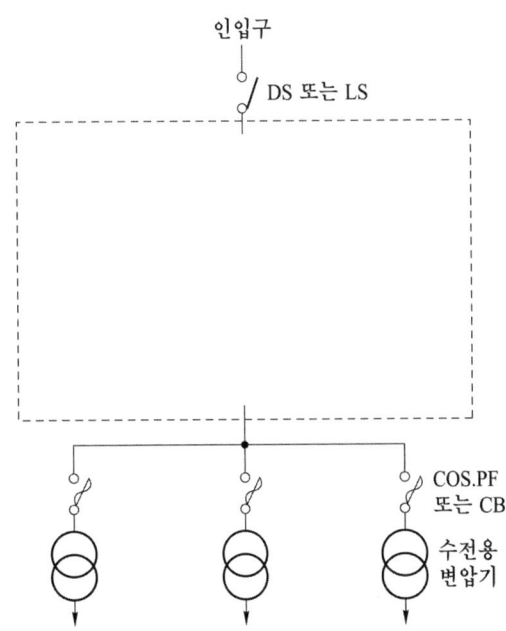

(1) 점선으로 표시된 미완성 부분의 단선 결선도를 완성하시오.
   (참고 : MOF, CB, OC, GR, PT, CT, OCR, COS 또는 PF 등을 이용할 것)
(2) 인입구 직하의 DS 또는 LS에서 전압이 몇 [kV] 이상인 경우에 LS를 사용하는가?
(3) 차단기의 트립 전원방식은 어떤 방식을 이용하는 것이 바람직한가? 2가지를 쓰시오.

(4) 인입선을 지중선으로 시설하는 경우로써 공동주택 등 사고 시 정전 피해가 큰 수전설비 인입선은 몇 회선으로 시설하는 것이 바람직한가?
(5) 지중인입선의 경우 22.9[kV-Y] 계통에서 주로 사용하는 케이블은?
(6) LA의 명칭은 무엇인가?
(7) MOF 및 OCB의 명칭은 무엇인가?

● 답안작성

(1)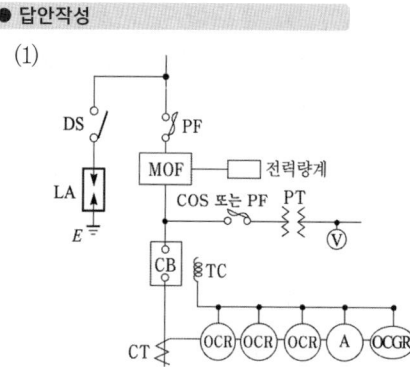

(2) 66[kV]
(3) 직류(DC) 방식
   콘덴서(CTD) 방식
(4) 2회선
(5) CNCV-W 케이블 (수밀형)
   또는 TR CNCV-W(트리억제형)
(6) 피뢰기
(7) MOF : 전력 수급용 계기용 변성기
   OCB : 유입차단기

● 해 설

CB 1차측에 PT를 CB 2차측에 CT를 시설하는 경우

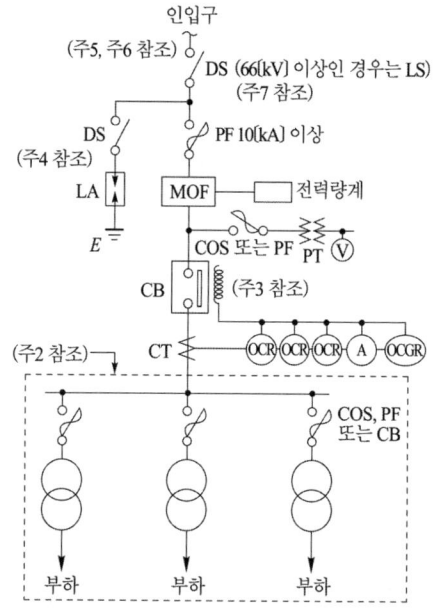

약 호	명 칭
DS	단로기
LA	피뢰기
CT	변류기
CB	차단기
TC	트립 코일
OCR	과전류 계전기
GR	지락 계전기
MOF	전력 수급용 계기용 변성기
COS	컷아웃 스위치
PF	전력 퓨즈
PT	계기용 변압기

[주1] 22.9[kV-Y] 1,000[kVA] 이하인 경우에는 간이 수전 설비 결선도에 의할 수 있다.
[주2] 결선도 중 점선 내의 부분은 참고용 예시이다.
[주3] 차단기의 트립 전원은 직류(DC) 또는 콘덴서 방식(CTD)이 바람직하며 66[kV] 이상의 수전 설비에는 직류(DC)이어야 한다.
[주4] LA용 DS는 생략할 수 있으며 22.9[kV-Y]용의 LA는 Disconnector(또는 Isolator) 붙임형을 사용하여야 한다.

[주5] 인입선을 지중선으로 시설하는 경우로써 공동 주택 등 사고 시 정전 피해가 큰 수전 설비 인입선은 예비선을 포함하여 2회선으로 시설하는 것이 바람직하다.

[주6] 지중인입선의 경우에 22.9[kV-Y] 계통은 CNCV-W 케이블(수밀형) 또는 TR CNCV-W(트리억제형)을 사용하여야 한다. 다만, 전력구·공동구·덕트·건물 구내 등 화재의 우려가 있는 장소에서는 FR CNCO-W(난연) 케이블을 사용하는 것이 바람직하다.

[주7] DS 대신 자동고장구분 개폐기(7,000[kVA] 초과 시에는 Sectionalizer)를 사용할 수 있으며 66[kV] 이상의 경우는 LS를 사용하여야 한다.

▸출제년도 : 산업 14, 22.   ▸점수 : 5점

문7 그림은 인류스트랩 설치 방법에 관한 그림이다. 각 번호 ①, ②, ③, ④, ⑤의 명칭을 쓰시오.

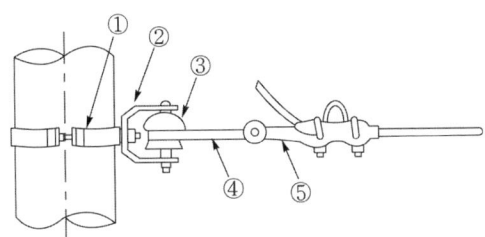

● 답안작성

① 랙크밴드   ② 랙크   ③ 저압인류애자   ④ 인류스트랩   ⑤ 데드엔드 클램프

● 해 설

인류스트랩은 다중접지 중성선이나 저압중성선이 AL 전선인 경우 인류 및 내장개소에 설치한다.

▸출제년도 : 산업 14, 22.   ▸점수 : 4점

문8 어느 자가용 전기설비의 고장전류가 7.5[kA]이고 CT비가 75/5[A]일 때 MOF의 과전류강도(표준)는 얼마인지 쓰시오(단, 사고발생 후 0.2초 이내에 한전 차단기가 동작하는 것으로 한다).

•계산   •답

● 답안작성

계산 : 단시간 과전류 값 $I_p = I_m \times \sqrt{t} = 7.5 \times 10^3 \times \sqrt{0.2} = 3,354.10$

CT과전류강도 $S_n = \dfrac{I_{pf}}{\text{정격 1차전류}} = \dfrac{3354.1}{75} = 44.72$배

답 : 75

● 해 설

(1) MOF의 과전류강도는 기기 설치점에서의 단락전류에 의하여 계산 적용하되 22.9[kV]급으로서 60[A] 이하의 MOF 최소과전류강도는 한전규격에 의해 75배로 하고, 계산값이 75배 이상인 경우는 150배를 적용한다. 다만, 수요자 또는 설계자의 요구에 의하여 MOF 또는 CT 과전류강도를 150배 이상 요구한 경우는 그 값을 적용한다.

(2) CT의 과전류강도는 기기 설치점에서의 단락전류에 의하여 계산 적용한다.

과전류 강도 계산식

① 대칭단락전류(실효치)를 구한다.

$$I_s = \frac{100}{\%Z} \times I_n$$

- $\%Z$ = 전원측 $\%Z$ + 전선로 $\%Z$ + CT 및 기타 기기 $\%Z$
- I_n = 수전점의 기준용량(변압기)의 정격전류

② 최대비대칭 단락전류(실효치)를 구한다.

$$I_m = I_s \times 비대칭계수(\frac{X}{R}값, 기술자료참조)$$

③ 단시간 과전류값 계산

$$I_p = I_m \times \sqrt{t}$$

t : 최대 비대칭 단락전류값을 기준하여 PF 동작시간

(3) 변류기의 정격과전류 강도

정격과전류 강도 (*)	보증하는 과전류
40	정격 1차전류의 40배
75	정격 1차전류의 75배
150	정격 1차전류의 150배
300	정격 1차전류의 300배

(4) CT 과전류강도 계산

$$S_n = \frac{I_p}{CT\ 정격\ 1차\ 전류}$$

▶출제년도 : 산업 06. 08. 14. ▶점수 : 5점

문9 연축전지의 정격용량은 250[Ah]이고, 상시부하가 8[kW]이며, 표준전압이 100[V]인 부동충전방식의 충전전류는 몇 [A]인가? 단, 연축전지의 방전율은 10시간율로 계산한다.

• 계산 :   • 답 :

● 답안작성

계산 : $I = \frac{250}{10} + \frac{8,000}{100} = 105[A]$

답 : 105[A]

● 해 설

(1) 부동충전 : 축전지의 자기방전을 보충함과 동시에 상용부하에 대한 전력공급은 충전기가 부담하도록 하되 충전기가 부담하기 어려운 일시적인 대전류 부하는 축전지로 하여금 부담하게 하는 방식

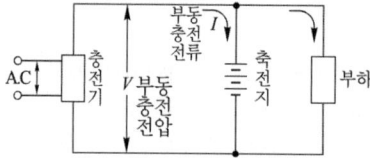

(2) 충전기 2차 충전 전류[A] = $\frac{축전지\ 용량\ [Ah]}{정격\ 방전율\ [h]} + \frac{상시\ 부하\ 용량\ [VA]}{표준\ 전압\ [V]}$

▶출제년도 : 산업 93. 06. 14. 20. ▶점수 : 5점

문10 500[m] 거리에 100개의 가로등을 같은 간격으로 배치하였다. 전등 1개의 소요 전류가 0.1[A], 전선의 단면적 38[mm²], 도전율 55[℧]라 한다. 한쪽 끝에서 220[V]로 급전할 때 최종 전등에 가해지는 전압[V]은 얼마인지 구하시오.
• 계산   • 답

● 답안작성

계산 : 말단에 집중 부하로 생각하여 전압 강하를 구하면,
$$e = 2IR = 2I \times \rho \frac{l}{A} = 2 \times 0.1 \times 100 \times \frac{1}{55} \times \frac{500}{38} = 4.78[V]$$
같은 간격으로 분포된 부하는 말단 집중 부하보다 1/2만의 전압 강하가 되므로
최종 전등 전압 $= 220 - \frac{4.78}{2} = 217.61[V]$

답 : 217.61[V]

● 해 설

집중부하와 분산부하

구 분	전력손실	전압강하
말단에 집중부하	I^2rL	IrL
평등분포 부하	$\frac{1}{3}I^2rL$	$\frac{1}{2}IrL$

▶출제년도 : 산업 94. 98. 01. 03. 04. 07. 09. 14. ▶점수 : 6점

문11 공사원가와 순공사원가에 해당하는 항목으로 산출식(방법)을 쓰시오.
• 공사원가 :
• 순공사원가 :

● 답안작성

공사원가 : 재료비 + 노무비 + 경비 + 일반 관리비 + 이윤
순 공사원가 : 재료비 + 노무비 + 경비

● 해 설

공사 원가라 함은 공사 시공 과정에서 발생한 재료비, 노무비, 경비의 합계액을 말한다(준칙 제13조).

총원가
┌ 공사(제조) 원가
│   ├ 재료비 ┌ 직접 재료비 : 주재료비, 부분 품비
│   │   └ 간접 재료비 : 소모 재료비, 소모 공구, 기구, 비품비,
│   │   포장 재료비(제조), 가설 재료비(공사) 등
│   ├ 노무비 ┌ 직접 노무비 : 기본급, 제수당, 상여금, 퇴직급여 충당금
│   │   └ 간접 노무비 : 직접 노무비×간접 노무 비율
│   │   (※ 간접 노무비율 = $\frac{간접\ 노무비}{직접노무비}$)
│   └ 경비 : 전력비 등 21개 비목
├ 일반 관리비 – 공사 또는 제조원가×일정률(6~14[%])
└ 이윤 – (노무비+경비+일반관리비)×일정률(제조 25[%], 공사 15[%])

※ 예정 가격 = 총 원가 + 부가가치세(10[%])

▸ 출제년도 : 산업 14. ▸ 점수 : 4점

문12 조명 기구에서 기존 반사갓에 비해 에너지 절약, 자원 절약을 위해 사용되는 고조도 반사갓 설치효과를 2가지만 간단히 쓰시오.

● 답안작성
① 조도의 향상
② 조명전력의 절감

● 해 설
고조도 반사갓 설치효과
① 조도 향상   ② 전력 에너지 절감
③ 램프 수 감소   ④ 전기요금 절감 효과
⑤ 유지관리 용이 및 경비 절감   ⑥ 시력보호

▸ 출제년도 : 산업 00. 14. 17. 24. ▸ 점수 : 4점

문13 다음 그림과 같이 영상 변류기를 당해 케이블의 전원 측에 설치하는 경우의 케이블 차폐층의 접지선은 어떻게 시설하는 것이 옳은지 접지선을 그리시오.

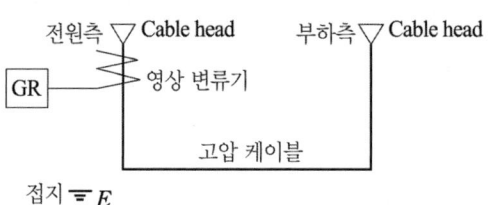

● 답안작성

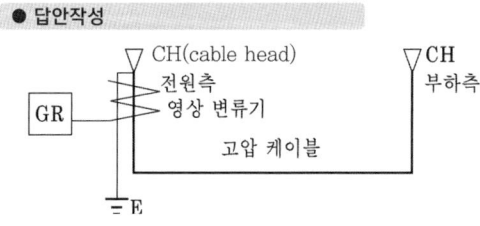

● 해 설
케이블 차폐 접지
(1) ZCT를 전원측에 설치 시 전원 측 케이블 차폐의 접지는 ZCT를 관통시켜 접지한다.

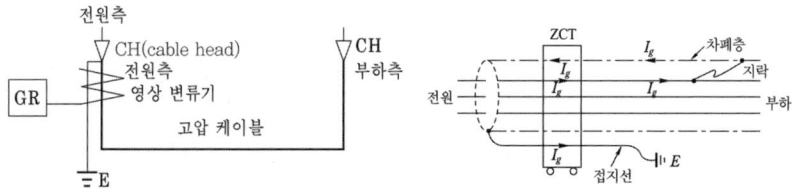

접지선을 ZCT 내로 관통시켜야만 ZCT는 지락전류 I_g를 검출할 수 있다.
$$I_g - I_g + I_g = I_g$$

(2) ZCT를 부하측에 설치 시 케이블 차폐의 접지는 ZCT를 관통시키지 않고 접지한다.

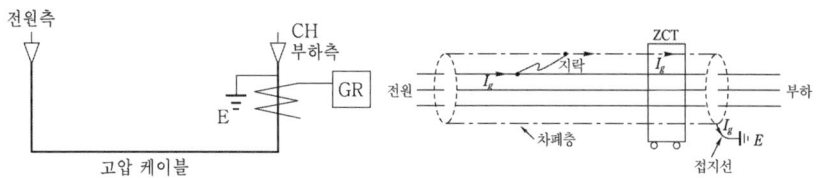

접지선을 ZCT 내로 관통시키지 않아야 지락전류 I_g를 검출할 수 있다.

▶ 출제년도 : 기사 01, 07, 14, 산업 17. ▶ 점수 : 3점

문 14 네온관용 전선에서 7.5[kV] N-RV의 기호에서 N, R, V는 각각 무엇을 뜻하는지 쓰시오.

● 답안작성

N : 네온전선, R : 고무, V : 비닐

● 해 설

- N-RV : 고무절연 비닐외장 네온전선
- N : 네온전선   • V : 비닐
- E : 폴리에틸렌   • R : 고무
- C : 클로로프렌

▶ 출제년도 : 산업 14. ▶ 점수 : 3점

문 15 산업설비 시설에서 옥외조명으로 많이 사용하는 방전램프 3가지를 쓰시오.
(단, 고압과 저압용으로 구분하지 말고 순수 명칭을 쓸 것)

● 답안작성

수은등, 나트륨등, 메탈 할라이드 램프

▶ 출제년도 : 14. ▶ 점수 : 4점

문 16 다음 중 (   )에 알맞은 내용을 쓰시오.

"송배전 선로의 전기적 특성인 전압 강하, 수전 전력, 송전 손실, 안정도 등을 계산하는 데에는 저항 R, 인덕턴스 L, 정전용량(커패시턴스) C, 누설 컨덕턴스 g라는 4개의 정수를 알아야 한다. 이러한 선로 정수는 (   ), (   ), (   ) 등에 따라 정해지며, 송전 전압, 전류 또는 역률 등에 의하여 아무런 영향을 받지 않는다."

● 답안작성

전선의 종류, 굵기, 배치

● 해 설

저항 R, 인덕턴스 L, 정전용량 C 및 누설 컨덕턴스 g의 4가지 정수를 선로정수라 한다. 선로정수는 전선의 종류, 굵기, 배치에 따라 정해지며, 송전전압, 주파수, 전류, 역률 및 기상 등에는 영향을 받지 않는다. 주파수에 관계된 리액턴스는 선로정수가 아니다.

▶ 출제년도 : 11. 14. 18.　▶ 점수 : 5점

문17 다음 전선의 약호를 보고 그 명칭을 쓰시오.

(1) ACSR　　(2) OW　　(3) FL　　(4) DV　　(5) MI

● 답안작성

(1) 강심 알루미늄 연선
(2) 옥외용 비닐절연전선
(3) 형광 방전등용 비닐 전선
(4) 인입용 비닐절연 전선
(5) 미네랄 인슈레이션 케이블

개정된 '전기설비 기술기준 및 판단기준'과 '내선규정'에 의거해 삭제된 문제가 있어 점수의 합계가 100점이 되지 않습니다.

2014년 2회 전기공사산업기사실기

▸ 출제년도 : 산업 14. 18.   ▸ 점수 : 5점

문1 페란티 현상에 대해 설명하시오.

● 답안작성

무부하 시 선로의 정전용량에 의한 진상 전류 때문에 수전단의 전압이 송전단의 전압보다 높아지는 현상

● 해 설
(1) 페란티 현상
무부하의 경우 선로의 정전용량 때문에 전압보다 위상이 90° 앞선 충전 전류의 영향이 커져서 선로에 흐르는 전류가 진상이 되어 수전단 전압이 송전단 전압보다 높아지는 현상을 페란티 현상이라 한다.
(2) 페란티 현상 방지 대책
선로에 흐르는 전류가 지상이 되도록 한다.
• 수전단에 분로 리액터를 설치한다.
• 동기조상기의 부족여자 운전

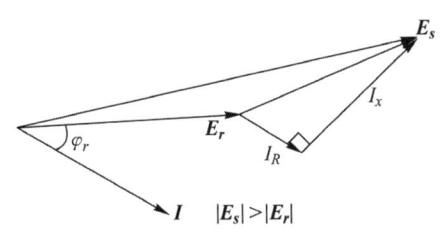
지상 전류가 흐를 경우의 벡터도

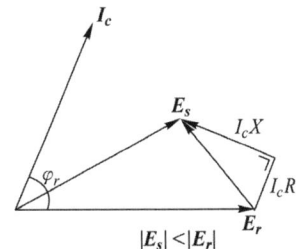
진상 전류가 흐를 경우의 벡터도

▸ 출세년도 : 산업 04. 14.   ▸ 점수 : 6점

문2 피뢰기의 구성 요소 2가지를 쓰고 그 역할을 설명하시오.

● 답안작성

① 직렬 갭 : 뇌 전류를 대지로 방전시키고 속류를 차단한다.
② 특성요소 : 뇌 전류 방전 시 피뢰기 자신의 전위 상승을 억제하여 자신의 절연파괴 방지

▸ 출제년도 : 기사 97. 00. 14. 산업 14.   ▸ 점수 : 11점

문3 어느 건물 내의 접지공사용 공량이 다음과 같다. 이때 직접노무비 소계, 간접노무비, 공구 손료, 계를 구하시오. (단, 공구 손료는 3[%], 간접노무비 15[%]로 보고 계산한다. 노임단가 내선 전공은 12,410원, 보통인부 6,520원이다. 인공을 산출한 후 이를 합계하여 노임단가를 적용하여 소수점 이하는 버린다.)

[접지공사용 용량]
- 접지봉(2[m]), 15개(1개소에 1개씩 설치)
- 접지선 매설 60□, 300[m]
- 후강 전선관 28ϕ, 250[m](콘크리트 매입)

접지공사

구분	단위	전공	보통인부
접지봉(지하 0.75m 기준) 길이 1~2[m]×1본 　　　　×2본 연결 　　　　×3본 연결	개소	0.20 0.30 0.45	0.10 0.15 0.23
동판 매설(지하 1.5[m] 기준) 0.3[m]×0.3[m] 1.0[m]×1.5[m] 1.0[m]×2.5[m]	매 〃 〃	0.30 0.50 0.80	0.30 0.50 0.80
접지 동판 가공	〃	0.16	
접지선 부설 600[V] 비닐 전선 완금 접지 22.9(11.4[kV-Y]) D/L	개소 〃	0.05 0.05	0.025
접지선 매설 14[mm^2] 이하 38 〃 80 〃 150 〃 200 〃 이상	m 〃 〃 〃 〃	0.010 0.012 0.015 0.020 0.025	
접속 및 단자 설치 압축 압축 평행 납땜 또는 용접 압축 단자 체부형	개 〃 〃 〃 〃	0.15 0.13 0.19 0.03 0.05	

박강 및 PVC 전선관			후강 전선관	
규격		내선 전공	규격	내선 전공
박강	PVC			
	14[mm]	0.01		
15[mm]	16[mm]	0.05	16[mm](1/2")	0.08
19[mm]	22[mm]	0.06	22[mm](3/4")	0.11
25[mm]	28[mm]	0.08	28[mm](1")	0.14
31[mm]	36[mm]	0.10	36[mm](1 1/4")	0.20
39[mm]	42[mm]	0.13	42[mm](1 1/2")	0.25
51[mm]	51[mm]	0.19	54[mm](2")	0.31
63[mm]	70[mm]	0.28	70[mm](2 1/2")	0.41
75[mm]	82[mm]	0.37	82[mm](3")	0.51
	100[mm]	0.45	90[mm](3 1/2")	0.60
	104[mm]	0.46	104[mm](1")	0.71

[해설] ① 콘크리트 매입 기준임
② 철근 콘크리트 노출 및 블록 칸막이 경매는 12[%], 목조 건물은 121[%], 철강조 노출은 120[%]
③ 기설 콘크리트 노출 공사 시 앵커 볼트 매입 깊이가 10[cm] 이상인 경우는 앵커 볼트 매입품을 별도 계상하고 전선관 설치품은 매입품으로 계상한다.
④ 천장속 마루밑 공사 130[%]

● 답안작성

① 직접 노무비
내선 전공 : $(0.2 \times 15) + (0.015 \times 300) + (0.14 \times 250) = 42.5$[인]
인건비 $= 42.5 \times 12,410 = 527,425$[원]
보통인부 : $0.1 \times 15 = 1.5$[인]
인건비 $= 1.5 \times 6,520 = 9,780$[원]
∴ 직접노무비 = 내선전공 + 보통인부 $= 527,425 + 9,780 = 537,205$[원]
② 간접노무비 = 직접노무비 × 15 [%] $= 537,205 \times 0.15 = 80,580$[원]
③ 공구 손료 = 직접노무비 × 3 [%] $= 537,205 \times 0.03 = 16,116$[원]
④ 계 $= 537,205 + 80,580 + 16,116 = 633,901$[원]

▶출제년도 : 기사 11. 산업 14   ▶점수 : 6점

문4 송전방식에는 교류송전 방식과 직류송전 방식이 있다. 직류 송전 방식의 장점을 3가지만 쓰시오.

● 답안작성
① 절연 계급을 낮출 수 있다.
② 무효 전력 및 송전 손실이 없고, 또 역률이 항상 1이므로 송전 효율이 좋다.
③ 리액턴스, 위상각이 없으므로 안정도가 좋다.

● 해 설
직류 송전 방식의 장·단점
[장점] ① 선로의 리액턴스가 없으므로 안정도가 높다.
② 유전체손 및 충전 용량이 없고 절연 내력이 강하다.
③ 비동기 연계가 가능하다.
④ 단락 전류가 적고 임의 크기의 교류 계통을 연계시킬 수 있다.
⑤ 코로나손 및 전력 손실이 적다.
⑥ 표피 효과나 근접 효과가 없으므로 실효 저항의 증대가 없다.
[단점] ① 직교 변환 장치가 필요하다.
② 전압의 승압 및 강압이 불리하다.
③ 고조파나 고주파 억제 대책이 필요하다.
④ 직류 차단기가 개발되어 있지 않다.

▶출제년도 : 산업 14.   ▶점수 : 5점

문5 어느 수용가가 당초 역률(지상) 80[%]로 60[kW]의 부하를 사용하고 있었는데 새로 역률(지상) 60[%] 40[kW]의 부하를 증가하여 사용하게 되었다. 이때 콘덴서로 합성 역률을 90[%]로 개선하는 데 필요한 용량은 몇 [kVA]인가?

● 답안작성

계산 : 무효 전력 $Q = \dfrac{60}{0.8} \times 0.6 + \dfrac{40}{0.6} \times 0.8 = 98.33 [\text{kVar}]$

유효 전력 $P = 60 + 40 = 100 [\text{kW}]$

합성 역률 $\cos\theta = \dfrac{P}{\sqrt{P^2 + Q^2}} = \dfrac{100}{\sqrt{100^2 + 98.33^2}} = 0.713$

$\therefore Q_c = P(\tan\theta_1 - \tan\theta_2) = 100 \times \left(\dfrac{\sqrt{1-0.713^2}}{0.713} - \dfrac{\sqrt{1-0.9^2}}{0.9} \right) = 49.91 [\text{kVA}]$

답 : 49.91[kVA]

● 해 설

피상전력을 $P_a[\text{kVA}]$라 할 때,
- 유효 전력 $P = P_a \cos\theta [\text{kW}]$
- 무효 전력 $Q = P_a \sin\theta = \dfrac{P}{\cos\theta} \times \sin\theta [\text{kVar}]$

▶출제년도 : 산업 14. ▶점수 : 6점

문6 다음은 어떤 조명 방식인지 각 물음에 답하시오.

(1) 조명기구를 일정한 높이 및 간격으로 배치하여 방 전체의 조도를 균일하게 조명하는 방식
(2) 희망하는 곳에 희망하는 방향으로부터 충분한 조도를 얻을 수 있는 방식

● 답안작성

(1) 전반조명방식
(2) 국부조명방식

● 해 설

(1) 전반조명은 작업대의 위치가 변하여도 등기구의 배치를 변경시킬 필요가 없으며, 조도가 균일하고 그늘이 부드럽다.
(2) 국부조명은 원하는 곳에서 원하는 방향으로 조도를 줄 수 있으며, 불필요한 장소는 소등할 수 있어 필요한 만큼의 조도를 가장 경제적으로 얻을 수 있다.

▶출제년도 : 산업 14. ▶점수 : 5점

문7 다음 전선의 약호를 쓰시오.

(1) 폴리에틸렌 절연 비닐 시스 케이블
(2) 옥외용 비닐 절연 전선
(3) 미네랄 인슈레이션 케이블
(4) 인입용 비닐 절연 전선
(5) 경동선

● 답안작성

(1) EV   (2) OW   (3) MI   (4) DV   (5) H

문 8 다음에서 설명하는 금속관 부품의 명칭을 쓰시오.

(1) 매입형 스위치를 수용하거나 리셉터클의 아우트렛을 고정하기 위한 금속함은?
(2) 바닥 밑으로 매입 배선할 때 사용하는 것은?
(3) 배관 공사에서 박스에 금속관을 고정할 때 주로 사용하는 것은?
(4) 돌려서 접속할 수 없는 경우의 가요전선관과 금속관을 결합하는 곳에 사용하는 것은?
(5) 인입구, 인출구 수직배관의 상부에 사용되어 비의 침입을 막는 데 사용되는 것은?

● 답안작성
  (1) 스위치박스   (2) 플로어박스
  (3) 로크너트   (4) 유니온 커플링
  (5) 앤트렌스 캡

 문 9 간접노무비와 간접 노무 비율을 구하는 계산식을 쓰시오.

● 답안작성
  (1) 간접 노무비 = 직접 노무비 × 간접 노무 비율 (15[%] 이하)
  (2) 간접 노무 비율 = $\dfrac{\text{공사종류별}[\%] + \text{공사규모별}[\%] + \text{공사기간별}[\%]}{3}$

 문 10 G형 단위 폐쇄배전반에서 구비해야 할 조건 중 5가지만 쓰시오.

● 답안작성
  ① 단위 회로마다 장치가 일괄해서 접지 금속함 내에 수납되어 있을 것
  ② 주회로와 감시 제어반측과를 접지 금속의 격벽에 의하여 격할 것
  ③ 차단기가 폐로된 상태에서는 단로기를 조작 할 수 없도록 인터록을 설치할 것
  ④ 차단기는 반출할 수 있는 구조일 것
  ⑤ 차단기는 그 주회로와 제어회로에 자동연결부가 있는 추출형일 것

● 해 설
  그 외에도
  ⑥ 주회로의 중요한 기기는 상호 간에 접지금속 벽으로부터 절연벽에 의하여 격리되어 있을 것
  ⑦ 주회로의 도전부(모선, 접속선, 접속부 등)는 충분히 절연할 것

 문 11 면적이 50×50[m], 천장높이 4[m]인 실내에 조도 150[lx]를 얻기 위한 등기구 수를 구하시오. 단, 광속 20,000[lm], 이용률 0.6, 감광보상률 1.3인 경우이다.

•계산 :   •답 :

● 답안작성

계산 : $FUN = EAD$ 에서

$$등기구\ 수 = \frac{EAD}{FU} = \frac{150 \times 50 \times 50 \times 1.3}{20,000 \times 0.6} = 40.63[등]$$

답 : 41[등]

▶출제년도 : 산업 14.   ▶점수 : 5점

문12 배전용 전주를 건주할 때 표준 근입(지하에 묻히는 길이)은 몇 [m] 이상인가?
(단, 설계 하중이 6.8[kN]이다.)

(1) 15[m] 이하
(2) 16[m] 초과~20[m] 이하

● 답안작성

(1) 전장 × $\frac{1}{6}$[m] 이상

(2) 2.8[m] 이상

● 해 설

가공전선로 지지물의 기초의 안전율 (KEC 331.7)

가공전선로의 지지물에 하중이 가해지는 경우에 그 하중을 받는 지지물의 기초의 안전율은 2 이상(단, 이상 시 상정하중에 대한 철탑의 기초에 대하여는 1.33)이어야 한다. 다만, 땅에 묻히는 깊이를 다음의 표에서 정한 값 이상의 깊이로 시설하는 경우에는 그러하지 아니하다.

설계하중 \ 전장	6.8 [kN] 이하	6.8 [kN] 초과 ~ 9.8 [kN] 이하	9.8 [kN] 초과 ~ 14.72 [kN] 이하
15[m] 이하	전장×1/6[m] 이상	전장×1/6 + 0.3[m] 이상	–
15[m] 초과	2.5[m] 이상	2.8[m] 이상	–
16[m] 초과~20[m] 이하	2.8[m] 이상	–	–
15[m] 초과~18[m] 이하	–	–	3[m] 이상
18[m] 초과	–	–	3.2[m] 이상

▶출제년도 : 산업 96. 01. 03. 09. 14.   ▶점수 : 3점

문13 가공배전선로에서 전선을 수평으로 배열하기 위한 크로스 완금의 길이[mm]를 표의 빈칸 "①~⑥"에 쓰시오.

완금의 길이

전선조수	특고압	고압	저압
1	①	–	–
2	②	1,400	900
3	③	1,800	1,400

● 답안작성

① 900   ② 1,800   ③ 2,400

▶출제년도 : 산업 98. 01. 14.   ▶점수 : 6점

문14
그림과 같은 저압기기의 지락사고 시 기기에 접촉된 사람의 인체에 흐르는 전류를 구하시오. (단, 중성점접지저항값 $R_2 = 50[\Omega]$, 보호접지저항값 $R_3 = 100[\Omega]$, 인체의 접지저항 및 접촉저항값 $R_m = 1000[\Omega]$이다.)

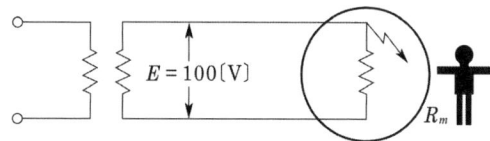

● 답안작성

계산 : $I_m = \dfrac{100}{50 + \dfrac{100 \times 1{,}000}{100 + 1{,}000}} \times \dfrac{100}{100 + 1{,}000} = 0.06452[A] = 64.52[mA]$

답 : $64.52[mA]$

● 해 설

문제의 조건을 등가회로로 변경하면 아래와 같다.

$I_g = \dfrac{E}{R_2 + \dfrac{R_3 \times R_m}{R_3 + R_m}} = \dfrac{100}{50 + \dfrac{100 \cdot 1{,}000}{100 + 1{,}000}} = 0.71[A]$

$I_m = \dfrac{R_3}{R_3 + R_m} \cdot I_g = \dfrac{100}{100 + 1000} \times 0.71 = 0.064593[A] = 64.54[mA]$

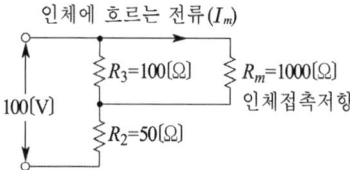

▶출제년도 : 산업 00. 14. 18. 24.   ▶점수 : 5점

문15
송전선로에서 매설지선의 설치 목적은?

● 답안작성

철탑의 탑각 접지저항을 낮추어 역섬락 방지

● 해 설

접지저항을 낮게 하여 피뢰작용을 높여준다.

▶출제년도 : 산업 93. 94. 14. 20.   ▶점수 : 3점

문16
가공전선을 애자에 바인드 하는 방법은 어떤 바인드법이 있는가 3가지를 쓰시오.

● 답안작성

① 인류 바인드법   ② 측부 바인드법   ③ 두부 바인드법

▶ 출제년도 : 산업 10. 14.　▶ 점수 : 14점

문17 다음 그림은 무접점 회로도이다. 그림을 보고 다음 각 물음에 답하시오.

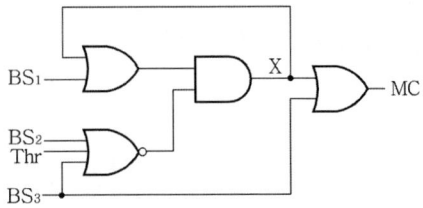

(1) 미완성된 유접점 회로도를 완성하시오.

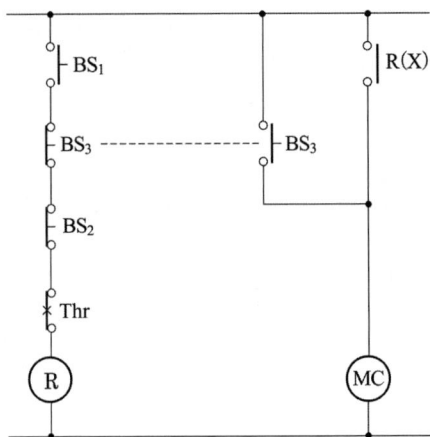

(2) Thr의 접점의 명칭을 쓰시오.
(3) 촌동운전이란 무엇인지 쓰시오.
(4) $BS_1 \sim BS_3$ 중에서 촌동운전 스위치는 어느 것인지 쓰시오.

● 답안작성

(1)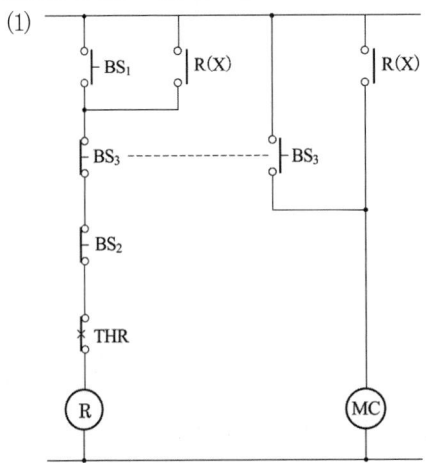

(2) 수동복귀 b접점
(3) 촌동운전은 기동, 회전 방향 등을 점검하는 것으로 기동 스위치를 누르면 기동하고 놓으면 정지한다.
(4) BS_3

▸출제년도 : 산업 14, 22. ▸점수 : 4점

문18 셀룰러 덕트 배선에 대한 다음 물음에 답하시오.

(1) 셀룰러 덕트의 판 두께는 셀룰러 덕트의 최대 폭이 150[mm] 이하일 때 몇 [mm] 이상이어야 하는가?

(2) 절연전선을 동일한 셀룰러 덕트 내에 넣을 경우 셀룰러 덕트의 크기는 전선의 피복절연물을 포함한 단면적의 총합계가 셀룰러 덕트 단면적의 몇 [%] 이하가 되도록 선정하여야 하는가?

● 답안작성

(1) 1.2
(2) 20

● 해 설

셀룰러 덕트공사(KEC 232.33)
셀룰러 덕트의 판 두께는 표에서 정한 값 이상일 것

셀룰러 덕트의 최대 폭[mm]	셀룰러 덕트의 판 두께[mm]
150 이하	1.2 이상
150 초과 200 이하	1.4 이상
200 초과	1.6 이상

2014년 4회 전기공사산업기사실기

▶출제년도 : 산업 14. ▶점수 : 4점

문1 수중 조명등에 전기를 공급하기 위해 사용되는 절연변압기의 사용전압을 쓰시오.
(단, 미만, 이하 등을 정확하게 표시하시오.)
(1) 절연변압기의 1차측 전로의 사용전압 :
(2) 절연변압기의 2차측 전로의 사용전압 :

● 답안작성
 (1) 400[V] 이하일 것
 (2) 150[V] 이하일 것

● 해 설
수중조명등 사용전압(KEC 234.14)
수영장 기타 이와 유사한 장소에 사용하는 조명등에 전기를 공급하기 위해서는 절연변압기를 사용하고, 그 사용전압은 다음에 의하여야 한다.
① 절연변압기의 1차 측 전로의 사용전압은 400[V] 이하일 것
② 절연변압기의 2차 측 전로의 사용전압은 150[V] 이하일 것

▶출제년도 : 산업 14. ▶점수 : 4점

문2 가공 전선로에 쓰이는 애자의 명칭을 쓰시오.
(1) 애자 한 개로 전선을 지지하게 되므로 전압 계급에 따라서 자기의 크기, 층 수, 절연층의 두께 등이 달라지며, 기계적 강도와 경년열화 등의 이유로 일반적으로 33[kV] 이하의 전선로에만 주로 사용되고 있는 애자는?
(2) 66[kV] 이상의 모든 선로에는 대부분 이 애자를 사용하고 있으며, 클레비스형과 볼 소켓형 등이 있는 애자는?
(3) 많은 갓을 가지고 있는 원통형의 긴 애자로 경년열화가 적고 누설거리가 비교적 길어서 염분에 의한 애자오손이 적고 내무 애자로서 적당한 애자는?
(4) 발·변전소나 개폐소의 모선, 단로기 기타의 기기를 지지하거나 연가용 철탑 등에서 점퍼선을 지지하기 위해서 쓰이고 있으며, 라인 포스트애자가 대표적인 애자는?

● 답안작성
 (1) 핀애자   (2) 현수애자
 (3) 라인 포스트애자   (4) 지지애자

▶출제년도 : 기사 10. 14. ▶점수 : 6점

문3 다음의 옥내배선 그림기호에 대한 명칭을 쓰시오.

(1) ●R   (2) ⬛S   (3) ⊗   (4) ▲   (5) ✒   (6) ⬛B

● 답안작성

(1) 리모콘 스위치　(2) 개폐기　(3) 셀렉터 스위치
(4) 리모콘 릴레이　(5) 조광기　(6) 배선용 차단기

▶ 출제년도 : 산업 10. 14. 21. 24.　▶ 점수 : 6점

문4 어떤 전기설비에서 3300[V]의 3상 회로에 변압비 33의 계기용변압기 2대를 그림과 같이 설치하였다면, 그때의 전압계 V_1, V_2, V_3의 지시값은 얼마인지 각각 구하시오.

(1) $V_1 =$
(2) $V_2 =$
(3) $V_3 =$

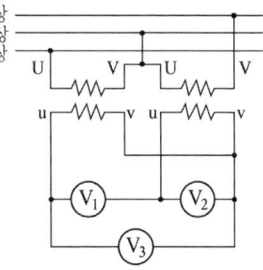

● 답안작성

(1) $V_1 = \dfrac{3,300}{33} \times \sqrt{3} = 173.21[\text{V}]$

(2) $V_2 = \dfrac{3,300}{33} = 100[\text{V}]$

(3) $V_3 = \dfrac{3,300}{33} = 100[\text{V}]$

● 해 설

V_1은 V_2와 V_3의 Vector 차전압 지시 즉, $V_1 = \sqrt{3}\, V_2 = \sqrt{3}\, V_3$

▶ 출제년도 : 산업 14.　▶ 점수 : 5점

문5 용량 800[W]의 전열기에서 전열선의 길이를 5[%] 작게 하면 소비 전력은 몇 [W]인지 구하시오.

•계산 :　　　　　　　　　　　　　　•답 :

● 답안작성

계산 : 최초의 전력을 P, 전열선의 길이를 l, 5[%] 적을 때의 전열선의 길이를 l', 전력을 P'이라 하면

$P \propto \dfrac{1}{l}$ 이므로 $\dfrac{P'}{P} = \dfrac{\frac{1}{l'}}{\frac{1}{l}} = \dfrac{l}{l'}$

$\therefore P' = \left(\dfrac{l}{l'}\right)P = \left(\dfrac{l}{0.95l}\right)P = \dfrac{1}{0.95} \times 800 = 842.11[\text{W}]$

답 : 842.11[W]

● 해 설

$P = \dfrac{V^2}{R} = \dfrac{V^2}{\rho \dfrac{l}{A}} = \dfrac{AV^2}{\rho l} \propto \dfrac{1}{l}$

문6 ▸출제년도 : 산업 14, 20. ▸점수 : 5점

연건평 30,000[m²]인 아파트의 부하밀도는 50[VA/m²]이고 수용률은 40[%], 부등률은 1.25이다. 이 아파트의 수전설비용량을 구하시오.

• 계산 :   • 답 :

● 답안작성

계산 : 부하용량 $= 50 \times 30,000 \times 10^{-3} = 1,500 [kVA]$

수전설비용량 $P = \dfrac{1,500 \times 0.4}{1.25} = 480 [kVA]$

답 : 480[kVA]

● 해 설

수전설비용량 ≥ 합성최대 수용전력 $= \dfrac{\text{설비용량 [kVA]} \times \text{수용률}}{\text{부등률}}$

$= \dfrac{\text{설비용량 [kW]} \times \text{수용률}}{\text{부등률} \times \text{역률}} [kVA]$

문7 ▸출제년도 : 기사 12, 20, 산업 12, 14. ▸점수 : 4점

다음의 작업구분에 맞는 각각의 직종명을 쓰시오. (예, 내선전공)
(1) 발전설비 및 중공업설비의 시공 및 보수
(2) 변전설비의 시공 및 보수
(3) 철탑 및 송전설비의 시공 및 보수
(4) 플랜트 프로세스의 자동제어장치, 공업제어장치 등의 시공 및 보수

● 답안작성

(1) 플랜트전공   (2) 변전전공
(3) 송전전공   (4) 계장전공

● 해 설

(1) 플랜트전공 : 발전소 중공업설비·플랜트설비의 시공 및 보수에 종사하는 사람
(2) 변전전공 : 변전소 설비의 시공 및 보수에 종사하는 사람
(3) 송전전공 : 발전소와 변전소 사이의 송전선의 철탑 및 송전설비의 시공 및 보수에 종사하는 사람
(4) 계장공 : 기계, 급배수, 전기, 가스, 위생, 냉난방 및 기타 공사에 있어서 계기(공업제어장치, 공업계측 및 컴퓨터, 자동제어장치 등)를 전문으로 설치, 부착 및 점검하는 사람

문8 ▸출제년도 : 산업 06, 14. ▸점수 : 5점

지중 케이블의 고장 개소를 찾는 방법 5가지를 쓰시오.

● 답안작성

① 머레이 루프법
② 펄스 레이더법
③ 정전용량법
④ 수색코일법
⑤ 음향에 의한 방법

▶출제년도 : 11. 14. 24.   ▶점수 : 5점

문9 어떤 콘덴서 3개를 선간 전압 3,300[V], 주파수 60[Hz]의 선로에 △로 접속하여 60[kVA]가 되도록 하려면 콘덴서 1개의 정전용량[μF]은 약 얼마로 하여야 하는가?
· 계산 :   · 답 :

● 답안작성

계산 : $Q = 3EI_c = 3 \times 2\pi f C E^2$

정전용량 $C = \dfrac{Q}{6\pi f E^2} = \dfrac{60 \times 10^3}{6\pi \times 60 \times 3{,}300^2} \times 10^6 = 4.87 [\mu F]$

답 : $4.87 [\mu F]$

▶출제년도 : 산업 05. 14.   ▶점수 : 8점

문10 도면은 154[kV]를 수전하는 어느 공장의 수전설비에 대한 단선도이다. 이 단선도를 보고 다음 각 물음에 답하시오.

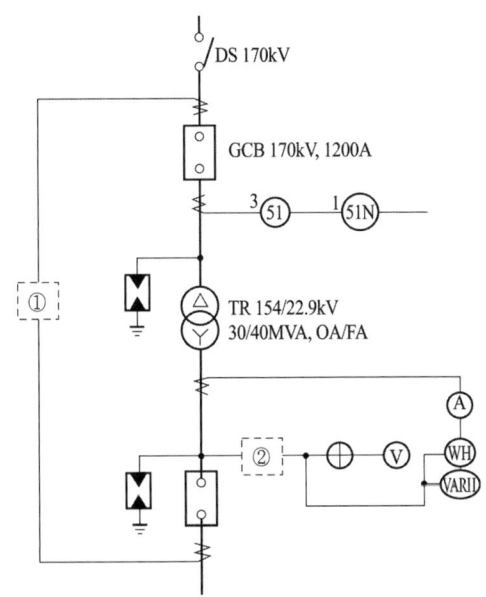

(1) ①에 설치되어야 할 기기의 심벌을 그리고, 그 명칭을 쓰시오.
(2) ②에 설치되어야 할 기기의 심벌을 그리고, 그 명칭을 쓰시오.
(3) 51, 51N의 기구번호의 명칭은?
(4) GCB, VARH의 명칭은?

● 답안작성

(1) 심벌 : (87T)   (2) 심벌 : ─⫩⫨─
    명칭 : 주변압기 차동 계전기   명칭 : 계기용 변압기
(3) 51 : 교류 과전류계전기   51N : 중성점 과전류계전기
(4) GCB : 가스차단기   VARH : 무효전력량계

● 해 설
(1) 계전기별 고유번호
- 87 : 전류 차동계전기(비율 차동 계전기)
- 87B : 모선 보호 차동계전기
- 87G : 발전기용 차동계전기
- 87T : 주변압기 차동계전기

(4) VARH : 무효전력량계 또는 적산무효전력계

▶ 출제년도 : 산업 14, 18.   ▶ 점수 : 5점

문11 건축물 전기설비에서 간선의 굵기를 산정하는 데 고려하여야 할 4가지 요소를 쓰시오.

● 답안작성
허용 전류, 전압 강하, 기계적 강도, 수용률 및 향후 증설 부하

▶ 출제년도 : 산업 14, 18.   ▶ 점수 : 4점

문12 극판형식에 의한 축전지의 분류표이다. 빈칸에 알맞은 내용을 쓰시오.

종별	연축전지	알칼리축전지	니켈수소전지
형식명	크래드식(PS) 패이스트식(HS)	포켓식 소결식	GMH형
기전력 [V]	2.05~2.08	( )	1.34
공칭전압 [V]	( )	( )	1.2

● 답안작성

종별	연축전지	알칼리축전지	니켈수소전지
형식명	크래드식(PS) 패이스트식(HS)	포켓식 소결식	GMH형
기전력 [V]	2.05 ~ 2.08	(1.33)	1.34
공칭전압 [V]	(2.0)	(1.2)	1.2

▶ 출제년도 : 기사 18, 산업 14.   ▶ 점수 : 6점

문13 고압 옥내배선 시설 공사법 3가지를 쓰시오.

● 답안작성
애자공사, 케이블 공사, 케이블트레이 공사

● 해 설
고압 옥내배선 등의 시설(KEC 342.1)
고압 옥내배선은 다음 중 하나에 의하여 시설할 것
① 애자공사(건조한 노출장소에 한한다)
② 케이블 공사
③ 케이블트레이 공사

▸출제년도 : 산업 14, 18. ▸점수 : 6점

문14 수·변전설비용 기기인 차단기의 차단기 트립(trip) 방식 3가지를 쓰시오.

● 답안작성

전압 트립 방식, CT 트립 방식, 콘덴서 트립 방식, 부족 전압 트립 방식

● 해 설

(1) 전압 트립 방식 : 별도로 설치된 축전지 등의 제어용 직류 전원의 에너지에 의하여 트립되는 방식
(2) CT 트립 방식 : CT의 2차 전류가 정해진 값보다 초과되었을 때 트립되는 방식
(3) 콘덴서 트립 방식 : 충전된 콘덴서의 에너지에 의하여 트립되는 방식
(4) 부족 전압 트립 방식 : 부족 전압 트립 장치에 인가되어 있는 전압의 저하에 의하여 차단기가 트립되는 방식

▸출제년도 : 산업 92, 95, 14, 17, 20. ▸점수 : 5점

문15 바닥면적 200[m²]의 사무실에 전 광속 2,500[lm]의 36[W] 형광등을 시설하여 평균조도를 150[lx]로 하자면 설치할 등 수는 몇 등인가? (단, 조명률은 50[%], 감광보상률은 1.25이다.)

•계산 :   •답 :

● 답안작성

계산 : 전등 수 $N = \dfrac{EAD}{FU} = \dfrac{150 \times 200 \times 1.25}{0.5 \times 2,500} = 30$[등]

답 : 30[등]

▸출제년도 : 산업 14. ▸점수 : 10점

문16 그림의 제어회로는 절환스위치(COS)에 의한 촌동과 상시를 절환하여 3상 유도전동기를 정·역전 제어하는 회로이다. 각각의 물음에 답하시오.

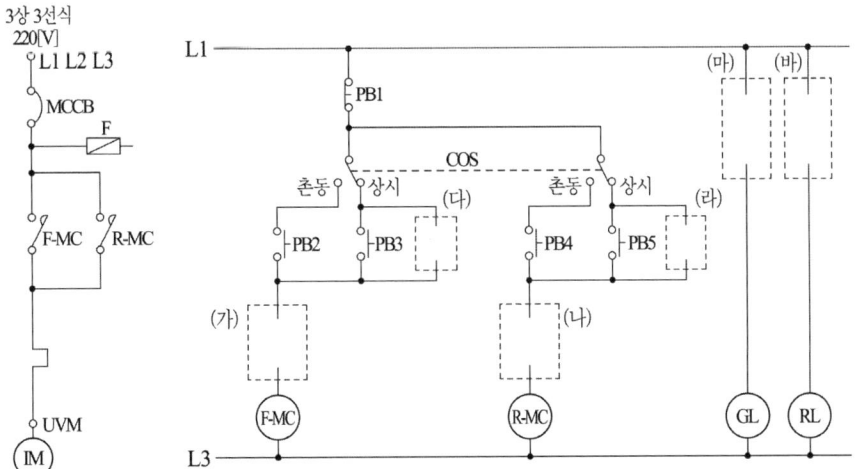

(1) 제어회로도의 빈칸((가)~(바))에 알맞은 접점과 기호를 넣으시오.
  (단, 정회전(F) 시에는 GL, 역회전(R) 시에는 RL이 점등될 것)

(2) 주회로의 단선 접속도를 복선 접속도로 그리시오.

● 답안작성

(1)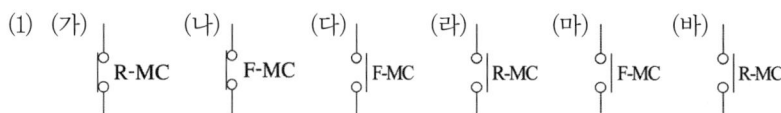

(2)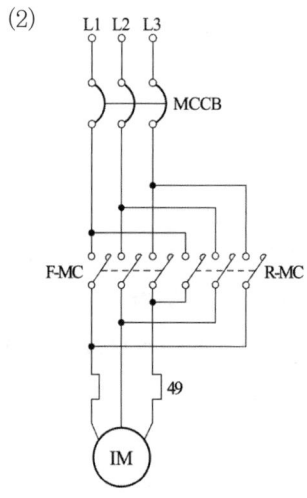

▶출제년도 : 산업 99. 01. 07. 14.   ▶점수 : 6점

문17 다음 그림의 릴레이 회로를 보고 물음에 답하시오.

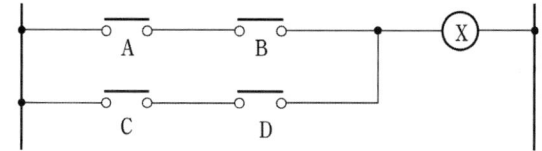

(1) 논리식을 쓰시오.
(2) 2입력 AND 소자, 2입력 OR 소자를 사용하여 로직 회로로 바꾸시오.
(3) 2입력 NAND 소자만으로 회로를 바꾸시오.

● 답안작성

(1) Ⓧ = AB+CD

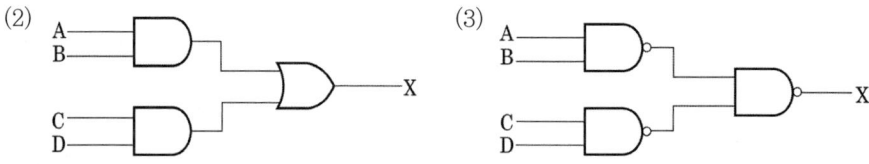

> 개정된 '전기설비 기술기준 및 판단기준'과 '내선규정'에 의거해 삭제된 문제가 있어 점수의 합계가 100점이 되지 않습니다.

2015년 1회 전기공사산업기사실기

문1 공사원가라 함은 공사시공 과정에서 발생한 무엇의 합계액을 말하는가?

● 답안작성

재료비, 노무비, 경비

문2 다음과 같은 케이블의 명칭을 우리말로 답하시오.
(1) CNCV-W
(2) TR CNCV-W

● 답안작성

(1) 동심중성선 수밀형 전력케이블
(2) 동심중성선 트리억제형 전력케이블

문3 어떤 변전소로부터 6.6[kV], 3상 3선식 비접지 배전선이 8회선 나와 있다. 이 배전선에 접속된 주상 변압기의 접지 저항값의 허용값은 얼마인가? 단, 고압측 1선 지락전류는 4[A]라고 한다.
• 계산   • 답

● 답안작성

계산 : 중성점 접지저항값 $R_2 = \dfrac{150}{I_g} = \dfrac{150}{4} = 37.5[\Omega]$

답 : 37.5[Ω]

● 해 설

중성점 접지공사의 접지저항
• 자동차단장치가 없는 경우

$$R_2 = \frac{150}{1선\ 지락전류}[\Omega]$$

• 2초 이내에 동작하는 자동차단장치가 있는 경우

$$R_2 = \frac{300}{1선\ 지락전류}[\Omega]$$

• 1초 이내에 동작하는 자동차단장치가 있는 경우

$$R_2 = \frac{600}{1선\ 지락전류}[\Omega]$$

▸ 출제년도 : 산업 99. 15. ▸ 점수 : 6점

문4 다음은 용어에 관한 설명이다. ( ) 안에 알맞은 용어를 쓰시오.

(1) ( )이라 함은 가공전선로의 지지물에서 다른 지지물을 거치지 아니하고 수용장소의 인입선 접속점에 이르는 가공전선을 말한다.

(2) ( )이라 함은 지중전선로의 배전반 또는 가공전선로의 지지물에서 직접 수용장소에 이르는 지중전선로를 말한다.

(3) ( )이라 함은 하나의 수용장소의 인입선 접속점에서 분기하여 지지물을 거치지 아니하고 다른 수용장소의 인입선 접속점에 이르는 전선을 말한다.

● 답안작성

(1) 가공인입선   (2) 지중인입선   (3) 연접인입선

▸ 출제년도 : 99. 11. 15. 20. 24. ▸ 점수 : 5점

문5 전원 공급점에서 40[m]의 지점에 60[A], 45[m]의 지점에 50[A], 60[m] 지점에 30[A]의 부하가 걸려있을 때 부하 중심까지의 거리는 몇 [m]인가?

•계산 :   •답 :

● 답안작성

계산 : 직선 부하에서의 부하 중심점까지의 거리

$$L = \frac{L_1 I_1 + L_2 I_2 + L_3 I_3}{I_1 + I_2 + I_3} = \frac{40 \times 60 + 45 \times 50 + 60 \times 30}{60 + 50 + 30} = 46.07[\text{m}]$$

답 : 46.07[m]

▸ 출제년도 : 산업 15. 18. 21. 24. ▸ 점수 : 5점

문6 거리가 1000[m]인 배전 선로 공사에 있어서 단면적 22[mm²]의 알루미늄선으로 계산된 것을 저항이 같은 경동선으로 대치하려고 한다면 그 전선의 단면적은 얼마로 하여야 하는지 구하시오.

[조건]

알루미늄선의 저항률 : $\frac{1}{35}[\Omega \cdot \text{mm}^2/\text{m}]$

경동선의 저항률 : $\frac{1}{55}[\Omega \cdot \text{mm}^2/\text{m}]$

•계산 :   •답 :

● 답안작성

계산 : ① 알루미늄선의 저항 $R = \frac{1}{35} \times \frac{1,000}{22} = 1.3[\Omega]$

② 저항이 같은 경동선으로 대치하면

$R = \frac{1}{55} \times \frac{1,000}{A} = 1.3$

$\therefore A = \frac{1}{55} \times \frac{1,000}{1.3} = 14[\text{mm}^2]$

답 : 16[mm²]

● 해 설

(1) 저항 $R = \rho \dfrac{l}{A} [\Omega]$

여기서, $\rho = \dfrac{1}{\sigma}$: 저항률 또는 고유저항 $[\Omega \cdot m]$,

l : 전선 1본의 길이 $[m]$, A : 전선의 단면적 $[m^2]$

(2) KSC IEC 전선규격
1.5, 2.5, 4, 6, 10, 16, 25, 35, 50, 70, 95, 120, 150, 185, 240, 300, 400, 500, 630 $[mm^2]$

▶ 출제년도 : 산업 15. ▶ 점수 : 8점

문7 염해를 받을 우려가 있는 장소에서 저압 옥외 전기설비의 내염공사 시 시설 원칙에 대하여 설명하시오.

● 답안작성

① 바인드선은 철제의 것을 사용하지 말 것
② 계량기함 등은 금속제의 것을 피할 것
③ 철제류는 아연도금 또는 방청도장을 실시할 것
④ 나사못류는 동합금(놋쇠)제의 것 또는 아연도금한 것을 사용할 것

▶ 출제년도 : 산업 15.. ▶ 점수 : 4점

문8 다음 그림과 같이 3상 3선식 200[V] 수전인 경우 설비불평형률은 얼마인가?
단, H는 전열기, M은 전동기, 전동기 역률은 80[%]로 한다.

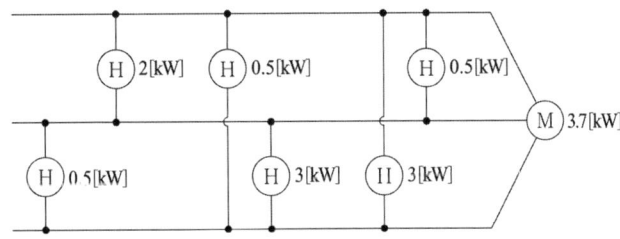

•계산 :   •답 :

● 답안작성

계산 : 설비불평형률 $= \dfrac{(3+0.5)-(2+0.5)}{\left(2+0.5+0.5+\dfrac{3.7}{0.8}+3+3+0.5\right) \times \dfrac{1}{3}} \times 100 = 21.24[\%]$

답 : 21.24[%]

● 해 설

3상 3선식의 경우

설비불평형률 $= \dfrac{\text{각 선간에 접속되는 단상부하의 최대와 최소의 차}}{\text{총 부하 설비용량의 1/3}} \times 100[\%]$

▸출제년도 : 산업 15.　▸점수 : 5점

문9 13,200/22,900[V], 3상 4선식으로 수전하며 수전 용량이 750[kVA]라 할 때 이 인입구에 MOF를 시설하는 경우 MOF의 적당한 변류비와 변성비를 산출하여 표준규격으로 결정하시오. (단, 변류비는 정격 1차 전류를 구하여 1.5배의 값으로 변류비를 적용한다.)

(1) 변류비
　　• 계산 :　　　　　　　　　　　　　　　• 답 :
(2) 변성비

● 답안작성

(1) 계산 : $I_1 = \dfrac{750 \times 10^3}{\sqrt{3} \times 22{,}900} \times 1.5 = 28.36[A]$

　답 : 변류비 30/5

(2) $\dfrac{22{,}900}{\sqrt{3}} \Big/ \dfrac{190}{\sqrt{3}}$

● 해 설

변류비 및 부담
- 1차 전류 : 5, 10, 15, 20, 30, 40, 50, 75, 100, 150, 200, 300, 400, 500[A]
- 2차 전류 : 5[A]
- 정격 부담 : 5, 10, 15, 25, 40, 100[VA]

▸출제년도 : 산업 15.　▸점수 : 5점

문10 다음 (　)안에 알맞은 내용을 쓰시오.

> (　　) 램프는 전자유도법칙에 의해 외부에서 내부가스를 방전시켜 발광시키는 것으로 주파수가 수 [MHz]보다 높은 주파수 영역에서 교류전계에 의한 전자의 왕복운동과 충돌전리를 이용해 방전시키는 램프이다.

● 답안작성

무전극

● 해 설

무전극 램프(Elctrodeless Discharge Lamp)
기존의 램프와 달리 가스가 봉입된 벌브 내부에 전극(필라멘트, 발광관)이 없는 대신 벌브 외부에 페라이트코어가 장치된 램프로써, 이 페라이트 코어에 고주파 스위칭(250[kHz], 2.65[MHz])이 가능한 특수 인버터로부터 에너지가 공급되면 램프에 자계가 발생하여 벌브 내부의 봉입 가스를 여기시켜 발광이 되는 원리로써 장수명, 고효율 및 고연색성을 획기적으로 향상시킨 램프이다.

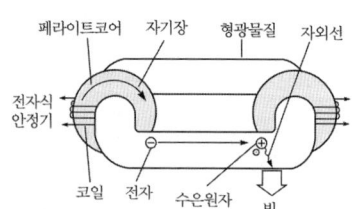

문 11 ▶출제년도 : 산업 95, 99, 00, 15. ▶점수 : 5점

폭 20[m]의 가로 양쪽에 간격 20[m]를 두고 맞보기 배열로 가로등이 점등되어 있다. 한 등당 전광속이 15,000[lm]이고, 조명률 30[%], 감광보상률이 1.4라면 이 도로의 평균조도는?
• 계산 :   • 답 :

● 답안작성

계산 : $FUN = EAD$

$$E = \frac{FUN}{AD} = \frac{15,000 \times 0.3 \times 1}{20 \frac{\times 20}{2} \times 1.4} = 16.07 [\text{lx}]$$

답 : 16.07[lx]

문 12 ▶출제년도 : 기사 93, 95, 96, 00, 14. ▶점수 : 5점

작업장의 가로가 20[m], 세로가 30[m], 층고 2.5[m]인 방에서 조명기구를 천장에 설치하고자 한다. 이 방의 실지수는 얼마인가? (단, 작업 면은 방바닥에서 1[m]의 높이이다.)
• 계산 :   • 답 :

● 답안작성

계산 : 실지수 $R \cdot I = \dfrac{X \cdot Y}{H(X+Y)} = \dfrac{20 \times 30}{(2.5-1)(20+30)} = 8$

답 : 8

문 13 ▶출제년도 : 산업 06, 15, 24. ▶점수 : 5점

다음 설명과 같은 조명방식의 명칭과 용도를 쓰시오.

[다음]

조명방식 : 벽면을 밝은 광원으로 조명하는 방식으로 숨겨진 램프의 직접광이 아래쪽 벽, 커튼, 위쪽 천장면에 쪼이도록 조명하는 방식이다.
특   징 : 실내면을 황색으로 마감하고, 밸런스 판으로 목재, 금속판 등 투과율이 낮은 재료를 사용하고 램프로는 형광램프가 적정하다.

● 답안작성

명칭 : 밸런스 조명(valance light)
용도 : 분위기 조명에 이용

문 14 ▶출제년도 : 산업 15. ▶점수 : 3점

다음은 전선의 접속에 관한 내용이다. (   ) 안에 알맞은 내용을 쓰시오.

전선을 접속할 경우 처음 전선의 세기를 (   )[%] 이상 감소시켜서는 안된다.

● 답안작성

20

● 해 설

전선의 접속(KEC 123)
전선을 접속하는 경우에는 전선의 전기저항을 증가시키지 아니하도록 접속하여야 하며, 또한 다음에 따라야 한다.
(1) 절연전선 상호·절연전선과 코드, 캡타이어 케이블과 접속하는 경우에는
  ① 전선의 세기를 20[%] 이상 감소시키지 아니할 것
  ② 접속부분은 접속관 기타의 기구를 사용할 것
  ③ 접속부분의 절연전선에 절연전선의 절연물과 동등 이상의 절연효력이 있는 것으로 충분히 피복할 것
(2) 코드 상호, 캡타이어 케이블 상호 또는 이들 상호를 접속하는 경우에는 코드 접속기·접속함 기타의 기구를 사용할 것
  다만 공칭단면적이 10[mm^2] 이상인 캡타이어 케이블 상호를 규정에 준하여 접속하는 경우에는 기구를 사용하지 않을 수 있다.
(3) 도체에 알루미늄(알루미늄 합금을 포함한다)을 사용하는 전선과 동(동합금을 포함한다)을 사용하는 전선을 접속하는 등 전기 화학적 성질이 다른 도체를 접속하는 경우에는 접속부분에 전기적 부식이 생기지 않도록 할 것

▶출제년도 : 08. 15. ▶점수 : 5점

문15 전기설비의 시공에 대한 검사는 육안검사 및 시험이 있다. 이때 육안검사 항목 중 5가지만 쓰시오.

● 답안작성

① 전기기기의 표시 확인과 손상 유무 점검
② 감전예방의 종류 확인
③ 허용전류 및 전압강하에 관한 전선의 선정
④ 보호장치 및 감시장치의 선택 및 시설
⑤ 단로장치 및 개폐장치의 시설

● 해 설

1) 이외에도
  ⑥ 화재의 파급을 예방하기 위한 방재벽의 존재 및 기타 예방 조치와 기타 열 영향에 대한 보호
  ⑦ 외적 영향에 따른 적절한 기기 및 보호수단 선정
  ⑧ 중성선 및 보호선의 식별
  ⑨ 회로, 퓨즈, 개폐기, 단자 등의 식별
  ⑩ 전선접속의 적정성
  ⑪ 조작 및 보수의 편리성을 위한 접근 가능성
  ⑫ 접지계통 종류의 확인
  ⑬ 접지설비의 시공 확인
2) 시험검사의 종류
  ① 시험 순서
  ② 주 및 보조 등전위 접속을 포함하는 보호선의 연속성
  ③ 전기설비의 절연저항

④ 회로 분리에 의한 보호
⑤ 바닥과 벽의 저항
⑥ 전원의 자동차단에 의한 보호조건 검사
⑦ 접지극의 저항 측정
⑧ 보호선의 저항 측정
⑨ 극성시험
⑩ 과전압에 대한 보호검사

문16
▶출제년도 : 산업 98, 00, 02, 15. ▶점수 : 5점

분전반에서 40[m] 떨어진 회로의 끝에서 단상 2선식 220[V] 전열기 8,800[W] 2대 사용 시, 450/750[V] 일반용 단심 비닐절연전선의 굵기는? (단, 전압강하는 2[%] 이내로 하고 전류감소계수는 없는 것으로 하고 최종 답은 공칭단면적 값을 쓰시오.)

• 계산 : • 답 :

● 답안작성

계산 : $A = \dfrac{35.6LI}{1,000 \cdot e} = \dfrac{35.6 \times 40 \times \dfrac{8,800 \times 2}{220}}{1,000 \times 220 \times 0.02} = 25.89 [\mathrm{mm^2}]$

답 : $35[\mathrm{mm^2}]$

● 해 설

KSC IEC 전선규격
1.5, 2.5, 4, 6, 10, 16, 25, 35, 50, 70, 95, 120, 150, 185, 240, 300, 400, 500, 630[mm²]

문17
▶출제년도 : 산업 15. ▶점수 : 5점

역률 80[%]인 형광등 40[W] 5개와 역률이 60[%]인 형광등 20[W] 3개, 역률이 1인 백열등 60[W] 4개인 분기회로가 있다. 이 분기회로의 설비부하용량[VA]을 계산하시오.

• 계산 : • 답 :

● 답안작성

계산 : ① 역률 80[%]일 때 유효전력 $P = 40 \times 5 = 200[\mathrm{W}]$

무효전력 $P_r = \dfrac{40}{0.8} \times 0.6 \times 5 = 150[\mathrm{Var}]$

② 역률 60[%]일 때 유효전력 $P = 20 \times 3 = 60[\mathrm{W}]$

무효전력 $P_r = \dfrac{20}{0.6} \times 0.8 \times 3 = 80[\mathrm{Var}]$

③ 역률 100[%]일 때 유효전력 $P = 60 \times 4 = 240[\mathrm{W}]$

무효전력 $P_r = \dfrac{60}{1} \times 0 \times 4 = 0[\mathrm{Var}]$

따라서, 이 분기회로의 설비부하용량 P_a는

$P_a = \sqrt{(200+60+240)^2 + (150+80+0)^2} = 550.36 [\mathrm{VA}]$

답 : 550.36[VA]

▸출제년도 : 기사 92, 95, 산업 15.   ▸점수 : 7점

문18 그림의 로직 회로는 지하철역의 무인 개찰 회로의 일부이다. (   ) 안에 알맞은 것을 보기에서 골라 답하시오.

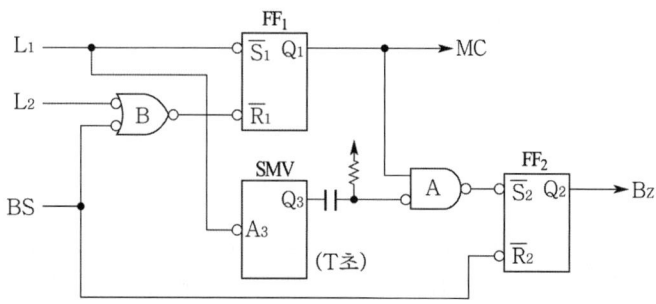

[보기]   MC, OR, AND, FF1, FF2, A, NOT (중복도 가함)

(1) 차표를 넣으면 L_1이 검출하여 (①)가(이) 셋되고 (②)가(이) 동작하여 차표 투입구를 닫는다. t초 후 차표가 배출구로 나오면 L_2가 검출하여 (③)가(이) 리셋되고 (④)가(이) 복귀하여 투입구를 연다(단, 입력은 L레벨형이고, FF은 $\overline{R}\,\overline{S}$ $-$ latch 이다).

(2) 차표를 넣은 후 T초(T > t)가 되어도 차표가 나오지 않으면 (⑤)의 출력과 미분회로에 의하여 (⑥)가 동작하므로 (⑦)가 셋되어 부저가 울린다. 이때 BS를 누르면 모두 복귀한다.

● 답안작성

(1) ① FF_1 ② MC   ③ FF_1 ④ MC
(2) ⑤ FF_1 ⑥ A   ⑦ FF_2

개정된 '전기설비 기술기준 및 판단기준'과 '내선규정'에 의거해 삭제된 문제가 있어 점수의 합계가 100점이 되지 않습니다.

2015년 2회 전기공사산업기사실기

▸출제년도 : 기사 92, 95, 산업 15.   ▸점수 : 5점

문1 그림과 같은 단상 2선식 배전선의 a, b 선간에 부하가 접속되어 있다. 전선의 저항이 2선 모두 0.06으로 동일할 때, 부하에 공급되는 a-b 간의 전압은 몇 [V]인지 구하시오. (단, 부하의 역률은 1이고, 또 선로의 리액턴스는 무시한다.)

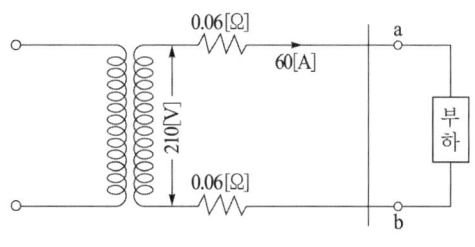

•계산   •답

● 답안작성

계산 : 부하에 공급되는 a-b 간의 전압 V_r은
$$V_r = V_s - 2IR = 210 - 2 \times 60 \times 0.06 = 202.8 [\text{V}]$$
답 : 202.8[V]

● 해 설

단상 2선식 전압강하 $e = V_s - V_r = 2I(R\cos\theta + X\sin\theta)$에서
역률은 $1(\cos\theta = 1)$이고, 선로의 리액턴스는 무시$(X=0)$하므로
$$e = V_s - V_r = 2IR$$
$$\therefore V_r = V_s - e = V_s - 2IR [\text{V}]$$
(여기서, V_s : 송전단 전압, V_r : 수전단 전압, e : 전압강하)

▸출제년도 : 산업 15.   ▸점수 : 5점

문2 그림과 같은 단상 3선식 110/220[V]의 공급 선로에서의 설비불평형률을 구하시오.

•계산 :   •답

● 답안작성

계산 : 불평형률 $= \dfrac{12-10}{\dfrac{1}{2}(12+10)} \times 100 = 18.18 [\%]$ 답 : 18.18[%]

● 해 설

단상 3선식의 경우

설비불평형률 = $\dfrac{\text{중성선과 각 전압측 전선 간에 접속된 부하 설비용량의 차}}{\text{총 부하 설비용량의 1/2}} \times 100[\%]$

▶출제년도 : 산업 99. 15. ▶점수 : 5점

문3 그림과 같은 분기회로 전선의 단면적을 산출하여 굵기를 산정하시오.
단, • 배전방식은 단상 2선식, 교류 100[V]로 한다.
• 사용전선은 450/750[V] 일반용 단심 비닐절연전선이다.
• 전선관은 후강전선관이며, 전압강하는 최원단에서 2[%]로 한다.

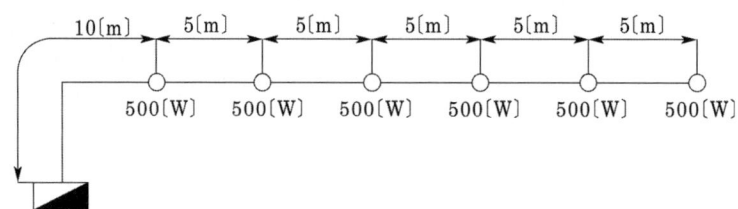

• 계산 : • 답

● 답안작성

계산 : 부하 중심점 $L = \dfrac{i_1 l_1 + i_2 l_2 + i_3 l_3 + \cdots + i_n l_n}{i_1 + i_2 + i_3 + \cdots + i_n}$

$= \dfrac{5 \times 10 + 5 \times 15 + 5 \times 20 + 5 \times 25 + 5 \times 30 + 5 \times 35}{5 + 5 + 5 + 5 + 5 + 5} = 22.5[\text{m}]$

부하전류 $I = \dfrac{500 \times 6}{100} = 30[\text{A}]$, 전압강하 $e = 100 \times 0.02 = 2[\text{V}]$

∴ 전선의 굵기 $A = \dfrac{35.6 LI}{1000e} = \dfrac{35.6 \times 22.5 \times 30}{1000 \times 2} = 12.02[\text{mm}^2]$

답 : 16[mm^2]

● 해 설

① 부하가 분포되어 있을 경우에는 부하 중심점을 찾아서 부하 중심점에 전체 부하가 집중되어 있다고 가정하고 계산
② KSC IEC 전선 규격
1.5, 2.5, 4, 6, 10, 16, 25, 35, 50, 70, 95, 120, 150, 185, 240, 300, 400, 500, 630[mm^2]

▶출제년도 : 산업 15. ▶점수 : 5점

문4 가스 터빈 발전설비의 장점 5가지만 쓰시오.

● 답안작성

① 구조가 간단해서 운전 조작이 용이하다.
② 급속한 기동 정지와 출력조정이 가능하다.
③ 운전 보수가 용이하며, 전자동 원격조작이 가능하다.

④ 건설기간이 짧고 건설비를 절감할 수 있다.
⑤ 냉각수의 소요량이 적으며, 입지조건의 제약이 적다.

● 해 설

이외에도 ⑥ 구조가 간단해서 운전에 대한 신뢰도가 높다.
단점으로는
① 값비싼 내열 재료를 사용한다(배기가스의 온도가 높기 때문이며, 대용량기의 제작은 곤란).
② 열효율은 대용량의 기력발전소보다 낮다.
③ 공기압축기의 소요 동력이 크다.
④ 개방 사이클 가스 터빈은 외기 온도와 대기압의 영향을 받는다.
⑤ LNG 등의 양질의 연료를 사용함이 좋다.
⑥ 소음이 크다.

▶출제년도 : 산업 97. 09. 15. ▶점수 : 5점

문5 지선에 가해지는 장력이 860[kgf]이라면 3.2[mm]의 철선 몇 가닥을 사용해야 하는가? (단, 철선의 단위 면적당 인장강도는 35[kgf/mm²], 안전율은 2.5로 한다.)
• 계산 :   • 답 :

● 답안작성

계산 : 지선의 장력(T_0) = $\dfrac{\text{소선 1가닥의 인장 강도} \times \text{소선수}}{\text{안전율}}$ 에서

소선수 = $\dfrac{\text{지선의 장력} \times \text{안전율}}{\text{소선 1가닥의 인장 강도}} = \dfrac{860 \times 2.5}{35 \times \dfrac{\pi}{4} \times 3.2^2} = 7.64$

답 : 8가닥

● 해 설

• 전선의 단면적 = $\dfrac{\pi D^2}{4}$ [mm²], 여기서 D는 지름[mm]
• 소선 1가닥의 인장강도 = 철선의 단위 면적당 인장강도 × 전선의 단면적

▶출제년도 : 산업 90. 92. 96. 98. 00. 15. ▶점수 : 17점

문6 다음 문제를 읽고(필요시는 참고자료 이용) 주어진 식과 답을 쓰시오.
(1) DV 5.5[mm²]×2C 가공인입 3조를 시설할 때 1경간의 소요인공을 계산하시오.
 • 배전전공
(2) PVC 전선관 36[mm], 150[m]를 콘크리트 매입 시공하고 후강전선관 36[mm], 250[m]를 철강조 노출로 시공할 때의 소요인공을 계산하고 계를 구하시오.
 • PVC 전선관
 • 후강전선관
 • 인공계
(3) 주택가에서 배전선로 공사를 할 때 지세별 할증률은 몇 [%]로 적용하는가?

(4) NR 전선 25[mm²]가 바닥면에 1200[m], 천장에 2400[m], 벽면에 400[m] 시설된다. 전체 소요전선의 수량을 계산하시오.
  • 계산 :   • 답 :

(5) 35[mm²] NR 전선 6본과 25[mm²] 1본을 같은 후강전선관에 수용 시공할 때 전선관의 굵기는? (단, 절연체 두께를 포함한 전선의 바깥지름은 35[mm²]는 10.9[mm]이고, 25[mm²]은 9.7[mm]임, 전선관 내단면적의 32[%] 수용이고, 표 이외의 사항은 무시한다.)
  • 계산 :   • 답 :

(6) 콘크리트주 12[m], 12본과 지선 St 7/2.8 4본을 교체하는 데 필요한 소요 인공을 계산하고 계를 각각 구하시오.
  • 콘크리트주
    – 배전전공 :
    – 보통인부 :
  • 지선
    – 배전전공 :
    – 보통인부 :
  • 계
    – 배전전공 :
    – 보통인부 :

[참고자료]

표 1. 전선관 배관   [m당]

박강(迫鋼) 및 PVC 전선관			후강전선관	
규 격		내선전공	규 격	내선전공
박 강	PVC			
	14[mm]	0.04	16[mm](1/2[mm])	0.08
15[mm]	16[mm]	0.05	22[mm](3/4[mm])	0.11
19[mm]	22[mm]	0.06	28[mm](1[mm])	0.14
25[mm]	28[mm]	0.08	36[mm](11/4[mm])	0.20
31[mm]	36[mm]	0.10	42[mm](11/2[mm])	0.25
39[mm]	42[mm]	0.13	54[mm](1/2[mm])	0.34
51[mm]	54[mm]	0.19	70[mm](2[mm])	0.44
63[mm]	70[mm]	0.28	82[mm](2 1/2[mm])	0.54
75[mm]	82[mm]	0.37	90[mm](3[mm])	0.60
	100[mm]	0.45	104[mm](4[mm])	0.71
	104[mm]	0.46		

[해설] ① 콘크리트 매입 기준임
② 철근 콘크리트 노출 및 블록칸막이 벽 내는 120[%], 목조 건물은 110[%], 철강조 노출은 125[%]
③ 기설 콘크리트 노출공사시 앵커볼트 매입깊이가 10[cm] 이상인 경우는 앵커볼트 매입품을 별도 계상하고 전선관 설치품은 매입품으로 계상한다.
④ 천장 속, 마루 밑 공사 130[%]

표 2. 건주공사 [본당]

규 격	주입목주		콘크리트주	
	배전전공	보통인부	배전전공	보통인부
6[m] 이하	0.64	0.72	0.72	0.81
7[m] 이하	0.68	0.77	1.23	1.40
8[m] 이하	0.83	0.94	1.66	1.88
9[m] 이하	0.93	1.03	1.68	2.13
10[m] 이하	1.03	1.12	2.01	2.55
11[m] 이하	1.24	1.31	2.50	2.63
12[m] 이하	1.44	1.50	2.86	3.00
14[m] 이하	1.82	2.12	3.60	4.24
16[m] 이하	2.50	2.60	5.10	5.20
17[m] 이하	3.15	3.37	6.50	6.74

[해설] ① 단굴토, 매토품 포함. 완목, 완철 설치품 불포함, 암반터파기는 별도 가산
② 틀 1본 포함, 1본 추가마다 10[%] 가산
③ 지주공사는 건주공사품을 적용
④ 불주입주 이 품의 80[%]
⑤ 묻음은 길이의 1/6 이상임
⑥ 철거 : 콘크리트주 50[%](재사용 가능품 : 80[%]), 목주, 50[%], 목주 잘라냄 35[%]

표 3. 지선신설

규 격	배전전공	보통인부
4.0[mm] 철선		
깊이(1.2[m]) 4조 이하	0.45	0.34
(1.5[m]) 6조 이하	0.57	0.43
(〃) 8조 이하	0.75	0.56
(1.7[m]) 10조 이하	1.11	0.83
(〃) 12조 이하	1.54	1.16
(〃) 15조 이하	1.90	1.43
(1.8[m]) 18조 이하	2.35	1.73
연선		
7/2.3[mm] 이하	0.35	0.26
7/2.6~7/2.9 〃	0.50	0.38
7/3.2 〃	0.70	0.45
7/4.0 〃	0.70	0.45
7/4.5 〃	0.70	0.45
7/5.0 〃	0.73	0.45
7/5.5 〃	0.73	0.46
7/6.5 〃	0.73	0.47

[해설] ① 틀 포함(길이 1.2[m] 이상) ② 터파기, 되메우기 및 틀 매설품 포함
③ 애자 삽입 시는 배전전공 0.08인 가산 ④ 장력조정은 이품의 10[%]
⑤ 절단 철거는 이품의 10[%] ⑥ 철거는 이품의 30[%]
⑦ 수평지선, 공동지선은 이품의 160[%] ⑧ Y지선은 이품의 120[%]
⑨ 2단 지선은 이품의 150[%] ⑩ 이설은 이품의 130[%]
⑪ 수평지선의 지주설치는 지주품에 준함

표 4. 인입선 배선　　　　　　　　　　[경간당]

구　분	배전전공
OW　8[mm²] 이하×2C	0.25
14　　　〃	0.32
22　　　〃	0.42
30　　　〃	0.51
38　　　〃	0.65
60　　　〃	0.85
100　　　〃	1.15
200　　　〃	2.00

[해설] ① 철거는 50[%] 교체 150[%]
② DV선 80[%]
③ 가공인입선 3조일 때는 130[%], 가공인입선 4조일 때는 150[%]

표 5. 후강전선관의 내단면적의 32[%] 및 48[%]

관의 호칭 [mm]	내단면적의 32[%] [mm²]	내단면적의 48[%] [mm²]	관의 호칭 [mm]	내단면적의 32[%] [mm²]	내단면적의 48[%] [mm²]
16	67	101	54	732	1098
22	120	180	70	1216	1825
28	201	301	82	1701	2552
36	342	513	92	2205	3308
42	460	690	104	2843	4265

● 답안작성

(1) 표 4에서 배전전공 : $0.25 \times 1.3 \times 0.8 = 0.26$[인]

(2) 표 1에서 내선전공을 구하면
- PVC 전선관 : $0.1 \times 150 = 15$[인]
- 후강전선관 : $0.2 \times 1.25 \times 250 = 62.5$[인]
- 인공계 : $15 + 62.5 = 77.5$[인]

(3) 10[%]

(4) 계산 : 소요전선의 수량 = $(1,200 + 2,400 + 400) \times 1.1 = 4,400$[m]
답 : 4,400[m]

(5) 계산 : 전선의 총단면적 = $\frac{\pi}{4}d^2 \times n = \frac{\pi}{4} \times 10.9^2 \times 6 + \frac{\pi}{4} \times 9.7^2 = 633.78$[mm²]

표 5에서 전선관 내단면적의 32[%]와 633.78[mm²]를 초과하는 732[mm²]가 만나는 54[mm] 후강전선관을 선정
답 : 54[mm]

(6) • 콘크리트 전주 : 배전전공 $2.86 \times 1.5 \times 12 = 51.48$[인]
보통인부 $3.0 \times 1.5 \times 12 = 54$[인]
• 지선 : 배전전공 $0.5 \times 4 \times 1.3 = 2.6$[인]
보통인부 $0.38 \times 4 \times 1.3 = 1.98$[인]
• 계 : 배전전공 $51.48 + 2.6 = 54.08$[인]
보통인부 $54 + 1.98 = 55.98$[인]

● 해　설

(6) 표 2에서 선정한다.

▶출제년도 : 06. 08. 15.　▶점수 : 5점

문7 HID등 조명기구의 그림기호에 다음과 같이 표시되어 있다. 정확한 의미를 쓰시오.

○M400

● 답안작성

400[W] 메탈 핼라이드등

● 해 설

명 칭	그림기호	적 요
일반용 조 명 백열등 HID등	○	① 벽붙이는 벽 옆을 칠한다. ◐ ② 걸림 로제트만 ⓘ ③ 팬던트 ⊖ ④ 실링·직접 부착 ⓒⓛ ⑤ 샹들리에 ⓒⒽ ⑥ 매입 기구 ⒹⓁ (◎로 하여도 좋다.) ⑦ 옥외등은 ⊗로 하여도 좋다. ⑧ HID등의 종류를 표시하는 경우는 용량 앞에 다음 기호를 붙인다. 　수은등　　　　　H 　메탈 핼라이드등　M 　나트륨등　　　　N 　[보기]　H400

▶출제년도 : 산업 15. 20.　▶점수 : 2점

문8 피뢰기에서 방전현상이 실질적으로 끝난 후 계속하여 전력 계통에서 공급되어 피뢰기를 통해 대지로 흐르는 전류를 (　　)라고 한다.

● 답안작성

속류

● 해 설

속류란 방전 전류에 이어서 직렬갭을 통해 대지로 흐르는, 전원으로부터 공급되는 상용 주파수의 전류를 말한다.

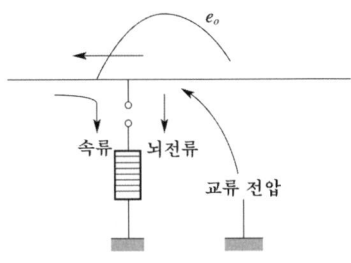

▶출제년도 : 산업 00. 15.　▶점수 : 4점

문9 특고압 가공 수전선로를 3상 4선식(22.9[kV-Y])으로 공급받는 건물 내 변전소의 인입구에 설치하는 피뢰기의 정격 전압은?

● 답안작성

18[kV]

● 해 설

피뢰기 정격 전압

전력 계통		피뢰기 정격 전압[kV]	
전압[kV]	중성점 접지 방식	변전소	배전 선로
345	유효접지	288	–
154	유효접지	144	–
66	PC 접지 또는 비접지	72	–
22	PC 접지 또는 비접지	24	–
22.9	3상 4선 다중접지	21	18

[주] 전압 22.9[kV-Y] 이하의 배전선로에서 수전하는 설비의 피뢰기 정격전압 [kV]은 배전선로용을 적용한다.

▶출제년도 : 기사 09. 산업 15.   ▶점수 : 6점

문10 교류에서 적용되는 TN 접지계통의 종류에 따른 표시방법 3가지를 쓰시오.

● 답안작성

TN-S 계통, TN-C-S 계통, TN-C 계통

● 해 설

기 호	설 명
	중성선 (N)
	보호도체 (PE)
	보호도체와 중성선 결합 (PEN)

[비고] 기호 : TN 계통, TT 계통, IT 계통에 동일 적용

(1) TN 계통

TN 계통이란 전원의 한 점을 직접접지하고 설비의 노출 도전성부분을 보호선(PE)을 이용하여 전원의 한 점에 접속하는 접지계통을 말한다. TN 계통은 중성선 및 보호선의 배치에 따라 TN-S 계통, TN-C-S 계통 및 TN-C 계통이 있다.

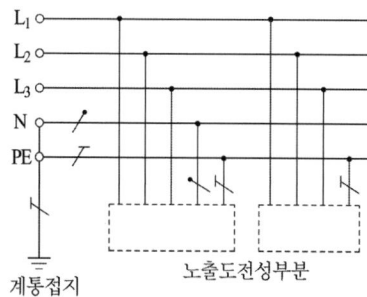

계통 전체의 중성선과
보호도체를 접속하여 사용한다.

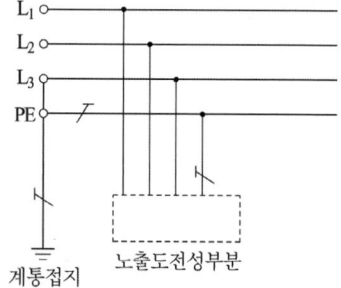

계통 전체의 접지된 상전선과
보호도체를 접속하여 사용한다.

(a) TN-S 계통

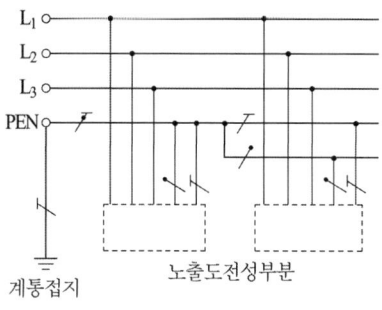
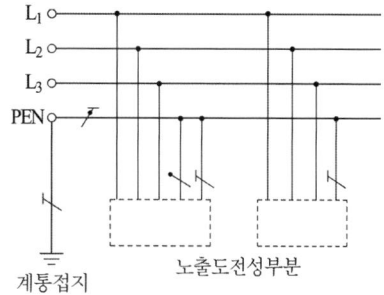

계통 일부의 중성선과 보호도체를
동일 전선으로 사용한다.

(b) TN-C-S 계통

계통 전체의 중성선과 보호도체를
동일 전선으로 사용한다.

(c) TN-C 계통

(2) TT 계통

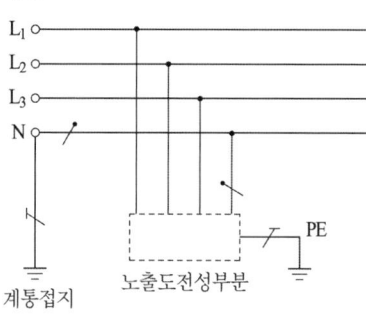
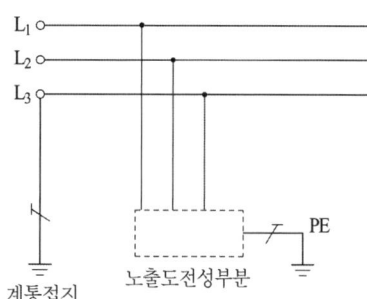

(3) IT 계통 (IT System)

　　IT 계통이란 충전부 전체를 대지로부터 절연시키거나, 한점에 임피던스를 삽입하여 대지에 접속시키고, 전기기기의 노출 도전성부분 단독 또는 일괄적으로 접지 하거나 또는 계통접지로 접속하는 접지계통을 말한다.

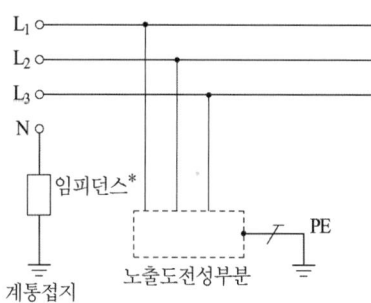
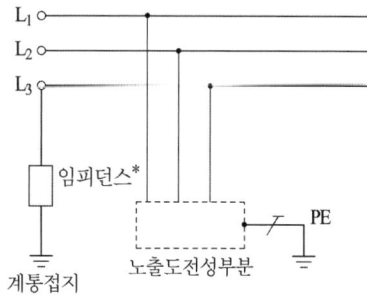

▶ 출제년도 : 산업 15. ▶ 점수 : 5점

문11
폭연성 분진이 있는 위험장소에 개폐기, 과전류차단기, 제어기, 계전기, 배전반, 분전반 등을 시설하여 사용하는 경우, 어떤 구조의 것을 시설하여야 하는지 명칭을 쓰시오.

● 답안작성

분진방폭 특수방진구조

● 해 설
① 폭연성 분진 위험장소(KEC 242.2.1) : 전기기계기구는 분진 방폭 특수 방진 구조로 되어 있을 것
② 가연성 분진 위험장소(KEC 242.2.2) : 전기기계기구는 분진방폭형 보통 방진구조로 되어 있을 것

문12 ▶출제년도 : 산업 92, 94, 98, 00, 01, 15. ▶점수 : 5점

방의 가로 길이가 8[m], 세로 길이가 10[m], 방바닥에서 천장까지의 높이가 4[m]인 방에서 조명기구를 천장에 직접 취부하고자 한다. 이 방의 실지수를 구하시오. (단, 작업면은 방바닥에서 0.75[m]이다.)
• 계산 :   • 답 :

● 답안작성

계산 : 실지수 $R \cdot I = \dfrac{X \cdot Y}{H(X+Y)} = \dfrac{8 \times 10}{(4-0.75)(8+10)} = 1.37$

답 : 1.37

문13 ▶출제년도 : 산업 91, 04, 15, 17. ▶점수 : 8점

다음 그림은 옥내 전등 배선도의 일부를 표시한 것이다.
백열등 L_1, L_2, L_3는 3로 스위치로 점멸하고 백열등 L_4, L_5는 단로 스위치로 점멸할 수 있도록 ①~④까지의 전선(가닥) 수를 기입하시오. 단, 접지선은 제외하고 최소가닥 수를 기입하시오.

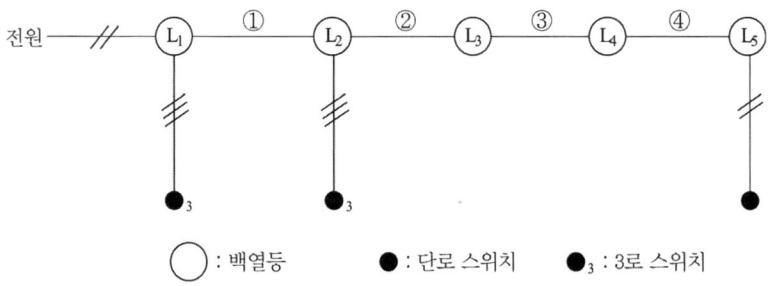

● 답안작성
① 5 ② 3 ③ 2 ④ 3

● 해 설
배선 실체도

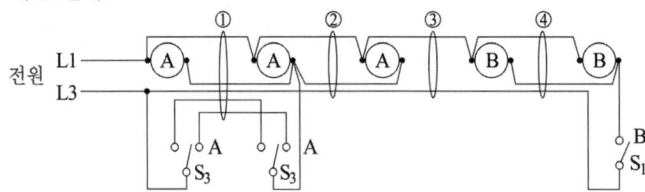

▶출제년도 : 산업 15.   ▶점수 : 5점

문14 특별고압수용가에서 15분 단위로 전력사용량을 측정하는 계기를 쓰시오.

● 답안작성

최대수요전력계부 전력량계

▶출제년도 : 산업 15.   ▶점수 : 4점

문15 ①~②의 알맞은 내용을 답란에 쓰시오.

> 저압회로에서 기계적(수동)으로 전원을 개폐하며 과전류를 차단하는 기기는 (①)이며, 전자적(자동)으로 부하를 개폐하는 것은 (②)이다.

● 답안작성

① 배선용 차단기(MCCB)
② 전자접촉기

▶출제년도 : 산업 89. 94. 02. 15.   ▶점수 : 5점

문16 가로등용 기초를 설치하기 위하여 아래 그림과 같이 굴착을 해야 한다. 이때의 터파기량은 몇 [m³]인가?

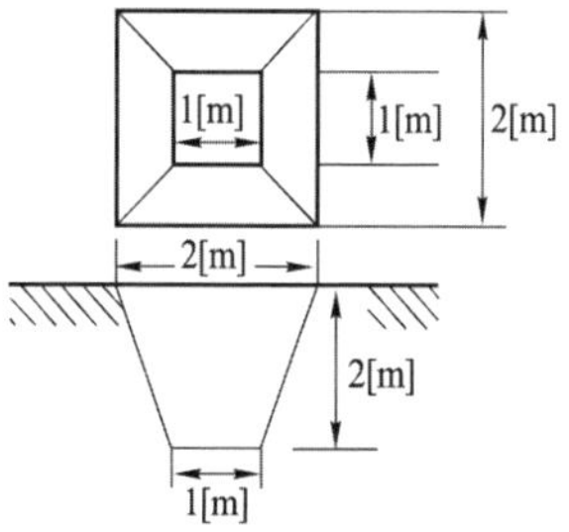

● 답안작성

계산 : 터파기량 = $\frac{2}{3}(1+\sqrt{1\times 4}+4)=4.67[\text{m}^3]$

답 : $4.67[\text{m}^3]$

● 해 설

$V_0 = \frac{H}{3}(A_1+\sqrt{A_1 A_2}+A_2)$ 에서

$A_1 = 1\times 1 = 1[\text{m}^2]$
$A_2 = 2\times 2 = 4[\text{m}^2]$

▶출제년도 : 기사 96. 산업 15. 20.   ▶점수 : 5점

문17 사용 전압 220[V]의 3상 3선식 전로로(최대 공급 전류 400[A])의 1선과 대지 간에 필요한 절연 저항값의 최소값은? (단, 누설전류는 최대 공급전류의 1/2,000을 넘지 않도록 유지하여야 한다.)

• 계산 :   • 답 :

● 답안작성

계산 : 누설 전류 $I_g = 400\times \frac{1}{2,000}=0.2[\text{A}]$ 이므로

$$R = \frac{E}{I_g} = \frac{220}{0.2} = 1,100[\Omega]$$

∴ 절연 저항의 최소값은 $1,100[\Omega]$

답 : $1,100[\Omega]$

> 개정된 '전기설비 기술기준 및 판단기준'과 '내선규정'에 의거해 삭제된 문제가 있어 점수의 합계가 100점이 되지 않습니다.

2015년 4회 전기공사산업기사실기

문1 ▸출제년도 : 산업 15. ▸점수 : 5점

배전반, 분전반 등의 배관을 변경하거나 이미 설치되어 있는 캐비닛에 구멍을 뚫을 때 필요한 공구의 명칭을 쓰시오.

● 답안작성

호올소(hole saw)

문2 ▸출제년도 : 산업 08. 15. ▸점수 : 5점

"엑세스플로어(Movable Floor 또는 OA Floor)"란 무엇인가 용어 설명을 쓰시오.

● 답안작성

컴퓨터실, 통신기계실, 사무실 등에서 배선, 기타의 용도를 위한 2중 구조의 바닥을 말한다.

문3 ▸출제년도 : 산업 09. 15. 24. ▸점수 : 5점

대형방전 램프(HID)의 종류 5가지를 쓰시오.

● 답안작성

① 고압 나트륨등   ② 메탈 핼라이드등   ③ 고압 수은등
④ 초고압 수은등   ⑤ 크세논등

문4 ▸출제년도 : 산업 10. 15. 24. ▸점수 : 5점

가로 20[m], 세로 30[m], 천장의 높이 4.5[m]인 사무실에 전등설비를 하고자 한다. 사무실의 실지수를 계산하시오.

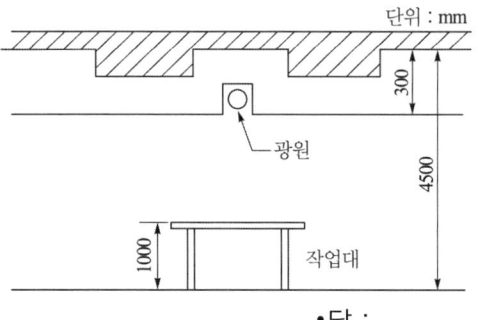

• 계산 :   • 답 :

● 답안작성

계산 : $K = \dfrac{XY}{H(X+Y)} = \dfrac{20 \times 30}{(4.5-0.3-1) \times (20+30)} = 3.75$

답 : 3.75

▶ 출제년도 : 산업 15.   ▶ 점수 : 4점

문5 Static UPS와 Motor/Generator를 조합한 것을 무엇이라 하는지 쓰시오.

● 답안작성

Dynamic UPS

▶ 출제년도 : 산업 02. 15.   ▶ 점수 : 10점

문6 약호의 뜻을 정확히 쓰시오.
(1) OCB :   (2) MBB :
(3) ACB :   (4) GCB :
(5) ABB :   (6) MCCB :
(7) VCB :   (8) ELB :
(9) BCT :   (10) ZCT :

● 답안작성

(1) OCB : 유입 차단기   (2) MBB : 자기 차단기
(3) ACB : 기중 차단기   (4) GCB : 가스 차단기
(5) ABB : 공기 차단기   (6) MCCB : 배선용 차단기
(7) VCB : 진공 차단기   (8) ELB : 누전 차단기
(9) BCT : 부싱형 변류기   (10) ZCT : 영상 변류기

▶ 출제년도 : 15.   ▶ 점수 : 5점

문7 다음의 심벌명칭은 무엇인지 쓰시오.

| RM |

● 답안작성

원격 조작기

● 해 설

소방용 설비 등에 사용하는 것은 필요에 따라 F를 표기 한다.

▶ 출제년도 : 산업 12. 15. 21. 24.   ▶ 점수 : 5점

문8 전등 설비 200[W], 전열 설비 400[W], 전동기 설비 300[W]인 수용가가 있다. 이 수용가의 최대 수용 전력이 780[W]이라면 수용률은 얼마인가?
•계산 :   •답 :

● 답안작성

계산 : 수용률 = $\dfrac{\text{최대 수용 전력}}{\text{설비 용량(접속 부하)}} \times 100[\%]$

= $\dfrac{780}{200+400+300} \times 100 = 86.67[\%]$

답 : 86.67[%]

문9

▶출제년도 : 산업 15. ▶점수 : 5점

전기기계기구의 상시 운전 중에 불꽃, 아크 또는 과열이 발생하면 안 되는 부분에 이들이 발생되는 것을 방지하도록 구조상 또는 온도 상승에 대하여 특히 안전도를 증가시킨 방폭 구조를 쓰시오.

● 답안작성

안전증 방폭 구조

● 해 설

(1) 압력 방폭 구조
  용기내부에 보호가스(신선한 공기 또는 불연성가스)를 압입하여 내부압력을 유지함으로써 폭발성 가스 또는 증기가 용기 내부로 유입하지 않도록 된 구조를 말한다.
(2) 유입 방폭 구조
  전기 불꽃, 아크 또는 고온이 발생하는 부분을 기름 속에 넣고, 기름면 위에 존재하는 폭발성 가스 또는 증기에 인화되지 않도록 한 구조를 말한다.
(3) 안전증 방폭 구조
  정상운전 중에 폭발성 가스 또는 증기에 점화원이 될 전기 불꽃, 아크 또는 고온 부분 등의 발생을 방지하기 위하여 기계적, 전기적 구조상 또는 온도상승에 대해서 특히 안전도를 증가시킨 구조를 말한다.
(4) 본질안전 방폭 구조
  정상 시 및 사고 시(단선, 단락, 지락 등)에 발생하는 전기 불꽃, 아크 또는 고온에 의하여 폭발성 가스 또는 증기에 점화되지 않는 것이 점화시험, 기타에 의하여 확인된 구조를 말한다.

문10

▶출제년도 : 산업 11. 15. 19. 24. ▶점수 : 5점

단상 2선식의 교류 배전선이 있다. 전선 1가닥의 저항은 0.25[Ω], 리액턴스는 0.35[Ω]이다. 부하는 무유도성으로써 220[V], 8.8[kW]일 때 급전점의 전압은 약 몇[V]인가?

•계산 :   •답 :

● 답안작성

계산 : $V_s = V_r + 2I(R\cos\theta + X\sin\theta)$ 에서 무유도성($\cos\theta = 1$)이므로

∴ $V_s = V_r + 2IR = 220 + 2 \times \dfrac{8,800}{220} \times 0.25 = 240[V]$

답 : 240[V]

문11

▶출제년도 : 산업 01. 15. ▶점수 : 5점

가선 공사에서 밧줄의 중간에 재료나 공기구 등을 묶을 경우에 그림과 같은 결박법은?

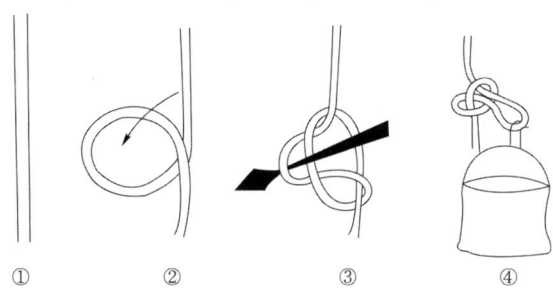

① ② ③ ④

● 답안작성

걸이 고리법

● 해 설

걸이 고리법 또는 걸고리 묶음

문12 ▸출제년도 : 08. 15. ▸점수 : 5점

계장공사에서 잡음(노이즈) 방지를 위해 접지공사를 하는데 이것을 무엇이라 하는가?

● 답안작성

노이즈 방지용 접지

● 해 설

어떤 전자장치의 노이즈 발생 또는 기타 발생 원인으로부터 또 다른 전자장치의 오동작, 통신 장애 기타 다른 기기 장애를 일으키지 않도록 하기위한 접지
노이즈 방지용 접지란 에너지를 대지로 방출하기 위한 접지를 말한다.

문13 ▸출제년도 : 88. 90. 91. 93. 15. ▸점수 : 5점

NR 전선 2.5[mm^2] 3본, 10[mm^2] 3본을 넣을 수 있는 후강전선관의 최소 굵기는 몇 [mm]를 사용하는 것이 적당한가? 단, 전선관 내단면적의 32[%]를 적용한다.

• 계산 :   • 답 :

표 1. 전선(피복 절연물을 포함)의 단면적

도체 단면적[mm^2]	절연체 두께[mm]	평균 완성 바깥지름[mm]	전선의 단면적[mm^2]
1.5	0.7	3.3	9
2.5	0.8	4.0	13
4	0.8	4.6	17
6	0.8	5.2	21
10	1.0	6.7	35
16	1.0	7.8	48
25	1.2	9.7	74
35	1.2	10.9	93
50	1.4	12.8	128
70	1.4	14.6	167
95	1.6	17.1	230
120	1.6	18.8	277
150	1.8	20.9	343
185	2.0	23.3	426
240	2.2	26.6	555
300	2.4	29.6	688
400	2.6	33.2	865

[비고1] 전선의 단면적은 평균완성 바깥 지름의 상한 값을 환산한 값이다.
[비고2] KS C IEC 60227-3의 450/750[V] 일반용 단심 비닐절연전선(연선)을 기준한 것이다.

표 2. 절연전선을 금속관 내에 넣을 경우의 보정계수

도체 단면적[mm²]	보정계수
2.5, 4	2.0
6, 10	1.2
16 이상	1.0

표 3. 후강 전선관의 내단면적의 32[%] 및 48[%]

관의 호칭 [mm]	내단면적의 32[%][mm²]	내단면적의 48[%][mm²]	관의 호칭 [mm]	내단면적의 32[%][mm²]	내단면적의 48[%][mm²]
16	67	101	54	732	1,098
22	120	180	70	1,216	1,825
28	201	301	82	1,701	2,552
36	342	513	92	2,205	3,308
42	460	690	104	2,843	4,265

● 답안작성

계산 : 피복 절연물을 포함한 전선 단면적의 합계는

표 1과 표 2에서 $A = 13 \times 3 \times 2.0 + 35 \times 3 \times 1.2 = 204 [\text{mm}^2]$

전선의 굵기가 서로 다르므로 표 3에서 내단면적의 32[%], 342[mm²]난에서 36[mm]를 선정한다.

답 : 36[mm] 후강전선관

▶출제년도 : 기사 98. 09. 15. ▶점수 : 5점

문14 수전전압 22.9[kV], 설비용량 4000[kVA], 수용가의 수전단에 설치한 CT의 변류비는 100/5[A]이다. 이때 CT에서 검출된 2차 전류가 과부하 계전기로 흐르도록 하였다. 120[%] 부하에서 차단기를 동작시키고자 할 때 트립(Trip) 전류값은 얼마로 선정해야 하는지 산정하시오.

•계산 : •답 :

● 답안작성

계산 : 트립전류 $= \dfrac{4,000}{\sqrt{3} \times 22.9} \times \dfrac{5}{100} \times 1.2 = 6.05 [\text{A}]$

답 : 6[A]

● 해 설

과전류 계전기의 정정 Tap 전류 : 2, 3, 4, 5, 6, 7, 8, 10, 12 [A]

▶출제년도 : 산업 15. ▶점수 : 5점

문15 지중매설 금속체의 방식(防蝕) 대책 3가지만 쓰시오.

● 답안작성

① 방식설계
② coating 방법
③ 전기 방식법

● 해 설

방식 대책
① 방식설계 : 부식성 물질이 부분적으로 몰리지 않도록 하고, 보수나 점검이 용이하도록 한다.
② 내식금속의 선택 : Cr, Ni, Mo, Ti, Zr, Al, Cu 등의 내식성 원소를 첨가한 금속을 사용하도록 한다.
③ coating 방법 : 금속표면을 폴리에칠렌 또는 콜탈 등으로 코팅하거나 Tape 등으로 감거나 하여 금속 표면과 대지 사이의 이온 통로를 차단한다.
④ 환경처리법 : 중화제 및 Inhibitor 등을 사용하여 부식환경을 원천적으로 방지하는 방법
⑤ 전기방식법 : 회생 양극법, 외부 전원법 및 배류법(직접 배류법, 선택 배류법, 강제 배류법)

▶ 출제년도 : 산업 15, 24.   ▶ 점수 : 6점

문16 한류저항기(CLR)의 설치 목적을 3가지만 쓰시오.

● 답안작성
① 계전기를 동작시키는 데 필요한 유효전류를 발생
② 오픈델타 회로의 각 상전압 중의 제3고조파 억제
③ 중성점 불안정 등 비접지 회로의 이상현상 억제

● 해 설
한류저항기는 SGR을 동작시키는 데 필요한 유효전류를 발생시키며, 오픈델타 회로의 각 상전압 중의 제3고조파 전압을 억제하고 중성점에서의 이상현상 등을 제거하기 위해 설치하는 저항이다.

▶ 출제년도 : 산업 99, 01, 15.   ▶ 점수 : 5점

문17 그림은 콘크리트 매입배관에서 박스에 파이프를 부착하는 방법이다. 물음에 답하시오.

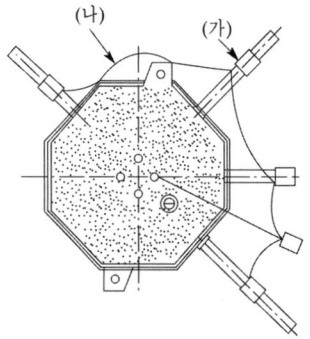

(1) 그림에 표시된 (가)의 재료 명칭은?
(2) 그림에 표시된 (나)의 전선은 무슨 선인가?

● 답안작성
(1) 접지 클램프
(2) 본딩선(접지선)

▶출제년도 : 산업 15.　▶점수 : 5점

문18 다음 그림과 같이 단상 3선식 100/200[V]로 전열기 및 전동기 부하에 전력을 공급하고자 한다. 설비의 불평형률을 구하시오(단, 소수점 이하 첫째 자리에서 반올림할 것).

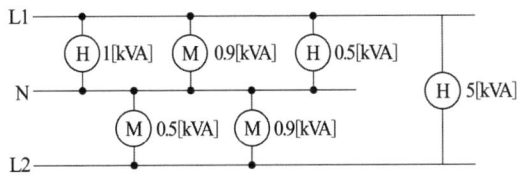

• 계산 :　　　　　　　　　　　　　　　　• 답 :

● 답안작성

계산 : $P_{L1-N} = 1 + 0.9 + 0.5 = 2.4 [kVA]$

$P_{L2-N} = 0.5 + 0.9 = 1.4 [kVA]$

∴ 불평형률 $= \dfrac{2.4 - 1.4}{(2.4 + 1.4 + 5) \times \dfrac{1}{2}} \times 100 = 22.73 [\%]$

답 : 23[%]

● 해 설

단상 3선식의 경우

설비불평형률 $= \dfrac{\text{중성선과 각 전압측 전선 간에 접속된 부하 설비용량의 차}}{\text{총 부하 설비용량의 1/2}} \times 100[\%]$

개정된 '전기설비 기술기준 및 판단기준'과 '내선규정'에 의거해 삭제된 문제가 있어 점수의 합계가 100점이 되지 않습니다.

2016년 1회 전기공사산업기사실기

▶출제년도 : 산업 16. ▶점수 : 5점

문1 그림과 같은 단상 2선식 회로에서 인입구 A점의 전압이 220[V]일 때의 D점 전압을 구하시오. (단, 선로에 표기된 저항값은 2선값이다.)

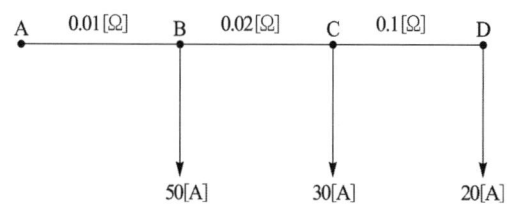

• 계산 • 답

● 답안작성

계산 : $V_D = V_A - IR$ [V]에서
$V_D = 220 - (50 + 30 + 20) \times 0.01 - (30 + 20) \times 0.02 - 20 \times 0.1 = 216$ [V]
답 : 216[V]

● 해 설

(1) 단상 2선식
  • 수전단 전압 $V_r = V_s - 2I(R\cos\theta + X\sin\theta)$
  • 역률 $\cos\theta = 1$, 리액턴스 $X = 0$인 경우, $V_r = V_s - 2IR$이다.
(2) 문제에서 주어진 "저항값은 2선값"이라고 주어졌으므로 $2R$의 값은 0.01, 0.02, 0.1 [Ω]이 된다.
(3) $V_A = 220$ [V]
  $V_B = V_A - 2IR = 220 - 100 \times 0.01 = 219$ [V]
  $V_C = V_B - 2IR = 219 - 50 \times 0.02 = 218$ [V]
  $V_D = V_C - 2IR = 218 - 20 \times 0.1 = 216$ [V]

▶출제년도 : 산업 90. 16. 24. ▶점수 : 10점

문2 콘크리트 전주(14[m]) 설치에 지형상 소운반(인력 운반)이 필요하여 이를 산출하고자 한다. 아래 조건을 참고하여 다음 물음에 답하여라.

[조건]
• 소운반 거리 : 950[m]
• 운반 도로 : 도로 상태 불량
• 전주 무게 : 1,500[kg]
• 1일 실작업 시간(목도) : 360분
• 인력 운반공 노임은 10,350원이고 인력 운반공은 1일 6시간 기준으로 한다.

[참고자료]
인력운반 및 적상하 시간기준
1) 인력 운반비 산출공식
　(가) 기본공식

$$운반비 = \frac{A}{T} \times M \times \left(\frac{60 \times 2 \times L}{V} + t\right)$$

여기서, A : 공사특성에 따른 직종 노임

M : 필요한 인력의 수 ($M = \dfrac{총\ 운반량\ [kg]}{1인당\ 1회\ 운반량\ [kg]}$)

L : 운반 거리[km]
V : 왕복 평균 속도[km/hr]
T : 1일 실작업 시간 [분]
t : 준비 작업 시간[2분](단, 1회 운반량 25[kg/인])

　(나) 왕복 평균속도

구 분	장대물, 중량물 등 목도 운반, 왕복 평균속도 [km/hr]	인부(지게) 운반 왕복 평균속도 [km/hr]
도로 상태 양호	2	3
도로 상태 보통	1.5	2.5
도로 상태 불량	1.0	2.0
물논, 도로가 없는 산림지 및 숲이 우거진 지역	0.5	1.5

(1) 필요한 운반 인원수[인]를 구하시오
　• 계산 :　　　　　　　　　　　　　• 답 :
(2) 전주 운반에 따른 총 인력운반비[원]를 구하시오.
　• 계산 :　　　　　　　　　　　　　• 답 :

● 답안작성

(1) **계산** : 필요한 인력의 수 $M = \dfrac{총\ 운반량}{1인당\ 운반량} = \dfrac{1,500}{25} = 60[인]$

　답 : 60[인]

(2) **계산** : 운반비 $W = \dfrac{A}{T} \times M \times \left(\dfrac{60 \times 2 \times L}{V} + t\right)$ 에서

$$W = \frac{10,350}{360} \times 60 \times \left(\frac{60 \times 2 \times 0.95}{1.0} + 2\right) = 200,100[원]$$

　답 : 200,100[원]

▶ 출제년도 : 산업 16.　▶ 점수 : 6점

문3 전력감시 제어 설비 도입 시 효과를 3가지만 쓰시오.

● 답안작성

① 부하의 효율적 관리
② 에너지 절감
③ 안전화된 시스템 구축 가능

▶출제년도 : 산업 93, 06, 13, 16. ▶점수 : 5점

문4 그림과 같이 전선관을 지중에 매설하려고 한다. 터파기(흙파기)량은 몇 [m³]인지 계산하시오. (단, 매설 거리는 80[m]이고, 전선관의 면적은 무시한다.)

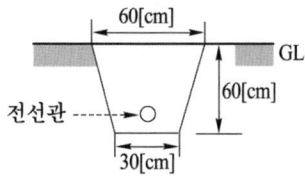

- 계산
- 답

● 답안작성

계산 : 줄기초 파기이므로 $V_o = \dfrac{0.6+0.3}{2} \times 0.6 \times 80 = 21.6 [\text{m}^3]$

답 : $21.6[\text{m}^3]$

● 해 설

$V_o = \dfrac{A+B}{2} \times h L$

▶출제년도 : 산업 16. ▶점수 : 5점

문5 주택 등 저압수용장소에서 TN-C-S 접지방식으로 접지공사를 하는 경우 중성선 겸용 보호도체(PEN) 단면적은 몇 [mm²] 이상 시설하여야 하는지 쓰시오.
- 구리[mm²]
- 알루미늄[mm²]

● 답안작성
- 구리 10 [mm²] 이상
- 알루미늄 16 [mm²] 이상

● 해 설

주택 등 저압수용장소 접지(KEC 142.4.2)
저압수용장소에서 계통접지가 TN-C-S 방식인 경우 중성선 겸용 보호도체(PEN)의 단면적이 구리는 10[mm²] 이상, 알루미늄은 16[mm²] 이상이어야 하며, 그 계통의 최고전압에 대하여 절연되어야 한다.

▶출제년도 : 산업 16, 20, 24. ▶점수 : 5점

문6 154 [kV] 3상 3선식 전선로에서 각 선의 정전용량이 각각 $C_a = 0.031[\mu\text{F}]$, $C_b = 0.030 [\mu\text{F}]$, $C_c = 0.032[\mu\text{F}]$일 때 변압기의 중성점 잔류전압은 몇 [V]인지 계산하시오.
- 계산 :
- 답 :

● 답안작성

계산 : 잔류전압

$$E_n = \frac{\sqrt{C_a(C_a-C_b)+C_b(C_b-C_c)+C_c(C_c-C_a)}}{C_a+C_b+C_c} \times \frac{V}{\sqrt{3}}$$

$$= \frac{\sqrt{0.031(0.031-0.03)+0.03(0.03-0.032)+0.032(0.032-0.031)}}{0.031+0.03+0.032} \times \frac{154,000}{\sqrt{3}}$$

$$= 1,655.91[\text{V}]$$

답 : 1,655.91[V]

▸출제년도 : 89, 97, 00, 04, 07, 16.   ▸점수 : 5점

문7 경간 200[m]인 가공 송전선로가 있다. 전선 1[m]당 무게는 2.0[kg]이고 풍압하중은 없다고 한다. 인장강도 4,000[kg]의 전선을 사용할 때 이도(D)와 전선의 실제 길이(L)를 구하시오. 단, 안전율은 2.2로 한다.

(1) 이도
 • 계산 :   • 답 :
(2) 전선의 실제 길이
 • 계산 :   • 답 :

● 답안작성

(1) 이도

 계산 : $D = \dfrac{WS^2}{8T} = \dfrac{2.0 \times 200^2}{8 \times 4,000/2.2} = 5.5[\text{m}]$ **답** : 5.5[m]

(2) 전선의 실제 길이

 계산 : $L = S + \dfrac{8D^2}{3S} = 200 + \dfrac{8 \times 5.5^2}{3 \times 200} = 200.4[\text{m}]$ **답** : 200.4[m]

● 해 설

(1) 이도
 이도란 전선의 지지점을 연결하는 수평선으로부터 밑으로 내려가 있는 길이를 말한다.

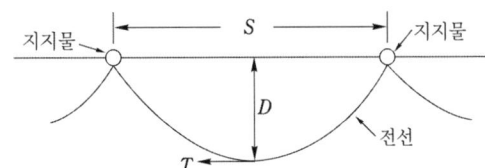

$$D = \frac{WS^2}{8T}$$

여기서, D : 이도[m], W : 단위 길이당 전선의 중량[kg/m], S : 경간[m], T : 전선의 수평장력[kg]

(2) 전선의 실제 길이 $L = S + \dfrac{8D^2}{3S}$

 여기서, L : 전선의 실제 길이[m], S : 경간[m], D : 이도[m]

▶출제년도 : 산업 16.   ▶점수 : 3점

문8 다음은 3상 변압기를 나타낸다. 변압비는 100 : 1이며, 1차측에 22,900[V]가 공급된다면 2차측 저항부하에 걸리는 전압은 몇 [V]인지 구하시오.

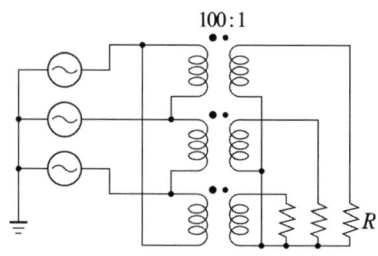

• 계산 :   • 답 :

● 답안작성

계산 : $V_{2p} = \dfrac{V_{1p}}{a} = \dfrac{22,900}{100} = 229[\text{V}]$

답 : 229[V]

● 해 설

- 1차 측이 △결선으로 상전압 = 선간전압이므로 $V_{p1} = 22,900[\text{V}]$
- 2차 측 상전압 $V_{2p} = \dfrac{V_{1p}}{a} = \dfrac{22,900}{100} = 229[\text{V}]$
- 2차 측 저항부하에는 상전압이 인가 되므로 $V_{2p} = 229[\text{V}]$

▶출제년도 : 산업 16..   ▶점수 : 5점

문9 다음 그림은 형광등 결선도이다. 미완성된 부분을 완성하여 전원 투입 시 점등될 수 있게 하시오.

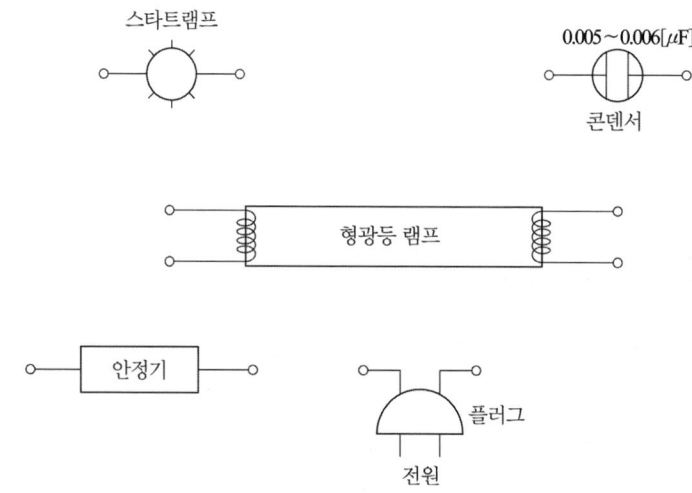

● 답안작성

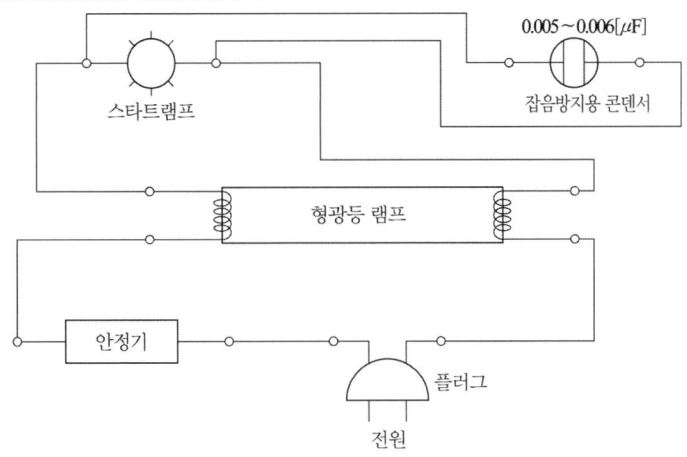

● 해 설

형광등의 점등회로

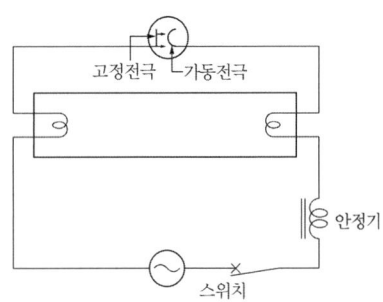

① 스위치를 켠다.
② 점등관의 전극 간에 전원 전압이 걸리면 방전으로 인한 열에 의해 가동전극이 고정 전극에 접촉되고 형광램프의 필라멘트가 예열된다.
③ 점등관의 방전이 종료되고 가동전극의 바이메탈이 냉각되어 전극 사이가 끊기면 전류가 급격하게 변하게 되어 안정기에 순간 고전압(킥크전압)이 발생한다.
④ 이 고전압이 형광등의 전극 간에 걸리면 방전을 시작한다.

▶ 출제년도 : 산업 16. ▶ 점수 : 6점

문10 접지판 X와 보조접지극 상호 간의 저항을 측정한 값이 그림과 같다면 G_a, G_b, G_c의 접지저항값은 각각 몇 [Ω]인지 계산하시오.

(1) G_a지점
　•계산 :　　　　　　　　　　•답 :

(2) G_b지점
　•계산 :　　　　　　　　　　•답 :

(3) G_c지점
　•계산 :　　　　　　　　　　•답 :

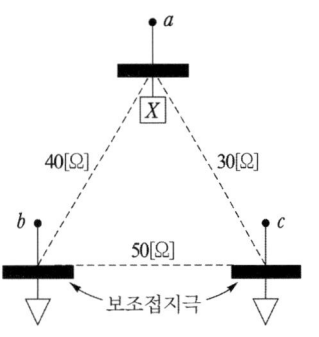

● 답안작성

(1) **계산** : $G_a = \dfrac{1}{2}(G_{ab} + G_{ca} - G_{bc}) = \dfrac{1}{2}(40 + 30 - 50) = 10[\Omega]$ **답** : $10[\Omega]$

(2) **계산** : $G_b = \dfrac{1}{2}(G_{bc} + G_{ab} - G_{ca}) = \dfrac{1}{2}(50 + 40 - 30) = 30[\Omega]$ **답** : $30[\Omega]$

(3) **계산** : $G_c = \dfrac{1}{2}(G_{ca} + G_{bc} - G_{ab}) = \dfrac{1}{2}(30 + 50 - 40) = 20[\Omega]$ **답** : $20[\Omega]$

● 해 설

$G_a + G_b = G_{ab}$ ·················· ①
$G_b + G_c = G_{bc}$ ·················· ②
$G_c + G_a = G_{ca}$ ·················· ③

즉, (① + ② + ③) × $\dfrac{1}{2}$ 로 계산하면

$G_a + G_b + G_c = \dfrac{1}{2}(G_{ab} + G_{bc} + G_{ca})$ ·············· ④

∴ ④ − ①하면

$G_a = \dfrac{1}{2}(G_{ab} + G_{ca} - G_{bc})$

▶ 출제년도 : 산업 11, 16.   ▶ 점수 : 5점

문 11 변압기의 냉각 방식 기호 중 AF의 명칭을 쓰고 설명하시오.
- 명칭 :
- 설명 :

● 답안작성
- 명칭 : 건식풍냉식
- 설명 : 건식변압기에 송풍기로 강제 통풍을 행하여 냉각하는 방식

● 해 설

(1) 변압기 냉각방식

냉각방식		규격별 기호 표시		권선, 철심의 냉각매체		주위 냉각매체	
		JEC 2200 IEC 76	ANSI C 57.12	종류	순환방식	종류	순환방식
건 식 변압기	건식 자냉식	AN		공기	자연	−	−
	건식 풍냉식	AF			강제		
유 입 변압기	유입 자냉식	ONAN	OA	기름	자연	공기	자연
	유입 풍냉식	ONAF	FA				강제
	유입 수냉식	ONWF	OW			물	강제
	송유 자냉식	OFAN			강제	공기	자연
	송유 풍냉식	OFAF	FOA				강제
	송유 수냉식	OFWF	FOW			물	강제

(2) 종류별 특징
① 건식 자냉식 : 일반적으로 소용량 변압기에 한해서 사용된다.
② 건식 풍냉식 : 권선하부에 풍도를 마련하여 송풍기로 바람을 불어넣어 방열효과를 향상시키는 것으로 500[kVA] 이상의 경우에 채용하면 효과적이다.
③ 유입 자냉식 : 보수가 간단하여 가장 널리 사용된다.
권선철심의 발생열은 대류에 의해 우선 기름에 전해지고 다시 탱크 벽에 전달되어 탱크 벽 외측 표면에서 방사와 공기의 대류에 의해 방열된다. 30~60[MVA] 이상의 대용량에서는 강제 냉각방식이 일반적으로 유리한다.
④ 유입 풍냉식 : 유입 자냉식과 동일한 구조를 가지고 저소음 고효율의 냉각용 선풍기를 구비하면 출력 30[%] 이상 증가가 가능하다. 변압기 권선온도에 대응하여 선풍기의 구동, 경보 등의 기능을 가지는 온도계전기를 구비해야 한다.
⑤ 유입 수냉식 : 냉각수관을 탱크 상부의 내벽에 따라 배치하고 펌프로 물을 순환시켜서 기름을 냉각하는 방식이다. 냉각수의 질이 좋지 못하면 물때가 끼거나 수관이 부식되어 보수가 어렵다.
⑥ 송유 자냉식 : 방열기 탱크를 따로 두고 본체 탱크와의 접속관로의 도중에 송유펌프를 설치하여 기름을 강제적으로 순환시키는 방식으로 본체는 옥내에 설치하고 방열기 탱크는 옥외에 설치하는 경우에 사용된다.
⑦ 송유 풍냉식 : 송유 자냉식의 방열기 탱크에 송풍기를 설치한 것 등 각종방식이 있는데 가장 널리 쓰이는 것은 탱크 주위에 송유 풍냉식 유니트쿨러를 설치하는 방식이다.

문12

▶출제년도 : 산업 10. 16. ▶점수 : 6점

6,600/110[V] 특고압 선로에 CT비가 100/5라고 한다면 전력계의 눈금은 몇 [kW]인지 계산하시오.
• 계산 :   • 답 :

● 답안작성

계산 : $P = \sqrt{3} \times 6,600 \times 100 \times 10^{-3} = 1,143.15 [\text{kW}]$
답 : 1,143.15[kW]

● 해 설

문제에서 3상인지 단상인지 주어지지 않은 관계로 3상으로 계산하였음.

문13

▶출제년도 : 기사 16. ▶점수 : 5점

선로의 전압과 역률이 일정할 때 선로의 전력손실이 2배로 증가되면, 기존 대비 전력은 몇 [%] 증가하여야 하는지 구하시오. (단, 전압 V, 선로의 전력손실 P_{l1}, 선로의 전력손실이 2배 일 때 P_{l2}, 저항을 R로 표시한다.)
• 계산 :   • 답 :

● 답안작성

계산 : 전력손실 $P_l = I^2 R \rightarrow P_l \propto I^2$
$P_{l1} : P_{l2} = 1 : 2 = I_1^2 : I_2^2 \rightarrow I_2 = \sqrt{2} I_1$
따라서 전력 $P_2 = VI_2 \cos\theta = V(\sqrt{2} I_1)\cos\theta = \sqrt{2} P_1 = 1.4142 P_1$
답 : 41.42[%] 증가

▶출제년도 : 산업 96, 00, 01, 13, 16.　▶점수 : 5점

문14 3상 4선식 380/220[V] 구내배선 긍장이 200[m], 부하의 최대전류는 100[A]인 배선에서 대지 간 전압강하를 4[V]로 하고자 하는 경우에 사용하는 전선의 공칭 단면적[mm²]을 구하시오.

　•계산 :　　　　　　　　　　　　　　•답 :

● 답안작성

계산 : 3상 4선식 회로에서의 전선의 단면적은

$$A = \frac{17.8LI}{1,000e} = \frac{17.8 \times 200 \times 100}{1,000 \times 4} = 89[\text{mm}^2]$$

답 : 95[mm²]

● 해　설

① 전압강하 계산

전기 방식	전압 강하		전선 단면적
단상 3선식 직류 3선식 3상 4선식	$e_1 = IR$	$e_1 = \dfrac{17.8LI}{1,000A}$	$A = \dfrac{17.8LI}{1,000e_1}$
단상 2선식 및 직류 2선식	$e_2 = 2IR = 2e_1$	$e_2 = \dfrac{35.6LI}{1,000A}$	$A = \dfrac{35.6LI}{1,000e_2}$
3상 3선식	$e_3 = \sqrt{3}IR = \sqrt{3}e_1$	$e_3 = \dfrac{30.8LI}{1,000A}$	$A = \dfrac{30.8LI}{1,000e_3}$

② KSC IEC 전선규격

　1.5, 2.5, 4, 6, 10, 16, 25, 35, 50, 70, 95, 120, 150, 185, 240, 300, 400, 500, 630[mm²]

▶출제년도 : 산업 16.　▶점수 : 3점

문15 에이징된 전구를 점등하면 시간의 경과와 함께 광속, 전류, 효율, 전력이 약간씩 변화한다. 이런 변화과정을 곡선으로 나타낸 것을 무엇이라 하는지 쓰시오.

● 답안작성

동정곡선

▶출제년도 : 산업 16.　▶점수 : 6점

문16 아몰퍼스 변압기의 특징에 대해서 장점 및 단점을 3가지씩 쓰시오

　(1) 장점
　(2) 단점

● 답안작성

(1) 장점 : ① 철손과 여자 전류가 매우 적다.
　　　　　② 전기저항이 높다.
　　　　　③ 결정 자기이방성이 없다.
(2) 단점 : ① 포화자속 밀도가 낮다.
　　　　　② 점적률이 나쁘다.
　　　　　③ 압축 응력이 가해지면 특성이 저하된다.

● 해 설

이외에도
(1) 장점 : ④ 판 두께가 매우 얇다.
       ⑤ 자벽 이동을 방지하는 구조상의 결함이 없다.
(2) 단점 : ④ 자장 풀림이 필요하다.

▶ 출제년도 : 산업 94, 98, 01, 03, 04, 07, 09, 16. ▶ 점수 : 5점

문17 공사원가라 함은 공사시공 과정에서 발생한 무엇의 합계액을 말하는지 쓰시오.

● 답안작성

재료비+노무비+경비

● 해 설

공사 원가라 함은 공사 시공 과정에서 발생한 재료비, 노무비, 경비의 합계액을 말한다.(준칙 제13조)

```
          ┌─재료비─┬─직접 재료비 : 주재료비, 부분 품비
          │       └─간접 재료비 : 소모 재료비, 소모 공구, 기구, 비품비,
          │                      포장 재료비(제조), 가설 재료비(공사) 등
총  공사(제조)원가─노무비─┬─직접 노무비 : 기본급, 제수당, 상여금, 퇴직급여 충당금
원                      └─간접 노무비 : 직접 노무비×간접 노무 비율
가                         (※ 간접 노무비율 = 간접 노무비 / 직접노무비)
          └─경비 : 전력비 등 21개 비목
   ├─일반 관리비 – 공사 또는 제조원가×일정률(6~14[%])
   └─이윤 – (노무비+경비+일반관리비)×일정률(제조 25[%], 공사 15[%])
```

※ 예정 가격 = 총 원가 + 부가가치세(10[%])

▶ 출제년도 : 산업 13, 16. ▶ 점수 : 5점

문18 다음의 시퀀스회로에서 A, B, C, D는 보조 릴레이 접점이고, X는 릴레이, L은 부하이다. 다음 물음에 답하시오.

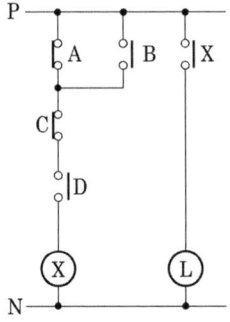

(1) 출력 X의 논리식을 쓰시오.
(2) 2입력, AND, OR, NOT 기호를 사용하여 그림의 회로를 무접점 논리회로로 그리시오.

● 답안작성

(1) $X = (\overline{A}+B)\overline{C} \cdot D$

(2)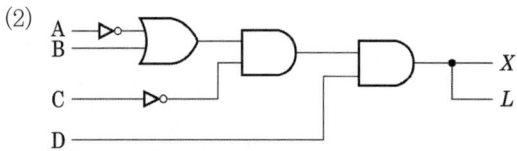

● 해설

회로명	논리기호	논리식
AND 회로 (직렬회로)	A─┐ B─┘⊃─X	$X = A \cdot B$ (논리곱)
OR 회로 (병렬회로)	A─┐ B─┘⊃─X	$X = A + B$ (논리합)
NOT 회로	A──▷○──X	$X = \overline{A}$

▶출제년도 : 96. 16. ▶점수 : 5점

문19 금속관 공사 시 저압 인입선의 인입용으로 수직배관할 경우 비의 침입을 막는 재료를 쓰시오.

● 답안작성

엔트런스캡

개정된 '전기설비 기술기준 및 판단기준'과 '내선규정'에 의거해 삭제된 문제가 있어 점수의 합계가 100점이 되지 않습니다.

2016년 2회 전기공사산업기사실기

▶출제년도 : 산업 97. 12. 16. 20. ▶점수 : 6점

문1 그림과 같이 지선을 가설하여 전주에 가해진 수평장력 800[kg]을 지지하고자 한다. 4[mm] 철선을 지선으로 사용한다면 몇 가닥으로 하면 되는지 구하시오.
(단, 4[mm] 철선 1가닥의 인장 하중은 440[kg]으로 하고 안전율은 2.5이다.)

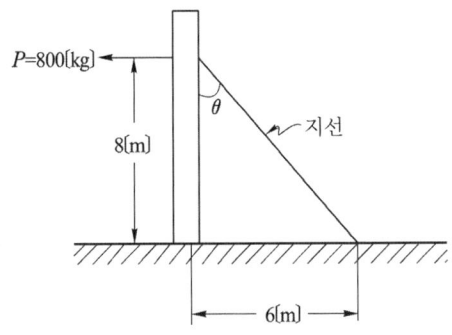

• 계산 :   • 답 :

● 답안작성

계산 : $\sin\theta = \dfrac{6}{\sqrt{8^2+6^2}} = \dfrac{6}{10}$

$T_0 = \dfrac{10}{6} \times P = \dfrac{10}{6} \times 800 = 1333.33 [\text{kg}]$

지선의 장력(T_0) = $\dfrac{\text{소선 1가닥의 인장강도} \times \text{소선 수}}{\text{안전율}}$

$\rightarrow 1333.33 = \dfrac{440 \times n}{2.5}$

$\therefore n = \dfrac{1333.33 \times 2.5}{440} = 7.58$ 가닥

답 : 8가닥

● 해 설

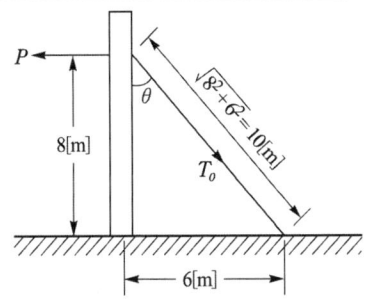

• 소선 수에서 소수점 이하는 절상

▶ 출제년도 : 산업 12, 16,   ▶ 점수 : 5점

문2 권수비 50인 단상 변압기의 전부하 2차 전압 220[V], 전압변동률 4[%]일 때, 무부하 시 1차 단자전압은 몇 [V]인지 구하시오.
- 계산 :
- 답

● 답안작성

계산 : $\epsilon = \dfrac{V_{20} - V_{2n}}{V_{2n}} \times 100 = \left(\dfrac{V_{20}}{V_{2n}} - 1\right) \times 100 = \left(\dfrac{V_{20}}{220} - 1\right) \times 100 = 4[\%]$ 이므로

$V_{20} = \left(1 + \dfrac{4}{100}\right) \times 220 = 228.8[V]$

∴ $V_1 = aV_2 = 50 \times 228.8 = 11,440[V]$

답 : 11,440[V]

● 해 설

$\epsilon = \dfrac{V_{20} - V_{2n}}{V_{2n}} \times 100 = \left(\dfrac{V_{20}}{V_{2n}} - 1\right) \times 100$

여기서, ϵ : 전압변동률, V_{20} : 무부하 전압, V_{2n} : 정격 전압

▶ 출제년도 : 산업 95, 99, 16, 20,   ▶ 점수 : 6점

문3 3상 3선식 380[V] 회로에 그림과 같이 2.2[kW], 7.5[kW], 50[kW]의 전동기와 5[kW]의 전열기가 접속되어 있다. 간선의 소요 허용전류[A]를 구하시오.
(단, 전동기의 평균 역률은 75[%]이다.)

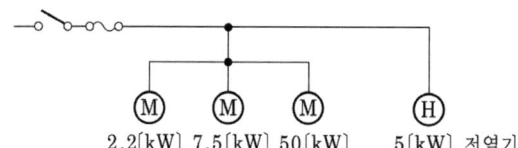
2.2[kW] 7.5[kW] 50[kW]   5[kW] 전열기

- 계산 :
- 답

● 답안작성

계산 : • $I_M = \dfrac{(2.2 + 7.5 + 50) \times 10^3}{\sqrt{3} \times 380 \times 0.75} = 120.94[A]$

$I_H = \dfrac{5 \times 10^3}{\sqrt{3} \times 380} = 7.6[A]$

• 전동기의 유효 전류 $I_r = 120.94 \times 0.75 = 90.71[A]$
• 전동기의 무효 전류 $I_q = 120.94 \times \sqrt{1 - 0.75^2} = 79.99[A]$

따라서, 설계전류 $I_B = \sqrt{유효분^2 + 무효분^2} = \sqrt{(90.71 + 7.6)^2 + 79.99^2} = 126.74[A]$

따라서, $I_B \leq I_n \leq I_Z$의 조건을 만족하는 전선의 허용전류 $I_Z \geq 126.74[A]$

답 : 126.74[A]

● 해 설

도체와 과부하 보호장치 사이의 협조(KEC 212.4.1)
과부하에 대해 케이블(전선)을 보호하는 장치의 동작특성은 다음의 조건을 충족해야 한다.

$$I_B \leq I_n \leq I_Z, \quad I_2 \leq 1.45 \times I_Z$$

I_B : 회로의 설계전류(선도체를 흐르는 설계전류 또는 함유율이 높은 영상분 고조파, 특히 제3고조파가 지속적으로 흐르는 경우 중성선에 흐르는 전류이다.)
I_Z : 케이블의 허용전류
I_n : 보호장치의 정격전류(사용현장에 적합하게 조정된 전류의 설정 값)
I_2 : 보호장치가 규약시간 이내에 유효하게 동작하는 것을 보장하는 전류

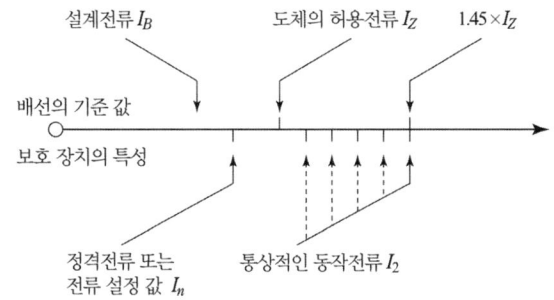

과부하 보호 설계 조건도

▶출제년도 : 산업 09, 16. ▶점수 : 5점

문4 교류 단상 3선식 배전방식은 교류 단상 2선식 배전방식에 비하여 전압강하와 효율은 어떻게 되는가?

● 답안작성

단상 3선식은 단상 2선식에 비하여 전압 강하는 작고 효율은 높다.

● 해 설

단상 3선식은 단상 2선식에 비해 전압 강하, 전력 손실이 평형 부하의 경우 1/4로 감소하며, 소요 전선량이 적어도 된다.

▶출제년도 : 산업 16, 23, 24. ▶점수 : 7점

문5 전등을 3개소에서 동시에 점멸하는 복도 조명의 배선도이다. 다음 물음에 답하시오.

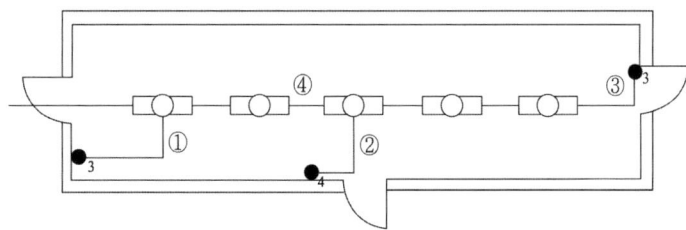

(1) ①, ②, ③, ④의 최소 배선수는 몇 가닥인지 쓰시오(단, 접지선은 제외한다).

①	②	③	④

(2) 배선도에 사용된 그림기호의 명칭을 쓰시오.

기 호	명 칭
⊂○⊃	
●₃	
▬▬▬	

● 답안작성

(1)

①	②	③	④
3	4	3	4

(2)

기 호	명 칭
⊂○⊃	형광등
●₃	3로 스위치
▬▬▬	천장 은폐 배선

● 해 설

(1) 배선 실체도

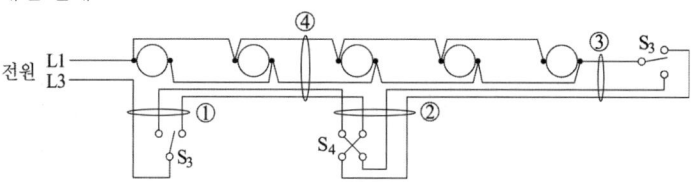

(2) 그림기호

명 칭	그림 기호	적 요
형광등	⊂○⊃	① 용량을 표시하는 경우는 램프의 크기(형)×램프 수로 표시한다. 또, 용량 앞에 F를 붙인다. [보기] F40 F40×2 ② 용량 외에 기구수를 표시하는 경우는 램프의 크기(형)×램프 수 - 기구 수로 표시한다. [보기] F40-2 F40×2-3

점멸기	●	① 용량의 표시 방법은 다음과 같다.
		  • 10[A]는 방기하지 않는다.
		  • 15[A] 이상은 전류값을 방기한다.
		    [보기] ●₁₅ₐ
		② 극수의 표시 방법은 다음과 같다.
		  • 단극은 방기하지 않는다.
		  • 2극 또는 3로, 4로는 각각 2P 또는 3, 4의 숫자를 방기한다.
		    [보기] ●₂ₚ ●₃
		③ 방수형은 WP를 방기한다. ●_WP
		④ 방폭형은 EX를 방기한다. ●_EX
		⑤ 타이머 붙이는 T를 방기한다. ●_T

명 칭	그림 기호	적 요
천장 은폐 배선	————	① 천장 은폐 배선 중 천장 속의 배선을 구별하는 경우는 천장 속의 배선에 —··—··— 를 사용하여도 좋다.
바닥 은폐 배선	– – – –	② 노출 배선 중 바닥면 노출 배선을 구별하는 경우는 바닥면 노출 배선에 —··—··— 를 사용하여도 좋다.
노출 배선	··········	③ 전선의 종류를 표시할 필요가 있는 경우는 기호를 기입한다.

▶ 출제년도 : 산업 08 16   ▶ 점수 : 5

문6 전기설비의 감전예방방법 중 직접접촉예방은 전기설비가 정상으로 운전하고 있는 상태에서 전기설비에 사람 또는 동물이 접촉되는 경우를 대비하여 감전예방을 위한 보호이다. 직접접촉예방을 위한 보호방법 5가지를 쓰시오.

● 답안작성
① 충전부의 절연에 의한 보호
② 격벽 또는 외함에 의한 보호
③ 장애물에 의한 보호
④ 손의 접근한계 외측 설치에 따른 보호
⑤ 누전차단기에 의한 추가 보호

● 해 설
(1) 직접접촉예방
   전기설비가 정상으로 운영하고 있는 상태에서 전기설비에 사람 또는 동물이 접촉되는 경우를 대비하여 감전예방을 위한 보호
(2) 간접접촉예방
   전기설비에 지락 등의 고장이 발생한 경우에 해당 전기설비에 사람 또는 동물이 접촉한 경우를 대비하여 감전예방을 위한 보호로서 다음 중 하나의 방법에 의해 실시한다.
   ① 전원의 자동차단에 의한 보호
   ② II급 기기의 사용 또는 이것과 동등 이상의 절연에 의한 보호
   ③ 비도전성 장소에 의한 보호
   ④ 비접지용 국부적 등전위 접속에 의한 보호
   ⑤ 전기적 분리에 의한 보호
(3) 특별저압에 의한 보호는 직접접촉예방 및 간접접촉 예방을 동시에 시행한다. 사용전압은 교류 50[V] 이하, 직류 120[V] 이하의 전압을 말한다.

▶ 출제년도 : 산업 13. 16.   ▶ 점수 : 5점

문7 6,600[V], 3상 3선식 비접지 배전 선로의 a상이 완전 지락 고장이 발생하였을 때, GPT 2차에 나타나는 영상전압 V_2[V]를 구하시오. (단, GPT 변압기 3대로 구성되어 있으며 변압기의 변압비는 6,600/110[V]이다.)

• 계산 :

• 답 :

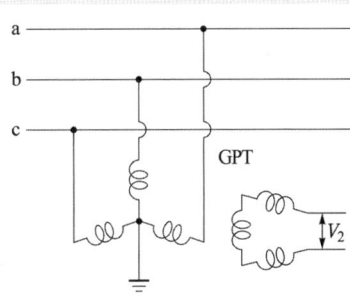

● 답안작성

계산 : $V_2 = \text{GPT 1차측 전압} \times \dfrac{1}{\text{변압비}} \times 3$

$= \dfrac{6,600}{\sqrt{3}} \times \dfrac{110}{6,600} \times 3 = \dfrac{110}{\sqrt{3}} \times 3 = 110\sqrt{3} = 190.53[\text{V}]$

답 : 190.53[V]

● 해 설

- GPT 1차측 1상에 인가되는 전압 : $\dfrac{6,600}{\sqrt{3}}[\text{V}]$(Y결선)

- GPT 2차측 1상에 유도되는 전압 : $\dfrac{6,600}{\sqrt{3}} \times \dfrac{1}{\text{변압비}} = \dfrac{6,600}{\sqrt{3}} \times \dfrac{110}{6,600} = \dfrac{110}{\sqrt{3}}[\text{V}]$

- a상이 지락 된 경우 GPT 2차측 전압 V_2는 GPT 2차측 1상의 전압보다 3배만큼 커지므로

∴ GPT 2차에 나타나는 영상전압 $V_2 = \dfrac{110}{\sqrt{3}} \times 3 = 190.53[\text{V}]$

▶출제년도 : 산업 97. 99. 16.   ▶점수 : 6점

문8 6.6[kV] 325[mm²] 3C 가교 폴리에틸렌 케이블 100[m]를 구내(옥외)의 기존 전선관 내에 포설하려고 한다. 케이블에 대한 재료비와 인공과 공구손료를 구하시오.
(단, 케이블의 재료비는 52,540[원/m]이고, 해당되는 노임 단가는 50,000[원]이다.)

전력 케이블 구내설치   (단위 [m])

P.V.C 및 고무절연 시스 케이블	케이블 전공
600 [V] 16[mm²] 이하 × 1C	0.023
〃 25[mm²] 이하 × 1C	0.030
〃 38[mm²] 이하 × 1C	0.036
〃 50[mm²] 이하 × 1C	0.043
〃 60[mm²] 이하 × 1C	0.049
〃 70[mm²] 이하 × 1C	0.057
〃 80[mm²] 이하 × 1C	0.060
〃 100[mm²] 이하 × 1C	0.071
〃 125[mm²] 이하 × 1C	0.084
〃 150[mm²] 이하 × 1C	0.097
〃 185[mm²] 이하 × 1C	0.108
〃 200[mm²] 이하 × 1C	0.117
〃 240[mm²] 이하 × 1C	0.136
〃 250[mm²] 이하 × 1C	0.142
〃 300[mm²] 이하 × 1C	0.159
〃 325[mm²] 이하 × 1C	0.172
〃 400[mm²] 이하 × 1C	0.205
〃 500[mm²] 이하 × 1C	0.240
〃 630[mm²] 이하 × 1C	0.285
〃 1000[mm²] 이하 × 1C	0.415

[해설] ① 부하에 직접 공급하는 변압기 2차 측에 포설되는 케이블로서 전선관, Rack, Duct, 케이블 트레이, Pit, 공동구, Saddle 부설 기준, Cu, Al 도체 공용
② 600[V] 10[mm^2] 이하는 제어용 케이블 신설 준용
③ 직매 시 80[%]
④ 2심은 140[%], 3심은 200[%], 4심은 260[%]
⑤ 연피벨트지 케이블 120[%], 강대개장 케이블은 150[%]
⑥ 가요성 금속피(알루미늄, 스틸) 케이블은 150[%]
 (앵커볼트 설치품은 별도계상)
⑦ 관내포설 시 도입선 넣기 포함
⑧ 2열 동시 180[%], 3열 260[%], 4열 340[%], 4열 초과 시 초과 1열당 80[%] 가산
⑨ 전압에 대한 할증률
 3.3~6.6[kV] 15[%] 가산
 22.9[kV] 이하 30[%] 가산
⑩ 철거 50[%], 재사용 철거는 드럼감기품 포함 90[%]
⑪ 8자 포설은 본품의 120[%] 적용.

(1) 재료비
 • 계산 :   • 답 :
(2) 인공
 • 계산 :   • 답 :
(3) 공구손료
 • 계산 :   • 답 :

● 답안작성

(1) **계산** : 재료비 = $100 \times 1.03 \times 52,540 = 5,411,620$ [원]
 답 : 5,411,620[원]
(2) **계산** : 인공 = $100 \times 0.172 \times 2 \times (1+0.15) = 39.56$ [인]
 답 : 39.56[인]
(3) **계산** : 공구손료 = $39.56 \times 50,000 \times 0.03 = 59,340$ [원]
 답 : 59,340[원]

● 해 설

(1) 재료의 할증률 및 철거 손실률
 공사용 재료의 할증률 및 철기용 재료의 손실률은 일반적으로 다음 표의 값 이내로 한다.

종 류	할증률 [%]	철거손실률 [%]
옥외 전선	5	2.5
옥내 전선	10	−
Cable (옥외)	3	1.5
Cable (옥내)	5	−
전선관 (옥외)	5	−
전선관 (옥내)	10	−
Trolley선	1	−
동대, 동봉	3	1.5

[해설] 철거 손실률이란 전기설비공사에서 철거 작업시 발생하는 폐자재를 환입할 때 재료의 파손, 손실, 망실 및 일부 부식 등에 의한 손실률을 말함

(2) • 3C(3심)은 200[%]
 • 전압에 대한 할증률은 6.6[kV]이므로 15[%]
(3) 공구손료 = 직접 노무비×3[%]

▶출제년도 : 산업 93. 16. ▶점수 : 5점

문9 수·변전 설비 공사에서 차단기의 정격차단 용량식과 차단기 종류를 4가지만 쓰시오.
(1) 차단기 용량식
(2) 차단기 종류

● 답안작성
(1) 차단기 용량식 : $P_s = \sqrt{3} \times$ 정격 전압 $\times$ 정격 차단 전류
(2) 차단기의 종류 : 유입 차단기, 진공 차단기, 자기 차단기, 가스 차단기

▶출제년도 : 산업 95. 07. 16. ▶점수 : 6점

문10 가공전선로에 사용되는 전선의 구비조건 6가지를 쓰시오.

● 답안작성
① 도전율이 높을 것
② 기계적인 강도가 클 것
③ 내구성이 있을 것
④ 비중이 작을 것
⑤ 가선작업이 용이할 것
⑥ 가격이 저렴할 것

▶출제년도 : 산업 01. 05. 08. 16. ▶점수 : 5점

문11 전선의 소요량 계산에서 전선 가선 시 선로의 고저가 심할 때 산출하는 식을 쓰시오.

● 답안작성
선로긍장×전선조수×1.03

● 해 설
① 선로가 평탄할 경우 : 선로긍장×전선조수×1.02
② 선로 고저차가 심할 때 : 선로긍장×전선조수×1.03

▶출제년도 : 산업 16. ▶점수 : 6점

문12 저압 옥내 간선에서 분기하여 각 부하에 전력을 공급하는 분기회로에서 다음 조건을 보고 사용전압 220[V], 20[A]인 경우의 부하설비용량과 분기회로수를 구하시오.
(단, 룸 에어컨은 별도회로로 구성한다.)

[조건]
- 주택부분의 바닥면적 : 240[m²]
- 점포부분의 바닥면적 : 50[m²]
- 창고의 바닥면적 : 10[m²]
- 주택에 대한 가산[VA] : 1,000[VA]
- 룸에어컨 : 2[kW]

(1) 부하설비용량
• 계산 :   • 답 :

(2) 분기회로수
  • 계산 :   • 답 :

● 답안작성

(1) 계산 : $P = 240 \times 40 + 50 \times 30 + 10 \times 5 + 1{,}000 + 2{,}000 = 14{,}150$ [VA]
   답 : 14,150[VA]

(2) 계산 : $n = \dfrac{14{,}150 - 2{,}000}{220 \times 20} = 2.76 \rightarrow 3$ [회로]
   답 : 20[A] 분기회로 4회로(룸 에어컨 1회로 포함)

● 해 설

(1) 건물의 표준부하표

	건물의 종류	표준부하 [VA/m²]
P	공장, 공회당, 사원, 교회, 극장, 연회장 등	10
P	기숙사, 여관, 호텔, 병원, 학교, 음식점, 다방, 대중목욕탕 등	20
P	사무실, 은행, 상점, 이용소, 미장원	30
P	주택, 아파트	40
Q	복도, 계단, 세면장, 창고, 다락	5
Q	강당, 관람석	10
C	주택, 아파트(1세대마다)에 대하여	500~1000 [VA]
C	상점의 진열장은 폭 1[m]에 대하여	300 [VA]
C	옥외의 광고등, 광전사인, 네온사인 등	실 [VA] 수
C	극장, 댄스홀 등의 무대조명, 영화관의 특수 전등부하	실 [VA] 수

(2) • 분기회로 수 계산에서 소수점 이하 절상
   • 룸 에어컨은 별도 회로로 구성하라는 조건이 있음.

▸출제년도 : 산업 00, 16. ▸점수 : 5점

문13 철탑에 소호각(Arcing horn)이나 소호환(Arcing ring)을 설치하는 목적을 쓰시오.

● 답안작성

애자련 보호 및 전압 분포 개선

▸출제년도 : 산업 14, 15. ▸점수 : 6점

문14 다음은 전선에 대한 약호이다. 정확한 명칭을 우리말로 쓰시오.

(1) ACSR
(2) VCT
(3) MI

● 답안작성

(1) 강심 알루미늄 연선
(2) 0.6/1[kV] 비닐절연 비닐캡타이어 케이블
(3) 미네랄 인슈레이션 케이블

▶출제년도 : 산업 08, 16. ▶점수 : 6점

문15 1종 금속 몰드(메탈 몰딩) 사에 사용하는 부속품 4가지를 쓰시오.

● 답안작성

① 조인트 커플링 ② 부싱
③ 플랫 엘보 ④ 인터널 엘보

● 해 설

1종 금속 몰드 공사 : 본체는 베이스와 커버로 구성되며, 일반적으로 길이가 1.9[m]로 되어 있다. 부속품에는 조인트용 커플링, 부싱, 엘보 등이 있다.

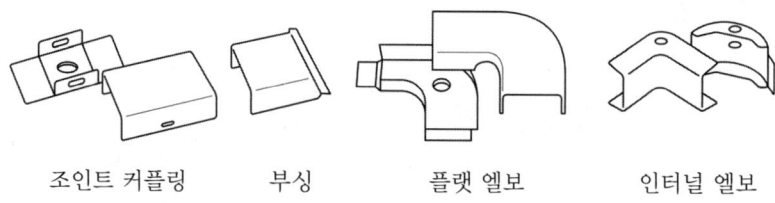

조인트 커플링   부싱   플랫 엘보   인터널 엘보

▶출제년도 : 산업 12, 16. ▶점수 : 6점

문16 그림은 A, B 2개 공장의 전력부하곡선이다. A, B 공장 상호 간의 부등률을 구하시오.

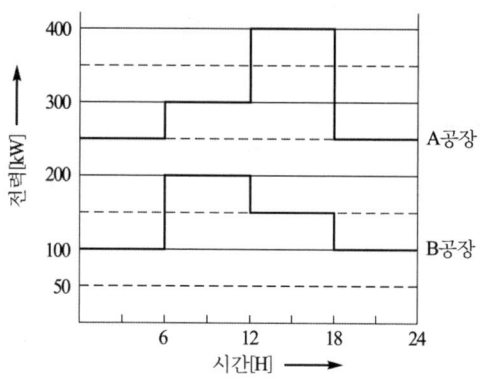

• 계산 :   • 답

● 답안작성

계산 : • A 공장의 최대수용 전력 : 400[kW]
  • B 공장의 최대수용 전력 : 200[kW]
  • A, B 공장의 합성최대 수용전력 : 550[kW]
  따라서, 부등률 = $\dfrac{400+200}{550}$ = 1.09

답 : 1.09

● 해 설

• 부등률 = $\dfrac{\text{개개의 최대 수용전력의 합}}{\text{합성 최대 수용 전력}}$

여기서, 합성 최대 전력은 12시~18시 사이의 A공장 400[kW]와 B공장 150[kW]의 합계인 550[kW]이다.

▶ 출제년도 : 산업 05, 15. ▶ 점수 : 4점

문17 활선 클램프란 무엇인지 간단히 설명하시오.

● 답안작성

분기고리와 기기 리드선을 결선하는 데 사용

▶ 출제년도 : 산업 16. ▶ 점수 : 6점

문18 송전계통의 중성점 접지방식에서 유효접지(effective grounding)를 설명하고, 유효접지의 가장 대표적인 접지방식 한 가지만 쓰시오.
- 설   명 :
- 접지방식 :

● 답안작성
- **설명** : 1선 지락 사고 시 건전상의 전압 상승이 상규 대지전압의 1.3배를 넘지 않도록 접지 임피던스를 조절해서 접지하는 것
- **접지방식** : 직접접지방식

2016년 4회 전기공사산업기사실기

문1 ▶출제년도 : 08. 14. 16.   ▶점수 : 6점

전기설비의 접지 목적에 대하여 3가지만 쓰시오.

● 답안작성

① 감전 방지
② 이상전압의 억제
③ 보호계전기의 동작 확보

● 해 설

① 감전 방지 : 기기의 절연 열화나 손상 등으로 누전이 발생하면 전류가 접지선으로 흘러 기기의 대지전위 상승이 억제되고 인체의 감전 위험이 줄어들게 된다.
② 이상전압의 억제 : 뇌전류 또는 고 저압 혼촉 등에 의하여 침입하는 고전압을 접지선을 통해 대지로 흘려 보내 기기의 손상을 방지할 수 있다.
③ 보호계전기의 동작 확보 : 지락 사고 시에 일정 크기 이상의 지락 전류가 쉽게 흐르기 때문에 지락 계전기 등의 동작을 확실하게 할 수 있다.
④ 전로의 대지전압의 저하 : 3상 4선식 전로의 중성점을 접지하면 각 선의 대지전압은 선간전압의 $1/\sqrt{3}$로 낮아진다.

문2 ▶출제년도 : 91. 97. 09. 11. 16.   ▶점수 : 4점

가공전선로에 주로 쓰이는 애자의 종류 4가지를 쓰시오.

● 답안작성

핀애자, 현수애자, 라인포스트 애자, 인류애자

● 해 설

① 핀애자 : 직선 선로에 사용
② 현수애자 : 인류 및 내장 개소에 사용
③ 라인포스트 애자 : 연가용 철탑 등에서 점퍼선 지지
④ 인류 애자 : 인류 개소 및 배전선로의 중성선

문3 ▶출제년도 : 산업 16.   ▶점수 : 6점

현장에 포설된 CN-CV 케이블이 받는 여러 가지의 외적 요인 중 케이블을 열화시키는 요인으로는 전기적 요인, 열적 요인, 화학적 요인, 기계적 요인, 생물학적 요인으로 분류가 된다. 이 중 전기적 열화의 종류 3가지만 쓰시오.

● 답안작성

① 부분 방전
② 전기 트리
③ 물트리

● 해 설

케이블의 열화 발생 요인

① 전기적 요인
　상시 운전 전압이나, 과전압, 서지 전압 등에 의해서 부분 방전, 전기 Tree, 물트리 등이 발생하여 Cable을 열화시킨다.

② 열적 요인
　이상 온도 상승, 열신축(열 싸이클) 등에 의해서 열적으로 연화되어 버리거나, 기계적인 손상 및 변형을 일으켜서 전기적 요인과 복합 작용으로 열화 시키며, 또한 열에 의해서 재질 자체가 화학적으로 변화하기도 한다.

③ 화학적 요인
　기름, 화학 약품, 토양 중에 함유된 각종 화학물질 등에 의해서 Cable의 절연 외피를 부식시키거나 화학반응으로 변질시키며, 이들 화학물질이 절연층을 투과하여 도체에 닿으면 화학 트리를 일으켜서 케이블의 절연을 열화시킨다.

④ 기계적 요인
　기계적 압력이나 인장, 충격 또는 외상에 의해서 케이블이 기계적으로 손상 변경되어 전기적 원인과의 복합 작용으로 열화하며, 보호 피복의 손상으로 침수되어 절연이 파괴되기도 한다.

⑤ 생물적 요인
　개미나 쥐, 벌레 등이 Cable의 외피나 절연층을 갉아먹는 인으로 케이블이 손상되기도 한다.

문4 송전계통의 변압기 중성점 접지 방식 4가지만 쓰시오.

● 답안작성

① 비접지 방식　　② 직접 접지 방식
③ 저항 접지 방식　④ 소호 리액터 접지 방식

문5 "연접인입선"의 정의를 설명하시오.

● 답안작성

한 수용장소 인입구 접속점에서 분기하여 다른 지지물을 거치지 아니하고 다른 수용장소 인입구에 이르는 전선을 말함.

● 해 설

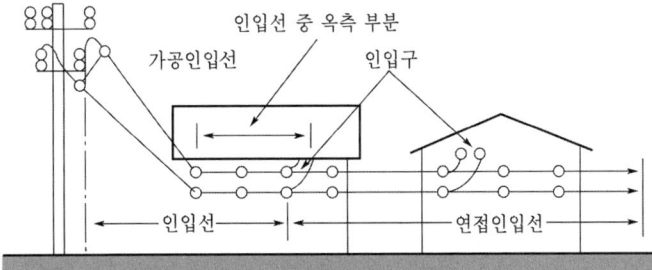

▶출제년도 : 산업 93. 98. 16.   ▶점수 : 5점

문6 저압 뱅킹 배전방식에서 캐스케이딩(cascading) 현상이란 무엇인지 간단하게 쓰시오.

● 답안작성

변압기 또는 선로 사고의 파급효과에 의해 뱅킹 내의 건전한 변압기의 일부 또는 전부가 연쇄적으로 차단되는 현상

▶출제년도 : 산업 98. 08. 13. 16.   ▶점수 : 8점

문7 그림은 옥내 배선용 콘센트 심벌(그림기호)이다. 각 콘센트를 구분하여 명칭을 쓰시오.

(1)  ⊙_T (2)  ⊙_H
(3)  ⊙_WP (4)  ⊙_EX

● 답안작성

(1) 걸림형 콘센트
(2) 의료용 콘센트
(3) 방수형 콘센트
(4) 방폭형 콘센트

● 해 설

명 칭	그림 기호	적 요
콘센트	⊙	① 천장에 부착하는 경우는 다음과 같다. ⊙ ② 바닥에 부착하는 경우는 다음과 같다. ⊙ ③ 용량의 표시 방법은 다음과 같다. 　• 15[A]는 방기하지 않는다. 　• 20[A] 이상은 암페어 수를 방기한다. 　[보기]  ⊙_20A ④ 2구 이상인 경우는 구수를 방기한다. 　[보기] ⊙_2 ⑤ 3극 이상인 것은 극수를 방기한다. 　[보기]  ⊙_3P ⑥ 종류를 표시하는 경우는 다음과 같다. 　빠짐 방지형 　⊙_LK 　걸림형　　　⊙_T 　접지극붙이　⊙_E 　접지단자붙이 　⊙_ET 　누전 차단기붙이 　⊙_EL ⑦ 방수형은 WP를 방기한다.  ⊙_WP ⑧ 방폭형은 EX를 방기한다.  ⊙_EX ⑨ 의료용은 H를 방기한다. ⊙_H

▶ 출제년도 : 산업 13. 16.   ▶ 점수 : 5점

문8 그림과 같은 전동기 ⓜ과 전열기 ⓗ에 공급하는 저압 옥내 간선을 보호하는 과전류 차단기의 정격전류 최대값은 몇 [A]인지 계산하시오. (단, 전선의 허용전류는 40[A], 수용률은 100[%]이며 기동 계급은 표시가 없다고 본다.)

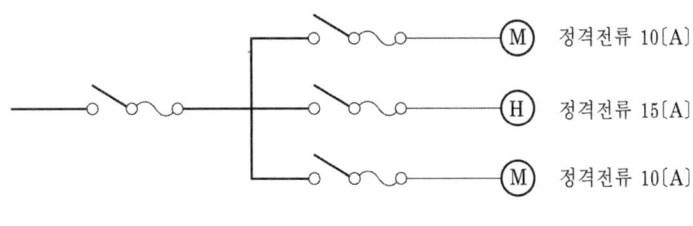

• 계산 :   • 답 :

● 답안작성

계산 : 설계전류 $I_B = 10 + 15 + 10 = 35[A]$

과전선의 허용전류 $I_Z = 40[A]$이므로 과전류 차단기의 정격전류 I_n은

$I_B \leq I_n \leq I_Z$ 의 조건을 만족하여야 하므로 $35[A] \leq I_n \leq 40[A]$이다.

답 : 40 [A]

● 해 설

도체와 과부하 보호장치 사이의 협조(KEC 212.4.1)

과부하에 대해 케이블(전선)을 보호하는 장치의 동작특성은 다음의 조건을 충족해야 한다.

$$I_B \leq I_n \leq I_Z, \quad I_2 \leq 1.45 \times I_Z$$

I_B : 회로의 설계전류(선도체를 흐르는 설계전류 또는 함유율이 높은 영상분 고조파, 특히 제3고조파가 지속적으로 흐르는 경우 중성선에 흐르는 전류이다.)

I_Z : 케이블의 허용전류

I_n : 보호장치의 정격전류(사용현장에 적합하게 조정된 전류의 설정 값)

I_2 : 보호장치가 규약시간 이내에 유효하게 동작하는 것을 보장하는 전류

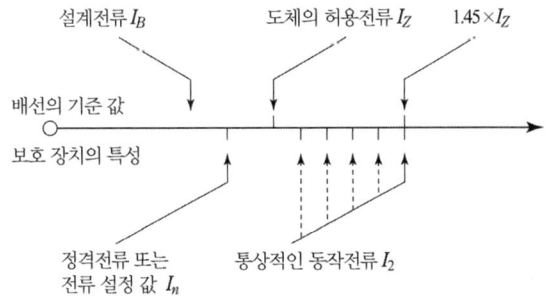

과부하 보호 설계 조건도

▶ 출제년도 : 08. 11. 16.   ▶ 점수 : 4점

문9 연(납)축전지와 알칼리 축전지의 공칭 전압은 몇 [V]인지 쓰시오.

(1) 연(납)축전지[V]

(2) 알칼리축전지[V]

● 답안작성
(1) 2.0[V]
(2) 1.2[V]

● 해 설

종별	연축전지	알칼리축전지	니켈수소전지
형식명	크래드식(PS) 패이스트식(HS)	포켓식 소결식	GMH형
기전력	2.05~2.08[V]	1.33[V]	1.34[V]
공칭전압	2.0[V]	1.2[V]	1.2[V]

▶출제년도 : 산업 02. 05. 16. 20.　▶점수 : 6점

문10 다음의 설명에 맞는 배전자재의 명칭을 쓰시오.
(1) 주상 변압기를 전주에 설치하기 위해 사용되는 밴드는?
(2) 전주에 암타이 및 랙크를 설치하기 위하여 사용되는 밴드는?
(3) 저압선로 ACSR 사용 시 접지측 중성선 인류개소에 랙크와 클램프 연결 시 사용하는 금구는?

● 답안작성
(1) 행거밴드　(2) 암타이 밴드　(3) 인류 스트랩

▶출제년도 : 산업 15.　▶점수 : 5점

문11 발전소에서 가공전선의 인입구 및 인출구에 설비하는 기기로서 전로로부터의 이상 전압이 발전소 내로 내습하는 것을 방지하기 위해 설치하는 것은 무엇인지 쓰시오.

● 답안작성
피뢰기

● 해 설

피뢰기의 시설(KEC 341.13)
고압 및 특고압의 전로 중 다음에 열거하는 곳 또는 이에 근접한 곳에는 피뢰기를 시설하여야 한다.
① 발전소·변전소 또는 이에 준하는 장소의 가공전선 인입구 및 인출구
② 특고압 가공전선로에 접속하는 배전용 변압기의 고압측 및 특고압측
③ 고압 및 특고압 가공전선로로부터 공급을 받는 수용장소의 인입구
④ 가공전선로와 지중전선로가 접속되는 곳

▶출제년도 : 산업 16.　▶점수 : 30점

문12 아래 조건을 참고하여 물음에 답하시오.
[조건]
① 실내의 바닥에서 광원까지의 높이는 3[m]이다.
② 조명률 0.5, 유지율 0.67이다.

③ 32[W] 형광등의 광속 : 2,500[lm]
④ 설계 시 등기구 표시는 KS 심벌을 사용하고 F32[W] 2등용 사용한다.
⑤ 전기설비기술기준, 한국전기설비규정(KEC), 전기설비설계기준에 의한다.
⑥ 주어진 품셈에 의하여 산출한다.
⑦ 전선관은 합성수지전선관을 사용한다.
⑧ 등기구는 직부등으로 한다.
⑨ 분전반 설치는 상부를 기준으로 지상 1.5[m]에 설치한다.
⑩ 기준조도는 100[lx]이다.

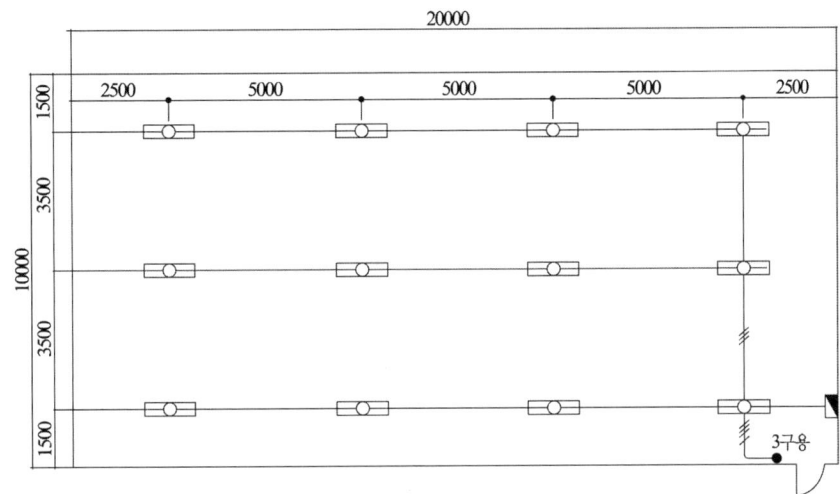

(1) 필요한 자재 수량과 합계금액을 산출하시오.

번호	품명	규격	단위	수량	단가	금액
1	등기구	32[W]×2	EA	①	30,000	
2	스위치	3구용	EA	②	10,000	
3	전 선	HFIX 2.5[mm^2]	m	195	2,000	
4	배 관	HI-PVC 16C	m	62	3,000	
5	아웃렛박스	8각 BOX	EA	12	1,000	
6	스위치박스	3구용	EA	1	1,000	
	합 계					③

(2) 표준품셈에 의거 인력품과 합계금액을 산출하시오.

번호	품명	수량	적용직종	품	단가	금액
1	등기구		내선전공	④		
2	스위치		내선전공	⑤		
3	전선	195	내선전공	⑥		
4	배관	62	내선전공	⑦		
5	아웃렛박스	12	내선전공	0.2		
6	스위치박스	1	내선전공	0.2		
	합계					⑧

※ 내선전공 : 150,000[원]　　배전전공 : 250,000[원]
　보통인부 : 86,000[원]　　저압케이블공 : 190,000[원]

(3) 원가계산서를 작성하시오.

비 목			금 액	비 고
순공사비	재료비	직접재료비	959,000	
		간접재료비	–	
	노무비	직접노무비	1,658,850	
		간접노무비	⑨	소수점 이하 절사
	경비	기타경비	⑩	소수점 이하 절사
순공사비 합계			⑪	소수점 이하 절사
일반관리비			⑫	소수점 이하 절사
이　윤			⑬	소수점 이하 절사
부가가치세			⑭	소수점 이하 절사
총공사비			⑮	소수점 이하 절사

[주] 1) 간접노무비는 직접노무비의 9[%]를 적용한다.
　　2) 기타경비는 (재료비+노무비)의 5[%]를 적용한다.
　　3) 일반관리비는 순공사비의 6[%]를 적용한다.
　　4) 이윤은 (노무비+기타경비+일반관리비)의 10[%]를 적용한다.
　　5) 부가가치세는 (순공사비+일반관리비+이윤)의 10[%]를 적용한다.
　　6) 간접재료비는 적용하지 않는다.

표 1. 전선관 배관
단위 : [m]

합성수지 전선관		후강 전선관		금속가요 전선관	
규격 [mm]	내선전공	규격 [mm]	내선전공	규격 [mm]	내선전공
14[mm] 이하	0.04	–	–	–	–
16[mm] 이하	0.05	16[mm] 이하	0.08	16[mm] 이하	0.044
22[mm] 이하	0.06	22[mm] 이하	0.11	22[mm] 이하	0.059
28[mm] 이하	0.08	28[mm] 이하	0.14	28[mm] 이하	0.072
36[mm] 이하	0.10	36[mm] 이하	0.20	36[mm] 이하	0.087
42[mm] 이하	0.13	42[mm] 이하	0.25	42[mm] 이하	0.104
54[mm] 이하	0.19	54[mm] 이하	0.34	54[mm] 이하	0.136
70[mm] 이하	0.28	70[mm] 이하	0.44	70[mm] 이하	0.156
82[mm] 이하	0.37	82[mm] 이하	0.54	–	–
92[mm] 이하	0.45	92[mm] 이하	0.60	–	–
104[mm] 이하	0.46	104[mm] 이하	0.71	–	–
125[mm] 이하	0.51	–	–	–	–

① 콘크리트 매입 기준
② 블록벽체 및 철근콘크리트 노출은 120[%], 목조건물은 110[%], 철강조 노출은 125[%], 조적 후 배관 및 건축방음재(150[mm] 이상) 내 배관 시 130[%]
③ 기설 콘크리트 노출 공사 시 앵커 볼트를 매입할 경우 앵커볼트 설치품은 5-29 옥내 잡공사에 의하여 별도 계상하고 전선관 설치품은 매입품으로 계상
④ 천정속, 마루밑 공사 130[%]
⑤ 관의 절단, 나사내기, 구부리기, 나사 조임, 관내청소, 관통시험 포함
⑥ 계장 배관공사도 이 품에 준함

표 2. 박스(BOX) 설치 　　　　　　　　　　단위 : [개]

종 별	내선전공
Concrete Box	0.12
Outlet Box	0.20
Switch Box(2개용 이하)	0.20
Switch Box(3개용 이상)	0.25
노출형 Box(콘크리트 노출 기준)	0.29
플로어 박스	0.20
연결용 박스	0.04

① 콘크리트 매입 기준
② Box 위치의 먹줄치기, 첨부 커버 포함
③ 블록벽체 및 철근콘크리트 노출은 120[%], 목조건물은 110[%], 철강조 노출은 125[%], 조적 후 배관 및 건축방음재(150[mm] 이상) 내 배관 시 130[%]
④ 방폭형 및 방수형 300[%]
⑤ 천정속, 마루밑은 130[%]
⑥ 공동주택 및 교실 등과 같이 동일 반복공정으로 비교적 쉬운 공사의 경우는 90[%]
⑦ 접지선 연결(Earth Bonding)은 나동선 1.6[mm]~2.0[mm]를 감아서 연결하는 것을 기준으로, 전선관 70[mm] 이하는 개소당 내선전공 0.01인, 70[mm] 초과는 개소당 내선전공 0.02[인] 계상하며, 접지 클램프 사용 시는 "3-38 접지공사"의 접지 클램프 품 적용
⑧ 기타 할증은 전선관 배관 준용
⑨ 철거 30[%]

표 3. 옥내배선 　　　(단위 : [m], 직종 : 내선전공)

규 격	관내배선
6[mm^2] 이하	0.010
16[mm^2] 이하	0.023
38[mm^2] 이하	0.031
50[mm^2] 이하	0.043
60[mm^2] 이하	0.052
70[mm^2] 이하	0.061
100[mm^2] 이하	0.064
120[mm^2] 이하	0.077
150[mm^2] 이하	0.088
200[mm^2] 이하	0.107
250[mm^2] 이하	0.130
300[mm^2] 이하	0.148
325[mm^2] 이하	0.160
400[mm^2] 이하	0.197

① 관내배선 기준, 애자배선 은폐공사는 150[%], 노출 및 그리드 애자공사는 200[%], 직선 및 분기접속 포함
② 관내배선 바닥공사는 80[%]
③ 관내배선 품에는 도입선 넣기 품 포함, 천정 금속 덕트 내 공사는 200[%], 바닥붙임 덕트 내 공사는 150[%], 금속 및 PVC 몰딩 공사는 130[%]
④ 옥내 케이블 관내배선은 5-11 전력케이블 구내 설치 준용
⑤ 철거 30[%]

표 4. 배선기구 설치

(가) 콘센트류
(단위 : [개], 적용직종 : 내선전공)

종 류		2P	3P	4P
콘 센 트	15[A]	0.065	0.095	0.10
〃 (접지극부)	15[A]	0.08	–	–
〃 (접지극부)	20[A]	0.085	–	–
〃 (접지극부)	30[A]	0.11	0.145	0.15
플로어 콘센트	15[A]	0.096	–	–
〃	20[A]	0.096	–	–
하이텐숀(로우텐숀)		0.096	–	–

① 매입 설치 기준, 노출설치 120[%]
② 방폭형 200[%]
③ System Box 내에 설치되는 콘센트는 하이텐숀(로우텐숀) 적용
④ 철거 30[%], 재사용 철거 50[%]

(나) 스위치류
(단위 : [개])

종 류	내선전공
텀플러 스위치 단로용	0.085
〃 3로용	0.085
〃 4로용	0.10
풀스위치	0.10
푸시버튼	0.065
리모콘 스위치	0.07
리모콘 셀렉터 스위치 (6L) 이하	0.33
〃 (12L) 이하	0.59
〃 (18L) 이하	0.97
리모콘 릴레이(1P)	0.12
리모콘 릴레이(2P)	0.16
리모콘 트랜스	0.20
표시등	0.10
자동점멸기(광전식)	0.19
〃 (컴퓨터식)	0.21
조광스위치(IL용 400[W])	0.11
〃 (IL용 800[W])	0.13
〃 (IL용 1,500[W])	0.15
〃 (FL용 8[A])	0.13
〃 (FL용 15[A])	0.15
타임스위치	0.20
타임스위치(현관 등의 소등 지연용)	0.065

① 매입설치 기준, 노출설치 시 120[%]
② 방폭 200[%]
③ 철거 30[%], 재사용 철거 50[%]

표 5. 형광등기구 설치 (단위 : [등], 적용직종 : 내선전공)

종 별	직부형	펜던트형	매입 및 반매입형
10[W] 이하 × 1	0.123	0.150	0.182
20[W] 이하 × 1	0.141	0.168	0.214
〃 × 2	0.177	0.2145	0.273
〃 × 3	0.223	–	0.335
〃 × 4	0.323	–	0.489
30[W] 이하 × 1	0.150	0.177	0.227
〃 × 2	0.189	–	0.310
40[W] 이하 × 1	0.223	0.268	0.340
〃 × 2	0.277	0.332	0.418
〃 × 3	0.359	0.432	0.545
〃 × 4	0.468	–	0.710
110[W] 이하 × 1	0.414	0.495	0.627
〃 × 2	0.505	0.601	0.764

① 하면 개방형 기준임. 루버 또는 아크릴 커버형일 경우 해당 등기구 설치 품의 110[%]
② 등기구 조립·설치, 결선, 지지금구류 설치, 장내 소운반 및 잔재 정리 포함
③ 매입 또는 반매입 등기구의 천정 구멍 뚫기 및 취부테 설치 별도 가산
④ 매입 및 반매입 등기구에 등기구 보강대를 별도로 설치할 경우 이 품의 20[%] 별도 계상
⑤ 광천정 방식은 직부형 품 적용
⑥ 방폭형 200[%]
⑦ 높이 1.5[m] 이하의 Pole형 등기구는 직부형 품의 150[%] 적용(기초내 설치 별도)
⑧ 형광등 안정기 교환은 해당 등기구 신설품의 110[%]. 다만, 펜던트형은 90[%]
⑨ 아크릴 간판의 형광등 안정기 교환은 매입형 등기구 설치 품의 120[%]
⑩ 공동주택 및 교실 등과 같이 동일 반복공정으로 비교적 쉬운 공사의 경우는 90[%]

● 답안작성

(1) ① 12
　　② 1
　　③ **계산** : $12 \times 30{,}000 + 1 \times 10{,}000 + 195 \times 2{,}000 + 62 \times 3{,}000 + 12 \times 1{,}000 + 1 \times 1{,}000$
　　　　　　$= 959{,}000[원]$
　　답 : 959,000[원]

(2) ④ 0.277　⑤ 0.085　⑥ 0.01　⑦ 0.05
　　⑧ **계산** : • 인력품 $= 12 \times 0.277 + 1 \times 0.085 + 195 \times 0.01 + 62 \times 0.05 + 12 \times 0.2 + 1 \times 0.2$
　　　　　　　　　　$= 11.059[인]$
　　　　　　• 금액 $= 11.059 \times 150{,}000 = 1{,}658{,}850[원]$
　　답 : 1,658,850[원]

(3) ⑨ **계산** : $1{,}658{,}850 \times 0.09 = 149{,}296.5[원]$
　　　답 : 149,296 [원]
　　⑩ **계산** : $(959{,}000 + 1{,}658{,}850 + 149{,}296) \times 0.05 = 138{,}357.3[원]$
　　　답 : 138,357[원]
　　⑪ **계산** : $959{,}000 + 1{,}658{,}850 + 149{,}296 + 138{,}357 = 2{,}905{,}503[원]$
　　　답 : 2,905,503[원]
　　⑫ **계산** : $2{,}905{,}503 \times 0.06 = 174{,}330.18[원]$
　　　답 : 174,330 [원]
　　⑬ **계산** : $(1{,}658{,}850 + 149{,}296 + 138{,}357 + 174{,}330) \times 0.1 = 212{,}083.3[원]$
　　　답 : 212,083 [원]
　　⑭ **계산** : $(2{,}905{,}503 + 174{,}330 + 212{,}083) \times 0.1 = 329{,}191.6[원]$
　　　답 : 329,191[원]

⑮ 계산 : 2,905,503+174,330+212,083+329,191 = 3,621,107[원]
답 : 3,621,107[원]

▶출제년도 : 산업 13. 16.　▶점수 : 4점

문13 단락전류를 신속히 차단하며, 또한 흐르는 단락전류의 값을 제한하는 성질을 가지는 퓨즈를 쓰시오.

● 답안작성

한류 퓨즈

● 해 설

전력용 한류 퓨즈의 특징

장 점	단 점
• 현저한 한류 특성을 가진다. • 고속도 차단할 수 있다. • 소형으로서 큰 차단 용량을 가진다. • 한류형 퓨즈는 차단 시 무소음, 무방출이다. • 소형, 경량이다.	• 재투입이 불가능하다(가장 큰 단점). • 차단 시 과전압을 발생한다. • 과전류에 의해 용단되기 쉽고 결상을 일으킬 우려가 있다. • 한류형 퓨즈는 용단되어도 차단되지 않는 전류 범위가 있다. • 동작 시간 - 전류 특성을 계전기처럼 자유롭게 조정할 수 없다.

▶출제년도 : 기사 89. 90. 96. 15. 산업 16. 20.　▶점수 : 5점

문14 3상 3선식 중성점 비접지식 6600[V] 가공전선로에 접속된 변압기 100[V] 측 1단자에 중성점 접지공사를 할 때 접지저항값[Ω]은 얼마인지 구하시오.
(단, 이 전선로는 고저압 혼촉 시 2초 이내에 자동차단하는 장치가 없으며 고압측 1선 지락전류는 5[A]라고 한다.)
•계산 :　　　　　　　　　　　　　　　　•답 :

● 답안작성

계산 : 중성점 접지저항 $R = \dfrac{150}{I_g} = \dfrac{150}{5} = 30[\Omega]$　　답 : 30[Ω]

● 해 설

중성점 접지공사의 접지저항
• 자동차단장치가 없는 경우
$$R_2 = \dfrac{150}{1선\ 지락전류}[\Omega]$$
• 2초 이내에 동작하는 자동차단장치가 있는 경우
$$R_2 = \dfrac{300}{1선\ 지락전류}[\Omega]$$
• 1초 이내에 동작하는 자동차단장치가 있는 경우
$$R_2 = \dfrac{600}{1선\ 지락전류}[\Omega]$$

2017년 1회 전기공사산업기사실기

▶출제년도 : 산업 14. 17. ▶점수 : 5점

문1 폐쇄형 수·배전반(Metal Clad)의 구비조건을 5가지만 쓰시오.

● 답안작성

① 단위 회로마다 장치가 일괄해서 접지금속함 내에 수납되어 있을 것
② 주회로와 감시제어반 측을 접지금속의 격벽에 의하여 격할 것
③ 차단기가 폐로된 상태에서는 단로기를 조작할 수 없도록 인터록을 설치할 것
④ 차단기는 반출할 수 있는 구조일 것
⑤ 차단기는 그 주회로와 제어회로에 자동연결부가 있는 추출형일 것

● 해 설

그 외에도
⑥ 주회로의 중요한 기기는 상호 간에 접지금속 벽으로부터 절연벽에 의하여 격리되어 있을 것
⑦ 주회로의 도전부(모선, 접속선, 접속부 등)는 충분히 절연할 것

▶출제년도 : 산업 00. 14. 17. 24. ▶점수 : 4점

문2 그림과 같이 영상 변류기를 당해 케이블의 전원 측에 설치하는 경우, 케이블 차폐층의 접지선은 어떻게 시설하는 것이 옳은지 접지선을 그리시오. (단, 케이블의 거리는 100[m]이다.)

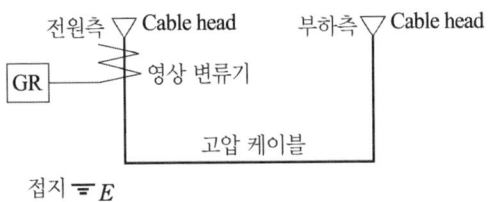

● 답안작성

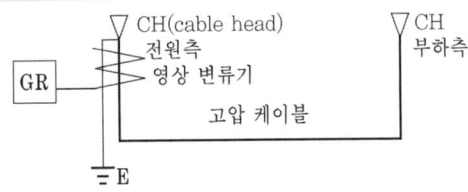

● 해 설

케이블 차폐 접지
(1) ZCT를 전원 측에 설치 시 전원측 케이블 차폐의 접지는 ZCT를 관통시켜 접지한다.

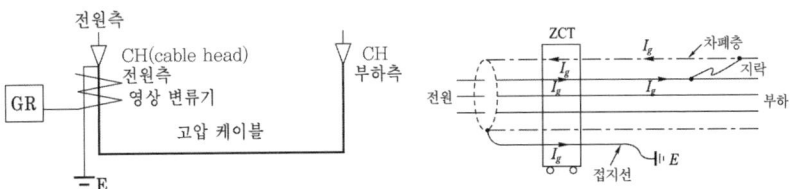

접지선을 ZCT 내로 관통시켜야만 ZCT는 지락전류 I_g를 검출할 수 있다.
$$I_g - I_g + I_g = I_g$$
(2) ZCT를 부하 측에 설치 시 케이블 차폐의 접지는 ZCT를 관통시키지 않고 접지한다.

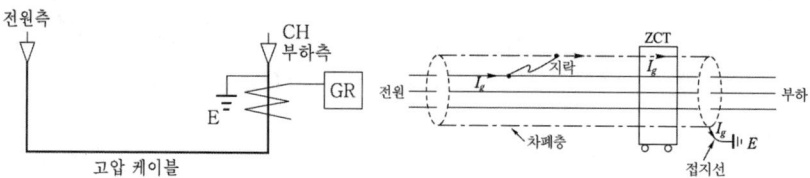

접지선을 ZCT 내로 관통시키지 않아야 지락전류 I_g를 검출할 수 있다.

▶출제년도 : 산업 17.   ▶점수 : 5점

문3 송전선로에서 3상 단락전류 계산방법을 3가지만 쓰시오.

● 답안작성

① 옴[Ω]법   ② % 임피던스법   ③ 단위법

● 해 설

단락전류 계산법

(1) 옴(Ω)법
   옴법은 전압을 임피던스로 나누어 단락전류를 구하는 방법이다.

   단락전류 $I_s = \dfrac{E}{Z} = \dfrac{E}{\sqrt{R^2 + X^2}}$ [A]

(2) % 임피던스법
   임피던스의 크기를 옴[Ω] 값 대신에 %값으로 나타내어 계산하는 방법으로 옴[Ω] 법과 달리 전압 환산을 할 필요가 없어 계산이 용이하므로 현재 가장 많이 사용되고 있다.

   1) %Z

   $$\%Z = \dfrac{I_n[A] \times Z[\Omega]}{E[V]} \times 100[\%] = \dfrac{P[kVA] \times Z[\Omega]}{10\,V^2[kV]}[\%]$$

   2) 단락전류 I_S

   $$I_S = \dfrac{E[V]}{Z[\Omega]} = \dfrac{E}{\dfrac{\%Z \times E}{100 \times I_n}} = \dfrac{100}{\%Z} \times I_n$$

(3) 단위법(per unit method)
   임피던스로 표시하는 방법으로 백분율법에서 100[%]를 없앤 것이다.

   $$Z[p \cdot u] = \dfrac{ZI}{E}$$

▶출제년도 : 기사 15. 산업 01. 02. 03. 17.   ▶점수 : 5점

문4 변전실의 위치선정 조건을 5가지만 쓰시오.

● 답안작성

① 부하의 중심에 가깝고, 배전에 편리할 것
② 전원 인입과 구내 배전선의 인출이 편리할 것
③ 기기의 반출·입에 지장이 없고 증설·확장이 용이할 것

④ 부식성 가스, 먼지 등이 적을 것
⑤ 고온 다습한 곳을 피할 것

● 해 설

⑥ 진동이 없고 지반이 견고한 장소일 것
⑦ 폭발물, 가연성 저장소 부근을 피할 것
⑧ 침수의 우려가 없고 경제적일 것

▶ 출제년도 : 산업 10. 17.   ▶ 점수 : 5점

문5 예비전원설비 중 사용 중인 축전지의 충전방식 3가지만 쓰시오.

● 답안작성

① 부동충전 방식   ② 균등충전 방식   ③ 급속충전 방식

● 해 설

충전방식의 종류

① 부동 충전 : 축전지의 자기 방전을 보충함과 동시에 상용 부하에 대한 전력 공급은 충전기가 부담하도록 하되 충전기가 부담하기 어려운 일시적인 대전류 부하는 축전지로 하여금 부담하게 하는 방식이다.
② 균등 충전 : 부동 충전 방식에 의하여 사용할 때 각 전해조에서 일어나는 전위차를 보정하기 위하여 1~3개월마다 1회씩 정전압으로 10~12시간 충전하여 각 전해조의 용량을 균일화하기 위한 방식이다.
③ 급속 충전 : 비교적 단시간에 보통 전류의 2~3배의 전류로 충전하는 방식이다.
④ 보통 충전 : 필요할 때마다 표준 시간율로 소정의 충전을 하는 방식이다.
⑤ 세류 충전 : 자기 방전량만을 항시 충전하는 부동 충전 방식의 일종이다.

▶ 출제년도 : 산업 17.   ▶ 점수 : 6점

문6 케이블 고장점 탐지법 중 전기적 사고점 탐지법의 하나로서 휘트스톤 브리지의 원리를 이용하여 선로상의 고장점(1선 지락사고, 선간 지락사고)을 검출하는 방법은 무엇인지 쓰시오.

● 답안작성

머레이 루프법

● 해 설

머레이 루프(Murray loop)법

전기적 사고점 탐지법의 하나로서 휘트스톤 브리지의 원리를 이용하여 선로상의 고장점(1선 지락 사고)을 검출하는 방법으로 이 방법은 건전한 보조 귀선 1선이 필요하다.

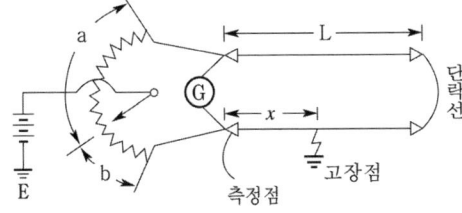

검류계에 전류가 흐르지 않으면 평형 상태이므로

$$a \cdot x = b \cdot (2L - x)$$
$$\therefore x = \frac{b}{a+b} \times 2L [\text{m}]$$

여기서, L : 선로의 전체 길이[m], x : 측정점에서 고장점까지의 거리[m]

▶출제년도 : 기사 04, 산업 93, 04, 05, 07, 17. ▶점수 : 6점

문7 외부피뢰시스템의 수뢰부 시스템 형식 3가지를 쓰시오.

● 답안작성

① 돌침방식 ② 수평도체방식 ③ 메시도체방식

● 해 설

수뢰부 시스템(KEC 152.1)
수뢰부 시스템의 선정은 돌침, 수평도체, 메시도체의 요소 중에 한 가지 또는 이를 조합한 형식으로 시설하여야 한다.

▶출제년도 : 산업 17. ▶점수 : 30점

문8 아래 그림은 어느 건축물 옥외의 수변전설비 단선결선도이다.
수변전설비를 신설하고자 할 경우 물음에 답하시오.

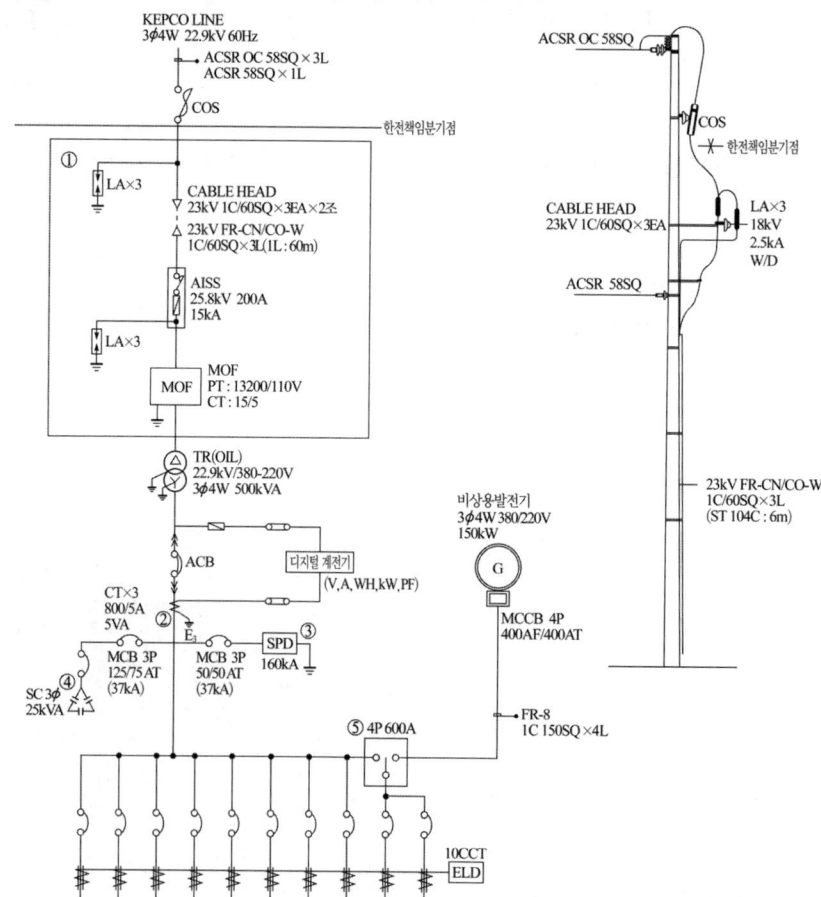

[유의사항]
1. 참고자료가 필요할 경우 참고자료를 이용하시오.
2. 공량산출에는 할증을 적용하지 않는다.
3. 계산은 소수점 셋째 자리에서 반올림하여 둘째 자리까지 산출한다.
4. 질문 외의 것은 모두 무시하시오.

표 1. 전력 케이블의 설치 (단위 : [km])

PVC 고무절연 외장케이블류	케이블 전공	보통인부
저압 6[mm^2] 이하 단심	4.62	4.62
10 〃	4.84	4.84
16 〃	5.28	5.28
25 〃	6.09	6.09
35 〃	6.58	6.58
50 〃	7.32	7.32
70 〃	8.46	8.46
120 〃	11.58	11.58
185 〃	15.33	15.33
240 〃	18.50	18.50
300 〃	21.55	21.55

[해설] ① 600[V] 케이블 기준, 드럼 다시 감기 소운반품 포함
② 지하관 내 부설기준, Cu, Al 도체 공용
③ 트라프 내 설치 110[%], 2심 140[%], 3심 200[%], 4심 260[%], 직매(장애물이 없을 때) 80[%]
④ 가공케이블(조가선 및 Hanger품 불포함) 130[%], 가로수 또는 수목과 접촉하여 설치 시 120[%]
⑤ 단말처리, 직선접속 및 접지공사 불포함(600[V] 10[mm^2] 이하의 단말처리 및 직선 접속 포함)
⑥ 관내 기설케이블 정리가 필요할 때는 10[%] 가산
⑦ 8자 포설은 본 품의 115[%] 적용
⑧ 케이블만의 임시 부설 30[%] 적용
⑨ 터파기, 되메우기, 드라프판 설치는 별도 계상
⑩ 2열 동시 180[%], 3열 260[%], 4열 340[%], 4열 초과 시 1열당 80[%] 가산, 수저부설 200[%] 각각 적용
⑪ 관로식에서 단심케이블을 동일 공내에서 2조 이상 포설시 1조 추가마다 80[%] 가산
⑫ 배전전력케이블 포설시 구내부설부문 전력케이블은 150[%]
⑬ 적용 전압에 대한 가산율
   3.3[kV] ~ 6.6[kV]   15[%] 가산
   22.9[kV] 이하   30[%] 가산
   66[kV] 이하   80[%] 가산
⑭ 사용케이블의 공칭전압에 따라 케이블전공 직종을 구분 적용
⑮ 철거 50[%], 재사용 드럼 감기 철거 100[%]

표 2. 전력 케이블의 단말처리

(단위 : 개소, 적용직종 : 케이블전공)

규격	600[V] 이하			700[V] 이하			25000[V] 이하		66[kV] 이하	
	1C	2C	3C	1C	2C	3C	1C	3C	1C	3C
10[mm²] 이하	–	–	–	0.35	0.47	0.58	–	–	–	–
16 〃	0.27	0.36	0.45	0.39	0.53	0.65	–	–	–	–
25 〃	0.33	0.46	0.56	0.48	0.65	0.81	–	–	–	–
35 〃	0.36	0.48	0.60	0.55	0.73	0.91	0.67	1.12	–	–
50 〃	0.40	0.53	0.67	0.61	0.85	10.7	0.76	1.26	–	–
70 〃	0.47	0.61	0.76	0.71	0.98	1.22	0.86	1.43	3.13	5.25
95 〃	0.50	0.67	0.84	0.76	–	1.27	0.93	1.55	–	–
120 〃	0.57	0.76	0.95	0.83	–	1.38	1.00	1.68	–	–
185 〃	0.68	0.91	1.13	1.06	–	1.76	1.21	1.90	–	–

[해설] ① 케이블 헤드를 포함한 단말처리 기준 ② 압착단자만으로 단말처리 시는 30[%]
③ 제어, 신호용 케이블의 단말처리는 제외 ④ 4C는 3C의 120[%]
⑤ 케이블 재사용 해체 철거 70[%] ⑥ 구내 설치 시 20[%] 가산

표 3. 전기재료의 할증률 및 철거손실률

종 류	할증률[%]	철거손실률[%]
옥외전선	5	2.5
옥내전선	10	–
cable(옥외)	3	1.5
cable(옥내)	5	–
전선관(옥외)	5	–
전선관(옥내)	10	–

[해설] 철거손실률이란 전기설비공사에서 철거작업 시 발생하는 폐자재를 환입할 때 재료의 파손, 손실, 망실 및 일부 부식 등에 의한 손실률을 말함.

(1) 도면에서 ①의 물량 및 공량을 산출하시오.

품 명	규 격	단위	자재소계	할증량	자재총계	특고압 케이블공		내선전공	
						단위공량	공량계	단위공량	공량계
강제전선관	아연도(ST) 104C	m	㉠						
22.9 동심중성선 수밀형 저독성 난연 전력케이블	FR-CN/CO-W 1C 60[mm²]	m	㉡	㉢	㉣	㉤	㉥		
케이블단말처리제	23[kV] 1C 60[mm²]	EA	㉦			㉧	㉨		
LA(W/DISCONN.)	18[kV] 2.5[kA]	EA	㉩						

(2) 도면에서 ②는 변류기이다. 변류기의 사양에서 5[VA]는 무엇인지 쓰시오.
(3) 도면에서 ③의 영어 약호는 SPD(Surge Protective Device)이다. 명칭을 우리나라 말로 쓰시오.
(4) 도면에서 ④의 전력용 콘덴서의 설치 목적은 무엇인지 쓰시오.
(5) 도면에서 ⑤의 영어 약호와 역할을 쓰시오.

● 답안작성

(1)
㉠	6	㉡	180	㉢	5.4	㉣	185.4	㉤	11
㉥	1.98	㉦	6	㉧	0.86	㉨	5.16	㉩	6

(2) 정격부담
(3) 서지보호장치
(4) 부하설비의 역률 개선
(5) • 약호 : ATS
 • 역할 : 상용전원의 정전으로 비상용 전원이 대체되는 경우에는 상용전원과 병렬운전이 되지 않도록 하는 역할을 한다.

● 해 설

(1) ㉠ 전주 그림 참고 : ST 104C : 6[m]
 ㉡ = 60[m/LIne] × 3[Line] = 180[m]
 ㉢ = 180[m] × 0.03(옥외 케이블 할증률) = 5.4[m]
 ㉣ = ㉡ + ㉢ = 180 + 5.4 = 185.4[m]
 ㉤ 표 1에서 70[mm^2] 이하 단심의 케이블 전공 : 8.46×1.3(22.9[kV] 이하 30[%] 가산) = 11[인]
 ㉥ = ㉡ × 단위공량 = $180 \times \frac{11}{1000} = 1.98$[인]
 ㉦ = 3×2 = 6[EA]
 ㉧ 표 2에서 70[mm^2] 이하와 25000[V] 이하 1C의 케이블 전공 : 0.86
 ㉨ = ㉦ × 단위공량 = 6×0.86 = 5.16[인]
 ㉩ = 3[EA] × 2개소 = 6[EA]
(2) 정격부담 : 변류기 2차 측 단자 간에 접속되는 부하의 한도를 말하며 [VA]로 표시한다.
(3) 서지 보호 장치(SPD) : 전기설비로 유입되는 뇌서지를 피보호물의 절연내력 이하로 제한함으로써 기기를 안전하게 보호하기 위해서 전기기기 전단에 실시된다.
(4) 전력용 콘덴서 : 진상의 무효전력을 공급하여 역률을 개선한다.
(5) 비상용 예비전원의 시설(KEC 244.2.1)상용전원의 정전으로 비상용 전원이 대체되는 경우에는 상용전원과 병렬운전이 되지 않도록 다음 중 하나 또는 그 이상의 조합으로 격리조치를 하여야 한다.
 ① 조작기구 또는 절환 개폐장치의 제어회로 사이의 전기적, 기계적 또는 전기 기계 연동
 ② 단일 이동식 열쇠를 갖춘 잠금 계통
 ③ 차단-중립-투입의 3단계 절환 개폐장치
 ④ 적절한 연동기능을 갖춘 자동 절환 개폐장치
 ⑤ 동등한 동작을 보장하는 기타 수단

▶출제년도 : 산업 05. 17.   ▶점수 : 4점

문9 대형 부표준기 계기의 등급을 0.2급이라 한다면, 휴대용 계기(정밀급) 및 배전반용 소형계기의 등급을 쓰시오.
(1) 휴대용 계기(정밀급) :
(2) 배전반용 소형계기 :

● 답안작성
(1) 0.5급   (2) 2.5급

● 해 설

종 류	오차 계급
대형 부표준기	0.2
휴대용 계기(정밀급)	0.5
소형 휴대용계기(정밀 측정)	1.0
배전반용 계기(공업용 보통 측정)	1.5
배전반용(소형계기)	2.5

▶출제년도 : 기사 06, 13, 17, 24.   ▶점수 : 5점

문10 매입 방법에 따른 건축화 조명 방식을 5가지만 쓰시오.

● 답안작성
① 매입 형광등 방식
② 다운 라이트(down light) 방식
③ 핀 홀 라이트(pin hole light) 방식
④ 코퍼 라이트(coffer light) 방식
⑤ 라인 라이트(line light) 방식

● 해 설
건축화 조명
건축화 조명이란 건축물의 천정, 벽 등의 일부가 조명기구로 이용되거나 광원화되어 건축물의 마감재료의 일부로써 간주되는 조명설비이다. 이에 대한 종류는 천정면 이용 방법과 벽면 이용 방법으로 대별된다.
(1) 천정 매입 방법
  ① 매입 형광등 : 하면 개방형, 하면 확산판 설치형, 반매입형등이 있다.
  ② 다운 라이트(down light) : 천정에 작은 구멍을 뚫고 조명기구를 매입하여 빛의 빔방향을 아래로 유효하게 조명 하는 방법
  ③ 핀 홀 라이트(pin hole light) : 다운 라이트의 일종으로 아래로 조사되는 구멍을 적게 하거나 렌즈를 달아 복도에 집중 조사되도록 한다.
  ④ 코퍼 라이트(coffer light) : 대형의 다운 라이트라고도 볼 수 있으며 천정면을 둥글게 또는 사각으로 파내어 내부에 조명기구를 배치하여 조명하는 방법
  ⑤ 라인 라이트(line light) : 매입 형광등방식의 일종으로 형광등을 연속으로 배치하는 조명방식
(2) 천정면 이용 방법
  ① 광천정 조명 : 실의 천정 전체를 조명기구 화 하는 방식으로 천정 조명 확산 판넬로서 유백색의 플라스틱 판이 사용된다.
  ② 루버 조명 : 실의 천정면을 조명기구화하는 방식으로 천정면 재료로 루버를 사용하여 보호각을 증가시킨다.
  ③ 코브(cove) 조명 : 광원으로 천정이나 벽면 상부를 조명함으로서 천정면이나 벽에서 반사되는 반사광을 이용하는 간접 조명 방식으로 효율은 대단히 나쁘지만 부드럽고 안정된 조명을 시행할 수 있다.
(3) 벽면 이용 방법
  ① 코너(coner) 조명 : 천정과 벽면 사이에 조명기구를 배치하여 천정과 벽면에 동시에 조명하는 방법
  ② 코오니스(conice) 조명 : 코너를 이용하여 코오니스를 15~20[cm] 정도 내려서 아래쪽의 벽

또는 커튼을 조명하도록 하는 방법
③ 밸런스(valance) 조명 : 광원의 전면에 밸런스판을 설치하여 천정면이나 벽면으로 반사시켜 조명하는 방법
④ 광창 조명 : 지하실이나 무창실에 창문이 있는 효과를 내는 방법으로 인공창의 뒷면에 형광등을 배치하는 방법

문11 ▶출제년도 : 기사 24, 산업 92, 13, 17, 19, 22. ▶점수 : 5점

분전반에서 40[m]의 거리에 3[kW]의 교류 단상 220[V](2선식) 전열기를 설치하여 전압강하를 2[%] 이내가 되도록 하기 위한 전선의 굵기를 계산하고 선정하시오.
• 계산 :   • 답 :

● 답안작성

계산 : $I = \dfrac{P}{V} = \dfrac{3 \times 10^3}{220} = 13.64[A]$

$e = 220 \times 0.02 = 4.4[V]$

$A = \dfrac{35.6LI}{1,000 \cdot e} = \dfrac{35.6 \times 40 \times 13.64}{1,000 \times 4.4} = 4.41[mm^2]$

답 : 6[mm^2]

● 해 설

• KSC IEC 규격

전선의 공칭단면적[mm^2]		
1.5	2.5	4
6	10	16
25	35	50
70	95	120
150	185	240
300	400	500

• 전선의 단면적

단상 2선식	$A = \dfrac{35.6LI}{1000 \cdot e}$
3상 3선식	$A = \dfrac{30.8LI}{1000 \cdot e}$
단상 3선식 3상 4선식	$A = \dfrac{17.8LI}{1000 \cdot e}$

문12 ▶출제년도 : 산업 17. ▶점수 : 8점

도로용 발열장치 설계 시 시설장소에 따른 설비용량 [W/m^2]의 표준범위를 쓰시오.

시설장소	설비용량 [W/m^2]
일반보도	①
차 도	②
계 단	③
보도연석	④

● 답안작성

①	②	③	④
200~300	250~350	300~350	250~350

● 해 설

도로용 발열장치의 소요전력 용량

단위 면적당의 소요전력은 기온, 강설량, 풍속, 통전시간 등에 따라 다르나 다음의 값을 표준으로 하는 것이 적당하다.

시설장소	설비용량[W/m²]
일반보도	200~300
차 도	250~350
계 단	300~350
보도연석	250~350

[비고] 실제로는 기온의 차를 고려하여 적당한 값을 선정할 것

▶ 출제년도 : 산업 91. 04. 15. 17.　▶ 점수 : 4점

문 13 다음 그림은 옥내 전등 배선도의 일부를 표시한 것이다. ①~④까지의 전선 수를 기입하시오. (단, 3로 스위치에 의해 L_1, 단로 스위치에 의해 L_2가 점멸되도록 하고 접지도체는 제외하고 최소 전선 수만 기입한다.)

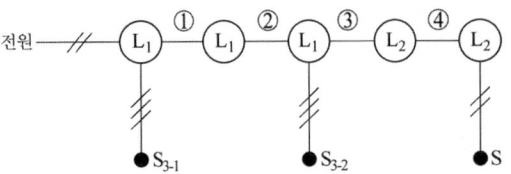

● 답안작성

① 5　② 5　③ 2　④ 3

● 해 설

배선 실체도

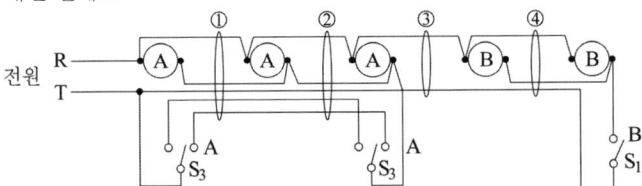

▶ 출제년도 : 산업 97. 03. 10. 12. 17. 20. 24.　▶ 점수 : 5점

문 14 호텔의 부하밀도가 전등 30[VA/m²], 일반동력 40[VA/m²], 냉방 30[VA/m²]이고, 면적이 20,000[m²]일 때 부하설비 용량[kVA]을 구하시오.
•계산 :　　　　　　　　　　　　　　　　•답 :

● 답안작성

계산 : • 전등설비용량 = $30 \times 20,000 \times 10^{-3} = 600$[kVA]
　　　• 일반동력설비용량 = $40 \times 20,000 \times 10^{-3} = 800$[kVA]

- 냉방설비용량 = $30 \times 20,000 \times 10^{-3} = 600[\text{kVA}]$

따라서 부하설비용량 = $600 + 800 + 600 = 2,000[\text{kVA}]$

답 : 2,000[kVA]

문 15 ▶출제년도 : 산업 88. 97. 14. 17. 20. ▶점수 : 4점

최대전류 40[A]의 특고압 수전의 변류기가 60/5[A]로 되어 있다. 최대전류의 1.2배에서 차단기가 동작되는 경우 과전류 계전기의 전류를 구하고 전류탭을 선정하시오. (단, 과전류 계전기의 전류 탭은 4[A], 5[A], 6[A], 7[A], 8[A], 10[A], 12[A]로 되어 있다.)

• 계산 :   • 답 :

● 답안작성

계산 : $I_t = 40 \times \dfrac{5}{60} \times 1.2 = 4[\text{A}]$

답 : 전류 탭 4[A]

2017년 2회 전기공사산업기사실기

문1 ▸출제년도 : 산업 09, 17, ▸점수 : 5점

건축전기설비에서 사용하는 것으로 PEN선, PEM선, PEL선 중 보호도체와 중간선의 기능을 겸한 전선을 쓰시오.

● 답안작성

PEM선

● 해 설

용어정의(KEC 112)
- "PEN 도체(protective earthing conductor and neutral conductor)"란 교류회로에서 중성선 겸용 보호도체를 말한다.
- "PEM 도체(protective earthing conductor and a mid-point conductor)"란 직류회로에서 중간선 겸용 보호도체를 말한다.
- "PEL 도체(protective earthing conductor and a line conductor)"란 직류회로에서 선도체 겸용 보호도체를 말한다.

문2 ▸출제년도 : 산업 01, 11, 17, ▸점수 : 6점

다음 그림은 고압 수전설비 진상 콘덴서 접속 뱅크 결선도이다. 물음에 답하시오.

(1) 콘덴서 용량이 100[kVA] 이하인 경우 CB 대신 사용 가능한 개폐기를 쓰시오.
(2) 콘덴서 용량이 50[kVA] 미만인 경우 OS 대신 사용 가능한 개폐기를 쓰시오.

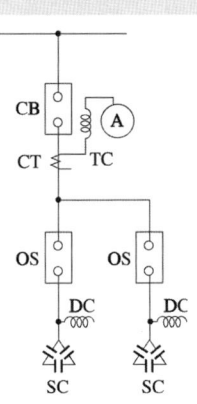

● 답안작성

(1) OS 또는 인터럽트 스위치   (2) COS

● 해 설

진상용 콘덴서 참고 접속도

(1) 콘덴서 총 용량이 300[kVA] 이하의 경우 전류계를 생략할 때

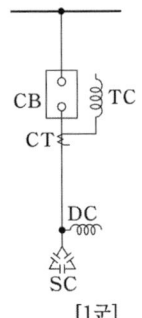

[1군]

(2) 콘덴서 총 용량이 300[kVA] 초과, 600[kVA] 이하의 경우

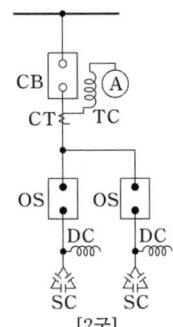

[2군]

(3) 콘덴서 총용량이 600[kVA] 초과의 경우

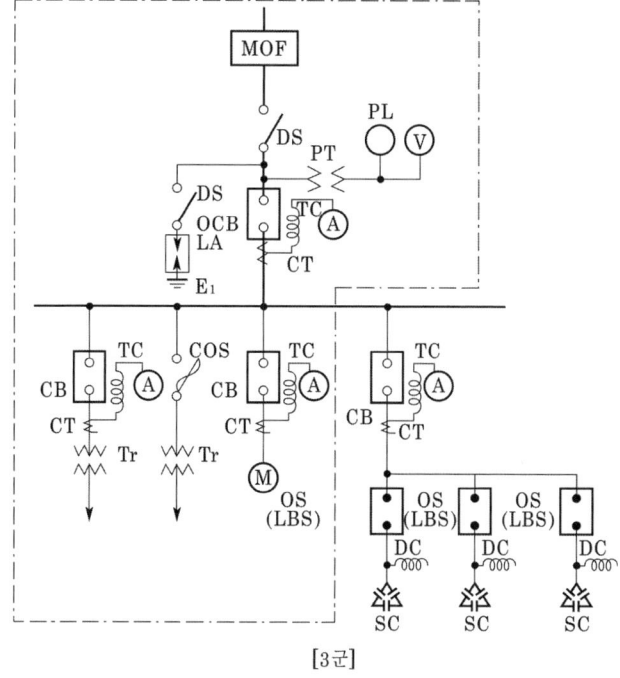

[3군]

[주] 콘덴서의 용량이 100[kVA] 이하인 경우에는 CB 대신 OS 또는 유사한 것(인터럽터 스위치 등)을, 50[kVA] 미만의 경우에는 COS(직결로 함)를 사용할 수 있다.

문3. 네온관용 전선의 기호가 7.5[kV] N-RV일 경우 N, R, V는 각각 무엇을 뜻하는지 쓰시오.

● 답안작성

N : 네온전선, R : 고무, V : 비닐

● 해 설

- N-RV : 고무절연 비닐외장 네온전선
- N : 네온전선   • V : 비닐   • E : 폴리에틸렌
- R : 고무   • C : 클로로프렌

문4. 접지극으로 사용할 수 있는 것을 3가지만 쓰시오.

● 답안작성

① 토양에 매설된 기초 접지극
② 케이블의 금속외장 및 그 밖에 금속피복
③ 지중 금속 구조물(배관 등)

● 해 설

접지극의 시설 및 접지저항(KEC 142.2)
접지극은 다음의 방법 중 하나 또는 복합하여 시설하여야 한다.
① 콘크리트에 매입 된 기초 접지극
② 토양에 매설된 기초 접지극
③ 토양에 수직 또는 수평으로 직접 매설된 금속전극(봉, 전선, 테이프, 배관, 판 등)
④ 케이블의 금속외장 및 그 밖에 금속피복
⑤ 지중 금속 구조물(배관 등)
⑥ 대지에 매설된 철근 콘크리트의 용접된 금속 보강재. 다만, 강화 콘크리트는 제외한다.

▶ 출제년도 : 산업 10. 17. 22.   ▶ 점수 : 6점

문5 전력계통에 일반적으로 사용되는 리액터의 설치 목적을 간단히 쓰시오.
(1) 병렬리액터 :
(2) 직렬리액터 :
(3) 소호리액터 :

● 답안작성
(1) 페란티 현상의 방지
(2) 제5고조파 제거
(3) 지락전류의 제한

▶ 출제년도 : 99. 06. 11. 17.   ▶ 점수 : 4점

문6 축전지 설비의 구성요소를 4가지만 쓰시오.

● 답안작성
① 축전지
② 충전 장치
③ 보안 장치
④ 제어 장치

▶ 출제년도 : 산업 17. 24.   ▶ 점수 : 3점

문7 송전계통에 발생한 고장 때문에 일부 계통의 위상각이 커져서 동기를 벗어나려고 할 때 이것을 검출하고 그 계통을 분리하기 위해서 차단하지 않으면 안 될 경우에 사용하는 계전기를 쓰시오.

● 답안작성
탈조 보호 계전기(Step-Out Protective Relay, SOR)

▶ 출제년도 : 기사 04, 산업 17, 22.   ▶ 점수 : 30점

문8 다음과 같은 전열 콘센트 평면도를 보고, 물음에 답하시오.

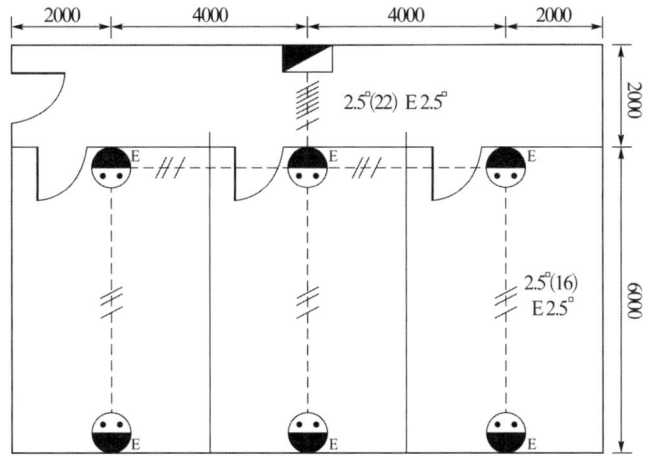

[조건]
1. 콘센트(15[A], 2구용)는 콘크리트에 매입하며, 높이는 바닥에서 30[cm]이다.
2. 분전반의 크기는 가로×세로×높이= 300×600×100[mm]이며, 분전반설치는 상단 1,800[mm]로 한다.
3. 선에 표시된 사선은 가닥수(접지선 포함)를 표시한 것이다.
4. PVC 박스 내 전선의 여장은 10[cm]로 하며, 분전반의 여장은 30[cm]로 한다.
5. 전선관은 합성수지 전선관을 적용한다.
6. 전선의 규격은 전원 및 접지선 모두 HFIX 2.5[mm^2]를 적용한다.
7. 도면에서 위첨자 '□'은 단위 [mm^2]를 표시한 것이다.
8. 전선 및 전선관의 재료 할증률은 5[%]를 적용한다.
9. 제시된 자료 이외에는 고려하지 않는다.
10. 간접노무비는 직접노무비의 10[%]를 적용한다.
11. 재료의 할증에 대해서는 공량을 적용하지 않는다.
12. 계산은 소수점 셋째 자리에서 반올림하여 둘째 자리까지 산출한다.

5-1 전선관 배관
(단위 : m)

합성수지 전선관		후강 전선관		금속가요 전선관	
규격	내선전공	규격	내선전공	규격	내선전공
14[mm] 이하	0.04	–	–	–	–
16[mm] 이하	0.05	16[mm] 이하	0.08	16[mm] 이하	0.044
22[mm] 이하	0.06	22[mm] 이하	0.11	22[mm] 이하	0.059
28[mm] 이하	0.08	28[mm] 이하	0.14	28[mm] 이하	0.072

5-3 박스(BOX) 설치 및 5-23 배선기구 설치(콘센트류)

(단위 : 개)

종 별	내선전공
Concrete Box	0.12
Outlet Box	0.20
Switch Box(2개용 이하)	0.20
콘센트 2P 15[A]	0.065
콘센트(접지극부) 2P 15[A]	0.080

5-10 옥내배선(관내배선)

(단위 : m)

규 격	내선전공
6[mm^2] 이하	0.010
16[mm^2] 이하	0.023
38[mm^2] 이하	0.031
50[mm^2] 이하	0.043
60[mm^2] 이하	0.052

[건설업 임금실태 조사 보고서]

(단위 : 원)

연번	직종명	개별직종 노임 단가
1	내선전공	169000
2	특고압케이블전공	264903
3	고압케이블전공	235207
4	저압케이블전공	199868
5	송전전공	351506

(1) 전열 콘센트 배치 평면도를 보고 다음에 답하시오.
  ① 배선으로 볼 때 전열 콘센트의 분기회로 수는 몇 회로인지 구하시오.
  ② 전열 콘센트의 배선 방법을 쓰시오.
  ③ 적용된 콘센트의 명칭은 무엇인지 쓰시오.
(2) 전열 콘센트를 시설하기 위한 배관의 수량, 공량 및 노무비를 산출하시오.
  ① 배관 수량(22C)
    •계산 :   •답 :
  ② 배관 수량(16C)
    •계산 :   •답 :
  ③ 직종 및 배관 공량
    •계산 :   •답 :
  ④ 배관 노무비(소수점 이하는 절사) 산출
    •계산 :   •답 :
(3) 전열 콘센트를 시설하기 위한 배선(전선)의 수량, 공량 및 노무비를 산출하시오.
  ① 배선 수량
    •계산 :   •답 :

② 직종 및 배선 공량
　•계산 :　　　　　　　　　　　　　　　　　•답 :
③ 배선 노무비(소수점 이하는 절사) 산출
　•계산 :　　　　　　　　　　　　　　　　　•답 :

(4) 전열 콘센트를 시설하기 위한 기구의 수량, 공량 및 노무비를 산출하시오.
① 기구 수량 및 공량 산출

기구	수량	공량	공량계
Outlet BOX			
Switch BOX			
콘센트			
합계			

② 기구 설치 노무비(소수점 이하는 절사) 산출
　•계산 :　　　　　　　　　　　　　　　　　•답 :

● 답안작성

(1) ① 3회로　② 바닥은폐배선　③ 접지극붙이 콘센트
(2) ① 배관 수량(22C)
　　계산 : $(1.2+2+0.3) \times 1.05 = 3.68\,[\mathrm{m}]$
　　답 : 3.68[m]
② 배관 수량(16C)
　　계산 : $(4 \times 2 + 6 \times 3 + 0.3 \times 10) \times 1.05 = 30.45\,[\mathrm{m}]$
　　답 : 30.45[m]
③ 직종 및 배관 공량
　　계산 : 내선전공 $= (1.2+2+0.3) \times 0.06 + (4 \times 2 + 6 \times 3 + 0.3 \times 10) \times 0.05 = 1.66\,[\mathrm{인}]$
　　답 : 1.66[인]
④ 배관 노무비
　　계산 : • 직접노무비 $= 1.66 \times 169{,}000 = 280{,}540\,[\mathrm{원}]$
　　　　　• 간접노무비 $= 280{,}540 \times 0.1 = 28{,}054\,[\mathrm{원}]$
　　　　　∴ 합계 $= 280{,}540 + 28{,}054 = 308{,}594\,[\mathrm{원}]$
　　답 : 308,594[원]
(3) ① 배선 수량
　　계산 : • 전선 3가닥인 곳 $= (6 \times 3 + 4 \times 2 + 0.1 \times 10 + 0.3 \times 10) \times 3 = 90\,[\mathrm{m}]$
　　　　　• 전선 7가닥인 곳 $= (0.3 + 1.2 + 2 + 0.3 + 0.1) \times 7 = 27.3\,[\mathrm{m}]$
　　　　　∴ 합계 $= (90 + 27.3) \times 1.05 = 123.17\,[\mathrm{m}]$
　　답 : 123.17[m]
② 직종 및 배선 공량
　　계산 : 내선전공 $= (90 + 27.3) \times 0.01 = 1.17\,[\mathrm{인}]$
　　답 : 1.17[인]
③ 배선 노무비
　　계산 : • 직접노무비 $= 1.17 \times 169{,}000 = 197{,}730\,[\mathrm{원}]$
　　　　　• 간접노무비 $= 197{,}730 \times 0.1 = 19{,}773\,[\mathrm{원}]$
　　　　　∴ 합계 $= 197{,}730 + 19{,}773 = 217{,}503\,[\mathrm{원}]$
　　답 : 217,503[원]

(4) ①

기구	수량	공량	공량계
Outlet BOX	3	0.20	0.6
Switch BOX	3	0.20	0.6
콘센트	6	0.080	0.48
합계			1.68

② **계산** : • 직접노무비 $= 1.68 \times 169{,}000 = 283{,}920$[원]
　　　　　• 간접노무비 $= 283{,}920 \times 0.1 = 28{,}392$[원]
　　　　　∴ 합계 $= 283{,}920 + 28{,}392 = 312{,}312$[원]
　　답 : 312,312[원]

● 해 설

① 분전반에서 콘센트까지의 전선관 길이 $= 1.2 + 2 + 0.3 = 3.5$[m]

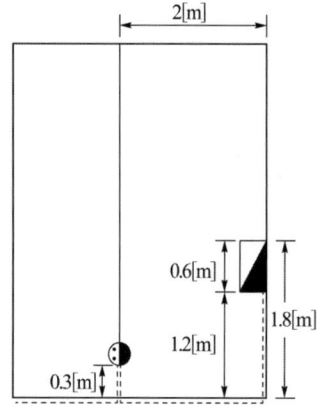

② PVC 박스 내 전선의 여장 : 0.1[m]
③ 분전반의 여장 : 0.3[m]
④ 콘센트가 분기되는 곳에는 들어가는 전선관과 나오는 전선관이 있어야 하므로 분전반과 연결된 콘센트에는 총 4개의 전선관이 필요하다.

▶ 출제년도 : 산업 92. 95. 14. 17. 20.　▶ 점수 : 5점

문9 바닥면적 200[m²]의 사무실에 전광속 2,500[lm]의 36[W] 형광등을 시설하여 평균조도를 150[lx]로 하고자 한다. 설치할 등 수를 구하시오(단, 조명률은 50[%], 감광보상률은 1.25이다).
• 계산 :
• 답 :

● 답안작성

계산 : 전등수 $N = \dfrac{EAD}{FU} = \dfrac{150 \times 200 \times 1.25}{0.5 \times 2{,}500} = 30$[등]

답 : 30[등]

▶ 출제년도 : 산업 17.   ▶ 점수 : 5점

문10 배전반 및 분전반의 시설 장소를 3가지만 쓰시오.

● 답안작성

① 전기회로를 쉽게 조작할 수 있는 장소
② 개폐기를 쉽게 개폐할 수 있는 장소
③ 노출된 장소

● 해 설

배전반 및 분전반의 설치장소
① 전기회로를 쉽게 조작할 수 있는 장소
② 개폐기를 쉽게 개폐할 수 있는 장소
③ 노출된 장소(보조적인 분전반은 제외)
④ 안정된 장소
　[주] 벽장 내부(배전반 및 분전반으로 전용의 공간이 확보되어 있는 것은 제외한다), 화장실의 내부, 욕실 내 등은 분전반으로서 쉽게 개폐할 수 있는 장소로는 보지 않는다.

▶ 출제년도 : 기사 15, 산업 03, 17, 24.   ▶ 점수 : 5점

문11 경간 200[m]인 가공 전선로가 있다. 사용 전선의 길이는 경간보다 몇 [m] 더 길게 하면 되는지 구하시오. (단, 사용전선의 1[m]당 무게는 2.0[kg], 인장하중은 4,000[kg]이고 전선의 안전율은 2로 하고 풍압하중은 무시한다.

　• 계산 :　　　　　　　　　　　　　　　　• 답 :

● 답안작성

계산 : $D = \dfrac{WS^2}{8T} = \dfrac{2 \times 200^2}{8 \times \dfrac{4,000}{2}} = 5$

$\therefore \Delta L = L - S = \dfrac{8D^2}{3S} = \dfrac{8 \times 5^2}{3 \times 200} = 0.33 [m]$

답 : 0.33[m]

● 해 설

$L = S + \dfrac{8D^2}{3S}$　　$\therefore \Delta L = L - S = \dfrac{8D^2}{3S}$

▶ 출제년도 : 산업 10, 17.   ▶ 점수 : 5점

문12 220[V]로 인입하는 어느 주택의 총 부하설비용량이 7,050[VA]이다. 최소 분기회로 수는 몇 회로로 하여야 하는지 구하시오.(단, 가산부하는 없으며 16[A] 분기로 한다.)

　• 계산 :　　　　　　　　　　　　　　　　• 답 :

● 답안작성

계산 : 분기회로 수 = $\dfrac{\text{상정 부하 설비의 합[VA]}}{\text{전압} \times \text{분기회로 전류}} = \dfrac{7,050}{220 \times 16} = 2$

답 : 16[A] 분기 2회로

▶출제년도 : 산업 17. ▶점수 : 9점

문13 공구의 명칭에 따른 용도에 대하여 설명하시오.
(1) 오스터(oster)
(2) 리머(reamer)
(3) 녹아웃 펀치(knock out punch)

● 답안작성

(1) 금속관 끝에 나사를 내는 공구
(2) 금속관을 쇠톱이나 커터로 끊은 다음, 관 안에 날카로운 것을 다듬는 것
(3) 캐비닛에 구멍을 뚫을 때 필요한 공구

● 해 설

(1) 오스터(oster)
  ① 용도 : 금속관 끝에 나사를 내는 공구
  ② 구성 : 래칫(ratchet)과 다이스(dise)

(2) 리머(reamer)
  ① 용도 : 금속관을 쇠톱이나 커터로 끊은 다음, 관 안에 날카로운 것을 다듬는 것
  ② 돌보 송곳에 끼워 사용하는 것을 리머 렌치라 한다.

(3) 녹 아웃 펀치(knockout punch)
  ① 용도 : 배전반, 분전반 등의 배관을 변경하거나 이미 설치되어 있는 캐비닛에 구멍을 만들기 위한 공구
  ② 크기 : 15, 19, 25[mm]
  ③ 종류 : 수동식, 유압식

수동식 및 유압식 노크 아웃 펀치

▶출제년도 : 산업 17. ▶점수 : 5점

문14 일반적으로 전력용 변압기의 절연유에 요구되는 성질을 5가지만 쓰시오.

● 답안작성

① 절연저항과 절연내력이 클 것
② 인화점이 높을 것
③ 응고점이 낮을 것
④ 점도가 낮고, 비열이 클 것
⑤ 열전도율이 클 것

● 해 설

변압기의 기름으로서 갖추어야 할 조건
① 절연 저항 및 절연내력이 클 것(30[kV]/2.5[mm] 이상)
② 절연 재료 및 금속에 화학 작용을 일으키지 않을 것
③ 인화점이 높고(130[℃] 이상), 응고점이 낮을 것(-30[℃] 이하)
④ 점도가 낮고(유동성이 풍부), 비열이 커서 냉각 효과가 클 것
⑤ 고온에서도 석출물이 생기거나 산화하지 않을 것
⑥ 열전도율이 클 것
⑦ 열 팽창계수가 작고 증발로 인한 감소량이 적을 것

▶출제년도 : 산업 12. 17. ▶점수 : 6점

문15 지중관로 케이블 포설 공사 시 포설 전 유의사항 3가지를 쓰시오.

● 답안작성

① 맨홀 내의 가스 검출, 산소측정 및 환기
② 맨홀 내의 배수 및 청소
③ 드럼측과 윈치측의 연락체계 확인

● 해 설

이외에도
④ 기자재의 정리정돈
⑤ 맨홀 내의 로라, 활차 등의 고정상태 확인 및 외상방지대책
⑥ 와이어의 강도, 소선단선, 킹크 여부 확인

2017년 4회 전기공사산업기사실기

▶출제년도 : 산업 01. 10. 17. ▶점수 : 5점

문1 22.9[kV-Y]로 수전하는 수용가의 수전용량이 750[kVA]이다. 인입구에 시설하는 MOF의 적당한 변류비를 표준규격으로 구하시오. (단, 변류비는 1차 정격전류의 1.5배로 한다.)
- 계산 :
- 답 :

● 답안작성

계산 : $I = \dfrac{750 \times 10^3}{\sqrt{3} \times 22.9 \times 10^3} \times 1.5 = 28.36[A]$ 이므로, 30/5 선정

답 : 변류비 : 30/5

● 해 설

변류비 및 부담
- 1차 전류 : 5, 10, 15, 20, 30, 40, 50, 75, 100, 150, 200, 300, 400, 500[A]
- 2차 전류 : 5[A]
- 정격 부담 : 5, 10, 15, 25, 40, 100[VA]

▶출제년도 : 산업 17. ▶점수 : 5점

문2 전기설비 접지계통과 건축물의 피뢰설비 및 통신설비 등의 접지극을 공용하는 경우 어떤 접지공사를 할 수 있는지 쓰시오.

● 답안작성

통합접지

● 해 설

접지시스템의 시설 종류

(1) 단독접지 : 고압, 특고압계통의 접지극과 저압계통의 접지극을 독립적으로 설치하는 것

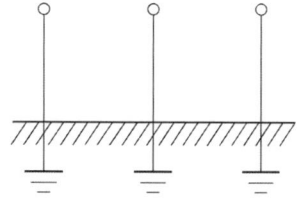

(2) 공통접지 : 등전위가 형성되도록 고압, 특고압계통과 저압접지계통을 공통으로 접지하는 것

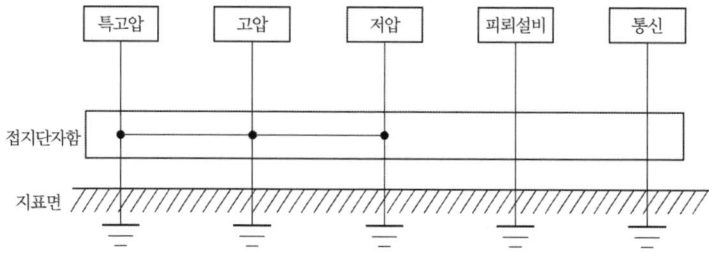

(3) 통합접지 : 전기설비 접지계통, 피뢰설비 및 전기통신설비 등의 접지극을 통합하여 접지 시스템을 구성하는 것을 말하며, 설비 사이의 전위차를 해소하여 등전위를 형성하는 접지방식으로 서지보호장치를 시설하여야 할 필요가 있다.

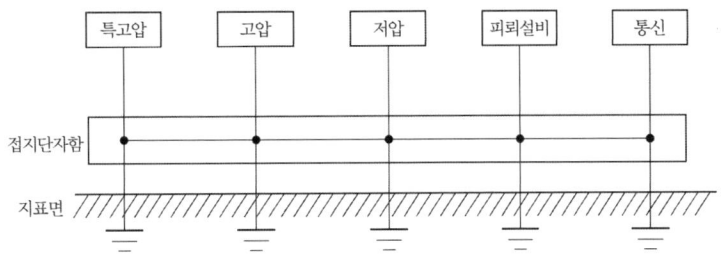

▶출제년도 : 산업 02. 17.　　▶점수 : 5점

문3 Still의 식은 송전선로에서 무엇을 구하기 위한 것인지 쓰시오.

● 답안작성

경제적인 송전전압

● 해 설

Alfred Still의 식　$V_s = 5.5\sqrt{0.6l + \dfrac{P}{100}}$ [kV]

여기서, l : 송전거리[km],　　P : 송전전력[kW]

▶출제년도 : 산업 90. 04. 17.　　▶점수 : 5점

문4 철탑에 매설 지선 설치 후 접지저항을 측정하는 측정기는?

● 답안작성

접지저항 측정기

▶출제년도 : 산업 05. 07. 17.　　▶점수 : 5점

문5 용어의 정의에서 방전등기구란?

● 답안작성

방전에 의한 빛을 이용하는 방전램프를 주광원으로 하는 조명기구

▶출제년도 : 기사 05. 12. 산업 92. 97. 17. 20. 24.　　▶점수 : 6점

문6 피뢰기를 시설해야 하는 곳을 3개소로 요약하여 열거하시오.

● 답안작성

① 발전소·변전소 또는 이에 준하는 장소의 가공전선 인입구 및 인출구
② 고압 및 특고압 가공전선로로부터 공급을 받는 수용장소의 인입구
③ 가공전선로와 지중전선로가 접속되는 곳

● 해 설

피뢰기의 시설(KEC 341.13)
고압 및 특고압의 전로 중 다음에 열거하는 곳 또는 이에 근접한 곳에는 피뢰기를 시설하여야 한다.
① 발전소·변전소 또는 이에 준하는 장소의 가공전선 인입구 및 인출구
② 특고압 가공전선로에 접속하는 배전용 변압기의 고압측 및 특고압측
③ 고압 및 특고압 가공전선로로부터 공급을 받는 수용장소의 인입구
④ 가공전선로와 지중전선로가 접속되는 곳

▶출제년도 : 산업 08. 17.   ▶점수 : 5점

문7 축전지설비에서 축전지는 장기간 사용하거나 사용 조건 등이 변경되기 때문에 이 용량 변화를 보상하는 보정치로 보통 0.8로 하는 것을 무엇이라 하는가?

● 답안작성

보수율(경년용량저하율)

● 해 설

$$C = \frac{1}{L}KI[\text{Ah}]$$

여기서 C : 축전지 용량[Ah], L : 보수율, K : 용량환산시간계수, I : 방전전류[A]

▶출제년도 : 기사 89. 90. 93. 95. 96. 97. 17.   ▶점수 : 5점

문8 다음 그림과 같이 3상 3선식 200[V] 수전인 경우 설비불평형률은 얼마인가? (단, 여기서 전동기의 수치가 괄호 내와 다른 것은 출력[kW]을 입력[kVA]으로 환산하였기 때문이다.)

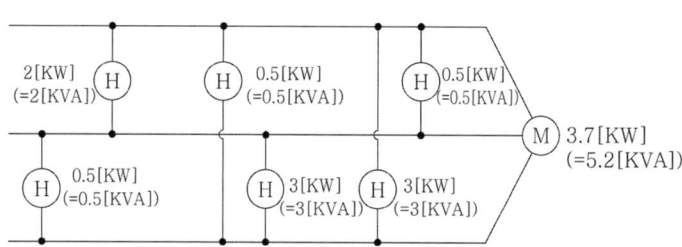

• 계산 :   • 답 :

● 답안작성

계산 : 설비불평형률 = $\dfrac{(3+0.5)-(2+0.5)}{(2+0.5+0.5+5.2+3+3+0.5) \times \dfrac{1}{3}} \times 100 = 20.41[\%]$

답 : 20.41[%]

● 해 설

3상 3선식의 경우

설비불평형률 = $\dfrac{\text{각 선간에 접속되는 단상부하의 최대와 최소의 차}}{\text{총 부하 설비용량의 1/3}} \times 100[\%]$

문 9

▶출제년도 : 산업 00. 01. 02. 17. ▶점수 : 5점

한 개의 전등을 3개소에서 점멸하고자 할 때 소요되는 3로 스위치의 수는?

● 답안작성

4개

● 해 설

- 3로 스위치만을 사용하는 경우 : 4개
- 3로 스위치와 4로 스위치를 사용하는 경우 :
  3로 스위치 2개, 4로 스위치 1개가 필요하다.

문 10

▶출제년도 : 산업 96. 98. 01. 03. 17. ▶점수 : 4점

그림과 같은 철탑을 무슨 철탑이라 하는가?

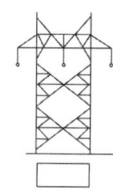

● 답안작성

방형철탑

문 11

▶출제년도 : 산업 96. 99. 01. 02. 09. 17. ▶점수 : 4점

3상4선식 접속의 경우에 그림과 같이 전압선의 표시가 L1상, N상, L3상, L2상으로 표시되었다. L1, N, L3, L2의 전선의 색깔을 쓰시오.

- L1 :
- N :
- L3 :
- L2 :

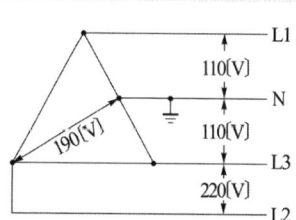

● 답안작성

L1 : 갈색, N : 파란색, L3 : 회색, L2 : 검은색

● 해 설

전선의 식별 (KEC 121.2)

① 전선의 색상은 표에 따른다.

상(문자)	색상
L1	갈색
L2	검은색
L3	회색
N	파란색
보호도체	녹색-노란색

② 색상 식별이 종단 및 연결 지점에서만 이루어지는 나도체 등은 전선 종단부에 색상이 반영구적으로 유지될 수 있는 도색, 밴드, 색 테이프 등의 방법으로 표시해야 한다.

▶ 출제년도 : 기사 17, 산업 09, 17.　▶ 점수 : 5점

문12 가연성분진(소맥분, 전분, 유황 기타 가연성의 먼지로 공중에 떠다니는 상태에서 착화하였을 때에 폭발할 우려가 있는 것을 말하며 폭연성 분진을 제외)에 전기설비가 발화원이 되어 폭발할 우려가 있는 곳에 시설하는 저압 옥내 전기설비의 저압 옥내배선 공사 종류 3가지를 쓰시오.

● 답안작성
① 금속관공사　② 합성수지관공사　③ 케이블공사

● 해　설
가연성 분진 위험장소(KEC 242.2.2)
가연성 분진에 전기설비가 발화원이 되어 폭발할 우려가 있는 곳에 시설하는 저압 옥내 전기설비는 합성수지관공사(두께 2[mm] 미만의 합성수지 전선관 및 난연성이 없는 콤바인 덕트관을 사용하는 것을 제외한다)·금속관공사 또는 케이블공사에 의할 것

▶ 출제년도 : 산업 95, 98, 00, 01.　▶ 점수 : 30점

문13 22.9[kV] 배전 선로이다. 그림과 참고표를 이용하여 물음에 답하시오.

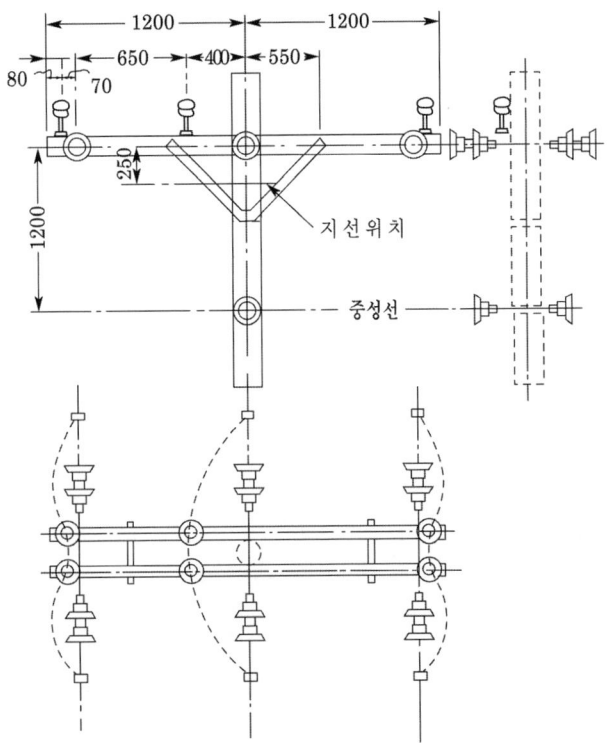

[물음]

위의 그림과 같이 12m(CP) 전주를 설치하는 경우 총 인건비(직접 노무비, 간접 노무비 포함)는 얼마인가?

단, • 간접 노무비는 15[%](가정)로 계산한다.
- 전주용 근가는 1개이다.
- 노임 단가는 배전 전공 15,860원, 보통 인부 6,520원이다(가정).
- 인공을 산출한 후 이를 합계하여 노임 단가를 적용하여 계산하고 소수점 이하는 버림.

표 1. 건주 공사

규 격	주입목주		콘크리트주	
	배전전공	보통인부	배전전공	보통인부
6[m] 이하	0.64	0.72	0.72	0.81
7[m] 이하	0.68	0.77	1.23	1.40
8[m] 이하	0.83	0.94	1.66	1.88
9[m] 이하	0.93	1.03	1.68	2.13
10[m] 이하	1.03	1.12	2.01	2.55
11[m] 이하	1.24	1.31	2.50	2.63
12[m] 이하	1.44	1.50	2.86	3.00
14[m] 이하	1.82	2.12	3.60	4.24
16[m] 이하	2.50	2.60	5.10	5.20
17[m] 이하	3.15	3.37	6.50	6.74

[해설] ① 단굴토, 매토품 포함, 완목, 완철 설치품 불포함, 암반터파기는 별도 가산
② 틀 1본 포함, 1본 추가마다 10[%] 가산   ③ 지주공사는 건주공사품을 적용
④ 불주입주 이 품의 80[%]   ⑤ 묻음은 길이의 1/6 이상임.
⑥ 철거 : 콘크리트 주 50[%](재사용 가능품 : 80[%]), 목주 50[%], 목주 잘라냄 35[%]
⑦ 이설 : 목주는 150[%], CP는 180[%], 경사주의 건기는 30[%]
⑧ H주 건주 200[%], A주 건주 160[%]
⑨ 3각주 건주 300[%], 4각주 건주 400[%]
⑩ 단계주의 건주 및 인자형 계주의 건주는 각기 단주 건주품을 합한 품으로 한다.
⑪ 판자 마스트주는 주입목주의 50[%]
⑫ 주의표 및 번호표 설치품은 1매당 보통인부 0.08인, 기입만 할 때는 보통인부 0.05인 계상
⑬ 현장내에서 잔토처리를 할 경우에는 [m^3]당 보통인부 0.2인을 별도 가산하며, 현장 밖으로 잔토처리 시는 운반비 및 적상, 적하에 따른 비용을 별도 계상
⑭ 조립식 강관주는 콘크리트주 품을 적용하며, 조립 후의 전장 길이를 기준으로 한다. 다만, 17[m] 초과 강관주는 [m]당 배전전공 1.04인, 보통인부 1.13을 가산한다. (1[m] 미만은 사사오입한다.)
⑮ 콘크리트주 불량품 파괴처리 시 콘크리트주 건주 보통인부 품의 60[%] (현장 정리품 포함)
⑯ 전주와의 차량충돌 예방용으로 설치되는 전주 도색판 설치품은 1매당 보통 인부 0.18 인 계상 적용, 철거 30[%], 이설 130[%] 적용
⑰ 기설 전주에 전주를 높이는 데 사용되는 계주용 강관주는 본당 배전전공 0.252[%]인, 보통인부 0.195[%]인 계상 적용, 철거 50[%], 이설 150[%] 적용
⑱ 전주 철거 후 되메우기에 따른 토사를 외부에서 반입 시 토사비용과 적상·하 및 운반 비 별도 계상

표 2. 배전용 완철 신설

규 격	배전전공	보통인부
배선용 완철 1[m] 이하	0.09	0.09
2[m] 이하	0.10	0.10
3[m] 이하	0.13	0.13
3[m] 초과	0.17	0.17
가공지선 지지대(내장·직선용)	0.19	0.12

[해설] ① 완목 및 경완철은 이 품의 80[%]
② 배전용 완철은 철거 30[%](재사용 50[%])
③ Arm Tie 설치품 포함
④ 완철이란 완금을 우리말로 고친 것임.
⑤ 편출공사는 이 품의 20[%] 가산
⑥ 가공지선 지지대란 배전선로에서 가공지선을 지지하여 주는 장치대를 말하며, 철거는 이 품의 50[%] 적용

표 3. 배선용 애자 및 래크 신설

종 별	배전전공	보통인부
특고압용 핀애자	0.064	0.126
고압 및 특고압현수애자	0.065	0.05
고압용 핀애자	0.044	—
〃 인류애자	0.056	—
〃 내장애자	0.035	0.083
저압용 핀애자	0.034	—
저압용 인류애자	0.044	—
래 크 1 선 용	0.125	—
래 크 2 선 용	0.20	—
래 크 3 선 용	0.275	—
래 크 4 선 용	0.350	—

[해설] ① 애자 철거 50[%](재사용 시 80[%])
② 애자 교환 및 또는 갈아끼우기 : 150[%]
③ 인류애자는 다대 애자를 고친 것임.
④ 애자 닦기
　(가) 주상(탑상) 손닦기 : 신설품의 50[%]
　(나) 주상(탑상) 기계닦기 : 기계손료만 계상(인건비 포함)
　(다) 발췌 손닦기는 신설품의 170[%]
⑤ 특고압용 Line Post 애자 취부품은 특고압용 핀애자 설치품에 준함.
⑥ 래크 철거는 이 품의 30[%](재사용 50 [%]) 적용함.

● 답안작성

배전 전공 : $2.86 + 0.13 \times 2 + 0.065 \times 14 + 0.064 \times 6 = 4.41$[인]
보통 인부 : $3 + 0.13 \times 2 + 0.05 \times 14 + 0.126 \times 6 = 4.72$[인]
직접노무비 : $4.41 \times 15860 + 4.72 \times 6520 = 100,717$[원]
간접노무비 : $100,717 \times 0.15 = 15,107$[원]
총 인건비 : $100,717 + 15,107 = 115,824$[원]

● 해 설

자재산출
- 특고압 현수애자 : 14개
- 완금(2,400[mm]) : 2개
- 특고압 핀애자 : 6개
- 전주 12[m] : 1본

문 14 ▸출제년도 : 산업 12. 17. ▸점수 : 6점

다음 물음에 답하시오.

(1) 합성수지관 공사에서 관상호 및 관과 박스와는 관을 삽입하는 깊이를 관의 외경의 1.2배 이상으로 하고 관의 지지점 간의 거리는 (   )[m] 이하로 한다.

(2) 애자공사의 지지점 간의 거리는 전선을 조영재면을 따라 붙이는 경우 (   )[m] 이하로 한다.

(3) 버스 덕트를 조영재에 붙이는 경우에는 덕트의 지지점 간의 거리를 (   )[m] 이하로 견고하게 지지하여야 한다.

● 답안작성

(1) 1.5   (2) 2   (3) 3

● 해 설

(1) 합성수지관 공사(KEC 232.11)
합성수지관 상호 간 및 박스와는 관을 삽입하는 깊이를 관의 바깥 지름의 1.2배(접착제를 사용하는 경우에는 0.8배) 이상으로 하고 또한 꽂음 접속에 의하여 견고하게 접속할 것

(2) 애자공사(KEC 232.56)
애자공사 전선의 지지점 간의 거리는 전선을 조영재의 윗면 또는 옆면에 따라 붙일 경우에는 2[m] 이하일 것

(3) 버스 덕트 공사(KEC 232.61)
버스 덕트를 조영재에 붙이는 경우에는 덕트의 지지점 간의 거리를 3[m](취급자 이외의 자가 출입할 수 없도록 설비한 곳에서 수직으로 붙이는 경우에는 6[m]) 이하로 하고 또한 견고하게 붙일 것

문 15 ▸출제년도 : 산업 94. 12. 17. ▸점수 : 5점

비접지식 6.6[kV] 변전소에서 3상 3선식 1회선이 나오고 있다. 이들의 선로에 접속하는 주상 변압기 중성점 접지공사의 저항값[Ω]은 얼마인가? 단, 고압측 1선 지락전류는 10[A]라고 한다.

•계산 :   •답 :

● 답안작성

계산 : 중성점 접지저항 $R_2 = \dfrac{150}{10} = 15[\Omega]$

답 : 15[Ω]

● 해 설

중성점 접지공사의 접지저항

• 자동차단장치가 없는 경우
$$R_2 = \dfrac{150}{1선\ 지락전류}[\Omega]$$

• 2초 이내에 동작하는 자동차단장치가 있는 경우
$$R_2 = \dfrac{300}{1선\ 지락전류}[\Omega]$$

• 1초 이내에 동작하는 자동차단장치가 있는 경우
$$R_2 = \dfrac{600}{1선\ 지락전류}[\Omega]$$

2018년 1회 전기공사산업기사실기

▶출제년도 : 산업 15. 18. 21. 24.　▶점수 : 5점

문1 거리가 1,000[m]인 배전 선로 공사에 있어서 단면적 22[mm²]의 알루미늄선으로 계산된 것을 저항이 같은 경동선으로 대치하려고 한다면 그 전선의 단면적은 얼마로 하여야 하는지 구하시오.

[조건]

알루미늄선의 저항률 : $\dfrac{1}{35}[\Omega \cdot mm^2/m]$

경동선의 저항률 : $\dfrac{1}{55}[\Omega \cdot mm^2/m]$

• 계산 :　　　　　　　　　　　　• 답 :

● 답안작성

계산 : ① 알루미늄선의 저항 $R = \dfrac{1}{35} \times \dfrac{1,000}{22} = 1.3[\Omega]$

② 저항이 같은 경동선으로 대치하면

$R = \dfrac{1}{55} \times \dfrac{1,000}{A} = 1.3$

$\therefore A = \dfrac{1}{55} \times \dfrac{1,000}{1.3} = 14[mm^2]$

답 : 16[mm²]

● 해 설

(1) 저항 $R = \rho \dfrac{l}{A}[\Omega]$

여기서, $\rho = \dfrac{1}{\sigma}$: 저항률 또는 고유저항[$\Omega \cdot m$], l : 전선 1본의 길이[m], A : 전선의 단면적[m²]

(2) KSC IEC 전선규격
1.5, 2.5, 4, 6, 10, 16, 25, 35, 50, 70, 95, 120, 150, 185, 240, 300, 400, 500, 630[mm²]

▶출제년도 : 산업 98. 01. 18.　▶점수 : 5점

문2 그림과 같은 저압기기의 지락사고 시 기기에 접촉된 사람의 인체에 흐르는 전류를 구하시오. (단, 중성점 접지저항값 $R_2 = 50[\Omega]$, 보호 접지저항값 $R_3 = 100[\Omega]$, 인체의 접지저항 및 접촉저항값 $R_m = 1000[\Omega]$이다.)

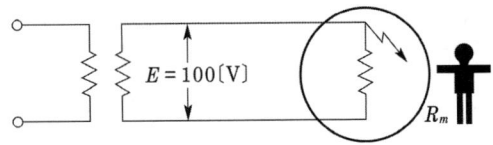

● 답안작성

계산 : $I_m = \dfrac{100}{50 + \dfrac{100 \times 1,000}{100 + 1,000}} \times \dfrac{100}{100 + 1,000} = 0.06452[A] = 64.52[mA]$

답 : $64.52[mA]$

● 해 설

문제의 조건을 등가회로로 변경하면 아래와 같다.

$I_g = \dfrac{E}{R_2 + \dfrac{R_3 \times R_m}{R_3 + R_m}} = \dfrac{100}{50 + \dfrac{100 \cdot 1,000}{100 + 1,000}} = 0.71[A]$

$I_m = \dfrac{R_3}{R_3 + R_m} \cdot I_g = \dfrac{100}{100 + 1,000} \times 0.71 = 0.064593[A] = 64.54[mA]$

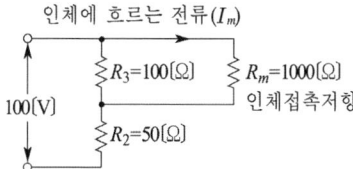

▶출제년도 : 산업 14, 18. ▶점수 : 5점

문3 건축물 전기설비에서 간선의 굵기를 산정하는 데 고려하여야할 4가지 요소를 쓰시오.

● 답안작성

허용 전류, 전압 강하, 기계적 강도, 수용률 및 향후 증설 부하

▶출제년도 : 산업 94, 00, 13, 18. ▶점수 : 10점

문4 다음 ( ) 안에 알맞는 답을 쓰시오.

(1) 애자 사용 공사에서 전선과 조영재와의 이격 거리는 400[V] 이하인 경우에는 (   )[cm] 이상이어야 한다.

(2) 합성수지 몰드 공사에서 합성수지 몰드는 홈의 폭 및 깊이가 3.5[cm] 이하, 두께가 2[mm] 이상인 것일 것. 다만, 사람이 쉽게 접촉할 우려가 없도록 시설하는 경우에는 폭이 (   )[cm] 이하이어야 한다.

(3) 라이팅 덕트 공사에서 덕트의 지지점 간의 거리는 (   )[m] 이하로 하여야 한다.

(4) 고압 가공 전선로의 경간에서 철탑은 경간이 (   )[m] 이하이어야 한다.

(5) 소세력 회로의 시설에서 전자 개폐기의 조작 회로 또는 초인벨, 경보벨 등에 접속하는 전로로써 최대 사용 전압이 (   )[V] 이하인 것을 사용하여야 한다.

(6) 특고압 가공 전선이 삭도와 제2차 접근 상태로 시설할 경우에 특고압 가공 전선로는 (   ) 보안 공사를 하여야 한다.

● 답안작성

(1) 2.5   (2) 5   (3) 2
(4) 600   (5) 60   (6) 제2종 특고압

▶출제년도 : 산업 14. 18.　▶점수 : 6점

문5 수·변전설비용 기기인 차단기의 차단기 트립(trip) 방식 4가지를 쓰시오.

● 답안작성

전압 트립 방식, CT 트립 방식, 콘덴서 트립 방식, 부족 전압 트립 방식

● 해 설

(1) 전압 트립 방식 : 별도로 설치된 축전지 등의 제어용 직류 전원의 에너지에 의하여 트립되는 방식
(2) CT 트립 방식 : CT의 2차 전류가 정해진 값보다 초과되었을 때 트립시키는 방식
(3) 콘덴서 트립 방식 : 충전된 콘덴서의 에너지에 의하여 트립되는 방식
(4) 부족 전압 트립 방식 : 부족 전압 트립 장치에 인가되어 있는 전압의 저하에 의하여 차단기가 트립되는 방식

▶출제년도 : 산업 18.　▶점수 : 5점

문6 직선형 철탑은 전선로의 직선 부분 및 수평각도 몇 도 이하의 곳에 사용하는지 쓰시오.

● 답안작성

3도

● 해 설

① 직선형 : 전선로의 직선 부분(3도 이하의 수평 각도를 이루는 곳을 포함)에 사용하는 것으로 내장형과 보강형은 제외한다.
② 각도형 : 전선로 중 3도를 넘는 수평 각도를 이루는 곳에 사용하는 것
③ 인류형 : 전가섭선을 인류하는 곳에 사용하는 것
④ 내장형 : 전선로 지지물의 양측의 경간의 차가 큰 곳에 사용하는 것
⑤ 보강형 : 전선로의 직선 부분에 그 보강을 위하여 사용하는 것

▶출제년도 : 기사 12. 산업 18.　▶점수 : 5점

문7 서지 흡수기(Surge Absorbor)의 기능과 어느 개소에 설치하는지 그 위치를 쓰시오.
　• 기능
　• 설치 위치

● 답안작성

• **기능** : 개폐서지 등 이상전압으로부터 변압기 등 기기 보호
• **설치 위치** : 개폐 서지를 발생하는 차단기 후단과 부하측 사이

● 해 설

서지 흡수기는 LA와 같은 구조와 특성을 지니고 있으며 구내 선로에서 발생할 수 있는 개폐 서지, 순간 과도전압 등으로 이상전압이 2차 기기에 악영향을 주는 것을 막기 위해 시설한다.

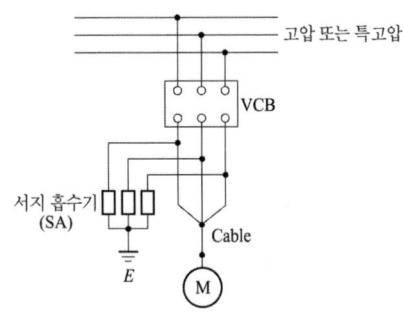

문8

▸출제년도 : 산업 18. ▸점수 : 5점

부하가 유도전동기이고, 기동용량이 1,800[kVA]이다. 기동 시 허용전압강하는 23[%]이며, 발전기의 과도 리액턴스가 25[%]이다. 이 전동기를 운전할 수 있는 자가발전기의 최소용량은 몇 [kVA]인지 구하시오.
- 계산 :
- 답 :

● 답안작성

- 계산 : $(\frac{1}{e}-1) \times x_d \times 기동용량 = (\frac{1}{0.23}-1) \times 0.25 \times 1,800 = 1,506.52 [kVA]$
- 답 : 1,506.52[kVA]

● 해 설

발전기 정격용량 $= \left(\frac{1}{허용\ 전압\ 강하}-1\right) \times 기동\ 용량 \times 과도\ 리액턴스 [kVA]$

문9

▸출제년도 : 산업 18, 20. ▸점수 : 6점

154/22.9[kV]용 변전소의 변압기에 시설하여야 하는 계측장치를 쓰시오.

● 답안작성

① 주요 변압기의 전압 및 전류 또는 전력
② 특고압용 변압기의 온도

● 해 설

계측장치(KEC 351.6)
변전소 또는 이에 준하는 곳에는 다음 각 호의 사항을 계측하는 장치를 시설하여야 한다.
① 주요 변압기의 전압 및 전류 또는 전력
② 특고압용 변압기의 온도

문10

▸출제년도 : 산업 18. ▸점수 : 4점

계통연계란 무엇인지 설명하시오.

● 답안작성

"계통연계"란 둘 이상의 전력계통 사이를 전력이 상호 융통될 수 있도록 선로를 통하여 연결하는 것

문11

▸출제년도 : 산업 18. ▸점수 : 4점

전극을 정삼각형으로 배치하고 극간 저항값에 의하여 대지저항률을 구하는 방법은 무엇인지 쓰시오.

● 답안작성

콜라우시 브리지법

● 해 설

콜라우시 브리지법에 의한 접지 저항 측정

$R_a + R_b = R_{ab}$ ······················ ①
$R_b + R_c = R_{bc}$ ······················ ②
$R_a + R_c = R_{ac}$ ······················ ③

① + ② + ③
$2(R_a + R_b + R_c) = R_{ab} + R_{bc} + R_{ca}$
$2(R_a + R_{bc}) = R_{ab} + R_{bc} + R_{ca}$
$R_a = \frac{1}{2}(R_{ab} + R_{ca} - R_{bc})[\Omega]$

여기서, R_{ab} : 본 접지극 a와 보조 접지극 b 사이의 저항
R_{ac} : 본 접지극 a와 보조 접지극 c 사이의 저항
R_{bc} : 보조 접지극 bc 상호 간의 저항

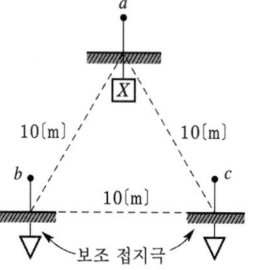

▶출제년도 : 산업 18. ▶점수 : 6점

문12 다음 물음에 답하시오.

(1) 과전류에 대한 보호장치로써 주상변압기 1차측에 설치하는 기기는 무엇인지 쓰시오.
(2) 특고압 간이수전설비의 변압기 2차측에 설치되는 주차단기에는 무엇을 설치하여 결상사고에 대한 보호능력이 있도록 하여야 하는지 쓰시오.

● 답안작성

(1) 컷 아웃 스위치
(2) 결상계전기

● 해 설

간이 수전 설비 표준 결선도

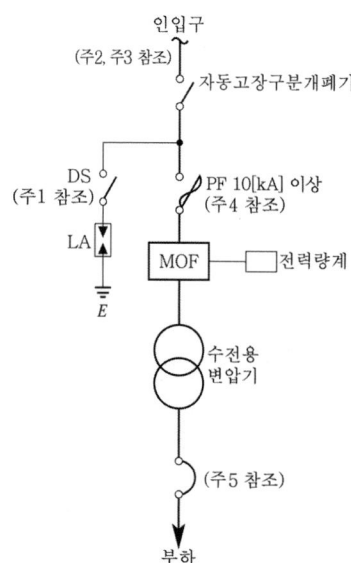

약호	명 칭
DS	단로기
ASS	자동고장 구분 개폐기
LA	피뢰기
MOF	전력 수급용 계기용 변성기
COS	컷아웃 스위치
PF	전력 퓨즈

[주1] LA용 DS는 생략할 수 있으며 22.9[kV-Y]용의 LA는 Disconnector(또는 Isolator) 붙임형을 사용하여야 한다.
[주2] 인입선을 지중선으로 시설하는 경우로서 공동 주택 등 사고 시 정전 피해가 큰 수전 설비 인입선은 예비선을 포함하여 2회선으로 시설하는 것이 바람직하다.
[주3] 지중인입선의 경우에 22.9[kV-Y] 계통은 CNCV-W 케이블(수밀형) 또는 TR CNCV-W(트리억제형)을 사용하여야 한다. 다만, 전력구·공동구·덕트·건물 구내 등 화재의 우려가 있는 장소에서는 FR CNCO-W(난연) 케이블을 사용하는 것이 바람직하다.

[주4] 300[kVA] 이하인 경우 PF 대신 COS(비대칭 차단 전류 10[kA] 이상의 것)를 사용할 수 있다.
[주5] 간이 수전 설비는 PF의 용단 등에 의한 결상 사고에 대한 대책이 없으므로 변압기 2차측에 설치되는 주차단기에는 결상 계전기 등을 설치하여 결상 사고에 대한 보호 능력이 있도록 함이 바람직하다.

문13

▶출제년도 : 산업 18.   ▶점수 : 4점

고압 또는 특고압 배전반은 부하의 합계용량이 몇 [kVA]를 초과하는 경우 전류계·전압계를 부착하는 것을 원칙으로 하는지 쓰시오.

● 답안작성

300[kVA]

● 해 설

배전반
고압 또는 특고압 배전반은 다음 각 호에 의하여 시설하여야 한다.
① 배전반 등에 설치하는 기구 및 전선은 점검이 가능하도록 시설할 것
② 고압 또는 특고압 배전반은 취급자에게 위험이 미치지 않도록 적당한 방호장치 또는 통로를 시설하여야 하며, 기기 조작에 필요한 공간을 확보하여야 한다.
③ 부하의 합계용량이 300[kVA]를 초과하는 배전반은 전류계·전압계를 부착하는 것을 원칙으로 한다.
[주] 부하의 합계용량이란 변압기 용량을 말한다.

문14

▶출제년도 : 산업 18.   ▶점수 : 30점

다음 도면은 어느 상점의 옥내 전등 및 콘센트 배선 평면도이다. 주어진 조건을 읽고 답란의 빈칸을 채우시오.

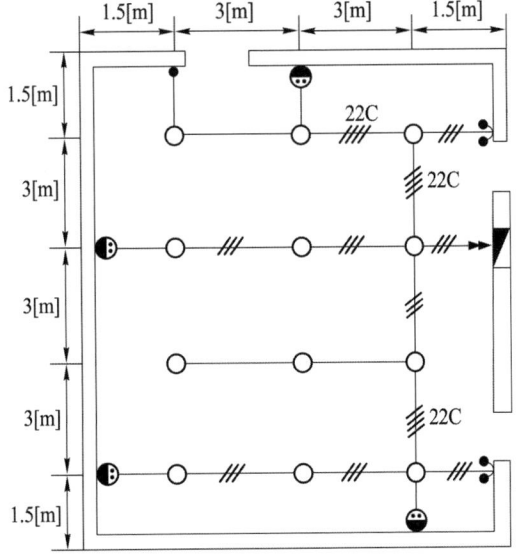

[조건]

(1) 시설 조건
   ① 전선은 450/750[V] 일반용 단심 비닐절연전선으로 2.5[mm^2]를 사용한다.
   ② 전선관은 후강전선관을 사용하고 표기가 없는 것은 16[mm]임.
   ③ 4방출 이상의 배관과 접속되는 박스는 4각 박스를 사용한다.
   ④ 스위치 설치 높이 1.2[m](바닥에서 중심까지)
   ⑤ 콘센트 설치 높이 0.3[m](바닥에서 중심까지)
   ⑥ 분전함 설치 높이 1.8[m](바닥에서 상단까지). 단, 바닥에서 하단까지는 0.5[m]를 기준으로 한다.
   ⑦ 바닥에서 천정까지의 높이 3[m]

(2) 재료 산출 조건
   ① 분전함 내부에서 배선 여유는 전선 1본당 0.5[m]로 한다.
   ② 자재 산출시 산출수량과 할증수량은 소수점 이하로 기록하고 자재별 총 수량은(산출수량+할증수량) 소수점 이하 반올림한다.
   ③ 배관 및 배선 이외의 자재는 할증을 보지 않는다(배관, 배선의 할증은 10[%]로 한다).
   ④ 콘센트용 박스는 4각 박스로 본다.

(3) 인건비 산출 조건
   ① 재료의 할증에 대해서는 공량을 적용하지 않는다.
   ② 소수점 이하 한 자리까지 계산한다.
   ③ 품셈은 다음 표의 품셈을 적용한다.

[품셈보기]

자재명 및 규격	단위	내선 전공
후강 전선관 16[mm]	[m]	0.08
후강 전선관 22[mm]	[m]	0.11
관내 배선 5.5[mm^2] 이하	[m]	0.01
매입 스위치	개	0.056
매입 콘센트 2P 15[A]	개	0.056
아우트렛 박스 4각	개	0.2
아우트렛 박스 8각	개	0.2
스위치 박스 1개용	개	0.2
스위치 박스 2개용	개	0.2

[물음]
(1) 도면을 보고 아래 표의 ①부터 ⑮번까지 빈칸에 산출 수량 및 총 수량을 기입하시오.

자재명	규격	단위	산출 수량	할증 수량	총 수량 (산출 수량+할증 수량)
후강 전선관	16[mm]	[m]	①		④
후강 전선관	22[mm]	[m]	②		⑤
HFIX 전선	2.5[mm²]	[m]	③		⑥
스위치	300[V], 10[A]	개			⑦
스위치 플레이트	1개용	개			⑧
스위치 플레이트	2개용	개			⑨
매입 콘센트	300[V], 15[A] 2개용	개			⑩
4각 박스		개			⑪
8각 박스		개			⑫
스위치 박스	1개용	개			⑬
스위치 박스	2개용	개			⑭
콘센트 플레이트	2개구용	개			⑮
이하 생략					

(2) 아래 표의 각 자재별 내선전공수를 ①부터 ⑨까지 기입하시오.

자재명	규격	단위	수량	인공수 (재료 단위별)	내선 전공 (수량×인공수)
후강 전선관	16[mm]	[m]			①
후강 전선관	22[mm]	[m]			②
HFIX 전선	2.5[mm²]	[m]			③
스위치	300[V], 10[A]	개			④
스위치 플레이트	1개용	개			
스위치 플레이트	2개용	개			
매입 콘센트	300[V], 15[A] 2개용	개			⑤
4각 박스		개			⑥
8각 박스		개			⑦
스위치 박스	1개용	개			⑧
스위치 박스	2개용	개			⑨
콘센트 플레이트	2개구용	개			
이하 생략					

● 답안작성

(1)

①	53.4	⑥	168.6×1.1≒185	⑪	6
②	9	⑦	5	⑫	10
③	168.6	⑧	1	⑬	1
④	53.4×1.1≒59	⑨	2	⑭	2
⑤	9×1.1≒10	⑩	4	⑮	4

(2)

①	53.4×0.08=4.2	⑥	6×0.2=1.2
②	9×0.11=0.9	⑦	10×0.2=2
③	168.6×0.01=1.6	⑧	1×0.2=0.2
④	5×0.056=0.2	⑨	2×0.2=0.4
⑤	4×0.056=0.2		

● 해 설

(1) ① 후강 전선관 16[mm]의 길이는 1.5×8+3×8+1.8×3+2.7×4+1.2=53.4[m]
② 후강 전선관 22[mm]의 길이는 3×3=9[m]
③ 450/750[V] 일반용 단심 비닐절연전선
   2가닥×{(1.5[m]×5+1.8[m]+2.7[m]×4)+(3[m]×3)}+
   3가닥×{(1.5[m]×3+1.8[m]×2+1.2[m])+(3[m]×5)+0.5[m]}+
   4가닥×(3[m]×3) = 2가닥×29.1[m]+3가닥×24.8[m]+4가닥×9[m]=168.6[m].
(2) 소수점 이하 한 자리까지 계산

2018년 2회 전기공사산업기사실기

▶출제년도 : 기사 01, 12, 산업 18.   ▶점수 : 4점

문1 변압기 결선방식 중 △-△ 결선의 특성 3가지만 쓰시오.

● 답안작성

① 제3고조파의 전류가 △결선 내를 순환하므로 인가 전압이 정현파이면 유도 전압도 정현파가 된다.
② 1상분이 고장이 나면 나머지 2대로써 V결선 운전이 가능하다.
③ 각 변압기의 상전류가 선전류의 $\dfrac{1}{\sqrt{3}}$ 이 되어 저전압 대전류 계통에 적당하다.

● 해 설

그 외에
④ 중성점을 접지할 수 없으므로 지락사고의 보호계전기 시스템 구성이 복잡하다.
⑤ 정격 용량이 다른 것을 결선하면 순환전류가 흐른다.

▶출제년도 : 산업 18.   ▶점수 : 6점

문2 송전선로의 거리가 길어지면서 송전선로의 송전전압이 대단히 높아지고 있다. 이에 따라 단도체 대신 복도체 또는 다도체 방식이 채용되고 있는데 복도체(또는 다도체) 방식을 단도체 방식과 비교할 때 그 장점 3가지를 쓰시오.

● 답안작성

① 선로의 인덕턴스 감소
② 선로의 정전용량 증가(송전용량 증대)
③ 코로나 임계전압 상승(코로나 손실 감소)

● 해 설

(1) 복도체
① 가공송전선로의 1상당 연결된 도체의 수가 2 이상인 것을 말한다.
② 복도체를 사용함으로써 전선의 등가 반지름이 증가하므로 인덕턴스는 감소하고 정전용량은 증가하여 안정도를 증가시키고, 코로나 발생을 억제하는 것을 목적으로 한다.

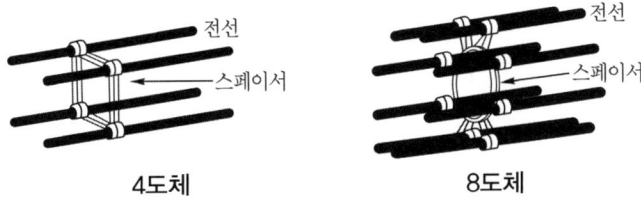

4도체   8도체

③ 스페이서는 하나의 상에 복수도체를 다발로 하여 사용하는 다도체의 경우 전선 상호의 접근, 충돌을 방지하기 위해 사용된다.

(2) 복도체 방식의 장단점
복도체의 경우 전선의 등가반지름 $r_e(\sqrt[n]{rs^{n-1}})$ 가 단도체의 반지름 r 보다 증가하므로 다음과 같은 장·단점이 있다.
1) 장점
① 선로의 인덕턴스 감소   ② 선로의 정전용량 증가
③ 코로나 임계전압 상승   ④ 선로의 송전용량 증가
⑤ 안정도 증대
2) 단점
① 페란티 효과에 의한 수전단 전압 상승
② 단락사고 시 각 소도체에 같은 방향의 대전류가 흘러 소도체 상호 간에 흡인력 발생

▶ 출제년도 : 산업 18.   ▶ 점수 : 5점

문3 금속제 케이블트레이에 사용하는 전선의 종류 3가지를 쓰시오.

● 답안작성

① 난연성 케이블(연피케이블, 알루미늄피 케이블 등)
② 적당한 간격으로 연소 방지조치를 한 케이블
③ 금속관 혹은 합성수지관 등에 넣은 절연전선

● 해 설

케이블트레이공사(KEC 232.41)
(1) 전선
① 연피케이블, 알루미늄피 케이블 등 난연성 케이블
② 기타 케이블(적당한 간격으로 연소(延燒)방지 조치를 하여야 한다)
③ 금속관 혹은 합성수지관 등에 넣은 절연전선
(2) 저압 케이블과 고압 또는 특고압 케이블은 동일 케이블 트레이 안에 시설하여서는 아니 된다. 다만, 견고한 불연성의 격벽을 시설하는 경우 또는 금속 외장 케이블인 경우에는 그러하지 아니하다.

▶ 출제년도 : 산업 96. 18.   ▶ 점수 : 10점

문4 다음 문제를 읽고 ( )을 채우시오.

(1) 특고압 가공전선은 케이블인 경우를 제외하고 단면적 (①)의 (②) 또는 이와 동등 이상의 세기 및 굵기의 (③)이어야 한다.
(2) 지중전선로는 전선에 케이블을 사용하고 또한 (④) (⑤) 또는 (⑥)에 의하여 시설하여야 한다.
(3) 수용장소에 시설하는 비상용 예비전원은 (⑦)이 정전되었을 때 (⑧) 이외의 전로에 전력이 공급되지 않도록 시설하여야 한다.
(4) 고압 또는 특고압의 전로 중에 있어서 (⑨) 및 (⑩)을 보호하기 위하여 필요한 곳에는 과전류 차단기를 시설하여야 한다.

● 답안작성

(1) ① 22[mm²]   ② 경동연선   ③ 절연전선
(2) ④ 관로식   ⑤ 암거식   ⑥ 직접매설식
(3) ⑦ 상용전원   ⑧ 수용장소
(4) ⑨ 기계기구   ⑩ 전선

▶ 출제년도 : 99. 06. 11. 18. ▶ 점수 : 4점

문5 다음의 명칭과 역할을 쓰시오.
(1) ALTS
(2) ATS

● 답안작성
(1) • 명칭 : 자동부하전환개폐기
 • 역할 : 이중전원을 확보하여 주전원의 정전 또는 기준치 이하로 전압이 떨어질 경우 예비전원으로 자동전환시킴으로써 수용가에 안정된 전원을 공급하도록 하는 개폐기이다.
(2) • 명칭 : 자동전환개폐기
 • 역할 : 상시전원 정전 시 상시전원에서 예비전원으로 전환하는 경우에 그 접속하는 부하 및 배선이 동일한 경우 예비전원에서 공급하는 전력이 상시 선로에 송전되지 않도록 하는 역할을 한다.

▶ 출제년도 : 산업 04. 12. 18. 22. ▶ 점수 : 5점

문6 330[mm^2]인 ACSR선이 경간 500[m]에서 이도가 8.6[m]이었다고 하면 전체의 실제 길이는 몇 [m]인가?
• 계산 :   • 답 :

● 답안작성
계산 : $L = S + \dfrac{8\,D^2}{3S} = 500 + \dfrac{8 \times 8.6^2}{3 \times 500} = 500.39$ 답 : 500.39[m]

▶ 출제년도 : 산업 18. 24. ▶ 점수 : 5점

문7 전기설비를 방폭화한 방폭기기의 기호에 맞는 방폭구조를 쓰시오.

구 분		기 호
방폭구조의 종류	①	d
	②	o
	③	p
	④	e
	본질안전 방폭구조	i
	특수 방폭구조	s

● 답안작성
① 내압 방폭구조 ② 유입 방폭구조 ③ 압력 방폭구조 ④ 안전증 방폭구조

● 해 설
방폭구조의 기호

구 분		기 호
방폭구조의 종류	내압 방폭구조	d
	유입 방폭구조	o
	압력 방폭구조	p
	안전증 방폭구조	e
	본질안전 방폭구조	i
	특수 방폭구조	s

▶ 출제년도 : 산업 97. 02. 18.　▶ 점수 : 6점

문8 수변전 설비에서 CT와 PT에 대하여 물음에 답하시오.
(1) PT의 1차측과 2차측에 퓨즈를 접속해야 하는 이유를 간단히 설명하시오.
(2) CT의 1차측에 퓨즈를 접속할 수 없는 이유는?

● 답안작성

(1) 부하측 및 PT에 고장이 발생하였을 경우 이를 고압 회로로부터 분리함으로써 PT 보호 및 사고 확대를 방지하기 위하여
(2) CT 1차측에 퓨즈를 넣으면 과전류가 흐를 때 단선되어 OCR이 동작되지 않아 차단기를 동작시킬 수 없게 된다.

● 해 설

(1) PT의 1차측에는 반드시 퓨즈를 접속하여 과전류가 흐를 때 차단하도록 한다.
　PT의 2차측에 퓨즈를 접속하는 것은 PT를 보호하기 위한 것이다.

▶ 출제년도 : 기사 16. 산업 08. 18.　▶ 점수 : 5점

문9 "분기회로"란 무엇인가 용어의 정의를 쓰시오.

● 답안작성

분기회로(分岐回路)란 간선에서 분기하여 분기과전류차단기를 거쳐서 부하에 이르는 사이의 배선을 말한다.

▶ 출제년도 : 기사 18.　▶ 점수 : 5점

문10 피뢰기에 흐르는 정격방전전류는 변전소의 차폐 유무와 그 지방의 연간 뇌우(雷雨) 발생 일수와 관계되나 모든 요소를 고려한 경우 일반적인 시설장소별 적용할 피뢰기의 공칭방전전류를 쓰시오.

공칭방전전류	설치장소	적 용 조 건
①	변전소	• 154[kV] 이상의 계통 • 66[kV] 및 그 이하의 계통에서 Bank 용량이 3,000[kVA]를 초과하거나 특히 중요한 곳 • 장거리 송전케이블(배전선로 인출용 단거리케이블은 제외) 및 정전축전기 Bank를 개폐하는 곳 • 배전선로 인출측(배전 간선 인출용 장거리 케이블은 제외)
②	변전소	• 66[kV] 및 그 이하의 계통에서 Bank 용량이 3,000[kVA] 이하인 곳
③	선로	• 배전선로

● 답안작성

① 10,000[A]
② 5,000[A]
③ 2,500[A]

▶ 출제년도 : 산업 95. 07. 18.   ▶ 점수 : 5점

문11 가공전선의 구비조건을 간단하게 6가지만 나열하시오.

● 답안작성

① 도전율이 높을 것
② 기계적인 강도가 클 것
③ 내구성이 있을 것
④ 비중이 작을 것
⑤ 가선작업이 용이 할 것
⑥ 가격이 저렴 할 것

● 해 설

⑦ 인장하중이 클 것
⑧ 부식성이 적고 내식성이 클 것
⑨ 전압강하가 적을 것

▶ 출제년도 : 산업 09. 18.   ▶ 점수 : 5점

문12 설계 하중이 8.82[kN]인 철근 콘크리트주의 길이가 16[m]라 한다. 이 지지물을 지반이 연약한 곳 이외에 시설하는 경우 땅에 묻히는 깊이는 몇 [m] 이상으로 하여야 하는가?

● 답안작성

2.8[m] 이상

● 해 설

가공전선로 지지물의 기초의 안전율 (KEC 331.7)
가공전선로의 지지물에 하중이 가하여지는 경우에 그 하중을 받는 지지물의 기초의 안전율은 2 이상 (단, 이상 시 상정하중에 대한 철탑의 기초에 대하여는 1.33)이어야 한다. 다만, 땅에 묻히는 깊이를 다음의 표에서 정한 값 이상의 깊이로 시설하는 경우에는 그러하지 아니하다.

설계하중 \ 전장	6.8[kN] 이하	6.8[kN] 초과 ~ 9.8[kN] 이하	9.8[kN] 초과 ~ 14.72[kN] 이하
15[m] 이하	전장×1/6[m] 이상	전장×1/6 + 0.3[m] 이상	전장×1/6 + 0.5[m] 이상
15[m] 초과	2.5[m] 이상	2.8[m] 이상	–
16[m] 초과~20[m] 이하	2.8[m] 이상	–	–
15[m] 초과~18[m] 이하	–	–	3[m] 이상
18[m] 초과	–	–	3.2[m] 이상

▶ 출제년도 : 산업 00. 14. 18. 24.   ▶ 점수 : 5점

문13 송전선로에서 매설지선의 설치 목적은?

● 답안작성

철탑의 탑각 접지저항을 낮추어 역섬락 방지

● 해 설

접지저항을 낮게 하여 피뢰작용을 높여준다.

▶ 출제년도 : 산업 93. 95. 97. 02. 18.   ▶ 점수 : 30점

문 14 다음은 옥외 간이 수변전 설비에 대한 단선도이다. 그림을 보고 다음 물음에 답하시오. 단, 참고자료 필요 시는 참고자료를 이용할 것. 변압기 이외의 시설은 주상에 설치하는 것임.

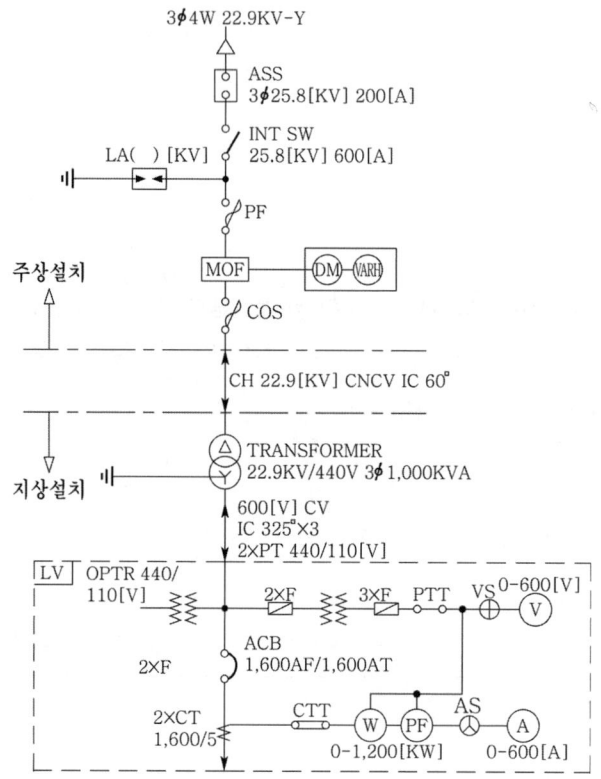

(1) 단선도상의 LA의 정격 전압은 몇 [kV]인가?
(2) MOF와 DM, VARH METER 간 연결된 전선의 가닥 수는?
(3) OPTR의 설치 목적은 무엇인가?
(4) 그림과 같이 수전하는 방식을 무엇이라고 하는가?
(5) 그림과 같은 방식으로 수전 가능한 최대 용량은 몇 [kVA]인가?
(6) 부하 용량 증설로 인하여 변압기를 2,000[kVA]로 교체하는 경우 소요 인공을 구하시오. 단, 철거 변압기는 차후에 대비하여 보관하는 것임.
(7) 아래 자재를 설치하는 데 소요되는 인공을 각각 구하시오.
  ① 자동 고장 구분 개폐기(ASS)
  ② 인터럽트 스위치(interrupt switch)(가대 포함)
  ③ 피뢰기
  ④ 전력수급용 계기용변성기(MOF) 현수용

[참고자료]

표 1. 22[kV] 변압기

용량	공종	프랜트전공	비계공	특별인부	기계설치공	인력운반공
100[kVA] 이하	운반설치	1.0	0.5	1.2	–	0.7
	OT처리	1.0	–	1.2	–	–
	점 검	0.6	–	0.6	–	–
	계	2.6	0.5	3.0	–	0.7
150[kVA] 이하	운반설치	1.2	0.5	1.3	–	0.9
	OT처리	1.2	–	1.3	–	–
	점 검	0.7	–	0.7	–	–
	계	3.1	0.5	3.3	–	0.9
200[kVA] 이하	운반설치	1.2	0.6	1.5	–	0.9
	OT처리	1.3	–	1.5	–	–
	점 검	0.8	–	0.8	–	–
	계	3.3	0.6	3.8	–	0.9
250[kVA] 이하	운반설치	1.4	0.6	1.6	–	1.0
	OT처리	1.5	–	1.6	–	–
	점 검	0.9	–	0.9	–	–
	계	3.8	0.6	4.1	–	1.0
300[kVA] 이하	운반설치	1.5	0.7	1.7	–	1.1
	OT처리	1.5	–	1.7	–	–
	점 검	0.9	–	0.9	–	–
	계	3.9	0.7	4.3	–	1.1
400[kVA] 이하	운반설치	1.8	0.8	2.0	–	1.3
	OT처리	1.8	–	2.0	–	–
	점 검	1.1	–	1.1	–	–
	계	4.7	0.8	5.1	–	1.3
500[kVA] 이하	소운반설치	2.2	0.9	2.5	–	1.6
	OT 처리	2.3	–	2.5	–	–
	점 검	1.4	–	1.4	–	–
	계	5.9	0.9	6.4	–	1.6
750[kVA] 이하	소운반설치	2.0	1.0	2.3	–	1.6
	OT 처리	2.3	–	2.5	–	–
	부속품부침	2.6	–	2.6	–	–
	점 검	1.4	–	1.4	–	–
	계	8.3	1.0	8.8	–	1.6
1,000[kVA] 이하	소운반설치	2.3	1.1	2.7	–	1.7
	OT 처리	2.3	–	2.7	–	–
	부속품부침	3.1	–	3.1	–	–
	점 검	1.4	–	1.4	–	–
	계	9.1	1.1	9.9	–	1.7
1,500[kVA] 이하	소운반설치	2.5	1.2	3.0	–	1.8
	OT 처리	2.6	–	3.0	–	–
	부속품부침	3.5	–	3.5	–	–
	점 검	1.6	–	1.6	–	–
	계	10.2	1.2	11.1	–	1.8

용량	공종	프랜트전공	비계공	특별인부	기계설치공	인력운반공
2,000[kVA] 이하	소운반설치	2.9	1.3	3.3	–	2.1
	OT 처리	3.0	–	3.3	–	–
	부속품부침	3.9	–	3.9	–	–
	점 검	1.8	–	1.8	–	–
	계	11.6	1.3	12.3	–	2.1

[해설] ① 이 품은 1φ 기준으로 소운반, 점검, 결선 및 Megger Test를 포함한 품임
② 15,000[kVA]는 10,000[kVA]의 120[%]로 함.
③ 20,000[kVA]는 10,000[kVA]의 150[%]로 함.
④ 장비를 사용할 때는 운반설치, 라디에이터 부침, 콘서베이터 부침, 붓싱 부침 및 각 부분 품 부침 품의 35%로 하고 장비의 제경비를 별도 가산함.
⑤ 철거 50[%], 750[kVA] 이상의 재사용 철거 80[%](철거 해당분 품에 한함)
⑥ 기타는 건식변압기 해설 준용
⑦ 3상 130[%]
⑧ 몰드변압기도 이 품을 적용(다만, OT 처리품 제외)

표 2. 차단기 신설   [개당]

공 종	배전전공	보통인부
22.9[kV] Recloser	2.7	2.7
22.9[kV] Sectionalizer	2.7	2.7
22.9[kV] 자동 고장 구분 개폐기	2.7	2.7
22.9[kV] 자동 부하 절체 개폐기(A.L.T.S)	6.85	6.85
22.9[kV] 가공선용 가스절연 부하 개폐기(SF$_6$ GAS)	1.57	1.06

[해설] ① 3상 주상 설치기준   ② 단상은 40[%]
③ 철거 50[%]   ④ 11.4[kV]용 Sectionalizer는 60[%]
⑤ 리드선(인하선) 접속, 기기장치대(행거밴드) 설치 별도 가산
⑥ 자동부하 절체개폐기는 H주 3상 설치기준임.

표 3. 단로기

종 별	용 량	배 전 전 공
DS HOOK 형(1P)	400[A] 이하	0.80
	800[A] 이하	1.00
	1200[A] 이하	1.20
FDS (1P) 〃	30[A] 이하	0.80
	200[A] 이하	1.00
LS LEVER 형(3P)	400[A] 이하	4.80
	800[A] 이하	5.00
	1200[A] 이하	5.30

[해설] ① 1P는 3P의 40[%]   ② 2P는 3P의 70[%]
③ 인터 럽터 SW는 레버형에 준함   ④ 철거 50[%]
⑤ 주상 설치 120[%]
⑥ 가대 설치시는 개당 1.5[인] 가산하며, 인터럽터 SW의 가대 설치는 별도 계상
⑦ 리드선 압축 접속은 별도 계상
⑧ 부하 개폐기는 LS Lever형에 준함(퓨즈부 공용)

표 4. 피뢰침 및 피뢰기 신설 [개당]

구 분	전 공	비 고
피뢰침 설치 높이 7.5[m] 이하	1.50	내선전공
10[m] 〃	1.90	〃
15[m] 〃	2.60	배전전공
20[m] 〃	3.40	〃
25[m] 〃	4.10	〃
30[m] 〃	4.80	〃
35[m] 〃	5.50	〃
40[m] 〃	6.20	〃
피뢰기 직류 1,500[V]용	0.40	〃
〃 교류 3~11.4[kV]용	0.17	〃
〃 교류 22.9[kV]용	0.24	〃

[해설] ① 구조물로서 발판이 좋은곳(철탑 등)은 60[%]
② 배선 포함, 접지 불포함   ③ 철거 30[%]
④ 높이 40[m] 이상은 매 5[m]마다 1.0인 가산
⑤ 피뢰기는 접지 완철, 하부배선 불포함, 상부배선은 포함되었으며 리드선 압축 접속 시는 별도 계상
⑥ 다수의 피뢰침을 동일 옥상에 분포형으로 설비할 경우는 돌침(Air Terminal) 1개 증가에 대해 1.0 공량을 가산하고 접지선을 Netting Connection하는 배선의 공량을 가산할 것(발·변전분야 접지공사 분기선 접속 참조)
⑦ 전주에 설치하는 피뢰기는 배전전공이 시공한다.

표 5. 잡기기 신설 [대당]

종 별	내선전공
전열기 3[kW] 이하	0.40
5 〃	0.60
10 〃	1.00
10 〃 초과	1.40
벨	0.1
부 저	0.08
도어폰 (주기)	0.11
〃 (자기)	0.10
가스배출기	0.20
선풍기 날개직경 30[cm] 이하 (벽면)	0.20
〃 〃 〃 (천정면)	0.50
환풍기 〃 30[cm] 기준 (벽면)	0.48
〃 〃 50[cm] 기준 (천정면)	0.80
적산전력계 $1\phi 2$[W]용	0.14
〃 $1\phi 3$[W]용 및 $3\phi 3$[W]용	0.21
〃 $1\phi 4$[W]용	0.32
CT 설치 (저고압)	0.4
PT 설치 (〃)	0.4
현수용 M.O.F 설치(고압·특고압)	3.0
거치용 〃 〃	2.0
계기함 설치	0.30
특수계기함 설치	0.45
변성기함 설치(저·고압)	0.60
플로어 플레이트(수평고저 조정커버부)	0.135
전극봉 지지기(3P)	0.80
〃 (4P)	0.85
〃 (5P)	1.10

[해설] ① 철거 30[%], 재사용 철거 50[%]. 단, 실효계기 교체에 따른 철거 반입분이 수리 가능 품목일 경우에는 재사용 적용
② 방폭 200[%]
③ 아파트 등 공동주택 및 기타 이와 유사한 집단지역의 동일 구내(한 건물 내)에서 10대 초과의 적산전력계 설치 시에는 70[%] 적용
④ 특수계기함이라 함은 3종 계기함, 농사용 철제 계기함, 집합계기함 및 저압 변류기용 계기함을 말한다.
⑤ 거치용 MOF를 주상에 설치 시에는 이품의 170[%]로서 배전전공 적용(설치대 조립품 포함)
⑥ 전극봉 지지기에는 전극봉의 설치 및 조정품 포함. 다만, 보호함의 취부품은 별도 계상하며, 보호함의 설치품은 풀박스 취부품에 준한다.

● 답안작성

(1) 18[kV]
(2) 7가닥
(3) 변전실 내의 수배전반 신호 램프, 차단기 등의 조작용 110[V] 전원 전압을 얻기 위한 소형 변압기
(4) 간이 수전 방식
(5) 1,000[kVA]
(6) 1,000[kVA]는 철거, 2,000[kVA]는 신설하므로
  • 플랜트 전공 : $(9.1 \times 0.8 + 11.6) \times 1.3 = 24.54$[인]
  • 비계공 : $(1.1 \times 0.8 + 1.3) \times 1.3 = 2.83$[인]
  • 특별 인부 : $(9.9 \times 0.8 + 12.3) \times 1.3 = 26.29$[인]
  • 인력운반공 : $(1.7 \times 0.8 + 2.1) \times 1.3 = 4.5$[인]
(7) ① 자동 고장 구분 개폐기 : 배전 전공 : 2.7[인], 보통 인부 : 2.7[인]
   ② 인터럽트 스위치 : 배전 전공 : $5 \times 1.2 + 1.5 = 7.5$[인]
   ③ 피뢰기 : 배전 전공 : $3 \times 0.24 = 0.72$[인]
   ④ 계기용 변성기 현수용 : 내선 전공 : 3[인]

● 해 설
(1) 피뢰기 정격 전압

전력계통		피뢰기 정격 전압[kV]	
전압[kV]	중성점 접지방식	변전소	배전선로
345	유효접지	288	−
154	유효접지	144	−
66	PC 접지 또는 비접지	72	−
22	PC 접지 또는 비접지	24	−
22.9	3상 4선 다중접지	21	18

[주] 전압 22.9[kV] 이하의 배전선로에서 수전하는 설비의 피뢰기 정격전압[kV]은 배전선로용을 적용한다.

(6) 표 1에서 철거 재사용 80[%], 3상 130[%] 적용

※ 견적문제는 완벽하게 복원하지 못하여 유사 문제로 대체 했습니다.

2018년 4회 전기공사산업기사실기

▶출제년도 : 기사 97. 99. 18. ▶점수 : 4점

문1 그림은 전력 케이블의 시공방법이다. 어떤 시공 방법인지 답하시오.

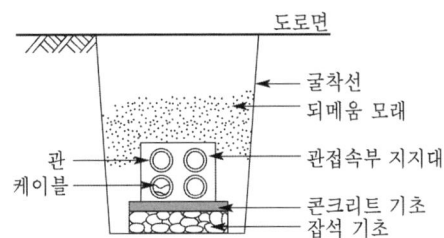

● 답안작성

관로인입식

▶출제년도 : 산업 14. 18. ▶점수 : 5점

문2 극판형식에 의한 축전지의 분류표이다. 빈칸에 알맞은 내용을 쓰시오.

종별	연축전지	알칼리축전지	니켈수소전지
형식명	크래드식(PS) 페이스트식(HS)	포켓식 소결식	GMH형
기전력[V]	2.05~2.08	( )	1.34
공칭전압[V]	( )	( )	1.2
시간율[Ah]	( )	5	( )

● 답안작성

종별	연축전지	알칼리축전지	니켈수소전지
형식명	크래드식(PS) 페이스트식(HS)	포켓식 소결식	GMH형
기전력[V]	2.05 ~ 2.08	(1.33)	1.34
공칭전압[V]	(2.0)	(1.2)	1.2
시간율[Ah]	(10)	5	(5)

▶출제년도 : 산업 05. 18. ▶점수 : 4점

문3 합성수지몰드 배선은 옥내의 건조한 2개의 장소에 한하여 시설할 수 있다. 어떤 장소인가?

● 답안작성

① 노출 장소
② 점검할 수 있는 은폐 장소

● 해 설

시설 장소와 배선 방법(400[V] 이하)

배선 방법		옥 내						옥측 옥내	
		노출 장소		은폐 장소					
				점검 가능		점검 불가능			
		건조한 장소	습기가 많은 장소 또는 수분이 있는 장소	건조한 장소	습기가 많은 장소 또는 수분이 있는 장소	건조한 장소	습기가 많은 장소 또는 수분이 있는 장소	우선 내	우선 외
애자공사		○	○	○	○	×	×	①	①
금속관공사		○	○	○	○	○	○	○	○
합성수지관공사 (CD관 제외)		○	○	○	○	○	○	○	○
가요 전선관 공 사	1종 가요전선관	○	×	○	×	×	×	×	×
	비닐 피복 1종 가요전선관	○	○	○	○	×	×	×	×
	2종 가요전선관	○	×	○	×	○	×	○	×
	비닐 피복 2종 가요전선관	○	○	○	○	○	○	○	○
금속몰드공사		○	×	○	×	×	×	×	×
합성수지몰드공사		○	×	○	×	×	×	×	×
플로어 덕트 공사		×	×	×	×	③	×	×	×
셀룰러 덕트 공사		×	×	○	×	③	×	×	×
금속 덕트 공사		○	×	○	×	×	×	×	×
라이팅 덕트 공사		○	×	○	×	×	×	×	×
버스 덕트 공사		○	×	○	×	×	×	④	④
케이블 공사		○	○	○	○	○	○	○	○
케이블트레이 공사		○	○	○	○	○	○	○	○

[비고] 1) ○ : 시설할 수 있다.　×: 시설할 수 없다.
2) ①은 노출 장소 및 점검할 수 있는 은폐 장소에 한하여 시설할 수 있다.
③은 콘크리트 등의 바닥 내에 한한다.
④는 옥외용 덕트를 사용하는 경우에 한하여(점검할 수 없는 은폐장소를 제외한다) 시설할 수 있다.
⑤는 전동기에 접속하는 짧은 부분으로 가요성을 필요로 하는 부분의 배선에 한하여 시설할 수 있다.

▶출제년도 : 11. 14. 18.　▶점수 : 5점

문4 다음 전선의 약호를 보고 그 명칭을 쓰시오.

(1) ACSR　(2) OW
(3) FL　(4) DV
(5) MI

● 답안작성

(1) 강심 알루미늄 연선　(2) 옥외용 비닐절연전선
(3) 형광 방전등용 비닐 전선　(4) 인입용 비닐절연 전선
(5) 미네랄 인슈레이션 케이블

▶ 출제년도 : 산업 14, 18, 24.   ▶ 점수 : 6점

문5 다음 물음에 답하시오.

(1) 페란티 현상에 대해 설명하시오.
(2) 페란티 현상을 방지하기 위해 전력계통에 사용하는 리액터를 쓰시오.

● 답안작성

(1) 무부하 시 선로의 정전용량에 의한 진상 전류 때문에 수전단의 전압이 송전단의 전압보다 높아지는 현상
(2) 분로 리액터

● 해 설

(1) 페란티 현상
  무부하의 경우 선로의 정전용량 때문에 전압보다 위상이 90° 앞선 충전 전류의 영향이 커져서 선로에 흐르는 전류가 진상이 되어 수전단 전압이 송전단 전압보다 높아지는 현상을 페란티 현상이라 한다.
(2) 페란티 현상 방지 대책
  선로에 흐르는 전류가 지상이 되도록 한다.
  • 수전단에 분로리액터를 설치한다.
  • 동기조상기의 부족여자 운전

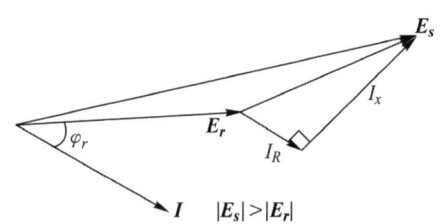
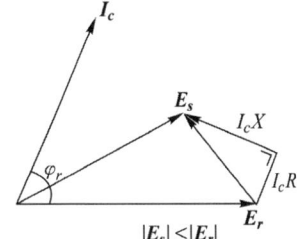

지상 전류가 흐를 경우의 벡터도   진상 전류가 흐를 경우의 벡터도

▶ 출제년도 : 산업 96, 13, 18,   ▶ 점수 : 5점

문6 100[kVA], 역률 60[%](뒤짐)의 부하에 전력을 공급하고 있는 변전소에 콘덴서를 설치하여 변전소에 있어서의 역률을 90[%]로 향상시키는 데 필요한 콘덴서 용량[kVar]은?

● 답안작성

$Q = W(\tan\theta_1 - \tan\theta_2)$[kVA]에서 유효 전력 $W = 100 \times 0.6 = 60$[kW]이므로

콘덴서 용량 $Q_c = 60 \times \left(\dfrac{\sqrt{1-0.6^2}}{0.6} - \dfrac{\sqrt{1-0.9^2}}{0.9} \right) = 50.94$[kVA]

▶ 출제년도 : 산업 18.   ▶ 점수 : 4점

문7 다음 (   )에 알맞은 내용을 쓰시오.

"건설현장 등의 애자공사에 의한 임시 시설에 전기를 공급하는 전로는 (   )를 시설하여야 한다."

● 답안작성
누전차단기

▶ 출제년도 : 산업 11. 18. ▶ 점수 : 5점

문8 지중배전선로 시공방법 중 관로식의 맨홀 시공에 사용되는 부속설비 5가지를 쓰시오.

● 답안작성
맨홀 뚜껑, 발판 볼트, 사다리, 관로구 및 방수장치, 훅크

● 해 설
그 외, 서포터 및 앵커 볼트, 물받이, 접지장치가 있다.

▶ 출제년도 : 11. 18. ▶ 점수 : 5점

문9 다음 변압기 냉각방식의 명칭은 무엇인지 쓰시오.

[예] AA(AN) : 건식자냉식

① OA(ONAN) :   ② FA(ONAF) :
③ OW(ONWF) :   ④ FOA(OFAF) :
⑤ FOW(OFWF) :

● 답안작성
① OA(ONAN) : 유입자냉식   ② FA(ONAF) : 유입풍냉식
③ OW(ONWF) : 유입수냉식   ④ FOA(OFAF) : 송유풍냉식
⑤ FOW(OFWF) : 송유수냉식

● 해 설
- OA(ONAN) : Oil Natural Air Natural
- FA(ONAF) : Oil Natural Air Forced
- OW(ONWF) : Oil Natural Water Forced
- FOA(OFAF) : Oil Forced Air Forced
- FOW(OFWF) : Oil Forced Water Forced

▶ 출제년도 : 산업 04. 18. ▶ 점수 : 5점

문10 연축전지의 전해액이 변색되며, 충전하지 않고 방전된 상태에서도 다량으로 가스가 발생되고 있다. 어떤 원인의 고장으로 예측되는가?

● 답안작성
전해액 불순물의 혼입

▶출제년도 : 11, 17, 18. ▶점수 : 5점

문11
방의 크기가 가로 9[m], 세로 12[m]이다. 전광속 3,150[lm]의 40[W] 형광등을 시설하여 평균조도 250[lx]로 하자면 설치할 등 수는 몇 등인가?
단, 조명률은 70[%], 감광보상률은 1.4로 하고 기타 제시하지 않은 사항은 생략한다.
• 계산 :
• 답 :

● 답안작성

계산 : 전등수 $N = \dfrac{AED}{FU} = \dfrac{9 \times 12 \times 250 \times 1.4}{3,150 \times 0.7} = 17.14$[등]

답 : 18[등]

▶출제년도 : 산업 18. ▶점수 : 6점

문12
다음 물음에 답하시오.
(1) 눈부심의 정의를 쓰시오.
(2) 눈부심의 종류를 3가지 쓰시오.

● 답안작성

(1) 정의 : 시야 내에 어떤 고휘도로 인하여 불쾌, 고통, 눈의 피로, 시력의 일시적 감퇴를 일으키는 현상
(2) 감능 글레어, 불쾌 글레어, 직시 글레어

● 해 설

(2) ① 감능 글레어 : 보고자 하는 물체와 시야 사이에 고휘도 광원이 있어 시력저하를 일으키는 현상
② 불쾌 글레어 : 심한 휘도 차이에 의한 피로 불쾌감
④ 직시 글레어 : 고휘도 광원을 직시하였을 때 시력장해를 받는 현상
⑤ 반사 글레어 : 고휘도원이 반사면으로부터 나올 때 시력장해를 받는 현상

▶출제년도 : 산업 12, 18. ▶점수 : 6점

문13
전기사업법에서 정의하는 전기설비의 종류 3가지를 쓰시오.

● 답안작성

① 전기사업용 전기설비
② 일반용 전기설비
③ 자가용 전기설비

● 해 설

전기사업법 제2조(정의)
"전기설비"란 발전·송전·변전·배전·전기공급 또는 전기 사용을 위하여 설치하는 기계·기구·댐·수로·저수지·전선로·보안통신선로 및 그 밖의 설비(「댐건설 및 주변지역지원 등에 관한 법률」에 따라 건설되는 댐·저수지와 선박·차량 또는 항공기에 설치되는 것과 그 밖에 대통령령으로 정하는 것은 제외한다)로서 다음 각 목의 것을 말한다.
① 전기사업용 전기설비 ② 일반용 전기설비 ③ 자가용 전기설비

▶출제년도 : 산업 18, 22.　▶점수 : 5점

문 14 송·수전단 전압이 일정하게 유지되도록 하는 역할과 송전 손실의 경감 및 전력 시스템의 안정도 향상을 목적으로 하는 조상설비의 종류를 3가지만 쓰시오.

● 답안작성

동기조상기, 전력용 콘덴서, 분로 리액터

● 해　설

송전선을 일정한 전압으로 운전하기 위해 필요한 무효전력을 공급하는 장치를 조상설비라 하며, 그 종류로는 동기조상기, 전력용 콘덴서, 분로 리액터, 정지형 무효전력보상장치가 있다.

▶출제년도 : 기사 04, 산업 18.　▶점수 : 30점

문 15 다음은 옥외 간이 수변전 설비에 대한 단선도이다. 그림을 보고 다음 물음에 답하시오. 단, 참고자료(일부생략) 필요 시는 참고자료를 이용할 것, 변압기 이외의 시설은 주상에 설치하는 것임.

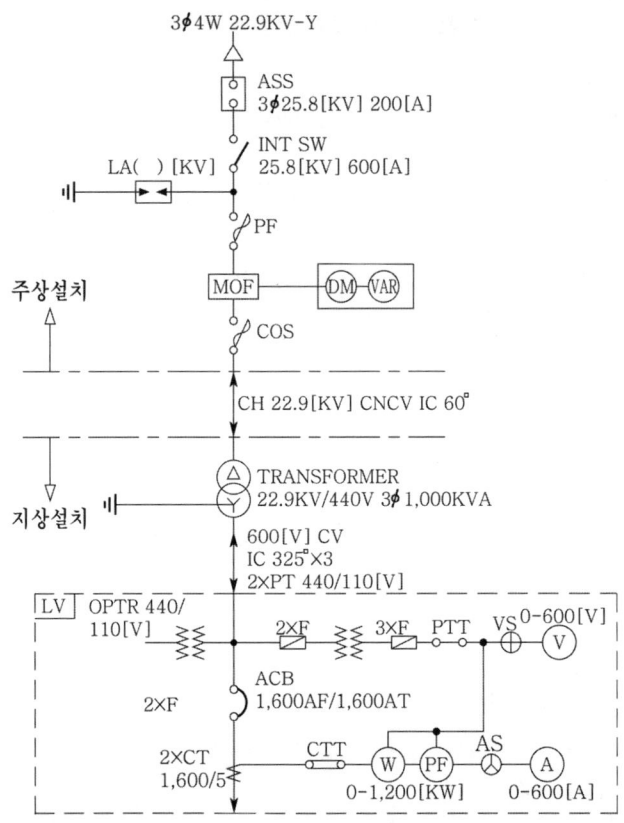

(1) 부하용량 증설로 인하여 변압기를 2,000[kVA]로 교체하는 경우 총 소요 인공을 구하시오. 단, 철거 변압기는 차후 용량증설에 대비하여 보관하는 조건임.
　• 계산 :
　• 총 소요 인공계 :

(2) 문제 (1) 항과 같이 용량이 증가하는 경우 교체하여야 할 자재는 변압기 이외에 어떤 것들이 있는가 아는 대로 5가지 쓰시오.

(3) 수전 용량 변경 없이 변압기의 2차 전압을 440[V]에서 380[V]로 변경하는 경우 교체해야 하는 자재는 변압기 이외에 어떤 것들이 있는가 아는 대로 4가지 쓰시오.

[참고자료]

22[kV] 변압기(대당)

용 량	공 종	플랜트 전공	비계공	특별인부	기계설치공	인력운반공
500[kVA] 이하	소운반설치	2.2	0.9	2.5	−	1.6
	OT 처리	2.3	−	2.5	−	−
	점 검	1.4	−	1.4	−	−
	계	5.9	0.9	6.4	−	1.6
750[kVA] 이하	소운반설치	2.0	1.0	2.3	−	1.6
	OT 처리	2.3	−	2.5	−	−
	부속품붙임	2.6	−	2.6	−	−
	점 검	1.4	−	1.4	−	−
	계	8.3	1.0	8.8	−	1.6
1,000[kVA] 이하	소운반설치	2.3	1.1	2.7	−	1.7
	OT 처리	2.3	−	2.7	−	−
	부속품붙임	3.1	−	3.1	−	−
	점 검	1.4	−	1.4	−	−
	계	9.1	1.1	9.9	−	1.7
1,500[kVA] 이하	소운반설치	2.5	1.2	3.0	−	1.8
	OT 처리	2.6	−	3.0	−	−
	부속품붙임	3.5	−	3.5	−	−
	점 검	1.6	−	1.6	−	−
	계	10.2	1.2	11.1	−	1.8
2,000[kVA] 이하	소운반설치	2.9	1.3	3.3	−	2.1
	OT 처리	3.0	−	3.3	−	−
	부속품붙임	3.9	−	3.9	−	−
	점 검	1.8	−	1.8	−	−
	계	11.6	1.3	12.3	−	2.1

[해설] ① 15,000[kVA]는 10,000[kVA]의 120[%]로 함
② 20,000[kVA]는 10,000[kVA]의 150[%]로 함
③ 장비를 사용할 때는 운반설치 라디에이터 붙임, 콘서베이터 붙임, 붓싱붙임 및 각 부분 붙임품의 35[%]로 하고 장비의 제경비를 별도 가산함.
④ 철거 50[%](750[kVA] 이상의 재사용 시 80[%])
⑤ 상기품은 1φ 기준으로 소운반, 점검, 결선 및 megger test 시 시험을 포함한 품임.
⑥ 본품은 단상, 옥외, 지상, 인력작업을 기준으로 한 것임.
⑦ 3상 130[%]

● **답안작성**

(1) **계산** : ① 1,000[kVA] 철거
 • 플랜트 전공 : 9.1×1.3×0.8 = 9.46[인]
 • 비 계 공 : 1.1×1.3×0.8 = 1.14[인]
 • 특별인부 : 9.9×1.3×0.8 = 10.3[인]

- 인력운반공 : 1.7×1.3×0.8 = 1.77[인]
② 2,000[kVA] 신설
- 플랜트 전공 : 11.6×1.3 = 15.08[인]
- 비계공 : 1.3×1.3 = 1.69[인]
- 특별인부 : 12.3×1.3 = 15.99[인]
- 인력운반공 : 2.1×1.3 = 2.73[인]

답 : 총소요 인공
- 플랜트 전공 : 24.54[인]
- 특별인부 : 26.29[인]
- 비계공 : 2.83[인]
- 인력운반공 : 4.5[인]

(2) ACB, CT, A-meter, W-meter, 변압기 2차측 케이블
(3) OPTR, PT, V-meter, CT

● 해 설

(1) 변압기 용량 2,000[kVA]로 교체 시

변압기 1차측 전류 $I_{1n} = \dfrac{2,000}{\sqrt{3} \times 22.9} = 50.42[A]$

변압기 2차측 전류 $I_{2n} = \dfrac{2,000}{\sqrt{3} \times 0.44} = 2,624.32[A]$

(2) 이외에, PF, COS의 퓨즈, MOF
(3) 380[V]로 변경 시 변압기 2차측 전류

$I_{2n} = \dfrac{1,000}{\sqrt{3} \times 0.38} = 1,519.34[A]$

교체기기 사양

기 기 명	변 경 전	변 경 후	비　　고
OPTR	440/110[V]	380/110[V]	
2×PT	440/110[V]	380/110[V]	
V-meter	0 ~ 600[V]	0 ~ 600[V]	눈금판 교체
CT	1,600/5	2,000/5	
A-meter	0 ~ 1,600	0 ~ 2,000	

※ 견적문제는 완벽하게 복원하지 못하여 유사 문제로 대체 했습니다.

2019년 1회 전기공사산업기사실기

▶ 출제년도 : 산업 19. ▶ 점수 : 5점

문1 그림은 3상 3선식 적산전력계의 결선도(계기용변압기 및 변류기를 시설하는 경우)를 나타낸 것이다. 미완성 부분의 결선도를 완성하시오. 단, 접지가 필요한 곳에는 접지 표시를 하도록 한다.

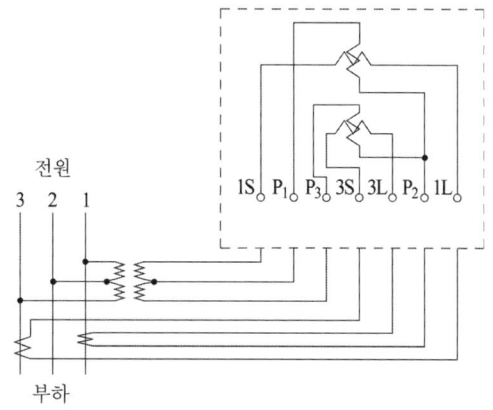

● 답안작성

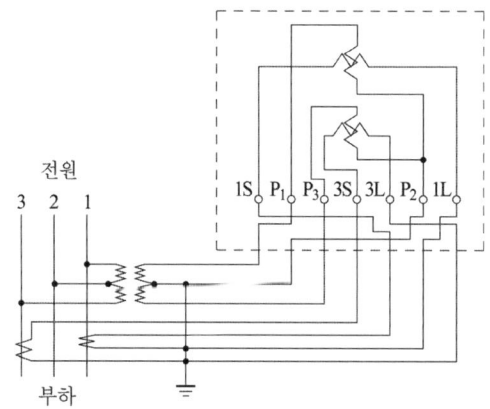

▶ 출제년도 : 산업 08. 15. 19. ▶ 점수 : 5점

문2 "엑세스플로어(Movable Floor 또는 OA Floor)"란 무엇인가 용어 설명을 쓰시오.

● 답안작성

컴퓨터실, 통신기계실, 사무실 등에서 배선, 기타의 용도를 위한 2중 구조의 바닥을 말한다.

▶출제년도 : 산업 19.   ▶점수 : 4점

문3 다음은 저압전로의 절연저항에 관한 표이다. ( ) 안에 해당하는 알맞은 내용을 쓰시오. 전기사용 장소의 사용전압이 저압인 전로의 전선 상호 간 및 전로와 대지 사이의 절연저항은 개폐기 또는 과전류차단기로 구분할 수 있는 전로마다 다음 표에서 정한 값 이상이어야 한다.

전로의 사용전압[V]	DC 시험전압[V]	절연저항[MΩ]
SELV 및 PELV	250	(①)
FELV, 500[V] 이하	500	(②)
500[V] 초과	(③)	(④)

[주] 특별저압(extra low voltage : 2차 전압이 AC 50[V], DC 120[V] 이하)으로 SELV(비접지회로 구성) 및 PELV(접지회로 구성)은 1차와 2차가 전기적으로 절연된 회로, FELV는 1차와 2차가 전기적으로 절연되지 않은 회로

● 답안작성

① 0.5, ② 1.0, ③ 1000, ④ 1.0

● 해 설

전기설비 기술기준 제52조 저압전로의 절연성능

전기사용 장소의 사용전압이 저압인 전로의 전선 상호 간 및 전로와 대지 사이의 절연저항은 개폐기 또는 과전류차단기로 구분할 수 있는 전로마다 다음 표에서 정한 값 이상이어야 한다. 다만, 전선 상호 간의 절연저항은 기계기구를 쉽게 분리가 곤란한 분기회로의 경우 기기 접속 전에 측정할 수 있다. 또한, 측정 시 영향을 주거나 손상을 받을 수 있는 SPD 또는 기타 기기 등은 측정 전에 분리시켜야 하고, 부득이하게 분리가 어려운 경우에는 시험전압을 250[V] DC로 낮추어 측정할 수 있지만 절연저항 값은 1[MΩ] 이상이어야 한다.

전로의 사용전압[V]	DC시험전압[V]	절연저항[MΩ]
SELV 및 PELV	250	0.5
FELV, 500[V] 이하	500	1.0
500[V] 초과	1,000	1.0

[주] 특별저압(extra low voltage : 2차 전압이 AC 50[V], DC 120[V] 이하)으로 SELV(비접지회로 구성) 및 PELV(접지회로 구성)은 1차와 2차가 전기적으로 절연된 회로, FELV는 1차와 2차가 전기적으로 절연되지 않은 회로

▶출제년도 : 산업 98. 00. 04. 07. 10. 19.   ▶점수 : 5점

문4 다음의 회로와 같은 단상 3선식 220/440[V]로 전열기 및 전동기에 전기를 공급하는 경우 설비의 불평형률[%]을 구하시오.

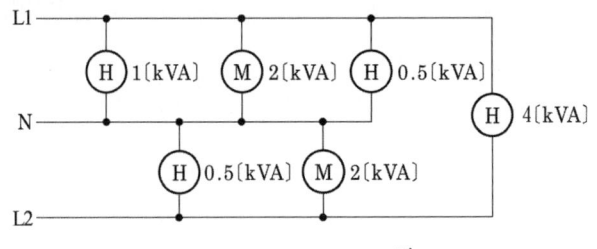

•계산 :   •답 :

● 답안작성

계산 : 설비불평형률 $= \dfrac{(1+2+0.5)-(0.5+2)}{\dfrac{1}{2}(1+2+0.5+0.5+2+4)} \times 100 = 20[\%]$

답 : 20[%]

● 해 설

단상 3선식에서의 설비불평형률

설비불평형률 $= \dfrac{\text{중성선과 각 전압측 전선간에 접속되는 부하 설비용량[kVA]의 차}}{\text{총 부하 설비용량[kVA]의 1/2}} \times 100[\%]$

문5 ▶출제년도 : 산업 19. ▶점수 : 6점

한국전기설비규정(KEC)에 의거하여 다음의 물음에 알맞은 답을 쓰시오.
(1) 저압 가공전선이 도로 횡단 시 지표상의 높이는 몇 [m] 이상 이어야 하는가?
(2) 고압 가공전선이 철도를 횡단 시 레일면상 높이는 몇 [m] 이상이어야 하는가?
(3) 저압 가공전선에 절연전선을 사용하여 횡단보도교 위에 시설하는 경우에는 저압 가공전선은 그 노면상 몇 [m] 이상이어야 하는가?

● 답안작성

(1) 6[m]   (2) 6.5[m]   (3) 3[m]

● 해 설

고압 가공전선의 높이(KEC 332.5), 저압 가공전선의 높이(KEC 222.7)

설치장소		가공전선의 높이
도로횡단 (번잡하지 않은 도로 제외)		지표상 6[m] 이상
철도 또는 궤도 횡단		레일면상 6.5[m] 이상
횡단보도교 위	저압	노면상 3.5[m] 이상(단, 절연전선의 경우 3[m] 이상)
	고압	노면상 3.5[m] 이상
일반장소		지표상 5[m] 이상 단, 저압의 경우 절연전선 또는 케이블을 사용하여 교통에 지장이 없도록 하여 옥외조명용에 공급하는 경우 4[m]까지 감할 수 있다.

문6 ▶출제년도 : 기사 11. 16. 산업 19. ▶점수 : 6점

송전방식에는 교류송전방식과 직류송전방식이 있다. 직류송전방식의 장점을 3가지만 쓰시오.

● 답안작성

① 절연 레벨을 낮출 수 있다.
② 무효 전력 및 송전 손실이 없고, 또 역률이 항상 1이므로 송전 효율이 좋다.
③ 리액턴스, 위상각이 없으므로 안정도가 좋다.

● 해 설

직류 송전 방식의 장·단점
[장점] ① 선로의 리액턴스가 없으므로 안정도가 높다.
② 유전체손 및 충전 용량이 없고 절연 내력이 강하다.
③ 비동기 연계가 가능하다.
④ 단락 전류가 적고 임의 크기의 교류 계통을 연계시킬 수 있다.
⑤ 코로나손 및 전력 손실이 적다.
⑥ 표피 효과나 근접 효과가 없으므로 실효 저항의 증대가 없다.
[단점] ① 직교 변환 장치가 필요하다.
② 전압의 승압 및 강압이 불리하다.
③ 고조파나 고주파 억제 대책이 필요하다.
④ 직류 차단기가 개발되어 있지 않다.

▶출제년도 : 산업 19. ▶점수 : 5점

문7 전력용 커패시터 내부에 고장이 생기거나 과전류 또는 과전압 발생 시 자동 차단기를 보호장치로 시설해야 한다. 이때 뱅크용량은 몇 [kVA] 이상인지 쓰시오.

● 답안작성

15,000[kVA]

● 해 설

조상설비의 보호장치(KEC 351.5)

설비종별	뱅크용량의 구분	자동적으로 전로로부터 차단하는 장치
전력용 커패시터 및 분로리액터	500[kVA] 초과 15,000[kVA] 미만	·내부에 고장이 생긴 경우 ·과전류가 생긴 경우
	15,000[kVA] 이상	·내부에 고장이 생긴 경우 ·과전류가 생긴 경우 ·과전압이 생긴 경우
조상기	15,000[kVA] 이상	·내부에 고장이 생긴 경우

▶출제년도 : 산업 15. 19. ▶점수 : 4점

문8 Static UPS와 Motor/Generator를 조합한 것을 무엇이라 하는지 쓰시오.

● 답안작성

Dynamic UPS

▶출제년도 : 산업 19. ▶점수 : 5점

문9 저압 옥내배선 중 라이팅덕트 시설 시 라이팅덕트에 접속하는 부분의 공사 종류 3가지만 쓰시오.

● 답안작성

금속관공사, 합성수지관공사, 가요전선관공사

● 해 설

라이팅 덕트 배선
라이팅 덕트에 접속하는 부분의 공사방법은 금속관공사, 합성수지관공사, 가요전선관공사, 금속몰드공사, 합성수지몰드공사 또는 케이블공사에 의하여 전선에 손상을 받을 우려가 없도록 시설하여야 한다.

▶ 출제년도 : 산업 08. 19.　▶ 점수 : 5점

문10 "안전관리 설비"란 건축물에 필수적이며, 사람의 안전 및 환경 또는 다른 물체에 손상을 주지 않게 하기 위한 설비를 말한다. 안전관리 설비 중 비상전원이 필요한 설비 5가지만 쓰시오.

● 답안작성

① 비상조명　② 소화전설비
③ 제연설비　④ 피난설비(유도등, 비상조명등)
⑤ 의료용 기기

● 해 설

이외에도 ⑥ 자동화설비

▶ 출제년도 : 산업 96. 00. 01. 13. 19.　▶ 점수 : 5점

문11 배전설계의 긍장이 50[m], 부하의 최대 사용 전류는 150[A], 배전설계의 전압강하는 6[V]이다. 이때, 3상 3선식 저압회로의 공칭단면적[mm²]을 선정하시오.
(단, 공칭단면적은 35[mm²], 50[mm²], 70[mm²], 95[mm²] 등이 있다.)

• 계산　　　　　　　　　　　　　　　　• 답

● 답안작성

계산 : 3상 3선식 회로에서의 전선의 단면적은
$$A = \frac{30.8LI}{1,000e} = \frac{30.8 \times 50 \times 150}{1,000 \times 6} = 38.5 [\text{mm}^2]$$

답 : 50[mm²]

● 해 설

① 전압강하 계산

전기 방식	전압 강하		전선 단면적
단상 3선식 직류 3선식 3상 4선식	$e_1 = IR$	$e_1 = \dfrac{17.8LI}{1,000A}$	$A = \dfrac{17.8LI}{1,000e_1}$
단상 2선식 및 직류 2선식	$e_2 = 2IR = 2e_1$	$e_2 = \dfrac{35.6LI}{1,000A}$	$A = \dfrac{35.6LI}{1,000e_2}$
3상 3선식	$e_3 = \sqrt{3}IR = \sqrt{3}e_1$	$e_3 = \dfrac{30.8LI}{1,000A}$	$A = \dfrac{30.8LI}{1,000e_3}$

② KSC IEC 전선규격
　1.5, 2.5, 4, 6, 10, 16, 25, 35, 50, 70, 95, 120, 150, 185, 240, 300, 400, 500, 630[mm²]

▶ 출제년도 : 산업 19. ▶ 점수 : 30점

문12 콘크리트 재질의 사무실에 스탠드형 냉난방기를 설치하기 위하여 아래와 같이 전원공사를 노출로 시공하려고 한다. 다음 물음에 답하시오.

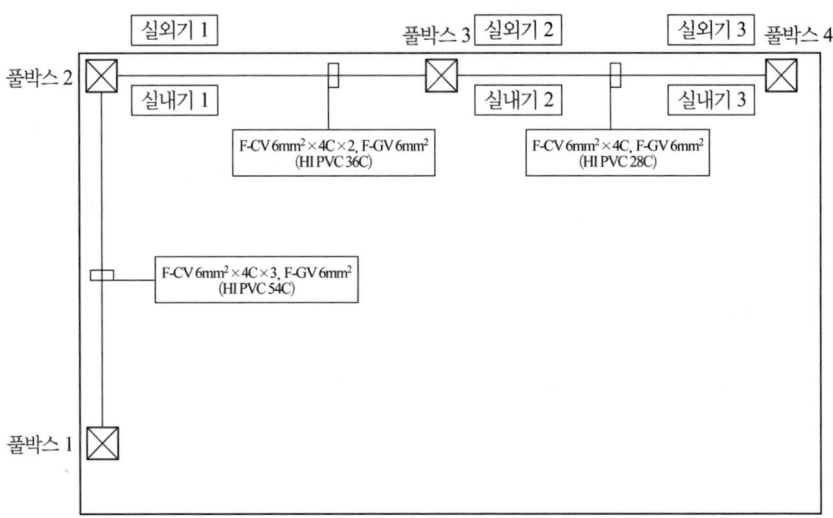

스탠드형 냉난방기 설치 전원공사 시공도면(평면도)

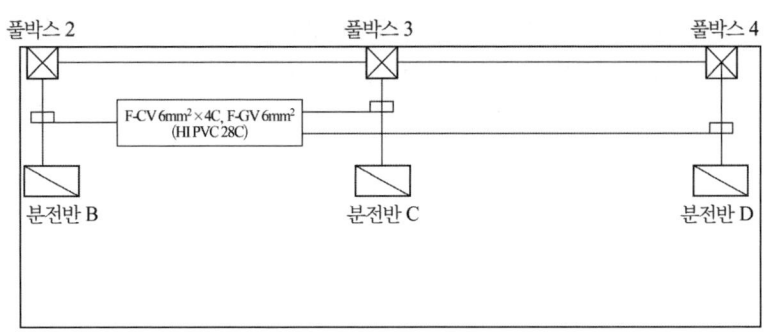

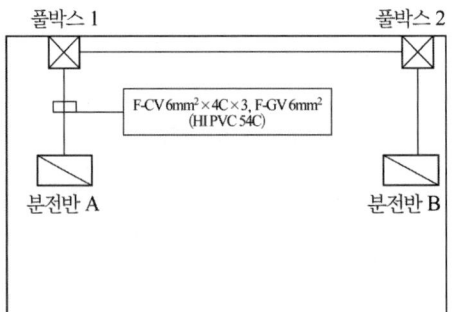

스탠드형 냉난방기 설치 전원공사 시공도면(입면도)

[일반조건]
① 풀박스는 천장면 설치, 분전반은 벽면 노출 설치한다.
② 분전반 A의 1차 간선공사는 무시한다.
③ 앵커볼트 설치 등의 옥내잡공사는 무시한다.
④ 내역서에 없는 항목(터미널 등) 및 기타 조건은 무시한다.
⑤ 풀박스 내에서 배선 여유는 무시한다.
⑥ 풀박스 내부에서 전원선은 접속 없이 관통한다.
⑦ 분전반 B, C, D 실외기 1, 2, 3 실내기 1, 2, 3 간의 전원공사는 냉난방기업체 공사분이다.
⑧ 분전반 MAIN 차단기는 50[AF] 이하, FEEDER 차단기는 30[AF] 이하로 설치한다.

[배관·배선에 관한 조건]
① 풀박스 1에서 풀박스 2까지의 수평거리는 20[m], 풀박스 2에서 풀박스 3까지의 수평거리는 15[m], 풀박스 3에서 풀박스 4까지의 수평거리는 15[m], 풀박스에서 분전반 간 수직거리는 1[m]이다.
② 분전반 A 내부의 배선 여유는 60[cm], 분전반 B, C, D 내부의 배선 여유는 30[cm]이다.
③ 접지선은 공통으로 1가닥만 적용한다.

[재료비 산정 시]
① 재료의 할증 : 옥내전선 10[%], Cable(옥내) 5[%], 전선관배관 10[%]
② 소수점은 첫째 자리에서 반올림한다.

[내선전공 산정 시]
① 재료비 할증은 제외한다.
② 개별재료의 인공을 소수점 끝자리까지 구한다.

[노무비 산정 시]
① 공구손료는 노무비의 3[%]로 한다.
② 내선전공의 인건비는 180,000원으로 한다.
③ 저압케이블공의 인건비는 200,000원으로 한다.
④ 내선전공 및 저압 케이블공은 합산하여 소수점 이하는 버린다.
⑤ 노무비는 직접노무비만 산출한다.

5-1 전선관 배관

합성수지 전선관		비고
규격	내선전공	
28[mm] 이하	0.08	단위 : [m]
36[mm] 이하	0.10	
54[mm] 이하	0.19	

① 콘크리트 매입 기준
② 블록벽체 및 철근콘크리트 노출은 120[%]

5-2 전선관 부속품률

품 명	부속품률
박강전선관, 후강전선관, 합성수지전선관(PVC), 가요전선관	15[%]

① 전선관 부속품에는 커플링, 부싱, 커넥터, 록너트를 포함

5-4 풀박스 설치

규 격	천장면	벽 면	비 고
100[mm] × 100[mm] × 100[mm] 이하	0.04	0.17	단위 : [개]
250[mm] × 250[mm] × 200[mm] 이하	0.22	0.55	적용직종 : 내선전공

5-10 옥내배선

규 격	관내배선	비 고
6[mm^2] 이하	0.010	단위 : [m] 적용직종 : 내선전공

5-13 제어용 케이블 설치(600[V], 10[mm^2] 이하는 제어용 케이블 설치 준용)

선심 수	6[mm^2]	비 고
1C	0.013	단위 : [m]
4C	0.034	적용직종 : 저압케이블공

① 2열 동시 180[%], 3열 260[%], 4열 340[%], 4열 초과 시 1열당 80[%] 가산

5-18 분전반 조립 및 설치

용량	배선용 차단기			비 고
	1P	2P	3P	
30[AF] 이하	0.34	0.43	0.54	단위 : [m]
50[AF] 이하	0.43	0.58	0.74	적용직종 : 저압케이블공
100[AF] 이하	0.58	0.74	1.04	

① 차단기 및 스위치가 조립된 완제품 설치 시는 65[%]
② 분전반 외함이 노출설치인 경우 90[%]
③ 4P 개폐기는 3P 개폐기의 130[%]
④ 누전차단기는 배선용차단기 품 준용

(1) 아래 표의 재료비를 구하시오.

품 명	규 격	단위	수량	재료비 단가	재료비 금액
전선관	HI PVC 54C	[m]	①	2,500	②
전선관	HI PVC 36C	[m]	③	1,600	④
전선관	HI PVC 28C	[m]	⑤	1,000	⑥
풀박스	200[mm]×200[mm]×200[mm]	[개]	4	5,000	20,000
접지용 비닐절연전선	F-GV 6[mm^2]	[m]	⑦	1,500	⑧

품 명	규 격	단위	수량	재료비 단가	재료비 금액
폴리에틸렌 난연케이블	F-CV 6[mm^2]×4C	[m]	⑨	6,000	⑩
분전반 A	MAIN	[면]	1	500,000	500,000
분전반 B, C, D	FEEDER	[면]	3	100,000	300,000
배관부속자재비	전선관의 15[%]	[식]	1		⑪
잡자재비	전선, 케이블 및 전선관 자재비의 2[%]	[식]	1		⑫

(2) 아래 표의 내선전공 및 저압케이블공을 구하시오.

품 명	규 격	단위	수량	내선전공 및 저압케이블공
전선관	HI PVC 54C	[m]		①
전선관	HI PVC 36C	[m]		②
전선관	HI PVC 28C	[m]		③
풀박스	200[mm]×200[mm]×200[mm]	[개]	4	④
접지용 비닐절연전선	F-GV 6[mm^2]	[m]		⑤
폴리에틸렌 난연케이블	F-CV 6[mm^2]×4C	[m]		⑥
분전반 A	MAIN	[면]	1	⑦
분전반 B, C, D	FEEDER	[면]	3	⑧

(3) 내선전공 노무비, 저압케이블공 노무비, 공구손료, 노무비 합계를 산출하시오.
　① 내선전공 노무비
　　• 계산 :　　　　　　　　　　　• 답 :
　② 저압케이블공 노무비
　　• 계산 :　　　　　　　　　　　• 답 :
　③ 공구손료
　　• 계산 :　　　　　　　　　　　• 답 :

● 답안작성

(1)
①	23	②	57,500	③	17	④	27,200
⑤	20	⑥	20,000	⑦	61	⑧	91,500
⑨	119	⑩	714,000	⑪	15,705	⑫	18,204

(2)
①	4.788	②	1.8	③	1.728	④	0.88
⑤	0.56	⑥	3.876	⑦	1.3806	⑧	0.9477

(3) ① 내선전공 노무비
　　• **계산** : 내선전공 : 4.788+1.8+1.728+0.88+0.56+1.3806+0.9477=12[인]
　　　　　　　내선전공 인건비 : 12×180,000=2,160,000[원]
　　• **답** : 2,160,000[원]
　② 저압케이블공 노무비
　　• **계산** : 저압케이블공 : 3[인]
　　　　　　　저압케이블공 인건비 : 3×200,000=600,000[원]
　　• **답** : 600,000[원]

③ 공구손료
- **계산** : 노무비 : 2,160,000+600,000 = 2,760,000[원]
  공구손료 : 2,760,000×0.03 = 82,800[원]
- **답** : 82,800[원]

● 해 설

(1) ① HI PVC 54C : 23[m]
- 분전반A - 풀박스1 : 1[m]   • 풀박스1 - 풀박스2 : 20[m]
- 할증 : 21×0.1 = 2.1[m]

③ HI PVC 36C : 17[m]
- 풀박스2 - 풀박스3 : 15[m]   • 할증 : 15×0.1 = 1.5[m]

⑤ HI PVC 28C : 20[m]
- 풀박스3 - 풀박스4 : 15[m]   • 분전반B - 풀박스2 : 1[m]
- 분전반C - 풀박스3 : 1[m]   • 분전반D - 풀박스4 : 1[m]
- 할증 : 18×0.1 = 1.8[m]

⑦ F-GV 6[mm^2] : 61[m]
- 분전반A - 풀박스 1 : 1 + 0.6(여유) = 1.6[m]
- 풀박스1 - 풀박스 2 : 20[m]
- 풀박스2 - 풀박스 3 : 15[m]
- 풀박스3 - 풀박스 4 : 15[m]
- 분전반B - 풀박스 2 : 1 + 0.3(여유) = 1.3[m]
- 분전반C - 풀박스 3 : 1 + 0.3(여유) = 1.3[m]
- 분전반D - 풀박스 4 : 1 + 0.3(여유) = 1.3[m]
- 할증 : 55.5×0.1 = 5.55[m]

⑨ F-CV 6[mm^2] × 4C : 119[m]
- 분전반 A - 풀박스 1 : [1 + 0.6(여유)] × 3 = 4.8[m]
- 풀박스 1 - 풀박스 2 : 20[m] × 3 = 60[m]
- 풀박스 - -분전반 B : [1 + 0.3(여유)] = 1.3[m]
- 풀박스 2 - 풀박스 3 : 15[m] × 2 = 30[m]
- 풀박스 3 - 분전반 C : [1 + 0.3(여유)] = 1.3[m]
- 풀박스 3 - 풀박스 4 : 15[m]
- 풀박스 4 - 분전반 D : 1 + 0.3(여유) = 1.3[m]
- 할증 : 113.7×0.05 = 5.685[m]

⑪ (57,500 + 27,200+20,000)×0.15 = 15,705

⑫ (91,500 + 852,000 + 57,500 + 27,200 + 20,000)×0.02 = 20,964

(2) ① 내선전공 : 21[m]×0.19×1.2(노출설치) = 4.788[인]
② 내선전공 : 15[m]×0.1×1.2(노출설치) = 1.8[인]
③ 내선전공 : 18[m]×0.08×1.2(노출설치) = 1.728[인]
④ 내선전공 : 4×0.22 = 0.88[인]
⑤ 내선전공 : 56[m]×0.01 = 0.56[인]
⑥ 저압케이블공 : 114[m]×0.034 = 3.876[인]
⑦ 내선전공 : (1×0.74+3×0.54)×0.65(완제품)×0.9(노출설치) = 1.3806[인]
⑧ 내선전공 : 3×0.54×0.65(완제품)×0.9(노출설치) = 0.9477[인]

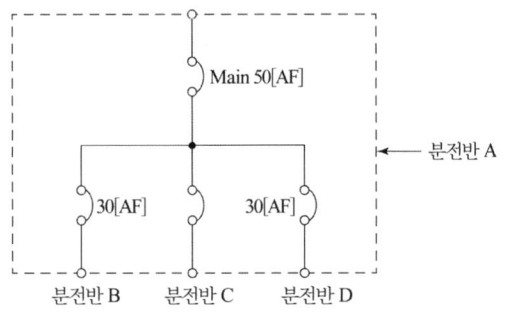

분전반 A 결선도

(3) ① 내선전공 : 4.788 + 1.8 + 1.728 + 0.88 + 0.56 + 1.3806 + 0.9477 = 12.0843[인]
조건에서 소수점 이하는 버리므로 12[인]이 된다.
② 저압케이블공 : 3.876[인]
조건에서 소수점 이하는 버리므로 3[인]이 된다.

▶ 출제년도 : 산업 12. 19.　▶ 점수 : 5점

문13 자가용전기설비 수용가의 인입구 개폐기로 사용되는 ASS의 설치사유를 설명하고, 명칭을 쓰시오.

● 답안작성

- 설치 사유 : 고장구간을 자동 개방하여 파급사고를 방지
- 명칭 : 자동고장 구분 개폐기

● 해 설

자동고장 구분 개폐기(ASS ; Automatic Section Switch)는 무전압 시 개방이 가능하고, 과부하 시 고장구간을 자동 개방하여 파급사고를 방지할 수 있는 고장 구분 개폐기로써 돌입 전류 억제 기능을 가지고 있다.

▶ 출제년도 : 산업 04. 09. 11. 19.　▶ 점수 : 5점

문14 전선로를 보강하기 위하여 세워지는 철탑으로, 직선철탑이 다수 연속될 경우에는 약 10기마다 1기의 비율로 설치되며, 서로 인접하는 경간의 길이가 크게 달라 지나친 불평형 장력이 가해지는 경우 등에 설치되는 철탑은 무엇인지 쓰시오.

● 답안작성

내장형 철탑

● 해 설

① 직선형 : 전선로의 직선 부분(3도 이하의 수평 각도를 이루는 곳을 포함)에 사용하는 것으로 내장형과 보강형은 제외한다.
② 각도형 : 전선로 중 3도를 넘는 수평 각도를 이루는 곳에 사용하는 것
③ 인류형 : 전가섭선을 인류하는 곳에 사용하는 것
④ 내장형 : 전선로 지지물의 양측의 경간의 차가 큰 곳에 사용하는 것
⑤ 보강형 : 전선로의 직선 부분에 그 보강을 위하여 사용하는 것

문 15 ▶출제년도 : 산업 19. ▶점수 : 5점

한국전기설비규정(KEC)에 의해 전기저장장치의 이차전지에 자동적으로 전로로부터 차단하는 장치를 시설하여야 하는 경우를 3가지만 쓰시오.

● 답안작성

① 과전압 또는 과전류가 발생한 경우
② 제어장치에 이상이 발생한 경우
③ 이차전지 모듈의 내부 온도가 급격히 상승할 경우

● 해 설

제어 및 보호장치(KEC 512.2.2)
전기저장장치의 이차전지에는 다음 각 호에 따라 자동적으로 전로로부터 차단하는 장치를 시설하여야 한다.
① 과전압 또는 과전류가 발생한 경우
② 제어장치에 이상이 발생한 경우
③ 이차전지 모듈의 내부 온도가 급격히 상승할 경우

2019년 2회 전기공사산업기사실기

문1 ▸출제년도 : 산업 11. 19.　▸점수 : 5점

단상 2선식의 교류 배전선이 있다. 전선 1줄의 저항은 0.25[Ω], 리액턴스는 0.35[Ω]이다. 부하가 220[V], 8.8[kW], 역률이 1일 경우 급전점의 전압은 몇[V]인가?

• 계산 :　　　　　　　　　　　　　　• 답 :

● 답안작성

계산 : $V_s = V_r + 2I(R\cos\theta + X\sin\theta)$, 역률 $\cos\theta = 1$(무유도성)이므로

급전점의 전압(V_s) = $220 + 2 \times \dfrac{8.8 \times 10^3}{220} \times 0.25 = 240[\text{V}]$

답 : 240[V]

문2 ▸출제년도 : 산업 19.　▸점수 : 5점

다음 그림에 나타낸 과전류 계전기가 진공차단기를 차단할 수 있도록 결선을 완성하시오.
(단, 과전류 계전기는 상시 폐로식이며, 접지표시도 함께 하시오.)

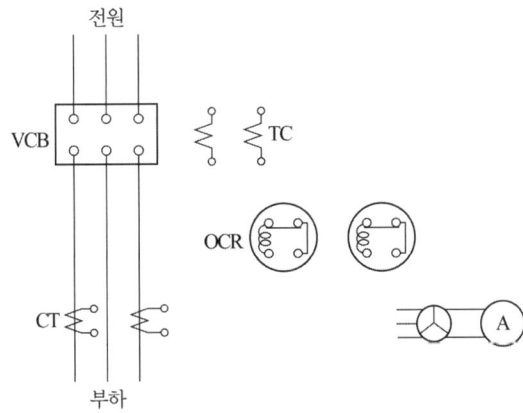

● 답안작성

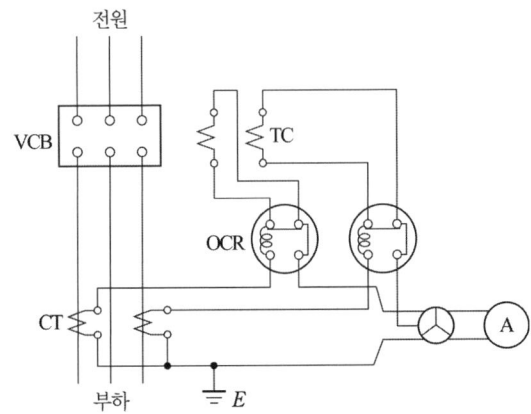

▶출제년도 : 산업 12. 14. 19   ▶점수 : 5점

문3 다음 작업구분에 맞는 각각의 직종을 쓰시오.
(1) 철탑(배전철탑 포함) 및 송전설비의 시공 및 보수
(2) 전주 및 배전설비의 시공 및 보수
(3) 발전설비 및 중공업설비의 시공 및 보수

● 답안작성
(1) 송전전공
(2) 배전전공
(3) 플랜트전공

● 해 설
(1) 송전전공 : 발전소와 변전소 사이의 송전선의 철탑 및 송전설비의 시공 및 보수에 종사하는 사람
(2) 배전전공 : 22.9[kV] 이하의 배전설비의 시공 및 보수에 종사하는 사람으로서 전주를 세우고 완금, 애자 등의 부품과 기계류(변압기, 개폐기 등)를 설치하고 무거운 전선을 가설하는 등의 작업을 하는 사람
(3) 플랜트전공 : 발전소 중공업설비·플랜트설비의 시공 및 보수에 종사하는 사람

▶출제년도 : 산업 19.   ▶점수 : 4점

문4 다음 (   )에 들어갈 내용을 답란에 쓰시오.

> 알루미늄 피복 또는 연피를 갖는 케이블의 굴곡부의 내측 반경은 마무리 외경의 (①)배 이상, 연피를 갖지 않는 케이블의 경우는 (②)배 이상으로 하는 것이 바람직하다.

● 답안작성
① 12   ② 5

● 해 설
케이블의 굴곡
알루미늄 피복 또는 연피를 갖는 케이블의 굴곡부의 내측 반경은 마무리 외경의 12배 이상, 연피를 갖지 않는 케이블의 경우는 5배 이상으로 하는 것이 바람직하다.

▶출제년도 : 산업 19.   ▶점수 : 4점

문5 발광 다이오드(LED)는 어떠한 발광원리를 이용한 것인지 쓰시오.

● 답안작성
반도체의 P-N 접합 구조를 이용하여 소수 캐리어(전자 및 정공)를 만들어내고, 이들의 재결합에 의하여 발광시키는 원리를 이용한다.

▶출제년도 : 산업 00. 01. 19.   ▶점수 : 5점

문6 예비전원으로 이용되는 축전지에 대한 물음에 답하시오.
(1) 축전지 설비를 설치할 경우 설비구성을 4가지만 쓰시오.
(2) 연축전지의 공칭전압[V/cell]을 쓰시오.

● 답안작성
(1) ① 축전지 ② 보안 장치 ③ 제어 장치 ④ 충전 장치
(2) 2[V/cell]

● 해　설
(2) 축전지의 공칭전압 및 공칭용량

	공칭전압	공칭용량
연(납) 축전지	2[V/cell]	10[Ah]
알칼리 축전지	1.2[V/cell]	5[Ah]

※ 공칭용량 = 정격방전율[Ah]

▶출제년도 : 산업 19.　▶점수 : 30점

문7 다음 도면은 세미나실의 옥내 전등 배선 평면도이다. 주어진 조건을 읽고 물음에 답하시오.

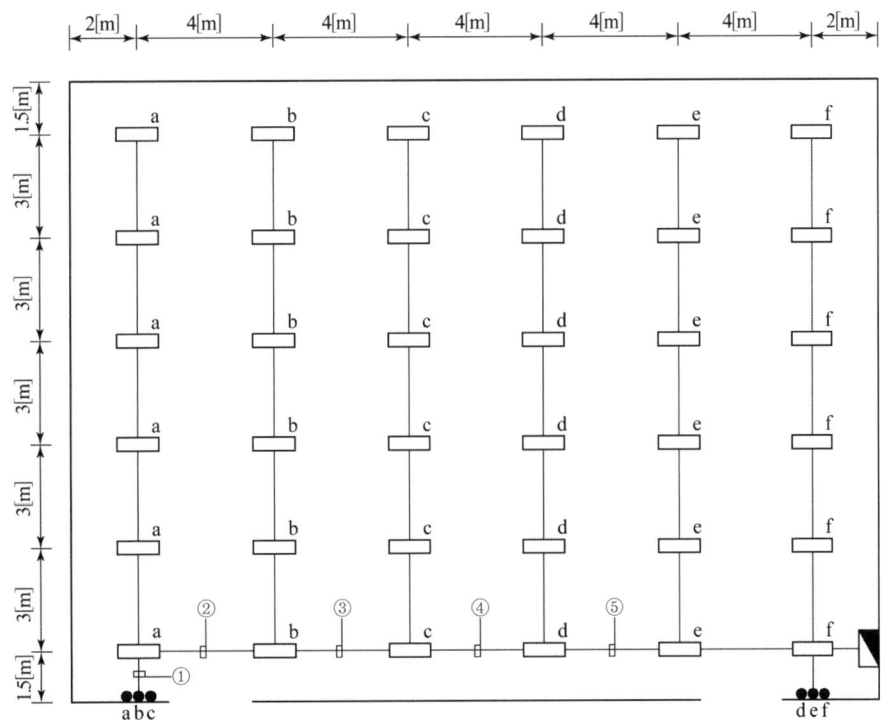

1. **시설조건**
① 전등용 전선은 HFIX 2.5[mm²]를 사용하고, 접지용 전선은 TFR-GV 2.5[mm²]를 사용하여 스위치 회로를 제외하고 등기구마다 실시하며 전등회로는 1회로로 a, b, c, d, e, f는 3구 스위치를 시설한다.
② 벽과 등기구간의 간격은 가로 2[m], 세로 1.5[m], 등기구와 등기구 간격은 가로 4[m], 세로 3[m]로 시설한다.

③ 전선관은 후강전선관을 사용하고 16[mm] 전선관 내 전선 수는 접지선을 포함 4가닥까지이며, 5가닥 이상은 22[mm] 전선관을 사용하여 시설한다.
④ 4방출 이상의 배관과 접속되는 박스는 4각 박스를 사용한다.
⑤ 각각의 등기구마다 1대 1로 아웃트렛 박스를 사용하며 천장에서 등기구까지는 금속가요전선관을 이용하여 등기구에 연결한다. 금속가요전선관 길이는 1[m]로 시설한다.
⑥ 천장은 이중천장으로 바닥에서 등기구까지 높이 3[m], 전등배관은 바닥에서 3.5[m]에 후강전선관을 이용하여 시설한다.
⑦ 스위치 설치 높이 1.2[m](바닥에서 중심까지)
⑧ 분전반 설치 높이 1.8[m](바닥에서 상단까지)
(단, 바닥에서 하단까지는 0.5[m]를 기준으로 한다.)

2. 재료의 산출조건
① 분전함 상부를 기준으로 한다.
② 자재 산출 시 산출수량과 할증수량은 소수점 이하로 첫째 자리까지 기록하고(소수점 둘째 자리 반올림), 자재별 총 수량(산출수량 + 할증수량)은 소수점 이하 올림한다.
③ 배선 이외의 자재는 할증하지 않는다. 배선 산출 시 배관길이 만큼만 계산 후 할증률만 적용한다(단, 배선의 할증은 10[%]로 한다).

3. 인건비 산출조건
① 재료의 할증에 대해서는 공량을 적용하지 않는다.
② 소수점 이하 둘째 자리까지 계산한다(단, 소수점 셋째 자리에서 반올림).
③ 품셈은 다음 표의 품셈을 적용한다.

자재명 및 규격	단위	내선전공
후강전선관 16[mm]	[m]	0.08
후강전선관 22[mm]	[m]	0.11
금속가요전선관 16[mm]	[m]	0.044
관내배선 6[mm^2] 이하	[m]	0.01
매입스위치 3구	[개]	0.065
아웃트렛 박스 4각, 8각	[개]	0.2
스위치박스(1, 2개용)	[개]	0.2

(1) 도면에 표시된 ①, ②, ③, ④, ⑤ 전선관 배관의 전선 가닥 수를 순서대로 쓰시오.
(2) 아래 물음에 답하시오.
  ① HFIX 전선의 명칭을 우리말로 쓰시오.
  ② 아래 표는 HFIX 전선의 공칭 단면적[mm^2]을 나타낸 것이다. (   )에 알맞은 말을 답란에 쓰시오.

규격 : (①) - 2.5 - (②) - (③) - 10 - 16 - 25 - 35

(3) 도면을 보고 아래 표의 ①~⑭에 들어갈 산출량 및 총 수량을 답란에 쓰시오.
(단, 계산식은 생략한다.)

자재명 및 규격	규격	단위	산출수량	할증수량	총수량 (산출수량 + 할증수량)
후강 전선관	16[mm]	[m]	①		⑥
후강 전선관	22[mm]	[m]	②		⑦
금속 가요 전선관	16[mm]	[m]	③		⑧
HFIX 전선	2.5[mm²]	[m]	④		⑨
TFR-GV 전선	2.5[mm²]	[m]	⑤		⑩
매입스위치 3구	250[V], 15[A]	[개]			⑪
아우트렛 박스 4각	54[mm]	[개]			⑫
아우트렛 박스 8각	54[mm]	[개]			⑬
스위치 박스(3구 1개용)	54[mm]	[개]			⑭

(4) 아래 표의 ①~⑥에 들어갈 내선전공을 답란에 쓰시오.
(단, 계산식은 생략한다.)

자재명 및 규격	규격	단위	수량	인공수 (재료 단위별)	내선전공
후강 전선관	16[mm]	[m]			①
후강 전선관	22[mm]	[m]			②
금속 가요 전선관	16[mm]	[m]			③
HFIX 전선	2.5[mm²]	[m]			④
TFR-GV 전선	2.5[mm²]	[m]			⑤
매입스위치 3구	250[V], 15[A]	[개]			⑥
아우트렛 박스 4각	54[mm]	[개]			
아우트렛 박스 8각	54[mm]	[개]			
스위치 박스(3구 1개용)	54[mm]	[개]			

● 답안작성

(1) ① : 4, ② : 5, ③ : 4, ④ : 3, ⑤ : 4
(2) ① 명칭 : 450/750[V] 저독성 난연 가교 폴리올레핀 절연전선
    ② 규격 : ⓐ 1.5, ⓑ 4, ⓒ 6
(3)

자재명 및 규격	규격	단위	산출수량	할증수량	총수량 (산출수량+할증수량)
후강전선관	16[mm]	[m]	① 113.3		⑥ 114
후강전선관	22[mm]	[m]	② 8		⑦ 8
금속가요전선관	16[mm]	[m]	③ 36		⑧ 36
HFIX 전선	2.5[mm²]	[m]	④ 353.8	35.4	⑨ 390
TFR-GV 전선	2.5[mm²]	[m]	⑤ 149.4	14.9	⑩ 165
매입스위치 3구	250[V], 15[A]	개			⑪ 2
아우트렛 박스 4각	54[mm]	개			⑫ 1
아우트렛 박스 8각	54[mm]	개			⑬ 35
스위치 박스(3구 1개용)	54[mm]	개			⑭ 2

(4)

자재명 및 규격	규격	단위	수량	인공수 (재료 단위별)	내선전공
후강전선관	16[mm]	[m]	113.3	0.08	① 9.06
후강전선관	22[mm]	[m]	8	0.11	② 0.88
금속가요전선관	16[mm]	[m]	36	0.044	③ 1.58
HFIX 전선	2.5[mm²]	[m]	353.8	0.01	④ 3.54
TFR-GV 전선	2.5[mm²]	[m]	149.4	0.01	⑤ 1.49
매입스위치 2구	250[V], 15[A]	개	2	0.065	⑥ 0.13
아우트렛 박스 4각	54[mm]	개	1	0.2	
아우트렛 박스 8각	54[mm]	개	35	0.2	
스위치 박스(3구 1개용)	54[mm]	개	2	0.2	

● 해 설

(1) ① L1, 스위치ⓐ, 스위치ⓑ, 스위치ⓒ : 4가닥
　② L1, L3, 스위치ⓑ, 스위치ⓒ, 접지 : 5가닥
　③ L1, L3, 스위치ⓒ, 접지 : 4가닥
　④ L1, L3, 접지 : 3가닥
　⑤ L1, L3, 스위치ⓓ, 접지 : 4가닥

(2) HFIX 공칭단면적
　1.5, 2.5, 4, 6, 10, 16, 25, 35, 50, 70, 95, 120, 150, 185, 240, 300, 400[mm²]

(3) 배관도

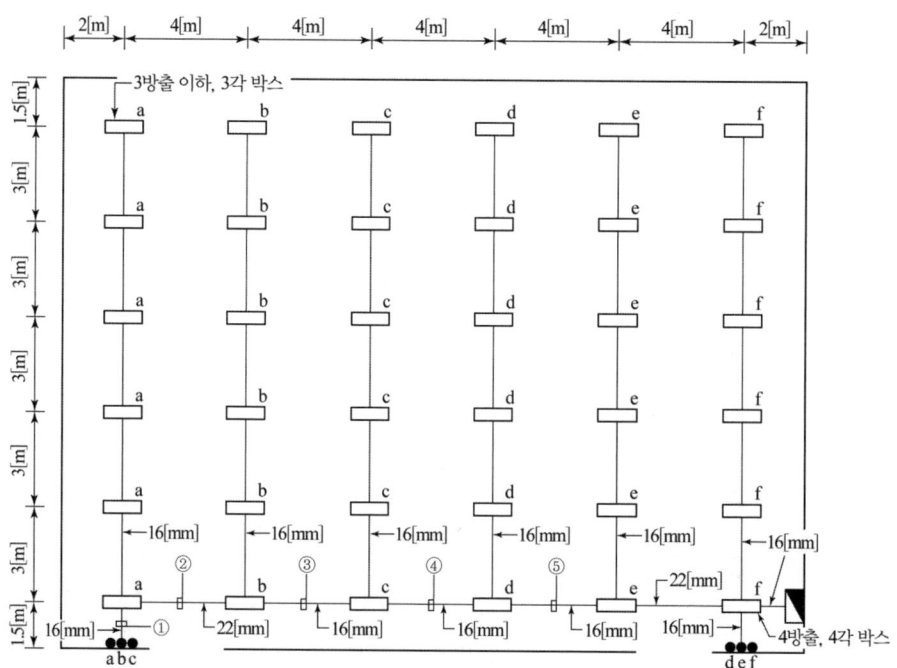

• 천정 ↔ 분전함 상부 : 1.7[m]
• 천정 ↔ 스위치 : 2.3[m]

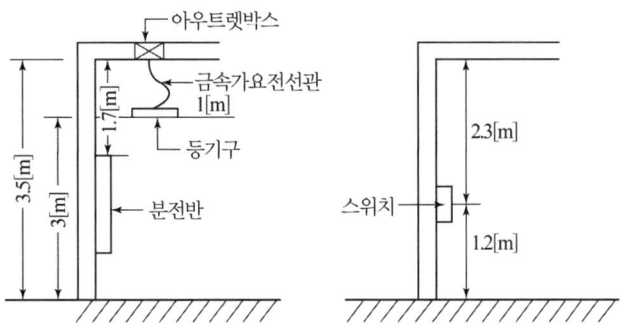

① 후강전선관 16[mm] = 3[m]×30(전등 세로열)+4[m]×3(전등 가로열)
              +(1.5[m]+2.3[m])×2(스위치)+(2[m]+1.7[m])×1(분전반)
              = 113.3[m]
② 후강전선관 22[mm] = 4[m]×2(5가닥인 부분) = 8[m]
③ 금속가요전선관 16[mm] = 1[m]×36(등기구 수) = 36[m]
④ HFIX 2.5[mm^2] = 40+24+19.8+6.4+30 = 120.2[m]
  • 전등 세로열 = 3[m]×2[선]×30 = 180[m]
  • 전등 가로열 = 4[m]×(2[선] + 3[선]×2 + 4[선]×2) = 64[m]
  • 스위치 = (1.5[m]+2.3[m])×4[선]×2 = 30.4[m]
  • 분전함 = (2[m]+1.7[m])×2[선] = 7.4[m]
  • 아우트렛 박스에서 등기구 = 1[m]×2[선]×36[등] = 72[m]
⑤ TFR-GV 2.5[mm^2] = 3[m]×30(전등 세로열)+4[m]×5(전등 가로열)
              +(2[m]+1.7[m])×1(분전반)+1[m]×36(아우트렛 박스에서 등기구)
              =149.4[m]

▶출제년도 : 산업 19. 24. ▶점수 : 4점

문8 그림과 같은 회로에서 전원을 개폐하고자 한다. 이 경우 단로기와 차단기의 조작 순서를 쓰시오.

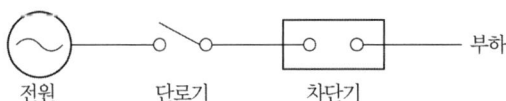

(1) 전원투입 순서
(2) 전원차단 순서

● **답안작성**

(1) 단로기 → 차단기
(2) 차단기 → 단로기

● **해 설**

단로기는 부하전류 개폐능력이 없으므로 차단기와 인터록 관계가 있어야 한다. 인터록이란 차단기가 개로된 상태에서 단로기를 개방 또는 투입할 수 있도록 하는 것을 말한다.
따라서, 차단기 차단 후 단로기를 개로 하여야 하며, 개로 시 항상 부하측부터 개로하여야 한다.

▶출제년도 : 산업 94, 98, 01, 03, 04, 07, 09, 16, 19. ▶점수 : 5점

문9 다음 (   )안에 들어갈 알맞은 내용을 답란에 쓰시오.

> 공사 원가는 순공사 원가, (①), (②), 부가가치세로 구성되며 이 중 순공사 원가는
> (③), (④), (⑤)의 합계이다.

● 답안작성
① 일반관리비, ② 이윤, ③ 노무비, ④ 경비, ⑤ 재료비

● 해 설
공사 원가라 함은 공사 시공 과정에서 발생한 재료비, 노무비, 경비의 합계액을 말한다.(준칙 제13조)

총원가
├─ 공사(제조) 원가
│   ├─ 재료비
│   │   ├─ 직접 재료비 : 주재료비, 부분 품비
│   │   └─ 간접 재료비 : 소모 재료비, 소모 공구, 기구, 비품비, 포장 재료비 (제조), 가설 재료비(공사) 등
│   ├─ 노무비
│   │   ├─ 직접 노무비 : 기본급, 제수당, 상여금, 퇴직급여 충당금
│   │   └─ 간접 노무비 : 직접 노무비×간접 노무 비율
│   │   (※ 간접 노무비율 = $\frac{간접 노무비}{직접 노무비}$)
│   └─ 경비 : 전력비 등 21개 비목
├─ 일반 관리비 – 공사 또는 제조원가 × 일정률(6~14[%])
└─ 이윤 – (노무비+경비+일반관리비) × 일정률(제조 25[%], 공사 15[%])

※ 예정 가격 = 총 원가 + 부가가치세(10[%])

▶출제년도 : 산업 15, 19. ▶점수 : 6점

문10 한류저항기(CLR)의 설치 목적 3가지를 쓰시오.

● 답안작성
① 계전기를 동작시키는 데 필요한 유효전류를 발생
② 오픈델타 회로의 각 상전압 중의 제3고조파 억제
③ 중성점 불안정 등 비접지 회로의 이상현상 억제

● 해 설
한류저항기는 SGR을 동작시키는 데 필요한 유효전류를 발생시키며, 오픈델타 회로의 각 상전압 중의 제3고조파 전압을 억제하고 중성점에서의 이상현상 등을 제거하기 위해 설치하는 저항이다.

▶출제년도 : 산업 19. ▶점수 : 5점

문11 도로 조명기구의 배치방식을 3가지만 쓰시오.

● 답안작성
① 대칭배열 ② 지그재그 배열 ③ 중앙 배열

● 해 설
조명 기구의 배치 방법에 의한 분류
① 도로 중앙 배열
② 도로 편측 배열   } A = 도로 폭 × 등 간격 [m²]

③ 도로 양측으로 대칭 배열
④ 도로 양측으로 지그재그 배열 } $A = \frac{1}{2} \times 도로\ 폭 \times 등\ 간격 [m^2]$

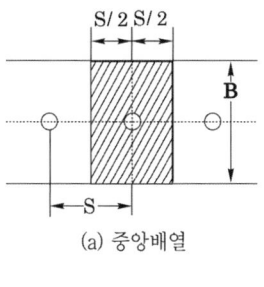
(a) 중앙배열

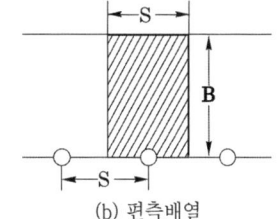
(b) 편측배열

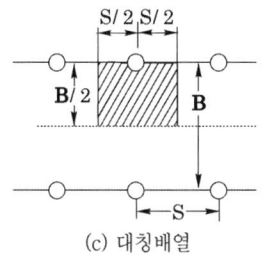
(c) 대칭배열

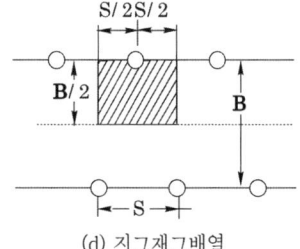
(d) 지그재그배열

▶ 출제년도 : 산업 98. 00. 02. 15. 19.　▶ 점수 : 5점

문12 분전반에서 40[m] 떨어진 회로의 끝에서 단상 2선식 220[V], 전열기 8,800[W] 2대 사용 시 비닐절연전선의 공칭단면적을 아래 표에서 산정하시오. (단, 전압강하는 2[%] 이내로 하고, 전류감소계수는 없는 것으로 한다.)

비닐절연전선의 공칭단면적[mm²]						
2.5	6	10	16	25	35	50

• 계산 :　　　　　　　　　　　　　　• 답 :

● 답안작성

계산 : $A = \dfrac{35.6LI}{1,000e} = \dfrac{35.6 \times 40 \times \dfrac{8,800 \times 2}{220}}{1,000 \times 220 \times 0.02} = 25.89 [\text{mm}^2]$

답 : 35[mm²]

● 해　설

전기 방식	전선 단면적
단상 3선식 3상 4선식	$A = \dfrac{17.8LI}{1,000e_1}$
단상 2선식	$A = \dfrac{35.6LI}{1,000e_2}$
3상 3선식	$A = \dfrac{30.8LI}{1,000e_3}$

▶출제년도 : 산업 96, 99, 04, 19.   ▶점수 : 10점

문13 특고압 22.9[kV-y]로 수전하는 경우의 단선 결선도이다. 물음에 답하시오.

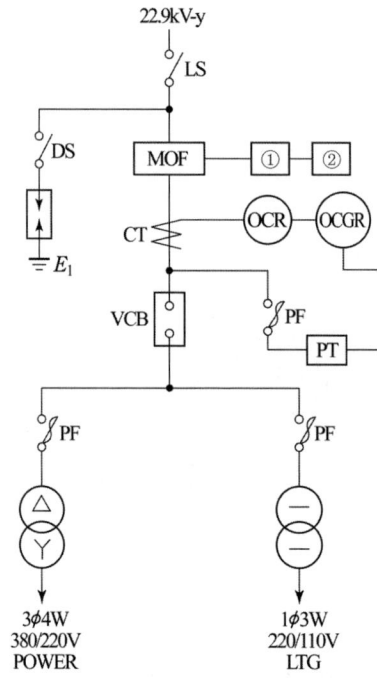

(1) 그림에 표시된 ①과 ②의 부분에는 어떤 기기가 필요한가?
(2) 그림에서 △-Y의 단선도를 복선도용으로 그리시오.

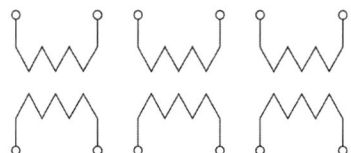

(3) O.C.R의 명칭은?

● 답안작성

(1) ① 최대 수요 전력량계
    ② 무효 전력량계
(3) 과전류 계전기

(2)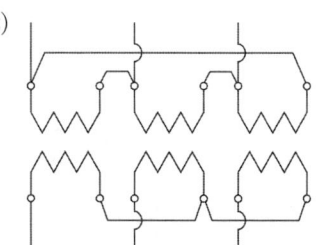

● 해 설

(1) ② 무효 전력량계 또는 적산 무효 전력계

▸출제년도 : 기사 16, 17, 산업 19. ▸점수 : 6점

문14 사람이 상시 통행하는 터널 내의 전선로는 그 사용전압이 저압일 경우 시설하는 배선방법을 3가지만 쓰시오.

● 답안작성
① 애자공사
② 금속관공사
③ 합성수지관공사

● 해 설
터널 안 전선로의 시설(KEC 335.1)
1. 철도·궤도 또는 자동차도 전용 터널 안의 전선로

전 압	전선의 굵기	시공방법	애자사용 공사 시 높이
저 압	인장강도 2.30[kN] 이상 또는 2.6[mm] 이상의 경동선의 절연전선	• 합성수지관 공사 • 금속관공사 • 금속제가요전선관 공사 • 케이블공사 • 애자공사	노면상, 레일면상 2.5[m] 이상
고 압	인장강도 5.26[kN] 이상 또는 4[mm] 이상의 경동선	• 케이블공사 • 애자공사	노면상, 레일면상 3[m] 이상
특고압		• 케이블공사	

2. 사람이 상시 통행하는 터널 안의 전선로 사용전압은 저압 또는 고압에 한하며, 다음에 따라 시설하여야 한다.

전 압	전선의 굵기	시공방법	애자사용 공사 시 높이
저 압	인장강도 2.30[kN] 이상 또는 2.6[mm] 이상의 경동선의 절연전선	• 합성수지관 공사 • 금속관공사 • 금속제가요전선관 공사 • 케이블공사 • 애자공사	노면상 2.5[m] 이상
고 압		• 케이블공사	

2019년 4회 전기공사산업기사실기

▶출제년도 : 산업 02, 19. ▶점수 : 5점

문1 단상 변압기 2대를 사용 정격전압 3,000[V]의 유도 전동기의 절연내력시험을 실시하고자 한다. 결선도 및 표기사항의 틀린 곳을 바르게 고치고 그리시오. (단, 전원 전압은 100[V], T_1, T_2는 6,000[V]/100[V]의 단상 변압기이다.)

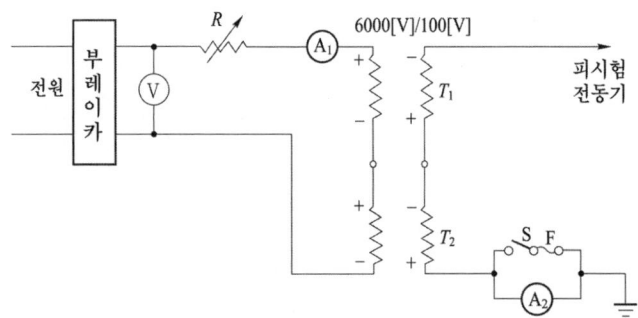

● 답안작성

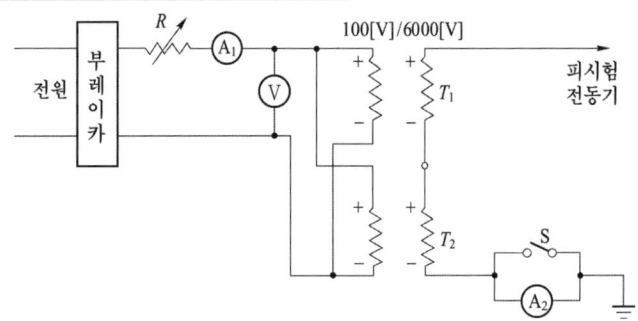

● 해 설

① ⓥ를 변압기 1차에 접속한다.
② 변압기의 1차측을 병렬로 접속한다.
③ 변압기의 1차, 2차의 극성을 감극성으로 한다.
④ 변압비를 100[V]/6,000[V]로 한다.
⑤ ⓐ₂의 병렬스위치에 퓨즈는 불필요하다.

▶출제년도 : 산업 92, 13, 17, 19, 22. ▶점수 : 5점

문2 분전반에서 30[m]의 거리에 4[kW]의 교류 단상 200[V] 전열기를 설치하였다. 배선 방법을 금속관 공사로 하고 전압강하를 2[%] 이하로 하기 위해서 전선의 굵기를 얼마로 선정하는 것이 적당한가?

•계산 :   •답 :

● 답안작성

계산 : $I = \dfrac{P}{V} = \dfrac{4 \times 10^3}{200} = 20[\text{A}]$

$e = 200 \times 0.02 = 4[\text{V}]$

$A = \dfrac{35.6LI}{1,000 \cdot e} = \dfrac{35.6 \times 30 \times 20}{1,000 \times 4} = 5.34[\text{mm}^2]$

답 : $6[\text{mm}^2]$

● 해 설

전압강하 및 전선 단면적

전기 방식	전압 강하		전선 단면적
단상 3선식 직류 3선식 3상 4선식	$e_1 = IR$	$e_1 = \dfrac{17.8LI}{1,000A}$	$A = \dfrac{17.8LI}{1,000e_1}$
단상 2선식 및 직류 2선식	$e_2 = 2IR = 2e_1$	$e_2 = \dfrac{35.6LI}{1,000A}$	$A = \dfrac{35.6LI}{1,000e_2}$
3상 3선식	$e_3 = \sqrt{3}IR = \sqrt{3}e_1$	$e_3 = \dfrac{30.8LI}{1,000A}$	$A = \dfrac{30.8LI}{1,000e_3}$

Cable규격

KSC IEC 규격

전선의 공칭단면적[mm²]		
1.5	2.5	4
6	10	16
25	35	50
70	95	120
150	185	240
300	400	500
630		

▶출제년도 : 산업 91, 97, 09, 19.　▶점수 : 4점

문3 가공전선로에 적용하는 애자의 종류 4가지를 쓰시오.

● 답안작성

핀애자, 현수애자, 라인포스트 애자, 인류애자

● 해 설

① 핀애자 : 직선 선로에 사용
② 현수애자 : 인류 및 내장 개소에 사용
③ 라인포스트 애자 : 연가용 철탑 등에서 점퍼선 지지
④ 인류애자 : 인류 개소 및 배전선로의 중성선

▶ 출제년도 : 산업 92. 06. 07. 19.　▶ 점수 : 5점

문4 절연전선으로 가선된 배전선로에서 활선 상태인 경우 전선의 피복을 벗기는 것은 매우 곤란한 작업이다. 이런 경우 활선상태에서 전선의 피복을 벗기는 공구로 적합한 것은?

● 답안작성

활선용 피박기

● 해　설

전선의 피복을 벗길 때 사용하는 장구로써 본체와 절단칼, 3개의 회전용 핸들링으로 구성되어 있는 간접 활선용 장구

▶ 출제년도 : 산업 08. 19.　▶ 점수 : 5점

문5 100[m²]의 방에 2,500[lm]의 광속을 발산하는 전등 30개를 점등하였다. 조명률은 0.5이고 감광 보상률이 1.5라면 이 방의 평균조도는 약 몇 [lx]인가?

•계산 :　　　　　　　　　　　　　　　•답 :

● 답안작성

계산 : $E = \dfrac{FUN}{AD} = \dfrac{2,500 \times 0.5 \times 30}{100 \times 1.5} = 250[\text{lx}]$

답 : 250[lx]

▶ 출제년도 : 산업 13. 19. 22.　▶ 점수 : 4점

문6 다음 그림과 같이 단상 2선식 배전선로의 공급점에서 30[m] 지점에 80[A], 45[m] 지점에 50[A], 60[m] 지점에 30[A]의 부하가 걸려있을 때 부하 중심점의 거리를 산출하여 전압강하를 고려한 전선의 굵기를 산정하려고 한다. 부하 중심점(즉, 집중부하라고 가정한 경우)의 거리는 공급점에서 약 몇 [m]인가? (단, 소수점 첫째 자리까지만 계산할 것)

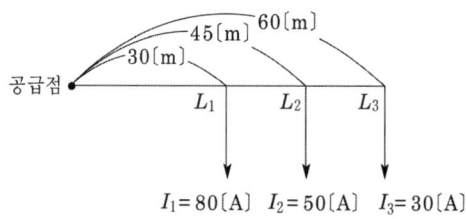

•계산 :　　　　　　　　　　　　　　　•답 :

● 답안작성

계산 : 직선 부하에서 부하 중심점까지의 거리

$L = \dfrac{L_1 I_1 + L_2 I_2 + L_3 I_3}{I_1 + I_2 + I_3} = \dfrac{30 \times 80 + 45 \times 50 + 60 \times 30}{80 + 50 + 30} = 40.3[\text{m}]$

답 : 40.3[m]

▶ 출제년도 : 산업 19. ▶ 점수 : 3점

문7
신에너지 및 재생에너지를 이용한 발전설비와 같이 소규모로 전력소비 지역 부근에 분산하여 배치가 가능한 발전설비를 무엇이라고 하는가?

● 답안작성

분산형 전원

● 해 설

분산형 전원
대규모 집중형 전원과 달리 소규모로 전력소비 지역부근에 분산하여 배치가 가능한 발전설비로 '신에너지 및 재생에너지를 이용한 발전설비', '자가용전기설비에 해당하는 발전설비'가 여기에 속한다.

▶ 출제년도 : 산업 01. 07. 11. 18. 19. ▶ 점수 : 5점

문8
지중배전선로 시공방법 중 관로식의 맨홀 시공에 사용되는 부속설비 5가지를 쓰시오.

● 답안작성

맨홀 뚜껑, 발판 볼트, 사다리, 접지연결동봉, 훅크

● 해 설

그 외, 지지대 및 앵커 볼트, 행거, 크리트가 있다.

▶ 출제년도 : 산업 19. ▶ 점수 : 5점

문9
다음 괄호 안에 알맞은 답을 써넣으시오.

> 병렬 운전 되고 있는 발전기에 갑자기 부하가 급변하면, 새로운 부하에 대응하는 동기 화력에 의해 새로운 속도를 중심으로 진동하게 된다. 이 진동 주기가 동기 발전기의 고유 진동 주기에 가깝게 되면 공진작용으로 인해 진동이 증대하게 되는데 이러한 현상을 (   )라고 한다.

● 답안작성

난조

▶ 출제년도 : 산업 06. 08. 19 ▶ 점수 : 10점

문10
조명설비에 대한 다음 각 물음에 답하시오.
(1) 어떤 전기공사도면에서 ◯$_{N400}$으로 표시되어 있다. 이것은 무엇을 뜻하는지 쓰시오.
(2) 비상용 조명을 건축법에 따른 형광등으로 하고자 할 때 그 그림기호를 표현하시오.
(3) 평면이 15[m]×10[m]인 사무실에 40[W] 형광등 전광속 2,500[lm]인 형광등을 사용하여 평균조도를 300[lx]로 유지하도록 하려고 한다. 이 사무실에 필요한 형광등 수를 산정하시오. 단, 조명률은 0.6이고, 감광보상률은 1.3이다.

● 답안작성

(1) 400[W] 나트륨등
(2) ■─◯─

(3) 계산 : $N = \dfrac{EAD}{FU} = \dfrac{300 \times 15 \times 10 \times 1.3}{2,500 \times 0.6} = 39$[등]

답 : 39[등]

● 해 설

(1) H400 수은등 400[W]
M400 메탈 핼라이드등 400[W]
N400 나트륨등 400[W]

▶출제년도 : 산업 16, 19. ▶점수 : 6점

문11 그림과 같은 단상 2선식 회로에서 인입구 A점의 전압이 220[V]일 때의 D점 전압을 구하시오. (단, 선로에 표기된 저항값은 2선값이다.)

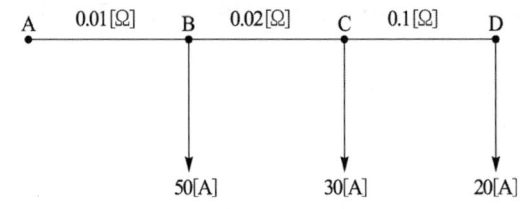

• 계산 •답

● 답안작성

계산 : $V_D = V_A - IR$[V]에서
$V_D = 220 - (50+30+20) \times 0.01 - (30+20) \times 0.02 - 20 \times 0.1 = 216$[V]

답 : 216[V]

● 해 설

(1) 단상 2선식
• 수전단 전압 $V_r = V_s - 2I(R\cos\theta + X\sin\theta)$
• 역률 $\cos\theta = 1$, 리액턴스 $X = 0$인 경우, $V_r = V_s - 2IR$이다.
(2) 문제에서 주어진 "저항값은 2선값"이라고 주어졌으므로 $2R$의 값은 0.01, 0.02, 0.1[Ω]이 된다.
(3) $V_A = 220$[V]
$V_B = V_A - 2IR = 220 - 100 \times 0.01 = 219$[V]
$V_C = V_B - 2IR = 219 - 50 \times 0.02 = 218$[V]
$V_D = V_C - 2IR = 218 - 20 \times 0.1 = 216$[V]

▶출제년도 : 산업 19, 22. ▶점수 : 5점

문12 전력계 지시값이 500[W], 변압비 6,600/110, 변류비 50/5인 경우 수전전력은 몇 [kW]인가?
• 계산 :
• 답 :

● 답안작성

계산 : 수전전력 = 측정전력(전력계 지시값)×PT비×CT비
$$= 500 \times \frac{6,600}{110} \times \frac{50}{5} \times 10^{-3} = 300[\text{kW}]$$

답 : 300[kW]

▶출제년도 : 산업 19. ▶점수 : 8점

문13 다음 답안지의 단상 변압기 3대를 ① Y-Y 결선과 ② △-△ 결선으로 완성하고, 필요한 접지를 표시하시오.

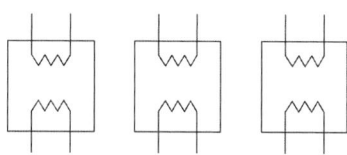

● 답안작성

(1) Y-Y 결선

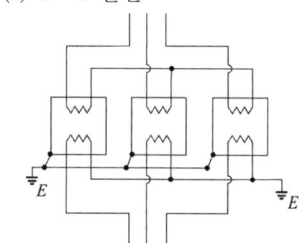

(2) △-△ 결선

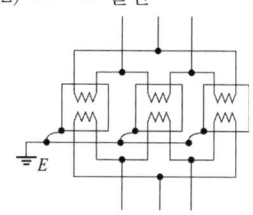

※ 견적문제는 복원하지 못하여 전체 배점이 100점이 되지 않습니다.

2020년 1회 전기공사산업기사실기

▶출제년도 : 산업 20. ▶점수 : 20점

문1 사무실 전등공사를 하려고 한다. 아래 조건을 참조하여 물음에 답하시오.

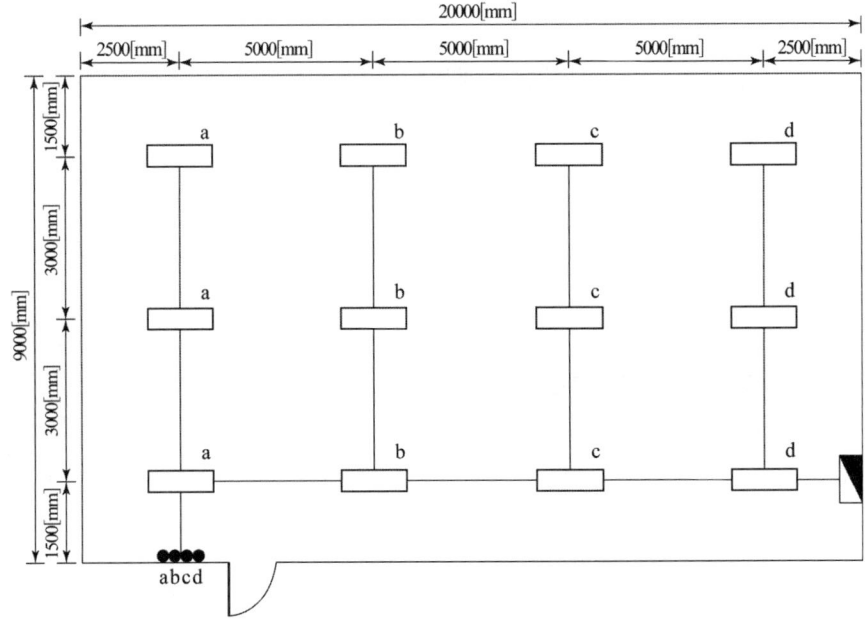

1. **시설조건**
   ① 전등은 LED 40[W], 전선은 HFIX 2.5[mm²]를 사용한다.
   ② 전선관은 합성수지관을 사용하고, 특기 없는 것은 16[mm]를 사용한다(콘크리트 매입 기준).
   ③ 등기구는 직부등으로 한다.
   ④ 분전함 설치 높이는 1.8[m](바닥에서 상단까지)로 한다.
   ⑤ 스위치 설치 높이는 1.2[m](바닥에서 중심까지)로 한다.
   ⑥ 바닥에서 천장 슬라브까지의 높이는 3[m]로 한다.
   ⑦ 주어진 품셈에 의하여 산출한다.

2. **재료 산출 조건**
   ① 분전함 내부에서 배선 여유는 전선 1본당 0.5[m]로 한다.
   ② 자재 산출 시 산출 수량과 할증 수량은 소수점 이하도 기록하고, 자재별 총 수량(산출 수량 + 할증 수량)의 소수점 이하는 반올림한다.
   ③ 배관 및 배선 이외의 자재는 할증을 보지 않는다.
   (단, 배관 및 배선의 할증은 10[%]로 한다.)
   ④ 천장 슬라브에서 천장 슬라브 내의 전선설치 높이까지는 자재 산출에 포함시키지 않는다.

⑤ 콘센트용 및 등기구 내 배선 여유는 무시한다.
⑥ 접지용 전선은 자재 산출에 포함시키지 않는다.

표 1. 박스설치 (단위 : [개])

종 별	내선전공
Concrete Box	0.12
Oulet Box	0.20
Switch Box(2개용 이하)	0.20
Switch Box(3개용 이상)	0.25
노출형 Box(콘크리트 노출 기준)	0.29

[해설] ① 콘크리트 매입 기준
② Box 위치의 먹줄치기, 첨부 커버 포함
③ 방폭형 및 방수형 300[%]
④ 철거 30[%]

표 2. LED 등기구 설치 (단위 : [개], 적용직종 : 내선전공)

종 별	직부등	팬던트	다운라이트	매입 및 반매입
15[W] 이하	0.117	0.158	0.155	–
25[W] 이하	0.138	0.163	0.182	–
35[W] 이하	0.163	0.213	0.208	0.242
45[W] 이하	0.221	0.249	–	0.263
55[W] 이하	0.254	–	–	0.306

[해설] ① 등기구 일체형 기준
② 등기구 조립·설치, 결선, 지지금구류 설치, 장내 소운반 및 잔재정리, 기준점 측정 포함
③ 높이 1.5[m] 이하의 Pole형 등기구는 직부등 품의 150[%]를 적용하고 기초 설치는 별도품 준용
④ 램프만 교체 시 해당 등기구 1등용 설치품의 10[%] 적용
⑤ 철거 30[%], 재사용 철거 50[%]
⑥ 기타 사항은 "5-25 형광등기구" 해설 준용

(1) 다음 재료표의 ①부터 ②번까지 빈 칸을 기입하시오.

자재명	규 격	단위	산출수량	할증수량	총 수량 (산출수량+할증수량)
배관	HI-PVC 16[mm]	m			①
전선	HFIX 2.5[mm^2]	m			②

(2) 도면에 의해 다음 표의 ①부터 ⑥번까지 빈 칸을 기입하시오.

자재명	규 격	단위	단위공량 (내선전공)	총 수량 (산출수량+할증수량)
등기구	LED 40[W]	EA	⑤	①
스위치	단로용	EA		②
아웃렛박스	8각 BOX	EA		③
스위치박스	4개용	EA	⑥	④

(3) 다음 각 물음에 답하시오.
   ① 공구손료는 직접 노무비의 몇 [%]까지 계상 가능한지 쓰시오.
   ② 재료비, 노무비, 경비의 합계액을 무엇이라 하는지 쓰시오.

● 답안작성

(1) ① 계산 : • 산출수량 : $1.2+2.5+6\times4+5\times3+1.5+1.8=46[m]$
   • 할증수량 : $46\times0.1=4.6[m]$
   • 총 수량 = 산출수량 + 할증수량 = $46+4.6=50.6[m]$
   답 : 51(46+4.6)
   ② 계산 : • 산출수량 : $(0.5+1.2+2.5)\times2+6\times4\times2+3\times5+4\times5$
       $+5\times5+(1.5+1.8)\times5=132.9[m]$
   • 할증수량 : $132.9\times0.1=13.29[m]$
   • 총 수량 = 산출수량 + 할증수량 = $132.9+13.29=146.19[m]$
   답 : 146(132.9+13.29)

(2)

①	12	②	4
③	12	④	1
⑤	0.221	⑥	0.25

(3) ① 3[%], ② 순공사원가

● 해 설

(1)
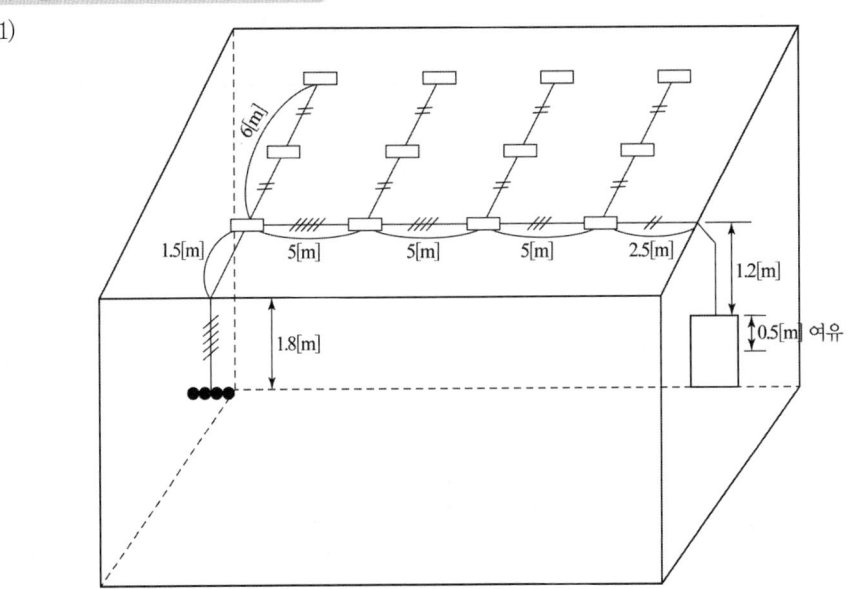

• 전선관 $=1.2+2.5+6\times4+5\times3+1.5+1.8=46[m]$
• 전선 $=(0.5+1.2+2.5)\times2+6\times4\times2+5\times3+5\times4+5\times5+(1.5+1.8)\times5=132.9[m]$

▶출제년도 : 산업 05, 20. ▶점수 : 5점

문2 우리나라에서 표준으로 설치되는 변류기의 극성을 쓰시오.

● 답안작성

감극성

● 해 설

변류기의 극성은 감극성과 가극성이 있으나 우리나라에서는 감극성을 표준으로 하고 있다.

문3 ▸출제년도 : 산업 93. 14. 20. ▸점수 : 10점

3상3선식 선로에 WHM을 접속하여 전력량을 적산하기 위한 결선도이다. 다음 물음에 대하여 각각의 답을 쓰시오. (단, [rpm] = 계기 정수×전력)

(1) WHM이 정상적으로 적산이 가능하도록 변성기를 추가하여 결선도를 완성하시오. (접지포함)

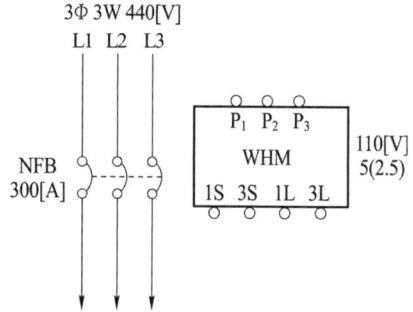

(2) WHM 형식 표기 중 정격전류 5(2.5)[A]는 무엇을 의미하는가?
(3) WHM의 계기 정수는 1,600[rev/kWh]이다. 지금 부하 전류가 100[A]에서 변동 없이 지속되고 있다면 원판의 1분간 회전수가 얼마인지 구하시오.(단, CT비 : 200/5[A] $\cos\theta = 1$)
  • 계산 :   • 답 :
(4) WHM의 승률을 구하시오. (단, CT비는 200/5로 한다.)
  • 계산 :   • 답 :

● 답안작성

(1)

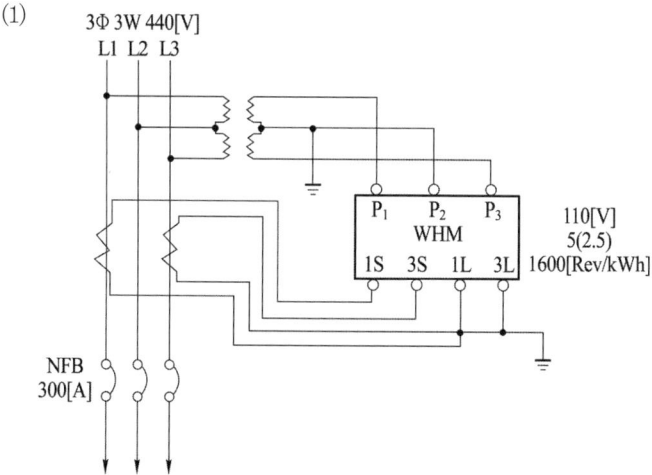

(2) Ⅱ형 계기로써 정격전류 5[A]에 대하여 $\frac{1}{20}$까지 그 정밀도를 보장한다는 것

(3) **계산** : 1분간의 회전수

$n[\text{rpm}]$ = 계기 정수×전력

$$= 1600 \times \frac{\sqrt{3} \times 110 \times (100 \times \frac{5}{200}) \times 10^{-3}}{60} = 12.7[\text{회}]$$

답 : 12.7[회]

(4) **계산** : 승률(=배율) : $m = \text{CT 비} \times \text{PT 비} = \frac{200}{5} \times \frac{440}{110} = 160[\text{배}]$

답 : 160[배]

▶출제년도 : 기사 20, 산업 11. ▶점수 : 4점

문4 연(납)축전지와 알칼리 축전지의 공칭전압은 몇 [V/셀]인지 쓰시오.

● 답안작성

연(납)축전지 : 2[V/cell], 알칼리 축전지 : 1.2[V/cell]

● 해 설

	공칭전압	공칭용량
연(납) 축전지	2[V/cell]	10[Ah]
알칼리 축전지	1.2[V/cell]	5[Ah]

※ 공칭용량 = 정격방전율[Ah]

▶출제년도 : 산업 20. ▶점수 : 5점

문5 정격전류가 35[A]인 전동기 1대와 기타 전기기계기구의 정격전류의 합계가 20[A]인 것에 공급할 저압옥내 간선의 최소 굵기를 다음 표에서 선정하시오.

동선의 공칭단면적[mm²]	허용전류[A]
6	34
10	46
16	61
25	80
35	99
50	119

•계산 :   •답 :

● 답안작성

계산 : 설계전류 $I_B = 35 + 20 = 55[\text{A}]$

$I_B \leq I_n \leq I_Z$의 조건을 만족하는 전선의 허용전류 $I_Z = 61[\text{A}]$인 16[mm²] 선정

답 : 16[mm²]

● 해 설

도체와 과부하 보호장치 사이의 협조(KEC 212.4.1)
과부하에 대해 케이블(전선)을 보호하는 장치의 동작특성은 다음의 조건을 충족해야 한다.
$$I_B \leq I_n \leq I_Z, \quad I_2 \leq 1.45 \times I_Z$$
I_B : 회로의 설계전류(선도체를 흐르는 설계전류 또는 함유율이 높은 영상분 고조파, 특히 제3고조파가 지속적으로 흐르는 경우 중성선에 흐르는 전류이다.)
I_Z : 케이블의 허용전류
I_n : 보호장치의 정격전류(사용현장에 적합하게 조정된 전류의 설정 값)
I_2 : 보호장치가 규약시간 이내에 유효하게 동작하는 것을 보장하는 전류

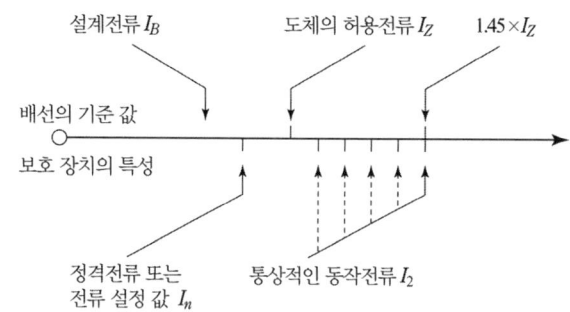

과부하 보호 설계 조건도

▶출제년도 : 산업 91, 98, 13, 20, 22, ▶점수 : 5점

문6 그림과 같이 330[mm²]의 ACSR을 300[m]의 경간에 가설하려 한다. 이 전선의 이도는 계산으로는 9[m]였지만, 가설 후 실측해보니 10[m]이었다. 이도가 9[m]일 때보다 전선이 얼마나 더 사용되었는지 계산하시오.

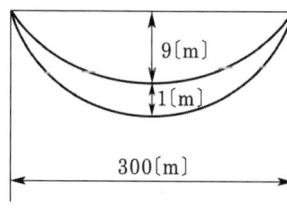

•계산 :   •답 :

● 답안작성

계산 : 이도 10[m]일 때 전선의 길이 $L_1 = 300 + \dfrac{8 \times 10^2}{3 \times 300} = 300.89[\mathrm{m}]$

이도 9[m]일 때 전선의 길이 $L_2 = 300 + \dfrac{8 \times 9^2}{3 \times 300} = 300.72[\mathrm{m}]$

∴ $L_1 - L_2 = 0.17[\mathrm{m}]$

답 : 0.17[m]

▸출제년도 : 산업 20. ▸점수 : 6점

문7 분산형 전원 사업자의 한 사업장에서 설비 용량 합계가 250[kVA] 이상일 경우 시설하여야 하는 장치 3가지만 쓰시오.

● 답안작성
유효전력, 무효전력 및 전압을 측정할 수 있는 장치

● 해 설
전기 공급방식 등(KEC 503.2.1)
분산형 전원설비의 전기 공급방식, 측정 장치 등은 다음에 따른다.
가. 분산형 전원설비의 전기 공급방식은 전력계통과 연계되는 전기 공급방식과 동일할 것
나. 분산형 전원설비 사업자의 한 사업장의 설비 용량 합계가 250[kVA] 이상일 경우에는 송·배전계통과 연계지점의 연결 상태를 감시 또는 유효전력, 무효전력 및 전압을 측정할 수 있는 장치를 시설할 것

▸출제년도 : 산업 13. 20. ▸점수 : 5점

문8 금속 덕트 시설방법에 대한 내용이다. 다음 (   ) 안에 알맞은 내용을 쓰시오.
(1) 절연전선을 동일한 셀룰러 덕트 내에 넣을 경우 셀룰러 덕트의 크기는 전선의 피복절연물을 포함한 단면적의 총합계가 셀룰러 덕트 단면적의 (①) 이하가 되도록 선정하여야 한다.
(2) 금속 덕트는 (②)[m] 이하의 간격으로 견고하게 지지할 것
(3) 취급자 이외의 자가 출입할 수 없도록 설비한 장소에서 수직으로 설치하는 경우는 (③)[m] 이하의 간격으로 견고하게 지지하여야 한다.

● 답안작성
① 20[%]
② 3[m]
③ 6배

● 해 설
금속 덕트 공사(KEC 232.31)
① 전선은 절연전선(옥외용 비닐절연전선을 제외한다)일 것
② 금속 덕트에 넣은 전선의 단면적(절연피복의 단면적을 포함한다)의 합계는 덕트의 내부 단면적의 20[%](전광표시장치 기타 이와 유사한 장치 또는 제어회로 등의 배선만을 넣는 경우에는 50[%]) 이하일 것
③ 금속 덕트 안에는 전선에 접속점이 없도록 할 것. 다만, 전선을 분기하는 경우에는 그 접속점을 쉽게 점검할 수 있는 때에는 그러하지 아니하다.
④ 덕트 상호 간은 견고하고 또한 전기적으로 완전하게 접속할 것
⑤ 덕트를 조영재에 붙이는 경우에는 덕트의 지지점 간의 거리를 3[m](취급자 이외의 자가 출입할 수 없도록 설비한 곳에서 수직으로 붙이는 경우에는 6[m]) 이하로 하고 또한 견고하게 붙일 것
⑥ 덕트의 끝부분은 막을 것
⑦ 덕트 안에 먼지가 침입하지 아니하도록 할 것
⑧ 덕트는 접지공사를 할 것

▶ 출제년도 : 산업 97, 03, 10, 12, 17, 20, 24.   ▶ 점수 : 5점

문9
호텔의 부하밀도가 전등 30[VA/m²], 일반동력 40[VA/m²], 냉방 30[VA/m²]이고, 면적이 20,000[m²]일 때 부하설비 용량[kVA]을 구하시오.

• 계산 :   • 답 :

● 답안작성

계산 : • 전등설비용량 $= 30 \times 20,000 \times 10^{-3} = 600[kVA]$
• 일반동력설비용량 $= 40 \times 20,000 \times 10^{-3} = 800[kVA]$
• 냉방설비용량 $= 30 \times 20,000 \times 10^{-3} = 600[kVA]$
  따라서, 부하설비용량 $= 600 + 800 + 600 = 2,000[kVA]$

답 : $2,000[kVA]$

▶ 출제년도 : 기사 93, 10, 18, 산업 20.   ▶ 점수 : 5점

문10
가공전선에 가해지는 하중의 종류 3가지를 쓰시오.

● 답안작성

① 전선의 자중   ② 풍압 하중   ③ 빙설 하중

● 해 설

전선의 하중
전선에는 빙설이 부착하거나 또는 풍압이 여기에 더해지므로 이들의 하중도 함께 고려하여야 한다.

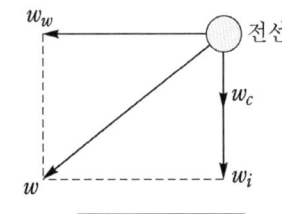

w_c : 전선의 자체중량
w_i : 부착빙설의 중량
w_w : 수평풍압

합성하중 $W = \sqrt{(w_c + w_i)^2 + w_w^2}$

▶ 출제년도 : 산업 01, 02, 06, 20.   ▶ 점수 : 4점

문11
폴리머애자의 설치에 관한 그림이다. 각 기호의 ①, ②, ③, ④ 명칭을 쓰시오.

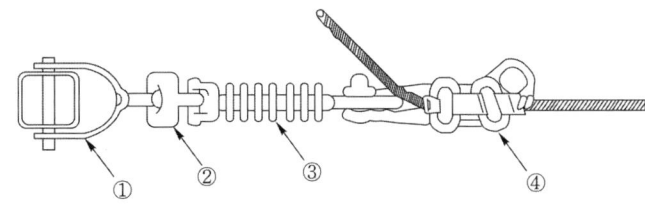

● 답안작성

① 볼 쇄클   ② 소켓 아이   ③ 폴리머 애자   ④ 데드엔드 클램프

▶ 출제년도 : 산업 94, 98, 03, 20, 22,   ▶ 점수 : 5점

문12 그림과 같은 3상 3선식 3,300[V] 배전선로에서 단상 및 3상 변압기에 전력을 공급하고자 한다. 선로의 불평형률[%]을 계산하시오.

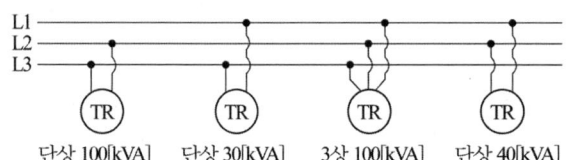

• 계산   • 답

● 답안작성

계산 : 불평형률 $= \dfrac{100-30}{\dfrac{1}{3}(100+30+100+40)} \times 100 ≒ 77.78[\%]$

답 : 77.78[%]

● 해 설

3상에서 설비불평형률

불평형률 $= \dfrac{\text{각 선간에 접속되는 단상부하 총 부하 설비용량 [kVA]의 최대와 최소의 차}}{\text{총 부하설비용량 [kVA]} \times 1/3} \times 100[\%]$

여기서, 설비불평형률은 30[%] 이하이어야 한다.

▶ 출제년도 : 산업 16, 20, 24,   ▶ 점수 : 5점

문13 154[kV] 3상 3선식 전선로에서 각 선의 정전용량이 각각 $C_a = 0.031[\mu F]$, $C_b = 0.030$ $[\mu F]$, $C_c = 0.032[\mu F]$일 때 변압기의 중성점 잔류전압은 몇 [V]인지 계산하시오. (단, 소수점 이하는 버리시오.)
• 계산 :   • 답 :

● 답안작성

계산 : 잔류전압

$E_n = \dfrac{\sqrt{C_a(C_a-C_b)+C_b(C_b-C_c)+C_c(C_c-C_a)}}{C_a+C_b+C_c} \times \dfrac{V}{\sqrt{3}}$

$= \dfrac{\sqrt{0.031(0.031-0.03)+0.03(0.03-0.032)+0.032(0.032-0.031)}}{0.031+0.03+0.032} \times \dfrac{154{,}000}{\sqrt{3}}$

$= 1{,}655[V]$

답 : 1,655[V]

▶ 출제년도 : 기사 96, 산업 15, 20,   ▶ 점수 : 6점

문14 사용전압 220[V], 최대 공급 전류 400[A]인 3상 3선식 전선로의 1선과 대지 간에 필요한 절연 저항값의 최솟값을 구하시오.(단, 누설전류는 최대공급전류의 1/2,000을 넘지 않도록 유지하여야 한다.)
• 계산 :   • 답 :

● 답안작성

계산 : 누설 전류 $I_g = 400 \times \dfrac{1}{2000} = 0.2[A]$ 이므로

$$R = \dfrac{E}{I_g} = \dfrac{220}{0.2} = 1,100[\Omega]$$

∴ 절연 저항의 최소값은 $1,100[\Omega]$

답 : $1,100[\Omega]$

▶ 출제년도 : 기사 08. 22. 산업 20. 24.　▶ 점수 : 5점

문15　고휘도 방전램프(HID Lamp)의 종류를 3가지만 쓰시오.

● 답안작성

고압 수은등, 고압 나트륨등, 메탈 핼라이드 램프

● 해 설

HID Lamp : High Intensity Discharge Lamp

▶ 출제년도 : 산업 93. 06. 14. 20.　▶ 점수 : 5점

문16　500[m] 거리에 100개의 가로등을 같은 간격으로 배치하였다. 전등 1개의 소요 전류가 0.1[A], 전선의 단면적 35[mm²], 도전율 55[℧/m]라 한다. 한쪽 끝에서 220[V]로 급전할 때 최종 전등에 가해지는 전압[V]은 얼마인지 구하시오.

• 계산　　　　　　　　　　　　　　　• 답

● 답안작성

계산 : 말단에 집중 부하로 생각하여 전압 강하를 구하면

$$e = 2IR = 2I \times \rho\dfrac{l}{A} = 2 \times 0.1 \times 100 \times \dfrac{1}{55} \times \dfrac{500}{35} = 5.19[V]$$

같은 간격으로 분포된 부하는 말단 집중 부하보다 1/2만의 전압 강하가 되므로

최종 전등 전압 $= 220 - \dfrac{5.19}{2} = 217.41[V]$

답 : $217.41[V]$

● 해 설

집중부하와 분산부하

구 분	전력손실	전압강하
말단에 집중부하	$I^2 rL$	IrL
평등분포 부하	$\dfrac{1}{3}I^2 rL$	$\dfrac{1}{2}IrL$

2020년 2회 전기공사산업기사실기

▶출제년도 : 산업 20.　▶점수 : 20점

문1 다음 도면은 어느 수용가의 배수지 가압펌프장의 22.9[kV-Y] 전용 배전선로이다. 도면과 주어진 조건을 읽고 답하시오.

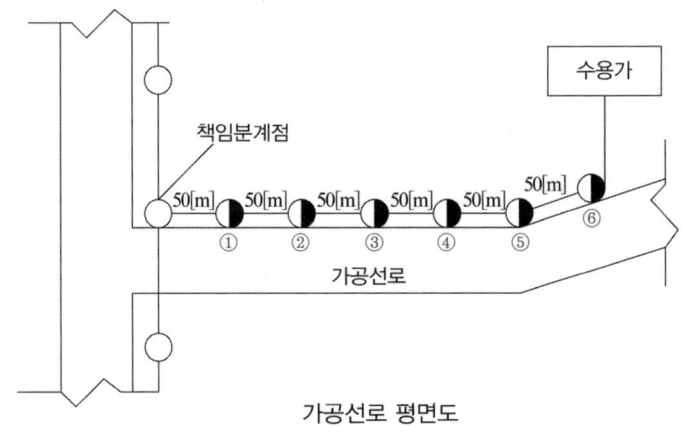

가공선로 평면도

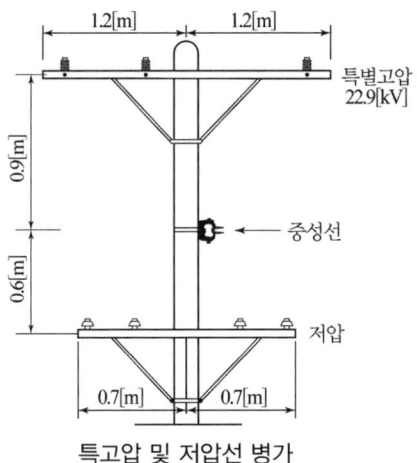

특고압 및 저압선 병가

1. 시설조건

① 도면에 표시된 수치는 [m]이다.
② 책임분계점 전신주는 제외한다.
③ 전주는 12[m], 설계하중 6.8[kN]인 콘크리트 전주이며 전주 1개당 근가 1.2[m] 1개가 설치된다.
④ 애자는 22.9[kV] 핀애자, 저압용 핀애자를 사용한다.
⑤ 지선은 시설하지 않는다.
⑥ 배전선용 케이블은 ACSR 58[mm^2] 1C×3이며 중성선을 포함하지 않는다.

⑦ 단완철을 기준한다.

2. 재료의 산출 조건
① 중성선 케이블은 제외한다.
② 신설되는 배전선로는 책임분계점에서 전주 ⑥번까지 산출한다.
③ 자재 산출 시 자재할증은 없는 것으로 도면의 물량만 계산하고 소수점 이하는 절상한다.

3. 공량 산출 조건
① 재료 할증은 공량 산정 시 적용하지 않는다.
② 계산 시 소수점 이하 모두 계산하고 합계 인공 계산 시 소수점 셋째 자리 이하는 절사한다.
③ 주어진 품셈표의 조건으로만 적용한다.

4-1 콘크리트전주 인력 건주 (단위 : [본])

규 격	배전 전공	보통 인부
8[m] 이하	0.89	1.01
10[m] 이하	1.10	1.39
12[m] 이하	1.52	1.60
14[m] 이하	1.95	2.29
16[m] 이하	2.70	2.76

[해설] ① 전주 길이의 1/6을 묻는 기준이며, 계단식터파기, 되메우기 포함, 암반 터파기는 별도 계상
② 근가 1본 포함, 1본 추가마다 10[%] 가산
③ 지주공사는 건주공사 적용
④ 주입목주는 콘크리트전주의 50[%], 불주입목주는 콘크리트 전주의 40[%]
⑤ H주 건주 200[%], A주 건주 160[%]
⑥ 3각주 건주 300[%], 4각주 건주 400[%]
⑦ 불량품 파괴처리 시 규격별 보통인부 품의 60[%] (현장 정리품 포함)
⑧ 기설 저주에 전주를 높이는 데 사용되는 계주용 강관주는 본당 배전전공 0.12인, 보통인부 0.12인 계상, 강관주 철거 50[%], 이설 150[%]
⑨ 경사전주 건기 30[%], 이설 180[%], 철거 50[%], 재사용 철거 80[%]

4-2 배전용 애자 설치 (단위 : [본])

종 별	배전 전공	보통 인부
라인 포스트 애자	0.046	0.046
현수애자	0.032	0.032
내오손결합애자	0.025	0.025
저압용 인류애자	0.02	-

[해설] ① 애자 교체 150[%]
② 애자 닦기
 (가) 주상(탑상) 손 닦기 : 애자품의 50[%]
 (나) 주상(탑상) 기계 닦기 : 기계손료만 계상(인건비 포함)
 (다) 발췌 손닦기는 애자품의 170[%]
③ 특고압 핀애자는 라인포스트 애자에 준함
④ 철거 50[%], 재사용 철거 80[%]

⑤ 동일 장소에 추가 1개마다 기본품의 45[%] 적용
⑥ 저압용인류애자 지상조립 75[%](공가과다 개소, 수목접촉 개소, 공간협소 개소 등 지장물 및 안전 위해요소로 지상조립이 불가능한 경우 제외)

(1) 다음 물량을 계산하시오. (단, 케이블 물량 계산 시 중성선 케이블은 제외한다.)

품 명	규 격	단위	수량
배전선용 케이블(ACSR)	ACSR 58[mm^2]	m	①
저압 핀애자	-	개	②
완금	90×90×2,400[mm]	개	③
암타이	900[mm]	개	④

(2) 신설되는 전주의 건주공사 인공(배전전공, 보통인부)을 계산하시오.
　계산 :　　　　　　　　　　　　　답 :

(3) 특고압 애자의 인공(배전전공, 보통인부)을 계산하시오.(단, 중성선 애자는 제외한다.)
　계산 :　　　　　　　　　　　　　답 :

(4) 도면의 전신주에서 발판못의 지표상 최소높이와 한국전기설비규정에 의한 일반장소에서 전신주의 땅에 묻히는 최소 깊이를 쓰시오.
　• 발판못의 최소 높이 :
　• 전신주 근입 깊이 :

● 답안작성

(1) ① 계산 : $50 \times 3 \times 6 = 900$[m]　　답 : 900[m]
　② 계산 : $4 \times 6 = 24$[개]　　답 : 24[개]
　③ 계산 : $1 \times 6 = 6$[개]　　답 : 6[개]
　④ 계산 : $2 \times 6 = 12$[개]　　답 : 12[개]

(2) 계산 : 배전전공 : $1.52 \times 6 = 9.12$[인]
　　　　　보통인부 : $1.60 \times 6 = 9.6$[인]
　답 : 배전전공 : 9.12[인], 보통인부 : 9.6[인]

(3) 계산 : 배전전공 : $0.046 \times (1 + 0.45 \times 2) \times 6 = 0.5244$[인]
　　　　　보통인부 : $0.046 \times (1 + 0.45 \times 2) \times 6 = 0.5244$[인]
　답 : 배전전공 : 0.5244[인], 보통인부 : 0.5244[인]

(4) • 발판못의 최소 높이 : 1.8[m]
　• 전신주 근입 깊이 : $12 \times \dfrac{1}{6} = 2$[m]

● 해 설

(4) ① 가공전선로 지지물의 철탑오름 및 전주오름 방지(KEC 331.4)
　　가공전선로의 지지물에 취급자가 오르고 내리는 데 사용하는 발판 볼트 등을 지표상 1.8[m] 미만에 시설하여서는 아니 된다.
　② 가공전선로 지지물의 기초의 안전율(KEC 331.7)
　　가공전선로의 지지물에 하중이 가하여지는 경우에 그 하중을 받는 지지물의 기초의 안전율은 2 이상(단, 이상 시 상정하중에 대한 철탑의 기초에 대하여는 1.33)이어야 한다. 다만, 땅에 묻히는 깊이를 다음의 표에서 정한 값 이상의 깊이로 시설하는 경우에는 그러하지 아니하다.

전장 \ 설계하중	6.8[kN] 이하	6.8[kN] 초과~9.8[kN] 이하	9.8[kN] 초과~14.72[kN] 이하
15[m] 이하	전장 × 1/6[m] 이상	전장×1/6+0.3[m] 이상	전장×1/6+0.5[m] 이상
15[m] 초과	2.5[m] 이상	2.8[m] 이상	–
16[m] 초과~20[m] 이하	2.8[m] 이상	–	–
15[m] 초과~18[m] 이하	–	–	3[m] 이상
18[m] 초과~20[m] 이하	–	–	3.2[m] 이상

▶출제년도 : 산업 98, 00, 04, 07, 08, 09, 20, 24. ▶점수 : 5점

문2 단상 3선식 220/110[V] 전력을 공급받는 어느 수용가의 부하연결이 아래 그림과 같은 경우 설비불평형률을 계산하시오(단, 소수점 이하 첫째 자리에서 반올림할 것).

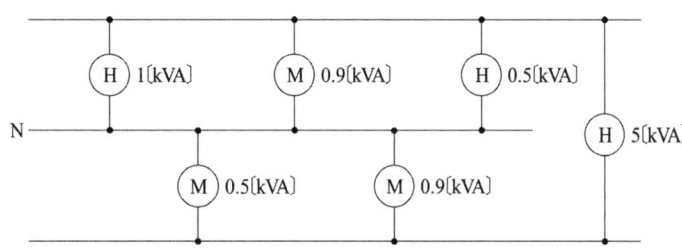

• 계산 :   • 답 :

● 답안작성

계산 : 설비불평형률 $= \dfrac{(1+0.9+0.5)-(0.5+0.9)}{\dfrac{1}{2}(1+0.9+0.5+0.5+0.9+5)} \times 100 = 23[\%]$

답 : 23[%]

● 해 설

단상 3선식에서의 설비불평형률

설비불평형률 $= \dfrac{\text{중성선과 각 전압측 전선간에 접속되는 부하 설비용량[kVA]의 차}}{\text{총 부하 설비용량[kVA]의 1/2}} \times 100[\%]$

여기서, 불평형률은 40[%] 이하이어야 한다.

▶출제년도 : 산업 20. ▶점수 : 3점

문3 다음은 경질비닐전선관의 관의 호칭을 나타낸 것이다. ( )에 알맞은 호칭을 쓰시오.

14, 16, (①), (②), (③), 42, 54, 70, 82

● 답안작성

① 22, ② 28, ③ 36

● 해 설

종 류	관의 호칭
후강 전선관(근사내경, 짝수)	16 22 28 36 42 54 70 82 92 104
박강 전선관(근사외경, 홀수)	19 25 31 39 51 63 75
나사 없는 전선관	박강 전선관과 치수가 같다.

▶ 출제년도 : 산업 04, 07, 20, 22.   ▶ 점수 : 5점

문4 예비 전원 설비로 이용되는 축전지에 대한 물음에 답하시오.

(1) 전지의 자기방전을 보충함과 동시에 상용부하에 대한 전력공급은 충전기가 부담하되, 충전기가 부담하기 어려운 일시적인 대전류 부하는 축전지가 부담하게 하는 충전방식이 무엇인지 쓰시오.

(2) 비상용 조명부하 200[V]용 50[W] 80등, 30[W] 70등이 있다. 방전시간은 30분이고, 축전지는 HS형 110[cell]이며, 허용 최저 전압은 190[V], 최저 축전지 온도는 5[℃]일 때 축전지 용량[Ah]을 구하시오.(단, 보수율은 0.8, 용량환산시간은 1.2이다.)

• 계산 :   • 답 :

● 답안작성

(1) 부동 충전 방식
(2) **계산** : 축전지 용량
$$C = \frac{1}{L}KI = \frac{1}{0.8} \times 1.2 \times \left(\frac{50 \times 80 + 30 \times 70}{200}\right) = 45.75 [Ah]$$
답 : 45.75[Ah]

▶ 출제년도 : 산업 20.   ▶ 점수 : 3점

문5 다음 철탑의 명칭을 쓰시오.

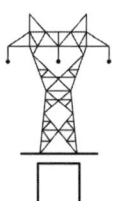

● 답안작성

우두형 철탑

▶ 출제년도 : 산업 99, 13, 20.   ▶ 점수 : 5점

문6 단상 2선식 100[V]의 옥내배선에서 소비전력 40[W], 역률 75[%]의 형광등 100등을 설치하고자 한다. 분기회로를 16[A] 분기회로로 할 때 분기회로의 최소수를 구하시오.
(단, 1개 회선의 부하전류는 분기회로 용량의 90[%]로 하고 수용률은 100[%]로 한다.)

• 계산 :   • 답 :

● 답안작성

계산 : 분기회로 수 = $\dfrac{40 \times 100}{100 \times 16 \times 0.75 \times 0.9} = 3.7$ 회로

답 : 16[A], 4회로

● 해 설

부하산정 = $\dfrac{40 \times 100}{0.75} = 5,333.33$ [VA]

분기회로 정격의 90[%]이므로

분기회로 수 = $\dfrac{5,333.33}{100 \times 16 \times 0.9} = 3.7$ [회선]

▶출제년도 : 산업 12, 20. ▶점수 : 5점

문7 10[kVA]의 단상 변압기 3대를 △결선으로 급전하던 중 변압기 1대의 고장으로 나머지 2대로 V결선해서 급전하고 있다. 이 경우 부하가 27.5[kVA]라면 나머지 2대의 변압기는 몇 [%]의 과부하가 되는지 구하시오. (단, 소수점 이하는 버리시오.)

• 계산 :

• 답 :

● 답안작성

계산 : V결선 출력 $P = \sqrt{3}\, VI = \sqrt{3} \times 10$ [kVA]

따라서 과부하율 = $\dfrac{27.5}{\sqrt{3} \times 10} \times 100 = 158$ [%]

답 : 158[%]

▶출제년도 : 산업 98, 00, 20. ▶점수 : 5점

문8 1차 전압 6,600[V] 2차 전압 220[V]인 단상 주상변압기 용량이 15[kVA]이다. 이 변압기에서 공급하는 저압전선로 누설전류[mA]의 최대한도를 구하시오.(단, 소수점 둘째 자리 이하는 버리시오.)

● 답안작성

계산 : $I_g = \dfrac{15 \times 10^3}{220} \times \dfrac{1}{2,000} \times 10^3 = 34.09$ [mA]

답 : 34[mA]

● 해 설

최대 누설 전류 한도

저압 전선로 중 절연부분의 전선과 대지 간 및 전선의 심선 상호 간의 절연저항은 사용전압에 대한 누설전류(I_g)가 최대 공급 전류의 1/2,000을 넘지 않도록 유지하여야 한다.

즉, 허용 누설 전류 ≤ 최대 공급 전류 × $\dfrac{1}{2,000}$

▶출제년도 : 산업 95, 99, 16, 20,　▶점수 : 5점

문9 3상 3선식 380[V] 회로에 그림과 같이 2.2[kW], 7.5[kW], 50[kW]의 전동기와 5[kW]의 3상 전열기가 접속되어 있다. 간선(I_a)의 허용전류[A]를 구하시오.
(단, 전동기의 평균 역률은 75[%]이고, 소수점 셋째 자리에서 반올림하여 둘째 자리까지 구하시오.)

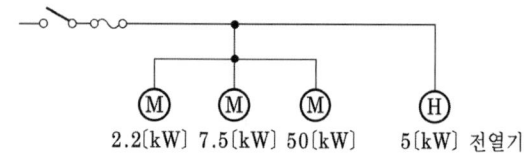

• 계산 :　　　　　　　　　　　　　　• 답 :

● 답안작성

계산 : • $I_M = \dfrac{(2.2+7.5+50) \times 10^3}{\sqrt{3} \times 380 \times 0.75} = 120.94[A]$

$I_H = \dfrac{5 \times 10^3}{\sqrt{3} \times 380} = 7.6[A]$

• 전동기의 유효 전류 $I_r = 120.94 \times 0.75 = 90.71[A]$
• 전동기의 무효 전류 $I_q = 120.94 \times \sqrt{1-0.75^2} = 79.99[A]$
• 설계전류 $I_B = \sqrt{\text{유효분}^2 + \text{무효분}^2} = \sqrt{(90.71+7.6)^2 + 79.99^2} = 126.74[A]$
　따라서, $I_B \leq I_n \leq I_Z$의 조건을 만족하는 전선의 허용전류 $I_Z \geq 126.74[A]$

답 : 126.74 [A]

● 해 설

도체와 과부하 보호장치 사이의 협조(KEC 212.4.1)
과부하에 대해 케이블(전선)을 보호하는 장치의 동작특성은 다음의 조건을 충족해야 한다.
　　　$I_B \leq I_n \leq I_Z$,　　$I_2 \leq 1.45 \times I_Z$

I_B : 회로의 설계전류(선도체를 흐르는 설계전류 또는 함유율이 높은 영상분 고조파, 특히 제3고조파가 지속적으로 흐르는 경우 중성선에 흐르는 전류이다.)
I_Z : 케이블의 허용전류
I_n : 보호장치의 정격전류(사용현장에 적합하게 조정된 전류의 설정 값)
I_2 : 보호장치가 규약시간 이내에 유효하게 동작하는 것을 보장하는 전류

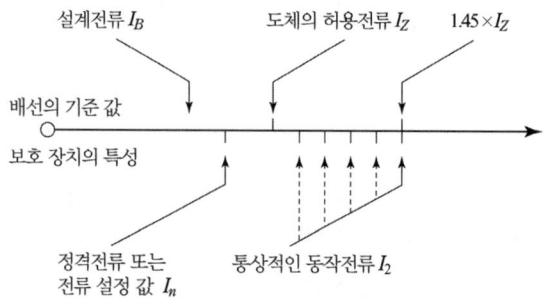

과부하 보호 설계 조건도

▶출제년도 : 산업 15, 20.   ▶점수 : 3점

문10 피뢰기에서 방전현상이 실질적으로 끝난 후에도 전력 계통에서 공급된 전류가 피뢰기를 통해 대지로 계속하여 흐르는 전류를 (   )라고 한다.

● 답안작성

속류

● 해 설

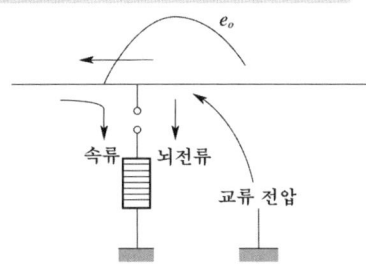

속류란 방전 전류에 이어서 직렬갭을 통해 대지로 흐르는, 전원으로부터 공급되는 상용 주파수의 전류를 말한다.

▶출제년도 : 산업 20.   ▶점수 : 5점

문11 그림과 같이 저항 4[Ω]을 Y결선한 부하와 △결선한 부하가 있다. 이 회로에 교류 3상 평형전압 200[V]를 가하였을 때, 양 부하에 대한 소비전력[kW]의 합을 구하시오. (단, 배선을 고려하지 않는다.)

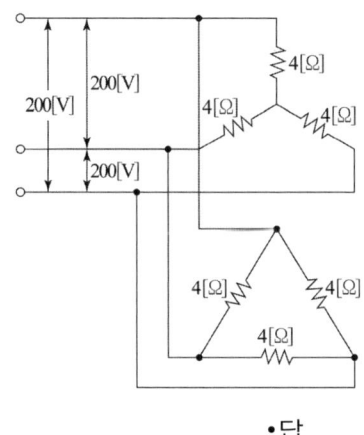

•계산 :   •답

● 답안작성

계산 : $P_Y = 3\dfrac{E_Y^2}{R} = 3 \times \dfrac{\left(\dfrac{200}{\sqrt{3}}\right)^2}{4} \times 10^{-3} = 10[\text{kW}]$

$P_\triangle = 3\dfrac{E_\triangle^2}{R} = 3 \times \dfrac{200^2}{4} \times 10^{-3} = 30[\text{kW}]$

따라서 $P = P_Y + P_\triangle = 10 + 30 = 40[\text{kW}]$

답 : 40[kW]

▶ 출제년도 : 기사 01. 06. 22. 산업 20.   ▶ 점수 : 5점

문 12 밴드를 사용한 저압선로(ACSR-OC전선)의 설치 방법이다. 그림을 보고 ①~⑤의 명칭을 쓰시오.

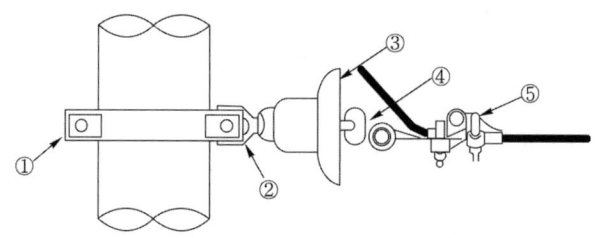

● 답안작성

① 지선 밴드   ② 볼 아이   ③ 현수애자   ④ 소켓 아이   ⑤ 데드엔드 클램프

▶ 출제년도 : 산업 97. 03. 20.   ▶ 점수 : 5점

문 13 특고압 송전선이나 지중 송전선(cable)의 확장에 따라 전력계통에 분로 리액터(shunt-reactor)를 설치하고 있다. 분로 리액터의 설치목적을 쓰시오.

● 답안작성

케이블 충전전류로 인한 페란티 현상을 방지하기 위함

● 해 설

수전단 전압이 송전단 전압보다 높아지는 것을 방지한다.

▶ 출제년도 : 산업 18. 20.   ▶ 점수 : 6점

문 14 154/22.9[kV]용 변전소의 변압기에 시설하여야 하는 계측장치를 쓰시오.

● 답안작성

① 주요 변압기의 전압 및 전류 또는 전력
② 특고압용 변압기의 온도

● 해 설

계측장치(KEC 351.6)
변전소 또는 이에 준하는 곳에는 다음의 사항을 계측하는 장치를 시설하여야 한다. 다만, 전기철도용 변전소는 주요 변압기의 전압을 계측하는 장치를 시설하지 아니할 수 있다.
가. 주요 변압기의 전압 및 전류 또는 전력
나. 특고압용 변압기의 온도

▶ 출제년도 : 산업 11. 20.   ▶ 점수 : 5점

문 15 전로에 접속된 변압기 또는 콘덴서의 결선상의 단위를 무엇이라고 하는지 쓰시오.

● 답안작성

뱅크(Bank)

문16 ▶출제년도 : 산업 20, 22. ▶점수 : 5점

어느 도서지방의 3선3선식 6.6[kV] 공중배전선로를 50[km]로 2회선 건설하는 데 필요한 전선의 길이를 구하시오(단, 이도는 무시하고 할증은 반영한다).
- 계산 : • 답 :

● 답안작성

계산 : 전선의 길이 = $50 \times 3 \times 2 \times 1.05 = 315$[km]
답 : 315[km]

● 해 설

① 고압 가공전선로의 가공지선(KEC 332.6)
고압 가공전선로에 사용하는 가공지선은 인장강도 5.26[kN] 이상의 것 또는 지름 4[mm] 이상의 나경동선을 사용한다.
② 할증률 및 철거손실률

종 류	할증률[%]	철거손실률[%]
옥 외 전 선	5	2.5
옥 내 전 선	10	–
Cable (옥외)	3	1.5
Cable (옥내)	5	–
전선관 (옥외)	5	–
전선관 (옥내)	10	–
Trolley선	1	–
동 대, 동 봉	3	1.5

[해설] 철거손실률이란 전기설비공사에서 철거작업 시 발생하는 폐자재를 환입할 때 재료의 파손, 손실, 망실 및 일부 부식 등에 의한 손실률을 말함.

문17 ▶출제년도 : 산업 91, 96, 97, 03, 15, 20. ▶점수 : 5점

어떤 변전소로부터 6.6[kV], 3상 3선식 비접지 배전선이 8회선 나와 있다. 이 배전선에 접속된 주상 변압기의 접지 저항값의 허용값은 얼마인가? 단, 고압측 1선 지락전류는 4[A]라고 한다.
- 계산 : • 답 :

● 답안작성

계산 : 중성점 접지저항 값 $R_2 = \dfrac{150}{I_g} = \dfrac{150}{4} = 37.5$[Ω]
답 : 37.5[Ω]

● 해 설

중성점 접지저항
- 자동차단장치가 없는 경우 $R_2 = \dfrac{150}{1선\ 지락전류}$[Ω]
- 2초 이내에 동작하는 자동차단장치가 있는 경우 $R_2 = \dfrac{300}{1선\ 지락전류}$[Ω]
- 1초 이내에 동작하는 자동차단장치가 있는 경우 $R_2 = \dfrac{600}{1선\ 지락전류}$[Ω]

문 18

▶출제년도 : 산업 08. 20.　▶점수 : 5점

전기설비에 있어서 감전예방의 종류 중 직접접촉예방은 전기설비가 정상으로 운영하고 있는 상태에서 전기설비에 사람 또는 동물이 접촉되는 경우를 대비하여 감전예방을 위한 보호이다. 직접접촉예방을 위한 보호방법 5가지를 쓰시오.

● 답안작성

① 충전부의 절연에 의한 보호
② 격벽 또는 외함에 의한 보호
③ 장애물에 의한 보호
④ 손의 접근한계 외측 설치에 따른 보호
⑤ 누전차단기에 의한 추가 보호

● 해　설

(1) 직접접촉예방
　　전기설비가 정상으로 운영하고 있는 상태에서 전기설비에 사람 또는 동물이 접촉되는 경우를 대비하여 감전예방을 위한 보호
(2) 간접접촉예방
　　전기설비에 지락 등의 고장이 발생한 경우에 해당 전기설비에 사람 또는 동물이 접촉한 경우를 대비하여 감전예방을 위한 보호로서 다음 중 하나의 방법에 의해 실시한다.
　　① 전원의 자동차단에 의한 보호
　　② Ⅱ급 기기의 사용 또는 이것과 동등 이상의 절연에 의한 보호
　　③ 비도전성 장소에 의한 보호
　　④ 비접지용 국부적 등전위 접속에 의한 보호
　　⑤ 전기적 분리에 의한 보호
(3) 특별저압에 의한 보호는 직접접촉예방 및 간접접촉 예방을 동시에 시행한다. 사용전압은 교류 50[V] 이하, 직류 120[V] 이하의 전압을 말한다.

2020년 3회 전기공사산업기사실기

▶출제년도 : 산업 20. ▶점수 : 4점

문1 다음 빈칸에 들어갈 내용을 쓰시오.

> 발전소에서 상주 감시를 요하지 않는 경우라도 발전기 용량이 ( )[kVA]를 넘는 경우에는 발전기의 내부에 고장이 발생했을 때 발전기를 전로에서 자동적으로 차단하는 장치가 필요하다. 단, 발전소는 비상용 예비 전원을 얻을 목적으로 시설한 것이 아니다.

● 답안작성

2000

● 해 설

상주 감시를 하지 아니하는 발전소의 시설(KEC 351.8)
발전소는 비상용 예비 전원을 얻을 목적으로 시설하는 것 이외에는 다음에 따라 시설하여야 한다.
(1) 다음과 같은 경우에는 발전기를 전로에서 자동적으로 차단하고 또한 수차 또는 풍차를 자동적으로 정지하는 장치 또는 내연기관에 연료 유입을 자동적으로 차단하는 장치를 시설할 것
　① 원동기 제어용의 압유장치의 유압, 압축 공기장치의 공기압 또는 전동 제어 장치의 전원 전압이 현저히 저하한 경우
　② 원동기의 회전속도가 현저히 상승한 경우
　③ 발전기에 과전류가 생긴 경우
　④ 정격 출력이 500[kW] 이상의 원동기 또는 그 발전기의 베어링의 온도가 현저히 상승한 경우
　⑤ 용량이 2,000[kVA] 이상의 발전기의 내부에 고장이 생긴 경우

▶출제년도 : 산업 20. ▶점수 : 5점

문2 비접지 방식에서 GPT를 사용하여 SGR을 작동시키는 데 필요한 유효전류를 발생시키고, Open delta 결선의 각 상의 전압에서 제3고조파 전압의 발생을 방지하여 중성점 이상 전위 진동 및 중성점 불안정 현상 등의 이상 현상을 제거를 위해 GPT의 Open delta에 부착하는 기기를 쓰시오.

● 답안작성

한류저항기

● 해 설

(1) 한류저항기는 SGR을 동작시키는 데 필요한 유효전류를 발생시키며, 오픈 델타 회로의 각 상전압 중의 제3고조파 전압을 억제하고 중성점에서의 이상현상 등을 제거하기 위해 설치하는 저항이다.
(2) 설치 목적
　① 계전기를 동작시키는 데 필요한 유효전류를 발생
　② 오픈 델타 회로의 각 상전압 중의 제3고조파 억제
　③ 중성점 불안정 등 비접지 회로의 이상현상 억제

▶출제년도 : 산업 92, 95, 14, 17, 20. ▶점수 : 5점

문3 바닥면적 200[m²]의 사무실에 전광속 2500[lm]의 36[W] 형광등을 시설하여 평균조도를 150[lx]로 하고자 한다. 설치할 등수를 구하시오. (단, 조명률은 50[%], 감광보상률은 1.25이다.)
•계산 : •답

● 답안작성

계산 : 전등수 $N = \dfrac{EAD}{FU} = \dfrac{150 \times 200 \times 1.25}{0.5 \times 2,500} = 30$[등]

답 : 30[등]

▶출제년도 : 산업 20. ▶점수 : 4점

문4 지지물의 형태에 따라 철구형과 철탑형, 수평 배치형과 수직 배치형으로 구분되어지는 것으로 지중 케이블과 가공 선로를 연결하거나 지중 케이블과 변전소 구내에서 인출되는 송전 선로를 연결하기 위한 설비의 명칭을 쓰시오.

● 답안작성

케이블 헤드

▶출제년도 : 산업 20, 24. ▶점수 : 4점

문5 접지의 분류에서 아래 그림과 같은 접지공사 방법의 명칭을 쓰시오.

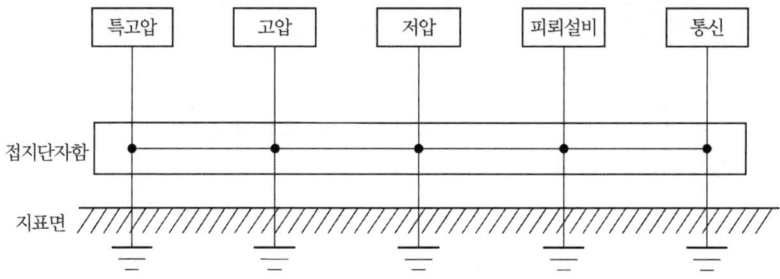

● 답안작성

통합접지

● 해 설

접지시스템의 시설 종류
(1) 단독접지 : 고압, 특고압계통의 접지극과 저압계통의 접지극을 독립적으로 설치하는 것

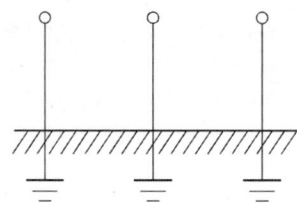

(2) 공통접지 : 등전위가 형성되도록 고압, 특고압계통과 저압접지계통을 공통으로 접지하는 것

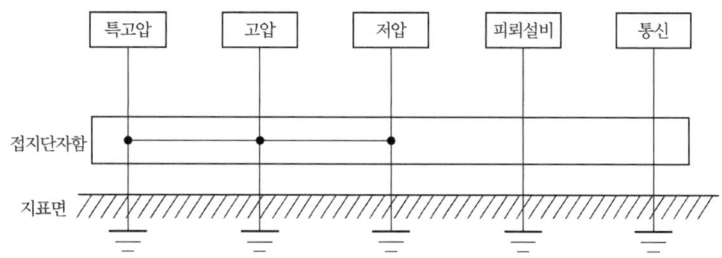

(3) 통합접지 : 전기설비 접지계통, 피뢰설비 및 전기통신설비 등의 접지극을 통합하여 접지시스템을 구성하는 것을 말하며, 설비 사이의 전위차를 해소하여 등전위를 형성하는 접지방식으로 서지보호장치를 시설하여야 할 필요가 있다.

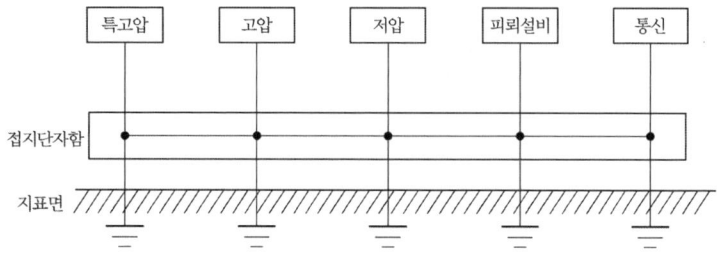

▶ 출제년도 : 기사 89, 90, 96, 15, 산업 16, 20. ▶ 점수 : 5점

문6 3상 3선식 중성점 비접지식 6,600[V] 가공전선로에 접속된 변압기 100[V] 측 1단자에 중성점 접지공사를 할 때 접지저항값[Ω]은 얼마인지 구하시오. (단, 이 전선로는 고저압 혼촉 시 2초 이내에 자동차단하는 장치가 없으며 고압측 1선 지락전류는 5[A]라고 한다.)
• 계산 :
• 답

● 답안작성

계산 : $R = \dfrac{150}{I_g} = \dfrac{150}{5} = 30[\Omega]$

답 : 30[Ω]

● 해 설

중성점 접지공사의 접지저항
• 자동차단장치가 없는 경우

$$R_2 = \dfrac{150}{1선\ 지락전류}[\Omega]$$

• 2초 이내에 동작하는 자동차단장치가 있는 경우

$$R_2 = \dfrac{300}{1선\ 지락전류}[\Omega]$$

• 1초 이내에 동작하는 자동차단장치가 있는 경우

$$R_2 = \dfrac{600}{1선\ 지락전류}[\Omega]$$

▶출제년도 : 산업 06, 20. ▶점수 : 8점

문7 견적 순서를 발주자 및 수주자 입장에서 작성해 보면 다음의 흐름도와 같다. 빈칸 ①~⑤에 알맞은 답을 써넣으시오.

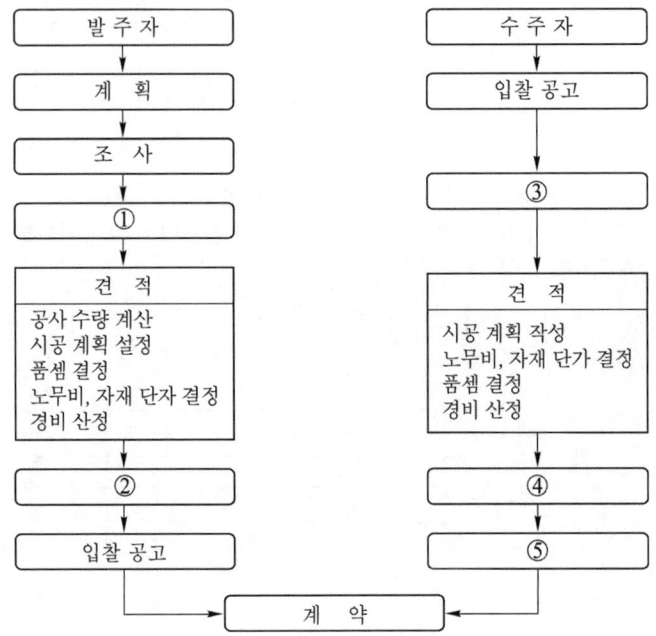

● 답안작성
① 설계   ② 예정가격 결정   ③ 현장설명   ④ 견적가 결정   ⑤ 입찰

▶출제년도 : 산업 20. ▶점수 : 6점

문8 접지판 X와 보조접지극 상호 간의 저항을 측정한 값이 그림과 같다면 a지점(G_a), b지점(G_b), c지점(G_c)의 접지저항값[Ω]을 각각 계산하시오.

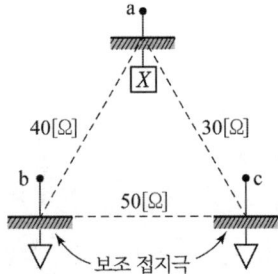

(1) G_a 지점
　•계산 :　　　　　　　　　　　　　　　•답 :
(2) G_b 지점
　•계산 :　　　　　　　　　　　　　　　•답 :

(3) G_c 지점
- 계산 :
- 답 :

● 답안작성

(1) **계산** : 접지 저항값 $R_{Ga} = \frac{1}{2}(R_{Gab} + R_{Gca} - R_{Gbc}) = \frac{1}{2}(40+30-50) = 10[\Omega]$
  답 : $10[\Omega]$

(2) **계산** : 접지 저항값 $R_{Gb} = \frac{1}{2}(R_{Gbc} + R_{Gab} - R_{Gca}) = \frac{1}{2}(50+40-30) = 30[\Omega]$
  답 : $30[\Omega]$

(3) **계산** : 접지 저항값 $R_{Gc} = \frac{1}{2}(R_{Gca} + R_{Gbc} - R_{Gab}) = \frac{1}{2}(30+50-40) = 20[\Omega]$
  답 : $20[\Omega]$

● 해 설

$R_{Ga} + R_{Gb} = R_{Gab}$ ············ ①
$R_{Gb} + R_{Gc} = R_{Gbc}$ ············ ②
$R_{Gc} + R_{Ga} = R_{Gca}$ ············ ③

즉, (① + ② + ③) × $\frac{1}{2}$ 로 계산하면

$R_{Ga} + R_{Gb} + R_{Gc} = \frac{1}{2}(R_{Gab} + R_{Gbc} + R_{Gca})$ ·· ④

∴ ④ − ① 하면

$R_{Gc} = \frac{1}{2}(R_{Gca} + R_{Gbc} - R_{Gab})$

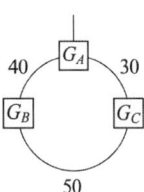

▶ 출제년도 : 산업 17. 20. ▶ 점수 : 3점

문9 접지극으로 사용할 수 있는 것을 3가지만 쓰시오.

● 답안작성

① 토양에 매설된 기초 접지극
② 케이블의 금속외장 및 그 밖에 금속피복
③ 지중 금속구조물(배관 등)

● 해 설

접지극의 시설 및 접지저항(KEC 142.2)
접지극은 다음의 방법 중 하나 또는 복합하여 시설하여야 한다.
① 콘크리트에 매입 된 기초 접지극
② 토양에 매설된 기초 접지극
③ 토양에 수직 또는 수평으로 직접 매설된 금속전극(봉, 전선, 테이프, 배관, 판 등)
④ 케이블의 금속외장 및 그 밖에 금속피복
⑤ 지중 금속구조물(배관 등)
⑥ 대지에 매설된 철근콘크리트의 용접된 금속 보강재. 다만, 강화콘크리트는 제외한다.

▸출제년도 : 산업 88. 97. 14. 17. 20.　▸점수 : 5점

문10 최대전류 40[A]의 특고압 수전의 변류기가 60/5[A]로 되어 있다. 최대전류의 1.2배에서 차단기가 동작되는 경우 과전류 계전기의 전류를 구하고 전류탭을 선정하시오. (단, 과전류 계전기의 전류탭은 4[A], 5[A], 6[A], 7[A], 8[A], 10[A], 12[A]로 되어 있다.)
　•계산 :　　　　　　　　　　　　　　•답

● 답안작성

계산 : $I_t = 40 \times \dfrac{5}{60} \times 1.2 = 4[A]$

답 : 전류탭 4[A]

▸출제년도 : 산업 20.　▸점수 : 4점

문11 다음 빈칸에 알맞은 내용을 쓰시오.

"방전등에서 방전은 크게 아크(arc) 방전과 비교적 저기압에서 방전 전류가 적은 경우에 발생하는 (　　) 방전으로 분류할 수 있다."

● 답안작성

글로우

▸출제년도 : 산업 20.　▸점수 : 3점

문12 항공기가 송전 철탑에 충돌하는 것을 방지하기 위해 항공 장애등을 설치하여야 한다. 철탑의 높이가 지표 또는 수면으로부터 몇 [m] 이상일 때부터 철탑에 항공 장애등을 설치하여야 하는지 쓰시오.

● 답안작성

60[m]

● 해　설

항공장애 표시등의 설치 등(항공법 제83조)
지표면이나 수면으로부터 높이가 60[m] 이상 되는 구조물을 설치하는 자는 국토교통부령으로 정하는 바에 따라 표시등 및 표지를 설치하여야 한다. 다만, 국토교통부령으로 정하는 구조물은 제외한다.

▸출제년도 : 산업 02. 05. 16. 20.　▸점수 : 6점

문13 다음의 설명에 맞는 배전자재의 명칭을 쓰시오.
(1) 주상 변압기를 전주에 설치하기 위해 사용하는 밴드를 쓰시오.
(2) 전주에 암타이 또는 랙크를 설치하기 위한 것으로 1방, 2방, 소형 1방, 소형 2방이 사용되는 밴드를 쓰시오.
(3) 저압선로 ACSR 사용 시 접지측 중성선 인류개소에 랙크와 클램프 연결 시 사용하는 금구를 쓰시오.

● 답안작성

(1) 행거밴드　(2) 암타이 밴드　(3) 인류 스트랍

문 14 ▸출제년도 : 산업 20. ▸점수 : 20점

다음 도면은 어느 수용가의 22.9[kV-Y] 전용 배전선로이다. 주어진 조건을 읽고 답하시오.

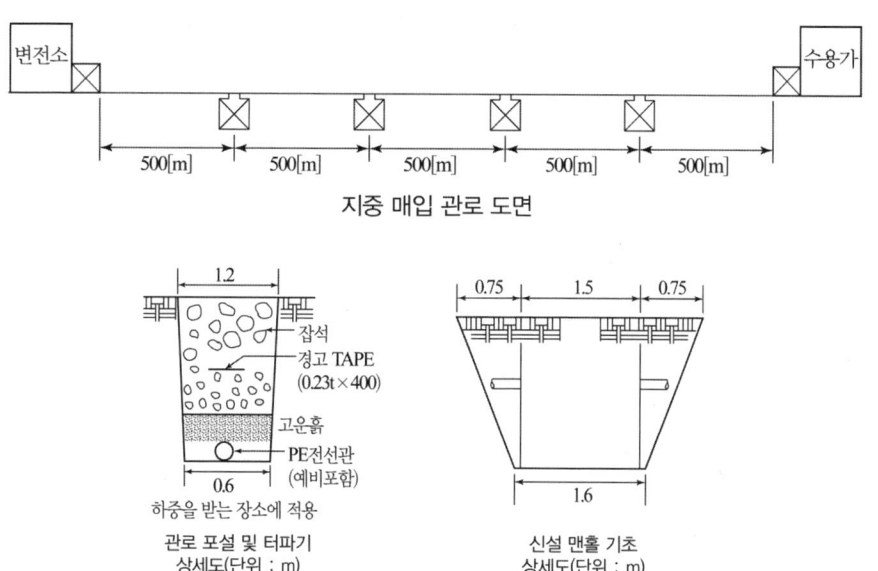

[조건 1. 시설조건]
① 지중매설은 중량물의 압력을 받는 장소로 파상형 폴리에틸렌 전선관(ELP) 100[mm]에 지중 매입 배관공사를 한다.
② 한전변전소 맨홀에서 수용가 맨홀까지 22.9[kV] 인입관로에 CNCV-W 케이블 1심 $95[mm^2] \times 3$조로 배선한다.
③ 변전소 인출구 맨홀부터 수용가 인입구 맨홀까지 4개의 맨홀을 신설하며 맨홀은 조립식 맨홀(MS TYPE)로 크레인 사용 기준이다. 또한, 맨홀의 규격은 $1.5[m] \times 1.5[m] \times 1.5[m]$이다. 단, 변전소 인출구 맨홀과 수용가 인입구 맨홀은 설치되어 있다.
④ 줄기초 터파기와 맨홀 터파기 치수는 도면의 치수로 한다.
⑤ 관로 매입공사는 중량물의 압력을 받는 장소로써 시설 시 최소한의 깊이로 시설하며 기타 조건은 무시한다.

[조건 2. 재료의 산출 조건]
① 관로는 변전소 인출구 맨홀부터 수용가 인입구 맨홀까지만 산출한다.
  단, 맨홀 내 배관은 설치하지 않는다.
② 케이블은 변전소 인출구 맨홀과 수용가 인입구 맨홀 내 수량은 산출하지 않는다. 신설 맨홀 내 케이블의 길이는 여유를 고려하여 3[m]로 계산한다.
③ 자재 산출시 자재할증은 없이 도면의 물량만 계산하고 소수점이하는 절상한다.
④ 터파기는 도면기준으로 관로 및 맨홀 도면의 물량만 계산하고 소수점이하는 절상한다.
  단, 관로 및 맨홀 터파기 물량은 각각 계산하며 겹치는 터파기 물량 부분은 무시한다.
⑤ 접지선은 개별 접지방식으로 산출하지 않는다.

[조건 3. 공량 산출 조건]
① 재료 할증은 공량 산정 시 적용하지 않는다.
② 소수점 이하 둘째 자리까지 계산한다.
③ 주어진 품셈표의 조건으로만 적용한다.

표 1. 조립식 맨홀 및 기기 기초대 설치 (단위 : [조당])

종 별	비계공	특별인부	작업반장	줄눈공	장비사용시간[hr]			
					5[ton]	10[ton]	30[ton]	50[ton]
핸드홀	0.53	0.80	0.28	0.03		2.28		
맨홀 (MS-4, MS-6)	0.64	0.99	0.34	0.05			2.80	
맨홀 (MB-6, MC-5, MC-6)	0.93	1.42	0.49	0.07				4.04

[해설] ① 본 품은 바닥 정지, 거치 및 관로구 설치품 포함
② 터파기, 기초 잡석 및 콘크리트 되메우기, 잔토처리 및 접지공사품은 별도 계상
③ 장비는 크레인 사용기준

(1) 파상형 폴리에틸렌 전선관 물량을 계산하시오.
  • 계산 :   • 답
(2) 매입관로와 맨홀의 터파기 물량을 각각 계산하시오.
  ① 매입관로
    • 계산 :   • 답
  ② 맨 홀
    • 계산 :   • 답
(3) 케이블(CNCV-W) 수량을 계산하시오.
  • 계산 :   • 답
(4) 신설 맨홀 설치 인공을 산출하시오.
  ① 특별인부
    • 계산 :   • 답
  ② 작업반장
    • 계산 :   • 답

● 답안작성

(1) • 계산 : $500 \times 5 - 1.5 \times 4 = 2,494 \, [\text{m}]$
  • 답 : $2,494 \, [\text{m}]$
(2) ① 매입관로
  • 계산 : $\dfrac{0.6+1.2}{2} \times 1 \times 2,494 = 2,245 \, [\text{m}^3]$
  • 답 : $2,245 \, [\text{m}^3]$
  ② 맨홀
  • 계산 : $\dfrac{1.5}{6}[(2 \times 3 + 1.6) \times 3 + (2 \times 1.6 + 3) \times 1.6] \times 4 = 33 \, [\text{m}^3]$
  • 답 : $33 \, [\text{m}^3]$
(3) • 계산 : $(2,494 + 3 \times 4) \times 3 = 7,518 \, [\text{m}]$
  • 답 : $7,518 \, [\text{m}]$

(4) ① 특별인부
- **계산** : $0.99 \times 4 = 3.96$[인]
- **답** : 3.96[인]

② 작업반장
- **계산** : $0.34 \times 4 = 1.36$[인]
- **답** : 1.36[인]

● 해 설

(1) 폴리에틸렌 전선관 = 전체길이 − 맨홀 폭 × 맨홀 수
(2) 지중전선로의 시설(KEC 334.1)
지중 전선로를 관로식에 의하여 시설하는 경우에는 매설 깊이를 1.0[m] 이상으로 하되, 매설 깊이가 충분하지 못한 장소에는 견고하고 차량 기타 중량물의 압력에 견디는 것을 사용할 것. 다만 중량물의 압력을 받을 우려가 없는 곳은 0.6[m] 이상으로 한다.

① 독립기초파기

터파기량 $[A] = \dfrac{h}{6}\{(2a+a')b + (2a'+a)b'\}$

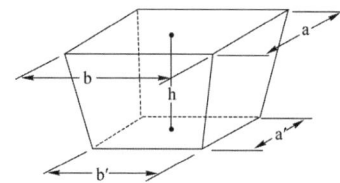

② 줄기초파기

터파기량 $[A] = \left(\dfrac{a+b}{2}\right)h \times$ 줄기초길이

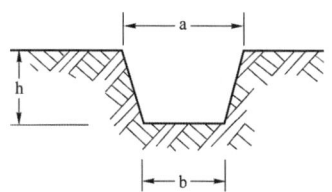

▶ 출제년도 : 99. 11. 15. 20. 24.　▶ 점수 : 5점

문15
전원 공급점에서 40[m]의 지점에 60[A], 45[m]의 지점에 50[A], 60[m] 지점에 30[A]의 부하가 걸려 있을 때 부하 중심까지의 거리는 몇 [m]인가?
- **계산** :
- **답**

● 답안작성

계산 : 직선 부하에서의 부하 중심점까지의 거리

$$L = \dfrac{L_1 I_1 + L_2 I_2 + L_3 I_3}{I_1 + I_2 + I_3} = \dfrac{40 \times 60 + 45 \times 50 + 60 \times 30}{60 + 50 + 30} = 46.07 [\text{m}]$$

답 : 46.07[m]

▶ 출제년도 : 산업 20. ▶ 점수 : 4점

문16 22.9[kV-Y]의 특고압 수전설비 결선도에서 CB 1차측에 CT를, CB 2차측에 PT를 시설하는 경우에 대한 설명이다. 빈칸에 알맞은 용어를 쓰시오.

> 가. 차단기의 트립 전원은 직류 또는 (①)이(가) 바람직하며 66[kV] 이상의 수전 설비는 (②)이어야 한다.
> 나. 지중인입선의 경우에 22.9[kV-Y] 계통은 (③) 케이블 또는 TR CNCV-W(트리억제형)을 사용하여야 한다. 다만, 전력구·공동구·덕트·건물 구내 등 화재의 우려가 있는 장소에서는 (④) 케이블을 사용하는 것이 바람직하다.

● 답안작성

가. ① 콘덴서 방식, ② 직류
나. ③ CNCV-W(수밀형), ④ FR CNCO-W(난연)

● 해 설

특고압 수전설비 표준결선도(CB 1차측에 CT를, CB 2차측에 PT를 시설하는 경우)

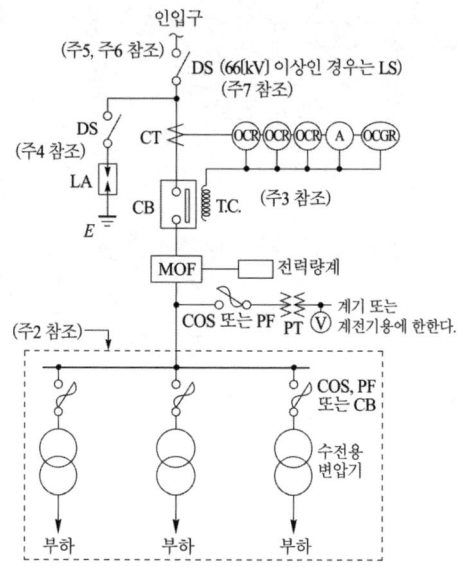

[주1] 22.9[kV-Y] 1,000[kVA] 이하인 경우에는 간이 수전 설비 결선도에 의할 수 있다.
[주2] 결선도 중 점선 내의 부분은 참고용 예시이다.
[주3] 차단기의 트립 전원은 직류(DC) 또는 콘덴서 방식(CTD)이 바람직하며 66[kV] 이상의 수전 설비에는 직류(DC)이어야 한다.
[주4] LA용 DS는 생략할 수 있으며 22.9[kV-Y]용의 LA는 Disconnector(또는 Isolator) 붙임형을 사용하여야 한다.
[주5] 인입선을 지중선으로 시설하는 경우로서 공동 주택 등 사고 시 정전 피해가 큰 수전 설비 인입선은 예비선을 포함하여 2회선으로 시설하는 것이 바람직하다.
[주6] 지중인입선의 경우에 22.9[kV-Y] 계통은 CNCV-W 케이블(수밀형) 또는 TR CNCV-W(트리억제형)을 사용하여야 한다. 다만, 전력구·공동구·덕트·건물 구내 등 화재의 우려가 있는 장소에서는 FR CNCO-W(난연) 케이블을 사용하는 것이 바람직하다.
[주7] DS 대신 자동고장구분 개폐기(7,000[kVA] 초과 시에는 Sectionalizer)를 사용할 수 있으며 66[kV] 이상의 경우는 LS를 사용하여야 한다.

문17

▶ 출제년도 : 산업 94. 02. 12. 20. ▶ 점수 : 5점

그림 기호는 콘센트 종류를 표시한 것이다. 각각 어떤 종류의 콘센트를 표시한 것인지 쓰시오.

(1) ⊙LK (2) ⊙T (3) ⊙E (4) ⊙EL (5) ⊙WP

● 답안작성

(1) 빠짐 방지형   (2) 걸림형
(3) 접지극 붙이   (4) 누전 차단기 붙이
(5) 방수형

● 해 설

콘센트

명 칭	그림 기호	적 요

콘센트	⊙	① 천장에 부착하는 경우는 다음과 같다. ⊙
		② 바닥에 부착하는 경우는 다음과 같다. ⊙
		③ 용량의 표시 방법은 다음과 같다.
		  • 15[A]는 방기하지 않는다.
		  • 20[A] 이상은 암페어 수를 방기한다.
		  [보기] ⊙$_{20A}$
		④ 2구 이상인 경우는 구수를 방기한다.
		  [보기] ⊙$_2$
		⑤ 3극 이상인 것은 극수를 방기한다.
		  [보기] ⊙$_{3P}$
		⑥ 종류를 표시하는 경우는 다음과 같다.
		  빠짐 방지형 ⊙$_{LK}$
		  걸림형 ⊙$_T$
		  접지극붙이 ⊙$_E$
		  접지단자붙이 ⊙$_{ET}$
		  누전 차단기붙이 ⊙$_{EL}$
		⑦ 방수형은 WP를 방기한다. ⊙$_{WP}$
		⑧ 방폭형은 EX를 방기한다. ⊙$_{EX}$
		⑨ 의료용은 H를 방기한다. ⊙$_H$

문18

▶ 출제년도 : 산업 91. 97. 09. 20. ▶ 점수 : 4점

가공전선로에 적용하는 애자의 종류 4가지만 쓰시오.

● 답안작성

핀애자, 현수애자, 라인포스트 애자, 인류애자

● 해 설

① 핀애자 : 직선 선로에 사용
② 현수애자 : 인류 및 내장 개소에 사용
③ 라인포스트 애자 : 연가용 철탑 등에서 점퍼선 지지
④ 인류 애자 : 인류 개소 및 배전선로의 중성선

2020년 4회 전기공사산업기사실기

▶ 출제년도 : 산업 20.   ▶ 점수 : 20점

문1 다음 도면은 사무실의 전등 및 전열 배선 평면도이다. 주어진 조건을 읽고 답하시오.

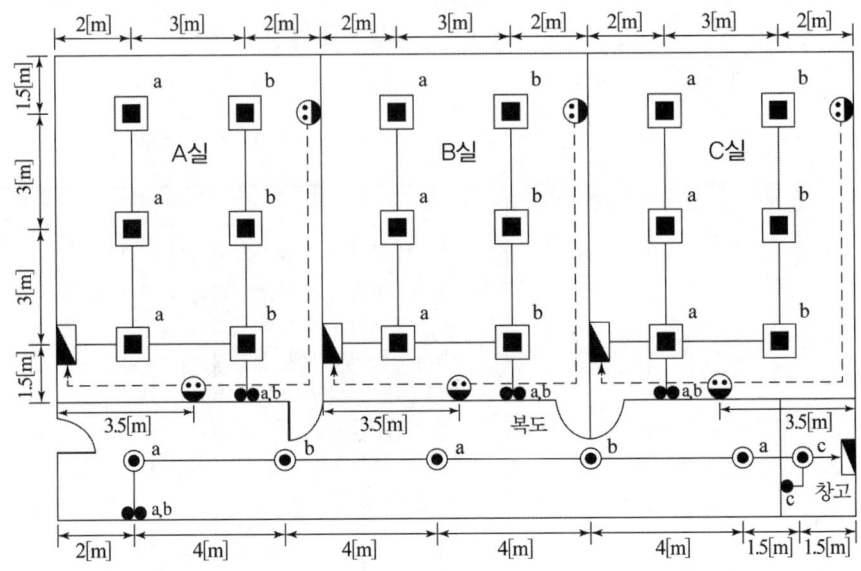

[1. 시설조건]

① 전선은 450/750[V] 일반용 단심 비닐절연전선 2.5[mm²]를 사용한다.
② 전선관은 난연성 CD 전선관을 사용하고 표기가 없는 것은 16[mm]를 사용한다.
③ 사무실은 LED 40[W] 1개용, 복도 및 창고는 20[W] 다운라이트를 설치한다.
④ 4방출 이상의 배관과 접속되는 박스는 4각 박스를 사용하고 기타는 8각 박스를 사용한다.
⑤ 창고에 설치되는 스위치 박스는 1구, 그 외 기타 장소의 스위치 박스는 2구를 사용한다.
⑥ 사무실내 분전반 설치높이는 상단 1.8[m](바닥에서 상단까지)로 한다.
   (단, 바닥에서 하단까지는 1.5[m]로 한다.)
⑦ 창고에 설치된 주분전반 설치높이는 상단 1.8[m](바닥에서 상단까지)로 한다.
   (단, 바닥에서 하단까지 1[m]로 한다.)
⑧ 스위치 설치 높이는 1.2[m](바닥에서 중심까지)로 한다.
⑨ 콘센트는 콘크리트 매입설치이며 설치 높이는 0.3[m](바닥에서 중심까지)로 한다.
⑩ 천정은 이중천정으로 천정에서 등기구까지는 금속가요전선관(0.5[m] 시설)을 이용하여 등기구에 연결하며 바닥에서 등기구까지 높이는 3[m], 바닥에서 등기구 전선관(난연성 CD 전선관)까지 높이는 3.5[m]로 한다.

[2. 재료의 산출 조건]
　① 분전반(사무실 내, 창고 내 주분전반 포함) 내의 배선여유는 1선당 0.5[m]로 한다.
　② 자재 산출 시 자재 할증은 없는 것으로 도면의 물량만 산출하고 소수점 이하는 절상한다.
　③ 콘센트용 박스는 4각 박스로 한다.
　④ 접지선은 산출하지 않는다.

3. 공량 산출 조건
　① 재료 할증은 공량 산정 시 적용하지 않는다.
　② 계산 시 소수점 이하 모두 계산하고 합계 인공 계산 시 세 자리 이하 절사한다.
　③ 주어진 품셈표의 조건으로만 적용한다.

(품셈표) LED 등기구 설치　　(단위 : [개], 적용직종 : 내선전공)

종 별	직부등	팬던트	다운 라이트	매입 및 반매입
15[W] 이하	0.117	0.158	0.155	–
25[W] 이하	0.138	0.163	0.182	–
35[W] 이하	0.163	0.213	0.208	0.242
45[W] 이하	0.221	0.249	–	0.263
55[W] 이하	0.254	–	–	0.306

[해설]　① 등기구 일체형 기준
　　　　② 등기구 조립·설치, 결선, 지지금구류 설치, 장내 소운반 및 잔재정리, 기준점 측정 포함
　　　　③ 램프만 교체 시 해당 등기구 1등용 설치품의 10[%] 적용
　　　　④ 철거 30[%], 재사용 철거 50[%]
　　　　⑤ 기타 사항은 "5-25 형광등기구" 해설 준용

(1) B실의 전등배관 물량을 계산하시오.
　① 난연성 CD 전선관
　　• 계산 :　　　　　　　　　　　　　• 답
　② 금속제 가요전선관
　　• 계산 :　　　　　　　　　　　　　• 답
(2) A, B, C실의 전열전선 총 물량을 계산하시오.
　• 계산 :　　　　　　　　　　　　　• 답
(3) 다음 자재의 수량을 각각 계산하여 표에 기입하시오.

4각박스	①
8각박스	②
스위치박스(2구)	③

(4) 도면에 설치된 등기구들의 총 설치 인공을 산출하시오.
　• 계산 :　　　　　　　　　　　　　• 답

● 답안작성
(1) ① 난연성 CD 전선관
　　　• 계산 : $2.3+1.5+6+3+6+2+1.7=22.5$[m]
　　　• 답 : 23[m]

② 금속제 가요전선관
- 계산 : $6 \times 0.5 = 3[m]$
- 답 : $3[m]$

(2) • 계산 : $[0.5(배선여유) + 1.5 + 1.5 + 3.5 + 0.3 \times 2 + 3.5 + 7.5 + 0.3]$
$\times 2(전선가닥수) \times 3(A,B,C실) = 113.4[m]$
- 답 : $114[m]$

(3) ① 7   ② 23   ③ 4

(4) • 계산 : 직부등 : $0.221 \times 18 = 3.978[인]$
다운라이트 : $0.182 \times 6 = 1.092[인]$
- 답 : $5.07[인]$

● 해 설

(1), (2)

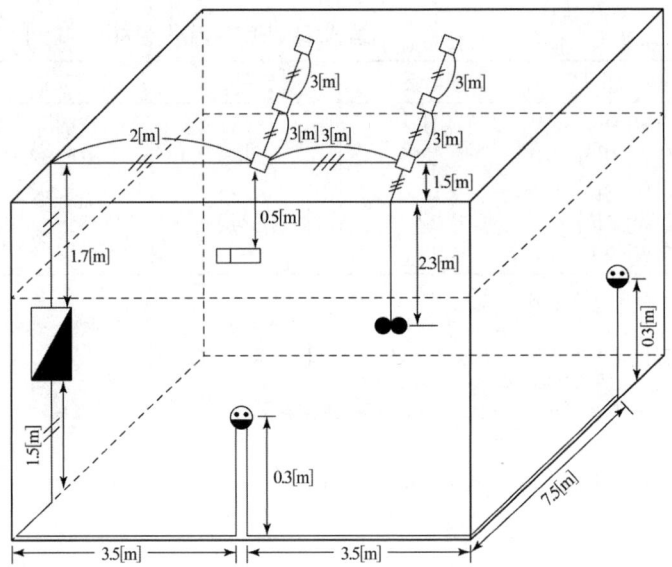

① 전선관(전등)
$2.3 + 1.5 + 6 + 3 + 6 + 2 + 1.7 = 22.5[m]$

② 전선(전열)
$[0.5(배선여유) + 1.5 + 1.5 + 3.5 + 0.3 \times 2 + 3.5 + 7.5 + 0.3] \times 2 = 37.8[m]$

(3) ① 4각박스 : 7[개]
- 콘센트 : 6[개]
- 4방출 배관 접속 : 1[개]

② 8각박스 : 23[개]
- 사무실 : 17[개]
- 복도 : 5[개]
- 창고 : 1[개]

③ 스위치 박스(2구) : 4[개]
- 사무실 : 3[개]
- 복도 : 1[개]

문2

▸출제년도 : 산업 12, 20. ▸점수 : 5점

권수비가 50인 단상변압기의 전부하 2차 전압이 220[V]이고, 전압변동률이 4[%]일 때, 무부하 시 1차 단자전압은 몇 [V]인지 구하시오.

• 계산 :　　　　　　　　　　　　　　　• 답 :

● 답안작성

계산 : $\epsilon = \dfrac{V_{20} - V_{2n}}{V_{2n}} \times 100 = \left(\dfrac{V_{20}}{V_{2n}} - 1\right) \times 100 = \left(\dfrac{V_{20}}{220} - 1\right) \times 100 = 4[\%]$ 이므로

$V_{20} = \left(1 + \dfrac{4}{100}\right) \times 220 = 228.8[V]$

∴ $V_1 = a V_2 = 50 \times 228.8 = 11,440[V]$

답 : $11,440[V]$

● 해 설

$\epsilon = \dfrac{V_{20} - V_{2n}}{V_{2n}} \times 100 = \left(\dfrac{V_{20}}{V_{2n}} - 1\right) \times 100$

여기서, ϵ : 전압변동률, V_{20} : 무부하 전압, V_{2n} : 정격 전압

문3

▸출제년도 : 산업 20. ▸점수 : 5점

다음 (　)에 알맞은 말을 쓰시오.

> 2대 이상의 발전기를 병렬운전 할 경우 주파수, (　①　) 및 (　②　)가 같아야 한다.

● 답안작성

① 위상, ② 기전력의 크기

문4

▸출제년도 : 기사 97, 16, 산업 10, 20. ▸점수 : 5점

연 축전지의 성격용량 200[Ah], 상시부하 10[kW], 표준전압 100[V]인 부동충전 방식의 2차 충전전류값은 얼마인지 계산하시오. (단, 연축전지의 방전율은 10시간율로 한다.)

• 계산 :　　　　　　　　　　　　　　　• 답 :

● 답안작성

계산 : $I = \dfrac{200}{10} + \dfrac{10,000}{100} = 120[A]$ 　　　답 : $120[A]$

● 해 설

① 부동 충전 : 축전지의 자기 방전을 보충함과 동시에 상용 부하에 대한 전력 공급은 충전기가 부담하도록 하되 충전기가 부담하기 어려운 일시적인 대전류 부하는 축전지로 하여금 부담하게 하는 방식이다.

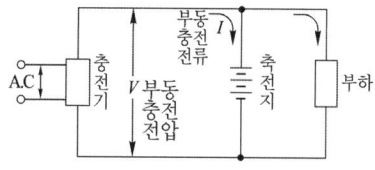

② 충전기 2차 충전 전류[A] = $\dfrac{\text{축전지 용량 [Ah]}}{\text{정격 방전율 [h]}} + \dfrac{\text{상시 부하 용량 [VA]}}{\text{표준 전압 [V]}}$

▶출제년도 : 산업 02. 06. 20. ▶점수 : 4점

문5 연접인입선의 정의를 쓰시오.

● 답안작성

한 수용장소 인입구 접속점에서 분기하여 다른 지지물을 거치지 아니하고 다른 수용장소 인입구에 이르는 전선을 말함.

● 해 설

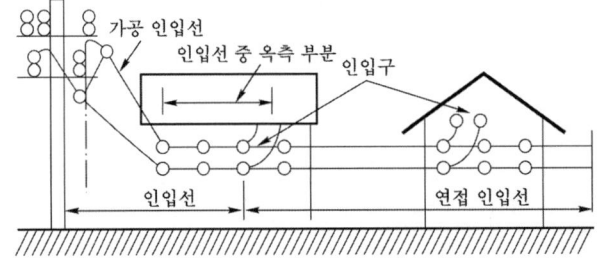

▶출제년도 : 기사 16. 산업 20. ▶점수 : 5점

문6 다음 그림은 장주를 배열에 따라 구분한 것이다. 각 장주의 명칭을 쓰시오.

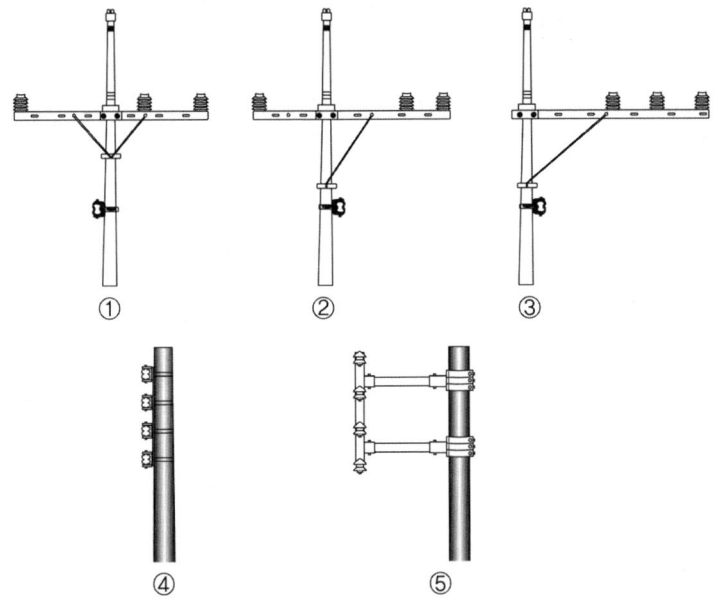

● 답안작성

① 보통장주
② 창출장주
③ 편출장주
④ 랙크장주
⑤ 편출용 D형 랙크장주

● 해 설

(1) 특고압 장주 형태

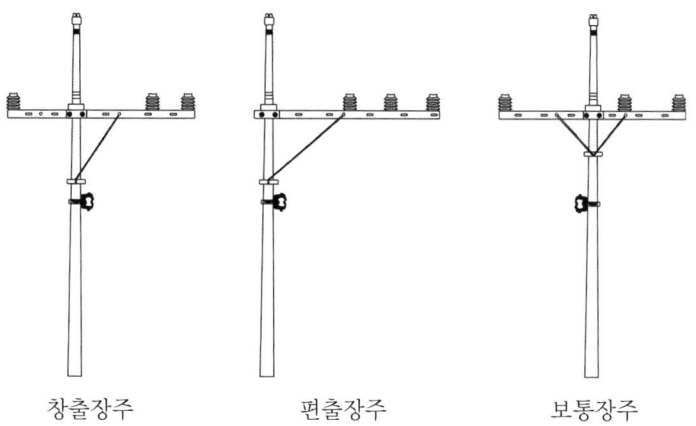

창출장주　　　편출장주　　　보통장주

(2) 저압 장주 형태

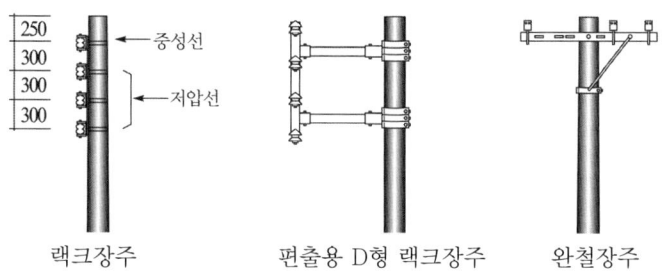

랙크장주　　편출용 D형 랙크장주　　완철장주

▶ 출제년도 : 산업 20.　▶ 점수 : 3점

문7 물체가 보인다는 것은 그 물체가 방사되는 광속이 눈에 들어온다는 것이다. 이와 같이 보이는 물체에서 눈의 방향으로 방사되는 단위 면적당의 광속을 무엇이라 하는지 쓰시오.

● 답안작성

광속발산도

▶ 출제년도 : 기사 05. 12. 산업 92. 97. 17. 20. 24.　▶ 점수 : 6점

문8 고압 및 특고압의 전로에서 피뢰기를 시설하고 접지공사가 의무화되어 있는 장소를 3곳만 쓰시오.

● 답안작성

① 특고압 가공전선로에 접속하는 배전용 변압기의 고압측 및 특고압측
② 고압 및 특고압 가공전선로로부터 공급을 받는 수용장소의 인입구
③ 가공전선로와 지중전선로가 접속되는 곳

● 해 설

피뢰기의 시설(KEC 341.13)
고압 및 특고압의 전로 중 다음에 열거하는 곳 또는 이에 근접한 곳에는 피뢰기를 시설하여야 한다.

① 발전소·변전소 또는 이에 준하는 장소의 가공전선 인입구 및 인출구
② 특고압 가공전선로에 접속하는 배전용 변압기의 고압측 및 특고압측
③ 고압 및 특고압 가공전선로로부터 공급을 받는 수용장소의 인입구
④ 가공전선로와 지중전선로가 접속되는 곳

문9

▶ 출제년도 : 산업 20, 24. ▶ 점수 : 6점

사람의 접촉 우려가 있는 장소에서 철주에 절연전선을 사용하여 접지공사를 그림과 같이 노출 시공하고자 한다. 각각의 물음에 답하시오.

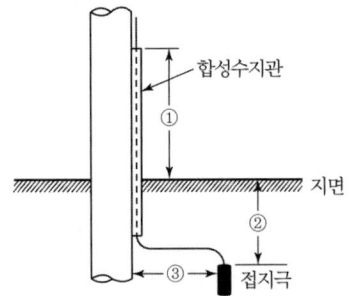

(1) 지표상 합성수지관의 최소 높이 (①)는 몇 [m]인지 쓰시오.
(2) 접지극의 지하매설 깊이 (②)는 몇 [m] 이상인지 쓰시오.
(3) 철주와 접지극의 이격거리 (③)는 몇 [m] 이상인지 쓰시오.

● 답안작성

① 2[m]   ② 0.75[m]   ③ 1[m]

● 해 설

(1) 접지극의 시설 및 접지저항(KEC 142.2)
   ① 접지극은 지표면으로부터 지하 0.75[m] 이상으로 하되 동결 깊이를 감안하여 매설 깊이를 정해야 한다.
   ② 접지도체를 철주 기타의 금속체를 따라서 시설하는 경우에는 접지극을 철주의 밑면으로부터 0.3[m] 이상의 깊이에 매설하는 경우 이외에는 접지극을 지중에서 그 금속체로부터 1[m] 이상 떼어 매설하여야 한다.

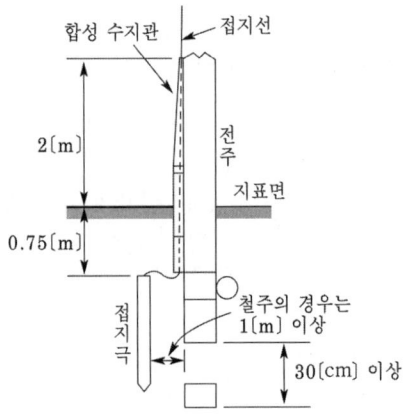

(2) 접지도체(KEC 142.3.1)
   접지도체는 지하 0.75[m] 부터 지표상 2[m]까지 부분은 합성수지관(두께 2[mm] 미만의 합성수지제 전선관 및 가연성 콤바인덕트관은 제외한다) 또는 이와 동등 이상의 절연효과와 강도를 가지는 몰드로 덮어야 한다.

▶ 출제년도 : 산업 14, 20. ▶ 점수 : 5점

문 10 연건평 30,000[m²]인 아파트의 부하밀도는 50[VA/m²]이고 수용률은 60[%]이다. 이 아파트의 변압기 용량[kVA]을 구하시오.(단, 부등률은 고려하지 않는다.)
• 계산 :   • 답 :

● 답안작성

계산 : 부하용량 = $50 \times 30,000 \times 10^{-3} = 1,500$[kVA]
       수전설비 용량 $P = 1,500 \times 0.6 = 900$[kVA]
답 : 900[kVA]

● 해 설

수전설비용량 ≥ 합성최대 수용전력 = $\dfrac{\text{설비용량 [kVA]} \times \text{수용률}}{\text{부등률}}$

= $\dfrac{\text{설비용량 [kW]} \times \text{수용률}}{\text{부등률} \times \text{역률}}$ [kVA]

▶ 출제년도 : 산업 90, 94, 05, 12, 20. ▶ 점수 : 5점

문 11 터파기에는 독립 기초, 줄 기초, 철탑 기초가 있다. 철탑 기초 파기의 터파기량 산정식을 쓰시오.

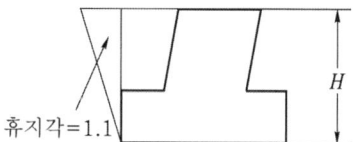

● 답안작성

터파기량 = 가로×세로× H ×1.21

● 해 설

휴지각 = $1.1 \times 1.1 = 1.21$

▶ 출제년도 : 산업 20, 24. ▶ 점수 : 5점

문 12 경간이 60[m]인 전주에 이도를 1[m]로 하여 가공전선을 가설하고자 한다. 무게가 1[kg/m]인 가공전선에 요구되는 수평장력[kg]을 구하시오.(단, 안전율은 1로 한다.)
• 계산 :   • 답 :

● 답안작성

계산 : $T = \dfrac{WS^2}{8D} = \dfrac{1 \times 60^2}{8 \times 1} = 450[\text{kg}]$

답 : 450[kg]

● 해 설

이도 $D = \dfrac{WS^2}{8T}[\text{m}]$

여기서, W : 전선의 중량[kg/m], S : 경간(span)[m], T : 전선의 수평장력[kg]

▶ 출제년도 : 95, 97, 11, 20,   ▶ 점수 : 5점

문13 단상 2선식 가공전선로에서 두 선을 일괄한 것과 대지 간의 최소절연저항값[Ω]을 구하시오. (단, 사용전압은 220[V], 최대공급전류는 20[A]이다.)
• 계산 :   • 답 :

● 답안작성

계산 : 누설 전류 $i = 20 \times \dfrac{1}{1,000} = 0.02[\text{A}]$

절연 저항 $R = \dfrac{220}{0.02} = 11,000[\Omega]$

답 : 11,000[Ω]

● 해 설

단상 2선식의 경우 전선을 일괄한 것과 대지 사이의 절연저항은 사용전압에 대한 누설전류가 최대공급 전류의 $\dfrac{1}{1,000}$ 이하가 되도록 하여야 한다.

▶ 출제년도 : 산업 97, 12, 16, 20,   ▶ 점수 : 6점

문14 그림과 같이 지선을 가설하여 전주에 가해진 수평장력 800[kg]을 지지하고자 한다. 4[mm] 철선을 지선으로 사용한다면 몇 가닥으로 하면 되는지 구하시오. (단, 4[mm] 철선 1가닥의 인장 하중은 440[kg]으로 하고 안전율은 2.5이다.)

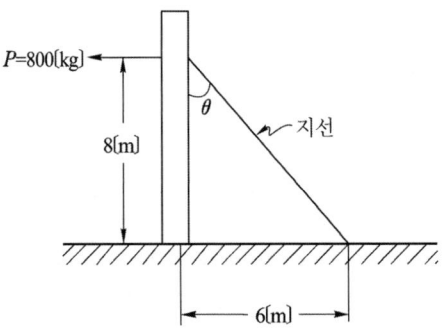

• 계산 :   • 답 :

● 답안작성

계산 : $\sin\theta = \dfrac{6}{\sqrt{8^2+6^2}} = \dfrac{6}{10}$

$T_0 = \dfrac{10}{6} \times P = \dfrac{10}{6} \times 800 = 1,333.33 [\text{kg}]$

지선의 장력 $(T_0) = \dfrac{\text{소선 1가닥의 인장강도} \times \text{소선수}}{\text{안전율}}$

$\rightarrow 1,333.33 = \dfrac{440 \times n}{2.5}$

$\therefore n = \dfrac{1,333.33 \times 2.5}{440} = 7.58$가닥

답 : 8가닥

● 해 설

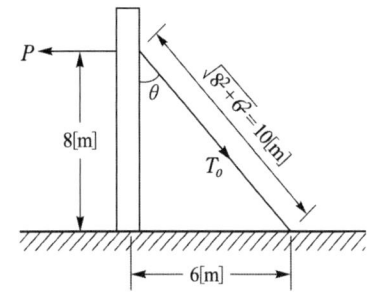

- 소선수에서 소수점 이하는 절상

문15 가공전선을 애자에 바인드 하고자 할 때 바인드 방법을 3가지만 쓰시오.

● 답안작성

① 인류 바인드법
② 측부 바인드법
③ 두부 바인드법

문16 다음 그림기호의 명칭을 쓰고 복선도를 그리시오.
(단, 전기방식은 3상 3선식이다.)

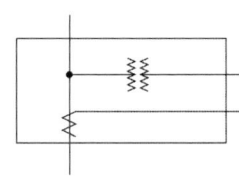

● 답안작성
- 명칭 : 계기용 변성기
- 복선도 :

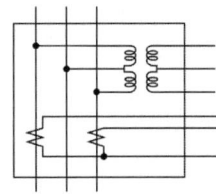

▶출제년도 : 산업 20.　▶점수 : 4점

문17　축전지의 용량은 다음의 식에 의하여 구할 수 있다. 이 식에서 주어진 문자는 무엇을 의미하는지 간단히 쓰시오.

$$C = \frac{1}{L}KI$$

● 답안작성
① C : 축전지 용량[Ah]
② L : 보수율
③ K : 용량환산시간계수
④ I : 방전전류[A]

개정된 '전기설비 기술기준 및 판단기준'과 '내선규정'에 의거해 삭제된 문제가 있어 점수의 합계가 100점이 되지 않습니다.

2021년 1회 전기공사산업기사실기

▶출제년도 : 산업 12, 15, 21, 24. ▶점수 : 5점

문1 전등설비 200[W], 전열설비 400[W], 전동기설비 300[W]인 수용가가 있다. 이 수용가의 최대 수용전력이 780[W]라면 수용률은 얼마인가?
- 계산 :
- 답 :

● 답안작성

계산 : 수용률 = $\dfrac{\text{최대 수용 전력}}{\text{설비 용량(접속 부하)}} \times 100[\%] = \dfrac{780}{200+400+300} \times 100 = 86.67[\%]$

답 : 86.67[%]

▶출제년도 : 산업 09, 21. ▶점수 : 3점

문2 자가용 수·변전 설비에서 고압전로의 절연저항을 측정할 때 사전 준비로서 정전 조작을 하여야 한다. 정전 조작은 부하로부터 순차적으로 전원을 향해서 개폐기를 개방하는데, 차단기와 단로기 중 어느 것을 먼저 개로시켜야 하는지 쓰시오.

● 답안작성
차단기

● 해 설
차단기와 단로기의 조작 순서
① 개로 시 : 차단기 → 단로기
② 폐로 시 : 단로기 → 차단기

▶출제년도 : 산업 06, 07, 21. ▶점수 : 4점

문3 장선기(시메라)는 어떤 용도로 쓰이는 공구인가?

● 답안작성
이도 조정 및 지선의 장력 조정

● 해 설
전선 가선 시 적정 이도까지 전선을 당겨주는 공구

▶ 출제년도 : 산업 21. ▶ 점수 : 6점

문4 전기부문 표준품셈에 따른 각 경우에 해당하는 할증률을 쓰시오.
(1) 건물 층수별 할증률에서 20층 초과 25층 이하에 대한 할증률을 쓰시오.
(2) 위험 할증률에서 고소작업 지상 5[m] 이상 10[m] 미만에 대한 할증률을 쓰시오. (단, 비계틀 없이 시공되는 작업이다.)
(3) 전기재료의 할증률에서 옥내전선에 최대로 적용 가능한 할증률을 쓰시오.

● 답안작성
(1) 6[%]
(2) 20[%]
(3) 10[%]

● 해 설
(1) 건물 층수별 할증률
① 지상층

2층~5층 이하	1[%]
10층 이하	3[%]
15층 이하	4[%]
20층 이하	5[%]
25층 이하	6[%]
30층 이하	7[%]
30층 초과에 대하여는 매 5층 이내 증가마다	1.0[%] 가산

② 지하층 할증

지하 1층	1[%]
지하 2~5층	2[%]
지하 6층 이하는 매 1개층 증가마다	0.2[%] 가산

(2) 위험 할증률
① 고소작업(비계틀 없이 시공되는 작업에 적용한다.)

고소작업 지상 5[m] 미만	0[%]
고소작업 지상 5[m] 이상 10[m] 미만	20[%]
고소작업 지상 10[m] 이상 15[m] 미만	30[%]
고소작업 지상 15[m] 이상 20[m] 미만	40[%]
고소작업 지상 20[m] 이상 30[m] 미만	50[%]
고소작업 지상 30[m] 이상 40[m] 미만	60[%]
고소작업 지상 40[m] 이상 50[m] 미만	70[%]
고소작업 지상 50[m] 이상 60[m] 미만	80[%]
고소작업 지상 60[m] 이상 매 10[m] 이내 증가마다	10[%] 가산

② 고소 작업(비계틀 사용 시 적용한다.)

고소작업 지상 10[m] 이상	10[%]
고소작업 지상 20[m] 이상	20[%]
고소작업 지상 30[m] 이상	30[%]
고소작업 지상 50[m] 이상	40[%]

(3) 전기재료의 할증률 및 철거손실률

종 류	할증률[%]	철거손실률[%]
옥외 전선	5	2.5
옥내 전선	10	–
Cable(옥외)	3	1.5
Cable(옥내)	5	–
전선관 옥외	5	–
전선관 옥내	10	–

▶출제년도 : 산업 17, 21.　▶점수 : 5점

문5 일반적으로 전력용 변압기의 절연유에 요구되는 성질을 5가지만 쓰시오.

● 답안작성
① 절연저항과 절연내력이 클 것
② 인화점이 높을 것
③ 응고점이 낮을 것
④ 점도가 낮고, 비열이 클 것
⑤ 열전도율이 클 것

● 해 설
변압기의 기름으로서 갖추어야 할 조건
① 절연 저항 및 절연내력이 클 것(30[kV] / 2.5[mm] 이상)
② 절연 재료 및 금속에 화학 작용을 일으키지 않을 것
③ 인화점이 높고(130[℃] 이상), 응고점이 낮을 것(-30[℃] 이하)
④ 점도가 낮고(유동성이 풍부), 비열이 커서 냉각 효과가 클 것
⑤ 고온에서도 석출물이 생기거나 산화하지 않을 것
⑥ 열전도율이 클 것
⑦ 열 팽창계수가 작고 증발로 인한 감소량이 적을 것

▶출제년도 : 산업 21.　▶점수 : 4점

문6 표준품셈(전기부문)에 따른 기계장비를 이용하여 전주세움 작업을 할 때 넓은 지역과 협소한 지역이란 어떤 지역을 말하는지 도로폭(예 : 편도 1차선, 편도 2차선, 편도 3차선 등)을 기준으로 쓰시오.
• 넓은 지역 : 편도 (　①　) 이상
• 협소한 지역 : 편도 (　②　) 이하

● 답안작성
① 3차선　　② 2차선

● 해 설
기계장비 작업능력 산정
① 넓은 지역이란 도로폭이 3차선(편도) 이상 되는 지역을 말한다.
② 협소한 지역이란 도로폭이 2차선(편도) 이하의 지역을 말하며, 매우 협소한 지역이란 도로폭이 6[m] 이하인 지역을 말한다.

▶ 출제년도 : 09. 21. ▶ 점수 : 5점

문7 폭 15[m]의 도로의 중앙에 10[m] 높이로 간격 20[m]마다 200[W] 전구를 설치하는 경우 도로면의 평균 조도를 구하시오. (단, 조명률 25[%], 감광보상률 1.5, 200[W] 전구의 전광속은 3,450[lm]이다.)

• 계산 :   • 답 :

● 답안작성

계산 : $E = \dfrac{FUN}{AD} = \dfrac{3{,}450 \times 0.25 \times 1}{15 \times 20 \times 1.5} = 1.92\,[\text{lx}]$

답 : 1.92[lx]

● 해 설

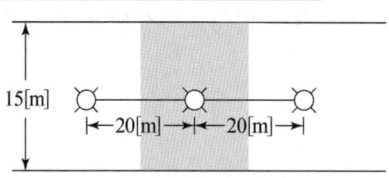

폭 15[m], 간격이 20[m]이므로 면적 $A = 15 \times 20 = 300\,[\text{m}^2]$이다.

▶ 출제년도 : 산업 13. 21. ▶ 점수 : 5점

문8 용량이 5[kVA]인 변압기 2대를 가지고 V결선하여 3상 평형부하에 몇 [kVA]의 전력을 공급할 수 있는지 구하시오.

• 계산 :   • 답 :

● 답안작성

계산 : $P_V = \sqrt{3}\,P_1 = \sqrt{3} \times 5 = 8.66\,[\text{kVA}]$ 답 : 8.66[kVA]

▶ 출제년도 : 산업 21. ▶ 점수 : 5점

문9 한국전기설비규정에 따른 전기저장장치의 시설에 대한 설명이다. 다음 빈칸에 알맞은 내용을 쓰시오.

전기저장장치의 이차전지에는 다음에 따라 자동적으로 전로로부터 차단하는 장치를 시설하여야 한다.
1. (①) 또는 (②)가 발생한 경우
2. 제어장치에 이상이 발생한 경우
3. 이차전지 모듈의 내부 (③)가 급격히 상승할 경우

● 답안작성

① 과전압   ② 과전류   ③ 온도

● 해 설

KEC 512.2.2 제어 및 보호장치
전기저장장치의 이차전지에는 다음 각 호에 따라 자동적으로 전로로부터 차단하는 장치를 시설하여

야 한다.
① 과전압 또는 과전류가 발생한 경우
② 제어장치에 이상이 발생한 경우
③ 이차전지 모듈의 내부 온도가 급격히 상승할 경우

문10
▶출제년도 : 산업 16, 21. ▶점수 : 6점

현장에 포설된 CN-CV 케이블이 받는 여러 가지의 외적 요인 중 케이블을 열화시키는 요인으로는 전기적 요인, 열적 요인, 화학적 요인, 기계적 요인, 생물학적 요인으로 분류된다. 이중 전기적 열화의 종류 3가지만 쓰시오.

● 답안작성
① 부분 방전   ② 전기 트리   ③ 물트리

● 해 설
케이블의 열화 발생요인
① 전기적 요인
상시 운전 전압이나, 과전압, 서지 전압 등에 의해서 부분 방전, 전기 Tree, 물트리 등이 발생하여 Cable을 열화시킨다.
② 열적 요인
이상 온도 상승, 열신축(열싸이클) 등에 의해서 열적으로 연화되어 버리거나, 기계적인 손상 및 변형을 일으켜서 전기적 요인과 복합 작용으로 열화시키며, 또한 열에 의해서 재질 자체가 화학적으로 변화하기도 한다.
③ 화학적 요인
기름, 화학 약품, 토양 중에 함유된 각종 화학물질 등에 의해서 Cable의 절연 외피를 부식시키거나 화학반응으로 변질시키며, 이들 화학물질이 절연층을 투과하여 도체에 닿으면 화학 트리를 일으켜서 케이블의 절연을 열화 시킨다.
④ 기계적 요인
기계적 압력이나 인장, 충격 또는 외상에 의해서 케이블이 기계적으로 손상 변경되어 전기적 원인과의 복합 작용으로 열화하며, 보호 피복의 손상으로 침수되어 절연이 파괴되기도 한다.
⑤ 생물적 요인
개미나 쥐, 벌레 등이 Cable의 외피나 절연층을 갉아먹는 원인으로 케이블이 손상되기도 한다.

문11
▶출제년도 : 산업 21. ▶점수 : 5점

KS C 0301에 따른 다음 기구들의 그림 기호를 그리시오.

배전반	분전반	제어반

● 답안작성

배전반	분전반	제어반
⊠	◨ (반쪽 채움)	⊠ (채움)

● 해 설

배전반·분전반·제어반

명칭	그림기호	적 요
배전반 분전반 및 제어반		① 종류를 구별하는 경우는 다음과 같다. 　배전반 ⊠　　분전반 ◩　　제어반 ⊠ ② 직류용은 그 뜻을 표기한다. ③ 재해 방지 전원 회로용 배전반 등인 경우는 2중 틀로 하고 　필요에 따라 종별을 표기한다. 　[보기]　⊠1종　　◩2종

▶출제년도 : 기사 16, 21.　▶점수 : 5점

문 12 선로의 전압이 V이고 역률이 $\cos\theta$일 때 선로에서의 전력과 전력손실이 각각 P_1, P_{l1}이다. 선로의 전력손실이 2배로 증가되었다면 전송된 전력은 기존 전력 대비 몇 [%] 증가되어야 하는지 구하시오. (단, 선로의 전압과 역률이 일정하다. 그리고 2배로 증가된 선로의 전력손실은 P_{l2}, 저항을 R이라 표시한다.)

• 계산 :　　　　　　　　　　　　　　　• 답 :

● 답안작성

계산 : 전력손실 $P_l = I^2 R \propto I^2$

전력손실이 2배로 증가된 경우 $P_{l2} = 2P_{l2}$이므로

$I_2^2 R = 2I_1^2 R \rightarrow I_2 = \sqrt{2}\,I_1$

따라서, 전력 $P_2 = VI_2\cos\theta = V(\sqrt{2}\,I_1)\cos\theta = \sqrt{2}\,P_1 = 1.4142 P_1$

답 : 41.42[%] 증가

▶출제년도 : 기사 17, 산업 93, 21.　▶점수 : 20점

문 13 아래 도면은 어느 상점 옥내의 전등 및 콘센트 배선 평면도이다. 주어진 조건을 읽고 다음 물음에 답하시오.

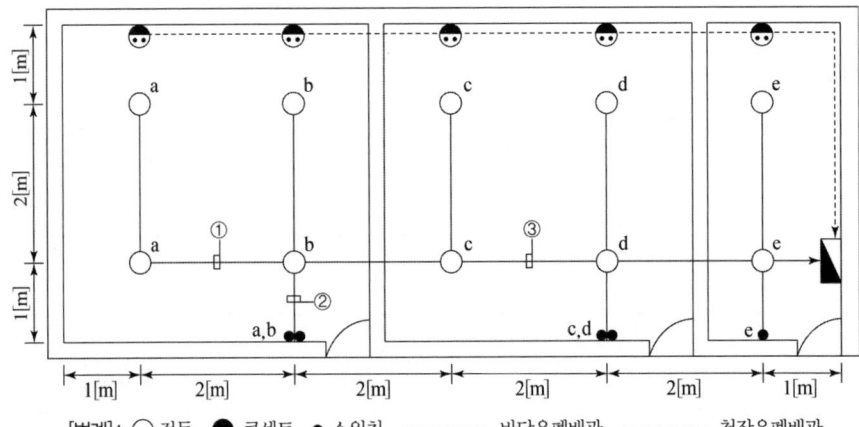

[범례] : ○ 전등,　🔌 콘센트,　● 스위치,　--------- 바닥은폐배관,　——— 천장은폐배관

1. 시설조건
① 바닥에서 천장 슬라브까지는 3.0[m]이다.
② 전선은 HFIX 전선으로 전등, 전열 2.5[mm^2]이다.
　(단, 접지선(2.5[mm^2])을 포함하며 스위치 배선은 접지선을 생략한다.)
③ 전선관은 합성수지 전선관을 사용하고 특기 없는 것은 16[mm]이다.
④ 4조 이상의 배관과 접속하는 박스는 4각 박스를 사용한다.
⑤ 스위치의 설치 높이는 1.2[m]이다(바닥에서 중심까지).
⑥ 특기 없는 콘센트의 높이는 0.5[m]이다(바닥에서 중심까지).
⑦ 분전함의 설치 높이는 1.8[m]이다(바닥에서 상단까지).
　(단, 바닥에서 하단까지의 높이는 0.5[m]이다.)

2. 재료의 산출
① 분전함 내부에서 배선 여유는 전선 1본당 0.5[m]로 한다.
② 자재 산출 시 산출 수량과 할증 수량은 소수점 이하도 기록하고, 자재별 총 수량(산출수량+할증 수량)은 소수점 이하는 반올림한다.
③ 배관 및 배선 이외의 자재는 할증을 보지 않는다.
　(단, 배관 및 배선의 할증은 10[%]로 한다.)
④ 콘센트용 박스는 4각 박스로 본다.

3. 인건비 산출 조건
① 재료의 할증분에 대해서는 품셈을 적용하지 않는다.
② 소수점 이하도 계산한다.
③ 품셈은 아래표의 품셈을 적용한다.

품셈 보기

자재명 및 규격		단위	내선 전공
합성수지 전선관	16[mm]	[m]	0.05
관내 배선	6[mm^2] 이하	[m]	0.01
매입 콘센트	2P 15[A]	개	0.065
아울렛 박스	4각	개	0.2
아울렛 박스	8각	개	0.2

(1) ①, ②, ③ 전선의 최소 가닥수를 답란에 쓰시오.
(2) 다음 표의 빈칸을 기입 하시오.

자재명	규격	단위	산출수량	할증수량	총 수량 (산출수량+할증수량)	내선 전공 (수량×인공수)
합성수지 전선관	16[mm]	[m]			①	③
HFIX 전선	2.5[mm^2]	[m]			②	④
매입 콘센트	2P 15[A]	개				⑤
아웃렛 박스	4각	개				⑥
아웃렛 박스	8각	개				⑦

● 답안작성

(1) ① 3가닥
    ② 3가닥
    ③ 4가닥

(2) ① 계산 : • 콘센트 ↔ 콘센트 : $0.5+2+0.5\times2+2+0.5\times2+2+0.5\times2+2+0.5=12[m]$
          • 전   등 ↔ 전   등 : $2\times9=18[m]$
          • 스위치 ↔ 전   등 : $(1+1.8)\times3=8.4[m]$
          • 콘센트 ↔ 분전반 : $0.5+1+3+0.5=5[m]$
          • 전   등 ↔ 분전반 : $1+1.2=2.2[m]$
          • 산출수량 $=12+18+8.4+5+2.2=45.6[m]$
          • 할증수량 $=45.6\times0.1=4.56[m]$
          ∴ 총 수량 $=45.6+4.56=50.16[m]$
      답 : 50[m]

   ② 계산 : • 콘센트 ↔ 콘센트(3가닥) : $12\times3=36[m]$
          • 전   등 ↔ 전   등(3가닥) : $2\times8\times3=48[m]$
                              (4가닥) : $2\times4=8[m]$
          • 스위치 ↔ 전   등(2가닥) : $(1+1.8)\times2=5.6[m]$
                              (3가닥) : $(1+1.8)\times2\times3=16.8[m]$
          • 콘센트 ↔ 분전반 : $5\times3=15[m]$
          • 전   등 ↔ 분전반 : $2.2\times3=6.6[m]$
          • 분전반의 여유 : $6\times0.5=3[m]$
          • 산출수량 $=36+48+8+5.6+16.8+15+6.6+3=139[m]$
          • 할증수량 $=139\times0.1=13.9[m]$
          ∴ 총 수량 $=139+13.9=152.9[m]$
      답 : 153[m]

   ③ 계산 : $45.6\times0.05=2.28[인]$
      답 : 2.28[인]

   ④ 계산 : $139\times0.01=1.39[인]$
      답 : 1.39[인]

   ⑤ 계산 : $5\times0.065=0.325[인]$
      답 : 0.325[인]

   ⑥ 계산 : $8\times0.2=1.6[인]$
      답 : 1.6[인]

   ⑦ 계산 : $10\times0.2=2[인]$
      답 : 2[인]

● 해 설

(1) ① L2, 스위치 a, 접지선 : 3가닥
    ② L1, 스위치 a, 스위치b : 3가닥
    ③ L1, L2, 스위치 c, 접지선 : 4가닥

(2) ①, ② : 바닥 ↔ 분전함 하단 : 0.5[m]
         천장 슬라브 ↔ 분전함 상단 : $3-1.8=1.2[m]$
         천장 슬라브 ↔ 스위치 : $3-1.2=1.8[m]$
    ⑥ 아웃렛박스(4각) : 콘센트용(5개) + 4조의 배관과 연결되는 전등(3개) = 8개
    ⑦ 아웃렛박스(8각) : 전등(7개) + 스위치(3개) = 10개

▶출제년도 : 산업 21. ▶점수 : 5점

문14 램프 L을 두 곳에서 점등할 수 있는 회로이다. 다음 물음에 답하시오.

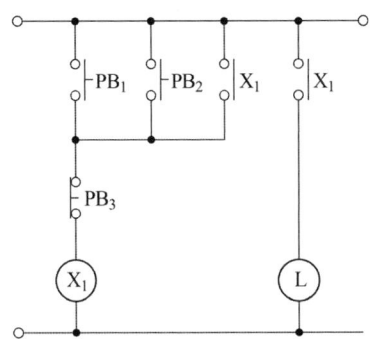

(1) X_1, L의 논리식을 쓰시오.
(2) AND, OR, NOT 논리소자를 이용하여 논리회로를 완성하시오.

● 답안작성

(1) $X_1 = (PB_1 + PB_2 + X_1) \cdot \overline{PB_3}$
(2) 논리회로

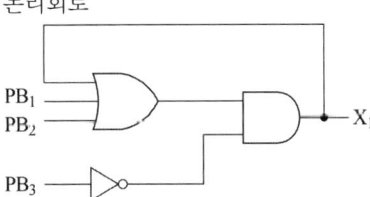

▶출제년도 : 산업 21. ▶점수 : 4점

문15 활선 클램프의 적용(사용) 개소를 쓰시오.

● 답안작성

분기고리와 기기 리드선을 결선하는 데 사용

● 해 설

활선 클램프는 가공배전선로의 장력이 걸리지 않는 장소에서 분기고리와 기기 리드선을 결선하는 데 사용한다.

▶ 출제년도 : 산업 99, 02, 05, 07, 21. ▶ 점수 : 8점

문 16 그림 중 ☐ 내의 기기 명칭을 기호로 써 넣으시오.

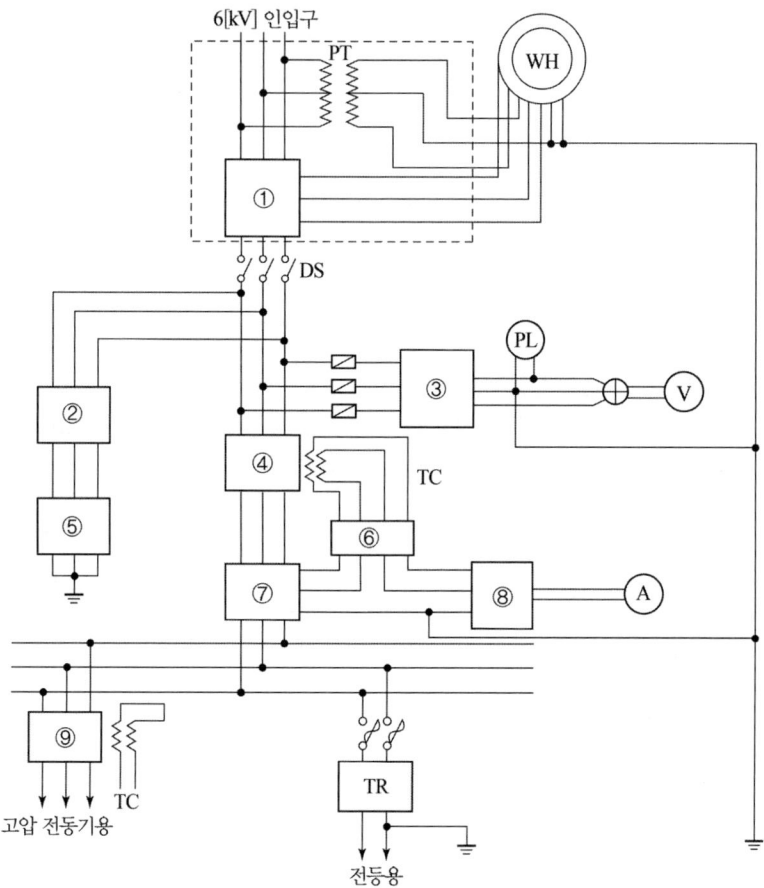

● 답안작성

① CT ② DS ③ PT ④ CB ⑤ LA
⑥ OCR ⑦ CT ⑧ AS ⑨ CB

● 해 설

① CT(계기용 변류기)   ② DS(단로기)
③ PT(계기용 변압기)   ④ CB(교류 차단기)
⑤ LA(피뢰기)   ⑥ OCR(과전류 계전기)
⑦ CT(계기용 변류기)   ⑧ AS(전류계용 전환개폐기)
⑨ CB(교류 차단기)

▶ 출제년도 : 산업 21. ▶ 점수 : 5점

문 17 한국전기설비규정에 따른 접지도체에 대한 설명이다. 다음 빈칸에 알맞은 내용을 쓰시오.

> 1. 접지도체의 단면적은 큰 고장전류가 접지도체를 통하여 흐르지 않을 경우 접지도체의 최소 단면적은 다음과 같다.
>   1) 구리는 (①)[mm^2] 이상
>   2) 철제는 (②)[mm^2] 이상
> 2. 접지도체에 피뢰시스템이 접속되는 경우, 접지도체의 단면적은 구리 (③)[mm^2] 또는 철 50[mm^2] 이상으로 하여야 한다.

● 답안작성

① 6 ② 50 ③ 16

● 해 설

KEC 142.3.1 접지도체

1. 접지도체의 단면적은 큰 고장전류가 접지도체를 통하여 흐르지 않을 경우 접지도체의 최소 단면적은 다음과 같다.
   1) 구리는 6[mm^2] 이상
   2) 철제는 50[mm^2] 이상
2. 접지도체에 피뢰시스템이 접속되는 경우, 접지도체의 단면적은 구리 16[mm^2] 또는 철 50[mm^2] 이상으로 하여야 한다.

2021년 2회 전기공사산업기사실기

 ▶출제년도 : 산업 14, 18, 21, 24. ▶점수 : 6점

문1 페란티 현상을 간략하게 설명하고, 페란티 현상을 방지하기 위하여 설치하는 기기를 쓰시오.

(1) 페란티 현상에 대해 설명하시오.
(2) 페란티 현상을 방지하기 위한 기기를 쓰시오.

● 답안작성
(1) 무부하 시 선로의 정전용량에 의한 진상 전류 때문에 수전단의 전압이 송전단의 전압보다 높아지는 현상
(2) 분로 리액터

● 해 설
(1) 페란티 현상
무부하의 경우 선로의 정전용량 때문에 전압보다 위상이 90° 앞선 충전 전류의 영향이 커져서 선로에 흐르는 전류가 진상이 되어 수전단 전압이 송전단 전압보다 높아지는 현상을 페란티 현상이라 한다.
(2) 페란티 현상 방지 대책
선로에 흐르는 전류가 지상이 되도록 한다.
• 수전단에 분로 리액터를 설치한다.
• 동기조상기의 부족여자 운전

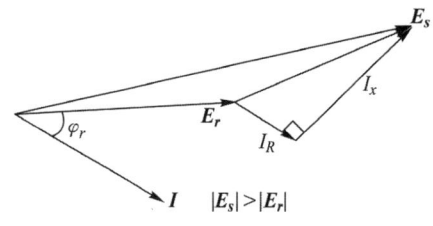

지상 전류가 흐를 경우의 벡터도

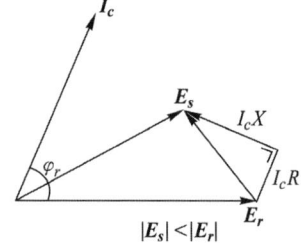

진상 전류가 흐를 경우의 벡터도

 ▶출제년도 : 산업 10, 14, 21, 24. ▶점수 : 5점

문2 어떤 전기설비에서 6,600[V]의 3상 회로에 변압비 33의 계기용변압기 2대를 그림과 같이 설치하였다면 그때의 전압계 V_1, V_2, V_3의 지시값은 얼마인지 각각 구하시오.

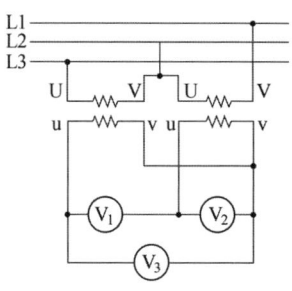

(1) V_1 :
  • 계산
  • 답
(2) V_2 :
  • 계산
  • 답

(3) V_3 :
  • 계산 • 답

● 답안작성

(1) 계산 : $V_1 = \dfrac{6{,}600}{33} \times \sqrt{3} = 346.41[\text{V}]$ 답 : 346.41[V]

(2) 계산 : $V_2 = \dfrac{6{,}600}{33} = 200[\text{V}]$ 답 : 200[V]

(3) 계산 : $V_3 = \dfrac{6{,}600}{33} = 200[\text{V}]$ 답 : 200[V]

● 해 설

V_1은 V_2와 V_3의 Vector 차전압 지시 즉, $V_1 = \sqrt{3}\,V_2$, $V_1 = \sqrt{3}\,V_3$

▶ 출제년도 : 산업 15, 18, 21, 24. ▶ 점수 : 5점

문3 거리가 1,000[m]인 배전선로 공사에 있어서 단면적 22[mm²]의 알루미늄선으로 계산된 것을 저항이 같은 경동선으로 교체하려고 할 때 그 전선의 공칭단면적[mm²]을 아래의 규격에서 산정하시오.

[조건] 알루미늄선의 저항률 : $\dfrac{1}{35}[\Omega \cdot \text{mm}^2/\text{m}]$

경동선의 저항률 : $\dfrac{1}{55}[\Omega \cdot \text{mm}^2/\text{m}]$

전선의 규격[mm²] : 4, 6, 10, 16, 25, 35

• 계산 :   • 답 :

● 답안작성

계산 : ① 알루미늄선의 저항 $R = \dfrac{1}{35} \times \dfrac{1{,}000}{22} = 1.3[\Omega]$

② 저항이 같은 경동선으로 대치하면 $R = \dfrac{1}{55} \times \dfrac{1{,}000}{A} = 1.3[\Omega]$

∴ $A = \dfrac{1}{55} \times \dfrac{1{,}000}{1.3} = 14[\text{mm}^2]$

답 : 16[mm²]

● 해 설

(1) 저항 $R = \rho \dfrac{l}{A}[\Omega]$

여기서, $\rho = \dfrac{1}{\sigma}$: 저항률 또는 고유저항[$\Omega \cdot \text{m}$]

l : 전선 1본의 길이[m]
A : 전선의 단면적[m²]

(2) KSC IEC 전선규격
1.5, 2.5, 4, 6, 10, 16, 25, 35, 50, 70, 95, 120, 150, 185, 240, 300, 400, 500, 630[mm²]

▶출제년도 : 산업 95, 07, 18, 21. ▶점수 : 5점

문4 가공전선로에 사용되는 전선의 구비 조건을 5가지만 쓰시오.

● 답안작성

① 도전율이 높을 것
② 기계적인 강도가 클 것
③ 내구성이 있을 것
④ 비중이 작을 것
⑤ 가선작업이 용이할 것

● 해 설

⑥ 가격이 저렴할 것
⑦ 인장하중이 클 것
⑧ 부식성이 적고 내식성이 클 것
⑨ 전압강하가 적을 것

▶출제년도 : 산업 21. ▶점수 : 3점

문5 한국전기설비규정에 따라 전주외등을 설치하고자 한다. 가로등, 보안등에 LED 등기구를 사용할 때, LED 등기구의 최소 IP등급을 쓰시오.

● 답안작성

IP 65

● 해 설

(1) KEC 234.10 전주외등
   가로등, 보안등에 LED 등기구를 사용하는 경우에는 IP 65 이상이어야 한다.
(2) 방진방수 등급(IP등급)
   IP코드는 두 자리로 되어있는데 첫 번째 숫자는 방진등급, 두 번째 숫자는 방수등급을 가리킨다.

번호	제1숫자 방진보호정도	제2숫자 방수보호정도
0	없음	없음
1	손의 접근으로부터 보호	수직으로 떨어지는 물방울로부터의 보호
2	손가락의 접근으로부터의 보호	수직에서 15° 범위에서 떨어지는 물방울로부터의 보호
3	공구의 선단 등으로부터의 보호	수직에서 60° 범위에서 떨어지는 물방울로부터의 보호
4	WIRE 등으로부터의 보호	전방향으로 비산되는 물로부터의 보호
5	분진으로부터의 보호	전방향으로 쏟아지는 물로부터의 보호
6	완전한 방진구조	파도 등의 강력하게 쏟아지는 물로부터의 보호
7	-	일정한 조건으로 물에 잠겨서 사용 가능
8	-	물속에서 사용 가능

문 6

▶출제년도 : 산업 21. 22. ▶점수 : 8점

한국전기설비규정에서 정하는 연료전지설비의 보호장치에 대한 설명이다. 빈칸에 들어갈 알맞은 내용을 쓰시오.

> 연료전지는 다음의 경우에 자동적으로 이를 전로에서 차단하고 연료전지에 연료가스 공급을 자동적으로 차단하며 연료전지 내의 연료가스를 자동적으로 배기하는 장치를 시설하여야 한다.
> 가. 연료전지에 (①)가 생긴 경우
> 나. 발전요소의 발전전압에 이상이 생겼을 경우 또는 연료가스 출구에서의 (②) 또는 공기 출구에서의 (③) 농도가 현저히 상승한 경우
> 다. 연료전지의 (④)가 현저하게 상승한 경우

● 답안작성

① 과전류 ② 산소농도 ③ 연료가스 ④ 온도

● 해 설

KEC 542.2.1 연료전지설비의 보호장치
연료전지는 다음의 경우에 자동적으로 이를 전로에서 차단하고 연료전지에 연료가스 공급을 자동적으로 차단하며 연료전지 내의 연료가스를 자동적으로 배기하는 장치를 시설하여야 한다.
가. 연료전지에 과전류가 생긴 경우
나. 발전요소(發電要素)의 발전전압에 이상이 생겼을 경우 또는 연료가스 출구에서의 산소농도 또는 공기 출구에서의 연료가스 농도가 현저히 상승한 경우
다. 연료전지의 온도가 현저하게 상승한 경우

문 7

▶출제년도 : 기사 13. 산업 89. 21. ▶점수 : 3점

전기부문 표준품셈에 따라 전기재료의 할증률 및 철거용 재료의 손실률은 아래 표의 값 이내로 하여야 한다. 다음 빈칸을 채워 표를 완성하시오.

종류	할증률[%]	철거손실률[%]
옥외전선	(①)	(②)
옥내전선	(③)	-

● 답안작성

① 5 ② 2.5 ③ 10

● 해 설

재료의 할증률

종 류	할증률[%]	철거손실률[%]
옥외 전선	5	2.5
옥내 전선	10	-
cable(옥외)	3	1.5
cable(옥내)	5	-
전선관(옥외)	5	-
전선관(옥내)	10	-

▸ 출제년도 : 산업 05, 21. ▸ 점수 : 5점

문8 한국전기설비규정에서 정하는 전선의 식별 색상을 쓰시오.

상(문자)	색상
L1	①
L2	②
L3	③
N	④
보호도체	⑤

● 답안작성

① 갈색 ② 검은색 ③ 회색 ④ 파란색 ⑤ 녹색-노란색

● 해 설

KEC 121.2 전선의 식별

① 전선의 색상

상(문자)	색상
L1	갈색
L2	검은색
L3	회색
N	파란색
보호도체	녹색-노란색

② 색상 식별이 종단 및 연결 지점에서만 이루어지는 나도체 등은 전선 종단부에 색상이 반영구적으로 유지될 수 있는 도색, 밴드, 색 테이프 등의 방법으로 표시해야 한다.

▸ 출제년도 : 산업 18, 21, 24. ▸ 점수 : 6점

문9 전기설비를 방폭화한 방폭기기의 기호에 맞는 방폭구조를 쓰시오.

기 호	방폭구조의 명칭
d	①
o	②
p	③
e	④
i	⑤
m	⑥

● 답안작성

① 내압방폭구조 ② 유입 방폭구조
③ 압력방폭구조 ④ 안전증 방폭구조
⑤ 본질안전 방폭구조 ⑥ 몰드 방폭구조

● 해 설

방폭구조의 기호

구 분		기 호
방폭구조의 종류	내압 방폭구조	d
	유입 방폭구조	o
	압력 방폭구조	p
	충전 방폭구조	q
	안전증 방폭구조	e
	본질안전 방폭구조	i
	비점화 방폭구조	n
	몰드 방폭구조	m

▶ 출제년도 : 산업 14, 21.   ▶ 점수 : 4점

문10 한국전기설비규정에서 정하는 특고압(22.9[kV]) 배전용 철근 콘크리트주의 표준깊이 (지하에 묻히는 길이)는 각각 얼마 이상인지 쓰시오. (단, 설계 하중이 6.8[kN] 이하이다.)
(1) 전주의 길이가 15[m] 초과 16[m] 이하인 경우
(2) 전주의 길이가 15[m] 이하인 경우

● 답안작성

(1) 2.5[m] 이상

(2) 전장 $\times \dfrac{1}{6}$[m] 이상

● 해 설

KEC 331.7 가공전선로 지지물의 기초의 안전율

가공전선로의 지지물에 하중이 가하여지는 경우에 그 하중을 받는 지지물의 기초의 안전율은 2 이상 (단, 이상 시 상정하중에 대한 철탑의 기초에 대하여는 1.33)이어야 한다. 다만, 땅에 묻히는 깊이를 다음의 표에서 정한 값 이상의 깊이로 시설하는 경우에는 그러하지 아니하다.

전장 설계하중	6.8[kN] 이하	6.8[kN] 초과 ~ 9.8[kN] 이하	9.8[kN] 초과 ~ 14.72[kN] 이하
15[m] 이하	전장×1/6[m] 이상	전장×1/6 + 0.3[m] 이상	–
15[m] 초과	2.5[m] 이상	2.8[m] 이상	–
16[m] 초과~20[m] 이하	2.8[m] 이상	–	–
15[m] 초과~18[m] 이하	–	–	3[m] 이상
18[m] 초과	–	–	3.2[m] 이상

▶ 출제년도 : 산업 21.   ▶ 점수 : 5점

문11 평균조도 300[lx]의 전반조명으로 시설된 144[mm²]의 방이 있다. LED 조명기구 1대당 4,600[lm], 조명률 50[%], 감광보상률 1.25일 때, 이 방에서 10시간 연속 점등을 했을 경우의 소비전력[kWh]을 구하시오. (단, LED 조명기구 당 소비전력은 50[W]이며 역률 은 1이다.)
• 계산 :   • 답 :

● 답안작성

계산 : $N = \dfrac{144 \times 300 \times 1.25}{4,600 \times 0.5} = 23.48 \rightarrow 24$대

$W = P \cdot t = 50 \times 24 \times 10 \times 10^{-3} = 12[\text{kWh}]$

답 : 12[kWh]

● 해 설

등 수 $N = \dfrac{AED}{FU}$

소비전력 $W = 50[\text{W}] \times 24[\text{등}] \times 10[\text{시간}] \times 10^{-3} = 12[\text{kWh}]$

▶ 출제년도 : 산업 21. ▶ 점수 : 5점

문12 한국전기설비규정에서 정하는 용어의 정의이다. 빈칸에 알맞은 용어를 쓰시오.

1. (①)란 교류회로에서 중성선 겸용 보호도체를 말한다.
2. (②)란 직류회로에서 중간선 겸용 보호도체를 말한다.
3. (③)란 직류회로에서 선도체 겸용 보호도체를 말한다.

● 답안작성

① PEN 도체   ② PEM 도체   ③ PEL 도체

● 해 설

KEC 112 용어 정의
- "PEN 도체(protective earthing conductor and neutral conductor)"란 교류회로에서 중성선 겸용 보호도체를 말한다.
- "PEM 도체(protective earthing conductor and a mid-point conductor)"란 직류회로에서 중간선 겸용 보호도체를 말한다.
- "PEL 도체(protective earthing conductor and a line conductor)"란 직류회로에서 선도체 겸용 보호도체를 말한다.

▶ 출제년도 : 산업 18, 21. ▶ 점수 : 6점

문13 눈부심(Glare)에 대하여 다음 물음에 답하시오.

(1) 눈부심(Glare)의 정의
(2) 눈부심의 종류 3가지

● 답안작성

(1) 정의 : 시야 내에 어떤 고휘도로 인하여 불쾌, 고통, 눈의 피로, 시력의 일시적 감퇴를 일으키는 현상
(2) 감능 글레어, 불쾌 글레어, 직시 글레어

● 해 설

(2) ① 감능 글레어 : 보고자 하는 물체와 시야 사이에 고휘도 광원이 있어 시력저하를 일으키는 현상
② 불쾌 글레어 : 심한 휘도 차이에 의한 피로 불쾌감
④ 직시 글레어 : 고휘도 광원을 직시하였을 때 시력장해를 받는 현상
⑤ 반사 글레어 : 고휘도원이 반사면으로부터 나올 때 시력장해를 받는 현상

문14
KSC 8464에서 정하는 케이블 트레이의 종류를 3가지만 쓰시오.

● 답안작성
① 사다리형   ② 펀칭형   ③ 메시형

● 해 설
KEC 232.41 케이블트레이 공사
케이블트레이배선은 케이블을 지지하기 위하여 사용하는 금속재 또는 불연성 재료로 제작된 유닛 또는 유닛의 집합체 및 그에 부속하는 부속재 등으로 구성된 견고한 구조물을 말하며 사다리형, 펀칭형, 메시형, 바닥밀폐형 기타 이와 유사한 구조물을 포함하여 적용한다.

문15
전기사업법에서 정의하는 전기설비의 종류 3가지를 쓰시오.
(단, 「댐건설 및 주변지역지원 등에 관한 법률」에 따라 건설되는 댐·저수지와 선박·차량 또는 항공기에 설치되는 것과 그 밖에 대통령령으로 정하는 것은 제외한다.)

● 답안작성
① 전기사업용 전기설비   ② 일반용 전기설비   ③ 자가용 전기설비

● 해 설
전기사업법 제2조 (정의)
"전기설비"란 발전·송전·변전·배전·전기공급 또는 전기사용을 위하여 설치하는 기계·기구·댐·수로·저수지·전선로·보안통신선로 및 그 밖의 설비(「댐건설 및 주변지역지원 등에 관한 법률」에 따라 건설되는 댐·저수지와 선박·차량 또는 항공기에 설치되는 것과 그 밖에 대통령령으로 정하는 것은 제외한다)로서 다음 각 목의 것을 말한다.
① 전기사업용 전기설비   ② 일반용 전기설비   ③ 자가용 전기설비

문16
그림의 릴레이 회로를 보고 물음에 답하시오.

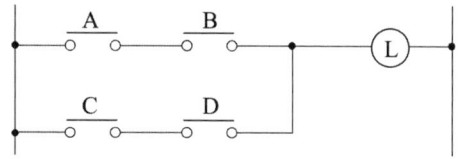

(1) 논리식을 쓰시오(단, 입력은 A, B, C, D이며 출력은 L이다).
(2) "(1)"의 논리식을 2입력 AND 소자, 2입력 OR 소자만을 사용하여 논리 회로를 구성하시오.
(3) "(1)"의 논리식을 2입력 NAND 소자만을 사용하여 논리 회로로 구성하시오.

● 답안작성
(1) 논리식 : $L = AB + CD$

(2)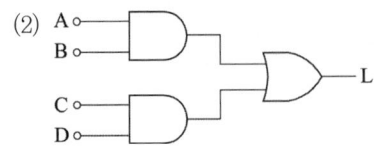

(3)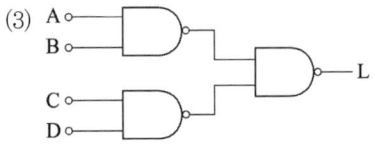

● 해 설

(3) De Morgan의 정리

- $\overline{A+B} = \overline{A}\,\overline{B}$
- $\overline{AB} = \overline{A} + \overline{B}$
- $A+B = \overline{\overline{A}\,\overline{B}}$
- $AB = \overline{\overline{A}+\overline{B}}$

∴ $L = AB + CD = \overline{\overline{AB} \cdot \overline{CD}}$

▶ 출제년도 : 산업 21. ▶ 점수 : 5점

문 17 한국전기설비규정에서 정하는 다음 표를 이용하여 보호도체의 최소 단면적을 선정하고자 한다. 빈칸에 알맞은 내용을 쓰시오.

선도체의 단면적 (S) ([mm²], 구리)	보호도체의 최소 단면적 ([mm²], 구리)
$S \leq 16$	(①)
$16 < S \leq 35$	(②)
$S > 35$	(③)

단, 보호도체의 재질은 선도체와 같은 경우이다.

● 답안작성

① S ② 16   ③ $S/2$

● 해 설

KEC 142.3.2 보호도체

1. 보호도체의 최소 단면적은 표에 따라 선정해야 한다. 다만, "2"에 따라 계산한 값 이상이어야 한다.

선도체의 단면적 S ([mm²], 구리)	보호도체의 최소 단면적([mm²], 구리)	
	보호도체의 재질	
	선도체와 같은 경우	선도체와 다른 경우
$S \leq 16$	S	$(k_1/k_2) \times S$
$16 < S \leq 35$	$16^{(a)}$	$(k_1/k_2) \times 16$
$S > 35$	$S^{(a)}/2$	$(k_1/k_2) \times (S/2)$

여기서, $-\,k_1$: 선도체에 대한 k값 $-\,k_2$: 보호도체에 대한 k값
　　　　$-\,a$: PEN 도체의 최소단면적은 중성선과 동일하게 적용한다

2. 보호도체의 단면적은 다음의 계산 값 이상이어야 한다.

(단, 차단시간이 5초 이하인 경우에만 다음 계산식을 적용한다.)

$$S = \frac{\sqrt{I^2 t}}{k}$$

여기서, S : 단면적[mm^2]
I : 보호장치를 통해 흐를 수 있는 예상 고장전류 실효값[A]
t : 자동차단을 위한 보호장치의 동작시간[s]
k : 보호도체, 절연, 기타 부위의 재질 및 초기온도와 최종온도에 따라 정해지는 계수

문18

▶ 출제년도 : 산업 02. 15. 21.   ▶ 점수 : 6점

약호의 명칭을 정확히 쓰시오.

약호	명칭	약호	명칭
VCB	①	MCCB	④
ACB	②	RCD	⑤
ABB	③	ZCT	⑥

● 답안작성

① 진공 차단기   ② 기중 차단기   ③ 공기 차단기
④ 배선용 차단기   ⑤ 누전 차단기   ⑥ 영상변류기

● 해 설

① VCB : Vacuum Circuit Breaker
② ACB : Air Circuit Breaker
③ ABB : Air Blast Circuit Breaker
④ MCCB : Molded Case Circuit Breaker
⑤ RCD : Residual Current Device
⑥ ZCT : Zero Current Transformer

문19

▶ 출제년도 : 기사 22. 산업 21.   ▶ 점수 : 5점

전기부문의 표준품셈에 따른 고소작업에 대한 위험 할증률을 나타낸 표이다. 빈칸을 채워 완성하시오. (단, 비계틀 없이 시공되는 작업이다.)

고소 작업 높이	할증률[%]
고소작업 지상 5[m] 미만	(①)
고소작업 지상 5[m] 이상 10[m] 미만	(②)
고소작업 지상 10[m] 이상 15[m] 미만	(③)

● 답안작성

① 0[%]   ② 20[%]   ③ 30[%]

● 해 설

위험 할증률
① 고소작업(비계틀 없이 시공되는 작업에 적용한다.)
　고소작업 지상 5[m] 미만　　　　　　　　　　0[%]
　고소작업 지상 5[m] 이상 10[m] 미만　　　　　20[%]

고소작업 지상 10[m] 이상 15[m] 미만	30[%]
고소작업 지상 15[m] 이상 20[m] 미만	40[%]
고소작업 지상 20[m] 이상 30[m] 미만	50[%]
고소작업 지상 30[m] 이상 40[m] 미만	60[%]
고소작업 지상 40[m] 이상 50[m] 미만	70[%]
고소작업 지상 50[m] 이상 60[m] 미만	80[%]
고소작업 지상 60[m] 이상 매 10[m] 이내 증가마다	10[%] 가산

② 고소 작업(비계틀 사용 시 적용한다.)

고소작업 지상 10[m] 이상	10[%]
고소작업 지상 20[m] 이상	20[%]
고소작업 지상 30[m] 이상	30[%]
고소작업 지상 50[m] 이상	40[%]

2021년 4회 전기공사산업기사실기

▶출제년도 : 산업 21. ▶점수 : 6점

문1 다음은 태양광발전설비의 태양전지 모듈 검사에서 직류회로 절연저항 측정방법이다. 측정 순서를 올바르게 나열하시오.

> 가) 전체 스트링의 차단기 또는 퓨즈 개방
> 나) 단락용 개폐기 개방
> 다) 주 차단기 개방, SA 또는 SPD가 있는 경우 접지단자 분리
> 라) 측정회로 스트링의 차단기 또는 퓨즈 투입 후 단락용 개폐기 투입
> 마) 단락용 개폐기의 1차 측 (+) 및 (−)의 클립을 차단기 또는 퓨즈와 역전류 방지 다이오드 사이에 각각 접속
> 바) 측정 후 반드시 단락용 개폐기(직류차단기)를 개방
> 사) 절연저항계 E측을 접지단자에 L측을 단락용 개폐기의 2차 측에 접속하고 절연저항 측정
> 아) 스트링의 클립 제거, SA 또는 SPD 접지단자 복원

● 답안작성

다) → 나) → 가) → 마) → 라) → 사) → 바) → 아)

● 해 설

직류회로 절연저항의 측정방법

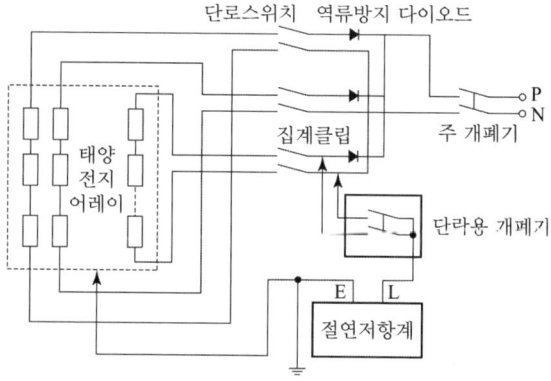

1) 주 차단기 개방, SA 또는 SPD가 있는 경우 접지단자 분리
2) 단락용 개폐기 개방
3) 전체 스트링의 차단기 또는 퓨즈 개방
4) 단락용 개폐기의 1차 측 (+) 및 (−)의 클립을 차단기 또는 퓨즈와 역전류 방지 다이오드 사이에 각각 접속
5) 측정회로 스트링의 차단기 또는 퓨즈 투입
6) 단락용 개폐기 투입
7) 절연저항계 E측을 접지단자에 L측을 단락용 개폐기의 2차 측에 접속하고 절연저항 측정
8) 측정 후 반드시 단락용 개폐기(직류차단기)를 개방
9) 스트링의 클립 제거, SA 또는 SPD 접지단자 복원

▸ 출제년도 : 산업 89, 93, 94, 95, 11, 12, 14, 21. ▸ 점수 : 6점

문2 작업장의 크기가 가로 8[m], 세로 10[m], 바닥에서 천장까지의 높이가 4[m]이고 광원의 높이가 3.75[m]인 작업장이 있다. 작업장의 모든 작업대는 바닥에서 0.75[m]의 높이에 설치되어 있을 때, 실지수를 구하여 아래 표의 기호로 쓰시오.

기 호	A	B	C	D	E
실지수	5.0	4.0	3.0	2.5	2.0
범 위	4.5 이상	4.5~3.5	3.5~2.75	2.75~2.25	2.25~1.75
기 호	F	G	H	I	J
실지수	1.5	1.25	1.0	0.8	0.6
범 위	1.75~1.38	1.38~1.12	1.12~0.9	0.9~0.7	0.7이하

- 계산 :
- 답 :

● 답안작성

계산 : 실지수$(R.I) = \dfrac{X \cdot Y}{H(X+Y)} = \dfrac{8 \times 10}{(3.75-0.75) \times (8+10)} = 1.48$

계산된 값이 1.75~1.38이므로, 표에서 실지수 기호는 F이다.

답 : F

● 해 설

실지수(Room Index)의 결정 :
광속의 이용에 대한 방의 크기의 척도로 나타낸다.

$$R.I = \dfrac{X \cdot Y}{H(X+Y)}$$

여기서, H : 작업면으로부터 광원의 높이[m]
X : 방의 가로 길이[m]
Y : 방의 세로 길이[m]

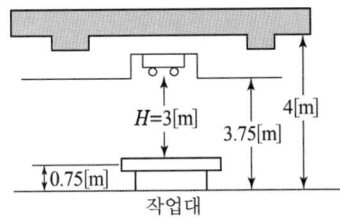

▸ 출제년도 : 산업 21. ▸ 점수 : 6점

문3 한국전기설비규정에 따라 저압 전로에 사용하는 과전류 보호장치의 종류를 3가지만 쓰시오. (단, 기중차단기는 제외한다.)

● 답안작성

배선차단기, 누전차단기, 퓨즈

● 해 설

KEC 212.3.4 보호장치의 특성
과전류 보호장치는 관련 표준(배선차단기, 누전차단기, 퓨즈 등의 표준)의 동작 특성에 적합하여야 한다.

▸출제년도 : 산업 93. 21.   ▸점수 : 6점

문4
특고압(22.9[kV]) 수·변전설비 공사에서 변압기 1차 측 차단기의 정격 차단용량을 구하는 식과 차단기 종류를 4가지만 쓰시오.
(1) 정격 차단용량 식(단, 3상 교류일 경우이다.)
(2) 차단기 종류

● 답안작성
(1) 정격 차단 용량 = $\sqrt{3}$ × 정격 전압 × 정격 차단 전류
(2) 유입차단기, 자기차단기, 공기차단기, 진공차단기

● 해 설
(2) 소호 원리에 따른 특고압 차단기의 종류

종 류		소 호 원 리
명 칭	약어	
유입 차단기	OCB	소호실에서 아크에 의한 절연유 분해가스의 열전도 및 압력에 의한 blast를 이용해서 차단
자기 차단기	MBB	대기 중에서 전자력을 이용하여 아크를 소호실 내로 유도해서 냉각 차단
공기 차단기	ABB	압축된 공기를 아크에 불어넣어서 차단
진공 차단기	VCB	고진공 중에서 전자의 고속도 확산에 의해 차단
가스 차단기	GCB	고성능 절연 특성을 가진 특수 가스(SF_6)를 이용해서 차단

▸출제년도 : 산업 92. 06. 07. 21.   ▸점수 : 4점

문5
가공배전선로(22.9[kV])가 활선상태인 경우 전선의 피복을 벗기는 것은 매우 곤란한 작업이다. 이와 같은 활선상태에서 전선의 피복을 벗기는 공구의 명칭을 쓰시오.

● 답안작성
활선 피박기

● 해 설
전선의 피복을 벗길 때 사용하는 장구로써 본체와 절단칼, 3개의 회전용 핸들링으로 구성되어 있는 간접 활선용장구

▸출제년도 : 산업 21.   ▸점수 : 3점

문6
한 개의 전등을 3개소에서 점멸하고자 할 때 다음 각 경우에 따라 사용할 스위치의 최소 수량을 쓰시오.

스위치의 종류	수량
3로 스위치와 4로 스위치를 같이 사용하는 경우	3로 스위치 : (①)개
	4로 스위치 : (②)개
3로 스위치만 사용하는 경우	3로 스위치 : (③)개

● 답안작성
① 2   ② 1   ③ 4

● 해 설

3개소에서 점멸하도록 회로를 구성할 때
① 3로 스위치 2개와 4로 스위치 1개를 사용한 경우
② 3로 스위치 4개를 사용한 경우

▶ 출제년도 : 산업 21. ▶ 점수 : 3점

문7 역률을 개선하기 위하여 고압 또는 특고압 전력용 커패시터를 설치했을 때, 이 커패시터와 함께 고주파 대책용으로 설치하는 것을 쓰시오.

● 답안작성

직렬 리액터

● 해 설

직렬 리액터의 설치효과
① 제5고조파에 의한 전압 파형의 찌그러짐 방지
② 콘덴서 투입 시 돌입전류 방지
③ 개폐 시 계통의 과전압 억제
④ 고조파 전류에 의한 계전기 오동작 방지

▶ 출제년도 : 산업 06, 14, 21. ▶ 점수 : 5점

문8 지중 케이블의 고장 개소를 찾는 방법 5가지를 쓰시오.

● 답안작성

① 머레이 루프법   ② 펄스 레이더법
③ 정전용량법   ④ 수색코일법
⑤ 음향에 의한 방법

▶ 출제년도 : 산업 21. ▶ 점수 : 4점

문9 차단기의 성능을 나타내는 요소 중 하나인 정격 개극 시간에 대하여 간략히 쓰시오.

● 답안작성

정격트립 전압 및 정격조작압력에서 측정한 개극 시간

● 해 설

차단기 동작시간

① 개극 시간(Opening time)
- 폐로상태에서 차단기의 트립제어장치가 여자된 순간부터 아크 접촉자(없는 경우 주접촉자)가 개리할 때까지의 시간
- 정격트립전압 및 정격조작압력에서 측정한 개극시간을 정격개극시간이라 한다.
- 개극시간은 무전압, 무부하 상태에서 측정한다.

② 폐로 시간(Closing time)
- 개로상태에서 차단기의 투입제어장치가 여자된 순간부터 아크접촉자(없는 경우 주접촉자)가 폐로할 때까지의 시간
- 정격투입전압 및 정격조작압력에서 측정한 폐로시간을 정격폐로시간이라 한다.
- 폐로시간은 무전압, 무부하 상태에서 측정한다.

③ 아크 시간(Arcing time)
아크 접촉자(없는 경우 주접촉자)의 개리 순간부터 접촉자 간의 아크가 소호되는 순간까지의 시간

④ 차단 시간(Breaking time)
개극시간과 아크시간의 합

⑤ 재폐로 시간(Reclosing time)
폐로상태에서 차단기의 트립제어장치가 여자된 순간부터 재투입동작에 따른 아크 접촉자(없는 경우 주접촉자)가 접촉할 때까지의 시간

▶출제년도 : 기사 19, 산업 21. ▶점수 : 5점

문10 변압기 냉각방식의 종류를 5가지만 쓰시오.

● 답안작성

① 건식 자냉식, ② 건식 풍냉식, ③ 유입 자냉식, ④ 유입 풍냉식, ⑤ 유입 수냉식

● 해 설

(1) 변압기 냉각방식

냉각방식		규격별 기호 표시		권선, 철심의 냉각매체		주위 냉각매체	
		JEC 2200 IEC 76	ANSI C 57.12	종류	순환방식	종류	순환방식
건식 변압기	건식 자냉식	AN		공기	자연	–	–
	건식 풍냉식	AF			강제		
유입 변압기	유입 자냉식	ONAN	OA	기름	자연	공기	자연
	유입 풍냉식	ONAF	FA				강제
	유입 수냉식	ONWF	OW			물	강제
	송유 자냉식	OFAN			강제	공기	자연
	송유 풍냉식	OFAF	FOA				강제
	송유 수냉식	OFWF	FOW			물	강제

(2) 종류별 특징
① 건식 자냉식 : 일반적으로 소용량 변압기에 한해서 사용된다.
② 건식 풍냉식 : 권선하부에 풍도를 마련하여 송풍기로 바람을 불어넣어 방열효과를 향상시키는 것으로 500[kVA] 이상의 경우에 채용하면 효과적이다.

③ 유입 자냉식 : 보수가 간단하여 가장 널리 사용된다.
   권선철심의 발생 열은 대류에 의해 우선 기름에 전해지고 다시 탱크 벽에 전달되어 탱크 벽 외측 표면에서 방사와 공기의 대류에 의해 방열된다. 30~60[MVA] 이상의 대용량에서는 강제냉각방식이 일반적으로 유리한다.
④ 유입 풍냉식 : 유입 자냉식과 동일한 구조를 가지고 저소음 고효율의 냉각용 선풍기를 구비하면 출력 30[%] 이상 증가가 가능하다. 변압기 권선온도에 대응하여 선풍기의 구동, 경보 등의 기능을 가지는 온도계전기를 구비해야 한다.
⑤ 유입 수냉식 : 냉각수관을 탱크 상부의 내벽에 따라 배치하고 펌프로 물을 순환시켜서 기름을 냉각하는 방식이다. 냉각수의 질이 좋지 못하면 물 때가 끼거나 수관이 부식되어 보수가 어렵다.
⑥ 송유 자냉식 : 방열기 탱크를 따로 두고 본체 탱크와의 접속관로의 도중에 송유펌프를 설치하여 기름을 강제적으로 순환시키는 방식으로 본체는 옥내에 설치하고 방열기 탱크는 옥외에 설치하는 경우에 사용된다.
⑦ 송유 풍냉식 : 송유 자냉식의 방열기 탱크에 송풍기를 설치한 것 등 각종방식이 있는데 가장 널리 쓰이는 것은 탱크 주위에 송유 풍냉식 유니트쿨러를 설치하는 방식이다.

문11

▶출제년도 : 산업 95, 99, 00, 15, 21.   ▶점수 : 5점

폭 20[m]의 가로 양쪽에 간격 20[m]를 두고 맞보기 배열로 가로등이 점등되어 있다. 한 등 당 전광속이 25000[lm]이고, 조명률 30[%], 감광 보상률이 1.4일 때, 이 도로의 평균 조도[lx]를 구하시오.
• 계산 :   • 답 :

● 답안작성

계산 : 평균조도 $E = \dfrac{FUN}{AD} = \dfrac{25,000 \times 0.3 \times 1}{\dfrac{20 \times 20}{2} \times 1.4} = 26.79[\text{lx}]$

답 : 26.79[lx]

● 해 설

(1) 대칭 배열 또는 맞보기 배열은 다음과 같다.

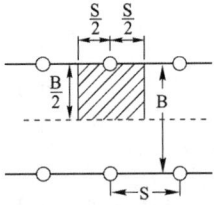

따라서, 등기구 하나에 대한 면적은
$A = \dfrac{1}{2} \times$ 도로 폭 $\times$ 등 간격 $= \dfrac{1}{2} \times 20 \times 20 = 200[\text{m}^2]$

(2) 조명 기구의 배치 방법에 의한 분류
   ① 도로 양측으로 대칭 배열 ⎫
   ② 도로 양측으로 지그재그 배열 ⎬ $A = \dfrac{1}{2} \times$ 도로 폭 $\times$ 등 간격$[\text{m}^2]$
   ③ 도로 중앙 배열 ⎫
   ④ 도로 편도 배열 ⎬ $A =$ 도로 폭 $\times$ 등 간격$[\text{m}^2]$

▶ 출제년도 : 산업 21. ▶ 점수 : 3점

문12 한국전기설비규정에 따라 고압 및 특고압의 전로는 아래 표에서 정한 시험전압을 전로와 대지 사이(다심케이블은 심선 상호 간 및 심선과 대지 사이)에 연속하여 10분간 가하여 절연내력을 시험하였을 때에 이에 견디어야 한다. 아래 표의 빈칸을 채워 완성하시오. (단, 회전기, 정류기, 연료전지 및 태양전지 모듈의 전로, 변압기의 전로, 기구 등의 전로 및 직류식 전기철도용 전차선을 제외하며 기타 예외조건은 고려하지 않는다.)

전로의 종류 및 시험전압

전로의 종류	시험전압
1. 최대사용전압 7[kV] 이하인 전로	최대사용전압의 (①)배의 전압
2. 최대사용전압 7[kV] 초과 25[kV] 이하인 중성점 접지식전로(중성선을 가지는 것으로서 그 중성선을 다중접지 하는 것에 한한다.)	최대사용전압의 (②)배의 전압

● 답안작성

① 1.5 ② 0.92

● 해 설

KEC 132 전로의 절연저항 및 절연내력

전로의 종류	접지방식	시험전압 (최대사용 전압의 배수)	최저 시험전압
1. 7[kV] 이하인 전로		1.5배	
2. 7[kV] 초과 25[kV] 이하	다중접지	0.92배	
3. 7[kV] 초과 60[kV] 이하(2란의 것을 제외한다.)		1.25배	10.5[kV]
4. 60[kV] 초과(전위 변성기를 사용하여 접지하는 것을 포함한다)	비 접 지	1.25배	
5. 60[kV] 초과(전위 변성기를 사용하여 접지하는 것 및 6란과 7란의 것을 제외한다)	접 지 식	1.1배	75[kV]
6. 60[kV] 초과(7란의 것을 제외한다)	직접접지	0.72배	
7. 170[kV] 초과 (발전소 또는 변전소 혹은 이에 준하는 장소에 시설하는 것)	직접접지	0.64배	

▶ 출제년도 : 산업 02, 21, 24. ▶ 점수 : 5점

문13 그림과 같이 전선 1조마다 50[kgf]의 장력을 받는 전선 3조와 인류지선을 시설하고자 한다. 이 경우 지선이 받는 장력[kgf]을 구하시오.

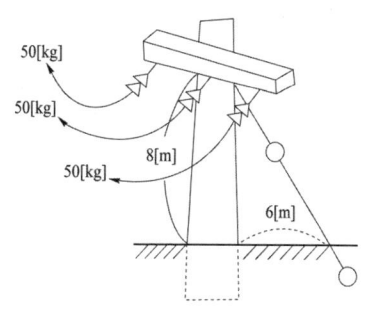

● 답안작성

계산 : $T = T_0 \cos\theta$ 에서

$$T_0 = \frac{T}{\cos\theta} = \frac{50 \times 3}{\frac{6}{\sqrt{8^2 + 6^2}}} = 250 [kg]$$

답 : 250[kg]

● 해 설

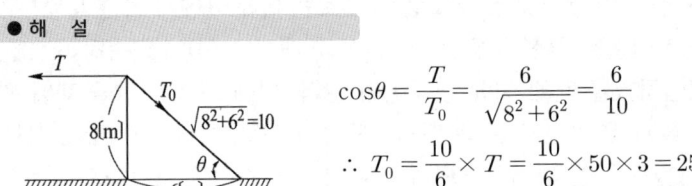

$\cos\theta = \dfrac{T}{T_0} = \dfrac{6}{\sqrt{8^2+6^2}} = \dfrac{6}{10}$

$\therefore T_0 = \dfrac{10}{6} \times T = \dfrac{10}{6} \times 50 \times 3 = 250[\text{kg}]$

▸ 출제년도 : 산업 21.   ▸ 점수 : 8점

문14 시퀀스회로 및 릴레이 내부결선도를 참고하여 아래 결선도면의 결선을 완성하시오.
(단, X1은 릴레이, PB1 및 PB2는 푸시버튼스위치, L은 램프이며 한 단자에 전선 3가닥 이상 접속할 수 없다.)

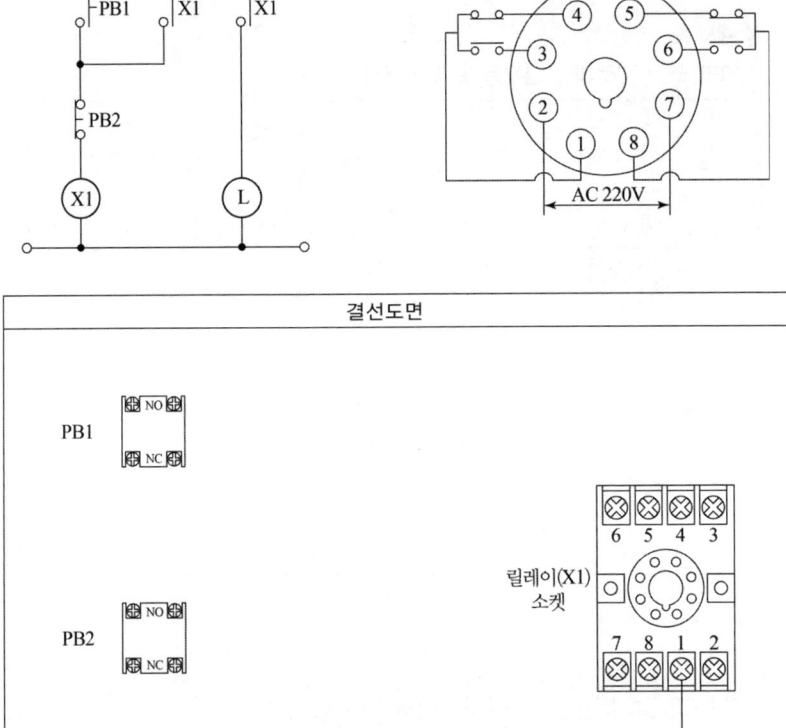

● 답안작성

결선도면

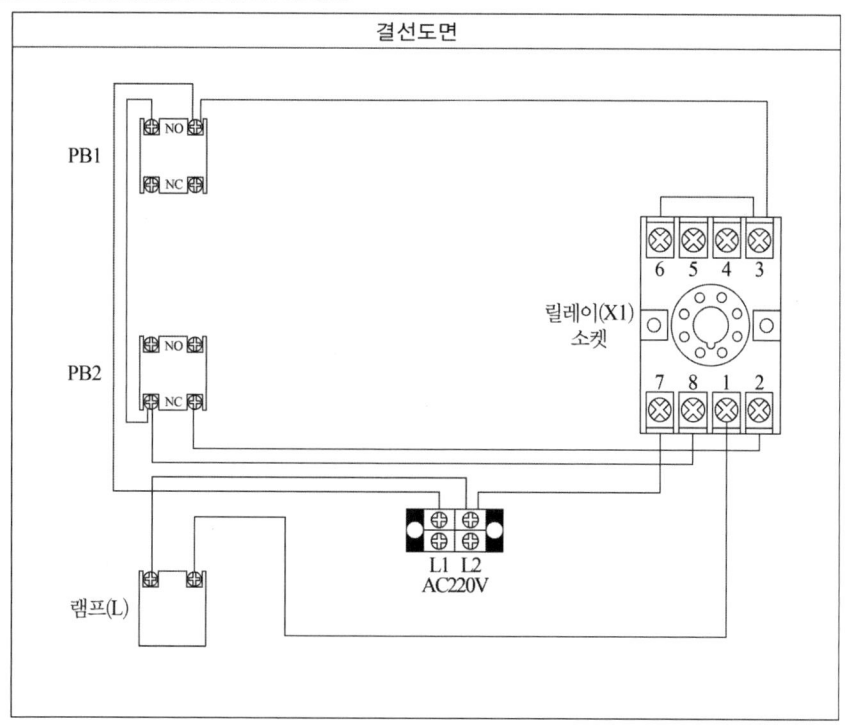

● 해 설

[시퀀스회로]

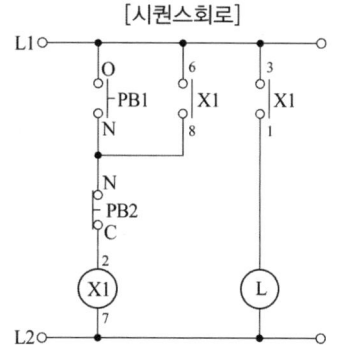

[릴레이 내부결선도]

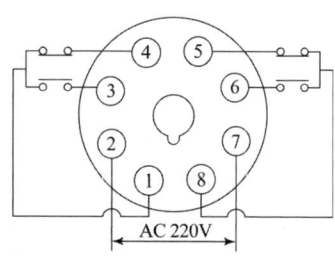

▶ 출제년도 : 산업 21. ▶ 점수 : 3점

문15 전기부문 표준품셈에 따른 인력운반비 산출 공식을 아래 조건을 활용하여 쓰시오.

A : 공사특성에 따른 직종노임
M : 필요한 인력의 수 ($M = \dfrac{\text{총 운반량[kg]}}{\text{1인당 1회 운반량[kg]}}$)
L : 운반거리[km] V : 왕복 평균속도[km/hr]
T : 1일 실작업시간[분] t : 준비작업시간[2분] (단, 1회 운반량은 25[kg/인])

● 답안작성

$$운반비 = \frac{A}{T} \times M \times \left(\frac{60 \times 2 \times L}{V} + t\right)$$

▸출제년도 : 산업 05, 14, 21,　▸점수 : 6점

문16 도면은 어느 공장의 수전설비에 대한 단선도의 일부이다. 이 단선도를 보고 다음 각 물음에 답하시오.

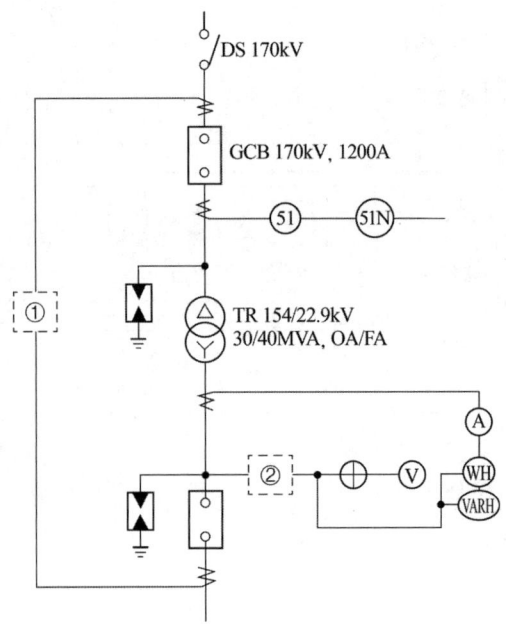

(1) ①에 설치되어야 할 기기의 명칭을 쓰시오.
(2) ②에 설치되어야 할 기기의 심벌을 그리고, 그 명칭을 쓰시오.
(3) 51, 51N의 기구번호의 명칭을 쓰시오.

● 답안작성
(1) 주변압기 차동 계전기
(2) 계기용 변압기
(3) 51 : 교류 과전류계전기, 51N : 중성점 과전류계전기

● 해　설
(1) 계전기별 고유번호
　　• 87 : 전류 차동계전기(비율 차동 계전기)
　　• 87B : 모선 보호 차동계전기
　　• 87G : 발전기용 차동계전기
　　• 87T : 주변압기 차동계전기

▶ 출제년도 : 산업 21. ▶ 점수 : 5점

문17 합성수지몰드공사를 시설할 수 있는 장소를 2가지만 쓰시오.
(단, 옥내(400[V] 이하)의 건조한 장소에 한한다.)

● 답안작성
① 노출장소
② 점검할 수 있는 은폐장소

● 해 설

시설 장소와 배선 방법(400[V] 이하)

배선 방법		옥 내						옥측 옥내	
		노출 장소		은폐 장소				우선 내	우선 외
				점검 가능		점검 불가능			
		건조한 장소	습기가 많은 장소 또는 수분이 있는 장소	건조한 장소	습기가 많은 장소 또는 수분이 있는 장소	건조한 장소	습기가 많은 장소 또는 수분이 있는 장소		
애자공사		○	○	○	○	×	×	①	①
금속관공사		○	○	○	○	○	○	○	○
합성수지관공사 (CD관 제외)		○	○	○	○	○	○	○	○
가요 전선관 공사	1종 가요전선관	○	×	○	×	×	×	×	×
	비닐 피복 1종 가요전선관	○	○	○	○	×	×	×	×
	2종 가요전선관	○	×	○	×	○	×	○	×
	비닐 피복 2종 가요전선관	○	○	○	○	○	○	○	○
금속 몰드 공사		○	×	○	×	×	×	×	×
합성수지 몰드 공사		○	×	○	×	×	×	×	×
플로어 덕트 공사		×	×	×	×	③	×	×	×
셀룰러 덕트 공사		×	×	○	×	③	×	×	×
금속 덕트 공사		○	×	○	×	×	×	×	×
라이팅 덕트 공사		○	×	○	×	×	×	×	×
버스 덕트 공사		○	×	○	×	×	×	④	④
케이블 공사		○	○	○	○	○	○	○	○
케이블트레이 공사		○	○	○	○	○	○	○	○

[비고] 1) ○ : 시설할 수 있다.   × : 시설할 수 없다.
2) ①은 노출 장소 및 점검할 수 있는 은폐 장소에 한하여 시설할 수 있다.
③은 콘크리트 등의 바닥 내에 한한다.
④는 옥외용 덕트를 사용하는 경우에 한하여(점검할 수 없는 은폐장소를 제외한다) 시설할 수 있다.
⑤는 전동기에 접속하는 짧은 부분으로 가요성을 필요로 하는 부분의 배선에 한하여 시설할 수 있다.

▸ 출제년도 : 산업 16, 21.   ▸ 점수 : 6점

문18 저압 옥내간선에서 분기하여 각 부하에 전력을 공급하는 분기회로가 있다. 다음 조건을 보고 부하설비용량과 20[A] 분기회로의 최소 회로 수를 각각 구하시오.
(단, 룸 에어컨은 별도회로로 구성하고, 사용전압은 220[V]이다.)

[조건] - 주택부분의 바닥면적 : 240[m²]
- 점포부분의 바닥면적 : 50[m²]
- 창고의 바닥면적 : 10[m²]
- 주택에 대한 가산[VA] : 1,000[VA]
- 룸 에어컨 : 2[kW]

(1) 부하설비용량
 • 계산 :   • 답 :
(2) 분기회로 수
 • 계산 :   • 답 :

● 답안작성

(1) **계산** : $P = 240 \times 40 + 50 \times 30 + 10 \times 5 + 1,000 + 2,000 = 14,150\,[\text{VA}]$
   답 : 14,150[VA]

(2) **계산** : $n = \dfrac{14,150 - 2,000}{220 \times 20} = 2.76\,[\text{회로}]$
   답 : 20[A] 분기회로 4회로(룸 에어컨 1회로 포함)

● 해 설

(1) 건물의 표준부하표

	건물의 종류	표준부하[VA/m²]
P	공장, 공회당, 사원, 교회, 극장, 연회장 등	10
	기숙사, 여관, 호텔, 병원, 학교, 음식점, 다방, 대중목욕탕 등	20
	사무실, 은행, 상점, 이용소, 미장원	30
	주택, 아파트	40
Q	복도, 계단, 세면장, 창고, 다락	5
	강당, 관람석	10
C	주택, 아파트(1세대마다)에 대하여	500~1,000[VA]
	상점의 진열장은 폭 1[m]에 대하여	300 VA]
	옥외의 광고등, 광전사인, 네온사인 등	실 [VA] 수
	극장, 댄스홀 등의 무대조명, 영화관의 특수 전등부하	실 [VA] 수

(2) • 분기회로 수 계산에서 소수점 이하 절상
 • 룸 에어컨은 별도회로로 구성하라는 조건이 있음

문19
▸출제년도 : 기사 22, 산업 93, 06, 13, 16, 21.   ▸점수 : 5점

그림과 같이 전선관을 지중에 매설하려고 한다. 터파기(흙파기)량은 몇 [m³]인지 계산하시오. (단, 매설 거리는 70[m]이고, 전선관의 면적은 무시한다.)

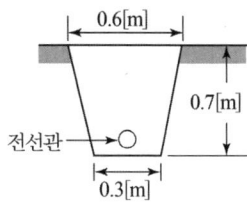

• 계산   • 답

● 답안작성

계산 : 줄기초 파기이므로
$$V_o = \frac{0.6+0.3}{2} \times 0.7 \times 70 = 22.05 [\mathrm{m}^3]$$

답 : $22.05[\mathrm{m}^3]$

● 해 설

줄기초 파기

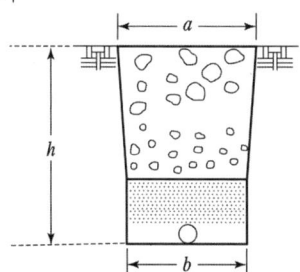

터파기량 $V_o = \dfrac{a+b}{2} \times h \times$ 줄 기초 길이 $[\mathrm{m}^3]$

문20
▸출제년도 : 산업 21.   ▸점수 : 6점

전력 계통에서 지락보호계전기의 종류를 3가지만 쓰시오.

● 답안작성

지락 과전류 계전기, 지락 방향 계전기, 지락 선택 계전기

● 해 설

지락 보호 계전기
① 지락 과전류 계전기(Over Current Ground Relay : OCGR) : 과전류 계전기의 동작 전류를 특별히 작게 한 것으로 지락 고장 보호용으로 사용한다.
② 지락 방향 계전기(Directional Ground Relay : DGR) : 과전류 지락 계전기에 방향성을 준 것
③ 지락 선택 계전기(Selective Ground Relay : SGR) : 병행 2회선 송전 선로에서 한쪽의 1회선에 지락 사고가 일어났을 경우 이것을 검출하여 고장 회선만을 선택 차단할 수 있게끔 선택 단락 계전기의 동작 전류를 특별히 작게 한 것

2022년 1회 전기공사산업기사실기

▶출제년도 : 산업 22. ▶점수 : 4점

문1 특고압 배전선로의 지지물에서 내장이나 인류개소에 장력이 걸리는 전선을 고정하는 데 사용하는 폴리머제 애자로 자기제 애자류에 비해 전기적인 특성이 양호하고 신뢰성이 높아 중요 지역 및 염진해지역의 공급선로에 주로 사용되는 것을 쓰시오.

● 답안작성

폴리머 현수애자

▶출제년도 : 산업 06, 22. ▶점수 : 6점

문2 다음의 논리식을 유접점 시퀀스 회로로 작성하시오.
(단, 회로 작성 시 선의 접속 및 미접속에 대한 예시를 참고하여 작성하시오.)

| [선의 접속과 미접속에 대한 예시] ||
| 접속 | 미접속 |

(1) $X_1 = \overline{A}B + A\overline{B} + C$
(2) $X_2 = AB + (A + \overline{B}) \cdot \overline{C}$
(3) $X_3 = (A + B) \cdot C$

● 답안작성

(1) 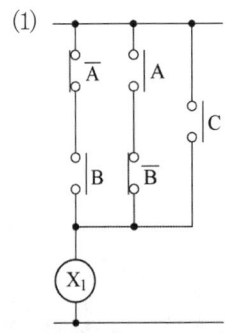 (2) 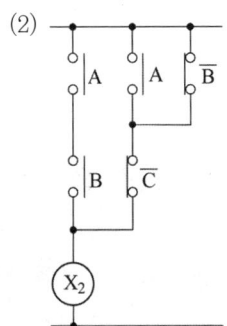 (3)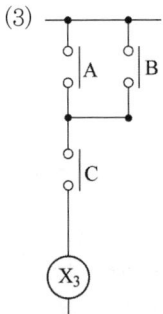

● 해 설

논리식	유접점 회로
· (AND)	직렬 접속
+ (OR)	병렬 접속
$\overline{A}$	A의 b접점
A	A의 a접점

▶ 출제년도 : 산업 22. ▶ 점수 : 4점

문3 갭레스형 피뢰기의 장점과 단점을 각각 2가지씩 쓰시오.
- 장점 :
- 단점 :

● 답안작성
- 장점 : ① 소형화, 경량화할 수 있다.
         ② 속류가 없어 빈번한 작동에도 잘 견딘다.
- 단점 : ① 직렬갭이 없으므로 특성요소에는 항상 회로전압이 인가된다.
         ② 특성요소 열화가 바로 사고로 직결될 수 있다.

● 해 설
갭레스형(Gapless)형 피뢰기

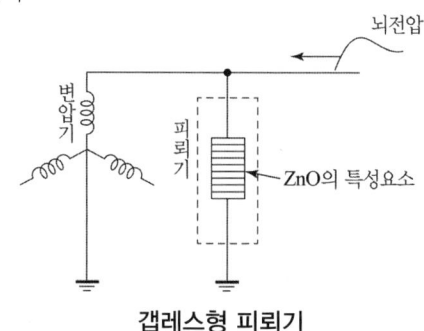

갭레스형 피뢰기

산화아연(ZnO)을 특성요소로 사용하여 직렬갭을 필요 없게 한 피뢰기를 갭레스형 피뢰기라고 하며 특징은 다음과 같다.
(1) 직렬갭이 없으므로
    ① 오손에 강하다
    ② 소형 경량이다.
    ③ 급준파 응답이 이론적으로 뛰어나다.
(2) 속류가 없으므로
    ① 다빈도 동작에 견딘다.
    ② 속류에 따른 특성요소의 열화가 없다.
    그러나 직렬갭이 없으므로 특성요소에는 항상 회로전압이 인가되어 있고, 특성요소의 열화가 바로 사고와 직결되므로 신뢰성에 대해 충분히 검토하여야 한다.

▶ 출제년도 : 기사 06, 20, 22. ▶ 점수 : 4점

문4 전기부문 표준 품셈에 따른 케이블의 할증률은 일반적으로 다음 표 값 이내로 한다. 빈칸에 알맞은 내용을 쓰시오.

종 류	할증률 [%]
케이블(옥외)	①
케이블(옥내)	②

● 답안작성

① 3
② 5

● 해 설

종 류	할증률[%]	철거손실률[%]
옥 외 전 선	5	2.5
옥 내 전 선	10	–
Cable (옥외)	3	1.5
Cable (옥내)	5	–
전선관 (옥외)	5	–
전선관 (옥내)	10	–
Trolley 선	1	–
동 대, 동 봉	3	1.5

[해설] 철거손실률이란 전기설비공사에서 철거작업 시 발생하는 폐자재를 환입할 때 재료의 파손, 손실, 망실 및 일부 부식 등에 의한 손실률을 말함.

▶ 출제년도 : 산업 22. ▶ 점수 : 4점

문5 22.9[kV-Y] 중성점 다중접지 계통의 지중 배전선로에 사용되는 개폐기로서 정전이 발생할 경우 큰 피해가 예상되는 수용가에 서로 다른 변전소에서 2중 전원을 확보하여 A변전소에서 공급되는 상용전원의 정전이나 기준전압 이하로 떨어진 경우에 B변전소에서 공급되는 예비전원으로 순간 자동 전환을 하는 그림 (가)의 개폐기 명칭을 쓰시오.

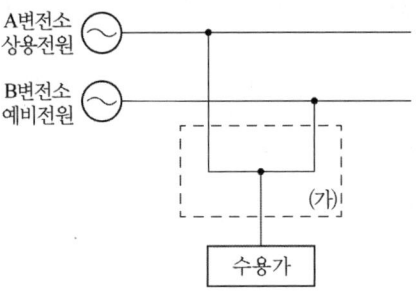

● 답안작성

자동부하전환개폐기

● 해 설

(1) ALTS(Auto Load Transfer Switch) : 자동부하전환개폐기
　　이중전원을 확보하여 주전원의 정전 또는 기준치 이하로 전압이 떨어질 경우 예비전원으로 자동 전환시킴으로써 수용가에 안정된 전원을 공급하도록 하는 개폐기이다.
(2) ATS(Auto Transfer Switch) : 자동전환개폐기
　　상시전원 정전 시 상시전원에서 예비전원으로 전환하는 경우에 그 접속하는 부하 및 배선이 동일한 경우 예비전원에서 공급하는 전력이 상시 선로에 송전되지 않도록 하는 역할을 한다.

문 6 ▶출제년도 : 산업 22. ▶점수 : 5점

1개의 전등을 한 계통의 2개소에서 점멸하기 위하여 3로 스위치 2개를 설치하고자 한다. 다음 미완성 배선도를 완성하시오.

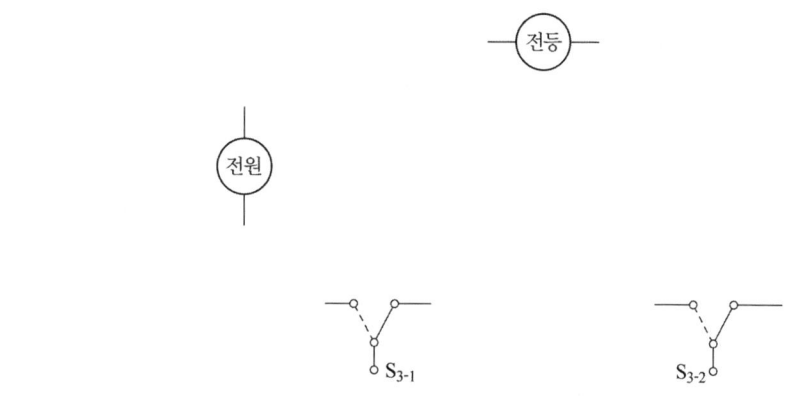

● 답안작성

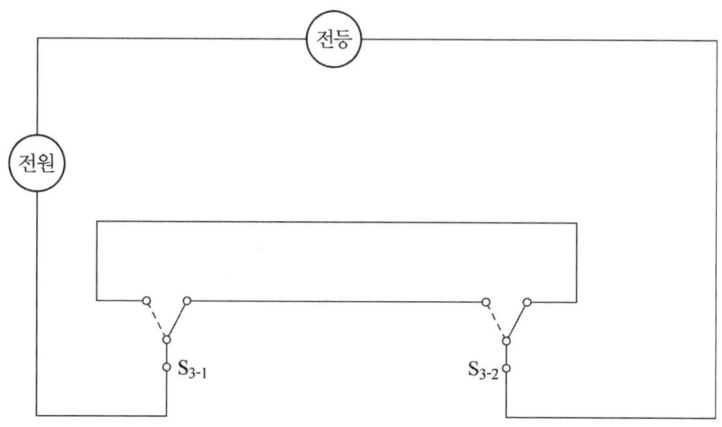

● 해 설

각종 배선도와 전선 접속도

	배선도	전선 접속도
(1) 1등을 스위치 하나로 점멸한다.	전원 (단극 스위치의 경우) / (2극 스위치의 경우)	
(2) 2등을 하나의 스위치로 동시에 점멸한다.		

	배선도	전선 접속도
(3) 2등을 별개의 스위치로 점멸하는 경우		
(4) 1등을 2개소에서 점멸하는 경우		
(5) 2등을 동시에 2개소에서 점멸하는 경우		
(6) 1등을 3개소에서 점멸하는 경우		

○ : 전등
● : 점멸기(첨자가 없는 것은 단극, 2는 2극, 3은 3, 4는 4로)

▶ 출제년도 : 산업 22. ▶ 점수 : 4점

문7 한국전기설비규정에 따른 등기구의 설치에 관한 설명 중 일부이다. 빈칸에 알맞은 내용을 쓰시오.

> 가연성 재료로부터 적절한 간격을 유지하여야 하며, 제작자에 의해 다른 정보가 주어지지 않으면, 스포트라이트나 프로젝터는 모든 방향에서 가연성 재료로부터 다음의 최소 거리를 두고 설치하여야 한다.
> 가. 정격용량 100[W] 이하 : (①)[m]
> 나. 정격용량 100[W] 초과 300[W] 이하 : (②)[m]
> 다. 정격용량 300[W] 초과 500[W] 이하 : 1.0[m]
> 라. 정격용량 500[W] 초과 : 1.0[m] 초과

● 답안작성

① 0.5 ② 0.8

● 해 설

열 영향에 대한 주변의 보호(KEC 234.1.3)
가연성 재료로부터 적절한 간격을 유지하여야 하며, 제작자에 의해 다른 정보가 주어지지 않으면, 스포트라이트나 프로젝터는 모든 방향에서 가연성 재료로부터 다음의 최소 거리를 두고 설치하여야 한다.
(1) 정격용량 100[W] 이하 : 0.5[m]
(2) 정격용량 100[W] 초과 300[W] 이하 : 0.8[m]
(3) 정격용량 300[W] 초과 500[W] 이하 : 1.0[m]
(4) 정격용량 500[W] 초과 : 1.0[m] 초과

문 8

▸출제년도 : 산업 09. 22. ▸점수 : 5점

다음은 조명방식에 관한 설명이다. 조명방식 및 특징을 읽고 어떤 조명방식인지 쓰시오.

- 조명방식 : 코너 조명과 같이 천장과 벽면경계에 건축적으로 둘레턱을 만들어 내부에 등기구를 배치하여 조명하는 방식이다.
- 특징 : 아래 방향의 벽면을 조명하는 방식으로 광원은 형광램프가 적정하다.

● 답안작성

코오니스 조명

● 해 설

벽면을 이용하는 조명방식에는 코너 조명과 코오니스 조명이 있다.
① 코너(coner) 조명 : 천정과 벽면 사이에 조명기구를 배치하여 천정과 벽면에 동시에 조명하는 방법
② 코오니스(cornice) 조명 : 코너를 이용하여 코오니스를 15~20[cm] 정도 내려서 아래쪽의 벽 또는 커튼을 조명하도록 하는 방법이다.

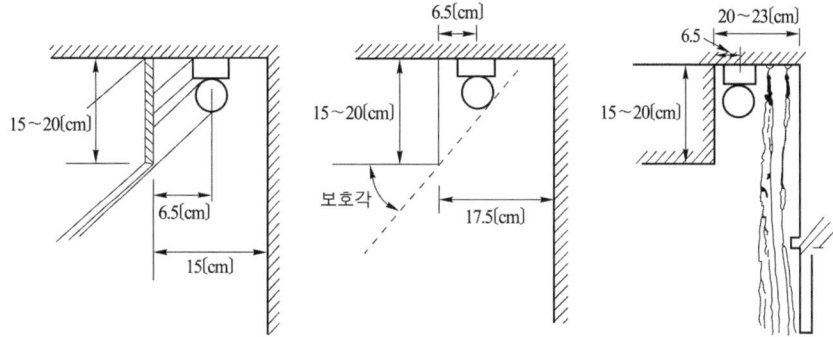

문 9

▸출제년도 : 산업 22. ▸점수 : 5점

사용전압이 저압인 전로(전기기계기구 안의 전로를 제외한다)의 전선으로 사용하는 케이블을 3가지만 쓰시오.

● 답안작성

① 0.6/1[kV] 연피케이블
② 비닐외장케이블
③ 금속외장케이블

● 해 설

저압케이블(KEC 122.4)
사용전압이 저압인 전로(전기기계기구 안의 전로를 제외한다)의 전선으로 사용하는 케이블은
가. 0.6/1[kV] 연피케이블
나. 클로로프렌 외장케이블
다. 비닐 외장케이블
라. 폴리에틸렌 외장케이블
마. 무기물 절연케이블
바. 금속 외장케이블
사. 저독성 난연 폴리올레핀 외장케이블
아. 300/500[V] 연질 비닐시스케이블

▶출제년도 : 산업 92, 13, 22,   ▶점수 : 10점

문10 가공전선로의 15[m] 전주에 기기가 설치되어 있다. 도면을 보고 다음 물음에 답하시오.

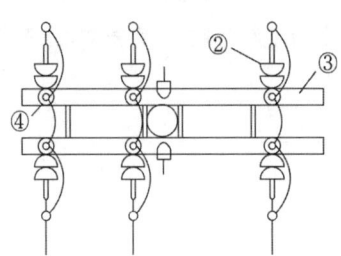
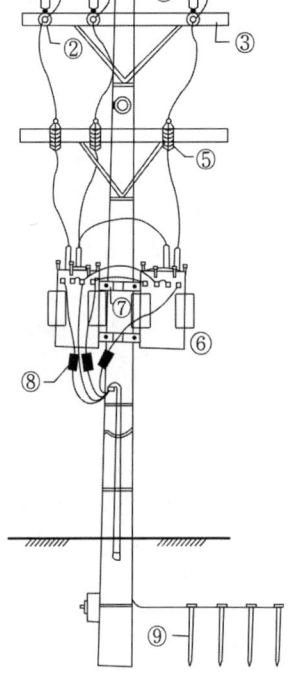

(1) 도면에 표시된 ④의 규격이 23[kV] 56-2호이다. 특고압 핀애자는 몇 개인지 쓰시오.
(2) 도면에 표시된 ⑤의 품명을 쓰시오.
(3) 도면에 표시된 ⑦의 품명을 쓰시오.
(4) 도면에 표시된 ⑧의 품명은 무엇이며, 수량은 몇 개인지 쓰시오.
(5) 도면에 표시된 ⑨의 명칭을 쓰시오.

● 답안작성
(1) 6개   (2) COS
(3) 행거밴드
(4) • 품명 : 캐치 홀더   • 수량 : 3개
(5) 접지봉

▶출제년도 : 산업 89, 00, 13, 22,   ▶점수 : 9점

문11 PLC의 프로그램과 명령어를 참조하여 다음 각 물음에 답하시오.
(단, 회로 작성 시 선의 접속 및 미접속에 대한 예시를 참고하여 작성하시오.)

[선의 접속과 미접속에 대한 예시]	
접속	미접속
┼┼	┼

step	명령어	번지		명령어	내용
01	STR	001		STR	입력 a접점(신호)
02	STR	003		STRN	입력 b접점(신호)
03	ANDN	002		AND	직렬 a접점
04	OB			ANDN	직렬 b접점
05	OUT	100		OR	병렬 a접점
06	STR	001		ORN	병렬 b접점
07	ANDN	002		OB	병렬 접속점
08	STR	003		OUT	출력
09	OB			END	끝
10	OUT	200			
11	END				

(1) PLC의 프로그램과 같은 유접점 논리회로를 완성하시오.

(2) "(1)"의 회로에서 001, 002, 003의 접점을 각 1개씩만을 사용하여 유접점 논리회로를 완성하시오.

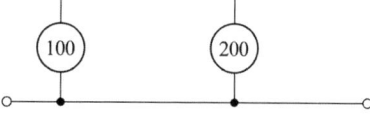

(3) PLC 프로그램에 대한 무접점 논리회로를 완성하시오.

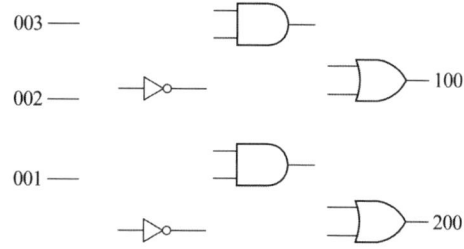

● 답안작성

(1) 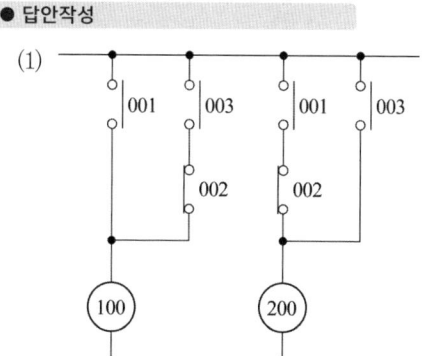　　　(2)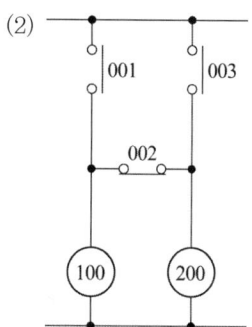

(3)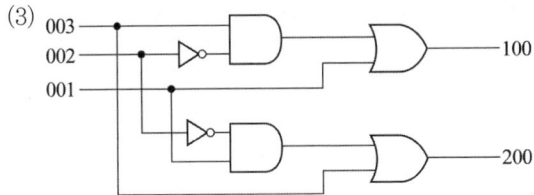

▸출제년도 : 산업 04, 22, 24,   ▸점수 : 5점

문12
사용전압이 220[V]인 옥내배선에서 소비전력 40[W], 역률 60[%]인 형광등 30개와 소비전력 100[W]인 백열등 50개를 설치한다고 할 때 최소 분기회로 수를 구하시오. (단, 16[A] 분기회로로 하며, 수용률은 100[%]로 한다.)

● 답안작성

계산 : ① 역률 60[%] 형광등
- 유효전력 $P = 40 \times 30 = 1,200[W]$
- 무효전력 $P_r = \dfrac{40}{0.6} \times 0.8 \times 30 = 1,600[\text{Var}]$

② 백열등(백열등은 저항부하이므로 역률 100[%])
- 유효전력 $P = 100 \times 50 = 5,000[W]$
  따라서, 이 분기회로의 설비부하용량 P_a는
  $P_a = \sqrt{(1,200+5,000)^2 + 1,600^2} = 6,403.12[\text{VA}]$

③ 분기회로 수 $n = \dfrac{6,403.12}{220 \times 16} = 1.82$ → 2회로

답 : 16[A] 분기 2회로

● 해 설

- 분기회로 수 $n = \dfrac{\text{설비용량}}{\text{사용전압} \times \text{분기 회로전류}}$
- 분기회로 수 산정 시 소수가 발생하면 무조건 절상하여 산출한다.

▸출제년도 : 산업 22,   ▸점수 : 6점

문13
한국전기설비규정에 따른 용어의 정의 중 일부이다. 빈칸에 알맞은 내용을 쓰시오.

(①)이란 인체에 위험을 초래하지 않을 정도의 저압을 말한다.
여기서 (②)는 비접지회로에 해당되며, (③)는 접지회로에 해당된다.

● 답안작성

① 특별저압   ② SELV   ③ PELV

● 해 설

용어 정의(KEC 112)
"특별저압(ELV, Extra Low Voltage)"이란 인체에 위험을 초래하지 않을 정도의 저압을 말한다. 여기서 SELV(Safety Extra Low Voltage)는 비접지회로에 해당되며, PELV(Protective Extra Low Voltage)는 접지회로에 해당된다.

▸출제년도 : 기사 92, 96, 산업 13, 19, 22. ▸점수 : 4점

문14 다음 그림과 같이 A지점 80[A], B지점 50[A], C지점 30[A]의 전류가 흐를 때 부하중심점의 거리를 구하시오.

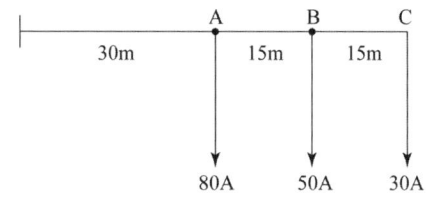

• 계산 :

• 답 :

● 답안작성

계산 : 직선 부하에서의 부하 중심점까지의 거리

$$L = \frac{L_1 I_1 + L_2 I_2 + L_3 I_3}{I_1 + I_2 + I_3} = \frac{30 \times 80 + (30+15) \times 50 + (30+15+15) \times 30}{80+50+30} = 40.31 [\text{m}]$$

답 : 40.31 [m]

▸출제년도 : 산업 14, 22. ▸점수 : 4점

문15 어느 자가용 전기설비의 고장전류가 7.5[kA] 이고 CT비가 75/5[A]일 때 MOF의 과전류강도(표준)는 얼마인지 쓰시오. (단, 사고발생 후 0.2초 이내에 한전 차단기가 동작하는 것으로 한다.)

• 계산

• 답

● 답안작성

계산 : 단시간 과전류 값 $I_p = I_m \times \sqrt{t} = 7.5 \times 10^3 \times \sqrt{0.2} = 3,354.10 [\text{A}]$

CT 과전류강도 $S_n = \frac{I_p}{\text{정격 1차전류}} = \frac{3,354.1}{75} = 44.72$배

답 : 75

● 해 설

(1) MOF의 과전류강도는 기기 설치점에서의 단락전류에 의하여 계산 적용하되 22.9[kV]급으로서 60[A] 이하의 MOF 최소 과전류강도는 한전규격에 의해 75배로 하고, 계산값이 75배 이상인 경우는 150배를 적용한다. 다만, 수요자 또는 설계자의 요구에 의하여 MOF 또는 CT 과전류강도를 150배 이상 요구한 경우는 그 값을 적용한다.

(2) CT의 과전류강도는 기기 설치점에서의 단락전류에 의하여 계산 적용한다.

과전류 강도 계산식

① 대칭단락전류(실효치)를 구한다.

$$I_s = \frac{100}{\%Z} \times I_n$$

• %Z = 전원측 %Z + 전선로 %Z + CT 및 기타기기 %Z
• I_n = 수전점의 기준용량(변압기)의 정격전류

② 최대비대칭 단락전류(실효치)를 구한다.

$$I_m = I_s \times \text{비대칭계수}(\frac{X}{R} \text{값, 기술자료참조})$$

③ 단시간 과전류값 계산

$$I_p = I_m \times \sqrt{t}$$

t : 최대 비대칭 단락전류값을 기준하여 PF 동작시간

(3) 변류기의 정격과전류 강도

정격과전류 강도 (*)	보증하는 과전류
40	정격 1차전류의 40배
75	정격 1차전류의 75배
150	정격 1차전류의 150배
300	정격 1차전류의 300배

(4) CT 과전류강도 계산 $S_n = \dfrac{I_p}{CT \text{ 정격 1차전류}}$

문16

▶출제년도 : 산업 10, 17, 22.   ▶점수 : 6점

전력계통에 일반적으로 사용되는 리액터의 설치 목적을 간단히 쓰시오.

(1) 병렬리액터 :

(2) 직렬리액터 :

(3) 소호리액터 :

● 답안작성

(1) 페란티 현상의 방지
(2) 제5고조파 제거
(3) 지락전류의 제한

문17

▶출제년도 : 산업 21, 22.   ▶점수 : 6점

한국전기설비규정에 따른 연료전지설비의 보호장치에 관한 내용이다. 빈칸에 알맞은 내용을 쓰시오.

연료전지는 다음의 경우에 자동적으로 이를 전로에서 차단하고 연료전지에 연료가스 공급을 자동적으로 차단하며 연료전지 내의 연료가스를 자동적으로 배기하는 장치를 시설하여야 한다.
가. 연료전지에 (①)가 생긴 경우
나. 발전요소(發電要素)의 발전전압에 이상이 생겼을 경우 또는 연료가스 출구에서의 (②) 또는 공기 출구에서의 (③) 농도가 현저히 상승한 경우
다. 연료전지의 온도가 현저하게 상승한 경우

● 답안작성

① 과전류   ② 산소   ③ 연료가스

● 해 설

연료전지설비의 보호장치(KEC 542.2.1)
연료전지는 다음의 경우에 자동적으로 이를 전로에서 차단하고 연료전지에 연료가스 공급을 자동적으로 차단하며 연료전지내의 연료가스를 자동적으로 배기하는 장치를 시설하여야 한다.

가. 연료전지에 과전류가 생긴 경우
나. 발전요소(發電要素)의 발전전압에 이상이 생겼을 경우 또는 연료가스 출구에서의 산소농도 또는 공기 출구에서의 연료가스 농도가 현저히 상승한 경우
다. 연료전지의 온도가 현저하게 상승한 경우

▶출제년도 : 산업 22. ▶점수 : 5점

문18 지름 3[cm], 길이 1.2[m]인 관형 광원의 직각방향의 광도가 504[cd]일 때 이 광원 표면 위의 휘도[sb]를 구하시오.

• 계산 :

• 답 :

● 답안작성

계산 : 길이 1.2[m], 폭 3[cm]의 면적이므로
광원의 투영 면적 $S = 3 \times 120 = 360 [cm^2]$

$$\therefore B = \frac{I}{S} = \frac{504}{360} = 1.4 \ [cd/cm^2] = 1.4 [sb]$$

답 : 1.4[sb]

● 해 설

관형 광원의 투영 면적

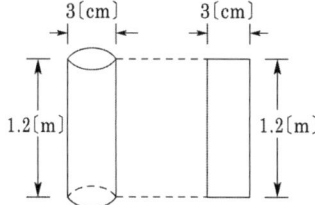

▶출제년도 : 산업 22. ▶점수 : 4점

문19 KS C 0301에 따른 옥내배선 그림기호의 명칭을 쓰시오.

그림기호			
S	B	E	Wh
명 칭			
①	②	③	④

● 답안작성

① 개폐기
② 배선용 차단기
③ 누전 차단기
④ 전력량계

● 해 설

옥내배선용 그림기호(KS C 0301)

명칭	그림기호	적 요
개폐기	$\boxed{S}$	(1) 상자들이인 경우는 상자의 재질 등을 방기한다. (2) 극수, 정격전류, 퓨즈 정격전류 등을 방기한다. 　보기 : $\boxed{S}\,{}_{f\,15A}^{2P30A}$ (3) 전류계붙이는 $\boxed{S}$를 사용하고 전류계의 정격전류를 방기한다. 　보기 : $\boxed{S}\,{}_{f\,15A\,A\,5}^{2P30A}$
배선용 차단기	$\boxed{B}$	(1) 상자들이인 경우는 상자의 재질 등을 방기한다. (2) 극수, 프레임의 크기, 정격전류 등을 방기한다. 　보기 : $\boxed{B}\,{}^{3P}_{225AF\,150A}$ (3) 모터 브레이커를 표시하는 경우는 $\boxed{B}$ 사용한다. (4) $\boxed{B}$를 $\boxed{S}_{MCB}$로서 표시하여도 좋다.
누전 차단기	$\boxed{E}$	(1) 상자들이인 경우는 상자의 재질 등을 방기한다. (2) 과전류 소자붙이는 극수, 프레임의 크기, 정격전류, 정격 감도전류 등 과전류 소자 없음은 극수, 정격전류, 정격 감도전류 등을 방기한다.
누전 차단기	$\boxed{E}$	과전류 소자붙이의 보기　$\boxed{E}\,{}^{2P}_{30AF\,15A\,30mA}$ 과전류 소자없음의 보기　$\boxed{E}\,{}^{2P}_{15A\,30mA}$ (3) 과전류 소자붙이는 $\boxed{BE}$를 사용하여도 좋다. (4) $\boxed{E}$를 $\boxed{S}_{ELB}$로 표시하여도 좋다.
전력량계	Wh	(1) 필요에 따라 전기방식, 전압, 전류 등을 방기한다. (2) 그림기호 Wh 는 WH 로 표시하여도 좋다.

2022년 2회 전기공사산업기사실기

문1 ▸출제년도 : 산업 22. ▸점수 : 3점

한국전기설비규정에 따른 소세력 회로에 관한 내용이다. 빈칸에 공통적으로 들어갈 내용을 쓰시오.

> 1. 소세력 회로에 전기를 공급하기 위한 변압기는 (   )이어야 한다.
> 2. 소세력 회로에 전기를 공급하기 위한 (   )의 사용전압은 대지전압 300[V] 이하로 하여야 한다.

● 답안작성

절연변압기

● 해 설

소세력 회로(KEC 241.14)
1. 소세력 회로에 전기를 공급하기 위한 변압기는 **절연변압기**이어야 한다.
2. 소세력 회로에 전기를 공급하기 위한 **절연변압기**의 사용전압은 대지전압 300[V] 이하로 하여야 한다.

문2 ▸출제년도 : 산업 22. ▸점수 : 4점

그림의 회로에서 (1), (2), (3)을 폐로하고 (4)를 개로하고자 할 때 조작순서를 번호로 쓰시오.

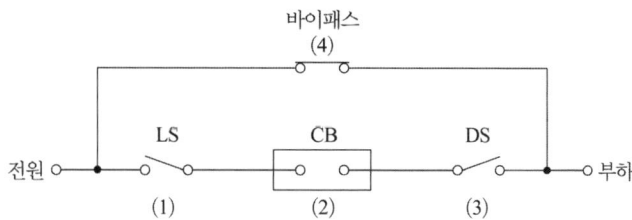

● 답안작성

(3) → (1) → (2) → (4)

● 해 설

단로기는 부하전류 개폐능력이 없으므로 차단기와 인터록 관계가 있어야 한다. 인터록이란 차단기가 개로(open)된 상태에서 단로기를 개방(open) 또는 투입(close)할 수 있도록 하는 것을 말하며, 이때 부하측의 단로기부터 조작하여야 한다.
1) CB를 점검하기 위한 조작 순서
   바이패스(폐로) → CB(개로) → DS(개로) → LS(개로)
2) CB를 점검 후 복귀시킬 때의 조작 순서
   DS(폐로) → LS(폐로) → CB(폐로) → 바이패스(개로)
3) 문제에서 (1), (2), (3)을 폐로하고 (4)를 개로하고자 할 때는, CB를 점검한 후 복귀할 때의 조작 순서이다.

4) LS (Line Switch) : 선로 개폐기
DS (Disconnecting Switch) : 단로기
CB (Circuit Breaker) : 차단기

▶ 출제년도 : 산업 18, 22, 24.   ▶ 점수 : 5점

문3 수전단에 부하가 요구하는 무효전력과 원선도상에서 정해지는 무효전력과의 차에 해당하는 무효전력을 별도로 공급해 주기 위하여 사용하는 조상설비의 종류를 3가지만 쓰시오.

● 답안작성

동기조상기, 전력용 콘덴서, 분로 리액터

● 해 설

송전선을 일정한 전압으로 운전하기 위해 필요한 무효전력을 공급하는 장치를 조상설비라 하며, 그 종류로는 동기조상기, 전력용 콘덴서, 분로 리액터, 정지형 무효전력보상장치가 있다.

▶ 출제년도 : 산업 92, 13, 17, 19, 22.   ▶ 점수 : 5점

문4 변압기 2차 단자에서 25[m] 거리에 있는 교류단상 220[V], 4.4[kW] 히터 부하에 전압강하를 2[%] 이하로 제한하기 위한 공급전선의 최소한의 굵기를 다음 표에서 선정하시오.

허 용 전 류 표

도체 단선 연선별	전선종별 지름 또는 공칭 단면적	허용 전류[A] VV케이블 3심 이하	전 선 수 3 이하	4	5~6	7~15	16~40
단선	1.2[mm]	(13)	(13)	(12)	(10)	(9)	(8)
	1.6[mm]	19	19	17	15	13	12
	2.0[mm]	24	24	22	19	17	15
연선	5.5[mm^2]	34	34	31	27	24	21
	8[mm^2]	42	42	38	34	30	26
	14[mm^2]	61	61	55	49	43	38
	22[mm^2]	80	80	72	64	56	49
	30[mm^2]	–	97	87	78	68	60
	38[mm^2]	113	113	102	90	79	70

• 계산 :   • 답 :

● 답안작성

계산 : 부하전류 $I = \dfrac{P}{V} = \dfrac{4.4 \times 10^3}{220} = 20[A]$

전압강하 $e = 220 \times 0.02 = 4.4[V]$

따라서 전선의 단면적 $A = \dfrac{35.6 LI}{1,000e} = \dfrac{35.6 \times 25 \times 20}{1,000 \times 4.4} = 4.05[mm^2]$

답 : 5.5[mm^2]

● 해 설

전압강하 및 전선 단면적

전기 방식	전압 강하		전선 단면적
단상 3선식 직류 3선식 3상 4선식	$e_1 = IR$	$e_1 = \dfrac{17.8LI}{1,000A}$	$A = \dfrac{17.8LI}{1,000e_1}$
단상 2선식 및 직류 2선식	$e_2 = 2IR = 2e_1$	$e_2 = \dfrac{35.6LI}{1,000A}$	$A = \dfrac{35.6LI}{1,000e_2}$
3상 3선식	$e_3 = \sqrt{3}\,IR = \sqrt{3}\,e_1$	$e_3 = \dfrac{30.8LI}{1,000A}$	$A = \dfrac{30.8LI}{1,000e_3}$

▶출제년도 : 산업 22. ▶점수 : 5점

문5 CTTS(Closed Transition Transfer Switch) 폐쇄형 전원절환 절체 개폐기의 장점을 ATS(Automatic Transfer Switch) 자동 전환 개폐기와 비교하여 간단히 설명하시오.

● 답안작성

CTTS는 개방형으로 절체되는 ATS와 달리 폐쇄형으로 절체되므로 정전 상태 발생 없이 비상전원의 사용이 가능하다.

● 해 설

(1) CTTS는 개방형으로 절체되는 ATS와 달리 폐쇄형으로 절체된다. 즉, 양쪽 전원(상용전원과 비상용발전기전원)이 모두 가압되어 있는 상태에서 양 전원이 동위상에서 병렬운전 형태로 유지되어 동기화 스위칭되면서 무정전 절체가 되는 절체스위치로, 정전 상태 발생 없이 비상전원의 사용이 가능하다.
(2) CTTS의 특징
 ① 예고 정전 시 무정전 절체, 복전이 가능하므로 전력공급 신뢰도가 높다.
 ② 무정전 폐쇄형 절체이므로 과도현상이 없어 발전기 및 부하기기에 전기적 충격이 없으므로 기기의 수명이 연장된다.

▶출제년도 : 산업 98. 22. ▶점수 : 8점

문6 푸시버튼 스위치 PB1, PB2, PB3에 의하여 직접 제어되는 계전기 A, B, C가 있고, 출력으로는 전등 R, Y, G가 있다. 동작표와 논리식을 보고 미완성 회로를 그리시오.

동작표

입력			출력		
A	B	C	R	Y	G
0	0	0	0	0	1
0	0	1	0	0	1
0	1	0	0	0	1
0	1	1	0	1	0
1	0	0	0	1	0
1	0	1	1	0	0
1	1	0	1	0	0
1	1	1	1	0	0

1) 출력 램프 R에 대한 논리식 : $R = A \cdot C + A \cdot B = A \cdot (B + C)$
2) 출력 램프 Y에 대한 논리식 : $Y = \overline{A} \cdot B \cdot C + A \cdot \overline{B} \cdot \overline{C}$
3) 출력 램프 G에 대한 논리식 : $G = \overline{A} \cdot \overline{B} + \overline{A} \cdot \overline{C} = \overline{A} \cdot (\overline{B} + \overline{C})$

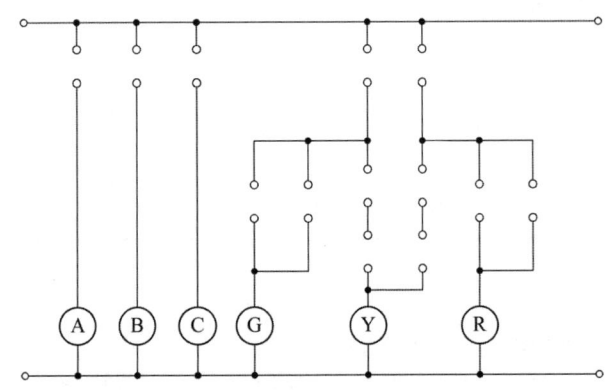

● 답안작성

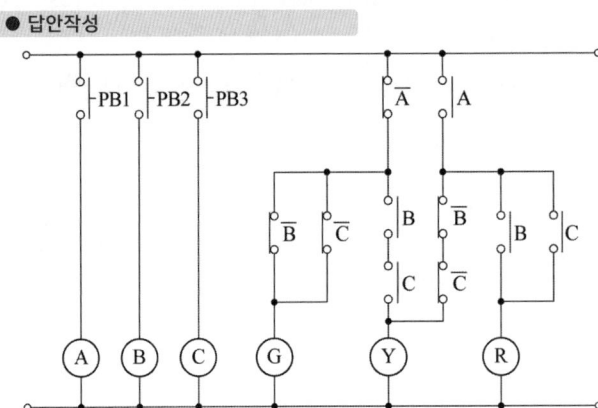

▶ 출제년도 : 기사 89, 95, 10, 산업 14, 22.　▶ 점수 : 4점

문7　KS C 0301에 따른 옥내 배선의 그림기호를 보고 각각의 명칭을 쓰시오.

그림기호					
●R	⊕	●↗	▲	S	B
명 칭					
①	②	③	④	⑤	⑥

● 답안작성

① 리모콘 스위치　② 셀렉터 스위치　③ 조광기
④ 리모콘 릴레이　⑤ 개폐기　⑥ 배선용 차단기

▶ 출제년도 : 산업 05, 07, 13, 22.   ▶ 점수 : 9점

문8 다음 조건을 참고하여 타임차트와 미완성 도면을 완성하시오.

[조건]

① 푸시 버튼 PB1 또는 PB2를 누르면 해당 푸시 버튼의 전등 L_1 또는 L_2가 점등되고 동시에 BZ(부저)가 일정시간 동작하고 타이머 T의 설정시간 후 L_1 또는 L_2와 BZ가 동시에 정지한다.
L_1이 점등되고 있을 때 PB2를 눌러도 L_2는 점등되지 않는다. L_2가 점등되고 있을 때에도 PB1을 눌러도 L_1은 점등되지 않는다.

② 정지한 후 다시 PB1 또는 PB2를 누르면 해당 푸시버튼의 전등 L_1 또는 L_2가 점등되고 동시에 BZ(부저)가 일정시간 동작하고 타이머 T의 설정시간 후 L_1 또는 L_2와 BZ는 동시에 정지한다.

(1) 타임차트

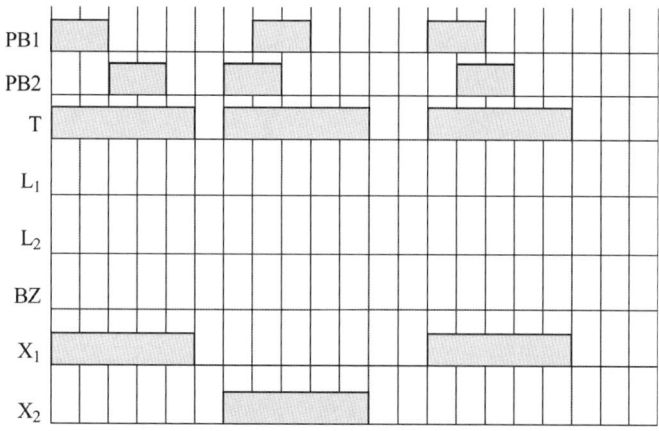

① T는 타이머의 설정시간이다.
② X_1, X_2는 회로 동작을 위한 릴레이이다.

(2) 미완성 도면

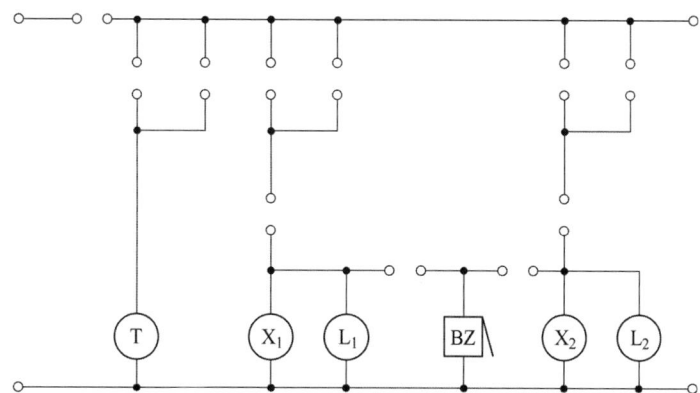

● 답안작성

(1)
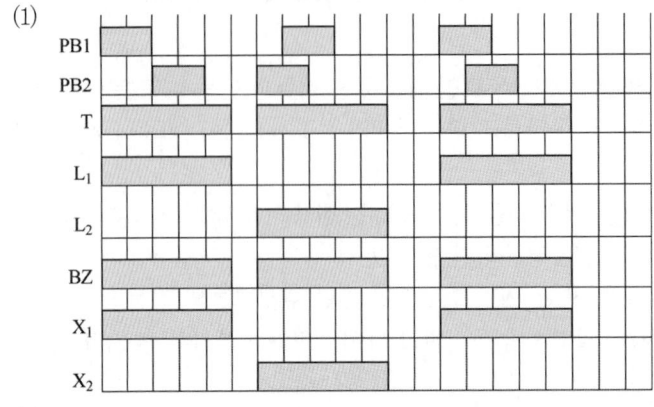

(2)
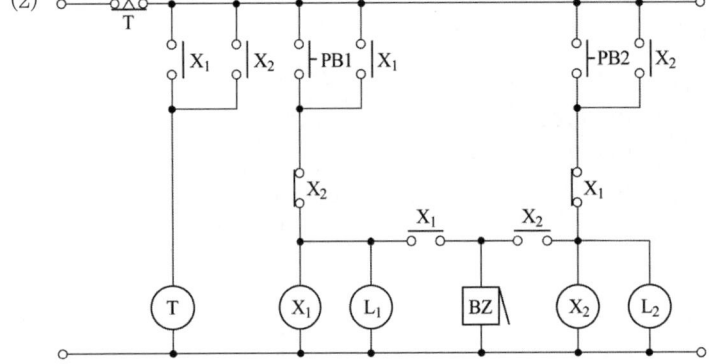

▶ 출제년도 : 산업 08. 22.   ▶ 점수 : 6점

문9 송전 및 배전계통에서 무정전 공법의 종류를 크게 3가지로 구분하여 쓰시오.

● 답안작성

① 이동용 변압기 공법
② 바이패스 케이블 공법
③ 공사용 개폐기 공법

▶ 출제년도 : 기사 21. 22.   ▶ 점수 : 4점

문10 한국전기설비규정에 따른 과전류차단기로 저압전로에 사용하는 주택용 배선차단기의 과전류트립 동작시간 및 특성에 관한 표이다. 빈칸에 알맞은 내용을 쓰시오.

정격전류의 구분	시 간	정격전류의 배수 (모든 극에 통전)	
		부동작 전류	동작 전류
63[A] 이하	60분	(①)배	(②)배
63[A] 초과	120분	(①)배	(②)배

● 답안작성
① 1.13   ② 1.45

● 해 설
보호장치의 특성(KEC 212.3.4)
① 과전류 트립 동작시간 및 특성(산업용 배선차단기)

정격전류의 구분	시 간	정격전류의 배수 (모든 극에 통전)	
		부동작 전류	동작 전류
63[A] 이하	60분	1.05배	1.3배
63[A] 초과	120분	1.05배	1.3배

② 과전류 트립 동작시간 및 특성(주택용 배선차단기)

정격전류의 구분	시 간	정격전류의 배수 (모든 극에 통전)	
		부동작 전류	동작 전류
63[A] 이하	60분	1.13배	1.45배
63[A] 초과	120분	1.13배	1.45배

▶출제년도 : 산업 22.   ▶점수 : 6점

문11 한국전기설비규정에 따른 저압 연접 인입선의 시설에 관한 내용이다. 빈칸에 알맞은 내용을 쓰시오.

> 가. 인입선에서 분기하는 점으로부터 (①)[m]를 초과하는 지역에 미치지 아니할 것
> 나. 폭 (②)[m]를 초과하는 도로를 횡단하지 아니할 것
> 다. (③)를 통과하지 아니할 것

● 답안작성
① 100   ② 5   ③ 옥내

● 해 설
연접 인입선의 시설(KEC 221.1.2)
저압 연접(이웃 연결) 인입선은 221.1.1의 규정에 준하여 시설하는 이외에 다음에 따라 시설하여야 한다.
가. 인입선에서 분기하는 점으로부터 100[m]를 초과하는 지역에 미치지 아니할 것
나. 폭 5[m]를 초과하는 도로를 횡단하지 아니할 것
다. 옥내를 통과하지 아니할 것

▶출제년도 : 산업 04. 12. 18. 22.   ▶점수 : 5점

문12 가공전선로에서 전선 지지점에 고저차가 없을 경우 330[mm^2] ACSR선이 경간 500[m]에서 이도가 8.6[m]이다. 전선의 실제 길이는 약 몇 [m]인지 구하시오.
•계산 :   •답 :

● 답안작성

계산 : 전선의 실제 길이 $L = S + \dfrac{8D^2}{3S} = 500 + \dfrac{8 \times 8.6^2}{3 \times 500} = 500.39$ [m]

답 : 500.39 [m]

● 해 설

$$L = S + \dfrac{8D^2}{3S} \text{[m]}$$

여기서, L : 전선의 길이 [m], D : 이도 [m], S : 경간 [m]

▸ 출제년도 : 산업 22. ▸ 점수 : 8점

문13 그림은 3상 유도전동기의 Y-△ 기동을 위한 결선도의 일부를 나타낸 것이다. 기동 시 및 운전 시의 전자개폐기 접점의 상태(ON, OFF) 및 접속 상태(Y결선, △결선)을 빈칸에 쓰시오.

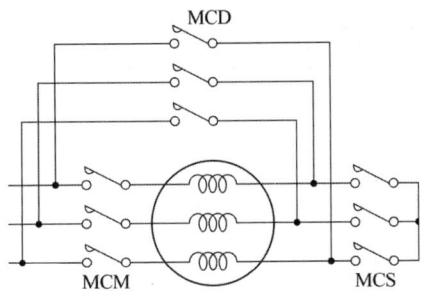

구분	전자개폐기 접점상태(ON, OFF)			접속상태
	MCS	MCD	MCM	
기동 시				
운전 시				

● 답안작성

구분	전자개폐기 접점상태(ON, OFF)			접속상태
	MCS	MCD	MCM	
기동 시	ON	OFF	ON	Y결선
운전 시	OFF	ON	ON	△결선

● 해 설

① MCM과 MCS을 단락시켜 Y결선으로 기동한 후 타이머 설정 시간이 지나면 MCS는 개방, MCM과 MCD가 단락되어 △결선으로 운전한다. 이때 Y와 △는 동시 투입이 되어서는 안된다.

② Y-△ 기동방법은 기동 시 고정자 권선을 Y로 접속하여 기동함으로써 기동전류를 감소시키고 운전속도에 가까워지면 권선을 △로 변경하여 운전하는 방식(△ 기동 시에 비해 기동전류는 1/3, 기동 토크도 1/3로 감소한다.)

문 14 다음과 같은 전열 콘센트 평면도를 보고, 물음에 답하시오.

▶ 출제년도 : 기사 04, 산업 17, 22. ▶ 점수 : 6점

[조건]
1. 콘센트(15[A], 2구용)는 콘크리트에 매입하며, 높이는 바닥에서 50[cm]이다.
2. 분전반의 크기는 가로×세로×높이= 300×600×100[mm] 이며, 분전반 설치는 상단 1,800[mm]로 한다.
3. 선에 표시된 사선은 가닥수(접지선 포함)를 표시한 것이다.
4. PVC 박스 내 전선의 여장은 10[cm]로 하며, 분전반의 여장은 50[cm]로 한다.
5. 전선관은 합성수지전선관을 적용한다.
6. 전선의 규격은 HFIX 2.5[mm^2]를 적용한다.
7. 도면에서 위첨자 '□'은 단위 [mm^2]를 표시한 것이다.
8. 전선 및 전선관의 재료할증률은 5[%]를 적용한다.
9. 제시된 자료 이외에는 고려하지 않는다.
10. 계산은 소수점 셋째 자리에서 반올림하여 둘째 자리까지 산출한다.

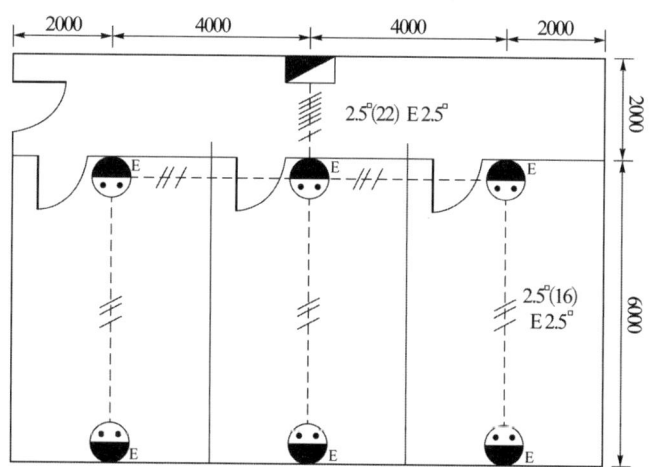

(1) 전열 콘센트를 시설하기 위한 배관(22C)의 길이[m]를 산출하시오.
 • 계산 :   • 답 :
(2) 전열 콘센트를 시설하기 위한 배관(16C)의 길이[m]를 산출하시오.
 • 계산 :   • 답 :
(3) 전열 콘센트를 시설하기 위한 배선(전선)의 길이[m]를 산출하시오.
 • 계산 :   • 답 :

● 답안작성
(1) **계산** : $(1.2+2+0.5)\times 1.05 = 3.89[\text{m}]$
 답 : $3.89[\text{m}]$
(2) **계산** : $(4\times 2+6\times 3+0.5\times 10)\times 1.05 = 32.55[\text{m}]$
 답 : $32.55[\text{m}]$

(3) **계산** : • 전선 3가닥인 곳 $= (6 \times 3 + 4 \times 2 + 0.1 \times 10 + 0.5 \times 10) \times 3 = 96[m]$
• 전선 7가닥인 곳 $= (0.5 + 1.2 + 2 + 0.5 + 0.1) \times 7 = 30.1[m]$
∴ 합계 $= (96 + 30.1) \times 1.05 = 132.41[m]$
답 : $132.41[m]$

● 해 설
① 분전반에서 콘센트까지의 전선관 길이 $= 1.2 + 2 + 0.5 = 3.7[m]$

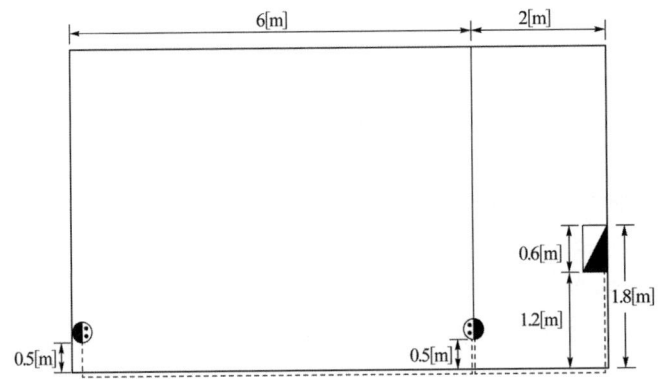

② PVC 박스 내 전선의 여장 : $0.1[m]$
③ 분전반의 여장 : $0.5[m]$
④ 콘센트가 분기되는 곳에는 들어가는 전선관과 나오는 전선관이 있어야 하므로 분전반과 연결된 콘센트에는 총 4개의 전선관이 필요하다.

▶출제년도 : 산업 22. ▶점수 : 3점

문15 그림과 같은 줄기초 터파기량을 산출하려고 한다. 줄기초 터파기량 계산식을 쓰시오.

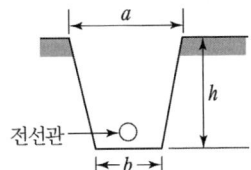

● 답안작성

터파기량 $V_o = \dfrac{a+b}{2} \times h \times$ 줄기초 길이

● 해 설
① 독립기초파기
터파기량 $[A] = \dfrac{h}{6} \{(2a + a')b + (2a' + a)b'\}$

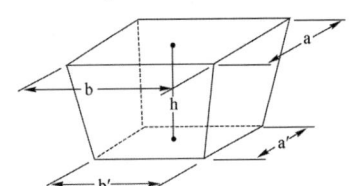

② 줄기초파기

터파기량 $[A] = \left(\dfrac{a+b}{2}\right) h \times$ 줄기초 길이

문16 ▸출제년도 : 산업 09. 22. ▸점수 : 5점

그림은 3상 3선식 적산전력량계의 결선도(계기용 변압기 및 변류기를 시설하는 경우)를 나타낸 것이다. 미완성 부분의 결선도를 완성하시오. (단, 접지가 필요한 곳에는 접지표시를 하도록 한다.)

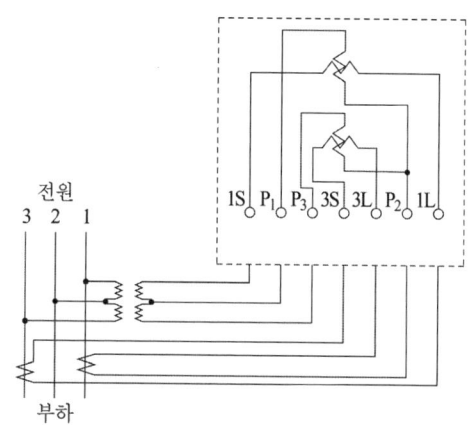

● 답안작성

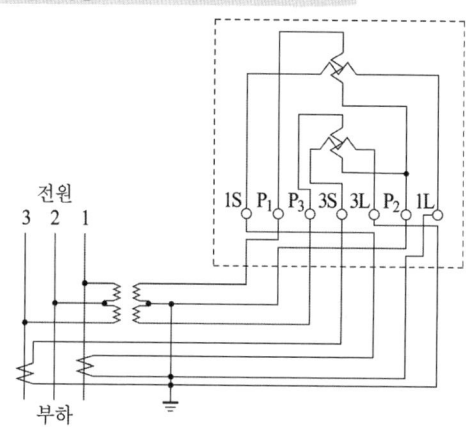

▶ 출제년도 : 산업 14. 22.　▶ 점수 : 5점

문17 그림은 인류스트랍의 설치 방법에 관한 그림이다. 각 번호 ①, ②, ③, ④, ⑤의 명칭을 쓰시오.

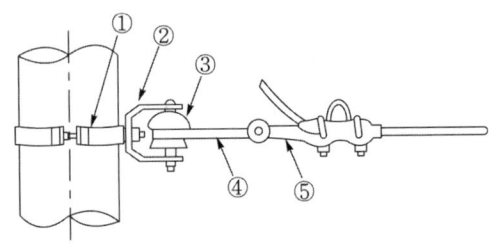

● 답안작성
① 랙크밴드　② 랙크　③ 저압인류애자　④ 인류스트랍　⑤ 데드엔드 클램프

● 해 설
인류스트랍은 다중접지 중성선이나 저압중성선이 AL 전선인 경우 인류 및 내장개소에 설치한다.

▶ 출제년도 : 기사 88. 09. 15. 산업 22.　▶ 점수 : 4점

문18 바닥면적 200[m²]의 교실에 2,500[lm]의 40[W] 형광등을 시설하여 평균조도를 150[lx]로 하고자 한다. 설치해야 할 형광등은 몇 개가 필요한지 구하시오.
(단, 조명률 50[%], 감광보상률 1.25이다.)
• 계산 :　　　　　　　　　　　　　　　　• 답 :

● 답안작성
계산 : $N = \dfrac{AED}{FU} = \dfrac{200 \times 150 \times 1.25}{2,500 \times 0.5} = 30$[등]
답 : 30[등]

● 해 설
$FUN = AED$에서 $N = \dfrac{AED}{FU}$이며, 산출된 전등의 수 중 소수가 발생하면 절상한다.
여기서, F : 광원 1개당의 광속[lm],　　N : 광원의 개수[등]
　　　　E : 작업면상의 평균 조도[lx]　　A : 방의 면적[m²]
　　　　D : 감광보상률　　　　　　　　　U : 조명률[%]

▶ 출제년도 : 산업 07. 22. 24.　▶ 점수 : 5점

문19 다음은 네온방전등을 옥내에 시설하는 경우이다. 다음 각 물음에 답하시오.
(1) 관등회로의 배선은 어떤 공사로 하는지 쓰시오.
(2) 관등회로의 배선에서 전선 지지점간의 최대 거리[m]를 쓰시오.
(3) 네온방전등에 공급하는 전로의 대지전압은 몇 [V] 이하로 하여야 하는지 쓰시오.
(4) 네온변압기는 어떤 관리법의 적용을 받는 것이어야 하는지 쓰시오.
(5) 관등회로의 배선에서 전선 상호 간의 이격거리는 몇 [mm] 이상 이어야 하는지 쓰시오.

● 답안작성

(1) 애자 공사
(2) 1[m]
(3) 300[V]
(4) 전기용품 및 생활용품 안전관리법
(5) 60[mm]

● 해 설

네온방전등(KEC 234.12)

1. 네온방전등에 공급하는 전로의 대지전압은 **300[V] 이하**로 하여야 하며, 다음에 의하여 시설하여야 한다.
   (1) 네온관은 사람이 접촉될 우려가 없도록 시설할 것
   (2) 네온변압기는 옥내배선과 직접 접촉하여 시설할 것
2. 네온변압기는 「**전기용품 및 생활용품 안전관리법**」의 적용을 받은 것일 것
3. 관등회로의 배선은 **애자공사**로 다음에 따라서 시설하여야 한다.
   (1) 전선은 네온관용 전선을 사용할 것
   (2) 전선은 자기 또는 유리제 등의 애자로 견고하게 지지하여 조영재의 아랫면 또는 옆면에 부착하고 또한 다음과 같이 시설할 것
      ① 전선 상호 간의 이격거리는 **60[mm] 이상**일 것
      ② 전선과 조영재 이격거리는 노출장소에서 표에 따를 것

표. 전선과 조영재의 이격거리

전압 구분	이격 거리
6[kV] 이하	20[mm] 이상
6[kV] 초과 9[kV] 이하	30[mm] 이상
9[kV] 초과	40[mm] 이상

   ③ 전선지지점간의 거리는 **1[m] 이하**로 할 것
   ④ 애자는 절연성·난연성 및 내수성이 있는 것일 것

2022년 4회 전기공사산업기사실기

▶출제년도 : 산업 08. 10. 22.   ▶점수 : 5점

문1 다음 동작설명을 참고하여 동작 회로도를 완성하시오.
(단, 배선용 차단기를 삽입하고 사용되는 기구들의 기호명과 접점기호를 명시하시오.)

[동작설명]
① 배선용 차단기를 투입하고 S_3-OFF 시 R_2 점등되고, PBS를 ON하면 타이머(T)가 여자되고(타이머 순시접점에 의한 자기유지), 타이머 설정 시간 동안 R_3 점등, 설정 시간 후 R_3 소등되고 R_4 점등된다.
② S_3-ON 시 R_2, R_3, R_4 소등, 부저(BZ) 동작, R_1 점등된다.
 (단, 전원은 단상 2선식 220[V]이다.)

[동작회로도]

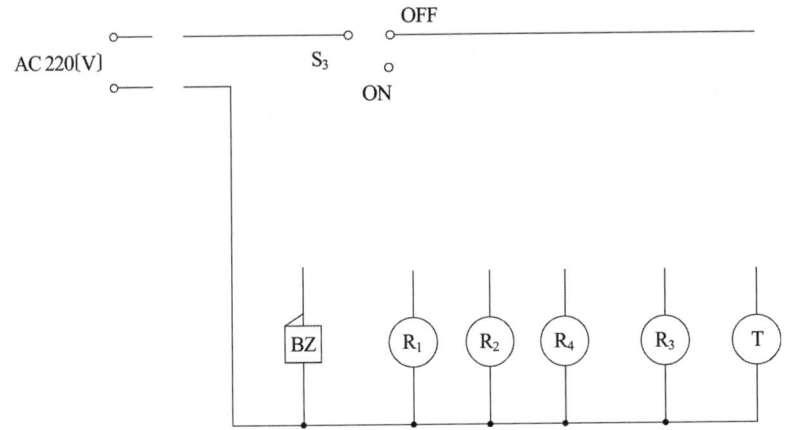

● 답안작성

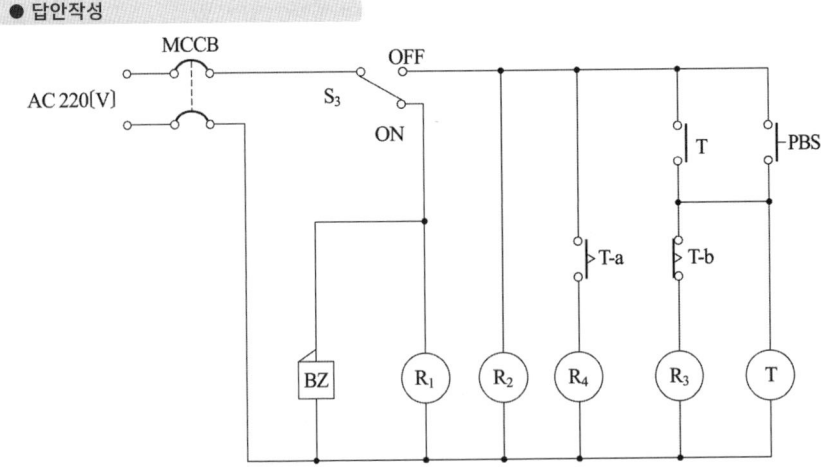

▸출제년도 : 산업 22. ▸점수 : 5점

문2 송전단 전압이 3,300[V]인 고압 단상선로에서 수전단 전압을 3,150[V]로 유지하고자 한다. 부하전력 1,000[kW], 역률 0.8, 배전선 길이가 3[km]인 경우 이에 적당한 경동선의 굵기를 선정하시오. (단, 선로의 리액턴스는 무시한다.)

[경동선의 굵기]
$150[\text{mm}^2]$, $185[\text{mm}^2]$, $240[\text{mm}^2]$, $300[\text{mm}^2]$, $400[\text{mm}^2]$

• 계산 :   • 답 :

● 답안작성

계산 : ① 부하전류 $I = \dfrac{P}{V\cos\theta} = \dfrac{1,000 \times 10^3}{3,150 \times 0.8} = 396.83[\text{A}]$

전압강하 $e = V_s - V_r = 3,300 - 3,150 = 2I(R\cos\theta + X\sin\theta)$

조건에서 선로 리액턴스(X)를 무시하면 $e = 2IR\cos\theta$이므로

1선당 저항 $R = \dfrac{e}{2I\cos\theta} = \dfrac{3,300 - 3,150}{2 \times 396.83 \times 0.8} = 0.24[\Omega]$

② $R = \rho\dfrac{l}{A}$에서 $A = \rho\dfrac{l}{R}$이므로

∴ $A = \dfrac{1}{55} \times \dfrac{3,000}{0.24} = 227.27[\text{mm}^2]$

답 : $240[\text{mm}^2]$ 선정

● 해 설

• 경동선의 저항률 $\rho = \dfrac{1}{55}[\Omega \cdot \text{mm}^2/\text{m}]$
• 연동선의 저항률 $\rho = \dfrac{1}{58}[\Omega \cdot \text{mm}^2/\text{m}]$

▸출제년도 : 기사 04. 06. 19. 산업 11. 22. ▸점수 : 6점

문3 다음 그림은 고압 수전설비 진상콘덴서 접속 뱅크 결선도이다. 물음에 답하시오.
(1) 콘덴서 용량이 100[kVA] 이하인 경우 CB 대신 사용 가능한 개폐기를 쓰시오.
(2) 콘덴서 용량이 50[kVA] 미만인 경우 OS 대신 사용 가능한 개폐기를 쓰시오.

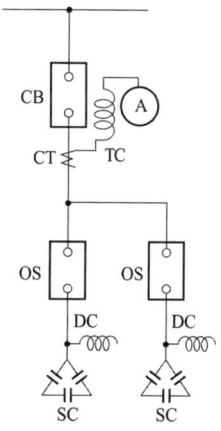

● 답안작성
(1) OS(유입개폐기)
(2) COS(직결로 함)

● 해 설

진상용 콘덴서 참고 접속도

콘덴서 총 용량이 300[kVA] 이하의
경우 전류계를 생략할 때

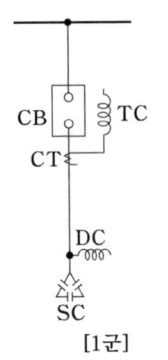

[1군]

콘덴서 총 용량이 300[kVA] 초과,
600[kVA] 이하의 경우

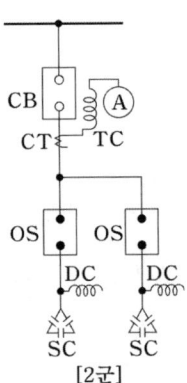

[2군]

콘덴서 총용량이 600[kVA] 초과의 경우

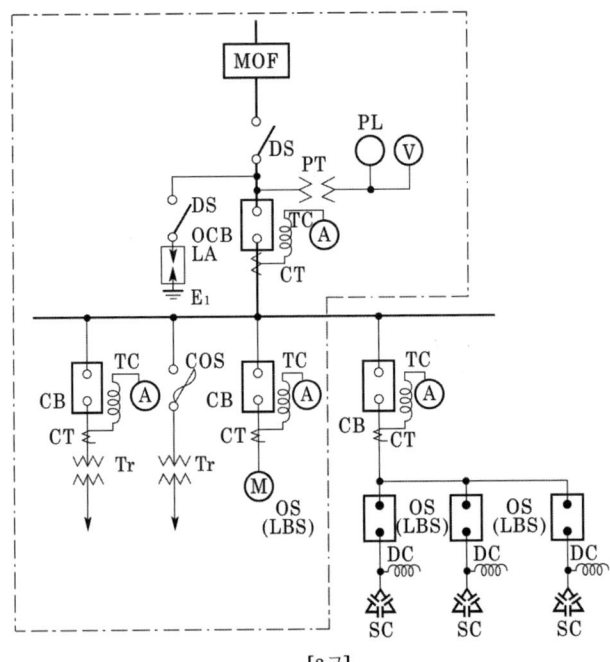

[3군]

[주] 콘덴서의 용량이 100[kVA] 이하인 경우에는 CB 대신 OS 또는 유사한 것(인터럽터 스위치 등)을, 50[kVA] 미만의 경우에는 COS(직결로 함)를 사용할 수 있다.

문4 어느 도서지방의 3선3선식 6.6[kV] 공중배전선로를 50[km]로 2회선 건설하는 데 필요한 전선의 길이를 구하시오. (단, 이도는 무시하고 할증은 반영한다.)
- 계산 :
- 답 :

● 답안작성

계산 : 전선의 길이 $= 50 \times 3 \times 2 \times 1.05 = 315$ [km]
답 : 315[km]

● 해 설

할증률 및 철거손실률

종 류	할증률[%]	철거손실률[%]
옥 외 전 선	5	2.5
옥 내 전 선	10	–
Cable (옥외)	3	1.5
Cable (옥내)	5	–
전선관 (옥외)	5	–
전선관 (옥내)	10	–
Trolley 선	1	–
동 대, 동 봉	3	1.5

[해설] 철거손실률이란 전기설비공사에서 철거작업 시 발생하는 폐자재를 환입할 때 재료의 파손, 손실, 망실 및 일부 부식 등에 의한 손실률을 말함.

문5 다음은 한국전기설비규정에 따른 저압 가공전선의 높이에 관한 내용이다. ( )안에 알맞은 숫자를 쓰시오.

> 저압 가공전선의 높이는 다음에 따라야 한다.
> 가. 도로[농로 기타 교통이 번잡하지 않은 도로 및 횡단보도교(도로·철도·궤도 등의 위를 횡단하여 시설하는 다리 모양의 시설물로써 보행용으로만 사용되는 것을 말한다. 이하 같다)를 제외한다. 이하 같다]를 횡단하는 경우에는 지표상 (①)[m] 이상
> 나. 철도 또는 궤도를 횡단하는 경우에는 레일면상 (②)[m] 이상
> 다. 횡단보도교의 위에 시설하는 경우에는 저압 가공전선은 그 노면상 (③)[m][전선이 저압 절연전선(인입용 비닐절연전선·450/750[V] 비닐절연전선·450/750[V] 고무 절연전선·옥외용 비닐절연전선을 말한다. 이하 같다)·다심형 전선 또는 케이블인 경우에는 3[m]] 이상

● 답안작성

① 6　② 6.5　③ 3.5

● 해 설

저압 가공전선의 높이(KEC 222.7)
가. 도로[농로 기타 교통이 번잡하지 않은 도로 및 횡단보도교(도로·철도·궤도 등의 위를 횡단하여 시설하는 다리 모양의 시설물로서 보행용으로만 사용되는 것을 말한다. 이하 같다)를 제외한다. 이하 같다]를 횡단하는 경우에는 지표상 6[m] 이상

나. 철도 또는 궤도를 횡단하는 경우에는 레일면상 6.5[m] 이상
다. 횡단보도교의 위에 시설하는 경우에는 저압 가공전선은 그 노면 상 3.5[m][전선이 저압 절연전선(인입용 비닐절연전선·450/750[V] 비닐절연전선·450/750[V] 고무 절연전선·옥외용 비닐절연전선을 말한다. 이하 같다)·다심형 전선 또는 케이블인 경우에는 3[m]] 이상
라. "가"부터 "다"까지 이외의 경우에는 지표상 5[m] 이상. 다만, 저압 가공전선을 도로 이외의 곳에 시설하는 경우 또는 절연전선이나 케이블을 사용한 저압 가공전선으로서 옥외 조명용에 공급하는 것으로 교통에 지장이 없도록 시설하는 경우에는 지표상 4[m]까지로 감할 수 있다.

▶출제년도 : 산업 22. ▶점수 : 5점

문6 단상변압기 3대를 △-△로 결선하시오.
(단, 변압기 외함 접지는 제외하며 변압기 2차측 접지 부분은 표시하시오. 단 변압기 2차측 전압은 220[V]라고 한다.)

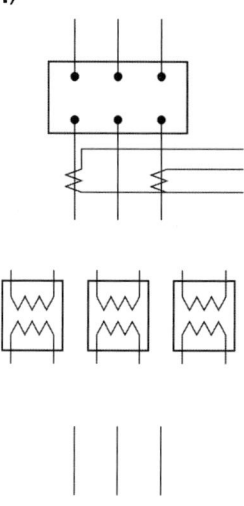

● 답안작성

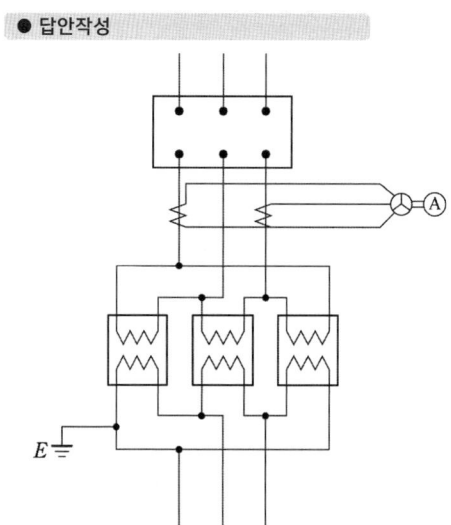

● 해 설

고압 또는 특고압과 저압의 혼촉에 의한 위험방지 시설(KEC 322.1)
고압전로 또는 특고압전로와 저압전로를 결합하는 변압기의 저압측의 중성점에는 변압기 중성점 접지의 규정에 의하여 계산한 값이 10[Ω]을 넘을 때에는 접지저항치가 10[Ω] 이하가 되도록 할 것. (단, 사용전압이 35[kV] 이하의 특고압전로로써 전로에 지락이 생겼을 때에 1초 이내에 자동적으로 이를 차단하는 장치가 되어 있는 것 및 사용전압이 25[kV] 이하인 특고압 가공전선로로서 중성선 다중접지식의 것으로서 전로에 지락이 생겼을 때 2초 이내에 자동적으로 이를 전로로부터 차단하는 장치가 되어 있는 것은 제외한다.)
다만, 그 접지공사를 변압기의 중성점에 하기 어려울 때에는 저압전로의 사용전압이 300[V] 이하인 경우에 한해 저압 측의 1단자에 시행할 수 있다.

▶ 출제년도 : 산업 96, 99, 04, 22. ▶ 점수 : 9점

문7 특고압 22.9[kV]-Y로 수전하는 경우의 단선결선도이다. 다음 물음에 답하시오.

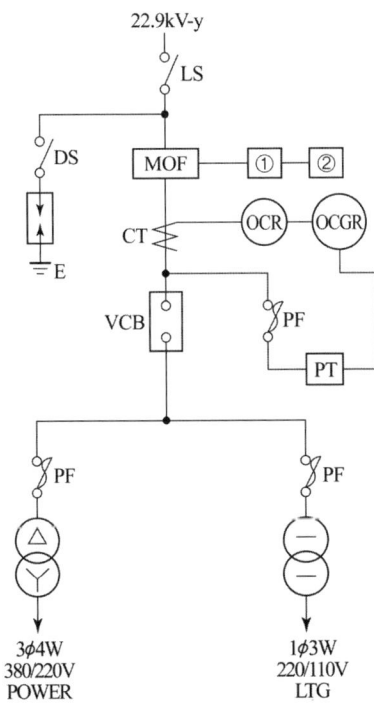

(1) 그림에 표시된 ①과 ②의 부분에는 어떤 기기가 필요한지 쓰시오.
(2) 그림에서 △-Y의 단선도를 복선도용으로 그리시오.
(3) OCR의 명칭을 쓰시오.

● 답안작성
(1) ① 최대 수요 전력량계
    ② 무효 전력량계

(2)

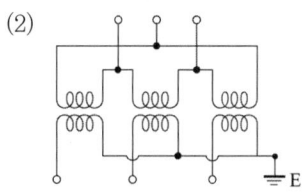

(3) 과전류 계전기

▸ 출제년도 : 기사 21, 산업 93, 08, 22.　▸ 점수 : 6점

문8 어느 공장의 수전용량이 955[kVA]에서 1500[kVA]로 증설하는데 재료비 70,000,000원, 노무비 60,000,000원 경비가 30,000,000원 일 때 일반관리비와 이윤을 구하시오.

시설 공사		전문·전기·통신 공사	
공사 원가	일반관리비율[%]	공사 원가	일반관리비율
50억 원 미만	6[%]	5억 원 미만	6[%]
50억 원~300억 원 미만	5.5[%]	5억~30억 원 미만	5.5[%]
300억 원 이상	5[%]	30억 원 이상	5[%]

(1) 일반관리비
　• 계산 :　　　　　　　　　　　　• 답 :
(2) 이윤
　• 계산 :　　　　　　　　　　　　• 답 :

● 답안작성
(1) **계산** : 일반 관리비 = $(70,000,000 + 60,000,000 + 30,000,000) \times 0.06 = 9,600,000$[원]
　　답 : 9,600,000[원]
(2) **계산** : 이윤 = $(60,000,000 + 30,000,000 + 9,600,000) \times 0.15 = 14,940,000$[원]
　　답 : 14,940,000[원]

● 해　설
(2) 이윤(공사의 경우) = (노무비+경비+일반관리비)×15[%]

▸ 출제년도 : 산업 91, 98, 13, 20, 22.　▸ 점수 : 5점

문9 그림과 같이 300[mm²]의 ACSR을 300[m]의 경간에 가설하려 한다. 이 전선의 이도는 가설 후 실측을 해보니 10[m]이었다. 이도가 9[m]일 때 보다 전선이 얼마나 더 사용되었는지 구하시오.

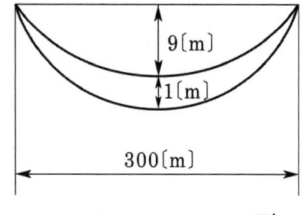

• 계산 :　　　　　　　　　　　　• 답 :

● 답안작성

계산 : • 이도 10[m]일 때 전선의 길이 $L_1 = 300 + \dfrac{8 \times 10^2}{3 \times 300} = 300.89$[m]

• 이도 9[m]일 때 전선의 길이 $L_2 = 300 + \dfrac{8 \times 9^2}{3 \times 300} = 300.72$[m]

∴ $L_1 - L_2 = 0.17$[m]

답 : 0.17[m]

● 해 설

$$L = S + \dfrac{8D^2}{3S}[\text{m}]$$

여기서, L : 전선의 길이[m], D : 이도[m], S : 경간[m]

▶출제년도 : 산업 93, 94, 12, 22, ▶점수 : 6점

문10 방의 크기가 가로 3[m], 세로 7[m]이고, 광원의 높이가 작업면에서 3[m]인 경우, 조명률 산정에 필요한 실지수 K를 구하시오.

• 계산 :   • 답 :

● 답안작성

계산 : $K = \dfrac{X \cdot Y}{H(X+Y)} = \dfrac{3 \times 7}{3 \times (3+7)} = 0.7$ 답 : 0.7

● 해 설

실지수(Room Index)의 결정 : 광속의 이용에 대한 방 크기의 척도로 나타낸다.

$$R.I = \dfrac{X \cdot Y}{H(X+Y)}$$

여기서, H : 작업면으로부터 광원의 높이[m]
X : 방의 가로 길이[m]
Y : 방의 세로 길이[m]

▶출제년도 : 산업 22, ▶점수 : 5점

문11 다음 설명에 알맞은 축전지 충전방식을 (   )안에 쓰시오.

충전방식	설 명
① ( )	필요할 때마다 표준 시간율로 소정의 충전을 하는 방식
② ( )	비교적 단시간에 보통 충전전류의 2~3배의 전류로 충전하는 방식
③ ( )	전지의 자기방전을 보충함과 동시에 상용부하에 대한 전력공급은 충전기가 부담하도록 하되 충전기가 부담하기 어려운 일시적인 대전류 부하는 축전지로 하여금 부담하게 하는 방식
④ ( )	부동충전방식에 의하여 사용할 때 각 전해조에서 일어나는 전위차를 보정하기 위하여 1~3개월마다 1회, 정전압(연축전지 2.4~2.5[V/cell], 알칼리축전지 1.45~1.5[V/cell])으로 10~12시간 충전하여 각 전해조의 용량을 균일화하기 위하여 행하는 방식
⑤ ( )	자기방전량만을 항상 충전하는 부동충전방식의 일종

● 답안작성

① 보통 충전 ② 급속 충전 ③ 부동 충전 ④ 균등 충전 ⑤ 세류 충전

▶ 출제년도 : 산업 94. 98. 03. 20. 22. ▶ 점수 : 5점

문12 그림과 같은 3상 3선식 3,300[V] 배전선로에서 단상 및 3상 변압기에 전력을 공급하고자 한다. 선로의 불평형률[%]을 계산하시오.

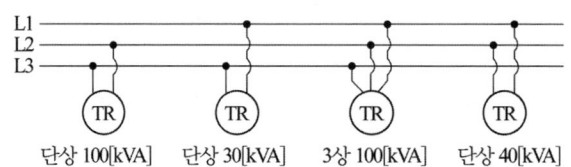

• 계산   • 답

● 답안작성

계산 : 불평형률 = $\dfrac{100-30}{\dfrac{1}{3}(100+30+100+40)} \times 100 ≒ 77.78[\%]$

답 : 77.78[%]

● 해 설

3상에서 설비불평형률

불평형률 = $\dfrac{\text{각 선간에 접속되는 단상부하 총 부하 설비용량 [kVA]의 최대와 최소의 차}}{\text{총 부하설비용량 [kVA]} \times 1/3} \times 100[\%]$

여기서, 설비불평형률은 30[%] 이하이어야 한다.

▶ 출제년도 : 산업 04. 07. 20. 22. ▶ 점수 : 6점

문13 예비 전원설비로 이용되는 축전지에 대한 물음에 답하시오.

(1) 전지의 자기방전을 보충함과 동시에 상용부하에 대한 전력공급은 충전기가 부담하되, 충전기가 부담하기 어려운 일시적인 대전류 부하는 축전지가 부담하게 하는 충전방식을 무엇이라고 하는지 쓰시오.

(2) 비상용 조명부하 200[V]용 50[W] 80등, 30[W] 70등이 있다. 방전시간은 30분이고, 축전지는 HS형 110[cell]이며, 허용 최저 전압은 190[V], 최저 축전지 온도는 5[℃]일 때 축전지 용량[Ah]을 구하시오.(단, 보수율은 0.8, 용량환산시간은 1.2이다.)

• 계산 :   • 답 :

● 답안작성

(1) 부동 충전 방식

(2) 계산 : 축전지 용량

$C = \dfrac{1}{L}KI = \dfrac{1}{0.8} \times 1.2 \times \left(\dfrac{50 \times 80 + 30 \times 70}{200}\right) = 45.75[\text{Ah}]$

답 : 45.75[Ah]

▸ 출제년도 : 기사 13. 산업 96. 99. 01. 02. 22. ▸ 점수 : 4점

문14 3상 4선식 접속의 경우에 그림과 같이 전압선의 표시가 L1상, L2상, L3상, N상으로 표시되었다. L1, L2, L3, N의 전선의 색상을 쓰시오.

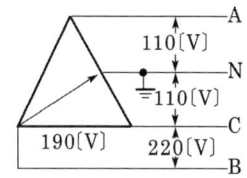

● 답안작성
- L1상 : 갈색
- L2상 : 검은색
- L3상 : 회색
- N상 : 파란색

● 해 설

전선의 식별(KEC 121.2)
(1) 전선의 색상

상(문자)	색상
L1	갈색
L2	검은색
L3	회색
N	파란색
보호도체	녹색-노란색

(2) 색상 식별이 종단 및 연결 지점에서만 이루어지는 나도체 등은 전선 종단부에 색상이 반영구적으로 유지될 수 있는 도색, 밴드, 색 테이프 등의 방법으로 표시해야 한다.

▸ 출제년도 : 기사 02. 07. 18. 산업 22. ▸ 점수 : 5점

문15 다음 그림에서 ①, ②, ③, ④, ⑤의 명칭을 쓰시오.

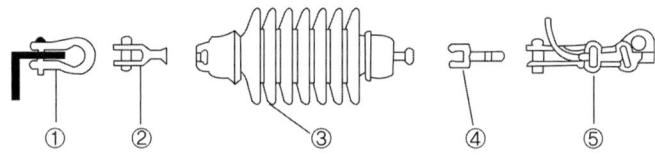

● 답안작성
① 앵커쇄클   ② 볼크레비스   ③ 장간형 현수애자
④ 소켓아이   ⑤ 데드 엔드 클램프

▸ 출제년도 : 산업 11. 22. ▸ 점수 : 5점

문16 다음의 옥내 배선용 그림 기호의 명칭을 쓰시오.

(1) E   (2) B   (3) TS   (4) S   (5) Wh

● 답안작성
(1) 누전 차단기
(2) 배선용 차단기
(3) 타임스위치
(4) 개폐기
(5) 전력량계(상자들이 또는 후드붙이)

▶출제년도 : 산업 22. ▶점수 : 4점

문17 다음 설명에 알맞은 변압기 결선을 보기에서 선택하여 ( ) 안에 번호를 쓰시오.

[조건] ① △-△ 결선
② △-Y, Y-△ 결선
③ Y-Y 결선
④ V-V 결선

변압기 결선	설 명
( )	단상 변압기 2대로 3상 전원을 공급할 수 있다.
( )	1, 2차 중성점을 접지할 수 있어 이상전압 감소에 유리하다.
( )	기전력의 파형이 왜곡되지 않는다.
( )	1상분이 고장 나면 나머지 두 대로 운전 가능하다.

● 답안작성

변압기 결선	설 명
(④)	단상 변압기 2대로 3상 전원을 공급할 수 있다.
(③)	1, 2차 중성점을 접지할 수 있어 이상전압 감소에 유리하다.
(②)	기전력의 파형이 왜곡되지 않는다.
(①)	1상분이 고장 나면 나머지 두 대로 운전 가능하다.

▶출제년도 : 산업 14, 22. ▶점수 : 4점

문18 셀룰러 덕트(Cellular Duct) 공사에서 셀룰러 덕트의 판 두께에 관한 다음 표의 빈칸에 알맞은 숫자를 쓰시오.

덕트의 최대 폭	덕트의 최소 판 두께[mm]
150[mm] 이하	①
200[mm] 초과하는 것	②

● 답안작성

① 1.2 ② 1.6

● 해 설

셀룰러 덕트 공사(KEC 232.33)
셀룰러 덕트의 판 두께는 표에서 정한 값 이상일 것

셀룰러 덕트의 최대 폭[mm]	셀룰러 덕트의 판 두께[mm]
150 이하	1.2 이상
150 초과 200 이하	1.4 이상
200 초과	1.6 이상

문 19

▸출제년도 : 산업 19, 22.   ▸점수 : 6점

3상3선식 6.6[kV]로 수전하는 수용가 수전점에서 50/5[A] CT 2대, 6,600/110[V] PT 2대를 사용하여 CT 및 PT 2차 측에서 측정한 3상 전력이 500[W]일 때, 수전전력[kW]을 구하시오.

• 계산 :   • 답 :

● 답안작성

계산 : 수전전력 = 측정전력(전력계 지시값)×PT비×CT비

$$= 500 \times \frac{6,600}{110} \times \frac{50}{5} \times 10^{-3} = 300 [\text{kW}]$$

답 : 300[kW]

2023년 1회 전기공사산업기사실기

▶ 출제년도 : 산업 23. ▶ 점수 : 10점

문1 그림은 3상4선식 중성점 다중 접지방식으로 22.9[kV]-Y 배전선로에서 수전하기 위한 단선 결선도이다. 단선 결선도를 보고 각 물음에 답하시오.

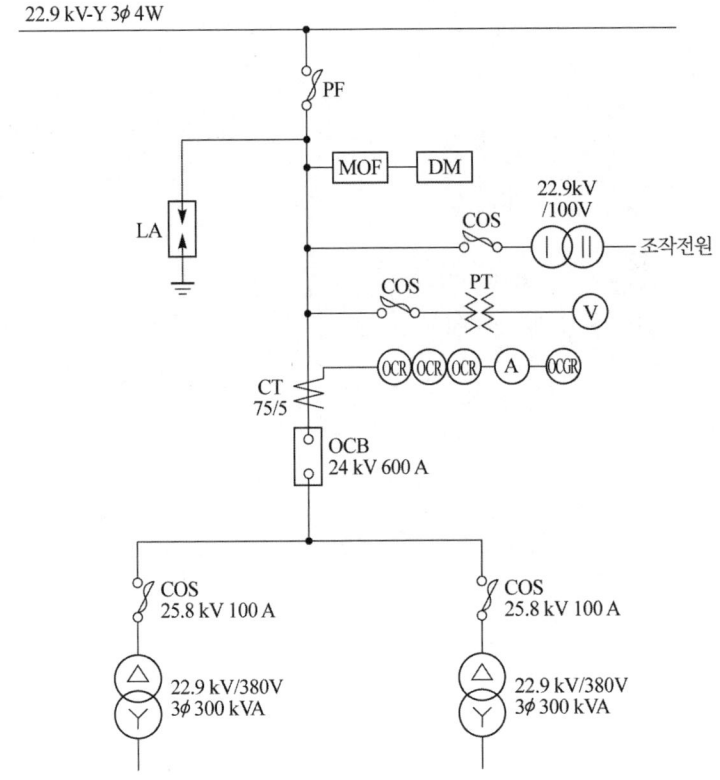

(1) OCGR의 명칭 및 LA의 정격전압[kV]을 쓰시오.

OCGR의 명칭	LA의 정격전압[kV]

(2) 계기용 변압변류기(MOF)의 변류비를 다음 표를 이용하여 선정하시오.
(단, 평균역률은 80[%]로 가정하며 전류의 과전류를 150[%]로 하고 전압변동은 고려하지 않는다.)

변류비 1차 정격전류 표					
15[A]	20[A]	30[A]	40[A]	50[A]	75[A]

• 계산 :   • 답 :

(3) 계기용 변압변류기(MOF)의 복선도를 그리시오.

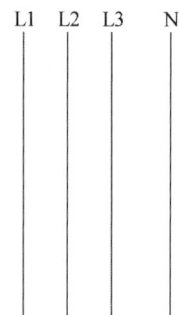

● 답안작성

(1)

OCGR의 명칭	LA의 정격전압[kV]
지락 과전류 계전기	18

(2) 계산 : $I = \dfrac{300+300}{\sqrt{3} \times 22.9} \times 1.5 = 22.69[A]$ 이므로 20/5 선정

답 : 20/5

(3)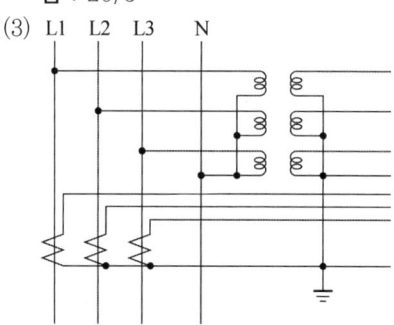

● 해 설

(1) 피뢰기 정격 전압

전력계통		피뢰기 정격 전압[kV]	
전압[kV]	중성점 접지방식	변전소	배전선로
345	유효접지	288	–
154	유효접지	144	–
66	PC 접지 또는 비접지	72	–
22	PC 접지 또는 비접지	24	–
22.9	3상 4선 다중접지	21	18

[주] 전압 22.9[kV] 이하의 배전선로에서 수전하는 설비의 피뢰기 정격전압[kV]은 배전선로용을 적용한다.

▶출제년도 : 산업 96, 00, 01, 13, 19, 23.   ▶점수 : 5점

문2 배전설계의 긍장이 50[m], 부하의 최대 사용 전류는 150[A], 배전설계의 전압강하는 6[V] 이내로 할 때, 3상 3선식 저압회로 사용전선의 공칭단면적을 계산하고 다음의 전선 규격에서 선정하시오. (단, 전선규격[mm²]은 16, 25, 35, 50, 70, 95, 120에서 선정한다.)
• 계산   • 답

● 답안작성

계산 : 3상 3선식 회로에서의 전선의 단면적은
$$A = \frac{30.8LI}{1000e} = \frac{30.8 \times 50 \times 150}{1000 \times 6} = 38.5[\text{mm}^2]$$
답 : 50[mm²]

● 해 설

① 전압강하 계산

전기 방식	전압 강하		전선 단면적
단상 3선식 직류 3선식 3상 4선식	$e_1 = IR$	$e_1 = \dfrac{17.8LI}{1000A}$	$A = \dfrac{17.8LI}{1000e_1}$
단상 2선식 및 직류 2선식	$e_2 = 2IR = 2e_1$	$e_2 = \dfrac{35.6LI}{1000A}$	$A = \dfrac{35.6LI}{1000e_2}$
3상 3선식	$e_3 = \sqrt{3}IR = \sqrt{3}e_1$	$e_3 = \dfrac{30.8LI}{1000A}$	$A = \dfrac{30.8LI}{1000e_3}$

② KSC IEC 전선규격
 1.5, 2.5, 4, 6, 10, 16, 25, 35, 50, 70, 95, 120, 150, 185, 240, 300, 400, 500, 630[mm²]

▶출제년도 : 산업 23.   ▶점수 : 5점

문3 논리식 $X = \overline{A}BC + A\overline{B}C + AB\overline{C}$에 대한 논리회로를 그리시오.
(단, 3입력 OR, 2입력 AND와 1입력 NOT 기호만을 사용한다.)

A ———
B ———
C ———

● 답안작성

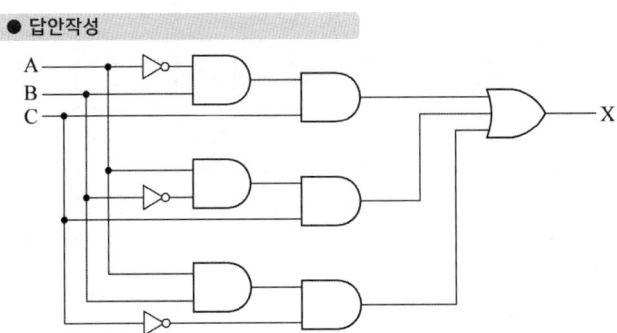

▶ 출제년도 : 산업 13. 16. 23.   ▶ 점수 : 5점

문4 다음의 시퀀스회로에서 A, B, C, D는 보조 릴레이 접점이고, X는 릴레이, L은 부하이다. 다음 물음에 답하시오.

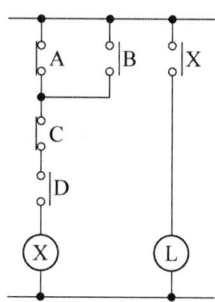

(1) 출력 X의 논리식을 쓰시오.
(2) 1입력 NOT 기호와 2입력 AND기호, 2입력 OR기호만을 사용하여 그림의 시퀀스회로를 무접점 논리회로로 그리시오.

● 답안작성

(1) $X = (\overline{A} + B)\overline{C} \cdot D$

(2)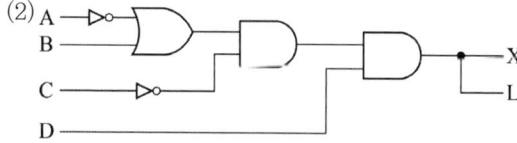

● 해 설

회로명	논리기호	논리식
AND 회로 (직렬회로)	A─┐&─X B─┘	$X = A \cdot B$ (논리곱)
OR 회로 (병렬회로)	A─┐≥─X B─┘	$X = A + B$ (논리합)
NOT 회로	A─▷○─X	$X = \overline{A}$

▶ 출제년도 : 산업 23.   ▶ 점수 : 4점

문5 한국전기설비규정에 따라 금속제 가요전선관공사를 실시하고자 한다. 1종 가요전선관을 사용할 수 있는 조건을 2가지만 쓰시오. (단, 옥내배선의 사용전압이 400[V] 이하인 경우이다.)

● 답안작성
① 전개된 장소이거나 점검할 수 있는 은폐된 장소
② 점검 불가능한 은폐장소에 기계적 충격을 받을 우려가 없는 조건일 경우

● 해 설
KEC 232.13 금속제 가요전선관공사
232.13.1 시설조건
1. 전선은 절연전선(옥외용 비닐절연전선을 제외한다)일 것.
2. 전선은 연선일 것. 다만, 단면적 10[mm²](알루미늄선은 단면적 16 [mm²]) 이하인 것은 그러하지 아니하다.
3. 가요전선관 안에는 전선에 접속점이 없도록 할 것.
4. 가요전선관은 2종 금속제 가요전선관일 것. 다만, 전개된 장소이거나 점검할 수 있는 은폐된 장소(옥내배선의 사용전압이 400[V] 초과인 경우에는 전동기에 접속하는 부분으로서 가요성을 필요로 하는 부분에 사용하는 것에 한한다) 또는 점검 불가능한 은폐장소에 기계적 충격을 받을 우려가 없는 조건일 경우에는 1종 가요전선관(습기가 많은 장소 또는 물기가 있는 장소에는 비닐 피복 1종 가요전선관에 한한다)을 사용할 수 있다.

▶ 출제년도 : 산업 16, 19, 23.   ▶ 점수 : 5점

문6 다음 단상 2선식 회로에서 인입구 A점의 전압이 220[V]일 때 B점에서의 전압을 구하시오. (단, 선로에 표기된 저항값은 2선 값이다.)

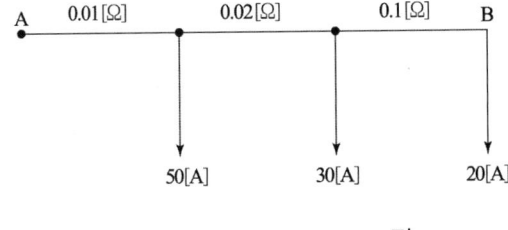

• 계산   • 답

● 답안작성
계산 : $V_B = V_A - IR$[V]에서
$V_B = 220 - (50+30+20) \times 0.01 - (30+20) \times 0.02 - 20 \times 0.1 = 216$[V]
답 : 216[V]

● 해 설
(1) 단상 2선식
  • 수전단 전압 $V_r = V_s - 2I(R\cos\theta + X\sin\theta)$
  • 역률 $\cos\theta = 1$, 리액턴스 $X = 0$인 경우, $V_r = V_s - 2IR$이다.
(2) 문제에서 주어진 "저항값은 2선값"이라고 주어졌으므로 $2R$의 값은 0.01[Ω], 0.02[Ω], 0.1[Ω]이 된다.
(3) A점에 흐르는 전류는 각 분기회로에 흐르는 전류의 합이 되어야 한다.

문 7

▶출제년도 : 산업 23. ▶점수 : 4점

한국전기설비규정에 따른 태양광설비의 시설기준 중 태양전지 모듈의 시설에 관한 내용이다. ( )안에 알맞은 내용을 답란에 쓰시오.

> 태양광설비에 시설하는 태양전지 모듈(이하 "모듈"이라 한다)은 다음에 따라 시설하여야 한다.
> 가. 모듈의 각 직렬군은 동일한 단락전류를 가진 모듈로 구성하여야 하며 1대의 인버터(멀티스트링 인버터의 경우 1대의 MPPT 제어기)에 연결된 모듈 직렬군이 (①) 이상일 경우에는 각 직렬군의 출력전압 및 (②)이/가 동일하게 형성되도록 배열할 것
> 나. 모듈의 각 직렬군은 동일한 단락전류를 가진 모듈로 구성하여야 하며 1대의 인버터(멀티스트링 인버터의 경우 1대의 MPPT 제어기)에 연결된 모듈 직렬군이 2병렬 이상일 경우에는 각 직렬군의 출력전압 및 출력전류가 동일하게 형성되도록 배열할 것

● 답안작성

① 2병렬
② 출력전류

● 해 설

KEC 522.2.1 태양전지 모듈의 시설
태양광설비에 시설하는 태양전지 모듈(이하 "모듈"이라 한다)은 다음에 따라 시설하여야 한다.
가. 모듈은 자체중량, 적설, 풍압, 지진 및 기타의 진동과 충격에 대하여 탈락하지 아니하도록 지지물에 의하여 견고하게 설치할 것
나. 모듈의 각 직렬군은 동일한 단락전류를 가진 모듈로 구성하여야 하며 1대의 인버터(멀티스트링 인버터의 경우 1대의 MPPT 제어기)에 연결된 모듈 직렬군이 2병렬 이상일 경우에는 각 직렬군의 출력전압 및 출력전류가 동일하게 형성되도록 배열할 것

문 8

▶출제년도 : 산업 23. ▶점수 : 3점

다음 그림과 같이 4개의 전극을 일직선 상에 동일한 간격으로 설치하여 C_1, C_2에 교류전류를 공급하고 P_1, P_2간의 전압을 측정하는 대지고유저항 측정법을 쓰시오.
(단, C_1, C_2, P_1, P_2은 각 전극을 나타낸다.)

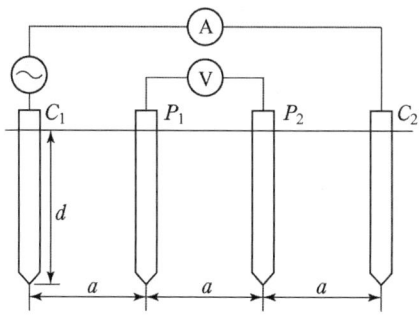

● 답안작성

워너의 4전극법

● 해 설

워너의 4전극법
측정하고자 하는 대지에 4개의 전극을 일렬로 일정간격(a), 일정깊이(d)로 매설하고, C_1, C_2 전극에 교류전류를 인가하여 그 전류치(I)를 측정하고, P_1, P_2 전극에서 측정되는 접압(V)을 측정하여 저항(R)을 구하여 다음의 공식에 의해 계산한다.

대지 고유저항
$$\rho = 2\pi aR = 40\pi dR\,[\Omega \cdot \text{m}]$$

ρ : 흙의 저항율[$\Omega \cdot$ m] a : 전극 간의 거리(단, $a = 20d$)
R : 저항 값(V/I : 측정치) d : 전극의 매설 깊이

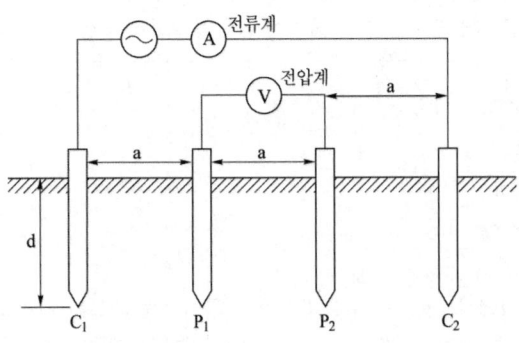

▶출제년도 : 산업 23.　▶점수 : 4점

문9 한국전기설비규정에 따른 저압 전기설비의 도체와 과부하 보호장치 사이의 협조를 위해 충족하여야 하는 "과부하에 대한 전선 또는 케이블을 보호하는 장치의 동작특성 조건식" 2가지는 ①∼②와 같다. ( )안에 알맞은 내용을 다음 기호를 이용하여 쓰시오.

> I_B : 회로의 설계전류
> I_Z : 케이블의 허용전류
> I_n : 보호장치의 정격전류
> I_2 : 보호장치가 규약시간 이내에 유효하게 동작하는 것을 보장하는 전류

[과부하에 대한 전선 또는 케이블을 보호하는 장치의 동작특성 조건식]
(1) (①) ≤ I_n ≤ (②)
(2) I_2 ≤ 1.45×(③)

● 답안작성

① I_B　② I_Z　③ I_Z

● 해 설

KEC 212.4.1 도체와 과부하 보호장치 사이의 협조
과부하에 대해 케이블(전선)을 보호하는 장치의 동작특성은 다음의 조건을 충족해야 한다.
$I_B \leq I_n \leq I_Z$
$I_2 \leq 1.45 \times I_Z$

I_B : 회로의 설계전류
I_Z : 케이블의 허용전류
I_n : 보호장치의 정격전류
I_2 : 보호장치가 규약시간 이내에 유효하게 동작하는 것을 보장하는 전류

▶출제년도 : 산업 20, 23.   ▶점수 : 3점

문10 다음 철탑의 명칭을 쓰시오.

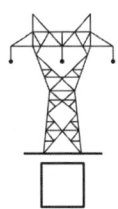

● 답안작성
우두형 철탑

▶출제년도 : 산업 04, 06, 23.   ▶점수 : 5점

문11 배전용 주상변압기의 보호를 위해 고압 및 저압측에 설치되는 것을 각각 쓰시오.
(1) 고압측   (2) 저압측

● 답안작성
(1) 고압측 : COS (컷 아웃 스위치)
(2) 저압측 : 캐치 홀더

● 해 설
(1) 컷 아웃 스위치 : 계기용 변압기 및 부하측에 고장 발생시 이를 고압회로로부터 분리하여 사고의 확대를 방지한다.
(2) 캐치 홀더 : 배전선로의 보안장치로서 주상 변압기의 저압측에 설치

▶출제년도 : 산업 23.   ▶점수 : 6점

문12 전주외등 배선 시 단면적 2.5[mm²] 이상의 절연전선 또는 이와 동등 이상의 절연성능이 있는 것을 사용하여 시설해야 한다. 이때 사용되는 공사방법 3가지를 쓰시오. (단, 대지전압 300[V] 이하의 형광등, 고압방전등, LED등 등을 배전선로의 지지물 등에 시설하는 경우로 한국전기설비규정에 따른 공사방법을 쓰시오.)

● 답안작성
케이블공사, 합성수지관공사, 금속관공사

● 해 설
KEC 234.10 전주외등
234.10.1 적용범위
이 규정은 대지전압 300[V] 이하의 형광등, 고압방전등, LED등 등을 배전선로의 지지물 등에 시설하는 경우에 적용한다.

234.10.3 배선
배선은 단면적 2.5[mm^2] 이상의 절연전선 또는 이와 동등 이상의 절연성능이 있는 것을 사용하고 다음 공사방법 중에서 시설하여야 한다.
가. 케이블공사
나. 합성수지관공사
다. 금속관공사

▶출제년도 : 산업 23.　　▶점수 : 4점

문13 자가용 전기설비의 보호계전기에 관한 다음 물음에 답하시오.
(1) 2개 이상의 벡터량의 관계위치에서 동작하며, 전류가 어느 방향으로 흐르고 있는가를 판정하는 계전기를 쓰시오.
(2) 보호구간으로 유입하는 전류와 보호구간에서 유출되는 전류의 벡터차로 동작하는 계전기를 쓰시오.

● 답안작성
(1) 방향 계전기
(2) 차동 계전기

● 해 설
(1) 방향 계전기
2개 이상의 Vector량의 관계, 위상의 변화하는 양이 기준전기량에 대하여 어떠한 위상에 있는가 판단하여 동작하는 계전기로서 사고점의 방향성을 가진 계전기.
(2) 차동계전기
보호 계전기에서 보호하여야 할 구간에 유입하는 전류와 유출하는 전류의 벡터 차이에 의해서 구간 내의 사고를 검지하여 동작하는 계전기. 유입·유출 두 전류의 비율에 따라 동작하는 것을 비율 차동형이라 한다.

▶출제년도 : 기사 93. 95. 96. 00. 14. 23.　　▶점수 : 5점

문14 가로 20[m], 세로 30[m], 층고 2.5[m]인 실내의 조도를 계산하기 위한 실지수를 구하시오. (단, 작업 면의 높이는 1[m]이며 실지수 값은 숫자로 나타낸다.)
• 계산 :　　　　　　　　　　　　　　• 답 :

● 답안작성
계산 : 실지수 $R \cdot I = \dfrac{X \cdot Y}{H(X+Y)} = \dfrac{20 \times 30}{(2.5-1)(20+30)} = 8$
답 : 8

● 해 설
실지수(Room Index)의 결정 : 광속의 이용에 대한 방 크기의 척도로 나타낸다.
$R.I = \dfrac{X \cdot Y}{H(X+Y)}$
여기서, H : 작업면으로부터 광원의 높이[m]
　　　　X : 방의 가로 길이[m]
　　　　Y : 방의 세로 길이[m]

▸출제년도 : 기사 23.　▸점수 : 6점

문15 형광 램프의 기호 "FL 20 W" 의미를 쓰시오.

(1) FL의 의미 :
(2) 20의 의미 :
(3) W의 의미 :

● 답안작성

(1) FL의 의미 : 직관형광등
(2) 20의 의미 : 20[W]
(3) W의 의미 : 백색

● 해　설

① ___FL___　　___20___　　___W___
　　램프의 종류　소비전력　색상
② 색상 : W(백색), D(주광색), L(전구색)

▸출제년도 : 기사 23.　▸점수 : 6점

문16 조명설비에서 배광에 따른 분류이다. 각각의 내용에 맞는 조명방식을 쓰시오.

(1) 발산광속 중 90~100[%]가 작업면을 직접 조명하는 방식으로 공장의 일반조명에 널리 사용된다.
(2) 발산광속 중 하향 광속이 60~90[%]가 되므로 하향 광속으로 작업면에 직사시키고 상향 광속으로 천장, 벽면 등에 반사되고 있는 반사광으로 작업면의 조도를 증가시키는 조명방식이다.
(3) 상향 광속과 하향 광속이 거의 동일하므로 하향 광속으로 직접 작업면에 직사시키고 상향 광속의 반사광으로 작업면의 조도를 증가시키는 조명방식이다.

● 답안작성

(1) 직접 조명
(2) 반직접 조명
(3) 전반확산 조명

● 해　설

조명기기구 배광에 따른 조명방식
① 직접 조명
　• 빛을 직접 대상물에 비추는 조명방식
　• 정원·공장 등에 사용
② 반간접 조명
　• 직접조명과 간접조명의 단점을 보완한 것으로 발산광속 중 상향 광속이 60~90[%], 하향 광속이 10~40[%]이다.
　• 거실·안방 등 일반가정에서 많이 사용
③ 반직접 조명
　• 빛의 60~90[%]가 아래로 향하여 직접 표면을 비추고 나머지 10~40[%]는 천정 면을 향하여 반사시키는 조명방식
　• 상점·사무실·학교 등에 사용)

④ 전반확산 조명
- 하향광속으로 직접 작업 면에 직사시키고 상향 광속의 반사광으로 작업면의 조도를 증가시키는 조명방식
- 일반 사무실·백화점·교실 등에 사용)

▶ 출제년도 : 기사 23.   ▶ 점수 : 5점

문 17 전기부문 표준품셈에 따른 구내 입환별 할증률에 관한 표이다. ( )안에 알맞은 내용을 보기에서 골라 쓰시오.

[보기]
0[%], 5[%], 10[%], 15[%], 20[%], 25[%], 30[%], 35[%]
1, 2, 3, 4, 5, 6, 7, 8, 9, 10[선]

[구내 입환별 할증률]

구분	할증률	비 고
입환 작업이 특히 빈번한 구내	(①)[%]	구내배선이 (②)선 이상
기타 역구내	(③)[%]	구내배선이 5선 이상

● 답안작성
① 20   ② 6   ③ 10

▶ 출제년도 : 산업 94, 98, 01, 03, 04, 07, 09, 16, 19, 23.   ▶ 점수 : 4점

문 18 다음의 공사 원가에 관한 설명 중 ( )안에 알맞은 용어를 답란에 쓰시오.

공사 원가는 순공사 원가, (①), (②), 부가가치세로 구성되며 이 중 순공사 원가는 재료비, (③), (④)의 합계이다.

● 답안작성
① 일반관리비, ② 이윤, ③ 노무비, ④ 경비

● 해 설
공사 원가라 함은 공사 시공 과정에서 발생한 재료비, 노무비, 경비의 합계액을 말한다.(준칙 제13조)

총원가 ─ 공사(제조) 원가 ─ 재료비 ─ 직접 재료비 : 주재료비, 부분 품비
                                      └ 간접 재료비 : 소모 재료비, 소모 공구, 기구, 비품비, 포장 재료비 (제조), 가설 재료비(공사) 등
                       ─ 노무비 ─ 직접 노무비 : 기본급, 제수당, 상여금, 퇴직급여 충당금
                                └ 간접 노무비 : 직접 노무비 × 간접 노무 비율
                                  (※ 간접 노무비율 = $\frac{간접 노무비}{직접노무비}$)
                       └ 경비 : 전력비등 21개 비목
        ─ 일반 관리비 - 공사 또는 제조원가 × 일정률(6~14[%])
        └ 이윤 - (노무비+경비+일반관리비) × 일정률(제조 25[%], 공사 15[%])

※ 예정 가격 = 총원가 + 부가가치세(10[%])

문 19

▸ 출제년도 : 기사 12. 23. 산업 05. 23.   ▸ 점수 : 5점

다음 보기는 송전선로 공사의 단위 작업 내용이다. 보기를 작업순서에 맞게 번호로 나열하시오.

[보기]
① 긴선   ② 각입   ③ 타설   ④ 연선   ⑤ 조립   ⑥ 굴착

● 답안작성

작업순서 : ⑥ → ② → ③ → ⑤ → ④ → ①

● 해 설

- 굴착 : 땅이나 암석 따위를 파는 것
- 각입 : 굴착 후 4각의 기초에 콘크리트를 타설하기 전 철탑의 기조재와 주각재, 앵커재를 조립 후 소정의 콘크리트 블록 위에 설치하는 것
- 타설 : 거푸집과 같은 빈공간에 콘크리트를 부어 넣는 것
- 조립 : 철탑의 조립 공법에는 조립봉 공법, 이동식 크레인 공법, 철탑 크레인 공법, 헬기 조립 공법이 있다.
- 연선 : 전선을 철탑 등 지지물에 설치하기 위해 펴는 것
- 긴선 : 전선을 철탑 등 지지물에 설치하기 위해 당기는 것

문 20

▸ 출제년도 : 산업 23.   ▸ 점수 : 6점

배전선로의 배전방식 중 저압 네트워크 방식의 장점을 3가지만 쓰시오.

● 답안작성

① 무정전 공급이 가능해서 공급 신뢰도가 높다.
② 플리커, 전압 변동률이 적다.
③ 전력 손실이 감소된다.

● 해 설

저압 네트워크 방식

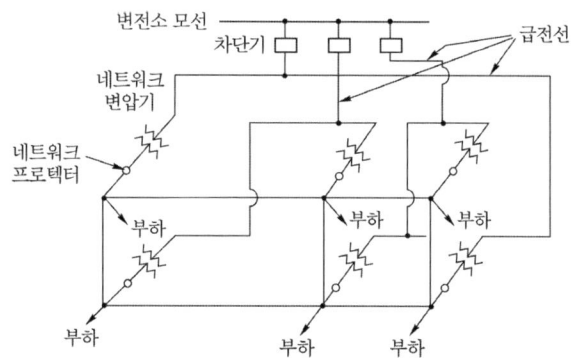

배전 변전소의 동일 모선으로부터 2회선 이상의 급전선으로 전력을 공급하는 방식으로, 어느 회선에 사고가 일어나더라도 다른 회선에서 무정전으로 공급할 수 있다.

장점 : ① 무정전 공급이 가능해서 공급 신뢰도가 높다.
② 플리커, 전압 변동률이 적다.

　　　　　③ 전력 손실이 감소된다.
　　　　　④ 기기의 이용률이 향상된다.
　　　　　⑤ 부하 증가에 대한 적응성이 좋다.
　　　　　⑥ 변전소의 수를 줄일 수 있다.
　　단점 : ① 건설비가 비싸다.
　　　　　② 특별한 보호 장치를 필요로 한다.

2023년 2회 전기공사산업기사실기

▶출제년도 : 산업 12. 20. 23.   ▶점수 : 5점

문1 10[kVA]의 단상 변압기 3대를 △결선으로 급전하던 중 변압기 1대의 고장으로 나머지 2대로 V결선해서 급전하고 있다. 이 경우 부하가 27.5[kVA]라면 나머지 2대의 변압기는 몇[%]의 과부하가 되는지 구하시오.(단, 소수점 이하는 버리시오.)
• 계산 :   • 답 :

● 답안작성

계산 : V결선 출력 $P = \sqrt{3}\,VI = \sqrt{3} \times 10$ [kVA]

따라서 과부하율 $= \dfrac{27.5}{\sqrt{3}\times 10} \times 100 = 158$ [%]

답 : 158[%]

▶출제년도 : 기사 16. 22. 산업 89. 97. 00. 04. 07. 23.   ▶점수 : 6점

문2 경간 200[m]인 가공 송전선로가 있다. 전선 1[m]당 무게는 2.0[kgf]이고 풍압 하중은 없다고 한다. 인장강도 4000[kgf]의 전선을 사용할 때 이도[m]와 전선의 실제 길이[m]를 구하시오. (단, 전선 지지점에 고저차가 없는 경우로 안전율은 2.2로 한다.)

(1) 이도(D)
  • 계산 :   • 답 :
(2) 전선의 실제 길이(L)
  • 계산 :   • 답 :

● 답안작성

(1) 이도

계산 : $D = \dfrac{WS^2}{8T} = \dfrac{2.0 \times 200^2}{8 \times 4000/2.2} = 5.5$ [m]

답 : 5.5[m]

(2) 전선의 실제 길이

계산 : $L = S + \dfrac{8D^2}{3S} = 200 + \dfrac{8 \times 5.5^2}{3 \times 200} = 200.4$ [m]

답 : 200.4[m]

● 해 설

(1) 이도 $D = \dfrac{WS^2}{8T}$

(2) 전선의 실제 길이 $L = S + \dfrac{8D^2}{3S}$

여기서, D : 이도[m], W : 단위 길이당 전선의 중량[kg/m]
       S : 경간[m], T : 전선의 수평장력[kg]

▶출제년도 : 산업 23. ▶점수 : 5점

문3 공칭방전전류의 의미를 설명하고 전압 22.9[kV-Y] 이하 (22[kV] 비접지 제외)의 배전선로에서 수전하는 설비에 설치된 피뢰기의 공칭 방전 전류[A]를 쓰시오.
(1) 의미
(2) 공칭방전전류[A]

● 답안작성
(1) 의미 : 피뢰기 방전내량의 한계값
(2) 공칭방전전류[A] : 2500

● 해 설

설치 장소별 피뢰기의 공칭 방전 전류

공칭 방전 전류	설치장소	적용 조건
10000[A]	변전소	1. 154[kV] 이상 계통 2. 66[kV] 및 그 이하 계통에서 뱅크 용량이 3000[kVA]를 초과하거나 특히 중요한 곳 3. 장거리 송전선 케이블(배전피더 인출용 단거리 케이블 제외) 및 콘덴서 뱅크를 개폐하는 곳
5000[A]	변전소	66[kV] 및 그 이하 계통에서 뱅크 용량이 3000[kVA] 이하인 곳
2500[A]	선 로	배전 선로

[주] 전압 22.9[kV-Y] 이하 (22[kV] 비접지 제외)의 배전선로에서 수전하는 설비의 피뢰기 공칭 방전 전류는 일반적으로 2500[A]의 것을 적용한다.

▶출제년도 : 기사 21. 산업 10. 23. ▶점수 : 3점

문4 가공전선로에서 특고압선 2조를 수평으로 배열하고자 할 때, 완철 사용 표준 길이[mm]를 쓰시오.

● 답안작성
1800[mm]

● 해 설

완철의 표준길이 (단위[mm])

| 가선조수 | 특고압 | 고압 | | 저압 |
		중부하	경부하	
1조	900	–	–	–
2조	1,800	1,400	900	900
3조	2,400	1,800	1,400	1,400
4조	–	2,400	2,400	1,400
5~6조	–	2,600	2,600	

[주] 1) 1조 900은 경완철만 시공 가능
  2) 개폐기나 피뢰기 등을 설치할 경우, 장경간 또는 특수 장주의 경우 및 공사상 불가피한 경우에는 길이를 증가할 수 있다.

문5

▶출제년도 : 산업 23, 24. ▶점수 : 5점

다음은 한국전기설비규정에 따른 용어의 정의이다. 정의에 알맞은 용어를 빈칸에 쓰시오.

용어	정의
①	가공전선로의 지지물로부터 다른 지지물을 거치지 아니하고 수용장소의 붙임점에 이르는 가공전선을 말한다.
②	지중 전선로·지중 약전류 전선로·지중 광섬유 케이블 선로·지중에 시설하는 수관 및 가스관과 이와 유사한 것 및 이들에 부속하는 지중함 등을 말한다.
③	둘 이상의 전력계통 사이를 전력이 상호 융통될 수 있도록 선로를 통하여 연결하는 것으로 전력계통 상호간을 송전선, 변압기 또는 직류-교류변환 설비 등에 연결하는 것을 말한다. 계통연락이라고도 한다.

● 답안작성

① 가공인입선 ② 지중 관로 ③ 계통연계

● 해 설

KEC 112 용어 정의

문6

▶출제년도 : 산업 16, 23, 24. ▶점수 : 7점

전등을 3개소에서 점멸 가능한 복도 조명의 배선도이다. 다음 물음에 답하시오.

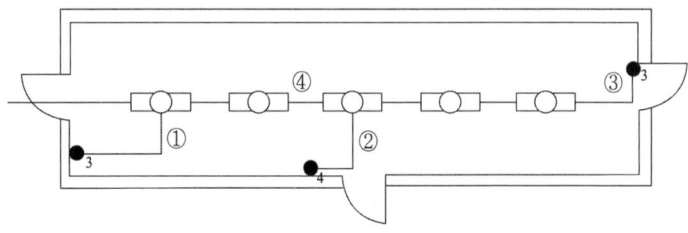

(1) 위 배선도에 표시된 ①, ②, ③, ④의 최소 배선수는 몇 가닥인지 쓰시오.
(단, 접지선은 제외한다.)

①	②	③	④

(2) KS C 0301에 따라 배선도에 사용된 다음 그림기호의 명칭을 쓰시오.

기 호	명 칭
⊖	
●₃	
───	

● 답안작성

(1)

①	②	③	④
3	4	3	4

(2)

기 호	명 칭
⊂◯⊃	형광등
●₃	3로 스위치
————	천장 은폐 배선

● 해 설

(1) 배선 실체도

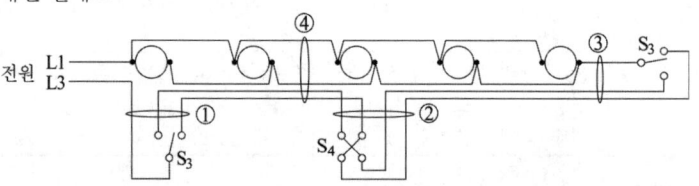

(2) 그림기호

명 칭	그림 기호	적 요
형광등	⊂◯⊃	① 용량을 표시하는 경우는 램프의 크기(형)×램프 수로 표시한다. 또, 용량 앞에 F를 붙인다. [보기] F40 F40×2 ② 용량 외에 기구수를 표시하는 경우는 램프의 크기(형)×램프 수 - 기구 수로 표시한다. [보기] F40-2 F40×2-3
점멸기	●	① 용량의 표시 방법은 다음과 같다. • 10[A]는 방기하지 않는다. • 15[A] 이상은 전류값을 방기한다. [보기] ●₁₅ₐ ② 극수의 표시 방법은 다음과 같다. • 단극은 방기하지 않는다. • 2극 또는 3로, 4로는 각각 2P 또는 3, 4의 숫자를 방기한다. [보기] ●₂ₚ ●₃ ③ 방수형은 WP를 방기한다. ●_WP ④ 방폭형은 EX를 방기한다. ●_EX ⑤ 타이머 붙이는 T를 방기한다. ●_T
천장 은폐 배선	————	① 천장 은폐 배선 중 천장 속의 배선을 구별하는 경우는 천장 속의 배선에 —·—·— 를 사용하여도 좋다.
바닥 은폐 배선	----	② 노출 배선 중 바닥면 노출 배선을 구별하는 경우는 바닥면 노출 배선에 —··—··— 를 사용하여도 좋다.
노출 배선	········	③ 전선의 종류를 표시할 필요가 있는 경우는 기호를 기입한다.

▸ 출제년도 : 산업 10. 23.   ▸ 점수 : 5점

문7 부하 100[kVA]에서 역률 60[%]를 90[%]로 개선하는데 필요한 전력용 콘덴서의 용량 [kVA]을 구하시오.

• 계산 :
• 답 :

● 답안작성

계산 : $Q_c = 100 \times 0.6 \times \left(\dfrac{\sqrt{1-0.6^2}}{0.6} - \dfrac{\sqrt{1-0.9^2}}{0.9} \right) = 50.94[\text{kVA}]$

답 : 50.94[kVA]

● 해 설

콘덴서 용량

$Q_c = P(\tan\theta_1 - \tan\theta_2) = P\left(\dfrac{\sin\theta_1}{\cos\theta_1} - \dfrac{\sin\theta_2}{\cos\theta_2} \right) = P\left(\dfrac{\sqrt{1-\cos^2\theta_1}}{\cos\theta_1} - \dfrac{\sqrt{1-\cos^2\theta_2}}{\cos\theta_2} \right)$

여기서, P : 유효전력, $\cos\theta_1$: 개선 전 역률, $\cos\theta_2$: 개선 후 역률

▶출제년도 : 산업 19, 23. ▶점수 : 6점

문8 다음과 같이 단상 변압기 3대가 있다. Y-Y 결선, △-△ 결선을 그리시오.
(단, 회로 작성 시 선의 접속 및 미접속에 대한 예시를 참고하여 작성하시오.)

● 답안작성

(1) Y-Y 결선   (2) △-△ 결선

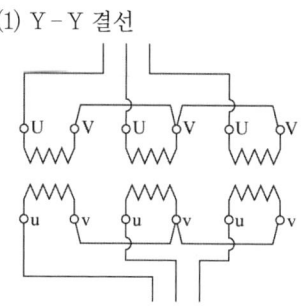

▶출제년도 : 산업 14, 23. ▶점수 : 5점

문9 용량(P)이 800[W]의 전열기에 동일 전압을 인가하고 전열선의 길이를 5[%] 작게 할 경우의 소비전력 P_a[W]를 구하시오.

• 계산 :

• 답 :

● 답안작성

계산 : 최초의 전력을 P, 전열선의 길이를 l, 5[%] 적을 때의 전열선의 길이를 l_a, 전력을 P_a라 하면

$P \propto \dfrac{1}{l}$ 이므로 $\dfrac{P_a}{P} = \dfrac{\dfrac{1}{l_a}}{\dfrac{1}{l}} = \dfrac{l}{l_a}$

$\therefore P_a = \left(\dfrac{l}{l_a}\right)P = \left(\dfrac{l}{0.95l}\right)P = \dfrac{1}{0.95} \times 800 = 842.11[\text{W}]$

답 : 842.11[W]

● 해 설

$P = \dfrac{V^2}{R} = \dfrac{V^2}{\rho\dfrac{l}{A}} = \dfrac{AV^2}{\rho l} \propto \dfrac{1}{l}$

▶출제년도 : 산업 03. 06. 23. ▶점수 : 5점

문10 주어진 동작설명과 같이 동작될 수 있도록 시퀀스 제어회로를 완성하시오.
(단, 회로 작성 시 선의 접속 및 미접속에 대한 예시를 참고하여 작성하시오.)

[선의 접속과 미접속에 대한 예시]	
접속1	미접속
┼	┼

[동작설명]

1. 3로 스위치 S_{3-1}, S_{3-2}를 모두 ON 했을 때 램프 R1, R2가 직렬로 점등되고, S_{3-1}, S_{3-2}를 모두 OFF했을 때 램프 R1, R2가 병렬로 점등된다.
2. 누름버튼 스위치 PB를 누르고 있는 동안에는 램프 R3와 BZ가 병렬로 동작한다.

[시퀀스 제어회로]

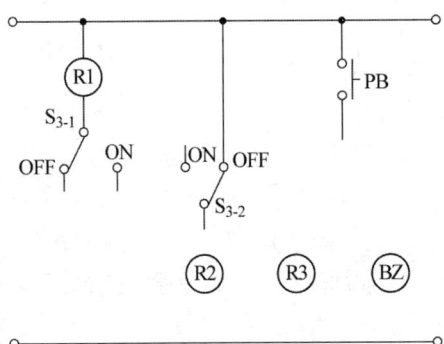

● 답안작성

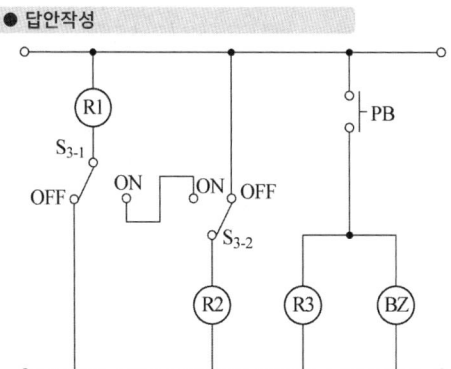

▶출제년도 : 산업 89, 94, 02, 15, 23. ▶점수 : 5점

문11 가로등용 기초를 설치하기 위하여 아래 그림과 같이 굴착을 해야 한다. 이때의 터파기량은 몇 [m³]인가?
- 계산 :
- 답 :

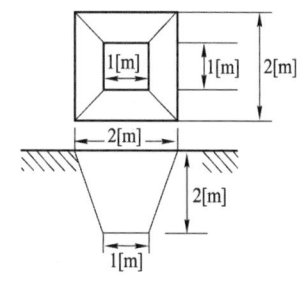

● 답안작성

계산 : 터파기량 $= \dfrac{2}{3}(1 + \sqrt{1 \times 4} + 4) = 4.67 [\mathrm{m^3}]$

답 : $4.67 [\mathrm{m^3}]$

● 해 설

$V_0 = \dfrac{H}{3}\left(A_1 + \sqrt{A_1 A_2} + A_2\right)$ 에서

$A_1 = 1 \times 1 = 1 [\mathrm{m^2}]$, $A_2 = 2 \times 2 = 4 [\mathrm{m^2}]$

▶출제년도 : 산업 23. ▶점수 : 6점

문12 KS C 0301(옥내 배선용 그림 기호)에 따른 다음 그림 기호의 명칭을 쓰시오.

기 호	⊗	⊙P	⊗
명 칭			

● 답안작성

기 호	⊗	⊙P	⊗
명 칭	누전 경보기	압력 스위치	스피커

▶출제년도 : 산업 13. 23.   ▶점수 : 6점

문13
22.9[kV] 배전선로에서 노후로 인하여 애자를 교체하고자 한다. 다음 그림 및 표, 해설, 조건을 이용하여 각 물음에 답하시오.

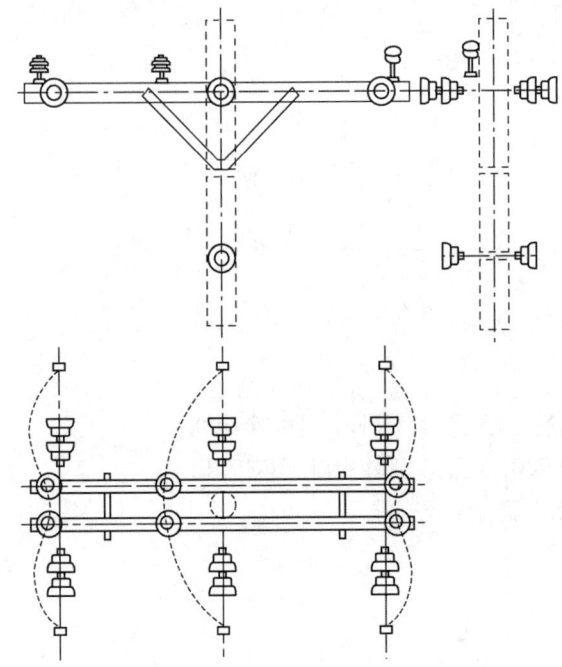

배전용 애자 설치 (단위 : 개)

종 별	배전 전공	보통 인부
라인포스트애자	0.046	0.046
현 수 애 자	0.032	0.032
내오손결합애자	0.025	0.025
저압용인류애자	0.020	-

[해설] ① 애자 교체 150[%]
② 특고압 핀애자는 라인포스트애자에 준함
③ 철거 50[%], 재사용 철거 80[%]
④ 동일 장소에 추가 1개마다 기본품의 45[%] 적용
⑤ 기타할증은 제외한다.

[조건]
① 교체 수량 : 현수애자 14개, 특고압용 핀 애자 6개
② 간접 노무비는 15[%]로 계산한다.
③ 노임단가는 배전전공 361209원, 보통인부 141096원이다.
④ 인공 산출 시 소수점 넷째 자리에서 반올림한다.
⑤ 인공에 노임단가를 적용하여 금액 산출 시 원단위 미만의 값은 절사한다.
⑥ 총 인건비 금액 산출 시 원단위 미만의 값은 절사한다.

(1) 배전전공 노임을 구하시오.
　• 계산 :　　　　　　　　　　　　　　　• 답 :
(2) 보통인부 노임을 구하시오.
　• 계산 :　　　　　　　　　　　　　　　• 답 :
(3) 총 인건비(직접노무비와 간접노무비의 합계)를 구하시오
　• 계산 :　　　　　　　　　　　　　　　• 답 :

● 답안작성
(1) 배전전공 노임
　계산 : 인공 $= 0.032 \times (1+13 \times 0.45) \times 1.5 + 0.046 \times (1+5 \times 0.45) \times 1.5 = 0.553$ [인]
　　　　따라서 배전전공 노임 : $0.553 \times 361,209 = 199,748$ [원]
　답 : 199,748 [원]
(2) 보통인부 노임
　계산 : 인공 $= 0.032 \times (1+13 \times 0.45) \times 1.5 + 0.046 \times (1+5 \times 0.45) \times 1.5 = 0.553$ [인]
　　　　따라서 보통인부 노임 : $0.553 \times 141,096 = 78,026$ [원]
　답 : 78,026 [원]
(3) 총 인건비
　계산 : 직접 노무비 $= 199,748 + 78,026 = 277,774$ [원]
　　　　간접 노무비 $= 277,774 \times 0.15 = 41,666$ [원]
　　　　따라서 총 인건비 $= 277,774 + 41,666 = 319,440$ [원]
　답 : 319,440 [원]

▶출제년도 : 산업 23.　▶점수 : 6점

문14　자가용 전기설비에서 역률 향상을 위하여 설치하는 전력용(진상용) 콘덴서의 설치효과를 3가지만 쓰시오.

● 답안작성
① 전압 강하의 감소
② 설비용량의 여유 증가
③ 전기 요금의 감소

● 해　설
역률 개선의 효과
① 변압기와 배전선의 전력 손실 경감
　　전력손실 $P_l = \dfrac{P^2 R}{V^2 \cos^2 \theta}$
　　전력손실은 역률의 자승에 반비례하므로 역률을 개선하면 전력손실은 감소한다.
② 전압 강하의 감소
　　전압강하 $e = \dfrac{P}{V}(R + X \tan \theta)$
　　역률을 개선하면 $\tan \theta$가 감소하게 되어 전압강하는 감소하게 된다.
③ 설비 용량의 여유 증가
　　콘덴서를 설치하면 부하의 피상전력이 감소하게 되어 동일한 전기공급 설비로서 더 많은 부하에 전기를 공급할 수 있게 된다.

④ 전기 요금의 감소
   수용가의 역률을 90[%]를 기준으로 하여 90[%]보다 낮은 매 1[%]마다 기본요금이 1[%]씩 할증되고, 90[%]보다 높은 매 1[%] 마다 (95[%]까지 적용) 기본요금을 1[%]씩 감해주는 제도가 있다. 따라서, 역률을 개선하면 전기 요금이 감소하게 된다.

▸ 출제년도 : 산업 10, 23. ▸ 점수 : 3점

문 15 비교적 장력이 작고 타 종류의 지선을 시설할 수 없는 경우에 적용하는 그림과 같은 형태를 갖는 지선의 명칭을 쓰시오.

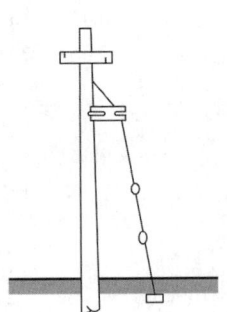

● 답안작성

A형 궁지선

● 해 설

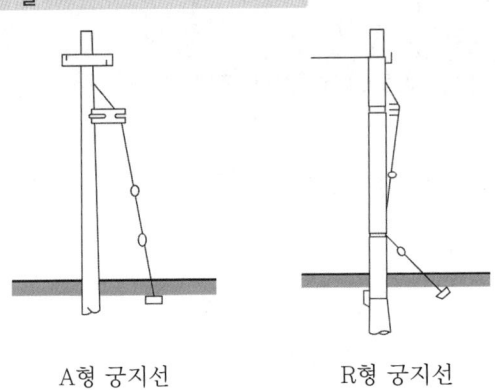

A형 궁지선   R형 궁지선

▸ 출제년도 : 산업 23. ▸ 점수 : 4점

문 16 어떤 건물에서 22.9[kV]로 수전해서 저압으로 옥내 배선을 하고자 한다. 이 건물의 총 설비용량은 850[kW]이고, 수용률은 70[%]라고 할 때, 이 건물의 변압기용량을 표준용량에서 선정하시오. (단, 건물의 설비부하의 종합역률은 0.9이며, 표준변압기 용량[kVA]은 500, 750, 1000, 1500이다.)

• 계산 :

• 답 :

● 답안작성

계산 : 변압기 용량 $= \dfrac{850 \times 0.7}{0.9} = 661.11[\text{kVA}]$

따라서 표준변압기 용량에서 750[kVA] 선정

답 : 750[kVA]

● 해 설

- 변압기 용량 ≥ 합성최대 수용전력 $= \dfrac{\text{설비 용량}[\text{kW}] \times \text{수용률}}{\text{부등률} \times \text{역률}}$
- 부등률이 주어지지 않으면 1로 적용

▶출제년도 : 산업 23. ▶점수 : 6점

문17 다음은 KS C IEC 60364-5-54에 관련된 접지설비의 예이다. ①~③의 명칭을 답란에 쓰시오.

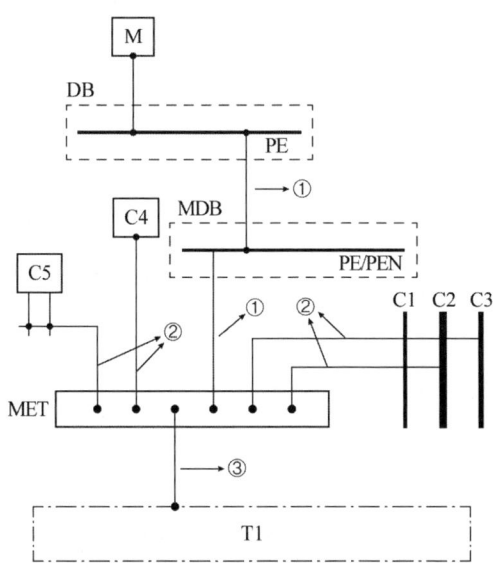

M : 노출도전부
DB : 분전반
MDB : 주배전반
MET : 주접지단자
C1 : 수도관, 외부로부터의 금속부
C2 : 배수관, 외부로부터의 금속부
C3 : 절연이음새를 삽입한 가스관,
　　　외부로부터의 금속부
C4 : 공조설비
C5 : 난방설비
T1 : 콘크리트매입 기초접지극 또는
　　　토양매설 기초 접지극

번 호	명 칭
①	
②	
③	

● 답안작성

번 호	명 칭
①	보호도체(PE)
②	주접지단자 접속용 보호등전위본딩도체
③	접지도체

▶출제년도 : 산업 23.　▶점수 : 5점

문18 다음 설명에 알맞은 금속관 공사에 사용되는 부속 재료의 명칭을 쓰시오.
(1) 관과 박스를 접속하는 경우 파이프 나사를 죄어 고정시키는데 사용되는 재료
(2) 금속관 상호 접속 또는 관과 노멀 밴드와의 접속에 사용되는 재료
(3) 노출 배관에서 금속관을 조영재에 고정시키는데 사용되는 재료
(4) 전등기구나 점멸기 또는 콘센트의 고정, 접속함으로 사용되는 재료
(5) 아웃렛 박스에 조명기구를 부착시킬 때 기구 중량의 장력을 보강하기 위하여 사용되는 재료

● 답안작성
(1) 로크너트
(2) 커플링
(3) 새들
(4) 아웃렛 박스
(5) 픽스쳐스터드와 히키

● 해 설
금속관 재료

부품명	특 징
로크너트	관과 박스를 접속할 경우 파이프 나사를 죄어 고정시키는데 사용되며 6각형과 기어형이 있다.
부싱	전선 관단에 끼우고 전선을 넣거나 빼는 데 있어서 전선의 피복을 보호하여 전선이 손상되지 않게 하는 것으로 금속제와 합성수지제의 2종류가 있다.
커플링	금속관 상호 접속 또는 관과 노멀 밴드와의 접속에 사용되며 내면에 나사가 나있으며 관의 양측을 돌려서 사용할 수 없는 경우 유니온 커플링을 사용한다.
새들	노출 배관에서 금속관을 조영재에 고정시키는데 사용되며 합성수지 전선관, 가요 전선관, 케이블 공사에도 사용된다.
노멀밴드	배관의 직각 굴곡에 사용하며 양단에 나사가 나있어 관과의 접속에는 커플링을 사용한다.
링 리듀우서	금속관을 아웃렛 박스의 노크아웃에 취부할 때 노크아웃의 구멍이 관의 구멍보다 클 때 사용된다.
픽스쳐 스터드와 히키	무거운 조명 기구를 박스에 취부 할 때 사용된다.
스위치 박스	매입형의 스위치나 콘센트를 고정하는데 사용되며 1개용, 2개용, 3개용 등이 있다.
아웃렛 박스	전선관 공사에 있어 전등 기구나 점멸기 또는 콘센트의 고정, 접속함으로 사용되며 4각 및 8각이 있다.

▶출제년도 : 산업 03. 05. 07. 23.　▶점수 : 3점

문19 아날로그 멀티 테스터기로 교류(AC) 전압을 측정하려면 부하설비와 어떻게 연결하여 측정하는지 쓰시오.

● 답안작성
병렬

▶출제년도 : 산업 12. 23. ▶점수 : 4점

문20 다음은 전기설비기술기준에서 정하는 저압전로에서의 사용전압별 절연저항 값을 나타낸 표이다. ( )안에 알맞은 값을 쓰시오. (단, 측정 시 영향을 주거나 손상을 받을 수 있는 SPD 또는 기타 기기 등은 측정 전에 분리가 가능한 경우이다.)

전로의 사용전압[V]	DC 시험전압[V]	절연저항[MΩ]
SELV 및 PELV	250	(②) 이상
FELV, 500[V] 이하	(①)	(③) 이상
500[V] 초과	1,000	(④) 이상

[주] 특별저압(extra low voltage : 2차 전압이 AC 50[V], DC 120[V] 이하)으로 SELV(비접지회로 구성) 및 PELV(접지회로 구성)은 1차와 2차가 전기적으로 절연된 회로, FELV는 1차와 2차가 전기적으로 절연되지 않은 회로

● 답안작성

① 500   ② 0.5   ③ 1.0   ④ 1.0

● 해 설

전기설비 기술기준 제52조 저압전로의 절연성능

전기사용 장소의 사용전압이 저압인 전로의 전선 상호간 및 전로와 대지 사이의 절연저항은 개폐기 또는 과전류차단기로 구분할 수 있는 전로마다 다음 표에서 정한 값 이상이어야 한다. 다만, 전선 상호간의 절연저항은 기계기구를 쉽게 분리가 곤란한 분기회로의 경우 기기 접속 전에 측정할 수 있다. 또한, 측정 시 영향을 주거나 손상을 받을 수 있는 SPD 또는 기타 기기 등은 측정 전에 분리시켜야 하고, 부득이하게 분리가 어려운 경우에는 시험전압을 250[V] DC로 낮추어 측정할 수 있지만 절연저항 값은 1[MΩ] 이상이어야 한다.

전로의 사용전압[V]	DC 시험전압[V]	절연저항[MΩ]
SELV 및 PELV	250	0.5
FELV, 500[V] 이하	500	1.0
500[V] 초과	1,000	1.0

[주] 특별저압(extra low voltage : 2차 전압이 AC 50[V], DC 120[V] 이하)으로 SELV(비접지회로 구성) 및 PELV(접지회로 구성)은 1차와 2차가 전기적으로 절연된 회로, FELV는 1차와 2차가 전기적으로 절연되지 않은 회로

2023년 4회 전기공사산업기사실기

▶출제년도 : 기사 12, 20, 산업 12, 14, 23. ▶점수 : 4점

문1 다음의 작업구분에 맞는 각각의 직종명을 쓰시오. (예, 내선전공)
(1) 발전설비 및 중공업설비의 시공 및 보수
(2) 변전설비의 시공 및 보수
(3) 철탑 및 송전설비의 시공 및 보수
(4) 플랜트 프로세스의 자동제어장치, 공업제어장치 등의 시공 및 보수

● 답안작성
(1) 플랜트전공   (2) 변전전공
(3) 송전전공   (4) 계장전공

● 해 설
(1) 플랜트전공 : 발전소 중공업설비· 플랜트설비의 시공 및 보수에 종사하는 사람
(2) 변전전공 : 변전소 설비의 시공 및 보수에 종사하는 사람
(3) 송전전공 : 발전소와 변전소 사이의 송전선의 철탑 및 송전설비의 시공 및 보수에 종사하는 사람
(4) 계장공 : 기계, 급배수, 전기, 가스, 위생, 냉난방 및 기타공사에 있어서 계기(공업제어장치, 공업계측 및 컴퓨터, 자동제어장치 등)를 전문으로 설치, 부착 및 점검하는 사람

▶출제년도 : 산업 23. ▶점수 : 4점

문2 다음 설명에 알맞은 애자를 아래 보기에서 고르시오.

[보기]
장간애자, 지지애자, 현수애자, 핀애자, 놉애자

①	고압용 애자는 살이 갓 모양의 자기편 또는 유리편을 2~3층으로 해서 시멘트로 접합하고, 철제 베이스로써 자기를 지지한 후 아연 도금한 핀을 받아서 원추형을 주철제 베이스를 통하여 완목 위에 고정시키고 있다. 저압용 애자는 자기편에서 유리편 내측에 핀을 직접 시멘트 접합한 것이 있다.
②	65[kV] 이상의 선로에 사용되며 경질 자기제의 위아래 연결 금구를 시멘트로 접착시켜 만든 것으로, 연결 금구의 모양에 따라 크레비스형과 볼 소켓형으로 구분된다.
③	발·변전소나 개폐소의 모선, 단로기, 기타의 기기를 지지하거나 연가용 철탑 등에서 점퍼선을 지지하기 위해서 쓰이고 있는데 그 중 전선로용으로서는 라인포스트(LP 애자)가 그 대표적인 것이다.
④	많은 갓을 가지고 원통형의 긴 애자로, 구조의 특징상 열화 현상이 거의 없고 애자의 점검·보수가 용이하여 경비가 절감되며 비에 의한 세척효과가 좋고 오손특성이 양호하며 염진 피해에 대한 대책으로 사용된다.

● 답안작성
① 핀애자 ② 현수애자 ③ 지지애자 ④ 장간애자

문3

▸출제년도 : 산업 11, 14, 18, 23. ▸점수 : 5점

다음 전선의 약호를 보고 그 명칭을 쓰시오.
(1) ACSR
(2) OW
(3) HFIX
(4) DV
(5) MI

● 답안작성

(1) 강심 알루미늄 연선
(2) 옥외용 비닐절연전선
(3) 저독성 난연 폴리올레핀 절연전선
(4) 인입용 비닐절연 전선
(5) 미네랄 인슈레이션 케이블

문4

▸출제년도 : 산업 93, 96, 98, 99, 01, 07, 08, 23. ▸점수 : 5점

38[mm²]의 경동연선을 사용해서 높이가 같고 경간이 300[m]인 철탑에 가선하는 경우 이도는 얼마인가? (단, 이 경동연선의 인장하중은 1480[kgf], 안전율은 2.2이고 전선 자체의 무게는 0.348[kgf/m]라고 한다.)
• 계산
• 답

● 답안작성

계산 : 이도 $D = \dfrac{WS^2}{8T} = \dfrac{0.348 \times 300^2}{8 \times \dfrac{1480}{2.2}} = 5.82[\text{m}]$

답 : 5.82[m]

● 해 설

(1) 이도
이도란 전선의 지지점을 연결하는 수평선으로부터 밑으로 내려가 있는 길이를 말한다.

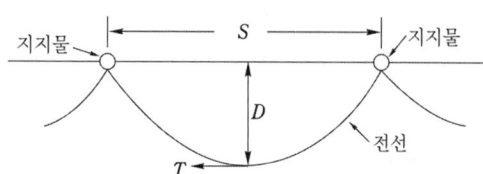

$D = \dfrac{WS^2}{8T}$

여기서, D : 이도[m], W : 단위 길이당 전선의 중량[kg/m], S : 경간[m], T : 전선의 수평장력[kg]

(2) 전선의 실제 길이 $L = S + \dfrac{8D^2}{3S}$

여기서, L : 전선의 실제 길이[m], S : 경간[m], D : 이도[m]

▶ 출제년도 : 산업 14, 18, 23.   ▶ 점수 : 5점

문5 극판형식에 의한 축전지의 분류표이다. 빈칸에 알맞은 내용을 쓰시오.

종 별	연축전지	알칼리축전지	니켈수소전지
형식명	크래드식(PS) 패이스트식(HS)	포켓식 소결식	GMH형
기전력[V]	2.05 ~ 2.08	(①)	1.34
공칭전압[V]	(②)	(③)	1.2
공칭방전율[Ah]	(④)	5	(⑤)

● 답안작성

① 1.33   ② 2.0   ③ 1.2   ④ 10   ⑤ 5

▶ 출제년도 : 산업 23.   ▶ 점수 : 4점

문6 한국전기설비규정에 따라 전로에 시설하는 기계기구의 철대 및 금속제 외함(외함이 없는 변압기 또는 계기용변성기는 철심)에는 접지공사를 하여야 하나 다음의 어느 하나에 해당하는 경우에는 접지를 생략 할 수 있다. 빈칸 ①~④에 알맞은 답을 아래 보기에서 찾아 써넣으시오.

[보기]

60[V], 110[V], 150[V], 220[V], 300[V], 절연대, 단일벽, 이중벽, 피뢰기, 서지보호장치, 1.5[kVA], 3[kVA], 5[kVA], 7.5[kVA], 10[kVA]

- 사용전압이 직류 (①) 또는 교류 대지전압이 (②) 이하인 기계기구를 건조한 곳에 시설하는 경우
- 철대 또는 외함의 주위에 적당한 (③)를 설치하는 경우
- 저압용 기계기구에 전기를 공급하는 전로의 전원측에 절연변압기(2차 전압이 300[V] 이하이며, 정격용량이 (④) 이하인 것에 한한다)를 시설하고 또한 그 절연변압기의 부하측 전로를 접지하지 않은 경우

● 답안작성

① 300[V]   ② 150[V]   ③ 절연대   ④ 3[kVA]

● 해 설

KEC 142.7 기계기구의 철대 및 외함의 접지
1. 전로에 시설하는 기계기구의 철대 및 금속제 외함(외함이 없는 변압기 또는 계기용변성기는 철심)에는 접지공사를 하여야 한다.
2. 다음의 어느 하나에 해당하는 경우에는 접지를 생략 할 수 있다.
    가. 사용전압이 직류 300[V] 또는 교류 대지전압이 150[V] 이하인 기계기구를 건조한 곳에 시설하는 경우
    나. 저압용의 기계기구를 건조한 목재의 마루 기타 이와 유사한 절연성 물건 위에서 취급하도록 시설하는 경우

다. 저압용이나 고압용의 기계기구를 사람이 쉽게 접촉할 우려가 없도록 목주 기타 이와 유사한 것의 위에 시설하는 경우
라. 철대 또는 외함의 주위에 적당한 절연대를 설치하는 경우
마. 외함이 없는 계기용변성기가 고무·합성수지 기타의 절연물로 피복한 것일 경우
바. 2중 절연구조로 되어 있는 기계기구를 시설하는 경우
사. 저압용 기계기구에 전기를 공급하는 전로의 전원측에 절연변압기(2차 전압이 300[V] 이하이며, 정격용량이 3[kVA] 이하인 것에 한한다)를 시설하고 또한 그 절연변압기의 부하측 전로를 접지하지 않은 경우
아. 물기 있는 장소 이외의 장소에 시설하는 저압용의 개별 기계기구에 전기를 공급하는 전로에 인체감전보호용 누전차단기(정격감도전류가 30[mA] 이하, 동작시간이 0.03초 이하의 전류동작형에 한한다)를 시설하는 경우
자. 외함을 충전하여 사용하는 기계기구에 사람이 접촉할 우려가 없도록 시설하거나 절연대를 시설하는 경우

문7

▶출제년도 : 산업 99, 15, 23. ▶점수 : 5점

그림과 같은 분기회로 전선의 단면적을 산출하여 굵기를 산정하시오.
단, • 배전방식은 단상 2선식, 교류 100[V]로 한다.
 • 사용전선은 450/750[V] 일반용 단심 비닐절연전선이다.
 • 전선관은 후강전선관이며, 전압강하는 최원단에서 2[%]로 한다.

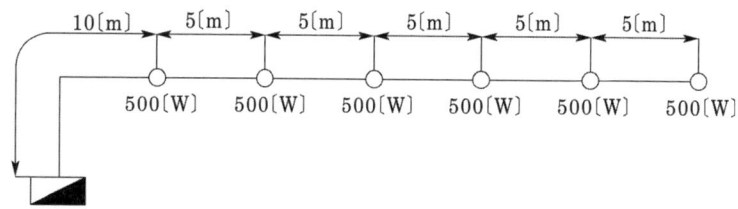

• 계산 :   • 답 :

● 답안작성

계산 : 부하 중심점 $L = \dfrac{i_1 l_1 + i_2 l_2 + i_3 l_3 + \cdots + i_n l_n}{i_1 + i_2 + i_3 + \cdots + i_n}$

$= \dfrac{5 \times 10 + 5 \times 15 + 5 \times 20 + 5 \times 25 + 5 \times 30 + 5 \times 35}{5+5+5+5+5+5} = 22.5 [m]$

부하 전류 $I = \dfrac{500 \times 6}{100} = 30 [A]$

∴ 전선의 굵기 $A = \dfrac{35.6 LI}{1000 e} = \dfrac{35.6 \times 22.5 \times 30}{1000 \times 2} = 12.02 [mm^2]$

답 : 16[mm²]

● 해 설

① 부하가 분포되어 있을 경우에는 부하 중심점을 찾아서 부하 중심점에 전체 부하가 집중되어 있다고 가정하고 계산
② KSC IEC 전선규격
  1.5, 2.5, 4, 6, 10, 16, 25, 35, 50, 70, 95, 120, 150, 185, 240, 300, 400, 500, 630[mm²]

▶출제년도 : 산업 20. 23.   ▶점수 : 5점

문8 그림과 같이 저항 4[Ω]을 Y결선한 부하와 △결선한 부하가 있다. 이 회로에 교류 3상 평형전압 200[V]를 가하였을 때, 양 부하에 대한 소비전력[kW]의 합을 구하시오.(단, 배선을 고려하지 않는다.)

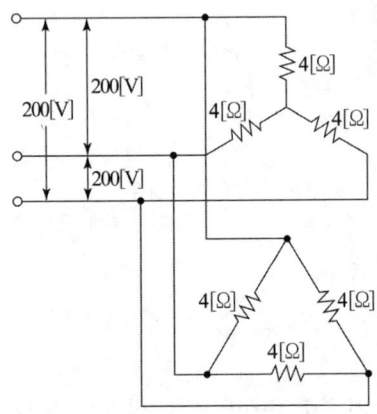

• 계산 :   • 답 :

● 답안작성

계산 : $P_Y = 3\dfrac{E_Y^2}{R} = 3 \times \dfrac{\left(\dfrac{200}{\sqrt{3}}\right)^2}{4} \times 10^{-3} = 10[\text{kW}]$

$P_\triangle = 3\dfrac{E_\triangle^2}{R} = 3 \times \dfrac{200^2}{4} \times 10^{-3} = 30[\text{kW}]$

따라서, $P = P_Y + P_\triangle = 10 + 30 = 40[\text{kW}]$

답 : 40[kW]

▶출제년도 : 산업 17. 23.   ▶점수 : 5점

문9 일반적으로 전력용 변압기의 절연유에 요구되는 성질을 5가지만 쓰시오.

● 답안작성

① 절연저항과 절연내력이 클 것
② 인화점이 높을 것
③ 응고점이 낮을 것
④ 점도가 낮고, 비열이 클 것
⑤ 열전도율이 클 것

● 해 설

변압기의 기름으로서 갖추어야 할 조건
① 절연 저항 및 절연내력이 클 것(30[kV] / 2.5[mm] 이상)
② 절연 재료 및 금속에 화학 작용을 일으키지 않을 것
③ 인화점이 높고(130[℃] 이상), 응고점이 낮을 것(-30[℃] 이하)
④ 점도가 낮고(유동성이 풍부), 비열이 커서 냉각 효과가 클 것
⑤ 고온에서도 석출물이 생기거나 산화하지 않을 것
⑥ 열전도율이 클 것
⑦ 열 팽창계수가 작고 증발로 인한 감소량이 적을 것

▶출제년도 : 기사 10, 산업 00, 23. ▶점수 : 4점

문10
선로전압이 22.9[kV]인 피뢰기의 정격전압은 몇 [kV]인지 작성하시오.
(단, 3상 4선식 다중접지이다.)
(1) 변전소
(2) 배전선로

● 답안작성

(1) 변전소 : 21[kV]   (2) 배전선로 : 18[kV]

● 해 설

피뢰기 정격 전압

전력 계통		피뢰기 정격 전압[kV]	
전압[kV]	중성점 접지 방식	변전소	배전 선로
345	유효접지	288	–
154	유효접지	144	–
66	PC접지 또는 비접지	72	–
22	PC접지 또는 비접지	24	–
22.9	3상 4선 다중접지	21	18

[주] 전압 22.9[kV-Y] 이하의 배전선로에서 수전하는 설비의 피뢰기 정격전압[kV]은 배전선로용을 적용한다.

▶출제년도 : 산업 98, 00, 02, 15, 19, 23. ▶점수 : 5점

문11
분전반에서 40[m] 떨어진 회로의 끝에서 단상 2선식 220[V], 전열기 10000[W] 2대 사용 시 HFIX 전선의 굵기를 선정하시오. (단, 전압강하는 2[%] 이내로 하고, 전류감소계수는 없는 것으로 한다.)

HFIX 공칭단면적[mm^2]							
2.5	4	6	10	16	25	35	50

• 계산 :   • 답 :

● 답안작성

계산 : $A = \dfrac{35.6LI}{1000e} = \dfrac{35.6 \times 40 \times \dfrac{10000 \times 2}{220}}{1000 \times 220 \times 0.02} = 29.42[\text{mm}^2]$ 답 : 35[mm^2]

● 해 설

전기 방식	전선 단면적
단상 3선식 3상 4선식	$A = \dfrac{17.8LI}{1000e_1}$
단상 2선식	$A = \dfrac{35.6LI}{1000e_2}$
3상 3선식	$A = \dfrac{30.8LI}{1000e_3}$

▶ 출제년도 : 산업 94. 02. 12. 23.   ▶ 점수 : 4점

문 12 그림은 콘센트의 종류를 표시한 옥내배선용 그림 기호이다. 각 그림기호는 어떤 의미를 가지고 있는지 설명하시오.

(1) ⏣T   (2) ⏣EL   (3) ⏣H   (4) ⏣ ⏣

● 답안작성

(1) 걸림형   (2) 누전 차단기 붙이
(3) 의료용   (4) 비상용

● 해 설

명 칭	그림 기호	적 요
콘센트	⏣	① 천장에 부착하는 경우는 다음과 같다. ⏣ ② 바닥에 부착하는 경우는 다음과 같다. ⏣ ③ 용량의 표시 방법은 다음과 같다. 　• 15[A]는 방기하지 않는다. 　• 20[A] 이상은 암페어 수를 방기한다. 　[보기] ⏣₂₀ₐ ④ 2구 이상인 경우는 구 수를 방기한다. 　[보기] ⏣₂ ⑤ 3극 이상인 것은 극 수를 방기한다. 　[보기] ⏣₃ₚ ⑥ 종류를 표시하는 경우는 다음과 같다. 　빠짐 방지형　⏣LK 　걸림형　⏣T 　접지극붙이　⏣E 　접지단자붙이　⏣ET 　누전 차단기붙이　⏣EL ⑦ 방수형은 WP를 방기한다. ⏣WP ⑧ 방폭형은 EX를 방기한다. ⏣EX ⑨ 의료용은 H를 방기한다. ⏣H

▶ 출제년도 : 산업 23.   ▶ 점수 : 4점

문 13 "둘 이상의 전력계통 사이를 전력이 상호 융통될 수 있도록 선로를 통하여 연결하는 것으로 전력계통 상호간을 (①), (②) 또는 직류-교류변환설비 등에 연결하는 것을 말한다. 계통 연락이라고 한다."

● 답안작성

① 송전선
② 변압기

▸출제년도 : 산업 20. 23. ▸점수 : 4점

문 14
물체가 보인다는 것은 그 물체가 방사되는 광속이 눈에 들어온다는 것이다. 이와 같이 보이는 물체에서 눈의 방향으로 방사되는 단위 면적당의 광속을 무엇이라 하는지 쓰시오.

● 답안작성

광속발산도

● 해 설

광속 발산도 : 단위 면적에서 나가는 빛의 양

$$R = \frac{F}{S}[\text{rlx}]$$

여기서, F : S에서 발산하는 광속, S : 발산 면적

▸출제년도 : 산업 23. ▸점수 : 6점

문 15
한국전기설비규정(KEC)에 의거하여 케이블덕팅 시스템의 종류 3가지를 쓰시오.

● 답안작성

플로어덕트공사, 셀룰러덕트공사, 금속덕트공사

● 해 설

KEC 232.2 배선설비 공사의 종류
공사방법의 분류

종류	공사방법
전선관시스템	합성수지관공사, 금속관공사, 가요전선관공사
케이블트렁킹시스템	합성수지몰드공사, 금속몰드공사, 금속트렁킹공사[a]
케이블덕팅시스템	플로어덕트공사, 셀룰러덕트공사, 금속덕트공사[b]
애자공사	애자공사
케이블트레이시스템 (래더, 브래킷 포함)	케이블트레이공사
케이블공사	고정하지 않는 방법, 직접 고정하는 방법, 지지선 방법

a 금속본체와 덮개가 별도로 구성되어 덮개를 개폐할 수 있는 금속덕트공사를 말한다.
b 본체와 덮개 구분 없이 하나로 구성된 금속덕트공사를 말한다.

▸출제년도 : 산업 97. 99. 16. 23. ▸점수 : 10점

문 16
6.6[kV] 300[mm²] 3C 가교 폴리에틸렌 케이블 1[km]를 옥외 기존 전선관 내에 포설하려고 한다. 케이블에 대한 재료비와 인공과 공구손료를 구하시오.
(단, 케이블의 재료비는 52,540[원/m]이고, 이에 대한 노임 단가는 50,000[원]이다.)

전기재료의 할증률

종 류	할증률[%]	종 류	할증률[%]
옥외 전선	5	Cable (옥외)	3
옥내 전선	10	Cable (옥내)	5

전력 케이블 구내설치 (단위 : km)

P.V.C 고무절연 외장3케이블류	케이블전공
저압 6[mm^2] 이하 1C	4.62
10[mm^2] 이하 1C	4.84
16[mm^2] 이하 1C	5.28
25[mm^2] 이하 1C	6.09
35[mm^2] 이하 1C	6.58
50[mm^2] 이하 1C	7.32
70[mm^2] 이하 1C	8.46
120[mm^2] 이하 1C	11.58
185[mm^2] 이하 1C	15.33
240[mm^2] 이하 1C	18.59
300[mm^2] 이하 1C	21.55
400[mm^2] 이하 1C	23.00
500[mm^2] 이하 1C	24.83
630[mm^2] 이하 1C	29.47
800[mm^2] 이하 1C	34.94
1,000[mm^2] 이하 1C	41.38

[해설] ① 부하에 직접 공급하는 변압기 2차 측에 포설되는 케이블로서 전선관, Rack, Duct, 케이블트레이, Pit, 공동구, Saddle 부설 기준, Cu, Al 도체 공용
② 10[mm^2] 이하는 제어용케이블 신설 준용
③ 직매식 80[%]
④ 2심은 140[%], 3심은 200[%], 4심은 260[%]
⑤ 연피벨트지 케이블 120[%], 강대개장 케이블은 150[%]
⑥ 가요성 금속피(알루미늄, 스틸)케이블은 150[%]
 (앵커볼트설치품은 별도계상)
⑦ 관내포설시 도입선 넣기 포함
⑧ 2열 동시 180[%], 3열 260[%], 4열 340[%], 4열 초과시 초과 1열당 80[%] 가산
⑨ 전압에 대한 가산율 적용
 3.3[kV]~6.6[kV] 15[%] 가산
 22.9[kV] 30[%] 가산
⑩ 철거 50[%], 재사용 철거는 드럼감기품 포함 90[%]
⑪ 8자 포설은 본 품의 120[%] 적용

(1) 재료비
 • 계산 :   • 답 :
(2) 인공
 • 계산 :   • 답 :
(3) 공구손료
 • 계산 :   • 답 :

● 답안작성
(1) **계산** : 재료비 = 1000 × 1.03 × 52,540 = 54,116,200[원]   **답** : 54,116,200[원]
(2) **계산** : 인공 = 1 × 21.55 × 2 × (1 + 0.15) = 49.57[인]   **답** : 49.57[인]
(3) **계산** : 공구손료 = 49.57 × 50,000 × 0.03 = 74,355[원]   **답** : 74,355[원]

● 해 설

(2) • 3C(3심)은 200[%]
    • 전압에 대한 할증율은 6.6[kV]이므로 15[%]
(3) 공구손료 = 직접 노무비×3[%]

▶ 출제년도 : 산업 23.   ▶ 점수 : 6점

문 17 다음은 한국전기설비규정(KEC)에 따른 지중 전선로 시설에 관한 내용이다. 다음 각 물음에 답하시오.

(1) 지중 전선로를 관로식 또는 암거식에 의하여 시설하는 경우, 다음 괄호 안에 알맞은 내용을 쓰시오.

> • 관로식에 의하여 시설하는 경우에는 매설 깊이를 (①)으로 하되, 매설 깊이를 충족하지 못한 장소에는 견고하고 차량 기타 중량물의 압력에 견디는 것을 사용할 것. 다만 중량물의 압력을 받을 우려가 없는 곳은 (②)으로 한다.
> • 암거식에 의하여 시설하는 경우에는 견고하고 차량 기타 중량물의 압력에 견디는 것을 사용할 것.

(2) 지중 전선로에 사용하는 전선을 쓰시오.

(3) 지중 전선로를 직접 매설식에 의하여 시설하는 경우, 다음 매설깊이[m] 이상이어야 한다.

구 분	매설깊이[m]
차량 기타 중량물의 압력을 받을 우려가 있는 경우	③
기타 장소	④

● 답안작성

(1) ① 1.0 [m] 이상   ② 0.6 [m] 이상
(2) 케이블
(3) ③ 1.0 [m]   ④ 0.6 [m]

● 해 설

KEC 334.1 지중전선로의 시설
1. 지중 전선로는 전선에 케이블을 사용하고 또한 관로식·암거식(暗渠式) 또는 직접 매설식에 의하여 시설하여야 한다.
2. 지중 전선로를 관로식 또는 암거식에 의하여 시설하는 경우에는 다음에 따라야 한다.
    가. 관로식에 의하여 시설하는 경우에는 매설 깊이를 1.0 [m] 이상으로 하되, 매설 깊이를 충족하지 못한 장소에는 견고하고 차량 기타 중량물의 압력에 견디는 것을 사용할 것. 다만 중량물의 압력을 받을 우려가 없는 곳은 0.6 [m] 이상으로 한다.
    나. 암거식에 의하여 시설하는 경우에는 견고하고 차량 기타 중량물의 압력에 견디는 것을 사용할 것.
3. 지중 전선로를 직접 매설식에 의하여 시설하는 경우에는 매설 깊이를 차량 기타 중량물의 압력을 받을 우려가 있는 장소에는 1.0 [m] 이상, 기타 장소에는 0.6 [m] 이상으로 하고 또한 지중 전선을 견고한 트로프 기타 방호물에 넣어 시설하여야 한다.

문18 다음 동작설명을 보고 보기에 주어진 접점만을 사용하여 아래의 시퀀스 제어도를 완성하시오. (단, 회로 작성 시 선의 접속 및 미접속에 대한 예시를 참고해서 작성하시오.)

▶ 출제년도 : 산업 23. ▶ 점수 : 5점

[보기]

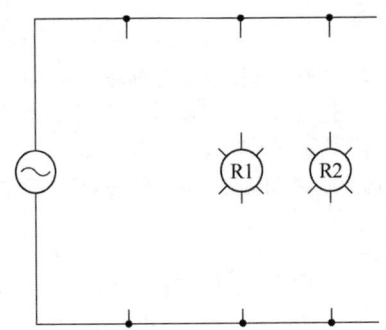

[동작설명]
1. S1, S3가 모두 OFF시 R1, R2 모두 소등이다.
2. S1이 ON이고 S3가 OFF이면, R1, R2가 병렬 점등된다.
3. S1이 OFF이고 S3가 ON이면, R1, R2가 직렬 점등된다.
4. S1이 ON이고 S3가 ON이면, R2가 점등된다.
5. 콘센트(C)에는 항상 전원이 인가된다.
6. R1, R2는 램프이다.

● 답안작성

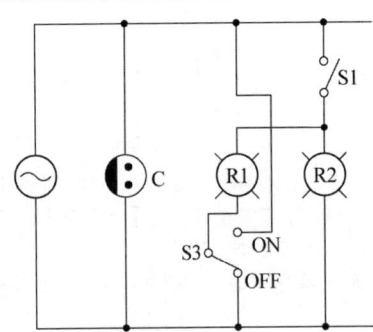

▶출제년도 : 산업 95, 00, 23. ▶점수 : 5점

문 19
아래의 논리회로를 보기에 주어진 접점만을 사용하여 시퀀스회로로 변환하여 미완성 도면을 완성하시오. (단, 회로 작성 시 선의 접속 및 미접속에 대한 예시를 참고해서 작성하시오.)

[보기]

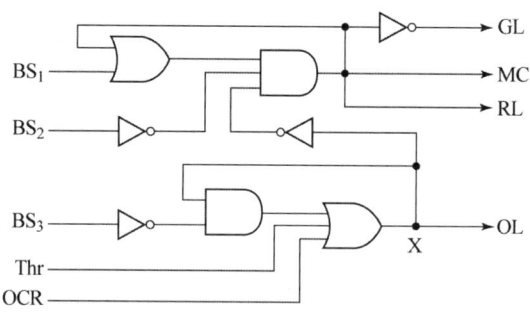

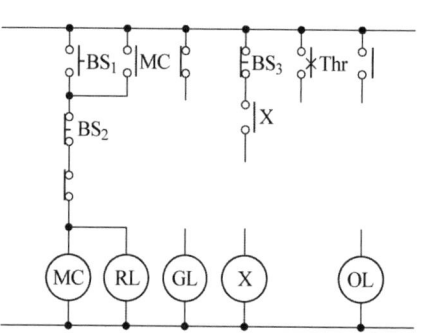

● 답안작성

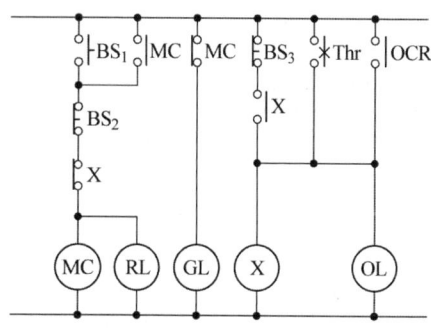

● 해 설

출력식 $X = \overline{BS_3} \cdot X + Thr + OCR$
$OL = X$
$MC = (BS_1 + MC) \cdot \overline{BS_2} \cdot \overline{X}$
$RL = MC$
$GL = \overline{MC}$

▶ 출제년도 : 산업 23.   ▶ 점수 : 5점

문 20 다음과 같이 CT 3대를 결선하여 전류계로 3상 평형회로의 전류를 측정하였다. 전류계 1대가 측정한 전류값을 구하시오.

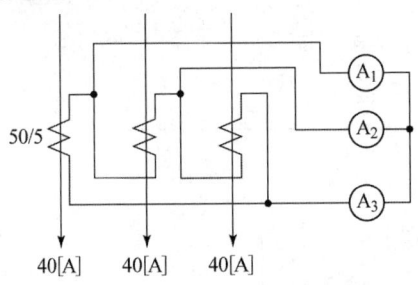

40[A]   40[A]   40[A]

• 계산   • 답 :

● 답안작성

- 계산 : 전류계는 CT 2차 전류의 $\sqrt{3}$ 배를 지시한다.

  전류계 1대에 흐르는 전류 $I = 40 \times \dfrac{5}{50} \times \sqrt{3} = 6.93[A]$

- 답 : 6.93[A]

● 해 설

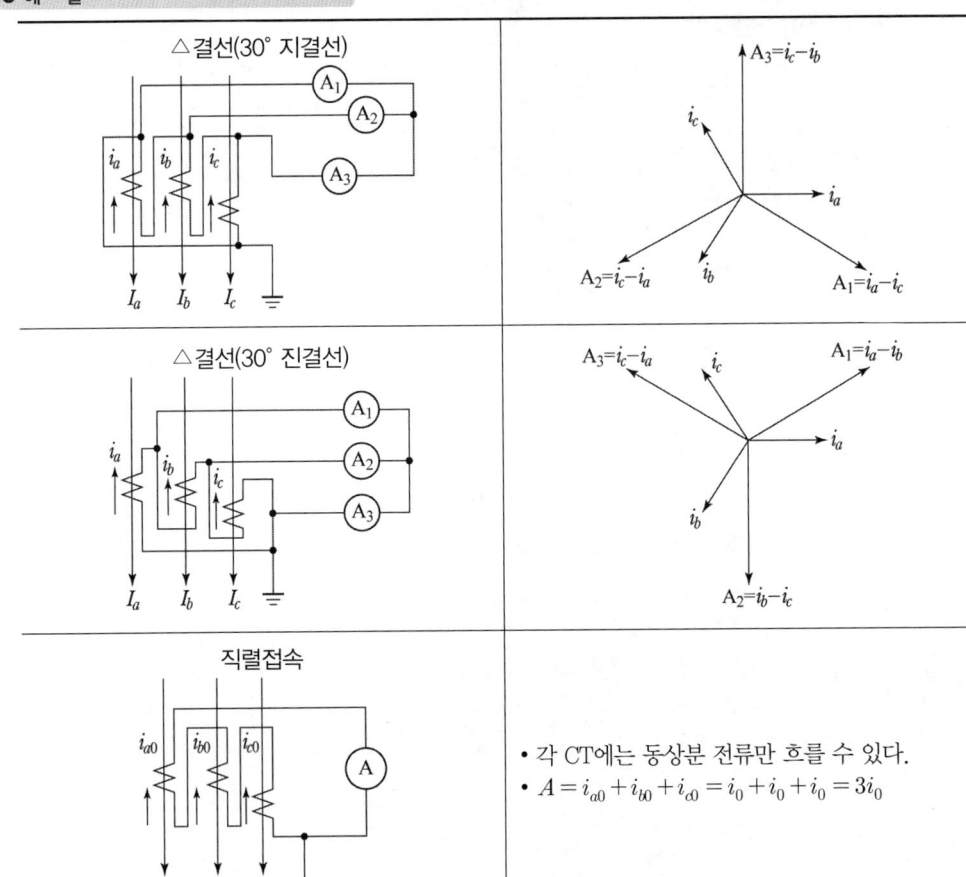

- 각 CT에는 동상분 전류만 흐를 수 있다.
- $A = i_{a0} + i_{b0} + i_{c0} = i_0 + i_0 + i_0 = 3i_0$

2024년 1회 전기공사산업기사실기

▶ 출제년도 : 산업 24.   ▶ 점수 : 6점

문1 아래에 주어진 물가 자료를 참고하여 다음 물음에 답하시오.

〈물가 자료〉

[참고1] 전기용 나동선

전기용 연동선				전기용 경동선			
지름 [mm]	무게 [kg/km]	전기저항 20[℃] [Ω/km]	가격 [원/m]	지름 [mm]	무게 [kg/km]	전기저항 20[℃] [Ω/km]	가격 [원/m]
2.0	27.93	5.487	195	2.0	27.93	5.657	195
4.0	111.7	1.372	226	4.0	111.7	1.414	226
6.0	251.3	0.609	308	6.0	251.3	0.628	308
8.0	246.9	0.343	415	8.0	246.9	0.353	415
10.0	698.2	0.219	505	10.0	698.2	0.226	505

[참고2] 케이블

가교폴리에틸렌 절연 비닐시스 케이블 (단심)				가교폴리에틸렌 트리플렉스형 케이블 (단심)			
공칭단면적 [mm²]	완성품 바깥지름 [mm]	도체저항 20[℃] [Ω/km]	가격 [원/m]	지름 [mm]	완성품 바깥지름 [mm]	도체저항 20[℃] [Ω/km]	가격 [원/m]
16	20	1.15	985	16	44	1.15	1005
25	21	0.727	1012	25	46	0.727	1112
35	22	0.524	1222	35	48	0.524	1758
50	23	0.387	1980	50	50	0.387	2005
70	25	0.268	2054	70	54	0.268	2405

(1) 전기용 경동선 4.0[mm], 2[km]와 연동선 4.0[mm], 3[km]의 구입비 합계[원]를 구하시오.
 • 계산   • 답

(2) AC 440[V] 3상 3선식 동력배선에 25[mm²] 케이블 150[m]를 구입하려고 한다. 가교폴리에틸렌 절연 비닐시스 케이블과 가교 폴리에틸렌 트리플렉스형 케이블의 구입비 [원]를 구하시오. (단, 두 종류의 케이블 계산과정과 구입비가 모두 맞으면 정답인정)
 • 각 케이블의 구입비

구분	계산과정	구입비[원]
가교폴리에틸렌 절연 비닐시스케이블		
가교폴리에틸렌 트리플렉스형 케이블		

(3) "(2)"항에서 구한 각 케이블 구입비를 이용하여 경감액[원]을 구하고, 그 결과로 둘 중 더 저렴한 케이블을 선정하시오.
 • 케이블 선정 및 경감액

계산과정	경감액[원]	케이블 선정

● 답안작성

(1) 계산 : • 경동선 구입비 = $226 \times 2 \times 10^3 = 452,000$[원]
 • 연동선 구입비 = $226 \times 3 \times 10^3 = 678,000$[원]
 따라서 구입비 합계 = $452,000 + 678,000 = 1,130,000$[원]
 답 : 1,130,000[원]

(2)

구분	계산과정	구입비[원]
가교폴리에틸렌 절연 비닐시스케이블	$1,012 \times 3 \times 150 = 455,400$	455,400
가교폴리에틸렌 트리플렉스형 케이블	$1,112 \times 3 \times 150 = 500,400$	500,400

(3)

계산과정	경감액[원]	케이블 선정
$500,400 - 455,400 = 45,000$	45,000	가교폴리에틸렌 절연 비닐시스케이블

● 해 설

(2) [참고2]에 주어진 케이블 가격은 단심에 대한 가격이므로, 3상3선식에 대한 가격은 3을 곱하여 구하여야 한다.

▶출제년도 : 산업 11. 24. ▶점수 : 6점

문2 송전전력이 100[MW]이고 송전거리가 80[km]일 때, 가장 경제적인 송전전압[kV]을 구하시오. (단, Still식에 의하여 구한다.)
 • 계산 : • 답 :

● 답안작성

계산 : 송전전압 $V_s = 5.5\sqrt{0.6l + \dfrac{P}{100}} = 5.5 \times \sqrt{0.6 \times 80 + \dfrac{100 \times 10^3}{100}} = 178.05$[kV]
답 : 178.05[kV]

● 해 설

Still의 식(경제적인 송전 전압)

$$V_s = 5.5\sqrt{0.6l + \dfrac{P}{100}}\ [\text{kV}]$$

여기서, l : 송전 거리[km], P : 송전 용량[kW]

▶ 출제년도 : 기사 12, 산업 06, 24. ▶ 점수 : 3점

문3 금속관 노출배관공사에서 관을 직각으로 굽히는 곳에 사용하는 재료의 명칭을 쓰시오.

● 답안작성

유니버설 엘보

● 해 설

명칭	그림	용도
유니버설 엘보		강제전선관 공사 중 노출배관 공사에서 관을 직각으로 굽히는 곳에 사용한다. 3방향으로 분기할 수 있는 T형과 4방향으로 분기할 수 있는 크로스(cross)형이 있다.

▶ 출제년도 : 산업 24. ▶ 점수 : 4점

문4 한국전기설비규정 중 전로의 중성점 접지 내용에 따라 중성점 접지의 시설목적을 2가지만 쓰시오.

● 답안작성

- 이상 전압의 억제
- 대지전압의 저하

● 해 설

전로의 중성점의 접지(KEC 322.5)
전로의 보호장치의 확실한 동작의 확보, 이상 전압의 억제 및 대지전압의 저하를 위하여 특히 필요한 경우에 전로의 중성점에 접지공사를 한다.
- 전로의 보호 장치의 확실한 동작의 확보 : 지락고장 시 접지계전기의 확실한 동작
- 이상 전압의 억제 : 뇌, 아크 지락, 기타에 의한 이상전압의 경감 및 발생 억제
- 대지전압의 저하 : 지락고장 시 건전상의 대지 전위상승을 억제, 전선로 및 기기의 절연레벨을 경감

▶ 출제년도 : 산업 12, 15, 21, 24. ▶ 점수 : 5점

문5 전등설비 200[W], 전열설비 400[W], 전동기설비 300[W]인 수용가가 있다. 이 수용가의 최대 수용전력이 780[W]라면 수용률은 얼마인가?
- 계산 :   • 답 :

● 답안작성

계산 : 수용률 $= \dfrac{\text{최대 수용 전력}}{\text{설비 용량(접속 부하)}} \times 100[\%] = \dfrac{780}{200+400+300} \times 100 = 86.67[\%]$

답 : 86.67[%]

▶ 출제년도 : 산업 23, 24. ▶ 점수 : 5점

문6 한국전기설비규정에 따른 용어의 정의 중 다음 설명이 뜻하는 용어를 쓰시오.

"가공전선로의 지지물로부터 다른 지지물을 거치지 아니하고 수용장소의 붙임점에 이르는 가공전선"

● 답안작성

가공인입선

● 해 설

용어 정의(KEC 112)

용어	정 의
가공인입선	가공전선로의 지지물로부터 다른 지지물을 거치지 아니하고 수용장소의 붙임점에 이르는 가공전선을 말한다.
지중인입선	지중전선로의 배전탑 또는 가공전선로의 지지물에서 직접 수용장소에 이르는 지중전선로를 말한다.
이웃 연결 인입선	하나의 수용장소의 인입선 접속점에서 분기하여 지지물을 거치지 아니하고 다른 수용장소의 인입선 접속점에 이르는 전선을 말한다.

▶출제년도 : 산업 24.　▶점수 : 3점

문7 가로등 공사의 줄터파기 등 현장여건상 불가피하게 정규버킷대신 세미버킷을 사용하는 경우 버킷용량[m³]은 굴삭기 규격[m³]의 몇 [%]를 적용하는지 쓰시오.

● 답안작성

50[%]

● 해 설

기계 터파기(유압식 백호)

$$Q = \frac{3{,}600 \times q \times k \times f \times E}{cm}$$

여기서 Q : 시간당 작업량[m³/hr], E : 작업효율, q : 버킷용량[m³], k : 버킷계수
　　　 f : 체적환산계수, cm : 1회 사이클 시간[초]

① 가로등 공사의 줄터파기 등 현장 여건상 불가피하게 정규버킷 대신 세미버킷을 사용하는 경우 버킷용량[m³]은 굴삭기 규격[m³]의 **50[%]를 적용**한다.
② 각종 계수 및 운전경비는 토목부문 표준품셈을 적용한다.

▶출제년도 : 산업 24.　▶점수 : 4점

문8 한국전기설비규정에 따른 지중전선 상호 간의 접근 또는 교차에 대한 설명 중 (　)에 들어갈 숫자를 쓰시오. (단, 예외사항은 적용하지 않는다.)

"지중전선이 다른 지중전선과 접근하거나 교차하는 경우에 지중함 내 이외의 곳에서 상호 간의 간격이 저압 지중전선과 고압 지중전선에 있어서는 (　①　)[m] 이상, 저압이나 고압의 지중전선과 특고압 지중전선에 있어서는 (　②　)[m] 이상이 되도록 시설하여야 한다."

● 답안작성

① 0.15
② 0.3

● 해 설

지중전선 상호 간의 접근 또는 교차(KEC 334.7)
지중전선이 다른 지중전선과 접근하거나 교차하는 경우에 지중함 내 이외의 곳에서 상호 간의 간격이 저압 지중전선과 고압 지중전선에 있어서는 0.15[m] 이상, 저압이나 고압의 지중전선과 특고압 지중전선에 있어서는 0.3[m] 이상이 되도록 시설하여야 한다.

▶ 출제년도 : 산업 24.   ▶ 점수 : 5점

문9 다음 그림은 특고압 가공전선로 일부의 평면도이다. ①~⑤의 명칭을 빈칸에 쓰시오.

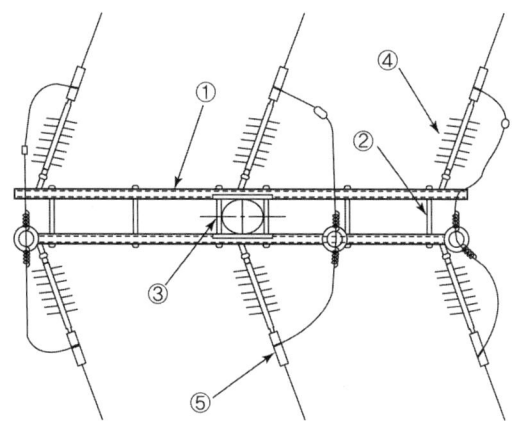

● 답안작성

| ① | 완철 | ② | 6각 볼트 너트(M 볼트) | ③ | 완철 밴드 |
| ④ | 현수애자 | ⑤ | 압축형 인류크램프 | | |

▶ 출제년도 : 산업 97. 03. 10. 12. 17. 20. 24.   ▶ 점수 : 5점

문10 어느 빌딩의 수전설비를 계획하려고 한다. 이 빌딩에 예측되는 부하밀도는 조명설비 20[VA/m^2], 일반동력 35[VA/m^2], 냉방설비 40[VA/m^2]이다. 이 빌딩의 건평이 60,000[m^2]일 경우 부하설비의 용량[kVA]을 구하시오.

• 계산 :   • 답 :

● 답안작성

계산 : • 조명설비 $= 20 \times 60,000 \times 10^{-3} = 1,200 [\text{kVA}]$
         • 일반동력설비 $= 35 \times 60,000 \times 10^{-3} = 2,100 [\text{kVA}]$
         • 냉방설비 $= 40 \times 60,000 \times 10^{-3} = 2,400 [\text{kVA}]$
         따라서 부하설비 $= 1,200 + 2,100 + 2,400 = 5,700 [\text{kVA}]$
답 : 5,700[kVA]

▸출제년도 : 산업 24. ▸점수 : 8점

문 11 다음 유접점 시퀀스제어 회로에 대한 각 물음에 답하시오.

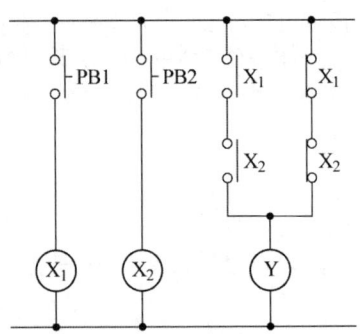

(1) 출력 Y를 입력 X_1, X_2에 대한 가장 간략한 논리식으로 쓰시오.

(2) "(1)"항의 논리식에 대한 진리표를 '0' 또는 '1'을 사용하여 완성하시오.
(단, 모든 값이 맞아야 정답 인정)

입 력		출 력
X_1	X_2	Y
0	0	
1	0	
0	1	
1	1	

(3) "(1)"항의 논리식을 논리소자를 이용하여 무접점회로(논리회로)로 그리시오.
(단, AND 2개와 OR 1개, NOT 2개만을 이용하며, 선의 접속과 미접속에 대한 예시를 참고하여 그리시오.)

(4) 아래의 타임차트를 완성하시오.
(단, 누름버튼스위치 PB1, PB2와 신호는 누르는 동작을 의미하고, 보조 접점의 시간 지연은 무시한다. 또한, 모두 맞아야 정답인정)

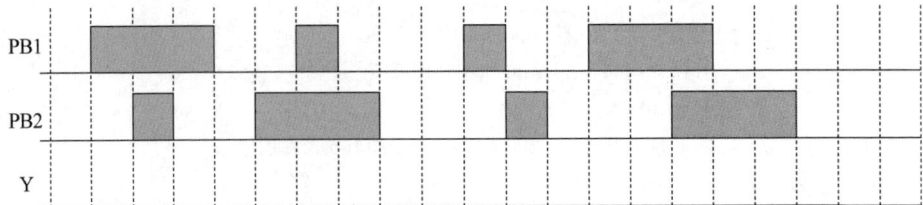

● 답안작성

(1) $Y = X_1 X_2 + \overline{X_1}\,\overline{X_2}$

(2)
입력		출력
X_1	X_2	Y
0	0	1
1	0	0
0	1	0
1	1	1

(3)(4)

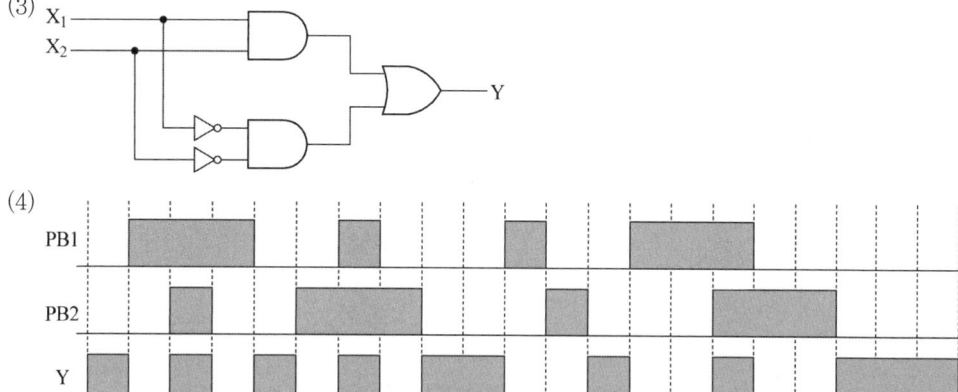

▶출제년도 : 산업 24. ▶점수 : 8점

문12 다음 설명에 알맞은 애자의 명칭을 보기에서 골라 빈칸에 각각 쓰시오.

〈보기〉

LP애자, 현수애자, 인류애자, 핀애자

(①) : 전선의 직선부분에 쓰이며, 애자의 꼭지홈이나 옆홈에 바인드선으로 전선을 잡아 맨다.

(②) : 특고압 배전선로의 지지물에서 내장이나 인류개소에 장력이 걸리는 전선을 고정 하는데 사용하는 애자이고, 클레비스형과 볼 소켓형이 있다.

(③) : 저압 가공 배전선로의 내장개소 및 인류개소에서 저압전선과 인입선을 고정 및 지지하는데 사용된다.

(④) : 특고압 가공 배전선로의 지지물에서 전선을 지지 및 고정하는데 사용되는 장주용 애자이다.

● 답안작성

① 핀애자   ② 현수애자
③ 인류애자 ④ LP애자

▶ 출제년도 : 산업 24. ▶ 점수 : 5점

문 13 그림과 같이 단상2선식 220[V]의 전원이 공급되는 전동기의 외함에 누전으로 인해 전기가 흐를 때 사람이 접촉하였다. 접촉한 사람에게 위험을 줄 수 있는 외함의 대지 전압 V_0 [V]을 구하시오. (단, 변압기 중심점 접지저항 R_A는 10[Ω], 전동기 외함 접지 저항 R_B는 100[Ω]이라 하고, 변압기 및 선로의 임피던스 등 주어지지 않은 조건은 고려하지 않는다.)

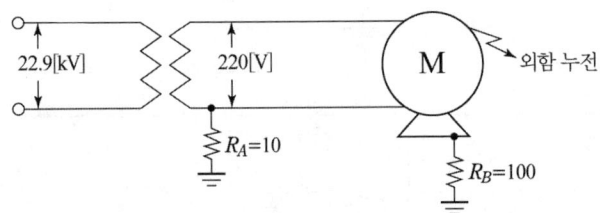

· 계산 :   · 답 :

● 답안작성

계산 : $V_0 = \dfrac{R_B}{R_A + R_B} \times V = \dfrac{100}{10+100} \times 220 = 200[\text{V}]$

답 : 200[V]

● 해 설

보호접지저항값과 계통접지저항값이 직렬로 연결되며, 계통접지저항값에 걸리는 전압이므로 전압분배법칙에 의해 구한다.

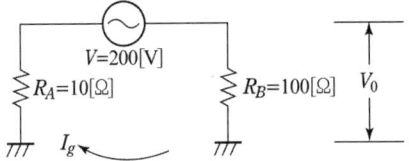

▶ 출제년도 : 산업 10. 14. 21. 24 ▶ 점수 : 5점

문 14 어떤 전기설비에서 6600[V]의 3상 회로에 변압비 33의 계기용변압기 2대를 그림과 같이 설치하였다면 그때의 전압계 V_1, V_2, V_3의 지시값은 얼마인지 각각 구하시오.

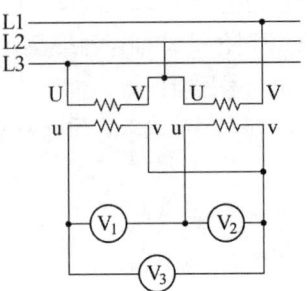

(1) V_1 :
- 계산
- 답

(2) V_2 :
- 계산
- 답

(3) V_3 :
- 계산
- 답

● 답안작성

(1) 계산 : $V_1 = \dfrac{6600}{33} \times \sqrt{3} = 346.41[\text{V}]$ 　　답 : 346.41[V]

(2) 계산 : $V_2 = \dfrac{6600}{33} = 200[\text{V}]$ 　　답 : 200[V]

(3) 계산 : $V_3 = \dfrac{6600}{33} = 200[\text{V}]$ 　　답 : 200[V]

● 해 설

V_1은 V_2와 V_3의 Vector 차전압 지시 즉, $V_1 = \sqrt{3}\, V_2$, $V_1 = \sqrt{3}\, V_3$

▶ 출제년도 : 산업 15, 18, 21, 24.　▶ 점수 : 5점

문15 거리가 1000[m]인 배전선로 공사에 있어서 단면적 22[mm²]의 알루미늄선과 저항이 같은 경동선으로 교체하려고 할 때 그 전선의 공칭단면적[mm²]을 아래의 표에서 산정하시오.

[조건]

- 알루미늄선의 저항률 : $\dfrac{1}{35}[\Omega \cdot \text{mm}^2/\text{m}]$

- 경동선의 저항률 : $\dfrac{1}{55}[\Omega \cdot \text{mm}^2/\text{m}]$

전선의 규격[mm²]					
4	6	10	16	25	35

- 계산 :　　　　　　　　　　　　　• 답 :

● 답안작성

계산 : ① 알루미늄선의 저항 $R = \dfrac{1}{35} \times \dfrac{1000}{22} = 1.3[\Omega]$

② 저항이 같은 경동선으로 대치하면, $R = \dfrac{1}{55} \times \dfrac{1000}{A} = 1.3[\Omega]$

$\therefore A = \dfrac{1}{55} \times \dfrac{1,000}{1.3} = 14[\text{mm}^2]$

답 : 16[mm²]

● 해 설

(1) 저항 $R = \rho \dfrac{l}{A}[\Omega]$

여기서, $\rho = \dfrac{1}{\sigma}$: 저항률 또는 고유저항[$\Omega \cdot m$]

l : 전선 1본의 길이[m]

A : 전선의 단면적[m^2]

(2) KSC IEC 전선규격

1.5, 2.5, 4, 6, 10, 16, 25, 35, 50, 70, 95, 120, 150, 185, 240, 300, 400, 500, 630[mm^2]

▶ 출제년도 : 산업 20. 24. ▶ 점수 : 4점

문16 접지의 분류에서 다음 그림과 같은 접지공사 방법의 명칭을 쓰시오.

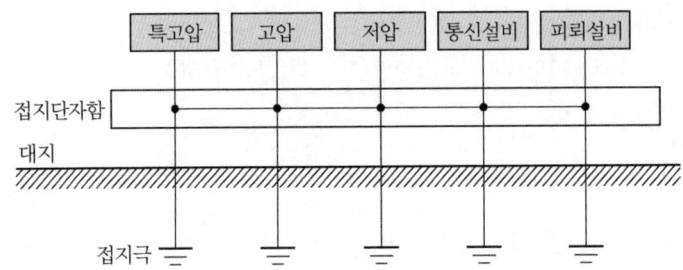

● 답안작성

통합접지

● 해 설

접지시스템의 시설 종류

(1) 단독접지 : 고압, 특고압계통의 접지극과 저압계통의 접지극을 독립적으로 설치하는 것

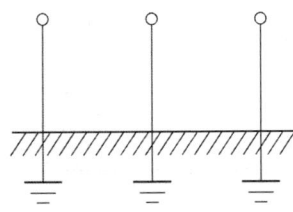

(2) 공통접지 : 등전위가 형성되도록 고압, 특고압계통과 저압접지계통을 공통으로 접지하는 것

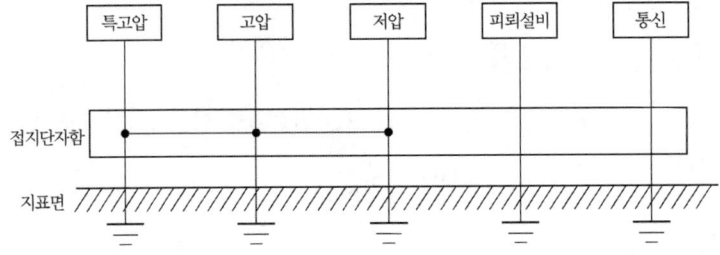

(3) 통합접지 : 전기설비 접지계통, 피뢰설비 및 전기통신설비 등의 접지극을 통합하여 접지시스템을 구성하는 것을 말하며, 설비 사이의 전위차를 해소하여 등전위를 형성하는 접지방식으로 서지보호장치를 시설하여야 할 필요가 있다.

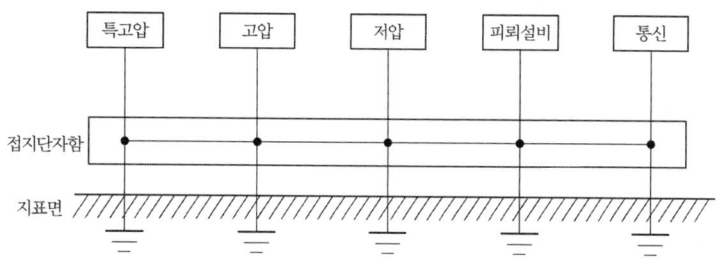

▶ 출제년도 : 기사 06. 13. 17. 24.   ▶ 점수 : 4점

문17 매입 방법에 따른 건축화 조명 방식을 4가지만 쓰시오.

● 답안작성

① 매입 형광등 방식
② 다운 라이트(down light) 방식
③ 핀 홀 라이트(pin hole light) 방식
④ 코퍼 라이트(coffer light) 방식

● 해 설

건축화 조명
건축화 조명이란 건축물의 천정, 벽 등의 일부가 조명기구로 이용되거나 광원화되어 건축물의 마감재료의 일부로써 간주되는 조명설비이다. 이에 대한 종류는 천정면 이용 방법과 벽면 이용 방법으로 대별된다.
(1) 천정 매입 방법
　① 매입 형광등 : 하면 개방형, 하면 확산판 설치형, 반매입형등이 있다.
　② 다운 라이트(down light) : 천정에 작은 구멍을 뚫고 조명기구를 매입하여 빛의 빔방향을 아래로 유효하게 조명 하는 방법
　③ 핀 홀 라이트(pin hole light) : 다운 라이트의 일종으로 아래로 조사되는 구멍을 적게 하거나 렌즈를 달아 복도에 집중 조사되도록 한다.
　④ 코퍼 라이트(coffer light) : 대형의 다운 라이트라고도 볼 수 있으며 천정면을 둥글게 또는 사각으로 파내어 내부에 조명기구를 배치하여 조명하는 방법
　⑤ 라인 라이트(line light) : 매입 형광등방식의 일종으로 형광등을 연속으로 배치하는 조명방식
(2) 천정면 이용 방법
　① 광천정 조명 : 실의 천정 전체를 조명기구 화 하는 방식으로 천정 조명 확산 판넬로서 유백색의 플라스틱 판이 사용된다.
　② 루버 조명 : 실의 천정면을 조명기구화하는 방식으로 천정면 재료로 루버를 사용하여 보호각을 증가시킨다.
　③ 코브(cove) 조명 : 광원으로 천정이나 벽면 상부를 조명함으로서 천정면이나 벽에서 반사되는 반사광을 이용하는 간접 조명 방식으로 효율은 대단히 나쁘지만 부드럽고 안정된 조명을 시행할 수 있다.
(3) 벽면 이용 방법
　① 코너(coner) 조명 : 천정과 벽면 사이에 조명기구를 배치하여 천정과 벽면에 동시에 조명하는 방법

② 코오니스(conice) 조명 : 코너를 이용하여 코오니스를 15~20[cm] 정도 내려서 아래쪽의 벽 또는 커튼을 조명하도록 하는 방법
③ 밸런스(valance) 조명 : 광원의 전면에 밸런스판을 설치하여 천정면이나 벽면으로 반사시켜 조명하는 방법
④ 광창 조명 : 지하실이나 무창실에 창문이 있는 효과를 내는 방법으로 인공창의 뒷면에 형광등을 배치하는 방법

문 18 ▶출제년도 : 기사 24. ▶점수 : 4점

KS 규격에 따라 다음 그림 기호에 맞는 배관의 종류(명칭)를 쓰시오.

1.6(VE16)	1.6(PF16)

● 답안작성

1.6(VE16)	1.6(PF16)
경질 비닐 전선관	합성수지제가요관

● 해 설

명 칭	그림기호	적 요
천장 은폐 배선	———	① 천장 은폐 배선 중 천장 속의 배선을 구별하는 경우는 천장 속의 배선에 —·—·— 를 사용하여도 좋다. ② 노출 배선 중 바닥면 노출 배선을 구별하는 경우는 바닥면 노출 배선에 —··—··— 를 사용하여도 좋다. ③ 전선의 종류를 표시할 필요가 있는 경우는 기호를 기입한다. ④ 배관은 다음과 같이 표시한다. 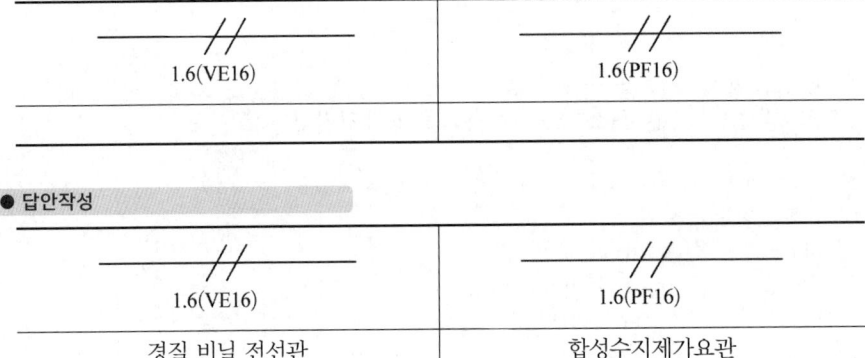 **전선관의 종류** • 강제전선관은 별도의 표기없음 • VE : 경질비닐전선관 • F_2 : 2종 금속제 가요전선관 • PF : 합성수지제 가요관 ⑤ 절연 전선의 굵기 및 전선 수는 다음과 같이 기입한다. 단위가 명백한 경우는 단위를 생략하여도 좋다. [보기] 2.5ᵐ 2 2[mm²] 8 숫자 표기의 보기 : 1.6×5 5.5×1
바닥 은폐 배선	-----	
노출 배선	·········	

▶ 출제년도 : 산업 20. 24.   ▶ 점수 : 6점

문19 고압 이상의 철주에 절연전선을 사용하여 접지공사를 그림과 같이 시공하고자 한다. 다음 물음에 답하시오.

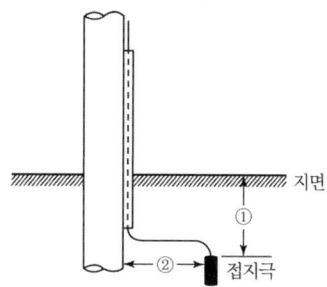

(1) 위 그림의 접지극의 매설 깊이 (①)는 지표면으로부터 몇 [m] 이상인지 쓰시오.
(단, 예외의 조건은 고려하지 않는다.)
(2) 위 그림의 철주와 접지극의 이격거리 (②)는 몇 [m] 이상인지 쓰시오.
(접지도체를 철주 기타의 금속제를 따라서 철주의 옆면에 시설하는 경우이다.)

● 답안작성
① 0.75[m]   ② 1[m]

● 해 설
(1) 접지극의 시설 및 접지저항(KEC 142.2)
① 접지극은 지표면으로부터 지하 0.75[m] 이상으로 하되 동결 깊이를 감안하여 매설 깊이를 정해야 한다.
② 접지도체를 철주 기타의 금속체를 따라서 시설하는 경우에는 접지극을 철주의 밑면으로부터 0.3[m] 이상의 깊이에 매설하는 경우 이외에는 접지극을 지중에서 그 금속체로부터 1[m] 이상 떼어 매설하여야 한다.

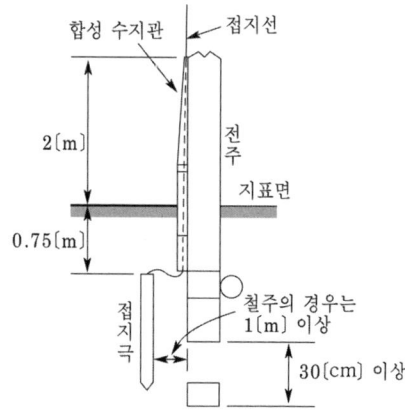

(2) 접지도체(KEC 142.3.1)
접지도체는 지하 0.75[m] 부터 지표상 2[m]까지 부분은 합성수지관(두께 2[mm] 미만의 합성수지제 전선관 및 가연성 콤바인덕트관은 제외한다) 또는 이와 동등 이상의 절연효과와 강도를 가지는 몰드로 덮어야 한다.

▶출제년도 : 산업 16, 20, 24.　▶점수 : 5점

문 20　154 [kV] 3상 3선식 전선로에서 각 선의 정전용량이 각각 $C_a = 0.031[\mu F]$, $C_b = 0.030[\mu F]$, $C_c = 0.032[\mu F]$일 때 변압기의 중성점 잔류전압[V]을 구하시오.
(단, 잔류전압의 소수점 아래는 절사하시오.)
• 계산 :　　　　　　　　　　　　　　　• 답 :

● 답안작성

계산 : 잔류전압

$$E_n = \frac{\sqrt{C_a(C_a - C_b) + C_b(C_b - C_c) + C_c(C_c - C_a)}}{C_a + C_b + C_c} \times \frac{V}{\sqrt{3}}$$

$$= \frac{\sqrt{0.031(0.031 - 0.03) + 0.03(0.03 - 0.032) + 0.032(0.032 - 0.031)}}{0.031 + 0.03 + 0.032} \times \frac{154{,}000}{\sqrt{3}}$$

$$= 1655.91 [V]$$

답 : 1655[V]

2024년 2회 전기공사산업기사실기

▸출제년도 : 산업 06. 10. 24. ▸점수 : 5점

문1 다음 설명과 같은 조명방식의 명칭을 빈칸에 쓰시오.

가.	① 조명방식 : 벽면을 밝은 광원으로 조명하는 방식으로 숨겨진 램프의 직접광이 아래쪽 벽, 커튼, 위쪽 천장면에 쪼이도록 조명하는 방식이다. ② 특징 : 실내면을 황색으로 마감하고, 밸런스 판으로 목재, 금속판 등 투과율이 낮은 재료를 사용하고 램프로는 형광램프가 적정하다. ③ 용도 : 분위기 조명에 이용된다.
나.	① 조명방식 : 천장과 벽면의 경계구석에 등기구를 배치하여 조명하는 방식이다. ② 특징 : 천장과 벽면을 동시에 투사하는 조명방식이다. ③ 용도 : 지하도, 터널에 이용된다.

● 답안작성

가. 밸런스 조명(valance light)
나. 코너 조명

▸출제년도 : 산업 00. 14. 17. 24. ▸점수 : 5점

문2 그림과 같이 영상 변류기를 당해 케이블의 전원 측에 설치하는 경우, 케이블 차폐층의 접지선은 어떻게 시설하는 것이 옳은지 접지선을 그리시오.
(단, 케이블의 거리는 100[m]이다.)

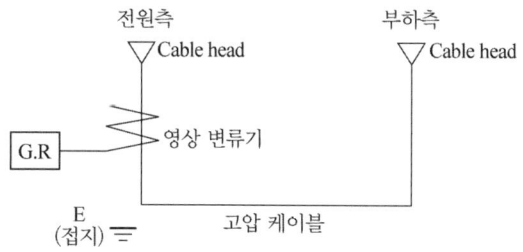

● 답안작성

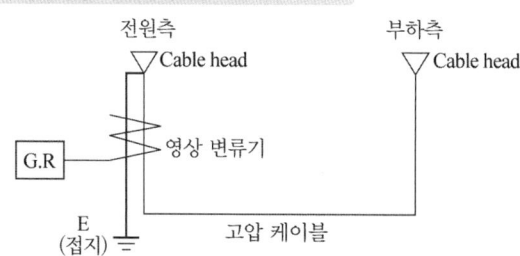

● 해 설

케이블 차폐 접지

(1) ZCT를 전원측에 설치 시 전원 측 케이블 차폐의 접지는 ZCT를 관통시켜 접지한다.

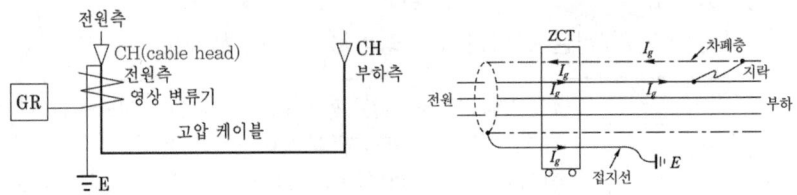

접지선을 ZCT 내로 관통시켜야만 ZCT는 지락전류 I_g를 검출할 수 있다.

$$I_g - I_g + I_g = I_g$$

(2) ZCT를 부하측에 설치 시 케이블 차폐의 접지는 ZCT를 관통시키지 않고 접지한다.

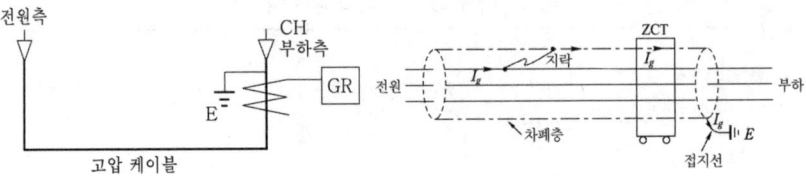

접지선을 ZCT 내로 관통시키지 않아야 지락전류 I_g를 검출할 수 있다.

▶ 출제년도 : 산업 24. ▶ 점수 : 5점

문3 비상조명등의 화재안전기술기준에 대한 내용이다. ①~⑤에 알맞은 내용을 (　)에 쓰시오.

가. 조도는 비상조명등이 설치된 장소의 각 부분의 바닥에서 (　①　)[lx] 이상이 되도록 할 것

나. 예비전원을 내장하는 비상조명등에는 평상시 점등 여부를 확인할 수 있는 (　②　)을(를) 설치하고 해당 조명등을 유효하게 작동시킬 수 있는 용량의 (　③　)와(과) (　④　)을(를) 내장할 것

다. 예비전원과 비상전원은 비상조명등을 (　⑤　)분 이상 유효하게 작동시킬 수 있는 용량으로 할 것

● 답안작성

① 1　　② 점검스위치
③ 축전지　　④ 예비전원 충전장치
⑤ 20

● 해 설

비상조명등의 화재안전기술기준(NFTC 304)
가. 조도는 비상조명등이 설치된 장소의 각 부분의 바닥에서 1[lx] 이상이 되도록 할 것
나. 예비전원을 내장하는 비상조명등에는 평상시 점등 여부를 확인할 수 있는 점검스위치를 설치하고

해당 조명등을 유효하게 작동시킬 수 있는 용량의 축전지와 예비전원 충전장치를 내장할 것
다. '가'와 '나'에 따른 예비전원과 비상전원은 비상조명등을 20분 이상 유효하게 작동시킬 수 있는 용량으로 할 것. 다만, 다음의 특정소방대상물의 경우에는 그 부분에서 피난층에 이르는 부분의 비상조명등을 60분 이상 유효하게 작동시킬 수 있는 용량으로 해야 한다.
- 지하층을 제외한 층수가 11층 이상의 층
- 지하층 또는 무창층으로서 용도가 도매시장·소매시장·여객자동차터미널·지하역사 또는 지하상가

▶ 출제년도 : 산업 93. 08. 10. 24.   ▶ 점수 : 6점

문4 전기공사의 공사원가 비목이 다음과 같이 구성되었을 경우 일반 관리비와 이윤을 산출하시오.

[재료비 소계 : 90000000원, 노무비 소계 : 50000000원, 경비소계 : 25000000원]

(1) 일반관리비
- 계산 :   • 답 :
(2) 이 윤
- 계산 :   • 답 :

● 답안작성

(1) **계산** : 일반 관리비 = $(90,000,000 + 50,000,000 + 25,000,000) \times 0.06 = 9,900,000$ [원]
   답 : $9,900,000$ [원]
(2) **계산** : 이윤 = $(50,000,000 + 25,000,000 + 9,900,000) \times 0.15 = 12,735,000$ [원]
   답 : $12,735,000$ [원]

● 해 설

① 일반 관리비

공사 원가	일반 관리 비율
5억 원 미만	6[%]
5억 원~30억 원 미만	5.5[%]
30억 원 이상	5[%]

② 이윤(공사의 경우)
   이윤 = (노무비+경비+일반관리비)×15[%]

▶ 출제년도 : 기사 05. 12. 산업 92. 97. 17. 20. 24.   ▶ 점수 : 4점

문5 한국전기설비규정에 따른 고압 및 특고압의 전로 중 피뢰기를 시설하여야 하는 곳을 4가지만 쓰시오.

● 답안작성

① 발전소·변전소 또는 이에 준하는 장소의 가공전선 인입구 및 인출구
② 특고압 가공전선로에 접속하는 배전용 변압기의 고압측 및 특고압측
③ 고압 및 특고압 가공전선로로부터 공급을 받는 수용장소의 인입구
④ 가공전선로와 지중전선로가 접속되는 곳

● 해 설

피뢰기의 시설(KEC 341.13)
고압 및 특고압의 전로 중 다음에 열거하는 곳 또는 이에 근접한 곳에는 피뢰기를 시설하여야 한다.
① 발전소·변전소 또는 이에 준하는 장소의 가공전선 인입구 및 인출구
② 특고압 가공전선로에 접속하는 배전용 변압기의 고압측 및 특고압측
③ 고압 및 특고압 가공전선로로부터 공급을 받는 수용장소의 인입구
④ 가공전선로와 지중전선로가 접속되는 곳

▶출제년도 : 산업 24.　▶점수 : 9점

문 6 다음 표에서 설명하는 금속관 공사에 필요한 부품 및 기구의 명칭을 빈칸에 쓰시오.

가	전로의 인입공사에서 전선을 옥외에서 옥내로 인입할 때 빗물의 침입을 방지하기 위해 전선관 끝에 취부하는 부품
나	매입배관 공사를 할 때 직각으로 굽히는 곳에 사용하는 부품
다	노출배관공사에서 관을 직각으로 굽히는 곳에 사용하는 부품
라	금속관을 아웃트렛 박스에 취부할 때 관보다 지름이 큰 관계로 로크너트만으로 고정할 수 없을 때 보조적으로 사용하는 부품
마	무거운 기구를 박스에 취부할 때 사용하는 부품
바	금속 전선관을 상호 접속할 때 관이 고정되어 있기 때문에 돌려서 접속할 수 없는 경우에 사용하는 부품
사	전선의 절연피복을 보호하기 위해서 금속관의 끝에 취부하는 부품
아	금속관 말단의 모를 다듬기 위한 기구
자	금속관과 박스를 접속할 때 사용하는 재료로 최소 2개를 사용

● 답안작성

가	엔트런스 캡	전로의 인입공사에서 전선을 옥외에서 옥내로 인입할 때 빗물의 침입을 방지하기 위해 전선관 끝에 취부하는 부품
나	노멀밴드	매입배관 공사를 할 때 직각으로 굽히는 곳에 사용하는 부품
다	유니버설 엘보	노출배관공사에서 관을 직각으로 굽히는 곳에 사용하는 부품
라	링 리듀우서	금속관을 아웃트렛 박스에 취부할 때 관보다 지름이 큰 관계로 로크너트만으로 고정할 수 없을 때 보조적으로 사용하는 부품
마	픽스쳐 스터드와 히키	무거운 기구를 박스에 취부할 때 사용하는 부품
바	유니온 커플링	금속 전선관을 상호 접속할 때 관이 고정되어 있기 때문에 돌려서 접속할 수 없는 경우에 사용하는 부품
사	부싱	전선의 절연피복을 보호하기 위해서 금속관의 끝에 취부하는 부품
아	리머	금속관 말단의 모를 다듬기 위한 기구
자	로크너트	금속관과 박스를 접속할 때 사용하는 재료로 최소 2개를 사용

문7

▶ 출제년도 : 산업 99, 11, 15, 20, 24. ▶ 점수 : 5점

전원 공급점에서 40[m]의 지점에 60[A], 45[m]의 지점에 50[A], 60[m] 지점에 30[A]의 부하가 걸려 있을 때 부하 중심까지의 거리는 몇 [m]인지 구하시오.

- 계산 :
- 답 :

● 답안작성

계산 : 직선 부하에서의 부하 중심점까지의 거리

$$L = \frac{L_1 I_1 + L_2 I_2 + L_3 I_3}{I_1 + I_2 + I_3} = \frac{40 \times 60 + 45 \times 50 + 60 \times 30}{60 + 50 + 30} = 46.07[m]$$

답 : 46.07[m]

문8

▶ 출제년도 : 산업 24. ▶ 점수 : 4점

전기설비기술기준에 따른 이웃 연결 인입선의 정의를 쓰시오.

● 답안작성

한 수용장소의 인입선에서 분기하여 지지물을 거치지 아니하고 다른 수용 장소의 인입구에 이르는 부분의 전선

● 해 설

전기설비기술기준(제3조 정의)
"이웃 연결 인입선"이란 한 수용장소의 인입선에서 분기하여 지지물을 거치지 아니하고 다른 수용 장소의 인입구에 이르는 부분의 전선을 말한다. 여기에서 "인입선"이란 가공인입선[가공전선로의 지지물로부터 다른 지지물을 거치지 아니하고 수용장소의 붙임점에 이르는 가공전선(가공전선로의 전선을 말한다. 이하 같다)을 말한다] 및 수용장소의 조영물(토지에 정착한 시설물 중 지붕 및 기둥 또는 벽이 있는 시설물을 말한다. 이하 같다)의 옆면 등에 시설하는 전선으로서 그 수용장소의 인입구에 이르는 부분의 전선을 말한다.

문9

▶ 출제년도 : 산업 24. ▶ 점수 : 5점

옥내에 시설하는 저압 접촉전선을 절연 트롤리 공사에 의하여 시설하는 경우에는 표에 따라 시설하여야 한다. 다음 ( )에 들어갈 숫자를 쓰시오.
(단, 지지점 간격 표에 관한 예외 조건은 무시한다.)

[표. 절연 트롤리선의 지지점 간격]

도체 단면적의 구분	지지점 간격
(①) [mm^2] 미만	(②) [m] (굽은 부분 반지름이 (④) [m] 이하의 곡선 부분에서는 (⑤) [m])
(①) [mm^2] 이상	(③) [m] (굽은 부분 반지름이 (④) [m] 이하의 곡선 부분에서는 (⑤) [m])

● 답안작성

①	500	②	2	③	3
④	3	⑤	1		

● 해 설

옥내에 시설하는 저압 접촉전선 배선(KEC 232.81)
절연 트롤리선 지지점 간의 거리는 다음 표에서 정한 값 이상일 것. 다만, 절연 트롤리선을 각 지지점에서 견고하게 시설하는 것 이외에 그 양쪽 끝을 내장 잡아 당김 장치에 의하여 견고하게 잡아 당기는 경우에는 6[m]를 넘지 아니하는 범위 내의 값으로 할 수 있다.

도체 단면적의 구분	지지점 간격
500 [mm²] 미만	2[m] (굽은 부분 반지름이 3[m] 이하의 곡선 부분에서는 1[m])
500 [mm²] 이상	3[m] (굽은 부분 반지름이 3[m] 이하의 곡선 부분에서는 1[m])

▶출제년도 : 산업 24. ▶점수 : 5점

문10 건축물 전기설비에서 저압 간선 케이블의 굵기를 산정하는데 고려해야할 요소를 3가지만 쓰시오.

● 답안작성

허용전류, 전압강하, 기계적 강도

▶출제년도 : 산업 10. 15. 24. ▶점수 : 5점

문11 가로 20[m], 세로 30[m], 천장의 높이 4.5[m]인 사무실에 전등 설비를 하고자 한다. 사무실의 실지수를 표에 나와있는 기호로 선정하시오. (단, 높이는 작업대로부터의 높이를 기준으로 한다.)

[실지수와 분류 기호표]

실지수	5	4	3	2.5	2	1.5	1.25	1	0.8	0.6
기 호	A	B	C	D	E	F	G	H	I	J

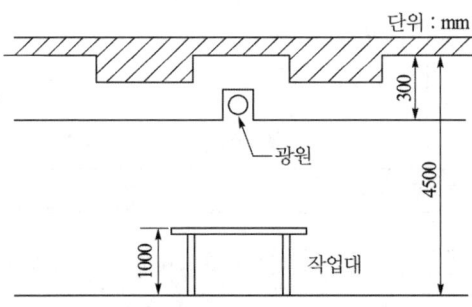

• 계산 :   • 답 :

● 답안작성

계산 : 실지수$(R.I) = \dfrac{XY}{H(X+Y)} = \dfrac{20 \times 30}{(4.5-0.3-1) \times (20+30)} = 3.75$

표에서 B 선정

답 : B

● 해 설

실지수(Room Index)의 결정 : 광속의 이용에 대한 방의 크기의 척도로 나타낸다.

$$R.I = \frac{X \cdot Y}{H(X+Y)}$$

여기서, H : 작업면으로부터 광원의 높이[m]
X : 방의 가로 길이[m]
Y : 방의 세로 길이[m]

▶ 출제년도 : 기사 24. ▶ 점수 : 6점

문12 다음 그림은 변전설비의 단선결선도이다. 물음에 답하시오.

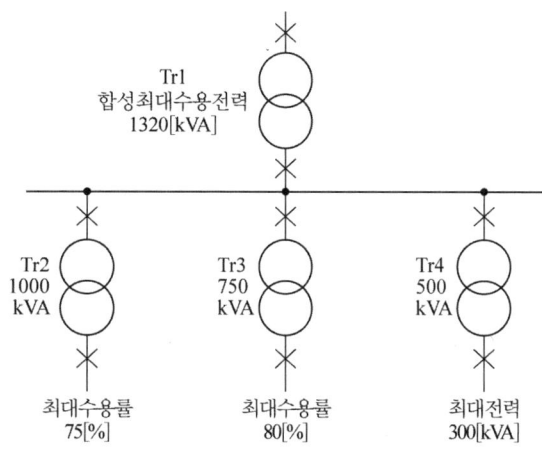

(1) 아래의 용어를 참고하여 부등률을 구하는 계산식을 쓰시오.
"최대수용전력, 총 설비용량, 각 부하군의 최대 수용 전력의 합, 합성 최대수용전력, 부하의 평균전력, 최대 수용률, 상정 최대부하"

(2) 변압기 Tr₁의 부등률을 구하시오.
• 계산 :   • 답 :

(3) 변압기 Tr₁의 표준용량[kVA]을 쓰시오.

● 답안작성

(1) 부등률 = $\dfrac{\text{각 부하군의 최대 수용전력의 합}}{\text{합성 최대수용전력}}$

(2) 계산 : 부등률 = $\dfrac{1000 \times 0.75 + 750 \times 0.8 + 300}{1320} = 1.25$ 답 : 1.25

(3) 1500[kVA]

● 해 설

(1) 부등률 = $\dfrac{\text{각 개 최대 수용 전력의 합}}{\text{합성 최대 수용 전력}} = \dfrac{\Sigma \text{부하 설비 용량[kVA]} \times \text{수용률}}{\text{합성 최대 수용 전력}}$

$= \dfrac{\Sigma \text{부하 설비 용량[kW]} \times \text{수용률}}{\text{합성 최대 수용 전력} \times \text{역률}}$

▸출제년도 : 산업 19, 24.   ▸점수 : 4점

문13 그림과 같은 회로에서 전원을 개폐하고자 한다. 이 경우 단로기와 차단기의 조작 순서를 쓰시오.

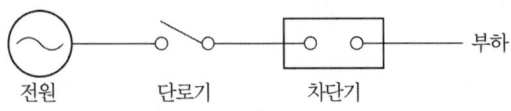

(1) 전원투입 순서 : (   ) → (   )
(2) 전원차단 순서 : (   ) → (   )

● 답안작성

(1) 전원투입 순서 : (단로기) → (차단기)
(2) 전원차단 순서 : (차단기) → (단로기)

● 해 설

단로기는 부하전류 개폐능력이 없으므로 차단기와 인터록 관계가 있어야 한다. 인터록이란 차단기가 개로된 상태에서 단로기를 개방 또는 투입할 수 있도록 하는 것을 말한다.
따라서, 차단기 차단 후 단로기를 개로 하여야 하며, 개로 시 항상 부하측부터 개로하여야 한다.

▸출제년도 : 산업 24.   ▸점수 : 5점

문14 다음 논리회로를 보고 최소 접점이 되도록 간략화 한 Y의 논리식을 쓰시오.

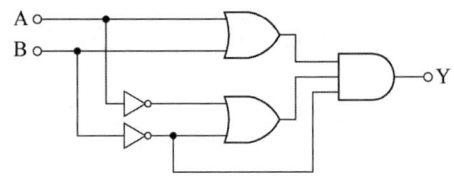

(1) 간략화 과정 :
(2) Y =

● 답안작성

(1) 간략화 과정 : $Y = (A+B)(\overline{A}+\overline{B})\overline{B} = (A\overline{A}+A\overline{B}+\overline{A}B+B\overline{B})\overline{B}$
$= A\overline{A}\overline{B}+A\overline{B}\overline{B}+\overline{A}B\overline{B}+B\overline{B}\overline{B} = A\overline{B}$

(2) $Y = A\overline{B}$

● 해 설

1) 분배 법칙
   $A+(B \cdot C) = (A+B) \cdot (A+C)$
   $A \cdot (B+C) = A \cdot B + A \cdot C$
2) 2진수(0과 1)에서
   ① $A+0 = A$ ② $A \cdot 0 = 0$ ③ $A+\overline{A} = 1$
   　 $A+1 = 1$ 　 $A \cdot 1 = A$ 　 $A \cdot \overline{A} = 0$

3) De Morgan의 정리

$$\overline{A+B} = \overline{A} \cdot \overline{B}$$
$$\overline{A \cdot B} = \overline{A} + \overline{B}$$

4) 동일 법칙

$$A \cdot A = A$$
$$\overline{A} \cdot \overline{A} = \overline{A}$$

문15 ▸출제년도 : 산업 16, 23, 24.   ▸점수 : 4점

다음 복도 조명의 배선도에서 ①~④의 전선 가닥수를 쓰시오.
(단, "3"은 3로 스위치, "4"는 4로 스위치를 말한다.)

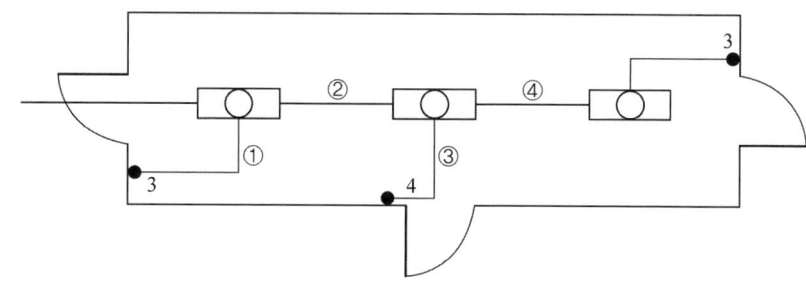

구 분	①	②	③	④
전선 가닥수				

● 답안작성

구 분	①	②	③	④
전선 가닥수	3	4	4	4

● 해 설

배선 실체도

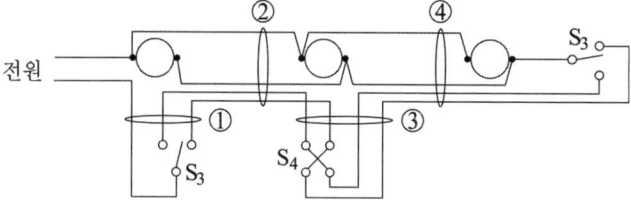

문16 ▸출제년도 : 산업 96, 00, 24.   ▸점수 : 5점

수전전압 13.2/22.9[kV-Y]에 진공차단기와 몰드변압기를 사용 시 이상전압으로부터 변압기를 보호하기 위해 사용하는 기기의 명칭과 해당 기기의 설치위치를 쓰시오.
• 명칭 :
• 설치 위치 :

● 답안작성
- **명칭** : 서지 흡수기
- **설치 위치** : 진공차단기 후단과 몰드변압기 전단 사이

● 해 설

서지 흡수기(Surge Absorbor)
① 피뢰기와 같은 구조로 되어 있으나 적용 전압 범위만을 조정하여 적용시키는 일종의 옥내 피뢰기로서 선로에서 발생할 수 있는 개폐 서지, 순간 과도전압 등의 이상전압이 2차 기기에 악영향을 주는 것을 막기 위해 설치한다.
② 보호 대상기기(발전기, 변압기, 전동기, 콘덴서, 반도체 장비 계통)의 전단에 설치하며 대부분 개폐서지를 발생하는 차단기의 후단에 설치하고 2차측은 접지한다.

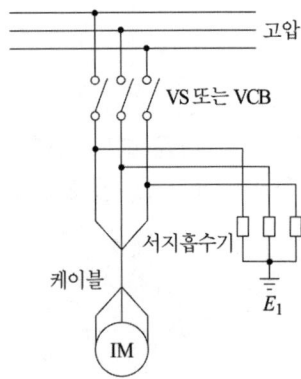

▶ 출제년도 : 산업 14, 18, 21, 24.　▶ 점수 : 5점

문17 송전선로에서 페란티 현상을 설명하시오.

● 답안작성

무부하 시 선로의 정전용량에 의한 진상 전류 때문에 수전단의 전압이 송전단의 전압보다 높아지는 현상

● 해 설

(1) 페란티 현상
　무부하의 경우 선로의 정전용량 때문에 전압보다 위상이 90° 앞선 충전 전류의 영향이 커져서 선로에 흐르는 전류가 진상이 되어 수전단 전압이 송전단 전압보다 높아지는 현상을 페란티 현상이라 한다.
(2) 페란티 현상 방지 대책
　선로에 흐르는 전류가 지상이 되도록 한다.
　• 수전단에 분로 리액터를 설치한다.
　• 동기조상기의 부족여자 운전

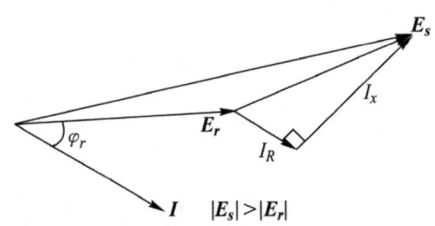

지상 전류가 흐를 경우의 벡터도

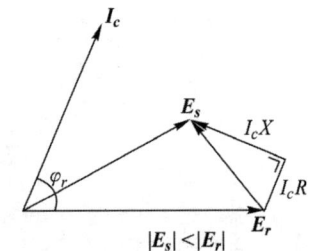

진상 전류가 흐를 경우의 벡터도

▶ 출제년도 : 산업 20, 24. ▶ 점수 : 4점

문18 경간이 60[m]인 전주에 이도를 1[m]로 하여 가공전선을 가설하고자 한다. 무게가 1[kg/m]인 가공전선에 요구되는 수평장력[kg]을 구하시오.(단, 안전율은 1로 한다.)
• 계산 :   • 답 :

● 답안작성

계산 : 수평장력 $T = \dfrac{WS^2}{8D} = \dfrac{1 \times 60^2}{8 \times 1} = 450[\text{kg}]$

답 : 450[kg]

● 해 설

이도 $D = \dfrac{WS^2}{8T}[\text{m}]$

여기서, W : 전선의 중량 [kg/m], S : 경간(span) [m], T : 전선의 수평장력[kg]

▶ 출제년도 : 산업 24. ▶ 점수 : 5점

문19 변압기의 기계적 보호장치를 3가지만 쓰시오.

● 답안작성

방압안전장치, 충격압력 계전기, 브흐홀쯔 계전기

● 해 설

변압기에서 사용하는 기계적 보호장치
• 96P : 충격압력계전기
• 96D : 방압안전장치
• 96G : 가스검출계전기
• 96B : 브흐홀쯔계전기
• 96T : OLTC보호계전기

▶ 출제년도 : 산업 13, 24. ▶ 점수 : 4점

문20 알칼리축전지의 포켓식 및 소결식의 종류를 각각 2개씩 쓰시오.
(1) 포켓식
(2) 소결식

● 답안작성

(1) 포켓식 : 완방전형, 표준형
(2) 소결식 : 초급방전형, 극초급방전형

● 해 설

(1) 포켓식의 종류 : AL형(완방전형), AM형(표준형), AMH형(급방전형), AH-P형(초급방전형)
(2) 소결식의 종류 : AH-S형(초급방전형), AHH형(극초급방전형)

2024년 3회 전기공사산업기사실기

▶출제년도 : 산업 98, 00, 04, 07, 08, 09, 20, 24. ▶점수 : 5점

문1 단상 3선식 220/110[V] 전력을 공급받는 어느 수용가의 부하연결이 아래 그림과 같은 경우 설비불평형률을 구하시오(단, 소수점 이하 첫째 자리에서 반올림할 것).

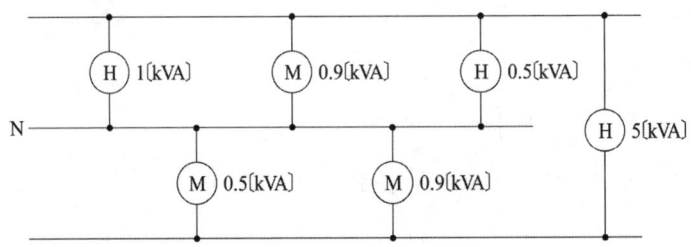

• 계산 :   • 답 :

● 답안작성

계산 : 설비불평형률 = $\dfrac{(1+0.9+0.5)-(0.5+0.9)}{\dfrac{1}{2}(1+0.9+0.5+0.5+0.9+5)} \times 100 = 22.73[\%]$

답 : 23[%]

● 해 설

단상 3선식에서의 설비불평형률

설비불평형률 = $\dfrac{\text{중성선과 각 전압측 전선간에 접속되는 부하 설비용량[kVA]의 차}}{\text{총 부하 설비용량[kVA]의 1/2}} \times 100[\%]$

여기서, 불평형률은 40[%] 이하이어야 한다.

▶출제년도 : 기사 15, 산업 03, 17, 24. ▶점수 : 5점

문2 경간 200[m]인 가공 전선로가 있다. 사용 전선의 길이는 경간보다 몇 [m] 더 길게 하면 되는지 구하시오. (단, 사용전선의 1[m]당 무게는 2.0[kgf], 인장하중은 4,000[kgf]이고 전선의 안전율은 2로 하고 풍압하중은 무시한다.)
• 계산 :   • 답 :

● 답안작성

계산 : 이도 $D = \dfrac{WS^2}{8T} = \dfrac{2 \times 200^2}{8 \times \dfrac{4,000}{2}} = 5[\text{m}]$

∴ $\Delta L = L - S = \dfrac{8D^2}{3S} = \dfrac{8 \times 5^2}{3 \times 200} = 0.33[\text{m}]$

답 : 0.33[m]

● 해 설

(1) 이도

이도란 전선의 지지점을 연결하는 수평선으로부터 밑으로 내려가 있는 길이를 말한다.

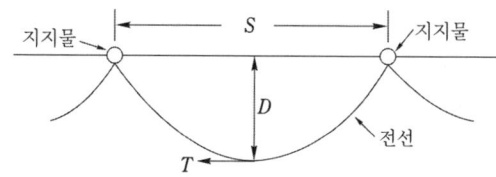

$$D = \frac{WS^2}{8T}$$

여기서, D : 이도[m], W : 단위 길이당 전선의 중량[kg/m], S : 경간[m], T : 전선의 수평장력[kg]

(2) 전선의 실제길이

$$L = S + \frac{8D^2}{3S}$$

여기서, L : 전선의 실제 길이[m], S : 경간[m], D : 이도[m]

∴ $\Delta L = L - S = \dfrac{8D^2}{3S}$

▶출제년도 : 산업 24. ▶점수 : 5점

문3 다음 유접점 회로도를 보고 물음에 답하시오.

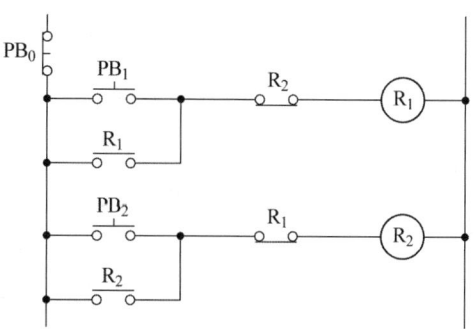

(1) R_1, R_2의 타임 차트를 완성하시오. (단, PB_0은 평상시 도통상태이다.)

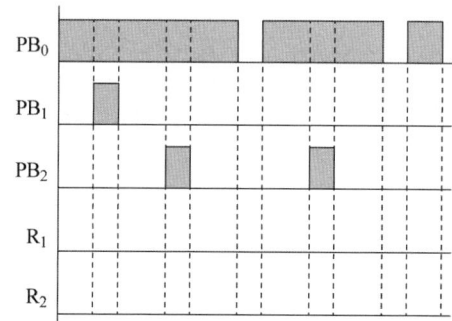

(2) R_1, R_2의 논리식을 최소 접점이 되도록 쓰시오.
- $R_1 =$
- $R_2 =$

● 답안작성

(1)

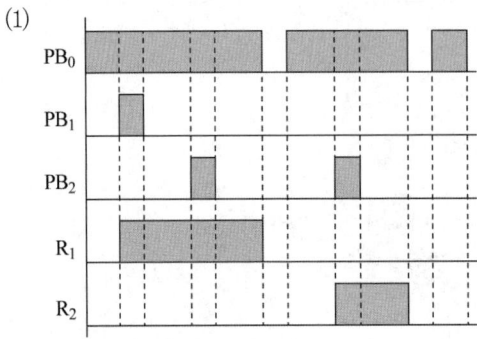

(2) • $R_1 = \overline{PB}_0 (PB_1 + R_1) \overline{R_2}$
　　• $R_2 = \overline{PB}_0 (PB_2 + R_2) \overline{R_1}$

▶출제년도 : 산업 11. 14. 24.　▶점수 : 5점

문4 전력용 커패시터 3개를 선간전압 3300[V], 주파수 60[Hz]의 선로에 △로 접속하여 60[kVA]가 되도록 할 때, 여기에 소요되는 커패시터 1개의 정전용량[μF]을 구하시오.
- 계산 :　　　　　　　　　　　　　• 답 :

● 답안작성

계산 : 커패시터 용량 $Q = 3VI_c = 3 \times 2\pi f C V^2$

따라서 정전 용량 $C = \dfrac{Q}{6\pi f V^2} = \dfrac{60 \times 10^3}{6\pi \times 60 \times 3300^2} \times 10^6 = 4.87 [\mu F]$

답 : $4.87 [\mu F]$

● 해 설

(1) Y결선 : 콘덴서 용량 $Q_Y = 3 \times 2\pi f C_s \left(\dfrac{V}{\sqrt{3}}\right)^2 = 2\pi f C_s V^2$ 이므로,

정전용량 $C_s = \dfrac{Q}{2\pi f V^2}$

(2) △결선 : 콘덴서 용량 $Q_\triangle = 3 \times 2\pi f C_d V^2$ 이므로,

정전용량 $C_d = \dfrac{Q}{6\pi f V^2}$

▶ 출제년도 : 산업 09. 24.　▶ 점수 : 5점

문5
플리커 릴레이를 사용한 신호회로 공사이다. 동작설명을 참고하여 회로도를 그리시오.
(단, 선의 접속과 미접속에 대한 예시를 참고하여 그리시오.)

[동작설명]
① 배선용 차단기를 투입하고 S_1 스위치를 ON하면 FR 여자 FR 설정시간 간격으로 R_1, R_2 교대 점멸
② 배선용 차단기를 투입하고 S_{3-1}, S_{3-2} OFF 시 PB를 누르고 있는 동안 R_3, R_4 병렬점등, S_{3-1} ON하면 R_3 점등, S_{3-2} ON하면 R_4 점등
③ 전원은 단상 2선식 220[V]이다.

S_{3-1}	S_{3-2}	S_1	PB	FR
3로 스위치	3로 스위치	단로 스위치	푸시버튼 스위치	플리커 릴레이

[선의 접속과 미접속에 대한 예시]	
접속	미접속

[동작회로도]

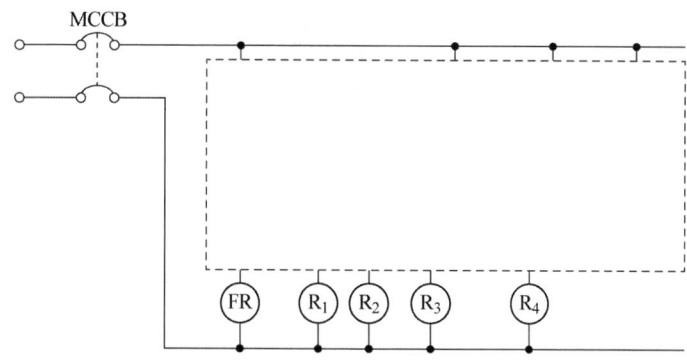

● 답안작성

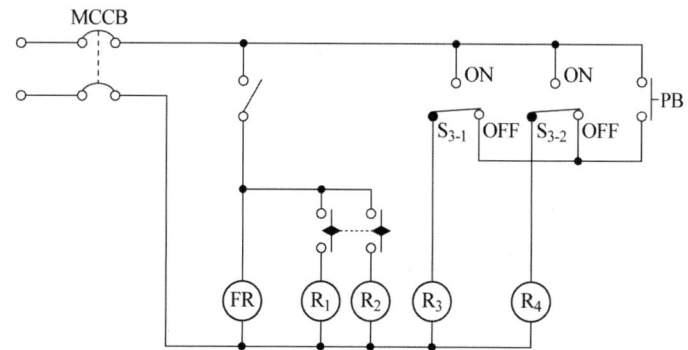

▶ 출제년도 : 산업 15. 24. ▶ 점수 : 6점

문6 한류저항기(CLR)의 설치 목적을 3가지만 쓰시오.

● 답안작성

① 계전기를 동작시키는 데 필요한 유효전류를 발생
② 오픈 델타 회로의 각 상전압 중의 제3고조파 억제
③ 중성점 불안정 등 비접지 회로의 이상현상 억제

● 해 설

한류저항기는 SGR을 동작시키는 데 필요한 유효전류를 발생시키며, 오픈델타 회로의 각 상전압 중의 제3고조파 전압을 억제하고 중성점에서의 이상현상 등을 제거하기 위해 설치하는 저항이다.

▶ 출제년도 : 산업 18. 21. 24. ▶ 점수 : 6점

문7 다음은 전기설비의 방폭구조에 대한 기호이다. 기호에 맞는 방폭구조의 명칭을 쓰시오.

기 호	방폭구조의 명칭
d	
o	
p	
e	
i	
m	

● 답안작성

기 호	방폭구조의 명칭
d	내압방폭구조
o	유입 방폭구조
p	압력방폭구조
e	안전증 방폭구조
i	본질안전 방폭구조
m	몰드 방폭구조

● 해 설

방폭구조의 기호

구 분		기 호
방폭구조의 종류	내압 방폭구조	d
	유입 방폭구조	o
	압력 방폭구조	p
	충전 방폭구조	q
	안전증 방폭구조	e
	본질안전 방폭구조	i
	비점화 방폭구조	n
	몰드 방폭구조	m

문8

▶ 출제년도 : 산업 07, 22, 24. ▶ 점수 : 5점

다음은 네온방전등을 옥내에 시설하는 경우이다. 다음 각 물음에 답하시오.

(1) 관등회로의 배선은 어떤 공사로 하는지 쓰시오.
(2) 관등회로의 배선에서 전선 지지점간의 최대 거리[m]를 쓰시오.
(3) 네온방전등에 공급하는 전로의 대지전압은 몇 [V] 이하로 하여야 하는지 쓰시오.
(4) 네온변압기는 어떤 관리법의 적용을 받는 것이어야 하는지 쓰시오.
(5) 관등회로의 배선에서 전선 상호 간의 이격거리는 몇 [mm] 이상 이어야 하는지 쓰시오.

● 답안작성

(1) 애자 공사
(2) 1[m]
(3) 300[V]
(4) 전기용품 및 생활용품 안전관리법
(5) 60[mm]

● 해 설

네온방전등(KEC 234.12)

1. 네온방전등에 공급하는 전로의 대지전압은 **300[V] 이하**로 하여야 하며, 다음에 의하여 시설하여야 한다.
   (1) 네온관은 사람이 접촉될 우려가 없도록 시설할 것
   (2) 네온변압기는 옥내배선과 직접 접촉하여 시설할 것
2. 네온변압기는 「**전기용품 및 생활용품 안전관리법**」의 적용을 받은 것일 것
3. 관등회로의 배선은 **애자공사**로 다음에 따라서 시설하여야 한다.
   (1) 전선은 네온관용 전선을 사용할 것
   (2) 전선은 자기 또는 유리제 등의 애자로 견고하게 지지하여 조영재의 아랫면 또는 옆면에 부착하고 또한 다음과 같이 시설할 것
      ① 전선 상호 간의 이격거리는 **60[mm] 이상**일 것
      ② 전선과 조영재 이격거리는 노출장소에서 표에 따를 것

표. 전선과 조영재의 이격거리

전압 구분	이격 거리
6[kV] 이하	20[mm] 이상
6[kV] 초과 9[kV] 이하	30[mm] 이상
9[kV] 초과	40[mm] 이상

      ③ 전선지지점간의 거리는 **1[m] 이하**로 할 것
      ④ 애자는 절연성·난연성 및 내수성이 있는 것일 것

문9

▶ 출제년도 : 산업 04, 22, 24. ▶ 점수 : 5점

사용전압이 220[V]인 옥내배선에서 소비전력 40[W], 역률 60[%]인 형광등 30개와 소비전력 100[W]인 백열등 50개를 설치한다고 할 때 최소 분기회로 수를 구하시오. (단, 16[A] 분기회로로 하며, 수용률은 100[%]로 한다.)

• 계산 : • 답 :

● 답안작성

계산 : ① 역률 60[%] 형광등
- 유효전력 $P = 40 \times 30 = 1,200[\text{W}]$
- 무효전력 $P_r = \dfrac{40}{0.6} \times 0.8 \times 30 = 1,600[\text{Var}]$

② 백열등(백열등은 저항부하이므로 역률 100[%])
- 유효전력 $P = 100 \times 50 = 5,000[\text{W}]$
따라서, 이 분기회로의 설비부하용량 P_a는
$$P_a = \sqrt{(1,200+5,000)^2 + 1,600^2} = 6,403.12[\text{VA}]$$

③ 분기회로 수 $n = \dfrac{6,403.12}{220 \times 16} = 1.82 \rightarrow 2$회로

답 : 16[A] 분기 2회로

● 해 설

- 분기회로 수 $n = \dfrac{\text{설비용량}}{\text{사용전압} \times \text{분기 회로전류}}$
- 분기회로 수 산정 시 소수가 발생하면 무조건 절상하여 산출한다.

▶출제년도 : 산업 90. 16. 24.   ▶점수 : 10점

문10

콘크리트 전주(14[m]) 설치에 지형상 소운반(인력 운반)이 필요하여 이를 산출하고자 한다. 아래 조건을 참고하여 다음 물음에 답하여라.

[조건]

소운반 거리	950[m]
운반 도로	도로 상태 불량
전주 무게	1,500[kg]
1일 실작업 시간(목도)	360분

- 목도공 노임은 10350원이고 목도공은 1일 6시간 기준으로 한다.

[참고자료]
인력운반 및 적상하 시간기준
1) 인력 운반비 산출공식
  (가) 기본공식
  $$\text{운반비} = \dfrac{A}{T} \times M \times \left(\dfrac{60 \times 2 \times L}{V} + t \right)$$
  여기서, A : 목도공의 노임[인부(지게)운반일 경우 보통인부의 노임][원]
  M : 필요한 인력의 수 ($M = \dfrac{\text{총 운반량 [kg]}}{\text{1인당 1회 운반량 [kg]}}$)
    (단, 1회 운반량은 25[kg/인])
  L : 운반 거리[km] V : 왕복 평균 속도[km/hr]
  T : 1일 실작업 시간 [분] t : 준비 작업 시간[2분]

(나) 왕복 평균속도

구 분	장대물, 중량물 등 인력운반, 왕복 평균속도 [km/hr]	인부(지게) 운반 왕복 평균속도 [km/hr]
도로 상태 양호	2	3
도로 상태 보통	1.5	2.5
도로 상태 불량	1.0	2.0
물논, 도로가 없는 산림지 및 숲이 우거진 지역	0.5	1.5

(1) 필요한 운반 인원수[인]를 구하시오
  • 계산 :   • 답 :
(2) 전주 운반에 따른 인력운반비[원]를 구하시오.
  • 계산 :   • 답 :

● 답안작성

(1) **계산** : 필요한 인력의 수 $M = \dfrac{\text{총 운반량}}{\text{1인당 운반량}} = \dfrac{1,500}{25} = 60[\text{인}]$

   답 : 60[인]

(2) **계산** : 운반비 $W = \dfrac{A}{T} \times M \times \left(\dfrac{60 \times 2 \times L}{V} + t\right)$

   $= \dfrac{10,350}{360} \times 60 \times \left(\dfrac{60 \times 2 \times 0.95}{1.0} + 2\right) = 200,100[\text{원}]$

   답 : 200,100[원]

▶출제년도 : 산업 11. 15. 19. 24. ▶점수 : 5점

문11 단상 2선식의 교류 배전선에서 전선 1가닥의 저항이 0.25[Ω]이다. 부하가 220[V], 8.8[kW], 역률이 1일 경우 급전점의 전압[V]을 구하시오.
  • 계산 :   • 답 :

● 답안작성

계산 : 부하전류 $I = \dfrac{P}{V} = \dfrac{8.8 \times 10^3}{220}[A]$

따라서 급전점의 전압 $V_s = V_r + 2IR = 220 + 2 \times \dfrac{8.8 \times 10^3}{220} \times 0.25 = 240[V]$

답 : 240[V]

● 해 설

• 부하전류 $I = \dfrac{P}{V} = \dfrac{8.8 \times 10^3}{220}[A]$

• 급전점의 전압 $V_s = V_r + 2I(R\cos\theta + X\sin\theta)$이고, 역률 $\cos\theta = 1$ 이므로 $\sin\theta = 0$ 이다.

   $V_s = V_r + 2I(R\cos\theta + X\sin\theta) = V_r + 2I(R \times 1 + X \times 0) = V_r + 2IR$

따라서 급전점의 전압 $V_s = V_r + 2IR = 220 + 2 \times \dfrac{8.8 \times 10^3}{220} \times 0.25 = 240[V]$

▶ 출제년도 : 기사 08. 22. 산업 20. 24.   ▶ 점수 : 5점

문12 고압 방전램프(HID Lamp)의 종류 3가지를 쓰시오.

● 답안작성

고압 수은등, 고압 나트륨등, 메탈할라이드 램프

● 해 설

고휘도 방전램프(HID Lamp) : High Intensity Discharge Lamp

▶ 출제년도 : 산업 02. 21. 24.   ▶ 점수 : 5점

문13 그림과 같이 전선 1조마다 50[kgf]의 장력을 받는 전선 3조와 인류지선을 시설하고자 한다. 이 경우 지선이 받는 장력[kgf]을 구하시오.

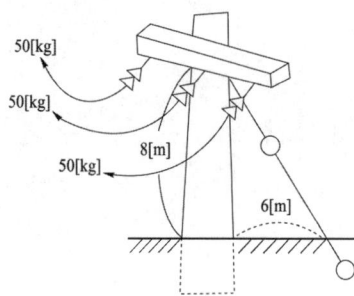

• 계산 :   • 답 :

● 답안작성

계산 : $T = T_0 \cos\theta$에서

$$T_0 = \frac{T}{\cos\theta} = \frac{50 \times 3}{\frac{6}{\sqrt{8^2 + 6^2}}} = 250[\text{kgf}]$$

답 : 250[kgf]

● 해 설

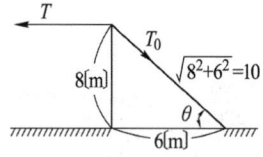

$\cos\theta = \dfrac{T}{T_0} = \dfrac{6}{\sqrt{8^2+6^2}} = \dfrac{6}{10}$

$\therefore T_0 = \dfrac{10}{6} \times T = \dfrac{10}{6} \times 50 \times 3 = 250[\text{kgf}]$

▶ 출제년도 : 산업 24.   ▶ 점수 : 5점

문14 20[℃]의 물 6[L]를 용기에 넣어 1[kW]의 전열기로 가열하여 물의 온도를 70[℃]로 높이는데 약 30분이 필요하다. 이때의 효율[%]을 구하시오.
(단, 비열은 1[kcal/kg · ℃]이며, 온도변화에 관계없이 일정하다.)

• 계산 :   • 답 :

● 답안작성

계산 : 전열기의 용량 $P = \dfrac{mCT}{860 \cdot t \cdot \eta}$ [kW]에서

전열기의 효율 $\eta = \dfrac{mCT}{860 \cdot t \cdot P} = \dfrac{6 \times 1 \times (70-20)}{860 \times \dfrac{30}{60} \times 1} = 0.6977 = 69.77[\%]$

답 : 69.77[%]

● 해 설

$$P = \dfrac{mCT}{860 \cdot t \cdot \eta}[\text{kW}]$$

여기서, m : 질량 [kg] C : 비열 [kcal/kg·℃] T : 온도차 [℃]
　　　　t : 시간 [hour] η : 전열기의 효율 [%]

▶ 출제년도 : 산업 24.　▶ 점수 : 5점

문15 직경 2.6[mm] 단선을 동등한 허용전류의 연선으로 교체하고자 할 때 연선의 공칭 단면적 [mm²]을 구하시오.

• 계산 :　　　　　　　　　　　　　　　　• 답 :

● 답안작성

계산 : 직경 2.6[mm]의 단면적 $A = \dfrac{\pi}{4}d^2 = \dfrac{\pi}{4} \times 2.6^2 = 5.31[\text{mm}^2]$

따라서 공칭단면적은 6[mm²]이다.

답 : 6[mm²]

● 해 설

전선의 공칭단면적[mm²]		
1.5	2.5	4
6	10	16
25	35	50
70	95	120
150	185	240
300	400	500
630		

▶ 출제년도 : 산업 17. 24.　▶ 점수 : 3점

문16 송전계통에 발생한 고장 때문에 일부 계통의 위상각이 커져서 동기를 벗어나려고 할 때, 이것을 검출하고 그 계통을 분리하기 위해서 차단하지 않으면 안 될 경우에 사용하는 계전기의 명칭을 쓰시오.

● 답안작성

탈조 보호 계전기(Step-Out Protective Relay, SOR)

▶ 출제년도 : 산업 18, 22, 24.   ▶ 점수 : 5점

문17 수전단에 부하가 요구하는 무효전력과 원선도상에서 정해지는 무효전력과의 차에 해당하는 무효전력을 별도로 공급해 주기 위하여 사용하는 조상설비의 종류를 3가지만 쓰시오.

● 답안작성

동기조상기, 전력용 콘덴서, 분로 리액터

● 해 설

송전선을 일정한 전압으로 운전하기 위해 필요한 무효전력을 공급하는 장치를 조상설비라 하며, 그 종류로는 동기조상기, 전력용 콘덴서, 분로 리액터, 정지형 무효전력보상장치가 있다.

▶ 출제년도 : 산업 00, 14, 18, 24.   ▶ 점수 : 5점

문18 송전선로에서 매설지선을 설치하는 주된 목적을 쓰시오.

● 답안작성

철탑의 탑각 접지저항을 낮추어 역섬락을 방지한다.

● 해 설

매설지선
(1) 목적 : 철탑의 탑각 접지저항을 낮추어 역섬락을 방지
(2) 설치방법
　① 분포접지 : 탑각에서 방사형으로 매설지선을 포설하는 방식
　② 집중접지 : 탑각에서 10[m] 떨어진 지점의 분포접지에 대해 직각 방향으로 접지하는 방식

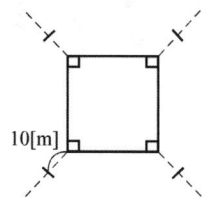

분포접지 ----------
집중접지 ──────

▶ 출제년도 : 산업 95, 99, 00, 03, 10, 24.   ▶ 점수 : 5점

문19 평균 구면 광도 100[cd]의 전구 5개를 직경 10[m]의 원형의 사무실에 점등할 때 조명률 0.4, 감광 보상률 1.6인 사무실의 평균조도[lx]를 구하시오.
　• 계산 :　　　　　　　　　　　　　　• 답 :

● 답안작성

계산 : 평균조도 $E = \dfrac{FUN}{AD} = \dfrac{4\pi \times 100 \times 0.4 \times 5}{\left(\dfrac{10}{2}\right)^2 \pi \times 1.6} = 20[\text{lx}]$

답 : 20[lx]

● 해 설

• 균등 점광원에서의 광속 $F = 4\pi I = 4\pi \times 100 = 400\pi [\text{lm}]$

• 원형인 사무실의 면적 $A = \left(\dfrac{d}{2}\right)^2 \pi = \left(\dfrac{10}{2}\right)^2 \pi = 25\pi [\text{m}^2]$

답이보인다
전기공사기사 · 산업기사 실기

발 행 / 2025년 3월 5일	

저   자 / 검정연구회
펴 낸 이 / 정 창 희
펴 낸 곳 / 동일출판사
주   소 / 서울시 강서구 곰달래로31길7 (2층)
전   화 / 02) 2608-8250
팩   스 / 02) 2608-8265
등록번호 / 제109-90-92166호

저자와의 협의에 따라 인지생략

ISBN 978-89-381-1700-7 13560
값 / 39,000원

이 책은 저작권법에 의해 저작권이 보호됩니다.
동일출판사 발행인의 승인자료 없이 무단 전재하거나 복제하는 행위는 저작권법 제136조에 의해 5년 이하의 징역 또는 5,000만원 이하의 벌금에 처하거나 이를 병과(倂科)할 수 있습니다.